1	Einführung in die Regelungstechnik	
2	Darstellung von regelungstechnische...	
3	Berechnungsmethoden für Regelkreise	
4	Elemente von Regeleinrichtungen und Regelstrecken	97
5	Frequenzgang- und Übertragungsfunktionen	179
6	Stabilität von Regelkreisen	195
7	BODE-Verfahren zur Einstellung von Regelkreisen	251
8	Regeleinrichtungen mit Operationsverstärkern	281
9	Mathematische Modelle für die Regelungstechnik	315
10	Optimierungskriterien und Einstellregeln für Regelkreise	387
11	Digitale Regelungssysteme	435
12	Zustandsregelungen	559
13	Regelungen in der elektrischen Antriebstechnik	641
14	Nichtlineare Regelungen	703
15	Fuzzy-Logik in der Regelungstechnik	853
16	Berechnung von Regelungssystemen mit MATLAB	967
17	Numerische Verfahren für die Regelungstechnik	1085
18	Formelzeichen und Abkürzungen	1101
19	Fachbücher und Normen zur Regelungstechnik	1113
	Regelungstechnische Begriffe – englisch und deutsch	
	Sachwortverzeichnis	1149

Taschenbuch
der
Regelungstechnik

Taschenbuch der Regelungstechnik

Prof. Dr.-Ing. Holger Lutz
Prof. Dr.-Ing. Wolfgang Wendt

4., korrigierte Auflage

Alfred Rüthlein
Am Breiten Rain 38b
97526 Sennfeld
☎ 0 97 21 - 6 95 37

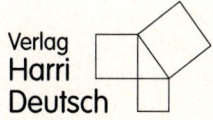

Verlag
Harri
Deutsch

Dr.-Ing. Holger Lutz, geb. Sinning, Elektromechanikerlehre in einer Firma für Steuer- und Regelungsanlagen, Studium an der Ingenieurschule Kassel zum Ing. grad., nach Berufstätigkeit als graduierter Ingenieur Studium der Elektrotechnik und Regelungstechnik an der TU Berlin zum Dipl.-Ing., Berufstätigkeit, wissenschaftlicher Mitarbeiter an der TU Berlin im Fachbereich Konstruktion und Fertigung, Promotion über die Steuerung und Regelung der Bewegungsachsen von Industrierobotern. Mitinhaber eines Ingenieurbüros, danach Professor an der University of Applied Sciences Fachhochschule Gießen-Friedberg für das Fachgebiet Steuer- und Regelungstechnik im Fachbereich Elektrotechnik II.

Professor Dr.-Ing. Holger Lutz
Fachhochschule Gießen-Friedberg
61169 Friedberg

Dr.-Ing. Wolfgang Wendt, Elektromechanikerlehre in einer Firma für steuerungs- und regelungstechnische Geräte, Studium an der Fachhochschule Darmstadt zum Ing. grad., danach Studium der Elektrotechnik an der TU Berlin zum Dipl.-Ing., wissenschaftlicher Mitarbeiter an der TU Berlin im Fachbereich Konstruktion und Fertigung, Promotion über die Regelung von bahngesteuerten Arbeitsmaschinen, Mitarbeiter an einem staatlichen Forschungsinstitut, danach Professor an der University of Applied Sciences Fachhochschule Esslingen für das Fachgebiet Steuer- und Regelungstechnik im Fachbereich Maschinenbau.

University of Applied Sciences
Fachhochschule Esslingen
Hochschule für Technik

Professor Dr.-Ing. Wolfgang Wendt
Fachhochschule Esslingen
Hochschule für Technik
73728 Esslingen am Neckar

Die Deutsche Bibliothek – CIP-Einheitsaufnahme

Ein Titeldatensatz für diese Publikation
ist bei Der Deutschen Bibliothek erhältlich.

ISBN 3-8171-1668-3

Dieses Werk ist urheberrechtlich geschützt.
Alle Rechte, auch die der Übersetzung, des Nachdrucks und der Vervielfältigung des Buches – oder von Teilen daraus – sind vorbehalten. Kein Teil des Werkes darf ohne schriftliche Genehmigung des Verlages in irgendeiner Form (Fotokopie, Mikrofilm oder ein anderes Verfahren), auch nicht für Zwecke der Unterrichtsgestaltung, reproduziert oder unter Verwendung elektronischer Systeme verarbeitet werden. Zuwiderhandlungen unterliegen den Strafbestimmungen des Urheberrechtsgesetzes.
Der Inhalt des Werkes wurde sorgfältig erarbeitet. Dennoch übernehmen Autoren, Herausgeber und Verlag für die Richtigkeit von Angaben, Hinweisen und Ratschlägen sowie für eventuelle Druckfehler keine Haftung.

4., korrigierte Auflage 2002
© Verlag Harri Deutsch, Frankfurt am Main, 2002
Satz: Satzbüro Dr.-Ing. Steffen Naake, Chemnitz
Druck: Clausen & Bosse, Leck
Printed in Germany

Vorwort

Das Taschenbuch der Regelungstechnik wendet sich an Studentinnen und Studenten der Fachrichtungen Elektrotechnik, Maschinenbau und der allgemeinen Ingenieurwissenschaften von Fachhochschulen, Technischen Hochschulen und Technischen Universitäten, für die Anwendung in der ingenieurtechnischen Praxis ist das Taschenbuch aufgrund der ausführlichen und doch kompakten Darstellung geeignet.

Der Themenbereich erstreckt sich von der Berechnung von einfachen Regelkreisen mit Proportional-Elementen, von Regelkreisen im Zeit- und Frequenzbereich bis zu digitalen Regelungen, Zustandsregelungen, nichtlinearen Regelungen und Fuzzy-Regelungen. Die Verfahren der Zustandsregelung werden auf Probleme der Antriebstechnik angewendet. Ein Abschnitt befaßt sich mit der Anwendung des Programmsystems MATLAB, Simulink für Problemstellungen der Regelungstechnik.[1]

Die Beschreibung der regelungstechnischen Verfahren und Methoden wird durch überschaubare Beispiele ergänzt. Zu vielen Beispielen sind m-Files für das Programmsystem MATLAB angegeben[2]. Das Taschenbuch enthält zahlreiche Tabellen, die in der Regelungstechnik benötigt werden. Die Benutzung der Tabellen zur LAPLACE- und z-Transformation wird für die Anwender vereinfacht, da bei den Transformationspaaren neben den allgemeinen mathematischen Bezeichnungen auch die in der Regelungstechnik normierten Kenngrößen wie Zeitkonstanten und Kreisfrequenzen angegeben sind. Die Identifikation von Übertragungselementen mit der Sprungantwortfunktion ist ebenfalls tabellarisch angegeben.

Das Taschenbuch ist auch als Begleittext für regelungstechnische Vorlesungen einsetzbar. Wir bitten Sie als Benutzer des Taschenbuchs, Vorschläge zu Themenergänzungen an den Verlag zu richten.

Autoren und Verlag Harri Deutsch
Gräfstraße 47
D-60486 Frankfurt am Main
E-Mail: verlag@harri-deutsch.de
http://www.harri-deutsch.de/verlag/
E-Mail: holger.lutz@e2.fh-friedberg.de
http://www.fh-friedberg.de/fachbereiche/e2/index.htm
E-Mail: wolfgang.wendt@fht-esslingen.de
http://www.fht-esslingen.de/institute/irt/wendt/index.htm

---

[1] MATLAB und Simulink werden von der Scientific Computers GmbH, D-52064 Aachen, vertrieben.
[2] Die m-Files können von der homepage http://www.fh-friedberg.de/fachbereiche/e2/index.htm heruntergeladen werden.

Inhaltsverzeichnis

1	**Einführung in die Regelungstechnik**	**19**
1.1	Steuerungen und Regelungen	19
1.2	Begriffe der Regelungstechnik	20
2	**Hilfsmittel zur Darstellung von regelungstechnischen Strukturen**	**25**
2.1	Wirkungs- oder Signalflußpläne	25
2.2	Elemente des Wirkungs- oder Signalflußplans	25
	2.2.1 Übertragungsblock und Wirkungslinie	25
	2.2.2 Verknüpfungselemente	27
2.3	Einfache Signalflußstrukturen und Vereinfachungsregeln	29
	2.3.1 Anwendung der Wirkungs- oder Signalflußpläne	29
	2.3.2 Kettenstruktur	30
	2.3.3 Parallelstruktur	30
	2.3.4 Kreisstrukturen	32
	2.3.4.1 Struktur mit indirekter Gegenkopplung	32
	2.3.4.2 Struktur mit direkter Gegenkopplung	33
2.4	Berechnungen von Regelkreisen mit Proportionalelementen	34
2.5	Umformung von Wirkungs- und Signalflußplänen	36
	2.5.1 Umformungsregeln	36
	2.5.2 Tabelle der Umformungsregeln für Wirkungspläne	36
	2.5.3 Anwendungsbeispiele	38
3	**Mathematische Methoden zur Berechnung von Regelkreisen**	**41**
3.1	Normierung von Gleichungen	41
3.2	Linearisierung von Regelkreiselementen	42
	3.2.1 Definition der Linearität	42
	3.2.2 Linearisierung mit graphischen Verfahren	43
	3.2.3 Linearisierung mit analytischen Verfahren	44
	3.2.4 Linearisierung bei mehreren Variablen	46
3.3	Berechnung von Differentialgleichungen für Regelkreise	48
	3.3.1 Differentialgleichungen von physikalischen Systemen	48
	3.3.2 Lösung von linearen Differentialgleichungen	48
	3.3.2.1 Überlagerung von Teillösungen	48
	3.3.2.2 Lösung einer homogenen Differentialgleichung	48
	3.3.2.3 Partikuläre Lösung einer Differentialgleichung	50
3.4	Testfunktionen	57
	3.4.1 Vergleich mit Testfunktionen	57
	3.4.2 Impulsfunktion	57
	3.4.3 Sprungfunktion	58
	3.4.4 Anstiegsfunktion	59
	3.4.5 Harmonische Funktion	59
3.5	LAPLACE-Transformation	59
	3.5.1 Einleitung	59
	3.5.2 Mathematische Transformationen	60
	3.5.2.1 Rechenvereinfachungen durch Transformationen	60
	3.5.2.2 Original- und Bildbereich der LAPLACE-Transformation	60
	3.5.3 LAPLACE-Transformation und LAPLACE-Integral	61

	3.5.4	Anwendung der LAPLACE-Transformation		63
		3.5.4.1	Allgemeines	63
		3.5.4.2	Linearität	63
		3.5.4.3	Verschiebungssatz	64
		3.5.4.4	Ähnlichkeitssatz	65
		3.5.4.5	Differentiations- und Integrationssatz	65
		3.5.4.6	Faltungssatz	66
		3.5.4.7	Grenzwertsätze	67
		3.5.4.8	Lösung von linearen Differentialgleichungen mit konstanten Koeffizienten mit Hilfe der LAPLACE-Transformation	69
	3.5.5	Übertragungsfunktionen von Übertragungselementen		71
	3.5.6	Partialbruchzerlegung		72
		3.5.6.1	Allgemeines	72
		3.5.6.2	Einfache reelle Polstellen	72
		3.5.6.3	Mehrfache reelle Polstellen	73
		3.5.6.4	Einfache komplexe Polstellen	74
	3.5.7	Charakteristische Gleichung und Pol-Nullstellenplan		74
	3.5.8	Tabellen für die LAPLACE-Transformation		77
3.6	Frequenzgang von Übertragungselementen			87
	3.6.1	Dynamisches Verhalten im Frequenzbereich		87
	3.6.2	Frequenzgang		87
	3.6.3	Berechnung des Frequenzgangs aus der Differentialgleichung des Übertragungselements		90
	3.6.4	Frequenzgang und Übertragungsfunktion		92
	3.6.5	Frequenzgang und Ortskurve		93
	3.6.6	Frequenzgang und BODE-Diagramm		94
	3.6.7	Frequenzgang und Sprungantwort		96

4 Elemente von Regeleinrichtungen und Regelstrecken   97

4.1	Einteilung und Darstellung der Regelkreiselemente			97
4.2	Proportional-Element ohne Verzögerung			97
	4.2.1	Beschreibung im Zeitbereich		97
	4.2.2	Beschreibung im Frequenzbereich		99
	4.2.3	Proportional-Regler (P-Regler)		100
	4.2.4	Proportionale Regelstrecken		101
		4.2.4.1	Allgemeines	101
		4.2.4.2	Proportional-Regelstrecke (P-Regelstrecke)	101
4.3	Proportional-Elemente mit Verzögerung			102
	4.3.1	Allgemeines		102
	4.3.2	PT_1-Element, Proportional-Element mit Verzögerung I. Ordnung		102
		4.3.2.1	Beschreibung im Zeitbereich	102
		4.3.2.2	Beschreibung im Frequenzbereich	103
	4.3.3	PT_2-Element, Proportional-Element mit Verzögerung II. Ordnung		107
		4.3.3.1	Beschreibung im Zeitbereich	107
		4.3.3.2	Beschreibung im Frequenzbereich	110
	4.3.4	Totzeit-Element (PT_t-Element)		117
		4.3.4.1	Beschreibung im Zeitbereich	117
		4.3.4.2	Beschreibung im Frequenzbereich	118

Inhaltsverzeichnis 3

4.4	Differenzierende Übertragungselemente			120
	4.4.1	Ideales Differential-Element (D-Element)		120
		4.4.1.1	Beschreibung im Zeitbereich	120
		4.4.1.2	Beschreibung im Frequenzbereich	120
	4.4.2	Differential-Element mit Verzögerung I. Ordnung (DT_1-Element)		122
		4.4.2.1	Beschreibung im Zeitbereich	122
		4.4.2.2	Beschreibung im Frequenzbereich	123
	4.4.3	Proportional-Differentialelement mit Verzögerung I. Ordnung in multiplikativer Form (PDT_1-, PPT_1-Element)		127
		4.4.3.1	Beschreibung im Zeitbereich	127
		4.4.3.2	Beschreibung im Frequenzbereich	128
	4.4.4	Proportional-Differential-Element mit Verzögerung I. Ordnung in additiver Form (PDT_1-Element)		131
	4.4.5	Proportional-Differential-Regler (PD-Regler, PDT_1-Regler)		132
4.5	Integrierende Elemente			134
	4.5.1	Integral-Element (I-Element)		134
		4.5.1.1	Beschreibung im Zeitbereich	134
		4.5.1.2	Beschreibung im Frequenzbereich	135
	4.5.2	Integrale Regelstrecken		137
		4.5.2.1	Allgemeines Verhalten	137
		4.5.2.2	Integrale Regelstrecke (I-Regelstrecke)	137
		4.5.2.3	Integrale Regelstrecke mit Verzögerung (IT_1-Regelstrecke)	139
		4.5.2.4	Integrale Regelstrecke mit Totzeit (IT_t-Regelstrecke)	141
	4.5.3	Regler mit integralem Verhalten		142
		4.5.3.1	Integral-Regler (I-Regler)	142
		4.5.3.2	Proportional-Integral-Regler (PI-Regler)	144
			4.5.3.2.1 Beschreibung im Zeitbereich	144
			4.5.3.2.2 Beschreibung im Frequenzbereich	145
		4.5.3.3	Proportional-Integral-Differential-Regler (idealer PID-Regler) in additiver (paralleler) Form	148
			4.5.3.3.1 Beschreibung im Zeitbereich	148
			4.5.3.3.2 Beschreibung im Frequenzbereich	149
		4.5.3.4	Proportional-Integral-Differential-Regler (idealer PID-Regler) in multiplikativer (serieller) Form	151
			4.5.3.4.1 Beschreibung im Zeitbereich	151
			4.5.3.4.2 Beschreibung im Frequenzbereich	152
		4.5.3.5	Proportional-Integral-Differential-Regler mit Verzögerung (realer PID-Regler) in additiver (paralleler) Form	154
			4.5.3.5.1 Beschreibung im Zeitbereich	154
			4.5.3.5.2 Beschreibung im Frequenzbereich	155
		4.5.3.6	Proportional-Integral-Differential-Regler mit Verzögerung (realer PID-Regler) in multiplikativer (serieller) Form	158
			4.5.3.6.1 Beschreibung im Zeitbereich	158
			4.5.3.6.2 Beschreibung im Frequenzbereich	159
		4.5.3.7	Umrechnung zwischen additiver und multiplikativer Form	161
4.6	Standardisierte Parameter von Übertragungsfunktionen			166
	4.6.1	Koeffizienten und standardisierte Parameter		166

	4.6.2	Ermittlung der stationären Verstärkungsfaktoren		167
		4.6.2.1 Integrierverstärkung K_I		167
		4.6.2.2 Proportionalverstärkung K_P		167
		4.6.2.3 Differenzierverstärkung K_D		168
		4.6.2.4 Ermittlung der Verstärkungsfaktoren bei Übertragungsfunktionen mit mehreren Übertragungskomponenten		169
	4.6.3	Ermittlung von Zeitkonstanten, Dämpfung und Kennkreisfrequenz		170
		4.6.3.1 Ermittlung von Zeitkonstanten		170
		4.6.3.2 Ermittlung von standardisierten Zeitkonstanten		171
		4.6.3.3 Ermittlung von standardisierten Koeffizienten bei Systemen II. Ordnung mit komplexen Nullstellen		172
4.7	Gleichungen und Symbole für Regelkreiselemente			173
	4.7.1	Differentialgleichungen von Regelkreiselementen		173
	4.7.2	Frequenzgangfunktionen von Regelkreiselementen		175
	4.7.3	Übertragungsfunktionen von Regelkreiselementen		177

5 Frequenzgang- und Übertragungsfunktionen für Führungs- und Störverhalten 179

5.1	Gleichungen für Regelkreise mit direkter Gegenkopplung			179
	5.1.1	Strukturbild und Abkürzungen		179
	5.1.2	Gleichungen für das Führungsübertragungsverhalten		181
	5.1.3	Gleichungen für das Störungsübertragungsverhalten von Versorgungsstörgrößen		182
	5.1.4	Gleichungen für das Störungsübertragungsverhalten von Laststörgrößen		182
	5.1.5	Berechnungsbeispiel		183
	5.1.6	Gleichungen für das Stellgrößenverhalten		185
5.2	Ausregelbarkeit von Störungen			188
5.3	Gleichungen für Regelkreise mit indirekter Gegenkopplung			189
5.4	Stationäre Regelfehler höherer Ordnung			192

6 Stabilität von Regelkreisen 195

6.1	Entstehung des Stabilitätsproblems bei Regelkreisen			195
6.2	Definition der Stabilität			196
6.3	Verfahren zur Stabilitätsbestimmung			199
	6.3.1	Algebraische und geometrische Stabilitätskriterien		199
	6.3.2	ROUTH-Kriterium		200
		6.3.2.1 Eigenschaften des ROUTH-Verfahrens		200
		6.3.2.2 Stabilitätskriterium nach ROUTH		200
		6.3.2.3 Abhängigkeit der Stabilität von einem Parameter		202
	6.3.3	Kriterium von HURWITZ		203
		6.3.3.1 Allgemeines		203
		6.3.3.2 Stabilitätskriterium nach HURWITZ		203
	6.3.4	NYQUIST-Kriterium		204
		6.3.4.1 Eigenschaften des NYQUIST-Kriteriums		204
		6.3.4.2 Vereinfachtes Stabilitätskriterium nach NYQUIST		205
		6.3.4.3 Beispiele zum vereinfachten NYQUIST-Kriterium		207
		6.3.4.4 Vollständiges NYQUIST-Kriterium		208
		6.3.4.5 Beispiele zum vollständigen NYQUIST-Kriterium		210
		6.3.4.6 Stabilität von Regelungssystemen mit Totzeit		211
6.4	Wurzelortskurven			213
	6.4.1	Einleitung		213

	6.4.2	Kriterium für das Wurzelortskurven(WOK)-Verfahren	215
	6.4.3	Regeln für die Konstruktion von Wurzelortskurven	221
		6.4.3.1 Allgemeines	221
		6.4.3.2 Prinzipieller Verlauf der WOK (Regel 1)	222
		6.4.3.3 WOK auf der reellen Achse (Regel 2)	222
		6.4.3.4 Schnittpunkt der Asymptoten (Regel 3)	223
		6.4.3.5 Anstiegswinkel der Asymptoten (Regel 4)	223
		6.4.3.6 Verzweigungspunkte (Regel 5)	223
		6.4.3.7 Schnittwinkel der WOK-Zweige in Verzweigungspunkten (Regel 6)	226
		6.4.3.8 Schnittpunkte der WOK mit der imaginären Achse (Regel 7)	228
		6.4.3.9 Austrittswinkel der WOK aus Polstellen, Eintrittswinkel in Nullstellen (Regel 8)	229
		6.4.3.10 Skalierung der WOK mit dem Kurvenparameter (Regel 9)	231
		6.4.3.11 Tabelle der Schritte des WOK-Verfahrens	233
		6.4.3.12 Anwendung des WOK-Verfahrens	234
		6.4.3.13 Tabelle mit WOK für Regelungssysteme bis IV. Ordnung	239
	6.4.4	Erweiterung der Anwendung des WOK-Verfahrens	243
		6.4.4.1 WOK-Verfahren für andere Regelkreisparameter	243
		6.4.4.2 WOK für mehrere Kurvenparameter (WOK-Kontur)	245
	6.4.5	Zusammenfassung	249

7 BODE-Verfahren zur Einstellung von Regelkreisen   251

7.1 Einleitung   251
7.2 BODE-Diagramme   251
    7.2.1 BODE-Diagramm des offenen Regelkreises   251
    7.2.2 BODE-Diagramme der wichtigsten Übertragungselemente   252
        7.2.2.1 Einleitung   252
        7.2.2.2 Proportional-Element (P-Element)   252
        7.2.2.3 Integral-Element (I-Element)   253
        7.2.2.4 Differential-Element (D-Element)   253
        7.2.2.5 Proportional-Element mit Verzögerung I. Ordnung (PT_1-Element)   254
        7.2.2.6 Proportional-Differential-Element (PD-Element)   255
        7.2.2.7 Totzeit-Element (PT_t-Element)   256
        7.2.2.8 Proportional-Element mit Verzögerung II. Ordnung (PT_2-Element)   256
7.3 Stabilitätsgrenze im BODE-Diagramm   259
    7.3.1 Vergleich mit der Ortskurvendarstellung   259
    7.3.2 Amplitudenreserve und Phasenreserve   260
7.4 Anwendung des BODE-Verfahrens   262
    7.4.1 Einstellung der Stabilitätsgüte   262
    7.4.2 Einstellung des Verstärkungsfaktors   263
    7.4.3 Anhebung des Phasengangs   264
    7.4.4 Anwendung von phasenanhebenden Netzwerken   266
    7.4.5 Absenkung des Amplitudengangs   269
    7.4.6 Anwendung von amplitudenabsenkenden Netzwerken   270
    7.4.7 Zusammenfassung   273
7.5 Zusammenhang zwischen Kenngrößen von Zeit- und Frequenzbereich   274
    7.5.1 Anforderungen an das Zeitverhalten von Regelungssystemen   274
    7.5.2 Zusammenhang für das Übertragungselement II. Ordnung   274
        7.5.2.1 Kenngrößen für das Übertragungselement II. Ordnung   274

		7.5.2.2	Berechnungsformeln	276
		7.5.2.3	Erweiterung der Anwendung	278
8	**Regeleinrichtungen mit Operationsverstärkern**			**281**
8.1	Prinzipieller Aufbau			281
	8.1.1	Aufgaben von Regeleinrichtungen		281
	8.1.2	Kenngrößen von Operationsverstärkern		281
		8.1.2.1	Stationäre Kenngrößen	281
		8.1.2.2	Dynamische Kenngrößen	282
		8.1.2.3	Zusammenfassung	285
8.2	Grundschaltungen mit Operationsverstärkern			285
	8.2.1	Allgemeines		285
	8.2.2	Allgemeine Schaltung eines Operationsverstärkers		286
	8.2.3	Invertierende Schaltung		287
	8.2.4	Nichtinvertierende Schaltung		287
8.3	Schaltungen zur Bildung der Regeldifferenz			289
	8.3.1	Schaltung mit Spannungsvergleichsstelle		289
	8.3.2	Schaltung mit Stromvergleichsstelle		290
8.4	Schaltungen zur Bildung der Stellgröße			290
	8.4.1	Allgemeines		290
	8.4.2	Proportional-Regler (P-Regler)		291
		8.4.2.1	Invertierender Proportional-Regler	291
		8.4.2.2	Nichtinvertierender Proportional-Regler	291
	8.4.3	Proportional-Differential-Regler (PD-Regler), Proportional-Differential-Regler mit Verzögerung I. Ordnung (PDT_1-Regler)		292
		8.4.3.1	Invertierender PD/PDT_1-Regler	292
		8.4.3.2	Nichtinvertierender PD/PDT_1-Regler	292
		8.4.3.3	PD/PDT_1-Regler mit getrennt einstellbaren Parametern	293
	8.4.4	Integral-Regler (I-Regler)		295
		8.4.4.1	Invertierender Integral-Regler	295
		8.4.4.2	Nichtinvertierender Integral-Regler	296
	8.4.5	Proportional-Integral-Regler (PI-Regler)		297
		8.4.5.1	Invertierender PI-Regler	297
		8.4.5.2	Nichtinvertierender PI-Regler	297
		8.4.5.3	PI-Regler mit unabhängig einstellbaren Parametern	298
	8.4.6	Proportional-Integral-Differential-Regler (PID-Regler), Proportional-Integral-Differential-Regler mit Verzögerung I. Ordnung ($PIDT_1$-Regler)		299
		8.4.6.1	PID/$PIDT_1$-Regler in additiver (paralleler) Form mit unabhängig voneinander einstellbaren Parametern	299
		8.4.6.2	Invertierender PID/$PIDT_1$-Regler in multiplikativer (serieller) Form mit einem Verstärker	300
		8.4.6.3	Invertierender PID/$PIDT_1$-Regler in multiplikativer (serieller) Form mit zwei Verstärkern	301
		8.4.6.4	Invertierender PID/$PIDT_1$-Regler in multiplikativer (serieller) Form mit Entkopplung	302
		8.4.6.5	Nichtinvertierender PID/$PIDT_1$-Regler in multiplikativer (serieller) Form	303
8.5	Kontinuierliche Einstellung von Reglerparametern			303

8.6		Schaltungen zur Glättung von Regelkreissignalen	305
	8.6.1	PT$_1$-Element mit invertierendem Trennverstärker	305
	8.6.2	PT$_1$-Element mit nichtinvertierendem Trennverstärker	307
8.7		Zusammenfassung	308

9 Ermittlung mathematischer Modelle für regelungstechnische Übertragungselemente (Identifikation) 315

9.1		Einteilung von mathematischen Modellen	315
9.2		Anwendung der Modellbildung in der Regelungstechnik	316
	9.2.1	Theoretische und experimentelle Analyse	316
	9.2.2	Zusammenfassung	319
9.3		Experimentelle Analyse von linearen Übertragungselementen	319
	9.3.1	Vorgehensweise bei der experimentellen Analyse	319
	9.3.2	Experimentelle Analyse mit Sprungfunktionen	320
		9.3.2.1 Bestimmung des prinzipiellen Übertragungsverhaltens aus dem Endwert der Sprungantwort	320
		9.3.2.2 Bestimmung des Elementtyps aus Anfangswert und Anfangssteigung der Sprungantwort	323
		9.3.2.3 Ableitung von Identifikationsmerkmalen aus den Eigenschaften von Sprungantworten	325
		9.3.2.4 Sprungantwortverlauf ohne Überschwingen und ohne periodisches Schwingen	326
		9.3.2.5 Sprungantwortverlauf mit Über- und Unterschwingen ohne periodisches Schwingen	327
		9.3.2.6 Sprungantwortverläufe mit periodischem Schwingen	329
		9.3.2.6.1 Identifikationsmerkmale von PT$_2$-Elementen	329
		9.3.2.6.2 PT$_2$-Elemente mit Vorhalt- oder Verzögerungselement	335
		9.3.2.7 Sprungantwortverläufe von Elementen mit Totzeit	338
	9.3.3	Sprungantwortverläufe mit Wendepunkt und ohne Überschwingen	339
		9.3.3.1 Prinzip des Wendetangentenverfahrens	339
		9.3.3.2 Wendetangentenverfahren für Übertragungselemente mit zwei unterschiedlichen Zeitkonstanten	341
		9.3.3.3 Wendetangentenverfahren für Übertragungselemente mit gleichen Zeitkonstanten	345
		9.3.3.4 Wendetangentenverfahren für Übertragungselemente mit mehreren Zeitkonstanten	348
		9.3.3.5 Zusammenfassung	352
	9.3.4	Sprungantwortverläufe von Integral-Elementen	353
		9.3.4.1 Eigenschaften von Integral-Elementen	353
		9.3.4.2 Identifikation von reinen Integral-Elementen	353
		9.3.4.3 Identifikation von Integral-Elementen mit Verzögerung	355
		9.3.4.4 Identifikation von Integral-Elementen mit Totzeit	358
9.4		Sprungantworten und Identifizierungsgleichungen	359
	9.4.1	Einleitung	359
	9.4.2	Zusammenstellung von Sprungantwortfunktionen und mathematischen Modellen von Übertragungselementen	359
	9.4.3	Zusammenfassung	385

10 Optimierungskriterien und Einstellregeln für Regelkreise 387

10.1	Einleitung	387

10.2 Parameteroptimierung im Zeitbereich ... 388
10.2.1 Begriff der Regelfläche ... 388
10.2.2 Integralkriterien im Zeitbereich ... 389
10.2.2.1 Integralkriterium der Linearen Regelfläche ... 389
10.2.2.2 Integralkriterien der Betragsregelfläche ... 391
10.2.2.3 Integralkriterien der Quadratischen Regelfläche ... 392
10.2.3 Berechnung der Integralkriterien für Standardregelkreise II. Ordnung ... 396
10.3 Einstellregeln für Regelkreise ... 399
10.3.1 Anwendung der Einstellregeln ... 399
10.3.2 Einstellregeln von ZIEGLER und NICHOLS ... 399
10.3.3 Einstellregeln nach CHIEN, HRONES und RESWICK ... 400
10.3.4 Regler-Einstellung nach der T-Summen-Regel ... 403
10.3.4.1 Summenzeitkonstante einer Regelstrecke ... 403
10.3.4.2 Experimentelle Bestimmung der Summenzeitkonstante ... 405
10.3.4.3 T-Summen-Regel für PI- und PID-Regler ... 405
10.3.4.4 Anwendung der T-Summen-Regel ... 407
10.4 Optimierungskriterien im Frequenzbereich – Betragsoptimum ... 410
10.4.1 Prinzip der Optimierung im Frequenzbereich ... 410
10.4.2 Einstellung von Regelkreisen nach dem Betragsoptimum ... 410
10.4.3 Anwendung des Verfahrens ... 414
10.4.3.1 Vereinfachung von Streckenübertragungsfunktionen ... 414
10.4.3.2 Satz von der Summe der kleinen Zeitkonstanten ... 414
10.4.3.3 Vereinfachung von Totzeitelementen ... 415
10.4.4 Anwendung des Betragsoptimums bei Regelstrecken höherer Ordnung ... 415
10.4.4.1 Kompensation einer großen Zeitkonstanten ... 415
10.4.4.2 Kompensation von zwei großen Zeitkonstanten ... 416
10.4.5 Einstellregeln für das Betragsoptimum ... 421
10.5 Optimierungskriterien im Frequenzbereich – Symmetrisches Optimum ... 422
10.5.1 Prinzip des Verfahrens und Anwendung bei IT_1-Regelstrecken ... 422
10.5.2 Standardeinstellung des Symmetrischen Optimums ... 427
10.5.3 Anwendung des Verfahrens bei integralen Regelstrecken mit Verzögerung höherer Ordnung ... 430
10.5.4 Anwendung des Verfahrens bei proportionalen Regelstrecken mit Verzögerungen höherer Ordnung ... 431
10.5.4.1 PT_n-Regelstrecken mit einer großen Zeitkonstanten ... 431
10.5.4.2 PT_n-Regelstrecken mit zwei großen Zeitkonstanten ... 431
10.5.5 Einstellregeln für das Symmetrische Optimum ... 432
10.5.6 Zusammenfassung zur Optimierung im Frequenzbereich ... 434

11 Digitale Regelungssysteme (Abtastregelungen) 435
11.1 Prinzipielle Arbeitsweise von digitalen Regelkreisen ... 435
11.1.1 Einleitung ... 435
11.1.2 Kontinuierliche und diskrete Signale in digitalen Regelungssystemen ... 435
11.1.3 Grundfunktionen von digitalen Regelkreisen ... 436
11.2 Basisalgorithmen für digitale Regelungen ... 437
11.2.1 Einleitung ... 437
11.2.2 Proportionalalgorithmus ... 438
11.2.3 Approximation von Integration und Differentiation durch diskrete Operationen ... 438
11.2.3.1 Integralalgorithmen mit Rechtecknäherung ... 438

11.2.3.2 Integralalgorithmus mit Trapeznäherung ... 442
11.2.3.3 Einfache Differentialalgorithmen ... 443
11.2.3.4 Differentialalgorithmen mit Mittelwertbildung ... 444
11.2.4 Regelalgorithmen für Standardregler ... 445
11.2.4.1 PID-Stellungsalgorithmus ... 445
11.2.4.2 PID-Geschwindigkeitsalgorithmus ... 446
11.2.4.3 PID-Standardregelalgorithmen ... 447
11.2.4.4 Modifizierte PID-Regelalgorithmen ... 449
11.3 Einstellregeln für digitale Regelkreise ... 450
11.3.1 Quasikontinuierliche digitale Regelkreise ... 450
11.3.2 Bestimmung der Abtastzeit aus Kenngrößen der Regelstrecke ... 450
11.3.3 Bestimmung der Abtastzeit aus Kenngrößen des Regelkreises ... 451
11.3.4 Einstellregeln mit Berücksichtigung der Abtastzeit ... 456
11.4 Mathematische Methoden zur Berechnung von digitalen Regelkreisen im Zeitbereich ... 458
11.4.1 Allgemeines ... 458
11.4.2 Differenzengleichungen ... 458
11.4.3 Lösung von Differenzengleichungen ... 458
11.4.3.1 Ermittlung der Lösung durch Rekursion ... 458
11.4.3.2 Lösung mit homogenem und partikulärem Ansatz ... 460
11.4.4 Stabilität von Abtastsystemen im Zeitbereich ... 463
11.5 Mathematische Methoden zur Berechnung von digitalen Regelkreisen im Frequenzbereich ... 465
11.5.1 Technische und mathematische Grundfunktionen von digitalen Regelkreisen ... 465
11.5.1.1 Allgemeines ... 465
11.5.1.2 Abtastung von kontinuierlichen Signalen ... 466
11.5.1.3 Darstellung von zeitdiskreten Signalen durch Folgen ... 468
11.5.1.4 Ausführung des Regelalgorithmus (Berechnung der Stellgröße) ... 468
11.5.1.5 Speicherung der diskreten Stellgröße (Halteglied) ... 469
11.5.2 z-Transformation ... 471
11.5.2.1 Einleitung ... 471
11.5.2.2 Definition der z-Transformation ... 472
11.5.2.3 Rechenregeln der z-Transformation ... 474
11.5.2.4 Tabellen zur z-Transformation ... 479
11.5.2.5 Anwendung der Tabellen zur z-Transformation ... 492
11.5.3 Inverse z-Transformation (z-Rücktransformation) ... 493
11.5.3.1 Verfahren zur z-Rücktransformation ... 493
11.5.3.2 Rücktransformation mit dem komplexen Umkehrintegral ... 494
11.5.3.3 Partialbruchzerlegung, Rücktransformation mit Tabelle ... 494
11.5.3.4 Rücktransformation mit der Potenzreihenentwicklung ... 496
11.5.3.5 Berechnung der Impulsfunktion mit Rekursion ... 497
11.5.4 z-Übertragungsfunktionen (Impulsübertragungsfunktionen) ... 498
11.5.4.1 z-Übertragungsfunktionen von zeitdiskreten Elementen ... 498
11.5.4.2 z-Übertragungsfunktionen von Regelalgorithmen ... 499
11.5.4.3 z-Übertragungsfunktionen von zeitkontinuierlichen Elementen ... 500
11.5.4.4 Tabelle von z-Übertragungsfunktionen für zeitkontinuierliche Elemente (Regelstrecken mit Halteglied) ... 502
11.5.4.5 Eigenschaften von z-Übertragungsfunktionen ... 504
11.5.4.6 Normierte Testfolgen für z-Übertragungsfunktionen ... 507

		11.5.4.7	Umformungsregeln für z-Übertragungsfunktionen	508
			11.5.4.7.1 Voraussetzungen für die Anwendung der Umformungsregeln	508
			11.5.4.7.2 Einfache Strukturen	509
			11.5.4.7.3 Reihenschaltung von Übertragungselementen	510
			11.5.4.7.4 Parallelschaltung von Übertragungselementen	511
			11.5.4.7.5 Kreisstrukturen	511
		11.5.4.8	z-Übertragungsfunktionen von digitalen Regelkreisen	512
			11.5.4.8.1 Voraussetzungen	512
			11.5.4.8.2 Führungsübertragungsverhalten	513
			11.5.4.8.3 Störungsübertragungsverhalten (Versorgungsstörgröße)	513
			11.5.4.8.4 Störungsübertragungsverhalten (Laststörgröße)	515
			11.5.4.8.5 Berechnung von z-Übertragungsfunktionen	516
11.6	Stabilität von digitalen Regelungssystemen			519
	11.6.1	Stabilitätsdefinition		519
	11.6.2	Verfahren zur Stabilitätsbestimmung		521
		11.6.2.1	Stabilitätskriterien	521
		11.6.2.2	Anwendung der Bilineartransformation	522
		11.6.2.3	Koeffizientenkriterien (Bilineartransformation)	525
		11.6.2.4	Stabilitätskriterium von JURY	528
11.7	Kompensationsregler für digitale Regelkreise			530
	11.7.1	Prinzip der Kompensation		530
	11.7.2	Kompensationsregler für endliche Einstellzeit (DEAD-BEAT-Regler)		531
	11.7.3	Kompensationsregler für endliche Einstellzeit mit Vorgabe des ersten Stellgrößenwerts		543
11.8	Diskretisierung von kontinuierlichen Übertragungsfunktionen			548
	11.8.1	Anwendung von Diskretisierungsverfahren		548
	11.8.2	Substitutionsverfahren		549
	11.8.3	Stabilität der Verfahren		552
	11.8.4	Systemantwortinvariante Transformationen		555
		11.8.4.1	Invariante Systemreaktionen im Zeitbereich	555
		11.8.4.2	Impulsinvariante Transformation	556
		11.8.4.3	Sprunginvariante Transformation	557

12	**Zustandsregelungen**			**559**
12.1	Allgemeines			559
12.2	Mathematische Methoden zur Berechnung von Übertragungssystemen mit Zustandsvariablen			560
	12.2.1	Beschreibung von Übertragungssystemen mit Zustandsvariablen		560
		12.2.1.1	Allgemeine Form des Gleichungssystems	560
		12.2.1.2	Beschreibung linearer Mehrgrößensysteme mit Zustandsvariablen	561
		12.2.1.3	Beschreibung linearer Eingrößensysteme mit Zustandsvariablen	565
	12.2.2	Lösung der Zustandsgleichung im Zeitbereich		567
		12.2.2.1	Berechnung der Matrix-e-Funktion	567
		12.2.2.2	Differentiation der Matrix-e-Funktion	568
		12.2.2.3	Lösung der inhomogenen Zustandsgleichung	568
		12.2.2.4	Transitionsmatrix	569
	12.2.3	Lösung der Zustandsgleichung im Frequenzbereich		573
	12.2.4	Normalformen von Übertragungssystemen		575
		12.2.4.1	Allgemeines	575
		12.2.4.2	Regelungsnormalform	575

	12.2.4.3	Beobachtungsnormalform	580
	12.2.4.4	Zusammenfassung	585
12.2.5	Steuerbarkeit und Beobachtbarkeit von Übertragungssystemen		585
	12.2.5.1	Steuerbarkeit	585
	12.2.5.2	Beobachtbarkeit	587
	12.2.5.3	Untersuchung der Steuerbarkeit und Beobachtbarkeit eines Regelungssystems	589
12.2.6	Transformation auf Regelungs- und Beobachtungsnormalform		591
	12.2.6.1	Allgemeine Form der Transformationsgleichungen	591
	12.2.6.2	Berechnung der Transformationsmatrix für die Transformation auf Regelungsnormalform	592
	12.2.6.3	Berechnung der Transformationsmatrix für die Transformation auf Beobachtungsnormalform	594

12.3 Regelung durch Zustandsrückführung ... 596
   12.3.1 Allgemeines ... 596
   12.3.2 Berechnung von Zustandsregelungen ... 597
      12.3.2.1 Ermittlung von Zustandsreglern durch Polvorgabe ... 597
      12.3.2.2 Berechnung des Vorfilters ... 599
   12.3.3 Zustandsregelung mit Beobachter ... 606
      12.3.3.1 Prinzipielle Arbeitsweise von Beobachtern ... 606
      12.3.3.2 Ermittlung von Zustandsbeobachtern durch Polvorgabe ... 610
   12.3.4 Systematische Vorgehensweise bei der Berechnung von Zustandsreglern und Zustandsbeobachtern ... 616
   12.3.5 Zusammenfassung ... 616

12.4 Regelungen durch Zustandsrückführung mit verbessertem Störungsverhalten ... 617
   12.4.1 Allgemeines ... 617
   12.4.2 Zustandsregelung mit Zustands- und Störgrößenbeobachter ... 618
      12.4.2.1 Berechnung des Zustandsreglers mit Vorfilter ... 618
      12.4.2.2 Störungsverhalten der Zustandsregelung ... 620
      12.4.2.3 Berechnung des Zustands- und Störgrößenbeobachters ... 622
      12.4.2.4 Störungsverhalten der Zustandsregelung mit Zustands- und Störgrößenbeobachter ... 627
   12.4.3 Proportional-Integral-(PI)-Zustandsregelung ... 627
      12.4.3.1 Zustandsgleichungen für die PI-Zustandsregelung ... 627
      12.4.3.2 Berechnung der Zustandsregelung mit überlagertem PI-Regler ... 631
      12.4.3.3 Störungsverhalten der PI-Zustandsregelung ... 635
   12.4.4 Robuste Regelung – Vergleich der Zustandsregelung mit Zustands- und Störgrößenbeobachter mit der PI-Zustandsregelung ... 636
      12.4.4.1 Begriff der robusten Regelung ... 636
      12.4.4.2 Vergleich der Zustandsregelung mit Zustands- und Störgrößenbeobachter mit der PI-Zustandsregelung auf Robustheit ... 636
   12.4.5 Zusammenfassung ... 639

13 Regelungen in der elektrischen Antriebstechnik   641
13.1 Allgemeines ... 641
13.2 Regelstrecken für elektrische Antriebe ... 641
   13.2.1 Mathematisches Modell der Regelstrecke ... 641
      13.2.1.1 Elektrischer Teil der Regelstrecke ... 641
      13.2.1.2 Mechanischer Teil der Regelstrecke ... 644

		13.2.2	Vereinfachung der Regelstrecke	646

- 13.3 Zeitverläufe von Führungs- und Störgrößen bei Antriebsregelungen von Drehmaschinen 647
- 13.4 Einschleifige Lageregelung ... 649
  - 13.4.1 Berechnung des Lagereglers ... 649
  - 13.4.2 Führungsverhalten der einschleifigen Lageregelung ... 650
  - 13.4.3 Störungsverhalten der einschleifigen Lageregelung ... 652
- 13.5 Lageregelung mit Kaskadenstruktur ... 653
  - 13.5.1 Allgemeines ... 653
  - 13.5.2 Führungsverhalten der Lageregelung mit Kaskadenstruktur ... 653
    - 13.5.2.1 Berechnung des Momentenreglers ... 653
    - 13.5.2.2 Drehzahlregelung mit unterlagerter Momentenregelung ... 654
      - 13.5.2.2.1 Berechnung des Drehzahlreglers ... 654
      - 13.5.2.2.2 Führungsverhalten der Drehzahlregelung mit unterlagerter Momentenregelung ... 655
    - 13.5.2.3 Lageregelung mit unterlagerter Drehzahl- und Momentenregelung ... 657
      - 13.5.2.3.1 Berechnung des Lagereglers ... 657
      - 13.5.2.3.2 Führungsverhalten der Lageregelung mit unterlagerter Drehzahl- und Momentenregelung ... 659
  - 13.5.3 Störungsverhalten der Lageregelung mit Kaskadenstruktur ... 661
    - 13.5.3.1 Störungsverhalten der Regelstrecke ... 661
    - 13.5.3.2 Störungsverhalten der Drehzahlregelung mit unterlagerter Momentenregelung ... 662
    - 13.5.3.3 Störungsverhalten der Lageregelung mit unterlagerter Drehzahl- und Momentenregelung ... 664
- 13.6 Zusammenfassung ... 665
- 13.7 Digitale Lageregelung mit Kaskadenstruktur ... 666
  - 13.7.1 Allgemeines ... 666
  - 13.7.2 Digitale Winkelgeschwindigkeitsregelung (Drehzahlregelung) mit unterlagerter Momentenregelung ... 666
    - 13.7.2.1 Regelalgorithmus und Abtastzeit ... 666
    - 13.7.2.2 Führungsverhalten der Winkelgeschwindigkeitsregelung mit unterlagerter Momentenregelung ... 667
    - 13.7.2.3 Störungsverhalten der Winkelgeschwindigkeitsregelung mit unterlagerter Momentenregelung ... 670
  - 13.7.3 Digitale Lageregelung mit unterlagerter Winkelgeschwindigkeits- und Momentenregelung ... 671
    - 13.7.3.1 Regelalgorithmus und Abtastzeit ... 671
    - 13.7.3.2 Führungsverhalten der Lageregelung mit unterlagerter Winkelgeschwindigkeits- und Momentenregelung ... 671
    - 13.7.3.3 Störungsverhalten der Lageregelung mit unterlagerter Winkelgeschwindigkeits- und Momentenregelung ... 672
  - 13.7.4 Zusammenfassung ... 673
- 13.8 Lageregelung mit Zustandsregler ... 673
  - 13.8.1 Allgemeines ... 673
  - 13.8.2 Berechnung der Zustandsregelung ... 673
    - 13.8.2.1 Ermittlung des Zustandsreglers durch Polvorgabe ... 673
    - 13.8.2.2 Berechnung des Vorfilters für den Zustandsregler ... 677
    - 13.8.2.3 Sprungverhalten der Lageregelung mit Zustandsregler ... 678

			13.8.2.4 Stellgliedzeitkonstante und Stellgrößenaufwand	680

Inhaltsverzeichnis

- 13.8.2.4 Stellgliedzeitkonstante und Stellgrößenaufwand ... 680
- 13.8.3 Berechnung des Zustands- und Störgrößenbeobachters ... 682
  - 13.8.3.1 Struktur des Zustands- und Störgrößenbeobachters ... 682
  - 13.8.3.2 Ermittlung des Beobachters durch Polvorgabe ... 684
  - 13.8.3.3 Berechnung des Vorfilters für die Störgrößenaufschaltung ... 687
  - 13.8.3.4 Dynamisches Verhalten des Beobachters ... 688
  - 13.8.3.5 Störungsverhalten der Zustandsregelung mit Zustands- und Störgrößenbeobachter und Störgrößenaufschaltung ... 690
- 13.8.4 Zustandslageregelung mit Störgrößenaufschaltung ... 691
- 13.9 Digitale Drehzahl- und Lageregelungen mit Zustandsregler ... 693
  - 13.9.1 Zustandsdarstellung für digitale Regelungen ... 693
  - 13.9.2 Digitale Drehzahlregelung mit Zustandsregler ... 693
  - 13.9.3 Digitale Integral-Zustandslageregelung ... 699
- 13.10 Zusammenfassung ... 702

14 Nichtlineare Regelungen 703

- 14.1 Einleitung ... 703
  - 14.1.1 Verfahren zur Untersuchung nichtlinearer Systeme ... 703
  - 14.1.2 Definition der Nichtlinearität ... 703
  - 14.1.3 Lineare und nichtlineare Operationen ... 705
  - 14.1.4 Eigenschaften von nichtlinearen Regelkreiselementen und -systemen ... 708
- 14.2 Grundtypen von nichtlinearen Elementen ... 715
  - 14.2.1 Prinzipielle Eigenschaften von nichtlinearen Funktionen ... 715
- 14.3 Verfahren der Linearisierung ... 718
  - 14.3.1 Allgemeines ... 718
  - 14.3.2 Linearisierung mit inversen Kennlinien ... 718
  - 14.3.3 Linearisierung durch Rückführung ... 720
  - 14.3.4 Linearisierung im Arbeitspunkt (Tangentenlinearisierung), Vernachlässigung höherer Ableitungen der TAYLOR-Reihe ... 722
  - 14.3.5 Harmonische Linearisierung mit der Beschreibungsfunktion, Vernachlässigung von höheren Harmonischen der FOURIER-Reihe ... 723
    - 14.3.5.1 Grundlage des Verfahrens ... 723
    - 14.3.5.2 Beschreibungsfunktionen von Elementen mit eindeutigen Kennlinienfunktionen ... 726
    - 14.3.5.3 Beschreibungsfunktionen von Elementen mit mehrdeutigen Kennlinienfunktionen ... 735
    - 14.3.5.4 Direkte Berechnung von Beschreibungsfunktionen aus Kennlinienfunktionen ... 739
    - 14.3.5.5 Rechenregeln für Beschreibungsfunktionen ... 744
    - 14.3.5.6 Beschreibungsfunktionen von Kennlinienelementen (Tabelle) ... 753
    - 14.3.5.7 Berechnung der Gleichung der Harmonischen Balance ... 781
    - 14.3.5.8 Stabilität von Grenzschwingungen ... 792
- 14.4 Untersuchung der Stabilität nichtlinearer Systeme ... 796
  - 14.4.1 Methode der Phasenebene (Zustandsebene) ... 796
  - 14.4.2 Eigenschaften von Zustandskurven in der Phasenebene ... 797
  - 14.4.3 Berechnung von linearen Systemen II. Ordnung im Zeitbereich und in der Phasenebene ... 798
  - 14.4.4 Ruhelagen von linearen und nichtlinearen Systemen ... 802
  - 14.4.5 Stabilität von Ruhelagen ... 802
  - 14.4.6 Berechnung der Stabilität von Ruhelagen ... 806

		14.4.7	Stabilitätsuntersuchung mit der direkten Methode von LJAPUNOW 810

       14.4.7 Stabilitätsuntersuchung mit der direkten Methode von LJAPUNOW 810
              14.4.7.1 Grundgedanke der direkten Methode 810
              14.4.7.2 Stabilitätsuntersuchung mit der LJAPUNOW-Funktion 812
       14.4.8 Stabilitätskriterium von POPOW 814
              14.4.8.1 Absolute Stabilität 814
              14.4.8.2 Numerische Form des POPOW-Kriteriums 815
              14.4.8.3 Ortskurvenform des POPOW-Kriteriums 818
14.5 Regelkreise mit schaltenden Reglern 820
       14.5.1 Anwendung von schaltenden Reglern 820
       14.5.2 Regelkreise mit Zweipunktreglern 822
              14.5.2.1 Berechnung der Kenngrößen von Regelkreisen mit Zweipunktreglern und proportionalen Regelstrecken 822
              14.5.2.2 Zweipunktregler an proportionalen Regelstrecken mit Totzeit 826
              14.5.2.3 Zweipunktregler an proportionalen Regelstrecken ohne Totzeit 834
              14.5.2.4 Berechnung der Kenngrößen von Regelkreisen mit Zweipunktreglern und Regelstrecken mit Integral-Anteil 835
       14.5.3 Berechnung von Regelkreisen mit Dreipunktreglern 840
       14.5.4 Schaltende Regler mit Rückführung 843
              14.5.4.1 Eigenschaften von quasistetigen Reglern 843
              14.5.4.2 Einfluß der Rückführung bei schaltenden Reglern 844
              14.5.4.3 Quasistetige Standardregler (Regler mit Rückführung) 847

15 Anwendung der Fuzzy-Logik in der Regelungstechnik   853

15.1 Grundbegriffe der Fuzzy-Logik 853
       15.1.1 Scharfe und unscharfe Mengen, Zugehörigkeitsfunktionen 853
       15.1.2 Beschreibung von scharfen und unscharfen Mengen 854
              15.1.2.1 Beschreibungsformen von scharfen Mengen 854
              15.1.2.2 Beschreibungsformen von unscharfen Mengen 855
       15.1.3 Darstellung von unscharfen Mengen mit Zugehörigkeitsfunktionen 858
       15.1.4 Linguistische Variablen und Werte 862
              15.1.4.1 Linguistische Variablen zur Beschreibung von unscharfen Aussagen 862
              15.1.4.2 Struktur von linguistischen Variablen, linguistische Operatoren 864
15.2 Operationen mit unscharfen Mengen 870
       15.2.1 Elementaroperationen mit scharfen Mengen 870
       15.2.2 Operationen mit unscharfen Mengen 871
              15.2.2.1 Elementaroperationen mit unscharfen Mengen 871
              15.2.2.2 Allgemeine Anforderungen an Fuzzy-Operatoren 874
              15.2.2.3 t-Normen und t-Konormen (s-Normen) 876
              15.2.2.4 Parametrisierte t-Normen und t-Konormen 881
              15.2.2.5 Kompensatorische und mittelnde Operatoren 882
15.3 Unscharfe Relationen 885
       15.3.1 Einstellige Relationen 885
       15.3.2 Scharfe Relationen mit scharfen Mengen 886
       15.3.3 Unscharfe Relationen mit scharfen Mengen 887
       15.3.4 Unscharfe Relationen mit unscharfen Mengen 888
       15.3.5 Verknüpfung von unscharfen Relationen 890
       15.3.6 Verkettung (Komposition) von unscharfen Relationen 892
       15.3.7 Unscharfes Schließen (Fuzzy-Inferenz) 896

15.4		Fuzzy-Regelungen und -Steuerungen (Fuzzy-Control)	900
	15.4.1	Anwendungsgebiete von Fuzzy-Reglern	900
	15.4.2	Arten von Fuzzy-Reglern	901
	15.4.3	Struktur und Komponenten von relationalen Fuzzy-Reglern	901
		15.4.3.1 Prinzipieller Aufbau	901
		15.4.3.2 Fuzzifizierung	902
	15.4.4	Inferenzkomponenten von Fuzzy-Reglern	905
		15.4.4.1 Regelbasis	905
		15.4.4.2 Teilschritte des Inferenzverfahrens	908
		15.4.4.3 Auswertung der Regelprämissen	908
		15.4.4.4 Regelaktivierung und Aggregation	911
	15.4.5	Defuzzifizierung	917
		15.4.5.1 Defuzzifizierungsverfahren	917
		15.4.5.2 Defuzzifizierung mit der maximalen Höhe der Zugehörigkeitsfunktion	917
		15.4.5.3 Defuzzifizierung mit Schwerpunktverfahren	919
		15.4.5.4 Allgemeines Schwerpunktverfahren	919
		15.4.5.5 Schwerpunktsummen-Verfahren für die Inferenz mit der SUM-MIN, SUM-PROD-Methode	922
		15.4.5.6 Schwerpunktverfahren für vereinfachte Zugehörigkeitsfunktionen (Rechteckfunktionen)	927
		15.4.5.7 Schwerpunktverfahren für vereinfachte Zugehörigkeitsfunktionen (Singletons)	930
		15.4.5.8 Schwerpunktverfahren für erweiterte Zugehörigkeitsfunktionen	932
	15.4.6	Struktur und Komponenten von funktionalen Fuzzy-Reglern	933
		15.4.6.1 Unterschiede von relationalen und funktionalen Fuzzy-Reglern	933
		15.4.6.2 Prinzipieller Aufbau von funktionalen Fuzzy-Reglern	935
15.5		Übertragungsverhalten von Fuzzy-Reglern	937
	15.5.1	Allgemeine Eigenschaften von Fuzzy-Reglern	937
	15.5.2	Kennlinien von Fuzzy-Reglern	938
		15.5.2.1 Einfluß der Defuzzifizierung	938
		15.5.2.2 Einstellung von linearen Übertragungsfunktionen	940
		15.5.2.3 Einstellung von nichtlinearen Übertragungsfunktionen	943
	15.5.3	Fuzzy-PID-Regler	947
		15.5.3.1 PID-ähnliche Fuzzy-Regler	947
		15.5.3.2 Fuzzy-P-Regler	948
		15.5.3.3 Fuzzy-PD-Regler	952
		15.5.3.4 Fuzzy-PI-Regler (Stellungsalgorithmus)	957
		15.5.3.5 Fuzzy-PI-Regler (Geschwindigkeitsalgorithmus)	960
		15.5.3.6 Fuzzy-PID-Regler	961
	15.5.4	Strukturen von Fuzzy-Regelkreisen	963
		15.5.4.1 Einsatz von Fuzzy-Komponenten	963
		15.5.4.2 Fuzzy-Regler als Ersatz für konventionelle Regler	963
		15.5.4.3 Erweiterung von konventionellen Regelkreisstrukturen mit Fuzzy-Komponenten (Fuzzy-Hybrid-Strukturen)	964
16		**Berechnung von Regelungssystemen mit MATLAB**	**967**
16.1		Allgemeines	967
16.2		Einführung in MATLAB	968
	16.2.1	Einfache Berechnungen mit MATLAB	968

	16.2.2	Vektoren, Matrizen und Polynome – Eingabe und Grundoperationen	971
		16.2.2.1 Vektoren	971
		16.2.2.2 Matrizen	973
		16.2.2.3 Polynome	975
		16.2.2.4 Elementweise Multiplikation und Division von Vektoren und Matrizen	976
	16.2.3	m-Files	976
		16.2.3.1 Script-Files und Function-Files	976
		16.2.3.2 Script-Files	977
		16.2.3.3 Function-Files	977
	16.2.4	Kontrollstrukturen	978
		16.2.4.1 Arten von Kontrollstrukturen	978
		16.2.4.2 for-Schleife	978
		16.2.4.3 while-Schleife	979
		16.2.4.4 if-elseif-else-Struktur	979
		16.2.4.5 switch-case-otherwise-Struktur	981
		16.2.4.6 Verkürzung der Rechenzeit	981
	16.2.5	Nützliche Anweisungen: echo, keyboard, pause, type, what	982
	16.2.6	Graphische Darstellungen	982
		16.2.6.1 Zweidimensionale Graphiken	982
		16.2.6.2 Dreidimensionale Graphiken	987
	16.2.7	Tabellen wichtiger Standardfunktionen für MATLAB	993
16.3	Objektorientierte Programmierung		997
	16.3.1	LTI-Objekte für lineare zeitinvariante Systeme	997
	16.3.2	Daten und Methoden für LTI-Objekte	998
	16.3.3	Tabelle für Funktionen der Control System Toolbox zur Erzeugung und Konversion von LTI-Modellen	1003
16.4	Umformung von Signalflußplänen		1003
	16.4.1	Allgemeines	1003
	16.4.2	Kettenstruktur	1004
	16.4.3	Parallelstruktur	1004
	16.4.4	Kreisstrukturen	1005
		16.4.4.1 Struktur mit indirekter Gegenkopplung	1005
		16.4.4.2 Struktur mit direkter Gegenkopplung	1006
	16.4.5	Ermittlung von Führungs- und Störungsübertragungsfunktionen für Signalflußpläne	1006
	16.4.6	Umformung vermaschter Signalflußpläne	1008
	16.4.7	Tabelle für Funktionen der Control System Toolbox zur Umformung von Signalflußplänen	1009
16.5	Berechnung von Regelungen im Zeitbereich		1010
	16.5.1	Allgemeines	1010
	16.5.2	Impulsantwort	1010
	16.5.3	Sprungantwort	1011
	16.5.4	Anstiegsantwort	1013
	16.5.5	Sinusantwort	1014
	16.5.6	Tabelle für Funktionen der Control System Toolbox zur Berechnung von Regelungen im Zeitbereich	1016
16.6	Berechnung von Regelungen im Frequenzbereich		1016
	16.6.1	Eigenschaften von Übertragungsfunktionen	1016
		16.6.1.1 Übertragungsfunktion und Pol-Nullstellenplan	1016

		16.6.1.2 Partialbruchzerlegung	1019
		16.6.1.3 Übertragungsfunktion und Wurzelortskurve	1021
	16.6.2	Frequenzgang und Ortskurve	1024
		16.6.2.1 Ortskurve für ein PT_1- und ein PT_2-Element	1024
		16.6.2.2 Ortskurve eines offenen Regelkreises	1026
	16.6.3	Frequenzgang und BODE-Diagramm	1027
		16.6.3.1 BODE-Diagramm eines $PIDT_1$-Reglers	1027
		16.6.3.2 Amplituden- und Phasenreserve eines Regelkreises	1028
		16.6.3.3 BODE-Diagramm für ein PT_2-Element bei verschiedenen Dämpfungen	1031
	16.6.4	Tabelle für Funktionen der Control System Toolbox zur Berechnung von Regelungen im Frequenzbereich	1033
16.7	Berechnung von digitalen Regelungssystemen mit MATLAB		1034
	16.7.1	Allgemeines	1034
	16.7.2	Bestimmung der z-Übertragungsfunktion für verschiedene Diskretisierungsverfahren	1035
	16.7.3	Wahl der Abtastzeit für ein Übertragungssystem	1036
	16.7.4	Untersuchung des Zeitverhaltens von digitalen Regelungen	1038
		16.7.4.1 Wahl der Abtastzeit	1038
		16.7.4.2 Ermittlung der z-Übertragungsfunktion	1039
		16.7.4.3 Impulsantwortfolge	1041
		16.7.4.4 Sprungantwortfolge	1042
		16.7.4.5 Anstiegsantwortfolge	1044
	16.7.5	Reglerauslegung bei Nichterfüllung des Abtastzeitkriteriums	1045
	16.7.6	DEAD-BEAT-Regelung für sprungförmige Führungsgrößen	1047
	16.7.7	z-Übertragungsfunktion und Pol-Nullstellenplan	1049
		16.7.7.1 Dämpfung und Kennkreisfrequenz von konjugiert komplexen Nullstellen	1049
		16.7.7.2 Pol-Nullstellenplan für z-Übertragungsfunktionen	1050
		16.7.7.3 z-Übertragungsfunktion und Wurzelortskurve	1051
	16.7.8	Tabelle für Funktionen der Control System Toolbox zur Berechnung von digitalen Regelungssystemen	1053
16.8	Berechnung von Zustandsregelungen mit MATLAB		1054
	16.8.1	Allgemeines	1054
	16.8.2	Signalflußstrukturen mit Zustandsmodellen	1055
	16.8.3	Lösung der Zustandsgleichung	1057
		16.8.3.1 Lösung der homogenen Zustandsgleichung	1057
		16.8.3.2 Lösung der inhomogenen Zustandsgleichung	1058
	16.8.4	Modellkonversion: Übertragungsfunktion und Zustandsdarstellung	1060
	16.8.5	Steuerbarkeit und Beobachtbarkeit	1062
		16.8.5.1 Untersuchung eines Regelungssystems auf Steuerbarkeit	1062
		16.8.5.2 Untersuchung eines Regelungssystems auf Beobachtbarkeit	1063
	16.8.6	Ähnlichkeitstransformationen	1064
		16.8.6.1 Transformation auf Regelungsnormalform	1064
		16.8.6.2 Transformation auf Beobachtungsnormalform	1066
	16.8.7	Zustandsregelungen	1067
		16.8.7.1 Zustandsregelung einer PT_2-Regelstrecke	1067
		16.8.7.2 Zustandsregelung mit Zustandsbeobachter	1069
	16.8.8	Tabelle für Funktionen der Control System Toolbox zur Berechnung von Zustandsregelungen	1073

16.9	Graphisches User Interface ltiview	1074
16.10	Berechnung von Regelungen mit MATLAB-Simulink	1080
	16.10.1 Allgemeines	1080
	16.10.2 Einführung in Simulink	1080

17 Numerische Verfahren für die Regelungstechnik — 1085

17.1	Einleitung	1085
17.2	Ermittlung der Nullstellen der charakteristischen Gleichung	1085
	17.2.1 Lösung von algebraischen Gleichungen	1085
	17.2.2 NEWTON-Verfahren	1086
	17.2.3 BAIRSTOW-Verfahren	1087
	17.2.4 PASCAL-Programm zur Berechnung von reellen und komplexen Nullstellen von Polynomen	1088
	17.2.4.1 Einleitung	1088
	17.2.4.2 Programmbeschreibung und Programm	1088
	17.2.4.3 Anwendungsbeispiel	1091
17.3	Numerische Verfahren zur Lösung von Differentialgleichungen	1091
	17.3.1 Einleitung	1091
	17.3.2 Grundlagen des RUNGE-KUTTA-Verfahrens	1092
	17.3.3 Umformung von Differentialgleichungen höherer Ordnung in Systeme von Differentialgleichungen I. Ordnung	1094
	17.3.4 Programm zur Ermittlung des dynamischen Verhaltens von linearen Regelungssystemen ohne Totzeit	1097
	17.3.5 Anwendungsbeispiel	1099

18 Formelzeichen und Abkürzungen — 1101

18.1	Allgemeines	1101
18.2	Formelzeichen und Abkürzungen der klassischen Regelungstechnik	1101
18.3	Formelzeichen für Zustandsregelungen	1108
18.4	Formelzeichen und Abkürzungen für Anwendungen der Fuzzy-Logik	1109

19 Fachbücher und Normen zur Regelungstechnik, regelungstechnische Begriffe — 1113

19.1	Deutschsprachige Fachliteratur	1113
19.2	Fremdsprachige Fachliteratur	1117
19.3	Literatur zu Regelungstechnik mit MATLAB	1117
19.4	Regelungstechnische Begriffe: deutsch-englisch	1119
19.5	Regelungstechnische Begriffe: englisch-deutsch	1128
19.6	Begriffe der Fuzzy-Logik, Fuzzy-Regelung: deutsch-englisch	1137
19.7	Begriffe der Fuzzy-Logik, Fuzzy-Regelung: englisch-deutsch	1142

Sachwortverzeichnis — **1149**

1 Einführung in die Regelungstechnik

1.1 Steuerungen und Regelungen

Technische Systeme sollen häufig so beeinflußt werden, daß bestimmte zeitveränderliche Systemgrößen ein **vorgeschriebenes Verhalten** aufweisen. In einfachen Fällen sollen technische Größen konstant gehalten werden, obwohl auf das System **Störungen** einwirken. Diese Aufgaben sind im allgemeinen mit Regelungen oder Steuerungen lösbar. Beide Methoden werden im weiteren erklärt und miteinander verglichen.

> Unter einer Regelung versteht man einen Vorgang, bei dem eine Größe, die **Regelgröße**, fortlaufend gemessen wird und mit einer anderen Größe, der **Führungsgröße**, verglichen wird. Mit dem Vergleichsergebnis wird die Regelgröße so beeinflußt, daß sich die Regelgröße der Führungsgröße angleicht. Der sich ergebende Wirkungsablauf findet in einem geschlossenen Kreis, dem **Regelkreis**, statt.

Bei dieser Definition ist wichtig, daß bei Regelungen die Regelgröße fortlaufend gemessen und verglichen wird. Mit dem Vergleichsergebnis wird die Regelgröße beeinflußt. Häufig läßt sich ein vorgeschriebenes Verhalten einer Größe auch mit Hilfe von anderen Größen einstellen. Solche Einrichtungen werden als Steuerungen bezeichnet.

Beispiel 1.1-1: **Steuerung** der Innentemperatur T_i eines Raumes in Abhängigkeit von der Außentemperatur T_a. Ein Steuerelement steuert die Energiezufuhr für den zu heizenden Raum in Abhängigkeit von der jeweiligen Außentemperatur T_a.

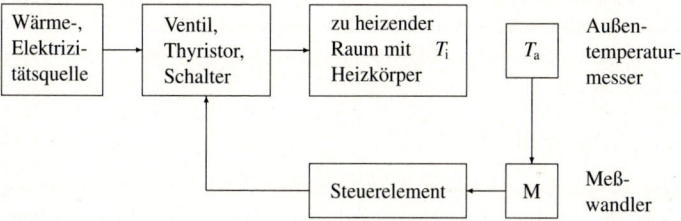

Bild 1.1-1: Technologieschema einer Temperatursteuerung

Das technische System ist eine Steuerung, da die einzustellende Größe, die Innentemperatur T_i, nicht gemessen wird. Die Raumtemperatur T_i wird in Abhängigkeit von der Außentemperatur T_a, der wichtigsten Einfluß- oder Störgröße in einem Heizungssystem, gesteuert. Das Kennzeichen einer Steuerung ist der **offene Wirkungsweg**, die Innentemperatur hat auf die Außentemperatur und damit auf die Verstellung der Energiezufuhr keinen Einfluß. Der offene Wirkungsweg wird auch als **offene Steuerkette** bezeichnet.

Beispiel 1.1-2: **Regelung** der Innentemperatur mit Vorgabe einer Solltemperatur. Wird die Energiezufuhr in Abhängigkeit von der Differenz der Solltemperatur T_s und der Innentemperatur T_i eingestellt, so ergibt sich eine Regelung. Bei Regelungen ist der Wirkungsweg geschlossen, die Anordnung wird als **geschlossener Regelkreis** bezeichnet.

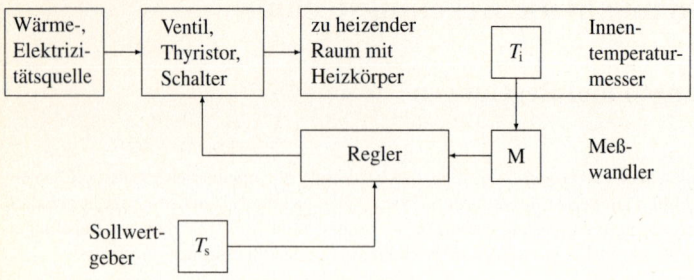

Bild 1.1-2: Technologieschema einer Temperaturregelung

Merkmale und Eigenschaften von Steuerungen und Regelungen sind in Tabelle 1.1-1 zusammengefaßt:

Tabelle 1.1-1: Merkmale von Regelungen und Steuerungen

Kennzeichen	Regelung	Steuerung
Wirkungsweg:	geschlossen (Regelkreis)	offen (Steuerkette)
Messung und Vergleich der einzustellenden Größe:	Zu regelnde Größe wird gemessen und verglichen.	Zu steuernde Größe wird nicht gemessen und verglichen.
Reaktion auf Störungen (allgemein):	Wirkt allen Störungen entgegen, die an dem zu regelnden System angreifen.	Reagiert nur auf Störungen, die gemessen und in der Steuerung verarbeitet werden.
Reaktion auf Störungen (zeitlich):	Reagiert erst dann, wenn die Differenz von Soll- und Istwert sich ändert.	Reagiert schnell, da die Störung direkt gemessen wird.
Technischer Aufwand:	Geringer Aufwand: Messung der zu regelnden Größe, Soll-Istwert-Vergleich, Leistungsverstärkung.	Hoher Aufwand, wenn viele Störungen berücksichtigt werden müssen, geringer Aufwand, wenn keine Störungen auftreten.
Verhalten bei instabilen Systemen:	Bei instabilen Systemen müssen Regelungen eingesetzt werden.	Steuerungen sind bei instabilen Systemen unbrauchbar.

Steuerungen berücksichtigen nicht alle störenden Einflüsse (Störgrößen). Im einführenden Beispiel werden nur Änderungen der Außentemperatur berücksichtigt, nicht jedoch Störungen der Energiezufuhr. Steuerungen können meist schneller auf Störungen reagieren. Sinkt die Außentemperatur, so greift die Steuerung bereits ein, bevor die Störung die Innentemperatur verringert.

1.2 Begriffe der Regelungstechnik

Ziel von technischen Regelungen ist die Verbesserung des zeitlichen Verhaltens von physikalischen Größen, zum Beispiel Spannung, Leistung, Drehzahl, Druck, Temperatur.

Die **Regelstrecke** ist der Teil eines technischen Systems, der beeinflußt werden soll. Im Beispiel von Abschnitt 1.1 besteht die Regelstrecke aus Heizkörper und dem zu heizenden Raum. Eingangsgröße der Regelstrecke ist die **Stellgröße** y (zugeführte Wärmeleistung), die zu regelnde Größe heißt **Regelgröße** x und entspricht hier der Temperatur.

1.2 Begriffe der Regelungstechnik

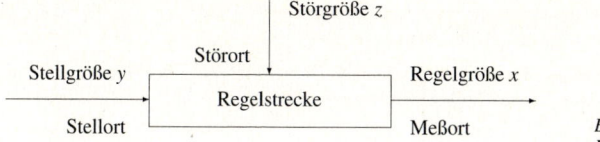

Bild 1.2-1: Regelstrecke mit Ein- und Ausgangsgrößen

Die Regelgröße x (Istwert) wird am **Meßort** erfaßt und mit der **Führungsgröße** w (Sollwert) durch Differenzbildung verglichen. Die Führungsgröße wird der Regelung von außen vorgegeben, die Regelgröße soll der Vorgabe der Führungsgröße folgen. Die Differenz

$$x_d = w - x$$

wird als **Regeldifferenz** bezeichnet. **Störungen** werden mit z bezeichnet, sie greifen an **Störorten** an und beeinflussen die Regelgröße x. Eine wichtige Aufgabe der Regelung ist, den Einfluß der Störgrößen auf die Regelgröße zu unterdrücken. Tritt aufgrund einer Störung eine Verringerung der Regelgröße x auf, so bewirkt die Vorzeichenumkehr der Regelgröße x in der Gleichung $x_d = w - x$ eine Erhöhung der Regeldifferenz x_d. Die Regeldifferenz wird verstärkt und erzeugt über eine Leistungserhöhung eine **Gegenwirkung** (Gegenkopplung) gegen auftretende Störungen.

Die **Regeldifferenz** x_d ist die Eingangsgröße des **Regelgliedes**. Das Regelglied verstärkt die Regeldifferenz. Seine Ausgangsgröße wird mit **Reglerausgangsgröße** y_R bezeichnet. Im allgemeinen wird die Reglerausgangsgröße y_R auf einen Leistungsverstärker, die **Stelleinrichtung** gegeben. Die Ausgangsgröße der Stelleinrichtung, die **Stellgröße** y wirkt am **Stellort** auf die Regelstrecke. Zwischen Stellort und Meßort liegt die **Regelstrecke**.

Zwischen Meßort und Stellort liegt die **Regeleinrichtung**. Die Regeleinrichtung besteht aus Meßeinrichtung, Vergleicher, Regelglied (Regelverstärker) und Stelleinrichtung. Alle Geräte, mit Ausnahme der Regelstrecke, bilden die Regeleinrichtung.

Die Regelstrecke wird durch Festlegung von Stellort und Meßort abgegrenzt. Für die Untersuchung des regelungstechnischen Verhaltens empfiehlt sich folgende Vereinbarung.

> Alle durch Konstruktion und Anlagenkonzept vorgegebenen, nicht veränderbaren Teile des Regelungssystems sollten zur Regelstrecke gerechnet werden. Die regelungstechnischen Untersuchungen beziehen sich dann auf die Eigenschaften von Reglern, die wählbar oder einstellbar (Struktur und Parameter) sind und bei der Reglersynthese bestimmt werden müssen.

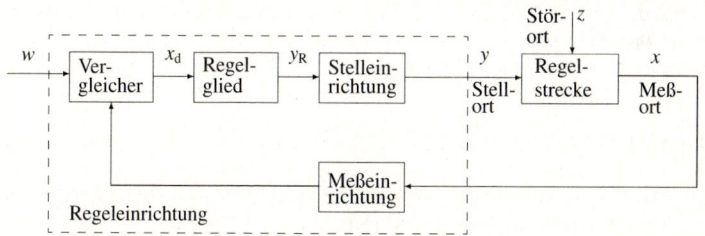

Bild 1.2-2: Regelungstechnische Elemente und Begriffe

Im Einführungsbeispiel wird die Regelstrecke aus Heizkörper und zu heizendem Raum gebildet, die Regelgröße ist die Innentemperatur. Die Ausgangsgröße des Regelgliedes wirkt auf die Stelleinrichtung. Das ist im allgemeinen ein Leistungsverstärker: thyristorgesteuerter Leistungssteller, Schalter zur Beeinflussung der elektrischen Leistung oder Ventil zur Einstellung des Wärmestroms.

Über eine Meßeinrichtung, zum Beispiel eine Temperaturmeßbrücke, wird die Regelgröße gemessen und dem Vergleicher zugeführt. Die Führungsgröße (Solltemperatur) kann mit einem Spannungsteiler eingestellt werden.

Beispiel 1.2-1: Wirkungsweise einer Drehzahlregelung

Für die Drehzahlregelung eines Gleichstrommotors ist ein Technologieschema angegeben. Ein Technologieschema enthält die wichtigsten gerätetechnischen Elemente einer Steuerung oder Regelung und gibt einen Überblick über die Funktionsweise.

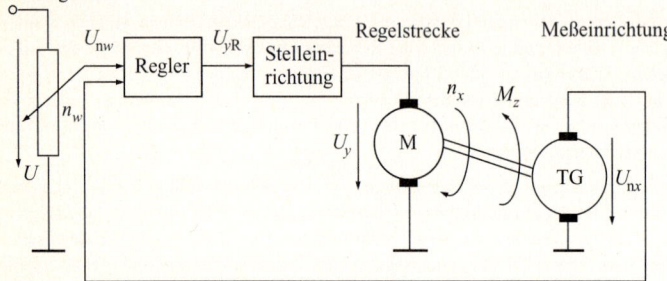

Bild 1.2-3: Technologieschema einer Drehzahlregelung

Die Wirkungsweise der Drehzahlregelung wird für den Fall einer Laststörung M_z untersucht. Die Regelgröße Drehzahl n_x eines Elektromotors M soll konstant gehalten werden. Die Drehzahl wird mit einem Tachogenerator TG gemessen, der eine drehzahlproportionale Spannung U_{nx} erzeugt:

$$U_{nx} = K_T \cdot n_x.$$

K_T ist die Tachogeneratorkonstante mit der Dimension mV/min^{-1}. Die Führungsgröße U_{nw} wird mit einem Spannungsteiler als Sollwertgeber eingestellt. Dabei entspricht einem Drehwinkel des Spannungsteilers ein bestimmter Wert der Führungsgröße (Solldrehzahl) n_w. Der Regler bildet die Differenz der Spannungen, dabei entsteht eine der Regeldifferenz proportionale Spannung

$$U_{xd} = U_{nw} - U_{nx},$$

die mit der Reglerverstärkung K_R verstärkt wird:

$$U_{yR} = U_{xd} \cdot K_R = (U_{nw} - U_{nx}) \cdot K_R.$$

Die Reglerausgangsgröße U_{yR} kann im allgemeinen die vom Motor benötigte Leistung nicht liefern. Die Stelleinrichtung verstärkt die Leistung, der Spannungsverstärkungsfaktor soll hier Eins betragen:

$$U_y = U_{yR}.$$

Die Stellgröße U_y ist die Ankerspannung des Motors und erzeugt einen Ankerstrom I_A, der ein Antriebsmoment M_A bildet. Die Drehzahl ist von Ankerspannung U_y und Lastmoment M_z abhängig:

$$n_x = f(U_y, M_z).$$

Wesentliche Störgröße ist hier das Lastmoment M_z, dessen Vergrößerung ein Absinken der Drehzahl n_x bewirkt. Die Wirkungsweise der Regelung wird für eine Laststörung M_z angegeben, wobei die Erhöhung einer Größe durch +, die Verringerung durch − gekennzeichnet wird:

Störgröße $M_z \rightarrow +$, Regelgröße $n_x = f(U_y, M_z) \rightarrow -$,
zurückgeführte Größe $U_{nx} = K_T \cdot n_x \rightarrow -$, Führungsgröße $U_{nw} \rightarrow$ konstant,
zur Regeldifferenz proportionale Größe $U_{xd} = U_{nw} - U_{nx} \rightarrow +$,
Reglerausgangsgröße $U_{yR} = K_R \cdot U_{xd} \rightarrow +$, Stellgröße $U_y = U_{yR} \rightarrow +$,
Ankerstrom $I_A = f(U_y) \rightarrow +$, Antriebsmoment $M_A = f(I_A) \rightarrow +$,
Regelgröße $n_x = f(U_y, M_z) \rightarrow +$.

Diese Regelungsstruktur wird allgemein bei Drehzahlregelungen eingesetzt. Für viele Antriebsprobleme bildet sie die Grundlage der Realisierung: Antriebe für Fördereinrichtungen, Hauptantriebe bei numerisch gesteuerten Werkzeugmaschinen, Achsantriebe für Industrieroboter.

2 Hilfsmittel zur Darstellung von regelungstechnischen Strukturen

2.1 Wirkungs- oder Signalflußpläne

Bei der Entwicklung von Regelungs- und Steuerungssystemen wird zur Beschreibung zunächst ein **Technologieschema** verwendet. Das Technologieschema zeigt nur die **prinzipielle Wirkungsweise** der Systeme. Zur Berechnung ist es nötig, die physikalischen Vorgänge in Geräten und Anlagen der Regelungstechnik mathematisch zu formulieren, ein **mathematisches Modell** zu bilden.

Ein Hilfsmittel zur Darstellung sind **Wirkungs- oder Signalflußpläne**. Dabei geht man von einem Übertragungssystem aus, das schematisch als Übertragungsblock dargestellt wird.

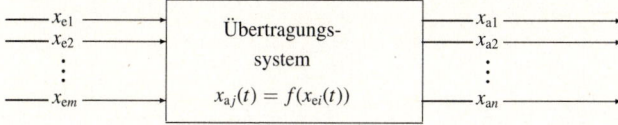

Bild 2.1-1: *Übertragungssystem*

Hierbei sind x_{ei} ($i = 1, \ldots, m$) Eingangsgrößen und x_{aj} ($j = 1, \ldots, n$) Ausgangsgrößen. Die Ein- und Ausgangsgrößen können sein

- Zeitfunktionen $x_e(t)$, $x_a(t)$,
- LAPLACE-transformierte Zeitfunktionen $x_e(s)$, $x_a(s)$ oder
- harmonische Funktionen (Frequenzgangfunktionen) $x_e(j\omega)$, $x_a(j\omega)$.

Systeme mit mehreren Ein- und Ausgangssignalen werden als **Mehrfachsysteme** bezeichnet. Zur Analyse und Berechnung werden die Mehrfachsysteme zerlegt in

- **Einfachsysteme oder Übertragungsblöcke** (Systeme mit einer Ein- und einer Ausgangsgröße) und
- **Verknüpfungselemente**, die mehrere Größen (Signale) zusammenfassen.

Mit den Übertragungsblöcken, für Grundelemente des Regelkreises gibt es Übertragungssymbole, werden die **Kausalzusammenhänge** durch Verknüpfung der Eingangs- und Ausgangsgrößen dargestellt. Die dabei entstehende Darstellung wird **Wirkungs-** oder **Signalflußplan** genannt.

2.2 Elemente des Wirkungs- oder Signalflußplans

2.2.1 Übertragungsblock und Wirkungslinie

Die wirkungsmäßige (kausale) Abhängigkeit der Ausgangsgröße von der Eingangsgröße wird durch einen **Übertragungsblock** (Rechteck) gekennzeichnet. An den Übertragungsblock wird für jedes Signal eine Wirkungslinie gezeichnet, wobei die Pfeilspitze die Wirkungsrichtung angibt:

- hinweisender Pfeil: Eingangsgröße,
- wegweisender Pfeil: Ausgangsgröße.

Bild 2.2-1: *Übertragungsblock*

Das Verhalten eines Übertragungsblocks wird angegeben mit der

- Differentialgleichung für das allgemeine Zeitverhalten des Übertragungssystems,
- Sprungantwort: Reaktion des Systems bei plötzlicher Änderung der Eingangsgröße,
- Frequenzgangfunktion: Übertragungsfunktion des Systems bei harmonischen Eingangsfunktionen,
- Übertragungsfunktion für LAPLACE-transformierte Eingangsgrößen.

Beispiel 2.2-1: Elektrisches und mechanisches Verzögerungselement

Widerstand-Kondensator-Schaltung
(*RC*-Element)

Feder-Dämpfer-Element

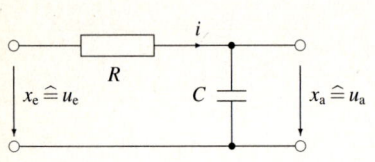
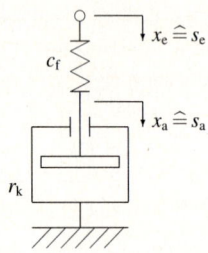

Die Spannung wird von $u_e = 0$ auf u_{e0} erhöht:

$$u_e(t) = i(t) \cdot R + u_a(t),$$

$$i(t) = C \cdot \frac{du_a(t)}{dt},$$

$$T_1 = R \cdot C,$$

$$T_1 \cdot \frac{du_a(t)}{dt} + u_a(t) = u_e(t).$$

Die Position wird von $s_e = 0$ auf s_{e0} verändert:

$$r_k \cdot \frac{ds_a(t)}{dt} = c_f \cdot (s_e(t) - s_a(t)),$$

$$r_k \cdot \frac{ds_a(t)}{dt} + c_f \cdot s_a(t) = c_f \cdot s_e(t),$$

$$T_1 = r_k/c_f,$$

$$T_1 \cdot \frac{ds_a(t)}{dt} + s_a(t) = s_e(t).$$

Differentialgleichung, Sprungantwortfunktion, Frequenzgang- und Übertragungsfunktion der Elemente haben gleiche Struktur (siehe Kapitel 3):

Differentialgleichung

$$x_e(t) \longrightarrow \boxed{T_1 \cdot \frac{dx_a}{dt} + x_a = x_e} \longrightarrow x_a(t)$$

Sprungantwortfunktion

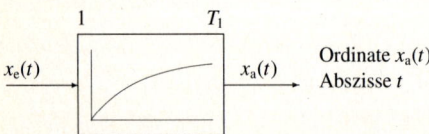

Ordinate $x_a(t)$
Abszisse t

Frequenzgangfunktion

$$x_e(j\omega) \longrightarrow \boxed{\dfrac{1}{1+j\omega \cdot T_1}} \longrightarrow x_a(j\omega)$$

LAPLACE-Übertragungsfunktion

$$x_e(s) \longrightarrow \boxed{\dfrac{1}{1+s \cdot T_1}} \longrightarrow x_a(s)$$

Die Sprungantwortfunktion gibt den Verlauf der Ausgangsgröße $x_a(t)$ bei sprungförmiger Veränderung der Eingangsgröße $x_e(t)$ an. Für das hier angegebene Element mit der Differentialgleichung I. Ordnung lautet sie:

$$\boxed{x_a(t) = x_{e0} \cdot (1 - e^{-t/T_1}), \quad x_e(t) = x_{e0} \quad \text{für} \quad t > 0}.$$

Nichtlineare Systeme können ebenfalls in Signalflußplänen dargestellt werden.

Steuergleichung

$$U \longrightarrow \boxed{I = k \cdot U^2} \longrightarrow I$$

stationäre Kennlinie

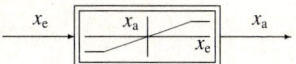

Mit der obenstehenden Kennlinie wird das stationäre Verhalten eines Verstärkers mit Begrenzung beschrieben.

2.2.2 Verknüpfungselemente

Mit Verknüpfungselementen werden Übertragungsblöcke verbunden. Folgende Verknüpfungen sind gebräuchlich:

- Verzweigung,
- Summation, Inversion,
- Multiplikation,
- Division.

- **Verzweigungselement:** Das Signal verzweigt sich. Jede der Ausgangsgrößen ist gleich der Eingangsgröße.

$$x_a(t) = x_e(t).$$

- **Summationselement:** Die ankommenden Größen werden unter Berücksichtigung der Vorzeichen zu einer abgehenden Größe zusammengefaßt. Pluszeichen können weggelassen werden, das Minuszeichen ist anzugeben.

$$x_a(t) = -x_{e1}(t) + x_{e2}(t) + x_{e3}(t)$$

- **Inversionsstelle:**

$$x_a(t) = -x_e(t)$$

- **Multiplikationsstelle:**

$$x_a(t) = x_{e1}(t) \cdot x_{e2}(t)$$

- **Divisionsstelle:**

$$x_a(t) = x_{e1}(t)/x_{e2}(t)$$

Die Wirkungslinien sind stets gerichtet. Es gibt keine Rückwirkungen über die Wirkungslinien, ebenso werden die Übertragungsblöcke rückwirkungsfrei angenommen. Vorhandene Rückwirkungen müssen durch Wirkungslinien dargestellt werden.

Beispiel 2.2-2: Folgende Gleichungen sind durch Signalflußpläne darzustellen.

a) Regelstreckengleichung mit zwei Störgrößen z_1, z_2. Die Versorgungsstörgröße z_1 vermindert die Eingangsleistung der Regelstrecke, z_2 als Laststörgröße verringert direkt die Regelgröße x.

$$x = 5 \cdot (y - z_1) - 3 \cdot z_2$$

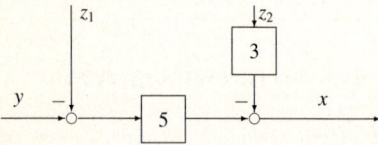

b) Integrierende und differenzierende Elemente:

$$x_a(t) = \frac{1}{T_1} \cdot \int x_e(t)\, dt$$

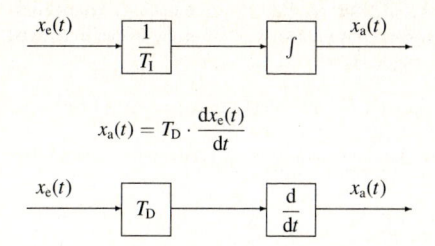

$x_e(t) \rightarrow \boxed{\dfrac{1}{T_I}} \rightarrow \boxed{\int} \rightarrow x_a(t)$

$$x_a(t) = T_D \cdot \frac{dx_e(t)}{dt}$$

$x_e(t) \rightarrow \boxed{T_D} \rightarrow \boxed{\dfrac{d}{dt}} \rightarrow x_a(t)$

Gleichungen, die Integrationen oder Differentiationen enthalten, werden im allgemeinen durch Sprungantwort, Frequenzgangfunktion oder Übertragungsfunktion dargestellt (Kapitel 3).

c) Gleichung für die elektrische Leistung P:

$$P = U \cdot I.$$

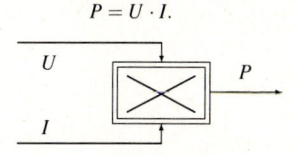

d) Zusammenhang zwischen Kraft F, Beschleunigung a und Weg s bei einer Masse m:

$$a(t) = \frac{F(t)}{m}, \quad v(t) = \int a(t)\,dt, \quad s(t) = \int v(t)\,dt.$$

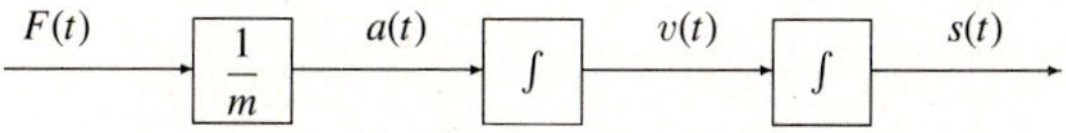

$F(t) \rightarrow \boxed{\dfrac{1}{m}} \xrightarrow{a(t)} \boxed{\int} \xrightarrow{v(t)} \boxed{\int} \rightarrow s(t)$

e) Gleichungen eines Regelkreises mit Proportional-Elementen:

$$x_d = w - x, \quad y = K_R \cdot x_d, \quad x = K_S \cdot y.$$

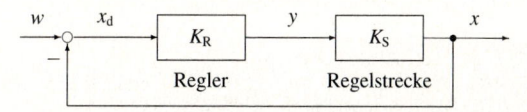

$w \rightarrow \otimes \xrightarrow{x_d} \boxed{K_R} \xrightarrow{y} \boxed{K_S} \rightarrow x$
                  Regler   Regelstrecke

> Bei den Gleichungen für die Übertragungselemente der Regelungstechnik gilt folgende Vereinbarung: Links steht die Ausgangsgröße des Elements, rechts stehen die Eingangsgrößen.

2.3 Einfache Signalflußstrukturen und Vereinfachungsregeln

2.3.1 Anwendung der Wirkungs- oder Signalflußpläne

Die im folgenden angegebenen Vereinfachungs- und Umformungsregeln für Signalflußstrukturen gelten für Regelkreise, die mit

- Proportionalelementen,
- Frequenzgangfunktionen,
- LAPLACE-Übertragungsfunktionen

dargestellt werden können. Der wichtigste Vorteil ist dabei, daß sich die Ausgangsgröße durch **Multiplikation** mit der Eingangsgröße ergibt. Die Vereinfachungs- und Umformungsregeln werden in den folgenden Beispielen auf Proportionalelemente ohne Verzögerung angewendet.

2.3.2 Kettenstruktur

Die Reihenschaltung von mehreren Übertragungsblöcken läßt sich durch einen Übertragungsblock darstellen.

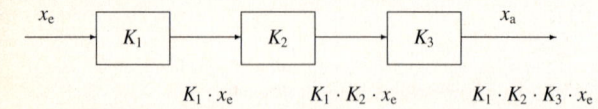

$$x_e \to \boxed{K_1} \to \boxed{K_2} \to \boxed{K_3} \to x_a$$

$$K_1 \cdot x_e \qquad K_1 \cdot K_2 \cdot x_e \qquad K_1 \cdot K_2 \cdot K_3 \cdot x_e$$

Der resultierende Übertragungsfaktor einer **Kettenstruktur** ergibt sich durch Multiplikation der einzelnen Übertragungsfaktoren.

$$x_a = K_1 \cdot K_2 \cdot K_3 \cdot x_e = K \cdot x_e, \quad K = K_1 \cdot K_2 \cdot K_3.$$

2.3.3 Parallelstruktur

Die Parallelschaltung mehrerer Blöcke kann durch einen Übertragungsblock ersetzt werden.

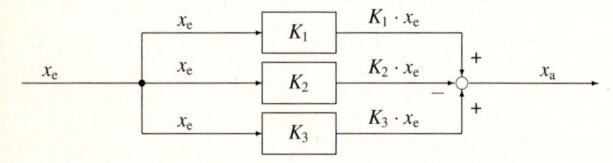

Der resultierende Übertragungsfaktor einer **Parallelstruktur** ergibt sich aus der Summation der einzelnen Übertragungsfaktoren, wobei die Vorzeichen der einzelnen Eingangsgrößen am Summationspunkt berücksichtigt werden müssen.

$$x_a = (K_1 - K_2 + K_3) \cdot x_e, \quad x_a = K \cdot x_e, \quad K = K_1 - K_2 + K_3.$$

Beispiel 2.3-1: Beispiel aus der Elektrotechnik
Berechnung des Frequenzgangs einer Reihenschaltung von zwei rückwirkungsfreien (entkoppelten) Verzögerungselementen. Rückwirkungsfrei heißt, daß eine Belastungsänderung des Ausgangs keine Rückwirkung auf das vorige Übertragungselement hat. In dem Beispiel wird bei Belastungsänderung, zum Beispiel Kurzschluß der Ausgangsspannung u_a, die Spannung u_{a1} nicht verändert.

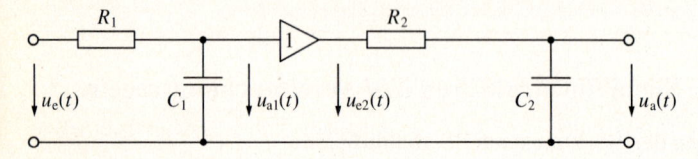

Der Verstärker soll näherungsweise ideal sein: Eingangswiderstand $R_i \to \infty$, Ausgangswiderstand $R_a \to 0$, Verstärkung $K = 1$. Die Ausgangsgröße des Systems erhält man durch Lösen einer Differentialgleichung oder durch **Multiplikation** der transformierten Eingangsgröße mit der Frequenzgang- oder LAPLACE-Übertragungsfunktion. Die einzelnen Übertragungsblöcke werden hier mit Frequenzgangfunktionen im Signalflußplan dargestellt.

$u_e(j\omega) \rightarrow \boxed{F_1(j\omega)} \xrightarrow{u_{a1}(j\omega)} \boxed{F_K(j\omega)} \xrightarrow{u_{e2}(j\omega)} \boxed{F_2(j\omega)} \xrightarrow{u_a(j\omega)}$

Die Frequenzgangfunktion ist der Quotient von Ausgangsgröße durch Eingangsgröße bei einer harmonischen Eingangsgröße. Mit der Spannungsteilerregel ergibt sich:

$$F_1(j\omega) = \frac{u_{a1}(j\omega)}{u_e(j\omega)} = \frac{1/j\omega C_1}{R_1 + 1/j\omega C_1} = \frac{1}{1 + j\omega R_1 \cdot C_1} = \frac{1}{1 + j\omega T_1},$$

$$F_2(j\omega) = \frac{u_a(j\omega)}{u_{e2}(j\omega)} = \frac{1/j\omega C_2}{R_2 + 1/j\omega C_2} = \frac{1}{1 + j\omega R_2 \cdot C_2} = \frac{1}{1 + j\omega T_2},$$

mit den Zeitkonstanten $T_1 = R_1 \cdot C_1$, $T_2 = R_2 \cdot C_2$. Für den Verstärker ist:

$$F_K(j\omega) = \frac{u_{e2}(j\omega)}{u_{a1}(j\omega)} = 1.$$

Die Reihenschaltung von mehreren Übertragungsblöcken läßt sich durch einen Übertragungsblock ersetzen:

$$F(j\omega) = \frac{u_a(j\omega)}{u_e(j\omega)} = F_1(j\omega) \cdot F_K(j\omega) \cdot F_2(j\omega)$$

$$= \frac{1}{(1 + j\omega T_1) \cdot (1 + j\omega T_2)} = \frac{1}{1 + j\omega \cdot (T_1 + T_2) + (j\omega)^2 \cdot T_1 \cdot T_2}.$$

Folgende Wirkungspläne sind mit der Reihenschaltung der drei Elemente gleichwertig:

$u_e(j\omega) \rightarrow \boxed{F(j\omega)} \xrightarrow{u_a(j\omega)}$

$u_e(j\omega) \rightarrow \boxed{\dfrac{1}{(1 + j\omega T_1) \cdot (1 + j\omega T_2)}} \xrightarrow{u_a(j\omega)}$

Bei folgendem Beispiel ist die Rückwirkungsfreiheit nicht gegeben. Eine Änderung der Belastung und damit von u_a wirkt auf u_{a1} zurück. Der Frequenzgang des Systems kann daher nicht aus zwei Einzelfrequenzgängen zusammengesetzt werden.

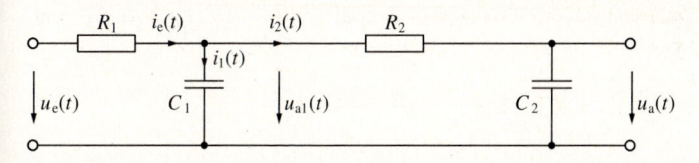

Mit den KIRCHHOFFschen Sätzen läßt sich das folgende Signalflußbild entwickeln, in das die Rückwirkungen eingezeichnet sind.

Die Berechnung der Frequenzgangfunktion ergibt hier:

$$F(j\omega) = \frac{u_a(j\omega)}{u_e(j\omega)} = \frac{1}{1 + j\omega \cdot (T_1 + T_2 + T_{12}) + (j\omega)^2 \cdot T_1 \cdot T_2},$$

mit den Zeitkonstanten $T_1 = R_1 \cdot C_1$, $T_2 = R_2 \cdot C_2$ und der Kopplungszeitkonstanten $T_{12} = R_1 \cdot C_2$. Folgende Wirkungspläne sind gleichwertig:

$u_e(j\omega) \longrightarrow \boxed{F(j\omega)} \longrightarrow u_a(j\omega)$

$u_e(j\omega) \longrightarrow \boxed{\dfrac{1}{1 + j\omega \cdot (T_1 + T_2 + T_{12}) + (j\omega)^2 \cdot T_1 \cdot T_2}} \longrightarrow u_a(j\omega)$

Beispiel 2.3-2:   Beispiel aus der Verfahrenstechnik
Das Zwei-Speicher-Drucksystem hat das gleiche Verhalten wie die oben dargestellte Reihenschaltung von zwei RC-Elementen.

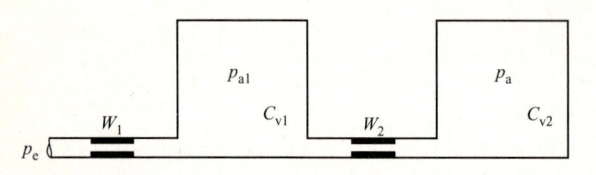

Bild 2.3-1:
Zwei-Speicher-Drucksystem

Die Rohrleitungen bilden die Strömungs**widerstände** W_1, W_2, die unter anderem von den Abmessungen der Leitungen abhängen. Die Speicher**kapazitäten** C_{v1} und C_{v2} werden im wesentlichen durch das Volumen der Druckbehälter bestimmt. In beide Kenngrößen gehen zusätzlich die Eigenschaften des Gases ein. Die Berechnungen ergeben ähnliche Frequenzgangfunktionen:

$$F(j\omega) = \frac{p_a(j\omega)}{p_e(j\omega)} = \frac{1}{1 + j\omega \cdot (T_1 + T_2 + T_{12}) + (j\omega)^2 \cdot T_1 \cdot T_2},$$

mit den Zeitkonstanten $T_1 = W_1 \cdot C_{v1}$, $T_2 = W_2 \cdot C_{v2}$ und der Kopplungszeitkonstanten $T_{12} = W_1 \cdot C_{v2}$.

Die Wirkungspläne entsprechen sich.

$p_e(j\omega) \longrightarrow \boxed{F(j\omega)} \longrightarrow p_a(j\omega)$

$p_e(j\omega) \longrightarrow \boxed{\dfrac{1}{1 + j\omega \cdot (T_1 + T_2 + T_{12}) + (j\omega)^2 \cdot T_1 \cdot T_2}} \longrightarrow p_a(j\omega)$

2.3.4 Kreisstrukturen

2.3.4.1 Struktur mit indirekter Gegenkopplung

Im Rückführungszweig des Signalflußplans liegt ein Übertragungsblock mit dem Faktor K_M, die Führungsgröße w wird direkt mit dem Signal $x \cdot K_M$ verglichen. Eine solche Struktur tritt beispielsweise bei X-Y-Schreibern zur Aufzeichnung von Spannungsverläufen auf. Führungsgröße w (Spannung) und Regelgröße x (Position des Schreibstiftes) haben nicht dieselbe Dimension.

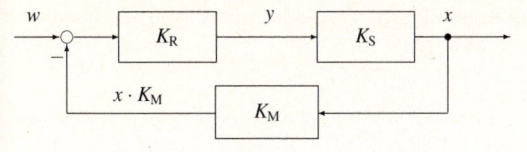

2.3 Einfache Signalflußstrukturen und Vereinfachungsregeln

Bild 2.3-2: Regelkreisstruktur (indirekte Gegenkopplung)

K_R, K_S, K_M sind Übertragungsfaktoren von Regler, Regelstrecke und Meßeinrichtung. Die Berechnung des Übertragungsverhaltens gliedert sich in folgende Schritte: Die **Regelkreisgleichung** wird gebildet, indem in Pfeilrichtung ein Umlauf im Regelkreis durchgeführt wird. Dabei entsteht die Regelkreisgleichung, deren Variablen separiert werden. Dann läßt sich die Übertragungs- oder Frequenzgangfunktion bilden.

$$(w - x \cdot K_M) \cdot K_R \cdot K_S = x, \qquad x \cdot (1 + K_M \cdot K_R \cdot K_S) = w \cdot K_R \cdot K_S$$

$$\boxed{x = \frac{K_R \cdot K_S}{1 + K_M \cdot K_R \cdot K_S} \cdot w = K \cdot w, \qquad K = \frac{x}{w} = \frac{K_R \cdot K_S}{1 + K_M \cdot K_R \cdot K_S}.}$$

2.3.4.2 Struktur mit direkter Gegenkopplung

Die meisten einschleifigen Regelkreise lassen sich mit der Regelkreisstruktur mit direkter Gegenkopplung darstellen.

Bild 2.3-3: Regelkreisstruktur (direkte Gegenkopplung)

K_R, K_S sind die Übertragungsfaktoren von Regler und Regelstrecke. Das Verhalten des Regelkreises wird mit der Regelkreisgleichung bestimmt.

$$(w - x) \cdot K_R \cdot K_S = x, \qquad x \cdot (1 + K_R \cdot K_S) = w \cdot K_R \cdot K_S$$

$$\boxed{x = \frac{K_R \cdot K_S}{1 + K_R \cdot K_S} \cdot w = K \cdot w, \qquad K = \frac{x}{w} = \frac{K_R \cdot K_S}{1 + K_R \cdot K_S}.}$$

Beispiel 2.3-3: Übertragungsverhalten eines Regelkreises mit Rückführung einer Zwischengröße. Der Berechnungsablauf ist anzuwenden, wenn das Übertragungsverhalten der Blöcke durch proportionale Übertragungsfaktoren, Frequenzgang- oder Übertragungsfunktionen angegeben ist.

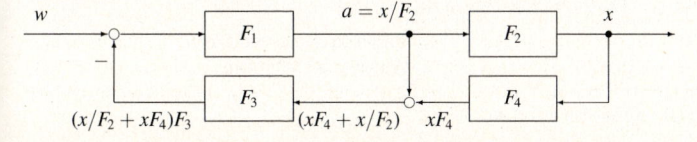

Die Kreisgleichung ist einfacher zu bilden, wenn eine Hilfsgröße a eingeführt wird. Die Hilfsgröße wird aus der Gleichung $a \cdot F_2 = x$ zu $a = x/F_2$ ermittelt. Damit wird

$$\left[w - \left(x \cdot F_4 + \frac{x}{F_2}\right) \cdot F_3\right] \cdot F_1 \cdot F_2 = x,$$

$$(1 + F_1 \cdot F_3 + F_1 \cdot F_2 \cdot F_3 \cdot F_4) \cdot x = F_1 \cdot F_2 \cdot w,$$

$$F = \frac{x}{w} = \frac{F_1 \cdot F_2}{1 + F_1 \cdot F_3 + F_1 \cdot F_2 \cdot F_3 \cdot F_4}.$$

w → $\boxed{\dfrac{F_1 \cdot F_2}{1 + F_1 \cdot F_3 + F_1 \cdot F_2 \cdot F_3 \cdot F_4}}$ → x

Die Führungsfrequenzgangfunktion F gibt die Wirkung der Führungsgröße w auf die Regelgröße x an.

2.4 Berechnung von Regelkreisen mit Proportionalelementen

Es wird ein verzögerungsfreier Regelkreis untersucht. Regler und Regelstrecke sind proportionale Übertragungselemente. Mit Hilfe des Übertragungsverhaltens soll der **Regelfaktor**, der die Wirkung einer Regelung kennzeichnet, bestimmt werden. Das Übertragungsverhalten ist für den verzögerungsfreien Regelkreis das Verhältnis von Ausgangs- zu Eingangsgröße im Zeitbereich.

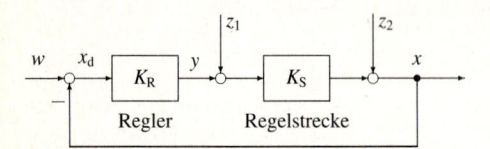

Bild 2.4-1: Regelkreis mit idealen Regelkreiselementen

K_R und K_S sind Übertragungsfaktoren von Regler (Reglerverstärkung) und Regelstrecke (Streckenverstärkung). Zwei Störgrößen sind prinzipiell zu unterscheiden: z_1 am Eingang (Versorgungsstörgröße) und z_2 am Ausgang (Laststörgröße) der Regelstrecke.

Bei technischen Regelkreisen entspricht die Stellgröße y häufig der zugeführten Leistung für die Regelstrecke. Eine **Versorgungsstörgröße** vermindert – wenn sie negativ wirkt – die zugeführte Leistung. Die **Laststörgröße** beeinflußt die Regelgröße direkt. Greift eine Störung innerhalb der Regelstrecke an, so wird sie mit den Umformungsregeln von Abschnitt 2.5 auf den Eingang oder Ausgang der Regelstrecke umgerechnet. Üblicherweise werden die Wirkungen von Störungen und der Führungsgröße auf die Regelgröße getrennt untersucht.

Störübertragungsverhalten $K_{z1} = \dfrac{x}{z_1}, \quad z_1 \neq 0, \quad z_2 = 0, \quad w = 0,$

$$(-x \cdot K_R + z_1) \cdot K_S = x, \quad x \cdot (1 + K_R \cdot K_S) = K_S \cdot z_1,$$

$$\boxed{K_{z1} = \frac{x}{z_1} = \frac{K_S}{1 + K_R \cdot K_S}}.$$
  Störübertragungsfunktion für Versorgungsstörgrößen

Ohne Regelung, mit $K_R = 0$, ergibt sich $K_{z1} = K_S$.

2.4 Berechnungen von Regelkreisen mit Proportionalelementen

Störübertragungsverhalten $K_{z2} = \dfrac{x}{z_2}$, $z_2 \neq 0$, $z_1 = 0$, $w = 0$,

$-x \cdot K_R \cdot K_S + z_2 = x$, $x \cdot (1 + K_R \cdot K_S) = z_2$,

$$\boxed{K_{z2} = \frac{x}{z_2} = \frac{1}{1 + K_R \cdot K_S}}.$$

Störübertragungsfunktion für Laststörgrößen

Ohne Regelung, mit $K_R = 0$, ergibt sich $K_{z2} = 1$.

Führungsübertragungsverhalten $K = \dfrac{x}{w}$, $w \neq 0$, $z_1 = 0$, $z_2 = 0$,

$(w - x) \cdot K_R \cdot K_S = x$, $x \cdot (1 + K_R \cdot K_S) = K_R \cdot K_S \cdot w$

$$\boxed{K = \frac{x}{w} = \frac{K_R \cdot K_S}{1 + K_R \cdot K_S}}.$$

Führungsübertragungsfunktion

Durch eine Regelung wird die Auswirkung von Störungen auf die Regelgröße verringert. Der Regelfaktor r ist ein Maß für die Störungsunterdrückung. Das Verhältnis von Störübertragungsfunktion mit Regelung zu Störübertragungsfunktion ohne Regelung ergibt den Regelfaktor:

$$\boxed{r = \frac{1}{1 + K_R \cdot K_S} = \frac{K_z \text{ (mit Regelung)}}{K_z \text{ (ohne Regelung)}}}.$$

Mit dem Regelfaktor läßt sich das Verhalten verzögerungsfreier Regelkreise berechnen. Bei anderen Regelungen gilt er nur für das stationäre Verhalten. Eine Regelung ist um so besser, je kleiner der Regelfaktor ist.

Beispiel 2.4-1: Ermittlung des Regelfaktors für einen Regelkreis mit Proportionalelementen. Regler und Regelstrecke sind Proportionalelemente mit $K_R = 12$, $K_S = 2$. Führungsgröße w und Versorgungsstörgröße z ändern sich jeweils von Null auf Eins. Die Auswirkungen auf die Regelgröße x werden berechnet.

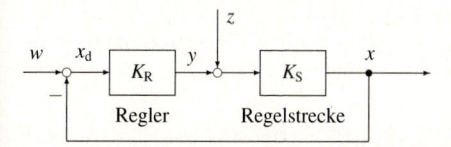

Berechnung des Führungsverhaltens:

$w(t \leq 0) = 0$, $w(t > 0) = 1$, $z(t) = 0$,

$$x = \frac{K_R \cdot K_S}{1 + K_R \cdot K_S} \cdot w = 0.96 < w.$$

Berechnung des Störungsverhaltens:

$z(t \leq 0) = 0$, $z(t > 0) = 1$, $w(t) = 0$,

$$x_z = \frac{K_S}{1 + K_R \cdot K_S} \cdot z = 0.08 > 0, \qquad r = \frac{1}{1 + K_R \cdot K_S} = 0.04.$$

Ohne Regelung ($K_R = 0$) ist $x_z = K_S \cdot z = 2.0$, mit Regelung ergibt sich $x_z = 0.08$. Die Regelung reduziert die Auswirkung der Störgröße z auf die Regelgröße mit dem Regelfaktor $r = 0.04$.

2.5 Umformung von Wirkungs- und Signalflußplänen

2.5.1 Umformungsregeln

Bei komplizierten Signalflußplänen sind die einfachen Umformungsregeln nicht ausreichend, um weitergehende regelungstechnische Untersuchungen durchführen zu können. Das ist auch dann der Fall, wenn einzelne Schleifen eines Signalflußplans ineinandergreifen. Das wird als Vermaschung bezeichnet.

Für die Bearbeitung von regelungstechnischen Strukturen werden folgende Operationen benötigt:
- Zusammenfassung von in Reihe oder parallel geschalteter Übertragungsblöcke,
- Vereinfachung von rückgekoppelten Strukturen,
- Verlagerung von Übertragungsblöcken und Summations- oder Verzweigungsstellen,
- Verlagerung und Zusammenfassung von Summationsstellen,
- Verlagerung von Summations- und Verzweigungsstellen.

Im folgenden sind Regeln zusammengestellt, mit denen ein vermaschter Signalflußplan so umgeformt werden kann, daß die Ermittlung des resultierenden Frequenzgangs oder der Übertragungsfunktion ermöglicht wird. Das Übertragungsverhalten der nebeneinanderstehenden Strukturen ist gleich:

> Die Strukturen sind für das Ein-Ausgangsverhalten äquivalent, das heißt, die Gleichungen für die Beziehungen zwischen Ausgangs- und Eingangsgrößen sind identisch.

Die **Umformungsregeln** sind für Frequenzgangfunktionen $F(j\omega)$ und harmonische Funktionen $x_e(j\omega)$, $x_a(j\omega)$, die mit F, x_e, x_a abgekürzt sind, angegeben. Die Regeln gelten auch für Übertragungsfunktionen mit $G(s)$, $x_e(s)$, $x_a(s)$ oder wenn die Übertragungsfaktoren der Elemente konstant sind, K, $x_e(t)$, $x_a(t)$.

2.5.2 Tabelle der Umformungsregeln für Wirkungspläne

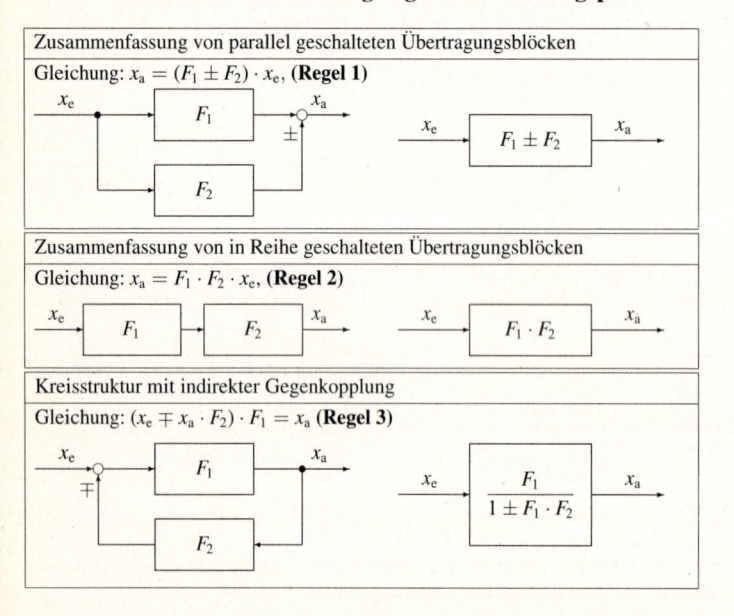

Zusammenfassung von parallel geschalteten Übertragungsblöcken
Gleichung: $x_a = (F_1 \pm F_2) \cdot x_e$, **(Regel 1)**

Zusammenfassung von in Reihe geschalteten Übertragungsblöcken
Gleichung: $x_a = F_1 \cdot F_2 \cdot x_e$, **(Regel 2)**

Kreisstruktur mit indirekter Gegenkopplung
Gleichung: $(x_e \mp x_a \cdot F_2) \cdot F_1 = x_a$ **(Regel 3)**

Kreisstruktur mit direkter Gegenkopplung

Gleichung: $(x_e \mp x_a) \cdot F_1 = x_a$, **(Regel 4)**

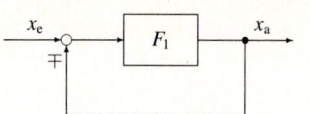

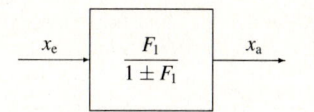

Ersatzblock: $\dfrac{F_1}{1 \pm F_1}$

Verlagerung von Summationsstelle und Übertragungsblock

Gleichung: $x_a = (x_{e1} \pm x_{e2}) \cdot F$, **(Regel 5)**

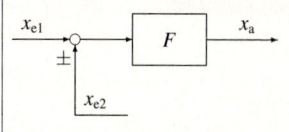

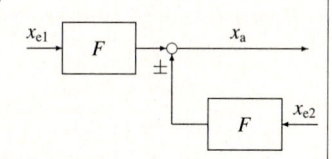

Verlagerung von Summationsstelle und Übertragungsblock

Gleichung: $x_a = x_{e1} \cdot F \pm x_{e2}$, **(Regel 6)**

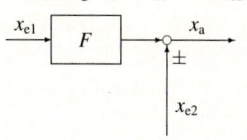

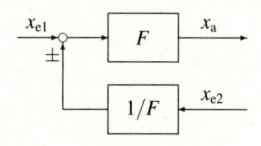

Verlagerung von Verzweigungsstelle und Übertragungsblock

Gleichung: $x_a = x_e \cdot F$, **(Regel 7)**

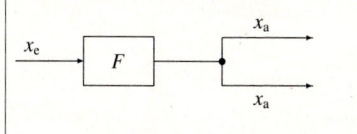

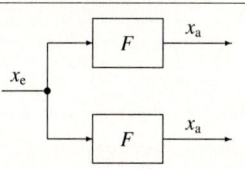

Verlagerung von Verzweigungsstelle und Übertragungsblock

Gleichungen: $x_{a1} = x_e \cdot F$, $x_{a2} = x_e$, **(Regel 8)**

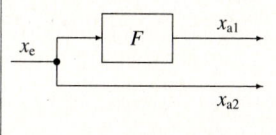

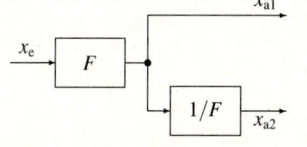

Verlagerung von Summationsstellen

Gleichung: $x_a = x_{e1} \pm x_{e2} \pm x_{e3}$, **(Regel 9)**

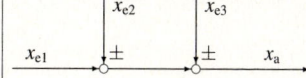

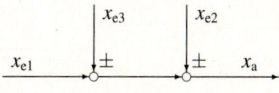

Zusammenfassung von Summationsstellen

Gleichung: $x_a = x_{e1} \pm x_{e2} \pm x_{e3}$, (**Regel 10**)

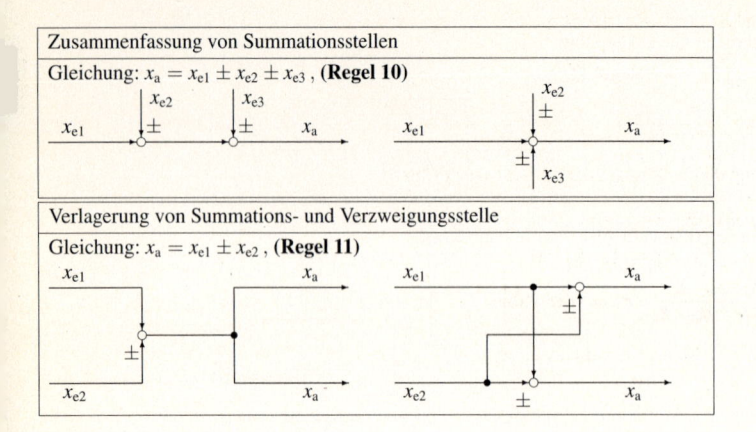

Verlagerung von Summations- und Verzweigungsstelle

Gleichung: $x_a = x_{e1} \pm x_{e2}$, (**Regel 11**)

2.5.3 Anwendungsbeispiele

Beispiel 2.5-1: In der Regelungstechnik wird häufig die Umformungsregel 5 benötigt. Der Drehzahlregelkreis von Beispiel 1.2-1 wird unter der Annahme, daß Regelstrecke, Regler und Meßeinrichtung keine Verzögerungen oder nichtlineare Kennlinien besitzen, dargestellt.

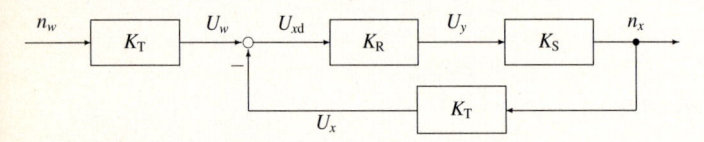

n_w Führungsgröße (Drehzahl), n_x Regelgröße (Drehzahl),

U_y Stellgröße (Ankerspannung),

K_R, K_S Verstärkungsfaktoren von Regler, Regelstrecke,

K_T Tachometerkonstante.

Bei der Führungsgrößenvorgabe muß die Drehzahl n_w mit dem Übertragungselement K_T in eine Spannung U_w umgeformt werden. Ein anderer Faktor an dieser Stelle führt zu einer fehlerhaften Regeldifferenz. Die Regelgröße n_x soll für den Sollwert $n_w = 2000 \text{ min}^{-1}$ berechnet werden. Mit $K_R = 20$, $K_S = 500 \text{ min}^{-1}/\text{V}$, $K_T = 1 \text{ mV/min}^{-1}$ erhält man

$$U_w = K_T \cdot n_w, \quad U_x = K_T \cdot n_x,$$
$$U_{xd} = U_w - U_x = K_T \cdot (n_w - n_x),$$
$$U_y = K_R \cdot (U_w - U_x) = K_R \cdot K_T \cdot (n_w - n_x), \quad n_x = K_S \cdot U_y.$$

Nach Umformungsregel 5 von Abschnitt 2.5.2 läßt sich der Übertragungsblock mit K_T verlagern.

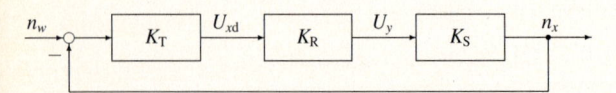

Die Blöcke mit K_T und K_R werden zusammengefaßt.

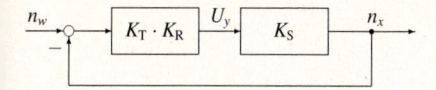

Die Regelgröße n_x folgt durch Umstellen der Regelkreisgleichung:

$$(n_w - n_x) \cdot K_T \cdot K_R \cdot K_S = n_x,$$
$$n_x \cdot (1 + K_T \cdot K_R \cdot K_S) = K_T \cdot K_R \cdot K_S \cdot n_w,$$
$$n_x = \frac{K_T \cdot K_R \cdot K_S}{1 + K_T \cdot K_R \cdot K_S} \cdot n_w = 1818.2 \text{ min}^{-1}.$$

Der Regelkreis hat eine bleibende Regeldifferenz von

$$n_{xd} = n_w - n_x = 181.8 \text{ min}^{-1}$$

und erreicht damit nur etwa 91 % des vorgegebenen Sollwerts. Die Genauigkeit läßt sich durch Vergrößerung der Reglerverstärkung K_R verbessern, das kann jedoch zur Instabilität des Regelkreises führen, wenn Verzögerungselemente im Regelkreis vorhanden sind.

Beispiel 2.5-2: Der Wirkungsplan soll vereinfacht werden, zu ermitteln ist das Übertragungsverhalten x_a in Abhängigkeit von x_e.

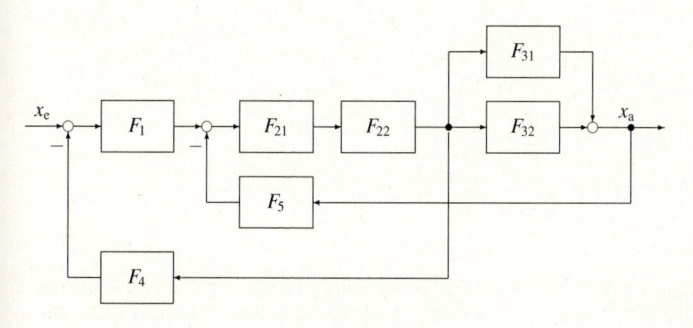

Zuerst werden F_{21}, F_{22} und F_{31}, F_{32} zusammengefaßt:

$$F_2 = F_{21} \cdot F_{22}, \quad F_3 = F_{31} + F_{32}.$$

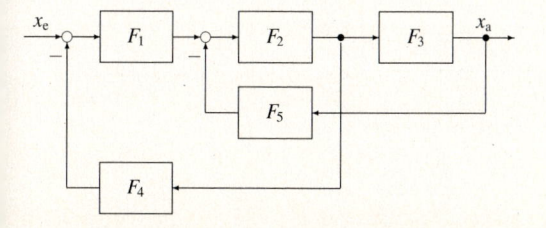

Im zweiten Schritt wird F_5 verschoben:

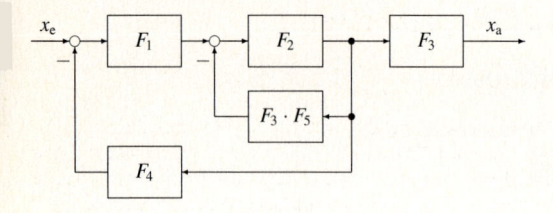

F_2 und $F_3 \cdot F_5$ bilden eine Kreisstruktur.

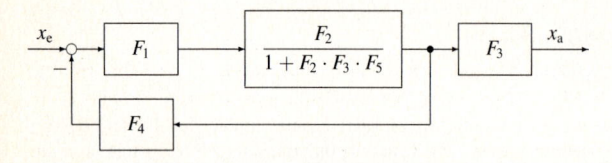

F_1 und $\dfrac{F_2}{1 + F_2 \cdot F_3 \cdot F_5}$ werden zusammengefaßt:

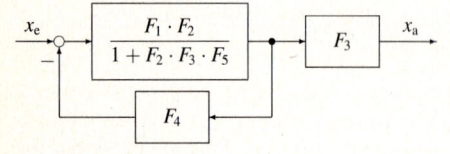

Die Kreisstruktur wird ersetzt

und vereinfacht:

$$x_e \rightarrow \boxed{\dfrac{F_1 \cdot F_2 \cdot F_3}{1 + F_1 \cdot F_2 \cdot F_4 + F_2 \cdot F_3 \cdot F_5}} \rightarrow x_a$$

Mit den Werten für F_2 und F_3 erhält man das Ergebnis:

$$x_e \rightarrow \boxed{\dfrac{F_1 \cdot F_{21} \cdot F_{22} \cdot (F_{31} + F_{32})}{1 + F_1 \cdot F_{21} \cdot F_{22} \cdot F_4 + F_{21} \cdot F_{22} \cdot (F_{31} + F_{32}) \cdot F_5}} \rightarrow x_a$$

$$x_a = \dfrac{F_1 \cdot F_{21} \cdot F_{22} \cdot (F_{31} + F_{32})}{1 + F_1 \cdot F_{21} \cdot F_{22} \cdot F_4 + F_{21} \cdot F_{22} \cdot (F_{31} + F_{32}) \cdot F_5} \cdot x_e \,.$$

3 Mathematische Methoden zur Berechnung von Regelkreisen

3.1 Normierung von Gleichungen

Die Anwendung von regelungstechnischen Verfahren wird durch Einführung von normierten dimensionslosen Größen vereinfacht. Beim **Normieren** werden die Größen des Regelungssystems auf charakteristische Werte bezogen. Die Größen werden durch die charakteristischen Werte dividiert und damit dimensionslos. Als charakteristische Größen werden im allgemeinen die Betriebswerte, die sogenannten Nenngrößen oder Größen des Arbeitspunktes, verwendet.

Für eine Regelstrecke gilt folgende lineare Gleichung:

$$x = K_S \cdot f(y).$$

Wenn Regelgröße x und Stellgröße y unterschiedliche Dimensionen haben, dann hat der Faktor K_S eine Dimension ungleich Eins. Mit dem Index N für die Nennwerte der Regelstrecke und x', y', K'_S für die normierten Größen ergibt sich:

$$\boxed{\frac{x}{x_N} = K_S \cdot \frac{1}{x_N} \cdot f\left[y_N \cdot \frac{y}{y_N}\right] = x' = K_S \cdot \frac{y_N}{x_N} \cdot f(y') = K'_S \cdot f(y').}$$

Die Größen x', y', K'_S sind damit dimensionslos. Vorteile der **normierten Darstellung** sind:

- Es ergeben sich einfachere dimensionslose Gleichungen,
- der Wirkplan (Signalflußplan) wird einfacher und übersichtlicher,
- normierte Systeme lassen sich besser vergleichen.

Beispiel 3.1-1: Die Generatorspannung U_x der Lichtmaschine eines Fahrzeugs hängt von der Drehzahl n_y ab. Der Faktor K_S entspricht der Generator- oder Erregerkonstanten, die von der Ausführung des Generators bestimmt wird:

$$U_x = K_S \cdot n_y.$$

Mit der Normierungsgröße Nenndrehzahl n_{yN} ergibt sich die Nennspannung zu

$$U_{xN} = K_S \cdot n_{yN}.$$

Für die normierte Gleichung und die Dimensionsgleichung folgt:

$$\frac{U_x}{U_{xN}} = \frac{K_S \cdot n_y}{K_S \cdot n_{yN}} = U'_x = n'_y, \quad [1] = [1].$$

Beispiel 3.1-2: Die Weggleichung

$$x(t) = \int v(t) \mathrm{d}t$$

ist mit den Werten $x_N = 1$ m, $v_N = 0.2$ m $\cdot$ s^{-1} zu normieren:

$$\frac{x(t)}{x_N} = \frac{v_N}{x_N} \int \frac{v(t)}{v_N} \mathrm{d}t.$$

Mit der Zeitkonstanten

$$T_I = \frac{x_N}{v_N} = 5 \text{ s}$$

und den normierten Größen $x'(t), v'(t)$ folgt die normierte Gleichung und die Dimensionsgleichung:

$$x'(t) = \frac{1}{T_I} \int v'(t)\,dt, \quad [1] = \left[\frac{1}{s}\right] \cdot [1] \cdot [s].$$

T_I heißt **Integrierzeitkonstante**, T_I ist die Zeit, nach der die Position x_N erreicht wird, wenn das Objekt mit der Geschwindigkeit v_N bewegt wird.

Beispiel 3.1-3: Die Geschwindigkeitsgleichung

$$v(t) = \frac{dx(t)}{dt}$$

ist mit den Werten $v_N = 2\text{ m} \cdot \text{s}^{-1}$, $x_N = 0.5\text{ m}$ zu normieren:

$$\frac{v(t)}{v_N} = \frac{x_N}{v_N} \frac{d\left(\dfrac{x(t)}{x_N}\right)}{dt}.$$

Mit der Zeitkonstanten

$$T_D = \frac{x_N}{v_N} = 0.25\text{ s}$$

und den normierten Größen $v'(t), x'(t)$ folgt die normierte Gleichung und die Dimensionsgleichung:

$$v'(t) = T_D \cdot \frac{dx'(t)}{dt}, \quad [1] = [s] \cdot \left[\frac{1}{s}\right].$$

T_D heißt **Differenzierzeitkonstante**.

3.2 Linearisierung von Regelkreiselementen

3.2.1 Definition der Linearität

Übertragungselemente sind linear, wenn sie das **Verstärkungsprinzip** und das **Überlagerungs-** oder **Superpositionsprinzip** erfüllen. Ein Übertragungselement, das aus der Eingangsgröße x_e die Ausgangsgröße

$$x_a = f(x_e)$$

erzeugt, erfüllt das Verstärkungsprinzip, wenn auch die Eingangsgröße $k \cdot x_e$ in die Ausgangsgröße $k \cdot x_a$, wie in Bild 3.2-1 dargestellt, überführt wird:

$$\boxed{k \cdot x_a = f(k \cdot x_e) = k \cdot f(x_e)}.$$

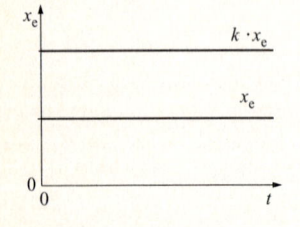

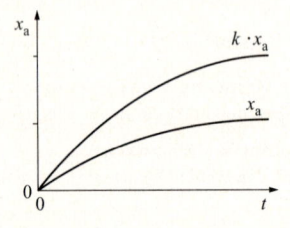

Bild 3.2-1: Verstärkungsprinzip

Ein Übertragungselement, das aus der Eingangsgröße x_{e1} die Ausgangsgröße

$$x_{a1} = f(x_{e1})$$

und aus der Eingangsgröße x_{e2} die Ausgangsgröße

$$x_{a2} = f(x_{e2})$$

erzeugt, erfüllt das Überlagerungsprinzip, wenn auch die Summe der Eingangsgrößen in die Summe der Ausgangsgrößen, entsprechend Bild 3.2-2, überführt werden kann:

$$\boxed{x_{a1} \pm x_{a2} = f(x_{e1} \pm x_{e2}) = f(x_{e1}) \pm f(x_{e2})}$$

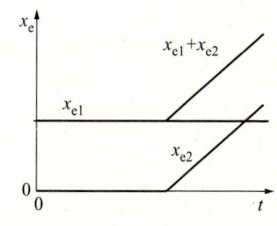

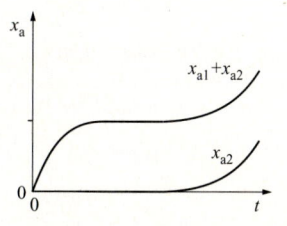

Bild 3.2-2: Überlagerungsprinzip

Beide Prinzipien gelten für beliebige Werte der Eingangsgrößen x_e und Konstanten k.

Beispiel 3.2-1:   Für das Proportionalelement

$$x_a = K_P \cdot x_e,$$

gilt das Verstärkungsprinzip

$$k \cdot x_a = k \cdot K_P \cdot x_e = K_P \cdot k \cdot x_e$$

und das Überlagerungsprinzip

$$x_{a1} = K_P \cdot x_{e1}, \, x_{a2} = K_P \cdot x_{e2},$$
$$x_{a1} \pm x_{a2} = K_P \cdot x_{e1} \pm K_P \cdot x_{e2} = K_P \cdot (x_{e1} \pm x_{e2}).$$

Viele leistungsfähige Untersuchungsverfahren der Regelungstechnik lassen sich nur bei linearen Regelkreiselementen anwenden. Nichtlineare Elemente müssen daher linearisiert werden, damit diese Verfahren eingesetzt werden können.

Störungen verursachen bei Festwertregelungen nur geringe Abweichungen vom eingestellten Arbeitspunkt. Daher werden nichtlineare Kennlinien im Arbeitspunkt mit guter Genauigkeit linearisiert. Die Einstellung des Arbeitspunktes (Anfahren des Regelungssystems) wird dabei nicht berücksichtigt.

3.2.2   Linearisierung mit graphischen Verfahren

Nichtlineare Kennlinien, die durch Messungen ermittelt wurden, werden linearisiert, indem durch Anlegen einer Tangente die Steigung der Kennlinie im Arbeitspunkt A ermittelt wird.

Der Proportionalbeiwert K_P ist die stationäre Verstärkung des Regelkreiselements im Arbeitspunkt für kleine Änderungen der Eingangsgröße. K_P enthält die Dimension der Ausgangsgröße geteilt durch die Dimension der Eingangsgröße:

$$\boxed{\dim[K_P] = \frac{\dim[x_a]}{\dim[x_e]}}$$

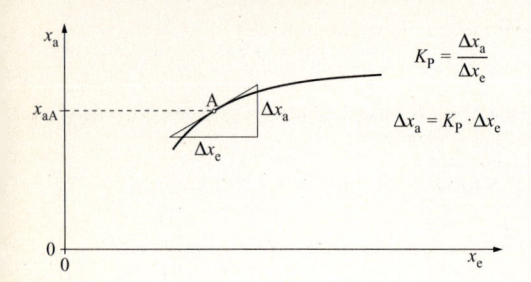

Bild 3.2-3: Linearisierung im Arbeitspunkt

Beispiel 3.2-2: Eingangsgröße eines Gleichstrommotors ist die Ankerspannung U_A in [V], Ausgangsgröße die Drehzahl n in Umdrehungen pro Minute [min^{-1}]. K_P hat die Dimension

$$\dim[K_P] = \frac{\dim[n]}{\dim[U_A]} = \frac{\min^{-1}}{V} = (V \cdot \min)^{-1}.$$

3.2.3 Linearisierung mit analytischen Verfahren

Ist die Kennlinie analytisch (durch Gleichungen) darstellbar, so läßt sich der Proportionalbeiwert K_P aus dem Differentialquotienten der nichtlinearen Gleichung ermitteln. $x_e(t)$ und $x_a(t)$ sind zeitveränderliche Größen eines Übertragungselements (Regelstrecke), x_{eA} und x_{aA} die Werte des Arbeitspunktes und $\Delta x_e(t)$ und $\Delta x_a(t)$ sind kleine Abweichungen von den Werten des Arbeitspunktes. Durch die Linearisierung wird der Proportionalbeiwert K_P für den Arbeitspunkt ermittelt, der Wert, mit dem kleine Abweichungen $\Delta x_e(t)$ auf den Ausgang $\Delta x_a(t)$ verstärkt werden.

Nichtlineares Übertragungselement

$$x_a = f(x_e), \quad x_{aA} = f(x_{eA}),$$
$$x_a(t) = x_{aA} + \Delta x_a(t) = f(x_{eA} + \Delta x_e(t)).$$

Entwickelt man die rechte Seite der Gleichung nach dem TAYLORschen Satz und bricht nach dem ersten Term ab, so ergibt sich die Geradengleichung

$$\boxed{x_a(t) = x_{aA} + \Delta x_a(t) \approx f(x_{eA}) + \left.\frac{df(x_e)}{dx_e}\right|_A \cdot \Delta x_e(t)}.$$

Subtrahiert man den konstanten Anteil $x_{aA} = f(x_{eA})$, dann erhält man

$$\boxed{\Delta x_a(t) \approx \left.\frac{df(x_e)}{dx_e}\right|_A \cdot \Delta x_e(t) = K_P \cdot \Delta x_e(t)}.$$

Die Linearisierung führt zu einem Proportionalelement, dessen Proportionalbeiwert von dem gewählten Arbeitspunkt abhängt.

nichtlineares Element   linearisiertes Element

3.2 Linearisierung von Regelkreiselementen

Beispiel 3.2-3: Eine Regelstrecke mit dem nichtlinearen Übertragungsverhalten

$$x(t) = 2 \cdot y^2(t)$$

soll im Arbeitspunkt $y_A = 5$ und $x_A = 2 \cdot y_A^2 = 50$ linearisiert werden. Mit der TAYLOR-Reihenentwicklung ergibt sich

$$x(t) = x_A + \Delta x(t) \approx f(y_A) + \left.\frac{df(y)}{dy}\right|_A \cdot \Delta y(t),$$

wobei nach Subtraktion von

$$x_A = f(y_A) = 2 \cdot y_A^2$$

die linearisierte Form entsteht

$$\Delta x(t) \approx \left.\frac{df(y)}{dy}\right|_A \cdot \Delta y(t) = K_S \cdot \Delta y(t) = 2 \cdot 2 \cdot y\bigg|_{y_A=5} \cdot \Delta y(t) = 20 \cdot \Delta y(t).$$

Eine Änderung Δy der Stellgröße im Arbeitspunkt $y_A = 5$ wird mit $K_S = 20$ verstärkt. Bei einer Stellgrößenänderung von $\Delta y = 0.1$ liefert die im Arbeitspunkt $y_A = 5$ linearisierte Regelstrecke die Regelgröße

$$x = x_A + \Delta x \approx f(y_A) + K_S \cdot \Delta y = 2 \cdot y_A^2 + K_S \cdot \Delta y = 50 + 20 \cdot 0.1 = 52.$$

Ohne Linearisierung ergibt sich die Regelgröße

$$x = 2 \cdot (y_A + \Delta y)^2 = 2 \cdot (5 + 0.1)^2 = 52.02.$$

Es ergeben sich unterschiedliche Werte der Regelgröße, da das nichtlineare Übertragungsverhalten durch eine Gerade im Arbeitspunkt angenähert wurde. Linearisierungen sind daher nur für kleine Eingangssignaländerungen um den Arbeitspunkt gültig.

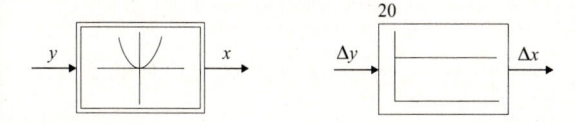

Bild 3.2-4: Signalflußsymbole für die nichtlineare und linearisierte Regelstrecke

Beispiel 3.2-4: In Bild 3.2-5 ist eine nichtlineare Spannungsregelstrecke mit Gleichstromgenerator dargestellt, dessen statische Kennlinie experimentell ermittelt wurde. Regelgröße ist die Generatorspannung U_x, Stellgröße die Erregerspannung U_y. Der Generator wird im Arbeitspunkt $U_{xA} = 150$ V, $U_{yA} = 20$ V mit konstanter Drehzahl n betrieben. Bei Belastungsänderungen wird die Regelgröße U_x beeinflußt. Über die Erregerspannung U_y können Störungen ausgeglichen werden.

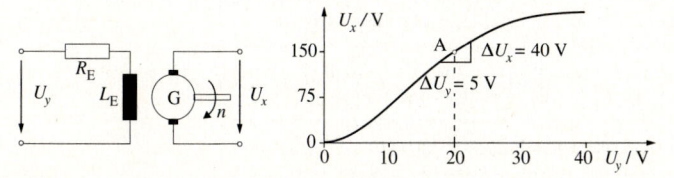

Bild 3.2-5: Spannungsregelstrecke mit statischer Kennlinie

Die Linearisierung im Arbeitspunkt ergibt eine Streckenverstärkung von

$$K_S = \frac{\Delta U_x}{\Delta U_y} = 8.0.$$

Die Regelstrecke hat Sättigungsverhalten, die Ausgangsgröße wächst nicht proportional zur Eingangsgröße. Ein solches Verhalten kann im Bereich des Arbeitspunktes durch eine Wurzelfunktion angenähert werden:

$$U_x = \sqrt{(U_y + K_1) \cdot K_2} = \sqrt{(U_y - 10.625 \text{ V}) \cdot 2400 \text{ V}}.$$

Der Verstärkungsfaktor der Regelstrecke ist dann:

$$K_S = \left.\frac{dU_x}{dU_y}\right|_A = \left.\frac{\sqrt{K_2}}{2 \cdot \sqrt{U_y + K_1}}\right|_{U_{yA} = 20 \text{ V}} = 8.0.$$

Bild 3.2-6 enthält die Signalflußbilder der Regelkreise mit der nichtlinearen und der linearisierten Regelstrecke. U_s ist der Sollwert der Spannungsregelung.

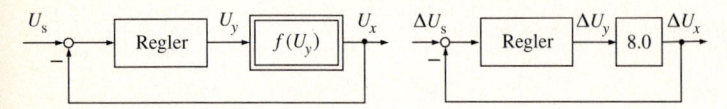

Bild 3.2-6: Signalflußbilder der Regelkreise mit nichtlinearer und linearisierter Regelstrecke

3.2.4 Linearisierung bei mehreren Variablen

Übertragungssysteme mit mehreren Eingangsvariablen

$$x_a(t) = f(x_{e1}(t), x_{e2}(t), \ldots, x_{em}(t))$$

können nichtlineares Übertragungsverhalten in bezug auf die einzelnen Eingangssignale aufweisen.

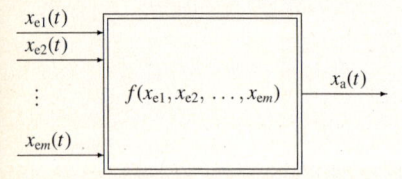

Die Reihenentwicklung nach dem TAYLORschen Satz muß hier auf jede Eingangsvariable der Gleichung angewendet werden. In der Summenschreibweise erhält man:

$$\boxed{x_a(t) = x_{aA} + \Delta x_a(t) \approx f(x_{e1A}, x_{e2A}, \ldots, x_{emA}) + \sum_{i=1}^{m} \left.\frac{\partial f}{\partial x_{ei}}\right|_A \cdot \Delta x_{ei}(t)},$$

und nach Subtraktion des Funktionswertes im Arbeitspunkt ergibt sich:

$$\boxed{\Delta x_a(t) \approx \left.\frac{\partial f}{\partial x_{e1}}\right|_A \cdot \Delta x_{e1}(t) + \left.\frac{\partial f}{\partial x_{e2}}\right|_A \cdot \Delta x_{e2}(t) + \ldots + \left.\frac{\partial f}{\partial x_{em}}\right|_A \cdot \Delta x_{em}(t)}.$$

Für das linearisierte Übertragungselement gilt die Beziehung

$$\boxed{\Delta x_a(t) = K_{P1} \cdot \Delta x_{e1}(t) + K_{P2} \cdot \Delta x_{e2}(t) + \ldots + K_{Pm} \cdot \Delta x_{em}(t)}$$

3.2 Linearisierung von Regelkreiselementen

und das Signalflußbild,

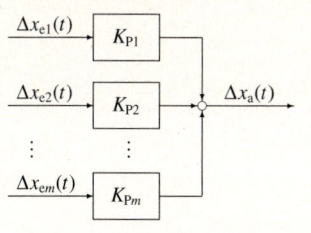

wobei jeder Eingangsvariablen ein Proportionalbeiwert zugeordnet ist.

Beispiel 3.2-5: Das nichtlineare Übertragungselement

$$x_a(t) = f(x_{e1}(t), x_{e2}(t)) = \frac{x_{e1}^2(t)}{x_{e2}(t)}$$

soll im Arbeitspunkt $x_{e1A} = 1$, $x_{e2A} = 2$ und $x_{aA} = 0.5$ linearisiert werden. Die TAYLOR-Reihenentwicklung liefert zwei Terme, die jeweils von beiden Eingangsvariablen abhängen:

$$\Delta x_a(t) = \frac{2 \cdot x_{e1A}}{x_{e2A}} \cdot \Delta x_{e1}(t) - \left[\frac{x_{e1A}}{x_{e2A}}\right]^2 \cdot \Delta x_{e2}(t).$$

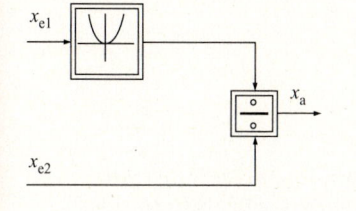

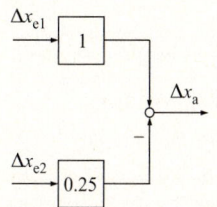

Bild 3.2-7: Signalflußsymbole für die nichtlineare und die linearisierte Regelstrecke

Im Arbeitspunkt ergeben sich die Proportionalbeiwerte

$$\Delta x_a(t) = K_{P1} \cdot \Delta x_{e1}(t) + K_{P2} \cdot \Delta x_{e2}(t) = \Delta x_{e1}(t) - 0.25 \cdot \Delta x_{e2}(t).$$

Geometrisch betrachtet, beschreibt die Gleichung die Tangentialebene im Arbeitspunkt.

Beispiel 3.2-6: Linearisierung eines Gleichstromnebenschlußmotors mit der Momentengleichung

$$M_M(t) = K_M \cdot I_A(t) \cdot \phi(t) = M_L(t) + J \cdot \frac{dn(t)}{dt}$$

und

$M_M(t)$	Motormoment,	$M_L(t)$	Lastmoment,
K_M	Momentenkonstante,	J	Massenträgheitsmoment,
$I_A(t)$	Ankerstrom,	$n(t)$	Drehzahl der Motorwelle,
$\phi(t)$	Erregerfluß,	Index 0	Nennwert.

In der Momentengleichung sind Ankerstrom und Erregerfluß multiplikativ verknüpft. Die Gleichung wird um den Arbeitspunkt $M_{M0}, M_{L0}, I_{A0}, \phi_0$ und n_0 linearisiert:

$$\Delta M_M(t) \approx \left.\frac{\partial f[I_A(t), \phi(t)]}{\partial I_A(t)}\right|_{A=\phi_0} \cdot \Delta I_A(t) + \left.\frac{\partial f[I_A(t), \phi(t)]}{\partial \phi(t)}\right|_{A=I_{A0}} \cdot \Delta \phi(t) = \Delta M_L(t) + J \cdot \frac{d\Delta n(t)}{dt},$$

$$\Delta M_M(t) \approx K_M \cdot \phi_0 \cdot \Delta I_A(t) + K_M \cdot I_{A0} \cdot \Delta \phi(t) = \Delta M_L(t) + J \cdot \frac{d\Delta n(t)}{dt}$$

mit den Proportionalbeiwerten $K_{P1} = K_M \cdot \phi_0$ und $K_{P2} = K_M \cdot I_{A0}$. In Bild 3.2-8 sind die Signalflußbilder dargestellt.

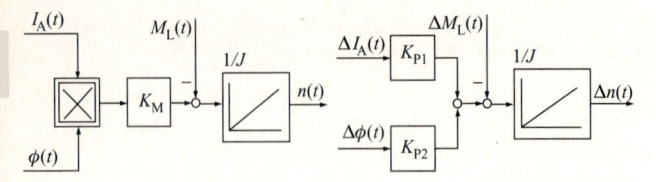

Bild 3.2-8: Signalflußbilder der nichtlinearen und der linearisierten Momentengleichung

3.3 Berechnung von Differentialgleichungen für Regelkreise

3.3.1 Differentialgleichungen von physikalischen Systemen

Der Zusammenhang zwischen der Eingangsgröße und der Ausgangsgröße eines Regelungssystems wird im allgemeinen durch eine **nichtlineare Differentialgleichung** angegeben, deren Lösung meist aufwendig ist.

Man beschränkt sich daher auf die Untersuchung des Systems im Arbeitspunkt, so daß man die Differentialgleichung linearisieren kann. Das Ergebnis ist eine **lineare Differentialgleichung** mit konstanten reellen Koeffizienten:

$$a_n \frac{d^n x_a}{dt^n} + a_{n-1} \frac{d^{n-1} x_a}{dt^{n-1}} + \ldots + a_1 \frac{dx_a}{dt} + a_0 \cdot x_a =$$
$$b_m \frac{d^m x_e}{dt^m} + \ldots + b_1 \frac{dx_e}{dt} + b_0 \cdot x_e, \quad n \geq m$$

n wird Ordnung der Differentialgleichung oder des Systems genannt. Die Ordnung hängt bei vielen physikalischen Systemen von der Zahl der Energiespeicher des Systems ab.

3.3.2 Lösung von linearen Differentialgleichungen

3.3.2.1 Überlagerung von Teillösungen

Sind Eingangsgröße $x_e(t)$ und Anfangsbedingungen

$$x_a(0), \frac{dx_a(0)}{dt}, \frac{d^2 x_a(0)}{dt^2}, \ldots, \frac{d^{n-1} x_a(0)}{dt^{n-1}}$$

bekannt, so kann die Differentialgleichung gelöst werden. Da die Differentialgleichung linear ist, wird die Gesamtlösung $x_a(t)$ durch Überlagerung (Superposition) der Teillösungen gebildet.

3.3.2.2 Lösung einer homogenen Differentialgleichung

Man geht dabei so vor, daß zunächst die homogene Differentialgleichung

$$a_n \frac{d^n x_a}{dt^n} + a_{n-1} \frac{d^{n-1} x_a}{dt^{n-1}} + \ldots + a_1 \frac{dx_a}{dt} + a_0 \cdot x_a = 0$$

durch den Ansatz

$$x_{ah}(t) = C \cdot e^{\alpha t}$$

3.3 Berechnung von Differentialgleichungen für Regelkreise

gelöst wird. Durch Einsetzen von $x_{ah}(t)$ in die Differentialgleichung ergibt sich die Gleichung

$$a_n \cdot \alpha^n + a_{n-1} \cdot \alpha^{n-1} + \ldots + a_1 \cdot \alpha + a_0 = 0 \,,$$

die **charakteristische Gleichung** der Differentialgleichung oder des Systems genannt wird. Nach dem Fundamentalsatz der Algebra hat eine Polynom-Gleichung n-ter Ordnung n Nullstellen (Wurzeln)

$\alpha_1, \alpha_2, \ldots, \alpha_n$.

Die charakteristische Gleichung läßt sich in Linearfaktoren zerlegen:

$$a_n \cdot \alpha^n + a_{n-1} \cdot \alpha^{n-1} + \ldots + a_1 \cdot \alpha + a_0 =$$
$$a_n \cdot (\alpha - \alpha_1) \cdot (\alpha - \alpha_2) \cdot \ldots \cdot (\alpha - \alpha_n) = 0.$$

Sind die n Nullstellen $\alpha_1, \alpha_2, \ldots, \alpha_n$ der charakteristischen Gleichung **reell und voneinander verschieden**, dann erhält man die Lösung der homogenen Differentialgleichung:

$$x_{ah}(t) = C_1 \cdot e^{\alpha_1 t} + C_2 \cdot e^{\alpha_2 t} + \ldots + C_n \cdot e^{\alpha_n t} = \sum_{i=1}^{n} C_i \cdot e^{\alpha_i t} \,.$$

Hat die charakteristischen Gleichung n **gleiche reelle Nullstellen** α_1, dann ergibt sich die Lösung der homogenen Differentialgleichung zu

$$x_{ah}(t) = e^{\alpha_1 t} \cdot (C_1 + C_2 \cdot t + \ldots + C_n \cdot t^{n-1}) = e^{\alpha_1 t} \sum_{i=1}^{n} C_i \cdot t^{i-1}.$$

Die Koeffizienten a_i der charakteristischen Gleichung sind bei physikalischen Systemen reell. Treten komplexe Nullstellen der charakteristischen Gleichung auf, so müssen die Nullstellen α_i paarweise konjugiert komplex sein:

$$a_n \cdot \alpha^n + a_{n-1} \cdot \alpha^{n-1} + \ldots + a_1 \cdot \alpha + a_0 = a_n \cdot (\alpha - \alpha_1)(\alpha - \alpha_2) \cdot \ldots \cdot (\alpha - \alpha_n) \,.$$

Nur wenn die Nullstellen diese Eigenschaft besitzen, heben sich beim Multiplizieren der Linearform die imaginären Komponenten auf.

Bei einer charakteristischen Gleichung mit n **verschiedenen komplexen Nullstellen**, die $m = n/2$ konjugiert komplexe Nullstellenpaare $\alpha_{1,2} = \delta_1 \pm j\omega_1, \ldots, \alpha_{n-1,n} = \delta_m \pm j\omega_m$, bilden, erhält man die Lösung der homogenen Differentialgleichung:

$$\begin{aligned}x_{ah}(t) &= e^{\delta_1 t}[C_{11} \cdot e^{j\omega_1 t} + C_{12} \cdot e^{-j\omega_1 t}] + e^{\delta_2 t}[C_{21} \cdot e^{j\omega_2 t} + C_{22} \cdot e^{-j\omega_2 t}] \\ &\quad + \ldots + e^{\delta_m t} \cdot [C_{m1} \cdot e^{j\omega_m t} + C_{m2} \cdot e^{-j\omega_m t}] \\ &= \sum_{i=1}^{m} e^{\delta_i t} \cdot [C_{i1} \cdot e^{j\omega_i t} + C_{i2} \cdot e^{-j\omega_i t}].\end{aligned}$$

Für konjugiert komplexe Nullstellen und $n = 2$ gilt der Lösungsansatz:

$$x_{ah}(t) = e^{\delta_1 t} \cdot [C_{11} \cdot e^{j\omega_1 t} + C_{12} \cdot e^{-j\omega_1 t}] \,.$$

Mit dem EULERschen Satz

$$e^{\pm j\omega t} = \cos(\omega t) \pm j \cdot \sin(\omega t)$$

wird $x_{ah}(t)$ umgeformt:

$$x_{ah}(t) = e^{\delta_1 t} \cdot [(jC_{11} - jC_{12}) \cdot \sin(\omega_1 t) + (C_{11} + C_{12}) \cdot \cos(\omega_1 t)] \,.$$

$x_a(t)$ entspricht einer physikalischen Größe, $x_{ah}(t)$ ist daher eine reelle Funktion, die Koeffizienten der Sinus- und Kosinus-Funktion müssen deshalb ebenfalls reell sein. Das ist nur dann der Fall, wenn C_{11} und C_{12} konjugiert komplex sind:

$$C_{11} = a + jb, \quad C_{12} = a - jb.$$

Die Konstanten B_1, B_2 sind dann reell:

$$B_1 = j(C_{11} - C_{12}) = -2b, \quad B_2 = C_{11} + C_{12} = 2a.$$

Damit erhält man die trigonometrische Form der Lösung der homogenen Differentialgleichung:

$$x_{\text{ah}}(t) = e^{\delta_1 t} \cdot [B_1 \sin(\omega_1 t) + B_2 \cos(\omega_1 t)].$$

Die Gleichung läßt sich auch in die Sinusform

$$\boxed{x_{\text{ah}}(t) = A \cdot e^{\delta_1 t} \cdot \sin(\omega_1 t + \phi)}$$

umrechnen, mit den Konstanten

$$A = \sqrt{B_1^2 + B_2^2}, \quad \tan\phi = \frac{B_2}{B_1}.$$

A wird als Amplitude, ϕ mit Nullphasenwinkel oder Phasenverschiebung bezeichnet.

3.3.2.3 Partikuläre Lösung einer Differentialgleichung

Die Gesamtlösung ergibt sich aus der Überlagerung der Lösung der homogenen Differentialgleichung mit der sogenannten **partikulären Lösung** $x_{\text{ap}}(t)$:

$$\boxed{x_{\text{a}}(t) = x_{\text{ah}}(t) + x_{\text{ap}}(t)}.$$

$x_{\text{ap}}(t)$ berücksichtigt die Eingangsgröße $x_{\text{e}}(t)$, die bei der Berechnung der Lösung der homogenen Differentialgleichung $x_{\text{ah}}(t)$ noch nicht verwendet wurde. Die Integrationskonstanten C_i werden aus den Anfangsbedingungen bestimmt.

Es gibt verschiedene Verfahren, die partikuläre Lösung zu finden. In vielen Fällen läßt sich die partikuläre Lösung durch einen Ansatz mit **unbestimmten Koeffizienten** finden, da der Typ der partikulären Lösung häufig mit dem Funktionstyp der Eingangsgröße übereinstimmt. Ist zum Beispiel $x_{\text{e}}(t)$ eine Sprungfunktion, so setzt man $x_{\text{ap}}(t)$ als Sprungfunktion mit unbestimmter Sprunghöhe an. Wenn $x_{\text{e}}(t)$ eine harmonische Funktion ist, so wird $x_{\text{ap}}(t)$ als harmonische Funktion mit unbestimmter Amplitude und Phasenverschiebung vorgegeben. Die Koeffizienten werden durch Einsetzen in die Differentialgleichung bestimmt.

Zusammenfassung: Der Zusammenhang zwischen Eingangsgröße und Ausgangsgröße eines regelungstechnischen Übertragungselements ist durch eine Differentialgleichung gegeben. Ihre Lösung kann durch Überlagerung der Teillösungen $x_{\text{ah}}(t)$ und $x_{\text{ap}}(t)$ ermittelt werden.

Beispiel 3.3-1: Elektrisches und mechanisches Verzögerungselement

Widerstand-Kondensator-Schaltung
(RC-Element), $T_1 = R \cdot C$

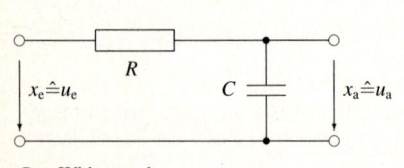

Feder-Dämpfer-Element

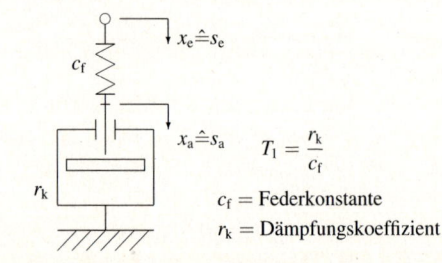

$x_{\text{e}} \triangleq u_{\text{e}}$, R, C, $x_{\text{a}} \triangleq u_{\text{a}}$

$x_{\text{e}} \triangleq s_{\text{e}}$
c_{f}
$x_{\text{a}} \triangleq s_{\text{a}}$
r_{k}
$T_1 = \dfrac{r_{\text{k}}}{c_{\text{f}}}$

R = Widerstand
C = Kapazität

c_{f} = Federkonstante
r_{k} = Dämpfungskoeffizient

3.3 Berechnung von Differentialgleichungen für Regelkreise

Die **Differentialgleichung**

$$T_1 \cdot \frac{dx_a(t)}{dt} + x_a(t) = x_e(t)$$

gilt für beide Systeme und ist im Beispiel 2.2-1 abgeleitet. Als Eingangsgröße wird eine Anstiegsfunktion

$$x_e(t) = \frac{x_{e0}}{T} \cdot t$$

vorgegeben. Der Zeitverlauf der Ausgangsgröße $x_a(t)$ wird in zwei Schritten berechnet.

1. Lösung der homogenen Differentialgleichung:

Bei der Lösung der homogenen Differentialgleichung wird ohne Berücksichtigung der Eingangsgröße der Ansatz

$$x_{ah}(t) = C_1 \cdot e^{\alpha t}$$

mit der Ableitung

$$\frac{dx_{ah}(t)}{dt} = \alpha \cdot C_1 \cdot e^{\alpha t}$$

gemacht. Setzt man diesen Lösungsansatz in die Differentialgleichung

$$T_1 \cdot \frac{dx_{ah}(t)}{dt} + x_{ah}(t) = 0$$

ein, dann ergibt sich

$$T_1 \cdot \alpha \cdot C_1 \cdot e^{\alpha t} + C_1 \cdot e^{\alpha t} = 0.$$

Nach Ausklammern von $C_1 \cdot e^{\alpha t}$ lautet die charakteristische Gleichung

$$C_1 \cdot e^{\alpha t} \cdot (T_1 \cdot \alpha + 1) = 0, \quad T_1 \cdot \alpha + 1 = 0$$

mit der Nullstelle

$$\alpha_1 = -\frac{1}{T_1}.$$

Damit erhält man die Lösung der homogenen Differentialgleichung

$$x_{ah}(t) = C_1 \cdot e^{\alpha_1 t} = C_1 \cdot e^{-\frac{t}{T_1}}.$$

2. Partikuläre Lösung der Differentialgleichung

Der vorgegebenen Eingangsgröße

$$x_e(t) = \frac{x_{e0}}{T} \cdot t$$

entsprechend, wird für den partikulären Lösungsansatz eine Anstiegsfunktion gewählt:

$$x_{ap}(t) = \frac{x_{e0}}{T} \cdot t + k$$

mit der Ableitung

$$\frac{dx_{ap}(t)}{dt} = \frac{x_{e0}}{T}.$$

Setzt man Lösungsansatz $x_{ap}(t)$ und Eingangsgröße $x_e(t)$ in die Differentialgleichung

$$T_1 \cdot \frac{dx_{ap}(t)}{dt} + x_{ap}(t) = x_e(t)$$

ein, dann erhält man
$$\frac{T_1}{T} \cdot x_{e0} + \frac{t}{T} \cdot x_{e0} + k = \frac{t}{T} \cdot x_{e0}$$
und für
$$k = -\frac{T_1}{T} \cdot x_{e0}.$$
Damit lautet die partikuläre Lösung
$$x_{ap}(t) = \frac{t}{T} \cdot x_{e0} - \frac{T_1}{T} \cdot x_{e0} = \frac{x_{e0}}{T} \cdot (t - T_1).$$

$x_a(t)$ setzt sich aus der Lösung der homogenen Differentialgleichung und der partikulären Lösung zusammen:
$$x_a(t) = x_{ah}(t) + x_{ap}(t) = C_1 \cdot e^{-\frac{t}{T_1}} + \frac{x_{e0}}{T} \cdot (t - T_1).$$

Die Konstante C_1 wird mit dem Anfangswert von $x_a(t)$ bestimmt:
$$x_a(t = 0) = x_{a0} = C_1 - \frac{T_1}{T} \cdot x_{e0}.$$
Mit
$$C_1 = x_{a0} + \frac{T_1}{T} \cdot x_{e0}$$
ergibt sich die Gesamtlösung zu
$$x_a(t) = x_{ah}(t) + x_{ap}(t) = (x_{a0} + \frac{T_1}{T} \cdot x_{e0}) \cdot e^{-\frac{t}{T_1}} + \frac{x_{e0}}{T} \cdot (t - T_1).$$

Die Lösungsanteile von $x_a(t)$ sind in Bild 3.3-1 eingezeichnet.

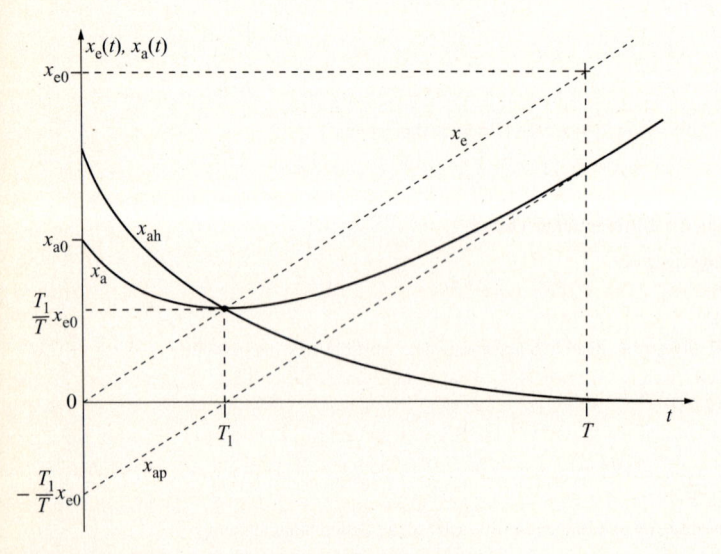

Bild 3.3-1; Zeitverläufe der Eingangs- und Ausgangsgrößen

Beispiel 3.3-2:   Schwingungsfähige elektrische und mechanische Systeme

Elektrischer Schwingkreis:

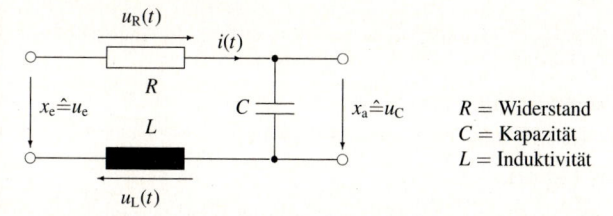

R = Widerstand
C = Kapazität
L = Induktivität

Die Anwendung des Maschensatzes der KIRCHHOFFschen Gleichungen führt zunächst zu einer Differentialgleichung I. Ordnung:

$$R \cdot i(t) + L \cdot \frac{di(t)}{dt} + u_C(t) = u_e(t).$$

Setzt man in die Differentialgleichung

$$i(t) = C \cdot \frac{du_C(t)}{dt}$$

ein, dann ergibt sich die Schwingungsdifferentialgleichung

$$\boxed{LC \cdot \frac{d^2 u_C(t)}{dt^2} + RC \cdot \frac{du_C(t)}{dt} + u_C(t) = u_e(t)}.$$

Feder-Masse-Dämpfer-System:

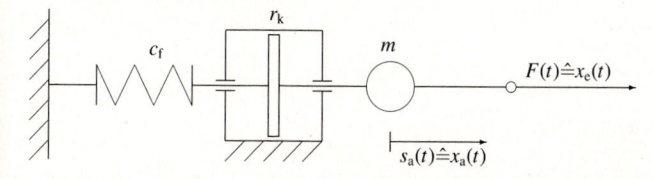

Im Massenpunkt m ist die Summe der angreifenden Kräfte gleich Null:

$$\boxed{m \frac{d^2 s_a(t)}{dt^2} + r_k \frac{ds_a(t)}{dt} + c_f \cdot s_a(t) = F(t)}.$$

Führt man regelungstechnische Bezeichnungen ein, so lassen sich die Differentialgleichungen auf die allgemeine Form bringen:

$$a_2 \frac{d^2 x_a(t)}{dt^2} + a_1 \frac{dx_a(t)}{dt} + a_0 \cdot x_a(t) = b_0 \cdot x_e(t).$$

Wird die Gleichung durch a_0 dividiert, so entsteht die in der Regelungstechnik verwendete normierte Darstellung

$$\boxed{\frac{1}{\omega_0^2} \frac{d^2 x_a(t)}{dt^2} + \frac{2D}{\omega_0} \frac{dx_a(t)}{dt} + x_a(t) = K_P \cdot x_e(t)}$$

mit den Koeffizienten

$$\frac{1}{\omega_0^2} = \frac{a_2}{a_0}, \quad \frac{2D}{\omega_0} = \frac{a_1}{a_0}, \quad K_P = \frac{b_0}{a_0}.$$

Hier sind ω_0 **Kennkreisfrequenz** (Eigenkreisfrequenz des ungedämpften Systems), D **Dämpfung** und K_P **Proportionalbeiwert** des Systems II. Ordnung.

1. Lösung der homogenen Differentialgleichung

Für die Lösung der homogenen Differentialgleichung verwendet man den Ansatz

$$x_{ah}(t) = C \cdot e^{\alpha t}, \quad C \text{ ist eine Konstante,}$$

mit den Ableitungen

$$\frac{dx_{ah}(t)}{dt} = \alpha C e^{\alpha t} \quad \text{und} \quad \frac{d^2 x_{ah}(t)}{dt^2} = \alpha^2 C e^{\alpha t}.$$

Eingesetzt in die homogene Differentialgleichung

$$\frac{1}{\omega_0^2} \frac{d^2 x_{ah}(t)}{dt^2} + \frac{2D}{\omega_0} \frac{dx_{ah}(t)}{dt} + x_{ah}(t) = 0$$

ergibt sich

$$\frac{1}{\omega_0^2} \alpha^2 C e^{\alpha t} + \frac{2D}{\omega_0} \alpha C e^{\alpha t} + C e^{\alpha t} = 0.$$

Ausklammern von $C e^{\alpha t}$ führt zur charakteristischen Gleichung

$$\frac{1}{\omega_0^2} \alpha^2 + \frac{2D}{\omega_0} \alpha + 1 = 0$$

mit den Nullstellen

$$\boxed{\alpha_{1,2} = -\omega_0 D \pm \omega_0 \sqrt{D^2 - 1}}.$$

In Abhängigkeit von der Dämpfung D werden drei Fälle unterschieden:

1. Für $D > 1$ entsteht der **Kriechfall**:

$$\alpha_{1,2} = -\omega_0 D \pm \omega_0 \sqrt{D^2 - 1}.$$

Zwei verschiedene reelle Nullstellen kennzeichnen den langsamen (kriechenden) Verlauf der Lösungsfunktion.

2. Mit $D = 1$ erhält man den **aperiodischen Grenzfall**:

$$\alpha_{1,2} = -\omega_0.$$

Beim aperiodischen Grenzfall hat die charakteristische Gleichung **zwei gleiche reelle Nullstellen.**

3. Für $0 < D < 1$ entsteht der **Schwingfall**:

$$\alpha_{1,2} = -\omega_0 D \pm j\omega_0 \sqrt{1 - D^2} = \delta \pm j\omega_e.$$

Die **konjugiert komplexen Nullstellen** sind charakteristisch für den schwingenden Verlauf der Lösungsfunktion. ω_e ist die Eigenkreisfrequenz des gedämpften Systems, δ die Abklingkonstante. Bei Kriechfall und aperiodischem Grenzfall (Fall 1, 2) sind die Übertragungssysteme nicht schwingungsfähig.

Im Beispiel wird der Schwingfall ($0 < D < 1$) untersucht. Für die zugehörigen konjugiert komplexen Nullstellen

$$\alpha_{1,2} = \delta \pm j\omega_e, \quad \text{mit} \quad \delta = -\omega_0 D, \quad \omega_e = \omega_0 \sqrt{1 - D^2},$$

erhält man die Lösung der homogenen Differentialgleichung

$$x_{ah}(t) = C_1 e^{\alpha_1 t} + C_2 e^{\alpha_2 t} = e^{\delta t}[C_1 e^{j\omega_e t} + C_2 e^{-j\omega_e t}],$$

die auch in der trigonometrischen Form

$$x_{ah}(t) = e^{\delta t}[B_1 \sin(\omega_e t) + B_2 \cos(\omega_e t)]$$

oder der Sinusform angegeben werden kann (Abschnitt 3.3.2.2):

$$x_{ah}(t) = A e^{\delta t} \sin(\omega_e t + \phi).$$

2. Partikuläre Lösung der Differentialgleichung

Bei Aufschaltung einer Sprungfunktion mit der Sprunghöhe x_{e0} wird der partikuläre Lösungsansatz

$$x_{ap}(t) = x_e(t) = x_{e0}, \quad \text{für } t > 0,$$

gewählt. Die Gesamtlösung setzt sich aus der Lösung der homogenen Differentialgleichung und der partikulären Lösung zusammen:

$$x_a(t) = x_{ah}(t) + x_{ap}(t) = e^{\delta t}[B_1 \sin(\omega_e t) + B_2 \cos(\omega_e t)] + x_{e0}.$$

Die Konstanten B_1, B_2 werden mit den Anfangswerten von

$$x_a(t), \frac{dx_a(t)}{dt}$$

bestimmt. Dabei wird angenommen, daß für $t = 0$ die Ausgangsgröße und ihre Ableitung gleich Null sein sollen. Dieser Fall ist für die Regelungstechnik wichtig, da die berechnete Lösung angibt, wie sich das Übertragungselement oder Regelungssystem verhält, wenn es sich in einem stationären Betriebszustand befindet

$$x_a = \text{const oder } x_a = 0, \frac{dx_a}{dt} = 0$$

und eine äußere Anregung x_{e0} einwirkt:

$$x_a(t=0) = e^{\delta t}[B_1 \sin(\omega_e t) + B_2 \cos(\omega_e t)] + x_{e0} = B_2 + x_{e0} = 0,$$

$$\frac{dx_a(t=0)}{dt} = \delta e^{\delta t}[B_1 \sin(\omega_e t) + B_2 \cos(\omega_e t)] + e^{\delta t}[B_1 \omega_e \cos(\omega_e t) - B_2 \omega_e \sin(\omega_e t)]$$

$$= \delta B_2 + \omega_e B_1 = 0.$$

Die Konstanten sind damit:

$$B_1 = \frac{\delta x_{e0}}{\omega_e} = \frac{-D x_{e0}}{\sqrt{1 - D^2}}, \quad B_2 = -x_{e0}.$$

Es ist üblich, die Gesamtlösung in der Sinusform mit

$$x_a(t) = A e^{\delta t} \sin(\omega_e t + \phi)$$

anzugeben, wobei die Konstanten umgerechnet werden müssen:

$$A = \sqrt{B_1^2 + B_2^2} = \frac{x_{e0}}{\sqrt{1 - D^2}} \quad \text{(Amplitude)},$$

$$\phi = \arctan \frac{B_2}{B_1} = \arctan \frac{-x_{e0}\sqrt{1 - D^2}}{-x_{e0} D} = \pi + \arctan \frac{\sqrt{1 - D^2}}{D}$$

$$= \pi + \arccos D \quad \text{(\textbf{Nullphasenwinkel}, Phasenverschiebung)}.$$

Damit wird die Gesamtlösung:

$$x_a(t) = x_{e0} + \frac{x_{e0}}{\sqrt{1-D^2}} e^{\delta t} \sin(\omega_e t + \pi + \arccos D).$$

Dividiert man $x_a(t)$ durch die Sprunghöhe x_{e0} der Eingangsgröße und ersetzt δ und ω_e, dann ergibt sich die Gesamtlösung zu

$$\boxed{\frac{x_a(t)}{x_{e0}} = 1 - \frac{e^{-D\omega_0 t}}{\sqrt{1-D^2}} \sin(\omega_0 \sqrt{1-D^2} \cdot t + \arccos D)}.$$

Im oberen Teilbild 3.3-2 sind einzelne Terme der Sprungantwort für $D = 0.5$ aufgezeichnet, das untere enthält den Gesamtverlauf. Zusätzlich sind die Sprungantwortfunktionen für $D = 1$ (aperiodischer Grenzfall) und $D = 2$ (Kriechfall) angegeben. In Abschnitt 4.3.3 sind Übertragungselemente II. Ordnung im Zeit- und Frequenzbereich beschrieben.

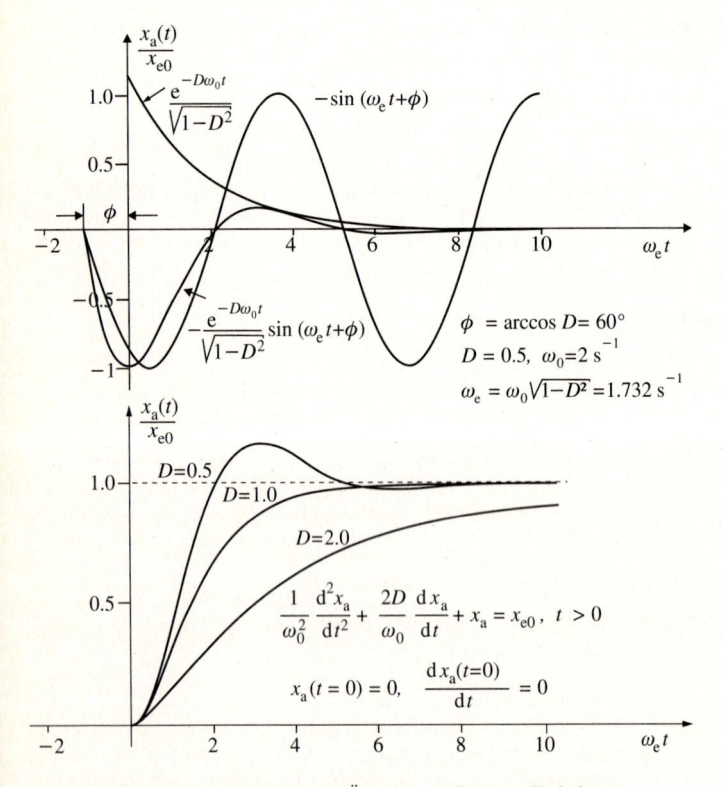

Bild 3.3-2: Sprungantwortfunktionen von Übertragungselementen II. Ordnung

3.4 Testfunktionen

3.4.1 Vergleich mit Testfunktionen

Die Ausgangsgröße $x_a(t)$ kann bei vorgegebenem zeitlichen Verlauf der Eingangsgröße berechnet werden, wenn die Parameter des Übertragungselements bekannt sind. Um eine **Vergleichsmöglichkeit** zwischen verschiedenen Regelungssystemen oder bei Parametervariation eines Systems zu erhalten, ist es zweckmäßig, die Lösung der Differentialgleichung für bestimmte Eingangsfunktionen, sogenannte **Testfunktionen** zu ermitteln. Man erhält normierte Ausgangsfunktionen, die einen Vergleich erleichtern.

Die Lösung kann nach den angegebenen Verfahren berechnet werden. Für die praktische Untersuchung empfiehlt sich, die Testfunktion zum Zeitpunkt $t = 0$ als Eingangsgröße aufzuschalten und die Ausgangsgröße aufzuzeichnen. Die Ausgangsgröße geht bei stabilen Systemen von einem stationären Zustand über in den durch die partikuläre Lösung vorgegebenen neuen stationären Zustand. Das dynamische Verhalten ist durch dieses Übergangsverhalten bestimmt.

3.4.2 Impulsfunktion

Die **Einheitsimpulsfunktion** besteht aus einem Nadelimpuls (DIRAC-Impuls) $\delta(t)$ mit der Fläche Eins. Der DIRAC-Impuls ist wie folgt definiert:

$$\delta(t) = \begin{cases} 0 & \text{für } t < 0 \text{ und } t > 0 \\ \infty & \text{für } t = 0 \end{cases}, \quad \int \delta(t) \mathrm{d}t = 1.$$

Die Ausgangsgröße wird mit **Impulsantwort** oder mit **Gewichtsfunktion** $g(t)$ bezeichnet. Die Entstehung einer Impulsfunktion

$$x_e(t) = x_{e0} \cdot T \cdot \delta(t)$$

mit der Fläche $x_{e0}T$ kann wie folgt erklärt werden:

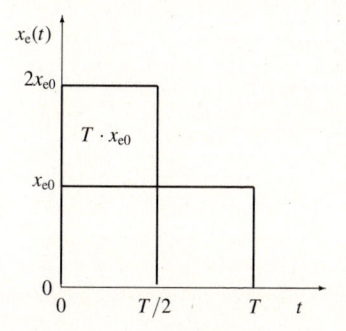

$x_e(t)$ erhält zum Zeitpunkt $t = 0$ den Wert x_{e0} und zur Zeit $t \geq T$ den Wert Null. Dann wird die Impulsdauer auf $T/2$ verkürzt, die Amplitudenhöhe auf $2x_{e0}$ vergrößert. Die Impulsfläche Tx_{e0} ist dabei unverändert. Für $T \to 0$ wird $x_e \to \infty$.

In Bild 3.4-1 sind Impulsfunktion $\delta(t)$ und Impulsantwort, die auch als Gewichtsfunktion $g(t)$ bezeichnet wird, aufgezeichnet. Einer Impulsfunktion als Eingangsgröße entspricht physikalisch die Aufschaltung eines Energieimpulses mit der Fläche $x_{e0} \cdot T$, x_{e0} hat die Dimension einer Leistung. Eine Impulsfunktion läßt sich physikalisch exakt nicht realisieren. Aus dem Antwortverhalten bei Anregung mit einem kurzen Impuls hoher Amplitude lassen sich jedoch dynamische Eigenschaften wie Eigenfrequenz und Dämpfung ablesen.

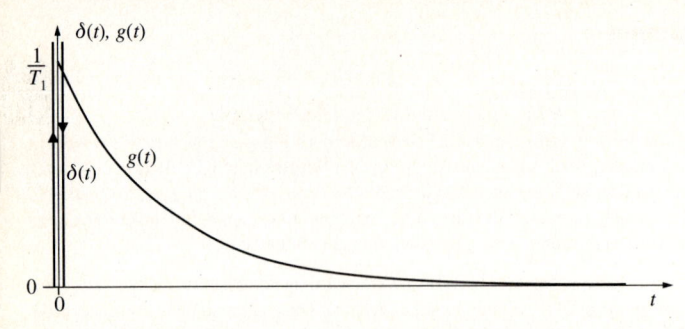

Bild 3.4-1: Impulsfunktion $\delta(t)$, Gewichtsfunktion $g(t)$ für das Übertragungselement von Beispiel 3.3-1

3.4.3 Sprungfunktion

Die **Sprungfunktion** ist die **wichtigste Testfunktion** der Regelungstechnik. Die Eingangsfunktion $x_e(t)$ wird zum Zeitpunkt $t = 0$ sprungförmig von Null auf einen Wert x_{e0} geändert:

$$x_e(t) = x_{e0} \cdot E(t)$$
$$E(t) = \begin{cases} 0 & \text{für } t \leq 0 \\ 1 & \text{für } t > 0 \end{cases}.$$

$E(t)$ wird Schaltfunktion oder **Einheitssprungfunktion** genannt. Der zeitliche Verlauf $x_a(t)$ als Ergebnis dieser Anregungsfunktion ist die **Sprungantwort**. Im folgenden Bild sind Sprungfunktion und Sprungantwort für eine Regelstrecke angegeben ($x_e = y$ (Stellgröße), $x_a = x$ (Regelgröße)).

Sprungfunktion   Sprungantwortfunktion

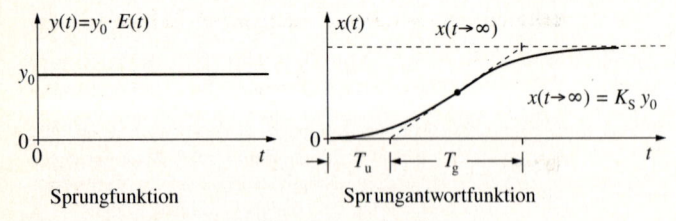

Bild 3.4-2: Sprungantwort einer Temperaturregelstrecke
(T_u Verzugszeit, T_g Ausgleichszeit, K_S Verstärkung der Regelstrecke)

Wird die Ausgangsgröße $x(t)$ auf die Eingangsgröße $y(t)$ bezogen, so entsteht die **normierte Sprungantwort** $h(t)$, die **Übergangsfunktion** der Regelstrecke:

$$h(t) = \frac{x(t)}{y_0}, \quad K_S = \frac{x(t \to \infty)}{y_0}.$$

Der Übertragungsbeiwert (Verstärkung) der Regelstrecke ist K_S.

3.4.4 Anstiegsfunktion

Bei der Anstiegsfunktion wird das Eingangssignal mit konstanter Geschwindigkeit vergrößert:

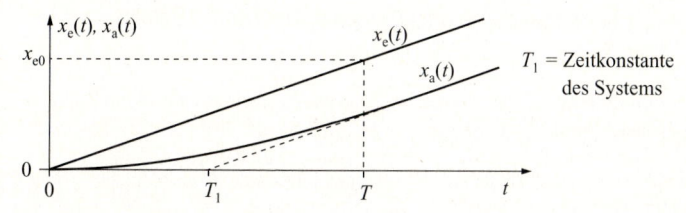

$$x_e(t) = \frac{x_{e0}}{T} \cdot t$$

Bild 3.4-3: Anstiegsfunktion $x_e(t)$ und -antwort $x_a(t)$

Die **Einheitsanstiegsfunktion** erhält man für $x_{e0}/T = 1$, wobei die Dimensionen der Größen nicht berücksichtigt sind. Die Ausgangsgröße, die bei Aufschaltung der Anstiegsfunktion entsteht, wird Anstiegsantwort genannt. Im folgenden Bild ist eine Anstiegsfunktion mit der entsprechenden Anstiegsantwort dargestellt.

3.4.5 Harmonische Funktion

Die bisher angegebenen Funktionen hatten einen unstetigen Verlauf. Verwendet man eine Sinusfunktion als Eingangsgröße

$$x_e(t) = \hat{x}_e \sin(\omega t),$$

so bezeichnet man die Antwortfunktion als Sinusantwort. Das Verhältnis von Ausgangsgröße $x_a(j\omega)$ zu Eingangsgröße $x_e(j\omega)$ ist der Frequenzgang (siehe Abschnitt 3.6). Der Frequenzgang charakterisiert das Verhalten von Regelkreiselementen im Frequenzbereich.

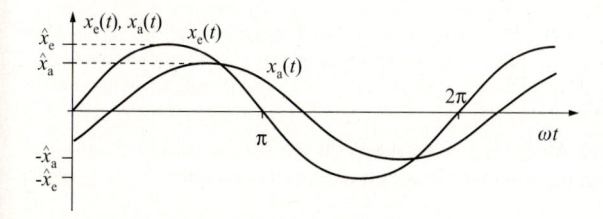

Bild 3.4-4: Sinusfunktion $x_e(t)$ und -antwort $x_a(t)$

3.5 LAPLACE-Transformation

3.5.1 Einleitung

Mit Hilfe der **LAPLACE-Transformation** werden Differential- und Integralausdrücke in algebraische Ausdrücke umgewandelt. Vorteilhaft ist dabei, daß anstelle einer Differentialgleichung eine algebraische Gleichung gelöst wird. Anfangsbedingungen werden bei der LAPLACE-Transformation berücksichtigt, so daß die Lösung einer Differentialgleichung in einem Schritt durchgeführt werden kann.

3.5.2 Mathematische Transformationen

3.5.2.1 Rechenvereinfachungen durch Transformationen

In der Mathematik werden Transformationen durchgeführt, um Rechnungen zu vereinfachen.

Bei Transformationen werden Rechenoperationen höherer Ordnung durch Operationen niedriger Ordnung ersetzt. Damit werden Berechnungen vereinfacht.

Eine gebräuchliche **Transformation** ist die Logarithmierung. Bei dem Beispiel wird die Multiplikation ersetzt durch die Addition der transformierten Größen.

Mit der LAPLACE-Transformation wird die Differentiation in eine Multiplikation, die Integration in eine Division, also in algebraische Operationen, überführt.

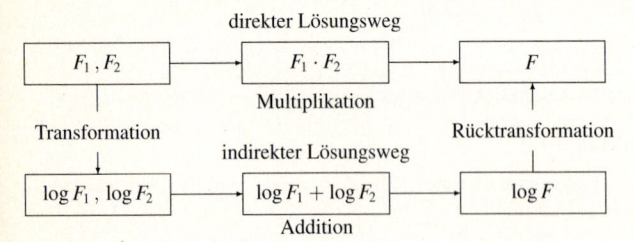

```
                    direkter Lösungsweg
    ┌────────┐        ┌─────────┐        ┌───┐
    │ F₁, F₂ │──────→│ F₁ · F₂ │──────→│ F │
    └────────┘        └─────────┘        └───┘
        │            Multiplikation         ▲
Transformation                        Rücktransformation
        │            indirekter Lösungsweg  │
        ▼                                   │
  ┌──────────────┐   ┌───────────────┐   ┌──────┐
  │ log F₁, log F₂│──→│ log F₁ + log F₂│──→│ log F│
  └──────────────┘   └───────────────┘   └──────┘
                         Addition
```

Bild 3.5-1: *Indirekte Lösungsmethode durch Transformation (Beispiel)*

3.5.2.2 Original- und Bildbereich der LAPLACE-Transformation

Der Bereich, in dem eine Operation durchgeführt werden soll, heißt **Originalbereich**. Aus diesem Bereich wird die Rechenoperation in den **Bildbereich** transformiert. Im Bildbereich wird eine entsprechende **Rechenoperation niederer Ordnung** vorgenommen. Anschließend wird das Zwischenergebnis in das Endergebnis des Originalbereichs zurücktransformiert.

Der Originalbereich der LAPLACE-Transformation ist der **Zeitbereich,** die Zeitfunktionen sollen ermittelt werden. Der Bildbereich wird als **Frequenzbereich** bezeichnet, die **LAPLACE-Variable**

$$s := \sigma + j\omega$$

heißt auch komplexe Bildvariable oder komplexe Kreisfrequenz. Die LAPLACE-Transformation wird hier am Beispiel der Funktionen

$$\frac{d}{dt}(t \cdot e^{at}), \quad \int t \cdot dt$$

in den Bildern 3.5-2 und 3.5-3 dargestellt.

Einer **Differentiation** entspricht im Frequenzbereich eine **Multiplikation** mit der komplexen Bildvariablen s. Einer **Integration** im Zeitbereich entspricht eine **Division** mit der Bildvariablen s im Frequenzbereich.

```
                    direkter Lösungsweg
   ┌─────────┐      ┌─────────────┐      ┌───────────────┐
   │ d        │     │ Ausführen   │      │               │
   │ ── (t·eᵃᵗ)│───▶│ der         │─────▶│ (1+a·t)·eᵃᵗ   │
   │ dt       │     │ Differentiation    │               │
   └─────────┘      │ (Produktregel)│    └───────────────┘
                    └─────────────┘
```

$$\frac{d}{dt}(t \cdot e^{at}) \longrightarrow (1 + a \cdot t) \cdot e^{at}$$

Transformation — indirekter Lösungsweg — Rücktransformation

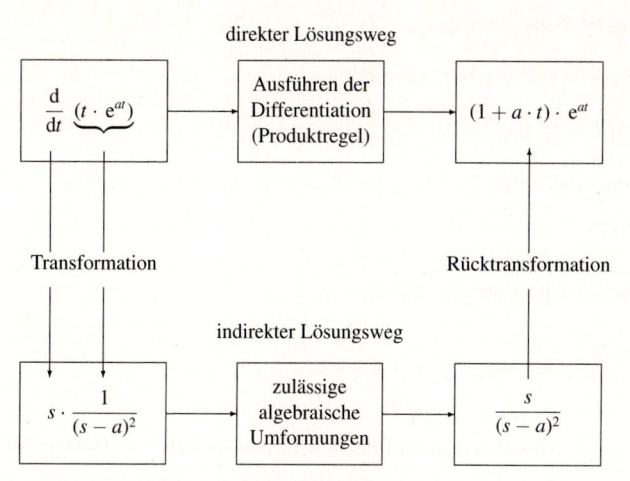

$$s \cdot \frac{1}{(s-a)^2} \longrightarrow \text{zulässige algebraische Umformungen} \longrightarrow \frac{s}{(s-a)^2}$$

Bild 3.5-2: Transformationsschema für die Differentiation (Beispiel)

direkter Lösungsweg

$$\int t \, dt \longrightarrow \text{Ausführen der Integration (Potenzregel)} \longrightarrow \frac{t^2}{2}$$

Transformation — indirekter Lösungsweg — Rücktransformation

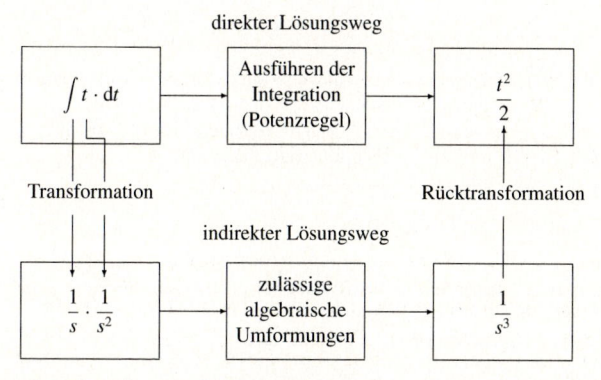

$$\frac{1}{s} \cdot \frac{1}{s^2} \longrightarrow \text{zulässige algebraische Umformungen} \longrightarrow \frac{1}{s^3}$$

Bild 3.5-3: Transformationsschema für die Integration (Beispiel)

3.5.3 LAPLACE-Transformation und LAPLACE-Integral

Bei der LAPLACE-Transformation wird die komplexe Bildvariable

$$s := \sigma + j\omega$$

verwendet. Damit wird erreicht, daß das im folgenden angegebene Integral konvergiert, das heißt für alle in der Regelungstechnik wichtigen Funktionen berechenbar ist. Aus denselben Konvergenzgründen existiert die Transformation nur für $t > 0$. Die LAPLACE-Transformation ist definiert durch das folgende Integral:

$$\boxed{f(s) = \int_0^\infty f(t) \cdot e^{-st} dt = \int_0^\infty f(t) \cdot e^{-\sigma t} \cdot e^{-j\omega t} dt = L\{f(t)\}}$$

$f(s)$ ist die LAPLACE-Transformierte der Funktion $f(t)$. Der Übergang vom Originalbereich in den Bildbereich wird durch das Zeichen L angedeutet, die Umkehrtransformation durch L^{-1}.

Beispiele zur LAPLACE-Transformation:

Beispiel 3.5-1:   Transformation der Sprungfunktion

$$f(t) = E(t), \quad E(t) = \begin{cases} 0 & \text{für} \quad t \leq 0 \\ 1 & \text{für} \quad t > 0 \end{cases}$$

$$f(s) = \int_0^\infty f(t) \cdot e^{-st} dt = \int_0^\infty 1 \cdot e^{-st} dt = -\frac{1}{s} e^{-st} \bigg|_0^\infty = \frac{1}{s}.$$

Beispiel 3.5-2:   Transformation der Anstiegsfunktion $f(t) = t$

Das Integral wird durch Produktintegration gelöst:

$$f(s) = \int_0^\infty f(t) \cdot e^{-st} dt = \int_0^\infty t \cdot e^{-st} dt$$

$$= -t\frac{1}{s} e^{-st} \bigg|_0^\infty + \int_0^\infty \frac{1}{s} e^{-st} dt = \left[-t\frac{1}{s} e^{-st} - \frac{1}{s^2} e^{-st} \right] \bigg|_0^\infty = \frac{1}{s^2}.$$

Aus der LAPLACE-Transformierten $f(s)$ kann mit einer komplexen Umkehrformel, dem **LAPLACE-Integral**

$$\boxed{f(t) = \frac{1}{2\pi j} \oint f(s) \cdot e^{st} ds = L^{-1}\{f(s)\}},$$

die Zeitfunktion ermittelt werden. Dabei ist der geschlossene Integrationsweg in der komplexen Zahlenebene um alle Polstellen von $f(s)$ zu führen. Polstellen von $f(s)$ sind solche Werte von s, bei denen der Nenner von $f(s)$ Null wird. Der Übergang vom Bildbereich in den Originalbereich wird durch das Zeichen L^{-1} angegeben. Das LAPLACE-Integral wird mit dem **Residuensatz** berechnet,

$$\boxed{f(t) = \frac{1}{2\pi j} \oint f(s) \cdot e^{st} ds = \sum_{i=1}^n \text{Res}[f(s) \cdot e^{st}]},$$

wobei die Zeitfunktion $f(t)$ gleich der Summe der Residuen an allen Polstellen von $f(s) \cdot e^{st}$ ist. Das **Residuum** einer k-fachen **Polstelle** $s = s_j$ ist allgemein:

$$\boxed{\text{Res}\bigg|_{s=s_j} = \frac{1}{(k-1)!} \frac{d^{k-1}}{ds^{k-1}} \left[f(s) \cdot e^{st} \cdot (s - s_j)^k \right] \bigg|_{s=s_j}}.$$

Beispiele zur LAPLACE-Rücktransformation

Beispiel 3.5-3:   einfache Polstelle

$$f(s) = \frac{1}{s+a}, k = 1, s_1 = a$$

$$f(t) = \text{Res}\bigg|_{s=-a} = \frac{1}{(1-1)!} \frac{d^0}{ds^0} \left[\frac{1}{s+a} e^{st} \cdot (s+a) \right] \bigg|_{s=-a} = e^{-at}.$$

Beispiel 3.5-4: k-fache Polstelle

$$f(s) = \frac{1}{(s+a)^k}, k > 1, s_1 = a$$

$$f(t) = \text{Res}\Big|_{s=-a} = \frac{1}{(k-1)!} \frac{d^{k-1}}{ds^{k-1}} \left[\frac{1}{(s+a)^k} e^{st} \cdot (s+a)^k \right]\Big|_{s=-a} = \frac{1}{(k-1)!} t^{k-1} e^{-at}.$$

Beispiel 3.5-5: dreifache Polstelle bei $s_1 = 0$

$$f(s) = \frac{1}{s^3},\, k=3,\, s_1 = 0$$

$$f(t) = \text{Res}\Big|_{s=0} = \frac{1}{(3-1)!} t^{3-1} e^{0 \cdot t} = \frac{1}{2} t^2 .$$

3.5.4 Anwendung der LAPLACE-Transformation

3.5.4.1 Allgemeines

Transformation und Rücktransformation werden mit Hilfe von **Tabellen** durchgeführt. Mit den folgenden Rechenregeln können Transformationspaare ermittelt werden, die nicht tabelliert sind.

3.5.4.2 Linearität

Die LAPLACE-Transformation ist linear. Aus diesem Grunde gelten Verstärkungs- und Überlagerungsprinzip. Das führt zu folgenden Rechenregeln:

$$L\{k \cdot f(t)\} = k \cdot L\{f(t)\} = k \cdot f(s),$$
$$L\{f_1(t) \pm f_2(t)\} = L\{f_1(t)\} \pm L\{f_2(t)\} = f_1(s) \pm f_2(s).$$

Beispiel 3.5-6: Verstärkungsprinzip

$x_{e1}(t) = \sin(\omega t)$

$x_{e1}(s) = L\{\sin(\omega t)\}$

$\qquad = \dfrac{\omega}{s^2 + \omega^2}$

$x_{e2}(t) = 5 \sin(\omega t)$

$x_{e2}(s) = L\{5 \sin(\omega t)\} = 5 \cdot L\{\sin(\omega t)\}$

$\qquad = \dfrac{5\omega}{s^2 + \omega^2}$

Beispiel 3.5-7: Überlagerungsprinzip

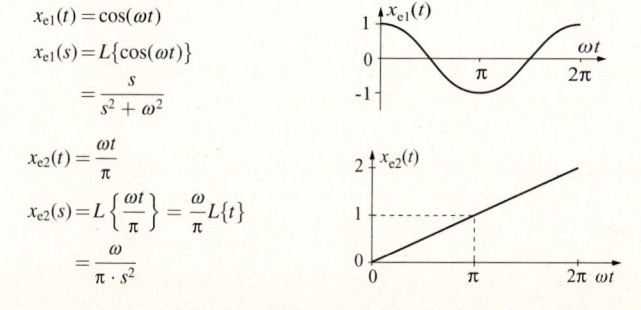

$x_{e1}(t) = \cos(\omega t)$

$x_{e1}(s) = L\{\cos(\omega t)\}$

$\qquad = \dfrac{s}{s^2 + \omega^2}$

$x_{e2}(t) = \dfrac{\omega t}{\pi}$

$x_{e2}(s) = L\left\{\dfrac{\omega t}{\pi}\right\} = \dfrac{\omega}{\pi} L\{t\}$

$\qquad = \dfrac{\omega}{\pi \cdot s^2}$

$$x_e(t) = x_{e1}(t) + x_{e2}(t)$$
$$= \cos(\omega t) + \frac{\omega t}{\pi}$$
$$x_e(s) = L\{x_{e1}(t)\} + L\{x_{e2}(t)\}$$
$$= \frac{s}{s^2 + \omega^2} + \frac{\omega}{\pi \cdot s^2}$$

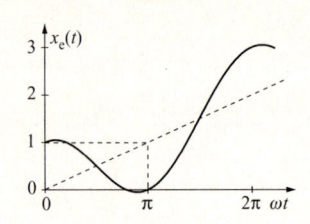

3.5.4.3 Verschiebungssatz

In der Regelungstechnik werden bei Totzeitelementen Anregungsfunktionen um die Totzeit T_t verzögert am Ausgang wirksam. Spezielle Anregungsfunktionen lassen sich als Summe von verzögert einsetzenden Standardfunktionen darstellen. Mit Hilfe des Verschiebungssatzes werden diese Funktionen im Frequenzbereich dargestellt.

Verschiebungssatz: Eine zeitverschobene Funktion $f(t-T)$ wird im Frequenzbereich durch Multiplikation der nichtverschobenen transformierten Zeitfunktion $f(s)$ mit dem Verschiebungsoperator e^{-Ts} dargestellt:

$$\boxed{L\{f(t-T)\} = e^{-Ts} \cdot L\{f(t)\} = e^{-Ts} \cdot f(s), \quad T > 0}$$

Beispiel 3.5-8: Verschobener Einheitssprung

$$x_e(t) = E(t-T) = \begin{cases} 0 & \text{für } t \leq T \\ 1 & \text{für } t > T \end{cases}$$
$$x_e(t) = f(t-T), \quad f(t) = E(t),$$
$$x_e(s) = L\{f(t-T)\}$$
$$= e^{-Ts} \cdot L\{f(t)\}$$
$$= e^{-Ts} \cdot f(s) = e^{-Ts} \cdot \frac{1}{s}.$$

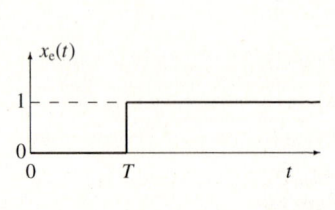

Beispiel 3.5-9: Rechteckimpuls

Der Rechteckimpuls $x_e(t)$ entsteht durch die Überlagerung von zwei Sprungfunktionen $x_{e1}(t)$ und $x_{e2}(t)$.

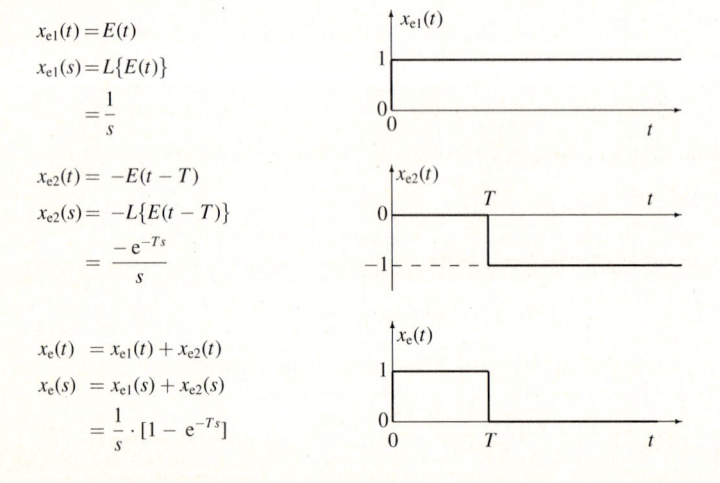

$$x_{e1}(t) = E(t)$$
$$x_{e1}(s) = L\{E(t)\}$$
$$= \frac{1}{s}$$

$$x_{e2}(t) = -E(t-T)$$
$$x_{e2}(s) = -L\{E(t-T)\}$$
$$= \frac{-e^{-Ts}}{s}$$

$$x_e(t) = x_{e1}(t) + x_{e2}(t)$$
$$x_e(s) = x_{e1}(s) + x_{e2}(s)$$
$$= \frac{1}{s} \cdot [1 - e^{-Ts}]$$

3.5.4.4 Ähnlichkeitssatz

Wird die Variable t mit einer Konstanten multipliziert ($a > 0$ und reell), so ergibt sich mit dem **Ähnlichkeitssatz** die Berechnung der Bildvariablen:

$$L\{f(a \cdot t)\} = \frac{1}{a} \cdot f\left(\frac{s}{a}\right), \quad L\left\{f\left(\frac{t}{a}\right)\right\} = a \cdot f(a \cdot s).$$

Beispiel 3.5-10: Mit der Sinusfunktion

$$x_{e1}(t) = \sin(\omega_1 t)$$

und dem zugehörigen Transformationspaar

$$x_{e1}(s) = L\{\sin(\omega_1 t)\} = \frac{\omega_1}{s^2 + \omega_1^2}$$

wird die LAPLACE-Transformierte der Zeitfunktion

$$x_{e2}(t) = \sin(\omega_2 t), \; \omega_2 = 0.5 \cdot \omega_1$$

mit dem Ähnlichkeitssatz berechnet:

$$\begin{aligned}x_{e2}(s) &= L\{\sin(\omega_2 t)\} = L\{\sin(0.5 \cdot \omega_1 t)\} \\ &= \frac{1}{0.5} \frac{\omega_1}{\left(\dfrac{s}{0.5}\right)^2 + \omega_1^2} \\ &= \frac{0.5 \cdot \omega_1}{s^2 + (0.5 \cdot \omega_1)^2}.\end{aligned}$$

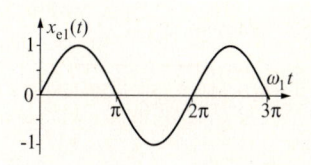

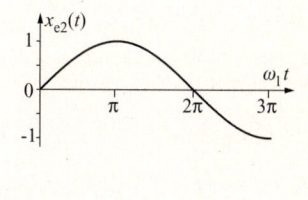

3.5.4.5 Differentiations- und Integrationssatz

Differentiationssatz: Differenziert man eine Funktion im **Zeitbereich**, dann gilt im Frequenzbereich folgender Zusammenhang:

$$L\left\{\frac{d^n f(t)}{dt^n}\right\} = s^n f(s) - \left[s^{n-1} f(t=0) + s^{n-2} \left.\frac{df(t)}{dt}\right|_{t=0} + \ldots + s \left.\frac{d^{(n-2)} f(t)}{dt^{(n-2)}}\right|_{t=0} + \left.\frac{d^{(n-1)} f(t)}{dt^{(n-1)}}\right|_{t=0}\right],$$

oder in allgemeiner Form

$$L\left\{\frac{d^n f(t)}{dt^n}\right\} = s^n f(s) - \sum_{i=1}^{n} s^{n-i} \left.\frac{d^{(i-1)} f(t)}{dt^{(i-1)}}\right|_{t=0}.$$

Differentiationssatz für die erste Ableitung ($n = 1$):

$$L\left\{\frac{df(t)}{dt}\right\} = s \cdot f(s) - f(t=0).$$

Differentiationssatz für die zweite Ableitung ($n = 2$):

$$L\left\{\frac{d^2 f(t)}{dt^2}\right\} = s^2 \cdot f(s) - \left[s \cdot f(t=0) + \left.\frac{df(t)}{dt}\right|_{t=0}\right].$$

Sind die Anfangswerte Null, dann vereinfacht sich der Differentiationssatz:

$$L\left\{\frac{d^n f(t)}{dt^n}\right\} = s^n \cdot f(s).$$

Integrationssatz: Integriert man eine Funktion im **Zeitbereich**, dann gilt im Frequenzbereich folgender Zusammenhang:

$$L\left\{\int f(t)\mathrm{d}t\right\} = \frac{1}{s}L\{f(t)\} = \frac{1}{s}f(s).$$

Bei der Anwendung der LAPLACE-Transformation werden Differentiale und Integrale in algebraische Ausdrücke überführt.

Beispiel 3.5-11: Die Zeitfunktion

$$x_e(t) = \cos(\omega t)$$

mit der LAPLACE-Transformierten

$$x_e(s) = \frac{s}{s^2 + \omega^2}$$

hat den Anfangswert $x_e(t=0) = \cos 0 = 1$. Die Ableitung von $x_e(t)$ ist

$$\frac{\mathrm{d}x_e(t)}{\mathrm{d}t} = -\omega \cdot \sin(\omega t).$$

Mit dem Differentiationssatz kann aus der LAPLACE-Transformierten der Cosinus-Funktion die Transformierte der Sinus-Funktion bestimmt werden:

$$L\left\{\frac{\mathrm{d}x_e(t)}{\mathrm{d}t}\right\} = s \cdot x_e(s) - x_e(t=0) = \frac{s^2}{s^2+\omega^2} - 1$$

$$= \frac{-\omega^2}{s^2+\omega^2} = L\{-\omega \cdot \sin(\omega t)\}.$$

Die LAPLACE-Transformierte der Sinus-Funktion ist damit:

$$L\{\sin(\omega t)\} = \frac{\omega}{s^2 + \omega^2}.$$

Beispiel 3.5-12: Zur Einheitssprungfunktion

$$x_e(t) = E(t)$$

gehört die LAPLACE-Transformierte

$$x_e(s) = \frac{1}{s}.$$

Das Integral der Einheitssprungfunktion ergibt im Bildbereich

$$L\left\{\int x_e(t)\mathrm{d}t\right\} = \frac{1}{s}x_e(s) = \frac{1}{s^2}.$$

Nach der Rücktransformation in den Zeitbereich erhält man die Anstiegsfunktion

$$\int x_e(t)\mathrm{d}t = L^{-1}\left\{\frac{1}{s^2}\right\} = t.$$

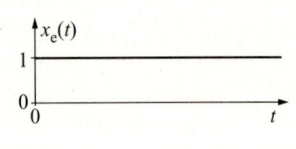

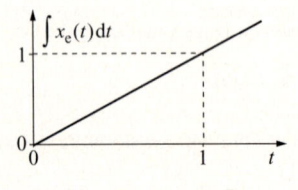

3.5.4.6 Faltungssatz

Das Produkt von LAPLACE-Transformierten berechnet man im Zeitbereich mit dem **Faltungsintegral**

$$L\{f_1(t) * f_2(t)\} = L\left\{\int_0^t f_1(t-\tau) \cdot f_2(\tau)\mathrm{d}\tau\right\} = f_1(s) \cdot f_2(s).$$

Beispiel 3.5-13: Die LAPLACE-Transformierte $f(s)$ setzt sich zusammen aus

$$f(s) = f_1(s) \cdot f_2(s) = \frac{1}{s+a} \cdot \frac{1}{s+b}$$

mit den zugehörigen Originalfunktionen

$$f_1(t) = L^{-1}\left\{\frac{1}{s+a}\right\} = e^{-at} \quad \text{und} \quad f_2(t) = L^{-1}\left\{\frac{1}{s+b}\right\} = e^{-bt}.$$

Mit dem **Faltungssatz** läßt sich die Originalfunktion $f(t)$ zu $f(s)$ berechnen.

$$f(t) = f_1(t) * f_2(t) = \int_0^t e^{-a(t-\tau)} \cdot e^{-b\tau} d\tau = e^{-at} \int_0^t e^{(a-b)\tau} d\tau = \frac{e^{-at}}{a-b}\left[e^{(a-b)\tau}\right]_0^t$$

$$= \frac{e^{-at}}{a-b}(e^{(a-b)t} - 1) = \frac{1}{a-b}(e^{-bt} - e^{-at}).$$

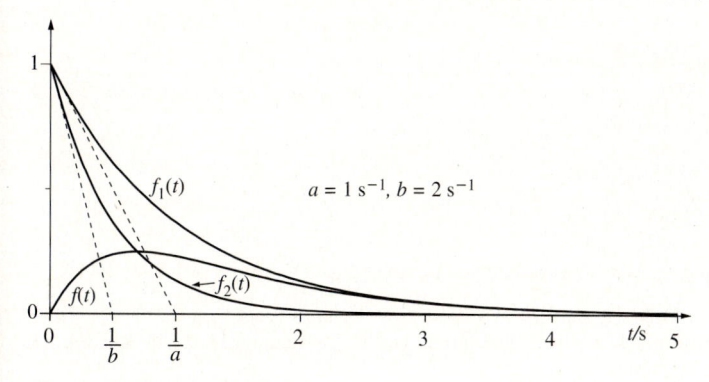

Bild 3.5-4: Faltung von Funktionen

3.5.4.7 Grenzwertsätze

Die Berechnung von Grenzwerten im Zeitbereich mit Hilfe der Bildfunktionen im Frequenzbereich läßt sich mit den Grenzwertsätzen durchführen.

Anfangswertsatz (Berechnung der Anfangswerte von Zeitfunktionen): Der Wert der Zeitfunktion $f(t)$ für $t = 0$ läßt sich aus der korrespondierenden Bildfunktion ermitteln:

$$\boxed{f(t=0) = \lim_{s \to \infty} s \cdot f(s)}.$$

Endwertsatz (Berechnung der Endwerte von Zeitfunktionen): Der Wert einer Zeitfunktion $f(t)$ für $t \to \infty$ läßt sich aus der zugehörigen Bildfunktion ermitteln:

$$\boxed{f(t \to \infty) = \lim_{s \to 0} s \cdot f(s)}.$$

Die **Grenzwertsätze** werden für die Berechnung der stationären Größen von Regelkreisen benötigt. Wichtig ist der Endwertsatz für die Berechnung der **bleibenden Regeldifferenz** $x_d(t \to \infty)$. Der Endwertsatz darf jedoch nur angewendet werden, wenn der Endwert der zugehörigen Zeitfunktion existiert.

Beispiel 3.5-14: Ausgehend von der Differentialgleichung der Widerstand-Kondensator-Schaltung in Beispiel 3.3-1

$$T_1 \frac{du_a(t)}{dt} + u_a(t) = u_e(t),$$
$$T_1 = R \cdot C,$$

mit dem Anfangswert $u_a(t=0) = U_{a0}$, ergibt sich unter Verwendung des Differentiationssatzes im Bildbereich

$$T_1 \cdot [s \cdot u_a(s) - u_a(t=0)] + u_a(s) = u_e(s),$$

wobei die LAPLACE-Transformierte der Ausgangsspannung lautet:

$$u_a(s) = \frac{T_1}{1 + T_1 \cdot s} \cdot U_{a0} + \frac{1}{1 + T_1 \cdot s} \cdot u_e(s).$$

Die sprungförmige Eingangsgröße

$$u_e(t) = U_{e0} \cdot E(t)$$

mit der LAPLACE-Transformierten

$$u_e(s) = U_{e0} \cdot \frac{1}{s}$$

wird zum Zeitpunkt $t = 0$ aufgeschaltet:

$$u_a(s) = \frac{T_1}{1 + T_1 \cdot s} \cdot U_{a0} + \frac{1}{1 + T_1 \cdot s} \cdot \frac{U_{e0}}{s}.$$

Mit den Grenzwertsätzen lassen sich Anfangs- und Endwerte von Zeitfunktionen bestimmen, wenn die zugehörigen LAPLACE-Transformierten bekannt sind. Der Anfangswert von $u_a(t)$ ergibt sich mit dem Anfangswertsatz zu:

$$u_a(t=0) = \lim_{s \to \infty} s \cdot u_a(s) = \lim_{s \to \infty} s \cdot \frac{T_1}{1 + T_1 \cdot s} \cdot U_{a0} = U_{a0}.$$

Mit dem Endwertsatz erhält man den Endwert

$$u_a(t \to \infty) = \lim_{s \to 0} s \cdot u_a(s) = \lim_{s \to 0} s \cdot \frac{1}{1 + T_1 \cdot s} \frac{U_{e0}}{s} = U_{e0}.$$

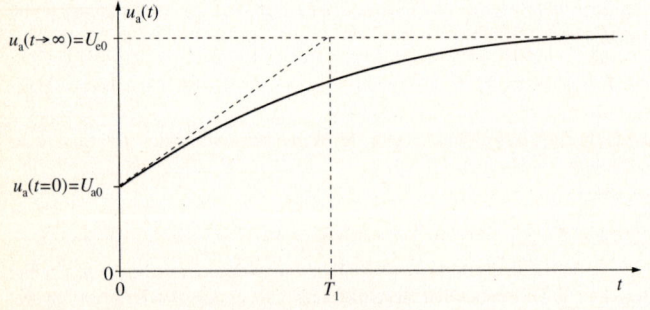

Bild 3.5-5: Spannungsverlauf der Ausgangsgröße $u_a(t)$

Beispiel 3.5-15:   Ein Übertragungssystem

$$x_a(s) = \frac{1}{s-1} \cdot x_e(s)$$

mit der Eingangsgröße $x_e(s) = \frac{1}{s}$ hat im Bildbereich die LAPLACE-Transformierte

$$x_a(s) = \frac{1}{s(s-1)}.$$

Die zugehörige Zeitfunktion

$$x_a(t) = -(1 - e^t)$$

besitzt den Endwert $\lim_{t \to \infty} x_a(t) = \infty$.

Der Endwertsatz liefert hier ein falsches Ergebnis

$$x_a(t \to \infty) = \lim_{s \to 0} s \cdot x_a(s) = \lim_{s \to 0} \frac{1}{s-1} = -1,$$

da das Übertragungssystem instabil ist und der Endwert daher nicht existiert.

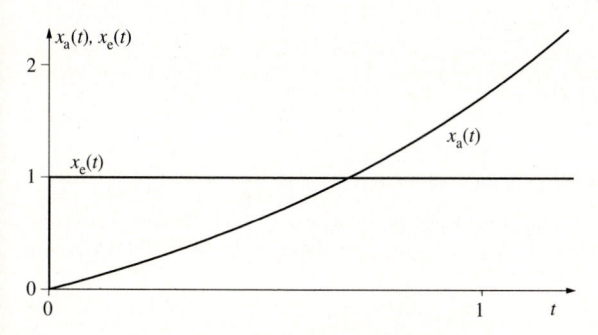

Bild 3.5-6: Ausgangsgröße $x_a(t)$ bei einem instabilen System

3.5.4.8 Lösung von linearen Differentialgleichungen mit konstanten Koeffizienten mit Hilfe der LAPLACE-Transformation

Lineare Differentialgleichungen mit Anfangswerten gleich Null werden mit Hilfe der LAPLACE-Transformation wie folgt gelöst:

LAPLACE-Transformation der gegebenen Differentialgleichung. Als Ergebnis erhält man eine lineare algebraische Gleichung, die die gesuchte LAPLACE-Transformierte $x_a(s)$ und die gegebene LAPLACE-Transformierte $x_e(s)$ enthält.

Auflösung der algebraischen Gleichung nach $x_a(s)$:

$$\boxed{x_a(s) = G(s) \cdot x_e(s)}$$

Rücktransformation mit Hilfe der LAPLACE-Transformationstabelle. Damit ergibt sich die gesuchte Funktion $x_a(t)$. Gegebenenfalls muß eine Partialbruchzerlegung durchgeführt werden.

Die Vorgehensweise bei der Lösung von Differentialgleichungen mit Anfangswerten gleich Null ist im folgenden Flußdiagramm angegeben.

Differentialgleichung

$$\sum_{i=0}^{n} a_i \frac{d^i x_a(t)}{dt^i} = \sum_{j=0}^{m} b_j \frac{d^j x_e(t)}{dt^j}$$

Eingangsgröße $x_e(t)$

LAPLACE-Transformation

$$L\left\{\sum_{i=0}^{n} a_i \frac{d^i x_a(t)}{dt^i}\right\} = L\left\{\sum_{j=0}^{m} b_j \frac{d^j x_e(t)}{dt^j}\right\}$$

LAPLACE-Transformation
$x_e(s) = L\{x_e(t)\}$

Übertragungsfunktion aufstellen
$$G(s) = \frac{x_a(s)}{x_e(s)}$$

Übertragungsfunktion nach $x_a(s)$ auflösen
$$x_a(s) = G(s) \cdot x_e(s)$$

LAPLACE-Rücktransformation
$$x_a(t) = L^{-1}\{x_a(s)\}$$

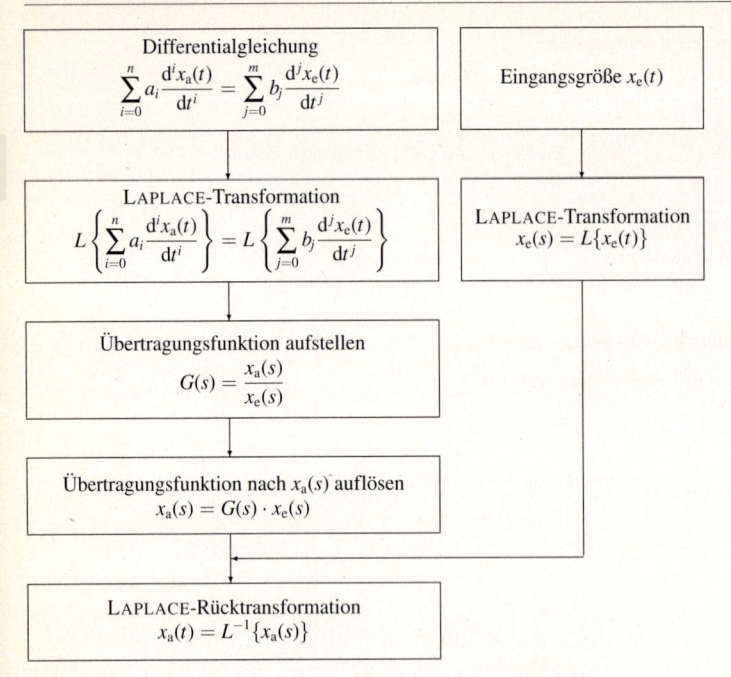

Bild 3.5-7: Schema zur Lösung von Differentialgleichungen im Bildbereich

Beispiel 3.5-16:   Elektrisches und mechanisches Verzögerungselement

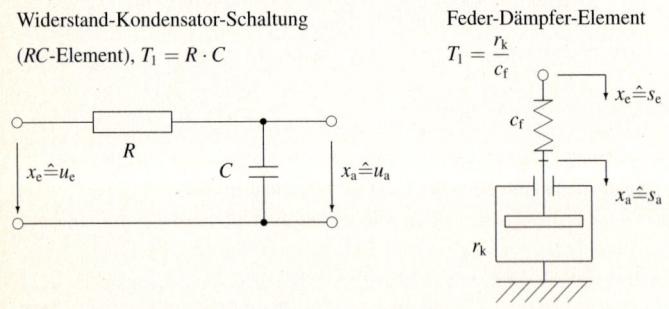

Widerstand-Kondensator-Schaltung
(RC-Element), $T_1 = R \cdot C$

Feder-Dämpfer-Element
$$T_1 = \frac{r_k}{c_f}$$

$x_e \hat{=} u_e$, R, C, $x_a \hat{=} u_a$

c_f, $x_e \hat{=} s_e$, $x_a \hat{=} s_a$, r_k

Die Herleitung der für beide Systeme gültigen Differentialgleichung

$$T_1 \frac{dx_a(t)}{dt} + x_a(t) = x_e(t)$$

ist in Beispiel 2.2-1 angegeben. Der Anfangswert ist $x_a(t = 0) = x_{a0}$. Zunächst wird die Differentialgleichung in den Bildbereich transformiert

$$L\{x_e(t)\} = T_1 \cdot [s \cdot L\{x_a(t)\} - x_a(t = 0)] + L\{x_a(t)\},$$
$$x_e(s) = T_1 \cdot s \cdot x_a(s) - T_1 \cdot x_a(t = 0) + x_a(s),$$

und die Übertragungsfunktion $G(s)$ gebildet:

$$x_a(s) = \frac{1}{1+s \cdot T_1} \cdot x_e(s) + \frac{T_1}{1+s \cdot T_1} \cdot x_a(t=0)$$
$$= G(s) \cdot x_e(s) + T_1 \cdot G(s) \cdot x_a(t=0).$$

Zum Zeitpunkt $t = 0$ wird die sprungförmige Eingangsgröße

$$x_e(t) = x_{e0} \cdot E(t)$$

mit der LAPLACE-Transformierten

$$L\{x_e(t)\} = x_e(s) = \frac{x_{e0}}{s}$$

aufgeschaltet. Nach Einsetzen der Eingangsgröße und des Anfangswertes erhält man die LAPLACE-Transformierte der Ausgangsgröße

$$x_a(s) = \frac{x_{e0}}{T_1} \cdot \frac{1}{\left(s + \frac{1}{T_1}\right) \cdot s} + x_{a0} \cdot \frac{1}{\left(s + \frac{1}{T_1}\right)},$$

die gliedweise in den Originalbereich zurücktransformiert wird:

$$x_a(t) = \frac{x_{e0}}{T_1} \cdot L^{-1}\left\{\frac{1}{\left(s + \frac{1}{T_1}\right) \cdot s}\right\} + x_{a0} \cdot L^{-1}\left\{\frac{1}{\left(s + \frac{1}{T_1}\right)}\right\}$$

$$x_a(t) = x_{e0} \cdot \left(1 - e^{-\frac{t}{T_1}}\right) + x_{a0} \cdot e^{-\frac{t}{T_1}} = x_{a1}(t) + x_{a2}(t).$$

In Bild 3.5-8 sind die Lösungsanteile aufgezeichnet.

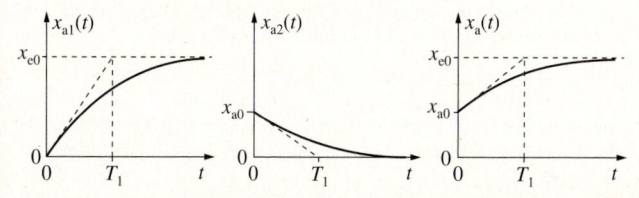

Bild 3.5-8: Ausgangsgrößenverläufe des elektrischen und mechanischen Verzögerungselements

3.5.5 Übertragungsfunktionen von Übertragungselementen

Das **dynamische Verhalten** von linearen Übertragungselementen mit Ausnahme des Totzeitelements wird mit Differentialgleichungen beschrieben. Zur Lösung der Differentialgleichungen wird die **LAPLACE-Transformation** verwendet. Ausgangspunkt ist die lineare Differentialgleichung in der folgenden Form:

$$a_n \frac{d^n x_a}{dt^n} + a_{n-1} \frac{d^{n-1} x_a}{dt^{n-1}} + \ldots + a_1 \frac{dx_a}{dt} + a_0 \cdot x_a = b_m \frac{d^m x_e}{dt^m} + \ldots + b_1 \frac{dx_e}{dt} + b_0 \cdot x_e, \quad n \geq m$$

Bei physikalischen Systemen gibt n im allgemeinen die **Anzahl der Energiespeicher** des Systems an. Um das dynamische Verhalten vollständig berechnen zu können, müssen noch n **Anfangsbedingungen** angegeben werden.

Diese Anfangsbedingungen zeigen an, in welchem **Energiezustand** sich die n Energiespeicher des Übertragungselements befinden. In der linearen **Regelungstechnik** ist es für die meisten Anwendungsfälle ausreichend, das Regelungssystem oder Übertragungselement im **Anfangszustand (zur Zeit $t = 0$) als energiefrei** anzusehen. Die Anfangswerte werden daher Null gesetzt.

Wendet man unter dieser Voraussetzung die LAPLACE-Transformation auf die Differentialgleichung an, so ergibt sich für den energiefreien Anfangszustand mit

$$x_a(s) = L\{x_a(t)\}, \; x_e(s) = L\{x_e(t)\}$$

$$\boxed{\begin{aligned} a_n \cdot s^n \cdot x_a(s) + a_{n-1} \cdot s^{n-1} \cdot x_a(s) + \ldots + a_1 \cdot s \cdot x_a(s) + a_0 \cdot x_a(s) = \\ b_m \cdot s^m \cdot x_e(s) + b_{m-1} \cdot s^{m-1} \cdot x_e(s) + \ldots + b_1 \cdot s \cdot x_e(s) + b_0 \cdot x_e(s). \end{aligned}}$$

Aus der Gleichung läßt sich $x_a(s)$ und $x_e(s)$ ausklammern. Bildet man den Quotienten $\dfrac{x_a(s)}{x_e(s)}$, so erhält man die Übertragungsfunktion $G(s)$:

$$\boxed{G(s) = \frac{x_a(s)}{x_e(s)} = \frac{b_m \cdot s^m + b_{m-1} \cdot s^{m-1} + \ldots + b_1 \cdot s + b_0}{a_n \cdot s^n + a_{n-1} \cdot s^{n-1} + \ldots + a_1 \cdot s + a_0} = \frac{Z(s)}{N(s)}}.$$

Die gebrochen rationale Funktion $G(s)$ hängt nicht mehr von den Funktionen oder Signalen x_e, x_a ab. $G(s)$ wird als **komplexe Übertragungsfunktion des Übertragungselements** oder als LAPLACE-Übertragungsfunktion bezeichnet.

3.5.6 Partialbruchzerlegung

3.5.6.1 Allgemeines

Durch das LAPLACE-Integral ist die Rücktransformation in den Zeitbereich definiert. Dieses Integral muß nur in seltenen Fällen explizit berechnet werden, da für häufig auftretende Grundfunktionen Transformationstabellen existieren.

Gebrochen rationale Funktionen, die nicht tabelliert sind, können mit der Partialbruchzerlegung in Grundfunktionen zerlegt werden. Allerdings müssen die Polstellen der LAPLACE-Transformierten bekannt sein. Der verwendete Lösungsansatz bei der Partialbruchzerlegung hängt von der Art dieser Polstellen ab. Folgende Fälle sind zu unterscheiden:

- einfache reelle Polstellen,
- mehrfache reelle Polstellen,
- einfache komplexe Polstellen und
- mehrfache komplexe Polstellen.

Im folgenden ist die Vorgehensweise bei der Rücktransformation beschrieben.

3.5.6.2 Einfache reelle Polstellen

Die LAPLACE-Transformierte

$$f(s) = \frac{b_m \cdot s^m + \ldots + b_0}{a_n \cdot s^n + \ldots + a_0} = \frac{b_m \cdot s^m + \ldots + b_0}{(s - s_1) \cdot (s - s_2) \cdot \ldots \cdot (s - s_n)}$$

mit $a_n = 1$ hat reelle Polstellen, die voneinander verschieden sind. Falls a_n ungleich Eins ist, muß jeder Koeffizient von $f(s)$ durch a_n dividiert werden.

Lösungsansatz:

$$f(t) = L^{-1}\{f(s)\} = L^{-1}\left\{\frac{b_m \cdot s^m + \ldots + b_0}{(s-s_1)\cdot(s-s_2)\cdot\ldots\cdot(s-s_n)}\right\}$$

$$= L^{-1}\left\{\frac{A_1}{s-s_1}\right\} + L^{-1}\left\{\frac{A_2}{s-s_2}\right\} + \ldots + L^{-1}\left\{\frac{A_n}{s-s_n}\right\}.$$

Die Koeffizienten A_i werden durch Koeffizientenvergleich ermittelt.

Beispiel 3.5-17:

$$f(s) = \frac{s+3}{s^2+3s+2} = \frac{s+3}{(s+1)(s+2)}$$

Lösungsansatz:

$$f(s) = \frac{s+3}{(s+1)(s+2)} = \frac{A_1}{s+1} + \frac{A_2}{s+2} = \frac{A_1(s+2) + A_2(s+1)}{(s+1)(s+2)}.$$

Die Koeffizienten A_1 und A_2 werden durch Koeffizientenvergleich der Zählerpolynome bestimmt. Man erhält das Gleichungssystem

$$A_1 + A_2 = 1$$
$$2A_1 + A_2 = 3$$

mit den Lösungen $A_1 = 2$ und $A_2 = -1$. Damit lautet die Zeitfunktion

$$f(t) = L^{-1}\left\{\frac{2}{s+1}\right\} + L^{-1}\left\{\frac{-1}{s+2}\right\} = 2\,e^{-t} - e^{-2t}.$$

3.5.6.3 Mehrfache reelle Polstellen

Die LAPLACE-Transformierte

$$f(s) = \frac{b_m \cdot s^m + \ldots + b_0}{(s-s_1)^{\alpha_1} \cdot (s-s_2)^{\alpha_2} \cdot \ldots \cdot (s-s_n)^{\alpha_n}}$$

hat auch reelle Polstellen mit der Vielfachheit $\alpha_1, \alpha_2, \ldots, \alpha_n$.

Lösungsansatz:

$$f(t) = L^{-1}\{f(s)\} = L^{-1}\left\{\frac{A_1}{s-s_1} + \frac{A_2}{(s-s_1)^2} + \ldots + \frac{A_{\alpha_1}}{(s-s_1)^{\alpha_1}}\right.$$

$$\left. + \frac{B_1}{s-s_2} + \frac{B_2}{(s-s_2)^2} + \ldots + \frac{B_{\alpha_2}}{(s-s_2)^{\alpha_2}} + \ldots + \frac{K_1}{s-s_n} + \ldots\right\}.$$

Die unbekannten Koeffizienten $A_i, B_i, \ldots, K_i$ werden durch Koeffizientenvergleich ermittelt.

Beispiel 3.5-18:

$$f(s) = \frac{s+2}{s^2(s+3)}$$

Lösungsansatz:

$$f(s) = \frac{s+2}{s^2(s+3)} = \frac{A_1}{s} + \frac{A_2}{s^2} + \frac{B_1}{s+3} = \frac{A_1 \cdot s(s+3) + A_2(s+3) + B_1 \cdot s^2}{s^2(s+3)}$$

$$= \frac{(A_1+B_1)s^2 + (3A_1+A_2)s + 3A_2}{s^2(s+3)}.$$

Durch Koeffizientenvergleich der Zählerpolynome erhält man das Gleichungssystem

$$A_1 + B_1 = 0, \quad 3A_1 + A_2 = 1, \quad 3A_2 = 2$$

mit den Lösungen $A_1 = \frac{1}{9}, A_2 = \frac{2}{3}$ und $B_1 = -\frac{1}{9}$. Damit läßt sich die zugehörige Zeitfunktion

$$f(t) = \frac{1}{9} + \frac{2}{3}t - \frac{1}{9}e^{-3t} = \frac{2}{3}t + \frac{1}{9}(1 - e^{-3t})$$

berechnen.

3.5.6.4 Einfache komplexe Polstellen

Die LAPLACE-Transformierte

$$f(s) = \frac{b_m \cdot s^m + \ldots + b_0}{(s - s_1)^{\alpha_1} \cdot \ldots \cdot (s - [\sigma_1 - j\omega_1]) \cdot (s - [\sigma_1 + j\omega_1])}$$

hat auch einfache komplexe Polstellen.

Lösungsansatz:

$$f(t) = L^{-1}\left\{ \frac{A_1}{s-s_1} + \frac{A_2}{(s-s_1)^2} + \ldots + \frac{A_{\alpha_1}}{(s-s_1)^{\alpha_1}} + \ldots + \frac{B + C \cdot s}{(s - [\sigma_1 - j\omega_1])(s - [\sigma_1 + j\omega_1])} \right\}.$$

Die Koeffizienten A_i, B und C werden auch hier durch Koeffizientenvergleich ermittelt.

Beispiel 3.5-19:

$$f(s) = \frac{s+4}{s(s^2 + 4s + 8)} = \frac{s+4}{s(s - [-2 - j2])(s - [-2 + j2])}$$

Lösungsansatz:

$$f(s) = \frac{A_1}{s} + \frac{B + C \cdot s}{s^2 + 4s + 8}$$
$$= \frac{A_1(s^2 + 4s + 8) + B \cdot s + C \cdot s^2}{s(s^2 + 4s + 8)} = \frac{(A_1 + C)s^2 + (4A_1 + B)s + 8A_1}{s(s^2 + 4s + 8)}$$

Durch Koeffizientenvergleich der Zählerpolynome entsteht das Gleichungssystem

$$A_1 + C = 0, \quad 4A_1 + B = 1, \quad 8A_1 = 4,$$

mit den Lösungen $A_1 = \frac{1}{2}$, $B = -1$ und $C = -\frac{1}{2}$. Die Zeitfunktion ist

$$f(t) = \frac{1}{2}L^{-1}\left\{\frac{1}{s}\right\} - \frac{1}{2}L^{-1}\left\{\frac{2+s}{(s+2)^2 + 4}\right\} = \frac{1}{2}[1 - e^{-2t}\cos(2t)].$$

3.5.7 Charakteristische Gleichung und Pol-Nullstellenplan

Die Differentialgleichung eines linearen Regelungselements ohne Totzeit hat folgende Form:

$$\boxed{a_n \frac{d^n x_a}{dt^n} + a_{n-1} \frac{d^{n-1} x_a}{dt^{n-1}} + \ldots + a_1 \frac{dx_a}{dt} + a_0 \cdot x_a = b_m \frac{d^m x_e}{dt^m} + \ldots + b_1 \frac{dx_e}{dt} + b_0 \cdot x_e, \quad n \geq m.}$$

Untersucht wird der energiefreie Zustand mit den Anfangswerten gleich Null. Nach der Transformationsregel werden Differentiale durch Multiplikationen der transformierten Funktion mit s oder p ersetzt. Damit ergibt sich die **Übertragungsfunktion**

$$\boxed{G(s) = \frac{x_a(s)}{x_e(s)} = \frac{b_m \cdot s^m + b_{m-1} \cdot s^{m-1} + \ldots + b_1 \cdot s + b_0}{a_n \cdot s^n + a_{n-1} \cdot s^{n-1} + \ldots + a_1 \cdot s + a_0} = \frac{Z(s)}{N(s)}}$$

3.5 LAPLACE-Transformation

und die Frequenzgangfunktion mit der Abkürzung $p := j\omega$

$$F(p) = \frac{x_a(p)}{x_e(p)} = \frac{b_m \cdot p^m + b_{m-1} \cdot p^{m-1} + \ldots + b_1 \cdot p + b_0}{a_n \cdot p^n + a_{n-1} \cdot p^{n-1} + \ldots + a_1 \cdot p + a_0} = \frac{Z(p)}{N(p)}.$$

Die Koeffizienten von Differentialgleichung, Übertragungsfunktion und Frequenzgangfunktion sind gleich.

Die charakteristische Gleichung der Differentialgleichung ergibt sich, wenn die rechte Seite Null gesetzt wird, mit dem Ansatz

$$x_{ah}(t) = C\,e^{\alpha t}$$
$$a_n \cdot \alpha^n + a_{n-1} \cdot \alpha^{n-1} + \ldots + a_1 \cdot \alpha + a_0 = 0.$$

Die **charakteristische Gleichung** wird aus den Koeffizienten der linken Seite der Differentialgleichung gebildet oder wenn das Nennerpolynom der Übertragungsfunktion $G(s)$ gleich Null gesetzt wird. Die Gleichungen haben dieselbe Struktur.

Differentialgleichung und Übertragungsfunktion enthalten die charakteristische Gleichung:
$$a_n \cdot \alpha^n + a_{n-1} \cdot \alpha^{n-1} + \ldots + a_1 \cdot \alpha + a_0 = 0,$$
$$a_n \cdot s^n + a_{n-1} \cdot s^{n-1} + \ldots + a_1 \cdot s + a_0 = 0.$$

Die **Nullstellen der charakteristischen Gleichung** sind kennzeichnend für die Trägheit des Übertragungselements. Sie werden als **Polstellen der Übertragungsfunktion** bezeichnet, da für eine Nullstelle im Nenner der Wert von $G(s)$ unendlich wird. Setzt man das Zählerpolynom zu Null, erhält die Übertragungsfunktion $G(s)$ den Wert Null, daher werden die Nullstellen des Zählerpolynoms als **Nullstellen der Übertragungsfunktion** bezeichnet. Die Nullstellen ergeben sich aus der Gleichung:

$$b_m \cdot s^m + b_{m-1} \cdot s^{m-1} + \ldots + b_1 \cdot s + b_0 = 0.$$

Die Lage der Polstellen und Nullstellen eines Übertragungselements oder Regelungssystems ist kennzeichnend für das **Zeitverhalten**. Die Lage der Pole und Nullstellen wird graphisch in einem **Pol-Nullstellenplan** eingezeichnet, wobei Pole s_{pi} mit einem Kreuz und Nullstellen s_{nj} mit einem Kreis dargestellt werden. Real- und Imaginärteil werden angegeben. Im Bild 3.5-9 ist der Pol-Nullstellenplan der Übertragungsfunktion

$$G(s) = \frac{x_a(s)}{x_e(s)} = \frac{(s - s_{n1})(s - s_{n2})}{(s - s_{p1})(s - s_{p2})(s - s_{p3})} = \frac{s^2 + 3s - 4}{s^3 + 4s^2 + 6s + 4}$$

angegeben:

s-Ebene

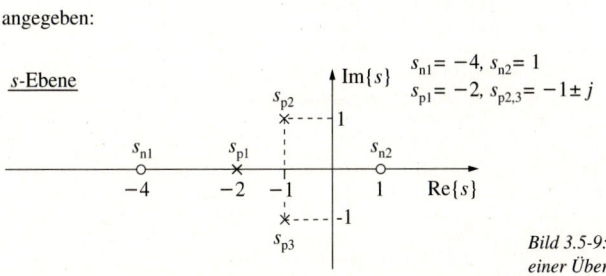

$s_{n1} = -4,\; s_{n2} = 1$
$s_{p1} = -2,\; s_{p2,3} = -1 \pm j$

Bild 3.5-9: Pol-Nullstellenplan einer Übertragungsfunktion

Beispiel 3.5-20: Für die Übertragungsfunktionen

a) Regelstreckenübertragungsfunktion

$$G_S(s) = \frac{x(s)}{y(s)} = \frac{K_S}{1 + T_S \cdot s}, \quad s_{p1} = -\frac{1}{T_S},$$

$y(t) = E(t)$,

b) Reglerübertragungsfunktion

$$G_R(s) = \frac{y(s)}{x_d(s)} = K_R \cdot \frac{1 + T_V \cdot s}{1 + T_1 \cdot s}, \quad s_{n1} = -\frac{1}{T_V}, \quad s_{p1} = -\frac{1}{T_1},$$

$x_d(t) = E(t)$,

ist der Pol-Nullstellenplan und die Sprungantwort zu zeichnen.

a)

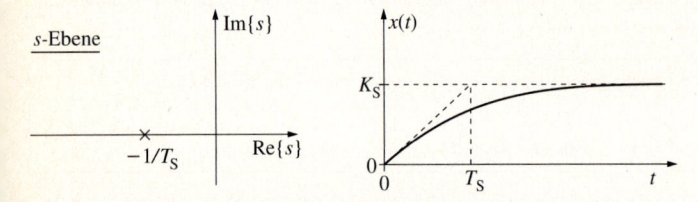

Bild 3.5-10: Pol-Nullstellenplan und Sprungantwort der Regelstreckenübertragungsfunktion

Die Polstelle ist $s_{p1} = -\dfrac{1}{T_S}$. Die Sprungantwort erreicht den Endwert um so schneller, je kleiner T_S ist. Im Pol-Nullstellenplan geht der die Trägheit bestimmende Pol $s_{p1} = -\dfrac{1}{T_S}$ weiter nach links:

> Die Trägheit eines Elements wird um so größer, je näher der Pol an die imaginäre Achse rückt.

Liegt der Pol im Nullpunkt oder in der rechten Halbebene, dann ist das Element instabil.

b)

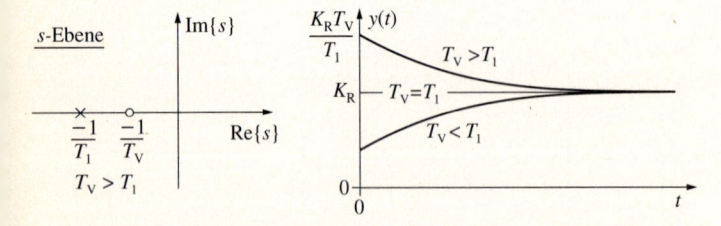

Bild 3.5-11: Pol-Nullstellenplan und Sprungantwort der Reglerübertragungsfunktion

Für $T_V > T_1$ erhält man eine Überhöhung der Sprungantwort (PDT$_1$-Verhalten), die um so größer ist, je näher die Nullstelle $s_{n1} = -\frac{1}{T_V}$ an die imaginäre Achse rückt. Die Polstelle $s_{p1} = -\frac{1}{T_1}$ kennzeichnet wieder die Trägheit. In der Sprungantwort sind die Fälle $T_V = T_1$ (P-Verhalten) und $T_V < T_1$ (PPT$_1$-Verhalten) eingezeichnet (siehe Kapitel 4). Polstellen in der linken Halbebene haben für das Zeitverhalten folgende Auswirkungen:

Der reelle Pol gibt die Trägheit an, er ist Argument der Lösung der homogenen Differentialgleichung $C\,e^{s_{p1}t}$. Bei konjugiert komplexen Polen bestimmt der Realteil die Dämpfung, der Imaginärteil die Kreisfrequenz des schwingenden Anteils der Lösung:

$$C_1 \cdot e^{s_{p1}t} + C_2 \cdot e^{s_{p2}t}, \quad s_{p1,2} = -D\omega_0 \pm j\omega_0\sqrt{1-D^2}\,.$$

Polstellen bestimmen die Trägheit oder Verzögerung von Regelkreisen. Sie lassen sich in Regelkreisen durch Nullstellen mit dem gleichen Wert kompensieren.

3.5.8 Tabellen für die LAPLACE-Transformation

In Tabelle 3.5-1 sind Rechenregeln der LAPLACE-Transformation zusammengestellt. In Tabelle 3.5-2 bis 3.5-6 werden LAPLACE-Transformierte und zugehörige Zeitfunktionen, die für die Regelungstechnik von Bedeutung sind, angegeben.

Die Transformationspaare sind nach folgenden Gruppen geordnet:
- Elementarfunktionen und normierte Einheitsfunktionen, die vorwiegend als Eingangssignale benötigt werden. Diese Funktionen können auch als Ausgangssignale von einfachen Übertragungselementen auftreten.
- Ausgangsfunktionen für Übertragungselemente, deren Übertragungsfunktionen in der Standardform mit Zeitkonstanten oder der Standardform mit Nullstellen angegeben sind oder die Polynome der LAPLACE-Variablen s enthalten. Eingangssignale sind normierte Einheitsfunktionen.

Transformationspaare, die in den Tabellen nicht enthalten sind, können den Tabellenwerken der Literatur zur LAPLACE-Transformation entnommen werden.

> Alle Zeitfunktionen $f(t)$ sind nur für Zeiten $t > 0$ gültig, für $t \leq 0$ ist $f(t) = 0$. Das wird häufig durch die Schreibweise
>
> $$f(t), t > 0 \quad \text{oder} \quad f(t) \cdot E(t)$$
>
> angegeben. $E(t)$ ist der Einheitssprung, der nur für $t > 0$ den Wert Eins hat, für $t \leq 0$ den Wert Null.

In der Regelungstechnik ist es aus praktischen Gründen sinnvoll und üblich, Funktionen nach ihrem Argument zu bezeichnen. So bedeuten:

$f(t), x(t)$	kontinuierliche Zeitfunktionen,
$f(kT), x(kT)$	diskrete Zeitfunktionen,
$f(j\omega), x(j\omega)$	harmonische Funktionen,
$f(s), x(s)$	LAPLACE-transformierte Funktionen,
$f(z), x(z)$	z-transformierte Zeitfunktionen,
$F(j\omega), F_S(j\omega)$	Frequenzgangübertragungsfunktionen,
$G(s), G_S(s)$	LAPLACE-Übertragungsfunktionen,
$G(z), G_S(z)$	z-Übertragungsfunktionen.

Tabelle 3.5-1: Rechenregeln der LAPLACE-*Transformation*

LAPLACE-Transformation:	
Transformation	$f(s) = \int_0^\infty f(t) \cdot e^{-st} \, dt = L\{f(t)\}$
Rücktransformation	$f(t) = \dfrac{1}{2\pi j} \oint f(s) \cdot e^{st} \, ds = L^{-1}\{f(s)\}$
Linearitätssätze:	
Verstärkungsprinzip	$L\{k \cdot f(t)\} = k \cdot L\{f(t)\} = k \cdot f(s)$
Überlagerungsprinzip	$L\{f_1(t) \pm f_2(t)\} = L\{f_1(t)\} \pm L\{f_2(t)\} = f_1(s) \pm f_2(s)$
Verschiebungssätze:	
Zeitbereich:	
Verschiebung rechts	$L\{f(t - T)\} = e^{-Ts} \cdot L\{f(t)\} = e^{-Ts} \cdot f(s), T \geq 0,$
Verschiebung links	$L\{f(t + T)\} = e^{+Ts} \cdot \left[f(s) - \int_0^T f(t) \cdot e^{-st} dt \right], T \geq 0$
Frequenzbereich: (Dämpfungssatz)	$L\{e^{-at} \cdot f(t)\} = f(s + a)$
Ähnlichkeitssätze:	
	$L\{f(a \cdot t)\} = \dfrac{1}{a} \cdot f(\dfrac{s}{a}), a > 0$
	$L\{f(\dfrac{t}{a})\} = a \cdot f(a \cdot s), a > 0$
Faltungssätze:	
Zeitbereich	$L\{f_1(t) * f_2(t)\} = L\left\{ \int_0^t f_1(t - \tau) \cdot f_2(\tau) d\tau \right\}$
	$= f_1(s) \cdot f_2(s)$
Frequenzbereich	$L\{f_1(t) \cdot f_2(t)\} = \dfrac{1}{2\pi j} \int_{c - j\infty}^{c + j\infty} f_1(s - \sigma) \cdot f_2(\sigma) d\sigma$
Grenzwertsätze:	
Anfangswertsatz	$f(t = 0) = \lim\limits_{s \to \infty} s \cdot f(s)$
Endwertsatz	$f(t \to \infty) = \lim\limits_{s \to 0} s \cdot f(s)$
Differentiationssätze:	
Zeitbereich	$L\left\{ \dfrac{df(t)}{dt} \right\} = s \cdot f(s) - f(t)\bigg|_{t=0}$
	$L\left\{ \dfrac{d^n f(t)}{dt^n} \right\} = s^n \cdot f(s) - \sum_{i=1}^n s^{n-i} \dfrac{d^{i-1} f(t)}{dt^{i-1}}\bigg|_{t=0}$
Frequenzbereich	$L\{(-1)^n \cdot t^n \cdot f(t)\} = \dfrac{d^n f(s)}{ds^n}$

Tabelle 3.5-1: Rechenregeln der LAPLACE-Transformation (Fortsetzung)

Integrationssätze:	
Zeitbereich	$L\left\{\int f(t)\mathrm{d}t\right\} = \frac{1}{s} \cdot L\{f(t)\} = \frac{1}{s} \cdot f(s)$ $L\left\{\int^{(n)} f(t)\mathrm{d}t^{(n)}\right\} = \frac{1}{s^n} \cdot L\{f(t)\} = \frac{1}{s^n} \cdot f(s)$
Frequenzbereich	$L\left\{\frac{f(t)}{t}\right\} = \int_s^\infty f(\sigma)\mathrm{d}\sigma$

Tabelle 3.5-2: LAPLACE-Transformationen für Elementar- und Einheitsfunktionen

Nr.	$f(s)$	$f(t)$, für $t > 0$	
1	1	$\delta(t)$	Einheitsimpuls
2	e^{-Ts}	$\delta(t-T)$	verschobener Einheitsimpuls
3	$\frac{1}{s}$	$E(t)$	Einheits-Sprungfunktion
4	$\frac{1}{s} \cdot \mathrm{e}^{-Ts}$	$E(t-T)$	verschobene Einheits-Sprungfunktion
5	$\frac{1-\mathrm{e}^{-Ts}}{s}$	$E(t) - E(t-T)$	Einheits-Rechteckimpuls
6	$\frac{1}{s^2}$	t	Einheits-Anstiegsfunktion
7	$\frac{1}{s^2} \cdot \mathrm{e}^{-Ts}$	$(t-T) \cdot E(t-T)$	verschobene Einheits-Anstiegsfunktion
8	$\frac{1}{s^3}$	$\frac{t^2}{2}$	Einheits-Parabelfunktion
9	$\frac{1}{s^n}$	$\frac{t^{n-1}}{(n-1)!}, n = 1, 2, 3, \ldots, 0! = 1$	
10	$\frac{1}{s^{\frac{1}{2}}}$	$\frac{2 \cdot t^{-\frac{1}{2}}}{\sqrt{\pi}}$	
11	$\frac{1}{s^{\frac{3}{2}}}$	$\frac{2 \cdot t^{\frac{1}{2}}}{\sqrt{\pi}}$	
12	$\frac{1}{s^{n+\frac{1}{2}}}$	$\frac{2^n \cdot t^{n-\frac{1}{2}}}{1 \cdot 3 \cdot 5 \cdots (2n-1) \cdot \sqrt{\pi}}, n = 1, 2, 3, \ldots$	

Tabelle 3.5-3: LAPLACE-*Transformationen für Übertragungsfunktionen mit Zeitkonstanten*

Nr.	$f(s)$	$f(t)$, für $t > 0$
13	$\dfrac{1}{1 + T_1 \cdot s}$	$\dfrac{1}{T_1} \cdot e^{-\frac{t}{T_1}}$
14	$\dfrac{1}{(1 + T_1 \cdot s)^2}$	$\dfrac{t}{T_1^2} \cdot e^{-\frac{t}{T_1}}$
15	$\dfrac{1}{(1 + T_1 \cdot s)^n}$	$\dfrac{t^{n-1}}{T_1^n \cdot (n-1)!} \cdot e^{-\frac{t}{T_1}}, n = 1, 2, 3, \ldots$
16	$\dfrac{s}{1 + T_1 s}, \dfrac{1}{T_1} - \dfrac{1}{T_1(1 + T_1 s)}$	$\dfrac{1}{T_1} \cdot \delta(t) - \dfrac{1}{T_1^2} \cdot e^{-\frac{t}{T_1}}$
17	$\dfrac{1 + T_V s}{1 + T_1 s}, \dfrac{T_V}{T_1} - \dfrac{T_V - T_1}{T_1(1 + T_1 s)}$	$\dfrac{T_V}{T_1} \cdot \delta(t) - \dfrac{T_V - T_1}{T_1^2} \cdot e^{-\frac{t}{T_1}}$
18	$\dfrac{1}{(1 + T_1 \cdot s) \cdot s}$	$1 - e^{-\frac{t}{T_1}}$
19	$\dfrac{1 + T_V \cdot s}{(1 + T_1 \cdot s) \cdot s}$	$1 + \dfrac{T_V - T_1}{T_1} \cdot e^{-\frac{t}{T_1}}$
20	$\dfrac{1}{(1 + T_1 \cdot s) \cdot s^2}$	$t - T_1 + T_1 \cdot e^{-\frac{t}{T_1}}$
21	$\dfrac{1}{(1 + T_1 \cdot s)^2 \cdot s}$	$1 - (1 + \dfrac{t}{T_1}) \cdot e^{-\frac{t}{T_1}}$
22	$\dfrac{1 + T_V \cdot s}{(1 + T_1 \cdot s)^2 \cdot s}$	$1 + \left[\dfrac{T_V - T_1}{T_1^2} \cdot t - 1\right] \cdot e^{-\frac{t}{T_1}}$
23	$\dfrac{1}{(1 + T_1 s)(1 + T_2 s)}, T_1 \neq T_2$	$\dfrac{1}{T_1 - T_2} \cdot \left[e^{-\frac{t}{T_1}} - e^{-\frac{t}{T_2}}\right]$
24	$\dfrac{s}{(1 + T_1 s)(1 + T_2 s)}, T_1 \neq T_2$	$\dfrac{1}{T_2 - T_1} \cdot \left[\dfrac{1}{T_1} \cdot e^{-\frac{t}{T_1}} - \dfrac{1}{T_2} \cdot e^{-\frac{t}{T_2}}\right]$
25	$\dfrac{1 + T_V s}{(1 + T_1 s)(1 + T_2 s)}, T_1 \neq T_2$	$\dfrac{1}{T_1 - T_2}\left[\dfrac{T_1 - T_V}{T_1} e^{-\frac{t}{T_1}} - \dfrac{T_2 - T_V}{T_2} e^{-\frac{t}{T_2}}\right]$
26	$\dfrac{1}{(1 + T_1 s)(1 + T_2 s) s}, T_1 \neq T_2$	$1 - \dfrac{1}{T_1 - T_2}\left[T_1 \cdot e^{-\frac{t}{T_1}} - T_2 \cdot e^{-\frac{t}{T_2}}\right]$
27	$\dfrac{1 + T_V s}{(1 + T_1 s)(1 + T_2 s) s}, T_1 \neq T_2$	$1 - \dfrac{T_1 - T_V}{T_1 - T_2} \cdot e^{-\frac{t}{T_1}} + \dfrac{T_2 - T_V}{T_1 - T_2} \cdot e^{-\frac{t}{T_2}}$
28	$\dfrac{1}{(1 + T_1 s)(1 + T_2 s)(1 + T_3 s)},$ $T_1, T_2, T_3 \neq$	$\dfrac{T_1 \cdot e^{-\frac{t}{T_1}}}{(T_1 - T_2)(T_1 - T_3)} + \dfrac{T_2 \cdot e^{-\frac{t}{T_2}}}{(T_2 - T_1)(T_2 - T_3)} + \dfrac{T_3 \cdot e^{-\frac{t}{T_3}}}{(T_3 - T_1)(T_3 - T_2)}$

Tabelle 3.5-3: LAPLACE-*Transformationen für Übertragungsfunktionen mit Zeitkonstanten (Fortsetzung)*

Nr.	$f(s)$	$f(t)$, für $t > 0$
29	$\dfrac{s}{(1+T_1 s)(1+T_2 s)(1+T_3 s)}$, $T_1, T_2, T_3 \neq$	$\dfrac{e^{-\frac{t}{T_1}}}{(T_1-T_2)(T_3-T_1)} + \dfrac{e^{-\frac{t}{T_2}}}{(T_2-T_3)(T_1-T_2)} + \dfrac{e^{-\frac{t}{T_3}}}{(T_3-T_1)(T_2-T_3)}$
30	$\dfrac{1+T_V s}{(1+T_1 s)(1+T_2 s)(1+T_3 s)}$, $T_1, T_2, T_3 \neq$	$\dfrac{(T_1-T_V)\cdot e^{-\frac{t}{T_1}}}{(T_1-T_2)(T_1-T_3)} + \dfrac{(T_2-T_V)\cdot e^{-\frac{t}{T_2}}}{(T_2-T_1)(T_2-T_3)} + \dfrac{(T_3-T_V)\cdot e^{-\frac{t}{T_3}}}{(T_3-T_1)(T_3-T_2)}$
31	$\dfrac{1}{(1+T_1 s)(1+T_2 s)(1+T_3 s)s}$, $T_1, T_2, T_3 \neq$	$1 - \dfrac{T_1^2 \cdot e^{-\frac{t}{T_1}}}{(T_1-T_2)(T_1-T_3)} - \dfrac{T_2^2 \cdot e^{-\frac{t}{T_2}}}{(T_2-T_3)(T_2-T_1)} - \dfrac{T_3^2 \cdot e^{-\frac{t}{T_3}}}{(T_3-T_1)(T_3-T_2)}$
32	$\dfrac{1+T_V s}{(1+T_1 s)(1+T_2 s)(1+T_3 s)s}$, $T_1, T_2, T_3 \neq$	$1 - \dfrac{T_1(T_1-T_V)\cdot e^{-\frac{t}{T_1}}}{(T_1-T_2)(T_1-T_3)} - \dfrac{T_2(T_2-T_V)\cdot e^{-\frac{t}{T_2}}}{(T_2-T_3)(T_2-T_1)} - \dfrac{T_3(T_3-T_V)\cdot e^{-\frac{t}{T_3}}}{(T_3-T_1)(T_3-T_2)}$

Tabelle 3.5-4: LAPLACE-*Transformationen für Übertragungsfunktionen mit Pol- und Nullstellen*

Nr.	$f(s)$	$f(t)$, für $t > 0$
33	$\dfrac{1}{s+a}$	e^{-at}
34	$\dfrac{1}{(s+a)^2}$	$t \cdot e^{-at}$
35	$\dfrac{1}{(s+a)^n}$	$\dfrac{t^{n-1}}{(n-1)!} \cdot e^{-at},\ n = 1, 2, 3, \ldots$
36	$\dfrac{s}{s+a},\ 1 - \dfrac{a}{s+a}$	$\delta(t) - a \cdot e^{-at}$
37	$\dfrac{s+z}{s+a},\ 1 - \dfrac{a-z}{s+a}$	$\delta(t) - (a-z) \cdot e^{-at}$
38	$\dfrac{1}{(s+a)\cdot s}$	$\dfrac{1}{a} \cdot \left[1 - e^{-at}\right]$
39	$\dfrac{s+z}{(s+a)\cdot s}$	$\dfrac{z}{a} \cdot \left[1 - e^{-at}\right] + e^{-at}$
40	$\dfrac{1}{(s+a)\cdot s^2}$	$\dfrac{1}{a^2} \cdot \left[-1 + a\cdot t + e^{-at}\right]$

Tabelle 3.5-4: LAPLACE-*Transformationen für Übertragungsfunktionen mit Pol- und Nullstellen*

Nr.	$f(s)$	$f(t)$, für $t > 0$
41	$\dfrac{s}{(s+a)^2}$	$(1 - a \cdot t) \cdot e^{-at}$
42	$\dfrac{1}{(s+a)^2 \cdot s}$	$\dfrac{1}{a^2} \cdot \left[1 - e^{-at} - a \cdot t \cdot e^{-at} \right]$
43	$\dfrac{s+z}{(s+a)^2 \cdot s}$	$\dfrac{z}{a^2} \cdot \left[1 - e^{-at} + \dfrac{a^2 - a \cdot z}{z} \cdot t \cdot e^{-at} \right]$
44	$\dfrac{1}{(s+a) \cdot (s+b)}, a \neq b$	$\dfrac{1}{b-a} \cdot \left[e^{-at} - e^{-bt} \right]$
45	$\dfrac{s}{(s+a) \cdot (s+b)}, a \neq b$	$\dfrac{1}{a-b} \cdot \left[a \cdot e^{-at} - b \cdot e^{-bt} \right]$
46	$\dfrac{s+z}{(s+a) \cdot (s+b)}, a \neq b$	$\dfrac{1}{b-a} \cdot \left[(z-a) \cdot e^{-at} - (z-b) \cdot e^{-bt} \right]$
47	$\dfrac{1}{(s+a) \cdot (s+b) \cdot s}, a \neq b$	$\dfrac{1}{a \cdot b} \cdot \left[1 - \dfrac{b}{b-a} \cdot e^{-at} + \dfrac{a}{b-a} \cdot e^{-bt} \right]$
48	$\dfrac{s+z}{(s+a) \cdot (s+b) \cdot s}, a \neq b$	$\dfrac{1}{a \cdot b} \cdot \left[z - \dfrac{b \cdot (z-a)}{b-a} \cdot e^{-at} + \dfrac{a \cdot (z-b)}{b-a} \cdot e^{-bt} \right]$
49	$\dfrac{1}{(s+a)(s+b)(s+c)}, a,b,c \neq$	$\dfrac{e^{-at}}{(b-a) \cdot (c-a)} + \dfrac{e^{-bt}}{(c-b) \cdot (a-b)} + \dfrac{e^{-ct}}{(a-c) \cdot (b-c)}$
50	$\dfrac{s}{(s+a)(s+b)(s+c)}, a,b,c \neq$	$\dfrac{-a \cdot e^{-at}}{(b-a) \cdot (c-a)} + \dfrac{-b \cdot e^{-bt}}{(c-b) \cdot (a-b)} + \dfrac{-c \cdot e^{-ct}}{(a-c) \cdot (b-c)}$
51	$\dfrac{s+z}{(s+a)(s+b)(s+c)}, a,b,c \neq$	$\dfrac{(z-a) \cdot e^{-at}}{(b-a) \cdot (c-a)} + \dfrac{(z-b) \cdot e^{-bt}}{(c-b) \cdot (a-b)} + \dfrac{(z-c) \cdot e^{-ct}}{(a-c) \cdot (b-c)}$
52	$\dfrac{1}{(s+a)(s+b)(s+c)s}, a,b,c \neq$	$\dfrac{1}{a \cdot b \cdot c} - \dfrac{e^{-at}}{a(b-a)(c-a)} - \dfrac{e^{-bt}}{b(c-b)(a-b)} - \dfrac{e^{-ct}}{c(a-c)(b-c)}$
53	$\dfrac{s+z}{(s+a)(s+b)(s+c)s}, a,b,c \neq$	$\dfrac{z}{a \cdot b \cdot c} - \dfrac{(z-a) \cdot e^{-at}}{a(b-a)(c-a)} - \dfrac{(z-b) \cdot e^{-bt}}{b(c-b)(a-b)} - \dfrac{(z-c) \cdot e^{-ct}}{c(a-c)(b-c)}$

Tabelle 3.5-5: LAPLACE-*Transformationen für Übertragungsfunktionen in Polynomform*

Nr.	$f(s)$	$f(t)$, für $t > 0$
54	$\dfrac{\omega_0^2}{s^2 + 2D\omega_0 s + \omega_0^2}$	$\dfrac{\omega_0}{\sqrt{1-D^2}} \cdot e^{-D\omega_0 t} \cdot \sin(\omega_0 \cdot \sqrt{1-D^2} \cdot t)$, $-1 < D < 1$, $\omega_e = \omega_0\sqrt{1-D^2}$, $\dfrac{\omega_0^2}{\omega_e} \cdot e^{-D\omega_0 t} \cdot \sin(\omega_e t)$
55	$\dfrac{s}{s^2 + 2D\omega_0 s + \omega_0^2}$	$e^{-D\omega_0 t} \cdot \left[\cos(\omega_e t) - \dfrac{D}{\sqrt{1-D^2}} \cdot \sin(\omega_e t)\right]$, $-1 < D < 1$, $\omega_e = \omega_0 \cdot \sqrt{1-D^2}$
56	$\dfrac{\omega_0^2}{(s^2 + 2D\omega_0 s + \omega_0^2)s}$	$1 - \dfrac{1}{\sqrt{1-D^2}} \cdot e^{-D\omega_0 t} \cdot \sin(\omega_e t + \phi)$, $-1 < D < 1$, $\omega_e = \omega_0 \cdot \sqrt{1-D^2}$, $\phi = \arccos D$
57	$\dfrac{1}{(1+T_1 s)^2 + T_1^2 \omega^2}$	$\dfrac{1}{T_1^2 \cdot \omega} \cdot e^{-\frac{t}{T_1}} \cdot \sin(\omega t)$
58	$\dfrac{1 + T_1 \cdot s}{(1+T_1 s)^2 + T_1^2 \omega^2}$	$\dfrac{1}{T_1} \cdot e^{-\frac{t}{T_1}} \cdot \cos(\omega t)$
59	$\dfrac{1 + T_V \cdot s}{(1+T_1 s)^2 + T_1^2 \omega^2}$	$\dfrac{\sqrt{\left(1 - \dfrac{T_V}{T_1}\right)^2 + T_V^2 \omega^2}}{T_1^2 \omega} e^{-\frac{t}{T_1}} \sin(\omega t + \phi)$, $\tan \phi = \dfrac{\omega T_V}{1 - \dfrac{T_V}{T_1}}$
60	$\dfrac{a}{s^2 - a^2}$	$\sinh(at)$
61	$\dfrac{s}{s^2 - a^2}$	$\cosh(at)$
62	$\dfrac{\omega}{s^2 + \omega^2}$	$\sin(\omega t)$
63	$\dfrac{s}{s^2 + \omega^2}$	$\cos(\omega t)$
64	$\dfrac{1}{(s^2 + \omega^2) \cdot s}$	$\dfrac{1}{\omega^2} \cdot [1 - \cos(\omega t)]$
65	$\dfrac{s + z}{s^2 + \omega^2}$	$\sqrt{1 + \dfrac{z^2}{\omega^2}} \cdot \sin(\omega t + \phi)$, $\tan \phi = \dfrac{\omega}{z}$
66	$\dfrac{s + z}{(s^2 + \omega^2) \cdot s}$	$\dfrac{z}{\omega^2} - \dfrac{\sqrt{\left(1 + \dfrac{z^2}{\omega^2}\right)}}{\omega} \cdot \cos(\omega t + \phi)$, $\tan \phi = \dfrac{\omega}{z}$
67	$\dfrac{s \cdot \sin \phi + \omega \cdot \cos \phi}{s^2 + \omega^2}$	$\sin(\omega t + \phi)$
68	$\dfrac{s \cdot \cos \phi - \omega \cdot \sin \phi}{s^2 + \omega^2}$	$\cos(\omega t + \phi)$

Tabelle 3.5-5: LAPLACE-*Transformationen für Übertragungsfunktionen in Polynomform (Fortsetzung)*

Nr.	$f(s)$	$f(t)$, für $t > 0$
69	$\dfrac{1}{(s+a)^2 + \omega^2}$	$\dfrac{1}{\omega} \cdot e^{-at} \sin(\omega t)$
70	$\dfrac{s+z}{(s+a)^2 + \omega^2}$	$\sqrt{\left[\dfrac{z-a}{\omega}\right]^2 + 1} \cdot e^{-at} \sin(\omega t + \phi)$, $\tan \phi = \dfrac{\omega}{z-a}$
71	$\dfrac{s+a}{(s+a)^2 + \omega^2}$	$e^{-at} \cdot \cos(\omega t)$
72	$\dfrac{1}{s^2 + a \cdot s + b}$, $\dfrac{a^2}{4} - b < 0$	$\dfrac{e^{-\frac{a}{2}t}}{\omega_e} \cdot \sin(\omega_e t)$, $\omega_e = \sqrt{b - \dfrac{a^2}{4}}$
73	$\dfrac{1}{s^2 + a \cdot s + b}$, $\dfrac{a^2}{4} - b = 0$	$t \cdot e^{-\frac{a}{2}t}$
74	$\dfrac{1}{s^2 + a \cdot s + b}$, $\dfrac{a^2}{4} - b > 0$	$\dfrac{e^{-\frac{a}{2}t}}{\alpha} \cdot \sinh(\alpha t)$, $\alpha = \sqrt{\dfrac{a^2}{4} - b}$
75	$\dfrac{s}{s^2 + a \cdot s + b}$, $\dfrac{a^2}{4} - b < 0$	$\dfrac{e^{-\frac{a}{2}t}}{\omega_e} \cdot \left[-\dfrac{a}{2}\sin(\omega_e t) + \omega_e \cdot \cos(\omega_e t)\right]$, $\omega_e = \sqrt{b - \dfrac{a^2}{4}}$
76	$\dfrac{s}{s^2 + a \cdot s + b}$, $\dfrac{a^2}{4} - b = 0$	$\left[1 - \dfrac{a}{2} \cdot t\right] \cdot e^{-\frac{a}{2}t}$
77	$\dfrac{s}{s^2 + a \cdot s + b}$, $\dfrac{a^2}{4} - b > 0$	$\dfrac{e^{-\frac{a}{2}t}}{\alpha} \cdot \left[-\dfrac{a}{2} \cdot \sinh(\alpha t) + \alpha \cdot \cosh(\alpha t)\right]$, $\alpha = \sqrt{\dfrac{a^2}{4} - b}$
78	$\dfrac{1}{(s^2 + a \cdot s + b) \cdot s}$, $\dfrac{a^2}{4} - b < 0$	$\dfrac{1}{b} \cdot \left[1 - \dfrac{e^{-\frac{a}{2}t}}{\omega_e} \cdot \left[\dfrac{a}{2} \cdot \sin(\omega_e t) + \omega_e \cdot \cos(\omega_e t)\right]\right]$, $\omega_e = \sqrt{b - \dfrac{a^2}{4}}$
79	$\dfrac{1}{(s^2 + a \cdot s + b)s}$, $\dfrac{a^2}{4} - b = 0$	$\dfrac{4}{a^2} \cdot \left[1 - \left[1 + \dfrac{a}{2} \cdot t\right] \cdot e^{-\frac{a}{2}t}\right]$
80	$\dfrac{1}{(s^2 + a \cdot s + b)s}$, $\dfrac{a^2}{4} - b > 0$	$\dfrac{1}{b} \cdot \left[1 - \dfrac{e^{-\frac{a}{2}t}}{\alpha} \cdot \left[\dfrac{a}{2} \cdot \sinh(\alpha t) + \alpha \cdot \cosh(\alpha t)\right]\right]$, $\alpha = \sqrt{\dfrac{a^2}{4} - b}$
81	$\dfrac{s+z}{s^2 + a \cdot s + b}$, $\dfrac{a^2}{4} - b < 0$	$\dfrac{e^{-\frac{a}{2}t}}{\omega_e} \cdot \left[\left[z - \dfrac{a}{2}\right] \cdot \sin(\omega_e t) + \omega_e \cdot \cos(\omega_e t)\right]$, $\omega_e = \sqrt{b - \dfrac{a^2}{4}}$
82	$\dfrac{s+z}{s^2 + a \cdot s + b}$, $\dfrac{a^2}{4} - b = 0$	$\left[1 + \left[z - \dfrac{a}{2}\right] \cdot t\right] \cdot e^{-\frac{a}{2}t}$
83	$\dfrac{s+z}{s^2 + a \cdot s + b}$, $\dfrac{a^2}{4} - b > 0$	$\dfrac{e^{-\frac{a}{2}t}}{\alpha} \cdot \left[\left[z - \dfrac{a}{2}\right] \cdot \sinh(\alpha t) + \alpha \cdot \cosh(\alpha t)\right]$, $\alpha = \sqrt{\dfrac{a^2}{4} - b}$
84	$\dfrac{s+z}{(s^2 + a \cdot s + b)s}$, $\dfrac{a^2}{4} - b < 0$	$\dfrac{z}{b}\left[1 - \dfrac{e^{-\frac{a}{2}t}}{\omega_e}\left[\left(\dfrac{a}{2} - \dfrac{b}{z}\right)\sin(\omega_e t) + \omega_e \cos(\omega_e t)\right]\right]$, $\omega_e = \sqrt{b - \dfrac{a^2}{4}}$

3.5 LAPLACE-Transformation

Tabelle 3.5-5: LAPLACE-*Transformationen für Übertragungsfunktionen in Polynomform (Fortsetzung)*

Nr.	$f(s)$	$f(t)$, für $t > 0$
85	$\dfrac{s+z}{(s^2 + a \cdot s + b)s}, \dfrac{a^2}{4} - b = 0$	$\dfrac{4 \cdot z}{a^2} \cdot \left[1 - \left[1 + \dfrac{a}{2} \cdot t - \dfrac{a^2}{4z} \cdot t\right] \cdot e^{-\frac{a}{2}t}\right]$
86	$\dfrac{s+z}{(s^2 + a \cdot s + b)s}, \dfrac{a^2}{4} - b > 0$	$\dfrac{z}{b}\left[1 - \dfrac{e^{-\frac{a}{2}t}}{\alpha}\left[\left(\dfrac{a}{2} - \dfrac{b}{z}\right)\sinh(\alpha t) + \alpha \cosh(\alpha t)\right]\right], \alpha = \sqrt{\dfrac{a^2}{4} - b}$

Tabelle 3.5-6: LAPLACE-*Transformationen für Eingangssignale*

Nr.	$f(s)$	$f(t)$, für $t > 0$
87	$f_0 \cdot \dfrac{1}{s}$	Sprungfunktion mit Amplitude f_0 ab $t=0$
88	$f_0 \cdot \dfrac{1 - e^{-T_1 s}}{s}$	Rechteckimpuls mit Amplitude f_0 von 0 bis T_1
89	$f_0 \cdot \dfrac{e^{-T_1 s} - e^{-T_2 s}}{s}$	Rechteckimpuls mit Amplitude f_0 von T_1 bis T_2
90	$f_0 \cdot \dfrac{(1 - e^{-Ts})^2}{s}$	Rechteckimpuls $+f_0$ von 0 bis T, $-f_0$ von T bis $2T$
91	$f_0 \cdot \dfrac{e^{-Ts} - 2 \cdot e^{-2Ts} + e^{-3Ts}}{s}$	$+f_0$ von T bis $2T$, $-f_0$ von $2T$ bis $3T$
92	$f_0 \cdot \dfrac{1 - e^{-Ts}}{s(1 + e^{-Ts})}, f_0 \dfrac{\tanh\left(\dfrac{sT}{2}\right)}{s}$	Rechteckschwingung mit Amplitude $\pm f_0$, Periode $2T$

Tabelle 3.5-6: LAPLACE-*Transformationen für Eingangssignale (Fortsetzung)*

Nr.	$f(s)$	$f(t)$, für $t > 0$
93	$f_0 \cdot \dfrac{1}{s \cdot (1 + e^{-Ts})}$	
94	$\dfrac{f_0}{T_1} \cdot \dfrac{1 - (1 + s) \cdot e^{-T_1 s}}{s^2}$	
95	$\dfrac{f_0}{T_1} \cdot \dfrac{1 - e^{-T_1 s}}{s^2}$	
96	$\dfrac{f_0}{T} \cdot \dfrac{(1 - e^{-Ts})^2}{s^2}$	
97	$\dfrac{f_0}{T} \cdot \dfrac{(1 - e^{-Ts})}{(1 + e^{-Ts}) \cdot s^2}$	
98	$\dfrac{f_0}{T} \cdot \dfrac{(1 - e^{-Ts})^2}{(1 - e^{-4Ts}) \cdot s^2}$	
99	$\dfrac{f_0 \cdot \pi^2}{\omega} \cdot \dfrac{(1 + e^{-\frac{\pi}{\omega}s})}{\left(s\dfrac{\pi}{\omega}\right)^2 + \pi^2}$	
100	$f_0 \cdot \dfrac{\omega}{s^2 + \omega^2} \dfrac{1 + e^{-s\frac{\pi}{\omega}}}{1 - e^{-s\frac{\pi}{\omega}}}$	

Tabelle 3.5-6: LAPLACE-*Transformationen für Eingangssignale (Fortsetzung)*

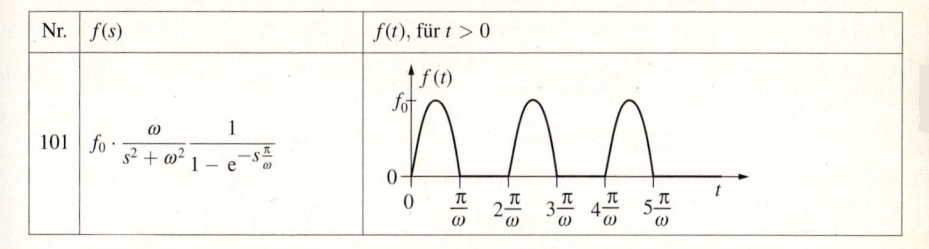

Nr.	$f(s)$	$f(t)$, für $t > 0$
101	$f_0 \cdot \dfrac{\omega}{s^2 + \omega^2} \dfrac{1}{1 - e^{-s\frac{\pi}{\omega}}}$	halbwellige Sinusimpulse bei $0, \frac{\pi}{\omega}, 2\frac{\pi}{\omega}, 3\frac{\pi}{\omega}, 4\frac{\pi}{\omega}, 5\frac{\pi}{\omega}$, Amplitude f_0

3.6 Frequenzgang von Übertragungselementen

3.6.1 Dynamisches Verhalten im Frequenzbereich

Das Übertragungsverhalten von Regelkreiselementen wird im Zeitbereich mit Differentialgleichungen für Testfunktionen berechnet. Neben **aperiodischen Testfunktionen** wie Impuls-, Sprung-, oder Anstiegsfunktion benutzt man periodische Funktionen, z.B. sinusförmige Signale

$$x_e(t) = \hat{x}_e \cdot \sin(\omega t)$$.

Die Analyse mit solchen Signalen führt zur Beschreibung des dynamischen Verhaltens im Frequenzbereich.

3.6.2 Frequenzgang

Gibt man auf ein lineares Übertragungselement ein sinusförmiges Eingangssignal

$$x_e(t) = \hat{x}_e \cdot \sin(\omega t)$$

und wartet, bis die Einschwingvorgänge abgeklungen sind, so wird sich die Ausgangsgröße ebenfalls nach einer harmonischen Funktion ändern, die die gleiche Frequenz, aber eine andere Amplitude und Phasenlage als die Eingangsgröße besitzt:

$$x_a(t) = \hat{x}_a(\omega) \cdot \sin(\omega t + \varphi(\omega))$$.

Das Verhältnis $\hat{x}_a/\hat{x}_e$ der Amplituden und die Phasenverschiebung φ hängen im allgemeinen von der Kreisfrequenz ω des Eingangssignals ab.

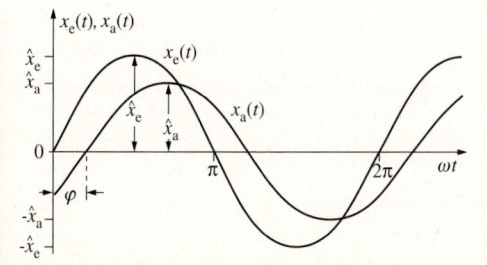

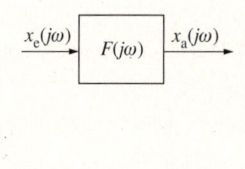

Bild 3.6-1: Sinusfunktion und Sinusantwort

Um Berechnungen zu vereinfachen, wird im weiteren die komplexe Darstellung sinusförmiger Signale verwendet. Das Eingangssignal

$$x_e(t) = \hat{x}_e \cdot \sin(\omega t)$$

wird als Sonderfall der komplexen Funktion

$$x_e(j\omega) = \hat{x}_e \cdot (\cos(\omega t) + j\sin(\omega t)),$$

und zwar als deren Imaginärteil betrachtet. Mit Hilfe der EULERschen Gleichung erhält man für das Eingangssignal

$$x_e(j\omega) = \hat{x}_e \cdot e^{j\omega t}$$

und für das Ausgangssignal

$$x_a(j\omega) = \hat{x}_a(\omega) \cdot e^{j(\omega t + \varphi(\omega))} = \hat{x}_a(\omega) \cdot e^{j\omega t} \cdot e^{j\varphi(\omega)}.$$

Für den Quotienten aus Ausgangs- und Eingangssignal, den Frequenzgang $F(j\omega)$, ergibt sich

$$\boxed{F(j\omega) = \frac{x_a(j\omega)}{x_e(j\omega)} = \frac{\hat{x}_a(\omega) \cdot e^{j\omega t} \cdot e^{j\varphi(\omega)}}{\hat{x}_e \cdot e^{j\omega t}} = \frac{\hat{x}_a(\omega)}{\hat{x}_e} \cdot e^{j\varphi(\omega)}}.$$

Der **Frequenzgang** $F(j\omega)$ eines Übertragungssystems gibt das Verhältnis der sinusförmigen Ausgangsschwingung zur sinusförmigen Eingangsschwingung in komplexer Form für alle Kreisfrequenzen an. Der Frequenzgang ist im allgemeinen eine komplexe Größe, die sich entweder durch Real- und Imaginärteil

$$\boxed{F(j\omega) = \text{Re}\{F(j\omega)\} + j \cdot \text{Im}\{F(j\omega)\}}$$

oder durch Betrag und Phase darstellen läßt

$$\boxed{F(j\omega) = |F(j\omega)| \cdot e^{j\varphi(\omega)}}.$$

Für den **Betrag** des Frequenzgangs gilt dann

$$\boxed{|F(j\omega)| = \sqrt{\text{Re}^2\{F(j\omega)\} + \text{Im}^2\{F(j\omega)\}}}$$

und für die **Phase**

$$\boxed{\varphi(\omega) = \varphi\{F(j\omega)\} = \arctan\frac{\text{Im}\{F(j\omega)\}}{\text{Re}\{F(j\omega)\}}}.$$

Beispiel 3.6-1: In Bild 3.6-2 ist eine Anordnung zur Messung des Frequenzgangs eines schwingungsfähigen mechanischen Übertragungselements dargestellt. Ein Kurbeltrieb erzeugt den sinusförmigen Verfahrweg

$$x_e(t) = \hat{x}_e \cdot \sin(\omega t), \quad \text{mit} \quad \hat{x}_e = r \quad \text{und} \quad \omega = 2\pi \cdot n.$$

Die Drehzahl ist einstellbar, Ausgangsgröße ist die Position der Masse

$$x_a(t) = \hat{x}_a(\omega) \cdot \sin(\omega t + \varphi(\omega)),$$

wobei $\hat{x}_a$ und φ von der Kreisfrequenz abhängen. $x_e(t)$ und $x_a(t)$ werden gemessen und aufgezeichnet. Der Drehzahlverstellbereich des Motors wird diskretisiert. Die Meßreihe beginnt mit der niedrigsten Drehzahl $n_{min} + \Delta n$. Bei jeder Messung muß abgewartet werden, bis die Größen $\hat{x}_a$ und φ einen konstanten stationären Wert erreicht haben.

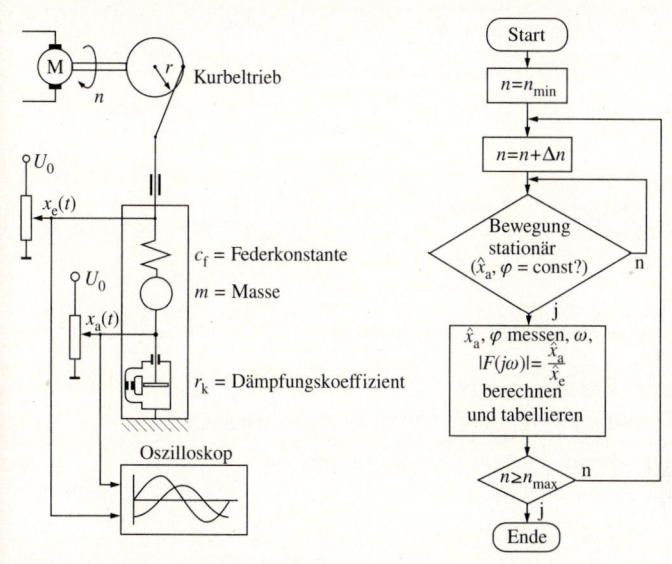

Bild 3.6-2: Meßanordnung und Flußdiagramm zur Frequenzgangmessung

Beispiel 3.6-2: Mit der Meßanordnung in Bild 3.6-3 wird der Frequenzgang eines offenen Regelkreises $F_{RS}(j\omega)$ ermittelt. Ein Frequenzgenerator erzeugt die Eingangsgröße

$$x_e(t) = \hat{x}_e \cdot \sin(\omega t)$$

mit fest eingestelltem Maximalwert $\hat{x}_e$. $x_e(t)$ und $x_a(t)$ werden in dem Variationsbereich $0 < \omega < \omega_{max}$ gemessen und mit einem Oszilloskop aufgezeichnet.

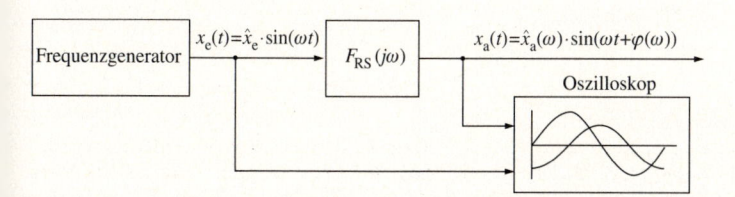

Bild 3.6-3: Anordnung zur Messung des Frequenzgangs eines offenen Regelkreises

In Bild 3.6-4 sind die Zeitverläufe von Ein- und Ausgangsgröße bei Gleichspannung $\omega = 0$ und für drei Kreisfrequenzen $\omega_1, \omega_2, \omega_3$ mit $\omega_1 < \omega_2 < \omega_3$ dargestellt.

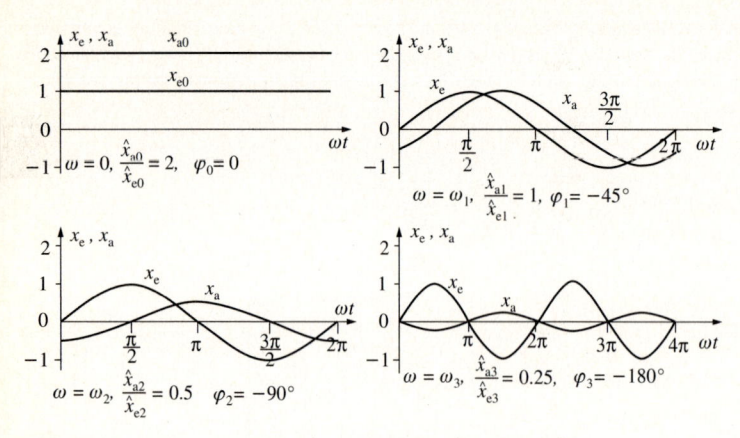

Bild 3.6-4: Sinusfunktion und -antwort bei verschiedenen Kreisfrequenzen

3.6.3 Berechnung des Frequenzgangs aus der Differentialgleichung des Übertragungselements

Die Differentialgleichung eines linearen Regelkreiselements I. Ordnung lautet

$$T_1 \cdot \frac{dx_a}{dt} + x_a = x_e.$$

Setzt man das Eingangs- und Ausgangssignal

$$x_e(j\omega) = \hat{x}_e \cdot e^{j\omega t}, \quad x_a(j\omega) = \hat{x}_a \cdot e^{j(\omega t + \varphi)}$$

und die Ableitung

$$\frac{d}{dt}(x_a(j\omega)) = j\omega \cdot \hat{x}_a \cdot e^{j(\omega t + \varphi)}$$

in die Differentialgleichung ein, so ergibt sich

$$T_1 \cdot j\omega \cdot \hat{x}_a \cdot e^{j(\omega t + \varphi)} + \hat{x}_a \cdot e^{j(\omega t + \varphi)} = \hat{x}_e \cdot e^{j\omega t},$$

und mit $x_a(j\omega) = \hat{x}_a \cdot e^{j(\omega t + \varphi)}$ erhält man

$$x_a(j\omega) \cdot (j\omega \cdot T_1 + 1) = x_e(j\omega), \quad x_a(j\omega) = \frac{1}{1 + j\omega \cdot T_1} \cdot x_e(j\omega).$$

Daraus folgt der Frequenzgang

$$F(j\omega) = \frac{x_a(j\omega)}{x_e(j\omega)} = \frac{1}{1 + j\omega \cdot T_1}.$$

Betrag und Phase des Frequenzgangs sind dann

$$|F(j\omega)| = \frac{1}{\sqrt{1 + \omega^2 \cdot T_1^2}}, \quad \tan \varphi = \frac{\text{Im}\{F(j\omega)\}}{\text{Re}\{F(j\omega)\}} = -\omega \cdot T_1.$$

3.6 Frequenzgang von Übertragungselementen

Verallgemeinert man das Verfahren zur Bildung des Frequenzgangs, so ergibt sich für den Fall der Anregung mit harmonischen Schwingungen, die beim Frequenzgang vorausgesetzt wird, daß der Differentialoperator in der Differentialgleichung durch $j\omega$ ersetzt wird, der Integraloperator durch $1/j\omega$:

$$\frac{\mathrm{d}}{\mathrm{d}t}x(t) \longrightarrow j\omega \cdot x(j\omega), \quad \int x(t)\mathrm{d}t \longrightarrow \frac{1}{j\omega} \cdot x(j\omega)$$

Die imaginäre Kreisfrequenz $j\omega$ kann durch den Operator $p := j\omega$ ersetzt werden, so daß man für die Frequenzgangfunktion auch abkürzend

$$F(p) := F(j\omega)$$

schreiben kann. In Bild 3.6-5 ist das Verfahren zur Berechnung der Frequenzgangfunktion dargestellt. Ausgegangen wird von einer linearen Differentialgleichung, die mit einer harmonischen Funktion $x_e(t)$ angeregt wird.

Differentialgleichung ohne Anfangswerte aufstellen
$$\sum_{i=0}^{n} a_i \frac{\mathrm{d}^i x_a(t)}{\mathrm{d}t^i} = \sum_{j=0}^{m} b_j \frac{\mathrm{d}^j x_e(t)}{\mathrm{d}t^j}$$
$x_e(t)$ ist eine harmonische Funktion

↓

Transformationen ausführen
Differentiation:
$$\frac{\mathrm{d}}{\mathrm{d}t}x_e(t) \rightarrow j\omega \cdot x_e(j\omega)$$
$$\frac{\mathrm{d}}{\mathrm{d}t}x_a(t) \rightarrow j\omega \cdot x_a(j\omega)$$
Integration:
$$\int x_e(t)\mathrm{d}t \rightarrow \frac{1}{j\omega} \cdot x_e(j\omega)$$
$$\int x_a(t)\mathrm{d}t \rightarrow \frac{1}{j\omega} \cdot x_a(j\omega)$$

↓

Frequenzgangfunktion aufstellen
$$F(j\omega) = \frac{x_a(j\omega)}{x_e(j\omega)}$$

↓

Betrag und Phase berechnen
$$|F(j\omega)| = \sqrt{\mathrm{Re}^2\{F(j\omega)\} + \mathrm{Im}^2\{F(j\omega)\}}$$
$$\varphi(\omega) = \varphi\{F(j\omega)\} = \arctan \frac{\mathrm{Im}\{F(j\omega)\}}{\mathrm{Re}\{F(j\omega)\}}$$

Bild 3.6-5: Schema zur Berechnung der Frequenzgangfunktion

Beispiel 3.6-3: Gegeben ist die Differentialgleichung einer Regelstrecke:

$y(t) \longrightarrow \boxed{T_1 \cdot T_2 \dfrac{d^2 x(t)}{dt^2} + (T_1 + T_2)\dfrac{dx(t)}{dt} + x(t) = K_S \int y(t) dt} \longrightarrow x(t)$

Zunächst werden die Variablen der Differentialgleichung sowie die Operationen im Zeitbereich durch die entsprechenden Variablen und Operationen im Bildbereich ersetzt

$$x(t) \rightarrow x(j\omega), \quad y(t) \rightarrow y(j\omega), \quad \frac{d}{dt} \rightarrow j\omega, \quad \int dt \rightarrow \frac{1}{j\omega},$$

wobei auch abkürzend der Operator der Frequenzgangfunktion $p := j\omega$ verwendet werden kann. Damit erhält man die algebraische Gleichung

$$T_1 \cdot T_2 \cdot p^2 \cdot x(p) + (T_1 + T_2) \cdot p \cdot x(p) + x(p) = K_S \cdot \frac{1}{p} \cdot y(p),$$

und nach Division der Ausgangsgröße $x(p)$ durch die Eingangsgröße $y(p)$ ergibt sich die Frequenzgangfunktion der Regelstrecke:

$$F_S(p) = \frac{x(p)}{y(p)} = \frac{K_S}{p \cdot [T_1 \cdot T_2 \cdot p^2 + (T_1 + T_2) \cdot p + 1]}$$

$y(p) \longrightarrow \boxed{\dfrac{K_S}{p \cdot [T_1 \cdot T_2 \cdot p^2 + (T_1 + T_2) \cdot p + 1]}} \longrightarrow x(p)$

3.6.4 Frequenzgang und Übertragungsfunktion

Die Frequenzgangfunktion kann aus der Übertragungsfunktion ermittelt werden. Der Frequenzgang ist der Wert der Übertragungsfunktion auf der imaginären Achse:

$$F(j\omega) = G(s)|_{s=j\omega}.$$

Entsprechend kann das imaginäre Argument des Frequenzgangs $F(j\omega)$ mit einem reellen Wert σ ergänzt werden. Damit ergibt sich das komplexe Argument

$$s := \sigma + j\omega.$$

Der Frequenzgang geht dann wieder über in die Übertragungsfunktion

$$G(s) = F(\sigma + j\omega).$$

Mit dieser Beziehung kann die Übertragungsfunktion aus dem Frequenzgang ermittelt werden. Frequenzgang und Übertragungsfunktion eines Übertragungselements haben **gleiche Struktur.**

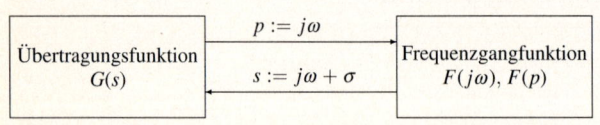

Übertragungsfunktion $G(s)$	$p := j\omega$ $s := j\omega + \sigma$	Frequenzgangfunktion $F(j\omega), F(p)$

Beispiel 3.6-4: Die Frequenzgangfunktion

$$F_S(p) = \frac{K_S}{p \cdot [T_1 \cdot T_2 \cdot p^2 + (T_1 + T_2) \cdot p + 1]}$$

läßt sich in die Übertragungsfunktion

$$G_S(s) = \frac{K_S}{s \cdot [T_1 \cdot T_2 \cdot s^2 + (T_1 + T_2) \cdot s + 1]}$$

überführen, wenn der imaginäre Operator der Frequenzgangfunktion $p := j\omega$ durch den komplexen LAPLACE-Operator $s := \sigma + j\omega$ ersetzt wird.

3.6.5 Frequenzgang und Ortskurve

Für die Regelungstechnik ist auch die experimentelle Ermittlung des Frequenzgangs von Bedeutung. Nach Aufschaltung eines sinusförmigen Signals

$$x_e(t) = \hat{x}_e \cdot \sin(\omega t)$$

beobachtet man die Reaktion des Übertragungselements oder Regelungssystems. Nach dem Abklingen der Einschwingvorgänge wird sich die Ausgangsgröße ebenfalls nach einer harmonischen Funktion ändern, jedoch eine andere Amplitude und Phasenlage als die Eingangsgröße besitzen:

$$x_a(t) = \hat{x}_a(\omega) \cdot \sin(\omega t + \varphi(\omega)).$$

Das Verhältnis $\hat{x}_a/\hat{x}_e$ der Amplituden von Eingangs- und Ausgangsgröße und die Phasenlage hängen im allgemeinen von der Kreisfrequenz ω des Eingangssignals ab:

$$F(j\omega) = \frac{x_a(j\omega)}{x_e(j\omega)} = \frac{\hat{x}_a(\omega)}{\hat{x}_e} \cdot e^{j\varphi(\omega)}.$$

Trägt man $F(j\omega)$ für verschiedene Kreisfrequenzen in die komplexe Zahlenebene ein, so ergeben sich unterschiedliche Zeiger. Werden die Spitzen der Zeiger miteinander verbunden, so entsteht die Ortskurve des Systems. Aus dem Verlauf der Ortskurve eines Regelungssystems können mit dem NYQUIST-Kriterium Aussagen über die Stabilität gemacht werden.

Beispiel 3.6-5: Erweitert man die Frequenzgangfunktion

$$F(j\omega) = \frac{K_P}{1 + j\omega \cdot T_1}$$

mit dem konjugiert komplexen Wert des Nenners

$$F(j\omega) = \frac{K_P}{1 + j\omega \cdot T_1} \frac{1 - j\omega \cdot T_1}{1 - j\omega \cdot T_1} = \frac{K_P - j\omega \cdot T_1 \cdot K_P}{1 + \omega^2 \cdot T_1^2},$$

dann erhält man Real- und Imaginärteil:

$$\text{Re}\{F(j\omega)\} = \frac{K_P}{1 + \omega^2 \cdot T_1^2}, \quad \text{Im}\{F(j\omega)\} = \frac{-\omega \cdot T_1 \cdot K_P}{1 + \omega^2 \cdot T_1^2}.$$

Damit ergibt sich für Betrag und Phase

$$|F(j\omega)| = \frac{K_P}{\sqrt{1 + \omega^2 \cdot T_1^2}},$$

$$\varphi(\omega) = \varphi\{F(j\omega)\} = \arctan(-\omega \cdot T_1) = -\arctan(\omega \cdot T_1).$$

Für die Extremwerte der Kreisfrequenz ergeben sich folgende Sonderwerte:

$$\begin{aligned}
\text{Re}\{F(j\omega \to 0)\} &= K_P, & \text{Im}\{F(j\omega \to 0)\} &= 0, \\
\text{Re}\{F(j\omega \to \infty)\} &= 0, & \text{Im}\{F(j\omega \to \infty)\} &= 0, \\
|F(j\omega \to 0)| &= K_P, & \varphi(\omega \to 0) &= 0°, \\
|F(j\omega \to \infty)| &= 0, & \varphi(\omega \to \infty) &= -90°.
\end{aligned}$$

Der Ortskurvenverlauf ist in Bild 3.6-6 angegeben.

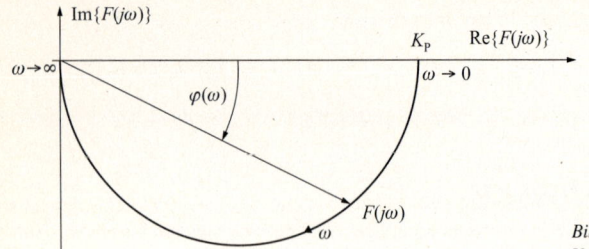

Bild 3.6-6: *Ortskurve eines Verzögerungselements I. Ordnung*

3.6.6 Frequenzgang und BODE-Diagramm

Im BODE- oder **Frequenzkennlinien-Diagramm** werden anstelle von Ortskurvendarstellungen logarithmische Darstellungen, sogenannte BODE-Diagramme, untersucht. Beim **BODE-Diagramm** werden

> Betrag $|F(j\omega)|$ und Phase $\varphi(\omega) = \varphi\{F(j\omega)\}$

des Frequenzgangs

$$F(j\omega) = |F(j\omega)| \cdot e^{j\varphi(\omega)}$$

über der Kreisfrequenz aufgetragen. Dabei wird ein logarithmischer Maßstab verwendet. Die entstehenden Diagramme werden auch als Frequenzkennlinien-Diagramme bezeichnet. Die Vorteile dieser Darstellung sind:

Durch die logarithmische Darstellung läßt sich ein **großer Amplituden- und Frequenzbereich** erfassen. Der Kurvenverlauf hat in allen Bereichen eine gleichbleibende **relative Genauigkeit**.

Bei einer Reihenschaltung von mehreren Übertragungselementen werden die Frequenzgänge multipliziert. Im BODE-Diagramm werden dann wegen der logarithmischen Darstellung die einzelnen BODE-Diagramme **graphisch addiert**.

Die Logarithmierung wird zur Basis Zehn (lg) vorgenommen. Betrachtet man die Frequenzgangfunktion des offenen Regelkreises $F_{RS}(j\omega)$, dann entsteht durch Logarithmierung des Frequenzgangs

$$\begin{aligned} \lg F_{RS}(j\omega) &= \lg[|F_R(j\omega)| \cdot e^{j\varphi_R(\omega)} \cdot |F_S(j\omega)| \cdot e^{j\varphi_S(\omega)}] \\ &= \lg|F_R(j\omega)| + \lg|F_S(j\omega)| + j[\varphi_R(\omega) + \varphi_S(\omega)] \cdot \lg(e). \end{aligned}$$

Betrag und Phase des Frequenzgangs werden im BODE-Diagramm getrennt aufgetragen:

$$\begin{aligned} \lg|F_{RS}(j\omega)| &= \lg|F_R(j\omega)| + \lg|F_S(j\omega)|, \\ \varphi_{RS}(\omega) &= \varphi_R(\omega) + \varphi_S(\omega). \end{aligned}$$

Der Betrag des Frequenzgangs des offenen Regelkreises wird mit

> **Amplitudengang** $\lg|F_{RS}(j\omega)|$, die Phase mit
> **Phasengang** $\varphi_{RS}(\omega) = \varphi\{F_{RS}(j\omega)\}$

bezeichnet. Beide Kurven werden in Abhängigkeit von der Kreisfrequenz mit logarithmischer Abszissenteilung aufgetragen. Für den logarithmierten Betrag des Frequenzgangs (Amplitudengang) wird eine lineare Ordinatenteilung verwendet. Es ist damit möglich, Amplituden- und Phasengang im gleichen Diagramm darzustellen. Die Werte des Amplitudengangs können auch in dB (Dezibel)

$$|F(j\omega)|_{dB} = 20 \cdot \lg|F(j\omega)|$$

angegeben werden. Für $|F(j\omega)| = 0.1, 1.0, 10.0$ ergibt sich $|F(j\omega)|_{dB} = -20\,\text{dB}, 0\,\text{dB}, 20\,\text{dB}$.

Beispiel 3.6-6: Für den Regelkreis in Bild 3.6-7 lauten die Frequenzgangfunktionen des Reglers und der Regelstrecke

$$F_R(j\omega) = K_R, \quad F_S(j\omega) = \frac{K_S}{1 + j\omega \cdot T_1}$$

mit $K_S = 10, T_1 = 1$ s und $K_R = 100$. Im BODE-Diagramm Bild 3.6-8 sind Amplituden- und Phasengang der Regelstrecke, des Reglers und des offenen Regelkreises dargestellt. Für Amplitudengang und Phasengang ergeben sich folgende Formeln und Sonderwerte:

Regler:
$\lg|F_R(j\omega)| = \lg K_R = 2$, $\varphi_R(\omega) = 0°$,

Regelstrecke:

$\lg|F_S(j\omega)| = \lg K_S - \frac{1}{2}\lg(1 + \omega^2 T_1^2),$

$\lg|F_S(j\omega \to 0)| = \lg K_S = 1$, $\lg|F_S(j\omega \to \infty)| = -\infty$,

$\varphi_S(\omega) = -\arctan(\omega T_1)$, $\varphi_S(\omega \to 0) = 0°$, $\varphi_S(\omega \to \infty) = -90°$,

offener Regelkreis $F_{RS}(j\omega) = F_R(j\omega) \cdot F_S(j\omega)$:

$\lg|F_{RS}(j\omega)| = \lg K_R + \lg K_S - \frac{1}{2}\lg(1 + \omega^2 \cdot T_1^2),$

$\lg|F_{RS}(j\omega \to 0)| = \lg|F_R(j\omega \to 0)| + \lg|F_S(j\omega \to 0)| = \lg K_R + \lg K_S = 3,$

$\lg|F_{RS}(j\omega \to \infty)| = \lg|F_R(j\omega \to \infty)| + \lg|F_S(j\omega \to \infty)| = -\infty,$

$\varphi_{RS}(\omega) = 0° - \arctan(\omega \cdot T_1)$, $\varphi_{RS}(\omega \to 0) = 0°$, $\varphi_{RS}(\omega \to \infty) = -90°$.

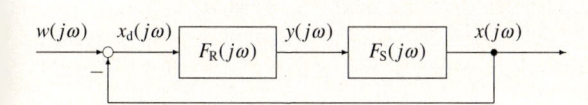

Bild 3.6-7: Regelkreis mit Frequenzgangfunktionen

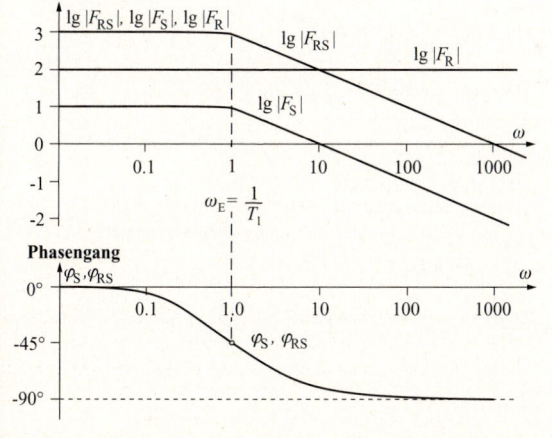

Bild 3.6-8: BODE-Diagramm des offenen Regelkreises

3.6.7 Frequenzgang und Sprungantwort

Zwischen Frequenzbereich und Zeitbereich läßt sich wie bei der LAPLACE-Transformation ein Zusammenhang über die Grenzwertsätze herstellen. Der Anfangswert der Sprungantwortfunktion ergibt sich aus dem Grenzwert für $\omega \to \infty$ der Frequenzgangfunktion. Bei Sprungaufschaltung ist der Anfangswert der Sprungantwort:

$$\boxed{x_a(t=0) = \lim_{\omega \to \infty} F(j\omega) \cdot x_{e0}}.$$

Der Endwert der Sprungantwort wird unter anderem für die Berechnung der bleibenden Regeldifferenz $x_d(t \to \infty)$ eines Regelkreises benötigt. Der Endwert der Sprungantwort ist:

$$\boxed{x_a(t \to \infty) = \lim_{\omega \to 0} F(j\omega) \cdot x_{e0}}.$$

Die Größe x_{e0} ist die Sprunghöhe der aufgeschalteten Sprungfunktion $x_e(t) = x_{e0} \cdot E(t)$.

Beispiel 3.6-7:   Gegeben ist die Frequenzgangfunktion

$$F(j\omega) = \frac{K_P}{T_1 \cdot T_2 \cdot (j\omega)^2 + (T_1 + T_2) \cdot j\omega + 1} = \frac{x_a(j\omega)}{x_e(j\omega)}.$$

Auf das Übertragungssystem wird die Einheitssprungfunktion $x_e(t) = x_{e0} \cdot E(t)$ aufgeschaltet. Mit den Grenzwertsätzen lassen sich Anfangs- und Endwert der Sprungantwort berechnen:

Anfangswert der Sprungantwort:

$$\begin{aligned}x_a(t=0) &= \lim_{\omega \to \infty} F(j\omega) \cdot x_{e0} \\ &= \lim_{\omega \to \infty} \frac{K_P \cdot x_{e0}}{T_1 \cdot T_2 \cdot (j\omega)^2 + (T_1 + T_2) \cdot j\omega + 1} = 0.\end{aligned}$$

Endwert der Sprungantwort:

$$\begin{aligned}x_a(t \to \infty) &= \lim_{\omega \to 0} F(j\omega) \cdot x_{e0} \\ &= \lim_{\omega \to 0} \frac{K_P \cdot x_{e0}}{T_1 \cdot T_2 \cdot (j\omega)^2 + (T_1 + T_2) \cdot j\omega + 1} = K_P \cdot x_{e0}.\end{aligned}$$

Die Zeitfunktionen von $x_e(t)$ und $x_a(t)$ sind in Bild 3.6-9 aufgezeichnet.

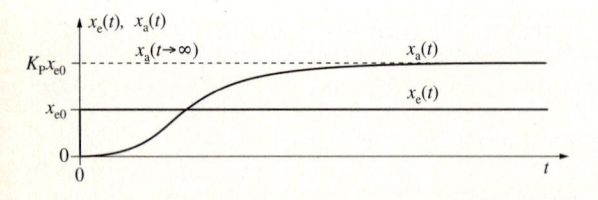

Bild 3.6-9: Sprungfunktion und Sprungantwort

4 Elemente von Regeleinrichtungen und Regelstrecken

4.1 Einteilung und Darstellung der Regelkreiselemente

In der Regelungstechnik werden die verschiedenen Übertragungssysteme nach ihren Übertragungseigenschaften eingeteilt. Technische Regelstrecken sind überwiegend nichtlinear, wobei aber häufig durch Linearisierung ein lineares Ersatzsystem entwickelt werden kann. Lineare Systeme erfüllen das Verstärkungs- und Überlagerungsprinzip.

Die allgemeine lineare Differentialgleichung

$$a_n \frac{d^n x_a(t)}{dt^n} + a_{n-1} \frac{d^{n-1} x_a(t)}{dt^{n-1}} + \ldots + a_1 \frac{dx_a(t)}{dt} + a_0 \cdot x_a(t) = b_m \frac{d^m x_e(t)}{dt^m} + \ldots + b_1 \frac{dx_e(t)}{dt} + b_0 \cdot x_e(t), \quad n \geq m$$

beschreibt lineare Übertragungssysteme, die in zeitvariante und zeitinvariante Systeme unterteilt werden. Bei zeitinvarianten Systemen sind die Koeffizienten der Differentialgleichung konstant. Hier gilt das Verschiebungsprinzip. Es besagt, daß ein Übertragungssystem $x_a = f(x_e)$, dessen Eingangsgröße um t_0 verschoben ist, die um t_0 verschobene Ausgangsgröße

$$x_a(t - t_0) = f[x_e(t - t_0)]$$

erzeugt. Sind die Koeffizienten der Differentialgleichung von der Zeit abhängig, dann ist das System zeitvariant: Das Verschiebungsprinzip ist nicht gültig. Der Verlauf der Ausgangsgröße des Übertragungssystems wird hier zusätzlich vom Untersuchungszeitpunkt bestimmt.

Für lineare zeitinvariante Übertragungssysteme sind die regelungstechnischen Untersuchungsmethoden im Frequenzbereich verfügbar, wobei Übertragungs- und Frequenzgangfunktionen gebildet werden können. Übertragungssysteme, die mit der oben angegebenen Differentialgleichung mit konstanten Koeffizienten zu beschreiben sind, führen zu rationalen Übertragungsfunktionen. Eine Ausnahme bildet das nichtrationale Totzeit-Element, das nicht aus dieser Differentialgleichung abgeleitet werden kann.

Die in der Praxis auftretenden Regelkreiselemente lassen sich als Kombination von Standardelementen darstellen. Im folgenden werden Standardelemente beschrieben und ihre Erscheinungsformen dargestellt. Im Zeitbereich werden jeweils Differentialgleichung und Sprungantwort angegeben. Beschreibungsformen des Frequenzbereichs sind Übertragungsfunktion und Frequenzgang mit den graphischen Darstellungen Pol-Nullstellenplan, Ortskurve und BODE-Diagramm. Bild 4.1-1 enthält eine Gliederung der Übertragungselemente.

4.2 Proportional-Element ohne Verzögerung

4.2.1 Beschreibung im Zeitbereich

Für ein Proportional-Element ergibt sich aus der allgemeinen Differentialgleichung die Beziehung

$$a_0 \cdot x_a(t) = b_0 \cdot x_e(t) .$$

Mit $K_P = \dfrac{b_0}{a_0}$ wird die Ausgangsgröße $x_a(t)$ zu

$$\boxed{x_a(t) = K_P \cdot x_e(t)} .$$

4 Elemente von Regeleinrichtungen und Regelstrecken

```
Übertragungselemente
├── nichtlineare Übertragungselemente
│   ├── Kennlinienelement
│   ├── Multiplikationselement
│   └── Divisionselement
└── lineare Übertragungselemente
    ├── lineare zeitvariante Übertragungselemente
    └── lineare zeitinvariante Übertragungselemente
        ├── nichtrationale Übertragungselemente
        │   └── $T_t$-Element
        └── rationale Übertragungselemente
            ├── P-, $PT_1$-, $PT_2$-, $PT_n$-Element
            ├── $PDT_1$-, $PPT_1$-Element
            ├── D-, $DT_1$-Element
            └── I-, PI-, PID-, $PIDT_1$-Element
```

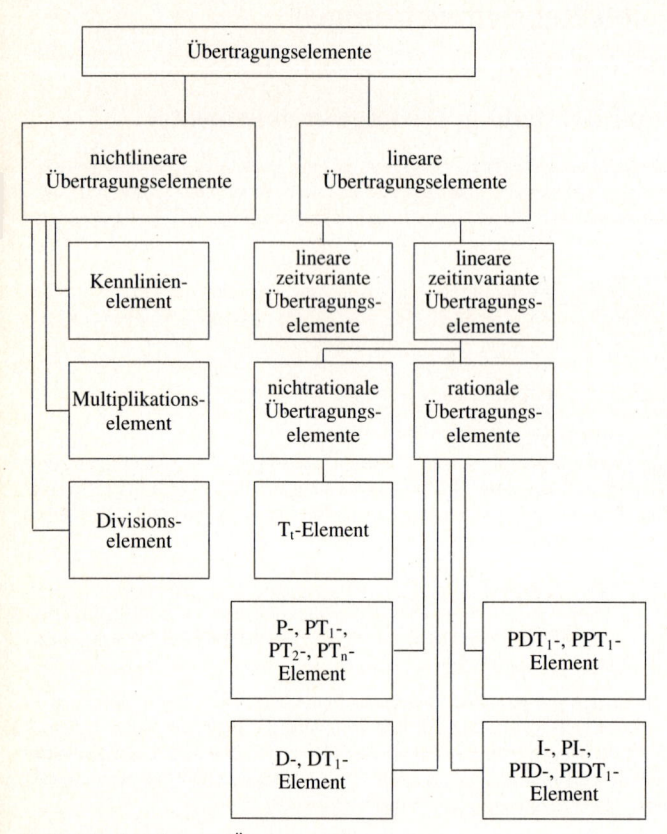

Bild 4.1-1: Einteilung von Übertragungselementen

K_P ist der Proportionalbeiwert des Übertragungselements und entspricht der Gleichsignalverstärkung:

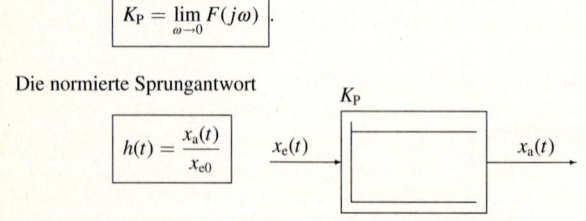

$$K_P = \lim_{\omega \to 0} F(j\omega)$$

Die normierte Sprungantwort

$$h(t) = \frac{x_a(t)}{x_{e0}}$$

$x_e(t) \longrightarrow \boxed{K_P} \longrightarrow x_a(t)$

heißt Übergangsfunktion. Im Signalflußplan wird das angegebene Symbol verwendet. Das Eingangssignal wird unverzögert zum Ausgang übertragen. Bei allen technischen Systemen ist dies **eine Näherung**, da immer **Verzögerungen vorhanden sind**, die vernachlässigt werden können, wenn sie klein sind. Spricht man von P-Reglern oder P-Regelstrecken, wurden diese Verzögerungen vernachlässigt.

Beispiele für Proportional-Elemente

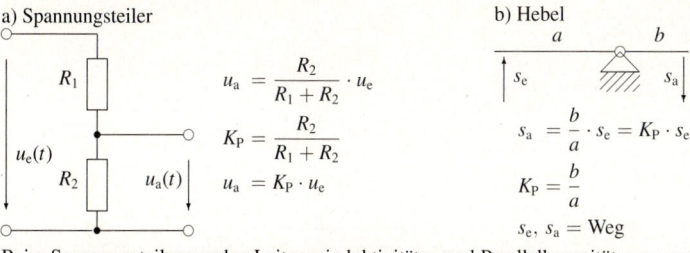

a) Spannungsteiler

$$u_a = \frac{R_2}{R_1 + R_2} \cdot u_e$$

$$K_P = \frac{R_2}{R_1 + R_2}$$

$$u_a = K_P \cdot u_e$$

b) Hebel

$$s_a = \frac{b}{a} \cdot s_e = K_P \cdot s_e$$

$$K_P = \frac{b}{a}$$

$s_e, s_a = $ Weg

Beim Spannungsteiler wurden Leitungsinduktivitäten und Parallelkapazitäten vernachlässigt, bei dem Hebelsystem die Masse des Hebels und die elastischen Eigenschaften. Weiterhin gilt die Weggleichung nur bei kleinen Wegen.

4.2.2 Beschreibung im Frequenzbereich

Übertragungsfunktion des P-Elements ohne Verzögerung

Die Übertragungsfunktion eines Proportionalelements ohne Verzögerung hat den konstanten und reellen Wert

$$G(s) = \frac{x_a(s)}{x_e(s)} = K_P.$$

Frequenzgangfunktion und Ortskurve des P-Elements ohne Verzögerung

Wird der komplexe LAPLACE-Operator s in der Übertragungsfunktion durch den imaginären Operator $p := j\omega$ ersetzt, dann erhält man die Frequenzgangfunktion

$$F(j\omega) = G(s)\big|_{s=j\omega} = \frac{x_a(j\omega)}{x_e(j\omega)} = K_P.$$

Die Ortskurve des Proportional-Elements ohne Verzögerung in Bild 4.2-1 entartet zu einem Punkt auf der positiv reellen Achse.

Sonderwerte:
$$\lim_{\omega \to 0} \mathrm{Re}\{F(j\omega)\} = K_P,$$
$$\lim_{\omega \to \infty} \mathrm{Re}\{F(j\omega)\} = K_P.$$

Bild 4.2-1: Ortskurve eines Proportional-Elements ohne Verzögerung

BODE-Diagramm des P-Elements ohne Verzögerung

Im **Amplitudengang** des BODE-Diagramms in Bild 4.2-2 ist der Betrag des Frequenzgangs

$$|F(j\omega)| = \sqrt{\mathrm{Re}^2\{F(j\omega)\} + \mathrm{Im}^2\{F(j\omega)\}} = K_P$$

logarithmisch aufgetragen:

$$\lg|F(j\omega)| = \lg K_P.$$

Die Phase des Frequenzgangs

$$\varphi(\omega) = \varphi\{F(j\omega)\} = \arctan \frac{\mathrm{Im}\{F(j\omega)\}}{\mathrm{Re}\{F(j\omega)\}} = 0°$$

ist im **Phasengang** aufgezeichnet. Der Amplitudengang ist eine Parallele zur Null-Linie im Abstand von $\lg K_P$.

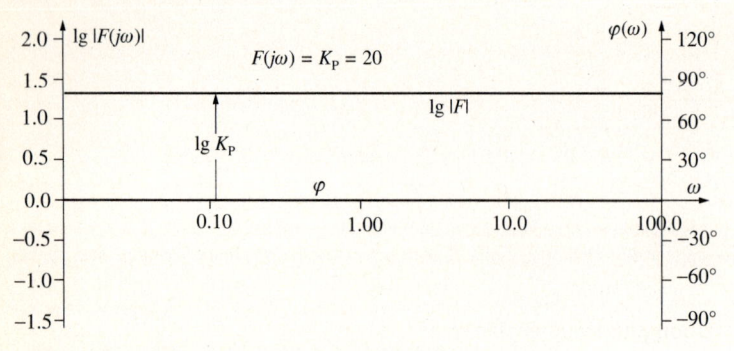

Bild 4.2-2: BODE-*Diagramm des Proportional-Elements ohne Verzögerung*

4.2.3 Proportional-Regler (P-Regler)

Proportional-Elemente werden häufig als Regler in Regelkreisen eingesetzt. Beim Proportional-Regler wird die **Regeldifferenz** x_d **proportional** verstärkt. K_R ist die Reglerverstärkung. Mit den Gleichungen wird die Ausgangsgröße im Zeit- und Frequenzbereich bestimmt:

$$
\begin{aligned}
y(t) &= K_R \cdot x_d(t), \\
y(s) &= K_R \cdot (w(s) - x(s)) = K_R \cdot x_d(s) = G_R(s) \cdot x_d(s), \\
y(j\omega) &= K_R \cdot (w(j\omega) - x(j\omega)) = K_R \cdot x_d(j\omega) = F_R(j\omega) \cdot x_d(j\omega), \\
G_R(s) &= K_R, \quad F_R(j\omega) = K_R
\end{aligned}
$$

Im folgenden Bild ist das Übertragungssymbol für den P-Regler im Signalflußplan angegeben.

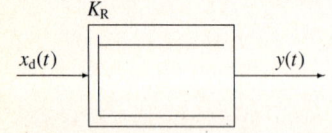

Vorteile des Proportional-Reglers sind seine Schnelligkeit und sein einfacher Aufbau. **Nachteilig** ist, daß Regelkreise mit Proportional-Reglern eine **bleibende Regeldifferenz** aufweisen. Die **Regelgröße erreicht nicht den Sollwert.**

Beispiel 4.2-1: Füllstandsregelung mit P-Regler

In Bild 4.2-3 ist das Technologieschema einer Füllstandsregelung dargestellt, die in der Verfahrenstechnik häufig eingesetzt wird. Bei dem mechanisch realisierten P-Regler wird das Hebelgesetz angewendet.

Den Kenngrößen des Regelkreises entsprechen folgende physikalische Größen:

- Regelgröße x: Füllstandshöhe, Istwert,
- Führungsgröße w_0: Füllstandshöhe, Sollwert,
- Störgröße z: Ablaufmenge und
- Stellgröße y: Zulaufmenge.

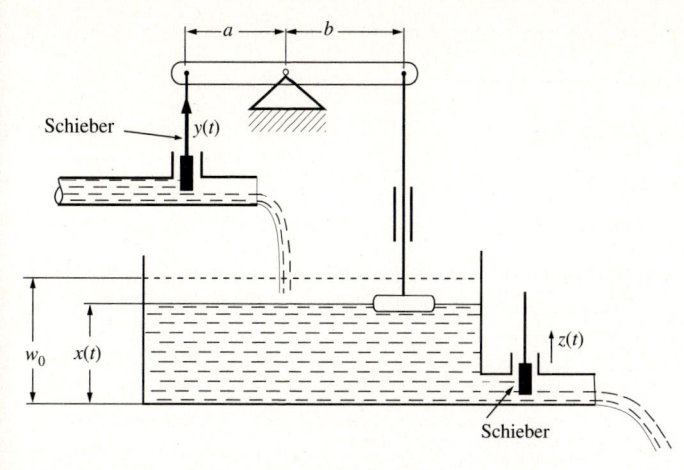

Bild 4.2-3: Technologieschema einer Füllstandsregelung mit P-Regler

Zur Messung der Regelgröße dient ein Schwimmer. Der Regler bildet die Stellgröße

$$y(t) = K_R \cdot [w_0 - x(t)]$$

mit der Reglerverstärkung

$$K_R \sim \frac{a}{b}.$$

Durch den geöffneten Schieber fließt Flüssigkeit ab (Störgröße z). Die Ablaufmenge wird durch die Zulaufmenge wieder ausgeglichen. Dazu muß jedoch der Zulaufschieber etwas geöffnet sein, so daß eine bleibende Differenz der Füllstandshöhen entsteht. $x_d(t \to \infty) = w_0 - x =$ const ist die bleibende Regeldifferenz.

4.2.4 Proportionale Regelstrecken

4.2.4.1 Allgemeines

Regelstrecken werden, entsprechend zu ihrem Verhalten im Beharrungszustand in proportionale und integrale Regelstrecken eingeteilt.

Die Regelgröße von **integralen Strecken (I-Strecken)** wächst gegen unendlich, wenn keine Regelung eingreift. Integrale Strecken müssen daher immer geregelt werden, sie sind instabil.

Die Ausgangsgrößen von **proportionalen Regelstrecken (P-Strecken)** erreichen bei einer Änderung der Eingangsgröße auch ohne Regelung einen neuen stationären Zustand (Beharrungszustand). Änderungen der Stellgröße erzeugen nach dem Einschwingvorgang **proportionale** Änderungen der Regelgröße.

4.2.4.2 Proportional-Regelstrecke (P-Regelstrecke)

Ideale Proportional-Regelstrecken treten bei technischen Anwendungen nicht auf, da Energie oder Materie nicht beliebig schnell übertragen werden können. Proportionale Regelstrecken erhält man durch Vereinfachung der Streckenfunktion. Proportional-Regelstrecken enthalten keine Energiespeicher.

Für Proportional-Regelstrecken gelten folgende Gleichungen im Zeit- und Frequenzbereich, K_S ist die Streckenverstärkung:

$$\begin{aligned} x(t) &= K_S \cdot y(t), \\ x(s) &= K_S \cdot y(s) = G_S(s) \cdot y(s), \\ x(j\omega) &= K_S \cdot y(j\omega) = F_S(j\omega) \cdot y(j\omega), \\ G_S(s) &= K_S, F_S(j\omega) = K_S \end{aligned}$$

Im Signalflußplan werden proportionale Regelstrecken ohne Verzögerung mit dem folgenden Symbol dargestellt.

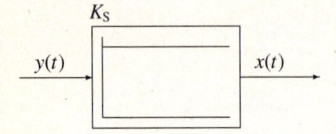

4.3 Proportional-Elemente mit Verzögerung

4.3.1 Allgemeines

Proportional-Elemente mit Verzögerung treten häufig in Regelstrecken auf. Proportionale Regelstrecken in technischen Anwendungen haben immer verzögerndes Verhalten. Die Verzögerungen der Reglerverstärker sind im allgemeinen gering gegenüber denen der Regelstrecke und können daher vernachlässigt werden. Regelkreise haben immer verzögerndes Verhalten.

4.3.2 PT$_1$-Element, Proportional-Element mit Verzögerung I. Ordnung

4.3.2.1 Beschreibung im Zeitbereich

Aus der allgemeinen Differentialgleichung erhält man für $n = 1, m = 0$ eine Differentialgleichung I. Ordnung und mit $a_1/a_0 = T_1, b_0/a_0 = K_P$ die spezielle Gleichung

$$T_1 \frac{dx_a(t)}{dt} + x_a(t) = K_P \cdot x_e(t)$$

des Verzögerungselements I. Ordnung. Die Sprungantwort ergibt sich nach den beschriebenen Lösungsverfahren zu

$$x_a(t) = C_1 e^{-\frac{t}{T_1}} + K_P \cdot x_{e0}.$$

Mit der Anfangsbedingung $x_a(t = 0) = 0$ erhält man die Sprungantwort für $x_e(t) = x_{e0} \cdot E(t)$ zu

$$x_a(t) = K_P \cdot x_{e0} \cdot \left(1 - e^{-\frac{t}{T_1}}\right),$$

die normierte Sprungantwort und das Signalflußsymbol haben die Form

$$h(t) = \frac{x_a(t)}{x_{e0}} = K_P \left(1 - e^{-\frac{t}{T_1}}\right).$$

4.3 Proportional-Elemente mit Verzögerung

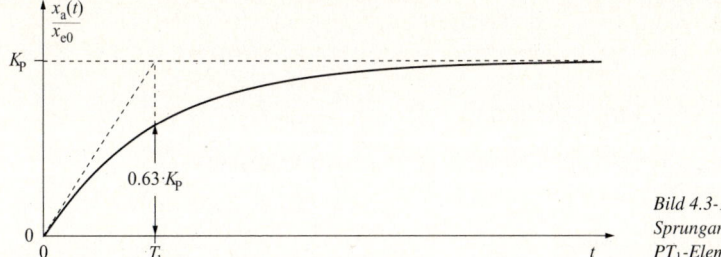

Bild 4.3-1: Normierte Sprungantwort eines PT_1-Elements

Das aufgeschaltete Sprungsignal kommt **verzögert** zum Ausgang, um so langsamer, je größer die Zeitkonstante T_1 ist. K_P ist der Übertragungsbeiwert (Proportional-Verstärkung), T_1 die Verzögerungszeitkonstante des Übertragungselements.

Beispiel 4.3-1: Druckbehälter

W = Widerstand der Rohrleitung
V = Volumen des Druckbehälters

Der Strömungswiderstand W ist proportional zum Verhältnis von Länge zu Durchmesser des Rohres, die Kapazität des Druckbehälters ist vom Volumen abhängig. Die Sprungantwort ist

$$p_a(t) = p_{e0}\left(1 - e^{-\frac{t}{T_1}}\right).$$

4.3.2.2 Beschreibung im Frequenzbereich

Übertragungsfunktion und Pol-Nullstellenplan des PT_1-Elements

Die Anwendung des Differentiationssatzes der LAPLACE-Transformation führt zu der Übertragungsfunktion

$$G(s) = \frac{x_a(s)}{x_e(s)} = \frac{K_P}{1 + sT_1}.$$

Im Pol-Nullstellenplan ist die Polstelle der Übertragungsfunktion $s_{p1} = -\dfrac{1}{T_1}$ eingetragen.

Frequenzgangfunktion und Ortskurve des PT_1-Elements

Die Frequenzgangfunktion des PT_1-Elements

$$F(j\omega) = G(s)\bigg|_{s=j\omega} = \frac{x_a(j\omega)}{x_e(j\omega)} = \frac{K_P}{1 + j\omega T_1}$$

läßt sich in Realteil und Imaginärteil

$$\mathrm{Re}\{F(j\omega)\} = \frac{K_P}{1 + \omega^2 T_1^2}, \quad \mathrm{Im}\{F(j\omega)\} = \frac{-\omega T_1 K_P}{1 + \omega^2 T_1^2}$$

zerlegen, wenn mit dem konjugiert komplexen Wert des Nenners erweitert wird. In der komplexen Ortskurvenebene beschreibt die Ortskurve des PT_1-Elements einen Halbkreis im IV. Quadranten.

Sonderwerte:

$$\lim_{\omega \to 0} \text{Re}\{F(j\omega)\} = K_P,$$
$$\lim_{\omega \to 0} \text{Im}\{F(j\omega)\} = 0,$$
$$\lim_{\omega \to \infty} \text{Re}\{F(j\omega)\} = 0,$$
$$\lim_{\omega \to \infty} \text{Im}\{F(j\omega)\} = 0,$$
$$\lim_{\omega \to \omega_E} \text{Re}\{F(j\omega)\} = \frac{K_P}{2},$$
$$\lim_{\omega \to \omega_E} \text{Im}\{F(j\omega)\} = \frac{-K_P}{2}.$$

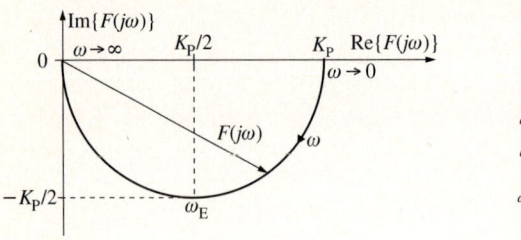

Bild 4.3-2: Ortskurve des PT_1-Elements

Bei der Eckkreisfrequenz ω_E sind Real- und Imaginärteil der Frequenzgangfunktion gleich.

BODE-Diagramm des PT_1-Elements

Für das Proportionalelement mit Verzögerung I. Ordnung ergibt sich der Betrag der Frequenzgangfunktion

$$|F(j\omega)| = \sqrt{\text{Re}^2\{F(j\omega)\} + \text{Im}^2\{F(j\omega)\}} = \frac{K_P}{\sqrt{1 + \omega^2 T_1^2}}$$

und der logarithmierte Betrag

$$\lg|F(j\omega)| = \lg K_P - \lg\sqrt{1 + \omega^2 T_1^2}\,.$$

Die Phase berechnet sich zu

$$\varphi(\omega) = \varphi\{F(j\omega)\} = \arctan\frac{\text{Im}\{F(j\omega)\}}{\text{Re}\{F(j\omega)\}} = -\arctan(\omega T_1)\,.$$

Verhalten der Frequenzkennlinien für Kreisfrequenzen $\omega T_1 \ll 1$:

$$\boxed{|F(j\omega)| = K_P\,, \quad \lg|F(j\omega)| = \lg K_P\,, \quad \varphi = 0°}$$

Der Amplitudengang ist in dem Bereich eine Gerade, parallel zur Null-Linie.

Verhalten der Frequenzkennlinien für Kreisfrequenzen $\omega T_1 \gg 1$:

$$\boxed{|F(j\omega)| = \frac{K_P}{\omega T_1}\,, \quad \lg|F(j\omega)| = \lg K_P - \lg(\omega T_1)\,, \quad \varphi = -90°}$$

Der Amplitudengang ist in dem Bereich eine Gerade mit der Steigung

$$\boxed{m = -1/\text{Dekade}\,, \quad m_{\text{dB}} = -20\,\text{dB}/\text{Dekade}}\,.$$

Die Geraden für die Bereiche $\omega T_1 \ll 1$ und $\omega T_1 \gg 1$ bilden die Asymptoten für die Amplitudenkurve. Sie schneiden sich bei der Eckkreisfrequenz $\omega_E = 1/T_1$. Der Amplitudengang hat an dieser Stelle den Wert

$$|F(j\omega_E)| = \frac{K_P}{\sqrt{2}}\,, \quad \lg|F(j\omega_E)| = \lg K_P - 0.15$$

und liegt um 0.15 (3 dB) niedriger als bei tiefen Frequenzen. An der Eckkreisfrequenz ω_E weicht der exakte Amplitudengang um 0.15 (3 dB) von den Asymptoten ab. Bei $\omega = 0.5\omega_E$ und $\omega = 2\omega_E$ beträgt die Abweichung etwa 0.05 (1 dB).

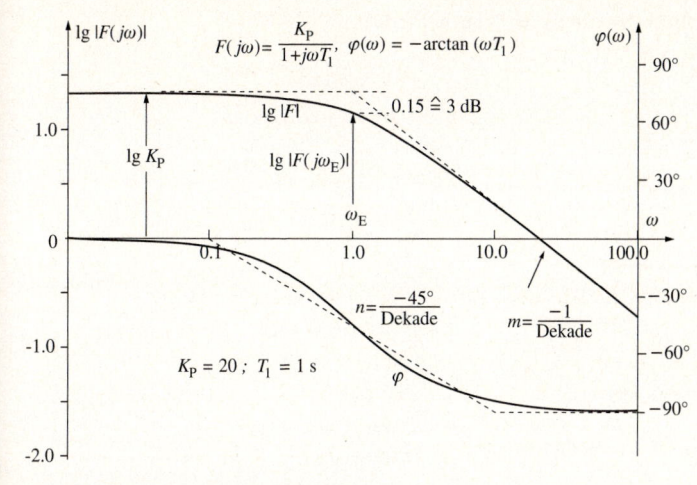

Bild 4.3-3: BODE-*Diagramm des PT_1-Elements*

Der Phasengang fällt im Bereich $0.1\omega_E$ bis $10\omega_E$ von $-5.71°$ auf $-84.29°$. Der Phasengang läßt sich in diesem Bereich durch eine Gerade mit der Steigung

$$n = -45°/\text{Dekade}$$

annähern. Der Fehler ist dabei kleiner als $5.72°$. Das BODE-Diagramm ist in Bild 4.3-3 angegeben.

Beispiele zum Proportional-Element mit Verzögerung I. Ordnung

Beispiel 4.3-2:   Elektrische Systeme

Schaltung mit Widerstand R und Kondensator (Kapazität C)

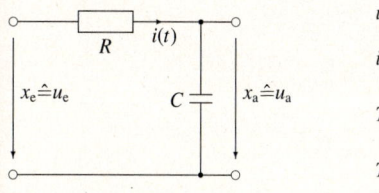

$$u_e(t) = i(t) \cdot R + u_a(t),$$
$$i(t) = C\frac{du_a(t)}{dt}, \quad T_1 = R \cdot C,$$
$$T_1\frac{du_a(t)}{dt} + u_a(t) = u_e(t),$$
$$T_1\frac{dx_a(t)}{dt} + x_a(t) = x_e(t).$$

Schaltung mit Widerstand R und Induktivität L

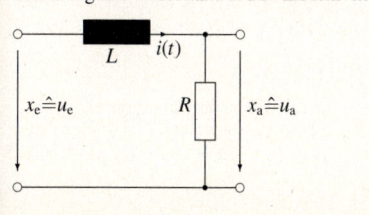

$$u_e(t) = L\frac{di(t)}{dt} + u_a(t),$$
$$u_a(t) = R \cdot i(t), \quad T_1 = L/R,$$
$$T_1\frac{du_a(t)}{dt} + u_a(t) = u_e(t),$$
$$T_1\frac{dx_a(t)}{dt} + x_a(t) = x_e(t).$$

4 Elemente von Regeleinrichtungen und Regelstrecken

Beispiel 4.3-3: Mechanisches System (Feder-Dämpfer-Element)

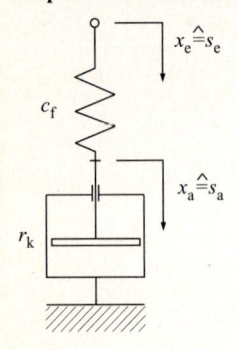

c_f = Federkonstante,
r_k = Dämpfungskoeffizient,

$$r_k \frac{ds_a(t)}{dt} = c_f \cdot [s_e(t) - s_a(t)],$$

$$r_k \frac{ds_a(t)}{dt} + c_f \cdot s_a(t) = c_f \cdot s_e(t),$$

$$T_1 = \frac{r_k}{c_f},$$

$$T_1 \frac{dx_a(t)}{dt} + x_a(t) = x_e(t).$$

Beispiel 4.3-4: Thermisches System

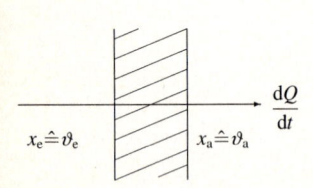

W = Wärmewiderstand,
Q = Wärmemenge,
$\frac{dQ}{dt}$ = Wärmestrom,
ϑ = Temperatur,
c = spezifische Wärmekapazität,
m = Masse,

$$\frac{dQ}{dt} = \frac{\vartheta_e - \vartheta_a}{W}, \quad Q = c \cdot m \cdot \vartheta_a, \quad c \cdot m \cdot W \frac{d\vartheta_a(t)}{dt} + \vartheta_a(t) = \vartheta_e(t),$$

$$T_1 \frac{dx_a(t)}{dt} + x_a(t) = x_e(t), \quad T_1 = c \cdot m \cdot W.$$

Beispiel 4.3-5: Pneumatisches System

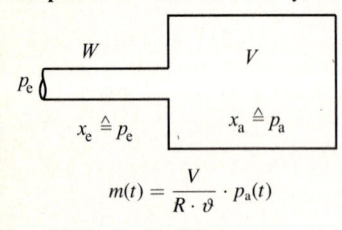

$$\frac{dm(t)}{dt} = \frac{p_e(t) - p_a(t)}{W}$$

$$p_a \cdot V = m \cdot R \cdot \vartheta \quad \text{(Gasgesetz)}$$

$$m(t) = \frac{V}{R \cdot \vartheta} \cdot p_a(t)$$

V = Volumen des Behälters,
W = Strömungswiderstand,
p = Druck,
ϑ = Temperatur,
R = Gaskonstante,
$\frac{dm(t)}{dt}$ = Massenstrom,

$$\frac{dm(t)}{dt} = \frac{V}{R \cdot \vartheta} \frac{dp_a(t)}{dt} = \frac{p_e(t) - p_a(t)}{W},$$

$$\frac{V \cdot W}{R \cdot \vartheta} \frac{dp_a(t)}{dt} + p_a(t) = p_e(t),$$

$$T_1 = \frac{V \cdot W}{R \cdot \vartheta} \quad \text{(Zeitkonstante der Anordnung)},$$

$$T_1 \frac{dx_a(t)}{dt} + x_a(t) = x_e(t).$$

Beispiel 4.3-6: Gleichstrommotor
Bei einem Gleichstrommotor wurde die Sprungantwort gemessen, mit Motorspannung $u_A(t)$ als Eingangsgröße und Drehzahl $n(t)$ als Ausgangsgröße.

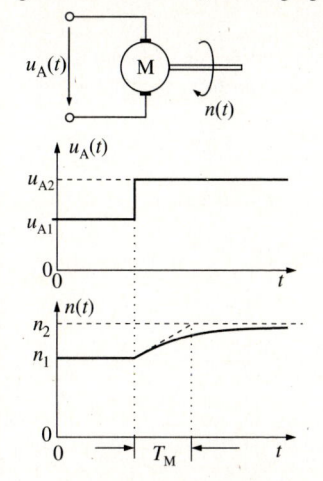

Die Übertragungsfunktion (Streckentyp, Streckenparameter) sind zu ermitteln.

$u_{A1} = 12.6$ V
$u_{A2} = 19$ V
$\Delta u_A = u_{A2} - u_{A1} = 6.4$ V

$n_1 = 3000$ min^{-1}
$n_2 = 4500$ min^{-1}
$\Delta n = n_2 - n_1 = 1500$ min^{-1}
$T_M = 0.6$ s

Für den stationären Zustand gilt:

$$K_S = \frac{\Delta n}{\Delta u_A} = \frac{1500}{6.4} \text{ V}^{-1} \cdot \text{min}^{-1} = 234.4 \text{ V}^{-1} \cdot \text{min}^{-1} = 3.9 \text{ V}^{-1} \cdot \text{s}^{-1}.$$

Aus der Sprungantwort ergibt sich der Streckentyp: Verzögerungselement I. Ordnung (PT$_1$-Strecke).

$$G_S(s) = \frac{n(s)}{u_A(s)} = \frac{K_S}{1 + s \cdot T_M} = \frac{3.9}{1 + s \cdot 0.6 \text{ s}} \frac{1}{\text{V} \cdot \text{s}}$$

4.3.3 PT$_2$-Element, Proportional-Element mit Verzögerung II. Ordnung

4.3.3.1 Beschreibung im Zeitbereich

Das Übertragungselement wird durch die Differentialgleichung

$$a_2 \frac{d^2 x_a(t)}{dt^2} + a_1 \frac{dx_a(t)}{dt} + a_0 \cdot x_a(t) = b_0 \cdot x_e(t)$$

beschrieben. Die Gleichung wird auch in folgender Form angegeben. Mit den Abkürzungen

$\frac{a_2}{a_0} = \frac{1}{\omega_0^2}$, ω_0 = Kennkreisfrequenz (Eigenkreisfrequenz des ungedämpften Systems),

$\frac{a_1}{a_0} = \frac{2D}{\omega_0}$, D = Dämpfung des Systems,

$\frac{b_0}{a_0} = K_P$, K_P = Proportionalbeiwert des Übertragungselements, ergibt sich:

$$\frac{1}{\omega_0^2}\frac{\mathrm{d}^2 x_\mathrm{a}(t)}{\mathrm{d}t^2} + \frac{2D}{\omega_0}\frac{\mathrm{d} x_\mathrm{a}(t)}{\mathrm{d}t} + x_\mathrm{a}(t) = K_\mathrm{P} \cdot x_\mathrm{e}(t)$$

Die Lösung der Differentialgleichung wird mit den bereits angegebenen Verfahren durchgeführt (Lösung der homogenen Diffetentialgleichung, partikuläre Lösung). Für eine sprungförmige Eingangsgröße $x_\mathrm{e}(t) = x_\mathrm{e0} \cdot E(t)$ erhält man die partikuläre Lösung zu

$$x_\mathrm{ap}(t) = K_\mathrm{P} \cdot x_\mathrm{e0}$$

Die Lösung der homogenen Differentialgleichung liefert die charakteristische Gleichung

$$\frac{\alpha^2}{\omega_0^2} + 2D \cdot \frac{\alpha}{\omega_0} + 1 = 0, \quad \text{mit } \alpha_{1,2} = -D \cdot \omega_0 \pm \omega_0 \cdot \sqrt{D^2 - 1}$$

Abhängig von der Dämpfung D werden drei Lösungen unterschieden.

Für $D > 1$ ergeben sich reelle Nullstellen der charakteristischen Gleichung. Mit den Abkürzungen $\alpha_1 = -\frac{1}{T_1}$, $\alpha_2 = -\frac{1}{T_2}$ erhält man die normierte Sprungantwort

$$\frac{x_\mathrm{a}(t)}{x_\mathrm{e0}} = K_\mathrm{P}\left[1 - \frac{T_1}{T_1 - T_2} \cdot \mathrm{e}^{-\frac{t}{T_1}} + \frac{T_2}{T_1 - T_2} \cdot \mathrm{e}^{-\frac{t}{T_2}}\right]$$

Für $D = 1$ sind die Nullstellen der charakteristischen Gleichung $\alpha_1 = \alpha_2 = -\frac{1}{T_1}$ gleich, die normierte Sprungantwort ist dann

$$\frac{x_\mathrm{a}(t)}{x_\mathrm{e0}} = K_\mathrm{P}\left[1 - \mathrm{e}^{-\frac{t}{T_1}} - \frac{t}{T_1}\mathrm{e}^{-\frac{t}{T_1}}\right]$$

Für $0 < D < 1$ werden die Nullstellen der charakteristischen Gleichung $\alpha_{1,2} = -D\omega_0 \pm j\omega_0\sqrt{1 - D^2}$ konjugiert komplex. Die normierte Sprungantwort ist:

$$\frac{x_\mathrm{a}(t)}{x_\mathrm{e0}} = K_\mathrm{P}\left[1 - \frac{\mathrm{e}^{-D\omega_0 t}}{\sqrt{1-D^2}} \cdot \sin[\omega_0\sqrt{1-D^2} \cdot t + \arccos D]\right]$$

Für diesen Fall ergeben sich aus der Sprungantwort die Kenngrößen:

Überschwingweite $\quad \ddot{u} = \mathrm{e}^{-\frac{D\pi}{\sqrt{1-D^2}}}$,

Eigenkreisfrequenz $\quad \omega_\mathrm{e} = \omega_0 \cdot \sqrt{1 - D^2}$.

Für Dämpfungsfaktoren $D \leq 0$ ist das Übertragungselement instabil, die Nullstellen der charakteristischen Gleichung haben positive Realteile. Für $-1 < D < 0$ ergeben sich aufklingende Schwingungen, für $D \leq -1$ monoton ansteigende Ausgangsfunktionen.

Bei vielen Regelungsaufgaben wird ein **Sprungantwortverhalten** wie bei einem System II. Ordnung mit **leichtem Überschwingen** eingestellt. Das Regelungssystem ist dann **schnell**, das geringe Überschwingen kann bei vielen Anwendungsfällen akzeptiert werden.

Für Systemdämpfungen $-1 < D < 1$ sind PT_2-Elemente schwingungsfähig. Im Bereich von $0 < D < 1$ kann bei der Übergangsfunktion die Überschwingweite $\ddot{u}$ in % vom Endwert angegeben werden. In Bild 4.3-4 ist die Überschwingweite in Abhängigkeit von der Dämpfung graphisch dargestellt.

4.3 Proportional-Elemente mit Verzögerung

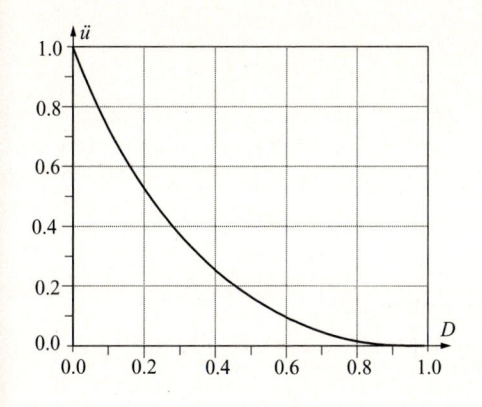

$$\ddot{u} = e^{-\frac{\pi D}{\sqrt{1-D^2}}}$$

$$D = \frac{1}{\sqrt{1 + \left(\frac{\pi}{\ln \ddot{u}}\right)^2}}$$

Bild 4.3-4: Normierte Überschwingweite der Sprungantwortfunktion des PT_2-Elements

Tabelle 4.3-1: Normierte Sprungantwortfunktionen des PT_2-Elements

Dämpfung	normierte Sprungantwortfunktion $h(t) = x_a(t)/x_{e0}$	
$D > 1$ Kriechfall		$h(t) = K_P \left[1 - \dfrac{T_1}{T_1 - T_2} e^{-\frac{t}{T_1}} + \dfrac{T_2}{T_1 - T_2} e^{-\frac{t}{T_2}} \right]$
$D = 1$ aperiodischer Grenzfall		$h(t) = K_P \left[1 - e^{-\frac{t}{T_1}} - \dfrac{t}{T_1} e^{-\frac{t}{T_1}} \right]$
$0 < D < 1$ stabiler Schwingfall		$h(t) = K_P \left[1 - \dfrac{e^{-D\omega_0 t}}{\sqrt{1-D^2}} \cdot \sin(\omega_0 \sqrt{1-D^2} \cdot t + \arccos D) \right]$
$D = 0$ grenzstabiler Schwingfall		$\omega_e = \omega_0 \sqrt{1-D^2}$ (Eigenkreisfrequenz) $T_P = \dfrac{2\pi}{\omega_e}$ (Periodendauer)
$-1 < D < 0$ instabiler Schwingfall		$\ddot{u} = e^{-\frac{\pi D}{\sqrt{1-D^2}}}$ (Überschwingweite) $T_A = \dfrac{1}{D\omega_0}$ (Abklingzeitkonstante) für $0 < D < 1$
$D \leq -1$ instabiler Kriechfall		$h(t) = K_P \left[1 - \dfrac{T_1}{T_1 - T_2} e^{\frac{t}{T_1}} + \dfrac{T_2}{T_1 - T_2} e^{\frac{t}{T_2}} \right] $

In Tabelle 4.3-1 sind normierte Sprungantwortfunktionen des PT_2-Elements in Abhängigkeit von der Dämpfung angegeben. Im Signalflußplan wird folgendes Symbol verwendet:

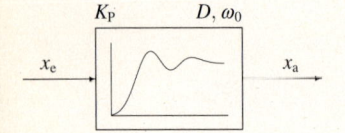

4.3.3.2 Beschreibung im Frequenzbereich

Übertragungsfunktion und Pol-Nullstellenplan des PT_2-Elements

Unter Verwendung des Differentiationssatzes der LAPLACE-Transformation läßt sich aus der Differentialgleichung die Standardübertragungsfunktion des PT_2-Elements bilden:

$$G(s) = \frac{x_a(s)}{x_e(s)} = \frac{K_P}{1 + 2 \cdot D \cdot \dfrac{s}{\omega_0} + \dfrac{s^2}{\omega_0^2}}.$$

Die Nullstellen des Nennerpolynoms sind die Polstellen der Übertragungsfunktion. Die Lage der Polstellen im Pol-Nullstellenplan ist von der Dämpfung abhängig. In Tabelle 4.3-2 sind die Pol-Nullstellenpläne angegeben. Für Dämpfungen im Bereich $-1 < D < 1$ liegen die Pole der Übertragungsfunktion auf einem Kreis mit dem Radius ω_0.

Frequenzgangfunktion und Ortskurve des PT_2-Elements

Die Standardfrequenzgangfunktion des PT_2-Elements

$$F(j\omega) = G(s)\Big|_{s=j\omega} = \frac{x_a(j\omega)}{x_e(j\omega)} = \frac{K_P}{1 + 2D\dfrac{j\omega}{\omega_0} + \left(\dfrac{j\omega}{\omega_0}\right)^2}$$

läßt sich in Realteil und Imaginärteil

$$\mathrm{Re}\{F(j\omega)\} = \frac{K_P \left[1 - \left(\dfrac{\omega}{\omega_0}\right)^2\right]}{\left[1 - \left(\dfrac{\omega}{\omega_0}\right)^2\right]^2 + \left[2D\dfrac{\omega}{\omega_0}\right]^2}, \qquad \mathrm{Im}\{F(j\omega)\} = \frac{-K_P \cdot 2 \cdot D \cdot \dfrac{\omega}{\omega_0}}{\left[1 - \left(\dfrac{\omega}{\omega_0}\right)^2\right]^2 + \left[2D\dfrac{\omega}{\omega_0}\right]^2}$$

zerlegen, wenn mit dem konjugiert komplexen Wert des Nenners erweitert wird.

Die Ortskurve des PT_2-Elements verläuft im III. und IV. Quadranten der komplexen Ortskurvenebene.

BODE-Diagramm des PT_2-Elements

Für das Proportionalelement mit Verzögerung II. Ordnung ergibt sich der Betrag der Frequenzgangfunktion

$$|F(j\omega)| = \sqrt{\mathrm{Re}^2\{F(j\omega)\} + \mathrm{Im}^2\{F(j\omega)\}} = \frac{K_P}{\sqrt{\left[1 - \left(\dfrac{\omega}{\omega_0}\right)^2\right]^2 + \left[2D\dfrac{\omega}{\omega_0}\right]^2}}$$

Tabelle 4.3-2: Pol-Nullstellenpläne des PT_2-Elements bei verschiedenen Dämpfungen

Dämpfung	Pole der Übertragungsfunktion	Pol-Nullstellenplan
$D > 1$	$s_{p1} = -\dfrac{1}{T_1}$ $s_{p2} = -\dfrac{1}{T_2}$, $T_2 > T_1$	Pole bei $-1/T_1$ und $-1/T_2$ auf der negativen reellen Achse
$D = 1$	$s_{p1} = -\dfrac{1}{T_1}$ $s_{p2} = -\dfrac{1}{T_1}$	Doppelpol $s_{p1,2}$ bei $-1/T_1$
$0 < D < 1$	$s_{p1} = \omega_0(-D + j\sqrt{1 - D^2})$ $s_{p2} = \omega_0(-D - j\sqrt{1 - D^2})$	Konjugiert komplexe Pole auf Kreis mit Radius ω_0, Realteil $-\omega_0 D$, Imaginärteil $\pm\omega_0\sqrt{1-D^2}$; $\cos\alpha = D$
$D = 0$	$s_{p1} = j\omega_0$ $s_{p2} = -j\omega_0$	Pole auf imaginärer Achse bei $\pm j\omega_0$
$-1 < D < 0$	$s_{p1} = \omega_0(-D + j\sqrt{1 - D^2})$ $s_{p2} = \omega_0(-D - j\sqrt{1 - D^2})$	Konjugiert komplexe Pole auf Kreis mit Radius ω_0 in der rechten Halbebene; $\cos\alpha = D$
$D \leq -1$	$s_{p1} = \dfrac{1}{T_1}$ $s_{p2} = \dfrac{1}{T_2}$, $T_1 > T_2$	Pole bei $1/T_1$ und $1/T_2$ auf der positiven reellen Achse

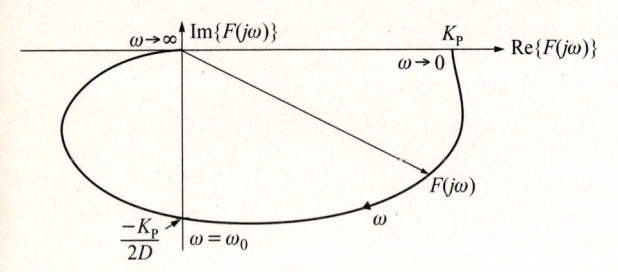

Sonderwerte:

$$\lim_{\omega \to 0} \mathrm{Re}\{F(j\omega)\} = K_\mathrm{P}, \quad \lim_{\omega \to 0} \mathrm{Im}\{F(j\omega)\} = 0,$$

$$\lim_{\omega \to \infty} \mathrm{Re}\{F(j\omega)\} = 0, \quad \lim_{\omega \to \infty} \mathrm{Im}\{F(j\omega)\} = 0,$$

$$\lim_{\omega \to \omega_0} \mathrm{Re}\{F(j\omega)\} = 0, \quad \lim_{\omega \to \omega_0} \mathrm{Im}\{F(j\omega)\} = \frac{-K_\mathrm{P}}{2D}.$$

Bild 4.3-5: Ortskurve des PT_2-Elements

und der logarithmierte Betrag

$$\lg |F(j\omega)| = \lg K_\mathrm{P} - \lg \sqrt{\left[1 - \left(\frac{\omega}{\omega_0}\right)^2\right]^2 + \left[2D\frac{\omega}{\omega_0}\right]^2}.$$

Die Phase berechnet sich zu

$$\varphi(\omega) = \varphi\{F(j\omega)\} = \arctan \frac{\mathrm{Im}\{F(j\omega)\}}{\mathrm{Re}\{F(j\omega)\}} = -\arctan \frac{2D\frac{\omega}{\omega_0}}{1 - \left(\frac{\omega}{\omega_0}\right)^2}.$$

Verhalten der Frequenzkennlinien für Kreisfrequenzen $\frac{\omega}{\omega_0} \ll 1$:

$$|F(j\omega)| = K_\mathrm{P}, \quad \lg |F(j\omega)| = \lg K_\mathrm{P}, \quad \varphi = 0°.$$

In diesem Frequenzbereich ist der Amplitudengang eine Gerade, parallel zur Null-Linie.

Verhalten der Frequenzkennlinien für Kreisfrequenzen $\frac{\omega}{\omega_0} \gg 1$:

$$|F(j\omega)| = \frac{K_\mathrm{P}}{\left(\frac{\omega}{\omega_0}\right)^2}, \quad \lg |F(j\omega)| = \lg K_\mathrm{P} - 2\lg \left(\frac{\omega}{\omega_0}\right), \quad \varphi = -180°.$$

Der Amplitudengang ist in diesem Frequenzbereich eine Gerade mit der Steigung

$$\boxed{m = -2/\text{Dekade}, \quad m_\mathrm{dB} = -40\,\mathrm{dB}/\text{Dekade}}.$$

Der asymptotische Verlauf des Amplitudengangs wird in den Bereichen $\frac{\omega}{\omega_0} \ll 1$ und $\frac{\omega}{\omega_0} \gg 1$ durch die beiden Geraden beschrieben. Der Schnittpunkt der Geraden liegt bei $\frac{\omega}{\omega_0} = 1$. Im Bereich der Kennkreisfrequenz ω_0 ist der Verlauf des Amplituden- und Phasengangs stark von der Dämpfung abhängig. Für das

4.3 Proportional-Elemente mit Verzögerung

Übertragungselement II. Ordnung ist in Bild 4.3-6 das normierte BODE-Diagramm in Abhängigkeit von der Dämpfung angegeben.

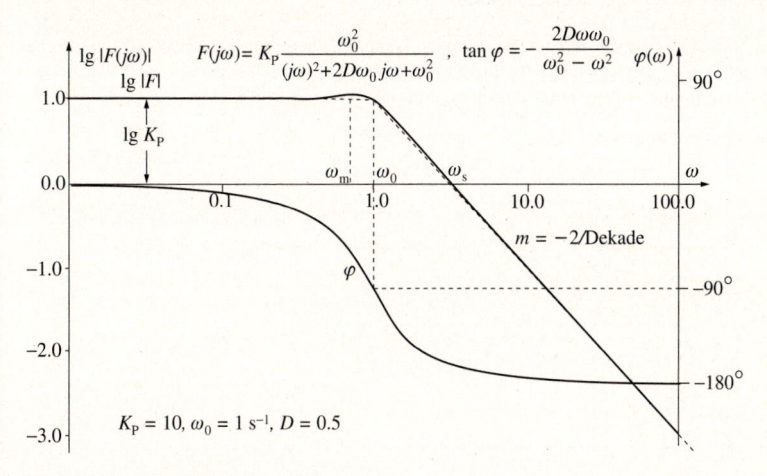

$$F(j\omega) = K_P \frac{\omega_0^2}{(j\omega)^2 + 2D\omega_0 j\omega + \omega_0^2}, \quad \tan\varphi = -\frac{2D\omega\omega_0}{\omega_0^2 - \omega^2}$$

$K_P = 10, \omega_0 = 1\ s^{-1}, D = 0.5$

Bild 4.3-6: BODE-*Diagramm des* PT_2-*Elements*

$$F(j\omega) = \frac{K_P}{(j\frac{\omega}{\omega_0})^2 + 2Dj\frac{\omega}{\omega_0} + 1}, \quad K_P = 1$$

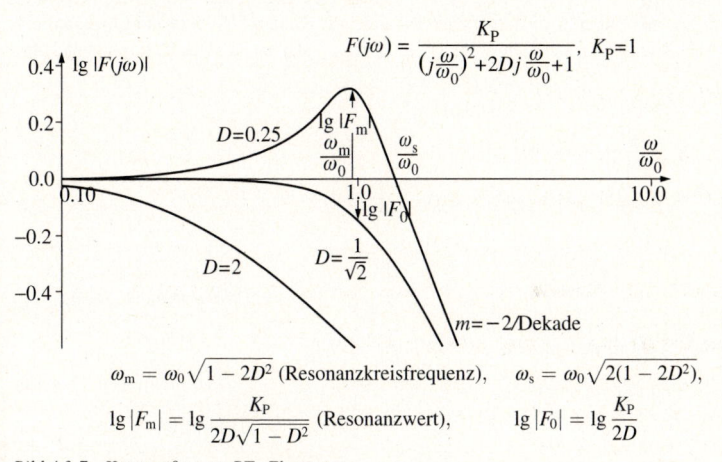

$$\omega_m = \omega_0\sqrt{1 - 2D^2} \text{ (Resonanzkreisfrequenz)}, \quad \omega_s = \omega_0\sqrt{2(1 - 2D^2)},$$

$$\lg |F_m| = \lg \frac{K_P}{2D\sqrt{1 - D^2}} \text{ (Resonanzwert)}, \quad \lg |F_0| = \lg \frac{K_P}{2D}$$

Bild 4.3-7: Kenngrößen von PT_2-*Elementen*

In Bild 4.3-7 sind zwei charakteristische Amplitudengänge für die Bereiche $D < \frac{1}{\sqrt{2}}$ und $D > \frac{1}{\sqrt{2}}$ eingezeichnet. Dort sind weitere Kenngrößen angegeben.

Für Systemdämpfungen $D < \frac{1}{\sqrt{2}}$ entsteht ein Resonanzwert F_m bei der Resonanzfrequenz ω_m. Mit zunehmender Dämpfung werden beide Größen kleiner. Bei ω_s schneidet der Amplitudengang die Abszisse, bei der Kennkreisfrequenz ω_0 hat er den Wert F_0.

Beispiele zum PT$_2$-Element

PT$_2$-Regelstrecken enthalten zwei Energiespeicher. Nach Art der Speicher werden nichtschwingungsfähige und schwingungsfähige Regelstrecken unterschieden.

Beispiel 4.3-7: Nichtschwingungsfähige Regelstrecken: Wenn die Energiespeicher physikalisch gleiches Verhalten haben, ist die Regelstrecke nichtschwingungsfähig. Das ist der Fall bei jeweils zwei Wärmespeichern, Kondensatoren, Induktivitäten, Druckspeichern, Massen.

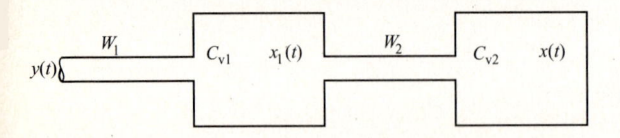

W_1, W_2 = Strömungswiderstände
C_{v1}, C_{v2} = Speicherkapazitäten

Bild 4.3-8: Druckregelstrecke (nichtschwingungsfähig)

Für die Druckregelstrecke ergibt sich die Differentialgleichung

$$T_1 \cdot T_2 \frac{d^2 x(t)}{dt^2} + (T_1 + T_{12} + T_2)\frac{dx(t)}{dt} + x(t) = y(t),$$

$$T_1 = W_1 \cdot C_{v1}, \quad T_{12} = W_1 \cdot C_{v2}, \quad T_2 = W_2 \cdot C_{v2}$$

Schwingungsfähige Regelstrecken treten auf, wenn zwei unterschiedlich wirksame Speicher zusammengeschaltet werden, zum Beispiel Induktivität und Kondensator oder Feder und Masse. Diese Systeme können nur gedämpfte Schwingungen ausführen, da immer energiewandelnde Elemente (Widerstände, mechanische Dämpfungen) vorhanden sind. Bei großer Dämpfung ($D \geq 1$) treten auch bei Zweispeichersystemen keine Schwingungen auf.

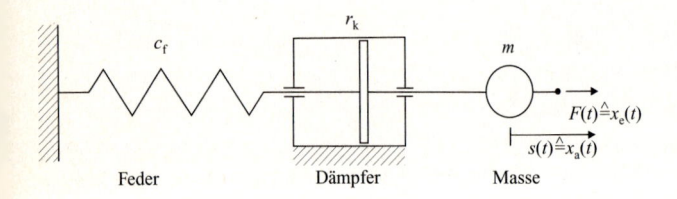

Bild 4.3-9: Feder-Masse-Dämpfer-System

Im Massenpunkt m ist die Summe der angreifenden Kräfte gleich Null:

$$m\frac{d^2 x_a(t)}{dt^2} + r_k \frac{dx_a(t)}{dt} + c_f \cdot x_a(t) = x_e(t).$$

Nach der Division durch die Federkonstante

$$\frac{m}{c_f}\frac{d^2 x_a(t)}{dt^2} + \frac{r_k}{c_f}\frac{dx_a(t)}{dt} + x_a(t) = \frac{1}{c_f} \cdot x_e(t)$$

läßt sich ein Koeffizientenvergleich mit der Standardform der Differentialgleichung eines Proportionalelements mit Verzögerung II. Ordnung durchführen:

$$\frac{1}{\omega_0^2}\frac{d^2 x_a(t)}{dt^2} + \frac{2D}{\omega_0}\frac{dx_a(t)}{dt} + x_a(t) = K_P \cdot x_e(t).$$

Für die standardisierten Werte erhält man folgenden Zusammenhang:

- Kennkreisfrequenz $\omega_0 = \sqrt{\dfrac{c_f}{m}}$,
- Systemdämpfung $D = \dfrac{r_k}{2c_f}\omega_0 = \dfrac{r_k}{2\sqrt{c_f \cdot m}}$,
- Proportionalbeiwert $K_P = \dfrac{1}{c_f}$.

Für $0 < D < 1$ existiert die Eigenkreisfrequenz:

$$\omega_e = \omega_0\sqrt{1 - D^2} = \sqrt{\dfrac{c_f}{m} - \dfrac{r_k^2}{4m^2}}.$$

In Bild 4.3-10 ist die Sprungantwort für $x_e(t) = x_{e0} \cdot E(t)$ angegeben.

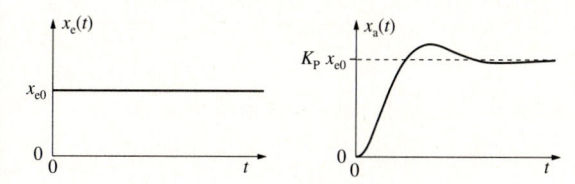

Bild 4.3-10: Sprungantwort des mechanischen Schwingungssystems

Beispiel 4.3-8: Elektrischer Schwingkreis von Bild 4.3-11

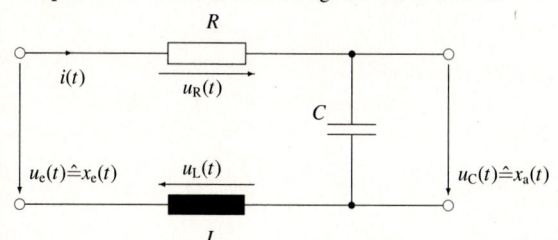

Bild 4.3-11: Elektrischer Schwingkreis

Durch Anwendung des Maschensatzes der KIRCHHOFFschen Gleichungen entsteht die Differentialgleichung I. Ordnung

$$R \cdot i(t) + L \cdot \dfrac{di(t)}{dt} + u_C(t) = u_e(t).$$

Setzt man die Differentialgleichung

$$i(t) = C \cdot \dfrac{du_C(t)}{dt}$$

ein, dann ergibt sich die Schwingungsdifferentialgleichung

$$LC \cdot \dfrac{d^2 u_C(t)}{dt^2} + RC \cdot \dfrac{du_C(t)}{dt} + u_C(t) = u_e(t).$$

Durch Koeffizientenvergleich mit der Standardform der Differentialgleichung eines Proportionalelements mit Verzögerung II. Ordnung

$$\dfrac{1}{\omega_0^2}\dfrac{d^2 x_a(t)}{dt^2} + \dfrac{2D}{\omega_0}\dfrac{dx_a(t)}{dt} + x_a(t) = K_P \cdot x_e(t)$$

erhält man folgende Kenngrößen:
- Kennkreisfrequenz $\omega_0 = \dfrac{1}{\sqrt{LC}}$,
- Systemdämpfung $D = \dfrac{RC}{2} \cdot \omega_0 = \dfrac{R}{2}\sqrt{\dfrac{C}{L}}$,
- Proportionalbeiwert $K_P = 1$.

Für $0 < D < 1$ existiert die
- Eigenkreisfrequenz $\omega_e = \omega_0\sqrt{1 - D^2} = \sqrt{\dfrac{1}{LC} - \dfrac{R^2}{4L^2}}$.

Beispiel 4.3-9: Reihenschaltung von zwei PT_1-Elementen

Zwei PT_1-Elemente mit verschiedenen Zeitkonstanten

Zu dem Signalflußbild

$x_e(s) \longrightarrow \boxed{\dfrac{K_P}{1 + T_1 s}} \longrightarrow \boxed{\dfrac{1}{1 + T_2 s}} \longrightarrow x_a(s)$

gehört die Übertragungsfunktion

$$G(s) = \dfrac{x_a(s)}{x_e(s)} = \dfrac{K_P}{(1 + T_1 s)(1 + T_2 s)}.$$

Die charakteristische Gleichung hat zwei verschiedene reelle Nullstellen

$$s_1 = -\dfrac{1}{T_1}, \quad s_2 = -\dfrac{1}{T_2}.$$

Der Koeffizientenvergleich mit der Standardübertragungsfunktion

$$G(s) = \dfrac{K_P}{1 + (T_1 + T_2)s + T_1 \cdot T_2 \cdot s^2} \stackrel{!}{=} \dfrac{K_P}{1 + \dfrac{2Ds}{\omega_0} + \left(\dfrac{s}{\omega_0}\right)^2}$$

liefert die Kenngrößen

$$\omega_0 = \dfrac{1}{\sqrt{T_1 \cdot T_2}} \quad \text{und} \quad D = \dfrac{T_1 + T_2}{2\sqrt{T_1 \cdot T_2}} > 1.$$

Die Reihenschaltung von zwei PT_1-Elementen mit verschiedenen Zeitkonstanten führt zu einem PT_2-Element mit langsamem Übergangsverhalten (Kriechfall).

Zwei PT_1-Elemente mit gleichen Zeitkonstanten

Dem Signalflußbild

$x_e(s) \longrightarrow \boxed{\dfrac{K_P}{1 + T_1 s}} \longrightarrow \boxed{\dfrac{1}{1 + T_1 s}} \longrightarrow x_a(s)$

entspricht die Übertragungsfunktion

$$G(s) = \dfrac{x_a(s)}{x_e(s)} = \dfrac{K_P}{(1 + T_1 s)^2}.$$

Die charakteristische Gleichung hat zwei gleiche reelle Nullstellen

$$s_{1,2} = -\dfrac{1}{T_1}.$$

Durch Koeffizientenvergleich mit der Standardübertragungsfunktion

$$G(s) = \frac{K_P}{1 + 2T_1 s + T_1^2 s^2} \stackrel{!}{=} \frac{K_P}{1 + \dfrac{2Ds}{\omega_0} + \left(\dfrac{s}{\omega_0}\right)^2}$$

ergeben sich die Kenngrößen

$$\omega_0 = \frac{1}{T_1} \quad \text{und} \quad D = 1.$$

Die Reihenschaltung von zwei PT_1-Elementen mit gleichen Zeitkonstanten führt zu einem PT_2-Element mit aperiodischem Übergangsverhalten (aperiodischer Grenzfall).

Zwei PT_1-Elemente mit gleichen Zeitkonstanten und Gegenkopplung

Das Signalflußbild

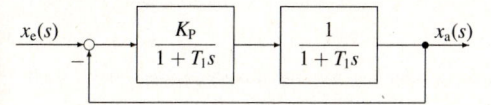

$x_e(s)$ →⊖→ [$\dfrac{K_P}{1 + T_1 s}$] → [$\dfrac{1}{1 + T_1 s}$] → $x_a(s)$

führt zu der Übertragungsfunktion

$$G(s) = \frac{K_P}{K_P + (1 + T_1 \cdot s)^2}.$$

Die charakteristische Gleichung hat hier zwei konjugiert komplexe Nullstellen

$$s_{1,2} = -\frac{1}{T_1} \pm j\frac{\sqrt{K_P}}{T_1}.$$

Ein Koeffizientenvergleich mit der Standardübertragungsfunktion

$$G(s) = \frac{\dfrac{K_P}{(1+K_P)}}{1 + \dfrac{2T_1}{1+K_P} s + \dfrac{T_1^2}{1+K_P} s^2} \stackrel{!}{=} \frac{K_P^*}{1 + 2\dfrac{Ds}{\omega_0} + \left(\dfrac{s}{\omega_0}\right)^2}$$

ergibt die Kenngrößen

$$\omega_0 = \frac{\sqrt{1+K_P}}{T_1} \quad \text{und} \quad D = \frac{1}{\sqrt{1+K_P}} < 1 \quad \text{für} \quad K_P > 0.$$

Die Reihenschaltung von zwei PT_1-Elementen mit gleichen Zeitkonstanten und Gegenkopplung führt zu einem PT_2-Element mit schwingendem Übergangsverhalten (stabiler Schwingfall). Die Sprungantwortfunktion schwingt mit der Eigenkreisfrequenz

$$\omega_e = \frac{\sqrt{K_P}}{T_1}.$$

4.3.4 Totzeit-Element (PT_t-Element)

4.3.4.1 Beschreibung im Zeitbereich

Bei regelungstechnischen Problemen tritt häufig ein sogenanntes Totzeit-Element auf. Die kennzeichnende Eigenschaft des Totzeit-Elementes besteht darin, daß die Ausgangsgröße nach einer Änderung der Eingangsgröße während der Totzeit oder Laufzeit T_t zunächst ihren Wert beibehält.

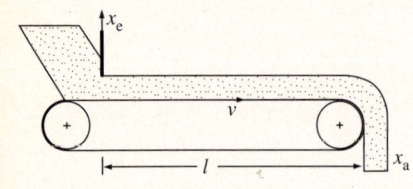

Bild 4.3-12: Förderband als Beispiel eines Totzeit-Elements

In Bild 4.3-12 ist ein Förderband angegeben mit der Geschwindigkeit v und der Förderstrecke l. $x_e(t)$ ist die zugeführte Materialmenge. Die zum Zeitpunkt t abgegebene Materialmenge $x_a(t)$ hat die Zeit $T_t = \dfrac{l}{v}$ benötigt, um das Band zu durchlaufen. Sie ist daher gleich der Menge, die zum Zeitpunkt $t - T_t$ zugeführt wurde:

$$x_a(t) = K_P \cdot x_e(t - T_t).$$

Es vergeht die Zeit T_t, bis sich eine Änderung der Eingangsgröße in der Ausgangsgröße bemerkbar macht. Deshalb bezeichnet man T_t als **Totzeit**. Für die Sprungantwort ergibt sich

$$x_a(t) = K_P \cdot x_{e0} \cdot E(t - T_t).$$

Die normierte Sprungantwort des Totzeit-Elements ist:

$$\frac{x_a(t)}{x_{e0}} = K_P \cdot E(t - T_t).$$

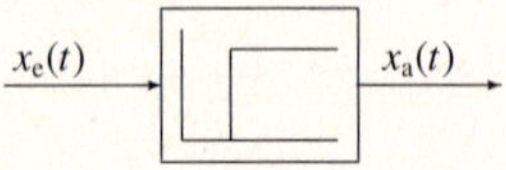

Wärmetransportvorgänge können näherungsweise durch ein Totzeit-Element und ein Verzögerungselement I. Ordnung modelliert werden. Totzeitverhalten tritt auch bei thyristorgesteuerten Stromrichtern auf. Eine Änderung des Zündwinkels bei einem bereits gezündeten Thyristor wird erst in der nächsten Halbwelle wirksam.

4.3.4.2 Beschreibung im Frequenzbereich

Übertragungsfunktion des Totzeit-Elements

Durch Anwendung des Verschiebungssatzes der LAPLACE-Transformation entsteht die Übertragungsfunktion des Totzeit-Elements

$$G(s) = \frac{x_a(s)}{x_e(s)} = K_P \cdot e^{-sT_t}.$$

Frequenzgangfunktion und Ortskurve des Totzeit-Elements

Die Frequenzgangfunktion

$$F(j\omega) = G(s)\Big|_{s=j\omega} = \frac{x_a(j\omega)}{x_e(j\omega)} = K_P \cdot e^{-j\omega T_t}$$

wird mit Hilfe des EULERschen Satzes in Real- und Imaginärteil

$$\text{Re}\{F(j\omega)\} = K_P \cdot \cos(\omega T_t), \quad \text{Im}\{F(j\omega)\} = -K_P \cdot \sin(\omega T_t)$$

zerlegt. Die Ortskurve in Bild 4.3-13 beschreibt einen Kreis mit dem Radius K_P.

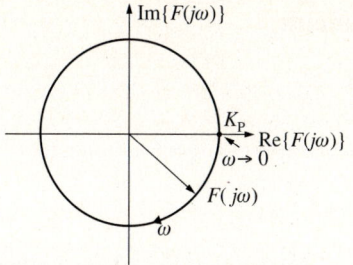

Bild 4.3-13: Ortskurve des Totzeit-Elements

Sonderwerte:
$$\lim_{\omega \to 0} \text{Re}\{F(j\omega)\} = K_P,$$
$$\lim_{\omega \to 0} \text{Im}\{F(j\omega)\} = 0,$$
$$\lim_{\omega \to \infty} \text{Re}\{F(j\omega)\} \quad \text{und}$$
$$\lim_{\omega \to \infty} \text{Im}\{F(j\omega)\} \quad \text{existieren nicht.}$$

BODE-Diagramm des Totzeit-Elements

Der Betrag des Totzeit-Elements ist

$$|F(j\omega)| = \sqrt{\text{Re}^2\{F(j\omega)\} + \text{Im}^2\{F(j\omega)\}} = |K_P \cdot e^{-j\omega T_t}|$$
$$= K_P \sqrt{\cos^2(\omega T_t) + \sin^2(\omega T_t)} = K_P$$

und der logarithmierte Betrag

$$\lg |F(j\omega)| = \lg K_P .$$

Die Phase ergibt sich zu

$$\varphi(\omega) = \varphi\{F(j\omega)\} = \arctan \frac{\text{Im}\{F(j\omega)\}}{\text{Re}\{F(j\omega)\}} = -\omega T_t .$$

In Bild 4.3-14 ist das BODE-Diagramm des Totzeit-Elements dargestellt. Der Amplitudengang ist konstant, der Phasengang fällt mit der Kreisfrequenz. Bei $\omega = \frac{1}{T_t}$ ist $\varphi = -57.3°$.

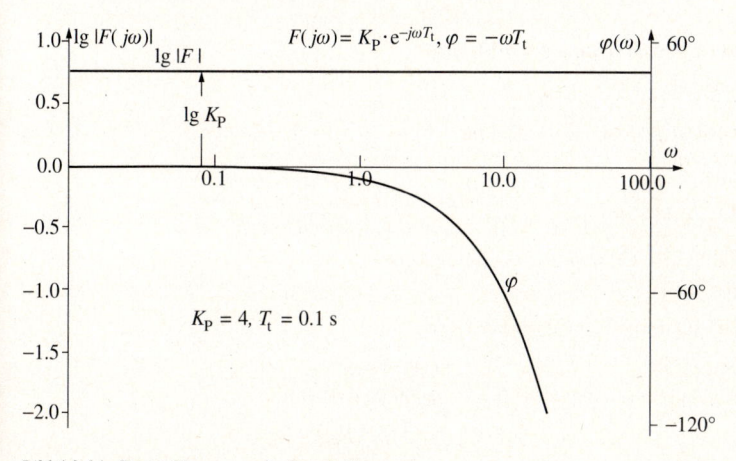

Bild 4.3-14: BODE-Diagramm des Totzeit-Elements

4.4 Differenzierende Übertragungselemente

4.4.1 Ideales Differential-Element (D-Element)

4.4.1.1 Beschreibung im Zeitbereich

Differential-Elemente werden in Reglern eingesetzt. Das Differential-Element hat die Differentialgleichung:

$$x_a(t) = K_D \cdot \frac{dx_e(t)}{dt}.$$

Die Ausgangsgröße $x_a(t)$ ist proportional zur zeitlichen Änderung der Eingangsgröße $x_e(t)$. K_D ist der Differenzierbeiwert. Die Sprungantwort eines Differential-Elements ist ein DIRAC-Impuls $\delta(t)$. Die normierte Sprungantwort ist

$$\frac{x_a(t)}{x_{e0}} = K_D \cdot \delta(t).$$

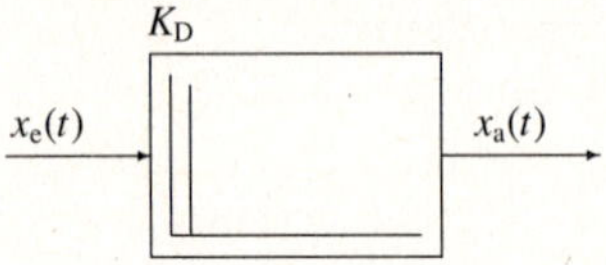

Im Signalflußplan wird das angegebene Symbol verwendet. Differenzierende Systeme sind nur näherungsweise realisierbar. Die oben angegebene Differentialgleichung gilt für einen begrenzten Frequenzbereich.

4.4.1.2 Beschreibung im Frequenzbereich

Übertragungsfunktion und Pol-Nullstellenplan des D-Elements

Mit dem Differentiationssatz der LAPLACE-Transformation erhält man die Übertragungsfunktion des idealen Differential-Elements

$$G(s) = \frac{x_a(s)}{x_e(s)} = K_D \cdot s.$$

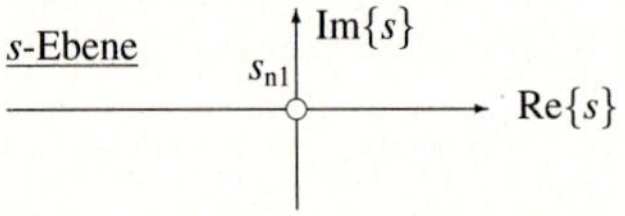

Die Übertragungsfunktion hat eine Nullstelle bei $s_{n1} = 0$, die im Pol-Nullstellenplan durch einen Kreis gekennzeichnet ist.

Frequenzgangfunktion und Ortskurve des D-Elements

Die Frequenzgangfunktion

$$F(j\omega) = G(s)\bigg|_{s=j\omega} = \frac{x_a(j\omega)}{x_e(j\omega)} = K_D \cdot j\omega$$

besitzt den Imaginärteil

$$\text{Im}\{F(j\omega)\} = K_D \cdot \omega.$$

Beim idealen D-Element ist der Realteil

$$\text{Re}\{F(j\omega)\} = 0.$$

Die Ortskurve verläuft auf der positiven imaginären Achse.

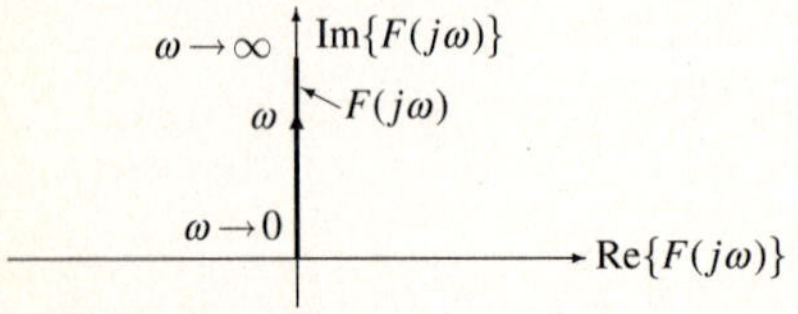

Sonderwerte:
$$\lim_{\omega \to 0} \text{Im}\{F(j\omega)\} = 0,$$
$$\lim_{\omega \to \infty} \text{Im}\{F(j\omega)\} = \infty.$$

Bild 4.4-1: Ortskurve des idealen D-Elements

BODE-Diagramm des D-Elements

Der Betrag der Frequenzgangfunktion des idealen D-Elements ist

$$|F(j\omega)| = \sqrt{\operatorname{Re}^2\{F(j\omega)\} + \operatorname{Im}^2\{F(j\omega)\}} = K_D \cdot \omega ,$$

der logarithmierte Betrag

$$\lg|F(j\omega)| = \lg K_D + \lg \omega .$$

Der Amplitudengang ist eine Gerade mit der Steigung

$$\boxed{m = \frac{1}{\text{Dekade}}, \quad m_{dB} = \frac{20\,\text{dB}}{\text{Dekade}}}.$$

Der Amplitudengang schneidet die Kreisfrequenzachse (Null-Linie) bei der Durchtrittskreisfrequenz

$$\omega_{DD} = \frac{1}{K_D} .$$

Die Phase ergibt sich zu

$$\varphi(\omega) = \varphi\{F(j\omega)\} = \arctan\frac{\operatorname{Im}\{F(j\omega)\}}{\operatorname{Re}\{F(j\omega)\}} = 90°.$$

Amplituden- und Phasengang sind in Bild 4.4-2 aufgetragen.

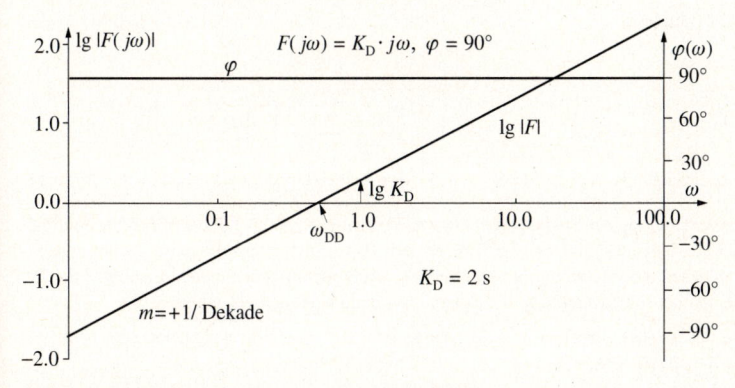

Bild 4.4-2: BODE-*Diagramm des idealen Differential-Elements*

Beispiel 4.4-1: Ein Stoßdämpfer erzeugt aus der zeitlichen Wegänderung $\dfrac{ds(t)}{dt}$ die Kraft $F(t)$, so daß gilt

$$F(t) = r_k \frac{ds(t)}{dt}$$

mit r_k als Dämpfungskoeffizient. Mit den regelungstechnischen Bezeichnungen erhält man

$$x_a(t) = K_D \frac{dx_e(t)}{dt} ,$$

mit K_D als Differenzierbeiwert.

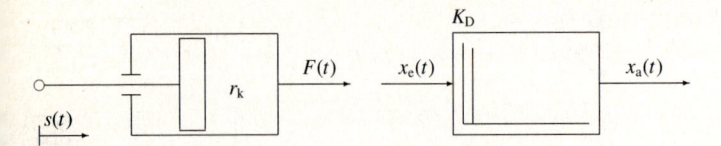

Das ideale D-Element liefert bei einer sprungförmigen Wegänderung x_{e0} einen unendlich großen Kraftimpuls.

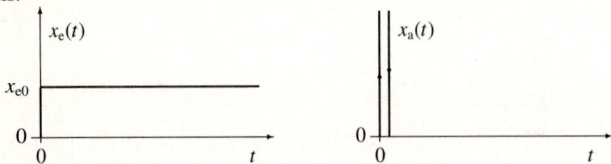

Technisch ist die schnelle Wegänderung (unendlich große Geschwindigkeit) nicht realisierbar.

Beispiel 4.4-2: Bei einem Kondensator besteht zwischen der Eingangsgröße $u_e(t)$ und der Ausgangsgröße $i_a(t)$ der Zusammenhang

$$i_a(t) = C \cdot \frac{du_e(t)}{dt}.$$

Mit regelungstechnischen Bezeichnungen ergibt sich

$$x_a(t) = K_D \cdot \frac{dx_e(t)}{dt}.$$

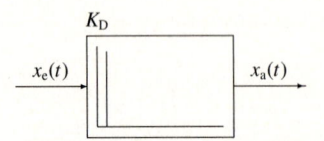

Eine sprungförmige Veränderung der Eingangsspannung $u_e(t)$ erzeugt einen unendlich großen Stromimpuls $i_a(t)$. Dieses ideale D-Element entsteht, wenn der Kondensator als verlustfrei anzusehen ist. Technisch realisierte Kondensatoren haben jedoch immer ohmsche Verluste. Außerdem wurden in dem Ersatzbild die Zuleitungswiderstände und der Innenwiderstand der Spannungsquelle nicht berücksichtigt.

Einen Nachteil hätte das ideale D-Element: Das Ausgangssignal $i_a(t)$ ist nicht auskoppelbar, das heißt, das Signal wäre technisch nicht zu verwerten.

4.4.2   Differential-Element mit Verzögerung I. Ordnung (DT$_1$-Element)

4.4.2.1   Beschreibung im Zeitbereich

Die Differentialgleichung des Übertragungselements lautet:

$$T_1 \frac{dx_a(t)}{dt} + x_a(t) = K_D \frac{dx_e(t)}{dt}.$$

Die normierte Sprungantwort ergibt sich für $x_e(t) = x_{e0} \cdot E(t)$ zu

$$\frac{x_a(t)}{x_{e0}} = \frac{K_D}{T_1} \cdot e^{-\frac{t}{T_1}}.$$

In Bild 4.4-3 sind die normierte Sprungantwortfunktion $h(t) = \dfrac{x_a(t)}{x_{e0}}$ und das Symbol für den Signalflußplan des DT_1-Elements aufgezeichnet.

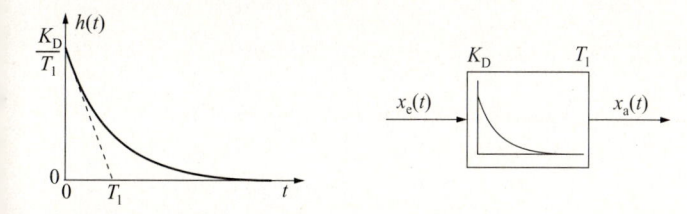

Bild 4.4-3: Normierte Sprungantwortfunktion und Signalflußsymbol des DT_1-Elements

DT_1-Elemente können aufgrund ihrer differenzierenden Wirkung keine Gleichsignale übertragen. In der Regelungstechnik werden DT_1-Elemente daher nur in **Verbindung mit Proportionalelementen** verwendet. Sie werden zur Verbesserung der Stabilität eingesetzt.

4.4.2.2 Beschreibung im Frequenzbereich

Übertragungsfunktion und Pol-Nullstellenplan des DT_1-Elements

Die Übertragungsfunktion ergibt sich bei Anwendung des Differentiationssatzes der LAPLACE-Transformation auf die Differentialgleichung:

$$G(s) = \frac{x_a(s)}{x_e(s)} = \frac{K_D \cdot s}{1 + s \cdot T_1}.$$

Im Vergleich zum idealen D-Element besitzt die Übertragungsfunktion des DT_1-Elements eine
- Nullstelle bei $s_{n1} = 0$ und eine
- Polstelle bei $s_{p1} = -\dfrac{1}{T_1}$.

Frequenzgangfunktion und Ortskurve des DT_1-Elements

Die Frequenzgangfunktion

$$F(j\omega) = G(s)\bigg|_{s=j\omega} = \frac{x_a(j\omega)}{x_e(j\omega)} = \frac{K_D \cdot j\omega}{1 + j\omega T_1}$$

läßt sich in Imaginär- und Realteil

$$\text{Im}\{F(j\omega)\} = \frac{K_D \omega}{1 + \omega^2 T_1^2}, \quad \text{Re}\{F(j\omega)\} = \frac{K_D T_1 \omega^2}{1 + \omega^2 T_1^2}$$

zerlegen. Die Ortskurve in Bild 4.4-4 beschreibt einen Halbkreis im I. Quadranten der komplexen Ortskurvenebene.

BODE-Diagramm des DT_1-Elements

Das D-Element mit Verzögerung I. Ordnung hat den Betrag

$$|F(j\omega)| = \sqrt{\text{Re}^2\{F(j\omega)\} + \text{Im}^2\{F(j\omega)\}} = \frac{K_D \cdot \omega}{\sqrt{1 + \omega^2 T_1^2}}$$

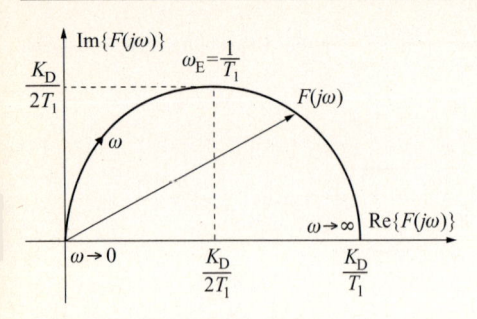

Bild 4.4-4: Ortskurve des DT_1-Elements

Sonderwerte:
$$\lim_{\omega \to 0} \mathrm{Re}\{F(j\omega)\} = 0,$$
$$\lim_{\omega \to 0} \mathrm{Im}\{F(j\omega)\} = 0,$$
$$\lim_{\omega \to \infty} \mathrm{Re}\{F(j\omega)\} = \frac{K_D}{T_1},$$
$$\lim_{\omega \to \infty} \mathrm{Im}\{F(j\omega)\} = 0,$$
$$\lim_{\omega \to \omega_E} \mathrm{Re}\{F(j\omega)\} = \frac{K_D}{2 \cdot T_1},$$
$$\lim_{\omega \to \omega_E} \mathrm{Im}\{F(j\omega)\} = \frac{K_D}{2 \cdot T_1}.$$

und den logarithmierten Betrag

$$\lg |F(j\omega)| = \lg K_D + \lg \omega - \lg \sqrt{1 + \omega^2 T_1^2}.$$

Für die Phase erhält man

$$\varphi(\omega) = \varphi\{F(j\omega)\} = \arctan \frac{\mathrm{Im}\{F(j\omega)\}}{\mathrm{Re}\{F(j\omega)\}} = \arctan \frac{1}{\omega \cdot T_1}.$$

Verhalten der Frequenzkennlinien für Kreisfrequenzen $\omega T_1 \ll 1$:

$$|F(j\omega)| = \omega \cdot K_D, \quad \lg |F(j\omega)| = \lg \omega + \lg K_D, \quad \varphi = 90°.$$

In diesem Bereich ist der Amplitudengang eine Gerade mit der Steigung

$$\boxed{m = \frac{1}{\text{Dekade}}, \quad m_{\mathrm{dB}} = 20 \frac{\mathrm{dB}}{\text{Dekade}}.}$$

Der Amplitudengang schneidet die Kreisfrequenzachse (Null-Linie) bei der Durchtrittskreisfrequenz

$$\omega_{\mathrm{DD}} = \frac{1}{K_D}.$$

Verhalten der Frequenzkennlinien für Kreisfrequenzen $\omega T_1 \gg 1$:

$$|F(j\omega)| = \frac{K_D}{T_1}, \quad \lg |F(j\omega)| = \lg K_D - \lg T_1, \quad \varphi = 0°.$$

In diesem Frequenzbereich ist der Amplitudengang eine Gerade, parallel zur Null-Linie.

Verhalten der Frequenzkennlinien für $\omega = \omega_E = \dfrac{1}{T_1}$

Die Geraden für die Bereiche $\omega T_1 \ll 1$ und $\omega T_1 \gg 1$ bilden die Asymptoten für die Amplitudenkurve. Sie schneiden sich bei der Eckkreisfrequenz $\omega_E = \dfrac{1}{T_1}$, der Amplitudengang hat an dieser Stelle den Wert

$$|F(j\omega_E)| = \frac{\omega_E K_D}{\sqrt{2}}, \quad \lg |F(j\omega_E)| = \lg \omega_E + \lg K_D - 0.15$$

und liegt um 0.15 (3 dB) niedriger als bei hohen Kreisfrequenzen. An der Eckkreisfrequenz ω_E weicht der exakte Amplitudengang um 0.15 (3 dB) von den Asymptoten ab. Bei $\omega = 0.5\omega_E$ und $\omega = 2\omega_E$ beträgt die

Abweichung etwa 0.05 (1 dB). Der Phasengang fällt im Bereich $0.1\omega_E$ bis $10\omega_E$ von 84.29° auf 5.71°. In diesem Bereich läßt sich der Phasengang durch eine Gerade mit der Steigung

$$n = \frac{-45°}{\text{Dekade}}$$

annähern. Der Fehler ist dabei kleiner als 5.72°. Das BODE-Diagramm ist in Bild 4.4-5 angegeben.

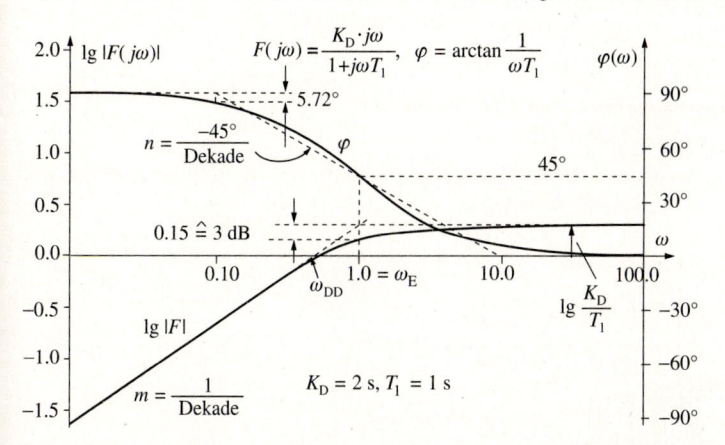

Bild 4.4-5: BODE-*Diagramm des D-Elements mit Verzögerung I. Ordnung (DT_1-Element)*

Das DT_1-Element erhöht die Schnelligkeit und Stabilität des Regelkreises. Es muß immer in Verbindung mit einem P-Element verwendet werden, da sonst kein stationärer Wert der Regelgröße eingestellt werden kann.

Beispiel 4.4-3: Kondensator-Widerstands-Element
Ausgehend von dem idealen D-Element in Beispiel 4.4-2 wird der Kondensator mit einem ohmschen Widerstand zu einem DT_1-Element ergänzt, wobei jetzt $u_a(t)$ die Ausgangsgröße ist.

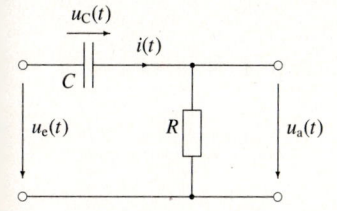

Der Zusammenhang zwischen Eingangs- und Ausgangsgröße wird durch

$$u_e(t) = u_C(t) + u_a(t) = \frac{1}{C}\int i(t)\mathrm{d}t + u_a(t)$$

beschrieben. Mit $i(t) = \dfrac{u_a(t)}{R}$ ergibt sich

$$u_e(t) = \frac{1}{RC}\int u_a(t)\mathrm{d}t + u_a(t)\,.$$

Nach dem Differenzieren erhält man die Differentialgleichung des DT_1-Elements

$$T_1 \frac{du_a(t)}{dt} + u_a(t) = T_1 \frac{du_e(t)}{dt},$$

mit der Zeitkonstanten $T_1 = RC$ und $K_D = T_1$. Die Frequenzgangfunktion lautet

$$F(j\omega) = \frac{j\omega K_D}{1 + j\omega T_1}.$$

Wegen

$$F(j\omega \rightarrow 0) = 0$$

kann das Übertragungselement keine Gleichsignale übertragen.

Beispiel 4.4-4: Dämpfer-Feder-Element

Das in Beispiel 4.4-1 untersuchte D-Element wird durch eine Feder ergänzt. Bei dem Dämpfer-Feder-Element im Bild besteht das Kräftegleichgewicht

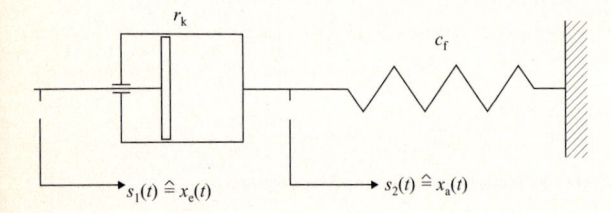

$$F_r(t) = F_c(t).$$

Die Kraft F_r, die am Dämpfer angreift, ist der Geschwindigkeitsdifferenz proportional:

$$F_r(t) = r_k \frac{d}{dt}[s_1(t) - s_2(t)].$$

Diese entspricht der wegproportionalen Kraft an der Feder

$$F_c(t) = c_f \cdot s_2(t),$$

so daß man die Differentialgleichung

$$c_f \cdot s_2(t) = r_k \frac{ds_1(t)}{dt} - r_k \frac{ds_2(t)}{dt}$$

erhält. Mit regelungstechnischen Größen und der Abkürzung

$$\frac{r_k}{c_f} = K_D = T_1$$

ergibt sich die Differentialgleichung eines DT_1-Elements

$$T_1 \frac{dx_a(t)}{dt} + x_a(t) = K_D \frac{dx_e(t)}{dt}.$$

Wird eine sprungförmige Wegänderung $x_e(t) = x_{e0} \cdot E(t)$ vorgegeben, dann erhält man die Lösung

$$\frac{x_a(t)}{x_{e0}} = \frac{K_D}{T_1} e^{-\frac{t}{T_1}} = e^{-\frac{t}{T_1}}.$$

Die Sprungantwort ist im folgenden Bild angegeben.

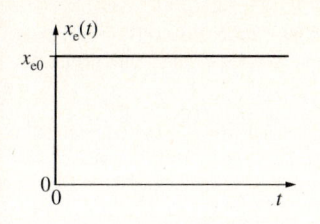

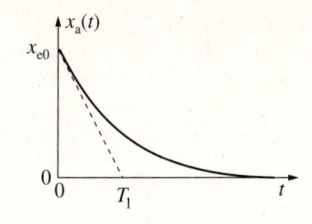

4.4.3 Proportional-Differentialelement mit Verzögerung I. Ordnung in multiplikativer Form (PDT$_1$-, PPT$_1$-Element)

4.4.3.1 Beschreibung im Zeitbereich

Die Differentialgleichung der Elemente lautet

$$T_1 \frac{dx_a(t)}{dt} + x_a(t) = K_D \frac{dx_e(t)}{dt} + K_P \cdot x_e(t).$$

K_P ist der Proportionalbeiwert, K_D der Differenzierbeiwert des Übertragungselements. Eine Umformung mit $K_D = K_P \cdot T_V$ ergibt:

$$T_1 \frac{dx_a(t)}{dt} + x_a(t) = K_P \left[T_V \frac{dx_e(t)}{dt} + x_e(t) \right].$$

T_V wird Vorhaltzeitkonstante genannt. Die Sprungantwort hängt vom Verhältnis T_V/T_1 ab.

Mit $x_e(t) = x_{e0} \cdot E(t)$ erhält man die normierte Sprungantwort

$$\frac{x_a(t)}{x_{e0}} = K_P \left[1 - \left(1 - \frac{T_V}{T_1} \right) e^{-\frac{t}{T_1}} \right].$$

Für $T_V = 0$ ergibt sich ein PT$_1$-Element, für $T_V = T_1$ ein Proportional-Element. In Bild 4.4-7 sind normierte Sprungantwortfunktionen für verschiedene Werte von T_V/T_1 und die Symbole des Signalflußplans dargestellt. Die Übertragungsfunktion des Übertragungselements in multiplikativer Form (PDT$_1$, PPT$_1$) kann formal als Ergebnis der **Multiplikation** der Übertragungsfunktion eines idealen PD-Elements und der eines PT$_1$-Elements angesehen werden (Abschnitt 4.4.3.2):

$$G(s) = \frac{x_a(s)}{x_e(s)} = G_1(s) \cdot G_2(s) = K_P(1 + s \cdot T_V) \frac{1}{1 + s \cdot T_1},$$

mit

$$G_1(s) = K_P(1 + s \cdot T_V), \text{ PD-Element},$$

$$G_2(s) = \frac{1}{1 + s \cdot T_1}, \text{ PT}_1\text{-Element}.$$

In Bild 4.4-6 ist der Signalflußplan mit den multiplikativen Komponenten angegeben.

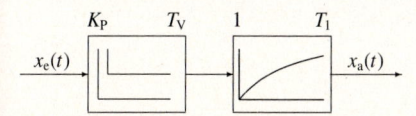

Bild 4.4-6: Signalflußplan mit den multiplikativen Komponenten des Übertragungselements

Der Einsatzbereich des Elements in der Regelungstechnik hängt davon ab, ob $T_V > T_1$ ist (PDT$_1$) oder nicht (PPT$_1$). PDT$_1$-Elemente werden als Regler verwendet, beide Elemente können bei der Anwendung des BODE-Verfahrens eingesetzt werden.

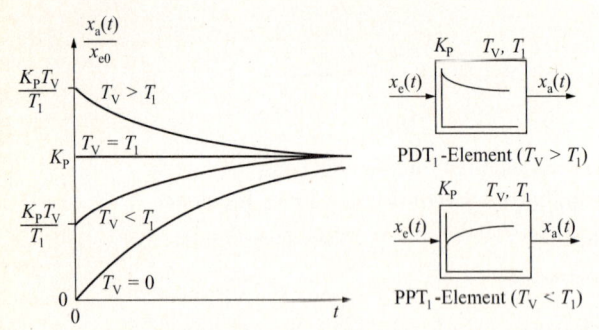

Bild 4.4-7: *Normierte Sprungantworten und Signalflußsymbole des PD-Elements mit Verzögerung I. Ordnung*

4.4.3.2 Beschreibung im Frequenzbereich

Übertragungsfunktion und Pol-Nullstellenplan des PD-Elements mit Verzögerung I. Ordnung

Ausgehend von der Differentialgleichung wird die Übertragungsfunktion

$$G(s) = \frac{x_a(s)}{x_e(s)} = \frac{K_P(1 + s \cdot T_V)}{1 + s \cdot T_1}$$

mit Hilfe des Differentiationssatzes ermittelt. Die Übertragungsfunktion besitzt die Polstelle

$$s_{p1} = -\frac{1}{T_1}$$

und die Nullstelle

$$s_{n1} = -\frac{1}{T_V} .$$

Diese sind für die beiden Varianten des PD-Elements mit Verzögerung I. Ordnung im Pol-Nullstellenplan eingetragen.

PDT$_1$-Element ($T_V > T_1$)   PPT$_1$-Element ($T_V < T_1$)

Frequenzgangfunktion und Ortskurve des PD-Elements mit Verzögerung I. Ordnung

Die Frequenzgangfunktion

$$F(j\omega) = G(s)\bigg|_{s=j\omega} = \frac{x_a(j\omega)}{x_e(j\omega)} = \frac{K_P(1 + j\omega T_V)}{1 + j\omega T_1}$$

hat Real- und Imaginärteil

$$\mathrm{Re}\{F(j\omega)\} = \frac{K_P(1 + \omega^2 T_1 T_V)}{1 + \omega^2 T_1^2}, \quad \mathrm{Im}\{F(j\omega)\} = \frac{K_P \omega(T_V - T_1)}{1 + \omega^2 T_1^2} .$$

Die Ortskurve ist halbkreisförmig. Beim PDT$_1$-Element verläuft die Ortskurve im I. Quadranten der komplexen Ortskurvenebene.

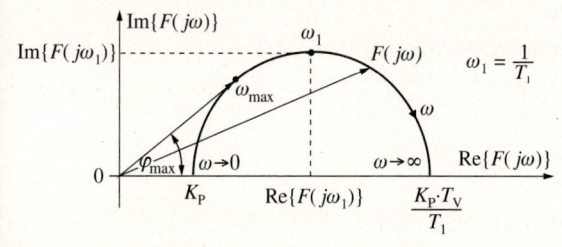

Bild 4.4-8: Ortskurve des PDT$_1$-Elements ($T_V > T_1$)

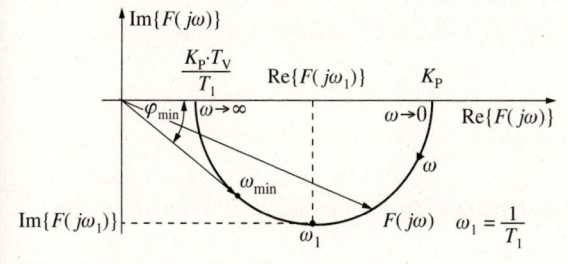

Bild 4.4-9: Ortskurve des PPT$_1$-Elements ($T_V < T_1$)

Sonderwerte:
$$\lim_{\omega \to 0} \text{Re}\{F(j\omega)\} = K_P, \quad \lim_{\omega \to 0} \text{Im}\{F(j\omega)\} = 0,$$
$$\lim_{\omega \to \infty} \text{Re}\{F(j\omega)\} = \frac{K_P T_V}{T_1}, \quad \lim_{\omega \to \infty} \text{Im}\{F(j\omega)\} = 0.$$

BODE-Diagramm des PD-Elements mit Verzögerung I. Ordnung

Die Frequenzgangfunktion hat den Betrag

$$|F(j\omega)| = \sqrt{\text{Re}^2\{F(j\omega)\} + \text{Im}^2\{F(j\omega)\}} = K_P \frac{\sqrt{1 + \omega^2 T_V^2}}{\sqrt{1 + \omega^2 T_1^2}}$$

und den logarithmierten Betrag

$$\lg |F(j\omega)| = \lg K_P + \lg \sqrt{1 + \omega^2 T_V^2} - \lg \sqrt{1 + \omega^2 T_1^2}\;.$$

Die Phase ergibt sich zu

$$\varphi(\omega) = \varphi\{F(j\omega)\} = \arctan \frac{\text{Im}\{F(j\omega)\}}{\text{Re}\{F(j\omega)\}} = \arctan \left[\frac{\omega(T_V - T_1)}{1 + \omega^2 T_1 T_V} \right]$$
$$= \arctan(\omega T_V) - \arctan(\omega T_1)\;.$$

Verhalten der Frequenzkennlinien für $\omega \ll 1/T_1, 1/T_V$:

$$|F(j\omega)| = K_P, \quad \lg |F(j\omega)| = \lg K_P, \quad \varphi = 0°$$

Verhalten der Frequenzkennlinien für $\omega \gg 1/T_1, 1/T_V$:

$$|F(j\omega)| = \frac{K_P T_V}{T_1}, \quad \lg|F(j\omega)| = \lg K_P + \lg T_V - \lg T_1, \quad \varphi = 0°$$

PDT$_1$-Element: Verhalten der Frequenzkennlinien für $1/T_V < \omega < 1/T_1$:

Der asymptotische Verlauf des Amplitudengangs ist in diesem Bereich eine Gerade mit der Steigung

$$\boxed{m = \frac{1}{\text{Dekade}}, \quad m_{dB} = \frac{20\,\text{dB}}{\text{Dekade}}}.$$

Die Phase besitzt ein Maximum bei $\omega_{max} = \dfrac{1}{\sqrt{T_V \cdot T_1}}$, $0° < \varphi_{max} < 90°$.

PPT$_1$-Element: Verhalten der Frequenzkennlinien für $1/T_1 < \omega < 1/T_V$:

Der asymptotische Verlauf des Amplitudengangs ist in diesem Bereich eine Gerade mit der Steigung

$$\boxed{m = \frac{-1}{\text{Dekade}}, \quad m_{dB} = \frac{-20\,\text{dB}}{\text{Dekade}}}.$$

Die Phase hat ein Minimum bei $\omega_{min} = \dfrac{1}{\sqrt{T_V \cdot T_1}}$, $-90° < \varphi_{min} < 0°$.

In Bild 4.4-10 (PDT$_1$-Element) und 4.4-11 (PPT$_1$-Element) sind die Frequenzkennlinien aufgezeichnet.

Beispiel 4.4-5: Elektrisches PDT$_1$-Element ($T_V > T_1$)
Für das im Bild angegebene elektrische Netzwerk

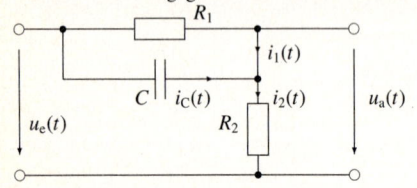

ist die Stromsumme im Knotenpunkt

$$i_C(t) + i_1(t) - i_2(t) = 0,$$

oder durch die Spannungen ausgedrückt:

$$C\frac{d[u_e(t) - u_a(t)]}{dt} + \frac{u_e(t) - u_a(t)}{R_1} = \frac{u_a(t)}{R_2},$$

$$C\frac{R_1 R_2}{R_1 + R_2}\frac{du_a(t)}{dt} + u_a(t) = \frac{R_2}{R_1 + R_2}\left[CR_1\frac{du_e(t)}{dt} + u_e(t)\right].$$

Führt man die Abkürzungen ein

$$T_1 = \frac{R_1 R_2}{R_1 + R_2}C, \quad T_V = R_1 C, \quad K_P = \frac{R_2}{R_1 + R_2},$$

dann entsteht die Differentialgleichung des PDT$_1$-Elements:

$$\boxed{T_1\frac{du_a(t)}{dt} + u_a(t) = K_P\left[T_V\frac{du_e(t)}{dt} + u_e(t)\right]}.$$

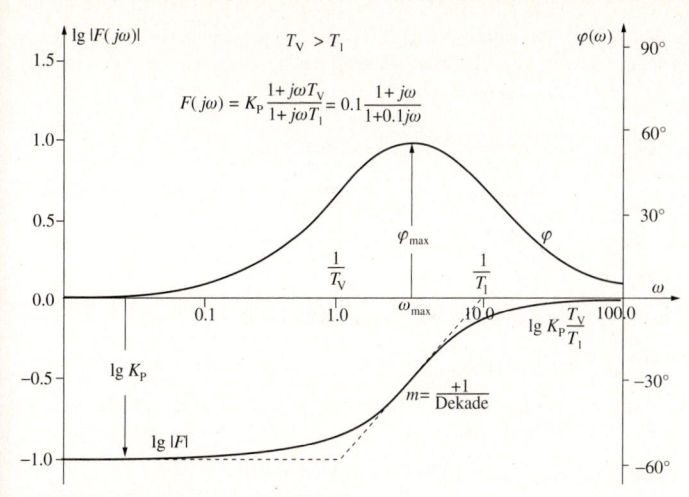

Bild 4.4-10: BODE-*Diagramm des PDT$_1$-Elements*

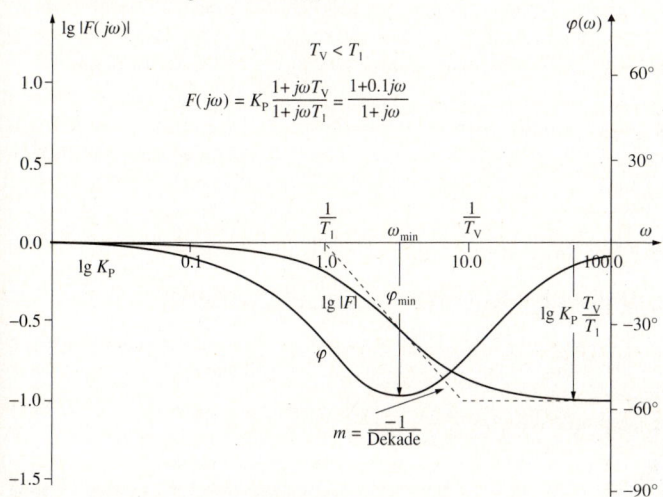

Bild 4.4-11: BODE-*Diagramm des PPT$_1$-Elements*

4.4.4 Proportional-Differential-Element mit Verzögerung I. Ordnung in additiver Form (PDT$_1$-Element)

Die Übertragungsfunktion des PDT$_1$-Elements in additiver Form kann formal als Ergebnis der **Addition** der Übertragungsfunktion eines DT$_1$-Elements und der eines P-Elements angesehen werden:

$$G(s) = \frac{x_a(s)}{x_e(s)} = K_P + \frac{K_D \cdot s}{1 + s \cdot T_1} = K_P + K_P \frac{s \cdot T_{Va}}{1 + s \cdot T_1}, \quad K_D = K_P \cdot T_{Va}.$$

Beim Aufbau von Reglern mit Operationsverstärkern können DT_1- und P-Anteil parallel erzeugt und durch eine Summationsschaltung addiert werden. Der Signalflußplan mit den additiven Komponenten ist im Bild 4.4-12 dargestellt.

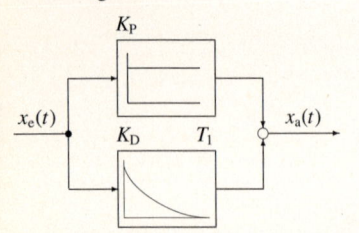

Bild 4.4-12: Signalflußplan mit den additiven Komponenten des PD-Elementes mit Verzögerung I. Ordnung

Die Übertragungsfunktion wird umgeformt und mit

$$T_V = T_1 + T_{Va}$$

ergibt sich die Gleichungsstruktur des PDT_1-Elements:

$$G(s) = K_P + K_P \frac{s \cdot T_{Va}}{1 + s \cdot T_1} = K_P \frac{1 + (T_1 + T_{Va}) \cdot s}{1 + s \cdot T_1} = K_P \frac{1 + s \cdot T_V}{1 + s \cdot T_1}.$$

Durch Rücktransformation erhält man die Differentialgleichung des PDT_1-Elements:

$$\boxed{T_1 \frac{dx_a(t)}{dt} + x_a(t) = K_P \left[T_V \frac{dx_e(t)}{dt} + x_e(t) \right] \quad , \quad T_V = T_1 + T_{Va}}.$$

Das Verhalten im Zeit- und Frequenzbereich entspricht den in Abschnitt 4.4.3 gemachten Angaben zum PDT_1-Element in multiplikativer Form. Ein PPT_1-Element ($T_V < T_1$) existiert für die additive Form des Elements nicht, da immer

$$T_V = T_1 + T_{Va} > T_1$$

gilt. Für $T_{Va} = 0$ entsteht ein P-Element.

4.4.5 Proportional-Differential-Regler (PD-Regler, PDT_1-Regler)

Beim Proportional-Differential-Regler wird die Regeldifferenz x_d und die Ableitung der Regeldifferenz zur Bildung der Stellgröße verwendet. Im Zeitbereich erhält man die Differentialgleichung:

$$\boxed{T_1 \frac{dy(t)}{dt} + y(t) = K_R \left[T_V \frac{dx_d(t)}{dt} + x_d(t) \right]}.$$

Für den idealen PD-Regler ist $T_1 = 0$. Ein ideales differentielles Übertragungsverhalten ist **technisch nicht realisierbar**, es wird in der Praxis auch nicht angestrebt, da der Regler sonst bei hochfrequenten Störungen (Rauschen), die der Regelgröße oder der Führungsgröße und damit der Regeldifferenz überlagert sein können, übersteuern würde. K_R ist die Reglerverstärkung, T_V die Vorhaltzeitkonstante. Wenn T_V groß ist gegenüber T_1, kann T_1 vernachlässigt werden. Man rechnet dann mit unverzögertem PD-Verhalten. Übertragungsfunktion und Frequenzgangfunktion für PD- und PDT_1-Regler lauten:

$$\boxed{\begin{aligned} G_R(s) &= K_R(1 + s \cdot T_V), & G_R(s) &= K_R \frac{1 + s \cdot T_V}{1 + s \cdot T_1}, \\ F_R(j\omega) &= K_R(1 + j\omega \cdot T_V), & F_R(j\omega) &= K_R \frac{1 + j\omega \cdot T_V}{1 + j\omega \cdot T_1}. \end{aligned}}$$

4.4 Differenzierende Übertragungselemente   133

Signalflußsymbole von PD- und PDT$_1$-Regler sind in Bild 4.4-13 angegeben.

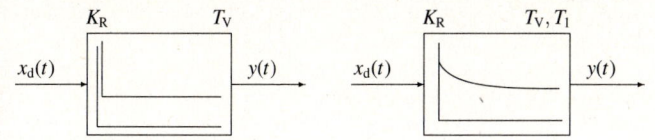

Bild 4.4-13: Sprungantwortsymbole von PD- und PDT$_1$-Regler

> Mit der Zeitkonstanten T_V läßt sich eine Zeitkonstante der Regelstrecke kompensieren. Der Regelkreis wird schneller, die Stabilität des Regelkreises verbessert.

Beispiel 4.4-6:   Füllstandsregelung mit PDT$_1$-Regler ($T_V > T_1$)

In Beispiel 4.2-1 ist eine Füllstandsregelung mit P-Regler beschrieben. Dieser wird im vorliegenden Beispiel durch einen PDT$_1$-Regler ersetzt (Bild 4.4-14).

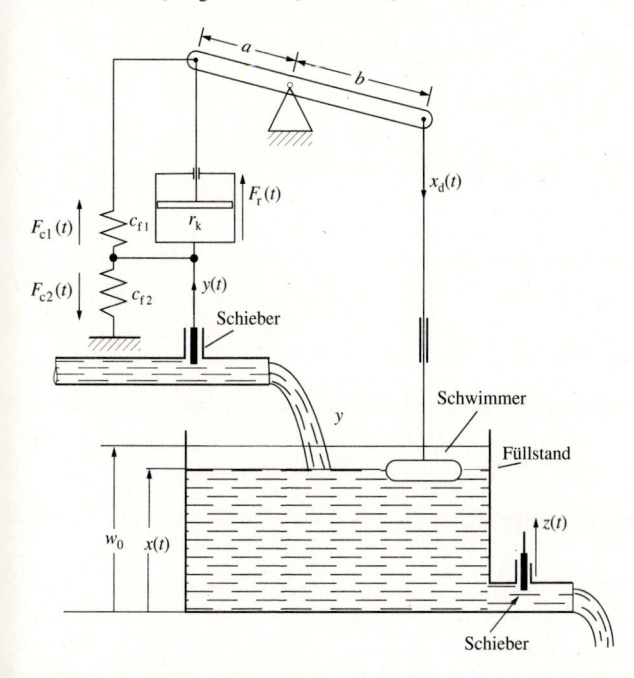

Bild 4.4-14: Technologieschema einer Füllstandsregelung mit PDT$_1$-Regler

Die Summe der auf den Schieber wirkenden Kräfte liest man aus dem Technologieschema ab:

$$F_r(t) + F_{c1}(t) - F_{c2}(t) = 0 \ .$$

Für die drei Einzelkräfte gelten die Beziehungen:

$$F_r(t) = r_k \frac{d}{dt}\left[y(t) - \frac{a}{b}x_d(t)\right],$$
$$F_{c1}(t) = c_{f1}\left[y(t) - \frac{a}{b}x_d(t)\right], \qquad F_{c2}(t) = -c_{f2} \cdot y(t) \ .$$

Diese setzt man in die Gleichung für das Kräftegleichgewicht ein:

$$r_k \frac{dy(t)}{dt} - r_k \frac{a}{b} \frac{dx_d(t)}{dt} + c_{f1} \cdot y(t) - c_{f1} \frac{a}{b} x_d(t) = -c_{f2} \cdot y(t),$$

$$r_k \frac{dy(t)}{dt} + (c_{f1} + c_{f2}) \cdot y(t) = r_k \cdot \frac{a}{b} \frac{dx_d(t)}{dt} + c_{f1} \cdot \frac{a}{b} \cdot x_d(t),$$

$$\frac{r_k}{c_{f1} + c_{f2}} \frac{dy(t)}{dt} + y(t) = \frac{r_k}{c_{f1} + c_{f2}} \frac{a}{b} \frac{dx_d(t)}{dt} + \frac{c_{f1}}{c_{f1} + c_{f2}} \frac{a}{b} x_d(t).$$

Die Reglerparameter ergeben sich zu

$$T_1 = \frac{r_k}{c_{f1} + c_{f2}}, \quad T_V = \frac{r_k}{c_{f1}}, \quad K_R = \frac{c_{f1}}{(c_{f1} + c_{f2})} \frac{a}{b},$$

so daß man die Standardform des PDT_1-Reglers erhält:

$$\boxed{T_1 \frac{dy(t)}{dt} + y(t) = K_R \left[T_V \frac{dx_d(t)}{dt} + x_d(t) \right]}.$$

Eine sprungförmige Regeldifferenz $x_d(t) = x_{d0} \cdot E(t)$ liefert die Stellgröße

$$\frac{y(t)}{x_{d0}} = K_R \left[1 - \left(1 - \frac{T_V}{T_1} \right) e^{-\frac{t}{T_1}} \right],$$

die im folgenden Bild aufgezeichnet ist.

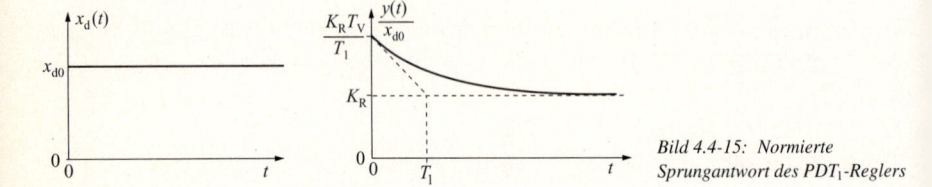

Bild 4.4-15: Normierte Sprungantwort des PDT_1-Reglers

PDT_1-Elemente, auch als Lead-Elemente bezeichnet, werden bei der Anwendung des BODE-Verfahrens zur Anhebung des Phasengangs (Abschnitt 7.4.3, 7.4.4) eingesetzt. PPT_1-Elemente (Lag-Elemente) werden zur Absenkung des Amplitudengangs (Abschnitt 7.4.5, 7.4.6) verwendet.

4.5 Integrierende Elemente

4.5.1 Integral-Element (I-Element)

4.5.1.1 Beschreibung im Zeitbereich

Das Element hat folgende Gleichungen im Zeitbereich:

$$\boxed{\frac{dx_a(t)}{dt} = K_I \cdot x_e(t), \quad x_a(t) = K_I \int x_e(t) dt + C_1}.$$

Die Ausgangsgröße $x_a(t)$ ist gleich dem Integral der Eingangsgröße $x_e(t)$. Die Integrationskonstante C_1 hängt von der Anfangsbedingung ab. Für $x_a(t=0)$ ergibt sich $C_1 = 0$. K_I wird Integrierbeiwert genannt: Die Sprungantwort eines Integralelements ist eine linear mit der Zeit wachsende Funktion (Anstiegsfunktion):

$$\boxed{x_a(t) = x_{e0} \cdot K_I \cdot t \quad \text{mit} \quad x_e(t) = x_{e0} \cdot E(t)}.$$

4.5 Integrierende Elemente

Normierung: Bezieht man $x_a(t)$ und $x_e(t)$ auf die Maximal- oder Nennwerte x_{an} und x_{en}, so ergibt sich

$$\frac{x_a(t)}{x_{an}} = \frac{K_I \cdot x_{en}}{x_{an}} \int \frac{x_e(t)}{x_{en}} dt = \frac{1}{T_I} \int \frac{x_e(t)}{x_{en}} dt .$$

T_I wird als Integrierzeit oder Integrierzeitkonstante bezeichnet:

$$T_I = \frac{x_{an}}{x_{en} \cdot K_I} .$$

Die Gleichung des Übertragungselements wird damit dimensionslos. Im Übertragungssymbol kann T_I oder K_I angegeben werden.

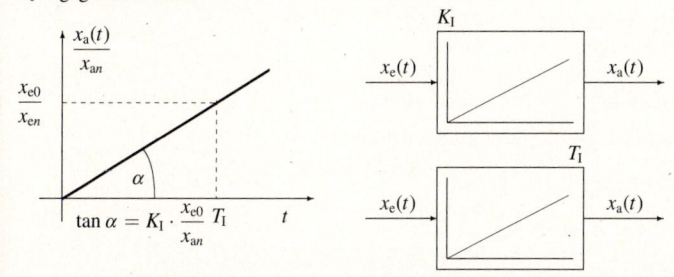

Bild 4.5-1: Sprungantwortfunktion und Signalflußsymbole des I-Elements

Die Ausgangsgröße eines Integralelements ändert sich, wenn die Eingangsgröße ungleich Null ist. Für $x_e(t) = 0$ ist die Ausgangsgröße konstant. In Regelkreisen werden I-Elemente als Regler verwendet, um die **bleibende Regeldifferenz** $x_d(t \to \infty)$ **zu Null** zu machen.

4.5.1.2 Beschreibung im Frequenzbereich

Übertragungsfunktion und Pol-Nullstellenplan des I-Elements

Die Zeitgleichung des I-Elements läßt sich mit dem Integrationssatz der LAPLACE-Transformation in die Übertragungsfunktion überführen:

$$G(s) = \frac{x_a(s)}{x_e(s)} = \frac{K_I}{s} .$$

s-Ebene

Die Übertragungsfunktion hat eine Polstelle bei $s_{p1} = 0$.

Frequenzgangfunktion und Ortskurve des I-Elements

Die Frequenzgangfunktion

$$F(j\omega) = G(s)\big|_{s=j\omega} = \frac{x_a(j\omega)}{x_e(j\omega)} = \frac{K_I}{j\omega}$$

hat den Real- und Imaginärteil

$$\operatorname{Re}\{F(j\omega)\} = 0, \operatorname{Im}\{F(j\omega)\} = -\frac{K_I}{\omega} .$$

Die Ortskurve verläuft auf der negativen imaginären Achse.

Sonderwerte:
$$\lim_{\omega \to 0} \operatorname{Im}\{F(j\omega)\} = -\infty,$$
$$\lim_{\omega \to \infty} \operatorname{Im}\{F(j\omega)\} = 0.$$

Bild 4.5-2: Ortskurve des I-Elements

Der Integrierbeiwert einer Frequenzgangfunktion ist wie folgt definiert:

$$K_\mathrm{I} = \lim_{\omega \to 0}[F(j\omega) \cdot j\omega]$$

BODE-Diagramm des I-Elements

Die Frequenzgangfunktion des Integral-Elements hat den Betrag

$$|F(j\omega)| = \sqrt{\operatorname{Re}^2\{F(j\omega)\} + \operatorname{Im}^2\{F(j\omega)\}} = \frac{K_\mathrm{I}}{\omega}$$

und den logarithmierten Betrag

$$\lg|F(j\omega)| = \lg K_\mathrm{I} - \lg \omega.$$

Der Amplitudengang ist eine Gerade mit der Steigung

$$m = \frac{-1}{\text{Dekade}}, \quad m_{\mathrm{dB}} = \frac{-20\,\text{dB}}{\text{Dekade}}.$$

Bei der Durchtrittskreisfrequenz $\omega_{\mathrm{DI}} = K_\mathrm{I}$ schneidet der Amplitudengang die Kreisfrequenzachse (Null-Linie). Durch Steigung und Durchtrittskreisfrequenz ist der Amplitudengang festgelegt. Die Phase ist konstant mit

$$\varphi(\omega) = \varphi\{F(j\omega)\} = \arctan\frac{\operatorname{Im}\{F(j\omega)\}}{\operatorname{Re}\{F(j\omega)\}} = -90°.$$

In Bild 4.5-3 ist das BODE-Diagramm aufgezeichnet.

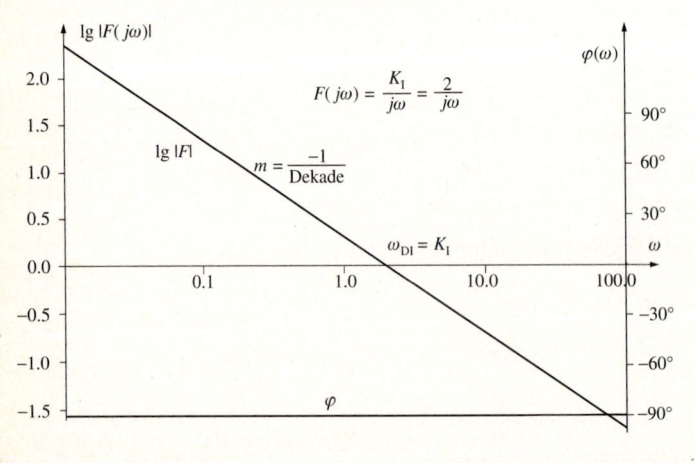

Bild 4.5-3: BODE-Diagramm des Integral-Elements

4.5.2 Integrale Regelstrecken

4.5.2.1 Allgemeines Verhalten

Die Regelgröße von integralen Regelstrecken erreicht bei Aufschaltung einer sprungförmigen Stellgröße keinen stationären Wert (Beharrungszustand), die Regelgröße wächst linear weiter an. Die Änderungsgeschwindigkeit der Regelgröße ist konstant (Anstiegsfunktion). Solche Strecken werden auch als Regelstrecken ohne Ausgleich bezeichnet.

4.5.2.2 Integrale Regelstrecke (I-Regelstrecke)

Für eine integrale Regelstrecke ergeben sich die Gleichungen:

$$\begin{aligned}
x(t) &= K_{IS} \int y(t) dt, & x(t) &= \frac{1}{T_{IS}} \int y(t) dt, \\
x(s) &= G_S(s) \cdot y(s), & x(j\omega) &= F_S(j\omega) \cdot y(j\omega), \\
G_S(s) &= \frac{K_{IS}}{s}, & G_S(s) &= \frac{1}{s \cdot T_{IS}}, \\
F_S(j\omega) &= \frac{K_{IS}}{j\omega}, & F_S(j\omega) &= \frac{1}{j\omega \cdot T_{IS}}
\end{aligned}$$

Im Signalflußplan werden für integrale Regelstrecken folgende Symbole verwendet.

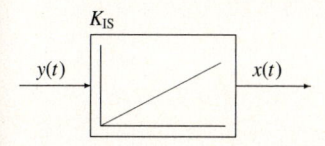

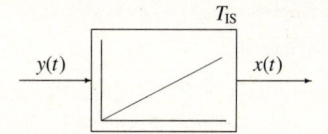

Beispiel 4.5-1: Niveauregelstrecke

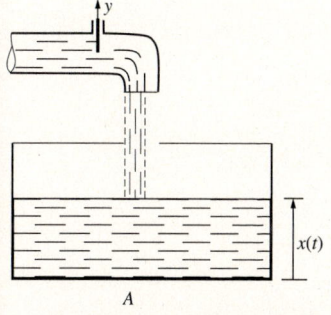

y = Stellgröße (Zufluß pro Zeiteinheit)
x = Regelgröße (Füllstand)
A = Behältergrundfläche

Für die Regelstrecke gelten die Gleichungen:

$$\begin{aligned}
x(t) &= \frac{1}{A} \int y(t) dt = K_{IS} \int y(t) dt, \\
x(s) &= \frac{K_{IS}}{s} y(s) = G_S(s) \cdot y(s), \quad K_{IS} = \frac{1}{A}, \\
x(j\omega) &= \frac{K_{IS}}{j\omega} y(j\omega) = F_S(j\omega) \cdot y(j\omega).
\end{aligned}$$

Beispiel 4.5-2: Bestandteil einer Regelstrecke ist ein Objekt mit der Masse m, das von einer Schubkraft beschleunigt werden soll. Gegeben sind
- maximale Schubkraft $F_{max} = 2000$ N,
- Nennwert der Geschwindigkeit $v_n = 100$ km/h,
- Masse $m = 1000$ kg.

Für die Anordnung gilt die NEWTONsche Gleichung

$$F(t) = m \cdot a(t)$$

und der integrale Zusammenhang

$$v(t) = \int a(t)\mathrm{d}t = \frac{1}{m}\int F(t)\mathrm{d}t\ .$$

Führt man regelungstechnische Größen

$$y(t) \triangleq F(t) \quad \text{und} \quad x(t) \triangleq v(t)$$

mit dem Integrierbeiwert

$$K_{IS} = \frac{1}{m} = 10^{-3}\mathrm{kg}^{-1}$$

ein, dann ergibt sich die Zeitgleichung der Regelstrecke

$$x(t) = K_{IS}\int y(t)\mathrm{d}t$$

und der zugehörige Signalflußplan.

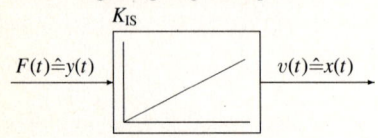

Mit normierten Größen

$$\frac{v(t)}{v_n} = \frac{1}{m}\frac{F_{max}}{v_n}\int \frac{F(t)}{F_{max}}\mathrm{d}t$$

erhält man

$$x(t) = \frac{1}{T_{IS}}\int y(t)\mathrm{d}t$$

mit der Integrierzeit

$$T_{IS} = \frac{m \cdot v_n}{F_{max}} = 13.89\ \mathrm{s}$$

und den Signalflußplan

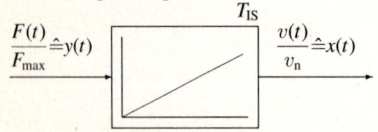

Nach Ablauf der Integrierzeit T_{IS} erreicht das mit der Kraft F_{max} beschleunigte Objekt den Nennwert v_n der Geschwindigkeit.

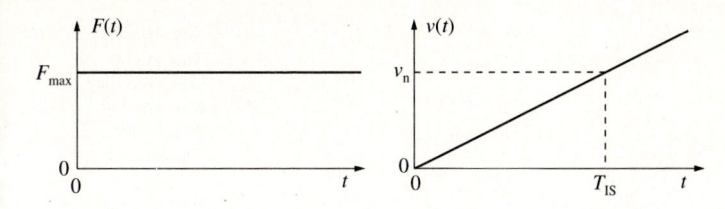

4.5.2.3 Integrale Regelstrecke mit Verzögerung (IT$_1$-Regelstrecke)

Eine IT$_1$-Regelstrecke enthält ein Verzögerungselement I. Ordnung. Integrale Regelstrecken höherer Ordnung treten auf, wenn mehrere Verzögerungselemente in Reihe mit einem integralen Übertragungselement liegen.

Beispiel 4.5-3: Ein Gleichstrommotor mit der Eingangsgröße Ankerspannung u_A und der Ausgangsgröße Drehwinkel x kann als IT$_1$-Regelstrecke betrachtet werden. Wenn der Einfluß der Ankerinduktivität vernachlässigt wird, erhält man die Differentialgleichung:

$$T_M \frac{dn(t)}{dt} + n(t) = K_{PS} \cdot u_A(t)$$

Hier ist $n(t)$ die Drehzahl, $u_A(t)$ die Stellgröße (Ankerspannung) und $\varphi(t)$ die Regelgröße (Drehwinkel). T_M wird als mechanische Zeitkonstante bezeichnet. Zwischen Drehzahl und Drehwinkel (Regelgröße) existiert der Zusammenhang:

$$\frac{d\varphi(t)}{dt} = 2\pi \cdot n(t), \quad \varphi(t) = 2\pi \int n(t) dt$$

Führt man die regelungstechnischen Bezeichnungen $x(t) \hat{=} \varphi(t)$ und $y(t) \hat{=} u_A(t)$ ein und ersetzt in der Differentialgleichung die Drehzahl durch den Drehwinkel, so ergibt sich

$$T_M \frac{d^2 x(t)}{dt^2} + \frac{dx(t)}{dt} = 2\pi \cdot K_{PS} \cdot y(t) = K_{IS} \cdot y(t)$$

und nach Integration

$$T_M \frac{dx(t)}{dt} + x(t) = K_{IS} \int y(t) dt$$

Die allgemeinen Gleichungen mit der Streckenzeitkonstanten $T_S = T_M$ im Frequenzbereich sind:

$$x(s) = \frac{K_{IS}}{s(1 + s \cdot T_S)} y(s), \quad x(j\omega) = \frac{K_{IS}}{j\omega(1 + j\omega \cdot T_S)} y(j\omega)$$

Beispiel 4.5-4: Regelstrecke einer Positionierregelung
Zur Erzeugung der Vorschubbewegungen an Arbeitsmaschinen werden häufig Elektromotoren in Verbindung mit Kugelrollspindeln eingesetzt, wobei eine Spindel-Mutter-Kombination die Drehbewegung des Motors in eine Linearbewegung umsetzt.

140   4 Elemente von Regeleinrichtungen und Regelstrecken

u_A	= Ankerspannung,
i_A	= Ankerstrom,
h_{sp}	= Spindelsteigung,
M_M	= Motormoment,
s	= Position des Maschinenschlittens,
n	= Drehzahl,
v	= Geschwindigkeit des Maschinenschlittens.

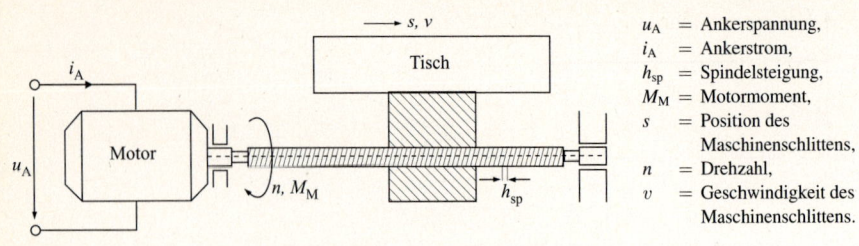

Bild 4.5-4: *Vorschubantrieb mit Kugelrollspindel*

Wird der Einfluß der Ankerinduktivität vernachlässigt, dann gilt die Differentialgleichung:

$$T_M \frac{dn(t)}{dt} + n(t) = K_{PS} \cdot u_A(t)$$

T_M = mechanische Zeitkonstante

Die Geschwindigkeit des Maschinenschlittens ist über die Spindelsteigung mit der Motordrehzahl verknüpft:

$$v(t) = h_{sp} \cdot n(t) \, .$$

Zwischen Geschwindigkeit und Position des Maschinenschlittens besteht der integrale Zusammenhang

$$s(t) = \int v(t) dt \, .$$

Für das mechanische Übertragungselement der Regelstrecke ergibt sich daher die Gleichung

$$s(t) = h_{sp} \int n(t) dt \, , \quad K_{IS} = h_{sp} \, ,$$

die auch in die Differentialgleichung

$$\frac{ds(t)}{dt} = h_{sp} \cdot n(t)$$

umgeformt werden kann. Faßt man beide Übertragungselemente zusammen, dann entsteht eine IT_1-Regelstrecke, die ein PT_1-Element und ein Integralelement enthält:

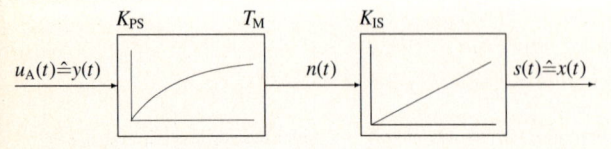

Beispiel 4.5-5: Schlingenregelung

Zur Regelung des Durchhangs von elastischen Stoffbahnen werden in der Textilindustrie Schlingenregelungen eingesetzt. Der Durchhang der Stoffbahn ist dem Integral der Geschwindigkeitsdifferenz proportional:

$$s(t) = \frac{1}{2} \int [v_2(t) - v_1(t)] dt = \frac{1}{2} 2\pi \cdot r \int [n_2(t) - n_1(t)] dt \, .$$

Die Ein- und Ausgangsgrößen der Regelstrecke sind wie folgt zugeordnet:

- Stellgröße $y(t) \hat{=} n_2(t)$,
- Regelgröße $x(t) \hat{=} s(t)$.

Auf den Eingang der Strecke wirkt die
- Störgröße $z(t) \hat{=} n_1(t)$.

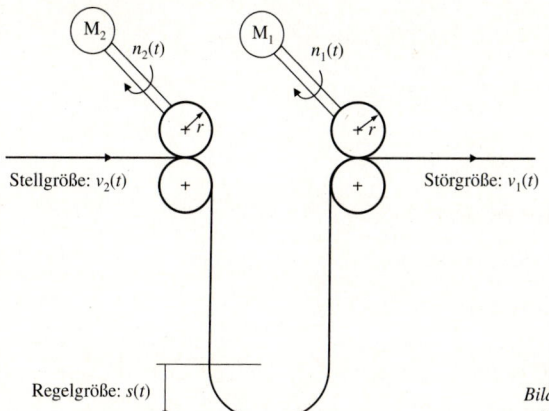

Bild 4.5-5: Technologieschema der Schlingenregelung

Damit erhält man die Zeitgleichung für die Regelstrecke

$$x(t) = \pi \cdot r \int [y(t) - z(t)] \mathrm{d}t = K_{IS} \int [y(t) - z(t)] \mathrm{d}t$$

und den Signalflußplan:

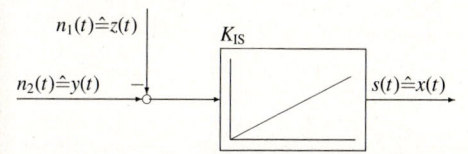

Wird der Antriebsmotor M_2 in die Regelstrecke einbezogen, dann entsteht eine IT_1-Regelstrecke. Der Motor ist dabei wie in den Beispielen 4.5-3 und 4.5-4 als PT_1-Element dargestellt. In Bild 4.5-6 ist der geschlossene Regelkreis der Schlingenregelung mit P-Regler angegeben. Stellgröße ist dann die Ankerspannung u_A des Motors.

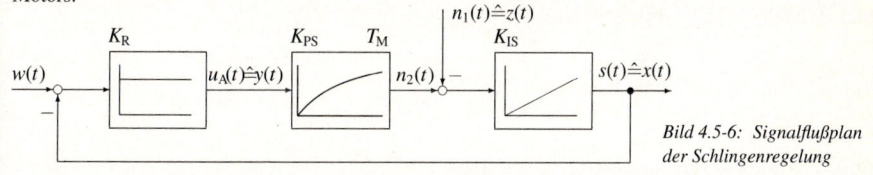

Bild 4.5-6: Signalflußplan der Schlingenregelung

4.5.2.4 Integrale Regelstrecke mit Totzeit (IT_t-Regelstrecke)

Bei integralen Regelstrecken können Totzeiten auftreten. Das ist zum Beispiel dann der Fall, wenn Behälter über Fördersysteme gefüllt werden.

Beispiel 4.5-6: Füllstandsregelstrecke mit Totzeit
Bei der im Bild dargestellten Füllstandsregelstrecke mit Totzeit bildet die Materialzufuhr je Zeiteinheit die Stellgröße. Regelgröße ist die Füllstandshöhe.

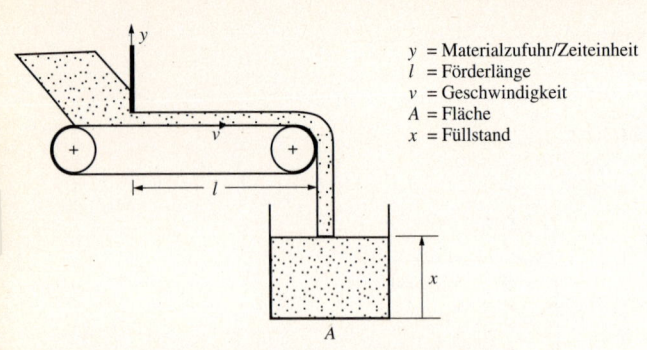

y = Materialzufuhr/Zeiteinheit
l = Förderlänge
v = Geschwindigkeit
A = Fläche
x = Füllstand

Für die Regelstrecke gilt im Zeitbereich der Zusammenhang

$$x(t) = \frac{1}{A} \int y\left(t - \frac{l}{v}\right) dt = K_I \int y(t - T_t) dt.$$

Die Totzeit entspricht der Förderzeit

$$T_t = \frac{l}{v}.$$

Der Integrierbeiwert ist

$$K_I = \frac{1}{A}.$$

Damit ergibt sich folgender Signalflußplan:

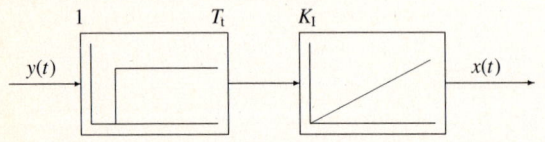

Eine sprungförmige Stellgröße liefert eine verschobene Anstiegsfunktion als Regelgröße.

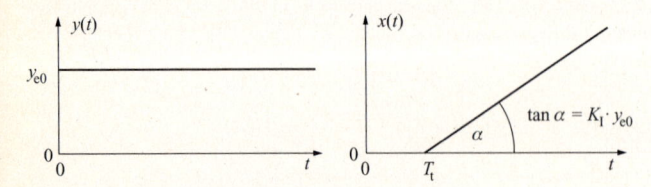

4.5.3 Regler mit integralem Verhalten

4.5.3.1 Integral-Regler (I-Regler)

Der Integral-Regler bildet mit dem Integral der Regeldifferenz x_d die Stellgröße y. Im Zeitbereich gelten die Gleichungen:

$$\boxed{\frac{dy(t)}{dt} = K_{IR} \cdot x_d(t), \quad y(t) = K_{IR} \int x_d(t) dt}$$

4.5 Integrierende Elemente

Im Frequenzbereich erhält man:

$$y(s) = G_R(s) \cdot x_d(s),$$
$$y(j\omega) = F_R(j\omega) \cdot x_d(j\omega),$$
$$G_R(s) = \frac{1}{s \cdot T_{IR}}, \quad G_R(s) = \frac{K_{IR}}{s},$$
$$F_R(j\omega) = \frac{1}{j\omega \cdot T_{IR}}, \quad F_R(j\omega) = \frac{K_{IR}}{j\omega}.$$

Für I-Regler werden folgende Signalflußsymbole verwendet.

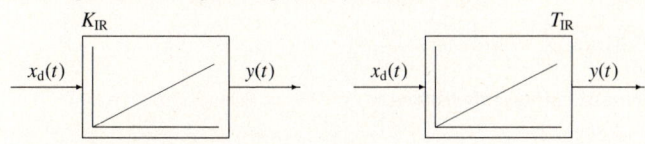

Bild 4.5-7: Signalflußsymbole für Integral-Regler

K_{IR} ist der Integrierbeiwert, T_{IR} die Integrierzeitkonstante des Reglers.

> Der wesentliche **Vorteil** des Integral-Reglers ist, daß die **bleibende Regeldifferenz** $x_d(t \rightarrow \infty)$ **zu Null** wird. Bei Sprungaufschaltung wird der Sollwert von der Regelgröße exakt erreicht.

Nachteilig ist, daß Integral-Regler zu relativ **langsamen Regelkreisen** führen, da die Stellgröße erst durch Integration der Regeldifferenz gebildet wird.

Beispiel 4.5-7: PT_1-Regelstrecke mit I-Regler. Das stationäre Regelverhalten des im Signalflußplan dargestellten Regelungssystems wird untersucht.

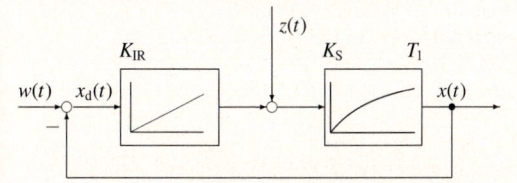

Aus dem Signalflußplan läßt sich die Übertragungsfunktion des offenen Regelkreises

$$G_{RS}(s) = \frac{x(s)}{x_d(s)} = G_R(s) \cdot G_S(s) = \frac{K_{IR}}{s} \frac{K_S}{1 + sT_1} = \frac{K_{IR} \cdot K_S}{s \cdot (1 + sT_1)},$$

die Führungsübertragungsfunktion

$$G(s) = \frac{x(s)}{w(s)} = \frac{G_{RS}(s)}{1 + G_{RS}(s)} = \frac{K_{IR} \cdot K_S}{K_{IR} K_S + s \cdot (1 + T_1 s)}$$

und die Störübertragungsfunktion

$$G_z(s) = \frac{x(s)}{z(s)} = \frac{G_S(s)}{1 + G_R(s) \cdot G_S(s)} = \frac{s \cdot K_S}{K_{IR} \cdot K_S + s \cdot (1 + T_1 s)}$$

entwickeln.

Berechnung der Regeldifferenz bei Sprungaufschaltung $w(t) = E(t)$, die Störgröße ist $z(t) = 0$:

Die LAPLACE-Transformierte der Regeldifferenz hat bei sprungförmiger Führungsgröße

$$w(s) = \frac{1}{s}$$

die Form

$$x_d(s) = w(s) - x(s) = w(s)[1 - G(s)] = \frac{1 - G(s)}{s}.$$

Mit dem Endwertsatz der LAPLACE-Transformation erhält man den Endwert der Regeldifferenz

$$\lim_{t\to\infty} x_d(t) = \lim_{s\to 0} s \cdot x_d(s) = \lim_{s\to 0} s \frac{1}{s}[1 - G(s)] = 1 - \frac{K_{IR} \cdot K_S}{K_{IR} \cdot K_S} = 0$$

und den Endwert der Regelgröße

$$\lim_{t\to\infty} x(t) = \lim_{s\to 0} s \cdot G(s) \cdot w(s) = \lim_{s\to 0} s \frac{1}{s} G(s) = \frac{K_{IR} \cdot K_S}{K_{IR} \cdot K_S} = 1.$$

Berechnung der Regeldifferenz bei Sprungaufschaltung $z(t) = E(t)$, die Führungsgröße ist $w(t) = 0$:

Bei sprungförmiger Vorgabe der Störgröße

$$z(s) = \frac{1}{s}$$

nimmt die Regeldifferenz die Form an

$$x_d(s) = -x(s) = -G_z(s) \cdot z(s) = \frac{-G_S(s)}{1 + G_R(s) \cdot G_S(s)} \frac{1}{s}.$$

Der Endwert der Regeldifferenz ergibt sich mit dem Endwertsatz

$$\lim_{t\to\infty} x_d(t) = \lim_{s\to 0} s \cdot x_d(s)$$

$$= \lim_{s\to 0} s \cdot \frac{-G_S(s)}{1 + G_R(s) \cdot G_S(s)} \frac{1}{s} = \lim_{s\to 0} s \frac{-s \cdot K_S}{K_{IR} K_S + s \cdot (1 + s \cdot T_1)} \frac{1}{s} = 0.$$

> Enthält der Regelkreis ein Integral-Element, dann wird die bleibende Regeldifferenz bei Sprungaufschaltung Null $x_d(t \to \infty) = 0$, die Regelgröße erreicht den Sollwert $x(t \to \infty) = w_0$.

4.5.3.2 Proportional-Integral-Regler (PI-Regler)

4.5.3.2.1 Beschreibung im Zeitbereich

Langsames Regelverhalten, ein Nachteil des I-Reglers, entfällt bei der PI-Regeleinrichtung. Zusätzlich zum Integralanteil wird ein Proportionalanteil der Stellgröße gebildet. Dadurch wird die Reaktionsschnelligkeit des Reglers erhöht. Die Gleichung im Zeitbereich ist:

$$\boxed{y(t) = K_R \left[x_d(t) + \frac{1}{T_N} \int x_d(t) dt \right]}.$$

Bei Aufschaltung der Sprungfunktion

$$x_d(t) = x_{d0} \cdot E(t)$$

liefert der PI-Regler die Sprungantwort

$$y(t) = K_R \left(1 + \frac{t}{T_N}\right) x_{d0} \cdot E(t).$$

In Bild 4.5-8 sind normierte Sprungantwort und Signalflußsymbol dargestellt.

Bild 4.5-8: Normierte Sprungantwort und Signalflußsymbol des PI-Reglers

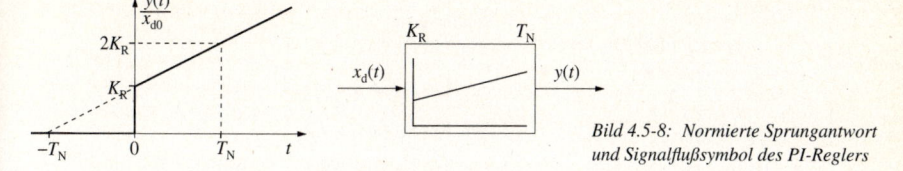

K_R ist die Reglerverstärkung (Proportionalbeiwert), T_N wird mit Nachstellzeit bezeichnet. Die Nachstellzeit T_N ist die Zeit, die ein I-Regler ohne P-Anteil braucht, um dieselbe Stellgröße zu erzeugen wie ein PI-Regler zum Zeitpunkt $t = 0$, wenn eine Sprungfunktion aufgeschaltet wird.

> Der PI-Regler verbindet die **Vorteile** von P- und I-Regler:
>
> **P-Anteil:** Bei Auftreten einer Regeldifferenz wird aufgrund des P-Anteils sofort eine korrigierende Stellgröße erzeugt.
>
> **I-Anteil:** Der I-Anteil bewirkt, daß die Regeldifferenz x_d für $t \to \infty$ zu Null wird.

4.5.3.2.2 Beschreibung im Frequenzbereich

Übertragungsfunktion und Pol-Nullstellenplan des PI-Reglers

Im Frequenzbereich erhält man die Übertragungsfunktion

$$G_R(s) = \frac{y(s)}{x_d(s)} = K_R \frac{1 + s \cdot T_N}{s \cdot T_N} = K_R \left(1 + \frac{1}{s \cdot T_N}\right) \ .$$

<u>s-Ebene</u>

Die Übertragungsfunktion hat eine

- Nullstelle bei $s_{n1} = -\dfrac{1}{T_N}$ und eine
- Polstelle bei $s_{p1} = 0$.

Frequenzgangfunktion und Ortskurve des PI-Reglers

Die Frequenzgangfunktion

$$F_R(j\omega) = G_R(s)\Big|_{s=j\omega} = \frac{y(j\omega)}{x_d(j\omega)} = K_R \frac{1 + j\omega T_N}{j\omega T_N}$$

hat Real- und Imaginärteil

$$\mathrm{Re}\{F_R(j\omega)\} = K_R, \quad \mathrm{Im}\{F_R(j\omega)\} = -\frac{K_R}{\omega T_N}.$$

Die Ortskurve in Bild 4.5-9 ist eine Gerade, parallel zur imaginären Achse.

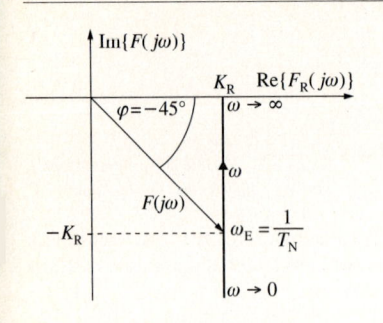

Sonderwerte:
$$\lim_{\omega \to 0} \text{Re}\{F_R(j\omega)\} = K_R ,$$
$$\lim_{\omega \to 0} \text{Im}\{F_R(j\omega)\} = -\infty ,$$
$$\lim_{\omega \to \infty} \text{Re}\{F_R(j\omega)\} = K_R ,$$
$$\lim_{\omega \to \infty} \text{Im}\{F_R(j\omega)\} = 0 .$$

Bild 4.5-9: Ortskurve des PI-Reglers

BODE-Diagramm des PI-Reglers

Die Frequenzgangfunktion des PI-Reglers hat den Betrag

$$|F_R(j\omega)| = \sqrt{\text{Re}^2\{F_R(j\omega)\} + \text{Im}^2\{F_R(j\omega)\}} = \frac{K_R}{\omega T_N}\sqrt{1+(\omega T_N)^2}$$

und den logarithmierten Betrag

$$\lg|F_R(j\omega)| = \lg\left(\frac{K_R}{\omega T_N}\right) + \lg\sqrt{1+(\omega T_N)^2}$$
$$= \lg K_R - \lg(\omega T_N) + \lg\sqrt{1+(\omega T_N)^2} .$$

Die Phase ist
$$\varphi_R(\omega) = \varphi_R\{F_R(j\omega)\} = \arctan\frac{\text{Im}\{F_R(j\omega)\}}{\text{Re}\{F_R(j\omega)\}} = \arctan\frac{-1}{\omega T_N} = -\arctan\frac{1}{\omega T_N} .$$

Verhalten der Frequenzkennlinien für $\omega T_N \ll 1$:

$$|F_R(j\omega)| = \frac{K_R}{\omega T_N} , \quad \lg|F_R(j\omega)| = \lg K_R - \lg(\omega T_N) , \quad \varphi_R = -90° .$$

Der asymptotische Verlauf des Amplitudengangs ist eine Gerade mit der Steigung

$$\boxed{m = -1/\text{Dekade} , \quad m_{\text{dB}} = -20\,\text{dB}/\text{Dekade}}$$

Verhalten der Frequenzkennlinien für $\omega T_N \gg 1$:

$$|F_R(j\omega)| = K_R , \quad \lg|F_R(j\omega)| = \lg K_R , \quad \varphi_R = 0° .$$

Der Amplitudengang ist für diesen Bereich eine Parallele im Abstand $\lg K_R$ zur Null-Linie.

Verhalten der Frequenzkennlinien für $\omega_E = \dfrac{1}{T_N}$:

Bei der Eckkreisfrequenz $\omega_E = \dfrac{1}{T_N}$ schneiden sich die Asymptoten der Amplitudenkurve. An dieser Stelle hat der Amplitudengang den Wert

$$|F_R(j\omega_E)| = K_R\sqrt{2} , \quad \lg|F_R(j\omega_E)| = \lg K_R + 0.15$$

und liegt um 0.15 (3 dB) höher als bei hohen Frequenzen. Der Phasengang läßt sich in diesem Bereich durch eine Gerade mit der Steigung

$$\boxed{n = 45°/\text{Dekade}}$$

annähern. Das BODE-Diagramm ist in Bild 4.5-10 aufgezeichnet.

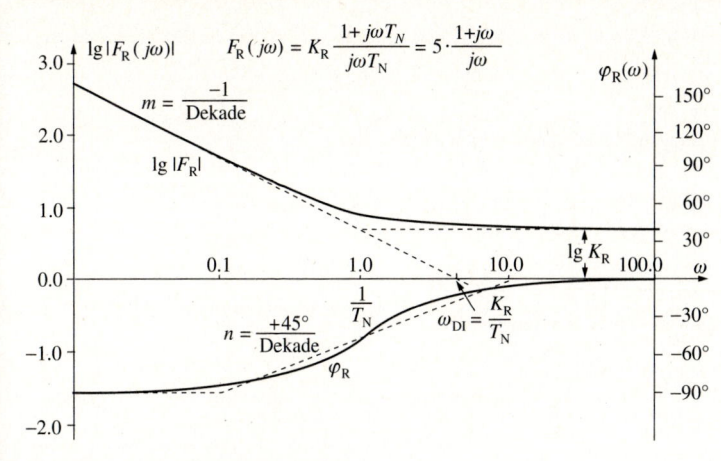

Bild 4.5-10: BODE-*Diagramm des PI-Reglers*

Beispiel 4.5-8: Geschwindigkeitsregelung bei Vorschubantrieben
In Bild 4.5-11 ist eine Antriebsregelstrecke mit zwei PT_1-Elementen angegeben, wobei das mechanische Übertragungselement in Beispiel 4.5-4 beschrieben ist.

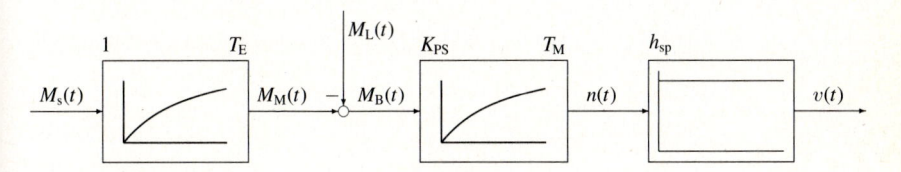

M_s = Solldrehmoment, M_M = Motordrehmoment,
M_L = Lastdrehmoment, M_B = Beschleunigungsmoment,
n = Drehzahl des Motors, T_E = Ersatzzeitkonstante des Momentenregelkreises,
T_M = mechanische Zeitkonstante, K_{PS} = Übertragungsbeiwert der Regelstrecke,
h_{sp} = Spindelsteigung, v = Geschwindigkeit des Maschinenschlittens

Bild 4.5-11: Antriebsregelstrecke bei Vorschubantrieben

Im Signalflußplan der Regelstrecke ist zusätzlich der Antriebsmotor enthalten, der das Motordrehmoment erzeugt. Bei Vorschubantrieben von Arbeitsmaschinen wird auch das Motormoment geregelt. Der Momentenregelkreis hat PT_1-Verhalten mit der Ersatzzeitkonstanten T_E. Allgemein gilt $T_M \gg T_E$. Zur Regelung der Vorschubgeschwindigkeit werden PI-Regler (Bild 4.5-12) eingesetzt.

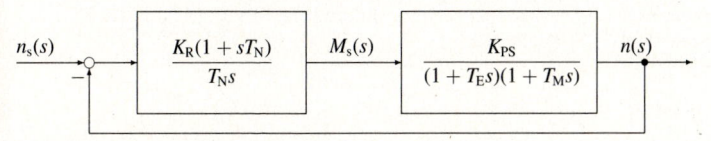

Bild 4.5-12: Signalflußbild des Geschwindigkeitsregelkreises

Dabei wird die Nachstellzeit gleich der mechanischen Zeitkonstanten $T_N = T_M$ und die Verstärkung des Reglers

$$K_R = \frac{T_M}{2 \cdot K_{PS} \cdot T_E}$$

gewählt, so daß die Übertragungsfunktion des offenen Regelkreises

$$G_{RS}(s) = \frac{1}{2 \cdot T_E \cdot s \cdot (1 + T_E \cdot s)}$$

und die des geschlossenen Regelkreises die Form annimmt:

$$G(s) = \frac{G_{RS}(s)}{1 + G_{RS}(s)} = \frac{1}{1 + 2 \cdot T_E \cdot s + 2 \cdot T_E^2 \cdot s^2} \; .$$

Ein Koeffizientenvergleich mit der Standardübertragungsfunktion des PT$_2$-Elements

$$G(s) = \frac{1}{1 + 2 \cdot T_E \cdot s + 2 \cdot T_E^2 \cdot s^2} \stackrel{!}{=} \frac{1}{1 + 2\dfrac{D}{\omega_0}s + \dfrac{1}{\omega_0^2}s^2}$$

liefert die Gleichungen mit den Lösungen

$$2 \cdot T_E^2 = \frac{1}{\omega_0^2} \;\rightarrow\; \omega_0 = \frac{1}{\sqrt{2} \cdot T_E}, \quad 2 \cdot T_E = 2\frac{D}{\omega_0} \;\rightarrow\; D = \frac{1}{\sqrt{2}}.$$

Durch die Kürzung der großen Streckenzeitkonstanten T_M durch die Nachstellzeit T_N hängt das Übergangsverhalten des Geschwindigkeitsregelkreises nur von der kleinen Ersatzzeitkonstanten T_E ab. Die Regelung ist dadurch schnell. Das geringe Überschwingen bei $D = 1/\sqrt{2}$

$$\ddot{u} = e^{-\frac{\pi D}{\sqrt{1-D^2}}} = 0.043$$

kann bei Antriebsregelkreisen akzeptiert werden. In Bild 4.5-13 ist die normierte Sprungantwort aufgezeichnet.

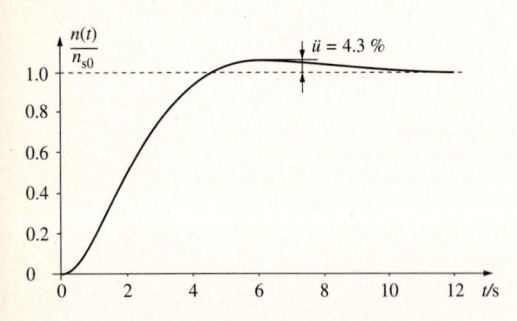

Bild 4.5-13: Normierte Sprungantwort des Geschwindigkeitsregelkreises

4.5.3.3 Proportional-Integral-Differential-Regler (idealer PID-Regler) in additiver (paralleler) Form

4.5.3.3.1 Beschreibung im Zeitbereich

Die Stellgröße wird aus einem proportionalen, integralen und differentiellen Anteil gebildet. Die Gleichungen im Zeitbereich für den idealen PID-Regler sind:

$$y(t) = K_R \left[\underbrace{x_d(t)}_{\text{P-Anteil}} + \underbrace{\frac{1}{T_N} \int x_d(t) dt}_{\text{I-Anteil}} + \underbrace{T_V \frac{dx_d(t)}{dt}}_{\text{D-Anteil}} \right] .$$

4.5 Integrierende Elemente

Diese Form des Reglers wird als additive (parallele) Form oder Summenform des PID-Reglers bezeichnet. K_R ist die Proportionalverstärkung, T_N die Nachstellzeit, T_V die Vorhaltzeit. Mit $x_d(t) = x_{d0} \cdot E(t)$ erhält man die normierte Sprungantwort

$$h(t) = \frac{y(t)}{x_{d0}} = K_R \left[1 + \frac{t}{T_N} + T_V \delta(t) \right],$$

die in Bild 4.5-15 angegeben ist. Der PID-Regler hat durch den differentiellen Anteil eine größere Schnelligkeit als der PI-Regler. Mit Hilfe des D-Anteils können Zeitkonstanten der Regelstrecke kompensiert werden.

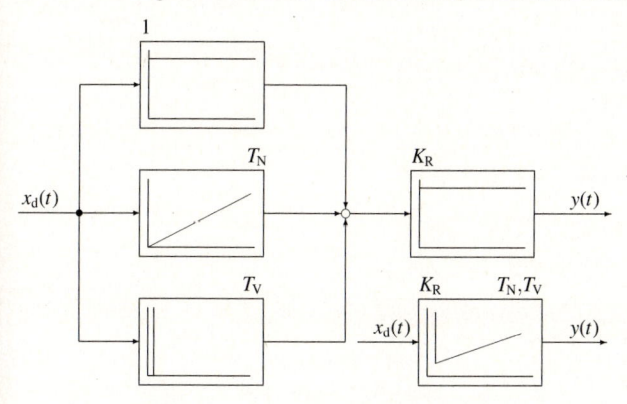

Bild 4.5-14: Signalflußplan und Signalflußsymbol des idealen PID-Reglers in additiver Form

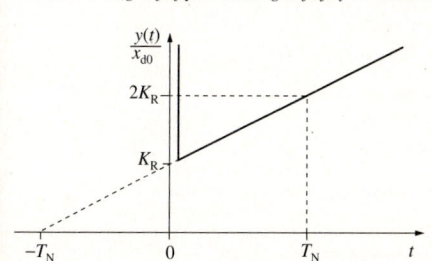

Bild 4.5-15: Normierte Sprungantwort des idealen PID-Reglers in additiver Form

4.5.3.3.2 Beschreibung im Frequenzbereich

Übertragungsfunktion und Pol-Nullstellenplan des idealen PID-Reglers in additiver Form

Mit der Gleichung im Zeitbereich wird unter Verwendung des Differentiations- und Integrationssatzes die Übertragungsfunktion gebildet:

$$G_R(s) = \frac{y(s)}{x_d(s)} = K_R \left[1 + \frac{1}{sT_N} + sT_V \right] = K_R \frac{1 + sT_N + s^2 T_N T_V}{sT_N}.$$

Die Übertragungsfunktion besitzt zwei Nullstellen

$$s_{n1} = -\frac{1}{2T_V} \left[1 - \sqrt{1 - 4\frac{T_V}{T_N}} \right], \quad s_{n2} = -\frac{1}{2T_V} \left[1 + \sqrt{1 - 4\frac{T_V}{T_N}} \right],$$

und eine Polstelle bei $s_{p1} = 0$, die für den Fall $4T_V < T_N$ im Pol-Nullstellenplan eingetragen sind.

s-Ebene

Frequenzgangfunktion und Ortskurve des idealen PID-Reglers in additiver Form

Die Frequenzgangfunktion

$$F_R(j\omega) = G_R(s)\bigg|_{s=j\omega} = \frac{y(j\omega)}{x_d(j\omega)} = K_R\left[1 + \frac{1}{j\omega T_N} + j\omega T_V\right],$$

$$\boxed{F_R(j\omega) = K_R\frac{1 + j\omega T_N + (j\omega)^2 T_N T_V}{j\omega T_N}},$$

hat den Real- und Imaginärteil

$$\mathrm{Re}\{F_R(j\omega)\} = K_R, \quad \mathrm{Im}\{F_R(j\omega)\} = -\frac{K_R(1 - \omega^2 T_N T_V)}{\omega T_N}.$$

Die Ortskurve in Bild 4.5-16 ist eine Gerade, parallel zur imaginären Achse.

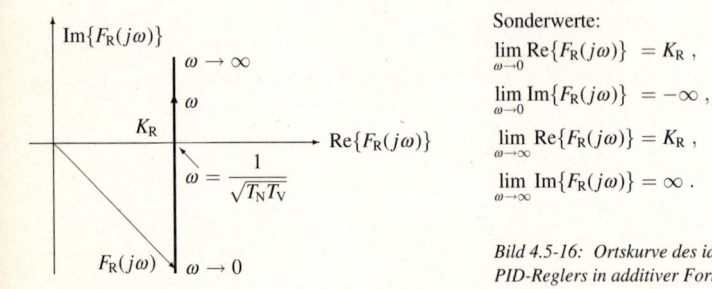

Sonderwerte:
$$\lim_{\omega \to 0} \mathrm{Re}\{F_R(j\omega)\} = K_R,$$
$$\lim_{\omega \to 0} \mathrm{Im}\{F_R(j\omega)\} = -\infty,$$
$$\lim_{\omega \to \infty} \mathrm{Re}\{F_R(j\omega)\} = K_R,$$
$$\lim_{\omega \to \infty} \mathrm{Im}\{F_R(j\omega)\} = \infty.$$

Bild 4.5-16: Ortskurve des idealen PID-Reglers in additiver Form

BODE-Diagramm des idealen PID-Reglers in additiver Form

Die Frequenzgangfunktion des idealen PID-Reglers hat den Betrag

$$|F_R(j\omega)| = \sqrt{\mathrm{Re}^2\{F_R(j\omega)\} + \mathrm{Im}^2\{F_R(j\omega)\}} = K_R\sqrt{1 + \left[\omega T_V - \frac{1}{\omega T_N}\right]^2}$$
$$= \frac{K_R}{\omega T_N}\sqrt{1 + \omega^2[T_N(T_N - 2T_V + \omega^2 T_N T_V^2)]}$$

und den logarithmierten Betrag

$$\lg|F_R(j\omega)| = \lg K_R - \lg(\omega T_N) + \lg\sqrt{1 + \omega^2[T_N(T_N - 2T_V + \omega^2 T_N T_V^2)]}.$$

Die Phase ist

$$\varphi_R(\omega) = \varphi_R\{F_R(j\omega)\} = \arctan\frac{\mathrm{Im}\{F_R(j\omega)\}}{\mathrm{Re}\{F_R(j\omega)\}} = -\arctan\frac{1 - \omega^2 T_N T_V}{\omega T_N}.$$

Zur Konstruktion des asymptotischen Verlaufs der Frequenzkennlinien benötigt man folgende Kreisfrequenzen:

- Durchtrittskreisfrequenz des Integral-Anteils: $\omega_{DI} = \dfrac{K_R}{T_N}$,
- Eckkreisfrequenzen:

$$\omega_{E2} = \frac{1}{T_2} = \left[\frac{T_N}{2}\left(1 + \sqrt{1 - \frac{4T_V}{T_N}}\right)\right]^{-1}, \quad \omega_{E3} = \frac{1}{T_3} = \left[\frac{T_N}{2}\left(1 - \sqrt{1 - \frac{4T_V}{T_N}}\right)\right]^{-1}.$$

Für die Gleichungen der Eckkreisfrequenzen muß $4T_V < T_N$ gelten. Das BODE-Diagramm des idealen PID-Reglers in additiver Form ist in Bild 4.5-17 dargestellt.

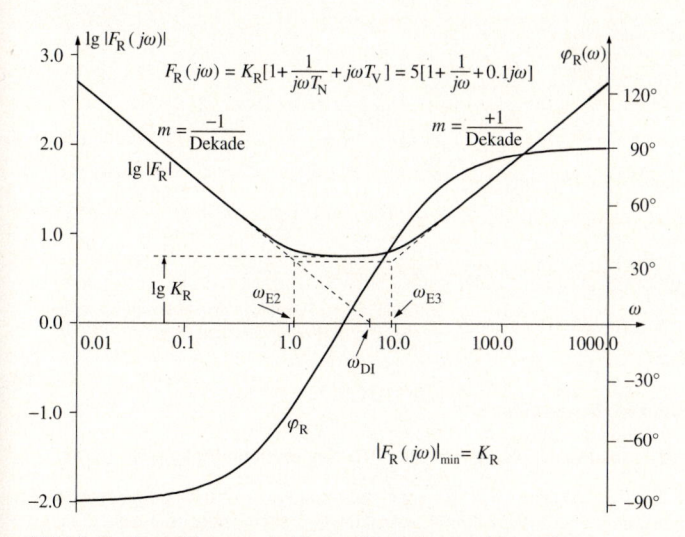

Bild 4.5-17: BODE-*Diagramm des idealen PID-Reglers in additiver Form*

4.5.3.4 Proportional-Integral-Differential-Regler (idealer PID-Regler) in multiplikativer (serieller) Form

4.5.3.4.1 Beschreibung im Zeitbereich

Im Zeitbereich haben die Gleichungen für den **idealen multiplikativen PID-Regler** die Form:

$$y(t) = K_R \left[\frac{T_N + T_V}{T_N} x_d(t) + \frac{1}{T_N}\int x_d(t)dt + T_V \frac{dx_d(t)}{dt}\right].$$

Diese Form des Reglers wird als multiplikative (serielle) Form oder Produktform des PID-Reglers bezeichnet. K_R ist die Proportionalverstärkung, T_N die Nachstellzeit, T_V die Vorhaltzeit. Mit $x_d(t) = x_{d0} \cdot E(t)$ erhält man die normierte Sprungantwort

$$h(t) = \frac{y(t)}{x_{d0}} = K_R \left[\frac{T_N + T_V}{T_N} + \frac{t}{T_N} + T_V \cdot \delta(t)\right],$$

die in Bild 4.5-18 angegeben ist.

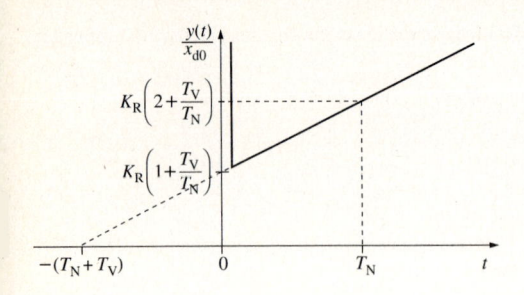

Bild 4.5-18: Normierte Sprungantwort des idealen PID-Reglers in multiplikativer Form

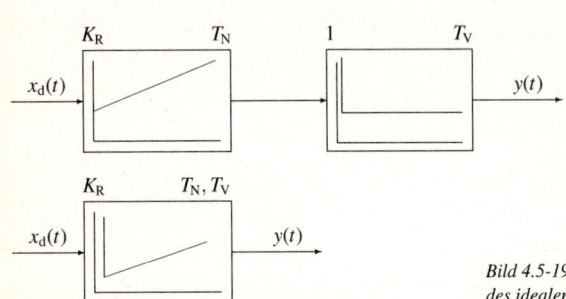

Bild 4.5-19: Signalflußplan und Signalflußsymbol des idealen PID-Reglers in multiplikativer Form

4.5.3.4.2 Beschreibung im Frequenzbereich

Übertragungsfunktion und Pol-Nullstellenplan des idealen PID-Reglers in multiplikativer Form

Die multiplikative Form des PID-Reglers läßt sich bei den regelungstechnischen Verfahren des Frequenzbereichs vorteilhaft anwenden. Grundlage des BODE-Verfahrens ist die Logarithmierung des Frequenzgangs, die bei der additiven Form des PID-Reglers zu unübersichtlichen Ausdrücken führt.

Bei der multiplikativen Form des PID-Reglers lautet die Übertragungsfunktion:

$$G_R(s) = \frac{y(s)}{x_d(s)} = \frac{K_R(1 + T_N s)(1 + T_V s)}{T_N s}.$$

Die beiden Nullstellen der Übertragungsfunktion sind

$$s_{n1} = -\frac{1}{T_N}, \quad s_{n2} = -\frac{1}{T_V},$$

die Polstelle liegt bei $s_{p1} = 0$.

Sie sind im folgenden Pol-Nullstellenplan eingetragen.

4.5 Integrierende Elemente

Frequenzgangfunktion und Ortskurve des idealen PID-Reglers in multiplikativer Form

Die Frequenzgangfunktion

$$F_R(j\omega) = G_R(s)\big|_{s=j\omega} = \frac{y(j\omega)}{x_d(j\omega)} = \frac{K_R(1 + j\omega T_N)(1 + j\omega T_V)}{j\omega T_N}$$

hat den Real- und Imaginärteil

$$\mathrm{Re}\{F_R(j\omega)\} = K_R(1 + \frac{T_V}{T_N}), \quad \mathrm{Im}\{F_R(j\omega)\} = -\frac{K_R(1 - \omega^2 T_N T_V)}{\omega T_N}.$$

Die Ortskurve ist wie bei der additiven Form eine Gerade, parallel zur imaginären Achse.

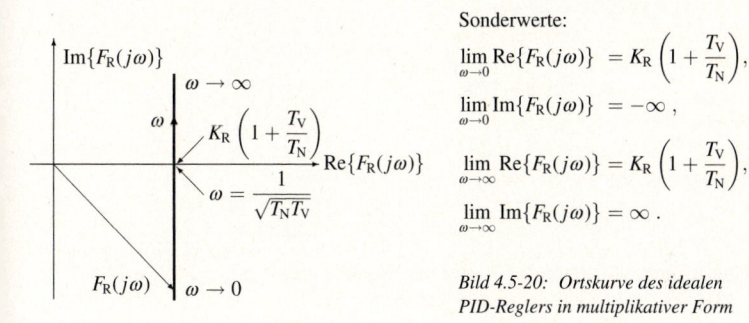

Sonderwerte:

$$\lim_{\omega \to 0} \mathrm{Re}\{F_R(j\omega)\} = K_R\left(1 + \frac{T_V}{T_N}\right),$$

$$\lim_{\omega \to 0} \mathrm{Im}\{F_R(j\omega)\} = -\infty,$$

$$\lim_{\omega \to \infty} \mathrm{Re}\{F_R(j\omega)\} = K_R\left(1 + \frac{T_V}{T_N}\right),$$

$$\lim_{\omega \to \infty} \mathrm{Im}\{F_R(j\omega)\} = \infty.$$

Bild 4.5-20: Ortskurve des idealen PID-Reglers in multiplikativer Form

BODE-Diagramm des idealen PID-Reglers in multiplikativer Form

Die Frequenzgangfunktion hat den Betrag

$$|F_R(j\omega)| = \sqrt{\mathrm{Re}^2\{F_R(j\omega)\} + \mathrm{Im}^2\{F_R(j\omega)\}}$$

$$= \frac{K_R}{\omega T_N}\sqrt{[1 + (\omega T_N)^2][1 + (\omega T_V)^2]}$$

und den logarithmierten Betrag

$$\lg|F_R(j\omega)| = \lg K_R - \lg(\omega T_N) + \lg\sqrt{[1 + (\omega T_N)^2][1 + (\omega T_V)^2]}.$$

Für die Phase erhält man den Ausdruck

$$\varphi_R(\omega) = \varphi_R\{F_R(j\omega)\} = \arctan\frac{\mathrm{Im}\{F_R(j\omega)\}}{\mathrm{Re}\{F_R(j\omega)\}} = -\arctan\frac{1 - \omega^2 T_N T_V}{\omega(T_N + T_V)}.$$

Mit den Kreisfrequenzen läßt sich das BODE-Diagramm konstruieren:

- Durchtrittskreisfrequenz des Integral-Anteils: $\omega_{DI} = \dfrac{K_R}{T_N}$,
- Eckkreisfrequenzen $\omega_{E1} = \dfrac{1}{T_N}$, $\omega_{E2} = \dfrac{1}{T_V}$.

Amplituden- und Phasengang im BODE-Diagramm sind in Bild 4.5-21 aufgezeichnet.

$$F_R(j\omega) = K_R \frac{(1+j\omega T_N)(1+j\omega T_V)}{j\omega T_N} = 5\frac{(1+j\omega)(1+0.1j\omega)}{j\omega}$$

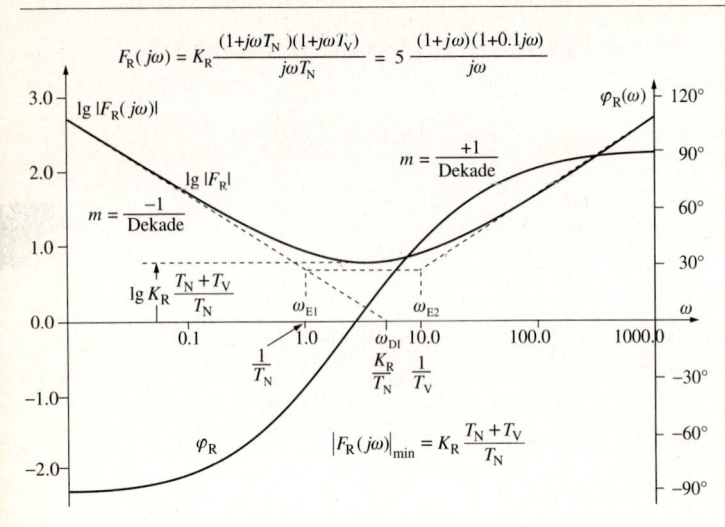

Bild 4.5-21: BODE-Diagramm des idealen PID-Reglers in multiplikativer Form

4.5.3.5 Proportional-Integral-Differential-Regler mit Verzögerung (realer PID-Regler) in additiver (paralleler) Form

4.5.3.5.1 Beschreibung im Zeitbereich

Ideales differentielles Übertragungsverhalten ist auch bei PID-Reglern technisch nicht realisierbar. Wie beim PDT$_1$-Regler wird daher in der Praxis der ideale PID-Regler durch ein PT$_1$-Element mit der kleinen Zeitkonstanten T_1 ergänzt. Für den PIDT$_1$-Regler (realer PID-Regler) lautet die Gleichung im Zeitbereich:

$$T_1\frac{dy(t)}{dt} + y(t) = K_R \left[\frac{T_1 + T_N}{T_N}x_d(t) + \frac{1}{T_N}\int x_d(t)\,dt + (T_1 + T_V)\frac{dx_d(t)}{dt}\right].$$

Mit $x_d(t) = x_{d0} \cdot E(t)$ ergibt sich die normierte Sprungantwort

$$h(t) = \frac{y(t)}{x_{d0}} = K_R\left[1 + \frac{t}{T_N} + \frac{T_V}{T_1}e^{-\frac{t}{T_1}}\right],$$

die der Sprungantwort des idealen PID-Reglers in Bild 4.5-22 gegenübergestellt ist. Die Reglerübertragungsfunktion ist:

$$G_R(s) = K_R\left[1 + \frac{1}{T_N s} + \frac{sT_V}{1+T_1 s}\right] = 2\left[1 + \frac{1}{s} + \frac{0.75s}{1+0.25s}\right]$$

Im Vergleich mit dem idealen PID-Regler ist der Maximalwert der Sprungantwort des realen PID-Reglers durch

$$y_{max} = K_R\frac{T_1 + T_V}{T_1}$$

begrenzt. Der differentielle Anteil der Sprungantwort ist um die Zeit T_1 verzögert.

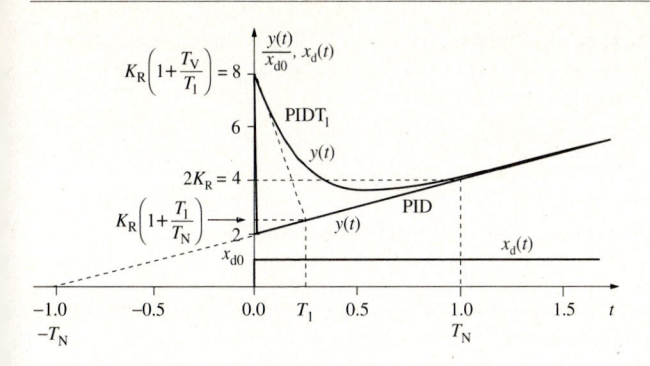

Bild 4.5-22: Normierte Sprungantworten des idealen und realen PID-Reglers

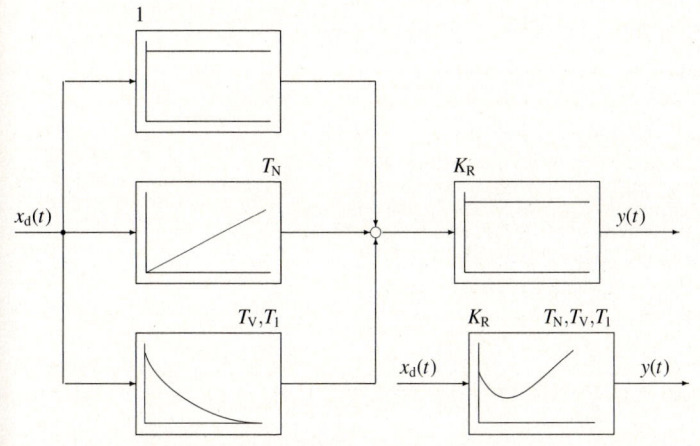

Bild 4.5-23: Signalflußplan und Signalflußsymbol des realen PID-Reglers in additiver Form

4.5.3.5.2 Beschreibung im Frequenzbereich

Übertragungsfunktion und Pol-Nullstellenplan des realen PID-Reglers in additiver Form

Im Frequenzbereich ergibt sich die Übertragungsfunktion

$$G_R(s) = \frac{y(s)}{x_d(s)} = K_R \left[1 + \frac{1}{sT_N} + \frac{sT_V}{1 + sT_1} \right]$$
$$= \frac{K_R[1 + s(T_1 + T_N) + s^2 T_N(T_1 + T_V)]}{sT_N(1 + sT_1)}.$$

Sie hat die Nullstellen

$$s_{n1} = -\frac{T_1 + T_N - \sqrt{T_1^2 - 2T_1 T_N + T_N^2 - 4T_N T_V}}{2T_N(T_1 + T_V)},$$

$$s_{n2} = -\frac{T_1 + T_N + \sqrt{T_1^2 - 2T_1 T_N + T_N^2 - 4T_N T_V}}{2T_N(T_1 + T_V)}$$

und Polstellen $s_{p1} = 0$, $s_{p2} = -1/T_1$, die für den Fall $(T_N - T_1)^2 > 4T_N T_V$ im Pol-Nullstellenplan angegeben sind.

s-Ebene

[Pol-Nullstellenplan: s_{p2} ×, s_{n2} ○, s_{n1} ○, s_{p1} × bei Im{s}-Achse, Re{s}]

Frequenzgangfunktion und Ortskurve des realen PID-Reglers in additiver Form

Die Frequenzgangfunktion

$$F_R(j\omega) = G_R(s)\Big|_{s=j\omega} = K_R\left[1 + \frac{1}{j\omega T_N} + \frac{j\omega T_V}{1 + j\omega T_1}\right]$$
$$= \frac{K_R[1 + j\omega(T_1 + T_N) + (j\omega)^2 T_N(T_1 + T_V)]}{j\omega T_N(1 + j\omega T_1)}$$

hat den Realteil

$$\text{Re}\{F_R(j\omega)\} = \frac{K_R[\omega^2 T_1(T_1 + T_V) + 1]}{1 + (\omega T_1)^2}$$

und den Imaginärteil

$$\text{Im}\{F_R(j\omega)\} = \frac{-K_R[\omega^2(T_1^2 - T_N T_V) + 1]}{\omega T_N[1 + (\omega T_1)^2]}.$$

In Bild 4.5-24 ist die Ortskurve aufgezeichnet.

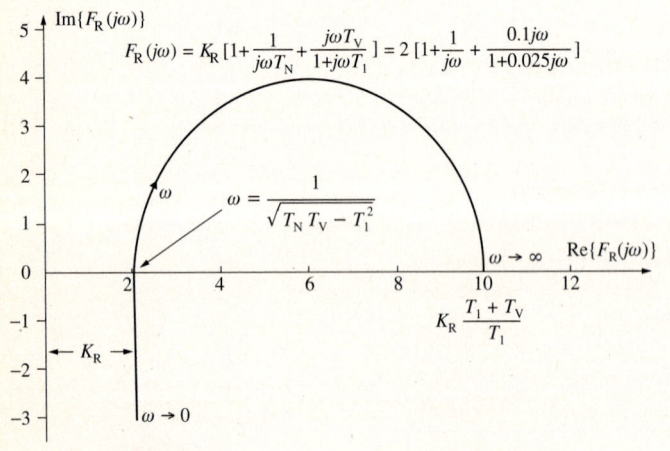

[Ortskurve mit Beschriftung: $F_R(j\omega) = K_R\left[1 + \frac{1}{j\omega T_N} + \frac{j\omega T_V}{1+j\omega T_1}\right] = 2\left[1 + \frac{1}{j\omega} + \frac{0.1 j\omega}{1+0.025 j\omega}\right]$; $\omega = \frac{1}{\sqrt{T_N T_V - T_1^2}}$; $K_R \frac{T_1 + T_V}{T_1}$; K_R; $\omega \to 0$; $\omega \to \infty$]

Sonderwerte:

$$\lim_{\omega \to 0} \text{Re}\{F_R(j\omega)\} = K_R, \qquad \lim_{\omega \to 0} \text{Im}\{F_R(j\omega)\} = -\infty,$$
$$\lim_{\omega \to \infty} \text{Re}\{F_R(j\omega)\} = K_R \frac{T_1 + T_V}{T_1}, \qquad \lim_{\omega \to \infty} \text{Im}\{F_R(j\omega)\} = 0.$$

Bild 4.5-24: Ortskurve des realen PID-Reglers ($PIDT_1$) in additiver Form

BODE-Diagramm des realen PID-Reglers in additiver Form

Die Frequenzgangfunktion hat den Betrag

$$|F_R(j\omega)| = \sqrt{\text{Re}^2\{F_R(j\omega)\} + \text{Im}^2\{F_R(j\omega)\}}$$

$$= K_R \sqrt{\frac{\omega^4 T_N^2 (T_1^2 + 2T_1 T_V + T_V^2) + \omega^2 (T_1^2 + T_N^2 - 2T_N T_V) + 1}{\omega^2 T_N^2 (\omega^2 T_1^2 + 1)}}$$

und den logarithmierten Betrag

$$\lg |F_R(j\omega)| = \lg K_R + \lg \sqrt{\omega^4 T_N^2 (T_1^2 + 2T_1 T_V + T_V^2) + \omega^2 (T_1^2 + T_N^2 - 2T_N T_V) + 1} +$$
$$- \lg(\omega T_N) - \lg \sqrt{\omega^2 T_1^2 + 1} .$$

Die Phase ergibt sich zu

$$\varphi_R(\omega) = \varphi_R\{F_R(j\omega)\} = \arctan \frac{\text{Im}\{F_R(j\omega)\}}{\text{Re}\{F_R(j\omega)\}} = -\arctan \frac{\omega^2 (T_1^2 - T_N \cdot T_V) + 1}{\omega T_N [\omega^2 (T_1^2 + T_1 \cdot T_V) + 1]} .$$

Für die Konstruktion der Frequenzkennlinien sind folgende Kreisfrequenzen erforderlich:

- Durchtrittskreisfrequenz des Integral-Anteils: $\omega_{DI} = \dfrac{K_R}{T_N}$,
- Eckkreisfrequenzen:

$$\omega_{E1} = \frac{1}{T_1} ,$$
$$\omega_{E2} = \frac{1}{T_2} = \frac{T_1 + T_N - \sqrt{T_1^2 - 2T_1 T_N + T_N^2 - 4T_N T_V}}{2T_N(T_1 + T_V)} ,$$
$$\omega_{E3} = \frac{1}{T_3} = \frac{T_1 + T_N + \sqrt{T_1^2 - 2T_1 T_N + T_N^2 - 4T_N T_V}}{2T_N(T_1 + T_V)} .$$

Das BODE-Diagramm ist in Bild 4.5-25 dargestellt.

$$F_R(j\omega) = K_R \frac{(j\omega)^2 T_N (T_1 + T_V) + j\omega(T_N + T_1) + 1}{j\omega T_N (1 + j\omega T_1)} = 2 \frac{0.125(j\omega)^2 + 1.025 j\omega + 1}{j\omega (1 + 0.025 j\omega)}$$

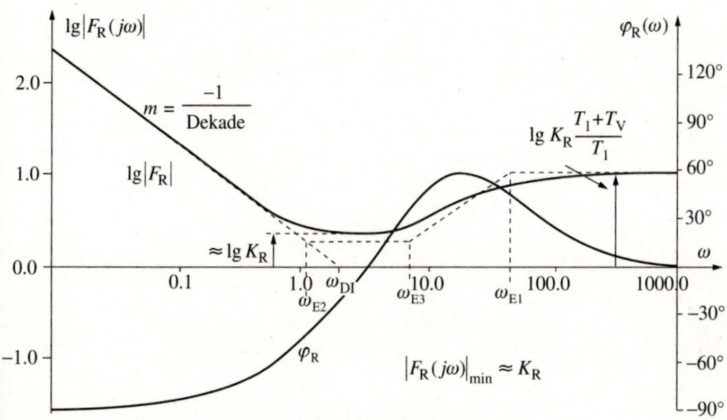

Bild 4.5-25: BODE-*Diagramm des (realen) PIDT$_1$-Reglers in additiver Form*

4.5.3.6 Proportional-Integral-Differential-Regler mit Verzögerung (realer PID-Regler) in multiplikativer (serieller) Form

4.5.3.6.1 Beschreibung im Zeitbereich

Der reale PID-Regler in multiplikativer Form wird im Zeitbereich mit folgender Gleichung beschrieben:

$$T_1 \frac{dy(t)}{dt} + y(t) = K_R \left[\frac{T_N + T_V}{T_N} x_d(t) + \frac{1}{T_N} \int x_d(t) dt + T_V \frac{dx_d(t)}{dt} \right].$$

Die normierte Sprungantwort ergibt sich bei Aufschaltung der Sprungfunktion $x_d(t) = x_{d0} \cdot E(t)$ zu:

$$h(t) = \frac{y(t)}{x_{d0}} = K_R \left[1 + \frac{t + T_V - T_1}{T_N} - \left[1 + \frac{T_V - T_1}{T_N} - \frac{T_V}{T_1} \right] e^{-\frac{t}{T_1}} \right].$$

In Bild 4.5-26 sind die normierten Sprungantworten für den idealen und realen PID-Regler aufgezeichnet.

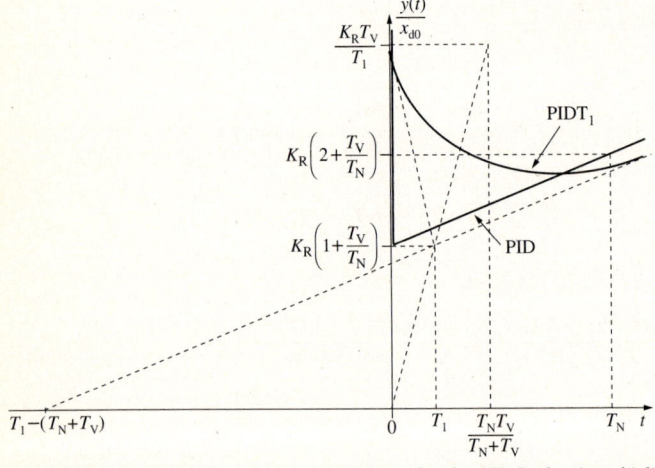

Bild 4.5-26: Normierte Sprungantwort des idealen und realen PID-Reglers in multiplikativer Form

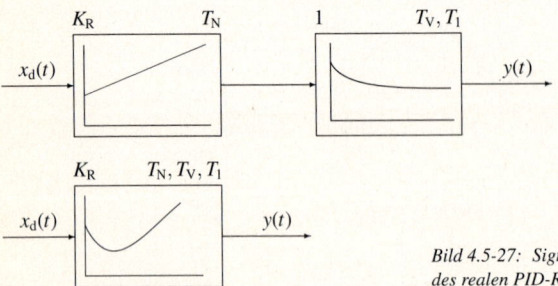

Bild 4.5-27: Signalflußplan und Signalflußsymbol des realen PID-Reglers in multiplikativer Form

4.5.3.6.2 Beschreibung im Frequenzbereich

Übertragungsfunktion und Pol-Nullstellenplan des realen PID-Reglers in multiplikativer Form

Die multiplikative Form des realen PID-Reglers (PIDT$_1$-Regler) eignet sich besonders für die regelungstechnischen Methoden, die im Frequenzbereich angewendet werden. Für diese Form des realen PID-Reglers lautet die Übertragungsfunktion

$$\boxed{G_R(s) = \frac{y(s)}{x_d(s)} = \frac{K_R(1 + sT_N)(1 + sT_V)}{sT_N(1 + sT_1)}}.$$

Sie besitzt die Nullstellen

$$s_{n1} = -\frac{1}{T_N}, \quad s_{n2} = -\frac{1}{T_V},$$

die Polstellen sind

$$s_{p1} = 0, \quad s_{p2} = -\frac{1}{T_1}.$$

Damit ergibt sich folgender Pol-Nullstellenplan:

s-Ebene

[Pol-Nullstellenplan: s_{p2} (×), s_{n2} (○), s_{n1} (○), s_{p1} (×) auf der reellen Achse, mit Im{s}-Achse und Re{s}-Achse]

Frequenzgangfunktion und Ortskurve des realen PID-Reglers in multiplikativer Form

Die Frequenzgangfunktion

$$\boxed{F_R(j\omega) = G_R(s)\bigg|_{s=j\omega} = \frac{y(j\omega)}{x_d(j\omega)} = \frac{K_R(1 + j\omega T_N)(1 + j\omega T_V)}{j\omega T_N(1 + j\omega T_1)}}$$

hat den Realteil

$$\text{Re}\{F_R(j\omega)\} = \frac{K_R(T_N + T_V - T_1 + \omega^2 T_1 T_V T_N)}{T_N[1 + (\omega T_1)^2]}$$

und den Imaginärteil

$$\text{Im}\{F_R(j\omega)\} = \frac{-K_R(1 - \omega^2[T_N(T_V - T_1) - T_1 T_V])}{\omega T_N[1 + (\omega T_1)^2]}.$$

Die Ortskurve ist in Bild 4.5-28 angegeben.

Sonderwerte:

$$\lim_{\omega \to 0} \text{Re}\{F_R(j\omega)\} = K_R\left(1 + \frac{T_V - T_1}{T_N}\right), \quad \lim_{\omega \to 0} \text{Im}\{F_R(j\omega)\} = -\infty,$$

$$\lim_{\omega \to \infty} \text{Re}\{F_R(j\omega)\} = K_R \frac{T_V}{T_1}, \quad \lim_{\omega \to \infty} \text{Im}\{F_R(j\omega)\} = 0.$$

BODE-Diagramm des realen PID-Reglers in multiplikativer Form

Die Frequenzgangfunktion des (realen) PIDT$_1$-Reglers hat den Betrag

$$|F_R(j\omega)| = \sqrt{\text{Re}^2\{F_R(j\omega)\} + \text{Im}^2\{F_R(j\omega)\}} = \frac{K_R}{\omega T_N}\sqrt{\frac{[1 + (\omega T_N)^2][1 + (\omega T_V)^2]}{1 + (\omega T_1)^2}}$$

160 4 Elemente von Regeleinrichtungen und Regelstrecken

$$F_R(j\omega) = K_R \frac{(1+j\omega T_N)(1+j\omega T_V)}{j\omega T_N(1+j\omega T_1)} = 2\frac{(1+j\omega)(1+0.1j\omega)}{j\omega(1+0.025j\omega)}$$

Bild 4.5-28: Ortskurve des (realen) $PIDT_1$-Reglers in multiplikativer Form

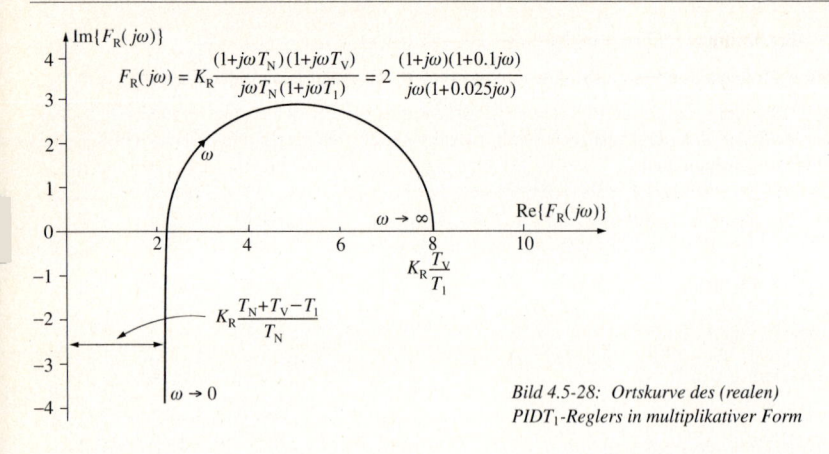

und den logarithmierten Betrag

$$\lg|F_R(j\omega)| = \lg K_R - \lg(\omega T_N) + \lg\sqrt{1+(\omega T_N)^2} + \lg\sqrt{1+(\omega T_V)^2} - \lg\sqrt{1+(\omega T_1)^2}.$$

Die Phase ergibt sich zu

$$\varphi_R(\omega) = \varphi_R\{F_R(j\omega)\} = \arctan\frac{\text{Im}\{F_R(j\omega)\}}{\text{Re}\{F_R(j\omega)\}} = -\arctan\frac{1-\omega^2[T_N(T_V-T_1)-T_1 T_V]}{\omega[T_N+T_V-T_1+\omega^2 T_1 T_V T_N]}.$$

Die Frequenzkennlinien lassen sich mit den Kreisfrequenzen konstruieren:

- Durchtrittskreisfrequenz des Integral-Anteils: $\omega_{DI} = \dfrac{K_R}{T_N}$,
- Eckkreisfrequenzen: $\omega_{E1} = \dfrac{1}{T_N}$, $\omega_{E2} = \dfrac{1}{T_V}$, $\omega_{E3} = \dfrac{1}{T_1}$.

Amplituden und Phasengang des BODE-Diagramms sind in Bild 4.5-29 aufgezeichnet.

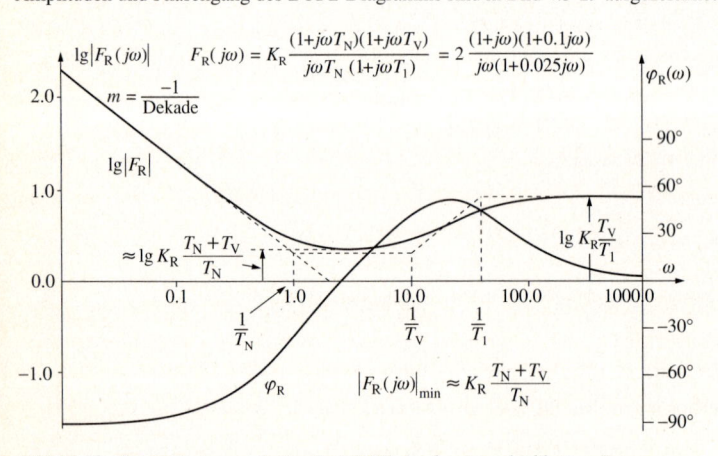

Bild 4.5-29: BODE-Diagramm des (realen) $PIDT_1$-Reglers in multiplikativer Form

4.5.3.7 Umrechnung zwischen additiver und multiplikativer Form

Die additive (parallele) Form des PID-Reglers ergibt sich bei Optimierungen nach den Integralkriterien. Sie wird auch häufig in digitalen Regelungen realisiert. Integration und Differentiation der Regeldifferenz x_d werden dabei durch Regelalgorithmen nachgebildet.

Die multiplikative (serielle) Form des PID-Reglers wird bei der Anwendung des BODE-Verfahrens benötigt. Grundlage des BODE-Verfahrens ist die Logarithmierung des Frequenzgangs, die vorteilhaft nur bei der multiplikativen Form angewendet werden kann. Auch bei den Verfahren der Optimierung im Frequenzbereich, die auf der Kompensation (Kürzung) von großen Zeitkonstanten beruhen, wird die multiplikative Form eingesetzt.

Umrechnungsformeln sind anzuwenden, wenn beispielsweise mit Verfahren, die große Zeitkonstanten kompensieren, multiplikative PID-Regler-Kennwerte berechnet werden. Für die Einstellung von digitalen PID-Reglern in additiver Form müssen dann die multiplikativen PID-Kennwerte in die additiven umgerechnet werden.

Der PID-Regler in additiver Form soll dieselbe Wirkung wie der multiplikative PID-Regler haben. Die Übertragungsfunktionen der Regler müssen daher gleich sein, mit dieser Bedingung werden die Umrechnungsformeln berechnet. Für die weitere Ableitung bezeichnet Index a die additive und Index m die multiplikative Form des PID-Reglers:

PIDT$_1$-Regler in additiver Form

$$G_R(s) = \frac{y(s)}{x_d(s)} = K_{Ra} \left[1 + \frac{1}{s \cdot T_{Na}} + \frac{s \cdot T_{Va}}{1 + s \cdot T_{1a}} \right]$$

$$= \frac{K_{Ra} \left[1 + s \cdot (T_{Na} + T_{1a}) + s^2 \cdot T_{Na} \cdot (T_{Va} + T_{1a}) \right]}{s \cdot T_{Na} \cdot (1 + s \cdot T_{1a})}.$$

PIDT$_1$-Regler in multiplikativer Form

$$G_R(s) = \frac{y(s)}{x_d(s)} = \frac{K_{Rm} \cdot (1 + s \cdot T_{Nm}) \cdot (1 + s \cdot T_{Vm})}{s \cdot T_{Nm} \cdot (1 + s \cdot T_{1m})}$$

$$= \frac{K_{Rm} \cdot \left(1 + s \cdot (T_{Nm} + T_{Vm}) + s^2 \cdot T_{Nm} \cdot T_{Vm} \right)}{s \cdot T_{Nm} \cdot (1 + s \cdot T_{1m})}.$$

Übertragungsfunktionen sind gleich, wenn Polstellen, Nullstellen und der konstante Faktor übereinstimmen:

$$G_R(s) = \frac{K_{Ra}}{T_{Na}} \cdot \frac{1 + s \cdot (T_{Na} + T_{1a}) + s^2 \cdot T_{Na} \cdot (T_{Va} + T_{1a})}{s \cdot (1 + s \cdot T_{1a})}$$

$$= \frac{K_{Rm}}{T_{Nm}} \cdot \frac{1 + s \cdot (T_{Nm} + T_{Vm}) + s^2 \cdot T_{Nm} T_{Vm}}{s \cdot (1 + s \cdot T_{1m})}$$

Polstellen, Nennerpolynom:

$$s \cdot (1 + s \cdot T_{1a}) = s \cdot (1 + s \cdot T_{1m}).$$

Daraus folgt, daß die Verzögerungszeitkonstanten T_{1a}, T_{1m} der Regler gleich sein müssen:

$$T_1 = T_{1a} = T_{1m}.$$

Nullstellen, Zählerpolynom:

$$1 + s \cdot (T_{Na} + T_1) + s^2 \cdot T_{Na} \cdot (T_{Va} + T_1) = 1 + s \cdot (T_{Nm} + T_{Vm}) + s^2 \cdot T_{Nm} T_{Vm}.$$

Daraus folgt, daß die Koeffizienten der Polynome gleich sein müssen:

$$T_{Na} + T_1 = T_{Nm} + T_{Vm}, \qquad T_{Na} \cdot (T_{Va} + T_1) = T_{Nm} T_{Vm}.$$

Konstanter Faktor:
$$\frac{K_{Ra}}{T_{Na}} = \frac{K_{Rm}}{T_{Nm}}.$$

Die letzten drei Gleichungen werden umgeformt und liefern den Zusammenhang zwischen den Regler-Kennwerten der additiven (Index a) und der multiplikativen Form (Index m):

$$T_{Na} > T_{Va} > T_1,$$

$$K_{Rm} = \frac{K_{Ra}}{2} \left[1 + \frac{T_1}{T_{Na}} + \sqrt{\left(1 - \frac{T_1}{T_{Na}}\right)^2 - 4 \cdot \frac{T_{Va}}{T_{Na}}} \right], \qquad K_{Ra} = K_{Rm} \cdot \frac{T_{Nm} + T_{Vm} - T_1}{T_{Nm}},$$

$$T_{Nm} = \frac{T_{Na}}{2} \left[1 + \frac{T_1}{T_{Na}} + \sqrt{\left(1 - \frac{T_1}{T_{Na}}\right)^2 - 4 \cdot \frac{T_{Va}}{T_{Na}}} \right], \qquad T_{Na} = T_{Nm} + T_{Vm} - T_1,$$

$$T_{Vm} = \frac{T_{Na}}{2} \left[1 + \frac{T_1}{T_{Na}} - \sqrt{\left(1 - \frac{T_1}{T_{Na}}\right)^2 - 4 \cdot \frac{T_{Va}}{T_{Na}}} \right], \qquad T_{Va} = \frac{T_{Nm} T_{Vm}}{T_{Nm} + T_{Vm} - T_1}.$$

Die Realisierung eines additiven PIDT$_1$-Reglers mit einem Regler in multiplikativer Form ist nur möglich für

$$T_{Na} \geq 2 \cdot T_{Va} + T_1 + 2 \cdot \sqrt{T_{Va}^2 + T_{Va} T_1},$$

da sich anderenfalls keine reellen Werte für K_{Rm}, T_{Nm}, T_{Vm} ergeben. Für ideale PID-Regler mit $T_1 = 0$ erhält man:

$$T_{Na} > T_{Va},$$

$$K_{Rm} = \frac{K_{Ra}}{2} \left[1 + \sqrt{1 - 4 \cdot \frac{T_{Va}}{T_{Na}}} \right], \qquad K_{Ra} = K_{Rm} \cdot \frac{T_{Nm} + T_{Vm}}{T_{Nm}},$$

$$T_{Nm} = \frac{T_{Na}}{2} \left[1 + \sqrt{1 - 4 \cdot \frac{T_{Va}}{T_{Na}}} \right], \qquad T_{Na} = T_{Nm} + T_{Vm},$$

$$T_{Vm} = \frac{T_{Na}}{2} \left[1 - \sqrt{1 - 4 \cdot \frac{T_{Va}}{T_{Na}}} \right], \qquad T_{Va} = \frac{T_{Nm} T_{Vm}}{T_{Nm} + T_{Vm}}.$$

Die Realisierung eines additiven PID-Reglers mit einem Regler in multiplikativer Form ist nur möglich für $T_{Na} \geq 4 \cdot T_{Va}$, da sonst K_{Rm}, T_{Nm} und T_{Vm} nicht reell sind.

Beispiel 4.5-9: Ein PIDT$_1$-Regler in additiver Form mit den Kenngrößen $K_{Ra} = 2$, $T_{Na} = 10$ s, $T_{Va} = 1$ s, $T_1 = 0.25$ s,

$$\begin{aligned}
G_R(s) &= K_{Ra} \left[1 + \frac{1}{s \cdot T_{Na}} + \frac{s \cdot T_{Va}}{1 + s \cdot T_1} \right] \\
&= \frac{K_{Ra} \left[1 + s \cdot (T_{Na} + T_1) + s^2 \cdot T_{Na} \cdot (T_{Va} + T_1) \right]}{s \cdot T_{Na} \cdot (1 + s \cdot T_1)} = \frac{10 \cdot s^2 + 8.2 \cdot s + 0.8}{s^2 + 4 \cdot s}
\end{aligned}$$

soll in die multiplikative Form umgerechnet werden. Die Kenngrößen des PIDT$_1$-Reglers in multiplikativer Form sind:

$$K_{Rm} = \frac{K_{Ra}}{2}\left[1 + \frac{T_1}{T_{Na}} + \sqrt{\left(1 - \frac{T_1}{T_{Na}}\right)^2 - 4 \cdot \frac{T_{Va}}{T_{Na}}}\right] = 1.767,$$

$$T_{Nm} = \frac{T_{Na}}{2}\left[1 + \frac{T_1}{T_{Na}} + \sqrt{\left(1 - \frac{T_1}{T_{Na}}\right)^2 - 4 \cdot \frac{T_{Va}}{T_{Na}}}\right] = 8.835 \text{ s},$$

$$T_{Vm} = \frac{T_{Na}}{2}\left[1 + \frac{T_1}{T_{Na}} - \sqrt{\left(1 - \frac{T_1}{T_{Na}}\right)^2 - 4 \cdot \frac{T_{Va}}{T_{Na}}}\right] = 1.415 \text{ s}.$$

Die Werte werden in die multiplikative Form des PIDT$_1$-Reglers eingesetzt, es ergibt sich dieselbe Übertragungsfunktion:

$$G_R(s) = \frac{K_{Rm} \cdot (1 + s \cdot T_{Nm}) \cdot (1 + s \cdot T_{Vm})}{s \cdot T_{Nm} \cdot (1 + s \cdot T_1)} = \frac{10 \cdot s^2 + 8.2 \cdot s + 0.8}{s^2 + 4 \cdot s}.$$

Beispiel 4.5-10: Kompensation von reellen Polstellen
Im Bild ist ein Regelkreis mit drei PT$_1$-Elementen in der Regelstrecke dargestellt.

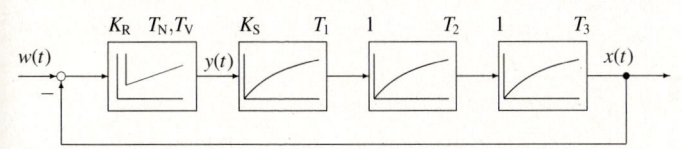

Für die Zeitkonstanten gilt $T_1 > T_2 > T_3$. Für die Regelstrecke erhält man Übertragungsfunktion und Pol-Nullstellenplan:

$$G_S(s) = \frac{K_S}{(1 + sT_1)(1 + sT_2)(1 + sT_3)}$$

Die Regelungsabläufe werden schneller, wenn die beiden größten Zeitkonstanten der Strecke, T_1 und T_2, kompensiert werden können. Mit der multiplikativen Form des PID-Reglers und dem zugehörigen Pol-Nullstellenplan

$$G_R(s) = \frac{K_R(1 + sT_N)(1 + sT_V)}{sT_N}$$

und mit $T_N = T_1$, $T_V = T_2$ ergibt sich eine Kürzung von zwei reellen Streckenpolstellen in der Übertragungsfunktion des offenen Regelkreises:

$$G_{RS}(s) = G_R(s) \cdot G_S(s) = \frac{K_R K_S}{T_1 s(1 + sT_3)}.$$

Der geschlossene Regelkreis hat das Verhalten eines PT$_2$-Elements

$$G(s) = \frac{\dfrac{K_R K_S}{T_1 T_3}}{s^2 + \dfrac{1}{T_3}s + \dfrac{K_R K_S}{T_1 T_3}} \stackrel{!}{=} \frac{K_P \omega_0^2}{s^2 + 2D\omega_0 s + \omega_0^2},$$

wobei ein Koeffizientenvergleich die Gleichungen liefert:

$$2D\omega_0 = \frac{1}{T_3}, \quad \omega_0^2 = \frac{K_R \cdot K_S}{T_1 \cdot T_3}.$$

Wird die Dämpfung D vorgegeben, dann ergibt sich die Reglerverstärkung zu

$$K_R = \frac{1}{4D^2 K_S} \frac{T_1}{T_3}.$$

Die Pole des geschlossenen Regelkreises

$$s_{1,2} = \omega_0(-D \pm \sqrt{D^2 - 1})$$

sind von der vorgegebenen Dämpfung abhängig, wobei unterschiedliches Übergangsverhalten entsteht:

$D > 1$: Kriechfall,
$D = 1$: aperiodischer Grenzfall und
$0 < D < 1$: Schwingfall.

Im folgenden Pol-Nullstellenplan ist der geometrische Ort der Pole des geschlossenen Regelkreises in Abhängigkeit von der Dämpfung angegeben.

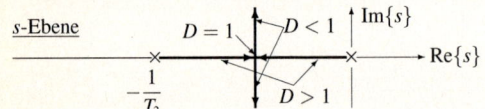

Beispiel 4.5-11: Kompensation von komplexen Polstellen
Der im Bild dargestellte Regelkreis

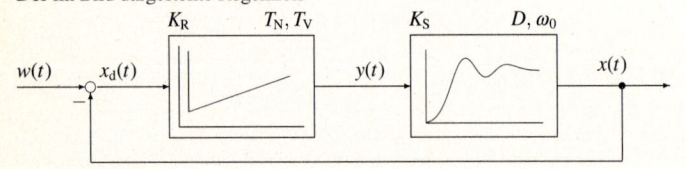

enthält eine PT_2-Strecke mit der Übertragungsfunktion

$$G_S(s) = \frac{K_S}{1 + \frac{2Ds}{\omega_0} + \frac{s^2}{\omega_0^2}}$$

mit den Parametern $K_S = 2$, $\omega_0 = 1\,\text{s}^{-1}$ und $D = 0.4$. Bei der vorgegebenen Dämpfung sind die Nullstellen des Nennerpolynoms konjugiert komplex:

$$G_S(s) = \frac{K_S \cdot \omega_0^2}{(s + D\omega_0 - \omega_0\sqrt{D^2 - 1})(s + D\omega_0 + \omega_0\sqrt{D^2 - 1})}$$

$$= \frac{2}{[1 + (0.4 - j0.9165)s][1 + (0.4 + j0.9165)s]}.$$

Der Regelkreis soll folgende Anforderungen erfüllen: keine bleibende Regeldifferenz $\lim_{t\to\infty} x_d(t) = 0$ und PT_1-Verhalten mit $T_1 = 0.1$ s. Ein in additiver Form realisierter PID-Regler

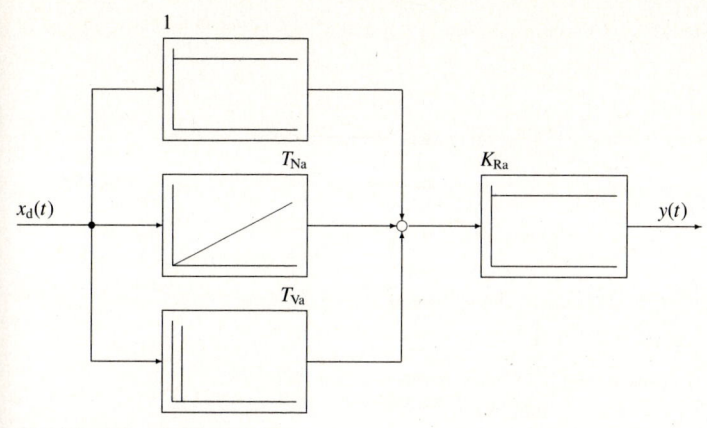

läßt sich mit den Gleichungen

$$K_{Rm} = \frac{K_{Ra}}{2}\left[1 + j\sqrt{\frac{4T_{Va}}{T_{Na}} - 1}\right], \quad T_{Nm} = \frac{T_{Na}}{2}\left[1 + j\sqrt{\frac{4T_{Va}}{T_{Na}} - 1}\right],$$

$$T_{Vm} = \frac{T_{Na}}{2}\left[1 - j\sqrt{\frac{4T_{Va}}{T_{Na}} - 1}\right]$$

in die multiplikative Form umrechnen. Die Reglerparameter T_{Nm} und T_{Vm} müssen bei der vorliegenden Regelstrecke konjugiert komplex sein, d. h.

$$\frac{4T_{Va}}{T_{Na}} > 1 \ .$$

Damit ergibt sich die Reglerübertragungsfunktion zu

$$G_R(s) = \frac{K_{Ra}\left[1 + \frac{T_{Na}}{2}\left[1 + j\sqrt{\frac{4T_{Va}}{T_{Na}} - 1}\right]s\right]\left[1 + \frac{T_{Na}}{2}\left[1 - j\sqrt{\frac{4T_{Va}}{T_{Na}} - 1}\right]s\right]}{s \cdot T_{Na}}.$$

Die Kürzung in der Übertragungsfunktion des offenen Regelkreises

$$G_{RS}(s) = G_R(s) \cdot G_S(s) = \frac{K_{Ra}K_S}{T_{Na}s}$$

liefert für die beiden Zeitkonstanten des PID-Reglers in der additiven Form die Zahlenwerte:

$$T_{Na} = 0.8\,\text{s} \quad \text{und} \quad T_{Va} = 1.25\,\text{s} \ .$$

Der Integralanteil des PID-Reglers bewirkt, daß die stationäre Regeldifferenz zu Null wird. Der geschlossene Regelkreis mit der Übertragungsfunktion

$$G(s) = \frac{1}{1 + sT_1}, \quad T_1 = \frac{T_{Na}}{K_{Ra}K_S}$$

besitzt PT$_1$-Verhalten, wobei mit dem vorgegebenen Wert der Zeitkonstanten $T_1 = 0.1$ s die Reglerverstärkung

$$K_{Ra} = \frac{T_{Na}}{K_S T_1} = 4$$

festgelegt ist. Normierte Sprungantwort des geschlossenen Regelkreises und Pol-Nullstellenpläne sind in Bild 4.5-30 dargestellt.

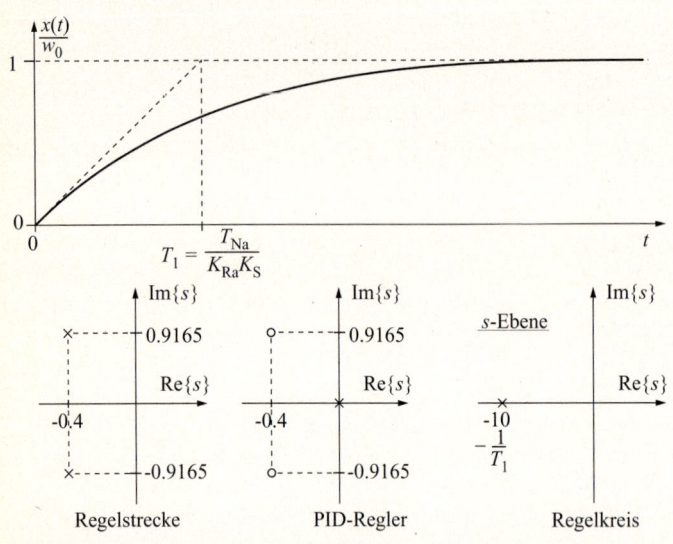

Bild 4.5-30: Normierte Sprungantwort des geschlossenen Regelkreises sowie Pol-Nullstellenpläne von Regelstrecke, PID-Regler und geschlossenem Regelkreis

4.6 Standardisierte Parameter von Übertragungsfunktionen

4.6.1 Koeffizienten und standardisierte Parameter

Bei der Berechnung des dynamischen Verhaltens von Reglern, Regelstrecken und Regelkreisen werden Differentialgleichung, Übertragungsfunktion und Frequenzgang ermittelt. Diese mathematischen Darstellungsformen haben Koeffizienten, deren Zahlenwerte folgenden **standardisierten Parametern** der Regelungstechnik zuzuordnen sind:

- Proportionalverstärkung K_P (Regler: K_R, Strecke: K_S),
- Integrierverstärkung K_I (Regler: K_{IR}, Strecke: K_{IS}),
- Integrierzeitkonstante T_I (Regler: T_{IR}, Strecke: T_{IS}),
- Nachstellzeit T_N,
- Differenzierverstärkung K_D,
- Differenzierzeitkonstante T_D,
- Vorhaltzeitkonstante T_V,
- Verzögerungszeitkonstanten $T_1, T_2, \ldots$,
- Totzeit T_t,
- Dämpfung D, Kennkreisfrequenz ω_0.

Die Verstärkungsfaktoren K_I, K_P, K_D geben die Reaktion von Übertragungselementen auf dimensionsbehaftete Einheitsfunktionen an:

- Einheitsimpulsfunktion $\delta(t)$,

- Einheitssprungfunktion $E(t)$,
- Einheitsanstiegsfunktion $t \cdot E(t)$.

Nachstell- und Vorhaltzeitkonstanten werden mit der Reglerverstärkung aus Integrier- und Differenzierzeitkonstanten bestimmt. Verzögerungszeitkonstanten, Dämpfung und Kennkreisfrequenz werden durch Vergleich mit standardisierten Übertragungs- oder Frequenzgangfunktionen ermittelt.

Die Integrier-, Proportional- und Differenzierverstärkungsfaktoren werden wie folgt bestimmt.

4.6.2 Ermittlung der stationären Verstärkungsfaktoren

4.6.2.1 Integrierverstärkung K_I

Die Integrierverstärkung K_I gibt an, welchen stationären Wert die Ausgangsgröße $x_a(t \to \infty)$ erreicht, wenn eine **Einheitsimpulsfunktion**

$$x_e(t) = \delta(t) \cdot \dim\{x_e \cdot s\}$$

auf ein Integral-Element aufgeschaltet wird. Mit

$$x_e(s) = L\{x_e(t)\} = L\{\delta(t) \cdot \dim\{x_e \cdot s\}\} = 1 \cdot \dim\{x_e \cdot s\}$$

erhält man

$$x_a(s) = G(s) \cdot x_e(s) = G(s) \cdot 1 \cdot \dim\{x_e \cdot s\} = G(s) \cdot \dim\{x_e \cdot s\},$$

$$x_a(t \to \infty) = \lim_{s \to 0} s \cdot G(s) \cdot x_e(s) = \lim_{s \to 0} s \cdot G(s) \cdot \dim\{x_e \cdot s\} = K_I \cdot \dim\{x_e \cdot s\},$$

$$\boxed{K_I = \lim_{s \to 0} s \cdot G(s), \quad K_I = \lim_{p \to 0} p \cdot F(p)}$$

Da Übertragungs- und Frequenzgangfunktion strukturgleich sind, kann der Grenzwert auch für $p \to \infty$ oder $j\omega \to \infty$ gebildet werden.

Ist der Wert für K_I gleich Null, so liegt kein Integral-Element vor. Das Element hat dann Proportional- oder Differential-Verhalten. $K_I \to \infty$ entsteht bei Integral-Elementen zweiter oder höherer Ordnung, z. B., wenn zwei Integral-Elemente in Reihe geschaltet sind.

Beispiel 4.6-1: Zwischen Drehwinkel α und Drehzahl n existiert der Zusammenhang

$$\alpha(t) = 2\pi \, \text{rad} \int n(t) dt, \quad \dim\{\alpha\} = \text{rad}, \quad \dim\{n\} = \frac{1}{s},$$

$$G(s) = \frac{\alpha(s)}{n(s)} = \frac{2\pi \, \text{rad}}{s},$$

$$K_I = \lim_{s \to 0} s \cdot G(s) = \lim_{s \to 0} s \frac{2\pi \, \text{rad}}{s} = 2\pi \, \text{rad}.$$

4.6.2.2 Proportionalverstärkung K_P

Die Proportionalverstärkung K_P ist der stationäre Wert der Ausgangsgröße $x_a(t \to \infty)$, wenn eine **Einheitssprungfunktion** $x_e(t) = E(t) \cdot \dim\{x_e\}$ auf ein Proportional-Element aufgeschaltet wird. Mit

$$x_e(s) = L\{x_e(t)\} = L\{E(t) \cdot \dim\{x_e\}\} = \frac{1}{s} \cdot \dim\{x_e\}$$

erhält man

$$x_a(s) = G(s) \cdot x_e(s) = G(s)\frac{1}{s} \cdot \dim\{x_e\},$$

$$x_a(t \to \infty) = \lim_{s \to 0} s \cdot G(s) \cdot x_e(s) = \lim_{s \to 0} s \cdot G(s) \frac{\dim\{x_e\}}{s} = K_P \cdot \dim\{x_e\},$$

$$\boxed{K_P = \lim_{s \to 0} G(s), \quad K_P = \lim_{p \to 0} F(p)}.$$

Ist der Wert für K_P gleich Null, so liegt ein Differential-Element vor. $K_P \to \infty$ hat ein Integral-Element oder ein Proportional-Integral-Element. Zur Berechnung des K_P-Wertes muß die Übertragungsfunktion des PI-Elements faktorisiert werden (Abschnitt 4.6.2.4).

Beispiel 4.6-2: Das dynamische Verhalten eines Gleichstrommotors ist durch die folgende Differentialgleichung angenähert beschrieben:

$$T_M \frac{dn(t)}{dt} + n(t) = K_S \cdot u_A(t),$$

$$\dim\{n\} = s^{-1}, \quad \dim\{K_S\} = V^{-1}s^{-1}, \quad \dim\{u_A\} = V,$$

$$G(s) = \frac{n(s)}{u_A(s)} = \frac{K_S}{1 + T_M s}, \quad K_P = \lim_{s \to 0} G(s) = \lim_{s \to 0} \frac{K_S}{1 + T_M s} = K_S.$$

Der Proportionalbeiwert K_P entspricht der Regelstreckenverstärkung K_S.

4.6.2.3 Differenzierverstärkung K_D

Die Differenzierverstärkung K_D gibt an, welchen stationären Wert die Ausgangsgröße $x_a(t \to \infty)$ erreicht, wenn eine **Einheitsanstiegsfunktion** $x_e(t) = t \cdot \dim\{x_e/s\}$ auf ein Differential-Element aufgeschaltet wird. Mit

$$x_e(s) = L\{x_e(t)\} = L\{t \cdot \dim\{x_e/s\}\} = \frac{1}{s^2} \cdot \dim\{x_e/s\}$$

erhält man

$$x_a(s) = G(s) \cdot x_e(s) = G(s)\frac{1}{s^2} \cdot \dim\{x_e/s\},$$

$$x_a(t \to \infty) = \lim_{s \to 0} s \cdot G(s) \cdot x_e(s) = \lim_{s \to 0} s \cdot G(s) \cdot \frac{1}{s^2} \cdot \dim\{x_e/s\}.$$

$$= \lim_{s \to 0} G(s) \cdot \frac{1}{s} \dim\{x_e/s\} = K_D \cdot \dim\{x_e/s\}.$$

$$\boxed{K_D = \lim_{s \to 0} G(s)\frac{1}{s}, \quad K_D = \lim_{p \to 0} F(p)\frac{1}{p}}.$$

Ist der Wert für K_D gleich Null, so liegt ein Differential-Element zweiter oder höherer Ordnung vor. $K_D \to \infty$ hat ein Integral-Element, ein Proportional-Integral-Element und ein PID-Element. Zur Berechnung des K_D-Wertes muß die Übertragungsfunktion des PID-Elements faktorisiert werden (Abschnitt 4.6.2.4, Beispiel 4.6-4).

Beispiel 4.6-3: Zwischen Geschwindigkeit v und Weg x existiert der Zusammenhang

$$v(t) = \frac{dx(t)}{dt}, \quad \dim\{v\} = m \cdot s^{-1}, \quad \dim\{x\} = m,$$

$$G(s) = \frac{v(s)}{x(s)} = s, \quad K_D = \lim_{s \to 0} G(s)\frac{1}{s} = \frac{s}{s} = 1,$$

$$K_D = 1.$$

4.6.2.4 Ermittlung der Verstärkungsfaktoren bei Übertragungsfunktionen mit mehreren Übertragungskomponenten

Durch Normierungen werden dimensionslose Gleichungen erzeugt. In solchen Fällen oder wenn die Dimensionen von Ausgangs- und Eingangsgrößen gleich sind, können Integrierverstärkung K_I und Differenzierverstärkung K_D durch die Integrierzeitkonstante T_I und Differenzierzeitkonstante T_D ersetzt werden.

Tabelle 4.6-1: Verstärkungsfaktoren und Zeitkonstanten bei normierten oder dimensionsgleichen Größen

	I-Element	P-Element	D-Element
Gleichung des Übertragungselements mit K	$x_a = K_I \int x_e dt$	$x_a = K_P \cdot x_e$	$x_a = K_D \dfrac{dx_e}{dt}$
Dimension	$\dim\{K_I\} = s^{-1}$	$\dim\{K_P\} = 1$	$\dim\{K_D\} = s$
Zeitkonstante	$T_I = \dfrac{1}{K_I}$	—	$T_D = K_D$
Gleichung des Übertragungselements	$x_a = \dfrac{1}{T_I} \int x_e dt$	$x_a = K_P \cdot x_e$	$x_a = T_D \dfrac{dx_e}{dt}$

Untersucht man für ein gegebenes Standardelement die stationären Verstärkungsfaktoren K_I, K_P und K_D, so wird jeweils nur ein Faktor einen endlichen Wert ungleich Null besitzen.

Tabelle 4.6-2: Verstärkungsfaktoren für Standardelemente

stationärer Verstärkungsfaktor K	$K_I = \lim\limits_{s \to 0} sG(s)$	$K_P = \lim\limits_{s \to 0} G(s)$	$K_D = \lim\limits_{s \to 0} \dfrac{G(s)}{s}$
K-Werte für ein I-Element	$K_I \neq 0$	$K_P \to \infty$	$K_D \to \infty$
K-Werte für ein P-Element	$K_I = 0$	$K_P \neq 0$	$K_D \to \infty$
K-Werte für ein D-Element	$K_I = 0$	$K_P = 0$	$K_D \neq 0$

Bei einem PID-Regler erhält man für die Verstärkungsfaktoren K_I, K_P, K_D endliche Werte. Die Bestimmung der Verstärkungsfaktoren muß dabei in mehreren Schritten erfolgen:

> Besteht das Zählerpolynom einer Übertragungsfunktion aus mehreren Komponenten, so müssen die wirksamen Verstärkungsfaktoren aus den einzelnen Komponenten getrennt ermittelt werden.

Beispiel 4.6-4:   Für den PID-Regler in multiplikativer Form sind die stationären Verstärkungsfaktoren zu ermitteln.

$$G_R(s) = K_{Rm} \frac{(1 + T_{Nm}s)(1 + T_{Vm}s)}{T_{Nm}s}$$

Die Berechnung nach den abgeleiteten Formeln ergibt:

$$K_\text{I} = \lim_{s \to 0} s \cdot G(s) = \frac{K_\text{Rm}}{T_\text{Nm}}, \quad K_\text{P} = \lim_{s \to 0} G(s) \to \infty, \quad K_\text{D} = \lim_{s \to 0} G(s)\frac{1}{s} \to \infty.$$

Diese Ergebnisse haben für regelungstechnische Anwendungen keine Aussagekraft. Durch Zerlegung in Komponenten erhält man:

$$G_\text{R}(s) = K_\text{Rm}\frac{(1 + T_\text{Nm}s)(1 + T_\text{Vm}s)}{T_\text{Nm}s}$$

$$= \frac{K_\text{Rm}}{T_\text{Nm}s} + K_\text{Rm}\frac{T_\text{Nm} + T_\text{Vm}}{T_\text{Nm}} + K_\text{Rm}T_\text{Vm}s .$$

Die Berechnung der stationären Verstärkungen aus den einzelnen Komponenten ergibt jetzt:

$$\boxed{K_\text{I} = \frac{K_\text{Rm}}{T_\text{Nm}}, \quad K_\text{P} = K_\text{Rm}\frac{T_\text{Nm} + T_\text{Vm}}{T_\text{Nm}}, \quad K_\text{D} = K_\text{Rm}T_\text{Vm},}$$

$$G_\text{R}(s) = K_\text{Rm}\frac{T_\text{Nm} + T_\text{Vm}}{T_\text{Nm}} + \frac{K_\text{Rm}}{T_\text{Nm}s} + K_\text{Rm}T_\text{Vm}s = K_\text{P} + \frac{K_\text{I}}{s} + K_\text{D}s .$$

Den Zusammenhang zwischen Standardform des PID-Reglers in additiver Form und den stationären Verstärkungen erhält man durch Umformung und Koeffizientenvergleich:

$$G_\text{R}(s) = K_\text{Ra}\left[1 + \frac{1}{T_\text{Na}s} + T_\text{Va}s\right] = K_\text{P} + \frac{K_\text{I}}{s} + K_\text{D}s .$$

Mit $K_\text{Ra} = K_\text{P}$ folgt:

$$G_\text{R}(s) = K_\text{Ra}\left[1 + \frac{1}{T_\text{Na}s} + T_\text{Va}s\right] = K_\text{Ra}\left[1 + \frac{K_\text{I}}{K_\text{Ra}s} + \frac{K_\text{D}}{K_\text{Ra}}s\right],$$

$$\boxed{T_\text{Na} = \frac{K_\text{Ra}}{K_\text{I}}, \quad K_\text{Ra} = K_\text{P}, \quad T_\text{Va} = \frac{K_\text{D}}{K_\text{Ra}}.}$$

Die Zeitkonstanten Nachstellzeit T_N und Vorhaltzeit T_V werden mit der Reglerverstärkung K_R aus Integrierverstärkung K_I und Differenzierverstärkung K_D ermittelt.

4.6.3 Ermittlung von Zeitkonstanten, Dämpfung und Kennkreisfrequenz

4.6.3.1 Ermittlung von Zeitkonstanten

Bei der Aufstellung von Differentialgleichungen und Übertragungsfunktionen von Reglern und Regelstrecken erhält man häufig Koeffizienten, aus denen Zeitkonstanten von Übertragungselementen bestimmt werden müssen.

Grundlage der Betrachtung ist die Differentialgleichung einer Regelstrecke, die aufgrund der physikalischen Zusammenhänge zwischen Ausgangs- und Eingangsgröße ermittelt wurde:

$$a \cdot \frac{d^2x(t)}{dt^2} + b \cdot \frac{dx(t)}{dt} + c \cdot x(t) = e \cdot \frac{dy(t)}{dt} + f \cdot y(t).$$

Die Transformation in den Frequenzbereich ergibt:

$$a \cdot s^2 \cdot x(s) + b \cdot s \cdot x(s) + c \cdot x(s) = e \cdot s \cdot y(s) + f \cdot y(s).$$

Durch Division mit c wird

$$\frac{a}{c} \frac{d^2 x(t)}{dt^2} + \frac{b}{c} \frac{dx(t)}{dt} + x(t) = \frac{e}{c} \frac{dy(t)}{dt} + \frac{f}{c} y(t),$$

$$\frac{a}{c} \cdot s^2 \cdot x(s) + \frac{b}{c} \cdot s \cdot x(s) + x(s) = \frac{e}{c} \cdot s \cdot y(s) + \frac{f}{c} \cdot y(s)$$

und mit einer weiteren Umformung

$$\frac{a}{c} \frac{d^2 x(t)}{dt^2} + \frac{b}{c} \frac{dx(t)}{dt} + x(t) = \frac{f}{c} \left[\frac{e}{f} \frac{dy(t)}{dt} + y(t) \right],$$

$$\frac{a}{c} s^2 \cdot x(s) + \frac{b}{c} s \cdot x(s) + x(s) = \frac{f}{c} \left[\frac{e}{f} s \cdot y(s) + y(s) \right].$$

Der Faktor $\frac{f}{c}$ entspricht der Proportionalverstärkung K_S oder allgemein K_P. Das Ergebnis ergibt sich durch Anwendung des Endwertsatzes. Für $s \to 0$ im Frequenzbereich erhält man den Funktionswert für $t \to \infty$ im Zeitbereich:

$$c \cdot x(t \to \infty) = f \cdot y(t \to \infty)$$

$$x(t \to \infty) = \frac{f}{c} \cdot y(t \to \infty) = K_S \cdot y(t \to \infty).$$

Die Zeitdifferentiale $\frac{d^2}{dt^2}, \frac{d}{dt}$ haben entsprechend ihrer Ordnung die Dimensionen s^{-2}, s^{-1}. Für die Dimension der Faktoren folgt dann:

$$\dim\left\{\frac{a}{c}\right\} = s^2, \quad \dim\left\{\frac{b}{c}\right\} = s, \quad \dim\left\{\frac{e}{f}\right\} = s,$$

$$\dim\{K_S\} = \dim\left\{\frac{f}{c}\right\} = \frac{\dim\{x\}}{\dim\{y\}}.$$

Mit den Abkürzungen

$$T_\alpha T_\beta = \frac{a}{c}, \quad T_\alpha = \frac{b}{c}, \quad T_3 = \frac{e}{f}$$

wird

$$T_\alpha T_\beta \frac{d^2 x(t)}{dt^2} + T_\alpha \frac{dx(t)}{dt} + x(t) = K_S \left[T_3 \frac{dy(t)}{dt} + y(t) \right],$$

$$T_\alpha T_\beta \cdot s^2 \cdot x(s) + T_\alpha \cdot s \cdot x(s) + x(s) = K_S [T_3 \cdot s \cdot y(s) + y(s)]$$

$$G_S(s) = K_S \frac{1 + T_3 \cdot s}{1 + T_\alpha \cdot s + T_\alpha T_\beta \cdot s^2}.$$

4.6.3.2 Ermittlung von standardisierten Zeitkonstanten

Bei einigen regelungstechnischen Verfahren kompensiert man mit den Vorhaltzeitkonstanten des Zählers der Reglerübertragungsfunktion große Verzögerungszeitkonstanten im Nenner der Regelstreckenübertragungsfunktion. Um das zu erreichen, müssen die Nullstellen (Polstellen der Übertragungsfunktion) der charakteristischen Gleichung der Streckenübertragungsfunktion ermittelt werden.

Bei der Lösung der charakteristischen Gleichung sind zwei Fälle unterschiedlich zu behandeln: Es treten zwei reelle oder zwei konjugiert komplexe Nullstellen (Abschnitt 4.6.3.3) auf.

Die Nullstellen der charakteristischen Gleichung sind für den ersten Fall:

$$T_\alpha T_\beta \cdot s^2 + T_\alpha \cdot s + 1 = 0, \quad s_{1,2} = -\frac{1}{2T_\beta} \pm \sqrt{\frac{1}{(2T_\beta)^2} - \frac{1}{T_\alpha T_\beta}} = \frac{-1}{T_{1,2}}.$$

Die charakteristische Gleichung ist damit

$$T_\alpha T_\beta s^2 + T_\alpha s + 1 = T_1 T_2 s^2 + (T_1 + T_2)s + 1 = (1 + T_1 s)(1 + T_2 s) = 0$$

und die Übertragungsfunktion

$$G_S(s) = K_S \frac{1 + T_3 s}{(1 + T_1 s)(1 + T_2 s)} \quad \begin{aligned} &\text{mit der Nullstelle } s_{n3} = -\frac{1}{T_3}\\ &\text{und den Polstellen } s_{p1,2} = -\frac{1}{T_{1,2}}. \end{aligned}$$

> Die standardisierten Zeitkonstanten von Übertragungselementen lassen sich aus den Nullstellen (Zählerpolynom) und Polstellen (Nennerpolynom) der Übertragungsfunktionen ermitteln.

4.6.3.3 Ermittlung von standardisierten Koeffizienten bei Systemen II. Ordnung mit komplexen Nullstellen

Sind die Lösungen der charakteristischen Gleichung konjugiert komplex, so werden die standardisierten Parameter des PT_2-Elements Dämpfung D und Kennkreisfrequenz ω_0 ermittelt:

$$T_\alpha T_\beta s^2 + T_\alpha s + 1 = \frac{1}{\omega_0^2} s^2 + \frac{2D}{\omega_0} s + 1 = 0.$$

Mit

$$\omega_0^2 = \frac{1}{T_\alpha T_\beta}, \quad \omega_0 = \frac{1}{\sqrt{T_\alpha T_\beta}}, \quad \frac{2D}{\omega_0} = T_\alpha, \quad D = \frac{1}{2}\sqrt{\frac{T_\alpha}{T_\beta}}$$

erhält man die Übertragungsfunktion

$$G_S(s) = K_S \frac{1 + T_3 s}{1 + \frac{2Ds}{\omega_0} + \frac{s^2}{\omega_0^2}}.$$

Die Nullstelle ist

$$s_{n3} = -\frac{1}{T_3},$$

die Polstellen sind

$$s_{p1,2} = -D\omega_0 \pm j\omega_0 \sqrt{1 - D^2}, \quad \text{für} \quad 0 < D < 1.$$

> Für die Bestimmung des Verhaltens von PT_2-Elementen im Zeit- und Frequenzbereich werden die standardisierten Parameter Dämpfung D und Kennkreisfrequenz ω_0 benötigt.

4.7 Gleichungen und Symbole für Regelkreiselemente

4.7.1 Differentialgleichungen von Regelkreiselementen

Name	Gleichungen im Zeitbereich	Übertragungssymbol
P	$x_a = K_P \cdot x_e$	
PT_1	$T_1 \cdot \dfrac{dx_a}{dt} + x_a = K_P \cdot x_e$	
PT_2	$\dfrac{1}{\omega_0^2}\dfrac{d^2 x_a}{dt^2} + \dfrac{2D}{\omega_0}\dfrac{dx_a}{dt} + x_a = K_P \cdot x_e$	
PT_t	$x_a = K_P \cdot x_e(t - T_t)$	
D	$x_a = K_D \dfrac{dx_e}{dt}, [x_a = T_D \dfrac{dx_e}{dt}]$	
DT_1	$T_1 \dfrac{dx_a}{dt} + x_a = K_D \dfrac{dx_e}{dt}$	
PD	$x_a = K_P \left[T_V \dfrac{dx_e}{dt} + x_e \right]$	

Name	Gleichungen im Zeitbereich	Übertragungssymbol
PDT$_1$	$T_1 \dfrac{dx_a}{dt} + x_a = K_P \left[T_V \dfrac{dx_e}{dt} + x_e \right]$, $T_V > T_1$	$K_P \quad T_V, T_1$
PPT$_1$	$T_1 \dfrac{dx_a}{dt} + x_a = K_P \left[T_V \dfrac{dx_e}{dt} + x_e \right]$, $T_V < T_1$	$K_P \quad T_V, T_1$
I	$x_a = K_I \int x_e dt$, $\left[x_a = \dfrac{1}{T_I} \int x_e dt \right]$	$K_I \quad [T_I]$
PI	$x_a = K_P \left[x_e + \dfrac{1}{T_N} \int x_e dt \right]$	$K_P \quad T_N$
PID additive Form	$x_a = K_P \left[x_e + \dfrac{1}{T_N} \int x_e dt + T_V \dfrac{dx_e}{dt} \right]$	$K_P \quad T_N, T_V$
PID multiplikative Form	$x_a = K_P \left[\dfrac{T_N + T_V}{T_N} x_e + \dfrac{1}{T_N} \int x_e dt + T_V \dfrac{dx_e}{dt} \right]$	$K_P \quad T_N, T_V$
PIDT$_1$ additive Form	$T_1 \dfrac{dx_a}{dt} + x_a = K_P \left[\dfrac{T_1 + T_N}{T_N} x_e + \dfrac{1}{T_N} \int x_e dt + (T_1 + T_V) \dfrac{dx_e}{dt} \right]$	$K_P \quad T_N, T_V, T_1$
PIDT$_1$ multiplikative Form	$T_1 \dfrac{dx_a}{dt} + x_a = K_P \left[\dfrac{T_V + T_N}{T_N} x_e + \dfrac{1}{T_N} \int x_e dt + T_V \dfrac{dx_e}{dt} \right]$	$K_P \quad T_N, T_V, T_1$

4.7.2 Frequenzgangfunktionen von Regelkreiselementen

Name	Frequenzgangfunktion	Übertragungssymbol
P	$F(p) = \dfrac{x_a(p)}{x_e(p)} = K_P$	
PT_1	$F(p) = \dfrac{K_P}{1 + T_1 p}$	
PT_2	$F(p) = \dfrac{K_P}{1 + \dfrac{2D}{\omega_0} p + \dfrac{1}{\omega_0^2} p^2}$	
PT_t	$F(p) = K_P \cdot e^{-pT_t}$	
D	$F(p) = K_D \cdot p, \quad [F(p) = T_D \cdot p]$	
DT_1	$F(p) = \dfrac{K_D \cdot p}{1 + T_1 p}$	
PD	$F(p) = K_P(1 + T_V p)$	

Name	Frequenzgangfunktion	Übertragungssymbol
PDT_1	$F(p) = K_P \dfrac{1+T_V p}{1+T_1 p}, \quad T_V > T_1$	$K_P \quad T_V, T_1$
PPT_1	$F(p) = K_P \dfrac{1+T_V p}{1+T_1 p}, \quad T_V < T_1$	$K_P \quad T_V, T_1$
I	$F(p) = K_I \dfrac{1}{p}, \quad [F(p) = \dfrac{1}{T_1 p}]$	$K_I \quad [T_1]$
PI	$F(p) = K_P \left[1 + \dfrac{1}{T_N p}\right]$ $= K_P \dfrac{1+T_N p}{T_N p}$	$K_P \quad T_N$
PID^1	$F_a(p) = K_P \left[1 + \dfrac{1}{T_N p} + T_V p\right]$ $F_m(p) = K_P \dfrac{(1+T_N p)(1+T_V p)}{T_N p}$	$K_P \quad T_N, T_V$
$PIDT_1{}^1$	$F_a(p) = K_P \left[1 + \dfrac{1}{T_N p} + \dfrac{T_V p}{1+T_1 p}\right]$ $F_m(p) = K_P \dfrac{(1+T_N p)(1+T_V p)}{T_N p (1+T_1 p)}$	$K_P \quad T_N, T_V, T_1$

---

[1] Index a = additive Form, m = multiplikative Form

4.7.3 Übertragungsfunktionen von Regelkreiselementen

Name	Übertragungsfunktion	Übertragungssymbol
P	$G(s) = \dfrac{x_a(s)}{x_e(s)} = K_P$	K_P
PT_1	$G(s) = \dfrac{K_P}{1 + T_1 s}$	$K_P \quad T_1$
PT_2	$G(s) = \dfrac{K_P}{1 + \dfrac{2D}{\omega_0} s + \dfrac{1}{\omega_0^2} s^2}$	$K_P \quad D, \omega_0$
PT_t	$G(s) = K_P \, e^{-sT_t}$	$K_P \quad T_t$
D	$G(s) = K_D \cdot s, \quad [G(s) = T_D \cdot s]$	$K_D \quad [T_D]$
DT_1	$G(s) = \dfrac{K_D \cdot s}{1 + T_1 s}$	$K_D \quad T_1$
PD	$G(s) = K_P(1 + T_V s)$	$K_P \quad T_V$

Name	Übertragungsfunktion	Übertragungssymbol
PDT$_1$	$G(s) = K_P \dfrac{1+T_V s}{1+T_1 s}, \quad T_V > T_1$	$K_P \quad T_V, T_1$; $x_e \to \square \to x_a$
PPT$_1$	$G(s) = K_P \dfrac{1+T_V s}{1+T_1 s}, \quad T_V < T_1$	$K_P \quad T_V, T_1$; $x_e \to \square \to x_a$
I	$G(s) = K_I \dfrac{1}{s}, \quad [G(s) = \dfrac{1}{T_1 s}]$	$K_I \quad [T_1]$; $x_e \to \square \to x_a$
PI	$G(s) = K_P \left[1 + \dfrac{1}{T_N s}\right]$ $= K_P \dfrac{1+T_N s}{T_N s}$	$K_P \quad T_N$; $x_e \to \square \to x_a$
PID[1]	$G_a(s) = K_P \left[1 + \dfrac{1}{T_N s} + T_V s\right]$ $G_m(s) = K_P \dfrac{(1+T_N s)(1+T_V s)}{T_N s}$	$K_P \quad T_N, T_V$; $x_e \to \square \to x_a$
PIDT$_1$[1]	$G_a(s) = K_P \left[1 + \dfrac{1}{T_N s} + \dfrac{T_V s}{1+T_1 s}\right]$ $G_m(s) = K_P \dfrac{(1+T_N s)(1+T_V s)}{T_N s(1+T_1 s)}$	$K_P \quad T_N, T_V, T_1$; $x_e \to \square \to x_a$

---

[1] Index a = additive Form, m = multiplikative Form

5 Frequenzgang- und Übertragungsfunktionen für Führungs- und Störungsverhalten

5.1 Gleichungen für Regelkreise mit direkter Gegenkopplung

5.1.1 Strukturbild und Abkürzungen

Mit den Umformungs- und Verlagerungsregeln von Kapitel 2 lassen sich Regelkreise mit einer Rückführung, sogenannte einschleifige Regelkreise, auf zwei unterschiedliche Strukturen zurückführen:
- Regelkreisstruktur mit direkter Gegenkopplung,
- Regelkreisstruktur mit indirekter Gegenkopplung.

Für den Fall der direkten Gegenkopplung ergibt sich das Signalflußbild 5.1-1 mit folgenden Größen und Bezeichnungen:
- Führungsgröße w,
- Regeldifferenz x_d,
- Stellgröße y,
- Versorgungsstörgröße z_1,
- Laststörgröße z_2,
- Regelgröße x,
- Reglerfrequenzgangfunktion $F_R(j\omega)$,
- Reglerübertragungsfunktion $G_R(s)$,
- Streckenfrequenzgangfunktion $F_S(j\omega)$,
- Streckenübertragungsfunktion $G_S(s)$.

Die Reihenschaltung von Regler und Regelstrecke wird als offener oder aufgeschnittener Regelkreis bezeichnet:
- Frequenzgangfunktion des offenen Regelkreises $F_{RS}(j\omega) = F_R(j\omega) \cdot F_S(j\omega)$,
- Übertragungsfunktion des offenen Regelkreises $G_{RS}(s) = G_R(s) \cdot G_S(s)$.

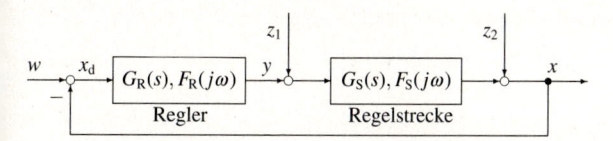

Bild 5.1-1: Regelkreis mit direkter Gegenkopplung

Die regelungstechnischen Untersuchungen beziehen sich im allgemeinen auf das Verhalten bei Änderung einer Eingangsgröße:
- **Führungsverhalten**: Auswirkung einer Führungsgrößenänderung auf die Regelgröße,
- **Störungsverhalten**: Auswirkung einer Änderung der Versorgungs- oder Laststörgröße auf die Regelgröße (Störungen können an beliebigen Stellen der Regelstrecke angreifen, häufig lassen sie sich auf die in Bild 5.1-1 angegebene Struktur umrechnen),
- **Stellgrößenverhalten**: Auswirkungen von Führungs- und Störgrößenänderungen auf die Stellgröße.

Um Aussagen über das Führungs- oder Störungsverhalten zu gewinnen, berechnet man im Frequenzbereich die zugehörigen Frequenzgang- oder Übertragungsfunktionen. Mit Hilfe der Grenzwertsätze kann das Verhalten im Zeitbereich für $t = 0$ und $t \to \infty$ ermittelt werden, durch Rücktransformation in den Zeitbereich ergibt sich der vollständige zeitliche Verlauf der Regelgröße bei Änderung einer Eingangsgröße.

Mit folgenden Abkürzungen wird die Berechnung vereinfacht:

$$p := j\omega,$$
$$F_R(p) = \frac{Z_R(p)}{N_R(p)}, \quad F_S(p) = \frac{Z_S(p)}{N_S(p)},$$
$$G_R(s) = \frac{Z_R(s)}{N_R(s)}, \quad G_S(s) = \frac{Z_S(s)}{N_S(s)}.$$

Frequenzgang- und Übertragungsfunktionen sind im allgemeinen gebrochen rationale Funktionen in p oder s. Die Zerlegung der gebrochen rationalen Funktionen in Zähler- und Nennerpolynome erleichtert die Umformung und Berechnung. Die prinzipielle Vorgehensweise ist folgende:

Die Regelkreisgleichung wird aufgestellt, indem in Signalflußrichtung ein Umlauf im Regelkreis ausgeführt wird. Die dabei entstehende Gleichung wird umgeformt, so daß sich Führungs- und Störungsfrequenzgang- oder Übertragungsfunktionen ablesen lassen.

Für den Regelkreis nach Bild 5.1-1 erhält man

$$[[w(s) - x(s)] \cdot G_R(s) + z_1(s)] \cdot G_S(s) + z_2(s) = x(s),$$
$$x(s) \cdot [1 + G_R(s) \cdot G_S(s)] = w(s) \cdot G_R(s) \cdot G_S(s) + z_1(s) \cdot G_S(s) + z_2(s),$$

$$\boxed{\begin{aligned} x(s) &= \frac{G_R(s) \cdot G_S(s)}{1 + G_R(s) \cdot G_S(s)} \cdot w(s) + \frac{G_S(s)}{1 + G_R(s) \cdot G_S(s)} \cdot z_1(s) + \frac{1}{1 + G_R(s) \cdot G_S(s)} \cdot z_2(s) \\ &= G(s) \cdot w(s) + G_{z1}(s) \cdot z_1(s) + G_{z2}(s) \cdot z_2(s), \end{aligned}}$$

mit folgenden Bezeichnungen:
- Führungsübertragungsfunktion $G(s)$,
- Versorgungsstörungsübertragungsfunktion $G_{z1}(s)$,
- Laststörungsübertragungsfunktion $G_{z2}(s)$.

Um die Regeldifferenz $x_d = w - x$ zu erhalten, bildet man mit der Gleichung

$$x(s) = G(s) \cdot w(s) + G_{z1}(s) \cdot z_1(s) + G_{z2}(s) \cdot z_2(s)$$
$$x_d(s) = w(s) - x(s)$$
$$= w(s) - G(s) \cdot w(s) - G_{z1}(s) \cdot z_1(s) - G_{z2}(s) \cdot z_2(s)$$

und erhält nach Umformung

$$\boxed{x_d(s) = [1 - G(s)] \cdot w(s) - G_{z1}(s) \cdot z_1(s) - G_{z2}(s) \cdot z_2(s)}.$$

Für die Frequenzgangfunktionen ergibt sich entsprechend:

$$\boxed{\begin{aligned} x(j\omega) &= \frac{F_R(j\omega) \cdot F_S(j\omega)}{1 + F_R(j\omega) \cdot F_S(j\omega)} \cdot w(j\omega) + \\ &\quad + \frac{F_S(j\omega)}{1 + F_R(j\omega) F_S(j\omega)} z_1(j\omega) + \frac{1}{1 + F_R(j\omega) F_S(j\omega)} z_2(j\omega) \\ &= F(j\omega) \cdot w(j\omega) + F_{z1}(j\omega) \cdot z_1(j\omega) + F_{z2}(j\omega) \cdot z_2(j\omega), \end{aligned}}$$

$$\boxed{x_d(j\omega) = [1 - F(j\omega)] \cdot w(j\omega) - F_{z1}(j\omega) \cdot z_1(j\omega) - F_{z2}(j\omega) \cdot z_2(j\omega)},$$

mit folgenden Bezeichnungen:

- Führungsfrequenzgangfunktion $F(j\omega)$,
- Versorgungsstörungsfrequenzgangfunktion $F_{z1}(j\omega)$,
- Laststörungsfrequenzgangfunktion $F_{z2}(j\omega)$.

Setzt man in die Gleichungen Zähler- und Nennerpolynome der Übertragungsfunktionen von Regler und Regelstrecke ein, so ergeben sich die in den nächsten Abschnitten angegebenen vereinfachten Gleichungen.

5.1.2 Gleichungen für das Führungsübertragungsverhalten

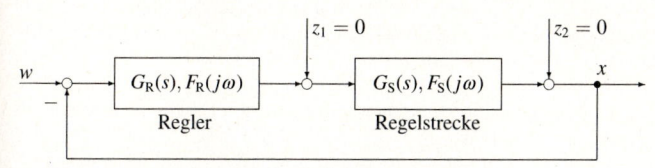

```
         |z₁ = 0              |z₂ = 0
w ─○──[ G_R(s), F_R(jω) ]──○──[ G_S(s), F_S(jω) ]──○──► x
  −         Regler                  Regelstrecke
```

Gleichungen für die Berechnung mit Übertragungsfunktionen:

$$x(s) = G(s) \cdot w(s),$$

$$G(s) = \frac{x(s)}{w(s)} = \frac{G_R(s) \cdot G_S(s)}{1 + G_R(s) \cdot G_S(s)} = \frac{Z_R(s) \cdot Z_S(s)}{N_R(s) \cdot N_S(s) + Z_R(s) \cdot Z_S(s)}$$

$$x_d(s) = w(s) - x(s) = [1 - G(s)] \cdot w(s)$$

$$= \frac{1}{1 + G_R(s) \cdot G_S(s)} \cdot w(s) = \frac{N_R(s) \cdot N_S(s)}{N_R(s) \cdot N_S(s) + Z_R(s) \cdot Z_S(s)} \cdot w(s)$$

$$x_d(t \to \infty) = \lim_{s \to 0} s \cdot x_d(s) = \lim_{s \to 0} \frac{s \cdot N_R(s) \cdot N_S(s)}{N_R(s) \cdot N_S(s) + Z_R(s) \cdot Z_S(s)} \cdot w(s)$$

Gleichungen für die Berechnung mit Frequenzgangfunktionen:

$$x(p) = F(p) \cdot w(p), \quad p := j\omega,$$

$$F(p) = \frac{x(p)}{w(p)} = \frac{F_R(p) \cdot F_S(p)}{1 + F_R(p) \cdot F_S(p)} = \frac{Z_R(p) \cdot Z_S(p)}{N_R(p) \cdot N_S(p) + Z_R(p) \cdot Z_S(p)}$$

$$x_d(p) = w(p) - x(p) = [1 - F(p)] \cdot w(p)$$

$$= \frac{1}{1 + F_R(p) \cdot F_S(p)} \cdot w(p) = \frac{N_R(p) \cdot N_S(p)}{N_R(p) \cdot N_S(p) + Z_R(p) \cdot Z_S(p)} \cdot w(p)$$

Bei Sprungaufschaltung $w(t) = w_0 \cdot E(t)$ gilt:

$$x_d(t \to \infty) = \lim_{p \to 0}[1 - F(p)] \cdot w_0 = \lim_{p \to 0} \frac{N_R(p) \cdot N_S(p)}{N_R(p) \cdot N_S(p) + Z_R(p) \cdot Z_S(p)} \cdot w_0$$

5.1.3 Gleichungen für das Störungsübertragungsverhalten von Versorgungsstörgrößen

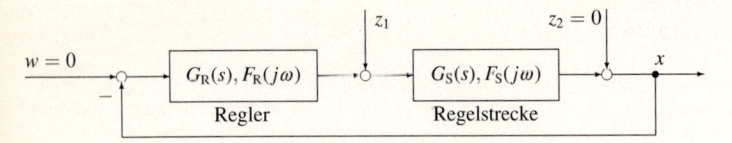

```
         │ z₁         z₂ = 0│
w = 0 ─○─→ G_R(s), F_R(jω) ─→○─→ G_S(s), F_S(jω) ─→○─·─ x →
     −↑      Regler              Regelstrecke        │
      └──────────────────────────────────────────────┘
```

Gleichungen für die Berechnung mit Übertragungsfunktionen:

$$x(s) = G_{z1}(s) \cdot z_1(s),$$
$$G_{z1}(s) = \frac{x(s)}{z_1(s)} = \frac{G_S(s)}{1 + G_R(s) \cdot G_S(s)} = \frac{Z_S(s) \cdot N_R(s)}{N_R(s) \cdot N_S(s) + Z_R(s) \cdot Z_S(s)}$$

$$x_d(s) = w(s) - x(s) = -G_{z1}(s) \cdot z_1(s)$$
$$= \frac{-G_S(s)}{1 + G_R(s) \cdot G_S(s)} \cdot z_1(s) = \frac{-Z_S(s) \cdot N_R(s)}{N_R(s) \cdot N_S(s) + Z_R(s) \cdot Z_S(s)} \cdot z_1(s)$$

$$x_d(t \to \infty) = \lim_{s \to 0} s \cdot x_d(s) = \lim_{s \to 0} \frac{-s \cdot Z_S(s) \cdot N_R(s)}{N_R(s) \cdot N_S(s) + Z_R(s) \cdot Z_S(s)} \cdot z_1(s)$$

Gleichungen für die Berechnung mit Frequenzgangfunktionen:

$$x(p) = F_{z1}(p) \cdot z_1(p), \quad p := j\omega,$$
$$F_{z1}(p) = \frac{x(p)}{z_1(p)} = \frac{F_S(p)}{1 + F_R(p) \cdot F_S(p)} = \frac{Z_S(p) \cdot N_R(p)}{N_R(p) \cdot N_S(p) + Z_R(p) \cdot Z_S(p)}$$

$$x_d(p) = w(p) - x(p) = -F_{z1}(p) \cdot z_1(p)$$
$$= \frac{-F_S(p)}{1 + F_R(p) \cdot F_S(p)} \cdot z_1(p) = \frac{-Z_S(p) \cdot N_R(p)}{N_R(p) \cdot N_S(p) + Z_R(p) \cdot Z_S(p)} \cdot z_1(p)$$

Bei Sprungaufschaltung $z_1(t) = z_{10} \cdot E(t)$ gilt:
$$x_d(t \to \infty) = \lim_{p \to 0} -F_{z1}(p) \cdot z_{10} = \lim_{p \to 0} \frac{-Z_S(p) \cdot N_R(p)}{N_R(p) \cdot N_S(p) + Z_R(p) \cdot Z_S(p)} \cdot z_{10}$$

5.1.4 Gleichungen für das Störungsübertragungsverhalten von Laststörgrößen

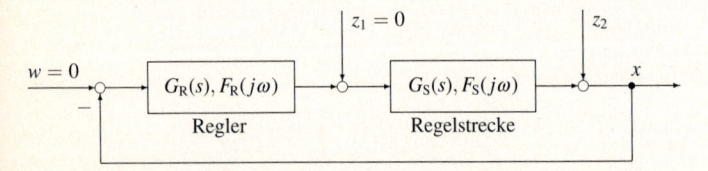

```
         │ z₁ = 0          │ z₂
w = 0 ─○─→ G_R(s), F_R(jω) ─→○─→ G_S(s), F_S(jω) ─→○─·─ x →
     −↑      Regler              Regelstrecke        │
      └──────────────────────────────────────────────┘
```

5.1 Gleichungen für Regelkreise mit direkter Gegenkopplung   183

Gleichungen für die Berechnung mit Übertragungsfunktionen:

$$x(s) = G_{z2}(s) \cdot z_2(s),$$

$$G_{z2}(s) = \frac{x(s)}{z_2(s)} = \frac{1}{1 + G_R(s) \cdot G_S(s)} = \frac{N_R(s) \cdot N_S(s)}{N_R(s) \cdot N_S(s) + Z_R(s) \cdot Z_S(s)}$$

$$x_d(s) = w(s) - x(s) = -G_{z2}(s) \cdot z_2(s)$$
$$= \frac{-1}{1 + G_R(s) \cdot G_S(s)} \cdot z_2(s) = \frac{-N_R(s) \cdot N_S(s)}{N_R(s) \cdot N_S(s) + Z_R(s) \cdot Z_S(s)} \cdot z_2(s)$$

$$x_d(t \to \infty) = \lim_{s \to 0} s \cdot x_d(s) = \lim_{s \to 0} \frac{-s \cdot N_R(s) \cdot N_S(s)}{N_R(s) \cdot N_S(s) + Z_R(s) \cdot Z_S(s)} \cdot z_2(s)$$

Gleichungen für die Berechnung mit Frequenzgangfunktionen:

$$x(p) = F_{z2}(p) \cdot z_2(p), \quad p := j\omega,$$

$$F_{z2}(p) = \frac{x(p)}{z_2(p)} = \frac{1}{1 + F_R(p) \cdot F_S(p)} = \frac{N_R(p) \cdot N_S(p)}{N_R(p) \cdot N_S(p) + Z_R(p) \cdot Z_S(p)}$$

$$x_d(p) = w(p) - x(p) = -F_{z2}(p) \cdot z_2(p)$$
$$= \frac{-1}{1 + F_R(p) \cdot F_S(p)} \cdot z_2(p) = \frac{-N_R(p) \cdot N_S(p)}{N_R(p) \cdot N_S(p) + Z_R(p) \cdot Z_S(p)} \cdot z_2(p)$$

Bei Sprungaufschaltung $z_2(t) = z_{20} \cdot E(t)$ gilt:

$$x_d(t \to \infty) = \lim_{p \to 0} -F_{z2}(p) \cdot z_{20} = \lim_{p \to 0} \frac{-N_R(p) \cdot N_S(p)}{N_R(p) \cdot N_S(p) + Z_R(p) \cdot Z_S(p)} \cdot z_{20}$$

5.1.5 Berechnungsbeispiel

Beispiel 5.1-1: Führungs- und Störungsfrequenzgänge sind für das dargestellte Regelungssystem zu bestimmen. Wie groß sind Anfangs- und Endwert der Regelgröße bei Sprungaufschaltung? Welchen Wert hat die bleibende Regeldifferenz $x_d(t \to \infty)$ (Endwert) bei sprungförmiger Führungs- und Störungsaufschaltung?

- Führungsgrößenänderung: $w = w_0 \cdot E(t) = 2 \cdot E(t)$,
- Versorgungsstörgrößenänderung: $z_1(t) = z_{10} \cdot E(t) = 1 \cdot E(t)$,
- Laststörgrößenänderung: $z_2(t) = z_{20} \cdot E(t) = 0.5 \cdot E(t)$,
- $K_R = 4$, $K_P = 2$, $K_I = \text{s}^{-1}$, $T_S = 5\,\text{s}$.

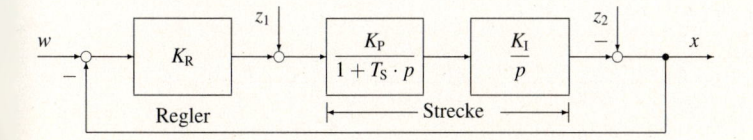

184   5 Frequenzgang- und Übertragungsfunktionen

Üblicherweise wird jeweils nur die Auswirkung einer Eingangsgrößenänderung untersucht. Die Berechnungen werden für Frequenzgangfunktionen durchgeführt, Dimensionen sollen nicht betrachtet werden.

$$F_R(p) = \frac{Z_R(p)}{N_R(p)} = K_R = 4, \quad Z_R(p) = K_R = 4, \quad N_R(p) = 1,$$

$$F_S(p) = \frac{Z_S(p)}{N_S(p)} = \frac{K_P}{(1 + T_S \cdot p)} \cdot \frac{K_I}{p} = \frac{2}{5 \cdot p^2 + p},$$

$$Z_S(p) = 2, \quad N_S(p) = 5 \cdot p^2 + p.$$

Führungsverhalten für $w(t) = 2 \cdot E(t)$:

$$F(p) = \frac{x(p)}{w(p)} = \frac{Z_R(p) \cdot Z_S(p)}{N_R(p) \cdot N_S(p) + Z_R(p) \cdot Z_S(p)} = \frac{8}{5 \cdot p^2 + p + 8},$$

$$x(p) = \frac{Z_R(p) \cdot Z_S(p)}{N_R(p) \cdot N_S(p) + Z_R(p) \cdot Z_S(p)} \cdot w(p) = \frac{8}{5 \cdot p^2 + p + 8} \cdot w(p),$$

$$x(t \to 0) = \lim_{p \to \infty} F(p) \cdot w_0 = \lim_{p \to \infty} \frac{8}{5 \cdot p^2 + p + 8} \cdot 2 = 0,$$

$$x(t \to \infty) = \lim_{p \to 0} F(p) \cdot w_0 = \lim_{p \to 0} \frac{8}{5 \cdot p^2 + p + 8} \cdot 2 = 2,$$

$$x_d(p) = \frac{N_R(p) \cdot N_S(p)}{N_R(p) \cdot N_S(p) + Z_R(p) \cdot Z_S(p)} \cdot w(p),$$

$$x_d(t \to \infty) = \lim_{p \to 0} \frac{N_R(p) \cdot N_S(p)}{N_R(p) \cdot N_S(p) + Z_R(p) \cdot Z_S(p)} \cdot w_0$$

$$= \lim_{p \to 0} \frac{5 \cdot p^2 + p}{5 \cdot p^2 + p + 8} \cdot w_0 = 0.$$

Störungsverhalten für $z_1(t) = 1 \cdot E(t)$:

$$F_{z1}(p) = \frac{x(p)}{z_1(p)} = \frac{Z_S(p) \cdot N_R(p)}{N_R(p) \cdot N_S(p) + Z_R(p) \cdot Z_S(p)} = \frac{2}{5 \cdot p^2 + p + 8},$$

$$x(p) = \frac{Z_S(p) \cdot N_R(p)}{N_R(p) \cdot N_S(p) + Z_R(p) \cdot Z_S(p)} \cdot z_1(p) = \frac{2}{5 \cdot p^2 + p + 8} \cdot z_1(p),$$

$$x(t \to 0) = \lim_{p \to \infty} F_{z1}(p) \cdot z_{10} = \lim_{p \to \infty} \frac{2}{5 \cdot p^2 + p + 8} \cdot 1 = 0,$$

$$x(t \to \infty) = \lim_{p \to 0} F_{z1}(p) \cdot z_{10} = \lim_{p \to 0} \frac{2}{5 \cdot p^2 + p + 8} \cdot 1 = 0.25,$$

$$x_d(p) = w(p) - x(p) = 0 - x(p) = -x(p) = -F_{z1}(p) \cdot z_1(p),$$

$$x_d(t \to \infty) = -x(t \to \infty) = -0.25.$$

Störungsverhalten für $z_2(t) = 0.5 \cdot E(t)$:

$$F_{z2}(p) = \frac{x(p)}{z_2(p)} = \frac{-N_R(p) \cdot N_S(p)}{N_R(p) \cdot N_S(p) + Z_R(p) \cdot Z_S(p)} = \frac{-(5 \cdot p^2 + p)}{5 \cdot p^2 + p + 8},$$

$$x(p) = \frac{-N_R(p) \cdot N_S(p)}{N_R(p) \cdot N_S(p) + Z_R(p) \cdot Z_S(p)} \cdot z_2(p) = \frac{-(5 \cdot p^2 + p)}{5 \cdot p^2 + p + 8} \cdot z_2(p),$$

$$x(t \to 0) = \lim_{p \to \infty} F_{z2}(p) \cdot z_{20} = \lim_{p \to \infty} \frac{-(5 \cdot p^2 + p)}{5 \cdot p^2 + p + 8} \cdot 0.5 = -0.5,$$

$$x(t \to \infty) = \lim_{p \to 0} F_{z2}(p) \cdot z_{20} = \lim_{p \to 0} \frac{-(5 \cdot p^2 + p)}{5 \cdot p^2 + p + 8} \cdot 0.5 = 0,$$

$$x_d(p) = w(p) - x(p) = 0 - x(p) = -x(p) = -F_{z2}(p) \cdot z_2(p),$$

$$x_d(t \to \infty) = -x(t \to \infty) = 0.$$

5.1.6 Gleichungen für das Stellgrößenverhalten

Änderungen von Führungs- oder Störgrößen beeinflussen den Verlauf der Stellgröße. Die Stellgröße liefert die Leistung und damit die Energie für die Ausführung des Regelvorgangs. Wenn die Stelleinrichtung, bestehend aus Regler und Stellglied, die für den Regelungsvorgang benötigte Leistung nicht liefern kann, dann wird die Regelung nicht die gestellten Anforderungen erfüllen können.

Zur Bestimmung der Stellwerte, die als Vorgabe für die technische Auslegung der Stelleinrichtung dienen, müssen daher Berechnungsgleichungen entwickelt werden. Ausgangspunkt ist der Regelkreis mit direkter Gegenkopplung nach Bild 5.1-2.

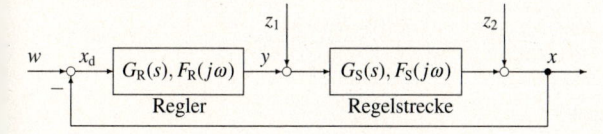

Bild 5.1-2: Regelkreis mit direkter Gegenkopplung

Die Stellgröße wird berechnet, indem in Signalflußrichtung von der Stellgröße $y(s)$ ausgehend, ein Umlauf im Regelkreis ausgeführt wird. Aus der Gleichung werden die Übertragungsfunktionen für die Stellgröße abgeleitet. Für den Regelkreis nach Bild 5.1-2 erhält man

$$\left[-\left[(y(s) + z_1(s)) \cdot G_S(s) + z_2(s)\right] + w(s)\right] \cdot G_R(s) = y(s),$$

$$y(s) \cdot [1 + G_R(s) \cdot G_S(s)] = w(s) \cdot G_R(s) - z_1(s) \cdot G_R(s) \cdot G_S(s) - z_2(s) \cdot G_R(s),$$

$$\boxed{\begin{aligned} y(s) &= \frac{G_R(s)}{1 + G_R(s) \cdot G_S(s)} \cdot w(s) \\ &\quad - \frac{G_R(s) \cdot G_S(s)}{1 + G_R(s) \cdot G_S(s)} \cdot z_1(s) - \frac{G_R(s)}{1 + G_R(s) \cdot G_S(s)} \cdot z_2(s) \\ &= G_{yw}(s) \cdot w(s) + G_{yz1}(s) \cdot z_1(s) + G_{yz2}(s) \cdot z_2(s) \end{aligned}},$$

mit folgenden Bezeichnungen:

- Stellgrößenübertragungsfunktion $G_{yw}(s)$ für die Führungsgröße,
- Stellgrößenübertragungsfunktion $G_{yz1}(s)$ für die Versorgungsstörgröße,
- Stellgrößenübertragungsfunktion $G_{yz2}(s)$ für die Laststörgröße.

Für die Frequenzgangfunktionen ergibt sich entsprechend:

$$y(j\omega) = \frac{F_R(j\omega)}{1 + F_R(j\omega) \cdot F_S(j\omega)} \cdot w(j\omega)$$
$$- \frac{F_R(j\omega) \cdot F_S(j\omega)}{1 + F_R(j\omega) \cdot F_S(j\omega)} \cdot z_1(j\omega) - \frac{F_R(j\omega)}{1 + F_R(j\omega) \cdot F_S(j\omega)} \cdot z_2(j\omega) ,$$
$$= F_{yw}(j\omega) \cdot w(j\omega) + F_{yz1}(j\omega) \cdot z_1(j\omega) + F_{yz2}(j\omega) \cdot z_2(j\omega)$$

mit folgenden Bezeichnungen:

- Stellgrößenfrequenzgangfunktion $F_{yw}(j\omega)$ für die Führungsgröße,
- Stellgrößenfrequenzgangfunktion $F_{yz1}(j\omega)$ für die Versorgungsstörgröße,
- Stellgrößenfrequenzgangfunktion $F_{yz2}(j\omega)$ für die Laststörgröße.

In die Gleichungen der Übertragungsfunktionen werden die Zähler- und Nennerpolynome von Regler- und Regelstreckenübertragungsfunktion eingesetzt, damit ergeben sich die vereinfachten Gleichungen:

Stellgrößenübertragungsfunktion $G_{yw}(s)$ für die Führungsgröße:

$$y(s) = G_{yw}(s) \cdot w(s),$$
$$G_{yw}(s) = \frac{y(s)}{w(s)} = \frac{G_R(s)}{1 + G_R(s) \cdot G_S(s)} = \frac{Z_R(s) \cdot N_S(s)}{N_R(s) \cdot N_S(s) + Z_R(s) \cdot Z_S(s)},$$

Anfangswert der Stellgröße:
$$y(t = 0) = \lim_{s \to \infty} s \cdot y(s) = \lim_{s \to \infty} s \cdot \frac{Z_R(s) \cdot N_S(s)}{N_R(s) \cdot N_S(s) + Z_R(s) \cdot Z_S(s)} \cdot w(s),$$

Endwert der Stellgröße:
$$y(t \to \infty) = \lim_{s \to 0} s \cdot y(s) = \lim_{s \to 0} s \cdot \frac{Z_R(s) \cdot N_S(s)}{N_R(s) \cdot N_S(s) + Z_R(s) \cdot Z_S(s)} \cdot w(s),$$

Stellgrößenübertragungsfunktion $G_{yz1}(s)$ für die Versorgungsstörgröße:

$$y(s) = G_{yz1}(s) \cdot z_1(s),$$
$$G_{yz1}(s) = \frac{y(s)}{z_1(s)} = \frac{-G_R(s) \cdot G_S(s)}{1 + G_R(s) \cdot G_S(s)} = \frac{-Z_R(s) \cdot Z_S(s)}{N_R(s) \cdot N_S(s) + Z_R(s) \cdot Z_S(s)}$$

Anfangswert der Stellgröße:
$$y(t = 0) = \lim_{s \to \infty} s \cdot y(s) = \lim_{s \to \infty} s \cdot \frac{-Z_R(s) \cdot Z_S(s)}{N_R(s) \cdot N_S(s) + Z_R(s) \cdot Z_S(s)} \cdot z_1(s),$$

Endwert der Stellgröße:
$$y(t \to \infty) = \lim_{s \to 0} s \cdot y(s) = \lim_{s \to 0} s \cdot \frac{-Z_R(s) \cdot Z_S(s)}{N_R(s) \cdot N_S(s) + Z_R(s) \cdot Z_S(s)} \cdot z_1(s),$$

5.1 Gleichungen für Regelkreise mit direkter Gegenkopplung

Stellgrößenübertragungsfunktion $G_{yz2}(s)$ für die Laststörgröße:

$$y(s) = G_{yz2}(s) \cdot z_2(s),$$

$$G_{yz2}(s) = \frac{y(s)}{z_2(s)} = \frac{-G_R(s)}{1 + G_R(s) \cdot G_S(s)} = \frac{-Z_R(s) \cdot N_S(s)}{N_R(s) \cdot N_S(s) + Z_R(s) \cdot Z_S(s)}$$

Anfangswert der Stellgröße:

$$y(t=0) = \lim_{s \to \infty} s \cdot y(s) = \lim_{s \to \infty} s \cdot \frac{-Z_R(s) \cdot N_S(s)}{N_R(s) \cdot N_S(s) + Z_R(s) \cdot Z_S(s)} \cdot z_2(s),$$

Endwert der Stellgröße:

$$y(t \to \infty) = \lim_{s \to 0} s \cdot y(s) = \lim_{s \to 0} s \cdot \frac{-Z_R(s) \cdot N_S(s)}{N_R(s) \cdot N_S(s) + Z_R(s) \cdot Z_S(s)} \cdot z_2(s).$$

Beispiel 5.1-2: Für das Regelungssystem ist die Stellgrößenübertragungsfunktion für Führung und Störung zu bestimmen. Anfangs- und Endwert der Stellgröße bei Sprungaufschaltung sind zu ermitteln.

- Führungsgröße: $w(t) = w_0 \cdot E(t) = 1 \cdot E(t)$,
- Versorgungsstörgröße: $z_1(t) = z_{10} \cdot E(t) = -2 \cdot E(t)$,
- $K_R = 5$, $K_S = 1.8$, $T_1 = T_2 = 1$ s,

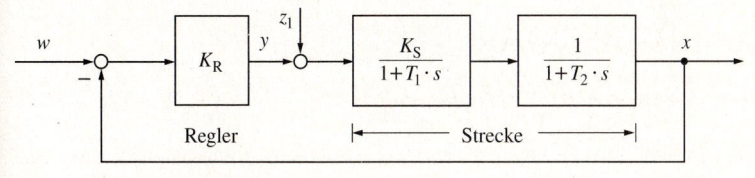

$$G_R(s) = \frac{Z_R(s)}{N_R(s)} = K_R = 5,$$

$$Z_R(s) = K_R = 5, \quad N_R(s) = 1,$$

$$G_S(s) = \frac{Z_S(s)}{N_S(s)} = \frac{K_S}{(1 + T_1 \cdot s) \cdot (1 + T_2 \cdot s)},$$

$$Z_S(s) = K_S = 1.8, \quad N_S(s) = (1 + T_1 \cdot s) \cdot (1 + T_2 \cdot s).$$

Die Übertragungsfunktionen und die zugehörigen Grenzwerte werden berechnet:

Stellgrößenübertragungsfunktion $G_{yw}(s)$ für die Führungsgröße:

$$G_{yw}(s) = \frac{y(s)}{w(s)} = \frac{G_R(s)}{1 + G_R(s) \cdot G_S(s)} = \frac{Z_R(s) \cdot N_S(s)}{N_R(s) \cdot N_S(s) + Z_R(s) \cdot Z_S(s)}$$

$$= \frac{K_R \cdot (1 + T_1 \cdot s) \cdot (1 + T_2 \cdot s)}{(1 + T_1 \cdot s) \cdot (1 + T_2 \cdot s) + K_R \cdot K_S}$$

Anfangswert der Stellgröße für $w(t) = w_0 \cdot E(t) = E(t)$:

$$y(t=0) = \lim_{s \to \infty} s \cdot y(s) = \lim_{s \to \infty} s \cdot \frac{Z_R(s) \cdot N_S(s)}{N_R(s) \cdot N_S(s) + Z_R(s) \cdot Z_S(s)} \cdot w(s)$$

$$= \lim_{s \to \infty} s \cdot \frac{K_R \cdot (1 + T_1 \cdot s) \cdot (1 + T_2 \cdot s)}{(1 + T_1 \cdot s) \cdot (1 + T_2 \cdot s) + K_R \cdot K_S} \cdot \frac{w_0}{s} = K_R \cdot w_0 = 5,$$

Endwert der Stellgröße für $w(t) = w_0 \cdot E(t) = E(t)$:

$$y(t \to \infty) = \lim_{s \to 0} s \cdot y(s) = \lim_{s \to 0} s \cdot \frac{Z_R(s) \cdot N_S(s)}{N_R(s) \cdot N_S(s) + Z_R(s) \cdot Z_S(s)} \cdot w(s)$$

$$= \lim_{s \to 0} s \cdot \frac{K_R \cdot (1 + T_1 \cdot s) \cdot (1 + T_2 \cdot s)}{(1 + T_1 \cdot s) \cdot (1 + T_2 \cdot s) + K_R \cdot K_S} \cdot \frac{w_0}{s} = \frac{K_R \cdot w_0}{1 + K_R \cdot K_S} = 0.5,$$

Stellgrößenübertragungsfunktion $G_{yz1}(s)$ für die Versorgungsstörgröße:

$$G_{yz1}(s) = \frac{y(s)}{z_1(s)} = \frac{-G_R(s) \cdot G_S(s)}{1 + G_R(s) \cdot G_S(s)} = \frac{-Z_R(s) \cdot Z_S(s)}{N_R(s) \cdot N_S(s) + Z_R(s) \cdot Z_S(s)}$$

$$= \frac{-K_R \cdot K_S}{(1 + T_1 \cdot s) \cdot (1 + T_2 \cdot s) + K_R \cdot K_S},$$

Anfangswert der Stellgröße für $z_1(t) = z_{10} \cdot E(t) = -2 \cdot E(t)$:

$$y(t = 0) = \lim_{s \to \infty} s \cdot y(s) = \lim_{s \to \infty} s \cdot \frac{-Z_R(s) \cdot Z_S(s)}{N_R(s) \cdot N_S(s) + Z_R(s) \cdot Z_S(s)} \cdot z_1(s)$$

$$= \lim_{s \to \infty} s \cdot \frac{-K_R \cdot K_S}{(1 + T_1 \cdot s) \cdot (1 + T_2 \cdot s) + K_R \cdot K_S} \cdot \frac{z_{10}}{s} = 0,$$

Endwert der Stellgröße für $z_1(t) = z_{10} \cdot E(t) = -2 \cdot E(t)$:

$$y(t \to \infty) = \lim_{s \to 0} s \cdot y(s) = \lim_{s \to 0} s \cdot \frac{-Z_R(s) \cdot Z_S(s)}{N_R(s) \cdot N_S(s) + Z_R(s) \cdot Z_S(s)} \cdot z_1(s)$$

$$= \lim_{s \to 0} s \cdot \frac{-K_R \cdot K_S}{(1 + T_1 \cdot s) \cdot (1 + T_2 \cdot s) + K_R \cdot K_S} \cdot \frac{z_{10}}{s} = \frac{-K_R \cdot K_S \cdot z_{10}}{1 + K_R \cdot K_S} = 1.8.$$

Die Stellgröße hat ihren größten Wert zur Zeit $t = 0$ bei Sprungaufschaltung der Führungsgröße. Die Stelleinrichtung muß den Wert $y_{max} = y(t = 0) = 5$ liefern können.

5.2 Ausregelbarkeit von Störungen

Bisher wurden die Auswirkungen von Störungen untersucht, die am Eingang oder Ausgang der Regelstrecke angreifen. Die folgende Untersuchung zeigt, daß dies die einzigen Störungen sind, deren Auswirkungen von Regelkreisen unterdrückt werden können.

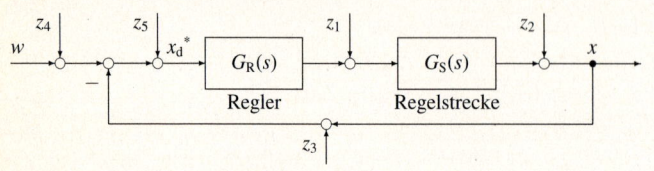

Bild 5.2-1: Regelkreis mit Störgrößen

Für den Regelkreis wird die Regelkreisgleichung ermittelt, aus Gründen der Übersichtlichkeit wird der LAPLACE-Operator s zunächst weggelassen:

$$[[w + z_4 - (x + z_3) + z_5] \cdot G_R + z_1] \cdot G_S + z_2 = x.$$

Nach Umformung ergibt sich:

$$x \cdot (1 + G_R \cdot G_S) = (w - z_3 + z_4 + z_5) \cdot G_R \cdot G_S + z_1 \cdot G_S + z_2 ,$$

$$x = \frac{G_R \cdot G_S}{1 + G_R \cdot G_S} \cdot w + \frac{G_R \cdot G_S}{1 + G_R \cdot G_S} \cdot [-z_3 + z_4 + z_5] +$$

$$+ \frac{G_S}{1 + G_R \cdot G_S} \cdot z_1 + \frac{1}{1 + G_R \cdot G_S} \cdot z_2 ,$$

$$x(s) = G(s) \cdot w(s) + G(s) \cdot [-z_3(s) + z_4(s) + z_5(s)] +$$

$$+ G_{z1}(s) \cdot z_1(s) + G_{z2}(s) \cdot z_2(s) .$$

Aus der letzten Gleichung erhält man folgende Aussage: Die Störungen z_3, z_4, z_5 werden wie die Führungsgröße w, also wie Sollwerte übertragen, nur die Störungen z_1 und z_2 werden mit den Störübertragungsfunktionen $G_{z1}(s)$ und $G_{z2}(s)$ unterdrückt. Es ergibt sich ein äquivalentes Strukturbild:

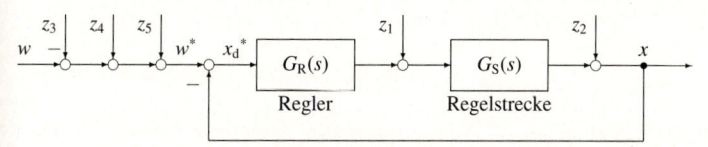

Bild 5.2-2: Äquivalenter Signalflußplan des Regelkreises

Die von Störungen verfälschte Führungsgröße w^* ist

$$w^*(s) = w(s) - z_3(s) + z_4(s) + z_5(s) .$$

Aus den Ergebnissen der Ableitung erhält man folgende Aussagen:

> Eine Regelung kann nur Störungen unterdrücken, die zwischen Regelstreckeneingang und -ausgang angreifen (z_1, z_2). Ein Regelkreis muß so aufgebaut werden, daß Störungen wie z_3, z_4, z_5, die nicht ausregelbar sind, nicht auftreten.

Die Störungen haben folgende Ursachen:

- z_3: Meßeinrichtung,
- z_4: Sollwertvorgabe,
- z_5: Regler.

Solche Störungen treten nicht auf, wenn Regelkreise ausreichende Abschirmung, störungsfreie Energieversorgung und offsetfreie Verstärker besitzen.

5.3 Gleichungen für Regelkreise mit indirekter Gegenkopplung

Die Regelkreisgleichung wird nach der Vorgehensweise von Abschnitt 5.1.1 aufgestellt, indem in Signalflußrichtung ein Umlauf im Regelkreis ausgeführt wird. Die dabei entstehende Regelkreisgleichung unterscheidet sich nur durch die Komponente $G_M(s)$, $F_M(j\omega)$, die die Übertragungseigenschaften der Meßeinrichtung beschreibt, von der in Abschnitt 5.1.1 abgeleiteten Gleichung.

Für den Regelkreis nach Bild 5.3-1 erhält man

$$[[w(s) - x(s) \cdot G_M(s)] \cdot G_R(s) + z_1(s)] \cdot G_S(s) + z_2(s) = x(s) ,$$

$$x(s) \cdot [1 + G_M(s) \cdot G_R(s) \cdot G_S(s)] = w(s) \cdot G_R(s) \cdot G_S(s) + z_1 \cdot G_S(s) + z_2(s) ,$$

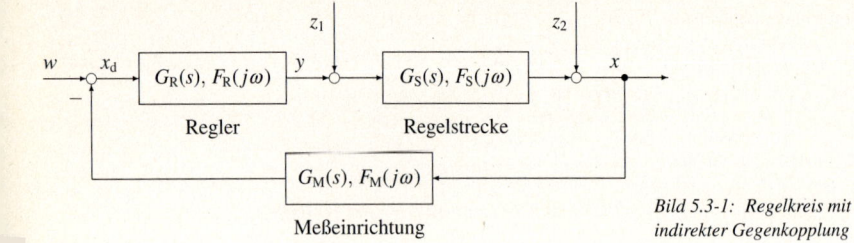

5 Frequenzgang- und Übertragungsfunktionen

```
         z₁              z₂
w   x_d  ┌──────────┐ y  │   ┌──────────┐      │   x
────○───▶│G_R(s),F_R(jω)│──▶○──▶│G_S(s),F_S(jω)│──▶○────▶
    -↑   └──────────┘      └──────────┘          │
     │      Regler           Regelstrecke        │
     │        ┌──────────────┐                   │
     └────────│G_M(s), F_M(jω)│◀──────────────────┘
              └──────────────┘
                Meßeinrichtung
```

Bild 5.3-1: Regelkreis mit indirekter Gegenkopplung

$$x(s) = \frac{G_R(s) \cdot G_S(s)}{1 + G_M(s) \cdot G_R(s) \cdot G_S(s)} \cdot w(s) + \frac{G_S(s)}{1 + G_M(s) \cdot G_R(s) \cdot G_S(s)} \cdot z_1(s) +$$
$$+ \frac{1}{1 + G_M(s) \cdot G_R(s) \cdot G_S(s)} \cdot z_2(s)$$
$$= G(s) \cdot w(s) + G_{z1}(s) \cdot z_1(s) + G_{z2}(s) \cdot z_2(s) \, ,$$

mit den bereits eingeführten Bezeichnungen:
- Führungsübertragungsfunktion $G(s)$,
- Versorgungsstörungsübertragungsfunktion $G_{z1}(s)$,
- Laststörungsübertragungsfunktion $G_{z2}(s)$.

Um die Regeldifferenz $x_d = w - x$ zu erhalten, bildet man mit der Gleichung

$$x(s) = G(s) \cdot w(s) + G_{z1}(s) \cdot z_1(s) + G_{z2}(s) \cdot z_2(s) \, ,$$
$$x_d(s) = w(s) - x(s) = w(s) - G(s) \cdot w(s) - G_{z1}(s) \cdot z_1(s) - G_{z2}(s) \cdot z_2(s)$$

und erhält nach Umformung

$$\boxed{x_d(s) = [1 - G(s)] \cdot w(s) - G_{z1}(s) \cdot z_1(s) - G_{z2}(s) \cdot z_2(s)} \, .$$

Für die Frequenzgangfunktionen ergibt sich entsprechend:

$$x(j\omega) = \frac{F_R(j\omega) \cdot F_S(j\omega)}{1 + F_M(j\omega) \cdot F_R(j\omega) \cdot F_S(j\omega)} \cdot w(j\omega) +$$
$$+ \frac{F_S(j\omega)}{1 + F_M(j\omega) \cdot F_R(j\omega) \cdot F_S(j\omega)} \cdot z_1(j\omega) +$$
$$+ \frac{1}{1 + F_M(j\omega) \cdot F_R(j\omega) \cdot F_S(j\omega)} \cdot z_2(j\omega)$$
$$= F(j\omega) \cdot w(j\omega) + F_{z1}(j\omega) \cdot z_1(j\omega) + F_{z2}(j\omega) \cdot z_2(j\omega) \, ,$$

$$\boxed{x_d(j\omega) = [1 - F(j\omega)] \cdot w(j\omega) - F_{z1}(j\omega) \cdot z_1(j\omega) - F_{z2}(j\omega) \cdot z_2(j\omega)} \, ,$$

mit den Bezeichnungen:
- Führungsfrequenzgangfunktion $F(j\omega)$,
- Versorgungsstörungsfrequenzgangfunktion $F_{z1}(j\omega)$,
- Laststörungsfrequenzgangfunktion $F_{z2}(j\omega)$.

5.3 Gleichungen für Regelkreise mit indirekter Gegenkopplung

Beispiel 5.3-1: Das Regelungsverhalten eines Kompensationsschreibers ist zu untersuchen. Die aufgeschaltete Spannung $w(t)$ soll aufgezeichnet werden, $x(t)$ ist die Position des Schreibstiftes. Die Regelgröße $x(t)$ wird mit einem Potentiometer gemessen und mit $w(t)$ verglichen. Die Stellgröße $y(t)$ entspricht der Spannung am Motor, mit dem der Schreibstift positioniert wird.

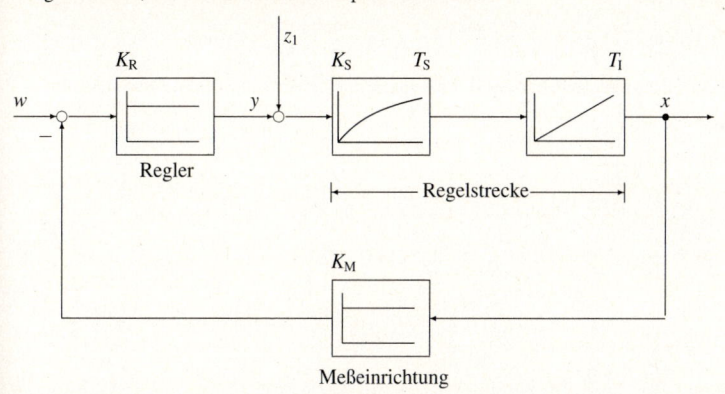

Zu ermitteln sind die Führungs- und Störübertragungsfunktionen des Regelungssystems. Wie groß sind Anfangs- und Endwert der Regelgröße und die bleibende Regeldifferenz (Endwert) bei sprungförmiger Führungs- und Störungsaufschaltung?

$$w = w_0 \cdot E(t), \quad z_1(t) = z_{10} \cdot E(t),$$

$$K_R = 5, \quad K_S = 10\,\frac{\text{mm}}{\text{V}}, \quad T_S = 0.1\,\text{s}, \quad T_I = 1\,\text{s},$$

$$K_M = 0.05\,\frac{\text{V}}{\text{mm}}, \quad w_0 = 2\,\text{V}, \quad z_{10} = -0.2\,\text{V}.$$

Berechnung der Übertragungsfunktionen:

$$G_R(s) = K_R, \quad G_S(s) = \frac{K_S}{s \cdot T_I \cdot (1 + s \cdot T_S)}, \quad G_M(s) = K_M.$$

Führungsübertragungsfunktion für $w(s), z_1(s) = 0$:

$$G(s) = \frac{G_R(s) \cdot G_S(s)}{1 + G_M(s) \cdot G_R(s) \cdot G_S(s)} = \frac{K_R \cdot K_S}{s \cdot T_I \cdot (1 + s \cdot T_S) + K_M \cdot K_R \cdot K_S}$$

$$= \frac{50}{0.1 \cdot s^2 + s + 2.5}\,\frac{\text{mm}}{\text{V}}.$$

Störungsübertragungsfunktion für $z_1(s), w(s) = 0$:

$$G_{z1}(s) = \frac{G_S(s)}{1 + G_M(s) \cdot G_R(s) \cdot G_S(s)} = \frac{K_S}{s \cdot T_I \cdot (1 + s \cdot T_S) + K_M \cdot K_R \cdot K_S}$$

$$= \frac{10}{0.1 \cdot s^2 + s + 2.5}\,\frac{\text{mm}}{\text{V}}.$$

Anfangs- und Endwert der Position x bei $w(t) = w_0 \cdot E(t)$:

$$x(t = 0) = \lim_{s \to \infty} s \cdot G(s) \cdot w(s)$$

$$= \lim_{s \to \infty} s \cdot \frac{K_R \cdot K_S}{s \cdot T_1 \cdot (1 + s \cdot T_S) + K_M \cdot K_R \cdot K_S} \frac{w_0}{s} = 0,$$

$$x(t \to \infty) = \lim_{s \to 0} s \cdot G(s) \cdot w(s)$$

$$= \lim_{s \to 0} s \cdot \frac{K_R \cdot K_S}{s \cdot T_1 \cdot (1 + s \cdot T_S) + K_M \cdot K_R \cdot K_S} \frac{w_0}{s} = \frac{w_0}{K_M} = 40 \text{ mm}.$$

Für die Berechnung der bleibenden Regeldifferenz wird von dem geforderten Sollwert (Führungsgröße)

$$x_{\text{soll}} = \frac{w_0}{K_M} = \frac{2 \text{ V}}{0.05 \dfrac{\text{V}}{\text{mm}}} = 40 \text{ mm}$$

die Regelgröße $x(t \to \infty)$ subtrahiert. Bleibende Regeldifferenz bei $w(t) = w_0 \cdot E(t)$, $z_1(t) = 0$:

$$x_d(t \to \infty) = \frac{w_0}{K_M} - x(t \to \infty) = \frac{w_0}{K_M} - \lim_{s \to 0} s \cdot G(s) \cdot w(s)$$

$$= \frac{w_0}{K_M} - \lim_{s \to 0} s \cdot \frac{G_R(s) \cdot G_S(s)}{1 + G_M(s) \cdot G_R(s) \cdot G_S(s)} \cdot w(s)$$

$$= \frac{w_0}{K_M} - \lim_{s \to 0} s \cdot \frac{K_R \cdot K_S}{s \cdot T_1 \cdot (1 + s \cdot T_S) + K_M \cdot K_R \cdot K_S} \cdot \frac{w_0}{s}$$

$$= \frac{w_0}{K_M} - \frac{K_R \cdot K_S}{K_M \cdot K_R \cdot K_S} \cdot w_0 = 0.$$

Bleibende Regeldifferenz bei $z_1(t) = z_{10} \cdot E(t)$, $w(t) = 0$:

$$x_d(t \to \infty) = -x(t \to \infty) = -\lim_{s \to 0} s \cdot x(s) = -\lim_{s \to 0} s \cdot G_{z1}(s) \cdot z_1(s)$$

$$= -\lim_{s \to 0} \frac{s \cdot G_S(s)}{1 + G_M(s) \cdot G_R(s) \cdot G_S(s)} \cdot \frac{z_{10}}{s}$$

$$= -\lim_{s \to 0} \frac{K_S \cdot z_{10}}{s \cdot T_1 \cdot (1 + s \cdot T_S) + K_M \cdot K_R \cdot K_S} = -\frac{z_{10}}{K_M \cdot K_R} = 0.8 \text{ mm}.$$

5.4 Stationäre Regelfehler höherer Ordnung

Die bleibende (stationäre) Regeldifferenz $x_d(t \to \infty)$ bei Führungsgrößenaufschaltung $w(s)$ wurde in Abschnitt 5.1.2 abgeleitet.

$$\boxed{x_d(t \to \infty) = \lim_{s \to 0} s \cdot x_d(s) = \lim_{s \to 0} s \frac{1}{1 + G_R(s) \cdot G_S(s)} w(s)}$$

Die Regeldifferenz wird im allgemeinen für die Sprungfunktion

$$w(t) = w_0 \cdot E(t), \quad w(s) = \frac{w_0}{s}$$

bestimmt:

$$x_d(t \to \infty) = \lim_{s \to 0} s \cdot x_d(s) = \lim_{s \to 0} \frac{1}{1 + G_R(s) \cdot G_S(s)} \cdot w_0.$$

Dieser **Regelfehler I. Ordnung** wird bei Antriebsregelungen (Servo-Systemen) mit Lage- oder Positionsfehler bezeichnet. Der Lagefehler gibt an, wie groß die Abweichung von der vorgegebenen konstanten Sollposition ist. Fehler höherer Ordnung sind von Bedeutung, wenn die Sollposition mit konstanter Geschwindigkeit oder Beschleunigung vergrößert wird.

5.4 Stationäre Regelfehler höherer Ordnung

Diese **Fehler II. und III. Ordnung** werden mit Geschwindigkeits- und Beschleunigungsfehler bezeichnet. Darunter wird der Fehler oder die Differenz zwischen Soll- und Istwert verstanden, wenn sich der Sollwert mit konstanter Geschwindigkeit oder Beschleunigung ändert. Geschwindigkeits- und Beschleunigungsfehler sind daher immer Fehler der Regelgröße, bei Antriebssystemen Fehler der Lage oder Position.

Tabelle 5.4-1: Stationäre Regelfehler

Regelfehler	I. Ordnung	II. Ordnung	III. Ordnung
Bezeichnung bei Servosystemen	Lagefehler	Geschwindigkeits-fehler	Beschleunigungs-fehler
Führungsgröße im Zeitbereich $w(t)$	$w_0 \cdot E(t)$	$w_0 \cdot \dfrac{t}{T} \cdot E(t)$	$w_0 \cdot \dfrac{t^2}{2 \cdot T^2} \cdot E(t)$
Bezeichnung	Sprungfunktion	Anstiegsfunktion	Parabelfunktion
Führungsgröße im Frequenzbereich $w(s)$	$\dfrac{w_0}{s}$	$\dfrac{w_0}{T} \dfrac{1}{s^2}$	$\dfrac{w_0}{T^2} \dfrac{1}{s^3}$
Regeldifferenz	$x_{d1}(t \to \infty) =$ $\lim\limits_{s \to 0} x_d(s) \cdot w_0$	$x_{d2}(t \to \infty) =$ $\lim\limits_{s \to 0} x_d(s) \dfrac{w_0}{T \cdot s}$	$x_{d3}(t \to \infty) =$ $\lim\limits_{s \to 0} x_d(s) \dfrac{w_0}{T^2 \cdot s^2}$

Tabelle 5.4-2: Werte der stationären Regelfehler, abhängig von der Anzahl der Integral-Elemente im Regelkreis

Führungsgröße im Zeitbereich $w(t)$	$w_0 \cdot E(t)$	$w_0 \cdot \dfrac{t}{T} \cdot E(t)$	$w_0 \cdot \dfrac{t^2}{2 \cdot T^2} \cdot E(t)$
Fehlerart	Lagefehler $x_{d1}(t \to \infty)$	Geschwindigkeitsfehler $x_{d2}(t \to \infty)$	Beschleunigungsfehler $x_{d3}(t \to \infty)$
Anzahl der Integral-Elemente			
$k = 0$	$\dfrac{1}{1 + K_R \cdot K_S} w_0$	∞	∞
$k = 1$	0	$\dfrac{1}{K_R \cdot K_S} \dfrac{w_0}{T}$	∞
$k = 2$	0	0	$\dfrac{1}{K_R \cdot K_S} \dfrac{w_0}{T^2}$

Die stationären Fehler hängen von der Anzahl der Integral-Elemente im Regelkreis ab. Zur Berechnung wird die Übertragungsfunktion des offenen Regelkreises $G_R(s) \cdot G_S(s)$ in folgender Form geschrieben:

$$G_R(s) \cdot G_S(s) = \frac{Z_R(s) \cdot Z_S(s)}{N_R(s) \cdot N_S(s)} = \frac{K_R \cdot K_S}{s^k} \frac{Z(s)}{N(s)}.$$

k ist die Anzahl der Integralelemente von Regler und Regelstrecke. Die gebrochen rationale Funktion $\dfrac{Z(s)}{N(s)}$ enthält Vorhalt- und Verzögerungselemente in normierter Form, für die $\lim\limits_{s \to 0} \dfrac{Z(s)}{N(s)} = 1$ gilt. Beispielsweise wird die Übertragungsfunktion

$$G_R(s) \cdot G_S(s) = \frac{8 \cdot s + 4}{0.01 \cdot s^5 + 0.12 \cdot s^4 + 1.2 \cdot s^3 + 2 \cdot s^2}$$

normiert zu

$$G_R(s) \cdot G_S(s) = \frac{K_R \cdot K_S}{s^k} \frac{Z(s)}{N(s)} = \frac{2}{s^2} \frac{(1 + 2 \cdot s)}{(1 + 0.5 \cdot s) \cdot (1 + 0.1 \cdot s + 0.01 \cdot s^2)},$$

mit $k = 2$, $K_R \cdot K_S = 2$, $\dfrac{Z(s=0)}{N(s=0)} = 1$.

Bei der Anwendung der Grenzwertsätze wird vorausgesetzt, daß das Regelungssystem stabil ist. Der Regelfehler ist dann abhängig von der Anzahl der Integral-Elemente im Regelkreis (Tabelle 5.4-2).

Beispiel 5.4-1: Der Geschwindigkeitsfehler ist ein Gütemaß für das Führungsverhalten von Antriebssystemen. Ein Stellantrieb mit der Übertragungsfunktion des offenen Regelkreises

$$G_R(s) \cdot G_S(s) = \frac{K_R \cdot K_S}{s(1 + T_M \cdot s)} = \frac{K_R \cdot K_S}{s} \frac{Z(s)}{N(s)}$$

mit der Kreisverstärkung $K_R \cdot K_S = 10\,\text{s}^{-1}$ und einer mechanischen Zeitkonstanten $T_M = 100\,\text{ms}$ soll mit konstanter Geschwindigkeit $\dfrac{w_0}{T} = 10\,\text{mm} \cdot \text{s}^{-1}$ verfahren. Der Geschwindigkeitsfehler des Regelungssystems ist zu berechnen:

$$x_{d2}(t \to \infty) = \frac{1}{K_R \cdot K_S} \cdot \frac{w_0}{T} = 1.0\,\text{mm}.$$

Nach Abklingen der Einschwingvorgänge folgt die Position $x(t)$ der Führungsgröße $w(t)$ mit einem Geschwindigkeitsfehler, der auch als Schleppabstand bezeichnet wird, von 1 mm (Bild 5.4-1).

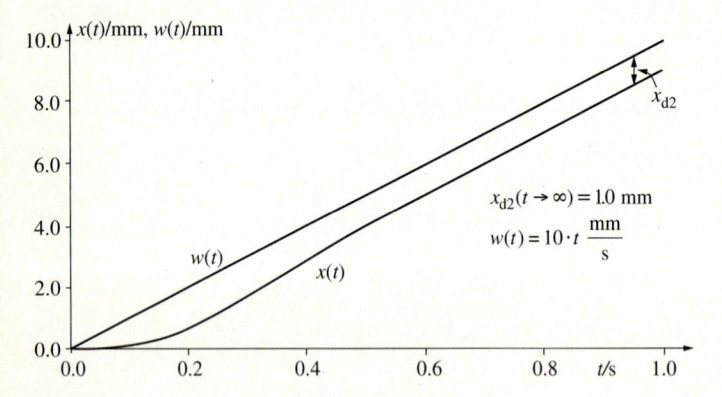

Bild 5.4-1: Geschwindigkeitsfehler eines Antriebssystems

6 Stabilität von Regelkreisen

6.1 Entstehung des Stabilitätsproblems bei Regelkreisen

Die Einwirkung der Stellgröße des Reglers auf die Regelgröße erfolgt im allgemeinen mit **Verzögerung**. Die Ursachen dafür liegen in den physikalischen Eigenschaften der Regelstrecke.

Verzögerungen entstehen immer, wenn der Inhalt eines Energiespeichers geändert wird. Die Änderung kann nicht in unendlich kurzer Zeit ausgeführt werden, da dafür eine unendlich hohe Leistung P erforderlich wäre. Zum Beispiel kann die kinetische Energie E_{kin} einer Masse nicht in unendlich kurzer Zeit geändert werden, das heißt, die Masse kann nicht in unendlich kurzer Zeit auf eine vorgegebene Geschwindigkeit v gebracht werden:

$$E_{kin} = \frac{m \cdot v^2}{2} = P \cdot \Delta t, \quad \Delta t \to 0, \quad P \to \infty$$

Verzögerungen entstehen bei mechanischen Regelstrecken durch potentielle Energiespeicher, kinetische Energiespeicher und Reibungselemente: Ein mechanisches Element läßt sich häufig als Feder-Dämpfer-Masse-Element darstellen. Bei elektrischen Systemen entstehen Verzögerungen durch Umladungsvorgänge und den Aufbau von Energiefeldern. Elektrische Systeme enthalten elektrostatische Energiespeicher (Kondensatoren), elektromagnetische Energiespeicher (Induktivitäten) und Widerstände.

Regelstrecken haben Verzögerungen: Das heißt, eine Regelung **braucht Zeit**, um eine Störgröße auszuregeln oder die Regelgröße auf die Führungsgröße einzustellen. Eine Regelung ist nutzlos, wenn sie zu langsam arbeitet. Der Regler wird daher so eingestellt, daß er beim Auftreten einer Regeldifferenz genügend stark eingreift. Die durch eine Störung verminderte Regelgröße x wird schnell auf den Sollwert w_0 gebracht, aber über ihn hinausgehen. Der Regler greift im entgegengesetzten Sinn ein, mit der Folge, daß die Regelgröße unter den Sollwert w_0 gebracht wird: Es entsteht eine Schwingung um den Sollwert w_0. Die Regelung ist instabil und damit funktionsunfähig.

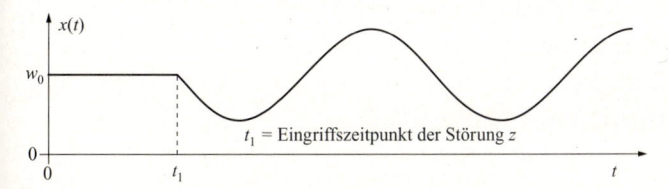

Bild 6.1-1: Instabiles Verhalten eines Regelkreises

Zusammenfassung: Das **Stabilitätsproblem** ist mit dem Aufbau der Regelung als **Wirkungskreis** verbunden. Bei einer Steuerung, die eine Wirkungskette darstellt, gibt es kein Stabilitätsproblem. Eine Regelung muß **stabil** sein, sonst ist sie nicht funktionsfähig.

Eine Regelung kann stabilisiert werden, indem der Regler so eingestellt wird, daß er langsam reagiert. Das ist nicht befriedigend. Eine wichtige Aufgabe beim Entwurf einer Regelung besteht darin, einen tragbaren **Kompromiß** zwischen den gegenläufigen Forderungen nach **Stabilität und Schnelligkeit** zu erzielen.

6.2 Definition der Stabilität

> Voraussetzung für die technische Anwendbarkeit einer Regelung ist die Stabilität des Regelkreises.

Die folgende Definition geht von einem dynamischen System (Regelungssystem) aus, das sich in einem **stationären Betriebszustand** (Ruhelage) befindet. Zum Zeitpunkt $t = 0$ ist es durch Störungen aus dem Betriebszustand ausgelenkt worden. Soll das Regelungssystem praktisch brauchbar sein, muß es von selbst in den stationären Betriebszustand zurückkehren.

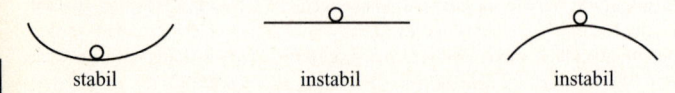

stabil	instabil	instabil

Bild 6.2-1: *Verschiedene Ruhelagen eines mechanischen Systems*

Wird bei den im Bild dargestellten Systemen die Kugel aus der Ruhelage ausgelenkt, so wird nur im ersten Fall die Kugel in die Ruhelage zurückkehren.

> Das führt zu folgender Definition: Ein System ist stabil, wenn es in seiner Ruhelage bleibt, solange es nicht von außen angeregt wird, und das in seine Ruhelage zurückkehrt, wenn alle äußeren Anregungen weggenommen werden.

Diese Definition ist aus der Differentialgleichungstheorie entstanden. Die Stabilität eines Systems wird durch das Verhalten gegenüber Anfangsauslenkungen definiert (mathematisch betrachtet, wie die Lösung der homogenen Differentialgleichung von den Anfangsbedingungen abhängt).

Beispiel 6.2-1:   *RC*-Element mit Anfangswert (Auslenkung) U_{a0}, Untersuchung der Stabilität

$u_e = 0$
$u_a(t = 0) = U_{a0}$
$T_1 = R \cdot C$

Zur Zeit $t = 0$ wird der Schalter geschlossen. Für $t > 0$ gilt:

$$-R \cdot i(t) + u_a(t) = R \cdot C \cdot \frac{du_a(t)}{dt} + u_a(t) = 0.$$

$T_1 \cdot \dfrac{du_a(t)}{dt} + u_a(t) = 0$	$T_1 \cdot (s \cdot u_a(s) - U_{a0}) + u_a(s) = 0$
$u_a(t) = C_1 \cdot e^{\alpha \cdot t}$	$u_a(s) \cdot (s \cdot T_1 + 1) = T_1 \cdot U_{a0}$
$T_1 \cdot \alpha \cdot C_1 \cdot e^{\alpha \cdot t} + C_1 \cdot e^{\alpha \cdot t} = 0$	$u_a(s) = T_1 \cdot U_{a0} \dfrac{1}{s \cdot T_1 + 1} = T_1 \cdot U_{a0} \cdot G(s)$
Charakteristische Gleichung des Systems	
$T_1 \cdot \alpha + 1 = 0$	$T_1 \cdot s + 1 = 0$

6.2 Definition der Stabilität

Nullstellen (Wurzeln) der charakteristischen Gleichung	
$\alpha_1 = -\dfrac{1}{T_1}$	$s_1 = -\dfrac{1}{T_1}$
$u_a(t) = C_1 \cdot e^{\alpha_1 t}$	$u_a(t) = L^{-1}\{u_a(s)\}$
$u_a(t) = C_1 \cdot e^{-t/T_1}$	$u_a(t) = T_1 \cdot U_{a0}(-s_1 \cdot e^{s_1 t})$
$u_a(t=0) = U_{a0} = C_1$	$u_a(t) = T_1 \cdot U_{a0} \dfrac{e^{-t/T_1}}{T_1}$
$u_a(t) = U_{a0} \cdot e^{-t/T_1}$	$u_a(t) = U_{a0} \cdot e^{-t/T_1}$

Das System kehrt nach einer Auslenkung U_{a0} in seine Ruhelage $u_a(t \to \infty) = 0$ zurück: Es ist stabil. Aus dem Beispiel ist zu erkennen: Das System ist stabil, weil α_1, s_1 negativ sind und damit die Funktionskomponente e^{-t/T_1} für $t \to \infty$ zu Null wird. Aus dieser Betrachtung läßt sich folgende Stabilitätsdefinition ableiten:

> Ein dynamisches System (Regelungssystem) ist stabil, wenn **alle Nullstellen** der zugehörigen **charakteristischen Gleichung** negative Realteile haben:
> $\text{Re}\{\alpha_i\} < 0,\quad$ für alle α_i $(i = 1, \ldots, n)$; (Differentialgleichung),
> $\text{Re}\{s_i\} < 0,\quad$ für alle s_i $(i = 1, \ldots, n)$; (Übertragungsfunktion),

oder anders formuliert, wenn alle Pole seiner Übertragungsfunktion in der linken s-Halbebene liegen. Dabei muß gewährleistet sein, daß keine Pole mit positivem Realteil durch entsprechende Nullstellen von $G(s)$ gekürzt werden, wie es im folgenden Beispiel der Fall ist:

$$G(s) = \frac{s-3}{s^3 - s^2 - 5 \cdot s - 3} = \frac{s-3}{(s-3) \cdot (s+1)^2} = \frac{1}{(s+1)^2}.$$

Sind die Voraussetzungen erfüllt, dann klingen alle Teillösungen nach einer Auslenkung für $t \to \infty$ auf Null ab. Das heißt gleichzeitig:

> Ein System ist stabil, wenn die Gewichtsfunktion (Impulsantwortfunktion) für $t \to \infty$ zu Null wird:
> $g(t \to \infty) \to 0$.

Die charakteristische Gleichung ergibt sich aus der homogenen Differentialgleichung oder aus dem Nennerpolynom der Übertragungsfunktion des dynamischen Systems (Regelungssystems).

> Die Stabilität eines linearen Regelungssystems hängt von seiner Struktur und den Werten der Parameter ab, nicht von der Art und den Kenngrößen der Eingangsfunktionen.

In Tabelle 6.2-1 sind Aussagen über die Stabilität von Übertragungselementen zusammengestellt, Bild 6.2-2 enthält die Lage der Nullstellen für die charakteristischen Gleichungen dieser Elemente.

Die Lage der Nullstellen liefert eine Aussage über die dynamische Qualität des Regelungssystems und damit auch über die Stabilität:

> Technisch brauchbar sind nur Regelungssysteme, deren Nullstellen der charakteristischen Gleichung in ausreichendem Abstand links von der Stabilitätsgrenze liegen.

Tabelle 6.2-1: Stabilität von Regelkreiselementen

Differentialgleichung, Übertragungsfunktion, charakteristische Gleichung, Nullstellen, Lösungstyp und Stabilität von linearen Systemen I. und II. Ordnung	
1	$\frac{dx_a}{dt} + 5 \cdot x_a = x_e$, $G(s) = \frac{1}{s+5}$, $s+5 = 0$, $s_1 = -5$, $x_a(t) = C_1 \cdot e^{-5t}$, $x_a(t \to \infty) \to 0$, stabil,
2	$\frac{dx_a}{dt} = x_e$, $G(s) = \frac{1}{s}$, $s = 0$, $s_1 = 0$, $x_a(t) = C_1 \cdot e^{0t} = C_1$, $x_a(t \to \infty) \neq 0$, instabil,
3	$\frac{dx_a}{dt} - 4 \cdot x_a = x_e$, $G(s) = \frac{1}{s-4}$, $s-4 = 0$, $s_1 = 4$, $x_a(t) = C_1 \cdot e^{4t}$, $x_a(t \to \infty) \neq 0$, instabil,
4	$\frac{d^2x_a}{dt^2} + 6\frac{dx_a}{dt} + 18 \cdot x_a = x_e$, $G(s) = \frac{1}{s^2 + 6 \cdot s + 18}$, $s^2 + 6 \cdot s + 18 = 0$, $s_{1,2} = -3 \pm j3$, $x_a(t) = A \cdot e^{-3t} \cdot \sin(3t + \phi)$, $x_a(t \to \infty) = 0$, stabil,
5	$\frac{d^2x_a}{dt^2} + 4 \cdot x_a = x_e$, $G(s) = \frac{1}{s^2 + 4}$, $s^2 + 4 = 0$, $s_{1,2} = \pm j2$, $x_a(t) = A \cdot \sin(2t + \phi)$, $x_a(t \to \infty) \neq 0$, instabil,
6	$\frac{d^2x_a}{dt^2} - 6\frac{dx_a}{dt} + 18 \cdot x_a = x_e$, $G(s) = \frac{1}{s^2 - 6 \cdot s + 18}$, $s^2 - 6 \cdot s + 18 = 0$, $s_{1,2} = 3 \pm j3$, $x_a(t) = A \cdot e^{3t} \cdot \sin(3t + \phi)$, $x_a(t \to \infty) \neq 0$, instabil.

Beispiel 6.2-2: Für die Übertragungsfunktionen sind die Nullstellen der charakteristischen Gleichung, Impulsantwortfunktion $g(t)$ und die Stabilität zu ermitteln:

a) $G(s) = \frac{1}{0.5 \cdot s + 1}$,   b) $G(s) = \frac{1}{s^2 + 2 \cdot s + 17}$,   c) $G(s) = \frac{\omega}{s^2 + \omega^2}$,   d) $G(s) = \frac{1}{(s+1)^2}$.

Die Impulsantwortfunktion ergibt sich durch Rücktransformation der Übertragungsfunktion $G(s)$:

$x_e(t) = \delta(t)$, $x_e(s) = 1$,

$x_a(s) = G(s) \cdot x_e(s) = G(s) \cdot 1$,

$x_a(t) = g(t) = L^{-1}\{G(s)\}$.

a) $\quad 0.5 \cdot s + 1 = 0$, $s_1 = -2$, stabil,

$x_a(t) = L^{-1}\{G(s)\} = L^{-1}\left\{\frac{1}{0.5 \cdot s + 1}\right\} = 2 \cdot e^{-2t}$,

$x_a(t \to \infty) \to 0$, stabil.

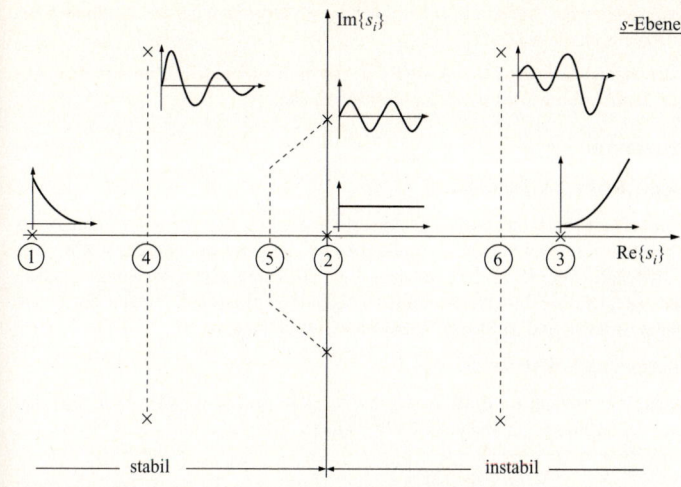

Bild 6.2-2: Lage der Nullstellen der charakteristischen Gleichung von Übertragungselementen mit den zugehörigen Lösungsfunktionen

b) $\quad s^2 + 2 \cdot s + 17 = 0, \ s_{1,2} = -1 \pm j4$, stabil,

$$x_a(t) = L^{-1}\{G(s)\} = L^{-1}\left\{\frac{1}{s^2 + 2 \cdot s + 17}\right\} = 0.25 \cdot e^{-t} \cdot \sin(4t),$$

$x_a(t \to \infty) \to 0$, stabil.

c) $\quad s^2 + \omega^2 = 0, \ s_{1,2} = \pm j\omega$, instabil,

$$x_a(t) = L^{-1}\{G(s)\} = L^{-1}\left\{\frac{\omega}{s^2 + \omega^2}\right\} = \sin(\omega t),$$

$x_a(t \to \infty) \neq 0$, instabil.

d) $\quad (s+1)^2 = 0, \ s_{1,2} = -1$, stabil,

$$x_a(t) = L^{-1}\{G(s)\} = L^{-1}\left\{\frac{1}{(s+1)^2}\right\} = t \cdot e^{-t},$$

$x_a(t \to \infty) = 0$, stabil.

6.3 Verfahren zur Stabilitätsbestimmung

6.3.1 Algebraische und geometrische Stabilitätskriterien

Die Stabilität eines Regelungssystems läßt sich anhand der Nullstellen der charakteristischen Gleichung beurteilen. Die Berechnung der Werte der Nullstellen ist jedoch bei Gleichungen höherer Ordnung aufwendig. Für die Stabilitätsuntersuchung interessiert nur, ob alle Nullstellen der charakteristischen Gleichung negative Realteile haben oder nicht. Für diese Aussage wurden Stabilitätskriterien abgeleitet, die auf Sätze über die Lage von Nullstellen (Wurzeln) von Gleichungen zurückgreifen. Der exakte Wert der Nullstellen wird dabei nicht bestimmt. Es werden algebraische und geometrische Stabilitätskriterien unterschieden:

Bei **algebraischen Kriterien** wird mit Hilfe der Koeffizienten der charakteristischen Gleichung die Stabilität ermittelt: Kriterien von ROUTH und HURWITZ.

Die **geometrischen Kriterien** stellen die charakteristische Gleichung als Ortskurve dar und bestimmen aus dem Verlauf die Stabilität: Kriterium von NYQUIST.

Die **numerische Lösung** der charakteristischen Gleichung ist in Abschnitt 14.2 beschrieben. Ein PASCAL-Programm zur Lösung nach dem Verfahren von BAIRSTOW ist angegeben.

6.3.2 ROUTH-Kriterium

6.3.2.1 Eigenschaften des ROUTH-Verfahrens

Die Bestimmung der Nullstellen der charakteristischen Gleichung wird aufwendig, wenn die Ordnung des Differentialgleichungssystems $n > 2$ ist. Das Stabilitätskriterium nach ROUTH beurteilt **die Stabilität, ohne den genauen Wert der Nullstellen** zu ermitteln. Das Verfahren kann die Stabilität von Regelungssystemen oder Übertragungselementen (Regler, Regelstrecke) beurteilen. Folgende **Voraussetzungen** müssen gelten: Das zu untersuchende System ist linear und darf **keine Totzeitelemente** enthalten.

6.3.2.2 Stabilitätskriterium nach ROUTH

Das Stabilitätskriterium nach ROUTH kann zur Bestimmung der Stabilität benutzt werden, wenn eine charakteristische Gleichung mit der Ordnung n in folgender Form vorliegt:

$$\boxed{a_n \cdot s^n + a_{n-1} \cdot s^{n-1} + \ldots + a_1 \cdot s + a_0 = 0}$$

Die Anwendung des Kriteriums erfolgt mit der ROUTH-Tafel, die wie folgt aufzubauen ist.

Tabelle 6.3-1: ROUTH-*Schema*

a_n	a_{n-2}	a_{n-4}	...	} Koeffizienten der charakteristischen Gleichung
a_{n-1}	a_{n-3}	a_{n-5}	...	
c_1	c_3	c_5	...	
d_1	d_3	d_5	...	} berechnete Koeffizienten
e_1	e_3	e_5	...	
...	...	...	...	

Die Elemente der dritten und der folgenden Zeilen werden aus den Elementen der zwei vorhergehenden Zeilen berechnet:

Tabelle 6.3-2: Berechnungsschema des ROUTH-*Verfahrens*

$$c_1 = \text{sgn}(a_{n-1}) \cdot [a_{n-1} \cdot a_{n-2} - a_n \cdot a_{n-3}],$$
$$c_3 = \text{sgn}(a_{n-1}) \cdot [a_{n-1} \cdot a_{n-4} - a_n \cdot a_{n-5}], \ldots,$$
$$c_i = \text{sgn}(a_{n-1}) \cdot [a_{n-1} \cdot a_{n-i-1} - a_n \cdot a_{n-i-2}],$$
$$d_1 = \text{sgn}(c_1) \cdot [c_1 \cdot a_{n-3} - a_{n-1} \cdot c_3]$$
$$d_3 = \text{sgn}(c_1) \cdot [c_1 \cdot a_{n-5} - a_{n-1} \cdot c_5], \ldots,$$
$$d_i = \text{sgn}(c_1) \cdot [c_1 \cdot a_{n-i-2} - a_{n-1} \cdot c_{n-i-2}],$$
$$e_1 = \text{sgn}(d_1) \cdot [d_1 \cdot c_3 - c_1 \cdot d_3], \ldots .$$

$\text{sgn}(x) = \dfrac{x}{|x|}$ ist das Vorzeichen von x. Die Tafel wird waagerecht und senkrecht fortgeführt. Es entstehen $(n+1)$ Zeilen und $(n/2 + 1)$ Spalten. Alle weiteren Plätze können mit Nullen aufgefüllt werden. Aus den Werten des ROUTH-Schemas läßt sich die Stabilität bestimmen.

6.3 Verfahren zur Stabilitätsbestimmung

Kriterium von ROUTH: Alle Nullstellen der charakteristischen Gleichung haben nur dann negative Realteile, wenn alle Elemente der ersten Spalte des ROUTH-Schemas gleiche Vorzeichen haben und nicht Null sind.

Die Anzahl der Vorzeichenwechsel ist gleich der Anzahl der Nullstellen mit positivem Realteil, die Elemente mit dem Wert Null entsprechen den Nullstellen mit Realteil gleich Null.

Charakteristische Gleichung:
$a_n s^n + a_{n-1} s^{n-1} + \ldots + a_1 s + a_0 = 0$

ROUTH-Verfahren

Ist ein Koeffizient der charakteristischen Gleichung Null? — ja → $s^3 + 2s^2 + s = 0$ instabil

Haben die Koeffizienten der charakteristischen Gleichung gleiche Vorzeichen? — nein → $s^3 - 2s^2 + s + 1 = 0$ instabil

Durchführung des ROUTH-Verfahrens

Ist ein Element der ersten Spalte des ROUTH-Schemas Null? — ja → $s^3 + s^2 + 2s + 2 = 0$ instabil

Haben die Elemente der ersten Spalte des ROUTH-Schemas gleiche Vorzeichen? — nein → $s^3 + s^2 + 2s + 4 = 0$ instabil

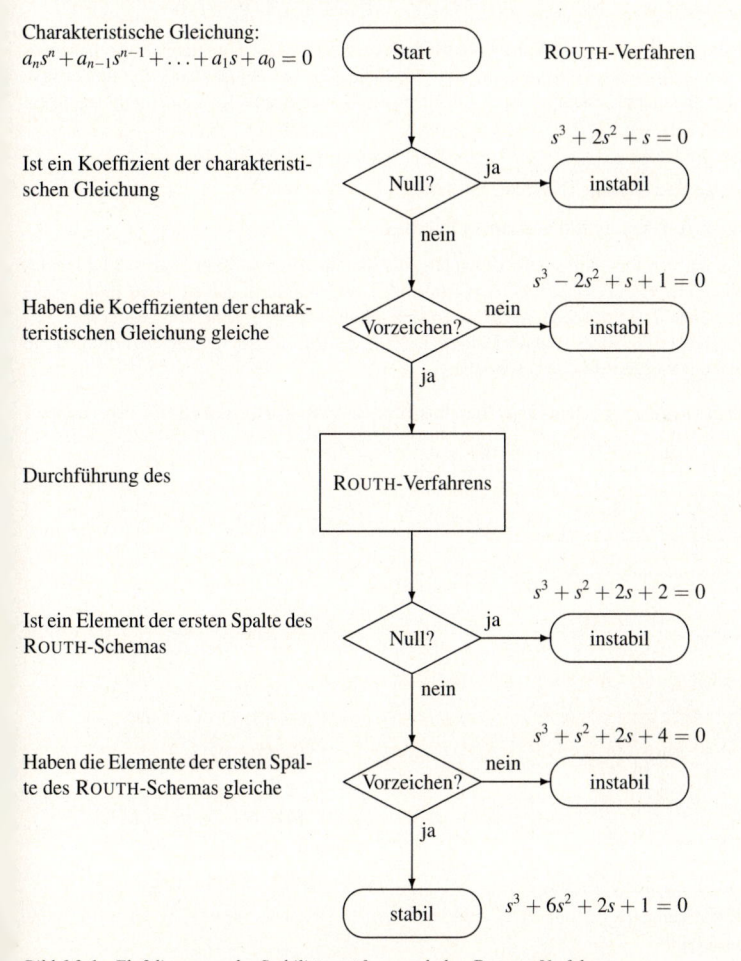

ja → stabil $s^3 + 6s^2 + 2s + 1 = 0$

Bild 6.3-1: Flußdiagramm der Stabilitätsprüfung nach dem ROUTH-Verfahren

Im Flußdiagramm 6.3-1 ist der Ablauf der Stabilitätsprüfung dargestellt. Wenn einer oder mehrere Koeffizienten der charakteristischen Gleichung fehlen oder die Koeffizienten unterschiedliche Vorzeichen haben, dann ist das System instabil. Das ROUTH-Verfahren muß bei solchen Fällen nicht angewendet werden, liefert aber dieselbe Aussage.

Beispiel 6.3-1: Die charakteristische Gleichung $s^3 + 6 \cdot s^2 + 12 \cdot s + 8 = 0$ soll mit dem ROUTH-Verfahren auf Stabilität untersucht werden.

$1 (a_3)$	$12 (a_1)$	0	...	0
$6 (a_2)$	$8 (a_0)$	0	...	0
$64 (c_1)$	$0 (c_3)$	0	...	0
$512 (d_1)$	$0 (d_3)$	0	...	0

$c_1 = 1 \cdot (6 \cdot 12 - 1 \cdot 8) = 64$
$c_3 = 1 \cdot (6 \cdot 0 - 1 \cdot 0) = 0$
$d_1 = 1 \cdot (64 \cdot 8 - 6 \cdot 0) = 512$
$d_3 = 1 \cdot (64 \cdot 0 - 6 \cdot 0) = 0$

Da in der ersten Spalte des Schemas kein Vorzeichenwechsel auftritt und kein Element Null ist, haben alle Nullstellen der charakteristischen Gleichung negative Realteile: Das System ist stabil. Die numerische Berechnung der Nullstellen der charakteristischen Gleichung ergibt drei gleiche Nullstellen mit negativem Realteil:

$$s_1 = s_2 = s_3 = -2.$$

Das System mit der charakteristischen Gleichung ist stabil.

6.3.2.3 Abhängigkeit der Stabilität von einem Parameter

Bei der Dimensionierung von Regelkreisen ist es wichtig, die Stabilitätsgrenze (kritischer Bereich) zu ermitteln. Die Einstellung der Regelkreisparameter wird dann so vorgenommen, daß sie **nicht** in der Nähe der kritischen Werte liegen. Die kritischen Werte lassen sich mit dem ROUTH-Kriterium bestimmen. Aus der ersten Spalte des ROUTH-Schemas sind die kritischen Werte der Regelkreisparameter zu ermitteln. Im folgenden Beispiel ist die Vorgehensweise beschrieben.

Beispiel 6.3-2: Für das Regelungssystem ist der Stabilitätsbereich der Reglerverstärkung K_R zu bestimmen.

$$G_S(s) = \frac{1}{s^4 + 6 \cdot s^3 + 13 \cdot s^2 + 14 \cdot s + 1}, \quad G_R(s) = K_R,$$

$$G(s) = \frac{Z_R(s) \cdot Z_S(s)}{N_R(s) \cdot N_S(s) + Z_R(s) \cdot Z_S(s)} = \frac{K_R}{s^4 + 6 \cdot s^3 + 13 \cdot s^2 + 14 \cdot s + 1 + K_R},$$

Charakteristische Gleichung: $s^4 + 6 \cdot s^3 + 13 \cdot s^2 + 14 \cdot s + 1 + K_R = 0$.

1 (a_4)	13 (a_2)	$1 + K_R$ (a_0)
6 (a_3)	14 (a_1)	0
64 (c_1)	$6 + 6K_R$ (c_3)	0
$860 - 36 K_R$ (d_1)	0 (d_3)	0
$\text{sgn}(d_1) \cdot d_1 \cdot c_3$ (e_1)	0 (e_3)	0

$c_1 = 1 \cdot (6 \cdot 13 - 1 \cdot 14) = 64$
$c_3 = 1 \cdot [6 \cdot (1 + K_R) - 1 \cdot 0]$
$= 6 + 6 K_R$
$d_1 = 1 \cdot [64 \cdot 14 - 6 \cdot (6 + 6 K_R)]$
$= 860 - 36 \cdot K_R$
$e_1 = \text{sgn}(d_1) \cdot d_1 \cdot (6 + 6 K_R)$

Bei den kritischen Verstärkungen $K_{R\max}$ und $K_{R\min}$ wird das System instabil. Die Auswertung der ersten Spalte des ROUTH-Schemas ergibt:

$$d_1 = 0 = 860 - 36 \cdot K_{R\max} \rightarrow K_{R\max} = 23.89,$$
$$e_1 = 0 = 6 + 6 \cdot K_{R\min} \rightarrow K_{R\min} = -1.$$

Nach dem ROUTH-Kriterium ist die Stabilität für den Verstärkungsbereich von K_R

$$K_{R\min} = -1 < K_R < K_{R\max} = 23.89$$

gesichert. Für negative Werte von K_R erhält man zwar Stabilität, jedoch kein Regelungssystem. Wird zum Beispiel $K_R = -0.5$ eingesetzt, dann ist die Übertragungsfunktion

$$G(s) = \frac{K_R}{s^4 + 6s^3 + 13s^2 + 14s + 1 + K_R} = \frac{-0.5}{s^4 + 6s^3 + 13s^2 + 14s + 0.5}.$$

Bei einem Führungssprung $w(t) = w_0 \cdot E(t) = 1 \cdot E(t)$ würde die Regelgröße den Endwert $x(t \to \infty) = -1$ erreichen:

$$x(t \to \infty) = \lim_{s \to 0} s \cdot G(s) \cdot w(s) = \lim_{s \to 0} s \frac{-0.5}{s^4 + 6s^3 + 13s^2 + 14s + 0.5} \cdot \frac{1}{s} = -1.$$

Das System invertiert den Sollwert, die Regelgröße erreicht nicht den Sollwert. Im Sinne der Definition einer Regelung wird hier **keine Angleichung der Regelgröße an die Führungsgröße** erreicht. Die zulässige Einstellung von K_R für das Regelungssystem liegt daher zwischen

$$\boxed{0 < K_R < K_{Rkrit} = K_{Rmax} = 23.89}.$$

Die obere Grenze K_{Rmax} wird auch als kritische Verstärkung K_{Rkrit} bezeichnet.

6.3.3 Kriterium von HURWITZ

6.3.3.1 Allgemeines

Das Stabilitätskriterium von HURWITZ ist mit dem ROUTH-Kriterium verwandt. Es beurteilt ebenso die **Stabilität, ohne den genauen Wert der Nullstellen** zu ermitteln. Das Verfahren kann die Stabilität eines Regelungssystems oder die von Übertragungselementen (Regler, Regelstrecke) beurteilen, wobei wie beim ROUTH-Kriterium folgende **Voraussetzungen** gelten müssen: Das zu untersuchende System muß linear sein und darf **keine Totzeitelemente** enthalten.

6.3.3.2 Stabilitätskriterium nach HURWITZ

Das Kriterium nach HURWITZ wird zur Bestimmung der Stabilität benutzt, wenn eine charakteristische Gleichung der Ordnung n in folgender Form vorliegt:

$$\boxed{a_n \cdot s^n + a_{n-1} \cdot s^{n-1} + \ldots + a_1 \cdot s + a_0 = 0}.$$

HURWITZ-Kriterium: Ein lineares System n-ter Ordnung ist nur dann stabil, wenn alle Koeffizienten der charakteristischen Gleichung und die folgenden n Determinanten Werte größer Null haben:

$$D_1 = a_1 > 0, \quad D_2 = \begin{vmatrix} a_1 & a_3 \\ a_0 & a_2 \end{vmatrix} > 0, \quad D_3 = \begin{vmatrix} a_1 & a_3 & a_5 \\ a_0 & a_2 & a_4 \\ 0 & a_1 & a_3 \end{vmatrix} > 0,$$

$$D_4 = \begin{vmatrix} a_1 & a_3 & a_5 & a_7 \\ a_0 & a_2 & a_4 & a_6 \\ 0 & a_1 & a_3 & a_5 \\ 0 & a_0 & a_2 & a_4 \end{vmatrix} > 0, \ldots, \quad D_n = \begin{vmatrix} a_1 & a_3 & a_5 & \ldots & 0 \\ a_0 & a_2 & a_4 & \ldots & 0 \\ 0 & a_1 & a_3 & \ldots & 0 \\ 0 & \ldots & \ldots & \ldots & 0 \\ 0 & 0 & \ldots & \ldots & a_n \end{vmatrix} > 0.$$

Für Regelungssysteme bis vierter Ordnung sind die Stabilitätsbedingungen in Tabelle 6.3-3 angegeben.

Das HURWITZ-Kriterium ist für Regelungssysteme niedriger Ordnung geeignet, bei höherer Ordnung wird die Anwendung aufwendig.

Tabelle 6.3-3: Stabilitätsbedingungen des HURWITZ-Kriteriums

Regelungssystem II. Ordnung:
$$a_i > 0, i = 0, \ldots, n = 2.$$
Regelungssystem III. Ordnung:
$$a_i > 0, i = 0, \ldots, n = 3,$$
$$a_1 \cdot a_2 - a_0 \cdot a_3 > 0.$$
Regelungssystem IV. Ordnung:
$$a_i > 0, i = 0, \ldots, n = 4,$$
$$a_1 \cdot a_2 - a_0 \cdot a_3 > 0,$$
$$a_1 \cdot a_2 \cdot a_3 - a_0 \cdot a_3^2 - a_1^2 \cdot a_4 > 0.$$

Beispiel 6.3-3: Für das Regelungssystem ist die Stabilitätsgrenze von K_R zu ermitteln.

$$G_S(s) = \frac{1}{s^3 + 8 \cdot s^2 + 3 \cdot s + 1}, \quad G_R(s) = K_R,$$

$$G(s) = \frac{K_R}{s^3 + 8 \cdot s^2 + 3 \cdot s + 1 + K_R}.$$

Die charakteristische Gleichung ist dritter Ordnung:

$$s^3 + 8 \cdot s^2 + 3 \cdot s + 1 + K_R = a_3 \cdot s^3 + a_2 \cdot s^2 + a_1 \cdot s + a_0 = 0.$$

Die Stabilitätsvoraussetzungen fordern, daß alle Koeffizienten der charakteristischen Gleichung größer Null sein müssen:

$a_0 = 1 + K_R > 0 \rightarrow K_{Rmin} = -1,$

und weiterhin

$$a_1 \cdot a_2 - a_0 \cdot a_3 > 0 \rightarrow 3 \cdot 8 - (1 + K_R) \cdot 1 > 0.$$

Aus der letzten Gleichung ergibt sich die obere Stabilitätsgrenze $K_{Rmax} = 23$. Das System ist stabil für

$$K_{Rmin} = -1 < K_R < K_{Rmax} = 23.$$

Entsprechend zu den Betrachtungen von Beispiel 6.3-2 erhält man den Stabilitätsbereich des Regelungssystems zu

$$0 < K_R < K_{Rkrit} = K_{Rmax} = 23.$$

6.3.4 NYQUIST-Kriterium

6.3.4.1 Eigenschaften des NYQUIST-Kriteriums

Das Stabilitätskriterium nach NYQUIST beurteilt die Stabilität eines Regelkreises aus dem Verlauf des **Frequenzgangs des offenen Regelkreises**. Ein **Vorteil des Verfahrens** ist, daß es auch auf experimentell ermittelte Frequenzgangverläufe angewendet werden kann. Im Gegensatz zu den algebraischen Kriterien darf der zu untersuchende Regelkreis auch Totzeit-Elemente enthalten.

6.3.4.2 Vereinfachtes Stabilitätskriterium nach NYQUIST

Mit dem NYQUIST-Kriterium wird der offene Regelkreis untersucht. Aus dem Verlauf der Ortskurve des Frequenzgangs für den offenen Regelkreis wird die Stabilität des geschlossenen Regelkreises ermittelt.

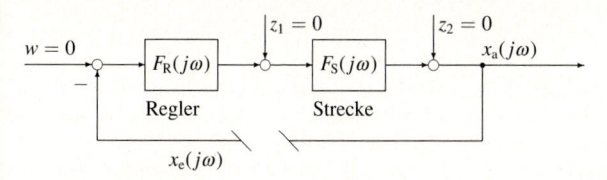

Bild 6.3-2: Regelkreis mit offener Rückführung

Stabilität ist eine Eigenschaft von Regelungssystemen, die nicht von den Eingangsgrößen abhängt. Bei der folgenden Stabilitätsuntersuchung werden daher Führungs- und Störgrößen nicht berücksichtigt ($w = 0$, $z_1 = 0, z_2 = 0$).

Zwischen dem harmonischen Eingangssignal $x_e(j\omega)$ und dem Ausgangssignal $x_a(j\omega)$ ergibt sich folgende Beziehung:

$$-x_e(j\omega) \cdot F_R(j\omega) \cdot F_S(j\omega) = x_a(j\omega).$$

Der Frequenzgang $F_{RS}(j\omega)$ des offenen Regelkreises ist dann:

$$F_{RS}(j\omega) = F_R(j\omega) \cdot F_S(j\omega) = -\frac{x_a(j\omega)}{x_e(j\omega)}.$$

Der geschlossene Regelkreis wird ungedämpfte Schwingungen mit der Kreisfrequenz ω_{krit} ausführen, wenn folgende Bedingung erfüllt ist:

$$\boxed{F_{RS}(j\omega) = F_{RS}(j\omega_{krit}) = -1 = -\frac{x_a(j\omega)}{x_e(j\omega)}}.$$

In diesem Fall wird

$$\boxed{x_a(j\omega) = x_e(j\omega)}.$$

Das heißt: Ein sinusförmiges Signal $x_e(j\omega)$ hat ein ebenfalls sinusförmiges Signal $x_a(j\omega)$ zur Folge, das die gleiche Amplitude und Phase wie $x_e(j\omega)$ hat. Wird der Regelkreis geschlossen, so wird sich eine Dauerschwingung einstellen. Diese Selbsterregung kann beispielsweise durch ein eingekoppeltes Signal angestoßen werden.

> Die erwünschte **Gegenkopplung** des Regelkreises, die zur Unterdrückung von Störungen benötigt wird, ist zur unerwünschten Mitkopplung geworden: Der Regelkreis schwingt, ist instabil.

Wird in die Frequenzgangfunktionen des geschlossenen Regelkreises

$$F(j\omega) = \frac{F_{RS}(j\omega)}{1 + F_{RS}(j\omega)}, \quad F_{z1}(j\omega) = \frac{F_S(j\omega)}{1 + F_{RS}(j\omega)}, \quad F_{z2}(j\omega) = \frac{1}{1 + F_{RS}(j\omega)},$$

$F_{RS}(j\omega_{krit}) = -1$ eingesetzt, so wird der Nenner jeweils Null, für die Frequenzgangfunktionen ergeben sich unendlich große Werte. Der Führungsfrequenzgang des geschlossenen Regelkreises wird dann:

$$F(j\omega_{krit}) = \frac{F_{RS}(j\omega_{krit})}{1 + F_{RS}(j\omega_{krit})} = \frac{-1}{1-1} = \infty.$$

6 Stabilität von Regelkreisen

Die Stabilitätsgrenze läßt sich in der **Ortskurvendarstellung** des Frequenzgangs des offenen Regelkreises angeben. Wird der Frequenzgang $F_{RS}(j\omega)$ als Ortskurve aufgetragen, dann ist die Stabilitätsgrenze (kritischer Punkt) erreicht, wenn

$$\text{Re}\{F_{RS}(j\omega_{\text{krit}})\} = -1,$$
$$\text{Im}\{F_{RS}(j\omega_{\text{krit}})\} = 0$$

ist. Das **vereinfachte NYQUIST-Kriterium** gilt nur dann, wenn die charakteristische Gleichung des **offenen Regelkreises** $G_{RS}(s)$ Nullstellen mit negativem Realteil und bis maximal zwei Nullstellen mit dem Wert Null besitzt. Das heißt, der offene Regelkreis darf nur stabile Elemente enthalten, maximal zwei Integral-Elemente sind zulässig. Auf die Ortskurvendarstellung angewendet, lautet das **vereinfachte Stabilitätskriterium** nach NYQUIST:

> Ein Regelkreis ist nur dann stabil, wenn der kritische Punkt $(-1, j0)$ beim Durchlaufen der Ortskurve mit wachsendem ω im Gebiet links von der Ortskurve liegt (Linke-Hand-Regel).

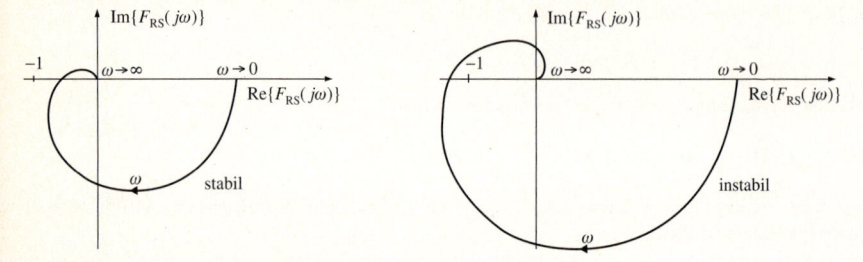

Bild 6.3-3: Ortskurven der Frequenzgangfunktion von offenen Regelkreisen

Vorteile des NYQUIST-Kriteriums: Das NYQUIST-Kriterium ist auch anwendbar, wenn die Übertragungsfunktion des offenen Regelkreises nicht bekannt ist und nur der Frequenzgang **gemessen** werden kann. Das NYQUIST-Kriterium gilt auch für Systeme mit **Totzeit**.

ϕ_R = Phasenreserve
ω_D = Durchtrittskreisfrequenz

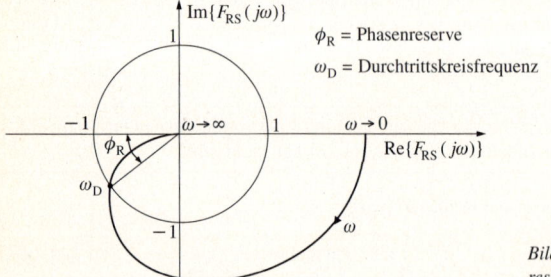

Bild 6.3-4: Ortskurve mit Phasenreserve ϕ_R und Durchtrittskreisfrequenz ω_D

Aus dem Ortskurvenverlauf kann die Stabilität festgestellt und darüber hinaus die Dämpfung des Regelkreises bewertet werden: Die Dämpfung ist um so größer, je weiter die Ortskurve vom kritischen Punkt $(-1, j0)$ entfernt ist. Ein Maß für die Entfernung ist die Phasenreserve ϕ_R. Bei diesem Winkel geht die Ortskurve durch den Einheitskreis, $|F_{RS}(j\omega)| = 1$.

Das NYQUIST-Kriterium wird bei Systemen höherer Ordnung unhandlich, besonders dann, wenn Parameter des Regelkreises variiert werden. Dann wird das auf dem NYQUIST-Kriterium aufbauende BODE-Verfahren eingesetzt.

6.3.4.3 Beispiele zum vereinfachten NYQUIST-Kriterium

Beispiel 6.3-4: Für den Regelkreis mit Integral-Regler und Integral-Regelstrecke ist die Stabilität zu untersuchen.

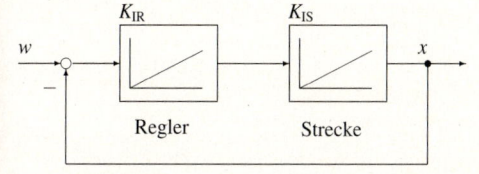

Zuerst wird überprüft, ob das vereinfachte NYQUIST-Kriterium anwendbar ist: Die charakteristische Gleichung der Übertragungsfunktion des offenen Regelkreises

$$G_{RS}(s) = G_R(s) \cdot G_S(s) = \frac{K_{IR}}{s} \cdot \frac{K_{IS}}{s}, \quad s^2 = 0, \quad s_1 = 0, \quad s_2 = 0,$$

hat zwei Nullstellen mit Realteil gleich Null, das vereinfachte Kriterium ist anwendbar.

$$F_{RS}(j\omega) = F_R(j\omega) \cdot F_S(j\omega) = \frac{K_{IR}}{j\omega} \cdot \frac{K_{IS}}{j\omega} = -\frac{K_{IR} \cdot K_{IS}}{\omega^2}$$

Bild 6.3-5: Ortskurve der Frequenzgangfunktion $F_{RS}(j\omega)$

Die Ortskurve geht, unabhängig von der eingestellten Integrierverstärkung K_{IR}, durch den kritischen Punkt $(-1, j0)$. Der geschlossene Regelkreis ist instabil und schwingt mit der Kreisfrequenz ω_{krit}:

$$F_{RS}(j\omega_{krit}) = -1 = -\frac{K_{IR} \cdot K_{IS}}{\omega_{krit}^2} \rightarrow \omega_{krit} = \sqrt{K_{IR} \cdot K_{IS}}.$$

Der Regelkreis ist **strukturinstabil**, eine integrale Regelstrecke darf nicht mit einem Integral-Regler betrieben werden.

Beispiel 6.3-5: Der Regelkreis mit drei Verzögerungselementen als Regelstrecke soll mit einem Proportional-Regler betrieben werden. Der Stabilitätsbereich der Reglerverstärkung K_R ist zu bestimmen.

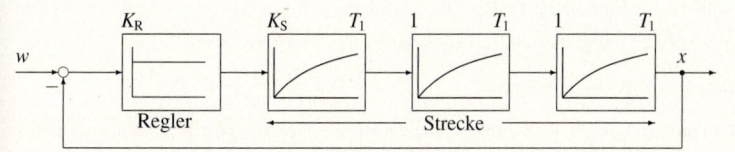

Die charakteristische Gleichung der Übertragungsfunktion des offenen Regelkreises

$$G_{RS}(s) = G_R(s) \cdot G_S(s) = \frac{K_R \cdot K_S}{(1 + s \cdot T_1) \cdot (1 + s \cdot T_1) \cdot (1 + s \cdot T_1)},$$

$$(1+s\cdot T_1)\cdot(1+s\cdot T_1)\cdot(1+s\cdot T_1) = 0, \quad s_1 = s_2 = s_3 = -\frac{1}{T_1},$$

hat nur Nullstellen mit negativem Realteil, das vereinfachte NYQUIST-Kriterium ist anwendbar. Die Stabilitätsgrenze ist erreicht, wenn $F_{RS}(j\omega_{krit}) = -1$ ist. Aus dieser Bedingung werden zwei Gleichungen abgeleitet:

$$F_{RS}(j\omega) = F_R(j\omega)\cdot F_S(j\omega) = \text{Re}\{F_{RS}(j\omega)\} + j\text{Im}\{F_{RS}(j\omega)\}$$

$$= \frac{K_R \cdot K_S}{(1+j\omega\cdot T_1)\cdot(1+j\omega\cdot T_1)\cdot(1+j\omega\cdot T_1)} = -1,$$

$$\text{Re}\{F_{RS}(j\omega_{krit})\} = -1, \quad \text{Im}\{F_{RS}(j\omega_{krit})\} = 0,$$

$$F_{RS}(j\omega) = \frac{K_R \cdot K_S}{(1+j\omega\cdot T_1)\cdot(1+j\omega\cdot T_1)\cdot(1+j\omega\cdot T_1)}$$

$$= \frac{K_R \cdot K_S}{1 - 3\cdot T_1^2\cdot\omega^2 + j\omega\cdot(3\cdot T_1 - \omega^2\cdot T_1^3)}$$

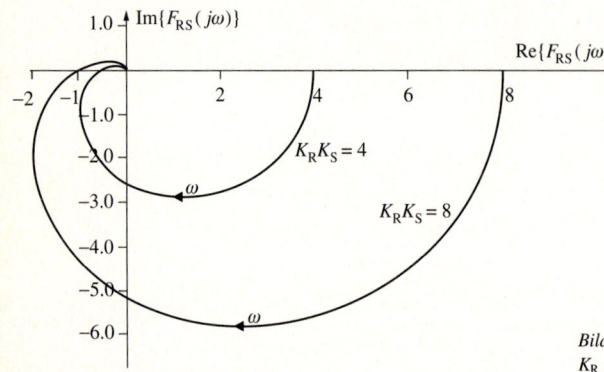

Bild 6.3-6: Ortskurven für $K_R = K_{Rkrit}$ und $K_R < K_{Rkrit}$

$\text{Im}\{F_{RS}(j\omega_{krit})\} = 0$ ergibt: $j\omega\cdot(3\cdot T_1 - \omega^2\cdot T_1^3) = 0, \quad \omega_{krit} = \frac{\sqrt{3}}{T_1}.$

In $\text{Re}\{F_{RS}(j\omega_{krit})\} = -1$ eingesetzt, erhält man:

$$\frac{K_R\cdot K_S}{1 - 3\cdot T_1^2\cdot\omega_{krit}^2} = \frac{K_R\cdot K_S}{1 - 9} = -1, \quad K_R\cdot K_S = 8, \quad K_{Rkrit} = \frac{8}{K_S}.$$

Der Regelkreis ist stabil für die Einstellung der Reglerverstärkung $0 < K_R < K_{Rkrit} = \dfrac{8}{K_S}$. In Bild 6.3-6 sind die Ortskurven für den stabilen und grenzstabilen Regelkreis für $T_1 = 1$ s gezeichnet.

6.3.4.4 Vollständiges NYQUIST-Kriterium

Das vereinfachte Kriterium ist nur gültig, wenn die charakteristische Gleichung der Übertragungsfunktion $G_{RS}(s)$ des offenen Regelkreises nur Nullstellen mit negativem Realteil und maximal bis zu zwei Nullstellen mit Realteil Null besitzt. Ist diese Voraussetzung nicht erfüllt, so ist das vollständige NYQUIST-Kriterium zur Ermittlung der Stabilität anzuwenden. Das Kriterium benötigt die Anzahl der Nullstellen n_p mit positivem Realteil und die Anzahl der Nullstellen n_0 mit Realteil Null.

6.3 Verfahren zur Stabilitätsbestimmung

Das vollständige NYQUIST-Kriterium wertet die Winkeländerung $\Delta\phi$ aus, die der Zeiger vom kritischen Punkt $(-1, j0)$ zum Ortskurvenpunkt $F_{RS}(j\omega)$ bei einer Kreisfrequenzänderung von $0 \leq \omega < \infty$ überstreicht (Bild 6.3-7). Das vollständige Kriterium lautet:

> Ein Regelkreis ist stabil, wenn der Zeiger vom kritischen Punkt $(-1, j0)$ zum Ortskurvenpunkt $F_{RS}(j\omega)$ beim Durchlaufen der Kreisfrequenz von $0 \leq \omega < \infty$ die stetige Winkeländerung
> $$\Delta\phi = \phi\{1 + F_{RS}(j\omega)\}\Big|_0^\infty = \phi\Big|_0^\infty = \phi_\infty - \phi_0 = \left(n_p + \frac{n_0}{2}\right) \cdot \pi$$
> hat.

Hat der Regelkreis Nullstellen mit Realteil Null, so können in der Ortskurve Sprünge auftreten. Sprunghafte Winkeländerungen dürfen bei der Ermittlung der **stetigen Winkeländerung** nicht berücksichtigt werden (Beispiel 6.3-6).

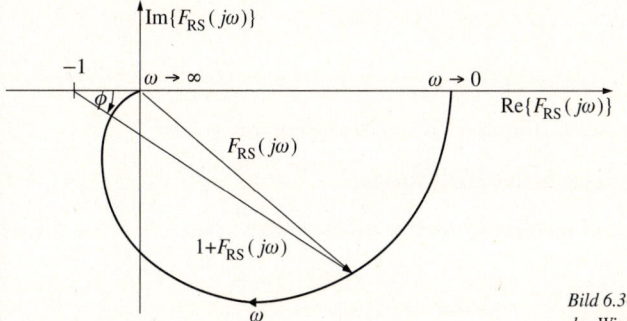

Bild 6.3-7: Ortskurve mit der Winkeländerung $\Delta\phi = 0$

Beispiel 6.3-6: Für einen Regelkreis mit Proportional-Regler und instabiler Regelstrecke soll der Stabilitätsbereich für die Reglereinstellung K_R ermittelt werden.

$$G_{RS}(s) = G_R(s) \cdot G_S(s) = K_R \frac{1}{s \cdot T_1 - 1},$$

$$F_{RS}(j\omega) = F_R(j\omega) \cdot F_S(j\omega) = \frac{K_R}{j\omega \cdot T_1 - 1} = \frac{K_R}{\omega^2 \cdot T_1^2 + 1} \cdot [-1 - j\omega \cdot T_1].$$

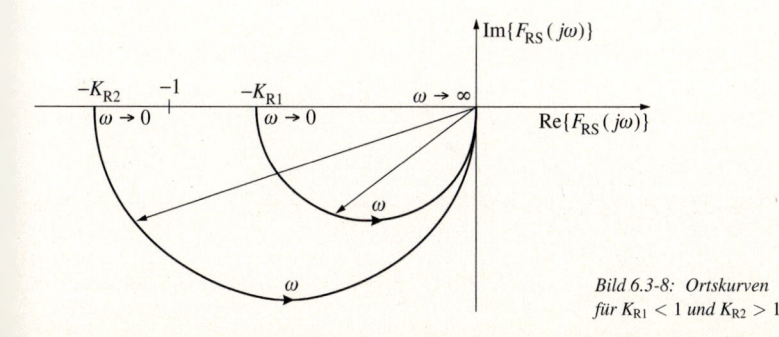

Bild 6.3-8: Ortskurven für $K_{R1} < 1$ und $K_{R2} > 1$

Die Anzahl der Nullstellen mit positivem Realteil ist $n_p = 1$, mit Realteil Null sind keine vorhanden, $n_0 = 0$.
Der geschlossene Regelkreis ist stabil, wenn

$$\Delta\phi = \left(n_p + \frac{n_0}{2}\right) \cdot \pi = \pi \text{ ist.}$$

Reglerverstärkung $K_R = K_{R1} < 1$:

$$\Delta\phi = \phi\{1 + F_{RS}(j\omega)\}\Big|_0^\infty = \phi\Big|_0^\infty = \phi_\infty - \phi_0 = 0 - 0 = 0, \quad \text{instabil.}$$

Reglerverstärkung $K_R = K_{R2} > 1$:

$$\Delta\phi = \phi\{1 + F_{RS}(j\omega)\}\Big|_0^\infty = \phi\Big|_0^\infty = \phi_\infty - \phi_0 = 0 - (-\pi) = \pi, \quad \text{stabil.}$$

Der geschlossene Regelkreis ist stabil für $K_R > 1$. Die Berechnung der Nullstellen der charakteristischen Gleichung des geschlossenen Regelkreises bestätigt das Ergebnis:

$$G(s) = \frac{G_R(s) \cdot G_S(s)}{1 + G_R(s) \cdot G_S(s)} = \frac{K_R}{s \cdot T_1 - 1 + K_R},$$

$$s \cdot T_1 - 1 + K_R = 0, \rightarrow s_1 = \frac{1 - K_R}{T_1}.$$

Für $K_R > 1$ hat die Nullstelle s_1 negativen Realteil, das Regelungssystem ist dann stabil.

6.3.4.5 Beispiele zum vollständigen NYQUIST-Kriterium

Beispiel 6.3-7: Für die folgenden Übertragungsfunktionen ist die Stabilität des geschlossenen Regelkreises zu bestimmen.

a) $\quad G_{RS}(s) = \dfrac{s+1}{s^2+1}, \quad F_{RS}(j\omega) = \dfrac{j\omega+1}{(j\omega)^2+1}$

$s^2 + 1 = 0, \quad s_{1,2} = \pm j, \quad n_0 = 2, \quad n_p = 0.$

b) $\quad G_{RS}(s) = \dfrac{s+1}{s^2 - 0.1 \cdot s + 1}, \quad F_{RS}(j\omega) = \dfrac{j\omega+1}{(j\omega)^2 - 0.1 \cdot j\omega + 1}$

$s^2 - 0.1s + 1 = 0, s_{1,2} = 0.05 \pm 0.998j, n_0 = 0, n_p = 2.$

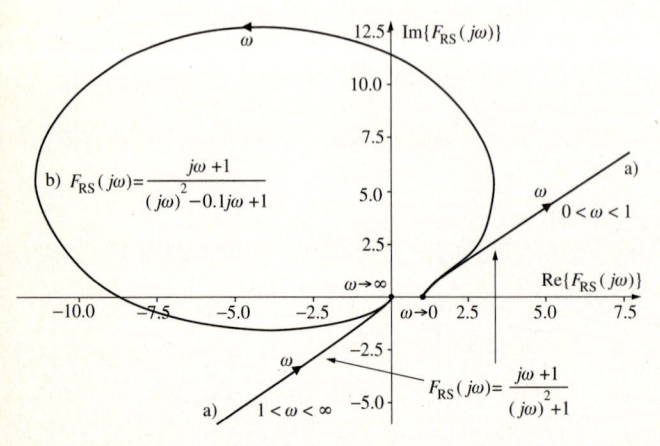

Bild 6.3-9: Ortskurven der Frequenzgangfunktion

Die Ortskurve für das System a) hat für $\omega = 1$ den Wert Unendlich, sie besteht aus zwei Zweigen. Die Anzahl der Nullstellen mit Realteil Null ist $n_0 = 2$, bei Stabilität muß $\Delta\phi = \pi$ sein. Die stetige Winkeländerung für den Zweig $0 \le \omega < 1$ ist $+\pi/4$, für $1 < \omega < \infty$ ist sie $+3\pi/4$. $\Delta\phi$ ist π, das System a) ist stabil. Die Ortskurve für das System b) ist geschlossen. Die Anzahl der Nullstellen mit positivem Realteil ist $n_p = 2$, bei Stabilität muß $\Delta\phi = 2\pi$ sein. Der Zeiger vom Punkt $(-1, j0)$ auf die Ortskurve macht für $\omega \to 0$ bis $\omega \to \infty$ einen Umlauf in mathematisch positiver Richtung. Die stetige Winkeländerung ist $+2\pi$, System b) ist stabil.

6.3.4.6 Stabilität von Regelungssystemen mit Totzeit

Ein wichtiger Vorteil des NYQUIST-Verfahrens ist, daß es auf Regelkreise mit Totzeit angewendet werden kann:

> Mit dem NYQUIST-Verfahren kann die Stabilität von Regelkreisen mit Totzeit beurteilt werden.

Totzeiten treten auf, wenn Energie, Materie oder Informationen transportiert werden. Totzeitverhalten tritt beispielsweise auf bei:
- Transport von Energie in Flüssigkeitsrohrnetzen,
- Materialtransport bei Förderanlagen,
- Distanzmessung mit Echoverfahren (Echolot, Radar).

Kennzeichnendes Merkmal von Totzeitelementen ist die zeitliche Verschiebung T_t des Ausgangssignals gegenüber dem Eingangssignal.

$$\begin{aligned} x(t) &= K_S \cdot y(t - T_t), \\ x(j\omega) &= K_S \cdot e^{-j\omega T_t} \cdot y(j\omega), \quad x(s) = K_S \cdot e^{-sT_t} \cdot y(s) \end{aligned}$$

Nach der Totzeit T_t wird sich eine Änderung der Eingangsgröße am Ausgang bemerkbar machen. In Beispiel 6.3-8 wird die Stabilität eines Regelkreises mit Totzeit mit dem vereinfachten NYQUIST-Kriterium untersucht.

Beispiel 6.3-8: Bei einer Transportregelstrecke mit der Verstärkung $K_S = 1$ und der Totzeit $T_t = 1$ s ist die Stabilität für einen Proportional- und einen Integral-Regler zu untersuchen.

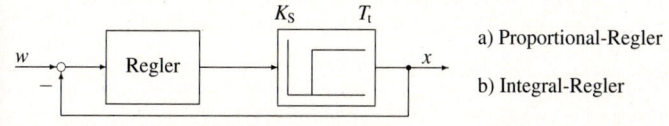

a) Proportional-Regler

b) Integral-Regler

Das vereinfachte NYQUIST-Kriterium ist gültig, da die charakteristische Gleichung der Übertragungsfunktion $G_{RS}(s)$ des offenen Regelkreises keine Nullstellen mit positivem Realteil besitzt.

a) Regelkreis mit Proportional-Regler:

$$G_{RS}(s) = G_R(s) \cdot G_S(s) = K_R \cdot K_S \cdot e^{-sT_t},$$
$$F_{RS}(j\omega) = F_R(j\omega) \cdot F_S(j\omega) = K_R \cdot K_S \cdot e^{-j\omega T_t}.$$

Charakteristische Gleichung und Nullstellen der Übertragungsfunktion des offenen Regelkreises:

$$e^{sT_t} = 0, \quad s_1 \to -\infty.$$

b) Regelkreis mit Integral-Regler:

$$G_{RS}(s) = G_R(s) \cdot G_S(s) = \frac{K_I}{s} \cdot K_S \cdot e^{-sT_t},$$
$$F_{RS}(j\omega) = F_R(j\omega) \cdot F_S(j\omega) = \frac{K_I}{j\omega} \cdot K_S \cdot e^{-j\omega T_t} = \frac{K_I \cdot K_S}{\omega} \cdot e^{-j(\omega T_t + \pi/2)}.$$

6 Stabilität von Regelkreisen

Charakteristische Gleichung und Nullstellen der Übertragungsfunktion des offenen Regelkreises:

$$s \cdot e^{sT_t} = 0, \quad s_1 = 0, \quad s_2 \to -\infty.$$

Für die Untersuchung der Stabilität wird die Ortskurve ermittelt. Für den Regelkreis mit Proportional-Regler ist die Ortskurve ein Kreis mit dem Radius $K_{RS} = K_R \cdot K_S$, mit dem Integral-Regler erhält man eine Spirale, die für $\omega \to \infty$ in den Nullpunkt läuft. In Bild 6.3-10 sind die Ortskurven für die Einstellung der Stabilitätsgrenze aufgezeichnet.

a) Regelkreis mit Proportional-Regler:

Die Stabilitätsgrenze mit einem Proportional-Regler wird für

$$K_{RSkrit} = 1, \quad K_{Rkrit} = \frac{1}{K_S} = 1$$

erreicht, die Ortskurve geht dann durch den kritischen Punkt. Wählt man für die Reglerverstärkung den Wert $K_R = 0.5$, so ergibt sich zwar ein stabiler Regelkreis, die bleibende Regeldifferenz bei Sprungaufschaltung wird jedoch unzulässig groß:

$$w(t) = w_0 \cdot E(t), \quad w(s) = \frac{w_0}{s},$$

$$x_d(t \to \infty) = \lim_{s \to 0} s \cdot \frac{1}{1 + G_R(s) \cdot G_S(s)} \cdot \frac{w_0}{s}$$

$$= \lim_{s \to 0} \frac{w_0}{1 + K_R \cdot K_S \cdot e^{-T_t s}} = \frac{w_0}{1.5} = 0.667 \cdot w_0.$$

Die Regelgröße erreicht nur 33 % des Sollwertes w_0 (Bild 6.3-11).

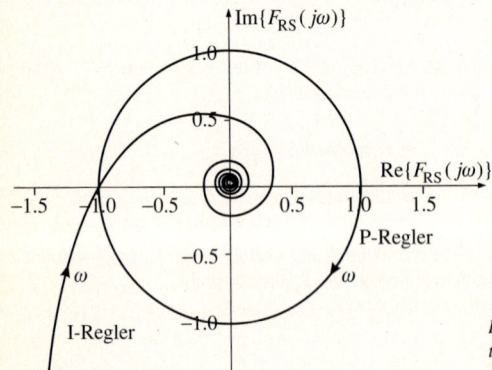

Bild 6.3-10: Ortskurven der Frequenzgangfunktion des offenen Regelkreises mit Proportional- und Integral-Regler für instabile Einstellung

b) Regelkreis mit Integral-Regler:

Die Stabilitätsgrenze für den Regelkreis mit Integral-Regler wird aus der Bedingung des NYQUIST-Kriteriums berechnet:

$$F_{RS}(j\omega_{krit}) = \frac{K_I \cdot K_S}{\omega_{krit}} \cdot e^{-j(\omega_{krit}T_t + \pi/2)} = -1,$$

$$\frac{K_I \cdot K_S}{\omega_{krit}} = 1, \quad e^{-j(\omega_{krit}T_t + \pi/2)} = -1 \quad \to \quad \omega_{krit} \cdot T_t + \frac{\pi}{2} = \pi,$$

$$\omega_{\text{krit}} = \frac{\pi}{2 \cdot T_{\text{t}}} = 1.571 \text{ s}^{-1}, \quad K_{\text{Ikrit}} = \frac{\omega_{\text{krit}}}{K_{\text{S}}} = 1.571 \text{ s}^{-1}.$$

Für den Regelkreis mit Integral-Regler wird $K_{\text{I}} = 0.5 \text{ s}^{-1}$ gewählt. Die bleibende Regeldifferenz ist Null:

$$x_{\text{d}}(t \to \infty) = \lim_{s \to 0} s \cdot \frac{1}{1 + G_{\text{R}}(s) \cdot G_{\text{S}}(s)} \cdot \frac{w_0}{s} = \lim_{s \to 0} \frac{w_0}{1 + \dfrac{K_{\text{I}} \cdot K_{\text{S}}}{s} \cdot e^{-sT_{\text{t}}}} = 0.$$

Die Sprungantworten für den Regelkreis mit Totzeit-Element sind in Bild 6.3-11 aufgezeichnet. Der Regelkreis mit Integral-Regler zeigt gutes Führungsverhalten, Proportional-Regler sind für Regelstrecken mit Totzeit nicht geeignet.

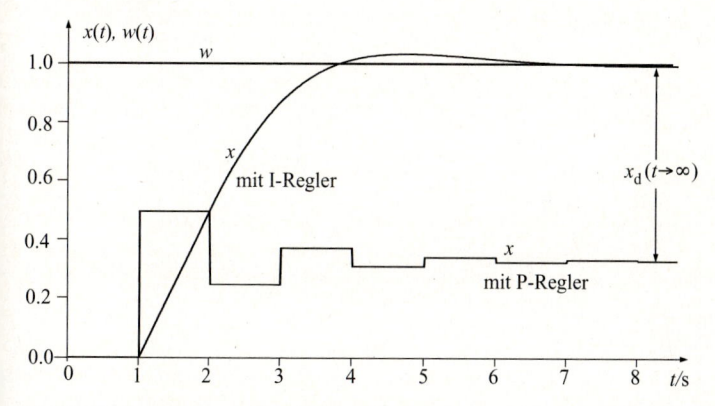

Bild 6.3-11: Sprungantwortverhalten für den Regelkreis mit Totzeit für Proportional- und Integral-Regler

6.4 Wurzelortskurven

6.4.1 Einleitung

Stabilität ist die wichtigste Forderung an Regelungssysteme. Die algebraischen Kriterien zur Stabilitätsuntersuchung von ROUTH und HURWITZ liefern nur stabil/instabil-Aussagen oder berechnen Wertebereiche von Parametern für stabile Regelungen.

Sind Pol- und Nullstellen der Übertragungsfunktion eines Regelungssystems bekannt, dann läßt sich auch das dynamische Verhalten beurteilen. Zur graphischen Darstellung wird der Pol-Nullstellenplan der s-Ebene verwendet. Die Polstellen sind gleichzeitig die Nullstellen (Wurzeln) des Nennerpolynoms der Übertragungsfunktion, Nullstellen der charakteristischen Gleichung. Wird ein Regelkreisparameter, beispielsweise die Reglerverstärkung, verändert, so ändern die Polstellen des geschlossenen Regelkreises ihre Lage. Die Polstellen (Wurzeln der charakteristischen Gleichung) bewegen sich in der s-Ebene auf Bahnen, die als Wurzelortskurve (root-locus plot) bezeichnet wird.

> Die **Wurzelortskurve (WOK)** ist der geometrische Ort der Polstellen der Übertragungsfunktion des geschlossenen Regelkreises in Abhängigkeit von einem Regelkreisparameter.

Die Wurzelortskurve wird meist in Abhängigkeit von der Reglerverstärkung dargestellt und ermöglicht die Beurteilung der Regelgüte.

Beispiel 6.4-1: Für ein Regelungssystem mit zwei PT$_1$-Elementen als Regelstrecke und einem Proportional-Regler ist die WOK zu ermitteln.

Es ergeben sich die Übertragungsfunktionen und die Nullstellen der charakteristischen Gleichung:

$$G_{RS}(s) = \frac{K_R \cdot K_S}{(1 + T_1 s) \cdot (1 + T_2 s)},$$

$$G(s) = \frac{K_R \cdot K_S}{T_1 \cdot T_2 \cdot s^2 + (T_1 + T_2) \cdot s + 1 + K_R \cdot K_S},$$

$$s^2 + \frac{T_1 + T_2}{T_1 \cdot T_2} s + \frac{1 + K_R \cdot K_S}{T_1 \cdot T_2} = 0, \quad \text{mit} \quad T_1 = T_2 = 1\,\text{s}, K_S = 2,$$

$$s_{1,2} = -1 \pm j\sqrt{2 \cdot K_R}.$$

s-Ebene

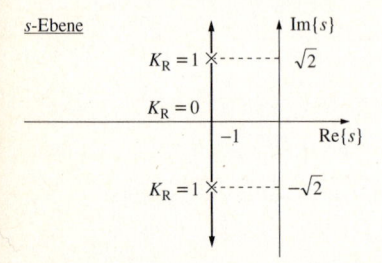

Bild 6.4-1: WOK einer Regelung mit PT$_2$-Regelstrecke und P-Regler

Für $K_R > 0$ sind die Wurzeln der charakteristischen Gleichung konjugiert komplex, bei Sprungaufschaltung hat die Regelgröße immer Überschwingen.

Mit dem von EVANS (USA) entwickelten **WOK-Verfahren** (root-locus method) wird die WOK in der *s*-Ebene unter Verwendung von Konstruktionsregeln (construction rules) ermittelt. Dabei werden die Pole und Nullstellen des offenen Regelkreises in die *s*-Ebene eingetragen, anschließend wird der Verlauf der Polstellen der Übertragungsfunktion des geschlossenen Regelkreises für einen bestimmten Parameter mit den Konstruktionsregeln ermittelt. Anhand der Graphik kann das Regelverhalten qualitativ bewertet werden. Ist die Regelgüte nicht befriedigend, dann wird das Verfahren mit einer geänderten Reglerstruktur erneut angewendet. Für die quantitative Ermittlung der WOK werden Rechnerprogramme eingesetzt.

In den folgenden Abschnitten sind die Grundlagen des Verfahrens beschrieben. Anschließend werden die Konstruktionsregeln an Beispielen angewendet.

Zur Beurteilung der Empfindlichkeit von Regelkreiseigenschaften soll häufig der Einfluß von Parameteränderungen der Regelstrecke auf die Pole des geschlossenen Regelkreises untersucht werden. Die charakteristische Gleichung des geschlossenen Regelkreises läßt sich dafür meist so umformen, daß die Regeln des Verfahrens angewendet werden können. WOK, die von mehreren Kurvenparametern abhängen, bezeichnet man als WOK-Kontur. Das WOK-Verfahren ist nur für gebrochen rationale Übertragungsfunktionen anwendbar. Totzeit-Elemente, die als e-Funktion in die Übertragungsfunktion eingehen, müssen durch eine Reihenentwicklung (PADÉ-Approximation) angenähert werden.

6.4.2 Kriterium für das Wurzelortskurven(WOK)-Verfahren

Das WOK-Verfahren ist anwendbar, wenn die Pole und Nullstellen der Übertragungsfunktion des geschlossenen Regelkreises die Amplituden- und Phasenbedingung erfüllen. Das Kriterium wird für den Standardregelkreis mit indirekter Gegenkopplung abgeleitet.

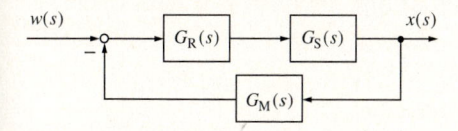

$G_M(s)$ ist die Übertragungsfunktion der Meßeinrichtung. Für das Signalflußbild erhält man die Übertragungsfunktion des offenen Regelkreises

$$G_{RSM}(s) = G_R(s) \cdot G_S(s) \cdot G_M(s)$$

und die des geschlossenen Regelkreises

$$G(s) = \frac{x(s)}{w(s)} = \frac{G_R(s) \cdot G_S(s)}{1 + G_R(s) \cdot G_S(s) \cdot G_M(s)}$$

mit der charakteristischen Gleichung

$$1 + G_R(s) \cdot G_S(s) \cdot G_M(s) = 1 + G_{RSM}(s) = 0.$$

Für die Anwendung des WOK-Verfahrens wird die Übertragungsfunktion $G_{RSM}(s)$ in der Pol-Nullstellenform angegeben:

$$G_{RSM}(s) = K_0 \frac{(s - s_{n1}) \cdot (s - s_{n2}) \cdot \ldots \cdot (s - s_{nm})}{(s - s_{p1}) \cdot (s - s_{p2}) \cdot \ldots \cdot (s - s_{pn})} = K_0 \frac{\prod_{k=1}^{m}(s - s_{nk})}{\prod_{i=1}^{n}(s - s_{pi})}$$

$$= K_0 \frac{b_0 + b_1 s + b_2 s^2 + \ldots + b_{m-1} s^{m-1} + s^m}{a_0 + a_1 s + a_2 s^2 + \ldots + a_{n-1} s^{n-1} + s^n} = K_0 \frac{Z_0(s)}{N_0(s)} = K_0 \cdot G_0(s), \quad n \geq m.$$

Sind keine Nullstellen im Zählerpolynom vorhanden ($m = 0$), dann ist $Z_0(s) = 1$, da

$$\prod_{k=1}^{0} = 1$$

ist.

Beispiel 6.4-2: Für ein Regelungssystem mit zwei PT_1-Elementen als Regelstrecke und einem PDT_1-Regler ist die Pol-Nullstellenform der Übertragungsfunktion des offenen Regelkreises zu bestimmen.

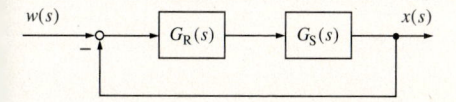

Die Übertragungsfunktion des offenen Regelkreises wird berechnet und umgeformt:

$$G_R(s) = K_R \frac{1 + T_V s}{1 + T_1 s}, \qquad G_S(s) = \frac{K_S}{(1 + T_{S1} s) \cdot (1 + T_{S2} s)},$$

$$G_{RS}(s) = \frac{Z_{RS}(s)}{N_{RS}(s)} = K_R \cdot K_S \cdot \frac{1 + T_V \cdot s}{(1 + T_1 \cdot s) \cdot (1 + T_{S1} \cdot s) \cdot (1 + T_{S2} \cdot s)},$$

$$= K_R \cdot K_S \cdot \frac{T_V}{T_1 \cdot T_{S1} \cdot T_{S2}} \cdot \frac{s + \dfrac{1}{T_V}}{\left(s + \dfrac{1}{T_1}\right) \cdot \left(s + \dfrac{1}{T_{S1}}\right) \cdot \left(s + \dfrac{1}{T_{S2}}\right)},$$

$$= K_0 \cdot \frac{s - s_{n1}}{(s - s_{p1}) \cdot (s - s_{p2}) \cdot (s - s_{p3})} = K_0 \cdot \frac{Z_0(s)}{N_0(s)}.$$

Mit $T_V = 5$ s, $T_1 = 0.5$ s, $T_{S1} = 2$ s, $T_{S2} = 4$ s, $K_S = 4$ erhält man

$$s_{n1} = -\frac{1}{T_V} = -0.2 \text{ s}^{-1},$$

$$s_{p1} = -\frac{1}{T_1} = -2 \text{ s}^{-1}, \quad s_{p2} = \frac{-1}{T_{S1}} = -0.5 \text{ s}^{-1}, \quad s_{p3} = \frac{-1}{T_{S2}} = -0.25 \text{ s}^{-1},$$

$$K_0 = K_R \cdot K_S \cdot \frac{T_V}{T_1 \cdot T_{S1} \cdot T_{S2}} = 5 \cdot K_R,$$

$$G_{RS}(s) = K_0 \cdot \frac{Z_0(s)}{N_0(s)} = 5 \cdot K_R \cdot \frac{s + 0.2}{(s + 2) \cdot (s + 0.5) \cdot (s + 0.25)}.$$

Das WOK-Verfahren geht von der charakteristischen Gleichung des geschlossenen Regelkreises

$$1 + G_{RSM}(s) = 1 + K_0 \cdot G_0(s) = 0$$

aus. Kurvenparameter ist ein Parameter der Übertragungsfunktion in Pol-Nullstellenform. In den Abschnitten 6.4.2 und 6.4.3 wird das Verfahren für den Kurvenparameter K_0 beschrieben.

Die komplexe Übertragungsfunktion $G_{RSM}(s)$ läßt sich mit Betrag und Phase in der Exponentialform darstellen. Dazu wird die charakteristische Gleichung umgeformt

$$G_{RSM}(s) = -1$$

und in der Exponentialform

$$|G_{RSM}(s)| \cdot e^{j \cdot \varphi_{RSM}} = 1 \cdot e^{j(1+2r)\pi}, \quad r = 0, \pm 1, \pm 2, \ldots$$

geschrieben. Betrag und Phase werden verglichen. Gleichsetzen der Beträge liefert die **Amplitudenbedingung** (amplitude condition, magnitude condition)

$$\boxed{|G_{RSM}(s)| = K_0 \frac{|s - s_{n1}| \cdot \ldots \cdot |s - s_{nm}|}{|s - s_{p1}| \cdot \ldots \cdot |s - s_{pn}|} = K_0 \frac{\prod_{k=1}^{m} |s - s_{nk}|}{\prod_{i=1}^{n} |s - s_{pi}|} = 1}.$$

Sind keine Nullstellen vorhanden ($m = 0$), dann vereinfacht sich die Amplitudenbedingung zu

$$K_0 = \prod_{i=1}^{n} |s - s_{pi}|.$$

Die **Phasenbedingung** (phase condition) lautet:

$$\varphi_{RSM} = \varphi\{G_{RSM}(s)\} = \varphi = \arctan \frac{\text{Im}\{G_{RSM}(s)\}}{\text{Re}\{G_{RSM}(s)\}} = (1 + 2r)\pi,$$

$$= \arg\{s - s_{n1}\} + \ldots + \arg\{s - s_{nm}\} - \arg\{s - s_{p1}\} - \ldots - \arg\{s - s_{pn}\},$$

6.4 Wurzelortskurven

$$\varphi = \sum_{k=1}^{m} \arg\{s - s_{nk}\} - \sum_{i=1}^{n} \arg\{s - s_{pi}\} = (1 + 2 \cdot r) \cdot \pi, \quad r = 0, \pm 1, \pm 2, \ldots$$

Punkte der s-Ebene, die die Phasenbedingung erfüllen, gehören zur WOK. Der zugehörige Wert des Kurvenparameters wird mit der Amplitudenbedingung ermittelt.

Die charakteristische Gleichung der Übertragungsfunktion des geschlossenen Regelkreises kann auch in der Form

$$1 + G_{RSM}(s) = 1 + K_0 \cdot \frac{Z_0(s)}{N_0(s)} = 0,$$

$$N_0(s) + K_0 \cdot Z_0(s) = 0$$

mit dem Kurvenparameter K_0 geschrieben werden. Für die Extremwerte von K_0 hat die Gleichung folgende Lösungen. Für $K_0 = 0$ beginnt die WOK in den Polstellen des offenen Regelkreises (Nullstellen von $N_0(s)$, Anzahl n):

$$N_0(s) = 0 \rightarrow s_{p1}, s_{p2}, \ldots, s_{pn}$$

Sie endet für $K_0 \rightarrow \infty$ in den Nullstellen des offenen Regelkreises (Nullstellen von $Z_0(s)$, Anzahl m):

$$\lim_{K_0 \rightarrow \infty} [N_0(s) + K_0 \cdot Z_0(s)] = \lim_{K_0 \rightarrow \infty} \left[\frac{N_0(s)}{K_0} + Z_0(s) \right] = 0 \rightarrow s_{n1}, s_{n2}, \ldots, s_{nm}$$

Technisch realisierbar sind Regelungen für $n \leq m$, wobei $n - m$ Zweige der WOK im Unendlichen enden (Rand der s-Ebene).

Beispiel 6.4-3: Für eine Regelung mit PT$_1$-Regelstrecke und P-Regler ist die WOK zu ermitteln.

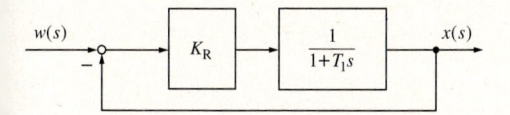

Es ergeben sich folgende Übertragungsfunktionen

$$G_{RS}(s) = \frac{K_R}{1 + T_1 \cdot s} = \frac{K_R}{T_1} \cdot \frac{1}{s + \frac{1}{T_1}} = K_0 \cdot \frac{1}{s - s_{p1}}, \quad \text{mit der Polstelle } s_{p1} = \frac{-1}{T_1}, n = 1, m = 0,$$

$$G(s) = \frac{K_R}{1 + K_R + T_1 \cdot s}.$$

Die charakteristische Gleichung von $G(s)$

$$1 + K_R + T_1 \cdot s = 0$$

hat die Nullstelle

$$s_1 = -\frac{1 + K_R}{T_1}.$$

Die Regelung ist stabil für $0 < K_R < \infty$.

Mit der Polstelle s_{p1} ergibt sich die Phasenbedingung zu

$$\varphi = -\arg\{s - s_{p1}\} = -\arg\{s + 1/T_1\} = (1 + 2 \cdot r) \cdot \pi = \pm \pi.$$

Der LAPLACE-Operator $s := \sigma + j\omega$ wird eingesetzt:

$$\varphi = -\arctan\frac{\text{Im}\{s + 1/T_1\}}{\text{Re}\{s + 1/T_1\}} = -\arctan\frac{\text{Im}\{(\sigma + j\omega) + 1/T_1\}}{\text{Re}\{(\sigma + j\omega) + 1/T_1\}} = -\arctan\frac{\omega T_1}{1 + T_1\sigma} = -\pi,$$

wobei für $\omega T_1 = 0$ die Phasenbedingung erfüllt wird:

$$\frac{\omega T_1}{1 + T_1\sigma} = \tan(\pi) = 0.$$

Die WOK verläuft auf der negativen reellen Achse der s-Ebene. Für einen bestimmten Wert der Polstelle des geschlossenen Regelkreises wird der zugehörige Wert von K_R mit der Amplitudenbedingung

$$K_0\frac{1}{|s - s_{p1}|} = \frac{K_R}{T_1} \cdot \frac{1}{\left|s + \dfrac{1}{T_1}\right|} = 1, \qquad K_R = |1 + T_1 s|$$

bestimmt. Einsetzen von $s := \sigma + j\omega$ ergibt

$$K_R = |1 + T_1 \cdot s| = |1 + T_1 \cdot (\sigma + j\omega)| = |1 + \sigma T_1 + j\omega \cdot T_1|,$$

wobei wegen der Phasenbedingung der Imaginärteil

$$\omega T_1 = 0$$

gesetzt wird. Die Betragsfunktion

$$K_R\Big|_{\omega = 0} = |1 + \sigma \cdot T_1|$$

liefert für ausgewählte Werte von K_R folgende Realteile σ der Pole des geschlossenen Regelkreises:

$$K_R = 0 \quad \rightarrow \sigma = -\frac{1}{T_1}, \qquad \text{(Polstelle des offenen Regelkreises)}$$

$$K_R = 1 \quad \rightarrow \sigma = -\frac{2}{T_1},$$

$$K_R = 2 \quad \rightarrow \sigma = -\frac{3}{T_1},$$

$$K_R = 10 \quad \rightarrow \sigma = -\frac{11}{T_1},$$

$$K_R \rightarrow \infty \rightarrow \sigma \rightarrow -\infty.$$

Für $\sigma < 0$ (Stabilität) erhält man

$$\sigma = -\frac{1 + K_R}{T_1}.$$

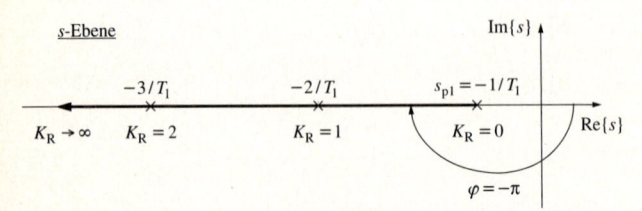

Bild 6.4-2: WOK einer Regelung mit PT_1-Regelstrecke und P-Regler

Beispiel 6.4-4: Für eine Regelung mit PT$_2$-Regelstrecke und P-Regler ist die WOK zu ermitteln.

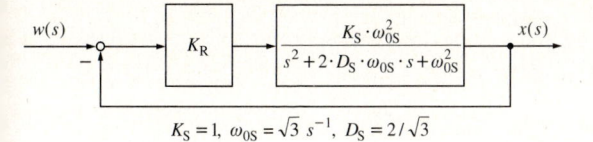

```
w(s) ──○──▶[ K_R ]──▶[ (K_S·ω_{0S}^2)/(s^2+2·D_S·ω_{0S}·s+ω_{0S}^2) ]──▶ x(s)
       −△────────────────────────────────────────────────────────────┘
```

$$K_S = 1, \quad \omega_{0S} = \sqrt{3}\ s^{-1}, \quad D_S = 2/\sqrt{3}$$

Es ergeben sich folgende Übertragungsfunktionen:

$$G_{RS}(s) = \frac{K_R \cdot K_S \cdot \omega_{0S}^2}{s^2 + 2 \cdot D_S \cdot \omega_{0S} \cdot s + \omega_{0S}^2} = \frac{K_R \cdot K_S \cdot \omega_{0S}^2 \cdot Z_0(s)}{N_0(s)}, \quad n = 2, m = 0,$$

$$G(s) = \frac{K_R \cdot K_S \cdot \omega_{0S}^2 \cdot Z_0(s)}{N_0(s) + K_R \cdot K_S \cdot \omega_{0S}^2 \cdot Z_0(s)} = \frac{K_R \cdot K_S \cdot \omega_{0S}^2}{s^2 + 2 \cdot D_S \cdot \omega_{0S} \cdot s + (1 + K_R \cdot K_S) \cdot \omega_{0S}^2}.$$

Die charakteristische Gleichung

$$N_0(s) + K_R \cdot K_S \cdot \omega_{0S}^2 \cdot Z_0(s) = 0$$

hat die Nullstellen

$$s_{1,2} = \omega_{0S}\left[-D_S \pm \sqrt{D_S^2 - (1 + K_R \cdot K_S)}\right].$$

Damit beginnt die WOK für $K_R = 0$ in den Polstellen des offenen Regelkreises

$$s_{p1} = -1, \quad s_{p2} = -3, \text{ (Kriechfall)}.$$

Wegen $n = 2$ ergeben sich zwei Zweige, die sich auf der reellen Achse der s-Ebene im Verzweigungspunkt treffen. Nullsetzen des Radikanden

$$D_S^2 - (1 + K_R \cdot K_S) = 0$$

ergibt für $K_R = 1/3$ den zugehörigen Verzweigungspunkt (breakaway point)

$$s_{p1,2}\big|_{K_R=1/3} = \sigma_V = -2, \text{ (aperiodischer Grenzfall)}.$$

Für $K_R > 1/3$ (Schwingfall) laufen beide Zweige parallel zur imaginären Achse und enden wegen $n - m = 2$ am oberen und unteren Rand der s-Ebene.

s-Ebene

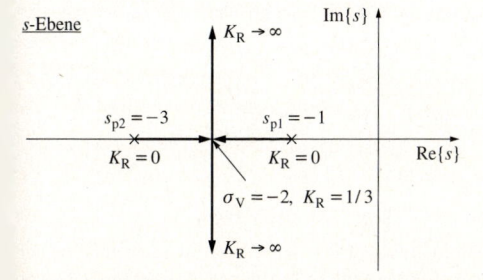

Bild 6.4-3: WOK einer Regelung mit PT$_2$-Regelstrecke und P-Regler

Für $0 < K_R < \infty$ ist die Regelung stabil. Der Verlauf der WOK kann durch Auswerten der Phasen- und Amplitudenbedingung punktweise überprüft werden. Für die charakteristische Gleichung lautet die Phasenbedingung

$$\varphi = -\sum_{i=1}^{n} \arg\{s - s_{pi}\} = (1 + 2 \cdot r) \cdot \pi = \pm \pi$$
$$= -\arg\{s - s_{p1}\} - \arg\{s - s_{p2}\} = \pi$$

und die Amplitudenbedingung

$$K_R \cdot K_S \cdot \omega_{0S}^2 = \prod_{i=1}^{n} |s - s_{pi}| = |s - s_{p1}| \cdot |s - s_{p2}|.$$

Phasen- und Amplitudenbedingung für $s = \sigma_V = -2$ (Verzweigungspunkt):

$$\varphi = -\arg\{s - s_{p1}\} - \arg\{s - s_{p2}\} = -\arctan\frac{\text{Im}\{s - s_{p1}\}}{\text{Re}\{s - s_{p1}\}} - \arctan\frac{\text{Im}\{s - s_{p2}\}}{\text{Re}\{s - s_{p2}\}}$$

$$= -\arctan\frac{\text{Im}\{-2+1\}}{\text{Re}\{-2+1\}} - \arctan\frac{\text{Im}\{-2+3\}}{\text{Re}\{-2+3\}} = -\arctan\left\{\frac{0}{-1}\right\} - \arctan\left\{\frac{0}{1}\right\}$$

$$= \pi - 0 = \pi \,\widehat{=}\, 180°.$$

Die Phasenbedingung ist erfüllt, der Punkt $\sigma_V = -2$ liegt auf der WOK. Die Amplitudenbedingung

$$|s - s_{p1}| \cdot |s - s_{p2}| = |-2+1| \cdot |-2+3| = 1 = K_R \cdot K_S \cdot \omega_{0S}^2 = 3 \cdot K_R$$

ergibt den vorher berechneten Wert $K_R = 1/3$.

Phasen- und Amplitudenbedingung für $s = -2 + j$:

$$\varphi = -\arctan\frac{\text{Im}\{s - s_{p1}\}}{\text{Re}\{s - s_{p1}\}} - \arctan\frac{\text{Im}\{s - s_{p2}\}}{\text{Re}\{s - s_{p2}\}}$$

$$= -\arctan\frac{\text{Im}\{-2+j+1\}}{\text{Re}\{-2+j+1\}} - \arctan\frac{\text{Im}\{-2+j+3\}}{\text{Re}\{-2+j+3\}} = -\arctan\left\{\frac{1}{-1}\right\} - \arctan\left\{\frac{1}{1}\right\}$$

$$= -\varphi_1 - \varphi_2 = -\frac{3\pi}{4} - \frac{\pi}{4} = -\pi \,\widehat{=}\, -135° - 45° = -180°.$$

Für den Punkt $s = -2 + j$ ist die Phasenbedingung ebenfalls erfüllt, der Punkt liegt auf der WOK. Die Amplitudenbedingung

$$|s - s_{p1}| \cdot |s - s_{p2}| = |-2+j+1| \cdot |-2+j+3| = |j-1| \cdot |j+1| = \sqrt{2} \cdot \sqrt{2} = K_R \cdot K_S \cdot \omega_{0S}^2 = 3 \cdot K_R$$

liefert $K_R = 2/3$.

Die Zeiger für die komplexen Zahlen $s - s_{p1}$, $s - s_{p2}$ sind im Bild 6.4-4 eingezeichnet. Zur Auswertung der Phasenbedingung werden die Winkel φ_1 und φ_2 ermittelt.

Phasen- und Amplitudenbedingung für $s = -1 - j$:

$$\varphi = -\arctan\frac{\text{Im}\{-1-j+1\}}{\text{Re}\{-1-j+1\}} - \arctan\frac{\text{Im}\{-1-j+3\}}{\text{Re}\{-1-j+3\}} = \frac{\pi}{2} + 0.464$$

$$\widehat{=}\, 90° + 26.57° = 116.57° \neq \pm 180°.$$

Die Phasenbedingung ist nicht erfüllt, der Punkt $s = -1 - j$ liegt nicht auf der WOK.

Für Regelungssysteme bis II. Ordnung können die Polstellen der Übertragungsfunktion manuell berechnet und die WOK punktweise gezeichnet werden. In den Beispielen wird die Zugehörigkeit einzelner Punkte der *s*-Ebene zur WOK mit der Phasenbedingung geprüft. Mit der Amplitudenbedingung wird diesen Punkten der Wert des Kurvenparameters K_R zugeordnet.

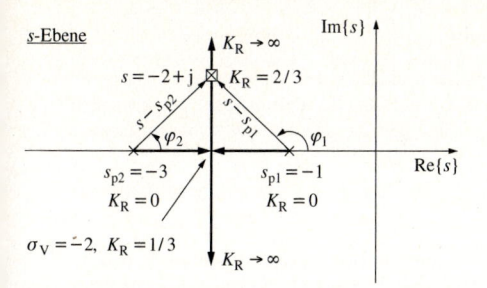

6.4.3 Regeln für die Konstruktion von Wurzelortskurven

6.4.3.1 Allgemeines

Für Regelungssysteme höherer Ordnung können die Pole der Übertragungsfunktion des geschlossenen Regelkreises oder die WOK für bestimmte Kurvenparameter nur rechnergestützt ermittelt werden. Gesucht ist ein Verfahren, wobei die Konstruktion der WOK mit erträglichem Rechenaufwand, ohne explizite Berechnung der Polstellen, ermöglicht wird. Die Konstruktionsregeln des Wurzelortskurven-Verfahrens gehen von der Amplituden- und Phasenbedingung aus. Dabei werden mit einfachen Formeln besondere Punkte, Winkel und Asymptoten für die Konstruktion ermittelt. Zunächst interessiert häufig ein WOK-Verlauf, der mit dem ersten Teil der Konstruktionsregeln mit geringem Aufwand schnell skizziert wird. Mit Hilfe weiterer Regeln kann anschließend eine genauere Kurve gezeichnet werden. Die in den folgenden Abschnitten beschriebenen Regeln des WOK-Verfahrens gelten für Standardregelkreise mit Gegenkopplung (negative Rückführung) und für positive Werte des Kurvenparameters.

Für die Anwendung des WOK-Verfahrens wird die Übertragungsfunktion des offenen Regelkreises

$$G_{RS}(s) = G_R(s) \cdot G_S(s) = \frac{K_0 \cdot Z_0(s)}{N_0(s)}$$

gebildet. Die Nullstellen von $Z_0(s)$ und $N_0(s)$ müssen bekannt sein, so daß die Übertragungsfunktion in der Pol-Nullstellenform angegeben werden kann:

$$G_{RS}(s) = \frac{K_0 \cdot \prod_{k=1}^{m}(s - s_{nk})}{\prod_{i=1}^{n}(s - s_{pi})}$$

Für den geschlossenen Regelkreis lautet die Übertragungsfunktion

$$G(s) = \frac{G_{RS}(s)}{1 + G_{RS}(s)}$$

und die charakteristische Gleichung:

$$1 + G_{RS}(s) = N_0(s) + K_0 \cdot Z_0(s) = 0.$$

Die Polstellen (Anzahl n) von $G_{RS}(s)$ (Nullstellen von $N_0(s)$) werden durch ein kleines Kreuz (×) und die Nullstellen (Anzahl m) von $G_{RS}(s)$ (Nullstellen von $Z_0(s)$) werden durch einen kleinen Kreis (○) in die *s*-Ebene eingetragen. Für Abszisse und Ordinate der *s*-Ebene sollten gleiche Skalierungsfaktoren gewählt werden.

6.4.3.2 Prinzipieller Verlauf der WOK (Regel 1)

Die WOK hat n Zweige. Für $K_0 = 0$ beginnen die Zweige in den Polstellen von $G_{RS}(s)$ und enden für $K_0 \to \infty$ in den Nullstellen von $G_{RS}(s)$. $n - m$ Zweige enden im Unendlichen (Rand der s-Ebene). Da konjugiert komplexe Pole und Nullstellen symmetrisch zur reellen Achse sind, ist auch die WOK symmetrisch zur reellen Achse.

6.4.3.3 WOK auf der reellen Achse (Regel 2)

Punkte der reellen Achse, die zur WOK gehören, sind durch die Pole und Nullstellen auf der reellen Achse bestimmt. Ein Punkt der reellen Achse gehört zur WOK, wenn die Summe der Pol- und Nullstellen rechts von diesem Punkt eine ungerade Zahl ergibt. Konjugiert komplexe Pole oder Nullstellen haben keinen Einfluß auf die WOK auf der reellen Achse.

Beispiel 6.4-5: Für ein Regelungssystem mit der Übertragungsfunktion

$$G_{RS}(s) = \frac{K_0 \cdot (s+c)^2 \cdot (s+z)}{s^2 \cdot (s+a) \cdot (s+b)}$$

ist der Verlauf der WOK auf der reellen Achse der s-Ebene zu ermitteln.

Tabelle 6.4-1: Bestimmung der WOK auf der reellen Achse mit Regel 2

Intervall der reellen Achse	Pol- und Nullstellen rechts von s, Summe der Pol- und Nullstellen $= n + m$		Intervall der reellen Achse gehört zur WOK
$0 < s < \infty$	keine Pol- und Nullstellen,	$n + m = 0$	nein
$|z| < s < 0$	2 Polstellen $s_{p1,2} = 0$,	$n + m = 2$	nein
$|c| < s < |z|$	2 Polstellen $s_{p1,2} = 0$, 1 Nullstelle $s_{n1} = -z$,	$n + m = 3$	ja
$|a| < s < |c|$	2 Polstellen $s_{p1,2} = 0$, 1 Nullstelle $s_{n1} = -z$, 2 Nullstellen $s_{n2,3} = -c$,	$n + m = 5$	ja
$|b| < s < |a|$	2 Polstellen $s_{p1,2} = 0$, 1 Nullstelle $s_{n1} = -z$, 2 Nullstellen $s_{n2,3} = -c$, 1 Polstelle $s_{p3} = -a$,	$n + m = 6$	nein
$-\infty < s < |b|$	2 Polstellen $s_{p1,2} = 0$, 1 Nullstelle $s_{n1} = -z$, 2 Nullstellen $s_{n2,3} = -c$, 1 Polstelle $s_{p3} = -a$, 1 Polstelle $s_{p4} = -b$,	$n + m = 7$	ja

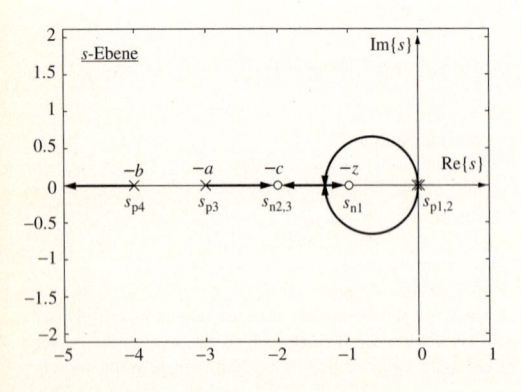

Bild 6.4-5: WOK für das Regelungssystem

6.4.3.4 Schnittpunkt der Asymptoten (Regel 3)

Regelungssysteme haben meist Verzögerungsverhalten, wobei die Anzahl n der Polstellen von $G_{RS}(s)$ größer ist als die Zahl m der Nullstellen. $n - m$ Zweige (branches) enden dann im Unendlichen. Die Asymptoten dieser $n - m$ Zweige schneiden sich im **Wurzelschwerpunkt** (intersection-abscissa of the asymptotes)

$$\sigma_W = \frac{\sum_{i=1}^{n} \text{Re}\{s_{pi}\} - \sum_{k=1}^{m} \text{Re}\{s_{nk}\}}{n - m}, \quad n > m$$

auf der reellen Achse.

6.4.3.5 Anstiegswinkel der Asymptoten (Regel 4)

Die **Anstiegswinkel der Asymptoten** (angles of asymptotes) werden mit

$$\varphi_{Ai} = \frac{\pi}{n - m}(2i + 1), \quad i = 0, 1, \ldots, n - m - 1$$

berechnet. $n - m$ ist die Anzahl der Asymptoten.

6.4.3.6 Verzweigungspunkte (Regel 5)

Verzweigungspunkte (breakaway point, break-in point) liegen meist auf der reellen Achse oder treten, wegen der Symmetrie der WOK zur reellen Achse, paarweise konjugiert komplex auf. Liegt ein Zweig der WOK zwischen zwei benachbarten Polen des offenen Regelkreises auf der reellen Achse, dann existiert dort mindestens ein Verzweigungspunkt. Mindestens ein Verzweigungspunkt liegt zwischen zwei benachbarten Nullstellen des offenen Regelkreises auf der reellen Achse oder zwischen einer reellen Nullstelle und $\text{Re}\{s\} \to -\infty$.

Bei der Berechnung von Verzweigungspunkten wird von der charakteristischen Gleichung des geschlossenen Regelkreises

$$N_0(s) + K_0 \cdot Z_0(s) = 0$$

ausgegangen. Die Gleichung wird nach dem Kurvenparameter K_0 aufgelöst:

$$K_0(s) = \frac{-N_0(s)}{Z_0(s)}.$$

An Verzweigungspunkten erreicht der Kurvenparameter K_0 ein relatives Maximum. Die Funktion wird nach dem LAPLACE-Operator s abgeleitet. Die Nullstellen der Funktion

$$\frac{dK_0(s)}{ds} = \frac{-Z_0(s) \cdot \dfrac{dN_0(s)}{ds} + N_0(s) \cdot \dfrac{dZ_0(s)}{ds}}{Z_0^2(s)} = 0$$

sind die Verzweigungspunkte $s_V = \sigma_V$. Mit

$$Z_0(s) \cdot \frac{dN_0(s)}{ds} = N_0(s) \cdot \frac{dZ_0(s)}{ds}$$

werden die Verzweigungspunkte berechnet.

224 6 Stabilität von Regelkreisen

Tabelle 6.4-2: Beispiele 6.4-6, 7, 8: Wurzelschwerpunkt und Anstiegswinkel der Asymptoten

	Übertragungsfunktion des offenen Regelkreises $G_{RS}(s)$	Wurzelschwerpunkt $$\sigma_W = \frac{\sum_{i=1}^{n} \mathrm{Re}\{s_{pi}\} - \sum_{k=1}^{m} \mathrm{Re}\{s_{nk}\}}{n-m}$$	Anstiegswinkel der Asymptoten $$\varphi_{Ai} = \frac{\pi}{n-m}(2\cdot i + 1),$$ $i = 0, 1, \ldots, n-m-1$	Wurzelortskurve
Beispiel 6.4-6	$G_{RS}(s) = \dfrac{K_0}{s+a}$ $n=1, m=0$	$\sigma_W = \dfrac{-a-0}{1-0} = -a$	$\varphi_{A0} = \dfrac{\pi}{1-0}(2\cdot 0 + 1) = \pi$	rlocus(1, [1 1]), $a=1$
Beispiel 6.4-7	$G_{RS}(s) = \dfrac{K_0}{(s+a)^2}$ $n=2, m=0$	$\sigma_W = \dfrac{-2\cdot a - 0}{2-0} = -a$	$\varphi_{A0} = \dfrac{\pi}{2-0}(2\cdot 0 + 1) = \dfrac{\pi}{2}$ $\varphi_{A1} = \dfrac{\pi}{2-0}(2\cdot 1 + 1) = \dfrac{3\pi}{2}$	rlocus(1, [1 2 1]), $a=1$
Beispiel 6.4-8	$G_{RS}(s) = \dfrac{K_0}{(s+a)^2(s+b)}$ $n=3, m=0$	$\sigma_W = \dfrac{-2\cdot a - b - 0}{3-0} = \dfrac{-2\cdot a - b}{3}$	$\varphi_{A0} = \dfrac{\pi}{3-0}(2\cdot 0 + 1) = \dfrac{\pi}{3}$ $\varphi_{A1} = \dfrac{\pi}{3-0}(2\cdot 1 + 1) = \pi$ $\varphi_{A2} = \dfrac{\pi}{3-0}(2\cdot 2 + 1) = \dfrac{5\pi}{3}$	rlocus(1, [1 3.5 4 1.5]), $a=1, b=1.5$

Beispiel 6.4-9: Die Verzweigungspunkte der WOK sollen für den offenen Regelkreis mit

$$G_{RS}(s) = \frac{K_0 \cdot (s+z)}{s \cdot (s+a)} = \frac{K_0 \cdot Z_0(s)}{N_0(s)}$$

berechnet werden, $s_{p1} = 0$, $s_{p2} = -a$, $s_{n1} = -z$. Die charakteristische Gleichung des geschlossenen Regelkreises

$$s^2 + (K_0 + a) \cdot s + K_0 \cdot z = 0$$

wird nach K_0 aufgelöst

$$K_0(s) = \frac{-(s+a) \cdot s}{s+z}$$

und abgeleitet:

$$\frac{dK_0(s)}{ds} = \frac{-(2 \cdot s + a) \cdot (s+z) + (s+a) \cdot s}{(s+z)^2} = \frac{s^2 + 2 \cdot z \cdot s + a \cdot z}{(s+z)^2}.$$

Zur Berechnung der Verzweigungspunkte wird das Zählerpolynom der Ableitung gleich Null gesetzt

$$s^2 + 2 \cdot z \cdot s + a \cdot z = 0$$

und die Werte $a = 1$, $z = 10$ verwendet. Die Nullstellen des Polynoms

$$s_{V1} = \sigma_{V1} = z \cdot \left(-1 + \sqrt{1 - \frac{a}{z}}\right) = -0.51,$$

$$s_{V2} = \sigma_{V2} = z \cdot \left(-1 - \sqrt{1 - \frac{a}{z}}\right) = -19.49$$

sind die Verzweigungspunkte der WOK, die im Bild 6.4-6 angegeben sind. Für $K_0 > 0$ laufen die Polstellen s_{p1}, s_{p2} zum Verzweigungspunkt σ_{V1} (breakaway point) und werden konjugiert komplex. Am Verzweigungspunkt σ_{V2} (break-in point) nehmen die Polstellen wieder reelle Werte an, wenn K_0 weiter erhöht wird. Mit $K_0 \to \infty$ läuft ein Zweig in die Nullstelle s_{n1}, der andere zum linken Rand der s-Ebene.

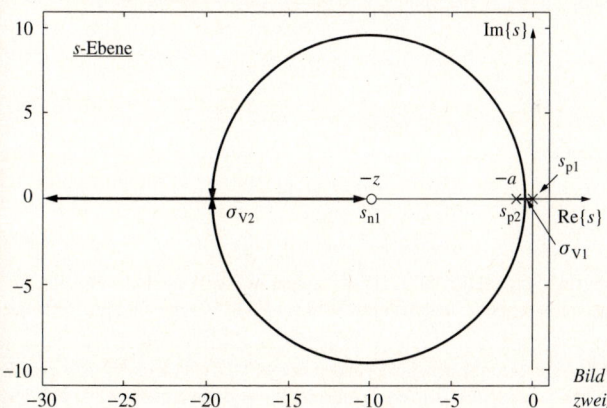

Bild 6.4-6: Mit Regel 5 ermittelte Verzweigungspunkte σ_{V1}, σ_{V2} einer WOK

Im folgenden Bild 6.4-7 ist der Werteverlauf von K_0 über dem Intervall $s_{p2} < s < s_{p1}$ dargestellt. Für $\sigma_{V1} = -0.51$ ergibt sich der Maximalwert $K_{0\,max} = 0.026$.

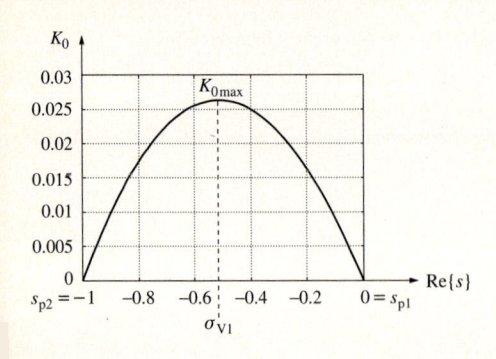

Bild 6.4-7: Verlauf des Kurvenparameters $K_0(s)$ im Intervall $s_{p2} < s < s_{p1}$

Für Regelungssysteme höherer Ordnung ist die Berechnung von Verzweigungspunkten aufwendig. Die Berechnung wird vereinfacht, wenn entfernte Pol- oder Nullstellen nicht berücksichtigt werden. Für den Verzweigungspunkt erhält man einen Näherungswert. Im Beispiel soll ein Näherungswert für σ_{V1} berechnet werden, wobei die Nullstelle $s_{n1} = -z \to -\infty$ nicht berücksichtigt wird. Die quadratische Gleichung wird umgeformt

$$s^2 + 2 \cdot z \cdot s + a \cdot z = \frac{s^2}{z} + 2 \cdot s + a = 0,$$

für $z \to \infty$ erhält man den Näherungswert

$$\sigma_{V1} = -\frac{a}{2} = -0.5$$

für den Verzweigungspunkt der beiden Polstellen im Bild.

6.4.3.7 Schnittwinkel der WOK-Zweige in Verzweigungspunkten (Regel 6)

WOK-Zweige auf der reellen Achse verzweigen sich unter einem Winkel $\varphi_V = \pi/2$. Laufen q Zweige in einen Verzweigungspunkt ein, dann gehen $2q$ Kurvenstücke von ihm aus. Diese schließen jeweils einen Winkel

$$\boxed{\varphi_V = \frac{\pi}{q}}$$

ein.

Beispiel 6.4-10: Für den Regelkreis mit

$$G_{RS}(s) = \frac{K_0}{s \cdot \left(s + 1 - \frac{j}{\sqrt{3}}\right) \cdot \left(s + 1 + \frac{j}{\sqrt{3}}\right)} = \frac{K_0 \cdot Z_0(s)}{N_0(s)}$$

ist die WOK zu ermitteln. Gesucht sind: Verlauf der WOK auf der reellen Achse, Wurzelschwerpunkt, Anstiegswinkel der Asymptoten, Verzweigungspunkt und Schnittwinkel der WOK-Zweige im Verzweigungspunkt.

Die WOK hat $n - m = 3 - 0 = 3$ Zweige, die im Unendlichen enden (Regel 1). Die gesamte negative reelle Achse gehört zur WOK (Regel 2). Der Schnittpunkt der Asymptoten im Wurzelschwerpunkt wird mit Regel 3 berechnet. Polstellen sind

$$s_{p1,2} = -1 \pm \frac{j}{\sqrt{3}}, \qquad s_{p3} = 0.$$

Nullstellen existieren nicht:

$$\sigma_W = \frac{\sum_{i=1}^{n}\text{Re}\{s_{pi}\} - \sum_{k=1}^{m}\text{Re}\{s_{nk}\}}{n-m} = \frac{-1-1+0}{3-0} = -\frac{2}{3}.$$

Die Anstiegswinkel der Asymptoten (Regel 4) ergeben sich zu

$$\varphi_{Ai} = \frac{\pi}{n-m}(2 \cdot i + 1), \quad i = 0, 1, 2, \ldots, n-m-1,$$

$$\varphi_{A0} = \frac{\pi}{3-0}(2 \cdot 0 + 1) = \frac{\pi}{3},$$

$$\varphi_{A1} = \frac{\pi}{3-0}(2 \cdot 1 + 1) = \pi,$$

$$\varphi_{A2} = \frac{\pi}{3-0}(2 \cdot 2 + 1) = \frac{5 \cdot \pi}{3}.$$

Für den Verzweigungspunkt (Regel 5) der drei Zweige auf der reellen Achse gilt

$$Z_0(s)\frac{dN_0(s)}{ds} = N_0(s)\frac{dZ_0(s)}{ds}.$$

Zähler- und Nennerpolynom von $G_{RS}(s)$

$$Z_0(s) = 1, \qquad N_0(s) = s^3 + 2 \cdot s^2 + \frac{4}{3} \cdot s$$

werden differenziert und man erhält

$$Z_0(s)\frac{dN_0(s)}{ds} = 3 \cdot s^2 + 4 \cdot s + \frac{4}{3} = 0.$$

Die Lösung der quadratischen Gleichung liefert den Verzweigungspunkt

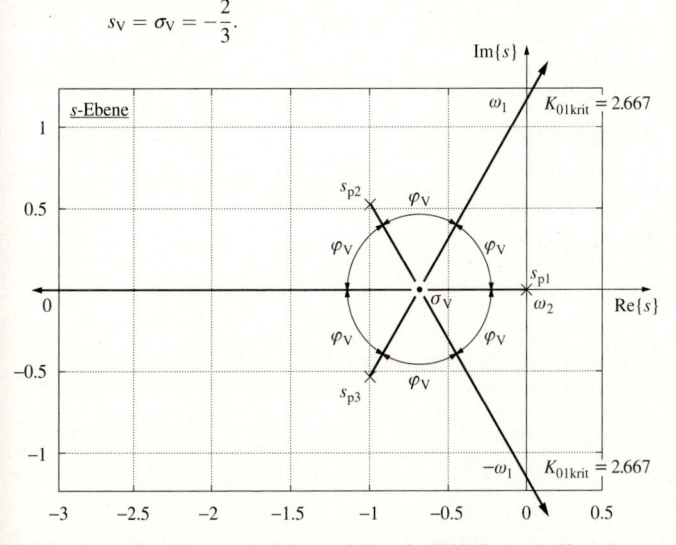

$$s_V = \sigma_V = -\frac{2}{3}.$$

Bild 6.4-8: Mit Regel 6 ermittelte Schnittwinkel φ_V der WOK-Zweige im Verzweigungspunkt σ_V

In den Verzweigungspunkt laufen $q = 3$ Zweige ein. Die $2q = 6$ Kurvenstücke, die von σ_V ausgehen, schließen jeweils einen Winkel von

$$\varphi_V = \frac{\pi}{q} = \frac{\pi}{3}$$

ein (Regel 6).

6.4.3.8 Schnittpunkte der WOK mit der imaginären Achse (Regel 7)

Der Schnittpunkt der WOK mit der imaginären Achse (root-locus intersection with the imaginary axis) kennzeichnet die Stabilitätsgrenze. Der kritische Wert für den Kurvenparameter K_0 wird mit der charakteristischen Gleichung des geschlossenen Regelkreises

$$N_0(s) + K_0 \cdot Z_0(s) = 0$$

ermittelt, wobei der LAPLACE-Operator s durch den imaginären Operator $j\omega$ ersetzt wird:

$$\boxed{N_0(j\omega) + K_0 \cdot Z_0(j\omega) = 0.}$$

Die Lösungen ω der Gleichung für den kritischen Wert von K_0 sind die Schnittpunkte mit der imaginären Achse.

Der kritische Wert für K_0 kann auch mit dem ROUTH- oder HURWITZ-Kriterium berechnet werden.

Beispiel 6.4-11: Für den Regelkreis in Beispiel 6.4-10 werden die Schnittpunkte mit der imaginären Achse und die kritische Verstärkung des Kurvenparameters K_0 bestimmt. In der charakteristischen Gleichung des geschlossenen Regelkreises

$$N_0(s) + K_0 \cdot Z_0(s) = s^3 + 2 \cdot s^2 + \frac{4}{3} \cdot s + K_0 = 0$$

wird der LAPLACE-Operator s durch $j\omega$ ersetzt

$$(j\omega)^3 + 2 \cdot (j\omega)^2 + \frac{4}{3} \cdot j\omega + K_0 = 0$$

und die Gleichung in Real- und Imaginärteil umgeformt

$$K_0 - 2 \cdot \omega^2 + j\left[\omega \cdot \left(\frac{4}{3} - \omega^2\right)\right] = 0.$$

Lösungen sind die Schnittpunkte ω_i der WOK mit der imaginären Achse

$$\omega_1 = \frac{2}{\sqrt{3}} = 1.155$$

und der kritische Wert

$$K_{01\,\text{krit}} = 2.667.$$

Für $\omega_2 = 0$ ergibt sich außerdem $K_{02\,\text{krit}} = 0$.

Der kritische Wert kann auch mit dem ROUTH-Kriterium ermittelt werden. Dabei bilden die Koeffizienten der charakteristischen Gleichung

$$s^3 + 2 \cdot s^2 + \frac{4}{3} \cdot s + K_0 = 0$$

die beiden ersten Zeilen des ROUTH-Schemas:

	$1\ (a_3)$	$4/3\ (a_1)$	
	$2\ (a_2)$	$K_0\ (a_0)$	
	$8/3 - K_0\ (c_1)$	0	$c_1 = 8/3 - K_0$
	$K_0 \cdot (8/3 - K_0)\ (d_1)$	0	$d_1 = (8/3 - K_0) \cdot K_0$

Die erste Spalte des ROUTH-Schemas wird ausgewertet:

$$c_1 = 0 = 8/3 - K_{0\,\text{max}} \rightarrow K_{0\,\text{max}} = K_{01\,\text{krit}} = 2.667,$$
$$d_1 = 0 = (8/3 - K_{0\,\text{min}}) \cdot K_{0\,\text{min}} \rightarrow K_{0\,\text{min}} = 0.$$

Das Regelungssystem ist stabil für den Wertebereich

$$K_{0\,\text{min}} = 0 < K_0 < K_{0\,\text{max}} = 2.667.$$

6.4.3.9 Austrittswinkel der WOK aus Polstellen, Eintrittswinkel in Nullstellen (Regel 8)

Der **Austrittswinkel** (angle of departure) eines Zweiges der WOK aus einer Polstelle und der **Eintrittswinkel** (angle of arrival) eines Zweiges in eine Nullstelle erfüllen die Phasenbedingung. Der Austrittswinkel aus einer einfachen Polstelle $s_{\text{p}\alpha}$ wird mit der Gleichung

$$\varphi_{\text{p}\alpha,\text{aus}} = \arg\{s - s_{\text{p}\alpha}\} = \sum_{k=1}^{m} \arg\{s - s_{\text{n}k}\}\bigg|_{s=s_{\text{p}\alpha}} - \sum_{\substack{i=1 \\ i \neq \alpha}}^{n} \arg\{s - s_{\text{p}i}\}\bigg|_{s=s_{\text{p}\alpha}} + (1 + 2 \cdot r) \cdot \pi,$$
$$r = 0, \pm 1, \pm 2, \ldots$$

berechnet. Für die Berechnung des Eintrittswinkels in eine einfache Nullstelle $s_{\text{n}\alpha}$ gilt folgende Gleichung

$$\varphi_{\text{n}\alpha,\text{ein}} = \arg\{s - s_{\text{n}\alpha}\} = \sum_{i=1}^{n} \arg\{s - s_{\text{p}i}\}\bigg|_{s=s_{\text{n}\alpha}} - \sum_{\substack{k=1 \\ k \neq \alpha}}^{m} \arg\{s - s_{\text{n}k}\}\bigg|_{s=s_{\text{n}\alpha}} + (1 + 2 \cdot r) \cdot \pi,$$
$$r = 0, \pm 1, \pm 2, \ldots$$

Beispiel 6.4-12: Für die WOK der Regelung mit

$$G_{\text{RS}}(s) = \frac{K_0 \cdot (s + 0.5)}{s^2 + 2 \cdot s + 2}, \qquad s_{\text{n}1} = -0.5, \quad s_{\text{p}1,2} = -1 \pm \text{j}$$

werden die Austrittswinkel der WOK-Zweige aus den konjugiert komplexen Polstellen und der Eintrittswinkel eines Zweiges in die Nullstelle berechnet.

1.) Austrittswinkel aus der Polstelle $s_{\text{p}1}$:

$$\begin{aligned}
\varphi_{\text{p}1,\text{aus}} &= \arg\{s - s_{\text{p}1}\} = \arg\{s - s_{\text{n}1}\}\bigg|_{s=s_{\text{p}1}} - \arg\{s - s_{\text{p}2}\}\bigg|_{s=s_{\text{p}1}} + \pi \\
&= \arctan\frac{\text{Im}\{s_{\text{p}1} - s_{\text{n}1}\}}{\text{Re}\{s_{\text{p}1} - s_{\text{n}1}\}} - \arctan\frac{\text{Im}\{s_{\text{p}1} - s_{\text{p}2}\}}{\text{Re}\{s_{\text{p}1} - s_{\text{p}2}\}} + \pi \\
&= \arctan\frac{\text{Im}\{-1 + \text{j} + 0.5\}}{\text{Re}\{-1 + \text{j} + 0.5\}} - \arctan\frac{\text{Im}\{-1 + \text{j} + 1 + \text{j}\}}{\text{Re}\{-1 + \text{j} + 1 + \text{j}\}} + \pi \\
&= 2.034 - \frac{\pi}{2} + \pi \,\hat{=}\, 117° - 90° + 180° = 207°.
\end{aligned}$$

6 Stabilität von Regelkreisen

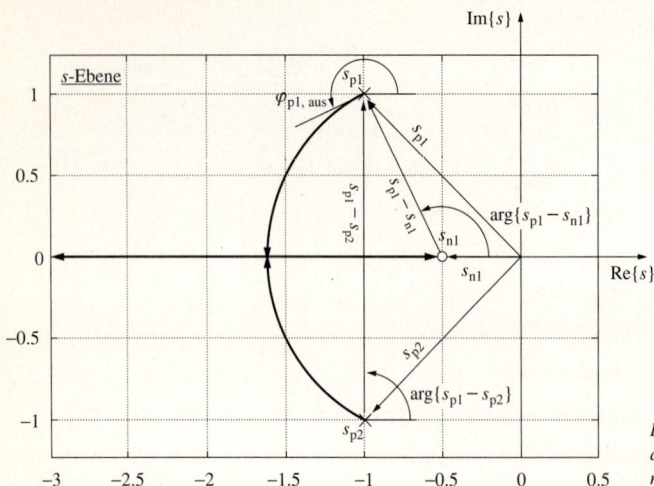

Bild 6.4-9: Bestimmung des Austrittswinkels $\varphi_{p1,\,aus}$ mit der Phasenbedingung

2.) Austrittswinkel aus der Polstelle s_{p2}:

$$\varphi_{p2,\,aus} = \arg\{s - s_{p2}\} = \arg\{s - s_{n1}\}\Big|_{s=s_{p2}} - \arg\{s - s_{p1}\}\Big|_{s=s_{p2}} + \pi$$

$$= \arctan\frac{\text{Im}\{s_{p2} - s_{n1}\}}{\text{Re}\{s_{p2} - s_{n1}\}} - \arctan\frac{\text{Im}\{s_{p2} - s_{p1}\}}{\text{Re}\{s_{p2} - s_{p1}\}} + \pi$$

$$= \arctan\frac{\text{Im}\{-1 - j + 0.5\}}{\text{Re}\{-1 - j + 0.5\}} - \arctan\frac{\text{Im}\{-1 - j + 1 - j\}}{\text{Re}\{-1 - j + 1 - j\}} + \pi$$

$$= 4.249 + \frac{\pi}{2} + \pi \,\hat{=}\, 243° + 90° + 180° = 153° = -207°.$$

Eintritts- und Austrittswinkel konjugiert komplexer Nullstellen oder Polstellen sind zueinander symmetrisch. Daher gilt

$$\varphi_{p2,\,aus} = -\varphi_{p1,\,aus}.$$

3.) Eintrittswinkel in die Nullstelle s_{n1}:

$$\varphi_{n1,\,ein} = \arg\{s - s_{n1}\} = \arg\{s - s_{p1}\}\Big|_{s=s_{n1}} + \arg\{s - s_{p2}\}\Big|_{s=s_{n1}} + \pi$$

$$= \arctan\frac{\text{Im}\{s_{n1} - s_{p1}\}}{\text{Re}\{s_{n1} - s_{p1}\}} + \arctan\frac{\text{Im}\{s_{n1} - s_{p2}\}}{\text{Re}\{s_{n1} - s_{p2}\}} + \pi$$

$$= \arctan\frac{\text{Im}\{-0.5 + 1 - j\}}{\text{Re}\{-0.5 + 1 - j\}} + \arctan\frac{\text{Im}\{-0.5 + 1 + j\}}{\text{Re}\{-0.5 + 1 + j\}} + \pi$$

$$= \arctan\left\{\frac{-1}{0.5}\right\} + \arctan\left\{\frac{1}{0.5}\right\} + \pi$$

$$= 5.184 + 1.1 + \pi \,\hat{=}\, 297° + 63° + 180° = 180°.$$

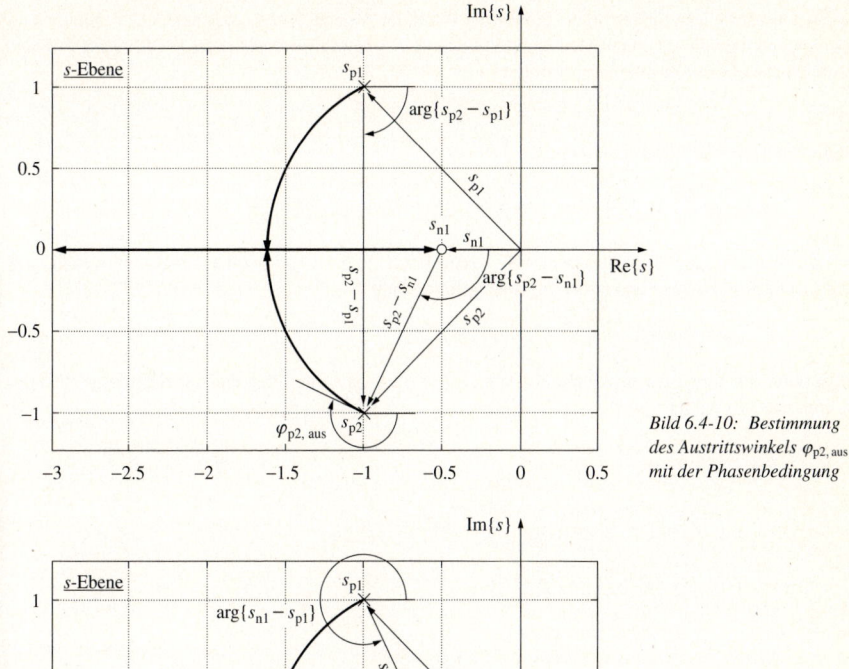

Bild 6.4-10: Bestimmung des Austrittswinkels $\varphi_{p2,\,aus}$ mit der Phasenbedingung

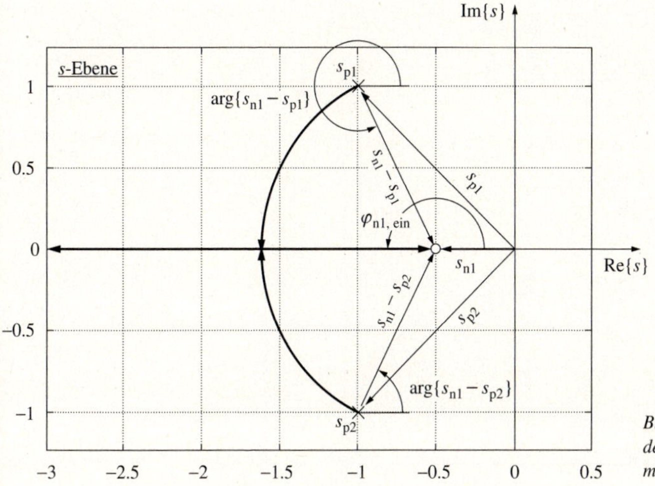

Bild 6.4-11: Bestimmung des Eintrittswinkels $\varphi_{n1,\,ein}$ mit der Phasenbedingung

6.4.3.10 Skalierung der WOK mit dem Kurvenparameter (Regel 9)

Alle Punkte der WOK müssen die Amplitudenbedingung erfüllen. Daher kann die Amplitudenbedingung

$$K_0 = \frac{\prod_{i=1}^{n} |s - s_{pi}|}{\prod_{k=1}^{m} |s - s_{nk}|}, \quad \text{bzw.} \quad K_0 = \prod_{i=1}^{n} |s - s_{pi}| \quad \text{wenn } m = 0 \text{ ist},$$

verwendet werden, wenn für bestimmte Punkte der WOK der Wert des Kurvenparameters K_0 bestimmt werden soll. K_0 wird graphisch, durch Messung des Abstands des gewählten Punktes der WOK zu den Pol- und Nullstellen des offenen Regelkreises ermittelt.

Beispiel 6.4-13: Für die Regelung mit

$$G_{RS}(s) = \frac{K_0 \cdot (s+2)}{s^2}, \quad s_{n1} = -2, \quad s_{p1,2} = 0,$$

wurde die WOK für den Kurvenparameter K_0 konstruiert (Bild 6.4-12). K_0 soll so eingestellt werden, daß sich für den geschlossenen Regelkreis folgende Pole ergeben:

$$s_{p1,2g} = -2 \pm j2.$$

Die Amplitudenbedingung wird für die Polstelle $s_{p1g} = -2 + j2$ ausgewertet und der zugehörige Wert des Kurvenparameters K_0 berechnet:

$$\begin{aligned}K_0\bigg|_{s=s_{p1g}} &= \frac{|s-s_{p1}|\cdot|s-s_{p2}|}{|s-s_{n1}|}\bigg|_{s=s_{p1g}}\\ &= \frac{|-2+j2-0|\cdot|-2+j2-0|}{|-2+j2+2|}\\ &= \frac{\sqrt{2^2+2^2}\cdot\sqrt{2^2+2^2}}{2}\\ &= 4.\end{aligned}$$

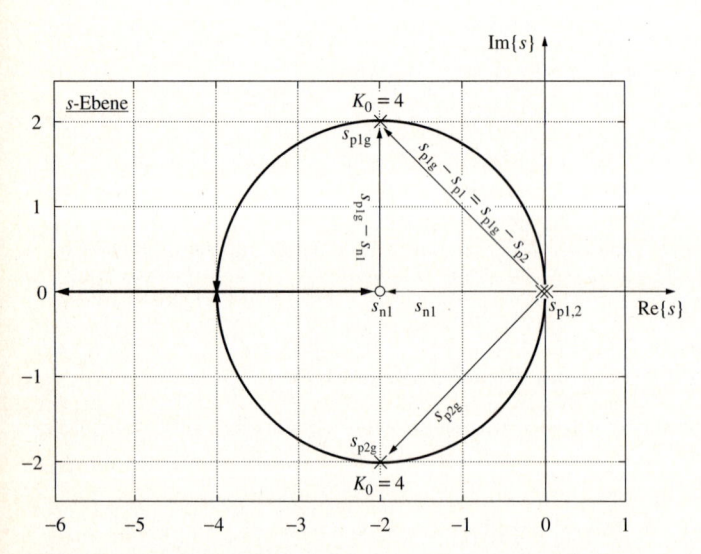

Bild 6.4-12: Bestimmung von K_0 für die Polstelle s_{p1g} mit der Amplitudenbedingung

6.4.3.11 Tabelle der Schritte des WOK-Verfahrens

Tabelle 6.4-3: Schritte des WOK-Verfahrens

Schritt	Vorgang beim WOK-Verfahren	Gleichung oder Regel
1	Übertragungsfunktion des offenen Regelkreises bestimmen	$G_{RS}(s) = G_R(s) \cdot G_S(s) = K_0 \dfrac{Z_0(s)}{N_0(s)}$
2	$G_{RS}(s)$ in Pol-Nullstellenform darstellen	$G_{RS}(s) = \dfrac{K_0 \prod_{k=1}^{m}(s - s_{nk})}{\prod_{i=1}^{n}(s - s_{pi})}$
3	Übertragungsfunktion des geschlossenen Regelkreises und charakteristische Gleichung berechnen	$G(s) = \dfrac{G_{RS}(s)}{1 + G_{RS}(s)}$, $1 + G_{RS}(s) = N_0(s) + K_0 \cdot Z_0(s) = 0$
4	Polstellen (×) und Nullstellen (○) des offenen Regelkreises in die s-Ebene eintragen (**Regel 1**)	WOK beginnt für $K_0 = 0$ in den Polstellen von $G_{RS}(s)$ und endet für $K_0 \to \infty$ in den Nullstellen von $G_{RS}(s)$ oder im Unendlichen.
5	WOK-Zweige auf der reellen Achse festlegen (**Regel 2**)	Segmente links einer ungeraden Anzahl von Pol- und Nullstellen gehören zur WOK.
6	Wurzelschwerpunkt σ_W berechnen (**Regel 3**) (Schnittpunkt der Asymptoten der WOK-Zweige)	$\sigma_W = \dfrac{\sum_{i=1}^{n}\text{Re}\{s_{pi}\} - \sum_{k=1}^{m}\text{Re}\{s_{nk}\}}{n-m}$
7	Anstiegswinkel φ_{Ai} der Asymptoten berechnen (**Regel 4**)	$\varphi_{Ai} = \dfrac{\pi}{n-m}(2 \cdot i + 1), \quad i = 0, 1, \ldots, n-m-1$
8	Verzweigungspunkte σ_V der WOK berechnen (**Regel 5**)	$K_0(s) = \dfrac{-N_0(s)}{Z_0(s)}$, Nullstellen von $\dfrac{dK_0(s)}{ds} = 0$ sind die Verzweigungspunkte σ_V.
9	Schnittwinkel φ_V der q WOK-Zweige im Verzweigungspunkt σ_V berechnen (**Regel 6**)	$\varphi_V = \dfrac{\pi}{q}$
10	Schnittpunkte der WOK mit der imaginären Achse und zugehörigen K_0-Wert bestimmen (**Regel 7**)	Charakteristische Gleichung für $s = j\omega$: $N_0(j\omega) + K_0 \cdot Z_0(j\omega) = 0$, nach ω und K_0 auflösen oder ROUTH-, HURWITZ-Kriterium anwenden.
11	Austrittswinkel der WOK aus Polstelle $\varphi_{p\alpha,\text{aus}}$	$\varphi_{p\alpha,\text{aus}} = \sum_{k=1}^{m}\varphi_{nk} - \sum_{\substack{i=1 \\ i \neq \alpha}}^{n}\varphi_{pi} + (1 + 2 \cdot r) \cdot \pi$
	Eintrittswinkel der WOK in Nullstelle $\varphi_{n\alpha,\text{ein}}$ bestimmen (**Regel 8**)	$\varphi_{n\alpha,\text{ein}} = \sum_{i=1}^{n}\varphi_{pi} - \sum_{\substack{k=1 \\ k \neq \alpha}}^{m}\varphi_{nk} + (1 + 2 \cdot r) \cdot \pi$
12	WOK mit dem Kurvenparameter K_0 skalieren (**Regel 9**)	$K_0 = \dfrac{\prod_{i=1}^{n}|s - s_{pi}|}{\prod_{k=1}^{m}|s - s_{nk}|}$

6.4.3.12 Anwendung des WOK-Verfahrens

In den beiden folgenden Beispielen werden die zwölf Schritte des WOK-Verfahrens angewendet.

Beispiel 6.4-14: WOK einer Regelung mit PT_2-Regelstrecke und PI-Regler.

Schritte 1, 2: Die Übertragungsfunktion des offenen Regelkreises liegt in Pol-Nullstellenform vor:

$$G_{RS}(s) = \frac{K_0 \cdot (s+2)}{s} \cdot \frac{1}{(s+1) \cdot (s+10)} = \frac{K_0 \cdot Z_0(s)}{N_0(s)}, \qquad n = 3, m = 1.$$

Schritt 3: Übertragungsfunktion und charakteristische Gleichung des geschlossenen Regelkreises werden ermittelt:

$$G(s) = \frac{G_{RS}(s)}{1+G_{RS}(s)} = \frac{K_0 \cdot (s+2)}{K_0 \cdot (s+2) + s \cdot (s+1) \cdot (s+10)} = \frac{K_0 \cdot Z_0(s)}{K_0 \cdot Z_0(s) + N_0(s)},$$

$$K_0 \cdot Z_0(s) + N_0(s) = K_0 \cdot (s+2) + s \cdot (s+1) \cdot (s+10) = 0.$$

Schritt 4: Polstellen (×) $s_{p1} = 0$, $s_{p2} = -1$, $s_{p3} = -10$ und Nullstelle (○) $s_{n1} = -2$ des offenen Regelkreises werden in die s-Ebene in Bild 6.4-13 eingetragen (Regel 1).

Schritt 5: WOK-Verlauf auf der reellen Achse (Regel 2):

Tabelle 6.4-4: Bestimmung der WOK auf der reellen Achse mit Regel 2

Intervall der reellen Achse	Pol- und Nullstellen rechts von s, Summe der Pol- und Nullstellen $= n + m$		Intervall der reellen Achse gehört zur WOK
$-1 < s < 0$	1 Polstelle $s_{p1} = 0$,	$n + m = 1$	ja
$-2 < s < -1$	2 Polstellen $s_{p1} = 0, s_{p2} = -1$,	$n + m = 2$	nein
$-10 < s < -2$	2 Polstellen $s_{p1} = 0, s_{p2} = -1$, 1 Nullstelle $s_{n1} = -2$,	$n + m = 3$	ja
$-\infty < s < -10$	3 Polstellen $s_{p1} = 0, s_{p2} = -1, s_{p3} = -10$, 1 Nullstelle $s_{n1} = -2$,	$n + m = 4$	nein

Schritt 6: Im Wurzelschwerpunkt schneiden sich die Asymptoten der WOK-Zweige (Regel 3):

$$\sigma_W = \frac{\sum_{i=1}^{n} \text{Re}\{s_{pi}\} - \sum_{k=1}^{m} \text{Re}\{s_{nk}\}}{n-m} = \frac{\text{Re}\{s_{p1}\} + \text{Re}\{s_{p2}\} + \text{Re}\{s_{p3}\} - \text{Re}\{s_{n1}\}}{n-m},$$

$$= \frac{0 - 1 - 10 - (-2)}{3 - 1} = -4.5.$$

Schritt 7: Die Asymptoten haben folgende Anstiegswinkel (Regel 4):

$$\varphi_{Ai} = \frac{\pi}{n-m} \cdot (2 \cdot i + 1), \qquad i = 0, 1, \ldots, n - m - 1,$$

$$\varphi_{A0} = \frac{\pi}{2}, \qquad \varphi_{A1} = \frac{3 \cdot \pi}{2}.$$

Schritt 8: Mit Regel 5 wird der Verzweigungspunkt zwischen den Polstellen s_{p1}, s_{p2} berechnet. Die charakteristische Gleichung wird nach dem Kurvenparameter K_0 aufgelöst

$$K_0(s) = \frac{-N_0(s)}{Z_0(s)} = \frac{-s \cdot (s+1) \cdot (s+10)}{s+2} = \frac{-(s^3 + 11 \cdot s^2 + 10 \cdot s)}{s+2}$$

und die Ableitung gleich Null gesetzt

$$\frac{dK_0(s)}{ds} = -\frac{2 \cdot s^3 + 17 \cdot s^2 + 44 \cdot s + 20}{s^2 + 4 \cdot s + 4} = 0.$$

Für das Zählerpolynom

$$s^3 + 8.5 \cdot s^2 + 22 \cdot s + 10 = 0$$

ergeben sich folgende Nullstellen:

$s_1 = \sigma_V = -0.5727$ (Verzweigungspunkt), $s_{2,3} = -3.9636 \pm j1.3226$.

Die Nullstellen $s_{2,3}$ liegen nicht auf der WOK und sind daher keine Verzweigungspunkte.

Schritt 9: In den Verzweigungspunkt σ_V laufen $q = 2$ WOK-Zweige ein. Die $2q = 4$ Zweige, die vom Verzweigungspunkt ausgehen, schneiden sich jeweils unter einem Winkel von

$$\varphi_V = \frac{\pi}{q} = \frac{\pi}{2} \quad \text{(Regel 6)}.$$

Schritt 10: Die WOK hat keinen Schnittpunkt mit der imaginären Achse. Für $K_0 > 0$ ist das Regelungssystem stabil (Regel 7).

Schritt 11: Die Austrittswinkel der WOK-Zweige aus den Polstellen und der Eintrittswinkel in die Nullstelle ergeben sich aus Bild 6.4-13, da diese auf der reellen Achse liegen:

$\varphi_{p1,\text{aus}} = \pi, \quad \varphi_{p2,\text{aus}} = 0, \quad \varphi_{p3,\text{aus}} = 0, \quad \varphi_{n1,\text{ein}} = \pi$ (Regel 8).

Schritt 12: Das konjugiert komplexe Polpaar soll eine Dämpfung $D = 0.707$ erhalten. Für das Polpaar $s_{p1,2g} = -1.55 \pm j1.55$ wird der zugehörige Wert des Kurvenparameters K_0 graphisch bestimmt (Regel 9). Dabei werden die Abstände der Pol- und Nullstellen zu s_{p1g} in Bild 6.4-13 ermittelt:

$$K_0 = \frac{\prod_{i=1}^{n} |s - s_{pi}|}{\prod_{k=1}^{m} |s - s_{nk}|}$$

$$= \frac{|s - s_{p1}| \cdot |s - s_{p2}| \cdot |s - s_{p3}|}{|s - s_{n1}|}\bigg|_{s=s_{p1g}} = \frac{|s_{p1g} - s_{p1}| \cdot |s_{p1g} - s_{p2}| \cdot |s_{p1g} - s_{p3}|}{|s_{p1g} - s_{n1}|}$$

$$= \frac{2.192 \cdot 1.645 \cdot 8.591}{1.614} = 19.1897.$$

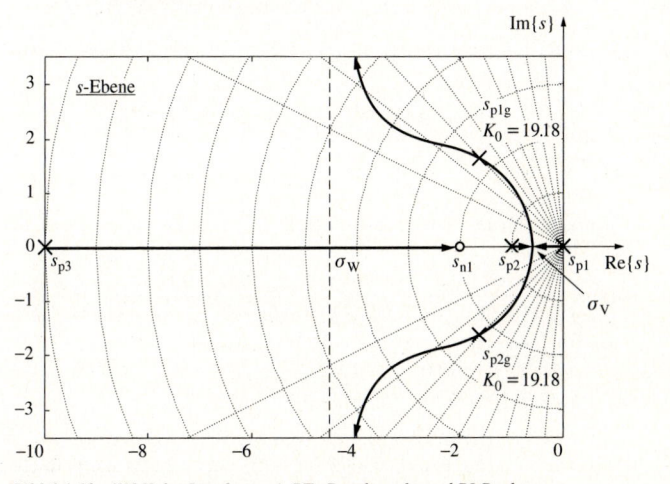

Bild 6.4-13: WOK der Regelung mit PT_2-Regelstrecke und PI-Regler

Für die gleiche Dämpfung $D = 0.707$ des konjugiert komplexen Polpaars werden zwei weitere K_0-Werte ermittelt und die zugehörigen Sprungantworten in Bild 6.4-14 aufgezeichnet.

Mit wachsenden Werten des Kurvenparameters K_0 wird das Polpaar am Verzweigungspunkt σ_V konjugiert komplex und geht in der s-Ebene nach links, wobei die Kennkreisfrequenz schnell zunimmt und die Dämpfung zunächst wenig variiert. Die Regelung wird schneller. Für große Werte von K_0 nähert sich das Polpaar den Asymptoten (Wurzelschwerpunkt σ_W). Die Kennkreisfrequenz nimmt weiter zu, die Dämpfung wird geringer.

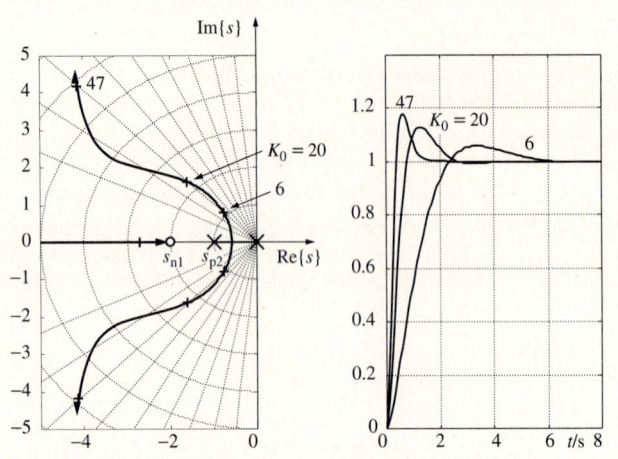

Bild 6.4-14: *WOK und Sprungantworten der Regelung mit PT_2-Regelstrecke und PI-Regler für verschiedene Werte des Kurvenparameters K_0*

Beispiel 6.4-15: WOK einer Regelung mit instabiler PT_3-Regelstrecke und PI-Regler

Schritte 1, 2: Die Übertragungsfunktion des offenen Regelkreises ist in der Pol-Nullstellenform gegeben:

$$G_{RS}(s) = \frac{K_0 \cdot (s + 0.1)}{s} \cdot \frac{1}{(s - 0.6) \cdot (s + 2 + 2j) \cdot (s + 2 - 2j)}$$

$$= \frac{K_0 \cdot Z_0(s)}{N_0(s)}, \quad n = 4, m = 1.$$

Schritt 3: Übertragungsfunktion und charakteristische Gleichung des geschlossenen Regelkreises werden ermittelt:

$$G(s) = \frac{G_{RS}(s)}{1 + G_{RS}(s)} = \frac{K_0 \cdot (s + 0.1)}{K_0 \cdot (s + 0.1) + s \cdot (s - 0.6) \cdot (s + 2 + 2j) \cdot (s + 2 - 2j)}$$

$$= \frac{K_0 \cdot Z_0(s)}{K_0 \cdot Z_0(s) + N_0(s)},$$

$$K_0 \cdot Z_0(s) + N_0(s) = K_0 \cdot (s + 0.1) + s \cdot (s - 0.6) \cdot (s + 2 + 2j) \cdot (s + 2 - 2j) = 0.$$

Schritt 4: Polstellen (×) $s_{p1} = 0.6$, $s_{p2} = 0$, $s_{p3} = -2 + 2j$, $s_{p4} = -2 - 2j$ und Nullstelle (○) $s_{n1} = -0.1$ des offenen Regelkreises werden in die s-Ebene in Bild 6.4-15 eingetragen (Regel 1).

6.4 Wurzelortskurven

Schritt 5: WOK-Verlauf auf der reellen Achse (Regel 2):

Tabelle 6.4-5: Bestimmung der WOK auf der reellen Achse mit Regel 2

Intervall der reellen Achse	Pol- und Nullstellen rechts von s, Summe der Pol- und Nullstellen $= n + m$		Intervall der reellen Achse gehört zur WOK
$0.6 < s < \infty$	keine Pol- und Nullstellen,	$n + m = 0$	nein
$0 < s < 0.6$	1 Polstelle $s_{p1} = 0.6$,	$n + m = 1$	ja
$-0.1 < s < 0$	2 Polstellen $s_{p1} = 0.6$, $s_{p2} = 0$,	$n + m = 2$	nein
$-\infty < s < -0.1$	2 Polstellen $s_{p1} = 0.6$, $s_{p2} = 0$, 1 Nullstelle $s_{n1} = -0.1$,	$n + m = 3$	ja

Schritt 6: Schnittpunkt der Asymptoten der WOK-Zweige im Wurzelschwerpunkt (Regel 3):

$$\sigma_W = \frac{\sum_{i=1}^{n}\text{Re}\{s_{pi}\} - \sum_{k=1}^{m}\text{Re}\{s_{nk}\}}{n - m} = \frac{\text{Re}\{s_{p1}\} + \text{Re}\{s_{p2}\} + \text{Re}\{s_{p3}\} + \text{Re}\{s_{p4}\} - \text{Re}\{s_{n1}\}}{n - m}$$

$$= \frac{0.6 + 0 - 2 - 2 - (-0.1)}{4 - 1} = -1.1.$$

Schritt 7: Die drei Asymptoten haben die Anstiegswinkel (Regel 4):

$$\varphi_{Ai} = \frac{\pi}{n - m}(2 \cdot i + 1), \qquad i = 0, 1, \ldots, n - m - 1,$$

$$\varphi_{A0} = \frac{\pi}{3}, \qquad \varphi_{A1} = \pi, \qquad \varphi_{A2} = 5\frac{\pi}{3}.$$

Schritt 8: Mit Regel 5 werden die Verzweigungspunkte auf der reellen Achse berechnet. Die Gleichung für den Kurvenparameter K_0 wird gebildet

$$K_0(s) = \frac{-N_0(s)}{Z_0(s)} = \frac{-s \cdot (s^3 + 3.4 \cdot s^2 + 5.6 \cdot s - 4.8)}{s + 0.1}$$

und die Ableitung gleich Null gesetzt

$$\frac{dK_0(s)}{ds} = \frac{-3 \cdot s^4 - 7.2 \cdot s^3 - 6.62 \cdot s^2 - 1.12 \cdot s + 0.48}{(s + 0.1)^2} = 0.$$

Das Zählerpolynom

$$-3 \cdot s^4 - 7.2 \cdot s^3 - 6.62 \cdot s^2 - 1.12 \cdot s + 0.48 = 0$$

hat die Nullstellen

$$s_1 = \sigma_{V1} = 0.1843,$$
$$s_2 = \sigma_{V2} = -0.5603,$$
$$s_{3,4} = -1.0120 \pm j0.7244.$$

Die Nullstellen s_1, s_2 sind Verzweigungspunkte auf der reellen Achse; die Nullstellen $s_{3,4}$ sind keine Verzweigungspunkte, da sie nicht auf der WOK liegen.

Schritt 9: In die beiden Verzweigungspunkte σ_{V1}, σ_{V2} laufen jeweils $q_1 = q_2 = 2$ WOK-Zweige ein. Von den Verzweigungspunkten gehen 4 Zweige aus, die sich unter einem Winkel

$$\varphi_V = \frac{\pi}{q}, \qquad \varphi_{V1} = \frac{\pi}{q_1} = \frac{\pi}{2}, \qquad \varphi_{V2} = \frac{\pi}{q_2} = \frac{\pi}{2}.$$

schneiden (Regel 6).

6 Stabilität von Regelkreisen

Schritt 10: Schnittpunkte der WOK mit der imaginären Achse und der zugehörige Wert für K_0 werden mit der charakteristischen Gleichung für $s = j\omega$ berechnet (Regel 7):

$$N_0(j\omega) + K_0 \cdot Z_0(j\omega) = 0,$$

$$(j\omega)^4 + 3.4 \cdot (j\omega)^3 + 5.6 \cdot (j\omega)^2 - 4.8 \cdot j\omega + K_0 \cdot (j\omega + 0.1) = 0,$$

$$\omega^4 + 5.6 \cdot \omega^2 + 0.1 \cdot K_0 + j \cdot [\omega \cdot (K_0 - 4.8 - 3.4 \cdot \omega^2)] = 0.$$

Realteil und Imaginärteil werden gleich Null gesetzt

$$\omega^4 + 5.6 \cdot \omega^2 + 0.1 \cdot K_0 = 0, \qquad \omega \cdot (K_0 - 4.8 - 3.4 \cdot \omega^2) = 0,$$

wobei je eine quadratische Gleichung für ω und K_0 entsteht. Die Lösungen der Gleichungen sind die Schnittpunkte ω der WOK-Zweige mit der imaginären Achse und den kritischen Werten für K_0.

$\omega_1 = \pm 0.305, \qquad K_{01\,\text{krit}} = 5.116,$

$\omega_2 = \pm 2.27, \qquad K_{02\,\text{krit}} = 22.37.$

Für $\omega_3 = 0$ erhält man weiterhin $K_{03\,\text{krit}} = 0$.

Schritt 11: Der Austrittswinkel der WOK aus der Polstelle s_{p3} wird mit Regel 8 ermittelt:

$$\varphi_{p\alpha,\,\text{aus}} = \sum_{k=1}^{m} \varphi_{nk} - \sum_{\substack{i=1 \\ i \neq \alpha}}^{n} \varphi_{pi} + (1 + 2 \cdot r) \cdot \pi,$$

$$\varphi_{p3,\,\text{aus}} = \arg\{s_{p3} - s_{n1}\} - [\arg\{s_{p3} - s_{p1}\} + \arg\{s_{p3} - s_{p2}\} + \arg\{s_{p3} - s_{p4}\}] + (1 + 2 \cdot r) \cdot \pi$$

$$= \arctan \frac{\text{Im}\{-2 + 2\,\text{j} + 0.1\}}{\text{Re}\{-2 + 2\,\text{j} + 0.1\}} - \arctan \frac{\text{Im}\{-2 + 2\,\text{j} - 0.6\}}{\text{Re}\{-2 + 2\,\text{j} - 0.6\}}$$

$$- \arctan \frac{\text{Im}\{-2 + 2\,\text{j} - 0\}}{\text{Re}\{-2 + 2\,\text{j} - 0\}} - \arctan \frac{\text{Im}\{-2 + 2\,\text{j} + 2 + 2\,\text{j}\}}{\text{Re}\{-2 + 2\,\text{j} + 2 + 2\,\text{j}\}} + (1 + 2 \cdot r) \cdot \pi$$

$$= \arctan\left(\frac{2}{-1.9}\right) - \arctan\left(\frac{2}{-2.6}\right) - \arctan\left(\frac{2}{-2}\right) - \frac{\pi}{2} + (1 + 2 \cdot r) \cdot \pi$$

$$= 2.33 - 2.485 - 2.356 - \frac{\pi}{2} + (1 + 2 \cdot r) \cdot \pi$$

$$\widehat{=} 133.5° - 142.4° - 135° - 90° + 180°$$

$$= -53.9°.$$

Wegen der Symmetrie der WOK ergibt sich der Austrittswinkel der WOK aus der Polstelle s_{p4} zu

$$\varphi_{p4,\,\text{aus}} = -\varphi_{p3,\,\text{aus}} = 53.9°.$$

Schritt 12: Für $K_0 > 0$ verzweigen sich die dominierenden Pole s_{p1}, s_{p2} an der Verzweigungsstelle σ_{V1}, werden konjugiert komplex und bewegen sich auf einer Kreisbahn. Das zweite konjugiert komplexe Polpaar s_{p3}, s_{p4} folgt den Asymptoten in die rechte s-Halbebene. Das dominierende konjugiert komplexe Polpaar $s_{p1,2g}$ soll eine Dämpfung $D = 0.707$ erhalten. Für das Polpaar $s_{p1,2g} = -0.37 \pm \text{j}0.37$ wird der zugehörige Wert des Kurvenparameters K_0 graphisch bestimmt (Regel 9). Dabei werden die Abstände der Pol- und Nullstellen zu s_{p1g} in Bild 6.4-15 ermittelt:

$$K_0 = \frac{\displaystyle\prod_{i=1}^{n} |s - s_{pi}|}{\displaystyle\prod_{k=1}^{m} |s - s_{nk}|}$$

$$K_0 = \frac{|s-s_{p1}| \cdot |s-s_{p2}| \cdot |s-s_{p3}| \cdot |s-s_{p4}|}{|s-s_{n1}|}\Big|_{s=s_{p1g}}$$

$$= \frac{|s_{p1g}-s_{p1}| \cdot |s_{p1g}-s_{p2}| \cdot |s_{p1g}-s_{p3}| \cdot |s_{p1g}-s_{p4}|}{|s_{p1g}-s_{n1}|}$$

$$= \frac{1.038 \cdot 0.523 \cdot 2.305 \cdot 2.876}{0.4580} = 7.864.$$

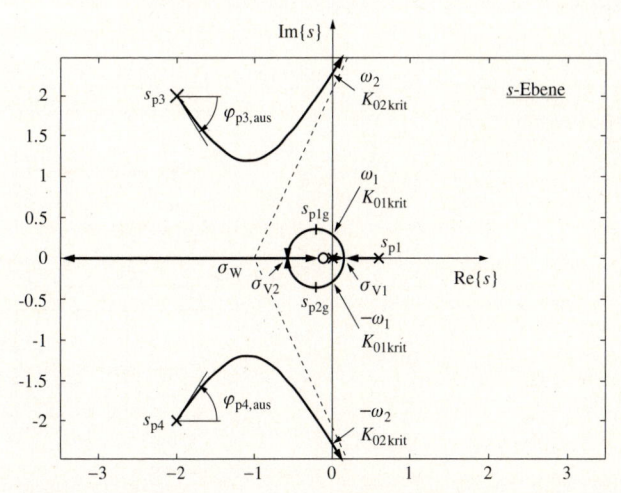

Bild 6.4-15: WOK der Regelung einer instabilen PT_3-Regelstrecke und PI-Regler

6.4.3.13 Tabelle mit WOK für Regelungssysteme bis IV. Ordnung

Tabelle 6.4-6: WOK für Regelungssysteme bis IV. Ordnung

Nr.	$G_{RS}(s)$	Wurzelortskurve
1	$\dfrac{K_0}{s}$	`rlocus(1,[1 0])`
2	$\dfrac{K_0}{s+a}$	`rlocus(1,[1 1])`, $a=1$

Tabelle 6.4-6: *WOK für Regelungssysteme bis IV. Ordnung (Fortsetzung)*

Nr.	$G_{RS}(s)$	Wurzelortskurve
3	$\dfrac{K_0 \cdot (s+z)}{s+a}$, $\quad |a| > |z|$	rlocus([1 1],[1 2]), $\qquad z=1, a=2$
4	$\dfrac{K_0 \cdot (s+z)}{s+a}$, $\quad |a| < |z|$	rlocus([1 2],[1 1]), $\qquad a=1, z=2$
5	$\dfrac{K_0}{s^2}$	rlocus(1,[1 0 0])
6	$\dfrac{K_0 \cdot (s+z)}{s^2}$	rlocus([1 1],[1 0 0]), $\qquad z=1$
7	$\dfrac{K_0}{s \cdot (s+a)}$	rlocus(1,[1 1 0]), $\qquad a=1$
8	$\dfrac{K_0 \cdot (s+z)}{s \cdot (s+a)}$, $\quad |a| > |z|$	rlocus([1 1],[1 2 0]), $\qquad z=1, a=2$

6.4 Wurzelortskurven

Tabelle 6.4-6: WOK für Regelungssysteme bis IV. Ordnung (Fortsetzung)

Nr.	$G_{RS}(s)$	Wurzelortskurve
9	$\dfrac{K_0 \cdot (s+z)}{s \cdot (s+a)}$, $\quad |a| < |z|$	`rlocus([1 2],[1 1 0])`, $\quad a=1, z=2$
10	$\dfrac{K_0}{s^2 + \omega^2}$	`rlocus(1,[1 0 1])`, $\quad \omega = 1$
11	$\dfrac{K_0}{(s+a)^2 + \omega^2}$	`rlocus(1,[1 2 2])`, $\quad \omega = 1, a = 1$
12	$\dfrac{K_0}{s^3}$	`rlocus(1,[1 0 0 0])`
13	$\dfrac{K_0 \cdot (s+z) \cdot (s+c)}{s^3}$	`rlocus([1 3 2],[1 0 0 0])`, $c=1, z=2$
14	$\dfrac{K_0}{s^2 \cdot (s+a)}$	`rlocus(1,[1 1 0 0])`, $\quad a=1$

Tabelle 6.4-6: WOK für Regelungssysteme bis IV. Ordnung (Fortsetzung)

Nr.	$G_{RS}(s)$	Wurzelortskurve
15	$\dfrac{K_0 \cdot (s+z)}{s^2 \cdot (s+a)}$, $\quad |a| > |z|$	`rlocus([1 1],[1 2 0 0])`, $\quad z=1, a=2$
16	$\dfrac{K_0}{s \cdot (s+a) \cdot (s+b)}$	`rlocus(1,[1 3 2 0])`, $\quad a=1, b=2$
17	$\dfrac{K_0 \cdot (s+z)}{s \cdot (s+a) \cdot (s+b)}$, $\quad |a| < |z| < |b|$	`rlocus([1 2],[1 4 3 0])`, $\quad a=1, z=2, b=3$
18	$\dfrac{K_0}{s^2 \cdot (s+a) \cdot (s+b)}$	`rlocus(1,[1 3 2 0 0])`, $\quad a=1, b=2$
19	$\dfrac{K_0 \cdot (s+z)}{s^2 \cdot (s+a) \cdot (s+b)}$	`rlocus([1 0.5],[1 5 6 0 0])`, $\quad z=0.5, a=2, b=3$
20	$\dfrac{K_0 \cdot (s+z) \cdot (s+c)}{s^2 \cdot (s+a) \cdot (s+b)}$	`rlocus([1 1.5 0.5],[1 5 6 0 0])`, $\quad z=0.5, c=1, a=2, b=3$

6.4.4 Erweiterung der Anwendung des WOK-Verfahrens

6.4.4.1 WOK-Verfahren für andere Regelkreisparameter

In dem bisher beschriebenen WOK-Verfahren wurde der Kurvenparameter K_0 verwendet, in dem die Reglerverstärkung K_R multiplikativ enthalten ist. Bei der Berechnung von Regelungen muß häufig der Einfluß anderer Regelkreisparameter auf das Regelverhalten untersucht werden. Dabei wird die Empfindlichkeit der Regelgüte beispielsweise in Abhängigkeit von Streckenparametern beurteilt, die sich mit der Zeit verändern können. Diese Empfindlichkeitsuntersuchungen lassen sich mit dem WOK-Verfahren durchführen, falls die charakteristische Gleichung des geschlossenen Regelkreises so umgeformt werden kann, daß Phasen- und Amplitudenbedingung erfüllt sind.

Für das Regelungssystem

$$G_{RS}(s) = \frac{K_0 \cdot Z_0(s)}{N_0(s)}, \qquad G(s) = \frac{K_0 \cdot Z_0(s)}{N_0(s) + K_0 \cdot Z_0(s)},$$

lautet die charakteristische Gleichung

$$N_0(s) + K_0 \cdot Z_0(s) = s^n + a_{n-1} \cdot s^{n-1} + \ldots + a_1 \cdot s + a_0 + K_0 \cdot Z_0(s) = 0$$

mit $N_0(s)$ in Polynomform. Zur Konstruktion einer WOK – beispielsweise für den Kurvenparameter a_1 – wird die charakteristische Gleichung umgeformt

$$1 + \frac{a_1 \cdot s}{s^n + a_{n-1} \cdot s^{n-1} + \ldots + a_0 + K_0 \cdot Z_0(s)} = 0,$$

mit dem Koeffizienten a_1 als Vorfaktor.

> Für Regelungssysteme mit Übertragungsfunktionen $G_{RS}(s)$ in Polynomform, kann die charakteristische Gleichung so umgeformt werden, daß ein Polynomkoeffizient als Vorfaktor (Kurvenparameter) auftritt. In diesem Fall kann das WOK-Verfahren angewendet werden.

Beispiel 6.4-16: Bei dem Regelungssystem

$$G_{RS}(s) = \frac{b_1 \cdot s + b_0}{a_3 \cdot s^3 + a_2 \cdot s^2 + a_1 \cdot s + a_0}, \qquad G(s) = \frac{b_1 \cdot s + b_0}{a_3 \cdot s^3 + a_2 \cdot s^2 + (a_1 + b_1) \cdot s + a_0 + b_0},$$

charakteristische Gleichung: $a_3 \cdot s^3 + a_2 \cdot s^2 + (a_1 + b_1) \cdot s + a_0 + b_0 = 0$,

ist die Übertragungsfunktion $G_{RS}(s)$ in Polynomform gegeben. Die charakteristische Gleichung wird umgeformt, so daß nacheinander alle Regelkreisparameter als Vorfaktor (Kurvenparameter) auftreten:

Kurvenparameter a_3: $1 + \dfrac{\boldsymbol{a_3 \cdot s^3}}{a_2 \cdot s^2 + (a_1 + b_1) \cdot s + a_0 + b_0} = 0$,

Kurvenparameter a_2: $1 + \dfrac{\boldsymbol{a_2 \cdot s^2}}{a_3 \cdot s^3 + (a_1 + b_1) \cdot s + a_0 + b_0} = 0$,

Kurvenparameter a_1: $1 + \dfrac{\boldsymbol{a_1 \cdot s}}{a_3 \cdot s^3 + a_2 \cdot s^2 + b_1 \cdot s + a_0 + b_0} = 0$,

Kurvenparameter a_0: $1 + \dfrac{\boldsymbol{a_0}}{a_3 \cdot s^3 + a_2 \cdot s^2 + (a_1 + b_1) \cdot s + b_0} = 0$,

Kurvenparameter b_1: $1 + \dfrac{\boldsymbol{b_1 \cdot s}}{a_3 \cdot s^3 + a_2 \cdot s^2 + a_1 \cdot s + a_0 + b_0} = 0$,

Kurvenparameter b_0: $1 + \dfrac{\boldsymbol{b_0}}{a_3 \cdot s^3 + a_2 \cdot s^2 + (a_1 + b_1) \cdot s + a_0} = 0$.

6 Stabilität von Regelkreisen

Übertragungsfunktionen von Regelungssystemen in Pol-Nullstellen- oder in Zeitkonstantenform können nicht für alle Regelkreisparameter in eine, für die Anwendung des WOK-Verfahrens, geeignete Form gebracht werden.

Bei dem Regelungssystem

$$G_{RS}(s) = \frac{K_R \cdot K_S \cdot (1 + T_V \cdot s)}{(1 + T_1 \cdot s) \cdot (1 + T_2 \cdot s)},$$

$$G(s) = \frac{K_R \cdot K_S \cdot (1 + T_V \cdot s)}{T_1 \cdot T_2 \cdot s^2 + (T_1 + T_2 + T_V \cdot K_R \cdot K_S) \cdot s + K_R \cdot K_S + 1}$$

mit der charakteristischen Gleichung

$$T_1 \cdot T_2 \cdot s^2 + (T_1 + T_2 + T_V \cdot K_R \cdot K_S) \cdot s + K_R \cdot K_S + 1 = 0$$

kann das WOK-Verfahren für die Kurvenparameter K_R, K_S und T_V durchgeführt werden. Für die Zeitkonstanten T_1, T_2 als Kurvenparameter kann das WOK-Verfahren nicht angewendet werden.

Beispiel 6.4-17: Für eine Regelung mit PT_2-Regelstrecke und P-Regler sollen WOK für die Regelkreisparameter K_R, D_S, ω_{0S} ermittelt werden:

$$G_{RS}(s) = \frac{K_R \cdot K_S \cdot \omega_{0S}^2}{s^2 + 2 \cdot D_S \cdot \omega_{0S} \cdot s + \omega_{0S}^2}, \quad G(s) = \frac{K_R \cdot K_S \cdot \omega_{0S}^2}{s^2 + 2 \cdot D_S \cdot \omega_{0S} \cdot s + (1 + K_R \cdot K_S) \cdot \omega_{0S}^2},$$

charakteristische Gleichung: $s^2 + 2 \cdot D_S \cdot \omega_{0S} \cdot s + (1 + K_R \cdot K_S) \cdot \omega_{0S}^2 = 0$.

1.) WOK mit dem Kurvenparameter K_R:

Charakteristische Gleichung mit Vorfaktor K_R:

$$1 + \frac{K_R \cdot K_S \cdot \omega_{0S}^2}{s^2 + 2 \cdot D_S \cdot \omega_{0S} \cdot s + \omega_{0S}^2} = 0.$$

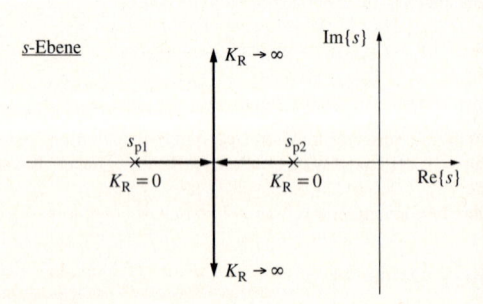

Start- und Endpunkte der WOK werden mit der charakteristischen Gleichung

$$s^2 + 2 \cdot D_S \cdot \omega_{0S} \cdot s + (1 + K_R \cdot K_S) \cdot \omega_{0S}^2 = 0$$

berechnet. Für $K_R = 0$, $D_S > 1$, beginnt die WOK in den reellen Polstellen

$$s_{p1,2} = \omega_{0S} \cdot \left(-D_S \pm \sqrt{D_S^2 - 1} \right),$$

beide Zweige werden konjugiert komplex und enden für $K_R \to \infty$ im Unendlichen.

2.) WOK mit dem Kurvenparameter D_S:

Charakteristische Gleichung mit Vorfaktor D_S:

$$1 + \frac{2 \cdot D_S \cdot \omega_{0S} \cdot s}{s^2 + \omega_{0S}^2 \cdot (1 + K_R \cdot K_S)} = 0.$$

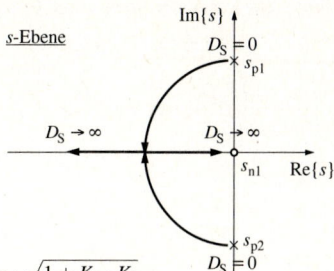

Für $D_S = 0$ beginnt die WOK in den konjugiert komplexen Polstellen:

$$s^2 + (1 + K_R \cdot K_S) \cdot \omega_{0S}^2 = 0 \rightarrow s_{p1,2} = \pm j\omega_{0S} \cdot \sqrt{1 + K_R \cdot K_S}.$$

Für $D_S \rightarrow \infty$ endet sie in der Nullstelle

$$2 \cdot \omega_{0S} \cdot s = 0 \rightarrow s_{n1} = 0,$$

ein Zweig läuft gegen $-\infty$.

3.) WOK mit dem Kurvenparameter ω_{0S}:

Charakteristische Gleichung:

$$1 + \frac{\omega_{0S} \cdot [2 \cdot D_S \cdot s + \omega_{0S} \cdot (1 + K_R \cdot K_S)]}{s^2} = 0.$$

Für den Kurvenparameter ω_{0S} kann die charakteristische Gleichung nicht auf die für die Anwendung des WOK-Verfahrens erforderliche Form gebracht werden. Die Phasenbedingung ist nicht unabhängig von ω_{0S}.

6.4.4.2 WOK für mehrere Kurvenparameter (WOK-Kontur)

In Abschnitt 6.4.4.1 wurde das WOK-Verfahren auch für andere Regelkreisparameter als die Reglerverstärkung K_R angewendet. Zur Untersuchung der Empfindlichkeit von Regelungen ist es häufig vorteilhaft, WOK in Abhängigkeit von zwei oder mehr Kurvenparametern in einem Diagramm darzustellen. Es entsteht eine **WOK-Kontur** (root contour).

Beispiel 6.4-18: WOK für verschiedene Kurvenparameter einer Lageregelung

Die IT$_1$-Lageregelstrecke in Beispiel 4.5-4 wird durch einen P-Lageregler mit der Geschwindigkeitsverstärkung K_V zu einer einschleifigen Lageregelung ergänzt. Ein Zerspanungsprozeß mit dem Parameter r_k erzeugt eine geschwindigkeitsproportionale Schnittkraft, die als Störgröße auf den Eingang der Regelstrecke zurückwirkt. In Abschnitt 13.2.1 ist die Modellbildung einer Lageregelung ausführlich beschrieben. Im Beispiel sollen WOK für den Kurvenparameter K_V und zusätzlich für die mechanische Zeitkonstante T_M und den Zerspanungsparameter r_k ermittelt werden. In Beispiel 6.4-19 werden WOK-Konturen erzeugt.

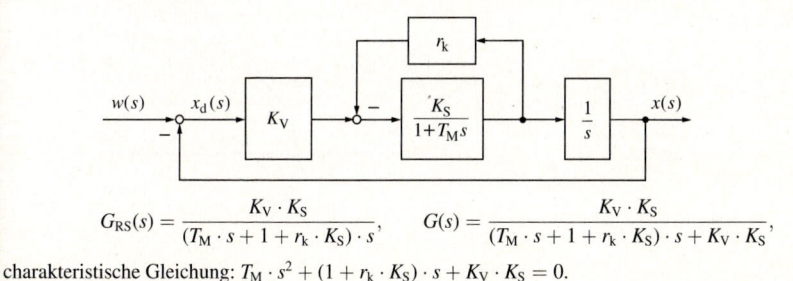

$$G_{RS}(s) = \frac{K_V \cdot K_S}{(T_M \cdot s + 1 + r_k \cdot K_S) \cdot s}, \qquad G(s) = \frac{K_V \cdot K_S}{(T_M \cdot s + 1 + r_k \cdot K_S) \cdot s + K_V \cdot K_S},$$

charakteristische Gleichung: $T_M \cdot s^2 + (1 + r_k \cdot K_S) \cdot s + K_V \cdot K_S = 0.$

1.) WOK mit dem Kurvenparameter K_V (Geschwindigkeitsverstärkung):

Charakteristische Gleichung mit Vorfaktor K_V:

$$1 + \frac{K_V \cdot K_S}{T_M \cdot s^2 + (1 + r_k \cdot K_S) \cdot s} = 0.$$

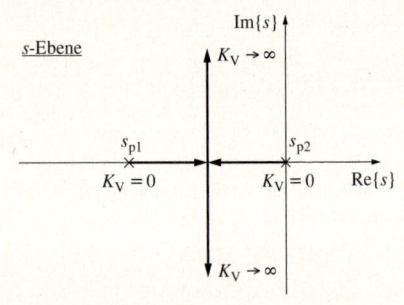

Für $K_V = 0$ liefert die charakteristische Gleichung folgende Startpunkte der WOK:

$$T_M \cdot s^2 + (1 + r_k \cdot K_S) \cdot s = 0 \rightarrow s_{p1} = -\frac{1 + r_k \cdot K_S}{T_M}, \qquad s_{p2} = 0,$$

für $K_V \rightarrow \infty$ endet sie im Unendlichen.

2.) WOK mit dem Kurvenparameter T_M (mechanische Zeitkonstante):

Vorfaktor in der charakteristischen Gleichung ist der Kehrwert der mechanischen Zeitkonstanten:

$$1 + \frac{\dfrac{1}{T_M} \cdot [s \cdot (1 + r_k \cdot K_S) + K_V \cdot K_S]}{s^2} = 0.$$

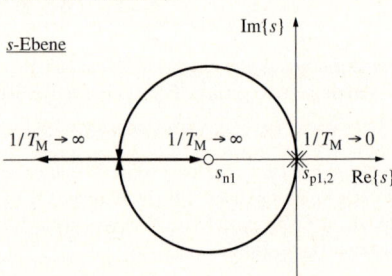

Die charakteristische Gleichung liefert für $1/T_M \rightarrow 0$ ($T_M \rightarrow \infty$) folgende Startpunkte (Polstellen) der WOK

$$s^2 = 0 \rightarrow s_{p1,2} = 0,$$

ein Zweig der WOK endet für $1/T_M \rightarrow \infty$ ($T_M \rightarrow 0$) in der Nullstelle

$$s \cdot (1 + r_k \cdot K_S) + K_V \cdot K_S = 0 \rightarrow s_{n1} = -\frac{K_V \cdot K_S}{1 + r_k \cdot K_S},$$

der zweite Zweig endet im Unendlichen.

3.) WOK mit dem Kurvenparameter r_k (Zerspanungsparameter):

Charakteristische Gleichung mit Vorfaktor r_k:

$$1 + \frac{r_k \cdot K_S \cdot s}{T_M \cdot s^2 + s + K_V \cdot K_S} = 0.$$

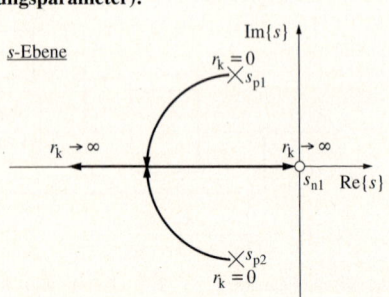

Die charakteristische Gleichung liefert für $r_k = 0$ die Startpunkte der WOK in den Polstellen:

$$T_M \cdot s^2 + s + K_V \cdot K_S = 0 \rightarrow s_{p1,2} = -\frac{1}{2 \cdot T_M}\left(1 \pm \sqrt{1 - 4 \cdot T_M \cdot K_V \cdot K_S}\right),$$

für $r_k \rightarrow \infty$ endet sie in der Nullstelle

$K_S \cdot s = 0 \rightarrow s_{n1} = 0$, der zweite Zweig endet im Unendlichen.

Beispiel 6.4-19: WOK-Konturen einer Lageregelung

In Beispiel 6.4-18 wurden WOK einer einschleifigen Lageregelung für jeweils einen der Kurvenparameter Geschwindigkeitsverstärkung K_V, mechanische Zeitkonstante T_M und Zerspanungsparameter r_k ermittelt. Für die WOK-Konturen in diesem Beispiel gelten folgende Nominalwerte für die Regelkreisparameter: $K_S = 1, r_k = 1, T_M = 0.05$ s, $K_V = 20$ s^{-1}.

1.) WOK-Kontur mit den Kurvenparametern K_V (Geschwindigkeitsverstärkung) und T_M (mechanische Zeitkonstante):

Dargestellt wird die WOK-Kontur entsprechend zu Beispiel 6.4-18, 2. für drei diskrete Werte K_V, wobei der Kehrwert der mechanischen Zeitkonstanten jeweils im Intervall $0 \leq 1/T_M < \infty$ variiert wird. In Bild 6.4-16 entsteht eine Kurvenschar mit drei Kurven. Für $T_M \rightarrow \infty$ beginnen die WOK in den Polstellen

$$s_{p1,2} = 0.$$

Ein Zweig der WOK endet jeweils in der Nullstelle

$$s_{n1} = -\frac{K_V \cdot K_S}{1 + r_k \cdot K_S},$$
$$s_{n1,20} = -10, (K_V = 20), \qquad s_{n1,40} = -20, (K_V = 40), \qquad s_{n1,60} = -30, (K_V = 60).$$

Die Verzweigungspunkte auf der reellen Achse der s-Ebene werden mit Regel 5 des WOK-Verfahrens berechnet. Ausgegangen wird von der charakteristischen Gleichung mit dem Vorfaktor $1/T_M$

$$s^2 + \frac{1}{T_M} \cdot [(1 + r_k \cdot K_S) \cdot s + K_V \cdot K_S] = 0,$$

die Gleichung wird umgeformt

$$\frac{1}{T_M}(s) = \frac{-s^2}{(1 + r_k \cdot K_S) \cdot s + K_V \cdot K_S}$$

und die Ableitung berechnet

$$\frac{d\frac{1}{T_M(s)}}{ds} = \frac{-(1 + r_k \cdot K_S) \cdot s^2 - 2 \cdot K_V \cdot K_S \cdot s}{[(1 + r_k \cdot K_S) \cdot s + K_V \cdot K_S]^2}.$$

Die Nullstellen der Ableitung

$$-(1 + r_k \cdot K_S) \cdot s^2 - 2 \cdot K_V \cdot K_S \cdot s \stackrel{!}{=} 0$$

sind die Verzweigungspunkte $\sigma_{V1} = 0$ für alle Werte K_V und

$$\sigma_{V2} = \frac{-2 \cdot K_V \cdot K_S}{1 + r_k \cdot K_S},$$
$$\sigma_{V2,20} = -20, (K_V = 20), \qquad \sigma_{V2,40} = -40, (K_V = 40), \qquad \sigma_{V2,60} = -60, (K_V = 60).$$

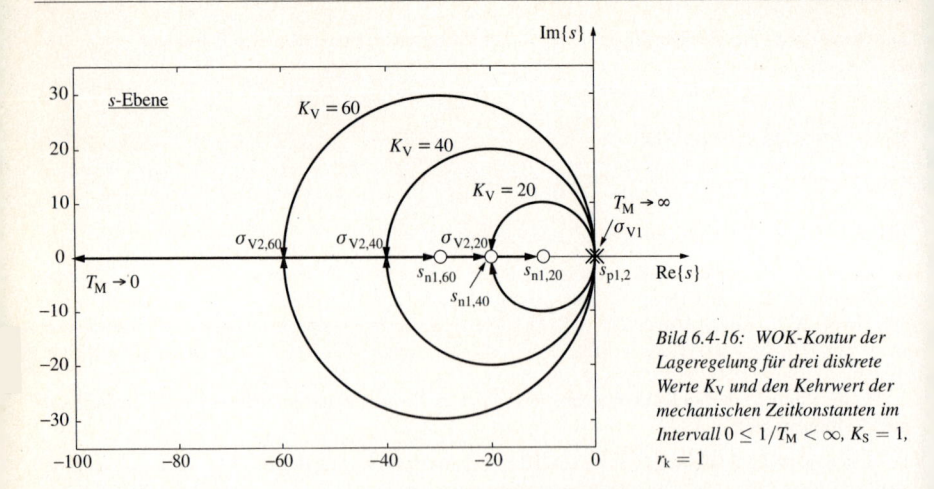

Bild 6.4-16: WOK-Kontur der Lageregelung für drei diskrete Werte K_V und den Kehrwert der mechanischen Zeitkonstanten im Intervall $0 \leq 1/T_M < \infty$, $K_S = 1$, $r_k = 1$

2.) WOK-Kontur mit den Kurvenparametern K_V (Geschwindigkeitsverstärkung) und r_k (Zerspanungsparameter):

Entsprechend zu Beispiel 6.4-18, 3. wird die WOK-Kontur für drei diskrete Werte K_V ermittelt, der Zerspanungsparameter wird jeweils im Intervall $0 \leq r_k < \infty$ variiert. Es ergibt sich eine Kurvenschar mit drei Kurven in Bild 6.4-17. Für $r_k = 0$ beginnen die WOK in den Polstellen

$$T_M \cdot s^2 + s + K_V \cdot K_S = 0 \rightarrow s_{p1,2} = -\frac{1}{2 \cdot T_M} \left(1 \pm \sqrt{1 - 4 \cdot T_M \cdot K_V \cdot K_S}\right),$$
$$s_{p1,2,20} = -10 \pm j17.32, (K_V = 20),$$
$$s_{p1,2,40} = -10 \pm j26.46, (K_V = 40),$$
$$s_{p1,2,60} = -10 \pm j33.17, (K_V = 60).$$

Ein Zweig der WOK endet jeweils in der Nullstelle

$$K_S \cdot s = 0 \rightarrow s_{n1} = 0.$$

Mit Regel 5 des WOK-Verfahrens wird der Verzweigungspunkt auf der reellen Achse der s-Ebene berechnet. Dabei wird die charakteristische Gleichung

$$T_M \cdot s^2 + (1 + r_k \cdot K_S) \cdot s + K_V \cdot K_S = 0$$

nach dem Kurvenparameter r_k aufgelöst

$$r_k(s) = \frac{-[T_M \cdot s^2 + s + K_V \cdot K_S]}{K_S \cdot s}$$

und die Ableitung berechnet:

$$\frac{d r_k(s)}{ds} = \frac{-T_M \cdot s^2 + K_V \cdot K_S}{K_S \cdot s^2}.$$
$$-T_M \cdot s^2 + K_V \cdot K_S \stackrel{!}{=} 0$$

liefert zwei Nullstellen in Abhängigkeit von K_V. Für den Verzweigungspunkt gilt das negative Vorzeichen der Quadratwurzel

$$\sigma_V = -\sqrt{\frac{K_V \cdot K_S}{T_M}},$$

$\sigma_{V,20} = -20, (K_V = 20),$ $\qquad \sigma_{V,40} = -28.28, (K_V = 40),$ $\qquad \sigma_{V,60} = -34.64, (K_V = 60).$

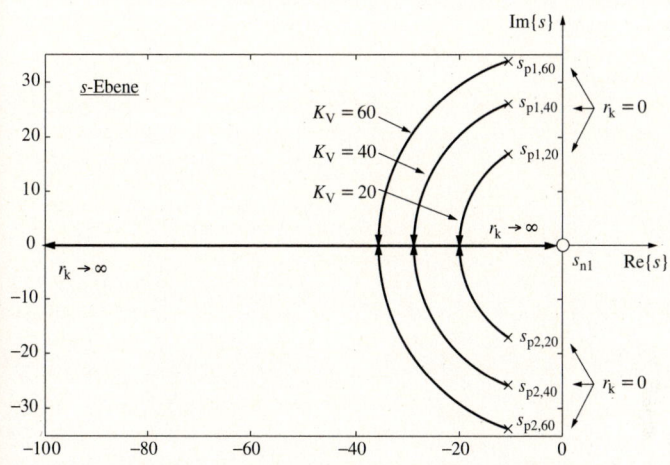

Bild 6.4-17: *WOK-Kontur der Lageregelung für drei diskrete Werte K_V und den Zerspanungsparameter im Intervall $0 \leq r_k < \infty$, $K_S = 1$, $T_M = 0.05$ s*

6.4.5 Zusammenfassung

Wurzelortskurven (WOK) sind graphische Darstellungen der Pole und Nullstellen von Regelungssystemen in der s-Ebene in Abhängigkeit eines Kurvenparameters. Interessierender Kurvenparameter ist meist die Reglerverstärkung K_R. Anhand der WOK können Stabilität und Güte eines Regelungssystems schnell beurteilt werden.

Das WOK-Verfahren beruht auf Konstruktionsregeln, wobei die WOK mit einfachen Formeln konstruiert wird. Zur Untersuchung der Parameterempfindlichkeit läßt sich das Verfahren häufig auch auf andere Regelkreisparameter anwenden. Das WOK-Verfahren ist für Regelungssysteme, die Totzeitelemente enthalten, nicht anwendbar. Für die Untersuchung von Regelungen mit instabilen Regelstrecken ist das Verfahren geeignet.

7 BODE-Verfahren zur Einstellung von Regelkreisen

7.1 Einleitung

Das BODE- oder Frequenzkennlinien-Verfahren verwendet den Frequenzgang des offenen Regelkreises zur Einstellung der Reglerparameter. Anstelle von Ortskurvendarstellungen werden logarithmische Darstellungen, sogenannte BODE-Diagramme, untersucht.

> Grundlage des BODE-Verfahrens ist das Kriterium von NYQUIST.

7.2 BODE-Diagramme

7.2.1 BODE-Diagramm des offenen Regelkreises

Aus der Ortskurve für den Frequenzgang $F_{RS}(j\omega)$ von offenen Regelkreisen können nur **grundsätzliche Eigenschaften** für geschlossene Regelkreise abgelesen werden. Aus dem Ortskurvenverlauf können Stabilität und Dämpfung von Regelungssystemen ermittelt werden. Nachteilig ist, daß sich Ortskurven aus aufwendigen Berechnungen ergeben. Der Zusammenhang zwischen Ortskurve und den Parametern von Regelungssystemen ist in einfacher Weise nicht darstellbar.

Wenn Verstärkungsfaktoren und Zeitkonstanten von Regler und Strecke bekannt sind oder wenn als Berechnungsgrundlage für die Einstellung von Regelkreisen Reglerparameter zunächst vorgegeben werden können, dann ist es vorteilhaft, BODE-Diagramme zu verwenden.

> Für die **praktische Ermittlung** von Reglerparametern wird das BODE-Diagramm verwendet.

Beim BODE-Diagramm werden

> Betrag $|F_{RS}(j\omega)|$ und Phase $\varphi_{RS}(\omega) = \varphi_{RS}\{F_{RS}(j\omega)\}$

des Frequenzgangs des offenen Regelkreises

> $F_{RS}(j\omega) = |F_{RS}(j\omega)| \cdot e^{j\varphi_{RS}(\omega)}$

über der Kreisfrequenz ω aufgetragen. Dabei wird ein **logarithmischer Maßstab** verwendet. Die dabei entstehenden Diagramme werden auch als **Frequenzkennlinien-Diagramme** bezeichnet.

Vorteile dieser Darstellung sind:

- Durch die logarithmische Darstellung läßt sich ein **großer Amplituden- und Frequenzbereich** erfassen.
- Der Kurvenverlauf hat in allen Frequenzbereichen eine gleichbleibende **relative Genauigkeit.**
- Bei einer Reihenschaltung von mehreren Übertragungselementen werden die Frequenzgänge multipliziert. Im BODE-Diagramm werden statt der aufwendigen Multiplikation komplexer Frequenzgänge Phasenwinkel und logarithmierte Beträge **graphisch addiert.**
- Die graphische Addition ist einfach auszuführen, da sich die Frequenzkennlinien-Diagramme der regelungstechnischen Grundelemente im allgemeinen durch **Geraden** annähern lassen.

Durch Logarithmierung des Frequenzgangs entsteht

$$\begin{aligned}\lg F_{RS}(j\omega) &= \lg[|F_R(j\omega)| \cdot e^{j\varphi_R(\omega)} \cdot |F_S(j\omega)| \cdot e^{j\varphi_S(\omega)}] \\ &= \lg|F_R(j\omega)| + \lg|F_S(j\omega)| + j \cdot \lg(e) \cdot [\varphi_R(\omega) + \varphi_S(\omega)] \\ &= \lg|F_{RS}(j\omega)| + j \cdot \lg(e) \cdot \varphi_{RS}(\omega)\end{aligned}$$

Betrag und Phase von Frequenzgängen werden im BODE-Diagramm getrennt aufgetragen:

$$\begin{aligned}\lg|F_{RS}(j\omega)| &= \lg|F_R(j\omega)| + \lg|F_S(j\omega)| \\ \varphi_{RS}(\omega) &= \varphi_R(\omega) + \varphi_S(\omega)\end{aligned}$$

Der Betrag des Frequenzgangs des offenen Regelkreises wird mit

Amplitudengang $\lg|F_{RS}(j\omega)|$

die Phase mit

Phasengang $\varphi_{RS}(\omega) = \varphi_{RS}\{F_{RS}(j\omega)\}$

bezeichnet. Beide Kurven werden in Abhängigkeit von der logarithmischen Kreisfrequenz aufgetragen. Die Werte des Amplitudengangs werden häufig im logarithmischen Verstärkungsmaß dB (Dezibel) angegeben. Für die Umrechnung gelten folgende Formeln:

$$\begin{aligned}|F_{RS}(j\omega)|_{dB} &= 20 \cdot \lg|F_{RS}(j\omega)| \text{ [dB]} \\ |F_{RS}(j\omega)| &= 10^{\left[\frac{|F_{RS}(j\omega)|_{dB}}{20}\right]}\end{aligned}$$

Amplituden- und Phasengang lassen sich im BODE-Diagramm mit linearer Ordinatenteilung angeben.

7.2.2 BODE-Diagramme der wichtigsten Übertragungselemente

7.2.2.1 Einleitung

In Kapitel 4 wurden für verschiedene Regelkreiselemente BODE-Diagramme aus den Frequenzgangfunktionen abgeleitet und dargestellt. Für Grundelemente sind die BODE-Diagramme im folgenden aufgeführt.

7.2.2.2 Proportional-Element (P-Element)

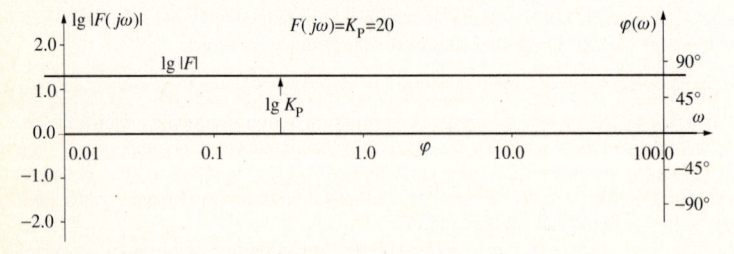

Bild 7.2-1: BODE-*Diagramm des Proportional-Elements*

Frequenzgang: $F(j\omega) = K_P$,
Betrag: $|F(j\omega)| = K_P$, $\lg|F(j\omega)| = \lg K_P$, $|F(j\omega)|_{dB} = 20 \cdot \lg K_P$,
Phase: $\varphi(\omega) = 0°$.

Der Amplitudengang ist eine Parallele im Abstand von $\lg K_P$ ($20 \cdot \lg K_P$) von der Null-Linie. Der Phasengang ist konstant mit $\varphi = 0°$.

7.2.2.3 Integral-Element (I-Element)

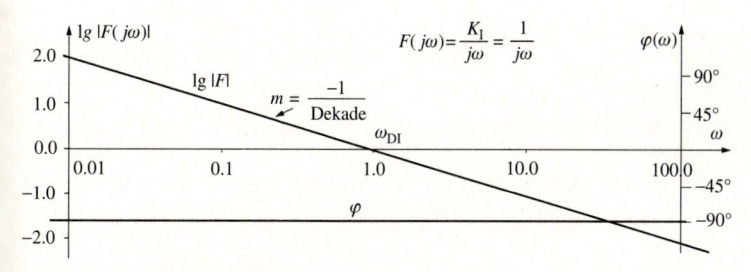

Bild 7.2-2: BODE-*Diagramm des Integral-Elements*

Frequenzgang: $F(j\omega) = \dfrac{K_I}{j\omega}$,

Betrag: $|F(j\omega)| = \dfrac{K_I}{\omega}$,

$$\lg|F(j\omega)| = \lg K_I - \lg\omega, \quad |F(j\omega)|_{dB} = 20 \cdot \lg K_I - 20 \cdot \lg\omega,$$

Phase: $\varphi(\omega) = -90°$.

Der Amplitudengang ist eine Gerade mit der Steigung -1/Dekade (-20 dB/Dekade), er schneidet die Kreisfrequenzachse bei der Durchtrittskreisfrequenz $\omega_{DI} = K_I$. Der Phasengang ist konstant mit $\varphi = -90°$.

7.2.2.4 Differential-Element (D-Element)

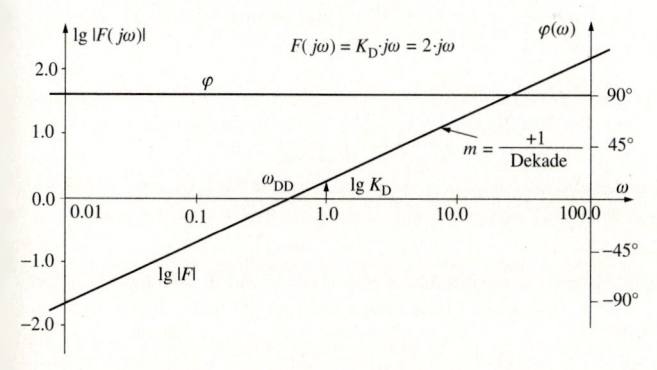

Bild 7.2-3: BODE-*Diagramm des Differential-Elements*

Frequenzgang: $F(j\omega) = K_D \cdot j\omega$,
Betrag: $|F(j\omega)| = K_D \cdot \omega$,

$$\lg|F(j\omega)| = \lg K_D + \lg \omega, \quad |F(j\omega)|_{dB} = 20 \cdot \lg K_D + 20 \cdot \lg \omega,$$

Phase: $\varphi(\omega) = 90°$.

Der Amplitudengang ist eine Gerade mit der Steigung 1/Dekade (20 dB/Dekade). Der Amplitudengang schneidet die Kreisfrequenzachse bei der Durchtrittskreisfrequenz $\omega_{DD} = 1/K_D$. Der Phasenwinkel ist konstant mit $\varphi = 90°$.

7.2.2.5 Proportional-Element mit Verzögerung I. Ordnung (PT$_1$-Element)

Frequenzgang: $F(j\omega) = \dfrac{K_P}{1 + j\omega \cdot T_1}$,

Betrag: $|F(j\omega)| = \dfrac{K_P}{\sqrt{1 + \omega^2 T_1^2}}$, $\lg|F(j\omega)| = \lg K_P - \lg\sqrt{1 + \omega^2 T_1^2}$,

$$|F(j\omega)|_{dB} = 20 \cdot \lg K_P - 20 \cdot \lg\sqrt{1 + \omega^2 T_1^2},$$

Phase: $\varphi(\omega) = -\arctan(\omega T_1)$.

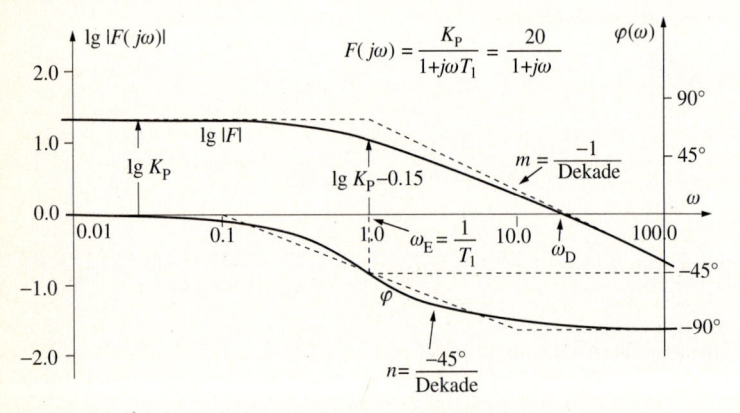

Bild 7.2-4: BODE-*Diagramm des Proportional-Elements mit Verzögerung I. Ordnung*

Der Amplitudengang ist für $\omega \cdot T_1 \ll 1$ eine **Gerade**, parallel zur Null-Linie, für $\omega \cdot T_1 \gg 1$ eine Gerade mit der Steigung -1/Dekade (-20 dB/Dekade). Die Geraden schneiden sich bei der **Eckkreisfrequenz** $\omega_E = 1/T_1$. Der Amplitudengang hat an dieser Stelle den Wert $\lg K_P - 0.15$ ($20 \cdot \lg K_P - 3$ dB).

Der Phasengang läßt sich im Bereich $0.1 \cdot \omega_E \leq \omega \leq 10 \cdot \omega_E$ durch eine Gerade mit der Steigung $-45°$/Dekade annähern, der absolute Fehler ist kleiner als $5.72°$. Für $\omega \cdot T_1 \ll 1$ ist der Phasenwinkel $\varphi \approx 0°$, für $\omega \cdot T_1 \gg 1$ ist $\varphi \approx -90°$.

Beispiel 7.2-1: Kenngrößen des BODE-Diagramms für ein Verzögerungselement I. Ordnung (PT$_1$-Element). Für das PT$_1$-Element von Bild 7.2-4 sind die charakteristischen Kenngrößen des BODE-Diagramms in Tabelle 7.2-1 zusammengefaßt.

$$F(j\omega) = \dfrac{K_P}{1 + j\omega \cdot T_1} = \dfrac{20}{1 + j\omega \cdot 1\,\text{s}}, \quad K_P = 20, \quad T_1 = 1\,\text{s}.$$

7.2 BODE-Diagramme

Tabelle 7.2-1: Kenngrößen des BODE-Diagramms für das PT_1-Element

	$\omega \cdot T_1 \ll 1$	$\omega \cdot T_1 = 1$	$\omega \cdot T_1 \gg 1$
$\|F(j\omega)\| =$ $\dfrac{K_P}{\sqrt{1+(\omega \cdot T_1)^2}}$	$\dfrac{K_P}{1} = 20$	$\dfrac{K_P}{\sqrt{2}} = 14.1$	$\dfrac{K_P}{\omega \cdot T_1} = \dfrac{20}{\omega}$
$\lg \|F(j\omega)\| = \lg K_P$ $- \lg \sqrt{1+(\omega \cdot T_1)^2}$	$\lg K_P$ $= 1.3$	$\lg K_P - 0.15$ $= 1.15$	$\lg K_P - \lg(\omega \cdot T_1)$ $= 1.3 - \lg \omega$
$\|F(j\omega)\|_{dB} = 20 \lg K_P$ $- 20 \lg \sqrt{1+(\omega T_1)^2}$	$20 \lg K_P$ $= 26\,dB$	$20 \lg K_P - 3\,dB$ $= 23\,dB$	$20 \lg K_P - 20 \lg(\omega T_1)$ $= 26\,dB - 20 \lg \omega$
Steigung von $\lg \|F(j\omega)\|$	0/Dekade 0 dB/Dekade		-1/Dekade -20 dB/Dekade
$\varphi(\omega) = -\arctan(\omega T_1)$	$\approx 0°$	$-45°$	$\approx -90°$
Steigung von $\varphi(\omega) = -\arctan(\omega T_1)$	$\omega < 0.1 \omega_E$ $\approx 0°$/Dekade	$0.1\omega_E < \omega < 10\,\omega_E$ $-45°$/Dekade	$\omega > 10\,\omega_E$ $\approx 0°$/Dekade

Bei der Eckkreisfrequenz ω_E sind Real- und Imaginärteil des Frequenzgangs gleich: $\omega_E = 1/T_1 = s^{-1}$, die Durchtrittskreisfrequenz, bei der $\lg |F(j\omega)| = 0$ ist, wird mit $\omega_D \approx K_P/T_1$ zu $\omega_D = 20\,s^{-1}$ berechnet.

7.2.2.6 Proportional-Differential-Element (PD-Element)

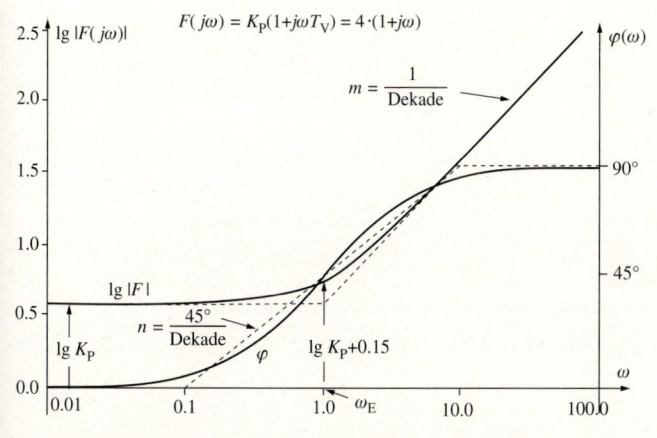

Bild 7.2-5: BODE-Diagramm des Proportional-Differential-Elements

Frequenzgang: $F(j\omega) = K_P \cdot (1 + j\omega T_V)$,

Betrag: $|F(j\omega)| = K_P\sqrt{1 + \omega^2 T_V^2}$, $\lg |F(j\omega)| = \lg K_P + \lg \sqrt{1 + \omega^2 T_V^2}$,

$|F(j\omega)|_{dB} = 20 \cdot \lg K_P + 20 \cdot \lg \sqrt{1 + \omega^2 T_V^2}$,

Phase: $\varphi(\omega) = \arctan(\omega T_V)$.

Der Amplitudengang ist für $\omega T_V \ll 1$ eine **Gerade**, parallel zur Null-Linie, für $\omega \cdot T_V \gg 1$ eine Gerade mit der Steigung 1/Dekade (20 dB/Dekade). Die Geraden schneiden sich bei der **Eckkreisfrequenz** $\omega_E = 1/T_V$. Der Amplitudengang hat an dieser Stelle den Wert $\lg K_P + 0.15$ ($20 \cdot \lg K_P + 3$ dB).

Der Phasengang läßt sich im Bereich $0.1 \cdot \omega_E \leq \omega \leq 10 \cdot \omega_E$ durch eine Gerade mit der Steigung $+45°$/Dekade annähern, der absolute Fehler ist kleiner als $5.72°$. Für $\omega \cdot T_V \ll 1$ ist der Phasenwinkel $\varphi \approx 0°$, für $\omega \cdot T_V \gg 1$ ist $\varphi \approx 90°$.

7.2.2.7 Totzeit-Element (PT$_t$-Element)

Frequenzgang: $F(j\omega) = K_P \cdot e^{-j\omega T_t}$,
Betrag: $|F(j\omega)| = K_P$, $\lg |F(j\omega)| = \lg K_P$, $|F(j\omega)|_{dB} = 20 \cdot \lg K_P$,
Phase: $\varphi(\omega) = -\omega \cdot T_t$.

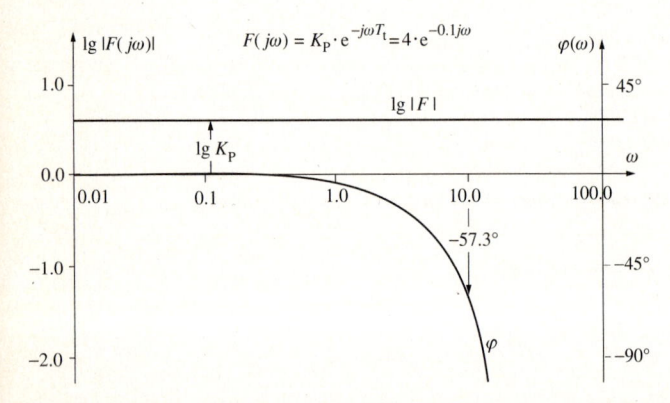

Bild 7.2-6: BODE-*Diagramm eines Totzeit-Elements*

Der Amplitudengang ist konstant, der Phasenwinkel ist proportional zur Kreisfrequenz.

7.2.2.8 Proportional-Element mit Verzögerung II. Ordnung (PT$_2$-Element)

Frequenzgang:

$$F(j\omega) = \frac{K_P}{1 + 2 \cdot D \cdot j\dfrac{\omega}{\omega_0} + \left(j\dfrac{\omega}{\omega_0}\right)^2},$$

Betrag: $|F(j\omega)| = \dfrac{K_P}{\sqrt{\left[1-\left(\dfrac{\omega}{\omega_0}\right)^2\right]^2 + \left[2\cdot D \cdot \dfrac{\omega}{\omega_0}\right]^2}}$,

$\lg|F(j\omega)| = \lg K_P - \lg\sqrt{\left[1-\left(\dfrac{\omega}{\omega_0}\right)^2\right]^2 + \left[2\cdot D \cdot \dfrac{\omega}{\omega_0}\right]^2}$,

$|F(j\omega)|_{dB} = 20\lg K_P - 20\cdot\lg\sqrt{\left[1-\left(\dfrac{\omega}{\omega_0}\right)^2\right]^2 + \left[2\cdot D \cdot \dfrac{\omega}{\omega_0}\right]^2}$,

Phase: $\varphi(\omega) = \arctan \dfrac{-2D\dfrac{\omega}{\omega_0}}{1-\left(\dfrac{\omega}{\omega_0}\right)^2}$.

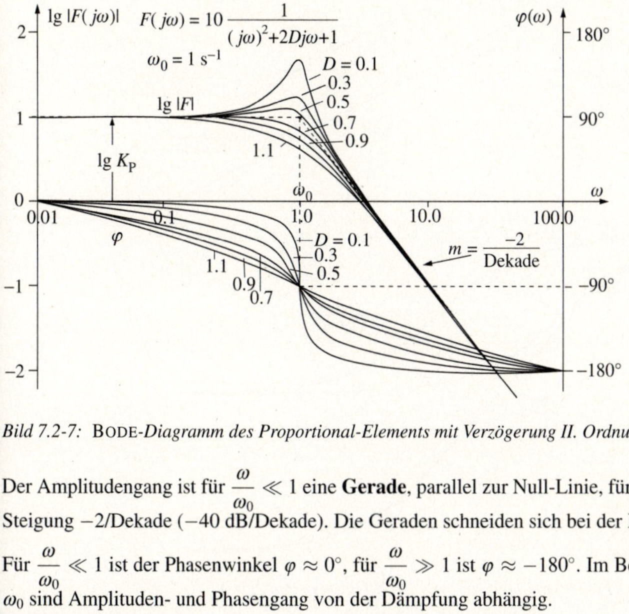

Bild 7.2-7: BODE-*Diagramm des Proportional-Elements mit Verzögerung II. Ordnung*

Der Amplitudengang ist für $\dfrac{\omega}{\omega_0} \ll 1$ eine **Gerade**, parallel zur Null-Linie, für $\dfrac{\omega}{\omega_0} \gg 1$ eine Gerade mit der Steigung −2/Dekade (−40 dB/Dekade). Die Geraden schneiden sich bei der **Kennkreisfrequenz** ω_0.

Für $\dfrac{\omega}{\omega_0} \ll 1$ ist der Phasenwinkel $\varphi \approx 0°$, für $\dfrac{\omega}{\omega_0} \gg 1$ ist $\varphi \approx -180°$. Im Bereich der Kennkreisfrequenz ω_0 sind Amplituden- und Phasengang von der Dämpfung abhängig.

Beispiel 7.2-2: Ermittlung des BODE-Diagramms für die Reihenschaltung von drei Übertragungselementen. Bei Reihenschaltungen von Übertragungselementen werden Frequenzgangfunktionen multipliziert. Im BODE-Diagramm ist statt der aufwendigen Multiplikation komplexer Frequenzgänge die graphische Addition von Phasenwinkeln und logarithmierten Beträgen auszuführen. Die graphische Addition ist einfach, weil die Frequenzkennlinien von Grundelementen sich meist durch Geraden annähern lassen.

Für die Reihenschaltung von zwei PT_1-Elementen und einem P-Element ist das BODE-Diagramm zu bestimmen, $K_P = 20$, $T_1 = 1.0\,\text{s}$, $T_2 = 0.1\,\text{s}$.

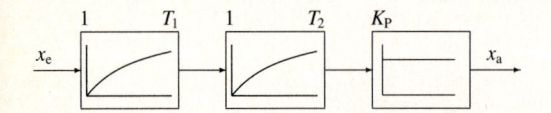

7 BODE-Verfahren zur Einstellung von Regelkreisen

Aus dem Signalflußplan erhält man die Frequenzgangfunktion:

$$F(j\omega) = F_1(j\omega) \cdot F_2(j\omega) \cdot F_3(j\omega) = \frac{1}{1 + j\omega T_1} \cdot \frac{1}{1 + j\omega T_2} \cdot K_P = \frac{K_P}{(1 + j\omega T_1) \cdot (1 + j\omega T_2)}.$$

Das BODE-Diagramm wird aus drei Teilfrequenzgängen gebildet.

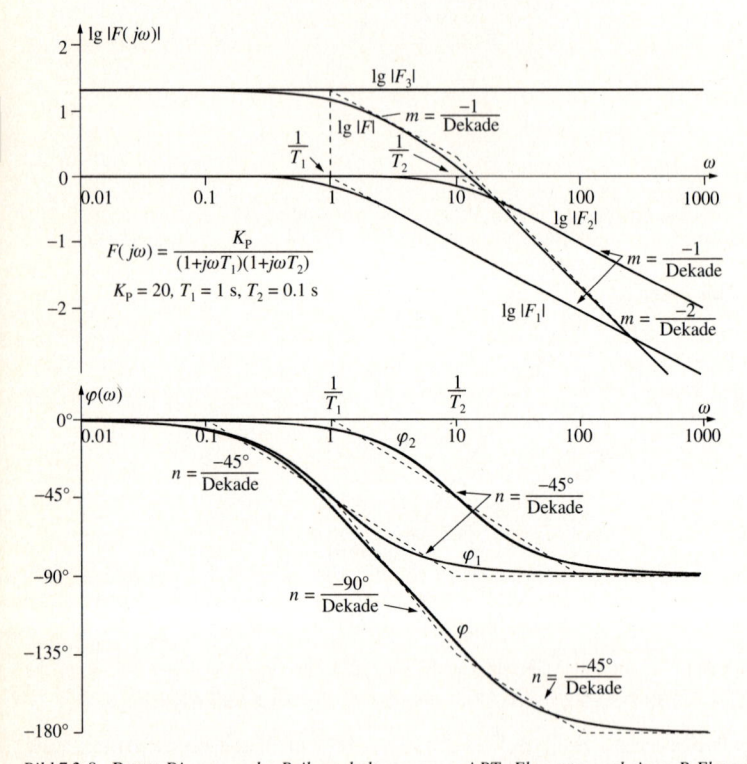

$$F(j\omega) = \frac{K_P}{(1+j\omega T_1)(1+j\omega T_2)}$$
$$K_P = 20, \; T_1 = 1 \text{ s}, \; T_2 = 0.1 \text{ s}$$

Bild 7.2-8: BODE-*Diagramm der Reihenschaltung von zwei PT$_1$-Elementen und einem P-Element*

BODE-Diagramm von $F_1(j\omega)$:

Eckkreisfrequenz $\omega_{E1} = \dfrac{1}{T_1} = 1 \text{ s}^{-1}$,

$\lg |F_1(j\omega)| = 0$ für $\omega \ll \omega_{E1}$,

$\lg |F_1(j\omega)| = -\lg \omega T_1$ für $\omega \gg \omega_{E1}$ (Steigung -1/Dekade),

$\varphi_1 = 0°$ für $\omega < 0.1 \omega_{E1}$,

$\varphi_1(\omega) = -\arctan(\omega T_1)$, Steigung $-45°$/Dekade für $0.1\omega_{E1} \leq \omega \leq 10\,\omega_{E1}$,

$\varphi_1 = -90°$ für $\omega > 10\,\omega_{E1}$.

BODE-Diagramm von $F_2(j\omega)$:

Eckkreisfrequenz $\omega_{E2} = \dfrac{1}{T_2} = 10\,\text{s}^{-1}$,

$\lg|F_2(j\omega)| = 0$ für $\omega \ll \omega_{E2}$,

$\lg|F_2(j\omega)| = -\lg\omega T_2$ für $\omega \gg \omega_{E2}$ (Steigung -1/Dekade),

$\varphi_2 = 0°$ für $\omega < 0.1\omega_{E2}$,

$\varphi_2(\omega) = -\arctan(\omega T_2)$, Steigung $-45°$/Dekade für $0.1\omega_{E2} \leq \omega \leq 10\,\omega_{E2}$,

$\varphi_2 = -90°$ für $\omega > 10\,\omega_{E2}$.

BODE-Diagramm von $F_3(j\omega)$:

$\lg|F_3(j\omega)| = \lg K_P = 1.3$, $\quad \varphi_3 = 0°$.

Bild 7.2-8 enthält die Frequenzkennlinien der Einzelelemente und des Gesamtfrequenzgangs, wobei Amplituden- und Phasengänge sowohl durch Geraden angenähert als auch exakt berechnet wurden.

7.3 Stabilitätsgrenze im BODE-Diagramm

7.3.1 Vergleich mit der Ortskurvendarstellung

Bei der Anwendung des vereinfachten NYQUIST-Verfahrens ist die Stabilitätsgrenze (kritischer Punkt der **Ortskurve**) des Frequenzgangs $F_{RS}(j\omega)$ durch folgende Werte gekennzeichnet:

$$F_{RS}(j\omega_{krit}) = -1 + j0 = -1,$$
$$\text{Re}\{F_{RS}(j\omega_{krit})\} = -1, \quad \text{Im}\{F_{RS}(j\omega_{krit})\} = 0.$$

Entsprechend ergibt sich die Stabilitätsgrenze im logarithmischen BODE-Diagramm zu

Betrag von $F_{RS}(j\omega_{krit})$: $\lg|F_{RS}(j\omega_{krit})| = 0$, $\quad 20\cdot\lg|F_{RS}(j\omega_{krit})| = 0\,\text{dB}$,
Phase von $F_{RS}(j\omega_{krit})$: $\varphi_{RS}(\omega_{krit}) = -180°$.

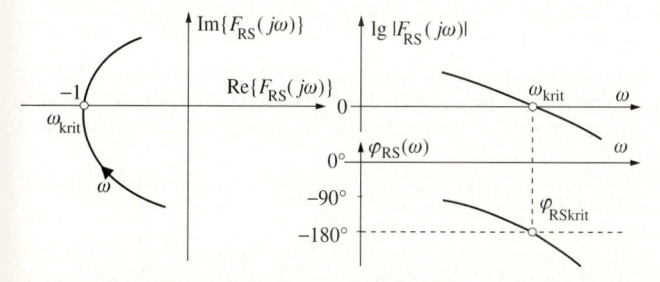

Bild 7.3-1: Darstellung der Stabilitätsgrenze $F_{RS}(j\omega_{krit})$ im Ortskurven- und BODE-Diagramm

7 BODE-Verfahren zur Einstellung von Regelkreisen

In Bild 7.3-2 und 7.3-3 sind Ortskurven- und BODE-Diagramme eines stabilen und instabilen Regelkreises dargestellt.

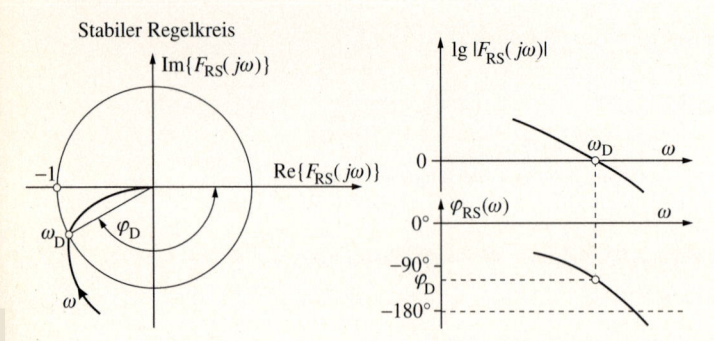

Bild 7.3-2: Gegenüberstellung von Ortskurven- und BODE-Diagramm für einen stabilen Regelkreis

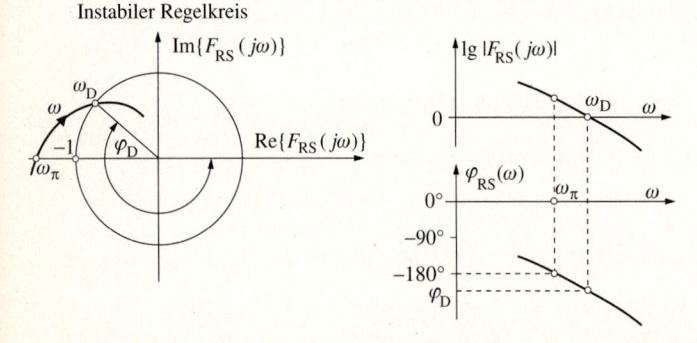

Bild 7.3-3: Gegenüberstellung von Ortskurven- und BODE-Diagramm für einen instabilen Regelkreis

Mit **Durchtrittskreisfrequenz** ω_D und **Durchtrittsphasenwinkel** φ_D kann das **Stabilitätskriterium für das BODE-Diagramm** formuliert werden:

> Der geschlossene Regelkreis ist stabil, wenn bei der Durchtrittskreisfrequenz ω_D der Phasengang des offenen Regelkreises oberhalb von $-180°$ verläuft, der Durchtrittsphasenwinkel ist dann größer als $-180°$.

Der Einheitskreis der Ortskurvendarstellung entspricht im BODE-Diagramm der Null-Linie (Null-dB-Linie). Die Durchtrittskreisfrequenz ω_D ist die Kreisfrequenz, bei der der logarithmierte Amplitudengang des offenen Regelkreises durch die Null-Linie geht. Bei der Phasenschnittkreisfrequenz ω_π nimmt der Phasengang den Wert $-180°$ an.

7.3.2 Amplitudenreserve und Phasenreserve

Die Einstellung von Regelkreisen muß so vorgenommen werden, daß die Stabilitätsgrenze nicht erreicht wird. Es ist daher erforderlich, daß gegenüber der Stabilitätsgrenze ein Sicherheitsabstand (Reserve) eingehalten wird, der so groß ist, daß bei Parameteränderungen der Regelstrecke keine Instabilität auftritt. Diese

7.3 Stabilitätsgrenze im BODE-Diagramm

Reserve wird auch **Stabilitätsgüte** genannt. Sie kann mit Hilfe der **Amplitudenreserve (Amplitudenrand)** und der **Phasenreserve (Phasenrand)** angegeben werden (Bild 7.3-4). Mit Amplitudenreserve A_R wird der Betrag des Frequenzgangs

$$A_R = 1/|F_{RS}(j\omega)|,$$
$$\lg A_R = \lg(1/|F_{RS}(j\omega)|),$$
$$A_{RdB} = 20 \cdot \lg(1/|F_{RS}(j\omega)|) \quad \text{bei} \quad \varphi_{RS}(\omega) = -180°$$

bezeichnet. **Phasenreserve** Φ_R ist der Phasenabstand zu dem Winkel $-180°$ beim Durchgang der Amplitudenkurve durch die Null-Linie:

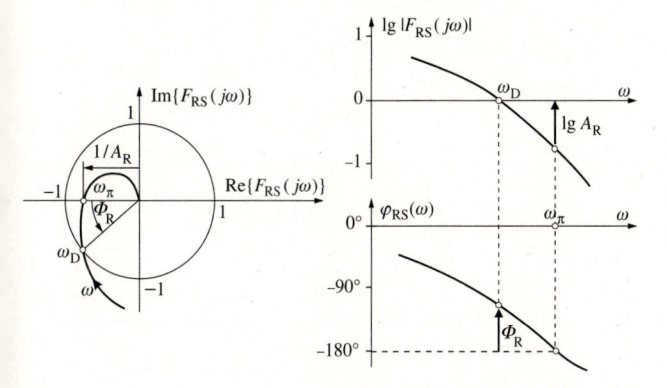

$$\Phi_R = 180° + \varphi_{RS}(\omega) \quad \text{bei} \quad \lg|F_{RS}(j\omega)| = 0.$$

Bild 7.3-4: Phasen- und Amplitudenreserve im Ortskurven- und BODE-Diagramm

Beispiel 7.3-1: Für einen Regelkreis sind Phasen- und Amplitudenreserve zu ermitteln.

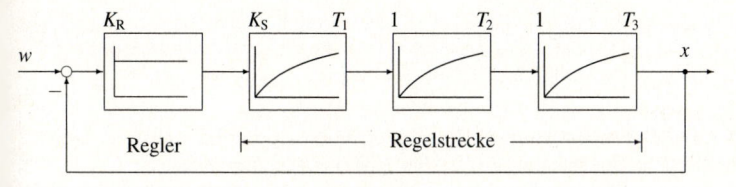

Die Übertragungsfunktion des offenen Regelkreises ist

$$G_{RS}(s) = G_R(s) \cdot G_S(s) = K_R \frac{K_S}{(1 + T_1 \cdot s) \cdot (1 + T_2 \cdot s) \cdot (1 + T_3 \cdot s)},$$

mit $K_R = 5$, $K_S = 2$, $T_1 = 1$ s, $T_2 = T_3 = 0.1$ s. Der Frequenzgang des offenen Regelkreises besteht aus drei PT$_1$-Elementen und hat den Verstärkungsfaktor $K_R \cdot K_S$:

$$F_{RS}(j\omega) = F_R(j\omega) \cdot F_S(j\omega) = \frac{K_R \cdot K_S}{(1 + j\omega T_1)(1 + j\omega T_2)(1 + j\omega T_3)}$$
$$= K_R \cdot K_S \cdot A_1 \cdot e^{j\varphi_1} \cdot A_2 \cdot e^{j\varphi_2} \cdot A_3 \cdot e^{j\varphi_3},$$

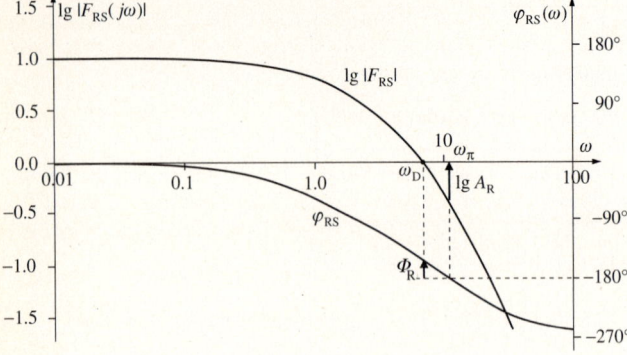

mit $A_i = \left|\dfrac{1}{1+j\omega T_i}\right|$, $\varphi_i = -\arctan(\omega T_i)$, $i = 1, 2, 3$.

Bild 7.3-5: Phasen- und Amplitudenreserve im BODE-Diagramm

Die Eckkreisfrequenzen sind $\omega_i = \dfrac{1}{T_i}$,

$$\omega_1 = 1.0\,\text{s}^{-1}, \quad \omega_2 = \omega_3 = 10.0\,\text{s}^{-1},$$

der logarithmische Verstärkungsfaktor $\lg(K_R K_S) = 1.0$. Phasen- und Amplitudenverläufe werden graphisch addiert, die Phasenreserve beträgt $\Phi_R = 30.2°$ bei einer Durchtrittskreisfrequenz $\omega_D = 6.778\,\text{s}^{-1}$, die Amplitudenreserve ist $A_R = 2.421$ ($\lg A_R = 0.384\,(7.68\,\text{dB})$) bei $\omega_\pi = 10.96\,\text{s}^{-1}$. Der Regelkreis ist stabil.

7.4 Anwendung des BODE-Verfahrens

7.4.1 Einstellung der Stabilitätsgüte

Bei der Anwendung des BODE-Verfahrens wird die Stabilitätsgüte, vorgegeben durch Phasenreserve Φ_R oder Amplitudenreserve A_R, eingestellt. Weitere Qualitätsmerkmale von Regelkreisen sind bleibende Regeldifferenz $x_d(t \to \infty)$ bei Sprungaufschaltung und Durchtrittskreisfrequenz ω_D der Frequenzgangfunktion des offenen Regelkreises.

Für den Zeitbereich haben die Parameter folgende Bedeutung. Mit der Durchtrittskreisfrequenz kann die Schnelligkeit des Regelkreises beeinflußt werden. Aus einer großen Durchtrittskreisfrequenz ω_D folgt eine große Bandbreite ω_b für den geschlossenen Regelkreis, die Anstiegszeit t_r der Sprungantwort des Regelkreises wird klein. Die bleibende Regeldifferenz $x_d(t \to \infty)$ ist ein Maß für die Genauigkeit des Regelungssystems, eine Vergrößerung der Phasenreserve Φ_R verringert die Überschwingweite $\ddot{u}$ der Sprungantwort.

Bleibende Regeldifferenz und Durchtrittskreisfrequenz lassen sich mit der Kreisverstärkung $K_R \cdot K_S$ beeinflussen, die Stabilitätsgüte wird durch Phasen- oder Amplitudenreserve festgelegt. Für die Beeinflussung von Regelkreisen ergeben sich folgende Möglichkeiten:

- Einstellung des Verstärkungsfaktors,
- Anhebung des Phasengangs,
- Absenkung des Amplitudengangs.

7.4.2 Einstellung des Verstärkungsfaktors

Bei einigen Anwendungsfällen ist es möglich, die vorgegebenen Kennwerte mit Hilfe der Reglerverstärkung K_R einzustellen. Dabei wird der Phasengang nicht verändert, da K_R keinen Imaginärteil besitzt. Ist nur einer der Parameter Phasenreserve Φ_R, Amplitudenreserve A_R, Durchtrittskreisfrequenz ω_D oder bleibende Regeldifferenz $x_d(t \to \infty)$ vorgegeben, so kann der vorgegebene Wert mit K_R eingestellt werden, wobei bei der Einstellung von ω_D oder $x_d(t \to \infty)$ die Stabilität überprüft werden muß.

Die Amplitudenkurve wird entsprechend der Vergrößerung oder Verkleinerung von K_R nach oben oder unten verschoben. Es ist auch möglich, die logarithmische Skalierung der Amplitudenkurve bei Veränderung von K_R neu anzugeben. Wird zum Bespiel K_R verdoppelt, so muß die Skalierung um 0.3 (6 dB) verschoben werden.

Beispiel 7.4-1: Die Integrierverstärkung K_{IR} des Reglers ist so einzustellen, daß der Regelkreis eine Phasenreserve von $\Phi_R = 50°$ einhält.

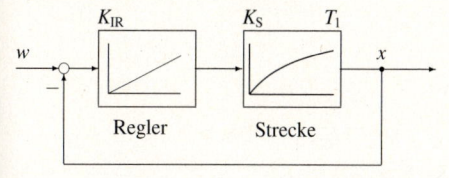

Die Frequenzgangfunktion des offenen Regelkreises ist

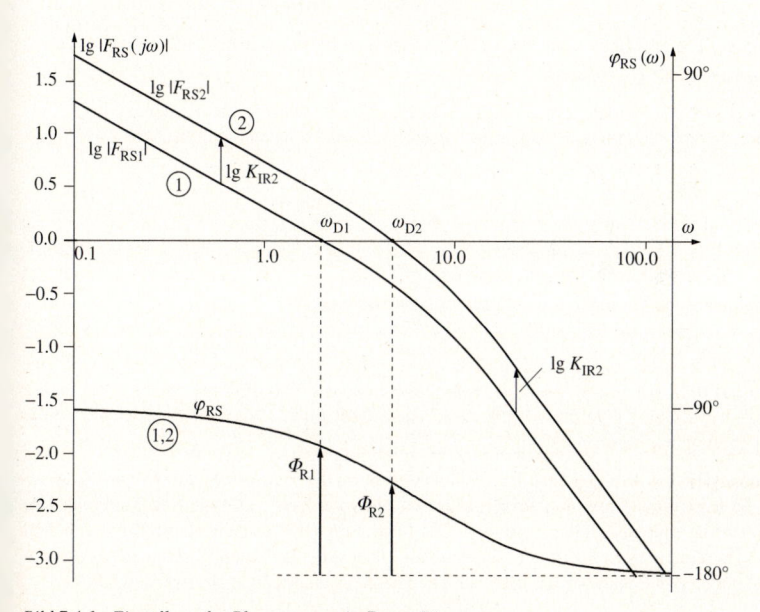

$$F_{RS}(j\omega) = F_R(j\omega) \cdot F_S(j\omega) = \frac{K_{IR}}{j\omega} \cdot \frac{K_S}{1 + j\omega T_1}, \qquad \text{mit } K_S = 2, T_1 = 0.2 \text{ s}.$$

Bild 7.4-1: Einstellung der Phasenreserve im BODE-Diagramm

Das BODE-Diagramm wird für einen beliebigen Wert von K_{IR} gezeichnet (Kurve (1) in Bild 7.4-1). Für $K_{IR1} = 1.0\,\text{s}^{-1}$ wird mit der Eckkreisfrequenz $\omega_{E1} = 5.0\,\text{s}^{-1}$ das BODE-Diagramm mit dem Wert $\Phi_{R1} = 69.5°$ bei $\omega_{D1} = 1.9\,\text{s}^{-1}$ ermittelt.

Eine Verschiebung der Amplitudenkurve nach oben (Addition eines logarithmischen Faktors) verringert die Phasenreserve (Kurve (2) in Bild 7.4-1). Der geforderte Wert von $\Phi_R = 50°$ stellt sich bei der Verschiebung um den logarithmischen Faktor 0.44 (8.8 dB) ein. Das entspricht einer Multiplikation von K_{IR1} mit dem Faktor 2.74.

Für $K_{IR} = K_{IR2} = 2.74\,\text{s}^{-1}$ wird die Phasenreserve von $\Phi_R = \Phi_{R2} = 50°$ bei $\omega_{D2} = 4.20\,\text{s}^{-1}$ eingestellt.

7.4.3 Anhebung des Phasengangs

Die Phasenanhebung bei der Durchtrittskreisfrequenz des Frequenzgangs des offenen Regelkreises **verbessert die Stabilität** und verringert das Überschwingen des Regelkreises bei Sprungaufschaltung. Die Phasenanhebung wird bei elektronischen Reglern mit RC-Netzwerken realisiert.

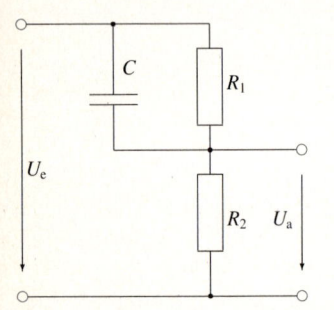

$$F(j\omega) = \frac{U_a(j\omega)}{U_e(j\omega)} = \frac{R_2}{\dfrac{R_1}{1 + j\omega R_1 C} + R_2}$$

$$= \frac{R_2 \cdot (1 + j\omega R_1 C)}{R_1 + R_2 \cdot (1 + j\omega R_1 C)}$$

$$= \frac{R_2}{R_1 + R_2} \cdot \frac{1 + j\omega R_1 C}{1 + j\omega \cdot \dfrac{R_1 \cdot R_2}{R_1 + R_2} \cdot C}$$

Bild 7.4-2: RC-Netzwerk zur Phasenanhebung

Phasenanhebende Netzwerke werden auch als PDT_1-Elemente oder Lead-Elemente bezeichnet. In die Frequenzgangfunktion werden die standardisierten regelungstechnischen Parameter eingesetzt. Mit

$$T_1 = \frac{1}{\omega_{E1}} = R_1 \cdot C, \quad T_2 = \frac{1}{\omega_{E2}} = \frac{R_1 \cdot R_2}{R_1 + R_2} \cdot C, \quad K_P = \frac{R_2}{R_1 + R_2},$$

$$m_{anh} = \frac{1}{K_P} = \frac{\omega_{E2}}{\omega_{E1}} = \frac{T_1}{T_2} = \frac{R_1 + R_2}{R_2} > 1$$

erhält man die Frequenzgangfunktion des phasenanhebenden Netzwerks:

$$\boxed{F_{anh}(j\omega) = \frac{1}{m_{anh}} \cdot \frac{1 + j\omega T_1}{1 + j\omega T_2} = \frac{1}{m_{anh}} \cdot \frac{1 + \dfrac{j\omega}{\omega_{E1}}}{1 + \dfrac{j\omega}{\omega_{E2}}} = \frac{1}{m_{anh}} \cdot \frac{1 + \dfrac{j\omega}{\omega_{E1}}}{1 + \dfrac{j\omega}{m_{anh} \cdot \omega_{E1}}}}$$

m_{anh} ist der Anhebungsfaktor, ω_{E1}, ω_{E2} sind die Eckkreisfrequenzen der Frequenzgangfunktion. Das Netzwerk verringert die Kreisverstärkung K_{RS} des Regelkreises und vergrößert damit die Regeldifferenz. Die Verstärkungsreduzierung muß ausgeglichen werden. Das Maximum der Phasenanhebung hängt von dem Verhältnis der Eckkreisfrequenzen m_{anh} des RC-Elements ab. Die maximale Phasenanhebung tritt beim geometrischen Mittel der beiden Eckkreisfrequenzen auf. Die Phase des anhebenden Netzwerks wird mit

$$\Phi(\omega) = \arctan(\omega \cdot T_1) - \arctan(\omega \cdot T_2)$$

7.4 Anwendung des BODE-Verfahrens

bestimmt. Mit der Ableitung

$$\frac{d\Phi}{d\omega} = \frac{T_1}{1+(\omega \cdot T_1)^2} - \frac{T_2}{1+(\omega \cdot T_2)^2} \stackrel{!}{=} 0$$

ergibt sich die Kreisfrequenz

$$\omega_{max} = \frac{1}{\sqrt{T_1 \cdot T_2}} = \sqrt{\omega_{E1} \cdot \omega_{E2}},$$

bei der die Phase den größten Wert Φ_{max} hat. Die Kreisfrequenz ω_{max} wird in die Gleichung für die Phase eingesetzt. Damit wird

$$\Phi_{max} = \arctan(\omega_{max} \cdot T_1) - \arctan(\omega_{max} \cdot T_2)$$
$$= \arctan\left(\sqrt{T_1/T_2}\right) - \arctan\left(\sqrt{T_2/T_1}\right)$$

und nach einer weiteren Umformung:

$$\Phi_{max} = \frac{\pi}{2} - 2 \cdot \arctan \frac{1}{\sqrt{m_{anh}}}, \quad |F(j\omega_{max})| = \frac{1}{\sqrt{m_{anh}}},$$
$$\omega_{max} = \sqrt{\omega_{E1} \cdot \omega_{E2}} = \omega_{E1} \cdot \sqrt{m_{anh}}$$

Die folgenden Diagramme enthalten die Phasengänge von *RC*-Elementen (Bild 7.4-3) und die maximale Phasenanhebung in Abhängigkeit vom Verhältnis m_{anh} der Eckkreisfrequenzen (Bild 7.4-4).

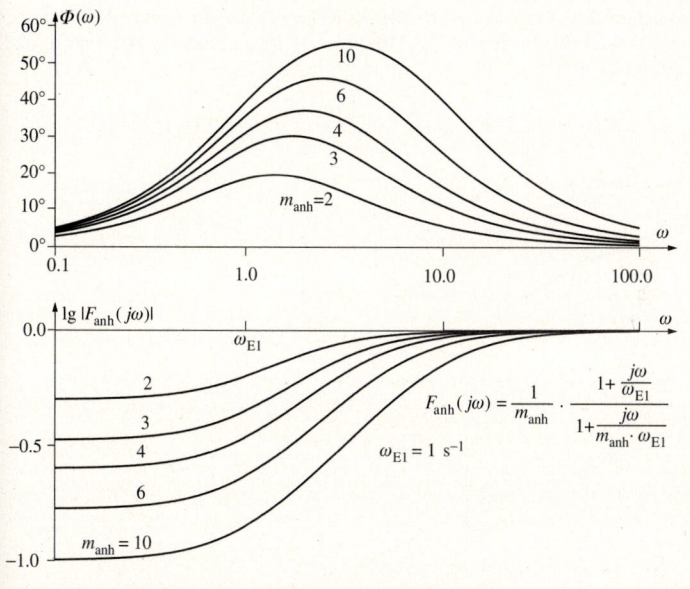

Bild 7.4-3: BODE-*Diagramme von phasenanhebenden Elementen*

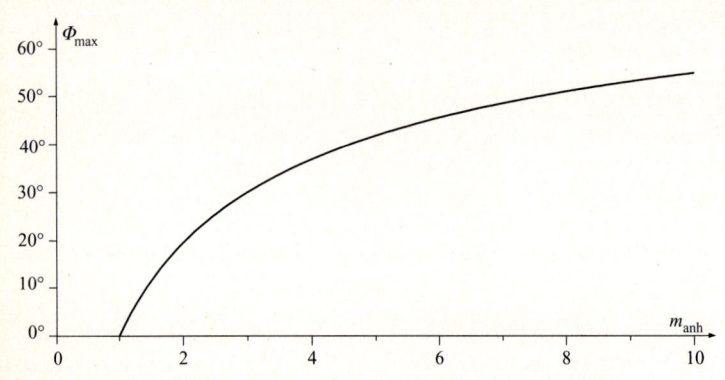

Bild 7.4-4: Maximale Phasenanhebung in Abhängigkeit vom Anhebungsfaktor m_{anh}

7.4.4 Anwendung von phasenanhebenden Netzwerken

Werden für den Regelkreis zwei Kenngrößen vorgegeben, zum Beispiel Phasenreserve Φ_R (Stabilität) und Durchtrittskreisfrequenz ω_D (Schnelligkeit), so muß im allgemeinen eine Verstärkungseinstellung in Verbindung mit einer Phasenanhebung vorgenommen werden.

Ausgangspunkt ist der Frequenzgang des offenen Regelkreises $F_R(j\omega) \cdot F_S(j\omega)$, für $F_R(j\omega) = 1$ entspricht das BODE-Diagramm dem Frequenzgang der Regelstrecke $F_S(j\omega)$. Eingestellt werden sollen Durchtrittskreisfrequenz ω_{Dsoll} und Phasenreserve Φ_{Rsoll}.

Im allgemeinen ist die Durchtrittskreisfrequenz ω_{Dist} der Regelstrecke zu klein, die Reglerverstärkung K_R wird daher vergrößert, so daß ω_{Dsoll} eingestellt wird. Die Phasenreserve Φ_{Rist} ist dann meist kleiner als der vorgegebene Wert Φ_{Rsoll} (Bild 7.4-5).

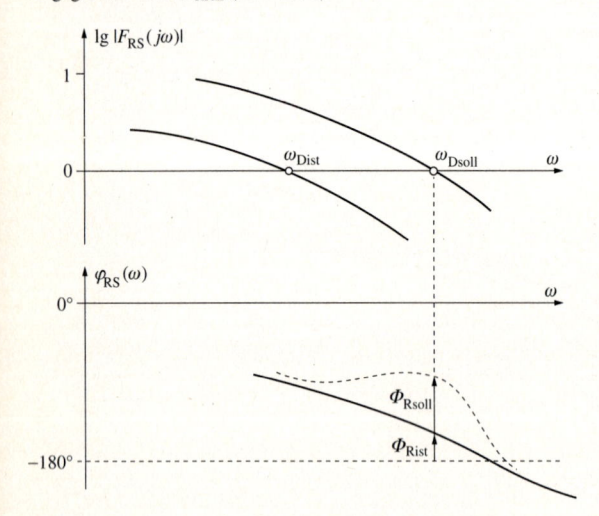

Bild 7.4-5: Verstärkungseinstellung und Phasenanhebung

7.4 Anwendung des BODE-Verfahrens

Zu bestimmen sind Anhebungsfaktor m_{anh} und Eckkreisfrequenzen ω_{E1}, ω_{E2} des phasenanhebenden Netzwerks. Die benötigte Phasenanhebung ist:

$$\boxed{\Phi_{max} = \Phi_{Rsoll} - \Phi_{Rist}}.$$

Der Anhebungsfaktor wird aus Bild 7.4-4 entnommen oder durch Umstellung der Gleichung für Φ_{max} mit

$$\boxed{m_{anh} = \frac{1 + \sin \Phi_{max}}{1 - \sin \Phi_{max}}}$$

bestimmt. Da die maximale Phasenanhebung Φ_{max} bei der Durchtrittskreisfrequenz ω_{Dsoll} wirksam sein soll, ist $\omega_{max} = \omega_{Dsoll}$ zu setzen. Die Werte der Eckkreisfrequenzen und Zeitkonstanten des Netzwerks werden mit

$$\omega_D = \omega_{max} = \sqrt{\omega_{E1} \cdot \omega_{E2}} = \sqrt{\omega_{E1} \cdot m_{anh} \cdot \omega_{E1}} = \omega_{E1} \cdot \sqrt{m_{anh}}$$

nach folgenden Formeln berechnet:

$$\boxed{\omega_{E1} = \frac{\omega_D}{\sqrt{m_{anh}}}, \quad \omega_{E2} = m_{anh} \cdot \omega_{E1}, \quad T_1 = \frac{1}{\omega_{E1}}, \quad T_2 = \frac{1}{\omega_{E2}}}.$$

Das Netzwerk verringert die Verstärkung des offenen Regelkreises im Bereich $\omega < \omega_{E2}$:

$$|F_{anh}(j\omega)| = \left|\frac{1}{m_{anh}} \cdot \frac{1 + j\omega T_1}{1 + j\omega T_2}\right| = \frac{1}{m_{anh}} \sqrt{\frac{1 + \omega^2 T_1^2}{1 + \omega^2 T_2^2}},$$

$$|F_{anh}(j\omega = 0)| = \frac{1}{m_{anh}}, \quad |F_{anh}(j\omega = j\omega_{Dsoll})| = \frac{1}{\sqrt{m_{anh}}}.$$

Die Verstärkungsreduzierung verkleinert den Amplitudengang, damit wird die Durchtrittskreisfrequenz $\omega_D < \omega_{Dsoll}$. Eine Erhöhung der Verstärkung K_R um den Faktor $\sqrt{m_{anh}}$ gleicht das aus.

Beispiel 7.4-2: Für einen Regelkreis soll eine Phasenreserve $\Phi_R = 60°$ bei der Durchtrittskreisfrequenz $\omega_D = 10\,s^{-1}$ eingestellt werden.

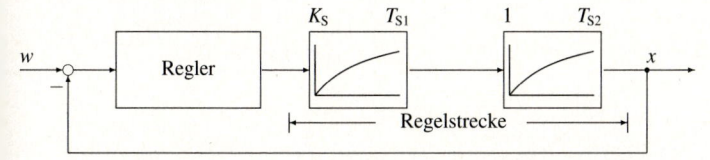

$K_S = 5$, $T_{S1} = 1$ s, $T_{S2} = 0.25$ s.

Die Regelstrecke hat die Frequenzgangfunktion

$$F_S(j\omega) = \frac{K_S}{(1 + j\omega T_{S1}) \cdot (1 + j\omega T_{S2})} = \frac{5}{(1 + j\omega \cdot 1\,s)(1 + j\omega \cdot 0.25\,s)}$$

mit den Eckkreisfrequenzen $\omega_{ES1} = 1\,s^{-1}$, $\omega_{ES2} = 4\,s^{-1}$.

Mit $F_R(j\omega) = 1$ wird eine Durchtrittskreisfrequenz $\omega_{Dist} = 3.59\,s^{-1}$ erreicht (Bild 7.4-6, Kurve (1)). Die Reglerverstärkung wird auf $F_R(j\omega) = K_R = 5.412$ erhöht. Damit wird die geforderte Durchtrittskreisfrequenz $\omega_{Dsoll} = 10\,s^{-1}$ eingestellt (Bild 7.4-6, Kurve (2)).

Die Phasenreserve $\Phi_{Rist} = 27.5°$ ist kleiner als der geforderte Wert von $\Phi_{Rsoll} = 60°$. Ein phasenanhebendes Netzwerk hebt die Phase um $\Phi_{max} = \Phi_{Rsoll} - \Phi_{Rist} = 32.5°$ an. Die Kennwerte des Netzwerks sind

$$m_{anh} = \frac{1 + \sin \Phi_{max}}{1 - \sin \Phi_{max}} = 3.32$$

7 BODE-Verfahren zur Einstellung von Regelkreisen

und

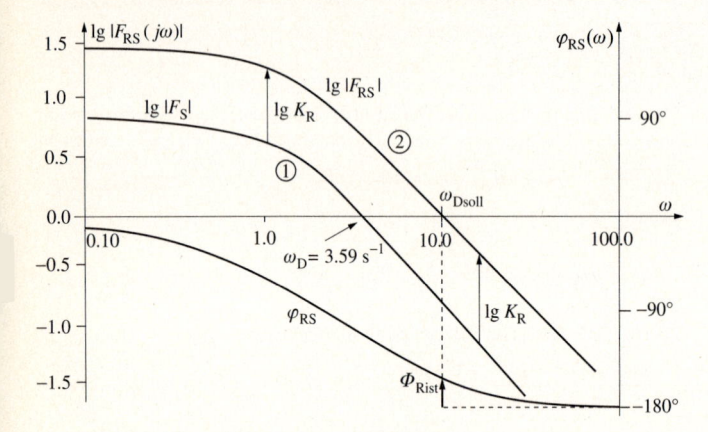

$$\omega_{E1} = \frac{\omega_{Dsoll}}{\sqrt{m_{anh}}} = 5.488\,\text{s}^{-1}, \qquad T_{1p} = 0.1822\,\text{s},$$

$$\omega_{E2} = \omega_{E1} \cdot m_{anh} = 18.22\,\text{s}^{-1}, \qquad T_{2p} = 0.05488\,\text{s}.$$

Bild 7.4-6: Einstellung der Durchtrittskreisfrequenz

Mit dem phasenanhebenden Netzwerk (T_{1p}, T_{2p}) wird die Phase bei ω_{Dsoll} auf den geforderten Wert $\Phi_{Rsoll} = 60°$ eingestellt, die Verstärkungsverringerung durch F_{anh} verkleinert jedoch die Durchtrittskreisfrequenz (Bild 7.4-7, Kurve (2)). Eine Korrektur der Verstärkung um den Faktor $\sqrt{m_{anh}}$ stellt die vorgegebenen Werte $\omega_{Dsoll} = 10\,\text{s}^{-1}$, $\Phi_{Rsoll} = 60°$ ein (Bild 7.4-8, Kurve (2)).

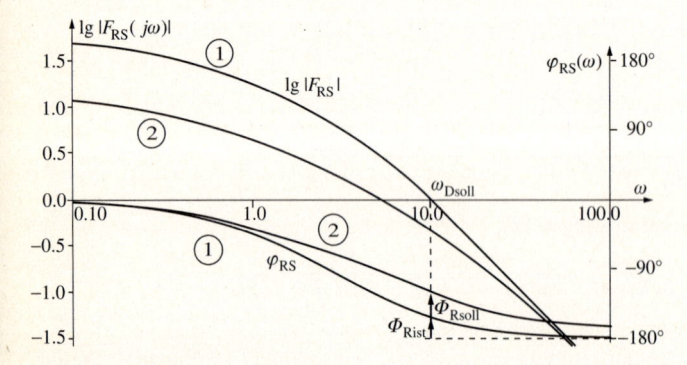

Bild 7.4-7: Einstellung der Phasenreserve

Der Regler hat damit die Frequenzgangfunktion:

$$\boxed{F_R(j\omega) = K_R \cdot \frac{(1+j\omega T_{1p})}{(1+j\omega T_{2p})} = 2.97 \cdot \frac{(1+j\omega \cdot 0.1822\,\text{s})}{(1+j\omega \cdot 0.05488\,\text{s})}.}$$

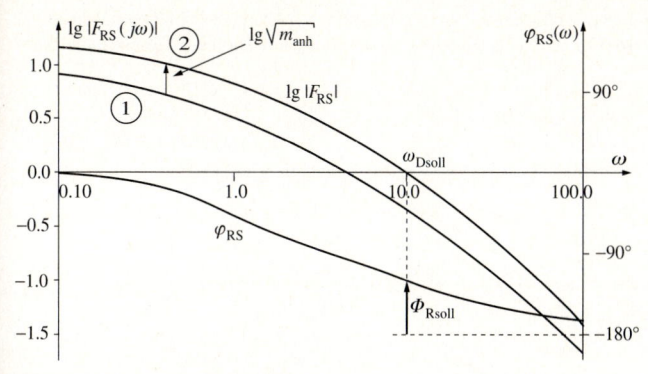

Bild 7.4-8: Korrektur der Verstärkung

7.4.5 Absenkung des Amplitudengangs

Das *RC*-Netzwerk **reduziert frequenzabhängig den Amplitudengang.** Es hat negative Phasenverschiebung und wird deshalb im Bereich niedriger Kreisfrequenzen – **in großem Abstand von der Durchtrittskreisfrequenz** – eingesetzt, damit die Stabilitätseigenschaften nicht verschlechtert werden.

$$F_{abs}(j\omega) = \frac{U_a(j\omega)}{U_e(j\omega)} = \frac{R_2 + \dfrac{1}{j\omega \cdot C}}{R_1 + R_2 + \dfrac{1}{j\omega \cdot C}}$$

$$= \frac{1 + j\omega \cdot R_2 \cdot C}{1 + j\omega \cdot (R_1 + R_2) \cdot C}$$

Bild 7.4-9: RC-Netzwerk zur Amplitudenabsenkung

Amplitudenabsenkende Netzwerke werden auch als PPT_1-Elemente oder Lag-Elemente bezeichnet. In die Frequenzgangfunktion werden die standardisierten regelungstechnischen Parameter eingesetzt. Mit

$$T_1 = \frac{1}{\omega_{E1}} = R_2 \cdot C, \quad T_2 = \frac{1}{\omega_{E2}} = (R_1 + R_2) \cdot C, \quad K_P = 1,$$

$$m_{abs} = \frac{\omega_{E1}}{\omega_{E2}} = \frac{T_2}{T_1} = \frac{R_1 + R_2}{R_2} > 1,$$

erhält man die Frequenzgangfunktion des amplitudenabsenkenden Netzwerks zu:

$$F_{abs}(j\omega) = \frac{1 + j\omega T_1}{1 + j\omega T_2} = \frac{1 + \dfrac{j\omega}{\omega_{E1}}}{1 + \dfrac{j\omega}{\omega_{E2}}} = \frac{1 + \dfrac{j\omega}{m_{abs} \cdot \omega_{E2}}}{1 + \dfrac{j\omega}{\omega_{E2}}}.$$

m_{abs} ist der Absenkungsfaktor, ω_{E1}, ω_{E2} sind die Eckkreisfrequenzen der Frequenzgangfunktion. Das amplitudenabsenkende Netzwerk wird eingesetzt, wenn zur Einstellung der Durchtrittskreisfrequenz der Amplitudengang verkleinert werden muß, ohne daß die stationäre Verstärkung (Genauigkeit) des Regelungssystems beeinflußt wird. Die bleibende Regeldifferenz des Regelungssystems wird mit amplitudenabsenkenden Netzwerken nicht verändert.

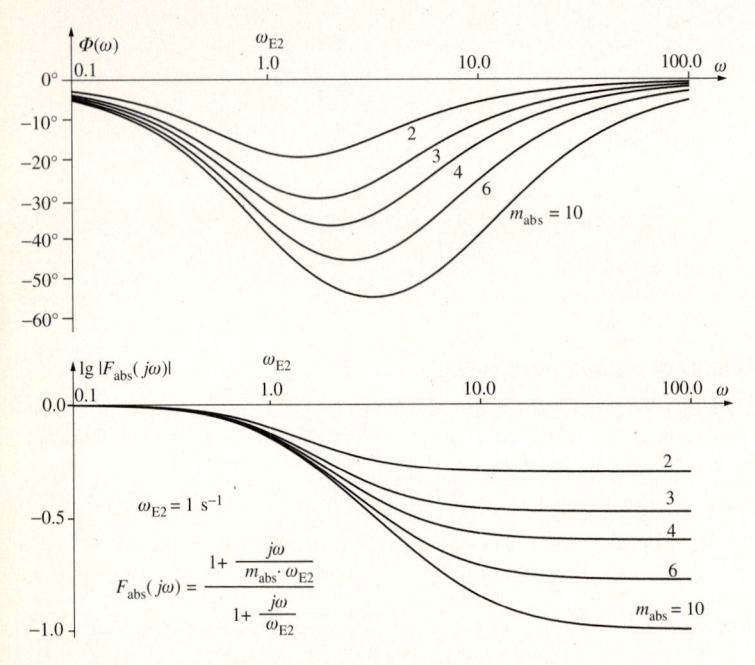

Bild 7.4-10: BODE-*Diagramme von amplitudenabsenkenden Elementen*

7.4.6 Anwendung von amplitudenabsenkenden Netzwerken

Werden für Regelkreise drei Kenngrößen vorgegeben, Phasenreserve Φ_R (Stabilität), Durchtrittskreisfrequenz ω_D (Schnelligkeit) und bleibende Regeldifferenz $x_d(t \to \infty)$ (Genauigkeit), so sind Verstärkung und Phase zunächst nach Abschnitt 7.4.4 einzustellen.

Phasenreserve Φ_{Rsoll} und Durchtrittskreisfrequenz ω_{Dsoll} seien eingestellt, die Verstärkungsreduzierung $1/\sqrt{m_{anh}}$ ist kompensiert. Die bleibende Regeldifferenz $x_d(t \to \infty)$ bei Sprungaufschaltung ist bei proportionalen Regelkreisen

$$x_d(t \to \infty) = \frac{1}{1 + K_R \cdot K_S} = \frac{1}{1 + K_{RS}}.$$

Für Regelkreise mit Integralelement ist bei Aufschaltung einer Anstiegsfunktion

$$x_d(t \to \infty) = \frac{1}{K_R \cdot K_S} = \frac{1}{K_{RS}}.$$

Wird die bleibende Regeldifferenz $x_d(t \to \infty)$ vorgegeben, so ist damit die stationäre Verstärkung oder Kreisverstärkung K_{RSsoll} festgelegt. Für den Fall, daß der geforderte Wert K_{RSsoll} größer ist als der nach Abschnitt 7.4.4 eingestellte Wert K_{RSist}, muß die Verstärkung auf K_{RSsoll} erhöht werden, um die Genauigkeitsanforderungen der vorgegebenen Regeldifferenz einzuhalten.

7.4 Anwendung des BODE-Verfahrens

Die Verstärkungserhöhung vergrößert ω_D und verringert die Phasenreserve. Um die stationäre Regeldifferenz einzustellen und gleichzeitig die Stabilitätseigenschaften (Phasenreserve) nicht zu verschlechtern, muß der Amplitudengang **frequenzabhängig** abgesenkt werden.

Da die Amplitudenabsenkung eine negative Phasenverschiebung verursacht, muß die Absenkung im **unkritischen Bereich**, weit entfernt von der Durchtrittskreisfrequenz, vorgenommen werden (Bild 7.4-11).

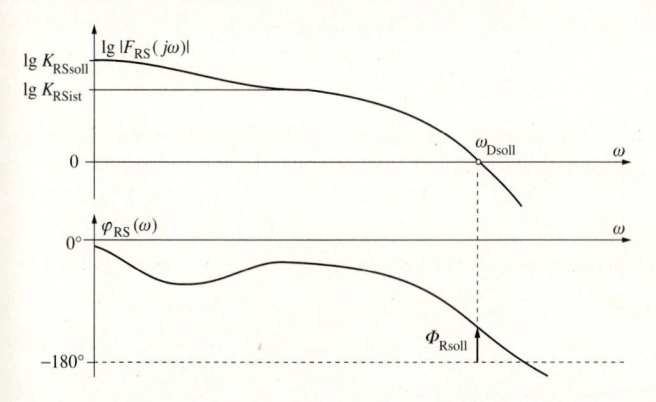

Bild 7.4-11: Amplitudenabsenkung

Zu bestimmen sind Absenkungsfaktor m_{abs} und Eckkreisfrequenzen ω_{E1}, ω_{E2} des amplitudenabsenkenden Netzwerks. Die benötigte Amplitudenabsenkung ist:

$$m_{abs} = \frac{K_{RSsoll}}{K_{RSist}} = \frac{\omega_{E1}}{\omega_{E2}}.$$

Da die negative Phasenverschiebung des Netzwerks die Stabilitätseigenschaften beeinflußt, werden die Eckkreisfrequenzen so gewählt, daß sie weit entfernt von ω_{Dsoll} liegen.

$$\omega_{E1}, \omega_{E2} \ll \omega_{Dsoll}.$$

Beispiel 7.4-3: Für den Regelkreis nach Beispiel 7.4-2 wird eine bleibende Regeldifferenz $x_d(t \to \infty) = 0.04 \cdot w_0$ bei Sprungaufschaltung der Führungsgröße $w(t) = w_0 \cdot E(t)$ vorgegeben.

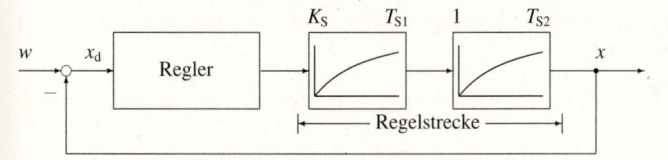

$K_S = 5$, $T_{S1} = 1$ s, $T_{S2} = 0.25$ s.

Die Regelstrecke hat die Frequenzgangfunktion

$$F_S(j\omega) = \frac{K_S}{(1 + j\omega T_{S1}) \cdot (1 + j\omega T_{S2})} = \frac{5}{(1 + j\omega \cdot 1\,\text{s})(1 + j\omega \cdot 0.25\,\text{s})}.$$

Für den Regler wurde nach Beispiel 7.4-2 folgende Frequenzgangfunktion ermittelt:

$$F_R(j\omega) = K_R \cdot \frac{1 + j\omega T_{1p}}{1 + j\omega T_{2p}} = 2.97 \cdot \frac{1 + j\omega \cdot 0.1822\,\text{s}}{1 + j\omega \cdot 0.05488\,\text{s}}.$$

7 BODE-Verfahren zur Einstellung von Regelkreisen

Die Frequenzgangfunktion des offenen Regelkreises ist dann:

$$F_{RS}(j\omega) = K_{RSist} \frac{1 + j\omega T_{1p}}{(1 + j\omega T_{2p}) \cdot (1 + j\omega T_{S1}) \cdot (1 + j\omega T_{S2})},$$

mit $K_{RSist} = K_R \cdot K_S = 14.85$ (Bild 7.4-12, Kurve (1)). Die bleibende Regeldifferenz für diese Verstärkung ist:

$$x_d(t \to \infty)_{ist} = \lim_{\omega \to 0} \frac{1}{1 + F_{RSist}(j\omega)} \cdot w_0 = \frac{1}{1 + K_{RSist}} \cdot w_0 = 0.0631 \cdot w_0.$$

Für die vorgegebene Genauigkeit $x_d(t \to \infty)$ wird mit

$$x_d(t \to \infty)_{soll} = \lim_{\omega \to 0} \frac{1}{1 + F_{RSsoll}(j\omega)} \cdot w_0 = \frac{1}{1 + K_{RSsoll}} \cdot w_0 = 0.04 \cdot w_0$$

die erforderliche Verstärkung K_{RSsoll} ermittelt:

$$K_{RSsoll} = \frac{1}{x_d(t \to \infty)_{soll}} - 1 = 24.$$

Das BODE-Diagramm liefert für die Einstellung mit K_{RSsoll} die Werte $\Phi_R = 50.7°$, $\omega_D = 14.2\,\text{s}^{-1}$ (Bild 7.4-12, Kurve (2)).

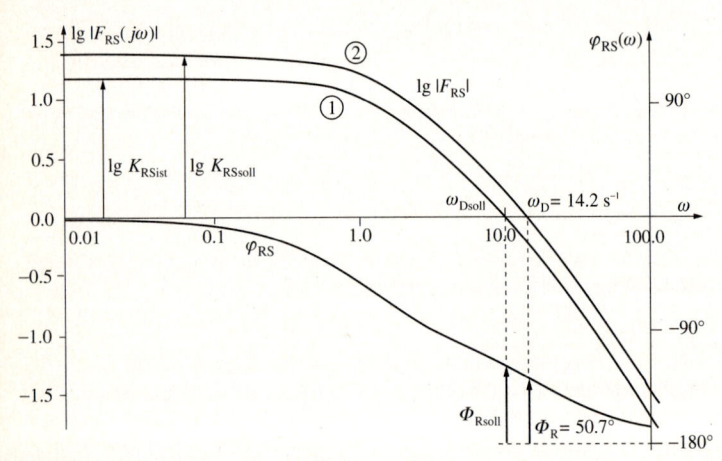

Bild 7.4-12: Verstärkungserhöhung auf K_{RSsoll}

Zur Einstellung der Werte $\Phi_R = 60°$, $\omega_D = 10\,\text{s}^{-1}$ wird ein amplitudenabsenkendes Netzwerk berechnet. Der Absenkungsfaktor ist

$$m_{abs} = \frac{K_{RSsoll}}{K_{RSist}} = \frac{\omega_{E1}}{\omega_{E2}} = 1.62.$$

Die Eckkreisfrequenz ω_{E1} wird so gewählt, daß bei der Durchtrittskreisfrequenz der Einfluß der negativen Phasenverschiebung vernachlässigbar ist:

$$\omega_{E1} \ll \omega_D = 10\,\text{s}^{-1}, \quad \omega_{E1} = 0.2\,\text{s}^{-1}, \quad T_{1a} = \frac{1}{\omega_{E1}} = 5\,\text{s}.$$

Die Eckkreisfrequenz ω_{E2} ist dann:

$$\omega_{E2} = \frac{\omega_{E1}}{m_{abs}} = 0.1235\,\text{s}^{-1}, \quad T_{2a} = \frac{1}{\omega_{E2}} = 8.097\,\text{s}.$$

Das amplitudenabsenkende Netzwerk (T_{1a}, T_{2a}) hat damit die Frequenzgangfunktion:

$$F_{abs}(j\omega) = \frac{1 + j\omega T_{1a}}{1 + j\omega T_{2a}} = \frac{1 + j\omega \cdot 5\,\text{s}}{1 + j\omega \cdot 8.097\,\text{s}}.$$

Für den Frequenzgang des offenen Regelkreises ergibt sich:

$$F_{RS}(j\omega) = \frac{K_{RS}(1 + j\omega T_{1p})(1 + j\omega T_{1a})}{(1 + j\omega T_{2p})(1 + j\omega T_{2a})(1 + j\omega T_{S1})(1 + j\omega T_{S2})}.$$

Das BODE-Diagramm Bild 7.4-13 enthält Kurve (1) ohne und Kurve (2) mit Amplitudenabsenkung. Die geforderten Werte Φ_R, ω_D und $x_d(t \to \infty)$ sind eingestellt.

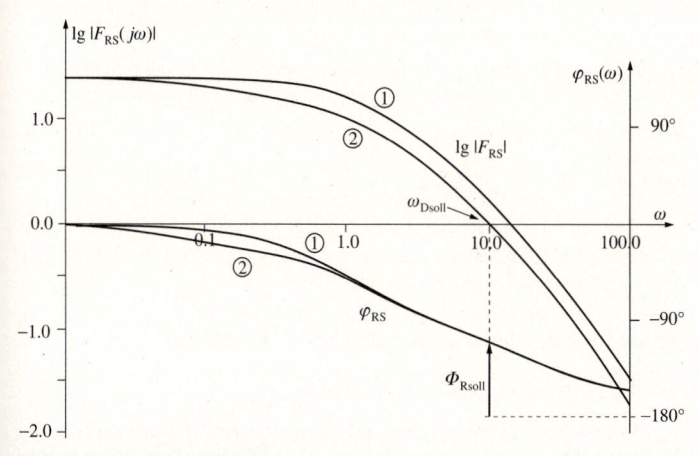

Bild 7.4-13: Amplitudenabsenkung

7.4.7 Zusammenfassung

Tabelle 7.4-1 gibt einen Überblick zur Vorgehensweise beim BODE-Verfahren.

Tabelle 7.4-1: Vorgehensweise beim BODE-Verfahren

Vorgabe	Vorgehensweise
eine Kenngröße: Φ_R, A_R, ω_D oder $K_{RS} = f(x_d(t \to \infty))$	Abschnitt 7.4.2: Erhöhung der Reglerverstärkung K_R, bis der vorgegebene Wert eingestellt ist. Bei Vorgabe von ω_D oder K_{RS} muß die Stabilität überprüft werden.
zwei Kenngrößen: ω_D und Φ_R	Abschnitt 7.4.4: Erhöhung der Reglerverstärkung K_R, bis ω_D eingestellt ist, Berechnung des Anhebungsfaktors m_{anh} und Anhebung der Phase auf Φ_R mit einem phasenanhebenden Netzwerk. Korrektur der eingestellten Verstärkung um den Faktor $\sqrt{m_{anh}}$.
drei Kenngrößen: ω_D, Φ_R und $K_{RS} = f(x_d(t \to \infty))$	Abschnitt 7.4.4: Einstellung der Kenngrößen ω_D und Φ_R wie angegeben. Abschnitt 7.4.6: Der Sollwert der Verstärkung wird aus $x_d(t \to \infty)$ ermittelt und eingestellt, Berechnung des Absenkungsfaktors m_{abs} und Absenkung der Amplitude mit einem Netzwerk.

7.5 Zusammenhang zwischen Kenngrößen von Zeit- und Frequenzbereich

7.5.1 Anforderungen an das Zeitverhalten von Regelungssystemen

Bei der Ermittlung der Reglerkennwerte mit dem BODE-Verfahren wird von den Kenngrößen des Frequenzbereichs ausgegangen:
- Durchtrittskreisfrequenz ω_D,
- Phasenreserve Φ_R (Amplitudenreserve A_R),
- stationäre Verstärkung K_{RS}.

Der Anwender, der ein Regelungssystem einsetzt, kennt die Bedeutung dieser Größen im allgemeinen nicht, er orientiert sich an Größen des Zeitbereichs, zum Beispiel an den Kenngrößen der Sprungantwort:
- Anstiegszeit t_r,
- normierte Überschwingweite $\ddot{u}$,
- bleibende Regeldifferenz $x_d(t \to \infty)$.

Die Kenngrößen des Zeitbereichs müssen in die Größen des Frequenzbereichs, die Eingangsdaten für das BODE-Verfahren, umgesetzt werden. Für diese Aufgabe muß der Zusammenhang der Kenngrößen von Zeit- und Frequenzbereich (BODE-Diagramm) mathematisch formuliert werden.

7.5.2 Zusammenhang für das Übertragungselement II. Ordnung

7.5.2.1 Kenngrößen für das Übertragungselement II. Ordnung

Der exakte Zusammenhang zwischen Kenngrößen von Zeit- und Frequenzbereich läßt sich mit Hilfe der LAPLACE-Transformation ermitteln. Das führt bei Regelungssystemen höherer Ordnung zu umfangreichen Berechnungen.

Bei der Auslegung von Regelkreisen wird häufig ein Sprungantwortverhalten eingestellt, bei dem die **Anstiegszeit durch ein geringes Überschwingen verkürzt** wird. Dieses Verhalten zeigt ein Standardregelkreis II. Ordnung mit konjugiert komplexen Polstellen (Dämpfung im Bereich $0 < D < 1$), für den im weiteren Formeln für den Zusammenhang der Kenngrößen von Zeit- und Frequenzbereich angegeben sind.

Kenngrößen für den geschlossenen Regelkreis II. Ordnung im Frequenzbereich:

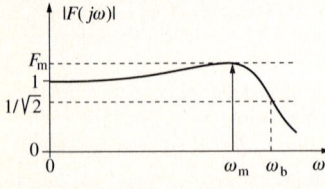

Übertragungsfunktion	Frequenzgangfunktion
$G(s) = \dfrac{\omega_0^2}{s^2 + 2D\omega_0 \cdot s + \omega_0^2}$	$F(j\omega) = \dfrac{\omega_0^2}{(j\omega)^2 + 2D\omega_0 \cdot j\omega + \omega_0^2}$

Bild 7.5-1: Amplitudengang mit Kenngrößen

F_m = Betrag des Frequenzgangs an der Resonanzstelle,
ω_m = Resonanzkreisfrequenz,
ω_b = Bandbreite,
ω_0 = Kennkreisfrequenz,
D = Dämpfung

7.5 Zusammenhang zwischen Kenngrößen von Zeit- und Frequenzbereich

Kenngrößen für den geschlossenen Regelkreis im Zeitbereich (Sprungantwort mit $w(t) = w_0 \cdot E(t)$):

$$x(t) = w_0 \left[1 - \frac{1}{\sqrt{1-D^2}} \cdot e^{-D\omega_0 t} \cdot \sin(\omega_0 \sqrt{1-D^2} \cdot t + \arccos D) \right]$$

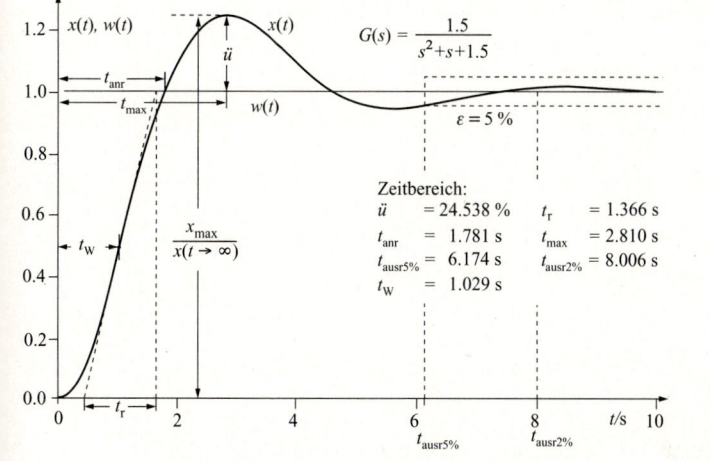

$G(s) = \dfrac{1.5}{s^2+s+1.5}$

Zeitbereich:
$\ddot{u}$ = 24.538 % t_r = 1.366 s
t_{anr} = 1.781 s t_{max} = 2.810 s
$t_{ausr5\%}$ = 6.174 s $t_{ausr2\%}$ = 8.006 s
t_W = 1.029 s

Bild 7.5-2: Sprungantwort mit Kenngrößen

t_r Die **Anstiegszeit** t_r wird durch die Projektion der Wendetangente auf die Zeitachse ermittelt.

t_{max} Bei der t_{max}**-Zeit** erreicht die Sprungantwort ihren Maximalwert.

t_{anr} Nach der **Anregelzeit** t_{anr} erreicht die Sprungantwort zum ersten Mal den Endwert w_0.

t_{ausr} Nach der **Ausregelzeit** t_{ausr} ist $e^{-D\omega_0 \cdot t}/\sqrt{1-D^2} < \varepsilon$, wobei für die Abweichung ε folgende Werte üblich sind: 2 %, 5 %.

t_W Bei der **Wendezeit** t_W ist die Ableitung der Sprungantwort ein Maximum.

$\ddot{u}$ $\ddot{u}$ ist die **normierte Überschwingweite** der Sprungantwort.

$\dfrac{x_{max}}{x(t \to \infty)}$ Das **normierte Maximum** der Sprungantwort berechnet sich mit $\dfrac{x_{max}}{x(t \to \infty)} = 1 + \ddot{u}$.

Kenngrößen für den offenen Regelkreis II. Ordnung im Frequenzbereich (BODE-Diagramm):

Übertragungsfunktion:
$$G_{RS}(s) = \frac{\omega_0^2}{s^2 + 2D\omega_0 \cdot s}$$

Frequenzgangfunktion:
$$F_{RS}(j\omega) = \frac{\omega_0^2}{(j\omega)^2 + 2D\omega_0 \cdot j\omega}$$

ω_D = Durchtrittskreisfrequenz
Φ_R = Phasenreserve

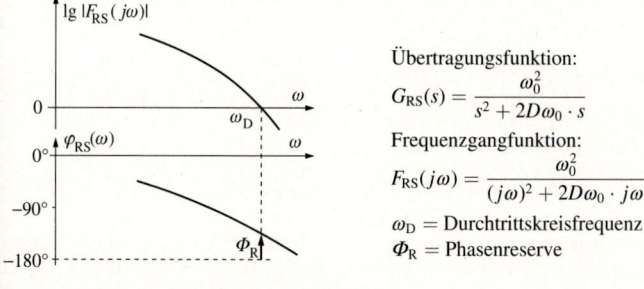

Bild 7.5-3: BODE-Diagramm mit Kenngrößen

7.5.2.2 Berechnungsformeln

Für den Zusammenhang zwischen Zeit- und Frequenzbereich gelten folgende Beziehungen:

Tabelle 7.5-1: Zusammenhang der Kenngrößen von Zeit- und Frequenzbereich für ein Regelungssystem II. Ordnung

$$F_m = \frac{1}{2 \cdot D \cdot \sqrt{1 - D^2}} \text{ für } D < \frac{1}{\sqrt{2}}, \quad F_m = 1 \text{ für } D > \frac{1}{\sqrt{2}}$$

$$\omega_m = \omega_0 \cdot \sqrt{1 - 2 \cdot D^2} \text{ für } D < \frac{1}{\sqrt{2}}$$

$$\omega_b = \omega_0 \cdot \sqrt{1 - 2 \cdot D^2 + \sqrt{4 \cdot D^4 - 4 \cdot D^2 + 2}}$$

$$\frac{x_{max}}{x(t \to \infty)} = 1 + \ddot{u}, \quad \ddot{u} = e^{-\pi D/\sqrt{1-D^2}}, \quad D = \frac{1}{\sqrt{1 + \left(\frac{\pi}{\ln \ddot{u}}\right)^2}}$$

$$t_r = \frac{1}{\omega_0} e^{\frac{D}{\sqrt{1-D^2}} \cdot \arccos D}$$

$$t_{max} = \frac{\pi}{\omega_0 \sqrt{1 - D^2}}$$

$$t_{anr} = \frac{\pi - \arccos D}{\omega_0 \sqrt{1 - D^2}}$$

$$t_{ausr} = \frac{|\ln(\varepsilon \cdot \sqrt{1 - D^2})|}{D \cdot \omega_0}, \quad \varepsilon = 0.02 \text{ oder } 0.05$$

$$\omega_D = \omega_0 \cdot \sqrt{-2 \cdot D^2 + \sqrt{4 \cdot D^4 + 1}}$$

$$\Phi_R = \arctan \frac{2 \cdot D}{\sqrt{-2 \cdot D^2 + \sqrt{4 \cdot D^4 + 1}}} = \arctan \frac{2 \cdot D \cdot \omega_0}{\omega_D}$$

Näherungsformeln für den Bereich mittlerer Dämpfung $0.4 < D < 0.7$:

$$\omega_b \cdot t_r \approx 2.3, \quad \omega_b \approx 1.6 \cdot \omega_D, \quad \Phi_R \cdot F_m \approx 60°$$

Beispiel 7.5-1: Ermittlung der Überschwingweite $\ddot{u}$ in Abhängigkeit der Dämpfung D. Bei Aufschaltung einer Einheitssprungfunktion

$$w(t) = w_0 \cdot E(t) = E(t), \quad w(s) = \frac{1}{s}$$

reagiert ein Regelkreis II. Ordnung mit der Sprungantwort

$$x(s) = G(s) \cdot w(s) = \frac{\omega_0^2}{s^2 + 2D\omega_0 \cdot s + \omega_0^2} \cdot \frac{1}{s},$$

$$x(t) = 1 - \frac{1}{\sqrt{1 - D^2}} \cdot e^{-D\omega_0 t} \cdot \sin(\omega_0 \sqrt{1 - D^2} \cdot t + \arccos D).$$

Aus dem Maximum x_{max} der Sprungantwort wird die normierte Überschwingweite $\ddot{u}$ bestimmt. Zur Bestimmung des Maximums ist $x(t)$ zu differenzieren und Null zu setzen. Einfacher ist die Differentiation im Frequenzbereich:

$$\frac{dx(t)}{dt} = L^{-1}\{s \cdot x(s)\} = L^{-1}\left\{\frac{\omega_0^2}{s^2 + 2D\omega_0 \cdot s + \omega_0^2}\right\}$$

$$= \frac{\omega_0}{\sqrt{1-D^2}} \cdot e^{-D\omega_0 t} \cdot \sin(\omega_0 \sqrt{1-D^2} \cdot t) \overset{!}{=} 0.$$

Für $t = 0$ liegt ein Minimum von $x(t)$ vor, ein Maximum für

$$t = t_{\max} = \frac{\pi}{\omega_0 \sqrt{1-D^2}}.$$

Die normierte Überschwingweite $\ddot{u}$ ist

$$\ddot{u} = x_{\max} - 1 = x(t_{\max}) - 1 = 1 - \frac{1}{\sqrt{1-D^2}} \cdot e^{-D\omega_0 t_{\max}} \cdot \sin(\pi + \arccos D) - 1$$

$$= \frac{-e^{-\frac{D\pi}{\sqrt{1-D^2}}}}{\sqrt{1-D^2}} \cdot (-\sqrt{1-D^2}) = e^{-\frac{D\pi}{\sqrt{1-D^2}}}.$$

Durch Umformung erhält man die Dämpfung:

$$D = \frac{1}{\sqrt{1 + \left(\frac{\pi}{\ln \ddot{u}}\right)^2}}.$$

Beispiel 7.5-2: Ermittlung der Anregelzeit t_{anr} aus Kenngrößen des Frequenzbereichs. Bei Aufschaltung einer Einheitssprungfunktion

$$w(t) = w_0 \cdot E(t) = E(t)$$

erreicht die Sprungantwort nach der Anregelzeit t_{anr} zum ersten Mal den Sollwert $w_0 = 1$ (Bild 7.5-2):

$$x(t_{\text{anr}}) = 1 - \frac{1}{\sqrt{1-D^2}} \cdot e^{-D\omega_0 t_{\text{anr}}} \cdot \sin(\omega_0 \sqrt{1-D^2} \cdot t_{\text{anr}} + \arccos D) = 1.$$

Die Gleichung wird ausgewertet:

$$\frac{-1}{\sqrt{1-D^2}} \cdot e^{-D\omega_0 t_{\text{anr}}} \cdot \sin(\omega_0 \cdot \sqrt{1-D^2} \cdot t_{\text{anr}} + \arccos D) = 0,$$

$$\sin(\omega_0 \cdot \sqrt{1-D^2} \cdot t_{\text{anr}} + \arccos D) = 0,$$

$$\omega_0 \sqrt{1-D^2} \cdot t_{\text{anr}} + \arccos D = \pi, (2\pi, 3\pi, \ldots).$$

Die Anregelzeit t_{anr} ist damit:

$$t_{\text{anr}} = \frac{\pi - \arccos D}{\omega_0 \cdot \sqrt{1-D^2}}.$$

Beispiel 7.5-3: Ermittlung der Kenngrößen von Zeit- und Frequenzbereich aus dem Frequenzgang des geschlossenen Regelkreises (Bild 7.5-4).

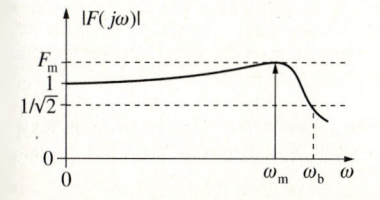

F_m = Betrag des Frequenzgangs an der Resonanzstelle

ω_m = Resonanzkreisfrequenz

ω_b = Bandbreite

Bild 7.5-4: Amplitudengang eines geschlossenen Regelkreises

Aus der Messung des Amplitudengangs wurden folgende Kenngrößen bestimmt:

$$F_m = 1.41, \quad \omega_b = 10.0\,\text{s}^{-1}.$$

Für die Berechnung der **Frequenzgangfunktion** wird der Resonanzwert F_m verwendet:

$$F_m = \frac{1}{2D \cdot \sqrt{1-D^2}} = 1.41.$$

Die Gleichung gilt für $0 < D < \frac{1}{\sqrt{2}}$, durch Umstellung folgt:

$$8 \cdot D^4 - 8 \cdot D^2 + 1 = 0, \text{ mit der Nullstelle } D = 0.383.$$

Mit Dämpfung D und Kennkreisfrequenz ω_0

$$\omega_0 = \frac{\omega_b}{\sqrt{1 - 2D^2 + \sqrt{4D^4 - 4D^2 + 2}}} = 7.196\,\text{s}^{-1}$$

wird die Frequenzgangfunktion des geschlossenen Regelkreises berechnet:

$$F(j\omega) = \frac{\omega_0^2}{(j\omega)^2 + 2D\omega_0 \cdot j\omega + \omega_0^2} = \frac{51.78\,\text{s}^{-2}}{(j\omega)^2 + j\omega \cdot 5.51\,\text{s}^{-1} + 51.78\,\text{s}^{-2}}.$$

Die Kenngrößen des BODE-**Diagramms** Durchtrittskreisfrequenz ω_D und Phasenreserve Φ_R sind:

$$\omega_D = \omega_0 \sqrt{-2D^2 + \sqrt{4D^4 + 1}} = 6.227\,\text{s}^{-1},$$

$$\Phi_R = \arctan\frac{2D}{\sqrt{-2D^2 + \sqrt{4D^4 + 1}}} = \arctan\frac{2D\omega_0}{\omega_D} = 41.52°.$$

Für die Kennwerte des Zeitbereichs, die Sprungantwortfunktion, werden folgende Werte ermittelt:

$$\ddot{u} = e^{\frac{-\pi D}{\sqrt{1-D^2}}} = 27.2\,\%,$$

$$t_r = \frac{1}{\omega_0} \cdot e^{\frac{D}{\sqrt{1-D^2}} \cdot \arccos D} = 0.226\,\text{s},$$

$$t_{anr} = \frac{\pi - \arccos D}{\omega_0 \sqrt{1-D^2}} = 0.295\,\text{s},$$

$$t_{ausr} = \frac{|\ln(\varepsilon \cdot \sqrt{1-D^2})|}{D\omega_0},$$

$t_{ausr5\%} = 1.116\,\text{s}, \quad t_{ausr2\%} = 1.448\,\text{s}.$

7.5.2.3 Erweiterung der Anwendung

Die Gleichungen für den Zusammenhang zwischen Zeit- und Frequenzbereich sind auch für viele Regelungssysteme höherer Ordnung gültig, wenn ein sogenanntes **dominierendes Polpaar** vorliegt. Ein dominierendes Polpaar mit konjugiert komplexen Werten erzeugt das Überschwingen der Sprungantwort und bestimmt damit das dynamische Verhalten des Regelkreises.

Ist ein dominierendes Polpaar im Regelkreis vorhanden, können die Berechnungsformeln, die exakt nur für Systeme II. Ordnung gültig sind, mit verminderter Genauigkeit auch auf Regelungssysteme höherer Ordnung angewendet werden.

Beispiel 7.5-4: Ermittlung der Reglereinstellung nach Anforderungen im Zeitbereich. Für einen Regelkreis dritter Ordnung werden für den Zeitbereich die Kenngrößen der Sprungantwort vorgegeben: Überschwingweite $\ddot{u} = 20\,\%$, Anstiegszeit $t_r = 1.0\,\text{s}$.

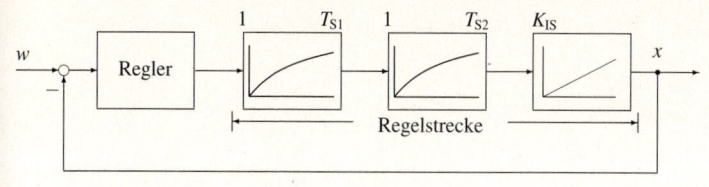

7.5 Zusammenhang zwischen Kenngrößen von Zeit- und Frequenzbereich

$K_{IS} = 1\,\text{s}^{-1}, \quad T_{S1} = 0.1\,\text{s}, \quad T_{S2} = 1.0\,\text{s}.$

Die Regelstrecke hat die Frequenzgangfunktion

$$F_S(j\omega) = \frac{K_{IS}}{j\omega \cdot (1 + j\omega \cdot T_{S1}) \cdot (1 + j\omega \cdot T_{S2})} = \frac{1}{j\omega \cdot (1 + j\omega \cdot 0.1) \cdot (1 + j\omega)}$$

mit den Eckkreisfrequenzen $\omega_{ES1} = 10.0\,\text{s}^{-1}$, $\omega_{ES2} = 1.0\,\text{s}^{-1}$. Mit Dämpfung D und Kennkreisfrequenz ω_0 werden die Eingangsdaten für das **BODE-Verfahren** Durchtrittskreisfrequenz ω_D und Phasenreserve Φ_R berechnet:

$$D = \frac{1}{\sqrt{1 + \left(\dfrac{\pi}{\ln \ddot{u}}\right)^2}} = 0.456,$$

$$\omega_0 = \frac{1}{t_r} e^{\frac{D}{\sqrt{1-D^2}} \cdot \arccos D} = 1.754\,\text{s}^{-1},$$

$$\omega_{Dsoll} = \omega_0 \sqrt{-2D^2 + \sqrt{4D^4 + 1}} = 1.433\,\text{s}^{-1},$$

$$\Phi_{Rsoll} = \arctan \frac{2D\omega_0}{\omega_D} = 48.15°.$$

Mit $F_R(j\omega) = 1$ wird eine Durchtrittskreisfrequenz $\omega_D = 0.786\,\text{s}^{-1}$ erreicht. Die Reglerverstärkung wird auf $F_R(j\omega) = K_R = 2.525$ erhöht. Damit wird die geforderte Durchtrittskreisfrequenz $\omega_{Dsoll} = 1.433\,\text{s}^{-1}$ eingestellt. Die Phasenreserve $\Phi_R = 26.79°$ ist kleiner als die berechnete von $\Phi_{Rsoll} = 48.15°$. Ein phasenanhebendes Netzwerk hebt die Phase um

$$\Phi_{max} = \Phi_{Rsoll} - \Phi_{Rist} = 21.36°$$

an. Die Kennwerte des Netzwerks sind

$$m_{anh} = \frac{1 + \sin \Phi_{max}}{1 - \sin \Phi_{max}} = 2.146 \quad \text{und}$$

$$\omega_{E1} = \frac{\omega_{Dsoll}}{\sqrt{m_{anh}}} = 0.9783\,\text{s}^{-1}, \qquad T_{1p} = 1.0222\,\text{s},$$

$$\omega_{E2} = \omega_{E1} \cdot m_{anh} = 2.0993\,\text{s}^{-1}, \qquad T_{2p} = 0.476\,\text{s}.$$

Mit dem phasenanhebenden Netzwerk (T_{1p}, T_{2p}) wird die Phase auf den geforderten Wert $\Phi_R = 48.15°$ eingestellt, die Verstärkungsverringerung wird durch eine Korrektur der Verstärkung um den Faktor $\sqrt{m_{anh}} = 1.465$ ausgeglichen. Der Regler hat damit die Frequenzgangfunktion:

$$\boxed{F_R(j\omega) = K_R \cdot \frac{1 + j\omega \cdot T_{1p}}{1 + j\omega \cdot T_{2p}} = 1.724 \frac{1 + j\omega \cdot 1.0222\,\text{s}}{1 + j\omega \cdot 0.476\,\text{s}}.}$$

Die numerisch berechnete Sprungantwort des Regelkreises hat eine Überschwingweite $\ddot{u} = 19.78\,\%$ und eine Anstiegszeit von $t_r \approx 1.02\,\text{s}$. Bild 7.5-5 enthält Sprungantwortfunktionen des Regelkreises für

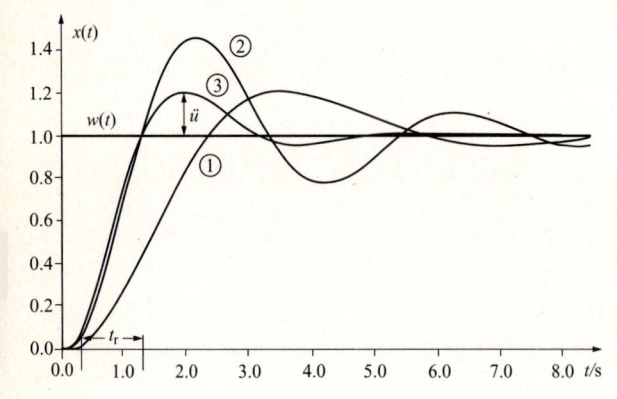

- $F_R(j\omega) = 1$, Kurve (1),
- $F_R(j\omega) = 2.525$, Kurve (2),
- $F_R(j\omega) = 1.724\dfrac{1 + j\omega \cdot 1.022\,\text{s}}{1 + j\omega \cdot 0.476\,\text{s}}$, Kurve (3).

Bild 7.5-5: Sprungantworten des Regelkreises

8 Regeleinrichtungen mit Operationsverstärkern

8.1 Prinzipieller Aufbau

8.1.1 Aufgaben von Regeleinrichtungen

Regeleinrichtungen haben folgende Aufgaben:

- Vergleich von Führungsgröße w und Regelgröße x und Bildung der Regeldifferenz x_d,
- Verstärkung der Regeldifferenz entsprechend der Reglerübertragungsfunktion zur Stellgröße y.

Diese Aufgaben werden mit gegengekoppelten Verstärkern durchgeführt. Das dynamische und statische Verhalten von Reglern wird durch Beschaltung von Regelverstärkern eingestellt. Als Regelverstärker werden integrierte Gleichspannungsverstärker, sogenannte **Operationsverstärker**, eingesetzt.

8.1.2 Kenngrößen von Operationsverstärkern

8.1.2.1 Stationäre Kenngrößen

Operationsverstärker sind **Differenzverstärker** mit zwei Signaleingängen und einem Signalausgang. Die Eingangssignale am **invertierenden und nichtinvertierenden** Eingang werden mit unterschiedlichen Vorzeichen zum Ausgang übertragen. Kennzeichnend ist, daß Eingangsspannungsdifferenzen u_d mit sehr großen **Differenzverstärkungen** V_0, gleiche Eingangsspannungen mit sehr kleinen **Gleichtaktverstärkungen** V_g verstärkt werden. Die Differenzverstärkung hat bei Gleichsignalen große Werte und nimmt mit wachsender Frequenz ab. Operationsverstärker haben **große Eingangswiderstände** r_e und daher **kleine Eingangsströme** i_e. Der Ausgangswiderstand r_a ist klein.

Sind die Eingangsspannungen Null, dann hat auch der Ausgang Nullpotential. Die Auswirkungen von **Offsetspannungen** U_{off} an den Signaleingängen können über besondere Kompensationseingänge ausgeglichen werden. Die **Offsetspannungsdrift**

$$\Delta U_{off}(\vartheta, U_B, t) = \frac{\partial U_{off}}{\partial \vartheta} \Delta \vartheta + \frac{\partial U_{off}}{\partial U_B} \Delta U_B + \frac{\partial U_{off}}{\partial t} \Delta t$$

hängt von den Änderungen der Größen

- Temperatur ϑ,
- Versorgungsspannung U_B und
- Zeit t

ab. Operationsverstärker haben geringe Offsetspannungsdrift, da nur die **Driftdifferenz** der Offsetspannungen verstärkt wird.

Vereinfachte Ersatzschaltung, Schaltsymbol und regelungstechnischer Signalflußplan für Operationsverstärker sind in Bild 8.1-1, 8.1-2 angegeben. Die Spannung u_d ist die Differenz der auf Null bezogenen Spannungen an den mit + (nichtinvertierender Eingang) und − (invertierender Eingang) bezeichneten Eingängen.

Bei geringer Belastung und kleinem Ausgangswiderstand r_a ist

$$u_a = u_0 = -V_0 \cdot u_d = -V_0 \cdot (u_{e2} - u_{e1}) = V_0 \cdot (u_{e1} - u_{e2}).$$

u_{e1} wird mit gleichem Vorzeichen (nichtinvertierend), u_{e2} mit invertiertem Vorzeichen verstärkt.

$u_d = u_{e2} - u_{e1}, \quad u_0 = -V_0 \cdot u_d$

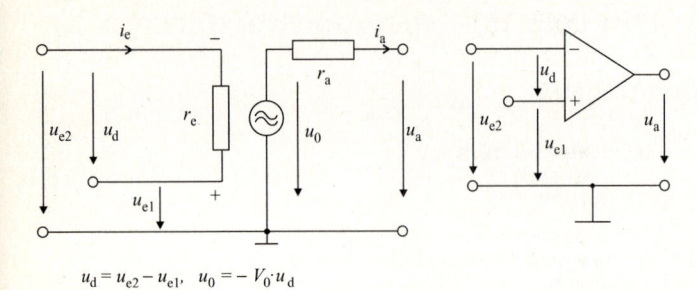

Bild 8.1-1: *Ersatzschaltbild für das stationäre Verhalten, Schaltsymbol eines Operationsverstärkers*

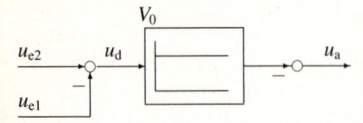

Bild 8.1-2: *Signalflußplan von Operationsverstärkern mit vernachlässigbaren Ausgangswiderständen*

Die stationäre Verstärkung des unbelasteten Verstärkers ist

$$V_0 = \frac{-u_a}{u_d}.$$

Das Minuszeichen kennzeichnet die Invertierung ($-180°$ Phasenverschiebung) zwischen Differenzeingangsspannung u_d und Ausgangsspannung u_a. Bei Operationsverstärkern mit idealen Eigenschaften

$$\boxed{V_0 \to \infty, \quad r_e \to \infty, \quad r_a \to 0}$$

wird vom Eingang kein Strom aufgenommen, die Differenzeingangsspannung u_d ist Null, die **Eingänge haben gleiches Potential**. Die weiteren Berechnungen von Frequenzgang- und Übertragungsfunktionen für Reglerschaltungen mit Operationsverstärkern werden unter diesen Voraussetzungen durchgeführt.

8.1.2.2 Dynamische Kenngrößen

Die verschiedenen Reglerfrequenzgangfunktionen werden durch externe Beschaltung mit elektrischen Netzwerken realisiert. Für praktisch einsetzbare Schaltungen darf die Stabilität der zu realisierenden Übertragungsfunktion nicht von den Eigenschaften des Operationsverstärkers abhängen. Die Forderung läßt sich erfüllen, wenn die Frequenzgangfunktion $F_d(j\omega)$ der Differenzverstärkung des Operationsverstärkers

$$F_d(j\omega) = \frac{V_0}{1 + \dfrac{j\omega}{\omega_{E0}}} = \frac{V_0}{1 + j\omega T_{E0}}, \quad \omega_{E0} = 2\pi f_{E0} = \frac{1}{T_{E0}}, \quad u_a(j\omega) = -F_d(j\omega) \cdot u_d(j\omega)$$

ein PT_1-Verhalten mit kleiner Eckkreisfrequenz ω_{E0} besitzt. Die Frequenzgangfunktion hat dann eine **Phasenreserve** von $\Phi_R = 90°$.

Universell einsetzbare Operationsverstärker enthalten **interne Frequenzgang-Korrekturelemente**, die dem unbeschalteten Operationsverstärker das Verhalten eines PT_1-Elements geben. In Bild 8.1-3 ist das BODE-Diagramm von $F_d(j\omega)$ aufgezeichnet, wobei die Invertierung (Phasenverschiebung von $-180°$) wie üblich nicht berücksichtigt ist.

Die folgende Untersuchung zeigt, daß das Übertragungsverhalten im regelungstechnisch interessierenden Frequenzbereich näherungsweise durch die externe Beschaltung bestimmt ist.

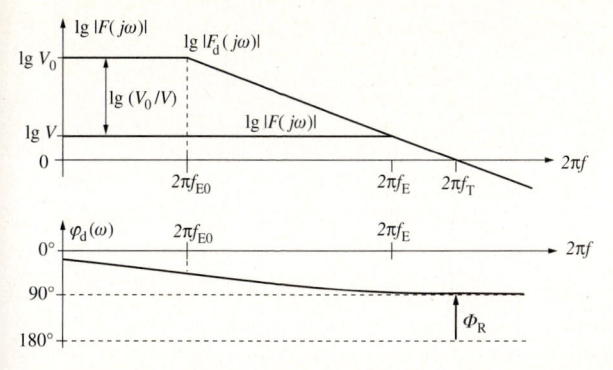

Bild 8.1-3: BODE-Diagramme von Operationsverstärkern mit ($F(j\omega)$) und ohne externe Beschaltung ($F_d(j\omega)$)

Die in Bild 8.1-3 verwendeten Abkürzungen haben folgende Bedeutung:

$\lg |F_d(j\omega)|$ = Amplitudengang des unbeschalteten Verstärkers,
$\varphi_d(\omega)$ = Phasengang des unbeschalteten Verstärkers,
$2\pi f_{E0}$ = Eckkreisfrequenz des unbeschalteten Verstärkers,
$\lg |F(j\omega)|$ = Amplitudengang des beschalteten Verstärkers,
$2\pi f_E$ = Eckkreisfrequenz des beschalteten Verstärkers,
$2\pi f_T$ = Transitkreisfrequenz.

Eine Beschaltung mit ohmschen Widerständen nach Bild 8.1-4 führt zum regelungstechnischen Signalflußbild 8.1-5.

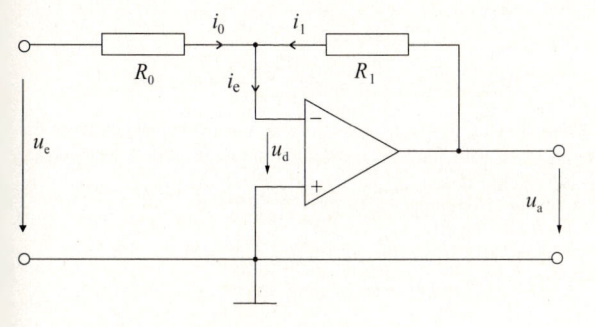

Bild 8.1-4: Beschaltung mit ohmschen Widerständen

Die Gleichungen der Verstärkerschaltung

$$-F_d(j\omega) = \frac{u_a(j\omega)}{u_d(j\omega)} = \frac{-V_0}{1 + j\omega T_{E0}},$$

$$i_0(j\omega) = \frac{u_e(j\omega) - u_d(j\omega)}{R_0}, \quad i_1(j\omega) = \frac{u_a(j\omega) - u_d(j\omega)}{R_1},$$

$$i_e(j\omega) = i_0(j\omega) + i_1(j\omega), \quad r_e \cdot i_e(j\omega) = u_d(j\omega) = \frac{u_a(j\omega)}{-F_d(j\omega)}$$

sind im Signalflußbild dargestellt.

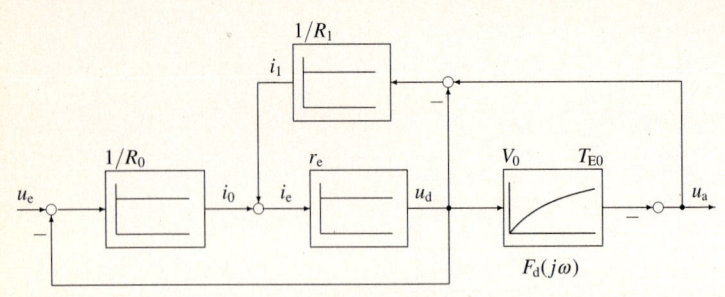

Bild 8.1-5: Signalflußplan der invertierenden Schaltung

Die Berechnung der Frequenzgangfunktion geht von der Gleichung für die Ströme aus:

$$i_e(j\omega) = \frac{-u_a(j\omega)}{r_e \cdot F_d(j\omega)} = i_0(j\omega) + i_1(j\omega) = \frac{u_e(j\omega) + \dfrac{u_a(j\omega)}{F_d(j\omega)}}{R_0} + \frac{u_a(j\omega) + \dfrac{u_a(j\omega)}{F_d(j\omega)}}{R_1}.$$

Umstellung und Auflösung der Gleichung ergibt die Frequenzgangfunktion des beschalteten Verstärkers:

$$F(j\omega) = \frac{u_a(j\omega)}{u_e(j\omega)} = \frac{-K_P}{1 + j\omega \cdot T_E},$$

$$K_P = \frac{1}{\dfrac{R_1}{R_0 \cdot V_0} + \dfrac{R_1}{r_e \cdot V_0} + \dfrac{1}{V_0} + 1} \cdot \frac{R_1}{R_0},$$

$$T_E = T_{E0} \cdot \frac{R_0 \cdot (R_1 + r_e) + R_1 \cdot r_e}{R_0 \cdot [R_1 + r_e \cdot (V_0 + 1)] + R_1 \cdot r_e}.$$

Mit $r_e \gg R_1$, $V_0 \gg 1$, lassen sich die Kenngrößen K_P und T_E vereinfachen:

$$\boxed{K_P = V = \frac{1}{\dfrac{R_1}{R_0 \cdot V_0} + 1} \cdot \frac{R_1}{R_0} \approx \frac{R_1}{R_0}}, \quad \boxed{T_E = \frac{T_{E0}}{V_0} \cdot \left[1 + \frac{R_1}{R_0}\right] = T_{E0} \cdot \frac{1 + V}{V_0}}.$$

Die Proportionalverstärkung V oder K_P des beschalteten Operationsverstärkers ist nur von der externen Beschaltung abhängig. Der Amplitudengang ist in Bild 8.1-3 angegeben. Für die **Bandbreite** ergibt sich aus der Eckkreisfrequenz $\omega_E = 1/T_E$

$$f_E = \frac{\omega_E}{2\pi} = \frac{1}{2\pi \cdot T_E} = \frac{V_0}{2\pi \cdot T_{E0} \cdot \left(1 + \dfrac{R_1}{R_0}\right)} = \frac{V_0}{1+V} \cdot f_{E0}.$$

Ist $V \gg 1$, so wird

$$\frac{V_0}{V} = \frac{f_E}{f_{E0}}, \quad \lg\left(\frac{V_0}{V}\right) = \lg\left(\frac{f_E}{f_{E0}}\right).$$

Das Produkt

$$V_0 \cdot f_{E0} = V \cdot f_E = 1 \cdot f_T$$

wird mit **Verstärkungs-Bandbreite-Produkt** bezeichnet. f_T ist die **Transitfrequenz**, bei der die logarithmierte Amplitudenkennlinie durch den Wert Null (0 dB) geht, die Verstärkung ist $V = 1$.

Für regelungstechnische Anwendungen können Operationsverstärker als frequenzunabhängige Übertragungselemente, deren Eigenschaften nur von den äußeren Beschaltungen abhängen, eingesetzt werden.

8.1.2.3 Zusammenfassung

Für die Anwendung in elektronischen Regeleinrichtungen müssen Operationsverstärker folgende Eigenschaften haben:

- hohe Differenzverstärkungen,
- große Differenzeingangswiderstände,
- kleine Ausgangswiderstände,
- geringe Fehler (Offsetspannung, Offsetspannungsdrift),
- konstanter Frequenzgang im Bereich der regelungstechnischen Anwendungen.

Operationsverstärker sind in **Bipolar- oder Feldeffekttransistortechnik (FET)** realisiert. In Tabelle 8.1-1 sind zu den wichtigsten Kenngrößen ideale und typische Werte angegeben. Die Werte gelten für Operationsverstärker ohne externe Beschaltung.

Tabelle 8.1-1: Kenngrößen und typische Werte von Operationsverstärkern ohne externe Beschaltung

Kenngröße		ideal	Operationsverstärker real	
			FET	Bipolar
Differenzverstärkung	V_0	∞	10^6	10^5
Gleichtaktverstärkung	V_g	0	10^{-4}	$10^{-4} \ldots 10^{-5}$
Differenzeingangswiderstand	r_e	∞	$10^{12}\,\Omega$	$10^6\,\Omega$
Eingangsstrom	i_e	0	$10^{-12}\,\text{A}$	$10^{-7}\,\text{A}$
Ausgangswiderstand	r_a	0	$10^2\,\Omega$	$10^2\,\Omega$
Ausgangsstrom	i_a	∞	$\pm 10^{-2}\,\text{A}$	$\pm 10^{-2}\,\text{A}$
Offsetspannung	U_{off}	0	$10^{-3}\,\text{V}$	$10^{-3}\,\text{V}$
Offsetspannungsdrift	ΔU_{off}	0	$10^{-6}\,\text{V/K}$ $10^{-7}\,\text{V/Monat}$ $10^{-5}\,\text{V/V}$	
Verstärkungs-Bandbreite-Produkt	f_T	∞	$10^5\,\text{Hz}$	$10^6\,\text{Hz}$

Operationsverstärker müssen wegen der hohen Leerlaufverstärkung gegengekoppelt werden. Das Verhalten von gegengekoppelten Operationsverstärkern ist nur von zugeschalteten externen Eingangs- und Gegenkopplungsnetzwerken abhängig.

8.2 Grundschaltungen mit Operationsverstärkern

8.2.1 Allgemeines

In den folgenden Abschnitten werden Schaltungen für Regeleinrichtungen entwickelt, wobei die Realisierung von Reglerübertragungsfunktionen im Vordergrund steht. Darüber hinaus notwendige schaltungstechnische Details, wie zum Beispiel

- Offsetspannungskompensation,
- Offsetspannungsdriftkompensation,
- Maßnahmen zur Verringerung von Rückkopplungen über die Versorgungsspannung und
- Begrenzungen der Eingangs- und Ausgangsspannungen

sind nicht berücksichtigt.

8.2.2 Allgemeine Schaltung eines Operationsverstärkers

Unter den Voraussetzungen von Abschnitt 8.1.2 für ideale Operationsverstärker, $r_e \to \infty$ ($i_e = 0$), $V_0 \to \infty$ ($u_d = 0$), keine Frequenzabhängigkeit dieser Eigenschaften, werden Übertragungsfunktionen von Operationsverstärkerschaltungen ermittelt.

Bei der Berechnung wird von der allgemeinen Schaltung nach Bild 8.2-1 ausgegangen. Für die Berechnungen werden die Ströme i_0, i_1 und die Spannung u_e am nichtinvertierenden Eingang benötigt. Wenn in einem Eingangs- oder Rückführungszweig ein Schaltelement gegen Masse liegt, wird die Schaltung nach Bild 8.2-2 umgewandelt. Der Parallelwiderstand belastet nur die Eingangs- oder entsprechend die Ausgangsspannung und braucht bei der Berechnung der Übertragungsfunktion nicht berücksichtigt zu werden (Abschnitt 8.5). Mit dieser Umwandlung wird das Schaltbild vereinfacht (Bild 8.2-3).

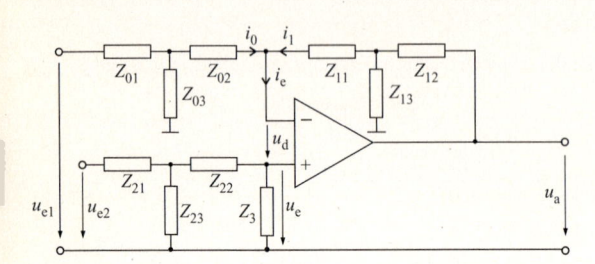

Bild 8.2-1: Grundschaltung des Differenzverstärkers

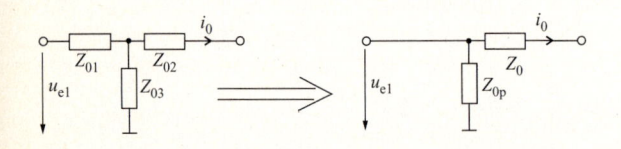

Bild 8.2-2: Umwandlung von Beschaltungen

Bei den Berechnungen wird von der Differenzverstärkerschaltung in Bild 8.2-3 ausgegangen.

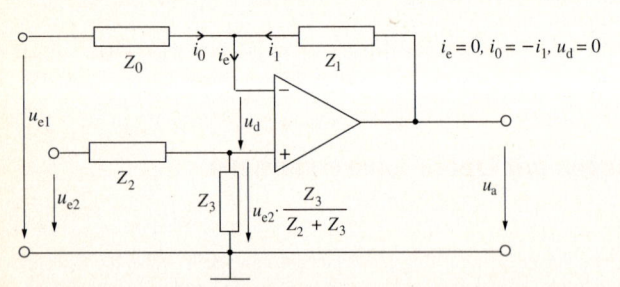

$i_e = 0$, $i_0 = -i_1$, $u_d = 0$

Bild 8.2-3: Vereinfachte Grundschaltung des Differenzverstärkers

Für die vereinfachte Grundschaltung erhält man folgende Gleichungen:

$$k = \frac{Z_3}{Z_2 + Z_3}, \quad i_0 = \frac{u_{e1} - k \cdot u_{e2}}{Z_0}, \quad i_1 = \frac{u_a - k \cdot u_{e2}}{Z_1},$$

$$\frac{u_{e1} - k \cdot u_{e2}}{Z_0} = -\frac{u_a - k \cdot u_{e2}}{Z_1}, \quad u_{e1} - k \cdot u_{e2} \cdot \left[1 + \frac{Z_0}{Z_1}\right] = -u_a \cdot \frac{Z_0}{Z_1}$$

8.2 Grundschaltungen mit Operationsverstärkern

Die allgemeine Übertragungsfunktion der Grundschaltung ist

$$\frac{u_a(s)}{u_{e1}(s) - k(s) \cdot u_{e2}(s) \cdot \left[1 + \dfrac{Z_0(s)}{Z_1(s)}\right]} = -\frac{Z_1(s)}{Z_0(s)}.$$

Aus dieser Gleichung werden folgende Grundschaltungen abgeleitet:

- **invertierende Schaltung** für $u_{e2} = 0$ (Abschnitt 8.2.3),
- **nichtinvertierende Schaltung** für $u_{e1} = 0$, $k(s) = 1$ (Abschnitt 8.2.4),
- **Vergleichsschaltung** für $Z_0 = Z_1 = Z_2 = Z_3 = R$, $k(s) = 0.5$ (Abschnitt 8.3.1).

8.2.3 Invertierende Schaltung

Bei der invertierenden Schaltung liegt der nichtinvertierende Eingang auf Null-Potential. Aus der Gleichung für die Ströme am Summenpunkt der Schaltung erhält man:

$$i_0(j\omega) = \frac{u_e(j\omega)}{Z_0(j\omega)} = -i_1(j\omega) = -\frac{u_a(j\omega)}{Z_1(j\omega)}.$$

Frequenzgang- und Übertragungsfunktion:

$$F(j\omega) = \frac{u_a(j\omega)}{u_e(j\omega)} = -\frac{Z_1(j\omega)}{Z_0(j\omega)}, \quad G(s) = \frac{u_a(s)}{u_e(s)} = -\frac{Z_1(s)}{Z_0(s)}.$$

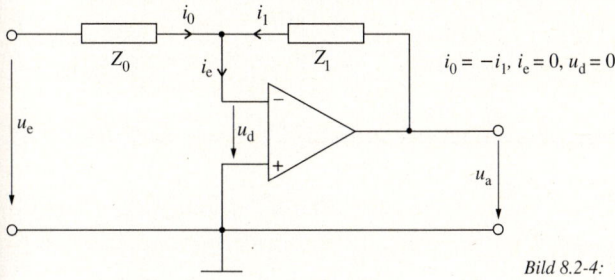

$i_0 = -i_1$, $i_e = 0$, $u_d = 0$

Bild 8.2-4: Invertierende Grundschaltung

8.2.4 Nichtinvertierende Schaltung

Bei der nichtinvertierenden Schaltung liegt der invertierende Eingang über einen Widerstand auf Null-Potential.

Frequenzgang- und Übertragungsfunktion:

$$F(j\omega) = \frac{u_a(j\omega)}{u_e(j\omega)} = \frac{Z_0(j\omega) + Z_1(j\omega)}{Z_0(j\omega)} = 1 + \frac{Z_1(j\omega)}{Z_0(j\omega)},$$

$$G(s) = \frac{u_a(s)}{u_e(s)} = \frac{Z_0(s) + Z_1(s)}{Z_0(s)} = 1 + \frac{Z_1(s)}{Z_0(s)}.$$

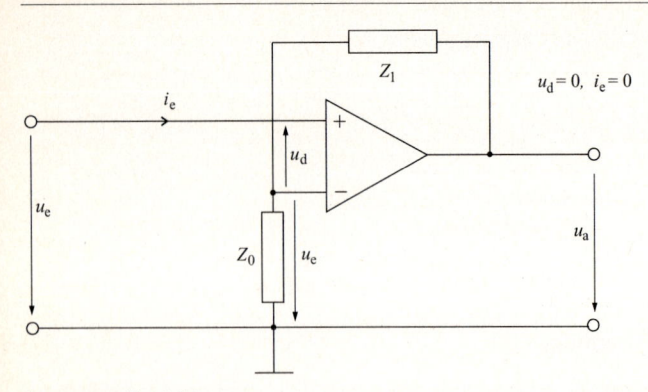

288   8 Regeleinrichtungen mit Operationsverstärkern

Spannungsteilergleichung:

$$u_e(j\omega) = \frac{Z_0(j\omega)}{Z_0(j\omega) + Z_1(j\omega)} \cdot u_a(j\omega)$$

Bild 8.2-5: *Nichtinvertierende Grundschaltung*

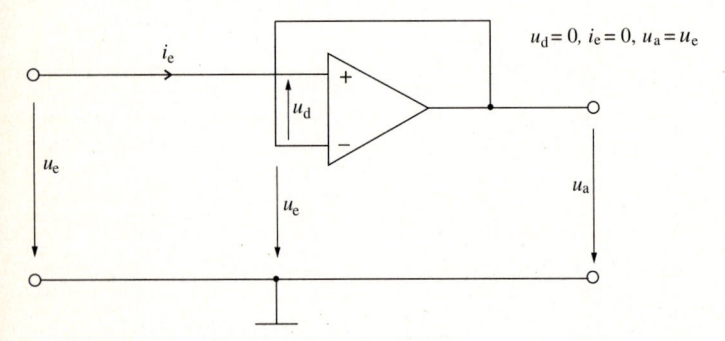

Bild 8.2-6: *Spannungsfolger*

Wird der Ausgang direkt mit dem invertierenden Eingang verbunden (Sonderfall $Z_1(j\omega) = 0$), erhält man den Spannungsfolger nach Bild 8.2-6 mit

$$\boxed{F(j\omega) = \frac{u_a(j\omega)}{u_e(j\omega)} = 1, \quad G(s) = \frac{u_a(s)}{u_e(s)} = 1}.$$

Zur Einstellung von P-, I- und D-Verhalten bei Reglern werden Widerstand-Kondensator-Netzwerke eingesetzt. Durch Entkopplung der Netzwerke mit Spannungsfolgern nach Bild 8.2-6 wird die getrennte Einstellung der Reglerparameter realisiert (Beispiel 8.4-1). Spannungsfolger haben hohe Eingangswiderstände, sie werden daher als Impedanzwandler (Trennverstärker) eingesetzt.

Verstärkungswerte kleiner Eins sind bei dieser nichtinvertierenden Schaltung nicht einstellbar.

8.3 Schaltungen zur Bildung der Regeldifferenz

8.3.1 Schaltung mit Spannungsvergleichsstelle

Schaltung der Spannungsvergleichsstelle mit Proportionalverstärkung:

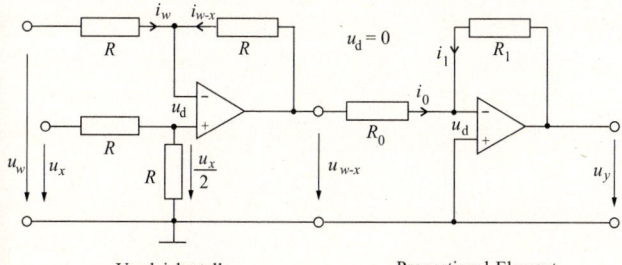

Bild 8.3-1: Proportional-Regler mit Spannungsvergleichsstelle

Für die Spannungsvergleichsstelle der Schaltung gelten die Gleichungen:

$$u_w = i_w \cdot R + \frac{u_x}{2}, \quad u_{w-x} = i_{w-x} \cdot R + \frac{u_x}{2}, \quad i_w = -i_{w-x},$$

$$i_w \cdot R = u_w - \frac{u_x}{2} = -(u_{w-x} - \frac{u_x}{2}), \quad u_{w-x} = -(u_w - u_x) = -u_{xd}.$$

Frequenzgang- und Übertragungsfunktion der Spannungsvergleichsstelle:

$$F_1(j\omega) = \frac{u_{w-x}(j\omega)}{u_w(j\omega) - u_x(j\omega)} = \frac{u_{w-x}(j\omega)}{u_{xd}(j\omega)} = -1,$$

$$G_1(s) = \frac{u_{w-x}(s)}{u_w(s) - u_x(s)} = \frac{u_{w-x}(s)}{u_{xd}(s)} = -1.$$

Übertragungsfunktion des Proportional-Elements:

$$F_2(j\omega) = \frac{u_y(j\omega)}{u_{w-x}(j\omega)} = -\frac{R_1}{R_0},$$

$$G_2(s) = \frac{u_y(s)}{u_{w-x}(s)} = -\frac{R_1}{R_0}.$$

Frequenzgang- und Übertragungsfunktion:

$$F_R(j\omega) = F_1(j\omega) \cdot F_2(j\omega) = \frac{u_y(j\omega)}{u_w(j\omega) - u_x(j\omega)} = \frac{u_y(j\omega)}{u_{xd}(j\omega)} = K_R = \frac{R_1}{R_0},$$

$$G_R(s) = G_1(s) \cdot G_2(s) = \frac{u_y(s)}{u_w(s) - u_x(s)} = \frac{u_y(s)}{u_{xd}(s)} = K_R = \frac{R_1}{R_0}.$$

Reglerparameter:
- Proportionalverstärkung $K_R = \frac{R_1}{R_0}$.

8.3.2 Schaltung mit Stromvergleichsstelle

Für die Schaltung in Bild 8.3-2 wird vorausgesetzt, daß die Regelgröße x als Spannung u_x in invertierter Form anliegt.

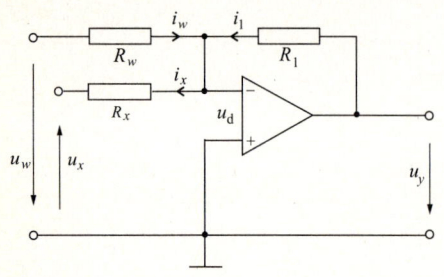

$$i_w - i_x = -i_1$$

$$\frac{u_w}{R_w} - \frac{u_x}{R_x} = -\frac{u_y}{R_1}$$

$$u_y = -u_w \cdot \frac{R_1}{R_w} + u_x \cdot \frac{R_1}{R_x}$$

$$u_d = 0$$

Bild 8.3-2: Proportional-Regler mit Stromvergleichsstelle

Für $R_w = R_x = R_0$ wird

$$u_y = -K_R \cdot (u_w - u_x) = -K_R \cdot u_{xd}, \quad K_R = \frac{R_1}{R_0}.$$

Frequenzgang- und Übertragungsfunktion:

$$\boxed{\begin{aligned} F_R(j\omega) &= \frac{u_y(j\omega)}{u_w(j\omega) - u_x(j\omega)} = \frac{u_y(j\omega)}{u_{xd}(j\omega)} = -\frac{R_1}{R_0} = -K_R, \\ G_R(s) &= \frac{u_y(s)}{u_w(s) - u_x(s)} = \frac{u_y(s)}{u_{xd}(s)} = -\frac{R_1}{R_0} = -K_R \end{aligned}}.$$

Das negative Vorzeichen muß durch einen Invertierer ausgeglichen oder durch direkte Invertierung der Spannungen u_w und u_x.

8.4 Schaltungen zur Bildung der Stellgröße

8.4.1 Allgemeines

Für die in Kapitel 4 beschriebenen Reglerstrukturen P, PD, PDT$_1$, I, PI, PID und PIDT$_1$ sowie für Glättungseinrichtungen von Regelkreissignalen werden Schaltungen mit Operationsverstärkern entwickelt. Es werden, falls solche Schaltungen existieren, jeweils die invertierende und nichtinvertierende Schaltung berechnet.

PD, PDT$_1$, PI, PID und PIDT$_1$-Regler haben mehrere Parameter. Werden diese Regler durch einen einzelnen Operationsverstärker realisiert, dann sind die Parameter im allgemeinen nicht unabhängig voneinander einstellbar. Diese einfachen Schaltungen lassen sich anwenden, wenn die Reglerparameter berechnet sind und nicht mehr variiert werden sollen.

Schaltungen, bei denen jeder Elementarfunktion ein eigener Operationsverstärker zugeordnet ist, eignen sich für Regelungen, bei denen die Parameter experimentell eingestellt werden sollen. Für solche Regler mit unabhängig einstellbaren Reglerparametern sind ebenfalls Schaltungen angegeben.

8.4.2 Proportional-Regler (P-Regler)

8.4.2.1 Invertierender Proportional-Regler

Die Schaltungen für die Bildung der Regeldifferenz werden nach Abschnitt 8.3 aufgebaut. Für die Realisierung der Proportional-Verstärkung können invertierende und nichtinvertierende Schaltungen verwendet werden.

Schaltung:

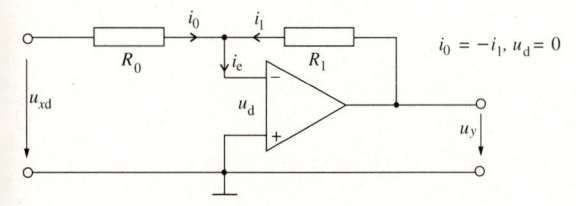

$i_0 = -i_1, u_d = 0$

Bild 8.4-1: Invertierender Proportional-Regler

Frequenzgang- und Übertragungsfunktion:

$$F_R(j\omega) = \frac{u_y(j\omega)}{u_{xd}(j\omega)} = -\frac{R_1}{R_0} = -K_R,$$

$$G_R(s) = \frac{u_y(s)}{u_{xd}(s)} = -K_R$$

Reglerparameter:
- Proportionalverstärkung $K_R = \dfrac{R_1}{R_0}$.

8.4.2.2 Nichtinvertierender Proportional-Regler

Schaltung:

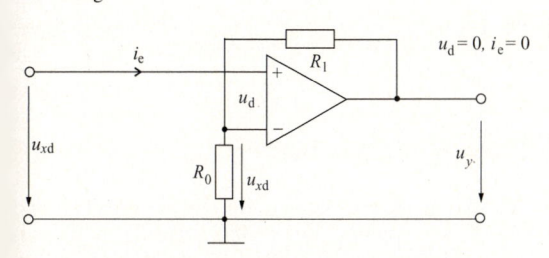

$u_d = 0, i_e = 0$

Bild 8.4-2: Nichtinvertierender Proportional-Regler

Frequenzgang- und Übertragungsfunktion:

$$F_R(j\omega) = \frac{u_y(j\omega)}{u_{xd}(j\omega)} = \frac{R_0 + R_1}{R_0} = 1 + \frac{R_1}{R_0} = K_R,$$

$$G_R(s) = \frac{u_y(s)}{u_{xd}(s)} = K_R, K_R \geq 1$$

Reglerparameter:
- Proportionalverstärkung $K_R = 1 + \dfrac{R_1}{R_0}$.

8.4.3 Proportional-Differential-Regler (PD-Regler), Proportional-Differential-Regler mit Verzögerung I. Ordnung (PDT$_1$-Regler)

8.4.3.1 Invertierender PD/PDT$_1$-Regler

Stromsummengleichung:

$$i_0(j\omega) = \frac{u_{xd}(j\omega)}{\dfrac{R_0}{1 + j\omega \cdot R_0 \cdot C_0}} = -i_1(j\omega) = -\frac{u_y(j\omega)}{\dfrac{R_1}{1 + j\omega \cdot R_1 \cdot C_1}}.$$

Schaltung:

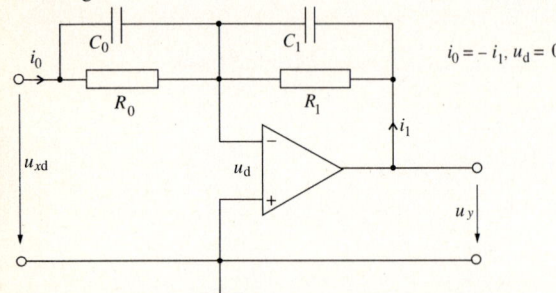

$i_0 = -i_1$, $u_d = 0$

Bild 8.4-3: Invertierender PD/PDT$_1$-Regler

Frequenzgang- und Übertragungsfunktion:

$$F_R(j\omega) = \frac{u_y(j\omega)}{u_{xd}(j\omega)} = -\frac{R_1}{R_0} \cdot \frac{1 + j\omega \cdot R_0 \cdot C_0}{1 + j\omega \cdot R_1 \cdot C_1} = -K_R \cdot \frac{1 + j\omega \cdot T_V}{1 + j\omega \cdot T_1},$$

$$G_R(s) = \frac{u_y(s)}{u_{xd}(s)} = -K_R \cdot \frac{1 + s \cdot T_V}{1 + s \cdot T_1}.$$

Reglerparameter:
- Proportionalverstärkung $K_R = \dfrac{R_1}{R_0}$,
- Vorhaltzeitkonstante $T_V = R_0 \cdot C_0$,
- Verzögerungszeitkonstante $T_1 = R_1 \cdot C_1$.

Aus Stabilitätsgründen sind PD-Regler ohne Verzögerung (ideale PD-Regler) nicht realisierbar. Selbsterregte Schwingungen werden mit dem RC-Element R_1C_1 unterdrückt, so daß ein PDT$_1$-Regler (PD-Regler mit Verzögerung I. Ordnung) entsteht.

Die Proportionalverstärkung K_R ist von der Einstellung der Zeitkonstanten T_V und T_1 abhängig. T_V und T_1 können unabhängig voneinander eingestellt werden. Mit dieser Schaltung können auch PPT$_1$-Elemente aufgebaut werden.

8.4.3.2 Nichtinvertierender PD/PDT$_1$-Regler

Spannungsteilergleichung:

$$\frac{u_{xd}(j\omega)}{R_0 + \dfrac{1}{j\omega \cdot C_0}} = \frac{u_y(j\omega)}{R_0 + R_1 + \dfrac{1}{j\omega \cdot C_0}}.$$

Frequenzgang- und Übertragungsfunktion:

$$F_R(j\omega) = \frac{u_y(j\omega)}{u_{xd}(j\omega)} = \frac{1 + j\omega \cdot (R_0 + R_1) \cdot C_0}{1 + j\omega \cdot R_0 \cdot C_0} = K_R \cdot \frac{1 + j\omega \cdot T_V}{1 + j\omega \cdot T_1},$$

$$G_R(s) = \frac{u_y(s)}{u_{xd}(s)} = K_R \cdot \frac{1 + s \cdot T_V}{1 + s \cdot T_1}$$

Schaltung:

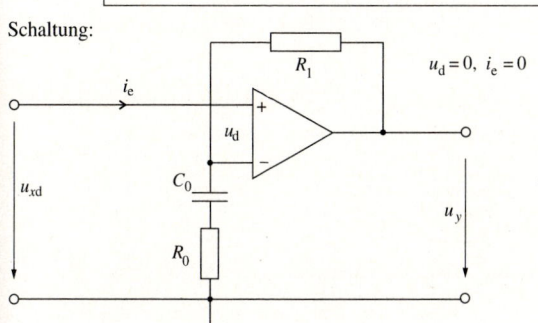

Bild 8.4-4: Nichtinvertierender PD/PDT$_1$-Regler

Reglerparameter:
- Proportionalverstärkung $K_R = 1$,
- Vorhaltzeitkonstante $T_V = (R_0 + R_1) \cdot C_0$,
- Verzögerungszeitkonstante $T_1 = R_0 \cdot C_0$.

Die Schaltung ist aus Stabilitätsgründen für $R_0 = 0$ nicht realisierbar (idealer PD-Regler). Mit $R_0 > 0$ entsteht ein PT$_1$-Element (PDT$_1$-Regler). Proportionalverstärkungen $K_R < 1$ und $K_R > 1$ lassen sich realisieren, wenn die Verstärkung in der Schaltung zur Bildung der Regeldifferenz eingestellt wird (Abschnitt 8.3.2).

8.4.3.3 PD/PDT$_1$-Regler mit getrennt einstellbaren Parametern

Schaltung:

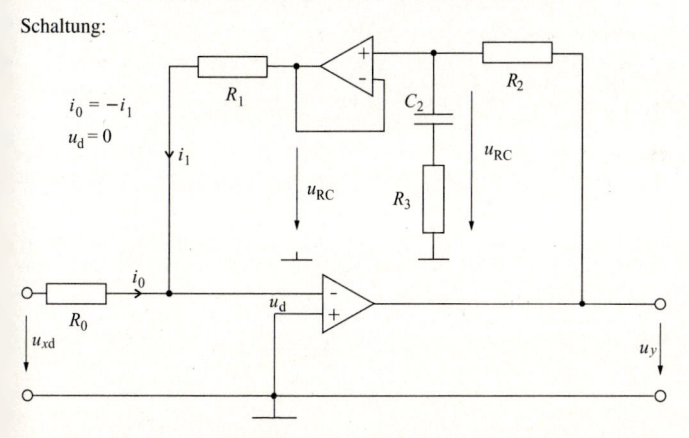

Bild 8.4-5: Invertierender PD/PDT$_1$-Regler mit unabhängig einstellbaren Parametern

Der Trennverstärker im Rückführungszweig ist als nichtinvertierender Spannungsfolger mit der Verstärkung $V = 1$ geschaltet. Er entkoppelt R_1 von R_2, C_2 und R_3.

Stromsummen- und Spannungsteilergleichung:

$$\frac{u_{xd}(j\omega)}{R_0} = -\frac{u_{RC}(j\omega)}{R_1},$$

$$\frac{u_{RC}(j\omega)}{u_y(j\omega)} = \frac{R_3 + \dfrac{1}{j\omega \cdot C_2}}{R_2 + R_3 + \dfrac{1}{j\omega \cdot C_2}} = \frac{1 + j\omega \cdot R_3 \cdot C_2}{1 + j\omega \cdot (R_2 + R_3) \cdot C_2}.$$

Frequenzgang- und Übertragungsfunktion:

$$F_R(j\omega) = \frac{u_y(j\omega)}{u_{xd}(j\omega)} = -\frac{R_1}{R_0} \cdot \frac{1 + j\omega \cdot (R_2 + R_3) \cdot C_2}{1 + j\omega \cdot R_3 \cdot C_2} = -K_R \cdot \frac{1 + j\omega \cdot T_V}{1 + j\omega \cdot T_1},$$

$$G_R(s) = \frac{u_y(s)}{u_{xd}(s)} = -K_R \cdot \frac{1 + s \cdot T_V}{1 + s \cdot T_1}.$$

Reglerparameter:
- Proportionalverstärkung $K_R = \dfrac{R_1}{R_0}$,
- Vorhaltzeitkonstante $T_V = (R_2 + R_3) \cdot C_2$,
- Verzögerungszeitkonstante $T_1 = R_3 \cdot C_2$.

Mit $R_3 = 0$ erhält man den nichtrealisierbaren idealen PD-Regler. Für $R_3 > 0$ ergibt sich ein PDT$_1$-Regler mit stabilem Übertragungsverhalten. Die Schaltung mit zwei Operationsverstärkern hat den Vorteil, daß die Proportionalverstärkung K_R unabhängig von T_V und T_1 eingestellt werden kann. Die Einstellung von T_V ist abhängig von T_1.

Beispiel 8.4-1: Realisierung eines PDT$_1$-Reglers

Im Bild ist die Schaltung eines PDT$_1$-Reglers mit der Übertragungsfunktion

$$G_R(s) = \frac{u_y(s)}{u_{xd}(s)} = -\frac{R_1}{R_0} \cdot \frac{1 + s \cdot (R_2 + R_3) \cdot C_2}{1 + s \cdot R_3 \cdot C_2} = -K_R \cdot \frac{1 + s \cdot T_V}{1 + s \cdot T_1}$$

angegeben.

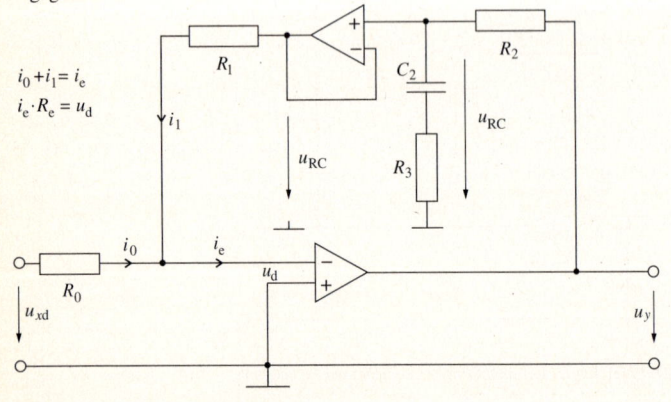

$i_0 + i_1 = i_e$
$i_e \cdot R_e = u_d$

Der Regler läßt sich in mehrere elementare Übertragungsfunktionen zerlegen. Der Vorwärtszweig enthält die Proportional-Elemente

$$G_1(s) = \frac{i_0(s)}{u_{xd}(s)} = \frac{1}{R_0} = K_1 \quad \text{und}$$

$$-G_2(s) = \frac{u_y(s)}{i_e(s)} = -K_2, \quad (K_2 = R_e \cdot V_0, V_0 \to \infty).$$

Im Rückführungszweig liegt das inverse PDT$_1$-Element

$$G_3(s) = \frac{u_{RC}(s)}{u_y(s)} = \frac{1 + s \cdot R_3 \cdot C_2}{1 + s \cdot (R_2 + R_3) \cdot C_2} = \frac{1 + s \cdot T_1}{1 + s \cdot T_V}$$

und ein Proportional-Element

$$G_4(s) = \frac{i_1(s)}{u_{RC}(s)} = \frac{1}{R_1} = K_4.$$

Für die Schaltung gilt der Signalflußplan:

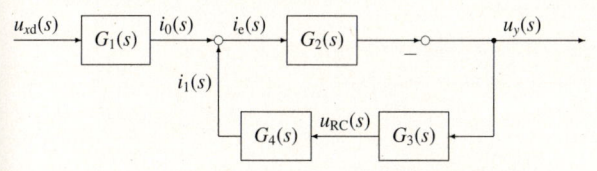

Aus dem Signalflußplan ist die Übertragungsfunktion abzuleiten:

$$[u_{xd}(s) \cdot G_1(s) + u_y(s) \cdot G_3(s) \cdot G_4(s)] \cdot G_2(s) = -u_y(s),$$

$$G_R(s) = \frac{u_y(s)}{u_{xd}(s)} = -\frac{G_1(s) \cdot G_2(s)}{1 + G_2(s) \cdot G_3(s) \cdot G_4(s)} = -\frac{G_1(s)}{\dfrac{1}{G_2(s)} + G_3(s) \cdot G_4(s)}.$$

Mit dem Grenzwert

$$\lim_{K_2 \to \infty} G_R(s) = -\frac{G_1(s)}{G_3(s) \cdot G_4(s)} = -\frac{R_1}{R_0} \cdot \frac{1 + s \cdot T_V}{1 + s \cdot T_1}$$

ergibt sich die Übertragungsfunktion des PDT$_1$-Reglers.

> Wenn die Verstärkung im Vorwärtszweig sehr groß ist ($K_2 \to \infty$), dann ist die Übertragungsfunktion des Reglers gleich der negativen inversen Übertragungsfunktion der Rückführung. Eine Übertragungsfunktion im Eingangszweig ist zu multiplizieren.

PDT$_1$-Elemente, auch als Lead-Elemente bezeichnet, werden bei der Anwendung des BODE-Verfahrens zur Anhebung des Phasengangs (Abschnitt 7.4.3, 7.4.4) eingesetzt. PPT$_1$-Elemente (Lag-Elemente) werden zur Absenkung des Amplitudengangs (Abschnitt 7.4.5, 7.4.6) verwendet.

8.4.4 Integral-Regler (I-Regler)

8.4.4.1 Invertierender Integral-Regler

Stromsummengleichung:

$$\frac{u_{xd}(j\omega)}{R_0} = -\frac{u_y(j\omega)}{\dfrac{1}{j\omega \cdot C_1}}.$$

Schaltung:

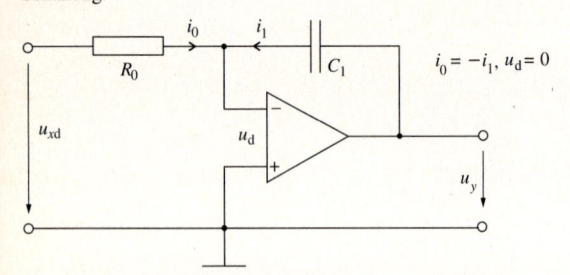

Bild 8.4-6: Invertierender I-Regler

Frequenzgang- und Übertragungsfunktion:

$$F_R(j\omega) = \frac{u_y(j\omega)}{u_{xd}(j\omega)} = -\frac{1}{j\omega \cdot R_0 \cdot C_1} = -\frac{1}{j\omega \cdot T_I},$$

$$G_R(s) = \frac{u_y(s)}{u_{xd}(s)} = -\frac{1}{s \cdot T_I}$$

Reglerparameter:

- Integrierzeitkonstante $T_I = R_0 \cdot C_1$.

8.4.4.2 Nichtinvertierender Integral-Regler

Schaltung:

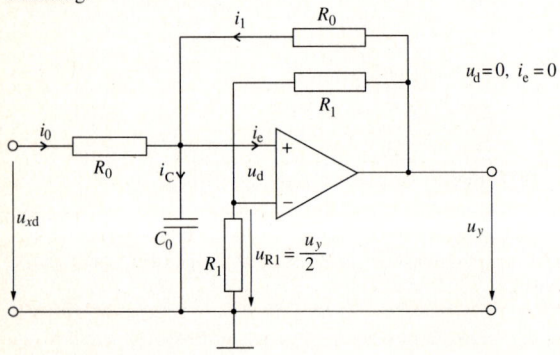

Bild 8.4-7: Nichtinvertierender I-Regler

Spannungsteiler- und Stromsummengleichung:

$$u_{R1}(t) = \frac{R_1}{R_1 + R_1} \cdot u_y(t) = \frac{u_y(t)}{2},$$

$$i_0(t) + i_1(t) = i_C(t) = \frac{u_{xd}(t) - \frac{u_y(t)}{2}}{R_0} + \frac{u_y(t) - \frac{u_y(t)}{2}}{R_0} = C_0 \cdot \frac{d\frac{u_y(t)}{2}}{dt},$$

$$u_{xd}(t) = \frac{R_0 \cdot C_0}{2} \cdot \frac{du_y(t)}{dt}, \quad u_y(t) = \frac{2}{R_0 \cdot C_0} \int u_{xd}(t) dt.$$

Frequenzgang- und Übertragungsfunktion:

$$F_R(j\omega) = \frac{u_y(j\omega)}{u_{xd}(j\omega)} = \frac{2}{j\omega \cdot R_0 \cdot C_0} = \frac{1}{j\omega \cdot T_I},$$

$$G_R(s) = \frac{u_y(s)}{u_{xd}(s)} = \frac{1}{s \cdot T_I}$$

Reglerparameter:
- Integrierzeitkonstante $T_I = R_0 \cdot \dfrac{C_0}{2}$.

8.4.5 Proportional-Integral-Regler (PI-Regler)

8.4.5.1 Invertierender PI-Regler

Schaltung:

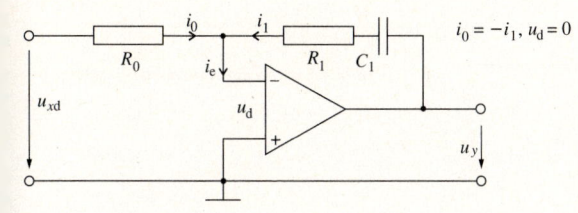

Bild 8.4-8: Invertierender PI-Regler

Stromsummengleichung:

$$\frac{u_{xd}(j\omega)}{R_0} = -\frac{u_y(j\omega)}{R_1 + \dfrac{1}{j\omega \cdot C_1}}.$$

Frequenzgang- und Übertragungsfunktion:

$$F_R(j\omega) = \frac{u_y(j\omega)}{u_{xd}(j\omega)} = -\frac{R_1}{R_0} \cdot \frac{1 + j\omega \cdot R_1 \cdot C_1}{j\omega \cdot R_1 \cdot C_1} = -K_R \cdot \frac{1 + j\omega \cdot T_N}{j\omega \cdot T_N},$$

$$G_R(s) = \frac{u_y(s)}{u_{xd}(s)} = -K_R \cdot \frac{1 + s \cdot T_N}{s \cdot T_N}$$

Reglerparameter:
- Proportionalverstärkung $K_R = \dfrac{R_1}{R_0}$,
- Nachstellzeit $T_N = R_1 \cdot C_1$.

Die Einstellung der Proportionalverstärkung K_R ist von T_N abhängig.

8.4.5.2 Nichtinvertierender PI-Regler

Spannungsteilergleichung:

$$\frac{u_{xd}(j\omega)}{R_0} = \frac{u_y(j\omega)}{R_0 + R_1 + \dfrac{1}{j\omega \cdot C_1}} = \frac{u_y(j\omega)}{(R_0 + R_1)\left(1 + \dfrac{1}{j\omega \cdot (R_0 + R_1) \cdot C_1}\right)}.$$

Frequenzgang- und Übertragungsfunktion:

$$F_R(j\omega) = \frac{u_y(j\omega)}{u_{xd}(j\omega)} = \frac{R_0 + R_1}{R_0} \cdot \frac{1 + j\omega \cdot (R_0 + R_1) \cdot C_1}{j\omega \cdot (R_0 + R_1) \cdot C_1}$$

$$= K_R \cdot \frac{1 + j\omega \cdot T_N}{j\omega \cdot T_N},$$

$$G_R(s) = \frac{u_y(s)}{u_{xd}(s)} = K_R \cdot \frac{1 + s \cdot T_N}{s \cdot T_N}$$

Schaltung:

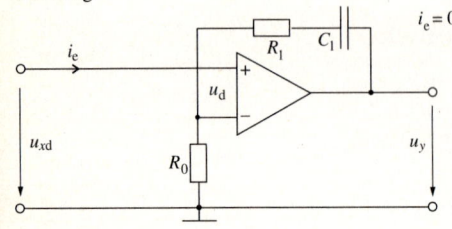

Bild 8.4-9: Nichtinvertierender PI-Regler

Reglerparameter:
- Proportionalverstärkung $K_R = \dfrac{R_0 + R_1}{R_0} = 1 + \dfrac{R_1}{R_0}$,
- Nachstellzeit $T_N = (R_0 + R_1) \cdot C_1$.

Die Reglerparameter K_R, T_N sind nicht unabhängig voneinander einstellbar. Für $R_1 = 0$ ist die Proportionalverstärkung $K_R = 1$.

8.4.5.3 PI-Regler mit unabhängig einstellbaren Parametern

Schaltung:

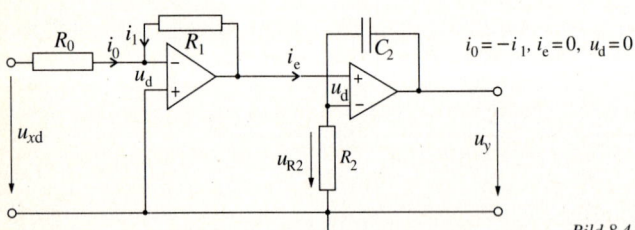

Bild 8.4-10: Invertierender PI-Regler

Die Schaltung ist eine Kettenstruktur des invertierenden Proportional-Reglers von Bild 8.4-1 und des nichtinvertierenden PI-Reglers nach Bild 8.4-9.

Stromsummen- und Spannungsteilergleichung:

$$\frac{u_{xd}(j\omega)}{R_0} = -\frac{u_{R2}(j\omega)}{R_1}, \quad \frac{u_{R2}(j\omega)}{R_2} = \frac{u_y(j\omega)}{R_2 + \dfrac{1}{j\omega \cdot C_2}}.$$

8.4 Schaltungen zur Bildung der Stellgröße

Frequenzgang- und Übertragungsfunktion:

$$F_R(j\omega) = \frac{u_y(j\omega)}{u_{xd}(j\omega)} = -\frac{R_1}{R_0} \cdot \frac{1 + j\omega \cdot R_2 \cdot C_2}{j\omega \cdot R_2 \cdot C_2} = -K_R \cdot \frac{1 + j\omega \cdot T_N}{j\omega \cdot T_N},$$

$$G_R(s) = \frac{u_y(s)}{u_{xd}(s)} = -K_R \cdot \frac{1 + s \cdot T_N}{s \cdot T_N}.$$

Reglerparameter:
- Proportionalverstärkung $K_R = \dfrac{R_1}{R_0}$,
- Nachstellzeit $T_N = R_2 \cdot C_2$.

Die Reglerverstärkung K_R läßt sich unabhängig von T_N einstellen.

8.4.6 Proportional-Integral-Differential-Regler (PID-Regler), Proportional-Integral-Differential-Regler mit Verzögerung I. Ordnung (PIDT$_1$-Regler)

8.4.6.1 PID/PIDT$_1$-Regler in additiver (paralleler) Form mit unabhängig voneinander einstellbaren Parametern

Der additiven Form des PID-Reglers entsprechend, sind bei der Realisierung drei Operationsverstärker parallel geschaltet (Bild 8.4-11). Die Schaltungen der Elemente Proportional-Regler (Abschnitt 8.4.2), Integral-Regler (Abschnitt 8.4.4) und DT$_1$-Element (Abschnitt 8.4.6.1) sind in den angegebenen Abschnitten beschrieben. Die Ausgangsgrößen werden mit einer Additionsschaltung zusammengefaßt.

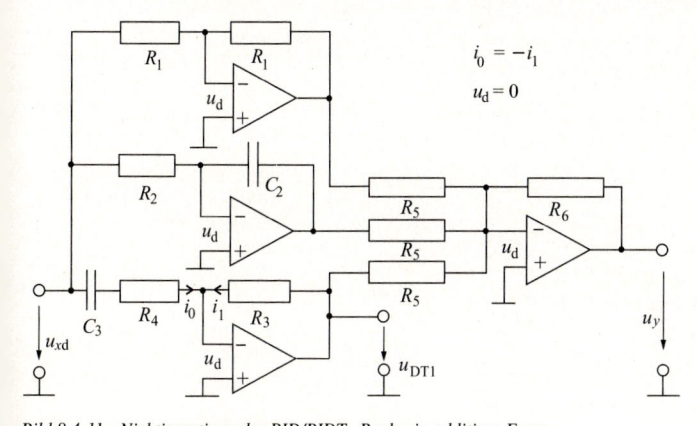

Bild 8.4-11: Nichtinvertierender PID/PIDT$_1$-Regler in additiver Form

Stromsummengleichung $i_0 = -i_1$ für die Schaltung des DT$_1$-Elements:

$$\frac{u_{xd}(j\omega)}{R_4 + \dfrac{1}{j\omega \cdot C_3}} = -\frac{u_{DT1}(j\omega)}{R_3}.$$

Umgeformt erhält man:

$$\frac{u_{DT1}(j\omega)}{u_{xd}(j\omega)} = -\frac{j\omega \cdot R_3 \cdot C_3}{1 + j\omega \cdot R_4 \cdot C_3}.$$

Frequenzgang- und Übertragungsfunktion:

$$F_R(j\omega) = \frac{u_y(j\omega)}{u_{xd}(j\omega)} = \frac{R_6}{R_5} \cdot \left[1 + \frac{1}{j\omega \cdot R_2 \cdot C_2} + \frac{j\omega \cdot R_3 \cdot C_3}{1 + j\omega \cdot R_4 \cdot C_3}\right]$$

$$= K_R \cdot \left[1 + \frac{1}{j\omega \cdot T_N} + \frac{j\omega \cdot T_V}{1 + j\omega \cdot T_1}\right],$$

$$G_R(s) = \frac{u_y(s)}{u_{xd}(s)} = K_R \cdot \left[1 + \frac{1}{s \cdot T_N} + \frac{s \cdot T_V}{1 + s \cdot T_1}\right]$$

Reglerparameter:
- Proportionalverstärkung $K_R = \frac{R_6}{R_5}$,
- Nachstellzeit $T_N = R_2 \cdot C_2$,
- Vorhaltzeitkonstante $T_V = R_3 \cdot C_3$,
- Verzögerungszeitkonstante $T_1 = R_4 \cdot C_3$.

Der ideale PID-Regler kann aus Stabilitätsgründen nicht realisiert werden. Beim realen PIDT$_1$-Regler wird der D-Anteil durch ein PT$_1$-Element mit der Zeitkonstante T_1 ergänzt. Mit Ausnahme der Vorhaltzeit T_V, die von T_1 abhängig ist, können die Parameter des Reglers unabhängig voneinander eingestellt werden. Die Schaltung ist einzusetzen, wenn der Regelkreis experimentell eingestellt werden soll.

8.4.6.2 Invertierender PID/PIDT$_1$-Regler in multiplikativer (serieller) Form mit einem Verstärker

Schaltung:

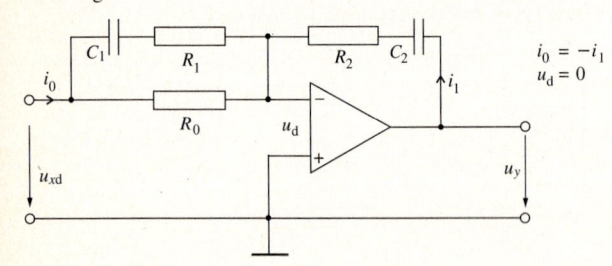

Bild 8.4-12: Invertierender PID/PIDT$_1$-Regler in multiplikativer Form

Stromsummengleichung:

$$\frac{u_{xd}(j\omega)}{\frac{R_0 \cdot (R_1 + \frac{1}{j\omega \cdot C_1})}{R_0 + R_1 + \frac{1}{j\omega \cdot C_1}}} = -\frac{u_y(j\omega)}{R_2 + \frac{1}{j\omega \cdot C_2}}.$$

Frequenzgang- und Übertragungsfunktion:

$$F_R(j\omega) = \frac{u_y(j\omega)}{u_{xd}(j\omega)} = -\frac{R_2}{R_0} \cdot \frac{(1 + j\omega \cdot R_2 \cdot C_2)(1 + j\omega[R_0 + R_1] \cdot C_1)}{j\omega \cdot R_2 \cdot C_2 \cdot (1 + j\omega \cdot R_1 \cdot C_1)}$$

$$= -K_R \cdot \frac{(1 + j\omega \cdot T_N)(1 + j\omega \cdot T_V)}{j\omega \cdot T_N \cdot (1 + j\omega \cdot T_1)},$$

$$G_R(s) = \frac{u_y(s)}{u_{xd}(s)} = -K_R \cdot \frac{(1 + s \cdot T_N)(1 + s \cdot T_V)}{s \cdot T_N \cdot (1 + s \cdot T_1)}$$

Reglerparameter:
- Proportionalverstärkung $K_R = \dfrac{R_2}{R_0}$,
- Nachstellzeit $T_N = R_2 \cdot C_2$,
- Vorhaltzeitkonstante $T_V = (R_0 + R_1) \cdot C_1$,
- Verzögerungszeitkonstante $T_1 = R_1 \cdot C_1$.

Mit $R_1 = 0$ ergibt sich der ideale PID-Regler. Technisch realisierbar ist der Regler für $R_1 > 0$ (PIDT$_1$-Regler). Die Einstellung der Vorhaltzeitkonstanten T_V ist abhängig von T_1, die Wahl der Zeitkonstanten T_N, T_V und T_1 beeinflußt die Reglerverstärkung K_R. Vorteilhaft ist der geringe schaltungstechnische Aufwand. Die Schaltung eignet sich für Regler, deren Parameter berechnet sind und nicht weiter verändert werden müssen.

8.4.6.3 Invertierender PID/PIDT$_1$-Regler in multiplikativer (serieller) Form mit zwei Verstärkern

Teilfrequenzgangfunktionen der Schaltung von Bild 8.4-13:

- invertierender PI-Regler (Abschnitt 8.4.5.1):
$$F_{R,PI}(j\omega) = -\frac{R_1}{R_0} \cdot \frac{1 + j\omega \cdot R_1 \cdot C_1}{j\omega \cdot R_1 \cdot C_1},$$
- nichtinvertierender PDT$_1$-Regler (Abschnitt 8.4.3.2):
$$F_{R,PDT_1}(j\omega) = \frac{1 + j\omega \cdot (R_2 + R_3) \cdot C_2}{1 + j\omega \cdot R_3 \cdot C_2}.$$

Frequenzgang- und Übertragungsfunktion:

$$
\begin{aligned}
F_R(j\omega) &= \frac{u_y(j\omega)}{u_{xd}(j\omega)} = -\frac{R_1}{R_0} \cdot \frac{(1 + j\omega \cdot R_1 \cdot C_1)(1 + j\omega[R_2 + R_3] \cdot C_2)}{j\omega \cdot R_1 \cdot C_1 \cdot (1 + j\omega \cdot R_3 \cdot C_2)} \\
&= -K_R \cdot \frac{(1 + j\omega \cdot T_N)(1 + j\omega \cdot T_V)}{j\omega \cdot T_N \cdot (1 + j\omega \cdot T_1)}, \\
G_R(s) &= \frac{u_y(s)}{u_{xd}(s)} = -K_R \cdot \frac{(1 + s \cdot T_N)(1 + s \cdot T_V)}{s \cdot T_N \cdot (1 + s \cdot T_1)}.
\end{aligned}
$$

Schaltung:

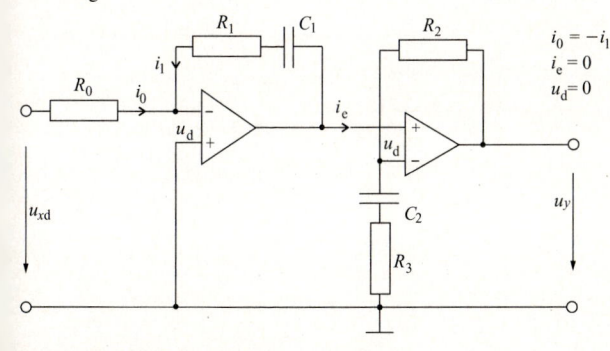

Bild 8.4-13: Invertierender PID/PIDT$_1$-Regler in multiplikativer Form

Reglerparameter:
- Proportionalverstärkung $K_R = \dfrac{R_1}{R_0}$,
- Nachstellzeit $T_N = R_1 \cdot C_1$,
- Vorhaltzeitkonstante $T_V = (R_2 + R_3) \cdot C_2$,
- Verzögerungszeitkonstante $T_1 = R_3 \cdot C_2$.

Das PT$_1$-Element mit dem Widerstand R_3 gewährleistet Stabilität und damit die Realisierbarkeit des Reglers. Der erhöhte schaltungstechnische Aufwand mit zwei Operationsverstärkern hat den Vorteil, daß die Reglerverstärkung K_R nur von T_N abhängig ist. Die Vorhaltzeitkonstante T_V läßt sich nicht unabhängig von T_1 einstellen.

8.4.6.4 Invertierender PID/PIDT$_1$-Regler in multiplikativer (serieller) Form mit Entkopplung

Teilfrequenzgangfunktionen der Schaltung von Bild 8.4-14:

- nichtinvertierender PI-Regler (Abschnitt 8.4.5.2):

$$F_{R,PI}(j\omega) = \frac{1 + j\omega \cdot R_0 \cdot C_0}{j\omega \cdot R_0 \cdot C_0}, \quad K_{R,PI} = 1,$$

- invertierender PDT$_1$-Regler (Abschnitt 8.4.3.3):

$$F_{R,PDT_1}(j\omega) = -\frac{R_2}{R_1} \cdot \frac{(1 + j\omega \cdot [R_3 + R_4] \cdot C_1)}{(1 + j\omega \cdot R_4 \cdot C_1)}.$$

Frequenzgang- und Übertragungsfunktion:

$$\begin{aligned} F_R(j\omega) = \frac{u_y(j\omega)}{u_{xd}(j\omega)} &= -\frac{R_2}{R_1} \cdot \frac{(1 + j\omega \cdot R_0 \cdot C_0)(1 + j\omega[R_3 + R_4] \cdot C_1)}{j\omega \cdot R_0 \cdot C_0 \cdot (1 + j\omega \cdot R_4 \cdot C_1)} \\ &= -K_R \cdot \frac{(1 + j\omega \cdot T_N)(1 + j\omega \cdot T_V)}{j\omega \cdot T_N \cdot (1 + j\omega \cdot T_1)}, \\ G_R(s) = \frac{u_y(s)}{u_{xd}(s)} &= -K_R \cdot \frac{(1 + s \cdot T_N)(1 + s \cdot T_V)}{s \cdot T_N \cdot (1 + s \cdot T_1)}. \end{aligned}$$

Schaltung:

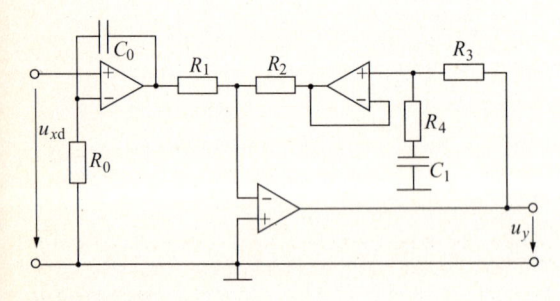

Bild 8.4-14: Invertierender PID/PIDT$_1$-Regler in multiplikativer Form

Reglerparameter:

- Proportionalverstärkung $K_R = \dfrac{R_2}{R_1}$,
- Nachstellzeit $T_N = R_0 \cdot C_0$,
- Vorhaltzeitkonstante $T_V = (R_3 + R_4) \cdot C_1$,
- Verzögerungszeitkonstante $T_1 = R_4 \cdot C_1$.

Durch den Widerstand R_4 entsteht ein stabiler, realisierbarer PIDT$_1$-Regler. Für $R_4 = 0$ ergibt sich ein idealer PID-Regler. Bei der Schaltung mit drei Operationsverstärkern besteht nur eine Abhängigkeit der Vorhaltzeitkonstanten T_V von der Verzögerungszeitkonstanten T_1. Die Schaltung ist für Regler geeignet, deren Parameter experimentell eingestellt werden.

8.4.6.5 Nichtinvertierender PID/PIDT$_1$-Regler in multiplikativer (serieller) Form

Teilfrequenzgangfunktionen der Schaltung von Bild 8.4-15:
- nichtinvertierender PI-Regler (Abschnitt 8.4.5.2):
$$F_{\text{R,PI}}(j\omega) = \frac{R_0 + R_1}{R_0} \cdot \frac{1 + j\omega(R_0 + R_1) \cdot C_1}{j\omega \cdot (R_0 + R_1) \cdot C_1},$$
- nichtinvertierender PDT$_1$-Regler (Abschnitt 8.4.3.2):
$$F_{\text{R,PDT}_1}(j\omega) = \frac{1 + j\omega(R_2 + R_3) \cdot C_2}{1 + j\omega \cdot R_3 \cdot C_2}.$$

Frequenzgang- und Übertragungsfunktion:

$$\boxed{\begin{aligned}F_\text{R}(j\omega) &= \frac{u_y(j\omega)}{u_{xd}(j\omega)} = \frac{R_0 + R_1}{R_0} \cdot \frac{1 + j\omega \cdot [R_0 + R_1] \cdot C_1}{j\omega \cdot (R_0 + R_1) \cdot C_1} \cdot \frac{1 + j\omega \cdot [R_2 + R_3] \cdot C_2}{1 + j\omega \cdot R_3 \cdot C_2} \\ &= K_\text{R} \cdot \frac{(1 + j\omega \cdot T_\text{N})(1 + j\omega \cdot T_\text{V})}{j\omega \cdot T_\text{N} \cdot (1 + j\omega \cdot T_1)}, \\ G_\text{R}(s) &= \frac{u_y(s)}{u_{xd}(s)} = K_\text{R} \cdot \frac{(1 + s \cdot T_\text{N})(1 + s \cdot T_\text{V})}{s \cdot T_\text{N} \cdot (1 + s \cdot T_1)}\end{aligned}}$$

Reglerparameter:
- Proportionalverstärkung $K_\text{R} = \dfrac{R_0 + R_1}{R_0} = 1 + \dfrac{R_1}{R_0}$,
- Nachstellzeit $T_\text{N} = (R_0 + R_1) \cdot C_1$,
- Vorhaltzeitkonstante $T_\text{V} = (R_2 + R_3) \cdot C_2$,
- Verzögerungszeitkonstante $T_1 = R_3 \cdot C_2$.

Schaltung:

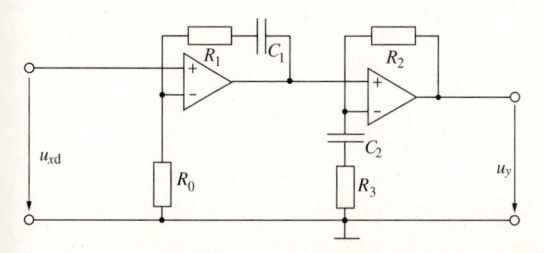

Bild 8.4-15: Nichtinvertierender PID/PIDT$_1$-Regler in multiplikativer Form

Stabilität und damit Realisierbarkeit ist durch den Widerstand R_3 gewährleistet, der mit dem Kondensator C_2 die Verzögerungszeitkonstante T_1 bildet. Die Einstellung der Vorhaltzeitkonstanten T_V wird von T_1 beeinflußt. Proportionalverstärkungen $K_\text{R} < 1$ lassen sich realisieren, wenn die Einstellung der Verstärkung in der Schaltung zur Bildung der Regeldifferenz vorgenommen wird (Abschnitt 8.3).

8.5 Kontinuierliche Einstellung von Reglerparametern

Bei Reglerschaltungen werden zur kontinuierlichen Einstellung von Reglerparametern im allgemeinen Potentiometer eingesetzt. Die Proportionalverstärkung K_R der Schaltung nach Bild 8.5-1 ist im Bereich von $1 \leq K_\text{R} \leq 10$ kontinuierlich einstellbar.

Stromsummengleichung:
$$\frac{u_{xd}(j\omega)}{R_0} = -\frac{u_y(j\omega)}{R_0 + \alpha \cdot 9 \cdot R_0}.$$

Schaltung:

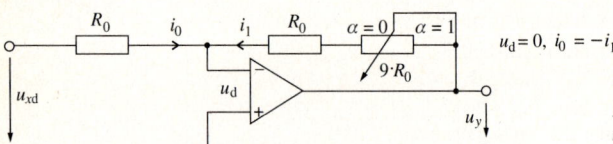

Bild 8.5-1: Proportional-Regler mit kontinuierlich einstellbarer Verstärkung

Frequenzgang- und Übertragungsfunktion:

$$F_R(j\omega) = \frac{u_y(j\omega)}{u_{xd}(j\omega)} = -K_R(\alpha) = -(1 + \alpha \cdot 9), \; 0 \leq \alpha \leq 1,$$
$$G_R(s) = \frac{u_y(s)}{u_{xd}(s)} = -K_R(\alpha) = -(1 + \alpha \cdot 9)$$

Reglerparameter:
- Proportionalverstärkung $K_R(\alpha) = 1 + \alpha \cdot 9, \; 0 \leq \alpha \leq 1$.

Um Störeinkopplungen zu unterdrücken, werden häufig Schaltungen eingesetzt, bei denen die Einstellung nicht im Rückführungs- oder Eingangszweig, sondern mit einem niederohmigen Spannungsteiler am Ausgang des Operationsverstärkers vorgenommen wird.

Schaltung:

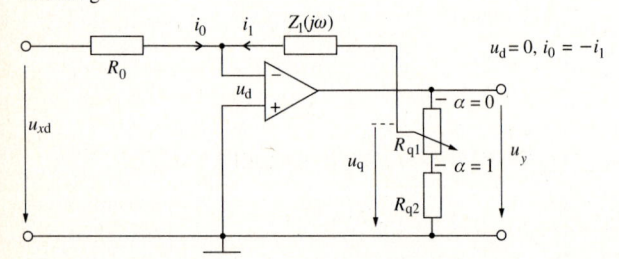

Bild 8.5-2: Regler mit Spannungsteiler am Ausgang

Für die Berechnung der Stromsummengleichung muß zuerst die Teilerspannung u_q bestimmt werden:

Spannungsteilergleichung:

$$u_q(j\omega) = \frac{[(1-\alpha) \cdot R_{q1} + R_{q2}] \cdot Z_1(j\omega)}{(1-\alpha) \cdot R_{q1} + R_{q2} + Z_1(j\omega)} \cdot \frac{u_y(j\omega)}{\alpha \cdot R_{q1} + \dfrac{[(1-\alpha) \cdot R_{q1} + R_{q2}] \cdot Z_1(j\omega)}{(1-\alpha) \cdot R_{q1} + R_{q2} + Z_1(j\omega)}}.$$

Stromsummengleichung:

$$\frac{u_{xd}(j\omega)}{R_0} = -\frac{u_q(j\omega)}{Z_1(j\omega)}.$$

Frequenzgang- und Übertragungsfunktion:

$$F_R(j\omega) = \frac{u_y(j\omega)}{u_{xd}(j\omega)} = -\alpha \cdot \frac{R_{q1}}{R_0} - \frac{R_{q1} + R_{q2}}{(1-\alpha) \cdot R_{q1} + R_{q2}} \cdot \frac{Z_1(j\omega)}{R_0},$$
$$G_R(s) = \frac{u_y(s)}{u_{xd}(s)} = -\alpha \cdot \frac{R_{q1}}{R_0} - \frac{R_{q1} + R_{q2}}{(1-\alpha) \cdot R_{q1} + R_{q2}} \cdot \frac{Z_1(s)}{R_0}, \quad 0 \leq \alpha \leq 1.$$

Ist der Spannungsteiler niederohmig gegenüber $|Z_1(j\omega)|$, so vereinfachen sich die Funktionen:

$$F_R(j\omega) = \frac{u_y(j\omega)}{u_{xd}(j\omega)} = -\frac{R_{q1} + R_{q2}}{(1-\alpha) \cdot R_{q1} + R_{q2}} \cdot \frac{Z_1(j\omega)}{R_0},$$

$$G_R(s) = \frac{u_y(s)}{u_{xd}(s)} = -\frac{R_{q1} + R_{q2}}{(1-\alpha) \cdot R_{q1} + R_{q2}} \cdot \frac{Z_1(s)}{R_0},$$

$$R_{q1}, R_{q2} \ll |Z_1(j\omega)|, \quad 0 \leq \alpha \leq 1 \quad .$$

Beispiel 8.5-1: Regler mit kontinuierlich einstellbaren Parametern. Für die Schaltung soll $R_{q1} = 9 \cdot R_{q2}$, $R_0 = 100 \,\text{k}\Omega$ sein.

Einstellbereich eines Proportional-Reglers: Wird für $Z_1(j\omega)$ ein Widerstand $R_1 = 100 \,\text{k}\Omega$ in die Schaltung nach Bild 8.5-2 eingesetzt, so ist der Einstellbereich für die Proportional-Verstärkung K_R des Proportional-Reglers

$$F_R(j\omega) = \frac{u_y(j\omega)}{u_{xd}(j\omega)} = -\frac{R_{q1} + R_{q2}}{(1-\alpha) \cdot R_{q1} + R_{q2}} \cdot \frac{R_1}{R_0} = -K_R(\alpha),$$

$$K_{Rmin} = K_R(\alpha = 0) = 1, \quad K_{Rmax} = K_R(\alpha = 1) = 10 \quad .$$

Einstellbereich eines Integral-Reglers: Für $Z_1(j\omega)$ wird ein Kondensator $C = 10\,\mu\text{F}$ in die Schaltung von Bild 8.5-2 eingesetzt. Der Einstellbereich für die Integrier-Verstärkung K_I des Integral-Reglers ist dann

$$F_R(j\omega) = \frac{u_y(j\omega)}{u_{xd}(j\omega)} = -\frac{R_{q1} + R_{q2}}{(1-\alpha) \cdot R_{q1} + R_{q2}} \cdot \frac{1}{j\omega \cdot R_0 \cdot C} = -\frac{K_I(\alpha)}{j\omega},$$

$$K_{Imin} = K_I(\alpha = 0) = 1\,\text{s}^{-1}, \quad K_{Imax} = K_I(\alpha = 1) = 10\,\text{s}^{-1} \quad .$$

8.6 Schaltungen zur Glättung von Regelkreissignalen

8.6.1 PT$_1$-Element mit invertierendem Trennverstärker

Glättungselemente werden in Regelkreisen verwendet, wenn Führungs- oder Regelgrößen mit Störsignalen überlagert sind. Störungen können nur dann unterdrückt werden, wenn sie in einem Frequenzbereich auftreten, der größer ist als der der Nutzsignale. Zur Glättung von Regelkreissignalen eignen sich PT$_1$-Elemente.

Die Schaltung in Bild 8.6-1 besteht aus einem PT$_1$-Element und einem invertierenden Trennverstärker, der in Abschnitt 8.2.3 beschrieben ist.

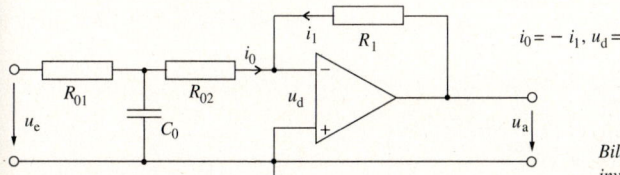

Bild 8.6-1: PT$_1$-Element mit invertierendem Trennverstärker

Schaltungsgleichungen:

$$i_1(j\omega) = \frac{u_a(j\omega)}{R_1},$$

$$i_0(j\omega) = \frac{1}{\frac{1}{R_{02}} + j\omega \cdot C_0} \cdot \frac{1}{R_{01} + \frac{1}{\frac{1}{R_{02}} + j\omega \cdot C_0}} \cdot \frac{u_e(j\omega)}{R_{02}} = \frac{u_e(j\omega)}{R_{02}} \cdot \frac{1}{R_{01}\left[\frac{1}{R_{02}} + j\omega \cdot C_0\right] + 1},$$

$$i_0(j\omega) = \frac{u_e(j\omega)}{R_{01} + R_{02}} \cdot \frac{1}{1 + j\omega\frac{R_{01} \cdot R_{02}}{R_{01} + R_{02}} \cdot C_0} = \frac{u_e(j\omega)}{Z_0(j\omega)},$$

$$Z_0(j\omega) = (R_{01} + R_{02})\left[1 + j\omega\frac{R_{01} \cdot R_{02}}{R_{01} + R_{02}}C_0\right].$$

Die Ersatzschaltung kann mit $Z_1(j\omega) = R_1$ nach Bild 8.6-2 dargestellt werden:

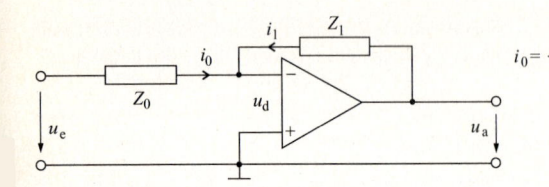

$i_0 = -i_1,\ u_d = 0$

Bild 8.6-2: Ersatzschaltbild

Frequenzgang- und Übertragungsfunktion:

$$F(j\omega) = \frac{u_a(j\omega)}{u_e(j\omega)} = -\frac{Z_1(j\omega)}{Z_0(j\omega)} = -\frac{R_1}{R_{01} + R_{02}} \cdot \frac{1}{1 + j\omega\frac{R_{01} \cdot R_{02}}{R_{01} + R_{02}} \cdot C_0} = -K_P \cdot \frac{1}{1 + j\omega \cdot T_{Gl}},$$

$$G(s) = \frac{u_a(s)}{u_e(s)} = -K_P \cdot \frac{1}{1 + s \cdot T_{Gl}}$$

Parameter:
- Proportionalverstärkung $K_P = \dfrac{R_1}{R_{01} + R_{02}}$,
- Glättungszeitkonstante $T_{Gl} = \dfrac{R_{01} \cdot R_{02}}{R_{01} + R_{02}} \cdot C_0$.

Die Glättungszeitkonstante T_{Gl} wird aus der Parallelschaltung der Widerstände R_{01} und R_{02} und dem Kondensator C_0 gebildet.

Beispiel 8.6-1: Passives Glättungselement

Der Regelgröße eines Regelkreises ist ein Störsignal $u_s(t) = \hat{u}_s \cdot \sin(2\pi \cdot f_s \cdot t)$ mit einer Frequenz von $f_s = 50$ Hz überlagert. Mit einem invertierenden Glättungselement soll die Amplitude des Störsignals auf 5 % reduziert werden.

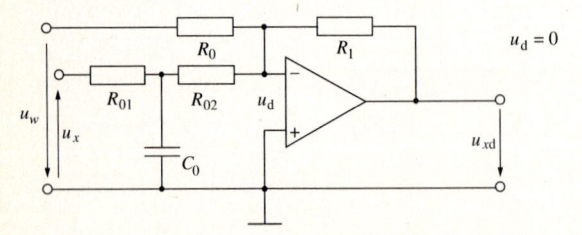

Die Schaltung bildet die Regeldifferenz und glättet das Regelgrößensignal u_x.

Frequenzgangfunktion:

$$F_x(j\omega) = \frac{u_{xd}(j\omega)}{u_x(j\omega)} = K_P \cdot \frac{1}{1 + j\omega \cdot T_{Gl}} = \frac{R_1}{R_{01} + R_{02}} \cdot \frac{1}{1 + j\omega \dfrac{R_{01} \cdot R_{02}}{R_{01} + R_{02}} \cdot C_0}$$

mit dem Betrag

$$|F_x(j\omega)| = \frac{K_P}{\sqrt{1 + \omega^2 \cdot T_{Gl}^2}},$$

wobei die Proportionalverstärkung $K_P = 1$ sein soll. Bezieht man den Maximalwert der Ausgangsgröße des Glättungselements auf die Eingangsgröße, dann erhält man

$$\frac{\hat{u}_{sGl}}{\hat{u}_s} = 0.05 = |F_x(j\omega_s)| = \frac{1}{\sqrt{1 + \omega_s^2 \cdot T_{Gl}^2}}.$$

Daraus ergibt sich die Glättungszeitkonstante

$$T_{Gl} = \frac{1}{2\pi \cdot f_s} \sqrt{\left(\frac{\hat{u}_s}{\hat{u}_{sGl}}\right)^2 - 1} = \frac{R_{01} \cdot R_{02}}{R_{01} + R_{02}} \cdot C_0 = 0.0636 \text{ s}.$$

Für $K_P = 1$ sind $R_0 = R_1$ und $R_0 = R_{01} + R_{02}$ zu wählen. Mit der Nebenbedingung $R_{01} = R_{02}$ berechnet sich die Kapazität des Kondensators zu

$$C_0 = \frac{T_{Gl} \cdot (R_{01} + R_{02})}{R_{01} \cdot R_{02}} = \frac{4 \cdot T_{Gl}}{R_0}.$$

8.6.2 PT$_1$-Element mit nichtinvertierendem Trennverstärker

Die Schaltung in Bild 8.6-3 wird durch ein PT$_1$-Element in Verbindung mit einem nichtinvertierenden Trennverstärker gebildet, der in Abschnitt 8.2.4 beschrieben ist.

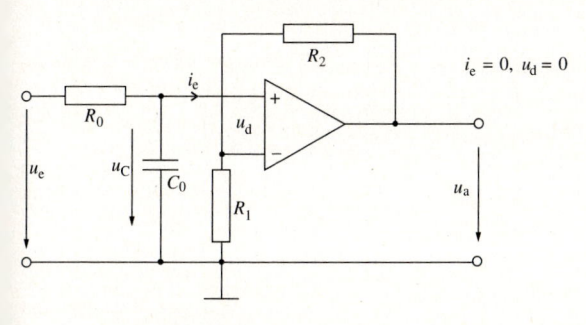

Bild 8.6-3: PT$_1$-Element mit nichtinvertierendem Trennverstärker

Spannungsteilergleichungen:

$$\frac{u_e(j\omega)}{R_0 + \dfrac{1}{j\omega \cdot C_0}} = \frac{u_C(j\omega)}{\dfrac{1}{j\omega \cdot C_0}},$$

$$\frac{u_a(j\omega)}{R_1 + R_2} = \frac{u_C(j\omega)}{R_1}.$$

Frequenzgang- und Übertragungsfunktion des PT_1-Elements:

$$F(j\omega) = \frac{u_a(j\omega)}{u_e(j\omega)} = \left[1 + \frac{R_2}{R_1}\right] \cdot \frac{1}{1 + j\omega \cdot R_0 \cdot C_0} = K_P \cdot \frac{1}{1 + j\omega \cdot T_{Gl}},$$

$$G(s) = \frac{u_a(s)}{u_e(s)} = K_P \frac{1}{1 + s \cdot T_{Gl}}$$

Parameter:
- Proportionalverstärkung $K_P = 1 + \dfrac{R_2}{R_1}$,
- Glättungszeitkonstante $T_{Gl} = R_0 \cdot C_0$.

8.7 Zusammenfassung

Im folgenden sind Schaltungen von Regeleinrichtungen mit Operationsverstärkern zusammengestellt.

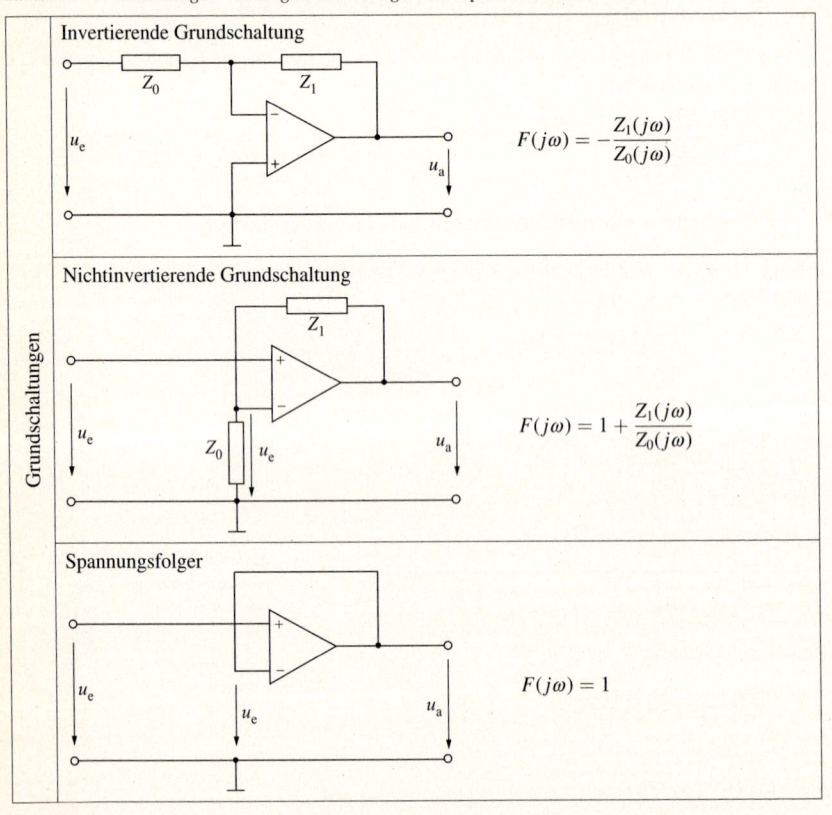

Tabelle 8.7-1: Schaltungen von Regeleinrichtungen mit Operationsverstärkern

Grundschaltungen		
Invertierende Grundschaltung		$F(j\omega) = -\dfrac{Z_1(j\omega)}{Z_0(j\omega)}$
Nichtinvertierende Grundschaltung		$F(j\omega) = 1 + \dfrac{Z_1(j\omega)}{Z_0(j\omega)}$
Spannungsfolger		$F(j\omega) = 1$

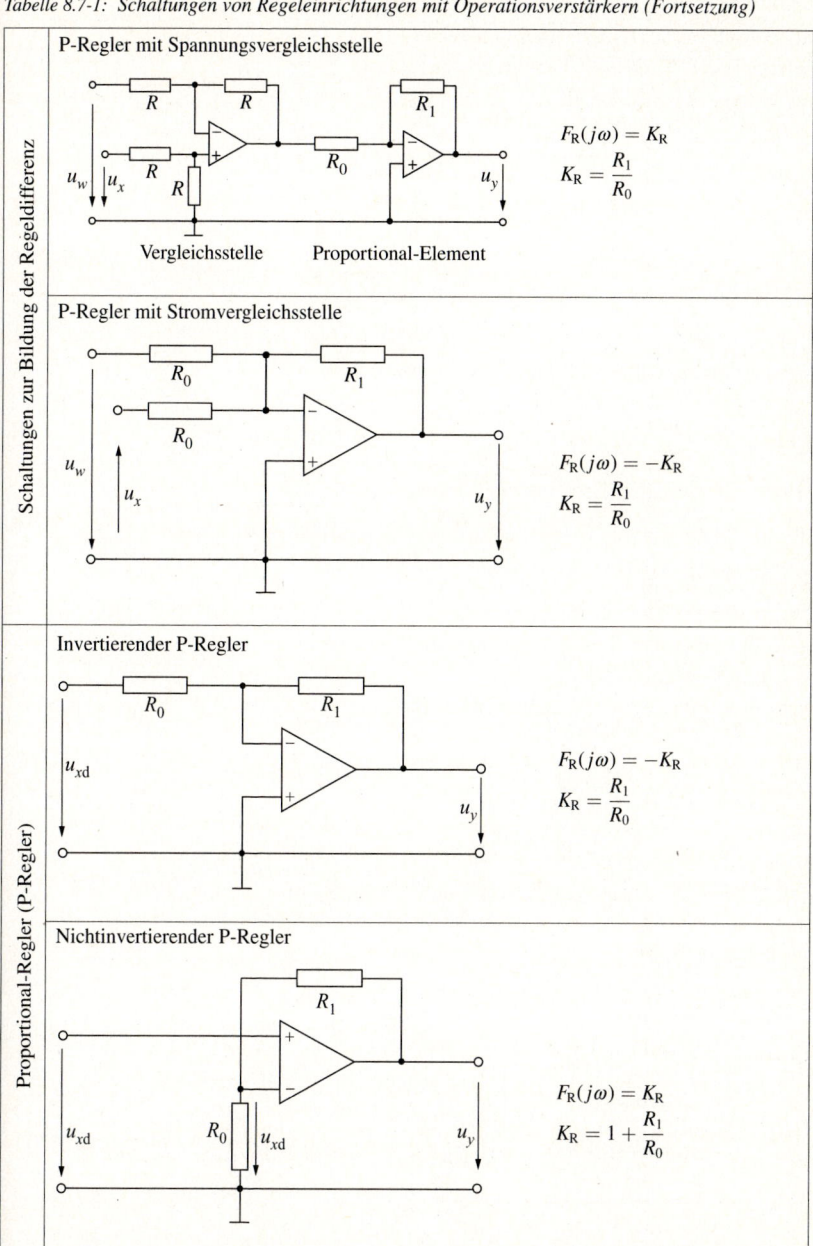

Tabelle 8.7-1: Schaltungen von Regeleinrichtungen mit Operationsverstärkern (Fortsetzung)

Schaltungen zur Bildung der Regeldifferenz	P-Regler mit Spannungsvergleichsstelle Vergleichsstelle — Proportional-Element	$F_R(j\omega) = K_R$ $K_R = \dfrac{R_1}{R_0}$
	P-Regler mit Stromvergleichsstelle	$F_R(j\omega) = -K_R$ $K_R = \dfrac{R_1}{R_0}$
Proportional-Regler (P-Regler)	Invertierender P-Regler	$F_R(j\omega) = -K_R$ $K_R = \dfrac{R_1}{R_0}$
	Nichtinvertierender P-Regler	$F_R(j\omega) = K_R$ $K_R = 1 + \dfrac{R_1}{R_0}$

Tabelle 8.7-1: Schaltungen von Regeleinrichtungen mit Operationsverstärkern (Fortsetzung)

Proportional-Differential-Regler (PD/PDT$_1$-Regler, Lead-, Lag-Elemente)	**Invertierender PD/PDT$_1$-Regler (Lead-Element, $T_V > T_1$), invertierendes PPT$_1$-Element (Lag-Element, $T_V < T_1$)**

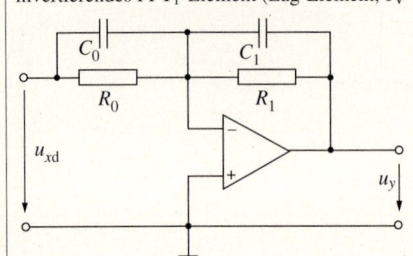

$$F_R(j\omega) = -K_R \frac{1 + j\omega \cdot T_V}{1 + j\omega \cdot T_1}$$

$$K_R = \frac{R_1}{R_0}$$

$$T_V = R_0 \cdot C_0$$

$$T_1 = R_1 \cdot C_1$$

Nichtinvertierender PD/PDT$_1$-Regler (Lead-Element)

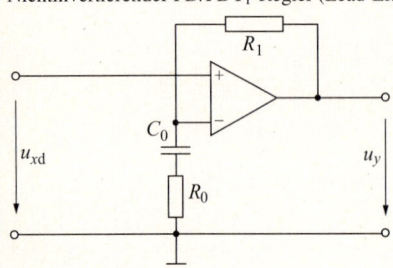

$$F_R(j\omega) = K_R \frac{1 + j\omega \cdot T_V}{1 + j\omega \cdot T_1}$$

$$K_R = 1$$

$$T_V = (R_0 + R_1) \cdot C_0$$

$$T_1 = R_0 \cdot C_0$$

Invertierender PD/PDT$_1$-Regler (Lead-Element, unabhängig einstellbare Parameter)

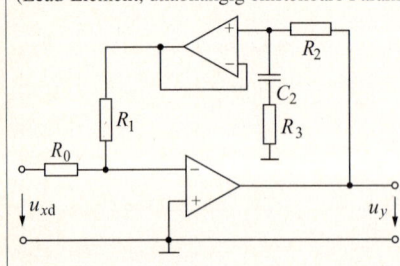

$$F_R(j\omega) = -K_R \frac{1 + j\omega \cdot T_V}{1 + j\omega \cdot T_1}$$

$$K_R = \frac{R_1}{R_0}$$

$$T_V = (R_2 + R_3) \cdot C_2$$

$$T_1 = R_3 \cdot C_2$$

Integral-Regler (I-Regler)

Invertierender I-Regler

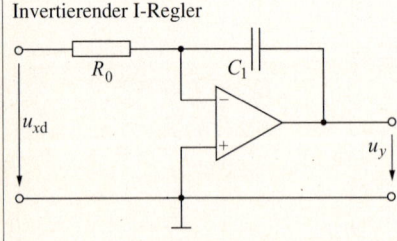

$$F_R(j\omega) = -\frac{1}{j\omega \cdot T_I}$$

$$T_I = R_0 \cdot C_1$$

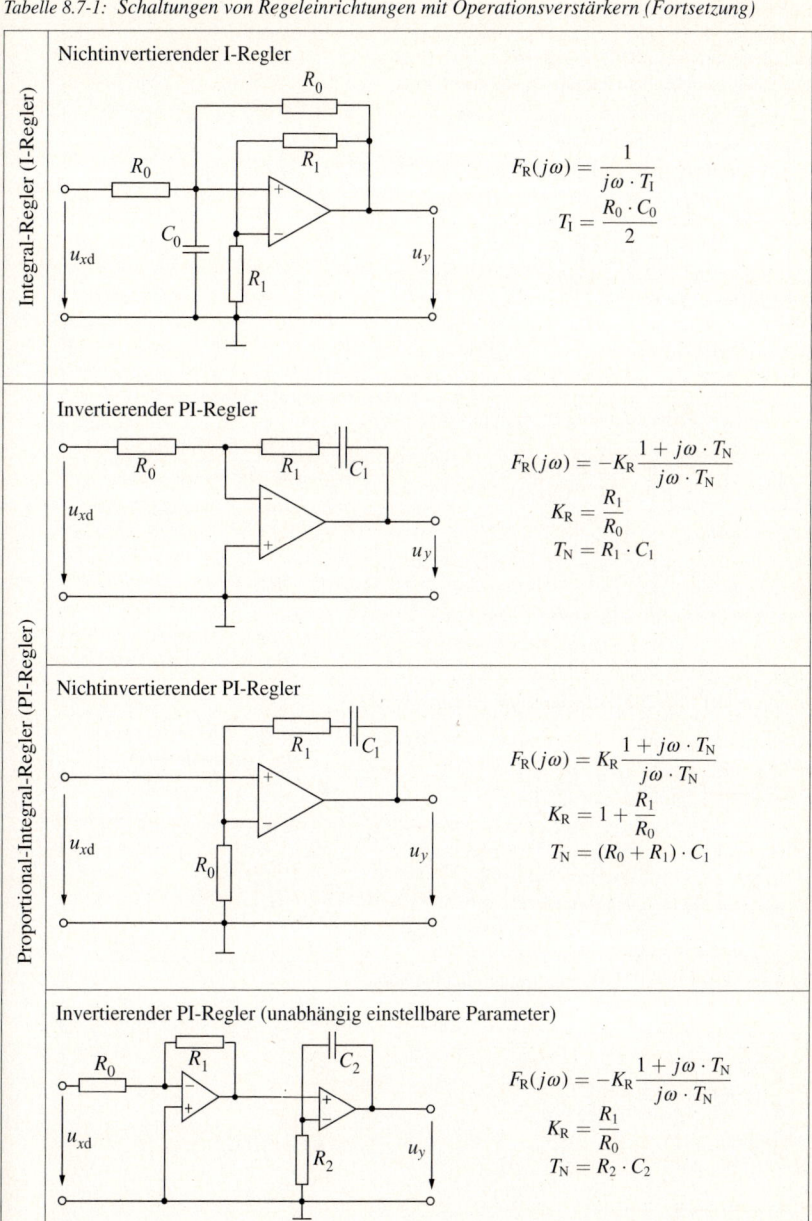

Tabelle 8.7-1: Schaltungen von Regeleinrichtungen mit Operationsverstärkern (Fortsetzung)

Integral-Regler (I-Regler)	Nichtinvertierender I-Regler $\quad F_R(j\omega) = \dfrac{1}{j\omega \cdot T_I}$ $\quad T_I = \dfrac{R_0 \cdot C_0}{2}$
Proportional-Integral-Regler (PI-Regler)	Invertierender PI-Regler $\quad F_R(j\omega) = -K_R \dfrac{1 + j\omega \cdot T_N}{j\omega \cdot T_N}$ $\quad K_R = \dfrac{R_1}{R_0}$ $\quad T_N = R_1 \cdot C_1$
	Nichtinvertierender PI-Regler $\quad F_R(j\omega) = K_R \dfrac{1 + j\omega \cdot T_N}{j\omega \cdot T_N}$ $\quad K_R = 1 + \dfrac{R_1}{R_0}$ $\quad T_N = (R_0 + R_1) \cdot C_1$
	Invertierender PI-Regler (unabhängig einstellbare Parameter) $\quad F_R(j\omega) = -K_R \dfrac{1 + j\omega \cdot T_N}{j\omega \cdot T_N}$ $\quad K_R = \dfrac{R_1}{R_0}$ $\quad T_N = R_2 \cdot C_2$

Tabelle 8.7-1: Schaltungen von Regeleinrichtungen mit Operationsverstärkern (Fortsetzung)

Proportional-Integral-Differential-Regler (PID/PIDT$_1$-Regler)

Nichtinvertierender PID/PIDT$_1$-Regler (unabhängig einstellbare Parameter, additive Form)

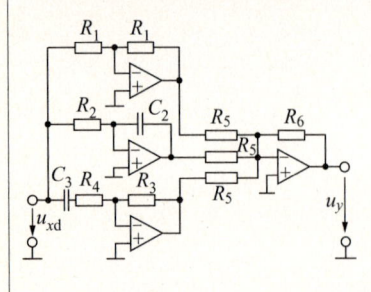

$$F_R(j\omega) = K_R \left[1 + \frac{1}{j\omega \cdot T_N} + \frac{j\omega \cdot T_V}{1 + j\omega \cdot T_1}\right]$$

$$K_R = \frac{R_6}{R_5}$$
$$T_N = R_2 \cdot C_2$$
$$T_V = R_3 \cdot C_3$$
$$T_1 = R_4 \cdot C_3$$

Invertierender PID/PIDT$_1$-Regler (multiplikative Form)

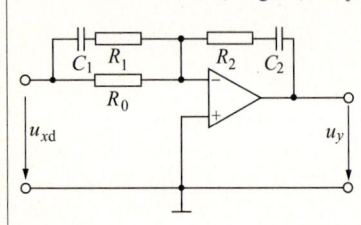

$$F_R(j\omega) = -K_R \left[\frac{(1 + j\omega \cdot T_N)(1 + j\omega \cdot T_V)}{j\omega \cdot T_N(1 + j\omega \cdot T_1)}\right]$$

$$K_R = \frac{R_2}{R_0}$$
$$T_N = R_2 \cdot C_2$$
$$T_V = (R_0 + R_1) \cdot C_1$$
$$T_1 = R_1 \cdot C_1$$

Invertierender PID/PIDT$_1$-Regler (multiplikative Form)

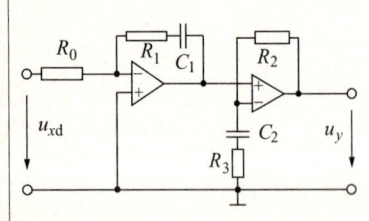

$$F_R(j\omega) = -K_R \left[\frac{(1 + j\omega \cdot T_N)(1 + j\omega \cdot T_V)}{j\omega \cdot T_N(1 + j\omega \cdot T_1)}\right]$$

$$K_R = \frac{R_1}{R_0}$$
$$T_N = R_1 \cdot C_1$$
$$T_V = (R_2 + R_3) \cdot C_2$$
$$T_1 = R_3 \cdot C_2$$

Invertierender PID/PIDT$_1$-Regler (multiplikative Form)

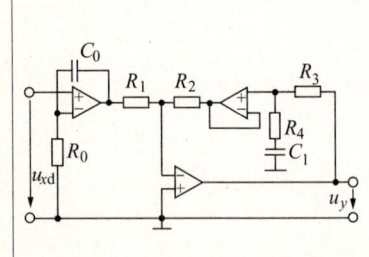

$$F_R(j\omega) = -K_R \left[\frac{(1 + j\omega \cdot T_N)(1 + j\omega \cdot T_V)}{j\omega \cdot T_N(1 + j\omega \cdot T_1)}\right]$$

$$K_R = \frac{R_2}{R_1}$$
$$T_N = R_0 \cdot C_0$$
$$T_V = (R_3 + R_4) \cdot C_1$$
$$T_1 = R_4 \cdot C_1$$

Tabelle 8.7-1: Schaltungen von Regeleinrichtungen mit Operationsverstärkern (Fortsetzung)

PID/PIDT$_1$-Regler	Nichtinvertierender PID/PIDT$_1$-Regler (multiplikative Form)	$F_R(j\omega) = K_R \left[\dfrac{(1 + j\omega \cdot T_N)(1 + j\omega \cdot T_V)}{j\omega \cdot T_N(1 + j\omega \cdot T_1)} \right]$ $K_R = 1 + \dfrac{R_1}{R_0}$ $T_N = (R_0 + R_1) \cdot C_1$ $T_V = (R_2 + R_3) \cdot C_2$ $T_1 = R_3 \cdot C_2$
Schaltungen zur Glättung von Regelkreissignalen	PT$_1$-Element mit invertierendem Trennverstärker	$F(j\omega) = \dfrac{-K_P}{1 + j\omega \cdot T_{Gl}}$ $K_P = \dfrac{R_1}{R_{01} + R_{02}}$ $T_{Gl} = \dfrac{R_{01} \cdot R_{02}}{R_{01} + R_{02}} \cdot C_0$
	PT$_1$-Element mit nichtinvertierendem Trennverstärker	$F(j\omega) = \dfrac{K_P}{1 + j\omega \cdot T_{Gl}}$ $K_P = 1 + \dfrac{R_2}{R_1}$ $T_{Gl} = R_0 \cdot C_0$
Tiefpaßschaltungen	Tiefpaß I. Ordnung	$F(j\omega) = \dfrac{-K_P}{1 + j\omega \cdot T_1}$ $K_P = \dfrac{R_1}{R_0}, \quad T_1 = R_1 \cdot C_1$ Grenzkreisfrequenz: $\omega_g = \dfrac{1}{T_1}$ $\lvert F(j\omega_g) \rvert = \dfrac{K_P}{\sqrt{2}}$
	Tiefpaß II. Ordnung	$F(j\omega) = \dfrac{-K_P}{\left(\dfrac{j\omega}{\omega_0}\right)^2 + 2 \cdot D \cdot \dfrac{j\omega}{\omega_0} + 1}$ $K_P = \dfrac{R_1}{R_{01}}, \quad D = \dfrac{R_1 + R_{02} + R_1 \cdot R_{02}/R_{01}}{2 \cdot \sqrt{R_1 \cdot R_{02} \cdot C_0/C_1}}$ Grenzkreisfrequenz: $\omega_0 = \dfrac{1}{\sqrt{R_1 R_{02} C_0/C_1}}$ $\lvert F(j\omega_0) \rvert = \dfrac{K_P}{2 \cdot D}$

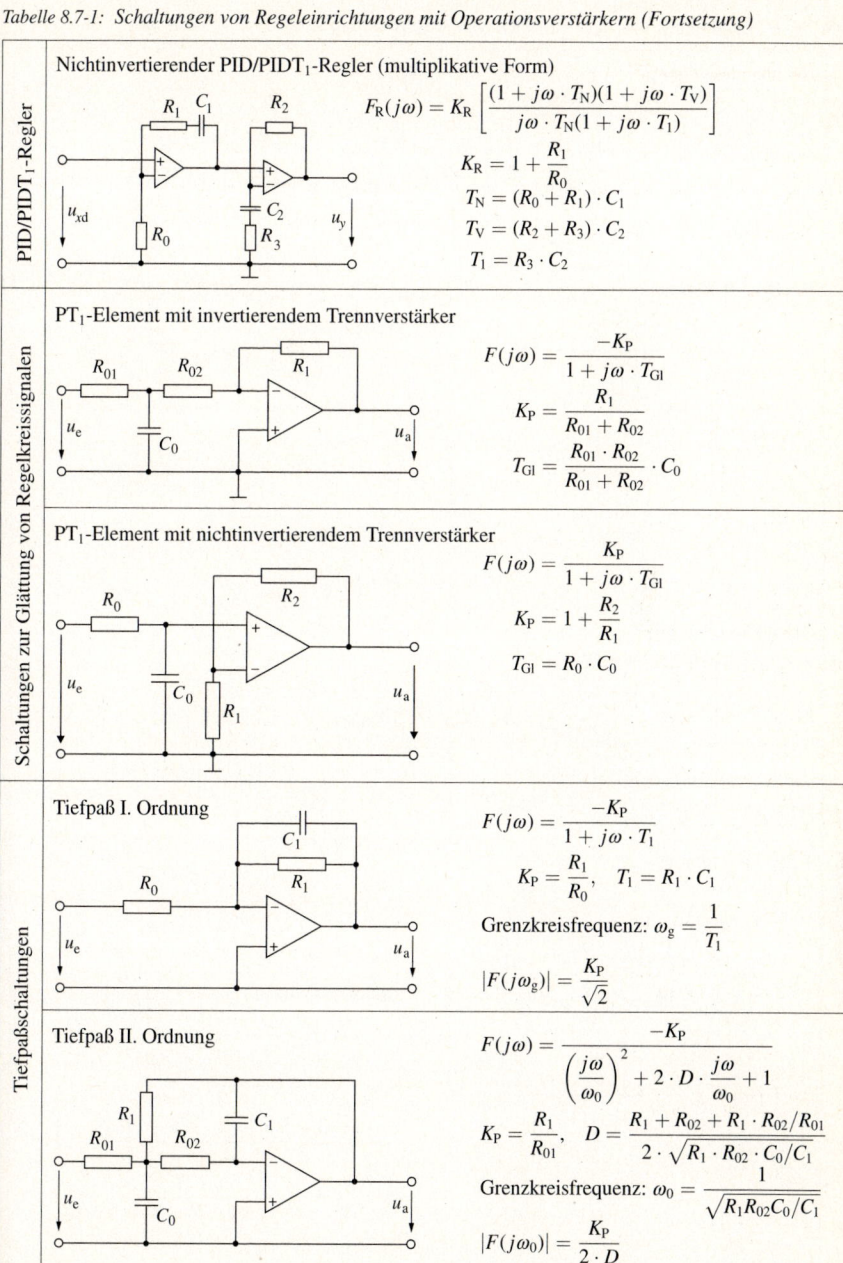

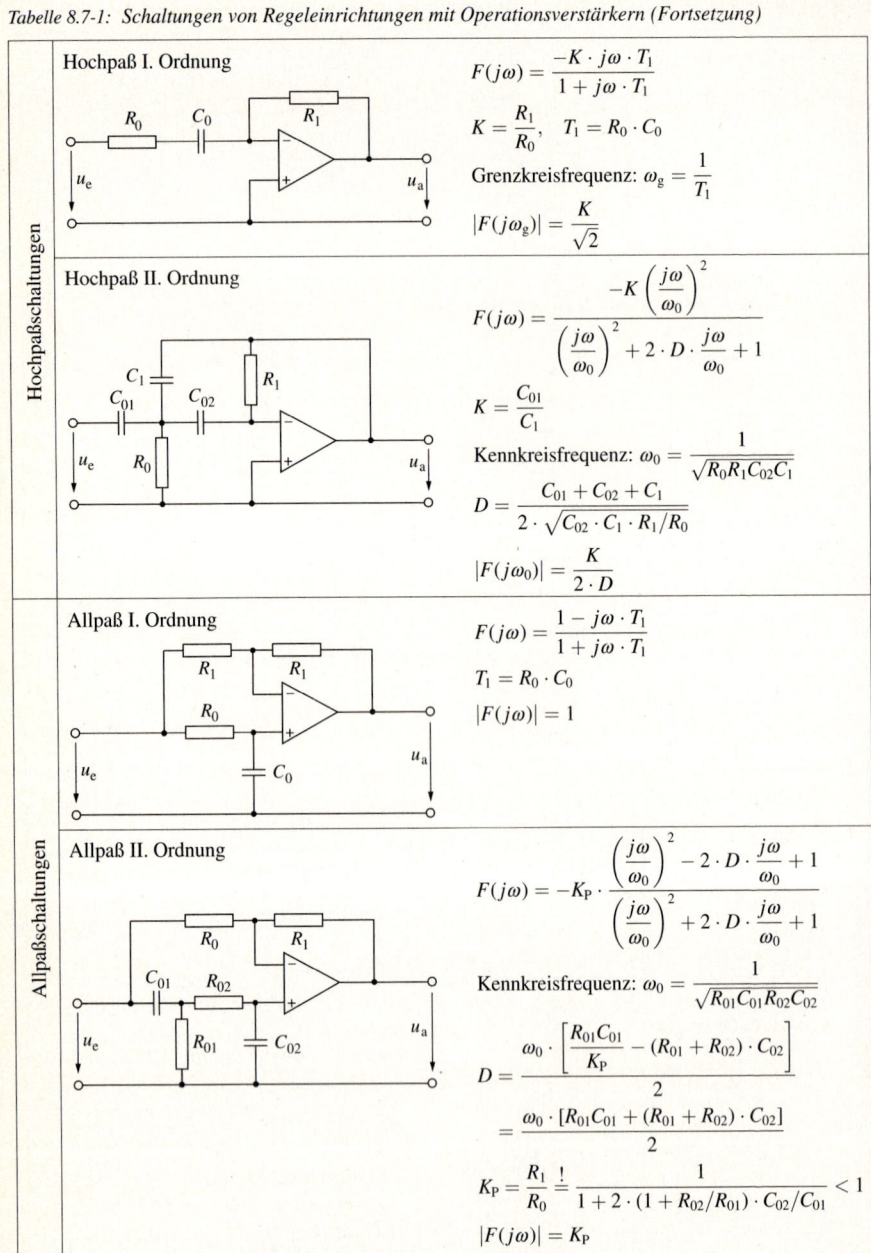

Tabelle 8.7-1: Schaltungen von Regeleinrichtungen mit Operationsverstärkern (Fortsetzung)

Hochpaßschaltungen	Hochpaß I. Ordnung	$F(j\omega) = \dfrac{-K \cdot j\omega \cdot T_1}{1 + j\omega \cdot T_1}$ $K = \dfrac{R_1}{R_0}, \quad T_1 = R_0 \cdot C_0$ Grenzkreisfrequenz: $\omega_g = \dfrac{1}{T_1}$ $\|F(j\omega_g)\| = \dfrac{K}{\sqrt{2}}$
	Hochpaß II. Ordnung	$F(j\omega) = \dfrac{-K \left(\dfrac{j\omega}{\omega_0}\right)^2}{\left(\dfrac{j\omega}{\omega_0}\right)^2 + 2 \cdot D \cdot \dfrac{j\omega}{\omega_0} + 1}$ $K = \dfrac{C_{01}}{C_1}$ Kennkreisfrequenz: $\omega_0 = \dfrac{1}{\sqrt{R_0 R_1 C_{02} C_1}}$ $D = \dfrac{C_{01} + C_{02} + C_1}{2 \cdot \sqrt{C_{02} \cdot C_1 \cdot R_1/R_0}}$ $\|F(j\omega_0)\| = \dfrac{K}{2 \cdot D}$
Allpaßschaltungen	Allpaß I. Ordnung	$F(j\omega) = \dfrac{1 - j\omega \cdot T_1}{1 + j\omega \cdot T_1}$ $T_1 = R_0 \cdot C_0$ $\|F(j\omega)\| = 1$
	Allpaß II. Ordnung	$F(j\omega) = -K_P \cdot \dfrac{\left(\dfrac{j\omega}{\omega_0}\right)^2 - 2 \cdot D \cdot \dfrac{j\omega}{\omega_0} + 1}{\left(\dfrac{j\omega}{\omega_0}\right)^2 + 2 \cdot D \cdot \dfrac{j\omega}{\omega_0} + 1}$ Kennkreisfrequenz: $\omega_0 = \dfrac{1}{\sqrt{R_{01} C_{01} R_{02} C_{02}}}$ $D = \dfrac{\omega_0 \cdot \left[\dfrac{R_{01} C_{01}}{K_P} - (R_{01} + R_{02}) \cdot C_{02}\right]}{2}$ $ = \dfrac{\omega_0 \cdot [R_{01} C_{01} + (R_{01} + R_{02}) \cdot C_{02}]}{2}$ $K_P = \dfrac{R_1}{R_0} \overset{!}{=} \dfrac{1}{1 + 2 \cdot (1 + R_{02}/R_{01}) \cdot C_{02}/C_{01}} < 1$ $\|F(j\omega)\| = K_P$

9 Ermittlung mathematischer Modelle für regelungstechnische Übertragungselemente (Identifikation)

9.1 Einteilung von mathematischen Modellen

Strukturen und Parameter von realen Systemen werden mit mathematischen Modellen beschrieben. Sie sind wichtige Hilfsmittel der Regelungstechnik. Viele regelungstechnische Verfahren bauen auf der Existenz von Strecken- oder Prozeßmodellen auf. Tabelle 9.1-1 enthält eine Einteilung mathematischer Modelle.

Tabelle 9.1-1: Einteilung von mathematischen Modellen

Einteilungsmerkmal	Merkmalseigenschaft	
Modellgewinnung	analytisch	experimentell
Modelldarstellung	parametrisch	nichtparametrisch
Struktur der Modellgleichungen	linear	nichtlinear
Art der Parameterdarstellung	konzentriert	verteilt
Zeitabhängigkeit der Parameter	zeitinvariant	zeitvariant
Beschreibungsform	kontinuierlich	diskret
des Modellverhaltens	dynamisch	statisch
Zusammenhang zwischen den Modellvariablen	deterministisch	stochastisch
Modellordnung	exakt	reduziert
Darstellung der Modellvariablen	vollständig	vereinfacht

Nach der Methode der Modellgewinnung unterteilt man mathematische Modelle in theoretische oder analytische sowie empirische oder experimentelle Modelle. Analytische Modelle sind aus physikalischen Gesetzen abgeleitet, aus Messungen am Prozeß werden experimentell gewonnene Modelle ermittelt. Parametrische Modelle sind in Form von Differential- oder Differenzengleichungssystemen oder als Übertragungsfunktionen darzustellen, nichtparametrische Modelle können mit Kurven, Wertetabellen oder Antwortfunktionen, wie zum Beispiel der Sprungantwortfunktion oder der Ortskurve der Frequenzgangfunktion, gebildet werden.

Nach der Art, wie die Prozeßzustände dargestellt werden, unterscheidet man diskrete und kontinuierliche Modelle. Dynamische Modelle beschreiben das Zeitverhalten von Prozeßvariablen, bei statischen Modellen tritt eine Zeitabhängigkeit nicht auf. Stochastische Modelle sind einzusetzen, wenn der Zusammenhang zwischen Variablen mit Zufallsgesetzen dargestellt wird.

Werden alle Zustandsvariablen des Prozesses berücksichtigt, so spricht man von einer vollständigen Darstellung der Modellvariablen. Bei einer vereinfachten Darstellung sind nicht alle Zustandsvariablen zugänglich. Besondere Bedeutung haben hier Input-Output-Modelle, bei denen das Verhalten der Ausgangsgröße in Abhängigkeit von der Eingangsgröße betrachtet wird. Bei dieser Modelldarstellung steht das funktionale Verhalten des Gesamtsystems im Vordergrund.

9.2 Anwendung der Modellbildung in der Regelungstechnik

9.2.1 Theoretische und experimentelle Analyse

Mathematische Modelle werden in der Regelungstechnik bei folgenden Aufgabenstellungen angewendet:
- Informationsgewinnung über die Regelstreckenstruktur,
- Analyse des Verhaltens von Regelstrecken,
- Synthese von Regelungssystemen,
- Optimierung von Regelungssystemen.

Um Informationen über die Struktur von Regelstrecken zu gewinnen, bieten sich zwei Verfahren an: Die **theoretische Analyse** geht von physikalischen Grundgleichungen aus. Das sind im wesentlichen Erhaltungssätze für Masse, Energie und Impuls sowie Sätze über das dynamische Gleichgewicht von Kräften und Momenten. Die Parameter hängen von den physikalisch-technischen Daten der Regelstrecke ab.

Voraussetzung ist eine qualitative Vorstellung über die physikalischen Vorgänge in der betrachteten Regelstrecke (Prozeß). Aufgrund von Prozeßkenntnissen werden unter Verwendung von Erhaltungssätzen und Gleichgewichtsbedingungen die physikalischen Vorgänge beschrieben. Damit wird ein qualitatives Modell erstellt. Mit Prozeßkennwerten werden die Modellgleichungen formuliert, die Modellparameter festgelegt, das damit entstehende quantitative Modell kann häufig vereinfacht werden. Meist wird die Ordnung des Modells, das heißt die Anzahl der Differentialgleichungen, die zur Beschreibung des Systems benötigt werden, verringert.

Die **experimentelle Analyse** ermittelt das Modell eines Prozesses aus gemessenen Ein- und Ausgangsgrößen. Mit zusätzlichen Informationen läßt sich eine geeignete Modellstruktur festlegen. Aus der Modellstruktur und den Ein- und Ausgangssignalen sind die Parameter zu identifizieren. Im allgemeinen muß das Modell überprüft und die Struktur angepaßt werden. In Tabelle 9.2-1 ist die Vorgehensweise beschrieben.

Tabelle 9.2-1: Vorgehensweise bei der Modellbildung

Phasen der Modellbildung	theoretische Analyse	experimentelle Analyse	Ergebnis
Strukturermittlung	Beschreibung der physikalischen Vorgänge, Festlegung der Modellstruktur	Systemanregung, Wahl der Modellstruktur	qualitatives Modell
Parameterermittlung	Formulierung der Modellgleichungen, Bestimmung der Modellparameter	Identifikation der Parameter, Strukturanpassung	quantitatives Modell

Beispiel 9.2-1: Für ein mechanisches System (Fahrzeug, Werkzeugmaschinenschlitten) ist ein mathematisches Modell zu bestimmen, Eingangsgröße ist die Kraft F_y (Stellgröße), Ausgangsgröße der Weg x (Regelgröße), den das mechanische System unter der Einwirkung der Kraft zurücklegt.

Theoretische Analyse

Strukturermittlung: Die antreibende Kraft F_y steht im Gleichgewicht mit der Trägheitskraft F_m, die proportional zur Beschleunigung des Systems ist, und einer Reibkraft F_r, die zur Geschwindigkeit proportional ist. Das elastische Verhalten des Systems wird nicht berücksichtigt. Parameterermittlung: Die Summe der Kräfte ist

Null, die Geschwindigkeit ist die Ableitung des Weges nach der Zeit. Damit werden die Modellgleichungen formuliert und die Parameter festgelegt:

$$F_m(t) + F_r(t) - F_y(t) = 0, \quad F_m(t) = m \cdot \frac{dv(t)}{dt}, \quad F_r(t) = r_k \cdot v(t),$$

$$m \cdot a(t) + r_k \cdot v(t) = F_y(t), \quad a(t) = \frac{d^2 x(t)}{dt^2}, \quad v(t) = \frac{dx(t)}{dt},$$

$$m \cdot \frac{d^2 x(t)}{dt^2} + r_k \cdot \frac{dx(t)}{dt} = F_y(t),$$

$x =$ Weg, $y =$ Antriebskraft, $a =$ Beschleunigung,

$v =$ Geschwindigkeit, $m =$ Masse, $r_k =$ Dämpfungskoeffizient.

Die Parameter m und r_k können gemessen oder berechnet werden. Für die weitere Berechnung werden die Parameter mit

$$m = 0.5 \, \frac{kN \cdot s^2}{m}, \quad r_k = 0.5 \, \frac{kN \cdot s}{m},$$

vorgegeben. Normierung mit $\frac{1}{r_k}$ und LAPLACE-Transformation der Differentialgleichung liefern die Übertragungsfunktion der Regelstrecke:

$$x(s) \cdot \left[\frac{m}{r_k} \cdot s^2 + s \right] = \frac{1}{r_k} \cdot F_y(s),$$

$$K_S = \frac{1}{r_k} = 2 \frac{m}{kN \cdot s}, \quad T_S = \frac{m}{r_k} = 1 \, s,$$

$$G_S(s) = \frac{x(s)}{F_y(s)} = \frac{\frac{1}{r_k}}{s + \frac{m}{r_k} \cdot s^2} = \frac{K_S}{s + T_S \cdot s^2} = \frac{K_S}{s \cdot (1 + T_S \cdot s)} = \frac{2}{s \cdot (1 + 1s \cdot s)} \cdot \frac{m}{kN \cdot s}.$$

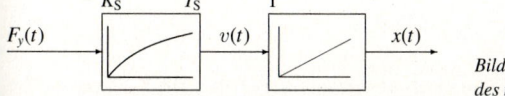

$F_y(t)$ → [K_S T_S] → $v(t)$ → [1] → $x(t)$

Bild 9.2-1: Signalflußplan des mechanischen Systems

Das mathematische Modell der Regelstrecke kann im Signalflußplan aus der signaltechnischen Reihenschaltung eines Verzögerungselements (PT_1-Element) und eines Integral-Elements (I-Element) zusammengesetzt werden. Das mathematische Modell der Regelstrecke wird durch ein IT_1-Element gebildet, wobei die Reihenfolge von PT_1-Element und I-Element durch die Modellgleichungen festgelegt ist.

Experimentelle Analyse

Strukturermittlung: Das mechanische System befindet sich im Ruhezustand, Geschwindigkeit und Beschleunigung sind Null. Zum Zeitpunkt $t = 0$ wird die Kraft F_y von Null auf F_{y0} erhöht, das entspricht der Aufschaltung einer Sprungfunktion

$$F_y(t) = F_{y0} \cdot E(t), \quad F_y(s) = F_{y0} \cdot \frac{1}{s}.$$

Der Verlauf der Ausgangsgröße wird gemessen. Die Sprungantwort ist in Bild 9.2-2 dargestellt.

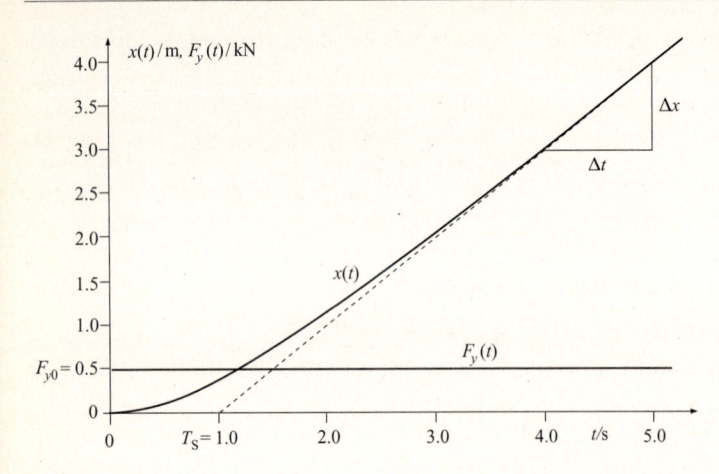

Bild 9.2-2: Sprungantwort des mechanischen Systems

Durch Vergleich mit Sprungantworten von bekannten Übertragungselementen wird die Struktur des zu identifizierenden Übertragungselements bestimmt. Die Sprungantwort $x(t)$ steigt nach einer Verzögerung linear an: Das Übertragungselement setzt sich aus einem Integral- und einem Verzögerungselement erster Ordnung zusammen (IT_1-Element). Die Übertragungsfunktion für ein IT_1-Element ist:

$$G_S(s) = \frac{x(s)}{F_y(s)} = \frac{K_S}{s \cdot (1 + T_S \cdot s)}.$$

Sprungantwort des IT_1-Elements:

$$x(s) = G_S(s) \cdot F_y(s) = \frac{K_S}{s \cdot (1 + T_S \cdot s)} \cdot \frac{F_{y0}}{s},$$

$$x(t) = K_S \cdot F_{y0} \cdot \left(t - T_S + T_S \cdot e^{-\frac{t}{T_S}} \right).$$

Für $t \gg T_S$ kann der Funktionsanteil $T_S \cdot e^{-\frac{t}{T_S}}$ vernachlässigt werden. Das Verhalten des IT_1-Elements folgt dann der Geradengleichung

$$x(t) = K_S \cdot F_{y0} \cdot (t - T_S).$$

Aus dem Schnittpunkt der Geraden mit der Zeitachse in Bild 9.2-2 wird die Zeitkonstante $T_S = 1$ s abgelesen. Mit der Ableitung (Steigung) von $x(t)$ und der Sprunghöhe $F_{y0} = 0.5$ kN wird die Verstärkung K_S bestimmt:

$$\frac{dx(t)}{dt} = K_S \cdot F_{y0} \approx \frac{\Delta x}{\Delta t} = \frac{1 \text{m}}{1 \text{s}}, \quad K_S = \frac{1 \text{m}}{F_{y0} \cdot 1 \text{s}} = 2 \cdot \frac{\text{m}}{\text{kN} \cdot \text{s}}.$$

Aus der experimentellen Analyse erhält man ein IT_1-Element als mathematisches Modell der Regelstrecke:

$$G_S(s) = \frac{x(s)}{F_y(s)} = \frac{K_S}{(1 + T_S \cdot s)} \cdot \frac{1}{s} = \frac{2}{s \cdot (1 + 1\text{s} \cdot s)} \cdot \frac{\text{m}}{\text{kN} \cdot \text{s}}.$$

Die signaltechnische Reihenfolge von Integral- und Verzögerungs-Element kann aus der experimentellen Analyse mit Eingangs- und Ausgangsfunktion nicht bestimmt werden.

9.2.2 Zusammenfassung

Die **theoretische Analyse** von Regelstrecken geht von physikalischen Grundgleichungen und von gemessenen oder berechneten physikalisch-technischen Kenngrößen aus. Vorteile dieser Vorgehensweise sind:
- Die theoretische Analyse kann bereits in der Planungs- und Entwicklungsphase angewendet werden. Es ist nicht erforderlich, daß die Regelstrecke realisiert vorliegt.
- Die theoretische Analyse liefert Erkenntnisse über die innere Struktur der Regelstrecke, die realen physikalischen Zustandsvariablen und Zustandsgleichungen werden erfaßt.

Nachteilig ist, daß
- Kenn- und Einflußgrößen häufig nicht exakt oder gar nicht erfaßt werden können, das mathematische Modell wird dadurch unsicher,
- das mathematische Modell komplex und umfangreich wird. Modelle können in der Entwicklungsphase meist nicht vereinfacht werden.

Die **experimentelle Analyse** ermittelt das Modell einer Regelstrecke aus gemessenen Ein- und Ausgangsgrößen. Vorteile dieser Methode sind:
- Kenntnisse über die physikalisch-technische Funktionsweise der Regelstrecke müssen nicht vorliegen.
- Die ermittelten mathematischen Modelle sind einfach, die Differentialgleichungen und Übertragungsfunktionen sind im allgemeinen von niedriger Ordnung.

Nachteilig ist bei diesem Verfahren, daß
- die Regelstrecke technisch realisiert sein muß,
- das Verfahren nur sogenannte Input-Output-Modelle liefert und keine Erkenntnisse über die innere Struktur der Regelstrecke vermittelt. Zustandsgleichungen mit realen physikalischen Variablen können nicht aufgestellt werden.

Zur Modellbildung sollten sich theoretische und experimentelle Analyse ergänzen. Im weiteren wird auf die experimentelle Analyse von zeitinvarianten linearen Systemen eingegangen, wobei periodische und nichtperiodische Signale eingesetzt werden. Die Systeme werden als stabil oder grenzstabil, Integral-Elemente sind also zugelassen, vorausgesetzt.

Regelungstechnische Verfahren bauen häufig auf einer Übertragungsfunktion auf. Ziel der im weiteren dargestellten Vorgehensweise ist die Ermittlung eines parametrischen Modells, das durch eine Differentialgleichung, Übertragungs- oder Frequenzgangfunktion darstellbar ist.

9.3 Experimentelle Analyse von linearen Übertragungselementen

9.3.1 Vorgehensweise bei der experimentellen Analyse

Regelkreise können im allgemeinen nur dann berechnet werden, wenn die Funktionsgleichungen der Regelkreiselemente bekannt sind. Zur Berechnung und Realisierung einer Regeleinrichtung werden daher Kenntnisse über Struktur und Parameter der Regelstrecke benötigt. Bei der experimentellen Analyse werden Regelstreckenmodelle aus der mathematischen Beschreibung des Zusammenhangs zwischen Eingangs- und Ausgangsgrößen berechnet. Eingangsgrößen sind Führungs- oder Störgrößen.

Die Kennwerte der Regelkreiselemente werden aus den **Antwortfunktionen bei Aufschaltung von Testfunktionen** ermittelt, wobei die Funktionen als technische Signale vorliegen. Der Vorgang der Identifikation gliedert sich in die Teilschritte (Tabelle 9.3-1):
- Aufschaltung der Testfunktion,
- Messung der Antwortfunktion,

- Auswertung von Test- und Antwortfunktion,
- Ermittlung eines nichtparametrischen Modells für das Regelkreiselement (Sprungantwort, Ortskurve),
- Kennwertermittlung für das nichtparametrische Modell,
- Umrechnung der Kennwerte in die Koeffizienten eines parametrischen Modells.

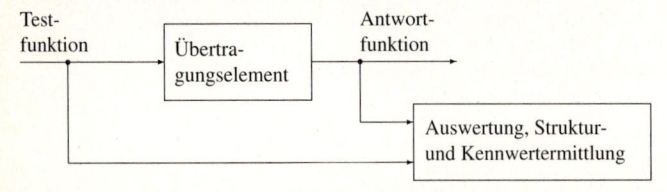

Bild 9.3-1: Prinzip der experimentellen Analyse (Identifikation)

Tabelle 9.3-1: Vorgehensweise bei der Modellbildung

Aufschaltung der Testfunktion		
Testfunktion	nichtperiodische Signale: Impuls-, Sprung-, Anstiegs-, Rechteckfunktion	periodische Signale: harmonische Funktionen (Sinusfunktion), periodische nichtharmonische Funktionen
Messung der Antwortfunktion		
Auswertung von Test- und Antwortfunktion		
Ermittlung der Modellstruktur		
Modellstruktur	nichtparametrische Modelle: Impuls-, Sprung-, Anstiegsantwortfunktion, Ortskurve der Frequenzgangfunktion	parametrische Modelle: Differenzen-, Differentialgleichung, Übertragungsfunktion, Frequenzgangfunktion
Kennwertermittlung für das nichtparametrische Modell		
Berechnung der Koeffizienten des parametrischen Modells		
Parameter, Kennwerte	nichtparametrische Modelle: Kennwerte der Impuls-, Sprung-, Anstiegsantwortfunktion, Ortskurve der Frequenzgangfunktion, Anfangs-, Endwert, Wendepunkt, Maximum der Antwortfunktion, Sonderwerte der Ortskurve des Frequenzgangs	parametrische Modelle: Koeffizienten der Differenzen-, Differentialgleichung, Übertragungsfunktion, Frequenzgangfunktion, Verstärkungsfaktoren, Zeitkonstanten, Kennkreisfrequenz, Dämpfung

9.3.2 Experimentelle Analyse mit Sprungfunktionen

9.3.2.1 Bestimmung des prinzipiellen Übertragungsverhaltens aus dem Endwert der Sprungantwort

Mit Hilfe der Grenzwertsätze der LAPLACE-Transformation können aus Sprungantwortfunktionen Aussagen über Typ und Übertragungsfunktion von Übertragungselementen gemacht werden. Ausgangspunkt der Untersuchungen ist die Übertragungsfunktion $G(s)$ mit $m \leq n$, wobei m der Grad des Zählerpolynoms und n der des Nennerpolynoms ist:

9.3 Experimentelle Analyse von linearen Übertragungselementen

$$G(s) = \frac{x_a(s)}{x_e(s)} = \frac{b_m \cdot s^m + b_{m-1} \cdot s^{m-1} + \ldots + b_1 \cdot s + b_0}{a_n \cdot s^n + a_{n-1} \cdot s^{n-1} + \ldots + a_1 \cdot s + a_0}.$$

Die Sprungantwort für die Einheitssprungfunktion $x_e(t)$ ist

$$x_e(s) = \frac{1}{s}, \quad x_e(t) = E(t),$$

$$x_a(s) = G(s) \cdot x_e(s) = \frac{b_m \cdot s^m + b_{m-1} \cdot s^{m-1} + \ldots + b_1 \cdot s + b_0}{a_n \cdot s^n + a_{n-1} \cdot s^{n-1} + \ldots + a_1 \cdot s + a_0} \cdot \frac{1}{s},$$

mit dem Anfangswert

$$x_a(t=0) = \lim_{s \to \infty} s \cdot G(s) \cdot x_e(s) = \lim_{s \to \infty} G(s),$$

und dem Endwert

$$x_a(t \to \infty) = \lim_{s \to 0} s \cdot G(s) \cdot x_e(s) = \lim_{s \to 0} G(s).$$

Aus dem Verlauf der Sprungantwort für große Zeiten oder aus dem Endwert der Sprungantwort $x_a(t \to \infty)$ kann das prinzipielle Verhalten eines Übertragungselements klassifiziert werden:

- **Integrierendes Verhalten, Integral-Element:** Wird das Sprungantwortsignal ständig größer, so liegt integrales Verhalten vor. Das **Integral-Element** wird auch als Übertragungselement ohne Ausgleich bezeichnet. Der Endwert ist $x_a(t \to \infty) \to \infty$.
- **Proportionales Verhalten, Proportional-Element:** Geht die Sprungantwort auf einen neuen stationären Wert (Gleichgewichtszustand) über, so verhält sich das Element proportional. Das Proportional-Element heißt auch Übertragungselement mit Ausgleich. Der Endwert ist $x_a(t \to \infty) \neq 0, \neq \infty$.
- **Differenzierendes Verhalten, Differential-Element:** Wird die Sprungantwort für große Zeiten zu Null, so differenziert das Übertragungselement. Differenzierende Elemente übertragen keine Gleichsignale wie zum Beispiel die Sprungfunktion. Der Endwert von $x_a(t)$ ist daher $x_a(t \to \infty) = 0$. Reines D-Verhalten tritt bei Regelstrecken nicht auf.

Aus dem Endwert der Sprungantwort $x_a(t \to \infty)$ kann das prinzipielle Verhalten des Übertragungselements abgelesen werden (Abschnitt 4.6.2).

Integral-Verhalten liegt vor, wenn

$$x_a(t \to \infty) = \lim_{s \to 0} G(s) \to \infty$$

wird, in der Übertragungsfunktion muß $a_0 = 0$ sein:

$$\frac{b_m s^m + b_{m-1} s^{m-1} + \ldots + b_1 s + b_0}{a_n s^n + a_{n-1} s^{n-1} + \ldots + a_1 s} = \frac{b_m s^m + b_{m-1} s^{m-1} + \ldots + b_1 s + b_0}{(a_n s^{n-1} + a_{n-1} s^{n-2} + \ldots + a_1) s}.$$

Zu den Elementen mit integralem Verhalten gehören alle Elemente mit I-Anteil: I, $I_2, \ldots$, IT_1, $IT_2, \ldots$, IT_t, PI, PID, $PIDT_1$, $PIDT_2, \ldots$.

Ein Element hat Proportional-Verhalten, wenn

$$x_a(t \to \infty) = \lim_{s \to 0} G(s) = \frac{b_0}{a_0} = K_P \neq 0$$

ist, in der Übertragungsfunktion müssen a_0 und b_0 ungleich Null sein. Zu den Elementen mit proportionalem Verhalten gehören alle Elemente mit P-Anteil und ohne I-Anteil: P, PT_1, $PT_2, \ldots$, PT_t, PD, PDT_1, $PDT_2, \ldots$, PPT_1, $PPT_2 \ldots$.

Differenzierendes Verhalten tritt auf, wenn

$$x_a(t \to \infty) = \lim_{s \to 0} G(s) = 0$$

ist, in der Übertragungsfunktion ist b_0 gleich Null:

$$G(s) = \frac{b_m s^m + b_{m-1} s^{m-1} + \ldots + b_1 s}{a_n s^n + a_{n-1} s^{n-1} + \ldots + a_1 s + a_0} = \frac{s(b_m s^{m-1} + b_{m-1} s^{m-2} + \ldots + b_1)}{a_n s^n + a_{n-1} s^{n-1} + \ldots + a_1 s + a_0}.$$

Zu der Gruppe der Elemente mit differenzierendem Verhalten gehören alle Elemente mit D-Anteil, ohne P-Anteil und I-Anteil: D, DT_1, DT_2, ...

Für die Ermittlung des prinzipiellen Übertragungsverhaltens eines Elements sind in Bild 9.3-2 Vorgehensweise und Entscheidungsablauf dargestellt.

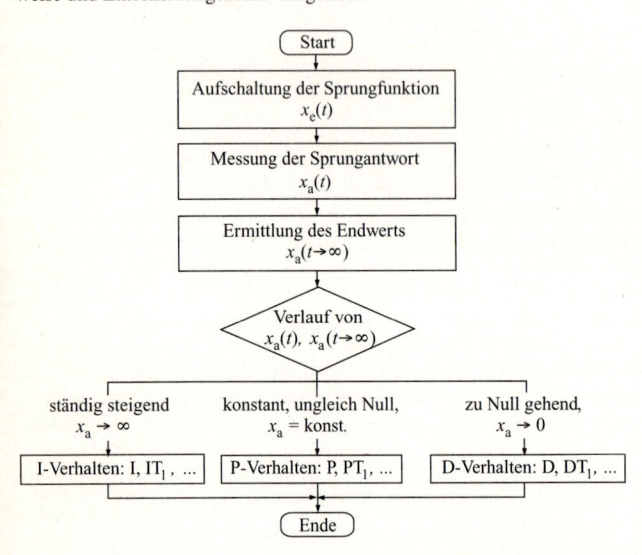

Bild 9.3-2: Bestimmung des prinzipiellen Übertragungsverhaltens mit dem Endwert der Sprungantwort

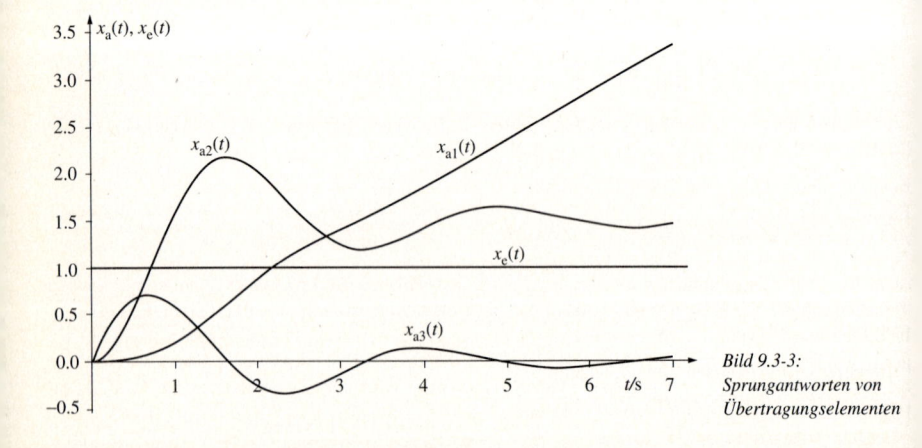

Bild 9.3-3:
Sprungantworten von Übertragungselementen

Beispiel 9.3-1: Für die in Bild 9.3-3 aufgezeichneten Sprungantworten ist nach Bild 9.3-2 das Übertragungsverhalten zu bestimmen.

Für die Übertragungselemente erhält man folgende Aussagen:
- $x_{a1}(t)$: Element mit integrierendem Verhalten,
- $x_{a2}(t)$: Element mit proportionalem Verhalten,
- $x_{a3}(t)$: Element mit differenzierendem Verhalten.

Aufgezeichnet wurden die Sprungantworten für folgende Übertragungselemente:

$$G_1(s) = \frac{2}{s^3 + s^2 + 4 \cdot s}, \quad G_2(s) = \frac{6}{s^2 + s + 4}, \quad G_3(s) = \frac{2 \cdot s}{s^2 + s + 4}.$$

9.3.2.2 Bestimmung des Elementtyps aus Anfangswert und Anfangssteigung der Sprungantwort

Ist der Anfangswert der Sprungantwortfunktion $x_a(t = 0)$ ungleich Null, so muß der Zählergrad m der Übertragungsfunktion gleich dem Nennergrad n sein, das Übertragungselement ist sprungfähig:

$$x_a(t = 0) = \lim_{s \to \infty} G(s) = \frac{b_m}{a_n} \neq 0.$$

Beispiele dafür sind P-Elemente ($m = n = 0$), PDT$_1$- und PPT$_1$-Elemente ($m = n = 1$), PIDT$_1$-Elemente ($n = m = 2$):

$$G(s) = \frac{b_0}{a_0} = K_P, \quad G(s) = K_P \cdot \frac{1 + T_V \cdot s}{1 + T_1 \cdot s} = \frac{b_1 \cdot s + b_0}{a_1 \cdot s + a_0},$$

$$G(s) = K_P \cdot \frac{(1 + T_N \cdot s) \cdot (1 + T_V \cdot s)}{T_N \cdot s \cdot (1 + T_1 \cdot s)} = \frac{b_2 \cdot s^2 + b_1 \cdot s + b_0}{a_2 \cdot s^2 + a_1 \cdot s}.$$

Die erste Ableitung der Sprungantwort nach der Zeit wird im Frequenzbereich durch Multiplikation mit s ausgeführt:

$$L\left\{\frac{dx_a(t)}{dt}\right\} = s \cdot x_a(s) = s \cdot G(s) \cdot x_e(s)$$

$$= s \cdot \frac{b_m \cdot s^m + b_{m-1} \cdot s^{m-1} + \ldots + b_1 \cdot s + b_0}{a_n \cdot s^n + a_{n-1} \cdot s^{n-1} + \ldots + a_1 \cdot s + a_0} \cdot \frac{1}{s}.$$

Der Anfangswert der Ableitung von $x_a(t)$ ist:

$$\left.\frac{dx_a(t)}{dt}\right|_{t=0} = \lim_{s \to \infty} s \cdot s \cdot G(s) \cdot x_e(s) = \lim_{s \to \infty} s \cdot G(s)$$

$$= \lim_{s \to \infty} s \cdot \frac{b_m \cdot s^m + b_{m-1} \cdot s^{m-1} + \ldots + b_1 \cdot s + b_0}{a_n \cdot s^n + a_{n-1} \cdot s^{n-1} + \ldots + a_1 \cdot s + a_0}$$

$$= \lim_{s \to \infty} \frac{b_m \cdot s^{m+1} + b_{m-1} \cdot s^m + \ldots + b_1 \cdot s^2 + b_0 \cdot s}{a_n \cdot s^n + a_{n-1} \cdot s^{n-1} + \ldots + a_1 \cdot s + a_0}.$$

Der Anfangswert der Ableitung ist dann Null, wenn $m + 1 < n$ ist. Für $m + 1 = n$ ist der Anfangswert der Ableitung ungleich Null:

$$\dot{x}_a(t = 0) = \left.\frac{dx_a(t)}{dt}\right|_{t=0} = \lim_{s \to \infty} s \cdot G(s) = \frac{b_m}{a_n} \neq 0.$$

Ist die Steigung der Sprungantwort zur Zeit $t = 0$ ungleich Null, so muß der Zählergrad m der Übertragungsfunktion um Eins kleiner als der Nennergrad n sein. Mit dieser Eigenschaft der Sprungantwort kann beispielsweise das PT$_1$-Element identifiziert werden. Beispiele sind in Bild 9.3-4 dargestellt: Integral- und PT$_1$-Element mit $m + 1 = n = 1$, PDT$_2$-Element mit $m + 1 = n = 2$:

$$G_1(s) = \frac{K_{IS}}{s} = \frac{b_0}{a_1 \cdot s} = \frac{1}{2 \cdot s}, \quad m = 0, n = 1,$$

$$G_2(s) = K_P \cdot \frac{1}{1 + T_S \cdot s} = \frac{b_0}{a_1 \cdot s + a_0} = \frac{1.5}{1 + s}, \quad m = 0, n = 1,$$

$$G_3(s) = \frac{K_P \cdot (1 + T_V \cdot s)}{(1 + T_1 \cdot s) \cdot (1 + T_2 \cdot s)} = \frac{b_1 \cdot s + b_0}{a_2 \cdot s^2 + a_1 \cdot s + a_0} = \frac{1 + 2s}{0.2s^2 + 0.9s + 1},$$
$$m = 1, n = 2,$$

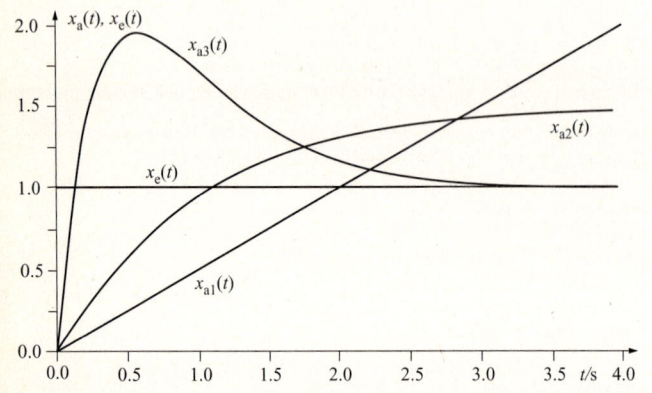

Bild 9.3-4: Sprungantworten von Übertragungselementen mit Pol-Nullstellendifferenzen von $n - m = 1$

Sind Anfangswert der Sprungantwort $x_a(t = 0)$ und Steigung $\dot{x}_a(t = 0)$ Null, so ist $n \geq m+2$. Das Modell der Regelstrecke kann beispielsweise als IT_1-Element, PT_2-Element ($n = m + 2 = 2$) oder mit Verzögerungen höherer Ordnung ($n \geq m + 2$) angenommen werden.

Die Erweiterung dieses Identifikationsmerkmals auf höhere Ableitungen der Sprungantwort hat geringe praktische Bedeutung, da die gemessenen Sprungantworten von Regelstrecken im Anlaufbereich, also für kleine Zeiten, große relative Fehler aufweisen. Eine mehrmalige Differentiation hat deshalb geringe Aussagefähigkeit.

In Bild 9.3-5 ist die Entscheidungsstrategie auf der Grundlage von Anfangswert und Anfangssteigung der Sprungantwort festgelegt.

Beispiel 9.3-2: In Bild 9.3-6 ist die Sprungantwort $x_a(t)$ und die erste und zweite Ableitung aufgezeichnet.

Aus der Sprungantwort und den Ableitungen nach Bild 9.3-6 und mit der Entscheidungsstruktur nach Bild 9.3-5 werden für das Übertragungselement folgende Aussagen gemacht:

- Anfangswert der Sprungantwort $x_a(t = 0) = 0$: $m \neq n$,
- Anfangswert der ersten Ableitung $\dot{x}_a(t = 0) = 0$: $m + 1 \neq n$,
- Anfangswert der zweiten Ableitung $\ddot{x}_a(t = 0) \neq 0$: $m + 2 = n$.

Aufgezeichnet wurden Sprungantwort und Ableitungen für ein PT_2-Übertragungselement mit $m = 0, n = 2$:

$$G(s) = \frac{\omega_0^2}{s^2 + 2D\omega_0 s + \omega_0^2} = \frac{b_0}{a_2 \cdot s^2 + a_1 \cdot s + a_0} = \frac{2}{s^2 + s + 2}.$$

9.3 Experimentelle Analyse von linearen Übertragungselementen

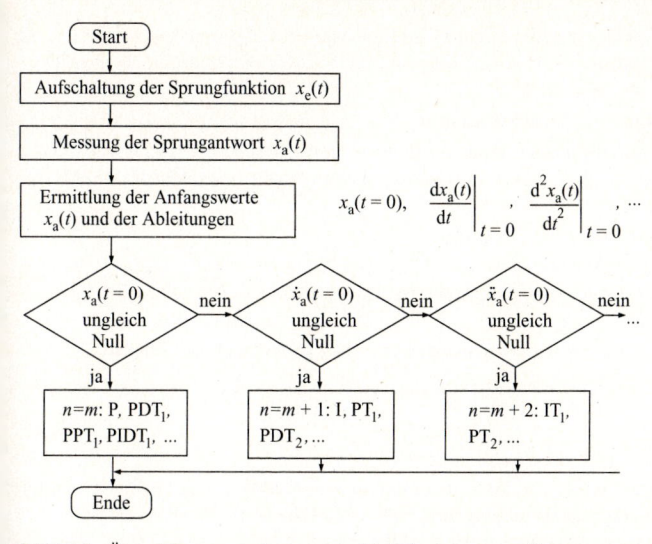

```
┌─────────┐
│  Start  │
└────┬────┘
     ↓
┌─────────────────────────────────────┐
│ Aufschaltung der Sprungfunktion xₑ(t)│
└────┬────────────────────────────────┘
     ↓
┌─────────────────────────────────┐
│ Messung der Sprungantwort xₐ(t) │
└────┬────────────────────────────┘
     ↓
┌──────────────────────────────┐
│ Ermittlung der Anfangswerte  │
│ xₐ(t) und der Ableitungen    │
└──────────────────────────────┘
```

$$x_a(t=0), \quad \left.\frac{dx_a(t)}{dt}\right|_{t=0}, \quad \left.\frac{d^2x_a(t)}{dt^2}\right|_{t=0}, \ldots$$

Entscheidungen:
- $x_a(t=0)$ ungleich Null? — ja: $n=m$: P, PDT$_1$, PPT$_1$, PIDT$_1$, ... — nein →
- $\dot{x}_a(t=0)$ ungleich Null? — ja: $n=m+1$: I, PT$_1$, PDT$_2$, ... — nein →
- $\ddot{x}_a(t=0)$ ungleich Null? — ja: $n=m+2$: IT$_1$, PT$_2$, ... — nein → ...

Ende

Bild 9.3-5: *Überprüfung von Anfangswert und Anfangssteigung von Sprungantworten*

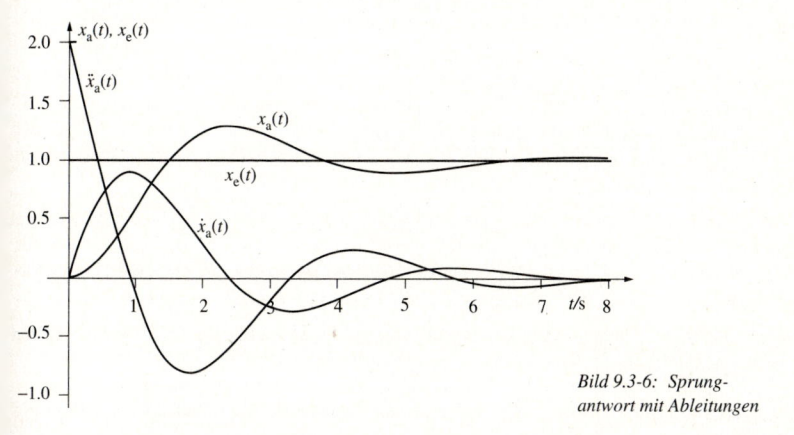

Bild 9.3-6: *Sprungantwort mit Ableitungen*

9.3.2.3 Ableitung von Identifikationsmerkmalen aus den Eigenschaften von Sprungantworten

Aus Anfangs- und Endwert der Sprungantwort konnten prinzipielle Eigenschaften des Übertragungselements abgeleitet werden. Die Auswertung des Sprungantwortverlaufs liefert weitere Erkenntnisse über das Übertragungselement. Im weiteren werden Proportional-Elemente untersucht, die Untersuchungsmethoden lassen sich prinzipiell auch auf Integral-Elemente ausdehnen. Folgende Identifikationsmerkmale können aus dem Sprungantwortverlauf abgeleitet werden:

Sprungantwortverläufe ohne periodisches Schwingen:

- Die Sprungantwort läuft ohne Überschwingen auf den Endwert ein, die Sprungantwort hat keine Maxima oder Minima (Abschnitt 9.3.2.4).

- Die Sprungantwort schwingt über den Endwert und läuft ohne Unterschwingen auf den Endwert ein, die Sprungantwort hat ein Maximum. Bei mehreren Über- und Unterschwingungen hat die Sprungantwort mehrere Maxima und Minima (Abschnitt 9.3.2.5).

Sprungantwortverläufe mit periodischem Schwingen:

- Der Verlauf der Sprungantwort hat schwingendes Verhalten, wobei der Abstand der Maxima und Minima der Sprungantwort konstant ist, die Sprungantwort hat theoretisch unendlich viele Maxima und Minima (Abschnitt 9.3.2.6).

Sprungantwortverläufe mit Totzeit:

- Das Übertragungselement zeigt aufgrund von Totzeiten eine konstante Zeitverschiebung zwischen Sprungaufschaltung und Reaktion der Ausgangsgröße (Abschnitt 9.3.2.7).

9.3.2.4 Sprungantwortverlauf ohne Überschwingen und ohne periodisches Schwingen

Dieser Sprungantwortverlauf tritt auf, wenn die Übertragungsfunktion des zu identifizierenden Elements

$$G(s) = \frac{x_a(s)}{x_e(s)} = \frac{b_m \cdot s^m + b_{m-1} \cdot s^{m-1} + \ldots + b_1 \cdot s + b_0}{a_n \cdot s^n + a_{n-1} \cdot s^{n-1} + \ldots + a_1 \cdot s + a_0}$$

nur reelle Polstellen s_{pj} und Nullstellen s_{ni} besitzt, wobei jede Nullstelle kleiner als eine zugehörige Polstelle sein muß. Die reellen Zeitkonstanten der Übertragungsfunktion lassen sich aus den Pol- und Nullstellen ableiten:

$$\begin{aligned} G(s) &= \frac{x_a(s)}{x_e(s)} = \frac{b_m \cdot s^m + b_{m-1} \cdot s^{m-1} + \ldots + b_1 \cdot s + b_0}{a_n \cdot s^n + a_{n-1} \cdot s^{n-1} + \ldots + a_1 \cdot s + a_0} \\ &= \frac{b_m}{a_n} \cdot \frac{(s - s_{n1}) \cdot (s - s_{n2}) \cdot \ldots \cdot (s - s_{nm})}{(s - s_{p1}) \cdot (s - s_{p2}) \cdot \ldots \cdot (s - s_{pn})} \\ &= \frac{b'_m}{a'_n} \cdot \frac{(1 + T_{V1} \cdot s) \cdot (1 + T_{V2} \cdot s) \cdot \ldots \cdot (1 + T_{Vm} \cdot s)}{(1 + T_1 \cdot s) \cdot (1 + T_2 \cdot s) \cdot \ldots \cdot (1 + T_n \cdot s)}, \quad m \leq n, \end{aligned}$$

$$s_{ni} = -\frac{1}{T_{Vi}}, \quad s_{pj} = -\frac{1}{T_j}.$$

Für die weitere Betrachtung wird vorausgesetzt, daß Vorhalt- und Verzögerungszeitkonstanten nach der Größe geordnet sind:

$$T_{V1} \geq T_{V2} \geq \ldots \geq T_{Vi} \geq \ldots \geq T_{Vm}, \quad i = 1, \ldots, m,$$
$$T_1 \geq T_2 \geq \ldots \geq T_j \geq \ldots \geq T_n, \quad j = 1, \ldots, n, \quad m \leq n.$$

Ein Sprungantwortverlauf ohne Überschwingen und ohne schwingendes Verhalten tritt auf, wenn folgende Bedingungen erfüllt sind:

> Die Übertragungsfunktion enthält positive, reelle Zeitkonstanten, wobei jede Vorhaltzeitkonstante T_{Vi} kleiner als die zugehörige Verzögerungszeitkonstante T_i sein muß.

Beispiel 9.3-3: Für die Übertragungsfunktionen

$$G_1(s) = \frac{1}{1 + T_1 \cdot s} = \frac{1}{1 + s}, \quad T_{V1} = 0\,\text{s} < T_1 = 1\,\text{s},$$

$$G_2(s) = \frac{1 + T_{V1} \cdot s}{1 + T_1 \cdot s} = \frac{1 + 0.75 \cdot s}{1 + 1 \cdot s}, \quad T_{V1} = 0.75\,\text{s} < T_1 = 1\,\text{s},$$

9.3 Experimentelle Analyse von linearen Übertragungselementen

$$G_3(s) = \frac{(1 + T_{V1} \cdot s) \cdot (1 + T_{V2} \cdot s)}{(1 + T_1 \cdot s) \cdot (1 + T_2 \cdot s)} = \frac{(1 + 0.5 \cdot s) \cdot (1 + 0.5 \cdot s)}{(1 + 1 \cdot s) \cdot (1 + 0.8 \cdot s)},$$

$$T_{V1} = 0.5\,\text{s} < T_1 = 1\,\text{s}, \quad T_{V2} = 0.5\,\text{s} < T_2 = 0.8\,\text{s},$$

$$G_4(s) = \frac{(1 + T_{V1} \cdot s) \cdot (1 + T_{V2} \cdot s)}{(1 + T_1 \cdot s) \cdot (1 + T_2 \cdot s) \cdot (1 + T_3 \cdot s)},$$

$$T_{V1} = 0.5\,\text{s} < T_1 = 1\,\text{s},$$

$$T_{V2} = 0.5\,\text{s} < T_2 = 1\,\text{s}, \quad T_3 = 0.8\,\text{s},$$

ist die Bedingung $T_{Vi} < T_i$ für $i = 1, \ldots, m$ erfüllt. Bild 9.3-7 enthält die Sprungantwortverläufe. Die Sprungantworten der Übertragungselemente mit $G_2(s)$ und $G_3(s)$ haben Anfangswerte ungleich Null: Die Elemente sind sprungfähig, der Grad des Zählerpolynoms ist gleich dem des Nennerpolynoms, $m = n$. Für $G_1(s)$ und $G_4(s)$ ist $m + 1 = n$, die erste Ableitung der Sprungantworten zur Zeit Null ist ungleich Null.

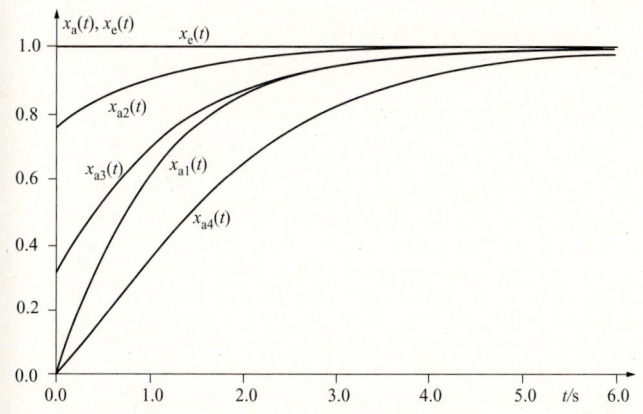

Bild 9.3-7: Sprungantworten ohne Überschwingen und ohne schwingendes Verhalten

9.3.2.5 Sprungantwortverlauf mit Über- und Unterschwingen ohne periodisches Schwingen

Zunächst werden Elemente untersucht, bei denen die Sprungantwort einmal überschwingt. Es tritt ein Maximum auf, die Sprungantwort läuft über den Endwert hinaus und ohne Unterschwingen auf den Endwert zu. Dieser Sprungantwortverlauf tritt auf, wenn die Übertragungsfunktion des zu identifizierenden Elements

$$G(s) = \frac{x_a(s)}{x_e(s)} = \frac{b_m \cdot s^m + b_{m-1} \cdot s^{m-1} + \ldots + b_1 \cdot s + b_0}{a_n \cdot s^n + a_{n-1} \cdot s^{n-1} + \ldots + a_1 \cdot s + a_0}$$

$$= \frac{b'_m}{a'_n} \cdot \frac{(1 + T_{V1} \cdot s) \cdot (1 + T_{V2} \cdot s) \cdot \ldots \cdot (1 + T_{Vm} \cdot s)}{(1 + T_1 \cdot s) \cdot (1 + T_2 \cdot s) \cdot \ldots \cdot (1 + T_n \cdot s)}, \quad m \leq n,$$

eine Vorhaltzeitkonstante T_{Vi} besitzt, die größer als die größte Verzögerungszeitkonstante ist:

$$T_{Vi} > \text{Max}(T_j), \quad j = 1, \ldots, n, m \leq n.$$

Ein Sprungantwortverlauf mit einem Maximum tritt auf, wenn folgende Bedingungen erfüllt sind:

> Die Übertragungsfunktion enthält positive, reelle Zeitkonstanten, wobei eine Vorhaltzeitkonstante größer als die größte Verzögerungszeitkonstante sein muß.

Beispiel 9.3-4: Für die Übertragungsfunktionen

$$G_1(s) = \frac{(1 + T_{V1}) \cdot (1 + T_{V2} \cdot s)}{(1 + T_1 \cdot s) \cdot (1 + T_2 \cdot s)}, \quad \text{mit } T_{V2} > T_2,$$

$$T_{V1} = 0.5 \text{ s}, \quad T_{V2} = 1.8 \text{ s}, \quad T_1 = 0.75 \text{ s}, \quad T_2 = 1.5 \text{ s},$$

$$G_2(s) = \frac{(1 + T_{V1} \cdot s) \cdot (1 + T_{V2} \cdot s) \cdot (1 + T_{V3} \cdot s)}{(1 + T_1 \cdot s) \cdot (1 + T_2 \cdot s) \cdot (1 + T_3 \cdot s) \cdot (1 + T_4 \cdot s)}, \quad T_{V3} > T_3,$$

$$T_{V1} = 1 \text{ s}, \quad T_{V2} = 2 \text{ s}, \quad T_{V3} = 3 \text{ s},$$

$$T_1 = 0.5 \text{ s}, \quad T_2 = 1.2 \text{ s}, \quad T_3 = T_4 = 2.2 \text{ s},$$

ist die Bedingung erfüllt. Bild 9.3-8 enthält die Sprungantwortverläufe. Die Sprungantwort des Übertragungselements $G_1(s)$ hat einen Anfangswert ungleich Null. Für $G_2(s)$ ist $m + 1 = n$, die Steigung der Sprungantwort zur Zeit Null ist ungleich Null.

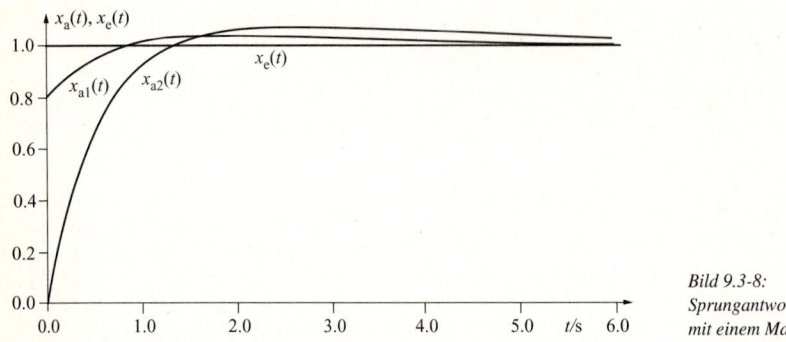

Bild 9.3-8: Sprungantworten mit einem Maximum

Treten mehrere Maxima und Minima im Sprungantwortverlauf auf, so hat die Übertragungsfunktion des zu identifizierenden Elements

$$G(s) = \frac{x_a(s)}{x_e(s)} = \frac{b_m \cdot s^m + b_{m-1} \cdot s^{m-1} + \ldots + b_1 \cdot s + b_0}{a_n \cdot s^n + a_{n-1} \cdot s^{n-1} + \ldots + a_1 \cdot s + a_0}$$

$$= \frac{b'_m}{a'_n} \cdot \frac{(1 + T_{V1} \cdot s) \cdot (1 + T_{V2} \cdot s) \cdot \ldots \cdot (1 + T_{Vm} \cdot s)}{(1 + T_1 \cdot s) \cdot (1 + T_2 \cdot s) \cdot \ldots \cdot (1 + T_n \cdot s)}, \quad m \leq n,$$

mehrere Vorhaltzeitkonstanten, die größer als die größte Verzögerungszeitkonstante sind. Ein Sprungantwortverlauf mit k Extremwerten tritt auf, wenn folgende Bedingungen erfüllt sind:

> Die Übertragungsfunktion enthält positive, reelle Zeitkonstanten, wobei k Vorhaltzeitkonstanten größer als die größte Verzögerungszeitkonstante sein müssen.

Beispiel 9.3-5: Für die Übertragungsfunktion

$$G(s) = \frac{(1 + T_V \cdot s)^3}{(1 + T_1 \cdot s)^4} = \frac{(1 + 2 \cdot s)^3}{(1 + 1 \cdot s)^4}, \quad T_V = 2 \text{ s} > T_1 = 1 \text{ s},$$

sind drei Vorhaltzeitkonstanten größer als die größte Verzögerungszeitkonstante. Die Sprungantwort hat drei Extremwerte: zwei Maxima, ein Minimum. Mit der LAPLACE-Rücktransformation wird die Sprungantwort berechnet:

$$x_e(t) = E(t), \quad x_e(s) = \frac{1}{s},$$

$$x_a(t) = L^{-1}\{G(s) \cdot x_e(s)\} = L^{-1}\left\{\frac{(1+T_V \cdot s)^3}{(1+T_1 \cdot s)^4 \cdot s}\right\} = L^{-1}\left\{\frac{(1+2 \cdot s)^3}{(1+1 \cdot s)^4 \cdot s}\right\},$$

$$= 1 - \frac{-t^3 + 15 \cdot t^2 - 42 \cdot t + 6}{6} \cdot e^{-t}.$$

Die Sprungantwortfunktion wird abgeleitet und Null gesetzt:

$$\frac{dx_a(t)}{dt} = -\frac{t^3 - 18 \cdot t^2 + 72 \cdot t - 48}{6} \cdot e^{-t} \stackrel{!}{=} 0,$$

$$t^3 - 18 \cdot t^2 + 72 \cdot t - 48 = 0.$$

Die Extremwerte liegen bei:

$$t_1 = 0.832\,\text{s}, t_2 = 4.589\,\text{s}, t_3 = 12.580\,\text{s}.$$

Maxima: $x_a(t_1) = 2.388$, $x_a(t_3) = 1.0001$, Minimum: $x_2(t_2) = 0.945$.

Aus dem Sprungantwortverlauf ist nur das erste Maximum und das Minimum erkennbar, das zweite Maximum kann nur numerisch berechnet werden. In Bild 9.3-9 sind die ersten beiden Extremwerte abzulesen.

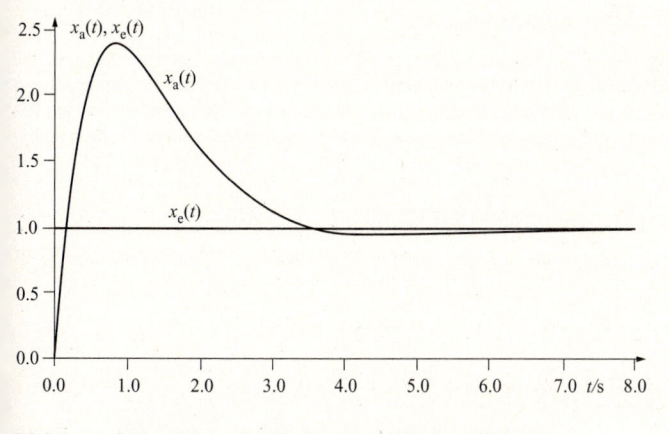

Bild 9.3-9:
Sprungantwort mit mehreren Extremwerten

9.3.2.6 Sprungantwortverläufe mit periodischem Schwingen

9.3.2.6.1 Identifikationsmerkmale von PT_2-Elementen

Zunächst werden Identifikationsmerkmale von Übertragungselementen mit konjugiert komplexen Nullstellen der charakteristischen Gleichung ohne Verzögerungs- oder Vorhaltzeitkonstanten untersucht. Diese Elemente werden als PT_2-Elemente bezeichnet. Sprungantworten von Übertragungselementen mit konjugiert komplexen Nullstellen der charakteristischen Gleichung haben folgende Eigenschaften:

- Die Sprungantwort hat schwingendes Verhalten, wobei die Abstände der Schwingungsmaxima und -minima der Sprungantwort konstant sind.
- In der Sprungantwortfunktion ist eine Sinusfunktion enthalten, die Funktion hat daher theoretisch unendlich viele Maxima und Minima.
- Amplitudenwerte von aufeinanderfolgenden Schwingungen haben konstantes Verhältnis, der Wert ist nur von der Dämpfung abhängig.

- Das Verhältnis von Anregelzeit t_{anr}, bei der 100 %, und der Zeit t_{50}, bei der die Sprungantwort 50 % des Endwerts erreicht, ist nur von der Dämpfung abhängig.

Ein **PT$_2$-Element mit konjugiert komplexen Nullstellen** hat die Übertragungsfunktion

$$G(s) = \frac{x_a(s)}{x_e(s)} = K_P \cdot \frac{\omega_0^2}{s^2 + 2 \cdot D \cdot \omega_0 \cdot s + \omega_0^2} = K_P \cdot \frac{\omega_0^2}{(s - s_1) \cdot (s - s_2)}$$

$$= K_P \cdot \frac{\omega_0^2}{\left(s + D \cdot \omega_0 - j\omega_0 \cdot \sqrt{1 - D^2}\right) \cdot \left(s + D \cdot \omega_0 + j\omega_0 \cdot \sqrt{1 - D^2}\right)},$$

$$s_{1,2} = -D \cdot \omega_0 \pm j\omega_0 \cdot \sqrt{1 - D^2}, \quad 0 < D < 1,$$

und die Sprungantwortfunktion $x_a(t)$ für einen Eingangssprung

$$x_e(t) = x_{e0} \cdot E(t),$$

$$x_a(t) = K_P \cdot x_{e0} \cdot \left[1 - \frac{e^{-D\omega_0 t}}{\sqrt{1 - D^2}} \cdot \sin\left(\omega_0 \cdot \sqrt{1 - D^2} \cdot t + \arccos(D)\right)\right]$$

$$= K_P \cdot x_{e0} \cdot \left[1 - \frac{e^{-D\omega_0 t}}{\sqrt{1 - D^2}} \cdot \sin(\omega_e \cdot t + \arccos(D))\right],$$

$$\omega_e = \omega_0 \cdot \sqrt{1 - D^2} = \text{Eigenkreisfrequenz}.$$

Aus der Sprungantwortfunktion des PT$_2$-Elements werden Identifikationsmerkmale abgeleitet. Kennzeichen von PT$_2$-Elementen sind: Der Zeitabstand zwischen aufeinanderfolgenden Extremwerten der Sprungantwort $x_a(t)$ ist konstant, das Verhältnis von zwei aufeinanderfolgenden Schwingungsamplituden ist konstant, das Verhältnis von t_{anr} und t_{50} liefert Aussagen über die Dämpfung. Zur Berechnung der Extremwerte der Sprungantwortfunktion

$$x_a(t) = K_P \cdot x_{e0} \cdot \left[1 - \frac{e^{-D\omega_0 t}}{\sqrt{1 - D^2}} \cdot \sin\left(\omega_0 \cdot \sqrt{1 - D^2} \cdot t + \arccos(D)\right)\right]$$

wird die Ableitung von $x_a(t)$ Null gesetzt:

$$\frac{dx_a(t)}{dt} = K_P \cdot x_{e0} \cdot e^{-D\omega_0 t} \left[\omega_0 \cdot \sqrt{1 - D^2} + \frac{D^2 \cdot \omega_0}{\sqrt{1 - D^2}}\right] \cdot \sin\left(\omega_0 \cdot \sqrt{1 - D^2} \cdot t\right)$$

$$= K_P \cdot \frac{x_{e0} \cdot \omega_0 \cdot e^{-D\omega_0 t}}{\sqrt{1 - D^2}} \cdot \sin\left(\omega_0 \cdot \sqrt{1 - D^2} \cdot t\right) \stackrel{!}{=} 0.$$

Für die Zeitwerte t_k wird die Sinusfunktion Null:

$$t_k = \frac{k \cdot \pi}{\omega_0 \cdot \sqrt{1 - D^2}} = \frac{k \cdot \pi}{\omega_e}, \quad k = 0,1,2,\ldots$$

Der Zeitabstand zwischen zwei Extremwerten der Sprungantwort ist:

$$\boxed{\Delta t = t_{k+1} - t_k = \frac{\pi}{\omega_0 \cdot \sqrt{1 - D^2}} = \frac{\pi}{\omega_e}.}$$

Der Zeitabstand zwischen zwei Maxima oder Minima der Sprungantwort ist gleich der Periodendauer T_P der Eigenschwingung mit der Kreisfrequenz ω_e:

$$\boxed{T_P = t_{k+2} - t_k = \frac{2 \cdot \pi}{\omega_0 \cdot \sqrt{1 - D^2}} = \frac{2 \cdot \pi}{\omega_e}.}$$

9.3 Experimentelle Analyse von linearen Übertragungselementen

Die Zeitwerte t_k werden in die Sprungantwort $x_a(t)$ eingesetzt. Damit erhält man die Extremwerte der Sprungantwort $x_a(t_k)$:

$$\begin{aligned} x_a(t_k) &= K_P \cdot x_{e0} \cdot \left[1 - \frac{e^{-D\omega_0 t_k}}{\sqrt{1-D^2}} \cdot \sin\left(\omega_0 \cdot \sqrt{1-D^2} \cdot t_k + \arccos(D)\right) \right] \\ &= K_P \cdot x_{e0} - K_P \cdot x_{e0} \cdot \frac{e^{-\frac{k\pi D}{\sqrt{1-D^2}}}}{\sqrt{1-D^2}} \cdot \sin(k \cdot \pi + \arccos(D)) \\ &= K_P \cdot x_{e0} - K_P \cdot x_{e0} \cdot e^{\frac{-k\pi D}{\sqrt{1-D^2}}} \cdot (-1)^k, \end{aligned}$$

wobei mit

$$\frac{\sin(k \cdot \pi + \arccos(D))}{\sqrt{1-D^2}} = (-1)^k, \quad k = 0,1,2,\ldots$$

vereinfacht wurde. Die Extremwerte der Sprungantwortfunktion sind:

$$\boxed{x_a(t_k) = K_P \cdot x_{e0} \cdot \left(1 - (-1)^k \cdot e^{\frac{-k\pi D}{\sqrt{1-D^2}}}\right) = K_P \cdot x_{e0} \cdot (1 - (-1)^k \cdot \ddot{u}^k)}.$$

Für die ersten Extremwerte erhält man mit $\ddot{u} = e^{\frac{-\pi D}{\sqrt{1-D^2}}}$:

$$x_a(t_0) = 0,$$

$$x_a(t_1) = K_P \cdot x_{e0} \cdot \left(1 + e^{\frac{-\pi D}{\sqrt{1-D^2}}}\right) = K_P \cdot x_{e0} \cdot (1 + \ddot{u}),$$

$$x_a(t_2) = K_P \cdot x_{e0} \cdot \left(1 - e^{\frac{-2\pi D}{\sqrt{1-D^2}}}\right) = K_P \cdot x_{e0} \cdot (1 - \ddot{u}^2),$$

$$x_a(t_3) = K_P \cdot x_{e0} \cdot \left(1 + e^{\frac{-3\pi D}{\sqrt{1-D^2}}}\right) = K_P \cdot x_{e0} \cdot (1 + \ddot{u}^3), \ldots$$

Die Amplitudenwerte A_k des Schwingungsanteils in der Sprungantwort werden auf den Wert $K_P \cdot x_{e0}$ bezogen:

$$\boxed{\begin{aligned} A_k &= x_a(t_k) - K_P \cdot x_{e0} = -K_P \cdot x_{e0} \cdot (-1)^k \cdot e^{-\frac{k\pi D}{\sqrt{1-D^2}}} \\ &= -K_P \cdot x_{e0} \cdot (-1)^k \cdot \ddot{u}^k \end{aligned}}.$$

Die ersten Amplitudenwerte sind:

$$A_0 = -K_P \cdot x_{e0}, \quad A_1 = K_P \cdot x_{e0} \cdot \ddot{u}, \quad A_2 = -K_P \cdot x_{e0} \cdot \ddot{u}^2, \quad A_3 = K_P \cdot x_{e0} \cdot \ddot{u}^3, \ldots$$

Das Verhältnis von zwei aufeinanderfolgenden Amplitudenwerten erhält man als prozentuale Überschwingweite $\ddot{u}$:

$$\left|\frac{A_{k+1}}{A_k}\right| = \left|\frac{-(-1)^{k+1} \cdot K_P \cdot x_{e0} \cdot e^{-\frac{(k+1)\pi D}{\sqrt{1-D^2}}}}{-(-1)^k \cdot K_P \cdot x_{e0} \cdot e^{-\frac{k\pi D}{\sqrt{1-D^2}}}}\right| = e^{-\frac{\pi D}{\sqrt{1-D^2}}} = \ddot{u}.$$

Das logarithmische Dekrement ist das logarithmierte Amplitudenverhältnis. Für die Identifikation ist diese Gleichung wichtig, da die Dämpfung D direkt aus dem Amplitudenverhältnis bestimmt werden kann. Die Logarithmierung der Gleichung ergibt das logarithmische Dekrement und umgestellt die Dämpfung D:

$$\left|\frac{A_{k+1}}{A_k}\right| = e^{-\frac{\pi D}{\sqrt{1-D^2}}} = \ddot{u}, \quad \ln\left|\frac{A_{k+1}}{A_k}\right| = \frac{-\pi \cdot D}{\sqrt{1-D^2}} = \ln \ddot{u},$$

$$D = \frac{1}{\sqrt{1 + \left[\frac{\pi}{\ln\left|\frac{A_{k+1}}{A_k}\right|}\right]^2}} = \frac{1}{\sqrt{1 + \left[\frac{\pi}{\ln(\ddot{u})}\right]^2}}.$$

Die Zeitwerte t_i, bei denen die Sprungantwort den Endwert $K_\mathrm{P} \cdot x_{\mathrm{e}0}$ erreicht

$$x_\mathrm{a}(t) = K_\mathrm{P} \cdot x_{\mathrm{e}0} \cdot \left[1 - \frac{e^{-D\omega_0 t}}{\sqrt{1-D^2}} \cdot \sin\left(\omega_0 \cdot \sqrt{1-D^2} \cdot t + \arccos(D)\right)\right]$$

$$= K_\mathrm{P} \cdot x_{\mathrm{e}0},$$

ergeben sich mit

$$-K_\mathrm{P} \cdot x_{\mathrm{e}0} \cdot \frac{e^{-D\omega_0 t_i}}{\sqrt{1-D^2}} \cdot \sin\left(\omega_0 \cdot \sqrt{1-D^2} \cdot t_i + \arccos(D)\right) = 0,$$

$$\sin\left(\omega_0 \cdot \sqrt{1-D^2} \cdot t_i + \arccos(D)\right) = 0,$$

$$\omega_0 \cdot \sqrt{1-D^2} \cdot t_i + \arccos(D) = i \cdot \pi,$$

$$t_i = \frac{i \cdot \pi - \arccos(D)}{\omega_0 \cdot \sqrt{1-D^2}}, \quad i = 1,2,3,\ldots$$

Der Wert, bei dem die Sprungantwort zum ersten Mal den Endwert $K_\mathrm{P} \cdot x_{\mathrm{e}0}$ erreicht, ist die Anregelzeit t_anr, weitere Durchtrittspunkte durch den Endwert haben den Abstand Δt:

$$t_i = \frac{i \cdot \pi - \arccos(D)}{\omega_0 \cdot \sqrt{1-D^2}}, \quad t_\mathrm{anr} = t_1 = \frac{\pi - \arccos(D)}{\omega_0 \cdot \sqrt{1-D^2}},$$

$$\Delta t = t_{i+1} - t_i = \frac{\pi}{\omega_0 \cdot \sqrt{1-D^2}} = \frac{\pi}{\omega_\mathrm{e}} = \frac{T_\mathrm{P}}{2}.$$

Beispiel 9.3-6: Für das PT$_2$-Übertragungselement mit

$$G(s) = \frac{x_\mathrm{a}(s)}{x_\mathrm{e}(s)} = \frac{1}{s^2 + 0.4 \cdot s + 1} = \frac{K_\mathrm{P} \cdot \omega_0^2}{s^2 + 2 \cdot D \cdot \omega_0 \cdot s + \omega_0^2},$$

$$K_\mathrm{P} = 1, \quad \omega_0 = 1\,\mathrm{s}^{-1}, \quad D = 0.2, \quad s_{1,2} = -0.2 \pm 0.98 \cdot j,$$

werden die Identifikationsmerkmale berechnet, die Sprungfunktion hat die Höhe

$$x_{\mathrm{e}0} = 2.$$

Zeitwerte t_k für die Extremwerte der Sprungantwort:

$$t_k = \frac{k \cdot \pi}{\omega_0 \cdot \sqrt{1-D^2}} = k \cdot 3.2064\,\mathrm{s},$$

$$t_0 = 0\,\mathrm{s}, \quad t_1 = 3.2064\,\mathrm{s}, \quad t_2 = 6.4128\,\mathrm{s}, \quad \ldots,$$

Zeitabstand zwischen zwei Extremwerten der Sprungantwort:

$$\Delta t = t_{k+1} - t_k = \frac{\pi}{\omega_0 \cdot \sqrt{1-D^2}} = 3.2064\,\mathrm{s},$$

Zeitabstand zwischen zwei Maxima oder Minima der Sprungantwort, Periodendauer T_P der Eigenschwingung:

$$T_P = 2 \cdot \Delta t = t_{k+2} - t_k = \frac{2 \cdot \pi}{\omega_0 \cdot \sqrt{1-D^2}} = 6.4128\,\text{s},$$

Extremwerte der Sprungantwortfunktion:

$$x_a(t_k) = K_P \cdot x_{e0} \cdot \left(1 - (-1)^k \cdot e^{-\frac{k\pi D}{\sqrt{1-D^2}}}\right),$$

$$x_a(t_0) = 0, \quad x_a(t_1) = K_P \cdot x_{e0} \cdot \left(1 + e^{-\frac{\pi D}{\sqrt{1-D^2}}}\right) = 3.0532,$$

$$x_a(t_2) = K_P \cdot x_{e0} \cdot \left(1 - e^{-\frac{2\pi D}{\sqrt{1-D^2}}}\right) = 1.4453, \ldots,$$

Amplitudenwerte A_k des Schwingungsanteils:

$$A_k = -K_P \cdot x_{e0} \cdot (-1)^k \cdot e^{-\frac{k\pi D}{\sqrt{1-D^2}}},$$

$$A_0 = -2, \quad A_1 = 1.0532, \quad A_2 = -0.5547, \quad \ldots,$$

Prozentuale Überschwingweite $\ddot{u}$:

$$\ddot{u} = e^{-\frac{\pi D}{\sqrt{1-D^2}}} = 0.5266,$$

Zeitwerte t_i, bei denen der Endwert $K_P \cdot x_{e0}$ erreicht wird:

$$t_i = \frac{i \cdot \pi - \arccos(D)}{\omega_0 \cdot \sqrt{1-D^2}},$$

$$t_{\text{anr}} = t_1 = \frac{\pi - \arccos(D)}{\omega_0 \cdot \sqrt{1-D^2}} = 1.8087\,\text{s},$$

$$t_2 = 5.0151\,\text{s}, \quad t_3 = 8.2214\,\text{s},$$

Periodendauer T_P der Eigenschwingung:

$$T_P = 2 \cdot \Delta t = t_{i+2} - t_i = \frac{2 \cdot \pi}{\omega_0 \cdot \sqrt{1-D^2}} = 6.4128\,\text{s}.$$

Nach der Anregelzeit t_{anr} erreicht die Sprungantwort zum ersten Mal den Endwert, diese Zeit wird auch als t_{100} bezeichnet, da 100 % des Endwerts erreicht werden. Die Zeit t_{50}, bei der 50 % des Endwerts erreicht wird, kann numerisch berechnet werden. Aus der Sprungantwort

$$x_a(t_{50}) = K_P x_{e0} \left[1 - \frac{e^{-D\omega_0 t_{50}}}{\sqrt{1-D^2}} \sin\left(\omega_0 \sqrt{1-D^2}\, t_{50} + \arccos(D)\right)\right] = 0.5 K_P x_{e0}$$

erhält man durch Umstellung

$$e^{D\omega_0 t_{50}} \cdot \sqrt{1-D^2} = 2 \cdot \sin\left(\sqrt{1-D^2} \cdot \omega_0 \cdot t_{50} + \arccos(D)\right).$$

Die Gleichung wird für

$$\omega_0 \cdot t_{50} = f(D)$$

numerisch gelöst, in Bild 9.3-11 ist $\omega_0 \cdot t_{50} = f(D)$ dargestellt. Das Produkt $\omega_0 \cdot t_{\text{anr}} = f(D)$ läßt sich direkt berechnen:

$$\omega_0 \cdot t_{\text{anr}} = \omega_0 \cdot t_{100} = \frac{\pi - \arccos(D)}{\sqrt{1-D^2}}.$$

Das Verhältnis $\dfrac{\omega_0 \cdot t_{anr}}{\omega_0 \cdot t_{50}}$ wird gebildet, damit ist $\dfrac{t_{anr}}{t_{50}}$ nur noch abhängig von der Dämpfung D (Bild 9.3-11):

$$\frac{\omega_0 \cdot t_{anr}}{\omega_0 \cdot t_{50}} = \frac{t_{anr}}{t_{50}} = f(D).$$

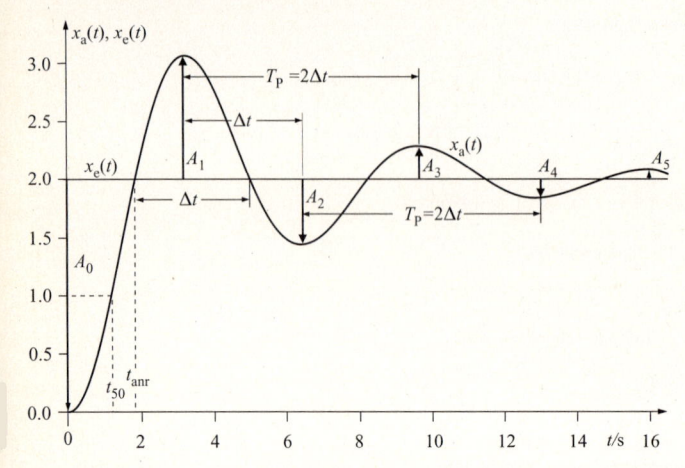

Bild 9.3-10: Sprungantwort mit Identifikationskenngrößen

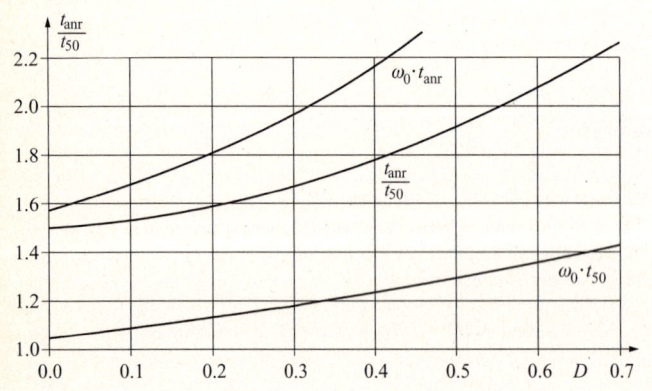

Bild 9.3-11: Zeitverhältnis $\dfrac{t_{anr}}{t_{50}}$ in Abhängigkeit von der Dämpfung D

Die Dämpfung D kann aus der Überschwingweite $ü$ und aus t_{anr}/t_{50} berechnet werden. Bei einem reinen PT_2-Element müssen die nach den verschiedenen Verfahren ermittelten Werte gleich sein. Ist das nicht der Fall, so sind zusätzliche Vorhalt- oder Verzögerungselemente vorhanden (Abschnitt 9.3.2.6.2).

Für Dämpfungen $0 < D < 0.707$ liegt die Überschwingweite im Bereich $100\% < ü < 4.3\%$. Die Berechnung der Dämpfung D aus dem Zeitverhältnis t_{anr}/t_{50} läßt sich für diesen Bereich mit einer Näherungsformel vereinfachen:

$$\frac{t_{\text{anr}}}{t_{50}} = 1.3 \cdot D^2 + 0.18 \cdot D + 1.5, 0 < D < 0.707,$$

$$D = \sqrt{\left[0.769 \cdot \frac{t_{\text{anr}}}{t_{50}} - 1.149\right]} - 0.0692$$

Beispiel 9.3-7: Für das PT_2-Übertragungselement von Beispiel 9.3-6 ist die Berechnung der Dämpfung aus der Überschwingweite $ü$ mit der Berechnung aus dem Zeitverhältnis $\frac{t_{\text{anr}}}{t_{50}}$ zu überprüfen:

$$G(s) = \frac{x_a(s)}{x_e(s)} = \frac{1}{s^2 + 0.4 \cdot s + 1} = \frac{K_P \cdot \omega_0^2}{s^2 + 2 \cdot D \cdot \omega_0 \cdot s + \omega_0^2}$$

$$K_P = 1, \quad \omega_0 = 1\,\text{s}^{-1}, \quad D = 0.2.$$

Überschwingweite und Zeitgrößen werden aus Bild 9.3-10 abgelesen:

$$ü = 53\,\%, \quad \frac{t_{\text{anr}}}{t_{50}} = \frac{1.81\,\text{s}}{1.12\,\text{s}} = 1.616.$$

Für die Dämpfung liefern die Verfahren

$$D = \sqrt{\left[0.769 \cdot \frac{t_{\text{anr}}}{t_{50}} - 1.149\right]} - 0.0692 = 0.237,$$

$$D = \frac{1}{\sqrt{1 + \left(\frac{\pi}{\ln(ü)}\right)^2}} = 0.198, \quad \text{mit Bild 9.3-11: } D = f\left(\frac{t_{\text{anr}}}{t_{50}}\right) = 0.23.$$

Die Sprungantwort von PT_2-Elementen mit konjugiert komplexen Polstellen enthält folgende Identifikationsmerkmale:

> Die Sprungantwort hat schwingendes Verhalten, die Abstände der Schwingungsmaxima und -minima der Sprungantwort sind konstant, die Amplitudenwerte von aufeinanderfolgenden Schwingungen haben konstantes Verhältnis, aus Überschwingweite $ü$ und Zeitverhältnis $\frac{t_{\text{anr}}}{t_{50}}$ kann jeweils die Dämpfung berechnet werden.

9.3.2.6.2 PT_2-Elemente mit Vorhalt- oder Verzögerungselement

Wenn die nach den verschiedenen Verfahren berechneten Dämpfungswerte $D_1 = f(ü)$, $D_2 = f\left(\frac{t_{\text{anr}}}{t_{50}}\right)$ unterschiedlich sind, so sind noch zusätzliche Vorhalt- oder Verzögerungselemente in dem zu identifizierenden Element vorhanden. Um den Zusammenhang zu ermitteln, wurde ein PT_2-Element jeweils mit einem Vorhalt- und einem Verzögerungselement in Reihe untersucht. Für die Übertragungsfunktion

$$G(s) = \frac{x_a(s)}{x_e(s)} = \frac{1 + T_V \cdot s}{s^2 + 0.4 \cdot s + 1} = \frac{K_P \cdot \omega_0^2 \cdot (1 + T_V \cdot s)}{s^2 + 2 \cdot D \cdot \omega_0 \cdot s + \omega_0^2},$$

$$K_P = 1, \quad \omega_0 = 1\,\text{s}^{-1}, \quad D = 0.2, \quad T_V = 0, 0.25, \ldots, 1.25\,\text{s},$$

ist die Sprungantwort aufgezeichnet (Bild 9.3-12). Durch die differenzierende Wirkung des Vorhaltelements wird die Überschwingweite $ü$ größer und damit

$$D_1 = f(ü) < D = 0.2,$$

das Verhältnis $\dfrac{t_{anr}}{t_{50}}$ wird größer und damit $D_2 = f\left(\dfrac{t_{anr}}{t_{50}}\right) > D = 0.2$ (Bild 9.3-13).

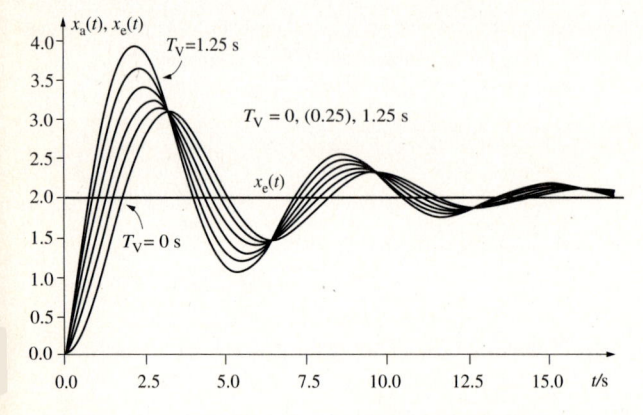

Bild 9.3-12: Sprungantwort eines PT_2-Elements mit Vorhaltelement

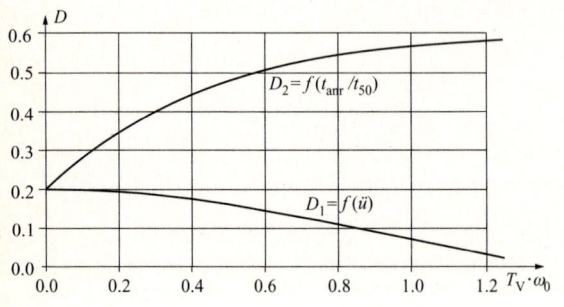

Bild 9.3-13: Dämpfung eines PT_2-Elements mit Vorhaltelement

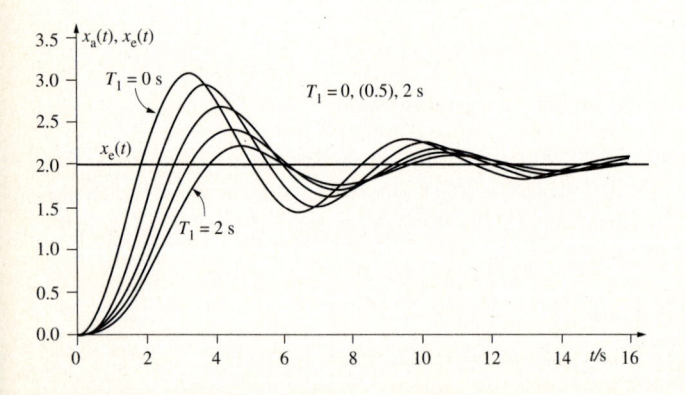

Bild 9.3-14: Sprungantwort eines PT_2-Elements mit Verzögerungselement

9.3 Experimentelle Analyse von linearen Übertragungselementen

Die Auswirkungen von zusätzlichen Verzögerungselementen auf die Sprungantwort sind mit der Übertragungsfunktion

$$G(s) = \frac{x_a(s)}{x_e(s)} = \frac{1}{(s^2 + 0.4 \cdot s + 1) \cdot (1 + T_1 \cdot s)} = \frac{K_P \cdot \omega_0^2}{(s^2 + 2 \cdot D \cdot \omega_0 \cdot s + \omega_0^2) \cdot (1 + T_1 \cdot s)},$$

$$K_P = 1, \quad \omega_0 = 1\,\text{s}^{-1}, \quad D = 0.2, \quad T_1 = 0, 0.5, \ldots, 2\,\text{s},$$

berechnet worden (Bild 9.3-14). Durch die Verzögerung wird die Überschwingweite $ü$ kleiner und damit $D_1 = f(ü) > D = 0.2$, das Verhältnis $\frac{t_{anr}}{t_{50}}$ wird zunächst kleiner und damit $D_2 = f\left(\frac{t_{anr}}{t_{50}}\right) < D = 0.2$ (Bild 9.3-15).

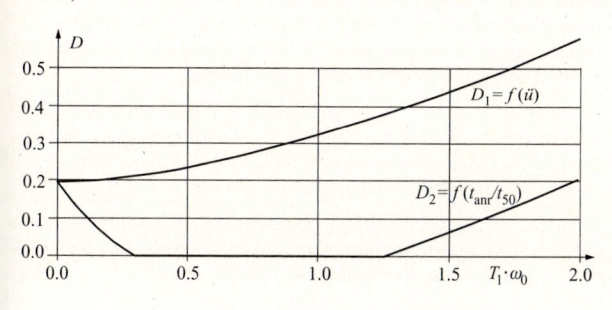

Bild 9.3-15: Dämpfung eines PT_2-Elements mit Verzögerungselement

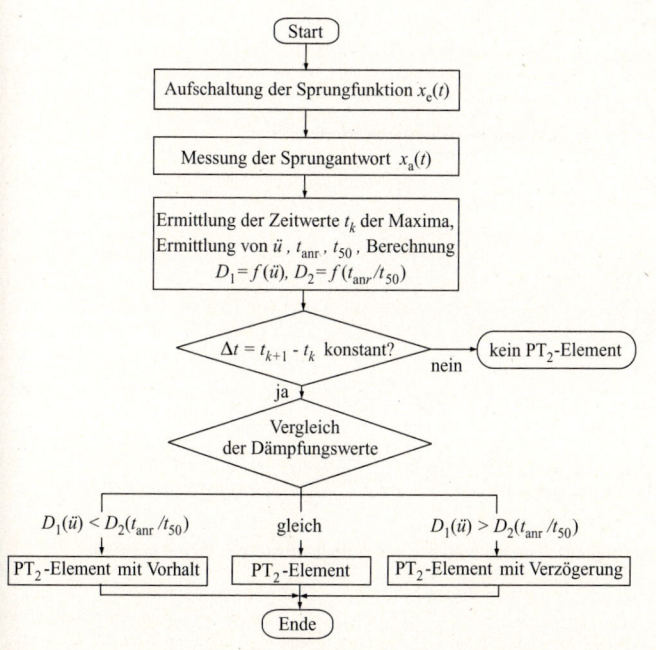

Bild 9.3-16: Bestimmung von Übertragungselementen mit Überschwingen der Sprungantwort

Aus der Untersuchung wird folgendes Identifikationsmerkmal abgeleitet:

$$D_1 = f(ü) < D_2 = f\left(\frac{t_{\text{anr}}}{t_{50}}\right) : \text{PT}_2\text{-Element mit Vorhaltelement,}$$

$$D_1 = f(ü) > D_2 = f\left(\frac{t_{\text{anr}}}{t_{50}}\right) : \text{PT}_2\text{-Element mit Verzögerungselement}$$

In Bild 9.3-16 ist der Entscheidungsablauf bei PT$_2$-Elementen dargestellt.

9.3.2.7 Sprungantwortverläufe von Elementen mit Totzeit

Aus dem Sprungantwortverlauf werden verschiedene Wert- (Anfangswert, -steigung, Endwert, Überschwingweite) und Zeitkenngrößen (Zeit t_{50}, bei der 50 % des Endwerts erreicht ist, Anregelzeit t_{anr}, Periodendauer T_P, Verzugs- und Ausgleichszeit T_u, T_g von Abschnitt 9.3.3) entnommen oder berechnet, mit denen Elementtyp und Parameter des Übertragungselements bestimmt werden können.

Verfahren, die auf zeitabhängigen Werten aufbauen, liefern nur dann gültige Ergebnisse, wenn in dem Übertragungselement keine Totzeitanteile vorhanden sind. Übertragungselemente mit Totzeit zeigen eine konstante Zeitverschiebung zwischen Sprungaufschaltung und Reaktion der Ausgangsgröße. Diese Totzeit oder Laufzeit T_t muß bei der Bestimmung von Zeitkenngrößen berücksichtigt werden.

Bei der Ermittlung der Zeitkenngrößen t_{50}, t_{anr}, T_u, T_g muß die Totzeit subtrahiert werden, die Periodendauer T_P einer Schwingung wird von der Totzeit nicht verändert. Aus der Sprungantwort wird die Totzeit abgespaltet, wobei als Identifikationsmerkmal die Zeit, bei der die Sprungantwort $x_\text{a}(t = T_\text{t}) = 0.002 \cdot x_\text{a}(t \to \infty)$ ist, dienen kann.

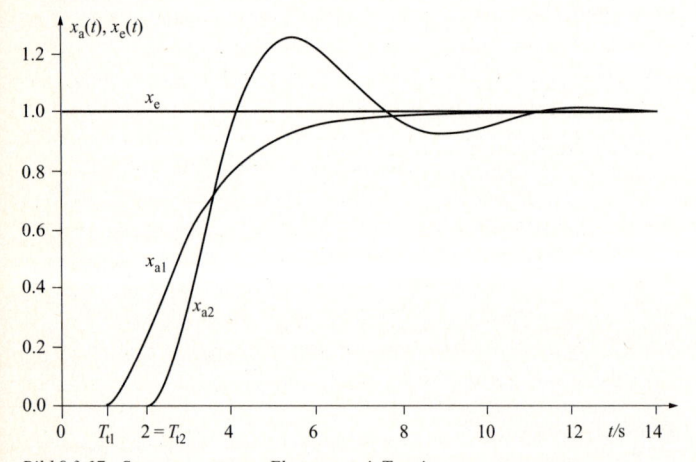

Bild 9.3-17: Sprungantwort von Elementen mit Totzeit

Beispiel 9.3-8: Für die Übertragungselemente wird aus der Sprungantwort die Totzeit ermittelt.

$$x_\text{e}(t) = E(t), \quad x_\text{e}(s) = \frac{1}{s},$$

$$G_1(s) = \frac{x_{a1}(s)}{x_\text{e}(s)} = \frac{\text{e}^{-s}}{(1+s)^2} = \frac{1}{(1+T_1 \cdot s)^2} \cdot \text{e}^{-T_{t1}s},$$

$T_1 = 1.0\,\text{s}, \quad T_{t1} = 1.0\,\text{s},$

$$G_2(s) = \frac{x_{a2}(s)}{x_e(s)} = \frac{e^{-2s}}{s^2 + 0.8 \cdot s + 1} = \frac{\omega_0^2}{s^2 + 2 \cdot D \cdot \omega_0 \cdot s + \omega_0^2} \cdot e^{-T_{t2}s},$$

$\omega_0 = 1\,\text{s}^{-1}, \quad D = 0.4, \quad T_{t2} = 2.0\,\text{s}.$

Zur Überprüfung des Identifikationsmerkmals wird die Sprungantwort numerisch ausgewertet:

$x_{a1}(t_1) = 0.002 \quad \text{bei} \quad t_1 = T'_{t1} = 1.065\,\text{s} > T_{t1},$

$x_{a2}(t_2) = 0.002 \quad \text{bei} \quad t_2 = T'_{t2} = 2.064\,\text{s} > T_{t2}.$

Die numerisch ermittelten Totzeiten sind größer als die vorgegebenen. Eine Verkleinerung der Abfrageschranke bringt bessere Ergebnisse, setzt aber unverfälschte Meßsignale voraus.

9.3.3 Sprungantwortverläufe mit Wendepunkt und ohne Überschwingen

9.3.3.1 Prinzip des Wendetangentenverfahrens

Ein Wendepunkt der Sprungantwortfunktion bei einem Verlauf ohne Überschwingen tritt bei Regelstrecken auf, die aus mehreren Verzögerungselementen bestehen. Die Steigung (Ableitung) der Sprungantwortfunktion hat im Wendepunkt ein Maximum. Ein wichtiges Identifikationsmerkmal von Regelstrecken mit mehreren Verzögerungselementen ist die Existenz eines Wendepunktes bei der Sprungantwortfunktion.

Wird durch den Wendepunkt W eine Tangente gelegt, so erzeugt der Durchtrittspunkt der Tangente auf der Zeitachse die **Verzugszeit** T_u, die auch als Ersatztotzeit bezeichnet wird. Projiziert man den Schnittpunkt der Tangente mit dem stationären Wert der Sprungantwortfunktion $x_a(t \to \infty)$ auf die Zeitachse, so entsteht als Zeitintervall die **Ausgleichszeit** T_g.

Beispiel 9.3-9: Für ein Übertragungselement mit zwei PT_1-Elementen ist die Sprungantwortfunktion, die erste Ableitung nach der Zeit und der Wendezeitpunkt zu bestimmen:

$$G(s) = \frac{x_a(s)}{x_e(s)} = \frac{K_P}{(1+s \cdot T_1) \cdot (1+s \cdot T_2)} = \frac{10}{(1+s) \cdot (1+5 \cdot s)},$$

$x_e(t) = E(t), \quad x_e(s) = \dfrac{1}{s}, \quad K_P = 10, \quad T_1 = 1\,\text{s}, \quad T_2 = 5\,\text{s}.$

Sprungantwortfunktion:

$$x_a(s) = L^{-1}\{G(s) \cdot x_e(s)\} = K_P \cdot \left[1 - \frac{T_1 \cdot e^{-\frac{t}{T_1}} - T_2 \cdot e^{-\frac{t}{T_2}}}{T_1 - T_2}\right]$$

$$= 10 \cdot \left(1 + 0.25 \cdot e^{-t} - 1.25 \cdot e^{-0.2t}\right), \quad x_a(t \to \infty) = 10.$$

Erste Ableitung der Sprungantwortfunktion:

$$\frac{dx_a(t)}{dt} = K_P \cdot \left[\frac{e^{-\frac{t}{T_1}} - e^{-\frac{t}{T_2}}}{T_1 - T_2}\right] = 10 \cdot \left(0.25 \cdot e^{-0.2t} - 0.25 \cdot e^{-t}\right).$$

Zweite Ableitung der Sprungantwortfunktion:

$$\frac{d^2 x_a(t)}{dt^2} = K_P \cdot \left[\frac{e^{-\frac{t}{T_1}}}{T_1 \cdot (T_2 - T_1)} + \frac{e^{-\frac{t}{T_2}}}{T_2 \cdot (T_1 - T_2)}\right] \stackrel{!}{=} 0.$$

Aus der Gleichung errechnet sich der Wendezeitpunkt:

$$t = t_W = \frac{T_1 \cdot T_2 \cdot \ln \frac{T_1}{T_2}}{T_1 - T_2} = 2.012\,\text{s}.$$

Mit der Wendetangente werden Verzugszeit T_u und Ausgleichszeit T_g graphisch bestimmt (Bild 9.3-18).

> Das Ziel des Wendetangentenverfahrens besteht darin, aus den experimentell ermittelten **Zeitkennwerten der Sprungantwort** T_u und T_g, die **Zeitkonstanten der Übertragungsfunktion** der Regelstrecke zu berechnen. Die Proportionalverstärkung wird aus dem stationären Wert der Sprungantwort $x_a(t \to \infty)$ und der Sprunghöhe x_{e0} der Eingangsgröße bestimmt.

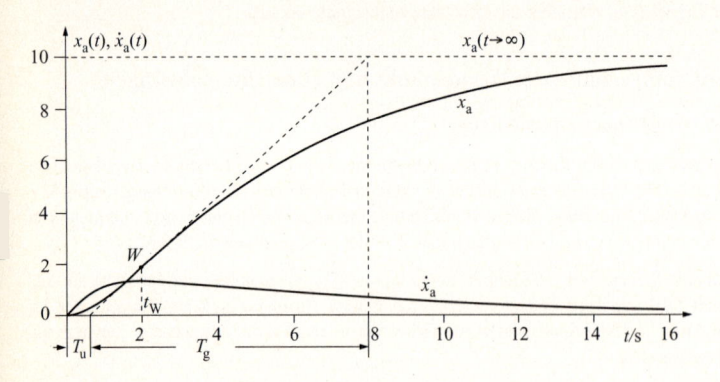

Bild 9.3-18: Sprungantwortfunktion mit Ableitung und Wendepunkt

Anwendbar ist das Verfahren bei Regelstrecken mit zwei verschiedenen, mit mehreren gleichen oder mit zwei gleichen und einer dritten Zeitkonstanten. Die prinzipielle Ableitung des Verfahrens wird an der Sprungantwort nach Bild 9.3-19 gezeigt, in den folgenden Abschnitten werden Berechnungsformeln, Tabellen und Diagramme zum Wendepunktverfahren angegeben.

Das Wendetangentenverfahren wird mit den Kenngrößen von Bild 9.3-19 abgeleitet. Aus der Sprungantwort $x_a(t)$ werden Endwert $x_a(t \to \infty) = K_P \cdot x_{e0}$ und Ableitung $\dot{x}_a(t)$ ermittelt. Das Maximum der Ableitung $\dot{x}_{a\max}$ wird berechnet, indem die zweite Ableitung $\ddot{x}_a(t)$ Null gesetzt wird. Aus dieser Gleichung wird die Wendezeit t_W ermittelt. Der Maximalwert der Ableitung

$$\dot{x}_a(t_W) = \dot{x}_{a\max} = \frac{x_a(t \to \infty)}{T_g} = K_P \cdot \frac{x_{e0}}{T_g}$$

ergibt den Zusammenhang zwischen der Zeitkenngröße Ausgleichszeit T_g der Sprungantwort und den Zeitkonstanten des Übertragungssystems, die in $\dot{x}_a(t_W)$ enthalten sind.

Die Verzugszeit T_u läßt sich durch $T_u = t_W - T_x$ ausdrücken. Für T_x wird die Beziehung

$$\frac{x_a(t \to \infty)}{T_g} = K_P \cdot \frac{x_{e0}}{T_g} = \frac{x_a(t_W)}{T_x}$$

eingesetzt:

$$T_u = t_W - T_g \cdot \frac{x_a(t_W)}{x_a(t \to \infty)}.$$

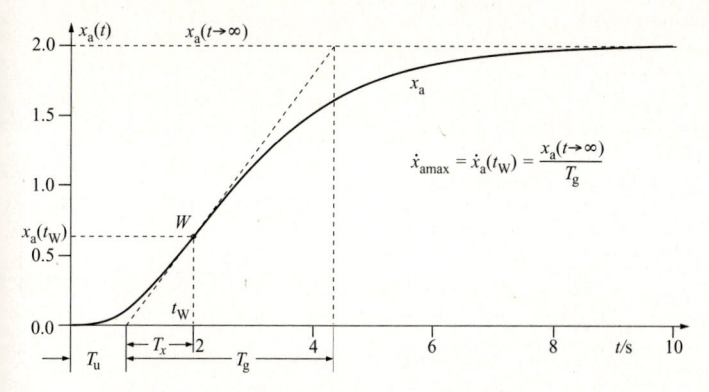

Bild 9.3-19: Kenngrößen der Sprungantwort für das Wendetangentenverfahren

Aus der Sprungantwort werden drei Kenngrößen $x_a(t \to \infty) = K_P \cdot x_{e0}, T_u$ und T_g abgelesen. Mit dem Verfahren können daher nur zwei Zeitkonstanten der Regelstrecke (Abschnitt 9.3.3.2) oder wenn gleiche Zeitkonstanten vorliegen, die Anzahl der gleichen Zeitkonstanten und der Wert berechnet werden (Abschnitt 9.3.3.3). Die Proportionalverstärkung des Übertragungselements wird aus dem Endwert der Sprungantwort $x_a(t \to \infty)$ und der aufgeschalteten Sprunghöhe x_{e0} bestimmt:

$$K_P = \frac{x_a(t \to \infty)}{x_{e0}}.$$

9.3.3.2 Wendetangentenverfahren für Übertragungselemente mit zwei unterschiedlichen Zeitkonstanten

Ausgangspunkt ist eine Übertragungsfunktion $G(s)$ mit zwei PT_1-Elementen:

$$G(s) = \frac{x_a(s)}{x_e(s)} = \frac{K_P}{(1 + s \cdot T_1) \cdot (1 + s \cdot T_2)}, \quad T_1 \neq T_2,$$

Sprungantwortfunktion:

$$x_e(t) = x_{e0} \cdot E(t), \quad x_e(s) = \frac{x_{e0}}{s},$$

$$x_a(t) = L^{-1}\{G(s) \cdot x_e(s)\} = K_P \cdot x_{e0} \cdot \left[1 - \frac{T_1 \cdot e^{-\frac{t}{T_1}} - T_2 \cdot e^{-\frac{t}{T_2}}}{T_1 - T_2}\right],$$

$$x_a(t \to \infty) = K_P \cdot x_{e0},$$

Erste Ableitung der Sprungantwortfunktion:

$$\dot{x}_a(t) = \frac{dx_a(t)}{dt} = K_P \cdot x_{e0} \cdot \left[\frac{e^{-\frac{t}{T_1}} - e^{-\frac{t}{T_2}}}{T_1 - T_2}\right],$$

Nullsetzen der zweiten Ableitung der Sprungantwortfunktion:

$$\ddot{x}_a(t) = \frac{d^2x_a(t)}{dt} = K_P \cdot x_{e0} \cdot \left[\frac{e^{-\frac{t}{T_1}}}{T_1 \cdot (T_2 - T_1)} + \frac{e^{-\frac{t}{T_2}}}{T_2 \cdot (T_1 - T_2)}\right] \stackrel{!}{=} 0,$$

Berechnung der Wendezeit:
$$t = t_W = \frac{T_1 \cdot T_2}{T_1 - T_2} \cdot \ln\left[\frac{T_1}{T_2}\right],$$

Einsetzen in $\dot{x}_a(t)$ liefert den Maximalwert $\dot{x}_{amax}$:
$$\dot{x}_{amax} = \dot{x}_a(t_W) = \frac{K_P \cdot x_{e0}}{T_1} \cdot \left[\frac{T_2}{T_1}\right]^{\frac{T_2}{T_1 - T_2}},$$

Berechnung der Ausgleichszeit T_g:
$$T_g = \frac{x_a(t \to \infty)}{\dot{x}_{amax}} = T_1 \cdot \left[\frac{T_2}{T_1}\right]^{\frac{T_2}{T_2 - T_1}} = T_1 \cdot \alpha^{\frac{\alpha}{\alpha-1}}, \qquad \alpha = \frac{T_2}{T_1}, \quad \frac{T_g}{T_1} = \alpha^{\frac{\alpha}{\alpha-1}},$$

Berechnung der Verzugszeit T_u:
$$T_u = t_W - T_g \cdot \frac{x_a(t_W)}{K_P \cdot x_{e0}}$$
$$= \frac{T_1 \cdot T_2}{T_2 - T_1} \cdot \ln\left[\frac{T_2}{T_1}\right] + T_1 + T_2 - T_g = \frac{T_1 \cdot \alpha \cdot \ln(\alpha)}{\alpha - 1} + T_1 \cdot (1 + \alpha) - T_g,$$

Berechnung von $\frac{T_u}{T_g}$:
$$\frac{T_u}{T_g} = \frac{\alpha^{\frac{\alpha}{1-\alpha}} \cdot (\alpha \cdot \ln(\alpha) + \alpha^2 - 1)}{\alpha - 1} - 1, \qquad \alpha = \frac{T_2}{T_1}.$$

Die Berechnungsformeln sind gültig, wenn das Verhältnis von Verzugszeit zu Ausgleichszeit $\frac{T_u}{T_g} < 0.10364$ ist. Ist das nicht der Fall, dann liegt kein Übertragungselement mit zwei Zeitkonstanten vor. Man kann nach Abschnitt 9.3.3.3 versuchen, das Übertragungselement mit der Annahme, daß mehrere gleiche Zeitkonstanten vorliegen, zu berechnen.

Wendetangentenverfahren für die Identifikation von Übertragungselementen mit zwei verschiedenen Zeitkonstanten:
$$\frac{T_u}{T_g} = \frac{\alpha^{\frac{\alpha}{1-\alpha}} \cdot (\alpha \cdot \ln(\alpha) + \alpha^2 - 1)}{\alpha - 1} - 1,$$
$$\frac{T_g}{T_1} = \alpha^{\frac{\alpha}{\alpha-1}}, \quad \alpha = \frac{T_2}{T_1}, \quad T_1 \neq T_2,$$
$$K_P = \frac{x_a(t \to \infty)}{x_{e0}}.$$

Aus der Sprungantwort wird T_u, T_g abgelesen. Für das Verhältnis $\frac{T_u}{T_g} < 0.10364$, $\frac{T_g}{T_u} > 9.6491$, wird mit Bild 9.3-20, 21 $\alpha = f\left(\frac{T_u}{T_g}\right)$ bestimmt, mit Bild 9.3-22, 23 $\frac{T_g}{T_1} = f(\alpha)$.
$$T_1 = \frac{T_g}{f(\alpha)}, \quad T_2 = \alpha \cdot T_1.$$

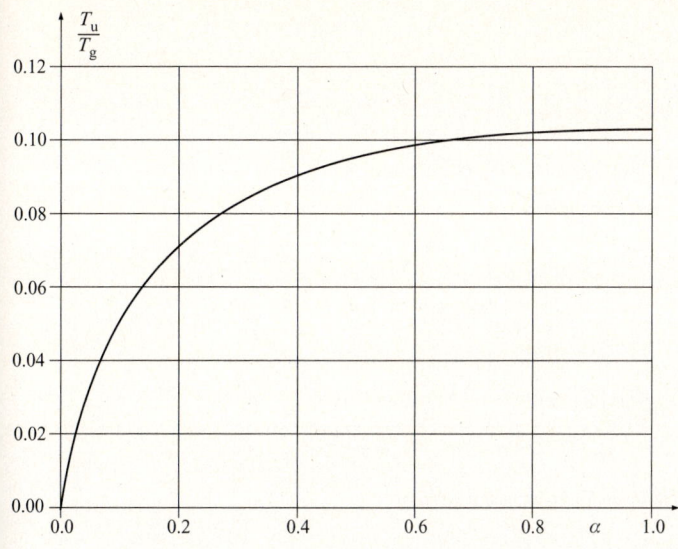

9.3 Experimentelle Analyse von linearen Übertragungselementen 343

Bild 9.3-20: $\dfrac{T_u}{T_g}$ in Abhängigkeit vom Zeitkonstantenverhältnis $\alpha = \dfrac{T_2}{T_1}$

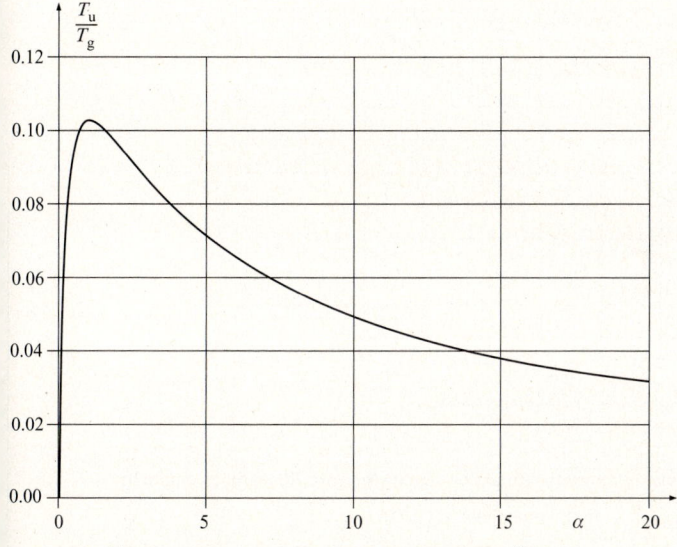

Bild 9.3-21: $\dfrac{T_u}{T_g}$ in Abhängigkeit vom Zeitkonstantenverhältnis $\alpha = \dfrac{T_2}{T_1}$

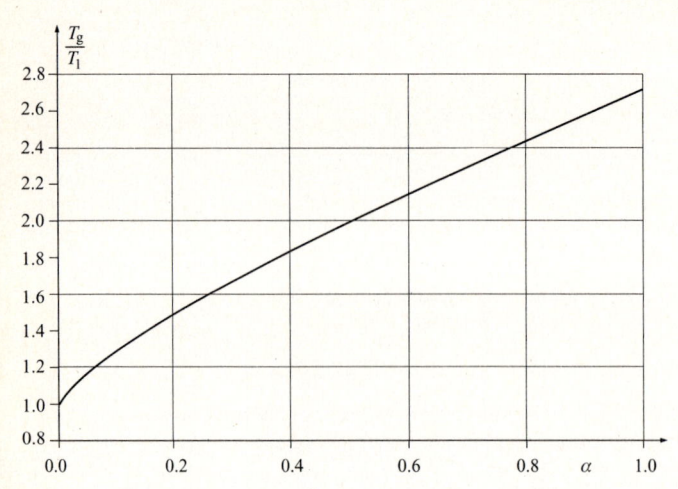

Bild 9.3-22: $\dfrac{T_g}{T_1}$ in Abhängigkeit vom Zeitkonstantenverhältnis $\alpha = \dfrac{T_2}{T_1}$

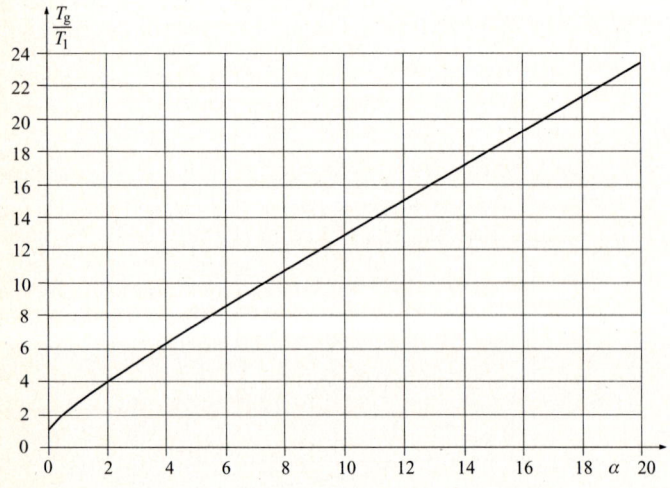

Bild 9.3-23: $\dfrac{T_g}{T_1}$ in Abhängigkeit vom Zeitkonstantenverhältnis $\alpha = \dfrac{T_2}{T_1}$

Beispiel 9.3-10: Aus einer Sprungantwortfunktion wurden folgende Kenngrößen ermittelt:

Sprungaufschaltung: $x_e(t) = x_{e0} \cdot E(t)$, Sprunghöhe $x_{e0} = 0.5$,

Sprungantwortfunktion: Endwert $x_a(t \to \infty) = 7.5$, Verzugszeit $T_u = 2.5$ s, Ausgleichszeit $T_g = 30$ s.

Die Proportionalverstärkung K_P ist: $K_P = x_a(t \to \infty)/x_{e0} = 15$.

Das Verhältnis der Zeitkenngrößen der Sprungantwort ist $T_u/T_g = 0.08333$, aus Bild 9.3-20 wird $\alpha = 0.3$ abgelesen, mit Bild 9.3-22 folgt für $\alpha = 0.3$ das Verhältnis $T_g/T_1 = 1.66$. Damit werden die Zeitkonstanten berechnet:

$$T_1 = \frac{T_g}{1.66} = 18.07 \text{ s}, \quad T_2 = \alpha \cdot T_1 = 5.42 \text{ s}.$$

Übertragungsfunktion und Signalflußplan des Elements sind damit:

$$G(s) = \frac{x_a(s)}{x_e(s)} = \frac{K_P}{(1+s \cdot T_1) \cdot (1+s \cdot T_2)} = \frac{15}{(1+18.07 \cdot s) \cdot (1+5.42 \cdot s)}.$$

Die Zuordnung der Elemente und Parameter des Signalflußplans entsprechen im allgemeinen nicht der tatsächlichen physikalisch-technischen Struktur. Als Input-Output-Modell können Signalflußplan und Übertragungsfunktion in regelungstechnischen Untersuchungen eingesetzt werden.

9.3.3.3 Wendetangentenverfahren für Übertragungselemente mit gleichen Zeitkonstanten

Entsprechend zu Abschnitt 9.3.3.2 werden für das Wendetangentenverfahren für Übertragungselemente mit gleichen Zeitkonstanten die Berechnungen vorgenommen. Für ein Übertragungselement mit n gleichen Zeitkonstanten T_1 wird aus der Übertragungsfunktion

$$G(s) = \frac{x_a(s)}{x_e(s)} = \frac{K_P}{(1+s \cdot T_1)^n}, \quad n > 1,$$

die Sprungantwortfunktion ermittelt:

$$x_e(t) = x_{e0} \cdot E(t), \quad x_e(s) = \frac{x_{e0}}{s},$$

$$x_a(t) = L^{-1}\{G(s) \cdot x_e(s)\} = K_P \cdot x_{e0} \cdot \left[1 - e^{-\frac{t}{T_1}} \sum_{i=0}^{n-1} \frac{\left(\frac{t}{T_1}\right)^i}{i!}\right],$$

$$x_a(t \to \infty) = K_P \cdot x_{e0},$$

Erste Ableitung der Sprungantwortfunktion:

$$\dot{x}_a(t) = \frac{dx_a(t)}{dt} = K_P \cdot x_{e0} \cdot \frac{e^{-\frac{t}{T_1}}}{t \cdot T_1} \left[t \cdot \sum_{i=0}^{n-1} \frac{\left(\frac{t}{T_1}\right)^i}{i!} - T_1 \cdot \sum_{i=0}^{n-1} \frac{\left(\frac{t}{T_1}\right)^i}{(i-1)!}\right],$$

Nullsetzen der zweiten Ableitung der Sprungantwortfunktion:

$$\ddot{x}_a(t) = \frac{d^2 x_a(t)}{dt^2}$$

$$= K_P \cdot x_{e0} \cdot \frac{e^{-\frac{t}{T_1}}}{t^2 \cdot T_1^2} \cdot \left[T_1 \cdot (T_1 + 2 \cdot t) \cdot \sum_{i=0}^{n-1} \frac{\left(\frac{t}{T_1}\right)^i}{(i-1)!} - T_1^2 \cdot \sum_{i=0}^{n-1} \frac{i \left(\frac{t}{T_1}\right)^i}{(i-1)!} - t^2 \cdot \sum_{i=0}^{n-1} \frac{\left(\frac{t}{T_1}\right)^i}{i!}\right] \stackrel{!}{=} 0,$$

Berechnung der Wendezeit:

$$t = t_W = (n-1) \cdot T_1,$$

Einsetzen in $\dot{x}_a(t)$ liefert den Maximalwert $\dot{x}_{amax}$:

$$\dot{x}_{amax} = \dot{x}_a(t_W) = K_P \cdot x_{e0} \cdot \frac{e^{-(n-1)} \cdot (n-1)^{n-2}}{T_1 \cdot (n-2)!},$$

Berechnung der Ausgleichszeit T_g:

$$T_g = \frac{x_a(t \to \infty)}{\dot{x}_{amax}} = \frac{(n-2)!}{(n-1)^{n-2}} \cdot e^{n-1} \cdot T_1, \quad \frac{T_g}{T_1} = \frac{(n-2)!}{(n-1)^{n-2}} \cdot e^{n-1},$$

Berechnung der Verzugszeit T_u:

$$T_u = t_W - T_g \cdot \frac{x_a(t_W)}{K_P \cdot x_{e0}} = (n-1) \cdot T_1 - \frac{(n-2)! \cdot T_1}{(n-1)^{n-2}} \cdot \left[e^{n-1} - \sum_{i=0}^{n-1} \frac{(n-1)^i}{i!} \right],$$

$$\frac{T_u}{T_1} = (n-1) - \frac{(n-2)!}{(n-1)^{n-2}} \cdot \left[e^{n-1} - \sum_{i=0}^{n-1} \frac{(n-1)^i}{i!} \right],$$

Berechnung von T_u/T_g:

$$\frac{T_u}{T_g} = e^{1-n} \cdot \left[\frac{(n-1)^n}{(n-1)!} + \sum_{i=0}^{n-1} \frac{(n-1)^i}{i!} \right] - 1.$$

Für $n = 2, \ldots, 8$ sind die Werte von $\frac{T_u}{T_g}, \frac{T_g}{T_u}, \frac{T_g}{T_1}, \frac{T_u}{T_1}$ in Tabelle 9.3-2 angegeben.

Tabelle 9.3-2: Zeitverhältnisse für das Wendetangentenverfahren mit gleichen Zeitkonstanten

n	2	3	4	5	6	7	8
$\frac{T_u}{T_g}$	0.1036	0.2180	0.3194	0.4103	0.4933	0.5700	0.6417
$\frac{T_g}{T_u}$	9.6489	4.5868	3.1313	2.4372	2.0272	1.7543	1.5583
$\frac{T_g}{T_1}$	2.7183	3.6945	4.4635	5.1186	5.6991	6.2258	6.7113
$\frac{T_u}{T_1}$	0.2817	0.8055	1.4254	2.1002	2.8113	3.5489	4.3069

Aus Tabelle 9.3-2 ist die Anzahl n zu entnehmen, wenn das Verhältnis T_u/T_g in der Nähe eines tabellierten Wertes liegt. Ist das nicht der Fall, dann liegt kein Übertragungselement mit gleichen Zeitkonstanten vor.

Wendetangentenverfahren für die Identifikation von Übertragungselementen mit gleichen Zeitkonstanten:

$$\frac{T_u}{T_g} = e^{1-n} \cdot \left[\frac{(n-1)^n}{(n-1)!} + \sum_{i=0}^{n-1} \frac{(n-1)^i}{i!} \right] - 1, \quad n = 2, 3, \ldots,$$

$$\frac{T_g}{T_1} = \frac{(n-2)!}{(n-1)^{n-2}} \cdot e^{n-1}, \quad t_W = (n-1) \cdot T_1, \quad K_P = \frac{x_a(t \to \infty)}{x_{e0}}.$$

Aus der Sprungantwort wird T_u, T_g und die Wendezeit t_W abgelesen. Mit dem Verhältnis T_u/T_g wird aus Tabelle 9.3-2 die Anzahl n der gleichen Zeitkonstanten und die zugehörigen Werte $T_g/T_1 = f_1(n)$, $T_u/T_1 = f_2(n)$ entnommen. Die Zeitkonstante T_1 kann mit den Formeln berechnet werden:

$$T_1 = \frac{T_g}{f_1(n)}, \quad T_1 = \frac{T_u}{f_2(n)}, \quad T_1 = \frac{t_W}{(n-1)}.$$

In Bild 9.3-24, 25 sind die Zeitverhältnisse abhängig von der Anzahl n dargestellt.

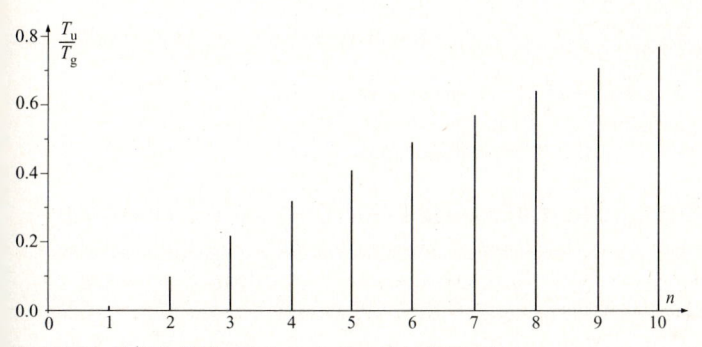

Bild 9.3-24: T_u/T_g in Abhängigkeit von der Anzahl der Zeitkonstanten

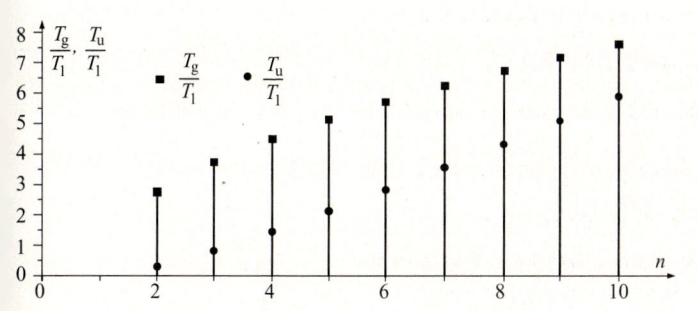

Bild 9.3-25: $T_g/T_1, T_u/T_1$ in Abhängigkeit von der Anzahl der Zeitkonstanten

Beispiel 9.3-11: Aus der Sprungantwortfunktion nach Bild 9.3-19 werden folgende Kenngrößen abgelesen:

Endwert $x_a(t \to \infty) = 2$ bei Aufschaltung von $x_{e0} = 1$, Wendezeitpunkt $t_W = 2$ s,

Verzugszeit $T_u = 0.8$ s, Ausgleichszeit $T_g = 3.7$ s.

Die Proportionalverstärkung K_P ist:

$$K_P = \frac{x_a(t \to \infty)}{x_{e0}} = 2.$$

Das Verhältnis der Zeitkenngrößen der Sprungantwort ist $\frac{T_u}{T_g} = 0.216$, in Tabelle 9.3-2 liegt der Wert 0.218 mit $n = 3$ am nächsten. Für $n = 3$ ist nach Tabelle $\frac{T_g}{T_1} = 3.6945$, $\frac{T_u}{T_1} = 0.8055$, $T_1 = \frac{t_W}{2}$. Damit kann die Zeitkonstante T_1 berechnet werden:

$$T_1 = \frac{T_g}{3.6945} = 1.001\,\text{s}, \quad T_1 = \frac{T_u}{0.8055} = 0.993\,\text{s}, \quad T_1 = \frac{t_W}{2} = 1.0\,\text{s}.$$

Übertragungsfunktion und Signalflußplan des Elements sind damit:

$$G(s) = \frac{x_a(s)}{x_e(s)} = \frac{K_P}{(1+s \cdot T_1)^n} = \frac{2}{(1+s)^3}.$$

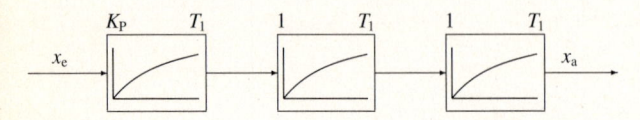

9.3.3.4 Wendetangentenverfahren für Übertragungselemente mit mehreren Zeitkonstanten

Bei Regelstrecken mit mehreren Verzögerungselementen ist eine eindeutige Identifikation nur in Ausnahmefällen möglich. Für den Sonderfall gleicher Zeitkonstanten ergibt das Verfahren nach Abschnitt 9.3.3.3 den Wert der Zeitkonstanten T_1 und die Anzahl n der gleichen Zeitkonstanten. Liefert das Zeitverhältnis $\frac{T_g}{T_u}$ nach Tabelle 9.3-2 keine näherungsweise ganzzahligen Werte n, so enthält das Übertragungselement voneinander verschiedene Zeitkonstanten. Solche Übertragungselemente sind im allgemeinen mathematisch nicht eindeutig identifizierbar.

Für den Fall, daß das Zeitverhältnis der Sprungantwort $\frac{T_g}{T_u} > 4.5868$ ist, kann die Übertragungsfunktion der Regelstrecke mit drei Verzögerungszeitkonstanten T_1, T_2, T_3 angenähert werden. Dazu müssen folgende Voraussetzungen erfüllt sein: Zwei Zeitkonstanten müssen gleich sein, $T_2 = T_3$, und es muß bekannt sein, ob T_1 größer oder kleiner als T_2, T_3 ist.

Für ein Übertragungselement mit drei Zeitkonstanten T_1, T_2, T_3, wobei zwei Zeitkonstanten gleich sind, $T_2 = T_3$, wird aus der Übertragungsfunktion

$$G(s) = \frac{x_a(s)}{x_e(s)} = \frac{K_P}{(1+s \cdot T_1) \cdot (1+s \cdot T_2) \cdot (1+s \cdot T_3)}$$

mit $\beta \cdot T_1 = T_2 = T_3$ die normierte Übertragungsfunktion

$$G(s) = \frac{x_a(s)}{x_e(s)} = \frac{K_P}{(1+s \cdot T_1) \cdot (1+s \cdot \beta \cdot T_1)^2}$$

und daraus die Sprungantwortfunktion ermittelt:

$$x_e(t) = x_{e0} \cdot E(t), \quad x_e(s) = \frac{x_{e0}}{s},$$

$$x_a(t) = L^{-1}\{G(s) \cdot x_e(s)\} = K_P \cdot x_{e0} \cdot \left[1 - \frac{e^{-\frac{t}{T_1}}}{(\beta-1)^2} - \frac{\beta^2 - 2\cdot\beta + (\beta-1)\cdot\frac{t}{T_1}}{(\beta-1)^2} \cdot e^{-\frac{t}{\beta T_1}}\right].$$

Für die Berechnung der Diagramme von Bild 9.3-26, 27 wird die Sprungantwort $x_a(t)$ mit T_1 zu $x_a\left(\frac{t}{T_1}\right)$ normiert, danach werden die Berechnungen wie in Abschnitt 9.3.3.1 ausgeführt: Aus dem Maximum der zweiten

Ableitung $\ddot{x}_a\left(\dfrac{t}{T_1}\right)$ der Sprungantwort wird die Wendezeit $\dfrac{t_W}{T_1}$ und damit der Maximalwert der Ableitung

$$\dot{x}_a\left(\dfrac{t_W}{T_1}\right) = \dot{x}_{a\max} = \dfrac{x_a\left(\left[\dfrac{t}{T_1}\right] \to \infty\right)}{\dfrac{T_g}{T_1}} = K_P \cdot \dfrac{x_{e0}}{\dfrac{T_g}{T_1}}$$

berechnet. Mit dem Maximalwert erhält man das normierte Zeitverhältnis $\dfrac{T_g}{T_1}$. Die Verzugszeit ist

$$\dfrac{T_u}{T_1} = \dfrac{t_W}{T_1} - \dfrac{T_g}{T_1} \cdot \dfrac{x_a\left(\dfrac{t_W}{T_1}\right)}{x_a\left(\left[\dfrac{t}{T_1}\right] \to \infty\right)}.$$

Durch Division der Zeitverhältnisse $\dfrac{T_g}{T_1}/\dfrac{T_u}{T_1}$ ergibt sich das Zeitverhältnis $\dfrac{T_g}{T_u} = f(\beta)$ unabhängig von T_1. In Bild 9.3-26, 27 sind die Zeitverhältnisse $\dfrac{T_g}{T_u}$ und $\dfrac{T_g}{T_1}$ in Abhängigkeit von dem Faktor β aufgetragen. Bei der Anwendung der Diagramme ist zu berücksichtigen, daß für ein aus der Sprungantwort ermitteltes Zeitverhältnis $\dfrac{T_g}{T_u}$ zwei verschiedene Werte von β ermittelt werden, für $\dfrac{T_g}{T_u} = 6$ erhält man mit Bild 9.3-26 zwei Werte für β. Aus Bild 9.3-26 ist $\beta_1 = 4.8\,(T_1 < T_2, T_3)$, der zweite Wert kann ebenfalls dort abgelesen werden, ist mit Bild 9.3-27 jedoch genauer zu bestimmen: $\beta_2 = 0.25\,(T_1 > T_2, T_3)$. Für die Berechnung der Zeitkonstanten des Übertragungselements wird eine Abschätzung, ob $T_1 < T_2, T_3$ ist, benötigt. Das Verfahren erfordert, wenn auch recht allgemeine, Kenntnisse über die Größenordnung der Zeitkonstanten des Übertragungselements.

Wendetangentenverfahren für die Identifikation von Übertragungselementen mit drei Zeitkonstanten, von denen zwei gleiche Werte haben:

$$\boxed{T_1 < T_2, T_3, \quad \beta \cdot T_1 = T_2 = T_3, \quad \beta > 1}$$

$\beta = f\left[\dfrac{T_g}{T_u}\right]$, mit Bild 9.3-26 für $\beta > 1$ ablesen,

$$\dfrac{T_g}{T_1} = f(\beta), \quad T_1 = \dfrac{T_g}{f(\beta)}, \quad T_2 = T_3 = \beta \cdot T_1.$$

$$\boxed{T_1 > T_2, T_3, \quad \beta \cdot T_1 = T_2 = T_3, \quad \beta < 1}$$

$\beta = f\left[\dfrac{T_g}{T_u}\right]$, mit Bild 9.3-27 für $\beta < 1$ ablesen,

$$\dfrac{T_g}{T_1} = f(\beta), \quad T_1 = \dfrac{T_g}{f(\beta)}, \quad T_2 = T_3 = \beta \cdot T_1.$$

Aus der Sprungantwort wird T_u, T_g abgelesen. Mit dem Zeitverhältnis T_g/T_u wird aus Bild 9.3-26, 27 der Faktor β entnommen und mit $T_g/T_1 = f(\beta)$ die Zeitkonstante T_1 ermittelt. Da $T_g/T_1 = f(\beta)$ nahezu linear verläuft, kann zur Berechnung von T_1 auch folgende Gleichung verwendet werden:

$$T_1 = \dfrac{T_g}{1 + 2.6 \cdot \beta}.$$

Voraussetzung für eine Identifikation von Regelstrecken mit drei Zeitkonstanten ist, daß zwei Zeitkonstanten gleich sind und weiterhin muß abschätzbar sein, ob die gleichen Zeitkonstanten kleiner oder größer als die dritte Zeitkonstante sind. In Bild 9.3-26, 27 sind die Zeitverhältnisse T_g/T_u, T_g/T_1 abhängig von dem Faktor β dargestellt.

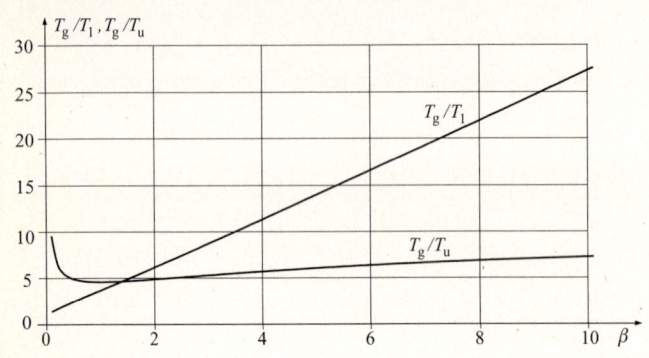

Bild 9.3-26: $\dfrac{T_g}{T_u}, \dfrac{T_g}{T_1}$ für $T_2 = T_3 = \beta \cdot T_1$, anwendbar für $T_1 < T_2, T_3, (\beta > 1)$

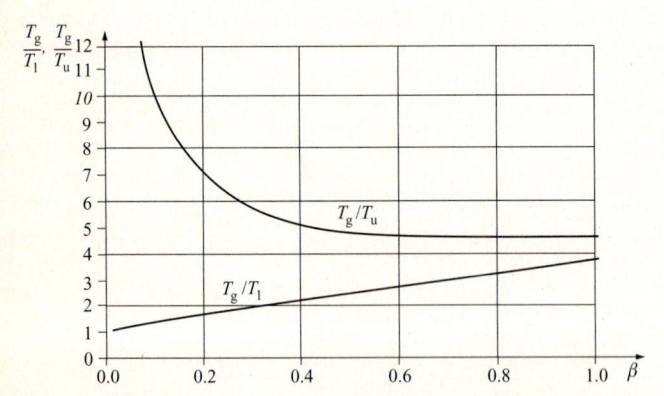

Bild 9.3-27: $\dfrac{T_g}{T_u}, \dfrac{T_g}{T_1}$ für $T_2 = T_3 = \beta \cdot T_1$, anwendbar für $T_1 > T_2, T_3, (\beta < 1)$

Beispiel 9.3-12: Drei Druckbehälter sind über Rohrleitungen mit gleichen Strömungswiderständen W miteinander verbunden. Zwei Behälter haben gleiches Volumen $V_2 = V_3$, der dritte Behälter hat ein kleineres Volumen V_1. Die Zeitkonstanten von Drucksystemen sind proportional zu den Strömungswiderständen W und den Volumen V der Druckspeicher:

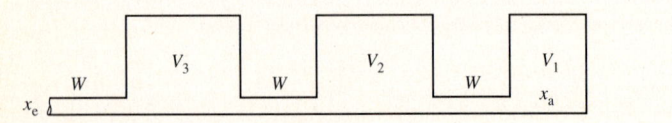

$$T_i = k \cdot W_i \cdot V_i.$$

9.3 Experimentelle Analyse von linearen Übertragungselementen

Eingangsgröße (Stellgröße) der Regelstrecke ist der Leitungsdruck x_e, Ausgangsgröße der Behälterdruck x_a. Die Druckregelstrecke kann näherungsweise durch drei rückwirkungsfreie Verzögerungselemente modelliert werden:

$$T_1 = k \cdot W \cdot V_1, \quad T_2 = k \cdot W \cdot V_2 = T_3 = k \cdot W \cdot V_3.$$

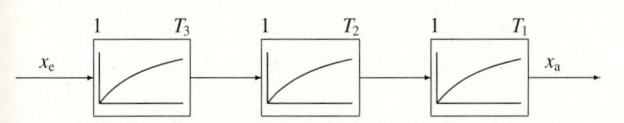

x_e → [1, T_3] → [1, T_2] → [1, T_1] → x_a

Für die Regelstrecke ist die Zeitkonstante $T_1 < T_2, T_3$, da das Volumen $V_1 < V_2, V_3$ ist. Die Zeitkonstanten T_2 und T_3 sind gleich, da $V_2 = V_3$ ist. Das Diagramm von Bild 9.3-26 ist für $\beta > 1$ auszuwerten. Der Eingangsdruck $x_e(t)$ wurde sprunghaft erhöht:

$$x_e(t) = x_{e0} \cdot E(t), \quad x_e(s) = \frac{x_{e0}}{s}.$$

Aus der Sprungantwort wurden Verzugszeit $T_u = 4$ s und Ausgleichszeit $T_g = 24$ s abgelesen, der Endwert von $x_a(t)$ ist $x_a(t \to \infty) = x_{e0}$, da die Eingangsdruckhöhe x_{e0} durch Druckausgleich erreicht wird. Mit $\frac{T_g}{T_u} = 6$ folgt aus Bild 9.3-26 für $\beta > 1$ der Wert $\beta = 4.8$. Mit $\beta = 4.8$ ist $\frac{T_g}{T_1} = f(\beta) = 13.4$, $T_1 = \frac{T_g}{f(\beta)} = 1.79$ s.

Damit sind die Zeitkonstanten $T_2 = T_3 = T_1 \cdot \beta = 8.59$ s. Für die Übertragungsfunktion der Regelstrecke folgt dann:

$$G(s) = \frac{x_{a1}(s)}{x_e(s)} = \frac{1}{(1 + T_1 \cdot s)(1 + \beta \cdot T_1 \cdot s)^2}$$
$$= \frac{1}{(1 + 1.79 \cdot s) \cdot (1 + 8.59 \cdot s)^2} = \frac{1}{131.1 \cdot s^3 + 104.5 \cdot s^2 + 18.97 \cdot s + 1}.$$

Wertet man ohne Vorkenntnisse über die Zeitkonstanten der Regelstrecke die Sprungantwort mit dem Diagramm nach Bild 9.3-27 für $\beta < 1$ aus, so erhält man für $\frac{T_g}{T_u} = 6$ aus Bild 9.3-27 für $\beta < 1$ den Wert $\beta = 0.25$.

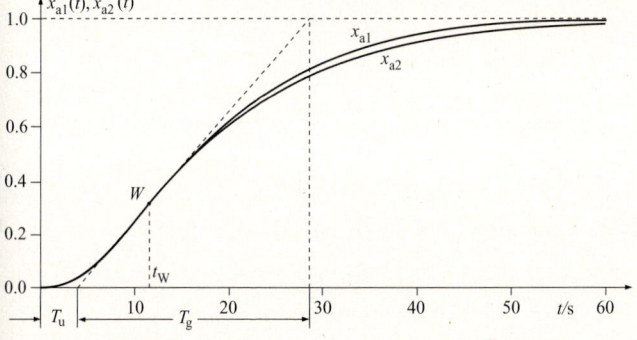

Bild 9.3-28: Berechnete Sprungantworten für ein Zeitverhältnis $\frac{T_g}{T_u} = 6$
für $T_1 < T_2, T_3$ ($\beta > 1$) und $T_1 > T_2, T_3$ ($\beta < 1$)

Mit $\beta = 0.25$ ist $\dfrac{T_g}{T_1} = f(\beta) = 1.8$, $T_1 = \dfrac{T_g}{f(\beta)} = 13.33$ s.

Die Zeitkonstanten sind $T_2 = T_3 = T_1 \cdot \beta = 3.33$ s. Für die Übertragungsfunktion der Regelstrecke erhält man:

$$G(s) = \frac{x_{a2}(s)}{x_e(s)} = \frac{1}{(1 + T_1 \cdot s)(1 + \beta \cdot T_1 \cdot s)^2}$$
$$= \frac{1}{(1 + 13.33 \cdot s) \cdot (1 + 3.33 \cdot s)^2} = \frac{1}{147.82 \cdot s^3 + 99.87 \cdot s^2 + 20 \cdot s + 1}.$$

In Bild 9.3-28 sind die Sprungantworten der Übertragungsfunktionen aufgezeichnet. Ausgleichszeit T_g, Verzugszeit T_u und Wendezeit t_W stimmen überein. Die Zeitverläufe weichen für größere Zeiten etwas voneinander ab.

9.3.3.5 Zusammenfassung

Mit dem Wendetangentenverfahren können aus den Zeitkennwerten Ausgleichszeit T_g und Verzugszeit T_u von experimentell ermittelten Sprungantworten ohne Überschwingen die Parameter der Regelstrecke bestimmt werden. Ein Vorteil der Identifikation mit Sprungeingangsgrößen ist in der einfachen Realisierung der Sprungaufschaltung zu sehen. Nachteilig ist die Fehleranfälligkeit des Verfahrens. Die Ergebnisse hängen

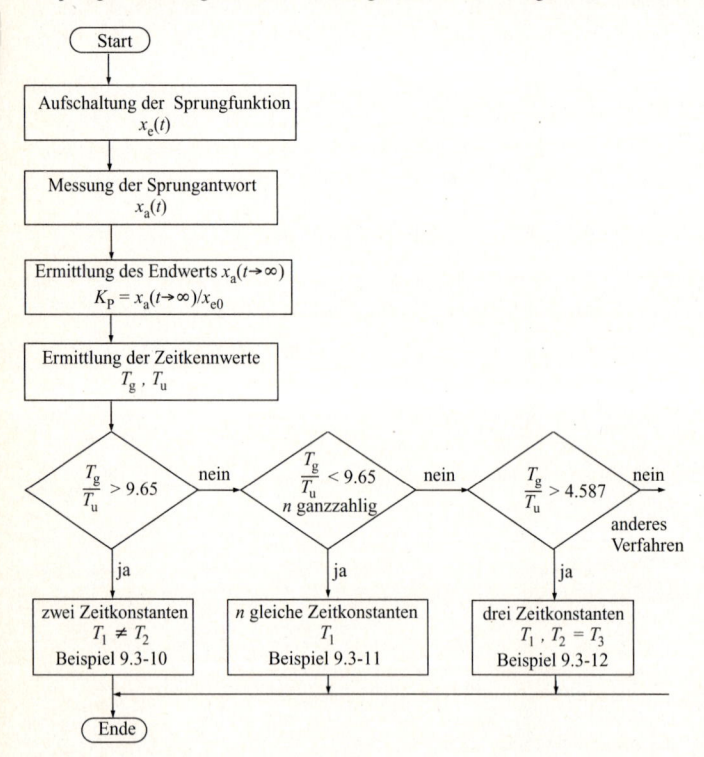

Bild 9.3-29: Vorgehensweise und Entscheidungsablauf beim Wendetangentenverfahren

im wesentlichen von der Genauigkeit des graphisch ermittelten Wendepunktes und der Steigung der Wendetangenten ab. Für die Identifikation mit dem Wendetangentenverfahren sind in Bild 9.3-29 Vorgehensweise und Entscheidungsablauf dargestellt.

Übertragungselemente mit drei Zeitkonstanten approximiert man durch zwei gleiche und eine weitere Zeitkonstante. Ist das Verhältnis $\frac{T_g}{T_u} < 4.587$, so verwendet man als beste Annäherung die Annahme von n gleichen Zeitkonstanten, wobei n der am besten zu $\frac{T_g}{T_u}$ passende ganzzahlige Wert aus Tabelle 9.3-2 ist.

9.3.4 Sprungantwortverläufe von Integral-Elementen

9.3.4.1 Eigenschaften von Integral-Elementen

Aus Anfangs- und Endwert der Sprungantwort wurden in Abschnitt 9.3.2.1 prinzipielle Eigenschaften von Übertragungselementen abgeleitet. Integrales Verhalten liegt dann vor, wenn das Sprungantwortsignal ständig ansteigt. Der theoretische Endwert ist $x_a(t \to \infty) \to \infty$. Elemente mit integralem Verhalten können neben dem I-Anteil noch Proportional-, Differential-Anteile und Verzögerungen enthalten: I-, I_2-, ..., IT_1-, IT_2-, ..., IT_t-, PI-, $PIDT_1$-, $PIDT_2$-Element.

Die charakteristische Gleichung von Integral-Elementen hat immer eine Nullstelle mit dem Realteil Null, das Element ist instabil. Eine Identifikation von Integral-Elementen mit Sprungfunktionen wird erleichtert, wenn die charakteristische Gleichung außer dem Realteil Null nur noch Nullstellen mit Realteil kleiner Null hat.

9.3.4.2 Identifikation von reinen Integral-Elementen

Bei Integral-Elementen können die Parameter Integrierverstärkung K_I oder Integrierzeitkonstante T_I bestimmt werden.

I-Element:

Sprungaufschaltung:
$$x_e(t) = x_{e0} \cdot E(t), \quad x_e(s) = \frac{x_{e0}}{s},$$

Übertragungsfunktion:
$$G(s) = \frac{x_a(s)}{x_e(s)} = \frac{K_I}{s}, \quad G(s) = \frac{x_a(s)}{x_e(s)} = \frac{1}{T_I \cdot s},$$

Sprungantwort:
$$x_a(s) = G(s) \cdot x_e(s), \quad x_a(s) = \frac{K_I}{s} \cdot \frac{x_{e0}}{s}, \quad x_a(s) = \frac{1}{T_I \cdot s} \cdot \frac{x_{e0}}{s},$$
$$x_a(t) = x_{e0} \cdot K_I \cdot t, \quad x_a(t) = x_{e0} \cdot \frac{t}{T_I}.$$

Die Sprungantwort eines reinen Integral-Elements ist eine Anstiegsfunktion mit der Steigung $x_{e0} \cdot K_I$ oder $\frac{x_{e0}}{T_I}$, der Parameter der Übertragungsfunktion Integrierverstärkung K_I oder Integrierzeitkonstante T_I wird aus der Sprungantwort zu einem Meßzeitpunkt $t_{m1} > 0$ gemessen. Die Parameterwerte sind dann:

$$\boxed{K_I = \frac{x_a(t_{m1})}{x_{e0} \cdot t_{m1}}, \quad T_I = \frac{x_{e0} \cdot t_{m1}}{x_a(t_{m1})}.}$$

I$_2$-Element:

Sprungaufschaltung:

$$x_e(t) = x_{e0} \cdot E(t), \quad x_e(s) = \frac{x_{e0}}{s},$$

Übertragungsfunktion:

$$G(s) = \frac{x_a(s)}{x_e(s)} = \frac{K_{I1} \cdot K_{I2}}{s^2}, \quad G(s) = \frac{x_a(s)}{x_e(s)} = \frac{1}{T_{I1} \cdot T_{I2} \cdot s^2},$$

Sprungantwort:

$$x_a(s) = G(s) \cdot x_e(s), \quad x_a(s) = \frac{K_{I1} \cdot K_{I2}}{s^2} \cdot \frac{x_{e0}}{s}, \quad x_a(s) = \frac{1}{T_{I1} \cdot T_{I2} \cdot s^2} \cdot \frac{x_{e0}}{s},$$

$$x_a(t) = x_{e0} \cdot K_{I1} \cdot K_{I2} \cdot \frac{t^2}{2}, \quad x_a(t) = \frac{x_{e0}}{T_{I1} \cdot T_{I2}} \cdot \frac{t^2}{2}.$$

Die Reihenschaltung von zwei Integral-Elementen liefert als Sprungantwort eine Parabelfunktion. Die Parameter K_{I1}, K_{I2} und T_{I1}, T_{I2} können nicht getrennt bestimmt werden. Liegen keine weiteren Kenntnisse über Struktur und Parameter der Regelstrecke vor, werden gleiche Parameterwerte für die Integral-Elemente angenommen. Die Parameterwerte werden für die Zeit t_{m1} wie folgt berechnet:

$$\boxed{K_I^2 = K_{I1} \cdot K_{I2} = \frac{2 \cdot x_a(t_{m1})}{x_{e0} \cdot t_{m1}^2}, \quad T_I^2 = T_{I1} \cdot T_{I2} = \frac{x_{e0} \cdot t_{m1}^2}{2 \cdot x_a(t_{m1})}.}$$

Das Identifikationsmerkmal des I$_2$-Elements ist die Parabelfunktion bei Sprungaufschaltung. Eine Überprüfung mit einem Zeitwert $t_{m2} > t_{m1}$ muß die gleichen Werte für die Parameter $K_{I1} \cdot K_{I2}, T_{I1} \cdot T_{I2}$ ergeben.

Beispiel 9.3-13: Für zwei Übertragungselemente wurde die Sprungantwort ermittelt (Bild 9.3-30). Die Übertragungsfunktionen der Elemente sind zu bestimmen.

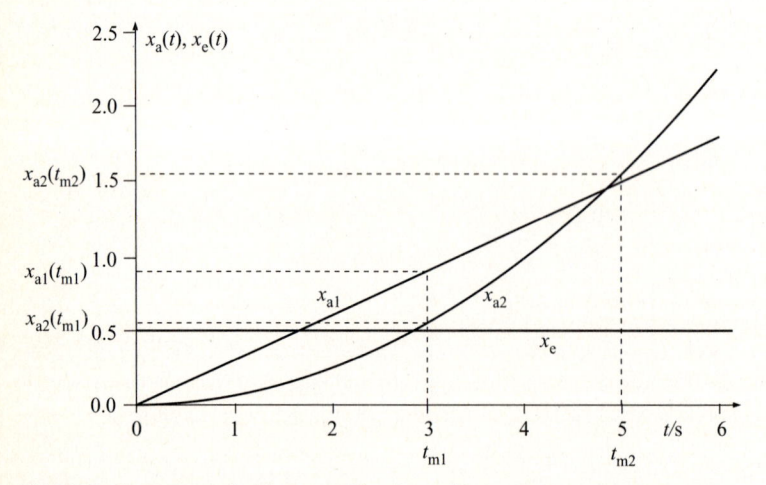

Bild 9.3-30: Sprungantwortfunktionen von reinen Integralelementen

Testfunktion: $x_e(t) = x_{e0} \cdot E(t) = 0.5 \cdot E(t)$, Meßzeitpunkt $t_{m1} = 3$ s,

Antwortfunktion $x_{a1}(t)$ mit $x_{a1}(t_{m1}) = 0.9$,

$$K_I = \frac{x_a(t_{m1})}{x_{e0} \cdot t_{m1}} = 0.6\,\text{s}^{-1}, \quad G_1(s) = \frac{x_{a1}(s)}{x_e(s)} = \frac{0.6\,\text{s}^{-1}}{s}.$$

Testfunktion: $x_e(t) = x_{e0} \cdot E(t) = 0.5 \cdot E(t)$, Meßzeitpunkt $t_{m1} = 3$ s, $t_{m2} = 5$ s,

Antwortfunktion $x_{a2}(t)$ mit $x_{a2}(t_{m1}) = 0.56, x_{a2}(t_{m2}) = 1.57$,

$$K_I^2 = \frac{2 \cdot x_a(t_{m1})}{x_{e0} \cdot t_{m1}^2} = 0.249\,\text{s}^{-2} \approx \frac{2 \cdot x_a(t_{m2})}{x_{e0} \cdot t_{m2}^2} = 0.251\,\text{s}^{-2},$$

$$G_2(s) = \frac{x_{a2}(s)}{x_e(s)} = \frac{K_I^2}{s^2} = \frac{0.25\,\text{s}^{-2}}{s^2}, \quad K_I = 0.5\,\text{s}^{-1}.$$

9.3.4.3 Identifikation von Integral-Elementen mit Verzögerung

Bei Integral-Elementen mit Verzögerungszeit oder Totzeit wird die Sprungantwortfunktion verzögert ansteigen. Integral-Elemente mit einer Verzögerungszeitkonstanten T_1 können mit der Sprungantwort identifiziert werden, bei Elementen mit mehreren Zeitkonstanten führt eine Identifikation mit der Sprungantwortfunktion bei der Annahme von gleichen Zeitkonstanten zu eindeutigen Ergebnissen.

Ein Integral-Element und zwei PT$_1$-Elemente mit gleichen Zeitkonstanten T_1 mit der Übertragungsfunktion

$$G(s) = \frac{x_a(s)}{x_e(s)} = \frac{K_S}{(1 + s \cdot T_1)^2} \cdot \frac{K_I}{s},$$

$$K_S = 40, \quad K_I = 0.1\,\text{s}^{-1}, \quad K_S \cdot K_I = 4\,\text{s}^{-1}, \quad T_1 = 0.4\,\text{s},$$

werden mit folgendem Signalflußplan dargestellt:

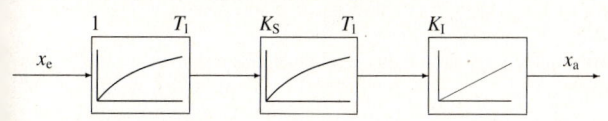

Die Sprungantwortfunktion für die Sprunghöhe $x_{e0} = 2$, ist in Bild 9.3-31 aufgezeichnet. Für Zeiten $t = t_{m1} \gg T_1$ werden die Lösungsanteile mit $e^{-\frac{t}{T_1}}$ in der Sprungantwortfunktion abgeklungen sein, die Sprungantwort ist nur noch abhängig von der um $2 \cdot T_1$ verschobenen Anstiegsfunktion, der stationären Lösung. Die Anstiegsfunktion schneidet die Zeitachse bei der Verzugszeit $T_u = 2 \cdot T_1$, die bei IT$_n$-Elementen gleich der Summe der Verzögerungszeitkonstanten ist.

> Bei Integral-Elementen mit Verzögerungs- oder Totzeitelementen erzeugt die Sprungaufschaltung als stationäre Lösung eine Anstiegsfunktion, die die Zeitachse bei der Verzugszeit T_u schneidet. Die Verzugszeit ist gleich der Summe der Verzögerungszeitkonstanten
> $$T_u = \sum_i T_i,$$
> wobei die Zeitkonstanten unterschiedlich sein können.

Mit der so definierten Verzugszeit kann für den Fall gleicher Verzögerungszeitkonstanten die Identifikation mit der Sprungantwortfunktion ausgeführt werden. Die Ableitung des Identifikationsverfahrens geht von einem Integral-Element mit mehreren gleichen Zeitkonstanten aus (IT$_n$-Element):

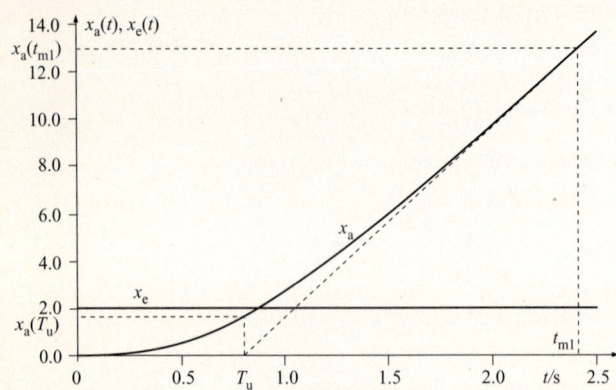

Bild 9.3-31: Sprungantwort eines Integral-Elements mit zwei gleichen Verzögerungszeitkonstanten (IT$_2$-Element)

Übertragungsfunktion:

$$G(s) = \frac{x_a(s)}{x_e(s)} = \frac{K_S}{(1+s \cdot T_1)^n} \cdot \frac{K_I}{s}, \quad n = 1, 2, 3, \ldots.$$

Sprungaufschaltung:

$x_e(t) = x_{e0} \cdot E(t), x_e(s) = \dfrac{x_{e0}}{s},$

Sprungantwort:

$x_a(s) = G(s) \cdot x_e(s) = \dfrac{x_{e0} \cdot K_S \cdot K_I}{(1+s \cdot T_1)^n \cdot s^2}.$

Mit der Partialbruchzerlegung wird $x_a(s)$ zerlegt:

$$x_a(s) = x_{e0} \cdot K_S \cdot K_I \cdot \left[\sum_{i=1}^{n} \frac{(n+1-i) \cdot T_1^2}{(1+s \cdot T_1)^i} + \frac{1}{s^2} - \frac{n \cdot T_1}{s} \right].$$

Für die Rücktransformation der Terme mit Verzögerungen wird das Transformationspaar

$$\frac{1}{(1+s \cdot T_1)^i} \longleftrightarrow \frac{t^{i-1} \cdot e^{-\frac{t}{T_1}}}{T_1^i \cdot (i-1)!}$$

eingesetzt:

$$x_a(t) = x_{e0} \cdot K_S \cdot K_I \cdot \left[\sum_{i=1}^{n} \frac{(n+1-i) \cdot t^{i-1} \cdot e^{-\frac{t}{T_1}}}{T_1^{i-2} \cdot (i-1)!} + t - n \cdot T_1 \right].$$

Für Zeiten $t \gg n \cdot T_1$ werden die Lösungsanteile mit $e^{-\frac{t}{T_1}}$ vernachlässigbar klein. Man erhält die verschobene Anstiegsfunktion (stationäre Lösung)

$$x_a(t) = x_{e0} \cdot K_S \cdot K_I \cdot (t - n \cdot T_1),$$

die die Zeitachse bei der Verzugszeit T_u schneidet. Die Verzugszeit ist gleich der Summe der Verzögerungszeitkonstanten $T_u = n \cdot T_1$.

Die Sprungantwortfunktion wird für $t = T_u = n \cdot T_1$ berechnet

$$x_a(T_u) = x_{e0} \cdot K_S \cdot K_I \cdot T_1 \cdot e^{-n} \cdot \sum_{i=1}^{n} \frac{(n+1-i) \cdot n^{i-1}}{(i-1)!}$$

und für die allgemeine Anwendung mit den Größen x_{e0}, K_S, K_I und $T_u = n \cdot T_1$ normiert:

$$x_u = \frac{x_a(T_u)}{x_{e0} \cdot K_S \cdot K_I \cdot n \cdot T_1} = \frac{x_a(T_u)}{x_{e0} \cdot K_S \cdot K_I \cdot T_u} = e^{-n} \cdot \sum_{i=1}^{n} \frac{(n+1-i) \cdot n^{i-2}}{(i-1)!}.$$

Die normierten Werte x_u der Sprungantwort sind in Tabelle 9.3-3 abhängig von der Anzahl n der Verzögerungselemente angegeben:

Tabelle 9.3-3: Normierte Werte der Sprungantwort von Integral-Elementen mit n gleichen Verzögerungszeitkonstanten

n	1	2	3	4	5	6
x_u	0.3679	0.2707	0.2240	0.1954	0.1755	0.1606

Die Verstärkung $K_S \cdot K_I$ wird für $t = t_{m1} \gg T_u = n \cdot T_1$ aus der Anstiegsfunktion

$$x_a(t) = x_{e0} \cdot K_S \cdot K_I \cdot (t - n \cdot T_1) = x_{e0} \cdot K_S \cdot K_I \cdot (t - T_u)$$

ermittelt:

$$K_S \cdot K_I = \frac{x_a(t_{m1})}{x_{e0} \cdot (t_{m1} - T_u)}.$$

> Die Identifikation wird nach folgendem Ablauf ausgeführt:
> Aufschalten der Sprungfunktion der Höhe x_{e0}, Ermittlung von T_u durch Anlegen einer Tangente, Ablesen von $x_a(t_{m1})$ für $t_{m1} \gg T_u$ und von $x_a(T_u)$, Berechnung von
> $$K_S \cdot K_I = \frac{x_a(t_{m1})}{x_{e0} \cdot (t_{m1} - T_u)},$$
> $$x_u = \frac{x_a(T_u)}{x_{e0} \cdot K_S \cdot K_I \cdot T_u} = \frac{x_a(T_u) \cdot (t_{m1} - T_u)}{x_a(t_{m1}) \cdot T_u}.$$
> Mit x_u wird in Tabelle 9.3-3 der passende Wert für n ermittelt, damit ist die Verzögerungszeitkonstante:
> $$T_1 = \frac{T_u}{n}.$$

Beispiel 9.3-14: Aus der Sprungantwortfunktion von Bild 9.3-31 sind Übertragungsfunktion und Parameter des Übertragungselements zu bestimmen. Die Sprungantwortfunktion ist verzögert und wächst mit der Zeit, das Übertragungselement ist ein IT_n-Element. Der Schnittpunkt der Tangente mit der Zeitachse liefert die Verzugszeit $T_u = 0.8$ s. Für $t_{m1} = 2.4$ s ist $x_a(t_{m1}) = 12.8$, die Verstärkung $K_S \cdot K_I$ erhält man mit $x_{e0} = 2$:

$$K_S \cdot K_I = \frac{x_a(t_{m1})}{x_{e0} \cdot (t_{m1} - T_u)} = 4 \, \text{s}^{-1}.$$

Aus dem Wert der Sprungantwortfunktion $x_a(T_u) = 1.7$ zur Verzugszeit T_u wird der normierte Wert x_u berechnet:

$$x_u = \frac{x_a(T_u)}{x_{e0} \cdot K_S \cdot K_I \cdot T_u} = 0.266.$$

Nach Tabelle 9.3-3 erhält man für $x_u = 0.2707$ ein Integral-Element mit $n = 2$ gleichen Verzögerungszeitkonstanten. In der Übertragungsfunktion können die Werte K_S, K_I nur als Produkt angegeben werden:

$$T_1 = \frac{T_u}{n} = 0.4 \, \text{s},$$

$$G(s) = \frac{x_a(s)}{x_e(s)} = \frac{K_S \cdot K_I}{(1 + s \cdot T_1)^2 \cdot s} = \frac{4\,\text{s}^{-1}}{(1 + 0.4\,\text{s} \cdot s)^2 \cdot s}.$$

Im Signalflußplan sind K_S und K_I zusammengefaßt:

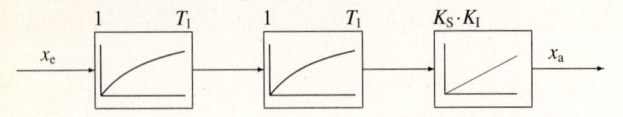

9.3.4.4 Identifikation von Integral-Elementen mit Totzeit

Bei Integral-Elementen mit Totzeit ist die Sprungantwortfunktion um die Totzeit verschoben. Zur Identifikation wird die Totzeit aus der Sprungantwortfunktion abgespalten und der I- oder IT_1-Anteil nach Abschnitt 9.3.4.2, 9.3.4.3 ermittelt.

Beispiel 9.3-15: Ein Behälter wird über ein Transportband mit Material gefüllt. Der Materialzufluß entspricht der Eingangsgröße $x_e(t)$, das in den Behälter transportierte Volumen entspricht $x_a(t)$. Die Sprungantwort wird für eine sprungförmige Veränderung des Materialzuflusses aufgezeichnet (Bild 9.3-32).

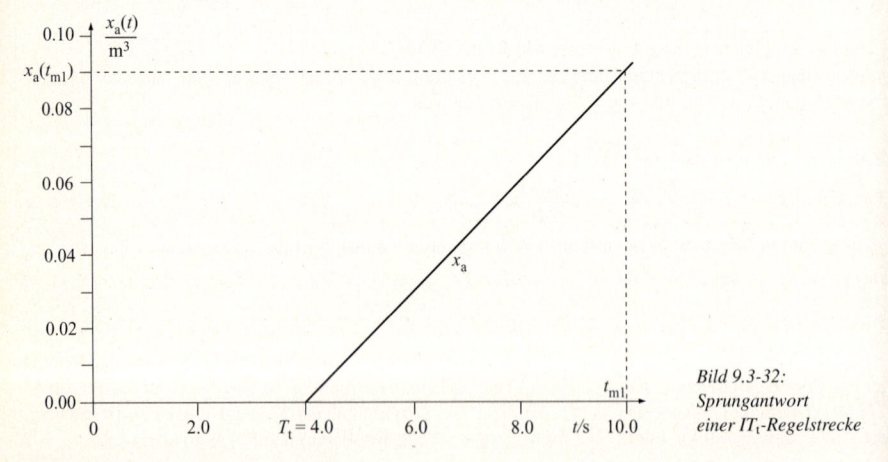

Bild 9.3-32: Sprungantwort einer IT_1-Regelstrecke

Die Sprungantwort steigt nach Ablauf der Totzeit $T_t = 4$ s an. Aus der Anstiegsfunktion wird für $t_{m1} = 10.0$ s die Verstärkung der Regelstrecke bestimmt.

Sprungaufschaltung:

$$x_e(t) = x_{e0} \cdot E(t), \quad x_e(s) = \frac{x_{e0}}{s}, \quad x_{e0} = 0.01\,\text{m}^3 \cdot \text{s}^{-1}.$$

Berechnung der Verstärkung:

Meßzeitpunkt $t_{m1} = 10$ s, $x_a(t_{m1}) = 0.09\,\text{m}^3$,

$$K_I = \frac{x_a(t_{m1})}{x_{e0} \cdot (t_{m1} - T_t)} = 1.5,$$

Übertragungsfunktion:

$$G(s) = \frac{x_a(s)}{x_e(s)} = e^{-T_t s} \cdot \frac{K_I}{s} = \frac{1.5 \cdot e^{-4s}}{s}.$$

Signalflußplan:

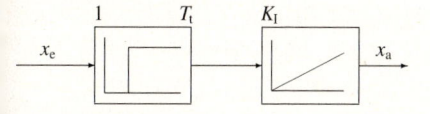

9.4 Sprungantworten, Identifizierungsgleichungen und mathematische Beschreibungen elementarer Übertragungselemente

9.4.1 Einleitung

Für elementare Übertragungselemente ist in Abschnitt 9.4.2 das **nichtparametrische Modell Sprungantwortfunktion** mit charakteristischen Kenngrößen tabellarisch angegeben. Aus dem Modell wird der Elementtyp mit Hilfe von Sprungantwortmerkmalen abgeleitet. Mit Identifizierungsgleichungen sind die Parameter des Übertragungselements zu bestimmen. Damit erhält man ein **parametrisches Modell**, das in Abschnitt 9.4.2 mit den mathematischen Beschreibungsformen Differentialgleichung, Frequenzgang- und Übertragungsfunktion angegeben ist.

9.4.2 Zusammenstellung von Sprungantwortfunktionen und mathematischen Modellen von Übertragungselementen

Die Darstellung der Identifikationsverfahren für elementare Übertragungselemente geht von einer gemessenen Sprungantwort aus, die jeweils dargestellt ist. Die Sprungantworten wurden mit einer Sprungaufschaltung der Höhe x_{e0} erzeugt, Merkmale und Gleichung der Sprungantwortfunktion und die zu ermittelnden Parameter sind für das Element angegeben. Merkmale sind Anfangswert, Endwert und Maximum der Sprungantwortfunktion, Anfangswert der Ableitung der Sprungantwortfunktion und weiterhin Verzugs- und Ausgleichszeit.

Die Identifikationsgleichungen geben den Zusammenhang zwischen den Merkmalen und Kenngrößen der Sprungantwort und den Parametern der Differentialgleichung, Frequenzgang- und Übertragungsfunktion an. Für jeden Elementtyp sind beispielhaft die Parameterwerte berechnet. Das parametrische Modell Differentialgleichung, Frequenzgang- und Übertragungsfunktion ist mit den Parametern in allgemeiner Form angegeben, ebenso das Signalflußsymbol.

Elementbezeichnung:
Proportional-Element (P-Element)
Sprungfunktion: *Bild 9.4-1: Sprungantwortfunktion eines P-Elements*
Gleichung und Merkmale der Sprungantwortfunktion: $x_a(t) = K_P \cdot x_{e0} \cdot E(t),$ $x_a(t=0) \neq 0, x_a(t \to \infty) = \text{konst} \neq 0, \neq \infty$
Parameter des Übertragungselements: Proportionalverstärkung K_P

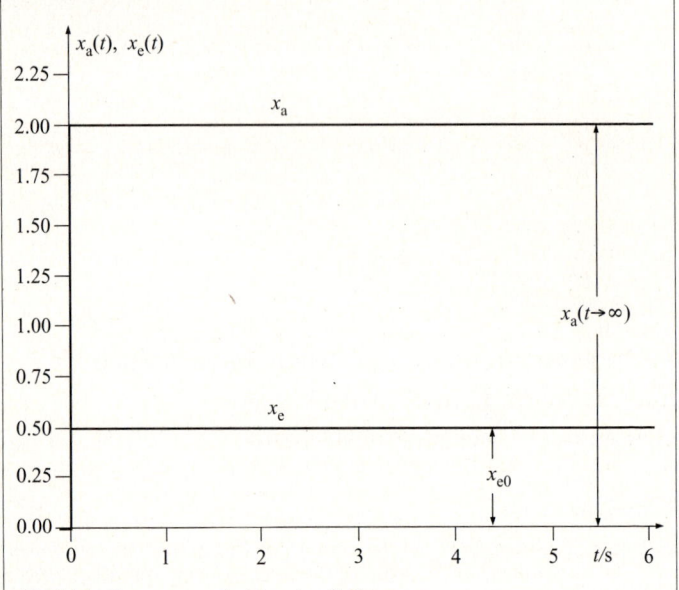

Identifikationsgleichungen:

$x_{e0} = 0.5, x_a(t \to \infty) = 2.0,$

$K_P = \dfrac{x_a(t \to \infty)}{x_{e0}} = 4.0$

Gleichung des Elements:

$x_a(t) = K_P \cdot x_e(t)$

Frequenzgangfunktion, Übertragungsfunktion:

$F(j\omega) = K_P, G(s) = K_P$

Signalflußsymbol:

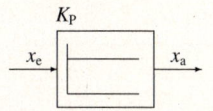

K_P

$x_e \longrightarrow \boxed{} \longrightarrow x_a$

Bemerkungen zum Identifikationsverfahren:

Kleine Verzögerungszeitkonstanten von Proportionalelementen können vernachlässigt werden, wenn weitere große Zeitkonstanten im Regelkreis vorhanden sind.

Elementbezeichnung:

Proportional-Element mit Verzögerung I. Ordnung (PT$_1$-Element)

Sprungantwortfunktion:

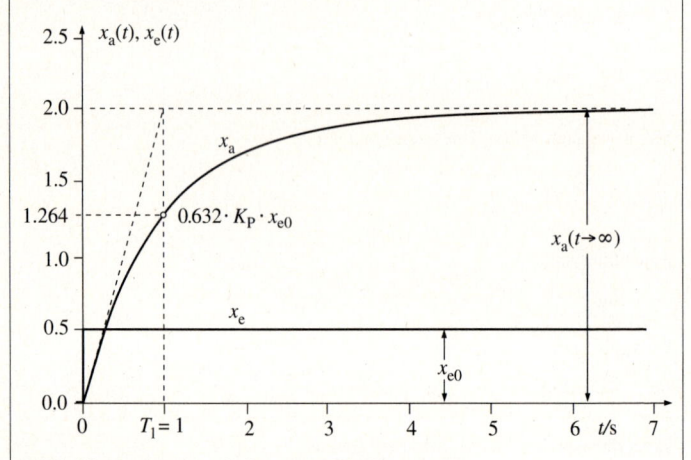

Bild 9.4-2: Sprungantwortfunktion eines PT$_1$-Elements

Gleichung und Merkmale der Sprungantwortfunktion:

$$x_a(t) = K_P \cdot \left(1 - e^{-\frac{t}{T_1}}\right) \cdot x_{e0} \cdot E(t),$$

$x_a(t = 0) = 0, x_a(t \to \infty) = \text{konst} \neq 0, \neq \infty, \dot{x}_a(t = 0) \neq 0$

Parameter des Übertragungselements:

Proportionalverstärkung K_P, Verzögerungszeitkonstante T_1

9.4 Sprungantworten und Identifizierungsgleichungen

Identifikationsgleichungen:

$x_{e0} = 0.5$, $x_a(t \to \infty) = 2.0$,

$$K_P = \frac{x_a(t \to \infty)}{x_{e0}} = 4.0, \quad T_1 = \frac{x_a(t \to \infty)}{\dot{x}_a(t = 0)}$$

T_1 wird graphisch ermittelt: $T_1 = 1.0$ s

Differentialgleichung:

$$T_1 \cdot \frac{dx_a(t)}{dt} + x_a(t) = K_P \cdot x_e(t)$$

Frequenzgangfunktion, Übertragungsfunktion:

$$F(j\omega) = \frac{K_P}{1 + j\omega \cdot T_1}, \quad G(s) = \frac{K_P}{1 + s \cdot T_1}$$

Signalflußsymbol:

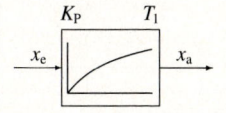

$x_e \longrightarrow \boxed{} \longrightarrow x_a$ (mit K_P, T_1)

Bemerkungen zum Identifikationsverfahren:

Die Verzögerungszeitkonstante T_1 wird im allgemeinen graphisch durch Anlegen einer Tangente bestimmt. Der Berührungspunkt der Tangente mit $x_a(t)$ und der Schnittpunkt mit der Parallelen $x_a(t \to \infty)$ zur Zeitachse werden auf die Zeitachse projiziert, die Zeitkonstante T_1 wird dort abgelesen. Die Tangente kann an beliebigen Stellen der Sprungantwort $x_a(t)$ angelegt werden, am genauesten ist das Verfahren bei $x_a(t = 0)$.

Ein weiteres Verfahren zur Bestimmung der Zeitkonstanten T_1 wertet die Sprungantwortfunktion zur Zeit $t = T_1$ aus:

$$x_a(t = T_1) = K_P \cdot x_{e0} \cdot \left(1 - e^{-\frac{T_1}{T_1}}\right) = K_P \cdot x_{e0} \cdot (1 - e^{-1})$$

$$= 0.632 \cdot K_P \cdot x_{e0} = 0.632 \cdot x_a(t \to \infty).$$

Die Zeit, nach der die Sprungantwortfunktion 63 % des Endwerts erreicht hat, entspricht der Zeitkonstanten T_1.

Elementbezeichnung:

Proportional-Differential-Element mit Verzögerung I. Ordnung

$(T_V > T_1)$, (PDT$_1$-Element)

Sprungantwortfunktion:

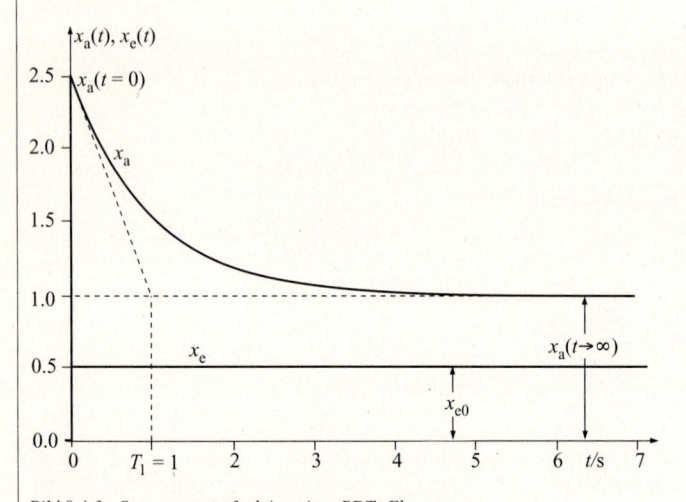

Bild 9.4-3: Sprungantwortfunktion eines PDT$_1$-Elements

Gleichung und Merkmale der Sprungantwortfunktion:

$$x_a(t) = K_P \cdot \left(1 - \left(1 - \frac{T_V}{T_1}\right) \cdot e^{-\frac{t}{T_1}}\right) \cdot x_{e0} \cdot E(t), \quad \frac{T_V}{T_1} > 1,$$

$x_a(t=0) \neq 0, x_a(t \to \infty) = \text{konst} \neq 0, \neq \infty, x_a(t=0) > x_a(t \to \infty)$

Parameter des Übertragungselements:

Proportionalverstärkung K_P,

Vorhaltzeitkonstante T_V, Verzögerungszeitkonstante T_1

Identifikationsgleichungen:

$x_{e0} = 0.5$, $x_a(t = 0) = 2.5$, $x_a(t \to \infty) = 1.0$,

$$K_P = \frac{x_a(t \to \infty)}{x_{e0}} = 2.0,$$

$$T_1 = \frac{x_a(t \to \infty) - x_a(t = 0)}{\dot{x}_a(t = 0)}, \quad T_V = \frac{T_1 \cdot x_a(t = 0)}{K_P \cdot x_{e0}} = 2.5\,\text{s},$$

T_1 wird graphisch ermittelt: $T_1 = 1.0$ s.

Differentialgleichung:

$$T_1 \cdot \frac{dx_a(t)}{dt} + x_a(t) = K_P \cdot \left[T_V \cdot \frac{dx_e(t)}{dt} + x_e(t) \right]$$

Frequenzgangfunktion, Übertragungsfunktion:

$$F(j\omega) = K_P \cdot \frac{1 + j\omega \cdot T_V}{1 + j\omega \cdot T_1}, \quad G(s) = K_P \cdot \frac{1 + s \cdot T_V}{1 + s \cdot T_1}$$

Signalflußsymbol:

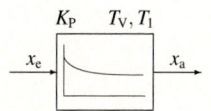

$K_P \quad T_V, T_1$

$x_e \longrightarrow \boxed{} \longrightarrow x_a$

Bemerkungen zum Identifikationsverfahren:

Die Verzögerungszeitkonstante T_1 wird im allgemeinen graphisch durch Anlegen einer Tangente bestimmt. Der Berührungspunkt der Tangente mit $x_a(t)$ und der Schnittpunkt mit der Parallelen $x_a(t \to \infty)$ zur Zeitachse werden auf die Zeitachse projiziert, die Zeitkonstante T_1 wird dort abgelesen. Die Tangente kann an beliebigen Stellen der Sprungantwort $x_a(t)$ angelegt werden, am genauesten ist das Verfahren bei $x_a(t = 0)$.

Elementbezeichnung:

Proportional-Differential-Element mit Verzögerung I. Ordnung

$(T_V < T_1)$, **(PPT$_1$-Element)**

Sprungantwortfunktion:

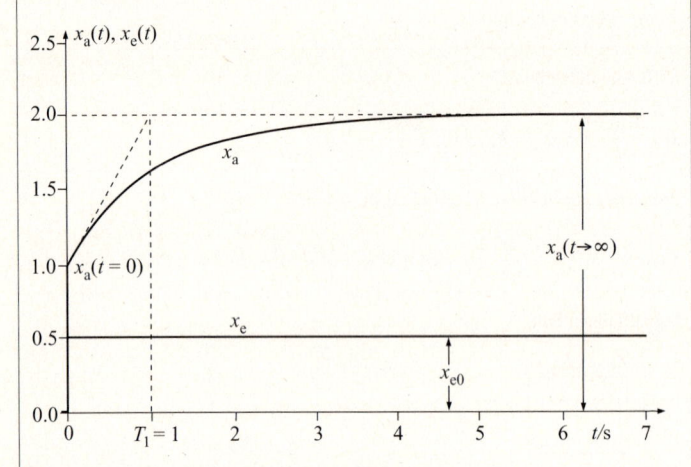

Bild 9.4-4: Sprungantwortfunktion eines PPT$_1$-Elements

Gleichung und Merkmale der Sprungantwortfunktion:

$$x_a(t) = K_P \cdot \left(1 - \left(1 - \frac{T_V}{T_1}\right) \cdot e^{-\frac{t}{T_1}}\right) \cdot x_{e0} \cdot E(t), \quad \frac{T_V}{T_1} < 1,$$

$x_a(t=0) \neq 0, x_a(t \to \infty) = \text{konst} \neq 0, \neq \infty, x_a(t=0) < x_a(t \to \infty)$

Parameter des Übertragungselements:

Proportionalverstärkung K_P,

Vorhaltzeitkonstante T_V, Verzögerungszeitkonstante T_1

9.4 Sprungantworten und Identifizierungsgleichungen

Identifikationsgleichungen:

$x_{e0} = 0.5, x_a(t=0) = 1.0, x_a(t \to \infty) = 2.0,$

$K_P = \dfrac{x_a(t \to \infty)}{x_{e0}} = 4.0,$

$T_1 = \dfrac{x_a(t \to \infty) - x_a(t=0)}{\dot{x}_a(t=0)}, \quad T_V = \dfrac{T_1 \cdot x_a(t=0)}{K_P \cdot x_{e0}} = 0.5\,\text{s}.$

T_1 wird graphisch ermittelt: $T_1 = 1.0$ s.

Differentialgleichung:

$$T_1 \cdot \dfrac{dx_a(t)}{dt} + x_a(t) = K_P \cdot \left[T_V \cdot \dfrac{dx_e(t)}{dt} + x_e(t) \right]$$

Frequenzgangfunktion, Übertragungsfunktion:

$$F(j\omega) = K_P \cdot \dfrac{1 + j\omega \cdot T_V}{1 + j\omega \cdot T_1}, \quad G(s) = K_P \cdot \dfrac{1 + s \cdot T_V}{1 + s \cdot T_1}$$

Signalflußsymbol:

$K_P \quad T_V, T_1$

$x_e \longrightarrow \boxed{} \longrightarrow x_a$

Bemerkungen zum Identifikationsverfahren:

Die Verzögerungszeitkonstante T_1 wird im allgemeinen graphisch durch Anlegen einer Tangente bestimmt. Der Berührungspunkt der Tangente mit $x_a(t)$ und der Schnittpunkt mit der Parallelen $x_a(t \to \infty)$ zur Zeitachse werden auf die Zeitachse projiziert, die Zeitkonstante T_1 wird dort abgelesen. Die Tangente kann an beliebigen Stellen der Sprungantwort $x_a(t)$ angelegt werden, am genauesten ist das Verfahren bei $x_a(t=0)$.

Elementbezeichnung:

Proportionales Totzeit-Element (PT$_t$-Element)

Sprungantwortfunktion:

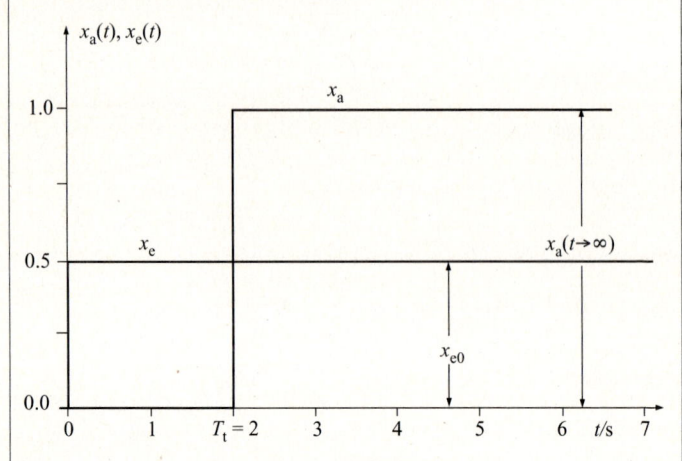

Bild 9.4-5: Sprungantwortfunktion eines PT$_t$-Elements

Gleichung und Merkmale der Sprungantwortfunktion:

$x_a(t) = K_P \cdot x_{e0} \cdot E(t - T_t)$,

$x_a(t = 0) = 0, x_a(t \to \infty) = \text{konst} \neq 0, \neq \infty$,

$x_a(t)$ ist gegenüber $x_e(t)$ zeitlich verschoben.

Parameter des Übertragungselements:

Proportionalverstärkung K_P,

Totzeit T_t

Identifikationsgleichungen:

$x_{e0} = 0.5, \; x_a(t = T_t) = 1.0, \; x_a(t \to \infty) = 1.0,$

$K_P = \dfrac{x_a(t \to \infty)}{x_{e0}} = 2.0,$

T_t wird graphisch ermittelt: $T_t = 2.0$ s.

Gleichung:

$x_a(t) = K_P \cdot x_e(t - T_t) \cdot E(t - T_t), \quad E(t - T_t) = 1 \text{ für } t > T_t$

Frequenzgangfunktion, Übertragungsfunktion:

$F(j\omega) = K_P \cdot e^{-j\omega T_t}, \quad G(s) = K_P \cdot e^{-sT_t}$

Signalflußsymbol:

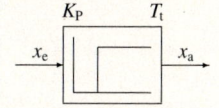

Bemerkungen zum Identifikationsverfahren:

Die Totzeitkonstante T_t wird aus der Zeitverschiebung von Aus- und Eingangssignal ermittelt.

Elementbezeichnung:

Proportional-Element mit Verzögerung II. Ordnung

mit zwei konjugiert komplexen Zeitkonstanten (PT$_2$-Element)

Sprungantwortfunktion:

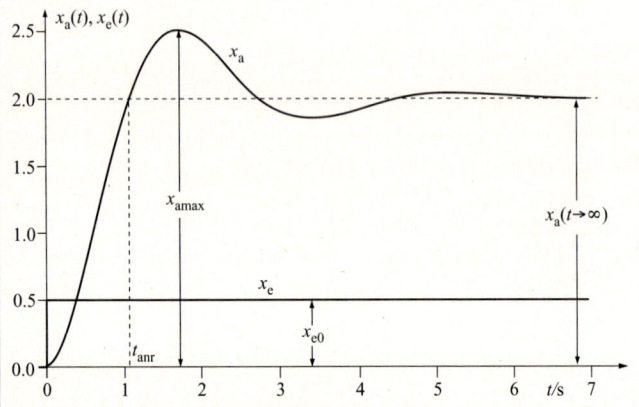

Bild 9.4-6: *Sprungantwortfunktion eines PT$_2$-Elements*

Gleichung und Merkmale der Sprungantwortfunktion:

$$x_a(t) = K_P \cdot \left[1 - \frac{e^{-D\omega_0 t}}{\sqrt{1 - D^2}} \cdot \sin\left(\omega_0 \cdot \sqrt{1 - D^2} \cdot t + \arccos(D)\right)\right] \cdot x_{e0} \cdot E(t),$$

$x_a(t = 0) = 0$, $x_{amax} > x_a(t \to \infty)$, $x_a(t \to \infty) = \text{konst} \neq 0, \neq \infty,$

Wendepunkt, Überschwingen $ü \neq 0$, Anregelzeit t_{anr}

Parameter des Übertragungselements:

Proportionalverstärkung K_P,

Dämpfung D, Kennkreisfrequenz ω_0

Identifikationsgleichungen:

$x_{e0} = 0.5$, $t_{anr} = 1.1$ s, $x_{amax} = 2.5$, $x_a(t \to \infty) = 2.0$,

$$K_P = \frac{x_a(t \to \infty)}{x_{e0}} = 4.0, \quad ü = \frac{x_{amax} - x_a(t \to \infty)}{x_a(t \to \infty)} = 25.0\,\%,$$

$$D = \frac{1}{\sqrt{1 + \left(\frac{\pi}{\ln(ü)}\right)^2}} = 0.404, \quad \omega_0 = \frac{\pi - \arccos(D)}{t_{anr} \cdot \sqrt{1 - D^2}} = 1.97\,\text{s}^{-1}$$

Differentialgleichung:

$$\frac{1}{\omega_0^2} \cdot \frac{d^2 x_a(t)}{dt^2} + \frac{2 \cdot D}{\omega_0} \cdot \frac{dx_a(t)}{dt} + x_a(t) = K_P \cdot x_e(t)$$

Frequenzgangfunktion, Übertragungsfunktion:

$$F(j\omega) = \frac{K_P \cdot \omega_0^2}{\omega_0^2 + 2 \cdot D \cdot \omega_0 \cdot j\omega + (j\omega)^2}, \quad G(s) = \frac{K_P \cdot \omega_0^2}{\omega_0^2 + 2 \cdot D \cdot \omega_0 \cdot s + s^2}$$

Signalflußsymbol:

Bemerkungen zum Identifikationsverfahren:

Bei der Anregelzeit t_{anr} erreicht die Sprungantwort zum ersten Mal den Endwert $x_a(t \to \infty)$.

Elementbezeichnung:

Proportional-Element mit Verzögerung II. Ordnung
mit zwei verschiedenen reellen Zeitkonstanten (PT$_2$-Element)

Sprungantwortfunktion:

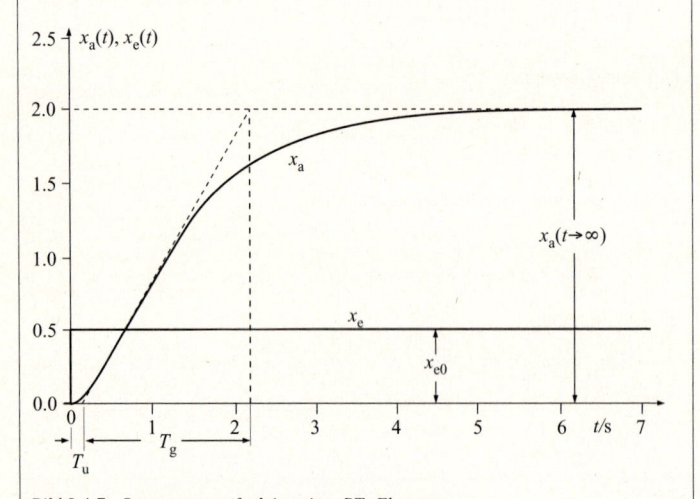

Bild 9.4-7: Sprungantwortfunktion eines PT$_2$-Elements

Gleichung und Merkmale der Sprungantwortfunktion:

$$x_a(t) = K_P \cdot \left[1 - \frac{T_1 \cdot e^{-\frac{t}{T_1}} - T_2 \cdot e^{-\frac{t}{T_2}}}{T_1 - T_2}\right] \cdot x_{e0} \cdot E(t), \quad T_1 \neq T_2$$

$x_a(t=0) = 0$, $x_a(t \to \infty) = $ konst $\neq 0, \neq \infty$,

Wendepunkt, kein Überschwingen, $ü = 0$,

Verzugszeit T_u, Ausgleichszeit T_g, $\frac{T_u}{T_g} < 0.1036$

Parameter des Übertragungselements:

Proportionalverstärkung K_P,

Zeitkonstanten $T_1, T_2, (T_1 \neq T_2)$

Identifikationsgleichungen:

$x_{e0} = 0.5, x_a(t \to \infty) = 2.0,$

$T_u = 0.193\,\text{s}, T_g = 2.0\,\text{s}, \dfrac{T_u}{T_g} = 0.0965,$

$K_P = \dfrac{x_a(t \to \infty)}{x_{e0}} = 4.0,$

$\alpha = \dfrac{T_2}{T_1} = f\left(\dfrac{T_u}{T_g}\right) = 0.5$ aus Bild 9.3-20,

$\dfrac{T_g}{T_1} = f\left(\dfrac{T_u}{T_g}\right) = 2.0$ aus Bild 9.3-22,

$T_1 = 1.0\,\text{s}, T_2 = 0.5\,\text{s}$

Differentialgleichung:

$$T_1 \cdot T_2 \cdot \dfrac{d^2 x_a(t)}{dt^2} + (T_1 + T_2) \cdot \dfrac{dx_a(t)}{dt} + x_a(t) = K_P \cdot x_e(t)$$

Frequenzgangfunktion, Übertragungsfunktion:

$$F(j\omega) = \dfrac{K_P}{(1 + j\omega \cdot T_1) \cdot (1 + j\omega \cdot T_2)}, \quad G(s) = \dfrac{K_P}{(1 + s \cdot T_1) \cdot (1 + s \cdot T_2)}$$

Signalflußsymbol:

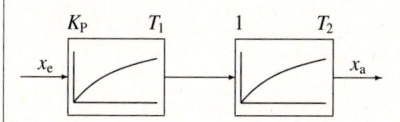

$x_e \longrightarrow \boxed{K_P \quad T_1}\longrightarrow \boxed{1 \quad T_2} \longrightarrow x_a$

Bemerkungen zum Identifikationsverfahren:

Verzugszeit T_u und Ausgleichszeit T_g werden durch Anlegen einer Tangente im Wendepunkt graphisch bestimmt.

Elementbezeichnung:

Proportional-Element mit Verzögerung n. Ordnung mit n gleichen reellen Zeitkonstanten (PT_n-Element)

Sprungantwortfunktion:

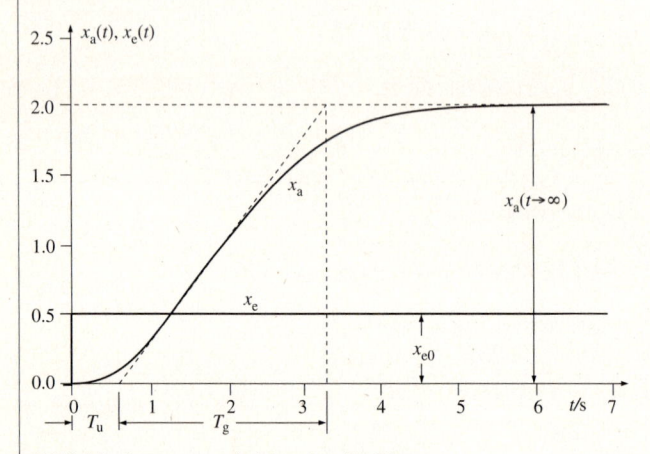

Bild 9.4-8: Sprungantwortfunktion eines PT_n-Elements

Gleichung und Merkmale der Sprungantwortfunktion:

$$x_a(t) = K_P \cdot \left[1 - e^{-\frac{t}{T_1}} \cdot \sum_{i=0}^{n-1} \frac{\left(\frac{t}{T_1}\right)^i}{i!} \right] \cdot x_{e0} \cdot E(t),$$

$x_a(t=0) = 0,\ x_a(t \to \infty) = \text{konst} \neq 0,\ \neq \infty$,

Wendepunkt, kein Überschwingen, $\ddot{u} = 0$,

Verzugszeit T_u, Ausgleichszeit T_g, $\dfrac{T_u}{T_g} \geq 0.1036$

Parameter des Übertragungselements:

Proportionalverstärkung K_P,

n gleiche Zeitkonstanten T_1

Identifikationsgleichungen:

$x_{e0} = 0.5$, $x_a(t \to \infty) = 2.0$,

$T_u = 0.6$ s, $T_g = 2.77$ s,

$K_P = \dfrac{x_a(t \to \infty)}{x_{e0}} = 4.0$, $\quad \dfrac{T_u}{T_g} = 0.217$,

$n = f\left(\dfrac{T_u}{T_g}\right) = 3$ aus Tabelle 9.3-2,

$\dfrac{T_g}{T_1} = f(n) = 3.6945$ aus Tabelle 9.3-2, $T_1 = 0.75$ s

Differentialgleichung:

$$T_1^n \cdot \frac{d^n x_a(t)}{dt^n} + \cdots + x_a(t) = K_P \cdot x_e(t)$$

Frequenzgangfunktion, Übertragungsfunktion:

$$F(j\omega) = \frac{K_P}{(1 + j\omega \cdot T_1)^n}, \quad G(s) = \frac{K_P}{(1 + s \cdot T_1)^n}$$

Signalflußsymbol:

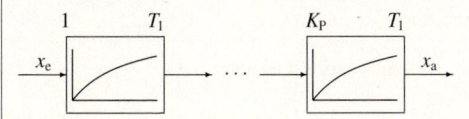

Bemerkungen zum Identifikationsverfahren:

Verzugszeit T_u und Ausgleichzeit T_g werden durch Anlegen einer Tangente im Wendepunkt graphisch bestimmt.

Elementbezeichnung:

Integral-Element (I-Element)

Sprungantwortfunktion:

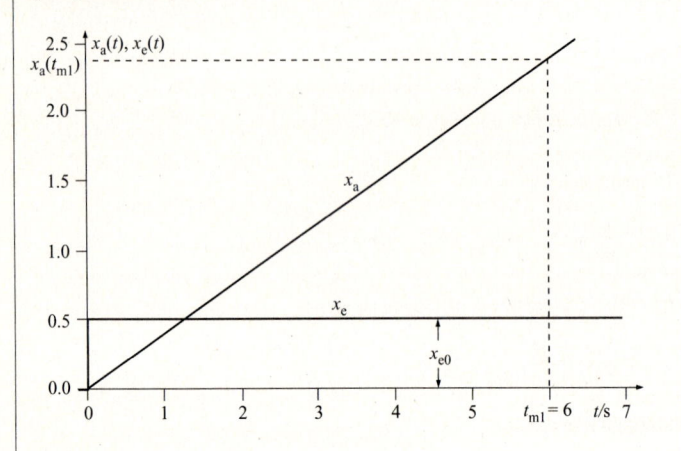

Bild 9.4-9: Sprungantwortfunktion eines I-Elements

Gleichung und Merkmale der Sprungantwortfunktion:
$$x_a(t) = K_I \cdot t \cdot x_{e0} \cdot E(t), \quad x_a(t) = \frac{t}{T_I} \cdot x_{e0} \cdot E(t),$$
$x_a(t=0) = 0$, $x_a(t \to \infty)$ unbegrenzt $\to \infty$, $\dot{x}_a(t=0) \neq 0$

Parameter des Übertragungselements:

Integrierverstärkung K_I oder Integrierzeitkonstante T_I

9.4 Sprungantworten und Identifizierungsgleichungen

Identifikationsgleichungen:

$x_{e0} = 0.5$, $t_{m1} = 6.0\,\text{s}$, $x_a(t_{m1}) = 2.4$,

$$K_I = \frac{x_a(t_{m1})}{x_{e0} \cdot t_{m1}} = 0.8\,\text{s}^{-1}, \quad T_I = \frac{x_{e0} \cdot t_{m1}}{x_a(t_{m1})} = 1.25\,\text{s}$$

Differentialgleichung:

$$\frac{dx_a(t)}{dt} = K_I \cdot x_e(t), \quad T_I \cdot \frac{dx_a(t)}{dt} = x_e(t)$$

Frequenzgangfunktion, Übertragungsfunktion:

$$F(j\omega) = \frac{K_I}{j\omega}, \quad G(s) = \frac{K_I}{s}, \quad F(j\omega) = \frac{1}{j\omega \cdot T_I}, \quad G(s) = \frac{1}{s \cdot T_I}$$

Signalflußsymbol:

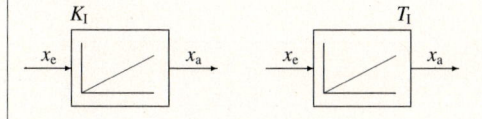

Bemerkungen zum Identifikationsverfahren:

Die Integrierzeitkonstante T_I kann nur bestimmt werden, wenn Eingangs- und Ausgangsgröße gleiche Dimension haben. Dies kann auch durch Normierung von Eingangs- und Ausgangsgröße erreicht werden.

Elementbezeichnung:

Integral-Element mit Verzögerung I. Ordnung (IT$_1$-Element)

Sprungantwortfunktion:

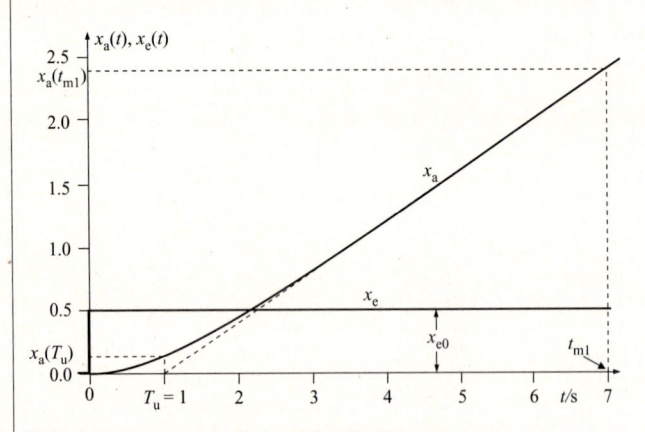

Bild 9.4-10: Sprungantwortfunktion eines IT$_1$-Elements

Gleichung und Merkmale der Sprungantwortfunktion:
$$x_a(t) = K_S \cdot K_I \cdot \left[t - T_1 \cdot \left(1 - e^{-\frac{t}{T_1}}\right)\right] \cdot x_{e0} \cdot E(t),$$
$x_a(t=0) = 0$, $x_a(t \to \infty)$ unbegrenzt $\to \infty$, $\dot{x}_a(t=0) = 0$

Parameter des Übertragungselements:

Integrierverstärkung $K_S \cdot K_I$ oder K_S/T_1, Zeitkonstante T_1

9.4 Sprungantworten und Identifizierungsgleichungen

Identifikationsgleichungen:

$x_{e0} = 0.5$, $T_u = 1.0\,\text{s}$, $x_a(T_u) = 0.145$,

$t_{m1} = 7.0\,\text{s}$, $x_a(t_{m1}) = 2.4$,

$K_S \cdot K_I = \dfrac{x_a(t_{m1})}{x_{e0} \cdot (t_{m1} - T_u)} = 0.8\,\text{s}^{-1}$, $\quad x_u = \dfrac{x_a(T_u)}{x_{e0} \cdot K_S \cdot K_I} = 0.3625$,

$n(x_u) = 1$ (Tabelle 9.3-3),

$T_1 = \dfrac{T_u}{n} = 1.0\,\text{s}$,

Für ein IT_1-Element muß $x_u \approx 0.3679$ sein (Tabelle 9.3-3).

Differentialgleichung:

$$T_1 \cdot \dfrac{dx_a(t)}{dt} + x_a(t) = K_S \cdot K_I \cdot \int x_e(t)\,dt,$$

Frequenzgangfunktion, Übertragungsfunktion:

$$F(j\omega) = \dfrac{K_S}{(1 + j\omega \cdot T_1)} \cdot \dfrac{K_I}{j\omega}, \quad G(s) = \dfrac{K_S}{(1 + s \cdot T_1)} \cdot \dfrac{K_I}{s}$$

Signalflußsymbol:

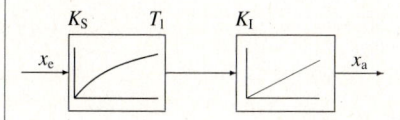

Bemerkungen zum Identifikationsverfahren:

Für ein IT_1-Element ist die normierte Größe $x_u = 0.3679$. Zur Bestimmung von $K_S \cdot K_I$ sollte die Meßzeit $t_{m1} \gg T_1 = T_u$ gewählt werden, $x_a(t)$ ist dann im wesentlichen von der stationären Lösung abhängig:

$$x_a(t_{m1}) \approx K_S \cdot K_I \cdot (t_{m1} - T_1) \cdot x_{e0}.$$

9 Ermittlung mathematischer Modelle für die Regelungstechnik

Elementbezeichnung:

Integral-Element mit Totzeit (IT_t-Element)

Sprungantwortfunktion:

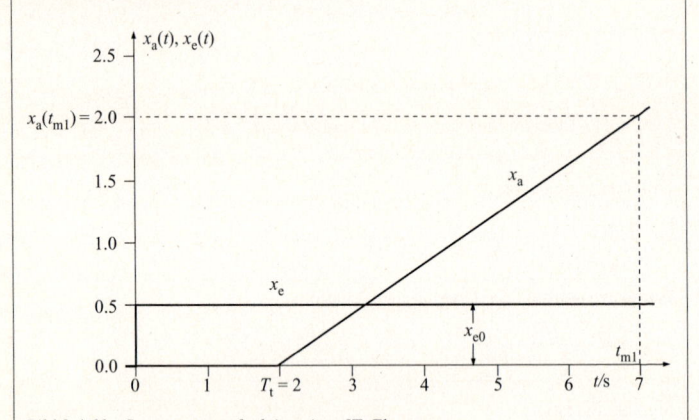

Bild 9.4-11: Sprungantwortfunktion eines IT_t-Elements

Gleichung und Merkmale der Sprungantwortfunktion:
$x_a(t) = K_I \cdot x_{e0} \cdot (t - T_t) \cdot E(t - T_t), E(t - T_t) = 1$ für $t > T_t$,

$x_a(t = 0) = 0$, $x_a(t \to \infty)$ unbegrenzt $\to \infty$,

$x_a(t)$ ist eine verschobene Anstiegsfunktion.

Parameter des Übertragungselements:

Integrierverstärkung K_I, Totzeit T_t

9.4 Sprungantworten und Identifizierungsgleichungen

Identifikationsgleichungen:

$x_{e0} = 0.5, t_{m1} = 7.0\,\text{s}, x_a(t_{m1}) = 2.0,$

T_t wird graphisch ermittelt: $T_t = 2.0\,\text{s}$,

$$K_I = \frac{x_a(t_{m1})}{x_{e0} \cdot (t_{m1} - T_t)} = 0.8\,\text{s}^{-1}$$

Differentialgleichung:

$$\frac{dx_a(t)}{dt} = K_I \cdot x_e(t - T_t) \cdot E(t - T_t),\; E(t - T_t) = 1 \text{ für } t > T_t$$

Frequenzgangfunktion, Übertragungsfunktion:

$$F(j\omega) = \frac{K_I \cdot e^{-j\omega T_t}}{j\omega}, \quad G(s) = \frac{K_I \cdot e^{-sT_t}}{s}$$

Signalflußsymbol:

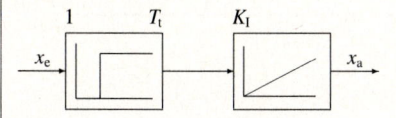

Bemerkungen zum Identifikationsverfahren:

Die Totzeit T_t wird aus der Zeitverschiebung von Ausgangsanstiegsfunktion und Eingangssprungfunktion ermittelt. Die Meßzeit t_{m1} muß größer T_t gewählt werden.

Elementbezeichnung:

Proportional-Integral-Element (PI-Element)

Sprungantwortfunktion:

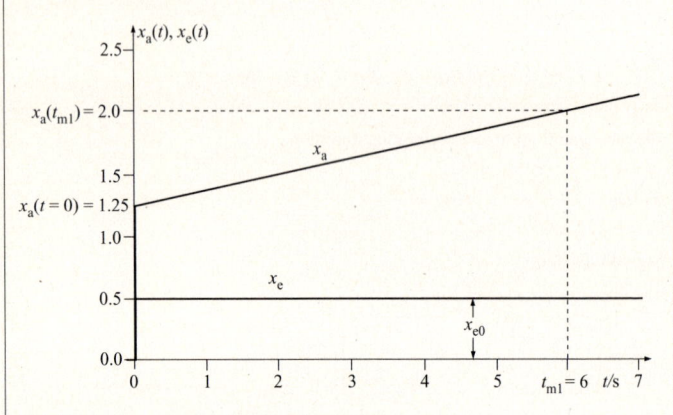

Bild 9.4-12: Sprungantwortfunktion eines PI-Elements

Gleichung und Merkmale der Sprungantwortfunktion:
$$x_a(t) = K_P \cdot \left(1 + \frac{t}{T_N}\right) \cdot x_{e0} \cdot E(t),$$
$x_a(t = 0) \neq 0, x_a(t \to \infty)$ unbegrenzt $\to \infty$

Parameter des Übertragungselements:

Proportionalverstärkung K_P, Nachstellzeit T_N

Identifikationsgleichungen:

$x_{e0} = 0.5, x_a(t=0) = 1.25, t_{m1} = 6.0\,\text{s}, x_a(t_{m1}) = 2.0,$

$K_P = \dfrac{x_a(t=0)}{x_{e0}} = 2.5, \quad T_N = \dfrac{x_a(t=0) \cdot t_{m1}}{x_a(t_{m1}) - x_a(t=0)} = 10.0\,\text{s}$

Differentialgleichung:

$x_a(t) = K_P \cdot \left[x_e(t) + \dfrac{1}{T_N} \cdot \int x_e(t) \cdot \mathrm{d}t \right]$

Frequenzgangfunktion, Übertragungsfunktion:

$F(j\omega) = \dfrac{K_P \cdot (1 + j\omega \cdot T_N)}{j\omega \cdot T_N}, \quad G(s) = \dfrac{K_P \cdot (1 + s \cdot T_N)}{s \cdot T_N}$

Signalflußsymbol:

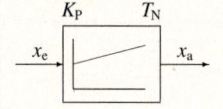

Elementbezeichnung:

Differential-Element mit Verzögerung I. Ordnung (DT$_1$-Element)

Sprungantwortfunktion:

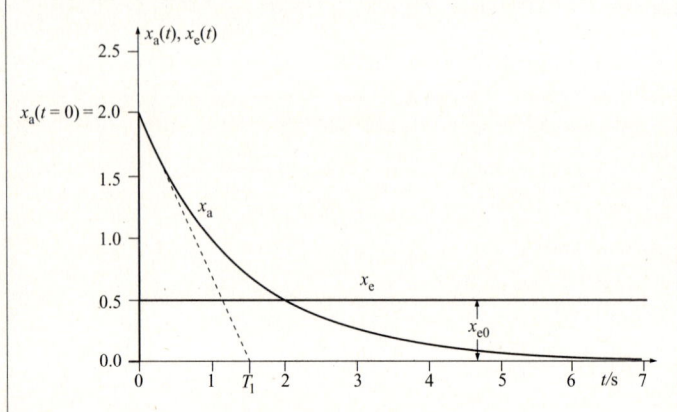

Bild 9.4-13: Sprungantwortfunktion eines DT$_1$-Elements

Gleichung und Merkmale der Sprungantwortfunktion:

$$x_a(t) = \frac{K_D}{T_1} \cdot e^{-\frac{t}{T_1}} \cdot x_{e0} \cdot E(t),$$

$x_a(t = 0) \neq 0$, $x_a(t \to \infty) = 0$, $\dot{x}_a(t = 0) \neq 0$

Parameter des Übertragungselements:

Differenzierverstärkung K_D, Zeitkonstante T_1

Identifikationsgleichungen:

$x_{e0} = 0.5$, $x_a(t = 0) = 2.0$,

$$T_1 = \frac{x_a(t \to \infty) - x_a(t = 0)}{\dot{x}_a(t = 0)}, \quad K_D = \frac{x_a(t = 0)}{x_{e0}} \cdot T_1 = 6.0\,\text{s},$$

T_1 wird graphisch ermittelt: $T_1 = 1.5$ s.

Differentialgleichung:

$$T_1 \cdot \frac{dx_a(t)}{dt} + x_a(t) = K_D \cdot \frac{dx_e(t)}{dt}$$

Frequenzgangfunktion, Übertragungsfunktion:

$$F(j\omega) = \frac{K_D \cdot j\omega}{1 + j\omega \cdot T_1}, \quad G(s) = \frac{K_D \cdot s}{1 + s \cdot T_1}$$

Signalflußsymbol:

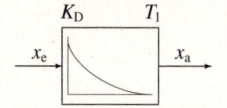

Bemerkungen zum Identifikationsverfahren:

Die Verzögerungszeitkonstante T_1 wird im allgemeinen graphisch durch Anlegen einer Tangente bestimmt. Der Berührungspunkt der Tangente mit $x_a(t)$ und der Schnittpunkt mit der Parallelen $x_a(t \to \infty)$ zur Zeitachse werden auf die Zeitachse projiziert, die Zeitkonstante T_1 wird dort abgelesen. Die Tangente kann an beliebigen Stellen der Sprungantwort $x_a(t)$ angelegt werden, am genauesten ist das Verfahren bei $x_a(t = 0)$.

9.4.3 Zusammenfassung

Die Identifizierung mit Sprungfunktionen bietet für die regelungstechnische Praxis Vorteile. Die Sprungfunktion läßt sich durch einen einfachen Schaltvorgang erzeugen. Die Auswertung wird mit der gemessenen Antwortfunktion vorgenommen, wobei aufwendige Operationen, wie beispielsweise die Differentiation der Antwortfunktion, durch einfache graphische Verfahren, wie Anlegen einer Tangente, ersetzt werden. Aus den abgelesenen Merkmalen der Sprungantwort können mit einfachen Formeln die Parameter des mathematischen Modells berechnet werden.

10 Optimierungskriterien und Einstellregeln für Regelkreise

10.1 Einleitung

Für Regelkreise wurden bisher Kenngrößen des Zeitbereichs (Anstiegszeit, Überschwingweite, bleibende Regeldifferenz) oder des Frequenzbereichs (Durchtrittskreisfrequenz, Phasenreserve, stationäre Verstärkung K_{RS}) vorgegeben und eingestellt. Diese Kenngrößen sind **elementare Optimierungskriterien**, deren Wert vom Anwender aufgrund von technischen Anforderungen festgelegt wird. Bei allgemeinen Optimierungsaufgaben werden Gütekriterien vorgegeben, deren Werte möglichst groß oder klein werden sollen.

Die Grundaufgabe der Optimierung soll im weiteren aus der Wirkungsweise eines Regelkreises abgeleitet werden. Bei Auftreten von sprungförmigen Störungen oder Änderungen der Führungsgröße wird die Regelgröße immer von der Führungsgröße abweichen. Hat der Regelkreis keine bleibende Regeldifferenz, dann sind die Abweichungen vorübergehend.

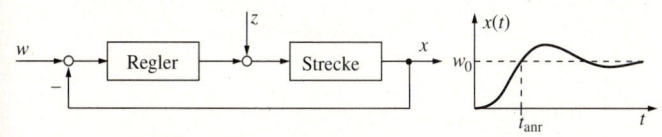

Bild 10.1-1: Regelkreis mit Führungssprungantwort

Der Regler hat die Aufgabe, die Regelgröße genau einzustellen und den Einfluß von Störungen zu unterdrücken. Das soll **schnell** und **ohne Überschwingen** geschehen. Diese Anforderungen lassen sich bei einfachen Reglerstrukturen nicht gleichzeitig erfüllen, da einige Anforderungen sich bei Veränderung von Reglerparametern **gegenläufig** verhalten: Wird zum Beispiel die Verstärkung verringert, um die Überschwingweite zu verkleinern, so werden Anstiegs- und Anregelzeit vergrößert, der Regelkreis wird langsamer.

Aufgabe der Optimierung ist es, einen Kompromiß zwischen gegenläufigen Anforderungen zu finden. Dazu werden übergeordnete Optimierungskriterien eingesetzt. Die ermittelten Einstellwerte sind dann für das gewählte Optimierungsverfahren optimal. Für die Reglereinstellung werden Optimierungsverfahren im Zeit- und Frequenzbereich angewendet.

> Unter Optimierung werden Verfahren verstanden, die das Verhalten eines Regelungssystems so beeinflussen, daß ein vorgegebenes Gütekriterium einen möglichst großen oder kleinen – optimalen – Wert annimmt. Nach Art der Verfahren werden Parameter- und Strukturoptimierung unterschieden.

Die Verfahren der **Parameteroptimierung** legen bei vorgegebener Struktur des Regelungssystems die Kennwerte der Regeleinrichtung fest. Die Parameteroptimierung führt zu Extremwertproblemen. Bei der **Optimierung im Zeitbereich** werden die Gütekriterien aus dem zeitlichen Verlauf von regelungstechnischen Größen gebildet. Die Optimierung im Frequenzbereich leitet die Kriterien aus Kenngrößen des Frequenzgangs ab.

Bei der **Strukturoptimierung** werden optimale Struktur und Parameter von Regelungssystemen ermittelt. Optimierungsaufgaben können auch Algorithmen als Ergebnis liefern, mit denen optimale Stellgrößenfolgen bestimmt werden.

Eine Gruppe von Verfahren der Parameteroptimierung baut auf den Integralkriterien der Regelfläche auf. Diese sollen im nächsten Abschnitt untersucht werden.

10.2 Parameteroptimierung im Zeitbereich

10.2.1 Begriff der Regelfläche

Aus der Sprungantwort des geschlossenen Regelkreises können Anstiegszeit, Anregelzeit, Ausregelzeit, Regelfehler und Überschwingweite abgelesen werden. Der Regelkreis ist sicher dann optimal ausgelegt, wenn alle diese Kenngrößen möglichst klein sind. Einige Forderungen widersprechen sich, so daß ein Kompromiß eingegangen werden muß. Im Zeitbereich verwendet man dazu das Integral der Regeldifferenz $x_d(t)$. In Bild 10.2-2 ist das Integral der Regeldifferenz

$$x_d(t) = w(t) - x(t)$$

für ein Regelungssystem ohne bleibende Regeldifferenz schraffiert dargestellt.

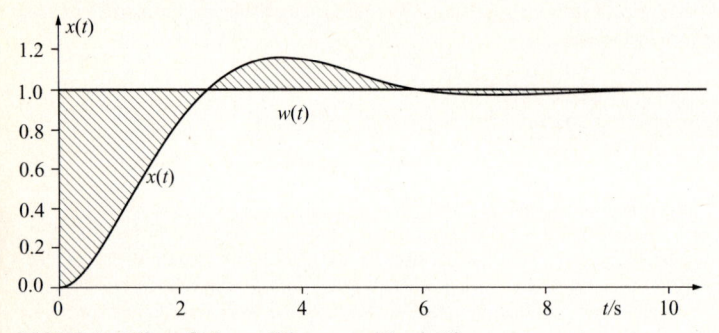

Bild 10.2-1: Differenzfläche von Führungs- und Regelgröße

Bei der Berechnung von Regelungssystemen mit bleibender Regeldifferenz ist zu beachten, daß eine bleibende Regeldifferenz nicht mit integriert werden darf (Bild 10.2-3). Das Integral würde anderenfalls einen unendlich großen Wert erhalten und keine Aussage über eine optimale Einstellung des Reglers liefern.

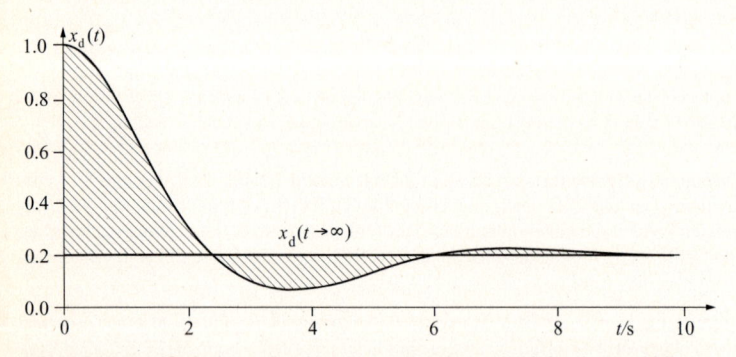

Bild 10.2-2: Regelfläche für ein Regelungssystem II. Ordnung mit bleibender Regeldifferenz

Die Regelfläche kann linear, absolut oder quadratisch ausgewertet werden, bei einigen Integralkriterien wird die Regeldifferenz mit weiteren Funktionen gewichtet.

10.2.2 Integralkriterien im Zeitbereich

10.2.2.1 Integralkriterium der Linearen Regelfläche

Grundlage für dieses Kriterium ist, daß die Regelgüte um so günstiger ist, je kleiner Überschwingweite und Anregelzeit sind.

$$A_{\text{Lin}} = A_{\text{Lin}}(t \to \infty) = \int_0^\infty [x_d(t) - x_d(t \to \infty)] dt \stackrel{!}{=} \text{Min}.$$

A_{Lin} wird als **Lineare Regelfläche** bezeichnet. Sie ergibt sich aus dem Integral über die Differenz von Regeldifferenz $x_d(t)$ und der bleibenden Regeldifferenz $x_d(t \to \infty)$ bei Führungs- oder Störungssprung.

Die Einstellung des Regelkreises ist dann optimal, wenn das Integral zu einem Minimum wird. Die Lineare Regelfläche setzt sich bei Regelkreisen mit Überschwingen aus positiven und negativen Anteilen zusammen. Bei solchen Regelvorgängen kann dann die Regelfläche sehr klein werden, bei instabilen Regelkreisen sogar zu Null. Das Kriterium kann daher nur eingesetzt werden, wenn für den Regelkreis die Dämpfung vorgegeben wird.

Die Berechnungen der verschiedenen Regelflächen wurden für die Standardübertragungsfunktion II. Ordnung mit der Kennkreisfrequenz $\omega_0 = 1\,\text{s}^{-1}$ und der Dämpfung $D = 0.5$ durchgeführt:

$$G(s) = \frac{x(s)}{w(s)} = \frac{\omega_0^2}{s^2 + 2D\omega_0 \cdot s + \omega_0^2} = \frac{1}{s^2 + s + 1}.$$

Die Führungssprungantwort mit $w(t) = w_0 \cdot E(t) = E(t)$ ist dann:

$$x(t) = \left[1 - \frac{e^{-D\omega_0 t}}{\sqrt{1-D^2}} \cdot \sin\left(\omega_0 \cdot \sqrt{1-D^2} \cdot t + \arccos D\right)\right] \cdot w_0$$

$$= 1 - 1.155 \cdot e^{-0.5 \cdot t} \cdot \sin\left(0.866 \cdot t + \frac{\pi}{3}\right).$$

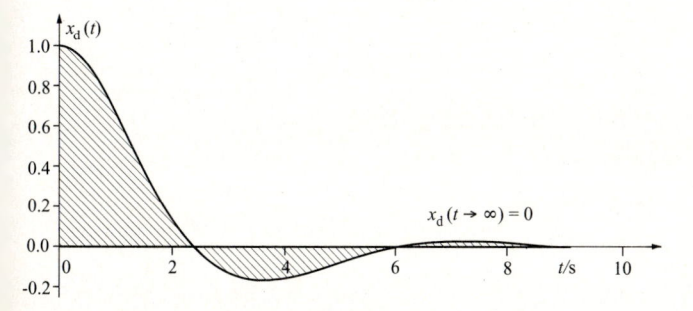

Bild 10.2-3: Lineare Regelfläche (schraffierte Fläche)

Für die Berechnung des Integrals im Zeitbereich muß zuerst die Regeldifferenz $x_d(t)$ ermittelt werden. Die dazu notwendigen umfangreichen Berechnungen können vermieden werden, wenn das Integral im Frequenzbereich mit den Endwertsatz bestimmt wird. Für die Lineare Regelfläche A_{Lin} wird mit dem Endwertsatz folgender Ausdruck ermittelt:

$$A_{\text{Lin}} = \lim_{t \to \infty} A_{\text{Lin}}(t) = \lim_{t \to \infty} \int [x_d(t) - x_d(t \to \infty)] dt$$

10 Optimierungskriterien und Einstellregeln für Regelkreise

$$A_{\text{Lin}} = \lim_{s \to 0} s \cdot A_{\text{Lin}}(s) = \lim_{s \to 0} s \cdot L\left\{\int [x_d(t) - x_d(t \to \infty)]dt\right\} = \lim_{s \to 0} s \cdot \frac{1}{s}\left[x_d(s) - \frac{x_d(t \to \infty)}{s}\right],$$

$$\boxed{A_{\text{Lin}} = A_{\text{Lin}}(t \to \infty) = \lim_{s \to 0}\left[x_d(s) - \frac{x_d(t \to \infty)}{s}\right] \stackrel{!}{=} \text{Min}}.$$

Für die Berechnung der Linearen Regelfläche wird die Regeldifferenz $x_d(s)$ im Frequenzbereich benötigt.

Beispiel 10.2-1: Ein Regelkreis mit zwei Zeitkonstanten T_1, T_2 und einem Proportional-Regler soll nach dem Integralkriterium der Linearen Regelfläche so eingestellt werden, daß kein Überschwingen auftritt. Für diese Einstellung ist die Dämpfung $D = 1$.

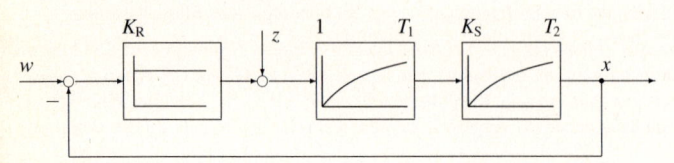

Für den Regelkreis ist die Regeldifferenz für einen Führungssprung $w(t) = w_0 \cdot E(t)$ zu ermitteln. Zunächst werden die Übertragungsfunktionen bestimmt:

$$G_R(s) = K_R, \quad G_S(s) = \frac{K_S}{(1 + T_1 \cdot s) \cdot (1 + T_2 \cdot s)}, \quad w(s) = \frac{w_0}{s}$$

$$G(s) = \frac{G_R(s) \cdot G_S(s)}{1 + G_R(s) \cdot G_S(s)} = \frac{K_R \cdot K_S}{T_1 \cdot T_2 \cdot s^2 + (T_1 + T_2) \cdot s + 1 + K_R \cdot K_S}$$

$$= \frac{K_R \cdot K_S}{1 + K_R \cdot K_S} \cdot \frac{1}{\dfrac{T_1 \cdot T_2 \cdot s^2}{1 + K_R \cdot K_S} + \dfrac{(T_1 + T_2) \cdot s}{1 + K_R \cdot K_S} + 1}$$

$$\stackrel{!}{=} K_P \cdot \frac{1}{\dfrac{s^2}{\omega_0^2} + \dfrac{2 \cdot D}{\omega_0} \cdot s + 1} \quad \text{(standardisierte Übertragungsfunktion des } PT_2\text{-Elements)}$$

Die Regeldifferenz im Frequenzbereich ist:

$$x_d(s) = \frac{1}{1 + G_R(s) \cdot G_S(s)} \cdot w(s) = \frac{(1 + T_1 \cdot s) \cdot (1 + T_2 \cdot s)}{(1 + T_1 \cdot s) \cdot (1 + T_2 \cdot s) + K_R \cdot K_S} \cdot \frac{w_0}{s}.$$

Die bleibende Regeldifferenz ergibt sich zu:

$$x_d(t \to \infty) = \lim_{s \to 0} s \cdot x_d(s) = \frac{w_0}{1 + K_R \cdot K_S}.$$

Die Regelfläche A_{Lin} wird im nächsten Rechenschritt bestimmt:

$$A_{\text{Lin}} = \lim_{s \to 0}\left[x_d(s) - \frac{x_d(t \to \infty)}{s}\right]$$

$$= \lim_{s \to 0}\left[\frac{(1 + T_1 \cdot s) \cdot (1 + T_2 \cdot s)}{(1 + T_1 \cdot s) \cdot (1 + T_2 \cdot s) + K_R \cdot K_S} \cdot \frac{w_0}{s} - \frac{1}{1 + K_R \cdot K_S} \cdot \frac{w_0}{s}\right]$$

$$= \lim_{s \to 0}\left[\frac{(1 + K_R K_S)(1 + T_1 s)(1 + T_2 s) - [(1 + T_1 s)(1 + T_2 s) + K_R K_S]}{[(1 + T_1 s)(1 + T_2 s) + K_R K_S](1 + K_R \cdot K_S)s}\right] w_0$$

$$= \lim_{s \to 0}\left[\frac{K_R \cdot K_S[(T_1 + T_2)s + T_1 \cdot T_2 \cdot s^2]}{[(1 + T_1 \cdot s)(1 + T_2 \cdot s) + K_R \cdot K_S](1 + K_R \cdot K_S)s}\right] w_0 = \frac{K_R \cdot K_S \cdot (T_1 + T_2)}{(1 + K_R \cdot K_S)^2} \cdot w_0.$$

Das Minimum der Linearen Regelfläche liegt für $K_R \to \infty$ vor. Die Lineare Regelfläche ist dann gleich Null, da der Regelkreis instabil ist. Positive und negative Flächenanteile der Regeldifferenzschwingung heben sich auf. Für die optimale Einstellung mit der Nebenbedingung $D = 1$ (Überschwingweite $ü = 0$) ergibt der Koeffizientenvergleich von $G(s)$ mit der standardisierten Übertragungsfunktion des PT$_2$-Elements:

$$\frac{1}{\omega_0^2} = \frac{T_1 \cdot T_2}{1 + K_R \cdot K_S}, \quad \frac{2D}{\omega_0} = \frac{T_1 + T_2}{1 + K_R \cdot K_S},$$

$$K_R = \frac{(T_1 + T_2)^2 - 4D^2 \cdot T_1 \cdot T_2}{4D^2 \cdot T_1 \cdot T_2 \cdot K_S} = \frac{(T_1 - T_2)^2}{4 \cdot T_1 \cdot T_2 \cdot K_S}.$$

Die Lineare Regelfläche hat den optimalen Wert:

$$A_{\text{Lin}} = \frac{K_R \cdot K_S \cdot (T_1 + T_2)}{(1 + K_R \cdot K_S)^2} w_0 = \frac{4 \cdot T_1 \cdot T_2 \cdot (T_1 - T_2)^2}{(T_1 + T_2)^3} w_0.$$

Für gleiche Zeitkonstanten $T_1 = T_2$ der Regelstrecke kann der Regelkreis mit einem P-Regler nicht optimiert werden, die Berechnung führt zu $K_R = 0$. Der aperiodische Grenzfall $D = 1$ kann nicht eingestellt werden (Abschnitt 4.3.3.2).

10.2.2.2 Integralkriterien der Betragsregelfläche

Bei diesen Kriterien werden die Beträge der Regelfläche gebildet. Damit wird der Nachteil des Kriteriums der Linearen Regelfläche, daß positive und negative Flächenanteile sich aufheben, vermieden. Das Kriterium der **Betragsregelfläche** A_{abs} bildet das Integral über den Betrag der Regeldifferenz:

$$\boxed{A_{\text{abs}} = A_{\text{abs}}(t \to \infty) = \int_0^\infty |x_d(t) - x_d(t \to \infty)| \mathrm{d}t \stackrel{!}{=} \text{Min}}.$$

Beim Kriterium der **Zeitgewichteten Betragsregelfläche** $A_{\text{abs\_t}}$ wird der Betrag der Regeldifferenz mit der Zeit t multipliziert:

$$\boxed{A_{\text{abs\_t}} = A_{\text{abs\_t}}(t \to \infty) = \int_0^\infty |x_d(t) - x_d(t \to \infty)| \cdot t \, \mathrm{d}t \stackrel{!}{=} \text{Min}}.$$

Bei einer Sprungantwort des Regelkreises werden, infolge der Multiplikation mit t, Schwingungen mit kleiner Amplitude nach längeren Zeiten große Beiträge zur gewichteten Regelfläche liefern (Bild 10.2-5). Das Optimierungsverfahren stellt den Regelkreis so ein, daß nur geringes Überschwingen auftritt.

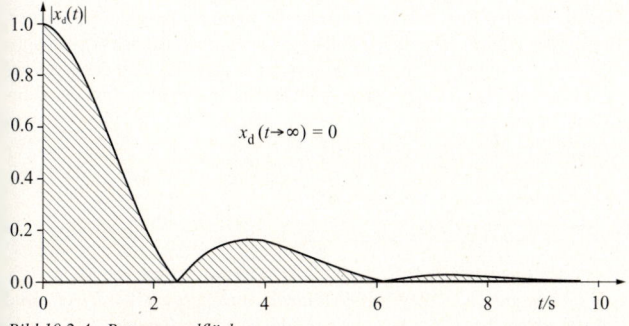

Bild 10.2-4: Betragsregelfläche

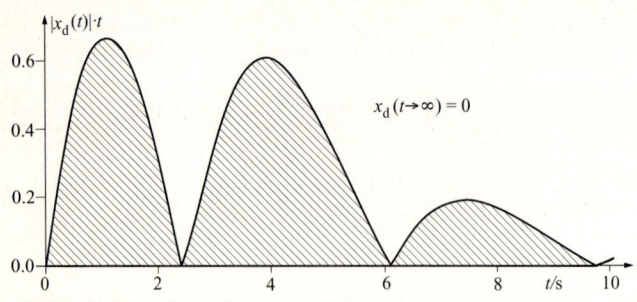

Bild 10.2-5: *Zeitgewichtete Betragsregelfläche*

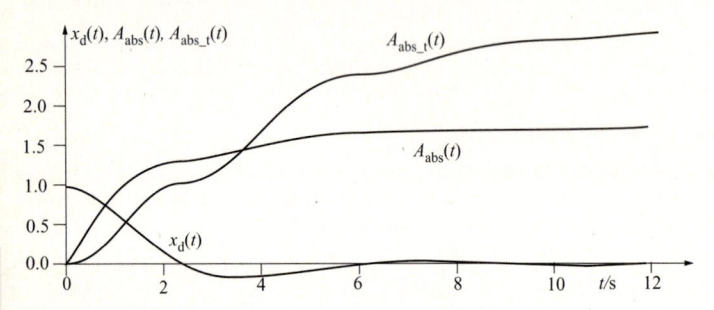

Bild 10.2-6: *Regelflächen A_{abs} und A_{abs_t} abhängig von der Zeit*

Nachteilig bei beiden Optimierungsverfahren ist, daß wegen der Unstetigkeitsstellen die Integration nicht geschlossen, sondern nur numerisch durchgeführt werden kann.

10.2.2.3 Integralkriterien der Quadratischen Regelfläche

Bei diesen Kriterien wird das Quadrat der Differenz von Regeldifferenz und bleibender Regeldifferenz gebildet. Durch die Quadrierung gehen große Werte der Regeldifferenz stärker in die quadratische Regelfläche ein als kleine (Bild 10.2-7).

Bei Optimierungsverfahren der **Quadratischen Regelfläche** werden große Werte der Regeldifferenz unterdrückt, die Sprungantwort der Regelgröße erreicht schnell den Endwert. Ein Nachteil ist, daß bei den optimierten Regelkreisen ein größeres Überschwingen auftritt, der Endwert der Regelgröße wird durch die geringere Dämpfung erst nach einem längeren Einschwingvorgang erreicht. Das Integralkriterium der **Quadratischen Regelfläche** hat die Form:

$$A_{sqr} = A_{sqr}(t \to \infty) = \int_0^\infty [x_d(t) - x_d(t \to \infty)]^2 \, dt \stackrel{!}{=} \text{Min}.$$

Dieser Nachteil wird vermieden bei den **quadratischen Kriterien mit Zeitgewichtung**. Die Multiplikation mit der Zeit oder dem Zeitquadrat bewertet kleine Regeldifferenzen mit zunehmender Zeit stärker (Bild 10.2-8, 9). Mit den Optimierungsverfahren ergeben sich Regelkreise mit ausreichender Dämpfung. Die wichtigsten quadratischen Kriterien mit Zeitgewichtung sind:

10.2 Parameteroptimierung im Zeitbereich

$$A_{\text{sqr\_t}} = A_{\text{sqr\_t}}(t \to \infty) = \int_0^\infty [x_d(t) - x_d(t \to \infty)]^2 \cdot t \, dt \stackrel{!}{=} \text{Min},$$

$$A_{\text{sqr\_t}^2} = A_{\text{sqr\_t}^2}(t \to \infty) = \int_0^\infty [x_d(t) - x_d(t \to \infty)]^2 \cdot t^2 \, dt \stackrel{!}{=} \text{Min}.$$

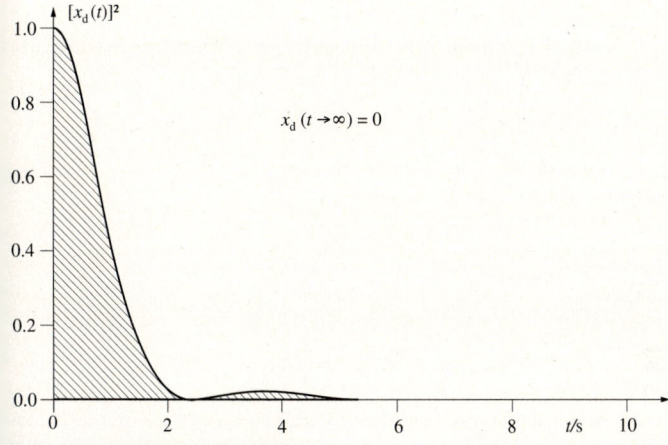

Bild 10.2-7: Quadratische Regelfläche

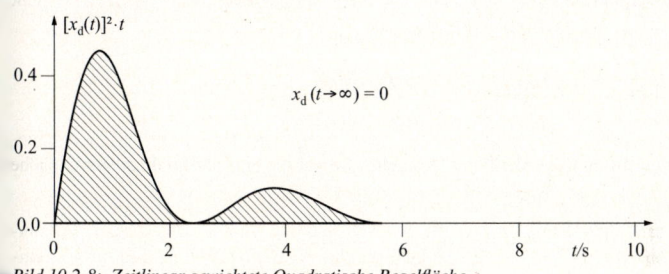

Bild 10.2-8: Zeitlinear gewichtete Quadratische Regelfläche

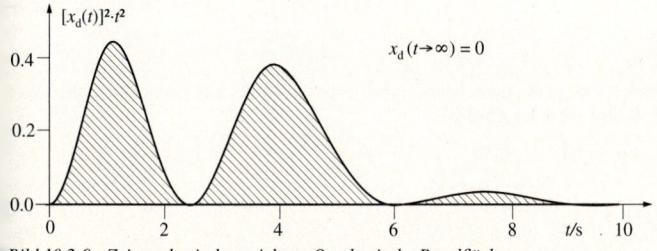

Bild 10.2-9: Zeitquadratisch gewichtete Quadratische Regelfläche

Die Berechnung des Kriteriums der Quadratischen Regelfläche kann im Zeit- oder Frequenzbereich ausgeführt werden. Durch die Quadrierung der Regeldifferenz entstehen im Zeitbereich umfangreiche Ausdrücke, deren Integration aufwendig ist. Im Frequenzbereich wird die Berechnung der Quadratischen Regelfläche einfacher.

Für die Berechnung des Integrals im Frequenzbereich wird die PARSEVAL-Gleichung eingesetzt:

$$\int_0^\infty f(t)^2 \mathrm{d}t = \frac{1}{2\pi} \int_{-\infty}^\infty |f(j\omega)|^2 \mathrm{d}\omega = \frac{1}{2\pi} \int_{-\infty}^\infty f(j\omega) \cdot f(-j\omega) \mathrm{d}\omega \ .$$

In die Integrale werden zur Bestimmung der Quadratischen Regelfläche die Differenz von Regeldifferenz und bleibender Regeldifferenz eingesetzt. Im Frequenzbereich ist die Differenz:

$$f(s) = x_\mathrm{d}(s) - \frac{x_\mathrm{d}(t \to \infty)}{s} \ .$$

Die Regeldifferenz $x_\mathrm{d}(s)$ hat bei sprungförmigen Belastungen Führungsgröße $w(t)$, Versorgungsstörgröße $z_1(t)$, Laststörgröße $z_2(t)$ nach Abschnitt 5.1 folgende Formen:

$$x_{\mathrm{dw}}(s) = \frac{1}{1 + G_\mathrm{R}(s) \cdot G_\mathrm{S}(s)} \cdot w(s) = \frac{N_\mathrm{R}(s) \cdot N_\mathrm{S}(s)}{N_\mathrm{R}(s) \cdot N_\mathrm{S}(s) + Z_\mathrm{R}(s) \cdot Z_\mathrm{S}(s)} \cdot \frac{w_0}{s},$$

$$x_{\mathrm{dz1}}(s) = \frac{-G_\mathrm{S}(s)}{1 + G_\mathrm{R}(s) \cdot G_\mathrm{S}(s)} \cdot z_1(s) = \frac{-N_\mathrm{R}(s) \cdot Z_\mathrm{S}(s)}{N_\mathrm{R}(s) \cdot N_\mathrm{S}(s) + Z_\mathrm{R}(s) \cdot Z_\mathrm{S}(s)} \cdot \frac{z_{10}}{s},$$

$$x_{\mathrm{dz2}}(s) = \frac{-1}{1 + G_\mathrm{R}(s) \cdot G_\mathrm{S}(s)} \cdot z_2(s) = \frac{-N_\mathrm{R}(s) \cdot N_\mathrm{S}(s)}{N_\mathrm{R}(s) \cdot N_\mathrm{S}(s) + Z_\mathrm{R}(s) \cdot Z_\mathrm{S}(s)} \cdot \frac{z_{20}}{s}.$$

Die LAPLACE-transformierte Regeldifferenz ist eine gebrochen rationale Funktion in s, wobei der Zählergrad höchstens gleich dem Nennergrad sein kann. Das folgt aus der Bedingung, daß bei realisierbaren Übertragungsfunktionen der Zählergrad höchstens gleich dem Nennergrad sein kann:

Aus $\mathrm{grad}\{N_\mathrm{R}(s)\} \geq \mathrm{grad}\{Z_\mathrm{R}(s)\}$, $\mathrm{grad}\{N_\mathrm{S}(s)\} \geq \mathrm{grad}\{Z_\mathrm{S}(s)\}$ folgt

$\mathrm{grad}\{N_\mathrm{R}(s) \cdot N_\mathrm{S}(s) + Z_\mathrm{R}(s) \cdot Z_\mathrm{S}(s)\} = \mathrm{grad}\{N_\mathrm{R}(s) \cdot N_\mathrm{S}(s)\}$,

$\mathrm{grad}\{N_\mathrm{R}(s) \cdot N_\mathrm{S}(s) + Z_\mathrm{R}(s) \cdot Z_\mathrm{S}(s)\} \geq \mathrm{grad}\{Z_\mathrm{S}(s) \cdot N_\mathrm{R}(s)\}$.

Die Regeldifferenz wird zunächst in folgender Form angegeben, wobei die Eingangsgröße die Sprunghöhe Eins erhält:

$$x_\mathrm{d}(s) = \frac{a_{n-1} \cdot s^n + a_{n-2} \cdot s^{n-1} + \ldots + a_0 \cdot s + a_{00}}{b_n \cdot s^n + b_{n-1} \cdot s^{n-1} + \ldots + b_2 \cdot s^2 + b_1 \cdot s + b_0} \cdot \frac{1}{s} \ .$$

Die bleibende Regeldifferenz

$$x_\mathrm{d}(t \to \infty) = \lim_{s \to 0} s \cdot x_\mathrm{d}(s) = \frac{a_{00}}{b_0}$$

wird bei der Berechnung des Integrals subtrahiert, da anderenfalls das Integral einen unendlich großen Wert erhält. Für die weitere Betrachtung wird der Ausdruck

$$f(s) = x_\mathrm{d}(s) - \frac{x_\mathrm{d}(t \to \infty)}{s},$$

der im Zeitbereich der Differenz

$$f(t) = x_\mathrm{d}(t) - x_\mathrm{d}(t \to \infty)$$

entspricht, durch

$$f(s) = \frac{a_{n-1} \cdot s^n + a_{n-2} \cdot s^{n-1} + \ldots + a_0 \cdot s}{b_n \cdot s^n + b_{n-1} \cdot s^{n-1} + \ldots + b_2 \cdot s^2 + b_1 \cdot s + b_0} \cdot \frac{1}{s}$$

$$= \frac{a_{n-1} \cdot s^{n-1} + a_{n-2} \cdot s^{n-2} + \ldots + a_0}{b_n \cdot s^n + b_{n-1} \cdot s^{n-1} + \ldots + b_2 \cdot s^2 + b_1 \cdot s + b_0}$$

ersetzt. Für $f(j\omega)$ erhält man:

$$f(j\omega) = \frac{a_{n-1} \cdot (j\omega)^{n-1} + a_{n-2} \cdot (j\omega)^{n-2} + \ldots + a_0}{b_n \cdot (j\omega)^n + b_{n-1} \cdot (j\omega)^{n-1} + \ldots + b_2 \cdot (j\omega)^2 + b_1 \cdot j\omega + b_0}.$$

Der Wert des Integrals

$$A_{\text{sqr}} = \frac{1}{2\pi} \int_{-\infty}^{\infty} f(j\omega) \cdot f(-j\omega) \, d\omega$$

kann Tabellen entnommen werden, bis $n = 3$ sind die Ergebnisse im folgenden zusammengestellt:

Tabelle 10.2-1: Werte der Quadratischen Regelfläche

	$n = 1$	$n = 2$	$n = 3$
A_{sqr}	$\dfrac{a_0^2}{2b_0 b_1}$	$\dfrac{a_1^2 b_0 + a_0^2 b_2}{2 b_0 b_1 b_2}$	$\dfrac{a_2^2 b_0 b_1 + (a_1^2 - 2 a_0 a_2) b_0 b_3 + a_0^2 b_2 b_3}{2 b_0 b_3 (b_1 b_2 - b_0 b_3)}$

Beispiel 10.2-2: Eine Regelstrecke mit zwei PT_1-Elementen soll mit einem Integralregler für sprungförmige Störungen $z_1(t)$ für das Quadratische Integralkriterium optimiert werden. Die Kenndaten der Regelstrecke sind $T_{S1} = T_{S2} = 2.0 \, \text{s}$, $K_S = 0.5$.

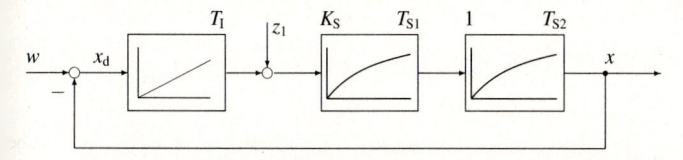

Übertragungsfunktionen von Regler und Strecke:

$$G_R(s) = \frac{Z_R(s)}{N_R(s)} = \frac{1}{T_I \cdot s}, \quad G_S(s) = \frac{Z_S(s)}{N_S(s)} = \frac{K_S}{(1 + T_{S1} \cdot s) \cdot (1 + T_{S2} \cdot s)}$$

Übertragungsfunktion bei Versorgungsstörung:

$$G_{z1}(s) = \frac{x(s)}{z_1(s)} = \frac{G_S(s)}{1 + G_R(s) \cdot G_S(s)} = \frac{N_R(s) \cdot Z_S(s)}{N_R(s) \cdot N_S(s) + Z_R(s) \cdot Z_S(s)}$$

$$= \frac{K_S \cdot T_I \cdot s}{T_I \cdot s \cdot (1 + T_{S1} \cdot s)(1 + T_{S2} \cdot s) + K_S}$$

$$= \frac{K_S \cdot T_I \cdot s}{T_I \cdot T_{S1} \cdot T_{S2} \cdot s^3 + T_I \cdot (T_{S1} + T_{S2}) \cdot s^2 + T_I \cdot s + K_S}$$

Sprungförmige Versorgungsstörung:

$$z_1(t) = z_{10} \cdot E(t), \quad z_1(s) = \frac{z_{10}}{s}.$$

Für die Regeldifferenz im Frequenzbereich ist:

$$\begin{aligned}x_{\mathrm{dz1}}(s) &= -x(s) = -G_{z1}(s) \cdot z_1(s) \\ &= \frac{-K_S \cdot T_I \cdot s}{T_I T_{S1} T_{S2} \cdot s^3 + T_I \cdot (T_{S1} + T_{S2}) \cdot s^2 + T_I \cdot s + K_S} \cdot \frac{z_{10}}{s} \\ &= \frac{-K_S \cdot T_I \cdot z_{10}}{T_I T_{S1} T_{S2} \cdot s^3 + T_I \cdot (T_{S1} + T_{S2}) \cdot s^2 + T_I \cdot s + K_S} \\ &= \frac{-a_0}{b_3 \cdot s^3 + b_2 \cdot s^2 + b_1 \cdot s + b_0}.\end{aligned}$$

Nach der Integraltabelle ist der Wert des Integralkriteriums für $n = 3$ mit

$$a_0 = K_S \cdot T_I \cdot z_{10}, \quad a_1 = a_2 = 0,$$
$$b_0 = K_S, \quad b_1 = T_I, \quad b_2 = T_I \cdot (T_{S1} + T_{S2}), \quad b_3 = T_I T_{S1} T_{S2},$$

$$\begin{aligned}A_{\mathrm{sqr}} &= \frac{a_2^2 b_0 b_1 + (a_1^2 - 2a_0 a_2)b_0 b_3 + a_0^2 b_2 b_3}{2 b_0 b_3 (b_1 b_2 - b_0 b_3)} \\ &= \frac{a_0^2 b_2}{2 b_0 (b_1 b_2 - b_0 b_3)} \\ &= \frac{K_S \cdot T_I^2 \cdot (T_{S1} + T_{S2}) \cdot z_{10}^2}{2(T_I \cdot (T_{S1} + T_{S2}) - T_{S1} \cdot T_{S2} \cdot K_S)}.\end{aligned}$$

Mit der Extremwertrechnung wird der optimale Wert für die Reglerintegrierzeit T_I bestimmt:

$$\frac{\mathrm{d}A_{\mathrm{sqr}}}{\mathrm{d}T_I} = \frac{\mathrm{d}}{\mathrm{d}T_I}\left[\frac{K_S(T_{S1}+T_{S2})z_{10}^2}{2} \cdot \frac{T_I^2}{T_I(T_{S1}+T_{S2}) - T_{S1}T_{S2}K_S}\right] \stackrel{!}{=} 0,$$

$$\frac{K_S(T_{S1}+T_{S2})z_{10}^2}{2} \cdot \frac{[T_I(T_{S1}+T_{S2}) - T_{S1}T_{S2}K_S]2T_I - T_I^2(T_{S1}+T_{S2})}{[T_I(T_{S1}+T_{S2}) - T_{S1}T_{S2}K_S]^2} \stackrel{!}{=} 0,$$

$$[T_I \cdot (T_{S1}+T_{S2}) - T_{S1} \cdot T_{S2} \cdot K_S]2 - T_I \cdot (T_{S1}+T_{S2}) \stackrel{!}{=} 0,$$

$$T_{\mathrm{Iopt}} = \frac{2T_{S1} \cdot T_{S2} \cdot K_S}{T_{S1}+T_{S2}} = 1\,\mathrm{s}.$$

Das Integralkriterium hat mit T_{Iopt} den Wert:

$$A_{\mathrm{sqr\_min}} = \frac{2T_{S1}T_{S2}K_S^2 z_{10}^2}{T_{S1}+T_{S2}} = 0.5 \cdot z_{10}^2.$$

10.2.3 Berechnung der Integralkriterien für Standardregelkreise II. Ordnung

Standardregelkreise II. Ordnung mit den Parametern Kennkreisfrequenz ω_0 und Dämpfung D haben folgende Übertragungsfunktion:

$$G(s) = \frac{x(s)}{w(s)} = \frac{\omega_0^2}{s^2 + 2 \cdot D \cdot \omega_0 \cdot s + \omega_0^2}.$$

Die Führungssprungantwort mit $w(t) = w_0 \cdot E(t)$ ergibt sich zu:

$$x(t) = w_0 \left[1 - \frac{\mathrm{e}^{-D\omega_0 t}}{\sqrt{1-D^2}} \cdot \sin\left(\sqrt{1-D^2} \cdot \omega_0 \cdot t + \arccos D\right)\right],$$

die Regeldifferenz ist

$$x_\mathrm{d}(t) = w(t) - x(t) = w_0 \cdot \frac{\mathrm{e}^{-D\omega_0 t}}{\sqrt{1-D^2}} \cdot \sin\left(\sqrt{1-D^2} \cdot \omega_0 \cdot t + \arccos D\right).$$

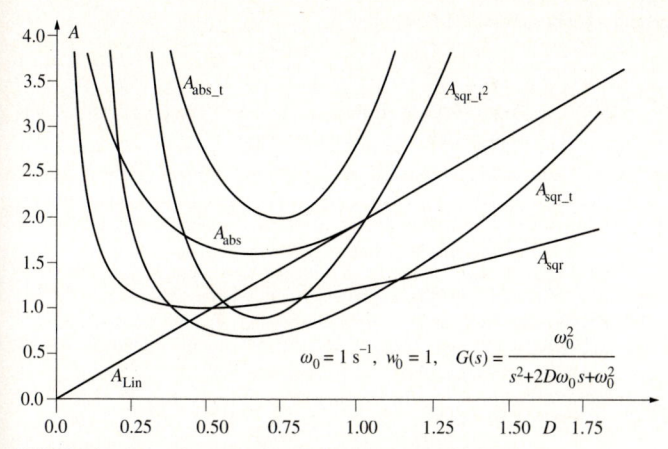

Bild 10.2-10: Integralwerte in Abhängigkeit von der Dämpfung

Tabelle 10.2-2: Optimierung für Standardregelkreise II. Ordnung

Integralkriterium der Linearen Regelfläche
$A_{\text{Lin}} = \dfrac{2 \cdot D}{\omega_0} \cdot w_0$, $D_{\text{opt}} = 0$ (Schwingfall), Dämpfung muß vorgegeben werden, Überschwingweite $ü$ richtet sich nach der Dämpfung, $A_{\text{Lin\_opt}} = 0$,
Integralkriterium der Betragsregelfläche ($\omega_0 = 1\,\text{s}^{-1}$)
$A_{\text{abs}} = 1.605 \cdot w_0$, $D_{\text{opt}} = 0.659$, $ü = 6.35\,\%$, $A_{\text{abs\_opt}} = 1.605 \cdot w_0$,
Integralkriterium der Zeitgewichteten Betragsregelfläche ($\omega_0 = 1\,\text{s}^{-1}$)
$A_{\text{abs\_t}} = 1.952 \cdot w_0$, $D_{\text{opt}} = 0.753$, $ü = 2.76\,\%$, $A_{\text{abs\_t\_opt}} = 1.952 \cdot w_0$,
Integralkriterium der Quadratischen Regelfläche
$A_{\text{sqr}} = \dfrac{4 \cdot D^2 + 1}{4 \cdot D \cdot \omega_0} \cdot w_0$, $D_{\text{opt}} = 0.5$, $ü = 16.3\,\%$, $A_{\text{sqr\_opt}} = \dfrac{1}{\omega_0} \cdot w_0$,
Integralkriterium der Zeitgewichteten Quadratischen Regelfläche
$A_{\text{sqr\_t}} = \dfrac{8 \cdot D^4 + 1}{8 \cdot D^2 \cdot \omega_0^2} \cdot w_0$, $D_{\text{opt}} = \dfrac{\sqrt[4]{2}}{2} = 0.595$, $ü = 9.8\,\%$, $A_{\text{sqr\_t\_opt}} = \dfrac{1}{\sqrt{2} \cdot \omega_0^2} \cdot w_0 = \dfrac{0.707}{\omega_0^2} \cdot w_0$,
Integralkriterium der Zeitquadratgewichteten Quadratischen Regelfläche
$A_{\text{sqr\_t2}} = \dfrac{16 \cdot D^6 - 4 \cdot D^4 + D^2 + 1}{8 \cdot D^3 \cdot \omega_0^3} \cdot w_0$, $D_{\text{opt}} = 0.667$, $ü = 5.99\,\%$, $A_{\text{sqr\_t2\_opt}} = \dfrac{0.869}{\omega_0^3} \cdot w_0$.

Die normierte Überschwingweite $\ddot{u}$ ergibt sich aus der Dämpfung:

$$\ddot{u} = e^{-\frac{D\pi}{\sqrt{1-D^2}}}.$$

Für den Regelkreis sind in Bild 10.2-10 die Werte der Integrale abhängig von der Dämpfung D für die normierte Kennkreisfrequenz $\omega_0 = 1\ \text{s}^{-1}$ und die Sprunghöhe $w_0 = 1$ aufgetragen.

Für alle Kriterien mit Ausnahme der Linearen Regelfläche lassen sich optimale Dämpfungswerte einstellen. In Tabelle 10.2-2 sind für den Standardregelkreis II. Ordnung optimale Einstellungen für sprungförmige Führungsgrößen angegeben. Für die Betragskriterien wurden die Ergebnisse numerisch ermittelt, für die anderen Kriterien wurden die Integralwerte geschlossen berechnet.

Beispiel 10.2-3: Das Führungsverhalten einer Positionierregelung ist zu optimieren. Stellgröße ist die Ankerspannung u_A des Motors. Die Regelstrecke wird aus einem Elektromotor (K_1, T_M) mit Getriebe (K_2) gebildet, die Position x ergibt sich aus der Integration (K_3) der Drehzahl n. Die Position wird mit einer Meßeinrichtung mit dem Übertragungsfaktor K_4 erfaßt. Die Werte der Kenngrößen sind:

$$K_1 = 100 \cdot \frac{1}{\text{min} \cdot \text{V}}, \quad K_2 \cdot K_3 = 0.01 \cdot 2 \cdot \pi \cdot \text{rad}, \quad K_4 = 1 \cdot \frac{\text{V}}{\text{rad}}, \quad T_M = 2\,\text{s}.$$

Zu bestimmen ist die optimale Einstellung K_{Ropt} des Proportionalreglers.

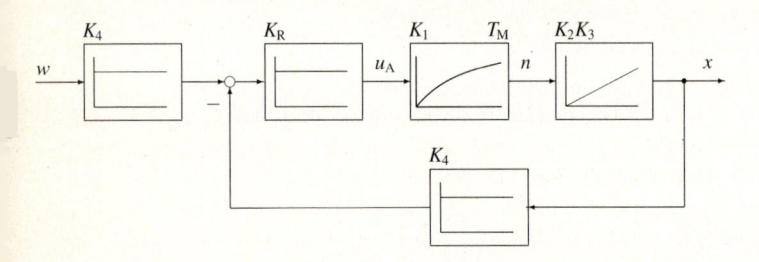

Der Signalflußplan wird vereinfacht: Das Übertragungselement mit K_4 kann in den Regelkreis verlagert werden.

Übertragungsfunktionen von Regler und Strecke:

$$G_R(s) = K_R \cdot K_4, \quad G_S(s) = \frac{K_1 \cdot K_2 \cdot K_3}{s \cdot (1 + s \cdot T_M)},$$

Führungsübertragungsfunktion:

$$G(s) = \frac{x(s)}{w(s)} = \frac{G_R(s) \cdot G_S(s)}{1 + G_R(s) \cdot G_S(s)} = \frac{Z_R(s) \cdot Z_S(s)}{N_R(s) \cdot N_S(s) + Z_R(s) \cdot Z_S(s)}$$

$$= \frac{K_R \cdot K_1 \cdot K_2 \cdot K_3 \cdot K_4}{s^2 \cdot T_M + s + K_R \cdot K_1 \cdot K_2 \cdot K_3 \cdot K_4}.$$

Der Vergleich mit der Standardform des Regelkreises II. Ordnung liefert die Gleichung für die optimale Einstellung:

$$G(s) = \frac{K_R \cdot K_1 \cdot K_2 \cdot K_3 \cdot K_4/T_M}{s^2 + s/T_M + K_R \cdot K_1 \cdot K_2 \cdot K_3 \cdot K_4/T_M} \stackrel{!}{=} \frac{\omega_0^2}{s^2 + 2 \cdot D \cdot \omega_0 \cdot s + \omega_0^2},$$

$$\omega_0^2 = \frac{K_R \cdot K_1 \cdot K_2 \cdot K_3 \cdot K_4}{T_M}, \quad 2 \cdot D \cdot \omega_0 = \frac{1}{T_M}, \quad \omega_0^2 = \frac{1}{4 \cdot D^2 \cdot T_M^2},$$

$$K_R = \frac{\omega_0^2 \cdot T_M}{K_1 \cdot K_2 \cdot K_3 \cdot K_4} = \frac{1}{4 \cdot D^2 \cdot K_1 \cdot K_2 \cdot K_3 \cdot K_4 \cdot T_M} = \frac{1.194}{D^2}.$$

Die optimale Einstellung des Reglers wird mit der Gleichung

$$\boxed{K_{\text{Ropt}} = \frac{1.194}{D_{\text{opt}}^2}}$$

vorgenommen. Soll der Regelkreis bei Sprungaufschaltung geringes Überschwingen aufweisen, so muß nach dem Kriterium der Zeitgewichteten Betragsregelfläche optimiert werden. Für dieses Kriterium ist $D_{\text{opt}} = 0.753$, die normierte Überschwingweite $ü = 2.76\,\%$. Die optimale Reglerverstärkung ist dann $K_{\text{Ropt}} = 2.11$.

10.3 Einstellregeln für Regelkreise

10.3.1 Anwendung der Einstellregeln

Bei den praktischen Einstellregeln wird der erhebliche mathematische Aufwand, der für die Integralkriterien benötigt wird, vermieden. Einstellverfahren, die in diesem Abschnitt untersucht werden, gehen von experimentell ermittelten Kenngrößen des Regelkreises oder der Regelstrecke aus.

Das Verfahren von ZIEGLER und NICHOLS verwendet Werte der Stabilitätsgrenze. Die Einstellmethode nach CHIEN, HRONES, RESWICK wertet Kenngrößen der Sprungantwort der Regelstrecke aus.

Die Einstellregeln sind jedoch nur für bestimmte Regelstreckentypen gültig. Die Reglereinstellung wird aus Messungen mit Näherungsformeln ermittelt und sollte immer überprüft werden. Die in den Tabellen angegebenen optimalen Parameter des PID-Reglers gelten für die additive Realisierungsform des PID-Reglers nach Abschnitt 4.5.3.3 und 4.5.3.5.

10.3.2 Einstellregeln von ZIEGLER und NICHOLS

Viele Regelstrecken der Verfahrenstechnik lassen sich durch ein Totzeitelement mit Totzeit T_t und ein Verzögerungselement I. Ordnung mit Streckenverstärkung K_S und Verzögerungszeit T_S angenähert darstellen:

$$\boxed{G_S(s) = K_S \cdot \frac{e^{-T_t s}}{1 + s \cdot T_S}}.$$

In Bild 10.3-1 ist der Signalflußplan dargestellt.

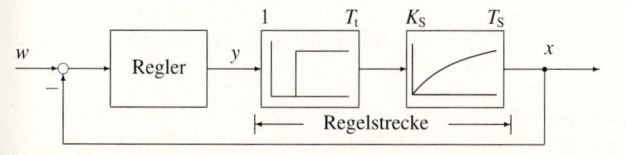

Bild 10.3-1: Regelkreis mit Totzeit und Verzögerung

Transportvorgänge von Materie oder Energie können durch Totzeitelemente modelliert werden. Das Verzögerungselement beschreibt näherungsweise das Verhalten von Energie- oder Materiespeichern. Sind die Daten der Regelstrecke bekannt, ergeben sich optimale Einstellwerte nach Tabelle 10.3-1.

Tabelle 10.3-1: Optimierung nach ZIEGLER *und* NICHOLS

Regler	K_R	T_N	T_V
P-Regler	$\dfrac{T_S}{K_S \cdot T_t}$	—	—
PI-Regler	$0.9 \cdot \dfrac{T_S}{K_S \cdot T_t}$	$3.33 \cdot T_t$	—
PID-Regler (additive Form)	$1.2 \cdot \dfrac{T_S}{K_S \cdot T_t}$	$2.0 \cdot T_t$	$0.5 \cdot T_t$

Liegen die Daten der Strecke nicht vor, so wird die optimale Reglereinstellung wie folgt bestimmt: Die Regelstrecke wird zunächst mit einem Proportionalregler betrieben. Die Verstärkung K_R wird so lange erhöht, bis bei

$$K_R = K_{Rkrit}$$

der Regelkreis die Stabilitätsgrenze erreicht. Die Periodendauer T_{krit} der entstehenden Schwingung wird gemessen. Für die verschiedenen Reglerarten wird die Reglereinstellung nach Tabelle 10.3-2 vorgenommen.

Tabelle 10.3-2: Optimierung nach ZIEGLER *und* NICHOLS *(K_{Rkrit}, T_{krit})*

Regler	K_R	T_N	T_V
P-Regler	$0.50 \cdot K_{Rkrit}$	—	—
PI-Regler	$0.45 \cdot K_{Rkrit}$	$0.83 \cdot T_{krit}$	—
PID-Regler (additive Form)	$0.60 \cdot K_{Rkrit}$	$0.50 \cdot T_{krit}$	$0.125 \cdot T_{krit}$

Wenn die Regelstrecke nicht an der Stabilitätsgrenze betrieben werden darf, kann mit dem BODE-Diagramm die Periodendauer der Schwingung mit $T_{krit} = 2 \cdot \pi / \omega_{krit}$ berechnet werden.

Die Optimierung gilt für sprungartige Störungen am Eingang der Strecke. Regelkreise mit PT_2-Verhalten haben bei der Einstellung nach ZIEGLER und NICHOLS eine Dämpfung $D \approx 0.3$.

10.3.3 Einstellregeln nach CHIEN, HRONES und RESWICK

Aus der Sprungantwort von Regelstrecken mit Verzögerung und ohne Überschwingen werden bei diesem Verfahren Verzugszeit T_u, Ausgleichszeit T_g und Streckenverstärkung K_S bestimmt.

Für diesen Streckentyp haben CHIEN, HRONES und RESWICK die günstigsten Einstellwerte bei Störungs- und Führungsgrößenänderungen berechnet. Die Einstellregeln sind anwendbar für $T_g/T_u > 3$.

Die Einstellwerte sind für den aperiodischen Regelverlauf kürzester Dauer ($ü = 0\,\%$) und für die kleinste Schwingungsdauer bei einem Überschwingen von $ü = 20\,\%$ angegeben.

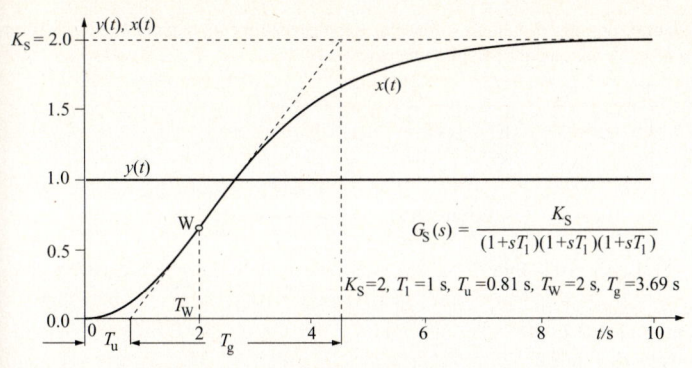

Bild 10.3-2: Sprungantwort einer Regelstrecke mit K_S, T_u, T_g

$$G_S(s) = \frac{K_S}{(1+sT_1)(1+sT_1)(1+sT_1)}$$

$K_S = 2$, $T_1 = 1$ s, $T_u = 0.81$ s, $T_W = 2$ s, $T_g = 3.69$ s

Tabelle 10.3-3: Einstellwerte für die Optimierung des Störverhaltens nach CHIEN, HRONES *und* RESWICK

Regler-Art		Aperiodischer Regelverlauf ($\ddot{u}=0\,\%$) bei Störungssprung	Regelverlauf mit 20 % Überschwingen bei Störungssprung
P-Regler	K_R	$0.3 \dfrac{T_g}{T_u \cdot K_S}$	$0.70 \cdot \dfrac{T_g}{T_u \cdot K_S}$
PI-Regler	K_R	$0.6 \dfrac{T_g}{T_u \cdot K_S}$	$0.70 \cdot \dfrac{T_g}{T_u \cdot K_S}$
	T_N	$4.0 \cdot T_u$	$2.3 \cdot T_u$
PID-Regler (additive Form)	K_R	$0.95 \cdot \dfrac{T_g}{T_u \cdot K_S}$	$1.20 \cdot \dfrac{T_g}{T_u \cdot K_S}$
	T_N	$2.4 \cdot T_u$	$2.0 \cdot T_u$
	T_V	$0.42 \cdot T_u$	$0.42 \cdot T_u$

Tabelle 10.3-4: Einstellwerte für die Optimierung des Führungsverhaltens nach CHIEN, HRONES *und* RESWICK

Regler-Art		Aperiodischer Regelverlauf ($\ddot{u}=0\,\%$) bei Führungssprung	Regelverlauf mit 20 % Überschwingen bei Führungssprung
P-Regler	K_R	$0.3 \dfrac{T_g}{T_u \cdot K_S}$	$0.70 \cdot \dfrac{T_g}{T_u \cdot K_S}$
PI-Regler	K_R	$0.35 \dfrac{T_g}{T_u \cdot K_S}$	$0.60 \cdot \dfrac{T_g}{T_u \cdot K_S}$
	T_N	$1.2 \cdot T_g$	$1.0 \cdot T_g$
PID-Regler (additive Form)	K_R	$0.60 \cdot \dfrac{T_g}{T_u \cdot K_S}$	$0.95 \cdot \dfrac{T_g}{T_u \cdot K_S}$
	T_N	$1.0 \cdot T_g$	$1.35 \cdot T_g$
	T_V	$0.50 \cdot T_u$	$0.47 \cdot T_u$

10 Optimierungskriterien und Einstellregeln für Regelkreise

Beispiel 10.3-1: Zur Überprüfung des Verfahrens wurde eine Regelstrecke 3. Ordnung mit $K_S = 2$ und drei gleichen Zeitkonstanten $T_1 = 1$ s mit einem PI-Regler untersucht.

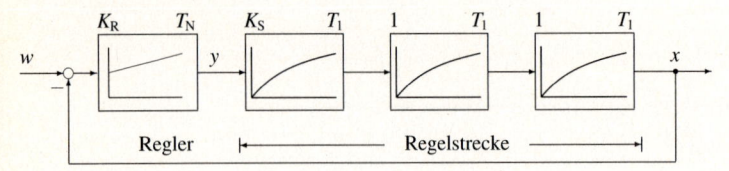

[Blockschaltbild: Regler (K_R, T_N) und Regelstrecke (K_S, T_1, T_1, T_1)]

Die Sprungantwort der Regelstrecke ist in Bild 10.3-2 dargestellt. Die Kennwerte der Sprungantwort sind:
- Wendepunkt $T_W = 2 \cdot T_1 = 2.0$ s,
- Verzugszeit $T_u = 0.81 \cdot T_1 = 0.81$ s,
- Ausgleichszeit $T_g = 3.69 \cdot T_1 = 3.69$ s.

Die Voraussetzung für das Verfahren $T_g/T_u = 4.56 > 3$ ist erfüllt. In Bild 10.3-3 sind die Sprungantworten bei Führungssprungfunktionen für folgende Einstellungen angegeben:

Tabelle 10.3-5: Optimierung des Führungsverhaltens

Kenn-größen	Einstellung für Führungssprung und Überschwingweite		
	$\ddot{u} = 0\%$	$\ddot{u} = 10\%$	$\ddot{u} = 20\%$
K_R	$\dfrac{0.35 \cdot T_g}{T_u \cdot K_S} = 0.8$	$\dfrac{0.475 \cdot T_g}{T_u \cdot K_S} = 1.08$	$\dfrac{0.60 \cdot T_g}{T_u \cdot K_S} = 1.37$
T_N	$1.2 \cdot T_g = 4.43$ s	$1.1 \cdot T_g = 4.06$ s	$1.0 \cdot T_g = 3.69$ s
$\ddot{u}_{exakt}$	$\ddot{u} = 3.17\%$	$\ddot{u} = 19.88\%$	$\ddot{u} = 34.7\%$

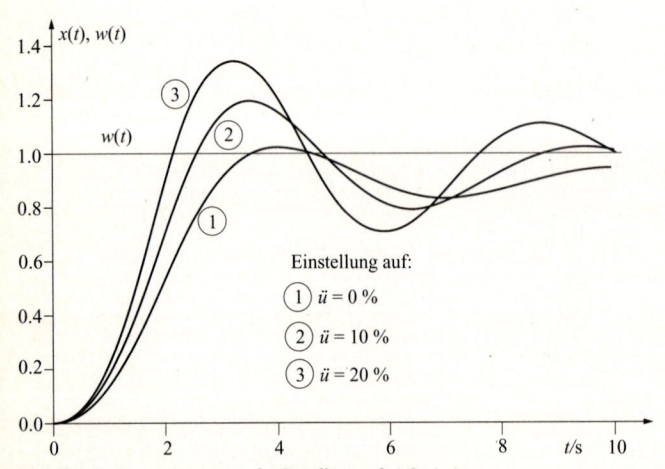

[Diagramm: Sprungantworten $x(t), w(t)$ über t/s mit drei Kurven:
① $\ddot{u} = 0\%$
② $\ddot{u} = 10\%$
③ $\ddot{u} = 20\%$]

Bild 10.3-3: Sprungantworten des Regelkreises bei Optimierung des Führungsverhaltens nach CHIEN, HRONES *und* RESWICK

Die Reglerkennwerte für die Einstellung $\ddot{u} = 10\,\%$ wurden durch Interpolation der Werte für $\ddot{u} = 0\,\%$ und $\ddot{u} = 20\,\%$ ermittelt. Die tatsächlich erreichten Überschwingweiten $\ddot{u}_{\text{exakt}}$ sind höher als die Vorgaben, die Einstellungen müssen für die Verstärkung K_R verringert, für die Nachstellzeit T_N vergrößert werden.

10.3.4 Regler-Einstellung nach der T-Summen-Regel

10.3.4.1 Summenzeitkonstante einer Regelstrecke

Die T-Summen-Einstellung nach KUHN läßt sich bei Regelstrecken, deren Sprungantwort bei Null beginnt und kein Überschwingen aufweist (Bild 10.3-4), einsetzen. Die Dynamik von solchen Regelstrecken kann mit der Summenzeitkonstanten bewertet werden.

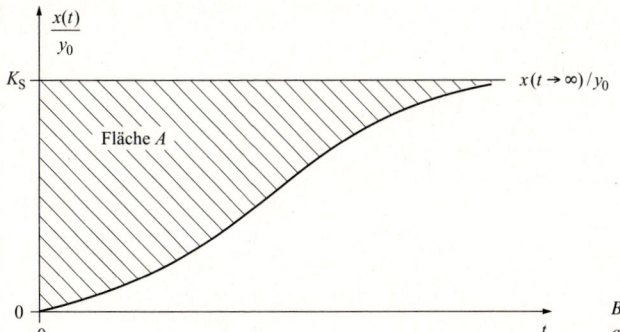

Bild 10.3-4: Sprungantwort einer Regelstrecke

Die Sprungantwort einer Regelstrecke mit der Übertragungsfunktion

$$G_S(s) = \frac{x(s)}{y(s)} = K_S \cdot \frac{Z_S(s)}{N_S(s)} \cdot e^{-sT_t}$$

$$= K_S \cdot \frac{(1 + T_{V1} \cdot s) \cdot (1 + T_{V2} \cdot s) \cdot \ldots \cdot (1 + T_{Vm} \cdot s)}{(1 + T_1 \cdot s) \cdot (1 + T_2 \cdot s) \cdot \ldots \cdot (1 + T_n \cdot s)} \cdot e^{-sT_t},$$

$$Z_S(s = 0) = 1, \quad N_S(s = 0) = 1,$$

beginnt bei Null und hat kein Überschwingen, wenn der Zählergrad m kleiner als der Nennergrad n ist und alle Vorhaltzeitkonstanten kleiner als die größte Verzögerungszeitkonstante sind (Abschnitt 9.3.2.5).

Die Summenzeitkonstante T_Σ wird wie folgt bestimmt:

$$\boxed{\begin{aligned} T_\Sigma &= \sum_{j=1}^{n} T_j + T_t - \sum_{i=1}^{m} T_{Vi} \\ &= T_1 + T_2 + \ldots + T_n + T_t - T_{V1} - T_{V2} - \ldots - T_{Vm} \end{aligned}}$$

Sind die Zeitkonstanten nicht bekannt, dann läßt sich die Summenzeitkonstante auch experimentell mit der gemessenen Sprungantwort der Regelstrecke ermitteln. Die Fläche A, die nach Bild 10.3-4 mit

$$A = \int_0^\infty \left[\frac{x(t \to \infty)}{y_0} - \frac{x(t)}{y_0} \right] dt = \int_0^\infty \left[K_S - \frac{x(t)}{y_0} \right] dt = K_S \cdot T_\Sigma$$

aus der normierten Differenz von Sprungantwortendwert und Sprungantwort der Regelgröße gebildet wird, ist gleich dem Produkt von Streckenverstärkung K_S und Summenzeitkonstante T_Σ, y_0 ist die Sprunghöhe der aufgeschalteten Stellgröße $y(t) = y_0 \cdot E(t)$.

Mit dem Endwertsatz der LAPLACE-Transformation ergibt sich

$$A = A(t \to \infty) = \lim_{s \to 0} s \cdot A(s) = \lim_{s \to 0} s \cdot \frac{1}{s} \left[\frac{K_S}{s} - \frac{x(s)}{y_0} \right]$$

$$= \lim_{s \to 0} \left[\frac{K_S}{s} - \frac{G_S(s)}{s} \cdot \frac{y_0}{y_0} \right] = \lim_{s \to 0} \left[\frac{K_S}{s} - \frac{G_S(s)}{s} \right]$$

$$= \lim_{s \to 0} \left[\frac{\frac{K_S}{s}}{1} - K_S \cdot \frac{\frac{Z_S(s)}{s}}{N_S(s)} \right] \cdot e^{-sT_t} = \lim_{s \to 0} K_S \cdot \left[\frac{\frac{N_S(s)}{s} - \frac{Z_S(s) \cdot e^{-sT_t}}{s}}{N_S(s)} \right].$$

Bei der Grenzwertbildung werden alle mit s multiplizierten Terme wegfallen, der zunächst unbestimmte Grenzwert von

$$\lim_{s \to 0} \left(\frac{1}{s} - \frac{e^{-sT_t}}{s} \right) = \lim_{s \to 0} \frac{1 - e^{-sT_t}}{s} = \lim_{s \to 0} \frac{T_t \cdot e^{-sT_t}}{1} = T_t$$

wird nach Differentiation von Zähler und Nenner zur Totzeit T_t, so daß die Fläche A sich aus Streckenverstärkung und Summenzeitkonstante ergibt:

$$A = \lim_{s \to 0} K_S \cdot \left[\frac{(T_1 + T_2 + \ldots + T_n) + \frac{1}{s} - (T_{V1} + T_{V2} + \ldots + T_{Vm}) - \frac{e^{-sT_t}}{s}}{1} \right]$$

$$= K_S \cdot [(T_1 + T_2 + \ldots + T_n) + T_t - (T_{V1} + T_{V2} + \ldots + T_{Vm})] = K_S \cdot T_\Sigma.$$

Beispiel 10.3-2: Zur Erläuterung der Ableitung soll für die Regelstrecke

$$G_S(s) = K_S \cdot \frac{1 + T_V \cdot s}{(1 + T_1 \cdot s) \cdot (1 + T_2 \cdot s)},$$

$K_S = 5, \quad T_V = 1\,\text{s}, \quad T_1 = 2\,\text{s}, \quad T_2 = 5\,\text{s}, \quad T_t = 0$

mit dem Endwertsatz die Differenzfläche A bestimmt werden.

$$A = \lim_{s \to 0} K_S \cdot \left[\frac{\frac{N_S(s)}{s} - \frac{Z_S(s)}{s}}{N_S(s)} \right]$$

$$= \lim_{s \to 0} K_S \cdot \left[\frac{\frac{T_1 \cdot T_2 \cdot s^2 + (T_1 + T_2) \cdot s + 1}{s} - \frac{T_V \cdot s + 1}{s}}{T_1 \cdot T_2 \cdot s^2 + (T_1 + T_2) \cdot s + 1} \right]$$

$$= \lim_{s \to 0} K_S \cdot \left[\frac{T_1 \cdot T_2 \cdot s + (T_1 + T_2) + \frac{1}{s} - T_V - \frac{1}{s}}{T_1 \cdot T_2 \cdot s^2 + (T_1 + T_2) \cdot s + 1} \right]$$

$$= \lim_{s \to 0} K_S \cdot \left[\frac{T_1 + T_2 - T_V + \frac{1}{s} - \frac{1}{s}}{1} \right] = K_S \cdot (T_1 + T_2 - T_V) = 30\,\text{s}.$$

Die Summenzeitkonstante ist $T_\Sigma = T_1 + T_2 - T_V = 6\,\text{s}$.

10.3.4.2 Experimentelle Bestimmung der Summenzeitkonstante

Häufig ist die Übertragungsfunktion der Regelstrecke nicht bekannt. Zur Ermittlung der Summenzeitkonstanten einer Regelstrecke kann dann die Sprungantwortfunktion ausgewertet werden. Dazu ist das Integral der Differenz von K_S mit der gemessenen Sprungantwortfunktion $x(t)$

$$A = \int_0^\infty \left[K_S - \frac{x(t)}{y_0} \right] dt = K_S \cdot T_\Sigma$$

zu berechnen. Eine einfachere Möglichkeit besteht darin, aus der gemessenen Sprungantwort die Summenzeitkonstante abzuschätzen.

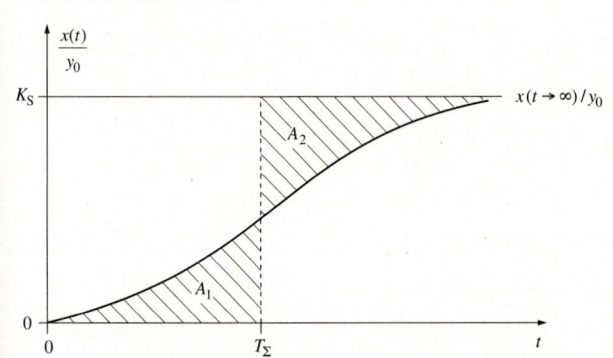

Bild 10.3-5: Abschätzung der Summenzeitkonstanten

In der Sprungantwortfunktion wird eine Parallele zur x-Ordinate so lange verschoben, bis gleiche Flächen $A_1 = A_2$ entstehen, damit ist die Summenzeitkonstante T_Σ bestimmt:

$$A = \int_0^\infty \left[K_S - \frac{x(t)}{y_0} \right] dt = K_S \cdot T_\Sigma = \int_0^{T_\Sigma} \left[K_S - \frac{x(t)}{y_0} \right] dt + A_1.$$

10.3.4.3 T-Summen-Regel für PI- und PID-Regler

Bei der Festlegung der T-Summen-Regel für einen PI-Regler wird ein Regelstrecken-Modell mit zwei gleichen Zeitkonstanten angenommen:

$$T_\Sigma = T_1 + T_2, \quad T_1 = T_2 = \frac{T_\Sigma}{2},$$

$$G_R(s) = K_R \cdot \frac{1 + T_N \cdot s}{T_N \cdot s}, \quad G_S(s) = \frac{K_S}{(1 + T_1 \cdot s) \cdot (1 + T_2 \cdot s)}.$$

Mit der Nachstellzeit T_N wird eine Zeitkonstante T_1 kompensiert, die Reglerverstärkung K_R wird so eingestellt, daß die Dämpfung des resultierenden Regelkreises II. Ordnung $D = \dfrac{1}{\sqrt{2}}$ und damit die normierte Überschwingweite der Sprungantwort $\ddot{u} = 4.32\,\%$ beträgt.

$$T_N = T_1 = \frac{T_\Sigma}{2}, \quad T_2 = \frac{T_\Sigma}{2}, \quad D = \frac{1}{\sqrt{2}},$$

$$G_R(s) \cdot G_S(s) = K_R \cdot \frac{1 + T_N \cdot s}{T_N \cdot s} \cdot \frac{K_S}{(1 + T_1 \cdot s) \cdot (1 + T_2 \cdot s)}$$

$$= \frac{K_R \cdot K_S}{\dfrac{T_\Sigma}{2} \cdot s \cdot \left(1 + \dfrac{T_\Sigma}{2} \cdot s\right)} = \frac{4 \cdot K_R \cdot K_S}{T_\Sigma^2 \cdot s^2 + 2 \cdot T_\Sigma \cdot s},$$

$$G(s) = \frac{G_R(s) \cdot G_S(s)}{1 + G_R(s) \cdot G_S(s)} = \frac{4 \cdot K_R \cdot K_S}{T_\Sigma^2 \cdot s^2 + 2 \cdot T_\Sigma \cdot s + 4 \cdot K_R \cdot K_S}$$

$$= \frac{\dfrac{4 \cdot K_R \cdot K_S}{T_\Sigma^2}}{s^2 + \dfrac{2}{T_\Sigma} \cdot s + \dfrac{4 \cdot K_R \cdot K_S}{T_\Sigma^2}} = \frac{\omega_0^2}{s^2 + 2 \cdot D \cdot \omega_0 \cdot s + \omega_0^2}.$$

Der Koeffizientenvergleich ergibt mit $D = \dfrac{1}{\sqrt{2}}$:

$$\omega_0^2 = \frac{4 \cdot K_R \cdot K_S}{T_\Sigma^2}, \quad 2 \cdot D \cdot \omega_0 = \frac{2}{T_\Sigma}, \quad \omega_0 = \frac{\sqrt{2}}{T_\Sigma}, \quad K_R = \frac{1}{2 \cdot K_S},$$

$$\ddot{u} = e^{-\pi D/\sqrt{1-D^2}} = e^{-\pi} = 4.32\,\%,$$

$$t_{\text{anr}} = \frac{\pi - \arccos(D)}{\omega_0 \cdot \sqrt{1 - D^2}} = \frac{3 \cdot \pi}{4} \cdot T_\Sigma = 2.36 \cdot T_\Sigma.$$

Ein PI-Regler wird nach der T-Summen-Regel mit

$$K_R = \frac{1}{2 \cdot K_S}, \quad T_N = \frac{T_\Sigma}{2}$$

eingestellt, normierte Überschwingweite $\ddot{u}$ der Sprungantwort und Anregelzeit t_{anr} sind näherungsweise:

$$\ddot{u} = 4.32\,\%, \quad t_{\text{anr}} = 2.36 \cdot T_\Sigma.$$

Für die Bestimmung der Parameter eines PID-Reglers nach der T-Summen-Regel wird ein Regelstrecken-Modell mit drei gleichen Zeitkonstanten angenommen:

$$T_\Sigma = T_1 + T_2 + T_3, \quad T_1 = T_2 = T_3 = \frac{T_\Sigma}{3},$$

$$G_R(s) = K_R \cdot \frac{(1 + T_N \cdot s) \cdot (1 + T_V \cdot s)}{T_N \cdot s},$$

$$G_S(s) = \frac{K_S}{(1 + T_1 \cdot s) \cdot (1 + T_2 \cdot s) \cdot (1 + T_3 \cdot s)}.$$

Mit Nachstellzeit T_N und Vorhaltzeit T_V werden die Zeitkonstanten T_1 und T_2 kompensiert, die Reglerverstärkung K_R wird wie beim PI-Regler so eingestellt, daß die Dämpfung des resultierenden Regelkreises II. Ordnung $D = \dfrac{1}{\sqrt{2}}$ (normierte Überschwingweite der Sprungantwort $\ddot{u} = 4.32\,\%$) beträgt.

$$T_N = T_1 = \frac{T_\Sigma}{3}, \quad T_V = T_2 = \frac{T_\Sigma}{3}, \quad T_3 = \frac{T_\Sigma}{3}, \quad D = \frac{1}{\sqrt{2}},$$

$$G_R(s) \cdot G_S(s) = \frac{K_R \cdot (1 + T_N \cdot s) \cdot (1 + T_V \cdot s) \cdot K_S}{T_N \cdot s \cdot (1 + T_1 \cdot s) \cdot (1 + T_2 \cdot s) \cdot (1 + T_3 \cdot s)}$$

$$= \frac{K_R \cdot K_S}{\dfrac{T_\Sigma}{3} \cdot s \cdot \left(1 + \dfrac{T_\Sigma}{3} \cdot s\right)} = \frac{9 \cdot K_R \cdot K_S}{T_\Sigma^2 \cdot s^2 + 3 \cdot T_\Sigma \cdot s},$$

$$G(s) = \frac{G_R(s) \cdot G_S(s)}{1 + G_R(s) \cdot G_S(s)} = \frac{9 \cdot K_R \cdot K_S}{T_\Sigma^2 \cdot s^2 + 3 \cdot T_\Sigma \cdot s + 9 \cdot K_R \cdot K_S}$$

$$G(s) = \frac{\dfrac{9 \cdot K_R \cdot K_S}{T_\Sigma^2}}{s^2 + \dfrac{3}{T_\Sigma} \cdot s + \dfrac{9 \cdot K_R \cdot K_S}{T_\Sigma^2}} = \frac{\omega_0^2}{s^2 + 2 \cdot D \cdot \omega_0 \cdot s + \omega_0^2}.$$

Der Koeffizientenvergleich ergibt mit $D = \dfrac{1}{\sqrt{2}}$:

$$\omega_0^2 = \frac{9 \cdot K_R \cdot K_S}{T_\Sigma^2}, \quad 2 \cdot D \cdot \omega_0 = \frac{3}{T_\Sigma}, \quad \omega_0 = \frac{3}{\sqrt{2} \cdot T_\Sigma}, \quad K_R = \frac{1}{2 \cdot K_S},$$

$$\ddot{u} = e^{-\pi D/\sqrt{1-D^2}} = e^{-\pi} = 4.32\,\%,$$

$$t_\text{anr} = \frac{\pi - \arccos(D)}{\omega_0 \cdot \sqrt{1-D^2}} = \frac{\pi}{2} \cdot T_\Sigma = 1.571 \cdot T_\Sigma.$$

Ein PID-Regler in multiplikativer Form wird nach der T-Summen-Regel mit
$$K_R = \frac{1}{2 \cdot K_S}, \quad T_N = \frac{T_\Sigma}{3}, \quad T_V = \frac{T_\Sigma}{3}$$
eingestellt, normierte Überschwingweite $\ddot{u}$ der Sprungantwort und Anregelzeit t_anr sind näherungsweise:
$$\ddot{u} = 4.32\,\%, \quad t_\text{anr} = 1.571 \cdot T_\Sigma.$$

10.3.4.4 Anwendung der T-Summen-Regel

Für die Berechnung der Reglerparameter nach der T-Summen-Regel wird nur die Streckenverstärkung K_S und die Summenzeitkonstante T_Σ benötigt. Die Berechnungsformeln werden Tabelle 10.3-6 entnommen, für einen schnelleren Regelverlauf wird die Einstellung nach Tabelle 10.3-7 verwendet.

Die T-Summen-Regel wird mit den Tabellen bei proportionalen Regelstrecken angewendet. Damit die bleibende Regeldifferenz bei Sprungaufschaltung zu Null wird, muß der Regler einen Integralanteil haben (PI-, PID-Regler).

Tabelle 10.3-6: Regler-Einstellung nach der T-Summen-Regel von KUHN

Regler-parameter	K_R	T_N	T_V
PI-Regler	$\dfrac{0.5}{K_S}$	$0.5 \cdot T_\Sigma$	–
PID-Regler, multiplikative Form K_{Rm}, T_{Nm}, T_{Vm}	$\dfrac{0.5}{K_S}$	$0.333 \cdot T_\Sigma$	$0.333 \cdot T_\Sigma$
PID-Regler, additive Form K_{Ra}, T_{Na}, T_{Va}	$\dfrac{1}{K_S}$	$0.667 \cdot T_\Sigma$	$0.167 \cdot T_\Sigma$

Tabelle 10.3-7: Regler-Einstellung nach der T-Summen-Regel von KUHN *für schnelleren Regelverlauf*

Regler-parameter	K_R	T_N	T_V
PI-Regler	$\dfrac{1}{K_S}$	$0.7 \cdot T_\Sigma$	–
PID-Regler, multiplikative Form K_{Rm}, T_{Nm}, T_{Vm}	$\dfrac{1.173}{K_S}$	$0.469 \cdot T_\Sigma$	$0.331 \cdot T_\Sigma$
PID-Regler, additive Form K_{Ra}, T_{Na}, T_{Va}	$\dfrac{2}{K_S}$	$0.8 \cdot T_\Sigma$	$0.194 \cdot T_\Sigma$

10 Optimierungskriterien und Einstellregeln für Regelkreise

Beispiel 10.3-3: Die T-Summen-Regel wird bei drei Regelstrecken mit gleicher Verstärkung und Summenzeitkonstanten angewendet.

$$G_S(s) = \frac{K_S}{(1+T_1 \cdot s) \cdot (1+T_2 \cdot s) \cdot (1+T_3 \cdot s)}, \quad K_S = 2, \quad T_\Sigma = 10\,\text{s},$$

$G_{S1}(s): T_1 = 1\,\text{s}, \quad T_2 = 2\,\text{s}, \quad T_3 = 7\,\text{s},$

$G_{S2}(s): T_1 = 2\,\text{s}, \quad T_2 = 3\,\text{s}, \quad T_3 = 5\,\text{s},$

$G_{S3}(s): T_1 = T_2 = T_3 = 3.333\,\text{s},$

$K_S = 2, \quad T_\Sigma = T_1 + T_2 + T_3 = 10\,\text{s}.$

Die Parameter eines PID-Reglers werden nach Tabelle 10.3-6 und 10.3-7 bestimmt:

$$G_R(s) = K_{Rm} \cdot \frac{(1+T_{Nm} \cdot s) \cdot (1+T_{Vm} \cdot s)}{T_{Nm} \cdot s} = K_{Ra} \cdot \left[1 + \frac{1}{T_{Na} \cdot s} + T_{Va} \cdot s\right].$$

Einstellung nach Tabelle 10.3-6:

PID-Regler, multiplikative Form:

$$K_{Rm} = \frac{0.5}{K_S} = 0.25, \quad T_{Nm} = 0.333 \cdot T_\Sigma = 3.33\,\text{s}, \quad T_{Vm} = 0.333 \cdot T_\Sigma = 3.33\,\text{s},$$

PID-Regler, additive Form:

$$K_{Ra} = \frac{1}{K_S} = 0.5, \quad T_{Na} = 0.667 \cdot T_\Sigma = 6.67\,\text{s}, \quad T_{Va} = 0.167 \cdot T_\Sigma = 1.67\,\text{s}.$$

Einstellung für schnelleren Regelverlauf nach Tabelle 10.3-7:

PID-Regler, multiplikative Form:

$$K_{Rm} = \frac{1.173}{K_S} = 0.587, \quad T_{Nm} = 0.469 \cdot T_\Sigma = 4.69\,\text{s}, \quad T_{Vm} = 0.331 \cdot T_\Sigma = 3.31\,\text{s},$$

PID-Regler, additive Form:

$$K_{Ra} = \frac{2}{K_S} = 1.0, \quad T_{Na} = 0.8 \cdot T_\Sigma = 8.0\,\text{s}, \quad T_{Va} = 0.194 \cdot T_\Sigma = 1.94\,\text{s}.$$

Die Sprungantwortverläufe sind in den Bildern 10.3-6 und 10.3-7 dargestellt. Anregelzeit t_{anr} und normierte Überschwingweite $ü$ der Sprungantwortverläufe sind in Tabelle 10.3-8 zusammengefaßt.

Tabelle 10.3-8: Anregelzeit und Überschwingweite der Sprungantwortverläufe

Übertragungsfunktion	Einstellung nach Tabelle 10.3-6	Einstellung nach Tabelle 10.3-7
$G_{S1}(s)$	$ü = 3.07\,\%$, $t_{anr} = 19.6\,\text{s}$	$ü = 1.76\,\%$, $t_{anr} = 14.34\,\text{s}$
$G_{S2}(s)$	$ü = 3.63\,\%$, $t_{anr} = 16.73\,\text{s}$	$ü = 3.79\,\%$, $t_{anr} = 9.57\,\text{s}$
$G_{S3}(s)$	$ü = 4.32\,\%$, $t_{anr} = 15.71\,\text{s}$	$ü = 6.82\,\%$, $t_{anr} = 8.87\,\text{s}$

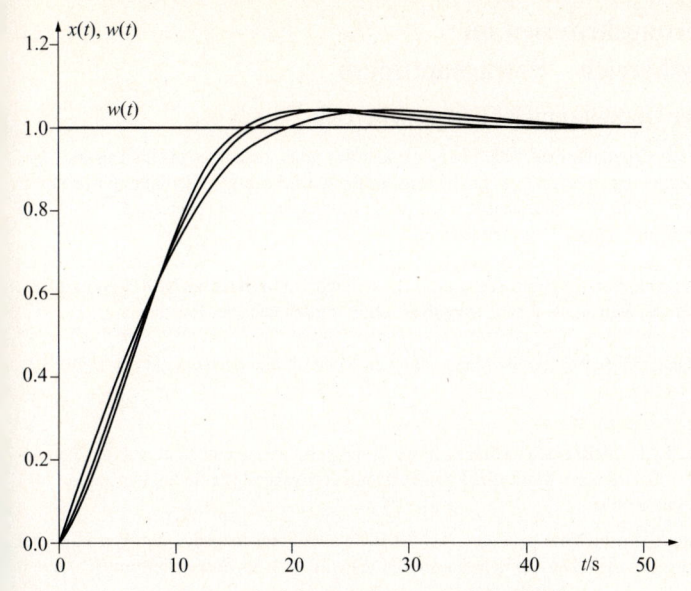

Bild 10.3-6: Sprungantwortverläufe für Einstellung nach Tabelle 10.3-6

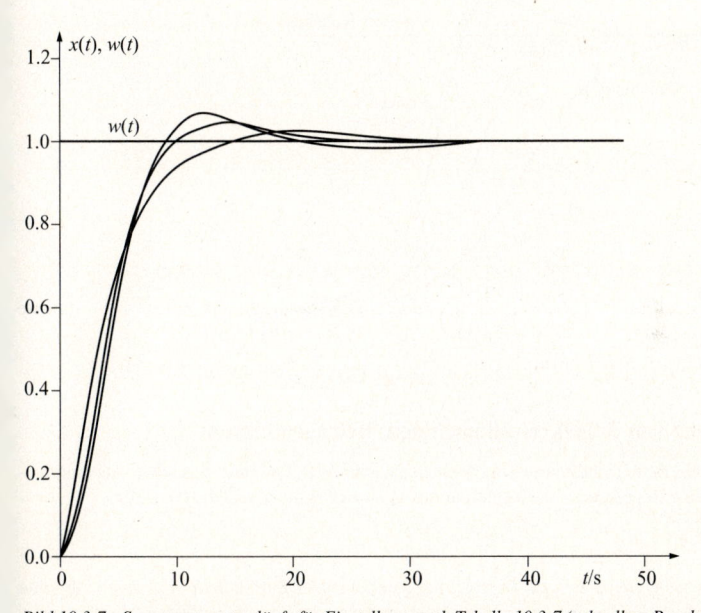

Bild 10.3-7: Sprungantwortverläufe für Einstellung nach Tabelle 10.3-7 (schnellere Regelung)

10.4 Optimierungskriterien im Frequenzbereich – Betragsoptimum

10.4.1 Prinzip der Optimierung im Frequenzbereich

Die Optimierung im Frequenzbereich geht vom Frequenzgang des geschlossenen Regelkreises aus. Der Grundgedanke ist: Eine Regelung ist optimal, wenn die Regelgröße schnell den Wert der Führungsgröße erreicht. Einer kurzen Anstiegszeit t_r der Sprungantwort entspricht im Frequenzbereich eine große Bandbreite ω_b des Frequenzgangs. Daraus ergibt sich die Forderung:

> Der **Frequenzgang des geschlossenen Regelkreises** soll einen möglichst **breiten, bei Null beginnenden Frequenzbereich** haben, der **Betrag des Frequenzgangs** soll möglichst nahe bei Eins liegen.

Das ideale Führungsverhalten eines Regelkreises liegt dann vor, wenn für alle Kreisfrequenzen ω gilt:

$$|F(j\omega)| = 1$$

Bei technischen Systemen ist das **nicht realisierbar,** da immer Verzögerungselemente im Regelkreis vorhanden sind, die bei höheren Frequenzen den Betrag des Frequenzgangs verkleinern. Die Bedingung $|F(j\omega)| = 1$ läßt sich nur näherungsweise erfüllen.

Eine Optimierung im Frequenzbereich hat zur Folge, daß der Betrag des Frequenzgangs den Wert Eins über einen großen Frequenzbereich behält. Das Optimierungsverfahren wird auch als **Betragsoptimum** bezeichnet.

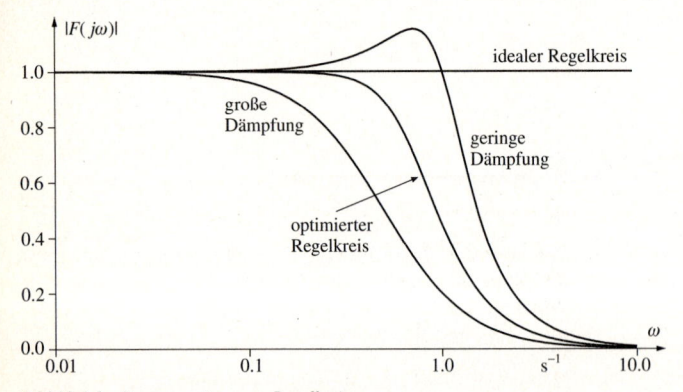

Bild 10.4-1: Frequenzgänge von Regelkreisen

10.4.2 Einstellung von Regelkreisen nach dem Betragsoptimum

Die Einstellung nach dem Betragsoptimum wird für einen Regelkreis II. Ordnung abgeleitet. Als Optimierungsaufgabe sind für eine Regelstrecke die Reglerparameter so zu ermitteln, daß die Gleichung

$$|F(j\omega)| = 1$$

für einen großen Frequenzbereich erfüllt ist. Dies gelingt dann, wenn an der Stelle $\omega = 0$ möglichst viele Ableitungen von $|F(j\omega)|$ zu Null werden oder wenn Zähler- und Nennerpolynom des Betrags der Frequenzgangfunktion möglichst viele gleiche Koeffizienten haben.

Beispiel 10.4-1: Regelkreis II. Ordnung

```
w(jω) ──○──→[ K_R / (T_N · jω) ]──→[ K_S / (1 + T_E · jω) ]──→ x(jω)
         −      Regler                Regelstrecke
```

Die Frequenzgangfunktion des offenen Regelkreises lautet:

$$F_{RS}(j\omega) = \frac{K_S}{j\omega \cdot T_I \cdot (1 + j\omega \cdot T_E)}, \quad \text{mit} \quad \frac{1}{T_I} = \frac{K_R}{T_N}.$$

Die Frequenzgangfunktion des geschlossenen Regelkreises ist:

$$F(j\omega) = \frac{K_S}{j\omega \cdot T_I \cdot (1 + j\omega \cdot T_E) + K_S} = \frac{K_S}{K_S + j\omega \cdot T_I + (j\omega)^2 \cdot T_I \cdot T_E}.$$

Der Betrag des Frequenzgangs ergibt sich aus

$$F(j\omega) = \frac{K_S}{K_S - \omega^2 \cdot T_I \cdot T_E + j\omega \cdot T_I} \quad \text{zu}$$

$$|F(j\omega)| = \frac{K_S}{\sqrt{(K_S - \omega^2 \cdot T_I \cdot T_E)^2 + \omega^2 \cdot T_I^2}}.$$

Da der Betrag von $F(j\omega)$ gleich Eins sein soll, kann auch das Betragsquadrat in der weiteren Berechnung verwendet werden:

$$\boxed{|F(j\omega)|^2 = \frac{K_S^2}{K_S^2 + (T_I^2 - 2 \cdot K_S \cdot T_I \cdot T_E) \cdot \omega^2 + T_I^2 \cdot T_E^2 \cdot \omega^4} \stackrel{!}{\approx} 1}.$$

Der Betrag des Frequenzgangs ist dann in einem großen Frequenzbereich gleich Eins, wenn möglichst viele Koeffizienten des Zähler- und Nennerpolynoms übereinstimmen. Das Zählerpolynom wird um fehlende Koeffizienten ergänzt, in Tabelle 10.4-1 sind die Koeffizienten gegenübergestellt.

$$\boxed{|F(j\omega)|^2 = \frac{K_S^2 + \qquad 0 \cdot \omega^2 + \qquad 0 \cdot \omega^4}{K_S^2 + (T_I^2 - 2 \cdot K_S \cdot T_I \cdot T_E) \cdot \omega^2 + T_I^2 \cdot T_E^2 \cdot \omega^4} \stackrel{!}{\approx} 1}.$$

Tabelle 10.4-1: Polynomkoeffizienten beim Betragsquadrat einer Frequenzgangfunktion II. Ordnung

Zählerpolynom	Nennerpolynom	Realisierung
$K_S^2 \cdot \omega^0$	$K_S^2 \cdot \omega^0$	ist erfüllt
$0 \cdot \omega^2$	$(T_I^2 - 2 \cdot K_S \cdot T_I \cdot T_E) \cdot \omega^2$	realisierbar
$0 \cdot \omega^4$	$T_I^2 \cdot T_E^2 \cdot \omega^4$	nicht realisierbar

Als Optimierungsgleichung ergibt sich:

$$\boxed{(T_I^2 - 2 \cdot K_S \cdot T_I \cdot T_E) \cdot \omega^2 = 0}.$$

Daraus erhält man die optimale Einstellung zu:

$$\boxed{T_{Iopt} = 2 \cdot K_S \cdot T_E}.$$

10 Optimierungskriterien und Einstellregeln für Regelkreise

Dieser Wert wird in die Frequenzgangfunktion eingesetzt

$$F(j\omega) = \frac{K_S}{K_S + j\omega \cdot T_1 + (j\omega)^2 \cdot T_1 \cdot T_E} = \frac{K_S}{K_S + 2 \cdot K_S \cdot T_E \cdot j\omega + 2 \cdot K_S \cdot T_E^2 \cdot (j\omega)^2}$$

und vereinfacht

$$F(j\omega) = \frac{1}{1 + 2 \cdot T_E \cdot j\omega + 2 \cdot T_E^2 \cdot (j\omega)^2}, \quad G(s) = \frac{1}{1 + 2 \cdot T_E \cdot s + 2 \cdot T_E^2 \cdot s^2}.$$

Der Vergleich des optimierten Regelkreises mit den standardisierten Größen des PT_2-Elements liefert die Kennkreisfrequenz ω_0 und die Dämpfung D:

$$\boxed{G(s) = \frac{1}{1 + 2 \cdot T_E \cdot s + 2 \cdot T_E^2 \cdot s^2} \stackrel{!}{=} \frac{1}{1 + 2 \cdot \frac{D}{\omega_0} \cdot s + \frac{s^2}{\omega_0^2}}, \quad \omega_0 = \frac{1}{\sqrt{2} \cdot T_E}, \quad D = \frac{1}{\sqrt{2}}}.$$

Im folgenden ist der allgemeine Signalflußplan (Bild 10.4-2) dargestellt. Das Führungs- und Laststörungsverhalten kann mit dem vereinfachten Signalflußplan (Bild 10.4-3) untersucht werden.

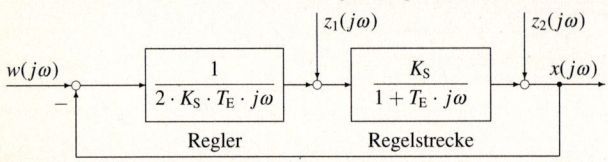

Bild 10.4-2: Signalflußplan von betragsoptimierten Regelkreisen mit Führungsgröße und Störgrößen

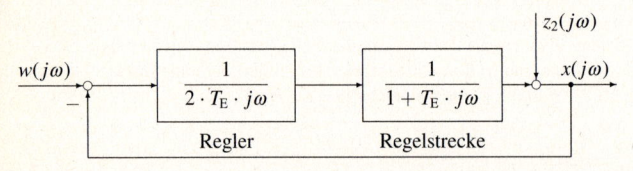

Bild 10.4-3: Signalflußplan von betragsoptimierten Regelkreisen mit Führungs- und Laststörgröße

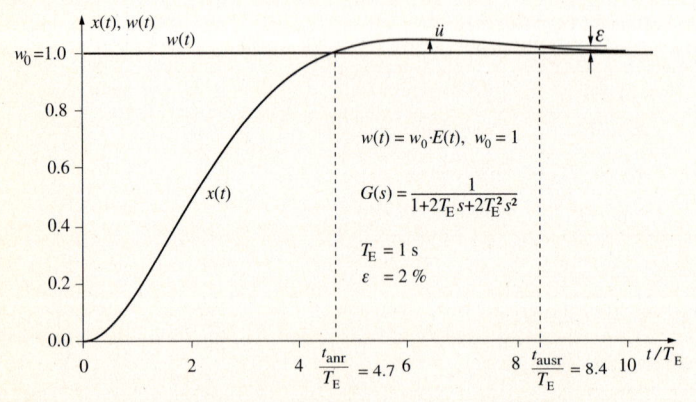

Bild 10.4-4: Führungssprungantwort von betragsoptimierten Regelkreisen

10.4 Optimierungskriterien im Frequenzbereich – Betragsoptimum

Der Pol-Nullstellenplan des Regelkreises enthält zwei konjugiert komplexe Pole:

$$s_{p1} = -\frac{1}{2T_E} + j \cdot \frac{1}{2T_E},$$

$$s_{p2} = -\frac{1}{2T_E} - j \cdot \frac{1}{2T_E}.$$

Bild 10.4-5: Pol-Nullstellenplan des betragsoptimierten Regelkreises

Die Führungssprungantwort (Bild 10.4-4) des optimierten Regelkreises hat folgende Kennwerte:

> Anregelzeit: $t_{anr} = 4.7 \cdot T_E$,
> Ausregelzeit: $t_{ausr} = 8.4 \cdot T_E$ (bei $\varepsilon = 2\,\%$),
> Überschwingweite: $\ddot{u} = 4.3\,\%$.

Die Störungsübertragungsfunktionen von betragsoptimierten Regelkreisen sind:

$$G_{z1}(s) = \frac{G_S(s)}{1 + G_R(s) \cdot G_S(s)} = \frac{2 \cdot K_S \cdot T_E \cdot s}{1 + 2 \cdot T_E \cdot s + 2 \cdot T_E^2 \cdot s^2},$$

$$G_{z2}(s) = \frac{1}{1 + G_R(s) \cdot G_S(s)} = \frac{2 \cdot T_E \cdot s + 2 \cdot T_E^2 \cdot s^2}{1 + 2 \cdot T_E \cdot s + 2 \cdot T_E^2 \cdot s^2}.$$

Störsprungantworten sind für die Versorgungsstörung z_1 (Bild 10.4-6) und die Laststörung z_2 berechnet (Bild 10.4-7).

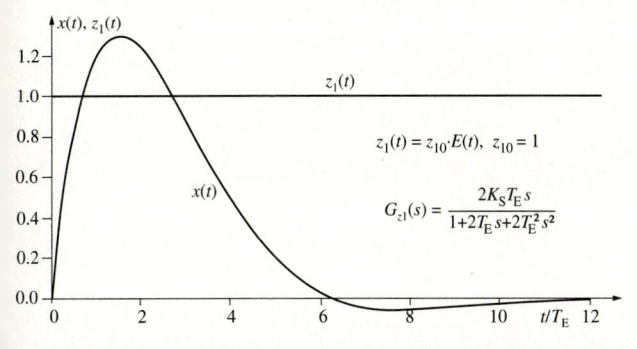

Bild 10.4-6: Störsprungantwort von betragsoptimierten Regelkreisen (Versorgungsstörgröße)

Die abgeleiteten optimalen Übertragungsfunktionen und Kennwerte der Sprungantwortfunktionen sind für **alle betragsoptimierten Regelkreise gleich**. Eine Ausnahme bildet die Sprungantwortfunktion der Versorgungsstörgröße. Bei Regelstrecken höherer Ordnung werden große Streckenzeitkonstanten mit Reglerzeitkonstanten kompensiert (Abschnitt 10.4.4). Da die Versorgungsstörgröße zwischen Regler und Regelstrecke angreift, ist die Kompensation wirkungslos. Der Verlauf der Sprungantwort bei Versorgungsstörgrößen ist von der Streckenverstärkung K_S und den Werten der Streckenzeitkonstanten abhängig.

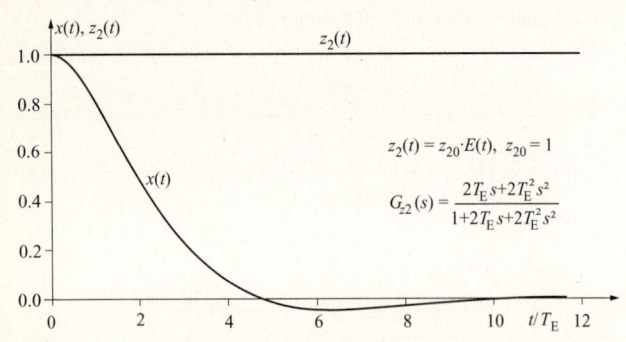

Bild 10.4-7: Störsprungantwort von betragsoptimierten Regelkreisen (Laststörgröße)

$z_2(t) = z_{20} \cdot E(t), \; z_{20} = 1$

$$G_{z2}(s) = \frac{2T_E s + 2T_E^2 s^2}{1 + 2T_E s + 2T_E^2 s^2}$$

10.4.3 Anwendung des Verfahrens

10.4.3.1 Vereinfachung von Streckenübertragungsfunktionen

Das Verfahren kann nur bei **proportionalen Regelstrecken** eingesetzt werden. Abgeleitet wurde es für eine Regelstrecke I. Ordnung. Bei Regelstrecken höherer Ordnung und bei Totzeitelementen kann die Regelstrecke vereinfacht werden. Die dazu benötigten Hilfssätze sind im folgenden erläutert.

10.4.3.2 Satz von der Summe der kleinen Zeitkonstanten

Wenn Regelstrecken aus mehreren Verzögerungselementen bestehen, ist folgende Vereinfachung zulässig.

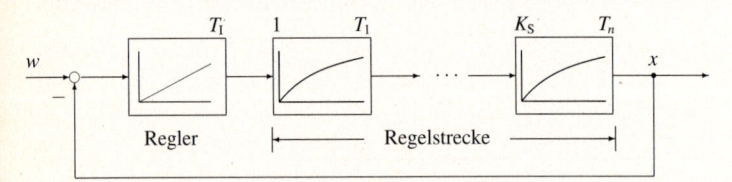

Die Übertragungsfunktion des offenen Regelkreises ist

$$\begin{aligned}G_{RS}(s) &= \frac{1}{s \cdot T_I} \cdot \frac{1}{1 + s \cdot T_1} \cdot \frac{1}{1 + s \cdot T_2} \cdot \ldots \cdot \frac{K_S}{1 + s \cdot T_n} \\ &= \frac{K_S}{s \cdot T_I (1 + s \cdot (T_1 + T_2 + \ldots + T_n) + s^2 \cdot (T_1 \cdot T_2 + T_1 \cdot T_3 + \ldots) + \ldots)}.\end{aligned}$$

Ist die Summe der Zeitkonstanten

$$T_E = T_1 + T_2 + \ldots + T_n$$

klein gegenüber der Integrierzeitkonstanten T_I, haben die Produkte höherer Ordnung der kleinen Zeitkonstanten nur geringen Einfluß auf das Zeitverhalten des Regelkreises. Es gilt dann

$$\boxed{\begin{aligned}G_{RS}(s) &\approx \frac{K_S}{s \cdot T_I \cdot (1 + s \cdot (T_1 + T_2 + \ldots + T_n))} = \frac{K_S}{s \cdot T_I \cdot (1 + s \cdot T_E)}, \\ &\text{mit } T_E = T_1 + T_2 + \ldots + T_n.\end{aligned}}$$

Die Vereinfachung wird als **Satz von der Summe der kleinen Zeitkonstanten** bezeichnet. Der Satz gilt auch dann, wenn der offene Regelkreis statt des Integral-Elements ein Verzögerungs-Element mit großer Zeitkonstante enthält. T_E wird als **Ersatzzeitkonstante** bezeichnet.

10.4.3.3 Vereinfachung von Totzeitelementen

Eine Totzeit T_t, die klein gegenüber der Integrierzeitkonstanten T_I ist, kann durch ein Verzögerungselement I. Ordnung ersetzt werden. Dabei wird die Reihenentwicklung der Exponential-Funktion für das Totzeitelement nach dem ersten Glied abgebrochen:

$$G_{RS}(s) = \frac{K_S \cdot e^{-sT_t}}{s \cdot T_I} = \frac{K_S}{s \cdot T_I \cdot \left(1 + s \cdot \frac{T_t}{1!} + \frac{(s \cdot T_t)^2}{2!} + \ldots\right)} \approx \frac{K_S}{s \cdot T_I \cdot (1 + s \cdot T_t)}$$

Ein Totzeit-Element läßt sich auch dann durch ein PT_1-Element ersetzen, wenn im offenen Regelkreis statt des Integral-Elements ein Verzögerungs-Element mit großer Zeitkonstante vorhanden ist.

10.4.4 Anwendung des Betragsoptimums bei Regelstrecken höherer Ordnung

10.4.4.1 Kompensation einer großen Zeitkonstanten

Ist eine Zeitkonstante der Regelstrecke groß, so kann zur Verbesserung der Schnelligkeit der Regelung die große Zeitkonstante T_1 mit der Nachstellzeit T_N eines PI-Reglers kompensiert werden. Die Kompensation entspricht einer Kürzung der Zählerkomponente $(1 + T_N \cdot s)$ mit der Nennerkomponente $(1 + T_1 \cdot s)$. Kleine Zeitkonstanten werden zur Ersatzzeitkonstanten T_E zusammengefaßt.

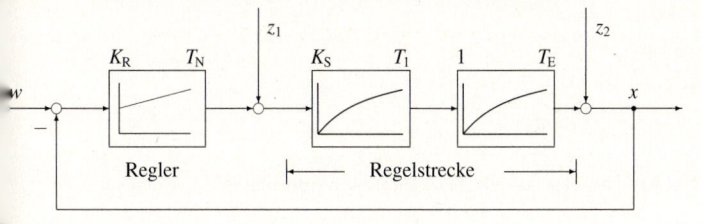

Die Übertragungsfunktion des offenen Regelkreises ist

$$G_{RS}(s) = G_R(s) \cdot G_S(s) = \frac{K_R \cdot (1 + T_N \cdot s)}{T_N \cdot s} \cdot \frac{K_S}{1 + T_1 \cdot s} \cdot \frac{1}{1 + T_E \cdot s}$$

Bei Kompensation der großen Verzögerungszeitkonstanten T_1 ergibt sich die Optimierungsvorschrift für den PI-Regler zu:

$$\boxed{T_N = T_1}$$

Die Nachstellzeit T_N wird gleich der großen Zeitkonstanten T_1 gesetzt. Mit der Kürzung erhält man einen Regelkreis nach Beispiel 10.4-1 mit der Übertragungsfunktion:

$$G_{RS}(s) = G_R(s) \cdot G_S(s) = \frac{K_R}{T_N \cdot s} \cdot \frac{K_S}{1 + T_E \cdot s}$$

Mit der bereits ermittelten optimalen Einstellung für T_I ergibt sich für K_R die Optimierungsvorschrift:

$$\boxed{T_I = 2 \cdot K_S \cdot T_E = \frac{T_N}{K_R}, \quad K_R = \frac{T_N}{2 \cdot K_S \cdot T_E}}$$

10.4.4.2 Kompensation von zwei großen Zeitkonstanten

Kleine Zeitkonstanten werden zur Ersatzzeitkonstanten T_E zusammengefaßt. Zwei große Zeitkonstanten können mit Nachstellzeit T_N und Vorhaltzeit T_V eines PID-Reglers kompensiert werden.

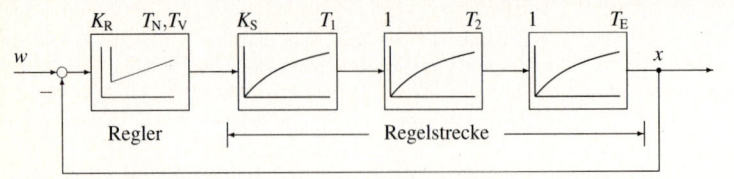

Die Übertragungsfunktion des offenen Regelkreises ist

$$G_{RS}(s) = \frac{K_R \cdot (1 + T_N \cdot s) \cdot (1 + T_V \cdot s)}{T_N \cdot s} \cdot \frac{K_S}{1 + T_1 \cdot s} \cdot \frac{1}{1 + T_2 \cdot s} \cdot \frac{1}{1 + T_E \cdot s}.$$

Die großen Zeitkonstanten werden mit der Reglereinstellung

$$\boxed{T_N = T_1, \quad T_V = T_2, \quad \text{für } T_1 > T_2}$$

kompensiert. Für die Kompensation nach Abschnitt 10.4.4.1, 10.4.4.2 ergibt sich dieselbe Übertragungsfunktion des offenen Regelkreises:

$$G_{RS}(s) = \frac{K_R \cdot K_S}{s \cdot T_N \cdot (1 + T_E \cdot s)}.$$

Mit der Optimierungseinstellung

$$\boxed{\frac{K_R}{T_N} = \frac{1}{T_1} = \frac{1}{2 \cdot K_S \cdot T_E}, \quad K_R = \frac{T_N}{2 \cdot K_S \cdot T_E}}$$

hat der geschlossene Regelkreis das gleiche Verhalten wie der nach Abschnitt 10.4.2 optimierte:

$$G(s) = \frac{K_R \cdot K_S}{K_R \cdot K_S + T_N \cdot s + T_N \cdot T_E \cdot s^2} = \frac{1}{1 + 2 \cdot T_E \cdot s + 2 \cdot T_E^2 \cdot s^2}.$$

Die optimale Verstärkungseinstellung für K_R nach dem Betragsoptimum ist für PI- und PID-Regler:

$$\boxed{K_R = \frac{1}{2 \cdot K_S} \cdot \frac{T_N}{T_E}}.$$

Regelkreise, die nach dem Betragsoptimum berechnet wurden, haben **gleiche Führungs- und Laststörungsübertragungsfunktionen.** Damit sind auch im Zeitbereich die Kennwerte der Sprungantworten gleich. Für die Führungssprungantwort gilt:

$$\boxed{\begin{aligned}\text{Anregelzeit:} \quad & t_{\text{anr}} = 4.7 \cdot T_E, \\ \text{Ausregelzeit:} \quad & t_{\text{ausr}} = 8.4 \cdot T_E \text{ (bei } \varepsilon = 2\%), \\ \text{Überschwingweite:} \quad & ü = 4.32\%\end{aligned}}.$$

Das Versorgungsstörverhalten ist bei der Kompensation von großen Streckenzeitkonstanten ungünstig.

10.4 Optimierungskriterien im Frequenzbereich – Betragsoptimum

Beispiel 10.4-2: Versorgungsstörverhalten eines betragsoptimierten Regelkreises

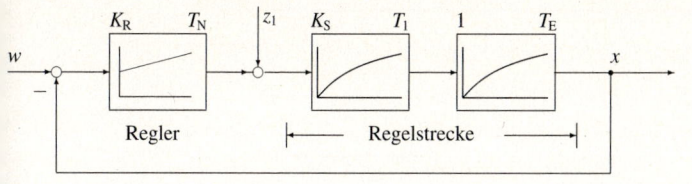

[Blockschaltbild: Regler mit K_R, T_N und Regelstrecke mit K_S, T_1 und 1, T_E; Störung z_1]

Für den Regelkreis mit $T_1 = 5\,\text{s}$, $T_E = 1\,\text{s}$, $K_S = 2$ wird nach dem Betragsoptimum

$$T_N = T_1 = 5\,\text{s}, \quad K_R = \frac{T_N}{2 \cdot K_S \cdot T_E} = 1.25$$

eingestellt. Die Störungsübertragungsfunktion

$$G_{z1}(s) = \frac{G_S(s)}{1 + G_R(s) \cdot G_S(s)} = \frac{1}{G_R(s)} \cdot \frac{G_R(s) \cdot G_S(s)}{1 + G_R(s) \cdot G_S(s)} = \frac{G(s)}{G_R(s)}$$

$$= \frac{T_N \cdot s}{K_R \cdot (1 + T_N \cdot s)} \cdot \frac{1}{1 + 2 \cdot T_E \cdot s + 2 \cdot T_E^2 \cdot s^2}$$

wird mit $T_N = T_1$ und $\dfrac{T_N}{K_R} = 2 \cdot K_S \cdot T_E$ zu:

$$G_{z1}(s) = \frac{2 \cdot T_E \cdot K_S \cdot s}{1 + (T_1 + 2 \cdot T_E) \cdot s + 2 \cdot T_E \cdot (T_1 + T_E) \cdot s^2 + 2 \cdot T_E^2 \cdot T_1 \cdot s^3}$$

$$= \frac{4 \cdot s}{1 + 7 \cdot s + 12 \cdot s^2 + 10 \cdot s^3}\,.$$

Die Störübertragungsfunktion enthält die große Zeitkonstante T_1, die Sprungantwort geht daher nur langsam auf Null (Bild 10.4-9). Im Pol-Nullstellenplan ist der dominierende Einfluß von T_1 zu erkennen. Die Polstelle $s_{p3} = -1/T_1$ ist vom Betrag kleiner als der Realteil von $s_{p1,2}$, das ungünstige Zeitverhalten wird im wesentlichen von T_1 bestimmt.

> Zur Verbesserung des Regelverhaltens bei Versorgungsstörungen und großen Streckenzeitkonstanten wird deshalb häufig der Regelkreis mit dem Symmetrischen Optimum eingestellt.

Der Pol-Nullstellenplan der Übertragungsfunktion enthält eine Nullstelle $s_n = 0$, zwei konjugiert komplexe Pole und einen reellen Pol:

$$s_{p1} = -\frac{1}{2T_E} + j \cdot \frac{1}{2T_E}$$

$$s_{p2} = -\frac{1}{2T_E} - j \cdot \frac{1}{2T_E}$$

$$s_{p3} = -\frac{1}{T_1}$$

s-Ebene

[Pol-Nullstellendiagramm in der s-Ebene mit s_{p1} bei $-1/2T_E + j/2T_E$, s_{p2} bei $-1/2T_E - j/2T_E$, s_{p3} bei $-1/T_1$ und s_n im Ursprung]

Bild 10.4-8: Pol-Nullstellenplan der Störungsübertragungsfunktion

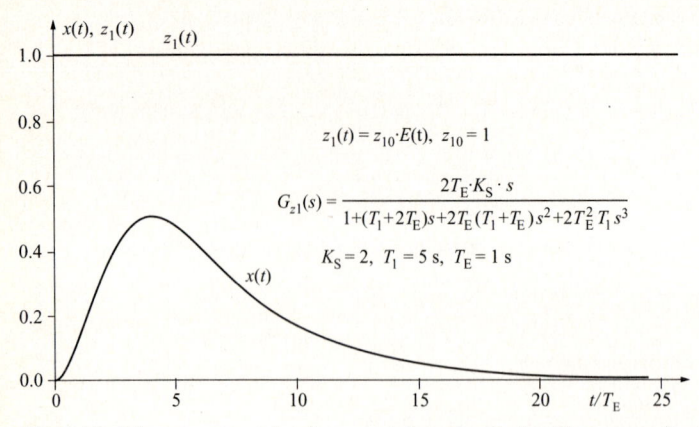

Bild 10.4-9: Störsprungantwort eines betragsoptimierten Regelkreises (Versorgungsstörgröße)

$z_1(t) = z_{10} \cdot E(t), \quad z_{10} = 1$

$$G_{z1}(s) = \frac{2T_E \cdot K_S \cdot s}{1+(T_1+2T_E)s+2T_E(T_1+T_E)s^2+2T_E^2 T_1 s^3}$$

$K_S = 2, \quad T_1 = 5 \text{ s}, \quad T_E = 1 \text{ s}$

Beispiel 10.4-3:   Drehzahlgeregelter Stromrichterantrieb

Im Bild ist das Technologieschema eines Stromrichterantriebs mit Drehzahlregelung dargestellt.

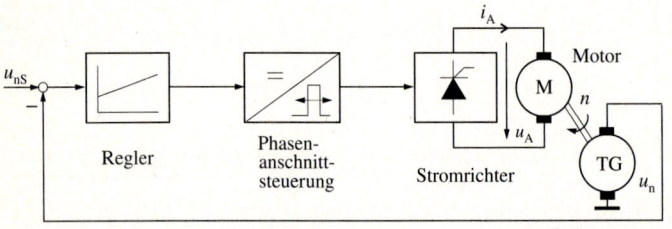

u_{nS} ist eine zur Solldrehzahl proportionale Spannung, n_S ist die Solldrehzahl (Führungsgröße), n die Drehzahl (Regelgröße). Wird die Zeitkonstante des Tachogenerators vernachlässigt, dann ergibt sich für den Gleichstrommotor die Übertragungsfunktion

$$G_M(s) = \frac{n(s)}{u_A(s)} = \frac{K_M}{1+s \cdot T_M + s^2 \cdot T_A \cdot T_M}$$

mit T_M als mechanischer und T_A als Ankerzeitkonstante. K_M ist die Momentenkonstante des Motors. Bei Stromrichterantrieben gilt $T_M \gg T_A$, so daß folgende Näherung verwendet werden kann:

$$G_M(s) \approx \frac{K_M}{1+s \cdot (T_A+T_M)+s^2 \cdot T_A \cdot T_M} = \frac{K_M}{(1+T_A \cdot s)\cdot(1+T_M \cdot s)}.$$

Geregelte Hauptantriebe von Werkzeugmaschinen werden mit Stromrichtern in Thyristor- oder Transistortechnik angesteuert. Die Ausgangsspannung von Thyristor-Stromrichtern folgt um den Wert der Totzeit T_t verzögert der Eingangsspannung, die den Zündwinkel bestimmt. Der statistische Mittelwert der Stromrichtertotzeit wird mit der Pulszahl p und der Frequenz f durch die Beziehung

$$T_t = \frac{1}{2 \cdot p \cdot f}$$

bestimmt. Die Übertragungsfunktion des Totzeitelements wird durch

$$G_t(s) = e^{-T_t \cdot s}$$

beschrieben. Da die Regelstrecke ausgeprägtes Tiefpaßverhalten besitzt ($T_t \ll T_M$), gilt die Näherung

$$G_t(s) \approx \frac{1}{1 + T_t \cdot s} \; .$$

Damit nimmt die Übertragungsfunktion der Regelstrecke die Form an

$$G_S(s) = G_M(s) \cdot G_t(s) = \frac{K_M}{(1 + T_t \cdot s) \cdot (1 + T_A \cdot s) \cdot (1 + T_M \cdot s)}$$

$$\approx \frac{K_M}{(1 + T_E \cdot s) \cdot (1 + T_M \cdot s)},$$

$T_E = T_A + T_t$ (Ersatzzeitkonstante).

Nach Hinzufügen der Übertragungsfunktion des PI-Reglers erhält man die Übertragungsfunktion des offenen Regelkreises

$$G_{RS}(s) = G_R(s) \cdot G_S(s) = \frac{K_R \cdot (1 + T_N \cdot s)}{T_N \cdot s} \cdot \frac{K_M}{(1 + T_E \cdot s) \cdot (1 + T_M \cdot s)}$$

und das Signalflußbild:

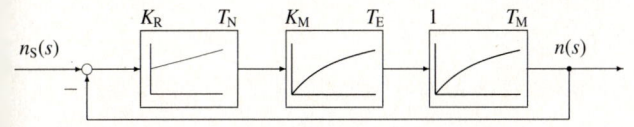

Die Parameteroptimierung mit dem Betragsoptimum ergibt

$$T_N = T_M \quad \text{und} \quad K_R = \frac{T_M}{2 \cdot K_M \cdot T_E} \; .$$

Damit folgt die Übertragungsfunktion des optimierten offenen Regelkreises

$$G_{RS}(s) = \frac{1}{2 \cdot T_E \cdot s + 2 \cdot T_E^2 \cdot s^2}$$

und des geschlossenen Regelkreises

$$G(s) = \frac{1}{1 + 2 \cdot T_E \cdot s + 2 \cdot T_E^2 \cdot s^2} \; .$$

Die Führungssprungantwort hat folgende Kenngrößen:

- Anregelzeit: $t_{anr} = 4.7 \cdot T_E = 4.7 \cdot (T_A + T_t)$,
- Ausregelzeit: $t_{ausr} = 8.4 \cdot T_E = 8.4 \cdot (T_A + T_t)$ und
- Überschwingweite: $\ddot{u} = 4.32 \%$.

Beispiel 10.4-4: Anwendung des Betragsoptimums bei Regelstrecken mit mehreren Verzögerungselementen

Für die im Signalflußbild dargestellte Regelung sollen die Reglerparameter von I-, PI- und PID-Reglern nach dem Betragsoptimum ermittelt werden.

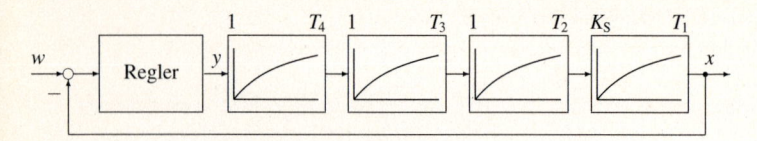

Zeitkonstanten und Streckenverstärkung haben folgende Werte:

$$T_1 = 0.5\,\text{s}, \quad T_2 = 0.045\,\text{s}, \quad T_3 = 0.004\,\text{s}, \quad T_4 = 0.001\,\text{s}, \quad K_S = 2.$$

Für einen **I-Regler** wird die optimale Integrierzeitkonstante T_I ermittelt. Alle Zeitkonstanten der PT$_1$-Elemente der Regelstrecke werden zur Ersatzzeitkonstanten zusammengefaßt:

$$T_E = T_1 + T_2 + T_3 + T_4 = 0.55\,\text{s}.$$

Die Integrierzeitkonstante ergibt sich zu $T_I = 2 \cdot K_S \cdot T_E = 2.2\,\text{s}$. Die Regelgröße erreicht nach Ablauf der Anregelzeit $t_{anr} = 4.7 \cdot T_E = 2.59\,\text{s}$ die Führungsgröße.

Mit einem **PI-Regler** läßt sich das Regelverhalten verbessern. Die Nachstellzeit wird gleich der größten Zeitkonstanten in der Regelstrecke gesetzt:

$$T_N = T_1 = 0.5\,\text{s}.$$

Alle weiteren Zeitkonstanten der Strecke werden zusammengefaßt:

$$T_E = T_2 + T_3 + T_4 = 0.05\,\text{s},$$

wobei die Bedingung $T_1 \gg T_E$ erfüllt ist. Der Proportionalbeiwert des PI-Reglers errechnet sich zu

$$K_R = \frac{T_N}{2 \cdot K_S \cdot T_E} = 2.5.$$

Im Vergleich zu der Regelung mit I-Regler ist die Anregelzeit kleiner:

$$t_{anr} = 4.7 \cdot T_E = 0.235\,\text{s}.$$

Die Regelung ist schneller. Mit einem **PID-Regler** läßt sich die Anregelzeit weiter verringern. Die Vorhaltzeit T_V wird gleich der zweitgrößten Zeitkonstanten der Regelstrecke gesetzt:

$$T_N = T_1 = 0.5\,\text{s}, \quad T_V = T_2 = 0.045\,\text{s}.$$

Die beiden Zeitkonstanten der Strecke werden zusammengefaßt:

$$T_E = T_3 + T_4 = 0.005\,\text{s},$$

wobei die Bedingung $T_1 > T_2 \gg T_E$ erfüllt ist. Für den Proportionalbeiwert des PID-Reglers erhält man:

$$K_R = \frac{T_N}{2 \cdot K_S \cdot T_E} = 25.$$

Die Anregelzeit ist dann $t_{anr} = 4.7 \cdot T_E = 0.0235\,\text{s}$.

Die Kürzung einer dritten Zeitkonstanten mit Hilfe eines weiteren differentiellen Vorhalts ist nicht sinnvoll. Schnelle Änderungen der Führungsgröße, z. B. Störungen, die der Führungsgröße überlagert sind, würden dann große Stellamplituden verursachen. Dadurch können Verstärker übersteuert werden, so daß der Regelkreis nicht mehr reagieren kann.

Tabelle 10.4-2: Zusammenfassung der Ergebnisse:

Regler	Reglerparameter	Ersatzzeitkonstante	Anregelzeit
I	$T_I = 2.2$ s	$T_E = T_1 + T_2 + T_3 + T_4$ $T_E = 0.55$ s	$t_\text{anr} = 2.59$ s
PI	$T_N = 0.5$ s $K_R = 2.5$	$T_E = T_2 + T_3 + T_4$ $= 0.05$ s	$t_\text{anr} = 0.235$ s
PID	$T_N = 0.5$ s $T_V = 0.045$ s $K_R = 25$	$T_E = T_3 + T_4$ $= 0.005$ s	$t_\text{anr} = 0.0235$ s

10.4.5 Einstellregeln für das Betragsoptimum

Regelungen bewirken prinzipiell eine erhöhte Streckenbelastung durch die Stellgröße. Werden Verzögerungselemente der Regelstrecke durch Vorhalteelemente des Reglers kompensiert, dann können große Werte der Stellgröße auftreten, insbesondere bei sprungförmigen Eingangsgrößen. Folgende Bedingungen müssen erfüllt sein:

- Die Stellgröße darf die Stellbegrenzung nicht erreichen.
- Die Regelstrecke muß mit der Stellgröße belastbar sein.

In Tabelle 10.4-3 sind Strecken- und Reglerstrukturen mit Einstellregeln für das Betragsoptimum angegeben.

Tabelle 10.4-3: Einstellung der Reglerparameter nach dem Betragsoptimum

Regelstrecke		Regler	
Typ	Übertragungsfunktion	Typ	Übertragungsfunktion
PT_1	$G_S(s) = \dfrac{K_S}{1 + s \cdot T_1}$ $T_E = T_1$	I	$G_R(s) = \dfrac{K_{IR}}{s}, \quad G_R(s) = \dfrac{1}{s \cdot T_{IR}}$ $K_{IR} = \dfrac{1}{2 \cdot K_S \cdot T_E}, \quad T_{IR} = 2 \cdot K_S \cdot T_E$
PT_2	$G_S(s) = \dfrac{K_S}{(1 + s \cdot T_1) \cdot (1 + s \cdot T_2)}$ $T_1 > T_2, \quad T_E = T_2$	PI	$G_R(s) = \dfrac{K_R \cdot (1 + s \cdot T_N)}{s \cdot T_N}$ $T_N = T_1, \quad K_R = \dfrac{T_N}{2 \cdot K_S \cdot T_E}$
PT_n	$G_S(s) = \dfrac{K_S}{(1 + s \cdot T_1) \cdot (1 + s \cdot T_E)}$ $T_1 \gg T_E, \quad T_E = \sum_{i=2}^{n} T_i$	PI	$G_R(s) = \dfrac{K_R \cdot (1 + s \cdot T_N)}{s \cdot T_N}$ $T_N = T_1, \quad K_R = \dfrac{T_N}{2 \cdot K_S \cdot T_E}$
PT_n	$G_S(s) = \dfrac{K_S}{(1 + s \cdot T_1)(1 + s \cdot T_2)(1 + s \cdot T_E)}$ $T_1 > T_2 \gg T_E, \quad T_E = \sum_{i=3}^{n} T_i$	PID	$G_R(s) = \dfrac{K_R(1 + s \cdot T_N)(1 + s \cdot T_V)}{s \cdot T_N}$ $T_N = T_1,$ $T_V = T_2, \quad K_R = \dfrac{T_N}{2 \cdot K_S \cdot T_E}$

10.5 Optimierungskriterien im Frequenzbereich – Symmetrisches Optimum

10.5.1 Prinzip des Verfahrens und Anwendung bei IT_1-Regelstrecken

Enthält die Regelstrecke ein integrales Übertragungselement und ein Verzögerungselement mit der Zeitkonstanten T_E, so ist eine Kompensation mit $T_N = T_E$ nicht zulässig, da dabei der Regelkreis instabil würde.

$$F_{RS}(j\omega) = F_R(j\omega) \cdot F_S(j\omega) = \frac{K_R \cdot (1 + T_N \cdot j\omega)}{T_N \cdot j\omega} \cdot \frac{1}{T_0 \cdot j\omega} \cdot \frac{K_S}{1 + T_E \cdot j\omega}$$

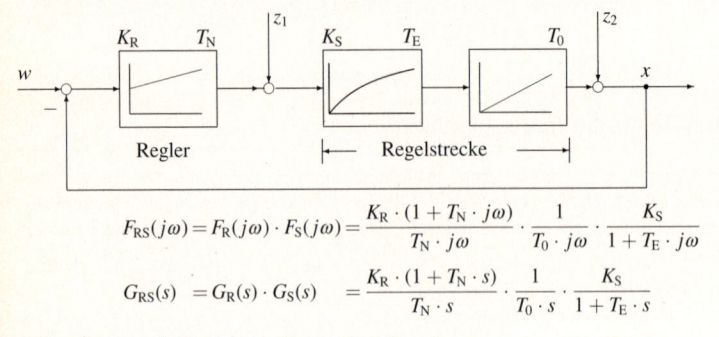

$$G_{RS}(s) = G_R(s) \cdot G_S(s) = \frac{K_R \cdot (1 + T_N \cdot s)}{T_N \cdot s} \cdot \frac{1}{T_0 \cdot s} \cdot \frac{K_S}{1 + T_E \cdot s}$$

Bild 10.5-1: Regelkreis mit integraler Regelstrecke und Frequenzgang- und Übertragungsfunktion des offenen Regelkreises

Eine Kompensation mit $T_N = T_E$ führt zur Übertragungsfunktion des offenen Regelkreises mit

$$G_{RS}(s) = \frac{K_R \cdot K_S}{s^2 \cdot T_N \cdot T_0}.$$

Der geschlossene Regelkreis hat mit der charakteristischen Gleichung

$$s^2 \cdot T_N \cdot T_0 + K_R \cdot K_S = 0$$

und den Nullstellen

$$s_{1,2} = \pm j \sqrt{\frac{K_R \cdot K_S}{T_N \cdot T_0}}$$

instabiles Verhalten. Die Reglereinstellung kann nach dem Verfahren des Symmetrischen Optimums vorgenommen werden, wobei PI- oder PID-Regler einzusetzen sind. Bei der Anwendung des Verfahrens entstehen BODE-Diagramme mit Symmetrieeigenschaften von Amplituden- und Phasengang (Bild 10.5-2).

Beim Symmetrischen Optimum wird der Regler so bemessen, daß die Durchtrittskreisfrequenz ω_D das geometrische Mittel der Eckkreisfrequenzen $\omega_N = 1/T_N$ und $\omega_E = 1/T_E$ annimmt. Durch geeignete Wahl der Nachstellzeit T_N läßt sich eine Phasenreserve Φ_R einstellen, die dem Regelkreis das gewünschte Einschwingverhalten gibt.

Im folgenden wird das Verfahren am Beispiel einer Regelung mit IT_1-Regelstrecke und PI-Regler dargestellt. Die Nachstellzeit T_N wird auf die Zeitkonstante T_E des PT_1-Elements bezogen. Dafür eignet sich der Ansatz

$$T_N = a^2 \cdot T_E, \quad \text{mit} \quad a > 1$$

a muß größer Eins gewählt werden, da sich für $a = 1$ die instabile Einstellung $T_N = a^2 \cdot T_E = T_E$ ergibt. Aus Stabilitätsgründen muß $T_N > T_E$ vorausgesetzt werden.

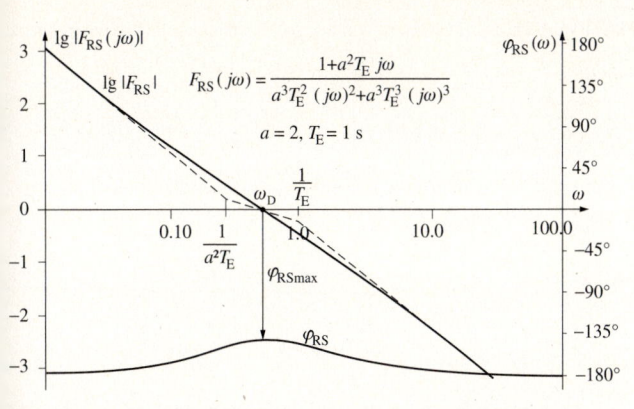

10.5 Optimierungskriterien im Frequenzbereich – Symmetrisches Optimum

Bild 10.5-2: BODE-*Diagramm eines symmetrisch optimierten Regelkreises*

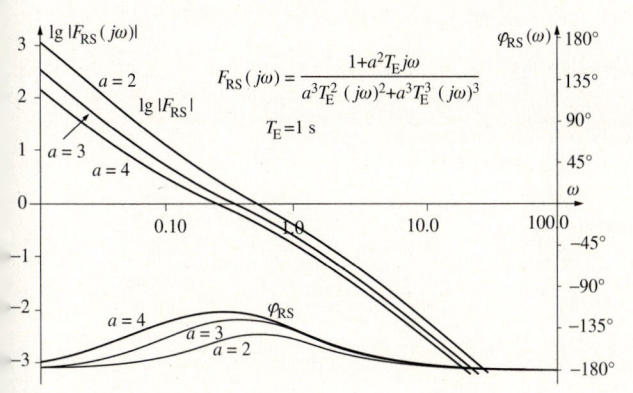

Bild 10.5-3: BODE-*Diagramme für symmetrisch optimierte Regelkreise, abhängig von der Reglereinstellung a*

Aus der Frequenzgangfunktion des offenen Regelkreises

$$F_{RS}(j\omega) = F_R(j\omega) \cdot F_S(j\omega) = \frac{K_R \cdot (1 + T_N \cdot j\omega)}{T_N \cdot j\omega} \cdot \frac{1}{T_0 \cdot j\omega} \cdot \frac{K_S}{1 + T_E \cdot j\omega},$$

wird die Phase φ_{RS} des offenen Regelkreises

$$\varphi_{RS}(\omega) = \arctan(\omega \cdot T_N) - \arctan(\omega \cdot T_E) - \pi$$

ermittelt. Mit der Ableitung

$$\frac{d\varphi_{RS}(\omega)}{d\omega} = \frac{T_N}{1 + (\omega \cdot T_N)^2} - \frac{T_E}{1 + (\omega \cdot T_E)^2} \stackrel{!}{=} 0$$

läßt sich die Kreisfrequenz

$$\omega_{max} = \frac{1}{\sqrt{T_E \cdot T_N}}$$

bestimmen, bei der φ_{RS} den größten Wert hat. Das Maximum von φ_{RS} soll bei der Durchtrittskreisfrequenz $\omega_D = \omega_{max}$ entstehen:

$$|F_{RS}(\omega_D = \omega_{max})| = \frac{K_R \cdot K_S \cdot \sqrt{1 + \omega^2 \cdot T_N^2}}{T_0 \cdot T_N \cdot \omega^2 \cdot \sqrt{1 + \omega^2 \cdot T_E^2}} \stackrel{!}{=} 1.$$

Unter Verwendung von

$$T_N = a^2 \cdot T_E \quad \text{und} \quad \omega_{max} = \frac{1}{\sqrt{T_E \cdot T_N}}$$

ergibt sich die Reglerverstärkung zu

$$\boxed{K_R = \frac{T_0}{a \cdot K_S \cdot T_E}}.$$

Soll andererseits eine Phasenreserve Φ_R vorgegeben werden, dann ist von der oben angegebenen Gleichung

$$\varphi_{RS}(\omega_D = \omega_{max}) = \Phi_R - \pi = \arctan(\omega_{max} \cdot T_N) - \arctan(\omega_{max} \cdot T_E) - \pi$$

auszugehen. Setzt man für ω_{max} die Beziehung

$$\omega_{max} = \frac{1}{\sqrt{T_E \cdot T_N}} = \frac{a}{T_N} = \frac{1}{a \cdot T_E}$$

ein, dann ergibt sich

$$\Phi_R = \arctan(a) - \arctan\left(\frac{1}{a}\right).$$

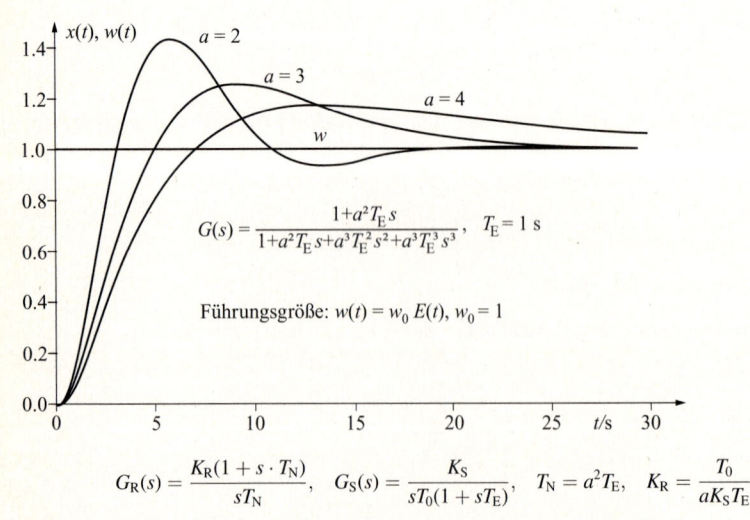

$$G_R(s) = \frac{K_R(1 + s \cdot T_N)}{sT_N}, \quad G_S(s) = \frac{K_S}{sT_0(1 + sT_E)}, \quad T_N = a^2 T_E, \quad K_R = \frac{T_0}{aK_S T_E}$$

Bild 10.5-4: Führungssprungantwortfunktionen von symmetrisch optimierten Regelkreisen

10.5 Optimierungskriterien im Frequenzbereich – Symmetrisches Optimum

$$G_{z1}(s) = \frac{a^3 K_S T_E \cdot \frac{T_E}{T_0} s}{1 + a^2 T_E s + a^3 T_E^2 s^2 + a^3 T_E^3 s^3}$$

Versorgungsstörgröße: $z_1(t) = z_{10} E(t)$, $z_{10} = 1$

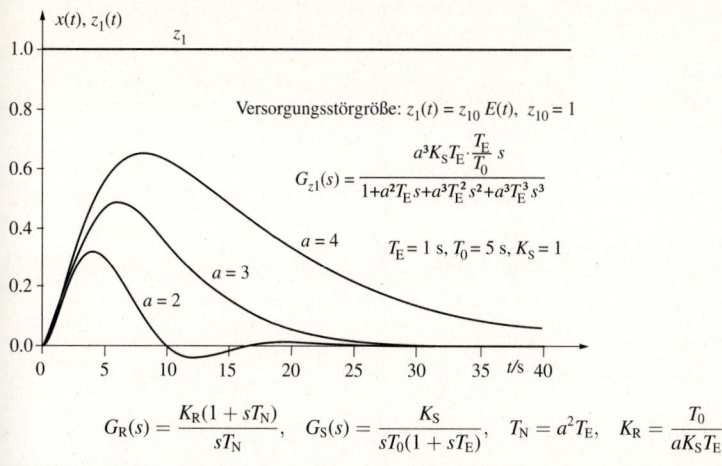

$T_E = 1$ s, $T_0 = 5$ s, $K_S = 1$

$$G_R(s) = \frac{K_R(1 + sT_N)}{sT_N}, \quad G_S(s) = \frac{K_S}{sT_0(1 + sT_E)}, \quad T_N = a^2 T_E, \quad K_R = \frac{T_0}{aK_S T_E}$$

Bild 10.5-5: Sprungantwortfunktionen von symmetrisch optimierten Regelkreisen bei Versorgungsstörung

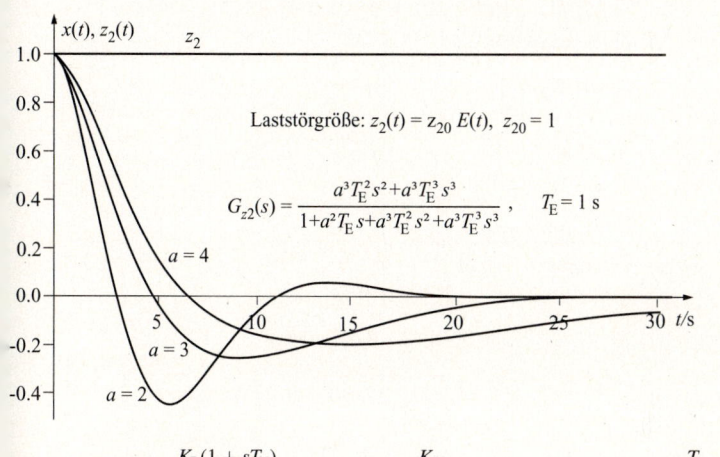

Laststörgröße: $z_2(t) = z_{20} E(t)$, $z_{20} = 1$

$$G_{z2}(s) = \frac{a^3 T_E^2 s^2 + a^3 T_E^3 s^3}{1 + a^2 T_E s + a^3 T_E^2 s^2 + a^3 T_E^3 s^3}, \quad T_E = 1 \text{ s}$$

$$G_R(s) = \frac{K_R(1 + sT_N)}{sT_N}, \quad G_S(s) = \frac{K_S}{sT_0(1 + sT_E)}, \quad T_N = a^2 T_E, \quad K_R = \frac{T_0}{aK_S T_E}$$

Bild 10.5-6: Sprungantwortfunktionen von symmetrisch optimierten Regelkreisen bei Laststörung

Eine Umformung führt zu

$$\Phi_R = \arctan \frac{a^2 - 1}{2 \cdot a}.$$

Mit dieser Gleichung läßt sich die, zur Berechnung des PI-Reglers notwendige, Konstante ermitteln:

$$\boxed{a = \frac{1 + \sin(\Phi_R)}{\cos(\Phi_R)}.}$$

s-Ebene

$\times \triangleq$ Nullstelle von $N(s)$

Wurzelortskurve für $N(s)$

$N(s) = 1 + a^2 T_E s + a^3 T_E^2 s^2 + a^3 T_E^3 s^3 = 0$,
$T_E = 1$ s

$$s_{p1,2} = -\frac{a - 1 \pm \sqrt{a^2 - 2a - 3}}{2aT_E}$$

$$s_{p3} = -\frac{1}{aT_E}$$

s-Ebene

$\circ \triangleq$ Nullstelle von $Z(s)$

Wurzelortskurve für $Z(s)$:

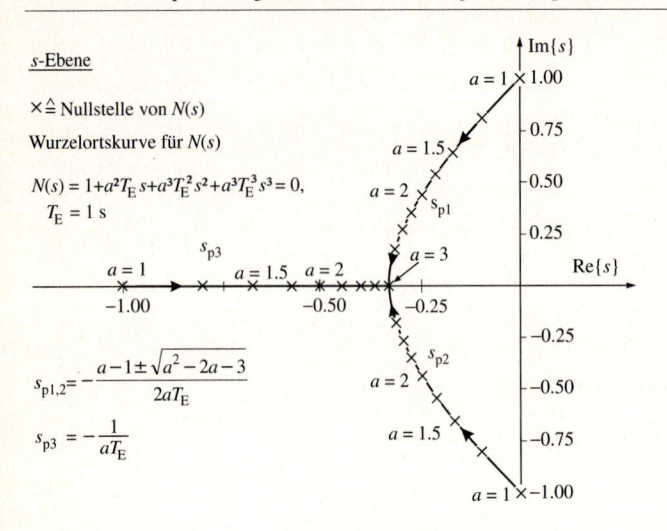

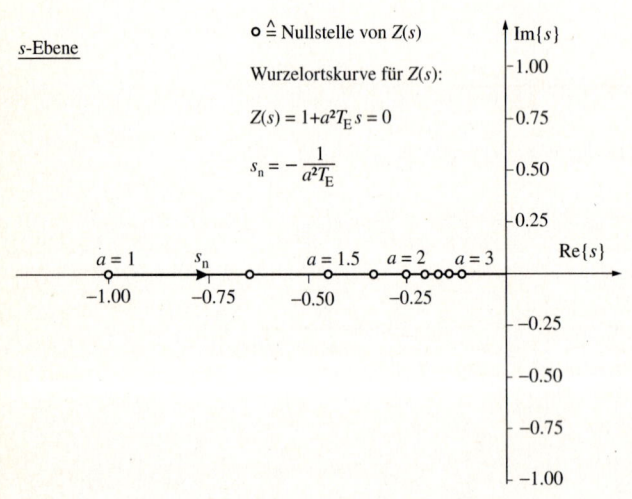

$Z(s) = 1 + a^2 T_E s = 0$

$$s_n = -\frac{1}{a^2 T_E}$$

Bild 10.5-7: Wurzelortskurve des symmetrisch optimierten Regelkreises in Abhängigkeit von a

Die oben allgemein formulierten Optimierungsgleichungen

$$T_N = a^2 \cdot T_E, \quad K_R = \frac{T_0}{a \cdot K_S \cdot T_E}$$

werden in die Übertragungsfunktion des offenen Regelkreises von Bild 10.5-1 eingesetzt. Die allgemeine Führungsübertragungsfunktion für symmetrisch optimierte Regelkreise ist dann:

$$G(s) = \frac{1 + a^2 \cdot T_E \cdot s}{1 + a^2 \cdot T_E \cdot s + a^3 \cdot T_E^2 \cdot s^2 + a^3 \cdot T_E^3 \cdot s^3}.$$

10.5 Optimierungskriterien im Frequenzbereich – Symmetrisches Optimum

Für das in Bild 10.5-1 angegebene Regelungssystem mit PI-Regler sind Führungs- (Bild 10.5-4) und Störsprungantwortfunktionen (Bild 10.5-5, 10.5-6) bei verschiedenen Werten des Parameters a aufgezeichnet.

In Bild 10.5-7 sind die Wurzelortskurven für Pole und Nullstellen von symmetrisch optimierten Regelkreisen dargestellt. Die Nullstellen der charakteristischen Gleichung (Nennerpolynom) sind die Polstellen der Übertragungsfunktion:

$$G(s) = \frac{1 + a^2 \cdot T_E \cdot s}{1 + a^2 \cdot T_E \cdot s + a^3 \cdot T_E^2 \cdot s^2 + a^3 \cdot T_E^3 \cdot s^3}.$$

Die Nullstelle von $G(s)$ ist:

$$s_n = -\frac{1}{a^2 \cdot T_E}.$$

Die Polstellen haben die Werte:

$$s_{p1} = -\frac{1}{a \cdot T_E}, \quad s_{p2,3} = -\frac{a - 1 \pm \sqrt{a^2 - 2 \cdot a - 3}}{2 \cdot a \cdot T_E}.$$

Für $a = 1$ wird das Regelungssystem instabil, da $\text{Re}\{s_{p2,3}\}$ Null ist, für $a = 3$ sind alle Polstellen gleich und reell mit

$$s_{p1,2,3} = -\frac{1}{3 \cdot T_E}.$$

Liegt a im Bereich $1 < a < 3$, treten zwei konjugiert komplexe Polstellen mit negativem Realteil auf.

10.5.2 Standardeinstellung des Symmetrischen Optimums

Das Symmetrische Optimum wurde zuerst für eine Reglereinstellung von $a = 2$ angegeben. Diese Standardeinstellung läßt sich durch folgende Betrachtung begründen. Ausgangspunkt ist die allgemeine Führungsübertragungsfunktion für symmetrisch optimierte Regelkreise:

$$G(s) = \frac{1 + a^2 \cdot T_E \cdot s}{1 + a^2 \cdot T_E \cdot s + a^3 \cdot T_E^2 \cdot s^2 + a^3 \cdot T_E^3 \cdot s^3} = \frac{Z(s)}{N(s)}.$$

Aus der Übertragungsfunktion wird die Frequenzgangfunktion ermittelt:

$$F(j\omega) = \frac{1 + a^2 \cdot T_E \cdot j\omega}{1 + a^2 \cdot T_E \cdot j\omega + a^3 \cdot T_E^2 \cdot (j\omega)^2 + a^3 \cdot T_E^3 \cdot (j\omega)^3} = \frac{Z(j\omega)}{N(j\omega)}.$$

Ähnlich wie bei der Anwendung des Betragsoptimums wird der Parameter a so eingestellt, daß der Betrag der Führungsfrequenzgangfunktion für einen großen Frequenzbereich Eins bleibt. Den größten Einfluß auf den Betrag der Frequenzgangfunktion hat das Nennerpolynom $N(j\omega)$. Da das Zählerpolynom $Z(s) = 1 + a^2 \cdot T_E \cdot s$ aufgrund seiner differenzierenden Wirkung ein hohes Überschwingen hervorruft, wird es häufig durch ein Vorfilter kompensiert (Bild 10.5-9). Aus diesen Gründen wird die Einstellung von a so vorgenommen, daß der Betrag der Frequenzgangfunktion

$$F(j\omega) = \frac{1}{1 + a^2 \cdot T_E \cdot j\omega + a^3 \cdot T_E^2 \cdot (j\omega)^2 + a^3 \cdot T_E^3 \cdot (j\omega)^3} = \frac{1}{N(j\omega)}$$

für einen großen Frequenzbereich

$$|F(j\omega)| \approx 1$$

10 Optimierungskriterien und Einstellregeln für Regelkreise

wird. Für die weitere Berechnung wird das Betragsquadrat der Frequenzgangfunktion verwendet:

$$|F(j\omega)|^2 = \left| \frac{1}{[1 - a^3 \cdot T_E^2 \cdot \omega^2] + j \cdot [a^2 \cdot T_E \cdot \omega - a^3 \cdot T_E^3 \cdot \omega^3]} \right|^2$$

$$= \frac{1}{[1 - a^3 \cdot T_E^2 \cdot \omega^2]^2 + [a^2 \cdot T_E \cdot \omega - a^3 \cdot T_E^3 \cdot \omega^3]^2}$$

$$= \frac{1}{1 + a^3 \cdot T_E^2 \cdot \omega^2 \cdot (a - 2) + a^5 \cdot T_E^4 \cdot \omega^4 \cdot (a - 2) + a^6 \cdot T_E^6 \cdot \omega^6}.$$

Der Betrag der Frequenzgangfunktion ist dann über einen großen Frequenzbereich gleich Eins, wenn möglichst viele Koeffizienten von Zähler- und Nennerpolynom der Betragsfunktion übereinstimmen. Das Zählerpolynom wird um fehlende Koeffizienten ergänzt, in Tabelle 10.5-1 sind die Koeffizienten gegenübergestellt.

Tabelle 10.5-1: *Polynomkoeffizienten für das Betragsquadrat der Frequenzgangfunktion*

Zählerpolynom	Nennerpolynom	Realisierung
$1 \cdot \omega^0$	$1 \cdot \omega^0$	ist erfüllt
$0 \cdot \omega^2$	$a^3 \cdot T_E^2 \cdot (a - 2) \cdot \omega^2$	realisierbar für $a = 2$
$0 \cdot \omega^4$	$a^5 \cdot T_E^4 \cdot (a - 2) \cdot \omega^4$	realisierbar für $a = 2$
$0 \cdot \omega^6$	$a^6 \cdot T_E^6 \cdot \omega^6$	nicht realisierbar

In Bild 10.5-8 ist der logarithmierte Betrag der Frequenzgangfunktion für verschiedene Werte von a aufgezeichnet.

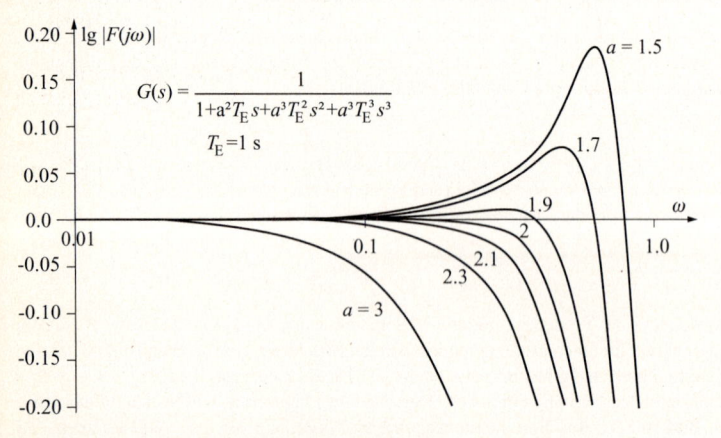

$$G(s) = \frac{1}{1 + a^2 T_E s + a^3 T_E^2 s^2 + a^3 T_E^3 s^3}$$

$$T_E = 1 \text{ s}$$

Bild 10.5-8: *Betrag der Führungsfrequenzgangfunktion*

Für den Wert $a = 2$ ist der Betrag für einen großen Frequenzbereich Eins, der logarithmierte Betrag gleich Null. Für $a = 2$ ergeben sich die Optimierungsgleichungen zu

$$\boxed{T_N = 4 \cdot T_E, \quad K_R = \frac{1}{2 \cdot K_S} \cdot \frac{T_0}{T_E}}.$$

Eingesetzt in die Übertragungsfunktion des offenen Regelkreises (Bild 10.5-1), erhält man die optimalen Übertragungsfunktionen:

$$G_{RS}(s) = G_R(s) \cdot G_S(s) = \frac{1 + 4 \cdot T_E \cdot s}{8 \cdot T_E^2 \cdot s^2 \cdot (1 + T_E \cdot s)},$$

$$G(s) = \frac{1 + 4 \cdot T_E \cdot s}{1 + 4 \cdot T_E \cdot s + 8 \cdot T_E^2 \cdot s^2 + 8 \cdot T_E^3 \cdot s^3}.$$

Die Sprungantwort hat ein Überschwingen von 43.4 %. Die große Überschwingweite resultiert im wesentlichen aus der Komponente im Zähler der Übertragungsfunktion. Durch Glättung der Führungsgröße mit einem Vorfilter wird das Überschwingen verringert.

$$\frac{1}{1 + 4 \cdot T_E \cdot s} \qquad \cdot \qquad \frac{1 + 4 \cdot T_E \cdot s}{1 + 4 \cdot T_E \cdot s + 8 \cdot T_E^2 \cdot s^2 + 8 \cdot T_E^3 \cdot s^3}$$

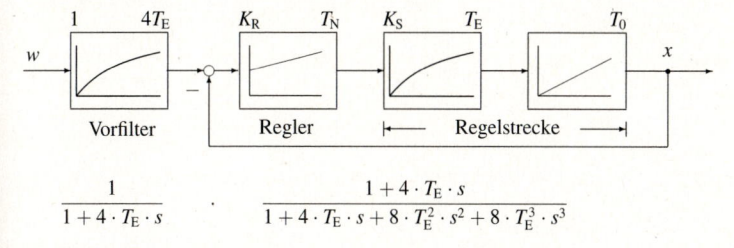

Bild 10.5-9: Regelkreis mit Vorfilter

In Bild 10.5-10 ist die normierte Führungssprungantwort für den Regelkreis mit und ohne Vorfilter für $a = 2$ dargestellt. Bild 10.5-7 zeigt den Verlauf der Pole der Übertragungsfunktion des geschlossenen Regelkreises in Abhängigkeit von a. Das konjugiert komplexe Polpaar liegt der imaginären Achse am nächsten. Es bestimmt das Einschwingverhalten des Regelkreises und wird daher als dominierendes Polpaar bezeichnet. Bei der Reglereinstellung nach dem Symmetrischen Optimum hat das dominierende Polpaar einen kleineren Realteil als beim Betragsoptimum.

Symmetrisch optimierte Regelkreise haben gleiche Übertragungsfunktionen. Damit sind auch die Kennwerte im Zeitbereich gleich. Für die Führungssprungantwort gilt:

ohne Vorfilter ($a = 2$):

Anregelzeit: $\quad t_{anr} = 3.1 \cdot T_E$,

Ausregelzeit: $\quad t_{ausr} = 16.5 \cdot T_E \quad$ (bei $\varepsilon = 2\%$),

Überschwingweite: $\ddot{u} = 43.4\,\%$,

mit Vorfilter ($a = 2$):

Anregelzeit: $\quad t_{anr} = 7.6 \cdot T_E$,

Ausregelzeit: $\quad t_{ausr} = 13.4 \cdot T_E \quad$ (bei $\varepsilon = 2\%$),

Überschwingweite: $\ddot{u} = 8.1\,\%$.

Die Reglereinstellung mit $a = 2$ und Vorfilter ergibt gutes Führungsverhalten. Störungen werden schnell ausgeregelt.

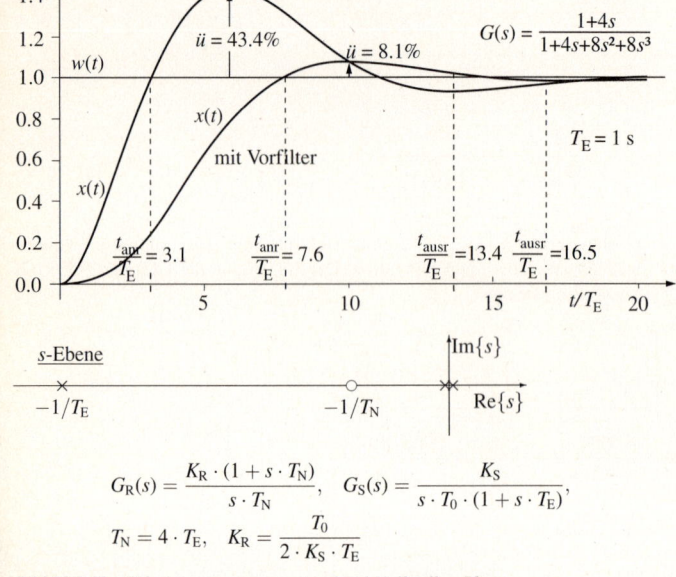

Bild 10.5-10: Führungssprungantwort und Pol-Nullstellen-Plan eines nach dem Symmetrischen Optimum eingestellten Regelkreises ($a = 2$)

Im oberen Diagramm:
- $x(t), w(t)$
- ohne Vorfilter, $ü = 43.4\%$
- mit Vorfilter, $ü = 8.1\%$
- $G(s) = \dfrac{1+4s}{1+4s+8s^2+8s^3}$
- $T_E = 1$ s
- $\dfrac{t_{an}}{T_E} = 3.1$, $\dfrac{t_{anr}}{T_E} = 7.6$, $\dfrac{t_{ausr}}{T_E} = 13.4$, $\dfrac{t_{ausr}}{T_E} = 16.5$

s-Ebene: Pole bei $-1/T_E$ und auf der imaginären Achse; Nullstelle bei $-1/T_N$.

$$G_R(s) = \frac{K_R \cdot (1 + s \cdot T_N)}{s \cdot T_N}, \quad G_S(s) = \frac{K_S}{s \cdot T_0 \cdot (1 + s \cdot T_E)},$$

$$T_N = 4 \cdot T_E, \quad K_R = \frac{T_0}{2 \cdot K_S \cdot T_E}$$

10.5.3 Anwendung des Verfahrens bei integralen Regelstrecken mit Verzögerung höherer Ordnung

Das Symmetrische Optimum ist auch bei Regelstrecken mit IT_n-Struktur

$$G_S(s) = \frac{K_S}{s \cdot T_0 \cdot (1 + s \cdot T_1) \cdot (1 + s \cdot T_E)} \quad \text{und} \quad T_1 \gg T_E, \quad T_E = \sum_{i=2}^{n} T_i$$

anwendbar. Bei diesem Streckentyp sind PID-Regler mit der Übertragungsfunktion

$$G_R(s) = \frac{K_R \cdot (1 + s \cdot T_N) \cdot (1 + s \cdot T_V)}{s \cdot T_N}$$

einzusetzen, wobei das PT_1-Element der Strecke mit der großen Zeitkonstanten T_1 durch die Vorhaltzeit T_V kompensiert wird. Folgende Einstellregeln sind anzuwenden:

$$\boxed{K_R = \frac{T_0}{a \cdot K_S \cdot T_E}, \quad T_N = a^2 \cdot T_E, \quad T_V = T_1}.$$

Damit ergibt sich die allgemeine optimale Führungsübertragungsfunktion

$$\boxed{G(s) = \frac{1 + a^2 \cdot T_E \cdot s}{1 + a^2 \cdot T_E \cdot s + a^3 \cdot T_E^2 \cdot s^2 + a^3 \cdot T_E^3 \cdot s^3}},$$

mit $a = 2$ erhält man die Übertragungsfunktion

$$G(s) = \frac{1 + 4 \cdot T_E \cdot s}{1 + 4 \cdot T_E \cdot s + 8 \cdot T_E^2 \cdot s^2 + 8 \cdot T_E^3 \cdot s^3},$$

die für IT$_1$-Strecken in Abschnitt 10.5.2 entwickelt wurde.

10.5.4 Anwendung des Verfahrens bei proportionalen Regelstrecken mit Verzögerungen höherer Ordnung

10.5.4.1 PT$_n$-Regelstrecken mit einer großen Zeitkonstanten

Eine Einstellung nach dem Symmetrischen Optimum wird auch bei PT$_n$-Regelstrecken mit einer großen Zeitkonstanten T_1 angewendet. Damit lassen sich kürzere Ausregelzeiten von Störungen im Vergleich zu betragsoptimierten Regelkreisen erzielen.

Für PT$_n$-Regelstrecken

$$G_S(s) = \frac{K_S}{(1 + s \cdot T_1) \cdot (1 + s \cdot T_E)}$$

mit einer großen Zeitkonstanten T_1 und mehreren kleinen Zeitkonstanten T_i, wobei

$$T_E = \sum_{i=2}^{n} T_i \quad \text{und} \quad T_1 \gg a^2 \cdot T_E$$

gilt, lassen sich PI-Regler mit der Übertragungsfunktion

$$G_R(s) = \frac{K_R \cdot (1 + s \cdot T_N)}{s \cdot T_N}$$

einsetzen. Es ergibt sich folgende Reglereinstellung:

$$\boxed{K_R = \frac{T_1}{a \cdot K_S \cdot T_E}, \quad T_N = a^2 \cdot T_E}.$$

10.5.4.2 PT$_n$-Regelstrecken mit zwei großen Zeitkonstanten

Für die Regelung von PT$_n$-Regelstrecken

$$G_S(s) = \frac{K_S}{(1 + s \cdot T_1) \cdot (1 + s \cdot T_2) \cdot (1 + s \cdot T_E)}$$

mit zwei großen Zeitkonstanten T_1 und T_2 und mehreren kleinen Zeitkonstanten T_i, wobei

$$T_E = \sum_{i=3}^{n} T_i \quad \text{und} \quad T_1 > T_2 \gg T_E \quad \text{sowie} \quad T_1 \gg a^2 \cdot T_E$$

gilt, sind PID-Regler mit der Übertragungsfunktion

$$G_R(s) = \frac{K_R \cdot (1 + s \cdot T_N) \cdot (1 + s \cdot T_V)}{T_N \cdot s}$$

geeignet. Mit der Vorhaltzeit T_V wird die Zeitkonstante T_2 kompensiert. Für den PID-Regler gelten die Reglereinstellungen

$$\boxed{T_V = T_2, \quad K_R = \frac{T_1}{a \cdot K_S \cdot T_E}, \quad T_N = a^2 \cdot T_E}.$$

Die Anwendung der Optimierungsgleichungen für den PI-Regler (Abschnitt 10.5.4.1) und für den PID-Regler ergibt die optimale Übertragungsfunktion des geschlossenen Regelkreises:

$$G(s) = \frac{1 + a^2 \cdot T_E \cdot s}{1 + a^2 \cdot T_E \cdot \left(1 + a \cdot \dfrac{T_E}{T_1}\right) \cdot s + a^3 \cdot T_E^2 \cdot \left(1 + \dfrac{T_E}{T_1}\right) \cdot s^2 + a^3 \cdot T_E^3 \cdot s^3}.$$

Die oben angeführte Bedingung $T_1 \gg a^2 \cdot T_E$ wird zu $a^2 \cdot \dfrac{T_E}{T_1} \ll 1$ umgeformt. Damit erhält man folgende Vereinfachungen

$$\left(1 + a \cdot \frac{T_E}{T_1}\right) \approx 1, \quad \left(1 + \frac{T_E}{T_1}\right) \approx 1.$$

Das führt zu der in den Abschnitten 10.5.2, 10.5.3 entwickelten allgemeinen Übertragungsfunktion für symmetrisch optimierte Regelkreise

$$G(s) = \frac{1 + a^2 \cdot T_E \cdot s}{1 + a^2 \cdot T_E \cdot s + a^3 \cdot T_E^2 \cdot s^2 + a^3 \cdot T_E^3 \cdot s^3}.$$

10.5.5 Einstellregeln für das Symmetrische Optimum

Die **Einstellung** nach dem Symmetrischen Optimum **kann vorgenommen** werden, wenn die Regelstrecke **ein Integralelement** enthält. Eine **Einstellung** nach dem Symmetrischen Optimum ist auch **zulässig**, wenn die Regelstrecke ein Verzögerungselement mit **sehr großer Zeitkonstante** enthält, das in erster Näherung wie ein Integralelement wirkt:

$$\frac{1}{1 + s \cdot T_1} \approx \frac{1}{s \cdot T_1}, \quad \text{wenn} \quad T_1 \gg a^2 \cdot T_E \quad \text{ist}.$$

In Tabelle 10.5-2 sind die Vorschriften für die Wahl von Reglerstruktur und -parametern angegeben.

Beispiel 10.5-1:   Drehzahlregelung mit IT_1-Regelstrecke
Der Drehzahlregelkreis eines elektrischen Vorschubantriebs hat folgende Struktur:

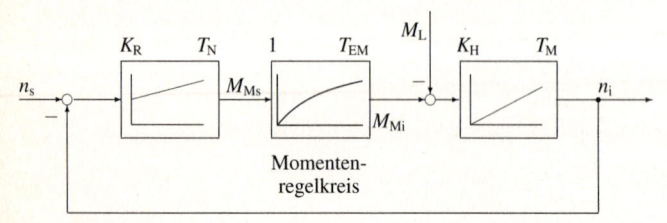

n_s = Drehzahl (Sollwert),
n_i = Drehzahl (Istwert),
M_{Ms} = Motordrehmoment (Sollwert),
M_{Mi} = Motordrehmoment (Istwert),

M_L = Lastdrehmoment,
T_{EM} = Ersatzzeitkonstante des Momentenregelkreises,
T_M = mechanische Zeitkonstante,
K_H = Hochlaufkonstante

Der unterlagerte Momentenregelkreis ist vereinfacht als PT_1-Element dargestellt. Die geschwindigkeitsabhängige Reibung in den mechanischen Übertragungselementen sei vernachlässigbar, so daß die Regelstrecke IT_1-Verhalten besitzt.

10.5 Optimierungskriterien im Frequenzbereich – Symmetrisches Optimum

Die Übertragungsfunktion des offenen Regelkreises hat die Form

$$G_{RS}(s) = \frac{K_R \cdot (1 + s \cdot T_N)}{s \cdot T_N} \cdot \frac{K_H}{T_M \cdot s \cdot (1 + s \cdot T_{EM})}.$$

Verwendet man die Reglereinstellung mit $a = 2$, dann ergeben sich die Parameter des PI-Reglers zu

$$T_N = 4 \cdot T_{EM}, \quad K_R = \frac{T_M}{2 \cdot K_H \cdot T_{EM}}.$$

Damit erhält man die optimierte Übertragungsfunktion des offenen Regelkreises

$$G_{RS}(s) = \frac{1 + 4 \cdot T_{EM} \cdot s}{8 \cdot T_{EM}^2 \cdot s^2 + 8 \cdot T_{EM}^3 \cdot s^3}$$

und die des geschlossenen Regelkreises

$$G(s) = \frac{1 + 4 \cdot T_{EM} \cdot s}{1 + 4 \cdot T_{EM} \cdot s + 8 \cdot T_{EM}^2 \cdot s^2 + 8 \cdot T_{EM}^3 \cdot s^3}.$$

Für die Führungssprungantwort des Regelkreises mit Vorfilter ergeben sich folgende Kenngrößen:

$$t_{anr} = 7.6 \cdot T_{EM}, \quad t_{ausr} = 13.4 \cdot T_{EM}, \quad \ddot{u} = 8.1\%.$$

Tabelle 10.5-2: Bemessung der Reglerparameter nach dem Symmetrischen Optimum

	Regelstrecke		Regler
Typ	Übertragungsfunktion	Typ	Übertragungsfunktion
IT_n	$G_S(s) = \dfrac{K_S}{T_0 s(1 + s \cdot T_E)}$ $T_E = \sum_{i=1}^{n} T_i$	PI	$G_R(s) = \dfrac{K_R(1 + sT_N)}{sT_N}$ $T_N = a^2 T_E, \quad K_R = \dfrac{T_0}{aK_S T_E}$
IT_n	$G_S(s) = \dfrac{K_S}{T_0 s(1 + sT_1)(1 + sT_E)}$ $T_1 \gg T_E, \quad T_E = \sum_{i=2}^{n} T_i$	PID	$G_R(s) = \dfrac{K_R(1+sT_N)(1+sT_V)}{sT_N}$ $T_V = T_1,$ $T_N = a^2 T_E, \quad K_R = \dfrac{T_0}{aK_S T_E}$
PT_n	$G_S(s) = \dfrac{K_S}{(1 + sT_1)(1 + sT_E)}$ $T_1 \gg a^2 T_E, \quad T_E = \sum_{i=2}^{n} T_i$	PI	$G_R(s) = \dfrac{K_R(1 + sT_N)}{sT_N}$ $T_N = a^2 T_E, \quad K_R = \dfrac{T_1}{aK_S T_E}$
PT_n	$G_S(s) = \dfrac{K_S}{(1+sT_1)(1+sT_2)(1+sT_E)}$ $T_1 > T_2 \gg T_E,$ $T_1 \gg a^2 T_E, \quad T_E = \sum_{i=3}^{n} T_i$	PID	$G_R(s) = \dfrac{K_R(1+sT_N)(1+sT_V)}{sT_N}$ $T_V = T_2,$ $T_N = a^2 T_E, \quad K_R = \dfrac{T_1}{aK_S T_E}$

10.5.6 Zusammenfassung zur Optimierung im Frequenzbereich

In der folgenden Tabelle ist das Führungs- und Störungsverhalten von im Frequenzbereich optimierten Regelkreisen zusammengestellt.

Tabelle 10.5-3: Führungs- und Störverhalten von frequenzoptimierten Regelkreisen

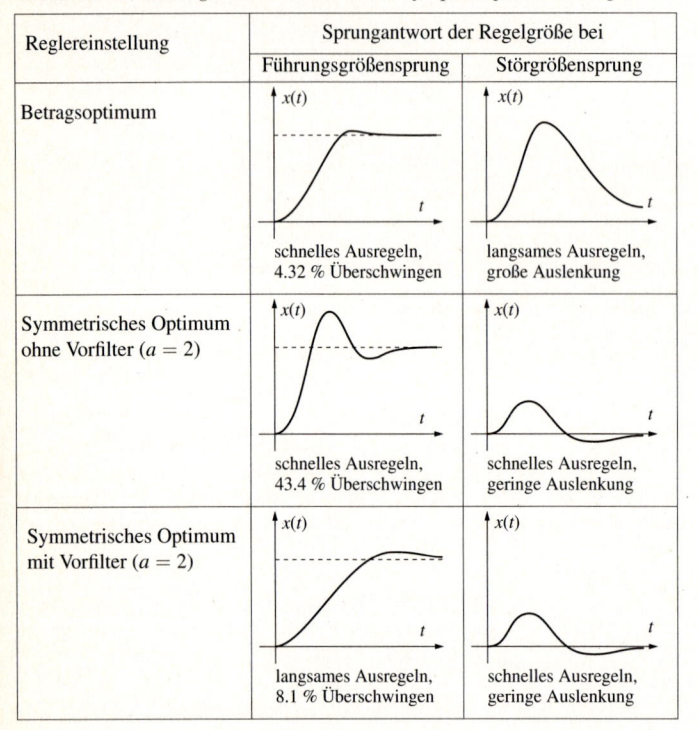

Reglereinstellung	Sprungantwort der Regelgröße bei	
	Führungsgrößensprung	Störgrößensprung
Betragsoptimum	schnelles Ausregeln, 4.32 % Überschwingen	langsames Ausregeln, große Auslenkung
Symmetrisches Optimum ohne Vorfilter ($a = 2$)	schnelles Ausregeln, 43.4 % Überschwingen	schnelles Ausregeln, geringe Auslenkung
Symmetrisches Optimum mit Vorfilter ($a = 2$)	langsames Ausregeln, 8.1 % Überschwingen	schnelles Ausregeln, geringe Auslenkung

Im Vergleich zum Betragsoptimum haben symmetrisch optimierte Regelkreise geringere Dämpfung. Sind Störungen zu erwarten, dann ist die Reglereinstellung nach dem Symmetrischen Optimum vorteilhaft.

Optimierungsverfahren im Frequenzbereich sind ohne großen mathematischen Aufwand anzuwenden, allerdings müssen die Parameter der Regelstrecke bekannt sein. Die Verfahren wurden zur Auslegung von Antriebsregelungen entwickelt. Sie werden insbesondere für

- Geschwindigkeits-,
- Strom-,
- Drehmoment- und
- Kraftregelungen

in den Bereichen

- Hauptantriebe von Werkzeugmaschinen,
- Vorschubantriebe von Werkzeugmaschinen und Industrierobotern
- sowie für Aufzüge

verwendet.

11 Digitale Regelungssysteme (Abtastregelungen)

11.1 Prinzipielle Arbeitsweise von digitalen Regelkreisen

11.1.1 Einleitung

Durch die Fortschritte der Rechnertechnik werden in der Automatisierungstechnik zunehmend digital arbeitende Regelungssysteme eingesetzt. Das geforderte Reglerverhalten wird mit Regelalgorithmen, die von Rechnern ausgeführt werden, realisiert. Für digitale Regelkreise können Optimierungs- und Berechnungsverfahren der analogen Regelungstechnik eingesetzt werden. Voraussetzung für diese **quasianalogen Regelungen** ist, daß die Abtastzeit klein gegenüber den dominierenden Zeitkonstanten des Regelkreises sein muß.

Weiterhin sind für digitale Regelungssysteme Verfahren entwickelt worden, die über den Rahmen der analogen Regelungstechnik hinausgehen. Durch die Flexibilität der Mikro- und Prozeßrechner können Regelungsverfahren implementiert werden, die mit analoger Reglertechnik nicht zu realisieren sind. Digitale Zustandsregelungen sind in Abschnitt 13.8 beschrieben.

11.1.2 Kontinuierliche und diskrete Signale in digitalen Regelungssystemen

Analoge Regelgrößen können im allgemeinen zu jedem Zeitpunkt beliebige Werte zwischen vorgegebenen Grenzen annehmen. Analoge Regelgrößen sind **wert- und zeitkontinuierliche** analoge Signale. Werden solche Signale nur zu vorgegebenen Zeitpunkten gemessen, so bezeichnet man das als **Abtastvorgang**. Bei äquidistanter Abtastung wird die Zeit zwischen zwei Abtastungen als **Abtastzeit** oder Abtastperiode T bezeichnet. Es entsteht zunächst ein **zeitdiskretes und wertkontinuierliches** analoges Signal. Digitale Signale können aufgrund der vorgegebenen Wortbreite für die digitale Darstellung nur eine begrenzte Anzahl von Werten annehmen. Durch die Analog-Digital-Wandlung wird das Signal daher quantisiert. Es entsteht ein **zeit- und wertdiskretes** Signal. Am Beispiel der Regelgröße x sind die Signalarten in Bild 11.1-1 dargestellt.

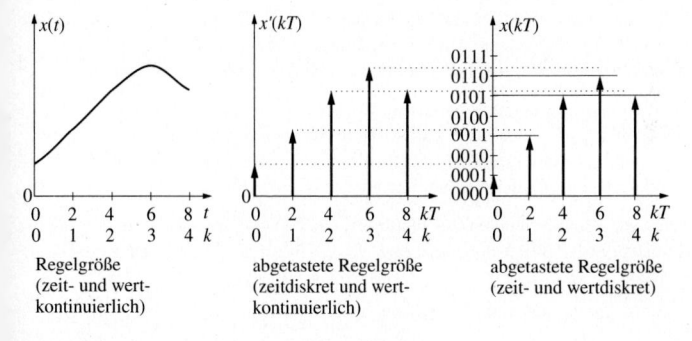

Bild 11.1-1: Abtastung von kontinuierlichen Signalen

In Bild 11.1-1 wird das Signal $x(t)$ zu den Zeitpunkten $t = k \cdot T$, $k = 0, 1, 2, \ldots$ mit der Abtastzeit $T = 2$ s abgetastet. Es entsteht ein zeit- und wertdiskretes Signal $x(kT)$.

Anstelle der kontinuierlichen Zeitvariablen t wird eine **diskrete Zeitvariable** k eingeführt, deren Werte ganze Zahlen sind.
Die Variable $k = \dfrac{t}{T}$ ist immer ganzzahlig, mit $k = 0, 1, 2, 3, \ldots$.

In digitalen Regelungssystemen wird die Differenz $x_d(kT)$ zwischen dem ebenfalls abgetasteten Wert der Führungsgröße $w(kT)$ und der Regelgröße $x(kT)$ gebildet. Ein Programm (**Regelalgorithmus**) erzeugt die Stellgröße $y(kT)$.

Die Stellgröße eines digitalen Regelkreises wird digital-analog gewandelt und gespeichert, so daß am Eingang der Regelstrecke eine **zeitkontinuierliche, wertdiskrete** Stellgröße ansteht. Durch die Speicherung des Stellgrößensignals $y(kT)$ entsteht eine **Sprungfolge** $\overline{y}(t)$ oder **Treppenfunktion** (Bild 11.1-2).

vom Regelalgorithmus berechnete Stellgröße (zeit- und wertdiskret)

Stellgröße am Streckeneingang (zeitkontinuierlich und wertdiskret)

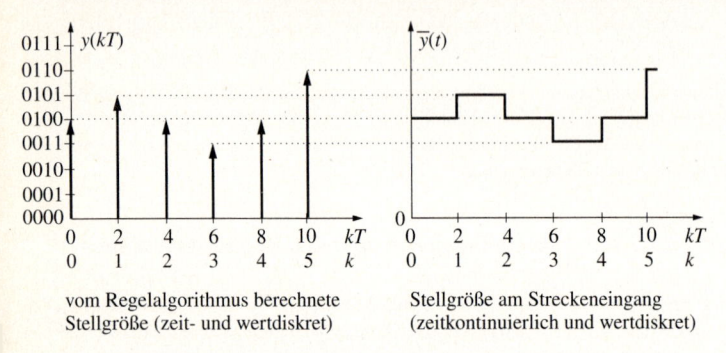

Bild 11.1-2: Umwandlung und Speicherung von digitalen Signalen

In der Regelungs- und Prozeßautomatisierungstechnik werden Meßwerte mit Digitalrechnern abgetastet und verarbeitet. Die dabei entstehenden Signale sind zeit- und wertdiskret (zeit- und amplitudenquantisiert).

11.1.3 Grundfunktionen von digitalen Regelkreisen

Regelstrecken arbeiten im allgemeinen analog. Um **analoge Regelgrößen** in digitalen Regelungssystemen verarbeiten zu können, müssen sie zunächst gemessen und in Spannungs- oder Stromsignale umgeformt werden. Die analogen Signale werden mit **Analog-Digital-Wandlern** in digitale Signale umgeformt.

Die analogen Signale werden von Analog-Digital-Wandlern abgetastet, gespeichert und gewandelt. **Abtastung** und **Speicherung** (Halteoperation) werden mit **Abtast-Halte-Schaltungen** realisiert. Die Halteoperation hat den Zweck, den abgetasteten Analogwert des Signals für die Dauer der Analog-Digital-Wandlung zur Verfügung zu stellen, für die Berechnung des regelungstechnischen Verhaltens hat sie keine Bedeutung.

Bei der Umwandlung entsteht aufgrund der begrenzten Wortbreite des Analog-Digital-Wandlers im Digitalrechner ein zeit- und wertdiskretes (amplitudenquantisiertes) Signal (Bild 11.1-3). Im Rechner steht eine Zahlenfolge $x(kT)$ zur Verfügung.

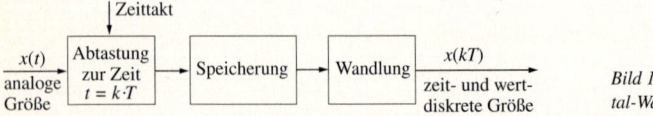

Bild 11.1-3: Analog-Digital-Wandlung der Regelgröße

Die Führungsgröße $w(t)$ wird, wenn sie in analoger Form aufgeschaltet wird, ebenfalls gewandelt, so daß für die Führungsgröße eine Zahlenfolge $w(kT)$ entsteht. Mit dem Regelalgorithmus bildet der digitale Regler die **Stellgrößenfolge** $y(kT)$. In Bild 11.1-4 sind Grundfunktionen von digitalen Reglern dargestellt. Die Abtastung von Führungs- und Regelgröße erfolgt zu den Zeitpunkten $t = kT$, mit $k = 0, 1, 2, \ldots$

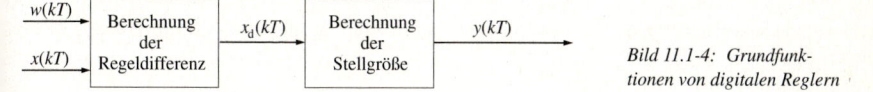

Bild 11.1-4: Grundfunktionen von digitalen Reglern

Ein **Digital-Analog-Wandler** erzeugt aus den Zahlenwerten der Stellgrößenfolge $y(kT)$ die **Stellgröße** $\bar{y}(t)$, die als Eingangsgröße die Regelstrecke beeinflußt. Die Eingangsgröße der Strecke muß als Treppenfunktion zeitkontinuierlich anstehen, der Digital-Analog-Wandler speichert (Halteoperation) daher die Ausgangsgröße des Reglers über eine Abtastzeit (Bild 11.1-5). Diese Halteoperation muß bei regelungstechnischen Untersuchungen berücksichtigt werden, sie wird mathematisch mit einem **Halteglied** beschrieben. Bei der Digital-Analog-Umwandlung wird ebenfalls eine **Quantisierung** des Signals vorgenommen, da die Wortbreite des Wandlers im allgemeinen nicht mit dem internen Darstellungsformat des Rechners übereinstimmt.

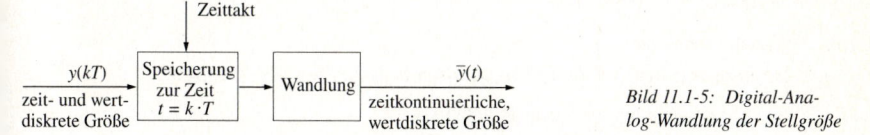

Bild 11.1-5: Digital-Analog-Wandlung der Stellgröße

In Bild 11.1-6 ist das Blockschaltbild eines digitalen Regelkreises angegeben. Die Struktur wird mit **DDC-Regelung** (Direct Digital Control) bezeichnet. Die Stellgröße wird mit einem Rechner aus der Regeldifferenz ermittelt. Bei einer **SPC-Regelung** (Setpoint Control) wird nur der Sollwert für einen analogen Regelkreis von einem übergeordneten Rechner vorgegeben.

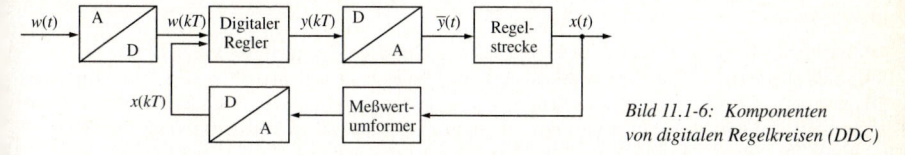

Bild 11.1-6: Komponenten von digitalen Regelkreisen (DDC)

Bei der Konvertierung werden Signale amplitudenquantisiert. Für die Untersuchungen in Kapitel 11 wird angenommen, daß diese Quantisierungsfehler vernachlässigbar sind. Im weiteren wird vorausgesetzt, daß Wandlungs- und Rechenzeiten gegenüber der Abtastzeit vernachlässigbar sind, so daß Abtastung der Regeldifferenz und Stellgrößenausgabe zum gleichen Zeitpunkt kT erfolgen.

11.2 Basisalgorithmen für digitale Regelungen

11.2.1 Einleitung

Analoge Regler bilden die Stellgröße $y(t)$ aus der Regeldifferenz $x_d(t)$ kontinuierlich mit Hilfe von **beschalteten Operationsverstärkern**.

Bei **digitalen Regelungen** berechnet ein Programm nach einem **Regelalgorithmus** die benötigte Stellgrößenfolge $y(kT)$.

Ist die Abtastzeit klein gegenüber den Zeitkonstanten des Regelungssystems, können die Verfahren der analogen Regelungstechnik zur Auslegung von Regelkreisen auch bei digitalen Regelungen eingesetzt werden. Im weiteren werden Basisalgorithmen der digitalen Regelungstechnik abgeleitet.

11.2.2 Proportionalalgorithmus

Der Index k kennzeichnet den Wert der Variablen zur Zeit $t = k \cdot T$, $x_{d,k}$ ist der zur Zeit $t = k \cdot T$ abgetastete Wert der Regeldifferenz. Mit den Abkürzungen $x_{d,k} = x_d(kT)$, $w_k = w(kT)$, $x_k = x(kT)$ und $y_k = y(kT)$ wird die Abtastfolge für die Regeldifferenz gebildet:

$$x_d(kT) = w(kT) - x(kT), \quad x_{d,k} = w_k - x_k.$$

Die Stellgrößenfolge berechnet sich zu

$$\boxed{\begin{aligned} y(kT) &= K_R \cdot x_d(kT), \\ y_k &= K_R \cdot x_{d,k} \end{aligned}}.$$

Aus den aktuellen Werten w_k, x_k wird die Regeldifferenz $x_{d,k}$ und durch Multiplikation mit der Reglerverstärkung K_R die Stellgröße y_k gebildet.

11.2.3 Approximation von Integration und Differentiation durch diskrete Operationen

11.2.3.1 Integralalgorithmen mit Rechtecknäherung

Die kontinuierlichen Reglerfunktionen Integration und Differentiation können auf diskrete Werte $x_{d,k} = x_d(kT)$ nicht angewendet werden. Die Reglerfunktionen sind durch diskrete Operationen Addition und Subtraktion anzunähern. Die Funktion eines analogen Integral-Reglers wird durch eine Summe nachgebildet:

$$y(t) = K_I \int x_d(t) dt \rightarrow y(kT) = K_I \cdot \sum_i x_d(i \cdot T) \cdot T.$$

Die Integration kann durch verschiedene diskrete Algorithmen approximiert werden, in der Praxis werden Rechteck- und Trapeznäherungen eingesetzt. Rechtecknäherungen sind in Bild 11.2-1 und 11.2-2 dargestellt. Das Integral wird durch eine Summe angenähert, anstelle des Zeitdifferentials dt tritt die Abtastzeit T. Der **Integralalgorithmus** zur Berechnung einer Stellgrößenfolge kann auf zwei Arten formuliert werden:

Rechtecknäherung mit dem Wert der linken Intervallgrenze (Typ I):

$$y_k = K_I \cdot \sum_{i=0}^{k-1} x_{d,i} \cdot T.$$

Rechtecknäherung mit dem Wert der rechten Intervallgrenze (Typ II):

$$y_k = K_I \cdot \sum_{i=1}^{k} x_{d,i} \cdot T.$$

Untersucht werden beide Algorithmen mit der Anstiegsfunktion $x_d(t) = \dfrac{t}{T} \cdot E(t)$. Für die Integrierverstärkung $K_I = 1 \text{ s}^{-1}$ und die Abtastzeit $T = 1$ s erhält man die Wertetabelle 11.2-1, $y(t)$ ist der exakte Wert des Integrals.

Bei der monotonen Anstiegsfunktion hat der Algorithmus nach Typ I zu kleine Werte, Typ II liefert zu große Werte. Für kleine Abtastzeiten sind die Unterschiede zwischen den Algorithmen vernachlässigbar. Um die Rechenzeit zu verkürzen und den Speicherbedarf zu verringern, wird nur der letzte Wert der Regeldifferenz

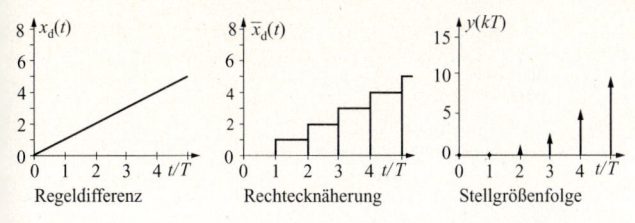

11.2 Basisalgorithmen für digitale Regelungen

Bild 11.2-1: Integralalgorithmus, Rechtecknäherung mit linker Intervallgrenze (Typ I)

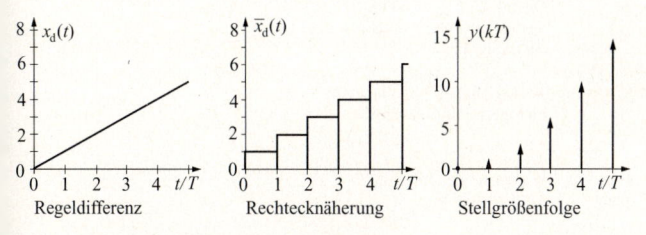

Bild 11.2-2: Integralalgorithmus, Rechtecknäherung mit rechter Intervallgrenze (Typ II)

Tabelle 11.2-1: Vergleich von Integralalgorithmen

$t = k \cdot T$	0	1	2	3	4	5	6	
$x_{d,k}$	0	1	2	3	4	5	6	
y_k	0	0	1	3	6	10	15	Rechteck Typ I
y_k	0	1	3	6	10	15	21	Rechteck Typ II
y_k	0	0.5	2	4.5	8	12.5	18	Trapeznäherung Typ III
$y(t)$	0	0.5	2	4.5	8	12.5	18	exakter Wert

zu dem Wert der Stellgröße zur vorhergehenden Abtastzeit y_{k-1} addiert. Damit erhält man den **rekursiven Algorithmus** zur Berechnung der Stellgröße (Typ I):

$$y_k = K_\mathrm{I} \cdot \sum_{i=0}^{k-1} x_{d,i} \cdot T = K_\mathrm{I} \cdot \sum_{i=0}^{k-2} x_{d,i} \cdot T + K_\mathrm{I} \cdot x_{d,k-1} \cdot T = y_{k-1} + K_\mathrm{I} \cdot x_{d,k-1} \cdot T.$$

Integralalgorithmus nach Typ II:

$$y_k = K_\mathrm{I} \cdot \sum_{i=1}^{k} x_{d,i} \cdot T = K_\mathrm{I} \cdot \sum_{i=1}^{k-1} x_{d,i} \cdot T + K_\mathrm{I} \cdot x_{d,k} \cdot T = y_{k-1} + K_\mathrm{I} \cdot x_{d,k} \cdot T.$$

Der **rekursive Integralalgorithmus** berechnet die Stellgröße aus der Regeldifferenz und der Stellgröße y_{k-1} des vorhergehenden Regelungszyklus. Die Algorithmen sind für Integrierverstärkung K_I und Integrierzeitkonstante T_I angegeben:

Typ I:	Typ II:
$y_k = y_{k-1} + K_\mathrm{I} \cdot T \cdot x_{d,k-1}$,	$y_k = y_{k-1} + K_\mathrm{I} \cdot T \cdot x_{d,k}$,
$y_k = y_{k-1} + \dfrac{T}{T_\mathrm{I}} \cdot x_{d,k-1}$	$y_k = y_{k-1} + \dfrac{T}{T_\mathrm{I}} \cdot x_{d,k}$

.

440   11 Digitale Regelungssysteme (Abtastregelungen)

```
         ┌─────────┐
         │  START  │
         └────┬────┘
              ▼
    ┌──────────────────┐
    │ w_{k-1}=0, x_{k-1}=0 │
    │ y_k=0, y_{k-1}=y_k │
    └─────────┬────────┘
              ▼
    ┌──────────────────┐◄─────┐
    │ Starten der Abtastzeit │      │
    └─────────┬────────┘      │
              ▼               │
    ┌──────────────────┐      │
    │ x_{d,k-1}=w_{k-1}-x_{k-1} │      │
    │ y_k=y_{k-1}+(T/T_1)·x_{d,k-1} │      │
    └─────────┬────────┘      │
              ▼               │
    ┌──────────────────┐      │
    │ y_k wandeln, speichern und ausgeben │      │
    └─────────┬────────┘      │
              ▼               │
    ┌──────────────────┐      │
    │ w(w_k), x(x_k) wandeln und einlesen │      │
    └─────────┬────────┘      │
              ▼               │
         ◇ Abtastzeit abgelaufen? ──nein──┘
              │ja
              ▼
    ┌──────────────────┐
    │ w_{k-1}=w_k, x_{k-1}=x_k, y_{k-1}=y_k │
    └──────────────────┘
```

$y_k = y_{k-1} + \dfrac{T}{T_1} \cdot x_{d,k-1}$

Initialisieren der rekursiven Größen

Echtzeituhr mit Abtastzeit laden

Ausführung des Regelalgorithmus (Typ I)

Digital-Analog-Wandlung, Speicherung und Ausgabe der Stellgröße

Analog-Digital-Wandlung von Führungs- und Regelgröße

Warten auf den Interrupt der Echtzeituhr

Speichern der rekursiven Werte

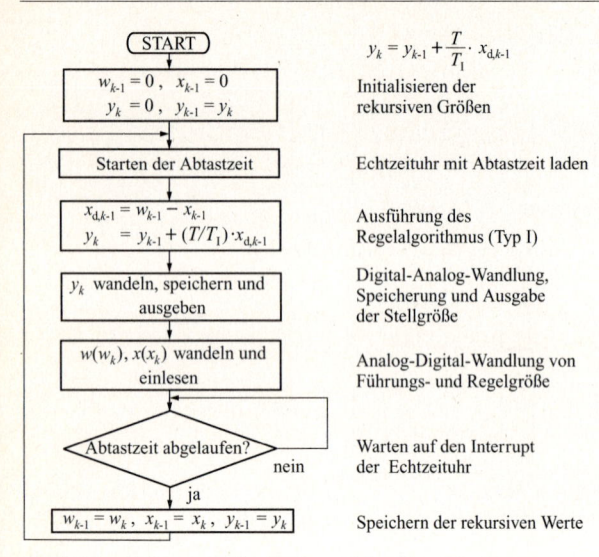

Bild 11.2-3: Flußdiagramm für den Integralalgorithmus Typ I

```
         ┌─────────┐
         │  START  │
         └────┬────┘
              ▼
    ┌──────────────┐
    │ y_k = 0      │
    │ y_{k-1}=y_k  │
    └──────┬───────┘
           ▼
    ┌──────────────────┐◄─────┐
    │ Starten der Abtastzeit │      │
    └─────────┬────────┘      │
              ▼               │
    ┌──────────────────┐      │
    │ w_k, x_k wandeln und einlesen │      │
    └─────────┬────────┘      │
              ▼               │
    ┌──────────────────┐      │
    │ x_{d,k}=w_k-x_k  │      │
    │ y_k=y_{k-1}+(T/T_1)·x_{d,k} │      │
    └─────────┬────────┘      │
              ▼               │
    ┌──────────────────┐      │
    │ y_k wandeln, speichern und ausgeben, y_{k-1}=y_k │      │
    └─────────┬────────┘      │
              ▼               │
         ◇ Abtastzeit abgelaufen? ──nein──┘
              │ja
              └──── (loop back)
```

$y_k = y_{k-1} + \dfrac{T}{T_1} \cdot x_{d,k}$

Initialisieren der rekursiven Größe

Echtzeituhr mit Abtastzeit laden

Analog-Digital-Wandlung von Führungs- und Regelgröße

Ausführung des Regelalgorithmus (Typ II)

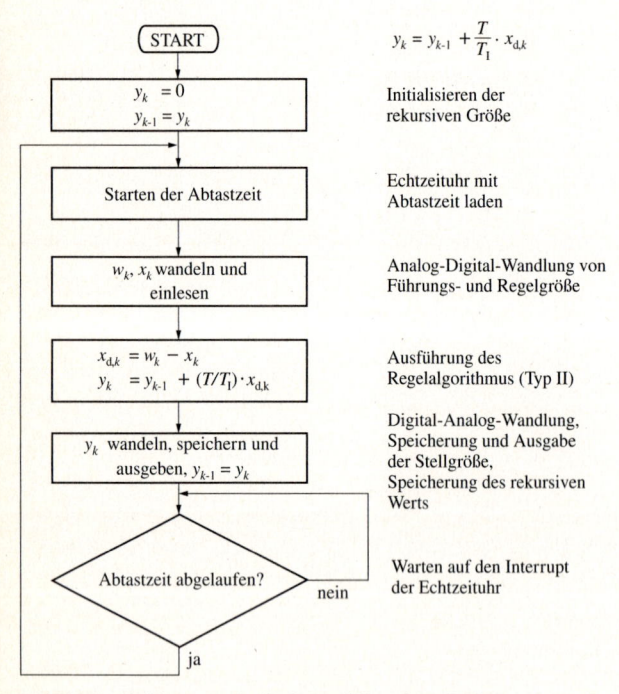

Digital-Analog-Wandlung, Speicherung und Ausgabe der Stellgröße, Speicherung des rekursiven Werts

Warten auf den Interrupt der Echtzeituhr

Bild 11.2-4: Flußdiagramm für den Integralalgorithmus Typ II

Nur der jeweils letzte Wert der Stellgröße muß gespeichert werden. Die Abtastzeit geht in die Berechnung der Stellgrößenfolge ein. Bei der Implementierung der Algorithmen muß darauf geachtet werden, daß die Abtastzeit eingehalten wird (Bild 11.2-3, 4), da sonst optimale Einstellwerte fehlangepaßt sind.

Beispiel 11.2-1: Eine Regelstrecke mit vernachlässigbarer Zeitkonstante wird mit einem Integral-Regler betrieben. Der analoge Integral-Regler wird durch einen Integralalgorithmus ersetzt. Zu ermitteln sind die Sprungantworten für Abtastzeiten von $T = 0.1$ s, $T = 0.5$ s.

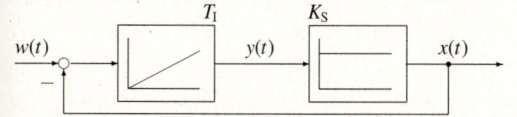

Die Parameter des analogen Regelkreises sind

$T_I = 1$ s, $K_S = 2$.

Für den digitalen Regelkreis wird der Integralalgorithmus nach Typ I verwendet:

$$y_k = y_{k-1} + \frac{T}{T_I} \cdot x_{d,k-1}.$$

Bei **Fall a)** wird unmittelbar nach der Sprungaufschaltung zum ersten Mal abgetastet, die Führungsgrößenänderung wird sofort erfaßt.

Fall b): Die erste Abtastung zur Zeit $k \cdot T = 0$ wird unmittelbar vor der Sprungaufschaltung der Führungsgröße vorgenommen. Das Regelverhalten wird dabei für den ungünstigsten Fall berechnet, da die Führungsgrößenänderung erst nach einer Abtastzeit T erfaßt wird.

Führungsgröße $w(kT)$:

    Fall a): $w_0 = w_1 = w_2 = w_3 = \ldots = w_k = 1$,

    Fall b): $w_0 = 0$, $w_1 = w_2 = w_3 = \ldots = w_k = 1$.

Berechnung der Regelgröße:

Regeldifferenz $x_d(kT)$: $x_{d,k} = w_k - x_k$,

Stellgröße $y(kT)$: $y_k = y_{k-1} + \dfrac{T}{T_I} \cdot x_{d,k-1}$,

Regelgröße $x(kT)$: $x_k = K_S \cdot y_k$, $y_{k-1} = \dfrac{x_{k-1}}{K_S}$,

$$x_k = K_S \cdot y_k = K_S \cdot y_{k-1} + K_S \cdot \frac{T}{T_I} \cdot x_{d,k-1}$$

$$= x_{k-1} + K_S \cdot \frac{T}{T_I} \cdot (w_{k-1} - x_{k-1}),$$

$$\boxed{x_k = \left(1 - K_S \cdot \frac{T}{T_I}\right) \cdot x_{k-1} + K_S \cdot \frac{T}{T_I} \cdot w_{k-1}}.$$

Regelverhalten für die Abtastzeit $T = 0.1$ s:

$$x_k = \left(1 - K_S \cdot \frac{T}{T_I}\right) \cdot x_{k-1} + K_S \cdot \frac{T}{T_I} \cdot w_{k-1} = 0.8 \cdot x_{k-1} + 0.2 \cdot w_{k-1},$$

    Fall a): $x_0 = 0$, $x_1 = 0.20$, $x_2 = 0.36$, $x_3 = 0.488$,   ...,

            $x_k = 0.8 \cdot x_{k-1} + 0.2$,   für $k \geq 1$,

Fall b): $x_0 = 0$, $x_1 = 0$, $x_2 = 0.20$, $x_3 = 0.36$, $x_4 = 0.488$, ...,

$$x_k = 0.8 \cdot x_{k-1} + 0.2, \quad \text{für } k \geq 2.$$

Regelverhalten für die Abtastzeit $T = 0.5$ s:

$$x_k = \left(1 - K_S \cdot \frac{T}{T_I}\right) \cdot x_{k-1} + K_S \cdot \frac{T}{T_I} \cdot w_{k-1} = w_{k-1},$$

Fall a): $x_0 = 0$, $x_1 = 1$, $x_2 = 1$, $x_3 = 1$, $x_4 = 1$, ...,

$$x_k = 1, \quad \text{für } k \geq 1.$$

Fall b): $x_0 = 0$, $x_1 = 0$, $x_2 = 1$, $x_3 = 1$, $x_4 = 1$, ...,

$$x_k = 1, \quad \text{für } k \geq 2.$$

Bei einer Abtastzeit $T = T_I/K_S$ kann die Regelgröße im günstigsten Fall a) nach einem Abtastschritt auf den Wert der Führungsgröße gebracht werden. Diese Regelung wird mit **DEAD-BEAT-Regelung** bezeichnet.

In Bild 11.2-5 sind die Regelverläufe für den digitalen Regelkreis für den Fall a) mit $T = 0.1$ s und $T = 0.5$ s aufgezeichnet. Bei der Berechnung wurde vorausgesetzt, daß die Stellgröße y_k mit einem Halteglied gespeichert wird.

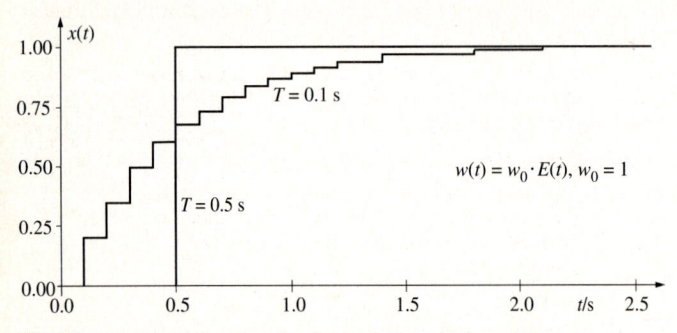

Bild 11.2-5: Regelverhalten eines Regelkreises bei verschiedenen Abtastzeiten

11.2.3.2 Integralalgorithmus mit Trapeznäherung

Die Integration kann mit der Trapeznäherung besser approximiert werden. Mit

$$y_k = K_I \cdot \sum_{i=1}^{k} \frac{1}{2}[x_{d,i} + x_{d,i-1}] \cdot T = \frac{K_I \cdot T}{2} \sum_{i=1}^{k}[x_{d,i} + x_{d,i-1}]$$

und dem Wert von y zum Zeitpunkt $(k-1) \cdot T$

$$y_{k-1} = \frac{K_I \cdot T}{2} \sum_{i=1}^{k-1}[x_{d,i} + x_{d,i-1}]$$

ergibt sich die rekursive Form des Integralalgorithmus (Typ III):

$$\boxed{y_k = y_{k-1} + \frac{K_I \cdot T}{2}[x_{d,k} + x_{d,k-1}]}.$$

Für die Anstiegsfunktion $x_d(t) = \frac{t}{T} \cdot E(t)$ arbeitet die Trapeznäherung in den Abtastzeitpunkten exakt (Tabelle 11.2-1, Bild 11.2-6). Die Berechnungen wurden mit $K_I = 1 \text{ s}^{-1}$, $T = 1$ s ausgeführt.

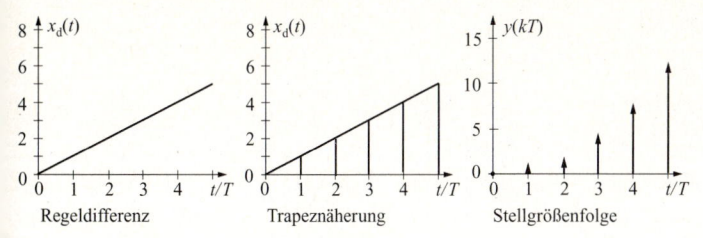

Bild 11.2-6: *Integralalgorithmus, Trapeznäherung*

11.2.3.3 Einfache Differentialalgorithmen

Die kontinuierliche Operation Differenzieren wird bei digitalen Regelungen durch Differenzenbildung angenähert. Aus einem Differentialquotienten entsteht damit ein Differenzenquotient. Der Differentialanteil eines analogen Reglers wird durch eine Differenz ersetzt:

$$y(t) = K_D \cdot \frac{dx_d(t)}{dt} \longrightarrow y(k \cdot T) = \frac{\Delta x_d(k \cdot T)}{\Delta t}.$$

Als Zeitdifferenz wird die Abtastperiode T gewählt. Der **Differentialalgorithmus** zur Berechnung des Differential-Anteils einer Stellgrößenfolge kann in verschiedenen Formen angegeben werden:

Differenzenbildung mit der linken Intervallgrenze (Differenzenbildung rückwärts, Typ I):

$$y_k = \frac{K_D}{T} \cdot (x_{d,k} - x_{d,k-1}).$$

Differenzenbildung mit der rechten Intervallgrenze (Differenzenbildung vorwärts, Typ II):

$$y_k = \frac{K_D}{T} \cdot (x_{d,k+1} - x_{d,k}).$$

Da der Wert der Regeldifferenz $x_{d,k+1} = x_d((k+1) \cdot T)$ zur Zeit $k \cdot T$ noch nicht vorliegt, kann dieser Regelalgorithmus die Differenz nur um eine Abtastzeit T verzögert für den Zeitpunkt $(k-1) \cdot T$ berechnen:

$$y_{k-1} = \frac{K_D}{T} \cdot (x_{d,k} - x_{d,k-1}).$$

y_{k-1} kann erst zur Zeit $k \cdot T$ berechnet werden. Diese Einschränkung ergibt sich aus dem Kausalitätsprinzip: Zur Zeit $k \cdot T$ ist ein Wert für $(k+1) \cdot T$ noch nicht bekannt. Die Algorithmen nach Typ I und II werden auch bei der Diskretisierung von Differentialgleichungen eingesetzt. Um für diese Aufgabe die Wirkung der Algorithmen zu veranschaulichen, wurde bei der Berechnung die **Differenzenbildung vorwärts** und der **Mittelwertalgorithmus Typ III** (Abschnitt 11.2.3.4) ohne Verzögerung auf die gegebene Funktion x_d ausgeführt. Die Algorithmen werden auf die Funktion

$$x_d(t) = \left[\frac{t}{T}\right]^2 \cdot \frac{E(t)}{2}$$

angewendet. Mit der Differenzierverstärkung $K_D = 1$ s und einer Abtastzeit $T = 1$ s erhält man die Wertetabelle 11.2-2, $y(t)$ ist der exakte Wert des Differentials.

Bei der monotonen Anstiegsfunktion hat der Algorithmus nach Typ I zu kleine Werte, Typ II liefert zu große Werte. Mit Ausnahme von y_0 ist die Differentiation mit Typ III exakt. Bei kleinen Abtastzeiten sind die Unterschiede zwischen den Algorithmen vernachlässigbar. Der Differential-Algorithmus nach Typ I mit der Differenzenbildung rückwärts wird im allgemeinen in digitalen Regelkreisen eingesetzt:

$$\boxed{y_k = \frac{K_D \cdot (x_{d,k} - x_{d,k-1})}{T}.}$$

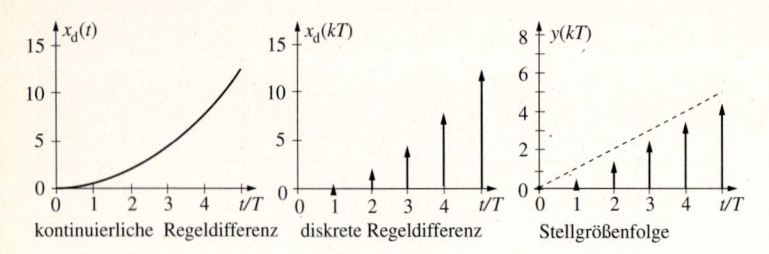

Bild 11.2-7: Differentialalgorithmus, Differenzenbildung mit linker Intervallgrenze (Typ I)

Differentiationen höherer Ordnung werden durch Differenzenquotienten niedriger Ordnung angenähert. Für die Differentiation zweiter Ordnung werden die Differenzenquotienten erster Ordnung von zwei aufeinanderfolgenden Abtastschritten verwendet:

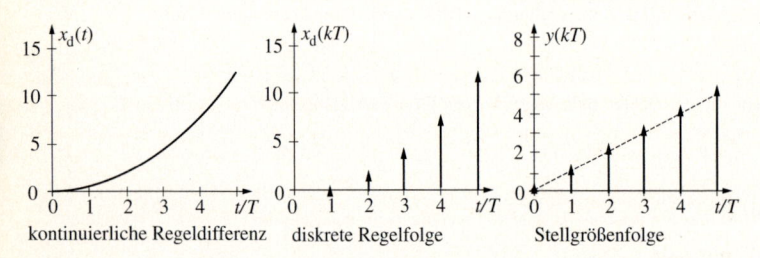

$$\frac{d^2 x_d(t)}{dt^2} \approx \frac{\frac{x_{d,k} - x_{d,k-1}}{T} - \frac{x_{d,k-1} - x_{d,k-2}}{T}}{T} = \frac{x_{d,k} - 2 \cdot x_{d,k-1} + x_{d,k-2}}{T^2}.$$

Bild 11.2-8: Differentialalgorithmus, Differenzenbildung mit rechter Intervallgrenze (Typ II)

Tabelle 11.2-2: Vergleich von Differentialalgorithmen

$t = k \cdot T$	0	1	2	3	4	5	6	
$x_{d,k}$	0	0.5	2	4.5	8	12.5	18	
y_k	0	0.5	1.5	2.5	3.5	4.5	5.5	Typ I
y_k	0.5	1.5	2.5	3.5	4.5	5.5	6.5	Typ II
y_k	0.25	1	2	3	4	5	6	Typ III
$y(t)$	0	1	2	3	4	5	6	exakter Wert

11.2.3.4 Differentialalgorithmen mit Mittelwertbildung

Wenn die Regelgröße mit Störungen überlagert ist, kann der Differenzenquotient bei kleiner Abtastzeit stark schwanken. Das kann durch Algorithmen mit Mittelung von mehreren Differenzenquotienten vermieden werden. Der Algorithmus

$$y_k = \left[\frac{K_D}{T} \cdot (x_{d,k+1} - x_{d,k}) + \frac{K_D}{T} \cdot (x_{d,k} - x_{d,k-1}) \right] \cdot \frac{1}{2}$$

$$= \frac{K_D}{2 \cdot T} \cdot (x_{d,k+1} - x_{d,k-1}).$$

bildet das Differential durch den Mittelwert der Differenzen vorwärts und rückwärts (Typ III). Da der Wert $x_{d,k+1}$ zur Zeit $k \cdot T$ noch nicht ermittelt werden kann, erhält man die verzögerte Differentiation

$$y_{k-1} = \frac{K_D}{2 \cdot T} \cdot (x_{d,k} - x_{d,k-2}).$$

Der folgende Algorithmus wertet die Regeldifferenzen rückwärts aus (Typ IV). Aus vier Regeldifferenzen wird der Mittelwert

$$x_m = \frac{1}{4}[x_{d,k-3} + x_{d,k-2} + x_{d,k-1} + x_{d,k}]$$

gebildet, dem eine mittlere Zeit T_m zugeordnet wird:

$$T_m = \frac{1}{4}[(k-3) \cdot T + (k-2) \cdot T + (k-1) \cdot T + k \cdot T] = k \cdot T - \frac{3}{2} \cdot T.$$

Für T_m gilt: $(k-3) \cdot T < (k-2) \cdot T < T_m < (k-1) \cdot T < k \cdot T$. T_m liegt zwischen $(k-2) \cdot T$ und $(k-1) \cdot T$. Zwischen x_m und $x_{d,k}, x_{d,k-1}, x_{d,k-2}, x_{d,k-3}$ werden vier Differenzenquotienten gebildet, der Mittelwert entspricht dem Differenzenquotienten:

$$y_k = K_D \cdot \frac{1}{4} \left[\frac{x_m - x_{d,k-3}}{T_m - (k-3)T} + \frac{x_m - x_{d,k-2}}{T_m - (k-2)T} + \frac{x_{d,k-1} - x_m}{(k-1)T - T_m} + \frac{x_{d,k} - x_m}{kT - T_m} \right]$$

$$= \frac{K_D}{6 \cdot T} \left[-x_{d,k-3} - 3x_{d,k-2} + 3x_{d,k-1} + x_{d,k} \right].$$

11.2.4 Regelalgorithmen für Standardregler

11.2.4.1 PID-Stellungsalgorithmus

Die Funktion eines analogen PID-Reglers in Parallelform

$$y(t) = K_R \cdot \left[x_d(t) + \frac{1}{T_N} \int x_d(t) dt + T_V \cdot \frac{dx_d(t)}{dt} \right]$$

wird durch einen diskreten Regelalgorithmus ersetzt:

$$y_k = K_R \cdot \left[x_{d,k} + \frac{1}{T_N} \sum_{i=0}^{k-1} x_{d,i} \cdot T + T_V \cdot \frac{x_{d,k} - x_{d,k-1}}{T} \right].$$

Integral- und Differential-Anteil des Algorithmus sind nach Typ I realisiert. Die rekursive Form des PID-Regelalgorithmus läßt sich ableiten, wenn die Gleichung der Stellgröße y_{k-1} zur Zeit $(k-1) \cdot T$ von der Gleichung für y_k subtrahiert wird:

$$y_{k-1} = K_R \cdot \left[x_{d,k-1} + \frac{1}{T_N} \sum_{i=0}^{k-2} x_{d,i} \cdot T + T_V \cdot \frac{x_{d,k-1} - x_{d,k-2}}{T} \right],$$

$$y_k - y_{k-1} = K_R \cdot \left[x_{d,k} - x_{d,k-1} + \frac{T}{T_N} \cdot x_{d,k-1} + \frac{T_V}{T} \cdot (x_{d,k} - 2x_{d,k-1} + x_{d,k-2}) \right].$$

Bei der Differenz der Summen bleibt vom Integral-Anteil nur der Wert $K_R \cdot T \dfrac{x_{d,k-1}}{T_N}$ übrig.

$$y_k = y_{k-1} + K_R \cdot \left[\left(1 + \dfrac{T_V}{T}\right) \cdot x_{d,k} - \left(1 - \dfrac{T}{T_N} + 2\dfrac{T_V}{T}\right) \cdot x_{d,k-1} + \dfrac{T_V}{T} \cdot x_{d,k-2} \right].$$

Mit den Abkürzungen

$$a_1 = 1, \quad b_0 = K_R \cdot \left(1 + \dfrac{T_V}{T}\right), \quad b_1 = -K_R \cdot \left(1 - \dfrac{T}{T_N} + 2\dfrac{T_V}{T}\right), \quad b_2 = K_R \cdot \dfrac{T_V}{T}$$

ergibt sich der PID-Regelalgorithmus mit allgemeinen Koeffizienten:

$$y_k = a_1 \cdot y_{k-1} + b_0 \cdot x_{d,k} + b_1 \cdot x_{d,k-1} + b_2 \cdot x_{d,k-2}.$$

Der PID-Algorithmus in dieser Form wird als **Stellungsalgorithmus** (Positionsalgorithmus) bezeichnet, da y_k der Wert der Stellgröße (Stellung oder Position des Stellelements) ist.

11.2.4.2 PID-Geschwindigkeitsalgorithmus

Wird nur die Änderung der Stellgröße (Stellgeschwindigkeit des Stellelements) ausgegeben, so erhält man den **Geschwindigkeitsalgorithmus:**

$$\Delta y_k = y_k - y_{k-1} = b_0 \cdot x_{d,k} + b_1 \cdot x_{d,k-1} + b_2 \cdot x_{d,k-2}.$$

Der Geschwindigkeitsalgorithmus gibt die Stellgrößendifferenz zwischen zwei aufeinanderfolgenden Abtastschritten aus. Bezogen auf einen Abtastschritt T entspricht das einer Stellgeschwindigkeit.

Beispiel 11.2-2: Die Position x eines Proportionalventils mit vernachlässigbarer Zeitkonstante soll mit einem digitalen Regelkreis geregelt werden. Die Strukturen von Regelkreisen für Stellungs- und Geschwindigkeitsalgorithmen sind dargestellt.

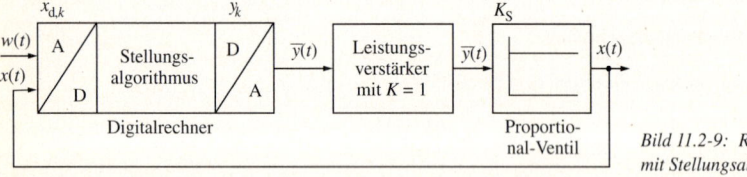

Bild 11.2-9: Regelkreis mit Stellungsalgorithmus

Der Stellungsalgorithmus

$$y_k = y_{k-1} + b_0 \cdot x_{d,k} + b_1 \cdot x_{d,k-1} + b_2 \cdot x_{d,k-2}$$

berechnet die auszugebende Stellgröße y_k, die gespeichert und verstärkt wird. Mit der Stellgröße $\bar{y}(t)$ wird das Proportionalventil eingestellt. Der Integral-Anteil des Reglers wird vom PID-Regelalgorithmus erzeugt.

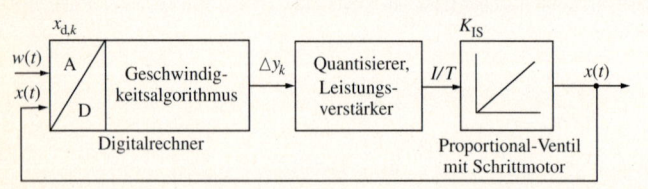

Bild 11.2-10: Regelkreis mit Geschwindigkeitsalgorithmus

Der Geschwindigkeitsalgorithmus

$$\Delta y_k = b_0 \cdot x_{d,k} + b_1 \cdot x_{d,k-1} + b_2 \cdot x_{d,k-2}$$

berechnet die Änderung Δy_k der Stellgröße für jeden Abtastzeitpunkt. Die Änderung Δy_k, bezogen auf die Abtastzeit T, entspricht einer Stellgeschwindigkeit, die für einen Schrittmotor als Anzahl der Weginkremente (Impulse) je Abtastzeit $\dfrac{I}{T}$ ausgegeben werden. Der Schrittmotor führt die Wegschritte aus, ist $\Delta y_k = 0$, bleibt der Schrittmotor und damit das Ventil in der vorher eingenommenen Position: Der Schrittmotor hat integrales Verhalten. Die Umschaltung zwischen Hand- und Automatikbetrieb kann mit einem Geschwindigkeitsalgorithmus stoßfrei durchgeführt werden.

> Der wesentliche Unterschied zwischen Stellungs- und Geschwindigkeitsalgorithmus ist der Ort, an dem die Integration durchgeführt wird: Beim Stellungsalgorithmus erfolgt sie im Rechner, beim Geschwindigkeitsalgorithmus im Stellglied.

11.2.4.3 PID-Standardregelalgorithmen

Aus der allgemeinen Gleichung für den analogen PID-Regler

$$y(t) = K_R \cdot \left[x_d(t) + \frac{1}{T_N} \int x_d(t) \mathrm{d}t + T_V \cdot \frac{\mathrm{d}x_d(t)}{\mathrm{d}t} \right] \quad \text{(PID)}$$

werden digitale PID-Regler, PD-Regler für $T_N \to \infty$ und PI-Regler für $T_V = 0$ abgeleitet:

$$y(t) = K_R \cdot \left[x_d(t) + T_V \cdot \frac{\mathrm{d}x_d(t)}{\mathrm{d}t} \right] \quad \text{(PD)},$$

$$y(t) = K_R \cdot \left[x_d(t) + \frac{1}{T_N} \int x_d(t) \mathrm{d}t \right] \quad \text{(PI)}.$$

Der Differentialalgorithmus wird nach Typ I realisiert:

PID-Regelalgorithmus:

> Integralalgorithmus nach Typ I:
> $$y_k = y_{k-1} + K_R \cdot \left[\left(1 + \frac{T_V}{T} \right) \cdot x_{d,k} - \left(1 - \frac{T}{T_N} + 2\frac{T_V}{T} \right) \cdot x_{d,k-1} + \frac{T_V}{T} \cdot x_{d,k-2} \right],$$
> Integralalgorithmus nach Typ II:
> $$y_k = y_{k-1} + K_R \cdot \left[\left(1 + \frac{T}{T_N} + \frac{T_V}{T} \right) \cdot x_{d,k} - \left(1 + 2\frac{T_V}{T} \right) \cdot x_{d,k-1} + \frac{T_V}{T} \cdot x_{d,k-2} \right].$$

PD-Regelalgorithmus:

> $$y_k = K_R \cdot \left[\left(1 + \frac{T_V}{T} \right) \cdot x_{d,k} - \frac{T_V}{T} \cdot x_{d,k-1} \right].$$

Flußdiagramm

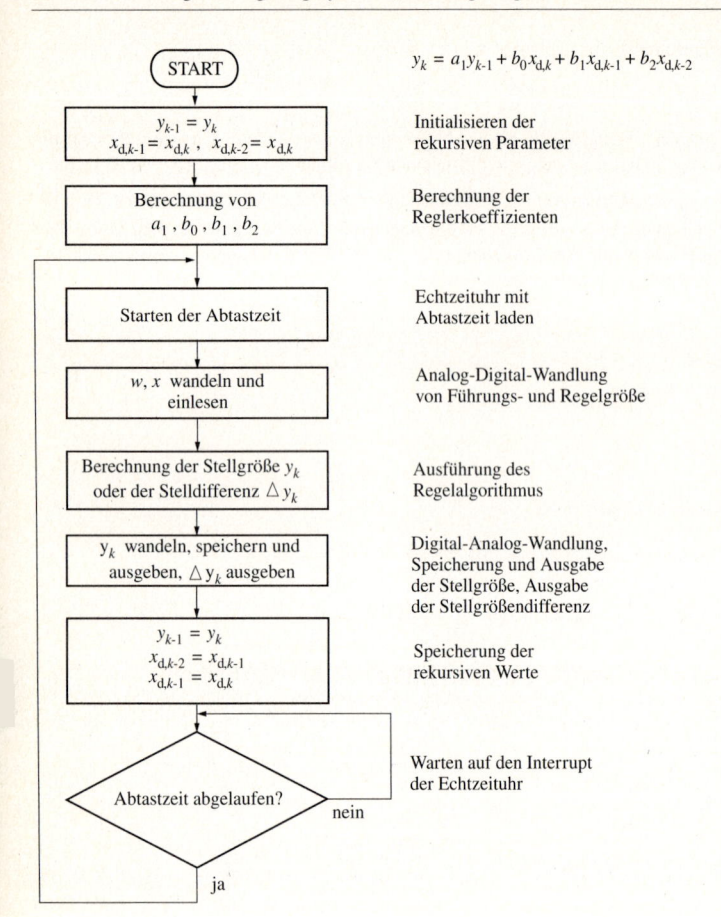

START	
$y_{k-1} = y_k$ $x_{d,k-1} = x_{d,k}$, $x_{d,k-2} = x_{d,k}$	Initialisieren der rekursiven Parameter
Berechnung von a_1, b_0, b_1, b_2	Berechnung der Reglerkoeffizienten
Starten der Abtastzeit	Echtzeituhr mit Abtastzeit laden
w, x wandeln und einlesen	Analog-Digital-Wandlung von Führungs- und Regelgröße
Berechnung der Stellgröße y_k oder der Stelldifferenz $\triangle y_k$	Ausführung des Regelalgorithmus
y_k wandeln, speichern und ausgeben, $\triangle y_k$ ausgeben	Digital-Analog-Wandlung, Speicherung und Ausgabe der Stellgröße, Ausgabe der Stellgrößendifferenz
$y_{k-1} = y_k$ $x_{d,k-2} = x_{d,k-1}$ $x_{d,k-1} = x_{d,k}$	Speicherung der rekursiven Werte
Abtastzeit abgelaufen? (nein/ja)	Warten auf den Interrupt der Echtzeituhr

Zur obersten Zeile gehört die Gleichung:
$$y_k = a_1 y_{k-1} + b_0 x_{d,k} + b_1 x_{d,k-1} + b_2 x_{d,k-2}$$

Bild 11.2-11: Flußdiagramm für Standardregelalgorithmen

PI-Regelalgorithmus:

Integralalgorithmus nach Typ I:
$$y_k = y_{k-1} + K_R \cdot \left[x_{d,k} - \left(1 - \frac{T}{T_N}\right) \cdot x_{d,k-1} \right],$$
Integralalgorithmus nach Typ II:
$$y_k = y_{k-1} + K_R \cdot \left[\left(1 + \frac{T}{T_N}\right) \cdot x_{d,k} - x_{d,k-1} \right].$$

Die Regelalgorithmen werden mit allgemeinen Koeffizienten mit der rekursiven Rechenvorschrift

$$y_k = a_1 \cdot y_{k-1} + b_0 \cdot x_{d,k} + b_1 \cdot x_{d,k-1} + b_2 \cdot x_{d,k-2}$$

formuliert. In Tabelle 11.2-3 sind die Koeffizienten für verschiedene Reglergrundtypen zusammengestellt, wobei der Differentialalgorithmus nach Typ I verwendet wird.

Für die Regler mit Integral-Anteil sind die **Stellungsalgorithmen (S)** angegeben, für die Realisierung von **Geschwindigkeitsalgorithmen (G)** muß für die in Tabelle 11.2-3 aufgeführten Standardregler $a_1 = 0$ gesetzt werden, für P- und PD-Regler kann kein Geschwindigkeitsalgorithmus realisiert werden.

In Bild 11.2-11 ist das Flußdiagramm für die Standardregelalgorithmen dargestellt.

Tabelle 11.2-3: Regelalgorithmen für Standardregler

Reglerart	a_1 S	a_1 G	b_0	b_1	b_2
P-Regler	0	–	K_R	0	0
I-Regler Typ I	1	0	0	$K_I \cdot T, \dfrac{T}{T_I}$	0
I-Regler Typ II	1	0	$K_I \cdot T, \dfrac{T}{T_I}$	0	0
PD-Regler	0	–	$K_R \cdot \left[1 + \dfrac{T_V}{T}\right]$	$-K_R \cdot \dfrac{T_V}{T}$	0
PI-Regler Typ I	1	0	K_R	$-K_R \cdot \left[1 - \dfrac{T}{T_N}\right]$	0
PI-Regler Typ II	1	0	$K_R \cdot \left[1 + \dfrac{T}{T_N}\right]$	$-K_R$	0
PID-Regler Typ I	1	0	$K_R \cdot \left[1 + \dfrac{T_V}{T}\right]$	$-K_R \cdot \left[1 - \dfrac{T}{T_N} + 2\dfrac{T_V}{T}\right]$	$K_R \cdot \dfrac{T_V}{T}$
PID-Regler Typ II	1	0	$K_R \cdot \left[1 + \dfrac{T}{T_N} + \dfrac{T_V}{T}\right]$	$-K_R \cdot \left[1 + 2\dfrac{T_V}{T}\right]$	$K_R \cdot \dfrac{T_V}{T}$

S $\triangleq$ Stellungsalgorithmus, G $\triangleq$ Geschwindigkeitsalgorithmus

11.2.4.4 Modifizierte PID-Regelalgorithmen

Bei Sollwertsprüngen entstehen durch den Differential-Anteil der Regelalgorithmen große Stellgrößen, die die Stellelemente belasten und das Regelungssystem zum Schwingen anregen können. Ein Regelalgorithmus, dessen Differential-Anteil nur auf die Regelgröße x angewendet wird, vermeidet das Problem.

Der PID-Regler mit Integralalgorithmus nach Typ I

$$y_k = y_{k-1} + K_R \cdot \left[x_{d,k} - x_{d,k-1} + \dfrac{T}{T_N} \cdot x_{d,k-1} + \dfrac{T_V}{T} \cdot (x_{d,k} - 2x_{d,k-1} + x_{d,k-2})\right]$$

wird modifiziert, indem x_d im D-Anteil des Reglers durch $x_d = w - x = -x$ ersetzt wird:

$$y_k = y_{k-1} + K_R \cdot \left[x_{d,k} - x_{d,k-1} + \dfrac{T}{T_N} \cdot x_{d,k-1} - \dfrac{T_V}{T} \cdot (x_k - 2x_{k-1} + x_{k-2})\right].$$

Weitere Modifikationen führen zu Regelalgorithmen mit Störgrößenaufschaltung oder zu Reglern, bei denen der Integralanteil der Stellgröße bei Erreichen der Stellbegrenzung abgeschaltet wird (anti reset windup).

11.3 Einstellregeln für digitale Regelkreise

11.3.1 Quasikontinuierliche digitale Regelkreise

Die Verfahren zur Einstellung und Optimierung von analogen Regelkreisen können auch bei digitalen Regelkreisen angewendet werden. Die Abtastzeit T muß dabei so gewählt werden, daß die Unterschiede zwischen dem Regelverhalten mit analogem und digitalem Regler gering sind. Der digitale Regelkreis wird dann als **quasikontinuierlich arbeitend** bezeichnet.

Zur Ermittlung der Abtastzeit für quasikontinuierliches Verhalten können Kenngrößen der **Sprungantwort** der Regelstrecke und des geschlossenen Regelkreises herangezogen werden.

11.3.2 Bestimmung der Abtastzeit aus Kenngrößen der Regelstrecke

Aus der Sprungantwort einer Regelstrecke ohne Überschwingen sind drei Kenngrößen abzulesen: **Verzugszeit** T_u (Totzeit T_t), **Ausgleichszeit** T_g (Verzögerungszeit T_S), Einstellzeit T_{95}, bei der die Regelgröße 95 % des Endwerts $K_S \cdot y_0$ erreicht (Bild 11.3-1).

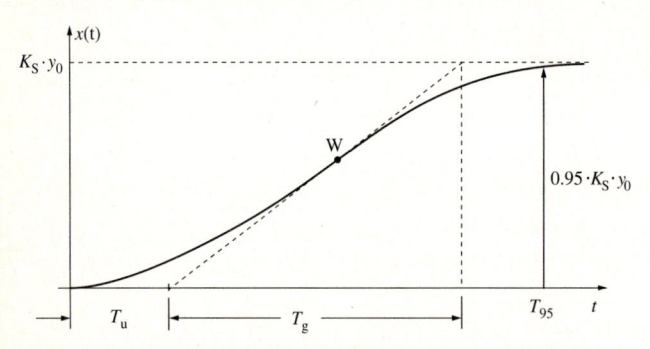

Bild 11.3-1: Kenngrößen der Sprungantwort von proportionalen Regelstrecken

Für die Abtastzeit T von quasikontinuierlichen Regelkreisen sind Richtwerte abhängig von den Kenngrößen der Sprungantwort angegeben (Tabelle 11.3-1).

Tabelle 11.3-1: Einstellung der Abtastzeit mit Kenngrößen der Regelstreckensprungantwort

Zeit-kenngröße	Anzahl der Abtastungen innerhalb der Zeitkenngröße	Abtastzeit
T_u	2 bis 5	$0.2 \cdot T_u \leq T \leq 0.5 \cdot T_u$ gültig für $\frac{T_g}{T_u} < 12$
T_g	≥ 10	$T \leq 0.1 \cdot T_g$
T_{95}	10 bis 20	$0.05 \cdot T_{95} \leq T \leq 0.1 \cdot T_{95}$

Die Reglerparameter von quasianalogen digitalen Regelkreisen können nach den in Kapitel 8 und 10 abgeleiteten Verfahren ermittelt werden.

Beispiel 11.3-1: Für einen quasianalogen Regelkreis ist die Abtastzeit mit Hilfe der Kenngrößen der Sprungantwort zu bestimmen. Die Regelstrecke enthält zwei Verzögerungselemente:

$$K_S = 2, \quad T_1 = 1\,\text{s}, \quad T_2 = 2\,\text{s},$$

$$G_S(s) = \frac{x(s)}{y(s)} = \frac{K_S}{(1 + s \cdot T_1) \cdot (1 + s \cdot T_2)}, \quad y(s) = \frac{y_0}{s}, \quad y_0 = 1.$$

Die Abtastzeit wird für die verschiedenen Kenngrößen berechnet. Die Einstellzeit T_{95} wird numerisch bestimmt, für Verzugszeit T_u und Ausgleichszeit T_g erhält man mit $\alpha = \dfrac{T_2}{T_1}$:

$$T_{95} = 7.35\,\text{s}, \quad \longrightarrow \quad 0.368\,\text{s} \leq T \leq 0.735\,\text{s},$$

$$T_g = T_1 \cdot \alpha^{\frac{\alpha}{\alpha-1}} = 4.0\,\text{s}, \quad \longrightarrow \quad T \leq 0.4\,\text{s},$$

$$T_u = \frac{T_1 \cdot \alpha \cdot \ln(\alpha)}{\alpha - 1} + T_1 + T_2 - T_g = 0.386\,\text{s}, \quad \longrightarrow \quad 0.077\,\text{s} \leq T \leq 0.193\,\text{s}.$$

Das Kriterium für T_u liefert den kleinsten Wert für die Abtastzeit T. Für quasianaloges Regelverhalten wird $T = 0.2$ s eingestellt.

11.3.3 Bestimmung der Abtastzeit aus Kenngrößen des Regelkreises

Für die Bestimmung der Abtastzeit aus Kenngrößen des geschlossenen Regelkreises können Anregelzeit, Änderungsgeschwindigkeit, Periodendauer der Regelgröße und die dominierende Systemzeitkonstante verwendet werden.

Anregelzeit: Innerhalb der Anregelzeit erreicht die Sprungantwort der Regelgröße eines analogen Regelkreises mit Überschwingen zum ersten Mal den Sollwert. Bei digitalen Regelkreisen sollte die Abtastzeit klein gegenüber der Anregelzeit sein.

Normierte Änderungsgeschwindigkeit der Regelgröße: Ein weiterer Gesichtspunkt ergibt sich aus der Betrachtung von Abtastgeschwindigkeit (Abtastrate, Anzahl der Abtastungen je Sekunde) und der normierten Änderungsgeschwindigkeit der Regelgröße: Die Abtastgeschwindigkeit sollte groß gegenüber der normierten Änderungsgeschwindigkeit der Regelgröße sein.

Periodendauer der Regelgröße: Die Abtastzeit T sollte klein sein gegenüber der Periodendauer T_P. T_P wird aus der größten Eigenkreisfrequenz des Regelungssystems ermittelt.

Dominierende Zeitkonstante: Bei Verfahren der Optimierung im Frequenzbereich (Betrags- und Symmetrisches Optimum) sollte die Abtastzeit klein gegenüber der dominierenden Zeitkonstanten (Ersatzzeitkonstante T_E) des optimierten Regelkreises sein.

> Berücksichtigt man bei der Wahl der Abtastzeit diese Anforderungen, dann werden mit den angegebenen Regelalgorithmen näherungsweise stetige Regler nachgebildet. Die digitale Regelung arbeitet quasikontinuierlich. Die Reglerparameter können nach den in Kapitel 8 und 10 abgeleiteten Verfahren berechnet werden.

Für Regelkreise II. Ordnung werden Berechnungen durchgeführt, die auch für Regelkreise höherer Ordnung mit dominierendem Polpaar gelten.

11 Digitale Regelungssysteme (Abtastregelungen)

Anregelzeit: Die Gleichung für die Anregelzeit t_{anr} wurde in Abschnitt 7.5 abgeleitet:

$$t_{\text{anr}} = \frac{\pi - \arccos D}{\omega_0 \cdot \sqrt{1 - D^2}}.$$

Normierte Änderungsgeschwindigkeit der Regelgröße: Die Abtastgeschwindigkeit ist durch den reziproken Wert der Abtastzeit gegeben: Abtastgeschwindigkeit $= \frac{1}{T}$. Die normierte Änderungsgeschwindigkeit der Regelgröße ist die Ableitung der Sprungantwort, nach Beispiel 7.5-1 ist:

$$\frac{dx(t)/w_0}{dt} = \frac{\omega_0}{\sqrt{1 - D^2}} \cdot e^{-D\omega_0 t} \cdot \sin\left(\omega_0 \sqrt{1 - D^2} \cdot t\right).$$

Das Maximum der normierten Änderungsgeschwindigkeit tritt bei dem Wendepunkt der Sprungantwort auf und ergibt sich durch Nullsetzen der zweiten Ableitung der Sprungantwort. t_W ist die Zeit, bei der das Maximum auftritt (Bild 7.5-2):

$$t_W = \frac{\arccos D}{\omega_0 \cdot \sqrt{1 - D^2}}.$$

Einsetzen in die erste Ableitung liefert das Maximum der Änderungsgeschwindigkeit, normiert auf den Sollwert w_0:

$$\frac{dx(t_W)/w_0}{dt} = \omega_0 \cdot e^{-(D/\sqrt{1 - D^2}) \cdot \arccos D} = \frac{1}{t_r}.$$

Die Anstiegszeit t_r ist die Zeit, in der die Regelgröße bei maximaler normierter Änderungsgeschwindigkeit den Sollwert erreichen würde.

Periodendauer: Die Periodendauer T_P berechnet sich aus der Eigenkreisfrequenz ω_e des Regelkreises:

$$\omega_e = \omega_0 \cdot \sqrt{1 - D^2}, \quad T_P = \frac{2 \cdot \pi}{\omega_e} = \frac{2 \cdot \pi}{\omega_0 \cdot \sqrt{1 - D^2}}.$$

Dominierende Zeitkonstante: Bei Regelkreisen, die nach den Verfahren der Optimierung im Frequenzbereich eingestellt sind, ist die Ersatzzeitkonstante T_E die dominierende Zeitkonstante des Regelungssystems. Für die Einstellung von digitalen Regelkreisen ohne **Berücksichtigung der Abtastzeit** T (quasikontinuierliche Regelung) ist ausreichend, wenn

$$T \ll t_{\text{anr}} = \frac{\pi - \arccos D}{\omega_0 \cdot \sqrt{1 - D^2}}, \quad T \ll T_P = \frac{2 \cdot \pi}{\omega_0 \cdot \sqrt{1 - D^2}},$$

$$T \ll t_r = \frac{1}{\omega_0} \cdot e^{(D/\sqrt{1 - D^2}) \cdot \arccos D}, \quad T \ll T_E$$

gilt. In Tabelle 11.3-2 sind Richtwerte für die Abtastzeit zusammengestellt.

Tabelle 11.3-2: Einstellung der Abtastzeit mit Kenngrößen der Sprungantwort des geschlossenen Regelkreises

Zeit-kenngröße	Anzahl der Abtastungen innerhalb der Zeitkenngröße	Abtastzeit
t_{anr}	10 bis 20	$0.05 \cdot t_{\text{anr}} \leq T \leq 0.1 \cdot t_{\text{anr}}$
t_r	10 bis 20	$0.05 \cdot t_r \leq T \leq 0.1 \cdot t_r$
T_P	≥ 20	$T \leq 0.05 \cdot T_P$
T_E	≥ 10	$T \leq 0.1 \cdot T_E$

Wenn verschiedene Kenngrößen berechnet werden können, so ist die kleinste Abtastzeit zu wählen.

11.3 Einstellregeln für digitale Regelkreise

Beispiel 11.3-2: Für einen Regelkreis II. Ordnung ist ein quasianaloger digitaler P-Regler so einzustellen, daß die normierte Überschwingweite $ü = 10\%$ nicht überschritten wird. Signalflußplan des Regelkreises:

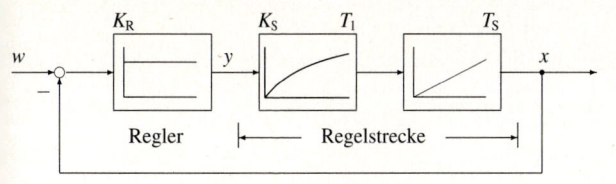

```
         K_R           K_S   T_1          T_S
w  →○──→[   ]──y──→[      ]──────→[     ]────→ x
    −↑
    │    Regler    ├──── Regelstrecke ────┤
    └─────────────────────────────────────┘
```

$$K_S = 2, \quad T_1 = 2\,\text{s}, \quad T_S = 1\,\text{s}.$$

Übertragungsfunktionen von Regler und Regelstrecke:

$$G_R(s) = K_R, \quad G_S(s) = \frac{K_S}{T_S \cdot s \cdot (1 + T_1 \cdot s)} = \frac{K_S}{T_1 \cdot T_S \cdot s^2 + T_S \cdot s}.$$

Die Übertragungsfunktion des geschlossenen Regelkreises

$$G(s) = \frac{x(s)}{w(s)} = \frac{Z_R(s) \cdot Z_S(s)}{N_R(s) \cdot N_S(s) + Z_R(s) \cdot Z_S(s)} = \frac{K_R \cdot K_S}{T_1 \cdot T_S \cdot s^2 + T_S \cdot s + K_R \cdot K_S}$$

$$= \frac{\dfrac{K_R \cdot K_S}{T_1 \cdot T_S}}{s^2 + \dfrac{s}{T_1} + \dfrac{K_R \cdot K_S}{T_1 \cdot T_S}} \stackrel{!}{=} \frac{\omega_0^2}{s^2 + 2 \cdot D \cdot \omega_0 \cdot s + \omega_0^2}$$

wird mit der Standardübertragungsfunktion II. Ordnung verglichen:

$$2 \cdot D \cdot \omega_0 = \frac{1}{T_1}, \quad \omega_0^2 = \frac{K_R \cdot K_S}{T_1 \cdot T_S}.$$

Aus der Überschwingweite $ü$ wird die Dämpfung D ermittelt (Beispiel 7.5-1) und dann K_R:

$$D = \frac{1}{\sqrt{1 + \left[\dfrac{\pi}{\ln ü}\right]^2}} = 0.591, \quad K_R = \frac{1}{4 \cdot D^2 \cdot K_S} \cdot \frac{T_S}{T_1} = 0.179,$$

$$\omega_0 = \frac{1}{2 \cdot D \cdot T_1} = 0.423\,\text{s}^{-1}.$$

Der P-Algorithmus erhält folgende Form:

$$y_k = b_0 \cdot x_{d,k} = K_R \cdot x_{d,k} = 0.179 \cdot x_{d,k}.$$

Zur Bestimmung der Abtastzeit werden Anregelzeit, reziproke normierte Änderungsgeschwindigkeit und Periodendauer berechnet:

$$t_{\text{anr}} = \frac{\pi - \arccos D}{\omega_0 \cdot \sqrt{1 - D^2}} = \frac{2.73}{\omega_0} = 6.45\,\text{s}, \quad \longrightarrow T \leq 0.645\,\text{s},$$

$$t_r = \frac{1}{\omega_0} \cdot e^{(D/\sqrt{1-D^2}) \cdot \arccos D} = \frac{1.99}{\omega_0} = 4.70\,\text{s}, \quad \longrightarrow T \leq 0.470\,\text{s},$$

$$T_P = \frac{2 \cdot \pi}{\omega_0 \cdot \sqrt{1 - D^2}} = \frac{7.79}{\omega_0} = 18.41\,\text{s}, \quad \longrightarrow T \leq 0.92\,\text{s}.$$

Das Kriterium mit der kleinsten Abtastzeit wird eingesetzt: $T \ll t_r$. Die Überschwingweite ist bei der Aufgabenstellung mit $ü_{soll} = 10\%$ vorgegeben. Für verschiedene Abtastzeiten wurde das Überschwingen des Regelkreises numerisch berechnet:

$$T = \frac{t_r}{10} = 0.470 \text{ s}, \quad ü = 13.3\%,$$

$$T = \frac{t_r}{20} = 0.235 \text{ s}, \quad ü = 11.6\%,$$

$$T = \frac{t_r}{30} = 0.157 \text{ s}, \quad ü = 11.0\%.$$

Für $T = \frac{t_r}{20}$ ergibt sich quasianaloges Regelverhalten.

Beispiel 11.3-3: Für einen Regelkreis ist ein quasianaloger digitaler PID-Regler nach dem Betragsoptimum einzustellen. Signalflußplan des analogen Regelkreises:

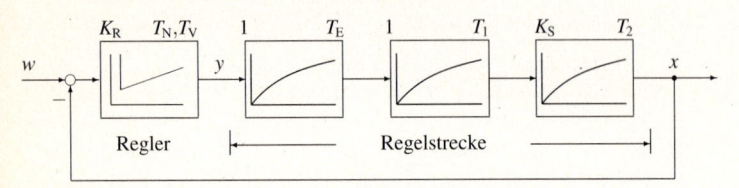

$K_S = 5, \quad T_E = 0.5 \text{ s}, \quad T_1 = 8 \text{ s}, \quad T_2 = 1 \text{ s}.$

Reglerübertragungsfunktion in serieller (multiplikativer) Form:

$$G_R(s) = \frac{y(s)}{x_d(s)} = K_{Rm} \cdot \frac{(1 + T_{Nm} \cdot s) \cdot (1 + T_{Vm} \cdot s)}{T_{Nm} \cdot s}.$$

Ermittlung der Reglereinstellung nach dem Betragsoptimum für den analogen Regelkreis:

$$T_{Nm} = T_1 = 8 \text{ s}, \quad T_{Vm} = T_2 = 1 \text{ s}, \quad K_{Rm} = \frac{T_{Nm}}{2 \cdot K_S \cdot T_E} = 1.6.$$

Der PID-Regelalgorithmus nach Abschnitt 11.2.4 wurde für die parallele (additive) Form des analogen PID-Reglers ermittelt:

$$G_R(s) = \frac{y(s)}{x_d(s)} = K_{Ra} \cdot \left[1 + \frac{1}{T_{Na} \cdot s} + T_{Va} \cdot s\right],$$

$$y(t) = K_{Ra} \cdot \left[x_d(t) + \frac{1}{T_{Na}} \int x_d(t) dt + T_{Va} \cdot \frac{dx_d(t)}{dt}\right].$$

Die Einstellung des PID-Reglers in paralleler Form wird nach den Gleichungen von Abschnitt 4.5.3.7 berechnet:

$$K_{Ra} = K_{Rm} \cdot \frac{T_{Nm} + T_{Vm}}{T_{Nm}} = 1.8,$$

$$T_{Na} = T_{Nm} + T_{Vm} = 9 \text{ s}, \quad T_{Va} = \frac{T_{Nm} \cdot T_{Vm}}{T_{Nm} + T_{Vm}} = 0.889 \text{ s}.$$

Die Abtastzeit T eines quasianalogen digitalen Regelkreises wird mit

$$T \ll t_r = \frac{1}{\omega_0} \cdot e^{(D/\sqrt{1-D^2}) \cdot \arccos D}$$

vorgegeben. Für das Betragsoptimum gilt nach Abschnitt 10.4

$$\omega_0 = \frac{1}{\sqrt{2} \cdot T_E}, \quad D = \frac{1}{\sqrt{2}}.$$

Damit ist die Abtastzeit

$$T \ll t_r = \frac{1}{\omega_0} \cdot e^{(D/\sqrt{1-D^2}) \cdot \arccos D} = 3.1 \cdot T_E = 1.55\,\text{s}, \quad \longrightarrow T \le 0.1 \cdot t_r = 0.155\,\text{s}.$$

Für die Abtastzeitabschätzung mit der Periodendauer T_P ergibt sich:

$$T_P = \frac{2 \cdot \pi}{\omega_0 \cdot \sqrt{1 - D^2}} = 4 \cdot \pi \cdot T_E = 6.28\,\text{s}, \quad \longrightarrow T \le 0.314\,\text{s}.$$

Der nach dem Betragsoptimum ausgelegte Regelkreis hat eine Anregelzeit $t_{\text{anr}} = 4.7 \cdot T_E = 2.35\,\text{s}$, eine Überschwingweite von $\ddot{u} = 4.3\,\%$ und eine dominierende Zeitkonstante $T_E = 0.5$ s. Für die Abtastzeit erhält man:

$$T \ll t_{\text{anr}} = 4.7 \cdot T_E = 2.35\,\text{s}, \quad \longrightarrow T \le 0.1 \cdot t_{\text{anr}} = 0.235\,\text{s},$$

$$T \ll T_E = 0.5\,\text{s}, \quad \longrightarrow T \le 0.1 \cdot T_E = 0.050\,\text{s}.$$

Für verschiedene Abtastzeiten wurden Überschwingen und Anregelzeit des Regelkreises numerisch berechnet:

$$T = \frac{T_P}{20} = 314.0\,\text{ms}, \quad t_{\text{anr}} = 1.76\,\text{s}, \quad \ddot{u} = 17.36\,\%,$$

$$T = \frac{t_{\text{anr}}}{10} = 235.0\,\text{ms}, \quad t_{\text{anr}} = 1.85\,\text{s}, \quad \ddot{u} = 12.75\,\%,$$

$$T = \frac{t_r}{20} = 77.5\,\text{ms}, \quad t_{\text{anr}} = 2.14\,\text{s}, \quad \ddot{u} = 6.17\,\%,$$

$$T = \frac{T_E}{10} = 50.0\,\text{ms}, \quad t_{\text{anr}} = 2.21\,\text{s}, \quad \ddot{u} = 5.43\,\%.$$

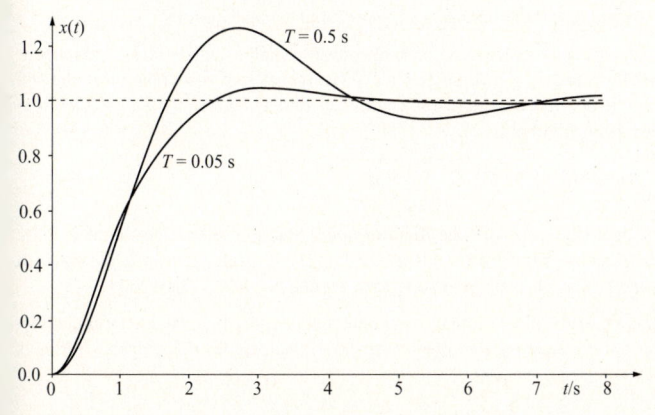

Bild 11.3-2: Sprungantworten des betragsoptimierten Regelkreises, Abtastzeit $T = 50$ ms (quasianalog), $T = 0.5$ s

Mit den berechneten Werten $K_{\text{Ra}}, T_{\text{Na}}, T_{\text{Va}}$, und für $T = 50$ ms werden die Koeffizienten des PID-Stellungsalgorithmus bestimmt:

$$y_k = y_{k-1} + K_{Ra} \cdot \left[\left(1 + \frac{T_{Va}}{T}\right) \cdot x_{d,k} - \left(1 - \frac{T}{T_{Na}} + 2\frac{T_{Va}}{T}\right) \cdot x_{d,k-1} + \frac{T_{Va}}{T} \cdot x_{d,k-2} \right],$$

$$y_k = a_1 \cdot y_{k-1} + b_0 \cdot x_{d,k} + b_1 \cdot x_{d,k-1} + b_2 \cdot x_{d,k-2},$$

$$y_k = y_{k-1} + 33.8 \cdot x_{d,k} - 65.8 \cdot x_{d,k-1} + 32.0 \cdot x_{d,k-2}.$$

Mit zunehmender Abtastzeit erhöht sich das Überschwingen, die Anregelzeit wird kürzer, der Regelkreis entdämpft. Bild 11.3-2 enthält die Sprungantwort für den quasianalogen digitalen Regelkreis mit der Abtastzeit $T = 50$ ms, zum Vergleich wurde die Sprungantwort für eine Abtastzeit $T = T_E = 0.5$ s berechnet.

11.3.4 Einstellregeln mit Berücksichtigung der Abtastzeit

Die Einstellregeln nach TAKAHASHI wurden auf der Grundlage der Optimierung nach ZIEGLER und NICHOLS (Abschnitt 10.3.2) entwickelt. Die Einstellregeln berücksichtigen die Abtastzeit T und die Speicherung der Stellgröße in digitalen Regelungssystemen. Das Optimierungsverfahren nach ZIEGLER und NICHOLS liegt in zwei Formen vor. Die Auswertung der Sprungantwort verwendet die Kenngrößen der Regelstrecke: Verstärkung K_S, Totzeit T_t, Zeitkonstante T_S. Anstelle der Totzeit T_t und der Zeitkonstanten T_S werden auch die Kenngrößen der Sprungantwort Verzugszeit (Ersatztotzeit) T_u und Ausgleichszeit T_g verwendet (Bild 11.3-3).

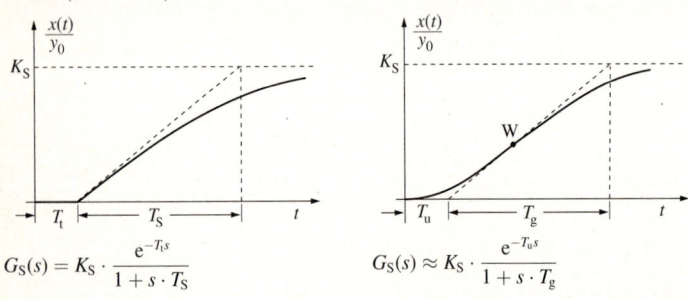

$$G_S(s) = K_S \cdot \frac{e^{-T_t s}}{1 + s \cdot T_S} \qquad G_S(s) \approx K_S \cdot \frac{e^{-T_u s}}{1 + s \cdot T_g}$$

Bild 11.3-3: Auswertung der Sprungantwort für die Einstellregeln nach ZIEGLER *und* NICHOLS

Die Einstellregeln nach TAKAHASHI bei Vorgabe der Streckenkennwerte sind in Tabelle 11.3-3 zusammengefaßt. Sie gelten entsprechend für T_t und T_S. Für Abtastzeiten $T \rightarrow 0$ ergeben sich wieder die Einstellregeln nach ZIEGLER und NICHOLS. Die optimalen Reglerparameter in den Tabellen gelten für die additive Realisierungsform des PID-Reglers nach Abschnitt 4.5.3.3.

> Die Einstellregeln nach TAKAHASHI sind für $T \leq 2 \cdot T_u$ gültig.

Liegen die Daten der Strecke nicht vor, so werden die Kennwerte der Stabilitätsgrenze bestimmt. Bei der Verstärkung K_{Rkrit} schwingt der Regelkreis mit der Periodendauer T_{krit}. Die Einstellregeln nach TAKAHASHI entsprechen für die Werte K_R, T_N, T_V den Einstellregeln von ZIEGLER und NICHOLS (Tabelle 11.3-4).

Die Einstellregeln sind für einen PID-Regelalgorithmus berechnet, bei dem der Integralanteil mit der Trapeznäherung realisiert ist. Für die Bestimmung der allgemeinen Koeffizienten des PID-Regelalgorithmus wird daher von folgender Gleichung ausgegangen:

$$\begin{aligned} y_k &= y_{k-1} + K_R \cdot \left[x_{d,k} - x_{d,k-1} + \frac{T}{T_N} \cdot \frac{x_{d,k-1} + x_{d,k}}{2} + \frac{T_V}{T}(x_{d,k} - 2x_{d,k-1} + x_{d,k-2}) \right] \\ &= y_{k-1} + K_R \cdot \left[\left(1 + \frac{T}{2T_N} + \frac{T_V}{T}\right) x_{d,k} - \left(1 - \frac{T}{2T_N} + 2\frac{T_V}{T}\right) x_{d,k-1} + \frac{T_V}{T} \cdot x_{d,k-2} \right]. \end{aligned}$$

11.3 Einstellregeln für digitale Regelkreise

Tabelle 11.3-3: Einstellung nach TAKAHASHI *bei Vorgabe der Kennwerte der Regelstrecke*

Regler	K_R	T_N	T_V
P-Regler	$\dfrac{T_g}{K_S \cdot (T_u + T)}$	–	–
PI-Regler	$\dfrac{0.9 \cdot T_g}{K_S \cdot \left(T_u + \dfrac{T}{2}\right)}$	$3.33 \cdot \left(T_u + \dfrac{T}{2}\right)$	–
PID-Regler (additive Form)	$\dfrac{1.2 \cdot T_g}{K_S \cdot (T_u + T)}$	$\dfrac{2 \cdot \left(T_u + \dfrac{T}{2}\right)^2}{T_u + T}$	$0.5 \cdot (T_u + T)$

Tabelle 11.3-4: Einstellung mit den Werten der Stabilitätsgrenze

Regler	K_R	T_N	T_V
P-Regler	$0.50 \cdot K_{Rkrit}$	–	–
PI-Regler	$0.45 \cdot K_{Rkrit}$	$0.83 \cdot T_{krit}$	–
PID-Regler (additive Form)	$0.60 \cdot K_{Rkrit}$	$0.50 \cdot T_{krit}$	$0.125 \cdot T_{krit}$

Mit den Abkürzungen

$$a_1 = 1, \quad b_0 = K_R \cdot \left(1 + \frac{T}{2T_N} + \frac{T_V}{T}\right),$$

$$b_1 = -K_R \cdot \left(1 - \frac{T}{2T_N} + 2\frac{T_V}{T}\right), \quad b_2 = K_R \cdot \frac{T_V}{T}$$

wird der PID-Regelalgorithmus mit allgemeinen Koeffizienten angegeben:

$$\boxed{y_k = a_1 \cdot y_{k-1} + b_0 \cdot x_{d,k} + b_1 \cdot x_{d,k-1} + b_2 \cdot x_{d,k-2}}$$

In Tabelle 11.3-5 sind die Koeffizienten für die Reglereinstellung nach TAKAHASHI zusammengestellt. Die Werte von K_R, T_N und T_V werden nach den Tabellen 11.3-3 und 11.3-4 berechnet.

Tabelle 11.3-5: Koeffizienten der Regelalgorithmen

Reglerart	a_1	b_0	b_1	b_2
P-Regler	0	K_R	0	0
PI-Regler	1	$K_R \cdot \left[1 + \dfrac{T}{2T_N}\right]$	$-K_R \cdot \left[1 - \dfrac{T}{2T_N}\right]$	0
PID-Regler (additive Form)	1	$K_R \cdot \left[1 + \dfrac{T}{2T_N} + \dfrac{T_V}{T}\right]$	$-K_R \cdot \left[1 - \dfrac{T}{2T_N} + 2\dfrac{T_V}{T}\right]$	$K_R \cdot \dfrac{T_V}{T}$

11.4 Mathematische Methoden zur Berechnung von digitalen Regelkreisen im Zeitbereich

11.4.1 Allgemeines

Das Zeitverhalten von Regelkreiselementen und Regelkreisen wird mit Differentialgleichungen berechnet oder mit der LAPLACE-Transformation ermittelt. Diese Methoden sind für digitale Regelkreise entsprechend einzusetzen. Anstelle von kontinuierlichen werden abgetastete Signale untersucht. Aus Differentialgleichungen werden einfachere Differenzengleichungen abgeleitet. Die LAPLACE-Transformation geht über in die diskrete LAPLACE-Transformation, die z-Transformation.

kontinuierliches Signal	$\longrightarrow$	abgetastetes Signal
Differentialgleichung	$\longrightarrow$	Differenzengleichung
LAPLACE-Transformation	$\longrightarrow$	z-Transformation
Übertragungsfunktion $G(s)$	$\longrightarrow$	Übertragungsfunktion $G(z)$

11.4.2 Differenzengleichungen

Der Zusammenhang zwischen Eingangs- und Ausgangsgrößen von abgetasteten Systemen im Zeitbereich wird durch **Differenzengleichungen** angegeben.

$$a_n \cdot x_{a,k+n} + a_{n-1} \cdot x_{a,k+n-1} + \ldots + a_1 \cdot x_{a,k+1} + a_0 \cdot x_{a,k} =$$
$$b_m \cdot x_{e,k+m} + b_{m-1} \cdot x_{e,k+m-1} + \ldots + b_1 \cdot x_{e,k+1} + b_0 \cdot x_{e,k}, \quad n \geq m$$

Die Gleichung hat Ähnlichkeit mit Differenzengleichungen, bei denen die Differenz

$$\Delta x_k = x_{k+1} - x_k$$

verwendet wird. Die Folge der Funktionswerte

$$x_{a,0}, x_{a,1}, x_{a,2} \ldots$$

ist die Lösung der Differenzengleichung, zur Bestimmung werden Anfangswerte benötigt.

11.4.3 Lösung von Differenzengleichungen

11.4.3.1 Ermittlung der Lösung durch Rekursion

Die Werte der Eingangsgröße x_e, der Ausgangsgröße $x_{a,k+n-1}, \ldots, x_{a,k+1}, x_{a,k}$ und die Koeffizienten a_i, b_i müssen bekannt sein, dann ist der Wert von $x_{a,k+n}$ berechenbar. Für die Ermittlung der Folgewerte $x_{a,k+n+1}, x_{a,k+n+2}, \ldots$, wird k jeweils um Eins erhöht:

$$x_{a,k+n} = \frac{1}{a_n} \left[-a_{n-1} \cdot x_{a,k+n-1} - \ldots - a_1 \cdot x_{a,k+1} - a_0 \cdot x_{a,k} + \right.$$
$$\left. + b_m \cdot x_{e,k+m} + b_{m-1} \cdot x_{e,k+m-1} + \ldots + b_1 \cdot x_{e,k+1} + b_0 \cdot x_{e,k} \right]$$

Über das dynamische Verhalten und die Stabilität macht diese Lösungsmethode keine Aussage.

Beispiel 11.4-1: Eine integrale Regelstrecke wird mit einem PI-Regler betrieben. Der PI-Regelalgorithmus und die Regelgrößenfolge für Sprungaufschaltung sind zu bestimmen.

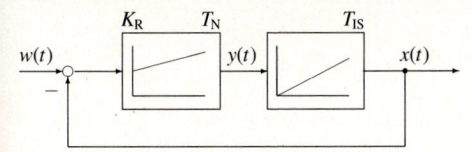

Parameter des analogen Regelkreises:

$$K_R = 10, \quad T_N = 1\,\text{s}, \quad T_{IS} = 5\,\text{s}.$$

PI-Regelalgorithmus (Typ I) nach Abschnitt 11.2.4.3:

$$y_k = y_{k-1} + K_R \cdot x_{d,k} - K_R \cdot \left(1 - \frac{T}{T_N}\right) \cdot x_{d,k-1}.$$

Diskretisierung der integralen Regelstrecke nach Abschnitt 11.2.3.1 (Typ I):

$$x_k = x_{k-1} + \frac{T}{T_{IS}} \cdot y_{k-1}.$$

Sprungaufschaltung der Führungsgröße $w(t)$:

$$w_0 = w_1 = w_2 = \ldots = w_k = 1, \quad x_{d,k} = w_k - x_k.$$

Berechnung der Regelgrößenfolge x_k:

$$x_k = x_{k-1} + \frac{T}{T_{IS}} \cdot y_{k-1}.$$

Die Stellgrößengleichung für $k-1$

$$y_{k-1} = y_{k-2} + K_R \cdot x_{d,k-1} - K_R \cdot \left(1 - \frac{T}{T_N}\right) \cdot x_{d,k-2}$$

wird eingesetzt:

$$\begin{aligned}
x_k &= x_{k-1} + \frac{T}{T_{IS}} \cdot y_{k-1} \\
&= x_{k-1} + \frac{T}{T_{IS}} \cdot \left[y_{k-2} + K_R \cdot x_{d,k-1} - K_R \cdot \left(1 - \frac{T}{T_N}\right) \cdot x_{d,k-2}\right].
\end{aligned}$$

Die Regelgrößengleichung für $k-1$

$$x_{k-1} = x_{k-2} + \frac{T}{T_{IS}} \cdot y_{k-2}$$

wird nach y_{k-2} umgestellt

$$y_{k-2} = \frac{T_{IS}}{T} \cdot (x_{k-1} - x_{k-2})$$

und in die Regelgrößengleichung eingesetzt:

$$\begin{aligned}
x_k &= x_{k-1} + \frac{T}{T_{IS}} \cdot \left[y_{k-2} + K_R \cdot x_{d,k-1} - K_R \cdot \left(1 - \frac{T}{T_N}\right) \cdot x_{d,k-2}\right] \\
&= x_{k-1} + \frac{T}{T_{IS}} \cdot \left[\frac{T_{IS}}{T} \cdot (x_{k-1} - x_{k-2}) + K_R \cdot x_{d,k-1} - K_R \cdot \left(1 - \frac{T}{T_N}\right) \cdot x_{d,k-2}\right].
\end{aligned}$$

$x_{d,k-1} = w_{k-1} - x_{k-1}$ und $x_{d,k-2} = w_{k-2} - x_{k-2}$ werden ersetzt:

$$x_k = \frac{2 \cdot T_{IS} - K_R \cdot T}{T_{IS}} x_{k-1} - \frac{K_R \cdot T \cdot (T - T_N) + T_{IS} \cdot T_N}{T_{IS} \cdot T_N} \cdot x_{k-2} +$$
$$+ \frac{K_R \cdot T}{T_{IS}} \cdot w_{k-1} + \frac{K_R \cdot T^2 - K_R \cdot T \cdot T_N}{T_{IS} \cdot T_N} \cdot w_{k-2}.$$

Für eine Abtastzeit $T = 0.25$ s erhält man mit den vorgegebenen Parametern die Differenzengleichung für die Regelgrößenfolge:

$$\boxed{x_k = 1.5 \cdot x_{k-1} - 0.625 \cdot x_{k-2} + 0.5 \cdot w_{k-1} - 0.375 \cdot w_{k-2}}.$$

Mit $x_{-1} = 0, x_{-2} = 0, w_{-1} = 0, w_{-2} = 0$ wird die Regelgrößenfolge berechnet (Bild 11.4-1), die ermittelten Werte sind rekursiv einzusetzen:

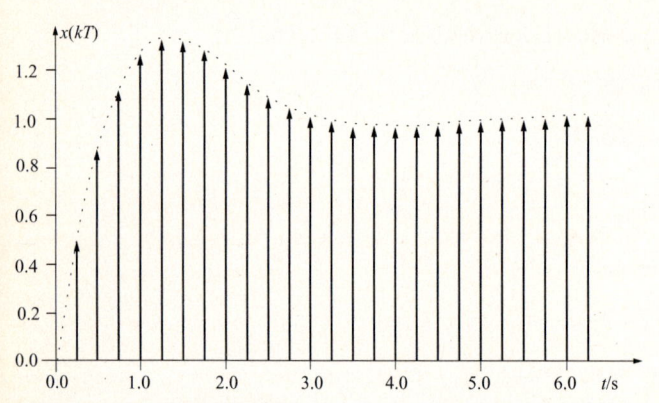

$$x_0 = 0, \quad x_1 = 0.5, \quad x_2 = 0.875, \quad x_3 = 1.125, \quad x_4 = 1.266, \quad \ldots$$

Bild 11.4-1: *Folge der Regelgrößenwerte*

11.4.3.2 Lösung mit homogenem und partikulärem Ansatz

Die Lösungsmethoden für lineare Differentialgleichungen lassen sich auf Differenzengleichungen übertragen. Durch Überlagerung der Lösung der homogenen Differenzengleichung und der partikulären Lösung kann das Zeitverhalten abgetasteter Systeme geschlossen dargestellt werden.

Lösung von homogenen Differenzengleichungen

Zunächst wird die homogene Differenzengleichung

$$\boxed{a_n \cdot x_{a,k+n} + a_{n-1} \cdot x_{a,k+n-1} + \ldots + a_1 \cdot x_{a,k+1} + a_0 \cdot x_{a,k} = 0}$$

mit dem Ansatz

$$x_{ah,k} = C \cdot z^k$$

gelöst. Die Folgewerte ergeben sich zu

$$x_{ah,k+1} = C \cdot z^{k+1}, \quad x_{ah,k+2} = C \cdot z^{k+2}, \quad x_{ah,k+3} = C \cdot z^{k+3}, \quad \ldots$$

Durch Einsetzen dieser Werte in die Differenzengleichung erhält man mit

$$a_n \cdot C \cdot z^{k+n} + a_{n-1} \cdot C \cdot z^{k+n-1} + \ldots + a_1 \cdot C \cdot z^{k+1} + a_0 \cdot C \cdot z^k = 0,$$

$$C \cdot z^k \cdot [a_n \cdot z^n + a_{n-1} \cdot z^{n-1} + \ldots + a_1 \cdot z^1 + a_0 \cdot z^0] = 0,$$

die **charakteristische Gleichung** der Differenzengleichung:

$$\boxed{a_n \cdot z^n + a_{n-1} \cdot z^{n-1} + \ldots + a_1 \cdot z + a_0 = 0}.$$

Nach dem Fundamentalsatz der Algebra hat eine Gleichung n-ter Ordnung n Nullstellen (Wurzeln)

$z_1, z_2, \ldots, z_n$.

Die Lösung der homogenen Differenzengleichung ergibt sich zu

$$\boxed{x_{\text{ah},k} = C_1 \cdot z_1^k + C_2 \cdot z_2^k + \ldots + C_n \cdot z_n^k}.$$

Die Nullstellen $z_1, \ldots, z_n$ können reell oder konjugiert komplex sein.

Partikuläre Lösung von Differenzengleichungen

Die Gesamtlösung ergibt sich aus der Überlagerung der Lösung der homogenen Differenzengleichung mit der partikulären Lösung $x_{\text{ap},k}$:

$$\boxed{x_{\text{a},k} = x_{\text{ah},k} + x_{\text{ap},k}}.$$

$x_{\text{ap},k}$ berücksichtigt den speziellen Verlauf der Eingangsgröße $x_{\text{e},k}$, der in $x_{\text{ah},k}$ noch nicht enthalten ist. Die Konstanten C_i werden aus den Anfangsbedingungen bestimmt.

Bei der Lösung von linearen Differentialgleichungen wird ein Ansatz mit unbestimmten Koeffizienten gemacht. Die Vorgehensweise wird auch hier verwendet. Da der Funktionstyp der partikulären Lösung häufig mit dem der Eingangsgröße übereinstimmt, wird der Ansatz so gewählt, daß die partikuläre Lösung bis auf unbestimmte Koeffizienten mit der Eingangsfunktion übereinstimmt. Ist zum Beispiel x_{e} eine Sprungfunktion, so wird x_{ap} auch als Sprungfunktion, jedoch mit unbestimmter Sprunghöhe angesetzt. In Tabelle 11.4-1 sind A_i die zu bestimmenden Ansatzkoeffizienten. Die Koeffizienten werden durch Einsetzen in die Differenzengleichung bestimmt.

Tabelle 11.4-1: Ansätze für partikuläre Lösungsfunktionen

Eingangsgröße $x_{\text{e},k}$	Ansatz der partikulären Lösungen $x_{\text{ap},k}$
$x_{\text{e},k} = d \cdot 1^k$	$x_{\text{ap},k} = A_1 \cdot 1^k$ (Sprungfunktion)
$x_{\text{e},k} = d \cdot k$	$x_{\text{ap},k} = A_1 \cdot k$ (Anstiegsfunktion)
$x_{\text{e},k} = d^k$	$x_{\text{ap},k} = A_1 \cdot d^k$
$x_{\text{e},k} = d^k \cdot \cos(k \cdot \alpha)$	$x_{\text{ap},k} = A_1 \cdot b^k \cdot \cos(k \cdot \alpha) + A_2 \cdot b^k \cdot \sin(k \cdot \alpha)$
$x_{\text{e},k} = d^k \cdot \sin(k \cdot \alpha)$	$x_{\text{ap},k} = A_1 \cdot b^k \cdot \cos(k \cdot \alpha) + A_2 \cdot b^k \cdot \sin(k \cdot \alpha)$
$x_{\text{e},k} = \sum_{i=0}^{j} a_i \cdot k^i$	$x_{\text{ap},k} = \sum_{i=0}^{j} A_i \cdot k^i$
$x_{\text{e},k} = f^{lk} \cdot \sum_{i=0}^{j} a_i \cdot k^i$	$x_{\text{ap},k} = f^{lk} \cdot \sum_{i=0}^{j} A_i \cdot k^i$

11 Digitale Regelungssysteme (Abtastregelungen)

Zusammenfassung: Der Zusammenhang zwischen Eingangs- und Ausgangsgröße eines Abtastsystems wird durch eine Differenzengleichung angegeben. Ihre Lösung kann durch Überlagerung der Teillösungen $x_{\text{ah},k}$ und $x_{\text{ap},k}$ ermittelt werden.

Beispiel 11.4-2: Für einen Regelkreis mit einer Übertragungsfunktion II. Ordnung

$$G(s) = \frac{x(s)}{w(s)} = \frac{\omega_0^2}{s^2 + 2 \cdot D \cdot \omega_0 \cdot s + \omega_0^2},$$

$$(s^2 + 2 \cdot D \cdot \omega_0 \cdot s + \omega_0^2) \cdot x(s) = \omega_0^2 \cdot w(s),$$

wird die Differentialgleichung mit $D = 0.5$ und $\omega_0 = 1 \text{ s}^{-1}$

$$\frac{d^2 x(t)}{dt^2} + \frac{dx(t)}{dt} + x(t) = w(t)$$

mit der Differenzenbildung vorwärts nach Typ II diskretisiert:

$$\frac{\frac{x_{k+2} - x_{k+1}}{T} - \frac{x_{k+1} - x_k}{T}}{T} + \frac{x_{k+1} - x_k}{T} + x_k = w_k,$$

$$\frac{1}{T^2} \cdot x_{k+2} + \frac{(T-2)}{T^2} \cdot x_{k+1} + \frac{(T^2 - T + 1)}{T^2} \cdot x_k = w_k.$$

Für eine **Diskretisierungszeit** $T = 0.5$ s ergibt sich die Differenzengleichung

$$\boxed{4 \cdot x_{k+2} - 6 \cdot x_{k+1} + 3 \cdot x_k = w_k}.$$

Die Differenzengleichung soll für eine Sprungaufschaltung

$$w(t) = E(t), \quad w(kT) = 1 \quad \text{für} \quad k = 0, 1, 2, \ldots$$

gelöst werden. Der Ansatz für die Lösung der homogenen Differenzengleichung

$$x_{\text{h},k} = C \cdot z^k$$

wird mit $x_{\text{h},k+1} = C \cdot z^{k+1}$, $x_{\text{h},k+2} = C \cdot z^{k+2}$ eingesetzt

$$4 \cdot C \cdot z^{k+2} - 6 \cdot C \cdot z^{k+1} + 3 \cdot C \cdot z^k = C \cdot z^k \cdot (4 \cdot z^2 - 6 \cdot z + 3) = 0,$$

die Nullstellen der charakteristischen Gleichung

$$4 \cdot z^2 - 6 \cdot z + 3 = 0$$

sind $z_1 = 0.75 - 0.433j$, $z_2 = 0.75 + 0.433j$.

Die Lösung der homogenen Differenzengleichung ist dann:

$$x_{\text{h},k} = C_1 \cdot z_1^k + C_2 \cdot z_2^k.$$

Die partikuläre Lösung wird mit dem Ansatz nach Tabelle 11.4-1 für die Sprungfunktion $x_{\text{p},k} = A_1$ in die Differenzengleichung eingesetzt:

$$4 \cdot A_1 - 6 \cdot A_1 + 3 \cdot A_1 = w_k = 1, \quad \text{für} \quad k = 0, 1, 2, \ldots$$

$$x_{\text{p},k} = A_1 = 1.$$

Die Gesamtlösung wird durch Addition der Teillösungen bestimmt:

$$x_k = x_{\text{h},k} + x_{\text{p},k} = C_1 \cdot z_1^k + C_2 \cdot z_2^k + 1.$$

Aus den Anfangswerten der Differentialgleichung
$$x(t=0) = 0, \quad \frac{dx(t=0)}{dt} = 0,$$
folgen die Anfangswerte der Differenzengleichung:
$$x(kT=0) = x_0 = 0, \quad \frac{x(kT=T) - x(kT=0)}{T} = \frac{x_1 - x_0}{T} = 0, \quad x_1 = 0.$$
Damit ergeben sich zwei Gleichungen für die Konstanten C_1, C_2:
$$x_0 = C_1 \cdot z_1^0 + C_2 \cdot z_2^0 + 1 = C_1 + C_2 + 1 = 0,$$
$$x_1 = C_1 \cdot z_1^1 + C_2 \cdot z_2^1 + 1 = 0.$$
Die Auflösung der Gleichung liefert die Konstanten
$$C_1 = -0.5 - 0.289j, \quad C_2 = -0.5 + 0.289j,$$
und eingesetzt in die Gesamtlösung:
$$\boxed{x_k = 1 - e^{-0.144k} \cdot [\cos(0.524 \cdot k) + 0.577 \cdot \sin(0.524 \cdot k)]}.$$

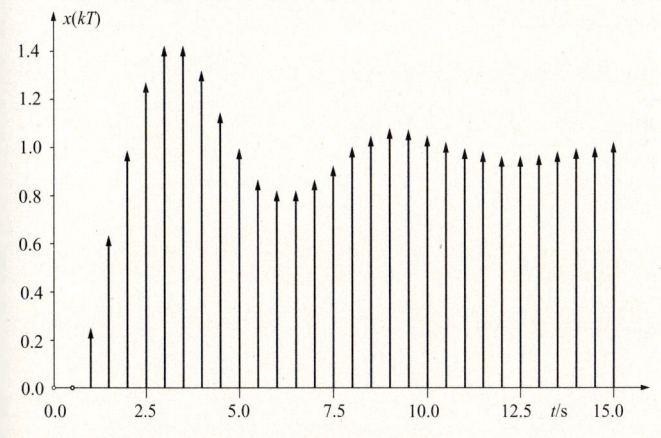

Bild 11.4-2: Lösung der Differenzengleichung mit $T = 0.5$ s

In Bild 11.4-2 ist die Lösung der Differenzengleichung angegeben. Das kontinuierliche Übertragungssystem mit der Dämpfung $D = 0.5$ hat eine Überschwingweite
$$\ddot{u} = e^{-\pi \cdot D / \sqrt{1-D^2}} = 16.3\,\%.$$
Für die Diskretisierungszeit $T = 0.5$ s ist der Maximalwert der Folge $x_{max} = x_4 = x_5 = 1.422$ ($\ddot{u} = 42.2\,\%$), für eine Berechnung mit $T = 0.1$ s ergibt sich $x_{max} = x_{35} = 1.196$ ($\ddot{u} = 19.6\,\%$).

11.4.4 Stabilität von Abtastsystemen im Zeitbereich

Entsprechend zur Stabilitätsdefinition bei kontinuierlichen linearen Regelungssystemen, kann auch bei Abtastsystemen von der Reaktion auf Anfangswerte (Auslenkungen aus dem stationären Betriebszustand, Ruhelage) ausgegangen werden. Zum Zeitpunkt $kT = 0$ ist eine Auslenkung aufgetreten. Wenn das Abtastsystem stabil sein soll, muß es von selbst in den stationären Betriebszustand zurückkehren. Die Stabilität eines

Abtastsystems wird durch das Verhalten gegenüber Anfangsauslenkungen definiert (mathematisch betrachtet, wie die Lösung der Differenzengleichung von den Anfangsbedingungen abhängt).

Ein Abtastsystem ist stabil, wenn die Lösung der homogenen Differenzengleichung

$$x_{\text{ah},k} = C_1 \cdot z_1^k + C_2 \cdot z_2^k + \ldots + C_n \cdot z_n^k$$

für $k \to \infty$ zu Null wird:

$$\left. x_{\text{ah},k} \right|_{k \to \infty} \to 0 \; .$$

Der Grenzwert der Folge ist nur dann Null, wenn alle $|z_i| < 1$ sind. Daraus läßt sich die **Stabilität einer Differenzengleichung** und damit auch die Stabilität eines abgetasteten Systems bestimmen:

Eine Differenzengleichung (Abtastsystem) ist stabil, wenn alle Nullstellen der charakteristischen Gleichung vom Betrag kleiner Eins sind: $|z_i| < 1$.

Beispiel 11.4-3: Zu ermitteln ist der Stabilitätsbereich für die Abtastzeit T eines Regelungssystems nach Beispiel 11.2-1 mit der Differenzengleichung

$$x_k = \left(1 - K_S \cdot \frac{T}{T_I}\right) \cdot x_{k-1} + K_S \cdot \frac{T}{T_I} \cdot w_{k-1}, \quad T_I = 1 \text{ s}, \quad K_S = 2.$$

Homogene Differenzengleichung:

$$x_k - \left(1 - K_S \cdot \frac{T}{T_I}\right) \cdot x_{k-1} = 0$$

Lösungsansatz:

$$x_{\text{h},k} = C_1 \cdot z^k, \quad x_{\text{h},k-1} = C_1 \cdot z^{k-1}$$

$$C_1 \cdot z^k - \left(1 - K_S \cdot \frac{T}{T_I}\right) \cdot C_1 \cdot z^{k-1} = 0$$

$$C_1 \cdot z^k \cdot \left(1 - \left(1 - K_S \cdot \frac{T}{T_I}\right) \cdot z^{-1}\right) = 0$$

Die Nullstelle der charakteristischen Gleichung ist:

$$z_1 = 1 - K_S \cdot \frac{T}{T_I}$$

Das Abtastsystem ist stabil, wenn $|z_1| < 1$ ist:

$$\left| 1 - K_S \cdot \frac{T}{T_I} \right| < 1.$$

Mit $K_S = 2$, $T_I = 1$ s und $T > 0$ ergibt sich der kritische Wert für die Abtastzeit T_{krit} zu

$$T_{\text{krit}} = 1 \text{ s}.$$

In Bild 11.4-3 ist die Sprungantwort der Regelgröße für $T = 0.05 \cdot T_{\text{krit}}$, T_{krit}, $1.1 \cdot T_{\text{krit}}$ dargestellt. Die berechnete Stellgröße y_k wird mit einem Halteglied gespeichert, so daß eine treppenförmige Stellgröße am Streckeneingang ansteht.

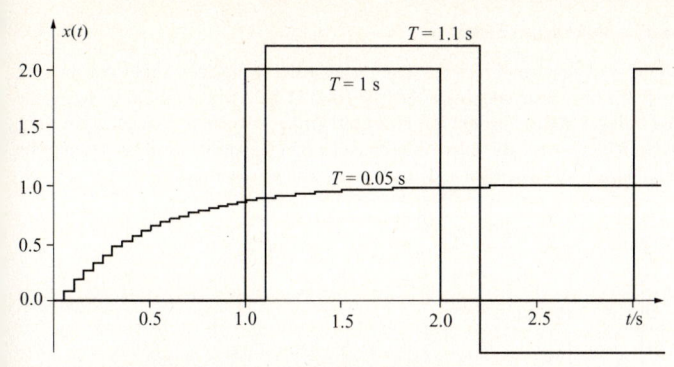

Bild 11.4-3: Stabilitätsverhalten von digitalen Regelkreisen

11.5 Mathematische Methoden zur Berechnung von digitalen Regelkreisen im Frequenzbereich

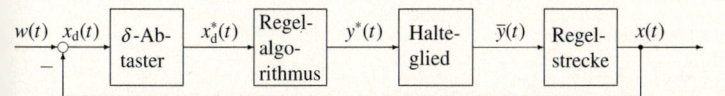

11.5.1 Technische und mathematische Grundfunktionen von digitalen Regelkreisen

11.5.1.1 Allgemeines

Für die Berechnung von digitalen Regelkreisen werden im Zeitbereich Differenzengleichungen eingesetzt. Entsprechend zur Lösung von Differentialgleichungen mit der LAPLACE-Transformation werden für digitale Regelkreise Differenzengleichungen mit der **z-Transformation** berechnet. Die z-Transformation wird auch als **diskrete LAPLACE-Transformation** bezeichnet. Die Grundfunktionen von digitalen Regelkreisen werden im weiteren mathematisch untersucht. Ausgangspunkt ist die Darstellung eines digitalen Regelkreises nach Bild 11.5-1. Die Regeldifferenz $x_d(t)$ wird abgetastet und analog-digital gewandelt.

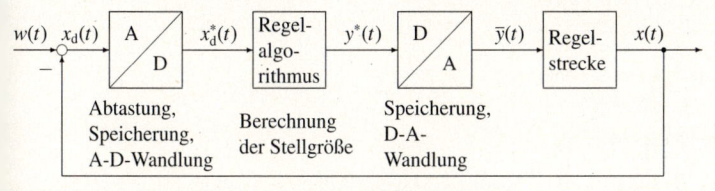

Bild 11.5-1: Technische Grundfunktionen von digitalen Reglern

Für Berechnungen mit der z-Transformation werden aus den Grundfunktionen von digitalen Regelkreisen die mathematischen Funktionen δ-Abtaster und Halteglied entwickelt (Bild 11.5-2).

Bild 11.5-2: Mathematische Grundfunktionen von digitalen Regelkreisen

Der **δ-Abtaster** beschreibt die Abtastung von kontinuierlichen Signalen, das **Halteglied** speichert die Impulsfolgefunktion der Stellgröße $y^*(t)$ über eine Abtastzeit T, so daß am Eingang der Regelstrecke eine zeitkontinuierliche Größe $\bar{y}(t)$ ansteht.

11.5.1.2 Abtastung von kontinuierlichen Signalen

Die Vorgänge bei der Abtastung von Signalen werden im weiteren **idealisiert** betrachtet. Vorausgesetzt wird, daß die Regeldifferenz x_d in Form einer Spannung $U_{xd}(t)$ vorliegt (Bild 11.5-3), wobei die Spannungsquelle für U_{xd} den Innenwiderstand Null hat. Abtastung und Halteelement werden mit dem Speicherelement Kondensator erklärt, wobei das Speicherelement vor jeder Abtastung gelöscht (entladen) wird. Die **technische Realisierung** der Grundfunktionen wird jedoch mit anderen Bauelementen verwirklicht.

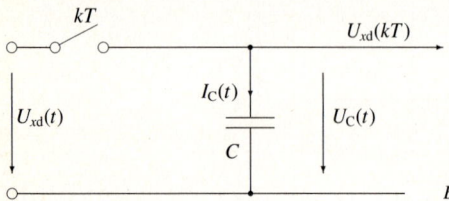

Bild 11.5-3: Abtastung der Regeldifferenz

Zum Zeitpunkt $t = 0$ ist der Kondensator C entladen, $U_C(t = 0) = 0$. Der Taster wird zur Zeit $k \cdot T = 0$ für eine unendlich kurze Zeit geschlossen. Die Spannung am Kondensator reagiert sprungförmig, $U_C(t = 0)$ geht von Null auf den Wert $U_{xd}(kT = 0)$:

$$U_C(t) = U_{xd}(kT = 0) \cdot E(t), \quad U_C(s) = U_{xd}(kT = 0) \cdot \frac{1}{s}.$$

Für den Strom $I_C(t)$ gilt:

$$I_C(t) = C \cdot \frac{dU_C(t)}{dt},$$

$$I_C(s) = C \cdot s \cdot U_C(s) = C \cdot s \cdot U_{xd}(kT = 0) \cdot \frac{1}{s} = C \cdot U_{xd}(kT = 0).$$

Die Rücktransformation von $I_C(s)$ ergibt einen DIRAC-Impuls:

$$I_C(t) = C \cdot U_{xd}(kT = 0) \cdot \delta(t),$$

mit

$$\delta(t) = \begin{cases} 0 & \text{für} \quad t < 0 \text{ und } t > 0 \\ \infty & \text{für} \quad t = 0 \end{cases}, \quad \int \delta(t) dt = 1, \quad L\{\delta(t)\} = 1.$$

Die Fläche des Stromimpulses ist

$$\int I_C(t) dt = C \cdot U_{xd}(kT = 0) \cdot \int \delta(t) dt = C \cdot U_{xd}(kT = 0),$$

proportional zur Spannung $U_{xd}(kT = 0)$. Für die nächste Abtastung wird der Speicher gelöscht, der Kondensator entladen. Es gilt dann mit $k = 1$ für die zweite Abtastung

$$I_C(t) = C \cdot U_{xd}(kT = 0) \cdot \delta(t) + C \cdot U_{xd}(kT = T) \cdot \delta(t - T)$$

und allgemein für alle Abtastzeitpunkte:

$$I_C(t) = C \cdot \sum_{k=0}^{\infty} U_{xd}(kT) \cdot \delta(t - kT).$$

$\delta(t - kT)$ ist die DIRAC-Funktion zum Zeitpunkt $t = kT$ mit

$$\delta(t - kT) = \begin{cases} 0 & \text{für} \quad t < kT \text{ und } t > kT \\ \infty & \text{für} \quad t = kT \end{cases}, \quad L\{\delta(t - kT)\} = 1 \cdot e^{-kTs}.$$

11.5 Mathematische Methoden für digitale Regelkreise im Frequenzbereich

Durch Normierung mit der Kapazität C entsteht:

$$\frac{I_C(t)}{C} = U_{xd}^*(t) = \sum_{k=0}^{\infty} U_{xd}(kT) \cdot \delta(t-kT) \, .$$

Der abgeleitete Zusammenhang wird verallgemeinert: Eine kontinuierliche Größe, zum Beispiel die Regeldifferenz $x_d(t)$, wird zu äquidistanten Zeitpunkten kT ($k = 0, 1, 2, \ldots$) abgetastet. Durch die Abtastung ensteht die

> **Impulsfolgefunktion**
> $$x_d^*(t) = \sum_{k=0}^{\infty} x_d(kT) \cdot \delta(t-kT) = \sum_{k=0}^{\infty} x_{d,k} \cdot \delta(t-kT)$$

Die Impulsfolgefunktion wird auch als Folge von δ-Impulsen, die mit der Eingangsgröße $x_d(t)$ moduliert ist, erklärt. Bei der Darstellung der Impulsfolgefunktion entspricht die **Pfeilhöhe** der **Impulsfläche** (Bild 11.5-4).

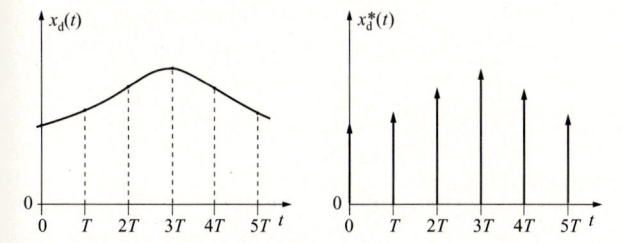

Bild 11.5-4: Darstellung der Impulsfolgefunktion

Das Abtastelement zur Erzeugung der Impulsfolgefunktion wird auch mit δ-**Abtaster** bezeichnet. In Signalflußplänen werden die Symbole nach Bild 11.5-5 verwendet.

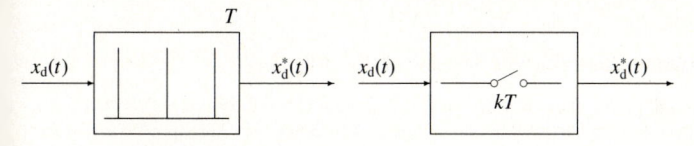

Bild 11.5-5: Signalflußsymbole für Abtastelemente

Auf die Impulsfolgefunktion

$$x_d^*(t) = \sum_{k=0}^{\infty} x_{d,k} \cdot \delta(t-kT)$$

wird die LAPLACE-Transformation angewendet. Mit Hilfe des Verschiebungssatzes der LAPLACE-Transformation ergibt sich für DIRAC-Impulse

$$L\{\delta(t)\} = 1, \, L\{\delta(t-T)\} = e^{-Ts}, \, L\{\delta(t-2T)\} = e^{-2Ts}, \, \ldots, \, L\{\delta(t-kT)\} = e^{-kTs},$$

und für die transformierte Impulsfolgefunktion:

$$x_d^*(s) = L\left\{\sum_{k=0}^{\infty} x_{d,k} \cdot \delta(t - kT)\right\} = \sum_{k=0}^{\infty} x_{d,k} \cdot e^{-kTs}.$$

Mit der Variablen

$$z = e^{Ts}, \quad z^{-1} = e^{-Ts}, \quad z^{-k} = e^{-kTs}$$

wird die Gleichung substituiert, damit ergibt sich die **z-Transformierte** der Impulsfolgefunktion der Regeldifferenz $x_d^*(t)$:

$$x_d(z) = \sum_{k=0}^{\infty} x_{d,k} \cdot z^{-k}.$$

11.5.1.3 Darstellung von zeitdiskreten Signalen durch Folgen

Für die Darstellung von abgetasteten Signalen wurden im vorhergehenden Abschnitt Zeitfunktionen verwendet. Für das Verständnis ist es leichter, wenn für die mathematische Formulierung von zeitdiskreten Signalen Folgen verwendet werden. Aus einem zeitkontinuierlichen Signal werden in äquidistanten Abständen T Werte entnommen:

$$x_d(kT) = x_d(t)\bigg|_{t=kT}, \quad k = 0, 1, 2, 3, \ldots.$$

Es entsteht eine Regeldifferenzenfolge:

$$\{x_d(kT)\} = \{x_{d,k}\} = x_d(0), x_d(T), x_d(2T), x_d(3T), \ldots$$
$$= x_{d,0}, x_{d,1}, x_{d,2}, x_{d,3}, \ldots$$

Mit der z-Transformation nach Abschnitt 11.5.2 wird eine Folge $x_{d,k}$ in eine Funktion $x_d(z)$ transformiert:

$$x_d(z) = \sum_{k=0}^{\infty} x_{d,k} \cdot z^{-k}.$$

11.5.1.4 Ausführung des Regelalgorithmus (Berechnung der Stellgröße)

Für die Berechnung von Stellgrößen im Zeitbereich wurden in Abschnitt 11.3 Differenzengleichungen eingesetzt. Aus der Eingangsgröße Regeldifferenz x_d, die für einige zurückliegende Abtastpunkte gespeichert wurde, konnte die Stellgröße

$$y_k = f(y_{k-1}, x_{d,k}, x_{d,k-1}, x_{d,k-2})$$

ermittelt werden. Mit Hilfe der z-Transformation kann entsprechend zur LAPLACE-Übertragungsfunktion die z-Übertragungsfunktion einer Differenzengleichung angegeben werden. Im Frequenzbereich der LAPLACE-Transformation wird eine Zeitverschiebung durch Multiplikation mit dem Verschiebungsoperator e^{-Ts} ersetzt. Eine Verschiebung um eine Abtastzeit entspricht bei der z-Transformation einer Multiplikation mit z^{-1}. In Abschnitt 11.5.2 werden weitere Eigenschaften der z-Transformation dargestellt.

Beispiel 11.5-1: Die Differenzengleichung für den Integralalgorithmus

$$y_k = y_{k-1} + K_I \cdot T \cdot x_{d,k-1}$$

wird mit der Transformationsvorschrift

$$y_k \to y(z), \quad y_{k-1} \to z^{-1} \cdot y(z), \quad x_{d,k-1} \to z^{-1} \cdot x_d(z)$$

transformiert:

$$y(z) = z^{-1} \cdot y(z) + K_I \cdot T \cdot z^{-1} \cdot x_d(z) \ .$$

Aus der z-Übertragungsfunktion $G_R(z)$ für den Regler

$$G_R(z) = \frac{y(z)}{x_d(z)} = \frac{K_I \cdot T \cdot z^{-1}}{1 - z^{-1}} = \frac{K_I \cdot T}{z - 1}$$

wird die Stellgröße $y(z)$ abgeleitet:

$$y(z) = G_R(z) \cdot x_d(z) = G_R(z) \cdot (w(z) - x(z)) \ .$$

Die Differenzengleichung des diskreten Regelalgorithmus wird durch die z-Transformation in eine Übertragungsfunktion überführt. Die Koeffizienten der Differenzengleichung sind in der Übertragungsfunktion enthalten.

11.5.1.5 Speicherung der diskreten Stellgröße (Halteglied)

Mit dem Regler wird die Stellgrößenfolge $y(kT)$ berechnet. Der Stellgrößenwert $y(kT)$ muß über eine Abtastperiode gespeichert werden, damit am Eingang der Regelstrecke ein zeitkontinuierliches Signal anliegt. Der Digital-Analog-Wandler speichert die Ausgangsgröße (Bild 11.1-6). Die Speicherung wird mathematisch mit einem **Halteglied** beschrieben. Für die folgende Betrachtung wird die Speicherung der Impulsfolgefunktion mit einem Kondensator vorgenommen, der vor jeder Abtastung entladen wird. In der technischen Ausführung wird die Speicherung digital realisiert.

Um die Darstellung der Haltefunktion zu vereinfachen, wird angenommen, daß die Regeldifferenz mit dem Faktor Eins verstärkt wird, das entspricht einem Proportional-Regelalgorithmus mit der Reglerverstärkung $K_R = 1$. Es gilt dann

$$U_y(kT) = K_R \cdot U_{xd}(kT) = U_{xd}(kT) \ .$$

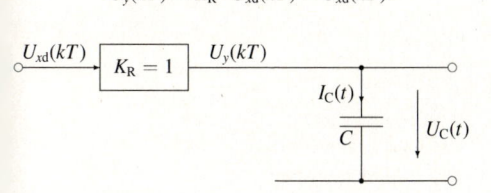

Bild 11.5-6: Halteglied

Ausgegangen wird von der **Impulsfolgefunktion** in nichtnormierter Darstellung:

$$I_C(t) = C \cdot \sum_{k=0}^{\infty} U_{xd}(kT) \cdot \delta(t - kT), \quad U_y(kT) = U_{xd}(kT) \ .$$

Zum Zeitpunkt $t = 0$ ist der Kondensator C entladen, $U_C(t = 0) = 0$. Die Impulsfolge wird mit einem Kondensator gespeichert, die Spannung U_y am Speicherelement für die erste **Abtastperiode** mit $0 < t < T$ ist dann:

$$U_y(t) = \frac{1}{C} \int I_C(t) \mathrm{d}t = \frac{1}{C} \int C \cdot U_y(kT = 0) \cdot \delta(t) \mathrm{d}t = U_{y,0} \cdot E(t) \ .$$

Die Spannung ist eine Sprungfunktion, die zur Zeit $kT = 0$ aufgeschaltet wird:

$$U_y(t) = U_{y,0} \cdot E(t), \quad U_y(s) = U_{y,0} \cdot \frac{1}{s} \ .$$

Vor der nächsten Abtastung wird der Kondensator entladen. Es gilt dann für $U_y(t)$ innerhalb der ersten Abtastperiode:

$$U_y(t) = U_{y,0} \cdot E(t) - U_{y,0} \cdot E(t-T) = U_{y,0} \cdot (E(t) - E(t-T)),$$

$$U_y(s) = U_{y,0} \cdot \frac{1}{s} - U_{y,0} \cdot \frac{e^{-Ts}}{s} = \frac{1 - e^{-Ts}}{s} \cdot U_{y,0}.$$

In Bild 11.5-7 sind Spannungsverlauf $U_y(t)$ und die Teilfunktionen für die erste Abtastperiode dargestellt.

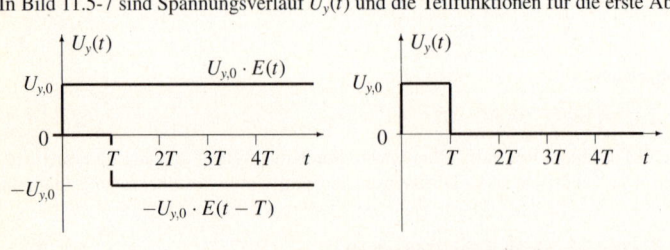

Bild 11.5-7: Teilfunktionen und Spannungsverlauf von $U_y(t)$ während der ersten Abtastperiode

Die Spannung U_y am Speicherelement für die zweite Abtastperiode mit $T < t < 2T$ ist:

$$U_y(t) = \frac{1}{C} \int I_C(t) \mathrm{d}t = \frac{1}{C} \int C \cdot U_y(kT = T) \cdot \delta(t-T) \mathrm{d}t = U_{y,1} \cdot E(t-T).$$

Für die mathematische Darstellung der Spannung in der zweiten Abtastperiode gilt entsprechend (Bild 11.5-8):

$$U_y(t) = U_{y,1} \cdot E(t-T) - U_{y,1} \cdot E(t-2T) = U_{y,1} \cdot (E(t-T) - E(t-2T)),$$

$$U_y(s) = U_{y,1} \cdot \frac{e^{-Ts}}{s} - U_{y,1} \cdot \frac{e^{-2Ts}}{s} = \frac{e^{-Ts} - e^{-2Ts}}{s} \cdot U_{y,1}.$$

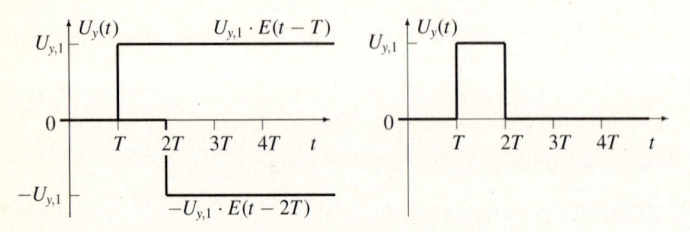

Bild 11.5-8: Teilfunktionen und Spannungsverlauf von $U_y(t)$ während der zweiten Abtastperiode

Die Spannung am Speicherelement wird durch folgende Funktion dargestellt:

$$U_y(t) = \sum_{k=0}^{\infty} U_{y,k} \left[E(t-kT) - E(t-(k+1)T) \right],$$

$$U_y(s) = \sum_{k=0}^{\infty} U_{y,k} \cdot \left[\frac{e^{-kTs}}{s} - \frac{e^{-(k+1)Ts}}{s} \right] = \frac{1 - e^{-Ts}}{s} \cdot \sum_{k=0}^{\infty} U_{y,k} \cdot e^{-kTs}.$$

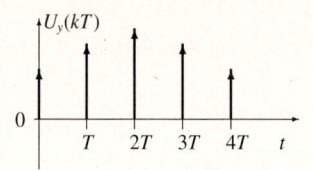

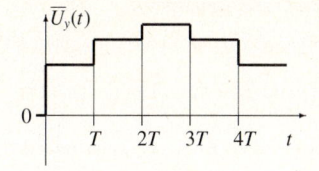

Bild 11.5-9: *Impulsfolgefunktion $U_y(kT)$ und Treppenfunktion $\overline{U}_y(t)$*

Der Zusammenhang kann verallgemeinert werden: Die Speicherung einer zeitdiskreten Größe, zum Beispiel der Stellgröße $y(kT)$, wird mit einem Halteelement durchgeführt. Durch die Speicherung entsteht die Treppenfunktion $\overline{y}(t)$:

$$\overline{y}(t) = \sum_{k=0}^{\infty} y_k \cdot [E(t-kT) - E(t-(k+1)T)] \;,$$

$$\overline{y}(s) = \frac{1-e^{-Ts}}{s} \sum_{k=0}^{\infty} y(kT) \cdot e^{-kTs} = \frac{1-e^{-Ts}}{s} y^*(s) \;.$$

Die Treppenfunktion der Stellgröße im Frequenzbereich besteht aus der Übertragungsfunktion des Halteelements

$$G_H(s) = \frac{\overline{y}(s)}{y^*(s)} = \frac{1-e^{-Ts}}{s}$$

und der Impulsfolgefunktion der Stellgröße

$$y^*(s) = \sum_{k=0}^{\infty} y(kT) \cdot e^{-kTs} \;.$$

Die Haltefunktion wird direkt im Signalflußplan angegeben (Bild 11.5-10).

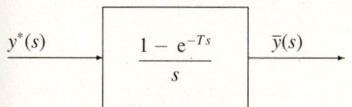

Bild 11.5-10: *Signalflußsymbol der Haltefunktion*

11.5.2 z-Transformation

11.5.2.1 Einleitung

Die Lösung von Differentialgleichungen mit kontinuierlichen Eingangsgrößen wird mit der LAPLACE-Transformation vereinfacht. Für die Berechnung von Impuls- und Zahlenfolgen, die bei der Abtastung von Signalen erzeugt werden, hat die z-Transformation die gleiche Bedeutung.

> Die **z-Transformation** transformiert eine Impulsfolgefunktion $f^*(t)$ oder eine Zahlenfolge f_k in eine Funktion $f(z)$ der komplexen Variablen z. Das Ziel ist, Berechnungen, die mit Impulsfunktionen oder Folgen aufwendig sind, durch einfachere Berechnungen im Bildbereich der Transformation auszuführen.

Die z-Transformation von Impulsfolgefunktionen kann als diskrete LAPLACE-Transformation aufgefaßt werden.

11.5.2.2 Definition der z-Transformation

Die Abtastung der Regeldifferenz $x_d(t)$ liefert nach Abschnitt 11.5.1.2 die Impulsfolgefunktion

$$x_d^*(t) = \sum_{k=0}^{\infty} x_d(kT) \cdot \delta(t - kT) = \sum_{k=0}^{\infty} x_{d,k} \cdot \delta(t - kT).$$

Auf die Impulsfolgefunktion wird die LAPLACE-Transformation angewendet:

$$x_d^*(s) = L\left\{\sum_{k=0}^{\infty} x_d(kT) \cdot \delta(t - kT)\right\} = \int_0^{\infty} \sum_{k=0}^{\infty} x_{d,k} \cdot \delta(t - kT) \cdot e^{-st} dt.$$

Der DIRAC-Impuls hat zu den Abtastzeitpunkten $t = k \cdot T$ unendlich große Werte, die Impulsdauer geht gegen Null, die Integration liefert die Fläche Eins. Die Auswertung des Integrals ergibt daher nur für die Abtastzeitpunkte kT Werte $x_{d,k} \cdot e^{-kTs}$, die zu einer Summe zusammengefaßt werden können:

$$x_d^*(s) = \int_0^{\infty} \sum_{k=0}^{\infty} x_{d,k} \cdot \delta(t - kT) \cdot e^{-st} dt = \sum_{k=0}^{\infty} x_{d,k} \cdot e^{-kTs}.$$

Mit der Variablen $z = e^{Ts}$ und entsprechend $z^{-k} = e^{-kTs}$ wird die Gleichung vereinfacht, damit ergibt sich die *z*-**Transformierte** der Regeldifferenz $x_d(t)$:

$$Z\{x_d(kT)\} = x_d(z) = \sum_{k=0}^{\infty} x_{d,k} \cdot z^{-k}.$$

> Bei der LAPLACE-Transformation von Impulsfolgefunktionen geht die Integration in eine Summation über.

Die z-Transformation wird im allgemeinen auf Folgen angewendet (Abschnitt 11.5.1.3): Eine Wertefolge $f(kT) = f_k, k = 0, 1, 2, \ldots$, die durch Abtastung eines Signals $f(t)$ mit der Abtastzeit T entsteht, läßt sich durch ihre z-Transformierte $f(z)$ darstellen:

> $$Z\{f(kT)\} = Z\{f_k\} = f(z) = \sum_{k=0}^{\infty} f_k \cdot z^{-k}.$$

Für den Zusammenhang zwischen LAPLACE- und z-Transformation gilt:

> Die z-Transformierte $f(z)$ der Wertefolge f_k ist gleich der LAPLACE-Transformierten der Impulsfolgefunktion $f^*(t)$:
> $$f(z) = Z\{f_k\} = Z\{f(kT)\} = L\{f^*(t)\}, \quad z = e^{Ts}.$$

Für alle Impulsfolgefunktionen oder Wertefolgen, die für die Regelungstechnik von Bedeutung sind, konvergiert die Transformation, das heißt, die Summe hat einen Grenzwert. Im weiteren werden bei den Berechnungen Folgen untersucht. Die z-Transformation wird mit Z abgekürzt, die inverse z-Transformation mit Z^{-1}.

Beispiel 11.5-2: Die z-Transformierte der Führungssprungfunktion ist zu ermitteln:

$$w(t) = E(t).$$

Durch Abtastung entsteht die konstante Wertefolge

$$w(kT) = w_k = 1, \quad k = 0, 1, 2, 3, \ldots$$

11.5 Mathematische Methoden für digitale Regelkreise im Frequenzbereich

oder die Impulsfolgefunktion

$$w^*(t) = \sum_{k=0}^{\infty} w_k \cdot \delta(t - kT).$$

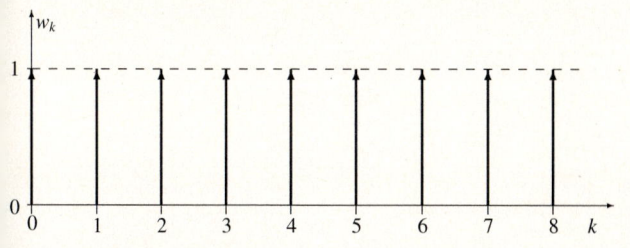

Bild 11.5-11: Wertefolge der Einheitssprungfunktion

Die z-Transformierte ist dann:

$$Z\{w_k\} = w(z) = \sum_{k=0}^{\infty} w_k \cdot z^{-k} = \sum_{k=0}^{\infty} z^{-k}.$$

Zur Berechnung einer geometrischen Reihe geht man üblicherweise von den Teilsummen

$$z \cdot S = z \cdot \sum_{k=0}^{n} z^{-k} = z + 1 + z^{-1} + z^{-2} + z^{-3} + \ldots + z^{-n+1},$$

$$S = \sum_{k=0}^{n} z^{-k} = 1 + z^{-1} + z^{-2} + z^{-3} + \ldots + z^{-n+1} + z^{-n},$$

aus und bildet die Differenz von erster und zweiter Teilsumme:

$$(z-1) \cdot S = (z-1) \cdot \sum_{k=0}^{n} z^{-k} = z - z^{-n}.$$

Damit ist

$$\sum_{k=0}^{n} w_k \cdot z^{-k} = \sum_{k=0}^{n} z^{-k} = \frac{z - z^{-n}}{z - 1}.$$

Der Grenzwert von z^{-n} für $n \to \infty$ und $|z| > 1$ (Konvergenz) ist Null, damit ist die z-Transformierte der Einheitssprungfunktion:

$$\lim_{n \to \infty} \frac{z - z^{-n}}{z - 1} = \frac{z}{z - 1}, \quad Z\{w_k\} = w(z) = \sum_{k=0}^{\infty} w_k \cdot z^{-k} = \frac{z}{z - 1}.$$

Beispiel 11.5-3: Die z-Transformierte von $w(t) = e^{-\frac{t}{T_1}} \cdot E(t)$ ist zu ermitteln. $w(t)$ hat die Wertefolge

$$w(kT) = w_k = e^{-\frac{kT}{T_1}}.$$

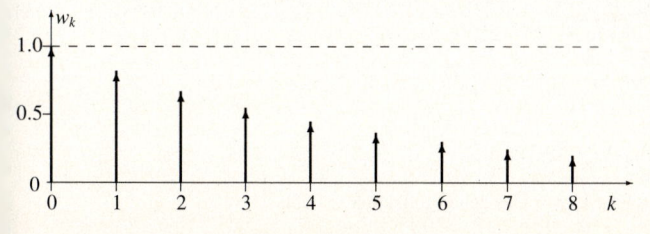

Bild 11.5-12: Wertefolge der Exponentialfunktion

Die z-Transformierte ist dann:
$$w(z) = \sum_{k=0}^{\infty} w_k \cdot z^{-k} = \sum_{k=0}^{\infty} e^{-\frac{kT}{T_1}} \cdot z^{-k}.$$

Substituiert man
$$z' = z \cdot e^{\frac{T}{T_1}}, \quad (z')^{-k} = z^{-k} \cdot e^{-\frac{kT}{T_1}}$$

so wird mit Beispiel 11.5-2:
$$w(z) = Z\left\{e^{-\frac{kT}{T_1}}\right\} = \sum_{k=0}^{\infty} (z')^{-k} = \frac{z'}{z'-1} = \frac{z \cdot e^{\frac{T}{T_1}}}{z \cdot e^{\frac{T}{T_1}} - 1}.$$

Damit ist
$$w(z) = Z\{w(kT)\} = Z\left\{e^{-\frac{kT}{T_1}}\right\} = \frac{z}{z - e^{-\frac{T}{T_1}}}.$$

11.5.2.3 Rechenregeln der z-Transformation

Transformation und Rücktransformation werden im allgemeinen mit Hilfe von **Tabellen** (Abschnitt 11.5.2.4) durchgeführt. Mit Rechenregeln werden Transformationspaare ermittelt, die nicht tabelliert sind. Für alle Rechenregeln und Transformationen gilt:

$$\boxed{f(t) = 0, \quad f^*(t) = 0 \text{ für } t < 0 \quad \text{und} \quad f_k = f(kT) = 0 \text{ für } k < 0}$$

Linearität: Die z-Transformation ist linear. Es gelten daher Verstärkungs- und Überlagerungsprinzip:

$$\boxed{\begin{array}{l} Z\{a \cdot f_k\} = a \cdot Z\{f_k\} = a \cdot f(z), \\ Z\{f_{1,k} \pm f_{2,k}\} = Z\{f_{1,k}\} \pm Z\{f_{2,k}\} = f_1(z) \pm f_2(z) \end{array}}$$

Beispiel 11.5-4: Die z-Transformierte der Wertefolge
$$f_k = 2 \cdot E(kT) + \frac{kT}{T_0}$$

ist für $\dfrac{T}{T_0} = 0.5$ zu bestimmen.

$$f(z) = Z\left\{2 \cdot E(kT) + \frac{kT}{T_0}\right\} = 2 \cdot Z\{E(kT)\} + Z\left\{\frac{kT}{T_0}\right\}$$
$$= 2 \cdot \frac{z}{z-1} + \frac{T \cdot z}{T_0 \cdot (z-1)^2} = \frac{2 \cdot z^2 + \left(\dfrac{T}{T_0} - 2\right) \cdot z}{(z-1)^2} = \frac{2 \cdot z^2 - 1.5 \cdot z}{(z-1)^2}.$$

Ähnlichkeitssatz, Dämpfungssatz: Mit dem Ähnlichkeitssatz kann die z-Transformierte einer mit a^k multiplizierten Folge $f(kT)$ bestimmt werden, vorausgesetzt ist dabei, daß $Z\{f(kT)\}$ bekannt ist.

$$\boxed{Z\{a^k \cdot f(kT)\} = f\left[\frac{z}{a}\right]}$$

Der Sonderfall für $a^k = e^{\alpha kT} = (e^{\alpha T})^k$

$$\boxed{Z\{e^{\alpha kT} \cdot f(kT)\} = f(z \cdot e^{-\alpha T})}$$

wird als **Dämpfungssatz** bezeichnet, α ist eine beliebige komplexe Zahl.

11.5 Mathematische Methoden für digitale Regelkreise im Frequenzbereich

Beispiel 11.5-5: Die z-Transformierte der mit b^{kT} multiplizierten Sprungfunktion ist zu berechnen. Die z-Transformierte der Sprungfunktion ist:

$$f(z) = \frac{z}{z-1}.$$

Mit $a^k = (b^T)^k$ eingesetzt ergibt sich:

$$Z\{b^{kT} \cdot 1\} = \frac{\frac{z}{b^T}}{\frac{z}{b^T} - 1} = \frac{z}{z - b^T}.$$

Beispiel 11.5-6: Die z-Transformierte der gedämpften Folge

$$e^{-\alpha kT} \cdot \sin(\omega kT)$$

ist zu berechnen. Die z-Transformierte der Sinusfolge ist nach Tabelle 11.5-7:

$$f(kT) = \sin(\omega kT), \quad f(z) = \frac{z \sin(\omega T)}{z^2 - 2z\cos(\omega T) + 1}.$$

z wird durch $z \cdot e^{\alpha T}$ substituiert. Die Transformation ist dann

$$f(kT) = e^{-\alpha kT} \sin(\omega kT),$$

$$f(z) = \frac{z \cdot e^{\alpha T} \sin(\omega T)}{z^2 \cdot e^{2\alpha T} - 2 \cdot z \cdot e^{\alpha T}\cos(\omega T) + 1} = \frac{z \cdot e^{-\alpha T} \sin(\omega T)}{z^2 - 2 \cdot z \cdot e^{-\alpha T}\cos(\omega T) + e^{-2\alpha T}}.$$

Multiplikationssatz: Für die Ermittlung von z-Transformationspaaren ist der Multiplikationssatz von Bedeutung. Ist für eine Folge $f(kT)$ die z-Transformierte bereits bekannt, so lassen sich weitere Transformationspaare durch Multiplikation der Ableitung mit $-z \cdot T$ bestimmen:

$$\boxed{Z\{kT \cdot f(kT)\} = -z \cdot T \cdot \frac{d}{dz}[f(z)]}.$$

Beispiel 11.5-7: Für die Sprungfunktion wurde die z-Transformierte ermittelt (Abschnitt 11.5.2):

$$f_1(t) = E(t), \quad f_{1,k} = 1^k = 1, \quad f_1(z) = \frac{z}{z-1}.$$

Die z-Transformierte der Funktion

$$f_2(t) = t \cdot f_1(t) = t \cdot E(t), \quad f_{2,k} = kT,$$

wird mit dem Multiplikationssatz berechnet:

$$Z\{f_2(kT)\} = Z\{kT \cdot f_1(kT)\} = -T \cdot z \cdot \frac{d}{dz}[f_1(z)]$$

$$= -T \cdot z \frac{d}{dz}\left[\frac{z}{z-1}\right] = \frac{T \cdot z}{(z-1)^2}.$$

Divisionssatz: Wird eine Folge $f(kT)$, deren z-Transformierte bekannt ist, durch kT dividiert, so kann die z-Transformierte von $\frac{f_k}{kT}$ mit dem Divisionssatz ermittelt werden:

$$\boxed{Z\left\{\frac{f(kT)}{kT}\right\} = \frac{1}{T}\int_z^\infty \frac{f(\zeta)}{\zeta}d\zeta}.$$

Rechtsverschiebung: Eine Impulsfolge $f_{1,k}$ soll um n Abtastschritte nach rechts verschoben werden.

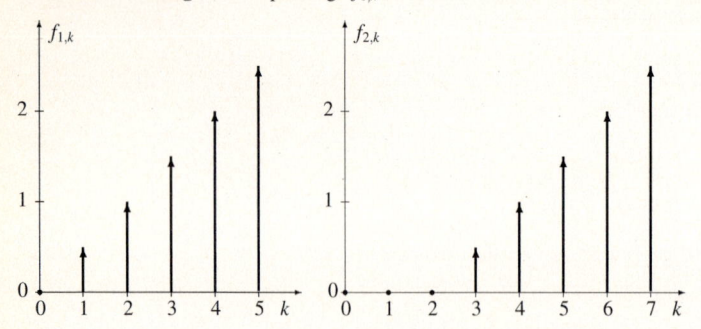

Bild 11.5-13: Verschiebung einer Folge um zwei Abtastschritte nach rechts

Die Rechtsverschiebung eines Impulses um einen Abtastschritt im Zeitbereich wird im Frequenzbereich durch Multiplikation mit e^{-Ts} durchgeführt. Die z-Transformierte wird entsprechend zur Definition mit z^{-1} multipliziert. Eine Verschiebung um n Abtastschritte führt zu einer Multiplikation mit z^{-n}. Für die Impulsfolge nach Bild 11.5-13 ist dann:

$$f_2(z) = z^{-2} \cdot f_1(z) \,.$$

z^{-1} wird auch als **Verschiebungsoperator** bezeichnet. Für die z-Transformierte einer nach rechts verschobenen Impulsfolge gilt:

$$\boxed{Z\{f_{k-n}\} = Z\{f(kT - nT)\} = z^{-n} \cdot Z\{f(kT)\} = z^{-n} \cdot f(z)}\,.$$

Die Rechtsverschiebung wird bei der Realisierung von Regelalgorithmen benötigt, die auf Werte von zurückliegenden Abtastzeitpunkten zugreifen. Beispielsweise wird der Wert der Regeldifferenz $x_d(kT - T) = x_{d,k-1}$ benötigt. Beim Übergang von Abtastschritt $k-1$ zum Schritt k wird der Wert der Regeldifferenz gespeichert und steht für die Berechnung des aktuellen Stellwerts y_k zur Verfügung.

Beispiel 11.5-8: Für den PID-Regelalgorithmus mit allgemeinen Koeffizienten

$$y_k = a_1 \cdot y_{k-1} + b_0 \cdot x_{d,k} + b_1 \cdot x_{d,k-1} + b_2 \cdot x_{d,k-2}$$

ist die z-Transformierte der Stellgröße und die z-Übertragungsfunktion des Reglers $G_R(z)$ zu bestimmen, wobei die Anfangswerte Null sein sollen:

$$\begin{aligned}
Z\{y_k\} &= Z\{a_1 \cdot y_{k-1} + b_0 \cdot x_{d,k} + b_1 \cdot x_{d,k-1} + b_2 \cdot x_{d,k-2}\},\\
y(z) &= a_1 \cdot z^{-1} y(z) + b_0 \cdot x_d(z) + b_1 \cdot z^{-1} x_d(z) + b_2 \cdot z^{-2} x_d(z),\\
y(z) &= \frac{b_0 + b_1 \cdot z^{-1} + b_2 \cdot z^{-2}}{1 - a_1 \cdot z^{-1}} \cdot x_d(z) = \frac{b_0 \cdot z^2 + b_1 \cdot z + b_2}{z^2 - a_1 \cdot z} \cdot x_d(z)\\
&= G_R(z) \cdot x_d(z)\,.
\end{aligned}$$

Linksverschiebung: Bei Linksverschiebung einer Impulsfolge um n Abtastschritte fallen die ersten n Werte der Funktion $f_{1,k}$ weg, da die z-Transformierte nur für $k > 0$ definiert ist.

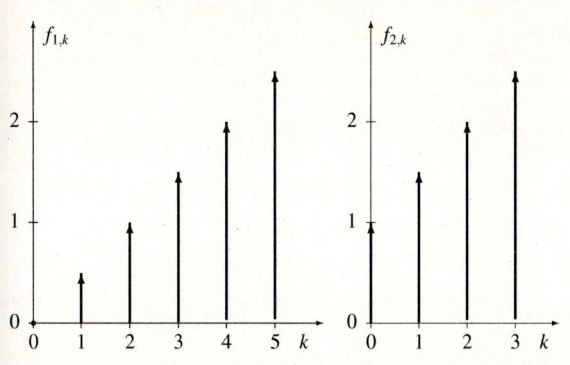

Bild 11.5-14: Verschiebung einer Folge um zwei Abtastschritte nach links

Eine Linksverschiebung um n Abtastschritte führt zu einer Multiplikation mit z^n, die n ersten Werte sind zu subtrahieren. Für die Impulsfolge nach Bild 11.5-14 erhält man:

$$f_2(z) = z^2 \left[f_1(z) - f_1(0) - f_1(1) \cdot z^{-1} \right].$$

Für die z-Transformierte einer nach links verschobenen Impulsfolge gilt:

$$\boxed{Z\{f_{k+n}\} = Z\{f(kT + nT)\} = z^n \cdot \left[f(z) - \sum_{i=0}^{n-1} f(iT) z^{-i} \right].}$$

Rückwärtsdifferenz: Die z-Transformierte der Differenz

$$Z\{f(kT) - f(kT - T)\} = Z\{f_k - f_{k-1}\}$$

führt mit Anwendung der Rechtsverschiebung

$$f(z) - z^{-1} \cdot f(z) = (1 - z^{-1}) \cdot f(z) = \frac{z-1}{z} \cdot f(z)$$

zu der Rechenregel für die Rückwärtsdifferenz:

$$\boxed{Z\{f_k - f_{k-1}\} = Z\{f(kT) - f(kT - T)\} = \frac{z-1}{z} \cdot f(z).}$$

Beispiel 11.5-9:   Dividiert man die Rückwärtsdifferenz

$$x_{d,k} - x_{d,k-1}$$

durch die Abtastzeit T, so erhält man nach Multiplikation mit der Differenzierverstärkung K_D die z-Übertragungsfunktion des Differentialalgorithmus Typ I nach Abschnitt 11.2.3.3:

$$y_k = \frac{K_D}{T} \cdot (x_{d,k} - x_{d,k-1}), \quad y(z) = \frac{K_D}{T} \cdot \frac{z-1}{z} \cdot x_d(z) = G_R(z) \cdot x_d(z).$$

Vorwärtsdifferenz: Die z-Transformierte der Differenz

$$Z\{f(kT + T) - f(kT)\} = Z\{f_{k+1} - f_k\}$$

wird mit dem Satz für die Linksverschiebung berechnet:

$$z \cdot (f(z) - f(0)) - f(z) = (z - 1) \cdot f(z) - z \cdot f(0).$$

Die Rechenregel für die Vorwärtsdifferenz ist:

$$Z\{f_{k+1} - f_k\} = Z\{f(kT + T) - f(kT)\} = (z - 1) \cdot f(z) - z \cdot f(0)$$

Summation: Die Teilsummen von Folgen können mit dem Summationssatz bestimmt werden:

$$Z\left\{\sum_{i=0}^{k} f_i\right\} = Z\left\{\sum_{i=0}^{k} f(iT)\right\} = \frac{z}{z-1} \cdot f(z)$$

Faltungssatz: Die z-Transformierte der Faltung von zwei Folgen ist gleich dem Produkt der z-Transformierten der Folgen:

$$Z\{f_1(kT) * f_2(kT)\} = Z\left\{\sum_{i=0}^{k} f_1(iT) \cdot f_2(kT - iT)\right\} = f_1(z) \cdot f_2(z)$$

Werden zeitdiskrete Systeme durch Differenzengleichungen angegeben, so kann die z-Übertragungsfunktion ermittelt werden. Bei der Rücktransformation der LAPLACE-Übertragungsfunktion $G(s)$ entsteht die Gewichtsfunktion $g(t)$, entsprechend ergibt sich die Gewichtsfolge $g_k = g(kT)$ durch Rücktransformation der z-Übertragungsfunktion $G(z)$. Ist die Eingangsgröße vorgegeben, so berechnet sich die Ausgangsgröße nach dem Faltungssatz aus dem Produkt von z-Übertragungsfunktion $G(z)$ mit der z-Transformierten der Eingangsgröße.

Beispiel 11.5-10: Ein PID-Regelalgorithmus mit allgemeinen Koeffizienten wird mit der Differenzengleichung

$$y_k = a_1 \cdot y_{k-1} + b_0 \cdot x_{d,k} + b_1 \cdot x_{d,k-1} + b_2 \cdot x_{d,k-2}$$

angegeben. Die Stellgröße $y(z)$ ist zu bestimmen, wobei $x_{d,k}$ als Sprungfolge aufgeschaltet wird, die Anfangswerte sind Null:

$$x_{d,k} = 1^k = 1, \quad k = 0, 1, 2, \ldots, \quad x_d(z) = \frac{z}{z-1}.$$

Berechnung der z-Übertragungsfunktion nach Beispiel 11.5-8:

$$G_R(z) = \frac{b_0 + b_1 \cdot z^{-1} + b_2 \cdot z^{-2}}{1 - a_1 \cdot z^{-1}} = \frac{b_0 \cdot z^2 + b_1 \cdot z + b_2}{z^2 - a_1 \cdot z}.$$

Für die Stellgröße $y(z)$ erhält man:

$$y(z) = Z\{g_{R,k} * x_{d,k}\} = G_R(z) \cdot x_d(z) = \frac{b_0 \cdot z^2 + b_1 \cdot z + b_2}{z^2 - a_1 \cdot z} \cdot \frac{z}{z-1}.$$

Entsprechend zur LAPLACE-Transformation existieren auch für die z-Transformation Grenzwertsätze, die den Zusammenhang von Anfangs- und Endwert im Zeitbereich mit den Grenzwerten des Bildbereichs herstellen.

Anfangswertsatz: Der Anfangswert $f(0)$ einer Zahlenfolge $f(kT)$ ist:

$$f_0 = f(kT = 0) = \lim_{z \to \infty} f(z)$$

Endwertsatz: Der Endwert $f(\infty)$ einer Zahlenfolge $f(kT)$ kann nur dann bestimmt werden, wenn der Endwert existiert:

$$f_\infty = f(kT \to \infty) = \lim_{z \to 1+} (z - 1) \cdot f(z)$$

11.5 Mathematische Methoden für digitale Regelkreise im Frequenzbereich

$z \to 1+$ gibt an, daß der rechtsseitige Grenzwert zu bilden ist. Im allgemeinen ist $f(z)$ eine gebrochen rationale Funktion. Der Endwertsatz gilt dann, wenn alle Nullstellen des Nenners (Polstellen der Funktion $f(z)$) vom Betrag kleiner Eins sind, eine einfache Nullstelle mit $z_1 = 1$ ist zugelassen.

Die Grenzwertsätze werden unter anderem für die Berechnung der stationären Größen von Regelkreisen benötigt. Wichtig ist der Endwertsatz für die Berechnung der **bleibenden Regeldifferenz** $x_d(t \to \infty)$.

Beispiel 11.5-11: Für einen Regelkreis (Beispiel 11.4-1) wurde die Differenzengleichung der Regelgröße ermittelt. Der Endwert der Regelgrößenfolge x_k ist für Sprungaufschaltung zu bestimmen:

$$x_k = 1.5 \cdot x_{k-1} - 0.625 \cdot x_{k-2} + 0.5 \cdot w_{k-1} - 0.375 \cdot w_{k-2}.$$

z-Transformation der Differenzengleichung:

$$x(z) = 1.5 \cdot x(z) \cdot z^{-1} - 0.625 \cdot x(z) \cdot z^{-2} + 0.5 \cdot w(z) \cdot z^{-1} - 0.375 \cdot w(z) \cdot z^{-2},$$

z-Übertragungsfunktion:

$$x(z) \cdot (1 - 1.5 \cdot z^{-1} + 0.625 \cdot z^{-2}) = w(z) \cdot (0.5 \cdot z^{-1} - 0.375 \cdot z^{-2}),$$

$$G(z) = \frac{x(z)}{w(z)} = \frac{0.5 \cdot z^{-1} - 0.375 \cdot z^{-2}}{1 - 1.5 \cdot z^{-1} + 0.625 \cdot z^{-2}} = \frac{0.5 \cdot z - 0.375}{z^2 - 1.5 \cdot z + 0.625},$$

z-Transformierte $w(z), x(z)$:

$$w_k = 1, \quad w(z) = \frac{z}{z-1}, \quad x(z) = G(z) \cdot w(z) = \frac{0.5 \cdot z - 0.375}{z^2 - 1.5 \cdot z + 0.625} \cdot \frac{z}{z-1},$$

Endwert $x_\infty = x(kT \to \infty)$:

$$x(kT \to \infty) = \lim_{z \to 1+}(z-1) \cdot x(z) = \lim_{z \to 1+} \frac{(z-1) \cdot (0.5 \cdot z^2 - 0.375 \cdot z)}{(z^2 - 1.5 \cdot z + 0.625) \cdot (z-1)}$$

$$= \lim_{z \to 1+} \frac{0.5 \cdot z^2 - 0.375 \cdot z}{z^2 - 1.5 \cdot z + 0.625} = \frac{0.125}{0.125} = 1.$$

Die Regelgröße erreicht den Sollwert Eins für $kT \to \infty$, der Regelkreis hat keine bleibende Regeldifferenz:

$$x_d(kT \to \infty) = w(kT \to \infty) - x(kT \to \infty) = 1 - 1 = 0.$$

11.5.2.4 Tabellen zur z-Transformation

Tabelle 11.5-1 enthält Rechenregeln zur z-Transformation. Für Funktionen, die für die Regelungstechnik von Bedeutung sind, werden in Tabelle 11.5-2 bis 11.5-8 kontinuierliche und abgetastete Zeitfunktionen, die als Abtastfolgen angegeben sind, den zugehörigen LAPLACE- und z-Transformierten gegenübergestellt. Die Transformationspaare sind nach folgenden Gruppen geordnet:

- Elementarfunktionen und normierte Einheitsfunktionen,
- Exponentialfunktionen zur allgemeinen Basis,
- Exponentialfunktionen zur Basis e (e-Funktionen), hyperbolische Funktionen,
- harmonische Funktionen, harmonische Funktionen mit Exponentialfunktionen,
- spezielle Folgen.

Transformationspaare, die in den Tabellen nicht enthalten sind, können mit Hilfe der Partialbruchzerlegung ermittelt oder den Tabellen der Literatur zur z-Transformation entnommen werden.

> Alle kontinuierlichen und abgetasteten Zeitfunktionen sind nur für $t \geq 0, kT \geq 0$ gültig:
>
> $f(t) = 0,$ für $t < 0,$ $f(kT) = 0,$ für $k < 0.$

Um die Anwendung der Transformationstabelle in der digitalen Regelungstechnik zu erleichtern, sind die Transformationspaare mit der Abtastzeit T angegeben. Für die Lösung von Differenzengleichungen, bei Problemen der digitalen Filtertechnik oder allgemein bei der Funktionaltransformation von Folgen wird häufig der Parameter T nicht benötigt, T kann dann Eins gesetzt werden:

> Bei einigen Anwendungen wird der Parameter T nicht benötigt. In solchen Fällen ist der Parameter in den Transformationspaaren durch Eins zu ersetzen.

In der Regelungstechnik ist es aus praktischen Gründen sinnvoll und üblich, Funktionen nach ihrem Argument zu bezeichnen. So bedeuten

$f(t), x(t)$	= kontinuierliche Zeitfunktionen,
$f(kT), x(kT)$	= diskrete Zeitfunktionen,
$f(j\omega), x(j\omega)$	= harmonische Funktionen,
$f(s), x(s)$	= LAPLACE-transformierte Zeitfunktionen,
$f(z), x(z)$	= z-transformierte Zeitfunktionen,
$F(j\omega), F_S(j\omega)$	= Frequenzgangübertragungsfunktionen,
$G(s), G_S(s)$	= LAPLACE-Übertragungsfunktionen,
$G(z), G_S(z)$	= z-Übertragungsfunktionen.

Tabelle 11.5-1: *Rechenregeln der z-Transformation*

z-Transformation	$Z\{f(kT)\} = Z\{f_k\} = f(z) = \sum_{k=0}^{\infty} f_k \cdot z^{-k}$
z-Rücktransformation	$f_k = Z^{-1}\{f(z)\} = \dfrac{1}{2\pi j} \oint f(z) \cdot z^{k-1} dz$
Linearitätssätze:	
Verstärkungsprinzip	$Z\{a \cdot f(kT)\} = a \cdot Z\{f(kT)\} = a \cdot f(z)$
Überlagerungsprinzip	$Z\{f_1(kT) \pm f_2(kT)\} = Z\{f_1(kT)\} \pm Z\{f_2(kT)\}$ $= f_1(z) \pm f_2(z)$
Multiplikationssatz:	$Z\{kT \cdot f(kT)\} = -z \cdot T \cdot \dfrac{df(z)}{dz}$ $Z\{(kT)^n \cdot f(kT)\} = [-z \cdot T]^n \cdot \dfrac{d^n f(z)}{dz^n}$
Divisionssatz:	$Z\left\{\dfrac{f(kT)}{kT}\right\} = \dfrac{1}{T} \int\limits_z^{\infty} \dfrac{f(\zeta)}{\zeta} d\zeta$
Ähnlichkeitssätze:	$Z\{a^k \cdot f(kT)\} = f\left[\dfrac{z}{a}\right]$
	$Z\{a^{kT} \cdot f(kT)\} = f\left[\dfrac{z}{a^T}\right]$
Dämpfungssatz	$Z\{e^{\alpha kT} \cdot f(kT)\} = f(z \cdot e^{-\alpha T})$

Tabelle 11.5-1: (Fortsetzung)

Verschiebungssätze:	
Verschiebung rechts	$Z\{f(kT - nT)\} = z^{-n} \cdot Z\{f(kT)\} = z^{-n} \cdot f(z)$
Verschiebung links	$Z\{f(kT + nT)\} = z^{n} \cdot \left[f(z) - \sum_{i=0}^{n-1} f(iT) \cdot z^{-i} \right]$
Differenzensätze:	
Rückwärtsdifferenz	$Z\{f(kT)\} - f(kT - T)\} = \dfrac{z-1}{z} \cdot f(z)$
Vorwärtsdifferenz	$Z\{f(kT + T) - f(kT)\} = (z - 1) \cdot f(z) - z \cdot f(0)$
Summationssatz:	$Z\left\{ \sum_{i=0}^{k} f(iT) \right\} = \dfrac{z}{z-1} \cdot f(z)$
	$Z\left\{ \sum_{i=0}^{k-1} f(iT) \right\} = \dfrac{f(z)}{z-1}$
Indextransformation:	$f_1(iT) = f_2(kT) \quad \text{für } i = n \cdot k, n = 1, 2, \ldots$
	$f_1(iT) = 0 \quad \text{für andere Werte}$
	$f_1(z) = f_2(z^n)$
Faltungssatz:	$Z\{f_1(t) * f_2(t)\} = Z\left\{ \sum_{i=0}^{k} f_1(iT) \cdot f_2(kT - iT) \right\}$
	$= f_1(z) \cdot f_2(z)$
Grenzwertsätze:	
Anfangswertsatz	$f(kT = 0) = \lim_{z \to \infty} f(z)$
Endwertsatz	$f(kT \to \infty) = \lim_{z \to 1+} (z - 1) \cdot f(z)$ wenn der Grenzwert existiert
Grenzwertsatz	$\sum_{k=0}^{\infty} f(kT) = \lim_{z \to 1+} f(z)$

Tabelle 11.5-2: z-Transformierte von Elementarfunktionen

Nr.	$f(s)$,	$f(z)$	$f(t)$ für $t \geq 0$, $f(kT)$ für $k \geq 0$	
1	–	1	– $\delta(k)$, $\delta_{k,0}$, 0^k	DIRAC-Folge
2	–	$z^{-1}, \dfrac{1}{z}$	– $\delta(k-1)$, $\delta_{k,1}$	verschobene DIRAC-Folge
3	–	$z^{-n}, \dfrac{1}{z^n}$	– $\delta(k-n)$, $\delta_{k,n}$	verschobene DIRAC-Folge
4	$\dfrac{1}{s}$,	$\dfrac{z}{z-1}$	$E(t)$, $E(kT)$, 1^k	Einheits-Sprungfunktion, -folge
5	$\dfrac{e^{-Ts}}{s}$,	$\dfrac{1}{z-1}$	$E(t-T)$, $E(kT-T)$	verschobene Einheits-Sprungfunktion, -folge
6	$\dfrac{1-e^{-Ts}}{s}$,	1	$E(t) - E(t-T)$, $E(kT) - E(kT-T)$	Einheits-Rechteckimpuls-funktion, -folge
7	$\dfrac{1}{s^2}$,	$\dfrac{Tz}{(z-1)^2}$	t, kT	Einheits-Anstiegsfunktion, -folge
8	$\dfrac{e^{-Ts}}{s^2}$,	$\dfrac{T}{(z-1)^2}$	$(t-T) \cdot E(t-T)$, $(kT-T) \cdot E(kT-T)$	verschobene Einheits-Anstiegsfunktion, -folge
9	$\dfrac{1}{s^3}$,	$\dfrac{T^2 \cdot z \cdot (z+1)}{2 \cdot (z-1)^3}$	$\dfrac{t^2}{2}$, $\dfrac{(kT)^2}{2}$	Einheits-Parabelfunktion, -folge
10	$\dfrac{1}{s^4}$,	$\dfrac{T^3 \cdot z \cdot (z^2 + 4z + 1)}{6 \cdot (z-1)^4}$	$\dfrac{t^3}{6}$, $\dfrac{(kT)^3}{6}$	

11.5 Mathematische Methoden für digitale Regelkreise im Frequenzbereich

Tabelle 11.5-2: (Fortsetzung)

Nr.	$f(s)$, $f(z)$	$f(t)$ für $t \geq 0$, $f(kT)$ für $k \geq 0$
11	$\dfrac{1}{s^{n+1}}$, $\dfrac{-z \cdot T}{n!} \dfrac{d}{dz} Z\{(kT)^{n-1}\}$	$\dfrac{t^n}{n!}$, $\quad n = 1,2,3,\ldots$ $\dfrac{(kT)^n}{n!}$
12	$\dfrac{2 - 3 \cdot T \cdot s + 2 \cdot T^2 \cdot s^2 \cdot e^{-Ts}}{2 \cdot s^3}$, $\dfrac{T^2}{(z-1)^3}$	$\dfrac{t \cdot (t - 3T)}{2} + T^2 \cdot E(t - T)$, $\dfrac{kT \cdot (kT - 3 \cdot T)}{2} + T^2 \cdot E(kT - T)$
13	$\dfrac{2 - Ts}{2 \cdot s^3}$, $\dfrac{T^2 \cdot z}{(z-1)^3}$	$\dfrac{t \cdot (t - T)}{2}$, $\dfrac{kT \cdot (kT - T)}{2} = T^2 \cdot \binom{k}{2}$
14	$\dfrac{2 + T \cdot s}{2 \cdot s^3}$, $\dfrac{T^2 \cdot z^2}{(z-1)^3}$	$\dfrac{t \cdot (t + T)}{2}$, $\dfrac{kT \cdot (kT + T)}{2} = T^2 \cdot \binom{k+1}{2}$
15	$\dfrac{6 - 12Ts + 11T^2 s^2 - 6T^3 s^3 e^{-Ts}}{6 s^4}$, $\dfrac{T^3}{(z-1)^4}$	$\dfrac{t(t^2 - 6tT + 11T^2)}{6} - T^3 E(t - T)$, $\dfrac{kT((kT)^2 - 6kT^2 + 11T^2)}{6} - T^3 E(kT - T)$
16	$\dfrac{3 - 3 \cdot T \cdot s + T^2 \cdot s^2}{3 \cdot s^4}$, $\dfrac{T^3 \cdot z}{(z-1)^4}$	$\dfrac{t \cdot (t - T) \cdot (t - 2 \cdot T)}{6}$, $\dfrac{kT \cdot (kT - T)(kT - 2 \cdot T)}{6} = T^3 \cdot \binom{k}{3}$
17	$\dfrac{6 - T^2 \cdot s^2}{6 \cdot s^4}$, $\dfrac{T^3 \cdot z^2}{(z-1)^4}$	$\dfrac{t \cdot (t^2 - T^2)}{6}$, $\dfrac{kT \cdot ((kT)^2 - T^2)}{6} = T^3 \cdot \binom{k+1}{3}$
18	$\dfrac{3 + 3 \cdot T \cdot s + T^2 \cdot s^2}{3 \cdot s^4}$, $\dfrac{T^3 \cdot z^3}{(z-1)^4}$	$\dfrac{t \cdot (t + T) \cdot (t + 2 \cdot T)}{6}$, $\dfrac{kT(kT + T)(kT + 2 \cdot T)}{6} = T^3 \cdot \binom{k+2}{3}$
19	$-$, $\dfrac{T^n \cdot z}{(z-1)^{n+1}}$	$\dfrac{t(t-T)(t-2T)\cdots(t-(n-1)T)}{n!}$, $\dfrac{kT(kT-T)\cdots(kT-(n-1)T)}{n!} = T^n \binom{k}{n}$

Tabelle 11.5-3: z-Transformierte von Exponentialfunktionen

Nr.	$f(s)$, $f(z)$	$f(t)$ für $t \geq 0$, $f(kT)$ für $kT \geq 0$
20	$\dfrac{T}{T \cdot s - \ln a}$, $\dfrac{z}{(z-a)}$	$a^{\frac{t}{T}}$, a^k
21	$\dfrac{T_1}{T_1 \cdot s - \ln a}$, $\dfrac{z}{\left(z - a^{\frac{T}{T_1}}\right)}$	$a^{\frac{t}{T_1}}$, $a^{\frac{kT}{T_1}}$
22	$\dfrac{T_2 \cdot \ln a - T_1 \cdot \ln b}{(T_1 \cdot s - \ln a)(T_2 \cdot s - \ln b)}$, $\dfrac{\left(a^{\frac{T}{T_1}} - b^{\frac{T}{T_2}}\right) \cdot z}{\left(z - a^{\frac{T}{T_1}}\right) \cdot \left(z - b^{\frac{T}{T_2}}\right)}$	$a^{\frac{t}{T_1}} - b^{\frac{t}{T_2}}$, $a^{\frac{kT}{T_1}} - b^{\frac{kT}{T_2}}$
23	$\dfrac{T_1^2 \cdot a^{-\frac{T}{T_1}}}{(T_1 \cdot s - \ln a)^2}$, $\dfrac{T \cdot z}{\left(z - a^{\frac{T}{T_1}}\right)^2}$	$t \cdot a^{\frac{t-T}{T_1}}$, $kT \cdot a^{\frac{(k-1)T}{T_1}}$
24	$\dfrac{T_1^2}{(T_1 \cdot s - \ln a)^2}$, $\dfrac{T \cdot z \cdot a^{\frac{T}{T_1}}}{\left(z - a^{\frac{T}{T_1}}\right)^2}$	$t \cdot a^{\frac{t}{T_1}}$, $kT \cdot a^{\frac{kT}{T_1}}$
25	$\dfrac{2 \cdot T_1^3}{(T_1 \cdot s - \ln a)^3}$, $\dfrac{T^2 \cdot z \cdot a^{\frac{T}{T_1}} \left(z + a^{\frac{T}{T_1}}\right)}{\left(z - a^{\frac{T}{T_1}}\right)^3}$	$t^2 \cdot a^{\frac{t}{T_1}}$, $(kT)^2 \cdot a^{\frac{kT}{T_1}}$
26	$\dfrac{6 \cdot T_1^4}{(T_1 \cdot s - \ln a)^4}$, $\dfrac{T^3 \cdot z \cdot a^{\frac{T}{T_1}} \left(z^2 + 4 \cdot z \cdot a^{\frac{T}{T_1}} + a^{2 \cdot \frac{T}{T_1}}\right)}{\left(z - a^{\frac{T}{T_1}}\right)^4}$	$t^3 \cdot a^{\frac{t}{T_1}}$, $(kT)^3 \cdot a^{\frac{kT}{T_1}}$

Tabelle 11.5-3: (Fortsetzung)

Nr.	$f(s)$, $f(z)$	$f(t)$ für $t \geq 0$, $f(kT)$ für $kT \geq 0$
27	$\dfrac{1}{s \cdot (\ln a - T_1 \cdot s)}$, $\dfrac{z \cdot \left(1 - a^{\frac{T}{T_1}}\right)}{(z-1) \cdot \left(z - a^{\frac{T}{T_1}}\right)}$	$E(t) - a^{\frac{t}{T_1}}$, $\left(1 - a^{\frac{t}{T_1}}\right)$, $E(kT) - a^{\frac{kT}{T_1}}$
28	$\dfrac{\omega \cdot T_1^2}{(T_1 \cdot s - \ln a)^2 + \omega^2 \cdot T_1^2}$, $z \cdot \dfrac{a^{\frac{T}{T_1}} \cdot \sin(\omega T)}{z^2 - 2 \cdot z \cdot a^{\frac{T}{T_1}} \cdot \cos(\omega T) + a^{2\frac{T}{T_1}}}$	$a^{\frac{t}{T_1}} \sin(\omega t)$, $a^{\frac{kT}{T_1}} \cdot \sin(\omega kT)$
29	$\dfrac{T_1 \cdot (T_1 \cdot s - \ln a)}{(T_1 \cdot s - \ln a)^2 + \omega^2 \cdot T_1^2}$, $z \cdot \dfrac{z - a^{\frac{T}{T_1}} \cdot \cos(\omega T)}{z^2 - 2 \cdot z \cdot a^{\frac{T}{T_1}} \cdot \cos(\omega T) + a^{2\frac{T}{T_1}}}$	$a^{\frac{t}{T_1}} \cos(\omega t)$, $a^{\frac{kT}{T_1}} \cdot \cos(\omega kT)$
30	$-$, $\dfrac{z}{z+1}$	$-$, $(-1)^k$, $\cos(k\pi)$
31	$-$, $\dfrac{z}{z + a^{\frac{T}{T_1}}}$	$-$, $\left(-a^{\frac{T}{T_1}}\right)^k$, $a^{\frac{kT}{T_1}} \cdot \cos(k\pi)$

Umrechnung allgemeiner Exponentialfunktionen in e-Funktionen
$e^{y\frac{t}{T}} = a^{x\frac{t}{T}}$, $e^{yk} = a^{xk}$, $y = x \ln a$
$e^{yt} = a^{\frac{t}{T_1}}$, $e^{ykT} = a^{\frac{kT}{T_1}}$, $y = \dfrac{\ln a}{T_1}$

Tabelle 11.5-4: z-*Transformierte von* e-*Funktionen*

Nr.	$f(s)$, $f(z)$	$f(t)$ für $t \geq 0$, $f(kT)$ für $kT \geq 0$
32	$\dfrac{T_1}{T_1 \cdot s + 1}$, $\dfrac{z}{z - e^{-\frac{T}{T_1}}}$	$e^{-\frac{t}{T_1}}$, $e^{-\frac{kT}{T_1}}$
33	$\dfrac{T_1 - T_2}{(T_1 \cdot s + 1) \cdot (T_2 \cdot s + 1)}$, $T_1 \neq T_2$, $\dfrac{\left(e^{-\frac{T}{T_1}} - e^{-\frac{T}{T_2}}\right) \cdot z}{\left(z - e^{-\frac{T}{T_1}}\right)\left(z - e^{-\frac{T}{T_2}}\right)}$	$e^{-\frac{t}{T_1}} - e^{-\frac{t}{T_2}}$, $e^{-\frac{kT}{T_1}} - e^{-\frac{kT}{T_2}}$
34	$\dfrac{T_1^2}{(T_1 \cdot s + 1)^2}$, $\dfrac{T \cdot z \cdot e^{-\frac{T}{T_1}}}{\left(z - e^{-\frac{T}{T_1}}\right)^2}$	$t \cdot e^{-\frac{t}{T_1}}$, $kT \cdot e^{-\frac{kT}{T_1}}$
35	$\dfrac{2 \cdot T_1^3}{(T_1 \cdot s + 1)^3}$, $\dfrac{T^2 \cdot z \cdot e^{-\frac{T}{T_1}} \cdot \left(z + e^{-\frac{T}{T_1}}\right)}{\left(z - e^{-\frac{T}{T_1}}\right)^3}$	$t^2 \cdot e^{-\frac{t}{T_1}}$, $(kT)^2 \cdot e^{-\frac{kT}{T_1}}$
36	$\dfrac{6 \cdot T_1^4}{(T_1 \cdot s + 1)^4}$, $\dfrac{T^3 \cdot z \cdot e^{-\frac{T}{T_1}} \cdot \left(z^2 + 4 \cdot z \cdot e^{-\frac{T}{T_1}} + e^{-2\frac{T}{T_1}}\right)}{\left(z - e^{-\frac{T}{T_1}}\right)^4}$	$t^3 \cdot e^{-\frac{t}{T_1}}$, $(kT)^3 \cdot e^{-\frac{kT}{T_1}}$
37	$\dfrac{1}{(T_1 \cdot s + 1)s}$, $\dfrac{z \cdot \left(1 - e^{-\frac{T}{T_1}}\right)}{(z - 1) \cdot \left(z - e^{-\frac{T}{T_1}}\right)}$	$E(t) - e^{-\frac{t}{T_1}}$, $\left(1 - e^{-\frac{t}{T_1}}\right)$, $E(kT) - e^{-\frac{kT}{T_1}}$

Tabelle 11.5-4: (Fortsetzung)

Nr.	$f(s)$, $f(z)$	$f(t)$ für $t \geq 0$, $f(kT)$ für $kT \geq 0$
38	$\dfrac{T_1 \cdot T_2 \cdot s^2 + 2 \cdot T_2 \cdot s + 1}{(T_1 \cdot s + 1) \cdot (T_2 \cdot s + 1) \cdot s}$, $T_1 \neq T_2$, $\dfrac{z}{z-1} - \dfrac{z}{z - e^{-\frac{T}{T_1}}} + \dfrac{z}{z - e^{-\frac{T}{T_2}}}$	$1 - e^{-\frac{t}{T_1}} + e^{-\frac{t}{T_2}}$, $E(kT) - e^{-\frac{kT}{T_1}} + e^{-\frac{kT}{T_2}}$
39	$\dfrac{1}{(T_1 \cdot s + 1) \cdot (T_2 \cdot s + 1) \cdot s}$, $T_1 \neq T_2$, $\dfrac{z}{z-1} - \dfrac{z \cdot \dfrac{T_1}{T_1 - T_2}}{z - e^{-\frac{T}{T_1}}} + \dfrac{z \cdot \dfrac{T_2}{T_1 - T_2}}{z - e^{-\frac{T}{T_2}}}$	$1 - T_1 \dfrac{e^{-\frac{t}{T_1}}}{T_1 - T_2} + T_2 \dfrac{e^{-\frac{t}{T_2}}}{T_1 - T_2}$, $E(kT) - \dfrac{T_1}{T_1 - T_2} \cdot e^{-\frac{kT}{T_1}} + \dfrac{T_2}{T_1 - T_2} \cdot e^{-\frac{kT}{T_2}}$
40	$\dfrac{1}{(T_1 \cdot s + 1)^2 \cdot s}$, $\dfrac{z}{z-1} - \dfrac{z}{z - e^{-\frac{T}{T_1}}} - \dfrac{z \cdot \dfrac{T}{T_1} \cdot e^{-\frac{T}{T_1}}}{\left(z - e^{-\frac{T}{T_1}}\right)^2}$	$1 - \left(1 + \dfrac{t}{T_1}\right) \cdot e^{-\frac{t}{T_1}}$, $E(kT) - \left(1 + \dfrac{kT}{T_1}\right) e^{-\frac{kT}{T_1}}$
41	$\dfrac{1}{T_1 \cdot (T_1 \cdot s + 1) \cdot s^2}$, $\dfrac{z \cdot \dfrac{T}{T_1}}{(z-1)^2} - \dfrac{z}{z-1} + \dfrac{z}{z - e^{-\frac{T}{T_1}}} =$ $\dfrac{\left(\dfrac{T}{T_1} - 1 + \alpha\right) \cdot z^2 + \left(1 - \dfrac{T}{T_1} \cdot \alpha - \alpha\right) \cdot z}{(z-1)^2 \cdot (z - \alpha)}$, $\alpha = e^{-\frac{T}{T_1}}$	$\dfrac{t}{T_1} - 1 + e^{-\frac{t}{T_1}}$, $\dfrac{kT}{T_1} - E(kT) + e^{-\frac{kT}{T_1}}$

Umrechnung von e-Funktionen in allgemeine Exponentialfunktionen
$a^{x\frac{t}{T}} = e^{y\frac{t}{T}}$, $\quad a^{xk} = e^{yk}$, $\quad x = \dfrac{y}{\ln a}$
$a^{xt} = e^{-\frac{t}{T_1}}$, $\quad a^{xkT} = e^{-\frac{kT}{T_1}}$, $\quad x = -\dfrac{1}{T_1 \cdot \ln a}$

11 Digitale Regelungssysteme (Abtastregelungen)

Tabelle 11.5-5: z-Transformierte von hyperbolischen Funktionen

Nr.	$f(s)$, $f(z)$	$f(t)$ für $t \geq 0$, $f(kT)$ für $kT \geq 0$
42	$\dfrac{T_1}{T_1^2 \cdot s^2 - 1}$, $\dfrac{z \cdot \sinh \dfrac{T}{T_1}}{z^2 - 2 \cdot z \cdot \cosh \dfrac{T}{T_1} + 1}$	$\sinh \dfrac{t}{T_1}$, $\sinh \dfrac{kT}{T_1}$
43	$\dfrac{T_1^2 \cdot s}{T_1^2 \cdot s^2 - 1}$, $\dfrac{z^2 - z \cdot \cosh \dfrac{T}{T_1}}{z^2 - 2 \cdot z \cdot \cosh \dfrac{T}{T_1} + 1}$	$\cosh \dfrac{t}{T_1}$, $\cosh \dfrac{kT}{T_1}$
44	$\dfrac{2 \cdot T_1^3 \cdot s}{(T_1^2 \cdot s^2 - 1)^2}$, $\dfrac{T \cdot z \cdot (z^2 - 1) \cdot \sinh \dfrac{T}{T_1}}{\left(z^2 - 2 \cdot z \cdot \cosh \dfrac{T}{T_1} + 1\right)^2}$	$t \cdot \sinh \dfrac{t}{T_1}$, $kT \cdot \sinh \dfrac{kT}{T_1}$
45	$\dfrac{T_1^2 \cdot (T_1^2 \cdot s^2 + 1)}{(T_1^2 \cdot s^2 - 1)^2}$, $\dfrac{T \cdot z \cdot (z^2 + 1) \cdot \left(\cosh \dfrac{T}{T_1} - 2 \cdot z\right)}{\left(z^2 - 2z \cdot \cosh \dfrac{T}{T_1} + 1\right)^2}$	$t \cdot \cosh \dfrac{t}{T_1}$, $kT \cdot \cosh \dfrac{kT}{T_1}$
46	$\dfrac{T_0^2 \cdot T_1}{(T_1 \ln a - T_1 \cdot T_0 \cdot s + T_0)(T_1 \ln a - T_1 \cdot T_0 \cdot s - T_0)}$, $\dfrac{z \cdot a^{\frac{T}{T_0}} \cdot \sinh \dfrac{T}{T_1}}{z^2 - 2 \cdot a^{\frac{T}{T_0}} \cdot z \cdot \cosh \dfrac{T}{T_1} + a^{2\frac{T}{T_0}}}$	$a^{\frac{t}{T_0}} \cdot \sinh \dfrac{t}{T_1}$, $a^{\frac{kT}{T_0}} \cdot \sinh \dfrac{kT}{T_1}$
47	$\dfrac{T_0 \cdot T_1^2 \cdot (T_0 \cdot s - \ln a)}{(T_1 \ln a - T_1 \cdot T_0 \cdot s + T_0)(T_1 \ln a - T_1 \cdot T_0 \cdot s - T_0)}$, $\dfrac{z^2 - z \cdot a^{\frac{T}{T_0}} \cdot \cosh \dfrac{T}{T_1}}{z^2 - 2 \cdot a^{\frac{T}{T_0}} \cdot z \cdot \cosh \dfrac{T}{T_1} + a^{2\frac{T}{T_0}}}$	$a^{\frac{t}{T_0}} \cdot \cosh \dfrac{t}{T_1}$, $a^{\frac{kT}{T_0}} \cdot \cosh \dfrac{kT}{T_1}$

11.5 Mathematische Methoden für digitale Regelkreise im Frequenzbereich

Tabelle 11.5-6: z-Transformierte von Produkten harmonischer Funktionen mit Exponentialfunktionen

Nr.	$f(s)$, $f(z)$	$f(t)$ für $t \geq 0$, $f(kT)$ für $kT \geq 0$
48	$\dfrac{\omega \cdot T_1^2}{(T_1 \cdot s + 1)^2 + \omega^2 \cdot T_1^2}$, $z \cdot \dfrac{e^{-\frac{T}{T_1}} \cdot \sin(\omega T)}{z^2 - 2z \cdot e^{-\frac{T}{T_1}} \cdot \cos(\omega T) + e^{-2\frac{T}{T_1}}}$	$e^{-\frac{t}{T_1}} \cdot \sin(\omega t)$, $e^{-\frac{kT}{T_1}} \cdot \sin(\omega \cdot kT)$
49	$\dfrac{T_1 \cdot (T_1 s + 1)}{(T_1 s + 1)^2 + \omega^2 \cdot T_1^2}$, $z \cdot \dfrac{z - e^{-\frac{T}{T_1}} \cdot \cos(\omega T)}{z^2 - 2 \cdot z \cdot e^{-\frac{T}{T_1}} \cdot \cos(\omega T) + e^{-2\frac{T}{T_1}}}$	$e^{-\frac{t}{T_1}} \cdot \cos(\omega t)$, $e^{-\frac{kT}{T_1}} \cdot \cos(\omega \cdot kT)$
50	$\dfrac{T_1 \cdot (\omega \cdot T_1 \cdot \cos\phi + (T_1 \cdot s + 1) \cdot \sin\phi)}{(T_1 \cdot s + 1)^2 + \omega^2 T_1^2}$, $z \cdot \dfrac{z \cdot \sin\phi + e^{-\frac{T}{T_1}} \cdot \sin(\omega T - \phi)}{z^2 - 2z \cdot e^{-\frac{T}{T_1}} \cdot \cos\omega T + e^{-2\frac{T}{T_1}}}$	$e^{-\frac{t}{T_1}} \cdot \sin(\omega t + \phi)$, $e^{-\frac{kT}{T_1}} \cdot \sin(\omega \cdot kT + \phi)$
51	$\dfrac{T_1 \cdot ((T_1 \cdot s + 1) \cdot \cos\phi - \omega T_1 \cdot \sin\phi)}{(T_1 \cdot s + 1)^2 + \omega^2 \cdot T_1^2}$, $z \cdot \dfrac{z \cdot \cos\phi - e^{-\frac{T}{T_1}} \cdot \cos(\omega T - \phi)}{z^2 - 2z \cdot e^{-\frac{T}{T_1}} \cdot \cos(\omega T) + e^{-2\frac{T}{T_1}}}$	$e^{-\frac{t}{T_1}} \cdot \cos(\omega t + \phi)$, $e^{-\frac{kT}{T_1}} \cos(\omega \cdot kT + \phi)$
52	$\dfrac{\omega_0 \sqrt{1 - D^2}}{s^2 + 2D \cdot \omega_0 \cdot s + \omega_0^2}$, $\dfrac{z \cdot e^{-D\omega_0 T} \cdot \sin(\omega_0 \cdot \sqrt{1 - D^2}\,T)}{z^2 - 2z\,e^{-D\omega_0 T} \cdot \cos(\omega_0 \sqrt{1 - D^2}\,T) + e^{-2D\omega_0 T}}$	$e^{-D\omega_0 t} \cdot \sin(\omega_0 \sqrt{1 - D^2} \cdot t)$, $e^{-D\omega_0 kT} \cdot \sin(\omega_0 \sqrt{1 - D^2} \cdot kT)$
53	$\dfrac{s + D\omega_0}{s^2 + 2D\omega_0 \cdot s + \omega_0^2}$, $\dfrac{z^2 - z \cdot e^{-D\omega_0 T} \cdot \cos(\omega_0 \sqrt{1 - D^2}\,T)}{z^2 - 2z\,e^{-D\omega_0 T} \cdot \cos(\omega_0 \sqrt{1 - D^2}\,T) + e^{-2D\omega_0 T}}$	$e^{-D\omega_0 t} \cdot \cos(\omega_0 \sqrt{1 - D^2} \cdot t)$, $e^{-D\omega_0 kT} \cdot \cos(\omega_0 \sqrt{1 - D^2} \cdot kT)$

Tabelle 11.5-7: z-Transformierte von harmonischen Funktionen

Nr.	$f(s)$, $f(z)$	$f(t)$ für $t \geq 0$ $f(kT)$ für $k \geq 0$,
54	$\dfrac{\omega}{s^2 + \omega^2}$, $\dfrac{z \cdot \sin(\omega T)}{z^2 - 2 \cdot z \cdot \cos(\omega T) + 1}$	$\sin(\omega t)$, $\sin(\omega \cdot kT)$
55	$\dfrac{s}{s^2 + \omega^2}$, $\dfrac{z^2 - z \cdot \cos(\omega T)}{z^2 - 2 \cdot z \cdot \cos(\omega T) + 1}$	$\cos(\omega t)$, $\cos(\omega \cdot kT)$
56	$\dfrac{s \cdot \sin\phi + \omega \cdot \cos\phi}{s^2 + \omega^2}$, $\dfrac{z^2 \cdot \sin\phi + z \cdot \sin(\omega T - \phi)}{z^2 - 2 \cdot z \cdot \cos(\omega T) + 1}$	$\sin(\omega t + \phi)$, $\sin(\omega \cdot kT + \phi)$
57	$\dfrac{s \cdot \cos\phi - \omega \cdot \sin\phi}{s^2 + \omega^2}$, $\dfrac{z^2 \cdot \cos\phi - z \cdot \cos(\omega T - \phi)}{z^2 - 2 \cdot z \cdot \cos(\omega T) + 1}$	$\cos(\omega t + \phi)$, $\cos(\omega \cdot kT + \phi)$
58	$\dfrac{2 \cdot \omega \cdot s}{(s^2 + \omega^2)^2}$, $T \cdot z \cdot \dfrac{(z^2 - 1) \cdot \sin(\omega T)}{(z^2 - 2 \cdot z \cdot \cos(\omega T) + 1)^2}$	$t \cdot \sin(\omega t)$, $kT \cdot \sin(\omega \cdot kT)$
59	$\dfrac{s^2 - \omega^2}{(s^2 + \omega^2)^2}$, $T \cdot z \cdot \dfrac{(z^2 + 1) \cdot \cos(\omega T) - 2 \cdot z}{(z^2 - 2 \cdot z \cdot \cos(\omega T) + 1)^2}$	$t \cdot \cos(\omega t)$, $kT \cdot \cos(\omega \cdot kT)$
60	$\dfrac{2 \cdot \omega \cdot s \cdot \cos\phi + (s^2 - \omega^2) \cdot \sin\phi}{(s^2 + \omega^2)^2}$, $T \cdot z \cdot \dfrac{z^2 \cdot \sin(\omega T + \phi) - 2 \cdot z \cdot \sin\phi - \sin(\omega T - \phi)}{(z^2 - 2 \cdot z \cdot \cos(\omega T) + 1)^2}$	$t \cdot \sin(\omega t + \phi)$, $kT \cdot \sin(\omega \cdot kT + \phi)$
61	$\dfrac{-2 \cdot \omega \cdot s \cdot \sin\phi + (s^2 - \omega^2) \cdot \cos\phi}{(s^2 + \omega^2)^2}$, $T \cdot z \cdot \dfrac{z^2 \cdot \cos(\omega T + \phi) - 2 \cdot z \cdot \cos\phi - \cos(\omega T - \phi)}{(z^2 - 2 \cdot z \cdot \cos(\omega T) + 1)^2}$	$t \cdot \cos(\omega t + \phi)$, $kT \cdot \cos(\omega \cdot kT + \phi)$

Tabelle 11.5-8: z-Transformierte von speziellen Folgen

Nr.	$f(z)$	$f_k, f(k)$ für $k \geq 0$
62	1	$\delta(k), \delta_{k,0}, 0^k, \{1,0,0,0,\ldots\}$
63	$\dfrac{1}{z}$	$\delta(k-1), \delta_{k,1}, \{0,1,0,0,\ldots\}$
64	$\dfrac{1}{z^n}$	$\delta(k-n), \delta_{k,n}, \{0,0,0,0,\ldots,0,1,0,0,\ldots\}$
65	$\dfrac{1}{z+1}$	$\delta(k) - \cos(k\pi), \{0,1,-1,1,-1,1,-1,1,\ldots\}$
66	$\dfrac{z}{z+1}$	$\cos(k\pi), (-1)^k, \{1,-1,1,-1,1,-1,1,\ldots\}$
67	$\dfrac{1}{z^2+1}$	$\delta(k) - \cos\left(k\dfrac{\pi}{2}\right), \{0,0,1,0,-1,0,1,0,-1,0,\ldots\}$
68	$\dfrac{z}{z^2+1}$	$\sin\left(k\dfrac{\pi}{2}\right), \{0,1,0,-1,0,1,0,-1,0,1,\ldots\}$
69	$\dfrac{z^2}{z^2+1}$	$\cos\left(k\dfrac{\pi}{2}\right), \{1,0,-1,0,1,0,-1,0,1,0,\ldots\}$
70	$\dfrac{1}{z^2-1}$	$\sum_{i=0}^{\infty} \delta(k-(2i+2)), \{0,0,1,0,1,0,1,0,1,\ldots\}$
71	$\dfrac{z}{z^2-1}$	$\sum_{i=0}^{\infty} \delta(k-(2i+1)), \{0,1,0,1,0,1,0,1,\ldots\}$
72	$\dfrac{z^2}{z^2-1}$	$\sum_{i=0}^{\infty} \delta(k-2i), \{1,0,1,0,1,0,1,0,\ldots\}$
73	$\dfrac{z^n}{z^n-1}$	$\sum_{i=0}^{\infty} \delta(k-n\cdot i), n > 0$
74	$\ln \dfrac{z}{z-1}$	$f_0 = 0, f_k = \dfrac{1}{k}, k > 0, \left\{0,1,\dfrac{1}{2},\dfrac{1}{3},\ldots,\dfrac{1}{k},\ldots\right\}$
75	$\dfrac{1}{a} \cdot \ln \dfrac{z}{z-a}$	$f_0 = 0, f_k = \dfrac{a^{k-1}}{k}, k > 0, \left\{0,1,\dfrac{a}{2},\dfrac{a^2}{3},\ldots,\dfrac{a^{k-1}}{k},\ldots\right\}$
76	$\ln \dfrac{z+1}{z}, \ln\left[1+\dfrac{1}{z}\right]$	$f_0 = 0, f_k = \dfrac{(-1)^{k-1}}{k}, k > 0, \left\{0,1,\dfrac{-1}{2},\dfrac{1}{3},\dfrac{-1}{4},\ldots\right\}$
77	$\ln \dfrac{z-1}{z+1}$	$f_{2k} = 0, f_{2k+1} = \dfrac{2}{2k+1}, \left\{0,2,0,\dfrac{2}{3},0,\dfrac{2}{5},0,\ldots\right\}$
78	$e^{1/z}$	$\dfrac{1}{k!}, \left\{1,1,\dfrac{1}{2},\dfrac{1}{6},\dfrac{1}{24},\ldots\right\}$
79	$e^{a/z}$	$\dfrac{a^k}{k!}, \left\{1,a,\dfrac{a^2}{2},\dfrac{a^3}{6},\dfrac{a^4}{24},\ldots\right\}$
80	$\sqrt{z} \cdot \sinh\left(\dfrac{1}{\sqrt{z}}\right)$	$\dfrac{1}{(2k+1)!}, \left\{1,\dfrac{1}{6},\dfrac{1}{120},\dfrac{1}{5040},\ldots\right\}$

Tabelle 11.5-8: (Fortsetzung)

Nr.	$f(z)$,	$f_k, f(k)$ für $k \geq 0$
81	$\sqrt{\dfrac{z}{a}} \cdot \sinh\left(\sqrt{\dfrac{a}{z}}\right)$	$\dfrac{a^k}{(2k+1)!}, \left\{1, \dfrac{a}{6}, \dfrac{a^2}{120}, \dfrac{a^3}{5040}, \ldots\right\}$
82	$\cosh\left(\dfrac{1}{\sqrt{z}}\right)$	$\dfrac{1}{(2k)!}, \left\{1, \dfrac{1}{2}, \dfrac{1}{24}, \dfrac{1}{720}, \ldots\right\}$
83	$\cosh\left(\sqrt{\dfrac{a}{z}}\right)$	$\dfrac{a^k}{(2k)!}, \left\{1, \dfrac{a}{2}, \dfrac{a^2}{24}, \dfrac{a^3}{720}, \ldots\right\}$
84	$\sqrt{z} \cdot \sin\left(\dfrac{1}{\sqrt{z}}\right)$	$\dfrac{(-1)^k}{(2k+1)!}, \left\{1, \dfrac{-1}{6}, \dfrac{1}{120}, \dfrac{-1}{5040}, \ldots\right\}$
85	$\sqrt{\dfrac{z}{a}} \cdot \sin\left(\sqrt{\dfrac{a}{z}}\right)$	$\dfrac{(-a)^k}{(2k+1)!}, \left\{1, \dfrac{-a}{6}, \dfrac{a^2}{120}, \dfrac{-a^3}{5040}, \ldots\right\}$
86	$\cos\left(\dfrac{1}{\sqrt{z}}\right)$	$\dfrac{(-1)^k}{(2k)!}, \left\{1, \dfrac{-1}{2}, \dfrac{1}{24}, \dfrac{-1}{720}, \ldots\right\}$
87	$\cos\left(\sqrt{\dfrac{a}{z}}\right)$	$\dfrac{(-a)^k}{(2k)!}, \left\{1, \dfrac{-a}{2}, \dfrac{a^2}{24}, \dfrac{-a^3}{720}, \ldots\right\}$
88	$\dfrac{z}{(z-1)^{n+1}}$	$\binom{k}{n} = \dfrac{k(k-1)(k-2)\cdots(k-n+1)}{n!}$
89	$\dfrac{(-1)^n \cdot z}{(z-1)^{n+1}}$	$(-1)^k \cdot \binom{k}{n}$
90	$\dfrac{a^n \cdot z}{(z-1)^{n+1}}$	$a^k \cdot \binom{k}{n}$
91	$\left[1 + \dfrac{1}{z}\right]^n, \left[\dfrac{z+1}{z}\right]^n$	$\binom{n}{k}$

11.5.2.5 Anwendung der Tabellen zur z-Transformation

Bei den Berechnungen mit z-Transformierten kann der Fall auftreten, daß ein passendes Transformationspaar in Tabelle 11.5 nicht vorliegt. Eine **Partialbruchzerlegung** führt nur dann zum Ziel, wenn die Zerlegung zu Partialbrüchen führt, für die Transformationspaare vorliegen. In folgendem Beispiel wird das Verfahren erläutert.

Beispiel 11.5-12: Für die z-Transformierte $x(z)$ ist im Zeitbereich die Abtastfolge $x(kT)$ zu berechnen:

$$x(z) = \frac{T^3 \cdot (z^3 + z^2 + z + 1)}{(z-1)^4}.$$

Für $x(z)$ wird ein Ansatz mit Elementarfolgen gemacht:
$$x(kT) = a \cdot k^3 + b \cdot k^2 + c \cdot k + d \cdot E(kT) + e \cdot \delta(kT).$$

Die z-Transformierten der Folgen werden mit Tabelle 11.5-2 ermittelt, Nr. 10, 9, 7, 4, 1, und eingesetzt:

$$\begin{aligned} x(z) &= \frac{T^3 \cdot (z^3 + z^2 + z + 1)}{(z-1)^4} \\ &= a \cdot \frac{z^3 + 4 \cdot z^2 + z}{(z-1)^4} + b \cdot \frac{z^2 + z}{(z-1)^3} + c \cdot \frac{z}{(z-1)^2} + d \cdot \frac{z}{z-1} + e \\ &= \frac{(d+e) \cdot z^4 + (a+b+c-3d-4e) \cdot z^3 + (4a - 2c + 3d + 6e) \cdot z^2}{(z-1)^4} + \\ &\quad + \frac{(a-b+c-d-4e) \cdot z + e}{(z-1)^4}. \end{aligned}$$

Durch Koeffizientenvergleich der Zählerpolynome werden die Gleichungen für die Unbekannten a, b, c, d, e ermittelt:

$$\begin{aligned} d + e &= 0, & a + b + c - 3d - 4e &= T^3, \\ 4a - 2c + 3d + 6e &= T^3, & a - b + c - d - 4e &= T^3, & e &= T^3. \end{aligned}$$

Mit den Lösungen

$$a = \frac{2 \cdot T^3}{3}, \quad b = -T^3, \quad c = \frac{7 \cdot T^3}{3}, \quad d = -T^3, \quad e = T^3,$$

erhält man die Abtastfolge

$$\begin{aligned} x(kT) &= a \cdot k^3 + b \cdot k^2 + c \cdot k + d \cdot E(kT) + e \cdot \delta(kT) \\ &= \frac{2}{3} \cdot (kT)^3 - T \cdot (kT)^2 + \frac{7 \cdot T^2}{3} \cdot kT - T^3 \cdot E(kT) + T^3 \cdot \delta(kT) \\ &= \frac{2}{3} \cdot (kT)^3 - T \cdot (kT)^2 + \frac{7 \cdot T^2}{3} \cdot kT - T^3 \cdot E(kT - T). \end{aligned}$$

Für die Vereinfachung von Elementarfolgen im Zeitbereich können folgende Formeln verwendet werden:

$$\begin{aligned} \delta(k) &= \delta(k) \cdot E(k) = E(k) - E(k-1) = k - k \cdot E(k-1), \\ \delta(k) &= 0^k, \{1, 0, 0, 0, \ldots\}, \\ E(k-1) &= k - (k-1) \cdot E(k-1), \{0, 1, 1, 1, 1, \ldots\}, \\ k &= k \cdot E(k-1), \{0, 1, 2, 3, 4, \ldots\}. \end{aligned}$$

11.5.3 Inverse z-Transformation (z-Rücktransformation)

11.5.3.1 Verfahren zur z-Rücktransformation

Aus der z-Transformierten $f(z)$ wird durch Rücktransformation eine Wertefolge $f(kT)$ ermittelt, die in den Abtastzeitpunkten kT mit den Werten einer Funktion $f(t)$ übereinstimmt. Für die **inverse z-Transformation** gilt:

$$\boxed{f_k = Z^{-1}\{f(z)\}}$$

Der Übergang vom Bildbereich der Transformation in den Originalbereich wird durch das Zeichen Z^{-1} angegeben. Die Rücktransformation kann mit verschiedenen Verfahren, die unterschiedliche praktische Bedeutung haben, ausgeführt werden:

- Berechnung eines Kurvenintegrals mit der Residuenrechnung,
- Partialbruchzerlegung, Rücktransformation mit der Tabelle,
- Potenzreihenentwicklung,
- Rekursion.

11.5.3.2 Rücktransformation mit dem komplexen Umkehrintegral

Bei der z-Rücktransformation kann mit einer komplexen Umkehrformel, ähnlich wie beim LAPLACE-Integral, mit

$$f_k = Z^{-1}\{f(z)\} = \frac{1}{2\pi j} \oint f(z) \cdot z^{k-1} dz$$

die Wertefolge f_k ermittelt werden. Analog zur LAPLACE-Transformation ist der geschlossene Integrationsweg in der komplexen Zahlenebene um alle Polstellen von $f(z)$ zu führen. Polstellen von $f(z)$ sind Werte von z, bei denen der Nenner von $f(z)$ Null wird.

Beispiel 11.5-13: Die Wertefolge f_k ist für die z-Transformierte

$$f(z) = \frac{z \cdot \left(1 - e^{-\frac{T}{T_S}}\right)}{z^2 - z \cdot \left(1 + e^{-\frac{T}{T_S}}\right) + e^{-\frac{T}{T_S}}} = \frac{z \cdot \left(1 - e^{-\frac{T}{T_S}}\right)}{(z-1) \cdot \left(z - e^{-\frac{T}{T_S}}\right)}$$

zu berechnen. Die Partialbruchzerlegung von $f(z)$ liefert:

$$f(z) = \frac{z}{z-1} - \frac{z}{z - e^{-\frac{T}{T_S}}}.$$

Die Funktion $f(z)$ hat die Polstellen $z_1 = 1$, $z_2 = e^{-\frac{T}{T_S}}$, für diese Werte ist der Nenner von $f(z)$ Null, die Funktion $f(z)$ unendlich groß. Die Auswertung des Umkehrintegrals ergibt:

$$\begin{aligned} f_k = Z^{-1}\{f(z)\} &= \frac{1}{2\pi j} \oint \left[\frac{z}{z-1} - \frac{z}{z - e^{-\frac{T}{T_S}}}\right] \cdot z^{k-1} dz \\ &= \frac{1}{2\pi j} \oint \left[\frac{1}{z - z_1} - \frac{1}{z - z_2}\right] \cdot z^k dz \\ &= z_1^k - z_2^k = 1^k - e^{-\frac{kT}{T_S}} = E(kT) - e^{-\frac{kT}{T_S}}. \end{aligned}$$

Das Verfahren wird bei theoretischen Untersuchungen eingesetzt. Bei Aufgabenstellungen der digitalen Regelungstechnik wird das Integral im allgemeinen nicht berechnet, da für häufig auftretende Grundfunktionen Transformationstabellen vorliegen.

11.5.3.3 Partialbruchzerlegung, Rücktransformation mit Tabelle

Die **inverse z-Transformation** wird meist, entsprechend zur Vorgehensweise bei der LAPLACE-Rücktransformation, mit Hilfe von Tabellen ermittelt. Die Partialbruchzerlegung (Abschnitt 3.5.6) ist auch hier ein Hilfsmittel, um aus z-Transformierten höherer Ordnung einfache Transformationspaare abzuleiten. Voraussetzung ist, daß die Nullstellen des Nennerpolynoms von $f(z)$ bekannt sind. Die Nullstellen des Nennerpolynoms sind Polstellen von $f(z)$. Wird bei z-Übertragungsfunktionen von zeitdiskreten Systemen das Nennerpolynom gleich Null gesetzt, so entsteht die **charakteristische Gleichung**.

Beispiel 11.5-14: x_k ist für die z-Transformierte

$$x(z) = \frac{z^2 - z}{z^2 - 0.7 \cdot z + 0.1} = \frac{z^2 - z}{(z - 0.2) \cdot (z - 0.5)} = \frac{A \cdot z}{z - 0.2} + \frac{B \cdot z}{z - 0.5}$$

zu berechnen. Die Partialbruchzerlegung ergibt:

$$z^2 - z = z^2 \cdot (A + B) + z \cdot (-0.5 \cdot A - 0.2 \cdot B)$$
$$A + B = 1, \quad -0.5 \cdot A - 0.2 \cdot B = -1,$$
$$A = 2.667, \quad B = -1.667.$$

Die Rücktransformation wird mit Nr. 20 der Tabelle 11.5-3 ausgeführt:

$$x(z) = \frac{z^2 - z}{z^2 - 0.7 \cdot z + 0.1} = \frac{A \cdot z}{z - z_1} + \frac{B \cdot z}{z - z_2}, \quad z_1 = 0.2, \quad z_2 = 0.5,$$
$$x_k = 2.667 \cdot z_1^k - 1.667 \cdot z_2^k = 2.667 \cdot 0.2^k - 1.667 \cdot 0.5^k.$$

Beispiel 11.5-15: Für die Abtastzeit $T = 0.1$ s wurde folgende z-Übertragungsfunktion ermittelt:

$$G(z) = \frac{z}{z^2 - 1.6 \cdot z + 0.8} = \frac{z}{(z - 0.8 + 0.4j) \cdot (z - 0.8 - 0.4j)}.$$

Zu ermitteln ist die Gewichtsfolge x_k. Sie entsteht, wenn als Eingangsgröße y_k eine DIRAC-Folge aufgeschaltet wird.

$$y(kT) = \delta(kT) = 0^k, \quad y(z) = 1,$$
$$x(z) = G(z) \cdot y(z) = \frac{z}{z^2 - 1.6 \cdot z + 0.8} \cdot y(z) = \frac{z}{z^2 - 1.6 \cdot z + 0.8}.$$

Die konjugiert komplexen Nullstellen der charakteristischen Gleichung der z-Transformierten sind ein Kennzeichen für harmonische Funktionen im Zeitbereich. Das Transformationspaar Nr. 52 von Tabelle 11.5-6 wird um den konstanten Faktor K_P erweitert, dann kann ein Koeffizientenvergleich durchgeführt werden.

$$x(s) = \frac{K_P \cdot \omega_0 \cdot \sqrt{1 - D^2}}{s^2 + 2 \cdot D \cdot \omega_0 \cdot s + \omega_0^2},$$
$$x(t) = K_P \cdot e^{-D\omega_0 t} \cdot \sin(\omega_0 \cdot \sqrt{1 - D^2} \cdot t),$$
$$x(z) = \frac{K_P \cdot z \cdot e^{-D\omega_0 T} \cdot \sin(\omega_0 \cdot \sqrt{1 - D^2} \cdot T)}{z^2 - 2z \cdot e^{-D\omega_0 T} \cdot \cos(\omega_0 \cdot \sqrt{1 - D^2} \cdot T) + e^{-2D\omega_0 T}},$$
$$x(kT) = K_P \cdot e^{-D\omega_0 kT} \cdot \sin(\omega_0 \cdot \sqrt{1 - D^2} \cdot kT),$$
$$x(z) = \frac{K_P \cdot z \cdot e^{-D\omega_0 T} \cdot \sin(\omega_0 \sqrt{1 - D^2} \cdot T)}{z^2 - 2z e^{-D\omega_0 T} \cos(\omega_0 \sqrt{1 - D^2} \cdot T) + e^{-2D\omega_0 T}} \stackrel{!}{=} \frac{z}{z^2 - 1.6z + 0.8}.$$

Aus dem Koeffizientenvergleich resultieren drei Gleichungen, wobei die Abtastzeit von $T = 0.1$ s eingesetzt wurde:

Gleichung 1) $e^{-2D\omega_0 T} = e^{-0.2 D\omega_0} = 0.8$
wird logarithmiert und umgeformt zu

$$D = \frac{1.1157}{\omega_0}.$$

In Gleichung 2) $-2z \cdot e^{-D\omega_0 T} \cdot \cos(\omega_0 \sqrt{1 - D^2} \cdot T) = -1.6 \cdot z$
wird D eingesetzt, die Auflösung nach der Kennkreisfrequenz ergibt:

$$\omega_0 = 4.769 \, \text{s}^{-1}, \quad D = 0.234.$$

Setzt man die Werte in Gleichung 3)

$$K_P \cdot z \cdot e^{-D\omega_0 T} \cdot \sin(\omega_0 \sqrt{1 - D^2} \cdot T) = z$$

ein, dann wird $K_P = 2.5$. Die Wertefolge x_k ist im Zeitbereich:

$$x(kT) = K_P \cdot e^{-D\omega_0 kT} \cdot \sin(\omega_0 \sqrt{1-D^2} \cdot kT)$$
$$= 2.5 \cdot e^{-1.1157kT} \cdot \sin(4.636 \cdot kT)$$
$$= 2.5 \cdot e^{-0.11157k} \cdot \sin(0.4636 \cdot k).$$

Die Impulsantwortfolge ist in Bild 11.5-15 dargestellt. Die ersten Werte sind:

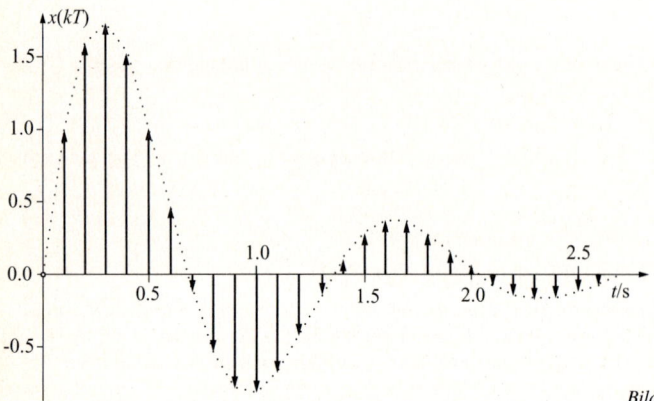

$$x(0) = 0, \quad x(T) = 1, \quad x(2T) = 1.6, \quad x(3T) = 1.76, \quad x(4T) = 1.536, \quad \ldots$$

Bild 11.5-15: Impulsantwort

11.5.3.4 Rücktransformation mit der Potenzreihenentwicklung

Die Wertefolge läßt sich auch durch eine Reihenentwicklung von $f(z)$ nach Potenzen von z^{-1} berechnen. Nach Definition ist:

$$Z\{f(kT)\} = f(z) = \sum_{k=0}^{\infty} f_k \cdot z^{-k} = f_0 \cdot z^0 + f_1 \cdot z^{-1} + f_2 \cdot z^{-2} + f_3 \cdot z^{-3} + \ldots$$

Die Koeffizienten f_k der Reihenentwicklung entsprechen den Werten $f(kT)$ in den Abtastzeitpunkten kT.

Beispiel 11.5-16: Für die z-Transformierte von Beispiel 11.5-15 soll mit der Potenzreihenentwicklung die Wertefolge $x(kT)$ für die Abtastzeit $T = 0.1$ s bestimmt werden:

$$x(z) = G(z) \cdot y(z) = \frac{z}{z^2 - 1.6 \cdot z + 0.8}.$$

Die algebraische Division ergibt:

$$
\begin{aligned}
z \quad &: (z^2 - 1.6 \cdot z + 0.8) = 0 \cdot z^0 + 1 \cdot z^{-1} + 1.6 \cdot z^{-2} + 1.76 \cdot z^{-3} + \ldots \\
\underline{-(z - 1.6 + 0.80 \cdot z^{-1})}& \\
+1.6 - 0.80 \cdot z^{-1}& \\
\underline{-(1.6 - 2.56 \cdot z^{-1} + 1.28 \cdot z^{-2})}& \\
1.76 \cdot z^{-1} - 1.28 \cdot z^{-2}& \\
\underline{-(1.76 \cdot z^{-1} - 2.81 \cdot z^{-2} + 1.408 \cdot z^{-3})}& \\
\ldots&
\end{aligned}
$$

$$x(z) = \frac{z}{z^2 - 1.6 \cdot z + 0.8}$$
$$= x_0 \cdot z^0 + x_1 \cdot z^{-1} + x_2 \cdot z^{-2} + x_3 \cdot z^{-3} + \ldots$$
$$= 0 \cdot z^0 + 1 \cdot z^{-1} + 1.6 \cdot z^{-2} + 1.76 \cdot z^{-3} + \ldots$$

Die Wertefolge $x(k) = x_k$ ist

$x(0) = 0, \quad x(1) = 1, \quad x(2) = 1.6, \quad x(3) = 1.76, \quad \ldots$

die Werte zu den Abtastzeitpunkten $x(kT)$ sind

$x(0) = 0, \quad x(0.1) = 1, \quad x(0.2) = 1.6, \quad x(0.3) = 1.76, \quad \ldots$

11.5.3.5 Berechnung der Impulsfunktion mit Rekursion

Aus z-Transformierten lassen sich Differenzengleichungen ableiten, die mit Rechnern rekursiv gelöst werden können. Bei der Berechnung der z-Übertragungsfunktion von linearen diskreten Systemen ergeben sich gebrochen rationale Funktionen:

$$G(z) = \frac{x_a(z)}{x_e(z)} = \frac{b_m \cdot z^m + b_{m-1} \cdot z^{m-1} + \ldots + b_1 \cdot z + b_0}{a_n \cdot z^n + a_{n-1} \cdot z^{n-1} + \ldots + a_1 \cdot z + a_0} = \frac{Z(z)}{N(z)}.$$

Für die Berechnung von Differenzengleichungen mit dem Rechner ist die Übertragungsfunktion mit Potenzen von z^{-1} besser geeignet. Multiplikation von Zähler und Nenner mit z^{-n} ergibt:

$$G(z) = \frac{x_a(z)}{x_e(z)} = \frac{b_m \cdot z^{m-n} + b_{m-1} \cdot z^{m-n-1} + \ldots + b_1 \cdot z^{-n+1} + b_0 \cdot z^{-n}}{a_n + a_{n-1} \cdot z^{-1} + \ldots + a_1 \cdot z^{-n+1} + a_0 \cdot z^{-n}}.$$

Die gebrochen rationale Funktion wird ausmultipliziert

$$x_a(z) \cdot [a_n + a_{n-1} \cdot z^{-1} + \ldots + a_1 \cdot z^{-n+1} + a_0 \cdot z^{-n}]$$
$$= x_e(z) \cdot [b_m \cdot z^{m-n} + b_{m-1} \cdot z^{m-n-1} + \ldots + b_1 \cdot z^{-n+1} + b_0 \cdot z^{-n}]$$

und rücktransformiert:

$$a_n \cdot x_{a,k} + a_{n-1} \cdot x_{a,k-1} + \ldots + a_1 \cdot x_{a,k-n+1} + a_0 \cdot x_{a,k-n}$$
$$= b_m \cdot x_{e,k+m-n} + b_{m-1} \cdot x_{e,k+m-n-1} + \ldots + b_1 \cdot x_{e,k-n+1} + b_0 \cdot x_{e,k-n}.$$

Nach $x_{a,k}$ wird aufgelöst, die Impulsfunktion läßt sich berechnen, wenn die Eingangsgröße $x_{e,k}$ als Folge vorliegt:

$$\boxed{\begin{aligned}x_{a,k} = \frac{1}{a_n}[&-a_{n-1} \cdot x_{a,k-1} - \ldots - a_1 \cdot x_{a,k-n+1} - a_0 \cdot x_{a,k-n} + \\&+ b_m \cdot x_{e,k+m-n} + b_{m-1} \cdot x_{e,k+m-n-1} + \ldots + b_1 \cdot x_{e,k-n+1} + b_0 \cdot x_{e,k-n}]\end{aligned}}.$$

Beispiel 11.5-17: Für die z-Transformierte von Beispiel 11.5-15 soll mit Rekursion die Wertefolge $x(kT)$ für eine Abtastzeit von $T = 0.1$ s bestimmt werden. Die Ausgangsgröße $x_a(z)$ entspricht der Regelgröße $x(z)$, für die Eingangsgröße $x_e(z)$ wird die Stellgröße als Delta-Folge $y(z) = 1$ aufgeschaltet:

$$x(z) = G(z) \cdot y(z) = \frac{z}{z^2 - 1.6 \cdot z + 0.8} \cdot y(z) = \frac{b_1 \cdot z}{a_2 \cdot z^2 + a_1 \cdot z + a_0} \cdot y(z).$$

Die Multiplikation mit $z^{-n} = z^{-2}$ ergibt die z-Übertragungsfunktion mit Potenzen von z^{-1}:

$$x(z) = \frac{b_1 \cdot z^{-1}}{a_2 + a_1 \cdot z^{-1} + a_0 \cdot z^{-2}} \cdot y(z) = \frac{z^{-1}}{1 - 1.6 \cdot z^{-1} + 0.8 \cdot z^{-2}} \cdot y(z)$$

$$x(z) \cdot [1 - 1.6 \cdot z^{-1} + 0.8 \cdot z^{-2}] = y(z) \cdot z^{-1},$$

z-Rücktransformation:

$$x(k) - 1.6 \cdot x(k-1) + 0.8 \cdot x(k-2) = y(k-1),$$
$$x(k) = 1.6 \cdot x(k-1) - 0.8 \cdot x(k-2) + y(k-1),$$

Rekursive Berechnung von $x(k)$ für $k = 0, 1, 2, \ldots$:

$$x(k) = 1.6 \cdot x(k-1) - 0.8 \cdot x(k-2) + y(k-1),$$
$$x(0) = 1.6 \cdot x(-1) - 0.8 \cdot x(-2) + y(-1) = 1.6 \cdot 0 - 0.8 \cdot 0 + 0 = 0,$$
$$x(1) = 1.6 \cdot x(0) - 0.8 \cdot x(-1) + y(0) = 1.6 \cdot 0 - 0.8 \cdot 0 + 1 = 1,$$
$$x(2) = 1.6 \cdot x(1) - 0.8 \cdot x(0) + y(1) = 1.6 \cdot 1 - 0.8 \cdot 0 + 0 = 1.6,$$
$$x(3) = 1.6 \cdot x(2) - 0.8 \cdot x(1) + y(2) = 1.76, \quad x(4) = 1.536, \ldots$$

Die Werte $x(kT)$ zu den Abtastzeitpunkten sind:

$$x(0) = 0, \quad x(0.1) = 1, \quad x(0.2) = 1.6, \quad x(0.3) = 1.76, \quad \ldots$$

11.5.4 z-Übertragungsfunktionen (Impulsübertragungsfunktionen)

11.5.4.1 z-Übertragungsfunktionen von zeitdiskreten Elementen

Die **Impulsübertragung** von linearen zeitdiskreten Systemen läßt sich im Zeitbereich mit Differenzengleichungen berechnen. Die Berechnung vereinfacht sich, wenn aus der Differenzengleichung mit der z-Transformation die z-Übertragungsfunktion des Systems bestimmt wird. Regelalgorithmen können mit Differenzengleichungen formuliert werden, durch Transformation entstehen dann die z-Übertragungsfunktionen der digitalen Regler.

Vorgegeben ist die lineare Differenzengleichung eines Regelalgorithmus in folgender Form:

$$a_n \cdot x_{a,k+n} + a_{n-1} \cdot x_{a,k+n-1} + \ldots + a_1 \cdot x_{a,k+1} + a_0 \cdot x_{a,k}$$
$$= b_m \cdot x_{e,k+m} + b_{m-1} \cdot x_{e,k+m-1} + \ldots + b_1 \cdot x_{e,k+1} + b_0 \cdot x_{e,k}, \quad n \geq m.$$

Für die Berechnung müssen die Werte der Eingangsfolge $x_{e,k}$ und die Anfangswerte $x_{a,k+n-1}, \ldots, x_{a,k+1}, x_{a,k}$ und die Koeffizienten a_i, b_j bekannt sein. Die Differenzengleichung wird unter der Voraussetzung, daß die Anfangswerte des zeitdiskreten Systems Null sind, transformiert. Mit den Rechenregeln für die Verschiebung erhält man die Transformationsvorschrift:

$$\boxed{\begin{array}{lll} x_{a,k} \rightarrow x_a(z), & x_{a,k+i} \rightarrow z^i \cdot x_a(z), & x_{a,k-i} \rightarrow z^{-i} \cdot x_a(z), \\ x_{e,k} \rightarrow x_e(z), & x_{e,k+j} \rightarrow z^j \cdot x_e(z), & x_{e,k-j} \rightarrow z^{-j} \cdot x_e(z) \end{array}}$$

Die z-transformierte Differenzengleichung ist:

$$a_n \cdot z^n \cdot x_a(z) + a_{n-1} \cdot z^{n-1} \cdot x_a(z) + \ldots + a_1 \cdot z \cdot x_a(z) + a_0 \cdot x_a(z)$$
$$= b_m \cdot z^m \cdot x_e(z) + b_{m-1} \cdot z^{m-1} \cdot x_e(z) + \ldots + b_1 \cdot z \cdot x_e(z) + b_0 \cdot x_e(z).$$

$x_a(z)$ und $x_e(z)$ lassen sich ausklammern. Der Quotient $\dfrac{x_a(z)}{x_e(z)}$ ist die Impulsübertragungsfunktion oder z-**Übertragungsfunktion** $G(z)$ des zeitdiskreten Systems:

$$G(z) = \frac{x_a(z)}{x_e(z)} = \frac{b_m \cdot z^m + b_{m-1} \cdot z^{m-1} + \ldots + b_1 \cdot z + b_0}{a_n \cdot z^n + a_{n-1} \cdot z^{n-1} + \ldots + a_1 \cdot z + a_0} = \frac{Z(z)}{N(z)}.$$

Für die Berechnung von Differenzengleichungen mit dem Rechner ist die um n Schritte nach rechts verschobene Gleichung besser geeignet:

$$a_n \cdot x_{a,k} + a_{n-1} \cdot x_{a,k-1} + \ldots + a_1 \cdot x_{a,k-n+1} + a_0 \cdot x_{a,k-n}$$
$$= b_m \cdot x_{e,k-n+m} + b_{m-1} \cdot x_{e,k-n+m-1} + \ldots + b_1 \cdot x_{e,k-n+1} + b_0 \cdot x_{e,k-n}.$$

Die z-Übertragungsfunktion ist:

$$G(z) = \frac{x_a(z)}{x_e(z)} = \frac{b_m \cdot z^{m-n} + b_{m-1} \cdot z^{m-1-n} + \ldots + b_1 \cdot z^{-n+1} + b_0 \cdot z^{-n}}{a_n + a_{n-1} \cdot z^{-1} + \ldots + a_1 \cdot z^{-n+1} + a_0 \cdot z^{-n}}.$$

Beispiel 11.5-18: Für die Differenzengleichung 3. Ordnung

$$a_3 \cdot x_{a,k+3} + a_2 \cdot x_{a,k+2} + a_1 \cdot x_{a,k+1} + a_0 \cdot x_{a,k} = b_2 \cdot x_{e,k+2} + b_1 \cdot x_{e,k+1} + b_0 \cdot x_{e,k},$$

mit $n = 3, m = 2$ ist die z-Übertragungsfunktion zu berechnen:

$$x_a(z) \cdot [a_3 \cdot z^3 + a_2 \cdot z^2 + a_1 \cdot z + a_0] = x_e(z) \cdot [b_2 \cdot z^2 + b_1 \cdot z + b_0],$$
$$G(z) = \frac{x_a(z)}{x_e(z)} = \frac{Z(z)}{N(z)} = \frac{b_2 \cdot z^2 + b_1 \cdot z + b_0}{a_3 \cdot z^3 + a_2 \cdot z^2 + a_1 \cdot z + a_0}.$$

Für die um $n = 3$ Schritte verschobene Differenzengleichung

$$a_3 \cdot x_{a,k} + a_2 \cdot x_{a,k-1} + a_1 \cdot x_{a,k-2} + a_0 \cdot x_{a,k-3} = b_2 \cdot x_{e,k-1} + b_1 \cdot x_{e,k-2} + b_0 \cdot x_{e,k-3},$$

erhält man durch Multiplikation von Zähler und Nenner der z-Übertragungsfunktion mit $z^{-n} = z^{-3}$:

$$G(z) = \frac{x_a(z)}{x_e(z)} = \frac{Z(z)}{N(z)} = \frac{b_2 \cdot z^{-1} + b_1 \cdot z^{-2} + b_0 \cdot z^{-3}}{a_3 + a_2 \cdot z^{-1} + a_1 \cdot z^{-2} + a_0 \cdot z^{-3}}.$$

11.5.4.2 z-Übertragungsfunktionen von Regelalgorithmen

Die z-Übertragungsfunktionen von Standardreglern sind in Tabelle 11.5-9 zusammengestellt. Nach Abschnitt 11.2.4.3 wurden die Regelalgorithmen mit allgemeinen Koeffizienten mit der rekursiven Rechenvorschrift

$$y_k = a_1 \cdot y_{k-1} + b_0 \cdot x_{d,k} + b_1 \cdot x_{d,k-1} + b_2 \cdot x_{d,k-2}$$

formuliert. Die z-Transformation der Differenzengleichung liefert die z-Übertragungsfunktion $G_R(z)$ des Reglers:

$$G_R(z) = \frac{y(z)}{x_d(z)} = \frac{b_0 + b_1 \cdot z^{-1} + b_2 \cdot z^{-2}}{1 - a_1 \cdot z^{-1}} = \frac{b_0 \cdot z^2 + b_1 \cdot z + b_2}{z^2 - a_1 \cdot z}.$$

Entsprechend zu Tabelle 11.2-3 wird der Differentialalgorithmus nach Typ I verwendet. Die z-Übertragungsfunktion für Regler mit Integral-Anteil sind für **Stellungsalgorithmen** angegeben ($a_1 = 1$), für die Realisierung von **Geschwindigkeitsalgorithmen** muß $a_1 = 0$ gesetzt werden.

Tabelle 11.5-9: z-Übertragungsfunktionen für Standardregler

Reglerart	z-Übertragungsfunktion $G_R(z)$
P-Regler	$G_R(z) = b_0, \quad b_0 = K_R$
I-Regler Typ I	$G_R(z) = \dfrac{b_1}{z - a_1} = \dfrac{b_1 \cdot z^{-1}}{1 - a_1 \cdot z^{-1}},$ $a_1 = 1, \quad b_1 = K_I \cdot T, \quad \dfrac{T}{T_I}$
I-Regler Typ II	$G_R(z) = \dfrac{b_0 \cdot z}{z - a_1} = \dfrac{b_0}{1 - a_1 \cdot z^{-1}},$ $a_1 = 1, \quad b_0 = K_I \cdot T, \quad \dfrac{T}{T_I}$
PD-Regler	$G_R(z) = \dfrac{b_0 \cdot z + b_1}{z} = b_0 + b_1 \cdot z^{-1}$ $b_0 = K_R \cdot \left[1 + \dfrac{T_V}{T}\right], \quad b_1 = -K_R \cdot \dfrac{T_V}{T}$
PI-Regler Typ I Typ II	$G_R(z) = \dfrac{b_0 \cdot z + b_1}{z - a_1} = \dfrac{b_0 + b_1 \cdot z^{-1}}{1 - a_1 \cdot z^{-1}},$ $a_1 = 1, \quad b_0 = K_R, \quad b_1 = -K_R \cdot \left[1 - \dfrac{T}{T_N}\right]$ $a_1 = 1, \quad b_0 = K_R \cdot \left[1 + \dfrac{T}{T_N}\right], \quad b_1 = -K_R$
PID-Regler Typ I Typ II	$G_R(z) = \dfrac{b_0 \cdot z^2 + b_1 \cdot z + b_2}{z^2 - a_1 \cdot z} = \dfrac{b_0 + b_1 \cdot z^{-1} + b_2 \cdot z^{-2}}{1 - a_1 \cdot z^{-1}},$ $a_1 = 1, b_0 = K_R\left[1 + \dfrac{T_V}{T}\right], b_1 = -K_R\left[1 - \dfrac{T}{T_N} + 2\dfrac{T_V}{T}\right], b_2 = K_R\dfrac{T_V}{T}$ $a_1 = 1, b_0 = K_R\left[1 + \dfrac{T}{T_N} + \dfrac{T_V}{T}\right], b_1 = -K_R\left[1 + 2\dfrac{T_V}{T}\right], b_2 = K_R\dfrac{T_V}{T}$

11.5.4.3 z-Übertragungsfunktionen von zeitkontinuierlichen Elementen

Bei der Ermittlung der z-Übertragungsfunktion von zeitkontinuierlichen Elementen geht man im allgemeinen von der Gewichtsfunktion $g(t)$ des Elements aus. Die Gewichtsfunktion ist die Systemantwort auf die Aufschaltung eines DIRAC-Impulses $\delta(t)$.

Für die LAPLACE-Übertragungsfunktion

$$G(s) = \frac{x_a(s)}{x_e(s)}$$

mit $x_e(t) = \delta(t), x_e(s) = 1$, ist die Gewichtsfunktion

$$g(t) = x_a(t) = L^{-1}\{G(s)x_e(s)\} = L^{-1}\{G(s)\}.$$

Aus der Gewichtsfunktion wird die Impulsfolgefunktion $g^*(t)$ oder die Gewichtsfolge $g(kT)$ gebildet und in den z-Bereich transformiert. Die z-Übertragungsfunktion von zeitkontinuierlichen Elementen wird mit folgender Vorschrift gebildet:

$$\boxed{G(z) = Z\left\{g(t)\Big|_{t=kT}\right\} = Z\left\{L^{-1}\{G(s)\}\Big|_{t=kT}\right\}.}$$

11.5 Mathematische Methoden für digitale Regelkreise im Frequenzbereich

Kennzeichnend für digitale Regelungen ist die Reihenschaltung von **Halteglied** und kontinuierlich arbeitender Regelstrecke (Bild 11.5-16). Das Halteglied speichert die Impulsfolgefunktion der Stellgröße $y^*(t)$ während einer Abtastzeit T, so daß am Eingang der Regelstrecke eine zeitkontinuierliche Treppenfunktion $\bar{y}(t)$ ansteht. Die Speicherung wird mathematisch durch ein Halteglied dargestellt (Abschnitt 11.5.1.5).

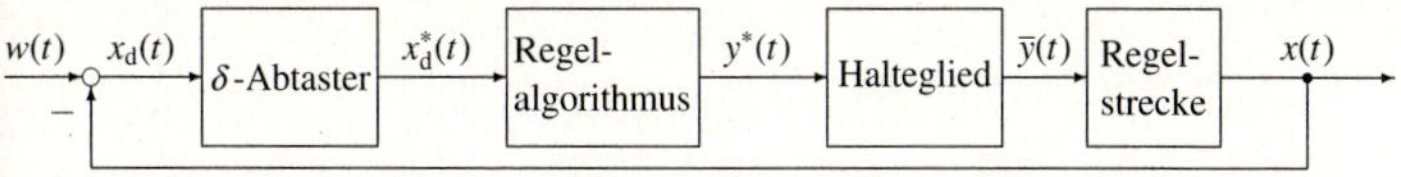

Bild 11.5-16: Struktur von digitalen Regelungen mit Größen des Zeitbereichs

Die Übertragungsfunktion des Halteglieds

$$G_H(s) = \frac{1 - e^{-Ts}}{s}$$

ist mit der Übertragungsfunktion der Regelstrecke $G_S(s)$ in Reihe geschaltet. Die Impulsübertragungsfunktion von Halteglied und Regelstrecke wird durch die z-Transformation von $G_H(s) \cdot G_S(s)$ berechnet. Der Signalflußplan des Regelkreises mit z-transformierten Größen ist in Bild 11.5-17 dargestellt.

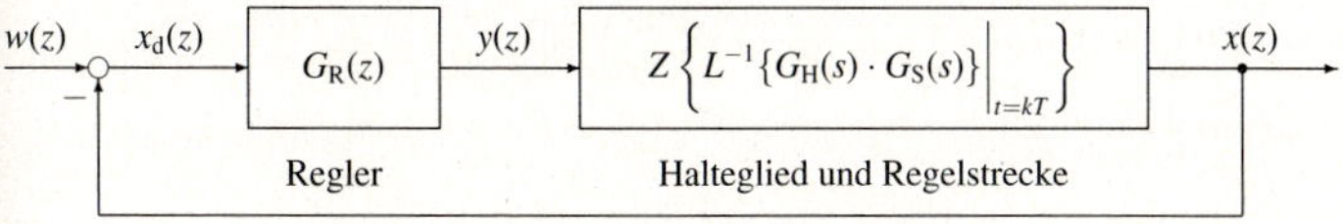

Bild 11.5-17: Digitaler Regelkreis mit z-transformierten Größen

Die z-Übertragungsfunktion von Halteglied und Regelstrecke

$$G_{HS}(z) = Z\left\{L^{-1}\{G_H(s) \cdot G_S(s)\}\Big|_{t=kT}\right\}$$

wird vereinfacht geschrieben:

$$G_{HS}(z) = Z\{G_H(s) \cdot G_S(s)\}.$$

In die Gleichung wird $G_H(s)$ eingesetzt

$$G_{HS}(z) = Z\left\{\frac{1 - e^{-Ts}}{s} \cdot G_S(s)\right\} = Z\left\{\frac{G_S(s)}{s}\right\} - Z\left\{\frac{e^{-Ts} \cdot G_S(s)}{s}\right\}.$$

Einer Multiplikation mit e^{-Ts} entspricht im z-Bereich eine Rechtsverschiebung um einen Abtastzeitpunkt und damit einer Multiplikation mit z^{-1}. Der Verschiebungsoperator z^{-1} kann daher vorgezogen werden:

$$G_{HS}(z) = Z\left\{\frac{1 - e^{-Ts}}{s} \cdot G_S(s)\right\} = (1 - z^{-1}) \cdot Z\left\{\frac{G_S(s)}{s}\right\}$$
$$= \frac{z-1}{z} \cdot Z\left\{\frac{G_S(s)}{s}\right\}.$$

Die z-Übertragungsfunktion der Reihenschaltung eines Halteglieds nullter Ordnung und eines kontinuierlichen Systems ergibt sich aus der z-Transformierten der Sprungantwort $\dfrac{G_S(s)}{s}$, multipliziert mit $\dfrac{z-1}{z}$:

$$G_{HS}(z) = \frac{z-1}{z} \cdot Z\left\{L^{-1}\left\{\frac{G_S(s)}{s}\right\}\Big|_{t=kT}\right\} = \frac{z-1}{z} \cdot Z\left\{\frac{G_S(s)}{s}\right\}.$$

Beispiel 11.5-19: Für eine Regelstrecke I. Ordnung mit Halteglied ist die z-Übertragungsfunktion zu bestimmen.

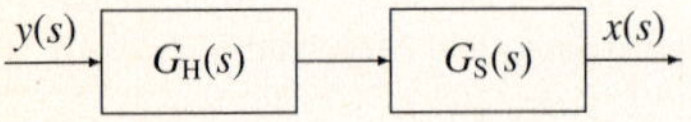

$$G_H(s) = \frac{1 - e^{-Ts}}{s}, \quad G_S(s) = \frac{K_S}{1 + T_S \cdot s}$$

Bild 11.5-18: Signalflußplan von Halteglied und Regelstrecke

Die z-Übertragungsfunktion berechnet sich mit

$$G_{HS}(z) = \frac{z-1}{z} \cdot Z\left\{\frac{G_S(s)}{s}\right\}.$$

Berechnung der Sprungantwort der Regelstrecke:

$$x(s) = \frac{G_S(s)}{s} = \frac{K_S}{1 + T_S \cdot s} \cdot \frac{1}{s},$$

$$x(t) = K_S \cdot \left(1 - e^{-\frac{t}{T_S}}\right) \cdot E(t), \quad x(kT) = K_S \cdot \left(1 - e^{-\frac{kT}{T_S}}\right) \cdot E(kT).$$

Berechnung der z-Transformierten:

$$x(z) = K_S \cdot Z\{E(kT)\} - K_S \cdot Z\left\{e^{-\frac{kT}{T_S}} \cdot E(kT)\right\}.$$

Die z-Transformierten der mit K_S multiplizierten und mit $e^{-\frac{kT}{T_S}}$ gedämpften Sprungfunktion sind nach Beispiel 11.5-2, 3:

$$x(z) = K_S \cdot \frac{z}{z-1} - K_S \cdot \frac{z}{z - e^{-\frac{T}{T_S}}}.$$

Berechnung der z-Übertragungsfunktion:

$$G_{HS}(z) = \frac{z-1}{z} \cdot x(z) = \frac{z-1}{z} \cdot \left[K_S \cdot \frac{z}{z-1} - K_S \cdot \frac{z}{z - e^{-\frac{T}{T_S}}}\right] = K_S \cdot \frac{1 - e^{-\frac{T}{T_S}}}{z - e^{-\frac{T}{T_S}}}.$$

11.5.4.4 Tabelle von z-Übertragungsfunktionen für zeitkontinuierliche Elemente (Regelstrecken mit Halteglied)

Bei der Reihenschaltung von kontinuierlichen Systemen mit Halteglied und Abtaster wird die z-Übertragungsfunktion aus der Sprungantwort des kontinuierlichen Systems multipliziert mit $\frac{z-1}{z}$ bestimmt (Abschnitte 11.5.4.3, 13.9.1). Regelstrecken sind im allgemeinen aus linearen, kontinuierlich arbeitenden Teilsystemen zusammengesetzt.

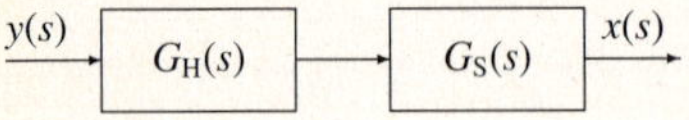

$$G_{HS}(z) = \frac{x(z)}{y(z)} = \frac{z-1}{z} \cdot Z\left\{\frac{G_S(s)}{s}\right\}$$

Bild 11.5-19: Signalflußplan von Halteglied und Regelstrecke

Für einige Regelstrecken sind die z-Übertragungsfunktionen der Reihenschaltung von Halteglied und Strecke nach Bild 11.5-19 in Tabelle 11.5-10 aufgeführt. Die Abtastzeit ist mit T bezeichnet. Übertragungsfunktionen von Regelstrecken mit Totzeit setzen sich aus dem Streckenteil $G_{S1}(s)$ und dem Totzeitanteil $G_t(s)$ zusammen.

11.5 Mathematische Methoden für digitale Regelkreise im Frequenzbereich

Bei Regelstrecken mit Totzeit wird die Abtastzeit T kleiner als die Totzeit T_t gewählt. Für $T_t = m \cdot T$, mit $m = 1, 2, \ldots$, ist

$$G_S(s) = G_{S1}(s) \cdot G_t(s) = G_{S1}(s) \cdot e^{-T_t s} = G_{S1}(s) \cdot e^{-mTs}.$$

Mit dem Verschiebungssatz erhält man die z-Übertragungsfunktion von Regelstrecke mit Totzeit und Halteglied:

$$G_{HS}(z) = Z\{G_H(s) \cdot G_{S1}(s) \cdot G_t(s)\}$$

$$= \frac{z-1}{z} \cdot Z\left\{\frac{G_{S1}(s)}{s}\right\} z^{-m} = G_{HS1}(z) \cdot z^{-m},$$

$$\boxed{G_{HS}(z) = G_{HS1}(z) \cdot z^{-m} = (z-1) \cdot z^{-m-1} \cdot Z\left\{\frac{G_{S1}(s)}{s}\right\}.}$$

Tabelle 11.5-10: z-Übertragungsfunktionen für Regelstrecken mit Halteglied

Nr.	$G_S(s)$	$G_{HS}(z) = \left[\dfrac{z-1}{z}\right] \cdot Z\left\{\dfrac{G_S(s)}{s}\right\}$
1	Proportional-Element (P-Element)	
	K_S	K_S
2	Totzeit-Element (PT$_t$-Element)	
	$K_S \cdot e^{-sT_t}$	$K_S \cdot z^{-m}, \quad T_t = m \cdot T, \quad m = 1, 2, \ldots$
3	Integral-Element (I-Element)	
	$\dfrac{K_{IS}}{s}, \quad \dfrac{1}{T_{IS} \cdot s}$	$\dfrac{K_{IS} \cdot T}{z-1}, \quad \dfrac{T}{T_{IS}} \cdot \dfrac{1}{z-1}$
4	Integral-Element (I$_2$-Element)	
	$\dfrac{K_{IS}^2}{s^2}, \quad \dfrac{1}{T_{IS}^2 \cdot s^2}$	$\dfrac{K_{IS}^2 \cdot T^2 \cdot (z+1)}{2 \cdot (z-1)^2}, \quad \dfrac{T^2 \cdot (z+1)}{2 \cdot T_{IS}^2 \cdot (z-1)^2}$
5	Integral-Element mit Verzögerung (IT$_1$-Element)	
	$\dfrac{K_S}{1+s \cdot T_S} \cdot \dfrac{1}{T_I \cdot s}$	$\dfrac{K_S \cdot T_S}{T_I} \cdot \dfrac{\left(\dfrac{T}{T_S} - 1 + e^{-\frac{T}{T_S}}\right) \cdot z + 1 - \left(\dfrac{T}{T_S} + 1\right) \cdot e^{-\frac{T}{T_S}}}{(z-1)\left(z - e^{-\frac{T}{T_S}}\right)}$
6	Verzögerungs-Element I. Ordnung (PT$_1$-Element)	
	$\dfrac{K_S}{1+s \cdot T_S}$	$K_S \cdot \dfrac{1 - e^{-\frac{T}{T_S}}}{z - e^{-\frac{T}{T_S}}}$
7	Verzögerungs-Element mit Totzeit (PT$_1$T$_t$-Element)	
	$\dfrac{K_S}{1+s \cdot T_S} \cdot e^{-sT_t}$	$K_S \cdot \dfrac{1 - e^{-\frac{T}{T_S}}}{z - e^{-\frac{T}{T_S}}} \cdot z^{-m}, \quad T_t = m \cdot T, \quad m = 1, 2, \ldots$

Tabelle 11.5-10: (Fortsetzung)

Nr.	$G_S(s)$	$G_{HS}(z) = \left[\dfrac{z-1}{z}\right] \cdot Z\left\{\dfrac{G_S(s)}{s}\right\}$
8	Differenzierende Elemente (PDT$_1$-, PPT$_1$-Element)	
	$K_S \cdot \dfrac{1 + s \cdot T_1}{1 + s \cdot T_2}$	$K_S \cdot \dfrac{\dfrac{T_1}{T_2} \cdot z + \left(1 - \dfrac{T_1}{T_2} - e^{-\frac{T}{T_2}}\right)}{z - e^{-\frac{T}{T_2}}}$
9	Verzögerungs-Element II. Ordnung (PT$_2$-Element)	
	$\dfrac{K_S}{(1 + s \cdot T_1)(1 + s \cdot T_2)}$	$K_S \cdot \dfrac{(a_1 T_1 - a_2 T_2) z + a_1 a_2 (T_1 - T_2) - (a_1 T_1 - a_2 T_2)}{(T_1 - T_2)\left(z - e^{-\frac{T}{T_1}}\right)\left(z - e^{-\frac{T}{T_2}}\right)},$
	$T_1 \neq T_2$	$a_1 = 1 - e^{-\frac{T}{T_1}}, \quad a_2 = 1 - e^{-\frac{T}{T_2}}$
10	Verzögerungs-Element II. Ordnung (PT$_2$-Element)	
	$\dfrac{K_S}{(1 + s \cdot T_1)^2}$	$K_S \dfrac{\left[1 - \left(1 - \dfrac{T}{T_1}\right) e^{-\frac{T}{T_1}}\right] z - \left[1 + \dfrac{T}{T_1} - e^{-\frac{T}{T_1}}\right] e^{-\frac{T}{T_1}}}{\left(z - e^{-\frac{T}{T_1}}\right)^2}$
11	Verzögerungs-Element II. Ordnung (PT$_2$-Element)	
	$\dfrac{K_S \cdot \omega_0^2}{s^2 + 2D\omega_0 s + \omega_0^2}$	$K_S \dfrac{\left[1 - \dfrac{a_1 \sin(\omega_e T + \phi)}{\sqrt{1 - D^2}}\right] \cdot z + a_1 \left[a_1 + \dfrac{\sin(\omega_e T - \phi)}{\sqrt{1 - D^2}}\right]}{z^2 - 2a_1 \cdot \cos(\omega_e T) \cdot z + a_1^2},$
	$0 \leq D < 1$	$\omega_e = \omega_0\sqrt{1 - D^2}, \quad \phi = \arccos D, \quad a_1 = e^{-D\omega_0 T}$

11.5.4.5 Eigenschaften von z-Übertragungsfunktionen

Lineare Differenzengleichungen werden nach Abschnitt 11.4.3.2 mit homogenen und partikulären Ansatzfunktionen gelöst. Dabei wird von einer Differenzengleichung in folgender Struktur ausgegangen:

$$a_n \cdot x_{a,k+n} + a_{n-1} \cdot x_{a,k+n-1} + \ldots + a_1 \cdot x_{a,k+1} + a_0 \cdot x_{a,k}$$
$$= b_m \cdot x_{e,k+m} + b_{m-1} \cdot x_{e,k+m-1} + \ldots + b_1 \cdot x_{e,k+1} + b_0 \cdot x_{e,k}, \quad n \geq m.$$

Aus der homogenen Gleichung

$$a_n \cdot x_{a,k+n} + a_{n-1} \cdot x_{a,k+n-1} + \ldots + a_1 \cdot x_{a,k+1} + a_0 \cdot x_{a,k} = 0$$

entsteht die **charakteristische Gleichung der Differenzengleichung**

$$a_n \cdot z^n + a_{n-1} \cdot z^{n-1} + \ldots + a_1 \cdot z + a_0 = 0$$

mit den Nullstellen $z_1, z_2, z_3, \ldots, z_n$. Aus der Differenzengleichung wird mit der z-Transformation die z-Übertragungsfunktion $G(z)$ des zeitdiskreten Systems ermittelt:

$$G(z) = \frac{x_a(z)}{x_e(z)} = \frac{b_m \cdot z^m + b_{m-1} \cdot z^{m-1} + \ldots + b_1 \cdot z + b_0}{a_n \cdot z^n + a_{n-1} \cdot z^{n-1} + \ldots + a_1 \cdot z + a_0} = \frac{Z(z)}{N(z)}.$$

Entsprechend zur kontinuierlichen LAPLACE-Übertragungsfunktion, bei der die charakteristische Gleichung aus dem Nennerpolynom von $G(s)$ gebildet wird, erhält man für zeitdiskrete Übertragungselemente die charakteristische Gleichung aus der z-Übertragungsfunktion.

11.5 Mathematische Methoden für digitale Regelkreise im Frequenzbereich

> Die charakteristische Gleichung eines zeitdiskreten Übertragungssystems $G(z)$ ergibt sich, wenn das Nennerpolynom $N(z)$ der z-Übertragungsfunktion gleich Null gesetzt wird:
>
> $$N(z) = a_n \cdot z^n + a_{n-1} \cdot z^{n-1} + \ldots + a_1 \cdot z + a_0 = 0.$$

Zwischen den Polen (Nullstellen der charakteristischen Gleichung) eines kontinuierlichen Übertragungssystems $G(s)$ und denen des zugehörigen zeitdiskreten Systems $G(z)$ besteht folgender Zusammenhang:

> Einem Pol s_i von $G(s)$ entspricht der Pol $z_i = e^{s_i T}$ von $G(z)$.

Beispiel 11.5-20: Für das Transformationspaar Nr. 33 aus Tabelle 11.5-4 von Abschnitt 11.5.2.4 wird der Zusammenhang gezeigt:

Kontinuierliche Funktionen:

Zeitfunktion: $e^{-\frac{t}{T_1}} - e^{-\frac{t}{T_2}}, T_1 \neq T_2,$

LAPLACE-Übertragungsfunktion:

$$\frac{T_1 - T_2}{(T_1 \cdot s + 1) \cdot (T_2 \cdot s + 1)} = \frac{T_1 - T_2}{T_1 \cdot T_2 \cdot \left(s + \frac{1}{T_1}\right) \cdot \left(s + \frac{1}{T_2}\right)} = \frac{T_1 - T_2}{T_1 \cdot T_2 \cdot (s - s_1) \cdot (s - s_2)},$$

Charakteristische Gleichung: $\left(s + \frac{1}{T_1}\right) \cdot \left(s + \frac{1}{T_2}\right) = 0,$

Nullstellen (Pole von $G(s)$): $s_1 = -\frac{1}{T_1}, \quad s_2 = -\frac{1}{T_2}.$

Zeitdiskrete Funktionen:

Diskrete Zeitfunktion: $e^{-\frac{kT}{T_1}} - e^{-\frac{kT}{T_2}}, T_1 \neq T_2,$

z-Übertragungsfunktion:

$$\frac{\left(e^{-\frac{T}{T_1}} - e^{-\frac{T}{T_2}}\right) \cdot z}{\left(z - e^{-\frac{T}{T_1}}\right) \cdot \left(z - e^{-\frac{T}{T_2}}\right)} = \frac{(z_1 - z_2) \cdot z}{(z - z_1) \cdot (z - z_2)},$$

Charakteristische Gleichung: $\left(z - e^{-\frac{T}{T_1}}\right) \cdot \left(z - e^{-\frac{T}{T_2}}\right) = 0,$

Nullstellen (Pole von $G(z)$): $z_1 = e^{-\frac{T}{T_1}} = e^{s_1 T}, z_2 = e^{-\frac{T}{T_2}} = e^{s_2 T}.$

Aus der z-Übertragungsfunktion läßt sich mit dem Endwertsatz das Verhalten des zeitdiskreten Übertragungssystems bestimmen. Entsprechend zu der Vorgehensweise von Abschnitt 4.6.2 werden die stationären Verstärkungsfaktoren und damit das prinzipielle Verhalten von Übertragungselementen ermittelt.

Die Bestimmungsgleichungen für die stationären Verstärkungsfaktoren von kontinuierlichen und diskreten Übertragungselementen sind in Tabelle 11.5-11 gegenübergestellt. Beim Vergleich der stationären Verstärkungsfaktoren muß berücksichtigt werden, daß die Verstärkungsfaktoren für kontinuierliche Übertragungselemente, K_P ausgenommen, dimensionsbehaftet sind:

$$K_I[s^{-1}], \quad K_P[1], \quad K_D[s].$$

Für die diskreten Übertragungselemente sind die resultierenden Verstärkungsfaktoren dimensionslos:
$$K_I \cdot T[1], \quad K_P[1], \quad \frac{K_D}{T}[1].$$

Tabelle 11.5-11: Verstärkungsfaktoren für z-Übertragungsfunktionen

kontinuierliches Element	diskretes Element
Integrales Verhalten	
K_I = Integrierbeiwert	
Einheitsimpulsfunktion	Einheitsimpulsfolge, DIRAC-Folge
$x_e(t) = \delta(t), x_e(s) = 1$	$x_e(k) = \delta(k), x_e(z) = 1$
$K_I = \lim_{s \to 0} s \cdot G(s) \cdot x_e(s)$	$K_I \cdot T = \lim_{z \to 1+} (z-1) \cdot G(z) \cdot x_e(z)$
$= \lim_{s \to 0} s \cdot G(s)$	$= \lim_{z \to 1+} (z-1) \cdot G(z)$
Proportionales Verhalten	
K_P = Proportionalbeiwert	
Einheitssprungfunktion	Einheitssprungfolge
$x_e(t) = E(t), x_e(s) = \frac{1}{s}$	$x_e(k) = E(k), x_e(z) = \frac{z}{z-1}$
$K_P = \lim_{s \to 0} s \cdot G(s) \cdot x_e(s)$	$K_P = \lim_{z \to 1+} (z-1) \cdot G(z) \cdot x_e(z)$
$= \lim_{s \to 0} G(s)$	$= \lim_{z \to 1+} z \cdot G(z) = \lim_{z \to 1+} G(z)$
Differenzierendes Verhalten	
K_D = Differenzierbeiwert	
Einheitsanstiegsfunktion	Einheitsanstiegsfolge
$x_e(t) = t, x_e(s) = \frac{1}{s^2}$	$x_e(k) = k, x_e(z) = \frac{z}{(z-1)^2}$
$K_D = \lim_{s \to 0} s \cdot G(s) \cdot x_e(s)$	$\frac{K_D}{T} = \lim_{z \to 1+} (z-1) \cdot G(z) \cdot x_e(z)$
$= \lim_{s \to 0} G(s) \cdot \frac{1}{s}$	$= \lim_{z \to 1+} \frac{z}{z-1} \cdot G(z) = \lim_{z \to 1+} \frac{G(z)}{z-1}$

Beispiel 11.5-21: Typ und Verstärkungsfaktoren der z-Übertragungsfunktion sind für eine Abtastzeit von $T = 0.1$ s zu bestimmen:
$$G_R(z) = \frac{5z-4}{z-1} = \frac{5 \cdot (z-1)}{z-1} + \frac{1}{z-1} = 5 + \frac{1}{z-1} = G_1(z) + G_2(z).$$

Proportionalbeiwert K_P:
$$K_P = \lim_{z \to 1+} G_1(z) = 5,$$

Integrierbeiwert K_I:
$$K_I \cdot T = \lim_{z \to 1+} (z-1) \cdot G_2(z) = \lim_{z \to 1+} (z-1) \cdot \frac{1}{z-1} = 1.$$

Die ermittelten Parameter werden in die z-Übertragungsfunktion eingesetzt:
$$G_R(z) = 5 + \frac{1}{z-1} = K_P + \frac{K_I \cdot T}{z-1} = \frac{K_P \cdot z - K_P + K_I \cdot T}{z-1} = \frac{b_0 \cdot z + b_1}{z - a_1}.$$

Der Vergleich mit Tabelle 11.5-9 ergibt:

$$b_0 = K_R = K_P = 5, \quad b_1 = -K_P + K_I \cdot T = -K_R \cdot \left[1 - \frac{T}{T_N}\right],$$

$$K_I \cdot T = K_R \cdot \frac{T}{T_N} = K_P \cdot \frac{T}{T_N}, \quad T_N = \frac{K_P \cdot T}{K_I \cdot T} = 0.5 \, \text{s}.$$

Der zeitdiskrete Regler hat PI-Verhalten, die Parameter sind: Verstärkungsfaktor $K_R = 5$, Nachstellzeit $T_N = 0.5$ s.

11.5.4.6 Normierte Testfolgen für z-Übertragungsfunktionen

Für die Untersuchung von kontinuierlichen Regelungssystemen werden normierte Testfunktionen eingesetzt, entsprechend verwendet man bei digitalen Regelungssystemen normierte Eingangsfolgen (Testfolgen). Die Testfolgen der zeitdiskreten Regelungssysteme sind den Testfunktionen der analogen Regelungstechnik gegenübergestellt:

- Einheitsimpulsfolge (DIRAC-Folge) $\delta(k)$, $\delta(kT)$, Einheitsimpulsfunktion (DIRAC-Impuls) $\delta(t)$,
- Einheitssprungfolge $E(k)$, $E(kT)$, Einheitssprungfunktion $E(t)$,
- Einheitsanstiegsfolge k, kT, Einheitsanstiegsfunktion t.
- harmonische Folgen und Funktionen,
- exponentielle Folgen und Funktionen.

Die Anwendung von normierten Eingangsfolgen bei der Untersuchung von digitalen Regelungssystemen ermöglicht den Vergleich von verschiedenen Regelalgorithmen.

Die **Einheitsimpulsfolge** (DIRAC-, δ-Folge) ist wie folgt definiert (Bild 11.5-20):

$$\boxed{\delta_{k,0} = \delta(k) = \delta(kT) = \begin{cases} 1 & \text{für} \quad k = 0 \\ 0 & \text{für} \quad k \neq 0 \end{cases}}.$$

Impulsfunktion (DIRAC-Funktion) und Impulsfolge unterscheiden sich wesentlich: Die δ-Folge ist eine spezielle Folge, bei der nur ein Wert Eins ist, die Impulsfunktion ist eine spezielle Zeitfunktion, die für einen Zeitpunkt unendlich groß wird. Wird die δ-Folge als Eingangsgröße auf ein zeitdiskretes Übertragungselement geschaltet, so erhält man die Gewichtsfolge $x_a(k) = g(k)$ oder Impulsantwortfolge des Systems.

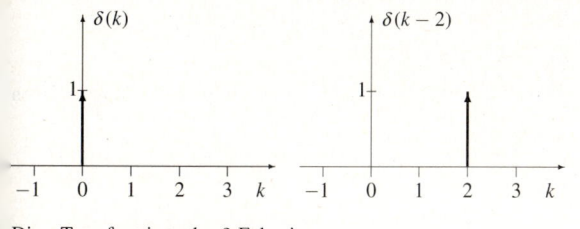

Bild 11.5-20: δ-Folge, verschobene δ-Folge

Die z-Transformierte der δ-Folge ist

$$x_e(z) = Z\{\delta(k)\} = 1,$$

die Gewichtsfolge $g(k)$ erhält man durch Rücktransformation:

$$x_a(k) = g(k) = Z^{-1}\{G(z) \cdot x_e(z)\} = Z^{-1}\{G(z)\}.$$

Für die **verschobene Einheitsimpulsfolge**

$$\delta_{k,2} = \delta(k-2) = \delta((k-2)T) = \begin{cases} 1 & \text{für} \quad k = 2 \\ 0 & \text{für} \quad k \neq 2 \end{cases}$$

wird mit dem Rechtsverschiebungssatz:

$$x_e(z) = Z\{\delta(k-2)\} = z^{-2} \cdot Z\{\delta(k)\} = z^{-2}.$$

Verallgemeinert gilt für die um m Schritte nach rechts verschobene δ-Folge:

$$\delta_{k,m} = \delta(k-m) = \delta((k-m)T) = \begin{cases} 1 & \text{für} \quad k = m \\ 0 & \text{für} \quad k \neq m \end{cases},$$

$$x_e(z) = Z\{\delta(k-m)\} = z^{-m}.$$

Einheitssprungfolge: die Werte der Folge sind konstant (Bild 11.5-21):

$$E(k) = E(kT) = \begin{cases} 1 & \text{für} \quad k \geq 0 \\ 0 & \text{für} \quad k < 0 \end{cases}.$$

Bei der Aufschaltung der Einheitssprungfolge erhält man die Sprungantwortfolge des diskreten Übertragungssystems.

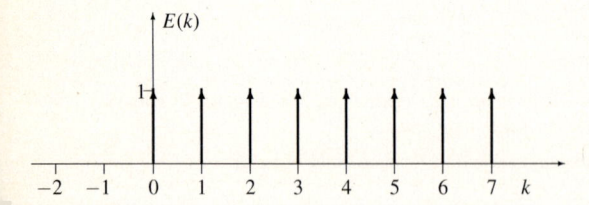

Bild 11.5-21: Einheitssprungfolge

Die z-Transformierte der Sprungfolge ist

$$x_e(z) = Z\{E(k)\} = \frac{z}{z-1}.$$

Die **Einheitsanstiegsfolge** ist in Bild 11.5-22 angegeben:

$$x_e(k) = k, \quad k = 0, 1, 2, 3, \ldots,$$

$$x_e(z) = \frac{z}{(z-1)^2}.$$

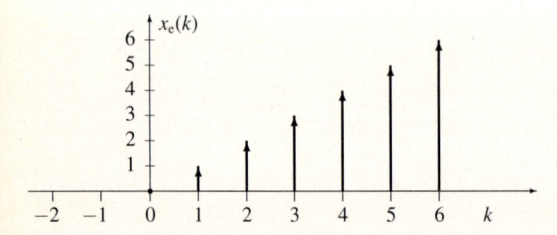

Bild 11.5-22: Einheitsanstiegsfolge

11.5.4.7 Umformungsregeln für z-Übertragungsfunktionen

11.5.4.7.1 Voraussetzungen für die Anwendung der Umformungsregeln

Die in Abschnitt 2.3 und 2.5 angegebenen Vereinfachungs- und Umformungsregeln für Signalflußstrukturen gelten prinzipiell auch für Signalflußstrukturen mit z-Übertragungsfunktionen. Voraussetzung für die Gültigkeit der Regeln ist:

11.5 Mathematische Methoden für digitale Regelkreise im Frequenzbereich

- Alle Abtastvorgänge in der zu vereinfachenden Struktur werden synchron gesteuert.
- Kontinuierliche Teilsysteme, die nicht durch Abtaster getrennt sind, müssen vor Anwendung der Regeln zusammengefaßt werden. Erst dann können die entsprechenden z-Übertragungsfunktionen gebildet werden. Insbesondere bei der Berechnung der z-Übertragungsfunktion der Regelstrecke ist der analoge Teil des Halte-Elements zu berücksichtigen. Die Lage der Abtaster im Regelkreis ist daher von Bedeutung.

11.5.4.7.2 Einfache Strukturen

Bei zeitdiskreten Übertragungselementen können Abtaster im Signalflußplan entfallen, da diskrete Signale vorausgesetzt werden. Sie haben nur Werte ungleich Null zu den Abtastzeitpunkten. Für die z-Transformierten von kontinuierlichen LAPLACE-Funktionen wird daher im weiteren abgekürzt geschrieben:

$$f(z) = Z\left\{f(t)\Big|_{t=kT}\right\} = Z\left\{L^{-1}\{f(s)\}\Big|_{t=kT}\right\} \stackrel{!}{=} Z\{(f(s)\},$$

$$G(z) = Z\left\{g(t)\Big|_{t=kT}\right\} = Z\left\{L^{-1}\{G(s)\}\Big|_{t=kT}\right\} \stackrel{!}{=} Z\{(G(s)\}.$$

Für einfache Strukturen sind in Tabelle 11.5-12 z-Transformierte angegeben.

Tabelle 11.5-12: z-Transformierte von einfachen Strukturen

Abtastung von kontinuierlichen Funktionen $x_a(z) = x_e(z), \quad x_a(s) = x_e^*(s), \quad x_a(kT) = x_e(kT)$
Vertauschung von Abtaster und Summationselement $x_a(z) = x_{e1}(z) \pm x_{e2}(z) = Z\{x_{e1}(kT) \pm x_{e2}(kT)\} = Z\{x_{e1}(kT)\} \pm Z\{x_{e2}(kT)\}$
Diskretes Element mit Eingangsfolge oder Impulsfolgefunktion $x_a(z) = G_1(z) \cdot x_e(z)$
Kontinuierliches Element mit Abtaster am Ausgang $x_a(z) = Z\{G_1(s) \cdot x_e(s)\}$
Kontinuierliches Element mit Abtastern am Ein- und Ausgang $x_a(z) = G_1(z) \cdot x_e(z) = Z\{G_1(s)\} \cdot x_e(z)$

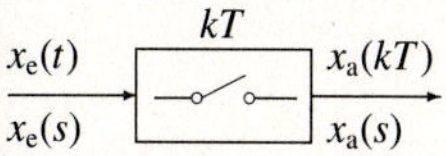

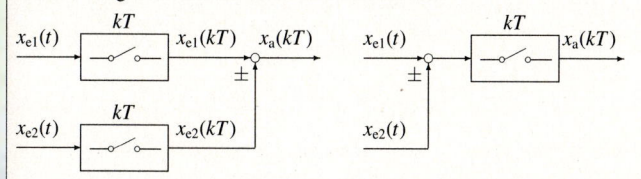

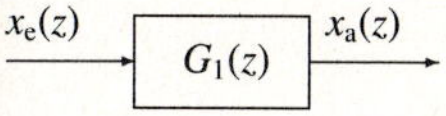

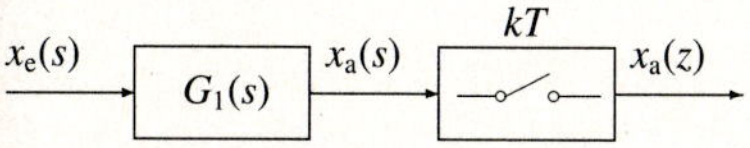

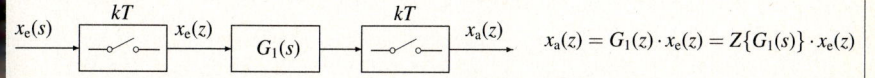

11.5.4.7.3 Reihenschaltung von Übertragungselementen

Tabelle 11.5-13: Reihenschaltung von Übertragungselementen

Diskrete Elemente mit Eingangsfolge oder Impulsfolgefunktion

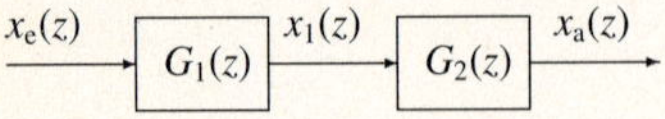

$x_e(z) \rightarrow \boxed{G_1(z)} \xrightarrow{x_1(z)} \boxed{G_2(z)} \xrightarrow{x_a(z)}$

$x_a(z) = G_1(z) \cdot G_2(z) \cdot x_e(z) = G_2(z) \cdot x_1(z), \quad x_1(z) = G_1(z) \cdot x_e(z)$

Kontinuierliche Elemente mit Zwischenabtastung

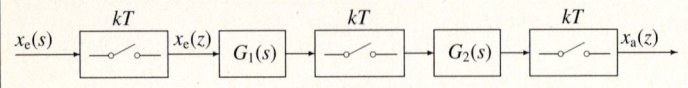

$x_a(z) = G_1(z) \cdot G_2(z) \cdot x_e(z) = Z\{G_1(s)\} \cdot Z\{G_2(s)\} \cdot x_e(z)$

Kontinuierliche Elemente ohne Zwischenabtastung

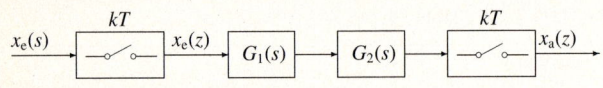

$x_a(z) = Z\{G_1(s) \cdot G_2(s)\} \cdot x_e(z)$

Regelstrecke mit Halteglied nullter Ordnung
(kontinuierliche Elemente ohne Zwischenabtastung)

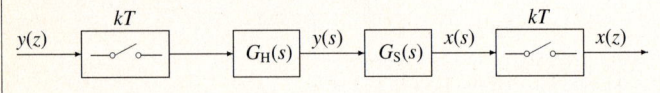

$x(z) = Z\{G_H(s) \cdot G_S(s)\} \cdot y(z) = \dfrac{z-1}{z} \cdot Z\left\{\dfrac{G_S(s)}{s}\right\} \cdot y(z) = G_{HS}(z) \cdot y(z)$

Halteglied nullter Ordnung

$y(z) \rightarrow \boxed{G_H(s)} \xrightarrow{y(s)} \qquad y(z) \rightarrow \boxed{\dfrac{z-1}{z}} \rightarrow \stackrel{kT}{\diagup} \rightarrow \boxed{\dfrac{1}{s}} \xrightarrow{y(s)}$

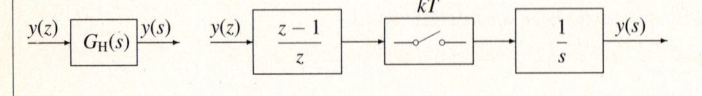

11.5.4.7.4 Parallelschaltung von Übertragungselementen

Tabelle 11.5-14: Parallelschaltung von Übertragungselementen

Kontinuierliche Elemente

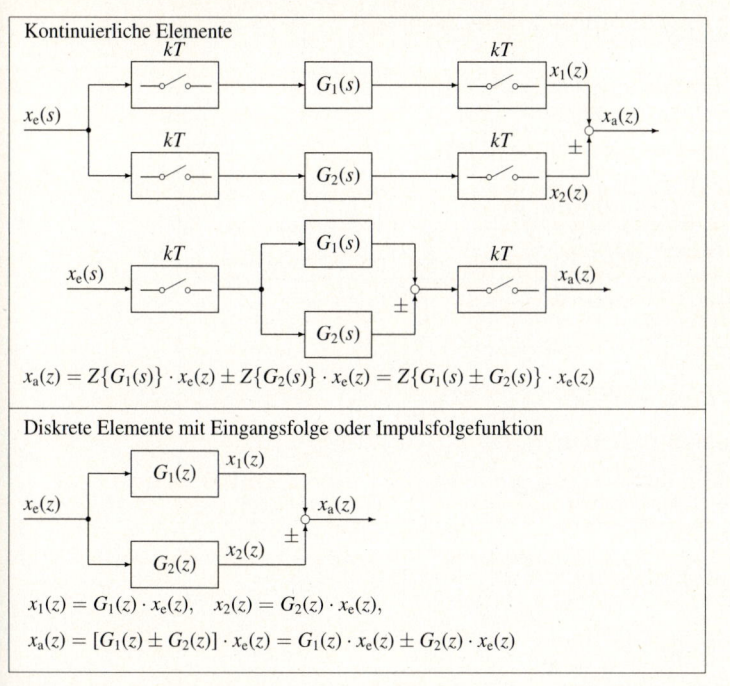

$$x_a(z) = Z\{G_1(s)\} \cdot x_e(z) \pm Z\{G_2(s)\} \cdot x_e(z) = Z\{G_1(s) \pm G_2(s)\} \cdot x_e(z)$$

Diskrete Elemente mit Eingangsfolge oder Impulsfolgefunktion

$$x_1(z) = G_1(z) \cdot x_e(z), \quad x_2(z) = G_2(z) \cdot x_e(z),$$
$$x_a(z) = [G_1(z) \pm G_2(z)] \cdot x_e(z) = G_1(z) \cdot x_e(z) \pm G_2(z) \cdot x_e(z)$$

Wegen der Linearität der z-Transformation sind die Strukturen von parallelgeschalteten kontinuierlichen Elementen mit Abtastung nach Tabelle 11.5-14 äquivalent.

11.5.4.7.5 Kreisstrukturen

Tabelle 11.5-15: Kreisstrukturen mit direkter Gegenkopplung

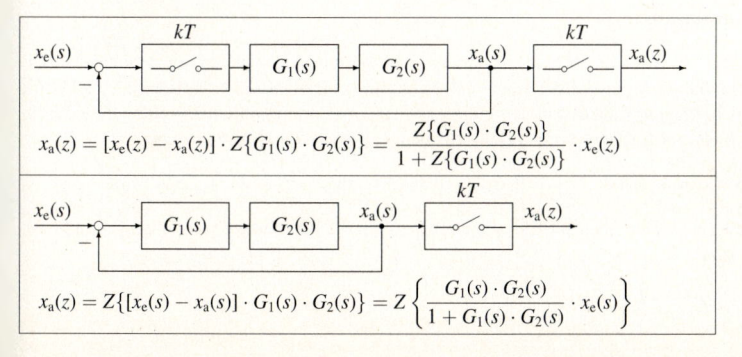

$$x_a(z) = [x_e(z) - x_a(z)] \cdot Z\{G_1(s) \cdot G_2(s)\} = \frac{Z\{G_1(s) \cdot G_2(s)\}}{1 + Z\{G_1(s) \cdot G_2(s)\}} \cdot x_e(z)$$

$$x_a(z) = Z\{[x_e(s) - x_a(s)] \cdot G_1(s) \cdot G_2(s)\} = Z\left\{\frac{G_1(s) \cdot G_2(s)}{1 + G_1(s) \cdot G_2(s)} \cdot x_e(s)\right\}$$

Tabelle 11.5-16: Kreisstrukturen mit indirekter Gegenkopplung

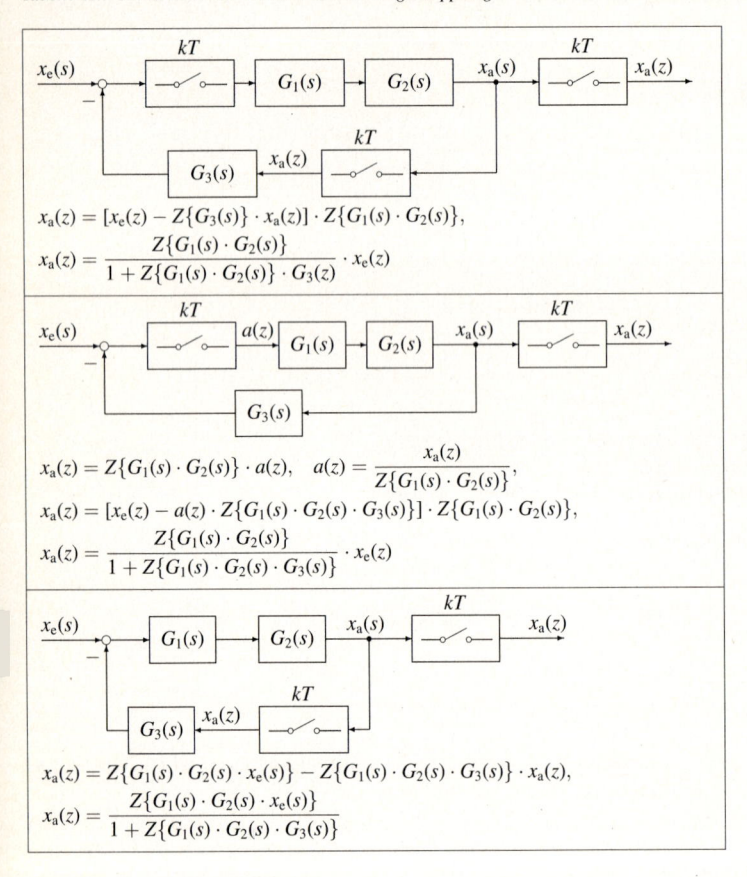

$$x_a(z) = [x_e(z) - Z\{G_3(s)\} \cdot x_a(z)] \cdot Z\{G_1(s) \cdot G_2(s)\},$$

$$x_a(z) = \frac{Z\{G_1(s) \cdot G_2(s)\}}{1 + Z\{G_1(s) \cdot G_2(s)\} \cdot G_3(z)} \cdot x_e(z)$$

$$x_a(z) = Z\{G_1(s) \cdot G_2(s)\} \cdot a(z), \quad a(z) = \frac{x_a(z)}{Z\{G_1(s) \cdot G_2(s)\}},$$

$$x_a(z) = [x_e(z) - a(z) \cdot Z\{G_1(s) \cdot G_2(s) \cdot G_3(s)\}] \cdot Z\{G_1(s) \cdot G_2(s)\},$$

$$x_a(z) = \frac{Z\{G_1(s) \cdot G_2(s)\}}{1 + Z\{G_1(s) \cdot G_2(s) \cdot G_3(s)\}} \cdot x_e(z)$$

$$x_a(z) = Z\{G_1(s) \cdot G_2(s) \cdot x_e(s)\} - Z\{G_1(s) \cdot G_2(s) \cdot G_3(s)\} \cdot x_a(z),$$

$$x_a(z) = \frac{Z\{G_1(s) \cdot G_2(s) \cdot x_e(s)\}}{1 + Z\{G_1(s) \cdot G_2(s) \cdot G_3(s)\}}$$

11.5.4.8 z-Übertragungsfunktionen von digitalen Regelkreisen

11.5.4.8.1 Voraussetzungen

Für digitale Regelkreise werden im folgenden Führungs- und Störübertragungsfunktionen abgeleitet. Die Regelstrecke $G_S(s)$ erhält über ein Halte-Element nullter Ordnung die zeitdiskrete Stellgröße $y(z)$. Für die Berechnung der z-Übertragungsfunktionen von Führungs- und Laststörungsverhalten werden die Übertragungsfunktionen von Regelstrecke $G_S(s)$ und Halte-Element $G_H(s)$ zu $G_{HS}(s)$ zusammengefaßt:

$$G_{HS}(s) = G_H(s) \cdot G_S(s).$$

In $G_H(s)$ ist ein Abtaster und ein Speicher-Element enthalten. Für die Berechnung von Führungs- und Laststörungsverhalten kann

$$G_{HS}(z) = \frac{z-1}{z} \cdot Z\left\{\frac{G_S(s)}{s}\right\}$$

in die ermittelten Gleichungen eingesetzt werden. Für die Untersuchung des Störverhaltens bei Versorgungsstörgrößen werden Signalflußpläne nach Bild 11.5-23 verwendet.

$y(z) \to \boxed{G_H(z)} \to y(s)$ $y(z) \to \boxed{\dfrac{z-1}{z}} \to \boxed{\overset{kT}{\diagup}} \to \boxed{\dfrac{1}{s}} \to y(s)$

$y(z) \to \boxed{G_{HS}(z)} \to x(s)$ $y(z) \to \boxed{\dfrac{z-1}{z}} \to \boxed{\overset{kT}{\diagup}} \to \boxed{\dfrac{G_S(s)}{s}} \to x(s)$

Bild 11.5-23: Signalflußpläne für Halte-Element $G_H(z)$ und Halte-Element mit Regelstrecke $G_{HS}(z)$

11.5.4.8.2 Führungsübertragungsverhalten

Ersetzt man für den kontinuierlichen Regelkreis die Gleichungen im LAPLACE-Bereich durch diskrete Elemente und Größen

$$G_R(s) \to G_R(z), \quad G_S(s) \to G_{HS}(z), \quad G(s) \to G(z),$$
$$w(s) \to w(z), \quad x_d(s) \to x_d(z), \quad x(s) \to x(z),$$

so ergeben sich die Gleichungen im z-Bereich für das Führungsverhalten:

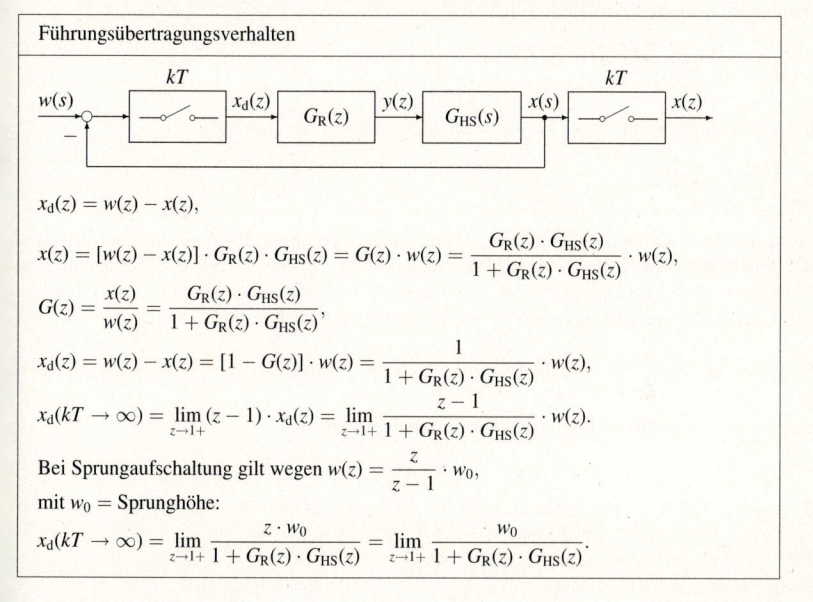

Führungsübertragungsverhalten

$w(s) \to \circ \to \boxed{\overset{kT}{\diagup}} \to x_d(z) \to \boxed{G_R(z)} \to y(z) \to \boxed{G_{HS}(s)} \to x(s) \to \boxed{\overset{kT}{\diagup}} \to x(z)$

$x_d(z) = w(z) - x(z),$

$x(z) = [w(z) - x(z)] \cdot G_R(z) \cdot G_{HS}(z) = G(z) \cdot w(z) = \dfrac{G_R(z) \cdot G_{HS}(z)}{1 + G_R(z) \cdot G_{HS}(z)} \cdot w(z),$

$G(z) = \dfrac{x(z)}{w(z)} = \dfrac{G_R(z) \cdot G_{HS}(z)}{1 + G_R(z) \cdot G_{HS}(z)},$

$x_d(z) = w(z) - x(z) = [1 - G(z)] \cdot w(z) = \dfrac{1}{1 + G_R(z) \cdot G_{HS}(z)} \cdot w(z),$

$x_d(kT \to \infty) = \lim\limits_{z \to 1+}(z-1) \cdot x_d(z) = \lim\limits_{z \to 1+} \dfrac{z-1}{1 + G_R(z) \cdot G_{HS}(z)} \cdot w(z).$

Bei Sprungaufschaltung gilt wegen $w(z) = \dfrac{z}{z-1} \cdot w_0,$

mit w_0 = Sprunghöhe:

$x_d(kT \to \infty) = \lim\limits_{z \to 1+} \dfrac{z \cdot w_0}{1 + G_R(z) \cdot G_{HS}(z)} = \lim\limits_{z \to 1+} \dfrac{w_0}{1 + G_R(z) \cdot G_{HS}(z)}.$

11.5.4.8.3 Störungsübertragungsverhalten (Versorgungsstörgröße)

Eine Versorgungsstörgröße z_1 greift am Eingang der Regelstrecke hinter dem Halte-Element an, die Führungsgröße w wird für die Berechnungen üblicherweise Null gesetzt. In den Gleichungen für das Störverhalten muß die z-Transformierte von $G_S(s) \cdot z_1(s)$ bestimmt werden.

Störungsübertragungsverhalten (Versorgungsstörgröße)

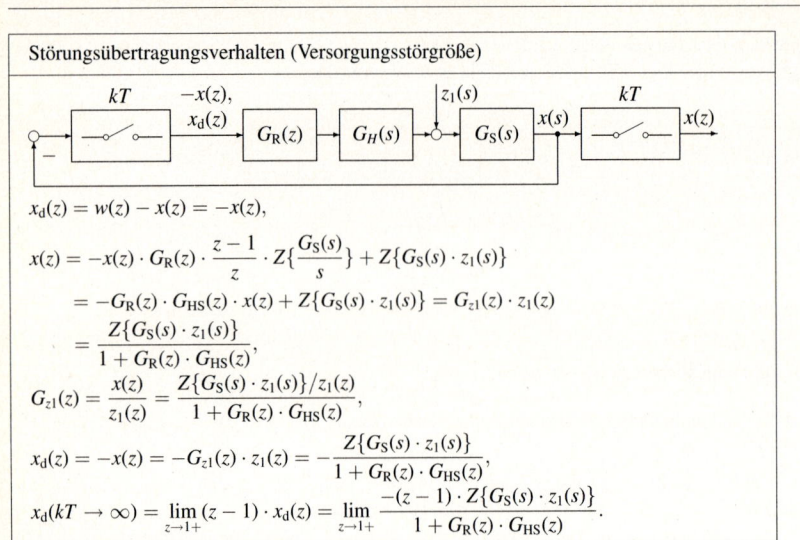

$x_d(z) = w(z) - x(z) = -x(z),$

$$x(z) = -x(z) \cdot G_R(z) \cdot \frac{z-1}{z} \cdot Z\{\frac{G_S(s)}{s}\} + Z\{G_S(s) \cdot z_1(s)\}$$
$$= -G_R(z) \cdot G_{HS}(z) \cdot x(z) + Z\{G_S(s) \cdot z_1(s)\} = G_{z1}(z) \cdot z_1(z)$$
$$= \frac{Z\{G_S(s) \cdot z_1(s)\}}{1 + G_R(z) \cdot G_{HS}(z)},$$

$$G_{z1}(z) = \frac{x(z)}{z_1(z)} = \frac{Z\{G_S(s) \cdot z_1(s)\}/z_1(z)}{1 + G_R(z) \cdot G_{HS}(z)},$$

$$x_d(z) = -x(z) = -G_{z1}(z) \cdot z_1(z) = -\frac{Z\{G_S(s) \cdot z_1(s)\}}{1 + G_R(z) \cdot G_{HS}(z)},$$

$$x_d(kT \to \infty) = \lim_{z \to 1+}(z-1) \cdot x_d(z) = \lim_{z \to 1+} \frac{-(z-1) \cdot Z\{G_S(s) \cdot z_1(s)\}}{1 + G_R(z) \cdot G_{HS}(z)}.$$

Die Übertragungsfunktion $G_{z1}(z)$

$$G_{z1}(z) = \frac{x(z)}{z_1(z)} = \frac{Z\{G_S(s) \cdot z_1(s)\}/z_1(z)}{1 + G_R(z) \cdot G_{HS}(z)}$$

kann nicht als gebrochen rationale Funktion von z gebildet werden, da der Ausdruck

$$\frac{Z\{G_S(s) \cdot z_1(s)\}}{z_1(z)}$$

nicht aufgelöst werden kann. Die Antwort von Regelkreisen auf sprunghafte Störungen hat hohe Aussagekraft für die Qualität einer Regelung. Für diese häufig verwendete Testfunktion wird die Übertragungsfunktion $G_{z1}(z)$ ermittelt, wobei vorausgesetzt wird, daß Sprungaufschaltung und erste Abtastung gleichzeitig vorliegen. Die LAPLACE- und z-Transformierten der Störungssprungfunktion sind:

$$z_1(t) = z_{10} \cdot E(t), \quad z_{10} = \text{Sprunghöhe}, \quad z_1(s) = \frac{z_{10}}{s}, \quad z_1(z) = \frac{z_{10} \cdot z}{z-1}.$$

$z_1(s)$ und $z_1(z)$ werden in die Übertragungsfunktion $G_{z1}(z)$ eingesetzt:

$$G_{z1}(z) = \frac{x(z)}{z_1(z)} = \frac{\dfrac{Z\{G_S(s) \cdot z_1(s)\}}{z_1(z)}}{1 + G_R(z) \cdot G_{HS}(z)} = \frac{Z\left\{\dfrac{G_S(s) \cdot z_{10}}{s}\right\} \dfrac{z-1}{z_{10} \cdot z}}{1 + G_R(z) \cdot G_{HS}(z)}.$$

Der konstante Faktor z_{10} kürzt sich heraus, $\dfrac{Z\{G_S(s) \cdot z_1(s)\}}{z_1(z)}$ wird durch $G_{HS}(z)$ ersetzt:

$$Z\left\{\frac{G_S(s) \cdot z_{10}}{s}\right\} \cdot \frac{z-1}{z_{10} \cdot z} = \frac{z-1}{z} \cdot Z\left\{\frac{G_S(s)}{s}\right\} = G_{HS}(z),$$

$$G_{z1}(z) = \frac{x(z)}{z_1(z)} = \frac{G_{HS}(z)}{1 + G_R(z) \cdot G_{HS}(z)}.$$

11.5 Mathematische Methoden für digitale Regelkreise im Frequenzbereich

Störungsübertragungsverhalten (sprungförmige Versorgungsstörgröße)

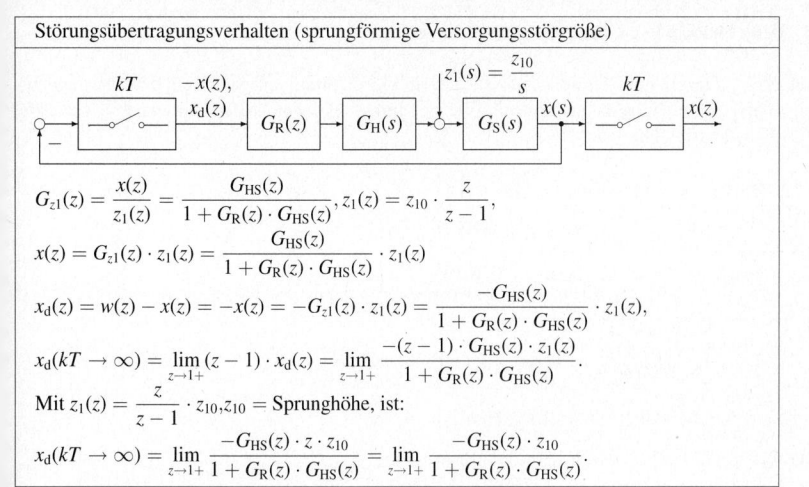

[Blockschaltbild: kT, $-x(z)$, $x_d(z)$, $G_R(z)$, $G_H(s)$, $z_1(s) = \frac{z_{10}}{s}$, $G_S(s)$, $x(s)$, kT, $x(z)$]

$$G_{z1}(z) = \frac{x(z)}{z_1(z)} = \frac{G_{HS}(z)}{1 + G_R(z) \cdot G_{HS}(z)}, z_1(z) = z_{10} \cdot \frac{z}{z-1},$$

$$x(z) = G_{z1}(z) \cdot z_1(z) = \frac{G_{HS}(z)}{1 + G_R(z) \cdot G_{HS}(z)} \cdot z_1(z)$$

$$x_d(z) = w(z) - x(z) = -x(z) = -G_{z1}(z) \cdot z_1(z) = \frac{-G_{HS}(z)}{1 + G_R(z) \cdot G_{HS}(z)} \cdot z_1(z),$$

$$x_d(kT \to \infty) = \lim_{z \to 1+}(z-1) \cdot x_d(z) = \lim_{z \to 1+} \frac{-(z-1) \cdot G_{HS}(z) \cdot z_1(z)}{1 + G_R(z) \cdot G_{HS}(z)}.$$

Mit $z_1(z) = \frac{z}{z-1} \cdot z_{10}$, z_{10} = Sprunghöhe, ist:

$$x_d(kT \to \infty) = \lim_{z \to 1+} \frac{-G_{HS}(z) \cdot z \cdot z_{10}}{1 + G_R(z) \cdot G_{HS}(z)} = \lim_{z \to 1+} \frac{-G_{HS}(z) \cdot z_{10}}{1 + G_R(z) \cdot G_{HS}(z)}.$$

11.5.4.8.4 Störungsübertragungsverhalten (Laststörgröße)

Die Laststörgröße z_2 greift am Ausgang der Regelstrecke an.

Störungsübertragungsverhalten (Laststörgröße)

[Blockschaltbild: kT, $-x(z)$, $x_d(z)$, $G_R(z)$, $G_H(s) \cdot G_S(s)$, $z_2(s)$, $x(s)$, kT, $x(z)$]

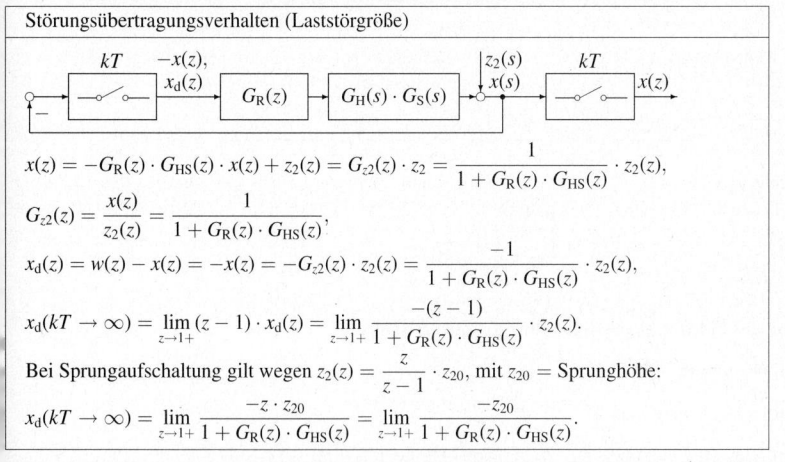

$$x(z) = -G_R(z) \cdot G_{HS}(z) \cdot x(z) + z_2(z) = G_{z2}(z) \cdot z_2 = \frac{1}{1 + G_R(z) \cdot G_{HS}(z)} \cdot z_2(z),$$

$$G_{z2}(z) = \frac{x(z)}{z_2(z)} = \frac{1}{1 + G_R(z) \cdot G_{HS}(z)},$$

$$x_d(z) = w(z) - x(z) = -x(z) = -G_{z2}(z) \cdot z_2(z) = \frac{-1}{1 + G_R(z) \cdot G_{HS}(z)} \cdot z_2(z),$$

$$x_d(kT \to \infty) = \lim_{z \to 1+}(z-1) \cdot x_d(z) = \lim_{z \to 1+} \frac{-(z-1)}{1 + G_R(z) \cdot G_{HS}(z)} \cdot z_2(z).$$

Bei Sprungaufschaltung gilt wegen $z_2(z) = \frac{z}{z-1} \cdot z_{20}$, mit z_{20} = Sprunghöhe:

$$x_d(kT \to \infty) = \lim_{z \to 1+} \frac{-z \cdot z_{20}}{1 + G_R(z) \cdot G_{HS}(z)} = \lim_{z \to 1+} \frac{-z_{20}}{1 + G_R(z) \cdot G_{HS}(z)}.$$

In Abschnitt 5.1 sind die LAPLACE-Übertragungsfunktionen für kontinuierliche Regelkreise zusammengestellt. Die zugehörigen z-Übertragungsfunktionen für digitale Regelkreise lassen sich bilden, wenn wie folgt ersetzt wird:

$G_R(s) \to G_R(z), \quad G_S(s) \to G_{HS}(z),$

$G(s) \to G(z), \quad G_{z1}(s) \to G_{z1}(z), \quad G_{z2}(s) \to G_{z2}(z).$

Bei der z-Übertragungsfunktion $G_{z1}(z)$ für Versorgungsstörungen gilt die Ersetzungsregel nur bei sprungförmigen Störungen.

11.5.4.8.5 Berechnung von z-Übertragungsfunktionen

Beispiel 11.5-22: Für ein digitales Regelungssystem sind für Führung und Störung die z-Übertragungsfunktionen zu berechnen. Für Aufschaltung von Einheitssprungfunktionen ist der Endwert der Regeldifferenz $x_d(kT \to \infty)$ zu ermitteln.

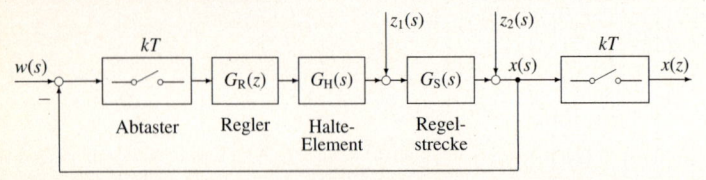

$$G_R(z) = K_R, \quad G_H(s) = \frac{1 - e^{-Ts}}{s}, \quad G_S(s) = \frac{K_S}{(1 + T_S \cdot s) \cdot T_I \cdot s},$$

$K_R = 5, \quad K_S = 0.2, \quad T_S = 2\text{ s}, \quad T_I = 2\text{ s}, \quad T = 0.5\text{ s}.$

Führungsgröße: $\quad w(t) = w_0 \cdot E(t) = E(t),$
Versorgungsstörgröße: $\quad z_1(t) = z_{10} \cdot E(t) = E(t),$
Laststörgröße: $\quad z_2(t) = z_{20} \cdot E(t) = E(t).$

Die Auswirkungen der Eingangsgrößen werden getrennt untersucht. Dimensionen sollen nicht betrachtet werden. Für Regler und Halte-Element mit Regelstrecke werden die z-Übertragungsfunktionen berechnet. Nach Tabelle 11.5-10, Nr. 5, ist für ein Integral-Element mit Verzögerung (IT$_1$-Element) und Halte-Element:

$$G_{HS}(z) = \frac{z}{z-1} \cdot Z\left\{\frac{G_S(s)}{s}\right\}$$

$$= \frac{K_S \cdot T_S}{T_I} \cdot \frac{\left(\frac{T}{T_S} - 1 + e^{-\frac{T}{T_S}}\right) \cdot z + 1 - \left(\frac{T}{T_S} + 1\right) \cdot e^{-\frac{T}{T_S}}}{(z-1) \cdot \left(z - e^{-\frac{T}{T_S}}\right)}$$

$$= \frac{0.00576 \cdot z + 0.0053}{z^2 - 1.7788 \cdot z + 0.7788},$$

$G_R(z) = K_R = 5.$

Berechnung des Führungsverhaltens für Sprungaufschaltung:

Führungsgröße: $\quad w(t) = E(t), w(z) = \dfrac{z}{z-1},$

Führungsübertragungsfunktion:

$$G(z) = \frac{G_R(z) \cdot G_{HS}(z)}{1 + G_R(z) \cdot G_{HS}(z)} = \frac{0.0288 \cdot z + 0.0265}{z^2 - 1.75 \cdot z + 0.8053},$$

Regelgröße (Bild 11.5-24):

$$x(z) = G(z) \cdot w(z) = \frac{G_R(z) \cdot G_{HS}(z)}{1 + G_R(z) \cdot G_{HS}(z)} \cdot w(z)$$

$$= \frac{0.0288 \cdot z + 0.0265}{z^2 - 1.75 \cdot z + 0.8053} \cdot \frac{z}{z-1} = \frac{0.0288 \cdot z^2 + 0.0265 z}{z^3 - 2.75 \cdot z^2 + 2.5553 \cdot z - 0.8053},$$

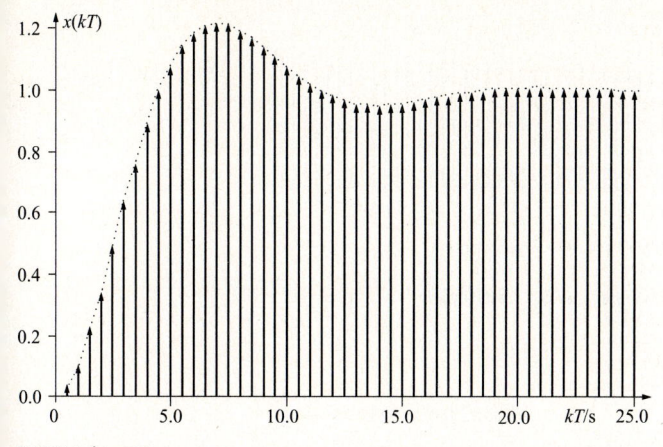

11.5 Mathematische Methoden für digitale Regelkreise im Frequenzbereich

Bild 11.5-24: Führungssprungantwort

Regeldifferenz:

$$x_d(z) = \frac{1}{1 + G_R(z) \cdot G_{HS}(z)} \cdot w(z) = \frac{z^2 - 1.7788 \cdot z + 0.7788}{z^2 - 1.75 \cdot z + 0.8053} \cdot \frac{z}{z - 1},$$

bleibende Regeldifferenz:

$$x_d(kT \to \infty) = \lim_{z \to 1+}(z - 1) \cdot x_d(z) = \lim_{z \to 1+} \frac{1}{1 + G_R(z) \cdot G_{HS}(z)} = 0.$$

Berechnung des Regelungsverhaltens bei Versorgungsstörung:

Versorgungsstörgröße: $z_1(t) = E(t), \quad z_1(z) = \dfrac{z}{z - 1},$

Störungsübertragungsfunktion:

$$G_{z1}(z) = \frac{G_{HS}(z)}{1 + G_R(z) \cdot G_{HS}(z)} = \frac{0.00576 \cdot z + 0.0053}{z^2 - 1.75 \cdot z + 0.8053},$$

Regelgröße (Bild 11.5-25):

$$x(z) = G_{z1}(z) \cdot z_1(z) = \frac{G_{HS}(z)}{1 + G_R(z) \cdot G_{HS}(z)} \cdot z_1(z)$$

$$= \frac{0.00576 \cdot z + 0.0053}{z^2 - 1.75 \cdot z + 0.8053} \cdot \frac{z}{z - 1} = \frac{0.00576 \cdot z^2 + 0.0053 \cdot z}{z^3 - 2.75 \cdot z^2 + 2.5553 \cdot z - 0.8053},$$

Regeldifferenz:

$$x_d(z) = -x(z) = -G_{z1}(z) \cdot z_1(z) = \frac{-0.00576 \cdot z^2 - 0.0053 \cdot z}{z^3 - 2.75 \cdot z^2 + 2.5553 \cdot z - 0.8053},$$

bleibende Regeldifferenz:

$$x_d(kT \to \infty) = \lim_{z \to 1+}(z - 1) \cdot x_d(z) = -\lim_{z \to 1+}(z - 1) G_{z1}(z) \cdot z_1(z)$$

$$= -\lim_{z \to 1+} G_{z1}(z) = -0.2,$$

stationäre Regelgröße: $x(kT \to \infty) = -x_d(kT \to \infty) = 0.2.$

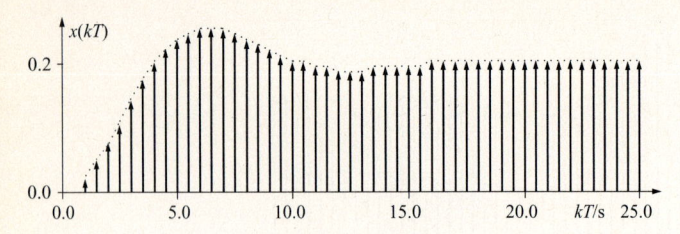

Bild 11.5-25: Regelungsverhalten bei Versorgungsstörung

Berechnung des Regelungsverhaltens bei Laststörung:

Laststörgröße: $z_2(t) = E(t)$, $z_2(z) = \dfrac{z}{z-1}$,

Störungsübertragungsfunktion:

$$G_{z2}(z) = \frac{1}{1 + G_R(z) \cdot G_{HS}(z)} = \frac{z^2 - 1.7788 \cdot z + 0.7788}{z^2 - 1.75 \cdot z + 0.8053},$$

Regelgröße (Bild 11.5-26):

$$x(z) = G_{z2}(z) \cdot z_2(z) = \frac{1}{1 + G_R(z) \cdot G_{HS}(z)} \cdot z_2(z)$$

$$= \frac{z^2 - 1.7788 \cdot z + 0.7788}{z^2 - 1.75 \cdot z + 0.8053} \cdot \frac{z}{z-1} = \frac{z^3 - 1.7788 \cdot z^2 + 0.7788 \cdot z}{z^3 - 2.75 \cdot z^2 + 2.5553 \cdot z - 0.8053},$$

Regeldifferenz:

$$x_d(z) = -x(z) = -G_{z2}(z) \cdot z_2(z) = \frac{-z^3 + 1.7788 \cdot z^2 - 0.7788 \cdot z}{z^3 - 2.75 \cdot z^2 + 2.5553 \cdot z - 0.8053},$$

bleibende Regeldifferenz:

$$x_d(kT \to \infty) = \lim_{z \to 1+}(z-1) \cdot x_d(z) = -\lim_{z \to 1+}(z-1) \cdot G_{z2}(z) \cdot z_2(z) = -\lim_{z \to 1+} G_{z2}(z) = 0.$$

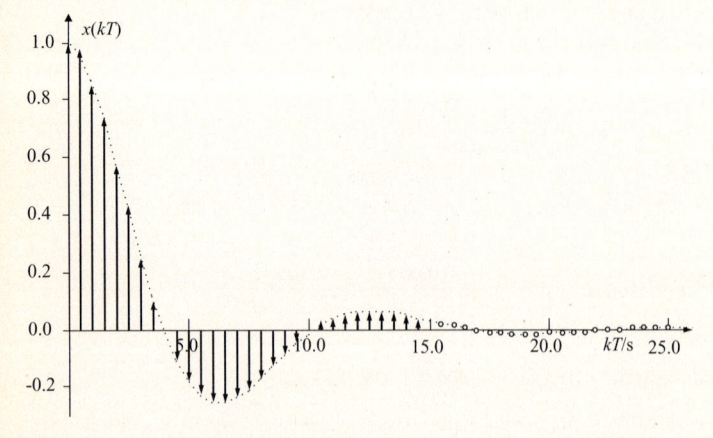

Bild 11.5-26: Regelungsverhalten bei Laststörung

11.6 Stabilität von digitalen Regelungssystemen

11.6.1 Stabilitätsdefinition

In Abschnitt 11.4.4 wurde die Stabilitätsdefinition für zeitdiskrete Systeme mit der charakteristischen Gleichung der Differenzengleichung formuliert:

> Ein zeitdiskretes Übertragungselement ist stabil, wenn alle Nullstellen der charakteristischen Gleichung vom Betrag kleiner als Eins sind: $|z_i| < 1$.

Die Reaktion $x_\mathrm{a}(kT)$ auf eine Anfangsauslenkung (Anfangswert) hat dann den Grenzwert Null:

$$x_\mathrm{a}(kT \to \infty) \to 0.$$

Zur Bestimmung der **Stabilität** kann auch die Gewichtsfolge $g(kT)$ eines Übertragungselements untersucht werden. Die Gewichtsfolge ist die Reaktion des Übertragungselements auf eine δ-Folge:

$$g(kT) = Z^{-1}\{G(z) \cdot x_\mathrm{e}(z)\} = Z^{-1}\{G(z)\}, \quad x_\mathrm{e}(k) = \delta(k), \quad x_\mathrm{e}(z) = 1.$$

Stabilität liegt vor, wenn bei Aufschaltung einer δ-Folge der Grenzwert der Gewichtsfolge zu Null wird:

$$g(kT \to \infty) \to 0.$$

Differenzengleichung und z-Übertragungsfunktion besitzen dieselbe charakteristische Gleichung. Liegen die Nullstellen der charakteristischen Gleichung (Pole der z-Übertragungsfunktion) innerhalb des Einheitskreises der z-Ebene, so sind die Beträge der Nullstellen kleiner Eins (Bild 11.6-1).

Nach einer Anfangsauslenkung oder bei Aufschaltung einer δ-Folge wird der Grenzwert der Antwortfolge für $kT \to \infty$ Null. Die charakteristische Gleichung ergibt sich aus der homogenen Differenzengleichung oder aus dem Nennerpolynom der z-Übertragungsfunktion.

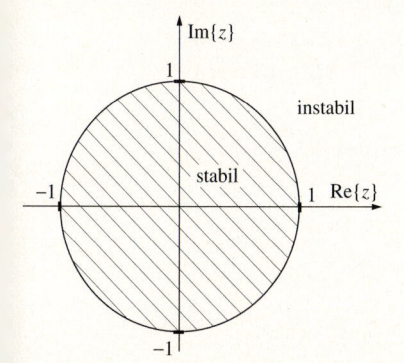

Bild 11.6-1: Stabilitätsbereich für die Nullstellen der charakteristischen Gleichung von zeitdiskreten Systemen

Die Lage der Nullstellen liefert eine Aussage über das Antwortverhalten von Regelungssystemen:

> Technisch brauchbar sind nur Regelungssysteme, deren Nullstellen der charakteristischen Gleichung (Pole der z-Übertragungsfunktion) innerhalb des Einheitskreises mit ausreichendem Abstand von der Stabilitätsgrenze liegen.

Beispiel 11.6-1: Die Stabilität von Übertragungsfunktionen ist zu bestimmen und die Gewichtsfolgen zu berechnen.

z-Übertragungsfunktion mit einer Polstelle:

$$G(z) = \frac{x_a(z)}{x_e(z)} = \frac{z}{z - z_1}, \quad z_1 = 0, 0.5, 1, 1.1.$$

Nach der Stabilitätsdefinition $|z_1| < 1$ ist $G(z)$ nur für $z_1 = 0$ und 0.5 stabil. Die Gewichtsfolge ist:

$$g(k) = Z^{-1}\{G(z) \cdot x_e(z)\}, \quad x_e(k) = \delta(k), \quad x_e(z) = 1,$$

$$g(k) = Z^{-1}\{G(z)\} = Z^{-1}\{1\} = \delta(k), \text{ für } z_1 = 0,$$

$$g(k) = Z^{-1}\{G(z)\} = z_1^k \text{ für alle anderen Werte von } z_1.$$

Die Gewichtsfolge $g(k)$ hat nur für $z_1 = 0$ und 0.5 den Grenzwert von Null für $k \to \infty$. Die Stabilitätsaussagen der Stabilitätsdefinitionen sind gleichwertig.

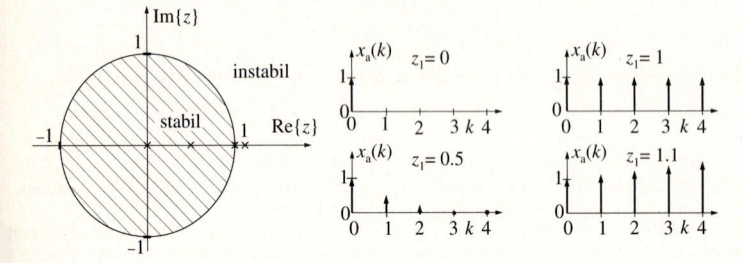

Bild 11.6-2: Lage der Pole von $G(z)$ und Gewichtsfolge $x_a(k)$

z-Übertragungsfunktion mit zwei konjugiert komplexen Polstellen:

$$G(z) = \frac{x_a(z)}{x_e(z)} = z \cdot \frac{z - a^T \cdot \cos(\omega_0 T)}{z^2 - 2 \cdot z \cdot a^T \cdot \cos(\omega_0 T) + a^{2T}} = z \cdot \frac{z - a^T \cdot \cos(\omega_0 T)}{(z - z_1) \cdot (z - z_2)},$$

$$z_{1,2} = a^T \cdot \cos(\omega_0 T) \pm \sqrt{a^{2T} \cdot \cos^2(\omega_0 T) - a^{2T}}$$

$$= a^T \cdot \cos(\omega_0 T) \pm a^T \cdot j\sqrt{1 - \cos^2(\omega_0 T)} = a^T \cdot (\cos(\omega_0 T) \pm j \sin(\omega_0 T)).$$

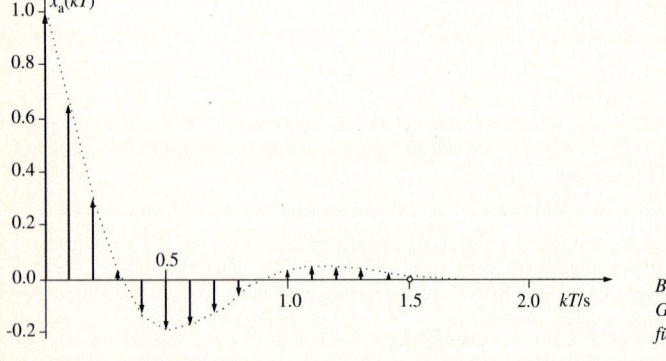

Bild 11.6-3: Stabile Gewichtsfolge $x_a(kT)$ für $a^T = 0.75$

Die Beträge der Nullstellen sind

$$|z_1| = |z_2| = a^T,$$

Stabilität wird erreicht für $a^T < 1$. Die δ-Antwort der z-Übertragungsfunktion ist mit Tabelle 11.5-3, Nr. 29:

$$x_a(kT) = Z^{-1}\{G(z) \cdot 1\} = a^{kT} \cos(\omega_0 \cdot kT).$$

Für $\omega_0 = 5 \text{ s}^{-1}$, $T = 0.1$ s, $a^T = 0.75$ und 1.1 sind die Gewichtsfolgen in Bild 11.6-3, 11.6-4 berechnet.

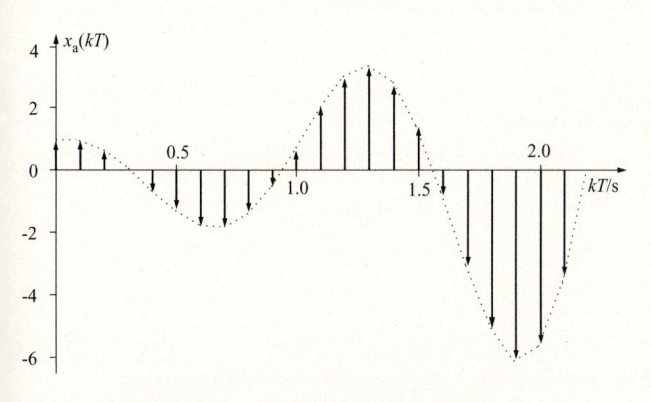

Bild 11.6-4: Instabile Gewichtsfolge $x_a(kT)$ für $a^T = 1.1$

11.6.2 Verfahren zur Stabilitätsbestimmung

11.6.2.1 Stabilitätskriterien

Die Stabilität von digitalen Regelungssystemen wird anhand der Nullstellen der charakteristischen Gleichung für das zeitdiskrete System beurteilt. Da die Berechnung der Nullstellen bei Gleichungen höherer Ordnung aufwendig ist, wurden Stabilitätskriterien entwickelt, die einfacher anzuwenden sind. Für die Stabilitätsuntersuchung interessiert meist nur, ob alle Nullstellen der charakteristischen Gleichung innerhalb des Einheitskreises liegen oder nicht. Für diese Aussage wurden ähnlich wie für die Untersuchung von zeitkontinuierlichen Systemen Stabilitätskriterien abgeleitet. Der exakte Wert der Nullstellen wird dabei nicht bestimmt.

Für die Untersuchung der Stabilität werden überwiegend algebraische Stabilitätskriterien eingesetzt. Bei algebraischen Kriterien wird mit Hilfe der Koeffizienten der charakteristischen Gleichung die Stabilität ermittelt. Zu den gebräuchlichen Verfahren gehören:

- Durch Anwendung einer **Bineartransformation** wird das Innere des Einheitskreises der z-Ebene auf die linke Hälfte einer v-Ebene abgebildet. Die charakteristische Gleichung wird dann mit dem ROUTH- oder HURWITZ-Kriterium untersucht.
- Für die Stabilitätsbestimmung können weiterhin **notwendige und hinreichende Kriterien** angegeben werden. Führen diese nicht zu einer eindeutigen Aussage, so ist das
- **Determinantenkriterium nach COHN, SCHUR, JURY** einzusetzen.

Die Nullstellen der charakteristischen Gleichung lassen sich numerisch bestimmen, wenn die Koeffizienten der charakteristischen Gleichung als Zahlenwerte vorliegen. Die **numerische Lösung** der charakteristischen Gleichung ist in Kapitel 17 beschrieben. Ein PASCAL-Programm zur Lösung nach dem Verfahren von BAIRSTOW ist angegeben. In diesem Abschnitt soll das Verfahren der Stabilitätsbestimmung mit der Bilineartransformation entwickelt werden. Für charakteristische Gleichungen bis zur Ordnung $n = 5$ sind die Stabilitätskriterien zusammengestellt.

11.6.2.2 Anwendung der Bilineartransformation

Bei Bilineartransformationen treten die Variablen nur in der ersten Ordnung (linear) auf. Mit der Bilineartransformation

$$z = \frac{1+v}{1-v}, \quad v = \frac{z-1}{z+1}$$

wird das Innere des Einheitskreises der z-Ebene auf die linke Hälfte einer komplexen v-Ebene abgebildet (Bild 11.6-5).

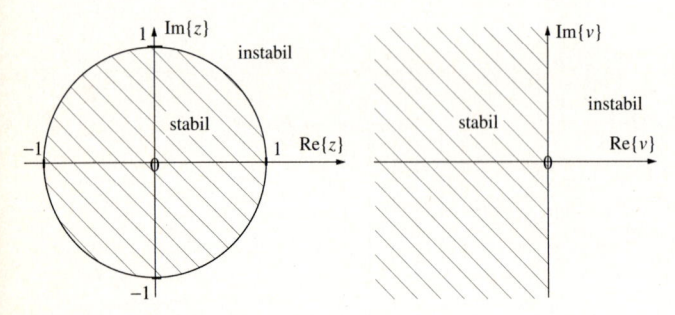

Bild 11.6-5: Transformation der Stabilitätsbereiche der Nullstellen der charakteristischen Gleichung

Die Bilineartransformation wird auf die charakteristische Gleichung mit z angewendet, mit dem ROUTH- oder HURWITZ-Kriterium wird dann untersucht, ob die Nullstellen im stabilen Bereich – in der negativen v-Halbebene – liegen oder nicht.

Liegen die Nullstellen der charakteristischen Gleichung mit v im stabilen Bereich der v-Ebene (negative v-Halbebene), dann liegen die Nullstellen der charakteristischen Gleichung mit z im stabilen Bereich der z-Ebene (innerhalb des Einheitskreises): Das Abtastsystem ist stabil.

Beispiel 11.6-2: Für einige Nullstellen, die im instabilen oder stabilen Bereich der z-Ebene liegen, wird die Bilineartransformation ausgeführt. Die Werte z_i werden in

$$v = \frac{z-1}{z+1}$$

eingesetzt.

Bereich	z-Ebene	v-Ebene
stabil	|z| < 1 $\longrightarrow$ Re$\{v\}$ < 0	
	$z_1 = 0.5$	$v_1 = -1/3$
	$z_{1,2} = \pm 0.5$	$v_1 = -1/3, \quad v_2 = -3$
	$z_{1,2} = \pm 0.5j$	$v_{1,2} = -0.6 \pm 0.8j$
	$z_{1,2} = 0.5 \pm 0.5j$	$v_{1,2} = -0.2 \pm 0.4j$
	$z_{1,2} = -0.5 \pm 0.5j$	$v_{1,2} = -1 \pm 2j$

11.6 Stabilität von digitalen Regelungssystemen

Bereich	z-Ebene	v-Ebene
instabil	$\|z\| \geq 1 \longrightarrow$	$\operatorname{Re}\{v\} \geq 0$
	$z_1 = 1$	$v_1 = 0$
	$z_{1,2} = \pm j$	$v_{1,2} = \pm j$
	$\lim\limits_{z \to -1-} z$	$v \to \infty$
	$\lim\limits_{z \to -1+} z$	$v \to -\infty$
	$z_{1,2} = \pm 2$	$v_1 = 1/3, \quad v_2 = 3$
	$z_{1,2} = \pm 2j$	$v_{1,2} = 0.6 \pm 0.8j$

Nullstellen, die im instabilen Bereich der z-Ebene liegen, werden in den instabilen Bereich der v-Ebene abgebildet, entsprechend gilt das für die stabilen Bereiche. Das Verfahren zur Stabilitätsbestimmung wird in zwei Schritten durchgeführt:

- Transformation der charakteristischen Gleichung in die v-Ebene,
- Anwendung des ROUTH- oder HURWITZ-Kriteriums.

Beispiel 11.6-3: Für ein digitales Regelungssystem ist der Stabilitätsbereich der Integrierverstärkung K_I des Reglers zu ermitteln.

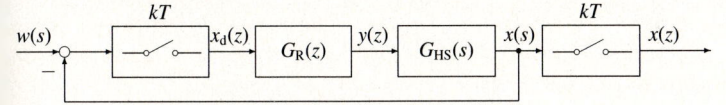

Reglerübertragungsfunktionen:

$$G_R(s) = \frac{K_I}{s}, \quad G_R(z) = K_I \cdot T \cdot \frac{z}{z-1},$$

Streckenübertragungsfunktion:

$$G_S(s) = \frac{K_S}{(1+T_1 \cdot s)^2},$$

z-Übertragungsfunktion der Strecke mit Halteglied nach Tabelle 11.5-10, Nr. 10:

$$G_{HS}(z) = K_S \cdot \frac{\left[1 - \left(1 - \frac{T}{T_1}\right) e^{-\frac{T}{T_1}}\right] \cdot z - \left[1 + \frac{T}{T_1} - e^{-\frac{T}{T_1}}\right] \cdot e^{-\frac{T}{T_1}}}{\left(z - e^{-\frac{T}{T_1}}\right)^2}.$$

Mit den Parametern Abtastzeit $T = 0.2$ s, Streckenverstärkung $K_S = 2$ und der Zeitkonstanten $T_1 = 1$ s, folgt:

$$G_{HS}(z) = \frac{0.69 \cdot z - 0.624}{z^2 - 1.637 \cdot z + 0.67},$$

$$G_R(z) \cdot G_{HS}(z) = \frac{K_I \cdot 0.2 \cdot z}{z-1} \cdot \frac{0.69 \cdot z + 0.624}{z^2 - 1.637 \cdot z + 0.67} = \frac{0.138 \cdot K_I \cdot z^2 - 0.125 \cdot K_I \cdot z}{z^3 - 2.637 \cdot z^2 + 2.308 \cdot z - 0.67}.$$

z-Führungsübertragungsfunktion:

$$G(z) = \frac{G_R(z) \cdot G_{HS}(z)}{1 + G_R(z) \cdot G_{HS}(z)}$$

$$= \frac{0.138 \cdot K_I \cdot z^2 - 0.125 \cdot K_I \cdot z}{z^3 + (0.138 \cdot K_I - 2.637) \cdot z^2 + (2.308 - 0.125 \cdot K_I) \cdot z - 0.67}.$$

Charakteristische Gleichung:

$$a_3 \cdot z^3 + a_2 \cdot z^2 + a_1 \cdot z + a_0$$
$$= z^3 + (0.138 \cdot K_I - 2.637) \cdot z^2 + (2.308 - 0.125 \cdot K_I) \cdot z - 0.67 = 0.$$

Substitution von z mit $z = \dfrac{1+v}{1-v}$ und Multiplikation mit $(1-v)^3$ ergibt:

$$b_3 \cdot v^3 + b_2 \cdot v^2 + b_1 \cdot v + b_0 = 0,$$

$$b_3 = 6.616 - 0.2629 \cdot K_I, \quad b_2 = 1.319 - 0.0131 \cdot K_I,$$

$$b_1 = 0.2629 \cdot K_I + 0.0657, \quad b_0 = 0.0131 \cdot K_I.$$

Die Anwendung des ROUTH-Kriteriums liefert die Stabilitätsbedingungen

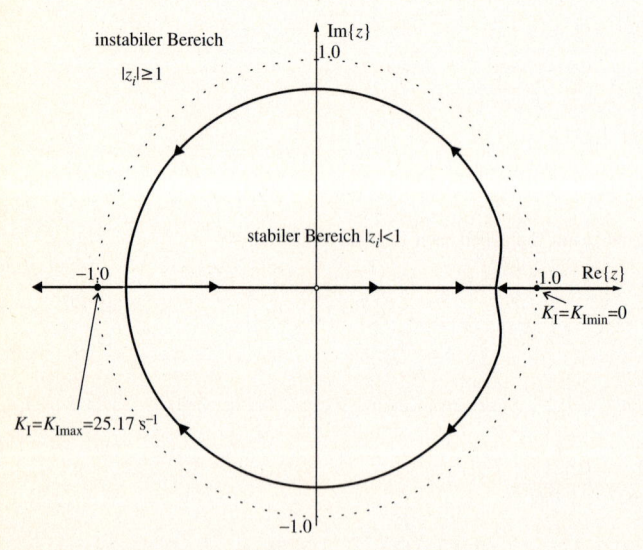

b_3	b_1	0	$b_3 = 6.616 - 0.2629 \cdot K_I > 0$, $K_I < 25.17$,
b_2	b_0	0	$b_2 = 1.319 - 0.0131 \cdot K_I > 0$, $K_I < 100.33$,
c_1	0		$c_1 = b_2 \cdot b_1 - b_3 \cdot b_0 > 0$,
d_1	0		$d_1 = c_1 \cdot b_0 > 0$, $b_0 = 0.0131 \cdot K_I > 0$, $K_I > 0$,

$c_1 = b_2 \cdot b_1 - b_3 \cdot b_0 = 0.259 \cdot K_I + 0.08667 > 0$ für $K_I > -0.335$.

Bild 11.6-6: *Wurzelortskurve der charakteristischen Gleichung in z abhängig von der Integrierverstärkung K_I*

Das Regelungssystem ist stabil für den Bereich der Integrierverstärkung:

$$K_{\text{Imin}} = 0 < K_I < K_{\text{Imax}} = 25.17 \text{ s}^{-1}.$$

Die charakteristische Gleichung in z hat bei $K_I = K_{\text{Imin}} = 0$ eine instabile Nullstelle mit $z_1 = 1$, bei $K_I = K_{\text{Imax}} = 25.17 \text{ s}^{-1}$ mit $z_1 = -1$. In Bild 11.6-6 ist die Wurzelortskurve der charakteristischen Gleichung in z abhängig von der Integrierverstärkung aufgetragen.

11.6.2.3 Koeffizientenkriterien (Bilineartransformation)

Die charakteristische Gleichung für zeitdiskrete Übertragungssysteme wurde als Polynomgleichung in z ermittelt:

$$P(z) = a_n \cdot z^n + a_{n-1} \cdot z^{n-1} + \ldots + a_2 \cdot z^2 + a_1 \cdot z + a_0 = 0.$$

Die Abbildung mit

$$z = \frac{1+v}{1-v}$$

und Multiplikation mit $(1-v)^n$ ergibt die transformierte Polynomgleichung:

$$P(v) = b_n \cdot v^n + b_{n-1} \cdot v^{n-1} + \ldots + b_2 \cdot v^2 + b_1 \cdot v + b_0 = 0.$$

Für Übertragungselemente bis fünfter Ordnung sind die Koeffizienten $b_i = f(a_j)$ und die Stabilitätsbedingungen in Tabelle 11.6-1 angegeben.

Eine notwendige Bedingung für Stabilität erhält man aus dem ROUTH-Kriterium:

Alle Koeffizienten von $P(v)$ müssen gleiche Vorzeichen haben, kein Koeffizient darf Null sein. Für die weitere Untersuchung wird vorausgesetzt, daß alle Koeffizienten der Polynomgleichung $P(v)$ positive Vorzeichen besitzen. Sollten alle Koeffizienten negative Vorzeichen haben, kann das Vorzeichen in das Zählerpolynom der Übertragungsfunktion übernommen werden, damit ist die Voraussetzung wieder erfüllt. Notwendige Bedingungen für die Koeffizienten b_0 und b_n können aus dem Abschnitt 11.6.2.4 entnommen werden:

$$b_0 = P(z=1) = a_n + a_{n-1} + \ldots + a_1 + a_0 > 0,$$
$$b_n = -P(z=-1) = a_n - a_{n-1} + \ldots + a_1 - a_0 > 0, n \text{ ungerade},$$
$$b_n = P(z=-1) = a_n - a_{n-1} - \ldots - a_1 + a_0 > 0, n \text{ gerade}.$$

Beispiel 11.6-4: Von zwei Übertragungssystemen sind die charakteristischen Gleichungen gegeben. Das Stabilitätsverhalten der Übertragungssysteme ist zu bestimmen.

Charakteristische Gleichung:

$$n = 3$$
$$z^3 - 1.8 \cdot z^2 + 1.45 \cdot z - 0.226 = 0,$$
$$a_3 = 1, \quad a_2 = -1.8, \quad a_1 = 1.45, \quad a_0 = -0.226.$$

Transformiertes Polynom:

$$z = \frac{1+v}{1-v},$$
$$4.476 \cdot v^3 + 2.672 \cdot v^2 + 0.428 \cdot v + 0.424 = 0,$$
$$b_3 = 4.476, \quad b_2 = 2.672, \quad b_1 = 0.428, \quad b_0 = 0.424.$$

Tabelle 11.6-1: Koeffizientenkriterien für Stabilität

$n = 1$	Charakteristische Gleichungen: $$P(z) = a_1 \cdot z + a_0 = 0, \quad P(v) = b_1 \cdot v + b_0 = 0$$ Koeffizienten von $P(v)$: $$b_1 = -a_0 + a_1, \quad b_0 = a_0 + a_1$$ Stabilitätsbedingungen: $b_i > 0$ für $i = 0, \ldots, n$, $$b_1 = -a_0 + a_1 > 0, \quad b_0 = a_0 + a_1 > 0$$
$n = 2$	Charakteristische Gleichungen: $$P(z) = a_2 \cdot z^2 + a_1 \cdot z + a_0 = 0,$$ $$P(v) = b_2 \cdot v^2 + b_1 \cdot v + b_0 = 0$$ Koeffizienten von $P(v)$: $$b_2 = a_0 - a_1 + a_2,$$ $$b_1 = -2 \cdot a_0 + 2 \cdot a_2, \quad b_0 = a_0 + a_1 + a_2$$ Stabilitätsbedingungen: $b_i > 0$ für $i = 0, \ldots, n$, $$b_2 = a_0 - a_1 + a_2 > 0, \quad b_1 = -2 \cdot a_0 + 2 \cdot a_2 > 0, \quad b_0 = a_0 + a_1 + a_2 > 0$$
$n = 3$	Charakteristische Gleichungen: $$P(z) = a_3 \cdot z^3 + a_2 \cdot z^2 + a_1 \cdot z + a_0 = 0,$$ $$P(v) = b_3 \cdot v^3 + b_2 \cdot v^2 + b_1 \cdot v + b_0 = 0$$ Koeffizienten von $P(v)$: $$b_3 = -a_0 + a_1 - a_2 + a_3, \quad b_2 = 3 \cdot a_0 - a_1 - a_2 + 3 \cdot a_3,$$ $$b_1 = -3 \cdot a_0 - a_1 + a_2 + 3 \cdot a_3, \quad b_0 = a_0 + a_1 + a_2 + a_3$$ Stabilitätsbedingungen: $b_i > 0$ für $i = 0, \ldots, n$, $b_2 \cdot b_1 - b_3 \cdot b_0 > 0$, $$-a_0^2 + a_0 \cdot a_2 - a_1 \cdot a_3 + a_3^2 > 0$$
$n = 4$	Charakteristische Gleichungen: $$P(z) = a_4 \cdot z^4 + a_3 \cdot z^3 + a_2 \cdot z^2 + a_1 \cdot z + a_0 = 0,$$ $$P(v) = b_4 \cdot v^4 + b_3 \cdot v^3 + b_2 \cdot v^2 + b_1 \cdot v + b_0 = 0$$ Koeffizienten von $P(v)$: $$b_4 = a_0 - a_1 + a_2 - a_3 + a_4,$$ $$b_3 = -4 \cdot a_0 + 2 \cdot a_1 - 2 \cdot a_3 + 4 \cdot a_4, \quad b_2 = 6 \cdot a_0 - 2 \cdot a_2 + 6 \cdot a_4,$$ $$b_1 = -4 \cdot a_0 - 2 \cdot a_1 + 2 \cdot a_3 + 4 \cdot a_4, \quad b_0 = a_0 + a_1 + a_2 + a_3 + a_4$$ Stabilitätsbedingungen: $b_i > 0$ für $i = 0, \ldots, n$, $c_1 = b_3 \cdot b_2 - b_4 \cdot b_1 > 0$, $$c_3 = b_3 \cdot b_0 > 0, \quad d_1 = c_1 \cdot b_1 - b_3 \cdot c_3 > 0, \quad e_1 = d_1 \cdot c_3 > 0$$

Tabelle 11.6-1: Koeffizientenkriterien für Stabilität (Fortsetzung)

$n = 5$	Charakteristische Gleichungen:
	$P(z) = a_5 \cdot z^5 + a_4 \cdot z^4 + a_3 \cdot z^3 + a_2 \cdot z^2 + a_1 \cdot z + a_0 = 0,$
	$P(v) = b_5 \cdot v^5 + b_4 \cdot v^4 + b_3 \cdot v^3 + b_2 \cdot v^2 + b_1 \cdot v + b_0 = 0$
	Koeffizienten von $P(v)$:
	$b_5 = -a_0 + a_1 - a_2 + a_3 - a_4 + a_5,$
	$b_4 = 5 \cdot a_0 - 3 \cdot a_1 + a_2 + a_3 - 3 \cdot a_4 + 5 \cdot a_5,$
	$b_3 = -10 \cdot a_0 + 2 \cdot a_1 + 2 \cdot a_2 - 2 \cdot a_3 - 2 \cdot a_4 + 10 \cdot a_5,$
	$b_2 = 10 \cdot a_0 + 2 \cdot a_1 - 2 \cdot a_2 - 2 \cdot a_3 + 2 \cdot a_4 + 10 \cdot a_5,$
	$b_1 = -5 \cdot a_0 - 3 \cdot a_1 - a_2 + a_3 + 3 \cdot a_4 + 5 \cdot a_5,$
	$b_0 = a_0 + a_1 + a_2 + a_3 + a_4 + a_5$
	Stabilitätsbedingungen: $b_i > 0$ für $i = 0, \ldots, n, \quad c_1 = b_4 \cdot b_3 - b_5 \cdot b_2 > 0,$
	$c_3 = b_4 \cdot b_1 - b_5 \cdot b_0 > 0, \quad d_1 = c_1 \cdot b_2 - b_4 \cdot c_3 > 0,$
	$d_3 = c_1 \cdot b_0 > 0, \quad e_1 = d_1 \cdot c_3 - c_1 \cdot d_3 > 0, \quad f_1 = e_1 \cdot d_3 > 0$

Stabilitätskriterien:

Alle b_i-Koeffizienten ($i = 0, \ldots, 3$) sind größer Null.

$$-a_0^2 + a_0 \cdot a_2 - a_1 \cdot a_3 + a_3^2 = -0.0943 < 0 \rightarrow \text{instabil}.$$

Numerisch berechnete Nullstellen der charakteristischen Gleichung in z:

$$z_1 = 0.2, \quad z_{2,3} = 0.8 \pm 0.7j, \quad |z_{2,3}| = 1.06 \geq 1 \rightarrow \text{instabil}.$$

Numerisch berechnete Nullstellen der charakteristischen Gleichung in v:

$$v_1 = -0.667, \quad v_{2,3} = 0.0349 \pm 0.375j, \quad \text{Re}\{v_{2,3}\} \geq 0 \rightarrow \text{instabil}.$$

Das Übertragungssystem ist instabil.

Charakteristische Gleichung:

$n = 4$

$z^4 - 1.7 \cdot z^3 + 1.54 \cdot z^2 - 0.618 \cdot z + 0.074 = 0,$

$a_4 = 1, \quad a_3 = -1.7, \quad a_2 = 1.54, \quad a_1 = -0.618, \quad a_0 = 0.074.$

Transformiertes Polynom:

$$z = \frac{1+v}{1-v},$$

$4.932 \cdot v^4 + 5.868 \cdot v^3 + 3.364 \cdot v^2 + 1.54 \cdot v + 0.296 = 0,$

$b_4 = 4.932, \quad b_3 = 5.868, \quad b_2 = 3.364, \quad b_1 = 1.54, \quad b_0 = 0.296.$

Stabilitätskriterien:

Alle b_i-Koeffizienten ($i = 0, \ldots, 4$) sind größer Null.

b_4	b_2	b_0	0		c_1	$=$	$b_3 \cdot b_2 - b_4 \cdot b_1$	$=$	12.145,
b_3	b_1	0	0		c_3	$=$	$b_3 \cdot b_0$	$=$	1.737,
c_1	c_3	0	0		d_1	$=$	$c_1 \cdot b_1 - b_3 \cdot c_3$	$=$	8.511,
d_1	0	0	0		e_1	$=$	$d_1 \cdot c_3$	$=$	14.782.
e_1	0	0	0						

Alle Koeffizienten der 1. Spalte des ROUTH-Schemas sind größer Null: Das System ist stabil.

Numerisch berechnete Nullstellen der charakteristischen Gleichung in z:

$$z_1 = 0.2, \quad z_2 = 0.5, \quad z_{3,4} = 0.5 \pm 0.7j, \quad |z_{3,4}| = 0.86 < 1,$$

$|z_i| < 1$: Alle Nullstellen liegen im Einheitskreis: $\to$ stabil.

Numerisch berechnete Nullstellen der charakteristischen Gleichung in v:

$$v_1 = -0.333, \quad v_2 = -0.667, \quad v_{3,4} = -0.0949 \pm 0.511j, \quad \text{Re}\{v_i\} < 0 \to \text{stabil.}$$

11.6.2.4 Stabilitätskriterium von JURY

Mit Hilfe der Bilineartransformation wird die charakteristische Gleichung so umgeformt, daß mit dem ROUTH- oder HURWITZ-Kriterium die Stabilität des Abtastsystems bestimmt werden kann. Mit direkten Verfahren kann die Stabilität aus den Koeffizienten der charakteristischen Gleichung ohne Transformation ermittelt werden.

Das JURY-Stabilitätskriterium (**Determinantenkriterium nach COHN, SCHUR, JURY**) geht von der charakteristischen Gleichung aus:

$$P(z) = a_n \cdot z^n + a_{n-1} \cdot z^{n-1} + \ldots + a_2 \cdot z^2 + a_1 \cdot z + a_0 = 0,$$

wobei $a_n > 0$ vorgegeben ist. Ist $a_n < 0$, kann die Bedingung durch Multiplikation aller Koeffizienten mit -1 erfüllt werden. Mit den Koeffizienten wird Tabelle 11.6-2 aufgebaut:

Tabelle 11.6-2: Stabilitätstest nach JURY

Zeile	z^0	z^1	z^2	$\ldots z^{n-k} \ldots$	z^{n-2}	z^{n-1}	z^n
1	a_0	a_1	a_2	$\ldots a_{n-k} \ldots$	a_{n-2}	a_{n-1}	a_n
2	a_n	a_{n-1}	a_{n-2}	$\ldots a_k \ldots$	a_2	a_1	a_0
3	b_0	b_1	b_2	$\ldots b_{n-1-k} \ldots$	b_{n-2}	b_{n-1}	—
4	b_{n-1}	b_{n-2}	b_{n-3}	$\ldots b_k \ldots$	b_1	b_0	—
5	c_0	c_1	c_2	$\ldots c_{n-2-k} \ldots$	c_{n-2}	—	—
6	c_{n-2}	c_{n-3}	c_{n-4}	$\ldots c_k \ldots$	c_0	—	—
$\vdots$	$\vdots$	$\vdots$	$\vdots$	$\vdots$	—	—	—
$2n-5$	p_0	p_1	p_2	p_3	—	—	—
$2n-4$	p_3	p_2	p_1	p_0	—	—	—
$2n-3$	q_0	q_1	q_2	—	—	—	—

Die Elemente der Tabelle sind aus den Determinanten zu bilden:

$$b_k = \begin{vmatrix} a_0 & a_{n-k} \\ a_n & a_k \end{vmatrix}, \quad c_k = \begin{vmatrix} b_0 & b_{n-1-k} \\ b_{n-1} & b_k \end{vmatrix}, \quad d_k = \begin{vmatrix} c_0 & c_{n-2-k} \\ c_{n-2} & c_k \end{vmatrix}, \quad \ldots ,$$

$$q_0 = \begin{vmatrix} p_0 & p_3 \\ p_3 & p_0 \end{vmatrix}, \quad q_1 = \begin{vmatrix} p_0 & p_2 \\ p_3 & p_1 \end{vmatrix}, \quad q_2 = \begin{vmatrix} p_0 & p_1 \\ p_3 & p_2 \end{vmatrix}.$$

Die notwendigen und hinreichenden Bedingungen für die Stabilität von digitalen Regelungssystemen mit der charakteristischen Gleichung $P(z) = 0$ werden mit den Koeffizienten von Tabelle 11.6-2 für den **JURY-Stabilitätstest** formuliert:

Die charakteristische Gleichung

$$P(z) = a_n \cdot z^n + a_{n-1} \cdot z^{n-1} + \ldots + a_2 \cdot z^2 + a_1 \cdot z + a_0 = 0$$

mit $a_n > 0$ hat nur dann Nullstellen innerhalb des Einheitskreises, wenn die $n + 1$ Bedingungen

$$P(z = 1) > 0, \tag{1}$$
$$P(z = -1) > 0, \text{ für } n \text{ gerade}, P(z = -1) < 0, \text{ für } n \text{ ungerade}, \tag{2}$$
$$|a_0| < a_n, \quad \text{mit } a_n > 0, \tag{3}$$
$$|b_0| > |b_{n-1}|, \tag{4}$$
$$|c_0| > |c_{n-2}|, \tag{5}$$
$$|d_0| > |d_{n-3}|, \tag{6}$$
$$\vdots \quad \vdots \quad \vdots \qquad\qquad \vdots$$
$$|q_0| > |q_2|, \tag{$n+1$}$$

erfüllt sind, das Regelungssystem ist dann stabil.

Beispiel 11.6-5: Die charakteristische Gleichung eines digitalen Regelungssystems wurde mit

$$P(z) = a_3 \cdot z^3 + a_2 \cdot z^2 + a_1 \cdot z + a_0 = z^3 + 3 \cdot z^2 + 4 \cdot z + 0.5 = 0$$

ermittelt. Die Gleichung ist dritter Ordnung, die Tabelle hat $2n - 3 = 3$ Zeilen, $n + 1 = 4$ Bedingungen sind zu untersuchen.

Zeile	z^0	z^1	z^2	z^3
1	$a_0 = 0.5$	$a_1 = 4$	$a_2 = 3$	$a_3 = 1$
2	$a_3 = 1$	$a_2 = 3$	$a_1 = 4$	$a_0 = 0.5$
3	b_0	b_1	b_2	

Für Stabilität muß gelten:

$$P(z = 1) = a_3 + a_2 + a_1 + a_0 = 1 + 3 + 4 + 0.5 = 8.5 > 0, \tag{1}$$
$$P(z = -1) = -a_3 + a_2 - a_1 + a_0 = -1 + 3 - 4 + 0.5 = -1.5 < 0, \tag{2}$$
$$|a_0| = 0.5 < a_n = 1, \tag{3}$$

$$b_0 = \begin{vmatrix} a_0 & a_3 \\ a_3 & a_0 \end{vmatrix} = a_0^2 - a_3^2 = -0.75,$$

$$b_1 = \begin{vmatrix} a_0 & a_2 \\ a_3 & a_1 \end{vmatrix} = a_0 \cdot a_1 - a_2 \cdot a_3 = -1,$$

$$b_2 = \begin{vmatrix} a_0 & a_1 \\ a_3 & a_2 \end{vmatrix} = a_0 \cdot a_2 - a_1 \cdot a_3 = -2.5.$$

Die ersten drei Bedingungen sind erfüllt, die vierte

$$|b_0| = 0.75 > |b_2| = 2.5 \tag{4}$$

nicht, das Regelungssystem ist instabil. Die numerische Berechnung der Nullstellen ergibt zwei Nullstellen außerhalb des Einheitskreises:

$$z_1 = -0.139, \quad z_{2,3} = -1.43 \pm 1.25 j.$$

11.7 Kompensationsregler für digitale Regelkreise

11.7.1 Prinzip der Kompensation

Bei idealen Regelungen soll die Regelgröße $x(t)$ der Führungsgröße $w(t)$ exakt und ohne Verzögerung folgen. Für Regelkreisstrukturen

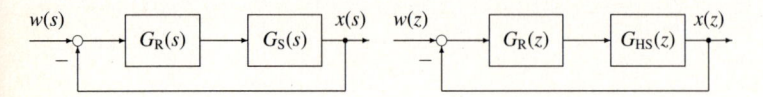

Bild 11.7-1: Standardstrukturen von Regelkreisen

nach Bild 11.7-1 müssen für den idealen Fall die Führungsübertragungsfunktionen die Bedingung

$$G(s) = \frac{x(s)}{w(s)} = \frac{G_R(s) \cdot G_S(s)}{1 + G_R(s) \cdot G_S(s)} \stackrel{!}{=} 1,$$

$$G(z) = \frac{x(z)}{w(z)} = \frac{G_R(z) \cdot G_{HS}(z)}{1 + G_R(z) \cdot G_{HS}(z)} \stackrel{!}{=} 1,$$

erfüllen. Die Gleichungen werden nach $G_R(s)$, $G_R(z)$ umgestellt. Reglerübertragungsfunktionen für die ideale Kompensation von Regelstrecken sind nicht realisierbar, da der Nenner von $G_R(s)$, $G_R(z)$ für diese Bedingung jeweils Null wird:

$$G_R(s) = \frac{y(s)}{x_d(s)} = \frac{1}{G_S(s)} \cdot \frac{G(s)}{1 - G(s)} \bigg|_{G(s) \to 1} \to \infty,$$

$$G_R(z) = \frac{y(z)}{x_d(z)} = \frac{1}{G_{HS}(z)} \cdot \frac{G(z)}{1 - G(z)} \bigg|_{G(z) \to 1} \to \infty.$$

Auch die Vorgabe eines reellen Werts K_G kleiner Eins für $G(s)$, der verzögerungsfreie, aber nicht exakte Kompensation realisiert,

$$G(s) = K_G, \frac{G(s)}{1 - G(s)} = \frac{K_G}{1 - K_G} = K,$$

führt nicht zu realisierbaren Reglern, da bei Übertragungsfunktionen von realen Regelstrecken

$$G_S(s) = \frac{Z_S(s)}{N_S(s)} = \frac{b'_m \cdot s^m + b'_{m-1} \cdot s^{m-1} + \ldots + b'_1 \cdot s + b'_0}{a'_n \cdot s^n + a'_{n-1} \cdot s^{n-1} + \ldots + a'_1 \cdot s + a'_0}, \quad m < n,$$

der Grad m des Zählerpolynoms $Z_S(s)$ immer kleiner als der Grad n des Nennerpolynoms $Z_S(s)$ ist. $G_R(s)$ ist dann ebenfalls

$$G_R(s) \stackrel{!}{=} \frac{K}{G_S(s)} = \frac{N_S(s)}{Z_S(s)} \cdot K = \frac{a'_n s^n + a'_{n-1} s^{n-1} + \ldots + a'_1 s + a'_0}{b'_m s^m + b'_{m-1} s^{m-1} + \ldots + b'_1 s + b'_0} K, \quad m < n,$$

nicht realisierbar. Eine kontinuierliche Reglerübertragungsfunktion $G_R(s)$ ist nur realisierbar, wenn

$$\lim_{s \to \infty} G_R(s) < \infty$$

ist. Für z-Übertragungsfunktionen von realen Regelstrecken mit Halteglied ist der Grad m des Zählerpolynoms $Z_{HS}(z)$ kleiner als der Grad n des Nennerpolynoms $N_{HS}(z)$. $G_R(z)$ ist

$$G_R(z) \stackrel{!}{=} \frac{K}{G_{HS}(z)} = \frac{N_{HS}(z)}{Z_{HS}(z)} \cdot K = \frac{a_n z^n + a_{n-1} z^{n-1} + \ldots + a_1 z + a_0}{b_m z^m + b_{m-1} z^{m-1} + \ldots + b_1 z + b_0} \cdot K, \quad m < n,$$

daher nicht realisierbar. z-Übertragungsfunktionen $G_R(z)$ sind nur realisierbar, wenn der Grad des Zählerpolynoms kleiner oder gleich dem des Nennerpolynoms ist. Ist das nicht der Fall, so ist das System nicht kausal, da zur Berechnung der Ausgangsgröße Werte benötigt werden, die zeitlich betrachtet noch nicht existieren.

> Für reale Regelkreise läßt sich eine exakte Kompensation der Regelstrecke nicht verwirklichen. Die Kompensation ist näherungsweise ausführbar, wenn realisierbare Anforderungen an die Führungsübertragungsfunktion gestellt werden. Die Anforderungen bestimmen Struktur und Parameter des Kompensationsreglers.

Bei Reglerberechnungen nach dem Betragsoptimum von Abschnitt 10.4.2 werden an die Führungsübertragungsfunktion Forderungen an Genauigkeit ($x_d(t \to \infty) = 0$), Dämpfung (Überschwingweite $\ddot{u} = 4.32\,\%$) und Anregelzeit ($t_{anr} = 4.7 \cdot T_E$) gestellt, die Führungsübertragungsfunktion für diese Forderungen ist

$$G(s) = \frac{1}{1 + 2 \cdot T_E \cdot s + 2 \cdot T_E^2 \cdot s^2},$$

wobei T_E die Ersatzzeitkonstante der Regelstrecke ist. Für die Kompensation nach dem Betragsoptimum erhält man für eine Regelstrecke mit zwei Zeitkonstanten

$$G_S(s) = \frac{K_S}{(1 + T_1 \cdot s)(1 + T_E \cdot s)}$$

die Reglerübertragungsfunktion eines PI-Reglers:

$$\begin{aligned} G_R(s) &= \frac{y(s)}{x_d(s)} = \frac{1}{G_S(s)} \cdot \frac{G(s)}{1 - G(s)} \\ &= \frac{(1 + T_1 \cdot s)(1 + T_E \cdot s)}{K_S} \cdot \frac{1}{2 T_E \cdot s + 2 \cdot T_E^2 \cdot s^2} \\ &= \frac{1 + T_1 \cdot s}{2 \cdot K_S \cdot T_E \cdot s} \stackrel{!}{=} \frac{K_R \cdot (1 + T_N \cdot s)}{T_N \cdot s}, \quad T_N = T_1, \quad K_R = \frac{T_1}{2 \cdot K_S \cdot T_E}. \end{aligned}$$

Das Prinzip einer Kompensation kann wie folgt formuliert werden:

> Die Übertragungsfunktion eines Kompensationsreglers enthält die reziproke Übertragungsfunktion der Regelstrecke und einen Term, der sich aus realisierbaren Nebenbedingungen ergibt.

Aus der prinzipiellen Untersuchung der Kompensation können folgende Aussagen abgeleitet werden: Bei Regelungen mit kontinuierlich arbeitenden Reglern wird die Regelgröße erst nach theoretisch unendlich großer Zeit einen stationären Wert erreichen. Bei sprungförmiger Änderung der Führungsgröße nähert sich die Regelgröße asymptotisch der Führungsgröße, da bei der Berechnung von Regelungsvorgängen Lösungsanteile mit e-Funktionen entstehen, die erst für $t \to \infty$ zu Null werden.

11.7.2 Kompensationsregler für endliche Einstellzeit (DEAD-BEAT-Regler)

Bei Regelkreisen mit digitalen Kompensationsreglern können die Einstellungen so vorgenommen werden, daß die Regelgröße in endlicher Zeit exakt den Wert eines Führungsgrößensprungs erreicht und beibehält. Regelungen mit dieser Eigenschaft werden als **Regelungen mit endlicher Einstellzeit** oder **DEAD-BEAT-Regelungen** bezeichnet.

Da der Regler auf endliche Einstellzeit die Pole der Streckenübertragungsfunktion kompensiert (kürzt), kann er bei instabilen Regelstrecken, deren Pole außerhalb des Einheitskreises liegen, nicht eingesetzt werden, eine Kompensation von instabilen Polen ist exakt nicht ausführbar. Kompensationsverfahren sind daher nur anwendbar für ausreichend gedämpfte Regelstrecken oder integrale Regelstrecken. Die minimale Zeit, in der die Regelgröße den Sollwert erreichen kann, hängt von der Ordnung der Regelstrecke (Grad des Nennerpolynoms) und der gewählten Abtastzeit ab. Bei der Ableitung der Berechnungsformeln wird von der Standardstruktur des Regelkreises ausgegangen.

Für den Kompensationsregler wurde folgende Gleichung entwickelt:

$$G_R(z) = \frac{y(z)}{x_d(z)} = \frac{1}{G_{HS}(z)} \cdot \frac{G(z)}{1-G(z)}.$$

Die Parameter der Regelstrecke $G_{HS}(s)$ werden als bekannt vorausgesetzt. Zur Bestimmung der Reglerübertragungsfunktion $G_R(z)$ werden noch Realisierungsbedingungen, die aus Führungssprungantwort und Stellgrößenverlauf abzuleiten sind, benötigt. An das Führungsverhalten werden folgende Anforderungen gestellt: Nach Sprungaufschaltung der Führungsgröße soll die Regeldifferenz nach n Abtastschritten zu Null werden, diesen Wert beibehalten, die Stellgröße soll nach n Abtastschritten konstant sein. Aus diesen Anforderungen wird $G(z)$ bestimmt, damit wird $G_R(z)$ und der Regelalgorithmus berechnet.

Reale Regelstrecken sind nicht sprungfähig, bei Sprungaufschaltung der Eingangsgröße ist der erste Wert der Ausgangsgröße Null. Für Sprungaufschaltung ist mit

$$y(z) = \frac{z}{z-1} = \frac{1}{1-z^{-1}},$$

$$x(0) = \lim_{z \to \infty} G_{HS}(z) \cdot y(z) = \lim_{z \to \infty} G_{HS}(z) \cdot \frac{1}{1-z^{-1}} = 0.$$

Der Faktor b_0 ist daher Null. Für den Regelkreis wird die Übertragungsfunktion von Halteglied und Regelstrecke mit der Division von Zähler- und Nennerpolynom durch a_0 auf folgende Form gebracht:

$$G_{HS}(z) = \frac{z-1}{z} \cdot Z\left\{\frac{G_S(s)}{s}\right\} = \frac{Z_{HS}(z)}{N_{HS}(z)} = \frac{b_1 z^{-1} + b_2 z^{-2} + \ldots + b_n z^{-n}}{1 + a_1 z^{-1} + a_2 z^{-2} + \ldots + a_n z^{-n}},$$

wobei $b_1, \ldots, b_n, a_1, \ldots, a_n$ dann nicht mehr mit den Koeffizienten der diskreten Übertragungsfunktion von Abschnitt 11.7.1 übereinstimmen.

Für $w(k) = 1$, $w(z) = \dfrac{z}{z-1} = \dfrac{1}{1-z^{-1}}$ soll gelten

$$x_{d,k} = x_d(k) = w(k) - x(k) = 0, \quad \text{für } k \geq n,$$

$$x_k = x(k) = w(k) = 1, \quad k \geq n,$$

$$x_k = \{0, x_1, x_2, \ldots, x_{n-2}, x_{n-1}, 1, 1, 1, \ldots\},$$

$$x(z) = x_1 \cdot z^{-1} + x_2 \cdot z^{-2} + \ldots + x_{n-1} \cdot z^{-n+1} + 1 \cdot z^{-n} + 1 \cdot z^{-n-1} + \ldots$$

$$= x_1 \cdot z^{-1} + x_2 \cdot z^{-2} + \ldots + x_{n-1} \cdot z^{-n+1} + \sum_{i=n}^{\infty} z^{-i}.$$

Für Sprungaufschaltung der Führungsgröße erhält man ein endliches Polynom $P(z^{-1})$ für die Führungsübertragungsfunktion $G(z)$:

11.7 Kompensationsregler für digitale Regelkreise

$$G(z) = \frac{x(z)}{w(z)} = \left[x_1 \cdot z^{-1} + \ldots + x_{n-1} \cdot z^{-n+1} + \sum_{i=n}^{\infty} z^{-i} \right] \cdot (1 - z^{-1})$$

$$= \left[x_1 z^{-1} + (x_2 - x_1) z^{-2} + \ldots \right.$$
$$\left. + (x_{n-1} - x_{n-2}) z^{-n+1} + (1 - x_{n-1}) z^{-n} + \sum_{i=n+1}^{\infty} z^{-i} - z^{-1} \sum_{i=n}^{\infty} z^{-i} \right]$$

$$= x_1 \cdot z^{-1} + (x_2 - x_1) \cdot z^{-2} + \ldots + (x_{n-1} - x_{n-2}) \cdot z^{-n+1} + (1 - x_{n-1}) \cdot z^{-n}$$

$$= p_1 \cdot z^{-1} + p_2 \cdot z^{-2} + \ldots + p_{n-1} \cdot z^{-n+1} + p_n \cdot z^{-n} = P(z^{-1}).$$

Bildet man die Summe der Polynomkoeffizienten, so bleibt nur der Wert $x_n = 1$ übrig:

$$\sum_{i=1}^{n} p_i = (x_1 - x_1) + (x_2 - x_2) + \ldots + (x_{n-1} - x_{n-1}) + 1 = 1.$$

Für die Stellgröße wird ein entsprechendes endliches Polynom ermittelt:

$$y_k = y(k) = \text{konst}, \quad \text{für } k \geq n,$$

$$y_k = \{y_0, y_1, \ldots, y_{n-2}, y_{n-1}, y_n, y_n, y_n, \ldots\},$$

$$y(z) = y_0 + y_1 \cdot z^{-1} + \ldots + y_{n-1} \cdot z^{-n+1} + y_n \cdot z^{-n} + y_n \cdot z^{-n-1} + y_n \cdot z^{-n-2} + \ldots$$

$$= y_0 + y_1 \cdot z^{-1} + \ldots + y_{n-1} \cdot z^{-n+1} + y_n \cdot \sum_{i=n}^{\infty} z^{-i},$$

$$\frac{y(z)}{w(z)} = \left[y_0 + y_1 \cdot z^{-1} + \ldots + y_{n-1} \cdot z^{-n+1} + y_n \cdot \sum_{i=n}^{\infty} z^{-i} \right] \cdot (1 - z^{-1})$$

$$= y_0 + (y_1 - y_0) z^{-1} + (y_2 - y_1) z^{-2} + \ldots + (y_{n-1} - y_{n-2}) z^{-n+1} + (y_n - y_{n-1}) z^{-n}$$

$$= q_0 + q_1 \cdot z^{-1} + q_2 \cdot z^{-2} + \ldots + q_{n-1} \cdot z^{-n+1} + q_n \cdot z^{-n} = Q(z^{-1}).$$

Der erste Wert der Stellgröße ist $y_0 = q_0$. Bildet man

$$\frac{x(z)}{w(z)} \cdot \frac{w(z)}{y(z)} = \frac{x(z)}{y(z)} = \frac{p_1 \cdot z^{-1} + p_2 \cdot z^{-2} + \ldots + p_n \cdot z^{-n}}{q_0 + q_1 \cdot z^{-1} + q_2 \cdot z^{-2} + \ldots + q_n \cdot z^{-n}} = \frac{P(z^{-1})}{Q(z^{-1})}$$

und dividiert durch q_0, so wird

$$\frac{x(z)}{y(z)} = \frac{\frac{p_1}{q_0} z^{-1} + \frac{p_2}{q_0} z^{-2} + \ldots + \frac{p_n}{q_0} z^{-n}}{1 + \frac{q_1}{q_0} z^{-1} + \frac{q_2}{q_0} z^{-2} + \ldots + \frac{q_n}{q_0} z^{-n}} \stackrel{!}{=} G_{\text{HS}}(z)$$

$$= \frac{b_1 \cdot z^{-1} + b_2 \cdot z^{-2} + \ldots + b_n \cdot z^{-n}}{1 + a_1 \cdot z^{-1} + a_2 \cdot z^{-2} + \ldots + a_n \cdot z^{-n}} = \frac{\frac{P(z^{-1})}{q_0}}{\frac{Q(z^{-1})}{q_0}} = \frac{P(z^{-1})}{Q(z^{-1})}.$$

Mit den Werten p_i, q_i kann $G(z)$ ermittelt werden und damit $G_R(z)$. Der Koeffizientenvergleich ergibt mit dem oben abgeleiteten Zusammenhang

$$\sum_{i=1}^{n} p_i = 1, \quad \sum_{i=1}^{n} \frac{p_i}{q_0} = \frac{1}{q_0} = \sum_{i=1}^{n} b_i,$$

die Bestimmungsgleichungen für die Koeffizienten p_i, q_i:

$$q_0 = \frac{1}{\sum_{i=1}^{n} b_i}, \quad p_i = b_i \cdot q_0, \quad q_i = a_i \cdot q_0, \quad i = 1, \ldots, n.$$

11 Digitale Regelungssysteme (Abtastregelungen)

In die Bestimmungsgleichung für die Übertragungsfunktion des Kompensationsreglers wird

$$G(z) = P(z^{-1}), \quad G_{HS}(z) = \frac{P(z^{-1})}{Q(z^{-1})}$$

eingesetzt:

$$G_R(z) = \frac{y(z)}{x_d(z)} = \frac{1}{G_{HS}(z)} \cdot \frac{G(z)}{1 - G(z)} = \frac{Q(z^{-1})}{P(z^{-1})} \cdot \frac{P(z^{-1})}{1 - P(z^{-1})} = \frac{Q(z^{-1})}{1 - P(z^{-1})}.$$

Die Koeffizienten der Übertragungsfunktion des Reglers auf **endliche Einstellzeit (DEAD-BEAT-Regler** für Regelstrecken mit Halteglied $G_{HS}(z)$ berechnen sich mit folgenden Gleichungen:

$$G_{HS}(z) = \frac{z-1}{z} \cdot Z\left\{\frac{G_S(s)}{s}\right\} = \frac{b_1 \cdot z^{-1} + b_2 \cdot z^{-2} + \ldots + b_n \cdot z^{-n}}{1 + a_1 \cdot z^{-1} + a_2 \cdot z^{-2} + \ldots + a_n \cdot z^{-n}},$$

$$q_0 = \frac{1}{\sum_{i=1}^{n} b_i}, \quad q_i = a_i \cdot q_0, \quad p_i = b_i \cdot q_0, \quad i = 1,\ldots,n,$$

$$G_R(z) = \frac{Q(z^{-1})}{1 - P(z^{-1})} = \frac{q_0 + q_1 \cdot z^{-1} + q_2 \cdot z^{-2} + \ldots + q_n \cdot z^{-n}}{1 - p_1 \cdot z^{-1} - p_2 \cdot z^{-2} - \ldots - p_n \cdot z^{-n}},$$

$$G(z) = \frac{x(z)}{w(z)} = P(z^{-1}) = p_1 \cdot z^{-1} + p_2 \cdot z^{-2} + \ldots + p_n \cdot z^{-n}$$

$$= \frac{1}{\sum_{i=1}^{n} b_i} \cdot [b_1 \cdot z^{-1} + b_2 \cdot z^{-2} + \ldots + b_n \cdot z^{-n}],$$

$$x(z) = G(z) \cdot w(z)$$

$$= \frac{1}{\sum_{i=1}^{n} b_i} \cdot [b_1 \cdot z^{-1} + b_2 \cdot z^{-2} + \ldots + b_n \cdot z^{-n}] \cdot w(z),$$

$$y(z) = Q(z^{-1}) \cdot w(z)$$

$$= [q_0 + q_1 \cdot z^{-1} + q_2 \cdot z^{-2} + \ldots + q_n \cdot z^{-n}] \cdot w(z)$$

$$= \frac{1}{\sum_{i=1}^{n} b_i} \cdot [1 + a_1 \cdot z^{-1} + a_2 \cdot z^{-2} + \ldots + a_n \cdot z^{-n}] \cdot w(z).$$

Beispiel 11.7-1: Für einen Regelkreis mit IT_1-Regelstrecke ist ein Regler auf endliche Einstellzeit zu berechnen.

$$G_S(s) = \frac{K_S}{(1 + T_S \cdot s)} \cdot \frac{1}{T_1 \cdot s}$$

$G_{HS}(z)$ wird mit dem z-Transformationspaar Nr. 5 aus der Transformationstabelle 11.5-10 für Regelstrecken mit Halteglied ermittelt. Die Koeffizienten a_i, b_i, p_i, q_i werden bestimmt:

$$G_{HS}(z) = \frac{K_S \cdot T_S}{T_I} \cdot \frac{\left(\frac{T}{T_S} - 1 + e^{-\frac{T}{T_S}}\right) \cdot z + 1 - \left(\frac{T}{T_S} + 1\right) \cdot e^{-\frac{T}{T_S}}}{z^2 + \left(-1 - e^{-\frac{T}{T_S}}\right) \cdot z + e^{-\frac{T}{T_S}}}$$

$$G_{HS}(z) = \frac{K_S \cdot T_S}{T_I} \cdot \frac{\left(\frac{T}{T_S} - 1 + e^{-\frac{T}{T_S}}\right) \cdot z^{-1} + \left(1 - \left(\frac{T}{T_S} + 1\right) \cdot e^{-\frac{T}{T_S}}\right) \cdot z^{-2}}{1 + \left(-1 - e^{-\frac{T}{T_S}}\right) \cdot z^{-1} + e^{-\frac{T}{T_S}} \cdot z^{-2}}$$

$$= \frac{b_1 \cdot z^{-1} + b_2 \cdot z^{-2}}{1 + a_1 \cdot z^{-1} + a_2 \cdot z^{-2}}, \quad n = 2,$$

$$b_1 = \frac{K_S \cdot T_S}{T_I}\left(\frac{T}{T_S} - 1 + e^{-\frac{T}{T_S}}\right), \quad b_2 = \frac{K_S \cdot T_S}{T_I}\left(1 - \left(\frac{T}{T_S} + 1\right) \cdot e^{-\frac{T}{T_S}}\right),$$

$$a_1 = -1 - e^{-\frac{T}{T_S}}, \quad a_2 = e^{-\frac{T}{T_S}},$$

$$\frac{1}{q_0} = \sum_{i=1}^{2} b_i, \quad q_0 = \frac{1}{b_1 + b_2} = \frac{T_I}{K_S \cdot T} \cdot \frac{1}{1 - e^{-\frac{T}{T_S}}},$$

$$q_1 = a_1 \cdot q_0 = \frac{-T_I}{K_S \cdot T} \cdot \frac{1 + e^{-\frac{T}{T_S}}}{1 - e^{-\frac{T}{T_S}}}, \quad q_2 = a_2 \cdot q_0 = \frac{T_I}{K_S \cdot T} \cdot \frac{e^{-\frac{T}{T_S}}}{1 - e^{-\frac{T}{T_S}}},$$

$$p_1 = b_1 \cdot q_0 = \frac{T_S}{T} \cdot \frac{\frac{T}{T_S} - 1 + e^{-\frac{T}{T_S}}}{1 - e^{-\frac{T}{T_S}}} = \frac{b_1}{b_1 + b_2},$$

$$p_2 = b_2 \cdot q_0 = \frac{T_S}{T} \cdot \frac{1 - \left(\frac{T}{T_S} + 1\right) \cdot e^{-\frac{T}{T_S}}}{1 - e^{-\frac{T}{T_S}}} = \frac{b_2}{b_1 + b_2}.$$

Reglerübertragungsfunktion:

$$G_R(z) = \frac{Q(z^{-1})}{1 - P(z^{-1})} = \frac{q_0 + q_1 \cdot z^{-1} + q_2 \cdot z^{-2}}{1 - p_1 \cdot z^{-1} + p_2 \cdot z^{-2}}.$$

Berechnung der Regelgrößenfolge:

$$w(z) = \frac{z}{z-1},$$

$$G(z) = \frac{x(z)}{w(z)} = P(z^{-1}) = p_1 \cdot z^{-1} + p_2 \cdot z^{-2} = \frac{b_1 \cdot z^{-1} + b_2 \cdot z^{-2}}{b_1 + b_2},$$

$$x(z) = P(z^{-1}) \cdot w(z) = (p_1 \cdot z^{-1} + p_2 \cdot z^{-2}) \cdot \frac{z}{z-1}$$

$$= p_1 \cdot \frac{1}{z-1} + p_2 \cdot \frac{z^{-1}}{z-1} = \frac{b_1}{b_1 + b_2} \cdot \frac{1}{z-1} + \frac{b_2}{b_1 + b_2} \cdot \frac{z^{-1}}{z-1},$$

$$x(k) = p_1 \cdot E(k-1) + p_2 \cdot E(k-2)$$

$$= \{0, p_1, p_1 + p_2, p_1 + p_2, p_1 + p_2, \ldots\}.$$

Mit $p_1 + p_2 = \dfrac{b_1 + b_2}{b_1 + b_2} = 1$ folgt

$$x(k) = \left\{0, \frac{b_1}{b_1 + b_2}, 1, 1, 1, \ldots\right\}.$$

Berechnung der Stellgrößenfolge:

$$w(z) = \frac{z}{z-1}, \quad \frac{y(z)}{w(z)} = Q(z^{-1}),$$

$$y(z) = Q(z^{-1}) \cdot w(z) = (q_0 + q_1 \cdot z^{-1} + q_2 \cdot z^{-2}) \cdot \frac{z}{z-1}$$

$$= (q_0 + q_0 \cdot a_1 \cdot z^{-1} + q_0 \cdot a_2 \cdot z^{-2}) \cdot \frac{z}{z-1}$$

$$= \frac{1 + a_1 \cdot z^{-1} + a_2 \cdot z^{-2}}{b_1 + b_2} \cdot \frac{z}{z-1},$$

$$y(k) = \frac{1}{b_1 + b_2} \cdot [E(k) + a_1 \cdot E(k-1) + a_2 \cdot E(k-2)]$$

$$= \left\{\frac{1}{b_1 + b_2}, \frac{1 + a_1}{b_1 + b_2}, \frac{1 + a_1 + a_2}{b_1 + b_2}, \frac{1 + a_1 + a_2}{b_1 + b_2}, \ldots\right\}$$

$$= \left\{\frac{1}{b_1 + b_2}, \frac{1 + a_1}{b_1 + b_2}, 0, 0, \ldots\right\}, \quad \text{da } 1 + a_1 + a_2 = 0.$$

Für die Regelstreckenparameter $K_S = 5$, $T_S = 1$ s, $T_I = 2$ s und die Abtastzeit $T = 0.6$ s erhält man folgende Ergebnisse:

Streckenübertragungsfunktion mit Halteglied:

$$G_{HS}(z) = \frac{b_1 \cdot z^{-1} + b_2 \cdot z^{-2}}{1 + a_1 \cdot z^{-1} + a_2 \cdot z^{-2}} = \frac{0.372 \cdot z^{-1} + 0.305 \cdot z^{-2}}{1 - 1.549 \cdot z^{-1} + 0.549 \cdot z^{-2}},$$

Reglerübertragungsfunktion:

$$G_R(z) = \frac{q_0 + q_1 \cdot z^{-1} + q_2 \cdot z^{-2}}{1 - p_1 \cdot z^{-1} - p_2 \cdot z^{-2}}$$

$$= \frac{1.478 - 2.288 \cdot z^{-1} + 0.811 \cdot z^{-2}}{1 - 0.550 \cdot z^{-1} - 0.450 \cdot z^{-2}} = 1.4776 \cdot \frac{1 - 0.5488 \cdot z^{-1}}{1 + 0.4503 \cdot z^{-1}},$$

Führungsübertragungsfunktion:

$$G(z) = \frac{G_R(z) \cdot G_{HS}(z)}{1 + G_R(z) \cdot G_{HS}(z)} = p_1 \cdot z^{-1} + p_2 \cdot z^{-2}$$

$$= \frac{b_1 \cdot z^{-1} + b_2 \cdot z^{-2}}{b_1 + b_2} = 0.550 \cdot z^{-1} + 0.450 \cdot z^{-2},$$

Regelgrößenfolge:

$$x(k) = \left\{0, \frac{b_1}{b_1 + b_2}, 1, 1, 1, \ldots\right\} = \{0, 0.550, 1, 1, 1, \ldots\},$$

Stellgrößenfolge:

$$y(k) = \left\{\frac{1}{b_1 + b_2}, \frac{1 + a_1}{b_1 + b_2}, 0, 0, 0, \ldots\right\} = \{1.478, -0.811, 0, 0, 0, \ldots\}.$$

11.7 Kompensationsregler für digitale Regelkreise

In Bild 11.7-2 sind Stellgrößen- und Regelgrößenverläufe aufgezeichnet. Für Bild 11.7-3 wurde der Regler auf endliche Einstellzeit fehloptimiert, der Regler wurde mit $K'_S = 1.1 \cdot K_S$ berechnet. Die Koeffizienten b_i der Regelstrecke vergrößern sich um 10 %.

Reglerübertragungsfunktion:

$$G_R(z) = \frac{q_0 + q_1 \cdot z^{-1} + q_2 \cdot z^{-2}}{1 - p_1 \cdot z^{-1} - p_2 \cdot z^{-2}} = \frac{1.343 - 2.080 \cdot z^{-1} + 0.737 \cdot z^{-2}}{1 - 0.550 \cdot z^{-1} - 0.450 \cdot z^{-2}}.$$

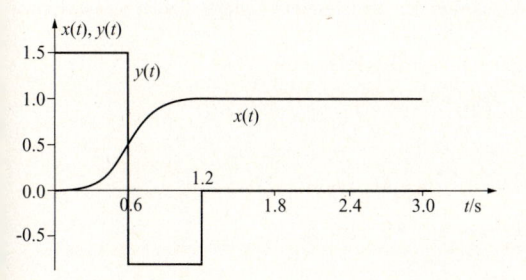

Bild 11.7-2: Regelung auf endliche Einstellzeit (DEAD-BEAT-Regler)

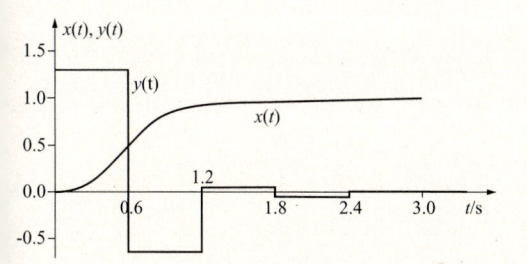

Bild 11.7-3: Regelung auf endliche Einstellzeit mit Fehlanpassung

In Tabelle 11.7-1 sind für Regelstrecken mit der Übertragungsfunktion $G_S(s)$ die z-Übertragungsfunktion mit Halteglied $G_{HS}(z)$, der DEAD-BEAT-Regler $G_R(z)$ und die zugehörige Gesamtübertragungsfunktion $G(z)$ angegeben. Die Sprungantwortfolge $x(k)$ ergibt sich aus den verschobenen Sprungfolgen.

Für Regelstrecken erster und zweiter Ordnung entstehen für den DEAD-BEAT-Regelalgorithmus folgende Reglergleichungen und Sprungantwortfolgen:

Regelstrecken I. Ordnung:

$$G_{HS}(z) = \frac{x(z)}{y(z)} = \frac{b_1}{z + a_1} = \frac{b_1 \cdot z^{-1}}{1 + a_1 \cdot z^{-1}}$$

$$q_0 = \frac{1}{b_1}, \quad q_1 = q_0 \cdot a_1 = \frac{a_1}{b_1}, \quad p_1 = q_0 \cdot b_1 = 1,$$

$$Q(z^{-1}) = q_0 + q_1 \cdot z^{-1} = \frac{1}{b_1} \cdot \left[1 + a_1 \cdot z^{-1}\right],$$

$$P(z^{-1}) = p_1 \cdot z^{-1} = z^{-1},$$

$$G_R(z) = \frac{y(z)}{x_d(z)} = \frac{Q(z^{-1})}{1 - P(z^{-1})} = \frac{1}{b_1} \cdot \frac{1 + a_1 \cdot z^{-1}}{1 - z^{-1}} = \frac{1}{b_1} \cdot \frac{z + a_1}{z - 1},$$

$$G(z) = \frac{x(z)}{w(z)} = \frac{G_R(z) \cdot G_{HS}(z)}{1 + G_R(z) \cdot G_{HS}(z)} = P(z^{-1}) = z^{-1}.$$

Aufschaltung einer Sprungfolge:

$$w(k) = E(k) = 1^k, \quad w(z) = \frac{z}{z-1},$$

$$x(z) = G(z) \cdot w(z) = z^{-1} \cdot \frac{z}{z-1} = \frac{1}{z-1},$$

$$x(k) = E(k-1) = \{0, 1, 1, 1, 1, \ldots\}.$$

Die Regelgröße x hat nach einer Abtastperiode den Wert der Führungsgröße w, die Stellgröße y ist nach einer Abtastperiode konstant:

$$y(z) = G_R(z) \cdot x_d(z) = G_R(z) \cdot (w(z) - x(z)) = G_R(z) \cdot (1 - G(z)) \cdot w(z)$$

$$= \frac{G_R(z)}{1 + G_R(z) \cdot G_{HS}(z)} \cdot w(z) = Q(z^{-1}) \cdot w(z) = (q_0 + q_1 \cdot z^{-1}) \cdot w(z)$$

$$= \left[\frac{1}{b_1} + \frac{a_1}{b_1} \cdot z^{-1}\right] \cdot \frac{z}{z-1} = \frac{1}{b_1} \cdot \frac{z}{z-1} + \frac{a_1}{b_1} \cdot \frac{1}{z-1},$$

$$y(k) = \frac{1}{b_1} \cdot E(k) + \frac{a_1}{b_1} \cdot E(k-1),$$

$$y(k) = \left\{\frac{1}{b_1}, \frac{1+a_1}{b_1}, \frac{1+a_1}{b_1}, \frac{1+a_1}{b_1}, \ldots\right\}.$$

Regelstrecken II. Ordnung:

$$G_{HS}(z) = \frac{x(z)}{y(z)} = \frac{b_1 \cdot z + b_2}{z^2 + a_1 \cdot z + a_2} = \frac{b_1 \cdot z^{-1} + b_2 \cdot z^{-2}}{1 + a_1 \cdot z^{-1} + a_2 \cdot z^{-2}},$$

$$q_0 = \frac{1}{b_1 + b_2}, \quad q_1 = q_0 \cdot a_1 = \frac{a_1}{b_1 + b_2}, \quad q_2 = q_0 \cdot a_2 = \frac{a_2}{b_1 + b_2},$$

$$p_1 = q_0 \cdot b_1 = \frac{b_1}{b_1 + b_2}, \quad p_2 = q_0 \cdot b_2 = \frac{b_2}{b_1 + b_2},$$

$$Q(z^{-1}) = q_0 + q_1 \cdot z^{-1} + q_2 \cdot z^{-2} = \frac{1}{b_1 + b_2} \cdot \left[1 + a_1 \cdot z^{-1} + a_2 \cdot z^{-2}\right],$$

$$P(z^{-1}) = p_1 \cdot z^{-1} + p_2 \cdot z^{-2} = \frac{1}{b_1 + b_2} \cdot \left[b_1 \cdot z^{-1} + b_2 \cdot z^{-2}\right],$$

$$G_R(z) = \frac{y(z)}{x_d(z)} = \frac{Q(z^{-1})}{1 - P(z^{-1})} = \frac{z^2 + a_1 \cdot z + a_2}{(b_1 + b_2) \cdot z^2 - b_1 \cdot z - b_2},$$

$$G(z) = \frac{x(z)}{w(z)} = P(z^{-1}) = \frac{b_1}{b_1 + b_2} \cdot z^{-1} + \frac{b_2}{b_1 + b_2} \cdot z^{-2}.$$

Aufschaltung einer Sprungfolge:

$$w(k) = E(k) = 1^k, \quad w(z) = \frac{z}{z-1},$$

$$x(z) = G(z) \cdot w(z) = \frac{b_1}{b_1 + b_2} \cdot \frac{z}{z-1} \cdot z^{-1} + \frac{b_2}{b_1 + b_2} \cdot \frac{z}{z-1} \cdot z^{-2},$$

$$x(k) = \frac{b_1}{b_1 + b_2} \cdot E(k-1) + \frac{b_2}{b_1 + b_2} \cdot E(k-2),$$

$$x(k) = \left\{0, \frac{b_1}{b_1 + b_2}, 1, 1, \ldots\right\}.$$

Die Regelgröße x hat nach zwei Abtastperioden den Wert der Führungsgröße w, die Stellgröße ist nach zwei Abtastperioden konstant.

$$y(z) = G_R(z) \cdot x_d(z) = \frac{G_R(z)}{1 + G_R(z) \cdot G_{HS}(z)} \cdot w(z)$$

$$= Q(z^{-1}) \cdot w(z) = (q_0 + q_1 \cdot z^{-1} + q_2 \cdot z^{-2}) \cdot w(z)$$

$$= \frac{1}{b_1 + b_2} \cdot \left[1 + a_1 \cdot z^{-1} + a_2 \cdot z^{-2}\right] \cdot \frac{z}{z-1}$$

$$= \frac{1}{b_1 + b_2} \cdot \left[\frac{z}{z-1} + \frac{a_1 \cdot z}{z-1} \cdot z^{-1} + \frac{a_2 \cdot z}{z-1} \cdot z^{-2}\right],$$

$$y(k) = \frac{1}{b_1 + b_2} \cdot E(k) + \frac{a_1}{b_1 + b_2} \cdot E(k-1) + \frac{a_2}{b_1 + b_2} \cdot E(k-2),$$

$$y(k) = \left\{\frac{1}{b_1 + b_2}, \frac{1 + a_1}{b_1 + b_2}, \frac{1 + a_1 + a_2}{b_1 + b_2}, \frac{1 + a_1 + a_2}{b_1 + b_2}, \ldots\right\}.$$

Tabelle 11.7-1: Regelungen auf endliche Einstellzeit (DEAD-BEAT-Regelungen)

Nr.	$G_S(s)$, $G_{HS}(z)$, $G_R(z)$, $G(z)$, $x(k)$
1	Integral-Element (I-Strecke) $G_S(s) = \dfrac{K_{IS}}{s}, \quad G_S(s) = \dfrac{1}{T_{IS} \cdot s},$ $G_{HS}(z) = \dfrac{K_{IS} \cdot T \cdot z^{-1}}{1 - z^{-1}}, \quad G_{HS}(z) = \dfrac{\left(\dfrac{T}{T_{IS}}\right) \cdot z^{-1}}{1 - z^{-1}},$ $G_R(z) = \dfrac{1}{K_{IS} \cdot T}, \quad G_R(z) = \dfrac{T_{IS}}{T},$ $G(z) = z^{-1}, \quad x(k) = \{0, 1, 1, 1, \ldots\}$
2	Integral-Element (I_2-Strecke) $G_S(s) = \dfrac{K_{IS}^2}{s^2}, \quad G_{HS}(z) = \dfrac{0.5 \cdot K_{IS}^2 \cdot T^2 \cdot (z^{-1} + z^{-2})}{1 - 2 \cdot z^{-1} + z^{-2}},$ $G_S(s) = \dfrac{1}{T_{IS}^2 \cdot s^2}, \quad G_{HS}(z) = \dfrac{0.5 \cdot \left(\dfrac{T^2}{T_{IS}^2}\right) \cdot (z^{-1} + z^{-2})}{1 - 2 \cdot z^{-1} + z^{-2}},$ $G_R(z) = \dfrac{2 \cdot (z-1)}{K_{IS}^2 \cdot T^2 \cdot (2 \cdot z + 1)}, \quad G_R(z) = \dfrac{2 \cdot T_{IS}^2 \cdot (z-1)}{T^2 \cdot (2 \cdot z + 1)},$ $G(z) = 0.5 \cdot z^{-1} + 0.5 \cdot z^{-2}, \quad x(k) = \{0, 0.5, 1, 1, 1, \ldots\}$
3	Verzögerungs-Element I. Ordnung (PT_1-Strecke) $G_S(s) = \dfrac{K_S}{1 + T_S \cdot s}, \quad G_{HS}(z) = \dfrac{K_S \cdot \left(1 - e^{-\frac{T}{T_S}}\right) \cdot z^{-1}}{1 - e^{-\frac{T}{T_S}} \cdot z^{-1}},$ $G_R(z) = \dfrac{z - e^{-\frac{T}{T_S}}}{K_S \cdot \left(1 - e^{-\frac{T}{T_S}}\right) \cdot (z-1)},$ $G(z) = z^{-1}, \quad x(k) = \{0, 1, 1, 1, 1, \ldots\}$

Tabelle 11.7-1: Regelungen auf endliche Einstellzeit (DEAD-BEAT-Regelungen) (Fortsetzung)

Nr.	$G_S(s)$, $G_{HS}(z)$, $G_R(z)$, $G(z)$, $x(k)$
4	**Integral-Element mit Verzögerung (IT$_1$-Strecke)** $G_S(s) = \dfrac{K_S}{1 + s \cdot T_S} \cdot \dfrac{1}{T_I \cdot s},$ $G_{HS}(z) = \dfrac{K_S \cdot T_S}{T_I} \cdot \dfrac{\left(\dfrac{T}{T_S} - 1 + e^{-\frac{T}{T_S}}\right) \cdot z^{-1} + \left(1 - \left(\dfrac{T}{T_S} + 1\right) e^{-\frac{T}{T_S}}\right) \cdot z^{-2}}{1 - \left(1 + e^{-\frac{T}{T_S}}\right) \cdot z^{-1} + e^{-\frac{T}{T_S}} \cdot z^{-2}},$ $G_R(z) = \dfrac{T_I}{K_S} \cdot \dfrac{z - e^{-\frac{T}{T_S}}}{T_S - (T + T_S) \cdot e^{-\frac{T}{T_S}} + T \cdot \left(1 - e^{-\frac{T}{T_S}}\right) \cdot z},$ $G(z) = \dfrac{T - T_S + T_S \cdot e^{-\frac{T}{T_S}}}{\left(1 - e^{-\frac{T}{T_S}}\right) \cdot T} \cdot z^{-1} + \dfrac{T_S - (T + T_S) \cdot e^{-\frac{T}{T_S}}}{\left(1 - e^{-\frac{T}{T_S}}\right) \cdot T} \cdot z^{-2},$ $x(k) = \left\{0, \dfrac{T - T_S + T_S \cdot e^{-\frac{T}{T_S}}}{\left(1 - e^{-\frac{T}{T_S}}\right) \cdot T}, 1, 1, 1, \ldots\right\}$
5	**Verzögerungs-Element II. Ordnung (PT$_2$-Strecke)** $G_S(s) = \dfrac{K_S}{(1 + s \cdot T_1) \cdot (1 + s \cdot T_2)}, \quad T_1 \neq T_2,$ $\alpha_1 = 1 - e^{-\frac{T}{T_1}}, \quad \alpha_2 = 1 - e^{-\frac{T}{T_2}},$ $G_{HS}(z) = K_S \cdot \dfrac{(\alpha_1 T_1 - \alpha_2 T_2) \cdot z^{-1} + (\alpha_1 \cdot \alpha_2 \cdot (T_1 - T_2) - (\alpha_1 T_1 - \alpha_2 T_2)) z^{-2}}{(T_1 - T_2) \cdot \left(1 - \left(e^{-\frac{T}{T_1}} + e^{-\frac{T}{T_2}}\right) \cdot z^{-1} + e^{-\frac{T}{T_1} - \frac{T}{T_2}} \cdot z^{-2}\right)},$ $G_R(z) = \dfrac{z^2 - \left(e^{-\frac{T}{T_1}} + e^{-\frac{T}{T_2}}\right) \cdot z + e^{-\frac{T}{T_1} - \frac{T}{T_2}}}{K_S \left[\alpha_1 \alpha_2 z^2 + \dfrac{(\alpha_1 T_1 - \alpha_2 T_2) z}{T_2 - T_1} + \dfrac{\alpha_1 (\alpha_2 - 1) T_1 + \alpha_2 (1 - \alpha_1) T_2}{T_2 - T_1}\right]},$ $G(z) = \dfrac{\alpha_1 \cdot T_1 - \alpha_2 \cdot T_2}{\alpha_1 \cdot \alpha_2 (T_1 - T_2)} \cdot z^{-1} + \dfrac{\alpha_1 (\alpha_2 - 1) \cdot T_1 + \alpha_2 (1 - \alpha_1) \cdot T_2}{\alpha_1 \cdot \alpha_2 \cdot (T_1 - T_2)} \cdot z^{-2},$ $x(k) = \left\{0, \dfrac{\alpha_1 \cdot T_1 - \alpha_2 \cdot T_2}{\alpha_1 \cdot \alpha_2 \cdot (T_1 - T_2)}, 1, 1, 1, \ldots\right\}$

Tabelle 11.7-1: Regelungen auf endliche Einstellzeit (DEAD-BEAT-Regelungen) (Fortsetzung)

Nr.	$G_S(s)$, $G_{HS}(z)$, $G_R(z)$, $G(z)$, $x(k)$
6	Verzögerungs-Element II. Ordnung (PT$_2$-Strecke) $$G_S(s) = \frac{K_S}{(1 + s \cdot T_1)^2}, \quad \alpha = e^{-\frac{T}{T_1}},$$ $$G_{HS}(z) = K_S \cdot \frac{\left[1 - \left(1 - \frac{T}{T_1}\right) \cdot \alpha\right] \cdot z^{-1} - \left[1 + \frac{T}{T_1} - \alpha\right] \cdot \alpha \cdot z^{-2}}{1 - 2 \cdot \alpha \cdot z^{-1} + \alpha^2 \cdot z^{-2}},$$ $$G_R(z) = \frac{T_1 \cdot (z^2 - 2 \cdot \alpha \cdot z + \alpha^2)}{K_S \cdot (z - 1) \cdot [T_1 \cdot (1 - \alpha)^2 \cdot z - (T + T_1 \cdot (1 - \alpha)) \cdot \alpha]},$$ $$= \frac{T_1 \cdot (z^2 - 2 \cdot \alpha \cdot z + \alpha^2)}{K_S \cdot [T_1 \cdot (1-\alpha)^2 \cdot z^2 - (T \cdot \alpha + T_1 \cdot (1-\alpha)) \cdot z + (T + T_1 \cdot (1-\alpha)) \cdot \alpha]},$$ $$G(z) = \frac{T \cdot \alpha + T_1 \cdot (1 - \alpha)}{T_1 \cdot (1 - \alpha)^2} \cdot z^{-1} - \frac{T \cdot \alpha + T_1 \cdot (1 - \alpha) \cdot \alpha}{T_1 \cdot (1 - \alpha)^2} \cdot z^{-2},$$ $$x(k) = \left\{0, \frac{T \cdot \alpha + T_1 \cdot (1 - \alpha)}{T_1 \cdot (1 - \alpha)^2}, 1, 1, 1, \ldots\right\}$$
7	Verzögerungs-Element II. Ordnung (PT$_2$-Strecke) $$G_S(s) = \frac{K_S \cdot \omega_0^2}{s^2 + 2 \cdot D \cdot \omega_0 \cdot s + \omega_0^2}, \quad \begin{matrix} 0 \leq D \leq 1, \quad \omega_e = \omega_0 \cdot \sqrt{1 - D^2}, \\ \Phi = \arccos D, \quad \alpha = e^{-D\omega_0 T}, \end{matrix}$$ $$G_{HS}(z) = \frac{b_1 \cdot z^{-1} + b_2 \cdot z^{-2}}{1 + a_1 \cdot z^{-1} + a_2 \cdot z^{-2}}$$ $$= K_S \cdot \frac{\left[1 - \frac{\alpha \cdot \sin(\omega_e \cdot T + \Phi)}{\sqrt{1 - D^2}}\right] \cdot z^{-1} + \alpha \cdot \left[\alpha + \frac{\sin(\omega_e \cdot T - \Phi)}{\sqrt{1 - D^2}}\right] \cdot z^{-2}}{1 - 2 \cdot \alpha \cdot \cos(\omega_e \cdot T) \cdot z^{-1} + \alpha^2 \cdot z^{-2}},$$ $$b_1 = K_S \cdot \left[1 - \frac{\alpha \cdot \sin(\omega_e \cdot T + \Phi)}{\sqrt{1 - D^2}}\right],$$ $$b_2 = K_S \cdot \alpha \cdot \left[\alpha + \frac{\sin(\omega_e \cdot T - \Phi)}{\sqrt{1 - D^2}}\right],$$ $$a_1 = -2 \cdot \alpha \cdot \cos(\omega_e \cdot T), \quad a_2 = \alpha^2,$$ $$G_R(z) = \frac{z^2 + a_1 \cdot z + a_2}{(b_1 + b_2) \cdot z^2 - b_1 \cdot z - b_2},$$ $$G(z) = \frac{b_1}{b_1 + b_2} \cdot z^{-1} + \frac{b_2}{b_1 + b_2} \cdot z^{-2},$$ $$x(k) = \left\{0, \frac{b_1}{b_1 + b_2}, 1, 1, 1, \ldots\right\}$$

Beispiel 11.7-2: Für eine Regelstrecke I. Ordnung ist ein Regler auf endliche Einstellzeit (DEAD-BEAT-Regler) zu berechnen.

$$G_S(s) = \frac{K_S}{1 + T_S \cdot s}, \quad K_S = 5, \quad T_S = 2\,\text{s}, \quad T = 0.5\,\text{s},$$

$$G_{HS}(z) = \frac{x(z)}{y(z)} = \frac{b_1 \cdot z^{-1}}{1 + a_1 \cdot z^{-1}} = \frac{K_S \cdot \left(1 - e^{-\frac{T}{T_S}}\right) \cdot z^{-1}}{1 - e^{-\frac{T}{T_S}} \cdot z^{-1}} = \frac{1.106 \cdot z^{-1}}{1 - 0.779 \cdot z^{-1}},$$

$$G_R(z) = \frac{y(z)}{x_d(z)} = \frac{1}{b_1} \cdot \frac{z + a_1}{(z - 1)} = \frac{\left(z - e^{-\frac{T}{T_S}}\right)}{K_S \cdot \left(1 - e^{-\frac{T}{T_S}}\right) \cdot (z - 1)}$$

$$= \frac{1.284 \cdot z - 1}{1.420 \cdot (z - 1)} = \frac{0.9042 - 0.7042 \cdot z^{-1}}{1 - z^{-1}},$$

$$G(z) = \frac{x(z)}{w(z)} = \frac{G_R(z) \cdot G_{HS}(z)}{1 + G_R(z) \cdot G_{HS}(z)} = z^{-1}.$$

Mit der Aufschaltung einer Sprungfolge

$$w(k) = E(k) = 1^k, \quad w(z) = \frac{z}{z - 1}$$

erhält man die verschobene Einheitssprungfolge als Regelgröße:

$$x(z) = G(z) \cdot w(z) = z^{-1} \cdot \frac{z}{z - 1} = \frac{1}{z - 1}$$
$$x(k) = E(k - 1) = \{0, 1, 1, 1, 1, \ldots\}.$$

Für die Stellgrößenfolge wird berechnet:

$$y(z) = \frac{G_R(z)}{1 + G_R(z) \cdot G_{HS}(z)} \cdot w(z) = \left[\frac{1}{b_1} + \frac{a_1}{b_1} \cdot z^{-1}\right] \cdot w(z)$$

$$= \frac{1}{K_S \cdot \left(1 - e^{-\frac{T}{T_S}}\right)} \cdot \left[1 - e^{-\frac{T}{T_S}} \cdot z^{-1}\right] \cdot \frac{z}{z - 1},$$

$$y(k) = \frac{1}{K_S \cdot \left(1 - e^{-\frac{T}{T_S}}\right)} \cdot E(k) - \frac{e^{-\frac{T}{T_S}}}{K_S \cdot \left(1 - e^{-\frac{T}{T_S}}\right)} \cdot E(k - 1),$$

$$y(k) = \left\{\frac{1}{K_S \cdot \left(1 - e^{-\frac{T}{T_S}}\right)}, \frac{1}{K_S}, \frac{1}{K_S}, \frac{1}{K_S}, \ldots\right\}$$
$$= \{0.9042, 0.2, 0.2, 0.2, \ldots\}.$$

11.7.3 Kompensationsregler für endliche Einstellzeit mit Vorgabe des ersten Stellgrößenwerts

Durch die Ordnung n der Regelstrecke ist die minimale Einstellzeit $T_{emin} = n \cdot T$ festgelegt. Wird eine größere Einstellzeit

$$T_e = T_{emin} + m \cdot T = (n+m) \cdot T$$

zugelassen, so können m Stellgrößenwerte vorgegeben werden. Damit kann der Regler an technische Begrenzungen der Stellglieder angepaßt werden. Die Realisierungsbedingungen werden um die Stellgrößenvorgaben ergänzt, zur Berechnung der Reglerparameter ist die Bestimmungsgleichung zu erweitern:

$$\frac{x(z)}{y(z)} = \frac{p_1 \cdot z^{-1} + p_2 \cdot z^{-2} + \ldots + p_{n+m} \cdot z^{-n-m}}{q_0 + q_1 \cdot z^{-1} + q_2 \cdot z^{-2} + \ldots + q_{n+m} \cdot z^{-n-m}} = \frac{P(z^{-1})}{Q(z^{-1})}.$$

Ein Vergleich mit der Regelstreckenübertragungsfunktion $G_{HS}(z)$ der Ordnung n ist dann möglich, wenn $P(z^{-1})$ und $Q(z^{-1})$ ein gemeinsames Polynom $R(z^{-1})$ vom Grad m enthalten:

$$\frac{x(z)}{y(z)} = \frac{P(z^{-1})}{Q(z^{-1})} = \frac{P'(z^{-1}) \cdot R(z^{-1})}{Q'(z^{-1}) \cdot R(z^{-1})} \stackrel{!}{=} G_{HS}(z).$$

Wird nur der erste Wert der Stellgröße y_0 vorgegeben, so ist $m = 1$. Für diesen Fall werden die Gleichungen für die Reglerkoeffizienten abgeleitet:

$$\frac{x(z)}{y(z)} = \frac{p_1 \cdot z^{-1} + p_2 \cdot z^{-2} + \ldots + p_{n+1} \cdot z^{-n-1}}{q_0 + q_1 \cdot z^{-1} + q_2 \cdot z^{-2} + \ldots + q_{n+1} \cdot z^{-n-1}} = \frac{P(z^{-1})}{Q(z^{-1})}.$$

Der Vergleich mit der Streckenübertragungsfunktion

$$\frac{x(z)}{y(z)} = \frac{\frac{p_1}{q_0} \cdot z^{-1} + \frac{p_2}{q_0} \cdot z^{-2} + \ldots + \frac{p_{n+1}}{q_0} \cdot z^{-n-1}}{1 + \frac{q_1}{q_0} \cdot z^{-1} + \frac{q_2}{q_0} \cdot z^{-2} + \ldots + \frac{q_{n+1}}{q_0} \cdot z^{-n-1}} \stackrel{!}{=} G_{HS}(z)$$

$$= \frac{b_1 \cdot z^{-1} + b_2 \cdot z^{-2} + \ldots + b_n \cdot z^{-n}}{1 + a_1 \cdot z^{-1} + a_2 \cdot z^{-2} + \ldots + a_n \cdot z^{-n}} = \frac{\frac{P(z^{-1})}{q_0}}{\frac{Q(z^{-1})}{q_0}} = \frac{P(z^{-1})}{Q(z^{-1})}$$

ergibt die Bestimmungsgleichungen für die Reglerkoeffizienten, wobei $P(z^{-1})$ und $Q(z^{-1})$ einen gemeinsamen Linearfaktor $R(z^{-1}) = (r_0 + z^{-1})$ enthalten müssen:

$$G_{HS}(z) = \frac{b_1 \cdot z^{-1} + b_2 \cdot z^{-2} + \ldots + b_n \cdot z^{-n}}{1 + a_1 \cdot z^{-1} + a_2 \cdot z^{-2} + \ldots + a_n \cdot z^{-n}} = \frac{P'(z^{-1})}{Q'(z^{-1})} \cdot \left[\frac{r_0 + z^{-1}}{r_0 + z^{-1}}\right]$$

$$= \frac{p'_1 \cdot z^{-1} + p'_2 \cdot z^{-2} + \ldots + p'_n \cdot z^{-n}}{q'_0 + q'_1 \cdot z^{-1} + q'_2 \cdot z^{-2} + \ldots + q'_n \cdot z^{-n}} \cdot \left[\frac{r_0 + z^{-1}}{r_0 + z^{-1}}\right]$$

$$G_{HS}(z) = \frac{\frac{p'_1}{q'_0} \cdot z^{-1} + \frac{p'_2}{q'_0} \cdot z^{-2} + \ldots + \frac{p'_n}{q'_0} \cdot z^{-n}}{1 + \frac{q'_1}{q'_0} \cdot z^{-1} + \frac{q'_2}{q'_0} \cdot z^{-2} + \ldots + \frac{q'_n}{q'_0} \cdot z^{-n}} \cdot \left[\frac{r_0 + z^{-1}}{r_0 + z^{-1}}\right].$$

Der Koeffizientenvergleich liefert den Zusammenhang:

$$q'_i = q'_0 \cdot a_i, \quad p'_i = q'_0 \cdot b_i, \quad i = 1, \ldots, n.$$

Der Linearfaktor wird multipliziert, die rationale Funktion mit $\dfrac{P(z^{-1})}{Q(z^{-1})}$ verglichen:

$$\begin{aligned}\frac{P'(z^{-1}) \cdot R(z^{-1})}{Q'(z^{-1}) \cdot R(z^{-1})} &= \frac{p'_1 \cdot z^{-1} + p'_2 \cdot z^{-2} + \ldots + p'_n \cdot z^{-n}}{q'_0 + q'_1 \cdot z^{-1} + q'_2 \cdot z^{-2} + \ldots + q'_n \cdot z^{-n}} \cdot \left[\frac{r_0 + z^{-1}}{r_0 + z^{-1}}\right] \\ &= \frac{r_0 p'_1 \cdot z^{-1} + (r_0 p'_2 + p'_1) \cdot z^{-2} + \ldots + (r_0 p'_n + p'_{n-1}) \cdot z^{-n} + p'_n \cdot z^{-n-1}}{r_0 q'_0 + (r_0 q'_1 + q'_0) \cdot z^{-1} + \ldots + (r_0 q'_n + q'_{n-1}) \cdot z^{-n} + q'_n \cdot z^{-n-1}} \\ &= \frac{p_1 \cdot z^{-1} + p_2 \cdot z^{-2} + \ldots + p_{n+1} \cdot z^{-n-1}}{q_0 + q_1 \cdot z^{-1} + q_2 \cdot z^{-2} + \ldots + q_{n+1} \cdot z^{-n-1}} = \frac{P(z^{-1})}{Q(z^{-1})}.\end{aligned}$$

Der Vergleich ergibt:

$$p_1 = r_0 \cdot p'_1, \quad p_i = r_0 \cdot p'_i + p'_{i-1}, \quad \text{für } i = 2, \ldots, n, \quad p_{n+1} = p'_n,$$

$q_0 = r_0 \cdot q'_0$, q_0 ist vorgegeben,

$$q_i = r_0 \cdot q'_i + q'_{i-1}, \quad \text{für } i = 1, \ldots, n, \quad q_{n+1} = q'_n.$$

Zur Bestimmung der Koeffizienten p_i und q_i werden noch Gleichungen für r_0 und q'_0 benötigt. Der erste Wert der Stellgröße q_0 ist vorgegeben, damit ist $r_0 \cdot q'_0 = q_0$. Entsprechend zur Ableitung von Abschnitt 11.7.2 und mit den Gleichungen für p_i, p'_i gilt:

$$\sum_{i=1}^{n+1} p_i = 1,$$

$$\sum_{i=1}^{n+1} p_i = \sum_{i=1}^{n} r_0 \cdot p'_i + \sum_{i=2}^{n+1} p'_{i-1} = \sum_{i=1}^{n} r_0 \cdot p'_i + \sum_{i=1}^{n} p'_i$$

$$= \sum_{i=1}^{n} r_0 \cdot q'_0 \cdot b_i + \sum_{i=1}^{n} q'_0 \cdot b_i = \sum_{i=1}^{n} q_0 \cdot b_i + \sum_{i=1}^{n} q'_0 \cdot b_i = 1,$$

$$q'_0 = -q_0 + \frac{1}{\sum_{i=1}^{n} b_i}, \quad r_0 = \frac{q_0}{q'_0} = \frac{q_0}{-q_0 + \dfrac{1}{\sum_{i=1}^{n} b_i}}.$$

Die Koeffizienten der Übertragungsfunktion des **Reglers auf endliche Einstellzeit (DEAD-BEAT-Regler)** mit Vorgabe des ersten Stellgrößenwerts y_0 für Regelstrecken mit Halteglied $G_{\text{HS}}(z)$ berechnen sich nach folgenden Gleichungen:

$$\boxed{\begin{aligned} G_{\text{HS}}(z) &= \frac{z-1}{z} \cdot Z\left\{\frac{G_S(s)}{s}\right\} = \frac{b_1 \cdot z^{-1} + b_2 \cdot z^{-2} + \ldots + b_n \cdot z^{-n}}{1 + a_1 \cdot z^{-1} + a_2 \cdot z^{-2} + \ldots + a_n \cdot z^{-n}}, \\ q_0 &= y_0 \text{ ist vorgegeben}, \\ q_i &= q_0 \cdot (a_i - a_{i-1}) + \frac{a_{i-1}}{\sum_{i=1}^{n} b_i}, \quad \text{für } i = 1, 2, \ldots, n, \quad a_0 = 1, \\ q_{n+1} &= -a_n \cdot q_0 + \frac{a_n}{\sum_{i=1}^{n} b_i}, \end{aligned}}$$

$$p_i = q_0 \cdot (b_i - b_{i-1}) + \frac{b_{i-1}}{\sum_{i=1}^{n} b_i}, \quad \text{für } i = 1, 2, \ldots, n, \quad b_0 = 0,$$

$$p_{n+1} = -q_0 \cdot b_n + \frac{b_n}{\sum_{i=1}^{n} b_i},$$

$$G_R(z) = \frac{Q(z^{-1})}{1 - P(z^{-1})} = \frac{q_0 + q_1 \cdot z^{-1} + q_2 \cdot z^{-2} + \ldots + q_{n+1} \cdot z^{-n-1}}{1 - p_1 \cdot z^{-1} - p_2 \cdot z^{-2} - \ldots - p_{n+1} \cdot z^{-n-1}},$$

$$G(z) = \frac{x(z)}{w(z)} = P(z^{-1}) = p_1 \cdot z^{-1} + p_2 \cdot z^{-2} + \ldots + p_{n+1} \cdot z^{-n-1},$$

$$x(z) = G(z) \cdot w(z) = \left[p_1 \cdot z^{-1} + p_2 \cdot z^{-2} + \ldots + p_{n+1} \cdot z^{-n-1} \right] \cdot w(z),$$

$$y(z) = Q(z^{-1}) \cdot w(z) = \left[q_0 + q_1 \cdot z^{-1} + q_2 \cdot z^{-2} + \ldots + q_{n+1} \cdot z^{-n-1} \right] \cdot w(z).$$

Beispiel 11.7-3: Für den Regelkreis nach Beispiel 11.7-1 wird der erste Stellgrößenwert y_0 mit $y_0 = q_0 = 0.8$ vorgegeben. Für diese Bedingung ist ein Regler auf endliche Einstellzeit zu berechnen.

Streckenübertragungsfunktion mit Halteglied:

$$G_{HS}(z) = \frac{b_1 \cdot z^{-1} + b_2 \cdot z^{-2}}{1 + a_1 \cdot z^{-1} + a_2 \cdot z^{-2}} = \frac{0.372 \cdot z^{-1} + 0.305 \cdot z^{-2}}{1 - 1.549 \cdot z^{-1} + 0.549 \cdot z^{-2}}.$$

Mit den Bestimmungsgleichungen für q_i, p_i erhält man die Reglerübertragungsfunktion:

$$G_R(z) = \frac{q_0 + q_1 \cdot z^{-1} + q_2 \cdot z^{-2} + q_3 \cdot z^{-3}}{1 - p_1 \cdot z^{-1} - p_2 \cdot z^{-2} - p_3 \cdot z^{-3}}$$

$$= \frac{0.8 - 0.561 \cdot z^{-1} - 0.610 \cdot z^{-2} + 0.372 \cdot z^{-3}}{1 - 0.298 \cdot z^{-1} - 0.496 \cdot z^{-2} - 0.206 \cdot z^{-3}}$$

$$= \frac{0.8 + 0.239 \cdot z^{-1} - 0.372 \cdot z^{-2}}{1 + 0.702 \cdot z^{-1} + 0.206 \cdot z^{-2}}.$$

In Bild 11.7-4 sind Stellgrößen- und Regelgrößenverläufe aufgezeichnet.

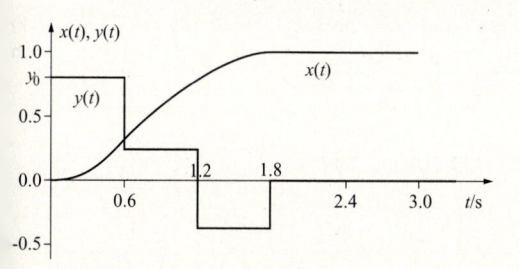

Bild 11.7-4: Regelung auf endliche Einstellzeit mit Vorgabe des ersten Stellgrößenwerts

In Tabelle 11.7-2 sind für einfache Regelstrecken die Reglerübertragungsfunktion $G_R(z)$ für endliche Einstellzeit mit Vorgabe des ersten Stellgrößenwerts y_0 (DEAD-BEAT-Regler) und die zugehörige Gesamtübertragungsfunktion $G(z)$ angegeben. Die Sprungantwortfolge $x(k)$ ergibt sich aus den verschobenen Sprungfolgen.

Tabelle 11.7-2: Regelungen auf endliche Einstellzeit
mit Vorgabe des ersten Stellgrößenwerts y_0 (DEAD-BEAT-*Regelungen*)

Nr.	$G_S(s)$, $G_{HS}(z)$, $G_R(z)$, $G(z)$, $x(k)$
1	**Integral-Element (I-Strecke)** $$G_S(s) = \frac{K_{IS}}{s}, \quad G_S(s) = \frac{1}{T_{IS} \cdot s},$$ $$G_{HS}(z) = \frac{K_{IS} \cdot T \cdot z^{-1}}{1 - z^{-1}}, \quad G_{HS}(z) = \frac{\left(\dfrac{T}{T_{IS}}\right) \cdot z^{-1}}{1 - z^{-1}},$$ $$G_R(z) = \frac{y_0 \cdot z + \dfrac{1}{K_{IS} \cdot T} - y_0}{z + 1 - y_0 \cdot K_{IS} \cdot T}, \quad G_R(z) = \frac{y_0 \cdot z + \dfrac{T_{IS}}{T} - y_0}{z + 1 - y_0 \cdot \dfrac{T}{T_{IS}}},$$ $$G(z) = y_0 \cdot K_{IS} \cdot T \cdot z^{-1} + (1 - y_0 \cdot K_{IS} \cdot T) \cdot z^{-2},$$ $$G(z) = y_0 \cdot \frac{T}{T_{IS}} \cdot z^{-1} + \left(1 - y_0 \cdot \frac{T}{T_{IS}}\right) \cdot z^{-2},$$ $$x(k) = \{0, y_0 \cdot K_{IS} \cdot T, 1, 1, 1, \ldots\},$$ $$x(k) = \left\{0, y_0 \cdot \frac{T}{T_{IS}}, 1, 1, 1, \ldots\right\}$$
2	**Integral-Element (I$_2$-Strecke)** $$G_S(s) = \frac{K_{IS}^2}{s^2}, \quad G_{HS}(z) = \frac{0.5 \cdot K_{IS}^2 \cdot T^2 \cdot (z^{-1} + z^{-2})}{1 - 2 \cdot z^{-1} + z^{-2}},$$ $$G_S(s) = \frac{1}{T_{IS}^2 \cdot s^2}, \quad G_{HS}(z) = \frac{0.5 \cdot \left(\dfrac{T^2}{T_{IS}^2}\right) \cdot (z^{-1} + z^{-2})}{1 - 2 \cdot z^{-1} + z^{-2}},$$ $$G_R(z) = \frac{y_0 \cdot z^2 + \left[\dfrac{1}{K_{IS}^2 \cdot T^2} - 2 \cdot y_0\right] \cdot z - \dfrac{1}{K_{IS}^2 \cdot T^2} + y_0}{z^2 + 0.5 \cdot z \cdot (2 - y_0 \cdot K_{IS}^2 \cdot T^2) - 0.5 \cdot (y_0 \cdot K_{IS}^2 \cdot T^2 - 1)},$$ $$G_R(z) = \frac{y_0 \cdot z^2 + \left(\dfrac{T_{IS}^2}{T^2} - 2 \cdot y_0\right) \cdot z - \dfrac{T_{IS}^2}{T^2} + y_0}{z^2 + 0.5 \cdot z \cdot \left(2 - y_0 \cdot \dfrac{T^2}{T_{IS}^2}\right) - 0.5 \cdot \left(y_0 \cdot \dfrac{T^2}{T_{IS}^2} - 1\right)},$$ $$G(z) = 0.5 \cdot y_0 \cdot K_{IS}^2 T^2 \cdot z^{-1} + 0.5 \cdot z^{-2} + 0.5 \cdot (1 - y_0 \cdot K_{IS}^2 T^2) \cdot z^{-3},$$ $$G(z) = 0.5 \cdot y_0 \left(\frac{T}{T_{IS}}\right)^2 \cdot z^{-1} + 0.5 \cdot z^{-2} + 0.5 \cdot \left(1 - y_0 \cdot \left(\frac{T}{T_{IS}}\right)^2\right) \cdot z^{-3},$$ $$x(k) = \{0, 0.5 \cdot y_0 \cdot K_{IS}^2 \cdot T^2, 0.5 \cdot (1 + y_0 \cdot K_{IS}^2 \cdot T^2), 1, 1, \ldots\},$$ $$x(k) = \left\{0, 0.5 \cdot y_0 \cdot \frac{T^2}{T_{IS}^2}, 0.5 \cdot \left(1 + y_0 \cdot \frac{T^2}{T_{IS}^2}\right), 1, 1, \ldots\right\}$$

Tabelle 11.7-1: Regelungen auf endliche Einstellzeit mit Vorgabe des ersten Stellgrößenwerts y_0 (DEAD-BEAT-Regelungen) (Fortsetzung)

Nr.	$G_S(s)$, $G_{HS}(z)$, $G_R(z)$, $G(z)$, $x(k)$
3	Verzögerungs-Element I. Ordnung (PT$_1$-Strecke) $$G_S(s) = \frac{K_S}{1 + s \cdot T_S}, \quad \alpha = e^{-\frac{T}{T_S}},$$ $$G_{HS}(z) = \frac{K_S \cdot \left(1 - e^{-\frac{T}{T_S}}\right) \cdot z^{-1}}{1 - e^{-\frac{T}{T_S}} \cdot z^{-1}} = \frac{K_S \cdot (1 - \alpha) \cdot z^{-1}}{1 - \alpha \cdot z^{-1}},$$ $$G_R(z) = \frac{y_0 \cdot z^2 + \frac{y_0 \cdot K_S \cdot (\alpha^2 - 1) + 1}{K_S \cdot (1 - \alpha)} \cdot z - \frac{\alpha \cdot (y_0 \cdot K_S \cdot (\alpha - 1) + 1)}{K_S \cdot (1 - \alpha)}}{z^2 - y_0 \cdot K_S \cdot (1 - \alpha) \cdot z + y_0 \cdot K_S \cdot (1 - \alpha) - 1},$$ $$G(z) = y_0 \cdot K_S \cdot (1 - \alpha) \cdot z^{-1} + (1 - y_0 \cdot K_S \cdot (1 - \alpha)) \cdot z^{-2},$$ $$x(k) = \{0, y_0 \cdot K_S \cdot (1 - \alpha), 1, 1, 1, 1, \ldots\}$$

Beispiel 11.7-4: Für die Regelstrecke I. Ordnung in Beispiel 11.7-2 wurde für den ersten Stellgrößenwert $y_0 = 0.9042$ berechnet. Um die Stellgrößenbelastung zu reduzieren, wird ein Regler auf endliche Einstellzeit (DEAD-BEAT-Regler) mit Vorgabe des ersten Stellgrößenwerts berechnet. Wählt man den ersten Stellgrößenwert $y(k=0)=y_0$ zu klein, wird $y(k=1) = y_1 > y_0$. Eine minimale Stellgrößenfolge ergibt sich durch Vorgabe von zwei gleichen Stellgrößenwerten $y_1 = y_0$.

$$G_S(s) = \frac{K_S}{1 + T_S \cdot s}, \quad K_S = 5, \quad T_S = 2\,\text{s}, \quad T = 0.5\,\text{s}, \quad y_1 = y_0,$$

$$G_{HS}(z) = \frac{x(z)}{y(z)} = \frac{b_1 \cdot z^{-1}}{1 + a_1 \cdot z^{-1}} = \frac{K_S \cdot \left(1 - e^{-\frac{T}{T_S}}\right) \cdot z^{-1}}{1 - e^{-\frac{T}{T_S}} \cdot z^{-1}}$$

$$= K_S \cdot \frac{(1 - \alpha) \cdot z^{-1}}{1 - \alpha \cdot z^{-1}}, \quad \text{mit } \alpha = e^{-\frac{T}{T_S}},$$

$$G_R(z) = \frac{y_0 \cdot z^2 + \frac{y_0 \cdot K_S \cdot (\alpha^2 - 1) + 1}{K_S \cdot (1 - \alpha)} \cdot z - \frac{\alpha \cdot (y_0 \cdot K_S \cdot (\alpha - 1) + 1)}{K_S \cdot (1 - \alpha)}}{z^2 - y_0 \cdot K_S \cdot (1 - \alpha) \cdot z + y_0 \cdot K_S \cdot (1 - \alpha) - 1}.$$

Mit der Aufschaltung einer Sprungfolge

$$w(k) = E(k) = 1^k, \quad w(z) = \frac{z}{z - 1},$$

erhält man die Stellgrößenfolge:

$$y(z) = \frac{G_R(z)}{1 + G_R(z) \cdot G_{HS}(z)} \cdot w(z)$$

$$= \left[y_0 + \frac{y_0 \cdot K_S \cdot (\alpha^2 - 1) + 1}{K_S \cdot (1 - \alpha)} \cdot z^{-1} - \frac{\alpha \cdot (y_0 \cdot K_S \cdot (\alpha - 1) + 1)}{K_S \cdot (1 - \alpha)} \cdot z^{-2} \right] \cdot \frac{z}{z - 1},$$

$$y(k) = y_0 \cdot E(k) + \frac{y_0 \cdot K_S \cdot (\alpha^2 - 1) + 1}{K_S \cdot (1 - \alpha)} \cdot E(k - 1) - \frac{\alpha \cdot (y_0 \cdot K_S \cdot (\alpha - 1) + 1)}{K_S \cdot (1 - \alpha)} \cdot E(k - 2).$$

Die beiden ersten Stellgrößenwerte sind:

$$y(k=0) = y_0 \cdot E(0) = y_0,$$

$$y(k=1) = y_1 = y_0 \cdot E(1) + \frac{y_0 \cdot K_S \cdot (\alpha^2 - 1) + 1}{K_S \cdot (1-\alpha)} \cdot E(0).$$

Die Bedingung $y_1 = y_0$ liefert den Wert y_0:

$$y_0 = y_0 + \frac{y_0 \cdot K_S \cdot (\alpha^2 - 1) + 1}{K_S \cdot (1-\alpha)}, \quad 0 = \frac{y_0 \cdot K_S \cdot (\alpha^2 - 1) + 1}{K_S \cdot (1-\alpha)},$$

$$y_0 = \frac{1}{K_S \cdot (1 - \alpha^2)} = \frac{1}{K_S \cdot \left(1 - e^{-2\frac{T}{T_S}}\right)} = 0.5083.$$

Mit den Werten der Regelstrecke erster Ordnung erhält man Reglerübertragungsfunktion $G_R(z)$, Regelalgorithmus y_k, Übertragungsfunktion $G(z)$ und Regelgrößenfolge x_k:

$$G_R(z) = \frac{y(z)}{x_d(z)} = \frac{z^2 - \alpha^2}{K_S \cdot (1-\alpha^2) \cdot z^2 - K_S \cdot (1-\alpha) \cdot z - K_S \cdot \alpha \cdot (1-\alpha)}$$

$$= \frac{0.5083 - 0.3083 \cdot z^{-2}}{1 - 0.5622 \cdot z^{-1} - 0.4378 \cdot z^{-2}},$$

$$y_k = 0.5622 \cdot y_{k-1} - 0.4378 \cdot y_{k-2} + 0.5083 \cdot x_{d,k} - 0.3083 \cdot x_{d,k-2},$$

$$G(z) = \frac{x(z)}{w(z)} = \frac{1}{1+\alpha} \cdot z^{-1} + \frac{\alpha}{1+\alpha} \cdot z^{-2} = 0.5622 \cdot z^{-1} + 0.4378 \cdot z^{-2},$$

$$x(k) = 0.5622 \cdot E(k-1) + 0.4378 \cdot E(k-2) = \{0, 0.5622, 1, 1, 1, \ldots\}.$$

11.8 Diskretisierung von kontinuierlichen Übertragungsfunktionen

11.8.1 Anwendung von Diskretisierungsverfahren

Bei der Ermittlung von Impulsübertragungsfunktionen $G(z)$ aus kontinuierlichen Übertragungsfunktionen $G(s)$ wird im ersten Schritt die Gewichtsfunktion $g(t)$ des Übertragungselements ermittelt:

$$g(t) = L^{-1}\{G(s) \cdot x_e(s)\}, \quad x_e(s) = L\{\delta(t)\} = 1.$$

Aus der Gewichtsfunktion, der Systemantwort auf die Aufschaltung des DIRAC-Impulses, wird die Impulsfolgefunktion $g^*(t)$ oder die Gewichtsfolge $g(kT)$ gebildet und in den z-Bereich transformiert. Die z-Übertragungsfunktionen $G(z)$ von zeitkontinuierlichen Elementen (Tabelle des Abschnitts 11.5.2.4) sind mit folgender Vorschrift gebildet:

$$G(z) = Z\left\{g(t)\Big|_{t=kT}\right\} = Z\left\{L^{-1}\{G(s)\}\Big|_{t=kT}\right\}.$$

Bei Übertragungsfunktionen höherer Ordnung wird das Verfahren aufwendig, vor allem dann, wenn der Nenner der Übertragungsfunktion $G(s)$ nicht in faktorisierter Form mit Nullstellen, sondern als Polynom vorliegt. Für die angenäherte Berechnung von $G(z)$ sind daher Formeln entwickelt worden, die für kleine Abtastzeiten und sich langsam ändernde Eingangssignale gültig sind (Abschnitt 11.8.2).

Diskretisierungsverfahren werden allgemein zur Nachbildung von kontinuierlichen Funktionen auf den Rechner benötigt:

- Umrechnung von kontinuierlichen Reglerübertragungsfunktionen $G_R(s)$ in diskrete Übertragungsfunktionen $G_R(z)$,
- Berechnung von z-Übertragungsfunktionen von Regelstrecken,
- Realisierung von diskreten Zustandsreglern, Beobachtern und Bezugsmodellen nach Kapitel 12 auf der Grundlage von kontinuierlichen Übertragungsfunktionen,
- Umrechnung von zeitkontinuierlichen Filtern in diskrete Filter.

11.8.2 Substitutionsverfahren

Diese Verfahren ersetzen die LAPLACE-Variable s in einer kontinuierlichen Übertragungsfunktion $G(s)$ durch eine Funktion von z. Am Beispiel eines integralen Elements werden die Verfahren erklärt.

Die kontinuierliche Integration

$$x_a(t) = \int x_e(t) dt, \quad \frac{dx_a(t)}{dt} = x_e(t),$$

$$G(s) = \frac{x_a(s)}{x_e(s)} = \frac{1}{s}, \quad x_a(s) = \frac{1}{s} \cdot x_e(s)$$

kann nach Abschnitt 11.2.3 mit verschiedenen Algorithmen approximiert werden.

Rechtecknäherung mit dem Wert $x_{e,k-1}$ der linken Intervallgrenze, Typ I (entspricht Vorwärtsdifferenzen Typ II):

$$x_{a,k} = x_{a,k-1} + T \cdot x_{e,k-1}, \quad x_{a,k} - x_{a,k-1} = T \cdot x_{e,k-1},$$

$$x_a(z) \cdot (1 - z^{-1}) = T \cdot z^{-1} \cdot x_e(z),$$

$$G(z) = \frac{x_a(z)}{x_e(z)} = \frac{T \cdot z^{-1}}{1 - z^{-1}} = \frac{T}{z - 1}.$$

Rechtecknäherung mit dem Wert $x_{e,k}$ der rechten Intervallgrenze, Typ II (entspricht Rückwärtsdifferenzen Typ I):

$$x_{a,k} = x_{a,k-1} + T \cdot x_{e,k}, \quad x_{a,k} - x_{a,k-1} = T \cdot x_{e,k},$$

$$x_a(z) \cdot (1 - z^{-1}) = T \cdot x_e(z),$$

$$G(z) = \frac{x_a(z)}{x_e(z)} = \frac{T}{1 - z^{-1}} = \frac{T \cdot z}{z - 1}.$$

Trapeznäherung, Typ III:

$$x_{a,k} = x_{a,k-1} + T \cdot \frac{x_{e,k} + x_{e,k-1}}{2}, \quad x_{a,k} - x_{a,k-1} = T \cdot \frac{x_{e,k} + x_{e,k-1}}{2},$$

$$x_a(z) \cdot (1 - z^{-1}) = T \cdot x_e(z) \cdot \frac{1 + z^{-1}}{2},$$

$$G(z) = \frac{x_a(z)}{x_e(z)} = \frac{T}{2} \cdot \frac{1 + z^{-1}}{1 - z^{-1}} = \frac{T}{2} \cdot \frac{z + 1}{z - 1}.$$

Der Vergleich der Übertragungsfunktion $G(s)$ mit der z-Übertragungsfunktion $G(z)$ liefert die Substitutionsgleichung für s (Tabelle 11.8-1). Für die Rechtecknäherung nach Typ I ist $\frac{1}{s}$ durch $\frac{T}{z-1}$ zu ersetzen. $\frac{1}{s}$ entspricht der Integration im Frequenzbereich, s der Differentiation: $s \triangleq \frac{z-1}{T}$.

Tabelle 11.8-1: Substitutionsgleichungen für die Diskretisierung von Differentialgleichungen und kontinuierlichen Übertragungsfunktionen

Art der Näherung	Substitution der Integration $\int dt$	Substitution der Differentiation $\dfrac{d}{dt}$
Rechtecknäherung, Typ I (Vorwärtsdifferenzen, Typ II)	$\dfrac{1}{s} \to \dfrac{T}{z-1}$	$s \to \dfrac{z-1}{T}$
Rechtecknäherung, Typ II (Rückwärtsdifferenzen, Typ I)	$\dfrac{1}{s} \to \dfrac{T \cdot z}{z-1}$	$s \to \dfrac{z-1}{T \cdot z}$
Trapeznäherung, Typ III	$\dfrac{1}{s} \to \dfrac{T}{2} \cdot \dfrac{z+1}{z-1}$	$s \to \dfrac{2}{T} \cdot \dfrac{z-1}{z+1}$

Die Approximation mit der **Trapeznäherung** wird auch als **TUSTIN-Formel** bezeichnet. Die Definition der z-Transformation

$$z = e^{Ts}, \quad \ln z = s \cdot T,$$

wird nach $\ln z$ aufgelöst und in eine Reihe entwickelt. Für kleine Abtastzeiten T nähert sich e^{Ts} und damit auch z dem Wert Eins, die Reihe kann unter dieser Voraussetzung nach dem ersten Glied abgebrochen werden:

$$s = \frac{1}{T} \ln z = \frac{2}{T} \cdot \left[\frac{z-1}{z+1} + \frac{(z-1)^3}{3(z+1)^3} + \ldots \right] \approx \frac{2}{T} \cdot \frac{z-1}{z+1}.$$

Beispiel 11.8-1: Mit den Substitutionsverfahren ist die Übertragungsfunktion eines PIDT$_1$-Reglers in Parallelform zu diskretisieren:

$$G_R(s) = \frac{y(s)}{x_d(s)} = K_R \cdot \left[1 + \frac{1}{T_N \cdot s} + \frac{T_V \cdot s}{1 + T_1 \cdot s} \right].$$

Die Parameterwerte

$$K_R = 2.5, \quad T_N = 8.0 \text{ s}, \quad T_V = 1.0 \text{ s}, \quad T_1 = 0.25 \text{ s}, \quad T = 0.1 \text{ s}$$

werden in die umgeformte Übertragungsfunktion eingesetzt:

$$\begin{aligned}
G_R(s) &= K_R \cdot \left[1 + \frac{1}{T_N \cdot s} + \frac{T_V \cdot s}{1 + T_1 s} \right] = K_R \cdot \frac{T_N \cdot (T_1 + T_V)s^2 + (T_1 + T_N) \cdot s + 1}{T_N \cdot T_1 \cdot s^2 + T_N \cdot s} \\
&= \frac{12.5 \cdot s^2 + 10.3125 \cdot s + 1.25}{s^2 + 4 \cdot s} = 12.5 \cdot \frac{s^2 + 0.825 \cdot s + 0.1}{s^2 + 4 \cdot s} \\
&= K_R^* \cdot \frac{(s - s_1) \cdot (s - s_2)}{s \cdot (s - s_3)},
\end{aligned}$$

mit

$$K_R^* = K_R \cdot \frac{T_V + T_1}{T_1} = 12.5, \quad s_1 = -0.6774, \quad s_2 = -0.1476, \quad s_3 = -4,$$

$$s_{1,2} = -\frac{T_1 + T_N \pm \sqrt{T_1^2 - 2 \cdot T_1 \cdot T_N + T_N \cdot (T_N - 4 \cdot T_V)}}{2 \cdot T_N \cdot (T_1 + T_V)}, \quad s_3 = -\frac{1}{T_1}.$$

11.8 Diskretisierung von kontinuierlichen Übertragungsfunktionen

Folgende Substitutionen werden ausgeführt:

Einsetzen der Vorwärtsdifferenzen (Rechtecknäherung, Typ I):

$$s = \frac{z-1}{T}, \quad \frac{dy}{dt} \triangleq \frac{y_{k+1} - y_k}{T}, \quad \frac{dx_d}{dt} \triangleq \frac{x_{d,k+1} - x_{d,k}}{T},$$

Einsetzen der Rückwärtsdifferenzen (Rechtecknäherung, Typ II):

$$s = \frac{z-1}{T \cdot z}, \quad \frac{dy}{dt} \triangleq \frac{y_k - y_{k-1}}{T}, \quad \frac{dx_d}{dt} \triangleq \frac{x_{d,k} - x_{d,k-1}}{T},$$

Anwendung der Trapezregel, Typ III:

$$s = \frac{2 \cdot (z-1)}{T \cdot (z+1)}.$$

Für den PIDT$_1$-Regler wurden die Übertragungsfunktionen berechnet:

Typ I:

$$G_R(z) = K_R^* \cdot \frac{z^2 - z \cdot (2 + s_1 \cdot T + s_2 \cdot T) + (1 + s_1 \cdot T) \cdot (1 + s_2 \cdot T)}{z^2 - z \cdot (2 + s_3 \cdot T) + 1 + s_3 \cdot T}$$

$$= 12.5 \cdot \frac{z^2 - 1.9175 \cdot z + 0.9185}{z^2 - 1.6 \cdot z + 0.6} = 12.5 \cdot \frac{(z - 0.9852) \cdot (z - 0.9323)}{(z - 1) \cdot (z - 0.6)},$$

Typ II:

$$G_R(z) = K_R^* \cdot \frac{z^2 \cdot (1 - s_1 \cdot T) \cdot (1 - s_2 \cdot T) - z \cdot (2 - s_1 \cdot T - s_2 \cdot T) + 1}{z^2 \cdot (1 - s_3 \cdot T) - z \cdot (2 - s_3 \cdot T) + 1}$$

$$= 9.674 \cdot \frac{z^2 - 1.922 \cdot z + 0.9229}{z^2 - 1.714 \cdot z + 0.714} = 9.674 \cdot \frac{(z - 0.9855) \cdot (z - 0.9366)}{(z - 1) \cdot (z - 0.714)},$$

Typ III:

$$G_R(z) = K_R^* \frac{z^2 \cdot (2 - s_1 T) \cdot (2 - s_2 T) - z \cdot (8 - 2 s_1 s_2 T^2) + (2 + s_1 T) \cdot (2 + s_2 T)}{z^2 \cdot 2 \cdot (2 - s_3 \cdot T) - 8 \cdot z + 2 \cdot (2 + s_3 \cdot T)}$$

$$= 10.849 \cdot \frac{z^2 - 1.9198 \cdot z + 0.9208}{z^2 - 1.6667 \cdot z + 0.6667} = 10.849 \cdot \frac{(z - 0.9853) \cdot (z - 0.9345)}{(z - 1) \cdot (z - 0.6667)}.$$

In Bild 11.8-1, 2 sind für die z-Übertragungsfunktion nach Typ I Impuls- und Sprungantwortfolge aufgezeichnet. Die exakte Ermittlung der z-Übertragungsfunktion $G_R(z)$ aus der kontinuierlichen Übertragungsfunktion $G_R(s)$ ist nicht möglich, da die Gewichtsfunktion $g(t)$ nicht abgetastet werden kann. Mit $x_d(s) = L\{\delta(t)\} = 1$ ergibt sich die Gewichtsfunktion:

$$g(t) = L^{-1}\{G_R(s) \cdot x_d(s)\} = L^{-1}\left\{K_R \cdot \left[1 + \frac{1}{T_N \cdot s} + \frac{T_V \cdot s}{1 + T_1 \cdot s}\right] \cdot 1\right\}$$

$$= L^{-1}\left\{K_R \cdot \left[1 + \frac{1}{T_N \cdot s} + \frac{T_V}{T_1} - \frac{T_V}{T_1 \cdot (1 + T_1 \cdot s)}\right] \cdot 1\right\}$$

$$= K_R \left[\frac{T_V + T_1}{T_1} \cdot \delta(t) + \frac{1}{T_N} \cdot E(t) - \frac{T_V}{T_1^2} \cdot e^{-\frac{t}{T_1}}\right].$$

Die Gewichtsfunktion kann wegen der DIRAC-Funktion nicht abgetastet werden. Die Impulsübertragungsfunktion kann nur näherungsweise angegeben werden.

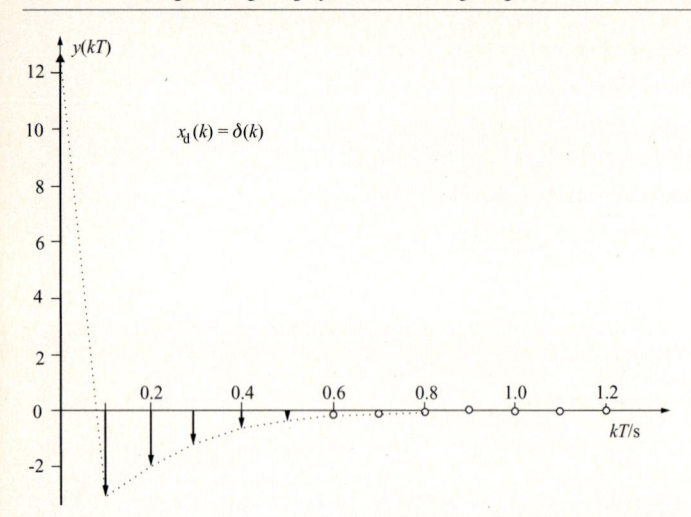

Bild 11.8-1: Impulsantwortfolge der z-Übertragungsfunktion nach Typ I (Vorwärtsdifferenzen)

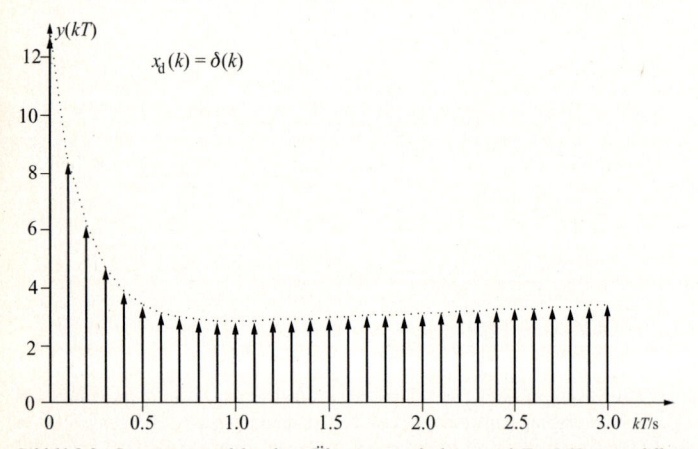

Bild 11.8-2: Sprungantwortfolge der z-Übertragungsfunktion nach Typ I (Vorwärtsdifferenzen)

11.8.3 Stabilität der Verfahren

Für die Anwendung der Substitutionsverfahren muß die Stabilität der erzeugten z-Übertragungsfunktionen untersucht werden. Dabei ist zu untersuchen, ob ein stabiles kontinuierliches System im z-Bereich ebenfalls stabil ist. Dazu bildet man den **stabilen Bereich der s-Ebene** mit Hilfe der Substitution in den z-Bereich ab und überprüft, ob der dabei entstehende Bereich im **stabilen Bereich der z-Ebene** liegt.

Ein Substitutionsverfahren ist stabil, wenn der stabile Bereich der s-Ebene $\text{Re}\{s\} < 0$ durch die Substitution in den stabilen Bereich der z-Ebene $|z| < 1$ abgebildet wird.

11.8 Diskretisierung von kontinuierlichen Übertragungsfunktionen

Die Stabilitätsbedingung der s-Ebene $\text{Re}\{s\} < 0$ wird auf die Substitutionsverfahren angewendet, die Variable z wird in der Form $z = \text{Re}\{z\} + j \cdot \text{Im}\{z\} = u + j \cdot v$ eingesetzt, die Abtastzeit T ist größer Null.

Vorwärtsdifferenzen (Rechtecknäherung, Typ I):

$$\text{Re}\{s\} < 0 \rightarrow \text{Re}\left\{\frac{z-1}{T}\right\} < 0,$$

$$\text{Re}\left\{\frac{z-1}{T}\right\} = \text{Re}\left\{\frac{u + j \cdot v - 1}{T}\right\} = \frac{u-1}{T} < 0, \quad u < 1.$$

Der stabile Bereich der s-Ebene wird nicht in jedem Fall in den stabilen z-Bereich abgebildet (Bild 11.8-3), die Anwendung der Substutition kann zu einem instabilen diskreten Modell führen, obwohl die kontinuierliche Übertragungsfunktion stabil ist.

Rückwärtsdifferenzen (Rechtecknäherung, Typ II):

$$\text{Re}\{s\} < 0 \rightarrow \text{Re}\left\{\frac{z-1}{T \cdot z}\right\} < 0,$$

$$\text{Re}\left\{\frac{z-1}{T \cdot z}\right\} = \text{Re}\left\{\frac{u + j \cdot v - 1}{T \cdot (u + j \cdot v)}\right\} = \text{Re}\left\{\frac{u^2 - u + v^2 + j \cdot v}{T \cdot (u^2 + v^2)}\right\} < 0.$$

Die Ungleichung

$$\frac{u^2 - u + v^2}{T \cdot (u^2 + v^2)} < 0, \quad u^2 - u + v^2 < 0$$

wird auf beiden Seiten mit der quadratischen Ergänzung erweitert:

$$u^2 - u + \frac{1}{4} + v^2 = \left(u - \frac{1}{2}\right)^2 + v^2 < \frac{1}{4}.$$

Der stabile Bereich der s-Ebene wird in einen Kreis mit dem Radius $r = \frac{1}{2}$ und dem Nullpunkt $\{u_0 = \frac{1}{2}, v_0 = 0\}$ abgebildet, der innerhalb des Einheitskreises der z-Ebene liegt. Das Substitutionsverfahren liefert stabile z-Übertragungsfunktionen, falls das kontinuierliche System stabil ist.

Trapezregel (Typ III):

$$\text{Re}\{s\} < 0 \rightarrow \text{Re}\left\{\frac{2 \cdot (z-1)}{T \cdot (z+1)}\right\} < 0,$$

$$\text{Re}\left\{\frac{2 \cdot (z-1)}{T \cdot (z+1)}\right\} = \text{Re}\left\{\frac{2 \cdot (u + j \cdot v - 1)}{T \cdot (u + j \cdot v + 1)}\right\} < 0,$$

$$\text{Re}\left\{\frac{2 \cdot (u^2 + v^2 - 1) + j \cdot 4 \cdot v}{T \cdot (u^2 + 2 \cdot u + v^2 + 1)}\right\} = \frac{2 \cdot (u^2 + v^2 - 1)}{T \cdot (u^2 + 2 \cdot u + v^2 + 1)} < 0,$$

$$u^2 + v^2 < 1.$$

Der stabile Bereich der s-Ebene wird in einen Kreis mit dem Radius $r = 1$ und dem Nullpunkt $\{u_0 = 0, v_0 = 0\}$ abgebildet, der sich mit dem Einheitskreis der z-Ebene deckt. Das Substitutionsverfahren liefert stabile z-Übertragungsfunktionen, falls das kontinuierliche System stabil ist.

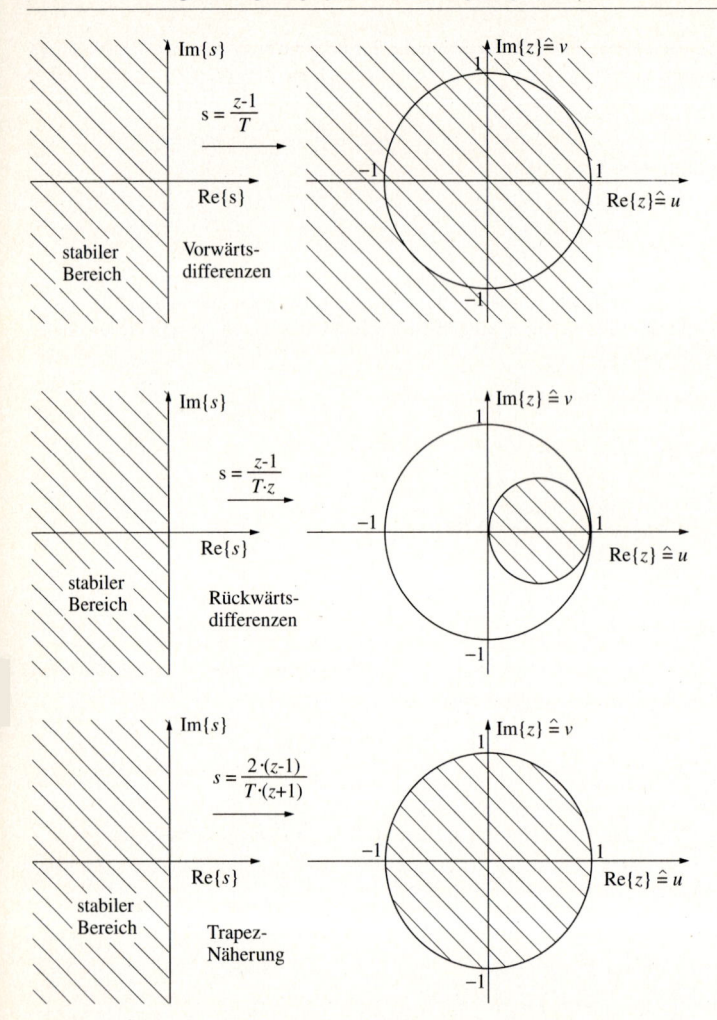

Bild 11.8-3: Abbildung des stabilen Bereichs der s-Ebene in die z-Ebene

Beispiel 11.8-2: Mit den Substitutionsverfahren ist eine Übertragungsfunktion II. Ordnung zu diskretisieren. Die Stabilität der z-Übertragungsfunktionen ist zu bestimmen. Die Übertragungsfunktion

$$G(s) = \frac{b}{s^2 + a \cdot s + b},$$

ist für $a > 0$, $b > 0$, stabil, da die charakteristische Gleichung

$$s^2 + a \cdot s + b = 0, \quad s_{1,2} = -\frac{a}{2} \pm \sqrt{\frac{a^2}{4} - b}$$

nur Nullstellen mit negativem Realteil besitzt. Mit den Substitutionsverfahren werden die z-Übertragungsfunktionen bestimmt und auf Stabilität untersucht. Die z-Übertragungsfunktion ist stabil, wenn alle Nullstellen der charakteristischen Gleichung in z vom Betrag kleiner Eins sind, wobei die Abtastzeit $T > 0$ vorauszusetzen ist.

Vorwärtsdifferenzen (Rechtecknäherung, Typ I, $s = \dfrac{z-1}{T}$):

$$G(z) = \frac{b \cdot T^2}{z^2 + z \cdot (a \cdot T - 2) - a \cdot T + b \cdot T^2 + 1},$$

$$z^2 + z \cdot (a \cdot T - 2) - a \cdot T + b \cdot T^2 + 1 = 0,$$

$$z_{1,2} = -0.5 \cdot (a \cdot T - 2) \pm 0.5 \cdot T \cdot \sqrt{a^2 - 4 \cdot b}.$$

Die Auswertung der Stabilitätsgrenze

$$|z_{1,2}| = |-0.5 \cdot (a \cdot T - 2) \pm 0.5 \cdot T \cdot \sqrt{a^2 - 4 \cdot b}| = 1$$

ergibt für a keine Lösung, jedoch für b und T.

$$b_{\text{krit}} = \frac{2(a \cdot T - 2)}{T^2}, \quad b_{\text{krit}} = 2, \quad \text{für} \quad a = 3, \quad T = 1 \text{ s}:$$

$$G(z) = \frac{2}{z \cdot (z+1)}, \quad z_1 = 0, \quad z_2 = -1, \quad \rightarrow \text{ instabil},$$

$$T_{\text{krit}} = \frac{\pm\sqrt{a^2 - 4 \cdot b} + a}{b}, \quad \text{für } a^2 > 4b,$$

$$T_{\text{krit}} = 2 \text{ s}, \quad \text{für} \quad a = 3, \quad b = 2:$$

$$G(z) = \frac{8}{(z+1) \cdot (z+3)}, \quad z_1 = -1, \quad z_2 = -3, \quad \rightarrow \text{ instabil}.$$

Rückwärtsdifferenzen (Rechtecknäherung, Typ II, $s = \dfrac{z-1}{T \cdot z}$):

$$G(z) = \frac{z^2 \cdot b \cdot T^2}{z^2 \cdot (a \cdot T + b \cdot T^2 + 1) - z \cdot (a \cdot T + 2) + 1},$$

Trapezregel (Typ III, $s = \dfrac{2 \cdot (z-1)}{T \cdot (z+1)}$):

$$G(z) = \frac{(z^2 + 2 \cdot z + 1) \cdot b \cdot T^2}{z^2 \cdot (2 \cdot a \cdot T + b \cdot T^2 + 4) + z \cdot (2 \cdot b \cdot T^2 - 8) - 2 \cdot a \cdot T + b \cdot T^2 + 4}.$$

Die Auswertung der charakteristischen Gleichung für die Verfahren mit Rückwärtsdifferenzen und Trapezregel ergibt keine kritischen Werte für $a > 0$, $b > 0$, $T > 0$. Die beiden Verfahren liefern stabile z-Übertragungsfunktionen, wenn die kontinuierliche Übertragungsfunktion stabil ist.

11.8.4 Systemantwortinvariante Transformationen

11.8.4.1 Invariante Systemreaktionen im Zeitbereich

Für viele regelungstechnische Anwendungen wird gefordert, daß die Antwort des diskretisierten Übertragungssystems in den Abtastzeitpunkten dieselben Werte aufweist, wie die Antwort des zugehörigen zeitkontinuierlichen Übertragungssystems. Eingangsgrößen sind häufig Einheitsimpuls- und -sprungfunktionen.

Mit **systemantwortinvarianten Transformationen** lassen sich solche Anforderungen erfüllen. Die Aufgabenstellung wird wie folgt formuliert: Ein kontinuierliches Übertragungselement mit der Übertragungsfunktion

$$G(s) = \frac{x_a(s)}{x_e(s)}$$

hat bei Aufschaltung einer Eingangsgröße $x_e(s)$ die Systemreaktion

$$x_a(s) = G(s) \cdot x_e(s), \quad x_a(t) = L^{-1}\{G(s) \cdot x_e(s)\}.$$

Das zugehörige diskrete Übertragungssystem

$$G(z) = \frac{x_a(z)}{x_e(z)}$$

soll im Zeitbereich für die Abtastzeitpunkte $t = kT$ dieselben Werte liefern, wie das kontinuierliche System:

$$x_a(kT) = Z^{-1}\{G(z) \cdot x_e(z)\} \stackrel{!}{=} x_a(t)\Big|_{t=kT} = L^{-1}\{G(s) \cdot x_e(s)\}\Big|_{t=kT}.$$

Die Gleichung

$$Z^{-1}\{G(z) \cdot x_e(z)\} = L^{-1}\{G(s) \cdot x_e(s)\}\Big|_{t=kT}$$

wird auf beiden Seiten z-transformiert

$$G(z) \cdot x_e(z) = Z\left\{L^{-1}\{G(s) \cdot x_e(s)\}\Big|_{t=kT}\right\}.$$

Mit der vereinfachten Schreibweise

$$Z\{G(s) \cdot x_e(s)\} = Z\left\{L^{-1}\{G(s) \cdot x_e(s)\}\Big|_{t=kT}\right\}$$

nach Abschnitt 11.5.4.3 erhält man

$$G(z) \cdot x_e(z) = Z\{G(s) \cdot x_e(s)\}.$$

Für systemantwortinvariante Transformationen muß daher gelten:

$$\boxed{G(z) = \frac{1}{x_e(z)} \cdot Z\{G(s) \cdot x_e(s)\}}.$$

Für die Regelungstechnik sind die impulsinvariante und sprunginvariante Transformation von Bedeutung.

11.8.4.2 Impulsinvariante Transformation

Für die impulsinvariante Transformation soll die Impulsantwortfolge des diskreten Systems mit der kontinuierlichen Impulsantwort in den Abtastzeitpunkten übereinstimmen. Die Eingangsgrößen der Systeme sind:

kontinuierliches System:　　　　　　zeitdiskretes System:

$x_e(t) = \delta(t),$　　　　　　　　　　$x_e(k) = \delta(k),$
$x_e(s) = 1,$　　　　　　　　　　　　$x_e(z) = 1.$

Die z-Übertragungsfunktion mit impulsinvariantem Verhalten

$$G(z) = \frac{1}{x_e(z)} \cdot Z\{G(s) \cdot x_e(s)\} = Z\{G(s)\} = Z\{g(kT)\}$$

erhält man aus der z-Transformierten der Gewichtsfunktion. Die Transformationstabellen in Abschnitt 11.5.2.4 enthalten die impulsinvarianten Transformationen.

11.8.4.3 Sprunginvariante Transformation

Diese Transformation erzeugt ein zeitdiskretes System, dessen Sprungantwort in den Abtastzeitpunkten mit den Werten der Sprungantwort des zeitkontinuierlichen Systems übereinstimmt. Die Eingangsgrößen der Systeme sind:

kontinuierliches System: zeitdiskretes System:

$x_e(t) = E(t)$, $\quad\quad x_e(k) = E(kT)$,

$x_e(s) = \dfrac{1}{s}$, $\quad\quad x_e(z) = \dfrac{z}{z-1}$.

Die z-Übertragungsfunktion mit sprunginvariantem Verhalten

$$G(z) = \frac{1}{x_e(z)} \cdot Z\{G(s) \cdot x_e(s)\} = \frac{z-1}{z} \cdot Z\left\{\frac{G(s)}{s}\right\}$$

entspricht der z-Transformierten eines kontinuierlichen Systems mit Halteglied. Die Transformationstabelle 11.5-10 enthält die sprunginvarianten Transformationen.

Beispiel 11.8-3: Impuls- und Sprungantwortfolge eines Verzögerungselements I. Ordnung sollen berechnet werden, wobei das Element jeweils mit der impulsinvarianten und der sprunginvarianten Transformation diskretisiert wird.

Kontinuierliches System:

$$G(s) = \frac{x_a(s)}{x_e(s)} = \frac{K_P}{1 + s \cdot T_1}, \quad K_P = 2, T_1 = 1\text{ s}$$

Impulsantwort des kontinuierlichen Systems:

$$x_e(t) = x_{e0} \cdot \delta(t), \quad x_e(s) = x_{e0},$$

$$x_a(s) = G(s) \cdot x_e(s) = \frac{K_P}{1 + s \cdot T_1} \cdot x_{e0},$$

$$x_a(t) = \frac{K_P \cdot x_{e0}}{T_1} \cdot e^{-\frac{t}{T_1}},$$

Sprungantwort des kontinuierlichen Systems:

$$x_a(s) = G(s) \cdot x_e(s) = \frac{K_P}{1 + s \cdot T_1} \cdot \frac{1}{s}, \quad x_e(t) = E(t), \quad x_e = \frac{1}{s},$$

$$x_a(t) = K_P \cdot \left(1 - e^{-\frac{t}{T_1}}\right).$$

Zeitdiskretes System: Impulsinvariante Transformation und Impulsantwortfolge (Tabelle 11.5-4, Nr. 32):

$$G(z) = \frac{x_a(z)}{x_e(z)} = \frac{K_P}{T_1} \cdot \frac{z}{z - e^{-\frac{T}{T_1}}}, \quad x_e(kT) = x_{e0} \cdot \delta(k), \quad x_e(z) = x_{e0},$$

$$x_a(z) = G(z) \cdot x_e(z) = \frac{K_P}{T_1} \cdot \frac{z}{z - e^{-\frac{T}{T_1}}} \cdot x_{e0},$$

$$x_a(kT) = \frac{K_P \cdot x_{e0}}{T_1} \cdot e^{-\frac{kT}{T_1}},$$

Sprunginvariante Transformation (Tabelle 11.5-10, Nr. 6):

$$G(z) = \frac{x_a(z)}{x_e(z)} = K_P \cdot \frac{1 - e^{-\frac{T}{T_1}}}{z - e^{-\frac{T}{T_1}}}, \quad x_e(kT) = E(kT), \quad x_e(z) = \frac{z}{z-1},$$

Sprungantwortfolge (Tabelle 11.5-4, Nr. 37):

$$x_\mathrm{a}(z) = G(z) \cdot x_\mathrm{e}(z) = K_\mathrm{P} \cdot \frac{1 - e^{-\frac{T}{T_1}}}{z - e^{-\frac{T}{T_1}}} \cdot \frac{z}{z-1},$$

$$x_\mathrm{a}(kT) = K_\mathrm{P} \cdot \left(1 - e^{-\frac{kT}{T_1}}\right).$$

Impuls- und Sprungantwortfolgen stimmen in den Abtastzeitpunkten mit den Werten der kontinuierlichen Funktionen überein.

12 Zustandsregelungen

12.1 Allgemeines

Die Methoden der **klassischen Regelungstechnik** beschreiben das Eingangs-Ausgangsverhalten von Übertragungssystemen. Sie eignen sich besonders für die Auslegung von Regelkreisen mit einer Eingangs- und einer Ausgangsgröße. Sind die Regelkreiselemente linear und zeitinvariant, dann kann die LAPLACE-Transformation als wirksames mathematisches Hilfsmittel herangezogen werden. Die Berechnung des Reglers wird dabei indirekt mit den **Frequenzbereichsverfahren** durchgeführt, wobei anstelle von Differentialgleichungen algebraische Gleichungen unter Verwendung der komplexen Rechnung zu lösen sind.

Die modernen Methoden der **Zustandsbeschreibung** arbeiten vorzugsweise im **Zeitbereich.** Damit lassen sich auch nichtlineare und zeitvariante Systeme sowie Systeme mit mehreren Ein- und Ausgangsvariablen untersuchen. Die Frequenzbereichsmethoden können vorteilhaft auch für die Berechnung von Zustandsreglern eingesetzt werden, wenn die Regelstrecken linear sind. Kennzeichnend ist die Umformung von Differentialgleichungen höherer Ordnung in Systeme von Differentialgleichungen erster Ordnung.

Die Kaskadenregelung nutzt bestimmte innere Zustandsvariablen zur Verbesserung der Regelgüte. **Zustandsregelungen erfordern vollständige Zustandsrückführung,** wobei der Energieinhalt aller Energiespeicher in die Regelung einbezogen ist. Diese Regeleinrichtungen haben **optimale Struktur.** Die Parameter von Zustandsreglern lassen sich nicht mehr getrennt berechnen oder experimentell ermitteln. Die optimalen Werte sind in einem geschlossenen Rechengang zu bestimmen. Zwei wichtige Punkte müssen dabei beachtet werden:

- Ein mathematisches Modell der Regelstrecke muß vorliegen.
- Bei Regelstrecken mit Verzögerung höherer Ordnung sollten Digitalrechner als Hilfsmittel zur Berechnung eingesetzt werden.

Zustandsregelungen werden verwendet, wenn hohe Anforderungen an das dynamische Verhalten mit einschleifigen Regelungen oder Kaskadenregelungen nicht erfüllt werden können. Für die Regelungstechnik gelten die Begriffe und Formelzeichen nach DIN 19226. Die Verfahren der Zustandsregelung wurden zuerst in den USA entwickelt. Daher werden zur Beschreibung überwiegend die amerikanischen Bezeichnungen verwendet. In der folgenden Tabelle sind die wichtigsten Formelzeichen für die Zustandsbeschreibung zusammengestellt.

Tabelle 12.1-1: Regelungstechnische Bezeichnungen für die Zustandsbeschreibung

Formelzeichen	Begriff
A	Systemmatrix
B, b	Eingangsmatrix, Eingangsvektor
C, c^T	Ausgangsmatrix, Ausgangsvektor
D, d, d	Durchgangsmatrix, Durchgangsvektor, Durchgangsfaktor
e	Regeldifferenz
E	Einheitsmatrix
F	Beobachtungsmodell, Systemmatrix des Beobachters
L, l	Beobachtungsmatrix, Beobachtungsvektor
Q_B	Beobachtbarkeitsmatrix
Q_S	Steuerbarkeitsmatrix
R, r^T	Rückführmatrix, Rückführvektor

Tabelle 12.1-1: (Fortsetzung)

Formelzeichen	Begriff
$\boldsymbol{u}, u$	Eingangsvariablenvektor, Eingangsvariable
v	Vorfilter
w	Führungsgröße
$\boldsymbol{x}, x$	Zustandsvektor, Zustandsvariable
$\boldsymbol{y}, y$	Ausgangsvariablenvektor, Ausgangsvariable
z	Störgröße

12.2 Mathematische Methoden zur Berechnung von Übertragungssystemen mit Zustandsvariablen

12.2.1 Beschreibung von Übertragungssystemen mit Zustandsvariablen

12.2.1.1 Allgemeine Form des Gleichungssystems

Bei der Eingangs-Ausgangsbeschreibung von Regelsystemen mit mehreren Eingangs- und Ausgangsvariablen verwendet man für jede Ausgangsvariable eine Differentialgleichung der Ordnung n, in der die Eingangs- und Ausgangsvariablen und ihre Ableitungen auftreten. Für Übertragungssysteme mit n Energiespeichern, m Eingangsvariablen und r Ausgangsvariablen gilt das allgemeine Übertragungssymbol.

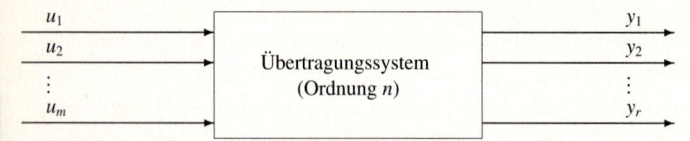

Die Zustandsdarstellung ergibt sich durch Einführung innerer Systemgrößen, den **Zustandsvariablen**. Zustandsvariablen erhält man, wenn die Differentialgleichung der Ordnung n in ein System von Differentialgleichungen I. Ordnung umgeformt wird:

$$\begin{aligned}
\frac{dx_1}{dt} &= f_1[x_1, x_2, \ldots, x_n; u_1, u_2, \ldots, u_m], \\
\frac{dx_2}{dt} &= f_2[x_1, x_2, \ldots, x_n; u_1, u_2, \ldots, u_m], \\
\vdots &= \vdots \\
\frac{dx_n}{dt} &= f_n[x_1, x_2, \ldots, x_n; u_1, u_2, \ldots, u_m].
\end{aligned}$$

Die n **Zustandsdifferentialgleichungen** stellen den Zusammenhang zwischen den Eingangsvariablen $u_1, \ldots, u_m$ und den Zustandsvariablen $x_1, \ldots, x_n$ her. Zusätzlich sind r **Ausgangsgleichungen** notwendig, die die Abhängigkeit der Ausgangsvariablen $y_1, \ldots, y_r$ von den Zustands- und Eingangsvariablen beschreiben:

$$\begin{aligned}
y_1 &= g_1[x_1, x_2, \ldots, x_n; u_1, u_2, \ldots, u_m], \\
y_2 &= g_2[x_1, x_2, \ldots, x_n; u_1, u_2, \ldots, u_m], \\
\vdots &= \vdots \\
y_r &= g_r[x_1, x_2, \ldots, x_n; u_1, u_2, \ldots, u_m].
\end{aligned}$$

Ausgangsvariablen sind Zustandsgrößen, für die bestimmte Anforderungen an den Zeitverlauf vorgeschrieben sind, die die Regelung erfüllen soll. Zustandsdifferentialgleichungen und Ausgangsgleichungen bilden zusammen die **Zustandsgleichungen**. In den Zustandsgleichungen treten keine Ableitungen der Eingangsvariablen auf. Ausgangsgleichungen sind algebraische Gleichungen, die keine Ableitungen enthalten.

12.2.1.2 Beschreibung linearer Mehrgrößensysteme mit Zustandsvariablen

Differentialgleichungen von Regelstrecken sind im allgemeinen nichtlinear. Dann wird die angegebene allgemeine Form der Zustandsdarstellung verwendet. Besitzen die Regelstrecken Arbeitspunkte oder -bereiche, so lassen sich durch Linearisierung lineare Ersatzsysteme angeben. Für lineare Übertragungssysteme mit mehreren Eingangs- und Ausgangsvariablen gelten die **linearen Zustandsdifferentialgleichungen**:

$$\frac{dx_1}{dt} = a_{11} \cdot x_1 + a_{12} \cdot x_2 + \ldots + a_{1n} \cdot x_n + b_{11} \cdot u_1 + b_{12} \cdot u_2 + \ldots + b_{1m} \cdot u_m,$$
$$\frac{dx_2}{dt} = a_{21} \cdot x_1 + a_{22} \cdot x_2 + \ldots + a_{2n} \cdot x_n + b_{21} \cdot u_1 + b_{22} \cdot u_2 + \ldots + b_{2m} \cdot u_m,$$
$$\vdots = \vdots$$
$$\frac{dx_n}{dt} = a_{n1} \cdot x_1 + a_{n2} \cdot x_2 + \ldots + a_{nn} \cdot x_n + b_{n1} \cdot u_1 + b_{n2} \cdot u_2 + \ldots + b_{nm} \cdot u_m.$$

Bei linearen Systemen haben die **Ausgangsgleichungen** folgende Form:

$$y_1 = c_{11} \cdot x_1 + c_{12} \cdot x_2 + \ldots + c_{1n} \cdot x_n + d_{11} \cdot u_1 + d_{12} \cdot u_2 + \ldots + d_{1m} \cdot u_m,$$
$$y_2 = c_{21} \cdot x_1 + c_{22} \cdot x_2 + \ldots + c_{2n} \cdot x_n + d_{21} \cdot u_1 + d_{22} \cdot u_2 + \ldots + d_{2m} \cdot u_m,$$
$$\vdots = \vdots$$
$$y_r = c_{r1} \cdot x_1 + c_{r2} \cdot x_2 + \ldots + c_{rn} \cdot x_n + d_{r1} \cdot u_1 + d_{r2} \cdot u_2 + \ldots + d_{rm} \cdot u_m.$$

Die Linearisierung komplizierter Regelstrecken hoher Ordnung führt zu umfangreichen Gleichungssystemen. Vorteilhaft ist hier die **Matrixform**, die eine kompakte und übersichtliche Darstellung ergibt. Bei der Matrixschreibweise werden die Zustands-, Eingangs- und Ausgangsvariablen zu **Vektoren** zusammengefaßt:

Zustandsvektor: n Zeilen, 1 Spalte, Dimension $n \times 1$

$$\begin{bmatrix} x_1(t) \\ x_2(t) \\ \vdots \\ x_n(t) \end{bmatrix} = \boldsymbol{x}(t), \quad \frac{d}{dt}\begin{bmatrix} x_1(t) \\ x_2(t) \\ \vdots \\ x_n(t) \end{bmatrix} = \frac{d}{dt}\boldsymbol{x}(t) = \dot{\boldsymbol{x}}(t), \quad .$$

Eingangsvariablenvektor: m Zeilen, 1 Spalte, Dimension $m \times 1$

$$\begin{bmatrix} u_1(t) \\ u_2(t) \\ \vdots \\ u_m(t) \end{bmatrix} = \boldsymbol{u}(t),$$

Ausgangsvariablenvektor: r Zeilen, 1 Spalte, Dimension $r \times 1$

$$\begin{bmatrix} y_1(t) \\ y_2(t) \\ \vdots \\ y_r(t) \end{bmatrix} = \boldsymbol{y}(t).$$

Damit lassen sich die linearen Zustandsgleichungen in folgender Form schreiben.

Zustandsdifferentialgleichungen:

$$\frac{\mathrm{d}}{\mathrm{d}t}\begin{bmatrix} x_1(t) \\ x_2(t) \\ \vdots \\ x_n(t) \end{bmatrix} = \begin{bmatrix} a_{11} & \cdots & a_{1n} \\ \vdots & \ddots & \vdots \\ a_{n1} & \cdots & a_{nn} \end{bmatrix} \begin{bmatrix} x_1(t) \\ x_2(t) \\ \vdots \\ x_n(t) \end{bmatrix} + \begin{bmatrix} b_{11} & \cdots & b_{1m} \\ \vdots & \ddots & \vdots \\ b_{n1} & \cdots & b_{nm} \end{bmatrix} \begin{bmatrix} u_1(t) \\ u_2(t) \\ \vdots \\ u_m(t) \end{bmatrix},$$

Ausgangsgleichungen:

$$\begin{bmatrix} y_1(t) \\ y_2(t) \\ \vdots \\ y_r(t) \end{bmatrix} = \begin{bmatrix} c_{11} & \cdots & c_{1n} \\ \vdots & \ddots & \vdots \\ c_{r1} & \cdots & c_{rn} \end{bmatrix} \begin{bmatrix} x_1(t) \\ x_2(t) \\ \vdots \\ x_n(t) \end{bmatrix} + \begin{bmatrix} d_{11} & \cdots & d_{1m} \\ \vdots & \ddots & \vdots \\ d_{r1} & \cdots & d_{rm} \end{bmatrix} \begin{bmatrix} u_1(t) \\ u_2(t) \\ \vdots \\ u_m(t) \end{bmatrix}.$$

Die Matrizen haben folgende Bezeichnungen:

Systemmatrix: n Zeilen, n Spalten, Dimension $n \times n$

$$\begin{bmatrix} a_{11} & \cdots & a_{1n} \\ \vdots & \ddots & \vdots \\ a_{n1} & \cdots & a_{nn} \end{bmatrix} = \mathbf{A},$$

Eingangsmatrix: n Zeilen, m Spalten, Dimension $n \times m$

$$\begin{bmatrix} b_{11} & \cdots & b_{1m} \\ \vdots & \ddots & \vdots \\ b_{n1} & \cdots & b_{nm} \end{bmatrix} = \mathbf{B},$$

Ausgangsmatrix: r Zeilen, n Spalten, Dimension $r \times n$

$$\begin{bmatrix} c_{11} & \cdots & c_{1n} \\ \vdots & \ddots & \vdots \\ c_{r1} & \cdots & c_{rn} \end{bmatrix} = \mathbf{C},$$

Durchgangsmatrix: r Zeilen, m Spalten, Dimension $r \times m$

$$\begin{bmatrix} d_{11} & \cdots & d_{1m} \\ \vdots & \ddots & \vdots \\ d_{r1} & \cdots & d_{rm} \end{bmatrix} = \mathbf{D}.$$

Mit den Abkürzungen ergibt sich die Kurzschreibweise:

$$\frac{\mathrm{d}\mathbf{x}(t)}{\mathrm{d}t} = \dot{\mathbf{x}}(t) = \mathbf{A} \cdot \mathbf{x}(t) + \mathbf{B} \cdot \mathbf{u}(t), \quad \text{(Zustandsdifferentialgleichung)},$$
$$\mathbf{y}(t) = \mathbf{C} \cdot \mathbf{x}(t) + \mathbf{D} \cdot \mathbf{u}(t), \quad \text{(Ausgangsgleichung)}.$$

Den vektoriellen Signalflußplan für lineare Übertragungssysteme mit mehreren Eingangs- und Ausgangsvariablen in Zustandsdarstellung enthält Bild 12.2-1.

Die Elemente der Durchgangsmatrix $\mathbf{D}$ sind Null, wenn bei der zugehörigen Übertragungsfunktion der Zählergrad kleiner ist als der Nennergrad. Bei der Mehrzahl der technischen Regelstrecken ist das der Fall.

12.2 Berechnungsmethoden für Übertragungssysteme mit Zustandsvariablen

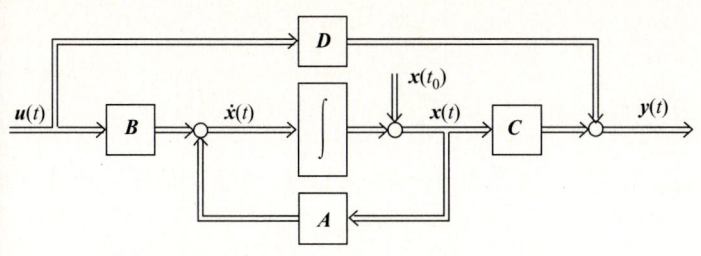

Bild 12.2-1: Signalflußplan eines Übertragungssystems mit mehreren Eingangs- und Ausgangsvariablen in Zustandsdarstellung

Beispiel 12.2-1:   Rührwerk mit zwei Antrieben

In Bild 12.2-2 ist das Technologieschema, in Bild 12.2-3 das Signalflußbild eines Rührwerks mit zwei Antriebsmotoren angegeben.

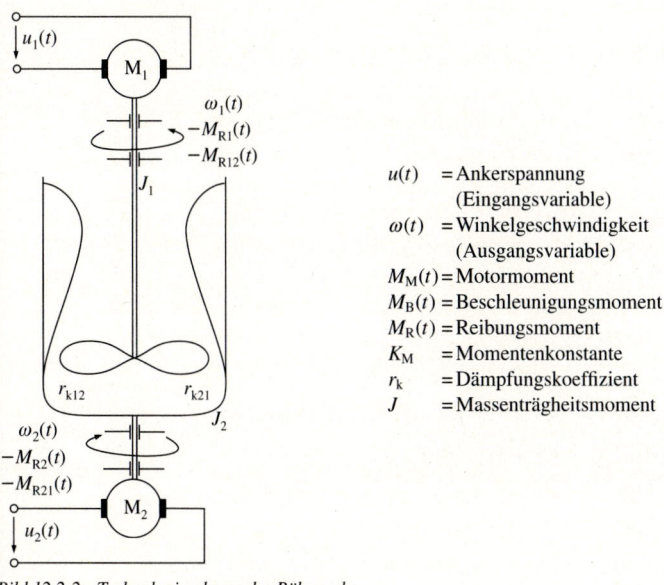

$u(t)$ = Ankerspannung (Eingangsvariable)
$\omega(t)$ = Winkelgeschwindigkeit (Ausgangsvariable)
$M_M(t)$ = Motormoment
$M_B(t)$ = Beschleunigungsmoment
$M_R(t)$ = Reibungsmoment
K_M = Momentenkonstante
r_k = Dämpfungskoeffizient
J = Massenträgheitsmoment

Bild 12.2-2: Technologieschema des Rührwerks

Das Rührwerk hat zwei Eingangs- und zwei Ausgangsvariablen. Die Antriebssysteme sind mechanisch gekoppelt, wobei die Kopplungsstärke von der Viskosität des Rührguts (Dämpfungskoeffizienten r_{k12}, r_{k21}) abhängt.

Aus dem Signalflußbild ergeben sich die Momentengleichungen:

$$\frac{d\omega_1(t)}{dt} = \frac{1}{J_1} \cdot [M_{M1}(t) + M_{R1}(t) + M_{R12}(t)]$$

$$= \frac{1}{J_1} \cdot [K_{M1} \cdot u_1(t) - r_{k1} \cdot \omega_1(t) - r_{k12} \cdot \omega_2(t)],$$

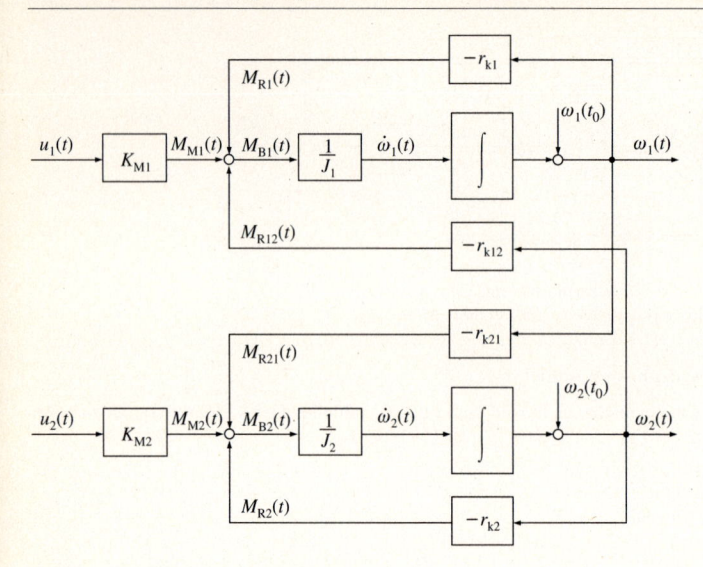

Bild 12.2-3: Signalflußplan des Rührwerks

$$\frac{d\omega_2(t)}{dt} = \frac{1}{J_2} \cdot [M_{M2}(t) + M_{R2}(t) + M_{R21}(t)]$$
$$= \frac{1}{J_2} \cdot [K_{M2} \cdot u_2(t) - r_{k2} \cdot \omega_2(t) - r_{k21} \cdot \omega_1(t)].$$

Mit regelungstechnischen Bezeichnungen

$$\omega_1(t) \triangleq x_1(t) = y_1(t),$$
$$\omega_2(t) \triangleq x_2(t) = y_2(t),$$

erhält man die Zustandsdifferential- und Ausgangsgleichungen in skalarer Form

$$\frac{dx_1(t)}{dt} = -\frac{r_{k1}}{J_1} \cdot x_1(t) - \frac{r_{k12}}{J_1} \cdot x_2(t) + \frac{K_{M1}}{J_1} \cdot u_1(t),$$
$$\frac{dx_2(t)}{dt} = -\frac{r_{k21}}{J_2} \cdot x_1(t) - \frac{r_{k2}}{J_2} \cdot x_2(t) + \frac{K_{M2}}{J_2} \cdot u_2(t),$$
$$y_1(t) = x_1(t), \quad y_2(t) = x_2(t)$$

und in Matrixdarstellung ($n = m = r = 2$):

$$\frac{d}{dt}\begin{bmatrix} x_1(t) \\ x_2(t) \end{bmatrix} = \begin{bmatrix} -\dfrac{r_{k1}}{J_1} & -\dfrac{r_{k12}}{J_1} \\ -\dfrac{r_{k21}}{J_2} & -\dfrac{r_{k2}}{J_2} \end{bmatrix} \begin{bmatrix} x_1(t) \\ x_2(t) \end{bmatrix} + \begin{bmatrix} \dfrac{K_{M1}}{J_1} & 0 \\ 0 & \dfrac{K_{M2}}{J_2} \end{bmatrix} \begin{bmatrix} u_1(t) \\ u_2(t) \end{bmatrix},$$

$$\begin{bmatrix} y_1(t) \\ y_2(t) \end{bmatrix} = \begin{bmatrix} 1 & 0 \\ 0 & 1 \end{bmatrix} \begin{bmatrix} x_1(t) \\ x_2(t) \end{bmatrix}.$$

Bei diesem Regelungssystem ist die Durchgangsmatrix D Null.

12.2.1.3 Beschreibung linearer Eingrößensysteme mit Zustandsvariablen

Eingrößensysteme sind Übertragungssysteme mit einer Eingangs- und einer Ausgangsvariablen. In diesem Fall gehen Eingangs- und Ausgangsmatrizen in Vektoren über. Matrizen und Vektoren von Eingrößensystemen haben folgende Form:

Systemmatrix: n Zeilen, n Spalten, Dimension $n \times n$

$$\begin{bmatrix} a_{11} & \cdots & a_{1n} \\ \vdots & \ddots & \vdots \\ a_{n1} & \cdots & a_{nn} \end{bmatrix} = A,$$

Eingangsvektor: n Zeilen, 1 Spalte, Dimension $n \times 1$

$$\begin{bmatrix} b_1 \\ \vdots \\ b_n \end{bmatrix} = b,$$

Ausgangsvektor: 1 Zeile, n Spalten, Dimension $1 \times n$

$$[c_1 \ \ldots \ c_n] = c^T.$$

Der Durchgangsmatrix D bei Mehrgrößensystemen entspricht bei Eingrößensystemen der skalare Durchgangsfaktor d. Für lineare Eingrößensysteme gilt das Gleichungssystem:

$$\frac{d}{dt}\begin{bmatrix} x_1(t) \\ x_2(t) \\ \vdots \\ x_n(t) \end{bmatrix} = \begin{bmatrix} a_{11} & \cdots & a_{1n} \\ a_{21} & \cdots & a_{2n} \\ \vdots & \ddots & \vdots \\ a_{n1} & \cdots & a_{nn} \end{bmatrix} \begin{bmatrix} x_1(t) \\ x_2(t) \\ \vdots \\ x_n(t) \end{bmatrix} + \begin{bmatrix} b_1 \\ b_2 \\ \vdots \\ b_n \end{bmatrix} u(t), \quad \text{(Zustandsdifferentialgleichungen)}$$

$$y(t) = [c_1 \ \ldots \ c_n] \begin{bmatrix} x_1(t) \\ x_2(t) \\ \vdots \\ x_n(t) \end{bmatrix} + d \cdot u(t). \quad \text{(Ausgangsgleichung)}$$

In abgekürzter Schreibweise erhält man:

$$\frac{d\,x(t)}{dt} = \dot{x}(t) = A \cdot x(t) + b \cdot u(t), \quad \text{(Zustandsdifferentialgleichung)},$$

$$y(t) = c^T \cdot x(t) + d \cdot u(t), \quad \text{(Ausgangsgleichung)}.$$

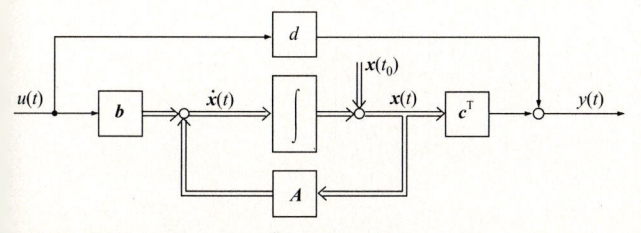

Bild 12.2-4: Signalflußplan eines Übertragungssystems mit einer Eingangs- und einer Ausgangsvariablen in Zustandsdarstellung

In Bild 12.2-4 ist der vektorielle Signalflußplan für die Zustandsdarstellung von Eingrößensystemen angegeben.

Beispiel 12.2-2: Zustandsgleichungen einer Lageregelstrecke

In Bild 12.2-5 ist das Signalflußbild der Lageregelstrecke eines Antriebs angegeben.

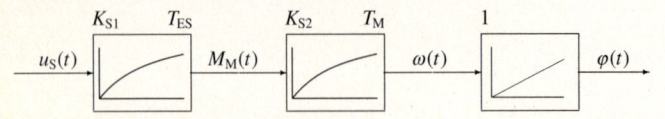

$u_S(t)$ = Stromrichtereingangsspannung,
$M_M(t)$ = Motormoment,
$\omega(t)$ = Winkelgeschwindigkeit,
$\varphi(t)$ = Drehwinkel,
T_{ES} = Ersatzzeitkonstante der Regelstrecke,
T_M = mechanische Zeitkonstante,
K_{S1} = Verstärkung der elektrischen Teilstrecke,
K_{S2} = Verstärkung der mechanischen Teilstrecke.

Bild 12.2-5: Signalflußplan einer Lageregelstrecke

Den physikalischen Größen im Signalflußbild werden regelungstechnische Variablen zugeordnet:

Zustandsvariablen:	Eingangsvariable:	Ausgangsvariable:
$(n = 3)$	$(m = 1)$	$(r = 1)$
$x_1(t) \triangleq \varphi(t),$	$u(t) \triangleq u_S(t),$	$y(t) \triangleq \varphi(t),$
$x_2(t) \triangleq \omega(t),$		
$x_3(t) \triangleq M_M(t).$		

Damit ergeben sich die Zustandsgleichungen in skalarer Form:

$$\dot{x}_1(t) = x_2(t),$$
$$\dot{x}_2(t) = -\frac{1}{T_M} \cdot x_2(t) + \frac{K_{S2}}{T_M} \cdot x_3(t),$$
$$\dot{x}_3(t) = -\frac{1}{T_{ES}} \cdot x_3(t) + \frac{K_{S1}}{T_{ES}} \cdot u(t),$$
$$y(t) = x_1(t)$$

und in Matrixform:

$$\frac{d}{dt}\begin{bmatrix} x_1(t) \\ x_2(t) \\ x_3(t) \end{bmatrix} = \begin{bmatrix} 0 & 1 & 0 \\ 0 & -\frac{1}{T_M} & \frac{K_{S2}}{T_M} \\ 0 & 0 & -\frac{1}{T_{ES}} \end{bmatrix} \begin{bmatrix} x_1(t) \\ x_2(t) \\ x_3(t) \end{bmatrix} + \begin{bmatrix} 0 \\ 0 \\ \frac{K_{S1}}{T_{ES}} \end{bmatrix} u(t),$$

$$y(t) = \begin{bmatrix} 1 & 0 & 0 \end{bmatrix} \begin{bmatrix} x_1(t) \\ x_2(t) \\ x_3(t) \end{bmatrix}.$$

Der Durchgangsfaktor d der Regelstrecke ist Null.

12.2.2 Lösung der Zustandsgleichung im Zeitbereich

12.2.2.1 Berechnung der Matrix-e-Funktion

Die Lösung der inhomogenen Zustandsgleichung (Abschnitt 12.2.2.3) ist von der e-Funktion e^{At} abhängig, wobei die Systemmatrix A im Exponenten auftritt. Die Ermittlung dieser Matrix-e-Funktion läßt sich auf die Berechnung einer skalaren e-Funktion zurückführen. Entsprechend der Darstellung der skalaren e-Funktion als Potenzreihe

$$\mathrm{e}^{at} = 1 + a \cdot \frac{t}{1!} + a^2 \cdot \frac{t^2}{2!} + a^3 \cdot \frac{t^3}{3!} + \ldots = \sum_{i=0}^{\infty} a^i \cdot \frac{t^i}{i!}$$

läßt sich auch die Matrix-e-Funktion durch eine Potenzreihe ausdrücken:

$$\mathrm{e}^{At} = E + A \cdot \frac{t}{1!} + A^2 \cdot \frac{t^2}{2!} + A^3 \cdot \frac{t^3}{3!} + \ldots = \sum_{i=0}^{\infty} A^i \cdot \frac{t^i}{i!}.$$

Beispiel 12.2-3: Die Matrix-e-Funktion der Systemmatrix

$$A = \begin{bmatrix} -1 & 0 \\ 1 & -1 \end{bmatrix}$$

ist zu bestimmen. Zunächst sind die Produkte

$$A^2 = A \cdot A = \begin{bmatrix} -1 & 0 \\ 1 & -1 \end{bmatrix} \begin{bmatrix} -1 & 0 \\ 1 & -1 \end{bmatrix} = \begin{bmatrix} 1 & 0 \\ -2 & 1 \end{bmatrix} \quad \text{und}$$

$$A^3 = A^2 \cdot A = \begin{bmatrix} 1 & 0 \\ -2 & 1 \end{bmatrix} \begin{bmatrix} -1 & 0 \\ 1 & -1 \end{bmatrix} = \begin{bmatrix} -1 & 0 \\ 3 & -1 \end{bmatrix}$$

zu berechnen. Für die Matrix-e-Funktion erhält man die Potenzreihe

$$\begin{aligned}
\mathrm{e}^{At} &= \mathrm{e}^{\begin{bmatrix} -1 & 0 \\ 1 & -1 \end{bmatrix} \cdot t} \\
&= \begin{bmatrix} 1 & 0 \\ 0 & 1 \end{bmatrix} + \begin{bmatrix} -1 & 0 \\ 1 & -1 \end{bmatrix} \frac{t}{1!} + \begin{bmatrix} 1 & 0 \\ -2 & 1 \end{bmatrix} \frac{t^2}{2!} + \begin{bmatrix} -1 & 0 \\ 3 & -1 \end{bmatrix} \frac{t^3}{3!} + \ldots \\
&= \begin{bmatrix} 1 - \frac{t}{1!} + \frac{t^2}{2!} - \frac{t^3}{3!} + \ldots & 0 + 0 \cdot \frac{t}{1!} + 0 \cdot \frac{t^2}{2!} + 0 \cdot \frac{t^3}{3!} + \ldots \\ 0 + \frac{t}{1!} - \frac{2 \cdot t^2}{2!} + \frac{3 \cdot t^3}{3!} - \ldots & 1 - \frac{t}{1!} + \frac{t^2}{2!} - \frac{t^3}{3!} + \ldots \end{bmatrix}.
\end{aligned}$$

Die Elemente der Matrix sind e-Funktionen:

Elemente (1,1) und (2,2) $= 1 - \dfrac{t}{1!} + \dfrac{t^2}{2!} - \dfrac{t^3}{3!} + \ldots = \mathrm{e}^{-t}$,

Element (1,2) $= 0 + 0 \cdot \dfrac{t}{1!} + 0 \cdot \dfrac{t^2}{2!} + 0 \cdot \dfrac{t^3}{3!} + \ldots = 0$,

Element (2,1) $= 0 + \dfrac{t}{1!} - 2 \cdot \dfrac{t^2}{2!} + 3 \cdot \dfrac{t^3}{3!} + \ldots = t \left[1 - \dfrac{t}{1!} + \dfrac{t^2}{2!} - \ldots \right] = t \cdot \mathrm{e}^{-t}$.

Damit nimmt die Matrix-e-Funktion die Form an:

$$\mathrm{e}^{At} = \mathrm{e}^{\begin{bmatrix} -1 & 0 \\ 1 & -1 \end{bmatrix} \cdot t} = \begin{bmatrix} \mathrm{e}^{-t} & 0 \\ t \cdot \mathrm{e}^{-t} & \mathrm{e}^{-t} \end{bmatrix} = \mathrm{e}^{-t} \begin{bmatrix} 1 & 0 \\ t & 1 \end{bmatrix}.$$

12.2.2.2 Differentiation der Matrix-e-Funktion

Für die Berechnung der Ableitung der Matrix-e-Funktion nach der Zeit ist die Darstellung als Potenzreihe geeignet. Die Matrix-e-Funktion

$$e^{At} = E + A \cdot \frac{t}{1!} + A^2 \cdot \frac{t^2}{2!} + A^3 \cdot \frac{t^3}{3!} + \ldots = \sum_{i=0}^{\infty} A^i \cdot \frac{t^i}{i!}$$

wird differenziert

$$\frac{d}{dt} e^{At} = \sum_{i=0}^{\infty} A^i \cdot i \cdot \frac{t^{i-1}}{i!} = 0 + A \cdot \frac{1}{1!} + 2 \cdot A^2 \cdot \frac{t}{2!} + 3 \cdot A^3 \cdot \frac{t^2}{3!} + \ldots$$

$$= A + A^2 \cdot \frac{t}{1!} + A^3 \cdot \frac{t^2}{2!} + \ldots,$$

wobei das Produkt der Systemmatrix A mit der Matrix-e-Funktion entsteht. Die Systemmatrix kann nach rechts oder nach links ausgeklammert werden:

$$\frac{d}{dt} e^{At} = \left[E + A \cdot \frac{t}{1!} + A^2 \cdot \frac{t^2}{2!} + \ldots \right] A = A \left[E + A \cdot \frac{t}{1!} + A^2 \cdot \frac{t^2}{2!} + \ldots \right],$$

$$\frac{d}{dt} e^{At} = e^{At} \cdot A = A \cdot e^{At}.$$

Im Gegensatz zur allgemeinen Matrix-Multiplikation ist das vorliegende Produkt kommutativ.

12.2.2.3 Lösung der inhomogenen Zustandsgleichung

Die Zustandsgleichung für lineare Übertragungssysteme mit konstanten Matrizen A, B und mehreren Eingangs- und Ausgangsvariablen

$$\frac{d}{dt} x(t) = A \cdot x(t) + B \cdot u(t)$$

wurde in Abschnitt 12.2.1.2 entwickelt. Zur Lösung der Gleichung multipliziert man von links mit der Matrix-e-Funktion:

$$e^{-At} \frac{d}{dt} x(t) = e^{-At} \cdot A \cdot x(t) + e^{-At} \cdot B \cdot u(t).$$

In Abschnitt 12.2.2.2 wurde gezeigt, daß die Matrizen

$$e^{-At} \cdot A = A \cdot e^{-At}$$

vertauschbar sind. Daher ist die Umformung

$$e^{-At} \frac{d}{dt} x(t) - A \cdot e^{-At} \cdot x(t) = e^{-At} \cdot B \cdot u(t)$$

zulässig. Die linke Seite der Gleichung entspricht der Ableitung von

$$\frac{d}{dt} \left[e^{-At} \cdot x(t) \right] = e^{-At} \frac{d}{dt} x(t) - A \cdot e^{-At} \cdot x(t),$$

die man durch Produktdifferentiation erhält. Damit ergibt sich

$$\frac{d}{dt} \left[e^{-At} \cdot x(t) \right] = e^{-At} \cdot B \cdot u(t).$$

Beginnt die Untersuchung zum Zeitpunkt t_0, dann liefert die Integration von t_0 bis t

$$\int_{t_0}^{t} \frac{d}{d\tau} \left[e^{-A\tau} \cdot x(\tau) \right] d\tau = \int_{t_0}^{t} e^{-A\tau} \cdot B \cdot u(\tau) \cdot d\tau.$$

Die Integrationsvariable wird mit τ bezeichnet, um sie von den Integrationsgrenzen zu unterscheiden. Das Integral der linken Gleichungsseite ergibt:

$$\left[e^{-A\tau} \cdot x(\tau) \right]_{t_0}^{t} = e^{-At} \cdot x(t) - e^{-At_0} \cdot x(t_0) = \int_{t_0}^{t} e^{-A\tau} \cdot B \cdot u(\tau) \cdot d\tau.$$

Die Gleichung wird erneut von links mit der Matrix-e-Funktion multipliziert:

$$e^{At} \cdot e^{-At} \cdot x(t) - e^{At} \cdot e^{-At_0} \cdot x(t_0) = e^{At} \int_{t_0}^{t} e^{-A\tau} \cdot B \cdot u(\tau) \cdot d\tau.$$

Auf der rechten Gleichungsseite können beide e-Funktionen unter dem Integral zusammengefaßt werden, da e^{-At} nicht von τ abhängt:

$$x(t) - e^{A(t-t_0)} \cdot x(t_0) = \int_{t_0}^{t} e^{A(t-\tau)} \cdot B \cdot u(\tau) \cdot d\tau.$$

Die allgemeine Lösung der Zustandsgleichung setzt sich aus der Lösung $x_h(t)$ der homogenen Zustandsgleichung und der partikulären Lösung $x_p(t)$ zusammen:

$$\boxed{x(t) = x_h(t) + x_p(t) = e^{A(t-t_0)} \cdot x(t_0) + \int_{t_0}^{t} e^{A(t-\tau)} \cdot B \cdot u(\tau) \, d\tau}.$$

Das Ergebnis sagt aus, daß der Systemzustand $x(t)$ von den Anfangswerten $x(t_0)$ der Zustandsvariablen und vom Eingangsvektor $u(t)$ für $t > t_0$ eindeutig bestimmt wird. Durch Einsetzen der Lösung $x(t)$ in die Ausgangsgleichung

$$y(t) = C \cdot x(t)$$

lassen sich die Ausgangsvariablen berechnen:

$$\boxed{y(t) = C \cdot \int_{t_0}^{t} e^{A(t-\tau)} \cdot B \cdot u(\tau) \cdot d\tau + C \cdot e^{A(t-t_0)} \cdot x(t_0)}.$$

12.2.2.4 Transitionsmatrix

In Abschnitt 12.2.2.1 ist die Matrix-e-Funktion beschrieben, die auch als **Transitionsmatrix** bezeichnet wird:

$$\boxed{\Phi(t) = e^{At}}.$$

Sie bestimmt die Lösung der homogenen und inhomogenen Zustandsgleichung:

$$x(t) = \int_{t_0}^{t} \Phi(t - \tau) \cdot B \cdot u(\tau) \cdot d\tau + \Phi(t - t_0) \cdot x(t_0).$$

Der Lösungsanteil der homogenen Zustandsgleichung wird durch das Produkt von Transitionsmatrix und Anfangswertvektor $x(t_0)$ gebildet:

$$x_h(t) = \Phi(t - t_0) \cdot x(t_0).$$

Durch Umstellung der Gleichung lassen sich die Anfangswerte mit der inversen Transitionsmatrix aus dem aktuellen Systemzustand berechnen:

$$x(t_0) = \Phi^{-1}(t - t_0) \cdot x_h(t).$$

Die inverse Transitionsmatrix

$$\Phi^{-1}(t - t_0) = \Phi(t_0 - t)$$

kann durch Vertauschen von t und t_0 gebildet werden. Mit $t_0 = 0$ ergibt sich

$$\boldsymbol{\Phi}^{-1}(t) = \boldsymbol{\Phi}(-t).$$

Damit berechnet sich der Anfangszustand zu

$$\boldsymbol{x}(t_0) = \boldsymbol{\Phi}(t_0 - t) \cdot \boldsymbol{x}_\mathrm{h}(t),$$

für $t_0 = 0$ erhält man

$$\boldsymbol{x}(0) = \boldsymbol{\Phi}(-t) \cdot \boldsymbol{x}_\mathrm{h}(t).$$

Für die Transitionsmatrix gelten folgende **Sonderwerte:**

Anfangswert:

$$\boldsymbol{\Phi}(t = 0) = \lim_{t \to 0} \mathrm{e}^{At} = \mathrm{e}^{A0} = \boldsymbol{E},$$

Endwert:

$$\boldsymbol{\Phi}(t \to \infty) = \lim_{t \to \infty} \mathrm{e}^{At} = \mathrm{e}^{A\infty} = \boldsymbol{0}, \quad \text{mit } \boldsymbol{0} \text{ als Nullmatrix.}$$

Die Formel für den Endwert ist anwendbar, wenn das Übertragungssystem mit der Systemmatrix A stabil ist. Die Transitionsmatrix wird auch als Fundamentalmatrix oder Zustandsübergangsmatrix bezeichnet.

Beispiel 12.2-4:   Lösung einer Zustandsgleichung

Im Signalflußbild 12.2-6 ist die Standarddifferentialgleichung einer PT$_2$-Regelstrecke mit der Differentialgleichung

$$\frac{1}{\omega_{0S}^2} \cdot \frac{\mathrm{d}^2 y(t)}{\mathrm{d}t^2} + \frac{2 \cdot D_S}{\omega_{0S}} \cdot \frac{\mathrm{d}y(t)}{\mathrm{d}t} + y(t) = K_S \cdot u(t)$$

dargestellt.

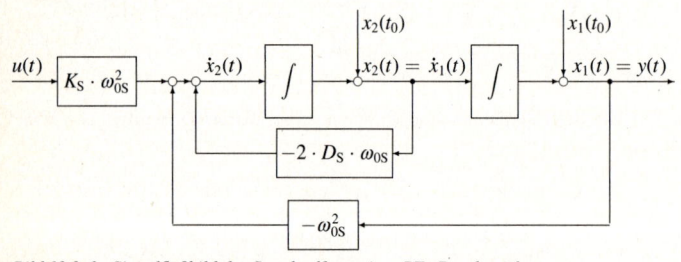

Bild 12.2-6: Signalflußbild der Standardform einer PT$_2$-Regelstrecke

Durch Einführung der Zustandsvariablen

$$x_1(t) = y(t),$$

$$x_2(t) = \frac{\mathrm{d}y(t)}{\mathrm{d}t},$$

wird die Differentialgleichung II. Ordnung in die Zustandsdarstellung überführt:

$$\frac{\mathrm{d}x_1(t)}{\mathrm{d}t} = x_2(t),$$

$$\frac{\mathrm{d}x_2(t)}{\mathrm{d}t} = -\omega_{0S}^2 \cdot x_1(t) - 2 \cdot D_S \cdot \omega_{0S} \cdot x_2(t) + K_S \cdot \omega_{0S}^2 \cdot u(t),$$

$$y(t) = x_1(t).$$

In Matrixform ergibt sich das Gleichungssystem zu

$$\frac{d}{dt}\begin{bmatrix} x_1(t) \\ x_2(t) \end{bmatrix} = \begin{bmatrix} 0 & 1 \\ -\omega_{0S}^2 & -2 \cdot D_S \cdot \omega_{0S} \end{bmatrix} \begin{bmatrix} x_1(t) \\ x_2(t) \end{bmatrix} + \begin{bmatrix} 0 \\ K_S \cdot \omega_{0S}^2 \end{bmatrix} u(t),$$

$$y(t) = \begin{bmatrix} 1 & 0 \end{bmatrix} \begin{bmatrix} x_1(t) \\ x_2(t) \end{bmatrix}.$$

Kennkreisfrequenz ω_{0S} und Dämpfung D_S haben die Werte $\omega_{0S} = 1\ \text{s}^{-1}$ und $D_S = 1$. Die Systemmatrix ist dann:

$$\boldsymbol{A} = \begin{bmatrix} 0 & 1 \\ -\omega_{0S}^2 & -2 \cdot D_S \cdot \omega_{0S} \end{bmatrix} = \begin{bmatrix} 0 & 1 \\ -1 & -2 \end{bmatrix}.$$

Entsprechend der in Abschnitt 12.2.2.1 beschriebenen Vorgehensweise wird die Matrix-e-Funktion, die auch als Transitionsmatrix bezeichnet wird, durch eine Potenzreihe berechnet:

$$\boldsymbol{\Phi}(t) = e^{\boldsymbol{A}t} = e^{\begin{bmatrix} 0 & 1 \\ -1 & -2 \end{bmatrix} \cdot t}$$

$$= \begin{bmatrix} 1 + 0 \cdot \dfrac{t}{1!} - 1 \cdot \dfrac{t^2}{2!} + 2 \cdot \dfrac{t^3}{3!} - \ldots & 0 + 1 \cdot \dfrac{t}{1!} - 2 \cdot \dfrac{t^2}{2!} + 3 \cdot \dfrac{t^3}{3!} - \ldots \\ 0 - 1 \cdot \dfrac{t}{1!} + 2 \cdot \dfrac{t^2}{2!} - 3 \cdot \dfrac{t^3}{3!} + \ldots & 1 - 2 \cdot \dfrac{t}{1!} + 3 \cdot \dfrac{t^2}{2!} - 4 \cdot \dfrac{t^3}{3!} + \ldots \end{bmatrix}.$$

Die Elemente der Transitionsmatrix sind

$$\Phi_{12}(t) = t \cdot e^{-t},$$
$$\Phi_{21}(t) = -t \cdot e^{-t}.$$

$\Phi_{11}(t)$ und $\Phi_{22}(t)$ werden in Faktoren zerlegt:

$$\Phi_{11}(t) = 1 - \frac{t^2}{2!} + 2 \cdot \frac{t^3}{3!} - 3 \cdot \frac{t^4}{4!} + \ldots$$

$$= (1+t) \cdot \left(1 - \frac{t}{1!} + \frac{t^2}{2!} - \frac{t^3}{3!} + \ldots \right) = (1+t) \cdot e^{-t},$$

$$\Phi_{22}(t) = 1 - 2 \cdot \frac{t}{1!} + 3 \cdot \frac{t^2}{2!} - 4 \cdot \frac{t^3}{3!} + \ldots$$

$$= (1-t) \cdot \left(1 - \frac{t}{1!} + \frac{t^2}{2!} - \frac{t^3}{3!} + \ldots \right) = (1-t) \cdot e^{-t}.$$

Damit lautet die Transitionsmatrix

$$\boldsymbol{\Phi}(t) = \begin{bmatrix} \Phi_{11} & \Phi_{12} \\ \Phi_{21} & \Phi_{22} \end{bmatrix} = \begin{bmatrix} (1+t) \cdot e^{-t} & t \cdot e^{-t} \\ -t \cdot e^{-t} & (1-t) \cdot e^{-t} \end{bmatrix}.$$

Untersucht wird das Sprungverhalten für $u(\tau) = u_0 \cdot E(\tau)$. Wählt man $t_0 = 0$, dann hat die Lösung der Zustandsgleichung folgende Form:

$$\boldsymbol{x}(t) = \int_0^t \boldsymbol{\Phi}(t-\tau) \cdot \boldsymbol{b} \cdot u(\tau) \cdot d\tau + \boldsymbol{\Phi}(t) \cdot \boldsymbol{x}(t_0).$$

Für die Ausgangsvariable $y(t)$ erhält man

$$y(t) = x_1(t) = \int_0^t \Phi_{12}(t-\tau) \cdot K_S \cdot \omega_{0S}^2 \cdot u_0 \cdot d\tau + \Phi_{11}(t) \cdot x_1(t_0) + \Phi_{12}(t) \cdot x_2(t_0)$$

$$= K_S \cdot \omega_{0S}^2 \cdot u_0 \cdot \int_0^t (t-\tau) \cdot e^{-(t-\tau)} \cdot d\tau + (1+t) \cdot e^{-t} \cdot x_1(t_0) + t \cdot e^{-t} \cdot x_2(t_0).$$

Das Integral wird durch partielle Integration berechnet:

$$y(t) = K_S \cdot \omega_{0S}^2 \cdot u_0 \cdot [1 - (1+t) \cdot e^{-t}] + (1+t) \cdot e^{-t} \cdot x_1(t_0) + t \cdot e^{-t} \cdot x_2(t_0).$$

Die Anfangswerte der PT_2-Regelstrecke sind:

$$\begin{bmatrix} x_1(t_0) \\ x_2(t_0) \end{bmatrix} = \begin{bmatrix} 0.5 \\ 0.2 \end{bmatrix}.$$

In Bild 12.2-7 ist der Zeitverlauf der Ausgangsvariablen aufgezeichnet.

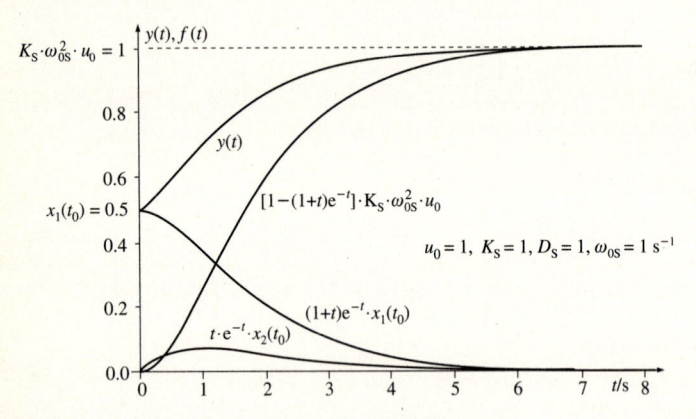

Bild 12.2-7: *Zeitverlauf der Ausgangsvariablen mit Teillösungen*

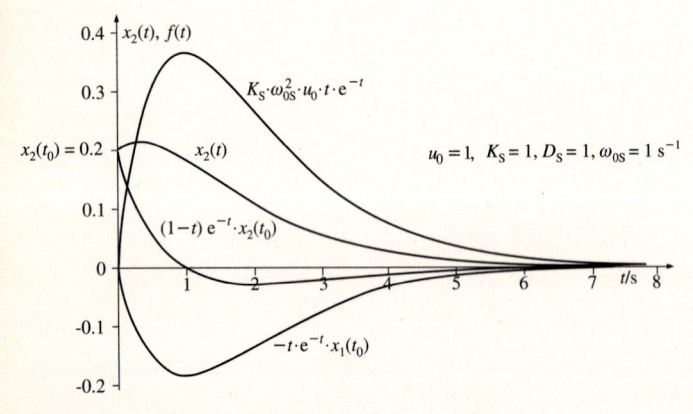

Bild 12.2-8: *Zeitverlauf der Zustandsvariablen $x_2(t)$ mit Teillösungen*

Für die Zustandsvariable $x_2(t)$ ergibt sich der Ausdruck:

$$\begin{aligned} x_2(t) &= \int_0^t \Phi_{22}(t-\tau) \cdot K_S \cdot \omega_{0S}^2 \cdot u_0 \cdot d\tau + \Phi_{21}(t) \cdot x_1(t_0) + \Phi_{22}(t) \cdot x_2(t_0) \\ &= K_S \cdot \omega_{0S}^2 \cdot u_0 \cdot \int_0^t (1-t+\tau) \cdot e^{-(t-\tau)} \cdot d\tau - t \cdot e^{-t} \cdot x_1(t_0) + (1-t) \cdot e^{-t} \cdot x_2(t_0). \end{aligned}$$

Partielle Integration liefert das Ergebnis

$$x_2(t) = K_S \cdot \omega_{0S}^2 \cdot u_0 \cdot t \cdot e^{-t} - t \cdot e^{-t} \cdot x_1(t_0) + (1-t) \cdot e^{-t} \cdot x_2(t_0),$$

mit der Darstellung in Bild 12.2-8.

12.2.3 Lösung der Zustandsgleichung im Frequenzbereich

Bei der Lösung der inhomogenen Zustandsgleichung von Übertragungssystemen höherer Ordnung im Zeitbereich ergeben sich für die Potenzreihendarstellung der Transitionsmatrix und für das Faltungsintegral unübersichtliche Ausdrücke. Sind die Elemente der Matrizen A, B, C, D nicht von der Zeit abhängig, dann kann die Zustandsgleichung indirekt im Frequenzbereich gelöst werden.

Im folgenden ist der Rechengang für Eingrößensysteme mit den Zustandsgleichungen

$$\dot{x}(t) = A \cdot x(t) + b \cdot u(t),$$
$$y(t) = c^T \cdot x(t)$$

beschrieben, wobei der Durchgangsfaktor zu Null angenommen wird: $d = 0$. Die Anwendung der LAPLACE-Transformation auf den Zustandsvektor $x(t)$ ergibt

$$L\{x(t)\} = L\left\{\begin{bmatrix} x_1(t) \\ x_2(t) \\ \vdots \\ x_n(t) \end{bmatrix}\right\} = \begin{bmatrix} x_1(s) \\ x_2(s) \\ \vdots \\ x_n(s) \end{bmatrix} = x(s).$$

Die Ableitung des Zustandsvektors $x(t)$ wird mit dem Differentiationssatz transformiert:

$$L\{\dot{x}(t)\} = L\left\{\begin{bmatrix} \dot{x}_1(t) \\ \dot{x}_2(t) \\ \vdots \\ \dot{x}_n(t) \end{bmatrix}\right\} = \begin{bmatrix} s \cdot x_1(s) - x_1(t_0) \\ s \cdot x_2(s) - x_2(t_0) \\ \vdots \\ s \cdot x_n(s) - x_n(t_0) \end{bmatrix} = s \cdot x(s) - x(t_0).$$

Damit haben die Zustandsgleichungen im Frequenzbereich folgende Form:

$$s \cdot x(s) - x(t_0) = A \cdot x(s) + b \cdot u(s),$$
$$y(s) \qquad\qquad = c^T \cdot x(s).$$

Eine Umformung unter Verwendung der Einheitsmatrix E ergibt

$$s \cdot E \cdot x(s) - A \cdot x(s) = [s \cdot E - A] \cdot x(s) = b \cdot u(s) + x(t_0).$$

Zur Auflösung der Gleichung nach $x(s)$ muß von links mit der inversen Matrix

$$[s \cdot E - A]^{-1}$$

multipliziert werden:

$$x(s) = [s \cdot E - A]^{-1} \cdot b \cdot u(s) + [s \cdot E - A]^{-1} \cdot x(t_0).$$

Die Lösung der Zustandsgleichung setzt sich aus dem partikulären und dem homogenen Lösungsanteil zusammen. Mit der inversen LAPLACE-Transformation erhält man

$$x(t) = x_p(t) + x_h(t) = L^{-1}\{[s \cdot E - A]^{-1} \cdot b \cdot u(s)\} + L^{-1}\{[s \cdot E - A]^{-1}\} \cdot x(t_0).$$

Die Multiplikation mit dem Ausgangsvektor c^T ergibt die Ausgangsvariable

$$y(t) = L^{-1}\{c^T \cdot [s \cdot E - A]^{-1} \cdot b \cdot u(s)\} + L^{-1}\{c^T \cdot [s \cdot E - A]^{-1}\} \cdot x(t_0).$$

Bleibt der Anfangsvektor mit $x(t_0) = o$ unberücksichtigt, so ist

$$y(t) = L^{-1}\{c^T \cdot [s \cdot E - A]^{-1} \cdot b \cdot u(s)\} = L^{-1}\{G(s) \cdot u(s)\}$$

mit der Übertragungsfunktion

$$\boxed{G(s) = c^T \cdot [s \cdot E - A]^{-1} \cdot b}.$$

Zur Berechnung der **inversen Matrix** muß die **adjungierte Matrix** gebildet und durch die Determinante dividiert werden:

$$[s \cdot E - A]^{-1} = \frac{1}{\det[s \cdot E - A]} \cdot \mathrm{adj}\,[s \cdot E - A].$$

Vergleicht man den Ausdruck für die Lösung der homogenen Zustandsgleichung mit der Lösung in Abschnitt 12.2.2.3, dann erhält man für $t_0 = 0$

$$\boxed{\Phi(t) = L^{-1}\{[s \cdot E - A]^{-1}\}}.$$

Mit der Formel

$$\boxed{\Phi(s) = [s \cdot E - A]^{-1}}$$

kann die Transitionsmatrix im Frequenzbereich berechnet werden.

Beispiel 12.2-5: Lösung einer inhomogenen Zustandsgleichung im Frequenzbereich. Die Zustandsgleichung einer PT$_2$-Standardregelstrecke

$$\frac{d}{dt}\begin{bmatrix} x_1(t) \\ x_2(t) \end{bmatrix} = \begin{bmatrix} 0 & 1 \\ -\omega_{0S}^2 & -2 \cdot D_S \cdot \omega_{0S} \end{bmatrix} \begin{bmatrix} x_1(t) \\ x_2(t) \end{bmatrix} + \begin{bmatrix} 0 \\ K_S \cdot \omega_{0S}^2 \end{bmatrix} \cdot u(t),$$

$$y(t) = \begin{bmatrix} 1 & 0 \end{bmatrix} \begin{bmatrix} x_1(t) \\ x_2(t) \end{bmatrix}$$

wurde in Beispiel 12.2-4 im Zeitbereich gelöst. Durch Anwendung der LAPLACE-Transformation erhält man

$$x(t) = L^{-1}\{[s \cdot E - A]^{-1} \cdot b \cdot u(s)\} + L^{-1}\{[s \cdot E - A]^{-1} \cdot x(t_0)\}.$$

In der Gleichung ist die Transitionsmatrix

$$\Phi(s) = [s \cdot E - A]^{-1}$$

$$= \left[s \cdot \begin{bmatrix} 1 & 0 \\ 0 & 1 \end{bmatrix} - \begin{bmatrix} 0 & 1 \\ -\omega_{0S}^2 & -2 \cdot D_S \cdot \omega_{0S} \end{bmatrix} \right]^{-1} = \begin{bmatrix} s & -1 \\ \omega_{0S}^2 & s + 2 \cdot D_S \cdot \omega_{0S} \end{bmatrix}^{-1}$$

enthalten. Für die Invertierung einer 2×2-Matrix

$$A = \begin{bmatrix} a_{11} & a_{12} \\ a_{21} & a_{22} \end{bmatrix}$$

gilt allgemein

$$A^{-1} = \frac{1}{\det A} \cdot \begin{bmatrix} a_{22} & -a_{12} \\ -a_{21} & a_{11} \end{bmatrix},$$

mit der Determinanten

$$\det A = a_{11} \cdot a_{22} - a_{12} \cdot a_{21}.$$

Damit ergibt sich die Transitionsmatrix zu

$$\Phi(s) = \frac{1}{s^2 + 2 \cdot D_S \cdot \omega_{0S} \cdot s + \omega_{0S}^2} \cdot \begin{bmatrix} s + 2 \cdot D_S \cdot \omega_{0S} & 1 \\ -\omega_{0S}^2 & s \end{bmatrix}.$$

Setzt man die Transitionsmatrix in die Lösung der Zustandsgleichung ein, dann erhält man zunächst die vektorielle Form

$$x(t) = L^{-1} \left\{ \frac{1}{s^2 + 2 \cdot D_S \cdot \omega_{0S} \cdot s + \omega_{0S}^2} \cdot \begin{bmatrix} s + 2 \cdot D_S \cdot \omega_{0S} & 1 \\ -\omega_{0S}^2 & s \end{bmatrix} \begin{bmatrix} 0 \\ K_S \cdot \omega_{0S}^2 \end{bmatrix} \cdot u(s) \right\}$$

$$+ L^{-1} \left\{ \frac{1}{s^2 + 2 \cdot D_S \cdot \omega_{0S} \cdot s + \omega_{0S}^2} \cdot \begin{bmatrix} s + 2 \cdot D_S \cdot \omega_{0S} & 1 \\ -\omega_{0S}^2 & s \end{bmatrix} \right\} \begin{bmatrix} x_1(t_0) \\ x_2(t_0) \end{bmatrix}$$

und daraus die skalaren Lösungen

$$x_1(t) = L^{-1} \left\{ \frac{K_S \cdot \omega_{0S}^2}{s^2 + 2 \cdot D_S \cdot \omega_{0S} \cdot s + \omega_{0S}^2} \cdot u(s) \right\} + L^{-1} \left\{ \frac{(s + 2 \cdot D_S \cdot \omega_{0S}) \cdot x_1(t_0) + x_2(t_0)}{s^2 + 2 \cdot D_S \cdot \omega_{0S} \cdot s + \omega_{0S}^2} \right\},$$

$$x_2(t) = L^{-1} \left\{ \frac{K_S \cdot \omega_{0S}^2 \cdot s}{s^2 + 2 \cdot D_S \cdot \omega_{0S} \cdot s + \omega_{0S}^2} \cdot u(s) \right\} + L^{-1} \left\{ \frac{-\omega_{0S}^2 \cdot x_1(t_0) + s \cdot x_2(t_0)}{s^2 + 2 \cdot D_S \cdot \omega_{0S} \cdot s + \omega_{0S}^2} \right\}.$$

Die inversen LAPLACE-Transformationen sind in den Tabellen für die LAPLACE-Transformation in Abschnitt 3.5.8 enthalten.

12.2.4 Normalformen von Übertragungssystemen

12.2.4.1 Allgemeines

Bei der Zustandsbeschreibung mit **Normalformen** nehmen die Zustandsgleichungen besonders einfache oder für bestimmte Berechnungen zweckmäßige Formen an. In den folgenden Abschnitten sind zwei häufig verwendete kanonische Beschreibungsformen

- **Regelungsnormalform** und
- **Beobachtungsnormalform**

angegeben. Mit diesen Normalformen werden die Berechnungen von Zustandsregelungen in Abschnitt 12.3 vereinfacht.

In Beispiel 12.2-2 sind Zustandsvariablen und physikalische Größen identisch. Treten jedoch in den Differentialgleichungen Ableitungen der Eingangsvariablen auf, dann hat die zugehörige Übertragungsfunktion Nullstellen. In diesem Fall können die Zustandsvariablen des physikalischen Systems nicht verwendet werden, da bei der Zustandsdarstellung Ableitungen der Eingangsvariablen nicht zugelassen sind. Für diese Übertragungssysteme eignen sich kanonische Beschreibungsformen, wobei Ableitungen der Eingangsgrößen durch geeignete Wahl der Zustandsvariablen vermieden werden. Die Übertragungseigenschaften sind unabhängig von der gewählten Zustandsdarstellung.

12.2.4.2 Regelungsnormalform

Ausgangspunkt ist die allgemeine lineare Differentialgleichung der Ordnung n

$$a_n \cdot \frac{d^n y(t)}{dt^n} + a_{n-1} \cdot \frac{d^{n-1} y(t)}{dt^{n-1}} + \ldots + a_1 \cdot \frac{dy(t)}{dt} + a_0 \cdot y(t)$$

$$= b_n \cdot \frac{d^n u(t)}{dt^n} + \ldots + b_1 \cdot \frac{du(t)}{dt} + b_0 \cdot u(t)$$

mit der Übertragungsfunktion

$$G(s) = \frac{y(s)}{u(s)} = \frac{b_n \cdot s^n + b_{n-1} \cdot s^{n-1} + \ldots + b_1 \cdot s + b_0}{a_n \cdot s^n + a_{n-1} \cdot s^{n-1} + \ldots + a_1 \cdot s + a_0} = \frac{Z(s)}{N(s)}.$$

Für den allgemeinen Fall mit Zählergrad gleich Nennergrad ist das Differentialgleichungssystem I. Ordnung in **Regelungsnormalform** und Matrixschreibweise wie folgt vereinbart:

$$\frac{d}{dt} \begin{bmatrix} x_{1R}(t) \\ x_{2R}(t) \\ \vdots \\ x_{(n-1)R}(t) \\ x_{nR}(t) \end{bmatrix} = \begin{bmatrix} 0 & 1 & 0 & \ldots & 0 \\ 0 & 0 & 1 & \ldots & 0 \\ \vdots & \vdots & \vdots & \ddots & \vdots \\ 0 & 0 & 0 & \ldots & 1 \\ -\frac{a_0}{a_n} & -\frac{a_1}{a_n} & -\frac{a_2}{a_n} & \ldots & -\frac{a_{n-1}}{a_n} \end{bmatrix} \begin{bmatrix} x_{1R}(t) \\ x_{2R}(t) \\ \vdots \\ x_{(n-1)R}(t) \\ x_{nR}(t) \end{bmatrix} + \begin{bmatrix} 0 \\ 0 \\ \vdots \\ 0 \\ \frac{1}{a_n} \end{bmatrix} \cdot u(t),$$

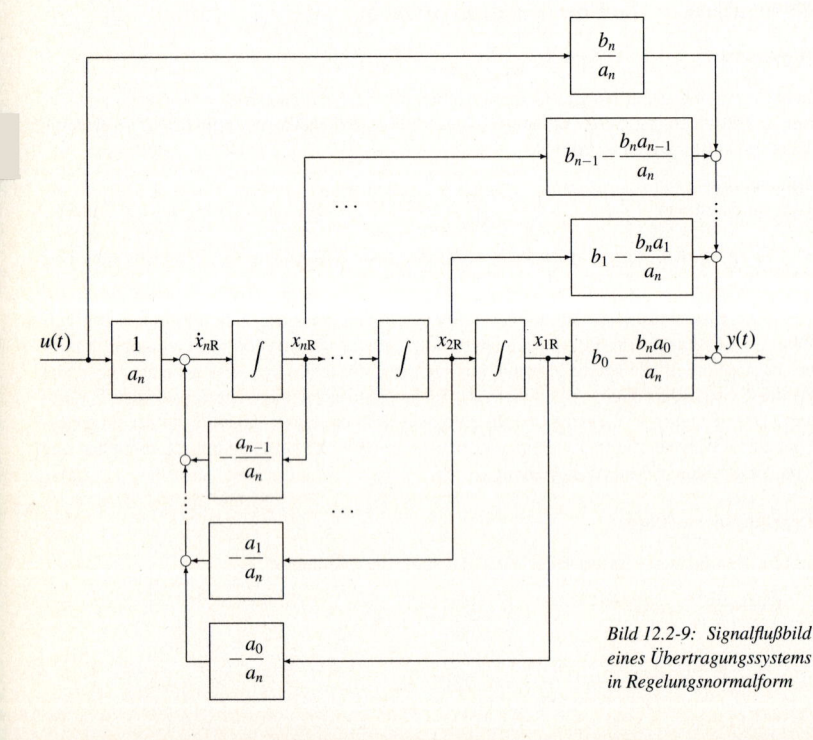

$$y(t) = \begin{bmatrix} b_0 - \frac{b_n a_0}{a_n} & b_1 - \frac{b_n a_1}{a_n} & \ldots & b_{n-1} - \frac{b_n a_{n-1}}{a_n} \end{bmatrix} \begin{bmatrix} x_{1R}(t) \\ x_{2R}(t) \\ \vdots \\ x_{nR}(t) \end{bmatrix} + \frac{b_n}{a_n} \cdot u(t).$$

Bild 12.2-9: Signalflußbild eines Übertragungssystems in Regelungsnormalform

12.2 Berechnungsmethoden für Übertragungssysteme mit Zustandsvariablen

In abkürzender Schreibweise erhält man

$$\frac{d}{dt}\boldsymbol{x}_R(t) = \dot{\boldsymbol{x}}_R(t) = A_R \cdot \boldsymbol{x}_R(t) + \boldsymbol{b}_R \cdot u(t), y(t) = \boldsymbol{c}_R^T \cdot \boldsymbol{x}_R(t) + d \cdot u(t).$$

Die Regelungsnormalform wird auch als

- FROBENIUSform,
- Steuerungsnormalform oder
- I. Standardform

bezeichnet. In Bild 12.2-9 ist der Signalflußplan der Regelungsnormalform dargestellt, x_{iR} sind Zeitfunktionen $x_{iR}(t)$.

Bei der Regelungsnormalform tritt die Eingangsvariable $u(t)$ nur in der letzten Zeile des Zustandsdifferentialgleichungssystems auf und wirkt damit unmittelbar nur auf die Zustandsvariable x_{nR}. Hat das Zählerpolynom der Übertragungsfunktion den Grad Null, dann ist $y(t) = b_0 \cdot x_{1R}(t)$. Ist das Zählerpolynom von höherem Grad $b_i \neq 0, i = 1, \ldots, n$, dann ist die Ausgangsvariable eine Linearkombination mehrerer Zustandsvariablen. Der Durchgangsfaktor $d = \dfrac{b_n}{a_n}$ ist bei realisierbaren Systemen häufig Null.

Beispiel 12.2-6: Ein Übertragungssystem mit der Differentialgleichung

$$a_3 \cdot \frac{d^3 y(t)}{dt^3} + a_2 \cdot \frac{d^2 y(t)}{dt^2} + a_1 \cdot \frac{dy(t)}{dt} + a_0 \cdot y(t) = b_0 \cdot u(t)$$

und der Übertragungsfunktion

$$G(s) = \frac{y(s)}{u(s)} = \frac{b_0}{a_3 \cdot s^3 + a_2 \cdot s^2 + a_1 \cdot s + a_0} = \frac{Z(s)}{N(s)},$$

$$x_{1R}(s) = \frac{y(s)}{b_0} = \frac{1}{a_3 \cdot s^3 + a_2 \cdot s^2 + a_1 \cdot s + a_0} \cdot u(s) = \frac{1}{N(s)} \cdot u(s)$$

soll mit Zustandsvariablen in der Regelungsnormalform dargestellt werden. Mit der Abkürzung $\dot{x}(t) = \dfrac{dx(t)}{dt}$ und den Zustandsvariablen $x_{1R}(t)$, $x_{2R}(t)$ und $x_{3R}(t)$ erhält man:

$$x_{1R}(t) = \frac{y(t)}{b_0}, \quad \dot{x}_{1R}(t) = x_{2R}(t) = \frac{\dot{y}(t)}{b_0}, \quad \dot{x}_{2R}(t) = x_{3R}(t) = \frac{\ddot{y}(t)}{b_0},$$

$$\dot{x}_{3R}(t) = \ddot{x}_{2R}(t) = \dddot{x}_{1R}(t) = \frac{\dddot{y}(t)}{b_0}$$

und mit der Umstellung

$$a_3 \cdot \dddot{y}(t) = -a_0 \cdot y(t) - a_1 \cdot \dot{y}(t) - a_2 \cdot \ddot{y}(t) + b_0 \cdot u(t),$$

$$a_3 \cdot \dddot{x}_{1R}(t) = -a_0 \cdot x_{1R}(t) - a_1 \cdot \dot{x}_{1R}(t) - a_2 \cdot \ddot{x}_{1R}(t) + u(t),$$

$$a_3 \cdot \dddot{x}_{1R}(t) = -a_0 \cdot x_{1R}(t) - a_1 \cdot x_{2R}(t) - a_2 \cdot x_{3R}(t) + u(t),$$

ergibt sich

$$\dot{x}_{3R}(t) = -\frac{a_0}{a_3} \cdot x_{1R}(t) - \frac{a_1}{a_3} \cdot x_{2R}(t) - \frac{a_2}{a_3} \cdot x_{3R}(t) + \frac{1}{a_3} \cdot u(t).$$

Mit dieser Umformung entsteht ein System von Differentialgleichungen I. Ordnung in Regelungsnormalform:

$$\frac{d}{dt}\begin{bmatrix} x_{1R}(t) \\ x_{2R}(t) \\ x_{3R}(t) \end{bmatrix} = \begin{bmatrix} 0 & 1 & 0 \\ 0 & 0 & 1 \\ -\dfrac{a_0}{a_3} & -\dfrac{a_1}{a_3} & -\dfrac{a_2}{a_3} \end{bmatrix} \begin{bmatrix} x_{1R}(t) \\ x_{2R}(t) \\ x_{3R}(t) \end{bmatrix} + \begin{bmatrix} 0 \\ 0 \\ \dfrac{1}{a_3} \end{bmatrix} \cdot u(t),$$

$$y(t) = \begin{bmatrix} b_0 & 0 & 0 \end{bmatrix} \begin{bmatrix} x_{1R}(t) \\ x_{2R}(t) \\ x_{3R}(t) \end{bmatrix} = b_0 \cdot x_{1R}(t).$$

Das Differentialgleichungssystem wird durch folgendes Strukturbild dargestellt:

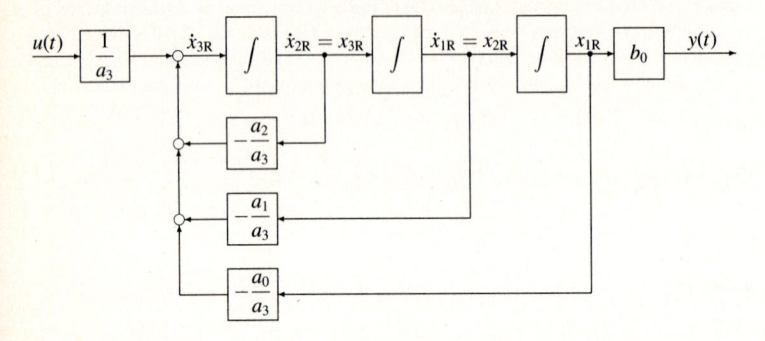

Die Erweiterung auf den allgemeinen Fall, bei dem die Ordnung des Zählerpolynoms gleich der des Nenners ist, wird wie folgt ausgeführt. Ausgangspunkt ist eine Übertragungsfunktion $G(s)$ dritter Ordnung.

$$G(s) = \frac{y(s)}{u(s)} = \frac{b_3 \cdot s^3 + b_2 \cdot s^2 + b_1 \cdot s + b_0}{a_3 \cdot s^3 + a_2 \cdot s^2 + a_1 \cdot s + a_0} = \frac{Z(s)}{N(s)},$$

$$x_{1R}(s) = \frac{y(s)}{b_0} = \frac{1}{a_3 \cdot s^3 + a_2 \cdot s^2 + a_1 \cdot s + a_0} \cdot u(s) = \frac{1}{N(s)} \cdot u(s).$$

Die Zustandsvariable $x_{1R}(s)$ wird eingesetzt:

$$y(s) = G(s) \cdot u(s) = \frac{b_3 \cdot s^3 + b_2 \cdot s^2 + b_1 \cdot s + b_0}{a_3 \cdot s^3 + a_2 \cdot s^2 + a_1 \cdot s + a_0} \cdot u(s)$$

$$= \frac{Z(s)}{N(s)} \cdot u(s) = \left[\frac{b_3 \cdot s^3}{N(s)} + \frac{b_2 \cdot s^2}{N(s)} + \frac{b_1 \cdot s}{N(s)} + \frac{b_0}{N(s)} \right] \cdot u(s)$$

$$= b_3 \cdot s^3 \cdot x_{1R}(s) + b_2 \cdot s^2 \cdot x_{1R}(s) + b_1 \cdot s \cdot x_{1R}(s) + b_0 \cdot x_{1R}(s).$$

Die letzte Gleichung wird in den Zeitbereich zurücktransformiert und die Zustandsvariablen eingesetzt:

$$y(s) = b_3 \cdot s^3 \cdot x_{1R}(s) + b_0 \cdot x_{1R}(s) + b_1 \cdot s \cdot x_{1R}(s) + b_2 \cdot s^2 \cdot x_{1R}(s)$$

$$= b_3 \cdot s \cdot x_{3R}(s) + b_0 \cdot x_{1R}(s) + b_1 \cdot x_{2R}(s) + b_2 \cdot x_{3R}(s),$$

$$y(t) = b_3 \cdot \dot{x}_{3R}(t) + b_0 \cdot x_{1R}(t) + b_1 \cdot x_{2R}(t) + b_2 \cdot x_{3R}(t).$$

Mit $\dot{x}_{3R}(t) = -\dfrac{a_0}{a_3} \cdot x_{1R}(t) - \dfrac{a_1}{a_3} \cdot x_{2R}(t) - \dfrac{a_2}{a_3} \cdot x_{3R}(t) + \dfrac{1}{a_3} \cdot u(t)$

erhält man

$$y(t) = \quad b_0 \cdot x_{1R}(t) \quad + \quad b_1 \cdot x_{2R}(t) \quad + \quad b_2 \cdot x_{3R}(t) \quad +$$
$$-a_0 \cdot \frac{b_3}{a_3} \cdot x_{1R}(t) \quad - \quad a_1 \cdot \frac{b_3}{a_3} \cdot x_{2R}(t) \quad - \quad a_2 \cdot \frac{b_3}{a_3} \cdot x_{3R}(t) \quad + \quad \frac{b_3}{a_3} \cdot u(t)$$
$$= \left(b_0 - a_0 \frac{b_3}{a_3}\right) x_{1R}(t) + \left(b_1 - a_1 \frac{b_3}{a_3}\right) x_{2R}(t) + \left(b_2 - a_2 \frac{b_3}{a_3}\right) x_{3R}(t) + \frac{b_3}{a_3} u(t).$$

Mit dieser Umformung entsteht ein System von Differentialgleichungen I. Ordnung in Regelungsnormalform:

$$\frac{d}{dt} \begin{bmatrix} x_{1R}(t) \\ x_{2R}(t) \\ x_{3R}(t) \end{bmatrix} = \begin{bmatrix} 0 & 1 & 0 \\ 0 & 0 & 1 \\ -\frac{a_0}{a_3} & -\frac{a_1}{a_3} & -\frac{a_2}{a_3} \end{bmatrix} \begin{bmatrix} x_{1R}(t) \\ x_{2R}(t) \\ x_{3R}(t) \end{bmatrix} + \begin{bmatrix} 0 \\ 0 \\ \frac{1}{a_3} \end{bmatrix} \cdot u(t),$$

$$y(t) = \begin{bmatrix} b_0 - b_3 \frac{a_0}{a_3} & b_1 - b_3 \frac{a_1}{a_3} & b_2 - b_3 \frac{a_2}{a_3} \end{bmatrix} \begin{bmatrix} x_{1R}(t) \\ x_{2R}(t) \\ x_{3R}(t) \end{bmatrix} + \frac{b_3}{a_3} \cdot u(t).$$

Das Signalflußbild in Regelungsnormalform für das System III. Ordnung ist angegeben.

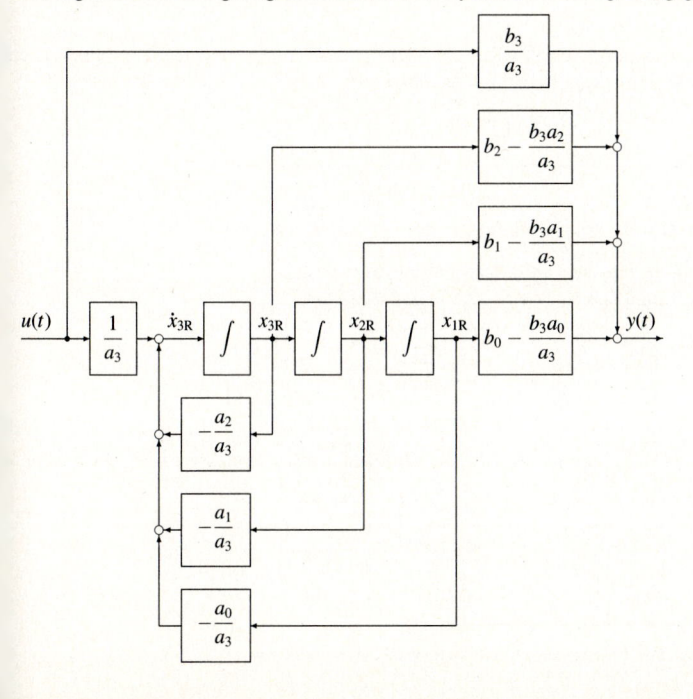

12.2.4.3 Beobachtungsnormalform

Die lineare Differentialgleichung der Ordnung n

$$a_n \cdot \frac{d^n y(t)}{dt^n} + a_{n-1} \cdot \frac{d^{n-1} y(t)}{dt^{n-1}} + \ldots + a_1 \cdot \frac{dy(t)}{dt} + a_0 \cdot y(t)$$
$$= b_n \cdot \frac{d^n u(t)}{dt^n} + \ldots + b_1 \cdot \frac{du(t)}{dt} + b_0 \cdot u(t)$$

mit der Übertragungsfunktion

$$G(s) = \frac{y(s)}{u(s)} = \frac{b_n \cdot s^n + b_{n-1} \cdot s^{n-1} + \ldots + b_1 \cdot s + b_0}{a_n \cdot s^n + a_{n-1} \cdot s^{n-1} + \ldots + a_1 \cdot s + a_0} = \frac{Z(s)}{N(s)}$$

bildet den Ausgangspunkt für die Entwicklung der **Beobachtungsnormalform**. Für den allgemeinen Fall ergibt sich folgende ausführliche Matrixschreibweise

$$\frac{d}{dt} \begin{bmatrix} x_{1B}(t) \\ x_{2B}(t) \\ x_{3B}(t) \\ \vdots \\ x_{nB}(t) \end{bmatrix} = \begin{bmatrix} 0 & 0 & \ldots & 0 & -\dfrac{a_0}{a_n} \\ 1 & 0 & \ldots & 0 & -\dfrac{a_1}{a_n} \\ 0 & 1 & \ldots & 0 & -\dfrac{a_2}{a_n} \\ \vdots & \vdots & \ddots & \vdots & \vdots \\ 0 & 0 & \ldots & 1 & -\dfrac{a_{n-1}}{a_n} \end{bmatrix} \begin{bmatrix} x_{1B}(t) \\ x_{2B}(t) \\ x_{3B}(t) \\ \vdots \\ x_{nB}(t) \end{bmatrix} + \begin{bmatrix} b_0 - b_n \dfrac{a_0}{a_n} \\ b_1 - b_n \dfrac{a_1}{a_n} \\ b_2 - b_n \dfrac{a_2}{a_n} \\ \vdots \\ b_{n-1} - b_n \dfrac{a_{n-1}}{a_n} \end{bmatrix} \cdot u(t),$$

$$y(t) = \begin{bmatrix} 0 & 0 & \ldots & 0 & \dfrac{1}{a_n} \end{bmatrix} \begin{bmatrix} x_{1B}(t) \\ x_{2B}(t) \\ \vdots \\ x_{nB}(t) \end{bmatrix} + \frac{b_n}{a_n} \cdot u(t)$$

und die Kurzform

$$\frac{d}{dt} \boldsymbol{x}_B(t) = \dot{\boldsymbol{x}}_B(t) = \boldsymbol{A}_B \cdot \boldsymbol{x}_B(t) + \boldsymbol{b}_B \cdot u(t), \quad y(t) = \boldsymbol{c}_B^T \cdot \boldsymbol{x}_B(t) + d \cdot u(t).$$

Die Beobachtungsnormalform wird auch als II. Standardform bezeichnet.

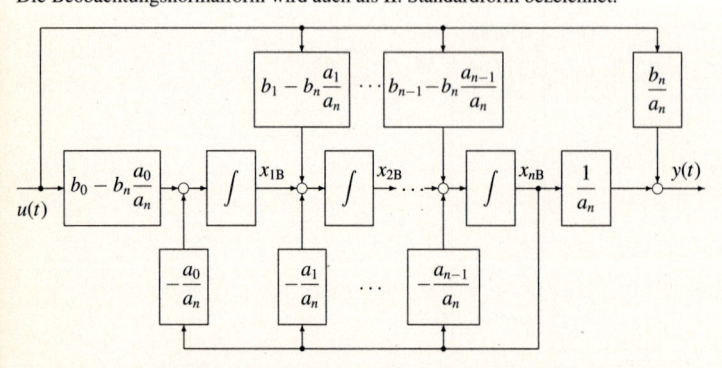

Bild 12.2-10: Signalflußbild eines Übertragungssystems in Beobachtungsnormalform

12.2 Berechnungsmethoden für Übertragungssysteme mit Zustandsvariablen

Bei der Beobachtungsnormalform ist die Ausgangsvariable $y(t)$ für $d = 0$ unmittelbar nur von der Zustandsvariablen x_{nB} abhängig. Ist das Zählerpolynom $Z(s)$ der Übertragungsfunktion von höherer Ordnung ($b_i \neq 0, i = 1 \ldots n$), dann wirkt die Eingangsvariable $u(t)$ auf mehrere Zustandsvariablen.

Beispiel 12.2-7: Die Differentialgleichung III. Ordnung

$$a_3 \frac{d^3 y(t)}{dt^3} + a_2 \frac{d^2 y(t)}{dt^2} + a_1 \frac{dy(t)}{dt} + a_0 \cdot y(t) = b_3 \frac{d^3 u(t)}{dt^3} + b_2 \frac{d^2 u(t)}{dt^2} + b_1 \frac{du(t)}{dt} + b_0 \cdot u(t)$$

mit der Übertragungsfunktion

$$G(s) = \frac{y(s)}{u(s)} = \frac{b_3 \cdot s^3 + b_2 \cdot s^2 + b_1 \cdot s + b_0}{a_3 \cdot s^3 + a_2 \cdot s^2 + a_1 \cdot s + a_0} = \frac{Z(s)}{N(s)},$$

soll als Differentialgleichungssystem in **Beobachtungsnormalform** dargestellt werden.

In den Zustandsdifferentialgleichungen sind Ableitungen der Eingangsvariablen nicht zulässig. Ableitungen der Eingangsvariablen lassen sich im Beispiel durch dreimalige Integration der Differentialgleichung vermeiden. Im Frequenzbereich entspricht das einer Division der Übertragungsfunktion durch s^3 für dieses Beispiel:

$$a_3 \cdot y(s) + \frac{a_2}{s} \cdot y(s) + \frac{a_1}{s^2} \cdot y(s) + \frac{a_0}{s^3} \cdot y(s) = b_3 \cdot u(s) + \frac{b_2}{s} \cdot u(s) + \frac{b_1}{s^2} \cdot u(s) + \frac{b_0}{s^3} \cdot u(s).$$

Weitere Umformungen ergeben:

$$a_3 \cdot y(s) = b_3 \cdot u(s) + \frac{1}{s} \cdot [b_2 \cdot u(s) - a_2 \cdot y(s)] + $$
$$+ \frac{1}{s^2} \cdot [b_1 \cdot u(s) - a_1 \cdot y(s)] + \frac{1}{s^3} \cdot [b_0 \cdot u(s) - a_0 \cdot y(s)],$$
$$y(s) = \frac{b_3}{a_3} \cdot u(s) + \frac{1}{a_3} \cdot \left[\frac{1}{s} \cdot \left[b_2 \cdot u(s) - a_2 \cdot y(s) + \right.\right.$$
$$\left.\left. + \frac{1}{s} \left[b_1 \cdot u(s) - a_1 \cdot y(s) + \frac{1}{s} \left[b_0 \cdot u(s) - a_0 \cdot y(s) \right] \right] \right] \right].$$

Die Klammerausdrücke in der Gleichung sind LAPLACE-transformierte Ableitungen der Zustandsvariablen der Beobachtungsnormalform:

$$s \cdot x_{1B}(s) = b_0 \cdot u(s) - a_0 \cdot y(s),$$

$$s \cdot x_{2B}(s) = b_1 \cdot u(s) - a_1 \cdot y(s) + x_{1B}(s),$$

$$s \cdot x_{3B}(s) = b_2 \cdot u(s) - a_2 \cdot y(s) + x_{2B}(s).$$

Setzt man die LAPLACE-transformierte Ausgangsgleichung

$$y(s) = \frac{1}{a_3} \cdot x_{3B}(s) + \frac{b_3}{a_3} \cdot u(s)$$

in die Gleichungen ein und führt die Rücktransformation aus, dann erhält man folgende Zustandsdifferentialgleichungen:

$$\dot{x}_{1B}(t) = -\frac{a_0}{a_3} \cdot x_{3B}(t) + \left(b_0 - \frac{b_3 \cdot a_0}{a_3} \right) \cdot u(t),$$

$$\dot{x}_{2B}(t) = -\frac{a_1}{a_3} \cdot x_{3B}(t) + \left(b_1 - \frac{b_3 \cdot a_1}{a_3} \right) \cdot u(t) + x_{1B}(t),$$

$$\dot{x}_{3B}(t) = -\frac{a_2}{a_3} \cdot x_{3B}(t) + \left(b_2 - \frac{b_3 \cdot a_2}{a_3} \right) \cdot u(t) + x_{2B}(t).$$

Die Ausgangsgleichung lautet im Zeitbereich:

$$y(t) = \frac{1}{a_3} \cdot x_{3B}(t) + \frac{b_3}{a_3} \cdot u(t).$$

In Matrixschreibweise hat das Gleichungssystem die Form:

$$\frac{d}{dt} \begin{bmatrix} x_{1B}(t) \\ x_{2B}(t) \\ x_{3B}(t) \end{bmatrix} = \begin{bmatrix} 0 & 0 & -\dfrac{a_0}{a_3} \\ 1 & 0 & -\dfrac{a_1}{a_3} \\ 0 & 1 & -\dfrac{a_2}{a_3} \end{bmatrix} \begin{bmatrix} x_{1B}(t) \\ x_{2B}(t) \\ x_{3B}(t) \end{bmatrix} + \begin{bmatrix} b_0 - b_3 \dfrac{a_0}{a_3} \\ b_1 - b_3 \dfrac{a_1}{a_3} \\ b_2 - b_3 \dfrac{a_2}{a_3} \end{bmatrix} u(t),$$

$$y(t) = \begin{bmatrix} 0 & 0 & \dfrac{1}{a_3} \end{bmatrix} \begin{bmatrix} x_{1B}(t) \\ x_{2B}(t) \\ x_{3B}(t) \end{bmatrix} + \dfrac{b_3}{a_3} \cdot u(t).$$

Für das Übertragungssystem erhält man folgendes Signalflußbild in Beobachtungsnormalform:

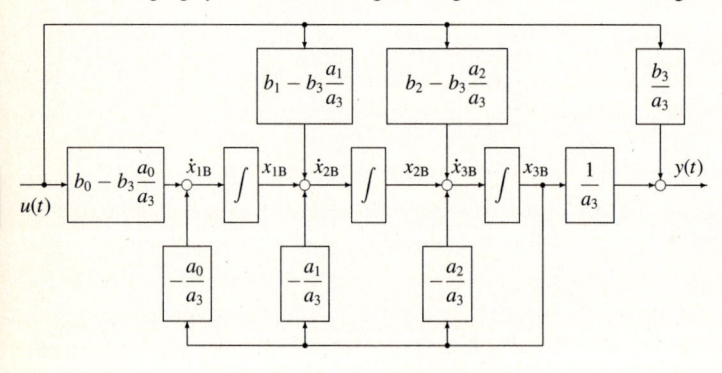

Beispiel 12.2-8:   Normalformen einer Lageregelstrecke

Für die Lageregelstrecke (Signalflußbild 12.2-11) ist in Beispiel 12.2-2 die Zustandsdarstellung mit physikalischen Zustandsvariablen angegeben. Im vorliegenden Beispiel werden Regelungs- und Beobachtungsnormalform entwickelt.

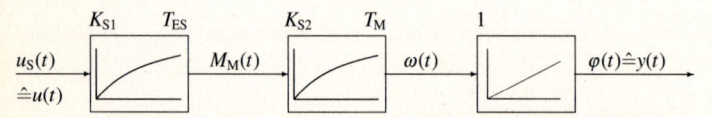

$u_S(t)$ ≙ $u(t)$

K_{S1}, T_{ES} → $M_M(t)$ → K_{S2}, T_M → $\omega(t)$ → 1 → $\varphi(t) \hat{=} y(t)$

$u_S(t)$ = Stromrichtereingangsspannung, T_{ES} = Ersatzzeitkonstante der Regelstrecke,
$M_M(t)$ = Motormoment, T_M = mechanische Zeitkonstante,
$\omega(t)$ = Winkelgeschwindigkeit, K_{S1} = Verstärkung der elektrischen Teilstrecke,
$\varphi(t)$ = Drehwinkel, K_{S2} = Verstärkung der mechanischen Teilstrecke.

Bild 12.2-11: Signalflußplan einer Lageregelstrecke

Regelungsnormalform

Aus dem Signalflußplan wird die Übertragungsfunktion

$$G_S(s) = \frac{y(s)}{u(s)}$$
$$= \frac{K_{S1} \cdot K_{S2}}{T_{ES} \cdot T_M \cdot s^3 + (T_{ES} + T_M) \cdot s^2 + s}$$

und die Differentialgleichung abgeleitet:

$$T_{ES} \cdot T_M \cdot \dddot{y}(t) + (T_{ES} + T_M) \cdot \ddot{y}(t) + \dot{y}(t) = K_{S1} \cdot K_{S2} \cdot u(t).$$

Für die Regelungsnormalform sind die Zustandsvariablen

$$x_{1R}(t) = \frac{y(t)}{K_{S1} \cdot K_{S2}},$$

$$\dot{x}_{1R}(t) = x_{2R}(t) = \frac{\dot{y}(t)}{K_{S1} \cdot K_{S2}},$$

$$\dot{x}_{2R}(t) = x_{3R}(t) = \frac{\ddot{y}(t)}{K_{S1} \cdot K_{S2}},$$

$$\dot{x}_{3R}(t) = \ddot{x}_{2R}(t) = \dddot{x}_{1R}(t)$$

festgelegt, so daß die Differentialgleichung III. Ordnung mit der Umformung

$$T_{ES} \cdot T_M \cdot \dddot{x}_{1R}(t) = -\dot{x}_{1R}(t) - (T_{ES} + T_M) \cdot \ddot{x}_{1R}(t) + u(t),$$

$$\dot{x}_{3R}(t) = -\frac{1}{T_{ES} \cdot T_M} \cdot x_{2R}(t) - \frac{T_{ES} + T_M}{T_{ES} \cdot T_M} \cdot x_{3R}(t) + \frac{1}{T_{ES} \cdot T_M} \cdot u(t)$$

in ein Differentialgleichungssystem I. Ordnung überführt werden kann:

$$\frac{d}{dt} \begin{bmatrix} x_{1R}(t) \\ x_{2R}(t) \\ x_{3R}(t) \end{bmatrix} = \begin{bmatrix} 0 & 1 & 0 \\ 0 & 0 & 1 \\ 0 & -\dfrac{1}{T_{ES} \cdot T_M} & -\dfrac{T_{ES} + T_M}{T_{ES} \cdot T_M} \end{bmatrix} \begin{bmatrix} x_{1R}(t) \\ x_{2R}(t) \\ x_{3R}(t) \end{bmatrix} + \begin{bmatrix} 0 \\ 0 \\ \dfrac{1}{T_{ES} \cdot T_M} \end{bmatrix} \cdot u(t),$$

$$y(t) = \begin{bmatrix} K_{S1} \cdot K_{S2} & 0 & 0 \end{bmatrix} \begin{bmatrix} x_{1R}(t) \\ x_{2R}(t) \\ x_{3R}(t) \end{bmatrix}.$$

In Regelungsnormalform hat die Lageregelstrecke folgende Struktur:

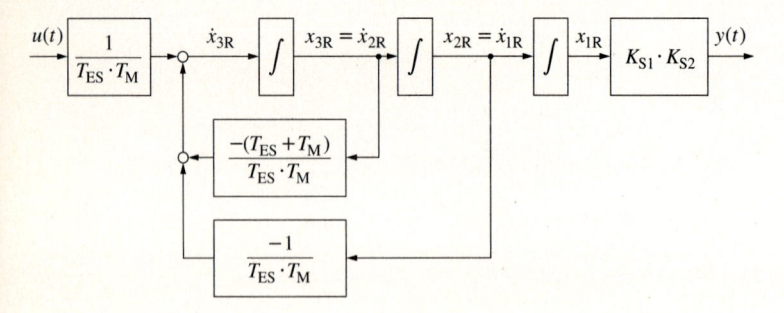

```
u(t) → [1/(T_ES·T_M)] → ⊕ → ẋ_3R → [∫] → x_3R = ẋ_2R → [∫] → x_2R = ẋ_1R → [∫] → x_1R → [K_S1·K_S2] → y(t)
                         ↑
                         ⊕ ← [-(T_ES+T_M)/(T_ES·T_M)]
                         ↑
                         ← [-1/(T_ES·T_M)]
```

Beobachtungsnormalform

Zur Bildung der Beobachtungsnormalform wird die Übertragungsfunktion der Lageregelstrecke

$$G_S(s) = \frac{y(s)}{u(s)} = \frac{K_{S1} \cdot K_{S2}}{T_{ES} \cdot T_M \cdot s^3 + (T_{ES} + T_M) \cdot s^2 + s}$$

umgeformt, durch s^n, $n = 3$, dividiert

$$T_{ES} \cdot T_M \cdot y(s) + \frac{T_{ES} + T_M}{s} \cdot y(s) + \frac{1}{s^2} \cdot y(s) = \frac{K_{S1} \cdot K_{S2}}{s^3} \cdot u(s)$$

und auf folgende Form gebracht:

$$y(s) = \frac{1}{T_{ES} \cdot T_M} \left[\frac{1}{s} \left[-(T_{ES} + T_M) \cdot y(s) + \frac{1}{s} \left[-y(s) + \frac{1}{s}(K_{S1} \cdot K_{S2} \cdot u(s)) \right] \right] \right].$$

Entsprechend der Definition der Zustandsvariablen bei der Beobachtungsnormalform sind die Klammerausdrücke die LAPLACE-transformierten Ableitungen der Zustandsvariablen:

$$s \cdot x_{1B}(s) = K_{S1} \cdot K_{S2} \cdot u(s),$$
$$s \cdot x_{2B}(s) = -y(s) + x_{1B}(s),$$
$$s \cdot x_{3B}(s) = -(T_{ES} + T_M) \cdot y(s) + x_{2B}(s).$$

Setzt man die LAPLACE-transformierte Ausgangsgleichung

$$y(s) = \frac{1}{T_{ES} \cdot T_M} \cdot x_{3B}(s)$$

ein und führt die inverse LAPLACE-Transformation durch, dann erhält man die Zustandsdifferentialgleichungen:

$$\dot{x}_{1B}(t) = K_{S1} \cdot K_{S2} \cdot u(t),$$
$$\dot{x}_{2B}(t) = -\frac{1}{T_{ES} \cdot T_M} \cdot x_{3B}(t) + x_{1B}(t),$$
$$\dot{x}_{3B}(t) = -\frac{T_{ES} + T_M}{T_{ES} \cdot T_M} \cdot x_{3B}(t) + x_{2B}(t).$$

In Beobachtungsnormalform ergibt sich das Matrix-Differentialgleichungssystem

$$\frac{d}{dt}\begin{bmatrix} x_{1B}(t) \\ x_{2B}(t) \\ x_{3B}(t) \end{bmatrix} = \begin{bmatrix} 0 & 0 & 0 \\ 1 & 0 & \dfrac{-1}{T_{ES} \cdot T_M} \\ 0 & 1 & -\dfrac{T_{ES} + T_M}{T_{ES} \cdot T_M} \end{bmatrix} \begin{bmatrix} x_{1B}(t) \\ x_{2B}(t) \\ x_{3B}(t) \end{bmatrix} + \begin{bmatrix} K_{S1} \cdot K_{S2} \\ 0 \\ 0 \end{bmatrix} \cdot u(t),$$

$$y(t) = \begin{bmatrix} 0 & 0 & \dfrac{1}{T_{ES} \cdot T_M} \end{bmatrix} \begin{bmatrix} x_{1B}(t) \\ x_{2B}(t) \\ x_{3B}(t) \end{bmatrix}$$

und das Signalflußbild:

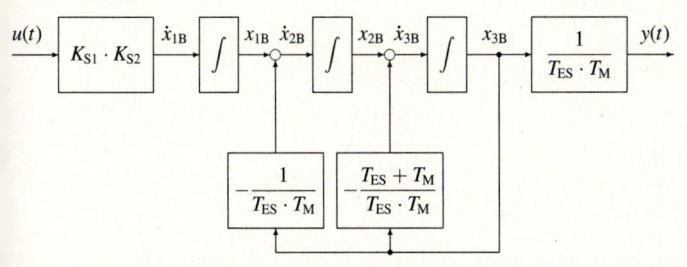

12.2.4.4 Zusammenfassung

In der Regelungstechnik werden mehrere kanonische Formen zur Beschreibung von Übertragungssystemen verwendet. Regelungs- und Beobachtungsnormalform sind zueinander dual. Bei der Berechnung wird von der Übertragungsfunktion ausgegangen. Ist eine der Normalformen bekannt, dann läßt sich die duale Normalform bestimmen. Die Systemmatrizen werden durch Transponierung, d. h. Spiegelung an der Diagonalen der Matrix umgerechnet. Eingangs- und Ausgangsvektor werden getauscht.

12.2.5 Steuerbarkeit und Beobachtbarkeit von Übertragungssystemen

12.2.5.1 Steuerbarkeit

Bei der Zustandsregelung werden alle Zustandsvariablen auf den Eingang des Regelungssystems zurückgeführt. Zustandsregelungen sind nur dann realisierbar, wenn die Stellgröße auf alle Zustandsvariablen wirkt und diese beeinflußt. Ist die Bedingung erfüllt, dann ist die Regelstrecke steuerbar.

Zur genauen Beschreibung der **Steuerbarkeit von Übertragungssystemen** verwendet man folgende Definition:

Das Übertragungssystem

$$\dot{x}(t) = A \cdot x(t) + b \cdot u(t), \quad y(t) = c^T \cdot x(t) + d \cdot u(t)$$

ist steuerbar, wenn eine Eingangsvariable $u(t)$ existiert, so daß die Zustandsvariablen $x(t)$ von einem beliebigen Anfangszustand $x(t_0) = x_0$ in den Endzustand $x(t_E) = o$ überführt werden können. Die notwendige Steuerzeit $t = t_E - t_0$ muß endlich sein.

Mit dem folgenden Verfahren wird die Steuerbarkeit geprüft. Für Übertragungssysteme mit n Zustandsvariablen sind n Spaltenvektoren $b, A \cdot b, A^2 \cdot b, \ldots, A^{n-1} \cdot b$ zu ermitteln, die die $n \times n$-**Steuerbarkeitsmatrix**

$$Q_S = [b, A \cdot b, A^2 \cdot b, \ldots, A^{n-1} \cdot b]$$

bilden. Die **Determinante der Steuerbarkeitsmatrix** ist ein Maß für die Steuerbarkeit.

Ist die Determinante det $Q_S \neq 0$, dann ist das Übertragungssystem vollständig steuerbar, d. h., alle Zustandsvariablen sind steuerbar. Für det $Q_S = 0$ sind nicht alle Zustandsvariablen steuerbar.
Vollständig steuerbare Übertragungssysteme lassen sich in der Regelungsnormalform darstellen.

Beispiel 12.2-9: Steuerbarkeit einer Lageregelstrecke

Von der im Bild dargestellten Lageregelstrecke ist in Beispiel 12.2-2 die Zustandsdarstellung mit physikalischen Zustandsvariablen beschrieben. In Beispiel 12.2-8 sind Regelungs- und Beobachtungsnormalform angegeben.

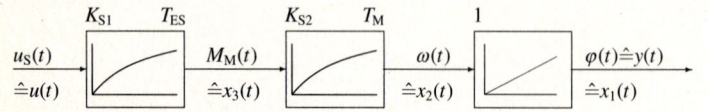

$u_S(t) \triangleq u(t)$ — K_{S1}, T_{ES} — $M_M(t) \triangleq x_3(t)$ — K_{S2}, T_M — $\omega(t) \triangleq x_2(t)$ — 1 — $\varphi(t) \triangleq y(t) \triangleq x_1(t)$

$u_S(t)$ = Stromrichtereingangsspannung,
$M_M(t)$ = Motormoment,
$\omega(t)$ = Winkelgeschwindigkeit,
$\varphi(t)$ = Drehwinkel,
T_{ES} = Ersatzzeitkonstante der Regelstrecke,
T_M = mechanische Zeitkonstante,
K_{S1} = Verstärkung der elektrischen Teilstrecke,
K_{S2} = Verstärkung der mechanischen Teilstrecke.

Mit den physikalischen Zustandsvariablen im Signalflußbild ergeben sich folgende Zustandsgleichungen:

$$\frac{d}{dt}\begin{bmatrix} x_1(t) \\ x_2(t) \\ x_3(t) \end{bmatrix} = \begin{bmatrix} 0 & 1 & 0 \\ 0 & -\dfrac{1}{T_M} & \dfrac{K_{S2}}{T_M} \\ 0 & 0 & -\dfrac{1}{T_{ES}} \end{bmatrix} \begin{bmatrix} x_1(t) \\ x_2(t) \\ x_3(t) \end{bmatrix} + \begin{bmatrix} 0 \\ 0 \\ \dfrac{K_{S1}}{T_{ES}} \end{bmatrix} \cdot u(t),$$

$$y(t) = \begin{bmatrix} 1 & 0 & 0 \end{bmatrix} \begin{bmatrix} x_1(t) \\ x_2(t) \\ x_3(t) \end{bmatrix}.$$

Für das Gleichungssystem erhält man die Steuerbarkeitsmatrix

$$Q_S = [b, A \cdot b, A^2 \cdot b] = \begin{bmatrix} 0 & 0 & \dfrac{K_{S1} \cdot K_{S2}}{T_{ES} \cdot T_M} \\ 0 & \dfrac{K_{S1} \cdot K_{S2}}{T_{ES} \cdot T_M} & -\dfrac{K_{S1} \cdot K_{S2}}{T_{ES} \cdot T_M}\left[\dfrac{1}{T_M} + \dfrac{1}{T_{ES}}\right] \\ \dfrac{K_{S1}}{T_{ES}} & -\dfrac{K_{S1}}{T_{ES}^2} & \dfrac{K_{S1}}{T_{ES}^3} \end{bmatrix}$$

mit der Determinanten

$$\det \boldsymbol{Q}_S = -q_{S13} \cdot q_{S22} \cdot q_{S31} = \frac{-K_{S1}^3 \cdot K_{S2}^2}{T_M^2 \cdot T_{ES}^3} \neq 0.$$

Die Steuerbarkeit der Lageregelstrecke ist für folgende Extremwerte der Streckenparameter eingeschränkt. Für

$$K_{S2} = 0 \quad \text{oder} \quad T_M \to \infty$$

sind die Zustandsvariablen $x_1(t)$ und $x_2(t)$ nicht steuerbar. Für

$$K_{S1} = 0 \quad \text{oder} \quad T_{ES} \to \infty$$

sind die Zustandsvariablen $x_1(t)$, $x_2(t)$ und $x_3(t)$ nicht steuerbar.

Diese extremen Parameterwerte sind unrealistisch. Die **Lageregelstrecke ist vollständig steuerbar**, d.h., alle Zustandsvariablen sind durch die Stromrichtereingangsspannung beeinflußbar. Für die Lageregelung können daher Zustandsregler eingesetzt werden.

12.2.5.2 Beobachtbarkeit

Zustandsregelungen erfordern die Messung und Rückführung aller Zustandsvariablen auf den Eingang der Regelstrecke. Aus physikalischen oder Kostengründen sind einzelne Zustandsvariablen häufig nicht meßbar. Nichtmeßbare Zustandsvariablen werden dann aus den gemessenen Zustandsvariablen berechnet. Zustandsbeobachter, die diese Aufgabe durchführen, sind zusätzliche Regelungssysteme. Zustandsbeobachter können jedoch nur dann realisiert werden, wenn die Regelstrecke oder das Übertragungssystem beobachtbar ist.

Die **Beobachtbarkeit von Übertragungssystemen** ist wie folgt festgelegt:

Das Übertragungssystem

$$\dot{\boldsymbol{x}}(t) = \boldsymbol{A} \cdot \boldsymbol{x}(t) + \boldsymbol{b} \cdot u(t), \; y(t) = \boldsymbol{c}^T \cdot \boldsymbol{x}(t) + d \cdot u(t)$$

ist beobachtbar, wenn durch Messung der Ausgangsvariablen $y(t)$ der Anfangszustand $\boldsymbol{x}(t_0) = \boldsymbol{x}_0$ der Zustandsvariablen bestimmt werden kann. Dabei muß die Eingangsvariable $u(t)$ bekannt und die Beobachtungszeit $t - t_0$ muß endlich sein.

Zur Prüfung der Beobachtbarkeit von Übertragungssystemen mit n Zustandsvariablen müssen die n Zeilenvektoren $\boldsymbol{c}^T, \boldsymbol{c}^T \cdot \boldsymbol{A}, \boldsymbol{c}^T \cdot \boldsymbol{A}^2, \ldots, \boldsymbol{c}^T \cdot \boldsymbol{A}^{n-1}$ berechnet werden. Diese Zeilenvektoren bilden die $n \times n$-**Beobachtbarkeitsmatrix**

$$\boldsymbol{Q}_B = \begin{bmatrix} \boldsymbol{c}^T \\ \boldsymbol{c}^T \cdot \boldsymbol{A} \\ \boldsymbol{c}^T \cdot \boldsymbol{A}^2 \\ \vdots \\ \boldsymbol{c}^T \cdot \boldsymbol{A}^{n-1} \end{bmatrix}.$$

Wenn die Determinante $\det \boldsymbol{Q}_B \neq 0$ ist, dann ist das Übertragungssystem vollständig beobachtbar. Ist die Determinante der Beobachtbarkeitsmatrix $\det \boldsymbol{Q}_B = 0$, so sind nicht alle Zustandsvariablen beobachtbar. Vollständig beobachtbare Übertragungssysteme sind in der Beobachtungsnormalform darstellbar.

Beispiel 12.2-10: Beobachtbarkeit einer Lageregelstrecke

Von der im Bild dargestellten Lageregelstrecke ist in Beispiel 12.2-2 die Zustandsdarstellung mit physikalischen Zustandsvariablen beschrieben. In Beispiel 12.2-8 sind Regelungs- und Beobachtungsnormalform angegeben. Die Steuerbarkeit wird in Beispiel 12.2-9 geprüft.

$u_S(t) \triangleq u(t)$ → [K_{S1}, T_{ES}] → $M_M(t) \triangleq x_3(t)$ → [K_{S2}, T_M] → $\omega(t) \triangleq x_2(t)$ → [1] → $\varphi(t) \triangleq y(t) \triangleq x_1(t)$

$u_S(t)$ = Stromrichtereingangsspannung,
$M_M(t)$ = Motormoment,
$\omega(t)$ = Winkelgeschwindigkeit,
$\varphi(t)$ = Drehwinkel,
T_{ES} = Ersatzzeitkonstante der Regelstrecke,
T_M = mechanische Zeitkonstante,
K_{S1} = Verstärkung der elektrischen Teilstrecke,
K_{S2} = Verstärkung der mechanischen Teilstrecke.

Zur Prüfung der Beobachtbarkeit werden die Zustandsgleichungen aus dem Signalflußbild ermittelt:

$$\frac{d}{dt}\begin{bmatrix} x_1(t) \\ x_2(t) \\ x_3(t) \end{bmatrix} = \begin{bmatrix} 0 & 1 & 0 \\ 0 & -\frac{1}{T_M} & \frac{K_{S2}}{T_M} \\ 0 & 0 & -\frac{1}{T_{ES}} \end{bmatrix} \begin{bmatrix} x_1(t) \\ x_2(t) \\ x_3(t) \end{bmatrix} + \begin{bmatrix} 0 \\ 0 \\ \frac{K_{S1}}{T_{ES}} \end{bmatrix} u(t),$$

$$y(t) = \begin{bmatrix} 1 & 0 & 0 \end{bmatrix} \begin{bmatrix} x_1(t) \\ x_2(t) \\ x_3(t) \end{bmatrix}.$$

Für das Gleichungssystem wird die Beobachtbarkeitsmatrix gebildet:

$$\boldsymbol{Q}_B = \begin{bmatrix} \boldsymbol{c}^T \\ \boldsymbol{c}^T \cdot \boldsymbol{A} \\ \boldsymbol{c}^T \cdot \boldsymbol{A}^2 \end{bmatrix} = \begin{bmatrix} 1 & 0 & 0 \\ 0 & 1 & 0 \\ 0 & -\frac{1}{T_M} & \frac{K_{S2}}{T_M} \end{bmatrix},$$

mit der Determinanten

$$\det \boldsymbol{Q}_B = q_{B11} \cdot q_{B22} \cdot q_{B33} = \frac{K_{S2}}{T_M} \neq 0.$$

Die Beobachtbarkeit der Lageregelstrecke ist für folgende Extremwerte der Streckenparameter eingeschränkt. Für

$$K_{S2} = 0 \quad \text{oder} \quad T_M \to \infty$$

ist die Zustandsvariable $x_3(t)$ nicht beobachtbar. Diese extremen Parameterwerte können in der Praxis nicht auftreten. Die **Regelstrecke ist vollständig beobachtbar**. Durch Messung der Position $y(t)$ können die Zustandsvariablen $x_2(t)$ und $x_3(t)$ bei bekannten Streckenparametern mit Zustandsbeobachtern ermittelt werden.

12.2.5.3   Untersuchung der Steuerbarkeit und Beobachtbarkeit eines Regelungssystems

Beschreibung des Übertragungssystems

Im Signalflußbild 12.2-12 ist ein offener Regelkreis mit PDT$_1$-Regler und PT$_1$-Regelstrecke angegeben.

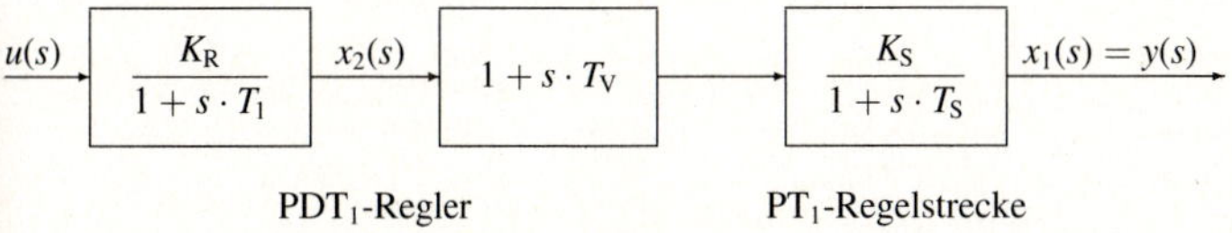

$u(s)$ → | $\dfrac{K_R}{1+s\cdot T_1}$ | → $x_2(s)$ → | $1+s\cdot T_V$ | → | $\dfrac{K_S}{1+s\cdot T_S}$ | → $x_1(s) = y(s)$

PDT$_1$-Regler   PT$_1$-Regelstrecke

Bild 12.2-12:   Übertragungssystem zur Untersuchung von Steuerbarkeit und Beobachtbarkeit

In der folgenden Untersuchung sollen Bedingungen ermittelt werden, unter denen das Übertragungssystem steuerbar und beobachtbar ist. Sind die Bedingungen zu erfüllen, dann kann das Übertragungssystem durch einen übergeordneten Zustandsregler mit Zustandsbeobachter geregelt werden.

Mit den in Bild 12.2-12 verwendeten Zustandsvariablen ergeben sich die Zustandsgleichungen in skalarer Form

$$\frac{d}{dt}x_1(t) = -\frac{1}{T_S}\cdot x_1(t) + \frac{K_S}{T_S}\cdot\left(1-\frac{T_V}{T_1}\right)\cdot x_2(t) + \frac{K_R\cdot K_S\cdot T_V}{T_1\cdot T_S}\cdot u(t),$$

$$\frac{d}{dt}x_2(t) = -\frac{1}{T_1}\cdot x_2(t) + \frac{K_R}{T_1}\cdot u(t),$$

$$y(t) = x_1(t),$$

und in Matrixdarstellung:

$$\frac{d}{dt}\boldsymbol{x}(t) = \begin{bmatrix} -\dfrac{1}{T_S} & \dfrac{K_S}{T_S}\cdot\left(1-\dfrac{T_V}{T_1}\right) \\ 0 & -\dfrac{1}{T_1} \end{bmatrix}\cdot \boldsymbol{x}(t) + \begin{bmatrix} \dfrac{K_R\cdot K_S\cdot T_V}{T_1\cdot T_S} \\ \dfrac{K_R}{T_1} \end{bmatrix}\cdot u(t),$$

$$y(t) = \begin{bmatrix} 1 & 0 \end{bmatrix}\cdot \boldsymbol{x}(t).$$

Prüfung der Steuerbarkeit

Die Steuerbarkeitsmatrix berechnet sich zu

$$\boldsymbol{Q}_S = \begin{bmatrix} \boldsymbol{b}, & \boldsymbol{A}\cdot\boldsymbol{b} \end{bmatrix} = \begin{bmatrix} \dfrac{K_R\cdot K_S\cdot T_V}{T_1\cdot T_S} & \dfrac{K_R\cdot K_S}{T_1\cdot T_S}\cdot\left[1-\dfrac{T_V}{T_1}-\dfrac{T_V}{T_S}\right] \\ \dfrac{K_R}{T_1} & -\dfrac{K_R}{T_1^2} \end{bmatrix}.$$

Für die Determinante der Steuerbarkeitsmatrix erhält man den Ausdruck

$$\det \boldsymbol{Q}_S = q_{S11}\cdot q_{S22} - q_{S12}\cdot q_{S21} = \frac{(T_V-T_S)\cdot K_R^2\cdot K_S}{T_1^2\cdot T_S^2}.$$

Die Determinante wird jeweils Null für folgende Parameterwerte:

$$K_R = 0, \quad K_S = 0, \quad T_V = T_S \quad \text{oder} \quad T_1, T_S \to \infty.$$

In diesen Fällen ist das Übertragungssystem nicht vollständig steuerbar. Das Signalflußbild 12.2-12 veranschaulicht, daß mit $K_R = 0$ die Zustandsvariablen $x_1(t)$ und $x_2(t)$ durch die Eingangsvariable $u(t)$ nicht mehr beeinflußt werden können. Für $K_S = 0$ ist $x_1(t)$ nicht steuerbar. Andererseits sind die Extremwerte $K_S = 0$ oder $T_1, T_S \to \infty$ nicht realistisch.

Bei der Anwendung des PDT$_1$-Reglers werden häufig Verzögerungszeitkonstanten in der Regelstrecke durch die Vorhaltezeit T_V kompensiert. In der Übertragungsfunktion führt die Kompensation $T_V = T_S$ zu einer Kürzung:

$$G_S(s) = \frac{y(s)}{u(s)} = \frac{K_R \cdot K_S \cdot (1 + T_V \cdot s)}{(1 + T_1 \cdot s) \cdot (1 + T_S \cdot s)} = \frac{K_R \cdot K_S}{1 + T_1 \cdot s}.$$

Der Eigenwert $s_2 = -\dfrac{1}{T_S}$ der Regelstrecke ist keine Polstelle der Übertragungsfunktion. Nach der Kürzung ist nur noch die Zustandsvariable $x_1(t)$ steuerbar:

$$\frac{d}{dt}x_1(t) = -\frac{1}{T_1} \cdot x_1(t) + \frac{K_R \cdot K_S}{T_1} \cdot u(t),$$
$$y(t) = x_1(t).$$

Prüfung der Beobachtbarkeit

Mit Systemmatrix A und Ausgangsvektor c^T wird die Beobachtbarkeitsmatrix

$$Q_B = \begin{bmatrix} c^T \\ c^T \cdot A \end{bmatrix} = \begin{bmatrix} 1 & 0 \\ -\dfrac{1}{T_S} & \dfrac{K_S}{T_1 \cdot T_S} \cdot (T_1 - T_V) \end{bmatrix}$$

gebildet. Die Determinante der Matrix ergibt sich zu

$$\det Q_B = q_{B11} \cdot q_{B22} - q_{B12} \cdot q_{B21} = \frac{K_S}{T_1 \cdot T_S} \cdot (T_1 - T_V).$$

Für $\det Q_B = 0$ ist das Übertragungssystem nicht vollständig beobachtbar. Das ist jeweils der Fall für folgende Parameterwerte:

$$K_S = 0, \quad T_S \to \infty \quad \text{oder} \quad T_V = T_1.$$

Das Signalflußbild 12.2-12 zeigt, daß für $K_S = 0$ oder für $T_S \to \infty$ die Zustandsvariable $x_2(t)$ durch Messung von $y(t)$ nicht ermittelt (beobachtet) werden kann. Diese Extremwerte der Streckenparameter können aber in der Praxis nicht auftreten.

Ebenfalls nicht realistisch ist folgende Parameterwahl des PDT$_1$-Reglers. Wählt man $T_V = T_1$, dann tritt in der Übertragungsfunktion

$$G_S(s) = \frac{y(s)}{u(s)} = \frac{K_R \cdot K_S \cdot (1 + T_V \cdot s)}{(1 + T_1 \cdot s) \cdot (1 + T_S \cdot s)} = \frac{K_R \cdot K_S}{1 + T_S \cdot s}.$$

eine Kürzung auf, wobei der Eigenwert $s_1 = -\dfrac{1}{T_1}$ nicht mehr Polstelle der Übertragungsfunktion ist und nur noch das Proportional-Element des Reglers wirksam ist. Nach der Kürzung kann nur die Zustandsvariable

$x_1(t)$ durch Messung der Ausgangsvariablen ermittelt werden:

$$\frac{\mathrm{d}}{\mathrm{d}t} x_1(t) = -\frac{1}{T_S} \cdot x_1(t) + \frac{K_R \cdot K_S}{T_S} \cdot u(t),$$
$$y(t) = x_1(t).$$

Zusammenfassung

Die Untersuchung von Steuerbarkeit und Beobachtbarkeit des Regelungssystems führt zu folgenden Aussagen. Unter der Annahme realistischer Parameterwerte $K_R, K_S \neq 0$ und $T_1, T_S < \infty$ sind alle Zustandsvariablen steuerbar und beobachtbar. Durch die Reglereinstellung $T_V = T_S$ entsteht eine Kürzung in der Übertragungsfunktion. Dies führt zu einer Einschränkung der Steuerbarkeit.

12.2.6 Transformation auf Regelungs- und Beobachtungsnormalform

12.2.6.1 Allgemeine Form der Transformationsgleichungen

Die Anwendung der Normalformen von Übertragungssystemen führt zu einer systematischen Vorgehensweise bei der Berechnung von Zustandsreglern und -beobachtern. In Abschnitt 12.2.4 sind Regelungs- und Beobachtungsnormalform von Regelsystemen beschrieben, wobei von der Übertragungsfunktion ausgegangen wird.

Im Zeitbereich liegen die Zustandsgleichungen eines Eingrößensystems in der allgemeinen Form

$$\dot{x}(t) = A \cdot x(t) + b \cdot u(t),$$
$$y(t) = c^T \cdot x(t) + d \cdot u(t)$$

vor. Die Zustandsvariablen $x(t)$ sind im allgemeinen physikalische Größen. Neue Zustandsvariablen – beispielsweise in Regelungsnormalform – $x_R(t)$ lassen sich mit Hilfe einer Transformation berechnen:

$$x_R(t) = T_R \cdot x(t).$$

In ausführlicher Schreibweise hat das Gleichungssystem die Form:

$$\begin{bmatrix} x_{1R}(t) \\ x_{2R}(t) \\ \vdots \\ x_{nR}(t) \end{bmatrix} = \begin{bmatrix} t_{11R} & t_{12R} & \cdots & t_{1nR} \\ t_{21R} & t_{22R} & \cdots & t_{2nR} \\ \vdots & \vdots & \ddots & \vdots \\ t_{n1R} & t_{n2R} & \cdots & t_{nnR} \end{bmatrix} \begin{bmatrix} x_1(t) \\ x_2(t) \\ \vdots \\ x_n(t) \end{bmatrix}.$$

Die Elemente der Matrix T_R sind nicht von der Zeit abhängig. Daher gilt

$$\dot{x}_R(t) = T_R \cdot \dot{x}(t).$$

Werden die Transformationsgleichungen nach $x(t)$ und $\dot{x}(t)$ aufgelöst, dann erhält man

$$x(t) = T_R^{-1} \cdot x_R(t) \text{ und}$$
$$\dot{x}(t) = T_R^{-1} \cdot \dot{x}_R(t).$$

Die Gleichungen sind in die Zustandsgleichungen des Eingrößensystems einzusetzen, wobei die Zustandsdifferentialgleichung von links mit T_R multipliziert wird:

$$T_R^{-1} \cdot \dot{x}_R(t) = A \cdot T_R^{-1} \cdot x_R(t) + b \cdot u(t),$$
$$\dot{x}_R(t) = T_R \cdot A \cdot T_R^{-1} \cdot x_R(t) + T_R \cdot b \cdot u(t)$$
$$= A_R \cdot x_R(t) + b_R \cdot u(t),$$
$$y(t) = c^T \cdot T_R^{-1} \cdot x_R(t) + d \cdot u(t)$$
$$= c_R^T \cdot x_R(t) + d_R \cdot u(t).$$

Mit den folgenden Gleichungen werden die Koeffizientenmatrizen und -vektoren A, b, c^T einer Zustandsdarstellung (z. B. physikalische Variablen) und der **Regelungsnormalform** A_R, b_R, c_R^T umgerechnet:

$$
\begin{array}{|ll|}
\hline
A_R = T_R \cdot A \cdot T_R^{-1} & A = T_R^{-1} \cdot A_R \cdot T_R \\
b_R = T_R \cdot b & b = T_R^{-1} \cdot b_R \\
c_R^T = c^T \cdot T_R^{-1} & c^T = c_R^T \cdot T_R \\
d_R = d & d = d_R \\
\hline
\end{array}
$$

Für die Transformation einer Zustandsdarstellung auf Beobachtungsnormalform sind die Gleichungen dieses Abschnitts mit dem Index B gültig.

Die Umrechnung der Koeffizientenmatrizen und -vektoren A, b, c^T einer Zustandsdarstellung und der **Beobachtungsnormalform** A_B, b_B, c_B^T wird mit den folgenden Gleichungen durchgeführt:

$$
\begin{array}{|ll|}
\hline
A_B = T_B \cdot A \cdot T_B^{-1} & A = T_B^{-1} \cdot A_B \cdot T_B \\
b_B = T_B \cdot b & b = T_B^{-1} \cdot b_B \\
c_B^T = c^T \cdot T_B^{-1} & c^T = c_B^T \cdot T_B \\
d_B = d & d = d_B \\
\hline
\end{array}
$$

12.2.6.2 Berechnung der Transformationsmatrix für die Transformation auf Regelungsnormalform

Die Transformationsmatrix T_R wird unter Verwendung der inversen Steuerbarkeitsmatrix Q_S^{-1} bestimmt. Das Verfahren zur Berechnung von Q_S ist in Abschnitt 12.2.5.1 angegeben. Die inverse Steuerbarkeitsmatrix

$$Q_S^{-1} = \frac{1}{\det Q_S} \cdot \mathrm{adj}\, Q_S = \begin{bmatrix} q_{S11} & q_{S12} & \cdots & q_{S1n} \\ q_{S21} & q_{S22} & \cdots & q_{S2n} \\ \vdots & \vdots & \ddots & \vdots \\ q_{Sn1} & q_{Sn2} & \cdots & q_{Snn} \end{bmatrix} = \begin{bmatrix} q_{S1}^T \\ q_{S2}^T \\ \vdots \\ q_{Sn}^T \end{bmatrix}$$

kann nur für steuerbare Übertragungssysteme berechnet werden, da dann die Determinante

$$\det Q_S \neq 0$$

ist.

Ein Übertragungssystem

$$\dot{x}(t) = A \cdot x(t) + b \cdot u(t)$$

wird mit der Transformation

$$x_R(t) = T_R \cdot x(t)$$

in die **Regelungsnormalform**

$$\dot{x}_R(t) = A_R \cdot x_R(t) + b_R \cdot u(t)$$

überführt, wobei die Transformationsmatrix

$$T_R = \begin{bmatrix} q_{Sn}^T \\ q_{Sn}^T \cdot A \\ \vdots \\ q_{Sn}^T \cdot A^{n-1} \end{bmatrix}$$

mit der Systemmatrix A und der letzten Zeile q_{Sn}^T der inversen Steuerbarkeitsmatrix Q_S^{-1} gebildet wird.

Beispiel 12.2-11: Transformation einer PT$_2$-Regelstrecke auf Regelungsnormalform

Prüfung der Steuerbarkeit

In den Beispielen 12.2-4 und 12.2-5 wurde die inhomogene Zustandsgleichung einer PT$_2$-Standardregelstrecke

$$\frac{d}{dt}\begin{bmatrix} x_1(t) \\ x_2(t) \end{bmatrix} = \begin{bmatrix} 0 & 1 \\ -\omega_{0S}^2 & -2 \cdot D_S \cdot \omega_{0S} \end{bmatrix} \begin{bmatrix} x_1(t) \\ x_2(t) \end{bmatrix} + \begin{bmatrix} 0 \\ K_S \cdot \omega_{0S}^2 \end{bmatrix} \cdot u(t),$$

$$y(t) = \begin{bmatrix} 1 & 0 \end{bmatrix} \begin{bmatrix} x_1(t) \\ x_2(t) \end{bmatrix}$$

im Zeit- und Frequenzbereich gelöst. Zustandsregler können berechnet werden, wenn die Regelstrecke steuerbar ist. Die Steuerbarkeitsmatrix der PT$_2$-Regelstrecke ergibt sich zu

$$\boldsymbol{Q}_S = [\boldsymbol{b}, \boldsymbol{A} \cdot \boldsymbol{b}] = \begin{bmatrix} 0 & K_S \cdot \omega_{0S}^2 \\ K_S \cdot \omega_{0S}^2 & -2K_S \cdot D_S \cdot \omega_{0S}^3 \end{bmatrix} = K_S \cdot \omega_{0S}^2 \begin{bmatrix} 0 & 1 \\ 1 & -2D_S \cdot \omega_{0S} \end{bmatrix}.$$

Die Steuerbarkeitsbedingung

$$\det \boldsymbol{Q}_S = -K_S^2 \cdot \omega_{0S}^4 \neq 0$$

ist erfüllt, die Regelstrecke ist vollständig steuerbar. Die **inverse Steuerbarkeitsmatrix** lautet

$$\boldsymbol{Q}_S^{-1} = \frac{1}{\det \boldsymbol{Q}_S} \cdot \mathrm{adj}\,\boldsymbol{Q}_S = \frac{1}{K_S \cdot \omega_{0S}^2} \cdot \begin{bmatrix} 2 \cdot D_S \cdot \omega_{0S} & 1 \\ 1 & 0 \end{bmatrix}.$$

Mit der letzten Zeile der inversen Steuerbarkeitsmatrix

$$\boldsymbol{q}_{Sn}^T = \begin{bmatrix} \dfrac{1}{K_S \cdot \omega_{0S}^2} & 0 \end{bmatrix}$$

und der Systemmatrix $\boldsymbol{A}$ wird die Transformationsmatrix

$$\boldsymbol{T}_R = \begin{bmatrix} \boldsymbol{q}_{Sn}^T \\ \boldsymbol{q}_{Sn}^T \cdot \boldsymbol{A} \end{bmatrix} = \frac{1}{K_S \cdot \omega_{0S}^2} \cdot \begin{bmatrix} 1 & 0 \\ 0 & 1 \end{bmatrix} = \frac{1}{K_S \cdot \omega_{0S}^2} \cdot \boldsymbol{E}$$

und ihre Inverse

$$\boldsymbol{T}_R^{-1} = K_S \cdot \omega_{0S}^2 \cdot \begin{bmatrix} 1 & 0 \\ 0 & 1 \end{bmatrix} = K_S \cdot \omega_{0S}^2 \cdot \boldsymbol{E}$$

gebildet. $\boldsymbol{E}$ ist die Einheitsmatrix.

Die Vorgehensweise bei der Transformation auf Regelungsnormalform ist in Abschnitt 12.2.6.1 angegeben. Mit der **Systemmatrix**

$$\boldsymbol{A}_R = \boldsymbol{T}_R \cdot \boldsymbol{A} \cdot \boldsymbol{T}_R^{-1} = \frac{1}{K_S \cdot \omega_{0S}^2} \cdot \boldsymbol{E} \cdot \begin{bmatrix} 0 & 1 \\ -\omega_{0S}^2 & -2 \cdot D_S \cdot \omega_{0S} \end{bmatrix} \cdot K_S \cdot \omega_{0S}^2 \cdot \boldsymbol{E}$$

$$= \begin{bmatrix} 0 & 1 \\ -\omega_{0S}^2 & -2 \cdot D_S \cdot \omega_{0S} \end{bmatrix},$$

dem **Eingangsvektor**

$$\boldsymbol{b}_R = \boldsymbol{T}_R \cdot \boldsymbol{b} = \frac{1}{K_S \cdot \omega_{0S}^2} \cdot \boldsymbol{E} \cdot \begin{bmatrix} 0 \\ K_S \cdot \omega_{0S}^2 \end{bmatrix} = \begin{bmatrix} 0 \\ 1 \end{bmatrix}$$

und dem **Ausgangsvektor**

$$\boldsymbol{c}_R^T = \boldsymbol{c}^T \cdot \boldsymbol{T}_R^{-1} = [1 \quad 0] \cdot K_S \cdot \omega_{0S}^2 \cdot \boldsymbol{E} = [K_S \cdot \omega_{0S}^2 \quad 0]$$

ergibt sich die **Regelungsnormalform** der PT$_2$-Regelstrecke zu

$$\frac{\mathrm{d}}{\mathrm{d}t}\begin{bmatrix} x_{1\mathrm{R}}(t) \\ x_{2\mathrm{R}}(t) \end{bmatrix} = \begin{bmatrix} 0 & 1 \\ -\omega_{0\mathrm{S}}^2 & -2\cdot D_\mathrm{S}\cdot\omega_{0\mathrm{S}} \end{bmatrix}\begin{bmatrix} x_{1\mathrm{R}}(t) \\ x_{2\mathrm{R}}(t) \end{bmatrix} + \begin{bmatrix} 0 \\ 1 \end{bmatrix}\cdot u(t),$$

$$y(t) = \begin{bmatrix} K_\mathrm{S}\cdot\omega_{0\mathrm{S}}^2 & 0 \end{bmatrix}\begin{bmatrix} x_{1\mathrm{R}}(t) \\ x_{2\mathrm{R}}(t) \end{bmatrix}.$$

12.2.6.3 Berechnung der Transformationsmatrix für die Transformation auf Beobachtungsnormalform

Bei der Berechnung der Matrix T_B zur Transformation auf Beobachtungsnormalform, wird von der inversen Beobachtbarkeitsmatrix Q_B^{-1} ausgegangen. Die Berechnung von Q_B ist in Abschnitt 12.2.5.2 angegeben. Für beobachtbare Übertragungssysteme läßt sich die inverse Beobachtbarkeitsmatrix

$$Q_\mathrm{B}^{-1} = \frac{1}{\det Q_\mathrm{B}}\cdot \mathrm{adj}\, Q_\mathrm{B} = \begin{bmatrix} q_{\mathrm{B}11} & q_{\mathrm{B}12} & \cdots & q_{\mathrm{B}1n} \\ q_{\mathrm{B}21} & q_{\mathrm{B}22} & \cdots & q_{\mathrm{B}2n} \\ \vdots & \vdots & \ddots & \vdots \\ q_{\mathrm{B}n1} & q_{\mathrm{B}n2} & \cdots & q_{\mathrm{B}nn} \end{bmatrix} = \begin{bmatrix} \boldsymbol{q}_{\mathrm{B}1}, \boldsymbol{q}_{\mathrm{B}2}, \ldots, \boldsymbol{q}_{\mathrm{B}n} \end{bmatrix}$$

bilden, mit

$$\det Q_\mathrm{B} \neq 0.$$

Ein Übertragungssystem

$$\dot{\boldsymbol{x}}(t) = \boldsymbol{A}\cdot\boldsymbol{x}(t) + \boldsymbol{b}\cdot u(t)$$

wird mit der Transformation

$$\boldsymbol{x}_\mathrm{B}(t) = \boldsymbol{T}_\mathrm{B}\cdot\boldsymbol{x}(t)$$

in die **Beobachtungsnormalform**

$$\dot{\boldsymbol{x}}_\mathrm{B}(t) = \boldsymbol{A}_\mathrm{B}\cdot\boldsymbol{x}_\mathrm{B}(t) + \boldsymbol{b}_\mathrm{B}\cdot u(t)$$

überführt, wobei die inverse Transformationsmatrix

$$\boldsymbol{T}_\mathrm{B}^{-1} = \begin{bmatrix} \boldsymbol{q}_{\mathrm{B}n}, \boldsymbol{A}\cdot\boldsymbol{q}_{\mathrm{B}n}, \ldots, \boldsymbol{A}^{n-1}\cdot\boldsymbol{q}_{\mathrm{B}n} \end{bmatrix}$$

mit der Systemmatrix $\boldsymbol{A}$ und der letzten Spalte $\boldsymbol{q}_{\mathrm{B}n}$ der inversen Beobachtbarkeitsmatrix $\boldsymbol{Q}_\mathrm{B}^{-1}$ gebildet wird.

Beispiel 12.2-12: Transformation einer PT$_2$-Regelstrecke auf Beobachtungsnormalform

Prüfung der Beobachtbarkeit

Die Zustandsgleichung einer Standard-PT$_2$-Regelstrecke

$$\frac{\mathrm{d}}{\mathrm{d}t}\begin{bmatrix} x_1(t) \\ x_2(t) \end{bmatrix} = \begin{bmatrix} 0 & 1 \\ -\omega_{0\mathrm{S}}^2 & -2\cdot D_\mathrm{S}\cdot\omega_{0\mathrm{S}} \end{bmatrix}\begin{bmatrix} x_1(t) \\ x_2(t) \end{bmatrix} + \begin{bmatrix} 0 \\ K_\mathrm{S}\cdot\omega_{0\mathrm{S}}^2 \end{bmatrix}\cdot u(t),$$

$$y(t) = \begin{bmatrix} 1 & 0 \end{bmatrix}\begin{bmatrix} x_1(t) \\ x_2(t) \end{bmatrix}$$

wurde in den Beispielen 12.2-4 und 12.2-5 gelöst. Für die angegebene Regelstrecke ergibt sich die **Beobachtbarkeitsmatrix**

$$Q_\text{B} = \begin{bmatrix} c^\text{T} \\ c^\text{T} \cdot A \end{bmatrix} = E,$$

die in Abschnitt 12.2.5.2 beschrieben ist. Die **Beobachtbarkeitsbedingung** ist mit

$$\det Q_\text{B} = 1$$

erfüllt, d. h., die Regelstrecke ist vollständig beobachtbar. Damit kann die **inverse Beobachtbarkeitsmatrix** gebildet werden:

$$Q_\text{B}^{-1} = E.$$

Mit der letzten Spalte der inversen Beobachtbarkeitsmatrix

$$q_{\text{B}n} = \begin{bmatrix} 0 \\ 1 \end{bmatrix}$$

und der Systemmatrix A ergibt sich die inverse Transformationsmatrix

$$T_\text{B}^{-1} = [q_{\text{B}n}, A \cdot q_{\text{B}n}] = \begin{bmatrix} 0 & 1 \\ 1 & -2 \cdot D_\text{S} \cdot \omega_{0\text{S}} \end{bmatrix}.$$

Eine weitere Invertierung liefert

$$T_\text{B} = \begin{bmatrix} 2 \cdot D_\text{S} \cdot \omega_{0\text{S}} & 1 \\ 1 & 0 \end{bmatrix}.$$

Entsprechend zu der Vorgehensweise in Abschnitt 12.2.6.1 erhält man die **Systemmatrix**

$$A_\text{B} = T_\text{B} \cdot A \cdot T_\text{B}^{-1} = \begin{bmatrix} 2D_\text{S} \cdot \omega_{0\text{S}} & 1 \\ 1 & 0 \end{bmatrix} \begin{bmatrix} 0 & 1 \\ -\omega_{0\text{S}}^2 & -2D_\text{S} \cdot \omega_{0\text{S}} \end{bmatrix} \begin{bmatrix} 0 & 1 \\ 1 & -2D_\text{S} \cdot \omega_{0\text{S}} \end{bmatrix}$$

$$= \begin{bmatrix} 0 & -\omega_{0\text{S}}^2 \\ 1 & -2D_\text{S} \cdot \omega_{0\text{S}} \end{bmatrix},$$

den **Eingangsvektor**

$$b_\text{B} = T_\text{B} \cdot b = \begin{bmatrix} 2 \cdot D_\text{S} \cdot \omega_{0\text{S}} & 1 \\ 1 & 0 \end{bmatrix} \begin{bmatrix} 0 \\ K_\text{S} \cdot \omega_{0\text{S}}^2 \end{bmatrix} = \begin{bmatrix} K_\text{S} \cdot \omega_{0\text{S}}^2 \\ 0 \end{bmatrix}$$

und den **Ausgangsvektor**

$$c_\text{B}^\text{T} = c^\text{T} \cdot T_\text{B}^{-1} = \begin{bmatrix} 1 & 0 \end{bmatrix} \begin{bmatrix} 0 & 1 \\ 1 & -2 \cdot D_\text{S} \cdot \omega_{0\text{S}} \end{bmatrix} = \begin{bmatrix} 0 & 1 \end{bmatrix}.$$

Damit ergibt sich die **Beobachtungsnormalform** der PT_2-Regelstrecke zu

$$\frac{\text{d}}{\text{d}t} \begin{bmatrix} x_{1\text{B}}(t) \\ x_{2\text{B}}(t) \end{bmatrix} = \begin{bmatrix} 0 & -\omega_{0\text{S}}^2 \\ 1 & -2 \cdot D_\text{S} \cdot \omega_{0\text{S}} \end{bmatrix} \begin{bmatrix} x_{1\text{B}}(t) \\ x_{2\text{B}}(t) \end{bmatrix} + \begin{bmatrix} K_\text{S} \cdot \omega_{0\text{S}}^2 \\ 0 \end{bmatrix} \cdot u(t),$$

$$y(t) = \begin{bmatrix} 0 & 1 \end{bmatrix} \begin{bmatrix} x_{1\text{B}}(t) \\ x_{2\text{B}}(t) \end{bmatrix}.$$

12.3 Regelung durch Zustandsrückführung

12.3.1 Allgemeines

Zustandsvariablen tragen die Information über das dynamische Verhalten einer Regelstrecke oder eines Prozesses. Die Zustandsregelung nutzt diese Information vollständig, indem **alle Zustandsvariablen zurückgeführt** werden. In Bild 12.3-1 ist das vereinfachte Signalflußbild einer Zustandsregelung angegeben.

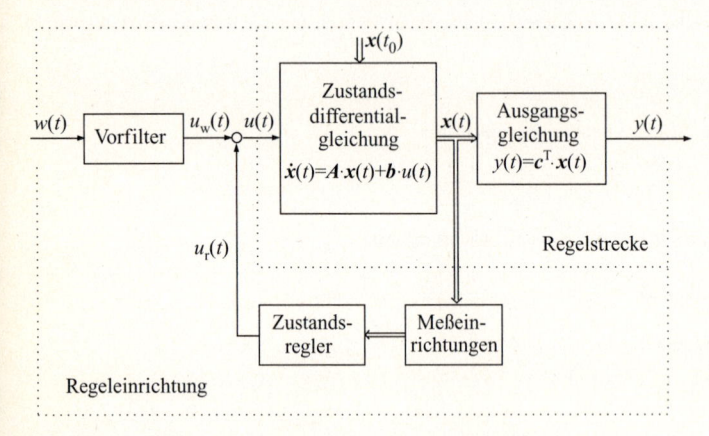

Bild 12.3-1: Vereinfachtes Signalflußbild einer Zustandsregelung

Die Regeleinrichtung enthält folgende Komponenten:

- Meßeinrichtungen,
- Zustandsregler (Rückführvektor) und
- Vorfilter.

Häufig sind mit der Messung von Zustandsvariablen folgende Probleme verbunden:

- Die Meßeinrichtung ist technisch nicht realisierbar.
- Der Realisierungsaufwand ist zu hoch.

In diesen Fällen können Zustandsbeobachter für die Ermittlung der Zustandsvariablen eingesetzt werden. Voraussetzung für die Realisierbarkeit von Zustandsbeobachtern ist die Beobachtbarkeit der Regelstrecke. Zur Berechnung von Beobachtern muß ein mathematisches Modell der Regelstrecke bekannt sein.

Für die Durchführung der Zustandsregelung ist die Steuerbarkeit aller Zustandsvariablen eine notwendige Voraussetzung. Im Zustandsregler werden die gemessenen oder beobachteten Zustandsvariablen jeweils einem Proportional-Element zugeführt.

Durch die Verwendung von Proportional-Elementen in der Rückführung entstehen stationäre Regeldifferenzen, die durch ein zusätzliches Vorfilter kompensiert werden müssen.

Im folgenden werden Zustandsregler und Zustandsbeobachter durch Polvorgabe berechnet. Die abgeleiteten Verfahren beziehen sich auf Regelungssysteme mit einer Eingangs- und einer Ausgangsvariablen.

12.3.2 Berechnung von Zustandsregelungen

12.3.2.1 Ermittlung von Zustandsreglern durch Polvorgabe

Das Zeitverhalten einer Regelung ist durch die Lage der Pol- und Nullstellen der Übertragungsfunktion festgelegt. Sind keine Nullstellen vorhanden, dann bestimmen allein die Polstellen oder Eigenwerte der Differentialgleichung das dynamische Verhalten.

> Bei Zustandsregelungen werden alle Zustandsvariablen zurückgeführt. Dadurch ist es möglich, alle Pole oder Eigenwerte der Regelung vorzugeben.

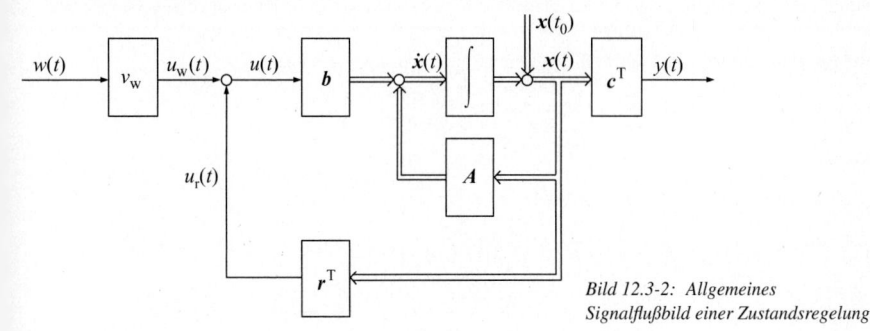

Bild 12.3-2: Allgemeines Signalflußbild einer Zustandsregelung

Aus dem Signalflußbild werden folgende Gleichungen abgeleitet:

Regelstrecke: $\dfrac{d}{dt}x(t) = A \cdot x(t) + b \cdot [u_w(t) + u_r(t)]$,

Regler: $u_r(t) = r^T \cdot x(t) = [r_1 \ \ldots \ r_n] \begin{bmatrix} x_1(t) \\ \vdots \\ x_n(t) \end{bmatrix}$,

Vorfilter: $u_w(t) = v_w \cdot w(t)$.

Durch Einsetzen der Reglergleichung in die Gleichung der Regelstrecke und mit $u_w(t) = 0$ ergibt sich die homogene Zustandsdifferentialgleichung der Zustandsregelung:

$$\dfrac{d}{dt}x(t) = A \cdot x(t) + b \cdot r^T \cdot x(t) = [A + b \cdot r^T] \cdot x(t).$$

Die Transformation in den Frequenzbereich wird mit dem Differentiationssatz der LAPLACE-Transformation durchgeführt:

$$s \cdot x(s) - x(t_0) = (A + b \cdot r^T) \cdot x(s).$$

Eine Umformung ergibt

$$s \cdot x(s) - (A + b \cdot r^T) \cdot x(s) = [s \cdot E - (A + b \cdot r^T)] \cdot x(s) = x(t_0).$$

Zur Auflösung nach $x(s)$ muß die Gleichung von links mit der inversen Matrix

$$[s \cdot E - (A + b \cdot r^T)]^{-1}$$

multipliziert werden:

$$x(s) = [s \cdot E - (A + b \cdot r^T)]^{-1} \cdot x(t_0).$$

Mit der inversen LAPLACE-Transformation ist die Lösung im Zeitbereich:

$$\boxed{x(t) = L^{-1}\{[s \cdot E - (A + b \cdot r^T)]^{-1} \cdot x(t_0)\}},$$

$A + b \cdot r^T$ ist die Systemmatrix der Zustandsregelung.

Für steuerbare Regelstrecken lassen sich die Zustandsgleichungen in **Regelungsnormalform** darstellen. In diesem Fall können die Pole der Regelung durch Zustandsrückführung beliebig vorgegeben werden.

In der Regelungsnormalform lautet die Systemmatrix der Zustandsregelung

$$A_R + b_R \cdot r_R^T = \begin{bmatrix} 0 & 1 & 0 & \ldots & 0 \\ 0 & 0 & 1 & \ldots & 0 \\ \vdots & \vdots & \vdots & \ddots & \vdots \\ 0 & 0 & 0 & \ldots & 1 \\ -\dfrac{a_0}{a_n} & -\dfrac{a_1}{a_n} & -\dfrac{a_2}{a_n} & \ldots & -\dfrac{a_{n-1}}{a_n} \end{bmatrix} + \begin{bmatrix} 0 \\ 0 \\ \vdots \\ 0 \\ \dfrac{1}{a_n} \end{bmatrix} \begin{bmatrix} r_{1R} & r_{2R} & \ldots & r_{nR} \end{bmatrix}$$

$$= \begin{bmatrix} 0 & 1 & 0 & \ldots & 0 \\ 0 & 0 & 1 & \ldots & 0 \\ \vdots & \vdots & \vdots & \ddots & \vdots \\ 0 & 0 & 0 & \ldots & 1 \\ -\dfrac{a_0 - r_{1R}}{a_n} & -\dfrac{a_1 - r_{2R}}{a_n} & -\dfrac{a_2 - r_{3R}}{a_n} & \ldots & -\dfrac{a_{n-1} - r_{nR}}{a_n} \end{bmatrix}.$$

In Abschnitt 12.2.3 ist die Lösung der Zustandsgleichung beschrieben. Die Lösung der homogenen Zustandsgleichung der Zustandsregelung in Regelungsnormalform hat die charakteristische Gleichung:

$$\det [s \cdot E - (A_R + b_R \cdot r_R^T)] =$$

$$= \det \begin{bmatrix} s & -1 & 0 & \ldots & 0 \\ 0 & s & -1 & \ldots & 0 \\ 0 & 0 & s & \ldots & 0 \\ \vdots & \vdots & \vdots & \ddots & \vdots \\ 0 & 0 & 0 & \ldots & -1 \\ \dfrac{a_0 - r_{1R}}{a_n} & \dfrac{a_1 - r_{2R}}{a_n} & \dfrac{a_2 - r_{3R}}{a_n} & \ldots & s + \dfrac{a_{n-1} - r_{nR}}{a_n} \end{bmatrix}$$

$$= s^n + s^{n-1} \cdot \frac{a_{n-1} - r_{nR}}{a_n} + \ldots + s \cdot \frac{a_1 - r_{2R}}{a_n} + \frac{a_0 - r_{1R}}{a_n} = 0.$$

Die Polynomkoeffizienten sind Funktionen der Elemente des Rückführvektors r_R^T. Bei Vorgabe der n Pole $s_{p1}, s_{p2}, \ldots, s_{pn}$ des geschlossenen Regelkreises erhält man das Polynom

$$\boxed{P(s) = (s - s_{p1}) \cdot (s - s_{p2}) \cdot \ldots \cdot (s - s_{pn}) = s^n + P_{n-1} \cdot s^{n-1} + \ldots + P_1 \cdot s + P_0}.$$

Durch Koeffizientenvergleich der beiden Polynome ergibt sich das Gleichungssystem mit den Lösungen:

$$\begin{aligned}
\frac{a_0 - r_{1R}}{a_n} &= P_0 &\rightarrow\quad r_{1R} &= a_0 - P_0 \cdot a_n, \\
\frac{a_1 - r_{2R}}{a_n} &= P_1 &\rightarrow\quad r_{2R} &= a_1 - P_1 \cdot a_n, \\
\vdots\quad &= \vdots & \vdots\quad &= \quad\vdots \\
\frac{a_{n-1} - r_{nR}}{a_n} &= P_{n-1} &\rightarrow\quad r_{nR} &= a_{n-1} - P_{n-1} \cdot a_n.
\end{aligned}$$

12.3.2.2 Berechnung des Vorfilters

Aufgrund der Proportional-Elemente des Rückführvektors entstehen bei konstanten Führungsgrößen $w(t)$ stationäre Regeldifferenzen. Ein Vorfilter soll die stationäre Regelgenauigkeit gewährleisten.

Dem Signalflußbild 12.3-2 entnimmt man unter Berücksichtigung der Führungsgröße $w(t)$ die inhomogene Zustandsgleichung

$$\frac{\mathrm{d}}{\mathrm{d}t}\boldsymbol{x}(t) = \boldsymbol{A} \cdot \boldsymbol{x}(t) + \boldsymbol{b} \cdot u(t) = \boldsymbol{A} \cdot \boldsymbol{x}(t) + \boldsymbol{b} \cdot [u_\mathrm{r}(t) + u_\mathrm{w}(t)]$$
$$= \boldsymbol{A} \cdot \boldsymbol{x}(t) + \boldsymbol{b} \cdot [\boldsymbol{r}^\mathrm{T} \cdot \boldsymbol{x}(t) + v_\mathrm{w} \cdot w(t)] = [\boldsymbol{A} + \boldsymbol{b} \cdot \boldsymbol{r}^\mathrm{T}] \cdot \boldsymbol{x}(t) + \boldsymbol{b} \cdot v_\mathrm{w} \cdot w(t).$$

Die Anwendung der LAPLACE-Transformation ergibt mit $\boldsymbol{x}(t_0) = \boldsymbol{o}$

$$s \cdot \boldsymbol{x}(s) - [\boldsymbol{A} + \boldsymbol{b} \cdot \boldsymbol{r}^\mathrm{T}] \cdot \boldsymbol{x}(s) = [s \cdot \boldsymbol{E} - (\boldsymbol{A} + \boldsymbol{b} \cdot \boldsymbol{r}^\mathrm{T})] \cdot \boldsymbol{x}(s) = \boldsymbol{b} \cdot v_\mathrm{w} \cdot w(s),$$

nach $\boldsymbol{x}(s)$ aufgelöst erhält man

$$\boldsymbol{x}(s) = [s \cdot \boldsymbol{E} - (\boldsymbol{A} + \boldsymbol{b} \cdot \boldsymbol{r}^\mathrm{T})]^{-1} \cdot \boldsymbol{b} \cdot v_\mathrm{w} \cdot w(s).$$

Einsetzen in die Ausgangsgleichung ergibt

$$y(s) = \boldsymbol{c}^\mathrm{T} \cdot \boldsymbol{x}(s) = \boldsymbol{c}^\mathrm{T} \cdot [s \cdot \boldsymbol{E} - (\boldsymbol{A} + \boldsymbol{b} \cdot \boldsymbol{r}^\mathrm{T})]^{-1} \cdot \boldsymbol{b} \cdot v_\mathrm{w} \cdot w(s).$$

Das Vorfilter wird für konstante Führungsgrößen

$$w(s) = \frac{w_0}{s}$$

mit dem Endwert der normierten Führungs-Sprungantwort bestimmt:

$$\frac{y(t \rightarrow \infty)}{w_0} = \lim_{s \rightarrow 0} s \cdot \frac{y(s)}{w_0} = \lim_{s \rightarrow 0} s \cdot \boldsymbol{c}^\mathrm{T} \cdot [s \cdot \boldsymbol{E} - (\boldsymbol{A} + \boldsymbol{b} \cdot \boldsymbol{r}^\mathrm{T})]^{-1} \cdot \boldsymbol{b} \cdot v_\mathrm{w} \cdot \frac{1}{s}$$
$$= -\boldsymbol{c}^\mathrm{T} \cdot [\boldsymbol{A} + \boldsymbol{b} \cdot \boldsymbol{r}^\mathrm{T}]^{-1} \cdot \boldsymbol{b} \cdot v_\mathrm{w} \stackrel{!}{=} 1.$$

Das konstante Vorfilter ergibt sich mit der Gleichung

$$\boxed{v_\mathrm{w} = -[\boldsymbol{c}^\mathrm{T} \cdot (\boldsymbol{A} + \boldsymbol{b} \cdot \boldsymbol{r}^\mathrm{T})^{-1} \cdot \boldsymbol{b}]^{-1}}.$$

Die Stabilität des Regelungssystems ist bei diesem Verfahren gesichert.

Beispiel 12.3-1: Polvorgabe durch Rückführung von Zustandsvariablen

Zustandsdarstellung einer PT$_2$-Regelstrecke in Regelungsnormalform

In den Beispielen 12.2-4 und 12.2-5 wurde die inhomogene Zustandsgleichung einer PT$_2$-Standardregelstrecke

$$\frac{d}{dt}\begin{bmatrix} x_1(t) \\ x_2(t) \end{bmatrix} = \begin{bmatrix} 0 & 1 \\ -\omega_{0S}^2 & -2 \cdot D_S \cdot \omega_{0S} \end{bmatrix} \begin{bmatrix} x_1(t) \\ x_2(t) \end{bmatrix} + \begin{bmatrix} 0 \\ K_S \cdot \omega_{0S}^2 \end{bmatrix} \cdot u(t),$$

$$y(t) = \begin{bmatrix} 1 & 0 \end{bmatrix} \begin{bmatrix} x_1(t) \\ x_2(t) \end{bmatrix}$$

im Zeit- und Frequenzbereich gelöst. Zustandsregler können berechnet werden, wenn die Regelstrecke steuerbar ist. Die **Steuerbarkeitsmatrix** der PT$_2$-Regelstrecke

$$Q_S = [b, A \cdot b] = K_S \cdot \omega_{0S}^2 \begin{bmatrix} 0 & 1 \\ 1 & -2 \cdot D_S \cdot \omega_{0S} \end{bmatrix}$$

wurde in Beispiel 12.2-11 berechnet, Steuerbarkeit wurde nachgewiesen. Im gleichen Beispiel wurde die **Regelungsnormalform**

$$\frac{d}{dt}\begin{bmatrix} x_{1R}(t) \\ x_{2R}(t) \end{bmatrix} = \begin{bmatrix} 0 & 1 \\ -\omega_{0S}^2 & -2 \cdot D_S \cdot \omega_{0S} \end{bmatrix} \begin{bmatrix} x_{1R}(t) \\ x_{2R}(t) \end{bmatrix} + \begin{bmatrix} 0 \\ 1 \end{bmatrix} \cdot u(t),$$

$$y(t) = \begin{bmatrix} K_S \cdot \omega_{0S}^2 & 0 \end{bmatrix} \begin{bmatrix} x_{1R}(t) \\ x_{2R}(t) \end{bmatrix}$$

gebildet, wobei die Steuerbarkeitsbedingung erfüllt sein muß.

Einfluß der Rückführkoeffizienten auf die Pole der Regelung

Im Signalflußbild 12.3-3 ist die Regelstrecke mit Rückführung der Zustandsvariablen in Regelungsnormalform dargestellt.

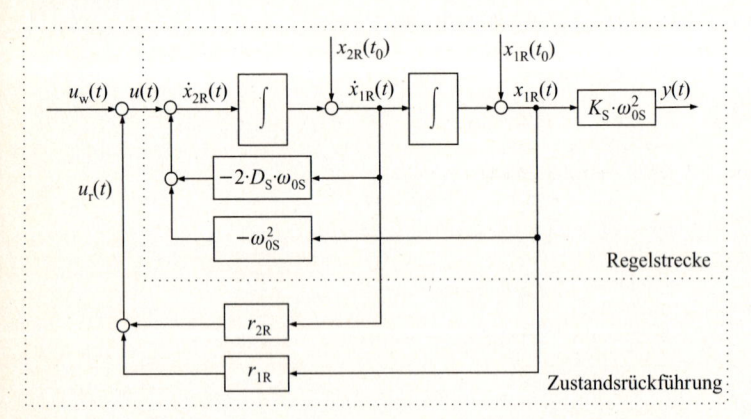

Bild 12.3-3: Signalflußbild einer PT$_2$-Standardregelstrecke mit Zustandsrückführung in Regelungsnormalform

12.3 Regelung durch Zustandsrückführung

Nach dem Polvorgabeverfahren von Abschnitt 12.3.2.1 berechnet sich das charakteristische Polynom zu

$$\det[s \cdot E - (A_R + b_R \cdot r_R^T)] = \det\left[\begin{bmatrix} s & 0 \\ 0 & s \end{bmatrix} - \begin{bmatrix} 0 & 1 \\ -\omega_{0S}^2 & -2 \cdot D_S \cdot \omega_{0S} \end{bmatrix} - \begin{bmatrix} 0 \\ 1 \end{bmatrix} \begin{bmatrix} r_{1R} & r_{2R} \end{bmatrix}\right]$$

$$= \det\begin{bmatrix} s & -1 \\ \omega_{0S}^2 - r_{1R} & s + 2 \cdot D_S \cdot \omega_{0S} - r_{2R} \end{bmatrix}$$

$$= s^2 + (2 \cdot D_S \cdot \omega_{0S} - r_{2R}) \cdot s + \omega_{0S}^2 - r_{1R}.$$

Die Nullstellen des charakteristischen Polynoms sind die Pole der Regelung. Sie berechnen sich zu

$$s_{p1,2} = -\frac{2 \cdot D_S \cdot \omega_{0S} - r_{2R}}{2} \pm \sqrt{\left[\frac{2 \cdot D_S \cdot \omega_{0S} - r_{2R}}{2}\right]^2 - \omega_{0S}^2 + r_{1R}}.$$

Im folgenden wird der Einfluß der Rückführkoeffizienten r_{1R}, r_{2R} auf die Pole der Regelung untersucht. Dabei sind vier Fälle zu unterscheiden.

1. $r_{1R} = r_{2R} = 0$:
   Sind beide Rückführkoeffizienten Null, dann erhält man die Pole der Regelstrecke:

   $$s_{p1,2} = \omega_{0S} \cdot (-D_S \pm \sqrt{D_S^2 - 1}).$$

2. $r_{1R} = 0, r_{2R} \neq 0$ (**Rückführung der inneren Zustandsvariablen x_{2R}**):
   Mit $r_{1R} = 0$ hat das charakteristische Polynom die Nullstellen

   $$s_{p1,2} = -\frac{2 \cdot D_S \cdot \omega_{0S} - r_{2R}}{2} \pm \sqrt{\left[\frac{2 \cdot D_S \cdot \omega_{0S} - r_{2R}}{2}\right]^2 - \omega_{0S}^2}.$$

   Einsetzen der Streckenparameter $\omega_{0S} = 1 \text{ s}^{-1}, D_S = 0.707$ ergibt

   $$s_{p1,2} = -\frac{1.414 - r_{2R}}{2} \pm \sqrt{\left[\frac{1.414 - r_{2R}}{2}\right]^2 - 1}.$$

   Pollagen, die durch Rückführung von x_{2R} eingestellt werden können, zeigt die Wurzelortskurve (Lage der Nullstellen) in Bild 12.3-4.

3. $r_{1R} \neq 0, r_{2R} = 0$ (**Rückführung der Zustandsvariablen x_{1R}**):
   Für $r_{2R} = 0$ hat die charakteristische Gleichung die Nullstellen

   $$s_{p1,2} = -D_S \cdot \omega_{0S} \pm \sqrt{\omega_{0S}^2 \cdot (D_S^2 - 1) + r_{1R}}.$$

   Mit den Streckenparametern $\omega_{0S} = 1 \text{ s}^{-1}, D_S = 0.707$ ergibt sich

   $$s_{p1,2} = -0.707 \pm \sqrt{r_{1R} - 0.5}.$$

   Durch Rückführung der Zustandsvariablen x_{1R} sind die Pollagen der Wurzelortskurve in Bild 12.3-5 einstellbar.

4. $r_{1R} \neq 0, r_{2R} \neq 0$ (**Rückführung beider Zustandsvariablen x_{1R}, x_{2R}**):
   Für $r_{1R}, r_{2R} \neq 0$ hat die charakteristische Gleichung der Zustandsregelung die Form

   $$s^2 + (2 \cdot D_S \cdot \omega_{0S} - r_{2R}) \cdot s + \omega_{0S}^2 - r_{1R} = 0.$$

   Führt man die Kenngrößen

   ω_{0Z} = Kennkreisfrequenz der Zustandsregelung und
   D_Z = Dämpfung der Zustandsregelung

   ein, dann ergibt sich die charakteristische Gleichung der Zustandsregelung in der Form

   $$s^2 + 2 \cdot D_Z \cdot \omega_{0Z} \cdot s + \omega_{0Z}^2 = 0$$

   mit den Nullstellen

   $$s_{p1,2Z} = -D_Z \cdot \omega_{0Z} \pm j \cdot \omega_{0Z} \cdot \sqrt{1 - D_Z^2} = \text{Re}\{s_{p1,2Z}\} + j \cdot \text{Im}\{s_{p1,2Z}\}.$$

Bild 12.3-4: Wurzelortskurve für $r_{1R} = 0, r_{2R} \neq 0$

$r_{2R} > -0.586$: konjugiert komplexe Pole
$r_{2R} = -0.586$: reeller Doppelpol
$r_{2R} < -0.586$: reelle Pole

Bild 12.3-5: Wurzelortskurve für $r_{1R} \neq 0, r_{2R} = 0$

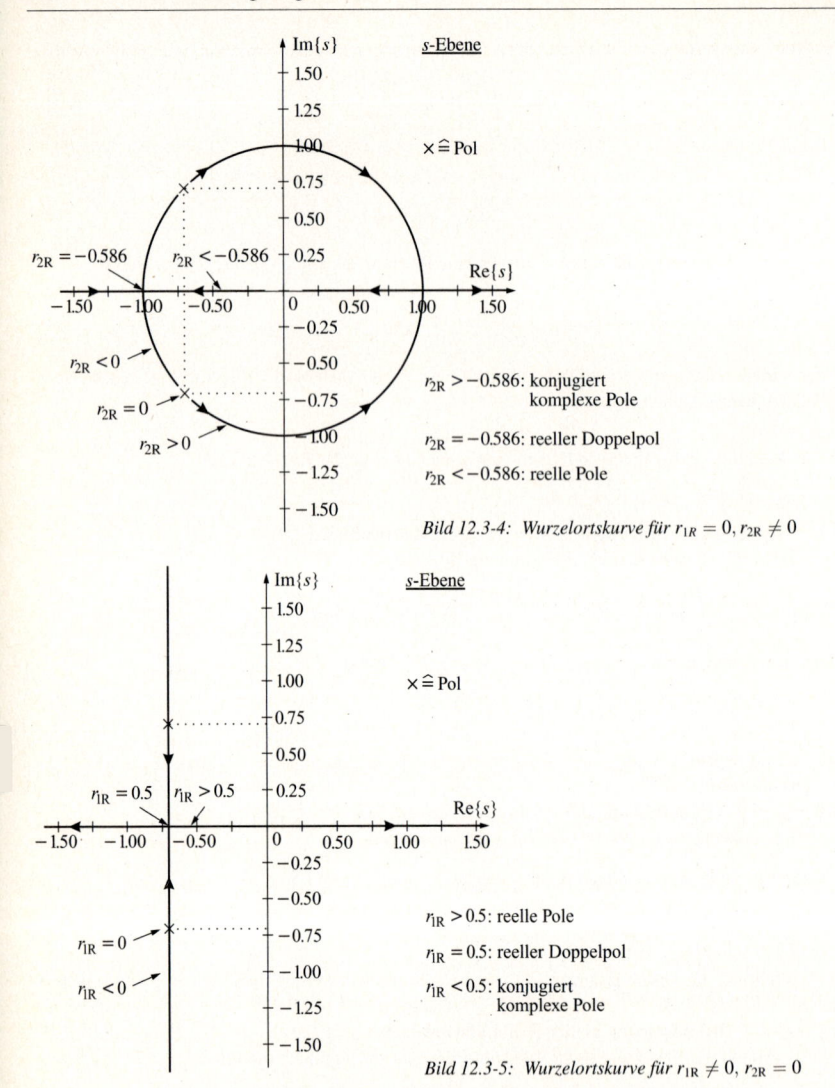

$r_{1R} > 0.5$: reelle Pole
$r_{1R} = 0.5$: reeller Doppelpol
$r_{1R} < 0.5$: konjugiert komplexe Pole

Der Koeffizientenvergleich der beiden charakteristischen Gleichungen liefert

$$2 \cdot D_Z \cdot \omega_{0Z} = 2 \cdot D_S \cdot \omega_{0S} - r_{2R},$$
$$\omega_{0Z}^2 = \omega_{0S}^2 - r_{1R}.$$

Aufgelöst nach den Rückführkoeffizienten erhält man die Formeln

$$r_{1R} = \omega_{0S}^2 - \omega_{0Z}^2,$$
$$r_{2R} = 2 \cdot (D_S \cdot \omega_{0S} - D_Z \cdot \omega_{0Z}),$$

wobei mit D_Z und ω_{0Z} die Pole der Zustandsregelung beliebig vorgegeben werden können. In Tabelle 4.3-2 sind Pol-Nullstellenpläne von Standard-PT$_2$-Elementen angegeben. Die Untersuchung des Einflusses der Rückführkoeffizienten auf die Pole der Regelung führt zu folgender Aussage:

> Werden nicht alle Zustandsvariablen einer Regelstrecke zurückgeführt, dann ergeben sich Einschränkungen bei der Wahl der Pole der Regelung. Bei der Zustandsregelung müssen alle Zustandsvariablen zurückgeführt werden. Nur in diesem Fall können die Pole der Regelung frei gewählt werden.

Beispiel 12.3-2: Zustandsregelung einer PT$_2$-Regelstrecke

Berechnung des Zustandsreglers

In Beispiel 12.3-1 wurde die Regelungsnormalform einer PT$_2$-Regelstrecke gebildet. Im Signalflußbild 12.3-6 ist die Regelstrecke mit Zustandsregeleinrichtung in Regelungsnormalform angegeben.

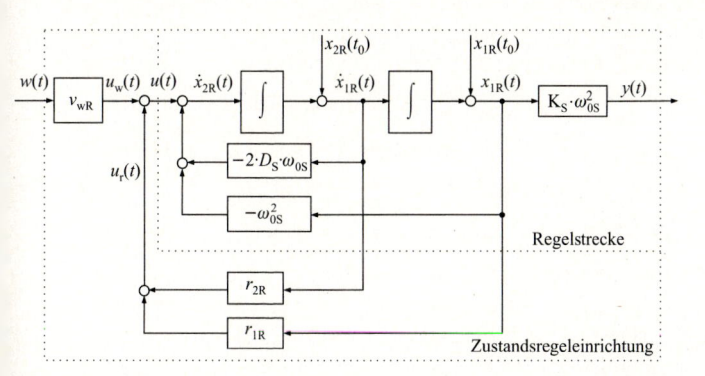

Bild 12.3-6: Signalflußbild einer PT$_2$-Standardregelstrecke mit Zustandsregeleinrichtung in Regelungsnormalform

Das charakteristische Polynom der Zustandsregelung wurde in Beispiel 12.3-1 mit dem in Abschnitt 12.3.2.1 beschriebenen Verfahren berechnet:

$$\det\,[s \cdot \boldsymbol{E} - (\boldsymbol{A}_R + \boldsymbol{b}_R \cdot \boldsymbol{r}_R^T)] = s^2 + (2 \cdot D_S \cdot \omega_{0S} - r_{2R}) \cdot s + \omega_{0S}^2 - r_{1R}.$$

In Abschnitt 4.3 (Tabelle 4.3-2) sind die Pollagen von PT$_2$-Elementen beschrieben. Die Pole $s_{p1,2S}$ der Regelstrecke haben die in Bild 12.3-7 angegebene Lage.

Die Regeldynamik der Zustandsregelung soll besser (schneller) sein als die der Regelstrecke. Daher müssen die Pole der Zustandsregelung $s_{p1,2Z}$ links von den Polen der Regelstrecke liegen. Die Polvorgabe der Zustandsregelung erfolgt mit dem Polynom

$$P_Z(s) = (s - s_{p1Z}) \cdot (s - s_{p2Z}) = s^2 + 2 \cdot D_S \cdot \omega_{0Z} \cdot s + \omega_{0Z}^2,$$

wobei Dämpfung D_S und Überschwingen von Strecke und Regelung identisch sind. Die Reglerparameter werden durch Koeffizientenvergleich der beiden Polynome berechnet. Es entstehen zwei Gleichungen mit den Lösungen:

$$\omega_{0S}^2 - r_{1R} = \omega_{0Z}^2, \quad 2 \cdot D_S \cdot \omega_{0S} - r_{2R} = 2 \cdot D_S \cdot \omega_{0Z},$$

$$\boxed{r_{1R} = \omega_{0S}^2 - \omega_{0Z}^2, \quad r_{2R} = 2 \cdot D_S \cdot (\omega_{0S} - \omega_{0Z})}.$$

604 12 Zustandsregelungen

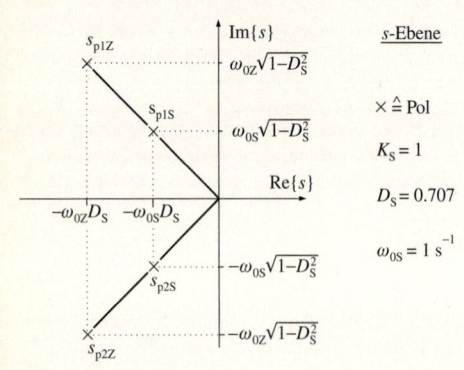

Pole der Regelstrecke	Pole der Zustandsregelung
$s_{p1S} = \omega_{0S} \cdot \left(-D_S + j \cdot \sqrt{1 - D_S^2}\right)$ $= -0.707 \cdot (1 - j)$	$s_{p1Z} = \omega_{0Z} \cdot \left(-D_S + j \cdot \sqrt{1 - D_S^2}\right)$
$s_{p2S} = \omega_{0S} \cdot \left(-D_S - j \cdot \sqrt{1 - D_S^2}\right)$ $= -0.707 \cdot (1 + j)$	$s_{p2Z} = \omega_{0Z} \cdot \left(-D_S - j \cdot \sqrt{1 - D_S^2}\right)$

Bild 12.3-7: Pollage und Parameter von Regelstrecke und Zustandsregelung

Das dynamische Verhalten der Zustandsregelung kann durch Polfestlegung unter Verwendung der Parameter D_S und ω_{0Z} beliebig vorgegeben werden.

Berechnung des Vorfilters

Mit einem Vorfilter wird die stationäre Regeldifferenz bei konstanten Führungsgrößen kompensiert. Zur Berechnung des Vorfilters wurde in diesem Abschnitt die Gleichung

$$v_w = -[\mathbf{c}^T \cdot (\mathbf{A} + \mathbf{b} \cdot \mathbf{r}^T)^{-1} \cdot \mathbf{b}]^{-1}$$

entwickelt. Für das Beispiel ergibt sich

$$v_{wR} = \left[\begin{bmatrix} K_S \cdot \omega_{0S}^2 & 0 \end{bmatrix} \left[\begin{bmatrix} 0 & -1 \\ \omega_{0S}^2 & 2 \cdot D_S \cdot \omega_{0S} \end{bmatrix} - \begin{bmatrix} 0 \\ 1 \end{bmatrix} \begin{bmatrix} r_{1R} & r_{2R} \end{bmatrix}\right]^{-1} \begin{bmatrix} 0 \\ 1 \end{bmatrix}\right]^{-1}$$

$$= \frac{\omega_{0S}^2 - r_{1R}}{K_S \cdot \omega_{0S}^2}.$$

Übergangsverhalten der Zustandsregelung

Regelungen sind schnell, wenn die Pole des geschlossenen Regelkreises große negative Realteile haben. Damit erhöht sich jedoch der Stellgrößenaufwand $u(t)$. Für die Wahl der Pole der Zustandsregelung ist zu beachten, daß bei den verwendeten Führungsgrößen die **Begrenzung der Stellgröße** nicht überschritten wird. Darüber hinaus muß die Regelstrecke ausreichend belastbar sein. In der Praxis ist ein Kompromiß zwischen erwünschter Regelgüte und **zulässiger Streckenbelastung** anzustreben.

12.3 Regelung durch Zustandsrückführung

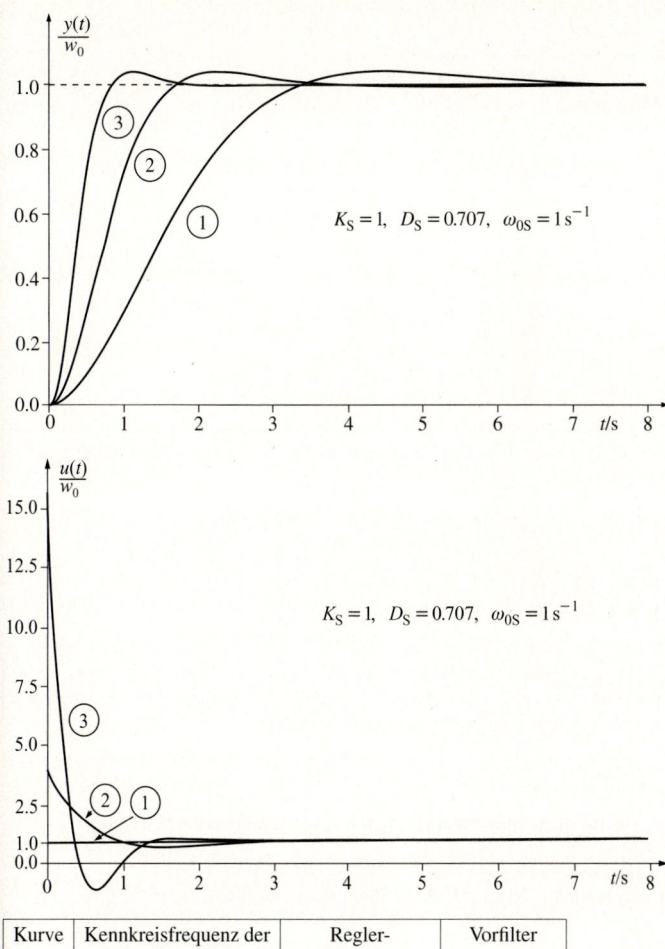

$K_S = 1$, $D_S = 0.707$, $\omega_{0S} = 1\,\text{s}^{-1}$

$K_S = 1$, $D_S = 0.707$, $\omega_{0S} = 1\,\text{s}^{-1}$

Kurve Nr.	Kennkreisfrequenz der Zustandsregelung	Reglerparameter	Vorfilter
1	$\omega_{0Z} = \omega_{0S}$	$r_{1R} = 0$ $r_{2R} = 0$	$v_{wR} = 1$
2	$\omega_{0Z} = 2 \cdot \omega_{0S}$	$r_{1R} = -3$ $r_{2R} = -1.414$	$v_{wR} = 4$
3	$\omega_{0Z} = 4 \cdot \omega_{0S}$	$r_{1R} = -15$ $r_{2R} = -4.242$	$v_{wR} = 16$

Bild 12.3-8: Führungssprungantwortfunktionen $\dfrac{y(t)}{w_0}$ und Stellgrößenverläufe $\dfrac{u(t)}{w_0}$ der Zustandsregelung

Für die Stellgröße der Zustandsregelung in Bild 12.3-6 gilt die Übertragungsfunktion

$$\frac{u(s)}{w(s)} = \frac{v_{wR} \cdot (s^2 + 2 \cdot D_S \cdot \omega_{0S} \cdot s + \omega_{0S}^2)}{s^2 + (2 \cdot D_S \cdot \omega_{0S} - r_{2R}) \cdot s + \omega_{0S}^2 - r_{1R}}.$$

Einsetzen der Rückführkoeffizienten

$$r_{1R} = \omega_{0S}^2 - \omega_{0Z}^2,$$
$$r_{2R} = 2 \cdot D_S \cdot (\omega_{0S} - \omega_{0Z})$$

und des Vorfilters

$$v_{wR} = \frac{\omega_{0S}^2 - r_{1R}}{K_S \cdot \omega_{0S}^2}$$

ergibt

$$\frac{u(s)}{w(s)} = \frac{s^2 + 2 \cdot D_S \cdot \omega_{0S} \cdot s + \omega_{0S}^2}{\left[\dfrac{s^2}{\omega_{0Z}^2} + \dfrac{2 \cdot D_S \cdot s}{\omega_{0Z}} + 1\right] \cdot K_S \cdot \omega_{0S}^2}.$$

Untersucht werden die Grenzwerte der Stellgröße in Abhängigkeit von Zeit und Kennkreisfreqenz ω_{0Z}. Für $t = 0$ wird der größte Wert der Stellgröße erreicht. Der Anfangswertsatz der LAPLACE-Transformation liefert bei sprungförmigen Führungsgrößen

$$u(t=0) = \lim_{s \to \infty} s \cdot u(s) = \lim_{s \to \infty} s \cdot \frac{(s^2 + 2 \cdot D_S \cdot \omega_{0S} \cdot s + \omega_{0S}^2) \cdot \omega_{0Z}^2}{(s^2 + 2 \cdot D_S \cdot \omega_{0Z} \cdot s + \omega_{0Z}^2) \cdot K_S \cdot \omega_{0S}^2} \cdot \frac{1}{s}$$

$$= \lim_{s \to \infty} \frac{\left[1 + \dfrac{2 \cdot D_S \cdot \omega_{0S}}{s} + \dfrac{\omega_{0S}^2}{s^2}\right] \cdot \omega_{0Z}^2}{\left[1 + \dfrac{2 \cdot D_S \cdot \omega_{0Z}}{s} + \dfrac{\omega_{0Z}^2}{s^2}\right] \cdot K_S \cdot \omega_{0S}^2} = \frac{\omega_{0Z}^2}{K_S \cdot \omega_{0S}^2}.$$

Für große Werte von ω_{0Z} haben die Pole der Zustandsregelung in Bild 12.3-7 große negative Realteile. Die Regelung ist schnell. Für $\omega_{0Z} \to \infty$ werden die Stellgrößenwerte unendlich:

$$\lim_{\omega_{0Z} \to \infty} u(t=0) = \lim_{\omega_{0Z} \to \infty} \frac{\omega_{0Z}^2}{K_S \cdot \omega_{0S}^2} = \infty.$$

Der Endwert der Stellgröße wird mit dem Endwertsatz der LAPLACE-Transformation berechnet:

$$u(t \to \infty) = \lim_{s \to 0} u(s) = \lim_{s \to 0} s \cdot \frac{(s^2 + 2 \cdot D_S \cdot \omega_{0S} \cdot s + \omega_{0S}^2) \cdot \omega_{0Z}^2}{(s^2 + 2 \cdot D_S \cdot \omega_{0Z} \cdot s + \omega_{0Z}^2) \cdot K_S \cdot \omega_{0S}^2} \cdot \frac{1}{s} = \frac{1}{K_S}.$$

In Bild 12.3-8 sind normierte Führungssprungantwortfunktionen $\dfrac{y(t)}{w_0}$ und normierte Stellgrößenverläufe $\dfrac{u(t)}{w_0}$ für $\omega_{0S} = 1\ \text{s}^{-1}, D_S = 0.707, K_S = 1$ aufgezeichnet.

12.3.3 Zustandsregelung mit Beobachter

12.3.3.1 Prinzipielle Arbeitsweise von Beobachtern

Beobachter werden eingesetzt, wenn innere Zustandsvariablen nicht meßbar sind. In Bild 12.3-9 ist der vereinfachte Signalflußplan einer Zustandsregelung mit Zustandsbeobachter angegeben. Zustandsbeobachter sind Teil der Regeleinrichtung.

Von der Regelstrecke wird ein mathematisches Modell in Form der Zustandsgleichung des Beobachters gebildet. Das Streckenmodell ist der Regelstrecke parallel geschaltet, wobei die Eingangsvariable $u(t)$ auf beide Systeme wirkt. Sind die Übertragungssysteme identisch und wirken keine Störungen, dann ergeben sich gleiche Zustandsvektoren für Regelstrecke und Beobachter: $\boldsymbol{x}(t) = \hat{\boldsymbol{x}}(t)$.

12.3 Regelung durch Zustandsrückführung

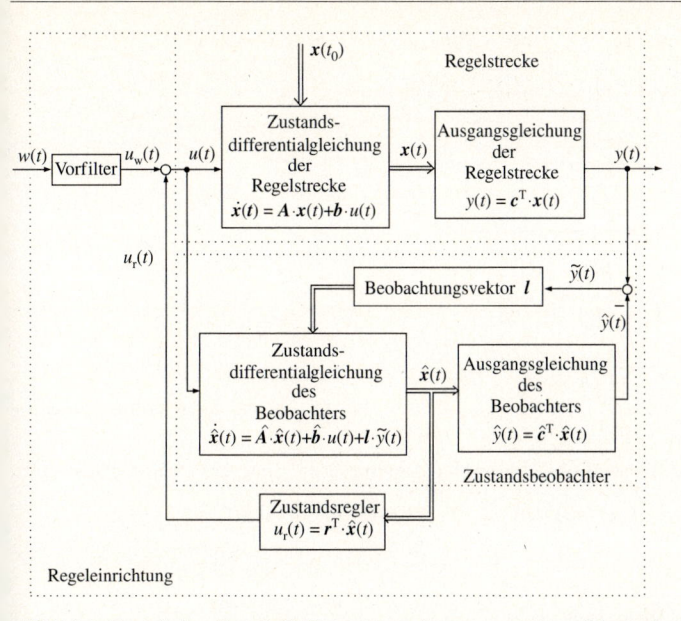

Bild 12.3-9: Vereinfachtes Signalflußbild einer Zustandsregelung mit Zustandsbeobachter

Die Annahmen sind jedoch nicht realistisch. Daher muß das Streckenmodell durch eine Regelung ergänzt werden. Die Ausgangsvariablen von Regelstrecke und Beobachter werden verglichen. Die Differenz

$$\tilde{y}(t) = y(t) - \hat{y}(t)$$

wirkt über den Beobachtungsvektor $\boldsymbol{l}$ auf das Streckenmodell zurück.

Das Beobachterprinzip läßt sich am Beispiel einer PT_1-Regelstrecke beschreiben, wobei an Stelle der vektoriellen Zustandsgleichungen skalare Gleichungen auftreten. In Bild 12.3-10 ist der Signalflußplan von Regelstrecke und Beobachter dargestellt.

Auf die Regelstrecke wirkt die Störgröße $z(t)$, die auch die Bedeutung eines Anfangswerts haben kann. Für die Regelstrecke gelten die Gleichungen:

$$\dot{x}(t) = a \cdot x(t) + b \cdot u(t) + \dot{z}(t),$$

$$y(t) = c \cdot x(t).$$

Der Beobachter wird mit folgenden Gleichungen beschrieben:

$$\dot{\hat{x}}(t) = \hat{a} \cdot \hat{x}(t) + \hat{b} \cdot u(t) + l \cdot [c \cdot x(t) - \hat{c} \cdot \hat{x}(t)]$$

$$= (\hat{a} - l \cdot \hat{c}) \cdot \hat{x}(t) + \hat{b} \cdot u(t) + l \cdot c \cdot x(t),$$

$$\hat{y}(t) = \hat{c} \cdot \hat{x}(t).$$

Der Anfangswert des Beobachters wird zu Null angenommen: $\hat{x}(t_0) = 0$. Die Differenz zwischen den Zustandsvariablen der Regelstrecke und des Beobachters wird durch die Fehlergleichung beschrieben

$$\dot{x}(t) - \dot{\hat{x}}(t) = \dot{\tilde{x}}(t) = a \cdot x(t) - \hat{a} \cdot \hat{x}(t) + l \cdot \hat{c} \cdot \hat{x}(t) - l \cdot c \cdot x(t) + (b - \hat{b}) \cdot u(t) + \dot{z}(t).$$

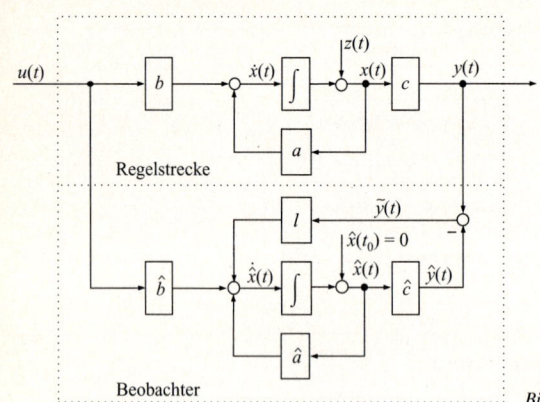

Bild 12.3-10: PT_1-Regelstrecke mit Beobachter

Sind die Abweichungen zwischen Beobachter- und Streckenparametern gering, dann führt der Grenzwert

$$\dot{\tilde{x}}(t) = \lim_{\substack{\hat{a}\to a \\ \hat{b}\to b \\ \hat{c}\to c}} [(a - l \cdot c) \cdot x(t) - (\hat{a} - l \cdot \hat{c}) \cdot \hat{x}(t) + (b - \hat{b}) \cdot u(t) + \dot{z}(t)],$$

zur Vereinfachung der Fehlergleichung

$$\dot{\tilde{x}}(t) = (a - l \cdot c) \cdot \tilde{x}(t) + \dot{z}(t).$$

Es entsteht die Differentialgleichung eines DT_1-Elements. Die Übertragungsfunktion der Fehlergleichung

$$G_z^F(s) = \frac{\tilde{x}(s)}{z(s)} = \frac{s}{s + l \cdot c - a}$$

hat die charakteristische Gleichung

$$l \cdot c - a + s = 0$$

mit der Nullstelle

$$s_{p1} = -(l \cdot c - a) = -\frac{1}{T_1}.$$

Für konstante Werte der Störgröße $z(t) = z_0 \cdot E(t)$ hat die Differentialgleichung folgende Lösung:

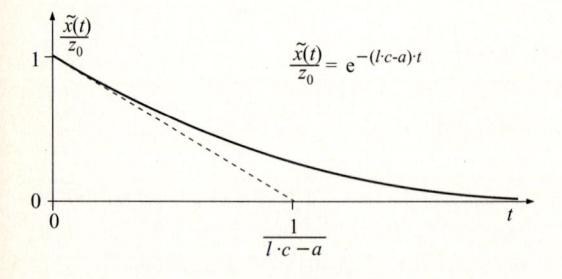

$$\frac{\tilde{x}(t)}{z_0} = e^{-(l \cdot c - a) \cdot t}$$

Aus der Lösung der Gleichung für den Beobachtungsfehler ergibt sich:

> Der Zustandsbeobachter ist stabil für Rückführgrößen $l > \dfrac{a}{c}$. Unter dieser Voraussetzung und für konstante Störungen oder Anfangswerte z_0 gilt für den stationären Beobachtungsfehler
>
> $$\tilde{x}(t \to \infty) = 0.$$
>
> Große Werte der Rückführgröße l bewirken ein schnelles Abklingen des Beobachtungsfehlers. Aufgrund des DT_1-Verhaltens der Beobachtungsfehlergleichung werden Störungen $z(t)$, die der Ausgangsvariablen $y(t)$ überlagert sind, differenziert. Hochfrequente Störungen können daher bei zu großen Werten von l das Beobachtungsergebnis verfälschen.

In einer weiteren Untersuchung werden Führungs- und Störübertragungsfunktion von Regelstrecke und Beobachter verglichen. Auf die Übertragungsfunktionen der Regelstrecke

$$x(s) = G_u(s) \cdot u(s) + G_z(s) \cdot z(s) = \frac{b}{s-a} \cdot u(s) + \frac{s}{s-a} \cdot z(s)$$

und des Beobachters

$$\hat{x}(s) = \hat{G}_u(s) \cdot u(s) + \hat{G}_z(s) \cdot z(s)$$
$$= \frac{\hat{b} \cdot (s-a) + l \cdot c \cdot b}{[s - (\hat{a} - l \cdot \hat{c})] \cdot (s-a)} \cdot u(s) + \frac{l \cdot c \cdot s}{[s - (\hat{a} - l \cdot \hat{c})] \cdot (s-a)} \cdot z(s)$$

wirken jeweils die Eingangsgröße $u(s)$ und die Störgröße oder der Anfangswert z_0. Für kleine Abweichungen zwischen den Parametern von Regelstrecke und Beobachter führt der Grenzwert

$$\lim_{\substack{\hat{a} \to a \\ \hat{b} \to b \\ \hat{c} \to c}} \hat{x}(s) = \frac{\hat{b} \cdot (s-a) + l \cdot c \cdot b}{[s - (\hat{a} - l \cdot \hat{c})] \cdot (s-a)} \cdot u(s) = \frac{b}{s-a} \cdot u(s).$$

zu identischen Führungsübertragungsfunktionen. Die Untersuchung des Einflusses der Rückführgröße l in den Übertragungsfunktionen des Beobachters ergibt

$$\lim_{\substack{l \to \infty \\ \hat{c} \to c}} \hat{x}(s) = \frac{\dfrac{\hat{b} \cdot (s-a)}{l} + c \cdot b}{\left[\dfrac{s}{l} - \left[\dfrac{\hat{a}}{l} - \hat{c}\right]\right] (s-a)} \cdot u(s) + \frac{c \cdot s}{\left[\dfrac{s}{l} - \left[\dfrac{\hat{a}}{l} - \hat{c}\right]\right] (s-a)} \cdot z(s)$$
$$= \frac{b}{s-a} \cdot u(s) + \frac{s}{s-a} \cdot z(s).$$

Der Grenzwert für große Werte von l liefert gleiche Übertragungsfunktionen von Regelstrecke und Beobachter.

> Die Modellparameter des Beobachters können in der Praxis nur mit eingeschränkter Genauigkeit ermittelt werden. Für große Werte der Rückführgröße l ist der Einfluß der ungenauen Beobachterparameter auf das Beobachtungsergebnis gering.

Zustandsbeobachter zur Ermittlung des vollständigen Zustandsvektors werden auch als LUENBERGER-Beobachter bezeichnet.

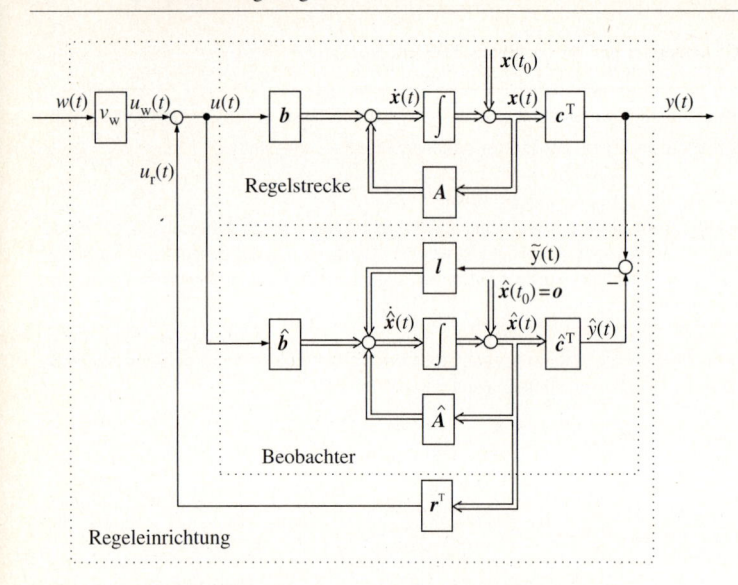

Bild 12.3-11: Signalflußbild einer Zustandsregelung mit Zustandsbeobachter

12.3.3.2 Ermittlung von Zustandsbeobachtern durch Polvorgabe

Der allgemeine Signalflußplan einer Zustandsregelung mit Beobachter ist in Bild 12.3-11 angegeben.

Die Aufstellung der Zustandsgleichungen wird entsprechend der Vorgehensweise bei der Analyse des Beobachterprinzips in Abschnitt 12.3.3.1 vorgenommen. Anschließend wird ein Verfahren zur Vorgabe der Beobachterpole beschrieben.

Für das Signalflußbild gelten die Zustandsgleichungen der Regelstrecke

$$\dot{x}(t) = A \cdot x(t) + b \cdot u(t), \quad y(t) = c^T \cdot x(t),$$

und des Beobachters

$$\dot{\hat{x}}(t) = \hat{A} \cdot \hat{x}(t) + l \cdot [y(t) - \hat{y}(t)] + \hat{b} \cdot u(t) = (\hat{A} - l \cdot \hat{c}^T) \cdot \hat{x}(t) + l \cdot y(t) + \hat{b} \cdot u(t),$$

$$\hat{y}(t) = \hat{c}^T \cdot \hat{x}(t),$$

in Matrixform. Unter der Voraussetzung, daß die Parameter der Regelstrecke bekannt sind, d. h.

$$\hat{A} = A, \quad \hat{b} = b \quad \text{und} \quad \hat{c}^T = c^T$$

ist, hat die Gleichung des Beobachtungsfehlers folgende Form:

$$\dot{\tilde{x}}(t) = \dot{x}(t) - \dot{\hat{x}}(t) = (A - l \cdot c^T) \cdot \tilde{x}(t) = F \cdot \tilde{x}(t).$$

F wird mit **Systemmatrix des Beobachters** oder mit **Beobachtungsmodell** bezeichnet. Die homogene Fehlergleichung läßt sich mit der in Abschnitt 12.2.2.4 angegebenen Formel

$$\tilde{x}(t) = \Phi(t - t_0) \cdot \tilde{x}(t_0) = e^{(A - l \cdot c^T)(t - t_0)} \cdot \tilde{x}(t_0) = e^{F(t - t_0)} \cdot \tilde{x}(t_0)$$

unter Verwendung der Transitionsmatrix Φ oder mit der LAPLACE-Transformation berechnen. Zur Vorgabe der Pole oder Eigenwerte des Beobachtungsmodells

$$F = A - l \cdot c^T$$

12.3 Regelung durch Zustandsrückführung

ist folgendes Verfahren geeignet. Ist die Regelstrecke beobachtbar, dann läßt sich die Zustandsgleichung in der **Beobachtungsnormalform** nach Abschnitt 12.2.4.3 darstellen:

$$\dot{x}_B(t) = A_B \cdot x_B(t) + b_B \cdot u(t),$$
$$y(t) = c_B^T \cdot x_B(t).$$

Das Beobachtungsmodell lautet in Beobachtungsnormalform:

$$F_B = A_B - l_B \cdot c_B^T$$

$$F_B = \begin{bmatrix} 0 & 0 & 0 & \ldots & 0 & -\dfrac{a_0}{a_n} \\ 1 & 0 & 0 & \ldots & 0 & -\dfrac{a_1}{a_n} \\ 0 & 1 & 0 & \ldots & 0 & -\dfrac{a_2}{a_n} \\ \vdots & \vdots & \vdots & \ddots & \vdots & \vdots \\ 0 & 0 & 0 & \ldots & 1 & -\dfrac{a_{n-1}}{a_n} \end{bmatrix} - \begin{bmatrix} l_{1B} \\ l_{2B} \\ l_{3B} \\ \vdots \\ l_{nB} \end{bmatrix} \begin{bmatrix} 0 & 0 & 0 & \ldots & \dfrac{1}{a_n} \end{bmatrix}$$

$$= \begin{bmatrix} 0 & 0 & 0 & \ldots & 0 & -\dfrac{a_0 + l_{1B}}{a_n} \\ 1 & 0 & 0 & \ldots & 0 & -\dfrac{a_1 + l_{2B}}{a_n} \\ 0 & 1 & 0 & \ldots & 0 & -\dfrac{a_2 + l_{3B}}{a_n} \\ \vdots & \vdots & \vdots & \ddots & \vdots & \vdots \\ 0 & 0 & 0 & \ldots & 1 & -\dfrac{a_{n-1} + l_{nB}}{a_n} \end{bmatrix}.$$

Löst man die homogene Beobachtergleichung oder die homogene Fehlergleichung im Frequenzbereich, wie in Abschnitt 12.3.3 durchgeführt, dann ergibt sich die charakteristische Gleichung:

$$\det[s \cdot E - (A_B - l_B \cdot c_B^T)] = \det \begin{bmatrix} s & 0 & 0 & \ldots & 0 & \dfrac{a_0 + l_{1B}}{a_n} \\ -1 & s & 0 & \ldots & 0 & \dfrac{a_1 + l_{2B}}{a_n} \\ 0 & -1 & s & \ldots & 0 & \dfrac{a_2 + l_{3B}}{a_n} \\ \vdots & \vdots & \vdots & \ddots & \vdots & \vdots \\ 0 & 0 & 0 & \ldots & -1 & s + \dfrac{a_{n-1} + l_{nB}}{a_n} \end{bmatrix}$$

$$= s^n + s^{n-1} \cdot \dfrac{a_{n-1} + l_{nB}}{a_n} + \ldots + s \cdot \dfrac{a_1 + l_{2B}}{a_n} + \dfrac{a_0 + l_{1B}}{a_n}$$
$$= 0.$$

Die Polynomkoeffizienten sind Funktionen der Koeffizienten des Beobachtungsvektors l_B. Die Vorgabe der n Beobachterpole $s_{p1}, s_{p2}, \ldots, s_{pn}$ führt zu dem Polynom

$$\boxed{P(s) = (s - s_{p1}) \cdot (s - s_{p2}) \cdot \ldots \cdot (s - s_{pn}) = s^n + P_{n-1} \cdot s^{n-1} + \ldots + P_1 \cdot s + P_0}.$$

Durch Koeffizientenvergleich mit der charakteristischen Gleichung ergibt sich das Gleichungssystem mit den Lösungen

$$\frac{a_0 + l_{1B}}{a_n} = P_0 \rightarrow l_{1B} = P_0 \cdot a_n - a_0,$$

$$\frac{a_1 + l_{2B}}{a_n} = P_1 \rightarrow l_{2B} = P_1 \cdot a_n - a_1,$$

$$\vdots \qquad \vdots \qquad \vdots$$

$$\frac{a_{n-1} + l_{nB}}{a_n} = P_{n-1} \rightarrow l_{nB} = P_{n-1} \cdot a_n - a_{n-1}.$$

Für steuer- und beobachtbare Regelstrecken können die Pole der Zustandsregelung und die Pole des Beobachters unabhängig voneinander frei gewählt werden. Zuerst wird die Zustandsregelung (ohne Beobachter) und anschließend der Zustandsbeobachter berechnet, wobei die Pole der Zustandsregelung nicht beeinflußt werden. Diese Aussage wird als **Separationstheorem** bezeichnet.

Beispiel 12.3-3: Zustandsbeobachter für eine PT$_2$-Regelstrecke

Die Zustandsgleichung einer Standard-PT$_2$-Regelstrecke

$$\frac{d}{dt}\begin{bmatrix} x_1(t) \\ x_2(t) \end{bmatrix} = \begin{bmatrix} 0 & 1 \\ -\omega_{0S}^2 & -2 \cdot D_S \cdot \omega_{0S} \end{bmatrix} \begin{bmatrix} x_1(t) \\ x_2(t) \end{bmatrix} + \begin{bmatrix} 0 \\ K_S \cdot \omega_{0S}^2 \end{bmatrix} \cdot u(t),$$

$$y(t) = \begin{bmatrix} 1 & 0 \end{bmatrix} \begin{bmatrix} x_1(t) \\ x_2(t) \end{bmatrix}$$

wurde in den Beispielen 12.2-4 und 12.2-5 gelöst. Steuerbarkeitsprüfung und Transformation auf Regelungsnormalform sind in Beispiel 12.2-11 beschrieben. In Beispiel 12.3-2 wurde eine Zustandsregelung für die Standard-PT$_2$-Regelstrecke berechnet. Im vorliegenden Beispiel werden die Zustandsvariablen für diese Zustandsregelung durch einen Beobachter ermittelt.

Wenn die Regelstrecke beobachtbar ist, dann läßt sich ein Beobachter berechnen. Beobachtbarkeitsprüfung und Transformation auf **Beobachtungsnormalform**

$$\frac{d}{dt}\begin{bmatrix} x_{1B}(t) \\ x_{2B}(t) \end{bmatrix} = \begin{bmatrix} 0 & -\omega_{0S}^2 \\ 1 & -2 \cdot D_S \cdot \omega_{0S} \end{bmatrix} \begin{bmatrix} x_{1B}(t) \\ x_{2B}(t) \end{bmatrix} + \begin{bmatrix} K_S \cdot \omega_{0S}^2 \\ 0 \end{bmatrix} \cdot u(t),$$

$$y(t) = \begin{bmatrix} 0 & 1 \end{bmatrix} \begin{bmatrix} x_{1B}(t) \\ x_{2B}(t) \end{bmatrix}$$

sind in Beispiel 12.2-12 beschrieben. Die Regelstrecke ist vollständig beobachtbar.

Berechnung des Zustandsbeobachters

In Bild 12.3-12 ist die Zustandsregelung mit Beobachter angegeben. Die Regelstrecke ist wie bei der Berechnung des Zustandsreglers in Beispiel 12.3-2 in Regelungsnormalform, der Beobachter ist in Beobachtungsnormalform dargestellt.

In **Beobachtungsnormalform** hat das Beobachtungsmodell die Form

$$\boldsymbol{F} = \boldsymbol{A}_B - \boldsymbol{l}_B \cdot \boldsymbol{c}_B^T$$

$$= \begin{bmatrix} 0 & -\omega_{0S}^2 \\ 1 & -2 \cdot D_S \cdot \omega_{0S} \end{bmatrix} - \begin{bmatrix} l_{1B} \\ l_{2B} \end{bmatrix} \begin{bmatrix} 0 & 1 \end{bmatrix} = \begin{bmatrix} 0 & -(\omega_{0S}^2 + l_{1B}) \\ 1 & -(2 \cdot D_S \cdot \omega_{0S} + l_{2B}) \end{bmatrix}.$$

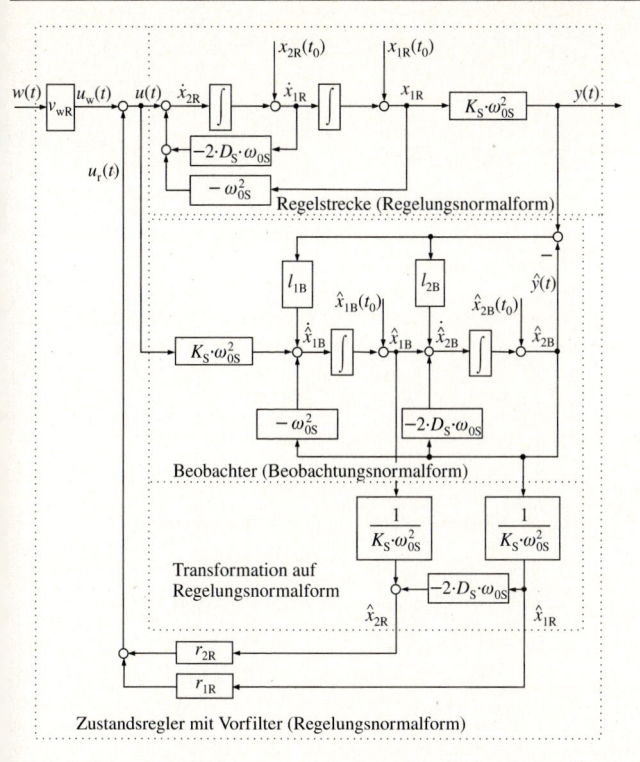

Bild 12.3-12: Signalflußbild der Zustandsregelung einer PT_2-Standardregelstrecke mit Zustandsbeobachter

Das Beobachtungsmodell wird in das charakteristische Polynom der homogenen Beobachtergleichung eingesetzt:

$$\det[s \cdot \boldsymbol{E} - (\boldsymbol{A}_B - \boldsymbol{l}_B \cdot \boldsymbol{c}_B^T)] = \det\left[\begin{bmatrix} s & 0 \\ 0 & s \end{bmatrix} - \begin{bmatrix} 0 & -(\omega_{0S}^2 + l_{1B}) \\ 1 & -(2 \cdot D_S \cdot \omega_{0S} + l_{2B}) \end{bmatrix}\right]$$

$$= \det\begin{bmatrix} s & \omega_{0S}^2 + l_{1B} \\ -1 & s + 2 \cdot D_S \cdot \omega_{0S} + l_{2B} \end{bmatrix}$$

$$= s^2 + s \cdot (2 \cdot D_S \cdot \omega_{0S} + l_{2B}) + \omega_{0S}^2 + l_{1B}.$$

Der Beobachter muß schneller sein als die Zustandsregelung. In der s-Ebene in Bild 12.3-13 sind die Streckenpole $s_{p1,2S}$, die Pole der Zustandsregelung $s_{p1,2Z}$ und die Beobachterpole $s_{p1,2B}$ eingezeichnet, wobei die Beobachterpole links von den Polen der Zustandsregelung liegen.

Mit den Polen des Beobachters in Bild 12.3-13 wird das Vorgabepolynom gebildet:

$$P_B(s) = (s - s_{p1B}) \cdot (s - s_{p2B}) = s^2 + 2 \cdot D_S \cdot \omega_{0B} \cdot s + \omega_{0B}^2 = s^2 + 5.656 \cdot s + 16.$$

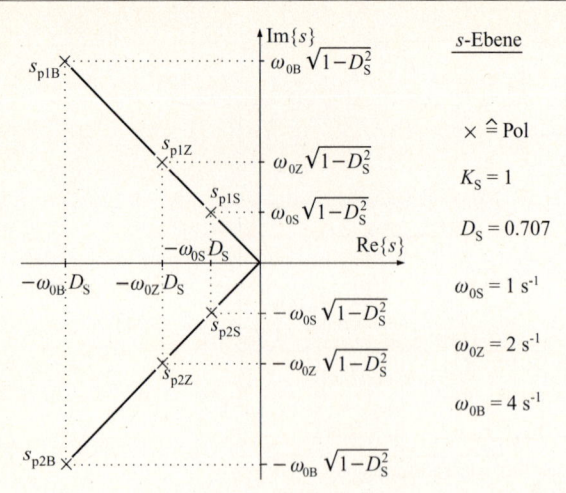

Pole der Regelstrecke	Pole der Zustandsregelung	Pole des Beobachters
$s_{p1S} = \omega_{0S} \cdot (-D_S + j\sqrt{1 - D_S^2})$ $= -0.707 \cdot (1 - j),$	$s_{p1Z} = \omega_{0Z} \cdot (-D_S + j\sqrt{1 - D_S^2})$ $= -1.414 \cdot (1 - j),$	$s_{p1B} = \omega_{0B} \cdot (-D_S + j\sqrt{1 - D_S^2})$ $= -2.828 \cdot (1 - j),$
$s_{p2S} = \omega_{0S} \cdot (-D_S - j\sqrt{1 - D_S^2})$ $= -0.707 \cdot (1 + j)$	$s_{p2Z} = \omega_{0Z} \cdot (-D_S - j\sqrt{1 - D_S^2})$ $= -1.414 \cdot (1 + j)$	$s_{p2B} = \omega_{0B} \cdot (-D_S - j\sqrt{1 - D_S^2})$ $= -2.828 \cdot (1 + j)$

Bild 12.3-13: *Pollage der Zustandsregelung mit Beobachter*

Durch Koeffizientenvergleich mit dem charakteristischen Polynom der Beobachtergleichung erhält man das Gleichungssystem mit den Lösungen:

$$\omega_{0S}^2 + l_{1B} = \omega_{0B}^2, \quad 2 \cdot D_S \cdot \omega_{0S} + l_{2B} = 2 \cdot D_S \cdot \omega_{0B} \longrightarrow$$
$$l_{1B} = \omega_{0B}^2 - \omega_{0S}^2 = 15 \text{ s}^{-2}, \quad l_{2B} = 2 \cdot D_S \cdot (\omega_{0B} - \omega_{0S}) = 4.242 \text{ s}^{-1}.$$

Umrechnung der Zustandsvariablen

In Beispiel 12.3-2 wurde der Zustandsregler

$$u_r(t) = \boldsymbol{r}^T \cdot \boldsymbol{x}_R(t) = \begin{bmatrix} r_{1R} & r_{2R} \end{bmatrix} \begin{bmatrix} x_{1R}(t) \\ x_{2R}(t) \end{bmatrix}$$

in Regelungsnormalform (Zustandsvariablen $\boldsymbol{x}_R(t)$) berechnet. Der Zustandsbeobachter wurde in der Beobachtungsnormalform (Zustandsvariablen $\boldsymbol{x}_B(t)$) entwickelt. Da im vorliegenden Beispiel die Zustandsvariablen des Beobachters für die Regelung verwendet werden, müssen diese in die Regelungsnormalform umgerechnet werden.

Die in Abschnitt 12.2.6.3 beschriebene Transformation auf Beobachtungsnormalform

$$\boldsymbol{x}_B(t) = \boldsymbol{T}_B \cdot \boldsymbol{x}(t)$$

wird umgeformt

$$\boldsymbol{x}(t) = \boldsymbol{T}_B^{-1} \cdot \boldsymbol{x}_B(t)$$

und in die Transformation auf Regelungsnormalform (Abschnitt 12.2.6.2)

$$x_R(t) = T_R \cdot x(t)$$

eingesetzt:

$$x_R(t) = T_R \cdot T_B^{-1} \cdot x_B(t).$$

Mit den Transformationsmatrizen der Beispiele 12.2-11 und 12.2-12 erhält man das Gleichungssystem zur Transformation der Zustandsvariablen der Beobachtungsnormalform in die Regelungsnormalform:

$$x_R(t) = \frac{1}{K_S \cdot \omega_{0S}^2} \cdot \begin{bmatrix} 0 & 1 \\ 1 & -2 \cdot D_S \cdot \omega_{0S} \end{bmatrix} \cdot x_B(t).$$

Im Signalflußbild 12.3-12 ist die Transformation dargestellt.

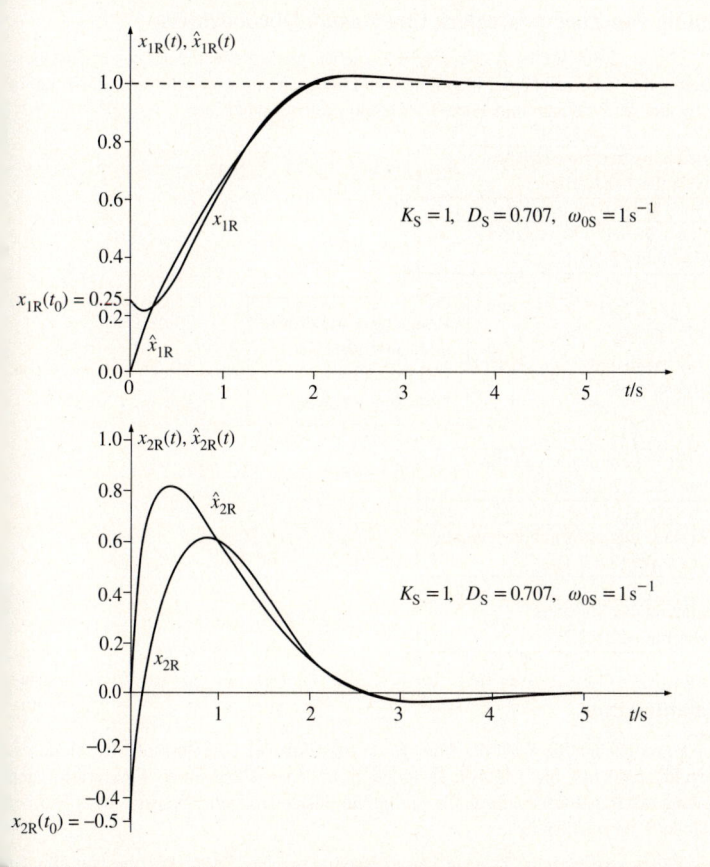

Bild 12.3-14: Zeitverläufe der Zustandsvariablen von Regelstrecke x_{1R}, x_{2R} und Beobachter $\hat{x}_{1R}$, $\hat{x}_{2R}$

Übergangsverhalten des Beobachters

Untersucht wird das dynamische Verhalten von Zustandsregler und Beobachter für die Sprungaufschaltung $w(t) = w_0 \cdot E(t)$ bei Anfangsstörungen der Regelstrecke. In Bild 12.3-14 ist der Zeitverlauf der Zustandsvariablen aufgezeichnet. Die Anfangswerte der Regelstrecke sind:

$$\begin{bmatrix} x_{1R}(t_0) \\ x_{2R}(t_0) \end{bmatrix} = \begin{bmatrix} 0.25 \\ -0.50 \end{bmatrix}.$$

Zweckmäßig werden die Anfangswerte des Beobachters $\hat{x}_{1B}(t_0), \hat{x}_{2B}(t_0) = 0$ gewählt, da bei der Realisierung die Anfangswerte der Regelstrecke nicht bekannt sind. Der Beobachtungsfehler klingt nach etwa 1 s ab.

Die Regelgüte der Zustandsregelung läßt sich verbessern, wenn statt der beobachteten Ausgangsvariablen $\hat{y}(t)$ die gemessene Ausgangsvariable der Regelstrecke $y(t)$ für die Zustandsrückführung in Bild 12.3-12 verwendet wird.

12.3.4 Systematische Vorgehensweise bei der Berechnung von Zustandsreglern und Zustandsbeobachtern

In den Abschnitten 12.3.2 und 12.3.3 ist eine systematische Vorgehensweise zur Berechnung von Zustandsreglern und -beobachtern unter Verwendung der Regelungs- und Beobachtungsnormalform beschrieben. In den Bildern 12.3-15, 16 sind die Flußdiagramme der Berechnungsschritte angegeben.

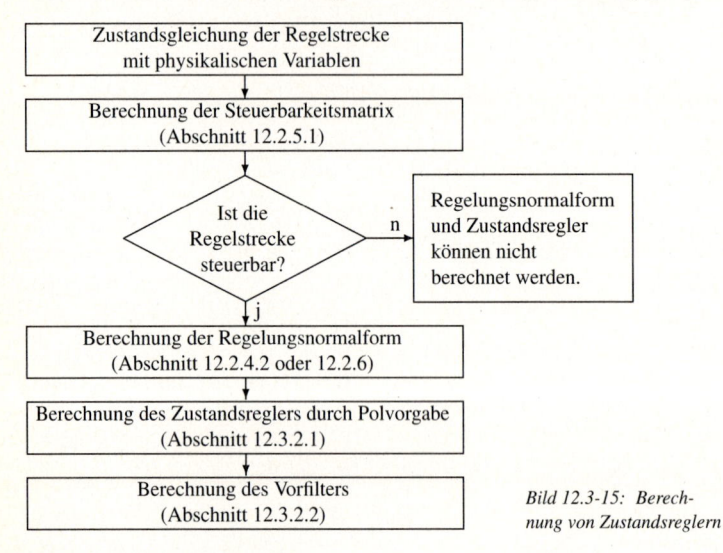

Bild 12.3-15: Berechnung von Zustandsreglern

12.3.5 Zusammenfassung

Zustandsrückführungen ermöglichen die Wahl der Eigenwerte oder Pole des geschlossenen Regelkreises. Damit läßt sich die Regeldynamik beliebig vorgeben. In der Praxis bestehen jedoch immer Einschränkungen hinsichtlich der Belastung der Regelstrecke durch die Stellgröße. Instabile Übertragungssysteme sind bei freier Wahlmöglichkeit der Pole stabilisierbar.

Bei vielen Anwendungsfällen sind einzelne Zustandsvariablen nicht meßbar. Zustandsbeobachter können dann zur Berechnung von Zustandsvariablen eingesetzt werden.

Störungen beeinträchtigen die Güte der Zustandsregelung und der Zustandsbeobachtung. Unter Verwendung von Störgrößenbeobachtern lassen sich auch Störgrößen ermitteln und kompensieren. Die Berechnung einer Zustandsregelung mit Beobachter am Beispiel elektrischer Vorschubantriebe wird in Abschnitt 13.8 durchgeführt, wobei die physikalischen Zustandsvariablen verwendet werden.

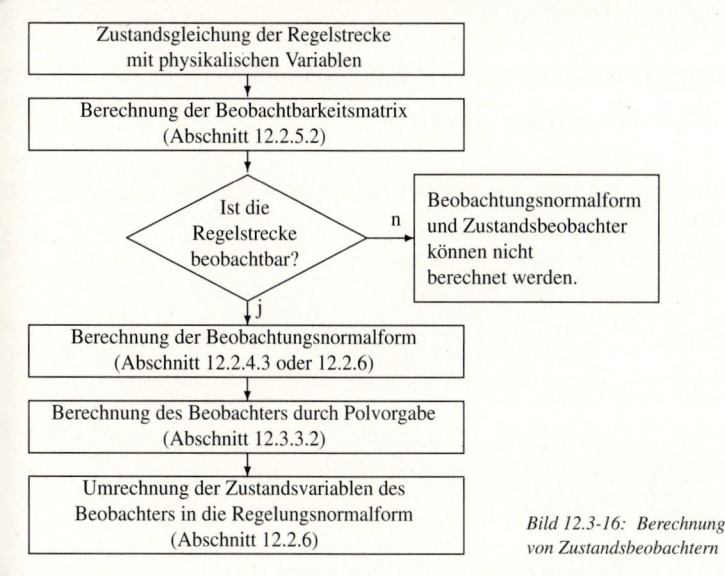

Bild 12.3-16: Berechnung von Zustandsbeobachtern

12.4 Regelungen durch Zustandsrückführung mit verbessertem Störungsverhalten

12.4.1 Allgemeines

Die in Abschnitt 12.3 beschriebenen Zustandsregelungen verbessern auch das Störungsverhalten. Wie im folgenden gezeigt wird, reduziert die Zustandsrückführung dynamische und statische Auswirkungen von Störungen auf die Regelgröße. Bei konstanten Störgrößen entstehen jedoch bleibende Regeldifferenzen. Für Regelungen, auf die Störungen einwirken, sind diese Zustandsregelungen häufig nicht geeignet. Mit folgenden Regelungsverfahren läßt sich die Güte des Störungsverhaltens von Zustandsregelungen erhöhen:

- Zustandsregler mit Störgrößenbeobachter und Störgrößenaufschaltung,
- PI-Zustandsregler.

Wenn der Zeitverlauf von Störungen bekannt ist, dann können Störsignale durch mathematische Modelle nachgebildet und in Störgrößenbeobachtern berechnet werden. Das im Beobachter erzeugte Störsignal wird auf den Eingang der Regelstrecke geschaltet und kompensiert die Störgröße. Dieser Vorgang wird auch als Störgrößenaufschaltung bezeichnet.

Bei dem zweiten Verfahren wird dem Zustandsregler ein zusätzlicher PI-Regler überlagert, wobei das Integral-Element des Reglers bleibende Regeldifferenzen, die sonst bei konstanten Führungs- und Störgrößen auftreten, zu Null regelt.

Im folgenden ist die Zustandsregelung einer PT$_2$-Standardregelstrecke mit Zustands- und Störgrößenbeobachter sowie mit PI-Zustandsregler beschrieben. In Abschnitt 12.3 wurden für die Berechnung von Zustandsregler und Zustandsbeobachter für diese Regelstrecke die Normalformen (Regelungs- und Beobachtungsnormalform) verwendet. Im weiteren werden die Berechnungen mit physikalischen Zustandsvariablen ohne Verwendung der Normalformen durchgeführt.

12.4.2 Zustandsregelung mit Zustands- und Störgrößenbeobachter

12.4.2.1 Berechnung des Zustandsreglers mit Vorfilter

In Beispiel 12.2-4 wurde die Zustandsgleichung einer PT$_2$-Regelstrecke in der Darstellung mit physikalischen Zustandsvariablen gelöst. Für die Untersuchung des Störungsverhaltens wird das Signalflußbild durch die Störgröße $z(t)$ ergänzt.

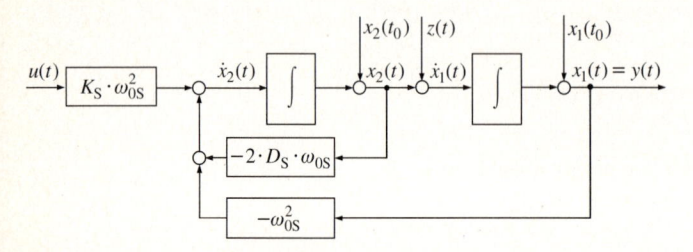

Bild 12.4-1: Signalflußbild der Standardform einer PT$_2$-Regelstrecke mit Störgröße

Für die Regelstrecke lauten die Zustandsgleichungen in Kurzschreibweise

$$\frac{\mathrm{d}}{\mathrm{d}t}\boldsymbol{x}(t) = \boldsymbol{A} \cdot \boldsymbol{x}(t) + \boldsymbol{b} \cdot u(t) + \boldsymbol{b}_z \cdot z(t),$$
$$y(t) = \boldsymbol{c}^{\mathrm{T}} \cdot \boldsymbol{x}(t)$$

und in ausführlicher Schreibweise

$$\frac{\mathrm{d}}{\mathrm{d}t}\begin{bmatrix} x_1(t) \\ x_2(t) \end{bmatrix} = \underbrace{\begin{bmatrix} 0 & 1 \\ -\omega_{0S}^2 & -2 \cdot D_S \cdot \omega_{0S} \end{bmatrix}}_{\boldsymbol{A}} \begin{bmatrix} x_1(t) \\ x_2(t) \end{bmatrix} + \underbrace{\begin{bmatrix} 0 \\ K_S \cdot \omega_{0S}^2 \end{bmatrix}}_{\boldsymbol{b}} \cdot u(t) + \underbrace{\begin{bmatrix} 1 \\ 0 \end{bmatrix}}_{\boldsymbol{b}_z} \cdot z(t),$$

$$y(t) = \underbrace{\begin{bmatrix} 1 & 0 \end{bmatrix}}_{\boldsymbol{c}^{\mathrm{T}}} \begin{bmatrix} x_1(t) \\ x_2(t) \end{bmatrix}.$$

Zustandsregler können berechnet werden, wenn die Regelstrecke steuerbar ist. Steuerbarkeit wurde in Beispiel 12.2-11 nachgewiesen. Die Regelstrecke mit Zustandsregeleinrichtung ist im Signalflußbild 12.4-2 angegeben.

Entsprechend zur Vorgehensweise in Abschnitt 12.3.2.1 wird die Zustandsdifferentialgleichung nach Bild 12.4-2 aufgestellt:

$$\frac{\mathrm{d}}{\mathrm{d}t}\boldsymbol{x}(t) = \boldsymbol{A} \cdot \boldsymbol{x}(t) + \boldsymbol{b} \cdot [u_\mathrm{w}(t) + u_\mathrm{r}(t)] + \boldsymbol{b}_z \cdot z(t).$$

12.4 Regelungen durch Zustandsrückführung

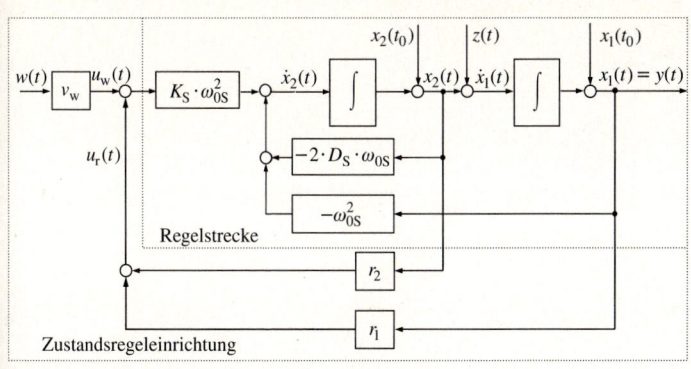

Bild 12.4-2: *Signalflußbild einer PT_2-Standardregelstrecke mit Zustandsregeleinrichtung (physikalische Zustandsvariablen)*

Die Reglergleichung

$$u_r(t) = \boldsymbol{r}^T \cdot \boldsymbol{x}(t) = [r_1 \quad r_2] \begin{bmatrix} x_1(t) \\ x_2(t) \end{bmatrix}$$

wird eingesetzt, mit $u_w(t) = 0$, $z(t) = 0$ erhält man die homogene Zustandsdifferentialgleichung:

$$\frac{d}{dt}\boldsymbol{x}(t) = \boldsymbol{A} \cdot \boldsymbol{x}(t) + \boldsymbol{b} \cdot \boldsymbol{r}^T \cdot \boldsymbol{x}(t) = \left(\boldsymbol{A} + \boldsymbol{b} \cdot \boldsymbol{r}^T\right) \cdot \boldsymbol{x}(t).$$

Das charakteristische Polynom der Zustandsregelung ist

$$\det\left[s \cdot \boldsymbol{E} - \left(\boldsymbol{A} + \boldsymbol{b} \cdot \boldsymbol{r}^T\right)\right] = \det\begin{bmatrix} s & -1 \\ \omega_{0S}^2 - r_1 \cdot K_S \cdot \omega_{0S}^2 & s + 2 \cdot D_S \cdot \omega_{0S} - r_2 \cdot K_S \cdot \omega_{0S}^2 \end{bmatrix}$$

$$= s^2 + \left(2 \cdot D_S \cdot \omega_{0S} - r_2 \cdot K_S \cdot \omega_{0S}^2\right) \cdot s + (1 - r_1 \cdot K_S) \cdot \omega_{0S}^2.$$

Für Regelstrecke und Zustandsregelung werden die gleichen Pollagen wie in Beispiel 12.3-2, Bild 12.3-7 gewählt. Die Pole der Zustandsregelung werden mit dem Polynom

$$P_Z(s) = (s - s_{p1Z}) \cdot (s - s_{p2Z}) = s^2 + 2 \cdot D_S \cdot \omega_{0Z} \cdot s + \omega_{0Z}^2$$

vorgegeben. Koeffizientenvergleich der beiden Polynome führt zu den Bestimmungsgleichungen für die Reglerparameter

$$\boxed{r_1 = \frac{\omega_{0S}^2 - \omega_{0Z}^2}{K_S \cdot \omega_{0S}^2}, \quad r_2 = \frac{2 \cdot D_S \cdot (\omega_{0S} - \omega_{0Z})}{K_S \cdot \omega_{0S}^2}}.$$

Die stationäre Regeldifferenz für Führungssprungfunktionen wird mit dem Vorfilter

$$\boxed{v_w = -\left[\boldsymbol{c}^T \cdot (\boldsymbol{A} + \boldsymbol{b} \cdot \boldsymbol{r}^T)^{-1} \cdot \boldsymbol{b}\right]^{-1} = \frac{1 - r_1 \cdot K_S}{K_S} = \frac{\omega_{0Z}^2}{K_S \cdot \omega_{0S}^2}}$$

kompensiert. Die allgemeine Formel für das Vorfilter wurde in Abschnitt 12.3.2.2 hergeleitet.

s-Ebene

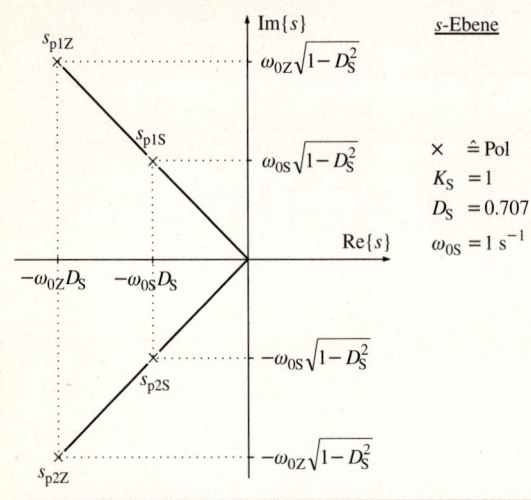

$\times \ \widehat{=} \ \text{Pol}$
$K_S = 1$
$D_S = 0.707$
$\omega_{0S} = 1 \text{ s}^{-1}$

Pole der Regelstrecke	Pole der Zustandsregelung
$s_{p1S} = \omega_{0S} \cdot (-D_S + j\sqrt{1-D_S^2})$ $= -0.707 \cdot (1-j)$	$s_{p1Z} = \omega_{0Z} \cdot (-D_S + j\sqrt{1-D_S^2})$
$s_{p2S} = \omega_{0S} \cdot (-D_S - j\sqrt{1-D_S^2})$ $= -0.707 \cdot (1+j)$	$s_{p2Z} = \omega_{0Z} \cdot (-D_S - j\sqrt{1-D_S^2})$

Reglerparameter	Vorfilter
$r_1 = \dfrac{\omega_{0S}^2 - \omega_{0Z}^2}{K_S \cdot \omega_{0S}^2}$ $r_2 = \dfrac{2 \cdot D_S \cdot (\omega_{0S} - \omega_{0Z})}{K_S \cdot \omega_{0S}^2}$	$v_w = \dfrac{1 - r_1 \cdot K_S}{K_S} = \dfrac{\omega_{0Z}^2}{K_S \cdot \omega_{0S}^2}$

Bild 12.4-3: Pollage und Parameter von Regelstrecke und Zustandsregelung

12.4.2.2 Störungsverhalten der Zustandsregelung

Für die Zustandsregelung berechnet sich die Störübertragungsfunktion mit

$$G_z(s) = \frac{y(s)}{z(s)} = \boldsymbol{c}^{\mathrm{T}} \cdot [s \cdot \boldsymbol{E} - (\boldsymbol{A} + \boldsymbol{b} \cdot \boldsymbol{r}^{\mathrm{T}})]^{-1} \cdot \boldsymbol{b}_z$$

$$= \frac{s + 2 \cdot D_S \cdot \omega_{0S} - r_2 \cdot K_S \cdot \omega_{0S}^2}{s^2 + (2 \cdot D_S \cdot \omega_{0S} - r_2 \cdot K_S \cdot \omega_{0S}^2) \cdot s + (1 - r_1 \cdot K_S) \cdot \omega_{0S}^2}.$$

12.4 Regelungen durch Zustandsrückführung 621

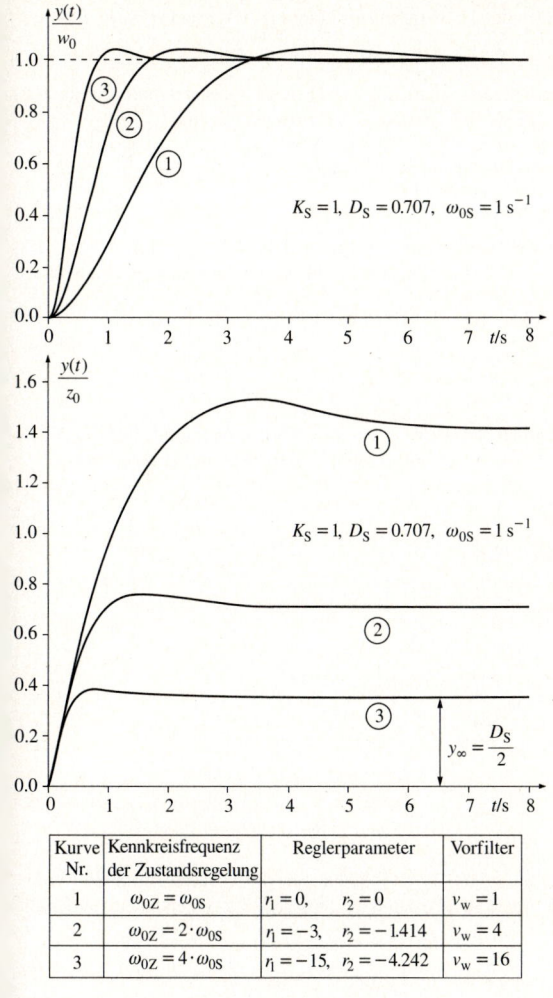

Kurve Nr.	Kennkreisfrequenz der Zustandsregelung	Reglerparameter		Vorfilter
1	$\omega_{0Z} = \omega_{0S}$	$r_1 = 0$	$r_2 = 0$	$v_w = 1$
2	$\omega_{0Z} = 2 \cdot \omega_{0S}$	$r_1 = -3$	$r_2 = -1.414$	$v_w = 4$
3	$\omega_{0Z} = 4 \cdot \omega_{0S}$	$r_1 = -15$	$r_2 = -4.242$	$v_w = 16$

Bild 12.4-4: Führungssprungantwortfunktion $\dfrac{y(t)}{w_0}$ und Störungssprungantwortfunktion $\dfrac{y(t)}{z_0}$ der Zustandsregelung

Mit dem Endwertsatz der LAPLACE-Transformation ergibt sich der stationäre Wert für die Ausgangsvariable

$$y(t \to \infty) = \lim_{s \to 0} s \cdot G_Z(s) \cdot z(s) = \lim_{s \to 0} s \cdot \boldsymbol{c}^{\mathrm{T}} \cdot [s \cdot \boldsymbol{E} - (\boldsymbol{A} + \boldsymbol{b} \cdot \boldsymbol{r}^{\mathrm{T}})]^{-1} \cdot \boldsymbol{b}_z \cdot z(s)$$

und speziell für sprungförmige Störungen $z(t) = z_0 \cdot E(t)$:

$$y(t \to \infty) = y_\infty = \frac{r_2 \cdot K_S \cdot \omega_{0S} - 2 \cdot D_S}{\omega_{0S} \cdot (r_1 \cdot K_S - 1)} \cdot z_0 = \frac{2 \cdot D_S}{\omega_{0Z}} \cdot z_0.$$

> Sprungförmige Störungen führen bei Regelungen mit Zustandsrückführung zu konstanten Regeldifferenzen.

Diese werden mit wachsendem ω_{0Z} (schnellere Regelung) kleiner. In Bild 12.4-4 sind normierte Führungs- und Störsprungantwortfunktionen für $w(t) = w_0 \cdot E(t)$ und $z(t) = z_0 \cdot E(t)$ aufgezeichnet.

12.4.2.3 Berechnung des Zustands- und Störgrößenbeobachters

Zustandsgleichungen für Zustands- und Störgrößenbeobachter

Für die Berechnung des Störgrößenbeobachters wird ein Störgrößenmodell benötigt. Mit Hilfe des beobachteten Störsignals $\hat{z}(t)$ soll die Störgröße $z(t)$, die auf die Regelstrecke wirkt, stationär kompensiert werden.

Die Regelung soll für konstante Störgrößen die stationäre Regeldifferenz zu Null regeln. Mit dem **Störgrößenmodell**

$$\frac{dz(t)}{dt} = 0 \quad \text{und} \quad z(t) = \text{konst.}$$

wird eine konstante Störgröße im **Störgrößenbeobachter** ermittelt. Für konstante Störungen wird das Signalflußbild 12.4-1 der Regelstrecke durch folgendes Signalflußbild des Störgrößenmodells ergänzt.

$a_{21} = -\omega_{0S}^2$
$a_{22} = -2 \cdot D_S \cdot \omega_{0S}$
$b_2 = K_S \cdot \omega_{0S}^2$

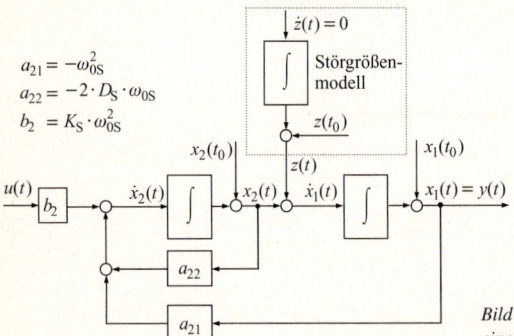

Bild 12.4-5: Signalflußbild der Standardform einer PT_2-Regelstrecke mit Störgrößenmodell

Beide Zustandsvariablen sowie die Störgröße sollen für die Regelung durch Beobachter ermittelt werden. Dazu müssen die Zustandsgleichungen der Regelstrecke durch das Störgrößenmodell erweitert werden (Index s):

$$\frac{d}{dt}\begin{bmatrix} x_1(t) \\ x_2(t) \\ \cdots \\ z(t) \end{bmatrix} = \underbrace{\begin{bmatrix} 0 & 1 & \vdots & 1 \\ -\omega_{0S}^2 & -2 \cdot D_S \cdot \omega_{0S} & \vdots & 0 \\ \cdots & \cdots & \vdots & \cdots \\ 0 & 0 & \vdots & 0 \end{bmatrix}}_{A_s} \begin{bmatrix} x_1(t) \\ x_2(t) \\ \cdots \\ z(t) \end{bmatrix} + \underbrace{\begin{bmatrix} 0 \\ K_S \cdot \omega_{0S}^2 \\ \cdots \\ 0 \end{bmatrix}}_{b_s} \cdot u(t),$$

$$y(t) = \underbrace{[1 \quad 0 \quad \vdots \quad 0]}_{c_s^T} \begin{bmatrix} x_1(t) \\ x_2(t) \\ \cdots \\ z(t) \end{bmatrix}.$$

Die Störgröße $z(t)$ wird jetzt als Zustandsvariable betrachtet.

Prüfung der Beobachtbarkeit der erweiterten Regelstrecke

Beobachter können berechnet werden, wenn die Regelstrecke beobachtbar ist. In Beispiel 12.2-12 wurde die Beobachtbarkeit der Regelstrecke nachgewiesen. Für die mit dem Störgrößenmodell erweiterte Regelstrecke wird die **Beobachtbarkeit** nach dem in Abschnitt 12.2.5.2 beschriebenen Verfahren untersucht.

Mit der oben angegebenen Systemmatrix und dem Ausgangsvektor der erweiterten Regelstrecke

$$A_s = \begin{bmatrix} 0 & 1 & \vdots & 1 \\ a_{21} & a_{22} & \vdots & 0 \\ \cdots & \cdots & \cdots & \cdots \\ 0 & 0 & \vdots & 0 \end{bmatrix}, \quad c_s^T = [1 \quad 0 \quad \vdots \quad 0]$$

ergibt sich die **Beobachtbarkeitsmatrix** der erweiterten Regelstrecke

$$Q_{B,s} = \begin{bmatrix} c_s^T \\ c_s^T \cdot A_s \\ c_s^T \cdot A_s^2 \end{bmatrix} = \begin{bmatrix} 1 & 0 & 0 \\ 0 & 1 & 1 \\ a_{21} & a_{22} & 0 \end{bmatrix}.$$

Die Beobachtbarkeitsbedingung ist mit

$$\det Q_{B,s} = -a_{22} = 2 \cdot D_S \cdot \omega_{0S} \neq 0$$

erfüllt, da für technische Regelstrecken die Parameter D_S, $\omega_{0S} > 0$ anzunehmen sind. Für $a_{22} = 0$ wäre die erweiterte Regelstrecke nicht beobachtbar, da dann die Zustandsvariablen $x_2(t)$ und $z(t)$ nicht unterscheidbar sind.

Struktur der Zustandsregelung mit Zustands- und Störgrößenbeobachter

Bild 12.4-6 zeigt das Signalflußbild der Zustandsregelung mit Zustands- und Störgrößenbeobachter.

Ermittlung des Zustands- und Störgrößenbeobachters durch Polvorgabe

Mit der in Abschnitt 12.3.3.2 beschriebenen Vorgehensweise ergibt sich das Beobachtungsmodell für die um das Störgrößenmodell erweiterte Regelstrecke zu

$$F_s = A_s - l \cdot c_s^T = \begin{bmatrix} 0 & 1 & \vdots & 1 \\ -\omega_{0S}^2 & -2 \cdot D_S \cdot \omega_{0S} & \vdots & 0 \\ \cdots & \cdots & \cdots & \cdots \\ 0 & 0 & \vdots & 0 \end{bmatrix} - \begin{bmatrix} l_1 \\ l_2 \\ \cdots \\ l_3 \end{bmatrix} [1 \quad 0 \quad \vdots \quad 0],$$

$$F_s = \begin{bmatrix} -l_1 & 1 & 1 \\ -(l_2 + \omega_{0S}^2) & -2 \cdot D_S \cdot \omega_{0S} & 0 \\ -l_3 & 0 & 0 \end{bmatrix}.$$

Das Beobachtungsmodell wird in das charakteristische Polynom der homogenen Beobachtergleichung eingesetzt:

$$\det[s \cdot E - (A_s - l \cdot c_s^T)] = \det \begin{bmatrix} s + l_1 & -1 & -1 \\ l_2 + \omega_{0S}^2 & s + 2 \cdot D_S \cdot \omega_{0S} & 0 \\ l_3 & 0 & s \end{bmatrix}$$

$$= s^3 + (l_1 + 2 \cdot D_S \cdot \omega_{0S}) \cdot s^2 + (l_1 \cdot 2 \cdot D_S \cdot \omega_{0S} + l_2 + l_3 + \omega_{0S}^2) \cdot s + l_3 \cdot 2 \cdot D_S \cdot \omega_{0S}.$$

Der Beobachter muß schneller sein als die Zustandsregelung. In Bild 12.4-7 liegen daher die Beobachterpole links von den Polen der Zustandsregelung.

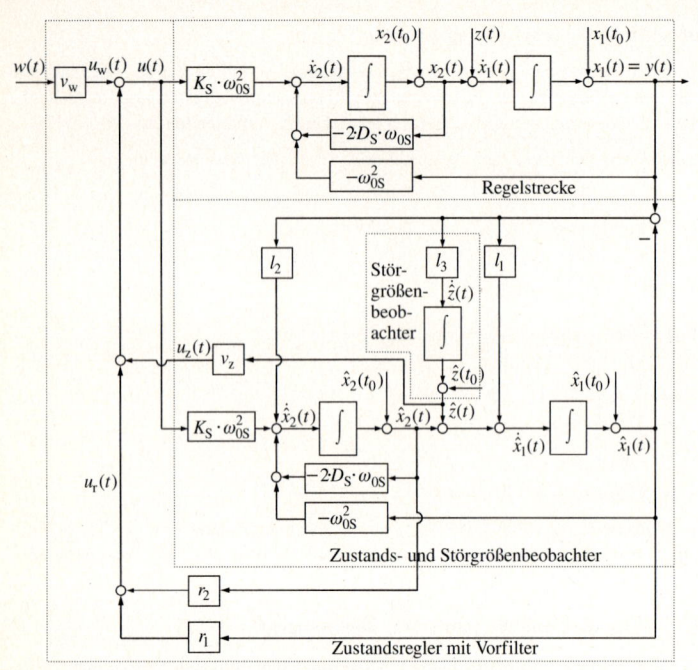

*Bild 12.4-6: Signalflußbild der Zustandsregelung
einer PT_2-Standardregelstrecke mit Zustands- und Störgrößenbeobachter*

Vorgabepolynom mit den Polen des Beobachters in Bild 12.4-7:

$$P_B(s) = (s - s_{p1B}) \cdot (s - s_{p2B}) \cdot (s - s_{p3B})$$
$$= s^3 + \omega_{0B} \cdot (1 + 2 \cdot D_S) \cdot s^2 + \omega_{0B}^2 \cdot (1 + 2 \cdot D_S) \cdot s + \omega_{0B}^3.$$

Koeffizientenvergleich des Vorgabepolynoms mit dem charakteristischen Polynom der Beobachtergleichung:

$l_3 \cdot 2 \cdot D_S \cdot \omega_{0S} = \omega_{0B}^3$

$$\longrightarrow \boxed{l_3 = \frac{\omega_{0B}^3}{2 \cdot D_S \cdot \omega_{0S}}},$$

$l_1 + 2 \cdot D_S \cdot \omega_{0S} = \omega_{0B} \cdot (1 + 2 \cdot D_S)$

$$\longrightarrow \boxed{l_1 = \omega_{0B} + 2 \cdot D_S \cdot (\omega_{0B} - \omega_{0S})},$$

$l_1 \cdot 2 \cdot D_S \cdot \omega_{0S} + l_2 + \omega_{0S}^2 + l_3 = \omega_{0B}^2 \cdot (1 + 2 \cdot D_S)$

$$\longrightarrow \boxed{l_2 = \omega_{0B}^2 \cdot (1 + 2 \cdot D_S) - l_1 \cdot 2 \cdot D_S \cdot \omega_{0S} - l_3 - \omega_{0S}^2}.$$

Die Zustandsregelung mit Zustands- und Störgrößenbeobachter wird mit physikalischen Zustandsvariablen berechnet. Bei Verwendung der Normalformen in Abschnitt 12.3 ergeben sich einfachere Formeln.

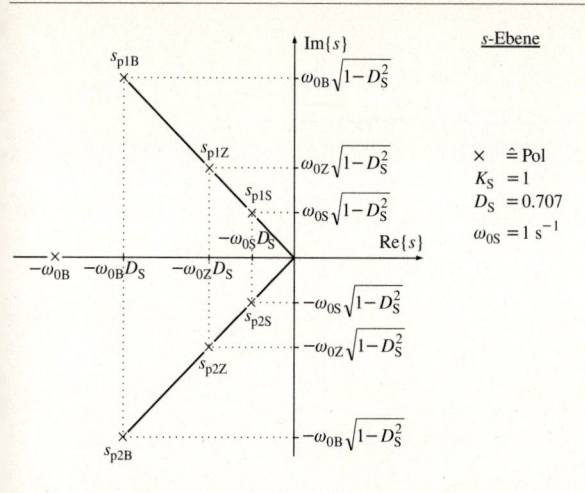

Bild 12.4-7: Pollage der Zustandsregelung mit Zustands- und Störgrößenbeobachter

Pole der Regelstrecke	Pole der Zustandsregelung	Pole des Zustands- und Störgrößenbeobachters
$s_{p1S} = \omega_{0S} \cdot (-D_S + j\sqrt{1-D_S^2})$ $= -0.707 \cdot (1-j)$	$s_{p1Z} = \omega_{0Z} \cdot (-D_S + j\sqrt{1-D_S^2})$	$s_{p1B} = \omega_{0B} \cdot (-D_S + j\sqrt{1-D_S^2})$
$s_{p2S} = \omega_{0S} \cdot (-D_S - j\sqrt{1-D_S^2})$ $= -0.707 \cdot (1+j)$	$s_{p2Z} = \omega_{0Z} \cdot (-D_S - j\sqrt{1-D_S^2})$	$s_{p2B} = \omega_{0B} \cdot (-D_S - j\sqrt{1-D_S^2})$ $s_{p3B} = -\omega_{0B}$

With pole plane: $K_S = 1$, $D_S = 0.707$, $\omega_{0S} = 1\,\text{s}^{-1}$

Berechnung des Vorfilters für die Störgrößenaufschaltung

Ziel der **Störgrößenaufschaltung** ist die Kompensation der auf die Regelstrecke wirkenden Störgröße $z(t)$ durch die beobachtete Störgröße $\hat{z}(t)$. Das im Beobachter erzeugte Störsignal durchläuft das Vorfilter v_z, wobei der Anteil $u_z(t)$ der Stellgröße $u_w(t)$ überlagert wird. In Bild 12.4-8 ist die **Störgrößenaufschaltung** angegeben.

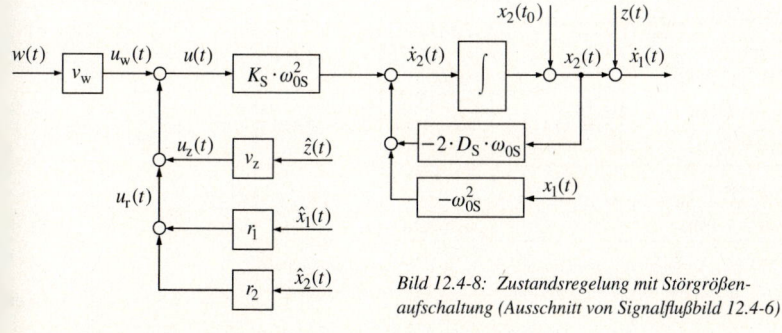

Bild 12.4-8: Zustandsregelung mit Störgrößenaufschaltung (Ausschnitt von Signalflußbild 12.4-6)

$K_S = 1$, $D_S = 0.707$, $\omega_{0S} = 1\,\text{s}^{-1}$

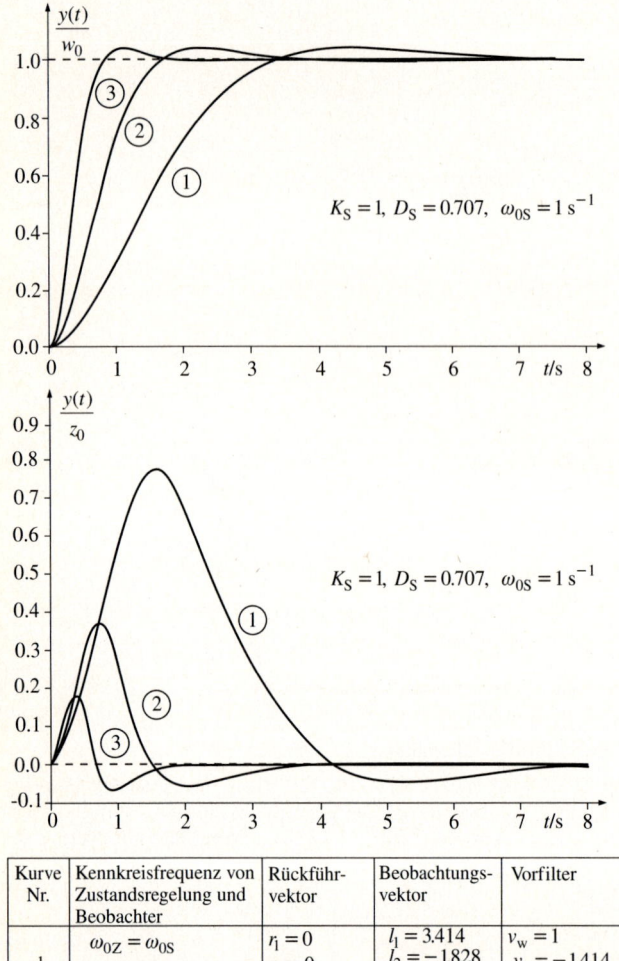

$K_S = 1$, $D_S = 0.707$, $\omega_{0S} = 1\,\text{s}^{-1}$

Kurve Nr.	Kennkreisfrequenz von Zustandsregelung und Beobachter	Rückführvektor	Beobachtungsvektor	Vorfilter
1	$\omega_{0Z} = \omega_{0S}$ $\omega_{0B} = 2\cdot\omega_{0Z}$	$r_1 = 0$ $r_2 = 0$	$l_1 = 3.414$ $l_2 = -1.828$ $l_3 = 5.657$	$v_w = 1$ $v_z = -1.414$
2	$\omega_{0Z} = 2\cdot\omega_{0S}$ $\omega_{0B} = 2\cdot\omega_{0Z}$	$r_1 = -3$ $r_2 = -1.414$	$l_1 = 8.243$ $l_2 = -19.294$ $l_3 = 45.255$	$v_w = 4$ $v_z = -2.828$
3	$\omega_{0Z} = 4\cdot\omega_{0S}$ $\omega_{0B} = 2\cdot\omega_{0Z}$	$r_1 = -15$ $r_2 = -4.242$	$l_1 = 17.899$ $l_2 = -233.84$ $l_3 = 362.04$	$v_w = 16$ $v_z = -5.656$

Bild 12.4-9: Führungssprungantwortfunktionen $y(t)/w_0$ und Störungssprungantwortfunktionen $y(t)/z_0$ der Zustandsregelung mit Zustands- und Störgrößenbeobachter

Das Vorfilter v_z wird für konstante Störgrößen $z(t)$ berechnet. Dabei wird die Führungsgröße $w(t) = 0$ gesetzt. Für den stationären Zustand gilt:

$$w(t) = w(t \to \infty) = 0, \quad u_w(t \to \infty) = 0,$$

$$y(t \to \infty) = x_1(t \to \infty) = \hat{x}_1(t \to \infty) = 0,$$

$$\frac{d\,x_1(t \to \infty)}{dt} = \frac{d\,\hat{x}_1(t \to \infty)}{dt} = 0,$$

$$x_2(t \to \infty) + z(t \to \infty) = \frac{d\,x_1(t \to \infty)}{dt} = 0,$$

$$\hat{x}_2(t \to \infty) = x_2(t \to \infty) = -z(t \to \infty) = -\hat{z}(t \to \infty),$$

$$\frac{d\,x_2(t \to \infty)}{dt} = 0 = -2 \cdot D_S \cdot \omega_{0S} \cdot x_2(t \to \infty) - \omega_{0S}^2 \cdot x_1(t \to \infty) +$$

$$+ K_S \cdot \omega_{0S}^2 \cdot [u_w(t \to \infty) + r_1 \cdot x_1(t \to \infty) + r_2 \cdot \hat{x}_2(t \to \infty) + u_z(t \to \infty))]\,.$$

Mit

$$u_z(t) = v_z \cdot \hat{z}(t), \quad u_z(t \to \infty) = v_z \cdot \hat{z}(t \to \infty)$$

und der Bedingung $x_2(t \to \infty) = \hat{x}_2(t \to \infty) = -z(t \to \infty) = -\hat{z}(t \to \infty)$ erhält man aus der letzten Gleichung das Vorfilter der Störgrößenaufschaltung zu

$$\boxed{v_z = \frac{-2 \cdot D_S \cdot \omega_{0Z}}{K_S \cdot \omega_{0S}^2}}\,.$$

12.4.2.4 Störungsverhalten der Zustandsregelung mit Zustands- und Störgrößenbeobachter

Mit der Störgrößenaufschaltung wird die bleibende Regeldifferenz zu Null geregelt. Mit wachsender Kennkreisfrequenz der Zustandsregelung ω_{0Z} (schnellere Regelung) verbessert sich das dynamische Verhalten der Störgrößenaufschaltung. In Bild 12.4-9 ist das Sprungverhalten aufgezeichnet.

Die Rückführung der gemessenen Ausgangsvariablen $y(t)$ der Regelstrecke anstelle der beobachteten Ausgangsvariablen $\hat{x}_1(t) = \hat{y}(t)$ der Regelung in Bild 12.4-6 verbessert die Regelgüte.

Das dynamische Verhalten der Störgrößenaufschaltung läßt sich weiter verbessern, wenn ein dynamisches Vorfilter für v_z eingesetzt wird. Ein PDT_1-Vorfilter wirkt dem Verzögerungsverhalten des PT_1-Elements am Eingang der Regelstrecke entgegen.

In Abschnitt 13.8 wird ein Zustandsregler mit Zustands- und Störgrößenbeobachter für die Lageregelung an Arbeitsmaschinen angewendet.

12.4.3 Proportional-Integral-(PI)-Zustandsregelung

12.4.3.1 Zustandsgleichungen für die PI-Zustandsregelung

Bei der **PI-Zustandsregelung** wird die Zustandsrückführung durch einen überlagerten PI-Regler ergänzt. Mit dem Integral-Element des Reglers ergeben sich folgende Vorteile:

- keine bleibende Regeldifferenz für konstante Führungs- und Störgrößen,
- das Vorfilter für die Führungsgröße kann entfallen.

Bild 12.4-10 zeigt das allgemeine Signalflußbild einer Zustandsregelung mit PI-Regler.

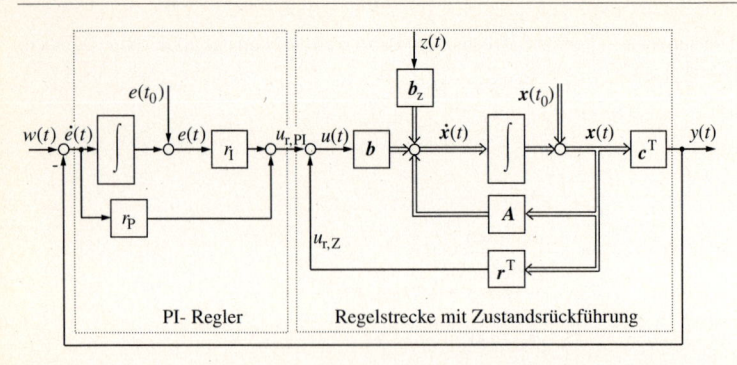

Bild 12.4-10: Allgemeines Signalflußbild einer Zustandsregelung mit überlagertem PI-Regler

Für die Regelstrecke mit Zustandsrückführung gelten folgende Gleichungen in Kurzschreibweise:

Regelstrecke:

$$\frac{d\,x(t)}{dt} = \dot{x}(t) = A \cdot x(t) + b \cdot u(t) + b_z \cdot z(t),$$

$$y(t) = c^T \cdot x(t),$$

Zustandsrückführung:

$$u_{r,Z}(t) = r^T \cdot x(t).$$

Die Zustandsrückführung wird durch den PI-Regler erweitert. Die Stellgröße setzt sich aus den Anteilen der Zustandsrückführung $u_{r,Z}$ und des PI-Reglers $u_{r,PI}$ zusammen, wobei der PI-Anteil den Proportionalfaktor r_P und den Integralfaktor r_I besitzt:

$$u(t) = u_{r,Z}(t) + u_{r,PI}(t) = r^T \cdot x(t) + r_P \cdot \frac{de(t)}{dt} + r_I \cdot e(t) \quad \text{mit}$$

$$\frac{de(t)}{dt} = w(t) - y(t) = w(t) - c^T \cdot x(t).$$

Der Zustandsvektor $x(t)$ wird durch die Zustandsvariable $e(t)$ für die Regeldifferenz erweitert. Man erhält die allgemeine Gleichung für den **erweiterten Zustandsregler**

$$u(t) = \left[(r^T - r_P \cdot c^T) \;\vdots\; r_I \right] \begin{bmatrix} x(t) \\ \ldots \\ e(t) \end{bmatrix}$$

und für die PT$_2$-Regelstrecke nach Bild 12.4-1 mit $c^T = [1 \quad 0]$:

$$u(t) = \left[(r^T - r_P \cdot c^T) \;\vdots\; r_I \right] \begin{bmatrix} x(t) \\ \ldots \\ e(t) \end{bmatrix} = [r_1 - r_P \quad r_2 \quad r_I] \begin{bmatrix} x_1(t) \\ x_2(t) \\ \ldots \\ e(t) \end{bmatrix}.$$

Mit dem neuen Zustandsvektor

$$\begin{bmatrix} x(t) \\ \ldots \\ e(t) \end{bmatrix} = \begin{bmatrix} x_1(t) \\ x_2(t) \\ \ldots \\ e(t) \end{bmatrix}$$

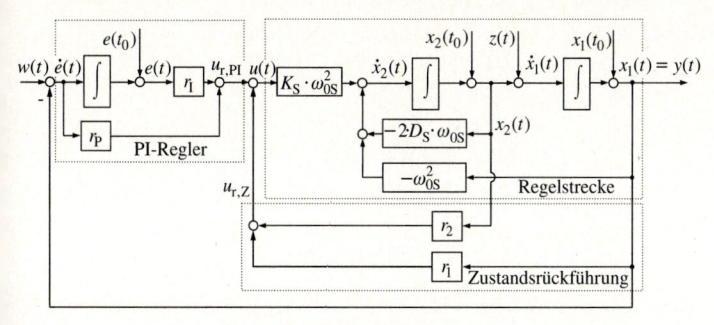

Bild 12.4-11: Signalflußbild einer PT_2-Standardregelstrecke mit PI-Zustandsregler

erhält man folgende Zustandsgleichungen der erweiterten Regelstrecke mit $w(t) = 0$:

$$\frac{d}{dt}\begin{bmatrix} \boldsymbol{x}(t) \\ \cdots \\ e(t) \end{bmatrix} = \underbrace{\begin{bmatrix} \boldsymbol{A} & \vdots & \boldsymbol{o} \\ \cdots & & \cdots \\ -\boldsymbol{c}^\mathrm{T} & \vdots & 0 \end{bmatrix}}_{\boldsymbol{A}_e} \begin{bmatrix} \boldsymbol{x}(t) \\ \cdots \\ e(t) \end{bmatrix} + \underbrace{\begin{bmatrix} \boldsymbol{b} \\ \cdots \\ 0 \end{bmatrix}}_{\boldsymbol{b}_e} \cdot u(t) + \begin{bmatrix} \boldsymbol{b}_z \\ \cdots \\ 0 \end{bmatrix} \cdot z(t),$$

$$y(t) = \boldsymbol{c}^\mathrm{T} \cdot \boldsymbol{x}(t),$$

mit Systemmatrix $\boldsymbol{A}_e$ und dem Eingangsvektor $\boldsymbol{b}_e$ der erweiterten Regelstrecke. Zur Untersuchung der PI-Zustandsregelung wird, wie bei der Zustandsregelung mit Zustands- und Störgrößenbeobachter, die gleiche PT_2-Regelstrecke mit physikalischen Zustandsvariablen wie in Bild 12.4-1 verwendet.

Für die PT_2-Regelstrecke mit PI-Zustandsregler in Bild 12.4-11 gelten folgende Zustandsgleichungen:

Regelstrecke:

$$\frac{d}{dt}\begin{bmatrix} x_1(t) \\ x_2(t) \end{bmatrix} = \begin{bmatrix} 0 & 1 \\ -\omega_{0S}^2 & -2 \cdot D_S \cdot \omega_{0S} \end{bmatrix} \begin{bmatrix} x_1(t) \\ x_2(t) \end{bmatrix} + \begin{bmatrix} 0 \\ K_S \cdot \omega_{0S}^2 \end{bmatrix} \cdot u(t) + \begin{bmatrix} 1 \\ 0 \end{bmatrix} \cdot z(t),$$

$$y(t) = \begin{bmatrix} 1 & 0 \end{bmatrix} \begin{bmatrix} x_1(t) \\ x_2(t) \end{bmatrix},$$

Zustandsrückführung:

$$u_{r,Z}(t) = \begin{bmatrix} r_1 & r_2 \end{bmatrix} \begin{bmatrix} x_1(t) \\ x_2(t) \end{bmatrix},$$

Erweiterter Zustandsregler:

$$u(t) = u_{r,Z}(t) + u_{r,PI}(t) = \boldsymbol{r}^\mathrm{T} \cdot \boldsymbol{x}(t) + r_P \cdot \frac{de(t)}{dt} + r_I \cdot e(t)$$

mit

$$\frac{de(t)}{dt} = w(t) - y(t) = w(t) - \boldsymbol{c}^\mathrm{T} \cdot \boldsymbol{x}(t),$$

$$u(t) = \boldsymbol{r}^\mathrm{T} \cdot \boldsymbol{x}(t) + r_P \cdot [w(t) - \boldsymbol{c}^\mathrm{T} \cdot \boldsymbol{x}(t)] + r_I \cdot e(t)$$

$$= [\boldsymbol{r}^\mathrm{T} - r_P \cdot \boldsymbol{c}^\mathrm{T}] \cdot \boldsymbol{x}(t) + r_P \cdot w(t) + r_I \cdot e(t).$$

Der Zustandsvektor $x(t)$ wird durch die Zustandsvariable $e(t)$ für die Regeldifferenz erweitert:

$$u(t) = \begin{bmatrix} (r^T - r_P \cdot c^T) & \vdots & r_I \end{bmatrix} \begin{bmatrix} x(t) \\ \dots \\ e(t) \end{bmatrix} + r_P \cdot w(t)$$

$$= \begin{bmatrix} ([r_1 \quad r_2] - r_P \cdot [1 \quad 0]) & \vdots & r_I \end{bmatrix} \begin{bmatrix} x_1(t) \\ x_2(t) \\ \dots \\ e(t) \end{bmatrix} + r_P \cdot w(t)$$

$$= [r_1 - r_P \quad r_2 \quad \vdots \quad r_I] \begin{bmatrix} x_1(t) \\ x_2(t) \\ \dots \\ e(t) \end{bmatrix} + r_P \cdot w(t).$$

Zustandsgleichungen der erweiterten Regelstrecke mit $w(t) = 0$:

$$\frac{d}{dt}\begin{bmatrix} x_1(t) \\ x_2(t) \\ \dots \\ e(t) \end{bmatrix} = \underbrace{\begin{bmatrix} 0 & 1 & \vdots & 0 \\ -\omega_{0S}^2 & -2 \cdot D_S \cdot \omega_{0S} & \vdots & 0 \\ \dots & \dots & & \dots \\ -1 & 0 & \vdots & 0 \end{bmatrix}}_{A_e} \begin{bmatrix} x_1(t) \\ x_2(t) \\ \dots \\ e(t) \end{bmatrix} + \underbrace{\begin{bmatrix} 0 \\ K_S \cdot \omega_{0S}^2 \\ \dots \\ 0 \end{bmatrix}}_{b_e} \cdot u(t) + \begin{bmatrix} 1 \\ 0 \\ \dots \\ 0 \end{bmatrix} \cdot z(t),$$

$$y(t) = \underbrace{[1 \quad 0 \quad \vdots \quad 0]}_{c_e^T} \begin{bmatrix} x_1(t) \\ x_2(t) \\ \dots \\ e(t) \end{bmatrix}.$$

Einsetzen von $u(t)$ in die Zustandsgleichung der erweiterten Regelstrecke führt zur Zustandsgleichung der PI-Zustandsregelung:

$$\frac{d}{dt}\begin{bmatrix} x_1(t) \\ x_2(t) \\ \dots \\ e(t) \end{bmatrix} = \underbrace{\begin{bmatrix} 0 & 1 & 0 \\ [K_S(r_1 - r_P) - 1] \cdot \omega_{0S}^2 & K_S \cdot \omega_{0S}^2 \cdot r_2 - 2 \cdot D_S \cdot \omega_{0S} & K_S \cdot \omega_{0S}^2 \cdot r_I \\ \dots & \dots & \dots \\ -1 & 0 & 0 \end{bmatrix}}_{A_{PI}}$$

$$\cdot \begin{bmatrix} x_1(t) \\ x_2(t) \\ \dots \\ e(t) \end{bmatrix} + \underbrace{\begin{bmatrix} 0 \\ r_P \cdot K_S \cdot \omega_{0S}^2 \\ \dots \\ 1 \end{bmatrix}}_{b_{PI}} \cdot w(t) + \underbrace{\begin{bmatrix} 1 \\ 0 \\ \dots \\ 0 \end{bmatrix}}_{b_{z,PI}} z(t),$$

$$y(t) = [1 \quad 0 \quad \vdots \quad 0] \begin{bmatrix} x_1(t) \\ x_2(t) \\ \dots \\ e(t) \end{bmatrix},$$

mit Systemmatrix A_e und Eingangsvektor b_e der erweiterten Regelstrecke sowie Systemmatrix A_{PI} und Eingangsvektor b_{PI} und Störeingangsvektor $b_{z,PI}$ der PI-Zustandsregelung.

12.4.3.2 Berechnung der Zustandsregelung mit überlagertem PI-Regler

Prüfung der Steuerbarkeit der erweiterten Regelstrecke

Die Steuerbarkeit der PT_2-Regelstrecke wurde in Beispiel 12.2-11 festgestellt. Der erweiterte Zustandsregler ist nur dann realisierbar, wenn alle Zustandsvariablen $x(t)$, $e(t)$ durch die Stellgröße beeinflußt werden können. Dazu wird die Steuerbarkeit der erweiterten Regelstrecke mit dem in Abschnitt 12.2.5.1 angegebenen Verfahren untersucht.

Mit der Systemmatrix der erweiterten Regelstrecke

$$A_e = \begin{bmatrix} A & \vdots & o \\ \cdots & & \cdots \\ -c^T & \vdots & 0 \end{bmatrix} = \begin{bmatrix} 0 & 1 & \vdots & 0 \\ a_{21} & a_{22} & \vdots & 0 \\ \cdots & & & \cdots \\ -1 & 0 & \vdots & 0 \end{bmatrix}$$

und dem Eingangsvektor der erweiterten Regelstrecke

$$b_e = \begin{bmatrix} b \\ \cdots \\ 0 \end{bmatrix} = \begin{bmatrix} 0 \\ b_2 \\ \cdots \\ 0 \end{bmatrix}$$

wird die Steuerbarkeitsmatrix der erweiterten Regelstrecke

$$Q_{S,e} = [b_e, A_e \cdot b_e, A_e^2 \cdot b_e] = \begin{bmatrix} 0 & b_2 & a_{22} \cdot b_2 \\ b_2 & a_{22} \cdot b_2 & (a_{21} + a_{22}^2) \cdot b_2 \\ 0 & 0 & -b_2 \end{bmatrix}$$

gebildet. Mit

$$\det Q_{S,e} = b_2^3 = (K_S \cdot \omega_{0S}^2)^3 \neq 0$$

ist die Steuerbarkeitsbedingung für die erweiterte Regelstrecke erfüllt. Die Aussage kann verallgemeinert werden:

> Ist die ursprüngliche Regelstrecke steuerbar, dann erfüllt auch die durch den überlagerten PI-Regler erweiterte Regelstrecke die Steuerbarkeitsbedingung.

Berechnung der Führungs- und Störungsübertragungsfunktionen der PI-Zustandsregelung

Mit der Steuerbarkeit der erweiterten Regelstrecke ist die Voraussetzung für die Vorgabe der Pole der PI-Zustandsregelung erfüllt. Vorzugeben sind jetzt drei Pole der PI-Zustandsregelung, wobei zusätzlich eine Nullstelle der Führungs- und Störungsübertragungsfunktion festgelegt werden kann.

Führungs- und Störungsübertragungsfunktion werden mit den in Abschnitt 12.2.3 hergeleiteten Gleichungen berechnet. Die **Führungsübertragungsfunktion der PI-Zustandsregelung** lautet:

$$G(s) = \frac{y(s)}{w(s)} = c_{PI}^T \cdot [s \cdot E - A_{PI}]^{-1} \cdot b_{PI}$$

$$= \frac{1}{\det[s \cdot E - A_{PI}]} \cdot c_{PI}^T \cdot \mathrm{adj}[s \cdot E - A_{PI}] \cdot b_{PI}$$

$$= [1 \ 0 \ 0] \begin{bmatrix} s & -1 & 0 \\ [1-(r_1-r_P) \cdot K_S] \cdot \omega_{0S}^2 & s - K_S \cdot \omega_{0S}^2 \cdot r_2 + 2 \cdot D_S \cdot \omega_{0S} & -K_S \cdot \omega_{0S}^2 \cdot r_I \\ 1 & 0 & s \end{bmatrix}^{-1} \cdot \begin{bmatrix} 0 \\ r_P \cdot K_S \cdot \omega_{0S}^2 \\ 1 \end{bmatrix},$$

$$\boxed{\begin{aligned}G(s) &= \frac{K_S \cdot \omega_{0S}^2 \cdot r_P \cdot s + K_S \cdot \omega_{0S}^2 \cdot r_I}{\underbrace{s^3 + (2 \cdot D_S \cdot \omega_{0S} - K_S \cdot \omega_{0S}^2 \cdot r_2)}_{a_2} \cdot s^2 + \underbrace{[1 - K_S(r_1 - r_P)] \cdot \omega_{0S}^2}_{a_1} \cdot s + \underbrace{K_S \cdot \omega_{0S}^2 \cdot r_I}_{a_0}} \\ &= \frac{K_S \cdot \omega_{0S}^2 \cdot r_P \cdot s + a_0}{s^3 + a_2 \cdot s^2 + a_1 \cdot s + a_0}\end{aligned}}$$

Störungsübertragungsfunktion der PI-Zustandsregelung:

$$\begin{aligned}G_z(s) = \frac{y(s)}{z(s)} &= \boldsymbol{c}_{PI}^T \cdot [s \cdot \boldsymbol{E} - \boldsymbol{A}_{PI}]^{-1} \cdot \boldsymbol{b}_{z,PI} \\ &= \frac{1}{\det[s \cdot \boldsymbol{E} - \boldsymbol{A}_{PI}]} \cdot \boldsymbol{c}_{PI}^T \cdot \operatorname{adj}[s \cdot \boldsymbol{E} - \boldsymbol{A}_{PI}]^{-1} \cdot \boldsymbol{b}_{z,PI} \\ &= [1 \; 0 \; 0] \begin{bmatrix} s & -1 & 0 \\ [1-(r_1-r_P) \cdot K_S] \cdot \omega_{0S}^2 & s - K_S \cdot \omega_{0S}^2 \cdot r_2 + 2 \cdot D_S \cdot \omega_{0S} & -K_S \cdot \omega_{0S}^2 \cdot r_I \\ 1 & 0 & s \end{bmatrix}^{-1} \cdot \begin{bmatrix} 1 \\ 0 \\ 0 \end{bmatrix},\end{aligned}$$

$$\boxed{\begin{aligned}G_z(s) &= \frac{s^2 + (2 \cdot D_S \cdot \omega_{0S} - K_S \cdot \omega_{0S}^2 \cdot r_2) \cdot s}{s^3 + (2 \cdot D_S \cdot \omega_{0S} - K_S \cdot \omega_{0S}^2 \cdot r_2) \cdot s^2 + [1 - K_S(r_1 - r_P)] \cdot \omega_{0S}^2 \cdot s + K_S \cdot \omega_{0S}^2 \cdot r_I} \\ &= \frac{s^2 + a_2 \cdot s}{s^3 + a_2 \cdot s^2 + a_1 \cdot s + a_0}\end{aligned}}$$

Der überlagerte PI-Regler gibt beiden Übertragungsfunktionen jeweils eine Nullstelle. Die Störungsübertragungsfunktion besitzt eine weitere Nullstelle bei $s_{n2} = 0$.

Stationäres Regelverhalten der PI-Zustandsregelung
Stationäres Führungsübertragungsverhalten

Sprungfunktion $w(t) = w_0 \cdot E(t), z(t) = 0$:

$$\begin{aligned}e(t \to \infty) &= \lim_{s \to 0} s \cdot e(s) = \lim_{s \to 0} s \cdot [w(s) - y(s)] = \lim_{s \to 0} s \cdot [1 - G(s)] \cdot w(s) \\ &= \lim_{s \to 0} s \cdot \left[1 - \frac{K_S \cdot \omega_{0S}^2 \cdot r_P \cdot s + a_0}{s^3 + a_2 \cdot s^2 + a_1 \cdot s + a_0}\right] \cdot \frac{w_0}{s} = 0,\end{aligned}$$

Anstiegsfunktion $w(t) = (w_0/T) \cdot t \cdot E(t), z(t) = 0$:

$$\begin{aligned}e(t \to \infty) &= \lim_{s \to 0} s \cdot e(s) = \lim_{s \to 0} s \cdot \left[1 - \frac{K_S \cdot \omega_{0S}^2 \cdot r_P \cdot s + a_0}{s^3 + a_2 \cdot s^2 + a_1 \cdot s + a_0}\right] \cdot \frac{w_0}{T \cdot s^2} \\ &= \lim_{s \to 0} \left[1 - \frac{K_S \cdot \omega_{0S}^2 \cdot r_P \cdot s + a_0}{s^3 + a_2 \cdot s^2 + a_1 \cdot s + a_0}\right] \cdot \frac{w_0}{T \cdot s} \\ &= \lim_{s \to 0} \left[\frac{s^2 + a_2 \cdot s + a_1 - K_S \cdot \omega_{0S}^2 \cdot r_P}{s^3 + a_2 \cdot s^2 + a_1 \cdot s + a_0}\right] \cdot \frac{w_0}{T} = \frac{(1 - K_S \cdot r_1)}{K_S \cdot r_I} \cdot \frac{w_0}{T},\end{aligned}$$

Stationäres Störungsübertragungsverhalten

Sprungfunktion $z(t) = z_0 \cdot E(t), w(t) = 0$:

$$\begin{aligned}e(t \to \infty) &= \lim_{s \to 0} s \cdot e(s) = \lim_{s \to 0} s \cdot [w(s) - y(s)] = \lim_{s \to 0} s \cdot [-G_z(s) \cdot z(s)] \\ &= \lim_{s \to 0} s \cdot \left[-\frac{s^2 + a_2 \cdot s}{s^3 + a_2 \cdot s^2 + a_1 \cdot s + a_0} \cdot \frac{z_0}{s}\right] = 0,\end{aligned}$$

12.4 Regelungen durch Zustandsrückführung

Anstiegsfunktion $z(t) = (z_0/T) \cdot t \cdot E(t)$, $w(t) = 0$:

$$\begin{aligned} e(t \to \infty) &= \lim_{s \to 0} s \cdot e(s) \\ &= \lim_{s \to 0} s \cdot \left[-\frac{s^2 + a_2 \cdot s}{s^3 + a_2 \cdot s^2 + a_1 \cdot s + a_0} \cdot \frac{z_0}{T \cdot s^2} \right] \\ &= \frac{-a_2}{a_0} \cdot \frac{z_0}{T} = \frac{-2 \cdot D_S + K_S \cdot \omega_{0S} \cdot r_2}{K_S \cdot \omega_{0S} \cdot r_1} \cdot \frac{z_0}{T}. \end{aligned}$$

Die Untersuchung des stationären Verhaltens der PI-Zustandsregelung einer PT_2-Regelstrecke führt zu folgenden Aussagen:

> Für konstante Führungs- und Störgrößen entstehen keine bleibenden Regeldifferenzen. Durch Wahl von r_1 bzw. r_2 können die bleibenden Regeldifferenzen bei Führungs- und Störungsanstiegsfunktionen minimiert werden.

In Tabelle 12.4-1 sind die stationären Regeldifferenzen für Führungs- und Störgrößen bis III. Ordnung angegeben.

Tabelle 12.4-1: Stationäre Regeldifferenzen der PI-Zustandsregelung mit PT_2-Regelstrecke

	Regeldifferenz		
	I. Ordnung	II. Ordnung	III. Ordnung
Führungsgröße	$w(t) = E(t)$	$w(t) = t \cdot E(t)$	$w(t) = \dfrac{t^2}{2} \cdot E(t)$
Regeldifferenz	$e(t \to \infty) = 0$	$e(t \to \infty) = \dfrac{(1 - K_S \cdot r_1)}{K_S \cdot r_1} \cdot \dfrac{w_0}{T}$	$e(t \to \infty) \to \infty$
Störgröße	$z(t) = E(t)$	$z(t) = t \cdot E(t)$	$z(t) = \dfrac{t^2}{2} \cdot E(t)$
Regeldifferenz	$e(t \to \infty) = 0$	$e(t \to \infty) = \dfrac{-2 \cdot D_S + K_S \cdot \omega_{0S} \cdot r_2}{K_S \cdot \omega_{0S} \cdot r_1} \cdot \dfrac{z_0}{T}$	$e(t \to \infty) \to \infty$

Ermittlung des erweiterten Reglers durch Polvorgabe und Vorgabe einer Nullstelle der Führungsübertragungsfunktion

> Regelstrecken, die durch Überlagerung eines PI-Reglers erweitert wurden, sind steuerbar, wenn die ursprüngliche Regelstrecke steuerbar ist. Für diesen Fall können die Pole der Regelung durch Zustandsrückführung beliebig vorgegeben werden.

Der erweiterte Regler soll so eingestellt werden, daß das Führungsverhalten mit der Zustandsregelung mit Führungs- und Störgrößenbeobachter in Abschnitt 12.4.2 verglichen werden kann. Die Pole der Regelstrecke sowie die Pol- und Nullstellen der Führungsübertragungsfunktion sind in Bild 12.4-12 angegeben, wobei die reelle Polstelle s_{p3Z} durch die Nullstelle s_{nZ} kompensiert wird.

Mit den Polen der PI-Zustandsregelung in Bild 12.4-12 wird das Vorgabepolynom gebildet:

$$\begin{aligned} P_Z(s) &= (s - s_{p1Z}) \cdot (s - s_{p2Z}) \cdot (s - s_{p3Z}) \\ &= s^3 + \omega_{0Z} \cdot (1 + 2 \cdot D_S) \cdot s^2 + \omega_{0Z}^2 \cdot (1 + 2 \cdot D_S) \cdot s + \omega_{0Z}^3. \end{aligned}$$

s-Ebene

× ≙ Polstelle
○ ≙ Nullstelle

$K_S = 1$
$D_S = 0.707$
$\omega_{0S} = 1\,\text{s}^{-1}$

Pole der Regelstrecke	Pol- und Nullstellen der PI-Zustandsregelung
$s_{p1S} = \omega_{0S} \cdot (-D_S + j\sqrt{1-D_S^2})$	$s_{p1Z} = \omega_{0Z} \cdot (-D_S + j\sqrt{1-D_S^2})$
$= -0.707 \cdot (1-j)$	
$s_{p2S} = \omega_{0S} \cdot (-D_S - j\sqrt{1-D_S^2})$	$s_{p2Z} = \omega_{0Z} \cdot (-D_S - j\sqrt{1-D_S^2})$
$= -0.707 \cdot (1+j)$	$s_{p3Z} = s_{nZ} = -\omega_{0Z}$

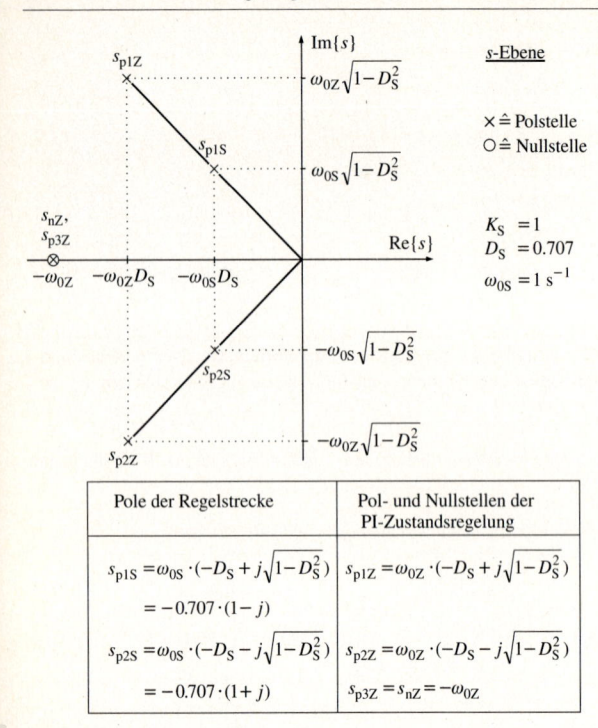

Bild 12.4-12: Pol- und Nullstellen der Führungsübertragungsfunktion bei der PI-Zustandsregelung

Koeffizientenvergleich des Vorgabepolynoms mit dem charakteristischen Polynom der Übertragungsfunktion und Berechnung der Nullstelle der Führungsübertragungsfunktion:

$$\omega_{0S}^2 \cdot K_S \cdot r_I = \omega_{0Z}^3 \longrightarrow \boxed{r_I = \frac{\omega_{0Z}^3}{K_S \cdot \omega_{0S}^2}},$$

Nullstelle der Führungsübertragungsfunktion:

$$s_{nZ} = -r_I/r_P = -\omega_{0Z} \longrightarrow \boxed{r_P = \frac{r_I}{\omega_{0Z}} = \frac{\omega_{0Z}^2}{K_S \cdot \omega_{0S}^2}},$$

$$\omega_{0S}^2 \cdot [1 - K_S \cdot (r_1 - r_P)] = \omega_{0Z}^2 \cdot (1 + 2 \cdot D_S)$$

$$\longrightarrow \boxed{r_1 = \frac{\omega_{0S}^2 \cdot (1 + K_S \cdot r_P) - \omega_{0Z}^2 \cdot (1 + 2 \cdot D_S)}{K_S \cdot \omega_{0S}^2}},$$

$$2 \cdot D_S \cdot \omega_{0S} - K_S \cdot \omega_{0S}^2 \cdot r_2 = \omega_{0Z} \cdot (1 + 2 \cdot D_S)$$

$$\longrightarrow \boxed{r_2 = \frac{2 \cdot D_S \cdot (\omega_{0S} - \omega_{0Z}) - \omega_{0Z}}{K_S \cdot \omega_{0S}^2}}.$$

12.4.3.3 Störungsverhalten der PI-Zustandsregelung

In Bild 12.4-13 sind die Führungs- und Störungssprungantworten der PI-Zustandsregelung für verschiedene Pollagen aufgezeichnet. Die Regelgüte ist mit der Zustandsregelung mit Zustands- und Störgrößenbeobachter vergleichbar (Bild 12.4-9). Die Führungssprungantworten in den oberen Teilbildern sind praktisch gleich. Das Störungsverhalten der PI-Zustandsregelung ist etwas ungünstiger.

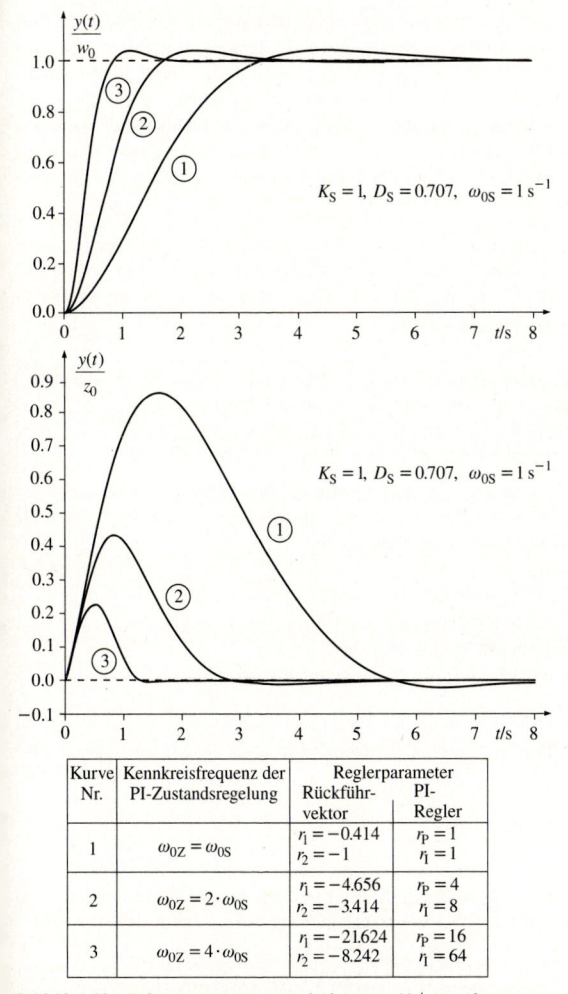

Kurve Nr.	Kennkreisfrequenz der PI-Zustandsregelung	Reglerparameter Rückführvektor	PI-Regler
1	$\omega_{0Z} = \omega_{0S}$	$r_1 = -0.414$ $r_2 = -1$	$r_P = 1$ $r_I = 1$
2	$\omega_{0Z} = 2 \cdot \omega_{0S}$	$r_1 = -4.656$ $r_2 = -3.414$	$r_P = 4$ $r_I = 8$
3	$\omega_{0Z} = 4 \cdot \omega_{0S}$	$r_1 = -21.624$ $r_2 = -8.242$	$r_P = 16$ $r_I = 64$

Bild 12.4-13: Führungssprungantwortfunktionen $y(t)/w_0$ und Störungssprungantwortfunktionen $y(t)/z_0$ der PI-Zustandsregelung

Für sprungförmige Störgrößen ist die dynamische Regelgüte der Zustandsregelung mit Zustands- und Störgrößenbeobachter (Bild 12.4-9) etwas besser als die der PI-Zustandsregelung (Bild 12.4-13).

12.4.4 Robuste Regelung – Vergleich der Zustandsregelung mit Zustands- und Störgrößenbeobachter mit der PI-Zustandsregelung

12.4.4.1 Begriff der robusten Regelung

Bei der Berechnung von Zustandsregelungen wird häufig von einem vereinfachten mathematischen Modell der Regelstrecke ausgegangen. Dabei werden die Parameter der Modellgleichungen als konstant angenommen. Viele Regelstrecken haben jedoch veränderliche Parameter, wobei sich das stationäre oder dynamische Betriebsverhalten mit der Zeit ändert. Streckenparameter haben unterschiedliche Variationsbereiche, Parameteränderungen können schnell oder langsam erfolgen. Massenträgheitsmomente und Reibungskoeffizienten sind Parameter in mechanischen Regelstrecken. Massenträgheitsmomente von Industrierobotern können sich in großen Variationsbereichen schnell ändern. Reibungskoeffizienten verändern sich im allgemeinen langsam.

Kleine und langsame Streckenparameteränderungen haben oft nur geringen Einfluß auf die Eigenschaften von Regelkreisen. Für große Parametervariationen müssen jedoch robuste Regler eingesetzt werden. Schnelle Streckenparameteränderungen mit Änderungsgeschwindigkeiten in der Nähe der Regeldynamik stellen sehr hohe Anforderungen an die Robustheit einer Regelung.

> Für robuste Regelungen muß der Regler so berechnet werden, daß die Regelung vorgegebene Eigenschaften besitzt, die auch bei Streckenparameteränderungen erhalten bleiben. Diese Regelungen werden als **robuste Regelungen** bezeichnet. **Robuste Regler** haben feste Struktur und konstante Parameter.

Eigenschaften von Regelungen können im Zeit- oder Frequenzbereich definiert sein. Die Lage der Pole des geschlossenen Regelkreises ist häufig eine gewünschte Eigenschaft. Im Zeitbereich kann der Verlauf der Sprungantwort in einem bestimmten Toleranzband vorgegeben werden.

12.4.4.2 Vergleich der Zustandsregelung mit Zustands- und Störgrößenbeobachter mit der PI-Zustandsregelung auf Robustheit

Für beide Regelungsstrukturen werden Führungs- und Störungssprungantwortfunktionen aufgezeichnet und verglichen. Die Antwortfunktionen werden jeweils für die Parameterwerte der Standard-PT$_2$-Regelstrecke

- Streckenverstärkung $K_S = 1$, $K_{S,v} = 2$,
- Dämpfung $D_S = 0.707$, $D_{S,v} = 0.1$,
- Kennkreisfrequenz $\omega_{0S} = 1 \text{ s}^{-1}$, $\omega_{0S,v} = 2 \text{ s}^{-1}$,

ermittelt. $K_{S,v}$, $D_{S,v}$ und $\omega_{0S,v}$ sind die variierten Parameterwerte. Die Parameter der Regeleinrichtung wurden für die nominalen Parameterwerte der Regelstrecke berechnet und an die variierten Werte nicht angepaßt.

Bei der PI-Zustandsregelung ist der Einfluß der Streckenparameter auf den Zeitverlauf der Antwortfunktionen geringer als bei der Zustandsregelung mit Beobachter (Bilder 12.4-14 und 12.4-15). Die Dämpfung des dominierenden Polpaars der PI-Zustandsregelung ist robust gegenüber Streckenparameteränderungen.

> Das Integral-Element des überlagerten PI-Reglers gibt der PI-Zustandsregelung robustes Regelverhalten.

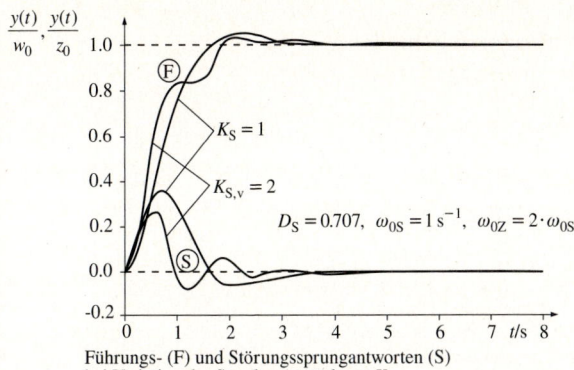

12.4 Regelungen durch Zustandsrückführung   637

Führungs- (F) und Störungssprungantworten (S)
bei Variation der Streckenverstärkung K_S

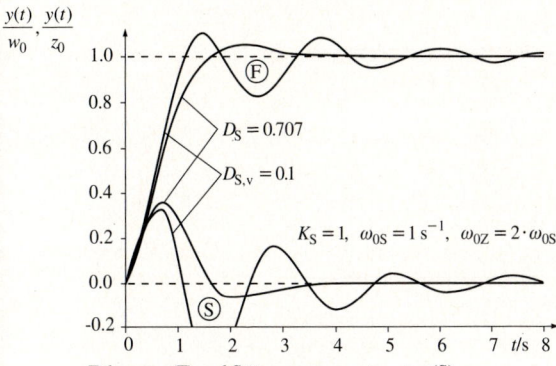

Führungs- (F) und Störungssprungantworten (S)
bei Variation der Streckendämpfung D_S

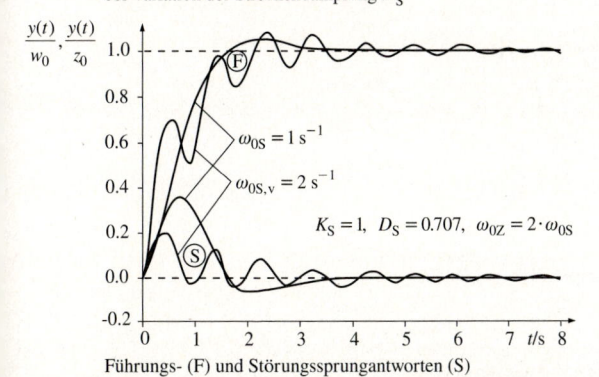

Führungs- (F) und Störungssprungantworten (S)
bei Variation der Kennkreisfrequenz ω_{0S} der Regelstrecke

Bild 12.4-14: Führungs- und Störungssprungantwortfunktionen der Zustandsregelung mit Zustands- und Störgrößenbeobachter für nominale und variierte Streckenparameter

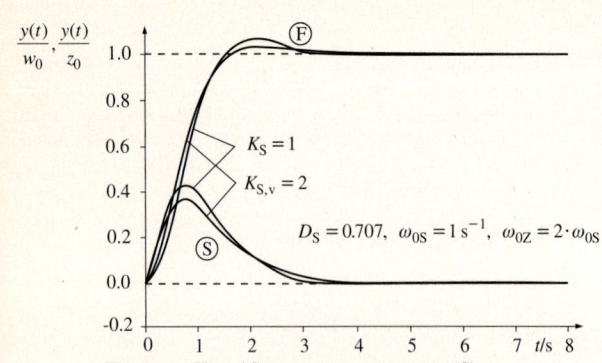

638   12 Zustandsregelungen

Führungs- (F) und Störungssprungantworten (S)
bei Variation der Streckenverstärkung K_S

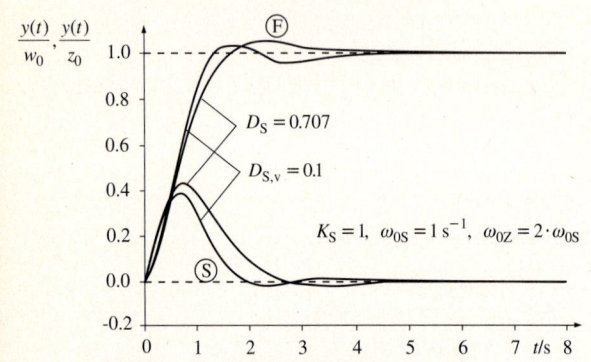

$K_S = 1$
$K_{S,v} = 2$
$D_S = 0.707$, $\omega_{0S} = 1\,\mathrm{s}^{-1}$, $\omega_{0Z} = 2\cdot\omega_{0S}$

Führungs- (F) und Störungssprungantworten (S)
bei Variation der Streckendämpfung D_S

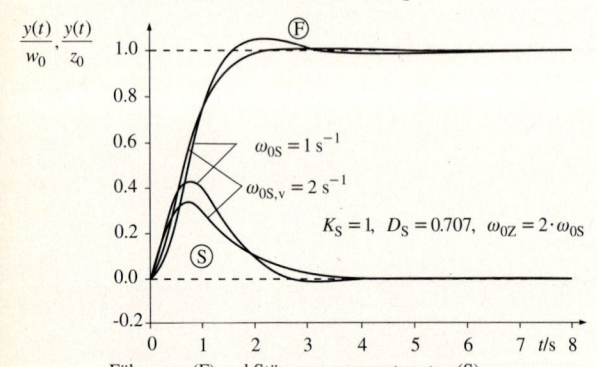

$D_S = 0.707$
$D_{S,v} = 0.1$
$K_S = 1$, $\omega_{0S} = 1\,\mathrm{s}^{-1}$, $\omega_{0Z} = 2\cdot\omega_{0S}$

Führungs- (F) und Störungssprungantworten (S)
bei Variation der Kennkreisfrequenz ω_{0S} der Regelstrecke

$\omega_{0S} = 1\,\mathrm{s}^{-1}$
$\omega_{0S,v} = 2\,\mathrm{s}^{-1}$
$K_S = 1$, $D_S = 0.707$, $\omega_{0Z} = 2\cdot\omega_{0S}$

*Bild 12.4-15: Führungs- und Störungssprungantwortfunktionen
der PI-Zustandsregelung für nominale und variierte Streckenparameter*

12.4.5 Zusammenfassung

Bei Zustandsregelungen werden alle Zustandsvariablen der Regelstrecke gemessen und auf den Eingang der Regelstrecke zurückgeführt. Dadurch können die Pole der Regelung und damit das Zeitverhalten beliebig vorgegeben werden. Zustandsregelungen sind für steuerbare Regelstrecken anwendbar. Häufig können einzelne Zustandsvariablen nicht, oder nur mit großem Aufwand, gemessen werden. Zur Ermittlung dieser Zustandsvariablen werden Zustandsbeobachter eingesetzt. Zustandsbeobachter sind anwendbar, wenn die Regelstrecke beobachtbar ist. Für technische Regelstrecken sind die Bedingungen der Steuer- und Beobachtbarkeit praktisch immer erfüllt. Für das Verfahren der Polvorgabe sowie für die Prüfung auf Steuer- und Beobachtbarkeit ist ein mathematisches Modell der Regelstrecke erforderlich.

Mit Zustandsregelungen lassen sich besonders hohe Anforderungen an die Regelgüte erfüllen. Durch die Verwendung von P-Elementen im Rückführvektor ergeben sich folgende Nachteile. Für sprungförmige Führungsgrößen entsteht eine bleibende Regeldifferenz, die stationär durch ein Vorfilter kompensiert wird. Sprungförmige Störgrößen verursachen konstante stationäre Regeldifferenzen.

Diese Nachteile lassen sich mit zwei Verfahren umgehen:

- Zustandsregelung mit Störgrößenbeobachter und Störgrößenaufschaltung,
- I- oder PI-Zustandsregler.

In Störgrößenbeobachtern wird mit einem Störgrößenmodell das zu erwartende Störsignal berechnet und eine Störgrößenaufschaltung durchgeführt.

Bei der I- oder PI-Zustandsregelung wird zusätzlich zur Zustandsrückführung ein I- oder PI-Regler eingesetzt. Konstante Störgrößen werden stationär ausgeregelt, ein Führungsgrößenvorfilter ist nicht erforderlich. Das Regelverhalten ist robust gegenüber Streckenparameteränderungen.

PI-Zustandsregler erzeugen eine zusätzliche Nullstelle in der Führungsübertragungsfunktion. Die Nullstelle kann verwendet werden, um eine Polstelle der Regelung zu kompensieren. Wird die Nullstelle nicht benötigt, so ergibt sich ein Integral-Zustandsregler. Die Regelung mit I-Zustandsregler ist jedoch langsamer. Berechnungen und Aussagen in Abschnitt 12.4.3 sind mit $r_p = 0$ entsprechend für die I-Zustandsregelung gültig.

Digitale Zustandsregelungen sind in Abschnitt 13.9 beschrieben.

13 Regelungen in der elektrischen Antriebstechnik

13.1 Allgemeines

Fertigungsverfahren, die mit Werkzeugmaschinen und Industrierobotern durchgeführt werden, stellen hohe Anforderungen an die Arbeitsgenauigkeit. Numerische Steuerungen kontrollieren die Vorschubbewegungen und überwachen den Fertigungsablauf. Auf die einzelnen Bewegungsachsen wirken prozeßbedingte Störungen, deren Ursache durch den Aufbau der Arbeitsmaschine bedingt ist, so daß Abweichungen von den vorgegebenen Verfahrwegen und -geschwindigkeiten entstehen. Genaue Bewegungsabläufe lassen sich auch bei großen Verfahrgeschwindigkeiten erzeugen, wenn die qualitätsbestimmenden Prozeßgrößen geregelt werden.

Wichtige Prozeßgrößen sind bei Arbeitsmaschinen die Positionen von Vorschubachsen, wobei häufig Vorschubgeschwindigkeit und Motordrehmoment Hilfsregelgrößen sind. Industrieroboter haben neben translatorischen auch rotatorische Bewegungsachsen. Der Drehwinkel ist hier die Hauptregelgröße, Hilfsregelgrößen sind entsprechend Winkelgeschwindigkeit und Motordrehmoment. Regelungen von Positionen oder Drehwinkeln werden allgemein als Lageregelungen bezeichnet. Im weiteren werden die Lageregelungen von Drehwinkeln untersucht, die Ergebnisse sind auf Positionsregelungen übertragbar.

In Abhängigkeit von der geforderten Regelgüte von Lageregelungen werden unterschiedliche Regelungsstrukturen eingesetzt:

- einschleifige Lageregelungen,
- Lageregelungen mit Kaskadenstruktur und
- Lageregelungen mit Zustandsreglern.

Wegen der guten Regelbarkeit werden meist elektrische Vorschubantriebe eingesetzt.

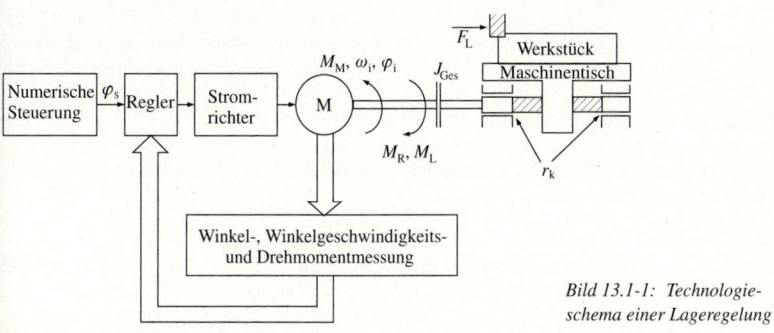

Bild 13.1-1: Technologieschema einer Lageregelung

13.2 Regelstrecken für elektrische Antriebe

13.2.1 Mathematisches Modell der Regelstrecke

13.2.1.1 Elektrischer Teil der Regelstrecke

Elektromotoren erzeugen Antriebsmomente oder -kräfte. Als Stellglieder in Antriebsregelungen setzen sie vorgegebene Bewegungssollwerte schnell und genau in rotatorische oder translatorische Vorschubbewegungen von Maschinenachsen um. Elektromotoren werden nach den Funktionsprinzipien Synchronmotor, Asynchronmotor, Gleichstrommotor eingeteilt. Bei **elektromechanischen Antrieben** befinden sich mechanische Übertragungselemente zwischen Motor und Wirkstelle der Bewegung. Beispiele für mechanische Übertragungselemente sind Getriebe, z. B. Kugelrollspindel, Zahnriementrieb usw., zur Anpassung von Drehzahl,

Drehmoment, Trägheitsmoment oder zur Umsetzung von rotatorischen in translatorische Bewegungen. Die mechanischen Übertragungselemente haben häufig nichtlineare (Getriebespiel, COULOMB-Reibung) oder elastische Übertragungseigenschaften. Durch die Federwirkung in Verbindung mit der Lastmasse führen schnelle Bewegungen zu mechanischen Schwingungen mit hohen Eigenfrequenzen, die als Lastmoment oder -kraft (Störgröße) auf den Antriebsmotor zurückwirken. Wegen der begrenzten Bandbreite der Störfrequenzgangfunktion der Regelung ist die Regelgüte eingeschränkt.

Direktantriebe haben keine mechanischen Übertragungselemente. Der Motor erzeugt die Vorschubkräfte und -bewegungen direkt, ohne Kraft- oder Bewegungswandler. Damit entfallen Nachteile wie Spiel, Elastizität und zusätzliches Trägheitsmoment. Direktantriebe mit den oben angegebenen Funktionsprinzipien gibt es für rotatorische und translatorische Bewegungen (Linearmotor). Geregelte Direktantriebe haben großes Beschleunigungsvermögen und sehr hohe Positioniergenauigkeit.

In Drehzahl- und Lageregelungen bildet der Antriebsmotor in Verbindung mit dem Stromrichter das Stellglied. Bei elektrischen Antrieben bestimmt die Stromrichtertechnik in hohem Maße die Regelgüte. Nur für Antriebe mit großen Leistungen werden Thyristorstromrichter eingesetzt, die große Stromrichtertotzeit beeinträchtigt die Regelbarkeit. Für Antriebe mit Transistor-Pulsumrichtern ergeben sich sehr kleine Stellgliedzeitkonstanten, damit lassen sich die sehr hohen Anforderungen an das dynamische und stationäre Regelverhalten von Vorschubantrieben für Arbeitsmaschinen erfüllen.

Im folgenden wird für elektrische Antriebe ein vereinfachtes mathematisches Modell II. Ordnung ermittelt. Mit diesem Streckenmodell können wichtige Untersuchungen an Drehzahl- und Lageregelungen durchgeführt werden.

Die mathematische Beschreibung des elektrischen Teils der Regelstrecke wird von der Bauart des Antriebsmotors und des Stromrichters bestimmt. Die folgende Darstellung gilt für rotatorische Antriebsmotoren. Der elektrische Teil der Regelstrecke, Antriebsmotor und Stromrichter, wird mit einer Kettenstruktur mit drei Übertragungselementen nachgebildet:

- Ein Totzeit-Element ist zu berücksichtigen, wenn sich Änderungen der Stromrichtereingangsspannung u_S, wegen der zeitdiskreten Arbeitsweise des Stromrichters, verzögert auf den momentbildenden Strom auswirken.
- Ein Verzögerungs-Element mit der kleinen Antriebszeitkonstanten T_A bestimmt das Zeitverhalten des momentbildenden Motorstroms.
- Ein Proportional-Element beschreibt den Zusammenhang zwischen Motormoment M_M und momentbildendem Motorstrom I_A: $M_M(t) = K_M \cdot I_A(t)$.

Der elektrische Teil der Regelstrecke erhält als Eingangsgröße eine Spannung u_S für den Leistungsverstärker. Diese Spannung wird in Drehzahlregelkreisen durch die Regeldifferenz $\omega_{xd}(t) = \omega_s(t) - \omega_i(t)$ erzeugt, bei Lageregelkreisen aus dem Sollwert der Winkelgeschwindigkeit $\omega_s(t)$ abgeleitet. Der Signalflußplan nach Bild 13.2-1 ist daher durch den Umsetzungsfaktor K_T (Tachokonstante [V/s^{-1}]) ergänzt. Da dieser Faktor im allgemeinen durch die gewählte Meßeinrichtung festliegt, wird er entsprechend zu Kapitel 1 zur Regelstrecke gerechnet.

Die Übertragungsfunktion des Totzeit-Elements wird mit der Gleichung

$$G_t(s) = K_{Th} \cdot e^{-T_t s}$$

beschrieben. Da der mechanische Teil der Regelstrecke ausgeprägtes Tiefpaßverhalten besitzt, ist folgende Näherung zulässig. Mit $\omega_b \ll \dfrac{1}{T_t}$, wobei ω_b die Bandbreite der Strecke kennzeichnet, folgt:

$$e^{-T_t s} = \frac{1}{1 + T_t \cdot s + T_t^2 \cdot \dfrac{s^2}{2!} + \ldots} \approx \frac{1}{1 + T_t \cdot s}.$$

13.2 Regelstrecken für elektrische Antriebe

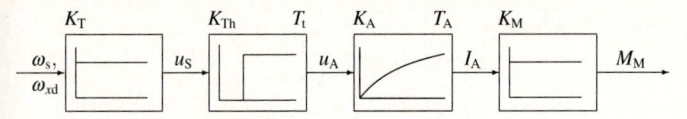

```
   K_T            K_Th      T_t    K_A     T_A    K_M
ω_s,  ┌──┐   u_S  ┌──┐  u_A ┌──┐  I_A  ┌──┐   M_M
ω_xd  └──┘ ─────► └──┘ ────►└──┘ ─────►└──┘ ─────►
```

Meßeinrichtung, Sollwertvorgabe:

$\omega_{xd}(t)$ = Regeldifferenz (v_{xd}),
$\omega_s(t)$ = Sollwert der Winkelgeschwindigkeit (v_s),
K_T = Tachokonstante,

Stromrichter:

$u_S(t)$ = Eingangsspannung des Leistungsverstärkers,
K_{Th} = Spannungsverstärkung,
T_t = Totzeit des Leistungsverstärkers,

Motor:

$u_A(t)$ = Motorspannung,
$K_A = \dfrac{I_A(t \to \infty)}{u_{A0}}$ = Antriebsverstärkung,
T_A = Antriebszeitkonstante,
$I_A(t)$ = momentbildender Motorstrom,
$K_M = \dfrac{M_{M0}}{I_{A0}}$ = Momentenkonstante ($K_F = \dfrac{F_{M0}}{I_{A0}}$ = Kraftkonstante),
$M_M(t)$ = Motormoment ($F_M(t)$ = Motorkraft),

Nennwerte:

u_{A0} = Motornennspannung,
I_{A0} = Motornennstrom,
M_{M0} = Nennmoment (F_{M0} = Nennkraft).

Bild 13.2-1: Signalflußplan der Antriebsregelstrecke (Bezeichnungen für Linearmotoren in Klammern)

Mit der Näherung vereinfachen sich die weiteren Berechnungen. Damit nimmt der Signalflußplan der Regelstrecke die Form an:

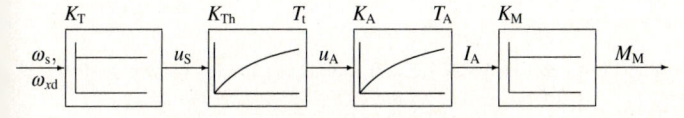

Bild 13.2-2: Signalflußplan der vereinfachten Antriebsregelstrecke

Die einzusetzende Stromrichterschaltung wird von den verwendeten Antriebsmotoren und den dynamischen Anforderungen an die Regelung bestimmt. Bei Stromrichterschaltungen mit Thyristoren ist die Pulszahl eine Kenngröße. Sie entspricht der Anzahl der Thyristoren, die pro Periode der Netzfrequenz nacheinander zünden. Die mittlere Totzeit von Thyristor-Stromrichtern berechnet sich mit der Formel

$$T_t = \frac{1}{2 \cdot p \cdot f}$$

mit Pulszahl p des Stromrichters und Netzfrequenz f. Sehr hohe Anforderungen an das dynamische Verhalten von Vorschubantrieben lassen sich mit Transistorschaltungen erfüllen. Durch hohe Schaltfrequenzen und Pulsbreitensteuerung ergibt sich eine große Zahl von Stromimpulsen pro Zeit, so daß die Totzeit des Stromrichters bei der Berechnung der Regelung vernachlässigt werden kann.

13.2.1.2 Mechanischer Teil der Regelstrecke

Mathematisches Modell der Regelstrecke für rotatorische Motoren

Die Momentengleichung beschreibt den mechanischen Teil der Regelstrecke:

$$J_{Ges} \cdot \frac{d\omega_i(t)}{dt} = M_B(t) = M_M(t) - M_R(t) - M_L(t).$$

Im weiteren werden folgende Variablen verwendet:

$\varphi_i(t)$ = Drehwinkel (Istwert, Regelgröße),
$\varphi_s(t)$ = Drehwinkel (Sollwert, Führungsgröße),
$\omega_i(t)$ = Winkelgeschwindigkeit (Istwert, Regelgröße),
$\omega_s(t)$ = Winkelgeschwindigkeit (Sollwert, Führungsgröße),
r_k = Reibungskoeffizient,
J_{Ges} = Gesamtträgheitsmoment,
$M_B(t)$ = Beschleunigungsmoment,
$M_M(t)$ = Motormoment,
$M_R(t) = r_k \cdot \omega_i(t)$ = Reibungsmoment,
$M_L(t)$ = Lastmoment,
$F_L(t)$ = Bearbeitungskraft.

Lastmomente $M_L(t)$ sind Störungen, die auf Antriebseinheiten von Arbeitsmaschinen wirken. Diese Kräfte oder Drehmomente lassen sich in folgende Kategorien einteilen:

- **Steifigkeitskräfte** (positionsabhängig) entstehen bei Kontakt der Bewegungsachse mit der Umgebung.
- **Dämpfungskräfte** (geschwindigkeitsabhängig) treten auf als
  - Schnittkräfte (Spanungskräfte) bei Werkzeugmaschinen und als
  - Coriolis- und Zentrifugalkräfte bei Industrierobotern.
- **Massenkräfte** (beschleunigungsabhängig) entstehen durch
  - Gravitation oder durch
  - beschleunigte Bewegungen benachbarter Antriebe.

In Bild 13.2-3 ist der Signalflußplan des mechanischen Teils der Antriebsregelstrecke mit dem Lastmoment $M_L(t)$ als Störgröße dargestellt.

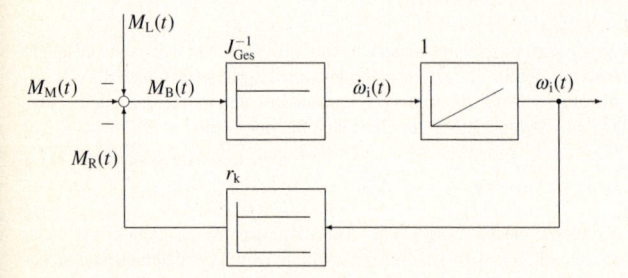

Bild 13.2-3: Signalflußplan des mechanischen Teils der Antriebsregelstrecke

Berechnung des Massenträgheitsmomentes

Die Winkelbeschleunigung der Motorwelle

$$\frac{d\omega_i(t)}{dt} = \dot{\omega}_i(t) = \frac{M_B(t)}{J_{Ges}}$$

wird bestimmt von dem Gesamtträgheitsmoment

$$J_{Ges} = J_M + J_L,$$

mit dem Motorträgheitsmoment J_M, Last- oder Fremdträgheitsmoment J_L, wobei J_L auf die Motorwelle bezogen ist. In Bild 13.2-4 sind zwei häufig verwendete mechanische Übertragungselemente angegeben. Für die Berechnung des auf die Motorwelle bezogenen Trägheitsmoments J_{Ges} sind unterschiedliche Formeln gültig.

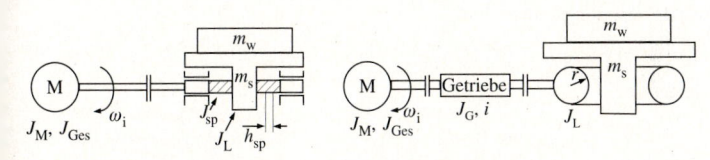

Lineareinheit mit	
Kugelrollspindel	**Zahnriemen**
$J_{Ges} = J_M + J_{sp} + J_L$ $= J_M + J_{sp} + (m_s + m_w) \cdot \left(\frac{h_{sp}}{2 \cdot \pi}\right)^2$	$J_{Ges} = J_M + J_G + J_L$ $= J_M + J_G + \frac{(m_s + m_w) \cdot r^2}{i^2}$

J_{Ges} = Gesamtträgheitsmoment (auf die Motorwelle bezogen)
J_L = Lastträgheitsmoment
J_M = Trägheitsmoment des Motors
J_{sp} = Trägheitsmoment der Kugelrollspindel
J_G = Trägheitsmoment des Getriebes
m_s = Masse des Vorschubschlittens
m_w = Masse des Werkstücks
h_{sp} = Spindelsteigung
r = Teilkreisradius des Antriebsritzels
i = Übersetzungsverhältnis des Getriebes

Bild 13.2-4: Mechanische Übertragungselemente von Lineareinheiten

Berechnung der Streckenverstärkung und der mechanischen Zeitkonstanten

Die Verstärkung K_{S2} des mechanischen Teils der Regelstrecke läßt sich bei bekanntem Reibungskoeffizienten r_k mit der Momentengleichung berechnen. Setzt man $M_L = 0$ und bezieht den Endwert der Motorwinkelgeschwindigkeit ω_i auf ein konstantes Motormoment M_{M0}, dann ergibt sich

$$K_{S2} = \frac{\omega_i(t \to \infty)}{M_{M0}} = \frac{1}{r_k} \frac{s^{-1}}{Nm}.$$

Die mechanische Zeitkonstante T_M bestimmt die Änderungsgeschwindigkeit der Motordrehzahl. T_M ist durch Normierung der Momentengleichung festgelegt:

$$\underbrace{\frac{\omega_{im} \cdot J_{Ges}}{M_{st}}}_{T_M} \cdot \frac{d\frac{\omega_i(t)}{\omega_{im}}}{dt} + \frac{\omega_{im} \cdot r_k}{M_{st}} \cdot \frac{\omega_i(t)}{\omega_{im}} = \frac{M_M(t)}{M_{st}} - \frac{M_L(t)}{M_{st}},$$

mit der mechanischen Zeitkonstanten

$$\boxed{T_M = \frac{\omega_{im} \cdot J_{Ges}}{M_{st}}},$$

ω_{im} = maximale Motorwinkelgeschwindigkeit,
M_{st} = maximales Motormoment.

Mathematisches Modell der Regelstrecke für Linearmotoren

Linearmotoren benötigen keine mechanischen Übertragungselemente, damit vereinfachen sich die Modellgleichungen. Die Gleichung für die Kräfte am Motor beschreibt den mechanischen Teil der Regelstrecke

$$m_{Ges} \cdot \frac{dv_i(t)}{dt} = F_B(t) = F_M(t) - F_R(t) - F_L(t),$$

mit den Variablen

$v_i(t)$ = Geschwindigkeit (Istwert, Regelgröße),
$F_B(t)$ = Beschleunigungskraft,
$F_M(t)$ = Motorkraft,
$F_R(t) = r_k \cdot v_i(t)$ = Reibungskraft,
$F_L(t)$ = Lastkraft.

Die Verstärkung K_{S2} des mechanischen Streckenteils wird mit

$$\boxed{K_{S2} = \frac{v_i(t \to \infty)}{F_{M0}} = \frac{1}{r_k} \cdot \frac{\mathrm{m \cdot s^{-1}}}{\mathrm{N}}}$$

berechnet. Durch Normierung der Momentengleichung

$$\underbrace{\frac{v_{im} \cdot m_{Ges}}{F_{st}}}_{T_M} \cdot \frac{dv_i(t)/v_{im}}{dt} + \frac{v_{im} \cdot r_k}{F_{st}} \cdot \frac{v_i(t)}{v_{im}} = \frac{F_M(t)}{F_{st}} - \frac{F_L(t)}{F_{st}}$$

ergibt sich die mechanische Zeitkonstante zu

$$\boxed{T_M = \frac{v_{im} \cdot m_{Ges}}{F_{st}}},$$

v_{im} = maximale Verfahrgeschwindigkeit des Motors,
F_{st} = maximale Motorkraft,
m_{Ges} = bewegte Masse.

13.2.2 Vereinfachung der Regelstrecke

Die beiden kleinen Zeitkonstanten der Verzögerungselemente können zur Ersatzzeitkonstanten der Regelstrecke

$$T_{ES} = T_t + T_A$$

zusammengefaßt werden. Die Vereinfachung ist zulässig, wenn, allgemein formuliert, gilt:

$$\frac{1}{(1+s\cdot T_M)\cdot \prod_{i=1}^{n}(1+s\cdot T_i)} \approx \frac{1}{(1+s\cdot T_M)\cdot \left(1+s\cdot \sum_{i=1}^{n}T_i\right)}.$$

Diese Näherung wird als Satz von der Summe der kleinen Zeitkonstanten bezeichnet (Abschnitt 10.4.3.2). Er ist erfüllt, wenn für den betrachteten Frequenzbereich die Ungleichung

$$\omega \cdot T_M \gg \sum_{i=1}^{n}\omega \cdot T_i$$

gilt. Damit läßt sich die Regelstrecke durch zwei PT_1-Elemente in Bild 13.2-5 darstellen. Für die weiteren Berechnungen werden die angegebenen Zahlenwerte verwendet.

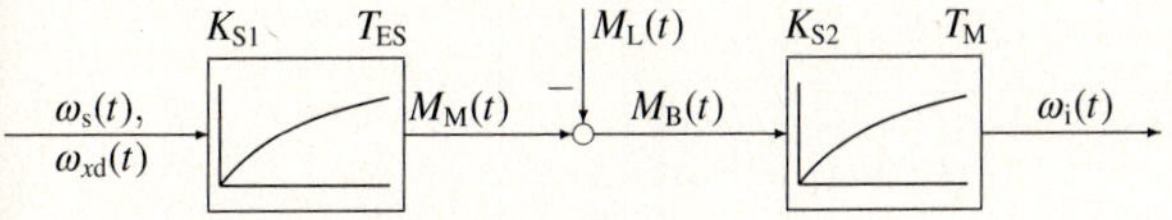

$K_{S1} = K_T \cdot K_{Th} \cdot K_A \cdot K_M = 0.3$ Nm/s^{-1}
   $=$ Verstärkung des elektrischen Streckenteils
$K_{S2} = 1.0 \dfrac{\text{s}^{-1}}{\text{Nm}} =$ Verstärkung des mechanischen Streckenteils
$T_{ES} = 1.5$ ms $=$ Ersatzzeitkonstante der Regelstrecke
$T_M = 20$ ms $=$ mechanische Zeitkonstante

Bild 13.2-5: Signalflußplan der Antriebsregelstrecke

Die Antriebsregelstrecke hat die Führungsübertragungsfunktion

$$G_S(s) = \frac{\omega_i(s)}{\omega_s(s)} = \frac{K_{S1}\cdot K_{S2}}{(1+T_{ES}\cdot s)\cdot(1+T_M\cdot s)} = \frac{K_S}{1+(T_{ES}+T_M)\cdot s + T_{ES}\cdot T_M \cdot s^2}$$

und den Pol-Nullstellenplan:

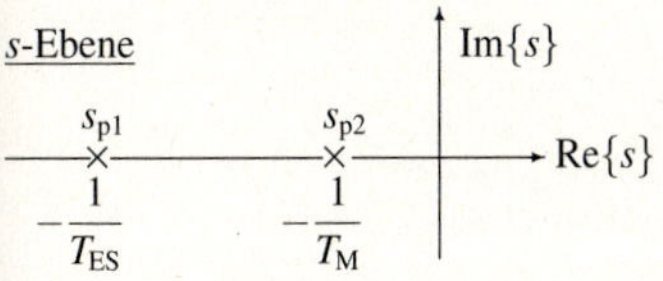

13.3 Zeitverläufe von Führungs- und Störgrößen bei Antriebsregelungen von Drehmaschinen

Bild 13.3-1 zeigt die Bearbeitung eines Drehteils mit konischen und zylindrischen Formen. Die Vorschubantriebe mit den lagegeregelten Antriebsmotoren M_x, M_z führen den Drehmeißel entlang einer Bahn, die durch drei gerade Segmente gebildet wird. Beim Hauptspindelantrieb wird die Winkelgeschwindigkeit geregelt.

In Bild 13.3-1 sind weiterhin Zeitverläufe von Führungs- und Störgrößen aufgezeichnet, die auf Vorschub-Bewegungsachse x und Hauptspindelachse c wirken. $s_{sx}(t)$ ist die Lageführungsgröße der x-Achse. Der Zeitverlauf setzt sich zusammen aus Anstiegsfunktionen (Zeitintervalle $t_1 \to t_2, t_3 \to t_4$) mit Beschleunigungsfunktionen (Zeitintervalle $t_0 \to t_1, t_2 \to t_3, t_4 \to t_5$). Die Beschleunigungsfunktionen verhindern sprungförmi-

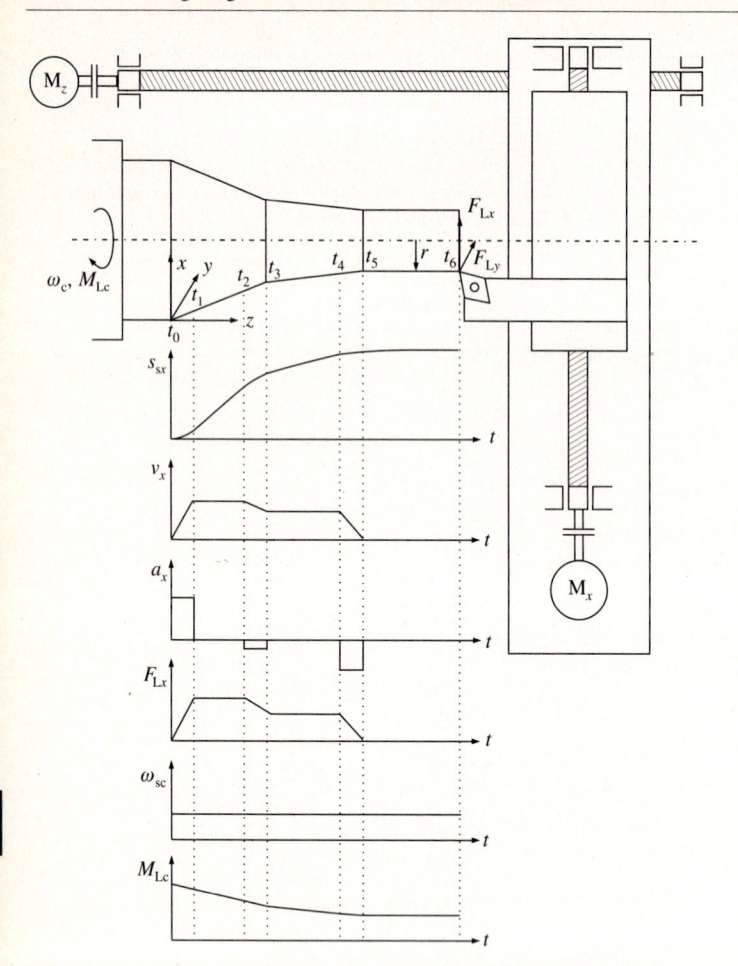

Bild 13.3-1: Führungs- und Störgrößen der Antriebseinheiten bei der Drehbearbeitung

ge Verläufe der Vorschubgeschwindigkeit $v_x(t)$ bei Änderungen der Bahnrichtung. Im Zeitintervall $t_5 \to t_6$ ist $s_{sx}(t)$ konstant.

Darüber hinaus sind die zeitlichen Ableitungen von $s_{sx}(t)$, die Zeitverläufe von Vorschubgeschwindigkeit $v_x(t)$ und Beschleunigung $a_x(t)$ angegeben. Während der Drehbearbeitung wirkt die x-Komponente $F_{Lx}(t)$ der Bearbeitungskraft $F_L(t)$ (Schnittkraft) als Störgröße auf die Antriebseinheit der x-Achse zurück. Die Schnittkraftkomponente $F_{Lx}(t)$ ist der Vorschubgeschwindigkeit $v_x(t)$ näherungsweise proportional, wobei

$$F_{Lx}(t) = r_{kM} \cdot v_x(t)$$

gilt. Der Wert des Reibungskoeffizienten r_{kM} ist abhängig von den Materialeigenschaften des Drehteils, der Form des Drehmeißels und den Spanabmessungen.

$\omega_{sc}(t)$ ist der Sollwert der Winkelgeschwindigkeit für die Hauptspindelachse. Der Zeitverlauf entspricht einer Sprungfunktion. $M_{Lc}(t)$ ist ein Drehmoment, das als Störgröße auf die Hauptspindelachse wirkt. Dieses Drehmoment ist proportional zur y-Komponente der Schnittkraft $F_{Ly}(t)$ multipliziert mit dem Radius $r(t)$ des Drehteils:

$$M_{Lc}(t) = F_{Ly}(t) \cdot r(t).$$

Der Zeitverlauf des Stördrehmoments $M_{Lc}(t)$ setzt sich aus Anstiegsfunktionen und einem konstanten Anteil zusammen.

Die Zeitverläufe von Führungs- und Störgrößen von Antriebsregelungen an Arbeitsmaschinen können mit den regelungstechnischen Testfunktionen Sprung-, Anstiegs- und Beschleunigungsfunktion beschrieben werden. Zur Untersuchung des Zeitverhaltens der Antriebsregelungen in Kapitel 13 werden diese Testfunktionen eingesetzt.

13.4 Einschleifige Lageregelung

13.4.1 Berechnung des Lagereglers

Das Signalflußbild einer einschleifigen Lageregelung ist in Bild 13.4-1 angegeben.

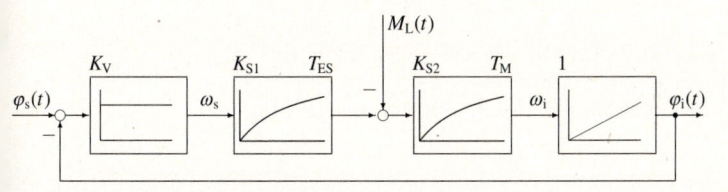

Bild 13.4-1: Signalflußplan einer einschleifigen Lageregelung

Unter Berücksichtigung der Bedingung $\omega_b \ll \dfrac{1}{T_{ES}}$, mit Bandbreite ω_b des Lageregelkreises, werden die beiden PT_1-Elemente der Lageregelstrecke durch ein PT_1-Element mit der Übertragungsfunktion

$$G_S(s) = \frac{K_{S1} \cdot K_{S2}}{1 + (T_{ES} + T_M) \cdot s} = \frac{K_S}{1 + (T_{ES} + T_M) \cdot s}$$

ersetzt, wobei sich die Berechnung des Lagereglers vereinfacht.

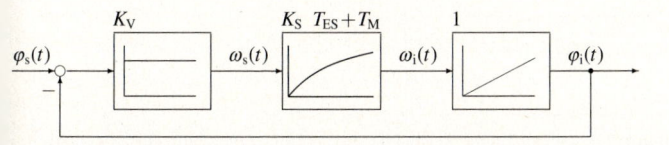

Bild 13.4-2: Signalflußplan der vereinfachten einschleifigen Lageregelung

Lageregelungen müssen folgende wichtige Anforderung erfüllen. Um Kollisionen zu vermeiden, dürfen die Istpositionen der Bewegungsachsen nicht über den Endpunkt der programmierten Bewegung hinausgehen. Die Sprungantwortfunktion muß daher aperiodisch verlaufen. Die Forderung läßt sich erfüllen, wenn ein Proportional-Regler eingesetzt wird. Der Index L soll im weiteren Übertragungsfunktionen von Lageregelungen kennzeichnen. Aus dem Signalflußplan in Bild 13.4-2 ergibt sich die Übertragungsfunktion des offenen Regelkreises

$$G_{RS}^L(s) = \frac{K_V \cdot K_S}{[1 + (T_{ES} + T_M) \cdot s] \cdot s}$$

und die des geschlossenen Regelkreises:

$$G^L(s) = \frac{K_V \cdot K_S}{K_V \cdot K_S + s + (T_{ES} + T_M) \cdot s^2}.$$

K_V wird als Geschwindigkeitsverstärkung (Winkelgeschwindigkeitsverstärkung) bezeichnet. Aus der Regeldifferenz (Winkel [rad], Position [mm]) wird mit K_V [s^{-1}] der Sollwert der Verfahr-(winkel-)geschwindigkeit erzeugt (Winkelgeschwindigkeit [rad·s^{-1}], Verfahrgeschwindigkeit [mm·s^{-1}]). Die Sprungantwortfunktion verläuft aperiodisch, wenn die Übertragungsfunktion einen reellen Doppelpol besitzt:

$$s_{p1,2} = -\frac{1}{2 \cdot (T_{ES} + T_M)} \pm \underbrace{\sqrt{\frac{1}{4 \cdot (T_{ES} + T_M)^2} - \frac{K_V \cdot K_S}{T_{ES} + T_M}}}_{\stackrel{!}{=} 0}.$$

Mit dieser Bedingung ergibt sich die Geschwindigkeitsverstärkung und die Übertragungsfunktion der einschleifigen Lageregelung zu

$$K_V = \frac{1}{4 \cdot K_S \cdot (T_{ES} + T_M)}, \quad G^L(s) = \frac{1}{(1 + 2 \cdot (T_{ES} + T_M) \cdot s)^2}.$$

13.4.2 Führungsverhalten der einschleifigen Lageregelung

Sprungantwort

Arbeitsmaschinen mit Punkt-zu-Punkt-Steuerung fahren Positionen im Arbeitsraum an, die im Steuerprogramm festgelegt sind. Der genaue Verlauf des Verfahrwegs oder -winkels zwischen Anfangs- und Endpunkt der Bewegung ist dabei nicht definiert. Die verwendeten Lageführungsgrößen haben sprungförmige Zeitverläufe. Führungsgröße φ_s und Führungssprungantwortfunktion φ_i sind dann:

$$\varphi_s(t) = \varphi_{s0} \cdot E(t), \quad \varphi_s(s) = \frac{\varphi_{s0}}{s}, \quad \varphi_{s0} = \text{Sprunghöhe},$$

$$\varphi_i(t) = \frac{\varphi_{s0}}{4 \cdot (T_{ES} + T_M)^2} \cdot L^{-1}\left\{\frac{1}{\left[s + \frac{0.5}{T_{ES} + T_M}\right]^2 \cdot s}\right\},$$

$$\varphi_i(t) = \varphi_{s0} \cdot \left[1 - e^{-\frac{0.5 \cdot t}{T_{ES} + T_M}} - \frac{0.5 \cdot t \cdot e^{-\frac{0.5 \cdot t}{T_{ES} + T_M}}}{T_{ES} + T_M}\right].$$

In Bild 13.4-3 ist die Führungssprungantwortfunktion der einschleifigen Lageregelung aufgezeichnet. Bei sprungförmigen Lageführungsgrößen entstehen keine bleibenden Regeldifferenzen. Der programmierte Endpunkt des Verfahrwegs wird erreicht.

Anstiegsantwort

Im Steuerprogramm von Arbeitsmaschinen und Industrierobotern mit Bahnsteuerung ist auch der genaue Verlauf des Verfahrwegs oder -winkels und die Verfahr(winkel)geschwindigkeit definiert. Werden konstante

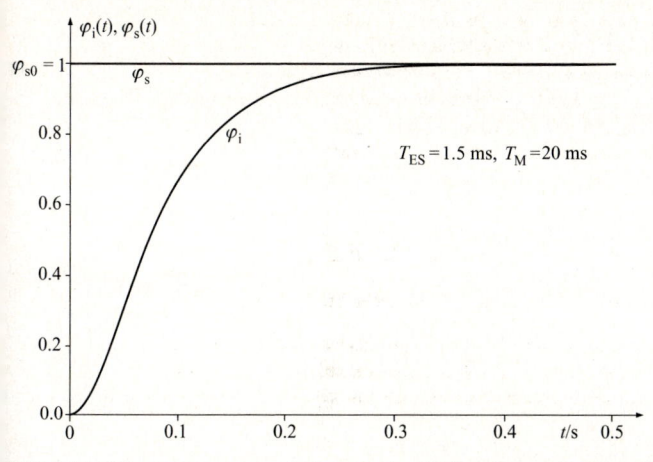

Bild 13.4-3: Führungssprungantwortfunktion der einschleifigen Lageregelung ($\varphi_{s0} = 1.0$)

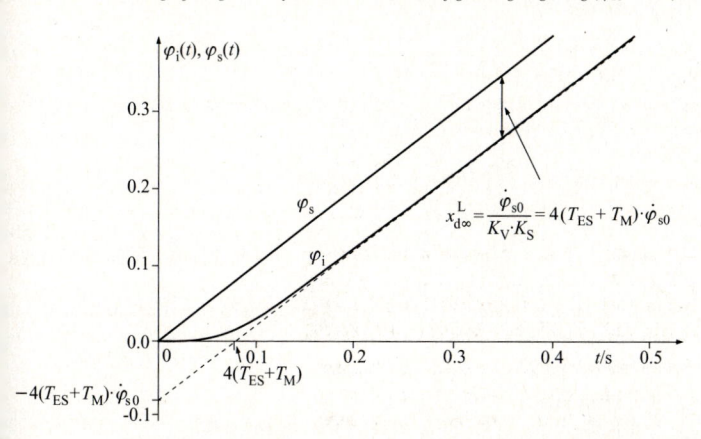

Bild 13.4-4: Führungsanstiegsantwort der einschleifigen Lageregelung ($\dot{\varphi}_{s0} = 1.0\,\text{s}^{-1}$)

Geschwindigkeiten gefordert, so sind als Lageführungsgrößen Anstiegsfunktionen einzusetzen. $\dot{\varphi}_{s0}$ mit der Dimension $[\text{s}^{-1}]$ entspricht der konstanten Anstiegsgeschwindigkeit der Anstiegsfunktion:

$$\varphi_s(t) = \dot{\varphi}_{s0} \cdot t, \quad \varphi_s(s) = \frac{\dot{\varphi}_{s0}}{s^2}, \quad \dot{\varphi}_{s0} = \text{Anstiegsgeschwindigkeit}.$$

Die Anstiegsantwort (Bild 13.4-4) des einschleifigen Lageregelkreises ist dann:

$$\varphi_i(t) = \frac{\dot{\varphi}_{s0}}{4 \cdot (T_{ES} + T_M)^2} \cdot L^{-1} \left\{ \frac{1}{\left[s + \dfrac{0.5}{T_{ES} + T_M}\right]^2 \cdot s^2} \right\},$$

$$\varphi_i(t) = \dot{\varphi}_{s0} \cdot \left[t - 4 \cdot (T_{ES} + T_M) + (t + 4 \cdot (T_{ES} + T_M)) \cdot e^{-\frac{0.5 \cdot t}{T_{ES} + T_M}} \right].$$

Haben Lageführungsgrößen den Verlauf von Anstiegsfunktionen, dann entstehen stationäre Folgefehler. Die Bewegungsachse folgt den Lageführungsgrößen im Schleppabstand

$$x_d^L(t \to \infty) = \varphi_s(t \to \infty) - \varphi_i(t \to \infty) = \frac{\dot{\varphi}_{s0}}{K_V \cdot K_S} = 4 \cdot (T_{ES} + T_M) \cdot \dot{\varphi}_{s0}.$$

13.4.3 Störungsverhalten der einschleifigen Lageregelung

Aus dem Signalflußplan der einschleifigen Lageregelung in Bild 13.4-1 wird die Störübertragungsfunktion entwickelt

$$G_z^L(s) = \frac{\varphi_i(s)}{M_L(s)} = \frac{-K_{S2} \cdot (1 + T_{ES} \cdot s)}{(1 + T_{ES} \cdot s) \cdot (1 + T_M \cdot s) \cdot s + K_V \cdot K_{S1} \cdot K_{S2}},$$

der Wert für die aperiodische Einstellung der Geschwindigkeitsverstärkung K_V nach Abschnitt 13.4.1 wird eingesetzt:

$$K_V = \frac{1}{4 \cdot K_{S1} \cdot K_{S2} \cdot (T_{ES} + T_M)},$$

$$G_z^L(s) = \frac{\varphi_i(s)}{M_L(s)} = \frac{-4 \cdot K_{S2} \cdot (T_{ES} + T_M) \cdot (1 + T_{ES} \cdot s)}{1 + 4 \cdot (T_{ES} + T_M) \cdot (1 + T_{ES} \cdot s) \cdot (1 + T_M \cdot s) \cdot s}.$$

Konstante Störkräfte führen bei der einschleifigen Lageregelung zu konstanten stationären Positionsdifferenzen. Mit sprungförmig vorgegebener Störung $M_L(t)$ ergibt sich:

$$M_L(t) = M_{L0} \cdot E(t), \quad M_L(s) = \frac{M_{L0}}{s}, \quad M_{L0} = \text{Sprunghöhe},$$

$$\boxed{\varphi_i(t \to \infty) = \lim_{s \to 0} s \cdot G_z^L(s) \cdot \frac{M_{L0}}{s} = -4 \cdot K_{S2} \cdot (T_{ES} + T_M) \cdot M_{L0} = \frac{-M_{L0}}{K_V \cdot K_{S1}}}.$$

Für Störanstiegsfunktionen geht die Regeldifferenz gegen unendlich. Einschleifige Lageregelungen mit ungünstigem Führungs- und Störverhalten können nur an Arbeitsmaschinen mit geringen Genauigkeitsanforderungen eingesetzt werden.

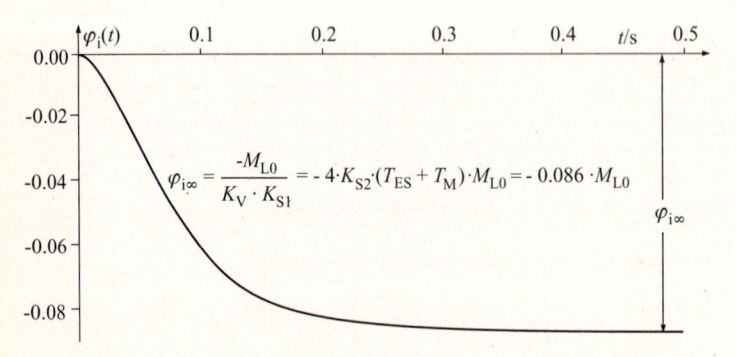

Bild 13.4-5: Störungssprungantwort der einschleifigen Lageregelung ($M_{L0} = 1.0$ Nm)

13.5 Lageregelung mit Kaskadenstruktur

13.5.1 Allgemeines

Zur Lageregelung von Arbeitsmaschinen und Industrierobotern werden häufig Kaskadenstrukturen verwendet. Hier sind entsprechend Bild 13.5-1 mehrere Regelkreise so miteinander verbunden, daß die Stellgröße des überlagerten Regelkreises die Führungsgröße für den unterlagerten Regelkreis bildet. Dargestellt ist eine Lageregelung, bei der zusätzlich Winkelgeschwindigkeit und Antriebsmoment als Hilfsregelgrößen zurückgeführt werden.

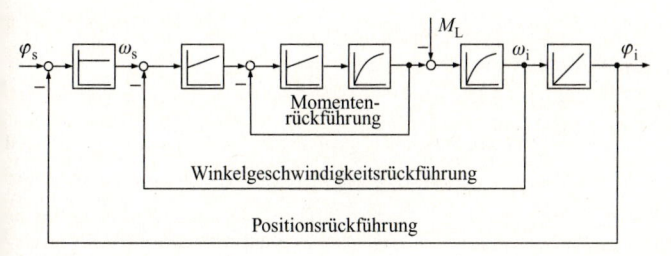

Bild 13.5-1: Kaskadenstruktur einer Lageregelung

Vorteile der Kaskadenstruktur sind:
- Störungen werden in den unterlagerten Regelkreisen ausgeregelt, bevor sie sich in den überlagerten Regelkreisen auswirken können.
- Der Maximalwert der Regelgrößen der unterlagerten Kreise kann zum Schutz der Antriebssysteme begrenzt werden.
- Die Reglersynthese erfolgt beginnend mit dem inneren Regelkreis.

Voraussetzung für die Funktionsfähigkeit von Kaskadenregelungen ist, daß der unterlagerte Regelkreis schneller als die überlagerten Regelkreise reagiert.

13.5.2 Führungsverhalten der Lageregelung mit Kaskadenstruktur

13.5.2.1 Berechnung des Momentenreglers

Zur Verbesserung des dynamischen Verhaltens von elektrischen Antrieben werden häufig unterlagerte Strom- oder Momentenregelungen eingesetzt. Damit wird bei Änderungen der Führungs- oder Störgröße ein schnellerer Anstieg des Motormoments erreicht.

Die Berechnung des Momentenreglers wird für einen Gleichstrommotor mit permanentmagnetischer Erregung und konstantem Erregerfluß durchgeführt. Das Signalflußbild der Momentenregelung ergibt sich aus Bild 13.2-2 durch Hinzufügen des Funktionsblocks für den Momentenregler.

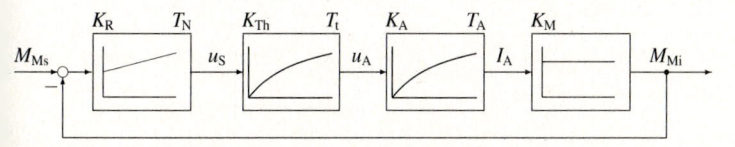

Bild 13.5-2: Signalflußplan des Momentenregelkreises

Der PI-Regler wird mit Hilfe des in Abschnitt 10.4.2 beschriebenen Betragsoptimums ausgelegt. Die Wahl der Reglerparameter erfolgt dabei so, daß der Betrag des Frequenzgangs des geschlossenen Regelkreises für einen möglichst großen Frequenzbereich gleich Eins wird. Der Index M bezeichnet die Übertragungsfunktionen des Momentenregelkreises. Mit Bild 13.5-2 folgt die Übertragungsfunktion des offenen Regelkreises:

$$G_{RS}^M(s) = \frac{K_R \cdot (1 + T_N \cdot s) \cdot K_A \cdot K_M \cdot K_{Th}}{T_N \cdot s \cdot (1 + T_t \cdot s) \cdot (1 + T_A \cdot s)}.$$

Mit der Nachstellzeit des PI-Reglers wird die größte Zeitkonstante der Momentenregelstrecke kompensiert: $T_N = T_A$. Die Verstärkung des PI-Reglers ist

$$K_R = \frac{T_N}{2 \cdot K_A \cdot K_M \cdot K_{Th} \cdot T_t} = \frac{T_A}{2 \cdot K_A \cdot K_M \cdot K_{Th} \cdot T_t}.$$

Die Führungsübertragungsfunktion der Momentenregelung ergibt sich zu

$$G^M(s) = \frac{1}{1 + 2 \cdot T_t \cdot s + 2 \cdot T_t^2 \cdot s^2}.$$

Unter Berücksichtigung der Bedingung $\omega_b \ll \frac{1}{T_t}$, wobei ω_b die Bandbreite der Antriebsregelstrecke ist, läßt sich die Übertragungsfunktion des Momentenregelkreises durch ein PT_1-Element mit der Ersatzzeitkonstanten des Momentenregelkreises T_{EM} annähern, wobei für die Totzeit des Leistungsverstärkers $T_t = 0.5$ ms eingesetzt wird:

$$T_{EM} = 2 \cdot T_t = 1.0 \text{ ms},$$

$$\boxed{G^M(s) \approx \frac{1}{1 + T_{EM} \cdot s}}.$$

Die Struktur des vereinfachten Momentenregelkreises ist in Bild 13.5-3 angegeben.

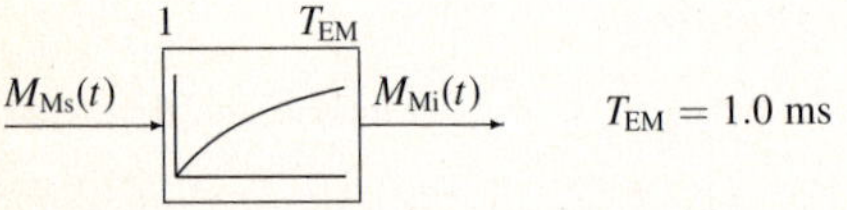

$T_{EM} = 1.0$ ms

Bild 13.5-3: Signalflußbild der vereinfachten Momentenregelung

An pulsumrichtergesteuerten Asynchronmotoren werden häufig nichtlineare Regelalgorithmen für die Strom- oder Momentenregelung eingesetzt. Die Einstellung des Reglers erfolgt beim Antriebshersteller.

13.5.2.2 Drehzahlregelung mit unterlagerter Momentenregelung

13.5.2.2.1 Berechnung des Drehzahlreglers

Für die Drehzahlregelung von Antriebseinheiten und speziell bei der Geschwindigkeitsregelung von Vorschubantrieben werden PI-Regler verwendet. Bild 13.5-4 zeigt den Signalflußplan eines Drehzahlregelkreises. Im weiteren werden bei den Berechnungen die Winkelgeschwindigkeiten ω_s (Sollwert, Führungsgröße), ω_i (Istwert, Regelgröße) verwendet, die sich von der Drehzahl nur um den Faktor $2 \cdot \pi$ unterscheiden.

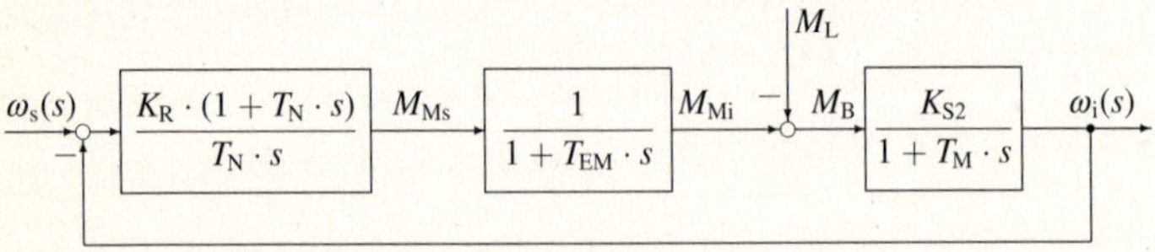

Bild 13.5-4: Signalflußplan des Drehzahlregelkreises

Für den offenen Regelkreis ist die Übertragungsfunktion

$$G_{RS}^{D}(s) = \frac{K_R \cdot K_{S2} \cdot (1 + T_N \cdot s)}{T_N \cdot s \cdot (1 + T_{EM} \cdot s) \cdot (1 + T_M \cdot s)} = \frac{1}{2 \cdot T_{EM} \cdot s \cdot (1 + T_{EM} \cdot s)},$$

der Index D kennzeichnet den Drehwinkelgeschwindigkeitsregelkreis. Entsprechend der Bemessungsvorschrift für das Betragsoptimum ergibt sich die Einstellung für den PI-Regler:

$T_N = T_M$
und
$K_R = \dfrac{T_M}{2 \cdot K_{S2} \cdot T_{EM}}$

s-Ebene

$s_{p3} = \dfrac{-1}{T_{EM}}$, $s_{p2} = \dfrac{-1}{T_M}$, $s_{n1} = \dfrac{-1}{T_N}$, s_{p1}, Im{s}, Re{s}

Damit hat der Pol-Nullstellenplan des offenen Regelkreises die angegebene Form. Mit der Reglereinstellung nach dem Betragsoptimum vereinfacht sich der Signalflußplan in Bild 13.5-5.

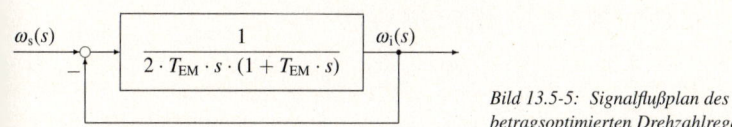

$\omega_s(s) \longrightarrow \boxed{\dfrac{1}{2 \cdot T_{EM} \cdot s \cdot (1 + T_{EM} \cdot s)}} \longrightarrow \omega_i(s)$

Bild 13.5-5: *Signalflußplan des betragsoptimierten Drehzahlregelkreises*

Nach Kompensation der mechanischen Zeitkonstanten ist die Übertragungsfunktion des geschlossenen Drehzahlregelkreises nur noch von der Ersatzzeitkonstanten des Momentenregelkreises T_{EM} abhängig:

$$G^D(s) = \frac{\omega_i(s)}{\omega_s(s)} = \frac{1}{1 + 2 \cdot T_{EM} \cdot s + 2 \cdot T_{EM}^2 \cdot s^2}.$$

Für die Übertragungsfunktion ergibt sich folgender Pol-Nullstellenplan:

s-Ebene

s_{p1}, $\dfrac{1}{2 \cdot T_{EM}}$, Im{s}, Re{s}, $\dfrac{-1}{2 \cdot T_{EM}}$, $\dfrac{-1}{2 \cdot T_{EM}}$, s_{p2}

13.5.2.2.2 Führungsverhalten der Drehzahlregelung mit unterlagerter Momentenregelung

Sprungantwort

Eine wichtige Kenngröße von Drehzahlregelungen ist die Kennkreisfrequenz des Antriebs. Im folgenden wird die Kennkreisfrequenz des Antriebs ω_{0A}, die Dämpfung D_A, die Überschwingweite $\ddot{u}$ sowie die Sprungantwortfunktion des Drehzahlregelkreises berechnet. Die Kenngrößen des PT_2-Elements erhält man durch Koeffizientenvergleich mit der Standardübertragungsfunktion

$$G^D(s) = \frac{1}{1 + 2 \cdot T_{EM} \cdot s + 2 \cdot T_{EM}^2 \cdot s^2} \stackrel{!}{=} \frac{1}{1 + 2 \cdot D_A \cdot \left(\dfrac{s}{\omega_{0A}}\right) + \left(\dfrac{s}{\omega_{0A}}\right)^2},$$

mit

- Antriebskennkreisfrequenz $\omega_{0A} = \dfrac{1}{\sqrt{2} \cdot T_{EM}}$,
- Dämpfung $D_A = \dfrac{1}{\sqrt{2}}$,
- Überschwingweite $\ddot{u} = e^{\frac{-\pi D_A}{\sqrt{1-D_A^2}}} = 0.0432$.

Bei großer Bandbreite des Regelkreises ist das Sprungverhalten schnell, die Kennkreisfrequenz des PT_2-Elements ist ein Maß für die Bandbreite.

> Hochwertige Antriebseinheiten haben kleine Ersatzzeitkonstanten T_{EM}, so daß die Kennkreisfrequenz des Antriebs ω_{0A} große Werte erreicht.

Sprungantwortfunktion (Bild 13.5-6):

$$\omega_s(t) = \omega_{s0} \cdot E(t), \quad \omega_s(s) = \frac{\omega_{s0}}{s}, \quad \omega_{s0} = \text{Sprunghöhe},$$

$$\omega_i(t) = \omega_{s0} \cdot L^{-1} \left\{ \frac{1}{\left[1 + 2 \cdot D_A \cdot \dfrac{s}{\omega_{0A}} + \left(\dfrac{s}{\omega_{0A}}\right)^2\right] \cdot s} \right\}$$

$$= \omega_{s0} \cdot L^{-1} \left\{ \frac{\omega_{0A}^2}{(\omega_{0A}^2 + 2 \cdot D_A \cdot \omega_{0A} \cdot s + s^2) \cdot s} \right\},$$

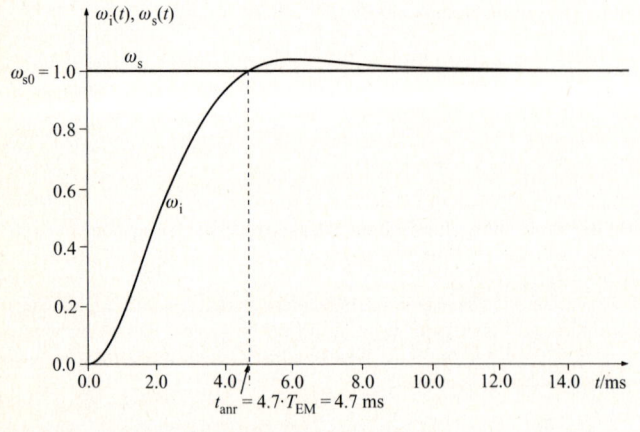

$$\boxed{\omega_i(t) = \omega_{s0} \cdot \left[1 - \frac{e^{-D_A \cdot \omega_{0A} \cdot t}}{\sqrt{1-D_A^2}} \cdot \sin\left(\sqrt{1-D_A^2} \cdot \omega_{0A} \cdot t + \arccos D_A\right)\right]}.$$

Bild 13.5-6: Führungssprungantwortfunktion des Drehzahlregelkreises mit unterlagerter Momentenregelung ($\omega_{S0} = 1.0\,\text{s}^{-1}$)

Stationäre Drehzahldifferenz bei konstanter Drehzahl bzw. Verfahrgeschwindigkeit

Viele Arbeitsaufgaben werden bei bahngesteuerten Arbeitsmaschinen mit konstanter Verfahrgeschwindigkeit des Werkzeugs durchgeführt. Die Drehzahl bzw. die Winkelgeschwindigkeit des Antriebs ist dann ebenfalls konstant. Die Übertragungsfunktion für die Regeldifferenz wird aus dem Signalflußplan des vereinfachten Drehzahlregelkreises in Bild 13.5-5 abgeleitet:

$$x_d^D(s) = \frac{1}{1 + G_{RS}^D(s)} \cdot \omega_s(s) = \frac{2 \cdot T_{EM} \cdot s \cdot (1 + T_{EM} \cdot s)}{1 + 2 \cdot T_{EM} \cdot s \cdot (1 + T_{EM} \cdot s)} \cdot \omega_s(s).$$

Für konstante Verfahr- oder Winkelgeschwindigkeiten bzw. Drehzahlen liefert der Endwertsatz der LAPLACE-Transformation:

$$\omega_s(t) = \omega_{s0} \cdot E(t), \quad \omega_s(s) = \frac{\omega_{s0}}{s}, \quad \omega_{s0} = \text{Sprunghöhe},$$

$$x_d^D(t \to \infty) = \lim_{s \to 0} s \cdot \frac{1}{1 + G_{RS}^D(s)} \cdot \omega_s(s)$$

$$= \lim_{s \to 0} s \cdot \frac{2 \cdot T_{EM} \cdot s \cdot (1 + T_{EM} \cdot s)}{1 + 2 \cdot T_{EM} \cdot s \cdot (1 + T_{EM} \cdot s)} \cdot \frac{\omega_{s0}}{s} = 0.$$

Das Integral-Element des PI-Geschwindigkeitsreglers regelt bei konstanter Verfahrgeschwindigkeit die Regeldifferenz zu Null.

Stationäre Drehzahldifferenz bei rampenförmigem Drehzahlverlauf

Rampenförmige Drehzahl- oder Geschwindigkeitsverläufe treten während Beschleunigungs- und Bremsphasen an Anfang und Ende von Bahnsegmenten auf, bei Änderungen der programmierten Bahngeschwindigkeit. Hier entstehen stationäre Drehzahl- oder Geschwindigkeitsfehler:

$$\omega_s(t) = \dot{\omega}_{s0} \cdot t, \quad \omega_s(s) = \frac{\dot{\omega}_{s0}}{s^2},$$

$\dot{\omega}_{s0}$ = konstante Anstiegsgeschwindigkeit,

$$x_d^D(t \to \infty) = \lim_{s \to 0} s \cdot \frac{1}{1 + G_{RS}^D(s)} \cdot \omega_s(s)$$

$$= \lim_{s \to 0} s \cdot \frac{2 \cdot T_{EM} \cdot s \cdot (1 + T_{EM} \cdot s)}{1 + 2 \cdot T_{EM} \cdot s \cdot (1 + T_{EM} \cdot s)} \cdot \frac{\dot{\omega}_{s0}}{s^2} = 2 \cdot T_{EM} \cdot \dot{\omega}_{s0}.$$

Wird die Verfahrgeschwindigkeit oder Drehzahl in Form einer Anstiegsfunktion (konstante Beschleunigung) vorgegeben, dann entstehen konstante stationäre Regeldifferenzen, die proportional zur Ersatzzeitkonstanten T_{EM} des Momentenregelkreises sind.

13.5.2.3 Lageregelung mit unterlagerter Drehzahl- und Momentenregelung

13.5.2.3.1 Berechnung des Lagereglers

Eine wichtige Anforderung an die Lageregelung besteht darin, daß die Istposition nicht über sprungförmig vorgegebene Lageführungsgrößen hinausgehen soll. Die dazu notwendige Phasenreserve läßt sich mit Proportionalreglern einstellen, da die Lageregelstrecke bereits ein Integralelement enthält.

Um die Berechnung des Lagereglers zu vereinfachen, wird die PT$_2$-Übertragungsfunktion des unterlagerten Geschwindigkeitsregelkreises wieder durch ein PT$_1$-Element ersetzt. Ist die Bandbreite des Lageregelkreises $\omega_b \ll \dfrac{1}{T_{EM}}$, dann ist folgende Umformung zulässig:

$$G^D(s) = \frac{1}{1 + 2 \cdot T_{EM} \cdot s + 2 \cdot T_{EM}^2 \cdot s^2} \approx \frac{1}{1 + 2 \cdot T_{EM} \cdot s}.$$

Damit nehmen Übertragungsfunktion und Pol-Nullstellenplan des offenen Lageregelkreises die Form an:

$$G_{RS}^L(s) = \frac{K_V}{(1 + 2 \cdot T_{EM} \cdot s) \cdot s}.$$

Bild 13.5-7: Signalflußplan des Lageregelkreises

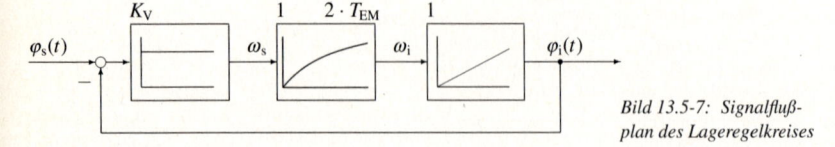

Der geschlossene Lageregelkreis mit dem Signalflußplan in Bild 13.5-7 hat die Übertragungsfunktion

$$G^L(s) = \frac{\dfrac{K_V}{2 \cdot T_{EM}}}{s^2 + \dfrac{s}{2 \cdot T_{EM}} + \dfrac{K_V}{2 \cdot T_{EM}}}.$$

Sprungförmig vorgegebene Lageführungsgrößen sollen schnell und ohne Überschwingen erreicht werden. Diese Forderung läßt sich erfüllen, wenn die Parameter der PT$_2$-Übertragungsfunktion so gewählt werden, daß aperiodisches Sprungantwortverhalten entsteht. Die Verstärkung K_V des Lagereglers ist dabei so zu bemessen, daß die charakteristische Gleichung der Übertragungsfunktion des Lageregelkreises

$$s^2 + \frac{s}{2 \cdot T_{EM}} + \frac{K_V}{2 \cdot T_{EM}} = 0$$

die reelle Doppelnullstelle

$$s_{p1,2} = \frac{-1}{4 \cdot T_{EM}} \pm \underbrace{\sqrt{\frac{1}{(4 \cdot T_{EM})^2} - \frac{K_V}{2 \cdot T_{EM}}}}_{\stackrel{!}{=} 0},$$

$$s_{p1,2} = \frac{-1}{4 \cdot T_{EM}}$$

besitzt. Mit der Geschwindigkeitsverstärkung

$$\boxed{K_V = \frac{1}{8 \cdot T_{EM}}}$$

wird der Radikand zu Null. Damit ergibt sich die Übertragungsfunktion und der Pol-Nullstellenplan des Lageregelkreises:

$$G^L(s) = \frac{\frac{K_V}{2 \cdot T_{EM}}}{(s - s_{p1})^2} = \frac{1}{16 \cdot T_{EM}^2 \cdot \left[s + \frac{1}{4 \cdot T_{EM}}\right]^2}.$$

s-Ebene

$s_{p1,2} = -\frac{1}{4 \cdot T_{EM}}$

$\text{Im}\{s\}$, $\text{Re}\{s\}$

Mit den Vereinfachungen bei der Berechnung der Kaskadenregelung erhält man einen Näherungswert für K_V. Der genaue Verstärkungswert des Lagereglers wird experimentell oder rechnergestützt an der Arbeitsmaschine ermittelt.

13.5.2.3.2 Führungsverhalten der Lageregelung mit unterlagerter Drehzahl- und Momentenregelung

Sprungantwort

Sprungfunktionen sind typische Lageführungsgrößen für Punkt-zu-Punkt(PTP)-gesteuerte Arbeitsmaschinen. Mit der Übertragungsfunktion des Lageregelkreises berechnet sich die Sprungantwortfunktion zu

$$\varphi_s(t) = \varphi_{s0} \cdot E(t), \quad \varphi_s(s) = \frac{\varphi_{s0}}{s}, \quad \varphi_{s0} = \text{Sprunghöhe},$$

$$\varphi_i(t) = \frac{\varphi_{s0}}{16 \cdot T_{EM}^2} \cdot L^{-1} \left\{ \frac{1}{\left[s + \frac{1}{4 \cdot T_{EM}}\right]^2 \cdot s} \right\},$$

$$\boxed{\varphi_i(t) = \varphi_{s0} \cdot \left[1 - e^{-\frac{t}{4 \cdot T_{EM}}} - \frac{t}{4 \cdot T_{EM}} \cdot e^{-\frac{t}{4 \cdot T_{EM}}}\right].}$$

Das Zeitverhalten der Sprungantwortfunktion in Bild 13.5-8 wird von der Ersatzzeitkonstanten T_{EM} bestimmt.

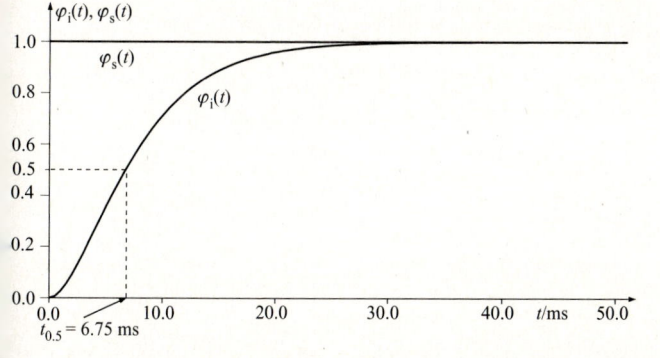

Bild 13.5-8: Führungssprungantwort des Lageregelkreises mit Kaskadenstruktur ($\varphi_{s0} = 1.0$)

> Konstante Lageführungsgrößen ergeben bei der Lageregelung mit Kaskadenstruktur keine bleibende Regeldifferenz.

Anstiegsantwort

Anstiegsfunktionen sind typische Lageführungsgrößen bei Arbeitsmaschinen mit Bahn- oder Streckensteuerung, wenn die Vorschub- oder Drehbewegung mit konstanter Geschwindigkeit bzw. Drehzahl erfolgt. Die Anstiegsantwortfunktion ist:

$$\varphi_s(t) = \dot{\varphi}_{s0} \cdot t, \quad \varphi_s(s) = \frac{\dot{\varphi}_{s0}}{s^2}, \quad \dot{\varphi}_{s0} = \text{Anstiegsgeschwindigkeit},$$

$$\varphi_i(t) = \frac{\dot{\varphi}_{s0}}{16 \cdot T_{EM}^2} \cdot L^{-1} \left\{ \frac{1}{\left[s + \frac{1}{4 \cdot T_{EM}}\right]^2 \cdot s^2} \right\},$$

$$\boxed{\varphi_i(t) = \dot{\varphi}_{s0} \cdot \left[t - 8 \cdot T_{EM} + (t + 8 \cdot T_{EM}) \cdot e^{-\frac{t}{4 \cdot T_{EM}}}\right].}$$

Der Anstiegsantwort in Bild 13.5-9 ist zu entnehmen, daß konstante Regeldifferenzen $x_d^L(t)$, sogenannte Schleppfehler, entstehen. Diese nehmen mit der Verfahrgeschwindigkeit der Bewegungsachse zu und mit der Geschwindigkeitsverstärkung K_V ab. Für stationäre Bewegungen mit konstanter Drehzahl bzw. Geschwindigkeit besteht der Zusammenhang:

$$\boxed{x_d^L(t \to \infty) = \frac{\dot{\varphi}_{s0}}{K_V}.}$$

> An bahngesteuerten Arbeitsmaschinen sind mehrere Bewegungsachsen an der Verfahraufgabe beteiligt. Die räumliche Überlagerung der einzelnen Schleppfehler führt zu Bahnabweichungen. Die Größe der Geschwindigkeitsverstärkung K_V ist daher ein wichtiges Qualitätsmerkmal für Vorschubantriebe mit Lageregelung.

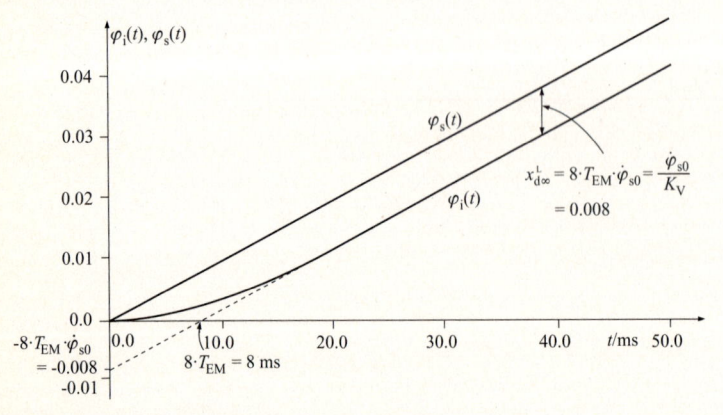

Bild 13.5-9: Führungsanstiegsantwort des Lageregelkreises mit Kaskadenstruktur ($\dot{\varphi}_{s0} = 1.0\,\text{s}^{-1}$)

Beschleunigungsantwort

Beschleunigungsfunktionen treten bei allen Verfahrbewegungen auf. Während der Beschleunigungs- und Abbremsphase in der Betriebsart Bahnsteuerung werden von der Steuerung (Winkel)beschleunigungsfunktionen vorgegeben. Die Beschleunigungsantwort (Bild 13.5-10) lautet

$$\varphi_s(t) = \ddot{\varphi}_{s0} \cdot \frac{t^2}{2}, \quad \varphi_s(s) = \frac{\ddot{\varphi}_{s0}}{s^3},$$

$\ddot{\varphi}_{s0}$ = konstanter Beschleunigungswert,

$$\varphi_i(t) = \frac{\ddot{\varphi}_{s0}}{16 \cdot T_{EM}^2} \cdot L^{-1} \left\{ \frac{1}{\left[s + \frac{1}{4 \cdot T_{EM}}\right]^2 \cdot s^3} \right\},$$

$$\boxed{\varphi_i(t) = \ddot{\varphi}_{s0} \cdot \left[\frac{t^2}{2} - 8 \cdot t \cdot T_{EM} + 48 \cdot T_{EM}^2 - 4 \cdot T_{EM} \cdot (t + 12 \cdot T_{EM}) \cdot e^{-\frac{t}{4 \cdot T_{EM}}}\right].}$$

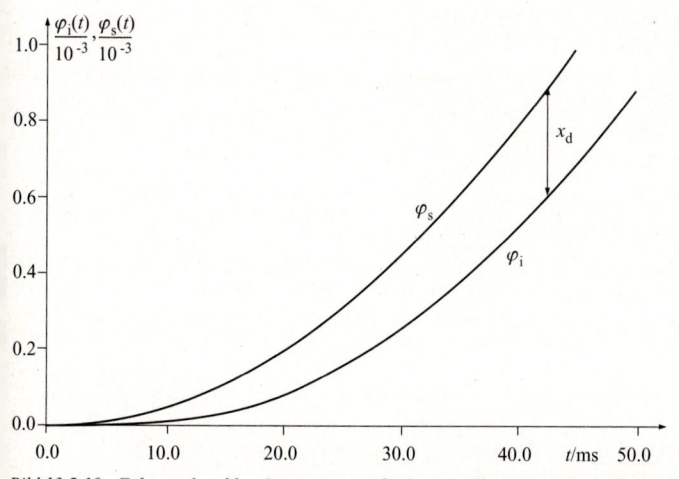

Bild 13.5-10: Führungsbeschleunigungsantwort des Lageregelkreises mit Kaskadenstruktur ($\ddot{\varphi}_{s0} = 1.0 \, \text{s}^{-2}$)

Die stationäre Regeldifferenz nimmt bei parabelförmigen Lageführungsgrößen (Beschleunigungsfunktionen) unendlich große Werte an. Daher entstehen beim Bahnfahren während der Beschleunigungs- und Abbremsphase relativ große Bahnabweichungen.

13.5.3 Störungsverhalten der Lageregelung mit Kaskadenstruktur

13.5.3.1 Störungsverhalten der Regelstrecke

Es besteht die Forderung, daß die Lageregelkreise die in Abschnitt 13.2.1.2 beschriebenen Störungen ausregeln, so daß keine oder nur geringe Positionsabweichungen auftreten. Mit der Wahl der Reglerparameter in Abschnitt 13.5 wurde das Führungsverhalten bestimmt. Das Störverhalten ist damit ebenfalls festgelegt.

Für die Untersuchung des Störverhaltens der Regelstrecke mit Momentenregelung gilt der Signalflußplan in Bild 13.5-11.

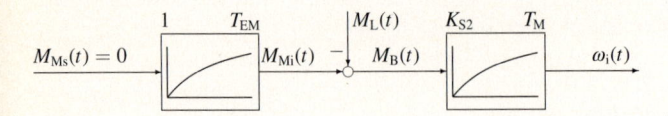

Bild 13.5-11: Signalflußplan der Regelstrecke

Mit $M_L(t) = M_{L0} \cdot E(t), M_L(s) = \dfrac{M_{L0}}{s}$, lautet die Störsprungantwortfunktion

$$\omega_i(t) = M_{L0} \cdot L^{-1} \left\{ \frac{-K_{S2}}{1 + T_M \cdot s} \cdot \frac{1}{s} \right\} = -K_{S2} \cdot \left(1 - e^{-\frac{t}{T_M}} \right) \cdot M_{L0}.$$

Eine ungeregelte Bewegungsachse, auf die konstante Prozeßkräfte wirken, verfährt für große Zeiten ($t \to \infty$) mit konstanter Drehzahl bzw. Geschwindigkeit.

13.5.3.2 Störungsverhalten der Drehzahlregelung mit unterlagerter Momentenregelung

Zur Untersuchung des Störungsverhaltens des Drehzahlregelkreises wird der Signalflußplan in Bild 13.5-12 verwendet.

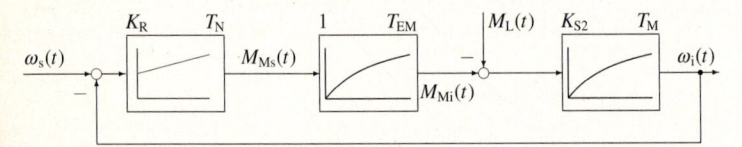

Bild 13.5-12: Signalflußplan des Drehzahlregelkreises

Die Störübertragungsfunktion des Winkelgeschwindigkeitsregelkreises wird aus dem Signalflußplan entwickelt:

$$G_z^D(s) = \frac{\omega_i(s)}{M_L(s)} = \frac{-K_{S2} \cdot (1 + T_{EM} \cdot s) \cdot T_N \cdot s}{(1 + T_{EM} \cdot s) \cdot (1 + T_M \cdot s) \cdot T_N \cdot s + K_R \cdot K_{S2} \cdot (1 + T_N \cdot s)}.$$

Der Regelkreis wird mit

$$T_N = T_M, \quad K_R = \frac{T_M}{2 \cdot K_{S2} \cdot T_{ES}}$$

nach dem Betragsoptimum ausgelegt:

$$G_z^D(s) = \frac{\omega_i(s)}{M_L(s)} = \frac{-2 \cdot K_{S2} \cdot T_{EM} \cdot (1 + T_{EM} \cdot s) \cdot s}{1 + (2 \cdot T_{EM} + T_M) \cdot s + 2 \cdot T_{EM} \cdot (T_{EM} + T_M) \cdot s^2 + 2 \cdot T_{EM}^2 \cdot T_M \cdot s^3}.$$

Die Störsprungantwortfunktion des Geschwindigkeitsregelkreises für $M_L(t) = M_{L0} \cdot E(t)$ ist in Bild 13.5-13 aufgezeichnet.

Konstante Stördrehmomente bewirken bei PI-Geschwindigkeitsregelungen keine stationären Regeldifferenzen.

13.5 Lageregelung mit Kaskadenstruktur

Bild 13.5-13: Störsprungantwortfunktion des Drehzahlregelkreises ($M_{L0} = 1.0$ Nm)

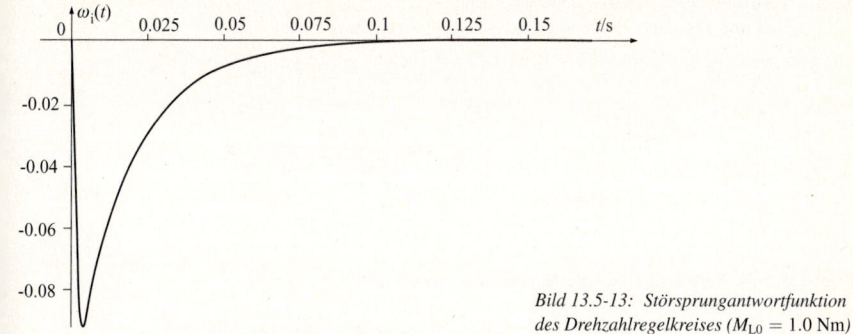

Diese Aussage liefert auch der Endwertsatz der LAPLACE-Transformation:

$$\omega_i(t \to \infty) = \lim_{s \to 0} s \cdot G_z^D(s) \cdot \frac{M_{L0}}{s} = 0 \;.$$

Gravitations- und Steifigkeitskräfte wirken als konstante Prozeßkräfte, wenn die Position der Bewegungsachsen einer Arbeitsmaschine ebenfalls konstant ist.

Folgen die Stördrehmomente einer Anstiegsfunktion $M_L(t) = \dot{M}_{L0} \cdot t$, mit $\dot{M}_{L0}$ als konstanter Anstiegsgeschwindigkeit der Störung, dann erhält man den in Bild 13.5-14 dargestellten Verlauf der Antwortfunktion.

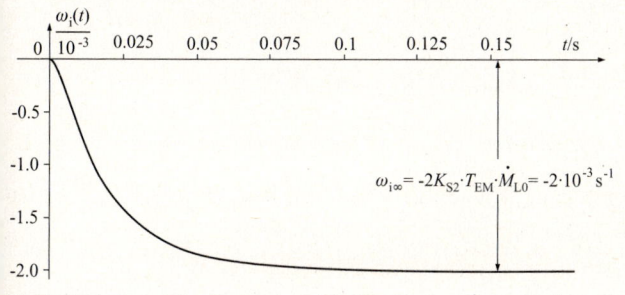

$\omega_{i\infty} = -2K_{S2} \cdot T_{EM} \cdot \dot{M}_{L0} = -2 \cdot 10^{-3}$ s^{-1}

Bild 13.5-14: Störanstiegsantwort des Drehzahlregelkreises ($\dot{M}_{L0} = 1.0$ Nm $\cdot$ s^{-1})

Störanstiegsfunktionen führen bei PI-Geschwindigkeitsregelungen zu konstanten stationären Drehzahl- oder Geschwindigkeitsdifferenzen.

Mit dem Endwertsatz erhält man das Ergebnis in allgemeiner Form:

$$\omega_i(t \to \infty) = \lim_{s \to 0} s \cdot G_z^G(s) \cdot \frac{\dot{M}_{L0}}{s^2} = -2 \cdot K_{S2} \cdot T_{EM} \cdot \dot{M}_{L0} \;.$$

Stationäre Drehzahl- oder Geschwindigkeitsdifferenzen bei Störanstiegsfunktionen sind proportional zur Ersatzzeitkonstanten T_{EM} des Momentenregelkreises.

13.5.3.3 Störungsverhalten der Lageregelung mit unterlagerter Drehzahl- und Momentenregelung

Für die Untersuchung des Störungsverhaltens der Lageregelung gilt folgendes Signalflußbild:

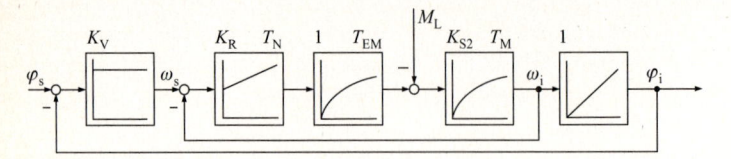

Bild 13.5-15: Signalflußplan der Lageregelung mit Kaskadenstruktur

Aus dem Signalflußplan in Bild 13.5-15 läßt sich die Störübertragungsfunktion ableiten:

$$G_z^L(s) = \frac{\varphi_i(s)}{M_L(s)} = \frac{-K_{S2} \cdot (1 + T_{EM} \cdot s) \cdot T_N \cdot s}{(1 + T_{EM} \cdot s) \cdot (1 + T_M \cdot s) \cdot s^2 \cdot T_N + K_R \cdot K_{S2} \cdot (K_V + s) \cdot (1 + T_N \cdot s)}.$$

Der Winkelgeschwindigkeitsregelkreis wird nach dem Betragsoptimum eingestellt, die Geschwindigkeitsverstärkung nach Abschnitt 13.5.2.3.1:

$$T_N = T_M, \quad K_R = \frac{T_M}{2 \cdot K_{S2} \cdot T_{EM}}, \quad K_V = \frac{1}{8 \cdot T_{EM}},$$

$$G_z^L(s) = \frac{\varphi_i(s)}{M_L(s)} = \frac{-16 \cdot K_{S2} \cdot T_{EM}^2 \cdot s \cdot (1 + T_{EM} \cdot s)}{16 \cdot T_{EM}^2 \cdot s^2 \cdot (1 + T_{EM} \cdot s) \cdot (1 + T_M \cdot s) + (1 + T_M \cdot s) \cdot (1 + 8 \cdot T_{EM} \cdot s)}.$$

Die Störsprungantwortfunktion der Lageregelung mit Kaskadenstruktur mit $\varphi_s(t) = 0$ und $M_L(t) = M_{L0} \cdot E(t)$ ist in Bild 13.5-16 aufgezeichnet.

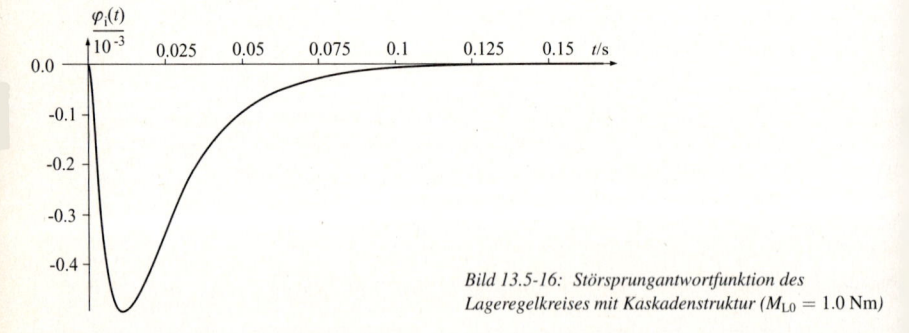

Bild 13.5-16: Störsprungantwortfunktion des Lageregelkreises mit Kaskadenstruktur ($M_{L0} = 1.0$ Nm)

> Konstante Stördrehmomente verursachen bei Lageregelungen mit Kaskadenstruktur geringe Positionsdifferenzen, die stationär zu Null geregelt werden.

Der Endwertsatz der LAPLACE-Transformation führt zum gleichen Ergebnis:

$$\varphi_i(t \to \infty) = \lim_{s \to 0} s \cdot G_z^L(s) \cdot \frac{M_{L0}}{s} = 0.$$

Haben Störkräfte oder -momente den Verlauf einer Anstiegsfunktion, dann erhält man für $M_L(t) = \dot{M}_{L0} \cdot t$ den in Bild 13.5-17 aufgezeichneten Verlauf der Istposition.

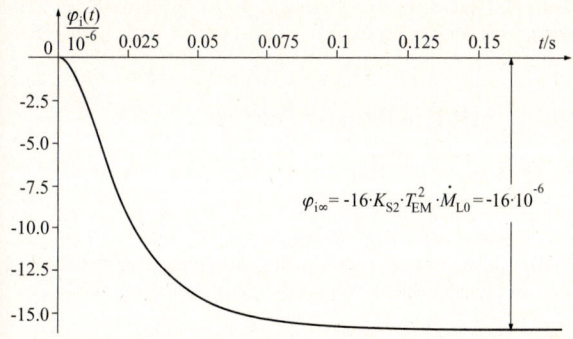

Bild 13.5-17: Störanstiegsantwort des Lageregelkreises mit Kaskadenstruktur ($\dot{M}_{L0} = 1.0\,\text{Nm}\cdot\text{s}^{-1}$)

Störanstiegsfunktionen bewirken bei Lageregelungen mit Kaskadenstruktur konstante stationäre Positionsdifferenzen.

Der Endwertsatz liefert dieses Ergebnis in allgemeiner Form:

$$\varphi_i(t \to \infty) = \lim_{s \to 0} s \cdot G_z^L(s) \cdot \frac{\dot{M}_{L0}}{s^2} = -16 \cdot K_{S2} \cdot T_{EM}^2 \cdot \dot{M}_{L0}.$$

Die Positionsdifferenzen sind gering bei kleiner Ersatzzeitkonstante T_{EM} des Momentenregelkreises und großer Geschwindigkeitsverstärkung K_V. Die wirksame Störunterdrückung unterstreicht die Leistungsfähigkeit der Kaskadenregelung.

13.6 Zusammenfassung

Am Beispiel der Lageregelung von elektrischen Vorschubantrieben an Arbeitsmaschinen wird die Bemessung einer Kaskadenregelung beschrieben. In bezug auf die Steuerungsarten der Arbeitsmaschinen wird das Führungs- und Störungsverhalten diskutiert. Die dynamische und stationäre Regelgüte der Kaskadenregelung erweist sich dabei im Vergleich zu einer einschleifigen Lageregelung als überlegen. Bei der an Arbeitsmaschinen überwiegend eingesetzten Kaskadenregelung zeigt sich, daß die Größe der Ersatzzeitkonstanten des Momentenregelkreises den Wert der Geschwindigkeitsverstärkung bestimmt und damit die stationäre und dynamische Regelgüte entscheidend beeinflußt.

Vergleicht man die Verstärkung des offenen Regelkreises K_{RS} der beiden untersuchten Lageregelkreisstrukturen, dann erhält man folgende Zahlenwerte:

Einschleifige Lageregelung	Lageregelung mit Kaskadenstruktur
$K_{RS} = K_V \cdot K_S = \dfrac{1}{4 \cdot (T_{ES} + T_M)}$ $K_{RS} = 11.63\,\text{s}^{-1}$	$K_{RS} = K_V = \dfrac{1}{8 \cdot T_{EM}}$ $K_{RS} = 125\,\text{s}^{-1}$
K_V = Geschwindigkeitsverstärkung K_S = Streckenverstärkung $T_{ES} = 1.5\,\text{ms}$ = Ersatzzeitkonstante der Regelstrecke $T_M = 20\,\text{ms}$ = mechanische Zeitkonstante	$T_{EM} = 1\,\text{ms}$ = Ersatzzeitkonstante des Momentenregelkreises

Bei der einschleifigen Lageregelung ist die Geschwindigkeitsverstärkung auch von der mechanischen Zeitkonstanten T_M abhängig, so daß die Verstärkung des offenen Regelkreises kleiner und damit die zu erwartende Regelgüte geringer ist.

13.7 Digitale Lageregelung mit Kaskadenstruktur

13.7.1 Allgemeines

Numerische Steuerungen für Werkzeugmaschinen und Industrieroboter sind mit Digitalrechnern realisiert, wobei für die Antriebsregelung digitale Regelungsverfahren angewendet werden. Im Vergleich mit zeitkontinuierlichen Regelungen führt die Anwendung digitaler Meßsysteme und Regelalgorithmen zur Verbesserung der Arbeitsgenauigkeit. In Bild 13.7-1 ist das Signalflußbild einer digitalen Lageregelung angegeben.

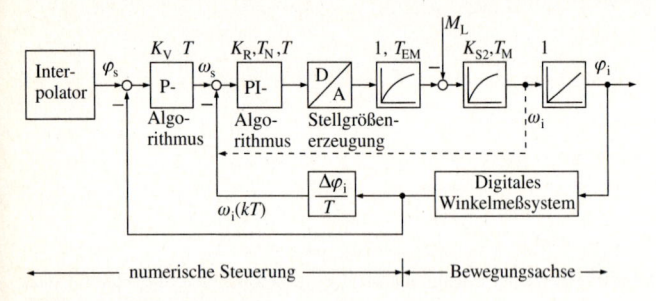

Bild 13.7-1: Digitale Lageregelung mit Kaskadenstruktur

In numerischen Steuerungen berechnen Interpolatoren die Lageführungsgrößen $\varphi_s(kT)$ als Funktion der Abtastzeit T. Mit digitalen Winkelmeßsystemen wird der Verfahrwinkel $\varphi_i(t)$ erfaßt. Häufig wird aus Kostengründen auf die Messung der Verfahr(winkel)geschwindigkeit verzichtet. Die (Winkel)geschwindigkeit läßt sich aus der Position mit dem Differenzenquotienten näherungsweise ermitteln. Die Stellgrößenerzeugung wandelt die digitale Stellgröße zunächst in eine analoge Spannung, die über eine Leistungsverstärkung den Ankerstrom und damit das Antriebsmoment erzeugt.

13.7.2 Digitale Winkelgeschwindigkeitsregelung (Drehzahlregelung) mit unterlagerter Momentenregelung

13.7.2.1 Regelalgorithmus und Abtastzeit

Bild 13.7-2 enthält das Signalflußbild einer digitalen Winkelgeschwindigkeitsregelung. Die in Abschnitt 13.5.2.1 beschriebene unterlagerte Momentenregelung ist durch ein PT_1-Element ersetzt. T_{EM} ist die Ersatzzeitkonstante des Momentenregelkreises.

Entsprechend der Vorgehensweise in Abschnitt 13.5.2.2.1 wird für die Regelstrecke $G_S(s)$ zunächst der kontinuierliche PI-Regler

$$G_R(s) = \frac{K_R \cdot (1 + T_N \cdot s)}{T_N \cdot s}, \quad G_S(s) = \frac{K_{S2}}{(1 + T_{EM} \cdot s) \cdot (1 + T_M \cdot s)}$$

nach dem Betragsoptimum ausgelegt. In dem Verstärkungsfaktor K_R sind die Umsetzungsfaktoren für die D/A-Wandlung und Leistungsverstärkung enthalten. Die Regler-Parameter ergeben sich zu

$$T_N = T_M, \quad K_R = \frac{T_M}{2 \cdot K_{S2} \cdot T_{EM}}.$$

13.7 Digitale Lageregelung mit Kaskadenstruktur

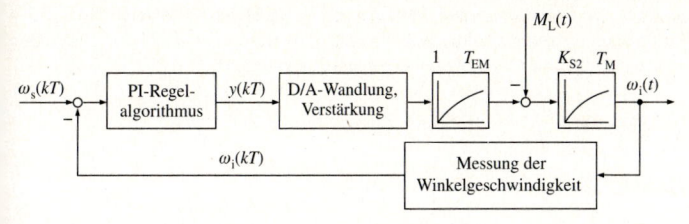

Bild 13.7-2: Digitaler Winkelgeschwindigkeitsregelkreis $T_{EM} = 1$ ms, $T_M = 20$ ms, $K_{S2} = 1\,\text{s}^{-1}/\text{Nm}$

Für die Untersuchung des Regelkreises ist die Einheit Nm/s^{-1} von K_R zu berücksichtigen. Für die digitale Regelung wird der entsprechende rekursive PI-Stellungsalgorithmus (Typ II)

$$y_k = y_{k-1} + K_R \cdot \left(1 + \frac{T}{T_N}\right) \cdot x_{d,k} - K_R \cdot x_{d,k-1}$$

nach Tabelle 11.2-3 eingesetzt. Die Abtastzeit ist nach der Streckendynamik zu bemessen. Da die Zeitkonstanten der Regelstrecke bekannt sind, kann das in Abschnitt 11.3.3 angegebene Kriterium angewendet werden:

> Wenn die Abtastzeit kleiner als 10 % der nichtkompensierten Zeitkonstanten des Regelkreises ist, dann wird mit dem digitalen Regelalgorithmus näherungsweise ein stetiger Regler realisiert.

Mit dem Betragsoptimum wird die mechanische Zeitkonstante T_M durch die Nachstellzeit T_N des PI-Reglers kompensiert. Die Anwendung des Kriteriums auf die nichtkompensierte Ersatzzeitkonstante des Momentenregelkreises $T_{EM} = 1$ ms liefert die Abtastzeit $T = 0.1 \cdot T_{EM} = 0.1$ ms.

13.7.2.2 Führungsverhalten der Winkelgeschwindigkeitsregelung mit unterlagerter Momentenregelung

Bei Erfüllung des Zeitkonstantenkriteriums für die Wahl der Abtastzeit erhält man den für das Betragsoptimum typischen Verlauf der Sprungantwort der Winkelgeschwindigkeitsregelung mit den Kenngrößen Überschwingweite $\ddot{u} = 4.3$ % und Anregelzeit $t_{anr} = 4.7 \cdot T_{EM}$. In Bild 13.7-3 ist das Berechnungsergebnis aufgezeichnet.

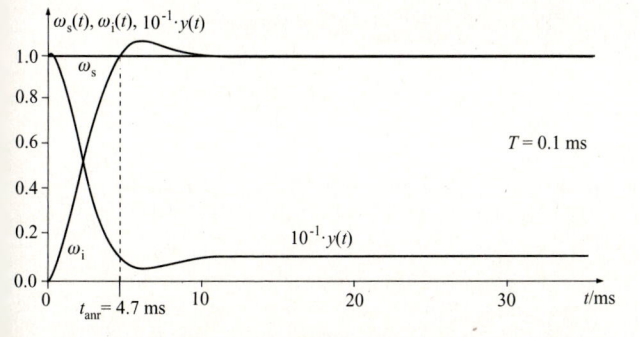

Bild 13.7-3: Führungssprungantwort des Winkelgeschwindigkeitsregelkreises
($T = 0.1 \cdot T_{EM} = 0.1$ ms, $K_R = 10\,\text{Nm/s}^{-1}$, $T_N = 20$ ms, *quasikontinuierlich*)

Ist das Abtastzeitkriterium nicht zu erfüllen, dann sind Einbußen bei der Regelgüte zu erwarten. Bild 13.7-4 und 5 zeigen die Führungssprungantworten für Abtastzeiten $T = T_{EM} = 1$ ms bzw. $T = 2 \cdot T_{EM} = 2$ ms. Den Bildern ist zu entnehmen, daß die Überschwingweite mit der Abtastzeit zunimmt.

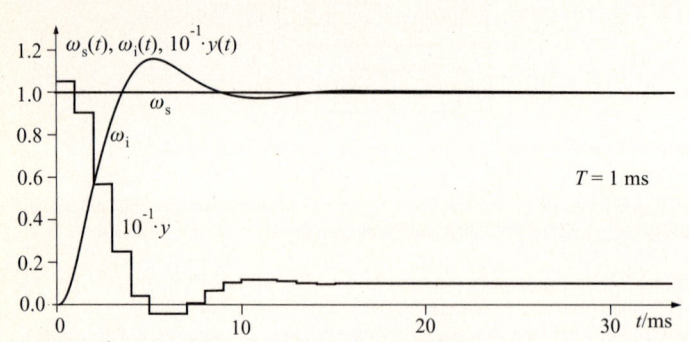

Bild 13.7-4: Führungssprungantwort des Winkelgeschwindigkeitsregelkreises ($K_R = 10$ Nm/s^{-1}, $T_N = 20$ ms, $T = T_{EM} = 1$ ms)

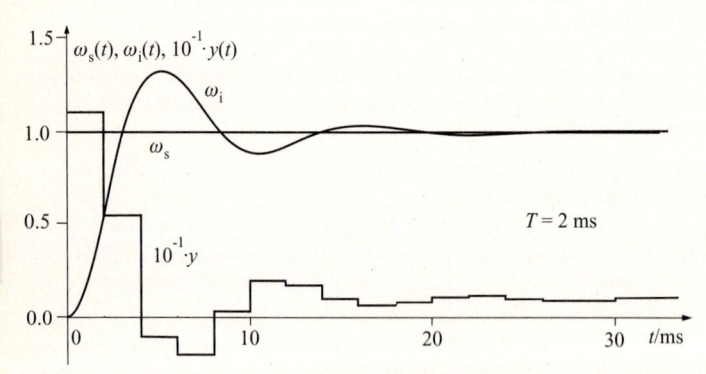

Bild 13.7-5: Führungssprungantwort des Winkelgeschwindigkeitsregelkreises ($K_R = 10$ Nm/s^{-1}, $T_M = 20$ ms, $T = 2 \cdot T_{EM} = 2$ ms)

Reglerauslegung bei erhöhter Abtastzeit

Nichterfüllung des Kriteriums für die Wahl der Abtastzeit führt zur Entdämpfung des Regelkreises. Mit kleineren Kreisverstärkungen läßt sich die Überschwingweite verringern, wobei größere Anregelzeiten entstehen. In Bild 13.7-6 ist der Verlauf der Pole des geschlossenen Winkelgeschwindigkeitsregelkreises im Intervall

$$\frac{T_M}{2 \cdot K_{S2} \cdot T_{EM}} \text{ (Betragsoptimum)} > K_R > 0$$

abhängig von K_R aufgezeichnet.

s-Ebene, $K_R = \dfrac{T_M}{2 \cdot K_{S2} \cdot T_{EM}}$, $\alpha = 45°$

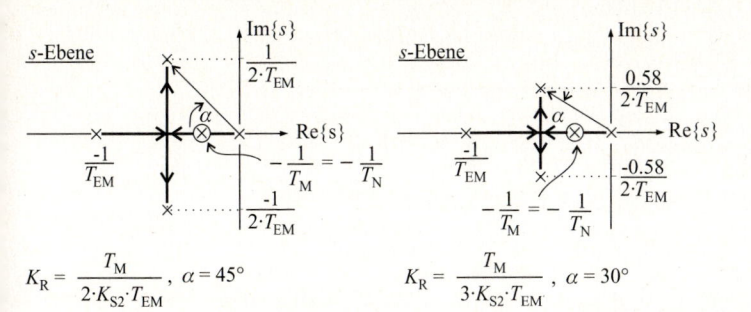

s-Ebene, $K_R = \dfrac{T_M}{3 \cdot K_{S2} \cdot T_{EM}}$, $\alpha = 30°$

Bild 13.7-6: Pol-Nullstellenplan des geschlossenen zeitkontinuierlichen Winkelgeschwindigkeitsregelkreises

Mit der Reglereinstellung nach dem Betragsoptimum bilden die Pole des geschlossenen Regelkreises einen Winkel von $\alpha = 45°$ mit der negativen reellen Achse. Mit einem Winkel von $\alpha = 30°$ erhält man

$$\text{Im}\{s\} = \text{Re}\{s\} \cdot \tan \alpha,$$

$$\text{Im}\{s\} = \frac{1}{2 \cdot T_{EM}} \cdot \tan 30° = \frac{0.58}{2 \cdot T_{EM}}.$$

Für $T_N = T_M$ läßt sich die Übertragungsfunktion des geschlossenen Regelkreises aus Bild 13.5-4 ermitteln:

$$G(s) = \frac{K_R \cdot K_{S2}}{K_R \cdot K_{S2} + T_N \cdot s + T_{EM} \cdot T_N \cdot s^2}.$$

Die Lösungen der charakteristischen Gleichung sind:

$$s_{p1,2} = -\frac{1}{2 \cdot T_{EM}} \pm j \sqrt{\frac{K_R \cdot K_{S2}}{T_N \cdot T_{EM}} - \left(\frac{1}{2 \cdot T_{EM}}\right)^2}.$$

Setzt man die Imaginärteile gleich,

$$\text{Im}\{s_{p1,2}\} = \sqrt{\frac{K_R \cdot K_{S2}}{T_N \cdot T_{EM}} - \left(\frac{1}{2 \cdot T_{EM}}\right)^2} \stackrel{!}{=} \left.\frac{0.58}{2 \cdot T_{EM}}\right|_{\alpha=30°},$$

dann ergibt sich die Verstärkung des PI-Reglers mit $T_N = T_M$ zu

$$K_R = \frac{T_M}{3 \cdot K_{S2} \cdot T_{EM}} = 6.67 \text{ Nm/s}^{-1}.$$

Bild 13.7-7 zeigt die Führungssprungantwort für $T = T_{EM} = 1$ ms bei verringerter Reglerverstärkung $K_R = 6.67 \text{ Nm/s}^{-1}$.

Im Vergleich zur Führungssprungantwort in Bild 13.7-3 läßt sich auch bei erhöhter Abtastzeit ein Überschwingen, entsprechend dem Betragsoptimum, mit geringerer Kreisverstärkung einstellen. Ein Nachteil ist die längere Anregelzeit t_{anr}.

Wenn die Anforderungen an die Abtastzeit des Winkelgeschwindigkeitsregelkreises nicht zu erfüllen sind, dann läßt sich die Überschwingweite durch geringere Kreisverstärkung reduzieren. Die Regelung wird jedoch langsamer.

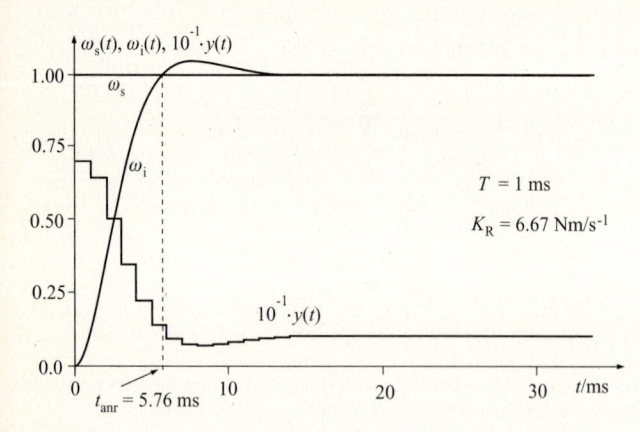

Bild 13.7-7: Führungssprungantwort des Winkelgeschwindigkeitsregelkreises
($K_R = 6.67\,\text{Nm/s}^{-1}$, $T_N = 20\,\text{ms}$, $T = T_{EM} = 1\,\text{ms}$, $t_{anr} = 5.76\,\text{ms}$)

13.7.2.3 Störungsverhalten der Winkelgeschwindigkeitsregelung mit unterlagerter Momentenregelung

Mit dem erhöhten Aufwand für Messung und Regelung der Verfahr(winkel)geschwindigkeit bei Lageregelungen mit unterlagerter Winkelgeschwindigkeitsregelung soll auch das Störungsverhalten verbessert werden. Für sprungförmige Aufschaltung von Lastdrehmomenten $M_L(t) = M_{L0} \cdot E(t)$, $M_{L0} = 1\,\text{Nm}$, zeigen die folgenden Bilder den Verlauf der Winkelgeschwindigkeit $\omega_i(t)$. Die Reglereinstellung entspricht dabei dem Betragsoptimum. Mit dem Zeitkonstantenkriterium wird die Abtastzeit $T = 0.1 \cdot T_{EM} = 0.1\,\text{ms}$ bestimmt. In Bild 13.7-8 sind Störsprungantworten für $T = 0.1\,\text{ms}$ und größere Abtastzeiten angegeben.

Dem Bild ist zu entnehmen, daß eine Abtastzeit von $T = 2\,\text{ms}$ das Störungsverhalten kaum beeinträchtigt. Bei einer Abtastzeit von $T = 5\,\text{ms}$ ist die Regelgüte deutlich verringert.

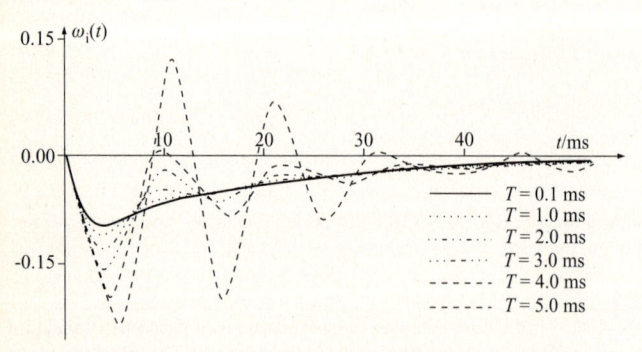

Bild 13.7-8: Störsprungantwort des Winkelgeschwindigkeitsregelkreises bei verschiedenen Abtastzeiten ($K_R = 10\,\text{Nm/s}^{-1}$, $T_N = 20\,\text{ms}$, $M_{L0} = 1\,\text{Nm}$)

13.7.3 Digitale Lageregelung mit unterlagerter Winkelgeschwindigkeits- und Momentenregelung

13.7.3.1 Regelalgorithmus und Abtastzeit

In Bild 13.7-9 ist der Signalflußplan der digitalen Lageregelung mit unterlagerter Winkelgeschwindigkeits- und Momentenregelung dargestellt. Das PT_1-Element mit der Ersatzzeitkonstanten T_{EM} ersetzt den Momentenregelkreis. Der unterlagerte Winkelgeschwindigkeitsregelkreis arbeitet quasikontinuierlich. Die digitale Winkelgeschwindigkeitsregelung ist daher für die weitere Betrachtung durch einen kontinuierlichen PI-Regler ersetzt worden.

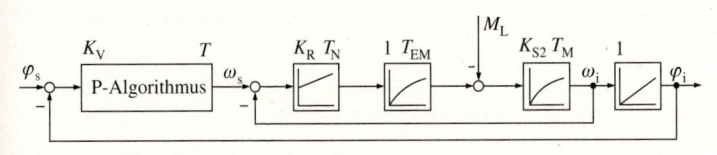

$T_{EM} = 1$ ms, $T_M = 20$ ms, $K_{S2} = 1 \, \text{s}^{-1} / \text{Nm}$

Bild 13.7-9: Signalflußbild der digitalen Lageregelung mit unterlagerter Winkelgeschwindigkeits- und Momentenregelung

Für die Wahl der Abtastzeit wird das Zeitkonstantenkriterium herangezogen. Wie in Abschnitt 13.5.2.3 wird der Winkelgeschwindigkeitsregelkreis durch ein PT_1-Element mit der Übertragungsfunktion

$$G^D(s) = \frac{1}{1 + 2 \cdot T_{EM} \cdot s}$$

ersetzt. Mit dem Zeitkonstantenkriterium ergibt sich die Abtastzeit für den P-Algorithmus zu

$$T = 0.1 \cdot 2 \cdot T_{EM} = 0.2 \, \text{ms}.$$

13.7.3.2 Führungsverhalten der Lageregelung mit unterlagerter Winkelgeschwindigkeits- und Momentenregelung

Mit der Reglereinstellung

$$K_V = \frac{1}{8 \cdot T_{EM}},$$

die in Abschnitt 13.5.2.3 abgeleitet wurde, und der Abtastzeit $T = 0.2$ ms, erhält man den aperiodischen Verlauf der Führungssprungantwortfunktion in Bild 13.7-10 ($K_V = 125 \, \text{s}^{-1}$). Die weiteren Führungssprungantwortfunktionen sind für erhöhte Abtastzeiten berechnet.

Erhöhte Abtastzeiten führen zur Entdämpfung des Lageregelkreises, die Überschwingweite vergrößert sich. Schwingendes Sprungantwortverhalten ist bei Lageregelungen unzulässig, da die Bewegungsachsen der Arbeitsmaschinen über die programmierte Endposition hinaus verfahren, wobei Werkstückkonturfehler oder Kollisionen entstehen können.

Reglerauslegung bei erhöhter Abtastzeit

Ist das Abtastzeitkriterium nicht zu erfüllen, dann läßt sich – entsprechend zu der Vorgehensweise bei der unterlagerten Winkelgeschwindigkeitsregelung – mit verringerter Kreisverstärkung ein Überschwingen vermeiden. In Bild 13.7-11 ist die Führungssprungantwort für $T = 5$ ms und reduzierter Geschwindigkeitsverstärkung $K_V = \dfrac{1}{16 \cdot T_{EM}} = 62.5 \, \text{s}^{-1}$ aufgezeichnet.

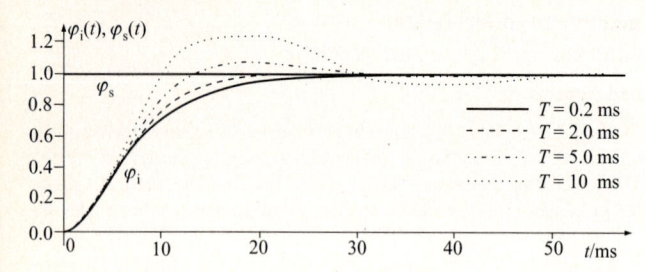

Bild 13.7-10: Führungssprungantworten des Lageregelkreises bei verschiedenen Abtastzeiten ($K_V = 125\ \text{s}^{-1}$)

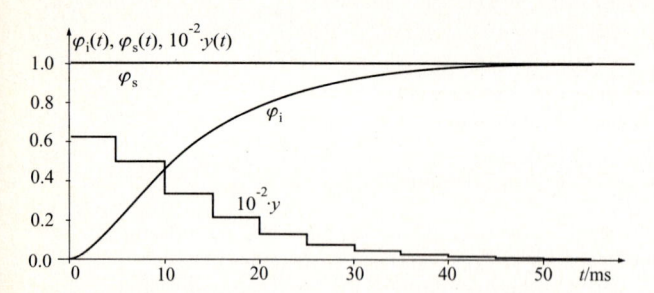

Bild 13.7-11: Führungssprungantwort des Lageregelkreises ($K_V = (16 \cdot T_{EM})^{-1} = 62.5\ \text{s}^{-1}$, $T = 5\ \text{ms}$)

13.7.3.3 Störungsverhalten der Lageregelung mit unterlagerter Winkelgeschwindigkeits- und Momentenregelung

Mit der Einstellung $K_V = \dfrac{1}{8 \cdot T_{EM}}$ des Lagereglers wird das Störungsverhalten bei sprungförmiger Aufschaltung eines Lastmomentes $M_L = M_{L0} \cdot E(t)$, $M_{L0} = 1\ \text{Nm}$, untersucht. Bild 13.7-12 zeigt den typischen Zeitverlauf der Störsprungantwort einer Lageregelung mit unterlagerter betragsoptimierter Winkelgeschwindigkeitsregelung. Dabei zeigt die erreichbare Störunterdrückung die Leistungsfähigkeit der Kaskadenregelung: Der Maximalwert der Regelgröße in Bild 13.7-12 für $T = 0.2\ \text{ms}$ ist $\varphi_{\text{imax}} = -0.5 \cdot 10^{-3}$. Für erhöhte Abtastzeiten wird das Störungsverhalten der Lageregelung ungünstiger.

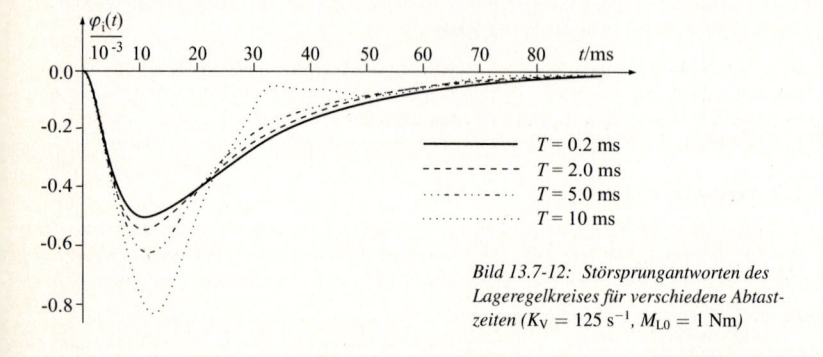

Bild 13.7-12: Störsprungantworten des Lageregelkreises für verschiedene Abtastzeiten ($K_V = 125\ \text{s}^{-1}$, $M_{L0} = 1\ \text{Nm}$)

13.7.4 Zusammenfassung

In Abschnitt 13.7 wird das Regelverhalten der Lageregelung mit Kaskadenstruktur und zeitdiskreten Regeleinrichtungen untersucht. Die Abtastzeit ist nach dem Zeitkonstantenkriterium bemessen. Der Einfluß der Abtastzeit auf das Führungs- und Störübertragungsverhalten wird diskutiert.

13.8 Lageregelung mit Zustandsregler

13.8.1 Allgemeines

In den Abschnitten 13.1 bis 13.7 sind Lageregelungen elektrischer Antriebe mit einschleifiger und Kaskadenstruktur untersucht worden. In diesem Abschnitt wird eine Lageregelung mit Zustandsregler berechnet und ein Leistungsvergleich mit der Kaskadenregelung durchgeführt.

Kapitel 12 befaßt sich mit den Grundlagen der Zustandsregelung. In Beispiel 12.3-2 ist die Zustandsregelung einer PT_2-Regelstrecke beschrieben. Zur Berechnung von Regler und Beobachter wird dort die systematische Vorgehensweise mit Regelungs- und Beobachtungsnormalform verwendet, wobei einfache Berechnungsformeln gelten. An die Stelle der physikalischen Zustandsvariablen treten die der Normalformen. Nachteilig ist die geringere Anschaulichkeit. In Abschnitt 12.4.2 wird die Zustandsregelung einer PT_2-Regelstrecke durch einen Zustands- und Störgrößenbeobachter ergänzt.

13.8.2 Berechnung der Zustandsregelung

13.8.2.1 Ermittlung des Zustandsreglers durch Polvorgabe

Charakteristische Gleichung der Zustandsregelung

Bild 13.8-1 enthält den Signalflußplan der Lageregelstrecke mit Zustandsregeleinrichtung. Aus Gründen der Anschaulichkeit werden für die Berechnung physikalische Zustandsvariablen bevorzugt. Die Steuerbarkeit der Regelstrecke als Voraussetzung für die Berechnung des Zustandsreglers wurde in Beispiel 12.2-9 nachgewiesen.

Mit dem Eingangsvektor b_z für die Störgröße werden die Zustandsgleichungen mit allgemeinen Bezeichnungen angegeben, die dann durch physikalische Zustandsvariablen ersetzt werden:

$$\frac{d\,x(t)}{dt} = A \cdot x(t) + b \cdot u(t) - b_z \cdot z(t), \quad y(t) = c^T \cdot x(t),$$

$$\frac{d}{dt}\begin{bmatrix} \varphi_i(t) \\ \omega_i(t) \\ M_M(t) \end{bmatrix} = \begin{bmatrix} 0 & 1 & 0 \\ 0 & -\dfrac{1}{T_M} & \dfrac{K_{S2}}{T_M} \\ 0 & 0 & -\dfrac{1}{T_{ES}} \end{bmatrix} \begin{bmatrix} \varphi_i(t) \\ \omega_i(t) \\ M_M(t) \end{bmatrix} + \begin{bmatrix} 0 \\ 0 \\ \dfrac{K_{S1}}{T_{ES}} \end{bmatrix} \cdot u(t) - \begin{bmatrix} 0 \\ \dfrac{K_{S2}}{T_M} \\ 0 \end{bmatrix} \cdot M_L(t),$$

$$y(t) = \begin{bmatrix} 1 & 0 & 0 \end{bmatrix} \begin{bmatrix} \varphi_i(t) \\ \omega_i(t) \\ M_M(t) \end{bmatrix}.$$

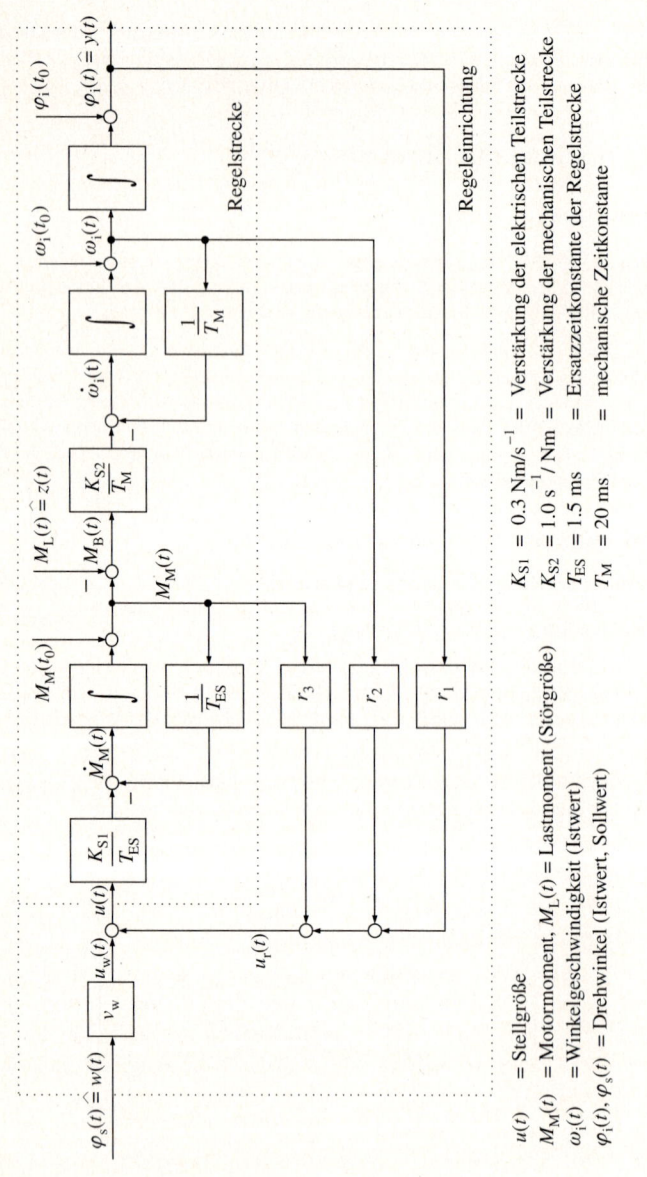

Bild 13.8-1: Lageregelstrecke mit Zustandsregeleinrichtung

$u(t)$ = Stellgröße
$M_M(t)$ = Motormoment, $M_L(t)$ = Lastmoment (Störgröße)
$\omega_i(t)$ = Winkelgeschwindigkeit (Istwert)
$\varphi_i(t), \varphi_s(t)$ = Drehwinkel (Istwert, Sollwert)

K_{S1} = 0.3 Nm/s^{-1} = Verstärkung der elektrischen Teilstrecke
K_{S2} = 1.0 s^{-1}/Nm = Verstärkung der mechanischen Teilstrecke
T_{ES} = 1.5 ms = Ersatzzeitkonstante der Regelstrecke
T_M = 20 ms = mechanische Zeitkonstante

Aus Bild 13.8-1 wird das allgemeine Strukturbild 13.8-2 einer Zustandsregelung mit Störgröße abgeleitet.

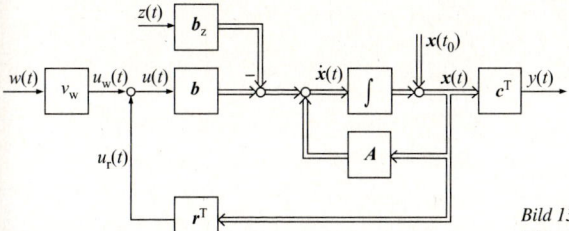

Bild 13.8-2: Allgemeines Signalfluß-bild einer Zustandsregelung mit Störgröße

Für die Anwendung des Polvorgabeverfahrens wird die charakteristische Gleichung der Zustandsregelung mit dem in Abschnitt 12.3.2.1 beschriebenen Verfahren berechnet:

$$\det[s \cdot E - (A + b \cdot r^T)] =$$

$$= \det\left[\begin{bmatrix} s & 0 & 0 \\ 0 & s & 0 \\ 0 & 0 & s \end{bmatrix} - \begin{bmatrix} 0 & 1 & 0 \\ 0 & -\dfrac{1}{T_M} & \dfrac{K_{S2}}{T_M} \\ 0 & 0 & -\dfrac{1}{T_{ES}} \end{bmatrix} + \begin{bmatrix} 0 \\ 0 \\ \dfrac{K_{S1}}{T_{ES}} \end{bmatrix} \begin{bmatrix} r_1 & r_2 & r_3 \end{bmatrix}\right]$$

$$= \det\begin{bmatrix} s & -1 & 0 \\ 0 & s + \dfrac{1}{T_M} & -\dfrac{K_{S2}}{T_M} \\ \dfrac{-r_1 \cdot K_{S1}}{T_{ES}} & \dfrac{-r_2 \cdot K_{S1}}{T_{ES}} & s + \dfrac{1 - r_3 \cdot K_{S1}}{T_{ES}} \end{bmatrix},$$

$$\boxed{\det[s \cdot E - (A + b \cdot r^T)] = s^3 + \left[\dfrac{T_{ES} + T_M(1 - r_3 K_{S1})}{T_{ES} T_M}\right] s^2 + \left[\dfrac{1 - r_3 K_{S1} - r_2 K_{S1} K_{S2}}{T_{ES} T_M}\right] s - \dfrac{r_1 \cdot K_{S1} K_{S2}}{T_{ES} T_M}}.$$

Polvorgabe

Für sprungförmig vorgegebene Lageführungsgrößen ist ein Überschwingen der Istposition φ_i bei der Lageregelung an Arbeitsmaschinen nicht zulässig. Die Führungsübertragungsfunktion besitzt keine Nullstellen, so daß das Sprungantwortverhalten von den Polstellen bestimmt wird. Übertragungsfunktionen der Form

$$G(s) = \frac{Z(s)}{N(s)} = \frac{\omega_0^n}{(s + \omega_0)^n},$$

die auch als **Binomialfilter-Übertragungsfunktionen** bezeichnet werden, erfüllen diese Anforderung. Die Übertragungsfunktionen haben n-fache Polstellen bei $-\omega_0$. Bild 13.8-3 enthält Binomialfilter-Sprungantwortfunktionen von Übertragungsfunktionen bis 5. Ordnung.

n	$N(s)$
1	$s + \omega_0$
2	$s^2 + 2 \cdot \omega_0 \cdot s + \omega_0^2$
3	$s^3 + 3 \cdot \omega_0 \cdot s^2 + 3 \cdot \omega_0^2 \cdot s + \omega_0^3$
4	$s^4 + 4 \cdot \omega_0 \cdot s^3 + 6 \cdot \omega_0^2 \cdot s^2 + 4 \cdot \omega_0^3 \cdot s + \omega_0^4$
5	$s^5 + 5 \cdot \omega_0 \cdot s^4 + 10 \cdot \omega_0^2 \cdot s^3 + 10 \cdot \omega_0^3 \cdot s^2 + 5 \cdot \omega_0^4 \cdot s + \omega_0^5$

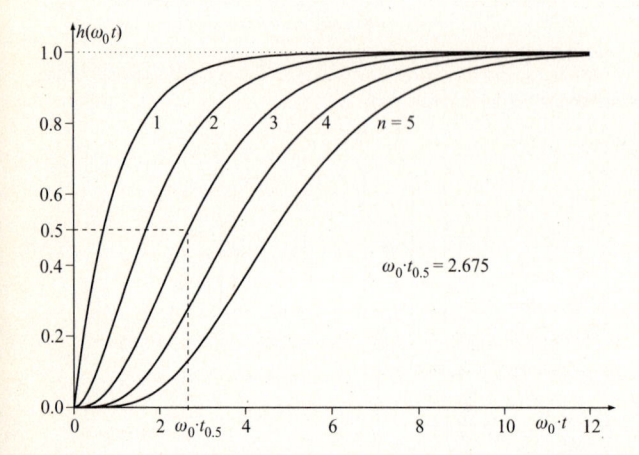

Bild 13.8-3: Binomialfilter-Übertragungsfunktionen und normierte Sprungantwortfunktionen

Die normierte Sprungantwort $h(\omega_0 t)$ ist:

$$h(\omega_0 t) = L^{-1}\left[\frac{\omega_0^n}{(s + \omega_0)^n} \cdot \frac{1}{s}\right] = 1 - e^{-\omega_0 t} \cdot \sum_{i=1}^{n} \frac{(\omega_0 \cdot t)^{i-1}}{(i-1)!}.$$

Da die Pole der Zustandsregelung frei gewählt werden können, lassen sich mit $\omega_{0Z} \to \infty$ beliebig schnelle Sprungantwortfunktionen erzeugen. Praktisch ist jedoch ein Maximalwert durch die Begrenzung der Stellgröße (Stromrichtereingangsspannung, Motormoment) und durch die Belastung der mechanischen Übertragungselemente (Getriebe, Kugelrollspindel) vorgegeben.

Die Führungsübertragungsfunktion der Lageregelung mit Zustandsregler ergibt sich mit $n = 3$ zu

$$G(s) = \frac{\varphi_i(s)}{\varphi_s(s)} = \frac{\omega_{0Z}^3}{(s + \omega_{0Z})^3} = \frac{\omega_{0Z}^3}{s^3 + 3 \cdot \omega_{0Z} \cdot s^2 + 3 \cdot \omega_{0Z}^2 \cdot s + \omega_{0Z}^3}$$

mit dem Vorgabepolynom

$$\boxed{P(s) = s^3 + 3 \cdot \omega_{0Z} \cdot s^2 + 3 \cdot \omega_{0Z}^2 \cdot s + \omega_{0Z}^3}.$$

Die Lageregelung mit Zustandsregler soll mit der Regelung mit Kaskadenstruktur verglichen werden. In Bild 13.5-8 erreicht die Führungssprungantwortfunktion der Lageregelung mit Kaskadenstruktur den 0.5-Wert nach $t_{0.5} = 6.75$ ms. Die Sprungantwort der Binomialfilter-Übertragungsfunktion in Bild 13.8-3 hat diesen Wert bei $\omega_{0Z} \cdot t_{0.5} = 2.675$. Damit ergibt sich ω_{0Z} zu

$$\omega_{0Z} = \frac{2.675}{t_{0.5}} = 396.3\,\text{s}^{-1}\;.$$

s-Ebene

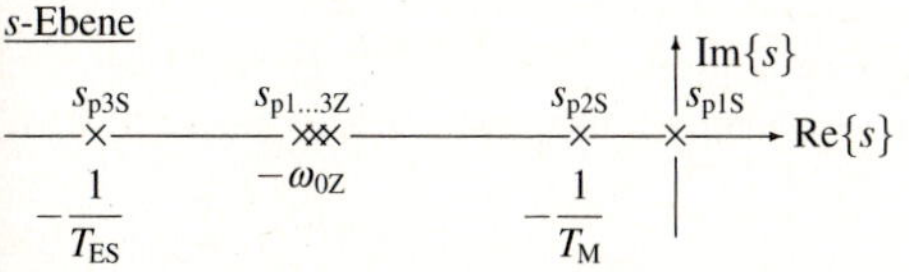

Pole der Lageregelstrecke	Pole der Lageregelung mit Zustandsregler
$s_{p1S} = 0$	$s_{p1\ldots3Z} = -\omega_{0Z} = -396.3\,\text{s}^{-1}$
$s_{p2S} = -\dfrac{1}{T_M} = -50\,\text{s}^{-1}$	
$s_{p3S} = -\dfrac{1}{T_{ES}} = -666.7\,\text{s}^{-1}$	

Bild 13.8-4: Pole der Lageregelstrecke und der Lageregelung mit Zustandsregler

Ein Koeffizientenvergleich der charakteristischen Gleichung der Lageregelung mit Zustandsregler mit dem Vorgabepolynom $P(s)$ liefert die Gleichungen mit den Lösungen:

$$\left.\begin{aligned}\frac{T_{ES} + T_M \cdot (1 - r_3 \cdot K_{S1})}{T_{ES} \cdot T_M} &= 3 \cdot \omega_{0Z}, \\ \frac{1 - r_3 \cdot K_{S1} - r_2 \cdot K_{S1} \cdot K_{S2}}{T_{ES} \cdot T_M} &= 3 \cdot \omega_{0Z}^2, \\ \frac{-r_1 \cdot K_{S1} \cdot K_{S2}}{T_{ES} \cdot T_M} &= \omega_{0Z}^3,\end{aligned}\right\} \begin{aligned} r_1 &= \frac{-\omega_{0Z}^3 \cdot T_{ES} \cdot T_M}{K_{S1} \cdot K_{S2}}, \\ r_2 &= \frac{-T_{ES} \cdot (1 - 3 \cdot \omega_{0Z} \cdot T_M) - 3 \cdot \omega_{0Z}^2 \cdot T_{ES} \cdot T_M^2}{K_{S1} \cdot K_{S2} \cdot T_M}, \\ r_3 &= \frac{T_{ES} \cdot (1 - 3 \cdot \omega_{0Z} \cdot T_M) + T_M}{K_{S1} \cdot T_M}.\end{aligned}$$

13.8.2.2 Berechnung des Vorfilters für den Zustandsregler

Das Vorfilter v_w ist für konstante Lageführungsgrößen so zu bemessen, daß keine bleibenden Regeldifferenzen entstehen. In Abschnitt 12.3.2.2 wurde dafür folgende Gleichung entwickelt:

$$v_w = -[\boldsymbol{c}^T \cdot (\boldsymbol{A} + \boldsymbol{b} \cdot \boldsymbol{r}^T)^{-1} \cdot \boldsymbol{b}]^{-1}$$

mit Eingangsvektor

$$\boldsymbol{b} = \begin{bmatrix} 0 \\ 0 \\ \dfrac{K_{S1}}{T_{ES}} \end{bmatrix},$$

Ausgangsvektor

$$\boldsymbol{c}^T = \begin{bmatrix} 1 & 0 & 0 \end{bmatrix}$$

und der Systemmatrix der Zustandsregelung

$$\boldsymbol{A} + \boldsymbol{b} \cdot \boldsymbol{r}^{\mathrm{T}} = \begin{bmatrix} 0 & 1 & 0 \\ 0 & -\dfrac{1}{T_{\mathrm{M}}} & \dfrac{K_{\mathrm{S2}}}{T_{\mathrm{M}}} \\ \dfrac{r_1 \cdot K_{\mathrm{S1}}}{T_{\mathrm{ES}}} & \dfrac{r_2 \cdot K_{\mathrm{S1}}}{T_{\mathrm{ES}}} & \dfrac{r_3 \cdot K_{\mathrm{S1}} - 1}{T_{\mathrm{ES}}} \end{bmatrix}.$$

Für die Systemmatrix der Zustandsregelung ist die inverse Matrix zu bilden. Die Inverse einer 3×3-Matrix

$$\boldsymbol{A} + \boldsymbol{b} \cdot \boldsymbol{r}^{\mathrm{T}} = \boldsymbol{A}' = \begin{bmatrix} a'_{11} & a'_{12} & a'_{13} \\ a'_{21} & a'_{22} & a'_{23} \\ a'_{31} & a'_{32} & a'_{33} \end{bmatrix}$$

berechnet sich mit symbolischen Elementen zu

$$\boldsymbol{A}'^{-1} = \frac{1}{\det \boldsymbol{A}'} \begin{bmatrix} a'_{22} \cdot a'_{33} - a'_{23} \cdot a'_{32} & -a'_{12} \cdot a'_{33} + a'_{13} \cdot a'_{32} & a'_{12} \cdot a'_{23} - a'_{13} \cdot a'_{22} \\ -a'_{21} \cdot a'_{33} + a'_{23} \cdot a'_{31} & a'_{11} \cdot a'_{33} - a'_{13} \cdot a'_{31} & -a'_{11} \cdot a'_{23} + a'_{13} \cdot a'_{21} \\ a'_{21} \cdot a'_{32} - a'_{22} \cdot a'_{31} & -a'_{11} \cdot a'_{32} + a'_{12} \cdot a'_{31} & a'_{11} \cdot a'_{22} - a'_{12} \cdot a'_{21} \end{bmatrix}$$

mit

$$\det \boldsymbol{A}' = a'_{11} \cdot a'_{22} \cdot a'_{33} + a'_{12} \cdot a'_{23} \cdot a'_{31} + a'_{13} \cdot a'_{21} \cdot a'_{32} + \\ - a'_{13} \cdot a'_{22} \cdot a'_{31} - a'_{11} \cdot a'_{23} \cdot a'_{32} - a'_{12} \cdot a'_{21} \cdot a'_{33}.$$

Das Vorfilter für konstante Lageführungsgrößen ergibt sich zu

$$v_{\mathrm{w}} = -[\boldsymbol{c}^{\mathrm{T}} \cdot (\boldsymbol{A} + \boldsymbol{b} \cdot \boldsymbol{r}^{\mathrm{T}})^{-1} \cdot \boldsymbol{b}]^{-1}$$

$$= -\left[[1 \ 0 \ 0] \begin{bmatrix} \dfrac{1 - K_{\mathrm{S1}} \cdot (K_{\mathrm{S2}} \cdot r_2 + r_3)}{K_{\mathrm{S1}} \cdot K_{\mathrm{S2}} \cdot r_1} & \dfrac{T_{\mathrm{M}} \cdot (1 - K_{\mathrm{S1}} \cdot r_3)}{K_{\mathrm{S1}} \cdot K_{\mathrm{S2}} \cdot r_1} & \dfrac{T_{\mathrm{ES}}}{K_{\mathrm{S1}} \cdot r_1} \\ 1 & 0 & 0 \\ \dfrac{1}{K_{\mathrm{S2}}} & \dfrac{T_{\mathrm{M}}}{K_{\mathrm{S2}}} & 0 \end{bmatrix} \begin{bmatrix} 0 \\ 0 \\ \dfrac{K_{\mathrm{S1}}}{T_{\mathrm{ES}}} \end{bmatrix} \right]^{-1}$$

$$= -r_1.$$

13.8.2.3 Sprungverhalten der Lageregelung mit Zustandsregler

Aus dem allgemeinen Signalflußbild der Zustandsregelung Bild 13.8-2 werden die Zustandsgleichungen im Zeitbereich abgeleitet, wobei die Stellgröße $u(t)$ ersetzt wird:

$$\begin{aligned} u(t) &= u_{\mathrm{r}}(t) + u_{\mathrm{w}}(t) = \boldsymbol{r}^{\mathrm{T}} \cdot \boldsymbol{x}(t) + v_{\mathrm{w}} \cdot w(t), \\ \frac{\mathrm{d}\boldsymbol{x}(t)}{\mathrm{d}t} &= \boldsymbol{A} \cdot \boldsymbol{x}(t) + \boldsymbol{b} \cdot u(t) - \boldsymbol{b}_{\mathrm{z}} \cdot z(t) \\ &= (\boldsymbol{A} + \boldsymbol{b} \cdot \boldsymbol{r}^{\mathrm{T}}) \cdot \boldsymbol{x}(t) + \boldsymbol{b} \cdot v_{\mathrm{w}} \cdot w(t) - \boldsymbol{b}_{\mathrm{z}} \cdot z(t), \\ y(t) &= \boldsymbol{c}^{\mathrm{T}} \cdot \boldsymbol{x}(t). \end{aligned}$$

Die Zustandsgleichungen im Frequenzbereich werden nach Abschnitt 12.2.3 ermittelt. Die Gleichungen für Führungs- und Störverhalten erhält man durch LAPLACE-Transformation der Zustandsgleichungen des Zeitbereichs:

$$u(s) = \boldsymbol{r}^{\mathrm{T}} \cdot \boldsymbol{x}(s) + v_{\mathrm{w}} \cdot w(s),$$

$$s \cdot \boldsymbol{x}(s) - \boldsymbol{x}(t_0) = (\boldsymbol{A} + \boldsymbol{b} \cdot \boldsymbol{r}^{\mathrm{T}}) \cdot \boldsymbol{x}(s) + \boldsymbol{b} \cdot v_{\mathrm{w}} \cdot w(s) - \boldsymbol{b}_{\mathrm{z}} \cdot z(s),$$
$$[s \cdot \boldsymbol{E} - (\boldsymbol{A} + \boldsymbol{b} \cdot \boldsymbol{r}^{\mathrm{T}})] \cdot \boldsymbol{x}(s) = \boldsymbol{x}(t_0) + \boldsymbol{b} \cdot v_{\mathrm{w}} \cdot w(s) - \boldsymbol{b}_{\mathrm{z}} \cdot z(s),$$
$$\boldsymbol{x}(s) = \left[s \cdot \boldsymbol{E} - (\boldsymbol{A} + \boldsymbol{b} \cdot \boldsymbol{r}^{\mathrm{T}})\right]^{-1} \cdot [\boldsymbol{x}(t_0) + \boldsymbol{b} \cdot v_{\mathrm{w}} \cdot w(s) - \boldsymbol{b}_{\mathrm{z}} \cdot z(s)],$$
$$y(s) = \boldsymbol{c}^{\mathrm{T}} \cdot \boldsymbol{x}(s) = \boldsymbol{c}^{\mathrm{T}} \cdot [s \cdot \boldsymbol{E} - (\boldsymbol{A} + \boldsymbol{b} \cdot \boldsymbol{r}^{\mathrm{T}})]^{-1} \cdot [\boldsymbol{x}(t_0) + \boldsymbol{b} \cdot v_{\mathrm{w}} \cdot w(s) - \boldsymbol{b}_{\mathrm{z}} \cdot z(s)].$$

Für die in Bild 13.8-1 angegebenen Streckenparameter ist das dynamische Verhalten der Zustandsregelung aufgezeichnet. Die Komponenten des Anfangswertvektors $\boldsymbol{x}(t_0)$ sind Null. Im weiteren sind die allgemeinen Variablen der Zustandsregelung durch die physikalischen ersetzt. Das Führungsverhalten der Zustandsregelung wird für Sprungaufschaltung berechnet (Bild 13.8-5, 13.8-6):

Führungsübertragungsfunktion:

$$\varphi_{\mathrm{i}}(s) \stackrel{\wedge}{=} y(s), \quad \varphi_{\mathrm{s}}(s) \stackrel{\wedge}{=} w(s), \quad M_{\mathrm{L}}(s) \stackrel{\wedge}{=} z(s) = 0,$$
$$\varphi_{\mathrm{i}}(s) = \boldsymbol{c}^{\mathrm{T}} \cdot [s \cdot \boldsymbol{E} - (\boldsymbol{A} + \boldsymbol{b} \cdot \boldsymbol{r}^{\mathrm{T}})]^{-1} \cdot \boldsymbol{b} \cdot v_{\mathrm{w}} \cdot \varphi_{\mathrm{s}}(s)$$
$$= \frac{\omega_{0Z}^3}{s^3 + 3 \cdot \omega_{0Z} \cdot s^2 + 3 \cdot \omega_{0Z}^2 \cdot s + \omega_{0Z}^3} \cdot \varphi_{\mathrm{s}}(s) = G(s) \cdot \varphi_{\mathrm{s}}(s),$$

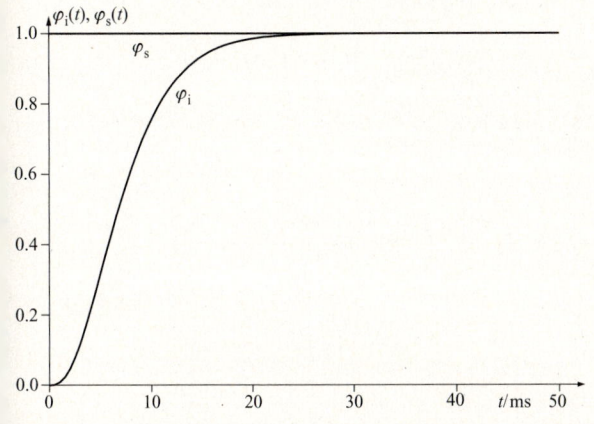

Bild 13.8-5: Führungssprungantwortfunktion der Lageregelung mit Zustandsregler ($\varphi_{s0} = 1.0$, $\omega_{0Z} = 396.3\ \mathrm{s}^{-1}$)

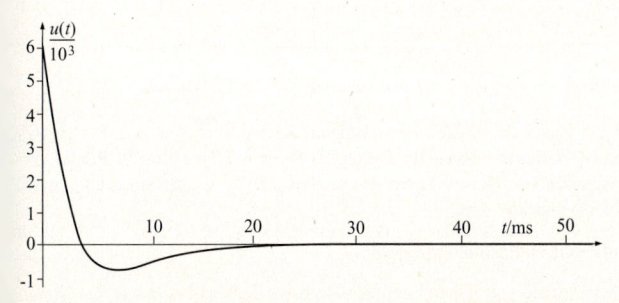

Bild 13.8-6: Zeitverlauf der Stellgröße zur Führungssprungantwortfunktion in Bild 13.8-5

Sprungantwortfunktion (Bild 13.8-5):

$$\varphi_s(s) = \frac{\varphi_{s0}}{s}, \quad \varphi_s(t) = \varphi_{s0} \cdot E(t), \quad \omega_{0Z} = 396.3\,\text{s}^{-1},$$

$$\varphi_i(t) = \varphi_{s0} \left[1 - \left(1 + \omega_{0Z} \cdot t + \frac{(\omega_{0Z} \cdot t)^2}{2} \right) e^{-\omega_{0Z} t} \right]$$

Stellgröße:

$$u(s) = \boldsymbol{r}^T \cdot \boldsymbol{x}(s) + v_w \cdot w(s),$$
$$= \boldsymbol{r}^T \cdot [s \cdot \boldsymbol{E} - (\boldsymbol{A} + \boldsymbol{b} \cdot \boldsymbol{r}^T)]^{-1} \cdot \boldsymbol{b} \cdot v_w \cdot \varphi_s(s) + v_w \cdot \varphi_s(s)$$
$$= \frac{(T_{ES} \cdot T_M \cdot s^3 + (T_{ES} + T_M) \cdot s^2 + s) \cdot \omega_{0Z}^3}{K_{S1} \cdot K_{S2} \cdot (s^3 + 3 \cdot \omega_{0Z} \cdot s^2 + 3 \cdot \omega_{0Z}^2 \cdot s + \omega_{0Z}^3)} \cdot \varphi_s(s).$$

Das Störverhalten der Zustandsregelung wird für Sprungaufschaltung berechnet (Bild 13.8-7):

Störübertragungsfunktion:

$$\varphi_i(s) \triangleq y(s), \quad \varphi_s(s) \triangleq w(s) = 0, \quad M_L(s) \triangleq z(s),$$

$$\varphi_i(s) = -\boldsymbol{c}^T \cdot [s \cdot \boldsymbol{E} - (\boldsymbol{A} + \boldsymbol{b} \cdot \boldsymbol{r}^T)]^{-1} \cdot \boldsymbol{b}_z \cdot M_L(s)$$

$$= \frac{-K_{S2} \cdot (T_M \cdot s - 1 + 3 \cdot \omega_{0Z} \cdot T_M)}{T_M^2 \cdot (s^3 + 3 \cdot \omega_{0Z} \cdot s^2 + 3 \cdot \omega_{0Z}^2 \cdot s + \omega_{0Z}^3)} \cdot M_L(s) = G_z(s) \cdot M_L(s).$$

Die Sprungantwortfunktion (Bild 13.8-7) ist für $M_L(s) = \dfrac{M_{L0}}{s}$, $M_L(t) = M_{L0} \cdot E(t)$, $M_{L0} = 1.0\,\text{Nm}$ berechnet.

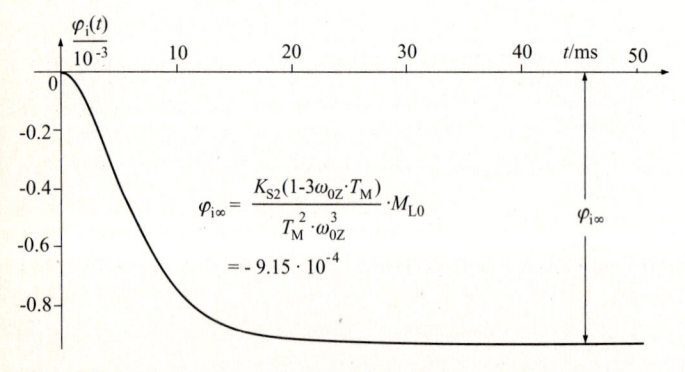

$$\varphi_{i\infty} = \frac{K_{S2}(1 - 3\omega_{0Z} \cdot T_M)}{T_M^2 \cdot \omega_{0Z}^3} \cdot M_{L0}$$
$$= -9.15 \cdot 10^{-4}$$

Bild 13.8-7: Störsprungantwortfunktion der Lageregelung mit Zustandsregler ($M_{L0} = 1.0$ Nm, $\omega_{0Z} = 396.3\,\text{s}^{-1}$)

Konstante Störgrößen führen bei der Zustandsregelung zu konstanten Regeldifferenzen. Bei der Lageregelung mit Kaskadenstruktur werden PI-Regler eingesetzt. Durch das Integral-Element im PI-Regler verschwinden die Regeldifferenzen asymptotisch. Dieses Regelverhalten hat auch die Zustandsregelung, wenn zusätzlich ein Störgrößenbeobachter verwendet wird.

13.8.2.4 Stellgliedzeitkonstante und Stellgrößenaufwand

Die Entwicklung der Halbleiter-Stromrichter, ausgehend von der Thyristor-Technik bis hin zu Transistor-Pulsumrichtern, hat zu einer wesentlichen Verbesserung der Regelgüte bei Vorschubantrieben geführt. An-

13.8 Lageregelung mit Zustandsregler

triebe mit Transistor-Pulsumrichtern erfüllen besonders hohe Anforderungen an die Regeldynamik, da wegen der hohen Pulsfrequenz die Stromrichtertotzeit vernachlässigbar klein ist. Die Ersatzzeitkonstante der Regelstrecke T_{ES} wird bei diesen Antrieben von der elektrischen Zeitkonstanten des Antriebsmotors bestimmt.

Mit der Zustandslageregelung von Abschnitt 13.8.2, Bild 13.8-1, wird im folgenden der Einfluß von T_{ES} (Stellgliedzeitkonstante) auf den Stellgrößenaufwand untersucht. Das Streckenmodell mit zwei Zeitkonstanten von Abschnitt 13.2.2 wird durch ein I-Element für die Position (Winkel φ_i) ergänzt, damit ergibt sich das Zustandsmodell der Lageregelstrecke:

$$\frac{d}{dt}\begin{bmatrix}\varphi_i(t)\\ \omega_i(t)\\ M_M(t)\end{bmatrix} = \begin{bmatrix}0 & 1 & 0\\ 0 & \dfrac{-1}{T_M} & \dfrac{K_{S2}}{T_M}\\ 0 & 0 & \dfrac{-1}{T_{ES}}\end{bmatrix}\cdot\begin{bmatrix}\varphi_i(t)\\ \omega_i(t)\\ M_M(t)\end{bmatrix} + \begin{bmatrix}0\\ 0\\ \dfrac{K_{S1}}{T_{ES}}\end{bmatrix}\cdot u(t) - \begin{bmatrix}0\\ \dfrac{K_{S2}}{T_M}\\ 0\end{bmatrix}\cdot M_L(t)$$

$$\frac{d}{dt}\,\boldsymbol{x}(t) = \boldsymbol{A}\cdot\boldsymbol{x}(t) + \boldsymbol{b}\cdot u(t) - \boldsymbol{b}_z\cdot M_L(t)$$

$$\varphi_i(t) = y(t) = \boldsymbol{c}^T\cdot\boldsymbol{x}(t) = [1\ \ 0\ \ 0]\cdot\boldsymbol{x}(t).$$

Der Rückführvektor $\boldsymbol{r}^T$ wird durch Polvorgabe für die Vorgabepole $\omega_{0Z} = 396.3\ \text{s}^{-1}$ ermittelt. Für die Zustandslageregelung lautet die Zustandsdifferentialgleichung

$$\frac{d}{dt}\boldsymbol{x}(t) = (\boldsymbol{A} + \boldsymbol{b}\cdot\boldsymbol{r}^T)\cdot\boldsymbol{x}(t) + \boldsymbol{b}_w\cdot u(t) - \boldsymbol{b}_z\cdot M_L(t), \qquad \boldsymbol{b}_w = [0\ \ 0\ \ v_w]^T$$

und die Ausgangsgleichung mit der Stellgröße als Ausgangsgröße:

$$u(t) = \boldsymbol{r}^T\cdot\boldsymbol{x}(t) + v_w\cdot\varphi_s(t).$$

Große Stellgrößenamplituden belasten die Regelstrecke und begrenzen die erreichbare Regeldynamik. Die Stellgrößenamplitude darf die Begrenzung nicht überschreiten. Der Stellgrößenaufwand steigt mit der Schnelligkeit der Regelung, wenn für hohe Regeldynamik die Vorgabepole mit großen negativen Realteilen in der s-Ebene plaziert werden.

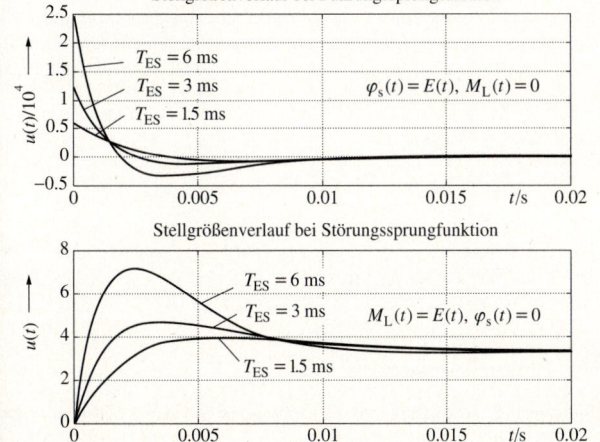

Bild 13.8-8: Stellgrößenverläufe $u(t)$ der Zustandslageregelung für verschiedene Stellgliedzeitkonstanten T_{ES}

Bild 13.8-8 (oben) zeigt die Stellgrößenverläufe $u(t)$ für Einheitssprungfunktionen der Lageführungsgröße $\varphi_s(t) = E(t)$. Für große Stellgliedzeitkonstanten T_{ES} entstehen impulsförmige Stellgrößen, wobei die Amplitudenhöhe mit T_{ES} zunimmt. Bei Einheitssprungfunktionen des Lastmoments $M_L(t) = E(t)$ hat die Stellgröße in Bild 13.8-8 (unten) ähnlichen Verlauf.

> Kleine Stellglied-Verzögerungszeitkonstanten verbessern die Regeldynamik, die Belastung der Regelstrecke wird verringert.

13.8.3 Berechnung des Zustands- und Störgrößenbeobachters

13.8.3.1 Struktur des Zustands- und Störgrößenbeobachters

An Werkzeugmaschinen und Industrierobotern werden zur Messung der Istposition $\varphi_i(t)$ Wegmeßsysteme mit unterschiedlichen Bauformen eingesetzt. Auf die Messung der Drehwinkelgeschwindigkeit $\omega_i(t) = \dot{\varphi}_i(t)$ wird aus Kostengründen häufig verzichtet, wobei die Geschwindigkeit näherungsweise mit dem Differenzenquotienten

$$\omega_i(t) = \dot{\varphi}_i(t) \approx \frac{\Delta \varphi_i(t)}{\Delta t}$$

berechnet wird. In der Praxis führt die Näherung bei kleinen Verfahrgeschwindigkeiten zu Einschränkungen bei der Regelgüte. Das Motormoment

$$M_M(t) = K_M \cdot I_A(t)$$

kann durch Messung des Ankerstroms unter Verwendung der Momentenkonstante K_M ermittelt werden. Bei der Lageregelung mit Zustandsregler wird die Istposition gemessen. Geschwindigkeit und Motordrehmoment werden durch Zustandsbeobachter ermittelt.

Störgrößen, die gemessen oder mit mathematischen Modellen berechnet werden können, lassen sich durch Störgrößenaufschaltung am Eingang der Regelstrecke kompensieren. Stör- oder Lastdrehmomente werden durch Störgrößenbeobachter berechnet. Die Grundlagen der Zustandsregelung mit Zustands- und Störgrößenbeobachter sind im Abschnitt 12.4.2 beschrieben.

Für das Störungsverhalten soll die Regelung folgende Anforderung erfüllen: Für konstante Störgrößen soll die Regeldifferenz stationär zu Null geregelt werden. Die Forderung läßt sich mit einer Störgrößenaufschaltung mit Hilfe eines Störgrößenbeobachters erfüllen, wobei das Modell der Regelstrecke durch das Störgrößenmodell erweitert wird:

$\dot{M}_L(t) = 0$ mit
$M_L(t) =$ konst.

$\dot{M}_L(t) = 0$

$\int$

$M_L(t=0)$

$M_M(t) - M_L(t) \quad M_B(t)$

Bild 13.8-9 zeigt den Signalflußplan der Lageregelung mit Zustandsregler sowie mit Zustands- und Störgrößenbeobachter.

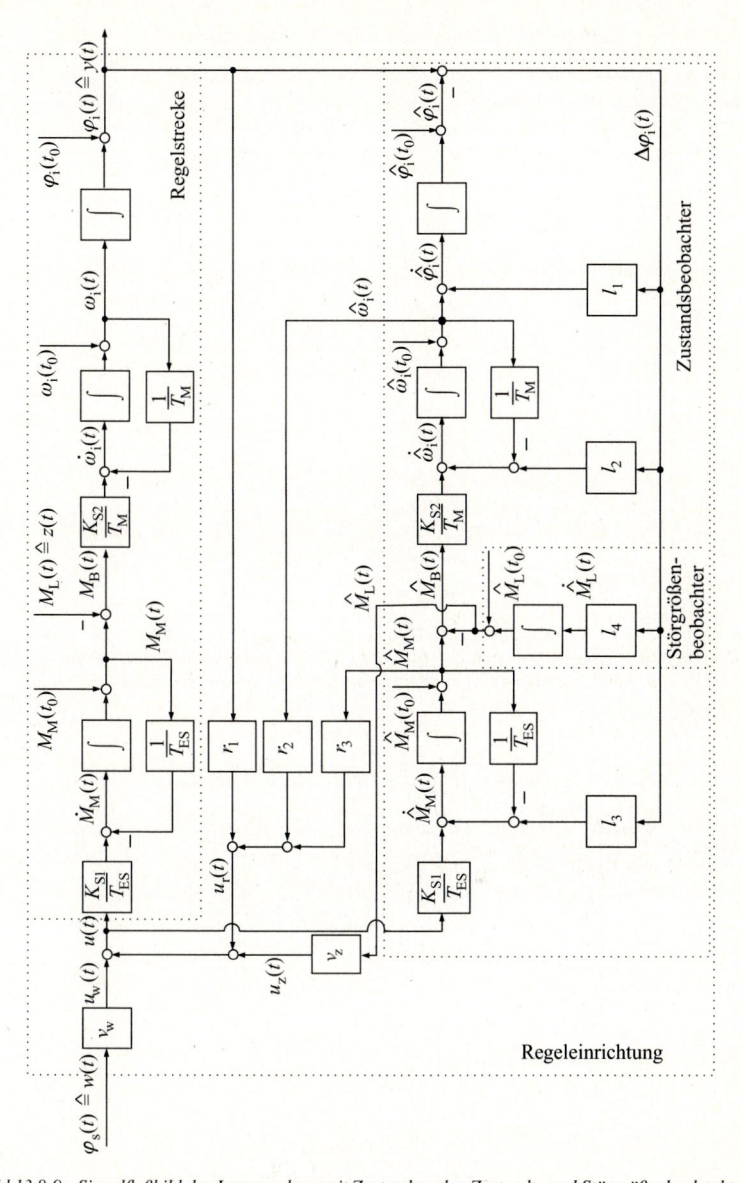

Bild 13.8-9: Signalflußbild der Lageregelung mit Zustandsregler, Zustands- und Störgrößenbeobachter

13.8.3.2 Ermittlung des Beobachters durch Polvorgabe

Charakteristische Gleichung des Zustands- und Störgrößenbeobachters

Mit dem um die Störgröße $M_L(t)$ erweiterten Zustandsvektor lauten die Zustandsgleichungen der Lageregelstrecke mit allgemeinen und physikalischen Zustandsvariablen:

$$\frac{\mathrm{d}\,x(t)}{\mathrm{d}t} = A \cdot x(t) + b \cdot u(t), \quad y(t) = c^{\mathrm{T}} \cdot x(t),$$

$$\frac{\mathrm{d}}{\mathrm{d}t}\begin{bmatrix} \varphi_i(t) \\ \omega_i(t) \\ M_M(t) \\ M_L(t) \end{bmatrix} = \begin{bmatrix} 0 & 1 & 0 & 0 \\ 0 & \dfrac{-1}{T_M} & \dfrac{K_{S2}}{T_M} & \dfrac{-K_{S2}}{T_M} \\ 0 & 0 & \dfrac{-1}{T_{ES}} & 0 \\ 0 & 0 & 0 & 0 \end{bmatrix} \begin{bmatrix} \varphi_i(t) \\ \omega_i(t) \\ M_M(t) \\ M_L(t) \end{bmatrix} + \begin{bmatrix} 0 \\ 0 \\ \dfrac{K_{S1}}{T_{ES}} \\ 0 \end{bmatrix} u(t),$$

$$y(t) = \begin{bmatrix} 1 & 0 & 0 & 0 \end{bmatrix} \begin{bmatrix} \varphi_i(t) \\ \omega_i(t) \\ M_M(t) \\ M_L(t) \end{bmatrix} = \varphi_i(t).$$

Bei der Berechnung des Beobachters wird davon ausgegangen, daß die Parameter der Regelstrecke bekannt sind: $\hat{A} = A$, $\hat{b} = b$. Für den Zustands- und Störgrößenbeobachter gilt entsprechend:

$$\frac{\mathrm{d}\,\hat{x}(t)}{\mathrm{d}t} = A \cdot \hat{x}(t) + b \cdot u(t) + l \cdot c^{\mathrm{T}} \cdot (x(t) - \hat{x}(t))$$

$$= A \cdot \hat{x}(t) + b \cdot u(t) + l \cdot (y(t) - \hat{y}(t)), \quad \hat{y}(t) = c^{\mathrm{T}} \cdot \hat{x}(t),$$

$$\frac{\mathrm{d}}{\mathrm{d}t}\begin{bmatrix} \hat{\varphi}_i(t) \\ \hat{\omega}_i(t) \\ \hat{M}_M(t) \\ \hat{M}_L(t) \end{bmatrix} = \begin{bmatrix} 0 & 1 & 0 & 0 \\ 0 & \dfrac{-1}{T_M} & \dfrac{K_{S2}}{T_M} & \dfrac{-K_{S2}}{T_M} \\ 0 & 0 & \dfrac{-1}{T_{ES}} & 0 \\ 0 & 0 & 0 & 0 \end{bmatrix} \begin{bmatrix} \hat{\varphi}_i(t) \\ \hat{\omega}_i(t) \\ \hat{M}_M(t) \\ \hat{M}_L(t) \end{bmatrix} + \begin{bmatrix} 0 \\ 0 \\ \dfrac{K_{S1}}{T_{ES}} \\ 0 \end{bmatrix} \cdot u(t) + \begin{bmatrix} l_1 \\ l_2 \\ l_3 \\ l_4 \end{bmatrix} \cdot \begin{bmatrix} \varphi_i(t) - \hat{\varphi}_i(t) \end{bmatrix},$$

$$\hat{y}(t) = \begin{bmatrix} 1 & 0 & 0 & 0 \end{bmatrix} \begin{bmatrix} \hat{\varphi}_i(t) \\ \hat{\omega}_i(t) \\ \hat{M}_M(t) \\ \hat{M}_L(t) \end{bmatrix} = \hat{\varphi}_i(t).$$

13.8 Lageregelung mit Zustandsregler

Die Stellgröße $u(t)$ wird mit Führungsgröße, Zustandsrückführung $u_r(t)$ und der Störgrößenaufschaltung $u_z(t)$ gebildet:

$$u(t) = \begin{bmatrix} r_1 & r_2 & r_3 & v_z \end{bmatrix} \begin{bmatrix} \varphi_i(t) \\ \hat{\omega}_i(t) \\ \hat{M}_M(t) \\ \hat{M}_L(t) \end{bmatrix} + v_w \cdot \varphi_s(t).$$

In Beispiel 12.2-10 wird die Beobachtbarkeit der Lageregelstrecke gezeigt. Die um das Störgrößenmodell erweiterte Lageregelstrecke ist ebenfalls beobachtbar, da das Lastdrehmoment $M_L(t)$ auf die Istposition $\varphi_i(t)$ wirkt. Die allgemeine Form des Beobachtungsmodells

$$F = A - l \cdot c^T$$

wird in die, in Abschnitt 12.3.3.2 entwickelte, charakteristische Gleichung des Zustands- und Störgrößenbeobachters eingesetzt:

$$\det[s \cdot E - F] = \det[s \cdot E - (A - l \cdot c^T)]$$

$$= \det\left[\begin{bmatrix} s & 0 & 0 & 0 \\ 0 & s & 0 & 0 \\ 0 & 0 & s & 0 \\ 0 & 0 & 0 & s \end{bmatrix} - \begin{bmatrix} 0 & 1 & 0 & 0 \\ 0 & -\dfrac{1}{T_M} & \dfrac{K_{S2}}{T_M} & -\dfrac{K_{S2}}{T_M} \\ 0 & 0 & -\dfrac{1}{T_{ES}} & 0 \\ 0 & 0 & 0 & 0 \end{bmatrix} - \begin{bmatrix} l_1 \\ l_2 \\ l_3 \\ l_4 \end{bmatrix} \begin{bmatrix} 1 & 0 & 0 & 0 \end{bmatrix}\right]$$

$$= \det \begin{bmatrix} s + l_1 & -1 & 0 & 0 \\ l_2 & s + \dfrac{1}{T_M} & -\dfrac{K_{S2}}{T_M} & \dfrac{K_{S2}}{T_M} \\ l_3 & 0 & s + \dfrac{1}{T_{ES}} & 0 \\ l_4 & 0 & 0 & s \end{bmatrix}$$

$$= (s + l_1) \begin{vmatrix} s + \dfrac{1}{T_M} & -\dfrac{K_{S2}}{T_M} & \dfrac{K_{S2}}{T_M} \\ 0 & s + \dfrac{1}{T_{ES}} & 0 \\ 0 & 0 & s \end{vmatrix} - l_2 \begin{vmatrix} -1 & 0 & 0 \\ 0 & s + \dfrac{1}{T_{ES}} & 0 \\ 0 & 0 & s \end{vmatrix} +$$

$$+ l_3 \begin{vmatrix} -1 & 0 & 0 \\ s + \dfrac{1}{T_M} & -\dfrac{K_{S2}}{T_M} & \dfrac{K_{S2}}{T_M} \\ 0 & 0 & s \end{vmatrix} - l_4 \begin{vmatrix} -1 & 0 & 0 \\ s + \dfrac{1}{T_M} & -\dfrac{K_{S2}}{T_M} & \dfrac{K_{S2}}{T_M} \\ 0 & s + \dfrac{1}{T_{ES}} & 0 \end{vmatrix}.$$

Die Determinante der 4×4-Matrix wurde durch Entwicklung nach der ersten Spalte berechnet. Auswertung der 3 × 3-Unterdeterminanten liefert das charakteristische Polynom der Beobachtergleichung:

$$\det[s \cdot \mathbf{E} - (\mathbf{A} - \mathbf{l} \cdot \mathbf{c}^T)] = s^4 + \frac{l_1 T_{ES} T_M + T_{ES} + T_M}{T_{ES} \cdot T_M} \cdot s^3 + \frac{1 + l_1(T_{ES} + T_M) + l_2 T_{ES} T_M}{T_{ES} \cdot T_M} \cdot s^2 +$$
$$+ \frac{l_1 + l_2 \cdot T_M + l_3 \cdot K_{S2} \cdot T_{ES} - l_4 \cdot K_{S2} \cdot T_{ES}}{T_{ES} \cdot T_M} \cdot s - \frac{l_4 \cdot K_{S2}}{T_{ES} \cdot T_M}.$$

Polvorgabe

Für den Zustands- und Störgrößenbeobachter sind wegen der Einführung der Zustandsvariablen $M_L(t)$ des Störgrößenmodells vier Pole vorzugeben. Die Beobachterpole werden wie bei der Zustandsregelung reell mit gleichem Realteil

$$\omega_{0B} = \alpha \cdot \omega_{0Z}, \quad \alpha = 2$$

vorgegeben, mit im Vergleich zur Zustandsregelung erhöhter Dynamik. Das **Vorgabepolynom des Beobachters** lautet:

$$P(s) = s^4 + 4 \cdot \alpha \cdot \omega_{0Z} \cdot s^3 + 6 \cdot \alpha^2 \cdot \omega_{0Z}^2 \cdot s^2 + 4 \cdot \alpha^3 \cdot \omega_{0Z}^3 \cdot s + \alpha^4 \cdot \omega_{0Z}^4.$$

Im Pol-Nullstellenplan in Bild 13.8-10 sind die Pole der Regelstrecke, der Zustandsregelung und des Beobachters eingetragen.

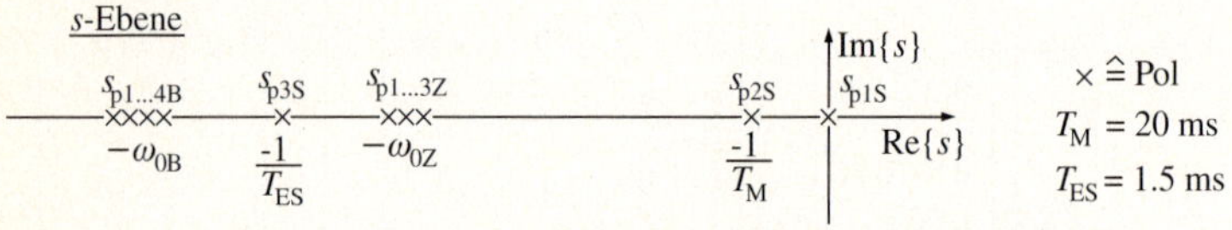

s-Ebene

$s_{p1...4B} \quad s_{p3S} \quad s_{p1...3Z} \quad s_{p2S} \quad s_{p1S}$
$-\omega_{0B} \quad \frac{-1}{T_{ES}} \quad -\omega_{0Z} \quad \frac{-1}{T_M}$

$\times \,\hat{=}\, \text{Pol}$
$T_M = 20$ ms
$T_{ES} = 1.5$ ms

Pole der Lageregelstrecke	Pole der Lageregelung mit Zustandsregler	Pole des Zustands- und Störgrößenbeobachters
$s_{p1S} = 0$	$s_{p1...3Z} = -\omega_{0Z}$ $= -396.3\,\text{s}^{-1}$	$s_{p1...4B} = -\omega_{0B}$ $= -792.6\,\text{s}^{-1}$
$s_{p2S} = -\dfrac{1}{T_M}$ $= -50\,\text{s}^{-1}$		
$s_{p3S} = -\dfrac{1}{T_{ES}}$ $= -666.7\,\text{s}^{-1}$		

Bild 13.8-10: Pole der Lageregelstrecke und der Lageregelung mit Zustandsregler und Beobachter

Die Elemente des Beobachtungsvektors $\mathbf{l}$ ergeben sich durch Koeffizientenvergleich des charakteristischen Polynoms mit dem Vorgabepolynom:

$$\frac{-l_4 \cdot K_{S2}}{T_{ES} \cdot T_M} = \alpha^4 \cdot \omega_{0Z}^4 \quad \longrightarrow \quad \boxed{l_4 = \frac{-\alpha^4 \cdot \omega_{0Z}^4 \cdot T_M \cdot T_{ES}}{K_{S2}}},$$

$$\frac{l_1 \cdot T_{ES} \cdot T_M + T_{ES} + T_M}{T_{ES} \cdot T_M} = 4 \cdot \alpha \cdot \omega_{0Z} \longrightarrow \boxed{l_1 = \frac{T_{ES} \cdot (4 \cdot \alpha \cdot \omega_{0Z} \cdot T_M - 1) - T_M}{T_{ES} \cdot T_M}},$$

$$\frac{l_1 \cdot (T_{ES} + T_M) + 1 + l_2 \cdot T_{ES} \cdot T_M}{T_{ES} \cdot T_M} = 6 \cdot \alpha^2 \cdot \omega_{0Z}^2$$

$$\longrightarrow \boxed{l_2 = \frac{6 \cdot \alpha^2 \cdot \omega_{0Z}^2 \cdot T_{ES} \cdot T_M - 1 - l_1 \cdot (T_{ES} + T_M)}{T_{ES} \cdot T_M}},$$

$$\frac{l_1 + l_2 \cdot T_M + l_3 \cdot K_{S2} \cdot T_{ES} - l_4 \cdot K_{S2} \cdot T_{ES}}{T_{ES} \cdot T_M} = 4 \cdot \alpha^3 \cdot \omega_{0Z}^3$$

$$\longrightarrow \boxed{l_3 = \frac{4 \cdot \alpha^3 \cdot \omega_{0Z}^3 \cdot T_{ES} \cdot T_M - l_1 - l_2 \cdot T_M + l_4 \cdot K_{S2} \cdot T_{ES}}{K_{S2} \cdot T_{ES}}}.$$

13.8.3.3 Berechnung des Vorfilters für die Störgrößenaufschaltung

Die beobachtete Störgröße $\hat{M}_L(t)$ soll das an der Regelstrecke angreifende Lastdrehmoment $M_L(t)$ kompensieren. $v_z \cdot \hat{M}_L(t)$ wird als Anteil der Stellgröße am Eingang der Regelstrecke aufgeschaltet. Bild 13.8-11 zeigt einen Ausschnitt des Signalflußbildes 13.8-9 der Lageregelung mit Zustandsregler.

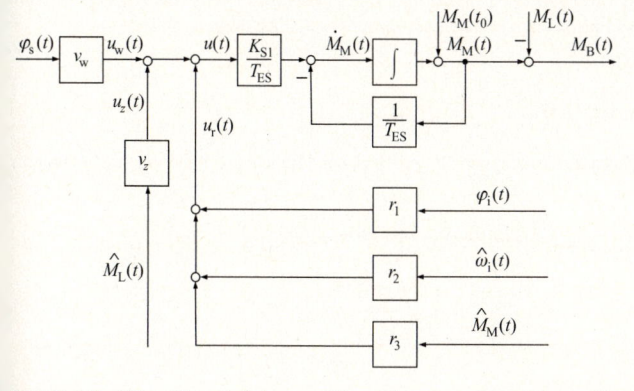

Bild 13.8-11: Störgrößenaufschaltung und Zustandsregelung (Ausschnitt von Signalflußbild 13.8-9)

Das stationäre Verhalten des Regelkreises wird für konstantes Lastmoment $M_L(t) = M_{L0} \cdot E(t)$ ermittelt. Dabei wird die Führungsgröße $\varphi_s(t) = 0$ gesetzt. Für den stationären Zustand gilt:

$$\varphi_s(t) = \varphi_s(t \to \infty) = 0, \quad u_w(t \to \infty) = 0, \quad \varphi_i(t \to \infty) = 0, \quad \hat{\omega}_i(t \to \infty) = 0,$$

$$M_M(t \to \infty) - M_L(t \to \infty) = M_B(t \to \infty) = 0,$$

$$M_M(t \to \infty) = M_L(t \to \infty) = M_{L0},$$

$$\dot{M}_M(t \to \infty) = 0 = \frac{K_{S1}}{T_{ES}} [u_w(t \to \infty) + u_z(t \to \infty) + u_r(t \to \infty)] - \frac{M_M(t \to \infty)}{T_{ES}}$$

$$= \frac{K_{S1}}{T_{ES}} \cdot [v_z \cdot \hat{M}_L(t \to \infty) + r_3 \cdot \hat{M}_M(t \to \infty)] - \frac{1}{T_{ES}} \cdot M_M(t \to \infty).$$

Für die Bedingung $\hat{M}_L(t \to \infty) = \hat{M}_M(t \to \infty) = M_M(t \to \infty)$ erhält man das Vorfilter der Störgrößenaufschaltung:

$$v_z = \frac{1}{K_{S1}} - r_3 \; .$$

Die Störgrößenaufschaltung wirkt dynamisch um so besser, je kleiner die Zeitkonstante T_{ES} ist.

13.8.3.4 Dynamisches Verhalten des Beobachters

Zeitverhalten des Zustandsbeobachters

Untersucht wird das Zeitverhalten des Zustandsbeobachters bei sprungförmigen Lageführungsgrößen $\varphi_s(t) = E(t), M_L(t) = 0$. Für die Beurteilung des dynamischen Verhaltens ist es zweckmäßig, Anfangswerte der Variablen der Regelstrecke

$$\begin{bmatrix} \varphi_i(t_0) \\ \omega_i(t_0) \\ M_M(t_0) \end{bmatrix} = \begin{bmatrix} -0.1 \\ 50 \\ 500 \end{bmatrix}$$

zu wählen, die von denen des Beobachters verschieden sind. Der Anfangszustand des Beobachters ist Null. In den folgenden Bildern ist das Einschwingverhalten der Zustandsvariablen aufgezeichnet:
- Bild 13.8-12: Drehwinkel $\varphi_i(t)$, $\hat{\varphi}_i(t)$,
- Bild 13.8-13: Winkelgeschwindigkeit $\omega_i(t)$, $\hat{\omega}_i(t)$,
- Bild 13.8-14: Motormoment $M_M(t)$, $\hat{M}_M(t)$.

Nach 3 bis 10 ms stimmen die Zustandsvariablen von Regelstrecke und Beobachter näherungsweise überein

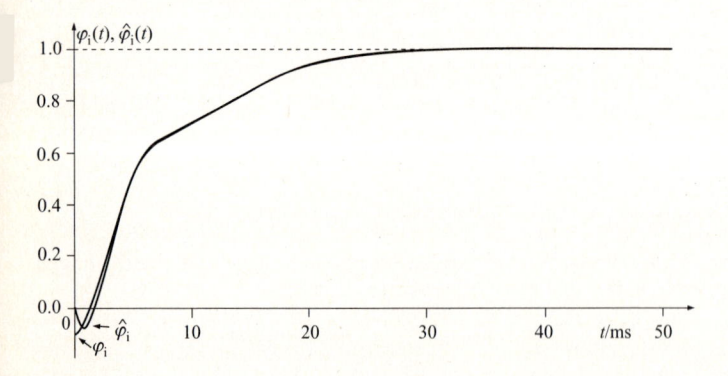

Bild 13.8-12: Einschwingverhalten des Drehwinkels

Die Anfangswerte des Beobachters werden auch in der Praxis gleich Null gewählt, da die Anfangswerte der Strecke nicht bekannt sind. Der Beobachter benötigt Zeit, um die Anfangsstörungen der Regelstrecke auszuregeln. Dadurch entsteht der ungünstige Sprungantwortverlauf der Zustandsregelung mit Beobachter in Bild 13.8-12 im Vergleich mit der Zustandsregelung ohne Beobachter in Bild 13.8-5.

13.8 Lageregelung mit Zustandsregler

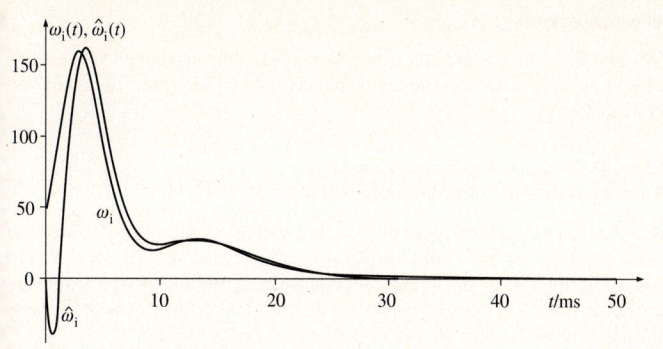

Bild 13.8-13: *Einschwingverhalten der Winkelgeschwindigkeit*

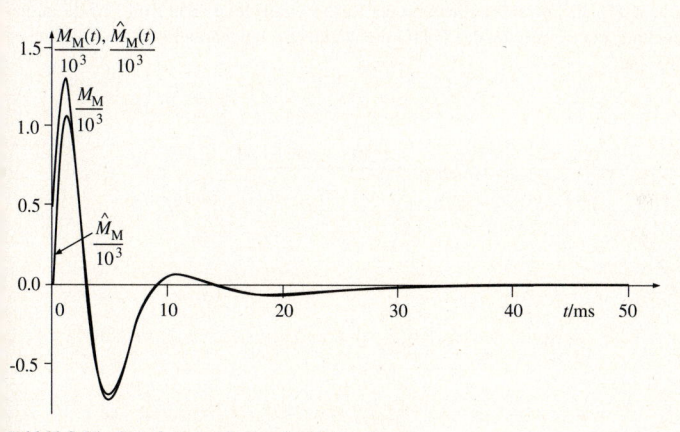

Bild 13.8-14: *Einschwingverhalten des Motormoments*

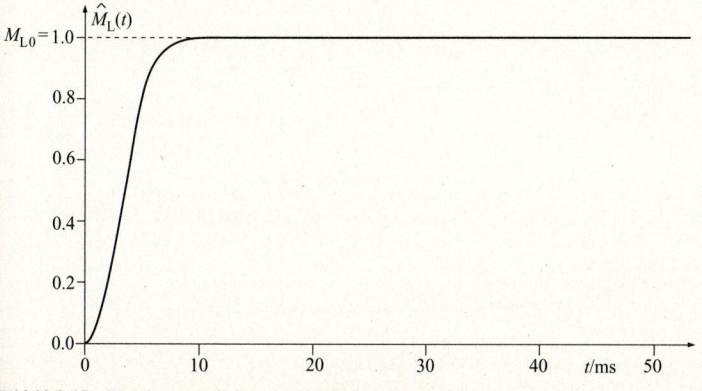

Bild 13.8-15: *Einschwingverhalten des Lastdrehmoments*

Zeitverhalten des Störgrößenbeobachters

Das Einschwingverhalten des Störgrößenbeobachters für sprungförmiges Lastdrehmoment $M_L(t) = M_{L0} \cdot E(t)$, $\varphi_s(t) = 0$ zeigt Bild 13.8-15, wobei das beobachtete Lastdrehmoment $\hat{M}_L(t)$ nach etwa 10 ms den vorgegebenen Wert $M_{L0} = 1$ Nm erreicht.

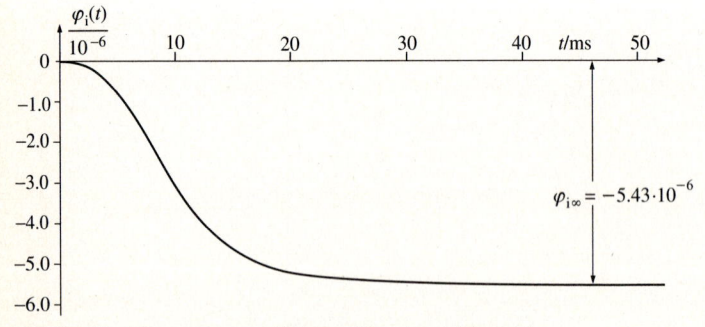

13.8.3.5 Störungsverhalten der Zustandsregelung mit Zustands- und Störgrößenbeobachter und Störgrößenaufschaltung

Kaskadenregelung und Zustandsregelung besitzen qualitativ gleiches stationäres Störungsverhalten. Die Störsprungantwortfunktion der Lageregelung mit Zustandsregler mit $\varphi_s(t) = 0$ und $M_L(t) = M_{L0} \cdot E(t)$ ist in Bild 13.8-16 aufgezeichnet. Ein Vergleich der Störsprungantwortfunktion in Bild 13.8-16 mit der der Lageregelung mit Kaskadenstruktur in Bild 13.5-16 ergibt angenähert gleiche Maximalwerte. Die Störsprungantwortfunktion der Zustandsregelung wird jedoch wesentlich schneller zu Null geregelt.

Für Störkräfte oder -momente, die einer Anstiegsfunktion mit $M_L(t) = \dot{M}_{L0} \cdot t$ folgen, ergibt sich ein Verlauf der Istposition nach Bild 13.8-17. Die Störanstiegsantwort der Kaskadenregelung ist in Bild 13.5-17 aufgezeichnet. Die Zustandsregelung weist einen um den Faktor drei kleineren stationären Endwert – verglichen mit der Kaskadenregelung – auf.

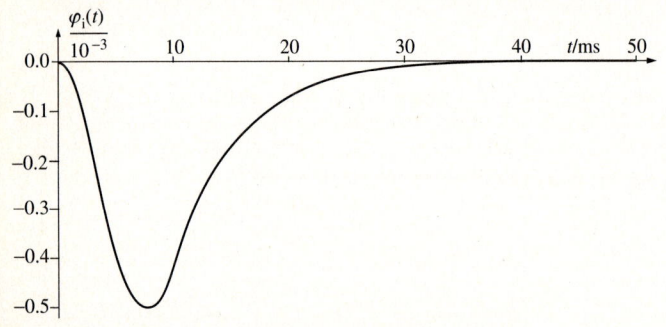

Bild 13.8-16: Störsprungantwortfunktion der Zustandsregelung mit Zustands- und Störgrößenbeobachter und Störgrößenaufschaltung ($M_{L0} = 1.0$ Nm)

Bild 13.8-17: Störanstiegsantwort der Zustandsregelung mit Zustands- und Störgrößenbeobachter und Störgrößenaufschaltung ($\dot{M}_{L0} = 1.0$ Nm · s^{-1})

13.8.4 Zustandslageregelung mit Störgrößenaufschaltung

Regelungen wirken Störungen entgegen, Störgrößenaufschaltungen verbessern das Störverhalten jedoch wesentlich. Voraussetzung ist, daß die Störgröße gemessen oder berechnet werden kann. Die Wirksamkeit ist um so besser, je näher die Störung am Streckeneingang angreift. Das Signalflußbild der Zustandslageregelung von Bild 13.8-1 ist in Bild 13.8-18 mit Übertragungsfunktionen dargestellt.

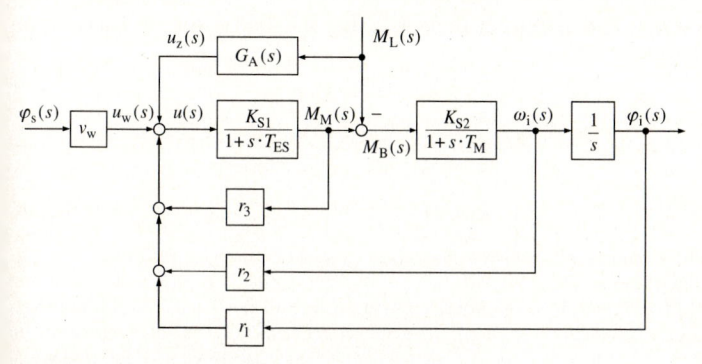

Bild 13.8-18: Zustandslageregelung mit Störgrößenaufschaltung

In Lageregelstrecken wirkt das Lastmoment M_L als Störgröße dem Motormoment entgegen. Eingriffspunkt ist der Eingang der Regelstrecke, da die Stellgliedzeitkonstante T_{ES} klein ist gegenüber den Verzögerungszeitkonstanten der Teilstrecke hinter dem Störgrößeneingang. Für die Störgrößenaufschaltung ist die Übertragungsfunktion $G_A(s)$ zu ermitteln, so daß die Störgröße kompensiert wird:

$$M_M - M_L = 0.$$

$G_A(s)$ wird für konstantes Lastmoment $M_L(t) = M_{L0} \cdot E(t)$ und $\varphi_s(t) = 0$ berechnet. Für den stationären Zustand

$$\varphi_s(t \to \infty) = 0, \quad u_w(t \to \infty) = 0, \quad \varphi_i(t \to \infty) = 0, \quad \omega_i(t \to \infty) = 0, \quad M_B(t \to \infty) = 0$$

ergibt sich aus dem Signalflußbild:

$$M_M(s) = \frac{K_{S1}}{1 + s \cdot T_{ES}} \cdot [G_A(s) \cdot M_L(s) + r_3 \cdot M_M(s)] = G_{Z1}(s) \cdot [G_A(s) \cdot M_L(s) + r_3 \cdot M_M(s)].$$

Die Gleichung wird umgeformt, mit der Bedingung für die Kompensation der Störgröße

$$\frac{M_M(s)}{M_L(s)} = \frac{G_{Z1}(s) \cdot G_A(s)}{1 - G_{Z1}(s) \cdot r_3} \stackrel{!}{=} 1$$

erhält man die Übertragungsfunktion $G_A(s)$ für die Störgrößenaufschaltung mit PD-Verhalten.

$$G_A(s) = \frac{1 + s \cdot T_{ES} - K_{S1} \cdot r_3}{K_{S1}} = \frac{Z(s)}{N(s)}.$$

Mit dieser Form von $G_A(s)$ wird die Störgröße stationär und dynamisch vollständig kompensiert, wobei nur das Stellglied und die Rückführung über r_3 des Rückführvektors die normierte Sprungantwort (Übergangsvorgang) beeinflußt. Der Ausgang der Regelstrecke wird von der Störgröße nicht beeinflußt. Die Übertragungsfunktion kann jedoch technisch nicht realisiert werden, da die Bedingung Grad $N(s) \geq$ Grad $Z(s)$ nicht erfüllt ist. Soll die Störgröße stationär und dynamisch näherungsweise kompensiert werden, dann muß $G_A(s)$ durch ein PT_1-Element ergänzt werden

$$G_{A,\mathrm{PDT1}}(s) = \frac{(1 - K_{S1} \cdot r_3) \cdot \left(1 + s \cdot \dfrac{T_{ES}}{1 - K_{S1} \cdot r_3}\right)}{K_{S1} \cdot (1 + s \cdot T_1)} = \frac{K_A \cdot (1 + s \cdot T_A)}{1 + s \cdot T_1},$$

für das PDT_1-Element ist $T_1 \ll T_A$ zu wählen. In vielen Anwendungsfällen ist eine stationäre Kompensation für sprungförmige Störgrößen

$$M_M(t \to \infty) = M_L(t \to \infty) = M_{L0}$$

ausreichend, $G_A(s)$ kann dann durch ein P-Element realisiert werden:

$$\lim_{s \to 0} G_{A,P}(s) = K_A = \frac{1}{K_{S1}} - r_3.$$

Bei Störgrößenaufschaltungen mit P-Element greift der Regler während des Spungantwortverlaufs ein. Stationär wirken sprungförmig vorgegebene Störgrößen nicht auf den Ausgang der Regelstrecke, auch wenn der offene Regelkreis kein I-Element enthält. Störgrößenaufschaltungen mit P-Element sind bei elektrischen Vorschubantrieben dynamisch sehr wirksam, wenn mit Transistorpulsumrichtern kleine Stellgliedzeitkonstanten T_{ES} gegeben sind. In Bild 13.8-19 sind Störsprungantworten und Störanstiegsantworten für Störgrößenaufschaltungen mit P-Element aufgezeichnet. Für Störanstiegsfunktionen ergibt sich nur dann eine konstante Regeldifferenz, wenn konstante Störgrößen stationär exakt kompensiert werden.

Störgrößenaufschaltungen sind auch bei einschleifigen Regelungen und Kaskadenregelungen anwendbar. In Abschnitt 13.8-3 ist eine Zustandslageregelung mit Störgrößenbeobachter und Störgrößenaufschaltung beschrieben.

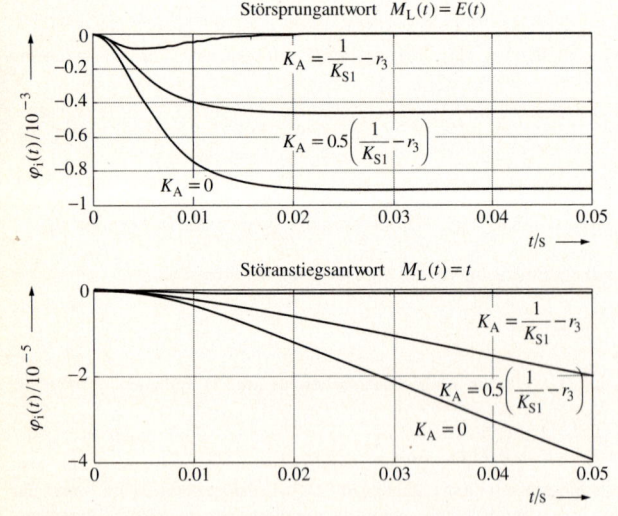

Bild 13.8-19: Zeitverläufe von Störsprung- und Störanstiegsantworten der Zustandslageregelung bei der Störgrößenaufschaltung mit P-Element

13.9 Digitale Drehzahl- und Lageregelungen mit Zustandsregler

13.9.1 Zustandsdarstellung für digitale Regelungen

Bei der Beschreibung analoger Zustandsregelungen (Kapitel 12) mit einer Eingangs- und einer Ausgangsvariablen (Eingrößensystem) werden die Zustandsgleichungen in folgender Form (Kurzschreibweise) angegeben:

$$\frac{d\boldsymbol{x}(t)}{dt} = \dot{\boldsymbol{x}}(t) = \boldsymbol{A} \cdot \boldsymbol{x}(t) + \boldsymbol{b} \cdot u(t), \qquad \text{(Zustandsdifferentialgleichung)},$$

$$y(t) = \boldsymbol{c}^{\mathrm{T}} \cdot \boldsymbol{x}(t) + d \cdot u(t), \qquad \text{(Ausgangsgleichung)}.$$

Ein entsprechendes zeitdiskretes System läßt sich mit n Differenzengleichungen I. Ordnung und einer Ausgangsgleichung beschreiben. Für ein zeitdiskretes System mit Halteglied nullter Ordnung ergeben sich folgende Zustandsgleichungen:

$$\boldsymbol{x}_{k+1} = \boldsymbol{\Phi}(T) \cdot \boldsymbol{x}_k + \boldsymbol{h}(T) \cdot u_k, \qquad \text{(Zustandsdifferenzengleichung)},$$

$$y_k = \boldsymbol{c}^{\mathrm{T}} \cdot \boldsymbol{x}_k + d \cdot u_k, \qquad \text{(Ausgangsgleichung)}.$$

Die Matrizen und Vektoren des zeitdiskreten Systems sind Systemmatrix $\boldsymbol{\Phi}(T)$, Eingangsvektor $\boldsymbol{h}(T)$, Ausgangsvektor $\boldsymbol{c}^{\mathrm{T}}$, Durchgangsfaktor d. Ausgangsvektor und Durchgangsfaktor sind bei analogen und digitalen Systemen gleich. Für die Systemmatrix des zeitdiskreten Systems wird die Transitionsmatrix (Abschnitt 12.2.2.4) für die Abtastzeit T ermittelt. Die Transitionsmatrix kann durch Entwicklung in eine Potenzreihe

$$\boldsymbol{\Phi}(T) = \mathrm{e}^{\boldsymbol{A} \cdot T} = \sum_{i=0}^{\infty} \boldsymbol{A}^i \cdot \frac{T^i}{i!}$$

oder mit der LAPLACE-Transformation

$$\boldsymbol{\Phi}(T) = L^{-1}\{[s \cdot \boldsymbol{E} - \boldsymbol{A}]^{-1}\}\Big|_{t=T}$$

berechnet werden. Der Eingangsvektor des zeitdiskreten Systems läßt sich mit dem Integral über eine Abtastperiode

$$\boldsymbol{h}(T) = \left[\int_0^T \boldsymbol{\Phi}(T-t) \cdot dt\right] \cdot \boldsymbol{b}$$

oder mit

$$\boldsymbol{h}(T) = \boldsymbol{A}^{-1}[\boldsymbol{\Phi}(T) - \boldsymbol{E}] \cdot \boldsymbol{b}, \qquad \det \boldsymbol{A} \neq 0$$

berechnen.

13.9.2 Digitale Drehzahlregelung mit Zustandsregler

Hohe Genauigkeitsanforderungen an Antriebe für Werkzeugmaschinen und Industrieroboter lassen sich nur mit digitalen Regelungen erfüllen. Die dynamische Regelgüte der weit verbreiteten Kaskadenregelung ist für viele Anwendungsfälle, bei denen Vorschubbewegungen genau und möglichst schnell ausgeführt werden müssen, nicht ausreichend. Digitale Zustandsregelungen werden eingesetzt, wenn sehr hohe stationäre und dynamische Anforderungen an die Regelgüte bestehen. In diesem und im folgenden Abschnitt sind digitale Drehzahl- und Lageregelungen mit Zustandsregler beschrieben, wobei die Regeleinrichtung vollständig digital realisiert ist.

Zunächst wird eine digitale Drehzahlregelung (Winkelgeschwindigkeitsregelung) mit Zustandsregler untersucht. Für die Drehzahlregelstrecke wird das Modell mit zwei Zeitkonstanten von Abschnitt 13.2.2 eingesetzt, mit dem Signalflußbild

13 Regelungen in der elektrischen Antriebstechnik

$K_{S1} = 0.3 \text{ Nm/s}^{-1}, \quad K_{S2} = 1 \text{ s}^{-1}/\text{Nm}, \quad T_{ES} = 1.5 \text{ ms}, \quad T_M = 20 \text{ ms}$

und dem Zustandsmodell

$$\frac{d}{dt}\begin{bmatrix} \omega_i(t) \\ M_M(t) \end{bmatrix} = \begin{bmatrix} \frac{-1}{T_M} & \frac{K_{S2}}{T_M} \\ 0 & \frac{-1}{T_{ES}} \end{bmatrix} \cdot \begin{bmatrix} \omega_i(t) \\ M_M(t) \end{bmatrix} + \begin{bmatrix} 0 \\ \frac{K_{S1}}{T_{ES}} \end{bmatrix} \cdot u(t) - \begin{bmatrix} \frac{K_{S2}}{T_M} \\ 0 \end{bmatrix} \cdot M_L(t),$$

$$\frac{d}{dt} x(t) = A \cdot x(t) + b \cdot u(t) - b_z \cdot z(t),$$

$$y(t) = c^T \cdot x(t) = [1 \quad 0] \cdot x(t) = \omega_i(t).$$

Im folgenden werden Systemmatrix $\Phi(T)$, Eingangsvektor $h(T)$ und Störeingangsvektor $h_z(T)$ für das zeitdiskrete System mit Halteglied nullter Ordnung symbolisch ermittelt, anschließend werden die Zahlenwerte für verschiedene Abtastzeiten berechnet. Die erforderliche Abtastzeit wird nach Tabelle 11.3-2 für $T \leq 0.1 \cdot T_{ES} = 0.15 \text{ ms}$ bestimmt. Gewählt wird $T = 0.1 \text{ ms}$, damit arbeitet die digitale Drehzahlregelung quasikontinuierlich.

Systemmatrix der Regelstrecke:

$$\Phi(T) = L^{-1}\{[s \cdot E - A]^{-1}\}\Big|_{t=T}$$

$$= \begin{bmatrix} e^{-T/T_M} & \frac{K_{S2} \cdot T_{ES} \cdot (e^{-T/T_M} - e^{-T/T_{ES}})}{T_M - T_{ES}} \\ 0 & e^{-T/T_{ES}} \end{bmatrix} = \begin{bmatrix} \Phi_{11} & \Phi_{12} \\ 0 & \Phi_{22} \end{bmatrix},$$

$$\Phi(T = 0.1 \text{ ms}) = \begin{bmatrix} 0.9950 & 0.0048 \\ 0 & 0.9355 \end{bmatrix}.$$

Eingangsvektor:

$$h(T) = A^{-1} \cdot [\Phi(T) - E] \cdot b$$

$$= \begin{bmatrix} K_{S1} \cdot K_{S2} \cdot \left(1 + \frac{T_{ES}}{T_M - T_{ES}} \cdot e^{-T/T_{ES}} - \frac{T_M}{T_M - T_{ES}} \cdot e^{-T/T_M}\right) \\ K_{S1} \cdot (1 - e^{-T/T_{ES}}) \end{bmatrix} = \begin{bmatrix} h_1 \\ h_2 \end{bmatrix},$$

$$h(T = 0.1 \text{ ms}) = \begin{bmatrix} 0.000049 \\ 0.019348 \end{bmatrix}.$$

13.9 Digitale Drehzahl- und Lageregelungen mit Zustandsregler

Störeingangsvektor:

$$\boldsymbol{h}_z(T) = \boldsymbol{A}^{-1} \cdot [\boldsymbol{\Phi}(T) - \boldsymbol{E}] \cdot \boldsymbol{b}_z = \begin{bmatrix} K_{S2} \cdot (1 - e^{-T/T_M}) \\ 0 \end{bmatrix} = \begin{bmatrix} h_{z1} \\ 0 \end{bmatrix},$$

$$\boldsymbol{h}_z(T = 0.1 \text{ ms}) = \begin{bmatrix} 0.0050 \\ 0 \end{bmatrix}.$$

Für die Drehzahlregelstrecke hat das zeitdiskrete Zustandsmodell die Form

$$\begin{bmatrix} \omega_{i,k+1} \\ M_{M,k+1} \end{bmatrix} = \begin{bmatrix} \Phi_{11} & \Phi_{12} \\ 0 & \Phi_{22} \end{bmatrix} \cdot \begin{bmatrix} \omega_{i,k} \\ M_{M,k} \end{bmatrix} + \begin{bmatrix} h_1 \\ h_2 \end{bmatrix} \cdot u_k - \begin{bmatrix} h_{z1} \\ 0 \end{bmatrix} \cdot M_{L,k},$$

$$\boldsymbol{x}_{k+1} = \boldsymbol{\Phi}(T) \cdot \boldsymbol{x}_k + \boldsymbol{h}(T) \cdot u_k - \boldsymbol{h}_z(T) \cdot M_{L,k},$$

$$y_k = \boldsymbol{c}^T \cdot \boldsymbol{x}_k = [1 \quad 0] \cdot \boldsymbol{x}_k \,\hat{=}\, \omega_{i,k},$$

das zugehörige Signalflußbild 13.9-1 und das allgemeine Signalflußbild 13.9-2 der digitalen Drehzahlregelung mit Zustandsregler sind angegeben.

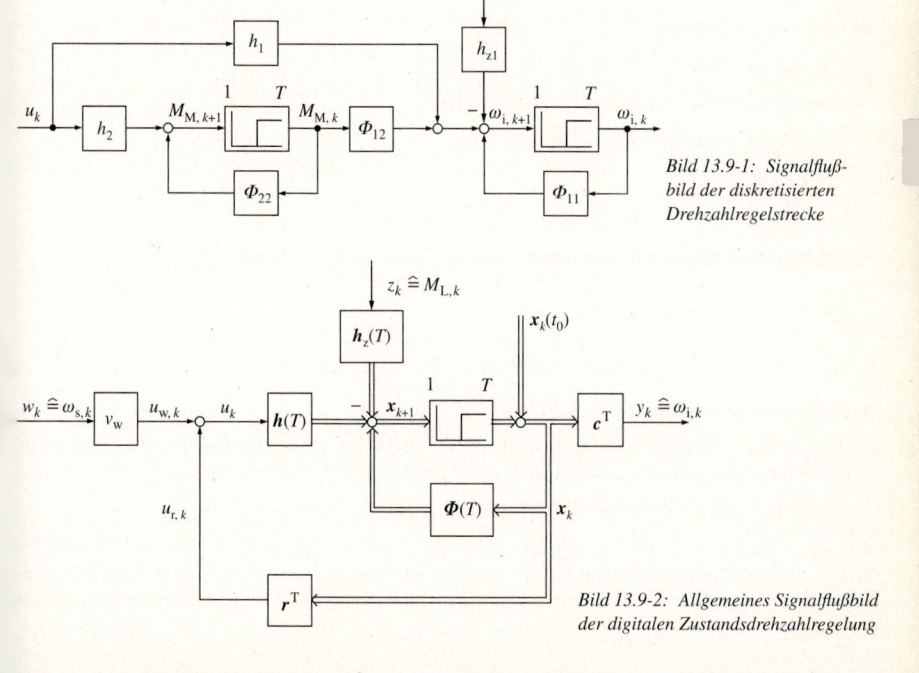

Bild 13.9-1: Signalflußbild der diskretisierten Drehzahlregelstrecke

Bild 13.9-2: Allgemeines Signalflußbild der digitalen Zustandsdrehzahlregelung

Das Totzeitelement im Signalflußplan verschiebt den Zustandsvektor um eine Abtastperiode.

Lösung der homogenen Zustandsdifferenzengleichung

Aus dem Signalflußbild 13.9-2 ergeben sich folgende Gleichungen:

Regelstrecke:
$$\boldsymbol{x}_{k+1} = \boldsymbol{\Phi}(T) \cdot \boldsymbol{x}_k + \boldsymbol{h}(T) \cdot [u_{\mathrm{w},k} + u_{\mathrm{r},k}] - \boldsymbol{h}_z(T) \cdot z_k, \qquad z_k \triangleq M_{\mathrm{L},k},$$
$$y_k = \boldsymbol{c}^{\mathrm{T}} \cdot \boldsymbol{x}_k \triangleq \omega_{\mathrm{i},k},$$

Regler:
$$u_{\mathrm{r},k} = \boldsymbol{r}^{\mathrm{T}} \cdot \boldsymbol{x}_k = [r_1 \ \ldots \ r_n] \begin{bmatrix} x_{1,k} \\ \vdots \\ x_{n,k} \end{bmatrix} = [r_1 \ \ r_2] \begin{bmatrix} \omega_{\mathrm{i},k} \\ M_{\mathrm{M},k} \end{bmatrix},$$

Vorfilter:
$$u_{\mathrm{w},k} = v_{\mathrm{w}} \cdot w_k = v_{\mathrm{w}} \cdot \omega_{\mathrm{s},k}.$$

Die Reglergleichung wird in die Gleichung der Regelstrecke eingesetzt, für $u_{\mathrm{w},k} = 0$, $z_k = 0$ ergibt sich die homogene Zustandsdifferenzengleichung der Zustandsregelung:

$$\boldsymbol{x}_{k+1} = \boldsymbol{\Phi}(T) \cdot \boldsymbol{x}_k + \boldsymbol{h}(T) \cdot \boldsymbol{r}^{\mathrm{T}} \cdot \boldsymbol{x}_k = [\boldsymbol{\Phi}(T) + \boldsymbol{h}(T) \cdot \boldsymbol{r}^{\mathrm{T}}] \cdot \boldsymbol{x}_k.$$

Mit dem Verschiebungssatz der z-Transformation für die Verschiebung um einen Abtastschritt nach links wird die z-Transformation durchgeführt:

$$z \cdot [\boldsymbol{x}(z) - \boldsymbol{x}(t_0)] = [\boldsymbol{\Phi}(T) + \boldsymbol{h}(T) \cdot \boldsymbol{r}^{\mathrm{T}}] \cdot \boldsymbol{x}(z).$$

Die Gleichung wird umgeformt

$$[z \cdot \boldsymbol{E} - (\boldsymbol{\Phi}(T) + \boldsymbol{h}(T) \cdot \boldsymbol{r}^{\mathrm{T}})] \cdot \boldsymbol{x}(z) = z \cdot \boldsymbol{x}(t_0)$$

und durch Links-Multiplikation mit der inversen Matrix

$$[z \cdot \boldsymbol{E} - (\boldsymbol{\Phi}(T) + \boldsymbol{h}(T) \cdot \boldsymbol{r}^{\mathrm{T}})]^{-1}$$

nach $\boldsymbol{x}(z)$ aufgelöst:

$$\boldsymbol{x}(z) = [z \cdot \boldsymbol{E} - (\boldsymbol{\Phi}(T) + \boldsymbol{h}(T) \cdot \boldsymbol{r}^{\mathrm{T}})]^{-1} \cdot z \cdot \boldsymbol{x}(t_0).$$

Die z-Rücktransformation liefert die Lösung der homogenen Zustandsdifferenzengleichung im Zeitbereich

$$\boxed{\boldsymbol{x}_k = Z^{-1} \left\{ [z \cdot \boldsymbol{E} - (\boldsymbol{\Phi}(T) + \boldsymbol{h}(T) \cdot \boldsymbol{r}^{\mathrm{T}})]^{-1} \cdot z \right\} \cdot \boldsymbol{x}(t_0),}$$

$\boldsymbol{\Phi}(T) + \boldsymbol{h}(T) \cdot \boldsymbol{r}^{\mathrm{T}}$ ist die Systemmatrix der digitalen Zustandsregelung.

Steuerbarkeit der zeitdiskreten Regelstrecke

Zur Prüfung der Steuerbarkeit der diskretisierten Regelstrecke ist das in Abschnitt 12.2.5.1 beschriebene Verfahren für zeitkontinuierliche Regelungen anwendbar. Die $n \times n$-Steuerbarkeitsmatrix

$$\boldsymbol{Q}_{\mathrm{S}} = [\boldsymbol{h}(T), \ \boldsymbol{\Phi}(T) \cdot \boldsymbol{h}(T), \ \boldsymbol{\Phi}^2(T) \cdot \boldsymbol{h}(T), \ \ldots, \ \boldsymbol{\Phi}^{n-1}(T) \cdot \boldsymbol{h}(T)]$$

wird mit Eingangsvektor $\boldsymbol{h}(T)$ und Systemmatrix $\boldsymbol{\Phi}(T)$ der diskretisierten Regelstrecke gebildet. Für $\det \boldsymbol{Q}_{\mathrm{S}} \neq 0$ ist die zeitdiskrete Regelstrecke steuerbar, die Steuerbarkeitsgüte ist von der gewählten Abtastzeit T abhängig. Das Verfahren der Polvorgabe zur Berechnung des Zustandsreglers ist für steuerbare Regelstrecken anwendbar.

Für die digitale Zustandsdrehzahlregelung ergibt sich die Steuerbarkeitsmatrix zu

$$Q_S = [h(T), \Phi(T) \cdot h(T)],$$

mit der Determinanten

$$\det Q_S = \begin{bmatrix} h_1 & \Phi_{11} \cdot h_1 + \Phi_{12} \cdot h_2 \\ h_2 & \Phi_{22} \cdot h_2 \end{bmatrix} = h_2 \cdot [\Phi_{22} \cdot h_1 - \Phi_{11} \cdot h_1 - \Phi_{12} \cdot h_2] \neq 0.$$

Ermittlung des digitalen Zustandsreglers durch Polvorgabe

Ausgangspunkt für das Polvorgabeverfahren ist die charakteristische Gleichung der digitalen Zustandsregelung

$$\det[z \cdot E - (\Phi(T) + h(T) \cdot r^T)] = a_n \cdot z^n + a_{n-1} \cdot z^{n-1} + \ldots + a_1 \cdot z + a_0 \stackrel{!}{=} P(z),$$

für die digitale Zustandsdrehzahlregelung ist dann

$$P(z) = z^2 - (\Phi_{22} + \Phi_{11} + h_1 \cdot r_1 + h_2 \cdot r_2) \cdot z + \Phi_{11} \cdot \Phi_{12} + \Phi_{11} \cdot h_2 \cdot r_2 + \Phi_{22} \cdot h_1 \cdot r_1 - \Phi_{12} \cdot h_2 \cdot r_1 = 0.$$

Die Polynomkoeffizienten sind Funktionen der Elemente des Rückführvektors r^T. Vorgegeben wird ein dominierendes Polpaar

$$s_{p1,2Z} = \frac{-1}{2 \cdot T_{ES}} \cdot (1 \pm j),$$

dieses wird mit

$$z_{p1,2Z} = e^{s_{p1,2Z} \cdot T}, \qquad z_{p1,2Z}(T = 0.1 \text{ ms}) = 0.9667 \mp j0.0322$$

in die Polstellen der digitalen Regelung umgerechnet. Der Rückführvektor r^T ist durch Koeffizientenvergleich mit dem Vorgabepolynom

$$P(z) = (z - z_{p1Z}) \cdot (z - z_{p2Z}) = (z - 0.9667 + j0.0322) \cdot (z - 0.9667 - j0.0322)$$
$$= z^2 - 1.93335 \cdot z + 0.9355$$

zu berechnen. Die Rückführkoeffizienten ergeben sich für $T = 0.1$ ms zu

$$r_1 = -19.10, \qquad r_2 = 0.195.$$

In Bild 13.9-3 sind die Pole der Regelstrecke und der digitalen Regelung angegeben, die Pol-Nullstellenpläne (Bild 13.9-4) zeigen die Pole der Drehzahlregelstrecke und die Vorgabepole der analogen und der digitalen Drehzahlregelung für die angegebenen Abtastzeiten.

Pole der Drehzahlregelstrecke	Pole der Drehzahlregelung mit Zustandsregler		
	analoge Drehzahlregelung	digitale Drehzahlregelung	
		$T = 0.1$ ms	$T = 1$ ms
$s_{p1S} = -1/T_M$ $= -50 \text{ s}^{-1}$	$s_{p1,2Z} = -\dfrac{1}{2 \cdot T_{ES}}(1 \pm j)$	$z_{p1,2Z} = 0.9667 \mp j0.0322$	$z_{p1,2Z} = 0.6771 \mp j0.2344$
$s_{p2S} = -1/T_{ES}$ $= -666.7 \text{ s}^{-1}$			

Bild 13.9-3: Pole der Regelstrecke für die analoge und digitale Drehzahlregelung mit Zustandsregler

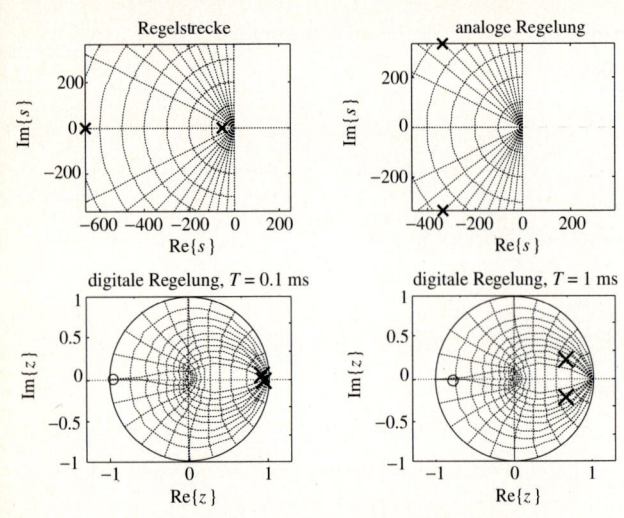

Bild 13.9-4: Pol-Nullstellenpläne mit den Polen der Drehzahlregelstrecke und den Vorgabepolen der analogen und der digitalen Drehzahlregelung

Berechnung des Vorfilters

Wie bei der analogen Zustandsregelung wird zur Kompensation der bleibenden Regeldifferenz für konstante Führungsgrößen ein Vorfilter benötigt. Die Berechnung erfolgt entsprechend der Vorgehensweise in Abschnitt 12.3.2.2 unter Verwendung der inhomogenen Zustandsgleichung (Signalflußbild 13.9-2):

$$x_{k+1} = \boldsymbol{\Phi}(T) \cdot \boldsymbol{x}_k + \boldsymbol{h}(T) \cdot u_k = \boldsymbol{\Phi}(T) \cdot \boldsymbol{x}_k + \boldsymbol{h}(T) \cdot [u_{r,k} + u_{w,k}]$$
$$= \boldsymbol{\Phi}(T) \cdot \boldsymbol{x}_k + \boldsymbol{h}(T) \cdot [\boldsymbol{r}^\mathrm{T} \cdot \boldsymbol{x}_k + v_\mathrm{w} \cdot w_k] = [\boldsymbol{\Phi}(T) + \boldsymbol{h}(T) \cdot \boldsymbol{r}^\mathrm{T}] \cdot \boldsymbol{x}_k + \boldsymbol{h}(T) \cdot v_\mathrm{w} \cdot w_k.$$

Mit dem Linksverschiebungssatz der z-Transformation und $\boldsymbol{x}(t_0) = \boldsymbol{o}$ ergibt sich

$$z \cdot \boldsymbol{x}(z) - [\boldsymbol{\Phi}(T) + \boldsymbol{h}(T) \cdot \boldsymbol{r}^\mathrm{T}] \cdot \boldsymbol{x}(z) = [z \cdot \boldsymbol{E} - [\boldsymbol{\Phi}(T) + \boldsymbol{h}(T) \cdot \boldsymbol{r}^\mathrm{T}]] \cdot \boldsymbol{x}(z) = \boldsymbol{h}(T) \cdot v_\mathrm{w} \cdot w(z).$$

Nach $\boldsymbol{x}(z)$ aufgelöst

$$\boldsymbol{x}(z) = [z \cdot \boldsymbol{E} - [\boldsymbol{\Phi}(T) + \boldsymbol{h}(T) \cdot \boldsymbol{r}^\mathrm{T}]]^{-1} \cdot \boldsymbol{h}(T) \cdot v_\mathrm{w} \cdot w(z)$$

und in die Ausgangsgleichung eingesetzt ergibt:

$$y(z) = \boldsymbol{c}^\mathrm{T} \cdot \boldsymbol{x}(z) = \boldsymbol{c}^\mathrm{T} \cdot [z \cdot \boldsymbol{E} - [\boldsymbol{\Phi}(T) + \boldsymbol{h}(T) \cdot \boldsymbol{r}^\mathrm{T}]]^{-1} \cdot \boldsymbol{h}(T) \cdot v_\mathrm{w} \cdot w(z).$$

Das Vorfilter wird für konstante Führungsgrößen (Aufschaltung einer Sprungfolge)

$$w(z) = w_0 \cdot \frac{z}{z-1}$$

mit dem Endwert der normierten Sprungfolgeantwort bestimmt:

$$\frac{y(kT \to \infty)}{w_0} = \lim_{z \to 1+} (z-1) \cdot \boldsymbol{c}^\mathrm{T} \cdot \left[z \cdot \boldsymbol{E} - [\boldsymbol{\Phi}(T) + \boldsymbol{h}(T) \cdot \boldsymbol{r}^\mathrm{T}]\right]^{-1} \cdot \boldsymbol{h}(T) \cdot v_\mathrm{w} \cdot \frac{z}{z-1}$$
$$= \boldsymbol{c}^\mathrm{T} \cdot [\boldsymbol{E} - [\boldsymbol{\Phi}(T) + \boldsymbol{h}(T) \cdot \boldsymbol{r}^\mathrm{T}]]^{-1} \cdot \boldsymbol{h}(T) \cdot v_\mathrm{w} \stackrel{!}{=} 1.$$

Das konstante Vorfilter ergibt sich zu

$$\boxed{v_\mathrm{w} = [\boldsymbol{c}^\mathrm{T} \cdot [\boldsymbol{E} - [\boldsymbol{\Phi}(T) + \boldsymbol{h}(T) \cdot \boldsymbol{r}^\mathrm{T}]]^{-1} \cdot \boldsymbol{h}(T)]^{-1}},$$

für die Zustandsdrehzahlregelung hat das Vorfilter für $T = 0.1$ ms den Wert

$$v_\text{w} = \frac{1 - K_{S1} \cdot (K_{S2} \cdot r_1 + r_2)}{K_{S1} \cdot K_{S2}} = 22.24.$$

Sprungverhalten der digitalen Zustandsdrehzahlregelung

Bild 13.9-5 zeigt das Führungs- und Störverhalten der digitalen Zustandsdrehzahlregelung bei Sprungaufschaltung für $T = 0.1$ ms, $T = 1$ ms. Größere Abtastzeiten ($T = 1$ ms) führen zu schlechterem Störverhalten, die bleibende Regeldifferenz wird größer. Für den praktischen Einsatz der Drehzahlregelung für Hauptantriebe an Werkzeugmaschinen muß das Störverhalten verbessert werden. Die Überlagerung des Zustandsreglers durch einen I- oder PI-Regler ist ein geeignetes Verfahren.

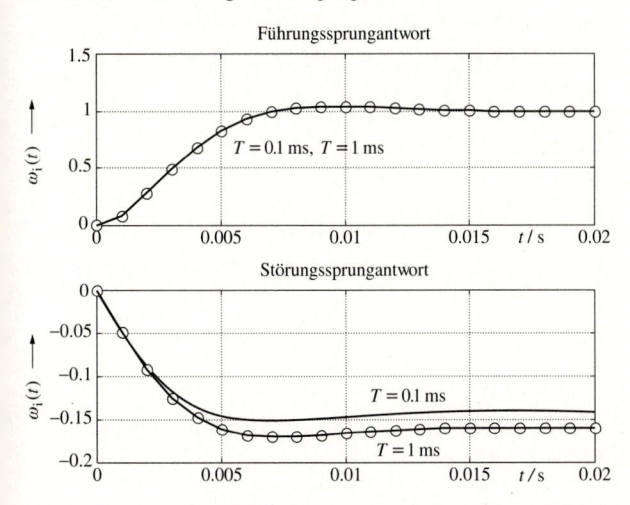

Bild 13.9-5: Führungs- und Störungssprungantwortfunktionen der digitalen Zustandsdrehzahlregelung

13.9.3 Digitale Integral-Zustandslageregelung

In den Abschnitten 12.4.2.3 und 13.8.3 werden zur Verbesserung des Störverhaltens Zustandsregelungen mit Störgrößenbeobachter untersucht. Der Realisierungsaufwand ist relativ hoch. Zustandsregelungen mit überlagertem PI-Regler nach Abschnitt 12.4.3 sind einfacher zu realisieren, das Vorfilter für die Führungsgröße entfällt. Ein weiterer Vorteil ist der geringe Einfluß von Streckenparameteränderungen auf die Regelgüte. Der überlagerte PI-Regler gibt der Übertragungsfunktion eine zusätzliche Nullstelle, mit der eine Polstelle der Regelung kompensiert werden kann. Die Regelung wird dadurch schneller. Ist die Nullstelle nicht erforderlich, dann genügt ein überlagerter I-Regler.

Bei der Integral-Zustandslageregelung wird die Zustandsrückführung in Bild 13.9-1 durch einen I-Regler überlagert, so daß bleibende Regeldifferenzen für konstante Führungs- und Störgrößen zu Null geregelt werden. Bild 13.9-6 zeigt das Signalflußbild der digitalen Integral-Zustandslageregelung.

Für Strecke und Regeleinrichtung ergeben sich aus dem Signalflußbild folgende Gleichungen:

Regelstrecke:

$$\boldsymbol{x}_{k+1} = \boldsymbol{\Phi}(T) \cdot \boldsymbol{x}_k + \boldsymbol{h}(T) \cdot u_k - \boldsymbol{h}_z(T) \cdot z_k, \qquad z_k \mathrel{\widehat{=}} M_{L,k},$$
$$y_k = \boldsymbol{c}^\text{T} \cdot \boldsymbol{x}_k \mathrel{\widehat{=}} \varphi_{i,k},$$

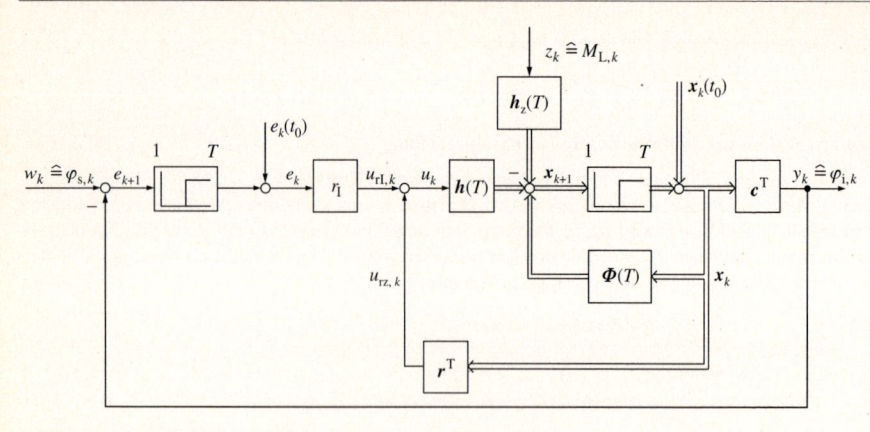

Bild 13.9-6: Signalflußbild der digitalen Integral-Zustandslageregelung

Zustandsrückführung:

$$u_{\text{rz},k} = \boldsymbol{r}^\text{T} \cdot \boldsymbol{x}_k,$$

überlagerter I-Regler:

$$u_k = u_{\text{rz},k} + u_{\text{rI},k} = \boldsymbol{r}^\text{T} \cdot \boldsymbol{x}_k + r_1 \cdot e_k,$$

$$e_{k+1} = w_k - y_k = w_k - \boldsymbol{c}^\text{T} \cdot \boldsymbol{x}_k = \varphi_{\text{s},k} - \varphi_{\text{i},k}.$$

Der Zustandsvektor $\boldsymbol{x}_k$ wird um e_k erweitert. Mit dem erweiterten Zustandsvektor ergeben sich die Zustandsdifferenzengleichung und die Ausgangsgleichung der Regelstrecke:

$$\begin{bmatrix} \boldsymbol{x}_{k+1} \\ \cdots \\ e_{k+1} \end{bmatrix} = \begin{bmatrix} \boldsymbol{\Phi}(T) & \vdots & \boldsymbol{o} \\ \cdots & \cdots & \cdots \\ -\boldsymbol{c}^\text{T} & \vdots & 0 \end{bmatrix} \begin{bmatrix} \boldsymbol{x}_k \\ \cdots \\ e_k \end{bmatrix} + \begin{bmatrix} \boldsymbol{h}(T) \\ \cdots \\ 0 \end{bmatrix} \cdot u_k - \begin{bmatrix} \boldsymbol{h}_z(T) \\ \cdots \\ 0 \end{bmatrix} \cdot z_k,$$

$$y_k = \begin{bmatrix} \boldsymbol{c}^\text{T} & 0 \end{bmatrix} \cdot \begin{bmatrix} \boldsymbol{x}_k \\ \cdots \\ e_k \end{bmatrix} = \varphi_{\text{i},k}.$$

Für die Integral-Zustandslageregelung erhält man die Gleichungen

$$\begin{bmatrix} \boldsymbol{x}_{k+1} \\ \cdots \\ e_{k+1} \end{bmatrix} = \underbrace{\begin{bmatrix} \boldsymbol{\Phi}(T) + \boldsymbol{h}(T) \cdot \boldsymbol{r}^\text{T} & \vdots & \boldsymbol{h}(T) \cdot r_1 \\ \cdots & \cdots & \cdots \\ -\boldsymbol{c}^\text{T} & \vdots & 0 \end{bmatrix}}_{\boldsymbol{\Phi}_1(T)} \begin{bmatrix} \boldsymbol{x}_k \\ \cdots \\ e_k \end{bmatrix} + \underbrace{\begin{bmatrix} \boldsymbol{o} \\ \cdots \\ 1 \end{bmatrix}}_{\boldsymbol{h}_1(T)} \cdot w_k - \underbrace{\begin{bmatrix} \boldsymbol{h}_z(T) \\ \cdots \\ 0 \end{bmatrix}}_{\boldsymbol{h}_{z1}(T)} \cdot z_k,$$

$$y_k = \begin{bmatrix} \boldsymbol{c}^\text{T} & 0 \end{bmatrix} \cdot \begin{bmatrix} \boldsymbol{x}_k \\ \cdots \\ e_k \end{bmatrix},$$

mit Systemmatrix $\boldsymbol{\Phi}_1(T)$, Eingangsvektor $\boldsymbol{h}_1(T)$, Störeingangsvektor $\boldsymbol{h}_{z1}(T)$ der Integral-Zustandslageregelung. Bei der Polvorgabe für die Zustandsregelung mit überlagertem I-Regler werden vier Pole vorgegeben,

13.9 Digitale Drehzahl- und Lageregelungen mit Zustandsregler

Rückführvektor r^T und Integrierbeiwert r_I werden durch Koeffizientenvergleich mit der charakteristischen Gleichung der Regelung ermittelt:

$$\det[z \cdot E - \boldsymbol{\Phi}_1(T)] \stackrel{!}{=} P(z) = (z - z_{p1Z}) \cdot (z - z_{p2Z}) \cdot (z - z_{p3Z}) \cdot (z - z_{p4Z}).$$

Bild 13.9-7 enthält die Pole der Regelstrecke, der analogen und der digitalen Integral-Zustandslageregelung.

Pole der Lageregelstrecke	Pole der Integral-Zustandslageregelung			
	analoge Lageregelung	digitale Lageregelung		
		$T = 0.1$ ms	$T = 1$ ms	$T = 3$ ms
$s_{p1S} = s_{p2S} = 0$	$s_{p1\ldots3Z} = -\omega_{0Z}$ $= -396.3 \text{ s}^{-1}$	$z_{p1\ldots4Z} = 0.9611$ $= e^{s_{p1Z} \cdot T}$	$z_{p1\ldots4Z} = 0.6728$	$z_{p1\ldots4Z} = 0.3046$
$s_{p3S} = -1/T_M$ $= -50 \text{ s}^{-1}$				
$s_{p4S} = -1/T_{ES}$ $= -666.7 \text{ s}^{-1}$				

Bild 13.9-7: Pole der Lageregelstrecke für die analoge und digitale Integral-Zustandslageregelung

Das Führungs- und Störverhalten der digitalen Integral-Zustandslageregelung ist in Bild 13.9-8 für Sprungaufschaltung aufgezeichnet. Im Vergleich mit der Führungssprungantwortfunktion der analogen Zustandslageregelung (Bild 13.8-1, Bild 13.8-5) ist die Regeldynamik verringert, durch die zusätzliche Polstelle des I-Reglers ist die digitale Integral-Zustandslageregelung langsamer. Das Störverhalten ist jedoch besser als bei der Lageregelung mit Zustandsregler und Zustands- und Störgrößenbeobachter (Bild 13.8-8, Bild 13.8-15). Erhöhte Abtastzeiten ($T = 1$ ms, $T = 3$ ms) wirken sich insbesondere auf das Störverhalten aus.

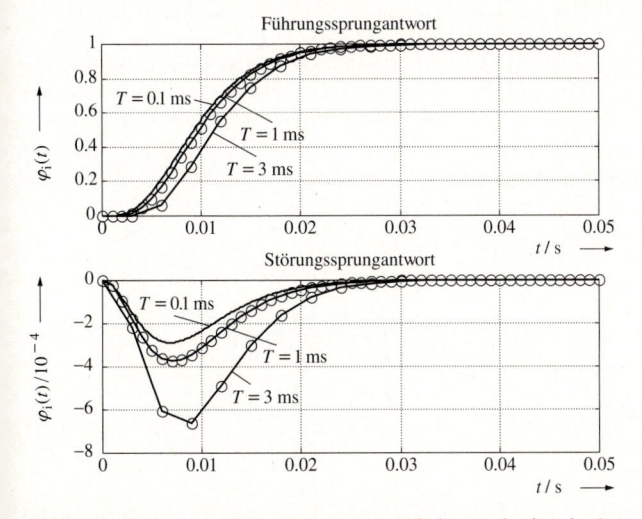

Bild 13.9-8: Führungs- und Störungssprungantwortfunktionen der digitalen Integral-Zustandslageregelung

13.10 Zusammenfassung

Für die Lageregelung von elektrischen Vorschubantrieben an Arbeitsmaschinen werden drei Regelungsstrukturen mit unterschiedlicher Leistungsfähigkeit untersucht und verglichen:
- Einschleifige Lageregelung (Abschnitt 13.4),
- Lageregelung mit Kaskadenstruktur (Abschnitte 13.5–13.7),
- Lageregelung mit Zustandsregler (Abschnitte 13.8, 13.9).

Dabei weist die einschleifige Lageregelung die geringste und die Zustandsregelung die höchste Regelgüte auf. Einschleifige Lageregelungen können die hohen Güteforderungen für Vorschubantriebssysteme an Arbeitsmaschinen nicht erfüllen.

Die Lageregelung mit Kaskadenstruktur hat je einen Regelkreis für Drehmoment, Drehzahl und Position. Dabei wird die Reglereinstellung nacheinander, beginnend mit dem inneren Drehmoment(Strom)-Regelkreis, von innen nach außen vorgenommen. Ein Vorteil der Kaskadenregelung gegenüber der Zustandsregelung besteht darin, daß die Reglereinstellung experimentell erfolgen kann, ein mathematisches Modell der Regelstrecke ist dann nicht erforderlich. In Kapitel 13 wird eine Kaskadenregelung unter Verwendung von Optimierungskriterien berechnet und die Regelgüte ermittelt. Die Kaskadenregelung ist der einschleifigen Lageregelung überlegen, die erreichbare Regelgüte ist jedoch begrenzt, da die Verstärkung des offenen Regelkreises einen Höchstwert besitzt. Dieser Maximalwert ist durch die Anforderung der Überschwingfreiheit bei sprungförmigen Führungsgrößen gegeben.

Bei der Zustandsregelung wird die erzielbare Regelgüte von der Genauigkeit des mathematischen Modells der Regelstrecke und von der Begrenzung der Stellgröße (Motormoment, Motorkraft) bestimmt. Liegt ein genaues Streckenmodell vor und ist ein ausreichendes Motormoment verfügbar, dann kann das Zeitverhalten der Regelung durch Polvorgabe unter Beachtung der Stellgrößenbegrenzung vorgegeben werden. Mit einem Modell hoher Ordnung ist jedoch ein entsprechender Aufwand bei der Messung der zahlreichen Zustandsvariablen verbunden.

Für die Untersuchungen in Kapitel 13 wird ein vereinfachtes Streckenmodell II. Ordnung verwendet. Getriebe mit elastischen mechanischen Übertragungselementen, die zur Umsetzung von rotatorischen in translatorische Bewegungen benötigt werden, sind im Modell nicht berücksichtigt. Das vereinfachte Modell ist daher für Antriebe mit mechanischen Übertragungselementen nur eingeschränkt anwendbar. Direktantriebe (rotatorisch und translatorisch) haben keine mechanischen Übertragungselemente, das Modell II. Ordnung ist hier gültig. Direktantriebe mit Zustandsregelung erfüllen sehr hohe Anforderungen an die Regelgüte.

Eine wichtige Störgröße bei Antriebsregelstrecken ist das Lastdrehmoment oder die Lastkraft. Mit einem Störgrößenbeobachter und Aufschaltung der Störgröße oder durch eine I- oder PI-Zustandsregelung wird das Störverhalten verbessert. In Abschnitt 13.9 werden digitale Drehzahlregelungen mit Zustandsregler und digitale Integral-Zustandslageregelungen untersucht.

14 Nichtlineare Regelungen

14.1 Einleitung

14.1.1 Verfahren zur Untersuchung nichtlinearer Systeme

Bei den regelungstechnischen Untersuchungen wurde bisher vorausgesetzt, daß die Übertragungselemente von Regelkreisen lineares, zeitinvariantes Verhalten haben oder in einem linearisierbaren Bereich des Arbeitspunktes betrieben werden. Die mathematische Formulierung des Übertragungsverhaltens geht dabei von linearen Differential- oder Differenzengleichungen aus, durch Transformation in den LAPLACE- oder z-Bereich vereinfachen sich die Berechnungen, weiterhin lassen sich allgemeine Aussagen über Stabilität und dynamisches Verhalten machen.

Für lineare Übertragungssysteme existiert eine einheitliche geschlossene Theorie, für die Untersuchung von nichtlinearen Systemen gibt es jedoch keine allgemeingültigen Verfahren. Die anzuwendenden Methoden sind abhängig von der Art der Nichtlinearität und den Untersuchungszielen. Eine Gruppe von Verfahren untersucht anstelle der nichtlinearen Systeme linearisierte Ersatzsysteme (Abschnitt 14.3).

Die Berechnung von nichtlinearen Systemen, die sich nicht linearisieren lassen, wird im Zeitbereich ausgeführt. Die Lösung von nichtlinearen Differentialgleichungen ist aufwendig, häufig läßt sich eine geschlossene analytische Darstellung der Lösung nicht angeben. Dieses Problem tritt vor allem bei Regelungen mit schaltenden Reglern oder Regelstrecken mit stückweise linearen Kennlinien auf.

Die Rechnersimulation hat daher für die nichtlineare Regelungstechnik große Bedeutung, die weiteren Beispiele werden mit dem Programmpaket MATLAB berechnet, die graphische Programmierung mit Simulink steht dabei im Vordergrund.

Für die Stabilitätsanalyse von nichtlinearen Systemen existieren verschiedene Methoden, von denen in weiteren Abschnitten folgende dargestellt werden:

- harmonische Linearisierung,
- Untersuchung im Zustandsraum (Methode der Phasenebene),
- Methode von LJAPUNOW,
- Stabilitätskriterium von POPOV.

14.1.2 Definition der Nichtlinearität

Eine Klasse von nichtlinearen Regelkreiselementen kann durch statische Kennlinien (Funktionen) beschrieben werden. Diese statischen Regelkreiselemente geben Eingangssignale unverzögert an den Ausgang weiter.

> Statische Elemente besitzen keine Energiespeicher, die die Signale verzögern, die Ausgangsgrößen sind daher auch nicht von den Anfangswerten von Zustandsgrößen abhängig.

Der Zusammenhang zwischen Eingangs- und Ausgangssignalen wird durch Funktionen beschrieben (Bild 14.1-1):

$$x_a = f(x_{e1}, x_{e2}, \ldots).$$

Dynamische Elemente von technisch-physikalischen Systemen enthalten Energiespeicher, die Verzögerungen zwischen Eingangs- und Ausgangssignalen hervorrufen, die mathematische Formulierung und Berechnung erfolgt mit Differential- und Integralgleichungen, die Ausgangsgrößen sind von den Anfangswerten der Zustandsgrößen abhängig.

14 Nichtlineare Regelungen

Proportional-Element

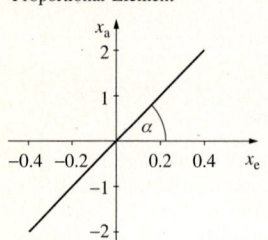

Element mit Begrenzungen

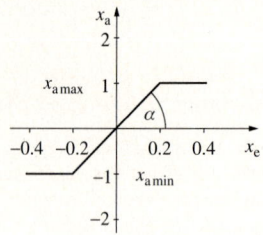

$K_P = \tan \alpha = 5,$
$x_a = K_P \cdot x_e,$

$K_P = \tan \alpha = 5,$
$x_a = x_{a\,min},$ für $x_e < -0.2$
$x_a = K_P \cdot x_e,$ für $-0.2 \leq x_e \leq 0.2$
$x_a = x_{a\,max},$ für $x_e > 0.2$

Bild 14.1-1: Statische Kennlinien von linearen und nichtlinearen Übertragungselementen mit einer Eingangsgröße

Dynamische Elemente besitzen Energiespeicher, die die Signale verzögern. Die Ausgangsgrößen sind von den Anfangswerten der Zustandsgrößen abhängig.

Für nichtlineare Systeme wird ein allgemeiner Ansatz mit nichtlinearen Zustandsdifferentialgleichungen gemacht:

$$\dot{x} = f(x, u, z), \qquad y = g(x, u, z),$$

mit Ausgangsvariable y (Regelgröße), Zustandsvektor x, Eingangsvariable u und Störgröße z.

Für lineare statische und dynamische Übertragungselemente gilt das Linearitätsprinzip (Abschnitt 3.2.1), das sich aus Verstärkungs- und Überlagerungsprinzip zusammensetzt.

Das Verstärkungsprinzip (Homogenitätsprinzip) ist erfüllt, wenn eine Verstärkung des Eingangssignals x_e mit dem reellen Faktor k eine Verstärkung des Ausgangssignals um denselben Faktor k hervorruft:

$x_a = f(x_e),$

$$\boxed{k \cdot x_a = k \cdot f(x_e)} = \boxed{f(k \cdot x_e)}.$$

Das Überlagerungsprinzip (Superpositionsprinzip) ist gültig, wenn die Summe der Eingangsgrößen $x_{e1} + x_{e2}$ dieselbe Wirkung hat, wie die Summe der einzeln gebildeten Ausgangsgrößen $x_{a1} + x_{a2}$:

$x_{a1} = f(x_{e1}), \qquad x_{a2} = f(x_{e2}),$

$$\boxed{x_{a1} + x_{a2} = f(x_{e1}) + f(x_{e2})} = \boxed{f(x_{e1} + x_{e2})}.$$

Verstärkungs- und Überlagerungsprinzip werden zum Linearitätsprinzip zusammengefaßt.

Linearitätsprinzip: Ein Übertragungssystem oder -element ist linear, wenn für beliebig wählbare Eingangsgrößen die Gleichungen

$k \cdot f(x_e) = f(k \cdot x_e)$ (Verstärkungsprinzip),

$f(x_{e1}) + f(x_{e2}) = f(x_{e1} + x_{e2})$ (Überlagerungsprinzip),

gültig sind. Alle Übertragungselemente, für die das Linearitätsprinzip nicht gilt, sind **nichtlineare Übertragungselemente** und haben nichtlineares Verhalten.

Beispiel 14.1-1: Für die Übertragungselemente mit den statischen Kennlinien nach Bild 14.1-1 ist die Linearität zu überprüfen.

Für das **Proportional-Element** $x_a = K_P \cdot x_e$ ist das Verstärkungsprinzip erfüllt:

$$x_a = f(x_e) = K_P \cdot x_e,$$

$$\boxed{k \cdot f(x_e) = k \cdot K_P \cdot x_e} = \boxed{f(k \cdot x_e) = K_P \cdot k \cdot x_e},$$

$$K_P = 5, \quad k = 2, \quad x_e = 0.2, \quad x_a = f(x_e) = K_P \cdot x_e = 1,$$

$$\boxed{k \cdot f(x_e) = k \cdot K_P \cdot x_e = 2,} = \boxed{f(k \cdot x_e) = K_P \cdot k \cdot x_e = 2}.$$

Das Überlagerungsprinzip gilt ebenfalls:

$$\boxed{f(x_{e1}) + f(x_{e2}) = K_P \cdot x_{e1} + K_P \cdot x_{e2}} = \boxed{f(x_{e1} + x_{e2}) = K_P \cdot (x_{e1} + x_{e2})},$$

$$x_{e1} = 0.1, \quad x_{e2} = 0.16,$$

$$x_{a1} = f(x_{e1}) = K_P \cdot x_{e1} = 0.5, \quad x_{a2} = f(x_{e2}) = K_P \cdot x_{e2} = 0.8,$$

$$\boxed{f(x_{e1}) + f(x_{e2}) = 5 \cdot 0.1 + 5 \cdot 0.16} = \boxed{f(x_{e1} + x_{e2}) = 5 \cdot (0.1 + 0.16)}.$$

Das Element ist linear. Für das **Element mit Begrenzung**

$$\begin{aligned} x_a &= x_{a\,\min} = -1 & \text{für} & & x_e &< -0.2, \\ x_a &= K_P \cdot x_e = 5 \cdot x_e & \text{für} & & -0.2 &\leq x_e \leq 0.2, \\ x_a &= x_{a\,\max} = 1 & \text{für} & & x_e &> 0.2, \end{aligned}$$

ist das Verstärkungsprinzip, zum Beispiel für $k = 2, x_e = 0.2$, nicht erfüllt,

$$\boxed{k \cdot f(x_e) = 2 \cdot f(0.2) = 2} \neq \boxed{f(k \cdot x_e) = f(2 \cdot 0.2) = f(0.4) = 1}.$$

Das Überlagerungsprinzip ist ebenfalls nicht erfüllt:

$$x_{e1} = 0.1, \quad x_{e2} = 0.16,$$

$$x_{a1} = f(x_{e1}) = K_P \cdot x_{e1} = 0.5,$$

$$x_{a2} = f(x_{e2}) = K_P \cdot x_{e2} = 0.8,$$

$$\boxed{f(x_{e1}) + f(x_{e2}) = 0.5 + 0.8 = 1.3} \neq \boxed{f(x_{e1} + x_{e2}) = f(0.26) = 1}.$$

Das Linearitätsprinzip ist nicht erfüllt, das Element mit Begrenzung der Ausgangsgröße ist nichtlinear.

Für mehrere Eingangsgrößen wird das Linearitätsprinzip entsprechend erweitert:

$$k \cdot f(x_{e1}, x_{e2}, \ldots) = f(k \cdot x_{e1}) + f(k \cdot x_{e2}) + \ldots,$$

$$f(x_{e11}(t) + x_{e12}(t), x_{e21}(t) + x_{e22}(t), \ldots) = f(x_{e11}(t), x_{e21}(t), \ldots) + f(x_{e12}(t), x_{e22}(t), \ldots).$$

14.1.3 Lineare und nichtlineare Operationen

Mit Funktionen werden aus Zahlenwerten von Eingangsgrößen Zahlenwerte von Ausgangsgrößen ermittelt:

$$x_a(t) = [\hat{x}_e \cdot \sin(\omega t)]^2.$$

14 Nichtlineare Regelungen

Bei statischen Operatoren (Funktionen), wie Addition, Subtraktion, Multiplikation und Division wird mit den Werten von zwei Eingangsfunktionen der Wert der Ausgangsfunktion gebildet:

$$x_a(t) = [\hat{x}_{e1} \cdot \sin(\omega t)] \cdot [\hat{x}_{e2} \cdot \sin(\omega t)].$$

Differentiation und Integration sind dynamische Operatoren und transformieren Eingangsfunktionen zu Ausgangsfunktionen:

$$x_a(t) = \frac{d}{dt}[\hat{x}_e \cdot \sin(\omega t)] = \omega \cdot \hat{x}_e \cdot \cos(\omega t).$$

Die Linearitätseigenschaften von Übertragungselementen, mit denen diese Operationen realisiert werden, sind in Tabelle 14.1-1 aufgeführt.

Tabelle 14.1-1: Eigenschaften von Operationen

Operation, Verhalten	Gleichung	Signalflußsymbol
Addition, linear	$x_a(t) = x_{e1}(t) + x_{e2}(t)$	Additionsstelle
Subtraktion linear	$x_a(t) = x_{e1}(t) - x_{e2}(t)$	Subtraktionsstelle
Multiplikation, nichtlinear	$x_a(t) = x_{e1}(t) \cdot x_{e2}(t)$	Multiplizierer
Division, nichtlinear	$x_a(t) = \dfrac{x_{e1}(t)}{x_{e2}(t)}$	Dividierer
Differentiation, linear	$x_a(t) = \dfrac{dx_e(t)}{dt}$	Differenzierer
Integration, linear	$x_a(t) = \int x_e(t)\,dt$	Integrierer

Beispiel 14.1-2: Mit dem Linearitätsprinzip werden die Operationen von Tabelle 14.1-1 überprüft.

Addition und **Subtraktion** sind lineare Operationen

$$x_a(t) = f(x_{e1}(t), x_{e2}(t)) = x_{e1}(t) \pm x_{e2}(t).$$

Verstärkungsprinzip

$$k \cdot f(x_{e1}(t), x_{e2}(t)) = k \cdot (x_{e1}(t) \pm x_{e2}(t)) = f(k \cdot x_{e1}(t), k \cdot x_{e2}(t)) = k \cdot x_{e1}(t) \pm k \cdot x_{e2}(t)$$

und Überlagerungsprinzip

$$f(x_{e11}(t), x_{e21}(t)) + f(x_{e12}(t), x_{e22}(t)) = [x_{e11}(t) \pm x_{e21}(t)] + [x_{e12}(t) \pm x_{e22}(t)]$$
$$= [x_{e11}(t) + x_{e12}(t)] \pm [x_{e21}(t) + x_{e22}(t)]$$
$$= f(x_{e11}(t) + x_{e12}(t), x_{e21}(t) + x_{e22}(t)) = [x_{e11}(t) + x_{e12}(t)] \pm [x_{e21}(t) + x_{e22}(t)]$$

sind gültig. Multiplikation und Division sind nichtlineare Operationen.

Multiplikation: $x_a(t) = f(x_{e1}(t), x_{e2}(t)) = x_{e1}(t) \cdot x_{e2}(t)$,

Verstärkungsprinzip

$$k \cdot f(x_{e1}(t), x_{e2}(t)) = k \cdot x_{e1}(t) \cdot x_{e2}(t)$$
$$\neq f(k \cdot x_{e1}(t), k \cdot x_{e2}(t)) = k \cdot x_{e1}(t) \cdot k \cdot x_{e2}(t) = k^2 \cdot x_{e1}(t) \cdot x_{e2}(t),$$

Überlagerungsprinzip

$$f(x_{e11}(t), x_{e21}(t)) + f(x_{e12}(t), x_{e22}(t)) = [x_{e11}(t) \cdot x_{e21}(t)] + [x_{e12}(t) \cdot x_{e22}(t)]$$
$$\neq f(x_{e11}(t) + x_{e12}(t), x_{e21}(t) + x_{e22}(t)) = [x_{e11}(t) + x_{e12}(t)] \cdot [x_{e21}(t) + x_{e22}(t)]$$
$$= x_{e11}(t) \cdot [x_{e21}(t) + x_{e22}(t)] + x_{e12}(t) \cdot [x_{e21}(t) + x_{e22}(t)],$$

Division: $x_a(t) = f(x_{e1}(t), x_{e2}(t)) = x_{e1}(t)/x_{e2}(t)$,

Verstärkungsprinzip

$$k \cdot f(x_{e1}(t), x_{e2}(t)) = k \cdot \frac{x_{e1}(t)}{x_{e2}(t)}$$
$$\neq f(k \cdot x_{e1}(t), k \cdot x_{e2}(t)) = \frac{k \cdot x_{e1}(t)}{k \cdot x_{e2}(t)} = \frac{x_{e1}(t)}{x_{e2}(t)},$$

Überlagerungsprinzip

$$f(x_{e11}(t), x_{e21}(t)) + f(x_{e12}(t), x_{e22}(t)) = \frac{x_{e11}(t)}{x_{e21}(t)} + \frac{x_{e12}(t)}{x_{e22}(t)}$$
$$\neq f(x_{e11}(t) + x_{e12}(t), x_{e21}(t) + x_{e22}(t)) = \frac{x_{e11}(t) + x_{e12}(t)}{x_{e21}(t) + x_{e22}(t)}.$$

Differentiation und Integration sind lineare Operationen.

Differentiation: $x_a(t) = f(x_e(t)) = \dfrac{dx_e(t)}{dt}$,

Verstärkungsprinzip

$$k \cdot f(x_e(t)) = k \cdot \frac{dx_e(t)}{dt} = f(k \cdot x_e(t)) = \frac{dk \cdot x_e(t)}{dt} = k \cdot \frac{dx_e(t)}{dt},$$

Überlagerungsprinzip

$$f(x_{e1}(t)) + f(x_{e2}(t)) = \frac{dx_{e1}(t)}{dt} + \frac{dx_{e2}(t)}{dt}$$
$$= f(x_{e1}(t) + x_{e2}(t)) = \frac{d(x_{e1}(t) + x_{e2}(t))}{dt} = \frac{dx_{e1}(t)}{dt} + \frac{dx_{e2}(t)}{dt}.$$

Integration: $x_a(t) = f(x_e(t)) = \int x_e(t)\,dt$,

Verstärkungsprinzip

$$k \cdot f(x_e(t)) = k \cdot \int x_e(t)\,dt$$
$$= f(k \cdot x_e(t)) = \int k \cdot x_e(t)\,dt = k \cdot \int x_e(t)\,dt,$$

Überlagerungsprinzip

$$f(x_{e1}(t)) + f(x_{e2}(t)) = \int x_{e1}(t)\,dt + \int x_{e2}(t)\,dt$$
$$= f(x_{e1}(t) + x_{e2}(t)) = \int (x_{e1}(t) + x_{e2}(t))\,dt = \int x_{e1}(t)\,dt + \int x_{e2}(t)\,dt.$$

14.1.4 Eigenschaften von nichtlinearen Regelkreiselementen und -systemen

Bei nichtlinearen Regelkreiselementen und -systemen hat das Linearitätsprinzip keine Gültigkeit. Auf das Übertragungsverhalten von nichtlinearen Systemen wirkt sich das wie folgt aus.

Da das Verstärkungsprinzip nicht gilt, hat eine Vergrößerung des Eingangssignals keine proportionale Vergrößerung des Ausgangssignals zur Folge, weiterhin sind die Ausgangssignale gegenüber mit linearen Systemen übertragenen Signalen verformt. Ausgangssignale, die von harmonischen Eingangssignalen erzeugt werden, enthalten Oberwellen.

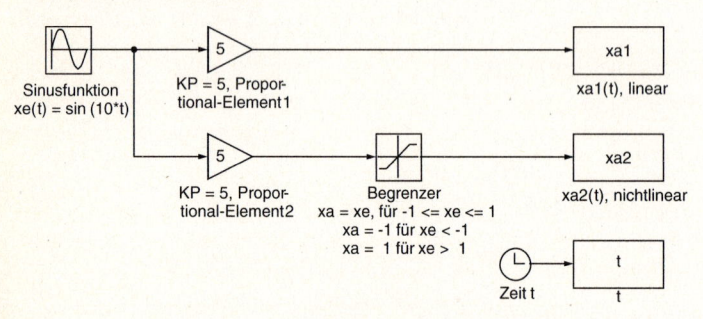

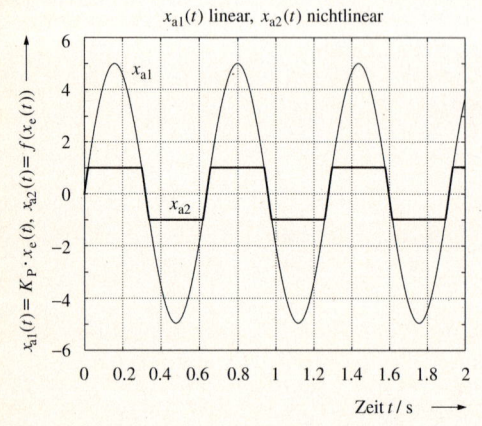

Bild 14.1-2: Verformung von harmonischen Signalen durch nichtlineare Elemente (Simulink-Modell)

14.1 Einleitung

Beispiel 14.1-3: Auf das Proportional-Element und Begrenzungs-Element von Bild 14.1-1 wird jeweils ein sinusförmiges Signal aufgeschaltet (Simulink-Modell nach Bild 14.1-2). Die Simulation zeigt die Verformung des Ausgangssignals durch das Begrenzungs-Element.

Da das Überlagerungsgesetz nicht gültig ist, können die Berechnungen des Führungs- und Störübertragungsverhaltens in nichtlinearen Regelkreisen nicht mehr unabhängig voneinander ausgeführt werden. Die bei linearen Systemen zulässige getrennte Berechnung und anschließende Überlagerung der Führungs- und Störantwortfunktionen führt bei nichtlinearen Systemen zu falschen Ergebnissen.

Beispiel 14.1-4: Regelstrecken enthalten oft Sättigungselemente, die bewirken, daß mit zunehmender Stellgröße die Ausgangsgröße geringer ansteigt (Bild 14.1-3a), der Verstärkungsfaktor der Regelstrecke wird bei größeren Eingangssignalen kleiner (Bild 14.1-3b).

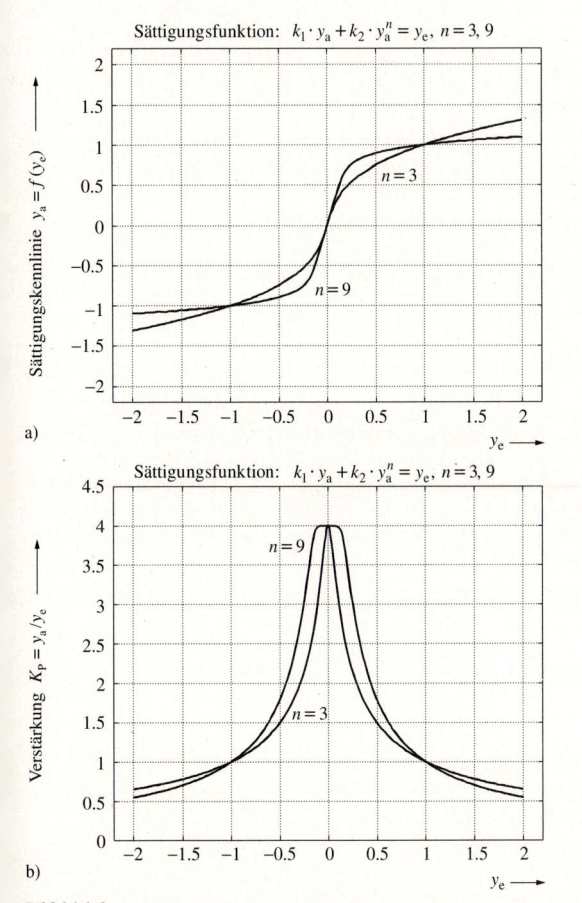

Bild 14.1-3:
a) *Sättigungskennlinien* $y_a = f(y_e)$ *von Regelstrecken*
b) *Verstärkung* $K_P = f(y_a/y_e)$ *von Regelstrecken mit Sättigungsverhalten*

14 Nichtlineare Regelungen

Für eine Regelstrecke mit Sättigungsverhalten und Verzögerung wird die Führungs- und Störsprungantwort getrennt berechnet. Die Überlagerung der Ergebnisse wird mit der exakten Berechnung, wobei Führungs- und Störsprungantwort geschlossen ermittelt werden, verglichen.

Proportional-Regler:

$$G_R(s) = K_R = 10.$$

Die Regelstrecke enthält als nichtlinearen Teil ein Sättigungselement mit der Kennlinie nach Bild 14.1-3, die näherungsweise mit einer allgemeinen Potenzfunktion beschrieben wird:

$$y_a = f(y_e), \quad k_1 \cdot y_a + k_2 \cdot y_a^n = y_e, \quad n = 3, 5, 7, \ldots$$

$n = 3$ beschreibt eine „weiche" Sättigungskennlinie, mit $n = 9$ wird „hartes" Sättigungsverhalten mathematisch formuliert (Bild 14.1-3).

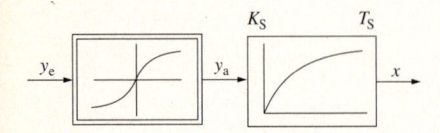

Bild 14.1-4: Signalflußplan einer Regelstrecke mit Sättigung

Der lineare Teil der Regelstrecke wird durch ein Verzögerungselement gebildet:

$$G_S(s) = \frac{x(s)}{y_a(s)} = \frac{K_S}{1 + s \cdot T_S}, \quad K_S = 1, T_S = 5 \text{ s}.$$

Für eine Regelstrecke mit Sättigungselement

$$k_1 = 0.25, \quad k_2 = 0.75, \quad n = 3,$$
$$k_1 \cdot y_a + k_2 \cdot y_a^n = 0.25 \cdot y_a + 0.75 \cdot y_a^3 = y_e$$

werden Sprungantworten für Führung $x_w(t)$ und Störung $x_z(t)$ getrennt berechnet und dann zu $x_w(t) + x_z(t)$ überlagert, was nicht zulässig ist, da das Überlagerungsgesetz nicht gilt. In der zweiten Berechnung werden Führung und Störung gleichzeitig aufgeschaltet und das Antwortverhalten $x_{w+z}(t)$ berechnet (Bild 14.1-7). Bild 14.1-7 zeigt, daß das Überlagerungsprinzip nicht gilt: Die Funktionsverläufe von $x_w(t) + x_z(t)$ und $x_{w+z}(t)$ sind unterschiedlich. Die Bilder 14.1-5 und 14.1-6 enthalten den Signalflußplan für den nichtlinearen Regelkreis und das zugehörige Simulink-Modell.

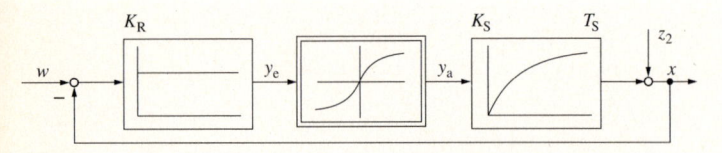

Bild 14.1-5: Signalflußplan des nichtlinearen Regelungssystems

Die Ausgangsgröße y_a des Sättigungselements wird durch Lösung der Gleichung

$$k_1 \cdot y_a + k_2 \cdot y_a^n = y_e$$

berechnet. In Simulink wird ein Algebraic Constraint Block verwendet, der die Ausgangsgröße y_a bei Vorgabe von k_1, k_2, n und y_e für die Gleichung

$$f(y_a) = k_1 \cdot y_a + k_2 \cdot y_a^n - y_e = 0$$

berechnet. Das Sättigungselement in Bild 14.1-6 enthält das darunter dargestellte Subsystem, wobei die Parameter k_1, k_2, und n eingegeben werden können.

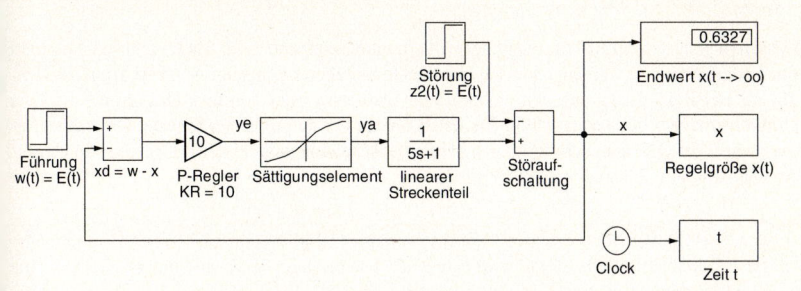

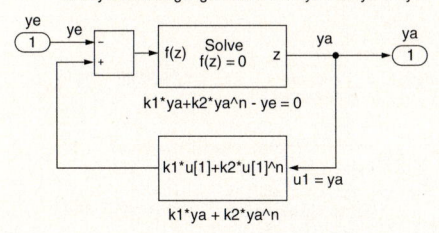

Bild 14.1-6: Simulink-Modell zur Berechnung des nichtlinearen Regelkreises

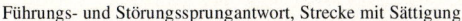

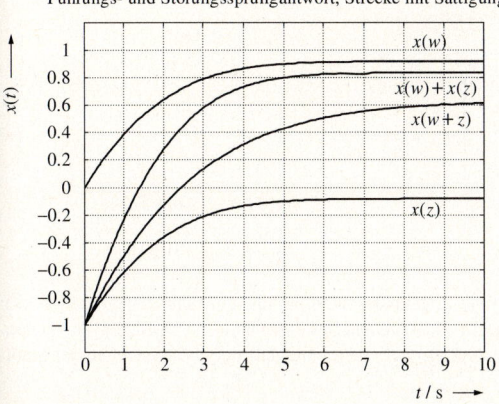

Bild 14.1-7: Führungs- und Störsprungantworten des nichtlinearen Regelkreises

Die bei nichtlinearen Systemen unzulässige getrennte Berechnung und Überlagerung von Führungs- und Störantwort liefert folgende Endwerte:

$$x_w(t \to \infty) = 0.9188,$$
$$x_z(t \to \infty) = -0.08115,$$
$$x_w(t \to \infty) + x_z(t \to \infty) = 0.8377.$$

Der richtige Wert, der bei der gleichzeitigen Berücksichtigung beider Einflüsse entsteht, ist:

$x_{w+z}(t \to \infty) = 0.6327$.

Bei linearen Systemen dürfen bei Reihenschaltungen Übertragungselemente nach den Regeln von Abschnitt 2.5 verschoben oder vertauscht werden, ohne daß sich die Gesamtübertragungsfunktion und damit das Zeitverhalten ändert. Bei Reihenschaltung von nichtlinearen Elementen oder von nichtlinearen mit linearen ändert sich im allgemeinen bei Vertauschung das Zeitverhalten der übertragenen Signale. Die Reihenfolge darf, wenn nichtlineare Elemente vorliegen, bei der Reihenschaltung nicht verändert werden, die Umformungsregeln von Abschnitt 2.5 sind nicht mehr gültig.

Beispiel 14.1-5: Das Zeitverhalten von zwei Reihenschaltungen (Bild 14.1-8, 14.1-9) mit Übertragungselementen in unterschiedlicher Reihenfolge wird berechnet. Die Signalverläufe sind unterschiedlich, eine Vertauschung der Übertragungselemente ist nicht zulässig.

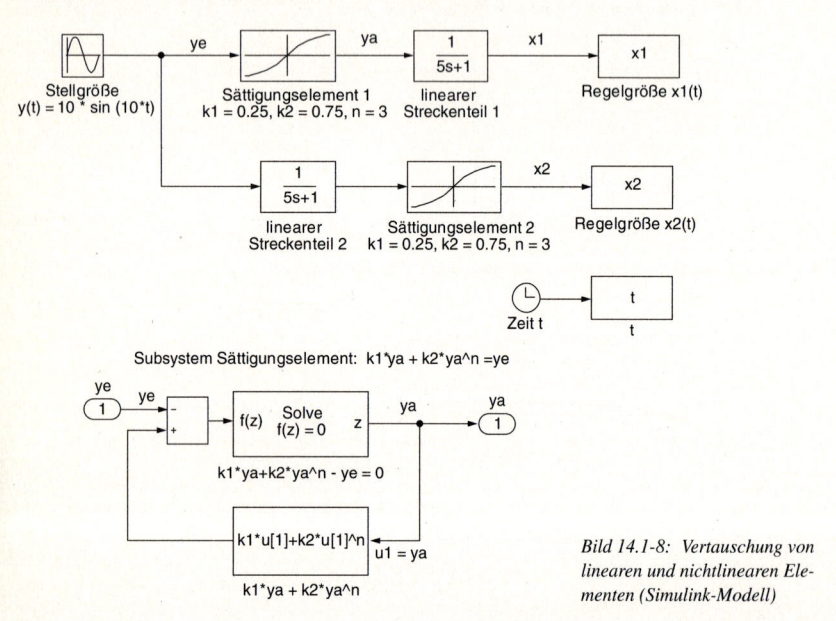

Bild 14.1-8: Vertauschung von linearen und nichtlinearen Elementen (Simulink-Modell)

Dynamisches und statisches Verhalten (bleibende Regelfehler) sind bei nichtlinearen Regelungssystemen vom Arbeitspunkt und vom Sollwert abhängig. Bei nichtlinearen Systemen können Schwingungen mit konstanter Amplitude (Grenzschwingungen, Grenzzyklen) auftreten, ohne daß sich das System an der Stabilitätsgrenze befindet.

Beispiel 14.1-6: In dem Regelkreis nach Bild 14.1-10 wird ein Dreipunkt-Regler mit Hysterese eingesetzt, die Regelstrecke enthält ein Verzögerungs- und ein Integral-Element.

Um Belastungen durch häufiges Schalten zu verhindern, werden schaltende Regler meist mit Totzone und Hysterese aufgebaut. Für die Berechnung der Stellgröße y aus der Regeldifferenz x_d werden die Formeln aus der Kennlinie des Dreipunkt-Reglers nach Bild 14.1-11 entnommen.

14.1 Einleitung

Vertauschung von linearen und nichtlinearen Elementen

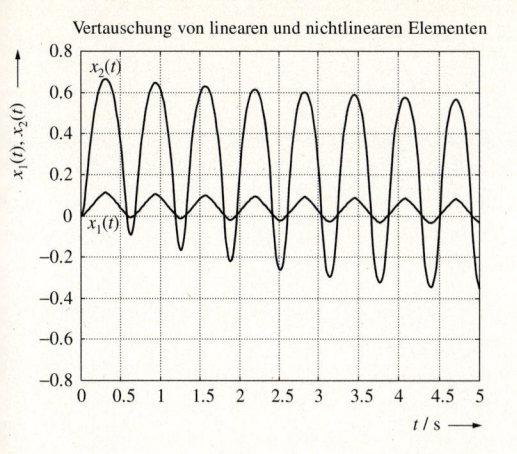

Bild 14.1-9: Zeitverhalten bei Vertauschung von linearen und nichtlinearen Elementen

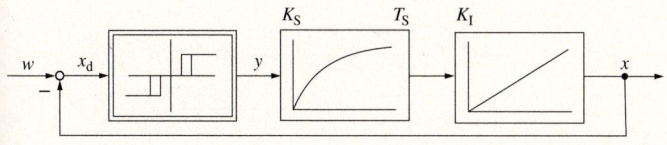

Bild 14.1-10: Signalflußplan eines nichtlinearen Regelkreises mit einem Dreipunkt-Regler mit Hysterese

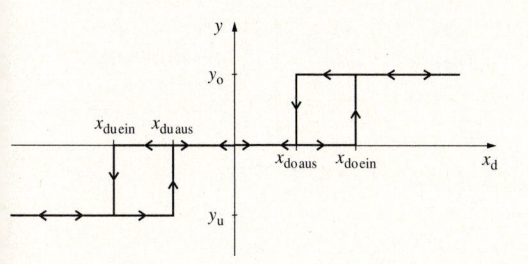

Bild 14.1-11: Kennlinie eines Dreipunkt-Reglers mit Hysterese

In den Bereichen $x_{\text{du ein}} < x_\text{d} < x_{\text{du aus}}$ und $x_{\text{do aus}} < x_\text{d} < x_{\text{do ein}}$ ist die Kennlinie nicht eindeutig. Der neue Wert der Ausgangsgröße $y(t + \Delta t)$ hängt von dem vorhergehenden Wert $y(t)$ ab. Die Berechnung von $y(t + \Delta t)$ wird nach der folgenden Tabelle vorgenommen:

$$y(t + \Delta t) = \begin{cases} y_\text{u}, & \text{für} \quad x_\text{d} \leq x_{\text{du ein}}, \\ y(t), & \text{für} \quad x_{\text{du ein}} < x_\text{d} < x_{\text{du aus}}, \\ 0, & \text{für} \quad x_{\text{du aus}} \leq x_\text{d} \leq x_{\text{do aus}}, \\ y(t), & \text{für} \quad x_{\text{do aus}} < x_\text{d} < x_{\text{do ein}}, \\ y_\text{o}, & \text{für} \quad x_\text{d} \geq x_{\text{do ein}}. \end{cases}$$

Das Führungsverhalten der Regelung wird mit folgenden Werten untersucht:

Dreipunkt-Regler mit Hysterese:

$$y_\text{o} = 1, \quad x_{\text{do aus}} = 0.05, \quad x_{\text{do ein}} = 0.1,$$
$$y_\text{u} = -1, \quad x_{\text{du aus}} = -0.05, \quad x_{\text{du ein}} = -0.1,$$

14 Nichtlineare Regelungen

Regelstrecke:

$$G_S(s) = \frac{K_S}{1+s\cdot T_S}\cdot\frac{K_I}{s}, \qquad K_S = 0.4, \qquad T_S = 4\text{ s}, \qquad K_I = 1\text{ s}^{-1}.$$

Bild 14.1-12 enthält das Simulink-Modell für den Regelkreis. Der Dreipunkt-Regler ist als Subsystem aus zwei Zweipunktelementen mit Hysterese aufgebaut. Das obere Element liefert die positive Stellgröße, das untere die negative:

$$y_1(t+\Delta t) = \begin{cases} 0, & \text{für} \quad x_d \leq 0.05, \\ y(t), & \text{für} \quad 0.05 < x_d < 0.1, \\ 1, & \text{für} \quad x_d \geq 0.1, \end{cases}$$

$$y_2(t+\Delta t) = \begin{cases} -1, & \text{für} \quad x_d \leq -0.1, \\ y(t), & \text{für} \quad -0.1 < x_d < -0.05, \\ 0, & \text{für} \quad x_d \geq -0.05, \end{cases}$$

$$y(t+\Delta t) = y_1(t+\Delta t) + y_2(t+\Delta t).$$

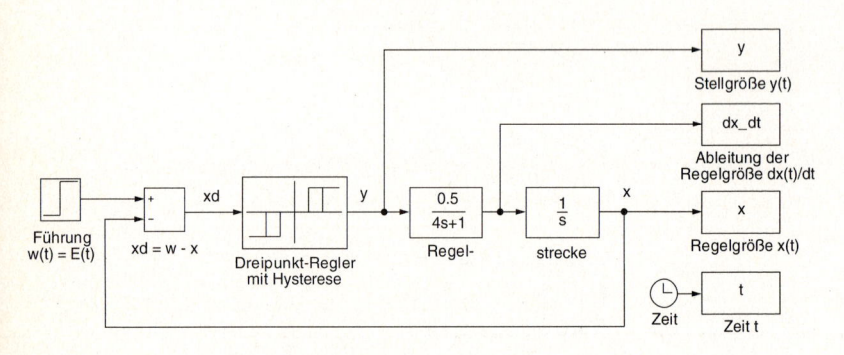

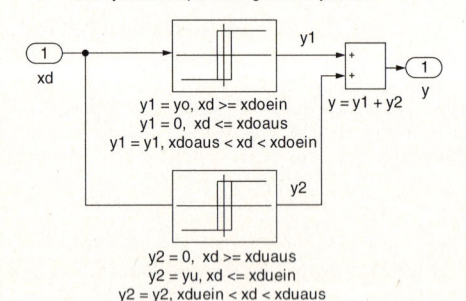

Bild 14.1-12: Simulink-Modell des nichtlinearen Regelkreises mit einem Dreipunkt-Regler mit Hysterese

In Bild 14.1-13 sind die Zeitverläufe von Stellgröße $y(t)$, Regelgröße $x(t)$ und der Ableitung der Regelgröße $\dot{x}(t)$ aufgezeichnet. Der Regelkreis führt Dauerschwingungen um den Sollwert aus. In Bild 14.1-14 ist die Phasenebene $\dot{x} = f(x)$ dargestellt. Der geschlossene Verlauf stellt einen Grenzzyklus dar, dessen Form und Größe unter anderem auch von der Größe des Sollwerts abhängt.

Nichtlinearer Regelkreis mit Dreipunkt-Regler, Zeitverhalten

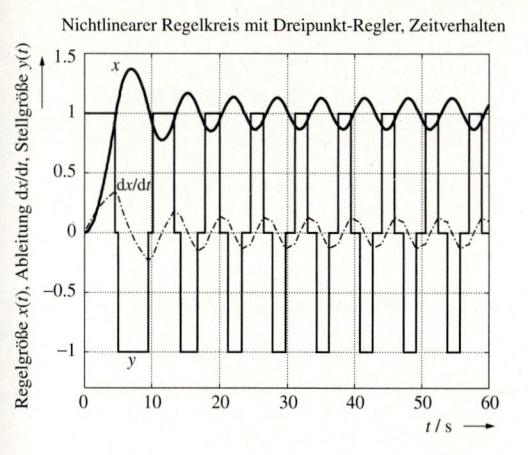

Bild 14.1-13: Zeitverhalten des nichtlinearen Regelkreises mit Dreipunkt-Regler und Hysterese

Nichtlinearer Regelkreis mit Dreipunkt-Regler, Grenzzyklus

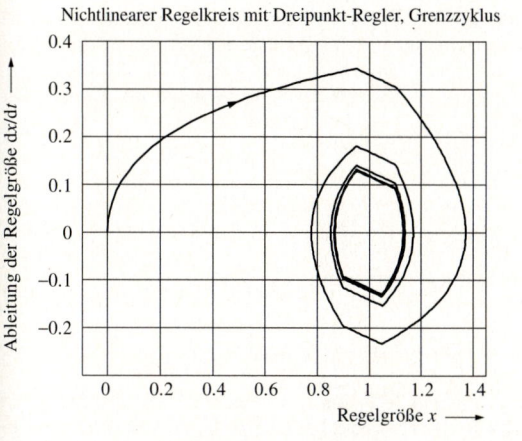

Bild 14.1-14: Grenzzyklus des nichtlinearen Regelkreises mit Dreipunkt-Regler und Hysterese

Die Stabilität von nichtlinearen Systemen hängt von Anfangswerten, Sollwerten und von der Signalamplitude ab. Bei linearen Systemen wird die Stabilität nur von den Lösungen der charakteristischen Gleichung bestimmt.

14.2 Grundtypen von nichtlinearen Elementen

14.2.1 Prinzipielle Eigenschaften von nichtlinearen Funktionen

In Regelkreisen können nichtlineare Funktionen als wesentlicher Bestandteil von Regelstreckenelementen auftreten oder als beabsichtigtes Verhalten von Reglern und Stellgliedern vorliegen. Nichtlineare Elemente haben verschiedene Erscheinungsformen, sie lassen sich anhand ihrer Eigenschaften einteilen.

Analytische Funktionen: Nichtlineare Funktionen in Regelungssystemen können einfache analytische (differenzierbare) Funktionen sein, wie zum Beispiel:

14 Nichtlineare Regelungen

$$x_a = \sin(x_e), \quad x_a = x_e^3, \quad x_a = e^{x_e}, \quad x_a = x_{e1} \cdot x_{e2}.$$

Funktionen dieser Art können für jeden Wert der Eingangsgröße in eine TAYLOR-Reihe entwickelt werden, sind also differenzierbar. Sie können daher in der Umgebung von Arbeitspunkten des Regelungssystems linearisiert und damit durch einen linearen Funktionsausdruck angenähert werden (Tangentenlinearisierung, Abschnitte 3.2, 14.3.4).

Eine besondere Gruppe der analytischen Funktionen bilden bilineare Systeme, bei denen Nichtlinearitäten in Form von Produkten von Zustandsgrößen mit Eingangsgrößen vorliegen. Ein Beispiel ist durch folgendes Differentialgleichungssystem

$$\dot{x}_1(t) = x_2(t),$$
$$\dot{x}_2(t) = k_1 \cdot u_1(t) \cdot x_1(t) + k_2 \cdot u_2(t) \cdot x_2(t),$$
$$y(t) = x_1(t),$$

beschrieben, mit Ausgangsvariable y (Regelgröße), Zustandsgrößen x_1, x_2, und Eingangsvariablen u_1, u_2. Enthält ein System nur analytische Nichtlinearitäten, dann kann die Beschreibung des Eingangs-Ausgangsverhaltens auch als allgemeine Potenzreihe (VOLTERRA-Reihe) entwickelt werden.

Stückweise lineare Funktionen: Stückweise lineare Funktionen werden häufig zur Modellbeschreibung von Regeleinrichtungen und -strecken verwendet. Lineare Beziehungen gelten für bestimmte Bereiche der Ein- und Ausgangsgrößen, die Funktionen sind daher nicht in allen Punkten analytisch (differenzierbar), da an den Übergangsstellen der stückweise linearen Funktionsabschnitte der Wert oder die Ableitung der Funktion oder beide unstetig sind (Bild 14.2-1).

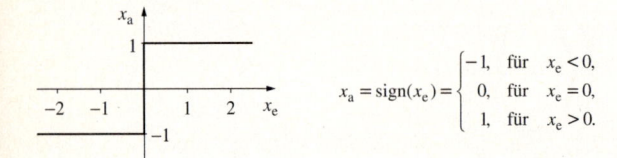

$$x_a = \text{sign}(x_e) = \begin{cases} -1, & \text{für } x_e < 0, \\ 0, & \text{für } x_e = 0, \\ 1, & \text{für } x_e > 0. \end{cases}$$

Bild 14.2-1: Ideale Zweipunkt-Kennlinie (Relais-Charakteristik, Signum-Funktion)

Die stückweise lineare Funktion $x_a = f(x_e)$ nach Bild 14.2-1 hat bei $x_e = 0$ eine Unstetigkeitsstelle im Wert und der Ableitung. Das Zeitverhalten von dynamischen Systemen, deren Nichtlinearitäten sich mit stückweise linearen Funktionen formulieren lassen, kann für die linearen Teilbereiche berechnet werden, an den Bereichsgrenzen werden die Teillösungen zusammengesetzt. Bei vielen Problemstellungen der Regelungstechnik ist es deshalb vorteilhaft, das Verhalten von Regeleinrichtungen (Meßwertgeber, Regler, Stellglieder) und Regelstrecken durch stückweise lineare Funktionen nachzubilden (Relais-Stellglieder, Reibungseffekte, Begrenzung (Sättigung), Totzone, Vorspannung).

Mehrdeutige Funktionen: Die bisher betrachteten Funktionen waren eindeutig, zu jedem Wert der Eingangsgröße x_e gehörte ein eindeutiger Wert der Ausgangsgröße x_a. Mit mehrdeutigen Funktionen werden Elemente mit Hysterese mathematisch formuliert. Hysterese-Effekte können bei elektromagnetischen, elastischen und mechanischen Übertragungselementen auftreten, Bild 14.2-2 enthält die Kennlinie eines Relais mit Hysterese, das Abschalten erfolgt bei einer kleineren Spannung als das Einschalten, da zum Halten des Relais eine geringere Energie benötigt wird, als zum Einschalten.

Die Stellgröße y kann aus dem Regeldifferenzsignal x_{d1} nicht eindeutig ermittelt werden. Welcher Kennlinienzweig im Bereich $x_{d\,aus} < x_d < x_{d\,ein}$ durchlaufen wird, hängt von dem vorhergehenden Signalverlauf von x_d ab. Das Übertragungselement hat eine Speicher- oder Gedächtnisfunktion: War das Relais eingeschaltet,

14.2 Grundtypen von nichtlinearen Elementen

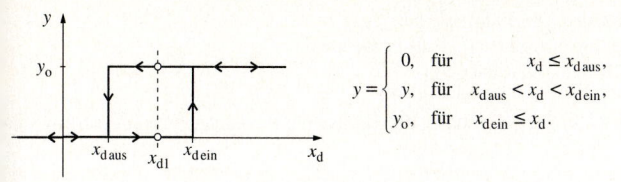

$$y = \begin{cases} 0, & \text{für } x_d \leq x_{d\,aus}, \\ y, & \text{für } x_{d\,aus} < x_d < x_{d\,ein}, \\ y_o, & \text{für } x_{d\,ein} \leq x_d. \end{cases}$$

Bild 14.2-2: *Kennlinie eines Zweipunkt-Reglers mit Schaltdifferenz (Hysterese)*

dann bleibt $y = y_o$ (oberer Zweig der Kennlinie), war das Relais ausgeschaltet, gilt der untere Zweig der Kennlinie und $y = 0$.

Eine mehrdeutige Funktion tritt auch bei Elementen mit Umkehrspanne auf. Wenn die Eingangsgröße ihre Richtung umkehrt, ändert sich die Ausgangsgröße erst dann, wenn die Eingangsgröße die Umkehrspanne $2 \cdot c$, bei Getrieben mit Getriebelose oder -spiel bezeichnet, durchlaufen hat (Bild 14.2-3). Zu einer Eingangsgröße x_{e1} gehören unendlich viele Werte von x_a (Beispiel 14.3-8).

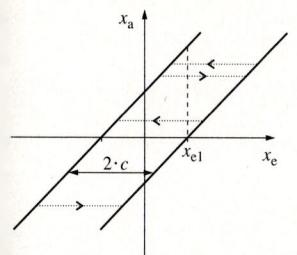

Bild 14.2-3: *Übertragungselement mit Umkehrspanne (Lose)*

Für die Klassifizierung von nichtlinearen Elementen werden folgende Eigenschaften verwendet (Tabelle 14.2-1).

Tabelle 14.2-1: *Eigenschaften von nichtlinearen Elementen*

Differenzierbarkeit	analytisch, geschlossen differenzierbar	stückweise differenzierbar, stückweise linear
Funktionsverlauf	stetig	unstetig
Ableitung der Funktion	stetig	unstetig
Kennlinie	eindeutig	mehrdeutig
Funktion (Kennlinie)	gerade: $x_a = f(-x_e)$ (symmetrisch)	ungerade $x_a = -f(-x_e)$ (schiefsymmetrisch)
Zeitverhalten	statisch (ohne Energiespeicher)	dynamisch (mit Energiespeicher)

In Tabelle 14.3-5 sind häufig auftretende, nichtlineare statische Elemente in folgenden Gruppen zusammengefaßt:

- schaltende Elemente (Zwei-, Drei- und Mehrpunkt-Elemente),
- schaltende Elemente mit Hysterese,
- Elemente mit progressiver Kennlinie (die Verstärkung wächst mit zunehmender Eingangsgröße),
- Elemente mit degressiver Kennlinie (die Verstärkung wird mit zunehmender Eingangsgröße geringer),
- Elemente mit unterschiedlichen Verstärkungen (Gleichrichter),

- Elemente mit Begrenzung, Totzone, Offset (Vorspannung),
- Elemente mit Hysterese ohne Begrenzung (Lose, Umkehrspanne),
- Elemente mit Hysterese mit Begrenzung (Sättigung).

In Tabelle 14.3-5 sind neben den statischen Kennlinien die Beschreibungsfunktionen für Eingangssignale mit und ohne Offset angegeben.

14.3 Verfahren der Linearisierung

14.3.1 Allgemeines

Zur Untersuchung von nichtlinearen Systemen werden unterschiedliche Verfahren eingesetzt. Eine Gruppe von Verfahren untersucht anstelle der nichtlinearen Systeme linearisierte Ersatzsysteme.

Diese Linearisierungsverfahren ersetzen nichtlineare Systeme durch angenähert lineare Systeme, wobei die Untersuchungsergebnisse nur für bestimmte Randbedingungen und Voraussetzungen gelten. Im weiteren werden folgende Verfahren dargestellt:

- Linearisierung mit Elementen mit inverser Kennlinie,
- Linearisierung durch Rückführung,
- Linearisierung im Arbeitspunkt (Tangentenlinearisierung) durch Vernachlässigung von höheren Ableitungen der TAYLOR-Reihe,
- Harmonische Linearisierung (Methode der Beschreibungsfunktion) durch Vernachlässigung von höheren Harmonischen der FOURIER-Reihe.

14.3.2 Linearisierung mit inversen Kennlinien

Für die Anwendung des Verfahrens wird vorausgesetzt, daß das nichtlineare Element eine eindeutige, invertierbare Kennlinie besitzt.

> In Reihe zu einem nichtlinearen Element wird ein nichtlineares Element mit inverser Kennlinie geschaltet. Damit wird die nichtlineare Wirkung des ersten Elements aufgehoben.

Die Linearisierung mit inversen Kennlinien kann zur Linearisierung von nichtlinearen Meßgliedern und Regelstreckenkennlinien eingesetzt werden.

Beispiel 14.3-1: Für die Messung der Durchflußmenge werden in Rohrleitungen häufig Druckdifferenzmesser eingesetzt. Die Durchflußmenge pro Zeit x_{an} hängt nichtlinear von der Druckdifferenz x_e nach folgender Gleichung ab:

$$x_{an} = f(x_e) = K_1 \cdot \sqrt{x_e}.$$

Zur Linearisierung wird ein inverses quadrierendes Element mit der Kennlinie $f^{-1}(x_{an})$ in Reihe geschaltet

$$x_{al} = f^{-1}(x_{an}) = \frac{x_{an}^2}{K_1^2}.$$

14.3 Verfahren der Linearisierung

Durch die Reihenschaltung wird die Nichtlinearität des Wurzel-Elements kompensiert.

$$x_{al} = f^{-1}(f(x_e)) = f^{-1}\left(K_1 \cdot \sqrt{x_e}\right)$$
$$= \frac{K_1^2 \cdot \left(\sqrt{x_e}\right)^2}{K_1^2} = x_e.$$

Beispiel 14.3-2:   Eine Regelstrecke besitzt einen Ansprechwert c_1 (Totzone, Tabelle 14.3-5, Nr. 29) und die Streckenverstärkung

$$K_S = \tan\beta = \frac{d}{c_2 - c_1}.$$

Zur Korrektur des nichtlinearen Verhaltens wird ein Element mit Offset (Vorspannung, Tabelle 14.3-5, Nr. 32) und der Verstärkung

$$K_{inv} = \tan\alpha = \frac{d_2 - d_1}{c}.$$

nach Bild 14.3-1 in Reihe geschaltet. Zur übersichtlichen Darstellung wird nur der Bereich positiver Ein- und Ausgangsgrößen betrachtet. Für negative Größen gelten die berechneten Werte entsprechend.

inverses Element
(Offset d_1)

Regelstrecke
(Ansprechwert c_1)

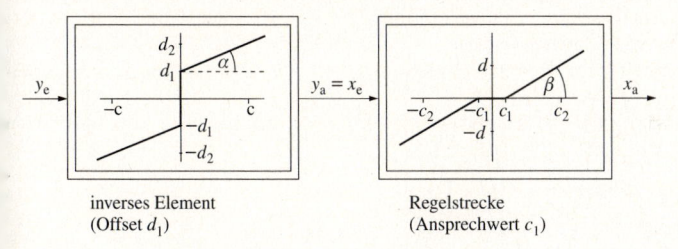

Bild 14.3-1: *Kompensation einer Nichtlinearität mit einem Element mit inverser Kennlinie*

Das Offsetelement liefert für den Bereich $y_e \geq 0$

$$y_a = d_1 + \frac{d_2 - d_1}{c} \cdot y_e = d_1 + \tan\alpha \cdot y_e = d_1 + K_{inv} \cdot y_e,$$

für $x_e > c_1$ gilt für die Regelstrecke mit Ansprechempfindlichkeit

$$x_a = \frac{d}{c_2 - c_1} \cdot (x_e - c_1) = \tan\beta \cdot (x_e - c_1) = K_S \cdot (x_e - c_1).$$

Die Gleichung $y_a = f(y_e)$ für das inverse Element wird in die Regelstreckengleichung $x_a = f(x_e)$ eingesetzt:

$$x_a = K_S \cdot (y_a - c_1) = K_S \cdot (d_1 + K_{inv} \cdot y_e - c_1)$$
$$= K_S \cdot K_{inv} \cdot y_e + K_S \cdot (d_1 - c_1).$$

Für Offset gleich Totzone $d_1 = c_1$ wird die Totzone kompensiert, das Übertragungsverhalten der Reihenschaltung ist linear.

$$x_a = K_{inv} \cdot K_S \cdot y_e,$$

für $K_{inv} = 1$ erhält man die lineare Streckengleichung

$$x_a = K_S \cdot y_e,$$

für $K_{inv} = 1/K_S$ ist $x_a = y_e$.

Bild 14.3-2 enthält das Simulink-Modell für die Ermittlung der Signale. Die Steigungen von Offsetelement und Element mit Ansprechempfindlichkeit sind gleich $K_{\text{inv}} = K_S = 1$. Für Offset gleich Totzonenbreite $d = c_1 = 0.4$ wird die Totzone kompensiert.

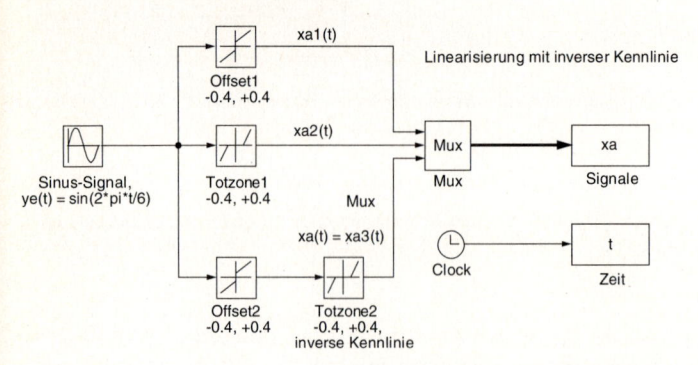

Bild 14.3-2: Untersuchung der Linearisierung mit inverser Kennlinie (Simulink-Modell)

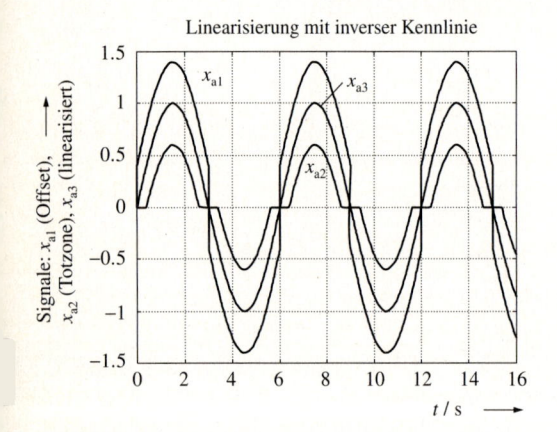

Bild 14.3-3: Linearisierung mit inverser Kennlinie

14.3.3 Linearisierung durch Rückführung

Bei diesem Verfahren wird die Ausgangsgröße des nichtlinearen Elements zurückgeführt und mit der Eingangsgröße verglichen. Bei großer Verstärkung des Vorwärtszweiges wird das Übertragungsverhalten im wesentlichen von der Rückführung bestimmt. Nichtlineare Signalverzerrungen werden reduziert.

Beispiel 14.3-3:   Ein nichtlineares Element mit quadratischer Kennlinie wird für den Bereich positiver Eingangssignale $x_e \geq 0$ mit einer Rückführung linearisiert. Der Vergleich mit einem linearen Übertragungselement zeigt die Wirkung der Linearisierung mit Rückführung (Bild 14.3-4, Kurven a) bis d)).

a) lineares Element (Kurve a)):
$$x_a = x_e,$$

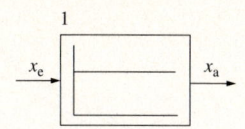

b) nichtlineares Element (Kurve b)):
$$x_{an} = x_e^2,$$

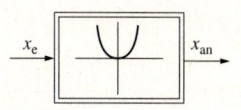

Die größte Abweichung vom linearen Verhalten im Bereich $0 \leq x_e \leq 1$ ist

$$\Delta x_a = x_{an} - x_a = -0.25, \quad \text{bei } x_e = 0.5.$$

c) durch Rückführung linearisiertes Element (Kurven c), d)):

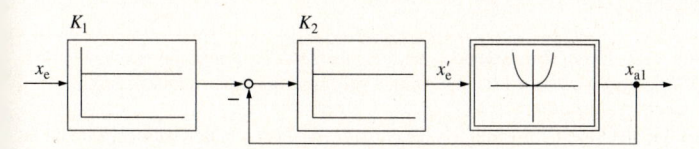

Für das linearisierte System gelten die Gleichungen

$$x_{al} = (x_e')^2 = [(K_1 \cdot x_e - x_{al}) \cdot K_2]^2,$$

$$x_{al} = K_1 \cdot x_e + \frac{0.5}{K_2^2} - \frac{0.5 \cdot \sqrt{4 \cdot K_1 \cdot K_2^2 \cdot x_e + 1}}{K_2^2}$$

Mit $K_1 = 1$, $K_2 = 10$ ist die linearisierte Gleichung

$$x_{al} = x_e + \underbrace{0.005 - \sqrt{0.01 \cdot x_e + 2.5 \cdot 10^{-5}}}_{\text{nichtlinearer Anteil}}.$$

Für $K_1 = 1$ (Kurve c)) ist die größte Abweichung vom linearen Verhalten

$$\Delta x_a = x_{al} - x_a = -0.0951, \quad \text{bei } x_e = 1.0.$$

Die Abweichung wird im wesentlichen durch die bleibende Eingangsdifferenz des Systems verursacht, nicht durch das nichtlineare Element. Eine Korrektur mit

$$K_1 = \frac{1 + K_2}{K_2} = 1.1$$

am Eingang gleicht die bleibende Eingangsdifferenz näherungsweise aus (Kurve d)) und verringert die größte Abweichung vom linearen Verhalten auf

$$\Delta x_a = x_{al} - x_a = -0.0227, \quad \text{bei } x_e = 0.3.$$

Durch Vergrößerung von K_2 lassen sich die nichtlinearen Einflüsse noch weiter reduzieren.

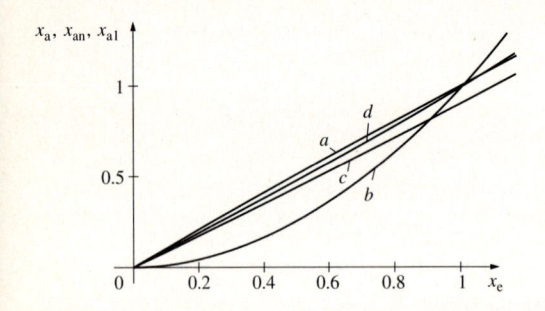

Bild 14.3-4: Linearisierung durch Rückführung x_{al} (c, d), lineare Kennlinie x_a (a), nichtlineare Kennlinie x_{an} (b)

14.3.4 Linearisierung im Arbeitspunkt (Tangentenlinearisierung), Vernachlässigung höherer Ableitungen der TAYLOR-Reihe

In Abschnitt 3.2 ist das Verfahren der Linearisierung im Arbeitspunkt dargestellt. Im folgenden wird es noch einmal komprimiert angegeben.

> Die nichtlineare Funktion eines Übertragungselements wird in eine TAYLOR-Reihe entwickelt. Nur der lineare Term der ersten Ableitung wird berücksichtigt, höhere Ableitungen werden vernachlässigt.

Graphisches Verfahren: Bei nichtlinearen Kennlinien, die durch Messungen ermittelt wurden, wird durch Anlegen einer Tangente im Arbeitspunkt A die Steigung der Kennlinie bestimmt (Bild 3.2-3).

Analytisches Verfahren mit einer Eingangsvariablen: Ist die Funktion differenzierbar, so wird die TAYLOR-Enwicklung der Funktion nach der ersten Ableitung abgebrochen und der Wert des Arbeitspunktes A eingesetzt.

$$x_a = f(x_e), \qquad x_{aA} = f(x_{eA})$$
$$x_a(t) = x_{aA} + \Delta x_a(t) = f(x_{eA} + \Delta x_e(t))$$
$$x_a(t) = x_{aA} + \Delta x_a(t) \approx f(x_{eA}) + \left.\frac{\mathrm{d}f(x_e)}{\mathrm{d}x_e}\right|_A \cdot \Delta x_e(t).$$

Für kleine Änderungen um den Arbeitspunkt A erhält man die linearisierte Gleichung mit dem Porportionalbeiwert K_P:

$$\boxed{\Delta x_a(t) \approx \left.\frac{\mathrm{d}f(x_e)}{\mathrm{d}x_e}\right|_A \cdot \Delta x_e(t) = K_P \cdot \Delta x_e(t).}$$

Analytisches Verfahren mit mehreren Eingangsvariablen: Für Übertragungssysteme mit mehreren Eingangsvariablen

$$x_a(t) = f(x_{e1}(t), x_{e2}(t), \ldots, x_{em}(t))$$

erfolgt die Linearisierung entsprechend, wobei die TAYLOR-Entwicklung der Funktion nach mehreren Variablen gemacht wird:

$$\boxed{\begin{aligned}x_{aA} + \Delta x_a(t) &\approx f(x_{e1A}, x_{e2A}, \ldots, x_{emA}) + \sum_{i=1}^{m} \frac{\partial f}{\partial x_{ei}} \cdot \Delta x_{ei}(t),\\ \Delta x_a(t) &\approx \left.\frac{\partial f}{\partial x_{e1}}\right|_A \cdot \Delta x_{e1}(t) + \left.\frac{\partial f}{\partial x_{e2}}\right|_A \cdot \Delta x_{e2}(t) + \ldots + \left.\frac{\partial f}{\partial x_{em}}\right|_A \cdot \Delta x_{em}(t)\\ &= K_{P1} \cdot \Delta x_{e1}(t) + K_{P2} \cdot \Delta x_{e2}(t) + \ldots + K_{Pm} \cdot \Delta x_{em}(t).\end{aligned}}$$

14.3.5 Harmonische Linearisierung mit der Beschreibungsfunktion, Vernachlässigung von höheren Harmonischen der FOURIER-Reihe

14.3.5.1 Grundlage des Verfahrens

Das Verfahren wird auch als **Harmonische Balance** oder **Methode der Beschreibungsfunktion** bezeichnet. Der Frequenzgangmethode von linearen Systemen wird mit der harmonischen Linearisierung auf nichtlineare Systeme übertragen. Mit dem Verfahren können Frequenz und Amplitude von Dauerschwingungen in nichtlinearen Regelungssystemen näherungsweise berechnet werden.

Die Grundlage des Verfahrens wird im weiteren dargestellt. Ein harmonisches (sinusförmiges) Eingangssignal $x_e(t)$ erzeugt am Ausgang eines nichtlinearen Elements ein Signal $x_a(t)$, das durch eine Fourierreihe darstellbar ist. Bei einem Zweipunkt-Element entsteht als Ausgangssignal $x_a(t)$ eine Rechteckfunktion der Höhe d.

$$x_e(t) = \hat{x}_e \cdot \sin(2\pi t/T),$$

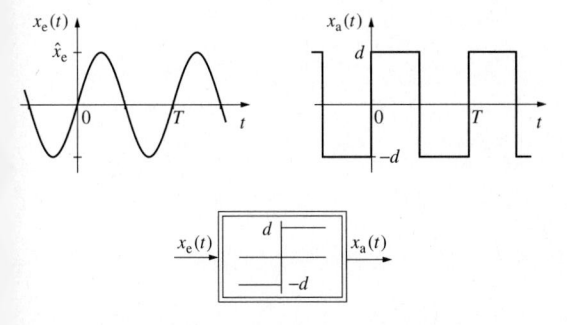

$$x_a(t) = f(x_e(t)) = d \cdot \text{sign}(x_e(t)) = \begin{cases} d, & \text{für } x_e(t) > 0, \\ 0, & \text{für } x_e(t) = 0, \\ -d, & \text{für } x_e(t) < 0. \end{cases}$$

Für die Berechnung der Fourierreihe von $x_a(t)$ erhält man

$$x_a(t) = \frac{4 \cdot d}{\pi} \cdot \left[\sin(2\pi t/T) + \frac{\sin(3 \cdot 2\pi t/T)}{3} + \frac{\sin(5 \cdot 2\pi t/T)}{5} + \ldots \right].$$

Die 1. Harmonische des Ausgangssignals hat die gleiche Frequenz wie das Eingangssignal x_e, die Phasenverschiebung ist Null. Die Amplituden der höheren Harmonischen des Ausgangssignals werden mit $1/3$, $1/5, \ldots$, reduziert.

In Regelungssystemen werden die höheren Harmonischen (Oberwellen) durch das Tiefpaßverhalten der nachgeschalteten Regelstrecke unterdrückt. Im stationären Zustand tritt dann wiederum am Eingang des nichtlinearen Elements (Reglers) ein näherungsweise sinusförmiges Signal der Grundfrequenz auf, so daß das Regelungssystem lineare Eigenschaften erhält und mit Methoden der linearen Regelungstechnik berechnet werden kann.

Beispiel 14.3-4: Für das nichtlineare Lageregelungssystem nach Bild 14.3-5 soll die Sprungantwort der Regelgröße berechnet werden. Die Amplituden der Harmonischen sind zu bestimmen.

14 Nichtlineare Regelungen

Die Stellgröße y entspricht der Beschleunigung, durch Integration entstehen Geschwindigkeit $\dot{x}$ und Lage x.

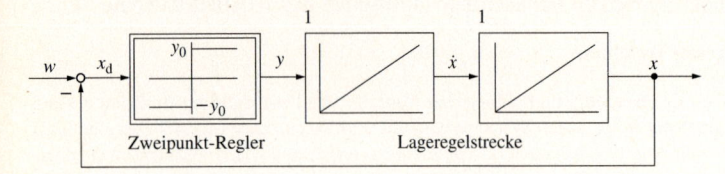

Bild 14.3-5: Regelkreis mit Zweipunkt-Regler

Der Zweipunkt-Regler erzeugt zwei Stellgrößen

$$y = \begin{cases} y_0, & \text{für } x_d \geq 0, \\ -y_0, & \text{für } x_d < 0. \end{cases}$$

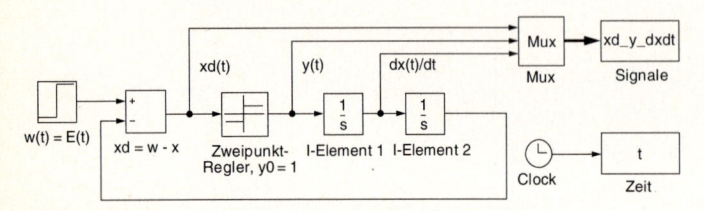

Bild 14.3-6: Regelkreis mit Zweipunkt-Regler (Simulink-Modell)

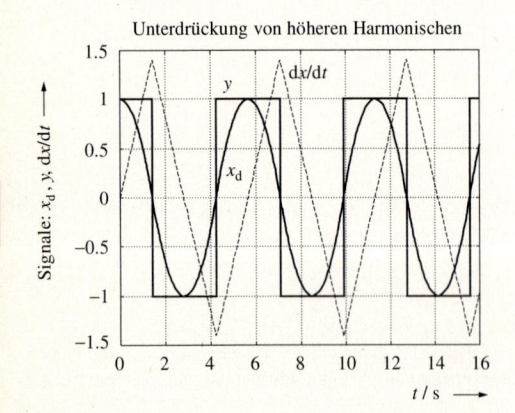

Bild 14.3-7: Signalverläufe im Regelkreis

Für einen Führungseinheitssprung $w(t) = E(t)$ entstehen im Regelkreis folgende Signalformen (Bild 14.3-7), die alle eine Periodendauer $T = 4 \cdot \sqrt{2}$ s $= 5.657$ s haben:

- Stellgröße $y(t)$: Rechtecksignal mit der Höhe $y_0 = 1$,
- Ableitung der Regelgröße $\dot{x}(t)$: Dreiecksignal mit der Höhe $\dot{x}_0 = \sqrt{2}$,
- Regelgröße $x(t)$: um Eins verschobenes, aus zwei Parabeln zusammengesetztes, näherungsweise kosinusförmiges Signal, Amplitude $\hat{x}_0 = 1$.
- Regeldifferenz $x_d(t)$: aus zwei Parabeln zusammengesetztes, näherungsweise kosinusförmiges Signal mit der Amplitude $\hat{x}_{d0} = 1$.

Die Darstellung der Signale von Bild 14.3-7 mit einer Fourierreihe

$$f(t) = a_0 + \sum_{n=1}^{\infty} \left[a_n \cdot \cos(n \cdot 2\pi t/T) + b_n \cdot \sin(n \cdot 2\pi t/T) \right],$$

$$a_0 = \frac{1}{T} \int_{-T/2}^{T/2} f(t) \, dt,$$

$$a_n = \frac{2}{T} \int_{-T/2}^{T/2} f(t) \cdot \cos(n \cdot 2\pi t/T) \, dt, \quad b_n = \frac{2}{T} \int_{-T/2}^{T/2} f(t) \cdot \sin(n \cdot 2\pi t/T) \, dt,$$

liefert die Koeffizienten a_n, b_n. Da die Funktionen keinen Gleichanteil enthalten, ist $a_0 = 0$.

Rechtecksignal Stellgröße $y(t)$:

$$y(t) = \begin{cases} y_0 = 1, & \text{für } -T/4 \leq t \leq T/4, \\ y_0 = -1, & \text{für } T/4 \leq t \leq 3 \cdot T/4, \end{cases}$$

$$y(t) = \sum_{n=1}^{\infty} a_n \cdot \cos(n \cdot 2\pi t/T) = \frac{4}{\pi} \cdot \sum_{n=1}^{\infty} \frac{(-1)^{n-1}}{2n-1} \cdot \cos((2n-1) \cdot 2\pi t/T)$$

$$= \frac{4}{\pi} \cdot \left[\frac{\cos(2\pi t/T)}{1} - \frac{\cos(3 \cdot 2\pi t/T)}{3} + \frac{\cos(5 \cdot 2\pi t/T)}{5} - \ldots \right].$$

Dreiecksignal Ableitung der Regelgröße $\dot{x}(t)$:

$$\dot{x}(t) = \begin{cases} t, & \text{für } -T/4 \leq t \leq T/4, \\ t - T/2, & \text{für } T/4 \leq t \leq 3 \cdot T/4, \end{cases}$$

$$\dot{x}(t) = \sum_{n=1}^{\infty} b_n \cdot \sin(n \cdot 2\pi t/T) = \frac{\sqrt{2} \cdot 8}{\pi^2} \cdot \sum_{n=1}^{\infty} \frac{(-1)^{n-1}}{(2n-1)^2} \cdot \sin((2n-1) \cdot 2\pi t/T)$$

$$= \frac{\sqrt{2} \cdot 8}{\pi^2} \cdot \left[\frac{\sin(2\pi t/T)}{1} - \frac{\sin(3 \cdot 2\pi t/T)}{3^2} + \frac{\sin(5 \cdot 2\pi t/T)}{5^2} - \ldots \right].$$

Näherungsweise kosinusförmiges Signal Regeldifferenz $x_d(t)$:

$$x_d(t) = \begin{cases} 1 - t^2/2, & \text{für } -T/4 \leq t \leq T/4, \\ -1 + (t - T/2)^2/2, & \text{für } T/4 \leq t \leq 3 \cdot T/4, \end{cases}$$

$$x_d(t) = \sum_{n=1}^{\infty} a_n \cdot \cos(n \cdot 2\pi t/T) = \frac{32}{\pi^3} \cdot \sum_{n=1}^{\infty} \frac{(-1)^{n-1}}{(2n-1)^3} \cdot \cos((2n-1) \cdot 2\pi t/T)$$

$$= \frac{32}{\pi^3} \cdot \left[\frac{\cos(2\pi t/T)}{1} - \frac{\cos(3 \cdot 2\pi t/T)}{3^3} + \frac{\cos(5 \cdot 2\pi t/T)}{5^3} - \ldots \right].$$

Die Tiefpaßwirkung ist aus dem Amplitudenvergleich der Harmonischen von $y(t)$ und $x_d(t)$ in Tabelle 14.3-1 abzulesen.

Tabelle 14.3-1: Reduzierung der Amplituden von höheren Harmonischen durch Tiefpaßwirkung

Signal	1. Harmonische, Grundwelle	3. Harmonische	5. Harmonische
$y(t)$	$a_1 = 1.273$	$a_3 = -a_1/3 = -0.424$	$a_5 = a_1/5 = 0.255$
$x_d(t)$	$a_1 = 1.032$	$a_3 = -a_1/27 = -0.0382$	$a_5 = a_1/125 = 0.00826$

14.3.5.2 Beschreibungsfunktionen von Elementen mit eindeutigen Kennlinienfunktionen

Die Anwendung der Methode der Beschreibungsfunktion setzt voraus, daß der nichtlineare Regelkreis eine Dauerschwingung ausführt, alle Größen, die Führungsgröße $w(t)$ ausgenommen, haben periodischen Verlauf. Wegen der Tiefpaßwirkung der anderen Regelkreiselemente ist die Eingangsgröße $x_e(t)$ des statischen nichtlinearen Elements eine Sinusschwingung, die einen Gleichanteil x_{e0} enthalten kann.

$$x_e(t) = x_{e0} + x_{e1}(t) = x_{e0} + \hat{x}_e \cdot \sin(2\pi t/T)$$
$$= x_{e0} + \hat{x}_e \cdot \sin(\omega t), \qquad \omega = 2\pi/T.$$

Das periodische, nichtharmonische Ausgangssignal $x_a(t)$ wird als FOURIER-Reihe dargestellt, alle Schwingungen mit Frequenzen größer als die der Grundschwingung $x_{a1}(t)$ werden vernachlässigt:

$$x_a(t) = a_0 + \sum_{n=1}^{\infty} \left[a_n \cdot \cos(n \cdot 2\pi t/T) + b_n \cdot \sin(n \cdot 2\pi t/T) \right]$$
$$\approx a_0 + a_1 \cdot \cos(2\pi t/T) + b_1 \cdot \sin(2\pi t/T) = x_{a0} + x_{a1}(t).$$

Für die Berechnung von Beschreibungsfunktionen wird das Verhältnis der Grundschwingungen von Ausgangssignal $x_{a1}(t)$ und Eingangssignal $x_{e1}(t)$ gebildet:

$$x_{e1}(t) = \hat{x}_e \cdot \sin(2\pi t/T) = \hat{x}_e \cdot \sin(\omega t),$$
$$x_{a1}(t) = a_1 \cdot \cos(2\pi t/T) + b_1 \cdot \sin(2\pi t/T) = a_1 \cdot \cos(\omega t) + b_1 \cdot \sin(\omega t).$$

Mit der komplexen Darstellung der Signale ergibt sich die Beschreibungsfunktion:

$$\cos(\omega t) \rightarrow \cos(\omega t) + j \cdot \sin(\omega t) = e^{j\omega t},$$
$$\sin(\omega t) \rightarrow (\cos(\omega t) + j \cdot \sin(\omega t)) \cdot e^{-j\pi/2} = -j \cdot e^{j\omega t},$$
$$x_{e1}(j\omega t) = -j \cdot \hat{x}_e \cdot e^{j\omega t},$$
$$x_{a1}(j\omega t) = (a_1 - j \cdot b_1) \cdot e^{j\omega t},$$
$$B(\hat{x}_e, x_{e0}) = \frac{x_{a1}(j\omega t)}{x_{e1}(j\omega t)} = \frac{(a_1 - j \cdot b_1) \cdot e^{j\omega t}}{-j \cdot \hat{x}_e \cdot e^{j\omega t}} = \frac{b_1 + j \cdot a_1}{\hat{x}_e}.$$

Die Beschreibungsfunktion $B(\hat{x}_e, x_{e0})$ ist ein komplexer Verstärkungsfaktor für die Grundschwingung (erste Harmonische) der FOURIER-Zerlegung des Ausgangssignals von nichtlinearen Kennlinien-Elementen:

$$x_e(t) = x_{e0} + \hat{x}_e \cdot \sin(2\pi t/T), \qquad 2\pi/T = \omega, \quad x_a(t) = f(x_e(t)),$$
$$B(\hat{x}_e, x_{e0}) = \frac{b_1 + j \cdot a_1}{\hat{x}_e}, \qquad x_{a1}(j\omega t) = B(\hat{x}_e, x_{e0}) \cdot x_{e1}(j\omega t).$$

a_1, b_1 sind die Koeffizienten der ersten Schwingung der FOURIER-Zerlegung von $x_a(t)$:

$$a_1 = \frac{2}{T} \int_{-T/2}^{T/2} x_a(t) \cdot \cos(2\pi t/T) \, dt = \frac{2}{T} \int_{-T/2}^{T/2} f(x_e(t)) \cdot \cos(2\pi t/T) \, dt,$$
$$b_1 = \frac{2}{T} \int_{-T/2}^{T/2} x_a(t) \cdot \sin(2\pi t/T) \, dt = \frac{2}{T} \int_{-T/2}^{T/2} f(x_e(t)) \cdot \sin(2\pi t/T) \, dt.$$

$x_a(t)$ ist das periodische, nichtharmonische Ausgangssignal des nichtlinearen Elements bei sinusförmigem Eingangssignal $x_e(t)$.

14.3 Verfahren der Linearisierung

Entsprechend kann eine reelle Beschreibungsfunktion $B_0(\hat{x}_e, x_{e0})$ als Verstärkungsfaktor, der das Gleichsignal $x_{a0} = a_0$ des Ausgangssignals $x_a(t)$ hervorruft, definiert werden:

$$B_0(\hat{x}_e, x_{e0}) = \frac{a_0}{\hat{x}_e}.$$

a_0 ist der Gleichsignalanteil der FOURIER-Zerlegung von $x_a(t)$:

$$a_0 = \frac{1}{T} \int_{-T/2}^{T/2} x_a(t)\,\mathrm{d}t = a_0(x_{e0}, \hat{x}_e)$$

und hängt von der Amplitude $\hat{x}_e$ und einem möglicherweise vorhandenen Gleichanteil x_{e0} der Eingangsgröße $x_e(t)$ ab.

Die Beschreibungsfunktion ist abhängig von der Art der nichtlinearen Funktion des Kennlinien-Elements.

Bei **eindeutigen ungeraden Funktionen** mit $-f(-x_e) = f(x_e)$ sind die Beschreibungsfunktionen reell, eine Kosinusschwingung der Grundfrequenz tritt nicht auf, die Berechnung von b_1 vereinfacht sich für $x_{e0} = 0$:

$-f(-x_e) = f(x_e)$, ungerade symmetrische Kennlinie,

$B_0(\hat{x}_e) = 0$,

$$B(\hat{x}_e) = \frac{b_1}{\hat{x}_e}, \qquad b_1 = \frac{4}{T}\int_0^{T/2} x_a(t)\cdot\sin(2\pi t/T)\,\mathrm{d}t, \qquad a_1 = 0.$$

Bei **eindeutigen geraden Funktionen** mit $f(-x_e) = f(x_e)$ (gerade symmetrische Kennlinie) und $x_{e0} = 0$ treten keine Schwingungen der Grundfrequenz im Ausgangssignal $x_a(t)$ auf, die Beschreibungsfunktion kann nicht berechnet werden, $B(\hat{x}_e) = 0$, da $a_1 = 0$, $b_1 = 0$ ist.

Bei **mehrdeutigen Funktionen**, zum Beispiel Hysterese-Kennlinienfunktionen, sind die Beschreibungsfunktionen komplex, das Ausgangssignal $x_{a1}(t)$ enthält eine Sinus- und Kosinusschwingung:

$$B(\hat{x}_e, x_{e0}) = \frac{b_1 + j\cdot a_1}{\hat{x}_e}, \qquad B_0(\hat{x}_e, x_{e0}) = \frac{a_0}{\hat{x}_e}.$$

Bei **unsymmetrischen Kennlinien** hat die FOURIER-Zerlegung der Ausgangsgröße $x_a(t)$ einen Gleichanteil $x_{a0} = a_0 \neq 0$, auch wenn $x_{e0} = 0$ ist.

$$B(\hat{x}_e, x_{e0}) = \frac{b_1 + j\cdot a_1}{\hat{x}_e}, \qquad B_0(\hat{x}_e, x_{e0}) = \frac{a_0}{\hat{x}_e}.$$

Hat die Eingangsgröße einen Gleichanteil x_{e0},

$$x_e(t) = x_{e0} + \hat{x}_e \cdot \sin(2\pi t/T),$$

bei Regelkreisen ohne Integral-Elemente (Proportionalregelkreisen) ist das die bleibende Regeldifferenz x_{d0} von

$$x_d(t) = x_{d0} + \hat{x}_d \cdot \sin(2\pi t/T),$$

dann hat die FOURIER-Zerlegung der Ausgangsgröße den Gleichanteil $x_{a0} = a_0$. Die Beschreibungsfunktion ist von x_{e0} beziehungsweise x_{d0} abhängig (Beispiel 14.3-7, Beispiel 14.3-18):

$$B(\hat{x}_e, x_{e0}) = \frac{b_1 + j\cdot a_1}{\hat{x}_e}, \qquad B_0(\hat{x}_e, x_{e0}) = \frac{a_0}{\hat{x}_e}.$$

Sind in der Beschreibung des nichtlinearen Elements **dynamische Anteile** (Differentialgleichungen) enthalten, dann muß als weiterer Parameter der Beschreibungsfunktion die Kreisfrequenz der Grundschwingung $\omega = 2\pi/T$ berücksichtigt werden:

$$B_0(\hat{x}_e, x_{e0}), \qquad B(\hat{x}_e, x_{e0}, \omega).$$

14 Nichtlineare Regelungen

In Beispiel 14.3-7 wird eine unsymmetrische Kennlinie und $x_{e0} \neq 0$ untersucht, für die weiteren Beispiele werden Beschreibungsfunktionen für Eingangssignale mit $x_{e0} = 0$ berechnet.

Beispiel 14.3-5: Für nichtlineare Elemente mit **ungeraden Kennlinienfunktionen** $-f(-x_e) = f(x_e)$ und offsetfreien Eingangssignalen mit $x_{e0} = 0$ wird die Beschreibungsfunktion bestimmt. Der Gleichanteil ist $a_0 = 0$, es tritt keine Kosinusschwingung auf, $a_1 = 0$.

Zweipunkt-Element:

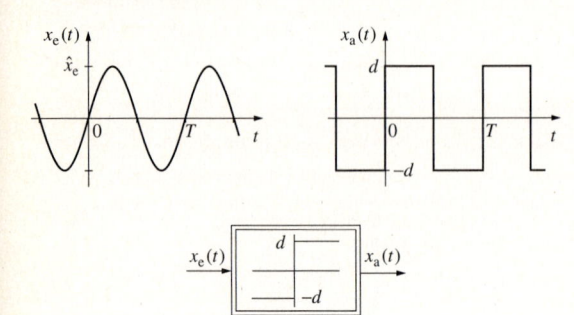

$$x_e(t) = \hat{x}_e \cdot \sin(2\pi t/T), \qquad x_{e0} = 0,$$

$$x_a(t) = f(x_e(t)) = d \cdot \text{sign}(x_e(t)) = \begin{cases} d, & \text{für } x_e(t) > 0, \\ 0, & \text{für } x_e(t) = 0, \\ -d, & \text{für } x_e(t) < 0, \end{cases}$$

$$b_1 = \frac{2}{T} \int_{-T/2}^{T/2} x_a(t) \cdot \sin(2\pi t/T)\,dt = \frac{4}{T} \int_0^{T/2} x_a(t) \cdot \sin(2\pi t/T)\,dt$$

$$= \frac{4}{T} \int_0^{T/2} d \cdot \sin(2\pi t/T)\,dt = \frac{4 \cdot d}{\pi}.$$

Die Beschreibungsfunktion ist reell:

$$B(\hat{x}_e) = \frac{b_1}{\hat{x}_e} = \frac{4 \cdot d}{\pi \cdot \hat{x}_e}.$$

Mit zunehmender Amplitude $\hat{x}_e$ wird die Verstärkung $B(\hat{x}_e)$ kleiner, da die Amplitude $\hat{x}_a$ des Ausgangssignals konstant ist:

$$\hat{x}_a = b_1 = B(\hat{x}_e) \cdot \hat{x}_e = 4 \cdot d/\pi.$$

Begrenzungselement:

$$x_e(t) = \hat{x}_e \cdot \sin(2\pi t/T), \qquad x_{e0} = 0,$$

$$x_a(t) = f(x_e(t)) = \begin{cases} d, & \text{für } c < x_e(t), \\ (d/c) \cdot x_e(t), & \text{für } -c \leq x_e(t) \leq c, \\ -d, & \text{für } x_e(t) < -c. \end{cases}$$

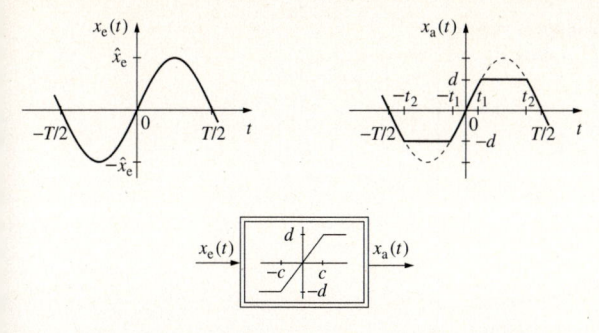

Für die Berechnung von b_1 werden die Zeitpunkte t_1, t_2 benötigt:

$$x_a(t_1) = d \quad \text{für} \quad x_e(t_1) = \hat{x}_e \cdot \sin(2\pi t_1/T) = c,$$

$$t_1 = \frac{T}{2 \cdot \pi} \cdot \arcsin(c/\hat{x}_e),$$

$$t_2 = \frac{T}{2} - t_1 = \frac{T}{2} - \frac{T}{2 \cdot \pi} \cdot \arcsin(c/\hat{x}_e),$$

$$b_1 = \frac{2}{T} \int_{-T/2}^{T/2} x_a(t) \cdot \sin(2\pi t/T)\,dt = \frac{4}{T} \int_{0}^{T/2} x_a(t) \cdot \sin(2\pi t/T)\,dt$$

$$= \frac{4}{T} \int_{0}^{t_1} (d/c) \cdot x_e(t) \cdot \sin(2\pi t/T)\,dt + \frac{4}{T} \int_{t_1}^{t_2} d \cdot \sin(2\pi t/T)\,dt$$

$$+ \frac{4}{T} \int_{t_2}^{T/2} (d/c) \cdot x_e(t) \cdot \sin(2\pi t/T)\,dt$$

$$= \frac{2 \cdot d \cdot \hat{x}_e \cdot \arcsin(c/\hat{x}_e)}{\pi \cdot c} + \frac{2 \cdot d \cdot \sqrt{\hat{x}_e^2 - c^2}}{\pi \cdot \hat{x}_e}.$$

Die Beschreibungsfunktion des Begrenzungselements ist reell:

$$B(\hat{x}_e) = K_P = d/c, \quad \hat{x}_e \leq c,$$

$$B(\hat{x}_e) = \frac{b_1}{\hat{x}_e} = \frac{2 \cdot d \cdot \arcsin(c/\hat{x}_e)}{\pi \cdot c} + \frac{2 \cdot d \cdot \sqrt{1 - c^2/\hat{x}_e^2}}{\pi \cdot \hat{x}_e}, \quad \hat{x}_e \geq c.$$

Mit der Verstärkung im Proportionalbereich $K_P = d/c$ wird $B(\hat{x}_e)$ umgeformt:

$$B(\hat{x}_e) = \frac{b_1}{\hat{x}_e} = \frac{2 \cdot K_P}{\pi} \cdot \left[\arcsin(c/\hat{x}_e) + (c/\hat{x}_e) \cdot \sqrt{1 - c^2/\hat{x}_e^2}\right].$$

Die Ortskurve für das Begrenzungselement verläuft auf der reellen Achse. Mit zunehmender Amplitude $\hat{x}_e$ wird die Verstärkung $B(\hat{x}_e)$ kleiner, da die Amplitude $\hat{x}_a$ des Ausgangssignals im Begrenzungsbereich konstant $\hat{x}_e = c$ ist, im linearen Bereich $\hat{x}_e \leq c$ ist $B(\hat{x}_e) = K_P$. Zur besseren Übersicht wird $B(\hat{x}_e)$ abhängig von $\hat{x}_e/c$ dargestellt (Bild 14.3-8).

Beschreibungsfunktion $B(\hat{x}_e)$ für ein Begrenzungselement

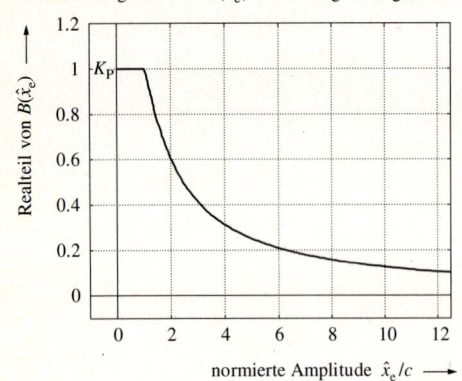

Bild 14.3-8: Darstellung der Beschreibungsfunktion in Abhängigkeit von $\hat{x}_e/c$

Elemente mit progressiver Kennlinie, Potenzelemente:

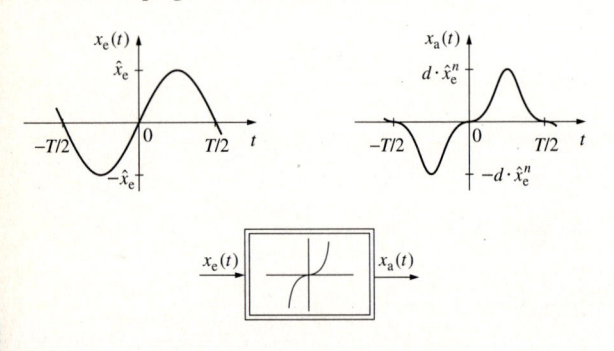

$$x_e(t) = \hat{x}_e \cdot \sin(2\pi t/T), \qquad x_{e0} = 0,$$
$$x_a(t) = f(x_e(t)) = d \cdot (x_e(t))^n, \qquad n = 1, 3, 5, 7, \ldots,$$
$$x_a(t) = f(x_e(t)) = d \cdot \text{sign}(x_e(t)) \cdot (x_e(t))^n, \qquad n = 2, 4, 6, \ldots$$

Da auch hier ungerade Funktionen vorliegen, ist $a_0 = 0$, $a_1 = 0$, es kann mit der vereinfachten Formel für positive Zeiten t mit $\text{sign}(x_e(t)) = 1$ für $0 < t \leq T/2$ und $n = 1, 2, 3, 4, 5, \ldots$, gerechnet werden:

$$b_1 = \frac{2}{T} \int_{-T/2}^{T/2} x_a(t) \cdot \sin(2\pi t/T) \, dt = \frac{4}{T} \int_0^{T/2} d \cdot (x_e(t))^n \cdot \sin(2\pi t/T) \, dt$$
$$= \frac{4}{T} \int_0^{T/2} d \cdot \hat{x}_e^n \cdot (\sin(2\pi t/T))^{n+1} \, dt.$$

Die Auswertung des Integrals liefert die Beschreibungsfunktionen (Tabelle 14.3-2), wobei $n = 1$ den Grenzfall der progressiven Kennlinie darstellt:

$$B(\hat{x}_e) = \frac{b_1}{\hat{x}_e} = d \cdot \hat{x}_e^{n-1} \cdot \prod_{i=1}^{(n-1)/2} \frac{n+2-2i}{n+3-2i}, \qquad \text{für } n = 1, 3, 5, 7, \ldots,$$

$$B(\hat{x}_e) = \frac{b_1}{\hat{x}_e} = \frac{4d \cdot \hat{x}_e^{n-1}}{\pi} \cdot \prod_{i=1}^{n/2} \frac{n+2-2i}{n+3-2i}, \qquad \text{für } n = 2, 4, 6, \ldots$$

Tabelle 14.3-2: Beschreibungsfunktionen von Potenz-Elementen

n	1	2	3	4	5	6	7
b_1	$d \cdot \hat{x}_e$	$\dfrac{8d \cdot \hat{x}_e^2}{3 \cdot \pi}$	$\dfrac{3d \cdot \hat{x}_e^3}{4}$	$\dfrac{32d \cdot \hat{x}_e^4}{15 \cdot \pi}$	$\dfrac{5d \cdot \hat{x}_e^5}{8}$	$\dfrac{64d \cdot \hat{x}_e^6}{35 \cdot \pi}$	$\dfrac{35d \cdot \hat{x}_e^7}{64}$
$B(\hat{x}_e)$	d	$\dfrac{8d \cdot \hat{x}_e}{3 \cdot \pi}$	$\dfrac{3d \cdot \hat{x}_e^2}{4}$	$\dfrac{32d \cdot \hat{x}_e^3}{15 \cdot \pi}$	$\dfrac{5d \cdot \hat{x}_e^4}{8}$	$\dfrac{64d \cdot \hat{x}_e^5}{35 \cdot \pi}$	$\dfrac{35d \cdot \hat{x}_e^6}{64}$

Bei der Berechnung der Beschreibungsfunktion mit progressiven Kennlinien führt auch die trigonometrische Zerlegung der Ausgangsfunktion $x_a(t)$ zum Ergebnis. Für $n = 3$ ist

$$x_a(t) = d \cdot (\hat{x}_e(t))^n = d \cdot \hat{x}_e^3 \cdot (\sin(2\pi t/T))^3$$
$$= d \cdot \hat{x}_e^3 \cdot \left[\frac{3}{4} \cdot \sin(2\pi t/T) - \frac{1}{4} \cdot \sin(3 \cdot 2\pi t/T) \right]$$
$$= b_1 \cdot \sin(2\pi t/T) + b_3 \cdot \sin(3 \cdot 2\pi t/T).$$

Elemente mit degressiver Kennlinie, Wurzel-Elemente:

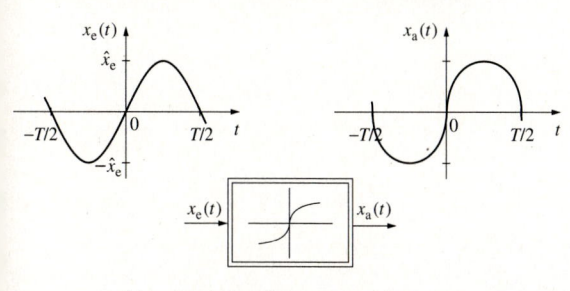

$$x_e(t) = \hat{x}_e \cdot \sin(2\pi t/T), \qquad x_{e0} = 0,$$
$$x_a(t) = f(x_e(t)) = d \cdot \text{sign}(x_e(t)) \cdot |x_e(t)|^{1/n}, \qquad n = 1, 2, 3, 4, \ldots$$

Die oben angegebenen Wurzelfunktionen sind ebenfalls ungerade, damit ist $a_0 = 0$, $a_1 = 0$. Die vereinfachte Formel mit $\text{sign}(x_e(t)) = 1$, $|x_e(t)| \to x_e(t)$, für $0 < t \leq T/2$ und $n = 1, 2, 3, 4, 5, \ldots$, wobei $n = 1$ den Grenzfall der degressiven Kennlinie darstellt, ist dann

$$b_1 = \frac{4}{T} \int_0^{T/2} x_a(t) \cdot \sin(2\pi t/T) \, dt = \frac{4}{T} \int_0^{T/2} d \cdot [x_e(t)]^{1/n} \cdot \sin(2\pi t/T) \, dt$$
$$= \frac{4}{T} \int_0^{T/2} d \cdot [\hat{x}_e \cdot \sin(2\pi t/T)]^{1/n} \cdot \sin(2\pi t/T) \, dt$$
$$= \frac{8}{T} \int_0^{T/4} d \cdot \hat{x}_e^{1/n} \cdot [\sin(2\pi t/T)]^{1/n+1} \, dt.$$

Bei der Auswertung des Integrals erhält man Beta- oder Gamma-Funktionen, deren Werte bis $n = 7$ für Tabelle 14.3-3 berechnet sind. Mit

$$\int_0^{\pi/2} [\sin(x)]^{2\alpha+1} \cdot [\cos(x)]^{2\beta+1} \, dx = \frac{1}{2} \cdot B(\alpha+1, \beta+1) = \frac{\Gamma(\alpha+1) \cdot \Gamma(\beta+1)}{2 \cdot \Gamma(\alpha+\beta+2)},$$

$$2\alpha + 1 = \frac{1}{n} + 1, \qquad \alpha = \frac{1}{2n}, \qquad 2\beta + 1 = 0, \qquad \beta = -\frac{1}{2},$$

$$x = \frac{2\pi t}{T}, \qquad dt = \frac{T \cdot dx}{2\pi}$$

folgt

$$b_1 = \frac{8}{T} \int_0^{T/4} d \cdot \hat{x}_e^{1/n} \cdot [\sin(2\pi t/T)]^{1/n+1} \, dt = \frac{4 \cdot d \cdot \hat{x}_e^{1/n}}{\pi} \cdot \int_0^{\pi/2} [\sin(x)]^{1/n+1} \, dx$$

$$= \frac{4 \cdot d \cdot \hat{x}_e^{1/n}}{\pi} \cdot \frac{\Gamma\left(\frac{1}{2n}+1\right) \cdot \Gamma\left(\frac{1}{2}\right)}{2 \cdot \Gamma\left(\frac{1}{2n}+\frac{3}{2}\right)} = \frac{2 \cdot d \cdot \hat{x}_e^{1/n}}{\sqrt{\pi}} \cdot \frac{2 \cdot \left(\frac{1}{2 \cdot n}\right)!}{\left(\frac{1}{2 \cdot n}+\frac{1}{2}\right)!}.$$

Tabelle 14.3-3: Beschreibungsfunktionen von Wurzel-Elementen

n	b_1	$B(\hat{x}_e)$
1	$d \cdot \hat{x}_e$	d
2	$1.1128 \cdot d \cdot \hat{x}_e^{1/2}$	$1.1128 \cdot d \cdot \hat{x}_e^{-1/2}$
3	$1.1596 \cdot d \cdot \hat{x}_e^{1/3}$	$1.1596 \cdot d \cdot \hat{x}_e^{-2/3}$
4	$1.1852 \cdot d \cdot \hat{x}_e^{1/4}$	$1.1852 \cdot d \cdot \hat{x}_e^{-3/4}$
5	$1.2014 \cdot d \cdot \hat{x}_e^{1/5}$	$1.2014 \cdot d \cdot \hat{x}_e^{-4/5}$
6	$1.2126 \cdot d \cdot \hat{x}_e^{1/6}$	$1.2126 \cdot d \cdot \hat{x}_e^{-5/6}$
7	$1.2207 \cdot d \cdot \hat{x}_e^{1/7}$	$1.2207 \cdot d \cdot \hat{x}_e^{-6/7}$

Beschreibungsfunktionen von weiteren nichtlinearen Elementen sind in Tabelle 14.3-5 zu finden.

Beispiel 14.3-6: Für nichtlineare Elemente mit **geraden Kennlinienfunktionen** $f(-x_e) = f(x_e)$ und offsetfreien Eingangssignalen mit $x_{e0} = 0$ kann keine Beschreibungsfunktion bestimmt werden, da neben dem Gleichanteil a_0 nur Kosinusschwingungen mit geraden Vielfachen der Grundfrequenz auftreten können, a_1 ist also Null. Das resultiert aus den Symmetrieeigenschaften des erzeugten Ausgangssignals: Ein sinusförmiges Eingangssignal $x_e(t)$ wird mit einer geraden Kennlinienfunktion $f(x_e)$ in ein ebenfalls gerades Ausgangssignal $x_a(t)$ mit $x_a(t) = x_a(-t)$ umgeformt. Zusätzlich besitzt dieses Signal noch für beliebige t_1 die Symmetrieeigenschaften

$$x_a(t_1) = x_a(T/2 - t_1) = x_a(T/2 + t_1) = x_a(T - t_1).$$

Bei der FOURIER-Zerlegung sind dann alle Sinuskoeffizienten $b_i = 0$, ebenso alle ungeraden Kosinuskoeffizienten $a_{2i-1} = 0, i = 1, 2, \ldots$

14.3 Verfahren der Linearisierung

Betragsbildung, Gleichrichter-Element:

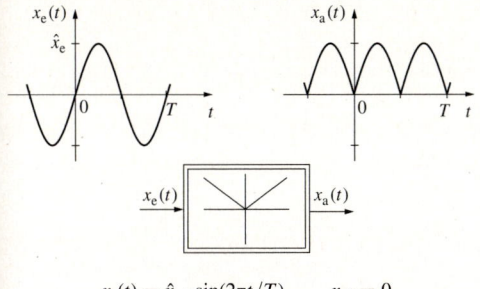

$$x_e(t) = \hat{x}_e \cdot \sin(2\pi t/T), \qquad x_{e0} = 0,$$
$$x_a(t) = f(x_e(t)) = \text{sign}(x_e(t)) \cdot x_e(t) = \hat{x}_e \cdot |\sin(2\pi t/T)|,$$
$$x_a(t) = \hat{x}_e \cdot \left[\frac{2}{\pi} - \frac{4 \cdot \cos(2 \cdot 2\pi t/T)}{3 \cdot \pi} - \frac{4 \cdot \cos(4 \cdot 2\pi t/T)}{15 \cdot \pi} - \ldots\right]$$
$$= a_0 + a_2 \cdot \cos(2 \cdot 2\pi t/T) + a_4 \cdot \cos(4 \cdot 2\pi t/T) + \ldots$$

Quadrier-Element:

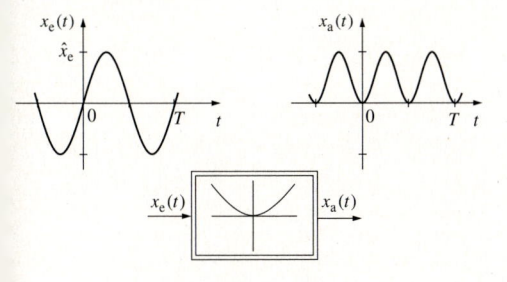

$$x_e(t) = \hat{x}_e \cdot \sin(2\pi t/T),$$
$$x_a(t) = f(x_e(t)) = d \cdot (x_e(t))^2 = d \cdot (\hat{x}_e \cdot \sin(2\pi t/T))^2.$$

Bei progressiven geraden Kennlinien (Potenzfunktionen) mit ganzen Exponenten können anstelle der FOURIER-Zerlegung auch die Sätze von Potenzen von trigonometrischen Termen verwendet werden. Mit

$$\sin^2(x) = \frac{1}{2} - \frac{1}{2} \cdot \cos(2x) \qquad \text{ist}$$

$$x_a(t) = d \cdot (\hat{x}_e \cdot \sin(2\pi t/T))^2 = d \cdot \hat{x}_e^2 \cdot \left[\frac{1}{2} - \frac{\cos(2 \cdot 2\pi t/T)}{2}\right] = a_0 + a_2 \cdot \cos(2 \cdot 2\pi t/T).$$

Für eindeutige Kennlinienfunktionen ist die Beschreibungsfunktion immer reell:
$$B(\hat{x}_e) = \frac{b_1}{\hat{x}_e}, \qquad a_1 = 0.$$

Bei geraden Kennlinienfunktionen mit $f(x_e) = f(-x_e)$ und $x_{e0} = 0$ kann die Beschreibungsfunktion nicht bestimmt werden, da keine Schwingungen der Grundfrequenz auftreten, $a_1 = 0$, $b_1 = 0$. Es können nur Kosinusschwingungen mit geraden Vielfachen der Grundfrequenz auftreten.

Beispiel 14.3-7: Für ein Zweipunkt-Element mit unsymmetrischer Kennlinie und Eingangssignal mit Offset wird die Beschreibungsfunktion berechnet.

Zweipunkt-Element:

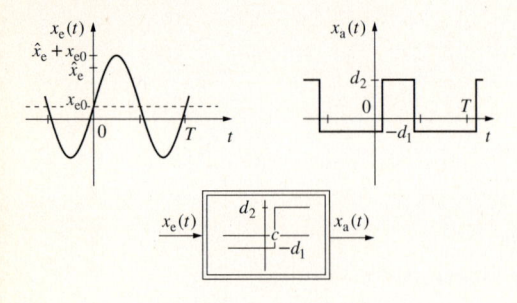

$$x_e(t) = x_{e0} + \hat{x}_e \cdot \sin(2\pi t/T),$$

$$x_a(t) = f(x_e(t)) = \begin{cases} d_2 & \text{für } (x_{e0} + \hat{x}_e \cdot \sin(2\pi t/T)) \geq c, \\ -d_1 & \text{für } (x_{e0} + \hat{x}_e \cdot \sin(2\pi t/T)) < c. \end{cases}$$

Für die Berechnung von b_1 werden die Umschaltzeitpunkte t_1, t_2 benötigt, die Gleichung

$$x_{e0} + \hat{x}_e \cdot \sin(2\pi t/T) = c$$

hat die Lösungen

$$t_1 = \frac{T}{2 \cdot \pi} \cdot \arcsin\left(\frac{c - x_{e0}}{\hat{x}_e}\right),$$

$$t_2 = \frac{T}{2} - \frac{T}{2 \cdot \pi} \cdot \arcsin\left(\frac{c - x_{e0}}{\hat{x}_e}\right),$$

$$a_0 = \frac{1}{T}\int_0^T x_a(t)\,dt = \frac{1}{T}\int_0^{t_1} -d_1\,dt + \frac{1}{T}\int_{t_1}^{t_2} d_2\,dt + \frac{1}{T}\int_{t_2}^T -d_1\,dt$$

$$= \frac{d_2 - d_1}{2} + \frac{d_1 + d_2}{\pi} \cdot \arcsin\left(\frac{x_{e0} - c}{\hat{x}_e}\right),$$

$$b_1 = \frac{2}{T}\int_0^T x_a(t) \cdot \sin(2\pi t/T)\,dt = \frac{2}{T}\int_0^{t_1} -d_1 \cdot \sin(2\pi t/T)\,dt$$

$$+ \frac{2}{T}\int_{t_1}^{t_2} d_2 \cdot \sin(2\pi t/T)\,dt + \frac{2}{T}\int_{t_2}^T -d_1 \cdot \sin(2\pi t/T)\,dt$$

$$= \frac{2 \cdot (d_1 + d_2) \cdot \sqrt{1 - (c - x_{e0})^2/\hat{x}_e^2}}{\pi}.$$

Für das **allgemeine Zweipunkt-Element** mit Offset x_{e0} berechnen sich die Beschreibungsfunktionen $B_0(\hat{x}_e, x_{e0})$, $B(\hat{x}_e, x_{e0})$ zu:

$$B_0(\hat{x}_e, x_{e0}) = \frac{a_0}{\hat{x}_e} = \frac{d_2 - d_1}{2 \cdot \hat{x}_e} + \frac{d_1 + d_2}{\pi \cdot \hat{x}_e} \cdot \arcsin\left(\frac{x_{e0} - c}{\hat{x}_e}\right),$$

$$B(\hat{x}_e, x_{e0}) = \frac{b_1}{\hat{x}_e} = \frac{2 \cdot (d_1 + d_2) \cdot \sqrt{1 - (x_{e0} - c)^2/\hat{x}_e^2}}{\pi \cdot \hat{x}_e}.$$

14.3 Verfahren der Linearisierung

Aus der Gleichung lassen sich folgende Sonderfälle ableiten: Offset des Eingangssignals $x_{e0} = 0$ und Schaltpunkt $c \neq 0$:

$$B_0(\hat{x}_e) = \frac{a_0}{\hat{x}_e} = \frac{d_2 - d_1}{2 \cdot \hat{x}_e} - \frac{d_1 + d_2}{\pi \cdot \hat{x}_e} \cdot \arcsin\left(\frac{c}{\hat{x}_e}\right),$$

$$B(\hat{x}_e) = \frac{b_1}{\hat{x}_e} = \frac{2 \cdot (d_1 + d_2) \cdot \sqrt{1 - c^2/\hat{x}_e^2}}{\pi \cdot \hat{x}_e},$$

Schaltpunkt bei $c = 0$ und Offset $x_{e0} \neq 0$:

$$B_0(\hat{x}_e, x_{e0}) = \frac{a_0}{\hat{x}_e} = \frac{d_2 - d_1}{2 \cdot \hat{x}_e} + \frac{d_1 + d_2}{\pi \cdot \hat{x}_e} \cdot \arcsin\left(\frac{x_{e0}}{\hat{x}_e}\right),$$

$$B(\hat{x}_e, x_{e0}) = \frac{b_1}{\hat{x}_e} = \frac{2 \cdot (d_1 + d_2) \cdot \sqrt{1 - x_{e0}^2/\hat{x}_e^2}}{\pi \cdot \hat{x}_e},$$

Schaltpunkt bei $c = 0$, Offset $x_{e0} = 0$, Ausgangswert $d_1 = d_2 = d$:

$$B_0(\hat{x}_e) = 0, \qquad B(\hat{x}_e) = \frac{4 \cdot d}{\pi \cdot \hat{x}_e}.$$

14.3.5.3 Beschreibungsfunktionen von Elementen mit mehrdeutigen Kennlinienfunktionen

Die in Abschnitt 14.3.5.2 untersuchten nichtlinearen Elemente haben eindeutige Kennlinien, zu jedem Wert der Eingangsgröße x_e gehört ein bestimmter Wert der Ausgangsgröße x_a.

Mehrdeutige Funktionen treten bei Elementen mit Hysterese auf. Dabei können die Hysterese-Effekte aufgrund von elektromagnetischen, elastischen und mechanischen Eigenschaften der Übertragungselemente auftreten oder absichtlich eingeführt sein. Um häufiges Umschalten von Zweipunkt-Reglern zu vermeiden, wird beispielsweise bei diesem Reglertyp eine Hysterese bewußt eingeführt. Das Abschalten der positiven Stellgröße des Reglers wird bei einem anderen Wert der Eingangsgröße als das Einschalten vorgenommen, entsprechend wird bei der negativen Stellgröße verfahren.

Die Kennlinie wird dadurch zweiwertig, zu einem Wert der Eingangsgröße x_e gehören zwei Werte der Ausgangsgröße x_a. Der Umschaltzeitpunkt ist vom vorherigen Wert der Ausgangsgröße und vom Verlauf der Eingangsgröße abhängig. Ein Sinussignal am Eingang ruft – durch die Hysterese bedingt – ein phasenverschobenes Ausgangssignal hervor. Die Phasenverschiebung erzeugt einen negativen Imaginärteil der Beschreibungsfunktion.

Mehrdeutige Kennlinien treten auch bei Elementen mit Lose (Spiel) auf. Hier gehören zu einem Wert x_e der Eingangsgröße unendlich viele Werte x_a der Ausgangsgröße.

Beispiel 14.3-8: Für nichtlineare Elemente mit Hysterese und Lose werden die Beschreibungsfunktionen bestimmt.

Zweipunkt-Element mit Hysterese (Zweipunkt-Regler):

$$x_e(t) = \hat{x}_e \cdot \sin(2\pi t/T), \qquad x_{e0} = 0,$$

$$x_a(t) = f(x_e(t), x_a(t)) = \begin{cases} -d, & \text{für} \quad x_e \leq -c, \\ x_a(t), & \text{für} \quad -c < x_e < c, \\ d, & \text{für} \quad c \leq x_e. \end{cases}$$

Der Gleichanteil a_0 des Ausgangssignals $x_a(t)$ ist Null, für die Berechnung von a_1, b_1 werden die Umschaltzeitpunkte t_1, t_2 ermittelt. Für

$$\hat{x}_e \cdot \sin(2\pi t_1/T) = c, \qquad \hat{x}_e \cdot \sin(2\pi t_2/T) = -c,$$

ist

$$t_1 = \frac{T}{2 \cdot \pi} \cdot \arcsin\left(\frac{c}{\hat{x}_e}\right), \qquad t_2 = \frac{T}{2} + \frac{T}{2 \cdot \pi} \cdot \arcsin\left(\frac{c}{\hat{x}_e}\right).$$

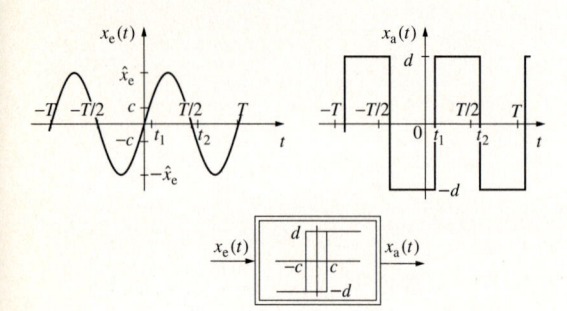

Die FOURIER-Koeffizienten a_1, b_1 der Grundschwingung sind:

$$\begin{aligned}
a_1 &= \frac{2}{T} \int_0^T x_a(t) \cdot \cos(2\pi t/T)\, dt = \frac{2}{T} \int_0^{t_1} -d \cdot \cos(2\pi t/T)\, dt \\
&\quad + \frac{2}{T} \int_{t_1}^{t_2} d \cdot \cos(2\pi t/T)\, dt + \frac{2}{T} \int_{t_2}^T -d \cdot \cos(2\pi t/T)\, dt \\
&= -\frac{4 \cdot d \cdot c/\hat{x}_e}{\pi}, \\
b_1 &= \frac{2}{T} \int_0^T x_a(t) \cdot \sin(2\pi t/T)\, dt = \frac{2}{T} \int_0^{t_1} -d \cdot \sin(2\pi t/T)\, dt \\
&\quad + \frac{2}{T} \int_{t_1}^{t_2} d \cdot \sin(2\pi t/T)\, dt + \frac{2}{T} \int_{t_2}^T -d \cdot \sin(2\pi t/T)\, dt \\
&= \frac{4 \cdot d \cdot \sqrt{1 - c^2/\hat{x}_e^2}}{\pi}.
\end{aligned}$$

Die komplexe Beschreibungsfunktion $B(\hat{x}_e)$ ist:

$$\begin{aligned}
B(\hat{x}_e) &= \frac{b_1 + j \cdot a_1}{\hat{x}_e} = \frac{4 \cdot d \cdot \sqrt{1 - c^2/\hat{x}_e^2}}{\pi \cdot \hat{x}_e} - j \cdot \frac{4 \cdot d \cdot c/\hat{x}_e}{\pi \cdot \hat{x}_e} \\
&= \frac{4 \cdot d}{\pi \cdot \hat{x}_e} \cdot \left[\sqrt{1 - c^2/\hat{x}_e^2} - j \cdot c/\hat{x}_e\right], \qquad \hat{x}_e > c.
\end{aligned}$$

In Bild 14.3-9 ist die Ortskurve der Beschreibungsfunktion für $c = 0.25$, $d = 1$, gezeichnet. Die Ortskurve ist ein Halbkreis mit dem Radius

$$r = \frac{2 \cdot d}{\pi \cdot c} = 2.55.$$

Element mit Lose (Spiel): Die Funktionsweise eines Übertragungselements mit Lose wird an einem Beispiel aus der Mechanik erläutert. Das mechanische Antriebselement E führt die Bewegung $x_e(t) = \hat{x}_e \cdot \sin(2\pi t/T)$ aus. Drei Betriebsarten werden unterschieden (Bild 14.3-10). Wenn das antreibende Element E keinen Kontakt mit dem angetriebenen Element A hat, bleibt x_a konstant.

14.3 Verfahren der Linearisierung

Beschreibungsfunktion $B(\hat{x}_e)$ für ein Element mit Hysterese

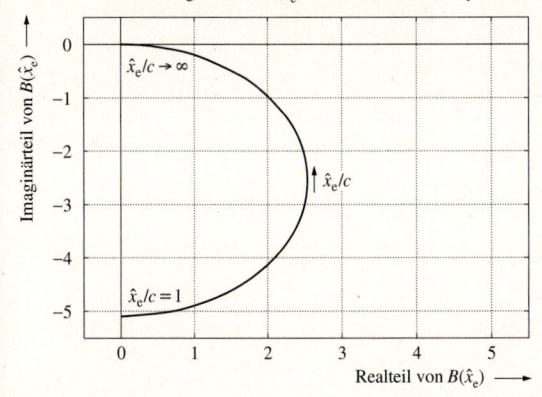

Bild 14.3-9: Ortskurve der Beschreibungsfunktion für ein Hysterese-Element mit $c = 0.25, d = 1$

Wird Element A am rechten Anschlag mitgeführt, dann folgt das angetriebene Element A im Abstand $-c$ der Bewegung von Element E: $x_a = x_e - c$. Nachdem das Maximum von x_e mit $x_e = \hat{x}_e$ erreicht ist, wird der mechanische Kontakt unterbrochen, x_e wird kleiner, x_a bleibt konstant auf dem Wert $x_a = \hat{x}_e - c$. Nachdem Element E die Lose $2c$ durchlaufen hat, ist $x_e = \hat{x}_e - 2c$. Element A wird am linken Anschlag mitgeführt und folgt im Abstand $+c$ der Bewegung von Element E: $x_a = x_e + c$. Nachdem das Minimum $x_e = -\hat{x}_e$ erreicht ist, wird die Lose durchlaufen und das Element mit dem rechten Anschlag mitgeführt, der Ablauf wiederholt sich dann.

Elemente mit Lose (Spiel) treten bei Getriebeübersetzungen von Lageregelungen auf: Element E entspricht einem Zahn des Antriebszahnrads, Anschlag rechts und links den Flanken von benachbarten Zähnen des angetriebenen Zahnrads.

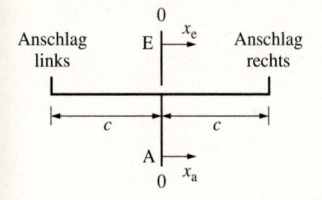

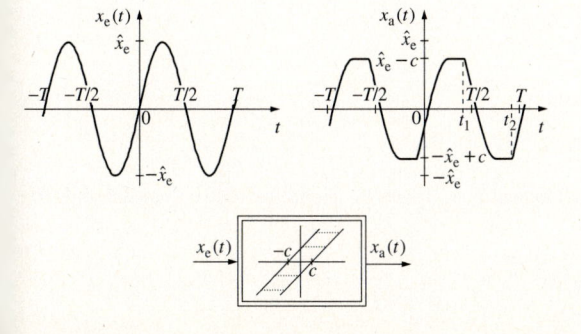

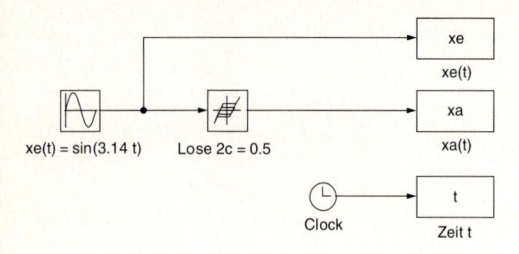

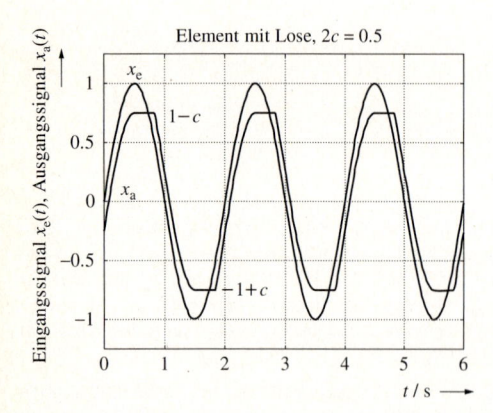

Bild 14.3-10: Signalverläufe bei einem Übertragungselement mit Lose ($\hat{x}_e = 1$, $2c = 0.5$)

Die Ausgangsgröße $x_a(t)$ besteht nach Bild 14.3-10 aus den Teilfunktionen:

$$x_a(t) = f(x_e(t)) \begin{cases} \hat{x}_e \cdot \sin(2\pi t/T) - c, & \text{für } 0 \leq t < T/4, \\ \hat{x}_e - c, & \text{für } T/4 \leq t < t_1, \\ \hat{x}_e \cdot \sin(2\pi t/T) + c, & \text{für } t_1 \leq t < 3T/4, \\ -\hat{x}_e + c, & \text{für } 3T/4 \leq t < t_2, \\ \hat{x}_e \cdot \sin(2\pi t/T) - c, & \text{für } t_2 \leq t < T, \end{cases}$$

$$x_e(t) = \hat{x}_e \cdot \sin(2\pi t/T), \qquad x_{e0} = 0.$$

Der Gleichanteil a_0 des Ausgangssignals $x_a(t)$ ist Null, die Zeitpunkte t_1 und t_2 sind:

$$\hat{x}_e \cdot \sin(2\pi t/T) = \hat{x}_e - 2c,$$
$$t_1 = \frac{T}{2} - \frac{T}{2\pi} \cdot \arcsin(1 - 2c/\hat{x}_e),$$
$$\hat{x}_e \cdot \sin(2\pi t/T) = -\hat{x}_e + 2c,$$
$$t_2 = T - \frac{T}{2\pi} \cdot \arcsin(1 - 2c/\hat{x}_e).$$

Bei der Berechnung der FOURIER-Koeffizienten a_1, b_1 werden für jeweils fünf Zeitintervalle Integralterme ausgewertet:

$$a_1 = \frac{2}{T} \int_0^T x_a(t) \cdot \cos(2\pi t/T) \, dt = -\frac{4 \cdot c}{\pi} \cdot \left(1 - \frac{c}{\hat{x}_e}\right),$$

$$b_1 = \frac{2}{T} \int_0^T x_\text{a}(t) \cdot \sin(2\pi t/T)\,\text{d}t$$

$$= \frac{\hat{x}_\text{e}}{2} + \frac{\hat{x}_\text{e}}{\pi} \cdot \arcsin\left(1 - \frac{2c}{\hat{x}_\text{e}}\right) + \frac{2 \cdot \hat{x}_\text{e}}{\pi} \cdot \left(1 - \frac{2c}{\hat{x}_\text{e}}\right) \cdot \sqrt{\frac{c}{\hat{x}_\text{e}} \cdot \left(1 - \frac{c}{\hat{x}_\text{e}}\right)}.$$

Die komplexe Beschreibungsfunktion $B(\hat{x}_\text{e})$ ist:

$$B(\hat{x}_\text{e}) = \frac{b_1 + j \cdot a_1}{\hat{x}_\text{e}} = \text{Re}\{B(\hat{x}_\text{e})\} + j \cdot \text{Im}\{B(\hat{x}_\text{e})\}$$

$$= \frac{1}{2} + \frac{1}{\pi} \cdot \arcsin\left(1 - \frac{2c}{\hat{x}_\text{e}}\right) + \frac{2}{\pi} \cdot \left(1 - \frac{2c}{\hat{x}_\text{e}}\right) \cdot \sqrt{\frac{c}{\hat{x}_\text{e}} \cdot \left(1 - \frac{c}{\hat{x}_\text{e}}\right)} - j \cdot \frac{4 \cdot c}{\pi \cdot \hat{x}_\text{e}} \cdot \left(1 - \frac{c}{\hat{x}_\text{e}}\right),$$

$\hat{x}_\text{e} > c$.

In Bild 14.3-11 ist die Ortskurve der Beschreibungsfunktion für die normierte Amplitude $\hat{x}_\text{e}/c$ gezeichnet.

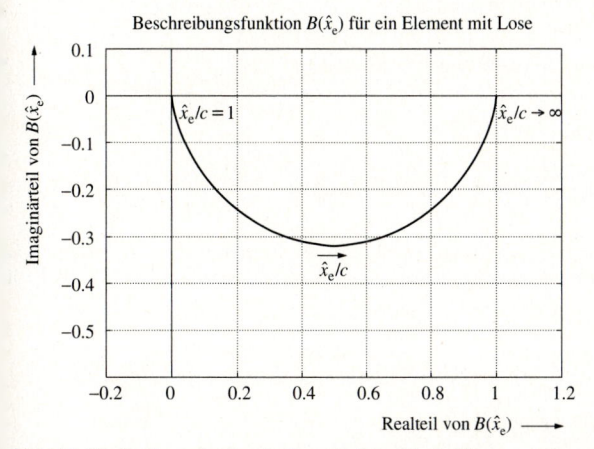

Bild 14.3-11: Ortskurve der Beschreibungsfunktion für ein Element mit Lose

14.3.5.4 Direkte Berechnung von Beschreibungsfunktionen aus Kennlinienfunktionen

Die Berechnung von Beschreibungsfunktionen läßt sich durch Substitution so vereinfachen, daß die aufwendigen Berechnungen der Umschaltzeitpunkte und der Integrale mit trigonometrischen Funktionen entfallen.

Zunächst wird eine vereinfachte Formel für die Berechnung von Imaginärteilen von Beschreibungsfunktionen abgeleitet. Der Koeffizient a_1 ist

$$a_1 = \frac{2}{T} \int_0^T x_\text{a}(t) \cdot \cos(2\pi t/T)\,\text{d}t = -\frac{F_\text{H}}{\pi \cdot \hat{x}_\text{e}},$$

wobei F_H der Flächeninhalt einer mehrdeutigen Funktion, zum Beispiel der Hysterese-Schleife ist. In

$$a_1 = \frac{2}{T} \int_0^T f(\hat{x}_\text{e} \cdot \sin(2\pi t/T)) \cdot \cos(2\pi t/T)\,\text{d}t,$$

wird dt mit

$$\frac{d\{\hat{x}_e \cdot \sin(2\pi t/T)\}}{dt} = \hat{x}_e \cdot \frac{2\pi}{T} \cdot \cos(2\pi t/T),$$

$$dt = \frac{d\{\hat{x}_e \cdot \sin(2\pi t/T)\}}{\hat{x}_e \cdot \frac{2\pi}{T} \cdot \cos(2\pi t/T)}$$

substituiert, damit fällt die Kosinus-Komponente weg:

$$a_1 = \frac{1}{\pi \hat{x}_e} \int_{t=0}^{t=T} f(\underbrace{\hat{x}_e \cdot \sin(2\pi t/T)}_{x_e}) \, d\{\underbrace{\hat{x}_e \cdot \sin(2\pi t/T)}_{x_e}\}$$

$$= \frac{1}{\pi \hat{x}_e} \oint f(x_e) \, dx_e.$$

Damit ist a_1 als Umlaufintegral darstellbar, die Integrationsgrenzen $t = 0, t = T$, werden durch die Integrationswege für x_e von

$$0 \to \hat{x}_e \to 0 \to -\hat{x}_e \to 0$$

ersetzt. Das Umlaufintegral wird durch folgende Umformung berechnet:

$$a_1 = \frac{1}{\pi \hat{x}_e} \oint f(x_e) \, dx_e$$

$$= \frac{1}{\pi \hat{x}_e} \left[\int_0^{\hat{x}_e} f(x_e) \, dx_e + \int_{\hat{x}_e}^0 f(x_e) \, dx_e + \int_0^{-\hat{x}_e} f(x_e) \, dx_e + \int_{-\hat{x}_e}^0 f(x_e) \, dx_e \right],$$

wobei die Integrale 4 und 1 die Funktion $f_u(x_e)$ integrieren, die für wachsendes x_e ($\dot{x}_e > 0$) von $-\hat{x}_e$ bis $+\hat{x}_e$ durchlaufen wird. Die Integrale 2 und 3 integrieren die Funktion $f_o(x_e)$ für fallendes x_e ($\dot{x}_e < 0$) im Bereich von $\hat{x}_e$ bis $-\hat{x}_e$:

$$a_1 = \frac{1}{\pi \hat{x}_e} \oint f(x_e) \, dx_e$$

$$= \frac{1}{\pi \hat{x}_e} \left[\int_{-\hat{x}_e}^{\hat{x}_e} f_u(x_e) \, dx_e + \int_{\hat{x}_e}^{-\hat{x}_e} f_o(x_e) \, dx_e \right]$$

$$= \frac{1}{\pi \hat{x}_e} \int_{-\hat{x}_e}^{\hat{x}_e} [f_u(x_e) - f_o(x_e)] \, dx_e = -\frac{F_H}{\pi \cdot \hat{x}_e}.$$

Die Integration der Kennliniendifferenz entspricht der Fläche zwischen den beiden Kennlinien.

Bei Kennlinien mit Hysterese (mehrdeutigen Kennlinien) ist der Imaginärteil der Beschreibungsfunktion proportional zur Fläche F_H der Hystereseschleife:

$$B(\hat{x}_e) = \frac{b_1 + j \cdot a_1}{\hat{x}_e},$$

$$\text{Im}\{B(\hat{x}_e)\} = \frac{a_1}{\hat{x}_e} = -\frac{F_H}{\pi \cdot \hat{x}_e^2} = \frac{1}{\pi \cdot \hat{x}_e^2} \int_{-\hat{x}_e}^{\hat{x}_e} [f_u(x_e) - f_o(x_e)] \, dx_e,$$

wobei $f_u(x_e)$ der Kennlinienteil ist, der für $\dot{x}_e > 0$ durchlaufen wird, $f_o(x_e)$ der für $\dot{x}_e < 0$.

14.3 Verfahren der Linearisierung

Bei Kennlinien mit Hysterese wird die Schleife im mathematisch positiven Sinn durchlaufen, der Imaginärteil der Beschreibungsfunktion hat negatives Vorzeichen, die Grundwelle der Ausgangsgröße hat gegenüber der Eingangsgröße eine negative Phasenverschiebung.

Beispiel 14.3-9: Für die Berechnung eines Zweipunkt-Elements mit Hysterese wird das Umlaufintegral in acht Teilintegrale zerlegt:

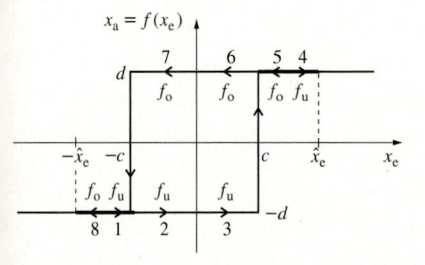

$$a_1 = \frac{1}{\pi \cdot \hat{x}_e} \oint f(x_e)\,dx_e = \frac{1}{\pi \hat{x}_e} \int_{-\hat{x}_e}^{\hat{x}_e} f_u(x_e)\,dx_e + \frac{1}{\pi \cdot \hat{x}_e} \int_{\hat{x}_e}^{-\hat{x}_e} f_o(x_e)\,dx_e$$

$$= \frac{1}{\pi \hat{x}_e} \left(\underset{1}{\int_{-\hat{x}_e}^{-c} -d\,dx_e} + \underset{2}{\int_{-c}^{0} -d\,dx_e} + \underset{3}{\int_{0}^{c} -d\,dx_e} + \underset{4}{\int_{c}^{\hat{x}_e} d\,dx_e} \right)$$

$$+ \frac{1}{\pi \hat{x}_e} \left(\underset{5}{\int_{\hat{x}_e}^{c} d\,dx_e} + \underset{6}{\int_{c}^{0} d\,dx_e} + \underset{7}{\int_{0}^{-c} d\,dx_e} + \underset{8}{\int_{-c}^{-\hat{x}_e} -d\,dx_e} \right).$$

Die Integrale 1, 4 und 5, 8 heben sich auf, die Integrale 2, 3, 6, 7 sind jeweils $-d \cdot c$, insgesamt $-4 \cdot d \cdot c$. Der Flächeninhalt der Hystereseschleife ist

$$F_H = 4 \cdot d \cdot c,$$

$$a_1 = \frac{2}{T} \int_0^T x_a(t) \cdot \cos(2\pi t/T)\,dt = -\frac{F_H}{\pi \cdot \hat{x}_e} = -\frac{4 \cdot d \cdot c}{\pi \cdot \hat{x}_e}.$$

Die Berechnung der Realteile von Beschreibungsfunktionen läßt sich ebenfalls vereinfachen. Der Koeffizient b_1 ist

$$b_1 = \frac{2}{T} \int_0^T f(\hat{x}_e \cdot \sin(2\pi t/T)) \cdot \sin(2\pi t/T)\,dt.$$

Das Differential dt wird mit

$$\frac{d\{\hat{x}_e \cdot \sin(2\pi t/T)\}}{dt} = \frac{dx_e}{dt} = \dot{x}_e = \hat{x}_e \cdot \frac{2\pi}{T} \cdot \cos(2\pi t/T),$$

$$\hat{x}_e \cdot \frac{2\pi}{T} \cdot \cos(2\pi t/T) = \hat{x}_e \cdot \frac{2\pi}{T} \cdot \text{sign}(\cos(2\pi t/T)) \cdot \sqrt{1 - \sin^2(2\pi t/T)},$$

$$dt = \frac{d\{\hat{x}_e \cdot \sin(2\pi t/T)\}}{\frac{2\pi}{T} \cdot \text{sign}(\cos(2\pi t/T)) \cdot \sqrt{\hat{x}_e^2 - \hat{x}_e^2 \cdot \sin^2(2\pi t/T)}}$$

substituiert. Die Funktion
$$\operatorname{sign}(\cos(2\pi t/T)) \cdot \sqrt{1 - \sin^2(2\pi t/T)} = \cos(2\pi t/T)$$
bildet die Kosinus-Funktion vorzeichenrichtig nach, da die Wurzel nur positive Werte annehmen kann. Mit der Abkürzung
$$s(\dot{x}_e) = \operatorname{sign}(\cos(2\pi t/T))$$
wird
$$b_1 = \frac{1}{\pi} \int_{t=0}^{t=T} \frac{f(\overbrace{\hat{x}_e \cdot \sin(2\pi t/T)}^{x_e}) \cdot \overbrace{\sin(2\pi t/T)}^{x_e/\hat{x}_e}}{s(\dot{x}_e) \cdot \sqrt{\hat{x}_e^2 - \underbrace{\hat{x}_e^2 \cdot \sin^2(2\pi t/T)}_{x_e^2}}} \, d\{\underbrace{\hat{x}_e \cdot \sin(2\pi t/T)}_{x_e}\}$$
$$= \frac{1}{\pi \hat{x}_e} \oint \frac{f(x_e) \cdot x_e}{s(\dot{x}_e) \cdot \sqrt{\hat{x}_e^2 - x_e^2}} \, dx_e$$

b_1 als Umlaufintegral dargestellt, die Integrationsgrenzen $t = 0$, $t = T$, werden wieder durch die Integrationswege von
$$0 \to \hat{x}_e \to 0 \to -\hat{x}_e \to 0$$
ersetzt. Das Umlaufintegral wird umgeformt, wobei der Integrand mit $g(x_e)$ abgekürzt wird:
$$b_1 = \frac{1}{\pi \hat{x}_e} \oint \frac{f(x_e) \cdot x_e}{s(\dot{x}_e) \cdot \sqrt{\hat{x}_e^2 - x_e^2}} \, dx_e$$
$$= \frac{1}{\pi \hat{x}_e} \left[\underbrace{\int_0^{\hat{x}_e} g(x_e) \, dx_e}_{1} + \underbrace{\int_{\hat{x}_e}^{0} g(x_e) \, dx_e}_{2} + \underbrace{\int_0^{-\hat{x}_e} g(x_e) \, dx_e}_{3} + \underbrace{\int_{-\hat{x}_e}^{0} g(x_e) \, dx_e}_{4} \right],$$

wobei die Integrale 4 und 1 die Funktion $f_u(x_e)$ integrieren, die für wachsendes x_e ($\dot{x}_e > 0$) von $-\hat{x}_e$ bis $+\hat{x}_e$ durchlaufen wird. Im Bereich $-\hat{x}_e$ bis $+\hat{x}_e$ ($-\pi/2$ bis $+\pi/2$, $-T/4$ bis $+T/4$) der Sinusschwingung hat der Kosinus positive Werte, das Vorzeichen ist $s = 1$. Die Integrale 2 und 3 integrieren die Funktion $f_o(x_e)$ für fallendes x_e ($\dot{x}_e < 0$) im Bereich von $\hat{x}_e$ bis $-\hat{x}_e$. Im Bereich $\hat{x}_e$ bis $-\hat{x}_e$ ($\pi/2$ bis $+3\pi/2$, $T/4$ bis $+3T/4$) ist der Kosinus negativ, $s = -1$:

$$b_1 = \frac{1}{\pi \hat{x}_e} \oint \frac{f(x_e) \cdot x_e}{s(\dot{x}_e) \cdot \sqrt{\hat{x}_e^2 - x_e^2}} \, dx_e$$
$$= \frac{1}{\pi \hat{x}_e} \left[\int_{-\hat{x}_e}^{\hat{x}_e} \frac{f_u(x_e) \cdot x_e}{1 \cdot \sqrt{\hat{x}_e^2 - x_e^2}} \, dx_e + \int_{\hat{x}_e}^{-\hat{x}_e} \frac{f_o(x_e) \cdot x_e}{(-1) \cdot \sqrt{\hat{x}_e^2 - x_e^2}} \, dx_e \right] = \frac{1}{\pi \hat{x}_e} \int_{-\hat{x}_e}^{\hat{x}_e} \frac{[f_u(x_e) + f_o(x_e)] \cdot x_e}{\sqrt{\hat{x}_e^2 - x_e^2}} \, dx_e.$$

Der Realteil von Beschreibungsfunktionen kann direkt aus der Kennlinienfunktion ermittelt werden:
$$B(\hat{x}_e) = \frac{b_1 + j \cdot a_1}{\hat{x}_e},$$
$$\operatorname{Re}\{B(\hat{x}_e)\} = \frac{b_1}{\hat{x}_e} = \frac{1}{\pi \hat{x}_e^2} \int_{-\hat{x}_e}^{\hat{x}_e} \frac{[f_u(x_e) + f_o(x_e)] \cdot x_e}{\sqrt{\hat{x}_e^2 - x_e^2}} \, dx_e,$$
wobei $f_u(x_e)$ der Kennlinienteil ist, der für $\dot{x}_e > 0$ durchlaufen wird, $f_o(x_e)$ der für $\dot{x}_e < 0$.

Beispiel 14.3-10: Für die Berechnung des Zweipunkt-Elements mit Hysterese wird das Umlaufintegral in acht Teilintegrale zerlegt:

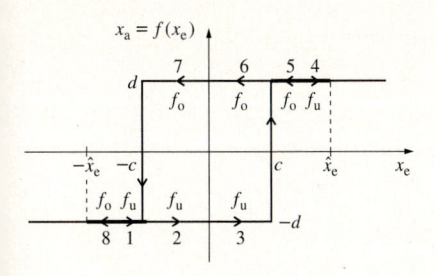

$$b_1 = \frac{1}{\pi \hat{x}_e} \int_{-\hat{x}_e}^{\hat{x}_e} \frac{[f_u(x_e) + f_o(x_e)] \cdot x_e}{\sqrt{\hat{x}_e^2 - x_e^2}} \, dx_e$$

$$= \frac{1}{\pi \hat{x}_e} \left[\underbrace{\int_0^c -d \cdot g(x_e) \, dx_e}_{1} + \underbrace{\int_c^{\hat{x}_e} d \cdot g(x_e) \, dx_e}_{2} + \underbrace{\int_{\hat{x}_e}^c d \cdot g(x_e) \, dx_e}_{3} + \underbrace{\int_c^0 d \cdot g(x_e) \, dx_e}_{4} \right.$$

$$\left. + \underbrace{\int_0^{-c} d \cdot g(x_e) \, dx_e}_{5} + \underbrace{\int_{-c}^{-\hat{x}_e} -d \cdot g(x_e) \, dx_e}_{6} + \underbrace{\int_{-\hat{x}_e}^{-c} -d \cdot g(x_e) \, dx_e}_{7} + \underbrace{\int_{-c}^0 -d \cdot g(x_e) \, dx_e}_{8} \right].$$

Die Integrale 2, 3 und 6, 7 heben sich auf, die Integrale 1, 4, 5, 8 sind jeweils

$$\frac{d \cdot \sqrt{\hat{x}_e^2 - c^2}}{\pi \cdot \hat{x}_e}.$$

Für den Realteil der Beschreibungsfunktion erhält man:

$$b_1 = \frac{4 \cdot d \cdot \sqrt{\hat{x}_e^2 - c^2}}{\pi \cdot \hat{x}_e},$$

$$\text{Re}\{B(\hat{x}_e)\} = \frac{b_1}{\hat{x}_e} = \frac{4 \cdot d \cdot \sqrt{\hat{x}_e^2 - c^2}}{\pi \cdot \hat{x}_e^2} = \frac{4 \cdot d \cdot \sqrt{1 - c^2/\hat{x}_e^2}}{\pi \cdot \hat{x}_e}.$$

Beschreibungsfunktionen können direkt aus der Kennlinienfunktion ermittelt werden:

$$B(\hat{x}_e) = \frac{b_1 + j \cdot a_1}{\hat{x}_e} = \frac{1}{\pi \hat{x}_e^2} \int_{-\hat{x}_e}^{\hat{x}_e} \left[\frac{[f_u(x_e) + f_o(x_e)] \cdot x_e}{\sqrt{\hat{x}_e^2 - x_e^2}} + j(f_u(x_e) - f_o(x_e)) \right] dx_e.$$

$f_u(x_e)$ ist der Kennlinienteil, der für $\dot{x}_e > 0$ durchlaufen wird, $f_o(x_e)$ der für $\dot{x}_e < 0$. Bei eindeutigen Kennlinienfunktionen ist der Imaginärteil der Beschreibungsfunktion Null und $f(x_e) = f_u(x_e) = f_o(x_e)$:

$$B(\hat{x}_e) = \frac{b_1}{\hat{x}_e} = \frac{2}{\pi \hat{x}_e^2} \int_{-\hat{x}_e}^{\hat{x}_e} \frac{f(x_e) \cdot x_e}{\sqrt{\hat{x}_e^2 - x_e^2}} \, dx_e,$$

für ungerade Kennlinienfunktionen mit $f(x_e) = -f(-x_e)$ ist

$$B(\hat{x}_e) = \frac{b_1}{\hat{x}_e} = \frac{4}{\pi \hat{x}_e^2} \int_0^{\hat{x}_e} \frac{f(x_e) \cdot x_e}{\sqrt{\hat{x}_e^2 - x_e^2}} \, dx_e.$$

Beispiel 14.3-11: Für ein Übertragungselement mit eindeutiger ungerader Kennlinienfunktion wird die Beschreibungsfunktion bestimmt:

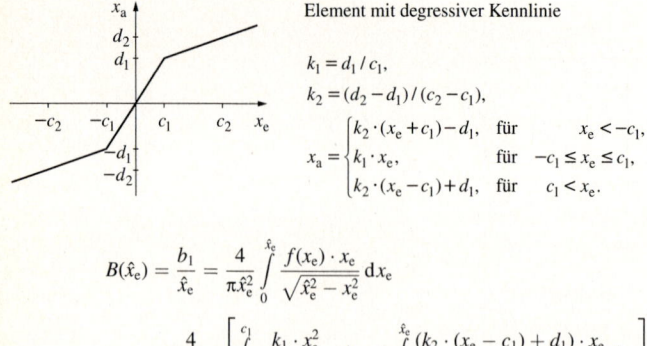

Element mit degressiver Kennlinie

$k_1 = d_1 / c_1,$

$k_2 = (d_2 - d_1) / (c_2 - c_1),$

$$x_a = \begin{cases} k_2 \cdot (x_e + c_1) - d_1, & \text{für } x_e < -c_1, \\ k_1 \cdot x_e, & \text{für } -c_1 \leq x_e \leq c_1, \\ k_2 \cdot (x_e - c_1) + d_1, & \text{für } c_1 < x_e. \end{cases}$$

$$B(\hat{x}_e) = \frac{b_1}{\hat{x}_e} = \frac{4}{\pi \hat{x}_e^2} \int_0^{\hat{x}_e} \frac{f(x_e) \cdot x_e}{\sqrt{\hat{x}_e^2 - x_e^2}} \, dx_e$$

$$= \frac{4}{\pi \hat{x}_e^2} \cdot \left[\int_0^{c_1} \frac{k_1 \cdot x_e^2}{\sqrt{\hat{x}_e^2 - x_e^2}} \, dx_e + \int_{c_1}^{\hat{x}_e} \frac{(k_2 \cdot (x_e - c_1) + d_1) \cdot x_e}{\sqrt{\hat{x}_e^2 - x_e^2}} \, dx_e \right]$$

$$= k_2 + \frac{2 \cdot (k_1 - k_2)}{\pi} \cdot \left[\arcsin(c_1 / \hat{x}_e) + \frac{c_1}{\hat{x}_e^2} \cdot \sqrt{\hat{x}_e^2 - c_1^2} \right].$$

14.3.5.5 Rechenregeln für Beschreibungsfunktionen

Beschreibungsfunktionen sind Ersatzfrequenzgänge von nichtlinearen Übertragungselementen. Für die Berechnung wird vorausgesetzt, daß die Eingangsgröße des nichtlinearen Elements sinusförmig ist. Das ist der Fall, wenn die Frequenzgangfunktion des linearen Teils des Regelungssystems Tiefpaßverhalten besitzt, so daß die höheren Harmonischen des Ausgangssignals des nichtlinearen Elements unterdrückt werden.

Ausreichendes Tiefpaßverhalten (Filterverhalten) ist meist dann gegeben, wenn für eine Übertragungsfunktion die Pol-Nullstellendifferenz mindestens $n - m = 2$ ist. Bei einer Regelstrecke mit der Übertragungsfunktion

$$G_S(s) = \frac{K_S}{(1 + s \cdot T_1) \cdot (1 + s \cdot T_2)},$$

Anzahl der Nullstellen $m = 0$, Anzahl der Polstellen $n = 2$, ist diese Forderung erfüllt. Im weiteren muß die Kreisfrequenz der auftretenden Schwingung im Bereich der Eckkreisfrequenzen des linearen Teils der Frequenzgangfunktion liegen. Höhere Harmonische der Schwingung werden dann durch die verringerte Amplitudenverstärkung unterdrückt, so daß für weitere Berechnungen von einer harmonischen Schwingung ausgegangen werden kann.

Für **Reihenschaltungen** von mehreren nichtlinearen Übertragungselementen in Regelkreisen müssen folgende Fälle unterschieden werden.

Fall 1): Liegen mehrere nichtlineare Kennlinien direkt in Reihe, so sind die Kennlinien vor der Berechnung der Beschreibungsfunktion zusammenzufassen.

Beispiel 14.3-12: Zwei Begrenzungselemente liegen direkt hintereinander. Die Berechnung der Beschreibungsfunktion wird mit der resultierenden Kennlinie ausgeführt.

14.3 Verfahren der Linearisierung   745

$$x_{a1}(t) = f_1(x_{e1}(t)) = \begin{cases} -d_1, & \text{für } x_{e1}(t) \leq -c_1, \\ (d_1/c_1) \cdot x_{e1}(t), & \text{für } -c_1 < x_{e1}(t) < c_1, \\ d_1, & \text{für } c_1 \leq x_{e1}(t), \end{cases}$$

$$x_{a2}(t) = f_2(x_{e2}(t)) = \begin{cases} -d_2, & \text{für } x_{e2}(t) \leq -c_2, \\ (d_2/c_2) \cdot x_{e2}(t), & \text{für } -c_2 < x_{e2}(t) < c_2, \\ d_2, & \text{für } c_2 \leq x_{e2}(t). \end{cases}$$

Mit $x_e(t) = x_{e1}(t)$ und $x_a(t) = x_{a2}(t)$ ist

$$x_a(t) = f_2(x_{e2}(t)) = f_2(f_1(x_{e1}(t))) = f(x_e(t)).$$

Für $d_1 = 1$, $c_1 = 2$, $d_2 = 2$, $c_2 = 1$ wird das Ersatzelement

$$x_a(t) = f(x_e(t)) = \begin{cases} -d, & \text{für } x_e(t) \leq -c, \\ (d/c) \cdot x_e(t), & \text{für } -c < x_e(t) < c, \\ d, & \text{für } c \leq x_e(t), \end{cases}$$

mit $d = 2$, $c = 2$ bestimmt. Für das resultierende Begrenzungselement ist die Beschreibungsfunktion nach Beispiel 14.3-5:

$$B(\hat{x}_e) = \frac{2 \cdot d \cdot \arcsin(c/\hat{x}_e)}{\pi \cdot c} + \frac{2 \cdot d \cdot \sqrt{1 - c^2/\hat{x}_e^2}}{\pi \cdot \hat{x}_e}$$

$$= 0.637 \cdot \arcsin(2/\hat{x}_e) + \frac{1.273 \cdot \sqrt{\hat{x}_e^2 - 4}}{\hat{x}_e^2}, \qquad \hat{x}_e \geq 2.$$

Fall 2): Liegen zwischen nichtlinearen Elementen lineare Elemente mit Tiefpaßverhalten, so können die Beschreibungsfunktionen getrennt berechnet werden.

Beispiel 14.3-13: Wenn die linearen Elemente $F_1(j\omega)$, $F_2(j\omega)$ Tiefpaßverhalten haben, lassen sich die Beschreibungsfunktionen $B_1(\hat{x}_d)$, $B_2(\hat{x}_2)$ getrennt berechnen. Im Signalflußplan werden die nichtlinearen Elemente

durch die Beschreibungsfunktionen ersetzt.

14 Nichtlineare Regelungen

Fall 3): Liegt kein ausgeprägtes Tiefpaßverhalten vor, dann wird die Beschreibungsfunktion berechnet, indem die 1. Harmonische $y_1(t)$ des Ausgangssignals $y(t)$ bei sinusförmiger Eingangsgröße $x_d(t)$ bestimmt wird.

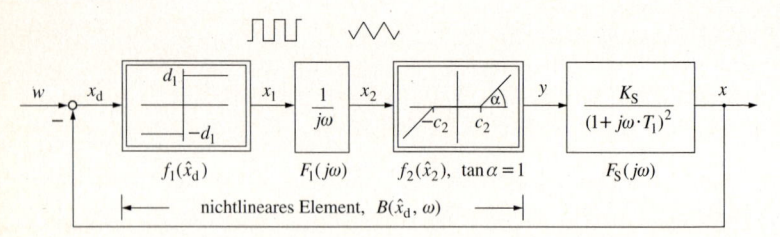

Für

$$F_1(j\omega) = \frac{1}{j\omega}$$

ist kein ausreichendes Tiefpaßverhalten vorhanden. Die Eingangsgröße $x_2(t)$ des Elements mit Totzone ist dreieckförmig, da $x_1(t)$ nur die Werte $\pm d_1$ annehmen kann, also rechteckförmigen Verlauf hat. In Bild 14.3-12 sind die Signalverläufe für das Simulink-Modell des nichtlinearen Übertragungselements mit $f_1(\hat{x}_d)$, $F_1(j\omega)$, $f_2(\hat{x}_2)$ dargestellt.

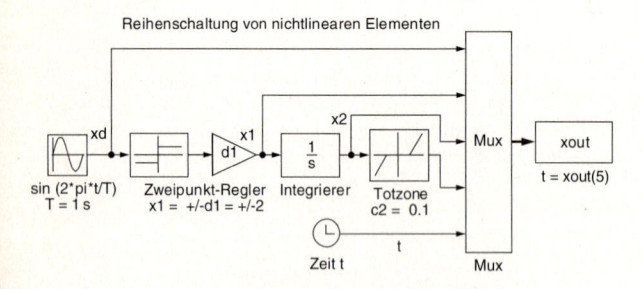

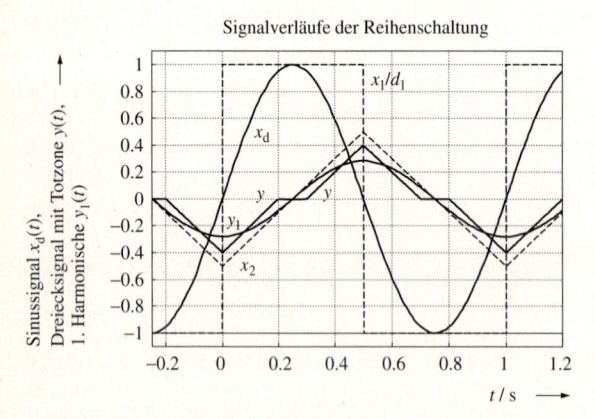

Bild 14.3-12: Signalverläufe (Simulink-Modell)

Die Signale haben eine Periodendauer von $T = 1$ s:

Sinussignal:

$$x_d(t) = \hat{x}_d \cdot \sin(2\pi t/T),$$

Rechtecksignal:

$$x_1(t) = d_1 \cdot \text{sign}[\hat{x}_e \cdot \sin(2\pi t/T)] = d_1 \cdot \text{sign}[\sin(2\pi t/T)],$$

Dreiecksignal:

$$x_2(t) = \begin{cases} (t - T/4) \cdot d_1, & \text{für } \quad 0 < t < T/2, \\ (3T/4 - t) \cdot d_1, & \text{für } T/2 < t < T, \end{cases}$$

Dreiecksignal mit Totzone:

$$y(t) = \begin{cases} (t - T/4) \cdot d_1 + c_2, & \text{für } \quad 0 < t < t_1, \\ 0, & \text{für } \quad t_1 < t < T/2 - t_1, \\ (t - T/4) \cdot d_1 - c_2, & \text{für } T/2 - t_1 < t < T/2, \\ (3T/4 - t) \cdot d_1 - c_2, & \text{für } \quad T/2 < t < T/2 + t_1, \\ 0, & \text{für } T/2 + t_1 < t < T - t_1, \\ (3T/4 - t) \cdot d_1 + c_2, & \text{für } \quad T - t_1 < t < T, \end{cases}$$

mit $t_1 = T/4 - c_2/d_1$. Die Berechnung der FOURIER-Reihe für das Signal $y(t)$ ergibt:

$$y(t) = \frac{T \cdot d_1 \cdot \sum_{n=1}^{\infty}\left[(-1)^n - 1 + 2 \cdot \sin\left(\frac{n \cdot \pi}{2}\right) \cdot \sin\left(\frac{n \cdot 2\pi \cdot c_2}{T \cdot d_1}\right)\right]}{\pi^2 \cdot n^2} \cdot \cos(n \cdot 2\pi t/T),$$

die Sinuskoeffizienten b_n sind $b_n = 0$, der erste Kosinuskoeffizient ist für $T = 2\pi/\omega = 1$ s, $d_1 = 2$, $c_2 = 0.1$:

$$a_1 = \frac{-2 \cdot T \cdot d_1 \cdot \left[1 - \sin\left(\dfrac{2\pi \cdot c_2}{T \cdot d_1}\right)\right]}{\pi^2} = \frac{-4 \cdot d_1 \cdot \left[1 - \sin\left(\dfrac{\omega \cdot c_2}{d_1}\right)\right]}{\omega \cdot \pi} = -0.28.$$

Die Beschreibungsfunktion wird imaginär und ist auch von ω abhängig, da $F_1(j\omega)$ in der Berechnung von a_1 enthalten ist:

$$B(\hat{x}_d, \omega) = \frac{b_1 + j \cdot a_1}{\hat{x}_d} = -j \cdot \frac{4 \cdot d_1 \cdot \left[1 - \sin\left(\dfrac{\omega \cdot c_2}{d_1}\right)\right]}{\pi \cdot \omega \cdot \hat{x}_d} = j \cdot \text{Im}\{\hat{x}_d, \omega\}.$$

Der Imaginärteil der Beschreibungsfunktion ist immer negativ, die Phase der 1. Harmonischen $y_1(t)$ des Ausgangssignals $y(t)$ ist um $-\pi/2$ gegenüber dem Eingangssignal $x_d(t)$ verschoben.

Für die Berechnung von Dauerschwingungen mit Hilfe der Beschreibungsfunktion wird von folgender Struktur ausgegangen. Die nichtlinearen Elemente und die Frequenzgangfunktion $F_1(j\omega)$ werden zur Beschreibungsfunktion $B(\hat{x}_d, \omega)$ zusammengefaßt.

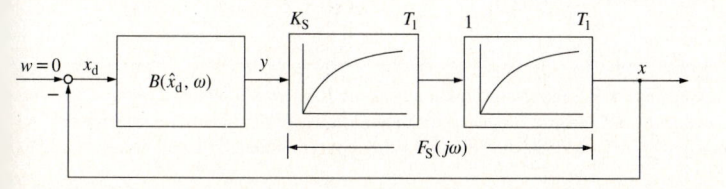

Für den Regelkreis wird die **charakteristische Gleichung des nichtlinearen Systems** (Gleichung der Harmonischen Balance) berechnet (Abschnitt 14.3.5.7). Dauerschwingungen der Kreisfrequenz ω_G und Amplitude $\hat{x}_G$ können auftreten, wenn

$$x_d(j\omega) \cdot B(\hat{x}_d, \omega) \cdot F_S(j\omega) = x(j\omega).$$

Mit $x_d(j\omega) = -x(j\omega)$, $\hat{x}_d = \hat{x}$, folgt $B(\hat{x}, \omega) \cdot F_S(j\omega) = -1$.

Bei der Auswertung ergeben sich zwei Gleichungen für Real- und Imaginärteil von $B(\hat{x}, \omega) \cdot F_S(j\omega)$, mit denen die unbekannten Parameter $\hat{x}_G$ und ω_G ermittelt werden:

$$\mathrm{Re}\{B(\hat{x}, \omega) \cdot F_S(j\omega)\} + j \cdot \mathrm{Im}\{B(\hat{x}, \omega) \cdot F_S(j\omega)\} = -1,$$

$$\mathrm{Re}\{B(\hat{x}, \omega) \cdot F_S(j\omega)\} = -1, \qquad \mathrm{Im}\{B(\hat{x}, \omega) \cdot F_S(j\omega)\} = 0,$$

$$B(\hat{x}, \omega) \cdot F_S(j\omega) = -j \cdot \frac{4 \cdot d_1 \cdot \left[1 - \sin\left(\dfrac{\omega \cdot c_2}{d_1}\right)\right]}{\pi \cdot \omega \cdot \hat{x}} \cdot \frac{K_S}{(1 + j\omega \cdot T_1)^2} = -1.$$

Mit den Werten $c_2 = 0.1$, $K_S = 0.25$, $T_1 = 1$ s wird

$$\mathrm{Im}\{B(\hat{x}, \omega) \cdot F_S(j\omega)\} = \frac{d_1 \cdot (1 - \omega^2) \cdot (\sin(0.1\omega/d_1) - 1)}{\pi \cdot \hat{x} \cdot \omega \cdot (1 + \omega^2)^2} = 0$$

für $(1 - \omega^2) = 0$, $\omega_G = 1$ s^{-1}. Weitere Kreisfrequenzen von möglichen Dauerschwingungen erhält man in Abhängigkeit von d_1:

$$\mathrm{Im}\{B(\hat{x}, \omega) \cdot F_S(j\omega)\} = 0 \quad \text{für}$$

$$\sin(0.1\omega/d_1) - 1 = 0, \qquad \omega_{Gd1} = 10 \cdot d_1 \cdot \arcsin(1) = 5\pi \cdot d_1 \; \mathrm{s}^{-1}.$$

Zur Berechnung von $\hat{x}$ werden ω_G, ω_{Gd1} in die Gleichung für den Realteil eingesetzt:

$$\mathrm{Re}\{B(\hat{x}, \omega) \cdot F_S(j\omega)\} = \frac{2 \cdot d_1 \cdot (\sin(0.1\omega/d_1) - 1)}{\pi \cdot \hat{x} \cdot (1 + \omega^2)^2} = -1$$

liefert

$$\hat{x}_G = \frac{2 \cdot d_1 \cdot (1 - \sin(0.1\omega/d_1))}{\pi \cdot (1 + \omega^2)^2},$$

$\omega_G = 1$ s^{-1}: $\hat{x}_G = 0.143$ $(d_1 = 1)$, $\hat{x}_G = 0.302$ $(d_1 = 2)$,

$\omega_{Gd1} = 5\pi \cdot d_1$: $\hat{x}_{Gd1} = 0$.

Eine Dauerschwingung mit ω_{Gd1} tritt nicht auf. Aus Bild 14.3-13 sind die exakten Kennwerte der Grenzschwingung abzulesen. Der nichtlineare Regelkreis wird bei der Simulation mit einem Impuls angeregt, die Grenzschwingung klingt auf und bleibt stabil. Die Simulationsergebnisse sind den Werten, die mit der Beschreibungsfunktion berechnet wurden, in Tabelle 14.3-4 gegenübergestellt.

Bei Parallelschaltung von mehreren nichtlinearen Elementen können die Kennlinien addiert oder subtrahiert werden. Das entspricht der Addition oder Subtraktion der Beschreibungsfunktionen:

$$f(x_e) = f_1(x_e) \pm f_2(x_e),$$

$$B(\hat{x}_e) = B_1(\hat{x}_e) \pm B_2(\hat{x}_e).$$

Um aufwendige Berechnungen der Beschreibungsfunktion bei komplizierten Kennlinien zu vermeiden, werden die Kennlinien in einfache nichtlineare Grundtypen zerlegt. Mit der Addition oder Subtraktion der Beschreibungsfunktionen der Grundtypen wird die Gesamtbeschreibungsfunktion des nichtlinearen Elements gebildet.

14.3 Verfahren der Linearisierung   749

Tabelle 14.3-4: Berechnungsergebnisse mit der Beschreibungsfunktion, Simulationsergebnisse

Kenngröße der Grenzschwingung	Berechnung mit der Beschreibungsfunktion (Näherung)	Ergebnisse der Simulation (exakt)
Verstärkung des Zweipunkt-Reglers $d_1 = 1.0$		
Kreisfrequenz	$\omega_G = 1\ \text{s}^{-1}$	$\omega_G = 0.973\ \text{s}^{-1}$
Periodendauer	$T_G = 2\pi\ \text{s} = 6.28\ \text{s}$	$T_G = 6.46\ \text{s}$
Amplitude	$\hat{x}_G = \hat{x}_{dG} = 0.143$	$\hat{x}_G = \hat{x}_{dG} = 0.150$
Verstärkung des Zweipunkt-Reglers $d_1 = 2.0$		
Kreisfrequenz	$\omega_G = 1\ \text{s}^{-1}$	$\omega_G = 0.973\ \text{s}^{-1}$
Periodendauer	$T_G = 2\pi\ \text{s} = 6.28\ \text{s}$	$T_G = 6.461\ \text{s}$
Amplitude	$\hat{x}_G = \hat{x}_{dG} = 0.302$	$\hat{x}_G = \hat{x}_{dG} = 0.316$

Regelkreis mit Zweipunkt-Regler und Totzone

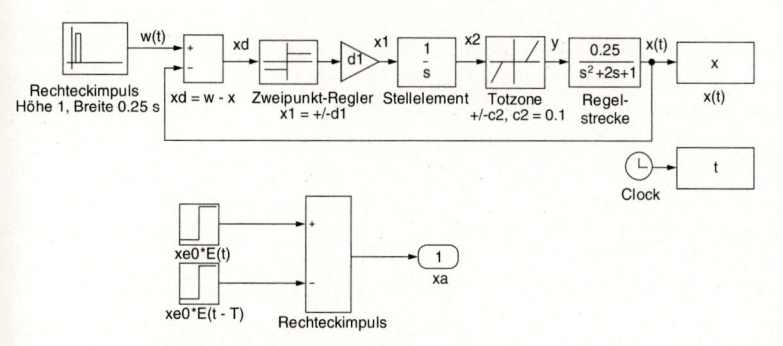

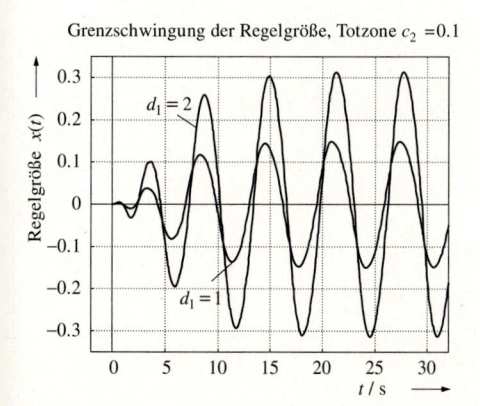

Rechteckimpuls Höhe 1, Breite 0.25 s — $xd = w - x$ — Zweipunkt-Regler $x1 = +/-d1$ — Stellelement $\frac{1}{s}$ — Totzone $+/-c_2,\ c_2 = 0.1$ — Regelstrecke $\frac{0.25}{s^2+2s+1}$ — $x(t)$

Clock — t

xe0*E(t), xe0*E(t − T), Rechteckimpuls, xa

Grenzschwingung der Regelgröße, Totzone $c_2 = 0.1$

Bild 14.3-13: Grenzschwingungen des nichtlinearen Regelkreises (Simulink-Modell)

Anwendung findet diese Methode bei Mehrpunkt-Elementen und Quantisierungskennlinien, die sich aus Zweipunkt- und mehreren Dreipunkt-Kennlinien zusammensetzen lassen.

Beispiel 14.3-14: Ein **Element mit Offset** wird in ein lineares Element und ein Zweipunkt-Element zerlegt (Bild 14.3-14).

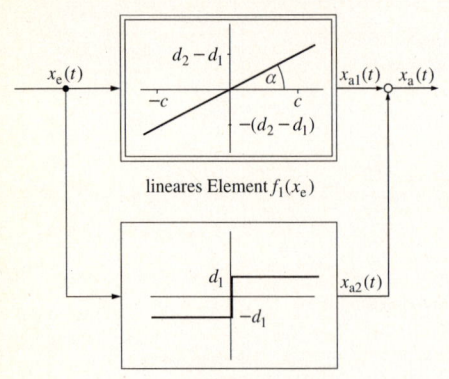

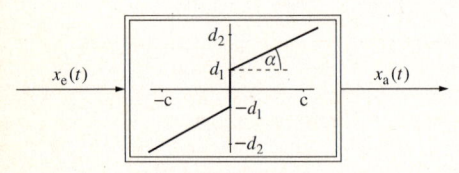

Bild 14.3-14: Zerlegung eines Offset-Elements

Lineares Element:
$$x_{a1} = f_1(x_e) = \frac{d_2 - d_1}{c} \cdot x_e = \tan(\alpha) \cdot x_e, \qquad B_1(\hat{x}_e) = \frac{d_2 - d_1}{c},$$

Zweipunkt-Element (Beispiel 14.3-5):
$$x_{a2} = f_2(x_e) = \begin{cases} -d_1, & \text{für } x_e < 0, \\ 0, & \text{für } x_e = 0, \\ d_1, & \text{für } x_e > 0. \end{cases} \qquad B_2(\hat{x}_e) = \frac{4 \cdot d_1}{\pi \cdot \hat{x}_e},$$

Element mit Offset:
$$x_a = f(x_e) = x_{a1} + x_{a2} = f_1(x_e) + f_2(x_e),$$

$$x_a = f(x_e) = \begin{cases} -d_1 + \dfrac{d_2 - d_1}{c} \cdot x_e, & \text{für } x_e < 0, \\ 0, & \text{für } x_e = 0, \\ d_1 + \dfrac{d_2 - d_1}{c} \cdot x_e, & \text{für } x_e > 0, \end{cases}$$

$$B(\hat{x}_e) = B_1(\hat{x}_e) + B_2(\hat{x}_e) = \frac{d_2 - d_1}{c} + \frac{4 \cdot d_1}{\pi \cdot \hat{x}_e}.$$

Die Berechnung von Mehrpunkt-Elementen wird durch Zerlegung in nichtlineare Grundelemente erheblich vereinfacht.

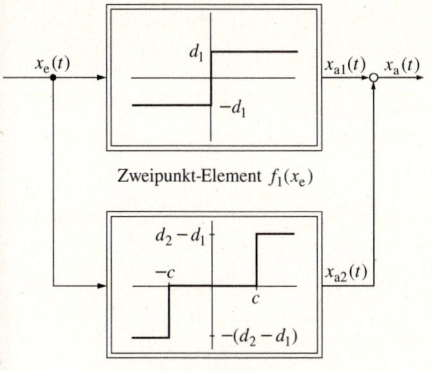

Bild 14.3-15: Zerlegung eines Mehrpunkt-Elements

Zweipunkt-Element:

$$x_{a1} = f_1(x_e) = \begin{cases} -d_1, & \text{für } x_e < 0, \\ 0, & \text{für } x_e = 0, \\ d_1, & \text{für } x_e > 0, \end{cases} \qquad B_1(\hat{x}_e) = \frac{4 \cdot d_1}{\pi \cdot \hat{x}_e},$$

Dreipunkt-Element (Tabelle 14.3-5):

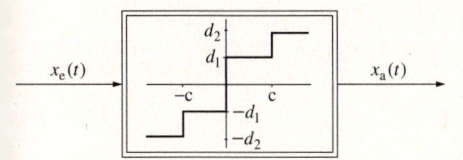

$$x_{a2} = f_2(x_e) = \begin{cases} -(d_2 - d_1), & \text{für } x_e < -c, \\ 0, & \text{für } -c \leq x_e \leq c, \\ d_2 - d_1, & \text{für } x_e > c, \end{cases} \qquad B_2(\hat{x}_e) = \frac{4 \cdot (d_2 - d_1)}{\pi \cdot \hat{x}_e} \cdot \sqrt{1 - c^2/\hat{x}_e^2},$$

Mehrpunkt-Element:

$$x_a = f(x_e) = x_{a1} + x_{a2} = f_1(x_e) + f_2(x_e),$$

$$x_a = f(x_e) = \begin{cases} -d_2, & \text{für } x_e < -c, \\ -d_1, & \text{für } -c \leq x_e < 0, \\ 0, & \text{für } x_e = 0, \\ d_1, & \text{für } 0 < x_e \leq c, \\ d_2, & \text{für } x_e > c, \end{cases}$$

$$B(\hat{x}_e) = B_1(\hat{x}_e) + B_2(\hat{x}_e) = \frac{4 \cdot d_1}{\pi \cdot \hat{x}_e} + \frac{4 \cdot (d_2 - d_1)}{\pi \cdot \hat{x}_e} \cdot \sqrt{1 - c^2/\hat{x}_e^2}.$$

Für die Berechnung der Beschreibungsfunktion eines **Elements mit Totzone** werden Kennlinien subtrahiert.

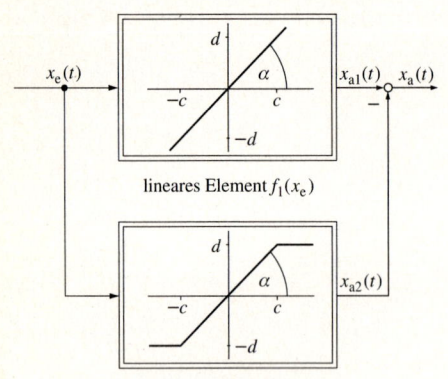

Bild 14.3-16: Zerlegung eines Elements mit Totzone

Lineares Element:
$$x_{a1} = f_1(x_e) = \frac{d}{c} \cdot x_e = \tan(\alpha) \cdot x_e, \qquad B_1(\hat{x}_e) = \frac{d}{c},$$

Begrenzungselement (Beispiel 14.3-5):
$$x_{a2} = f_2(x_e) = \begin{cases} -d, & \text{für } x_e < -c, \\ (d/c) \cdot x_e, & \text{für } -c \leq x_e \leq c, \\ d, & \text{für } x_e > c, \end{cases}$$

$$B_2(\hat{x}_e) = \frac{2 \cdot d \cdot \arcsin(c/\hat{x}_e)}{\pi \cdot c} + \frac{2 \cdot d \cdot \sqrt{1 - c^2/\hat{x}_e^2}}{\pi \cdot \hat{x}_e},$$

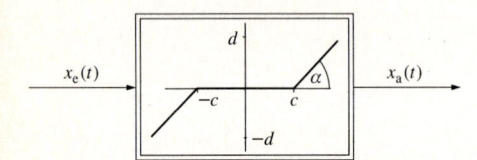

Element mit Totzone:
$$x_a = f(x_e) = x_{a1} - x_{a2} = f_1(x_e) - f_2(x_e),$$

$$x_a = f(x_e) = \begin{cases} (d/c) \cdot x_e + d, & \text{für } x_e < -c, \\ 0, & \text{für } -c \leq x_e \leq c, \\ (d/c) \cdot x_e - d, & \text{für } x_e > c, \end{cases}$$

$$B(\hat{x}_e) = B_1(\hat{x}_e) - B_2(\hat{x}_e)$$
$$= \frac{d}{c} - \left[\frac{2 \cdot d \cdot \arcsin(c/\hat{x}_e)}{\pi \cdot c} + \frac{2 \cdot d \cdot \sqrt{1 - c^2/\hat{x}_e^2}}{\pi \cdot \hat{x}_e} \right]$$
$$= \frac{d}{c} \cdot \left[1 - \frac{2 \cdot \arcsin(c/\hat{x}_e)}{\pi} - \frac{2 \cdot \sqrt{1 - c^2/\hat{x}_e^2}}{\pi \cdot \hat{x}_e/c} \right].$$

14.3 Verfahren der Linearisierung

14.3.5.6 Beschreibungsfunktionen von Kennlinienelementen (Tabelle)

In Tabelle 14.3-5 sind häufig auftretende, nichtlineare statische Elemente in folgenden Gruppen zusammengefaßt:

- schaltende Elemente (Zwei-, Drei- und Mehrpunkt-Elemente),
- schaltende Elemente mit Hysterese,
- Elemente mit progressiver Kennlinie (die Verstärkung wächst mit zunehmender Eingangsgröße),
- Elemente mit degressiver Kennlinie (die Verstärkung wird mit zunehmender Eingangsgröße geringer),
- Elemente mit unterschiedlichen Verstärkungen (Gleichrichter),
- Elemente mit Begrenzung, Totzone, Vorspannung,
- Elemente mit Hysterese ohne Begrenzung (Lose, Umkehrspanne),
- Elemente mit Hysterese mit Begrenzung (Sättigung).

Im Hinblick auf die Anwendung für regelungstechnische Aufgabenstellungen werden

- Kennlinie $x_a = f(x_e)$,
- Beschreibungsfunktionen mit Offset $B_0(\hat{x}_e, x_{e0})$, $B(\hat{x}_e, x_{e0})$
- und ohne Offset $B_0(\hat{x}_e)$, $B(\hat{x}_e)$

angegeben. Die Beschreibungsfunktionen der Kennlinien sind in allgemeiner Form berechnet. Durch Nullsetzen von Kenngrößen oder durch Substitution lassen sich aus den allgemeinen Kennlinien weitere Spezialfälle ableiten.

Die Kenngrößen der Kennlinien c_i, d_i, k_i sind immer positiv. Liegt ein Umschaltpunkt im negativen Bereich von x_e, also $-c$, so ist in den Gleichungen für die Beschreibungsfunktionen mit dem Umschaltpunkt im positiven Bereich von x_e die Variable c durch $-c$ zu substituieren: $c \rightarrow -c$, $-c \rightarrow -(-c) = c$.

Entsprechend ist für die Ausgangsgröße x_a zu verfahren: Liegt ein Ausgangsgrößenwert im negativen Bereich von x_a, also $-d_1$, so ist in den Gleichungen für die Beschreibungsfunktionen mit dem Ausgangswert im positiven Bereich von x_a die Variable d_1 durch $-d_1$ zu substituieren: $d_1 \rightarrow -d_1$, $-d_1 \rightarrow -(-d_1) = d_1$. Ein Beispiel dafür sind die Kennlinien Nr. 1) und 2). Die Beschreibungsfunktionen von häufig vorkommenden einfachen Kennlinien sind direkt angegeben.

Tabelle 14.3-5: Nichtlineare statische Elemente

1) Zweipunkt-Element: $c, x_a = -d_1, d_2$

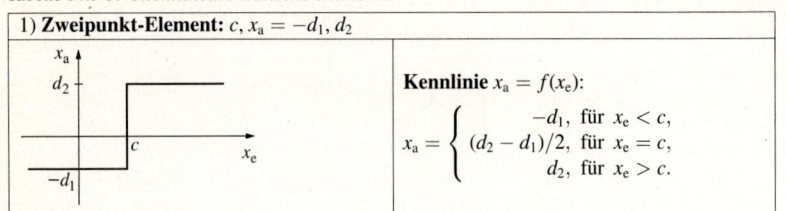

Kennlinie $x_a = f(x_e)$:

$$x_a = \begin{cases} -d_1, & \text{für } x_e < c, \\ (d_2 - d_1)/2, & \text{für } x_e = c, \\ d_2, & \text{für } x_e > c. \end{cases}$$

Beschreibungsfunktionen:

Eingangssignal mit Offset x_{e0}, $x_e(t) = x_{e0} + \hat{x}_e \cdot \sin(2\pi t/T)$:

$$B_0(\hat{x}_e, x_{e0}) = \frac{d_2 - d_1}{2 \cdot \hat{x}_e} - \frac{d_1 + d_2}{\pi \cdot \hat{x}_e} \cdot \arcsin\left(\frac{c - x_{e0}}{\hat{x}_e}\right),$$

$$B(\hat{x}_e, x_{e0}) = \frac{2 \cdot (d_1 + d_2) \cdot \sqrt{1 - (x_{e0} - c)^2/\hat{x}_e^2}}{\pi \cdot \hat{x}_e}.$$

Eingangssignal ohne Offset, $x_e(t) = \hat{x}_e \cdot \sin(2\pi t/T)$:

$$B_0(\hat{x}_e) = \frac{d_2 - d_1}{2 \cdot \hat{x}_e} - \frac{d_1 + d_2}{\pi \cdot \hat{x}_e} \cdot \arcsin\left(\frac{c}{\hat{x}_e}\right),$$

$$B(\hat{x}_e) = \frac{2 \cdot (d_1 + d_2) \cdot \sqrt{1 - c^2/\hat{x}_e^2}}{\pi \cdot \hat{x}_e}.$$

2) Zweipunkt-Element: $c, x_a = d_1, d_2$

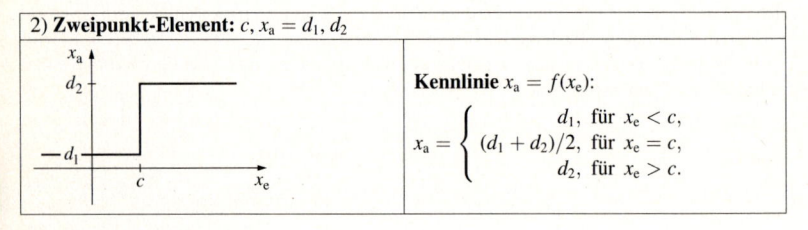

Kennlinie $x_a = f(x_e)$:

$$x_a = \begin{cases} d_1, & \text{für } x_e < c, \\ (d_1 + d_2)/2, & \text{für } x_e = c, \\ d_2, & \text{für } x_e > c. \end{cases}$$

Beschreibungsfunktionen:

Eingangssignal mit Offset x_{e0}, $x_e(t) = x_{e0} + \hat{x}_e \cdot \sin(2\pi t/T)$:

$$B_0(\hat{x}_e, x_{e0}) = \frac{d_1 + d_2}{2 \cdot \hat{x}_e} - \frac{d_2 - d_1}{\pi \cdot \hat{x}_e} \cdot \arcsin\left(\frac{c - x_{e0}}{\hat{x}_e}\right),$$

$$B(\hat{x}_e, x_{e0}) = \frac{2 \cdot (d_2 - d_1) \cdot \sqrt{1 - (x_{e0} - c)^2/\hat{x}_e^2}}{\pi \cdot \hat{x}_e}.$$

Eingangssignal ohne Offset, $x_e(t) = \hat{x}_e \cdot \sin(2\pi t/T)$:

$$B_0(\hat{x}_e) = \frac{d_1 + d_2}{2 \cdot \hat{x}_e} - \frac{d_2 - d_1}{\pi \cdot \hat{x}_e} \cdot \arcsin\left(\frac{c}{\hat{x}_e}\right),$$

$$B(\hat{x}_e) = \frac{2 \cdot (d_2 - d_1) \cdot \sqrt{1 - c^2/\hat{x}_e^2}}{\pi \cdot \hat{x}_e}.$$

3) Zweipunkt-Element: $c, x_a = 0, d$

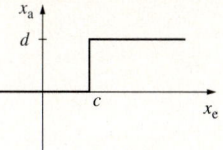

Kennlinie $x_a = f(x_e)$:

$$x_a = \begin{cases} 0, & \text{für } x_e < c, \\ d/2, & \text{für } x_e = c, \\ d, & \text{für } x_e > c. \end{cases}$$

Beschreibungsfunktionen:

Eingangssignal mit Offset x_{e0}, $x_e(t) = x_{e0} + \hat{x}_e \cdot \sin(2\pi t/T)$:

$$B_0(\hat{x}_e, x_{e0}) = \frac{d}{2 \cdot \hat{x}_e} - \frac{d}{\pi \cdot \hat{x}_e} \cdot \arcsin\left(\frac{c - x_{e0}}{\hat{x}_e}\right),$$

$$B(\hat{x}_e, x_{e0}) = \frac{2 \cdot d \cdot \sqrt{1 - (x_{e0} - c)^2/\hat{x}_e^2}}{\pi \cdot \hat{x}_e}.$$

Eingangssignal ohne Offset, $x_e(t) = \hat{x}_e \cdot \sin(2\pi t/T)$:

$$B_0(\hat{x}_e) = \frac{d}{2 \cdot \hat{x}_e} - \frac{d}{\pi \cdot \hat{x}_e} \cdot \arcsin\left(\frac{c}{\hat{x}_e}\right),$$

$$B(\hat{x}_e) = \frac{2 \cdot d \cdot \sqrt{1 - c^2/\hat{x}_e^2}}{\pi \cdot \hat{x}_e}.$$

4) Zweipunkt-Element: $c = 0, x_a = 0, d$

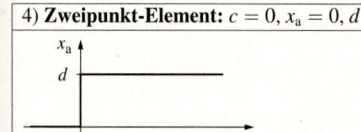

Kennlinie $x_a = f(x_e)$:

$$x_a = \begin{cases} 0, & \text{für } x_e < 0, \\ d/2, & \text{für } x_e = 0, \\ d, & \text{für } x_e > 0. \end{cases}$$

Beschreibungsfunktionen:

Eingangssignal mit Offset x_{e0}, $x_e(t) = x_{e0} + \hat{x}_e \cdot \sin(2\pi t/T)$:

$$B_0(\hat{x}_e, x_{e0}) = \frac{d}{2 \cdot \hat{x}_e} + \frac{d}{\pi \cdot \hat{x}_e} \cdot \arcsin\left(\frac{x_{e0}}{\hat{x}_e}\right),$$

$$B(\hat{x}_e, x_{e0}) = \frac{2 \cdot d \cdot \sqrt{1 - x_{e0}^2/\hat{x}_e^2}}{\pi \cdot \hat{x}_e}.$$

Eingangssignal ohne Offset, $x_e(t) = \hat{x}_e \cdot \sin(2\pi t/T)$:

$$B_0(\hat{x}_e) = \frac{d}{2 \cdot \hat{x}_e},$$

$$B(\hat{x}_e) = \frac{2 \cdot d}{\pi \cdot \hat{x}_e}.$$

5) Zweipunkt-Element: $c = 0$, $x_a = -d_1, d_2$

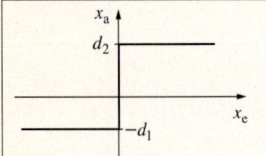

Kennlinie $x_a = f(x_e)$:
$$x_a = \begin{cases} -d_1, & \text{für } x_e < 0, \\ (d_2 - d_1)/2, & \text{für } x_e = 0, \\ d_2, & \text{für } x_e > 0. \end{cases}$$

Beschreibungsfunktionen:

Eingangssignal mit Offset x_{e0}, $x_e(t) = x_{e0} + \hat{x}_e \cdot \sin(2\pi t/T)$:

$$B_0(\hat{x}_e, x_{e0}) = \frac{d_2 - d_1}{2 \cdot \hat{x}_e} + \frac{d_1 + d_2}{\pi \cdot \hat{x}_e} \cdot \arcsin\left(\frac{x_{e0}}{\hat{x}_e}\right),$$

$$B(\hat{x}_e, x_{e0}) = \frac{2 \cdot (d_1 + d_2) \cdot \sqrt{1 - x_{e0}^2/\hat{x}_e^2}}{\pi \cdot \hat{x}_e}.$$

Eingangssignal ohne Offset, $x_e(t) = \hat{x}_e \cdot \sin(2\pi t/T)$:

$$B_0(\hat{x}_e) = \frac{d_2 - d_1}{2 \cdot \hat{x}_e},$$

$$B(\hat{x}_e) = \frac{2 \cdot (d_1 + d_2)}{\pi \cdot \hat{x}_e}.$$

6) Zweipunkt-Element: $c = 0$, $x_a = -d, d$

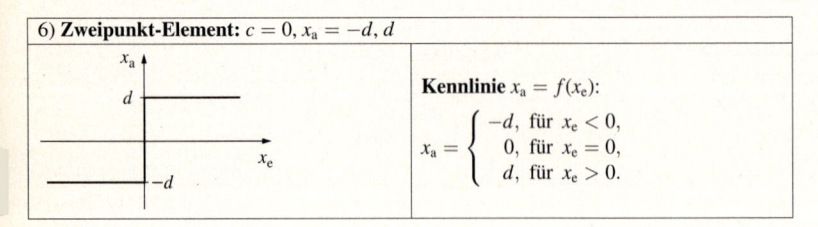

Kennlinie $x_a = f(x_e)$:
$$x_a = \begin{cases} -d, & \text{für } x_e < 0, \\ 0, & \text{für } x_e = 0, \\ d, & \text{für } x_e > 0. \end{cases}$$

Beschreibungsfunktionen:

Eingangssignal mit Offset x_{e0}, $x_e(t) = x_{e0} + \hat{x}_e \cdot \sin(2\pi t/T)$:

$$B_0(\hat{x}_e, x_{e0}) = \frac{2 \cdot d}{\pi \cdot \hat{x}_e} \cdot \arcsin\left(\frac{x_{e0}}{\hat{x}_e}\right),$$

$$B(\hat{x}_e, x_{e0}) = \frac{4 \cdot d \cdot \sqrt{1 - x_{e0}^2/\hat{x}_e^2}}{\pi \cdot \hat{x}_e}.$$

Eingangssignal ohne Offset, $x_e(t) = \hat{x}_e \cdot \sin(2\pi t/T)$:

$$B_0(\hat{x}_e) = 0,$$

$$B(\hat{x}_e) = \frac{4 \cdot d}{\pi \cdot \hat{x}_e}.$$

7) Zweipunkt-Element mit Hysterese: $-c_1, c_2, x_a = -d_1, d_2$

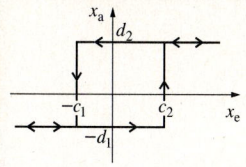

Kennlinie $x_a = f(x_e, x_a)$:

$$x_a = \begin{cases} -d_1, & \text{für} \quad x_e \leq -c_1, \\ -d_1, d_2, & \text{für} \quad -c_1 < x_e < c_2, \\ d_2, & \text{für} \quad c_2 \leq x_e. \end{cases}$$

Beschreibungsfunktionen:

Eingangssignal mit Offset x_{e0}, $x_e(t) = x_{e0} + \hat{x}_e \cdot \sin(2\pi t/T)$:

$$B_0(\hat{x}_e, x_{e0}) = \frac{d_2 - d_1}{2 \cdot \hat{x}_e} + \frac{d_1 + d_2}{2 \cdot \pi \cdot \hat{x}_e} \cdot \left[\arcsin\left(\frac{x_{e0} + c_1}{\hat{x}_e}\right) + \arcsin\left(\frac{x_{e0} - c_2}{\hat{x}_e}\right)\right],$$

$$B(\hat{x}_e, x_{e0}) = \frac{(d_1 + d_2) \cdot \left[\sqrt{1 - (x_{e0} + c_1)^2/\hat{x}_e^2} + \sqrt{1 - (x_{e0} - c_2)^2/\hat{x}_e^2}\right]}{\pi \cdot \hat{x}_e}$$
$$- j \cdot \frac{(c_1 + c_2) \cdot (d_1 + d_2)}{\pi \cdot \hat{x}_e^2}.$$

Eingangssignal ohne Offset, $x_e(t) = \hat{x}_e \cdot \sin(2\pi t/T)$:

$$B_0(\hat{x}_e) = \frac{d_2 - d_1}{2 \cdot \hat{x}_e} + \frac{d_1 + d_2}{2 \cdot \pi \cdot \hat{x}_e} \cdot \left[\arcsin\left(\frac{c_1}{\hat{x}_e}\right) - \arcsin\left(\frac{c_2}{\hat{x}_e}\right)\right],$$

$$B(\hat{x}_e) = \frac{(d_1 + d_2) \cdot \left[\sqrt{1 - c_1^2/\hat{x}_e^2} + \sqrt{1 - c_2^2/\hat{x}_e^2}\right]}{\pi \cdot \hat{x}_e} - j \cdot \frac{(c_1 + c_2) \cdot (d_1 + d_2)}{\pi \cdot \hat{x}_e^2}.$$

Liegt der Umschaltpunkt c_1 im positiven Bereich von x_e, so ist in den Gleichungen für die Beschreibungsfunktionen die Variable c_1 durch $-c_1$ zu substituieren: $c_1 \to -c_1$, $-c_1 \to -(-c_1) = c_1$. Liegt die Ausgangsgröße d_1 im positiven Bereich, so ist in den oben angegebenen Gleichungen d_1 entsprechend zu substituieren.

8) Zweipunkt-Element mit Hysterese: $-c_1, c_2, x_a = 0, d$

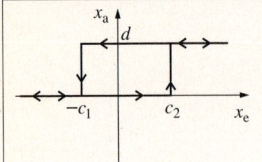

Kennlinie $x_a = f(x_e, x_a)$:
$$x_a = \begin{cases} 0, & \text{für} \quad x_e \leq -c_1, \\ 0, d, & \text{für} \quad -c_1 < x_e < c_2, \\ d, & \text{für} \quad c_2 \leq x_e. \end{cases}$$

Beschreibungsfunktionen:

Eingangssignal mit Offset x_{e0}, $x_e(t) = x_{e0} + \hat{x}_e \cdot \sin(2\pi t/T)$:

$$B_0(\hat{x}_e, x_{e0}) = \frac{d}{2 \cdot \hat{x}_e} + \frac{d}{2 \cdot \pi \cdot \hat{x}_e} \cdot \left[\arcsin\left(\frac{x_{e0} + c_1}{\hat{x}_e}\right) + \arcsin\left(\frac{x_{e0} - c_2}{\hat{x}_e}\right)\right],$$

$$B(\hat{x}_e, x_{e0}) = \frac{d \cdot \left[\sqrt{1 - (x_{e0} + c_1)^2/\hat{x}_e^2} + \sqrt{1 - (x_{e0} - c_2)^2/\hat{x}_e^2}\right]}{\pi \cdot \hat{x}_e} - j \cdot \frac{(c_1 + c_2) \cdot d}{\pi \cdot \hat{x}_e^2}.$$

Eingangssignal ohne Offset, $x_e(t) = \hat{x}_e \cdot \sin(2\pi t/T)$:

$$B_0(\hat{x}_e) = \frac{d}{2 \cdot \hat{x}_e} + \frac{d}{2 \cdot \pi \cdot \hat{x}_e} \cdot \left[\arcsin\left(\frac{c_1}{\hat{x}_e}\right) - \arcsin\left(\frac{c_2}{\hat{x}_e}\right)\right],$$

$$B(\hat{x}_e) = \frac{d \cdot \left(\sqrt{1 - c_1^2/\hat{x}_e^2} + \sqrt{1 - c_2^2/\hat{x}_e^2}\right)}{\pi \cdot \hat{x}_e} - j \cdot \frac{(c_1 + c_2) \cdot d}{\pi \cdot \hat{x}_e^2}.$$

9) Zweipunkt-Element mit Hysterese: $-c, c, x_a = 0, d$

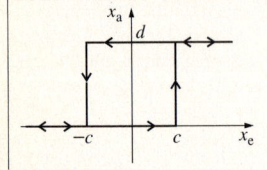

Kennlinie $x_a = f(x_e, x_a)$:
$$x_a = \begin{cases} 0, & \text{für} \quad x_e \leq -c, \\ 0, d, & \text{für} \quad -c < x_e < c, \\ d, & \text{für} \quad c \leq x_e. \end{cases}$$

Beschreibungsfunktionen:

Eingangssignal mit Offset x_{e0}, $x_e(t) = x_{e0} + \hat{x}_e \cdot \sin(2\pi t/T)$:

$$B_0(\hat{x}_e, x_{e0}) = \frac{d}{2 \cdot \hat{x}_e} + \frac{d}{2 \cdot \pi \cdot \hat{x}_e} \cdot \left[\arcsin\left(\frac{x_{e0} + c}{\hat{x}_e}\right) + \arcsin\left(\frac{x_{e0} - c}{\hat{x}_e}\right)\right],$$

$$B(\hat{x}_e, x_{e0}) = \frac{d \cdot \left[\sqrt{1 - (x_{e0} + c)^2/\hat{x}_e^2} + \sqrt{1 - (x_{e0} - c)^2/\hat{x}_e^2}\right]}{\pi \cdot \hat{x}_e} - j \cdot \frac{2 \cdot c \cdot d}{\pi \cdot \hat{x}_e^2}.$$

Eingangssignal ohne Offset, $x_e(t) = \hat{x}_e \cdot \sin(2\pi t/T)$:

$$B_0(\hat{x}_e) = \frac{d}{2 \cdot \hat{x}_e},$$

$$B(\hat{x}_e) = \frac{2 \cdot d \cdot \sqrt{1 - c^2/\hat{x}_e^2}}{\pi \cdot \hat{x}_e} - j \cdot \frac{2 \cdot c \cdot d}{\pi \cdot \hat{x}_e^2}.$$

10) Zweipunkt-Element mit Hysterese: $-c, c, x_a = -d, d$

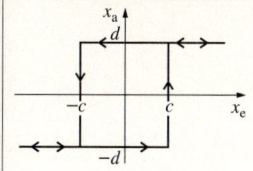

Kennlinie $x_a = f(x_e, x_a)$:

$$x_a = \begin{cases} -d, & \text{für} \quad x_e \leq -c, \\ -d, d, & \text{für} \quad -c < x_e < c, \\ d, & \text{für} \quad c \leq x_e. \end{cases}$$

Beschreibungsfunktionen:

Eingangssignal mit Offset x_{e0}, $x_e(t) = x_{e0} + \hat{x}_e \cdot \sin(2\pi t/T)$:

$$B_0(\hat{x}_e, x_{e0}) = \frac{d}{\pi \cdot \hat{x}_e} \cdot \left[\arcsin\left(\frac{x_{e0} + c}{\hat{x}_e}\right) + \arcsin\left(\frac{x_{e0} - c}{\hat{x}_e}\right)\right],$$

$$B(\hat{x}_e, x_{e0}) = \frac{2 \cdot d \cdot \left[\sqrt{1 - (x_{e0} + c)^2/\hat{x}_e^2} + \sqrt{1 - (x_{e0} - c)^2/\hat{x}_e^2}\right]}{\pi \cdot \hat{x}_e} - j \cdot \frac{4 \cdot c \cdot d}{\pi \cdot \hat{x}_e^2}.$$

Eingangssignal ohne Offset, $x_e(t) = \hat{x}_e \cdot \sin(2\pi t/T)$:

$$B_0(\hat{x}_e) = 0,$$

$$B(\hat{x}_e) = \frac{4 \cdot d \cdot \sqrt{1 - c^2/\hat{x}_e^2}}{\pi \cdot \hat{x}_e} - j \cdot \frac{4 \cdot c \cdot d}{\pi \cdot \hat{x}_e^2}.$$

11) Dreipunkt-Element: $-c_1, c_2, x_a = -d_1, d_0, d_2$

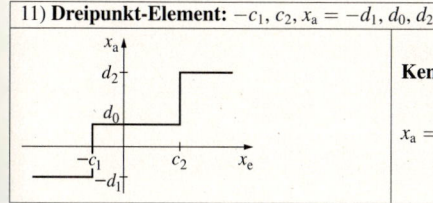

Kennlinie $x_a = f(x_e)$:

$$x_a = \begin{cases} -d_1, & \text{für} \quad x_e \leq -c_1, \\ d_0, & \text{für} \quad -c_1 < x_e < c_2, \\ d_2, & \text{für} \quad c_2 \leq x_e. \end{cases}$$

Beschreibungsfunktionen:

Eingangssignal mit Offset x_{e0}, $x_e(t) = x_{e0} + \hat{x}_e \cdot \sin(2\pi t/T)$:

$$B_0(\hat{x}_e, x_{e0}) = \frac{d_2 - d_1}{2 \cdot \hat{x}_e} + \frac{d_0 + d_1}{\pi \cdot \hat{x}_e} \cdot \arcsin\left(\frac{x_{e0} + c_1}{\hat{x}_e}\right) + \frac{d_2 - d_0}{\pi \cdot \hat{x}_e} \cdot \arcsin\left(\frac{x_{e0} - c_2}{\hat{x}_e}\right),$$

$$B(\hat{x}_e, x_{e0}) = \frac{2 \left[(d_0 + d_1) \cdot \sqrt{1 - (x_{e0} + c_1)^2/\hat{x}_e^2} + (d_2 - d_0) \cdot \sqrt{1 - (x_{e0} - c_2)^2/\hat{x}_e^2}\right]}{\pi \cdot \hat{x}_e}.$$

Eingangssignal ohne Offset, $x_e(t) = \hat{x}_e \cdot \sin(2\pi t/T)$:

$$B_0(\hat{x}_e) = \frac{d_2 - d_1}{2 \cdot \hat{x}_e} + \frac{d_0 + d_1}{\pi \cdot \hat{x}_e} \cdot \arcsin\left(\frac{c_1}{\hat{x}_e}\right) + \frac{d_0 - d_2}{\pi \cdot \hat{x}_e} \cdot \arcsin\left(\frac{c_2}{\hat{x}_e}\right),$$

$$B(\hat{x}_e) = \frac{2 \cdot \left[(d_0 + d_1) \cdot \sqrt{1 - c_1^2/\hat{x}_e^2} + (d_2 - d_0) \cdot \sqrt{1 - c_2^2/\hat{x}_e^2}\right]}{\pi \cdot \hat{x}_e}.$$

12) Dreipunkt-Element: $-c, c, x_a = -d, 0, d$

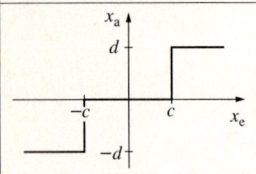

Kennlinie $x_a = f(x_e)$:
$$x_a = \begin{cases} -d, & \text{für} \quad x_e \leq -c, \\ 0, & \text{für} \quad -c < x_e < c, \\ d, & \text{für} \quad c \leq x_e. \end{cases}$$

Beschreibungsfunktionen:

Eingangssignal mit Offset x_{e0}, $x_e(t) = x_{e0} + \hat{x}_e \cdot \sin(2\pi t/T)$:

$$B_0(\hat{x}_e, x_{e0}) = \frac{d}{\pi \cdot \hat{x}_e} \cdot \left[\arcsin\left(\frac{x_{e0}+c}{\hat{x}_e}\right) + \arcsin\left(\frac{x_{e0}-c}{\hat{x}_e}\right)\right],$$

$$B(\hat{x}_e, x_{e0}) = \frac{2 \cdot d \cdot \left[\sqrt{1-(x_{e0}+c)^2/\hat{x}_e^2} + \sqrt{1-(x_{e0}-c)^2/\hat{x}_e^2}\right]}{\pi \cdot \hat{x}_e}.$$

Eingangssignal ohne Offset, $x_e(t) = \hat{x}_e \cdot \sin(2\pi t/T)$:

$$B_0(\hat{x}_e) = 0,$$

$$B(\hat{x}_e) = \frac{4 \cdot d \cdot \sqrt{1-c^2/\hat{x}_e^2}}{\pi \cdot \hat{x}_e}.$$

13) Dreipunkt-Element mit Hysterese: $-c_{11}, -c_{12}, c_{21}, c_{22}, x_a = -d_1, 0, d_2$

Kennlinie $x_a = f(x_e, x_a)$:
$$x_a = \begin{cases} -d_1, & \text{für} \quad x_e < -c_{11}, \\ -d_1, 0, & \text{für} \quad -c_{11} \leq x_e \leq -c_{12}, \\ 0, & \text{für} \quad -c_{12} < x_e < c_{21}, \\ 0, d_2, & \text{für} \quad c_{21} \leq x_e \leq c_{22}, \\ d_2, & \text{für} \quad c_{22} < x_e. \end{cases}$$

Beschreibungsfunktionen:

Eingangssignal mit Offset x_{e0}, $x_e(t) = x_{e0} + \hat{x}_e \cdot \sin(2\pi t/T)$:

$$B_0(\hat{x}_e, x_{e0}) = \frac{d_2 - d_1}{2 \cdot \hat{x}_e} + \frac{d_1}{2 \cdot \pi \cdot \hat{x}_e} \cdot \left[\arcsin\left(\frac{x_{e0}+c_{11}}{\hat{x}_e}\right) + \arcsin\left(\frac{x_{e0}+c_{12}}{\hat{x}_e}\right)\right]$$
$$+ \frac{d_2}{2 \cdot \pi \cdot \hat{x}_e} \cdot \left[\arcsin\left(\frac{x_{e0}-c_{21}}{\hat{x}_e}\right) + \arcsin\left(\frac{x_{e0}-c_{22}}{\hat{x}_e}\right)\right],$$

$$B(\hat{x}_e, x_{e0}) = \frac{d_1 \cdot \left[\sqrt{1-(x_{e0}+c_{11})^2/\hat{x}_e^2} + \sqrt{1-(x_{e0}+c_{12})^2/\hat{x}_e^2}\right]}{\pi \cdot \hat{x}_e}$$
$$+ \frac{d_2 \cdot \left[\sqrt{1-(x_{e0}-c_{21})^2/\hat{x}_e^2} + \sqrt{1-(x_{e0}-c_{22})^2/\hat{x}_e^2}\right]}{\pi \cdot \hat{x}_e}$$
$$- j \cdot \frac{(c_{11}-c_{12}) \cdot d_1 + (c_{22}-c_{21}) \cdot d_2}{\pi \cdot \hat{x}_e^2}.$$

Eingangssignal ohne Offset, $x_e(t) = \hat{x}_e \cdot \sin(2\pi t/T)$:

$$B_0(\hat{x}_e) = \frac{d_2 - d_1}{2 \cdot \hat{x}_e} + \frac{d_1}{2 \cdot \pi \cdot \hat{x}_e} \cdot \left[\arcsin\left(\frac{c_{11}}{\hat{x}_e}\right) + \arcsin\left(\frac{c_{12}}{\hat{x}_e}\right)\right]$$
$$- \frac{d_2}{2 \cdot \pi \cdot \hat{x}_e} \cdot \left[\arcsin\left(\frac{c_{21}}{\hat{x}_e}\right) + \arcsin\left(\frac{c_{22}}{\hat{x}_e}\right)\right],$$

$$B(\hat{x}_e) = \frac{d_1 \cdot \left[\sqrt{1 - c_{11}^2/\hat{x}_e^2} + \sqrt{1 - c_{12}^2/\hat{x}_e^2}\right]}{\pi \cdot \hat{x}_e} + \frac{d_2 \cdot \left[\sqrt{1 - c_{21}^2/\hat{x}_e^2} + \sqrt{1 - c_{22}^2/\hat{x}_e^2}\right]}{\pi \cdot \hat{x}_e}$$
$$- j \cdot \frac{(c_{11} - c_{12}) \cdot d_1 + (c_{22} - c_{21}) \cdot d_2}{\pi \cdot \hat{x}_e^2}.$$

14) Dreipunkt-Element mit Hysterese: $-c_o, -c_u, c_u, c_o, x_a = -d, 0, d$

(Diagramm)	**Kennlinie** $x_a = f(x_e \, x_a)$: $x_a = \begin{cases} -d, & \text{für } x_e < -c_o, \\ -d, 0, & \text{für } -c_o \le x_e \le -c_u, \\ 0, & \text{für } -c_u < x_e < c_u, \\ 0, d, & \text{für } c_u \le x_e \le c_o, \\ d, & \text{für } c_o < x_e. \end{cases}$

Beschreibungsfunktionen:

Eingangssignal mit Offset x_{e0}, $x_e(t) = x_{e0} + \hat{x}_e \cdot \sin(2\pi t/T)$:

$$B_0(\hat{x}_e, x_{e0}) = \frac{d}{2 \cdot \pi \cdot \hat{x}_e} \cdot \left[\arcsin\left(\frac{x_{e0} + c_o}{\hat{x}_e}\right) + \arcsin\left(\frac{x_{e0} + c_u}{\hat{x}_e}\right)\right]$$
$$+ \frac{d}{2 \cdot \pi \cdot \hat{x}_e} \cdot \left[\arcsin\left(\frac{x_{e0} - c_o}{\hat{x}_e}\right) + \arcsin\left(\frac{x_{e0} - c_u}{\hat{x}_e}\right)\right],$$

$$B(\hat{x}_e, x_{e0}) = \frac{d \cdot \left[\sqrt{1 - (x_{e0} + c_o)^2/\hat{x}_e^2} + \sqrt{1 - (x_{e0} + c_u)^2/\hat{x}_e^2}\right]}{\pi \cdot \hat{x}_e}$$
$$+ \frac{d \cdot \left[\sqrt{1 - (x_{e0} - c_o)^2/\hat{x}_e^2} + \sqrt{1 - (x_{e0} - c_u)^2/\hat{x}_e^2}\right]}{\pi \cdot \hat{x}_e}$$
$$- j \cdot \frac{2 \cdot (c_o - c_u) \cdot d}{\pi \cdot \hat{x}_e^2}.$$

Eingangssignal ohne Offset, $x_e(t) = \hat{x}_e \cdot \sin(2\pi t/T)$:

$$B_0(\hat{x}_e) = 0,$$
$$B(\hat{x}_e) = \frac{2 \cdot d \cdot \left[\sqrt{1 - c_o^2/\hat{x}_e^2} + \sqrt{1 - c_u^2/\hat{x}_e^2}\right]}{\pi \cdot \hat{x}_e} - j \cdot \frac{2 \cdot d \cdot (c_o - c_u)}{\pi \cdot \hat{x}_e^2}.$$

15) **Fünfpunkt-Element:** $-c_{11}, -c_{12}, c_{21}, c_{22}, x_a = -d_{11}, -d_{12}, 0, d_{21}, d_{22}$

Kennlinie $x_a = f(x_e)$:

$$x_a = \begin{cases} -d_{11}, & \text{für } x_e < -c_{11}, \\ -d_{12}, & \text{für } -c_{11} \le x_e < -c_{12}, \\ 0, & \text{für } -c_{12} \le x_e \le c_{21}, \\ d_{21}, & \text{für } c_{21} < x_e \le c_{22}, \\ d_{22}, & \text{für } c_{22} < x_e. \end{cases}$$

Beschreibungsfunktionen:

Eingangssignal mit Offset x_{e0}, $x_e(t) = x_{e0} + \hat{x}_e \cdot \sin(2\pi t/T)$:

$$B_0(\hat{x}_e, x_{e0}) = \frac{d_{22} - d_{11}}{2 \cdot \hat{x}_e} + \frac{d_{11} - d_{12}}{\pi \cdot \hat{x}_e} \cdot \arcsin\left(\frac{x_{e0} + c_{11}}{\hat{x}_e}\right) + \frac{d_{12}}{\pi \cdot \hat{x}_e} \cdot \arcsin\left(\frac{x_{e0} + c_{12}}{\hat{x}_e}\right)$$

$$+ \frac{d_{21}}{\pi \cdot \hat{x}_e} \cdot \arcsin\left(\frac{x_{e0} - c_{21}}{\hat{x}_e}\right) + \frac{d_{22} - d_{21}}{\pi \cdot \hat{x}_e} \cdot \arcsin\left(\frac{x_{e0} - c_{22}}{\hat{x}_e}\right),$$

$$B(\hat{x}_e, x_{e0}) = \frac{2 \cdot (d_{11} - d_{12}) \cdot \sqrt{1 - (x_{e0} + c_{11})^2/\hat{x}_e^2}}{\pi \cdot \hat{x}_e}$$

$$+ \frac{2 \cdot d_{12} \cdot \sqrt{1 - (x_{e0} + c_{12})^2/\hat{x}_e^2} + 2 \cdot d_{21} \cdot \sqrt{1 - (x_{e0} - c_{21})^2/\hat{x}_e^2}}{\pi \cdot \hat{x}_e}$$

$$+ \frac{2 \cdot (d_{22} - d_{21}) \cdot \sqrt{1 - (x_{e0} - c_{22})^2/\hat{x}_e^2}}{\pi \cdot \hat{x}_e}.$$

Eingangssignal ohne Offset, $x_e(t) = \hat{x}_e \cdot \sin(2\pi t/T)$:

$$B_0(\hat{x}_e) = \frac{d_{22} - d_{11}}{2 \cdot \hat{x}_e} + \frac{d_{11} - d_{12}}{\pi \cdot \hat{x}_e} \cdot \arcsin\left(\frac{c_{11}}{\hat{x}_e}\right) + \frac{d_{12}}{\pi \cdot \hat{x}_e} \cdot \arcsin\left(\frac{c_{12}}{\hat{x}_e}\right)$$

$$- \frac{d_{21}}{\pi \cdot \hat{x}_e} \cdot \arcsin\left(\frac{c_{21}}{\hat{x}_e}\right) - \frac{d_{22} - d_{21}}{\pi \cdot \hat{x}_e} \cdot \arcsin\left(\frac{c_{22}}{\hat{x}_e}\right),$$

$$B(\hat{x}_e) = \frac{2 \cdot (d_{11} - d_{12}) \cdot \sqrt{1 - c_{11}^2/\hat{x}_e^2} + 2 \cdot d_{12} \cdot \sqrt{1 - c_{12}^2/\hat{x}_e^2}}{\pi \cdot \hat{x}_e}$$

$$+ \frac{2 \cdot d_{21} \cdot \sqrt{1 - c_{21}^2/\hat{x}_e^2} + 2 \cdot (d_{22} - d_{21}) \cdot \sqrt{1 - c_{22}^2/\hat{x}_e^2}}{\pi \cdot \hat{x}_e}.$$

14.3 Verfahren der Linearisierung   763

16) **Fünfpunkt-Element:** $-c_o, -c_u, c_u, c_o, x_a = -2d, -d, 0, d, 2d$

	Kennlinie $x_a = f(x_e)$:
(Kennlinien-Diagramm mit Stufen bei $-c_o, -c_u, c_u, c_o$ und Werten $-2d, -d, 0, d, 2d$)	$x_a = \begin{cases} -2 \cdot d, & \text{für } x_e < -c_o, \\ -d, & \text{für } -c_o \leq x_e < -c_u, \\ 0, & \text{für } -c_u \leq x_e \leq c_u, \\ d, & \text{für } c_u < x_e \leq c_o, \\ 2 \cdot d, & \text{für } c_o < x_e. \end{cases}$

Beschreibungsfunktionen:

Eingangssignal mit Offset x_{e0}, $x_e(t) = x_{e0} + \hat{x}_e \cdot \sin(2\pi t/T)$:

$$B_0(\hat{x}_e, x_{e0}) = \frac{d}{\pi \cdot \hat{x}_e} \cdot \arcsin\left(\frac{x_{e0} + c_o}{\hat{x}_e}\right) + \frac{d}{\pi \cdot \hat{x}_e} \cdot \arcsin\left(\frac{x_{e0} - c_o}{\hat{x}_e}\right)$$
$$+ \frac{d}{\pi \cdot \hat{x}_e} \cdot \arcsin\left(\frac{x_{e0} + c_u}{\hat{x}_e}\right) + \frac{d}{\pi \cdot \hat{x}_e} \cdot \arcsin\left(\frac{x_{e0} - c_u}{\hat{x}_e}\right),$$

$$B(\hat{x}_e, x_{e0}) = \frac{2 \cdot d \cdot \left[\sqrt{1 - (x_{e0} + c_o)^2/\hat{x}_e^2} + \sqrt{1 - (x_{e0} - c_o)^2/\hat{x}_e^2}\right]}{\pi \cdot \hat{x}_e}$$
$$+ \frac{2 \cdot d \cdot \left[\sqrt{1 - (x_{e0} + c_u)^2/\hat{x}_e^2} + \sqrt{1 - (x_{e0} - c_u)^2/\hat{x}_e^2}\right]}{\pi \cdot \hat{x}_e}.$$

Eingangssignal ohne Offset, $x_e(t) = \hat{x}_e \cdot \sin(2\pi t/T)$:

$$B_0(\hat{x}_e) = 0,$$
$$B(\hat{x}_e) = \frac{4 \cdot d \cdot \left[\sqrt{1 - c_o^2/\hat{x}_e^2} + \sqrt{1 - c_u^2/\hat{x}_e^2}\right]}{\pi \cdot \hat{x}_e}.$$

17) **Mehrpunkt-Element:** $\ldots -c_3, -c_2, -c_1, c_1, c_2, c_3, \ldots,$
    $x_a = \ldots -3d, -2d, -d, 0, d, 2d, 3d, \ldots$

	Kennlinie $x_a = f(x_e)$:
(Kennlinien-Diagramm mit Stufen bei $-c_3, -c_2, -c_1, c_1, c_2, c_3$ und Werten $-3d, -2d, -d, d, 2d, 3d$)	$x_a = \begin{cases} \ldots \\ -3 \cdot d, & \text{für } -c_4 \leq x_e < -c_3, \\ -2 \cdot d, & \text{für } -c_3 \leq x_e < -c_2, \\ -d, & \text{für } -c_2 \leq x_e < -c_1, \\ 0, & \text{für } -c_1 \leq x_e \leq c_1, \\ d, & \text{für } c_1 < x_e \leq c_2, \\ 2 \cdot d, & \text{für } c_2 < x_e \leq c_3 \\ 3 \cdot d, & \text{für } c_3 < x_e \leq c_4, \\ \ldots \end{cases}$

Beschreibungsfunktionen:

Eingangssignal ohne Offset, $x_e(t) = \hat{x}_e \cdot \sin(2\pi t/T)$:

$$B_0(\hat{x}_e) = 0,$$
$$B(\hat{x}_e) = \frac{4 \cdot d \cdot \sum_{i=1}^{n} \sqrt{1 - c_i^2/\hat{x}_e^2}}{\pi \cdot \hat{x}_e}.$$

18) **Mehrpunkt-Element:** c, d

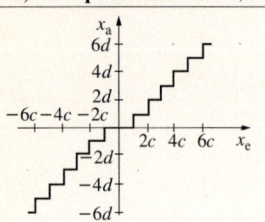

(Kennlinie: Treppenfunktion mit Stufen bei $\pm 2c, \pm 4c, \pm 6c$ und Werten $\pm 2d, \pm 4d, \pm 6d$)	Quantisierer, A/D-Wandler ($c = d = 1$) mit Abschneiden (truncation), **Kennlinie** $x_a = f(x_e)$ $= d \cdot \text{sign}(x_e) \cdot \text{floor}(|x_e/c|)$, $f(x_e) =$ ganzzahlige Division, betragsmäßig kleinster ganzzahliger Wert.

Beschreibungsfunktionen:

Eingangssignal ohne Offset, $x_e(t) = \hat{x}_e \cdot \sin(2\pi t/T)$:

$$B_0(\hat{x}_e) = 0,$$

$$B(\hat{x}_e) = \frac{4 \cdot d \cdot \sum_{i=1}^{n} \sqrt{1 - (i \cdot c)^2 / \hat{x}_e^2}}{\pi \cdot \hat{x}_e}.$$

19) **Mehrpunkt-Element:** c, d

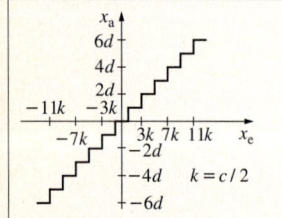

(Kennlinie: Treppenfunktion mit Stufen bei $\pm 3k, \pm 7k, \pm 11k$ und Werten $\pm 2d, \pm 4d, \pm 6d$; $k = c/2$)	Quantisierer, A/D-Wandler ($c = d = 1$) mit Runden (round-off), **Kennlinie** $x_a = f(x_e)$ $= d \cdot \text{sign}(x_e) \cdot \text{floor}(|x_e/c + \text{sign}(x_e)/2|)$, $f(x_e) =$ ganzzahlige Division, Addition $\pm 1/2$, betragsmäßig kleinster ganzzahliger Wert.

Beschreibungsfunktionen:

Eingangssignal ohne Offset, $x_e(t) = \hat{x}_e \cdot \sin(2\pi t/T)$:

$$B_0(\hat{x}_e) = 0,$$

$$B(\hat{x}_e) = \frac{4 \cdot d \cdot \sum_{i=1}^{n} \sqrt{1 - [(2 \cdot i - 1) \cdot c/2]^2 / \hat{x}_e^2}}{\pi \cdot \hat{x}_e}.$$

20) Elemente mit progressiver Kennlinie: d, n

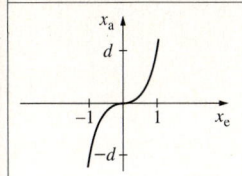

Ungerade Funktionen:

Kennlinie

$x_a = f(x_e)$
$ = d \cdot \text{sign}(x_e) \cdot x_e^n,$
$n = 2, 4, 6, \ldots$
$x_a = d \cdot x_e^n,$
$n = 3, 5, 7, \ldots$

Beschreibungsfunktionen:

$n = 2$, $x_a = d \cdot \text{sign}(x_e) \cdot x_e^2$:

Eingangssignal mit Offset x_{e0}, $x_e(t) = x_{e0} + \hat{x}_e \cdot \sin(2\pi t/T)$:

$$B_0(\hat{x}_e, x_{e0}) = \frac{d \cdot (2 \cdot x_{e0}^2 + \hat{x}_e^2)}{\pi \cdot \hat{x}_e} \cdot \arcsin\left(\frac{x_{e0}}{\hat{x}_e}\right) + \frac{3 \cdot d \cdot x_{e0} \cdot \sqrt{1 - x_{e0}^2/\hat{x}_e^2}}{\pi},$$

$$B(\hat{x}_e, x_{e0}) = \frac{4 \cdot d \cdot x_{e0}}{\pi} \cdot \arcsin\left(\frac{x_{e0}}{\hat{x}_e}\right) + \frac{4 \cdot d \cdot (x_{e0}^2 + 2 \cdot \hat{x}_e^2) \cdot \sqrt{1 - x_{e0}^2/\hat{x}_e^2}}{3 \cdot \pi \cdot \hat{x}_e}.$$

Eingangssignal ohne Offset, $x_e(t) = \hat{x}_e \cdot \sin(2\pi t/T)$:

$$B_0(\hat{x}_e) = 0,$$
$$B(\hat{x}_e) = \frac{8 \cdot d \cdot \hat{x}_e}{3 \cdot \pi}.$$

$n = 3$, $x_a = d \cdot x_e^3$:

Eingangssignal mit Offset x_{e0}, $x_e(t) = x_{e0} + \hat{x}_e \cdot \sin(2\pi t/T)$:

$$B_0(\hat{x}_e, x_{e0}) = \frac{d \cdot x_{e0} \cdot (2 \cdot x_{e0}^2 + 3 \cdot \hat{x}_e^2)}{2 \cdot \hat{x}_e},$$

$$B(\hat{x}_e, x_{e0}) = \frac{3 \cdot d \cdot (4 \cdot x_{e0}^2 + \hat{x}_e^2)}{4}.$$

Eingangssignal ohne Offset, $x_e(t) = \hat{x}_e \cdot \sin(2\pi t/T)$:

$$B_0(\hat{x}_e) = 0,$$
$$B(\hat{x}_e) = \frac{3 \cdot d \cdot \hat{x}_e^2}{4}.$$

$n = 4$, $x_a = d \cdot \text{sign}(x_e) \cdot x_e^4$:

Eingangssignal mit Offset x_{e0}, $x_e(t) = x_{e0} + \hat{x}_e \cdot \sin(2\pi t/T)$:

$$B_0(\hat{x}_e, x_{e0}) = \frac{d \cdot (8 \cdot x_{e0}^4 + 24 \cdot x_{e0}^2 \cdot \hat{x}_e^2 + 3 \cdot \hat{x}_e^4)}{4 \cdot \pi \cdot \hat{x}_e} \cdot \arcsin\left(\frac{x_{e0}}{\hat{x}_e}\right)$$
$$+ \frac{5 \cdot d \cdot x_{e0} \cdot (10 \cdot x_{e0}^2 + 11 \cdot \hat{x}_e^2) \cdot \sqrt{1 - x_{e0}^2/\hat{x}_e^2}}{12 \cdot \pi},$$

$$B(\hat{x}_e, x_{e0}) = \frac{2 \cdot d \cdot x_{e0} \cdot (4 \cdot x_{e0}^2 + 3 \cdot \hat{x}_e^2)}{\pi} \cdot \arcsin\left(\frac{x_{e0}}{\hat{x}_e}\right)$$
$$+ \frac{2 \cdot d \cdot (6 \cdot x_{e0}^4 + 83 \cdot x_{e0}^2 \cdot \hat{x}_e^2 + 16 \cdot \hat{x}_e^4) \cdot \sqrt{1 - x_{e0}^2/\hat{x}_e^2}}{15 \cdot \pi \cdot \hat{x}_e}.$$

Eingangssignal ohne Offset, $x_e(t) = \hat{x}_e \cdot \sin(2\pi t/T)$:

$$B_0(\hat{x}_e) = 0,$$
$$B(\hat{x}_e) = \frac{32 \cdot d \cdot \hat{x}_e^3}{15 \cdot \pi}.$$

$n = 5$, $x_a = d \cdot x_e^5$:

Eingangssignal mit Offset x_{e0}, $x_e(t) = x_{e0} + \hat{x}_e \cdot \sin(2\pi t/T)$:

$$B_0(\hat{x}_e, x_{e0}) = \frac{d \cdot (8 \cdot x_{e0}^4 + 40 \cdot x_{e0}^2 \cdot \hat{x}_e^2 + 15 \cdot \hat{x}_e^4) \cdot x_{e0}}{8 \cdot \hat{x}_e},$$
$$B(\hat{x}_e, x_{e0}) = \frac{5 \cdot d \cdot (8 \cdot x_{e0}^4 + 12 \cdot x_{e0}^2 \cdot \hat{x}_e^2 + \hat{x}_e^4)}{8}.$$

Eingangssignal ohne Offset, $x_e(t) = \hat{x}_e \cdot \sin(2\pi t/T)$:

$$B_0(\hat{x}_e) = 0,$$
$$B(\hat{x}_e) = \frac{5 \cdot d \cdot \hat{x}_e^4}{8}.$$

In Beispiel 14.3-5, Tabelle 14.3-2, sind für Signale ohne Offset die Beschreibungsfunktionen angegeben:

$$B(\hat{x}_e) = d \cdot \hat{x}_e^{n-1} \cdot \prod_{i=1}^{(n-1)/2} \frac{n+2-2i}{n+3-2i}, \qquad \text{für } n = 1, 3, 5, 7, \ldots$$

$$B(\hat{x}_e) = \frac{4 \cdot d \cdot \hat{x}_e^{n-1}}{\pi} \cdot \prod_{i=1}^{n/2} \frac{n+2-2i}{n+3-2i}, \qquad \text{für } n = 2, 4, 6, \ldots$$

n	1	2	3	4	5	6	7
$B(\hat{x}_e)$	d	$\dfrac{8d \cdot \hat{x}_e}{3 \cdot \pi}$	$\dfrac{3d \cdot \hat{x}_e^2}{4}$	$\dfrac{32d \cdot \hat{x}_e^3}{15 \cdot \pi}$	$\dfrac{5d \cdot \hat{x}_e^4}{8}$	$\dfrac{64d \cdot \hat{x}_e^5}{35 \cdot \pi}$	$\dfrac{35d \cdot \hat{x}_e^6}{64}$

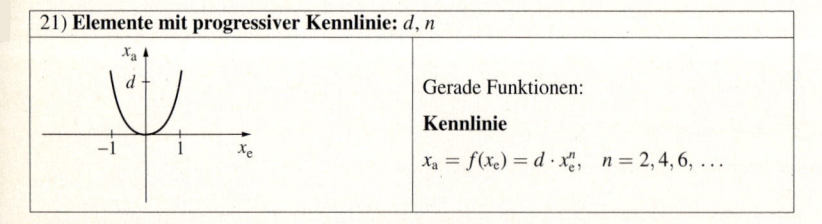

---

21) Elemente mit progressiver Kennlinie: d, n

Gerade Funktionen:

Kennlinie

$x_a = f(x_e) = d \cdot x_e^n, \quad n = 2, 4, 6, \ldots$

Beschreibungsfunktionen:

$n = 2$, $x_a = d \cdot x_e^2$:

Eingangssignal mit Offset x_{e0}, $x_e(t) = x_{e0} + \hat{x}_e \cdot \sin(2\pi t/T)$:

$$B_0(\hat{x}_e, x_{e0}) = \frac{d \cdot (2 \cdot x_{e0}^2 + \hat{x}_e^2)}{2 \cdot \hat{x}_e},$$
$$B(\hat{x}_e, x_{e0}) = 2 \cdot d \cdot x_{e0}.$$

$n = 4$, $x_a = d \cdot x_e^4$:

Eingangssignal mit Offset x_{e0}, $x_e(t) = x_{e0} + \hat{x}_e \cdot \sin(2\pi t/T)$:

$$B_0(\hat{x}_e, x_{e0}) = \frac{d \cdot (8 \cdot x_{e0}^4 + 24 \cdot x_{e0}^2 \cdot \hat{x}_e^2 + 3 \cdot \hat{x}_e^4)}{8 \cdot \hat{x}_e},$$

$$B(\hat{x}_e, x_{e0}) = d \cdot x_{e0} \cdot (4 \cdot x_{e0}^2 + 3 \cdot \hat{x}_e^2).$$

Eingangssignal ohne Offset, $x_e(t) = \hat{x}_e \cdot \sin(2\pi t/T)$:

$$B(\hat{x}_e) = 0,$$

es existiert keine Beschreibungsfunktion, die erste Harmonische ist Null, siehe Beispiel 14.3-6:

$$B_0(\hat{x}_e) = \frac{d \cdot \hat{x}_e}{2}, \qquad n = 2,$$

$$B_0(\hat{x}_e) = \frac{3 \cdot d \cdot \hat{x}_e^3}{8}, \qquad n = 4.$$

---

22) Element mit progressiver Kennlinie: c_1, k_1, k_2

Ungerade Funktion, linearisierte progressive Kennlinie:

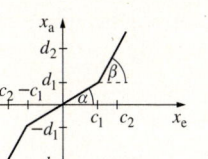

Kennlinie $x_a = f(x_e)$:

$\tan \alpha = k_1 = d_1/c_1$,
$\tan \beta = k_2 = (d_2 - d_1)/(c_2 - c_1)$,

$$x_a = \begin{cases} k_2 \cdot (x_e + c_1) - k_1 \cdot c_1, & \text{für} \quad x_e < -c_1, \\ k_1 \cdot x_e, & \text{für} \quad -c_1 \leq x_e \leq c_1, \\ k_2 \cdot (x_e - c_1) + k_1 \cdot c_1, & \text{für} \quad c_1 < x_e. \end{cases}$$

Beschreibungsfunktionen:

Eingangssignal mit Offset x_{e0}, $x_e(t) = x_{e0} + \hat{x}_e \cdot \sin(2\pi t/T)$:

$$B_0(\hat{x}_e, x_{e0}) = \frac{k_2 \cdot x_{e0}}{\hat{x}_e} + \frac{(x_{e0} + c_1) \cdot (k_1 - k_2)}{\pi \cdot \hat{x}_e} \cdot \arcsin\left(\frac{x_{e0} + c_1}{\hat{x}_e}\right)$$

$$- \frac{(x_{e0} - c_1) \cdot (k_1 - k_2)}{\pi \cdot \hat{x}_e} \cdot \arcsin\left(\frac{x_{e0} - c_1}{\hat{x}_e}\right)$$

$$- \frac{(k_1 - k_2) \cdot \left[\sqrt{1 - (c_1 - x_{e0})^2/\hat{x}_e^2} - \sqrt{1 - (c_1 + x_{e0})^2/\hat{x}_e^2}\right]}{\pi},$$

$$B(\hat{x}_e, x_{e0}) = k_2 + \frac{k_1 - k_2}{\pi} \cdot \left[\arcsin\left(\frac{x_{e0} + c_1}{\hat{x}_e}\right) - \arcsin\left(\frac{x_{e0} - c_1}{\hat{x}_e}\right)\right]$$

$$+ \frac{(k_1 - k_2) \cdot \left[(c_1 - x_{e0}) \cdot \sqrt{1 - (c_1 - x_{e0})^2/\hat{x}_e^2} + (c_1 + x_{e0}) \cdot \sqrt{1 - (c_1 + x_{e0})^2/\hat{x}_e^2}\right]}{\pi \cdot \hat{x}_e}.$$

Eingangssignal ohne Offset, $x_e(t) = \hat{x}_e \cdot \sin(2\pi t/T)$:

$$B_0(\hat{x}_e) = 0,$$

$$B(\hat{x}_e) = k_2 + \frac{2 \cdot (k_1 - k_2)}{\pi} \cdot \arcsin\left(\frac{c_1}{\hat{x}_e}\right) + \frac{2 \cdot c_1 \cdot (k_1 - k_2) \cdot \sqrt{1 - c_1^2/\hat{x}_e^2}}{\pi \cdot \hat{x}_e}.$$

23) Elemente mit degressiver Kennlinie: k, d

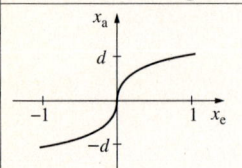

Ungerade Funktionen:

Kennlinie

$x_a = f(x_e)$
$= d \cdot \text{sign}(x_e) \cdot |x_e|^k$,
$0 < k < 1$.

Beschreibungsfunktionen:

Eingangssignal ohne Offset, $x_e(t) = \hat{x}_e \cdot \sin(2\pi t/T)$:

In Beispiel 14.3-5, Tabelle 14.3-3, sind für Signale ohne Offset die Beschreibungsfunktionen angegeben:

k	$B(\hat{x}_e)$
1	d
1/2	$1.1128 \cdot d \cdot \hat{x}_e^{-1/2}$
1/3	$1.1596 \cdot d \cdot \hat{x}_e^{-2/3}$
1/4	$1.1852 \cdot d \cdot \hat{x}_e^{-3/4}$
1/5	$1.2014 \cdot d \cdot \hat{x}_e^{-4/5}$
1/6	$1.2126 \cdot d \cdot \hat{x}_e^{-5/6}$
1/7	$1.2207 \cdot d \cdot \hat{x}_e^{-6/7}$

24) Element mit degressiver Kennlinie: c_1, k_1, k_2

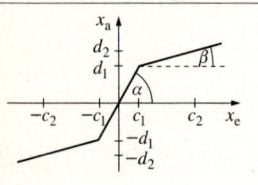

Ungerade Funktion, linearisierte degressive Kennlinie:

Kennlinie $x_a = f(x_e)$:

$\tan \alpha = k_1 = d_1/c_1$,
$\tan \beta = k_2 = (d_2 - d_1)/(c_2 - c_1)$,

$$x_a = \begin{cases} k_2 \cdot (x_e + c_1) - k_1 \cdot c_1, & \text{für } x_e < -c_1, \\ k_1 \cdot x_e, & \text{für } -c_1 \leq x_e \leq c_1, \\ k_2 \cdot (x_e - c_1) + k_1 \cdot c_1, & \text{für } c_1 < x_e. \end{cases}$$

Beschreibungsfunktionen: wie bei Nr. 22.

25) Element mit vorzeichenabhängiger Verstärkung: k_1, k_2

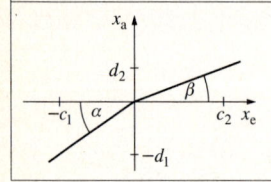

Kennlinie $x_a = f(x_e)$:

$\tan \alpha = k_1 = d_1/c_1$,
$\tan \beta = k_2 = d_2/c_2$,

$$x_a = \begin{cases} k_1 \cdot x_e, & \text{für } x_e < 0, \\ 0, & \text{für } x_e = 0, \\ k_2 \cdot x_e, & \text{für } x_e > 0. \end{cases}$$

Beschreibungsfunktionen:

Eingangssignal mit Offset, $x_e(t) = x_{e0} + \hat{x}_e \cdot \sin(2\pi t/T)$:

$$B_0(\hat{x}_e, x_{e0}) = \frac{(k_2 - k_1) \cdot x_{e0}}{\pi \cdot \hat{x}_e} \cdot \arcsin\left(\frac{x_{e0}}{\hat{x}_e}\right) + \frac{2 \cdot (k_2 - k_1) \cdot \sqrt{1 - x_{e0}^2/\hat{x}_e^2} + (k_1 + k_2) \cdot \pi \cdot x_{e0}/\hat{x}_e}{2 \cdot \pi},$$

$$B(\hat{x}_e, x_{e0}) = \frac{k_2 - k_1}{\pi} \cdot \arcsin\left(\frac{x_{e0}}{\hat{x}_e}\right) + \frac{k_1 + k_2}{2} + \frac{(k_2 - k_1) \cdot \sqrt{1 - x_{e0}^2/\hat{x}_e^2} \cdot x_{e0}/\hat{x}_e}{\pi}.$$

Eingangssignal ohne Offset, $x_e(t) = \hat{x}_e \cdot \sin(2\pi t/T)$:

$$B_0(\hat{x}_e) = \frac{k_2 - k_1}{\pi},$$

$$B(\hat{x}_e) = \frac{k_1 + k_2}{2}.$$

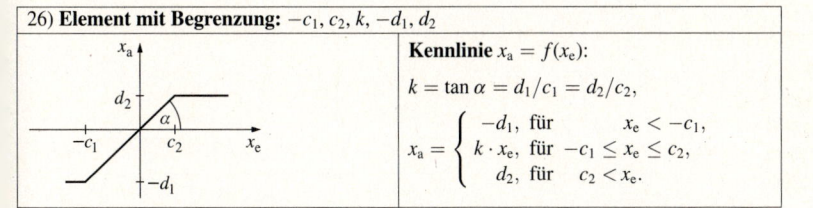

---

26) Element mit Begrenzung: $-c_1, c_2, k, -d_1, d_2$

Kennlinie $x_a = f(x_e)$:

$k = \tan \alpha = d_1/c_1 = d_2/c_2,$

$$x_a = \begin{cases} -d_1, & \text{für } x_e < -c_1, \\ k \cdot x_e, & \text{für } -c_1 \leq x_e \leq c_2, \\ d_2, & \text{für } c_2 < x_e. \end{cases}$$

Beschreibungsfunktionen:

Eingangssignal mit Offset, $x_e(t) = x_{e0} + \hat{x}_e \cdot \sin(2\pi t/T)$:

$$B_0(\hat{x}_e, x_{e0}) = \frac{k \cdot (c_2 - c_1)}{2 \cdot \hat{x}_e} + \frac{k \cdot (x_{e0} + c_1)}{\pi \cdot \hat{x}_e} \cdot \arcsin\left(\frac{x_{e0} + c_1}{\hat{x}_e}\right)$$
$$- \frac{k \cdot (x_{e0} - c_2)}{\pi \cdot \hat{x}_e} \cdot \arcsin\left(\frac{x_{e0} - c_2}{\hat{x}_e}\right)$$
$$+ \frac{k \cdot \left[\sqrt{1 - (c_1 + x_{e0})^2/\hat{x}_e^2} - \sqrt{1 - (c_2 - x_{e0})^2/\hat{x}_e^2}\right]}{\pi},$$

$$B(\hat{x}_e, x_{e0}) = \frac{k}{\pi} \cdot \left[\arcsin\left(\frac{x_{e0} + c_1}{\hat{x}_e}\right) - \arcsin\left(\frac{x_{e0} - c_2}{\hat{x}_e}\right)\right]$$
$$+ \frac{k \cdot \left[(x_{e0} + c_1) \cdot \sqrt{1 - (c_1 + x_{e0})^2/\hat{x}_e^2} - (x_{e0} - c_2) \cdot \sqrt{1 - (c_2 - x_{e0})^2/\hat{x}_e^2}\right]}{\pi \cdot \hat{x}_e}.$$

Eingangssignal ohne Offset, $x_e(t) = \hat{x}_e \cdot \sin(2\pi t/T)$:

$$B_0(\hat{x}_e) = \frac{k \cdot (c_2 - c_1)}{2 \cdot \hat{x}_e} + \frac{k \cdot c_1}{\pi \cdot \hat{x}_e} \cdot \arcsin\left(\frac{c_1}{\hat{x}_e}\right) - \frac{k \cdot c_2}{\pi \cdot \hat{x}_e} \cdot \arcsin\left(\frac{c_2}{\hat{x}_e}\right)$$
$$+ \frac{k \cdot \left[\sqrt{1 - c_1^2/\hat{x}_e^2} - \sqrt{1 - c_2^2/\hat{x}_e^2}\right]}{\pi},$$

$$B(\hat{x}_e) = \frac{k}{\pi} \cdot \left[\arcsin\left(\frac{c_1}{\hat{x}_e}\right) + \arcsin\left(\frac{c_2}{\hat{x}_e}\right)\right] + \frac{k \cdot \left[c_1 \cdot \sqrt{1 - c_1^2/\hat{x}_e^2} + c_2 \cdot \sqrt{1 - c_2^2/\hat{x}_e^2}\right]}{\pi \cdot \hat{x}_e}.$$

27) Element mit Begrenzung: $-c, c, k, -d, d$

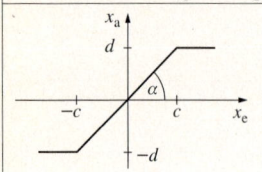

Kennlinie $x_a = f(x_e)$:

$k = \tan \alpha = d/c$,

$$x_a = \begin{cases} -d, & \text{für } x_e < -c, \\ k \cdot x_e, & \text{für } -c \leq x_e \leq c, \\ d, & \text{für } c < x_e. \end{cases}$$

Beschreibungsfunktionen:

Eingangssignal mit Offset, $x_e(t) = x_{e0} + \hat{x}_e \cdot \sin(2\pi t/T)$:

$$B_0(\hat{x}_e, x_{e0}) = \frac{k \cdot (x_{e0} + c)}{\pi \cdot \hat{x}_e} \cdot \arcsin\left(\frac{x_{e0} + c}{\hat{x}_e}\right) - \frac{k \cdot (x_{e0} - c)}{\pi \cdot \hat{x}_e} \cdot \arcsin\left(\frac{x_{e0} - c}{\hat{x}_e}\right)$$

$$+ \frac{k \cdot \left[\sqrt{1 - (c + x_{e0})^2/\hat{x}_e^2} - \sqrt{1 - (c - x_{e0})^2/\hat{x}_e^2}\right]}{\pi},$$

$$B(\hat{x}_e, x_{e0}) = \frac{k}{\pi} \cdot \left[\arcsin\left(\frac{x_{e0} + c}{\hat{x}_e}\right) - \arcsin\left(\frac{x_{e0} - c}{\hat{x}_e}\right)\right]$$

$$+ \frac{k \cdot \left[(x_{e0} + c) \cdot \sqrt{1 - (c + x_{e0})^2/\hat{x}_e^2} - (x_{e0} - c) \cdot \sqrt{1 - (c - x_{e0})^2/\hat{x}_e^2}\right]}{\pi \cdot \hat{x}_e}.$$

Eingangssignal ohne Offset, $x_e(t) = \hat{x}_e \cdot \sin(2\pi t/T)$:

$$B_0(\hat{x}_e) = 0,$$

$$B(\hat{x}_e) = \frac{2 \cdot k}{\pi} \cdot \arcsin\left(\frac{c}{\hat{x}_e}\right) + \frac{2 \cdot d \cdot \sqrt{1 - c^2/\hat{x}_e^2}}{\pi \cdot \hat{x}_e}.$$

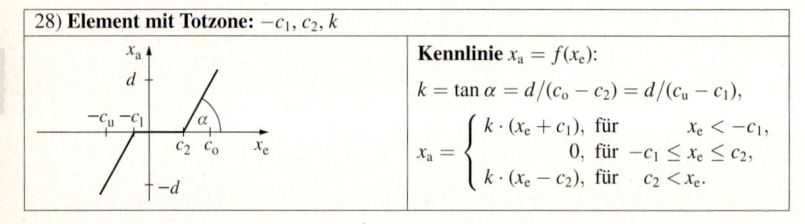

28) Element mit Totzone: $-c_1, c_2, k$

Kennlinie $x_a = f(x_e)$:

$k = \tan \alpha = d/(c_o - c_2) = d/(c_u - c_1)$,

$$x_a = \begin{cases} k \cdot (x_e + c_1), & \text{für } x_e < -c_1, \\ 0, & \text{für } -c_1 \leq x_e \leq c_2, \\ k \cdot (x_e - c_2), & \text{für } c_2 < x_e. \end{cases}$$

Beschreibungsfunktionen:

Eingangssignal mit Offset, $x_e(t) = x_{e0} + \hat{x}_e \cdot \sin(2\pi t/T)$:

$$B_0(\hat{x}_e, x_{e0}) = \frac{k \cdot (c_1 - c_2 + 2 \cdot x_{e0})}{2 \cdot \hat{x}_e} - \frac{k \cdot (x_{e0} + c_1)}{\pi \cdot \hat{x}_e} \cdot \arcsin\left(\frac{x_{e0} + c_1}{\hat{x}_e}\right)$$

$$+ \frac{k \cdot (x_{e0} - c_2)}{\pi \cdot \hat{x}_e} \cdot \arcsin\left(\frac{x_{e0} - c_2}{\hat{x}_e}\right)$$

$$- \frac{k \cdot \left[\sqrt{1 - (c_1 + x_{e0})^2/\hat{x}_e^2} - \sqrt{1 - (c_2 - x_{e0})^2/\hat{x}_e^2}\right]}{\pi},$$

$$B(\hat{x}_e, x_{e0}) = k + \frac{k}{\pi} \cdot \left[-\arcsin\left(\frac{x_{e0} + c_1}{\hat{x}_e}\right) + \arcsin\left(\frac{x_{e0} - c_2}{\hat{x}_e}\right) \right]$$
$$- \frac{k \cdot \left[(x_{e0} + c_1) \cdot \sqrt{1 - (c_1 + x_{e0})^2/\hat{x}_e^2} - (x_{e0} - c_2) \cdot \sqrt{1 - (c_2 - x_{e0})^2/\hat{x}_e^2} \right]}{\pi \cdot \hat{x}_e}.$$

Eingangssignal ohne Offset, $x_e(t) = \hat{x}_e \cdot \sin(2\pi t/T)$:

$$B_0(\hat{x}_e) = \frac{k \cdot (c_1 - c_2)}{2 \cdot \hat{x}_e} - \frac{k \cdot c_1}{\pi \cdot \hat{x}_e} \cdot \arcsin\left(\frac{c_1}{\hat{x}_e}\right) + \frac{k \cdot c_2}{\pi \cdot \hat{x}_e} \cdot \arcsin\left(\frac{c_2}{\hat{x}_e}\right)$$
$$- \frac{k \cdot \left[\sqrt{1 - c_1^2/\hat{x}_e^2} - \sqrt{1 - c_2^2/\hat{x}_e^2} \right]}{\pi},$$
$$B(\hat{x}_e) = k - \frac{k}{\pi} \cdot \left[\arcsin\left(\frac{c_1}{\hat{x}_e}\right) + \arcsin\left(\frac{c_2}{\hat{x}_e}\right) \right] - \frac{k \cdot \left[c_1 \cdot \sqrt{1 - c_1^2/\hat{x}_e^2} + c_2 \cdot \sqrt{1 - c_2^2/\hat{x}_e^2} \right]}{\pi \cdot \hat{x}_e}.$$

---

29) Element mit Totzone: $-c, c, k$

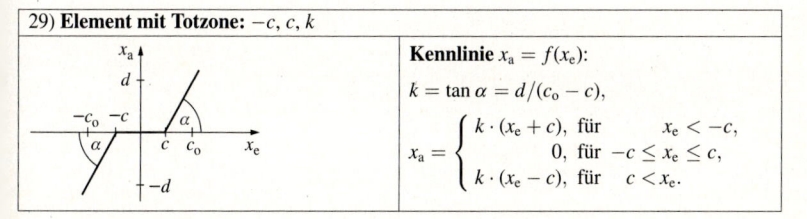

Kennlinie $x_a = f(x_e)$:

$k = \tan \alpha = d/(c_o - c)$,

$$x_a = \begin{cases} k \cdot (x_e + c), & \text{für } x_e < -c, \\ 0, & \text{für } -c \leq x_e \leq c, \\ k \cdot (x_e - c), & \text{für } c < x_e. \end{cases}$$

Beschreibungsfunktionen:

Eingangssignal mit Offset, $x_e(t) = x_{e0} + \hat{x}_e \cdot \sin(2\pi t/T)$:

$$B_0(\hat{x}_e, x_{e0}) = \frac{k \cdot x_{e0}}{\hat{x}_e} - \frac{k \cdot (x_{e0} + c)}{\pi \cdot \hat{x}_e} \cdot \arcsin\left(\frac{x_{e0} + c}{\hat{x}_e}\right)$$
$$+ \frac{k \cdot (x_{e0} - c)}{\pi \cdot \hat{x}_e} \cdot \arcsin\left(\frac{x_{e0} - c}{\hat{x}_e}\right)$$
$$- \frac{k \cdot \left[\sqrt{1 - (c + x_{e0})^2/\hat{x}_e^2} - \sqrt{1 - (c - x_{e0})^2/\hat{x}_e^2} \right]}{\pi},$$
$$B(\hat{x}_e, x_{e0}) = k + \frac{k}{\pi} \cdot \left[-\arcsin\left(\frac{x_{e0} + c}{\hat{x}_e}\right) + \arcsin\left(\frac{x_{e0} - c}{\hat{x}_e}\right) \right]$$
$$- \frac{k \cdot \left[(x_{e0} + c) \cdot \sqrt{1 - (c + x_{e0})^2/\hat{x}_e^2} - (x_{e0} - c) \cdot \sqrt{1 - (c - x_{e0})^2/\hat{x}_e^2} \right]}{\pi \cdot \hat{x}_e}.$$

Eingangssignal ohne Offset, $x_e(t) = \hat{x}_e \cdot \sin(2\pi t/T)$:

$$B_0(\hat{x}_e) = 0,$$
$$B(\hat{x}_e) = k - \frac{2 \cdot k}{\pi} \cdot \arcsin\left(\frac{c}{\hat{x}_e}\right) - \frac{2 \cdot k \cdot c \cdot \sqrt{1 - c^2/\hat{x}_e^2}}{\pi \cdot \hat{x}_e}.$$

30) **Element mit Totzone und Begrenzung:** $-c, c, k, d$

Kennlinie $x_a = f(x_e)$:

$k = \tan\alpha = d/(c_o - c)$,

$$x_a = \begin{cases} -k \cdot (c_o - c) = -d, & \text{für } x_e < -c_o, \\ k \cdot x_e + c, & \text{für } -c_o \leq x_e < -c, \\ 0, & \text{für } -c \leq x_e \leq c, \\ k \cdot x_e - c, & \text{für } c < x_e \leq c_o, \\ k \cdot (c_o - c) = d, & \text{für } c_o < x_e. \end{cases}$$

Beschreibungsfunktionen:

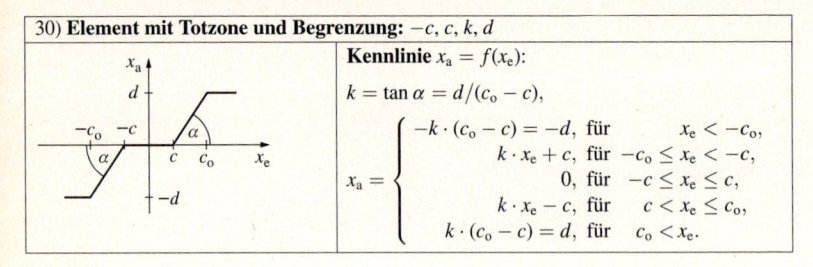

Eingangssignal mit Offset, $x_e(t) = x_{e0} + \hat{x}_e \cdot \sin(2\pi t/T)$:

$$B_0(\hat{x}_e, x_{e0}) = \frac{k \cdot (c - x_{e0})}{\pi \cdot \hat{x}_e} \cdot \arcsin\left(\frac{c - x_{e0}}{\hat{x}_e}\right) - \frac{k \cdot (c + x_{e0})}{\pi \cdot \hat{x}_e} \cdot \arcsin\left(\frac{c + x_{e0}}{\hat{x}_e}\right)$$

$$- \frac{k \cdot (c_o - x_{e0})}{\pi \cdot \hat{x}_e} \cdot \arcsin\left(\frac{c_o - x_{e0}}{\hat{x}_e}\right) + \frac{k \cdot (c_o + x_{e0})}{\pi \cdot \hat{x}_e} \cdot \arcsin\left(\frac{c_o + x_{e0}}{\hat{x}_e}\right)$$

$$+ \frac{k \cdot \left[\sqrt{1 - (c - x_{e0})^2/\hat{x}_e^2} - \sqrt{1 - (c + x_{e0})^2/\hat{x}_e^2}\right]}{\pi}$$

$$- \frac{k \cdot \left[\sqrt{1 - (c_o - x_{e0})^2/\hat{x}_e^2} - \sqrt{1 - (c_o + x_{e0})^2/\hat{x}_e^2}\right]}{\pi},$$

$$B(\hat{x}_e, x_{e0}) = -\frac{k}{\pi} \cdot \left[\arcsin\left(\frac{c - x_{e0}}{\hat{x}_e}\right) + \arcsin\left(\frac{c + x_{e0}}{\hat{x}_e}\right)\right]$$

$$+ \frac{k}{\pi} \cdot \left[\arcsin\left(\frac{c_o - x_{e0}}{\hat{x}_e}\right) + \arcsin\left(\frac{c_o + x_{e0}}{\hat{x}_e}\right)\right]$$

$$- \frac{k \cdot \left[(c - x_{e0}) \cdot \sqrt{1 - (c - x_{e0})^2/\hat{x}_e^2} + (c + x_{e0}) \cdot \sqrt{1 - (c + x_{e0})^2/\hat{x}_e^2}\right]}{\pi \cdot \hat{x}_e}$$

$$+ \frac{k \cdot \left[(c_o - x_{e0}) \cdot \sqrt{1 - (c_o - x_{e0})^2/\hat{x}_e^2} + (c_o + x_{e0}) \cdot \sqrt{1 - (c_o + x_{e0})^2/\hat{x}_e^2}\right]}{\pi \cdot \hat{x}_e}.$$

Eingangssignal ohne Offset, $x_e(t) = \hat{x}_e \cdot \sin(2\pi t/T)$:

$$B_0(\hat{x}_e) = 0,$$

$$B(\hat{x}_e) = \frac{2 \cdot k}{\pi} \cdot \left[-\arcsin\left(\frac{c}{\hat{x}_e}\right) + \arcsin\left(\frac{c_o}{\hat{x}_e}\right)\right]$$

$$- \frac{2 \cdot k \cdot \left[c \cdot \sqrt{1 - c^2/\hat{x}_e^2} - c_o \cdot \sqrt{1 - c_o^2/\hat{x}_e^2}\right]}{\pi \cdot \hat{x}_e}.$$

31) Element mit Vorspannung: k_1, k_2, d_1, d_2

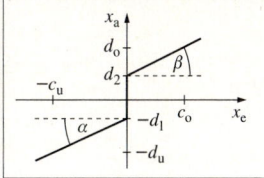

Kennlinie $x_a = f(x_e)$:

$\tan \alpha = k_1 = (d_u - d_1)/c_u,$
$\tan \beta = k_2 = (d_o - d_2)/c_o,$

$$x_a = \begin{cases} k_1 \cdot x_e - d_1, & \text{für } x_e < 0, \\ 0, & \text{für } x_e = 0, \\ k_2 \cdot x_e + d_2, & \text{für } x_e > 0. \end{cases}$$

Beschreibungsfunktionen:

Eingangssignal mit Offset, $x_e(t) = x_{e0} + \hat{x}_e \cdot \sin(2\pi t/T)$:

$$B_0(\hat{x}_e, x_{e0}) = \frac{d_2 - d_1 + (k_1 + k_2) \cdot x_{e0}}{2 \cdot \hat{x}_e} + \frac{(k_2 - k_1) \cdot \sqrt{1 - x_{e0}^2/\hat{x}_e^2}}{\pi}$$
$$+ \frac{d_1 + d_2 + (k_2 - k_1) \cdot x_{e0}}{\pi \cdot \hat{x}_e} \cdot \arcsin\left(\frac{x_{e0}}{\hat{x}_e}\right),$$

$$B(\hat{x}_e, x_{e0}) = \frac{k_1 + k_2}{2} + \frac{k_2 - k_1}{\pi} \cdot \arcsin\left(\frac{x_{e0}}{\hat{x}_e}\right)$$
$$+ \frac{(2 \cdot d_1 + 2 \cdot d_2 + (k_2 - k_1) \cdot x_{e0}) \cdot \sqrt{1 - x_{e0}^2/\hat{x}_e^2}}{\pi \cdot \hat{x}_e}.$$

Eingangssignal ohne Offset, $x_e(t) = \hat{x}_e \cdot \sin(2\pi t/T)$:

$$B_0(\hat{x}_e) = \frac{d_2 - d_1}{2 \cdot \hat{x}_e} + \frac{k_2 - k_1}{\pi},$$
$$B(\hat{x}_e) = \frac{k_1 + k_2}{2} + \frac{2 \cdot (d_1 + d_2)}{\pi \cdot \hat{x}_e}.$$

32) Element mit Vorspannung: k, d

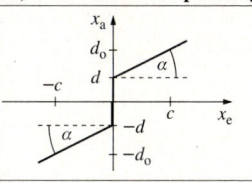

Kennlinie $x_a = f(x_e)$:

$k = \tan \alpha = (d_o - d)/c,$

$$x_a = \begin{cases} k \cdot x_e - d, & \text{für } x_e < 0, \\ 0, & \text{für } x_e = 0, \\ k \cdot x_e + d, & \text{für } x_e > 0. \end{cases}$$

Beschreibungsfunktionen:

Eingangssignal mit Offset, $x_e(t) = x_{e0} + \hat{x}_e \cdot \sin(2\pi t/T)$:

$$B_0(\hat{x}_e, x_{e0}) = \frac{k \cdot x_{e0}}{\hat{x}_e} + \frac{2 \cdot d}{\pi \cdot \hat{x}_e} \cdot \arcsin\left(\frac{x_{e0}}{\hat{x}_e}\right),$$

$$B(\hat{x}_e, x_{e0}) = k + \frac{4 \cdot d \cdot \sqrt{1 - x_{e0}^2/\hat{x}_e^2}}{\pi \cdot \hat{x}_e}.$$

Eingangssignal ohne Offset, $x_e(t) = \hat{x}_e \cdot \sin(2\pi t/T)$:

$$B_0(\hat{x}_e) = 0,$$
$$B(\hat{x}_e) = k + \frac{4 \cdot d}{\pi \cdot \hat{x}_e}.$$

33) Element mit Vorspannung und Begrenzung: c, d, k

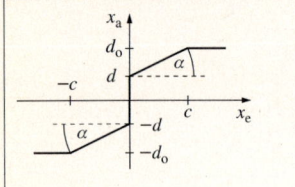

Kennlinie $x_a = f(x_e)$:

$k = \tan\alpha = (d_o - d)/c,$

$$x_a = \begin{cases} -k \cdot c - d = -d_o, & \text{für } x_e < -c, \\ k \cdot x_e - d, & \text{für } -c < x_e < 0, \\ 0, & \text{für } x_e = 0, \\ k \cdot x_e + d, & \text{für } 0 < x_e < c, \\ k \cdot c + d = d_o, & \text{für } c < x_e. \end{cases}$$

Beschreibungsfunktionen:

Eingangssignal mit Offset, $x_e(t) = x_{e0} + \hat{x}_e \cdot \sin(2\pi t/T)$:

$$B_0(\hat{x}_e, x_{e0}) = \frac{k \cdot (c + x_{e0})}{\pi \cdot \hat{x}_e} \cdot \arcsin\left(\frac{c + x_{e0}}{\hat{x}_e}\right) - \frac{k \cdot (c - x_{e0})}{\pi \cdot \hat{x}_e} \cdot \arcsin\left(\frac{c - x_{e0}}{\hat{x}_e}\right)$$

$$+ \frac{2 \cdot d}{\pi \cdot \hat{x}_e} \cdot \arcsin\left(\frac{x_{e0}}{\hat{x}_e}\right) + \frac{k \cdot \sqrt{1 - (c + x_{e0})^2/\hat{x}_e^2} - k \cdot \sqrt{1 - (c - x_{e0})^2/\hat{x}_e^2}}{\pi},$$

$$B(\hat{x}_e, x_{e0}) = \frac{k}{\pi} \cdot \left[\arcsin\left(\frac{c + x_{e0}}{\hat{x}_e}\right) + \arcsin\left(\frac{c - x_{e0}}{\hat{x}_e}\right)\right]$$

$$+ \frac{k \cdot \left[(c - x_{e0}) \cdot \sqrt{1 - (c - x_{e0})^2/\hat{x}_e^2} + (c + x_{e0}) \cdot \sqrt{1 - (c + x_{e0})^2/\hat{x}_e^2}\right]}{\pi \cdot \hat{x}_e}$$

$$+ \frac{4 \cdot d \cdot \sqrt{1 - x_{e0}^2/\hat{x}_e^2}}{\pi \cdot \hat{x}_e}.$$

Eingangssignal ohne Offset, $x_e(t) = \hat{x}_e \cdot \sin(2\pi t/T)$:

$$B_0(\hat{x}_e) = 0,$$

$$B(\hat{x}_e) = \frac{2 \cdot k}{\pi} \cdot \arcsin\left(\frac{c}{\hat{x}_e}\right) + \frac{2 \cdot k \cdot c \cdot \sqrt{1 - c^2/\hat{x}_e^2} + 4 \cdot d}{\pi \cdot \hat{x}_e}.$$

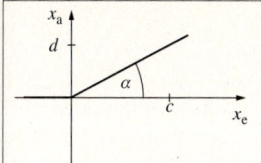

34) ideales Gleichrichter-Element: k

Kennlinie $x_a = f(x_e)$:

$k = \tan\alpha = d/c$,

$$x_a = \begin{cases} 0, & \text{für } x_e \leq 0, \\ k \cdot x_e, & \text{für } x_e > 0. \end{cases}$$

Beschreibungsfunktionen:

Eingangssignal mit Offset, $x_e(t) = x_{e0} + \hat{x}_e \cdot \sin(2\pi t/T)$:

$$B_0(\hat{x}_e, x_{e0}) = \frac{k \cdot x_{e0}}{2 \cdot \hat{x}_e} + \frac{k \cdot \sqrt{1 - x_{e0}^2/\hat{x}_e^2}}{\pi} + \frac{k \cdot x_{e0}}{\pi \cdot \hat{x}_e} \cdot \arcsin\left(\frac{x_{e0}}{\hat{x}_e}\right),$$

$$B(\hat{x}_e, x_{e0}) = \frac{k}{2} + \frac{k \cdot x_{e0} \cdot \sqrt{1 - x_{e0}^2/\hat{x}_e^2}}{\pi \cdot \hat{x}_e} + \frac{k}{\pi} \cdot \arcsin\left(\frac{x_{e0}}{\hat{x}_e}\right).$$

Eingangssignal ohne Offset, $x_e(t) = \hat{x}_e \cdot \sin(2\pi t/T)$:

$$B_0(\hat{x}_e) = \frac{k}{\pi},$$

$$B(\hat{x}_e) = \frac{k}{2}.$$

35) idealisiertes Gleichrichter-Element: c, k

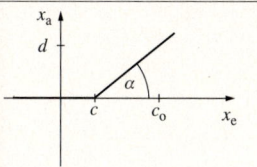

Kennlinie $x_a = f(x_e)$:

$k = \tan\alpha = d/(c_o - c)$,

$$x_a = \begin{cases} 0, & \text{für } x_e \leq c, \\ k \cdot x_e - c, & \text{für } x_e > c. \end{cases}$$

Beschreibungsfunktionen:

Eingangssignal mit Offset, $x_e(t) = x_{e0} + \hat{x}_e \cdot \sin(2\pi t/T)$:

$$B_0(\hat{x}_e, x_{e0}) = -\frac{k \cdot (c - x_{e0})}{2 \cdot \hat{x}_e} + \frac{k \cdot \sqrt{1 - (x_{e0} - c)^2/\hat{x}_e^2}}{\pi} + \frac{k \cdot (c - x_{e0})}{\pi \cdot \hat{x}_e} \cdot \arcsin\left(\frac{c - x_{e0}}{\hat{x}_e}\right),$$

$$B(\hat{x}_e, x_{e0}) = \frac{k}{2} - \frac{k \cdot (c - x_{e0}) \cdot \sqrt{1 - (c - x_{e0})^2/\hat{x}_e^2}}{\pi \cdot \hat{x}_e} - \frac{k}{\pi} \cdot \arcsin\left(\frac{c - x_{e0}}{\hat{x}_e}\right).$$

Eingangssignal ohne Offset, $x_e(t) = \hat{x}_e \cdot \sin(2\pi t/T)$:

$$B_0(\hat{x}_e) = -\frac{k \cdot c}{2 \cdot \hat{x}_e} + \frac{k \cdot \sqrt{1 - c^2/\hat{x}_e^2}}{\pi} + \frac{k \cdot c}{\pi \cdot \hat{x}_e} \cdot \arcsin\left(\frac{c}{\hat{x}_e}\right),$$

$$B(\hat{x}_e) = \frac{k}{2} - \frac{k \cdot c \cdot \sqrt{1 - c^2/\hat{x}_e^2}}{\pi \cdot \hat{x}_e} - \frac{k}{\pi} \cdot \arcsin\left(\frac{c}{\hat{x}_e}\right).$$

36) Betragselement: k

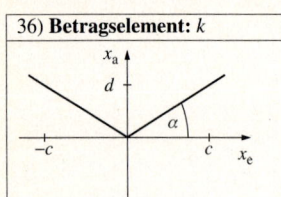

Kennlinie $x_a = f(x_e)$:

$k = \tan \alpha = d/c$,

$$x_a = \begin{cases} -k \cdot x_e, & \text{für } x_e < 0, \\ 0, & \text{für } x_e = c, \\ k \cdot x_e, & \text{für } x_e > c. \end{cases}$$

Beschreibungsfunktionen:

Eingangssignal mit Offset, $x_e(t) = x_{e0} + \hat{x}_e \cdot \sin(2\pi t/T)$:

$$B_0(\hat{x}_e, x_{e0}) = \frac{2 \cdot k \cdot \sqrt{1 - x_{e0}^2/\hat{x}_e^2}}{\pi} + \frac{2 \cdot k \cdot x_{e0}}{\pi \cdot \hat{x}_e} \cdot \arcsin\left(\frac{x_{e0}}{\hat{x}_e}\right),$$

$$B(\hat{x}_e, x_{e0}) = \frac{2 \cdot k \cdot x_{e0} \cdot \sqrt{1 - x_{e0}^2/\hat{x}_e^2}}{\pi \cdot \hat{x}_e} + \frac{2 \cdot k}{\pi} \cdot \arcsin\left(\frac{x_{e0}}{\hat{x}_e}\right).$$

Eingangssignal ohne Offset, $x_e(t) = \hat{x}_e \cdot \sin(2\pi t/T)$: Für diesen Fall existiert keine erste Harmonische.

$$B_0(\hat{x}_e) = \frac{2 \cdot k}{\pi},$$

$$B(\hat{x}_e) = 0.$$

37) Element mit Hysterese und Umkehrspanne (Lose): c, k

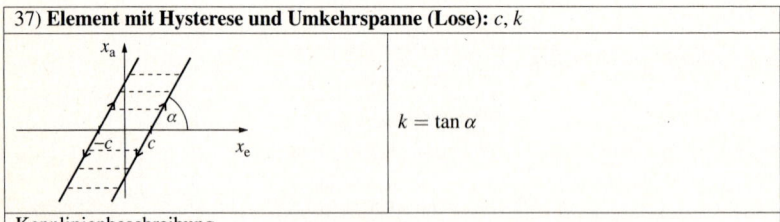

$k = \tan \alpha$

Kennlinienbeschreibung
$x_a = f(x_e)$ für $x_e(t) = x_{e0} + \hat{x}_e \cdot \sin(2\pi t/T)$, $\hat{x}_e > c$

Bereich von x_e	Ableitung von x_e	Ausgangsgröße x_a
$x_e > -\hat{x}_e + 2c$	$\dot{x}_e > 0$	$x_a = x_e - c$
$x_e < -\hat{x}_e + 2c$	$\dot{x}_e > 0$	$x_a = -\hat{x}_e + c$
$x_e < \hat{x}_e + 2c$	$\dot{x}_e < 0$	$x_a = x_e + c$
$x_e > \hat{x}_e - 2c$	$\dot{x}_e < 0$	$x_a = \hat{x}_e - c$

Beschreibungsfunktionen:

Eingangssignal mit Offset, $x_e(t) = x_{e0} + \hat{x}_e \cdot \sin(2\pi t/T)$:

$$B_0(\hat{x}_e, x_{e0}) = \frac{k \cdot x_{e0}}{\hat{x}_e},$$

$$B(\hat{x}_e, x_{e0}) = B(\hat{x}_e) = \frac{k}{2} + \frac{k}{\pi} \cdot \arcsin\left(1 - \frac{2 \cdot c}{\hat{x}_e}\right)$$

$$+ \frac{2 \cdot k}{\pi} \cdot \left(1 - \frac{2 \cdot c}{\hat{x}_e}\right) \cdot \sqrt{\frac{c}{\hat{x}_e} \cdot \left(1 - \frac{c}{\hat{x}_e}\right)} - j \cdot \frac{4 \cdot k \cdot c}{\pi \cdot \hat{x}_e} \cdot \left(1 - \frac{c}{\hat{x}_e}\right).$$

Eingangssignal ohne Offset, $x_e(t) = \hat{x}_e \cdot \sin(2\pi t/T)$:

$$B_0(\hat{x}_e) = 0,$$
$$B(\hat{x}_e) = \frac{k}{2} + \frac{k}{\pi} \cdot \arcsin\left(1 - \frac{2 \cdot c}{\hat{x}_e}\right)$$
$$+ \frac{2 \cdot k}{\pi} \cdot \left(1 - \frac{2 \cdot c}{\hat{x}_e}\right) \cdot \sqrt{\frac{c}{\hat{x}_e} \cdot \left(1 - \frac{c}{\hat{x}_e}\right)} - j \cdot \frac{4 \cdot k \cdot c}{\pi \cdot \hat{x}_e} \cdot \left(1 - \frac{c}{\hat{x}_e}\right).$$

---

38) Element mit Hysterese, Umkehrspanne (Lose) und Totzone: c, c_o, k

(Kennlinie mit $-c_o, -c, c, c_o, \alpha$ auf x_e-Achse, x_a vertikal)	$k = \tan \alpha$

Kennlinienbeschreibung

$x_a = f(x_e)$ für $x_e(t) = x_{e0} + \hat{x}_e \cdot \sin(2\pi t/T)$, $\hat{x}_e > c_o$

Bereich von x_e	Ableitung von x_e	Ausgangsgröße x_a
$-c_o < x_e < c$	$\dot{x}_e < 0$	$x_a = 0$
$x_e < -c_o$	$\dot{x}_e < 0$	$x_a = k \cdot (x_e + c_o)$
$-\hat{x}_e + x_{e0} < x_e < -\hat{x}_e + x_{e0} + c_o - c$	$\dot{x}_e > 0$	$x_a = k \cdot (-\hat{x}_e + x_{e0} + c_o)$
$-\hat{x}_e + x_{e0} + c_o - c < x_e < -c$	$\dot{x}_e > 0$	$x_a = k \cdot (x_e + c)$
$-c < x_e < c_o$	$\dot{x}_e > 0$	$x_a = 0$
$c_o < x_e$	$\dot{x}_e > 0$	$x_a = k \cdot (x_e - c_o)$
$\hat{x}_e + x_{e0} - (c_o - c) < x_e < \hat{x}_e + x_{e0}$	$\dot{x}_e < 0$	$x_a = k \cdot (\hat{x}_e + x_{e0} - c_o)$
$c < x_e < \hat{x}_e + x_{e0} - (c_o - c)$	$\dot{x}_e < 0$	$x_a = k \cdot (x_e - c)$

Beschreibungsfunktionen:

Eingangssignal mit Offset, $x_e(t) = x_{e0} + \hat{x}_e \cdot \sin(2\pi t/T)$:

$$B_0(\hat{x}_e, x_{e0}) = \frac{k \cdot (c - x_{e0})}{2 \cdot \pi \cdot \hat{x}_e} \cdot \arcsin\left(\frac{c - x_{e0}}{\hat{x}_e}\right) - \frac{k \cdot (c + x_{e0})}{2 \cdot \pi \cdot \hat{x}_e} \cdot \arcsin\left(\frac{c + x_{e0}}{\hat{x}_e}\right)$$
$$+ \frac{k \cdot (c_o - x_{e0})}{2 \cdot \pi \cdot \hat{x}_e} \cdot \arcsin\left(\frac{c_o - x_{e0}}{\hat{x}_e}\right) - \frac{k \cdot (c_o + x_{e0})}{2 \cdot \pi \cdot \hat{x}_e} \cdot \arcsin\left(\frac{c_o + x_{e0}}{\hat{x}_e}\right)$$
$$+ \frac{k \cdot x_{e0}}{\hat{x}_e} + \frac{k \cdot \left[\sqrt{1 - (c - x_{e0})^2/\hat{x}_e^2} - \sqrt{1 - (c + x_{e0})^2/\hat{x}_e^2}\right]}{2 \cdot \pi}$$
$$+ \frac{k \cdot \left[\sqrt{1 - (c_o - x_{e0})^2/\hat{x}_e^2} - \sqrt{1 - (c_o + x_{e0})^2/\hat{x}_e^2}\right]}{2 \cdot \pi},$$

$$B(\hat{x}_e, x_{e0}) = -\frac{k}{2 \cdot \pi} \cdot \left[\arcsin\left(\frac{c - x_{e0}}{\hat{x}_e}\right) + \arcsin\left(\frac{c + x_{e0}}{\hat{x}_e}\right)\right]$$
$$-\frac{k}{2 \cdot \pi} \cdot \left[\arcsin\left(\frac{c_o - x_{e0}}{\hat{x}_e}\right) + \arcsin\left(\frac{c_o + x_{e0}}{\hat{x}_e}\right) - 2 \cdot \arcsin\left(\frac{c - c_o + \hat{x}_e}{\hat{x}_e}\right)\right]$$
$$+\frac{k}{2} + \frac{k \cdot (1 - (c_o - c)/\hat{x}_e) \cdot \sqrt{2 \cdot (c_o - c)/\hat{x}_e - (c_o - c)^2/\hat{x}_e^2}}{\pi}$$
$$+\frac{k \cdot \left[(x_{e0} - c) \cdot \sqrt{1 - (c - x_{e0})^2/\hat{x}_e^2} - (c + x_{e0}) \cdot \sqrt{1 - (c + x_{e0})^2/\hat{x}_e^2}\right]}{2 \cdot \pi \cdot \hat{x}_e}$$
$$+\frac{k \cdot \left[(x_{e0} - c_o) \cdot \sqrt{1 - (c_o - x_{e0})^2/\hat{x}_e^2} - (c_o + x_{e0}) \cdot \sqrt{1 - (c_o + x_{e0})^2/\hat{x}_e^2}\right]}{2 \cdot \pi \cdot \hat{x}_e}$$
$$- j \cdot \frac{2 \cdot k \cdot (c_o - c)}{\pi \cdot \hat{x}_e} \cdot \left(1 - \frac{c_o}{\hat{x}_e}\right).$$

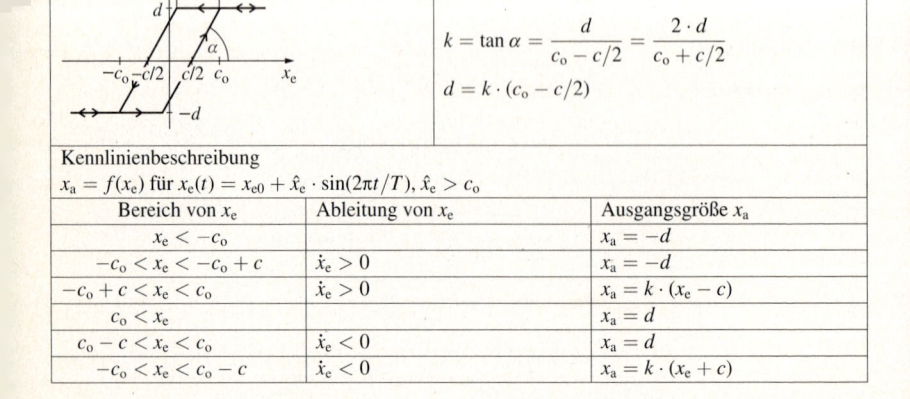

Eingangssignal ohne Offset, $x_e(t) = \hat{x}_e \cdot \sin(2\pi t/T)$:

$$B_0(\hat{x}_e) = 0,$$
$$B(\hat{x}_e) = \frac{k}{\pi} \cdot \left[\arcsin\left(\frac{c - c_o + \hat{x}_e}{\hat{x}_e}\right) - \arcsin\left(\frac{c}{\hat{x}_e}\right) - \arcsin\left(\frac{c_o}{\hat{x}_e}\right)\right]$$
$$+\frac{k}{2} + \frac{k \cdot (1 - (c_o - c)/\hat{x}_e) \cdot \sqrt{2 \cdot (c_o - c)/\hat{x}_e - (c_o - c)^2/\hat{x}_e^2}}{\pi}$$
$$-\frac{k \cdot \left[c \cdot \sqrt{1 - c^2/\hat{x}_e^2} + c_o \cdot \sqrt{1 - c_o^2/\hat{x}_e^2}\right]}{\pi \cdot \hat{x}_e} - j \cdot \frac{2 \cdot k \cdot (c_o - c)}{\pi \cdot \hat{x}_e} \cdot \left(1 - \frac{c_o}{\hat{x}_e}\right).$$

---

39) Element mit Hysterese und Sättigung: c, c_o, k, d

$$k = \tan\alpha = \frac{d}{c_o - c/2} = \frac{2 \cdot d}{c_o + c/2}$$
$$d = k \cdot (c_o - c/2)$$

Kennlinienbeschreibung
$x_a = f(x_e)$ für $x_e(t) = x_{e0} + \hat{x}_e \cdot \sin(2\pi t/T)$, $\hat{x}_e > c_o$

Bereich von x_e	Ableitung von x_e	Ausgangsgröße x_a
$x_e < -c_o$		$x_a = -d$
$-c_o < x_e < -c_o + c$	$\dot{x}_e > 0$	$x_a = -d$
$-c_o + c < x_e < c_o$	$\dot{x}_e > 0$	$x_a = k \cdot (x_e - c)$
$c_o < x_e$		$x_a = d$
$c_o - c < x_e < c_o$	$\dot{x}_e < 0$	$x_a = d$
$-c_o < x_e < c_o - c$	$\dot{x}_e < 0$	$x_a = k \cdot (x_e + c)$

Beschreibungsfunktionen:

Eingangssignal mit Offset, $x_e(t) = x_{e0} + \hat{x}_e \cdot \sin(2\pi t/T)$:

$$\begin{aligned}
B_0(\hat{x}_e, x_{e0}) = & -\frac{k \cdot (c - c_o + x_{e0})}{2 \cdot \pi \cdot \hat{x}_e} \cdot \arcsin\left(\frac{c - c_o + x_{e0}}{\hat{x}_e}\right) \\
& + \frac{k \cdot (c - c_o - x_{e0})}{2 \cdot \pi \cdot \hat{x}_e} \cdot \arcsin\left(\frac{c - c_o - x_{e0}}{\hat{x}_e}\right) \\
& - \frac{k \cdot (c_o - x_{e0})}{2 \cdot \pi \cdot \hat{x}_e} \cdot \arcsin\left(\frac{c_o - x_{e0}}{\hat{x}_e}\right) + \frac{k \cdot (c_o + x_{e0})}{2 \cdot \pi \cdot \hat{x}_e} \cdot \arcsin\left(\frac{c_o + x_{e0}}{\hat{x}_e}\right) \\
& - \frac{k \cdot \left[\sqrt{1 - (c - c_o + x_{e0})^2/\hat{x}_e^2} - \sqrt{1 - (c - c_o - x_{e0})^2/\hat{x}_e^2}\right]}{2 \cdot \pi \cdot \hat{x}_e} \\
& - \frac{k \cdot \left[\sqrt{1 - (c_o - x_{e0})^2/\hat{x}_e^2} - \sqrt{1 - (c_o + x_{e0})^2/\hat{x}_e^2}\right]}{2 \cdot \pi \cdot \hat{x}_e},
\end{aligned}$$

$$\begin{aligned}
B(\hat{x}_e, x_{e0}) = & -\frac{k}{2 \cdot \pi} \cdot \left[\arcsin\left(\frac{c - c_o + x_{e0}}{\hat{x}_e}\right) + \arcsin\left(\frac{c - c_o - x_{e0}}{\hat{x}_e}\right)\right] \\
& + \frac{k}{2 \cdot \pi} \cdot \left[\arcsin\left(\frac{c_o - x_{e0}}{\hat{x}_e}\right) + \arcsin\left(\frac{c_o + x_{e0}}{\hat{x}_e}\right)\right] \\
& - \frac{k \cdot (c - c_o + x_{e0}) \cdot \sqrt{1 - (c - c_o + x_{e0})^2/\hat{x}_e^2}}{2 \cdot \pi \cdot \hat{x}_e} \\
& - \frac{k \cdot (c - c_o - x_{e0}) \cdot \sqrt{1 - (c - c_o - x_{e0})^2/\hat{x}_e^2}}{2 \cdot \pi \cdot \hat{x}_e} \\
& + \frac{k \cdot \left[(c_o - x_{e0}) \cdot \sqrt{1 - (c_o - x_{e0})^2/\hat{x}_e^2} + (c_o + x_{e0}) \cdot \sqrt{1 - (c_o + x_{e0})^2/\hat{x}_e^2}\right]}{2 \cdot \pi \cdot \hat{x}_e} \\
& - j \cdot \frac{k \cdot c \cdot (2 \cdot c_o - c)}{\pi \cdot \hat{x}_e^2}.
\end{aligned}$$

Eingangssignal ohne Offset, $x_e(t) = \hat{x}_e \cdot \sin(2\pi t/T)$:

$$B_0(\hat{x}_e) = 0,$$

$$\begin{aligned}
B(\hat{x}_e) = & -\frac{k}{\pi} \cdot \left[\arcsin\left(\frac{c - c_o}{\hat{x}_e}\right) - \arcsin\left(\frac{c_o}{\hat{x}_e}\right)\right] \\
& + \frac{k \cdot \left[c_o \cdot \sqrt{1 - c_o^2/\hat{x}_e^2} - (c - c_o) \cdot \sqrt{1 - (c - c_o)^2/\hat{x}_e^2}\right]}{\pi \cdot \hat{x}_e} - j \cdot \frac{k \cdot c \cdot (2 \cdot c_o - c)}{\pi \cdot \hat{x}_e^2}.
\end{aligned}$$

40) Element mit Hysterese, Sättigung und Totzone: c, c_o, k, d

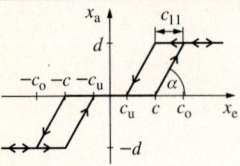

$$k = \tan\alpha = \frac{d}{c_o - c}$$

$$c_{11} = c - c_u,$$

$$c_o = 2 \cdot c - c_u,$$

Kennlinienbeschreibung

$x_a = f(x_e)$ für $x_e(t) = x_{e0} + \hat{x}_e \cdot \sin(2\pi t/T)$, $\hat{x}_e > c_o$

Bereich von x_e	Ableitung von x_e	Ausgangsgröße x_a
$-c < x_e < c_u$	$\dot{x}_e < 0$	$x_a = 0$
$-c_o < x_e < -c$	$\dot{x}_e < 0$	$x_a = k \cdot (x_e + c)$
$x_e < -c_o$		$x_a = -d$
$-c_o < x_e < -c$	$\dot{x}_e > 0$	$x_a = -d$
$-c < x_e < -c_u$	$\dot{x}_e > 0$	$x_a = k \cdot (x_e + c_u)$
$-c_u < x_e < c$	$\dot{x}_e > 0$	$x_a = 0$
$c < x_e < c_o$	$\dot{x}_e > 0$	$x_a = k \cdot (x_e - c)$
$c_o < x_e$		$x_a = d$
$c < x_e < c_o$	$\dot{x}_e < 0$	$x_a = d$
$c_u < x_e < c$	$\dot{x}_e < 0$	$x_a = k \cdot (x_e - c_u)$

Beschreibungsfunktionen:

Eingangssignal mit Offset, $x_e(t) = x_{e0} + \hat{x}_e \cdot \sin(2\pi t/T)$:

$$\begin{aligned}
B_0(\hat{x}_e, x_{e0}) = &-\frac{k \cdot (c_u + x_{e0})}{2 \cdot \pi \cdot \hat{x}_e} \cdot \arcsin\left(\frac{c_u + x_{e0}}{\hat{x}_e}\right) + \frac{k \cdot (c_u - x_{e0})}{2 \cdot \pi \cdot \hat{x}_e} \cdot \arcsin\left(\frac{c_u - x_{e0}}{\hat{x}_e}\right) \\
&+ \frac{k \cdot c - k \cdot c_u - d}{2 \cdot \pi \cdot \hat{x}_e} \cdot \arcsin\left(\frac{c - x_{e0}}{\hat{x}_e}\right) - \frac{k \cdot c - k \cdot c_u - d}{2 \cdot \pi \cdot \hat{x}_e} \cdot \arcsin\left(\frac{c + x_{e0}}{\hat{x}_e}\right) \\
&+ \frac{k \cdot c + k \cdot x_{e0} + d}{2 \cdot \pi \cdot \hat{x}_e} \cdot \arcsin\left(\frac{c_o + x_{e0}}{\hat{x}_e}\right) - \frac{k \cdot c - k \cdot x_{e0} + d}{2 \cdot \pi \cdot \hat{x}_e} \cdot \arcsin\left(\frac{c_o - x_{e0}}{\hat{x}_e}\right) \\
&+ \frac{k \cdot \left[\sqrt{1 - (c_o + x_{e0})^2/\hat{x}_e^2} - \sqrt{1 - (c_o - x_{e0})^2/\hat{x}_e^2}\right]}{2 \cdot \pi} \\
&+ \frac{k \cdot \left[\sqrt{1 - (c_u - x_{e0})^2/\hat{x}_e^2} - \sqrt{1 - (c_u + x_{e0})^2/\hat{x}_e^2}\right]}{2 \cdot \pi},
\end{aligned}$$

$$\begin{aligned}
B(\hat{x}_e, x_{e0}) = &-\frac{k}{2 \cdot \pi} \cdot \left[\arcsin\left(\frac{c_u + x_{e0}}{\hat{x}_e}\right) + \arcsin\left(\frac{c_u - x_{e0}}{\hat{x}_e}\right)\right] \\
&+ \frac{k}{2 \cdot \pi} \cdot \left[\arcsin\left(\frac{c_o + x_{e0}}{\hat{x}_e}\right) + \arcsin\left(\frac{c_o - x_{e0}}{\hat{x}_e}\right)\right] \\
&+ \frac{k \cdot (c_u + x_{e0} + 2 \cdot d/k) \cdot \sqrt{1 - (c_o + x_{e0})^2/\hat{x}_e^2}}{2 \cdot \pi \cdot \hat{x}_e} \\
&+ \frac{k \cdot (c_u - x_{e0} + 2 \cdot d/k) \cdot \sqrt{1 - (c_o - x_{e0})^2/\hat{x}_e^2}}{2 \cdot \pi \cdot \hat{x}_e}
\end{aligned}$$

$$-\frac{k \cdot (c - c_\mathrm{u} - d/k)) \cdot \left[\sqrt{1 - (c - x_\mathrm{e0})^2/\hat{x}_\mathrm{e}^2} + \sqrt{1 - (c + x_\mathrm{e0})^2/\hat{x}_\mathrm{e}^2}\right]}{\pi \cdot \hat{x}_\mathrm{e}}$$

$$-\frac{k \cdot \left[(c_\mathrm{u} - x_\mathrm{e0}) \cdot \sqrt{1 - (c_\mathrm{u} - x_\mathrm{e0})^2/\hat{x}_\mathrm{e}^2} + (c_\mathrm{u} + x_\mathrm{e0}) \cdot \sqrt{1 - (c_\mathrm{u} + x_\mathrm{e0})^2/\hat{x}_\mathrm{e}^2}\right]}{2 \cdot \pi \cdot \hat{x}_\mathrm{e}}$$

$$- j \cdot \frac{2 \cdot (c - c_\mathrm{u}) \cdot d}{\pi \cdot \hat{x}_\mathrm{e}^2}.$$

Eingangssignal ohne Offset, $x_\mathrm{e}(t) = \hat{x}_\mathrm{e} \cdot \sin(2\pi t/T)$:

$$B_0(\hat{x}_\mathrm{e}) = 0,$$

$$B(\hat{x}_\mathrm{e}) = \frac{k}{\pi} \cdot \left[\arcsin\left(\frac{c_\mathrm{o}}{\hat{x}_\mathrm{e}}\right) - \arcsin\left(\frac{c_\mathrm{u}}{\hat{x}_\mathrm{e}}\right)\right]$$

$$+ \frac{(k \cdot c_\mathrm{u} + 2 \cdot d) \cdot \sqrt{1 - c_\mathrm{o}^2/\hat{x}_\mathrm{e}^2} - k \cdot c_\mathrm{u} \cdot \sqrt{1 - c_\mathrm{u}^2/\hat{x}_\mathrm{e}^2}}{\pi \cdot \hat{x}_\mathrm{e}}$$

$$- \frac{2 \cdot (k \cdot c - k \cdot c_\mathrm{u} - d) \cdot \sqrt{1 - c^2/\hat{x}_\mathrm{e}^2}}{\pi \cdot \hat{x}_\mathrm{e}} - j \cdot \frac{2 \cdot (c - c_\mathrm{u}) \cdot d}{\pi \cdot \hat{x}_\mathrm{e}^2}.$$

14.3.5.7 Berechnung der Gleichung der Harmonischen Balance

Mit der Einführung von Beschreibungsfunktionen ist es möglich, das Zeitverhalten von Regelkreisen mit nichtlinearen Elementen für harmonische Signale zu berechnen. Die Untersuchungen haben das Ziel, Existenz und Verhalten von Grenzschwingungen zu bestimmen. Stabile Grenzschwingungen sind häufig ein charakteristischer Bestandteil des Zeitverhaltens von nichtlinearen Regelungen. Zur Berechnung des Sprungantwortverhaltens können Beschreibungsfunktionen nicht eingesetzt werden.

Mit der Beschreibungsfunktion als Ersatzfrequenzgang für nichtlineare Übertragungselemente läßt sich eine charakteristische Gleichung des nichtlinearen Regelkreises angeben.

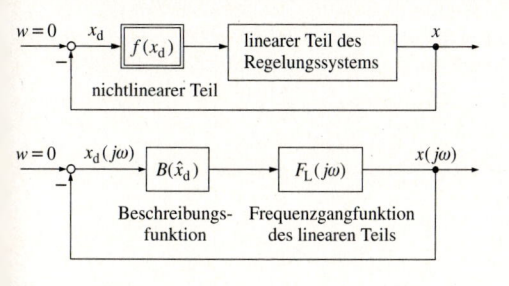

Bild 14.3-17: Ergebnis der harmonischen Linearisierung

Für die Ableitung der **Gleichung der Harmonischen Balance** (Schwingungsgleichgewicht, charakteristische Gleichung des nichtlinearen Regelkreises) wird vorausgesetzt, daß Führungsgröße und Störgrößen konstant sind.

Aus dem Signalflußplan für den harmonisch linearisierten Regelkreis von Bild 14.3-17 wird folgende Gleichung abgeleitet, wobei $F_\mathrm{L}(j\omega)$ die Frequenzgangfunktion des linearen Teils des Regelungssystems ist:

$$\begin{aligned}
x_\mathrm{d}(j\omega) \cdot B(\hat{x}_\mathrm{d}) \cdot F_\mathrm{L}(j\omega) &= x(j\omega), \qquad x_\mathrm{d}(j\omega) = -x(j\omega), \qquad \hat{x}_\mathrm{d} = \hat{x}, \\
-x(j\omega) \cdot B(\hat{x}) \cdot F_\mathrm{L}(j\omega) &= x(j\omega), \\
x(j\omega) \cdot (1 + B(\hat{x}) \cdot F_\mathrm{L}(j\omega)) &= 0.
\end{aligned}$$

Außer für die triviale Lösung $x(j\omega) = 0$, wird die Gleichung für

$$1 + B(\hat{x}) \cdot F_L(j\omega) = 0$$

erfüllt.

> Die komplexe Gleichung
>
> $$B(\hat{x}) \cdot F_L(j\omega) = -1$$
>
> heißt **Gleichung der Harmonischen Balance** (Gleichung des Schwingungsgleichgewichts). Die Lösung der Gleichung besteht aus dem Wertepaar Kreisfrequenz ω_G und Amplitude $\hat{x}_G$ der Grundfrequenz der Grenzschwingung.

Die Lösung der **Gleichung der Harmonischen Balance** kann **analytisch** oder **graphisch** durchgeführt werden. Bei der analytischen Lösung werden aus der komplexen Gleichung zwei reelle Gleichungen gebildet:

$$B(\hat{x}) \cdot F_L(j\omega) = -1 = \mathrm{Re}\{B(\hat{x}) \cdot F_L(j\omega)\} + j \cdot \mathrm{Im}\{B(\hat{x}) \cdot F_L(j\omega)\} = -1,$$
$$\mathrm{Re}\{B(\hat{x}) \cdot F_L(j\omega)\} = -1,$$
$$\mathrm{Im}\{B(\hat{x}) \cdot F_L(j\omega)\} = 0.$$

Bei der Auswertung der Gleichung treten meist mehrere Lösungen auf, dabei werden nur reelle Lösungen mit $\omega_G > 0, \hat{x}_G > 0$ weiter untersucht. Für das graphische Zweiortskurvenverfahren wird die Gleichung der Harmonischen Balance umgeformt:

$$F_L(j\omega) = -1/B(\hat{x}).$$

Die Schnittpunkte der Ortskurve für $F_L(j\omega)$ mit der negativ inversen Ortskurve $-1/B(\hat{x})$ werden bei diesem Verfahren bestimmt, damit erhält man Kreisfrequenz ω_G und Amplitude $\hat{x}_G$ der Grenzschwingung. Die Schnittpunkte sind die Lösungen der Gleichung der Harmonischen Balance.

Beispiel 14.3-15:   Für einen Regelkreis mit Dreipunkt-Element und Regelstrecke dritter Ordnung sind Dauerschwingungen analytisch und graphisch zu bestimmen. Zur übersichtlichen Darstellung werden die nichtlineare Kennlinie $f(x_d)$ und der linearer Teil der Regelung $F_L(j\omega)$ in einen Signalflußplan gezeichnet.

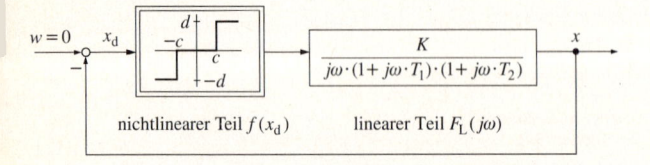

nichtlinearer Teil $f(x_d)$ linearer Teil $F_L(j\omega)$

Die Beschreibungsfunktion des Dreipunkt-Elements nach Tabelle 14.3-5 ist:

$$B(\hat{x}_d) = \frac{4 \cdot d \cdot \sqrt{1 - c^2/\hat{x}_d^2}}{\pi \cdot \hat{x}_d} = \frac{4 \cdot d \cdot \sqrt{\hat{x}_d^2 - c^2}}{\pi \cdot \hat{x}_d^2}.$$

Damit erhält man den Signalflußplan für den linearisierten Regelkreis.

14.3 Verfahren der Linearisierung

Aus der Gleichung der Harmonischen Balance

$$x_\mathrm{d}(j\omega) \cdot B(\hat{x}_\mathrm{d}) \cdot F_\mathrm{L}(j\omega) = x(j\omega), \qquad x_\mathrm{d}(j\omega) = -x(j\omega), \qquad \hat{x}_\mathrm{d} = \hat{x},$$

$$B(\hat{x}) \cdot F_\mathrm{L}(j\omega) = \frac{4 \cdot d \cdot \sqrt{\hat{x}^2 - c^2}}{\pi \cdot \hat{x}^2} \cdot \frac{K}{j\omega \cdot (1 + j\omega \cdot T_1) \cdot (1 + j\omega \cdot T_2)} = -1$$

folgen die Gleichungen für Imaginär- und Realteil. Die Gleichung für den Imaginärteil

$$\mathrm{Im}\{B(\hat{x}) \cdot F_\mathrm{L}(j\omega)\} = 0,$$

$$\mathrm{Im}\{B(\hat{x}) \cdot F_\mathrm{L}(j\omega)\} = \mathrm{Im}\left\{ \frac{4 \cdot d \cdot \sqrt{\hat{x}^2 - c^2}}{\pi \cdot \hat{x}^2} \cdot \frac{K}{j\omega \cdot (1 + j\omega \cdot T_1) \cdot (1 + j\omega \cdot T_2)} \right\}$$

$$= \frac{4 \cdot K \cdot d \cdot \sqrt{\hat{x}^2 - c^2} \cdot (T_1 \cdot T_2 \cdot \omega^2 - 1)}{\pi \cdot \omega \cdot \hat{x}^2 \cdot (T_1^2 \cdot \omega^2 + 1) \cdot (T_2^2 \cdot \omega^2 + 1)} = 0$$

liefert die Kreisfrequenz der Grenzschwingung:

$$\omega_\mathrm{G} = \frac{1}{\sqrt{T_1 \cdot T_2}}.$$

In die Gleichung für den Realteil wird für ω der Wert von ω_G eingesetzt, damit ergibt sich die Gleichung für die Amplitude $\hat{x}_\mathrm{G}$ der Grenzschwingung:

$$\mathrm{Re}\{B(\hat{x}) \cdot F_\mathrm{L}(j\omega)\} = -1,$$

$$\mathrm{Re}\{B(\hat{x}) \cdot F_\mathrm{L}(j\omega)\} = \mathrm{Re}\left\{ \frac{4 \cdot d \cdot \sqrt{\hat{x}^2 - c^2}}{\pi \cdot \hat{x}^2} \cdot \frac{K}{j\omega \cdot (1 + j\omega \cdot T_1) \cdot (1 + j\omega \cdot T_2)} \right\}$$

$$= \frac{4 \cdot K \cdot d \cdot \sqrt{\hat{x}^2 - c^2} \cdot (T_1 + T_2)}{\pi \cdot \hat{x}^2 \cdot (T_1^2 \cdot \omega^2 + 1) \cdot (T_2^2 \cdot \omega^2 + 1)}$$

$$= \frac{4 \cdot K \cdot d \cdot T_1 \cdot T_2 \cdot \sqrt{\hat{x}^2 - c^2}}{\pi \cdot \hat{x}^2 \cdot (T_1 + T_2)} = \frac{K_1 \cdot \sqrt{\hat{x}^2 - c^2}}{\hat{x}^2} = -1.$$

Die Konstanten werden in K_1 zusammengefaßt, für $\hat{x}$ sind vier Lösungen möglich

$$\hat{x}_{\mathrm{G}1,2,3,4} = \pm \frac{\sqrt{K_1}}{2} \cdot \left(\sqrt{K_1 + 2 \cdot c} \pm \sqrt{K_1 - 2 \cdot c} \right),$$

von denen zwei für $K_1 > 2 \cdot c$ positive Werte ergeben:

$$\hat{x}_{\mathrm{G}1,2} = \frac{\sqrt{K_1}}{2} \cdot \left(\sqrt{K_1 + 2 \cdot c} \pm \sqrt{K_1 - 2 \cdot c} \right).$$

Für $K_1 < 2 \cdot c$ existieren keine Grenzschwingungen, da die Werte von $\hat{x}_\mathrm{G}$ konjugiert komplex sind, für $K_1 > 2 \cdot c$ treten zwei Schwingungsamplituden $\hat{x}_{\mathrm{G}1,2}$ auf. Der kritische Wert K_krit für die Verstärkung K, bei dem eine Grenzschwingung eintritt, ist

$$K_1 - 2 \cdot c = 0,$$

$$K_1 = \frac{4 \cdot K \cdot d \cdot T_1 \cdot T_2}{\pi \cdot (T_1 + T_2)} = 2 \cdot c, \qquad K_\mathrm{krit} = \frac{c \cdot \pi \cdot (T_1 + T_2)}{2 \cdot d \cdot T_1 \cdot T_2}.$$

Mit den Werten $T_1 = T_2 = 1$ s, $c = 0.25$, $d = 1$, wird

$$K_\mathrm{krit} = \pi \cdot c = 0.785.$$

Für die Werte $K = 0.5, K = K_\mathrm{krit} = 0.785, K = 1.0$, berechnen sich folgende Amplitudenwerte $\hat{x}$ der Grenzschwingung:

$$K = 0.5: \hat{x}_{\mathrm{G}1,2} = 0.255 \pm j \cdot 0.120,$$

$\hat{x}_{G1,2}$ ist komplex, es tritt keine Grenzschwingung auf,

$$K = K_{\text{krit}} = 0.785: \quad \hat{x}_{G1,2} = \sqrt{2}/4 = 0.354, \quad \omega_G = 1\ \text{s}^{-1},$$
$$K = 1.0: \quad \hat{x}_{G1} = 0.573, \quad \hat{x}_{G2} = 0.278, \quad \omega_G = 1\ \text{s}^{-1}.$$

Treten zwei Amplitudenwerte auf, so stellt sich der größere Wert ein, bei $K = 1.0$ ist das $\hat{x}_{G1} = 0.573$.

Ausgangspunkt für das **graphische Zweiortskurvenverfahren** ist die Gleichung der Harmonischen Balance

$$B(\hat{x}) \cdot F_L(j\omega) = -1.$$

Durch Umformung entsteht im linken Teil der Gleichung die Frequenzgangfunktion $F_L(j\omega)$ des linearen Teils des Regelungssystems, auf der rechten Seite steht die negativ inverse Beschreibungsfunktion $-1/B(\hat{x})$:

$$F_L(j\omega) = -1/B(\hat{x}).$$

Es werden die Ortskurven für $F_L(j\omega)$ und $-1/B(\hat{x})$ berechnet, treten Schnittpunkte auf, dann können Amplitude und Kreisfrequenz von zugehörigen Grenzschwingungen ermittelt werden. Zur Darstellung der negativ inversen Ortskurve wird das Maximum von $-1/B(\hat{x})$ durch Differentiation und Nullsetzen berechnet:

$$B(\hat{x}) = \frac{4 \cdot d \cdot \sqrt{\hat{x}^2 - c^2}}{\pi \cdot \hat{x}^2}, \quad -1/B(\hat{x}) = \frac{-\pi \cdot \hat{x}^2}{4 \cdot d \cdot \sqrt{\hat{x}^2 - c^2}}$$

$$\frac{d}{d\hat{x}}\left[-1/B(\hat{x})\right] = \frac{\pi \cdot \hat{x} \cdot (2 \cdot c^2 - \hat{x}^2)}{4 \cdot d \cdot \sqrt{(\hat{x}^2 - c^2)^3}} = 0 \quad \text{für } \hat{x} = \sqrt{2} \cdot c,$$

$$\left[-1/B(\hat{x})\right]_{\text{max}} = -\frac{\pi \cdot c}{2 \cdot d} = -0.393.$$

In Bild 14.3-18 sind die Ortskurven von $F_L(j\omega)$ für die Werte $K = 0.5$, $K = K_{\text{krit}} = 0.785$, $K = 1.0$, dargestellt. Die Ergebnisse stimmen mit denen des analytischen Verfahrens überein: Für $K = 0.5$ existiert kein Schnittpunkt mit der negativ inversen Beschreibungsfunktion, für $K = K_{\text{krit}} = 0.785$ gibt es einen Schnittpunkt (Berührungspunkt), für $K = 1.0$ zwei Schnittpunkte.

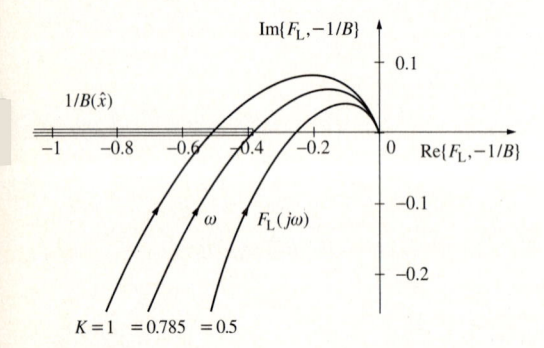

Bild 14.3-18: Zweiortskurvenverfahren zur Bestimmung von Grenzschwingungen

Die analytisch ermittelten Werte werden mit dem Simulink-Modell nach Bild 14.3-19 überprüft. Die Simulationsergebnisse sind den Werten, die mit der Gleichung der Harmonischen Balance berechnet wurden, in Tabelle 14.3-6 gegenübergestellt. Im Bereich der Verstärkung K_{krit} ist die Genauigkeit des Verfahrens der harmonischen Linearisierung geringer als im Bereich größerer Verstärkung mit $K = 1$.

Bei Systemen höherer Ordnung können mehrere Schnittpunkte der Frequenzgangfunktion $F_L(j\omega)$ des linearen Teils des Regelungssystems mit der negativ inversen Beschreibungsfunktion $-1/B(\hat{x})$ ermittelt werden. Für Schnittpunkte mit reellen Beschreibungsfunktionen muß die Pol-Nullstellendifferenz mindestens

14.3 Verfahren der Linearisierung

Regelkreis mit Dreipunkt-Regler und Totzone

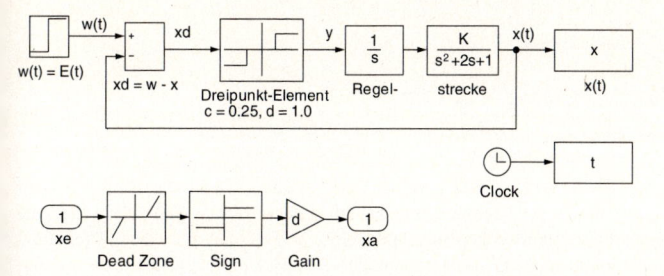

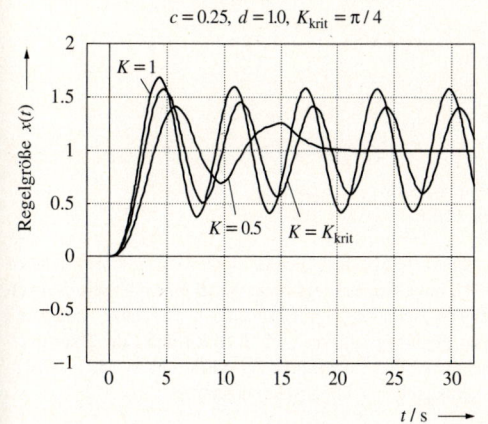

Bild 14.3-19: Signalverläufe der Grenzschwingung (Simulink-Modell)

Tabelle 14.3-6: Vergleich der Berechnungsergebnisse Gleichung der Harmonischen Balance, Simulation

Kenngröße der Grenzschwingung	Berechnung mit der Gleichung der Harmonischen Balance	Ergebnisse der Simulation (exakt)
Verstärkung des Regelkreises $K = K_{krit} = 0.785$		
Kreisfrequenz	$\omega_G = 1\ \mathrm{s}^{-1}$	$\omega_G = 1.013\ \mathrm{s}^{-1}$
Periodendauer	$T_G = 2 \cdot \pi\ \mathrm{s} = 6.28\ \mathrm{s}$	$T_G = 6.365\ \mathrm{s}$
Amplitude	$\hat{x}_G = 0.354$	$\hat{x}_G = 0.4$
Verstärkung des Regelkreises $K = 1.0$		
Kreisfrequenz	$\omega_G = 1\ \mathrm{s}^{-1}$	$\omega_G = 1.006\ \mathrm{s}^{-1}$
Periodendauer	$T_G = 2 \cdot \pi\ \mathrm{s} = 6.28\ \mathrm{s}$	$T_G = 6.32\ \mathrm{s}$
Amplitude	$\hat{x}_G = 0.573$	$\hat{x}_G = 0.578$

$n - m = 7$ sein, bei komplexen Beschreibungsfunktionen $n - m = 6$. Die maximal auftretende Phasenverschiebung ist $\varphi_{\max} = -(n - m) \cdot 90°$.

Beispiel 14.3-16:   Für einen Regelkreis mit

$$F_L(j\omega) = \frac{K}{j\omega \cdot (1 + j\omega \cdot T_1)^6}, \qquad n - m = 7,$$

ist die maximale Phasenverschiebung

$$\varphi_{\max} = -630°.$$

Die Ortskurve der Frequenzgangfunktion hat zwei Schnittpunkte mit der negativen reellen Achse. Liegt die negativ inverse Beschreibungsfunktion auf der negativen reellen Achse, wie beispielsweise beim Dreipunkt-Element, so können zwei Schnittpunkte mit $-1/B(\hat{x})$ auftreten. Für reelle Beschreibungsfunktionen vereinfacht sich die Gleichung für den Imaginärteil zu

$$\operatorname{Im}\{B(\hat{x}) \cdot F_L(j\omega)\} = \operatorname{Im}\{F_L(j\omega)\} = 0,$$

$$\operatorname{Im}\{B(\hat{x}) \cdot F_L(j\omega)\} = \operatorname{Im}\left\{\frac{K}{j\omega \cdot (1 + j\omega \cdot T_1)^6}\right\} = 0.$$

Es werden folgende positive Kreisfrequenzen berechnet:

- Erster Schnittpunkt mit der negativen reellen Achse für

  $$\omega_{G1} = (2 - \sqrt{3})/T_1 = 0.268/T_1,$$

  Schnittpunkt mit der positiven reellen Achse, $\omega_2 = 1/T_1$,
- zweiter Schnittpunkt mit der negativen reellen Achse,

  $$\omega_{G3} = (2 + \sqrt{3})/T_1 = 3.73/T_1.$$

Der zweite Schnittpunkt liefert nur für unrealistisch hohe Verstärkungswerte von K einen Amplitudenwert $\hat{x}_{G3}$ der Kreisfrequenz ω_{G3}. Real- und Imaginärteil von Frequenzgangfunktionen hoher Ordnung werden mit wachsender Kreisfrequenz ω schnell zu Null. Bei Regelungssystemen mit Totzeit wächst die Phasenverschiebung mit der Kreisfrequenz ω, eine Begrenzung der Phasenverschiebung existiert nicht. Mit wachsendem ω werden beliebig viele Schnittpunkte mit der negativen reellen Achse erzeugt.

Beispiel 14.3-17:   Für einen Regelkreis mit Dreipunkt-Element und einer Regelstrecke mit Totzeit sind Dauerschwingungen analytisch zu bestimmen.

Frequenzgangfunktion des linearen Teils des Regelungssystems:

$$F_L(j\omega) = \frac{K \cdot e^{-j\omega \cdot T_t}}{j\omega \cdot (1 + j\omega \cdot T_1)}, \qquad K = 4.0, \quad T_1 = 0.1 \text{ s}, \quad T_t = 1 \text{ s}.$$

Beschreibungsfunktion des Dreipunkt-Elements nach Tabelle 14.3-5:

$$B(\hat{x}_d) = \frac{4 \cdot d \cdot \sqrt{\hat{x}_d^2 - c^2}}{\pi \cdot \hat{x}_d^2}, \qquad c = 0.25, \quad d = 1, \quad \hat{x} = \hat{x}_d.$$

Aus der Gleichung der Harmonischen Balance für den Imaginärteil werden Kreisfrequenzen ω_i bestimmt:

$$\operatorname{Im}\{B(\hat{x}) \cdot F_L(j\omega)\} = \operatorname{Im}\{F_L(j\omega)\} = 0,$$

$$\text{Im}\{F_L(j\omega)\} = \text{Im}\left\{\frac{K \cdot e^{-j\omega \cdot T_t}}{j\omega \cdot (1 + j\omega \cdot T_1)}\right\} = \frac{-K \cdot \cos(\arctan(\omega \cdot T_1) + \omega \cdot T_t)}{\omega \cdot \sqrt{1 + \omega^2 \cdot T_1^2}} = 0.$$

Positive Kreisfrequenzen, die die Gleichung erfüllen, sind:

$$\arctan(\omega \cdot T_1) + \omega \cdot T_t = (i - 1/2) \cdot \pi, \quad i = 1, 2, 3, \ldots$$

$$\omega_{G1} = 1.429 \text{ s}^{-1}, \qquad \omega_{G3} = 7.228 \text{ s}^{-1},$$

liefern Schnittpunkte mit der negativen reellen Achse,

$$\omega_2 = 4.306 \text{ s}^{-1}, \qquad \omega_4 = 10.200 \text{ s}^{-1},$$

Schnittpunkte mit der positiven reellen Achse. In Bild 14.3-20 sind die Ortskurven $F_L(j\omega)$ und $-1/B(\hat{x})$ aufgetragen.

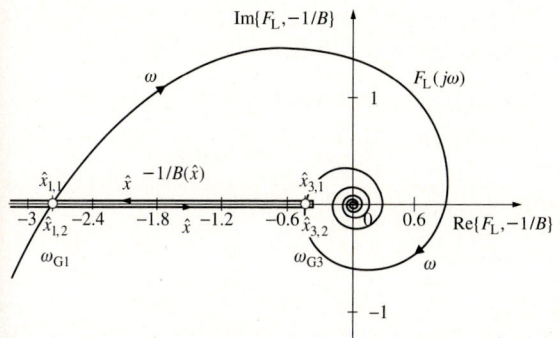

Bild 14.3-20: Bestimmung von mehreren Schnittpunkten mit dem Zweiortskurvenverfahren

In die Gleichung für den Realteil werden die Werte von $\omega_{G1,3}$ eingesetzt, die Lösung der Gleichung liefert die Amplitudenwerte $\hat{x}$ von möglichen Grenzschwingungen:

$$\text{Re}\{B(\hat{x}) \cdot F_L(j\omega)\} = -1,$$

$$\text{Re}\{B(\hat{x}) \cdot F_L(j\omega)\} = \text{Re}\left\{\frac{4 \cdot d \cdot \sqrt{\hat{x}^2 - c^2}}{\pi \cdot \hat{x}^2} \cdot \frac{K \cdot e^{-j\omega \cdot T_t}}{j\omega \cdot (1 + j\omega \cdot T_1)}\right\} = -1,$$

$$\omega_{G1} = 1.429 \text{ s}^{-1}: \hat{x}_{1,1} = 3.520, \quad \hat{x}_{1,2} = 0.251,$$

$$\omega_{G3} = 7.228 \text{ s}^{-1}: \hat{x}_{3,1} = 0.492, \quad \hat{x}_{3,2} = 0.290.$$

Bei der Simulation stellt sich auch hier der größte Amplitudenwert $\hat{x}_{G1,1}$ ein (siehe auch Abschnitt 14.3.5.8, Beispiel 14.3-19).

In den Bildern 14.3-21, 14.3-22, 14.3-23 sind das Simulationsmodell und für eine verringerte Verstärkung $K = 0.5$ die Sprungantwort $x(t)$ und die zugehörige Darstellung in der Zustandsebene $x = f(dx/dt)$ angegeben.

Bei den bisher untersuchten Regelungssystemen hatte bei Sprungaufschaltung der Führungsgröße $w(t)$ die Eingangsgröße des nichtlinearen Elements, die Regeldifferenz $x_d(t)$, keinen bleibenden Mittelwert x_{d0}. Die Regeldifferenz schwankte im eingeschwungenen Zustand um den Wert Null. Dieses Verhalten kennzeichnet Regelungssysteme mit Integral-Element.

Bei stabilen proportionalen Regelkreisen tritt eine bleibende Regeldifferenz $x_d(t \to \infty) \neq 0$ bei Sprungaufschaltung auf, bei nichtlinearen Regelkreisen mit Grenzschwingungen ist der Mittelwert der Regeldifferenz

14 Nichtlineare Regelungen

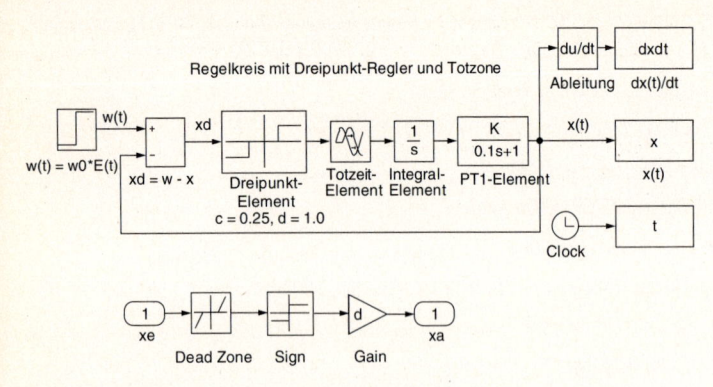

Bild 14.3-21: Simulationsmodell für den Regelkreis mit Totzeit (Simulink-Modell)

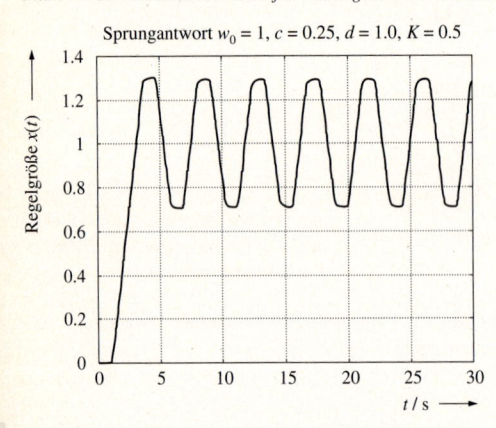

Bild 14.3-22: Signalverläufe der Grenzschwingung bei Sprungaufschaltung ($K = 0.5$, $\omega_{G1} = 1.429\ \text{s}^{-1}$)

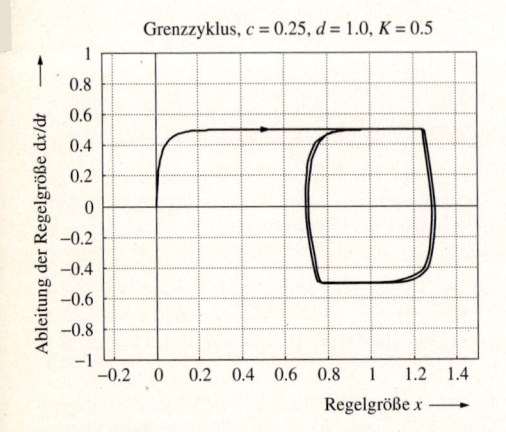

Bild 14.3-23: Grenzzyklus der Regelgröße $x = f(\mathrm{d}x/\mathrm{d}t)$ bei Sprungaufschaltung ($K = 0.5$, $\omega_{G1} = 1.429\ \text{s}^{-1}$)

14.3 Verfahren der Linearisierung

x_{d0} ungleich Null. Die Amplitude $\hat{x}$, $\hat{x}_d$ der Grenzschwingung hängt nun zusätzlich noch von dem Mittelwert x_{d0} der Regeldifferenz ab. Im folgenden Beispiel werden zur Berechnung der Kenngrößen ω_G, $\hat{x}_d = \hat{x}$, x_{d0} der Harmonischen Balance drei Gleichungen ausgewertet.

Beispiel 14.3-18: Für einen Regelkreis mit Zweipunkt-Element mit unsymmetrischer Kennlinie und Verzögerungselement dritter Ordnung werden Kreisfrequenz ω_G, Amplitudenwert $\hat{x}$, $\hat{x}_d$ der Grenzschwingung und die mittlere bleibende Regeldifferenz x_{d0} bestimmt. Dazu werden drei nichtlineare Gleichungen gelöst. Für das Zweipunkt-Element

erhält man mit den Beschreibungsfunktionen für das allgemeine Zweipunkt-Element nach Beispiel 14.3-7

$$B_0(\hat{x}_e, x_{e0}) = \frac{a_0}{\hat{x}_e} = \frac{d_2 - d_1}{2 \cdot \hat{x}_e} + \frac{d_1 + d_2}{\pi \cdot \hat{x}_e} \cdot \arcsin\left(\frac{x_{e0} - c}{\hat{x}_e}\right),$$

$$B(\hat{x}_e, x_{e0}) = \frac{b_1}{\hat{x}_e} = \frac{2 \cdot (d_1 + d_2) \cdot \sqrt{1 - (c - x_{e0})^2/\hat{x}_e^2}}{\pi \cdot \hat{x}_e},$$

mit $d_2 = d$, $d_1 = 0$, $x_{d0} = x_{e0}$, $\hat{x} = \hat{x}_d = \hat{x}_e$ die Beschreibungsfunktionen für das vorliegende Beispiel:

$$B_0(\hat{x}_d, x_{d0}) = \frac{d}{2 \cdot \hat{x}_d} + \frac{d}{\pi \cdot \hat{x}_d} \cdot \arcsin\left(\frac{x_{d0} - c}{\hat{x}_d}\right),$$

$$B(\hat{x}_d, x_{d0}) = \frac{2 \cdot d \cdot \sqrt{1 - (c - x_{d0})^2/\hat{x}_d^2}}{\pi \cdot \hat{x}_d}, \qquad c = 0.25, \quad d = 1.$$

Für den Regelkreis werden für die Berechnung von Grenzschwingung und Gleichanteil Signalflußpläne angegeben.

$$F_L(j\omega) = \frac{K}{(1 + j\omega \cdot T_1)^3}, \qquad K = 2, \quad T_1 = 1 \text{ s}, \quad w(t) = w_0 \cdot E(t).$$

Bild 14.3-24: Signalflußplan für die Untersuchung der Grenzschwingung ω_G, $\hat{x}_d = \hat{x}$

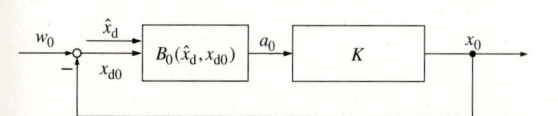

Bild 14.3-25: Signalflußplan für die Untersuchung des Gleichsignals x_{d0}

Da die Grenzschwingungen von Regeldifferenz $x_d(t)$ und Regelgröße $x(t)$ bis auf das Vorzeichen gleich sind, gilt

$$B_0(\hat{x}_d, x_{d0}) = B_0(\hat{x}, x_{d0}), \qquad B(\hat{x}_d, x_{d0}) = B(\hat{x}, x_{d0}).$$

Für das Gleichsignal x_{d0} werden die Gleichungen

$$x_{d0} = w_0 - x_0,$$
$$a_0 = B_0(\hat{x}_d, x_{d0}) \cdot \hat{x}_d,$$
$$x_0 = K \cdot a_0 = K \cdot B_0(\hat{x}_d, x_{d0}) \cdot \hat{x}_d,$$
$$x_{d0} = w_0 - x_0 = w_0 - K \cdot B_0(\hat{x}_d, x_{d0}) \cdot \hat{x}_d,$$
$$x_{d0} = w_0 - K \cdot B_0(\hat{x}_d, x_{d0}) \cdot \hat{x}_d,$$

aufgestellt. Für die Berechnung der Grenzschwingung wird zuerst der Imaginärteil Null gesetzt:

$$\text{Im}\{B(\hat{x}_d, x_{d0}) \cdot F_L(j\omega)\} = \text{Im}\{F_L(j\omega)\} = \text{Im}\left\{\frac{K}{(1 + j\omega \cdot T_1)^3}\right\} = 0,$$

hat die Lösung

$$\omega_G = \frac{\sqrt{3}}{T_1} = 1.732 \text{ s}^{-1}.$$

Mit $\omega = \omega_G$ eingesetzt, wird die Gleichung für den Realteil aufgestellt:

$$\text{Re}\{B(\hat{x}_d, x_{d0}) \cdot F_L(j\omega)\} = \text{Re}\left\{\frac{2 \cdot d \cdot \sqrt{1 - (c - x_{d0})^2/\hat{x}_d^2}}{\pi \cdot \hat{x}_d} \cdot \frac{K}{(1 + j\omega \cdot T_1)^3}\right\} = -1$$

liefert

$$\frac{2 \cdot d \cdot \sqrt{(1 - (c - x_{d0})^2/\hat{x}_d^2}}{\pi \cdot \hat{x}_d} \cdot \frac{K}{-8} = -1,$$

$$\hat{x}_{d1,2} = \frac{\sqrt{K \cdot d} \cdot \left[\sqrt{K \cdot d + 8 \cdot \pi \cdot (c - x_{d0})} \pm \sqrt{K \cdot d - 8 \cdot \pi \cdot (c - x_{d0})}\right]}{8 \cdot \pi}.$$

Für $c = 0.25, d = 1, K = 2$ ist

$$\hat{x}_{d1,2} = \hat{x}_{1,2} = \frac{\sqrt{1 + \pi - 4 \cdot \pi \cdot x_{d0}} \pm \sqrt{1 - \pi + 4 \cdot \pi \cdot x_{d0}}}{4 \cdot \pi}.$$

Der größere Wert $\hat{x}_{d1} = \hat{x}_1$ ist die Amplitude einer stabilen Grenzschwingung und wird in die Gleichung

$$x_{d0} = w_0 - K \cdot B_0(\hat{x}_d, x_{d0}) \cdot \hat{x}_d,$$
$$x_{d0} = w_0 - K \cdot \left[\frac{d}{2 \cdot \hat{x}_d} + \frac{d}{\pi \cdot \hat{x}_d} \cdot \arcsin\left(\frac{x_{d0} - c}{\hat{x}_d}\right)\right] \cdot \hat{x}_d,$$

für $\hat{x}_d$ eingesetzt:

$$x_{d0} = w_0 - \frac{K \cdot d}{2} - \frac{K \cdot d}{\pi} \cdot \arcsin\left[\frac{4 \cdot \pi \cdot (x_{d0} - c)}{\sqrt{1 + \pi - 4 \cdot \pi \cdot x_{d0}} + \sqrt{1 - \pi + 4 \cdot \pi \cdot x_{d0}}}\right].$$

Die Lösung der nichtlinearen Gleichung für $K = 2, c = 0.25, d = 1$ ist die mittlere bleibende Regeldifferenz x_{d0}, für den Einheitssprung mit $w_0 = 1$ ist

$$x_{d0} = 0.2027, \qquad x_0 = w_0 - x_{d0} = 0.7973.$$

x_{d0} eingesetzt, erhält man die Amplitude der Grenzschwingung

$$\hat{x}_d = \hat{x} = \frac{\sqrt{1 + \pi - 4 \cdot \pi \cdot x_{d0}} + \sqrt{1 - \pi + 4 \cdot \pi \cdot x_{d0}}}{4 \cdot \pi} = 0.1512.$$

In Bild 14.3-26, 14.3-27 sind Simulationsmodell und Sprungantwort mit $x(t)$ und $x_d(t)$ aufgezeichnet, die berechneten Werte stimmen mit denen der Simulation gut überein Tabelle 14.3-7.

14.3 Verfahren der Linearisierung   791

Tabelle 14.3-7: Vergleich der Berechnungsergebnisse Gleichung der Harmonischen Balance, Simulation

Kenngröße der Grenzschwingung	Berechnung mit der Gleichung der Harmonischen Balance	Ergebnisse der Simulation (exakt)
Kreisfrequenz	$\omega_G = 1.732\ \text{s}^{-1}$	$\omega_G = 1.690\ \text{s}^{-1}$
Periodendauer	$T_G = 3.626\ \text{s}$	$T_G = 3.717\ \text{s}$
Amplitude	$\hat{x}_d = \hat{x} = 0.1512$	$\hat{x}_d = \hat{x} = 0.16$
mittlere bleibende Regeldifferenz	$x_{d0} = 0.2027$	$x_{d0} = 0.21$
mittlere Regelgröße	$x_0 = 0.7973$	$x_0 = 0.79$

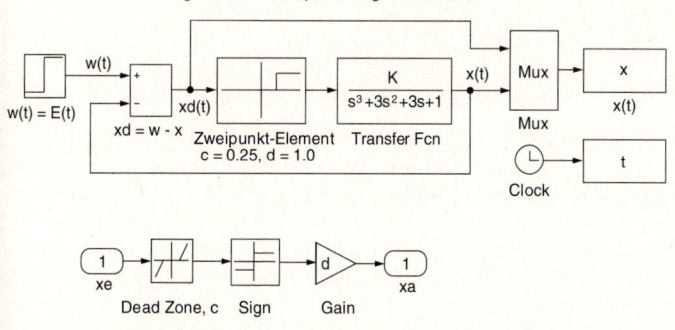

Bild 14.3-26: Simulationsmodell für den Regelkreis mit Zweipunkt-Element

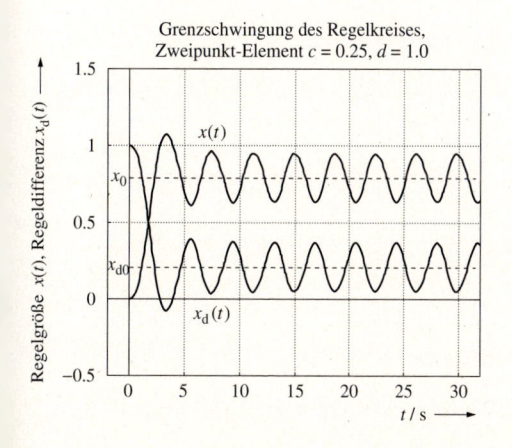

Bild 14.3-27: Sprungantwortverhalten des Regelungssystems

14.3.5.8 Stabilität von Grenzschwingungen

Bei der graphischen oder analytischen Auswertung der Gleichung der Harmonischen Balance können mehrere Lösungen auftreten. Jeder Schnittpunkt beim Zweiortskurvenverfahren, beziehungsweise jede analytische Lösung der Gleichung der Harmonischen Balance mit $\hat{x}_G > 0$, $\omega_G > 0$ entspricht einer möglichen Grenzschwingung. Grenzschwingungen, deren Amplitude und Kreisfrequenz konstant sind, heißen stabile Grenzschwingungen.

Die Stabilität von Grenzschwingungen kann beispielsweise mit dem NYQUIST-Kriterium beurteilt werden. Bei linearen Regelungssystemen bestimmt das vereinfachte NYQUIST-Kriterium (Abschnitt 6.3.4.2) die Stabilität des geschlossenen Regelkreises aus der Ortskurve der Frequenzgangfunktion

$$F_{RS}(j\omega) = F_R(j\omega) \cdot F_S(j\omega)$$

des offenen Regelkreises.

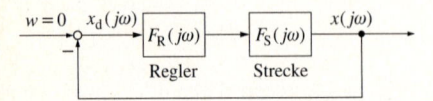

Die Stabilitätsgrenze wird erreicht, wenn die Bedingung

$$F_R(j\omega_{krit}) \cdot F_S(j\omega_{krit}) = F_{RS}(j\omega_{krit}) = -1$$

erfüllt ist, dann können aufgrund von Störungen Schwingungen entstehen. Für Verstärkungswerte in der Nähe der kritischen Verstärkung $K_{RS\,krit}$ gilt (Bild 14.3-28):

$K_{RS} < K_{RS\,krit}$:

Die Schwingungsamplitude $\hat{x}$ wird ständig kleiner, die Schwingungen klingen ab.

$K_{RS} = K_{RS\,krit}$:

Es entstehen Schwingungen mit konstanter Amplitude $\hat{x}$.

$K_{RS} > K_{RS\,krit}$:

Die Schwingungsamplitude $\hat{x}$ wird ständig größer, die Schwingungen klingen auf.

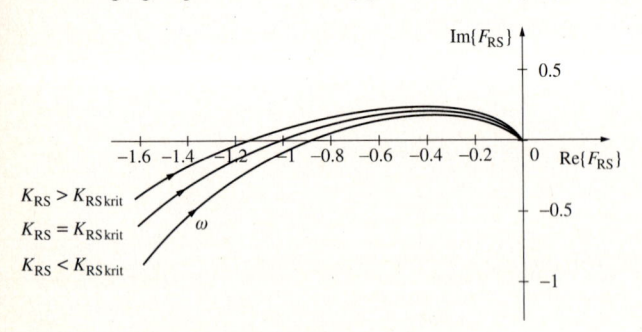

Bild 14.3-28: Ortskurven in Abhängigkeit der Verstärkung K_{RS}

Entsprechend zum NYQUIST-Kriterium wird bei nichtlinearen Regelkreisen die Gleichung

$$F_L(j\omega) \cdot B(\hat{x}_d) = -1$$

aufgestellt und in der Form

$$F_L(j\omega) = -1/B(\hat{x}_d)$$

untersucht. Dabei werden die Ortskurvenschnittpunkte von $F_L(j\omega)$ mit $-1/B(\hat{x}_d)$ bestimmt oder die Gleichung der Harmonischen Balance gelöst.

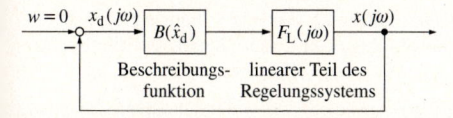

```
w=0   x_d(jω)                        x(jω)
  ─○─→─┤ B(x̂_d) ├──→──┤ F_L(jω) ├──→──●
       Beschreibungs-    linearer Teil des
       funktion          Regelungssystems
```

Jeder Schnittpunkt repräsentiert eine Grenzschwingung. Durch Einsetzen der Werte $\omega_G, \hat{x}_G = \hat{x}_{dG}$ erhält man einen Schnittpunkt der Ortskurve:

$$F_L(j\omega_G) = -1/B(\hat{x}_G) = -1/K_G.$$

$-1/K_G$ ist im allgemeinen komplex und stellt die Schnittpunktkoordinaten dar, bei reellen Beschreibungsfunktionen liegt der Schnittpunkt auf der reellen Achse. Zur Stabilitätsuntersuchung wird die Amplitude $\hat{x}_G$ um kleine Werte variiert.

Die Amplitude der Schwingung wird durch eine Störung um einen kleinen Wert $\Delta \hat{x}$ vergrößert:

$$-1/B(\hat{x}_G + \Delta \hat{x}) = -1/K_{G+}$$

Liegt der neue Wert $-1/K_{G+}$ links von der Ortskurve (außerhalb), dann wird er nicht mehr von der Ortskurve $F_L(j\omega)$ umschlungen (Bild 14.3-29). Nach dem NYQUIST-Kriterium ist der geschlossene Regelkreis stabil, die Schwingung klingt ab, die Amplitude $\hat{x}_G + \Delta \hat{x}$ verkleinert sich auf den ursprünglichen Wert $\hat{x}_G$.

Die Amplitude der Schwingung wird um einen kleinen Wert $\Delta \hat{x}$ verkleinert:

$$-1/B(\hat{x}_G - \Delta \hat{x}) = -1/K_{G-}.$$

Wird der neue Wert $-1/K_{G-}$ von der Ortskurve umschlungen, dann liegt er innerhalb der Ortskurve. Nach dem NYQUIST-Kriterium ist der geschlossene Regelkreis instabil, die Schwingung klingt auf, die Amplitude $\hat{x}_G - \Delta \hat{x}$ vergrößert sich auf den ursprünglichen Wert $\hat{x}_G$.

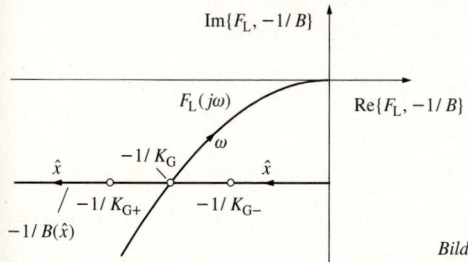

Bild 14.3-29: Zweiortskurvenverfahren (stabile Grenzschwingung)

Wenn sich nach kleinen Auslenkungen die Amplitude der Grenzschwingung wieder auf ihre ursprüngliche Amplitude einstellt, ist die Grenzschwingung stabil. Damit läßt sich das Stabilitätskriterium für stabile Grenzschwingungen angeben.

14 Nichtlineare Regelungen

Stabilitätskriterium für stabile Grenzschwingungen:
Eine Grenzschwingung mit der Kreisfrequenz ω_G und der Amplitude $\hat{x}_G$ ist stabil, wenn bei einer Vergrößerung der Amplitude um $+\Delta\hat{x}$ der neue Wert der negativ inversen Beschreibungsfunktion von der Ortskurve der Frequenzgangfunktion $F_L(j\omega)$ nicht umschlossen wird, jedoch bei einer Verkleinerung um $-\Delta\hat{x}$ von der Ortskurve von $F_L(j\omega)$ umfaßt wird.

Entsprechend gilt für eine instabile Grenzschwingung die Umkehrung. Sind die Schnittpunkte nur Berührungspunkte, dann wird die Grenzschwingung als **semistabil** bezeichnet. Dabei sind zwei Fälle zu unterscheiden:

$-1/K_{G+}$ und $-1/K_{G-}$ liegen links von der Ortskurve $F_L(j\omega)$ (außerhalb): Die semistabile Grenzschwingung klingt ab, das Regelungssystem ist stabil, da die Ortskurve von $F_L(j\omega)$ den Schnittpunkt nicht umschließt.

$-1/K_{G+}$ und $-1/K_{G-}$ liegen rechts von der Ortskurve $F_L(j\omega)$ (innerhalb): Die semistabile Grenzschwingung klingt auf, die negativ inverse Beschreibungsfunktion wird von $F_L(j\omega)$ umschlossen, das Regelungssystem ist instabil.

Tabelle 14.3-8: Stabilität und Ortskurvenverlauf

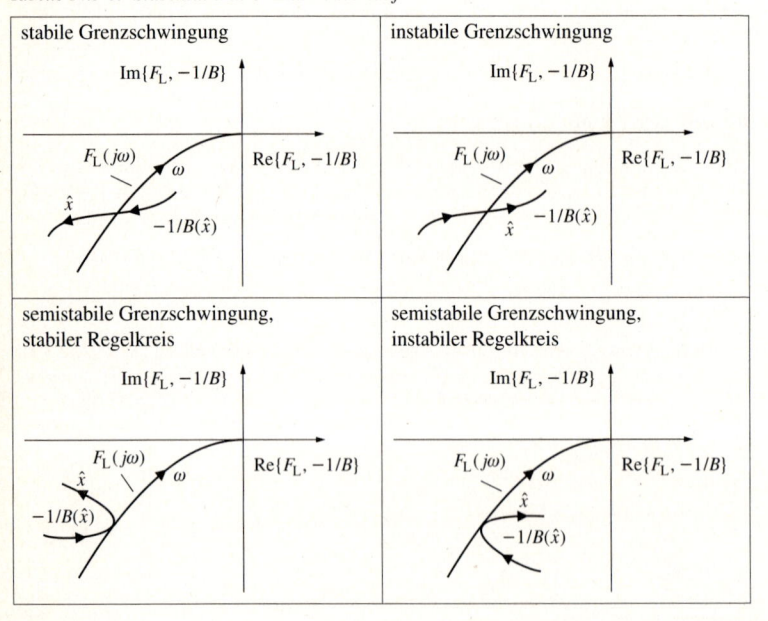

stabile Grenzschwingung	instabile Grenzschwingung
semistabile Grenzschwingung, stabiler Regelkreis	semistabile Grenzschwingung, instabiler Regelkreis

Beispiel 14.3-19: Für den Regelkreis mit Dreipunkt-Element nach Beispiel 14.3-17 ist die Stabilität der Grenzschwingungen zu bestimmen.

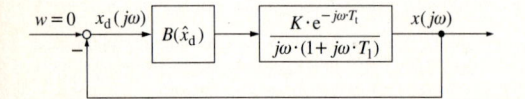

Frequenzgangfunktion des linearen Teils des Regelungssystems:

$$F_L(j\omega) = \frac{K \cdot e^{-j\omega \cdot T_t}}{j\omega \cdot (1 + j\omega \cdot T_1)}, \qquad K = 4.0, \quad T_1 = 0.1 \text{ s}, \quad T_t = 1 \text{ s}.$$

Beschreibungsfunktion des Dreipunkt-Elements:

$$B(\hat{x}_d) = \frac{4 \cdot d \cdot \sqrt{\hat{x}_d^2 - c^2}}{\pi \cdot \hat{x}_d^2}, \qquad c = 0.25, \quad d = 1.$$

Nach Beispiel 14.3-17 hat die Gleichung der Harmonischen Balance vier Lösungen, es existieren vier Schnittpunkte von $F_L(j\omega)$ mit $-1/B(\hat{x}_d)$ (Bild 14.3-30):

$$\omega_{G1} = 1.429 \text{ s}^{-1}: \qquad \hat{x}_{1,1} = 3.520, \quad \hat{x}_{1,2} = 0.251,$$
$$\omega_{G3} = 7.228 \text{ s}^{-1}: \qquad \hat{x}_{3,1} = 0.492, \quad \hat{x}_{3,2} = 0.290.$$

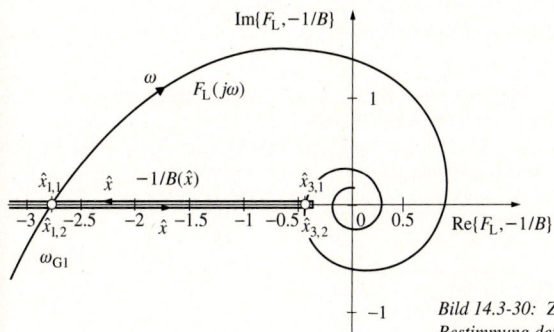

Bild 14.3-30: Zweiortskurvenverfahren, Bestimmung der Stabilität von Grenzschwingungen

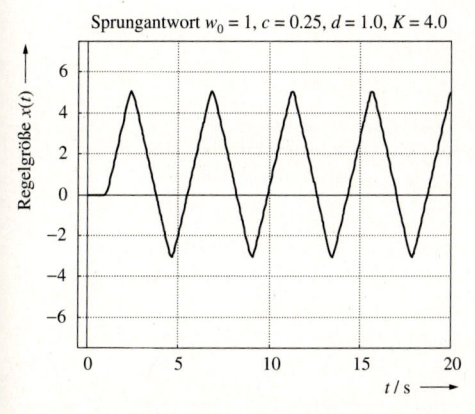

Bild 14.3-31: Signalverläufe der Grenzschwingung bei Sprungaufschaltung ($K = 4$, $\omega_{G1} = 1.429 \text{ s}^{-1}$, $\hat{x}_{1,1} = 3.520$)

Nach Bild 14.3-30 existiert nur eine stabile Grenzschwingung (Simulation in Bild 14.3-31) mit

$$\omega_{G1} = 1.429 \text{ s}^{-1}, \qquad \hat{x}_{1,1} = 3.520,$$

da für kleine Änderungen $+\Delta\hat{x}$ der Amplitude $\hat{x}_{1,1}$ der Punkt $-1/K_{G+}$ von $F_L(j\omega)$ nicht umschlossen und für Änderungen $-\Delta\hat{x}$ der Punkt $-1/K_{G-}$ umschlossen wird. Die Anwendung des Stabilitätskriteriums auf die Schnittpunkte mit den Werten

$$\omega_{G1} = 1.429 \text{ s}^{-1}, \quad \hat{x}_{1,2} = 0.251,$$
$$\omega_{G3} = 7.228 \text{ s}^{-1}, \quad \hat{x}_{3,1} = 0.492, \quad \hat{x}_{3,2} = 0.290,$$

ergibt die Aussage, daß diese Grenzschwingungen instabil sind.

14.4 Untersuchung der Stabilität nichtlinearer Systeme

14.4.1 Methode der Phasenebene (Zustandsebene)

Mit dem bisher vorgestellten Verfahren der Harmonischen Linearisierung können nichtlineare Systeme näherungsweise beschrieben werden, Berechnungen auf dieser Grundlage sind daher auch nur angenähert richtig. Exakte Lösungen liefern Verfahren des Zeitbereichs, bei denen nichtlineare Differentialgleichungen zu lösen sind.

Ein Verfahren zur Berechnung und Darstellung des stationären und dynamischen Verhaltens von linearen oder nichtlinearen Systemen II. Ordnung ist die **Methode der Phasenebene** (Zustandsebene). Mit Hilfe einer graphischen Darstellung (Phasenebene) kann das Verhalten von Systemen II. Ordnung beurteilt und berechnet werden. Voraussetzung ist, daß die Differentialgleichungen des Systems nicht explizit von der Zeit abhängen, es müssen also autonome Systeme der Form

$$\ddot{x} = f(x, \dot{x}, u).$$

vorliegen. Durch Einführung von Zustandsvariablen

$$x_1 = x, \quad x_2 = \dot{x}$$

entstehen zwei Differentialgleichungen erster Ordnung:

$$\dot{x}_1 = x_2$$
$$\dot{x}_2 = f(x_1, x_2, u).$$

x_1 ist dabei die Ausgangsgröße des Systems, x_2 die erste Ableitung der Ausgangsgröße x bzw. x_1. Die Lösungen x_1, x_2 des Differentialgleichungssystems werden in der Phasenebene mit $x_2 = f(x_1)$, das entspricht $\dot{x} = f(x)$, dargestellt. Jede Lösung stellt eine Zustandskurve (Trajektorie, Phasenbahn) in der Phasen- oder Zustandsebene dar. Ein **Phasenportrait** besteht aus mehreren Zustandskurven.

Beispiel 14.4-1: Die Zustandskurve eines linearen Systems II. Ordnung ist in der Phasenebene darzustellen. Für die Differentialgleichung II. Ordnung $\ddot{x} + 4 \cdot x = 0$ sind die Lösungen im Zeitbereich ungedämpfte Schwingungen:

$$x(t) = x_{10} \cdot \cos(2 \cdot t) + 0.5 \cdot x_{20} \cdot \sin(2 \cdot t),$$
$$\dot{x}(t) = x_{20} \cdot \cos(2 \cdot t) - 2 \cdot x_{10} \cdot \sin(2 \cdot t).$$

Das System ist instabil, da die Nullstellen der charakteristischen Gleichung $s^2 + 4 = 0$, $s_{1,2} = \pm j2$ keine negativen Realteile besitzen. Für die Darstellung der Zustandskurven in der Phasenebene werden Zustandsvariablen eingeführt:

$$x_1 = x, \quad x_2 = \dot{x}.$$

Damit entsteht ein System mit zwei Differentialgleichungen erster Ordnung:

$$\dot{x}_1 = x_2$$
$$\dot{x}_2 = -4 \cdot x_1.$$

Die Zeit t wird eliminiert, indem $\dot{x}_2$ durch $\dot{x}_1$ dividiert wird:

$$\frac{\dot{x}_2}{\dot{x}_1} = \frac{\dfrac{\mathrm{d}x_2}{\mathrm{d}t}}{\dfrac{\mathrm{d}x_1}{\mathrm{d}t}} = \frac{\mathrm{d}x_2}{\mathrm{d}x_1} = \frac{-4 \cdot x_1}{x_2}.$$

Die resultierende Differentialgleichung I. Ordnung ist die **Gleichung der Zustandskurve**. Sie wird durch Trennung der Variablen gelöst, wobei die Konstante C aus den Anfangswerten x_{10}, x_{20} bestimmt wird:

$$x_2 \cdot \mathrm{d}x_2 = -4 \cdot x_1 \cdot \mathrm{d}x_1$$
$$\frac{x_2^2}{2} + 2 \cdot x_1^2 = C, \qquad C = 2 \cdot x_{10}^2 + x_{20}^2/2.$$

Die Zustandskurven sind in Bild 14.4-1 aufgezeichnet. Da das System mit konstanter Amplitude schwingt, sind die Zustandskurven geschlossene Kurven (Ellipsen).

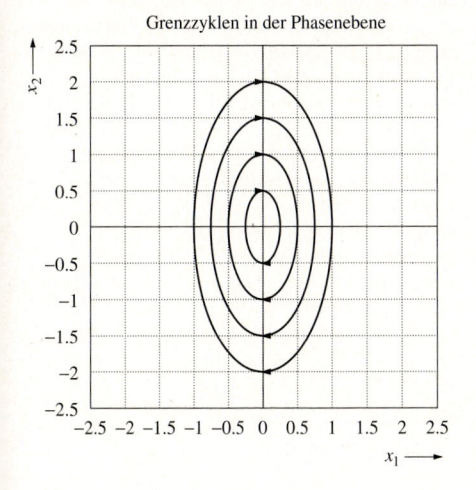

Bild 14.4-1: Phasenebene mit geschlossenen Zustandskurven (Grenzzyklen)

14.4.2 Eigenschaften von Zustandskurven in der Phasenebene

Die Berechnung der Zustandskurven in der Phasenebene wird nach folgender Vorgehensweise durchgeführt:

> Die Differentialgleichung II. Ordnung $\ddot{x} = f(x, \dot{x}, u)$ wird durch Einführung von Zustandsvariablen $x_1 = x$, $x_2 = \dot{x}$ in zwei Differentialgleichungen erster Ordnung überführt:
>
> $$\dot{x}_1 = x_2$$
> $$\dot{x}_2 = f(x_1, x_2, u).$$

> Die Gleichung für die Zustandskurve
> $$\frac{\dot{x}_2}{\dot{x}_1} = \frac{dx_2}{dx_1} = \frac{f(x_1, x_2, u)}{x_2}$$
> ist lösbar unter der Voraussetzung, daß die Differentialgleichung nicht explizit von t abhängt, die Eingangsgröße u muß (stückweise) konstant sein.

Durch die Elimination von t geht der Zeitzusammenhang verloren, er läßt sich aus der Gleichung

$$\dot{x}_1 = \frac{dx_1}{dt} = x_2, \qquad dt = \frac{dx_1}{x_2}$$

zurückgewinnen:

$$\int_{t_B}^{t_A} dt = t_A - t_B = \int_{x_{1A}}^{x_{1B}} \frac{dx_1}{x_2}.$$

Zustandskurven von linearen oder nichtlinearen Systemen II. Ordnung haben folgende Eigenschaften.

- Da x_2 die Ableitung von x_1 ist, muß in der positiven Halbebene der Phasenebene ($x_2 > 0$) die Größe x_1 zunehmen: Die Zustandskurve verläuft von links nach rechts. Entsprechend nimmt in der negativen Halbebene der Phasenebene ($x_2 < 0$) die Größe x_1 ab: Die Zustandskurve verläuft im unteren Teil von rechts nach links.
- Die Zustandskurve schneidet die x_1-Achse senkrecht und hat dort ein Maximum (Wechsel von positiver nach negativer Halbebene) oder ein Minimum (Wechsel von negativer nach positiver Halbebene). Da am Schnittpunkt mit der x_1-Achse $x_2 = \dot{x}_1 = 0$ ist, muß x_1 dort ein Extremum besitzen. Das ist nicht der Fall, wenn der Schnittpunkt eine singuläre Lösung des Differentialgleichungssystems ist (Abschnitt 14.4.5, 14.4.6). Singuläre Punkte werden mit $\dot{x}_1 = 0$, $\dot{x}_2 = 0$ bestimmt und sind Ruhelagen (stationäre Lagen, Gleichgewichtslagen) des Systems. Ruhelagen liegen immer auf der x_1-Achse, da für eine Ruhelage die Ableitung (Änderungsgeschwindigkeit der Ausgangsgröße) $\dot{x}_1 = x_2 = 0$ sein muß.
- Geschlossene Zustandskurven (Bild 14.4-1) treten auf, wenn Dauerschwingungen in dem System existieren. Diese Grenzschwingungen werden in der Phasenebene als Grenzzyklen bezeichnet. Abhängig von dem Verhalten in der Umgebung des Grenzzyklus werden sie als stabil, instabil oder semistabil bezeichnet. Der Grenzzyklus in Bild 14.4-1 ist stabil, da er nach kleinen Störungen wieder in die ursprüngliche Bahn zurückkehrt.

14.4.3 Berechnung von linearen Systemen II. Ordnung im Zeitbereich und in der Phasenebene

Die lineare Differentialgleichung

$$\ddot{x} + a_1 \cdot \dot{x} + a_0 \cdot x = 0$$

wird mit $x_1 = x$, $x_2 = \dot{x}$ dargestellt:

$$\dot{x}_1 = x_2$$
$$\dot{x}_2 = -a_0 \cdot x_1 - a_1 \cdot x_2.$$

Die charakteristische Gleichung $s^2 + a_1 \cdot s + a_0 = 0$ liefert die Nullstellen (Eigenwerte):

$$s_{1,2} = -\frac{a_1}{2} \pm \sqrt{\frac{a_1^2}{4} - a_0}, \qquad a_1 = -s_1 - s_2, \quad a_0 = s_1 \cdot s_2.$$

14.4 Untersuchung der Stabilität nichtlinearer Systeme

Die Lösungen der Differentialgleichung im Zeitbereich sind für $s_1 \neq s_2$:

$$x_1(t) = C_1 \cdot e^{s_1 t} + C_2 \cdot e^{s_2 t}, \qquad x_{10} = C_1 + C_2,$$
$$x_2(t) = s_1 \cdot C_1 \cdot e^{s_1 t} + s_2 \cdot C_2 \cdot e^{s_2 t}, \qquad x_{20} = s_1 \cdot C_1 + s_2 \cdot C_2,$$
$$x_1(t) = \frac{x_{20} - s_2 \cdot x_{10}}{s_1 - s_2} \cdot e^{s_1 t} + \frac{s_1 \cdot x_{10} - x_{20}}{s_1 - s_2} \cdot e^{s_2 t},$$
$$x_2(t) = s_1 \cdot \frac{x_{20} - s_2 \cdot x_{10}}{s_1 - s_2} \cdot e^{s_1 t} + s_2 \cdot \frac{s_1 \cdot x_{10} - x_{20}}{s_1 - s_2} \cdot e^{s_2 t},$$

für $s_1 = s_2$:

$$x_1(t) = (C_1 + C_2 \cdot t) \cdot e^{s_1 t}, \qquad x_{10} = C_1,$$
$$x_2(t) = (s_1 \cdot C_1 + C_2 + s_1 \cdot t \cdot C_2) \cdot e^{s_1 t}, \qquad x_{20} = s_1 \cdot C_1 + C_2.$$
$$x_1(t) = (x_{10} - s_1 \cdot t \cdot x_{10} + t \cdot x_{20}) \cdot e^{s_1 t},$$
$$x_2(t) = (x_{20} + s_1 \cdot t \cdot x_{20} - s_1^2 \cdot t \cdot x_{10}) \cdot e^{s_1 t}.$$

Die Gleichung der Zustandskurve für das lineare System II. Ordnung ist:

$$\frac{dx_2}{dx_1} = \frac{-a_0 \cdot x_1 - a_1 \cdot x_2}{x_2}.$$

Die Zustandskurven von speziellen Systemen lassen sich direkt mit der Trennung der Variablen ermitteln (Beispiel 14.4-1, 2). Im allgemeinen müssen jedoch Koordinatentransformationen durchgeführt werden. In Bild 14.4-3 sind die Zustandskurven für lineare Systeme II. Ordnung und die zugehörigen Nullstellen der charakteristischen Gleichung angegeben.

Beispiel 14.4-2: Die Differentialgleichung $\ddot{x} + a_1 \cdot \dot{x} = 0$ wird in der Phasenebene aufgezeichnet:

$$\dot{x}_1 = x_2$$
$$\dot{x}_2 = -a_1 \cdot x_2.$$
$$\frac{dx_2}{dx_1} = \frac{-a_1 \cdot x_2}{x_2} = -a_1,$$
$$\int dx_2 = \int -a_1 \cdot dx_1,$$
$$x_2 = f(x_1) = -a_1 \cdot x_1 + a_1 \cdot x_{10} + x_{20}.$$

Die Zustandskurven sind Geraden mit der Steigung $-a_1$. Ausgehend vom Anfangspunkt (x_{20}, x_{10}) läuft x_2 in die Ruhelage, in der $x_{2R} = 0$ ist (Nr. 3, Bild 14.4-3):

$$x_{2R} = 0 = -a_1 \cdot x_{1R} + a_1 \cdot x_{10} + x_{20},$$
$$x_{1R} = x_{10} + x_{20}/a_1.$$

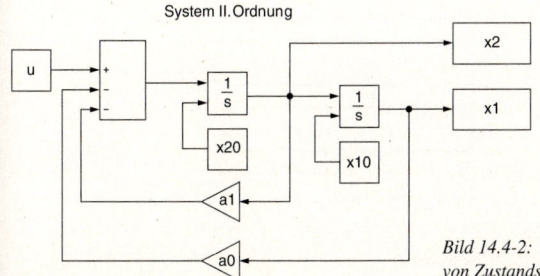

Bild 14.4-2: Simulink-Modell für die Berechnung von Zustandskurven für lineare Systeme II. Ordnung

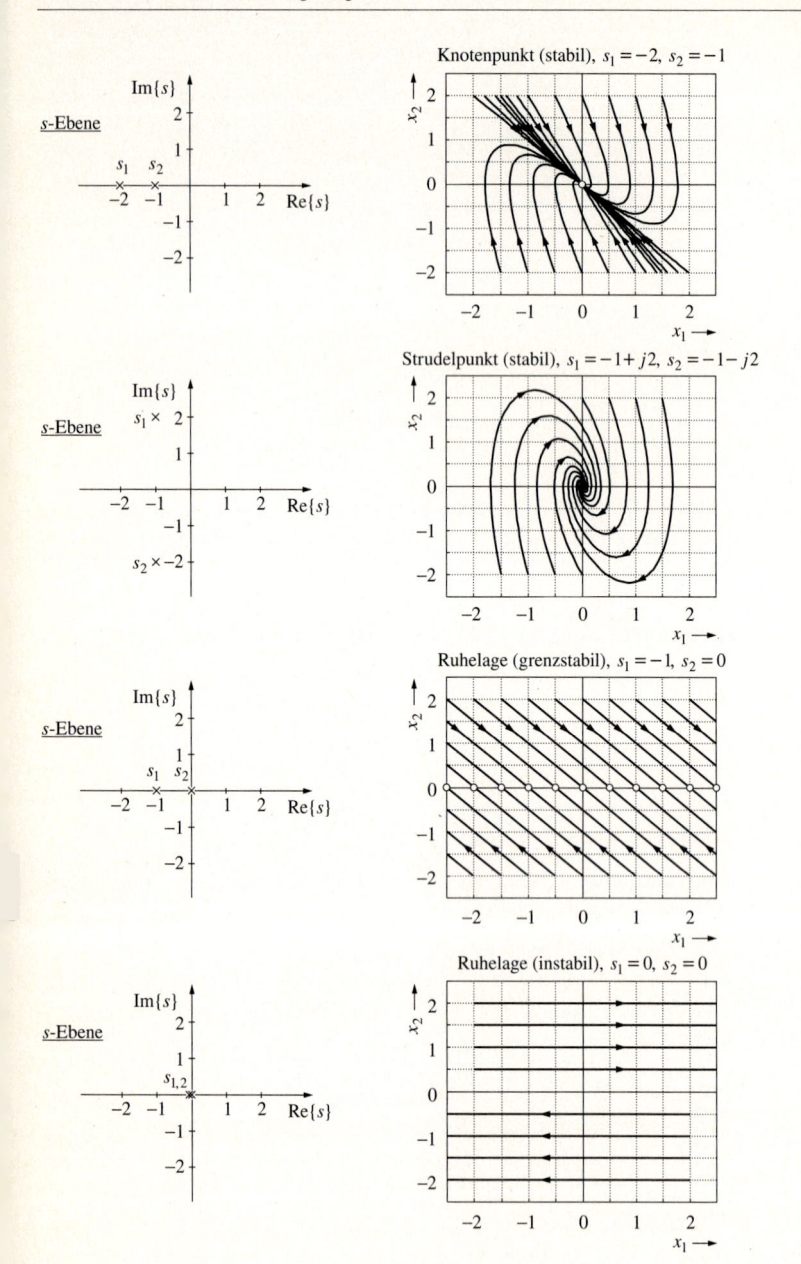

Bild 14.4-3: Nullstellen der charakteristischen Gleichung und Zustandskurven für lineare Systeme II. Ordnung

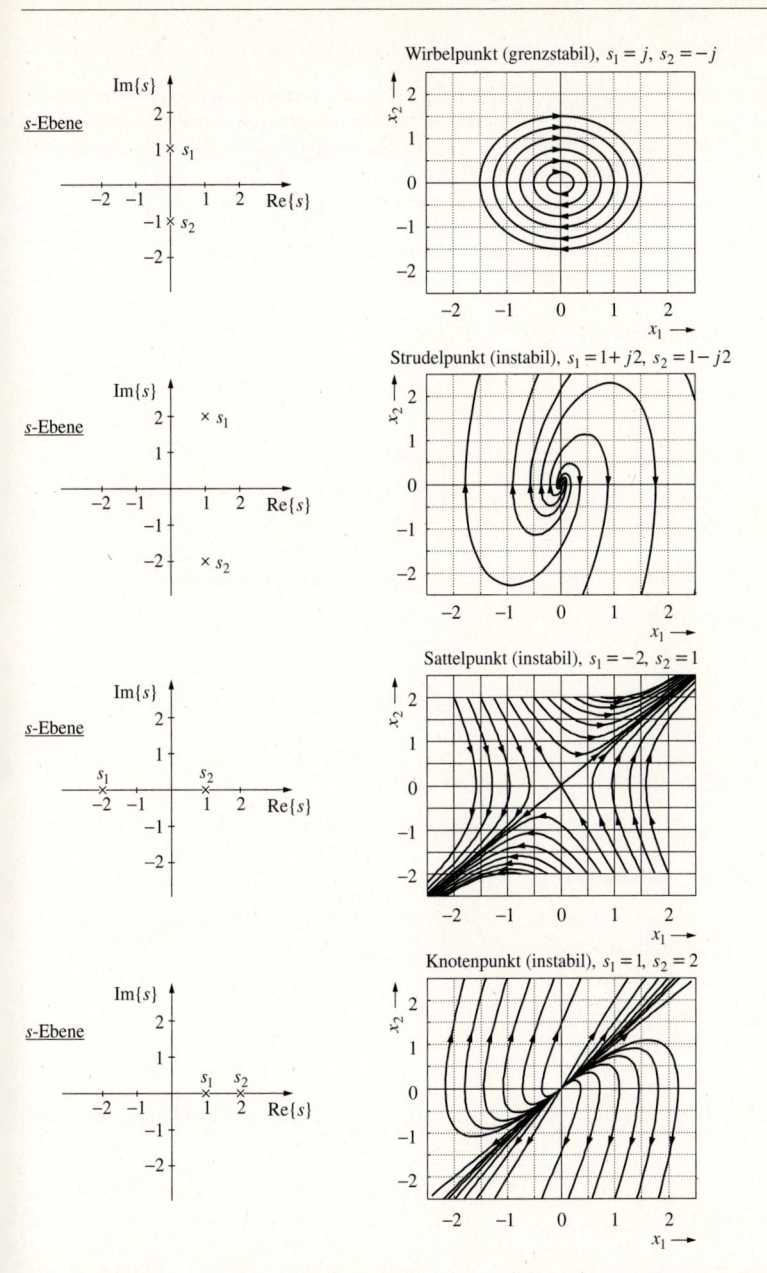

14.4 Untersuchung der Stabilität nichtlinearer Systeme

Wirbelpunkt (grenzstabil), $s_1 = j$, $s_2 = -j$

Strudelpunkt (instabil), $s_1 = 1 + j2$, $s_2 = 1 - j2$

Sattelpunkt (instabil), $s_1 = -2$, $s_2 = 1$

Knotenpunkt (instabil), $s_1 = 1$, $s_2 = 2$

Bild 14.4-4: Nullstellen der charakteristischen Gleichung und Zustandskurven für lineare Systeme II. Ordnung

14.4.4 Ruhelagen von linearen und nichtlinearen Systemen

Ruhelagen (stationäre Zustände, Gleichgewichtszustände) haben im Zustandsraum eine große Bedeutung. Sie kennzeichnen besonders ausgezeichnete Zustände, die die Zustandskurven wesentlich beeinflussen. Für nichtlineare Systeme ist besonders die Frage nach der Stabilität der Ruhelage interessant. Der Begriff der Ruhelage wird für die weiteren Untersuchungen eingeführt.

> Ein lineares oder nichtlineares zeitinvariantes System befindet sich in einer Ruhelage (stationärer Zustand, Beharrungs- oder Gleichgewichtszustand), wenn die Ableitungen der Zustandsvariablen $\dot{x} = o$ sind, dabei ist vorauszusetzen, daß die Eingangsgröße $u(t) = u_R$ konstant ist.

Für lineare zeitinvariante Systeme der Form

$$\dot{x}(t) = A \cdot x(t) + b \cdot u(t),$$
$$y(t) = c^T \cdot x(t),$$

erhält man die Ruhelage x_R für $u = u_R$ durch Nullsetzen der Ableitung $\dot{x}$:

$$\dot{x}(t) = o = A \cdot x_R + b \cdot u_R,$$
$$x_R = -A^{-1} \cdot b \cdot u_R.$$

Für nichtlineare zeitinvariante Systeme II. Ordnung in der Darstellung der Phasenebene

$$\dot{x}_1 = x_2,$$
$$\dot{x}_2 = f(x_1, x_2, u)$$

werden die Ruhelagen x_{1R}, x_{2R} für $u = u_R$ mit den Gleichungen

$$\dot{x}_1 = 0 = x_2, \qquad \rightarrow x_{2R} = 0,$$
$$\dot{x}_2 = 0 = f(x_1, x_2, u), \qquad \rightarrow f(x_{1R}, x_{2R}, u_R) = 0,$$

berechnet.

14.4.5 Stabilität von Ruhelagen

Die Stabilität von linearen zeitinvarianten Regelungssystemen ist unabhängig von Anfangswerten oder Eingangssignalen, die auf die Systeme einwirken.

> Ein lineares zeitinvariantes System
>
> $$\dot{x}(t) = A \cdot x(t) + b \cdot u(t),$$
> $$y(t) = c^T \cdot x(t),$$
>
> heißt **asymptotisch stabil**, wenn alle Eigenwerte der Systemmatrix A, das sind die Nullstellen der Gleichung
>
> $$\det[s \cdot E - A] = 0,$$
>
> negative Realteile besitzen.

Liegt kein Eingangssignal $u(t)$ an, dann strebt ein asymptotisch stabiles System für einen beliebigen Anfangszustand $x_0(t = 0) \neq o$ in die **Ruhelage** (Gleichgewichtslage) $x_R(t \rightarrow \infty) = o$.

14.4 Untersuchung der Stabilität nichtlinearer Systeme

Für Ruhelagen von linearen und nichtlinearen Systemen werden folgende Stabilitätsdefinitionen unterschieden: Eine Ruhelage ist

asymptotisch stabil (global asymptotisch stabil, stabil im Großen), wenn das System nach einer beliebigen Auslenkung wieder in die Ruhelage zurückkehrt $x(t \to \infty) = x_R$. Der Einzugsbereich der Ruhelage ist unbeschränkt.

lokal asymptotisch stabil (stabil im Kleinen), wenn das System nach einer begrenzten Auslenkung wieder in die Ruhelage zurückkehrt $x(t \to \infty) = x_R$. Der Einzugsbereich der Ruhelage ist beschränkt.

grenzstabil (LJAPUNOW-stabil), wenn das System nach einer beliebig kleinen Auslenkung die Ruhelage verläßt und in der Umgebung der Ruhelage bleibt.

instabil, wenn das System nach einer beliebig kleinen Auslenkung die Ruhelage verläßt und nicht in sie zurückkehrt. Der Einzugsbereich der Ruhelage ist Null.

Beispiel 14.4-3: Für lineare Systeme sind die Ruhelagen zu bestimmen:

$$\dot{x}(t) = A \cdot x(t) + b \cdot u(t)$$
$$y(t) = c^T \cdot x(t).$$

1) **Asymptotisch stabiles lineares System**, $\text{Re}\{s_i\} < 0$:

$$A = \begin{bmatrix} 0 & 1 \\ -1 & -2 \end{bmatrix}, \quad b = \begin{bmatrix} 0 \\ 1 \end{bmatrix}, \quad c^T = [1 \quad 0],$$

$$G(s) = \frac{y(s)}{u(s)} = c^T \cdot [s \cdot E - A]^{-1} \cdot b = [1 \quad 0] \cdot \begin{bmatrix} s & -1 \\ 1 & s+2 \end{bmatrix}^{-1} \cdot \begin{bmatrix} 0 \\ 1 \end{bmatrix} = \frac{1}{s^2 + 2 \cdot s + 1}.$$

Das System ist stabil, da die Nullstellen der charakteristischen Gleichung negative Realteile haben:

$$s^2 + 2 \cdot s + 1 = 0, \quad s_{1,2} = -1.$$

Die Berechnung der Ruhelage ergibt:

$$x_R = \begin{bmatrix} x_{1R} \\ x_{2R} \end{bmatrix} = -A^{-1} \cdot b \cdot u_R = -\begin{bmatrix} -2 & -1 \\ 1 & 0 \end{bmatrix} \cdot \begin{bmatrix} 0 \\ 1 \end{bmatrix} \cdot u_R = \begin{bmatrix} 1 \\ 0 \end{bmatrix} \cdot u_R,$$
$$x_{1R} = u_R, \quad x_{2R} = 0.$$

Bei asymptotisch stabilen linearen zeitinvarianten Systemen existiert bei gegebenem u_R **eine Ruhelage**. Betrachtet man das System als Regelkreis, so entspricht die Regelgröße

$$y(t) = c^T \cdot x(t) = x_1(t),$$

der Variablen $x_1(t)$, $u(t)$ ist die Führungsgröße. Die Regelgröße erreicht für $t \to \infty$ jeden Wert einer konstanten Führungsgröße, also die Ruhe- oder Gleichgewichtslage. Der Einzugsbereich der Ruhelage ist unbeschränkt, die Ruhelage ist asymptotisch stabil.

2) **Instabiles lineares System**, $\text{Re}\{s_1\} = 0$:

$$A = \begin{bmatrix} 0 & 1 \\ 0 & -1 \end{bmatrix}, \quad b = \begin{bmatrix} 0 \\ 1 \end{bmatrix}, \quad c^T = [1 \quad 0],$$

$$G(s) = \frac{y(s)}{u(s)} = c^T \cdot [s \cdot E - A]^{-1} \cdot b = [1 \quad 0] \cdot \begin{bmatrix} s & -1 \\ 0 & s+1 \end{bmatrix}^{-1} \cdot \begin{bmatrix} 0 \\ 1 \end{bmatrix} = \frac{1}{s \cdot (s+1)}.$$

Das System ist instabil, da eine Nullstelle der charakteristischen Gleichung keinen negativen Realteil hat:

$$s^2 + s = 0, \quad s_1 = 0, \quad s_2 = -1.$$

Die Systemmatrix A ist nicht invertierbar, da $\det A = 0$ ist. Die Untersuchung der Ruhelage ergibt:

$$A \cdot x_R + b \cdot u_R = o = \begin{bmatrix} 0 & 1 \\ 0 & -1 \end{bmatrix} \cdot \begin{bmatrix} x_{1R} \\ x_{2R} \end{bmatrix} + \begin{bmatrix} 0 \\ 1 \end{bmatrix} \cdot u_R = \begin{bmatrix} 0 \\ 0 \end{bmatrix}.$$

x_{1R} ist beliebig, $x_{2R} = 0$, $x_{2R} = u_R$. Für $u_R = 0$ existieren unendlich viele Ruhelagen, für $u_R \neq 0$ keine.

3) **Instabiles lineares System**, $\operatorname{Re}\{s_1\}, \operatorname{Re}\{s_2\} > 0$:

$$A = \begin{bmatrix} 0 & 1 \\ -2 & 2 \end{bmatrix}, \qquad b = \begin{bmatrix} 0 \\ 1 \end{bmatrix}, \qquad c^T = [1\ 0],$$

$$G(s) = \frac{y(s)}{u(s)} = c^T \cdot [s \cdot E - A]^{-1} \cdot b = [1\ 0] \cdot \begin{bmatrix} s & -1 \\ 2 & s-2 \end{bmatrix}^{-1} \cdot \begin{bmatrix} 0 \\ 1 \end{bmatrix} = \frac{1}{s^2 - 2 \cdot s + 2}.$$

Das System ist instabil, da die Nullstellen der charakteristischen Gleichung positive Realteile haben:

$$s^2 - 2 \cdot s + 2 = 0, \qquad s_{1,2} = 1 \pm j.$$

Die Berechnung der Ruhelage ergibt:

$$x_R = \begin{bmatrix} x_{1R} \\ x_{2R} \end{bmatrix} = -A^{-1} \cdot b \cdot u_R = -\begin{bmatrix} 1 & -1/2 \\ 1 & 0 \end{bmatrix} \cdot \begin{bmatrix} 0 \\ 1 \end{bmatrix} \cdot u_R = \begin{bmatrix} 1/2 \\ 0 \end{bmatrix} \cdot u_R,$$

$$x_{1R} = \frac{u_R}{2}, \qquad x_{2R} = 0.$$

Da das System instabil ist, wird es bei kleinen Störungen die Ruhelage verlassen. Die Ruhelage wird als instabil bezeichnet.

Für lineare zeitinvariante Systeme existiert eine, keine oder unendlich viele Ruhelagen. Bei nichtlinearen Systeme können auch mehrere (endlich viele) Ruhelagen auftreten.

Beispiel 14.4-4: Für ein nichtlineares System erster Ordnung sind die Ruhelagen zu bestimmen:

$$\dot{x} = x - a \cdot x^3 + b \cdot u, \qquad a = 1, \quad b = 1, \quad u = u_R = \text{const.}$$

Die Ruhelagen berechnen sich aus der Gleichung

$$\dot{x} = 0 = x_R - x_R^3 + u_R,$$

in allgemeiner Notation zu

$$x_{Ri} = -\frac{2 \cdot \sqrt{3}}{3} \cdot \sin\left[\frac{\arcsin(3 \cdot \sqrt{3} \cdot u_R/2)}{3} + \frac{2 \cdot (i-1) \cdot \pi}{3}\right], \qquad i = 1, 2, 3.$$

Abhängig von der Eingangsgröße existieren verschiedene Ruhelagen (Tabelle 14.4-1).

Für $u_R = 0$ sind die Ruhelagen

$$x_{R1} = -1, \qquad x_{R2} = 0, \qquad x_{R3} = +1.$$

Die Lösung $x(t)$ der nichtlinearen Differentialgleichung für $u = 0$ in Abhängigkeit vom Anfangswert x_0 ist:

$$x(t) = \frac{x_0 \cdot e^t}{\sqrt{x_0^2 \cdot e^{2t} - x_0^2 + 1}}$$

Tabelle 14.4-1: Ruhelagen des nichtlinearen Systems erster Ordnung, dritten Grades

Bereich der Eingangsgröße u_R	Anzahl und Art der Nullstellen x_{Ri}	Anzahl und Art der Ruhelagen x_{Ri}
$\|u_R\| < 2/(3 \cdot \sqrt{3})$, $2/(3 \cdot \sqrt{3}) = 0.385$	drei reelle und verschiedene Nullstellen	drei Ruhelagen: eine instabile, zwei lokal asymptotisch stabile
$\|u_R\| = 2/(3 \cdot \sqrt{3})$	drei reelle, davon zwei gleiche Nullstellen	zwei Ruhelagen: eine instabile, eine lokal asymptotisch stabile
$\|u_R\| > 2/(3 \cdot \sqrt{3})$	eine reelle, zwei konjugiert komplexe Nullstellen	eine global asymptotisch stabile Ruhelage

Für $x_0 = 0$ wird die Ruhelage $x(t) = x_{R2} = 0$ eingenommen. Für Anfangswerte $x_0 \neq 0$ erreicht das System die Ruhelagen

$$x(t \to \infty) = \lim_{t \to \infty} \frac{x_0 \cdot e^t}{\sqrt{x_0^2 \cdot e^{2t} - x_0^2 + 1}}$$

$$= \frac{x_0}{|x_0|} = \text{sign}(x_0) = \pm 1 = x_{R3, R1}.$$

In Bild 14.4-5 ist das Simulink-Modell für die Simulation dargestellt. Für $u = 0$ ist in Bild 14.4-6 der Verlauf der Ausgangsgröße $x(t)$ aufgezeichnet.

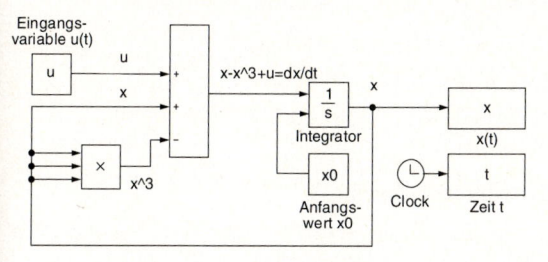

Bild 14.4-5: Simulink-Modell für die Simulation des nichtlinearen Systems

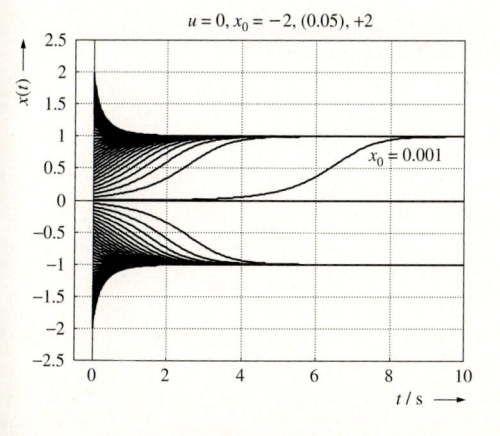

Bild 14.4-6: Ruhelagen und dynamisches Verhalten des nichtlinearen Systems für $u = 0$

Für $-\infty < x_0 < 0$ läuft $x(t)$ in die Ruhelage $x_{R1} = -1$, für $x_0 = 0$ bleibt das System in der Ruhelage $x_{R2} = 0$, für $0 < x_0 < \infty$ läuft $x(t)$ in die Ruhelage $x_{R3} = +1$. Die Ruhelagen x_{R1}, x_{R3} werden als **lokal asymptotisch stabil** bezeichnet, da der Einzugsbereich für die jeweilige Ruhelage nicht den gesamten Wertebereich des Anfangswertes umfaßt, der Einzugsbereich für die Ruhelagen ist durch den Wert $x = 0$ beschränkt.

Die Ruhelage $x_{R2} = 0$ ist instabil, kleine Abweichungen von der Ruhelage führen das System aus der Ruhelage heraus in eine der beiden lokal stabilen Ruhelagen. Im Bild 14.4-6 wurde die Abweichung durch den Anfangswert $x_0 = 0.001$ hervorgerufen.

Bild 14.4-7 zeigt das dynamische und stationäre Verhalten für eine Eingangsgröße $u = 1$. Nach Tabelle 14.4-1 existiert nur eine stabile Ruhelage, die numerisch zu $x_R = 1.325$ berechnet wurde. Die Ruhelage wird für Anfangswerte $-\infty < x_0 < \infty$ erreicht. Sie wird als **global asymptotisch stabil** bezeichnet, da der Einzugsbereich für die Ruhelage unbeschränkt ist.

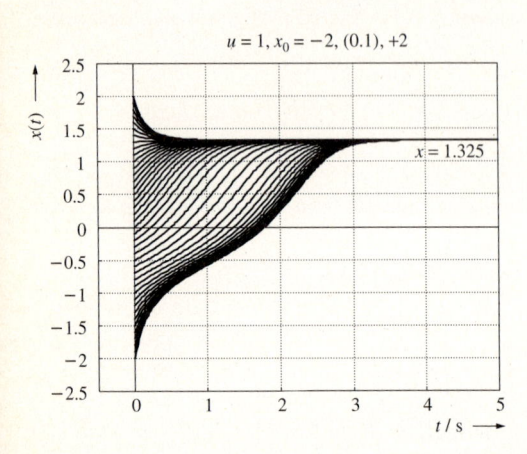

Bild 14.4-7: Ruhelagen und dynamisches Verhalten des nichtlinearen Systems für $u = 1$

14.4.6 Berechnung der Stabilität von Ruhelagen

Die Stabilität der Ruhelagen von linearen Systemen kann aus der charakteristischen Gleichung abgeleitet werden: Ist ein lineares System asymptotisch stabil, dann ist es auch die Ruhelage (Bild 14.4-3).

Für nichtlineare Systeme existiert keine charakteristische Gleichung. Die Stabilität von Ruhelagen kann jedoch beispielsweise durch **Linearisierung der Systemgleichungen** in der Umgebung der Ruhelagen bestimmt werden.

Für ein nichtlineares zeitinvariantes System mit

$$\dot{x} = f(x, u),$$
$$y = h(x, u),$$

und den ausführlichen Gleichungen

$$\dot{x}_1 = f_1(x_1, \ldots, x_n, u),$$
$$\dot{x}_2 = f_2(x_1, \ldots, x_n, u),$$
$$\ldots$$
$$\dot{x}_n = f_n(x_1, \ldots, x_n, u),$$
$$y = h(x_1, \ldots, x_n, u),$$

wird die Linearisierung für die Ruhelage

$$x_R, \quad u = u_R \quad \text{mit} \quad \dot{x}_R = \boldsymbol{o}$$

berechnet. Wenn $f_1, \ldots, f_n, h$ in der Umgebung der Ruhelage genügend oft differenzierbar sind, also keine Unstetigkeitsstellen (Knickpunkte) der Kennlinie vorliegen, dann läßt sich eine TAYLOR-Reihe für die Umgebung der Ruhelage

$$x = x_R + \Delta x, \quad u = u_R + \Delta u, \quad y = y_R + \Delta y,$$

entwickeln:

$$\Delta \dot{x} = A \cdot \Delta x + b \cdot \Delta u,$$
$$\Delta y = c^T \cdot \Delta x + d \cdot \Delta u,$$

wobei A die JACOBI-Matrix (Funktionalmatrix) für die Umgebung der Ruhelage ist:

$$A = \left[\frac{\partial f}{\partial x}\right]_R = \begin{bmatrix} f'_{11} & f'_{12} & \cdots & f'_{1n} \\ f'_{21} & f'_{22} & \cdots & f'_{2n} \\ \vdots & \vdots & \ddots & \vdots \\ f'_{n1} & f'_{n2} & \cdots & f'_{nn} \end{bmatrix},$$

mit

$$f'_{11} = \frac{\partial f_1}{\partial x_1}\bigg|_R, \quad f'_{12} = \frac{\partial f_1}{\partial x_2}\bigg|_R, \quad \ldots, \quad f'_{1n} = \frac{\partial f_1}{\partial x_n}\bigg|_R,$$
$$\ldots$$
$$f'_{n1} = \frac{\partial f_n}{\partial x_1}\bigg|_R, \quad f'_{n2} = \frac{\partial f_n}{\partial x_2}\bigg|_R, \quad \ldots, \quad f'_{nn} = \frac{\partial f_n}{\partial x_n}\bigg|_R,$$

wobei der Index R die Ruhelage $x_{1R}, \ldots, x_{nR}, u_R$, kennzeichnet. Die nichtlinearen Gleichungen werden wie folgt linearisiert:

$$f_1(x_1, \ldots, x_n, u) \approx f_1(x_{1R}, \ldots, x_{nR}, u_R) + f'_{11} \cdot \Delta x_1 + f'_{12} \cdot \Delta x_2 + \ldots + f'_{1n} \cdot \Delta x_n,$$
$$\ldots$$
$$f_n(x_1, \ldots, x_n, u) \approx f_n(x_{1R}, \ldots, x_{nR}, u_R) + f'_{n1} \cdot \Delta x_1 + f'_{n2} \cdot \Delta x_2 + \ldots + f'_{nn} \cdot \Delta x_n.$$

Für $\boldsymbol{b}, \boldsymbol{c}$ und d gelten entsprechend:

$$\boldsymbol{b} = \left[\frac{\partial f}{\partial u}\right]_R = \begin{bmatrix} f'_{1u} \\ f'_{2u} \\ \ldots \\ f'_{nu} \end{bmatrix}, \quad f'_{1u} = \frac{\partial f_1}{\partial u}\bigg|_R, \quad f'_{2u} = \frac{\partial f_2}{\partial u}\bigg|_R, \quad \ldots, \quad f'_{nu} = \frac{\partial f_n}{\partial u}\bigg|_R,$$

$$\boldsymbol{c} = \left[\frac{\partial h}{\partial x}\right]_R = \begin{bmatrix} h'_1 \\ h'_2 \\ \ldots \\ h'_n \end{bmatrix}, \quad h'_1 = \frac{\partial h}{\partial x_1}\bigg|_R, \quad h'_2 = \frac{\partial h}{\partial x_2}\bigg|_R, \quad \ldots, \quad h'_n = \frac{\partial h}{\partial x_n}\bigg|_R,$$

$$d = \frac{\partial h}{\partial u}\bigg|_R = h'_u.$$

Aus der Funktionalmatrix A wird die Stabilität der Ruhelage bestimmt:

> Haben die Eigenwerte der Funktionalmatrix A, das sind die Nullstellen der Gleichung
> $$\det(s \cdot E - A) = 0$$
> negative Realteile, so ist das nichtlineare System mindestens in der Umgebung der Ruhelage asymptotisch stabil (lokal stabil).

Beispiel 14.4-5: Für einen Regelkreis mit nichtlinearer Kennlinie ist die Stabilität der Ruhelagen für $u = u_R = 0$ zu ermitteln:

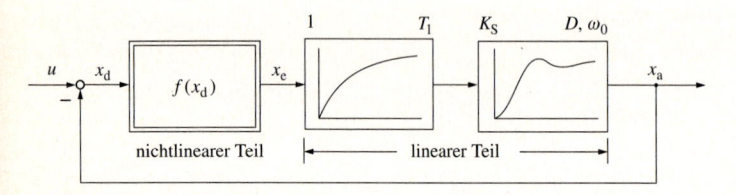

Für den Regelkreis werden die nichtlinearen Gleichungen bestimmt. Der lineare Teil des Systems liefert folgende Differentialgleichungen:

$$G_S(s) = \frac{x_a(s)}{x_e(s)} = \frac{K_S \cdot \omega_0^2}{(s^2 + 2 \cdot D \cdot \omega_0 \cdot s + \omega_0^2) \cdot (1 + s \cdot T_1)}$$

$$= \frac{b_0}{a_3 \cdot s^3 + a_2 \cdot s^2 + a_1 \cdot s + a_0},$$

mit

$$b_0 = \frac{K_S \cdot \omega_0^2}{T_1},$$

$$a_3 = 1, \quad a_2 = \frac{2 \cdot D \cdot \omega_0 \cdot T_1 + 1}{T_1}, \quad a_1 = \frac{2 \cdot D \cdot \omega_0 + T_1 \cdot \omega_0^2}{T_1}, \quad a_0 = \frac{\omega_0^2}{T_1}.$$

Die Differentialgleichungen sind nach Abschnitt 12.2.4

$$\dot{x}_1 = x_2,$$
$$\dot{x}_2 = x_3,$$
$$\dot{x}_3 = -\frac{a_0}{a_3} \cdot x_1 - \frac{a_1}{a_3} \cdot x_2 - \frac{a_2}{a_3} \cdot x_3 + \frac{b_0}{a_3} \cdot x_e,$$
$$x_a = x_1.$$

Die nichtlineare Kennlinie besteht aus einem linearen Anteil und einem dritter Ordnung:

$$x_e = f(x_d) = x_d^3 - x_d = (u - x_a)^3 - (u - x_a).$$

Mit $x_a = x_1$, $u = u_R = 0$, erhält man die Gleichungen des nichtlinearen Systems:

$$\dot{x}_1 = x_2,$$
$$\dot{x}_2 = x_3,$$
$$\dot{x}_3 = -\left(\frac{a_0}{a_3} - \frac{b_0}{a_3}\right) \cdot x_1 - \frac{b_0}{a_3} \cdot x_1^3 - \frac{a_1}{a_3} \cdot x_2 - \frac{a_2}{a_3} \cdot x_3.$$

Für eine Ruhelage müssen alle Ableitungen gleich Null sein, damit ist:

$$x_{2R} = 0, \quad x_{3R} = 0,$$
$$-\left(\frac{a_0}{a_3} - \frac{b_0}{a_3}\right) \cdot x_{1R} - \frac{b_0}{a_3} \cdot x_{1R}^3 = 0,$$

mit den Lösungen

$$x_{1R1} = 0, \quad x_{1R2,3} = \pm\sqrt{1 - a_0/b_0}.$$

Mit den Werten $K_S = 2$, $\omega_0 = 1 \text{ s}^{-1}$, $D = 0.8$, $T_1 = 1$ s, ist $b_0 = 2$, $a_0 = 1$, $a_1 = 2.6$, $a_2 = 2.6$, $a_3 = 1$:

$$x_{1R1} = 0, \quad x_{1R2,3} = \pm 1/\sqrt{2}.$$

Zur Bestimmung der Eigenwerte des linearisierten Systems wird die Funktionalmatrix berechnet:

$$\dot{x}_1 = f_1(x_1, x_2, x_3) = x_2,$$
$$\dot{x}_2 = f_2(x_1, x_2, x_3) = x_3,$$
$$\dot{x}_3 = f_3(x_1, x_2, x_3) = -\left(\frac{a_0}{a_3} - \frac{b_0}{a_3}\right) \cdot x_1 - \frac{b_0}{a_3} \cdot x_1^3 - \frac{a_1}{a_3} \cdot x_2 - \frac{a_2}{a_3} \cdot x_3,$$

$$\boldsymbol{A} = \left[\frac{\partial f}{\partial x}\right]_R = \begin{bmatrix} f'_{11} & f'_{12} & f'_{13} \\ f'_{21} & f'_{22} & f'_{23} \\ f'_{31} & f'_{32} & f'_{33} \end{bmatrix} = \begin{bmatrix} 0 & 1 & 0 \\ 0 & 0 & 1 \\ -\dfrac{a_0 + b_0 \cdot (3 \cdot x_1^2 - 1)}{a_3} & -\dfrac{a_1}{a_3} & -\dfrac{a_2}{a_3} \end{bmatrix}.$$

Mit der Determinanten

$$\det(s \cdot \boldsymbol{E} - \boldsymbol{A}) = \det \begin{bmatrix} s & -1 & 0 \\ 0 & s & -1 \\ \dfrac{a_0 + b_0 \cdot (3 \cdot x_1^2 - 1)}{a_3} & \dfrac{a_1}{a_3} & s + \dfrac{a_2}{a_3} \end{bmatrix}$$

$$= \frac{a_3 \cdot s^3 + a_2 \cdot s^2 + a_1 \cdot s + a_0 + b_0 \cdot (3 \cdot x_1^2 - 1)}{a_3}$$

$$= s^3 + 2.6 \cdot s^2 + 2.6 \cdot s + 6 \cdot x_1^2 - 1 = 0$$

wird die Stabilität der Ruhelagen untersucht. Für $x_{1R1} = 0$ ist

$$s_1 = 0.291, \quad s_{2,3} = -1.445 \pm j1.162,$$

die Ruhelage ist instabil, da s_1 einen positiven Realteil besitzt. Für $x_{1R2,3} = \pm 1/\sqrt{2}$ sind die Eigenwerte

$$s_1 = -1.769, \quad s_{2,3} = -0.415 \pm j0.979,$$

die Ruhelagen sind stabil. Die Simulation nach Bild 14.4-8, Bild 14.4-9 zeigt, daß je nach Anfangswert die Ruhelage x_{1R2} oder x_{1R3} erreicht wird, die Ruhelagen x_{1R2} und x_{1R3} sind lokal stabil. Von Ruhelage x_{1R1} gehen die Trajektorien weg.

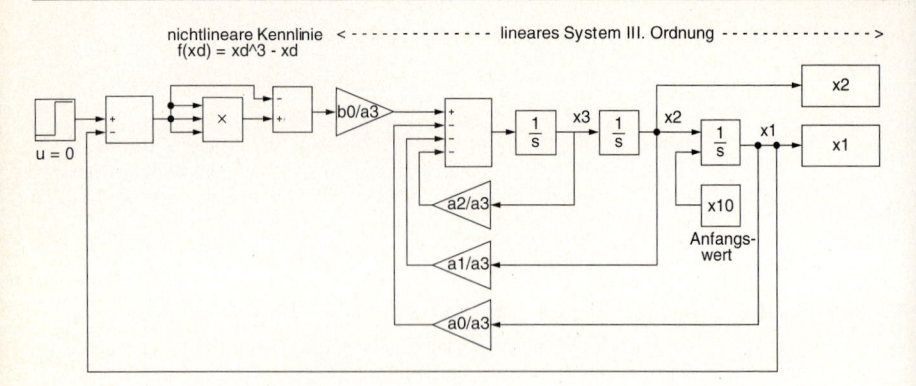

Bild 14.4-8: Simulationsmodell für das nichtlineare System

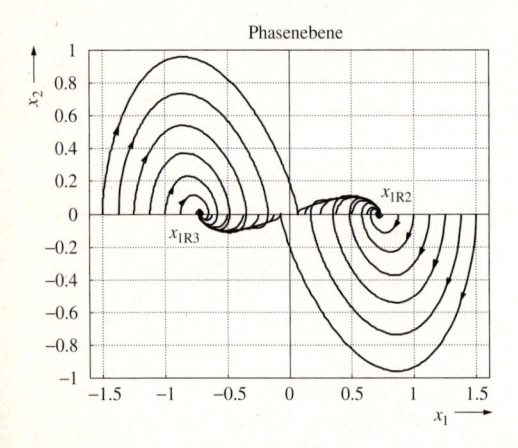

Bild 14.4-9: Trajektorienverlauf in der Umgebung der Ruhelagen

14.4.7 Stabilitätsuntersuchung mit der direkten Methode von LJAPUNOW

14.4.7.1 Grundgedanke der direkten Methode

Mit der direkten Methode von LJAPUNOW (zweite Methode von LJAPUNOW) kann die Stabilität von linearen und nichtlinearen dynamischen Systemen überprüft werden, ohne daß dazu die Differentialgleichungen gelöst werden müssen. Die Methode verbindet Aussagen über den Energieinhalt von dynamischen Systemen mit Aussagen zum Stabilitätsverhalten.

Am Beispiel eines linearen Systems II. Ordnung sollen die Zusammenhänge erklärt werden. Ein mechanisches Feder-Masse-Dämpfer-System (Bild 14.4-10, Bild 4.3-9) wird durch folgende Differentialgleichung beschrieben:

$$m \cdot \ddot{x}_a + r_k \cdot \dot{x}_a + c_f \cdot x_a = 0,$$

mit Federkonstante c_f, Dämpfungskoeffizient r_k, Masse m.

14.4 Untersuchung der Stabilität nichtlinearer Systeme

Bild 14.4-10: Feder-Masse-Dämpfer-System

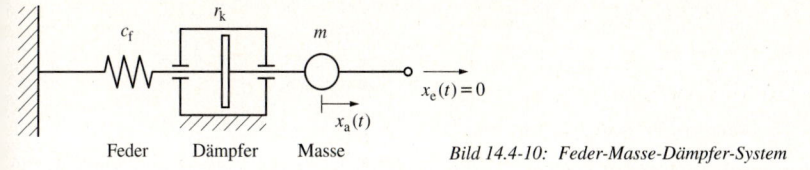

Mit den Zustandsvariablen $x_1 = x_a$, $x_2 = \dot{x}_a$ ergeben sich Zustandsvektor und Normalform der Zustandsdarstellung:

$$\mathbf{x} = \begin{bmatrix} x_1 \\ x_2 \end{bmatrix} = \begin{bmatrix} x_a \\ \dot{x}_a \end{bmatrix},$$

$$\dot{x}_1 = x_2$$
$$\dot{x}_2 = -\frac{c_f}{m} \cdot x_1 - \frac{r_k}{m} \cdot x_2.$$

Für den Anfangswert

$$\mathbf{x}(t=0) = \begin{bmatrix} x_{10} \\ x_{20} \end{bmatrix} = \begin{bmatrix} 1 \\ 0 \end{bmatrix}$$

und die Parameterwerte $c_f = 2$, $r_k = 2$, $m = 1$, sind die normierten Lösungen:

$$x_1(t) = \sqrt{2} \cdot e^{-t} \cdot \sin(t + \pi/4),$$
$$x_2(t) = -2 \cdot e^{-t} \cdot \sin(t).$$

Die charakteristische Gleichung hat die Nullstellen:

$$m \cdot s^2 + r_k \cdot s + c_f = 0,$$
$$s_{1,2} = -1 \pm j,$$

das System ist stabil, die Lösungen $x_1(t)$, $x_2(t)$ werden für $t \to \infty$ zu Null. Bei nichtlinearen Systemen kann die Stabilitätsaussage über die Lösung der Differentialgleichung gewonnen werden. Eine andere Betrachtung, z. B. die **direkte Methode von LJAPUNOW**, führt über eine verallgemeinerte Energiefunktion und den zeitlichen Verlauf der Energieänderung zu demselben Ergebnis.

Der Energieinhalt des Feder-Masse-Dämpfer-Systems besteht aus der potentiellen Energie der Feder, die vom Quadrat der Federauslenkung x_1^2 abhängt und aus der kinetischen Energie der Masse, die proportional zum Quadrat der Geschwindigkeit x_2^2 ist:

$$V(\mathbf{x}) = V(x_1, x_2) = \frac{c_f \cdot x_1^2}{2} + \frac{m \cdot x_2^2}{2}.$$

Diese skalare Funktion, die hier dem Energieinhalt entspricht, wird auch als **positive definite Funktion** bezeichnet. Eine positiv definite Funktion ist Null für $x_1 = 0$, $x_2 = 0$, für alle anderen Wertepaare ist sie größer Null.

Die Energie des Systems wird über die im Dämpferkolben umgesetzte Wärme verringert. Die Veränderung der Energie wird durch die Ableitung der Energie nach der Zeit bestimmt, wobei partiell differenziert wird und für $\dot{x}_1$ und $\dot{x}_2$ die rechten Seiten der Differentialgleichung einzusetzen sind:

$$\dot{V}(\mathbf{x}) = \frac{dV(\mathbf{x})}{dt} = [\text{grad}\, V(\mathbf{x})]^T \cdot \dot{\mathbf{x}} = \begin{bmatrix} \frac{\partial V(\mathbf{x})}{\partial x_1} & \frac{\partial V(\mathbf{x})}{\partial x_2} & \cdots & \frac{\partial V(\mathbf{x})}{\partial x_n} \end{bmatrix} \cdot \begin{bmatrix} \dot{x}_1 \\ \dot{x}_2 \\ \vdots \\ \dot{x}_n \end{bmatrix}$$

$$= \frac{\partial V(x_1, x_2)}{\partial x_1} \cdot \dot{x}_1 + \frac{\partial V(x_1, x_2)}{\partial x_2} \cdot \dot{x}_2$$

$$= \frac{\partial}{\partial x_1}\left(\frac{c_f \cdot x_1^2}{2} + \frac{m \cdot x_2^2}{2}\right) \cdot x_2 + \frac{\partial}{\partial x_2}\left(\frac{c_f \cdot x_1^2}{2} + \frac{m \cdot x_2^2}{2}\right) \cdot \left(-\frac{c_f \cdot x_1}{m} - \frac{r_k \cdot x_2}{m}\right)$$

$$= c_f \cdot x_1 \cdot x_2 + m \cdot x_2 \cdot (-c_f \cdot x_1/m - r_k \cdot x_2/m) = -r_k \cdot x_2^2.$$

Die im Dämpferkolben umgesetzte Leistung ($\dot{V}$ = Energie pro Zeit) ist gleich der Kraft $r_k \cdot x_2$ im Dämpferkolben multipliziert mit der Geschwindigkeit x_2. Die Energieänderung in dem System ist **immer negativ**. Für das mechanische System mit den gegebenen Parameterwerten verläuft die Energieänderung nach der Funktion

$$\dot{V}(x_1, x_2) = -r_k \cdot x_2^2 = -8 \cdot e^{-2t} \cdot \sin^2(t).$$

Mit diesen Betrachtungen läßt sich der Grundgedanke von LJAPUNOW formulieren:

> Wenn nach einer Auslenkung aus einem stationären Zustand (Ruhelage) die im System vorhandene Energie abnimmt und im stationären Zustand Null ist, dann ist das System asymptotisch stabil.

14.4.7.2 Stabilitätsuntersuchung mit der LJAPUNOW-Funktion

Für ein lineares oder nichtlineares System $\dot{x} = f(x, u_0)$:

$$\dot{x}_1 = f_1(x_1, \ldots, x_n, u_0),$$
$$\dot{x}_2 = f_2(x_1, \ldots, x_n, u_0),$$
$$\ldots$$
$$\dot{x}_n = fn(x_1, \ldots, x_n, u_0),$$

mit konstantem Eingangssignal $u(t) = u_0$ existiert eine Ruhelage $x = x_R$, die durch entsprechende Transformation der Zustandsgrößen auf $x_R = o$ festgelegt werden kann. Das Stabilitätskriterium von LJAPUNOW sagt aus, daß Stabilität vorliegt, wenn alle Trajektorien für $t \to \infty$ in dieser Ruhelage enden.

Das ist der Fall, wenn eine Funktion $V(x)$ mit folgenden Eigenschaften gefunden werden kann:

a) Die Funktion

$$V(x) = V(x_1, x_2, \ldots, x_n) > 0$$

ist größer Null für alle Werte von $x_1, x_2, \ldots, x_n$, ausgenommen für $x = o$: $V(o) = 0$. Eine solche Funktion heißt **positiv definit**.

b) Die Ableitung

$$\dot{V}(x) = \dot{V}(x_1, x_2, \ldots, x_n) = [\operatorname{grad} V(x)]^T \cdot \dot{x} < 0$$

muß für alle Werte $x_1, x_2, \ldots, x_n$ kleiner Null sein, ausgenommen für $x = o$, wobei für $\dot{x}$ die rechten Seiten der Differentialgleichung eingesetzt werden. Ist $\dot{V}(x)$ nur in der Ruhelage gleich Null

$$\dot{V}(x_R) = \dot{V}(x_{1R}, x_{2R}, \ldots, x_{nR}) = V(o) = 0,$$

dann heißt die Funktion **negativ definit**. Eine Funktion mit diesen Eigenschaften wird als **LJAPUNOW-Funktion** bezeichnet. Das zugehörige untersuchte lineare oder nichtlineare System ist dann asymptotisch stabil.

Beispiel 14.4-6: Für ein nichtlineares System

$$\ddot{x} + a \cdot \dot{x}^3 + \dot{x} + x = 0, \quad \text{mit } x_1 = x, x_2 = \dot{x}$$
$$\dot{x}_1 = x_2$$
$$\dot{x}_2 = -x_1 - x_2 - a \cdot x_2^3$$

existiert eine Ruhelage bei $x_1 = 0$, $x_2 = 0$. Mit der positiv definiten Funktion

$$V(\mathbf{x}) = x_1^2 + x_2^2$$

ist die Stabilität zu überprüfen. Mit

$$\dot{V}(\mathbf{x}) = [\mathrm{grad}\, V(\mathbf{x})]^\mathrm{T} \cdot \dot{\mathbf{x}} = \frac{\partial V(x_1, x_2)}{\partial x_1} \cdot \dot{x}_1 + \frac{\partial V(x_1, x_2)}{\partial x_2} \cdot \dot{x}_2$$

$$= \frac{\partial}{\partial x_1}\left(x_1^2 + x_2^2\right) \cdot x_2 + \frac{\partial}{\partial x_2}\left(x_1^2 + x_2^2\right) \cdot \left(-x_1 - x_2 - a \cdot x_2^3\right)$$

$$= 2 \cdot x_1 \cdot x_2 + 2 \cdot x_2 \cdot (-x_1 - x_2 - a \cdot x_2^3) = -2 \cdot x_2^2 - 2 \cdot a \cdot x_2^4,$$

ist für $a > 0$ die Ableitung $\dot{V}(x_1, x_2)$ immer kleiner Null. Die Ruhelage ist asymptotisch stabil.

Beispiel 14.4-7: Ein nichtlineares System mit der Differentialgleichung

$$\dot{x}_1 = x_2 - a_1 \cdot x_1 \cdot (x_1^2 + x_2^2)$$
$$\dot{x}_2 = x_1 - a_2 \cdot x_2 \cdot (x_1^2 + x_2^2)$$

hat eine Ruhelage bei $x_1 = 0$, $x_2 = 0$. Mit der positiv definiten Funktion

$$V(\mathbf{x}) = x_1^2 + x_2^2$$

ist zu berechnen, für welche Werte a_1, a_2, die Ruhelage stabil ist. Die Ableitung $\dot{V}(\mathbf{x})$

$$\frac{\mathrm{d}V(\mathbf{x})}{\mathrm{d}t} = [\mathrm{grad}\, V(\mathbf{x})]^\mathrm{T} \cdot \dot{\mathbf{x}} = \frac{\partial V(x_1, x_2)}{\partial x_1} \cdot \dot{x}_1 + \frac{\partial V(x_1, x_2)}{\partial x_2} \cdot \dot{x}_2$$

$$= \frac{\partial}{\partial x_1}\left(x_1^2 + x_2^2\right) \cdot [x_2 - a_1 \cdot x_1 \cdot (x_1^2 + x_2^2)] + \frac{\partial}{\partial x_2}\left(x_1^2 + x_2^2\right) \cdot [x_1 - a_2 \cdot x_2 \cdot (x_1^2 + x_2^2)]$$

$$= -2 \cdot (a_1 \cdot x_1^2 + a_2 \cdot x_2^2) \cdot (x_1^2 + x_2^2)$$

ist für $a_1 > 0$, $a_2 > 0$, immer negativ. Die Ruhelage ist asymptotisch stabil für $a_1 > 0$, $a_2 > 0$.

Problematisch bei der Anwendung des Stabilitätstests nach LJAPUNOW ist die Vorgabe der positiv definiten Funktion $V(\mathbf{x})$. Wählt man eine ungünstige Funktion $V(\mathbf{x})$, so kann die Stabilitätsaussage im Widerspruch zu Aussagen mit besser geeigneten Funktionen stehen. Wählt man für das Beispiel von Abschnitt 14.4.7.1

$$\dot{x}_1 = x_2$$
$$\dot{x}_2 = -\frac{c_\mathrm{f}}{m} \cdot x_1 - \frac{r_\mathrm{k}}{m} \cdot x_2.$$

anstelle von

$$V(\mathbf{x}) = \frac{c_\mathrm{f} \cdot x_1^2}{2} + \frac{m \cdot x_2^2}{2}$$

eine ähnliche positiv definite Funktion

$$V(\mathbf{x}) = x_1^2 + x_2^2,$$

so ist

$$\dot{V}(\mathbf{x}) = \frac{\partial}{\partial x_1}\left(x_1^2 + x_2^2\right) \cdot x_2 + \frac{\partial}{\partial x_2}\left(x_1^2 + x_2^2\right) \cdot \left(-\frac{c_\mathrm{f} \cdot x_1}{m} - \frac{r_\mathrm{k} \cdot x_2}{m}\right)$$

$$= -\frac{2 \cdot x_1 \cdot x_2 \cdot (c_\mathrm{f} - m) + 2 \cdot r_\mathrm{k} \cdot x_2^2}{m}.$$

Für die Parameterwerte $c_f = 2$, $r_k = 2$, $m = 1$, ist

$$\dot{V}(x) = -2 \cdot x_1 \cdot x_2 - 4 \cdot x_2^2,$$

für $x_1 < -2 \cdot x_2$ ist $\dot{V}(x) > 0$. Da $\dot{V}(x)$ außerhalb der Ruhelage $x_R = o$ nicht überall kleiner Null ist, wird die Stabilitätsbedingung nach LJAPUNOW nicht erfüllt: Das System kann nicht als stabil gelten, obwohl die Erfahrung und der Ansatz mit einer anderen LJAPUNOW-Funktion nach Abschnitt 14.4.7.1 dies zeigen.

> Die direkte Methode von LJAPUNOW ist nur eine hinreichende Stabilitätsbedingung. Ist die Stabilitätsbedingung erfüllt, ist das untersuchte System stabil, ist sie nicht erfüllt, ist keine Aussage möglich.

14.4.8 Stabilitätskriterium von POPOW

14.4.8.1 Absolute Stabilität

Mit der direkten Methode von LJAPUNOW kann die Stabilität von dynamischen Systemen überprüft werden, ohne daß dazu Differentialgleichungen gelöst werden müssen. Für die Anwendung ergibt sich jedoch die Schwierigkeit, zu einem nichtlinearen Regelkreis eine geeignete LJAPUNOW-Funktion zu finden.

Eine Erweiterung der Stabilitätsverfahren bildet das Kriterium von POPOW, das es ermöglicht, für Standardtypen von nichtlinearen Regelkreisen Aussagen zur Stabilität zu machen. Damit wird nicht nur für eine bestimmte Kennlinie, sondern für eine Klasse von Kennlinien die Stabilitätsaussage gewonnen. Das Kriterium von POPOW in der Frequenzgangform kann beispielsweise mit einer Ortskurve überprüft werden, ist also ähnlich durchzuführen wie das NYQUIST-Kriterium und damit ein Stabilitätskriterium des Frequenzbereichs.

Für die Formulierung des POPOW-Kriteriums wird der Begriff der **absoluten Stabilität** benötigt. In dem Regelkreis nach Bild 14.4-11 soll die Kennlinie des nichtlinearen Elements eindeutig, stückweise stetig, durch den Ursprung $f(x_d = 0) = 0$ gehen und innerhalb eines Sektors $[0, K]$ liegen (Bild 14.4-12).

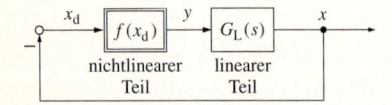

Bild 14.4-11: Nichtlinearer Standardregelkreis

> Ein Regelkreis heißt **absolut stabil** im Sektor $[0, K]$, wenn er für jede Kennlinie $y = f(x_d)$, die in dem Sektor liegt, eine asymptotisch stabile Ruhelage $x_d = 0$ besitzt.

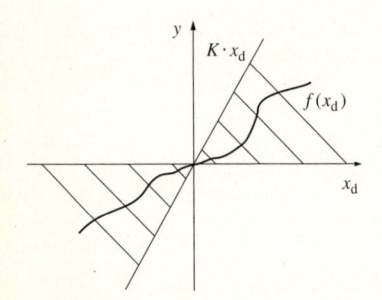

Bild 14.4-12: Funktionen im Sektor $[0, K]$

Der schraffierte Sektor in Bild 14.4-11 wird durch $y = K \cdot x_d$ und $y = 0$ begrenzt. Liegt $y = f(x_d)$ im Sektor $[0, K]$ mit $K > 0$, dann gilt:

$$0 < f(x_d) \leq K \cdot x_d, \quad \text{für } x_d > 0,$$
$$f(x_d) = 0, \quad \text{für } x_d = 0,$$
$$K \cdot x_d \leq f(x_d) < 0, \quad \text{für } x_d < 0.$$

Normiert man mit x_d, so erhält man

$$0 < \frac{f(x_d)}{x_d} \leq K, \quad \text{für } x_d \neq 0.$$

14.4.8.2 Numerische Form des POPOW-Kriteriums

Die absolute Stabilität wird mit dem POPOW-Kriterium nachgewiesen, das zunächst numerisch und in Abschnitt 14.4.8.3 in der Ortskurvenform angegeben wird.

Voraussetzungen für die Anwendung des POPOW-Kriteriums sind: Ein nichtlineares Regelungssystem besitzt einen linearen Teil $G_L(s)$ bzw. $F_L(j\omega)$ dessen Verstärkungsfaktor K_S oder K_{IS} der nichtlinearen Kennlinie hinzugefügt wird. $G_L(s)$ hat also beispielsweise folgende Formen, wobei der Zählergrad kleiner als der Nennergrad sein muß:

$$G_L(s) = \frac{Z_L(s)}{N_L(s)} = \frac{b_1 \cdot s + 1}{a_2 \cdot s^2 + a_1 \cdot s + 1},$$
$$G_L(s) = \frac{Z_L(s)}{N_L(s)} = \frac{1}{s \cdot (a_2 \cdot s^2 + a_1 \cdot s + 1)}.$$

Der nichtlineare Teil besteht aus einer nichtlinearen eindeutigen, stückweise stetigen Kennlinie $y = f(x_d)$, die folgende Anforderungen erfüllt:

1) $f(x_d = 0) = 0$, die Kennlinie geht durch den Ursprung.

2) Falls $G_L(s)$ nur Pole mit negativem Realteil besitzt, darf für die Kennlinie gelten:

$$0 \leq \left|\frac{f(x_d)}{x_d}\right| \leq K.$$

3) Wenn $G_L(s)$ nur Pole mit negativem Realteil und zusätzlich einfache Pole auf der imaginären Achse hat, gilt für die Kennlinie folgende Einschränkung:

$$0 < \left|\frac{f(x_d)}{x_d}\right| \leq K,$$

Elemente mit Totzone (Tabelle 14.3-5, Nr. 3, 28, 29, 30) oder Dreipunkt-Elemente (Tabelle 14.3-5, Nr. 12) erfüllen diese Einschränkung zum Beispiel nicht.

Das Regelungssystem ist dann absolut stabil, wenn die zwei Bedingungen des POPOW-Kriteriums erfüllt sind. Die **erste Bedingung** fordert, daß der lineare Systemteil für den HURWITZ-Sektor [0, $K < K_{H\,max}$] stabil ist.

Die erste Bedingung ergibt sich daraus, daß in dem Sektorbereich [0, K] auch lineare Kennlinien liegen dürfen, da lineare Kennlinien Sonderfälle von nichtlinearen sind. Das Regelungssystem muß für den Sonderfall einer linearen Kennlinie, die im Sektor $0 < K_H < K$ liegt, stabil sein. Der HURWITZ-Sektor kann mit dem HURWITZ- oder ROUTH-Kriterium bestimmt werden (Abschnitt 6.3). Dazu wird der Regelkreis nach Bild 14.4-13 untersucht.

Die Nullstellen der Gleichung

$$N_L(s) + K_H \cdot Z_L(s) = 0$$

dürfen nur negative Realteile besitzen. Die Anwendung des ROUTH- oder HURWITZ-Kriteriums liefert eine kritische Verstärkung $K_{H\,max}$, die die Obergrenze des Sektors [0, $K < K_{H\,max}$] vorgibt.

14 Nichtlineare Regelungen

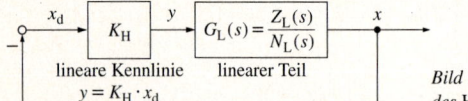

```
       x_d  ┌─────┐  y  ┌──────────────────┐  x
   ──○──────┤ K_H ├─────┤ G_L(s) = Z_L(s)/N_L(s) ├──────●──
      -│    └─────┘     └──────────────────┘
       │  lineare Kennlinie  linearer Teil
       │  y = K_H · x_d
```

Bild 14.4-13: *Regelkreis für die Berechnung des* HURWITZ-*Sektors (Stabilitätssektors)*

Als **zweite Bedingung** muß folgende Ungleichung für alle $\omega \geq 0$ erfüllt sein, wobei α eine reelle Zahl ist:

$$\text{Re}\{(1 + \alpha \cdot j\omega) \cdot F_L(j\omega)\} > -\frac{1}{K}.$$

Einige Kennlinien erfordern eine obere Sektorgrenze $K \to \infty$, nur dann liegen die Kennlinien $y = f(x_d)$ im Sektor $[0, K]$. Das sind Zweipunkt-Elemente (Tabelle 14.3-5, Nr. 6)

$$y = \begin{cases} -d, & \text{für } x_d < 0, \\ 0, & \text{für } x_d = 0, \\ d, & \text{für } x_d > 0, \end{cases}$$

Elemente mit progressiver und degressiver Kennlinie (Tabelle 14.3-5, Nr. 20, 23), wie zum Beispiel

$$y = d \cdot x_d^3,$$

oder Elemente mit Vorspannung (Tabelle 14.3-5, Nr. 31–33), da

$$\lim_{x_d \to \infty} \frac{f(x_d)}{x_d}$$

für diese Elemente gegen unendlich geht. Die zweite POPOW-Bedingung, die diese Elemente in die Stabilitätsbetrachtung einschließt, ist dann wegen $K \to \infty$, $-1/K \to 0$:

$$\text{Re}\{(1 + \alpha \cdot j\omega) \cdot F_L(j\omega)\} > 0.$$

Beispiel 14.4-8: Der lineare Teil eines Regelungssystems hat die Übertragungsfunktion

$$G_L(s) = \frac{Z_L(s)}{N_L(s)} = \frac{1}{a_2 \cdot s^2 + a_1 \cdot s + 1}, \quad a_1 > 0, a_2 > 0,$$

die Streckenverstärkung K_S ist der Sektorgrenze K hinzugefügt.

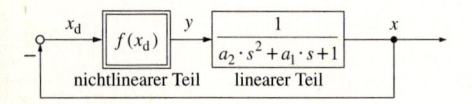

```
       x_d  ┌────────┐  y  ┌──────────────────────┐  x
   ──○──────┤ f(x_d) ├─────┤  1/(a_2·s² + a_1·s + 1) ├──────
      -│    └────────┘     └──────────────────────┘
       │  nichtlinearer Teil   linearer Teil
```

Für $a_1 > 0, a_2 > 0$ hat $G_L(s)$ nur Pole mit negativem Realteil. Die Berechnung des HURWITZ-Sektors ergibt:

$$N_L(s) + K_H \cdot Z_L(s) = a_2 \cdot s^2 + a_1 \cdot s + 1 + K_H = 0.$$

ROUTH-Schema:

$$a_2 \quad 1 + K_H$$

$$a_1 \quad 0$$

$$c_1 = a_1 \cdot (1 + K_H) - a_2 \cdot 0 = a_1 \cdot (1 + K_H) > 0.$$

Der Regelkreis ist stabil für lineare Kennlinien $y = K_H \cdot x_d$ mit $0 \leq K_H < K_{H\max} \to \infty$. Damit ist die erste Bedingung untersucht, die Sektorverstärkung $K < K_{H\max}$ kann festgelegt werden.

Da die Stabilitätsaussage für eine große Anzahl von nichtlinearen Kennlinien gelten soll, ist die Sektorgrenze groß, wenn möglich $K \to \infty$, zu wählen. Damit wird für alle eindeutigen Kennlinien, die im I. und III. Quadranten liegen, die Stabilität ermittelt. Als obere Sektorgrenze darf in diesem Beispiel $K \to \infty$ gewählt werden.

14.4 Untersuchung der Stabilität nichtlinearer Systeme

Als zweite Bedingung des POPOW-Kriteriums ist dann zu prüfen, ob

$$\text{Re}\{(1 + \alpha \cdot j\omega) \cdot F_L(j\omega)\} > 0$$

für $\omega \geq 0$ ist. Die Frequenzgangfunktion

$$F_L(j\omega) = \frac{1}{a_2 \cdot (j\omega)^2 + a_1 \cdot j\omega + 1}$$

wird eingesetzt:

$$\text{Re}\{(1 + \alpha \cdot j\omega) \cdot F_L(j\omega)\} = \text{Re}\left\{\frac{1 + \alpha \cdot j\omega}{a_2 \cdot (j\omega)^2 + a_1 \cdot j\omega + 1}\right\}$$

$$= \text{Re}\left\{\frac{(\alpha \cdot a_1 - a_2) \cdot \omega^2 + 1}{a_1^2 \cdot \omega^2 + (a_2 \cdot \omega^2 - 1)^2} - j \cdot \frac{\omega \cdot (a_1 + \alpha \cdot (a_2 \cdot \omega^2 - 1))}{a_1^2 \cdot \omega^2 + (a_2 \cdot \omega^2 - 1)^2}\right\}$$

$$= \frac{(\alpha \cdot a_1 - a_2) \cdot \omega^2 + 1}{a_1^2 \cdot \omega^2 + (a_2 \cdot \omega^2 - 1)^2} > 0.$$

Der Nenner ist für $\omega \geq 0$ immer größer Null, für

$$\alpha > \frac{a_2}{a_1}$$

ist der Zähler größer Null und damit immer

$$\text{Re}\{(1 + \alpha \cdot j\omega) \cdot F_L(j\omega)\} > 0,$$

für alle $\omega \geq 0$. Damit ist die zweite POPOW-Bedingung erfüllt: Der nichtlineare Regelkreis ist absolut stabil für alle eindeutigen, stückweise stetigen Kennlinien $y = f(x_d)$, die im Sektor $[0, K \to \infty]$ liegen, das sind alle Kennlinien, die im I. und III. Quadranten liegen.

In Tabelle 14.4-2 sind für lineare Teilfrequenzgangfunktionen $F_L(j\omega)$ die Kenngrößenbedingungen für α angegeben. Für $a_1 > 0$, $a_2 > 0$, $b_1 > 0$ ist der Stabilitätssektor $[0, K < K_{H\max} \to \infty]$. α kann immer so gewählt werden, daß die Bedingung

$$\text{Re}\{(1 + \alpha \cdot j\omega) \cdot F_L(j\omega)\} > 0,$$

erfüllt wird. Die nichtlinearen Regelkreise sind daher absolut stabil für die beim POPOW-Kriterium gemachten Voraussetzungen.

Tabelle 14.4-2: Stabilitätsaussagen für nichtlineare Regelungssysteme

$F_L(j\omega)$	$\text{Re}\{(1 + \alpha \cdot j\omega) \cdot F_L(j\omega)\}$	α
$\dfrac{1}{a_1 \cdot j\omega + 1}$	$\dfrac{a_1 \cdot \alpha \cdot \omega^2 + 1}{a_1^2 \cdot \omega^2 + 1}$	$\alpha > 0$
$\dfrac{1}{j\omega \cdot (a_1 \cdot j\omega + 1)}$	$\dfrac{\alpha - a_1}{a_1^2 \cdot \omega^2 + 1}$	$\alpha > a_1$
$\dfrac{b_1 \cdot j\omega + 1}{j\omega \cdot (a_1 \cdot j\omega + 1)}$	$\dfrac{a_1 \cdot b_1 \cdot \alpha \cdot \omega^2 + \alpha - a_1 + b_1}{a_1^2 \cdot \omega^2 + 1}$	$\alpha > 0$, $\alpha > a_1 - b_1$
$\dfrac{1}{a_2 \cdot (j\omega)^2 + a_1 \cdot j\omega + 1}$	$\dfrac{\omega^2 \cdot (\alpha \cdot a_1 - a_2) + 1}{(a_2 \cdot \omega^2 - 1)^2 + a_1^2 \cdot \omega^2}$	$\alpha > \dfrac{a_2}{a_1}$

14.4.8.3 Ortskurvenform des POPOW-Kriteriums

Die numerische Auswertung des POPOW-Kriteriums ist für Systeme mit linearen Teilen $F_L(j\omega)$ höherer Ordnung aufwendig. Das POPOW-Kriterium wird dann einfacher in der Ortskurvenebene angegeben und untersucht.

Für die Darstellung in der Ortskurvenebene werden folgende Umformungen ausgeführt. Mit

$$F_L(j\omega) = \text{Re}\{F_L(j\omega)\} + j \cdot \text{Im}\{F_L(j\omega)\}$$

folgt

$$\begin{aligned}\text{Re}\{(1 + \alpha \cdot j\omega) \cdot F_L(j\omega)\} &= \text{Re}\{F_L(j\omega)\} + \text{Re}\{\alpha \cdot j\omega \cdot [\text{Re}\{F_L(j\omega)\} + j \cdot \text{Im}\{F_L(j\omega)\}]\} \\ &= \text{Re}\{F_L(j\omega)\} + \alpha \cdot \omega \cdot \text{Re}\{j \cdot \text{Re}\{F_L(j\omega)\} - \text{Im}\{F_L(j\omega)\}]\} \\ &= \text{Re}\{F_L(j\omega)\} + \alpha \cdot \omega \cdot \text{Re}\{-\text{Im}\{F_L(j\omega)\}\} \\ &= \text{Re}\{F_L(j\omega)\} - \alpha \cdot \omega \cdot \text{Im}\{F_L(j\omega)\} > -\frac{1}{K}.\end{aligned}$$

Durch die Einführung einer neuen Ortskurve (**POPOW-Ortskurve**)

$$F_P(j\omega) = \text{Re}\{F_L(j\omega)\} + j\omega \cdot \text{Im}\{F_L(j\omega)\} = x_P + j \cdot y_P,$$

mit

$$x_P = \text{Re}\{F_L(j\omega)\}, \qquad y_P = \omega \cdot \text{Im}\{F_L(j\omega)\},$$

wird das POPOW-Kriterium transformiert in

$$\text{Re}\{F_L(j\omega)\} - \alpha \cdot \omega \cdot \text{Im}\{F_L(j\omega)\} = x_P - \alpha \cdot y_P > -\frac{1}{K}.$$

Die Stabilitätsgrenze ergibt sich für

$$x_P - \alpha \cdot y_P + \frac{1}{K} > 0.$$

Die Gleichung

$$y_P = \frac{1}{\alpha} \cdot \left(x_P + \frac{1}{K}\right)$$

beschreibt in der y_P-x_P-Ortskurvenebene eine Gerade mit der Steigung $1/\alpha$, die die Abszisse im Punkt $x_P = -1/K$ schneidet. Diese **POPOW-Gerade** teilt die y_P-x_P-Ebene in zwei Bereiche: Rechts von der Geraden gilt

$$x_P - \alpha \cdot y_P + \frac{1}{K} > 0,$$

links von der Geraden ist

$$x_P - \alpha \cdot y_P + \frac{1}{K} < 0.$$

Die zweite POPOW-Bedingung für absolute Stabilität sagt aus, daß für $\omega \geq 0$

$$x_P - \alpha \cdot y_P + \frac{1}{K} > 0$$

sein muß. Das ist erfüllt, wenn die POPOW-Ortskurve rechts von der POPOW-Geraden verläuft (Bild 14.4-14).

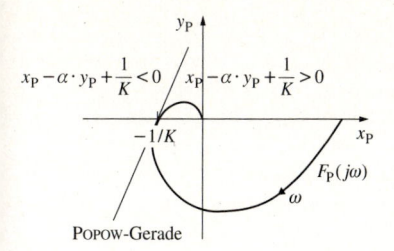

14.4 Untersuchung der Stabilität nichtlinearer Systeme

Bild 14.4-14: POPOW-*Kriterium in der Ortskurvenebene*

Beispiel 14.4-9: Der lineare Teil eines Regelungssystems hat die Übertragungsfunktion

$$G_L(s) = \frac{K_S}{(1+s \cdot T_1) \cdot (1+s \cdot T_2) \cdot (1+s \cdot T_3)},$$
$$K_S = 2, \quad T_1 = T_2 = 1 \text{ s}, \quad T_3 = 0.2 \text{ s},$$

die Streckenverstärkung K_S wird der Sektorgrenze K hinzugefügt.

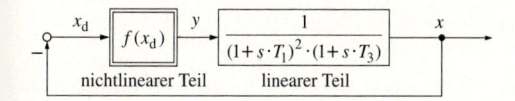

$G_L(s)$ hat mit $s_{1,2} = -1/T_1$, $s_3 = -1/T_3$, nur Pole mit negativem Realteil. Die Berechnung des HURWITZ-Sektors ergibt:

$$N_L(s) + K_H \cdot Z_L(s) = (1+s \cdot T_1)^2 \cdot (1+s \cdot T_3) + K_H$$
$$= T_1^2 \cdot T_3 \cdot s^3 + (T_1^2 + 2 \cdot T_1 \cdot T_3) \cdot s^2 + (2 \cdot T_1 + T_3) \cdot s + 1 + K_H$$
$$= 0.2 \cdot s^3 + 1.4 \cdot s^2 + 2.2 \cdot s + 1 + K_H = 0.$$

ROUTH-Schema:

$$0.2 \quad 2.2$$
$$1.4 \quad 1 + K_H$$
$$c_1 = 1.4 \cdot 2.2 - 0.2 \cdot (1 + K_H) > 0.$$

Der Regelkreis ist stabil für lineare Kennlinien $y = K_H \cdot x_d$ mit $0 \leq K_H < K_{H\,max} = 14.4$. Als obere Sektorgrenze ist $K < K_{H\,max} = 14.4$ zu wählen. Die zweite Bedingung des POPOW-Kriteriums wird mit der Ortskurve von

$$F_P(j\omega) = \text{Re}\{F_L(j\omega)\} + j\omega \cdot \text{Im}\{F_L(j\omega)\}$$
$$= \frac{-35 \cdot \omega^2 + 25}{\omega^6 + 27 \cdot \omega^4 + 51 \cdot \omega^2 + 25} + j \cdot \frac{5 \cdot \omega^4 - 55}{\omega^6 + 27 \cdot \omega^4 + 51 \cdot \omega^2 + 25}$$

geprüft (Bild 14.4-15). Die POPOW-Gerade liegt links von der Ortskurve. Die reelle Achse wird bei $-1/K < -1/K_{H\,max}$ von der POPOW-Geraden geschnitten. Die Steigung $1/\alpha$ der POPOW-Geraden kann so gewählt werden, daß die Ortskurve immer rechts von der POPOW-Geraden bleibt. Der nichtlineare Regelkreis ist absolut stabil für alle eindeutigen, stückweise stetigen Kennlinien $y = f(x_d)$, die in dem Sektor $[0, K/K_S < K_{H\,max}/K_S = 7.7]$ liegen. Bei der Bestimmung des Kennlinienbereichs muß berücksichtigt werden, daß die Verstärkung $K_S = 2$ in K enthalten ist. Die nichtlineare Kennlinie muß demnach in dem Sektor $[0, < 7.7]$ liegen.

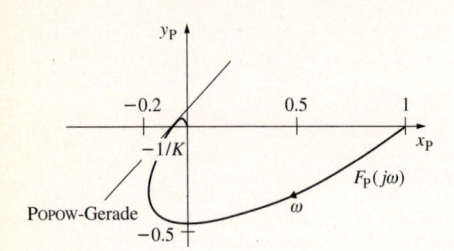

Bild 14.4-15: POPOW-*Gerade und* POPOW-*Ortskurve* $F_P(j\omega)$

Das POPOW-Kriterium ist – ebenso wie die direkte Methode von LJAPUNOW – nur eine hinreichende Stabilitätsbedingung. Ist die Stabilitätsbedingung erfüllt, ist das untersuchte System stabil, ist sie nicht erfüllt, kann keine Aussage gemacht werden.

14.5 Regelkreise mit schaltenden Reglern

14.5.1 Anwendung von schaltenden Reglern

In vielen technischen Regelungen werden bei einfachen Anwendungen schaltende Regler verwendet. Zweipunktregler ohne Hysterese (Schaltdifferenz) liefern nur zwei unterschiedliche Ausgangssignale, zum Beispiel:

$$y = \begin{cases} y_2, & \text{für } x_d > 0, \\ 0, & \text{für } x_d \leq 0, \end{cases}$$

das entspricht dem Ein- und Ausschalten der Leistung am Eingang der Regelstrecke. Wichtige Anwendungsgebiete für Zweipunktregler sind:

- Temperaturregelungen im Haushaltsbereich (Raumheizungen, Elektroherde, Kochplatten, Warmwasserspeicher, Bügeleisen, Kühlschränke, Waschmaschinen),
- Temperaturregelungen im industriellen Bereich (Härte-, Glüh-, Keramiköfen, Trocknungsanlagen),
- Druckregelungen,
- Niveauregelungen für Flüssigkeiten, Granulate.

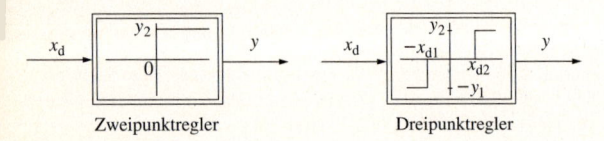

Bild 14.5-1: Signalflußsymbole von Zwei- und Dreipunktreglern

Dreipunktregler liefern drei verschiedene Ausgangssignale, beispielsweise:

$$y = \begin{cases} y_2, & \text{für} & x_d \geq x_{d2}, \\ 0, & \text{für} & -x_{d1} < x_d < x_{d2}, \\ -y_1, & \text{für} & x_d \leq -x_{d1}. \end{cases}$$

Ein Einsatzgebiet von Dreipunktreglern ist die Ansteuerung von Stellmotoren (Rechtslauf, Stillstand, Linkslauf) für die Verstellung von Ventilen: Mit $y = y_2$ wird der Durchlaßquerschnitt des Ventils vergrößert, für $y = 0$ bleibt das Ventil in der zuletzt eingenommenen Stellung, mit $y = -y_1$ wird der Durchlaßquerschnitt verkleinert.

14.5 Regelkreise mit schaltenden Reglern

Beispiel 14.5-1: Eine Temperaturregelstrecke, die näherungsweise durch ein Totzeitelement und ein Verzögerungselement I. Ordnung beschrieben wird, soll mit einem Zweipunktregler mit Schaltdifferenz geregelt werden.

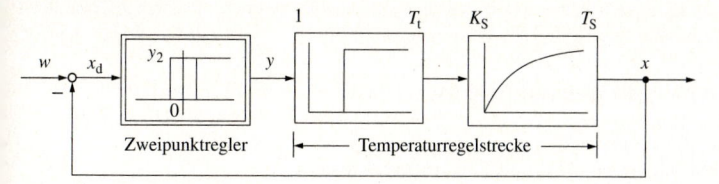

Für $K_S = 5$, $T_t = 0.5$ s, $T_S = 5$ s, $y_2 = 0.5$, ergibt sich der Verlauf der Größen des Regelkreises nach Bild 14.5-2.

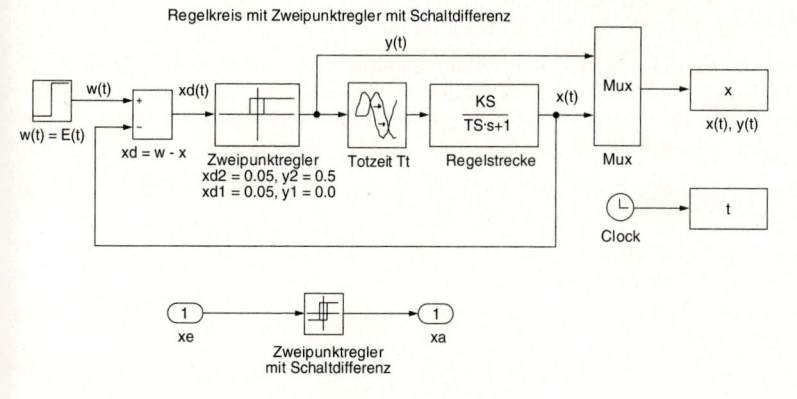

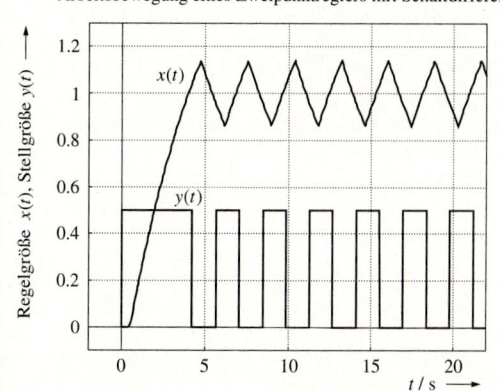

Bild 14.5-2: Signalverläufe in einem Regelkreis mit Zweipunktregler

Bedingt durch die Totzeit T_t steigt die Regelgröße nach dem Ausschalten der Stellgröße weiter an. Entsprechend fällt sie noch weiter, wenn die Stellgröße wieder eingeschaltet wird. Es entsteht eine pendelnde Arbeitsbewegung der Regelgröße um den Sollwert.

14 Nichtlineare Regelungen

Schaltende Regler haben viele Vorteile. Sie sind einfach zu realisieren, zum Beispiel durch Meßwertgeber mit Grenzwertschaltern, Bimetallkontakten und Relais. Die Regler sind robust und preisgünstig, durch die schaltende Arbeitsweise können hohe Leistungsverstärkungen erreicht werden. In den nächsten Abschnitten wird untersucht, wie das Regelverhalten von Regelungen mit schaltenden Reglern berechnet und beeinflußt werden kann.

14.5.2 Regelkreise mit Zweipunktreglern

14.5.2.1 Berechnung der Kenngrößen von Regelkreisen mit Zweipunktreglern und proportionalen Regelstrecken

In diesem Abschnitt werden die Gleichungen für einen allgemeinen Zweipunktregelkreis mit proportionaler Regelstrecke abgeleitet. Gleichungen für Sonderfälle, wie Zweipunktregler ohne Schaltdifferenz, ohne Grundlast, für Regelstrecken mit oder ohne Totzeit, werden aus den allgemeinen Gleichungen entwickelt und sind in Abschnitt 14.5.2.2 und 14.5.2.3 zusammengestellt.

Den folgenden Berechnungen wird ein allgemeiner Zweipunktregler mit Hysterese (Schaltdifferenz $x_{d1} + x_{d2}$), Grundlast y_1 und Hauptlast y_2 zugrundegelegt (Bild 14.5-3). Bei Regelstrecken mit Verzögerung I. Ordnung ohne Totzeit verringert die Hysterese die Schaltfrequenz des Reglers. Damit steigt die Lebensdauer der Regeleinrichtung.

Eine Grundlast $y = y_1$ anstelle der Stellgröße $y = 0$ vergrößert die Periodendauer der Arbeitsbewegung des Regelkreises und verringert die Schwingungsamplitude.

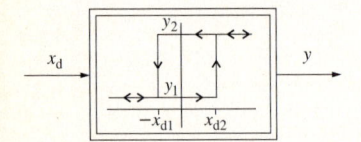

Bild 14.5-3: Zweipunktregler mit Hysterese (Schaltdifferenz) und Grundlast

Der Zweipunktregler wird in Verbindung mit einer Regelstrecke mit Totzeit und Verzögerung I. Ordnung untersucht (Bild 14.5-4). Regelstrecken mit mehreren Verzögerungen lassen sich durch eine Verzugszeit T_u und eine Ausgleichszeit T_g ersetzen, wobei die Verzugszeit näherungsweise einer Totzeit T_t, die Ausgleichszeit der Zeitkonstanten T_S einer Verzögerung I. Ordnung entspricht (Abschnitt 11.3.4, Bild 11.3-3).

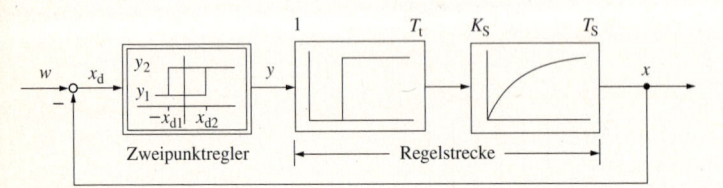

Bild 14.5-4: Zweipunktregler mit Hysterese und Grundlast, Regelstrecke mit Totzeit und Verzögerung

Für die Berechnung der Signalverläufe nach Bild 14.5-5 wurden folgende Werte verwendet:

- **Führungsgröße**: Sprungaufschaltung $w(t) = w_0 \cdot E(t)$, $w_0 = 1$.
- **Regelstrecke**: $K_S = 4$, $T_S = 5$ s, $T_t = 1$ s.
- **Zweipunkt-Regler**: Schaltgrenze $x_{d1} = 0.1$, Schaltgrenze $x_{d2} = 0.1$, Grundlast $y_1 = 0.1$, Hauptlast $y_2 = 0.5$.

14.5 Regelkreise mit schaltenden Reglern

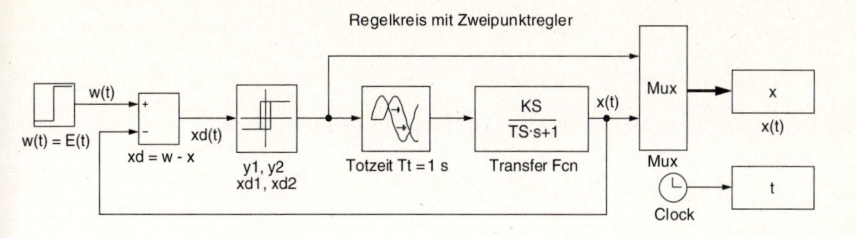

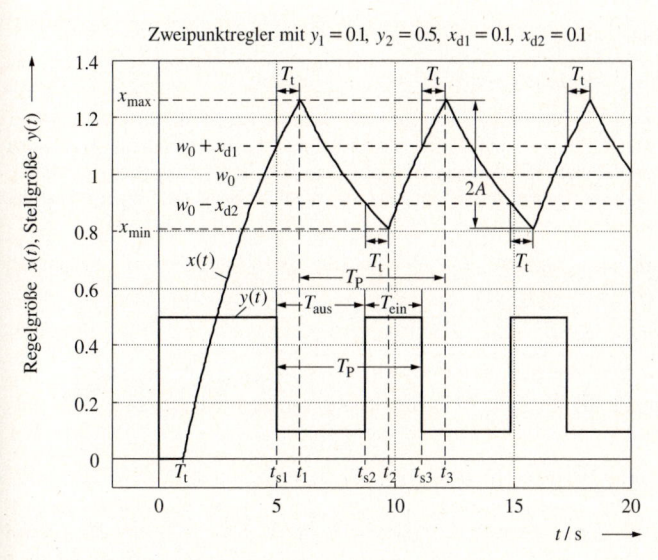

Bild 14.5-5: Signalverläufe für den Zweipunktregelkreis

Die für die Zweipunktregelung wichtigen Zeitintervalle sind in Bild 14.5-5 eingezeichnet. Die Regelgröße in den Zeitintervallen hat folgenden Verlauf:

Totzeit-Bereich $0 \leq t \leq T_t$:

$$x(t) = 0.$$

Bereich steigender Regelgröße $T_t \leq t \leq t_1$:

$$x(t) = x(T_t) + (K_S \cdot y_2 - x(T_t)) \cdot (1 - e^{-(t-T_t)/T_S})$$
$$= K_S \cdot y_2 \cdot (1 - e^{-(t-T_t)/T_S}).$$

$K_S \cdot y_2 = x_{E2}$ ist der Endwert der Regelgröße, der erreicht wird, wenn der Regler die Hauptlast y_2 liefert und nicht umschaltet. Der Zeitpunkt t_{s1} für die Umschaltung der Stellgröße von der Hauptlast $y = y_2$ auf die Grundlast $y = y_1$ wird aus der Gleichung

$$x(t_{s1}) = K_S \cdot y_2 \cdot (1 - e^{-(t_{s1}-T_t)/T_S}) = w_0 + x_{d1}$$

mit

$$t_{s1} = T_S \cdot \ln\left(\frac{K_S \cdot y_2}{K_S \cdot y_2 - w_0 - x_{d1}}\right) + T_t$$

bestimmt. Durch die Totzeit hervorgerufen, steigt die Regelgröße noch bis zur Zeit

$$t_1 = t_{s1} + T_t = T_S \cdot \ln\left(\frac{K_S \cdot y_2}{K_S \cdot y_2 - w_0 - x_{d1}}\right) + 2 \cdot T_t$$

auf den Maximalwert

$$x_{max} = x(t_1) = K_S \cdot y_2 \cdot (1 - e^{-T_t/T_S}) + (w_0 + x_{d1}) \cdot e^{-T_t/T_S}.$$

Bereich fallender Regelgröße $t_1 \leq t \leq t_2$:

$$x(t) = x_{max} + (K_S \cdot y_1 - x_{max}) \cdot (1 - e^{-(t-t_1)/T_S}).$$

$K_S \cdot y_1 = x_{E1}$ ist der Endwert der Regelgröße, der erreicht wird, wenn der Regler die Grundlast y_1 liefert und nicht umschaltet. Der Wert $K_S \cdot y_1 = x_{E1}$ muß kleiner als der Sollwert w_0 sein, da sonst die Regelgröße nicht wieder unter den Sollwert kommt. Ein günstiger Wert ist $K_S \cdot y_1 = x_{E1} = 0.75 \cdot w_0$ (Beispiel 14.5-2). Der Umschaltzeitpunkt t_{s2} für die Stellgröße von der Grundlast $y = y_1$ auf die Hauptlast $y = y_2$ wird aus der Gleichung

$$x(t_{s2}) = x_{max} + (K_S \cdot y_1 - x_{max}) \cdot (1 - e^{-(t_{s2}-t_1)/T_S}) = w_0 - x_{d2}$$

mit

$$t_{s2} = T_S \cdot \ln\left[\frac{K_S \cdot y_2 \cdot (K_S \cdot (y_1 - y_2) \cdot e^{T_t/T_S} + K_S \cdot y_2 - w_0 - x_{d1})}{(K_S \cdot y_1 - w_0 + x_{d2}) \cdot (K_S \cdot y_2 - w_0 - x_{d1})}\right] + T_t,$$

wobei t_1 eingesetzt wurde, berechnet. Durch die Totzeit fällt die Regelgröße noch bis zur Zeit

$$t_2 = t_{s2} + T_t$$
$$= T_S \cdot \ln\left[\frac{K_S \cdot y_2 \cdot (K_S \cdot (y_1 - y_2) \cdot e^{T_t/T_S} + K_S \cdot y_2 - w_0 - x_{d1})}{(K_S \cdot y_1 - w_0 + x_{d2}) \cdot (K_S \cdot y_2 - w_0 - x_{d1})}\right] + 2 \cdot T_t$$

auf den Minimalwert

$$x_{min} = x(t_2) = K_S \cdot y_1 \cdot (1 - e^{-T_t/T_S}) + (w_0 - x_{d2}) \cdot e^{-T_t/T_S}.$$

Bereich steigender Regelgröße $t_2 \leq t \leq t_3$:

$$x(t) = x_{min} + (K_S \cdot y_2 - x_{min}) \cdot (1 - e^{-(t-t_2)/T_S}).$$

Der Umschaltzeitpunkt t_{s3} für die Stellgröße von der Hauptlast $y = y_2$ auf die Grundlast $y = y_1$ wird aus der Gleichung

$$x(t_{s3}) = x_{min} + (K_S \cdot y_2 - x_{min}) \cdot (1 - e^{-(t_{s3}-t_2)/T_S}) = w_0 + x_{d1}$$

mit

$$t_{s3} = T_S \cdot \ln\left[\frac{K_S^3 \cdot y_2 \cdot (y_1 - y_2)^2 \cdot e^{2T_t/T_S}}{(w_0 - K_S \cdot y_1 - x_{d2}) \cdot (K_S \cdot y_2 - w_0 - x_{d1})^2}\right.$$
$$+ \frac{K_S^2 \cdot (y_2 - y_1) \cdot y_2 \cdot e^{T_t/T_S} \cdot (K_S \cdot (y_1 - y_2) + x_{d1} + x_{d2})}{(w_0 - K_S \cdot y_1 - x_{d2}) \cdot (K_S \cdot y_2 - w_0 - x_{d1})^2}$$
$$\left.- \frac{K_S \cdot y_2 \cdot (K_S \cdot y_1 - w_0 + x_{d2}) \cdot (K_S \cdot y_2 - w_0 - x_{d1})}{(w_0 - K_S \cdot y_1 - x_{d2}) \cdot (K_S \cdot y_2 - w_0 - x_{d1})^2}\right] + T_t.$$

berechnet. Wegen der Totzeit steigt die Regelgröße noch bis zur Zeit

$$t_3 = t_{s3} + T_t$$
$$= T_S \cdot \ln \left[\frac{K_S^3 \cdot y_2 \cdot (y_1 - y_2)^2 \cdot e^{2T_t/T_S}}{(w_0 - K_S \cdot y_1 - x_{d2}) \cdot (K_S \cdot y_2 - w_0 - x_{d1})^2} \right.$$
$$+ \frac{K_S^2 \cdot (y_2 - y_1) \cdot y_2 \cdot e^{T_t/T_S} \cdot (K_S \cdot (y_1 - y_2) + x_{d1} + x_{d2})}{(w_0 - K_S \cdot y_1 - x_{d2}) \cdot (K_S \cdot y_2 - w_0 - x_{d1})^2}$$
$$\left. - \frac{K_S \cdot y_2 \cdot (K_S \cdot y_1 - w_0 + x_{d2}) \cdot (K_S \cdot y_2 - w_0 - x_{d1})}{(w_0 - K_S \cdot y_1 - x_{d2}) \cdot (K_S \cdot y_2 - w_0 - x_{d1})^2} \right] + 2 \cdot T_t.$$

auf den Maximalwert

$$x_{max} = x(t_3) = K_S \cdot y_2 \cdot (1 - e^{-T_t/T_S}) + (w_0 + x_{d1}) \cdot e^{-T_t/T_S} = x(t_1).$$

Kenngrößen von Zweipunktregelungen sind Zeitgrößen, Amplitudenwerte und die mittlere Regelabweichung (negativer Wert der mittleren Regeldifferenz). Für einen Zweipunktregelkreis mit folgender Struktur sind die Gleichungen für die Kenngrößen zusammengestellt, daraus werden die Gleichungen für Sonderfälle abgeleitet.

1) Zweipunktregler mit Schaltdifferenz $x_{d1} + x_{d2} \neq 0$, Grundlast $y_1 \neq 0$, Hauptlast $y_2 \neq 0$, Regelstrecke mit Totzeit und Verzögerung I. Ordnung

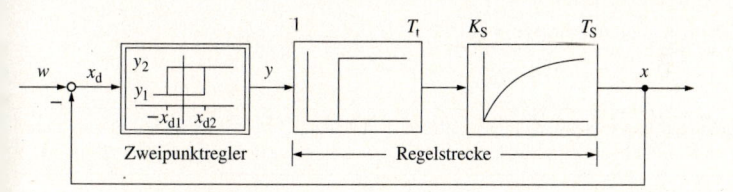

Maximalwert der Regelgröße:

$$x_{max} = K_S \cdot y_2 \cdot (1 - e^{-T_t/T_S}) + (w_0 + x_{d1}) \cdot e^{-T_t/T_S}$$
$$= x(t_1) = x(t_1 + T_P) = x(t_1 + 2 \cdot T_P) = \ldots$$

Minimalwert der Regelgröße:

$$x_{min} = K_S \cdot y_1 \cdot (1 - e^{-T_t/T_S}) + (w_0 - x_{d2}) \cdot e^{-T_t/T_S}$$
$$= x(t_2) = x(t_2 + T_P) = x(t_2 + 2 \cdot T_P) = \ldots$$

Ausschaltdauer Hauptlast (Einschaltdauer Grundlast) T_{aus}, ist gleichzeitig die Zeitdauer für die fallende Regelgröße:

$$T_{aus} = t_{s2} - t_{s1} = t_2 - t_1$$
$$= T_S \cdot \ln \left[\frac{K_S \cdot (y_2 - y_1) \cdot e^{T_t/T_S} - K_S \cdot y_2 + w_0 + x_{d1}}{w_0 - K_S \cdot y_1 - x_{d2}} \right].$$

Einschaltdauer Hauptlast T_{ein}, ist gleichzeitig die Zeitdauer für die steigende Regelgröße:

$$T_{ein} = t_{s3} - t_{s2} = t_3 - t_2$$
$$= T_S \cdot \ln \left[\frac{K_S \cdot (y_2 - y_1) \cdot e^{T_t/T_S} + K_S \cdot y_1 - w_0 + x_{d2}}{K_S \cdot y_2 - w_0 - x_{d1}} \right].$$

Ein-Ausschaltdauer (Hauptlast zu Grundlast):

$$\frac{T_{\text{ein}}}{T_{\text{aus}}}.$$

Periodendauer T_P (Schaltfrequenz $f_s = 1/T_P$) für die Arbeitsbewegung der Regelgröße:

$$T_P = t_{s3} - t_{s1} = t_3 - t_1 = T_{\text{aus}} + T_{\text{ein}}$$
$$= T_S \cdot \ln\left[\frac{K_S \cdot (y_2 - y_1) \cdot e^{T_t/T_S} - K_S \cdot y_2 + w_0 + x_{d1}}{w_0 - K_S \cdot y_1 - x_{d2}}\right]$$
$$+ T_S \cdot \ln\left[\frac{K_S \cdot (y_2 - y_1) \cdot e^{T_t/T_S} + K_S \cdot y_1 - w_0 + x_{d2}}{K_S \cdot y_2 - w_0 - x_{d1}}\right].$$

Schwingungsamplitude A der Arbeitsbewegung der Regelgröße:

$$A = \frac{x_{\max} - x_{\min}}{2}$$
$$= \frac{K_S \cdot (y_2 - y_1) \cdot (1 - e^{-T_t/T_S}) + (x_{d1} + x_{d2}) \cdot e^{-T_t/T_S}}{2}.$$

Mittlere Regelabweichung x_{wm} (negativer Wert der mittleren Regeldifferenz):

$$x_{\text{wm}} = \frac{x_{\max} - w_0}{2} + \frac{x_{\min} - w_0}{2} = \frac{x_{\max} + x_{\min}}{2} - w_0$$
$$= \frac{(K_S \cdot (y_1 + y_2) - 2 \cdot w_0) \cdot (1 - e^{-T_t/T_S}) + (x_{d1} - x_{d2}) \cdot e^{-T_t/T_S}}{2}.$$

Bei Zweipunktregelungen ist die Schwingungsamplitude A unabhängig vom Sollwert w_0. Die mittlere Regelabweichung ist Null für symmetrische Schaltwerte $x_{d1} = x_{d2}$ und wenn $K_S \cdot (y_1 + y_2) = 2 \cdot w_0$ ist.

14.5.2.2 Zweipunktregler an proportionalen Regelstrecken mit Totzeit

Aus den in Abschnitt 14.5.2.1, 1) berechneten Kenngrößen werden für die Sonderfälle Grundlast $y_1 = 0$, Schaltwerte $x_{d1} = x_{d2} = 0$, normierte Hauptlast $y = y_2 = 1$ die Berechnungsgleichungen für Regelkreise mit Totzeit und Verzögerung I. Ordnung abgeleitet.

2) Zweipunktregler mit Schaltdifferenz $x_{d1} + x_{d2} \neq 0$, Grundlast $y_1 = 0$, Hauptlast $y_2 \neq 0$, Regelstrecke mit Totzeit und Verzögerung I. Ordnung

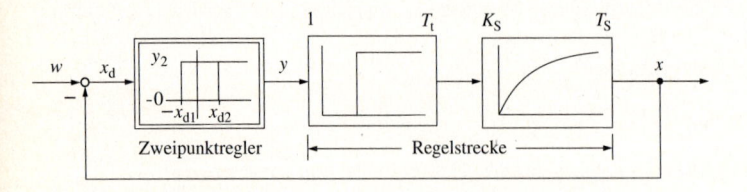

Maximalwert der Regelgröße:

$$x_{\max} = K_S \cdot y_2 \cdot (1 - e^{-T_t/T_S}) + (w_0 + x_{d1}) \cdot e^{-T_t/T_S}.$$

Minimalwert der Regelgröße:

$$x_{\min} = (w_0 - x_{d2}) \cdot e^{-T_t/T_S}.$$

Ausschaltdauer Hauptlast T_{aus}:

$$T_{\text{aus}} = T_S \cdot \ln\left(\frac{K_S \cdot y_2 \cdot e^{T_t/T_S} - K_S \cdot y_2 + w_0 + x_{d1}}{w_0 - x_{d2}}\right).$$

Einschaltdauer Hauptlast T_{ein}:

$$T_{\text{ein}} = T_S \cdot \ln\left(\frac{K_S \cdot y_2 \cdot e^{T_t/T_S} - w_0 + x_{d2}}{K_S \cdot y_2 - w_0 - x_{d1}}\right).$$

Ein-Ausschaltdauer:

$$\frac{T_{\text{ein}}}{T_{\text{aus}}}.$$

Periodendauer T_P (Schaltfrequenz $f_s = 1/T_P$):

$$T_P = T_S \cdot \ln\left(\frac{K_S \cdot y_2 \cdot e^{T_t/T_S} - K_S \cdot y_2 + w_0 + x_{d1}}{w_0 - x_{d2}}\right) + T_S \cdot \ln\left(\frac{K_S \cdot y_2 \cdot e^{T_t/T_S} - w_0 + x_{d2}}{K_S \cdot y_2 - w_0 - x_{d1}}\right).$$

Schwingungsamplitude A der Arbeitsbewegung der Regelgröße:

$$A = \frac{K_S \cdot y_2 \cdot (1 - e^{-T_t/T_S}) + (x_{d1} + x_{d2}) \cdot e^{-T_t/T_S}}{2}.$$

Mittlere Regelabweichung x_{wm}:

$$x_{\text{wm}} = \frac{(K_S \cdot y_2 - 2 \cdot w_0) \cdot (1 - e^{-T_t/T_S}) + (x_{d1} - x_{d2}) \cdot e^{-T_t/T_S}}{2}.$$

3) Zweipunktregler ohne Schaltdifferenz $x_{d1} = x_{d2} = 0$, Grundlast $y_1 \neq 0$, Hauptlast $y_2 \neq 0$, Regelstrecke mit Totzeit und Verzögerung I. Ordnung

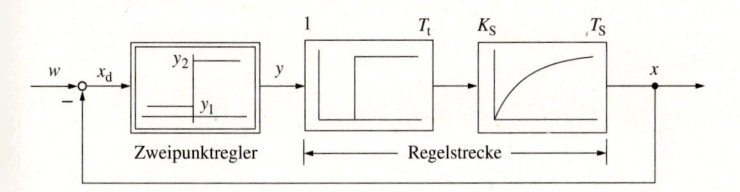

Maximalwert der Regelgröße:

$$x_{\max} = K_S \cdot y_2 \cdot (1 - e^{-T_t/T_S}) + w_0 \cdot e^{-T_t/T_S}.$$

Minimalwert der Regelgröße:

$$x_{\min} = K_S \cdot y_1 \cdot (1 - e^{-T_t/T_S}) + w_0 \cdot e^{-T_t/T_S}.$$

Ausschaltdauer Hauptlast (Einschaltdauer Grundlast) T_{aus}:

$$T_{\text{aus}} = T_S \cdot \ln\left[\frac{K_S \cdot (y_1 - y_2) \cdot e^{T_t/T_S} + K_S \cdot y_2 - w_0}{K_S \cdot y_1 - w_0}\right].$$

Einschaltdauer Hauptlast T_ein:

$$T_\text{ein} = T_\text{S} \cdot \ln\left[\frac{K_\text{S} \cdot (y_1 - y_2) \cdot e^{T_\text{t}/T_\text{S}} - K_\text{S} \cdot y_1 + w_0}{w_0 - K_\text{S} \cdot y_2}\right].$$

Ein-Ausschaltdauer (Hauptlast zu Grundlast):

$$\frac{T_\text{ein}}{T_\text{aus}}.$$

Periodendauer T_P (Schaltfrequenz $f_\text{s} = 1/T_\text{P}$):

$$T_\text{P} = T_\text{S}\cdot\ln\left[\frac{K_\text{S} \cdot (y_1 - y_2) \cdot e^{T_\text{t}/T_\text{S}} + K_\text{S} \cdot y_2 - w_0}{K_\text{S} \cdot y_1 - w_0}\right] + T_\text{S}\cdot\ln\left[\frac{K_\text{S} \cdot (y_1 - y_2) \cdot e^{T_\text{t}/T_\text{S}} - K_\text{S} \cdot y_1 + w_0}{w_0 - K_\text{S} \cdot y_2}\right].$$

Schwingungsamplitude A der Arbeitsbewegung der Regelgröße:

$$A = \frac{K_\text{S} \cdot (y_2 - y_1) \cdot (1 - e^{-T_\text{t}/T_\text{S}})}{2}.$$

Mittlere Regelabweichung x_wm:

$$x_\text{wm} = \frac{(K_\text{S} \cdot (y_1 + y_2) - 2 \cdot w_0) \cdot (1 - e^{-T_\text{t}/T_\text{S}})}{2}.$$

4) Zweipunktregler ohne Schaltdifferenz $x_\text{d1} = x_\text{d2} = 0$, Grundlast $y_1 = 0$, Hauptlast $y_2 \neq 0$, Regelstrecke mit Totzeit und Verzögerung I. Ordnung

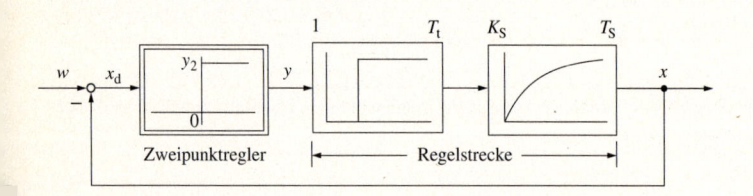

Für $T_\text{t} \ll T_\text{S}$ werden die Näherungen

$$e^{-T_\text{t}/T_\text{S}} \approx 1 - T_\text{t}/T_\text{S}, \qquad e^{T_\text{t}/T_\text{S}} \approx 1 + T_\text{t}/T_\text{S}$$

eingesetzt.

Maximalwert der Regelgröße:

$$x_\text{max} = K_\text{S} \cdot y_2 \cdot (1 - e^{-T_\text{t}/T_\text{S}}) + w_0 \cdot e^{-T_\text{t}/T_\text{S}} \approx \frac{K_\text{S} \cdot y_2 \cdot T_\text{t} + w_0 \cdot (T_\text{S} - T_\text{t})}{T_\text{S}}.$$

Minimalwert der Regelgröße:

$$x_\text{min} = w_0 \cdot e^{-T_\text{t}/T_\text{S}} \approx \frac{w_0 \cdot (T_\text{S} - T_\text{t})}{T_\text{S}}.$$

Ausschaltdauer Hauptlast T_aus:

$$T_\text{aus} = T_\text{S} \cdot \ln\left(\frac{K_\text{S} \cdot y_2 \cdot e^{T_\text{t}/T_\text{S}} - K_\text{S} \cdot y_2 + w_0}{w_0}\right) \approx T_\text{S} \cdot \ln\left(\frac{K_\text{S} \cdot y_2 \cdot T_\text{t} + w_0 \cdot T_\text{S}}{w_0 \cdot T_\text{S}}\right).$$

14.5 Regelkreise mit schaltenden Reglern

Einschaltdauer Hauptlast T_{ein}:

$$T_{\text{ein}} = T_S \cdot \ln\left(\frac{K_S \cdot y_2 \cdot e^{T_t/T_S} - w_0}{K_S \cdot y_2 - w_0}\right) \approx T_S \cdot \ln\left(\frac{K_S \cdot y_2 \cdot (T_S + T_t) - w_0 \cdot T_S}{(K_S \cdot y_2 - w_0) \cdot T_S}\right).$$

Ein-Ausschaltdauer:

$$\frac{T_{\text{ein}}}{T_{\text{aus}}}.$$

Periodendauer T_P (Schaltfrequenz $f_s = 1/T_P$):

$$T_P = T_S \cdot \ln\left[\frac{(K_S \cdot y_2 \cdot e^{T_t/T_S} - K_S \cdot y_2 + w_0) \cdot (K_S \cdot y_2 \cdot e^{T_t/T_S} - w_0)}{w_0 \cdot (K_S \cdot y_2 - w_0)}\right]$$

$$\approx T_S \cdot \ln\left[\frac{(K_S \cdot y_2 \cdot T_t + w_0 \cdot T_S) \cdot (K_S \cdot y_2 \cdot (T_S + T_t) - w_0 \cdot T_S)}{w_0 \cdot (K_S \cdot y_2 - w_0) \cdot T_S^2}\right].$$

Schwingungsamplitude A der Arbeitsbewegung der Regelgröße:

$$A = \frac{K_S \cdot y_2 \cdot (1 - e^{-T_t/T_S})}{2} \approx \frac{K_S \cdot y_2 \cdot T_t}{2 \cdot T_S}.$$

Mittlere Regelabweichung x_{wm}:

$$x_{\text{wm}} = \frac{(K_S \cdot y_2 - 2 \cdot w_0) \cdot (1 - e^{-T_t/T_S})}{2} \approx \frac{(K_S \cdot y_2 - 2 \cdot w_0) \cdot T_t}{2 \cdot T_S}.$$

$K_S \cdot y_2 = x_{E2}$ ist der Endwert der Regelgröße, der erreicht wird, wenn der Regler die Hauptlast y_2 nicht abschaltet. Für $2 \cdot w_0 = K_S \cdot y_2 = x_{E2}$ ist die mittlere Regeldifferenz gleich Null.

Für die Beurteilung von Zweipunktregelungen sind die Periodendauer T_P (Schaltfrequenz $f_s = 1/T_P$) und das Verhältnis von Ein- und Ausschaltdauer $T_{\text{ein}}/T_{\text{aus}}$ der Hauptlast y_2 in Abhängigkeit vom normierten Sollwert w_0/x_{E2} von Interesse. Die Gleichung für die Periodendauer

$$T_P = T_S \cdot \ln\left[\frac{(K_S \cdot y_2 \cdot e^{T_t/T_S} - K_S \cdot y_2 + w_0) \cdot (K_S \cdot y_2 \cdot e^{T_t/T_S} - w_0)}{w_0 \cdot (K_S \cdot y_2 - w_0)}\right]$$

wird mit

$$\frac{w_0}{x_{E2}} = \frac{w_0}{K_S \cdot y_2}, \qquad \frac{T_P}{T_S}$$

normiert:

$$\frac{T_P}{T_S} = \ln\left[\frac{(e^{T_t/T_S} - w_0/x_{E2}) \cdot (e^{T_t/T_S} + w_0/x_{E2} - 1)}{(1 - w_0/x_{E2}) \cdot w_0/x_{E2}}\right].$$

Die Ableitung

$$\frac{d(T_P/T_S)}{d(w_0/x_{E2})} = \ln\left[\frac{(e^{2T_t/T_S} - e^{T_t/T_S}) \cdot (2 \cdot w_0/x_{E2} - 1)}{(1 - w_0/x_{E2}) \cdot (e^{2T_t/T_S} - e^{T_t/T_S} - (w_0/x_{E2} - 1) \cdot w_0/x_{E2}) \cdot w_0/x_{E2}}\right] \stackrel{!}{=} 0$$

liefert ein Minimum bei

$$2 \cdot w_0/x_{E2} = 1, \qquad x_{E2} = K_S \cdot y_2 = 2 \cdot w_0.$$

In Bild 14.5-6 ist das Verhältnis $T_P/T_S = f(w_0/x_{E2})$ dargestellt. Für $w_0/x_{E2} = 0.5$ hat die Periodendauer ein Minimum, die Schaltfrequenz f_s ein Maximum unabhängig vom Verhältnis T_t/T_S. Bei großer Schwingungsdauer T_P werden Störungen nicht schnell genug ausgeregelt, man wählt daher für w_0/x_{E2} den Bereich

$$0.25 < \frac{w_0}{x_{E2}} = \frac{w_0}{K_S \cdot y_2} < 0.75.$$

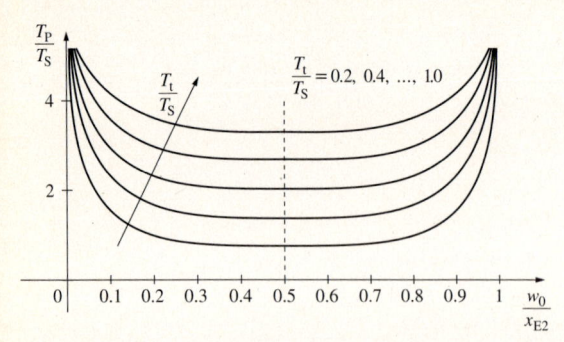

Bild 14.5-6: Normierte Periodendauer T_P/T_S in Abhängigkeit vom normierten Sollwert w_0/x_{E2}

Das Verhältnis von Ein- und Ausschaltdauer T_{ein}/T_{aus} wird für den normierten Sollwert w_0/x_{E2} dargestellt (Bild 14.5-7). Die Gleichung

$$\frac{T_{ein}}{T_{aus}} = \frac{\ln\left(\dfrac{K_S \cdot y_2 \cdot e^{T_t/T_S} - w_0}{K_S \cdot y_2 - w_0}\right)}{\ln\left(\dfrac{K_S \cdot y_2 \cdot e^{T_t/T_S} - K_S \cdot y_2 + w_0}{w_0}\right)}$$

wird mit

$$\frac{w_0}{x_{E2}} = \frac{w_0}{K_S \cdot y_2}$$

normiert:

$$\frac{T_{ein}}{T_{aus}} = \frac{\ln\left(\dfrac{e^{T_t/T_S} - w_0/x_{E2}}{1 - w_0/x_{E2}}\right)}{\ln\left(\dfrac{e^{T_t/T_S} + w_0/x_{E2} - 1}{w_0/x_{E2}}\right)}.$$

Ein- und Ausschaltdauer sind gleich, $T_{ein}/T_{aus} = 1$, für $w_0/x_{E2} = 1/2$, $x_{E2} = K_S \cdot y_2 = 2 \cdot w_0$.

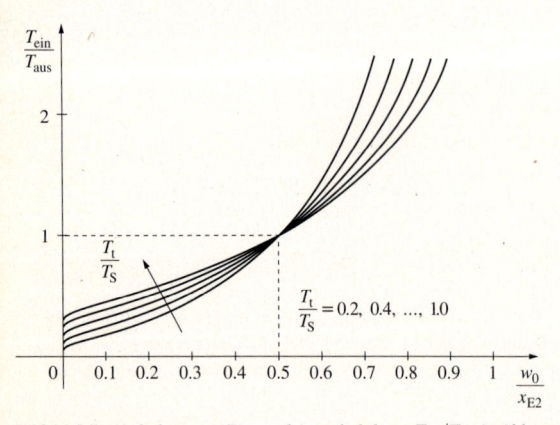

Bild 14.5-7: Verhältnis von Ein- und Ausschaltdauer T_{ein}/T_{aus} in Abhängigkeit vom normierten Sollwert w_0/x_{E2}

5) Zweipunktregler ohne Schaltdifferenz $x_{d1} = x_{d2} = 0$, Grundlast $y_1 = 0$, Hauptlast $y_2 = 1$, Regelstrecke mit Totzeit und Verzögerung I. Ordnung

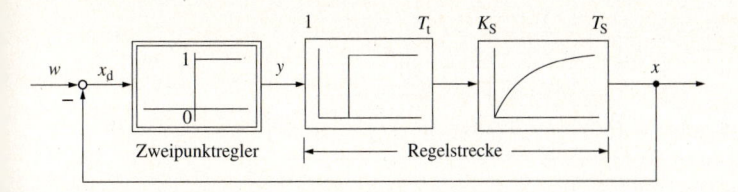

Für den Sonderfall $y_2 = 1$ vereinfachen sich die Gleichungen, für $T_t \ll T_S$ werden die Näherungen
$$e^{-T_t/T_S} \approx 1 - T_t/T_S, \qquad e^{T_t/T_S} \approx 1 + T_t/T_S$$
verwendet.

Maximalwert der Regelgröße:
$$x_{max} = K_S \cdot (1 - e^{-T_t/T_S}) + w_0 \cdot e^{-T_t/T_S} \approx \frac{K_S \cdot T_t + w_0 \cdot (T_S - T_t)}{T_S}.$$

Minimalwert der Regelgröße:
$$x_{min} = w_0 \cdot e^{-T_t/T_S} \approx \frac{w_0 \cdot (T_S - T_t)}{T_S}.$$

Ausschaltdauer Hauptlast T_{aus}:
$$T_{aus} = T_S \cdot \ln\left(\frac{K_S \cdot e^{T_t/T_S} - K_S + w_0}{w_0}\right) \approx T_S \cdot \ln\left(\frac{K_S \cdot T_t - w_0 \cdot T_S}{w_0 \cdot T_S}\right).$$

Einschaltdauer Hauptlast T_{ein}:
$$T_{ein} = T_S \cdot \ln\left(\frac{K_S \cdot e^{T_t/T_S} - w_0}{K_S - w_0}\right) \approx T_S \cdot \ln\left[\frac{K_S \cdot (T_S + T_t) - w_0 \cdot T_S}{(K_S - w_0) \cdot T_S}\right].$$

Ein-Ausschaltdauer:
$$\frac{T_{ein}}{T_{aus}}.$$

Periodendauer T_P (Schaltfrequenz $f_s = 1/T_P$):
$$T_P = T_S \cdot \ln\left[\frac{(K_S \cdot e^{T_t/T_S} - K_S + w_0) \cdot (K_S \cdot e^{T_t/T_S} - w_0)}{w_0 \cdot (K_S - w_0)}\right]$$
$$\approx T_S \cdot \ln\left[\frac{(K_S \cdot T_t + w_0 \cdot T_S) \cdot (K_S \cdot [T_S + T_t] - w_0 \cdot T_S)}{w_0 \cdot (K_S - w_0) \cdot T_S^2}\right].$$

Schwingungsamplitude A der Arbeitsbewegung der Regelgröße:
$$A = \frac{K_S \cdot (1 - e^{-T_t/T_S})}{2} \approx \frac{K_S \cdot T_t}{2 \cdot T_S}.$$

Mittlere Regelabweichung x_{wm}:
$$x_{wm} = \frac{(K_S - 2 \cdot w_0) \cdot (1 - e^{-T_t/T_S})}{2} \approx \frac{(K_S - 2 \cdot w_0) \cdot T_t}{2 \cdot T_S}.$$

Für $K_S = 2 \cdot w_0$ ist die mittlere Regelabweichung gleich Null.

Beispiel 14.5-2: Für einen Temperaturregelkreis sind die Kenndaten für einen Zweipunktregler mit und ohne Grundlast zu bestimmen.

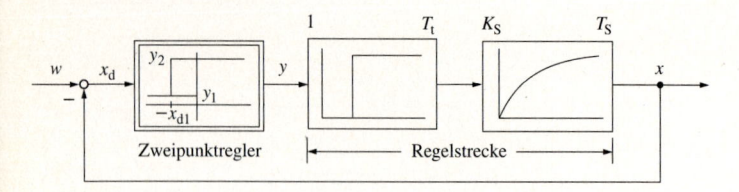

Führungsgröße: Sprungaufschaltung $w(t) = w_0 \cdot E(t)$, $w_0 = 1$.

Regelstrecke: $K_S = 5$, $T_S = 300$ s, $T_t = 60$ s.

Zweipunktregler: Die Grundlast wurde so gewählt, daß der Endwert, den die Regelgröße bei Grundlast y_1 erreichen würde, bei 75 % des Sollwertes w_0 liegt: $K_S \cdot y_1 = x_{E1} = 0.75 \cdot w_0$. Der Endwert, den die Regelgröße bei Hauptlast y_2 erreichen würde, wird mit $K_S \cdot y_2 = x_{E2} = 2 \cdot w_0$ festgelegt. Im Vergleich dazu soll der Regelkreis ohne Grundlast $y_1 = 0$ betrieben werden.

Damit hat der Zweipunktregler folgende Kenndaten: Schaltgrenze $x_{d1} = 0.05$, Schaltgrenze $x_{d2} = 0$, Grundlast $y_1 = 0.75 \cdot w_0/K_S = 0.15$, $y_1 = 0$, Hauptlast $y_2 = 2 \cdot w_0/K_S = 0.4$. Für die Berechnungen mit Grundlast $y_1 = 0.15$ gelten die allgemeinen Gleichungen nach Abschnitt 14.5.2.1, 1), für den Fall $y_1 = 0$ (keine Grundlast) sind die Formeln in Abschnitt 14.5.2.2, 2) angegeben.

Maximalwert der Regelgröße:

$$x_{max} = K_S \cdot y_2 \cdot (1 - e^{-T_t/T_S}) + (w_0 + x_{d1}) \cdot e^{-T_t/T_S},$$

$y_1 = 0.15$, $\quad y_1 = 0: x_{max} = 1.222$.

Minimalwert der Regelgröße:

$$x_{min} = K_S \cdot y_1 \cdot (1 - e^{-T_t/T_S}) + (w_0 - x_{d2}) \cdot e^{-T_t/T_S},$$

$y_1 = 0.15: x_{min} = 0.955$,

$y_1 = 0: \quad x_{min} = 0.819$.

Ausschaltdauer Hauptlast (Einschaltdauer Grundlast):

$$T_{aus} = T_S \cdot \ln\left[\frac{K_S \cdot (y_2 - y_1) \cdot e^{T_t/T_S} - K_S \cdot y_2 + w_0 + x_{d1}}{w_0 - K_S \cdot y_1 - x_{d2}}\right],$$

$y_1 = 0.15: T_{aus} = 250.79$ s,

$y_1 = 0: \quad T_{aus} = 120.20$ s.

Einschaltdauer Hauptlast:

$$T_{ein} = T_S \cdot \ln\left[\frac{K_S \cdot (y_2 - y_1) \cdot e^{T_t/T_S} + K_S \cdot y_1 - w_0 + x_{d2}}{K_S \cdot y_2 - w_0 - x_{d1}}\right],$$

$y_1 = 0.15: T_{ein} = 88.68$ s,

$y_1 = 0: \quad T_{ein} = 125.36$ s.

Ein-Ausschaltdauer (Hauptlast zu Grundlast):

$y_1 = 0.15: T_{ein}/T_{aus} = 0.354$,

$y_1 = 0: \quad T_{ein}/T_{aus} = 1.043$.

14.5 Regelkreise mit schaltenden Reglern

Periodendauer:

$$T_P = T_S \cdot \ln\left[\frac{K_S \cdot (y_2 - y_1) \cdot e^{T_t/T_S} - K_S \cdot y_2 + w_0 + x_{d1}}{w_0 - K_S \cdot y_1 - x_{d2}}\right]$$
$$+ T_S \cdot \ln\left[\frac{K_S \cdot (y_2 - y_1) \cdot e^{T_t/T_S} + K_S \cdot y_1 - w_0 + x_{d2}}{K_S \cdot y_2 - w_0 - x_{d1}}\right],$$

$y_1 = 0.15$: $T_P = 339.47$ s,

$y_1 = 0$: $T_P = 245.56$ s.

Schwingungsamplitude:

$$A = \frac{K_S \cdot (y_2 - y_1) \cdot (1 - e^{-T_t/T_S}) + (x_{d1} + x_{d2}) \cdot e^{-T_t/T_S}}{2},$$

$y_1 = 0.15$: $A = 0.134$,

$y_1 = 0$: $A = 0.202$.

Mittlere Regelabweichung:

$$x_{wm} = \frac{(K_S \cdot (y_1 + y_2) - 2 \cdot w_0) \cdot (1 - e^{-T_t/T_S}) + (x_{d1} - x_{d2}) \cdot e^{-T_t/T_S}}{2},$$

$y_1 = 0.15$: $x_{wm} = 0.088$,

$y_1 = 0$: $x_{wm} = 0.020$.

In Bild 14.5-8 sind die Signalverläufe angegeben.

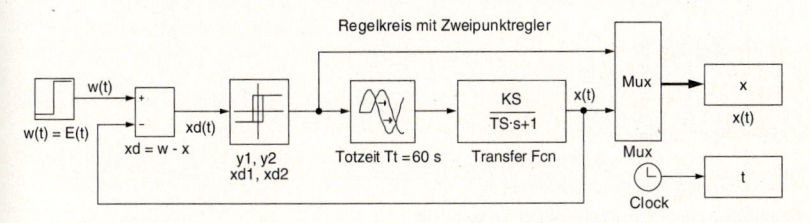

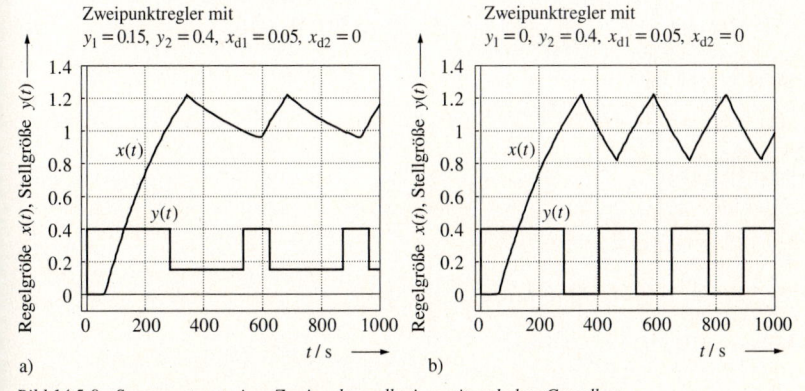

Bild 14.5-8: Sprungantwort eines Zweipunktregelkreises mit und ohne Grundlast

Der Regelkreis mit Grundlast hat eine größere Periodendauer, die Schalthäufigkeit ist kleiner, da der Wert $x_{\min}$ der Regelgröße näher am Sollwert w_0 liegt. Die Schwingungsamplitude ist kleiner als beim Regelkreis ohne Grundlast.

14.5.2.3 Zweipunktregler an proportionalen Regelstrecken ohne Totzeit

Bei Regelstrecken ohne Totzeit sollten Zweipunktregler ohne Hysterese nicht eingesetzt werden, da die Schaltfrequenz $f_s = 1/T_P$ sehr groß wäre, die Betriebsdauer der Stelleinrichtung würde durch das häufige Schalten sehr klein werden. Mit einer absichtlich eingeführten Hysterese (Schaltdifferenz) wird die Schaltfrequenz verringert und die Periodendauer der Arbeitsbewegung vergrößert.

Aus den in den Abschnitten 14.5.2.1, 2 ermittelten Kenngrößen werden die Berechnungsgleichungen für Regelkreise mit Zweipunktregler mit Hysterese und Regelstrecken mit Verzögerung I. Ordnung ohne Totzeit abgeleitet.

6) Zweipunktregler mit Schaltdifferenz $x_{d1} + x_{d2} \neq 0$, Grundlast $y_1 \neq 0$, Hauptlast $y_2 \neq 0$, Regelstrecke mit Verzögerung I. Ordnung, ohne Totzeit

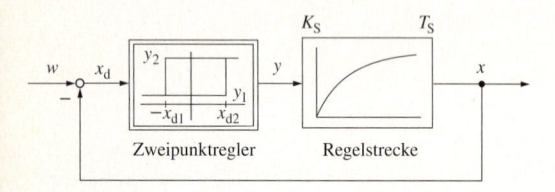

Maximalwert der Regelgröße:

$$x_{\max} = w_0 + x_{d1}.$$

Minimalwert der Regelgröße:

$$x_{\min} = w_0 - x_{d2}.$$

Ausschaltdauer Hauptlast (Einschaltdauer Grundlast) T_{aus}:

$$T_{aus} = T_S \cdot \ln\left(\frac{K_S \cdot y_1 - w_0 - x_{d1}}{K_S \cdot y_1 - w_0 + x_{d2}}\right),$$

$y_1 = 0, \quad y_2 = 1$:

$$T_{aus} = T_S \cdot \ln\left(\frac{w_0 + x_{d1}}{w_0 - x_{d2}}\right).$$

Einschaltdauer Hauptlast T_{ein}:

$$T_{ein} = T_S \cdot \ln\left(\frac{K_S \cdot y_2 - w_0 + x_{d2}}{K_S \cdot y_2 - w_0 - x_{d1}}\right),$$

$y_1 = 0, \quad y_2 = 1: T_{ein} = T_S \cdot \ln\left(\frac{K_S - w_0 + x_{d2}}{K_S - w_0 - x_{d1}}\right).$

Ein-Ausschaltdauer (Hauptlast zu Grundlast):

$$\frac{T_{ein}}{T_{aus}}.$$

Periodendauer T_P (Schaltfrequenz $f_s = 1/T_P$):

$$T_P = T_S \cdot \ln \left[\frac{(K_S \cdot y_1 - w_0 - x_{d1}) \cdot (K_S \cdot y_2 - w_0 + x_{d2})}{(K_S \cdot y_1 - w_0 + x_{d2}) \cdot (K_S \cdot y_2 - w_0 - x_{d1})} \right],$$

$y_1 = 0, \quad y_2 = 1$:

$$T_P = T_S \cdot \ln \left[\frac{(w_0 + x_{d1}) \cdot (K_S - w_0 + x_{d2})}{(w_0 - x_{d2}) \cdot (K_S - w_0 - x_{d1})} \right].$$

Schwingungsamplitude A der Arbeitsbewegung der Regelgröße:

$$A = \frac{x_{d1} + x_{d2}}{2}.$$

Mittlere Regelabweichung x_{wm}:

$$x_{wm} = \frac{x_{d2} - x_{d1}}{2}.$$

Im weiteren sind die theoretischen, nicht realisierbaren Werte für $x_{d1} = 0, x_{d2} = 0$, angegeben:

$x_{max} = w_0, \quad x_{min} = w_0, \quad A = 0, \quad x_{wm} = 0,$
$T_{aus} = 0, \quad T_{ein} = 0, \quad T_P = 0, \quad f_s \to \infty.$

14.5.2.4 Berechnung der Kenngrößen von Regelkreisen mit Zweipunktreglern und Regelstrecken mit Integral-Anteil

Zweipunktregler lassen sich auch bei Regelstrecken mit Integral-Anteil einsetzen. Ein Anwendungsgebiet sind Niveauregelungen für Flüssigkeiten und Granulate.

Ein Unterschied zu Zweipunktregelungen mit proportionalen Regelstrecken liegt darin, daß der Regelkreis erst bei Auftreten von Störungen zu Arbeitsbewegungen veranlaßt wird. Ist der Behälter auf das vorgegebene Sollniveau gefüllt, wird eine Arbeitsbewegung sich erst dann einstellen, wenn Material oder Flüssigkeit entnommen wird, also eine Störung auftritt.

Ein weiterer Unterschied ergibt sich für die Auslegung der Hysterese. Um häufiges Schalten des Reglers zu vermeiden, wird die Schaltdifferenz genügend groß gewählt, so daß erst eingeschaltet wird, wenn ein Mindestniveau unterschritten und ausgeschaltet wird, wenn ein Höchststand überschritten wird. Für die technische Anwendbarkeit von Niveauregelungen genügt es meist, den Füllstand innerhalb von weiten Grenzen zu halten.

In diesem Abschnitt werden die Gleichungen für einen allgemeinen Zweipunktregelkreis mit integrierender Regelstrecke abgeleitet. Gleichungen für den Sonderfall der Regelstrecke ohne Totzeit werden aus den allgemeinen Gleichungen entwickelt und angefügt.

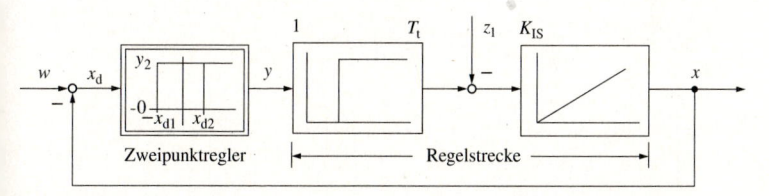

Bild 14.5-9: Zweipunktregler mit Hysterese, Regelstrecke mit Integral-Anteil und Totzeit

In den folgenden Berechnungen wird ein allgemeiner Zweipunktregler mit Hysterese (Schaltdifferenz $x_{d1} + x_{d2}$) verwendet. Der Regler wird in Verbindung mit einer Regelstrecke mit Integral-Anteil und Totzeit untersucht (siehe Bild 14.5-9). Die Materialzufuhr (Stellgröße $y(t) = q_{zu}(t)$) wird durch eine Totzeit T_t

(Fördereinrichtung) verzögert, die Materialentnahme (Störgröße $z_1(t) = q_{ab}(t)$) wirkt jedoch unverzögert am Eingang der Regelstrecke.

Für die Berechnung der Signalverläufe nach Bild 14.5-10 wurden folgende Werte verwendet:

Führungsgröße: Sprungaufschaltung $w(t) = w_0 \cdot E(t)$, $w_0 = 1$ m,

Zweipunkt-Regler:
Stellgröße Materialzufuhr: $y_1 = 0$, $y_2 = 0.5$ m^3/s,
Schaltgrenze $x_{d1} = 0.05$ m, Schaltgrenze $x_{d2} = 0.2$ m,

Regelstrecke: $K_{IS} = 0.1$ s^{-1} · m^{-2}, $T_t = 2$ s,

Störgröße Materialentnahme:
Sprungaufschaltung $z_1(t) = z_{10} \cdot E(t - t_z)$, $z_{10} = 0.25$ m^3/s.

Der Behälter soll zunächst gefüllt werden (Hochlaufzeit t_h), nach der Zeit $t_z = 30$ s wird die Störung aufgeschaltet.

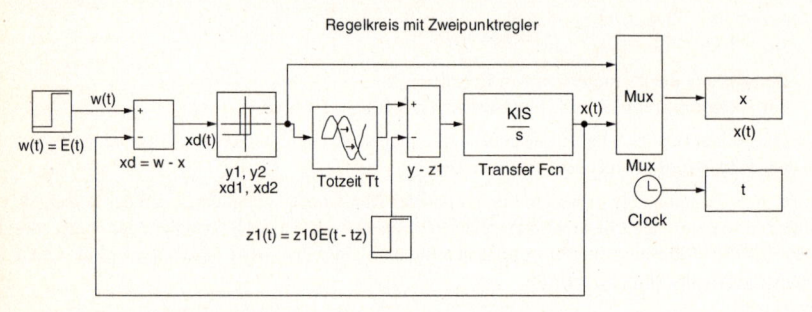

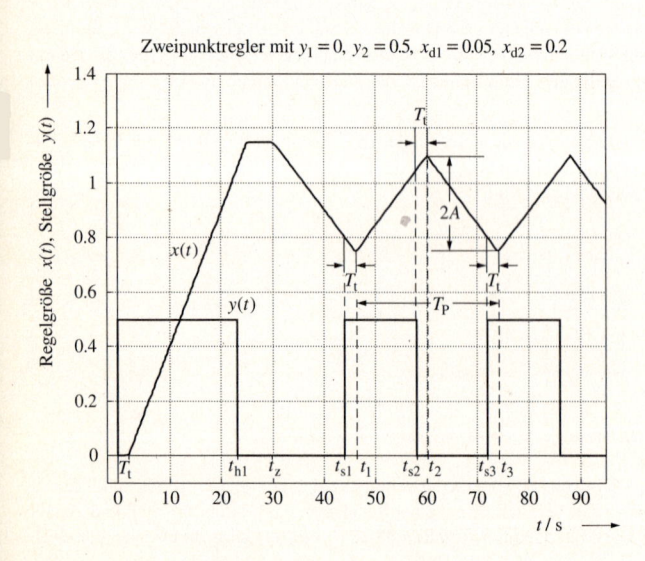

Bild 14.5-10: Signalverläufe für den Zweipunktregelkreis

Die Zeitintervalle der Zweipunktregelung sind in Bild 14.5-10 eingezeichnet. Die Regelgröße in den Zeitintervallen hat folgenden Verlauf:

Totzeit-Bereich $0 \leq t \leq T_t$:

$$x(t) = 0.$$

Bereich steigender Regelgröße (Hochfahren der Anlage) $T_t \leq t \leq t_h$:

$$x(t) = K_{IS} \cdot y_2 \cdot (t - T_t).$$

Der Zeitpunkt t_{h1} für das Abschalten der Stellgröße von $y = y_2$ auf $y = 0$ wird aus der Gleichung

$$x(t_{h1}) = K_{IS} \cdot y_2 \cdot (t_{h1} - T_t) = w_0 + x_{d1}$$

mit

$$t_{h1} = \frac{K_{IS} \cdot y_2 \cdot T_t + w_0 + x_{d1}}{K_{IS} \cdot y_2}$$

bestimmt. Durch die Totzeit hervorgerufen, steigt die Regelgröße noch bis zur Zeit

$$t_h = t_{h1} + T_t = \frac{K_{IS} \cdot y_2 \cdot T_t + w_0 + x_{d1}}{K_{IS} \cdot y_2} + T_t$$

auf den Hochlaufwert

$$x_h = x(t_h) = K_{IS} \cdot y_2 \cdot (t_h - T_t) = w_0 + x_{d1} + K_{IS} \cdot y_2 \cdot T_t.$$

Bereich konstanter Regelgröße $t_h \leq t \leq t_z$:

$$x(t) = x_h = w_0 + x_{d1} + K_{IS} \cdot y_2 \cdot T_t.$$

Nach $t = t_z$ soll die Störgröße $z_1(t)$ wirken,

Bereich fallender Regelgröße $t_z \leq t \leq t_1$:

$$x(t) = x_h - K_{IS} \cdot z_{10} \cdot (t - t_z).$$

Der Zeitpunkt t_{s1} für das Einschalten der Stellgröße von $y = 0$ auf $y = y_2$ wird aus der Gleichung

$$x(t_{s1}) = x_h - K_{IS} \cdot z_{10} \cdot (t_{s1} - t_z)$$
$$= w_0 + x_{d1} + K_{IS} \cdot y_2 \cdot T_t - K_{IS} \cdot z_{10} \cdot (t_{s1} - t_z) = w_0 - x_{d2}$$

mit

$$t_{s1} = \frac{K_{IS} \cdot (y_2 \cdot T_t + z_{10} \cdot t_z) + x_{d1} + x_{d2}}{K_{IS} \cdot z_{10}}$$

berechnet. Durch die Totzeit fällt die Regelgröße noch bis zur Zeit

$$t_1 = t_{s1} + T_t = \frac{K_{IS} \cdot (y_2 \cdot T_t + z_{10} \cdot t_z) + x_{d1} + x_{d2}}{K_{IS} \cdot z_{10}} + T_t.$$

auf den Minimalwert

$$x_{min} = x(t_1) = x_h - K_{IS} \cdot z_{10} \cdot (t_1 - t_z) = w_0 - x_{d2} - K_{IS} \cdot z_{10} \cdot T_t.$$

Bereich steigender Regelgröße $t_1 \leq t \leq t_2$, $y_2 > z_{10}$, von dem Zeitpunkt t_1 an beginnt die periodische Arbeitsbewegung des Regelkreises:

$$x(t) = x_{min} + K_{IS} \cdot (y_2 - z_{10}) \cdot (t - t_1)$$
$$= w_0 - x_{d2} - K_{IS} \cdot z_{10} \cdot T_t + K_{IS} \cdot (y_2 - z_{10}) \cdot (t - t_1).$$

Der Zeitpunkt t_{s2} für das Abschalten der Stellgröße von $y = y_2$ auf $y = 0$ wird aus der Gleichung

$$x(t_{s2}) = x_{\min} + K_{IS} \cdot (y_2 - z_{10}) \cdot (t_{s2} - t_1)$$
$$= w_0 - x_{d2} - K_{IS} \cdot z_{10} \cdot T_t + K_{IS} \cdot (y_2 - z_{10}) \cdot (t_{s2} - t_1) = w_0 + x_{d1}$$

mit

$$t_{s2} = \frac{K_{IS} \cdot ((y_2 - z_{10}) \cdot t_1 + z_{10} \cdot T_t) + x_{d1} + x_{d2}}{K_{IS} \cdot (y_2 - z_{10})}$$

berechnet. Wegen der Totzeit steigt die Regelgröße noch bis zur Zeit

$$t_2 = t_{s2} + T_t = \frac{K_{IS} \cdot ((y_2 - z_{10}) \cdot t_1 + z_{10} \cdot T_t) + x_{d1} + x_{d2}}{K_{IS} \cdot (y_2 - z_{10})} + T_t$$

auf den Maximalwert

$$x_{\max} = x(t_2) = x_{\min} + K_{IS} \cdot (y_2 - z_{10}) \cdot (t_2 - t_1)$$
$$= w_0 + x_{d1} + K_{IS} \cdot (y_2 - z_{10}) \cdot T_t.$$

Bereich fallender Regelgröße $t_2 \leq t \leq t_3$:

$$x(t) = x_{\max} - K_{IS} \cdot z_{10} \cdot (t - t_2)$$
$$= w_0 + x_{d1} + K_{IS} \cdot (y_2 - z_{10}) \cdot T_t - K_{IS} \cdot z_{10} \cdot (t - t_2).$$

Der Zeitpunkt t_{s3} für das Einschalten der Stellgröße von $y = 0$ auf $y = y_2$ wird aus der Gleichung

$$x(t_{s3}) = x_{\max} - K_{IS} \cdot z_{10} \cdot (t_{s3} - t_2)$$
$$= w_0 + x_{d1} + K_{IS} \cdot (y_2 - z_{10}) \cdot T_t - K_{IS} \cdot z_{10} \cdot (t_{s3} - t_2) = w_0 - x_{d2}$$

mit

$$t_{s3} = \frac{K_{IS} \cdot ((y_2 - z_{10}) \cdot T_t + z_{10} \cdot t_2) + x_{d1} + x_{d2}}{K_{IS} \cdot z_{10}}$$

berechnet. Durch die Totzeit fällt die Regelgröße noch bis zur Zeit

$$t_3 = t_{s3} + T_t = \frac{K_{IS} \cdot ((y_2 - z_{10}) \cdot T_t + z_{10} \cdot t_2) + x_{d1} + x_{d2}}{K_{IS} \cdot z_{10}} + T_t$$

auf den Minimalwert

$$x_{\min} = x(t_3) = x_{\max} - K_{IS} \cdot z_{10} \cdot (t_3 - t_2)$$
$$= w_0 - x_{d2} - K_{IS} \cdot z_{10} \cdot T_t = x(t_1).$$

Kenngrößen von Zweipunktregelungen mit Regelstrecken mit Integral-Anteil sind Zeitgrößen, Amplitudenwerte und die mittlere Regelabweichung (negativer Wert der mittleren Regeldifferenz).

14.5 Regelkreise mit schaltenden Reglern

7) Zweipunktregler mit Schaltdifferenz $x_{d1} + x_{d2} \neq 0$, Grundlast $y_1 = 0$, Hauptlast $y_2 \neq 0$, Regelstrecke mit Totzeit und Integral-Element

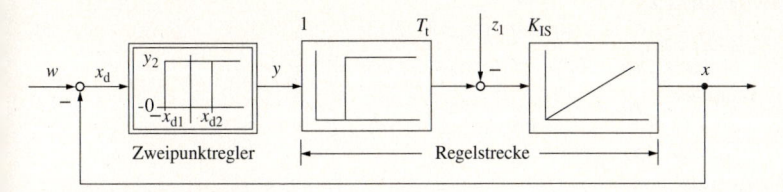

[Blockschaltbild: $w \to x_d \to$ Zweipunktregler (y_2, -0, x_{d1}, x_{d2}) $\to y \to$ (1, T_t, z_1, K_{IS}) Regelstrecke $\to x$]

Maximalwert der Regelgröße:

$$x_{max} = w_0 + x_{d1} + K_{IS} \cdot (y_2 - z_{10}) \cdot T_t$$
$$= x(t_1) = x(t_1 + T_P) = x(t_1 + 2 \cdot T_P) = \ldots$$

Minimalwert der Regelgröße:

$$x_{min} = w_0 - x_{d2} - K_{IS} \cdot z_{10} \cdot T_t$$
$$= x(t_2) = x(t_2 + T_P) = x(t_2 + 2 \cdot T_P) = \ldots$$

Ausschaltdauer Hauptlast T_{aus}, ist gleichzeitig die Zeitdauer der fallenden Regelgröße:

$$T_{aus} = t_{s2} - t_{s1} = t_2 - t_1 = \frac{K_{IS} \cdot y_2 \cdot T_t + x_{d1} + x_{d2}}{K_{IS} \cdot (y_2 - z_{10})}.$$

Einschaltdauer Hauptlast T_{ein}, ist gleichzeitig die Zeitdauer der steigenden Regelgröße:

$$T_{ein} = t_{s3} - t_{s2} = t_3 - t_2 = \frac{K_{IS} \cdot y_2 \cdot T_t + x_{d1} + x_{d2}}{K_{IS} \cdot z_{10}}.$$

Ein-Ausschaltverhältnis:

$$\frac{T_{ein}}{T_{aus}} = \frac{y_2 - z_{10}}{z_{10}}.$$

Periodendauer T_P (Schaltfrequenz $f_s = 1/T_P$) für die Arbeitsbewegung der Regelgröße bei Störung:

$$T_P = T_{aus} + T_{ein} = t_{s3} - t_{s1} = t_3 - t_1 = \frac{y_2 \cdot (K_{IS} \cdot y_2 \cdot T_t + x_{d1} + x_{d2})}{K_{IS} \cdot z_{10} \cdot (y_2 - z_{10})}.$$

Schwingungsamplitude A der Arbeitsbewegung der Regelgröße:

$$A = \frac{x_{max} - x_{min}}{2} = \frac{K_{IS} \cdot y_2 \cdot T_t + x_{d1} + x_{d2}}{2}.$$

Mittlere Regelabweichung x_{wm} (negativer Wert der mittleren Regeldifferenz):

$$x_{wm} = \frac{x_{max} - w_0}{2} + \frac{x_{min} - w_0}{2} = \frac{x_{max} + x_{min}}{2} - w_0$$
$$= \frac{K_{IS} \cdot (y_2 - 2 \cdot z_{10}) \cdot T_t + x_{d1} - x_{d2}}{2}.$$

Bei Zweipunktregelungen an Regelstrecken mit Integral-Anteil sind Periodendauer T_P, Schwingungsamplitude A und mittlere Regelabweichung x_{wm} unabhängig vom Sollwert w_0, die mittlere Regelabweichung ist Null für symmetrische Schaltdifferenz $x_{d1} = x_{d2}$ und $y_2 = 2 \cdot z_{10}$.

Für eine Regelstrecke ohne Totzeit erhält man:

Maximalwert der Regelgröße:

$$x_{max} = w_0 + x_{d1}.$$

Minimalwert der Regelgröße:

$$x_{\min} = w_0 - x_{d2}.$$

Ausschaltdauer Hauptlast T_{aus}:

$$T_{aus} = \frac{x_{d1} + x_{d2}}{K_{IS} \cdot (y_2 - z_{10})}.$$

Einschaltdauer Hauptlast T_{ein}:

$$T_{ein} = \frac{x_{d1} + x_{d2}}{K_{IS} \cdot z_{10}}.$$

Ein-Ausschaltverhältnis:

$$\frac{T_{ein}}{T_{aus}} = \frac{y_2 - z_{10}}{z_{10}}.$$

Periodendauer T_P (Schaltfrequenz $f_s = 1/T_P$):

$$T_P = \frac{y_2 \cdot (x_{d1} + x_{d2})}{K_{IS} \cdot z_{10} \cdot (y_2 - z_{10})}.$$

Schwingungsamplitude A:

$$A = \frac{x_{d1} + x_{d2}}{2}.$$

mittlere Regelabweichung x_{wm}:

$$x_{wm} = \frac{x_{d1} - x_{d2}}{2}.$$

14.5.3 Berechnung von Regelkreisen mit Dreipunktreglern

Zweipunktregler belasten die Regelstrecke durch das Umschalten zwischen Maximal- und Minimalwert der Stellgröße. Um diesen Nachteil zu vermeiden und weiterhin die Schalthäufigkeit des Reglers zu verringern, werden Dreipunktregler mit Totzone und nachgeschaltetem Integrierer verwendet. Dreipunktregler liefern drei verschiedene Ausgangssignale, beispielsweise:

$$y = \begin{cases} y_2, & \text{für} & x_d \geq x_{d2}, \\ 0, & \text{für} & -x_{d1} < x_d < x_{d2}, \\ -y_1, & \text{für} & x_d \leq -x_{d1}. \end{cases}$$

Das nachgeschaltete Integral-Element wird meist durch einen Stellmotor realisiert: Die Stellung eines Ventils bleibt unverändert, wenn der Motor nicht angesteuert wird ($y = 0$), für $y = y_2$ wird der Ventilquerschnitt vergrößert, für $y = -y_1$ verringert.

Beispiel 14.5-3: Die Arbeitsweise eines Dreipunktreglers mit nachgeschaltetem Integral-Element wird nach Bild 14.5-11 untersucht.

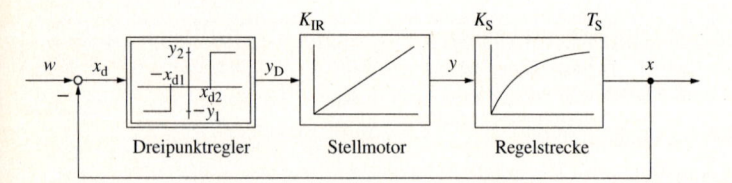

Bild 14.5-11: Dreipunktregler und Regelstrecke mit Verzögerung

14.5 Regelkreise mit schaltenden Reglern

Für die Berechnung werden folgende Werte verwendet:

Führungsgröße: Sprungaufschaltung $w(t) = w_0 \cdot E(t)$, $w_0 = 1$.

Dreipunktregler: Schaltgrenze $x_{d1} = 0.05$, Schaltgrenze $x_{d2} = 0.05$,

$$y_D = \begin{cases} y_2 = 1, & \text{für } x_d \geq x_{d2}, \\ 0, & \text{für } -x_{d1} < x_d < x_{d2}, \\ -y_1 = -1, & \text{für } x_d \leq -x_{d1}. \end{cases}$$

Integral-Element (Stellmotor): $K_{IR} = 0.005 \text{ s}^{-1}$.

Regelstrecke: $K_S = 4$, $T_S = 12$ s.

Die Schaltzeitpunkte der Dreipunktregelung sind in Bild 14.5-12 eingezeichnet.

Regelkreis mit Dreipunktregler

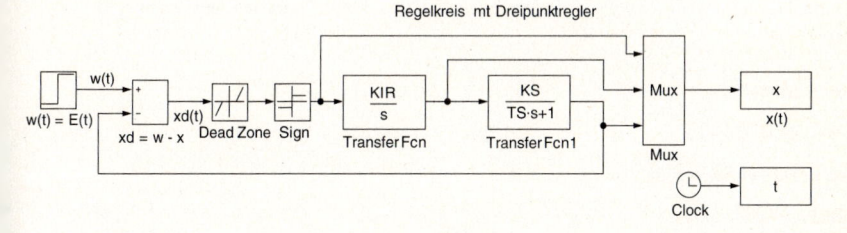

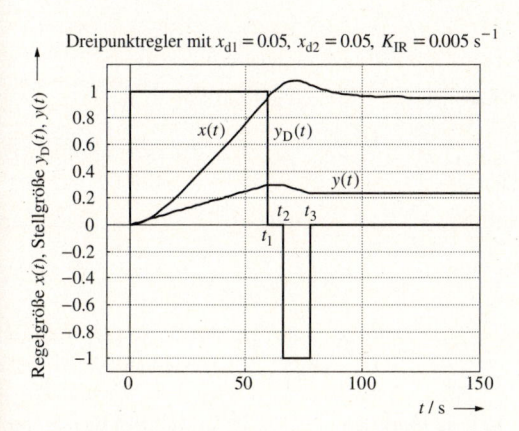

Bild 14.5-12: Signalverläufe für den Dreipunktregelkreis

Die Regelgröße in den Zeitintervallen hat folgenden Verlauf:

Bereich positiver Stellgröße $y_D = y_2 = 1$, $0 \leq t \leq t_1$:

Der Dreipunktregler liefert nach Aufschaltung des Sollwertes w_0 die Schaltgröße $y_D = y_2 = 1$, die anschließend integriert wird:

$$y(t) = K_{IR} \cdot t.$$

Die Anstiegsfunktion wird durch die Regelstrecke verzögert:

$$x(t) = K_{IR} \cdot K_S \cdot (t - T_S + T_S \cdot e^{-t/T_S}).$$

Der Zeitpunkt t_1 für das Ausschalten der Stellgröße auf $y_D = 0$ wird aus der Gleichung

$$x(t_1) = K_{IR} \cdot K_S \cdot (t_1 - T_S + T_S \cdot e^{-t_1/T_S}) = w_0 - x_{d2}$$

numerisch bestimmt:

$$t_1 = 59.415 \text{ s}, \qquad y(t_1) = K_{IR} \cdot t_1 = 0.297, \qquad x(t_1) = w_0 - x_{d2} = 0.95.$$

Bereich mit Stellgröße Null, $y_D = 0, t_1 \leq t \leq t_2$:

Die Schaltgröße y_D ist Null:

$$y(t) = y(t_1) = \text{konst},$$
$$x(t) = x(t_1) + (K_S \cdot y(t_1) - x(t_1)) \cdot (1 - e^{-(t-t_1)/T_S}).$$

Der Zeitpunkt t_2 für das Einschalten der Stellgröße auf $y_D = -y_1 = -1$ wird aus der Gleichung

$$x(t_2) = x(t_1) + (K_S \cdot y(t_1) - x(t_1)) \cdot (1 - e^{-(t_2-t_1)/T_S}) = w_0 + x_{d1}$$

numerisch ermittelt:

$$t_2 = 65.944 \text{ s}, \qquad y(t_2) = y(t_1) = 0.297, \qquad x(t_2) = w_0 + x_{d1} = 1.05.$$

Bereich negativer Stellgröße $y_D = -y_1 = -1, t_2 \leq t \leq t_3$:

Die Schaltgröße ist $y_D = -y_1 = -1$:

$$y(t) = y(t_2) - K_{IR} \cdot (t - t_2),$$
$$x(t) = x(t_2) + (K_S \cdot y(t_2) - x(t_2)) \cdot (1 - e^{-(t-t_2)/T_S}) - K_{IR} \cdot K_S \cdot (t - t_2 - T_S + T_S \cdot e^{-(t-t_2)/T_S}).$$

Der Zeitpunkt t_3 für das Ausschalten der Stellgröße auf $y_D = 0$ wird aus der Gleichung

$$x(t_3) = x(t_2) + (K_S \cdot y(t_2) - x(t_2)) \cdot (1 - e^{-(t_3-t_2)/T_S}) - K_{IR} \cdot K_S \cdot (t_3 - t_2 - T_S + T_S \cdot e^{-(t_3-t_2)/T_S}) = w_0 + x_{d1}$$

numerisch ermittelt:

$$t_3 = 77.840 \text{ s}, \qquad y(t_3) = 0.2376, \qquad x(t_3) = w_0 + x_{d1} = 1.05.$$

Bereich mit Stellgröße Null, $y_D = 0, t_3 \leq t < \infty$:

Die Schaltgröße ist Null, $y_D = 0$:

$$y(t) = y(t_3) = \text{konst},$$
$$x(t) = x(t_3) + (K_S \cdot y(t_3) - x(t_3)) \cdot (1 - e^{-(t-t_3)/T_S}).$$

Es gibt keinen weiteren Umschaltpunkt, da $x(t)$ nicht kleiner als $w_0 - x_{d2} = 0.95$ wird. Der Endwert der Regelgröße ist:

$$x(t \to \infty) = K_S \cdot y(t_3) = 0.9504 > w_0 - x_{d2} = 0.95.$$
$$x_d(t \to \infty) = w_0 - x(t \to \infty) = 0.0496.$$

Die bleibende Regeldifferenz $x_d(t \to \infty)$ liegt im Bereich der Totzone

$$-x_{d1} < x_d(t \to \infty) < x_{d2},$$

die Regelgröße $x(t \to \infty)$ im Intervall

$$w_0 - x_{d2} = 0.95 < x(t \to \infty) < w_0 + x_{d1} = 1.05.$$

14.5.4 Schaltende Regler mit Rückführung

14.5.4.1 Eigenschaften von quasistetigen Reglern

Bei Regelkreisen mit Zwei- und Dreipunktreglern sind die Kenngrößen des Schaltverhaltens (Einschaltzeit T_{ein}, Ausschaltzeit T_{aus}, Periodendauer T_P, Schwingungsamplitude A, mittlere Regelabweichung x_{wm}) in starkem Maße von den Parametern Streckenverstärkung K_S, Verzögerungszeit T_S und Totzeit T_t der Regelstrecke abhängig.

Für schaltende Regler mit Rückführung sind die Kenngrößen des Schaltverhaltens unabhängig von den Parametern der Regelstrecke und können durch die Rückführung eingestellt werden. Durch den Einsatz von schaltenden Reglern mit Rückführung können die Schwingungen um den Mittelwert der Regelgröße verringert werden.

Mit der Übertragungsfunktion der Rückführung kann ein Zeitverhalten wie das von stetigen Reglern erzeugt werden. Ähnlich wie bei Operationsverstärkern ist das Verhalten des Reglers nur noch von der äußeren Beschaltung (Rückführung des Verstärkers) abhängig. Die Regelung wird dann als **quasistetig** bezeichnet.

In Bild 14.5-13 ist ein Regelkreis mit Zweipunktregler einem Regler mit Rückführung gegenübergestellt. Die Signalflußpläne haben gleiche Struktur. Wenn wie folgt ersetzt wird:

$$T_S \to T_r, \quad K_S \to K_r, \quad w \to x_d, \quad w_0 \to x_{d0},$$
$$x \to x_r, \quad x_d \to x_e, \quad x_{d1} \to x_{e1}, \quad x_{d2} \to x_{e2},$$

dann gelten die für den Regelkreis mit Zweipunktregler nach Abschnitt 14.5.2.3, 6) angegebenen Formeln mit $y_1 = 0$ entsprechend auch für den schaltenden Regler mit Rückführung.

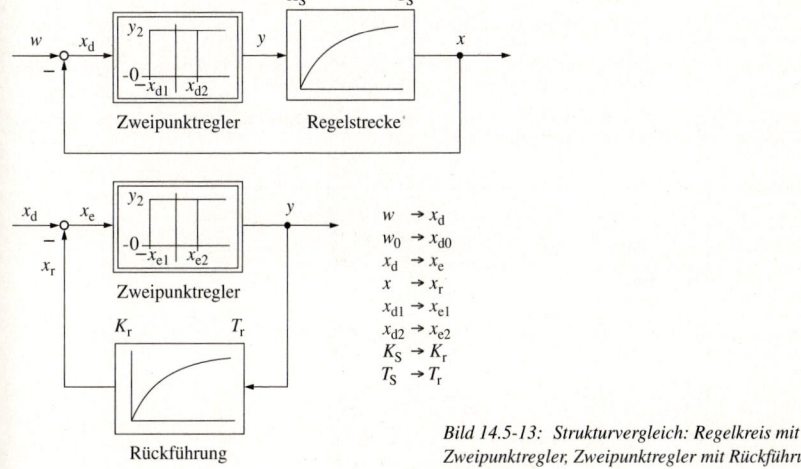

Bild 14.5-13: Strukturvergleich: Regelkreis mit Zweipunktregler, Zweipunktregler mit Rückführung

Ausschaltdauer T_{aus}:

Zweipunktregelkreis: Zweipunktregler mit Rückführung:

$$T_{aus} = T_S \cdot \ln\left(\frac{w_0 + x_{d1}}{w_0 - x_{d2}}\right) \to T_{aus} = T_r \cdot \ln\left(\frac{x_{d0} + x_{e1}}{x_{d0} - x_{e2}}\right).$$

Einschaltdauer T_{ein}:

Zweipunktregelkreis: Zweipunktregler mit Rückführung:

$$T_{\text{ein}} = T_S \cdot \ln\left(\frac{K_S \cdot y_2 - w_0 + x_{d2}}{K_S \cdot y_2 - w_0 - x_{d1}}\right) \rightarrow T_{\text{ein}} = T_r \cdot \ln\left(\frac{K_r \cdot y_2 - x_{d0} + x_{e2}}{K_r \cdot y_2 - x_{d0} - x_{e1}}\right).$$

Periodendauer T_P (Schaltfrequenz $f_s = 1/T_P$):

Zweipunktregelkreis: Zweipunktregler mit Rückführung:

$$T_P = T_S \cdot \ln\left(\frac{(w_0 + x_{d1}) \cdot (K_S \cdot y_2 - w_0 + x_{d2})}{(w_0 - x_{d2}) \cdot (K_S \cdot y_2 - w_0 - x_{d1})}\right) \rightarrow T_P = T_r \cdot \ln\left(\frac{(x_{d0} + x_{e1}) \cdot (K_r \cdot y_2 - x_{d0} + x_{e2})}{(x_{d0} - x_{e2}) \cdot (K_r \cdot y_2 - x_{d0} - x_{e1})}\right).$$

Schwingungsamplitude A

der Regelgröße x: der Rückführgröße x_r:

$$A = \frac{x_{d1} + x_{d2}}{2} \rightarrow A = \frac{x_{e1} + x_{e2}}{2}.$$

Mittlere Regelabweichung

der Regelgröße x: der Rückführgröße x_r:

$$x_{\text{wm}} = \frac{x_{d2} - x_{d1}}{2} \rightarrow x_{\text{wm}} = \frac{x_{e2} - x_{e1}}{2}.$$

> Die Kenngrößen des Schaltverhaltens von Regelkreisen mit schaltenden Reglern mit Rückführung lassen sich unabhängig von Regelstreckenparametern, wie beispielsweise Streckenverstärkung K_S, Verzögerungszeit T_S und Totzeit T_t, einstellen.

14.5.4.2 Einfluß der Rückführung bei schaltenden Reglern

Für einen Regler mit Rückführung wird das Zeitverhalten untersucht. Wird der Mittelwert der geschalteten Signalgrößen gebildet, so ergibt sich, daß das Übertragungsverhalten der Mittelwertsignale unabhängig von den Kenngrößen des Schaltelements ist und nur noch durch die Werte der Rückführung bestimmt wird. An folgendem Beispiel werden die Untersuchungen vorgenommen.

Beispiel 14.5-4: Die Sprungantwort eines Zweipunktreglers mit Rückführung ($K_r = 8$, $T_r = 2$ s) wird für $y_2 = 0.5$, $x_{e1} = x_{e2} = 0.05$ berechnet, die Regeldifferenz wird als Sprung $x_d(t) = x_{d0} \cdot E(t)$, $x_{d0} = 1$ aufgeschaltet.

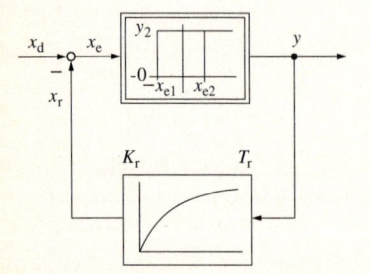

Die Zeitintervalle der Zweipunktregelung sind in Bild 14.5-14 eingezeichnet. Die Signalverläufe sind von den Schaltgrenzen x_{e1}, x_{e2}, der Stellgrößenhauptlast y_2 und den Werten der Rückführung K_r, T_r bestimmt.

14.5 Regelkreise mit schaltenden Reglern

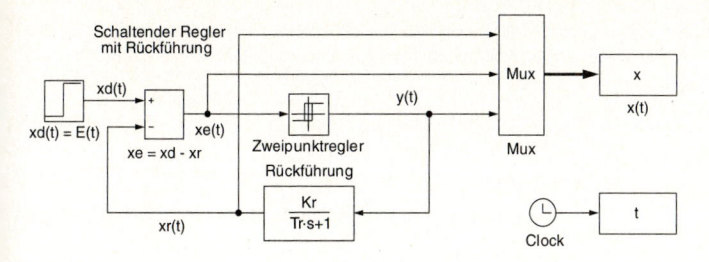

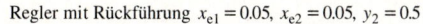

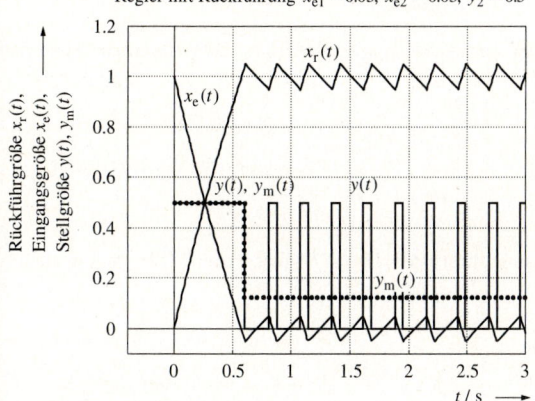

Bild 14.5-14: Signalverläufe des Zweipunktreglers mit Rückführung

Nach dem Einschalten der Regeldifferenz $x_d(t) = x_{d0} \cdot E(t)$ ist die Stellgröße $y(t) = y_2 = 0.5$, die Rückführgröße $x_r(t)$ steigt nach der Funktion

$$x_r(t) = K_r \cdot y_2 \cdot (1 - e^{-t/T_r}).$$

Der erste Schaltzeitpunkt t_1 wird aus der Gleichung

$$x_r(t_1) = K_r \cdot y_2 \cdot (1 - e^{-t_1/T_r}) = x_{d0} + x_{e1}$$

berechnet:

$$t_1 = T_r \cdot \ln\left(\frac{K_r \cdot y_2}{K_r \cdot y_2 - x_{d0} - x_{e1}}\right) = 0.609 \text{ s}.$$

Nach der Zeit t_1 setzen die periodischen Schaltvorgänge ein. Die Mittelwerte der Signale sind:

$$x_{rm}(t) \approx x_{d0} = 1, \qquad x_{em}(t) \approx 0.$$

Für den Mittelwert der Stellgröße $y_m(t)$ ergibt sich mit den Gleichungen von Abschnitt 14.5.4.1 für die Einschaltdauer T_{ein} und die Periodendauer T_P:

$$y_m(t) = \frac{T_{ein}}{T_{ein} + T_{aus}} \cdot y_2 = \frac{T_{ein}}{T_P} \cdot y_2 = \frac{T_r \cdot \ln\left(\dfrac{K_r \cdot y_2 - x_{d0} + x_{e2}}{K_r \cdot y_2 - x_{d0} - x_{e1}}\right)}{T_r \cdot \ln\left[\dfrac{(x_{d0} + x_{e1}) \cdot (K_r \cdot y_2 - x_{d0} + x_{e2})}{(x_{d0} - x_{e2}) \cdot (K_r \cdot y_2 - x_{d0} - x_{e1})}\right]} \cdot y_2 = 0.12493.$$

14 Nichtlineare Regelungen

Wenn die nachfolgende Regelstrecke eine Verzögerungszeitkonstante besitzt, die groß gegen die Rückführzeitkonstante ist, dann ist es zulässig, nur die Mittelwerte der Signale zu betrachten. Unter dieser Voraussetzung ergibt sich, daß

$$x_{em}(t) = x_d(t) - x_{rm}(t) \approx 0, \qquad x_d(t) \approx x_{rm}(t),$$

$$x_{rm}(s) = G_r(s) \cdot y_m(s) = \frac{K_r}{1 + T_r \cdot s} \cdot y_m(s).$$

Da $x_d(s) \approx x_{rm}(s)$ ist, läßt sich die Übertragungsfunktion des quasistetigen Reglers bezüglich der Mittelwerte der Signale berechnen:

$$x_d(s) = G_r(s) \cdot y_m(s),$$

$$y_m(s) = \frac{1}{G_r(s)} \cdot x_d(s) = \frac{1}{K_r} \cdot (1 + s \cdot T_r) \cdot x_d(s).$$

Für die Rückführung wurde $K_r = 8$ vorgegeben, der Endwert des Mittelwerts der Stellgröße bei Sprungaufschaltung mit $x_{d0} = 1$ ist

$$y_m(t \to \infty) = \lim s \cdot y_m(s) = \lim s \cdot \frac{1}{K_r} \cdot (1 + s \cdot T_r) \cdot \frac{x_{d0}}{s} = \frac{1}{K_r} \cdot x_{d0} = 0.125$$

und entspricht damit dem Wert, der aus den exakten Gleichungen für den Regler berechnet wurde:

$$y_m(t) = \frac{T_{ein}}{T_{ein} + T_{aus}} \cdot y_2 = 0.12493.$$

Der Vergleich mit den Übertragungsfunktionen nach Abschnitt 4.7.3 liefert einen PD-Regler mit der Reglerverstärkung K_R und der Vorhaltzeit T_V:

$$K_R = \frac{1}{K_r}, \qquad T_V = T_r.$$

Eine andere Betrachtungsweise zeigt, daß die Eingangsgröße $x_{em}(t) \approx 0$ ist, die Ausgangsgröße $y_m(t) \neq 0$. Das entspricht dem Verhalten einer Operationsverstärkerschaltung mit großer Verstärkung. Die Eigenschaften von solchen Schaltungen sind nur von der reziproken Rückführungsübertragungsfunktion abhängig (Abschnitt 8, 8.4.3.2).

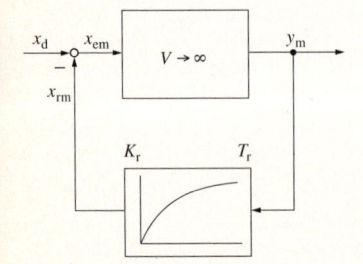

Bild 14.5-15: Ersatzbild des Zweipunktreglers für die Signalmittelwerte

Für die Berechnung der Reglerstruktur nach Bild 14.5-15 wird die Kreisgleichung

$$[x_d(s) - G_r(s) \cdot y_m(s)] \cdot V = y_m(s)$$

nach $y_m(s)$ aufgelöst. Für große Verstärkung V ist

$$y_m(s) = \frac{V}{1 + V \cdot G_r(s)} \cdot x_d(s) = \frac{1}{1/V + G_r(s)} \cdot x_d(s) \approx \frac{1}{G_r(s)} \cdot x_d(s)$$

nur noch von der reziproken Übertragungsfunktion $1/G_r(s)$ abhängig.

14.5.4.3 Quasistetige Standardregler (Regler mit Rückführung)

Durch eine Rückführung erhalten schaltende Regler eine quasistetige Arbeitsweise:

> Bei schaltenden Reglern mit Rückführung wird ein quasistetiges Verhalten mit der reziproken Übertragungsfunktion der Rückführung eingestellt. Voraussetzung dafür ist: Die dominierende Zeitkonstante der Regelstrecke muß groß gegenüber den Zeitkonstanten der Rückführung sein, weiterhin sollte die Schaltdifferenz klein gegenüber dem Sollwert w_0 sein.

In diesem Abschnitt werden Beispiele für quasistetige Regler für Standardanwendungen dargestellt. Ein quasistetiger Proportional-Regler (P-Regler) läßt sich durch eine proportionale unverzögerte Rückführung nicht realisieren, da die Schaltfrequenz sehr groß würde.

Zweipunktregler mit nachgebender Rückführung

(quasistetiger Proportional-Differential-Regler, PD-Regler):

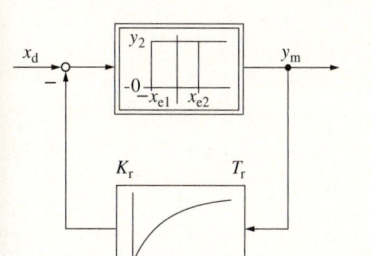

Parameter des PD-Reglers:

$K_R = \dfrac{1}{K_r},$ Reglerverstärkung

$T_V = T_r,$ Vorhaltzeit

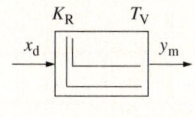

Bild 14.5-16: *Quasistetiger PD-Regler*

Die Rückführung enthält ein PT_1-Element:

$$G_r(s) = \frac{K_r}{1 + T_r \cdot s}.$$

Für den PD-Regler werden durch Koeffizientenvergleich Proportionalverstärkung K_R und Vorhaltzeit T_V bestimmt:

$$G_R(s) = \frac{y_m(s)}{x_d(s)} = \frac{1}{G_r(s)} = \frac{1}{K_r} \cdot (1 + s \cdot T_r) \stackrel{!}{=} K_R \cdot (1 + s \cdot T_V),$$

$$K_R = \frac{1}{K_r}, \qquad T_V = T_R.$$

PD-Verhalten: Das Sprungantwortsignal nach Bild 14.5-17 geht nach der Sprungaufschaltung zunächst in die Begrenzung $y_m(t) = y_2 = 1$ (D-Verhalten). Wenn der Regler periodisch schaltet, ist der Mittelwert der Stellgröße $y_m(t) = K_R \cdot x_{d0} = 0.2$ (P-Verhalten).

Zweipunktregler mit verzögert-nachgebender Rückführung (quasistetiger Proportional-Integral-Differential-Regler, PID-Regler):

In der Rückführung liegt ein DT_1-Element in Reihe mit einem PT_1-Element:

$$G_r(s) = \frac{K_r}{1 + T_{r1} \cdot s} \cdot \frac{T_{r2} \cdot s}{1 + T_{r2} \cdot s}.$$

848   14 Nichtlineare Regelungen

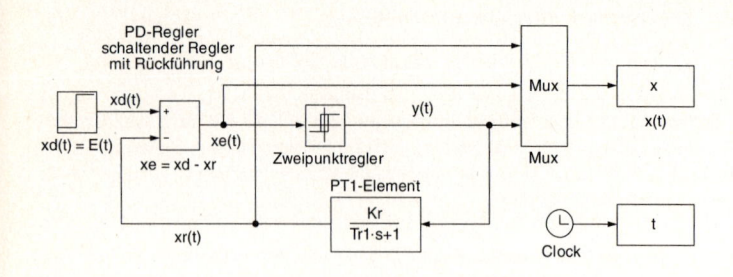

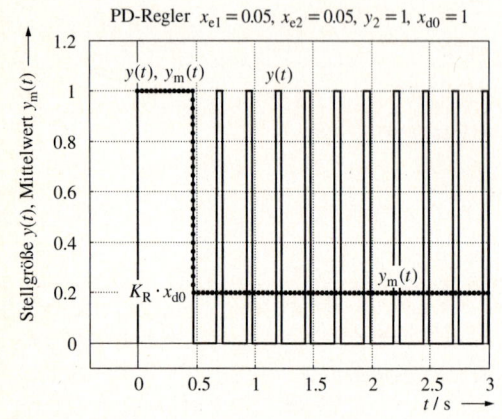

Bild 14.5-17: Sprungantwort $y(t)$ und Mittelwert $y_\mathrm{m}(t)$ eines quasistetigen PD-Reglers mit $K_\mathrm{R} = 0.2$, $T_\mathrm{V} = 2$ s, $x_\mathrm{d0} = 1$ ($K_\mathrm{r} = 5$, $T_\mathrm{r} = 2$ s, $y_2 = 1$, $x_\mathrm{e1} = x_\mathrm{e2} = 0.05$)

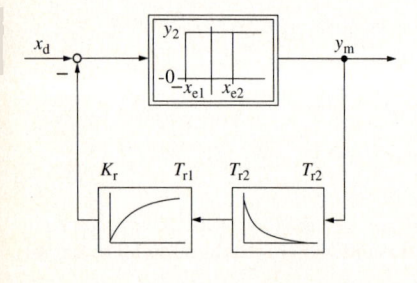

Parameter des PID-Reglers:

$K_\mathrm{Rm} = \dfrac{1}{K_\mathrm{r}}$, Reglerverstärkung

$T_\mathrm{Nm} = T_\mathrm{r2}$, Nachstellzeit

$T_\mathrm{Vm} = T_\mathrm{r1}$, Vorhaltezeit

$K_\mathrm{Ra} = \dfrac{T_\mathrm{r1} + T_\mathrm{r2}}{T_\mathrm{r1} \cdot K_\mathrm{r}}$, Reglerverstärkung

$T_\mathrm{Na} = T_\mathrm{r1} + T_\mathrm{r2}$, Nachstellzeit

$T_\mathrm{Va} = \dfrac{T_\mathrm{r1} \cdot T_\mathrm{r2}}{T_\mathrm{r1} + T_\mathrm{r2}}$, Vorhaltezeit

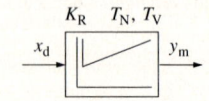

Bild 14.5-18: Quasistetiger PID-Regler

14.5 Regelkreise mit schaltenden Reglern

Die Parameter der seriellen (multiplikativen) Form des PID-Reglers Proportionalverstärkung K_{Rm}, Nachstellzeit T_{Nm}, Vorhaltzeit T_{Vm} sind direkt aus dem Koeffizientenvergleich zu bestimmen:

$$G_R(s) = \frac{y_m(s)}{x_d(s)} = \frac{1}{G_r(s)} = \frac{(1 + T_{r1} \cdot s) \cdot (1 + T_{r2} \cdot s)}{K_r \cdot T_{r2} \cdot s} \stackrel{!}{=} K_{Rm} \cdot \frac{(1 + T_{Nm} \cdot s) \cdot (1 + T_{Vm} \cdot s)}{T_{Nm} \cdot s},$$

$$K_{Rm} = \frac{1}{K_r}, \quad T_{Nm} = T_{r2}, \quad T_{Vm} = T_{r1}.$$

Für die Ermittlung der Parameter der parallelen (additiven) Form des PID-Reglers sind folgende Umformungen vorzunehmen:

$$G_R(s) = \frac{y_m(s)}{x_d(s)} = \frac{1}{G_r(s)} = \frac{(1 + T_{r1} \cdot s) \cdot (1 + T_{r2} \cdot s)}{K_r \cdot T_{r2} \cdot s} = \frac{T_{r1} + T_{r2}}{K_r \cdot T_{r2}} + \frac{1}{K_r \cdot T_{r2} \cdot s} + \frac{T_{r1}}{K_r} \cdot s$$

$$= \frac{T_{r1} + T_{r2}}{K_r \cdot T_{r2}} \cdot \left[1 + \frac{1}{(T_{r1} + T_{r2}) \cdot s} + \frac{T_{r1} \cdot T_{r2}}{T_{r1} + T_{r2}} \cdot s\right] \stackrel{!}{=} K_{Ra} \cdot \left(1 + \frac{1}{T_{Na} \cdot s} + T_{Va} \cdot s\right),$$

Proportionalverstärkung:

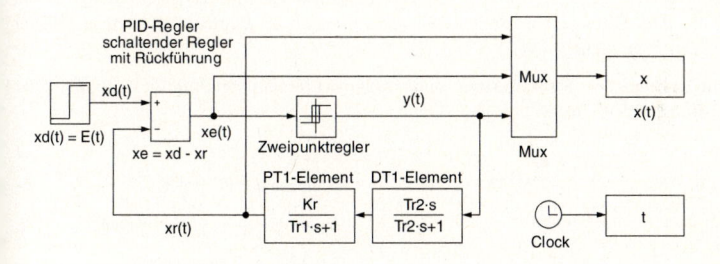

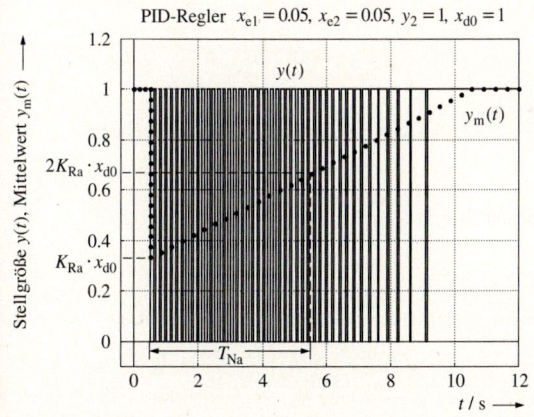

$$K_{Ra} = \frac{T_{r1} + T_{r2}}{T_{r2} \cdot K_r},$$

Bild 14.5-19: Sprungantwort $y(t)$ und Mittelwert $y_m(t)$ eines quasistetigen PID-Reglers mit $K_{Ra} = 0.333$, $T_{Na} = 5$ s, $T_{Va} = 1.2$ s, $x_{d0} = 1$ ($K_r = 5$, $T_{r1} = 2$ s, $T_{r2} = 3$ s, $y_2 = 1$, $x_{e1} = x_{e2} = 0.05$)

Nachstellzeit:
$$T_{Na} = T_{r1} + T_{r2},$$

Vorhaltzeit:
$$T_{Va} = \frac{T_{r1} \cdot T_{r2}}{T_{r1} + T_{r2}}.$$

Mit den Einstellungen der Rückführung mit $K_r = 5$, $T_{r1} = 2$ s, $T_{r2} = 3$ s werden die Parameter des PID-Reglers in der parallelen Form berechnet, die Sprungantwort ist in Bild 14.5-19 dargestellt:

$$K_{Ra} = \frac{T_{r1} + T_{r2}}{T_{r2} \cdot K_r} = 0.333, \qquad T_{Na} = T_{r1} + T_{r2} = 5 \text{ s},$$

$$T_{Va} = \frac{T_{r1} \cdot T_{r2}}{T_{r1} + T_{r2}} = 1.2 \text{ s}.$$

PID-Verhalten: Das Sprungantwortsignal nach Bild 14.5-19 geht nach der Sprungaufschaltung zunächst in die Begrenzung $y_m(t) = y_2 = 1$ (D-Verhalten). Wenn der Regler schaltet, ist zunächst die Einschaltdauer klein, der dabei erreichte Mittelwert der Stellgröße ist $y_m = K_{Ra} \cdot x_{d0} = 0.333$ (P-Verhalten). Dann wird die Einschaltdauer größer: Der Integral-Anteil des Mittelwerts der Stellgröße ist proportional zur Zeit t, $y_{mI}(t) = K_R \cdot x_{d0} \cdot t / T_{Na} = 0.333 \cdot t / T_{Na}$ (I-Verhalten). Nach der Zeit T_{Na} verdoppelt sich der Mittelwert der Stellgröße auf $y_m = 2 \cdot K_{Ra} \cdot x_{d0} = 0.667$. Der Mittelwert der Stellgröße $y_m(t)$ wächst, bis der Regler nicht mehr ausschaltet (Einschaltdauer $T_{ein} \to \infty$, Begrenzung).

Dreipunktregler mit verzögerter Rückführung und Integral-Element (Stellmotor) (quasistetiger Proportional-Integral-Regler, PI-Regler):

Parameter des PI-Reglers:

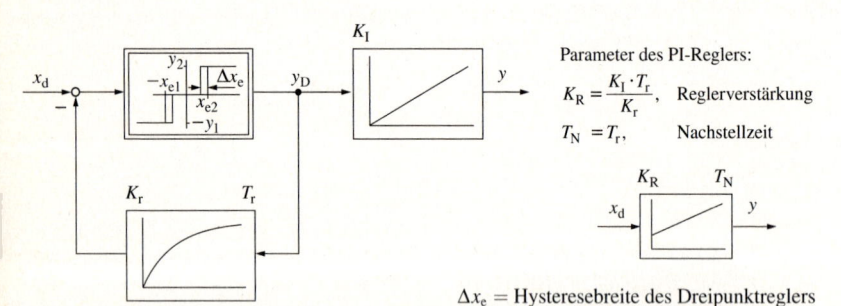

$$K_R = \frac{K_I \cdot T_r}{K_r}, \quad \text{Reglerverstärkung}$$

$$T_N = T_r, \quad \text{Nachstellzeit}$$

Δx_e = Hysteresebreite des Dreipunktreglers

Bild 14.5-20: Quasistetiger PI-Regler

In der Rückführung liegt ein PT_1-Element, ein Integral-Element ist dem Regler nachgeschaltet:

$$G_r(s) = \frac{K_r}{1 + T_r \cdot s}, \qquad G_I(s) = \frac{K_I}{s}.$$

Für den PI-Regler ergeben sich die Parameter Proportionalverstärkung K_R und Nachstellzeit T_N durch Koeffizientenvergleich:

$$G_R(s) = \frac{y(s)}{x_d(s)} = \frac{1}{G_r(s)} \cdot G_I(s) = \frac{K_I}{s} \cdot \frac{1 + T_r \cdot s}{K_r} = \frac{K_I \cdot T_r}{K_r} \cdot \frac{1 + T_r \cdot s}{T_r \cdot s} \stackrel{!}{=} K_R \cdot \frac{(1 + T_N \cdot s)}{T_N \cdot s},$$

$$K_R = \frac{K_I \cdot T_r}{K_r}, \qquad T_N = T_r.$$

14.5 Regelkreise mit schaltenden Reglern

[Blockschaltbild: PI-Regler schaltender Regler mit Rückführung]

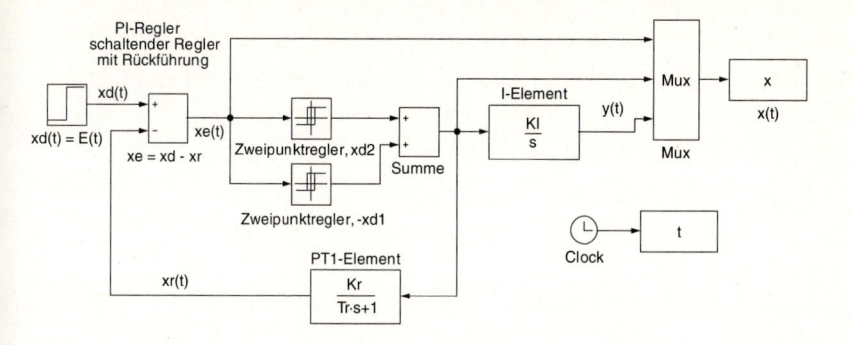

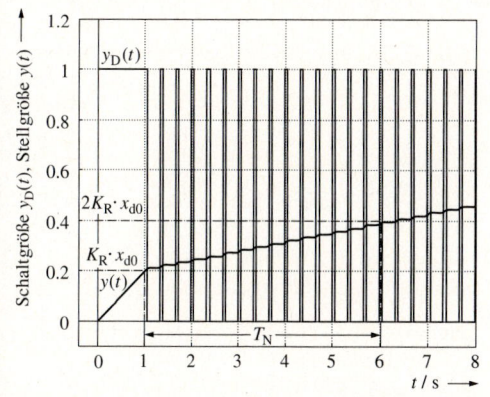

PI-Regler $\Delta x_e = 0.05$, $x_{e1} = 0.05$, $x_{e2} = 0.05$, $y_1 = 1$, $y_2 = 1$, $x_{d0} = 1$

Bild 14.5-21: Sprungantwort $y(t)$ eines quasistetigen PI-Reglers mit $K_R = 0.2$, $T_N = 5$ s, $x_{d0} = 1$ ($K_r = 5$, $T_r = 5$ s, $K_I = 0.2$ s^{-1})

PI-Verhalten: Die Sprungantwort nach Bild 14.5-21 läuft nach der Sprungaufschaltung schnell auf den Wert $y = K_R \cdot x_{d0} = 0.2$ (näherungsweise P-Verhalten). Der Regler schaltet periodisch mit konstanter Einschaltdauer T_{ein}, die nachfolgende Integration erzeugt den Integral-Anteil der Stellgröße, $y_I(t) = K_R \cdot x_{d0} \cdot t/T_N = 0.2 \cdot t/T_N$ (I-Verhalten). Nach der Zeit T_N verdoppelt sich die Stellgröße auf $y = 2 \cdot K_R \cdot x_{d0} = 0.4$.

15 Anwendung der Fuzzy-Logik in der Regelungstechnik

15.1 Grundbegriffe der Fuzzy-Logik

15.1.1 Scharfe und unscharfe Mengen, Zugehörigkeitsfunktionen

In umgangssprachlichen Beschreibungen gibt es viele Aussagen, denen Wahrheitswerte wie wahr oder falsch nicht eindeutig zugeordnet werden können. Zur Lösung von Aufgabenstellungen, die solche unscharfen Aussagen enthalten, wurde von ZADEH durch Erweiterung der Mengenlehre die Theorie der unscharfen Mengen (fuzzy sets) begründet. Operationen mit unscharfen Mengen wurden mit der **unscharfen Logik** oder **Fuzzy-Logik** festgelegt. Im weiteren werden die wichtigsten Elemente und Operationen der Fuzzy-Logik für Anwendungen in der Regelungstechnik beschrieben.

> Zur Lösung von Problemstellungen mit unscharfen, ungenauen Aussagen kann die unscharfe Logik (Fuzzy-Logik) verwendet werden. Die Methoden der Fuzzy-Logik sind exakt. Die klassische zweiwertige (scharfe) Logik ist in der unscharfen Logik enthalten.

Ein Merkmal von **scharfen Mengen** (crisp sets) ist die für alle Elemente eindeutige Zugehörigkeitsaussage, die in verbaler Form mit wahr/falsch, ja/nein oder zugehörig/nicht zugehörig gegeben werden kann. Operationen mit diesen klassischen (scharfen) Mengen sind mit der BOOLEschen **Algebra** (Schaltalgebra, BOOLEsche Logik, **scharfe Logik**) festgelegt. Es ist üblich, die Zugehörigkeitsaussagen (binäre Zugehörigkeitsfunktion) mit den logischen Werten der Schaltalgebra, also 1 für wahr/ja/zugehörig und 0 für falsch/nein/nicht zugehörig, anzugeben.

Unscharfe Mengen werden mit **Zugehörigkeitsfunktionen** (membership functions) definiert, die auch Werte zwischen 0 und 1 annehmen können. Sie geben an, in welchem Maß ein Element zu einer entsprechenden unscharfen Menge gehört.

> Eine unscharfe Menge A (fuzzy set, Fuzzy-Menge) einer Grundmenge X ist durch ihre Zugehörigkeitsfunktion $\mu_A(x)$ definiert. Die Zugehörigkeitsfunktion $\mu_A(x)$ bildet alle Werte x der Grundmenge X auf das Zahlenintervall [0, 1] ab:
>
> $$\mu_A : X \to [0, 1].$$
>
> $\mu_A(x)$ gibt für jeden Wert x den Zugehörigkeitsgrad von x in A an. Die Menge A wird wie folgt mathematisch formuliert:
>
> $$A = \{(x, \mu_A(x)) \mid x \in X\}.$$

Beispiel 15.1-1: Die kontinuierliche Grundmenge X soll in diesem Beispiel der physikalisch realisierbare Temperaturbereich sein, also ein Teilbereich der reellen Zahlen. Die Zugehörigkeitsfunktionen sind für folgende Mengen anzugeben:

a) scharfe Teilmenge T_5 der Temperaturen T, die kleiner als 5 °C sind (scharfe Aussage $T < 5$ °C),

b) unscharfe Teilmenge A_n der Temperaturen, die zu der unscharfen Aussage „niedrige Temperatur" gehören.

a) Die scharfe Menge T_5 läßt sich beschreiben durch die Angabe der Zugehörigkeitsaussage

$$T_5 = \{T \mid T \in X, T < 5\,°C\}.$$

Alle Temperaturen T aus dem physikalisch realisierbaren Temperaturbereich X, deren Werte kleiner als 5 °C sind, gehören zu der Menge T_5, Temperaturen, die größer oder gleich 5 °C sind, nicht. Die binäre Zugehörigkeitsfunktion $\mu_{T5}(T)$ (charakteristische Funktion, Logikfunktion, Wahrheitsfunktion) hat folgende mathematische Form:

$$\mu_{T5}(T) = \begin{cases} 1, & \text{wenn } T < 5\,°C \\ 0, & \text{wenn } T \geq 5\,°C. \end{cases}$$

T	$\mu_{T5}(T)$
$< 5\,°C$	1
$\geq 5\,°C$	0

Eine Temperatur von $T = -1\,°C$ gehört zu der Menge der Temperaturen, die kleiner als 5 °C sind, $T = 10\,°C$ gehört nicht dazu.

b) Die unscharfe Menge A_n der niedrigen Temperaturen wird durch die Zugehörigkeitsfunktion $\mu_{An}(T)$ festgelegt:

$$\mu_{An}(T) = \begin{cases} 1, & \text{wenn } T \leq T_a = 0\,°C \\ \dfrac{T_e - T}{T_e - T_a}, & \text{wenn } T_a = 0\,°C \leq T \leq T_e = 10\,°C \\ 0, & \text{wenn } T \geq T_e = 10\,°C. \end{cases}$$

Die Mengendefinition enthält den Temperaturwert T und die Zugehörigkeitsfunktion $\mu_{An}(T)$:

$$A_n = \{(T, \mu_{An}(T)) \mid T \in X\}.$$

Temperaturen, die zwischen 0 °C und 10 °C liegen, haben einen Zugehörigkeitsgrad (degree of membership, DOM) oder Wahrheitsgrad (degree of truth), der zwischen 0.0 und 1.0 liegt, für Temperaturen größer gleich 10 °C oder kleiner gleich 0 °C ist der Zugehörigkeitsgrad 0.0 oder 1.0. Eine Temperatur von 5 °C hat den Zugehörigkeitsgrad von $\mu_{An}(T = 5\,°C) = 0.5$ (50 %) zur Menge der niedrigen Temperaturen.

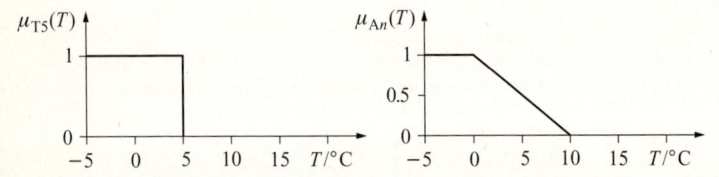

Bild 15.1-1: Zugehörigkeitsfunktionen von scharfen und unscharfen Mengen

15.1.2 Beschreibung von scharfen und unscharfen Mengen

15.1.2.1 Beschreibungsformen von scharfen Mengen

Scharfe und unscharfe Mengen können mit verschiedenen Methoden mathematisch beschrieben werden. Für scharfe Mengen (A_1, A_2, A_3) sind folgende Methoden üblich:

Aufzählung der Elemente: Ist bei diskreten Grundmengen die Anzahl der Elemente der Menge klein, dann ist die Aufzählung die einfachste Beschreibungsform.

Beispiel 15.1-2: Die Menge A_1 der natürlichen Zahlen zwischen 7 und 13 ist darzustellen:

$$A_1 = \{8, 9, 10, 11, 12\}.$$

15.1 Grundbegriffe der Fuzzy-Logik

Analytische Beschreibung: Bei kontinuierlichen Grundmengen ist die analytische Beschreibung vorteilhaft, da sich auch unendliche Teilmengen darstellen lassen.

Beispiel 15.1-3: Die Menge A_2 der reellen Zahlen, die kleiner als 10 sind, wird analytisch beschrieben:

$$A_2 = \{x \in \mathbb{R} \mid x < 10\}.$$

Graphische Darstellung der charakteristischen Funktion einer Menge: Die Auswertung der charakteristischen Funktion (binäre Zugehörigkeitsfunktion) ergibt 1, wenn das Element zur Menge gehört und 0 für Nichtzugehörigkeit. Vorteilhaft ist, daß charakteristische Funktionen sich graphisch oder tabellarisch darstellen lassen.

Beispiel 15.1-4: Die Menge A_3 der reellen Zahlen, die im geschlossenen Intervall [2, 6] liegen, kann natürlich auch analytisch beschrieben werden:

$$A_3 = \{x \in \mathbb{R} \mid 2 \leq x \leq 6\}.$$

Die charakteristische Funktion μ_{A3}, die die Grundmenge der reellen Zahlen auf die Werte 0 (nicht zugehörig), 1 (zugehörig) abbildet, ist:

$$\mu_{A3} : \mathbb{R} \rightarrow \{0, 1\},$$

$$\mu_{A3}(x) = \begin{cases} 1, & \text{wenn } x \in A_3 \\ 0, & \text{wenn } x \notin A_3 \end{cases} = \begin{cases} 1, & \text{wenn } 2 \leq x \leq 6 \\ 0, & \text{wenn } x < 2 \text{ oder } x > 6. \end{cases}$$

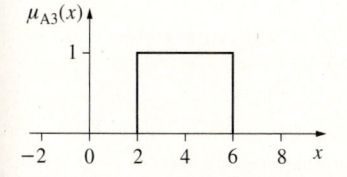

x	$\mu_{A3}(x)$
$x < 2$	0
$2 \leq x \leq 6$	1
$x > 6$	0

Bild 15.1-2: Darstellung einer scharfen Menge mit der charakteristischen Funktion

15.1.2.2 Beschreibungsformen von unscharfen Mengen

Elemente von scharfen Mengen haben immer die Zugehörigkeitsaussage 1, hat ein Element die Aussage 0, dann gehört es nicht zu der scharfen Menge. Unscharfe Mengen werden durch Zugehörigkeitsfunktionen beschrieben, die Werte zwischen 0 und 1 annehmen können. Zur Beschreibung eines Mengenelements werden daher zwei Werte benötigt: Elementwert x und Zugehörigkeitsgrad $\mu_A(x)$.

> Elemente von unscharfen Mengen werden durch ein Wertepaar, bestehend aus Elementwert x und Zugehörigkeitsgrad $\mu_A(x)$, beschrieben.

Elemente mit dem Zugehörigkeitsgrad 0.0, die also nicht zur unscharfen Menge gehören, werden – wie bei den scharfen Mengen – bei der Aufzählung weggelassen. Für die Beschreibung von unscharfen Mengen (A_4, A_5) sind folgende Darstellungen üblich:

Aufzählung der Elemente: Ist die Anzahl der Elemente der unscharfen Menge klein, dann ist es am einfachsten, die Elemente paarweise mit dem Zugehörigkeitsgrad aufzuzählen.

Beispiel 15.1-5: Die unscharfe Menge A_4 der ganzen Zahlen, die „in der Nähe von 5" liegen („etwa gleich 5" sind), ist anzugeben. Dabei haben die Zahlen, die in der Nähe von 5 liegen, große Zugehörigkeitsgrade,

Zahlen ≤ 1 oder ≥ 9 sollen den Zugehörigkeitsgrad 0.0 erhalten. Für das Beispiel wird folgende Zugehörigkeit festgelegt:

$$A_4 = \{(x, \mu_{A4}(x)) \mid x \in \mathbb{Z}\}$$
$$= \{(2, 0.25), (3, 0.5), (4, 0.75), (5, 1.0), (6, 0.75), (7, 0.5), (8, 0.25)\}.$$

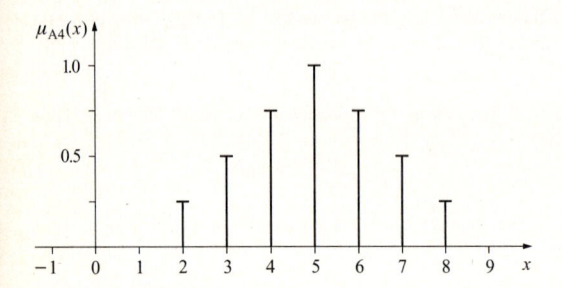

Bild 15.1-3: Unscharfe Menge der ganzen Zahlen, die „in der Nähe von 5" liegen

Bei einer endlichen Anzahl von Mengenelementen, wie in diesem Beispiel, kann auch folgende Schreibweise verwendet werden:

$$A_4 = \{(\mu_{A4}(x)/x) \mid x \in \mathbb{Z}\}$$
$$= \{(0.25/2), (0.5/3), (0.75/4), (1.0/5), (0.75/6), (0.5/7), (0.25/8)\}.$$

Als gleichwertige Schreibweise zu

$$A = \{(x, \mu_A(x)) \mid x \in X\}$$

wird häufig bei unscharfen Mengen mit endlicher Anzahl von Elementen folgende Form verwendet:

$$A = \{\mu_A(x)/x \mid x \in X\},$$
$$A = \mu_A(x_1)/x_1 + \mu_A(x_2)/x_2 + \mu_A(x_3)/x_3 + \ldots + \mu_A(x_n)/x_n$$
$$= \sum_{i=1}^{n} \mu_A(x_i)/x_i,$$

wobei Schrägstrich, Additions- und Summenzeichen nicht als Division und Addition, sondern als Trennzeichen für die Wertepaare $\mu_A(x_i)/x_i$ zu verstehen sind.

Die Darstellung ist gleichbedeutend mit:

$$A = \{(x_1, \mu_A(x_1)), (x_2, \mu_A(x_2)), (x_3, \mu_A(x_3)), \ldots, (x_n, \mu_A(x_n))\}.$$

Besteht die unscharfe Menge aus einzelnen Wertepaaren $x_i, \mu_A(x_i)$, so wird eine der oben angegebenen Darstellungen verwendet.

Enthält eine unscharfe Menge nur ein Wertepaar $x_1, \mu_A(x_1)$ mit dem Zugehörigkeitswert $\mu_A(x_1) = 1$, so wird x_1 als **Singleton** bezeichnet. A entspricht dann gleichzeitig eine scharfe Menge mit einem Element x_1. Mit Singletons werden häufig Fuzzy-Mengen der Ausgangsgröße, in der Regelungstechnik der Stellgröße y des Reglers, modelliert.

Beispiel 15.1-6: Die Grundmenge Y ist der technisch realisierbare Bereich für die Stellgröße y eines Reglers. Die unscharfen Mengen

- A_{NG} (Regler-Stellgröße negativ-groß),
- A_{NM} (Regler-Stellgröße negativ-mittel),
- A_{ZE} (Regler-Stellgröße nahe-Null),
- A_{PM} (Regler-Stellgröße positiv-mittel),
- A_{PG} (Regler-Stellgröße positiv-groß),

enthalten jeweils nur ein Wertepaar (Singleton):

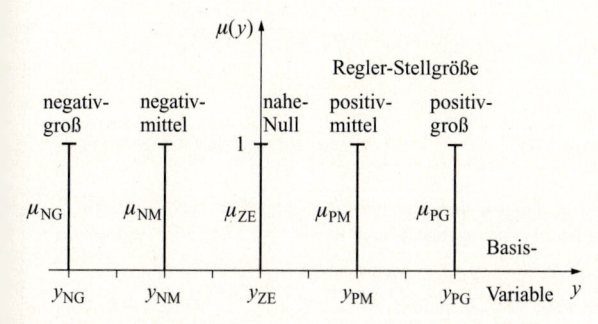

$$A_{NG} = \{(y_{NG}, \mu_{NG}(y_{NG}))\} = \{(-10.0, 1.0)\}$$
$$= \mu_{NG}(y_{NG})/y_{NG} = 1.0/-10.0,$$
$$A_{NM} = \{(y_{NM}, \mu_{NM}(y_{NM}))\} = \{(-5.0, 1.0)\}$$
$$= \mu_{NM}(y_{NM})/y_{NM} = 1.0/-5.0,$$
$$A_{ZE} = \{(y_{ZE}, \mu_{ZE}(y_{ZE}))\} = \{(0.0, 1.0)\}$$
$$= \mu_{ZE}(y_{ZE})/y_{ZE} = 1.0/0.0,$$
$$A_{PM} = \{(y_{PM}, \mu_{PM}(y_{PM}))\} = \{(5.0, 1.0)\}$$
$$= \mu_{PM}(y_{PM})/y_{PM} = 1.0/5.0,$$
$$A_{PG} = \{(y_{PG}, \mu_{PG}(y_{PG}))\} = \{(10.0, 1.0)\}$$
$$= \mu_{PG}(y_{PG})/y_{PG} = 1.0/10.0.$$

Bild 15.1-4: Zugehörigkeitsfunktionen von unscharfen Mengen mit einem Wertepaar (Singleton)

Analytische Beschreibung: Mit analytischen Beschreibungen lassen sich unendliche Mengen darstellen.

Beispiel 15.1-7: Die unscharfe Menge A_5 der reellen Zahlen, die „in der Nähe von 5" liegen („etwa gleich 5" sind), kann analytisch beispielsweise wie folgt beschrieben werden:

$$A_5 = \{(x, \mu_{A5}(x)) \mid x \in \mathbb{R}\}$$

mit

$$\mu_{A5}(x) = \frac{1}{1 + (x-5)^2}.$$

Für $x = 5$ ist $\mu_{A5}(x = 5) = 1$, für $x \gg 5$, $x \ll 5$ geht $\mu_{A5}(x)$ gegen Null.

Als gleichwertige Schreibweise zu

$$A = \{(x, \mu_A(x)) \mid x \in X\}$$

wird häufig bei Mengen mit unendlicher Anzahl von Elementen, die ein Kontinuum bilden, folgende Form verwendet:

$$A = \int_X \mu_A(x)/x,$$

wobei der Schrägstrich als Trennzeichen für die Wertepaare $\mu_A(x)/x$ dient, das Integrationszeichen den kontinuierlichen Wertverlauf von x symbolisiert. X ist die Grundmenge, x die Basis- oder Elementvariable.

Graphische Darstellung der Zugehörigkeitsfunktion einer Menge: Die Eigenschaften von unscharfen Mengen werden durch Zugehörigkeitsfunktionen charakterisiert.

Beispiel 15.1-8: Für die in Beispiel 15.1-7 angegebene unscharfe Menge A_5 ist die Zugehörigkeitsfunktion darzustellen. Die Zugehörigkeitsfunktion

$$\mu_{A5}(x) = \frac{1}{1 + (x-5)^2}$$

hat bei $x = 5$ den Wert 1, für alle anderen Werte von x ist der Zugehörigkeitsgrad kleiner als 1.0 (Bild 15.1-5).

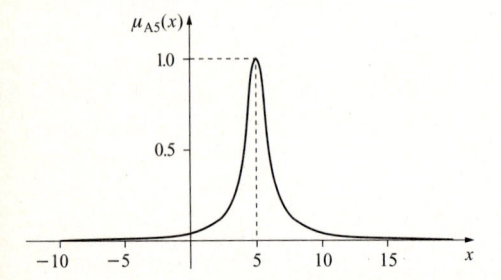

Bild 15.1-5: Unscharfe Menge der reellen Zahlen, die „in der Nähe von 5" liegen

Bei unscharfen Mengen können die Zugehörigkeitsfunktionen $\mu(x)$ beliebige Werte zwischen 0.0 und 1.0 annehmen, x ist das Element einer scharfen Grundmenge X, zum Beispiel der Menge der reellen Zahlen:

$$0.0 \leq \mu(x) \leq 1.0, \quad x \in X.$$

Unscharfe Mengen lassen sich mit Zugehörigkeitsfunktionen beschreiben. Zugehörigkeitsfunktionen können durch Aufzählung der Wertepaare $(x, \mu_A(x))$ bzw. $\mu_A(x)/x$ oder analytisch definiert werden und graphisch dargestellt werden.

Bei scharfen Mengen ist die Zugehörigkeitsfunktion binär, sie kann nur den Wert 0 oder 1 annehmen.

15.1.3 Darstellung von unscharfen Mengen mit Zugehörigkeitsfunktionen

Die Eigenschaften von unscharfen Mengen ergeben sich aus den Kenngrößen der Zugehörigkeitsfunktion.

Die wichtigsten Kenngrößen von unscharfen Mengen werden aus den Bildern 15.1-6, 7 abgeleitet.

Eigenschaften von Fuzzy-Mengen werden mit Hilfe der Zugehörigkeitsfunktion formuliert: Eine unscharfe Menge heißt **konvex**, wenn für alle Intervalle $[x_1, x_2]$, die im Grundbereich X liegen, der Zugehörigkeitswert

15.1 Grundbegriffe der Fuzzy-Logik

$\mu_A(x_m)$ eines im Intervall $[x_1, x_2]$ liegenden Wertes x_m größer oder gleich dem kleinsten Wert von $\mu_A(x_1)$, $\mu_A(x_2)$ ist (Bild 15.1-6, Kurve 1, 2, 3):

$$\mu_A(x_m) \geq \min[\mu_A(x_1), \mu_A(x_2)], \quad \text{für } x_1 \leq x_m \leq x_2, x_1, x_m, x_2 \in X.$$

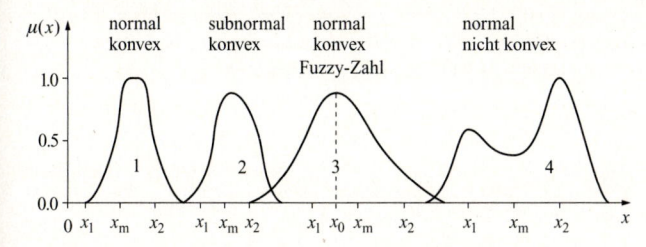

Bild 15.1-6: Zugehörigkeitsfunktionen von unscharfen Mengen

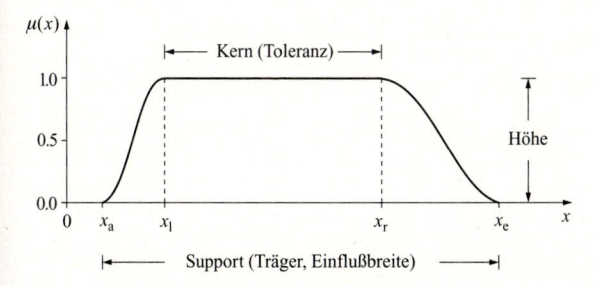

Bild 15.1-7: Zugehörigkeitsfunktion mit Kenngrößen

Ist die Bedingung nicht erfüllt, so heißt die Menge **nicht konvex** (Kurve 4). Die **Höhe** (height) einer Fuzzy-Menge A ist durch das Maximum der Zugehörigkeitsfunktion $\mu_A(x)$ bestimmt:

$$\text{height}(A) = \max\{\mu_A(x) \mid x \in X\}.$$

Die Höhe ist eine reelle Zahl im Bereich von 0 bis 1. Wenn $\text{height}(A) = 1$ ist, wird A als **normale** Fuzzy-Menge bezeichnet (Kurven 1, 3, 4), im anderen Fall heißt sie **subnormal** (Kurve 2). Um Vergleiche besser durchführen zu können, werden im allgemeinen nur normale oder normalisierte Fuzzy-Mengen untersucht. Die **Normalisierung** kann ausgeführt werden, wenn $\text{height}(A) \neq 0$ ist (A ist dann eine nichtleere Menge):

$$\mu_{\text{Anorm}}(x) = \mu_A(x)/\text{height}(A).$$

Der **Kern** (core, Toleranz) einer Fuzzy-Menge A ist durch das Intervall gegeben, in dem die Zugehörigkeitsfunktion gleich Eins ist:

$$\text{core}(A) = \{x \mid x \in X, \mu_A(x) = 1\}.$$

Der **Support** (Stützmenge, Träger, Einflußbreite) einer Fuzzy-Menge ist der Bereich von x, für den die Zugehörigkeitsfunktion $\mu(x)$ größer Null ist:

$$\text{supp}(A) = \{x \mid x \in X, \mu_A(x) > 0\}.$$

Kern und Support sind scharfe Mengen. In der Fuzzy-Technologie wird der Begriff **unscharfe Zahl (Fuzzy-Zahl)** (Bild 15.1-6, Kurve Nr. 3) benötigt:

> Eine konvexe, normale unscharfe Menge (Fuzzy-Menge) ist dann eine unscharfe Zahl (Fuzzy-Zahl, fuzzy number), wenn genau für einen Wert x_0 der Zugehörigkeitswert $\mu_A(x_0) = 1$ ist (das heißt: die Höhe ist gleich 1, der Kern enthält nur ein Element x_0) und die Zugehörigkeitsfunktion mindestens stückweise stetig ist.

Prinzipiell können viele unterschiedliche Kurvenformen für Zugehörigkeitsfunktionen in der Fuzzy-Logik eingesetzt werden. Es haben sich hauptsächlich zwei Funktionstypen bewährt:
- stückweise stetige, lineare Funktionen,
- quadratische Funktionen und e-Funktionen.

Für Anwendungen in der Regelungstechnik werden meist lineare Funktionen verwendet. Aus der trapezförmigen Basisfunktion nach Bild 15.1-8 können als Grenzwerte Dreiecks-, Rechteck-, Rampenfunktion und Singleton abgeleitet werden (Bild 15.1-9). Die Trapezfunktion wird mit fünf linearen Funktionen beschrieben:

$$\mu_A(x) = \begin{cases} 0, & \text{für } x \leq x_a, \\ \dfrac{x - x_a}{x_l - x_a}, & \text{für } x_a \leq x \leq x_l, \\ 1, & \text{für } x_l \leq x \leq x_r, \\ \dfrac{x_e - x}{x_e - x_r}, & \text{für } x_r \leq x \leq x_e, \\ 0, & \text{für } x \geq x_e. \end{cases}$$

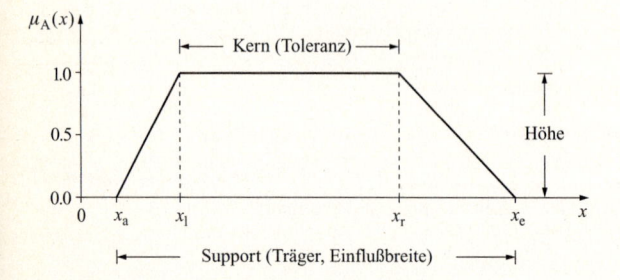

Bild 15.1-8: Trapezförmige Zugehörigkeitsfunktion

Beispiel 15.1-9: Für die trapezförmige Zugehörigkeitsfunktion nach Bild 15.1-8 sind Höhe, Kern und Support der Fuzzy-Menge A zu bestimmen.

Da A eine normale Fuzzy-Menge ist, ist die Höhe gleich Eins:

$$\text{height}(A) = \max\{\mu_A(x) \mid x \in X\} = 1,$$

Kern (Toleranz) von A ist die scharfe Menge der Zahlen, die den Zugehörigkeitsgrad $\mu_A(x) = 1$ haben. Sie liegen im geschlossenen Intervall $[x_l, x_r]$:

$$\text{core}(A) = \{x \mid x \in X, \mu_A(x) = 1\} = [x_l, x_r],$$

Support (Träger, Einflußbreite) von A ist die scharfe Menge der Zahlen, die einen Zugehörigkeitsgrad $\mu_A(x) > 0$ haben. Sie liegen im offenen Intervall (x_a, x_e):

$$\text{supp}(A) = \{x \mid x \in X, \mu_A(x) > 0\} =]x_a, x_e[\ = (x_a, x_e).$$

In der trapezförmigen Basisfunktion sind Dreiecks-, Rechteck-, Rampenfunktion und Singleton als Grenzfälle enthalten. Zugehörigkeitsfunktionen von Randbereichen können mit Funktionen nach Bild 15.1-9 modelliert werden.

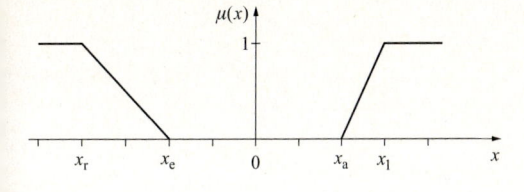

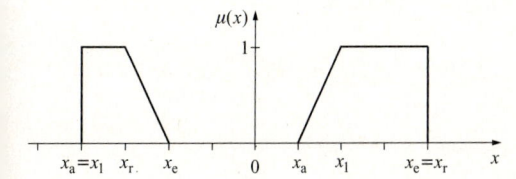

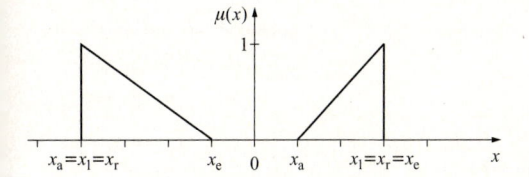

Bild 15.1-9: *Lineare Zugehörigkeitsfunktionen für Randbereiche*

Für Zugehörigkeitsfunktionen von mittleren Bereichen können Funktionen nach Bild 15.1-10 verwendet werden.

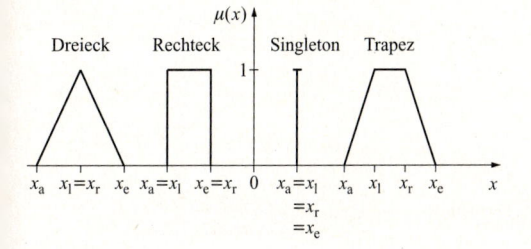

Bild 15.1-10: *Lineare Zugehörigkeitsfunktionen für mittlere Bereiche*

Quadratische Zugehörigkeitsfunktionen und e-Funktionen sind geschlossen differenzierbar, Unstetigkeitsstellen im Funktionsverlauf werden vermieden. In Bild 15.1-11 sind quadratische Funktionen und eine e-Funktion angegeben. Quadratische Funktionen sind im folgenden für die wichtigsten Bereiche angegeben:

Linker Randbereich (Kurve a):

$$\mu(x) = \begin{cases} 1, & \text{für } x < x_a, \\ 1 - 2 \cdot \left[\dfrac{x - x_a}{x_e - x_a}\right]^2, & \text{für } x_a \leq x \leq (x_e + x_a)/2, \\ 2 \cdot \left[\dfrac{x_e - x}{x_e - x_a}\right]^2, & \text{für } (x_e + x_a)/2 \leq x \leq x_e, \\ 0, & \text{für } x > x_e. \end{cases}$$

Mittlerer Bereich (Kurve b):

$$\mu(x) = \frac{1}{1 + (x - x_m)^2}.$$

Rechter Randbereich (Kurve c):

$$\mu(x) = \begin{cases} 0, & \text{für } x < x_a, \\ 2 \cdot \left[\dfrac{x - x_a}{x_e - x_a}\right]^2, & \text{für } x_a \leq x \leq (x_e + x_a)/2, \\ 1 - 2 \cdot \left[\dfrac{x_e - x}{x_e - x_a}\right]^2, & \text{für } (x_e + x_a)/2 \leq x \leq x_e, \\ 1, & \text{für } x > x_e. \end{cases}$$

Zugehörigkeitsfunktionen können auch mit **e-Funktionen** definiert werden (Kurve d):

$$\mu(x) = e^{-k(x-x_m)^2}, \quad k > 0.$$

Beispiel 15.1-10: Die Zugehörigkeitsfunktionen mit folgenden Kenngrößen sind darzustellen. Quadratische Funktionen für den

a) linken Randbereich: $x_a = -6, x_e = -2$,
b) mittleren Bereich: $x_m = 4$,
c) rechten Randbereich: $x_a = 12, x_e = 20$,
d) e-Funktion im mittleren Bereich mit $k = 1, x_m = 8$.

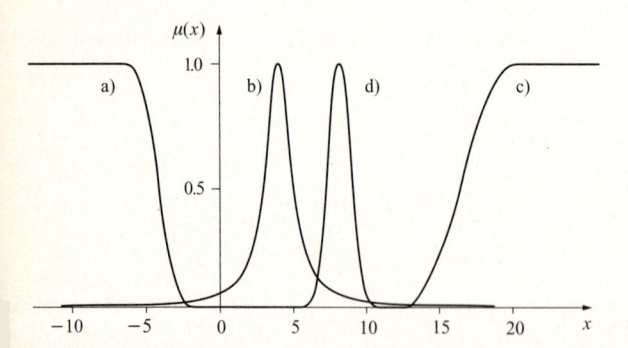

Bild 15.1-11: Quadratische Zugehörigkeitsfunktionen

Der Rechenaufwand bei quadratischen und e-Funktionen ist höher als bei stückweise stetigen, linearen Funktionen.

> Für die meisten Anwendungen der Fuzzy-Logik in der Regelungstechnik sind Zugehörigkeitsfunktionen ausreichend, die aus stückweise stetigen, linearen Teilfunktionen zusammengesetzt sind.

15.1.4 Linguistische Variablen und Werte

15.1.4.1 Linguistische Variablen zur Beschreibung von unscharfen Aussagen

> Unscharfe Aussagen und Informationen können mit Fuzzy-Mengen definiert und mit Zugehörigkeitsfunktionen dargestellt werden.

15.1 Grundbegriffe der Fuzzy-Logik

Bei mathematischen Beschreibungen von technischen Prozessen werden die Kenngrößen von Regelungssystemen wie Führungs-, Regel-, Stellgröße und Regeldifferenz als numerische Variablen definiert, die nur scharfe Werte annehmen können.

Bei umgangssprachlichen Beschreibungen für das Prozeßverhalten verwendet man dagegen häufig unscharfe Formulierungen, zum Beispiel: Wenn die Temperatur niedrig ist, dann ist das Stellventil etwas zu öffnen.

Die Formulierungen „Temperatur niedrig" und „Stellventil etwas öffnen" beschreiben den ungefähren (unscharfen) Zusammenhang der Öffnung des Stellventils abhängig von der Temperatur für einen unscharf definierten Temperaturbereich. Die unscharfe Aussage oder Regel besteht aus einer unscharfen Bedingung (Prämisse): WENN die Temperatur niedrig ist und der unscharfen Folgerung (Konklusion): DANN ist das Stellventil etwas zu öffnen.

Mit den Methoden der Fuzzy-Logik können qualitative Begriffe mathematisch als unscharfe Variablen definiert werden. Für Variablen dieser Art wird die Bezeichnung **linguistische Variable** verwendet, die Werte von linguistischen Variablen heißen **linguistische Werte** (Terme).

Beispiel 15.1-11: Um die Raumtemperatur zu beschreiben, werden umgangssprachlich die unscharfen Begriffe wie niedrige (n), mittlere (m) oder hohe (h) Temperatur verwendet. Für die linguistische Variable Raumtemperatur werden die linguistischen Werte niedrig, mittel, hoch festgelegt. Die Zugehörigkeitsfunktionen werden durch Grenzwerte vorgegeben, zwischen den Grenzwerten sollen die Zugehörigkeitsfunktionen linear verlaufen:

linguistischer Wert niedrig:

$$\mu_n(T \leq 5\ °C) = 1.0, \quad \mu_n(T \geq 15\ °C) = 0.0,$$

linguistischer Wert mittel:

$$\mu_m(T \leq 5\ °C) = 0.0, \quad \mu_m(T = 15\ °C) = 1.0, \quad \mu_m(T \geq 25\ °C) = 0.0,$$

linguistischer Wert hoch:

$$\mu_h(T \leq 15\ °C) = 0.0, \quad \mu_h(T \geq 25\ °C) = 1.0.$$

Eine linguistische Variable (linguistic variable) wird durch
- den Variablennamen V_L,
- eine Menge von Regeln G_L (z. B. in Form einer Grammatik), mit der die linguistischen Werte (linguistic terms) festgelegt werden,
- die Menge W_L der linguistischen Werte,
- die Grundmenge X mit der zugehörigen Basisvariablen x,
- die Menge der Zugehörigkeitsfunktionen M_L, die den linguistischen Werten unscharfe Mengen aus der Basismenge X zuweist,

definiert.

Beispiel 15.1-12: Die linguistische Variable Raumtemperatur von Beispiel 15.1-11 soll nach dieser Definition beschrieben werden:

Der Variablenname ist V_L = Raumtemperatur. Die Regelmenge G_L produziert die Namen der linguistischen Werte mit den Definitionen:

⟨linguistischer Wertname⟩ ::= ⟨Bezeichner⟩|⟨linguistischer Modifikator⟩ ⟨Bezeichner⟩,

⟨Bezeichner⟩ ::= niedrig | mittel | hoch | ...,

⟨linguistischer Modifikator⟩ ::= sehr | ziemlich | sicher | mehr | weniger | nicht ...,
wobei | der logischen ODER-Funktion entspricht. Die Menge W_L der linguistischen Werte ist

$$W_L = \{w_{L1}, w_{L2}, w_{L3}\} = \{\text{niedrig, mittel, hoch}\}.$$

Die Grundmenge X ist der zulässige Temperaturbereich $[-5\,°C, 35\,°C]$ mit der Basisvariablen Temperatur $x \hat{=} T$.

Die Menge der Zugehörigkeitsfunktionen M_L ist

$$M_L = \{\mu_n(T), \mu_m(T), \mu_h(T)\},$$

wobei die Funktionen nach Bild 15.1-12 definiert sind.

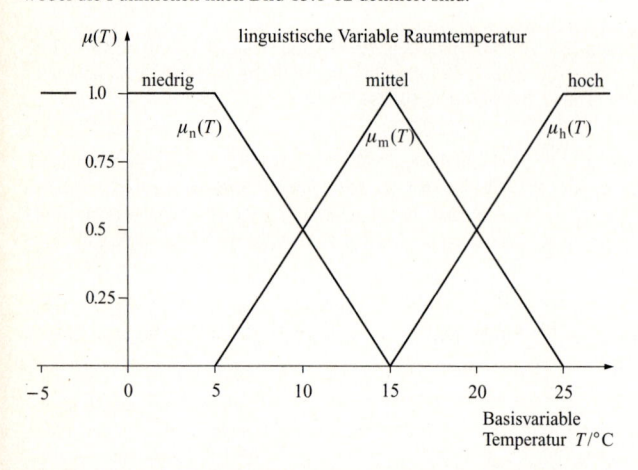

Bild 15.1-12: Linguistische Variable Raumtemperatur mit linguistischen Werten

15.1.4.2 Struktur von linguistischen Variablen, linguistische Operatoren

Bei der Modellierung von linguistischen Variablen für technische Aufgabenstellungen, die mit Hilfe der Fuzzy-Technologie gelöst werden sollen, wird häufig eine strukturierte, algorithmisch beschreibbare Form der linguistischen Variablen benötigt. Das erleichtert die Umsetzung in ein technisches Fuzzy-System.

Dabei soll sich der Zugehörigkeitsbereich der unscharfen Mengen, die zu den linguistischen Werten gehören, überlappen, die Wertnamen selbst sollen einer Ordnung entsprechen. Mit Modifikatoren können dann bereits definierte Zugehörigkeitsfunktionen verändert werden.

Für die Fuzzy-Regelung von technischen Prozessen werden Signalgrößen mit folgenden linguistischen Wertnamen strukturiert:

{klein, mittel, groß} = {K, M, G},

{niedrig, mittel, hoch} = {N, M, H},

{negativ-groß, negativ-mittel, negativ-klein, nahe-Null, positiv-klein,

positiv-mittel, positiv-groß} = {NG, NM, NK, ZE, PK, PM, PG},

{negative-big, negative-medium, negative-small, approximately-zero, positive-small,

positive-medium, positive-big} = {NB, NM, NS, ZE, PS, PM, PB}.

15.1 Grundbegriffe der Fuzzy-Logik

Die Schreibweise negativ-groß, negativ-mittel, ..., mit Bindestrich soll darauf hinweisen, daß es sich um Namen von linguistischen Werten handelt. Bei der Verwendung von Modifikatoren sollten Modifikator und Wertname durch einen Zwischenraum getrennt werden:

sehr groß, ziemlich klein, ...

Beispiel 15.1-13: Für die linguistische Variable „Kenn-Zahl" sollen linguistische Werte algorithmisch erzeugt werden. Der linguistische Wert w_{L1} = „nahe Null" soll mit dem Modifikator „sehr" variiert werden.

$W_L = \{w_{L1}, w_{L2}, w_{L3}\}$ = {nahe Null, sehr nahe Null, sehr sehr nahe Null}.

Rekursive Gleichung für die weiteren linguistischen Werte:

w_{Li+1} = sehr w_{Li}, $i \geq 1$,

w_{L2} = sehr w_{L1} = sehr nahe Null,

w_{L3} = sehr w_{L2} = sehr sehr w_{L1} = sehr sehr nahe Null.

Als Modifikatoren für linguistische Werte sind gebräuchlich:

mehr, sehr, weniger, ziemlich (mehr oder weniger), sicher (allerdings), nicht, ...

Modifikatoren sind einstellige (unäre) linguistische Operatoren (linguistic modifiers, linguistic hedges), mit denen unscharfe Mengen transformiert werden können.

Für einen linguistischen Wert w_L, der durch eine unscharfe Menge $A_{wL} = \{x, \mu_{AwL}(x)\}$ dargestellt wird, können die Modifikatoren beispielsweise mit folgenden Transformationen analytisch formuliert werden (Tabelle 15.1-1).

Der Modifikator „sehr" konzentriert die unscharfe Menge, die Unschärfe einer Aussage wird verringert:

Konzentration (concentration):

$$A = \text{CON}(A_{wL}), \mu(x) = \mu_{AwL}(x)^2.$$

Mit „ziemlich", „mehr oder weniger" wird die Unschärfe erhöht, die Zugehörigkeitsfunktion gedehnt:

Dehnung (dilatation):

$$A = \text{DIL}(A_{wL}), \mu(x) = \sqrt{\mu_{AwL}(x)}.$$

Mit „sicher", „allerdings" wird der Kontrast einer unscharfen Menge intensiviert. Für $\mu_{AwL} < 0.5$ wird der Zugehörigkeitsgrad verkleinert, für ≥ 0.5 erhöht. Damit wird die Aussage intensiviert:

Kontrast-Intensivierung (intensification): $A = \text{INT}(A_{wL})$,

$$\mu(x) = \begin{cases} 2 \cdot \mu_{AwL}(x)^2 & \text{für } \mu_{AwL}(x) < 0.5, \\ 1 - 2 \cdot (1 - \mu_{AwL}(x))^2 & \text{für } \mu_{AwL}(x) \geq 0.5. \end{cases}$$

Der Modifikator „weniger" erhöht die Unschärfe, mit „mehr" wird sie verringert:

Verkleinerung (less):

$$A = \text{LESS}(A), \mu(x) = \mu_{AwL}(x)^{0.75},$$

Vergrößerung (more):

$$A = \text{MORE}(A), \mu(x) = \mu_{AwL}(x)^{1.25}.$$

Mit „nicht" wird die unscharfe Menge negiert:

Komplementbildung (complement):

$$A = \text{CPL}(A_{wL}), \quad \mu(x) = 1 - \mu_{AwL}(x),$$
$$A = \text{NICHT}(A_{wL}), \quad \mu(x) = 1 - \mu_{AwL}(x).$$

Tabelle 15.1-1: Transformationen für linguistische Werte

Modifikator	Transformation, Gleichung
mehr w_L	geringe Konzentration $A = \text{MORE}(A_{wL}), \quad \mu(x) = \mu_{AwL}(x)^{1.25}$
sehr w_L	Konzentration $A = \text{CON}(A_{wL}), \quad \mu(x) = \mu_{AwL}(x)^2$
sehr sehr w_L	Konzentration, Konzentration $A = \text{CON}(\text{CON}(A_{wL})), \quad \mu(x) = \mu_{AwL}(x)^4$
sicher w_L	Kontrast-Intensivierung $A = \text{INT}(A_{wL}),$ $\mu(x) = 2 \cdot \mu_{AwL}(x)^2 \quad \text{für } \mu_{AwL}(x) < 0.5$ $\mu(x) = 1 - 2 \cdot (1 - \mu_{AwL}(x))^2 \quad \text{für } \mu_{AwL}(x) \geq 0.5$
weniger w_L	geringe Dehnung $A = \text{LESS}(A_{wL}), \quad \mu(x) = \mu_{AwL}(x)^{0.75}$
ziemlich w_L	Dehnung $A = \text{DIL}(A_{wL}), \quad \mu(x) = \sqrt{\mu_{AwL}(x)}$
nicht w_L	Komplementbildung $A = \text{CPL}(A_{wL}), \quad \mu(x) = 1 - \mu_{AwL}(x)$
nicht sehr w_L	Komplementbildung, Konzentration $A = \text{CPL}(\text{CON}(A_{wL})),$ $\mu(x) = 1 - \text{CON}(\mu_{AwL}(x)) = 1 - \mu_{AwL}(x)^2$
ziemlich sehr w_L	Dehnung, Konzentration heben sich auf $A = \text{DIL}(\text{CON}(A_{wL})), \quad \mu_{\text{DIL,CON}}(x) = \mu_{AwL}(x)$

Beispiel 15.1-14: Die unscharfe Aussage „Die Regeldifferenz ist nahe bei x_{d0}" soll mit Modifikatoren verändert werden. Die linguistische Variable ist „Regeldifferenz", der linguistische Wert ist „nahe bei x_{d0}". Die Zugehörigkeitsfunktion läßt sich beispielsweise mit x_d als Basisvariablen, $x_{d0} = 1.0$ und $k = 1.0$ wie angegeben modellieren:

1. Die Regeldifferenz ist nahe bei 1.0:

$$\mu_{An}(x_d) = \frac{1}{1 + k \cdot (x_d - x_{d0})^2} = \frac{1}{1 + (x_d - 1.0)^2}.$$

Mit den Modifikatoren mehr, sehr, sicher, weniger, ziemlich, nicht, kann die Aussage modifiziert werden:

2. Die Regeldifferenz ist mehr nahe bei 1.0:

$$\mu_A(x_d) = \mu_{An}(x_d)^{1.25} = \frac{1}{[1 + (x_d - 1.0)^2]^{1.25}}.$$

3. Die Regeldifferenz ist sehr nahe bei 1.0:

$$\mu_A(x_d) = \mu_{An}(x_d)^2 = \frac{1}{[1 + (x_d - 1.0)^2]^2}.$$

4. Die Regeldifferenz ist sehr sehr nahe bei 1.0:

$$\mu_A(x_d) = \mu_{An}(x_d)^4 = \frac{1}{[1 + (x_d - 1.0)^2]^4}.$$

5. Die Regeldifferenz ist weniger nahe bei 1.0:

$$\mu_A(x_d) = \mu_{An}(x_d)^{0.75} = \frac{1}{[1 + (x_d - 1.0)^2]^{0.75}}.$$

6. Die Regeldifferenz ist ziemlich nahe bei 1.0:

$$\mu_A(x_d) = \sqrt{\mu_{An}(x_d)} = \frac{1}{\sqrt{1 + (x_d - 1.0)^2}}.$$

7. Die Regeldifferenz ist nicht nahe bei 1.0:

$$\mu_A(x_d) = 1 - \mu_{An}(x_d) = 1 - \frac{1}{1 + (x_d - 1.0)^2} = \frac{(x_d - 1.0)^2}{1 + (x_d - 1.0)^2}.$$

8. Die Regeldifferenz ist sicher nahe bei 1.0:

$$\mu_A(x_d) = 2 \cdot \mu_{An}(x_d)^2 = \frac{2}{[1 + (x_d - 1.0)^2]^2}, \quad \text{für } \mu_{An}(x_d) < 0.5,$$

$$\mu_A(x_d) = 1 - 2 \cdot (1 - \mu_{An}(x_d))^2 = \frac{2 - x_d^4 + 4 \cdot x_d^3 - 4 \cdot x_d^2}{(x_d^2 - 2x_d + 2)^2}, \quad \text{für } \mu_{An}(x_d) \geq 0.5.$$

Die Bilder 15.1-13, 14 enthalten die modifizierten Zugehörigkeitsfunktionen.

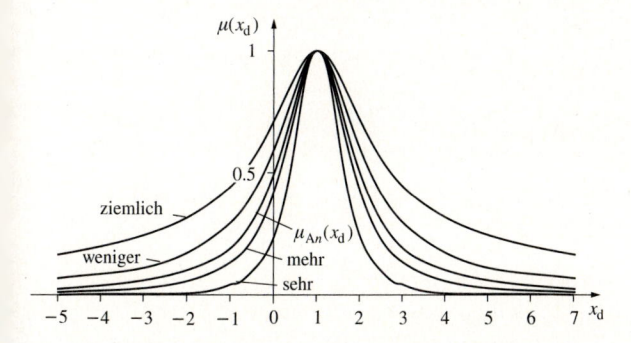

Bild 15.1-13: Wirkung der linguistischen Modifikatoren ziemlich (etwa), weniger, mehr, sehr

Aus den Bildern ist zu erkennen, daß sich bei normalisierten unscharfen Mengen durch die Transformationen Konzentration, Dehnung und Kontrastverstärkung Maximum, Kern und Support der Zugehörigkeitsfunktion nicht verändern. Soll der Wertbereich einer linguistischen Variablen erweitert werden, so müssen neue linguistische Werte eingeführt werden.

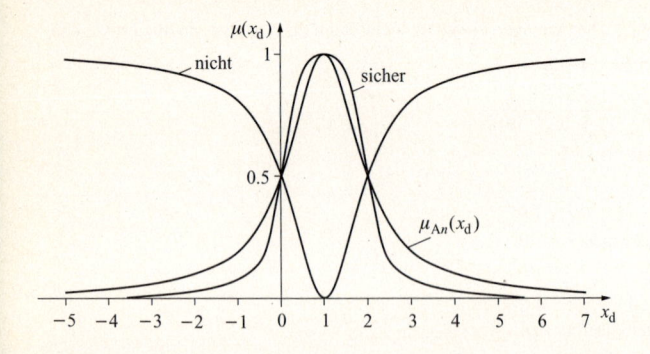

Bild 15.1-14: Wirkung der linguistischen Modifikatoren nicht, sicher

Beispiel 15.1-15: Für die linguistische Beschreibung der Raumtemperatur werden quadratische und dreieckförmige Zugehörigkeitsfunktionen verwendet. Zwischen den Basisvariablenwerten T_i für die Maxima von aufeinanderfolgenden Zugehörigkeitsfunktionen soll der Abstand $\Delta T = T_{i+1} - T_i = 8\ °C$ gleich sein. Die linguistischen Wertnamen sehr-niedrig, sehr-hoch, sind eigene Wertnamen, also nicht durch Anwendung von Modifikatoren entstanden.

Linguistische Werte der Raumtemperatur:

$$W_L = \{w_{L1}, w_{L2}, w_{L3}, w_{L4}, w_{L5}\}$$
$$= \{\text{sehr-niedrig, niedrig, mittel, hoch, sehr-hoch}\},$$
$$\Delta T = 8\ °C, \quad T_{i+1} = T_i + \Delta T, \quad i = 0, \ldots, 3,$$
$$T_0 = 0\ °C, \quad T_1 = 8\ °C, \quad T_2 = 16\ °C, \quad T_3 = 24\ °C, \quad T_4 = 32\ °C.$$

Quadratische Zugehörigkeitsfunktionen:

$$\mu_{A0}(T) = \begin{cases} 1, & \text{für } T < T_0 = 0\ °C, \\ \dfrac{1}{1 + k^2 \cdot (T - T_0)^2}, & \text{für } T \geq T_0 = 0\ °C, \end{cases}$$

$$\mu_{Ai}(T) = \dfrac{1}{1 + k^2 \cdot (T - T_i)^2}, \quad \text{für } i = 1, 2, 3,$$

$$\mu_{A4}(T) = \begin{cases} \dfrac{1}{1 + k^2 \cdot (T - T_4)^2}, & \text{für } T < T_4 = 32\ °C, \\ 1, & \text{für } T \geq T_4 = 32\ °C. \end{cases}$$

Für

$$k = \dfrac{2}{\Delta T} = 0.25\ \dfrac{1}{°C}$$

erhält man eine optimale Überlappung mit

$$\mu_{Ai}(T_i + \Delta T/2) = \mu_{Ai+1}(T_{i+1} - \Delta T/2) = 0.5.$$

Dreieckförmige Zugehörigkeitsfunktionen:

$$\mu_{A0}(T) = \begin{cases} 1, & \text{für } T < T_0 = 0\ °C, \\ \dfrac{(T_0 + 8\ °C) - T}{8\ °C}, & \text{für } T_0 \leq T \leq T_0 + 8\ °C, \\ 0, & \text{für } T > T_0 + 8\ °C, \end{cases}$$

15.1 Grundbegriffe der Fuzzy-Logik

$$\mu_{Ai}(T) = \begin{cases} 0, & \text{für } T < T_i - 8\,°C, i = 1,2,3, \\ \dfrac{T - (T_i - 8\,°C)}{8\,°C}, & \text{für } T_i - 8\,°C \leq T < T_i, \\ \dfrac{(T_i + 8\,°C) - T}{8\,°C}, & \text{für } T_i \leq T \leq T_i + 8\,°C, \\ 0, & \text{für } T > T_i + 8\,°C, \end{cases}$$

$$\mu_{A4}(T) = \begin{cases} 0, & \text{für } T < T_4 - 8\,°C, \\ \dfrac{T - (T_4 - 8\,°C)}{8\,°C}, & \text{für } T_4 - 8\,°C \leq T < T_4, \\ 1, & \text{für } T \geq T_4 = 32\,°C. \end{cases}$$

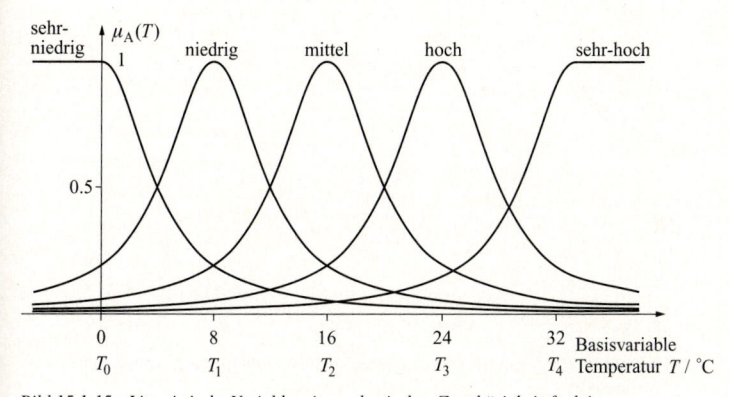

Bild 15.1-15: Linguistische Variable mit quadratischen Zugehörigkeitsfunktionen

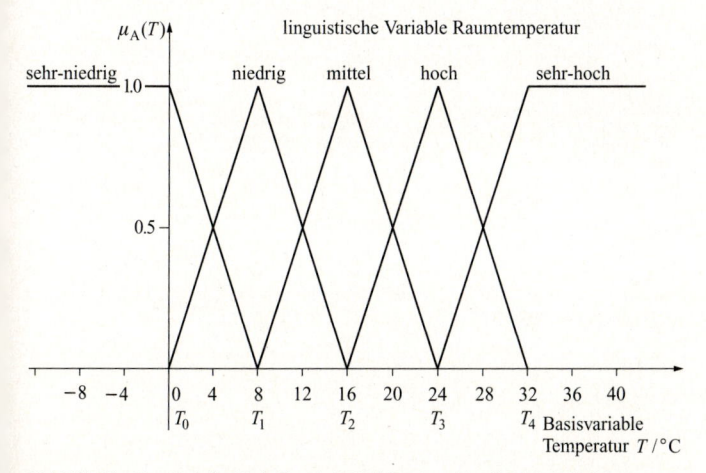

Bild 15.1-16: Linguistische Variable mit dreieckförmigen Zugehörigkeitsfunktionen

15.2 Operationen mit unscharfen Mengen

15.2.1 Elementaroperationen mit scharfen Mengen

Für scharfe Mengen können die Elementaroperationen Durchschnitt, Vereinigung und Komplement mit den logischen Verknüpfungen UND, ODER und NICHT erklärt werden. Entsprechend modifiziert werden die Operationen auf Zugehörigkeitsfunktionen angewendet.

Für die Beziehungen in Tabelle 15.2-1 wird vorausgesetzt, daß A, B, C scharfe Teilmengen der Grundmenge X sind, x ist die Basisvariable. μ_A, μ_B, μ_C sind binäre Zugehörigkeitsfunktionen (Logikfunktionen), die nur die Werte 0 (nicht zugehörig) und 1 (zugehörig) annehmen können.

Tabelle 15.2-1: Elementaroperationen mit scharfen Mengen

Operation	Gleichung
Durchschnitt	$C = A \cap B$, $x \in C$, wenn $x \in A$ UND $x \in B$, $\mu_C(x) = 1$, wenn $\mu_A(x) = 1$ UND $\mu_B(x) = 1$, $\mu_C(x) = 0$ für alle anderen Fälle.
Vereinigung	$C = A \cup B$, $x \in C$, wenn $x \in A$ ODER $x \in B$, $\mu_C(x) = 1$, wenn $\mu_A(x) = 1$ ODER $\mu_B(x) = 1$, $\mu_C(x) = 0$ für den anderen Fall.
Komplement	$C = A^C$, $x \in C$, wenn $x \notin A$, $\mu_C(x) = 1$, wenn $\mu_A(x) = 0$, $\mu_C(x) = 0$, wenn $\mu_A(x) = 1$.

In Tabelle 15.2-2 sind die Elementaroperationen mit den Zugehörigkeitswerten 0 und 1 ausgeführt.

Tabelle 15.2-2: Elementaroperationen mit Zugehörigkeitswerten

Durchschnitt UND-Operation $C = A \cap B$			Vereinigung ODER-Operation $C = A \cup B$			Komplement NICHT-Operation $C = A^C$	
$\mu_C(x)$	$\mu_A(x)$	$\mu_B(x)$	$\mu_C(x)$	$\mu_A(x)$	$\mu_B(x)$	$\mu_C(x)$	$\mu_A(x)$
0	0	0	0	0	0	0	1
0	0	1	1	0	1	1	0
0	1	0	1	1	0		
1	1	1	1	1	1		

Beispiel 15.2-1: x ist ein Element der Basis $X = \mathbb{N}$ der natürlichen Zahlen. Auf die Mengen A, B sollen die Elementaroperationen angewendet werden:

$$\text{Menge } A = \{x \in X \mid 2 \leq x \leq 6\} = \{2, 3, 4, 5, 6\},$$
$$\text{Menge } B = \{x \in X \mid 4 \leq x \leq 8\} = \{4, 5, 6, 7, 8\}.$$

Durchschnitt:

$$C = A \cap B = \{x \in X \mid 4 \leq x \leq 6\} = \{4, 5, 6\}.$$

15.2 Operationen mit unscharfen Mengen

Vereinigung:
$$C = A \cup B = \{x \in X \mid 2 \leq x \leq 8\} = \{2, 3, 4, 5, 6, 7, 8\}.$$
Komplement:
$$C = A^C = \{x \notin A \mid 0, 1, 7, 8, 9, 10, \ldots\}.$$

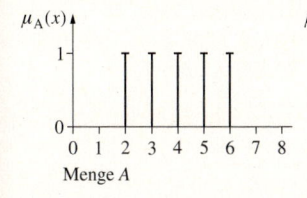

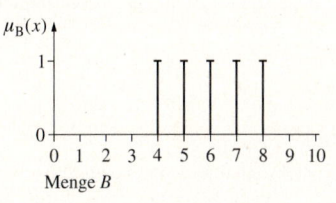

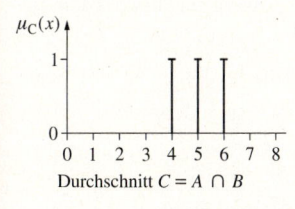

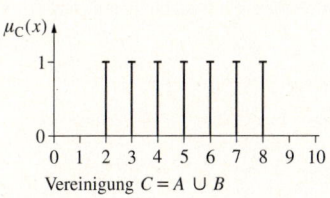

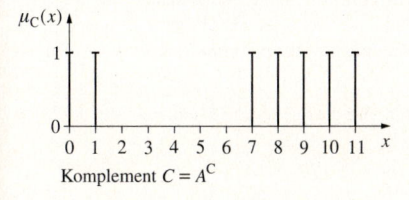

Bild 15.2-1: Elementare Operationen mit scharfen Mengen

> Durchschnitt, Vereinigung und Komplement von scharfen Mengen werden mit den binären Operatoren UND, ODER und NICHT realisiert.

15.2.2 Operationen mit unscharfen Mengen

15.2.2.1 Elementaroperationen mit unscharfen Mengen

Operationen mit unscharfen Mengen werden eingesetzt, wenn mehrere linguistische (unscharfe) Aussagen in WENN-DANN-Regeln verknüpft werden müssen.

Für die Verarbeitung von unscharfen Aussagen, die mit Fuzzy-Mengen definiert und mit Zugehörigkeitsfunktionen beschrieben werden können, wurden folgende Elementaroperationen vorgeschlagen, die als Verallgemeinerung der scharfen Mengenlehre erklärt werden können.

Für die unscharfen Mengen A, B, C der Grundmenge X mit x als Basisvariablen sind μ_A, μ_B, μ_C die Zugehörigkeitsfunktionen mit Werten zwischen 0 und 1. Der Durchschnitt (unscharfe UND-Verknüpfung, Fuzzy-UND-Operator) von zwei Fuzzy-Mengen wird häufig mit dem MIN-Operator nachgebildet. Für den **Durchschnitt**

$$C = A \cap B$$

wird die Zugehörigkeitsfunktion

$$\mu_C(x) = \min(\mu_A(x), \mu_B(x))$$

mit dem Minimum der Zugehörigkeitsfunktionen von A und B gebildet.

Entsprechend wird die Vereinigung (unscharfe ODER-Verknüpfung, Fuzzy-ODER-Operator) von zwei unscharfen Mengen mit dem MAX-Operator ermittelt. Für die **Vereinigung**

$$C = A \cup B$$

wird die Zugehörigkeitsfunktion

$$\mu_C(x) = \max(\mu_A(x), \mu_B(x))$$

mit dem Maximum der Zugehörigkeitsfunktionen von A und B berechnet.

Das **Komplement** C der unscharfen Menge A wird mit dem Fuzzy-NICHT-Operator (CPL-Modifikator) gebildet:

$$C = A^C$$

erhält die Zugehörigkeitsfunktion

$$\mu_C(x) = \text{NICHT}(\mu_A(x)) = \mu_A^C(x) = 1 - \mu_A(x).$$

Beispiel 15.2-2: In Beispiel 15.1-11 wurden für die linguistische Variable Raumtemperatur die linguistischen Werte niedrig, mittel, hoch festgelegt. Der Durchschnitt von niedriger und mittlerer Temperatur, die Vereinigung von mittlerer und hoher Temperatur und das Komplement der mittleren Temperatur sollen mit Zugehörigkeitsfunktionen dargestellt werden.

Für den Durchschnitt von niedriger und mittlerer Temperatur wird die Fuzzy-UND-Verknüpfung, der MIN-Operator eingesetzt (Bild 15.2-2):

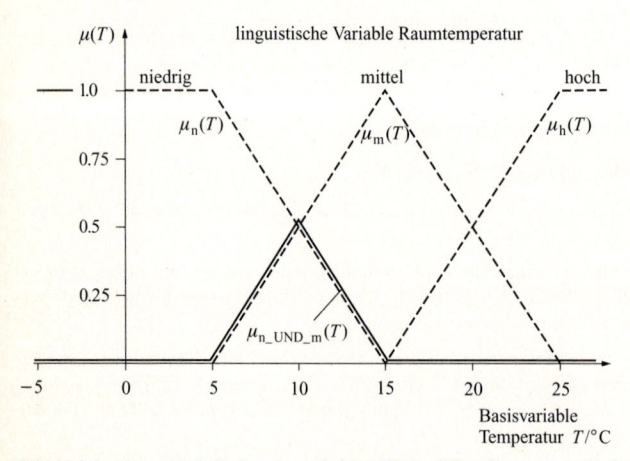

$$\mu_{n\_UND\_m}(T) = \min(\mu_n(T), \mu_m(T)).$$

*Bild 15.2-2: Fuzzy-UND-Verknüpfung **niedrige UND mittlere** Temperatur mit dem MIN-Operator*

15.2 Operationen mit unscharfen Mengen

Für die Vereinigung von mittlerer und hoher Temperatur wird die Fuzzy-ODER-Verknüpfung, der MAX-Operator eingesetzt (Bild 15.2-3):

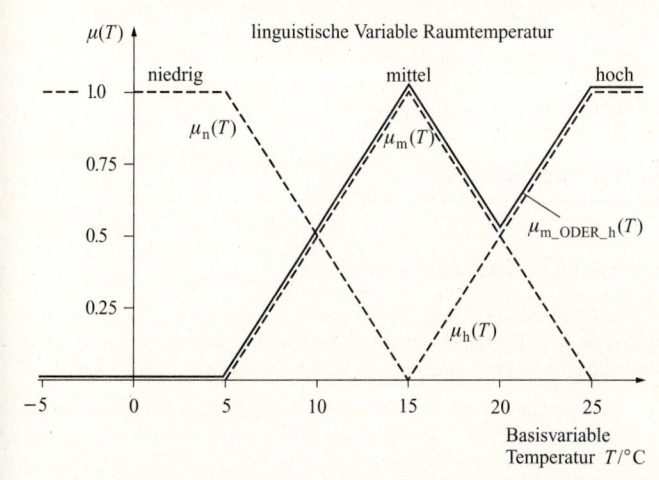

$$\mu_{m\_ODER\_h}(T) = \max(\mu_m(T), \mu_h(T)).$$

*Bild 15.2-3: Fuzzy-ODER-Verknüpfung **mittlere ODER hohe** Temperatur mit dem MAX-Operator*

Für die Bildung des Komplements der mittleren Temperatur wird die Fuzzy-NICHT-Verknüpfung (CPL-Modifikator) verwendet (Bild 15.2-4):

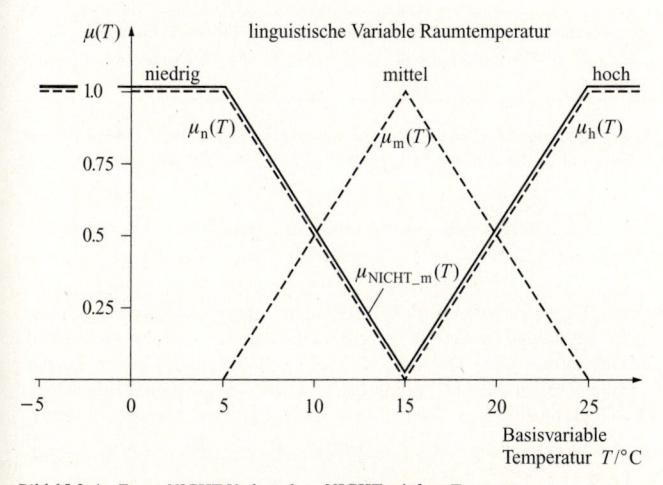

$$\mu_{NICHT\_m}(T) = \mu_m^C(T) = 1 - \mu_m(T).$$

*Bild 15.2-4: Fuzzy-NICHT-Verknüpfung **NICHT mittlere** Temperatur*

> Die unscharfe UND-Verknüpfung (Fuzzy-UND-Operator) von zwei Fuzzy-Mengen wird meist mit dem MIN-Operator nachgebildet:
>
> $$\mu_C(x) = \min(\mu_A(x), \mu_B(x)).$$
>
> Die unscharfe ODER-Verknüpfung (Fuzzy-ODER-Operator) von zwei Fuzzy-Mengen wird häufig mit dem MAX-Operator ermittelt:
>
> $$\mu_C(x) = \max(\mu_A(x), \mu_B(x)).$$
>
> Das Komplement (Fuzzy-NICHT-Operator, CPL-Modifikator) einer Fuzzy-Menge wird mit dem Fuzzy-NICHT-Operator gebildet:
>
> $$\mu_C(x) = \text{NICHT}(\mu_A(T)) = \mu_A^C(x) = 1 - \mu_A(x).$$

15.2.2.2 Allgemeine Anforderungen an Fuzzy-Operatoren

Für Durchschnitt (Fuzzy-UND) und Vereinigung (Fuzzy-ODER) von Fuzzy-Mengen wurden in Abschnitt 15.2.2.1 als Elementaroperationen die MIN-Operation und MAX-Operation vorgeschlagen. Sie werden in technischen Anwendungen häufig benutzt, da sie in Hard- oder Software einfach zu realisieren sind.

Nachteilig ist, daß sie für die Modellierung von unscharfen Zusammenhängen nicht ausreichend anpassungsfähig sind. Zur Lösung von solchen Problemstellungen wurde daher eine große Anzahl von Operatoren entwickelt, die in folgende Klassen eingeteilt werden.

- t-Normen (Fuzzy-UND-Operatoren) und t-Konormen (s-Normen, Fuzzy-ODER-Operatoren),
- kompensatorische Operatoren, dazu gehören auch parametrisierbare t- und t-Konormen (s-Normen).

> t-**Normen** (Dreiecks-Normen, triangulare Normen) sind **Fuzzy-UND-Operatoren** für die Bildung des **Durchschnitts** von Fuzzy-Mengen. Die MIN-Operation gehört zu den t-Normen.

> t-**Konormen** werden auch als s-Normen bezeichnet. Sie sind **Fuzzy-ODER-Operatoren** zur Realisierung der verschiedenen Varianten für die Vereinigung von Fuzzy-Mengen. Die MAX-Operation gehört zu den t-Konormen.

Für die flexible Modellierung von unscharfen Aussagen wurden zusätzlich parametrisierbare Operatoren entwickelt, mit denen unscharfe Operationen, die zwischen Fuzzy-UND und Fuzzy-ODER liegen, eingestellt werden können.

An Operatoren zur Verarbeitung von unscharfen Aussagen, die mit Fuzzy-Mengen definiert und mit Zugehörigkeitsfunktionen beschrieben werden können, wurden folgende allgemeine Anforderungen gestellt:

> Die Operationen werden mit zwei Operanden, deren Werte im Intervall [0, 1] liegen, ausgeführt. Die Operationen werden demnach durch zweistellige Funktionen ausgeführt, die Ergebnisse liegen ebenfalls im Intervall [0, 1]. t-Normen und t-Konormen sind kommutativ, assoziativ und monoton wachsend. Bei der Anwendung mit gleichen Operandenwerten soll das Ergebnis den gleichen Wert erhalten (Idempotenz). Für die Grenzwerte 0 und 1 sollen die Operationen die Ergebnisse der BOOLEschen Algebra erzeugen.
>
> Für die t-Normen existiert ein Null-Element, für die t-Konormen ein Eins-Element. Für beide Operationen existiert jeweils ein neutrales Element.

15.2 Operationen mit unscharfen Mengen

Beispiel 15.2-3: Für die MIN-Operation (t-Norm) und MAX-Operation (t-Konorm) sollen die Anforderungen verdeutlicht werden.

Untersuchung der **MIN-Operation**: $\mu_E(x) = \min(\mu_A(x), \mu_B(x))$.

Null-Element: Ist ein Operand Null, so ist das Ergebnis der Operation ebenfalls Null:

$$\mu_B(x) = 0,$$
$$\mu_E(x) = \min(\mu_A(x), 0) = 0.$$

Neutrales Element (hier Eins): Hat ein Operand den Wert des neutralen Elements, so ist das Ergebnis der Operation gleich dem Wert des zweiten Operanden:

$$\mu_B(x) = 1,$$
$$\mu_E(x) = \min(\mu_A(x), 1) = \mu_A(x).$$

Kommutativ-Gesetz: Das Ergebnis der Operation wird von der Reihenfolge der Operanden nicht beeinflußt:

$$\mu_A(x) = 0.2, \quad \mu_B(x) = 0.6,$$
$$\mu_E(x) = \min(\mu_A(x), \mu_B(x)) = \min(\mu_B(x), \mu_A(x)) = 0.2.$$

Assoziativ-Gesetz: Das Ergebnis der Operation wird von der Reihenfolge der Operationen nicht beeinflußt:

$$\mu_A(x) = 0.2, \mu_B(x) = 0.6, \mu_C(x) = 0.4,$$
$$\mu_E(x) = \min[\min(\mu_A(x), \mu_B(x)), \mu_C(x)] = 0.2$$
$$= \min[\mu_A(x), \min(\mu_B(x), \mu_C(x))] = 0.2$$
$$= \min[\min(\mu_C(x), \mu_A(x)), \mu_B(x)] = 0.2.$$

Monotonie: Bei Vergrößerung (Verkleinerung) der Operanden wird das Ergebnis der Operation nicht verkleinert (vergrößert). Ist $\mu_A(x) \leq \mu_{A1}(x)$ und $\mu_B(x) \leq \mu_{B1}(x)$, zum Beispiel

$$\mu_A(x) = 0.2, \quad \mu_{A1}(x) = 0.4, \quad \mu_B(x) = 0.3, \quad \mu_{B1}(x) = 0.5,$$

dann ist

$$\min(\mu_A(x), \mu_B(x)) \leq \min(\mu_{A1}(x), \mu_{B1}(x)),$$
$$\min(\mu_A(x), \mu_B(x)) = 0.2 \leq \min(\mu_{A1}(x), \mu_{B1}(x)) = 0.4.$$

Idempotenz: Bei gleichen Operandenwerten soll das Ergebnis den gleichen Wert erhalten:

$$\min(\mu_A(x), \mu_A(x)) = \mu_A(x).$$

BOOLEsche Algebra: Für die Grenzwerte 0 und 1 sollen die Operationen die Ergebnisse der BOOLEschen Algebra liefern:

$$\min(0,0) = (0 \text{ UND}_{\text{BOOLE}} 0) = 0,$$
$$\min(0,1) = (0 \text{ UND}_{\text{BOOLE}} 1) = 0,$$
$$\min(1,0) = (1 \text{ UND}_{\text{BOOLE}} 0) = 0,$$
$$\min(1,1) = (1 \text{ UND}_{\text{BOOLE}} 1) = 1.$$

Untersuchung der **MAX-Operation**: $\mu_E(x) = \max(\mu_A(x), \mu_B(x))$.

Eins-Element: Ist ein Operand Eins, so ist das Ergebnis der Operation ebenfalls Eins:

$$\mu_B(x) = 1,$$
$$\mu_E(x) = \max(\mu_A(x), 1) = 1.$$

Neutrales Element (hier Null): Hat ein Operand den Wert des neutralen Elements, so ist das Ergebnis der Operation gleich dem Wert des zweiten Operanden:

$$\mu_B(x) = 0,$$

$$\mu_E(x) = \max(\mu_A(x), 0) = \mu_A(x).$$

Kommutativ-Gesetz: Das Ergebnis der Operation wird von der Reihenfolge der Operanden nicht beeinflußt:

$$\mu_A(x) = 0.2, \quad \mu_B(x) = 0.6,$$

$$\mu_E(x) = \max(\mu_A(x), \mu_B(x)) = \max(\mu_B(x), \mu_A(x)) = 0.6.$$

Assoziativ-Gesetz: Das Ergebnis der Operation wird von der Reihenfolge der Operationen nicht beeinflußt:

$$\mu_A(x) = 0.2, \quad \mu_B(x) = 0.6, \quad \mu_C(x) = 0.4,$$

$$\mu_E(x) = \max[\max(\mu_A(x), \mu_B(x)), \mu_C(x)] = 0.6$$
$$= \max[\mu_A(x), \max(\mu_B(x), \mu_C(x))] = 0.6$$
$$= \max[\max(\mu_C(x), \mu_A(x)), \mu_B(x)] = 0.6.$$

Monotonie: Bei Vergrößerung (Verkleinerung) der Operanden wird das Ergebnis der Operation nicht verkleinert (vergrößert). Ist $\mu_A(x) \leq \mu_{A1}(x)$ und $\mu_B(x) \leq \mu_{B1}(x)$, zum Beispiel

$$\mu_A(x) = 0.2, \quad \mu_{A1}(x) = 0.4, \quad \mu_B(x) = 0.3, \quad \mu_{B1}(x) = 0.5,$$

dann ist

$$\max(\mu_A(x), \mu_B(x)) \leq \max(\mu_{A1}(x), \mu_{B1}(x)),$$

$$\max(\mu_A(x), \mu_B(x)) = 0.3 \leq \max(\mu_{A1}(x), \mu_{B1}(x)) = 0.5.$$

Idempotenz: Bei gleichen Operandenwerten soll das Ergebnis den gleichen Wert erhalten:

$$\max(\mu_A(x), \mu_A(x)) = \mu_A(x).$$

BOOLEsche Algebra: Für die Grenzwerte 0 und 1 sollen die Operationen die Ergebnisse der BOOLEschen Algebra liefern:

$$\max(0,0) = (0 \text{ ODER}_{BOOLE} 0) = 0,$$
$$\max(0,1) = (0 \text{ ODER}_{BOOLE} 1) = 1,$$
$$\max(1,0) = (1 \text{ ODER}_{BOOLE} 0) = 1,$$
$$\max(1,1) = (1 \text{ ODER}_{BOOLE} 1) = 1.$$

MIN- und MAX-Operationen erfüllen die Anforderungen an t-Normen und t-Konormen.

15.2.2.3 t-Normen und t-Konormen (s-Normen)

Fuzzy-Operatoren können in die Klassen t-Normen (Fuzzy-UND-Operatoren für die Bildung des Durchschnitts) und t-Konormen (s-Normen, Fuzzy-ODER-Operatoren für die Bildung der Vereinigung) unterteilt werden. Die Normen sind kommutativ, assoziativ und monoton. Für jede t-Norm (Durchschnittsbildung) kann eine duale t-Konorm (s-Norm, Vereinigungsbildung) angegeben werden, die funktionalen Zusammenhänge sind durch die

---

Komplementbildung ^{C} mit den **DE MORGAN**schen Gesetzen gegeben:

$$A \cap_t B = (A^C \cup_s B^C)^C, \quad A \cup_s B = (A^C \cap_t B^C)^C,$$

$$(A \cap_t B)^C = A^C \cup_s B^C, \quad (A \cup_s B)^C = A^C \cap_t B^C.$$

15.2 Operationen mit unscharfen Mengen

Aus den ersten beiden Gleichungen folgen mit der Komplementbildung (Fuzzy-NICHT-Verknüpfung) für die unscharfen Mengen A, B

$$\mu_A^C(x) = 1 - \mu_A(x), \quad \mu_B^C(x) = 1 - \mu_B(x),$$

die Umrechnungsgleichungen

$$t_i(\mu_A(x), \mu_B(x)) = (s_i(\mu_A^C(x), \mu_B^C(x)))^C$$
$$= 1 - s_i(1 - \mu_A(x), 1 - \mu_B(x)),$$
$$s_i(\mu_A(x), \mu_B(x)) = (t_i(\mu_A^C(x), \mu_B^C(x)))^C$$
$$= 1 - t_i(1 - \mu_A(x), 1 - \mu_B(x)),$$

wobei t_i eine der t-Normen und s_i die dazugehörige duale t-Konorm (s-Norm) ist.

Beispiel 15.2-4: MIN-Operation (t-Norm) und MAX-Operation (t-Konorm) können ineinander umgerechnet werden.

$$t_i(\mu_A(x), \mu_B(x)) = \min(\mu_A(x), \mu_B(x)),$$
$$s_i(\mu_A(x), \mu_B(x)) = \max(\mu_A(x), \mu_B(x)),$$
$$\mu_A(x) = 0.2, \quad \mu_B(x) = 0.6.$$

Für die Umrechnung der Operationen gilt:

$$t_i(\mu_A(x), \mu_B(x)) = 1 - s_i(1 - \mu_A(x), 1 - \mu_B(x)),$$
$$\min(\mu_A(x), \mu_B(x)) = \min(0.2, 0.6) = 0.2$$
$$= 1 - \max(1 - \mu_A(x), 1 - \mu_B(x))$$
$$= 1 - \max(0.8, 0.4) = 1 - 0.8 = 0.2.$$

Die wichtigsten t-Normen und t-Konormen sind in Tabelle 15.2-3, 15.2-4 zusammengestellt.

Von allen t-Normen liefert die Berechnung mit dem Minimum-Operator den größten Wert für den Durchschnitt. Die anderen t-Normen liefern Werte, die kleiner oder gleich sind.

Zwischen den t-Normen gilt folgende Beziehung:

$$\mu_{dra\_P}(x) \leq \mu_{beg\_D}(x) \leq \mu_{EIN\_P}(x) \leq \mu_{alg\_P}(x) \leq \mu_{HAM\_P}(x) \leq \mu_{min}(x).$$

Von allen t-Konormen liefert die Berechnung mit dem Maximum-Operator den kleinsten Wert für die Vereinigung. Die anderen t-Konormen liefern Werte, die größer oder gleich sind. Zwischen den t-Konormen gilt folgende Beziehung:

$$\mu_{max}(x) \leq \mu_{HAM\_S}(x) \leq \mu_{alg\_S}(x) \leq \mu_{EIN\_S}(x) \leq \mu_{beg\_S}(x) \leq \mu_{dra\_S}(x).$$

Die Werte von t-Normen sind immer gleich oder kleiner als die entsprechenden Werte der t-Konormen: $\mu_{ti}(x) \leq \mu_{si}(x)$.

Zwischen t-Normen und t-Konormen besteht die Relation:

$$\mu_{dra\_P}(x) \leq \mu_{beg\_D}(x) \leq \mu_{EIN\_P}(x) \leq \mu_{alg\_P}(x) \leq \mu_{HAM\_P}(x) \leq \mu_{min}(x)$$
$$\leq \mu_{max}(x) \leq \mu_{HAM\_S}(x) \leq \mu_{alg\_S}(x) \leq \mu_{EIN\_S}(x) \leq \mu_{beg\_S}(x) \leq \mu_{dra\_S}(x).$$

Tabelle 15.2-3: t-Normen, Fuzzy-UND-Operatoren für die Durchschnittsbildung von unscharfen Mengen

t-Normen, Fuzzy-UND-Operatoren (Durchschnitt)
Minimum $\mu_{\min}(x) = \min(\mu_A(x), \mu_B(x))$
HAMACHER-Produkt $\mu_{\text{HAM\_P}}(x) = \dfrac{\mu_A(x) \cdot \mu_B(x)}{\mu_A(x) + \mu_B(x) - \mu_A(x) \cdot \mu_B(x)}$
Algebraisches Produkt $\mu_{\text{alg\_P}}(x) = \mu_A(x) \cdot \mu_B(x)$
EINSTEIN-Produkt $\mu_{\text{EIN\_P}}(x) = \dfrac{\mu_A(x) \cdot \mu_B(x)}{2 - (\mu_A(x) + \mu_B(x) - \mu_A(x) \cdot \mu_B(x))}$
Begrenzte Differenz $\mu_{\text{beg\_D}}(x) = \max(0, \mu_A(x) + \mu_B(x) - 1)$
Drastisches Produkt $\mu_{\text{dra\_P}}(x) = \min(\mu_A(x), \mu_B(x)), \quad$ wenn $\max(\mu_A(x), \mu_B(x)) = 1,$ $\mu_{\text{dra\_P}}(x) = 0, \quad\quad\quad\quad\quad\quad\quad$ wenn $\max(\mu_A(x), \mu_B(x)) < 1$

Tabelle 15.2-4: t-Konormen, Fuzzy-ODER-Operatoren für die Vereinigung von unscharfen Mengen

t-Konormen, Fuzzy-ODER-Operatoren (Vereinigung)
Maximum $\mu_{\max}(x) = \max(\mu_A(x), \mu_B(x))$
HAMACHER-Summe $\mu_{\text{HAM\_S}}(x) = \dfrac{\mu_A(x) + \mu_B(x) - 2 \cdot \mu_A(x) \cdot \mu_B(x)}{1 - \mu_A(x) \cdot \mu_B(x)}$
Algebraische Summe $\mu_{\text{alg\_S}}(x) = \mu_A(x) + \mu_B(x) - \mu_A(x) \cdot \mu_B(x)$
EINSTEIN-Summe $\mu_{\text{EIN\_S}}(x) = \dfrac{\mu_A(x) + \mu_B(x)}{1 + \mu_A(x) \cdot \mu_B(x)}$
Begrenzte Summe $\mu_{\text{beg\_S}}(x) = \min(1, \mu_A(x) + \mu_B(x))$
Drastische Summe $\mu_{\text{dra\_S}}(x) = \max(\mu_A(x), \mu_B(x)), \quad$ wenn $\min(\mu_A(x), \mu_B(x)) = 0,$ $\mu_{\text{dra\_S}}(x) = 1, \quad\quad\quad\quad\quad\quad\quad$ wenn $\min(\mu_A(x), \mu_B(x)) > 0$

15.2 Operationen mit unscharfen Mengen

Beispiel 15.2-5: Zwei dreieckförmige Zugehörigkeitsfunktionen nach Bild 15.2-5 sollen mit t-Normen und t-Konormen verknüpft werden. Minimum und Maximum werden für $\mu_A(x)$ und $\mu_B(x)$ für jeden x-Wert berechnet und in Bild 15.2-6 dargestellt:

$$\mu_{\min}(x) = \min(\mu_A(x), \mu_B(x)), \quad (t\text{-Norm}),$$
$$\mu_{\max}(x) = \max(\mu_A(x), \mu_B(x)), \quad (t\text{-Konorm}).$$

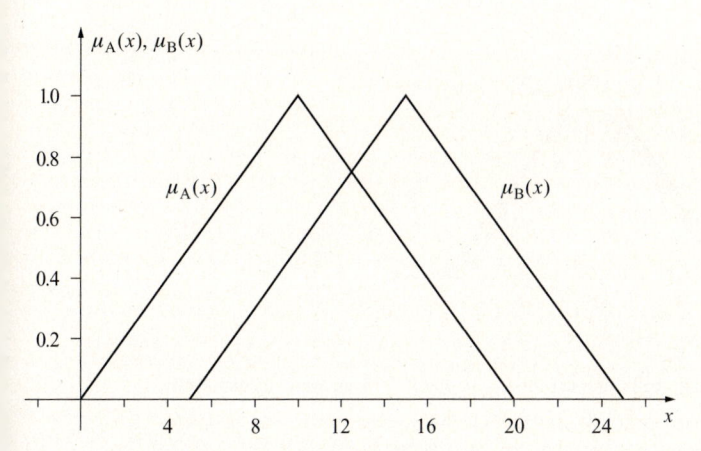

Bild 15.2-5: Dreieckförmige Zugehörigkeitsfunktionen

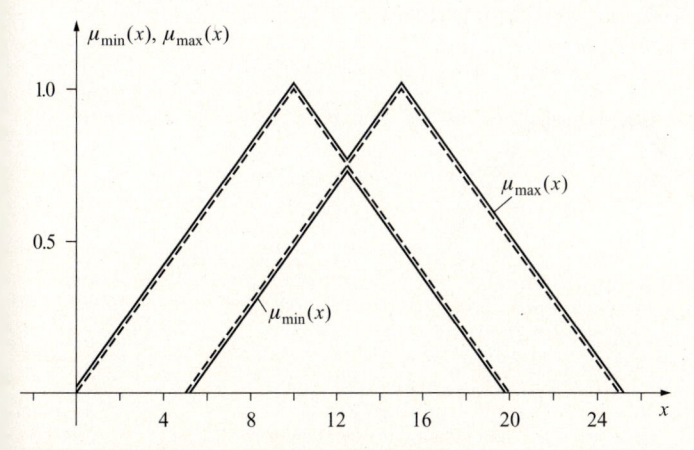

Bild 15.2-6: Anwendung von Minimum- und Maximum-Operator

In Bild 15.2-7 sind die Ergebnisse für die Anwendung der t-Normen $\mu_{\min}(x)$, $\mu_{\text{HAM\_P}}(x)$, $\mu_{\text{alg\_P}}(x)$, $\mu_{\text{EIN\_P}}(x)$, $\mu_{\text{beg\_D}}(x)$ aufgezeichnet. Für den Wert $x = 8$ ist $\mu_A(x) = 0.8$, $\mu_B(x) = 0.3$. Mit den t-Normen erhält man folgende Ergebnisse:

$$\mu_{\min}(x) = 0.3, \quad \mu_{\text{HAM\_P}}(x) = 0.279, \quad \mu_{\text{alg\_P}}(x) = 0.24,$$
$$\mu_{\text{EIN\_P}}(x) = 0.211, \quad \mu_{\text{beg\_D}}(x) = 0.1, \quad \mu_{\text{dra\_P}}(x) = 0.$$

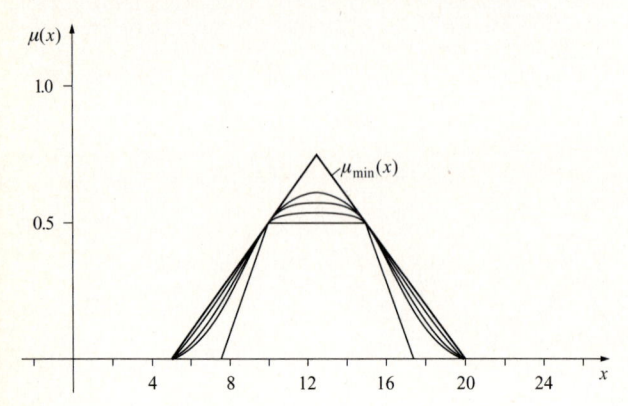

Bild 15.2-7: Anwendung von t-Normen

Für das drastische Produkt ergibt sich nur für $x = 10$ und $x = 15$ ein Wert ungleich Null:

$$\mu_{\text{dra\_P}}(x = 10) = 0.5, \quad \mu_{\text{dra\_P}}(x = 15) = 0.5.$$

Bild 15.2-8 enthält die Ergebnisse für die Anwendung der t-Konormen $\mu_{\max}(x)$, $\mu_{\text{HAM\_S}}(x)$, $\mu_{\text{alg\_S}}(x)$, $\mu_{\text{EIN\_S}}(x)$, $\mu_{\text{beg\_S}}(x)$, $\mu_{\text{dra\_S}}(x)$. Für den Wert $x = 8$ ist $\mu_A(x) = 0.8$, $\mu_B(x) = 0.3$. Mit den t-Konormen erhält man folgende Ergebnisse:

$$\mu_{\max}(x) = 0.8, \quad \mu_{\text{HAM\_S}}(x) = 0.816, \quad \mu_{\text{alg\_S}}(x) = 0.86,$$
$$\mu_{\text{EIN\_S}}(x) = 0.887, \quad \mu_{\text{beg\_S}}(x) = 1, \quad \mu_{\text{dra\_S}}(x) = 1.$$

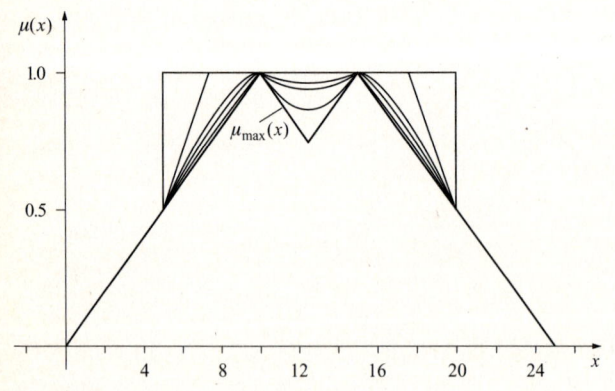

Bild 15.2-8: Anwendung von t-Konormen

15.2.2.4 Parametrisierte t-Normen und t-Konormen

t-Normen und t-Konormen nach Abschnitt 15.2.2.3 sind nicht einstellbar. Parametrisierte t-Normen und t-Konormen ermöglichen die Einstellung der Operationseigenschaften. Die Parameter sind über große Bereiche einstellbar, für bestimmte Parametereinstellungen erhält man Standardoperationen nach Abschnitt 15.2.2.3. In Tabelle 15.2-5 ist ein Beispiel für einen parametrisierten Operator angegeben.

Tabelle 15.2-5: Beispiel für eine parametrisierte t-Norm

Parametrisierte t-Norm, Fuzzy-UND-Operator (Durchschnitt)
Parametrisiertes HAMACHER-Produkt $$\mu_{\text{HAM\_P}\alpha}(x) = \frac{\mu_A(x) \cdot \mu_B(x)}{\alpha + (1-\alpha) \cdot [\mu_A(x) + \mu_B(x) - \mu_A(x) \cdot \mu_B(x)]}, \quad \alpha \geq 0,$$ Sonderfälle: **HAMACHER-Produkt** $\mu_{\text{HAM\_P}}(x)$, $\alpha = 0$: $$\mu_{\text{HAM\_P}}(x) = \frac{\mu_A(x) \cdot \mu_B(x)}{\mu_A(x) + \mu_B(x) - \mu_A(x) \cdot \mu_B(x)},$$ **Algebraisches Produkt** $\mu_{\text{alg\_P}}(x)$, $\alpha = 1$: $$\mu_{\text{alg\_P}}(x) = \mu_A(x) \cdot \mu_B(x),$$ **Drastisches Produkt** $\mu_{\text{dra\_P}}(x)$, $\alpha \to \infty$: $$\mu_{\text{dra\_P}}(x) = \min(\mu_A(x), \mu_B(x)), \quad \text{wenn } \max(\mu_A(x), \mu_B(x)) = 1,$$ $$\mu_{\text{dra\_P}}(x) = 0, \qquad \qquad \quad \text{wenn } \max(\mu_A(x), \mu_B(x)) < 1.$$

Beispiel 15.2-6: Das parametrisierte HAMACHER-Produkt soll für den Sonderfall $\alpha \to \infty$ berechnet werden:
$$\mu_{\text{HAM\_P}\alpha}(x) = \frac{\mu_A(x) \cdot \mu_B(x)}{\alpha + (1-\alpha) \cdot [\mu_A(x) + \mu_B(x) - \mu_A(x) \cdot \mu_B(x)]}$$
$$= \frac{\mu_A(x) \cdot \mu_B(x)}{\alpha \cdot (1 - [\mu_A(x) + \mu_B(x) - \mu_A(x) \cdot \mu_B(x)]) + [\mu_A(x) + \mu_B(x) - \mu_A(x) \cdot \mu_B(x)]}.$$

Der Ausdruck
$$(1 - [\mu_A(x) + \mu_B(x) - \mu_A(x) \cdot \mu_B(x)])$$
wird Null für $\mu_A(x) = 1$:
$$(1 - [1 + \mu_B(x) - \mu_B(x)]) = 0, \quad \mu_{\text{HAM\_P}\alpha}(x) = \mu_B(x),$$
oder $\mu_B(x) = 1$:
$$(1 - [\mu_A(x) + 1 - \mu_A(x)]) = 0, \quad \mu_{\text{HAM\_P}\alpha}(x) = \mu_A(x).$$

In allen anderen Fällen wird der Grenzwert des parametrisierten HAMACHER-Produkts Null, das entspricht der Definition des drastischen Produkts nach Tabelle 15.2-5:
$$\mu_{\text{dra\_P}}(x) = \min(\mu_A(x), \mu_B(x)), \quad \text{wenn } \max(\mu_A(x), \mu_B(x)) = 1,$$
$$\mu_{\text{dra\_P}}(x) = 0, \qquad \qquad \quad \text{wenn } \max(\mu_A(x), \mu_B(x)) < 1.$$

In Bild 15.2-9 ist das parametrisierte HAMACHER-Produkt für verschiedene Parameter α berechnet.

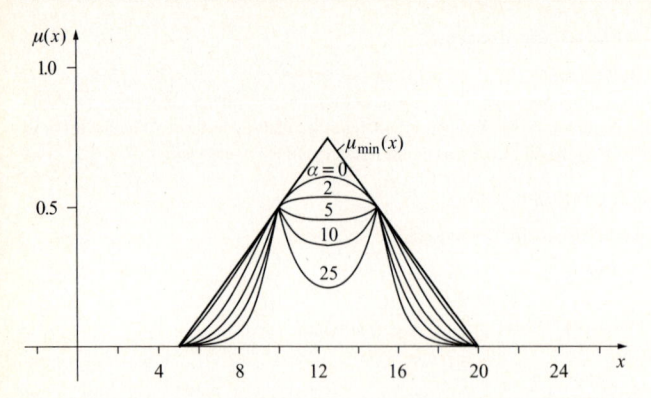

Bild 15.2-9: Parametrisiertes HAMACHER-*Produkt für verschiedene Parameter* α

In Tabelle 15.2-6 ist die zugehörige parametrisierte t-Konorm für verschiedene Werte von α berechnet.

Tabelle 15.2-6: Beispiel für eine parametrisierte t-Konorm

Parametrisierte t-Konorm, Fuzzy-ODER-Operator (Vereinigung)
Parametrisierte HAMACHER-Summe $$\mu_{\text{HAM\_S}\alpha}(x) = \frac{(\alpha - 1) \cdot \mu_A(x) \cdot \mu_B(x) + \mu_A(x) + \mu_B(x)}{1 + \alpha \cdot \mu_A(x) \cdot \mu_B(x)}, \quad \alpha \geq -1,$$ Sonderfälle: **Algebraische Summe**, $\alpha = 0$: $$\mu_{\text{alg\_S}}(x) = \mu_A(x) + \mu_B(x) - \mu_A(x) \cdot \mu_B(x),$$ **Drastische Summe**, $\alpha \to \infty$: $\mu_{\text{dra\_S}}(x) = \max(\mu_A(x), \mu_B(x)),$ wenn $\min(\mu_A(x), \mu_B(x)) = 0,$ $\mu_{\text{dra\_S}}(x) = 1,$ wenn $\min(\mu_A(x), \mu_B(x)) > 0.$

15.2.2.5 Kompensatorische und mittelnde Operatoren

Für die Modellierung von unscharfen Zusammenhängen kann eine weitere Gruppe von Operatoren eingesetzt werden. Kompensatorische und mittelnde Operatoren bilden Verknüpfungen, die zwischen Durchschnitt (t-Normen) und Vereinigung (t-Konormen) einzuordnen sind. Mit Hilfe von Parametern können Verknüpfungen mit Fuzzy-UND- und Fuzzy-ODER-Anteil eingestellt werden.

Bei Verknüpfungen mit dem **Lambda-Operator** wird mit dem Parameter λ das Verhalten der Operation eingestellt:

Kompensatorischer **Lambda-Operator**:
$\mu_\lambda(x) = \quad \lambda \cdot \mu_{t\text{-Norm}}(x) \quad + (1 - \lambda) \cdot \mu_{t\text{-Konorm}}(x).$ Fuzzy-UND-Anteil + Fuzzy-ODER-Anteil

15.2 Operationen mit unscharfen Mengen

Beispiel 15.2-7: Ein Nachteil des Minimum-Operators liegt darin, daß der Wert des größeren Operanden keinen Einfluß auf die Verknüpfung hat. Für min(0.2, 0.3) und min(0.2, 1.0) erhält man den Wert 0.2, eine kompensatorische Beurteilung würde dem Wertepaar (0.2, 1.0) einen höheren Verknüpfungswert aufgrund des hohen Wertes 1.0 zuordnen.

Die dreieckförmigen Zugehörigkeitsfunktionen nach Beispiel 15.2-5 sollen mit einem kompensatorischen Lambda-Operator verknüpft werden:

$$\mu_\lambda(x) = \lambda \cdot \min(\mu_A(x) \cdot \mu_B(x)) + (1 - \lambda) \cdot \max(\mu_A(x), \mu_B(x)).$$

Für $\lambda = 1$ erhält man den Minimum-Operator (t-Norm), für $\lambda = 0$ den Maximum-Operator (t-Konorm). In Bild 15.2-10 ist die Wirkung des Operators für verschiedene Werte von λ dargestellt.

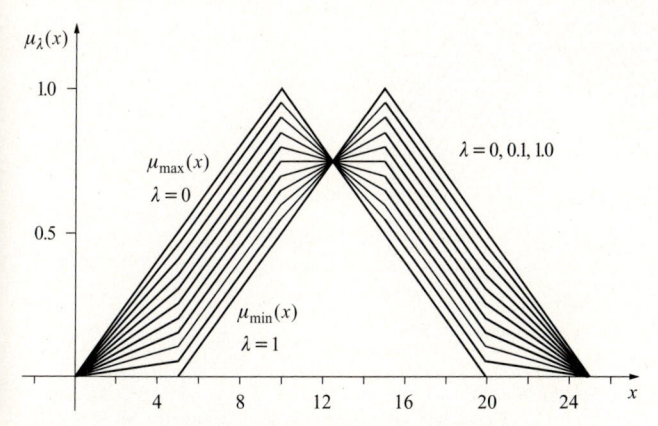

Bild 15.2-10: Kompensatorische Wirkung des Lambda-Operators

Mit dem **Gamma-Operator** ergibt sich eine weitere Möglichkeit für die Gewichtung von Durchschnitts- und Vereinigungs-Operatoren. Bei Verknüpfungen mit dem Gamma-Operator wird mit dem Parameter γ das Verhalten der Operation variiert:

Kompensatorischer **Gamma-Operator**:

$$\mu_\gamma(x) = \underbrace{[\mu_{t\text{-Norm}}(x)]^{1-\gamma}}_{\text{Fuzzy-UND-Anteil}} \cdot \underbrace{[\mu_{t\text{-Konorm}}(x)]^\gamma}_{\text{Fuzzy-ODER-Anteil}}, \qquad 0 \leq \gamma \leq 1.$$

Beispiel 15.2-8: Die Zugehörigkeitsfunktionen nach Beispiel 15.2-5 sollen mit einem kompensatorischen Gamma-Operator verknüpft werden:

$$\mu_\gamma(x) = [\min(\mu_A(x) \cdot \mu_B(x))]^{1-\gamma} \cdot [\max(\mu_A(x), \mu_B(x))]^\gamma.$$

Für $\gamma = 0$ ergibt sich der Minimum-Operator (t-Norm), für $\gamma = 1$ der Maximum-Operator (t-Konorm). In Bild 15.2-11 ist die Wirkung des Operators für verschiedene Werte von γ dargestellt.

Mittelwert-Operatoren verbinden Minimum- und Maximum-Operator jeweils mit dem arithmetischen Mittel der Werte der Zugehörigkeitsfunktionen:

Minimum-Mittelwert-Operator:
$$\mu_{\text{min\_av}}(x) = \alpha \cdot \min(\mu_A(x), \mu_B(x)) + (1 - \alpha) \cdot \frac{\mu_A(x) + \mu_B(x)}{2}, \quad 0 \leq \alpha \leq 1,$$

Maximum-Mittelwert-Operator:
$$\mu_{\text{max\_av}}(x) = \alpha \cdot \max(\mu_A(x), \mu_B(x)) + (1 - \alpha) \cdot \frac{\mu_A(x) + \mu_B(x)}{2}, \quad 0 \leq \alpha \leq 1.$$

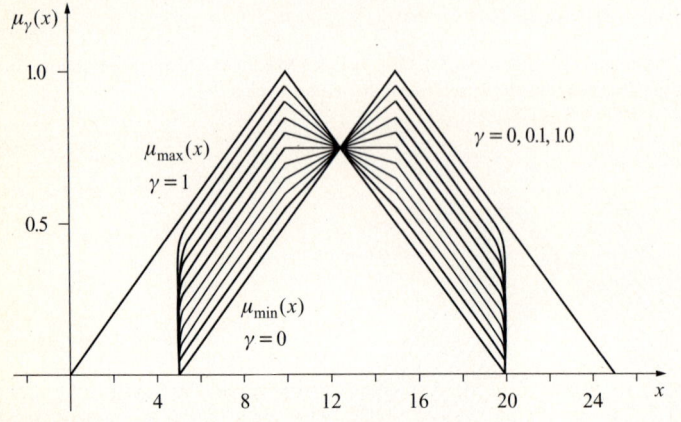

Bild 15.2-11: Kompensatorische Wirkung des Gamma-Operators

Beispiel 15.2-9: Die Zugehörigkeitsfunktionen nach Beispiel 15.2-5 werden mit den Mittelwert-Operatoren verknüpft. Die Bilder 15.2-12, 13 enthalten die Ergebnisse der Operationen, für $\alpha = 1$ ergibt sich jeweils die Minimum- oder Maximum-Operation, mit $\alpha = 0$ wird das arithmetische Mittel der Zugehörigkeitsfunktionen gebildet.

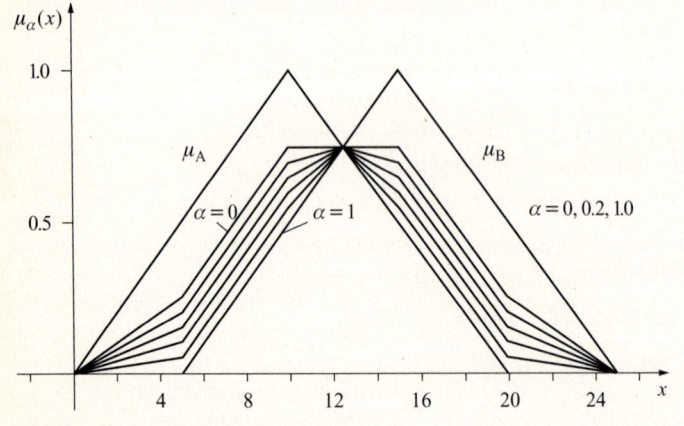

Bild 15.2-12: Minimum-Mittelwert-Operation

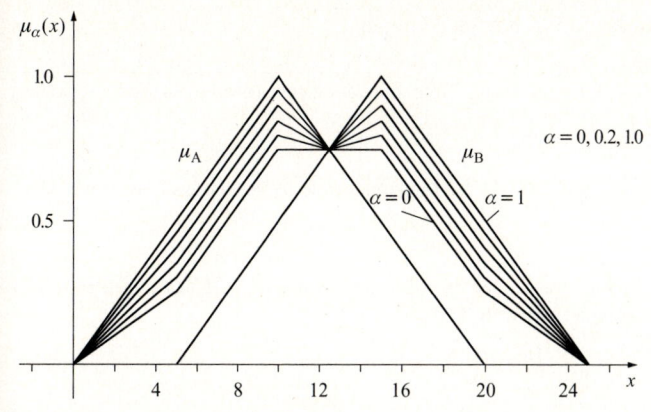

Bild 15.2-13: *Maximum-Mittelwert-Operation*

15.3 Unscharfe Relationen

15.3.1 Einstellige Relationen

Mit Relationen lassen sich scharfe und unscharfe Beziehungen oder Sachverhalte zwischen Daten oder Objekten formulieren. In Abschnitt 15.1 wurden einstellige scharfe und unscharfe Relationen verwendet. Einstellige Relationen sind auf einer Grundmenge X definiert, sie entsprechen scharfen oder unscharfen Teilmengen der Grundmenge X.

Beispiel 15.3-1: Die scharfe Teilmenge T_5 der Temperaturen T (Grundmenge X ist der technisch realisierbare Temperaturbereich), die kleiner als 5 °C sind, entspricht einer einstelligen scharfen Relation (Beispiel 15.1-1). Die Relationsvorschrift $R_T = T < 5$ °C kann auch als binäre Zugehörigkeitsfunktion formuliert werden.

$$T_5 = \{T \mid T \in X, R_T\} = \{T \mid T \in X, T < 5 \text{ °C}\}.$$

Die unscharfe einstellige Relation „reelle Zahlen, die etwa gleich 5" sind (Grundmenge sind die reellen Zahlen $\mathbb{R}$) kann als unscharfe Menge A_5 nach Beispiel 15.1-7 wie folgt geschrieben werden:

$$A_5 = \{(x, \mu_{A5}(x)) \mid x \in \mathbb{R}\}$$

mit der Zugehörigkeitsfunktion

$$\mu_{A5}(x) = \frac{1}{1 + (x-5)^2}.$$

Mengenbegriff und damit auch der Relationsbegriff lassen sich erweitern, wenn statt einer einfachen Grundmenge X mehrere Grundmengen $X_1, X_2, \ldots, X_n$ zugelassen werden. Die für die Formulierung benötigte neue Grundmenge $X_1 \times X_2 \times \ldots \times X_n$ wird als kartesische Produkt- oder Kreuzproduktmenge bezeichnet.

> Relationen können mit Mengen definiert werden. Mehrstellige Relationen sind Beziehungen zwischen scharfen oder unscharfen Mengen auf unterschiedlichen Grundmengen.
>
> Eine mehrstellige Relation ist eine Teilmenge der kartesischen Produktmenge der Grundmengen, eine unscharfe Relation ist immer eine unscharfe Menge.

15.3.2 Scharfe Relationen mit scharfen Mengen

Eine scharfe n-stellige Relation R ist eine scharfe Teilmenge des kartesischen Produktes der scharfen Grundmengen $X_1, X_2, \ldots, X_n$:

$$X_1 \times X_2 \times \ldots \times X_n.$$

$x_1, x_2, \ldots, x_n$ sind die Elemente von $X_1, X_2, \ldots, X_n$. Die Elemente der Produktmenge werden wie folgt geschrieben:

$$(x_1, x_2, \ldots, x_n).$$

Die Relation R bildet das kartesische Produkt mit der Relationsvorschrift $R_{x1\ldots xn}$ (binäre Zugehörigkeitsfunktion) auf die binären Zugehörigkeitswerte 0 und 1 ab:

$$R : X_1 \times X_2 \times \ldots \times X_n \to \{0, 1\}.$$

Die Menge R ist dann:

$$R = \{(x_1, x_2, \ldots, x_n) \mid x_i \in X_i, R_{x1\ldots xn})\}.$$

Beispiel 15.3-2: Die Menge A_g der natürlichen Zahlenpaare, für die die Relationsvorschrift $R_{x1x2} = x_1 \geq 2 \cdot x_2$ gilt, ist zu bestimmen. X_1 und X_2 sind Grundmengen der natürlichen Zahlenmenge $\mathbb{N}$:

$$X_1 = \{x_{10}, x_{11}, x_{12}, x_{13}\} = \{0, 1, 2, 3\},$$
$$X_2 = \{x_{20}, x_{21}, x_{22}, x_{23}, x_{24}\} = \{0, 1, 2, 3, 4\}.$$

Die Produktmenge $X_1 \times X_2$ wird durch die Aufzählung der Zahlenpaare beschrieben:

$$X_1 \times X_2 = \{(x_{10}, x_{20}), (x_{10}, x_{21}), (x_{10}, x_{22}), (x_{10}, x_{23}), (x_{10}, x_{24}),$$
$$(x_{11}, x_{20}), (x_{11}, x_{21}), (x_{11}, x_{22}), (x_{11}, x_{23}), (x_{11}, x_{24}),$$
$$(x_{12}, x_{20}), (x_{12}, x_{21}), (x_{12}, x_{22}), (x_{12}, x_{23}), (x_{12}, x_{24}),$$
$$(x_{13}, x_{20}), (x_{13}, x_{21}), (x_{13}, x_{22}), (x_{13}, x_{23}), (x_{13}, x_{24})\},$$
$$X_1 \times X_2 = \{(0,0), (0,1), \ldots, (0,4), (1,0), (1,1), \ldots, (1,4),$$
$$(2,0), (2,1), \ldots, (2,4), (3,0), (3,1), \ldots, (3,4)\}.$$

Die Relationsvorschrift $x_1 \geq 2 \cdot x_2$ ist erfüllt für die Menge A_g, die Relation R_g ist

$$R_g = A_g = \{(x_{10}, x_{20}), (x_{11}, x_{20}), (x_{12}, x_{20}), (x_{12}, x_{21}), (x_{13}, x_{20}), (x_{13}, x_{21})\}$$
$$= \{(0,0), (1,0), (2,0), (2,1), (3,0), (3,1)\}.$$

Die Wertepaare erfüllen die Relation, das heißt der binäre Zugehörigkeitsgrad ist 1, alle anderen Wertepaare erfüllen die Relation nicht, der Zugehörigkeitsgrad zur Menge A_g ist 0. Für endliche Produkträume, wie in diesem Beispiel, kann die Relation auch durch eine Relationsmatrix dargestellt werden:

x_1 \ x_2	0	1	2	3	4
0	1	0	0	0	0
1	1	0	0	0	0
2	1	1	0	0	0
3	1	1	0	0	0

$R_{x1x2} = x_1 \geq 2 \cdot x_2.$

15.3.3 Unscharfe Relationen mit scharfen Mengen

Unscharfe Relationen auf dem kartesischen Produkt von unscharfen Mengen sind wie folgt definiert.

Eine unscharfe n-stellige Relation R ist eine unscharfe Teilmenge des kartesischen Produktes der scharfen Grundmengen $X_1, X_2, \ldots, X_n$:

$$X_1 \times X_2 \times \ldots \times X_n.$$

$x_1, x_2, \ldots, x_n$ sind die Elemente von $X_1, X_2, \ldots, X_n$. Die Elemente (Basisvariablen) der Produktmenge werden wie folgt geschrieben:

$$(x_1, x_2, \ldots, x_n).$$

Die unscharfe Relation R bildet das kartesische Produkt mit einer Zugehörigkeitsfunktion μ_R auf Werte zwischen 0 und 1 ab.

$$R: X_1 \times X_2 \times \ldots \times X_n \to [0, 1].$$

Die unscharfe Relation (Menge) R ist dann:

$$R = \{((x_1, \ldots, x_n), \mu_R(x_1, \ldots, x_n)) \mid x_i \in X_i\}.$$

Beispiel 15.3-3: X_1 und X_2 sind Grundmengen der Menge der reellen Zahlen $\mathbb{R}$. Die unscharfe Relation (Menge) R_1 der reellen Zahlenpaare (x_1, x_2), die etwa gleich sind, ist zu bestimmen. Die unscharfe Relationsvorschrift $R_{x1x2} = $ „etwa gleich" kann beispielsweise durch folgende Zugehörigkeitsfunktion modelliert werden:

$$\mu_{R1}(x_1, x_2) = \frac{1}{1 + k \cdot (x_1 - x_2)^2}, \quad \text{für } R_{x1x2} = \text{„etwa gleich"}.$$

Für die Grenzfälle $x_1 = x_2$ ist $\mu_R(x_1, x_2) = 1$, für $x_1 \gg x_2$ oder $x_1 \ll x_2$ ist $\mu_R(x_1, x_2) \approx 0$. Der Wert k ist größer Null zu wählen, für $k = 2$ ist die Zugehörigkeitsfunktion in Bild 15.3-1 dargestellt, sie hat den Wert 1 über der Geraden $x_1 = x_2$. Die unscharfe Relation R_1 (unscharfe Menge) ist:

$$R_1 = \{(x_1, x_2), \mu_R(x_1, x_2) \mid x_i \in X_i)\}$$
$$= \{(x_1, x_2), \frac{1}{1 + 2 \cdot (x_1 - x_2)^2} \mid x_i \in X_i)\}.$$

Kontinuierliche Zugehörigkeitsfunktionen von zweistelligen Relationen können für die Verarbeitung mit Rechnern diskretisiert werden. Für begrenzte Wertebereiche lassen sich die Stützstellen mit einer Zugehörigkeitsmatrix darstellen.

Für den Bereich $-1.2 \leq x_1 \leq 1.2$, $-1.2 \leq x_2 \leq 1.2$ erhält man mit der Schrittweite 0.4 die Zugehörigkeitsmatrix für die Relationsvorschrift „etwa gleich".

x_1 \ x_2	-1.2	-0.8	-0.4	0.0	0.4	0.8	1.2
-1.2	1.0	0.757	0.438	0.257	0.163	0.111	0.079
-0.8	0.757	1.0	0.757	0.438	0.257	0.163	0.111
-0.4	0.438	0.757	1.0	0.757	0.438	0.257	0.163
0.0	0.257	0.438	0.757	1.0	0.757	0.438	0.257
0.4	0.163	0.257	0.438	0.757	1.0	0.757	0.438
0.8	0.111	0.163	0.257	0.438	0.757	1.0	0.757
1.2	0.079	0.111	0.163	0.257	0.438	0.757	1.0

$$\mu_R(x_1,x_2) = \frac{1}{1+2\cdot(x_1-x_2)^2}$$

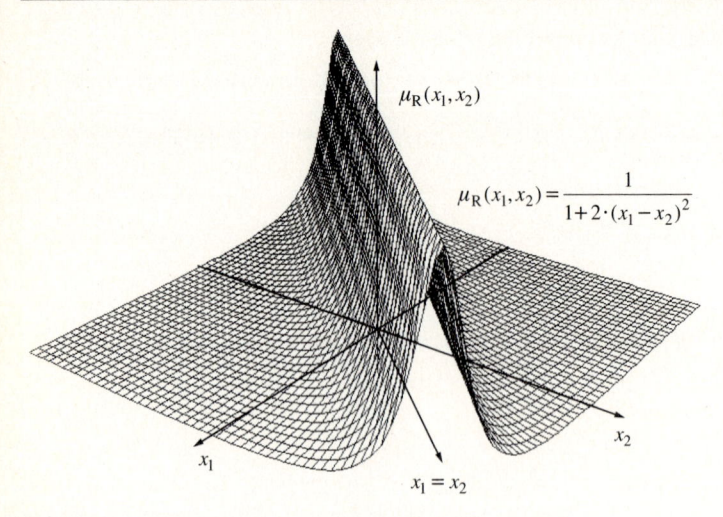

Bild 15.3-1: *Zugehörigkeitsfunktion einer unscharfen Relation*

15.3.4 Unscharfe Relationen mit unscharfen Mengen

Unscharfe Relationen können auch zwischen unscharfen Mengen hergestellt werden. Im folgenden wird eine unscharfe zweistellige Relation definiert, die in Fuzzy-Regelungen als unscharfe Bedingungsanweisung oder unscharfe Regel eingesetzt wird. Für n-stellige Relationen muß die Definition entsprechend erweitert werden.

Für die unscharfen Mengen

$$A_1 = \{(x_1, \mu_1(x_1)) \mid x_1 \in X_1\},$$
$$A_2 = \{(x_2, \mu_2(x_2)) \mid x_2 \in X_2\},$$

mit X_1, X_2 als Grundmengen wird eine unscharfe Relation mit unscharfen Mengen

$$R: X_1 \times X_2 \to [0, 1]$$

durch die Zugehörigkeitsfunktion

$$\mu_R(x_1,x_2) \leq \min(\mu_1(x_1),\mu_2(x_2)) = \mu_1(x_1) \times \mu_2(x_2)$$

festgelegt. Die unscharfe zweistellige Relation (Menge) ist:

$$R = \{((x_1,x_2), \mu_R(x_1,x_2)) \mid (x_1,x_2) \in X_1 \times X_2\}.$$

Anstelle der MIN-Operation kann auch eine andere t-Norm eingesetzt werden. Für die technische Anwendung für unscharfe Regeln ist wichtig, daß der Zugehörigkeitsgrad der Ausgangsgröße den der Eingangsgröße nicht übersteigt. Die unscharfe Schlußfolgerung darf also nicht wahrer sein als die unscharfe Eingangsgröße (Abschnitt 15.3.7).

Beispiel 15.3-4: A_{kxd} ist die unscharfe Menge der „kleinen positiven Regeldifferenzen" (Grundmenge X_D, Basisvariable x_d) mit

$$\mu_{kxd}(x_\text{d}) = \begin{cases} 0, & \text{für} \quad x_\text{d} < 0.0, \\ 1 - 1.25 \cdot x_\text{d}, & \text{für} \quad 0 \leq x_\text{d} \leq 0.8, \\ 0, & \text{für} \quad x_\text{d} > 0.8. \end{cases}$$

Die unscharfe Menge B_{ky} beschreibt „kleine positive Stellgrößenwerte" (Grundmenge Y, Basisvariable y) mit der Zugehörigkeitsfunktion

$$\mu_{ky}(y) = \begin{cases} 0, & \text{für} \quad y < 0.0, \\ 1 - 2 \cdot y, & \text{für} \quad 0 \leq y \leq 0.5, \\ 0, & \text{für} \quad y > 0.5. \end{cases}$$

Für einige diskrete Werte (Stützstellen) von x_d und y sind Zahlenpaare $(x_\text{d}, \mu_{kxd}(x_\text{d}))$ und $(y, \mu_{ky}(y))$ angegeben. Zur Menge A_{kxd} gehören die Elemente

$$(0.0, 1.0), (0.2, 0.75), (0.4, 0.5), (0.6, 0.25),$$

zur Menge B_{ky}

$$(0.0, 1.0), (0.1, 0.8), (0.2, 0.6), (0.3, 0.4), (0.4, 0.2).$$

Ein Regler soll bei großen Regeldifferenzen große Stellgrößen erzeugen, um möglichst schnell die Regeldifferenz zu verringern. Entsprechend „werden bei kleinen Regeldifferenzen kleine Stellgrößen ausgegeben". Dieser Zusammenhang ist eine **unscharfe Regel** (unscharfe Implikation) oder Relation $R_{xd \to y}$ von X_D auf Y. Die Relation $R_{xd \to y}$ kann mit einem t-Operator, zum Beispiel dem MIN-Operator formuliert werden. Der MIN-Operator entspricht dem kartesischen Produkt

$$\mu_{Rxd \to y}(x_\text{d}, y) = \min(\mu_{kxd}(x_\text{d}), \mu_{ky}(y)) = \mu_{kxd}(x_\text{d}) \times \mu_{ky}(y)$$

der Zugehörigkeitsfunktionen. Mit der Relationsmatrix veranschaulicht sich der Zusammenhang für die diskreten Werte:

x_d \ y	0.0	0.1	0.2	0.3	0.4
0.0	1.0	0.8	0.6	0.4	0.2
0.2	0.75	0.75	0.6	0.4	0.2
0.4	0.5	0.5	0.5	0.4	0.2
0.6	0.25	0.25	0.25	0.25	0.2

$R_{xd \to y}$, $\mu_{Rxd \to y}(x_\text{d}, y)$

Für die Berechnung von Bild 15.3-2 wurden kontinuierliche Zugehörigkeitsfunktionen verwendet, man erhält eine Flächendarstellung der Zugehörigkeitsfunktion.

Die unscharfe Regel „bei kleinen Regeldifferenzen werden kleine Stellgrößen ausgegeben" oder „WENN x_d klein ist, DANN ist y klein" entspricht der unscharfen Relationsmatrix. In der Regelungstechnik ist die Regeldifferenz x_d im allgemeinen eine scharfe Größe. Mit einem scharfen Wert, beispielsweise $x_\text{d} = 0.4$, der auch als Singleton in der unscharfen Menge A_{xd} mit

$$A_{xd} = \{(x_\text{d}, \mu_{Axd}(x_\text{d})) \mid (0.0, 0.0), (0.2, 0.0), (0.4, 1.0), (0.6, 0.0)\}$$

enthalten ist, wird die unscharfe Menge B_y der Ausgangsgröße mit

$$\mu_{By}(y) = \max_{xd}[\min(\mu_{Axd}(x_\text{d}), \mu_{Rxd \to y}(x_\text{d}, y))],$$
$$B_y = \{(y, \mu_{By}(y)) \mid (0.0, 0.5), (0.1, 0.5), (0.2, 0.5), (0.3, 0.4), (0.4, 0.2)\}$$

erzeugt. Dabei erhält man aus der Zeile für $x_\text{d} = 0.4$ der Relationsmatrix die unscharfe Menge B_y. Der Zugehörigkeitsgrad der Werte von B_y ist mit $\mu_{B\max}(y) = 0.5$ nach oben begrenzt. In Bild 15.3-3 ist für die kontinuierlichen Zugehörigkeitsfunktionen die Bildung der unscharfen Menge B_y der Ausgangsgröße y für den Eingangswert $x_\text{d} = 0.4$ gezeigt.

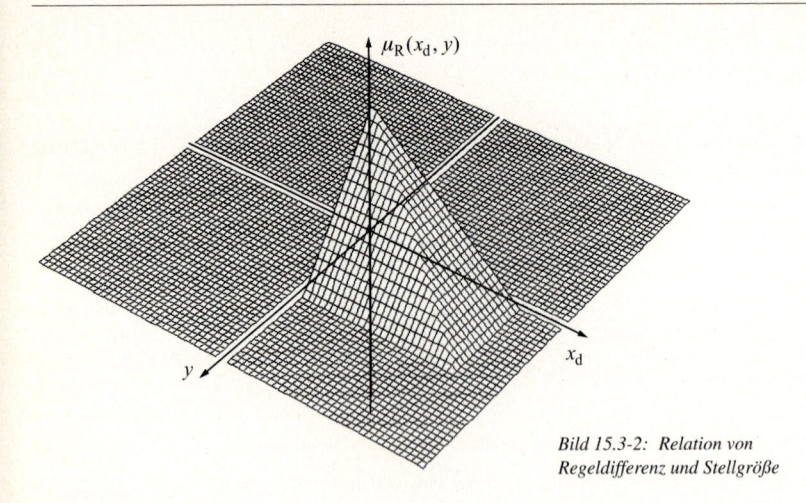

$\mu_R(x_d, y)$

Bild 15.3-2: *Relation von Regeldifferenz und Stellgröße*

Die Ermittlung der unscharfen Menge B_y wird auch als Relationenprodukt mit der MAX-MIN-Komposition nach Abschnitt 15.3.6 mit

$$B_y = A_{xd} \circ R_{xd \to y},$$
$$\mu_{By}(y) = \max_{xd}[\min(\mu_{Axd}(x_d), \mu_{Rxd \to y}(x_d, y))].$$

dargestellt.

> Mit Relationen können unscharfe Zusammenhänge formuliert werden. Von großer Bedeutung ist die Anwendung bei der Operationalisierung von unscharfen WENN-DANN-Regeln. Sie bildet die Grundlage für die Reglerentwicklung für unscharfe Regelungen (Fuzzy-Control).

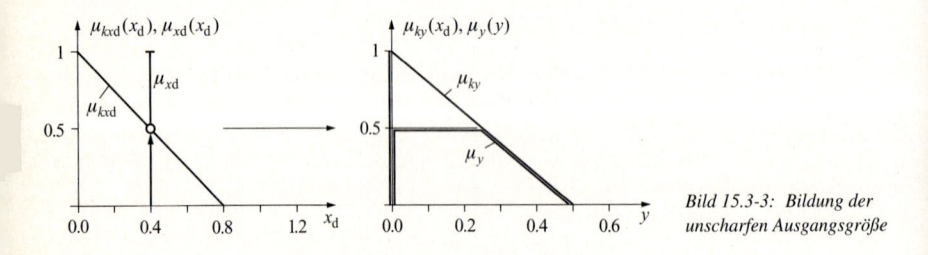

Bild 15.3-3: *Bildung der unscharfen Ausgangsgröße*

15.3.5 Verknüpfung von unscharfen Relationen

Unscharfe Relationen sind Grundlage der Fuzzy-Technologie. Die für unscharfe Mengen in Abschnitt 15.2.2.3 erklärten Operationen lassen sich auch auf Relationen anwenden.

> Da unscharfe Relationen unscharfe Mengen sind, können Durchschnitt, Vereinigung und die daraus verallgemeinerten t-Normen, t-Konormen und die für unscharfe Mengen anwendbaren Operatoren auch auf unscharfe Relationen angewendet werden.

15.3 Unscharfe Relationen

> Bei der Bildung von Durchschnitt und Vereinigung unscharfer Relationen werden überwiegend MIN- und MAX-Operationen eingesetzt.

Die Bildung des Durchschnitts von unscharfen Mengen auf unterschiedlichen Grundmengen wird mit der MIN-Operation ausgeführt:

$$\mu_R(x_1, x_2) = \min(\mu_1(x_1), \mu_2(x_2)).$$

> Die Verknüpfung von unscharfen Relationen auf derselben Produktmenge wird für den Durchschnitt mit der MIN-Operation
>
> $$\mu_R(x_1, x_2) = \mu_{R1 \cap R2}(x_1, x_2) = \min(\mu_{R1}(x_1, x_2), \mu_{R2}(x_1, x_2)),$$
>
> für die Vereinigung mit der MAX-Operation
>
> $$\mu_R(x_1, x_2) = \mu_{R1 \cup R2}(x_1, x_2) = \max(\mu_{R1}(x_1, x_2), \mu_{R2}(x_1, x_2))$$
>
> berechnet.

Für unscharfe zweistellige Relationen R mit $\mu_R(x_1, x_2)$ gelten folgende Eigenschaften und Rechenregeln.

Darstellung: Eine zweistellige Relation mit einer endlichen Anzahl von Wertepaaren wird zweckmäßig als Matrix dargestellt (Beispiel 15.3-4), für kontinuierliche Zugehörigkeitsfunktionen wird häufig die Integraldarstellung verwendet:

$$R = \int_{X_1 \times X_2} \mu_R(x_1, x_2)/(x_1, x_2).$$

Inversenbildung: R^{-1} wird durch Vertauschung der Variablen x_1 und x_2 erzeugt:

$$\mu_R^{-1}(x_1, x_2) = \mu_R(x_2, x_1).$$

Beispiel 15.3-5: Die Relation R „x_1^2 ist groß gegenüber x_2^2" kann mit der Zugehörigkeitsfunktion

$$\mu_R(x_1, x_2) = \frac{1}{1 + k \cdot \left(\dfrac{x_2}{x_1}\right)^2} = \frac{x_1^2}{x_1^2 + k \cdot x_2^2}, \quad k > 0,$$

mathematisch beschrieben werden. Die inverse Relation R^{-1} „x_2^2 ist groß gegenüber x_1^2" ist

$$\mu_R^{-1}(x_1, x_2) = \mu_R(x_2, x_1) = \frac{1}{1 + k \cdot \left(\dfrac{x_1}{x_2}\right)^2} = \frac{x_2^2}{x_2^2 + k \cdot x_1^2}, \quad k > 0.$$

Damit gilt auch $(R^{-1})^{-1} = R$.

Komplementbildung: R^C wird durch Komplementierung der Zugehörigkeitsfunktion berechnet:

$$\mu_R^C(x_1, x_2) = 1 - \mu_R(x_1, x_2).$$

Beispiel 15.3-6: Für die Relation von Beispiel 15.3-5 wird das Komplement R^C „x_1^2 ist nicht groß gegenüber x_2^2" also „x_1^2 ist klein gegenüber x_2^2" berechnet, die Zugehörigkeitsfunktion ist

$$\mu_R^C(x_1, x_2) = 1 - \mu_R(x_1, x_2) = 1 - \frac{1}{1 + k \cdot \left(\dfrac{x_2}{x_1}\right)^2} = \frac{k \cdot x_2^2}{x_1^2 + k \cdot x_2^2}.$$

Weiterhin ist $(R^C)^{-1} = (R^{-1})^C$.

Symmetrie liegt vor, wenn gilt:

$$\mu_R(x_1, x_2) = \mu_R(x_2, x_1).$$

Beispiel 15.3-7: Die Relation R „x_1 ist gleich x_2" mit $k > 0$ ist symmetrisch:

$$\mu_R(x_1, x_2) = \frac{1}{1 + k \cdot (x_1 - x_2)^2} = \mu_R(x_2, x_1) = \frac{1}{1 + k \cdot (x_2 - x_1)^2}.$$

Für die **Inversenbildung** von Vereinigung und Durchschnitt von unscharfen Relationen sind folgende Beziehungen gültig:

$$(R_1 \cup R_2)^{-1} = R_1^{-1} \cup R_2^{-1},$$
$$(R_1 \cap R_2)^{-1} = R_1^{-1} \cap R_2^{-1}.$$

Weiterhin gilt für **Einschließung**

$$R_1 \subseteq R_2, \quad \mu_{R1}(x_1, x_2) \leq \mu_{R2}(x_1, x_2)$$

und **Äquivalenz**

$$R_1 = R_2, \quad \mu_{R1}(x_1, x_2) = \mu_{R2}(x_1, x_2).$$

15.3.6 Verkettung (Komposition) von unscharfen Relationen

Unscharfe Relationen auf verschiedenen Produkträumen können mit Kompositionen verbunden werden. Es sind verschiedene Kompositionen möglich, am häufigsten wird die MAX-MIN-Komposition (MAX-MIN-Produkt) eingesetzt.

Das Produkt $R_1 \circ R_2$ der unscharfen Relationen (Komposition, Verkettung, Fuzzy-Relationenprodukt) wird am Beispiel des MAX-MIN-Produkts erklärt:

MAX-MIN-Produkt:

R_1 und R_2 sind unscharfe Relationen:

$$R_1 = \{((x_1, x_2), \mu_{R1}(x_1, x_2)) \mid (x_1, x_2) \in X_1 \times X_2\},$$
$$R_2 = \{((x_2, x_3), \mu_{R2}(x_2, x_3)) \mid (x_2, x_3) \in X_2 \times X_3\}.$$

Das MAX-MIN-Produkt der unscharfen Relationen R_1, R_2

$$R_1 \circ R_2 : X_1 \times X_3 \to [0, 1]$$

ist durch die Zugehörigkeitsfunktion

$$\mu_{R1 \circ R2}(x_1, x_3) = \max_{x_2 \in X_2}[\min(\mu_{R1}(x_1, x_2), \mu_{R2}(x_2, x_3))],$$
mit $(x_1, x_3) \in X_1 \times X_3$,

definiert. Die Berechnung wird auch als MAX-MIN-Komposition bezeichnet. Die umfassendere Definition bildet anstelle des Maximums das Supremum bezüglich x_2, für die Verallgemeinerung wird die MIN-Operation durch eine der t-Normen ersetzt:

$$\mu_{R1 t R2}(x_1, x_3) = \sup_{x_2 \in X_2}(t\{\mu_{R1}(x_1, x_2), \mu_{R2}(x_2, x_3)\}),$$
mit $(x_1, x_3) \in X_1 \times X_3$.

Liegen Relationen in diskreter oder diskretisierter Form als Relationsmatrizen vor, so entspricht die MAX-MIN-Produktbildung dem Matrixprodukt, wenn die Multiplikation der Matrixelemente durch die MIN-Operation, die Addition der multiplizierten Matrixelemente durch die MAX-Operation ausgeführt wird.

Beispiel 15.3-8: Die unscharfen Relationen R_1 „x_1 ist größer x_2" und R_2 „x_2 ist gleich x_3" für $x_1, x_2, x_3 > 0$ werden beispielsweise durch folgende Zugehörigkeitsfunktionen beschrieben:

$$R_1 : \mu_{R1}(x_1, x_2) = \begin{cases} 1 - x_2/x_1, & \text{für } x_1 > x_2, \\ 0.1, & \text{für } x_1 = x_2, \\ 0, & \text{für } x_1 < x_2, \end{cases}$$

$$R_2 : \mu_{R2}(x_2, x_3) = \begin{cases} x_2/x_3, & \text{für } x_3 \geq x_2, \\ x_3/x_2, & \text{für } x_3 < x_2. \end{cases}$$

Durch Diskretisierung erhält man Relationsmatrizen für R_1 „x_1 ist größer x_2":

x_1 \ x_2	1.0	2.0	4.0	10.0
1.0	0.1	0.0	0.0	0.0
2.0	0.5	0.1	0.0	0.0
4.0	0.75	0.5	0.1	0.0
10.0	0.9	0.8	0.6	0.1

R_1, „x_1 ist größer x_2"

und für R_2 „x_2 ist gleich x_3":

x_2 \ x_3	1.0	2.0	4.0	10.0
1.0	1.0	0.5	0.25	0.1
2.0	0.5	1.0	0.5	0.2
4.0	0.25	0.5	1.0	0.4
10.0	0.1	0.2	0.4	1.0

R_2, „x_2 ist gleich x_3"

Das MAX-MIN-Produkt $R_1 \circ R_2$ ergibt sich mit der modifizierten Matrix-Multiplikation (Multiplikation $\rightarrow$ MIN-Operation, Addition $\rightarrow$ MAX-Operation) zu:

x_1 \ x_3	1.0	2.0	4.0	10.0
1.0	0.1	0.1	0.1	0.1
2.0	0.5	0.5	0.25	0.1
4.0	0.75	0.5	0.5	0.2
10.0	0.9	0.8	0.6	0.4

$R_1 \circ R_2$, „x_1 ist größer x_3"

Das MAX-MIN-Produkt $R_1 \circ R_2$ kann über die Verknüpfung

„x_1 ist größer x_2" UND „x_2 ist gleich x_3"

als

„x_1 ist größer x_3"

interpretiert werden.

Ein weiteres Verfahren zur Verkettung von unscharfen Relationen bildet die MAX-PROD-Komposition. Hier wird die MIN-Verknüpfung durch die Multiplikation der Zugehörigkeitsfunktionen ersetzt.

MAX-PROD-Produkt:

R_1 und R_2 sind unscharfe Relationen:

$$R_1 = \{((x_1, x_2), \mu_{R1}(x_1, x_2)) \mid (x_1, x_2) \in X_1 \times X_2\},$$
$$R_2 = \{((x_2, x_3), \mu_{R2}(x_2, x_3)) \mid (x_2, x_3) \in X_2 \times X_3\}.$$

Das MAX-PROD-Produkt der unscharfen Relationen R_1, R_2

$$R_1 \circ R_2 : X_1 \times X_3 \to [0, 1]$$

ist durch die Zugehörigkeitsfunktion

$$\mu_{R1 \circ R2}(x_1, x_3) = \max_{x_2 \in X_2}(\mu_{R1}(x_1, x_2) \cdot \mu_{R2}(x_2, x_3)), \quad \text{mit } (x_1, x_3) \in X_1 \times X_3,$$

definiert.

Beispiel 15.3-9: Mit den unscharfen Relationen R_1 „x_1 ist größer x_2" und R_2 „x_2 ist gleich x_3" von Beispiel 15.3-8 wird die MAX-PROD-Komposition gebildet. Die MAX-PROD-Komposition $R_1 \circ R_2$ ergibt sich mit der modifizierten Matrix-Multiplikation (Multiplikation entspricht der PROD-Operation, Addition der MAX-Operation) zu:

x_1 \ x_3	1.0	2.0	4.0	10.0	$R_1 \circ R_2$,
1.0	0.1	0.05	0.025	0.01	„x_1 ist größer x_3"
2.0	0.5	0.25	0.125	0.05	
4.0	0.75	0.5	0.25	0.1	
10.0	0.9	0.8	0.6	0.24	

Neben diesen Verfahren wird zur Verkettung von unscharfen Relationen die MAX-AVERAGE-Komposition eingesetzt. Hier wird die MIN-Verknüpfung durch den arithmetischen Mittelwert der Zugehörigkeitsfunktionen ersetzt.

MAX-AVERAGE-Produkt:

R_1 und R_2 sind unscharfe Relationen:

$$R_1 = \{((x_1, x_2), \mu_{R1}(x_1, x_2)) \mid (x_1, x_2) \in X_1 \times X_2\},$$
$$R_2 = \{((x_2, x_3), \mu_{R2}(x_2, x_3)) \mid (x_2, x_3) \in X_2 \times X_3\}.$$

Das MAX-AVERAGE-Produkt der unscharfen Relationen R_1, R_2

$$R_1 \circ R_2 : X_1 \times X_3 \to [0, 1]$$

ist durch die Zugehörigkeitsfunktion

$$\mu_{R1 \circ R2}(x_1, x_3) = \max_{x_2 \in X_2}((\mu_{R1}(x_1, x_2) + \mu_{R2}(x_2, x_3))/2),$$

mit $(x_1, x_3) \in X_1 \times X_3$,

definiert.

Beispiel 15.3-10: Mit den unscharfen Relationen R_1 „x_1 ist größer x_2" und R_2 „x_2 ist gleich x_3" von Beispiel 15.3-8 wird das MAX-AVERAGE-Produkt berechnet. Das MAX-AVERAGE-Produkt $R_1 \circ R_2$ ergibt sich mit der modifizierten Matrix-Multiplikation (Multiplikation entspricht der AVERAGE-Operation (arithmetischer Mittelwert), Addition der MAX-Operation) zu:

x_1 \ x_3	1.0	2.0	4.0	10.0
1.0	0.55	0.5	0.5	0.5
2.0	0.75	0.55	0.5	0.5
4.0	0.875	0.75	0.55	0.5
10.0	0.95	0.9	0.8	0.55

$R_1 \circ R_2$,
„x_1 ist größer x_3"

Im Vergleich zu den anderen Produktbildungen erhöht das MAX-AVERAGE-Produkt die Unschärfe der Aussage.

Der MAX-MIN-Komposition entsprechend kann die MIN-MAX-Komposition angegeben werden:

MIN-MAX-Komposition:

R_1 und R_2 sind unscharfe Relationen:

$$R_1 = \{((x_1, x_2), \mu_{R1}(x_1, x_2)) \mid (x_1, x_2) \in X_1 \times X_2\},$$
$$R_2 = \{((x_2, x_3), \mu_{R2}(x_2, x_3)) \mid (x_2, x_3) \in X_2 \times X_3\}.$$

Die MIN-MAX-Komposition der unscharfen Relationen R_1, R_2

$$R_1(+)R_2 : X_1 \times X_3 \to [0, 1]$$

ist durch die Zugehörigkeitsfunktion

$$\mu_{R1(+)R2}(x_1, x_3) = \min_{x_2 \in X2}[\max(\mu_{R1}(x_1, x_2), \mu_{R2}(x_2, x_3))],$$
mit $(x_1, x_3) \in X_1 \times X_3$,

definiert. Die umfassendere Definition bildet anstelle des Minimums das Infimum bezüglich x_2, für die Verallgemeinerung wird die MAX-Operation durch eine der s-Normen ersetzt:

$$\mu_{R1sR2}(x_1, x_3) = \inf_{x_2 \in X2}(s\{\mu_{R1}(x_1, x_2), \mu_{R2}(x_2, x_3)\}),$$
mit $(x_1, x_3) \in X_1 \times X_3$.

Für die Verkettung von unscharfen Relationen R_1 mit $\mu_{R1}(x_1, x_2)$, R_2 mit $\mu_{R2}(x_2, x_3)$ und R_3 mit $\mu_{R3}(x_3, x_4)$ sind folgende Rechenregeln gültig:

Assoziativgesetz:

$$(R_1 \circ R_2) \circ R_3 = R_1 \circ (R_2 \circ R_3),$$

Distributivgesetz für die Vereinigungsbildung:

$$R_1 \circ (R_2 \cup R_3) = (R_1 \circ R_2) \cup (R_1 \circ R_3),$$

Distributivgesetz (abgeschwächt) für die Durchschnittsbildung:

$$R_1 \circ (R_2 \cap R_3) \subseteq (R_1 \circ R_2) \cap (R_1 \circ R_3),$$

Inversenbildung:

$$(R_1 \circ R_2)^{-1} = R_2^{-1} \circ R_1^{-1},$$

Monotonie:

$$R_1 \subseteq R_2, \text{ dann ist } R_1 \circ R_3 \subseteq R_2 \circ R_3 \text{ und } R_3 \circ R_1 \subseteq R_3 \circ R_2.$$

15.3.7 Unscharfes Schließen (Fuzzy-Inferenz)

Unscharfes Schließen (approximatives Schließen, approximate oder fuzzy-reasoning) leitet aus unscharfen Bedingungen unscharfe Folgerungen oder Entscheidungen ab. Die Verfahren zur unscharfen Schlußfolgerung (Inferenz) sind der wichtigste Bestandteil der unscharfen Logik.

Für regelungstechnische Anwendungen werden Schlußfolgerungen in Form von Handlungsanweisungen ermittelt. Aus der Vorgabe (Messung) einer kleinen Regeldifferenz wird nicht auf eine kleine Stellgröße geschlossen, sondern die Handlungsanweisung abgeleitet, die Stellgröße zu verringern, also klein einzustellen. Die im weiteren angeführten Betrachtungen sind für die Anwendung in der Regelungstechnik in diesem Sinne zu betrachten.

Es gibt verschiedene Möglichkeiten, aus Erfahrungen, Wissen und Beobachtungen (Messungen) Schlußfolgerungen zu ziehen. In der zweiwertigen Logik (BOOLEschen Logik, scharfen Logik) werden Aussagen durch Logikfunktionen definiert. Diese Aussagen können nur falsch/0 oder wahr/1 sein. Eine WENN-DANN-Regel in der Form „Wenn A, dann B." geht von einem Bedingungsteil (Prämisse, WENN-Teil) A aus und enthält einen Schlußfolgerungsteil (Konklusion, DANN-Teil) B. Grundlage des scharfen Schließens ist die Logikfunktion

Implikation („Wenn A, dann B.", „Aus A folgt B.", $\overline{A}$ ODER B, Tabelle 15.3-1).

Tabelle 15.3-1: Wahrheitstabelle zum scharfen Schließen

Prämisse A	Konklusion B	Implikation $A \rightarrow B$	Ersetzungsregel $B = A$ UND $(A \rightarrow B)$
0	0	1	0
0	1	1	0
1	0	0	0
1	1	1	1

Wenn Prämisse A und Implikation $A \rightarrow B$ wahr/1 sind, dann ist die Konklusion B wahr/1. Dieser Zusammenhang heißt Ersetzungsregel (Abtrennungsregel, modus ponens), da von der Prämisse A und der Aussage „Wenn A, dann B." zur Aussage B übergegangen werden kann, der Wahrheitswert der Prämisse A wird durch den der Konklusion B ersetzt. Die Logikfunktion der Ersetzungsregel ist:

$$B = A \text{ UND } (A \rightarrow B) = A \text{ UND } (\overline{A} \text{ ODER } B).$$

Beispiel 15.3-11: Die Aussagen $A : (x > 4)$, $B : (x > 2)$ werden zu einer WENN-DANN-Regel verknüpft. Die Prämisse ist $(x > 4)$, die Konklusion $(x > 2)$.

„Wenn A, dann B." lautet hier „Wenn $x > 4$ ist, dann ist $x > 2$." Diese Implikation wird nach Tabelle 15.3-2 überprüft. Die Implikation $A \rightarrow B$ ist dann falsch (ungültig), wenn die Prämisse wahr/1 ist und die Konklusion falsch/0 ist. Das ist hier nicht der Fall, es gibt kein x, das gleichzeitig größer 4 und kleiner 2 ist. Mit der Ersetzungsregel kann daher auf B, also $x > 2$, geschlossen werden.

Tabelle 15.3-2: Scharfes Schließen

Wert x	Prämisse $A : (x > 4)$	Konklusion $B : (x > 2)$	Implikation $A \rightarrow B$	Ersetzungsregel $B = A$ UND $(A \rightarrow B)$
1	0	0	1	0
3	0	1	1	0
-	1	0	0	0
5	1	1	1	1

15.3 Unscharfe Relationen

Nach der Ersetzungsregel $B = A$ UND $(A \rightarrow B)$ besteht das scharfe Schließen aus:
Prämisse: A ist wahr (erfüllt),
Implikation: „Wenn A, dann B." ist wahr (gültig, bewiesen),
Konklusion: B ist wahr.

Für die Anwendung auf das unscharfe Schließen wird die Ersetzungsregel auf Problemstellungen mit unscharfen Daten angepaßt. Dabei sollen im Hinblick auf die technische Anwendbarkeit unscharfe Aussagen und Schlußfolgerungen mathematisch formulierbar und in der Regelungstechnik anwendbar sein.

Für das unscharfe Schließen sind verschiedene Inferenzmethoden entwickelt worden. Eine wichtige Methode ist die verallgemeinerte Ersetzungsregel (generalisierter modus ponens), dabei dürfen Prämisse und Konklusion von den Angaben der unscharfen Implikation (Regel) etwas abweichen. Für die mathematische Formulierung der Fuzzy-Implikation wurde eine große Zahl von Implikationsoperatoren (implication operator) vorgeschlagen. Der Übergang zur Konklusion wird durch die Kompositionsregel der Inferenz (compositional rule of inference) ausgeführt. Allgemein betrachtet wird eine unscharfe Schlußfolgerung mit

$$\mu_{B'}(x_2) = \max_{x_1} \left[\langle t \rangle [\mu_{A'}(x_1), I(\mu_A(x_1), \mu_B(x_2))] \right]$$

operationalisiert, wobei $\langle t \rangle$ eine t-Norm (unscharfe Durchschnittsbildung) ist, zum Beispiel die MIN-Operation. Falls kein Maximum existiert, wird anstelle der MAX-Operation das Supremum (kleinste obere Schranke verwendet). I ist ein Implikationsoperator, für die Regelungstechnik wird häufig die MAMDANI-Implikation mit dem MIN-Operator eingesetzt. Für diesen Fall wird die unscharfe Schlußfolgerung erklärt.

Nach der verallgemeinerten unscharfen Ersetzungsregel besteht das unscharfe Schließen aus:
Prämisse: A',
Implikation: „Wenn A, dann B.",
Konklusion: B'.

A (Grundmenge X_1, Basisvariable x_1) und B (Grundmenge X_2, Basisvariable x_2) sind unscharfe Mengen (linguistische Aussagen, unscharfe Informationen). A' weicht etwas von der Implikationsprämisse A ab, in entsprechender Weise weicht auch B' von der Implikationskonklusion B ab.

Die verallgemeinerte unscharfe Ersetzungsregel ist damit

$$B' = A' \circ (A \rightarrow B) = A' \circ I_{x1 \rightarrow x2}$$

mit der Implikation (Relation) $I_{x1 \rightarrow x2}$ nach MAMDANI:

$$I_{x1 \rightarrow x2} = A \times B = A \rightarrow B,$$
$$\mu_{I_{x1 \rightarrow x2}}(x_1, x_2) = \min(\mu_A(x_1), \mu_B(x_2)).$$

Die Verkettung von $A' \circ I$ wird mit der MAX-MIN-Komposition berechnet:

$$\mu_{B'}(x_2) = \max_{x_1} \left[\min[\mu_{A'}(x_1), \mu_{I_{x1 \rightarrow x2}}(x_1, x_2)] \right].$$

B' ist das Inferenzbild von A' bezogen auf die Relation I, das Berechnungsverfahren ist die Grundlage für die Auswertung von linguistischen WENN-DANN-Regeln.

Für die Formulierung der verallgemeinerten Ersetzungsregel mit der Implikation nach MAMDANI mit dem MIN-Operator kann die Ersetzungsregel vereinfacht werden:

$$\begin{aligned}
\mu_{B'}(x_2) &= \max_{x_1} \left[\min[\mu_{A'}(x_1), \mu_{I_{x1 \rightarrow x2}}(x_1, x_2)] \right] \\
&= \max_{x_1} \left[\min[\mu_{A'}(x_1), \min(\mu_A(x_1), \mu_B(x_2))] \right] \\
&= \max_{x_1} \left[\min[\min(\mu_{A'}(x_1), \mu_A(x_1)), \mu_B(x_2)] \right] \\
&= \min \left[\max_{x_1} [\min(\mu_{A'}(x_1), \mu_A(x_1)), \mu_B(x_2)] \right].
\end{aligned}$$

Der Ausdruck $\max_{x1}[\min(\mu_{A'}(x_1), \mu_A(x_1))]$ entspricht dem Aktivierungs- oder Erfüllungsgrad α der Regel. Das Maximum der Durchschnittsbildung der Prämisse A' und der Implikationsprämisse A ist:

$$\alpha = \text{height}[\min(\mu_{A'}(x_1), \mu_A(x_1))] = \max_{x1}[\min(\mu_{A'}(x_1), \mu_A(x_1))].$$

Damit wird

$$\mu_{B'}(x_2) = \min(\alpha, \mu_B(x_2)) \leq \mu_B(x_2).$$

Der Zugehörigkeitsgrad von B' wird durch den Erfüllungsgrad α begrenzt. Der Zugehörigkeitsgrad der unscharfen Schlußfolgerung B' kann weiterhin nicht größer der der Implikationskonklusion B werden.

Beispiel 15.3-12: A_{kxd} ist die unscharfe Menge der „kleinen Regeldifferenzen" (Grundmenge X_D, Basisvariable x_d) mit der Zugehörigkeitsfunktion (Bild 15.3-4)

$$\mu_{kxd}(x_d) = \begin{cases} 1 - 1.25 \cdot |x_d|, & \text{für } -0.8 \leq x_d \leq 0.8, \\ 0, & \text{für } |x_d| > 0.8. \end{cases}$$

Die unscharfe Menge B_{ky} beschreibt „kleine Stellgrößenwerte y" (Grundmenge Y, Basisvariable y) mit

$$\mu_{ky}(y) = \begin{cases} 1 - 2 \cdot |y|, & \text{für } -0.5 \leq y \leq 0.5, \\ 0, & \text{für } |y| > 0.5. \end{cases}$$

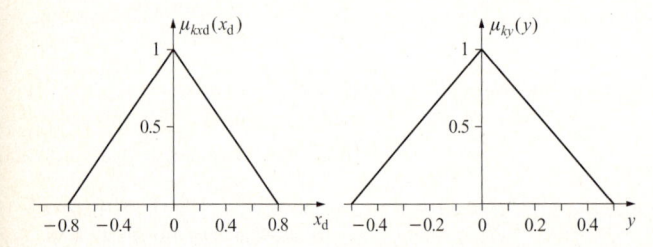

Bild 15.3-4: Zugehörigkeitsfunktionen von unscharfer Regeldifferenz und unscharfer Stellgröße

Für einige diskrete Werte (Stützstellen) von x_d und y sind Zahlenpaare $(x_d, \mu_{kxd}(x_d))$ und $(y, \mu_{ky}(y))$ angegeben. Zur Menge A_{kxd} gehören die Elemente

$$(-0.6, 0.25), (-0.4, 0.5), (-0.2, 0.75), (0.0, 1.0), (0.2, 0.75), (0.4, 0.5), (0.6, 0.25),$$

zur Menge B_{ky}

$$(-0.4, 0.2), (-0.2, 0.6), (0.0, 1.0), (0.2, 0.6), (0.4, 0.2).$$

Die Relation (Implikation) $R_{xd \to y}$ „bei kleinen Regeldifferenzen werden kleine Stellgrößen eingestellt" wird mit der MIN-Operation für die diskreten Werte berechnet, die Relationsmatrix ist mit

$$\mu_{R_{xd \to y}}(x_d, y) = \min(\mu_{kxd}(x_d), \mu_{ky}(y)) = \mu_{kxd}(x_d) \times \mu_{ky}(y)$$

x_d \ y	−0.4	−0.2	0.0	0.2	0.4
−0.6	0.2	0.25	0.25	0.25	0.2
−0.4	0.2	0.5	0.5	0.5	0.2
−0.2	0.2	0.6	0.75	0.6	0.2
0.0	0.2	0.6	1.0	0.6	0.2
0.2	0.2	0.6	0.75	0.6	0.2
0.4	0.2	0.5	0.5	0.5	0.2
0.6	0.2	0.25	0.25	0.25	0.2

$R_{xd \to y}$, $\mu_{R_{xd \to y}}(x_d, y)$

berechnet. Aus einer von A_{kxd} etwas abweichende Menge (Prämisse)

$$A'_{kxd} = \{(-0.6, 0.0), (-0.4, 0.0), (-0.2, 0.0), (0.0, 0.0),$$
$$(0.2, 0.0), (0.4, 0.5), (0.6, 1.0), (0.8, 0.5)\}$$

wird mit

$$\mu_{ky'}(y) = \max_{xd}[\min(\mu_{kxd'}(x_d), \mu_{Rxd \to y}(x_d, y))]$$

die etwas abweichende Menge (Konklusion)

$$B'_{ky} = \{(-0.4, 0.2), (-0.2, 0.5), (0.0, 0.5), (0.2, 0.5), (0.4, 0.2)\}$$

ermittelt. Der Erfüllungsgrad α der Regel ist

$$\alpha = \text{height}[\min(\mu_{kxd'}(x_d), \mu_{kxd}(x_d))]$$
$$= \max[\min(\mu_{kxd'}(x_d), \mu_{kxd}(x_d))] = 0.5.$$

Bild 15.3-5 wurde mit den kontinuierlichen Funktionen berechnet. Die Verknüpfung $\min(\mu_{kxd'}(x_d), \mu_{kxd}(x_d))$ ist schraffiert dargestellt. α begrenzt den Wahrheitswert der Schlußfolgerung und damit die Zugehörigkeitsfunktion $\mu_{ky'}(y)$ mit $\alpha = 0.5$.

$$\mu_{ky'}(y) = \min(\alpha, \mu_{ky}(y)) = \min(0.5, \mu_{ky}(y)).$$

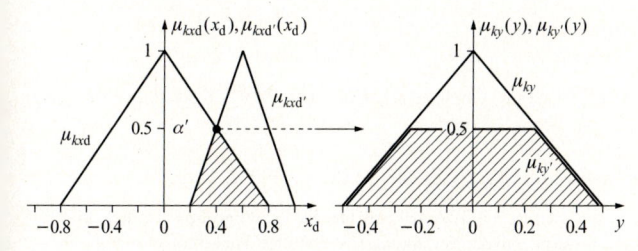

Bild 15.3-5: Unscharfe Schlußfolgerung mit unscharfer Eingangsgröße

Für regelungstechnische Anwendungen ist die Regeldifferenz im allgemeinen eine scharfe Größe. In diesem Fall wird A'_{kxd} als unscharfe Menge mit nur einem Wert (Singleton), beispielsweise $x_d = 0.6$, angegeben:

$$A'_{kxd} = \{(-0.6, 0.0), (-0.4, 0.0), (-0.2, 0.0), (0.0, 0.0),$$
$$(0.2, 0.0), (0.4, 0.0), (0.6, 1.0), (0.8, 0.0)\}.$$

Die unscharfe Konklusion kann wieder mit

$$\mu_{ky'}(y) = \max_{xd}[\min(\mu_{kxd'}(x_d), \mu_{Rxd \to y}(x_d, y))]$$

bestimmt werden:

$$B'_{ky} = \{(-0.4, 0.2), (-0.2, 0.25), (0.0, 0.25), (0.2, 0.25), (0.4, 0.2)\}.$$

Der Erfüllungsgrad α der Regel ist

$$\alpha = \text{height}[\min(\mu_{kxd'}(x_d), \mu_{kxd}(x_d))]$$
$$= \min((0.6, 1.0), (0.6, 0.25)) = 0.25,$$

für die Zugehörigkeitsfunktion der Schlußfolgerung erhält man

$$\mu_{ky'}(y) = \min(\alpha, \mu_{ky}(y)) = \min(0.25, \mu_{ky}(y)).$$

In Bild 15.3-6 ist das Verfahren für die Regelauswertung für die kontinuierlichen Zugehörigkeitsfunktionen dargestellt.

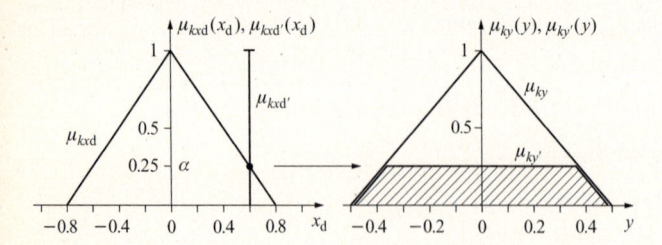

Bild 15.3-6: Unscharfe Schlußfolgerung mit scharfer Eingangsgröße

Mit dem Erfüllungsgrad α wird der Zugehörigkeitsgrad von B'_{ky} nach oben begrenzt. Bei Anwendungen in der Regelungstechnik werden scharfe Werte von x_d eingesetzt. Das Verfahren der unscharfen Schlußfolgerung wird für diese Anwendung vereinfacht:

Bestimmung des Erfüllungsgrades α der Regel:

$$\alpha = \mu_{xd}(x_d),$$

Bestimmung der unscharfen Schlußfolgerung durch Abschneiden der Zugehörigkeitsfunktion $\mu_y(y)$ mit α:

$$\mu_{y'}(y) = \min(\alpha, \mu_y(y)).$$

In den Beispielen wurde gezeigt, wie aus der Regeldifferenz x_d die unscharfe Stellgröße y ermittelt wird. Ein Vorteil der Fuzzy-Technologie besteht darin, daß die Verfahren der unscharfen Schlußfolgerungen auch auf mehrere Eingangsgrößen, die nicht aus der Regeldifferenz abgeleitet werden müssen, anwendbar ist.

Eine Erweiterung der Implikation auf mehrere linguistische Aussagen führt zur Schlußfolgerungsvorschrift „Wenn A_1 UND A_2 UND ...UND A_n, dann B." mit den Grundmengen $X_1, \ldots, X_n$ und X_{n+1} für B und wird durch folgende Implikation (Relation) beschrieben:

$$I_{x1\ldots xn \to xn+1} = A_1 \times A_2 \times \ldots \times A_n \times B,$$

$$\mu_{I x1\ldots xn \to xn+1}(x_1, x_2, \ldots, x_{n+1}) = \min(\mu_{A1}(x_1), \mu_{A2}(x_2), \ldots, \mu_{An}(x_n), \mu_B(x_{n+1})).$$

15.4 Fuzzy-Regelungen und -Steuerungen (Fuzzy-Control)

15.4.1 Anwendungsgebiete von Fuzzy-Reglern

Ein wichtiges Anwendungsgebiet der unscharfen Logik sind die Verfahren der Fuzzy-Regelung für die Automatisierungstechnik. Mit der Berücksichtigung von unscharfen Informationen über die zu regelnden Prozesse können klassische Verfahren der Regelungstechnik ersetzt oder erweitert werden. Unscharfe Regler lassen sich wirtschaftlich einsetzen, wenn unscharfe Kenntnisse über die Regelstrecke oder komplexe, nichtlineare Prozeßstrukturen vorliegen.

Die wesentlichen Aussagen über Fuzzy-Regelungsverfahren sind: Eine Identifikation der Regelstrecke ist nicht erforderlich, da für den Fuzzy-Reglerentwurf kein Modell der Regelstrecke benötigt wird. Damit wird der Entwicklungsaufwand verringert. Reglereinstellung und Optimierung können daher auch nur experimentell durchgeführt werden.

Die Wirkungsweise von Fuzzy-Reglern ist aus den linguistischen Regeln leichter zu erkennen, damit ist der mathematische Aufwand gegenüber scharfen Regelungen geringer. Komplexe Regelungsaufgaben sind mit geringerem Aufwand lösbar, Lösungen mit der klassischen Regelungstechnik sind jedoch in den meisten Fällen qualitativ besser. In Verbindung mit klassischen Reglerstrukturen eingesetzt, erhöht der Fuzzy-Regler Funktionalität, Qualität und Wirtschaftlichkeit von automatisierungstechnischen Systemen.

15.4.2 Arten von Fuzzy-Reglern

Bei Fuzzy-Regelungen werden unscharfe (linguistische) Regeln zur Regelung von Prozessen eingesetzt. Ein Fuzzy-Regler ermittelt aus einer oder mehreren Eingangsgrößen Stellgrößen, die als Eingangsgrößen der Regelstrecke das Regelungsverhalten bestimmen. Nach Art der Schlußfolgerung, die aus linguistischen Regeln erzeugt wird, werden relationale und funktionale Fuzzy-Regler unterschieden (Bild 15.4-1).

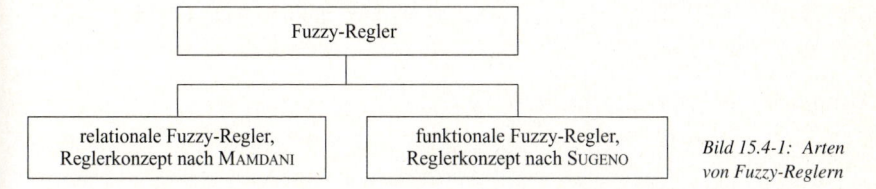

Bild 15.4-1: Arten von Fuzzy-Reglern

Bei **relationalen Fuzzy-Reglern** ist die Schlußfolgerung eine unscharfe Menge, die mit einem Defuzzifizierungsverfahren in eine scharfe Stellgröße umgesetzt wird. Bei **funktionalen Fuzzy-Reglern** bilden die Schlußfolgerungen die Stellgrößenwerte aus Funktionen der Eingangsgrößen. Aus den Funktionswerten wird mit einem Gewichtungsverfahren die Stellgröße berechnet.

15.4.3 Struktur und Komponenten von relationalen Fuzzy-Reglern

15.4.3.1 Prinzipieller Aufbau

Ein relationaler Fuzzy-Regler besteht aus folgenden Komponenten (Bild 15.4-2): Mit der Fuzzifizierungskomponente werden aus scharfen Eingangssignalen die Zugehörigkeitsgrade (Wahrheitswerte) von allen linguistischen Prämissen (unscharfen Mengen, Fuzzy-Mengen) ermittelt. Mit der regelbasierten Inferenz wird die unscharfe Schlußfolgerung ermittelt. Die Defuzzifizierung berechnet aus dem unscharfen Inferenzergebnis einen scharfen Ausgangswert, im allgemeinen die Stellgröße.

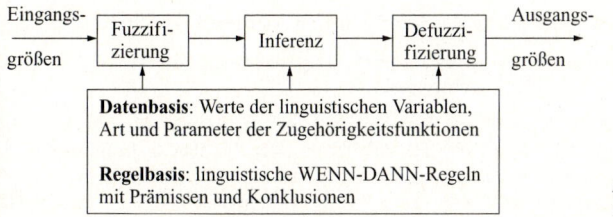

Bild 15.4-2: Struktur von relationalen Fuzzy-Reglern

15.4.3.2 Fuzzifizierung

Mit der Datenbasis der Fuzzifizierung werden die Zugehörigkeitsfunktionen für die linguistischen Werte der Eingangsvariablen festgelegt.

> Die Fuzzifizierung übersetzt die scharfen Werte von Eingangsgrößen in Zugehörigkeitsgrade von linguistischen Werten.

Für jeden linguistischen Wert (Zugehörigkeitsfunktion) einer Eingangsgröße wird der Zugehörigkeitsgrad ermittelt, den der scharfe Wert der Eingangsgröße erzeugt. Das so ermittelte fuzzifizierte Signal ist ein Vektor, dessen Komponenten die Zugehörigkeitsgrade der linguistischen Werte sind.

Beispiel 15.4-1: Für einen Fuzzy-PD-Regler werden als Eingangsgrößen Regeldifferenz $x_d(t)$ und Änderungsgeschwindigkeit der Regeldifferenz (Ableitung der Regeldifferenz nach der Zeit)

$$\dot{x}_d(t) = \frac{dx_d(t)}{dt}$$

verwendet. Die linguistischen Werte der linguistischen Variablen (Signalgrößen) x_{dL}, $\dot{x}_{dL}$ und der Verlauf der Zugehörigkeitsfunktionen sind mit Bild 15.4-3, 4 festgelegt. Für die Werte der Basisvariablen

$$x_d = 0.5, \quad \dot{x}_d = -0.4 \text{ s}^{-1}$$

sind die fuzzifizierten Signale x_{dF}, $\dot{x}_{dF}$ zu bestimmen.

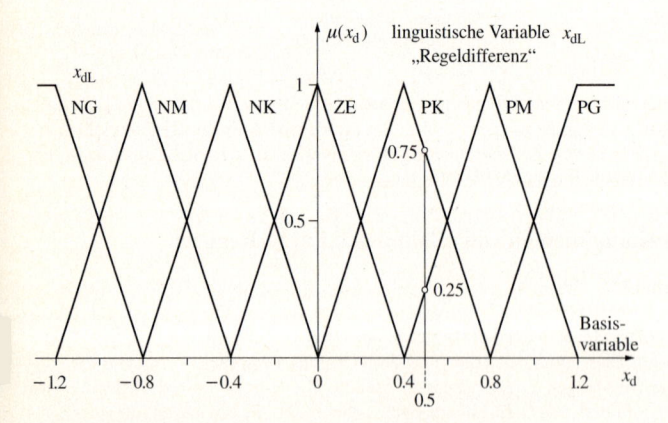

Bild 15.4-3: Werte der linguistischen Variablen „Regeldifferenz"

Die linguistischen Signalgrößen werden mit linguistischen Wertnamen und Abkürzungen strukturiert:

NG = negativ-groß, NM = negativ-mittel, NK = negativ-klein, ZE = nahe-Null,
PK = positiv-klein, PM = positiv-mittel, PG = positiv-groß.

Für die Regeldifferenz x_{dL} werden die linguistischen Werte NG, NM, NK, ZE, PK, PM, PG verwendet, für die Änderung der Regeldifferenz $\dot{x}_{dL}$ die Werte NG, NM, ZE, PM, PG. Zur Berechnung der fuzzifizierten Signale müssen die Parameter der Zugehörigkeitsfunktionen in der Datenbasis der Fuzzifizierung gespeichert sein. Die Zugehörigkeitsgrade werden wie folgt berechnet, wobei w_L der linguistische Wert ist, x entspricht der Basisvariablen x_d oder $\dot{x}_d$.

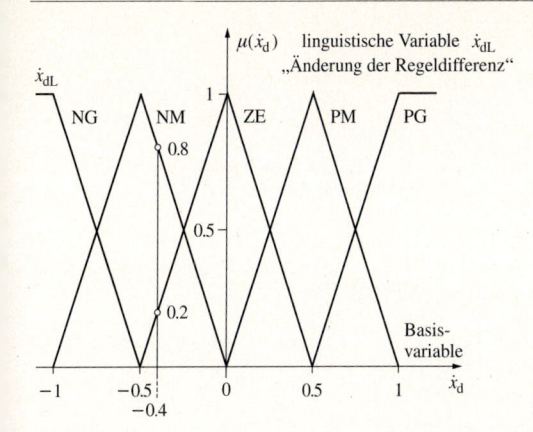

Bild 15.4-4: Werte der linguistischen Variablen „Änderung der Regeldifferenz"

Trapezfunktion:

$$\mu_{wL}(x) = \begin{cases} 0, & \text{für } x < x_a, \\ \dfrac{x - x_a}{x_l - x_a}, & \text{für } x_a \leq x \leq x_l, \\ 1, & \text{für } x_l \leq x \leq x_r, \\ \dfrac{x_e - x}{x_e - x_r}, & \text{für } x_r \leq x \leq x_e, \\ 0, & \text{für } x > x_e. \end{cases}$$

Dreiecksfunktion:

$$\mu_{wL}(x) = \begin{cases} 0, & \text{für } x < x_a, \\ \dfrac{x - x_a}{x_m - x_a}, & \text{für } x_a \leq x \leq x_m, \\ \dfrac{x_e - x}{x_e - x_m}, & \text{für } x_m \leq x \leq x_e, \\ 0, & \text{für } x > x_e. \end{cases}$$

Für trapez- und dreieckförmige Zugehörigkeitsfunktionen werden die Datensätze $T(x_a, x_l, x_r, x_e)$ und $D(x_a, x_m, x_e)$ gespeichert. x_l und x_r bezeichnen den linken und rechten Kennwert des Trapezes, x_a, x_e sind Anfangs- und Endwert, x_m wird als **Modalwert** der Dreiecksfunktion bezeichnet (Bild 15.4-5).

Die Datenbasis der Fuzzifizierung für die Parameter der Zugehörigkeitsfunktionen nach Bild 15.4-3, 4 ist in Tabelle 15.4-1 zusammengestellt.

Als fuzzifizierte Signalwerte der scharfen Regeldifferenz $x_d = 0.5$ ergeben sich

$$x_{dF}(x_d) = [\mu_{xdNG}(x_d), \mu_{xdNM}(x_d), \mu_{xdNK}(x_d), \mu_{xdZE}(x_d), \mu_{xdPK}(x_d), \mu_{xdPM}(x_d), \mu_{xdPG}(x_d)]$$
$$= [0.0, 0.0, 0.0, 0.0, 0.75, 0.25, 0.0],$$

mit $\mu_{xdPK}(x_d) = 0.75$, $\mu_{xdPM}(x_d) = 0.25$. Für die Änderung der Regeldifferenz $\dot{x}_d = -0.4$ ist der fuzzifizierte Signalwert

$$\dot{x}_{dF}(\dot{x}_d) = [\mu_{\dot{x}dNG}(\dot{x}_d), \mu_{\dot{x}dNM}(\dot{x}_d), \mu_{\dot{x}dZE}(\dot{x}_d), \mu_{\dot{x}dPM}(\dot{x}_d), \mu_{\dot{x}dPG}(\dot{x}_d)]$$
$$= [0.0, 0.8, 0.2, 0.0, 0.0],$$

mit $\mu_{\dot{x}dNM}(\dot{x}_d) = 0.8$, $\mu_{\dot{x}dZE}(\dot{x}_d) = 0.2$.

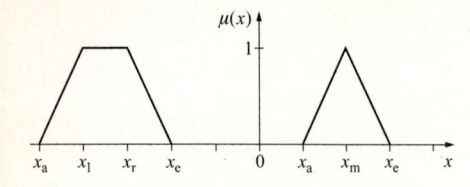

Bild 15.4-5: Parameter von Zugehörigkeitsfunktionen

Tabelle 15.4-1: Datenbasis der Fuzzifizierung

Zugehörigkeits-funktionen x_{dL}	Dreiecksfunktion			Trapezfunktion			
	x_{da}	x_{dm}	x_{de}	x_{da}	x_{dl}	x_{dr}	x_{de}
$\mu_{xdNG}(x_d)$				$-\infty$	$-\infty$	-1.2	-0.8
$\mu_{xdNM}(x_d)$	-1.2	-0.8	-0.4				
$\mu_{xdNK}(x_d)$	-0.8	-0.4	0.0				
$\mu_{xdZE}(x_d)$	-0.4	0.0	0.4				
$\mu_{xdPK}(x_d)$	0.0	0.4	0.8				
$\mu_{xdPM}(x_d)$	0.4	0.8	1.2				
$\mu_{xdPG}(x_d)$				0.8	1.2	$+\infty$	$+\infty$
Zugehörigkeits-funktionen $\dot{x}_{dL}$	Dreiecksfunktion			Trapezfunktion			
	$\dot{x}_{da}$	$\dot{x}_{dm}$	$\dot{x}_{de}$	$\dot{x}_{da}$	$\dot{x}_{dl}$	$\dot{x}_{dr}$	$\dot{x}_{de}$
$\mu_{\dot{x}dNG}(\dot{x}_d)$				$-\infty$	$-\infty$	-1.0	-0.5
$\mu_{\dot{x}dNM}(\dot{x}_d)$	-1.0	-0.5	0.0				
$\mu_{\dot{x}dZE}(\dot{x}_d)$	-0.5	0.0	0.5				
$\mu_{\dot{x}dPM}(\dot{x}_d)$	0.0	0.5	1.0				
$\mu_{\dot{x}dPG}(\dot{x}_d)$				0.5	1.0	$+\infty$	$+\infty$

Mit der Fuzzifizierungskomponente des Fuzzy-Reglers werden scharfe Signalwerte der Eingangsgrößen in Zugehörigkeitsgrade von linguistischen Werten umgesetzt. Das dabei entstehende fuzzifizierte Signal ist ein Vektor, dessen Elemente die Zugehörigkeitsgrade der linguistischen Aussagen sind:

$$x_F(x) = [\mu_{wL1}(x), \mu_{wL2}(x), \ldots, \mu_{wLn}(x)],$$

x ist der scharfe Wert, x_F das fuzzifizierte Signal, $\mu_{wLi}(x)$ sind die Zugehörigkeitsfunktionen der linguistischen Werte w_{Li}.

An die Datenbasis der Fuzzifizierung werden folgende Anforderungen gestellt. Für jedes Eingangssignal sind linguistische Werte, also Zugehörigkeitsfunktionen festzulegen. Die Anzahl der linguistischen Werte sollte zwischen drei und neun liegen. Eine große Anzahl von linguistischen Werten verbessert zwar die Wirkungsweise der Fuzzy-Regelung, vergrößert aber auch die Regelbasis und erhöht den Aufwand für die nachfolgenden Komponenten Inferenz und Defuzzifizierung.

Für die Werte von linguistischen Variablen sind prinzipiell beliebige unscharfe Mengen zugelassen. Um den Berechnungsaufwand zu verringern, werden in Fuzzy-Reglern unscharfe Mengen mit dreieck- oder trapezförmigen Zugehörigkeitsfunktionen eingesetzt. Die numerische Speicherung dieser Funktionen ist einfach, da aus den Eckpunkten die Funktionen berechnet werden können. Berechnungen von Fuzzy-Reglern werden bei stückweise linear verlaufenden Funktionen erheblich vereinfacht.

Eine optimale Überdeckung des Basisvariablenbereichs liegt dann vor, wenn die Summe der Zugehörigkeitsgrade für jeden Wert der Basisvariablen gleich Eins ist. Daraus folgt, daß benachbarte Zugehörigkeitsfunktionen den Wert Null haben, wenn die mittlere Zugehörigkeitsfunktion den Wert Eins erhält, zwei benachbarte Zugehörigkeitsfunktionen schneiden sich dann bei dem Zugehörigkeitsgrad 0.5 (Beispiel 15.4-1).

Aus den Werten von dreieckförmigen Zugehörigkeitsfunktionen kann das Eingangssignal wieder berechnet werden. Das ist bei den trapezförmigen Zugehörigkeitsfunktionen μ_{NG} und μ_{PG} für Grenzbereiche nicht der Fall, da hier der Zugehörigkeitsgrad für den Bereich konstant auf Eins ist. Ein relationaler Fuzzy-Regler begrenzt in diesem Bereich seine Stellgröße. Für relevante Bereiche der Basisvariablen sollten daher sich überlappende Dreiecksfunktionen verwendet werden.

In Beispiel 15.4-1 haben die Maxima der Zugehörigkeitsfunktionen gleiche Abstände (lineare Fuzzifizierung). Nichtlineare Reglerkennlinien lassen sich durch nichtlineare Fuzzifizierung erzeugen. Um zum Beispiel die bleibende Regeldifferenz zu verkleinern, muß um den Nullpunkt der Basisvariablen x_d der Abstand zwischen den Maxima der Zugehörigkeitsfunktionen verringert werden (Bild 15.4-6).

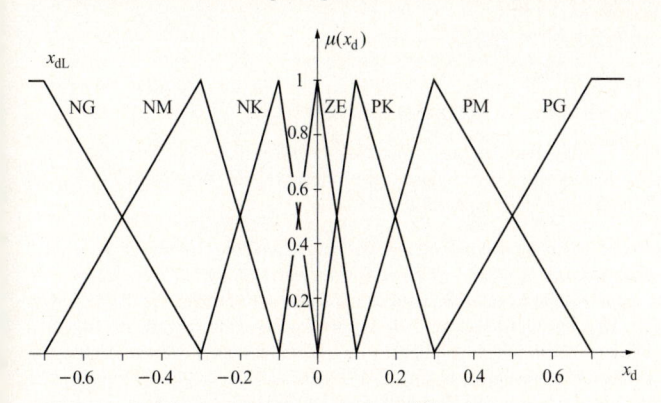

Bild 15.4-6: Nichtlineare Fuzzifizierung der Regeldifferenz

15.4.4 Inferenzkomponenten von Fuzzy-Reglern

15.4.4.1 Regelbasis

Grundlage von Fuzzy-Reglern ist die Regelbasis. Bei relationalen Fuzzy-Reglern, die mit unscharfen WENN-DANN-Regeln formuliert werden, hat sie folgende Form:

R_i : WENN $\langle x_{L1}$ ist $w_{L1j} \rangle$ UND ... UND $\langle x_{Ln}$ ist $w_{Lnk} \rangle$ DANN $\langle y_L$ ist $w_{Ll} \rangle$,

oder vereinfacht:

R_i : WENN $x_{L1} = w_{L1j}$ UND ... UND $x_{Ln} = w_{Lnk}$ DANN $y_L = w_{Ll}$.

Die Prämisse der Regel (WENN-Teil) ist:

$x_{L1} = w_{L1j}$ UND ... UND $x_{Ln} = w_{Lnk}$,

die Konklusion (DANN-Teil): $y_L = w_{Ll}$.

R_i ist die i-te Regel, w_{L1j}, w_{Lnk} linguistische Werte der linguistischen Variablen $x_{L1}, \ldots, x_{Ln}$ der Prämisse, w_{Ll} der linguistische Wert der linguistischen Variablen y_L für die Konklusion.

ODER-Verknüpfungen, die bei der Formulierung von Prämissen auftreten, können in Regeln mit Prämissen, die nur UND-Verknüpfungen enthalten, umgeformt werden. Umgekehrt lassen sich Regeln mit gleichem DANN-Teil mit der ODER-Verknüpfung zusammenfassen.

Beispiel 15.4-2: Die Regel R_1

$$R_1 : \text{WENN } (x_{L1} = \text{NG ODER } x_{L2} = \text{NM}) \text{ UND } x_{L3} = \text{NK DANN } y_L = \text{NM},$$

kann in die Regeln R_{11}, R_{12} zerlegt werden:

$$R_{11} : \text{WENN } x_{L1} = \text{NG UND } x_{L3} = \text{NK DANN } y_L = \text{NM},$$
$$R_{12} : \text{WENN } x_{L2} = \text{NM UND } x_{L3} = \text{NK DANN } y_L = \text{NM}.$$

Beispiel 15.4-3: Die Regeln R_{11}, R_{12}

$$R_{11} : \text{WENN } x_{L1} = \text{NG DANN } y_L = \text{NM},$$
$$R_{12} : \text{WENN } x_{L2} = \text{NG DANN } y_L = \text{NM},$$

können zu Regel R_1 zusammengefaßt werden:

$$R_1 : \text{WENN } x_{L1} = \text{NG ODER } x_{L2} = \text{NG DANN } y_L = \text{NM}.$$

Die Regelbasis für linguistische Eingangs- und Ausgangsgrößen kann mit Regeltabellen übersichtlich dargestellt werden. Dabei wird jeder Kombination der linguistischen Eingangswerte (WENN-Teil, Prämisse) eine Schlußfolgerung (DANN-Teil, Konklusion) zugeordnet.

Beispiel 15.4-4: Für einen Fuzzy-PD-Regler soll eine Regelbasis erstellt werden. Grundgedanke ist, daß zu einer positiven/negativen Regeldifferenz $x_d = w - x$ eine positive/negative Stellgröße y erzeugt werden soll, um x_d schnell zu Null zu regeln und die Regelgröße x auf den Sollwert w zu bringen. Ist die Änderung der Regeldifferenz (Ableitung der Regeldifferenz nach der Zeit) positiv/negativ, dann vergrößert/verkleinert sich die Regeldifferenz, auch in diesem Fall muß die Stellgröße vergrößert/verkleinert werden. Haben Regeldifferenz und Änderung der Regeldifferenz unterschiedliche Vorzeichen, aber etwa gleiche linguistische Werte, so soll die Regeldifferenz Vorrang haben. Die Regeldifferenz auf Null zu bringen, hat damit höhere Priorität. Nach diesen Gesichtspunkten erhält man folgende Regelbasis. Für die linguistischen Werte sind die Abkürzungen

NG = negativ-groß, NM = negativ-mittel, NK = negativ-klein, ZE = nahe-Null,
PK = positiv-klein, PM = positiv-mittel, PG = positiv-groß,

festgelegt. Für die linguistischen Variablen werden folgende Werte verwendet:

Regeldifferenz x_{dL} : {NG, NM, ZE, PM, PG},
Änderung der Regeldifferenz $\dot{x}_{dL}$: {NM, ZE, PM},
Stellgröße y_L : {NG, NM, ZE, PM, PG}.

Tabelle 15.4-2: Regelbasis in Tabellenform (Fuzzy-PD-Regler)

			Regeldifferenz x_{dL}				
		i	1	2	3	4	5
	j		NG	NM	ZE	PM	PG
Änderung	1	NM	NG	NG	NM	ZE	PM
der Regel-	2	ZE	NG	NM	ZE	PM	PG
differenz $\dot{x}_{dL}$	3	PM	NM	ZE	PM	PG	PG

Stellgröße y_L

Aus Tabelle 15.4-2 werden fünfzehn Regeln R_{ij} abgelesen:

R_{11} : WENN x_{dL} = NG UND $\dot{x}_{dL}$ = NM DANN y_L = NG,
R_{12} : WENN x_{dL} = NG UND $\dot{x}_{dL}$ = ZE DANN y_L = NG,
R_{13} : WENN x_{dL} = NG UND $\dot{x}_{dL}$ = PM DANN y_L = NM,

R_{21} : WENN x_{dL} = NM UND $\dot{x}_{dL}$ = NM DANN y_L = NG,
R_{22} : WENN x_{dL} = NM UND $\dot{x}_{dL}$ = ZE DANN y_L = NM,
R_{23} : WENN x_{dL} = NM UND $\dot{x}_{dL}$ = PM DANN y_L = ZE,
R_{31} : WENN x_{dL} = ZE UND $\dot{x}_{dL}$ = NM DANN y_L = NM,
R_{32} : WENN x_{dL} = ZE UND $\dot{x}_{dL}$ = ZE DANN y_L = ZE,
R_{33} : WENN x_{dL} = ZE UND $\dot{x}_{dL}$ = PM DANN y_L = PM,

R_{41} : WENN x_{dL} = PM UND $\dot{x}_{dL}$ = NM DANN y_L = ZE,
R_{42} : WENN x_{dL} = PM UND $\dot{x}_{dL}$ = ZE DANN y_L = PM,
R_{43} : WENN x_{dL} = PM UND $\dot{x}_{dL}$ = PM DANN y_L = PG,

R_{51} : WENN x_{dL} = PG UND $\dot{x}_{dL}$ = NM DANN y_L = PM,
R_{52} : WENN x_{dL} = PG UND $\dot{x}_{dL}$ = ZE DANN y_L = PG,
R_{53} : WENN x_{dL} = PG UND $\dot{x}_{dL}$ = PM DANN y_L = PG.

Regeln mit gleichem DANN-Teil werden mit der ODER-Verknüpfung zusammengefaßt und mit dem linguistischen Wertnamen der Stellgröße y_L bezeichnet:

y_L = NG, negativ-groß, R_{11}, R_{12}, R_{21}:

R_{NG} : WENN x_{dL} = NG UND $\dot{x}_{dL}$ = NM
ODER x_{dL} = NG UND $\dot{x}_{dL}$ = ZE
ODER x_{dL} = NM UND $\dot{x}_{dL}$ = NM DANN y_L = NG,

y_L = NM, negativ-mittel, R_{13}, R_{22}, R_{31}:

R_{NM} : WENN x_{dL} = NG UND $\dot{x}_{dL}$ = PM
ODER x_{dL} = NM UND $\dot{x}_{dL}$ = ZE
ODER x_{dL} = ZE UND $\dot{x}_{dL}$ = NM DANN y_L = NM,

y_L = ZE, nahe-Null, R_{23}, R_{32}, R_{41}:

R_{ZE} : WENN x_{dL} = NM UND $\dot{x}_{dL}$ = PM
ODER x_{dL} = ZE UND $\dot{x}_{dL}$ = ZE
ODER x_{dL} = PM UND $\dot{x}_{dL}$ = NM DANN y_L = ZE,

y_L = PM, positiv-mittel, R_{33}, R_{42}, R_{51}:

R_{PM} : WENN x_{dL} = ZE UND $\dot{x}_{dL}$ = PM
ODER x_{dL} = PM UND $\dot{x}_{dL}$ = ZE
ODER x_{dL} = PG UND $\dot{x}_{dL}$ = NM DANN y_L = PM,

$y_L = $ PG, positiv-groß, R_{43}, R_{52}, R_{53}:

R_{PG} : WENN $x_{dL} = $ PM UND $\dot{x}_{dL} = $ PM
ODER $x_{dL} = $ PG UND $\dot{x}_{dL} = $ ZE
ODER $x_{dL} = $ PG UND $\dot{x}_{dL} = $ PM DANN $y_L = $ PG.

15.4.4.2 Teilschritte des Inferenzverfahrens

Die Inferenzeinheit von Fuzzy-Reglern bildet mit den fuzzifizierten Werten der Signalgrößen und den linguistischen Regeln der Regelbasis die linguistische Schlußfolgerung. Die regelbasierte Inferenz gliedert sich in drei Teilaufgaben (Bild 15.4-7).

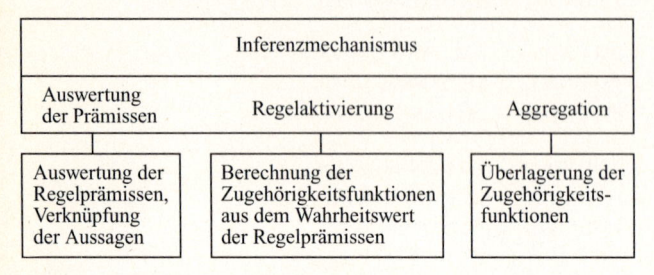

Inferenzmechanismus		
Auswertung der Prämissen	Regelaktivierung	Aggregation
Auswertung der Regelprämissen, Verknüpfung der Aussagen	Berechnung der Zugehörigkeitsfunktionen aus dem Wahrheitswert der Regelprämissen	Überlagerung der Zugehörigkeitsfunktionen

Bild 15.4-7: Teilaufgaben der Inferenzeinheit

15.4.4.3 Auswertung der Regelprämissen

Bei der Auswertung der Regelprämissen (WENN-Teil der Regeln) sind unscharfe UND- und ODER-Verknüpfungen zu operationalisieren. Prinzipiell können für UND (Durchschnitt) t-Norm- und für ODER (Vereinigung) t-Konorm-Operatoren eingesetzt werden. Einfach zu realisieren sind der MIN-Operator (t-Operator) und der MAX-Operator (t-Konorm-Operator).

> In der Automatisierungstechnik wird für die UND-Verknüpfung von Aussagen im WENN-Teil der Regel der MIN-Operator, für die ODER-Verknüpfung der MAX-Operator eingesetzt.

Beispiel 15.4-5: Für eine Fuzzy-Regelung sind Datenbasis der Fuzzifizierung und Regelbasis der Inferenz nach Bild 15.4-8, 9, Tabelle 15.4-3, 4 vorgegeben.

Für Regeldifferenz x_{dL} und Änderung der Regeldifferenz $\dot{x}_{dL}$ werden die Werte NE = negativ, ZE = nahe-Null, PO = positiv, für den linguistischen Wert der Stellgröße y_L die Werte NG = negativ-groß, NM = negativ-mittel, ZE = nahe-Null, PM = positiv-mittel, PG = positiv-groß verwendet.

Entsprechend zu den Überlegungen von Beispiel 15.4-4 wird die Regelbasis des Fuzzy-PD-Reglers formuliert.

Die fuzzifizierten Signalwerte für die scharfen Werte der Regeldifferenz $x_{d0} = 0.2$ und der Änderung der Regeldifferenz $\dot{x}_{d0} = 0.4$ sind:

$$x_{dF}(x_{d0}) = [\mu_{xdNE}(x_{d0}), \mu_{xdZE}(x_{d0}), \mu_{xdPO}(x_{d0})] = [0.0, 0.8, 0.2],$$
$$\dot{x}_{dF}(\dot{x}_{d0}) = [\mu_{\dot{x}dNE}(\dot{x}_{d0}), \mu_{\dot{x}dZE}(\dot{x}_{d0}), \mu_{\dot{x}dPO}(\dot{x}_{d0})] = [0.0, 0.6, 0.4].$$

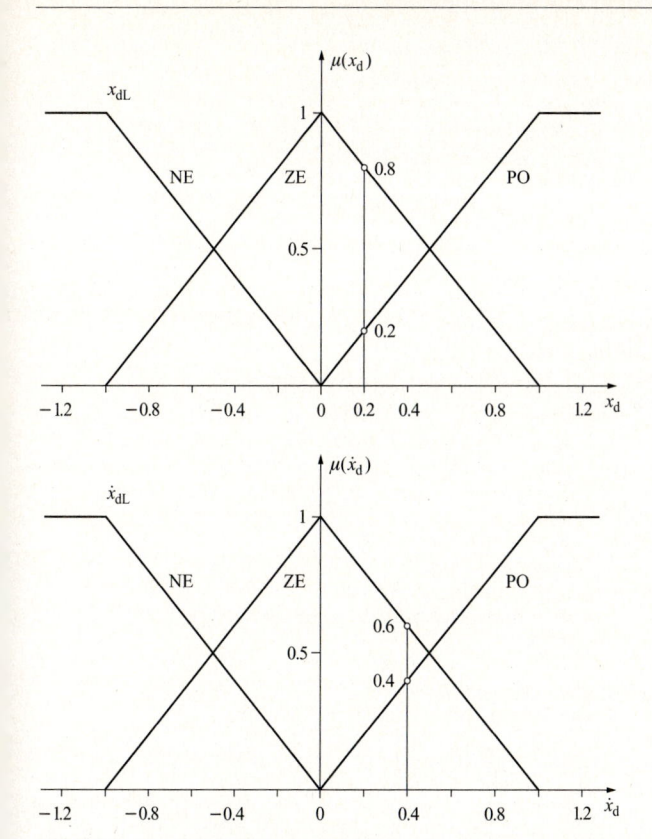

Bild 15.4-8: Linguistische Werte der Variablen x_{dL}, $\dot{x}_{dL}$

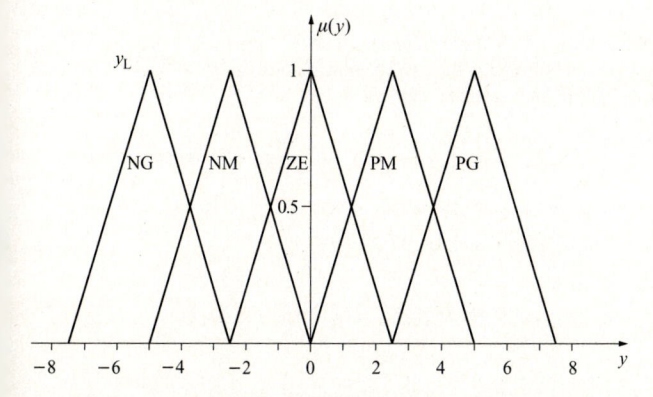

Bild 15.4-9: Linguistische Werte der Stellgröße y_L

Tabelle 15.4-3: Datenbasis der linguistischen Variablen x_{dL}, $\dot{x}_{dL}$, y_L

Zugehörigkeits- funktionen x_{dL}	Dreiecksfunktion			Trapezfunktion			
	x_{da}	x_{dm}	x_{de}	x_{da}	x_{dl}	x_{dr}	x_{de}
$\mu_{xdNE}(x_d)$				$-\infty$	$-\infty$	-1.0	0.0
$\mu_{xdZE}(x_d)$	-1.0	0.0	1.0				
$\mu_{xdPO}(x_d)$				0.0	1.0	$+\infty$	$+\infty$
Zugehörigkeits- funktionen $\dot{x}_{dL}$	Dreiecksfunktion			Trapezfunktion			
	$\dot{x}_{da}$	$\dot{x}_{dm}$	$\dot{x}_{de}$	$\dot{x}_{da}$	$\dot{x}_{dl}$	$\dot{x}_{dr}$	$\dot{x}_{de}$
$\mu_{\dot{x}dNE}(\dot{x}_d)$				$-\infty$	$-\infty$	-1.0	0.0
$\mu_{\dot{x}dZE}(\dot{x}_d)$	-1.0	0.0	1.0				
$\mu_{\dot{x}dPO}(\dot{x}_d)$				0.0	1.0	$+\infty$	$+\infty$
Zugehörigkeits- funktionen y_L	Dreiecksfunktion			Trapezfunktion			
	y_a	y_m	y_e	y_a	y_l	y_r	y_e
$\mu_{yNG}(y)$	-7.5	-5.0	-2.5				
$\mu_{yNM}(y)$	-5.0	-2.5	0.0				
$\mu_{yZE}(y)$	-2.5	0.0	2.5				
$\mu_{yPM}(y)$	0.0	2.5	5.0				
$\mu_{yPG}(y)$	2.5	5.0	7.5				

Tabelle 15.4-4: Regelbasis eines Fuzzy-PD-Reglers

		Regeldifferenz x_{dL}		
		NE	ZE	PO
Änderung der Regel- differenz $\dot{x}_{dL}$	NE	NG	NM	ZE
	ZE	NM	ZE	PM
	PO	ZE	PM	PG

Stellgröße y_L

Regeln mit gleichem DANN-Teil werden mit ODER zusammengefaßt. Für die Realisierung der ODER-Verknüpfungen wird der MAX-Operator verwendet, für UND-Verknüpfungen der MIN-Operator. Aus der Prämissenauswertung erhält man die Erfüllungsgrade α_R der Regeln:

$$\alpha_R = [\alpha_{yNG}, \alpha_{yNM}, \alpha_{yZE}, \alpha_{yPM}, \alpha_{yPG}].$$

Stellgröße negativ-groß, $y_L = NG$:

R_{NG} : WENN $x_{dL} = NE$ UND $\dot{x}_{dL} = NE$ DANN $y_L = NG$,

$\alpha_{yNG} = \min(\mu_{xdNE}(x_{d0}), \mu_{\dot{x}dNE}(\dot{x}_{d0})) = \min(0.0, 0.0) = 0.0,$

Stellgröße negativ-mittel, $y_L = NM$:

R_{NM} : WENN $x_{dL} = NE$ UND $\dot{x}_{dL} = ZE$ ODER $x_{dL} = ZE$ UND $\dot{x}_{dL} = NE$

DANN $y_L = NM$,

$\alpha_{yNM} = \max[\min(\mu_{xdNE}(x_{d0}), \mu_{\dot{x}dZE}(\dot{x}_{d0})), \min(\mu_{xdZE}(x_{d0}), \mu_{\dot{x}dNE}(\dot{x}_{d0}))]$
$= \max[\min(0.0, 0.6), \min(0.8, 0.0)] = 0.0,$

Stellgröße nahe-Null, $y_L = \text{ZE}$:

R_{ZE} : WENN $x_{\text{dL}} = \text{NE}$ UND $\dot{x}_{\text{dL}} = \text{PO}$ ODER $x_{\text{dL}} = \text{ZE}$ UND $\dot{x}_{\text{dL}} = \text{ZE}$
ODER $x_{\text{dL}} = \text{PO}$ UND $\dot{x}_{\text{dL}} = \text{NE}$ DANN $y_L = \text{ZE}$,

$$\alpha_{y\text{ZE}} = \max[\min(\mu_{x\text{dNE}}(x_{d0}), \mu_{\dot{x}\text{dPO}}(\dot{x}_{d0})), \min(\mu_{x\text{dZE}}(x_{d0}), \mu_{\dot{x}\text{dZE}}(\dot{x}_{d0})),$$
$$\min(\mu_{x\text{dPO}}(x_{d0}), \mu_{\dot{x}\text{dNE}}(\dot{x}_{d0}))]$$
$$= \max[\min(0.0, 0.4), \min(0.8, 0.6), \min(0.2, 0.0)] = 0.6,$$

Stellgröße positiv-mittel, $y_L = \text{PM}$:

R_{PM} : WENN $x_{\text{dL}} = \text{ZE}$ UND $\dot{x}_{\text{dL}} = \text{PO}$ ODER $x_{\text{dL}} = \text{PO}$ UND $\dot{x}_{\text{dL}} = \text{ZE}$
DANN $y_L = \text{PM}$,

$$\alpha_{y\text{PM}} = \max[\min(\mu_{x\text{dZE}}(x_{d0}), \mu_{\dot{x}\text{dPO}}(\dot{x}_{d0})), \min(\mu_{x\text{dPO}}(x_{d0}), \mu_{\dot{x}\text{dZE}}(\dot{x}_{d0}))]$$
$$= \max[\min(0.8, 0.4), \min(0.2, 0.6)] = 0.4,$$

Stellgröße positiv-groß, $y_L = \text{PG}$:

R_{PG} : WENN $x_{\text{dL}} = \text{PO}$ UND $\dot{x}_{\text{dL}} = \text{PO}$ DANN $y_L = \text{PG}$,

$$\alpha_{y\text{PG}} = \min(\mu_{x\text{dPO}}(x_{d0}), \mu_{\dot{x}\text{dPO}}(\dot{x}_{d0})) = \min(0.2, 0.4) = 0.2.$$

Die Erfüllungsgrade (Aktivierungsgrade) der Regeln sind:

$$[\alpha_{y\text{NG}}, \alpha_{y\text{NM}}, \alpha_{y\text{ZE}}, \alpha_{y\text{PM}}, \alpha_{y\text{PG}}] = [0.0, 0.0, 0.6, 0.4, 0.2].$$

15.4.4.4 Regelaktivierung und Aggregation

Mit dem Begriff Aktivierung werden Auswertung und Umsetzung der Erfüllungsgrade der Regeln in die Zugehörigkeitsfunktionen der Konklusionen (DANN-Teil) bezeichnet. Die Aggregationskomponente der Inferenz setzt die ermittelten Zugehörigkeitsfunktionen der Konklusionen zusammen.

In Abschnitt 15.3.7 wurde eine Methode der unscharfen Schlußfolgerung durch Abschneiden der Zugehörigkeitsfunktion mit dem Erfüllungsgrad der Prämisse (MIN-Methode nach MAMDANI) definiert. Mit dieser MIN-Operation ist gesichert, daß die Konklusion keinen höheren Erfüllungsgrad als die Prämisse erreicht. Diese Bedingung kann auch von anderen Operatoren erfüllt werden. In der Regelungstechnik gebräuchlich sind folgende Verfahren:

- MIN-Methode nach MAMDANI,
- PROD-Methode.

μ_{yi} sind Zugehörigkeitsfunktionen der linguistischen Werte der Stellgröße y_L (DANN-Teil, Konklusion).

Die **MIN-Methode** begrenzt die Zugehörigkeitsfunktion der Konklusion μ_{yi} auf den Zugehörigkeitsgrad (Erfüllungsgrad) α_i der Prämisse.

$$\mu_{yi'}(y) = \min(\alpha_i, \mu_{yi}(y)).$$

Die **PROD-Methode** multipliziert den Zugehörigkeitsgrad α_i der Prämisse mit der Zugehörigkeitsfunktion μ_{yi} der Konklusion:

$$\mu_{yi'}(y) = \alpha_i \cdot \mu_{yi}(y).$$

Die durch Aktivierung bestimmten Zugehörigkeitsfunktionen der Konklusionen werden mit der Aggregation zusammengesetzt. Die Aggregation entspricht einer Zusammenfassung (Überlagerung) der Zugehörigkeitsfunktionen und kann mit einem geeigneten Fuzzy-ODER-Operator (Vereinigung, t-Konorm-Operator) realisiert werden: Häufig wird die Aggregation mit dem MAX-Operator oder der algebraischen Summe (SUM-Operator) ausgeführt.

Für die Aggregation mit dem **MAX-Operator** werden die aktivierten Zugehörigkeitsfunktionen $\mu_{yi'}$ der r Regeln wie folgt zusammengefaßt:

$$\mu(y) = \max(\mu_{y1'}(y), \mu_{y2'}(y), \ldots, \mu_{yr'}(y)).$$

Die Begrenzung der Zugehörigkeitsfunktionen der Konklusionen μ_{yi} auf den Zugehörigkeitsgrad (Erfüllungsgrad) α_i der jeweiligen Prämisse und die anschließende Überlagerung der aktivierten Zugehörigkeitsfunktionen $\mu_{yi'}$ wird als Kompositionsregel der Inferenz (compositional rule of inference) bezeichnet.

MAX-MIN-Inferenz:

$$\mu(y) = \max(\mu_{y1'}(y), \mu_{y2'}(y), \ldots, \mu_{yr'}(y))$$
$$= \max\Big[\min[\alpha_1, \mu_{y1}(y)], \min[\alpha_2, \mu_{y2}(y)], \ldots, \min[\alpha_r, \mu_{yr}(y)]\Big],$$

MAX-PROD-Inferenz:

$$\mu(y) = \max(\mu_{y1'}(y), \mu_{y2'}(y), \ldots, \mu_{yr'}(y))$$
$$= \max\big[\alpha_1 \cdot \mu_{y1}(y), \alpha_2 \cdot \mu_{y2}(y), \ldots, \alpha_r \cdot \mu_{yr}(y)\big].$$

Für die Aggregation mit dem **SUM-Operator** werden die aktivierten Zugehörigkeitsfunktionen $\mu_{yi'}$ summiert. Alle aktivierten Regeln liefern einen Beitrag zum Inferenzergebnis:

SUM-MIN-Inferenz:

$$\mu(y) = \sum_{i=1}^{r} \mu_{yi'}(y) = \sum_{i=1}^{r} \min[\alpha_i, \mu_{yi}(y)],$$

SUM-PROD-Inferenz:

$$\mu(y) = \sum_{i=1}^{r} \mu_{yi'}(y) = \sum_{i=1}^{r} \alpha_i \cdot \mu_{yi}(y).$$

Die wichtigsten Inferenzmethoden für automatisierungstechnische Anwendungen sind die MAX-MIN-, MAX-PROD-, SUM-MIN-, SUM-PROD-Strategien. Die zweite Bezeichnung gibt an, wie die Aktivierung ausgeführt wurde, die erste, auf welche Art die Aggregation realisiert wird.

Beispiel 15.4-6: Für Beispiel 15.4-5 sind die Werte der linguistischen Variablen Stellgröße y_L mit den dreieckförmigen Zugehörigkeitsfunktionen $\mu_{yNG}(y), \mu_{yNM}(y), \mu_{yZE}(y), \mu_{yPM}(y), \mu_{yPG}(y)$ nach Bild 15.4-10, Tabelle 15.4-5 definiert.

Nach Beispiel 15.4-5 sind die Erfüllungsgrade der Regeln $R_{NG}, R_{NM}, R_{ZE}, R_{PM}, R_{PG}$ mit

$$[\alpha_{yNG}, \alpha_{yNM}, \alpha_{yZE}, \alpha_{yPM}, \alpha_{yPG}] = [0.0, 0.0, 0.6, 0.4, 0.2]$$

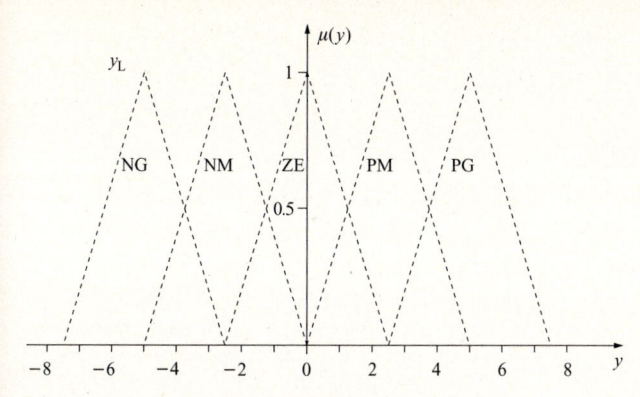

15.4 Fuzzy-Regelungen und -Steuerungen (Fuzzy-Control)

Bild 15.4-10: Linguistische Werte der Stellgröße y_L

Tabelle 15.4-5: Datenbasis der linguistischen Variablen y_L

Zugehörigkeits-funktionen y_L	Dreiecksfunktion		
	y_a	y_m	y_e
$\mu_{yNG}(y)$	-7.5	-5.0	-2.5
$\mu_{yNM}(y)$	-5.0	-2.5	0.0
$\mu_{yZE}(y)$	-2.5	0.0	2.5
$\mu_{yPM}(y)$	0.0	2.5	5.0
$\mu_{yPG}(y)$	2.5	5.0	7.5

berechnet worden. Die Regelaktivierung nach der MIN-Methode begrenzt die Zugehörigkeitsfunktionen der Konklusionen auf den Zugehörigkeitsgrad der jeweiligen Prämisse (Bild 15.4-11).

$$[\min(\alpha_{yNG}, \mu_{yNG}(y)), \min(\alpha_{yNM}, \mu_{yNM}(y)), \min(\alpha_{yZE}, \mu_{yZE}(y)),$$
$$\min(\alpha_{yPM}, \mu_{yPM}(y)), \min(\alpha_{yPG}, \mu_{yPG}(y))]$$
$$= [\min(0.0, \mu_{yNG}(y)), \min(0.0, \mu_{yNM}(y)), \min(0.6, \mu_{yZE}(y)),$$
$$\min(0.4, \mu_{yPM}(y)), \min(0.2, \mu_{yPG}(y))]$$
$$= [0.0, 0.0, \min(0.6, \mu_{yZE}(y)), \min(0.4, \mu_{yPM}(y)), \min(0.2, \mu_{yPG}(y))].$$

Die Überlagerung der aktivierten Regeln bildet die unscharfe Ausgangsgröße (Schlußfolgerung) mit der Zugehörigkeitsfunktion $\mu(y)$ der linguistischen Variablen y_L nach Bild 15.4-12.

$$\mu(y) = \mu_{\text{MAXMIN}}(y)$$
$$= \max[\min(\alpha_{yNG}, \mu_{yNG}(y)), \min(\alpha_{yNM}, \mu_{yNM}(y)),$$
$$\min(\alpha_{yZE}, \mu_{yZE}(y)), \min(\alpha_{yPM}, \mu_{yPM}(y)), \min(\alpha_{yPG}, \mu_{yPG}(y))]$$
$$= \max[0.0, 0.0, \min(0.6, \mu_{yZE}(y)), \min(0.4, \mu_{yPM}(y)), \min(0.2, \mu_{yPG}(y))].$$

Die Regelaktivierung nach der PROD-Methode multipliziert die Erfüllungsgrade α_i der Prämisse mit den Zugehörigkeitsfunktionen $\mu_i(y)$ der Konklusionen (Bild 15.4-13):

$$[\alpha_{yNG} \cdot \mu_{yNG}(y), \alpha_{yNM} \cdot \mu_{yNM}(y), \alpha_{yZE} \cdot \mu_{yZE}(y), \alpha_{yPM} \cdot \mu_{yPM}(y), \alpha_{yPG} \cdot \mu_{yPG}(y)]$$
$$= [0.0, 0.0, 0.6 \cdot \mu_{yZE}(y), 0.4 \cdot \mu_{yPM}(y), 0.2 \cdot \mu_{yPG}(y)].$$

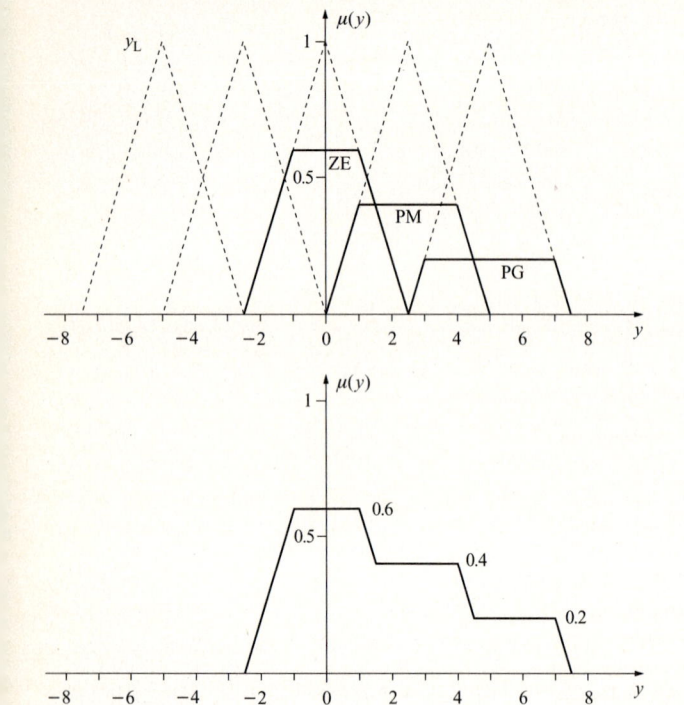

914   15 Anwendung der Fuzzy-Logik in der Regelungstechnik

Bild 15.4-11: Regelaktivierung nach der MIN-Methode

Bild 15.4-12: Überlagerung der Regeln (Aggregation) mit dem MAX-MIN-Verfahren

Entsprechend erhält man das Inferenzergebnis nach der MAX-PROD-Methode (Bild 15.4-14).

$$\mu(y) = \mu_{\text{MAXPROD}}(y)$$
$$= \max[\alpha_{y\text{NG}} \cdot \mu_{y\text{NG}}(y), \alpha_{y\text{NM}} \cdot \mu_{y\text{NM}}(y), \alpha_{y\text{ZE}} \cdot \mu_{y\text{ZE}}(y), \alpha_{y\text{PM}} \cdot \mu_{y\text{PM}}(y), \alpha_{y\text{PG}} \cdot \mu_{y\text{PG}}(y)]$$
$$= \max[0.0, 0.0, 0.6 \cdot \mu_{y\text{ZE}}(y), 0.4 \cdot \mu_{y\text{PM}}(y), 0.2 \cdot \mu_{y\text{PG}}(y)].$$

Aus den scharfen Eingangsgrößen der Regeldifferenz $x_{d0} = 0.2$ und der Änderung der Regeldifferenz $\dot{x}_{d0} = 0.4$ wurde mit Fuzzifizierung und Inferenz (Prämissenauswertung, Regelaktivierung, Aggregation) die unscharfe Ausgangsgröße y_L mit der Zugehörigkeitsfunktion $\mu(y) = \mu_{\text{MAXMIN}}(y)$ oder $\mu(y) = \mu_{\text{MAXPROD}}(y)$ ermittelt. Die Defuzzifizierung, die Umsetzung in einen scharfen Stellgrößenwert y_0, wird häufig nach der Schwerpunktmethode vorgenommen, die in Abschnitt 15.4.5.4 ausführlich erklärt ist.

Für die Defuzzifizierung nach der Schwerpunktmethode ergibt sich mit $y_a = -7.5$, $y_e = 7.5$ für das MAX-MIN-Verfahren

$$y_0 = \frac{\int_{y_a}^{y_e} y \cdot \mu_{\text{MAXMIN}}(y)\,dy}{\int_{y_a}^{y_e} \mu_{\text{MAXMIN}}(y)\,dy} = 1.736,$$

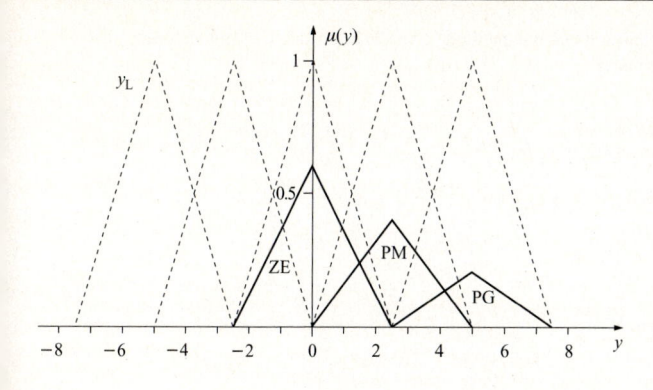

Bild 15.4-13: Regelaktivierung nach der PROD-Methode

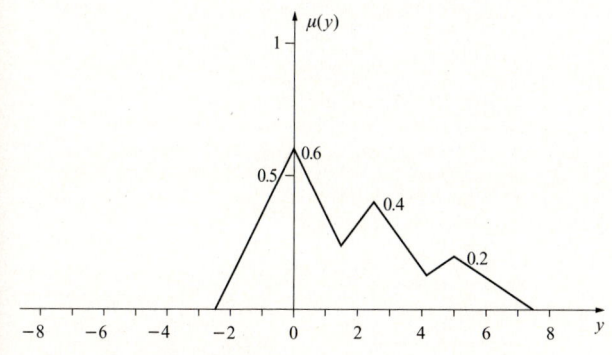

Bild 15.4-14: Überlagerung der Regeln (Aggregation) mit dem MAX-PROD-Verfahren

für das MAX-PROD-Verfahren

$$y_0 = \frac{\int\limits_{y_a}^{y_e} y \cdot \mu_{\text{MAXPROD}}(y)\,dy}{\int\limits_{y_a}^{y_e} \mu_{\text{MAXPROD}}(y)\,dy} = 1.560.$$

Bei der SUM-MIN- und SUM-PROD-Methode werden die Zugehörigkeitsfunktionen der aktivierten Regeln addiert und bilden die unscharfe Ausgangsgröße (Schlußfolgerung) der linguistischen Variablen y_L nach Bild 15.4-15, 16:

$$\mu(y) = \mu_{\text{SUMMIN}}(y) = \sum_{i=1}^{r} \mu_{yi'}(y) = \sum_{i=1}^{r} \min(\alpha_i, \mu_{yi}(y))$$

$$= \min(\alpha_{yNG}, \mu_{yNG}(y)) + \min(\alpha_{yNM}, \mu_{yNM}(y)) + \min(\alpha_{yZE}, \mu_{yZE}(y))$$

$$+ \min(\alpha_{yPM}, \mu_{yPM}(y)) + \min(\alpha_{yPG}, \mu_{yPG}(y))$$

$$= \min(0.6, \mu_{yZE}(y)) + \min(0.4, \mu_{yPM}(y)) + \min(0.2, \mu_{yPG}(y)),$$

$$\mu(y) = \mu_{\text{SUMPROD}}(y) = \sum_{i=1}^{r} \mu_{yi'}(y) = \sum_{i=1}^{r} \alpha_i \cdot \mu_{yi}(y)$$

$$= \alpha_{yNG} \cdot \mu_{yNG}(y) + \alpha_{yNM} \cdot \mu_{yNM}(y) + \alpha_{yZE} \cdot \mu_{yZE}(y) + \alpha_{yPM} \cdot \mu_{yPM}(y) + \alpha_{yPG} \cdot \mu_{yPG}(y)$$

$$= 0.6 \cdot \mu_{yZE}(y) + 0.4 \cdot \mu_{yPM}(y) + 0.2 \cdot \mu_{yPG}(y).$$

15 Anwendung der Fuzzy-Logik in der Regelungstechnik

Für die Defuzzifizierung nach der Schwerpunktmethode (Abschnitt 15.4.5.5) ergibt sich mit $y_a = -7.5$, $y_e = 7.5$ für das SUM-MIN-Verfahren

$$y_0 = \frac{\int_{y_a}^{y_e} y \cdot \mu_{\text{SUMMIN}}(y)\,dy}{\int_{y_a}^{y_e} \mu_{\text{SUMMIN}}(y)\,dy} = 1.8478,$$

für das SUM-PROD-Verfahren

$$y_0 = \frac{\int_{y_a}^{y_e} y \cdot \mu_{\text{SUMPROD}}(y)\,dy}{\int_{y_a}^{y_e} \mu_{\text{SUMPROD}}(y)\,dy} = 1.6667.$$

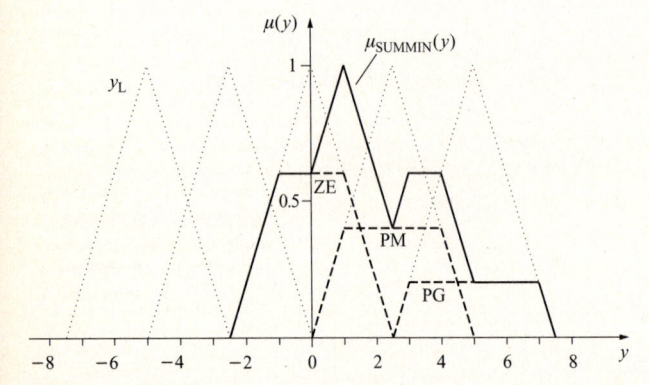

Bild 15.4-15: Überlagerung der Regeln (Aggregation) mit dem SUM-MIN-Verfahren

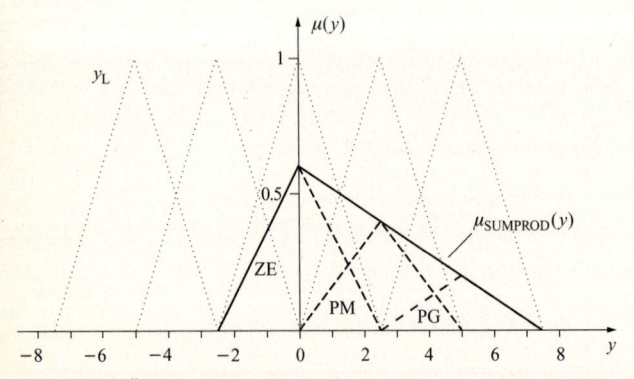

Bild 15.4-16: Überlagerung der Regeln (Aggregation) mit dem SUM-PROD-Verfahren

15.4.5 Defuzzifizierung

15.4.5.1 Defuzzifizierungsverfahren

Ein Inferenz-Verfahren liefert die unscharfe Menge einer linguistischen Ausgangsvariablen, in der Regelungstechnik ist das die unscharfe Stellgröße, die sich aus aggregierten Zugehörigkeitsfunktionen zusammensetzt. Bei Fuzzy-Regelungen ist es erforderlich, die mit der Inferenz erzeugte unscharfe Stellgröße in einen geeigneten scharfen Stellgrößenwert umzusetzen. Dieser Stellgrößenwert sollte möglichst viel Information der unscharfen Stellgröße enthalten.

> Ein Defuzzifizierungsverfahren erzeugt aus einer unscharfen Menge einen scharfen Wert. Die Defuzzifizierung ist nicht als Umkehrung der Fuzzifizierung zu sehen. Bei der Fuzzifizierung werden aus scharfen Werten Zugehörigkeitsgrade von unscharfen Mengen ermittelt.

Zur Defuzzifizierung (defuzzification) werden verschiedene Verfahren eingesetzt. Die Berechnung von scharfen Werten erfolgt mit

- der Auswertung der maximalen Höhe der Zugehörigkeitsfunktion
- oder mit dem Schwerpunkt der Zugehörigkeitsfunktion.

Für regelungstechnische Anwendungen sind die Schwerpunktverfahren von Bedeutung.

15.4.5.2 Defuzzifizierung mit der maximalen Höhe der Zugehörigkeitsfunktion

Die **Methode der maximalen Höhe** (max-height method) ermittelt den scharfen Stellgrößenwert y_0 aus dem Maximum der Zugehörigkeitsfunktion $\mu(y)$ der unscharfen Stellgröße y_L. Bei dreieckförmigen Zugehörigkeitsfunktionen sind die Maxima der linguistischen Werte von y_L mit der Regelbasis vorgegeben. Voraussetzung für das Verfahren ist ein eindeutiges Maximum, das zum Beispiel als Ergebnis des MAX-PROD-Inferenzverfahrens erzeugt wird.

Beispiel 15.4-7: Die unscharfe Stellgröße y_L von Bild 15.4-17 wurde in Beispiel 15.4-6 nach dem MAX-PROD-Verfahren berechnet. Das Maximum liegt im Bereich ZE (nahe-Null), die scharfe Stellgröße nach Methode der maximalen Höhe ist $y_0 = 0$.

Treten mehrere Maxima bei den Werten

$$y_1, y_2, \ldots, y_n$$

mit

$$\mu(y_1) = \mu(y_2) = \ldots = \mu(y_n)$$

auf, dann wird y_0 entweder als kleinster Wert von y_i (Links-Max-Methode, first of maxima, FOM),

$$y_0 = \min(y_i), \quad i = 1, \ldots, n,$$

als größter Wert von y_i (Rechts-Max-Methode, last of maxima, LOM)

$$y_0 = \max(y_i), \quad i = 1, \ldots, n,$$

oder mit dem arithmetischen Mittelwert der Maxima (Maximum-Mittelwert-Methode, mean of maxima, middle of maxima, MOM)

$$y_0 = \frac{1}{n} \cdot \sum_{i=1}^{n} y_i$$

bestimmt. Bei der Anwendung des MAX-MIN-Inferenzverfahrens ist die Lage des Maximums nicht eindeutig, es entsteht ein Bereich, in dem die Zugehörigkeitsfunktion maximal ist. Die **Maximum-Mittelwert-Methode** berechnet aus dem arithmetischen Mittelwert der Bereichsgrenzen die scharfe Stellgröße y_0. Für dreieckförmige Zugehörigkeitsfunktionen von y_L erhält man auch hier die Maxima, die durch die linguistischen Werte der Stellgröße y_L vorgegeben sind.

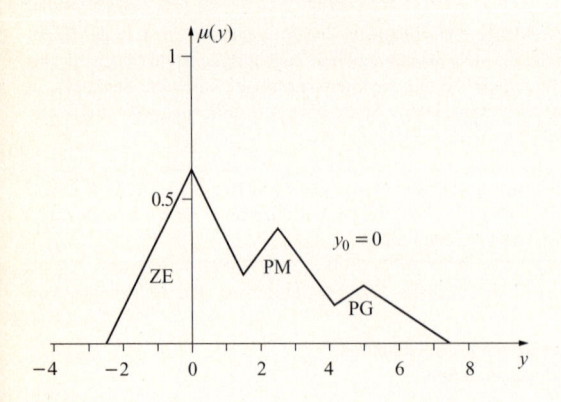

Bild 15.4-17: Bestimmung der Stellgröße mit dem Verfahren der maximalen Höhe bei der MAX-PROD-Inferenz

Für das MAX-MIN-Inferenzverfahren mit den Ergebnissen von Beispiel 15.4-6 liegt der Maximalbereich in Bereich ZE (nahe-Null). Die Bereichsgrenzen sind -1, $+1$, der Mittelwert ist Null, damit ist die scharfe Stellgröße $y_0 = 0$ (Bild 15.4-18).

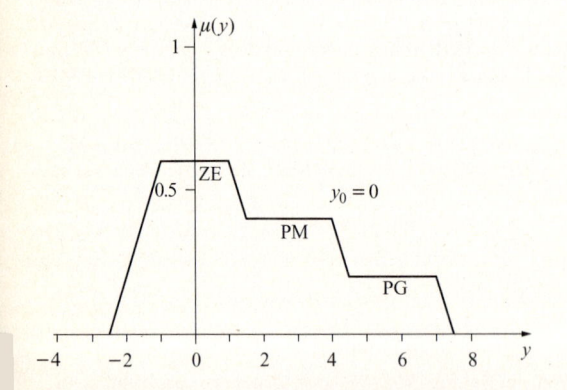

Bild 15.4-18: Bestimmung der Stellgröße beim Maximum-Mittelwert-Verfahren für die MAX-MIN-Inferenz

Die Nachteile der Maximum-Verfahren für Fuzzy-Regelungen liegen in der großen Informationsreduktion: Es wird nur der Maximalwert der Zugehörigkeitsfunktion berücksichtigt, nicht der gesamte Verlauf, Nebenbereiche und -maxima haben keine Auswirkungen auf den Stellgrößenwert. Es entstehen daher keine, für das Inferenzergebnis repräsentative, Stellgrößen. Mit den Maximum-Verfahren können für das Beispiel nur fünf verschiedene Stellgrößen berechnet werden.

Liegt das Maximum im Bereich NG, NM, ZE, PM, PG, dann sind die Stellgrößenwerte $y_0 = -5.0, -2.5, 0.0, 2.5, 5.0$. Der Regler hat damit die Eigenschaften eines Mehrpunktreglers, für das Beispiel erhält man mit der Defuzzifizierung nach einem Maximum-Verfahren einen Fünfpunkt-Regler.

Da die Defuzzifizierung mit den Maximum-Verfahren nur Ausgangsgrößen mit diskreten Werten liefern, sind sie vorteilhaft bei Klassifizierungsaufgaben (Zeichenerkennung) und Diagnosesystemen einzusetzen.

15.4.5.3 Defuzzifizierung mit Schwerpunktverfahren

In Fuzzy-Regelungen werden zur Defuzzifizierung überwiegend Schwerpunktverfahren eingesetzt. Der scharfe Stellgrößenwert wird dabei aus dem Flächenschwerpunkt der Zugehörigkeitsfunktion $\mu(y)$ der unscharfen Ausgangsvariablen y_L bestimmt.

Der numerische Aufwand bei Schwerpunktverfahren ist hoch, aus diesem Grund wurden Vereinfachungen bei den Zugehörigkeitsfunktionen oder beim Schwerpunktverfahren vorgenommen. Eingesetzt werden folgende Varianten des Verfahrens:

- Schwerpunktmethode (center of gravity method, COG, center of area, COA, centroid defuzzification method),
- Schwerpunktsummenmethode (center of sums, COS) für Regeln, die mit dem SUM-MIN- oder SUM-PROD-Inferenzverfahren aggregiert wurden,
- Schwerpunktmethoden für vereinfachte oder erweiterte Zugehörigkeitsfunktionen.

15.4.5.4 Allgemeines Schwerpunktverfahren

Der scharfe Stellgrößenwert y_0 wird aus dem Flächenschwerpunkt der Zugehörigkeitsfunktion $\mu(y)$ ermittelt, y_0 entspricht dem Abszissenwert des Flächenschwerpunktes. Grundlage für die Berechnung des Stellgrößenwertes y_0 für allgemeine Zugehörigkeitsfunktionen $\mu(y)$ im Bereich Anfangswert y_a bis Endwert y_e ist die Flächenschwerpunktformel für den Abszissenwert

$$y_0 = \frac{\int_{y_a}^{y_e} y \cdot \mu(y)\,\mathrm{d}y}{\int_{y_a}^{y_e} \mu(y)\,\mathrm{d}y}.$$

Die numerische Integration ist zeitaufwendig, für regelungstechnische Anwendungen ist daher die Schwerpunktberechnung zu vereinfachen. Wird die linguistische Stellgröße y_L mit dreieckförmigen Zugehörigkeitsfunktionen modelliert, so erhält man als Ergebnis der MAX-MIN- oder MAX-PROD-Inferenz Zugehörigkeitsfunktionen $\mu(y)$, die aus n linearen Teilfunktionen

$$\mu(y) = \sum_{i=1}^{n} \mu_i(y), \quad \mu_i(y) = a_i + b_i \cdot y,$$

bestehen, a_i sind konstante Werte, b_i die Steigungen der Teilfunktionen. Mit y_{ai} als Anfangs- und y_{ei} als Endwert der Teilfunktion kann die Integration dann vorab ausgeführt werden:

$$y_0 = \frac{\int_{y_a}^{y_e} y \cdot \mu(y)\,\mathrm{d}y}{\int_{y_a}^{y_e} \mu(y)\,\mathrm{d}y} = \frac{\sum_{i=1}^{n} \int_{y_{ai}}^{y_{ei}} y \cdot (a_i + b_i \cdot y)\,\mathrm{d}y}{\sum_{i=1}^{n} \int_{y_{ai}}^{y_{ei}} (a_i + b_i \cdot y)\,\mathrm{d}y}$$

$$= \frac{\sum_{i=1}^{n} \left[\frac{a_i \cdot y^2}{2} + \frac{b_i \cdot y^3}{3}\right]_{y_{ai}}^{y_{ei}}}{\sum_{i=1}^{n} \left[a_i \cdot y + \frac{b_i \cdot y^2}{2}\right]_{y_{ai}}^{y_{ei}}} = \frac{\sum_{i=1}^{n} \left[\frac{a_i \cdot (y_{ei}^2 - y_{ai}^2)}{2} + \frac{b_i \cdot (y_{ei}^3 - y_{ai}^3)}{3}\right]}{\sum_{i=1}^{n} \left[a_i \cdot (y_{ei} - y_{ai}) + \frac{b_i \cdot (y_{ei}^2 - y_{ai}^2)}{2}\right]}.$$

15 Anwendung der Fuzzy-Logik in der Regelungstechnik

Beispiel 15.4-8: Mit dem MAX-MIN-Inferenzverfahren wurde die unscharfe Stellgröße y_L nach Bild 15.4-19 ermittelt. Die Erfüllungsgrade der Regeln sind:

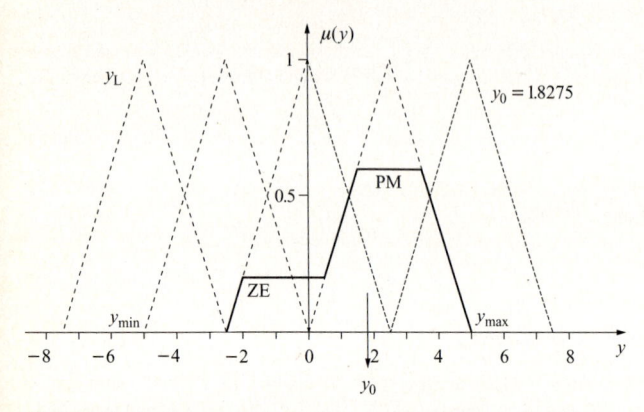

$$[\alpha_{yNG}, \alpha_{yNM}, \alpha_{yZE}, \alpha_{yPM}, \alpha_{yPG}] = [0.0, 0.0, 0.2, 0.6, 0.0].$$

Bild 15.4-19: Bestimmung der Stellgröße y_0 nach dem Schwerpunktverfahren

Für die Berechnung der Stellgröße y_0 nach dem Schwerpunktverfahren wird die Zugehörigkeitsfunktion $\mu(y)$ in $n = 5$ Geradengleichungen (Teilfunktionen) zerlegt:

$$\mu_1(y) = a_1 + b_1 \cdot y, \quad a_1 = 1.0, \quad b_1 = 0.4, \quad y_{a1} = -2.5, \quad y_{e1} = -2.0,$$
$$\mu_2(y) = a_2 + b_2 \cdot y, \quad a_2 = 0.2, \quad b_2 = 0.0, \quad y_{a2} = -2.0, \quad y_{e2} = 0.5,$$
$$\mu_3(y) = a_3 + b_3 \cdot y, \quad a_3 = 0.0, \quad b_3 = 0.4, \quad y_{a3} = 0.5, \quad y_{e3} = 1.5,$$
$$\mu_4(y) = a_4 + b_4 \cdot y, \quad a_4 = 0.6, \quad b_4 = 0.0, \quad y_{a4} = 1.5, \quad y_{e4} = 3.5,$$
$$\mu_5(y) = a_5 + b_5 \cdot y, \quad a_5 = 2.0, \quad b_5 = -0.4, \quad y_{a5} = 3.5, \quad y_{e5} = 5.0,$$

$$y_0 = \frac{\sum_{i=1}^{5}\left[\dfrac{a_i \cdot (y_{ei}^2 - y_{ai}^2)}{2} + \dfrac{b_i \cdot (y_{ei}^3 - y_{ai}^3)}{3}\right]}{\sum_{i=1}^{5}\left[a_i \cdot (y_{ei} - y_{ai}) + \dfrac{b_i \cdot (y_{ei}^2 - y_{ai}^2)}{2}\right]} = 1.8275.$$

Liegt, wie in diesem Fall, ein sich überlappender Polygonzug vor, dann kann die Formel weiter vereinfacht werden, da der Endwert y_{ei} einer Integration gleich dem Anfangswert y_{ai+1} der nächsten ist:

$$y_0 = \frac{\sum_{i=1}^{n}\left[\dfrac{a_i \cdot (y_{i+1}^2 - y_i^2)}{2} + \dfrac{b_i \cdot (y_{i+1}^3 - y_i^3)}{3}\right]}{\sum_{i=1}^{n}\left[a_i \cdot (y_{i+1} - y_i) + \dfrac{b_i \cdot (y_{i+1}^2 - y_i^2)}{2}\right]}.$$

Für das Beispiel sind die Anfangs- und Endwerte der Teilfunktionen:

$$y_1 = -2.5, \quad y_2 = -2.0, \quad y_3 = 0.5, \quad y_4 = 1.5, \quad y_5 = 3.5, \quad y_6 = 5.0.$$

Für die scharfe Stellgröße erhält man den Wert $y_0 = 1.8275$.

Die Berechnungen vereinfachen sich, wenn von den Koordinaten der Polygoneckpunkte ausgegangen wird. Mit den n Abschnitten des Polygons und den Koordinaten der Polygoneckpunkte $(\mu_i(y_i), y_i)$, $i = 1, \ldots, n+1$, erhält man die Teilfunktionen $\mu_i(y)$ in der Form

$$\mu_i(y) = \left[\mu_i(y_i) + \frac{\mu_{i+1}(y_{i+1}) - \mu_i(y_i)}{y_{i+1} - y_i} \cdot (y - y_i)\right],$$

$$\mu(y) = \sum_{i=1}^{n} \mu_i(y).$$

Damit ergibt sich eine Summenformel, die nur Koordinaten der Polygoneckpunkte enthält:

$$y_0 = \frac{\int\limits_{y_a}^{y_e} y \cdot \mu(y)\,dy}{\int\limits_{y_a}^{y_e} \mu(y)\,dy} = \frac{\sum_{i=1}^{n}\int\limits_{y_i}^{y_{i+1}} y \cdot \mu_i(y)\,dy}{\sum_{i=1}^{n}\int\limits_{y_i}^{y_{i+1}} \mu_i(y)\,dy} = \frac{\sum_{i=1}^{n}\int\limits_{y_i}^{y_{i+1}} y \cdot \left[\mu_i(y_i) + \frac{\mu_{i+1}(y_{i+1}) - \mu_i(y_i)}{y_{i+1} - y_i} \cdot (y - y_i)\right] dy}{\sum_{i=1}^{n}\int\limits_{y_i}^{y_{i+1}} \left[\mu_i(y_i) + \frac{\mu_{i+1}(y_{i+1}) - \mu_i(y_i)}{y_{i+1} - y_i} \cdot (y - y_i)\right] dy},$$

$$\boxed{y_0 = \frac{\sum_{i=1}^{n}[y_{i+1} - y_i] \cdot [(y_{i+1} + 2 \cdot y_i) \cdot \mu_i(y_i) + (2 \cdot y_{i+1} + y_i) \cdot \mu_{i+1}(y_{i+1})]}{3 \cdot \sum_{i=1}^{n}[y_{i+1} - y_i] \cdot [\mu_i(y_i) + \mu_{i+1}(y_{i+1})]}}.$$

Für das Beispiel sind die Koordinaten der Polygoneckpunkte:

$(\mu_1(y_1), y_1) = (0.0, -2.5)$, $\quad (\mu_2(y_2), y_2) = (0.2, -2.0)$,
$(\mu_3(y_3), y_3) = (0.2, 0.5)$, $\quad (\mu_4(y_4), y_4) = (0.6, 1.5)$,
$(\mu_5(y_5), y_5) = (0.6, 3.5)$, $\quad (\mu_6(y_6), y_6) = (0.0, 5.0)$.

Die abgeleiteten Formeln gelten auch für das MAX-PROD-Verfahren. Anstelle von Polygonzügen treten hierbei aus Dreiecken zusammengesetzte Zugehörigkeitsfunktionen auf.

Beispiel 15.4-9: Mit dem MAX-PROD-Inferenzverfahren wurde die unscharfe Stellgröße y_L nach Bild 15.4-20 ermittelt. Die Erfüllungsgrade der Regeln sind:

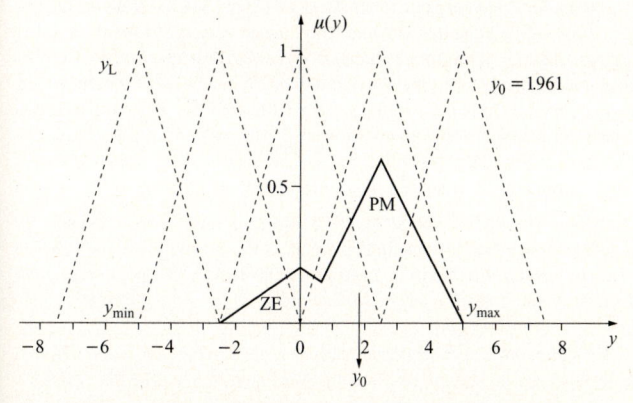

$$[\alpha_{yNG}, \alpha_{yNM}, \alpha_{yZE}, \alpha_{yPM}, \alpha_{yPG}] = [0.0, 0.0, 0.2, 0.6, 0.0].$$

Bild 15.4-20: Bestimmung der Stellgröße y_0 nach dem Schwerpunktverfahren

Die Schnittpunktkoordinaten der Zugehörigkeitsfunktionen $\mu_{yZE}(y)$ und $\mu_{yPM}(y)$ werden mit

$$\alpha_{yZE} \cdot \mu_{yZE}(y) = \alpha_{yPM} \cdot \mu_{yPM}(y),$$
$$0.2 \cdot \mu_{yZE}(y) = 0.6 \cdot \mu_{yPM}(y),$$

zu

$$(\mu_3(y_3), y_3) = (0.15, 0.625)$$

berechnet. Die Koordinaten der Eckpunkte der dreieckförmigen Teilfunktionen sind:

$$(\mu_1(y_1), y_1) = (0.0, -2.5), \quad (\mu_2(y_2), y_2) = (0.2, 0.0),$$
$$(\mu_3(y_3), y_3) = (0.15, 0.625), \quad (\mu_4(y_4), y_4) = (0.6, 2.5),$$
$$(\mu_5(y_5), y_5) = (0.0, 5.0).$$

Der Schwerpunkt und damit die scharfe Stellgröße y_0 ist

$$y_0 = \frac{\sum_{i=1}^{4}[y_{i+1} - y_i] \cdot [(y_{i+1} + 2 \cdot y_i) \cdot \mu_i(y_i) + (2 \cdot y_{i+1} + y_i) \cdot \mu_{i+1}(y_{i+1})]}{3 \cdot \sum_{i=1}^{4}[y_{i+1} - y_i] \cdot [\mu_i(y_i) + \mu_{i+1}(y_{i+1})]} = 1.961.$$

15.4.5.5 Schwerpunktsummen-Verfahren für die Inferenz mit der SUM-MIN, SUM-PROD-Methode

Bei der Anwendung der MAX-MIN- und MAX-PROD-Inferenz bei dreieck- und trapezförmigen Zugehörigkeitsfunktionen für die linguistische Stellgröße von Fuzzy-Reglern wird zur Aggregation der MAX-Operator eingesetzt. Der numerische Aufwand für die Berechnung der scharfen Stellgröße (Defuzzifizierung) nach dem allgemeinen Schwerpunktverfahren ist relativ hoch, da sich die Zugehörigkeitsfunktionen im allgemeinen überlappen.

Die MAX-Operation läßt sich analytisch nicht vereinfachen. Um den Schwerpunkt zu bestimmen, müssen für jede Stellgrößenberechnung (online, während des Regelungsvorgangs) zunächst aus den Schnittpunkten der einzelnen Zugehörigkeitsfunktionen $\mu_i(y)$ der Regeln die Koordinaten der Polygonzüge der Gesamtzugehörigkeitsfunktion $\mu(y)$ ermittelt werden.

Bei vereinfachten Schwerpunktverfahren für Zugehörigkeitsfunktionen, die bei der MAX-MIN- und MAX-PROD-Inferenz entstehen, werden aufwendige Schnittpunkt- und Koordinatenrechnungen vermieden. Eine Vereinfachung der Schwerpunktberechnung (Schwerpunktsummen-Verfahren) besteht darin, die Berechnungsschritte für die Zugehörigkeitsfunktionen jeder Regel getrennt durchzuführen, wobei Überlappungen mit benachbarten Zugehörigkeitsfunktionen nicht berücksichtigt werden (Bild 15.4-21). Überlappende Bereiche von Zugehörigkeitsfunktionen werden beim Schwerpunktsummen-Verfahren durch die getrennte Berechnung der Zugehörigkeitsfunktionen zweimal berücksichtigt. Bei der Defuzzifizierung wird ein geringer Fehler auftreten, der durch die Verringerung des Rechenaufwands gerechtfertigt ist.

Für Zugehörigkeitsfunktionen, die bei der SUM-MIN- und SUM-PROD-Inferenz entstehen, tritt bei der Defuzzifizierung nach dem Schwerpunktsummen-Verfahren kein Fehler auf. Überlappende Bereiche von Zugehörigkeitsfunktionen werden addiert, werden also durch die Aggregation mit dem SUM-Operator zweimal berücksichtigt. Das entspricht auch der Funktionsweise des SUM-Operators.

Wird das Schwerpunktsummen-Verfahren auf Zugehörigkeitsfunktionen, die durch MAX-MIN, MAX-PROD-Inferenz entstehen, angewendet, so entspricht das Inferenz-Verfahren der SUM-MIN-, SUM-PROD-Inferenz.

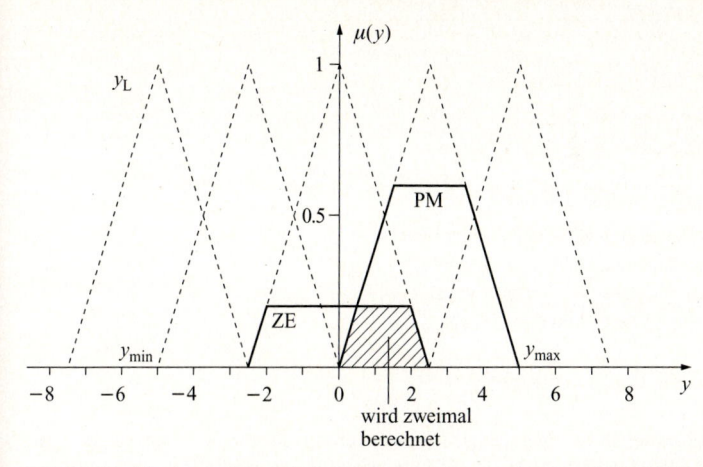

Bild 15.4-21: Überlappende Bereiche beim Schwerpunktsummen-Verfahren (MAX-MIN-Inferenz)

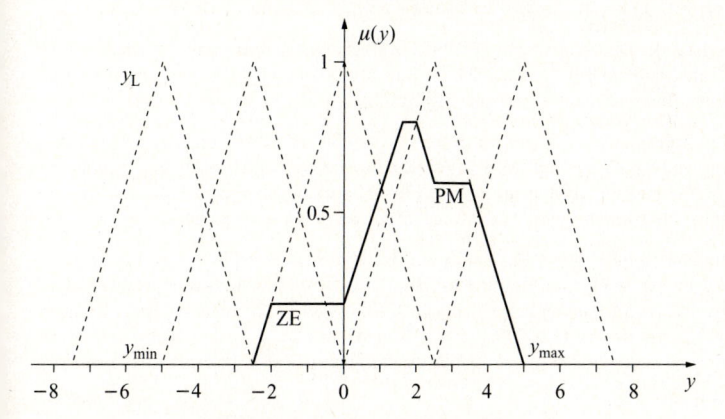

Bild 15.4-22: Schwerpunktsummen-Verfahren (SUM-MIN-Inferenz)

Das **Schwerpunktsummen-Verfahren** (center of sums, COS) berechnet mit Anfangswert y_{ai} und Endwert y_{ei} der Zugehörigkeitsfunktion $\mu_i(y)$ der Regel R_i, $i = 1, \ldots, r$ die Stellgröße y_0 mit der Gleichung:

$$y_0 = \frac{\int_{y_a}^{y_e} y \cdot \mu(y)\, dy}{\int_{y_a}^{y_e} \mu(y)\, dy} \approx \frac{\int_{y_{ai}}^{y_{ei}} \sum_{i=1}^{r} y \cdot \mu_i(y)\, dy}{\int_{y_{ai}}^{y_{ei}} \sum_{i=1}^{r} \mu_i(y)\, dy} = \frac{\sum_{i=1}^{r} \int_{y_{ai}}^{y_{ei}} y \cdot \mu_i(y)\, dy}{\sum_{i=1}^{r} \int_{y_{ai}}^{y_{ei}} \mu_i(y)\, dy}.$$

Mit den statischen Momenten $M_{\mu i}$ und den Flächen A_i der Zugehörigkeitsfunktionen $\mu_i(y)$ berechnet sich die Stellgröße y_0 nach dem Schwerpunktsummen-Verfahren:

$$y_0 = \frac{\sum_{i=1}^{r} \int_{y_{ai}}^{y_{ei}} y \cdot \mu_i(y) \, dy}{\sum_{i=1}^{r} \int_{y_{ai}}^{y_{ei}} \mu_i(y) \, dy} = \frac{\sum_{i=1}^{r} M_{\mu i}}{\sum_{i=1}^{r} A_i},$$

$i = 1, \ldots, r$, r = Anzahl der Regeln R_i,
y_{ai} = Anfangswert der Zugehörigkeitsfunktion einer Regel,
y_{ei} = Endwert der Zugehörigkeitsfunktion einer Regel,
$M_{\mu i}$ = Moment der Zugehörigkeitsfunktion einer Regel,
A_i = Fläche der Zugehörigkeitsfunktion einer Regel,

$$M_{\mu i} = \int_{y_{ai}}^{y_{ei}} y \cdot \mu_i(y) \, dy, \quad A_i = \int_{y_{ai}}^{y_{ei}} \mu_i(y) \, dy.$$

Das Schwerpunktsummen-Verfahren berechnet den Schwerpunkt exakt für die Aggregation nach der SUM-MIN-, SUM-PROD-Inferenz-Methode, näherungsweise für die MAX-MIN-, MAX-PROD-Inferenz.

Die technische Anwendung der Defuzzifizierungsverfahren in Fuzzy-Regelungen erfordert schnelle Algorithmen. Der Fuzzy-Regler muß online, also während des Regelungsvorgangs, für jeden Abtastschritt alle Teilschritte Fuzzifizierung, Inferenz und Defuzzifizierung ausführen.

Zeitaufwendige Verfahren müssen daher so aufbereitet werden, daß Berechnungen mit konstanten Parametern (Werten von Daten- und Regelbasis) offline, also vor dem Regelungsvorgang ausgeführt werden. Ziel der Vereinfachungen ist, Funktionen für Moment $M_{\mu i}$ und Fläche A_i der Zugehörigkeitsfunktion $\mu_i(y)$ einer Regel nur noch abhängig vom Erfüllungsgrad α_i der Regel darzustellen und zu berechnen.

Für Zugehörigkeitsfunktionen sind Moment $M_{\mu i}$ und Fläche A_i abhängig vom Erfüllungsgrad α_i der jeweiligen Regel R_i. Für **allgemeine Trapezfunktionen** nach Bild 15.4-23 werden Moment $M_{\mu i}$ und Fläche A_i berechnet. Hierbei wird das Trapez mit den Bezeichnungen Anfangswert y_{ei}, Endwert y_{ai}, linker Kennwert y_{li}, rechter Kennwert y_{ri} beschrieben. Der Erfüllungsgrad α_i begrenzt das Trapez in der Höhe α_i und erzeugt die für die Berechnung benötigten Größen y'_{li} und y'_{ri}. Für die drei Intervalle des Trapezes erhält man:

linkes Intervall $y_{ai} \leq y \leq y'_{li}$:

$$y'_{li} = y_{ai} + \alpha_i \cdot (y_{li} - y_{ai}),$$
$$\mu_{li}(y) = \frac{y - y_{ai}}{y_{li} - y_{ai}}$$

mittleres Intervall $y'_{li} \leq y \leq y'_{ri}$:

$$\mu_{mi}(y) = \alpha_i,$$

rechtes Intervall $y'_{ri} \leq y \leq y_{ei}$:

$$y'_{ri} = y_{ri} + (1 - \alpha_i) \cdot (y_{ei} - y_{ri}),$$
$$\mu_{ri}(y) = \frac{y_{ei} - y}{y_{ei} - y_{ri}}.$$

15.4 Fuzzy-Regelungen und -Steuerungen (Fuzzy-Control)

Der Schwerpunkt y_0 einer **allgemeinen Trapezfunktion** (Bild 15.4-23), die mit α_i in der Höhe begrenzt ist, berechnet sich mit:

$$y_0 = \frac{\int_{y_{ai}}^{y'_{li}} y \cdot \mu_{li}(y)\,dy + \int_{y'_{li}}^{y'_{ri}} y \cdot \mu_{mi}(y)\,dy + \int_{y'_{ri}}^{y_{ei}} y \cdot \mu_{ri}(y)\,dy}{\int_{y_{ai}}^{y'_{li}} \mu_{li}(y)\,dy + \int_{y'_{li}}^{y'_{ri}} \mu_{mi}(y)\,dy + \int_{y'_{ri}}^{y_{ei}} \mu_{ri}(y)\,dy},$$

$$y_0 = \frac{\sum_{i=1}^{r} M_{\mu i}}{\sum_{i=1}^{r} A_i} = \frac{\sum_{i=1}^{r}(a_{i3}\cdot\alpha_i^3 + a_{i2}\cdot\alpha_i^2 + a_{i1}\cdot\alpha_i)}{\sum_{i=1}^{r}(b_{i2}\cdot\alpha_i^2 + b_{i1}\cdot\alpha_i)},$$

$$M_{\mu i} = a_{i3}\cdot\alpha_i^3 + a_{i2}\cdot\alpha_i^2 + a_{i1}\cdot\alpha_i,$$

$$A_i = b_{i2}\cdot\alpha_i^2 + b_{i1}\cdot\alpha_i.$$

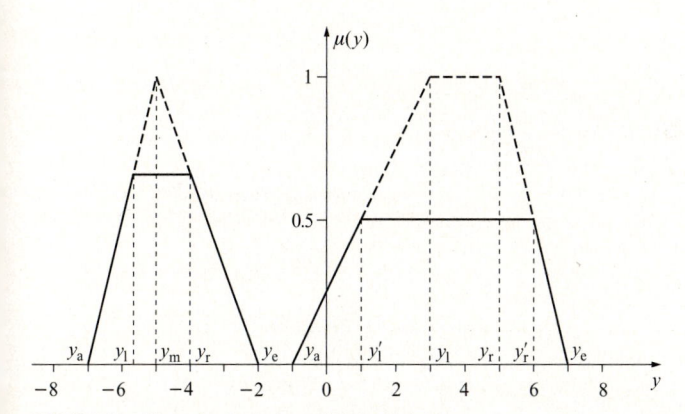

Bild 15.4-23: Allgemeine Dreiecks- und Trapezfunktionen

Moment $M_{\mu i}$ und Fläche A_i von allgemeinen und symmetrischen Trapezfunktionen sind in Abhängigkeit von α_i in Tabelle 15.4-6 angegeben. Für symmetrische Trapezfunktionen ist

$$y_{li} = y_{ai} + y_{di},\quad y_{ri} = y_{ei} - y_{di},$$
$$y_{di} = y_{ei} - y_{ri} = y_{li} - y_{ai}.$$

Da die Trapezkenngrößen $y_{ai}, y_{li}, y_{ri}, y_{ei}$ in der Regelbasis festgelegt sind, können die Koeffizienten $a_{i3}, a_{i2}, a_{i1}, b_{i2}, b_{i1}$ vorab (offline) berechnet werden.

Für **Dreiecksfunktionen** (Bild 15.4-23) vereinfachen sich die Gleichungen. Der Modalwert y_{mi} gibt die Position des Maximums der Dreiecksfunktion an. Die Werte y_{li}, y_{ri} der Trapezformel werden durch die Modalwerte

$$y_{mi} = y_{li} = y_{ri}$$

der Dreiecksfunktionen ersetzt. Moment und Fläche von allgemeinen und symmetrische Dreiecksfunktionen, die in der Höhe α_i begrenzt sind, ergeben mit den Werten von Tabelle 15.4-7 den Schwerpunkt:

$$y_0 = \frac{\sum_{i=1}^{r} M_{\mu i}}{\sum_{i=1}^{r} A_i} = \frac{\sum_{i=1}^{r}(a_{i3} \cdot \alpha_i^3 + a_{i2} \cdot \alpha_i^2 + a_{i1} \cdot \alpha_i)}{\sum_{i=1}^{r}(b_{i2} \cdot \alpha_i^2 + b_{i1} \cdot \alpha_i)}.$$

Tabelle 15.4-6: Koeffizienten für die Berechnung des Schwerpunktsummen-Verfahrens für Trapezfunktionen

allgemeine Trapezfunktion	symmetrische Trapezfunktion
$a_{i3} = \dfrac{(y_{ai} - y_{li} - y_{ri} + y_{ei}) \cdot (-y_{ai} + y_{li} - y_{ri} + y_{ei})}{6}$	$a_{i3} = 0$
$a_{i2} = \dfrac{y_{ai}^2 - y_{ai} \cdot y_{li} + y_{ei} \cdot y_{ri} - y_{ei}^2}{2}$	$a_{i2} = \dfrac{-y_{di} \cdot (y_{ai} + y_{ei})}{2}$
$a_{i1} = \dfrac{-y_{ai}^2 + y_{ei}^2}{2}$	$a_{i1} = \dfrac{-y_{ai}^2 + y_{ei}^2}{2}$
$b_{i2} = \dfrac{y_{ai} - y_{li} + y_{ri} - y_{ei}}{2}$	$b_{i2} = -y_{di}$
$b_{i1} = -y_{ai} + y_{ei}$	$b_{i1} = -y_{ai} + y_{ei}$

Tabelle 15.4-7: Koeffizienten für die Berechnung mit dem Schwerpunktsummen-Verfahren für Dreiecksfunktionen

allgemeine Dreiecksfunktion	symmetrische Dreiecksfunktion
$a_{i3} = \dfrac{-y_{ai}^2 + 2 \cdot y_{ai} \cdot y_{mi} - 2 \cdot y_{mi} \cdot y_{ei} + y_{ei}^2}{6}$	$a_{i3} = 0$
$a_{i2} = \dfrac{y_{ai}^2 - y_{ai} \cdot y_{mi} + y_{ei} \cdot y_{mi} - y_{ei}^2}{2}$	$a_{i2} = \dfrac{y_{ai}^2 - y_{ei}^2}{4}$
$a_{i1} = \dfrac{-y_{ai}^2 + y_{ei}^2}{2}$	$a_{i1} = \dfrac{-y_{ai}^2 + y_{ei}^2}{2}$
$b_{i2} = \dfrac{y_{ai} - y_{ei}}{2}$	$b_{i2} = -y_{ai} + y_{ei}$
$b_{i1} = -y_{ai} + y_{ei}$	$b_{i1} = y_{ai} - y_{ei}$

Beispiel 15.4-10: Die linguistischen Werte der unscharfen Stellgröße y_L sind mit symmetrischen Dreiecksfunktionen, Anfangswert y_{ai}, Modalwert y_{mi}, Endwert y_{ei}, definiert (Bild 15.4-24):

$\mu_{yNG}(y)$, $y_{a1} = -7.5$, $y_{m1} = -5.0$, $y_{e1} = -2.5$,
$\mu_{yNM}(y)$, $y_{a2} = -5.0$, $y_{m2} = -2.5$, $y_{e2} = 0.0$,
$\mu_{yZE}(y)$, $y_{a3} = -2.5$, $y_{m3} = 0.0$, $y_{e3} = 2.5$,
$\mu_{yPM}(y)$, $y_{a4} = 0.0$, $y_{m4} = 2.5$, $y_{e4} = 5.0$,
$\mu_{yPG}(y)$, $y_{a5} = 2.5$, $y_{m5} = 5.0$, $y_{e5} = 7.5$.

Da hier symmetrische Dreiecksfunktionen eingesetzt werden, sind die Koeffizientengleichungen:

$$a_{i2} = \frac{y_{ai}^2 - y_{ei}^2}{4},$$

$a_{12} = 12.5$, $a_{22} = 6.25$, $a_{32} = 0.0$, $a_{42} = -6.25$, $a_{52} = -12.5$,

$$a_{i1} = \frac{-y_{ai}^2 + y_{ei}^2}{2},$$
$a_{11} = -25.0, \quad a_{21} = -12.5, \quad a_{31} = 0.0, \quad a_{41} = 12.5, \quad a_{51} = 25.0,$
$b_{i2} = -y_{ai} + y_{ei} = 5.0,$
$b_{i1} = y_{ai} - y_{ei} = -5.0.$

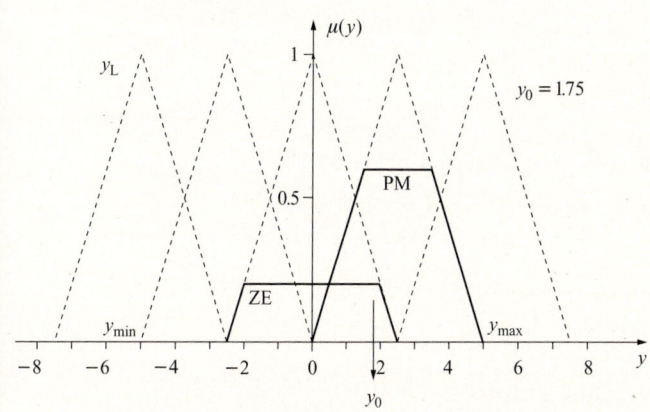

Bild 15.4-24: Berechnung der Stellgröße nach dem Schwerpunktsummen-Verfahren

Für das Beispiel werden die Erfüllungsgrade α_i der Regeln von Beispiel 15.4-8 eingesetzt:

$[\alpha_{yNG}, \alpha_{yNM}, \alpha_{yZE}, \alpha_{yPM}, \alpha_{yPG}] = [\alpha_1, \alpha_2, \alpha_3, \alpha_4, \alpha_5] = [0.0, 0.0, 0.2, 0.6, 0.0].$

Die Stellgröße nach dem Schwerpunktsummen-Verfahren ist:

$$y_0 = \frac{\sum_{i=1}^{r} M_{\mu i}}{\sum_{i=1}^{r} A_i} = \frac{\sum_{i=1}^{r}(a_{i2} \cdot \alpha_i^2 + a_{i1} \cdot \alpha_i)}{\sum_{i=1}^{r}(b_{i2} \cdot \alpha_i^2 + b_{i1} \cdot \alpha_i)}.$$

Da nur die Regeln mit den Zugehörigkeitsfunktionen μ_{yZE}, μ_{yPM} mit $\alpha_3 = 0.2, \alpha_4 = 0.6$ aktiviert sind, erhält man für Momente und Flächen:

$M_{\mu 3} = a_{32} \cdot \alpha_3^2 + a_{31} \cdot \alpha_3 = 0.0,$
$M_{\mu 4} = a_{42} \cdot \alpha_4^2 + a_{41} \cdot \alpha_4 = -6.25 \cdot 0.36 + 12.5 \cdot 0.6 = 5.25,$
$A_3 = b_{32} \cdot \alpha_3^2 + b_{31} \cdot \alpha_3 = -2.5 \cdot 0.04 + 5.0 \cdot 0.2 = 0.9,$
$A_4 = b_{42} \cdot \alpha_4^2 + b_{41} \cdot \alpha_4 = -2.5 \cdot 0.36 + 5.0 \cdot 0.6 = 2.1,$
$y_0 = \dfrac{M_{\mu 3} + M_{\mu 4}}{A_3 + A_4} = 1.75.$

15.4.5.6 Schwerpunktverfahren für vereinfachte Zugehörigkeitsfunktionen (Rechteckfunktionen)

Um den Berechnungsaufwand für die Stellgröße weiter zu reduzieren, werden bei den hier untersuchten Schwerpunktverfahren die Zugehörigkeitsfunktionen der linguistischen Ausgangsvariablen vereinfacht. Die Berechnungen der Stellgröße werden nach der allgemeinen Schwerpunktmethode durchgeführt.

Die Berechnungen für den Schwerpunkt lassen sich vereinfachen, wenn anstelle von dreieck- oder trapezförmigen Zugehörigkeitsfunktionen für die linguistischen Werte der Stellgröße y_L von rechteckförmigen Funktionen ausgegangen wird. Mit den Inferenzverfahren ergeben sich rechteckförmige Zugehörigkeitsfunktionen für die r Regeln der unscharfen Stellgröße, die Höhe der Rechtecke entspricht dem Erfüllungsgrad der jeweiligen Regel:

$$\mu_i(y) = \alpha_i, \quad \text{für } y_i \leq y < y_{i+1}, i = 1, \ldots, r,$$

$$\mu(y) = \sum_{i=1}^{r} \mu_i(y).$$

Der Schwerpunkt von $\mu(y)$ ist die scharfe Stellgröße y_0:

$$y_0 = \frac{\int_{y_a}^{y_e} y \cdot \mu(y)\,dy}{\int_{y_a}^{y_e} \mu(y)\,dy} = \frac{\sum_{i=1}^{r}\int_{y_i}^{y_{i+1}} y \cdot \mu_i(y)\,dy}{\sum_{i=1}^{r}\int_{y_i}^{y_{i+1}} \mu_i(y)\,dy} = \frac{\sum_{i=1}^{r}\int_{y_i}^{y_{i+1}} y \cdot \alpha_i\,dy}{\sum_{i=1}^{r}\int_{y_i}^{y_{i+1}} \alpha_i\,dy} = \frac{\sum_{i=1}^{r}\left[\alpha_i \cdot \dfrac{y_{i+1}^2 - y_i^2}{2}\right]}{\sum_{i=1}^{r}\alpha_i \cdot (y_{i+1} - y_i)},$$

$$\boxed{y_0 = \frac{\sum_{i=1}^{r}\left[\alpha_i \cdot \dfrac{y_{i+1}^2 - y_i^2}{2}\right]}{\sum_{i=1}^{r}\alpha_i \cdot (y_{i+1} - y_i)} = \frac{\sum_{i=1}^{r} A_i \cdot y_{0i}}{\sum_{i=1}^{r} A_i}.}$$

A_i ist die Fläche der Teilfunktion $\mu_i(y)$, y_{0i} der Schwerpunkt der Teilfläche A_i:

$$\alpha_i \cdot \frac{y_{i+1}^2 - y_i^2}{2} = \alpha_i \cdot (y_{i+1} - y_i) \cdot \frac{y_i + y_{i+1}}{2} = A_i \cdot y_{0i},$$

$$A_i = \alpha_i \cdot (y_{i+1} - y_i), \quad y_{0i} = \frac{y_{i+1} + y_i}{2}.$$

Beispiel 15.4-11: Die linguistischen Werte der unscharfen Stellgröße y_L werden mit Rechteckfunktionen modelliert (Bild 15.4-25):

$\mu_{yNG}(y) = 1.0$ für $-6.25 \leq y < -3.75$, sonst 0.0,

$\mu_{yNM}(y) = 1.0$ für $-3.75 \leq y < -1.25$, sonst 0.0,

$\mu_{yZE}(y) = 1.0$ für $-1.25 \leq y < 1.25$, sonst 0.0,

$\mu_{yPM}(y) = 1.0$ für $1.25 \leq y < 3.75$, sonst 0.0,

$\mu_{yPG}(y) = 1.0$ für $3.75 \leq y \leq 6.25$, sonst 0.0.

Für die Erfüllungsgrade der Regeln werden die Werte von Beispiel 15.4-8 verwendet (Bild 15.4-26).

$[\alpha_{yNG}, \alpha_{yNM}, \alpha_{yZE}, \alpha_{yPM}, \alpha_{yPG}] = [\alpha_1, \alpha_2, \alpha_3, \alpha_4, \alpha_5] = [0.0, 0.0, 0.2, 0.6, 0.0],$

$A_i = \alpha_i \cdot (y_{i+1} - y_i), \quad y_{0i} = (y_i + y_{i+1})/2,$

$\mu_1(y) = \mu_{yNG}(y) = \alpha_1 = 0.0 \quad \text{für } -6.25 \leq y < -3.75,$
$A_1 = \alpha_1 \cdot 2.5 = 0.0, \quad y_{01} = (-6.25 - 3.75)/2 = -5.0,$

$\mu_2(y) = \mu_{yNM}(y) = \alpha_2 = 0.0 \quad \text{für } -3.75 \leq y < -1.25,$
$A_2 = \alpha_2 \cdot 2.5 = 0.0, \quad y_{02} = (-3.75 - 1.25)/2 = -2.5,$

$$\mu_3(y) = \mu_{yZE}(y) = \alpha_3 = 0.2 \quad \text{für} \ -1.25 \le y < 1.25,$$
$$A_3 = \alpha_3 \cdot 2.5 = 0.2 \cdot 2.5 = 0.5, \quad y_{03} = (-1.25 + 1.25)/2 = 0.0,$$

$$\mu_4(y) = \mu_{yPM}(y) = \alpha_4 = 0.6 \quad \text{für} \ 1.25 \le y < 3.75,$$
$$A_4 = \alpha_4 \cdot 2.5 = 0.6 \cdot 2.5 = 1.5, \quad y_{04} = (1.25 + 3.75)/2 = 2.5,$$

$$\mu_5(y) = \mu_{yPG}(y) = \alpha_5 = 0.0 \quad \text{für} \ 3.75 \le y \le 6.25,$$
$$A_5 = \alpha_5 \cdot 2.5 = 0.0, \quad y_{05} = (3.75 + 6.25)/2 = 5.0.$$

Berechnung der scharfen Stellgröße y_0:

$$y_0 = \frac{\sum\limits_{i=1}^{r} A_i \cdot y_{0i}}{\sum\limits_{i=1}^{r} A_i} = \frac{A_3 \cdot y_{03} + A_4 \cdot y_{04}}{A_3 + A_4} = \frac{0.5 \cdot 0.0 + 1.5 \cdot 2.5}{0.5 + 1.5} = 1.875.$$

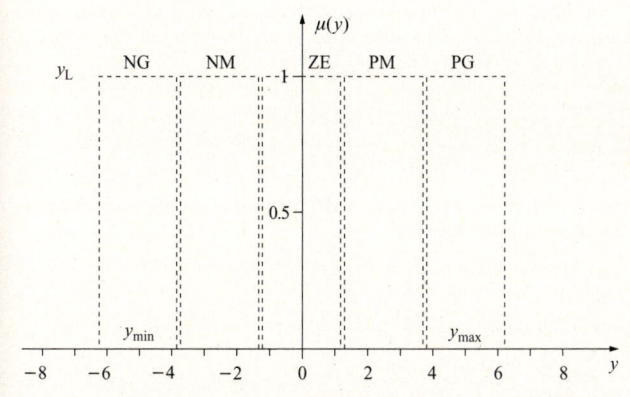

Bild 15.4-25: Rechteckförmige Zugehörigkeitsfunktionen der linguistischen Variablen Stellgröße y_L

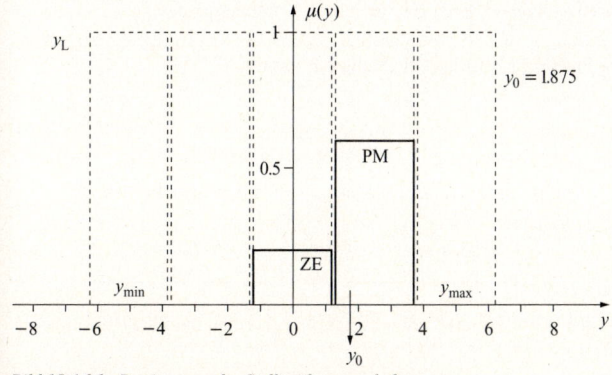

Bild 15.4-26: Bestimmung der Stellgröße y_0 nach dem Schwerpunktverfahren für rechteckförmige Zugehörigkeitsfunktionen

15.4.5.7 Schwerpunktverfahren für vereinfachte Zugehörigkeitsfunktionen (Singletons)

Rechenaufwand und Speicherbedarf für die Defuzzifizierung können weiter reduziert werden, wenn die Breite der rechteckförmigen Zugehörigkeitsfunktionen nach Abschnitt 15.4.5.6 gegen Null und die Fläche der Rechtecke nach Eins geht. Die Zugehörigkeitsfunktionen liegen dann als **Singletons** vor, die unscharfen Mengen der linguistischen Werte von y_L sind mit Wertepaaren $(\mu(y_i), y_i)$ definiert (Abschnitt 15.1.2.2, Beispiel 15.1-6). Die Qualität von Fuzzy-Steuerungen und -Regelungen wird durch die Verwendung von Singletons für unscharfe Ausgangsvariablen nicht beeinträchtigt.

Für die Anwendung der Flächenschwerpunktformel werden die Singletons mit der DIRAC-Funktion erklärt. Die Funktion $\delta(y_i)$ hat die Fläche Eins, die Breite geht gegen Null, die Höhe gegen unendlich:

$$\int \delta(y_i)\,dy = 1,$$

$$\delta(y_i) = \begin{cases} 0, & \text{für } y \neq y_i, \\ \infty, & \text{für } y = y_i. \end{cases}$$

Mit den Inferenzverfahren werden impulsförmige Zugehörigkeitsfunktionen von y_L in der Fläche begrenzt, die Flächengröße wird mit der Länge des Singletons dargestellt, in der graphischen Darstellung entspricht die Länge dem Erfüllungsgrad α_i der jeweiligen Regel (Bild 15.4-27, 28):

$$\mu_i(y) = \alpha_i \cdot \delta(y_i), \quad i = 1, \ldots, r,$$

$$\mu(y) = \sum_{i=1}^{r} \mu_i(y) = \sum_{i=1}^{r} \alpha_i \cdot \delta(y_i).$$

r ist die Anzahl der Regeln, y_i sind die Positionen der Singletons. Der Schwerpunkt wird für den Bereich zwischen y_a und y_e, in dem die Singletons liegen, berechnet:

$$y_0 = \frac{\int_{y_a}^{y_e} y \cdot \mu(y)\,dy}{\int_{y_a}^{y_e} \mu(y)\,dy} = \frac{\sum_{i=1}^{r}\int_{y_a}^{y_e} y \cdot \alpha_i \cdot \delta(y_i)\,dy}{\sum_{i=1}^{r}\int_{y_a}^{y_e} \alpha_i \cdot \delta(y_i)\,dy} = \frac{\sum_{i=1}^{r} y_i \cdot \alpha_i}{\sum_{i=1}^{r} \alpha_i}.$$

Die Integration liefert als Ergebnis die Summe der mit α_i begrenzten Einheitsflächen der Singletons multipliziert mit den Singleton-Positionen y_i dividiert durch die Summe der Erfüllungsgrade α_i.

Das **Schwerpunktverfahren** für Singletons berechnet die Stellgröße y_0 mit:

$$y_0 = \frac{\sum_{i=1}^{r} y_i \cdot \alpha_i}{\sum_{i=1}^{r} \alpha_i},$$

$\alpha_i, i = 1, \ldots, r,$ Erfüllungsgrad der Regel R_i,

y_i = Singleton-Position.

Beispiel 15.4-12: Die linguistischen Werte der unscharfen Stellgröße y_L werden mit Singletons (Impulsfunktionen) definiert (Bild 15.4-27):

$$\mu_{y\text{NG}}(y) = \delta(y_1), \quad 1.0 \text{ für } y = y_1 = -5.0, \quad \text{sonst } 0.0,$$
$$\mu_{y\text{NM}}(y) = \delta(y_2), \quad 1.0 \text{ für } y = y_2 = -2.5, \quad \text{sonst } 0.0,$$

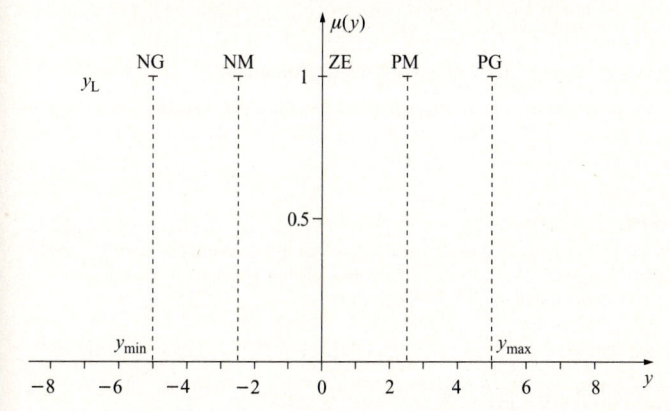

$$\mu_{yZE}(y) = \delta(y_3), \quad 1.0 \text{ für } y = y_3 = 0.0, \quad \text{sonst } 0.0,$$
$$\mu_{yPM}(y) = \delta(y_4), \quad 1.0 \text{ für } y = y_4 = 2.5, \quad \text{sonst } 0.0,$$
$$\mu_{yPG}(y) = \delta(y_5), \quad 1.0 \text{ für } y = y_5 = 5.0, \quad \text{sonst } 0.0.$$

Bild 15.4-27: Impulsförmige Zugehörigkeitsfunktionen für die linguistische Variable Stellgröße y_L

Für die Erfüllungsgrade der Regeln werden die Werte von Beispiel 15.4-8 verwendet (Bild 15.4-28).

$$[\alpha_{yNG}, \alpha_{yNM}, \alpha_{yZE}, \alpha_{yPM}, \alpha_{yPG}] = [\alpha_1, \alpha_2, \alpha_3, \alpha_4, \alpha_5] = [0.0, 0.0, 0.2, 0.6, 0.0],$$
$$\mu_1(y) = \alpha_1 \cdot \delta(y_1) = 0.0,$$
$$\mu_2(y) = \alpha_2 \cdot \delta(y_2) = 0.0,$$
$$\mu_3(y) = \alpha_3 \cdot \delta(y_3) = 0.2 \cdot \delta(y_3), \quad y_3 = 0.0,$$
$$\mu_4(y) = \alpha_4 \cdot \delta(y_4) = 0.6 \cdot \delta(y_4), \quad y_4 = 2.5,$$
$$\mu_5(y) = \alpha_5 \cdot \delta(y_5) = 0.0.$$

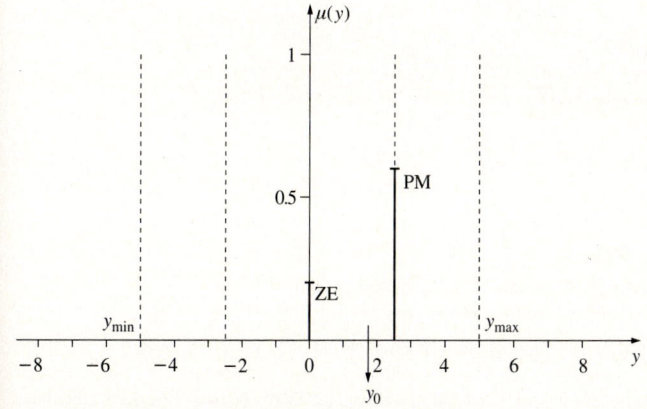

Bild 15.4-28: Bestimmung der Stellgröße y_0 nach dem Schwerpunktverfahren für impulsförmige Zugehörigkeitsfunktionen

Berechnung der scharfen Stellgröße y_0:

$$y_0 = \frac{\sum_{i=1}^{r} y_i \cdot \alpha_i}{\sum_{i=1}^{r} \alpha_i} = \frac{y_3 \cdot \alpha_3 + y_4 \cdot \alpha_4}{\alpha_3 + \alpha_4} = \frac{0.0 \cdot 0.2 + 2.5 \cdot 0.6}{0.2 + 0.6} = 1.875.$$

15.4.5.8 Schwerpunktverfahren für erweiterte Zugehörigkeitsfunktionen

Bei den bisher untersuchten Beispielen wurde der Wertebereich der linguistischen Variablen über die einstellbaren Grenzwerte y_{min}, y_{max} hinaus erweitert. Das hat bei der Anwendung der Schwerpunktmethode zur Defuzzifizierung den Vorteil, daß der gesamte Wertebereich der Stellgröße

$$y_{min} \leq y \leq y_{max}$$

eingestellt werden kann. Ist die Regel μ_{yNG} für die negativ-große oder μ_{yPG} für die positiv-große Stellgröße mit Eins aktiviert, dann ergibt die Defuzzifizierung nach der Schwerpunktmethode den Grenzwert y_{min} oder y_{max} als scharfen Stellgrößenwert, wenn die Definition der Zugehörigkeitsfunktion über die Grenzwerte hinaus vorgenommen wurde. Bild 15.4-29 enthält beide Grenzeinstellungen.

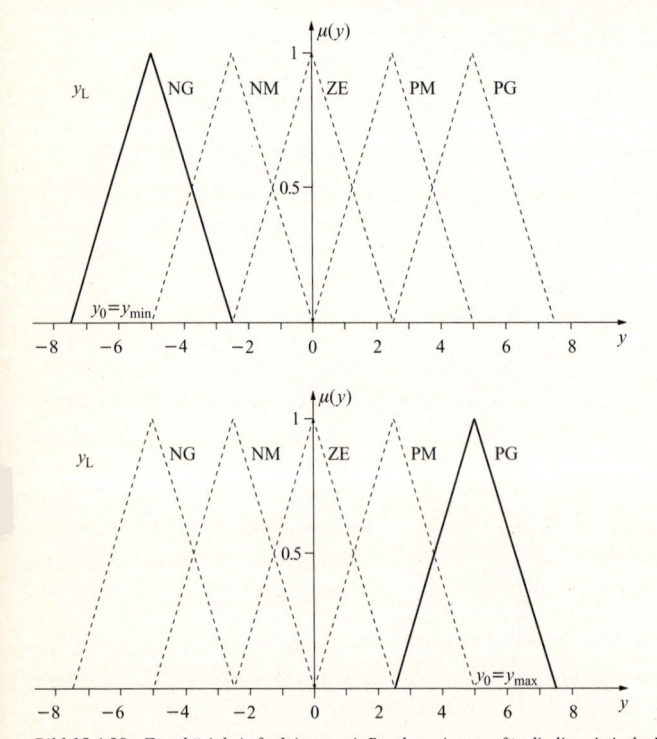

Bild 15.4-29: Zugehörigkeitsfunktionen mit Randerweiterung für die linguistische Variable Stellgröße y_L

Bei den dreieckförmigen Zugehörigkeitsfunktionen für y_L für die Randbereiche nach Bild 15.4-30 können bei der Defuzzifizierung nach dem Schwerpunktverfahren die Grenzwerte y_{min}, y_{max} nicht eingestellt werden, da der Flächenschwerpunkt immer zwischen y_{min} und y_{max} liegt.

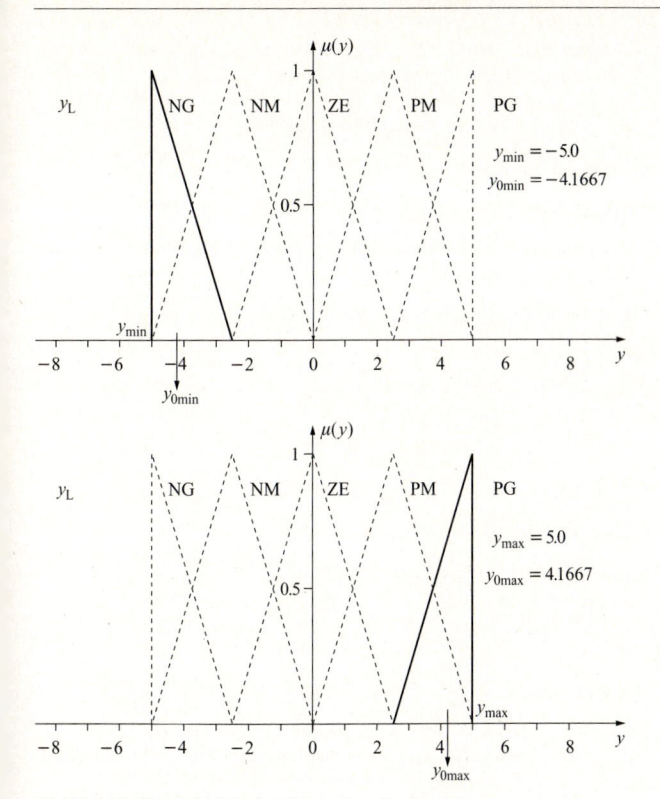

Bild 15.4-30: Zugehörigkeitsfunktionen ohne Randerweiterung

Der Schwerpunkt und damit der scharfe Stellgrößenwert für die Darstellung nach Bild 15.4-30 kann nur die Werte

$$y_{0min} = -4.1667 > y_{min} = -5.0,$$

$$y_{0max} = 4.1667 < y_{max} = 5.0$$

annehmen. Eine Erweiterung des Definitionsbereichs für die Randwerte der linguistischen Variablen y_L vermeidet die Reduzierung des Stellbereichs.

15.4.6 Struktur und Komponenten von funktionalen Fuzzy-Reglern

15.4.6.1 Unterschiede von relationalen und funktionalen Fuzzy-Reglern

Relationale Fuzzy-Regler nach MAMDANI erzeugen mit Schlußfolgerungen unscharfe Mengen, aus denen mit Defuzzifizierungsverfahren scharfe Stellgrößen abgeleitet werden.

Funktionale Fuzzy-Regler nach SUGENO, TAKAGI und KANG bilden mit scharfen Schlußfolgerungen Stellgrößenwerte mit Funktionen der Eingangsgrößen. Die Funktionswerte werden mit den Erfüllungsgraden der Regeln gewichtet, das Ergebnis ist die scharfe Stellgröße. Unterschiede zwischen relationalen und funktionalen Fuzzy-Reglern sind bei der Regelbasis (Konklusion), der Aggregation und der Defuzzifizierung zu sehen (Tabelle 15.4-8).

Der kennzeichnende Unterschied zwischen den beiden Fuzzy-Reglern besteht im Aufbau der Regelbasis. Eine Regelbasis für relationale Regler enthält Regeln R_i der Form (Abschnitt 15.4.4.1):

$$R_i : \text{WENN } x_{L1} = w_{L1j} \text{ UND } \ldots \text{ UND } x_{Ln} = w_{Lnk} \text{ DANN } y_L = w_{Ll},$$

Regelprämisse (WENN-Teil): $x_{L1} = w_{L1j}$ UND ... UND $x_{Ln} = w_{Lnk}$,

Konklusion (DANN-Teil): $y_L = w_{Ll}$.

w_{L1j}, w_{Lnk} sind linguistische Werte der linguistischen Variablen $x_{L1}, \ldots, x_{Ln}$ der Prämisse, w_{Ll} der linguistische Wert der linguistischen Variablen y_L der Konklusion.

Bei funktionalen Reglern erster Ordnung hat die Regelbasis folgende Struktur:

$$R_i : \text{WENN } \langle x_{L1} \text{ ist } w_{L1j}\rangle \text{ UND } \ldots \text{ UND } \langle x_{Ln} \text{ ist } w_{Lnk}\rangle$$
$$\text{DANN } y_i = c_{0i} + c_{1i} \cdot x_1 + c_{2i} \cdot x_2 + \ldots + c_{ni} \cdot x_n,$$

oder vereinfacht:

$$R_i : \text{WENN } x_{L1} = w_{L1j} \text{ UND } \ldots \text{ UND } x_{Ln} = w_{Lnk}$$
$$\text{DANN } y_i = c_{0i} + c_{1i} \cdot x_1 + c_{2i} \cdot x_2 + \ldots + c_{ni} \cdot x_n.$$

Die Prämisse der Regel (WENN-Teil) ist:

$$x_{L1} = w_{L1j} \text{ UND } \ldots \text{ UND } x_{Ln} = w_{Lnk},$$

die Konklusion (DANN-Teil):

$$y_i = c_{0i} + c_{1i} \cdot x_1 + c_{2i} \cdot x_2 + \ldots + c_{ni} \cdot x_n.$$

R_i ist die i-te Regel, $w_{L1j}, \ldots, w_{Lnk}$ sind linguistische Werte der linguistischen Variablen $x_{L1}, \ldots, x_{Ln}$ der Prämisse. y_i ist der scharfe Stellgrößenwert der Regel R_i, $c_{0i}, \ldots, c_{ni}$ sind Konstanten, $x_1, \ldots, x_n$ die scharfen Werte der Eingangsgrößen.

Die Prämissen haben die gleiche Struktur wie bei relationalen Reglern. Im Schlußfolgerungsteil von funktionalen Reglern treten keine linguistischen Ausdrücke auf, die scharfe Stellgröße y_i der zugehörigen Regel wird mit den scharfen Werten der Eingangsgrößen x_i bestimmt. Eine Defuzzifizierung wird daher nicht benötigt. Der scharfe Stellgrößenwert y_0 wird durch Gewichtung der Stellgrößenanteile y_i mit den zugehörigen Erfüllungsgraden α_i der Regeln ermittelt.

Berechnung der scharfen Stellgröße y_0 für einen Regler erster Ordnung nach SUGENO, TAKAGI und KANG:

$$y_0 = \frac{\sum_{i=1}^{r} y_i \cdot \alpha_i}{\sum_{i=1}^{r} \alpha_i} = \frac{\sum_{i=1}^{r}(c_{0i} + c_{1i} \cdot x_1 + c_{2i} \cdot x_2 + \ldots + c_{ni} \cdot x_n) \cdot \alpha_i}{\sum_{i=1}^{r} \alpha_i},$$

$\alpha_i, i = 1, \ldots, r$, Erfüllungsgrad der Regel R_i,
y_i = scharfer Stellgrößenwert der Regel R_i.

Für den SUGENO-Regler nullter Ordnung entspricht die Berechnungsformel der Defuzzifizierung mit dem Schwerpunktverfahren für Singletons (Abschnitt 15.4.5.7, Beispiel 15.4-12, 13):

Berechnung der scharfen Stellgröße y_0 für einen Regler nullter Ordnung nach SUGENO, TAKAGI und KANG:

$$y_0 = \frac{\sum_{i=1}^{r} y_i \cdot \alpha_i}{\sum_{i=1}^{r} \alpha_i},$$

α_i, $i = 1, \ldots, r$, Erfüllungsgrad der Regel R_i,

y_i = konstanter Stellgrößenwert, der der Regel R_i zugeordnet ist.

In Tabelle 15.4-8 sind die Unterschiede zwischen relationalen und funktionalen Fuzzy-Reglern aufgeführt.

Tabelle 15.4-8: Unterschiede von relationalen und funktionalen Fuzzy-Reglern

relationale Fuzzy-Regler	funktionale Fuzzy-Regler
Die **Fuzzifizierung** übersetzt die scharfen Werte von Eingangsgrößen in Zugehörigkeitsgrade von linguistischen Werten.	
Die **Datenbasis** enthält Werte der linguistischen Variablen, Art und Parameter der Zugehörigkeitsfunktionen.	
Inferenz, Prämissenauswertung: Auswertung der Regelprämissen (WENN-Teile der Regeln) mit unscharfen UND- und ODER-Verknüpfungen, Bestimmung der Erfüllungsgrade.	
Inferenz, Regelaktivierung: Berechnung der Zugehörigkeitsfunktionen aus dem Wahrheitswert der Regelprämissen (MIN-, PROD-Aktivierung).	**Inferenz, Regelaktivierung:** Funktionsberechnung eines scharfen Stellgrößenwertes für jede Regel, Multiplikation mit dem Erfüllungsgrad.
Inferenz, Aggregation: Überlagerung der Zugehörigkeitsfunktionen (MAX-, SUM-Methode).	**Inferenz, Aggregation:** Überlagerung der scharfen Stellgrößenwerte.
Regelbasis: linguistische Prämisse (WENN-Teil) der Regel, linguistische Konklusion (DANN-Teil) der Regel.	scharfe Konklusion mit Funktionsberechnung.
Ermittlung der scharfen Stellgröße mit	
Hilfe einer **Defuzzifizierungsmethode**.	dem **gewichteten Mittelwert** der scharfen Stellgrößenwerte der Regeln.

15.4.6.2 Prinzipieller Aufbau von funktionalen Fuzzy-Reglern

Funktionale Fuzzy-Regler enthalten die Komponenten Fuzzifizierung, Inferenz mit den Teilschritten Prämissenauswertung, scharfer Schlußfolgerung und Stellgrößenberechnung mit dem gewichteten Mittelwert (Bild 15.4-31).

Beispiel 15.4-13: Für einen Fuzzy-P-Regler wird die Datenbasis für die Fuzzifizierung nach Tabelle 15.4-9 aufgestellt. Die linguistische Variable x_{dL} hat fünf Werte: negativ-groß (NG), negativ-mittel (NM), nahe-Null (ZE), positiv-mittel (PM), positiv-groß (PG) (Bild 15.4-32):

Regeldifferenz x_{dL}: {NG, NM, ZE, PM, PG}.

Für einen SUGENO-Regler nullter Ordnung ist die Funktion für die Berechnung der Stellgrößenanteile y_i der Regeln konstant, sie hängt nicht von der Eingangsgröße x_d ab. Die Regelbasis ist in Tabelle 15.4-10 angegeben.

15 Anwendung der Fuzzy-Logik in der Regelungstechnik

```
Eingangs-  →  Fuzzifi-  →  Inferenz  →  Ge-       →  Ausgangs-
größen        zierung                    wichtung     größen
```

Datenbasis: Werte der linguistischen Variablen, Art und Parameter der Zugehörigkeitsfunktionen

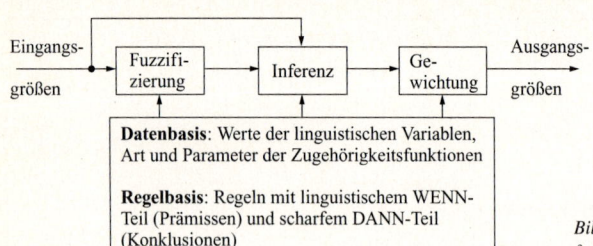

Regelbasis: Regeln mit linguistischem WENN-Teil (Prämissen) und scharfem DANN-Teil (Konklusionen)

Bild 15.4-31: Struktur von funktionalen Fuzzy-Reglern

Tabelle 15.4-9: Datenbasis für die Fuzzifizierung der Eingangsgröße Regeldifferenz x_d

Zugehörigkeits-	Dreiecksfunktion			Trapezfunktion			
funktionen x_{dL}	x_{da}	x_{dm}	x_{de}	x_{da}	x_{dl}	x_{dr}	x_{de}
$\mu_{xdNG}(x_d)$				$-\infty$	$-\infty$	-1.0	-0.5
$\mu_{xdNM}(x_d)$	-1.0	-0.5	0.0				
$\mu_{xdZE}(x_d)$	-0.5	0.0	0.5				
$\mu_{xdPM}(x_d)$	0.0	0.5	1.0				
$\mu_{xdPG}(x_d)$				0.5	1.0	$+\infty$	$+\infty$

Tabelle 15.4-10: Regelbasis für einen SUGENO-Regler

Regeldifferenz x_{dL}				
NG	NM	ZE	PM	PG
$c_{01} = -5.0$	$c_{02} = -2.5$	$c_{03} = 0.0$	$c_{04} = 2.5$	$c_{05} = 5.0$

——— Stellgröße y_L ———

Tabelle 15.4-10 werden fünf Regeln R_i entnommen:

R_1 : WENN $x_{dL} = $ NG DANN $y_1 = c_{01} = -5.0$,

R_2 : WENN $x_{dL} = $ NM DANN $y_2 = c_{02} = -2.5$,

R_3 : WENN $x_{dL} = $ ZE DANN $y_3 = c_{03} = 0.0$,

R_4 : WENN $x_{dL} = $ PM DANN $y_4 = c_{04} = 2.5$,

R_5 : WENN $x_{dL} = $ PG DANN $y_5 = c_{05} = 5.0$.

Für einen scharfen Wert der Regeldifferenz $x_{d0} = 0.6$ wird die Fuzzifizierung vorgenommen (Bild 15.4-32). Die fuzzifizierten Signalwerte sind:

$$x_{dF}(x_{d0}) = [\mu_{xdNG}(x_{d0}), \mu_{xdNM}(x_{d0}), \mu_{xdZE}(x_{d0}), \mu_{xdPM}(x_{d0}), \mu_{xdPG}(x_{d0})]$$
$$= [0.0, 0.0, 0.0, 0.8, 0.2].$$

Die Prämissenauswertung ergibt die Erfüllungsgrade α_i der Regeln

$$\alpha_i = [\alpha_{yNG}, \alpha_{yNM}, \alpha_{yZE}, \alpha_{yPM}, \alpha_{yPG}] = [\alpha_1, \alpha_2, \alpha_3, \alpha_4, \alpha_5] = [0.0, 0.0, 0.0, 0.8, 0.2],$$

die Stellgrößenanteile sind

$$[y_1, y_2, y_3, y_4, y_5] = [-5.0, -2.5, 0.0, 2.5, 5.0].$$

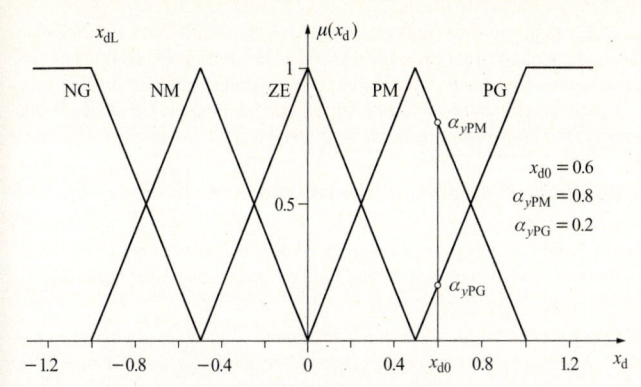

Bild 15.4-32: Linguistische Werte der Regeldifferenz x_{dL}

Der scharfe Stellgrößenwert y_0 ist der mit den Erfüllungsgraden gewichtete Mittelwert:

$$y_0 = \frac{\sum_{i=1}^{5} y_i \cdot \alpha_i}{\sum_{i=1}^{5} \alpha_i} = \frac{y_4 \cdot \alpha_4 + y_5 \cdot \alpha_5}{\alpha_4 + \alpha_5} = \frac{2.5 \cdot 0.8 + 5.0 \cdot 0.2}{0.8 + 0.2} = 3.0.$$

15.5 Übertragungsverhalten von Fuzzy-Reglern

15.5.1 Allgemeine Eigenschaften von Fuzzy-Reglern

Die interne Struktur eines Fuzzy-Reglers besteht aus den Komponenten Fuzzifizierung, Inferenz und Defuzzifizierung mit Daten- und Regelbasis (Bild 15.5-1).

Das Übertragungsverhalten der scharfen Eingangsgrößen auf die scharfen Ausgangsgrößen wird durch diese Komponenten festgelegt. Für regelungstechnische Anwendungen werden die Komponenten zu einem nichtlinearen Übertragungselement Fuzzy-System oder Fuzzy-Regler zusammengefaßt (Bild 15.5-2).

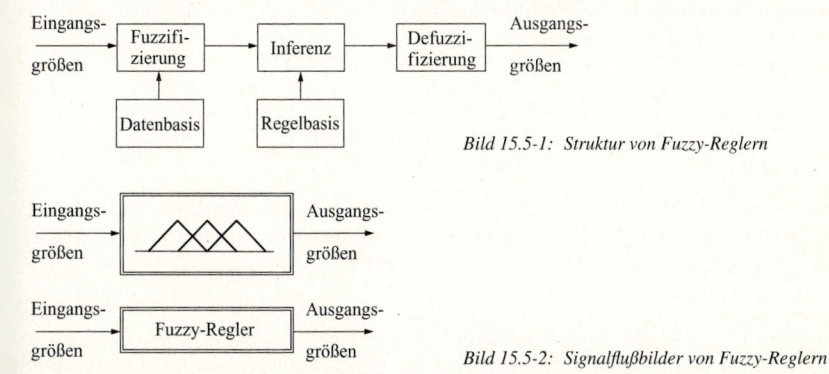

Bild 15.5-1: Struktur von Fuzzy-Reglern

Bild 15.5-2: Signalflußbilder von Fuzzy-Reglern

Fuzzy-Regler bilden die Werte der Eingangsgrößen (Meßwerte, Sollwerte, Regeldifferenz) auf die Ausgangsgrößen (Stellgrößen) ab. Diese Abbildung (Übertragungsfunktion) ist im allgemeinen nichtlinear, für regelungstechnische Anwendungen lassen sich auch lineare Übertragungsfunktionen realisieren. Weiterhin ist die Abbildung statisch: Nur die aktuellen Eingangswerte bestimmen über algebraische Gleichungen die Ausgangswerte, wobei bei dieser Aussage Verzögerungen durch Rechenvorgänge vernachlässigt wurden.

> Fuzzy-Regler sind statische (dynamikfreie, speicherfreie) nichtlineare Übertragungselemente.

Bei dynamischen Reglern werden auch zeitlich zurückliegende Werte berücksichtigt, dynamische Systeme enthalten daher immer Speicher, die mathematische Beschreibung führt zu Differential- oder Differenzengleichungen.

Dynamische Eigenschaften von Fuzzy-Reglern können nur durch zusätzliche dynamische Funktionen erzeugt werden. Bei Fuzzy-PID-Reglern werden Differentiale oder Differenzen von Eingangsgrößen gebildet und Integrationen oder Summationen von Ausgangsgrößen ausgeführt (Bild 15.5-3).

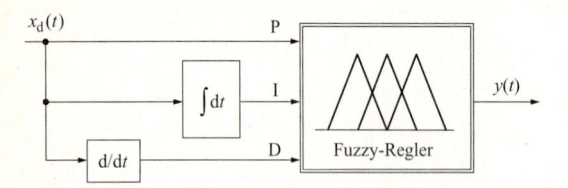

Bild 15.5-3: Signalflußbild eines Fuzzy-PID-Reglers

> Dynamische Eigenschaften von Fuzzy-Reglern lassen sich durch externe Differentiation der Eingangsgrößen und Integration der Ausgangsgrößen verbessern. Die dabei entstehenden neuen Variablen müssen im Fuzzy-Regler verarbeitet werden.

15.5.2 Kennlinien von Fuzzy-Reglern

15.5.2.1 Einfluß der Defuzzifizierung

Das Übertragungsverhalten läßt sich durch die Wahl der linguistischen Werte der Eingangsgrößen (Fuzzifizierung), der Inferenzmethode und der linguistischen Werte der Ausgangsgrößen einstellen. Da die Defuzzifizierung nach der Schwerpunktmethode für dreieckförmige Zugehörigkeitsfunktionen für sich eine nichtlineare Operation ist, sollen für die weiteren Betrachtungen die Ausgangsgrößen mit Singletons modelliert werden. Das hat den Vorteil, daß das durch die Festlegung der linguistischen Werte gewünschte Verhalten nicht durch eine nichtlineare Defuzzifizierung verfälscht wird.

Beispiel 15.5-1: Das nichtlineare Verhalten der Defuzzifizierung von dreieckförmigen Zugehörigkeitsfunktionen läßt sich für einen Fuzzy-P-Regler zeigen. Für den Wertebereich

$$-1.0 \leq x_d \leq 1.0$$

werden die linguistischen Werte der Regeldifferenz x_{dL} nach Bild 15.5-4 partitioniert. Die Inferenz wird mit der MAX-MIN-Methode ausgeführt. Für die linguistische Variable Stellgröße y_L sind dreieckförmige Zugehörigkeitsfunktionen für den Stellbereich

$$-5.0 \leq y \leq 5.0$$

festgelegt (Bild 15.5-5). Die Regelbasis ist nach dem Prinzip aufgebaut, daß zu einer positiven/negativen Regeldifferenz x_d eine positive/negative Stellgröße y erzeugt werden soll, um x_d schnell zu Null zu regeln

(Tabelle 15.5-1). Verwendet werden die Abkürzungen NG = negativ-groß, NM = negativ-mittel, ZE = nahe-Null, PM = positiv-mittel, PG = positiv-groß, die linguistischen Variablen haben folgende Werte:

Regeldifferenz x_{dL} : {NG, NM, ZE, PM, PG},
Stellgröße y_L : {NG, NM, ZE, PM, PG}.

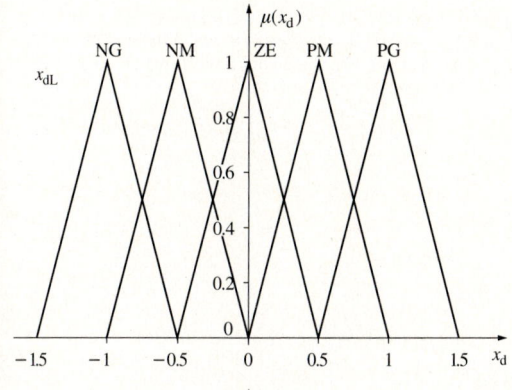

Bild 15.5-4: Linguistische Werte der Regeldifferenz x_{dL}

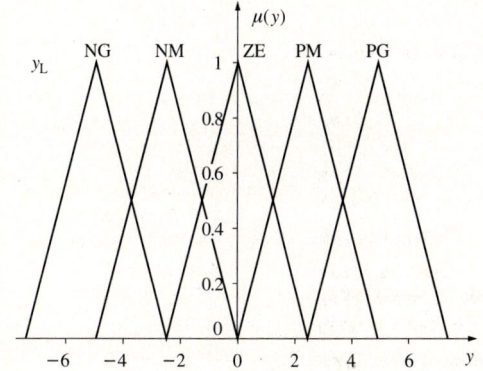

Bild 15.5-5: Linguistische Werte der Stellgröße y_L (Dreiecksfunktionen)

Tabelle 15.5-1: Regelbasis eines Fuzzy-P-Reglers

Regeldifferenz x_{dL}				
NG	NM	ZE	PM	PG
NG	NM	ZE	PM	PG
Stellgröße y_L				

Tabelle 15.5-1 enthält fünf Regeln:

R_1 : WENN x_{dL} = NG DANN y_L = NG,
R_2 : WENN x_{dL} = NM DANN y_L = NM,
R_3 : WENN x_{dL} = ZE DANN y_L = ZE,

R_4 : WENN x_{dL} = PM DANN y_L = PM,
R_5 : WENN x_{dL} = PG DANN y_L = PG.

Die Übertragungskennlinie wird für den Fuzzy-Regler nach Bild 15.5-6 numerisch berechnet. Der Verstärkungsfaktor ist abhängig von der Regeldifferenz

$$K_R(x_d) = \frac{y}{x_d}, \quad y = K_R(x_d) \cdot x_d,$$

liegt zwischen $4.74 < K_R(x_d) < 7.48$ und ist abhängig vom Betrag der Regeldifferenz. Ein lineares Übertragungsverhalten ist einstellbar, wenn die Ausgangsgröße mit Singletons modelliert wird (Abschnitt 15.5.2.2).

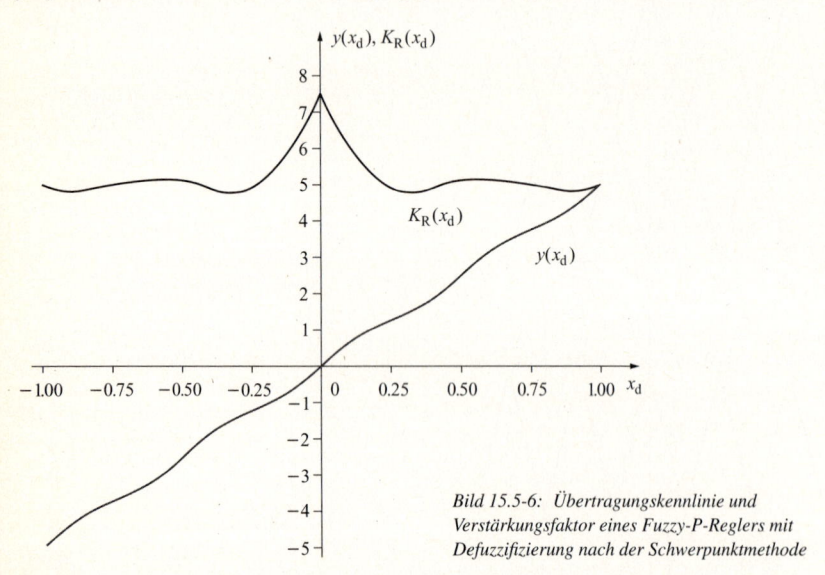

Bild 15.5-6: Übertragungskennlinie und Verstärkungsfaktor eines Fuzzy-P-Reglers mit Defuzzifizierung nach der Schwerpunktmethode

15.5.2.2 Einstellung von linearen Übertragungsfunktionen

Für die weiteren Untersuchungen wird die MAX-MIN-Inferenz-Methode eingesetzt. Lineares Übertragungsverhalten ist einstellbar, wenn die linguistischen Werte der Eingangsgröße linear fuzzifiziert werden, die Singletons der linguistischen Ausgangsgröße nullsymmetrisch sind, gleiche Abstände haben und wenn die Regeln die linguistischen Werte der Eingangsgröße direkt auf die Ausgangsgröße übertragen.

Eine lineare Fuzzifizierung erfordert symmetrische, dreieckförmige Zugehörigkeitsfunktionen, deren Maxima gleiche Abstände haben müssen. Die Überlappung der Zugehörigkeitsfunktionen muß optimal sein, das heißt, die Summe der Zugehörigkeitsgrade ist für jeden Wert der Eingangsgröße x_d gleich 1.0:

$$\sum_{i=1}^{r} \mu_i(x_d) = \sum_{i=1}^{r} \alpha_i = 1.0.$$

Beispiel 15.5-2: Die Fuzzifizierung nach Beispiel 15.5-1 erfüllt die Bedingungen der linearen Fuzzifizierung: symmetrische, dreieckförmige Zugehörigkeitsfunktionen, Maxima mit gleichen Abständen, optimale Überlappung liegt im Arbeitsbereich $-1.0 \leq x_d \leq 1.0$ vor (Bild 15.5-7).

Für die linguistische Ausgangsgröße Stellgröße y_L werden nullsymmetrische Singletons mit gleichen Abständen vorgegeben (Bild 15.5-8).

15.5 Übertragungsverhalten von Fuzzy-Reglern

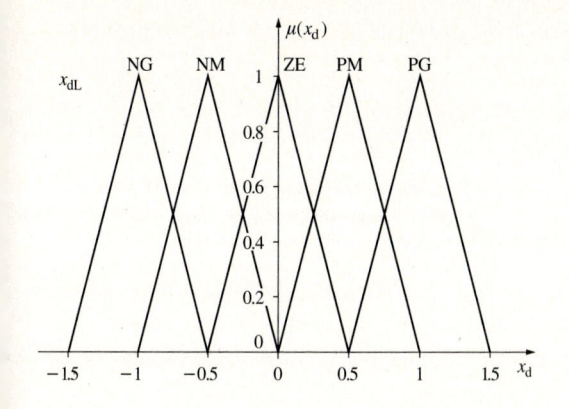

Bild 15.5-7: Lineare Fuzzifizierung, linguistische Werte der Regeldifferenz x_{dL}

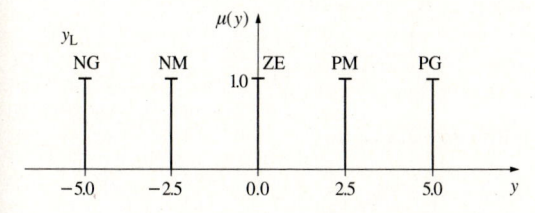

Bild 15.5-8: Linguistische Werte der Stellgröße y_L (Singletons)

Tabelle 15.5-2: Regelbasis des Fuzzy-P-Reglers

\multicolumn{5}{c}{Regeldifferenz x_{dL}}
NG	NM	ZE	PM	PG
$y_{NG} = -5.0$	$y_{NM} = -2.5$	$y_{ZE} = 0.0$	$y_{PM} = 2.5$	$y_{PG} = 5.0$

Stellgröße y_L

Die Regeln kopieren die linguistischen Werte der Eingangsgröße auf die Ausgangsgröße. Tabelle 15.5-2 enthält fünf Regeln:

R_1 : WENN $x_{dL} =$ NG DANN $y_L = y_{NG} = -5.0$,

R_2 : WENN $x_{dL} =$ NM DANN $y_L = y_{NM} = -2.5$,

R_3 : WENN $x_{dL} =$ ZE DANN $y_L = y_{ZE} = 0.0$,

R_4 : WENN $x_{dL} =$ PM DANN $y_L = y_{PM} = 2.5$,

R_5 : WENN $x_{dL} =$ PG DANN $y_L = y_{PG} = 5.0$.

Das Schwerpunktverfahren für Singletons berechnet die Stellgröße y mit

$$y = \frac{\sum_{i=1}^{r} y_i \cdot \alpha_i}{\sum_{i=1}^{r} \alpha_i}.$$

$\alpha_i, i = 1, \ldots, r = 5$, sind die Erfüllungsgrade der Regel R_i, y_i sind die Singleton-Positionen (Bild 15.5-8):

$$y_i = (i - 3) \cdot 2.5,$$

$$y_1 = y_{\text{NG}} = -5.0, \quad y_2 = y_{\text{NM}} = -2.5, \quad y_3 = y_{\text{ZE}} = 0.0,$$

$$y_4 = y_{\text{PM}} = 2.5, \quad y_5 = y_{\text{PG}} = 5.0.$$

Bei der optimalen Überlappung ist entweder nur eine Regel mit dem Erfüllungsgrad $\alpha_i = 1.0$ aktiviert oder zwei aufeinanderfolgende Regeln haben als Summe der Erfüllungsgrade $\alpha_i + \alpha_{i+1} = 1.0$. Für den ersten Fall haben die Zugehörigkeitsfunktionen der linguistischen Variablen x_{dL} bei den Werten $x_{\text{dm}i}$

$$x_{\text{dm}i} = (i - 3) \cdot 0.5,$$

$$x_{\text{dm}1} = -1.0, \quad x_{\text{dm}2} = -0.5, \quad x_{\text{dm}3} = 0.0, \quad x_{\text{dm}4} = 0.5, \quad x_{\text{dm}5} = 1.0,$$

den maximalen Erfüllungsgrad mit $\alpha_i = 1.0$ (Bild 15.5-4). Nimmt die Regeldifferenz x_{d} einen dieser Grenzwerte $x_{\text{dm}i}$ an, so ist

$$y = \frac{\sum_{i=1}^{r} y_i \cdot \alpha_i}{\sum_{i=1}^{r} \alpha_i} = \frac{y_i \cdot 1}{1} = y_i,$$

die Verstärkung des Fuzzy-Reglers ist für die Grenzwerte $x_{\text{dm}i}$

$$K_{\text{R}i} = \frac{y_i}{x_{\text{dm}i}} = \frac{(i - 3) \cdot 2.5}{(i - 3) \cdot 0.5} = 5.$$

Liegt die Regeldifferenz zwischen den Werten $x_{\text{dm}i}, x_{\text{dm}i+1}$, so ist die Summe der Erfüllungsgrade $\alpha_i + \alpha_{i+1} = 1.0$. Die Schwerpunktberechnung für Singletons vereinfacht sich mit $\alpha_{i+1} = 1.0 - \alpha_i$ zu

$$y = \frac{\sum_{i=1}^{r} y_i \cdot \alpha_i}{\sum_{i=1}^{r} \alpha_i} = \frac{y_i \cdot \alpha_i + y_{i+1} \cdot \alpha_{i+1}}{\alpha_i + \alpha_{i+1}} = y_i \cdot \alpha_i + y_{i+1} \cdot \alpha_{i+1}$$

$$= (i - 3) \cdot 2.5 \cdot \alpha_i + (i + 1 - 3) \cdot 2.5 \cdot \alpha_{i+1} = (i - \alpha_i - 2) \cdot 2.5.$$

Aus dem Erfüllungsgrad der Regel R_i

$$\alpha_i = \frac{x_{\text{d}} - x_{\text{dm}i+1}}{x_{\text{dm}i} - x_{\text{dm}i+1}},$$

wird die Regeldifferenz berechnet:

$$x_{\text{d}} = x_{\text{dm}i} \cdot \alpha_i + x_{\text{dm}i+1} \cdot (1 - \alpha_i)$$

$$= (i - 3) \cdot 0.5 \cdot \alpha_i + (i + 1 - 3) \cdot 0.5 \cdot (1 - \alpha_i) = (i - \alpha_i - 2) \cdot 0.5.$$

Die Verstärkung des Fuzzy-Reglers ist damit für alle Werte von x_{d} aus dem Arbeitsbereich konstant (Bild 15.5-9):

$$K_{\text{R}} = \frac{y}{x_{\text{d}}} = \frac{(i - \alpha_i - 2) \cdot 2.5}{(i - \alpha_i - 2) \cdot 0.5} = 5.$$

Mit geeigneter Parametrierung läßt sich mit Fuzzy-Reglern ein lineares Übertragungsverhalten einstellen.

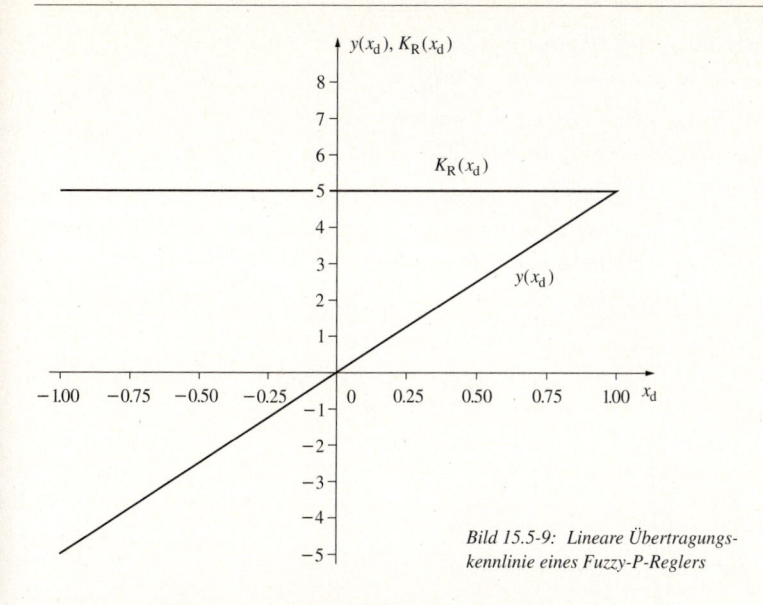

Bild 15.5-9: Lineare Übertragungskennlinie eines Fuzzy-P-Reglers

15.5.2.3 Einstellung von nichtlinearen Übertragungsfunktionen

Fuzzy-Regler realisieren lineare oder nichtlineare statische Übertragungsfunktionen, wobei der Begriff Übertragungsfunktion auch auf nichtlineare Übertragungselemente angewendet werden soll. Für einen Fuzzy-Regler mit einer Eingangs- und Ausgangsgröße soll gezeigt werden, daß die Übertragungsfunktion durch Parameterveränderung einstellbar ist.

Durch Vorgabe einer nichtlinearen Fuzzifizierung und einer Regelbasis, die den linguistischen Werten der Eingangsgröße Singletons der Ausgangsgröße zuordnet, können nichtlineare Funktionen beliebig genau approximiert werden. Die Wertepaare bilden Stützstellen, zwischen denen die gewünschte Funktion linear interpoliert wird.

Beispiel 15.5-3: Um die bleibende Regeldifferenz von Regelkreisen zu verringern, wird bei Fuzzy-P-Reglern im Bereich kleiner Regeldifferenzen die Verstärkung erhöht. Fuzzifizierung und die linguistischen Werte der Ausgangsgröße sind in Bild 15.5-10, 11 angegeben. Die Regelbasis ist nach Tabelle 15.5-3 aufgebaut.

Bei den Werten $x_{\mathrm{dm}i}$ haben die Zugehörigkeitsfunktionen der Regeldifferenz den Erfüllungsgrad 1.0:

$$x_{\mathrm{dm}1} = -1.0, \quad x_{\mathrm{dm}2} = -0.1, \quad x_{\mathrm{dm}3} = 0.0, \quad x_{\mathrm{dm}4} = 0.1, \quad x_{\mathrm{dm}5} = 1.0.$$

Jede Regel bildet mit dem Maximalwert $x_{\mathrm{dm}i}$ und dem Ausgangs-Singleton y_i eine Stützstelle der Übertragungskennlinie. Der Verstärkungswert für diesen Punkt der Übertragungskennlinie ist

$$K_{\mathrm{R}i} = \frac{y_i}{x_{\mathrm{dm}i}}.$$

Aus Tabelle 15.5-3 werden fünf Regeln abgeleitet, Stützstellen und Verstärkungswerte sind den Regeln zugeordnet:

$$R_1: \text{ WENN } x_{\mathrm{dL}} = \text{NG DANN } y_{\mathrm{L}} = y_1 = y_{\mathrm{NG}} = -5.0,$$
$$x_{\mathrm{dm}1} = -1.0, \quad y_1 = -5.0, \quad K_{\mathrm{R}1} = 5.0,$$

R_2 : WENN x_{dL} = NM DANN $y_L = y_2 = y_{NM} = -1.0$,
$x_{dm2} = -0.1$, $y_2 = -1.0$, $K_{R2} = 10.0$,

R_3 : WENN x_{dL} = ZE DANN $y_L = y_3 = y_{ZE} = 0.0$,
$x_{dm3} = 0.0$, $y_3 = 0.0$, Grenzwert $K_{R3} = 10.0$,

R_4 : WENN x_{dL} = PM DANN $y_L = y_4 = y_{PM} = 1.0$,
$x_{dm4} = 0.1$, $y_4 = 1.0$, $K_{R4} = 10.0$,

R_5 : WENN x_{dL} = PG DANN $y_L = y_5 = y_{PG} = 5.0$,
$x_{dm5} = 1.0$, $y_5 = 5.0$, $K_{R5} = 5.0$.

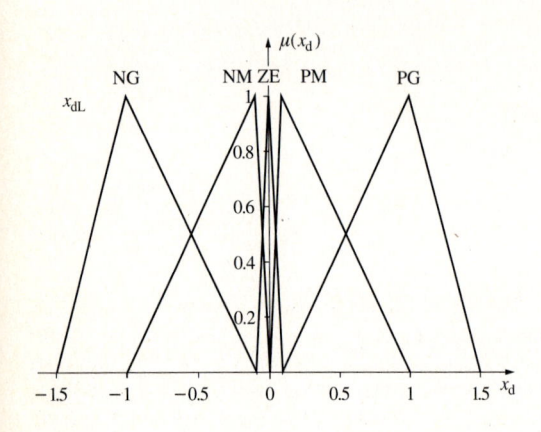

Bild 15.5-10: Fuzzifizierung, linguistische Werte der Regeldifferenz x_{dL}

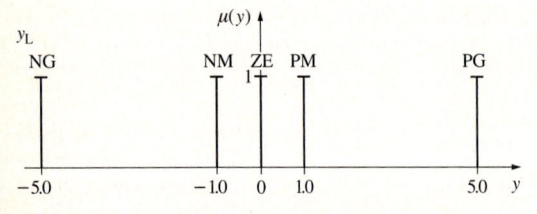

Bild 15.5-11: Linguistische Werte der Stellgröße y_L (Singletons)

Tabelle 15.5-3: Regelbasis des Fuzzy-P-Reglers

	Regeldifferenz x_{dL}				
	NG	NM	ZE	PM	PG
	$y_{NG} = -5.0$	$y_{NM} = -1.0$	$y_{ZE} = 0.0$	$y_{PM} = 1.0$	$y_{PG} = 5.0$
			Stellgröße y_L		

In Bild 15.5-12 ist die Übertragungskennlinie $y = f(x_d)$ und der Verstärkungsfaktor $K_R(x_d)$ dargestellt. Zwischen den Stützstellen y_i, x_{dmi} wird die Kennlinie linear interpoliert.

Stückweise konstante Übertragungskennlinien (Mehrpunkt-Regler) lassen sich einstellen, wenn die Zugehörigkeitsfunktionen der Eingangsgröße so gewählt werden, daß keine Überlappungen auftreten.

15.5 Übertragungsverhalten von Fuzzy-Reglern

Bild 15.5-12: Nichtlineare Übertragungskennlinie eines Fuzzy-P-Reglers

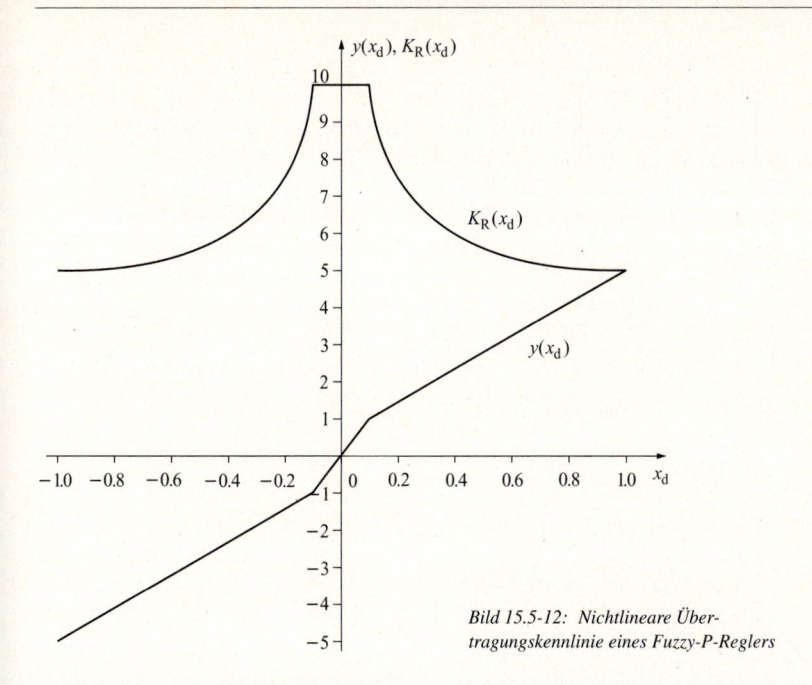

Beispiel 15.5-4: Für einen Fünfpunkt-Regler werden Fuzzifizierung, Regelbasis und linguistische Ausgangsgrößen nach Bild 15.5-13, 14, Tabelle 15.5-4 vorgegeben. Die Zugehörigkeitsfunktionen der Eingangsgröße haben keine Überlappung, die Ausgangsgröße ist im jeweiligen Gültigkeitsbereich einer Regel konstant.

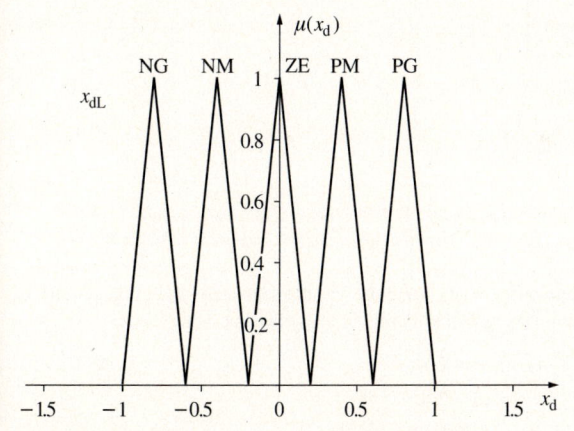

Bild 15.5-13: Fuzzifizierung ohne Überlappung der Zugehörigkeitsfunktionen, linguistische Werte der Regeldifferenz x_{dL}

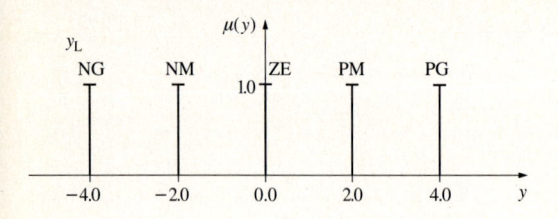

Bild 15.5-14: Linguistische Werte der Stellgröße y_L (Singletons)

Tabelle 15.5-4: Regelbasis des Fuzzy-P-Reglers

\multicolumn{5}{c}{Regeldifferenz x_{dL}}
NG	NM	ZE	PM	PG
$y_{NG} = -4.0$	$y_{NM} = -2.0$	$y_{ZE} = 0.0$	$y_{PM} = 2.0$	$y_{PG} = 4.0$
\multicolumn{5}{c}{Stellgröße y_L}

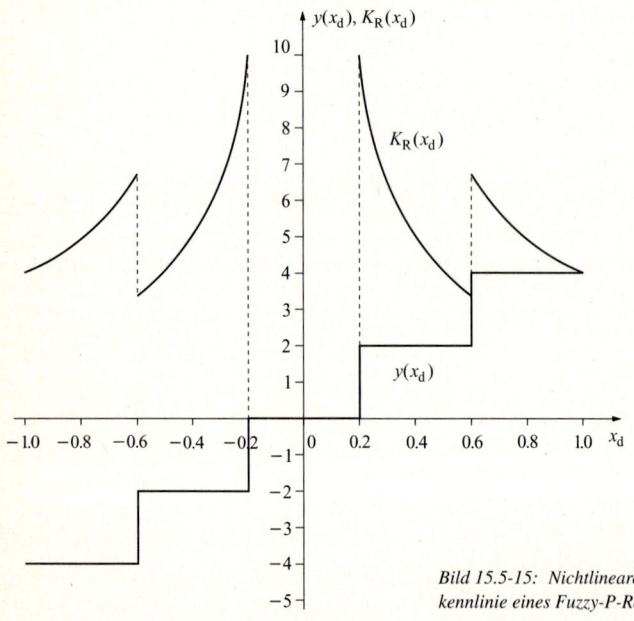

Bild 15.5-15: Nichtlineare Übertragungskennlinie eines Fuzzy-P-Reglers (Fünfpunkt-Regler)

In Bild 15.5-15 ist die Übertragungskennlinie $y = f(x_d)$ und der Verstärkungsfaktor $K_R(x_d)$ dargestellt. In den Bereichen, die mit der Fuzzifizierung vorgegeben sind, hat die Stellgröße konstante Werte:

$R_1: \; -1.0 \leq x_d < -0.6, \quad y = y_{NG} = -4.0,$

$R_2: \; -0.6 \leq x_d < -0.2, \quad y = y_{NM} = -2.0,$

$R_3: \; -0.2 \leq x_d < 0.2, \quad y = y_{ZE} = 0.0,$

$R_4: \; 0.2 \leq x_d < 0.6, \quad y = y_{PM} = 2.0,$

$R_5: \; 0.6 \leq x_d \leq 1.0, \quad y = y_{PG} = 4.0.$

Kennlinien für Mehrpunkt-Regler können auch mit überlappenden Zugehörigkeitsfunktionen und der Defuzzifizierung mit der Maximum-Methode (Abschnitt 15.4.5.2) realisiert werden.

15.5.3 Fuzzy-PID-Regler

15.5.3.1 PID-ähnliche Fuzzy-Regler

In der Regelungstechnik haben PID-ähnliche Fuzzy-Regler einen großen Anwendungsbereich gefunden. Aufbauend auf den Erfahrungen von PID-Regler-Anwendungen kann durch Erweiterung mit Fuzzy-Methoden das Regelverhalten verbessert werden. PID-ähnliches Verhalten liegt vor, wenn der Fuzzy-Regler die Stellgröße y jeweils bei Vergrößerung von Regeldifferenz, Regeldifferenzintegral und Regeldifferenzdifferential erhöht.

Das Verhalten eines PID-Reglers wird mit der Reglerverstärkung K_R, Nachstellzeit T_N und der Vorhaltzeit T_V eingestellt, T ist die Abtastzeit bei digitalen Regelungen. Für lineare PID-Regler liegen kontinuierliche Beschreibungsformen vor, aus denen durch Diskretisierung die diskreten digitalen Regelalgorithmen abgeleitet werden können (Abschnitt 4.5.3.3, 11.2):

analoger PID-Regler, PID-Stellungsregler in Parallelform:

$$y(t) = K_R \cdot \left[x_d(t) + \frac{1}{T_N} \cdot \int x_d(t)\, dt + T_V \cdot \frac{dx_d(t)}{dt} \right],$$

digitaler PID-Regler, PID-Stellungsalgorithmus (Typ II):

$$y_k = K_R \cdot \left[x_{d,k} + \frac{1}{T_N} \cdot \sum_{i=1}^{k} x_{d,i} \cdot T + T_V \cdot \frac{x_{d,k} - x_{d,k-1}}{T} \right]$$

$$= K_R \cdot \left[x_{d,k} + \frac{1}{T_N} \cdot \sum x_{d,k} \cdot T + T_V \cdot \frac{\Delta x_{d,k}}{T} \right],$$

$$y_k = y_{k-1} + K_R \cdot \left[\left(1 + \frac{T}{T_N} + \frac{T_V}{T}\right) \cdot x_{d,k} - \left(1 + 2 \cdot \frac{T_V}{T}\right) \cdot x_{d,k-1} + \frac{T_V}{T} \cdot x_{d,k-2} \right],$$

digitaler PID-Regler, PID-Geschwindigkeitsalgorithmus (Typ II):

$$y_k - y_{k-1} = \Delta y_k$$

$$= K_R \cdot \left[x_{d,k} - x_{d,k-1} + \frac{T}{T_N} \cdot x_{d,k} + T_V \cdot \frac{x_{d,k} - x_{d,k-1}}{T} - T_V \cdot \frac{x_{d,k-1} - x_{d,k-2}}{T} \right]$$

$$= K_R \cdot \left[\Delta x_{d,k} + \frac{T}{T_N} \cdot x_{d,k} + \frac{T_V}{T} \cdot (\Delta x_{d,k} - \Delta x_{d,k-1}) \right]$$

$$= K_R \cdot \left[\left(1 + \frac{T}{T_N} + \frac{T_V}{T}\right) \cdot x_{d,k} - \left(1 + 2 \cdot \frac{T_V}{T}\right) \cdot x_{d,k-1} + \frac{T_V}{T} \cdot x_{d,k-2} \right].$$

Bei der Übertragung des PID-Regelkonzepts auf Fuzzy-PID-Regler müssen Differentiationen oder Differenzen und Integrationen oder Summationen extern ausgeführt werden, da Fuzzy-Regler keine dynamischen Eigenschaften besitzen (Abschnitt 15.5.1). Durch Anwendung der Fuzzy-Technologie erweitern sich die Einstellungsmöglichkeiten, so daß die Dynamik des Regelverhaltens gegenüber dem linearen PID-Regler verbessert werden kann.

Im weiteren werden PID-ähnliche Fuzzy-Regler untersucht. Die Fuzzifizierung wird mit dreieck- oder trapezförmigen Zugehörigkeitsfunktionen realisiert, die sich optimal überlappen sollen. Dabei ist entweder nur eine Regel mit dem Erfüllungsgrad $\alpha_i = 1.0$ aktiviert oder zwei aufeinanderfolgende Regeln haben als Summe der Erfüllungsgrade $\alpha_i + \alpha_{i+1} = 1.0$. Für die Inferenz wird die MAX-MIN-Methode eingesetzt, für die

Ausgangsgrößen werden Singletons verwendet. Um das Verhalten mit klassischen PID-Reglern vergleichen zu können, werden Sprungantwortfunktionen von Fuzzy-Reglern berechnet.

15.5.3.2 Fuzzy-P-Regler

Kontinuierlicher (analoger) P-Regler:

$$y(t) = K_R \cdot x_d(t),$$

diskreter (digitaler) P-Regler:

$$y_k = K_R \cdot x_{d,k}.$$

Eingangsgröße des Fuzzy-P-Reglers ist die Regeldifferenz $x_d(t)$, Ausgangsgröße die Stellgröße $y(t)$ (Bild 15.3-16), für das Beispiel werden jeweils fünf linguistische Werte vorgesehen.

Bild 15.5-16: Signalfluß-bild eines Fuzzy-P-Reglers

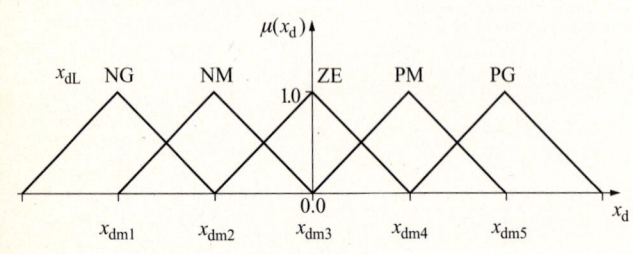

Bild 15.5-17: Zugehörigkeitsfunktionen (Eingangsgröße), linguistische Werte der Regeldifferenz x_{dL}

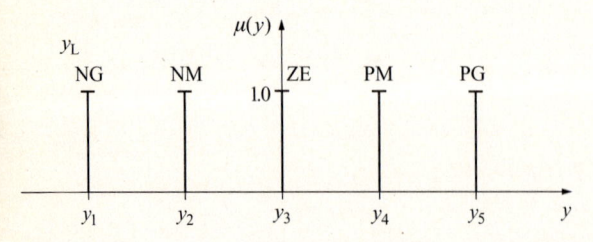

Bild 15.5-18: Zugehörigkeitsfunktionen (Ausgangsgröße), linguistische Werte der Stellgröße y_L

Tabelle 15.5-5: Regelbasis des Fuzzy-P-Reglers

Regeldifferenz x_{dL}				
NG	NM	ZE	PM	PG
$y_{NG} = y_1$	$y_{NM} = y_2$	$y_{ZE} = y_3$	$y_{PM} = y_4$	$y_{PG} = y_5$
Stellgröße y_L				

15.5 Übertragungsverhalten von Fuzzy-Reglern

Für einen P-ähnlichen Fuzzy-P-Regler wird die Stellgröße bei positiver Regeldifferenz $x_d = w-x$ vergrößert, da die Regelgröße noch unter dem Sollwert liegt, bei negativer Regeldifferenz ist die Stellgröße zu verkleinern. Die Regeln nach Tabelle 15.5-5 sind:

R_1 : WENN $x_{dL} = $ NG DANN $y_L = $ NG,
R_2 : WENN $x_{dL} = $ NM DANN $y_L = $ NM,
R_3 : WENN $x_{dL} = $ ZE DANN $y_L = $ ZE,
R_4 : WENN $x_{dL} = $ PM DANN $y_L = $ PM,
R_5 : WENN $x_{dL} = $ PG DANN $y_L = $ PG.

Beispiel 15.5-5: Ein linearer Fuzzy-Regler wird für die Regelung einer Regelstrecke mit einer Verzögerungszeitkonstanten eingesetzt:

$$G_S(s) = \frac{K_S}{1 + T_S \cdot s}, \quad K_S = 1.8, \quad T_S = 10 \text{ s}.$$

Nach Beispiel 15.5-2 hat ein linearer Fuzzy-P-Regler mit

$x_{dmi} = (i - 3) \cdot 0.5,$

$x_{dm1} = -1.0, \quad x_{dm2} = -0.5, \quad x_{dm3} = 0.0, \quad x_{dm4} = 0.5, \quad x_{dm5} = 1.0,$

$y_i = (i - 3) \cdot 2.5,$

$y_1 = -5.0, \quad y_2 = -2.5, \quad y_3 = 0.0, \quad y_4 = 2.5, \quad y_5 = 5.0,$

die konstante Verstärkung

$$G_R(s) = K_R = 5.$$

Für Sprungaufschaltung

$$w(t) = E(t), \quad w(s) = \frac{w_0}{s} = \frac{1}{s}$$

erhält man die bleibende Regeldifferenz nach Bild 15.5-19 mit

$$x_d(t \to \infty) = \lim_{s \to 0} s \cdot \frac{1}{1 + G_R(s) \cdot G_S(s)} \cdot \frac{1}{s} = \frac{1}{1 + K_R \cdot K_S} = 0.1.$$

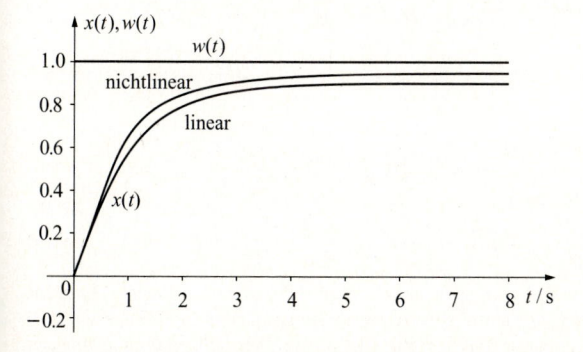

Bild 15.5-19: Bleibende Regeldifferenz von Regelkreisen mit Fuzzy-P-Reglern

Zur Verringerung der bleibenden Regeldifferenz der Sprungantwort soll ein nichtlinearer Fuzzy-P-Regler verwendet werden. Die bleibende Regeldifferenz wird mit

$$x_d(t \to \infty) = 0.05 \cdot w_0 = 0.05$$

vorgegeben. Rand- und Nullwerte werden wie für den linearen Fuzzy-P-Regler, die mittleren Bereiche (NM, PM) werden symmetrisch gewählt:

$$x_{dm1} = -1.0, \quad x_{dm3} = 0.0, \quad x_{dm5} = 1.0,$$
$$y_1 = -5.0, \quad y_3 = 0.0, \quad y_5 = 5.0,$$
$$K_{R1} = K_{R5} = 5.0,$$
$$x_{dm2} = -x_{dm4}, \quad y_2 = -y_4, \quad K_{R2} = K_{R3} = K_{R4}.$$

Für den Regelkreis gelten die stationären Gleichungen:

$$\alpha_i = \frac{x_d - x_{dmi+1}}{x_{dmi} - x_{dmi+1}}, \quad \alpha_i + \alpha_{i+1} = 1,$$

$$y = \frac{y_i \cdot \alpha_i + y_{i+1} \cdot \alpha_{i+1}}{\alpha_i + \alpha_{i+1}} = y_i \cdot \alpha_i + y_{i+1} \cdot \alpha_{i+1} = \alpha_i \cdot (y_i - y_{i+1}) + y_{i+1},$$

$$x = K_S \cdot y,$$

$$x_d = w_0 - x = w_0 - K_S \cdot y = w_0 - K_S \cdot (\alpha_i \cdot (y_i - y_{i+1}) + y_{i+1}).$$

α_i wird ersetzt:

$$x_d = w_0 - K_S \cdot \frac{(y_i - y_{i+1}) \cdot x_d + x_{dmi} \cdot y_{i+1} - x_{dmi+1} \cdot y_i}{x_{dmi} - x_{dmi+1}}$$

$$= \frac{K_S \cdot (x_{dmi} \cdot y_{i+1} - x_{dmi+1} \cdot y_i) + w_0 \cdot (x_{dmi+1} - x_{dmi})}{x_{dmi+1} - x_{dmi} + K_S \cdot (y_{i+1} - y_i)}.$$

Für den Bereich der kleinen Regeldifferenzen wird eingesetzt:

$$x_{dmi} = x_{dm3} = 0.0, \quad y_i = y_3 = 0.0, \quad y_4 = K_{R4} \cdot x_{dm4},$$

$$x_d = \frac{x_{dmi+1} \cdot w_0}{x_{dmi+1} + K_S \cdot y_{i+1}} = \frac{x_{dm4} \cdot w_0}{x_{dm4} + K_S \cdot y_4} = \frac{w_0}{1 + K_{R4} \cdot K_S} = \frac{1}{1 + K_{R4} \cdot K_S}.$$

Mit

$$K_{R4} = \frac{1 - x_d}{K_S \cdot x_d} = \frac{1 - x_d(t \to \infty)}{K_S \cdot x_d(t \to \infty)} = 10.556$$

wird eine bleibende Regeldifferenz von $x_d(t \to \infty) = 0.05$ erreicht. Für Fuzzifizierung und Regelbasis erhält man folgende Werte:

$$x_{dm4} > x_d(t \to \infty), \quad x_{d4} = 0.1 \text{ gewählt},$$
$$x_{dm1} = -1.0, \quad x_{dm2} = -0.1, \quad x_{dm3} = 0.0, \quad x_{dm4} = 0.1, \quad x_{dm5} = 1.0,$$
$$y_4 = K_{R4} \cdot x_{dm4} = 1.0556,$$
$$y_1 = -5.0, \quad y_2 = -1.0556, \quad y_3 = 0.0, \quad y_4 = 1.0556, \quad y_5 = 5.0.$$

In Bild 15.5-19 ist die Sprungantwort für den Regelkreis mit dem nichtlinearen Fuzzy-P-Regler aufgezeichnet. Der Sprungantwortverlauf im Bereich großer Regeldifferenzen ist gleich dem des linearen Fuzzy-P-Reglers, im Bereich kleinerer Regeldifferenzen wird aufgrund der höheren Verstärkung des nichtlinearen Reglers die bleibende Regeldifferenz kleiner.

Für große Verstärkungen werden lineare Regelungssysteme instabil. Wählt man für Fuzzy-Regelungen die Verstärkung bei kleinen Regeldifferenzen zu groß, dann tritt auch hier Instabilität auf.

Beispiel 15.5-6: Für eine Regelstrecke dritter Ordnung mit der Übertragungsfunktion

$$G_S(s) = \frac{K_{IS}}{(1 + T_1 \cdot s) \cdot (1 + T_2 \cdot s) \cdot s}, \quad T_1 = T_2 = 1 \text{ s}, \quad K_{IS} = 1 \text{ s}^{-1},$$

$$G_R(s) = K_R,$$

wird die Stabilitätsgrenze für die Verstärkung K_{Rkrit} eines linearen P-Reglers nach dem ROUTH-Kriterium mit der charakteristischen Gleichung

$$T_1 \cdot T_2 \cdot s^3 + (T_1 + T_2) \cdot s^2 + s + K_R \cdot K_{IS} = 0,$$

$$c_1 = (T_1 + T_2) - T_1 \cdot T_2 \cdot K_{Rkrit} \cdot K_{IS} = 0,$$

$$K_{Rkrit} = \frac{T_1 + T_2}{K_{IS} \cdot T_1 \cdot T_2} = 2.0$$

bestimmt. Für einen Fuzzy-P-Regler werden folgende Verstärkungen für die Modalwerte x_{dmi} vorgegeben:

$$K_{Ri} = \frac{y_i}{x_{dmi}},$$

wobei K_{R3} als Grenzwert zu bilden ist:

$x_{dm1} = -1.0,$	$x_{dm2} = -0.1,$	$x_{dm3} = 0.0,$	$x_{dm4} = 0.1,$	$x_{dm5} = 1.0,$
$y_1 = -0.2,$	$y_2 = -0.2,$	$y_3 = 0.0,$	$y_4 = 0.2,$	$y_5 = 0.2,$
$K_{R1} = 0.2,$	$K_{R2} = 2.0,$	$K_{R3} = 2.0,$	$K_{R4} = 2.0,$	$K_{R5} = 0.2.$

Die Verstärkungskennlinie des Fuzzy-Reglers nach Bild 15.5-20 hat die instabile Einstellung mit $K_{Rkrit} = 2.0$ im Bereich

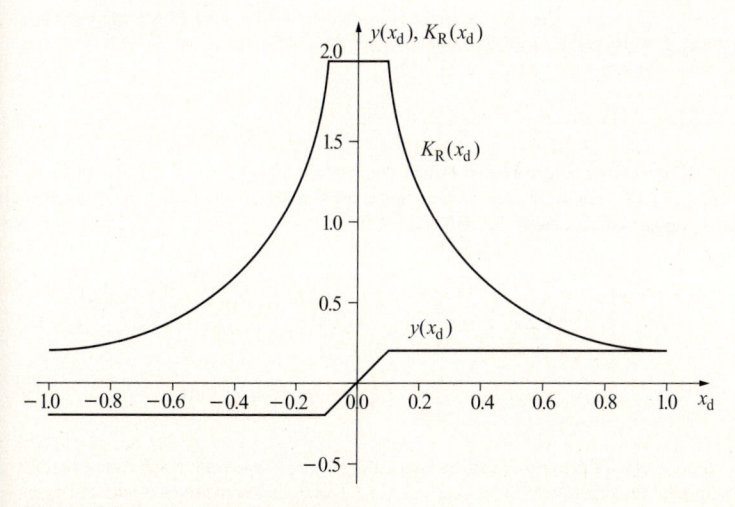

$$-0.1 \leq x_d \leq 0.1.$$

Bild 15.5-20: Kennlinie eines Fuzzy-P-Reglers

In Bild 15.5-21 ist die Sprungantwort für den Regelkreis aufgezeichnet. Der Sprungantwortverlauf ist im Bereich großer Regeldifferenzen stabil, im Bereich kleiner Regeldifferenzen tritt Instabilität auf, die Dauerschwingung der Regelgröße x hat eine Amplitude von 0.105 und schwingt um den Sollwert $w_0 = 1$ im Bereich $0.895 < x < 1.105$. Der Fuzzy-Regelkreis schwingt im Bereich der instabilen Verstärkungseinstellung.

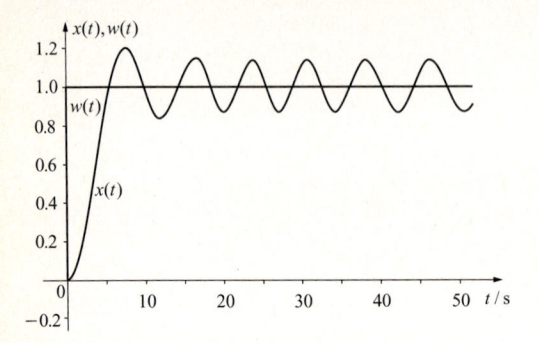

Bild 15.5-21: Sprungantwort eines instabilen Regelkreises mit Fuzzy-Regler

15.5.3.3 Fuzzy-PD-Regler

Kontinuierlicher (analoger) PD-Regler:

$$y(t) = K_R \cdot \left[x_d(t) + T_V \cdot \frac{dx_d(t)}{dt} \right],$$

diskreter (digitaler) PD-Regler:

$$y_k = K_R \cdot \left[x_{d,k} + T_V \cdot \frac{x_{d,k} - x_{d,k-1}}{T} \right].$$

Eingangsgrößen des Fuzzy-PD-Reglers sind Regeldifferenz x_d und die Ableitung der Regeldifferenz nach der Zeit $\dot{x}_d(t)$. In digitalen Regelsystemen wird die Ableitung der Regeldifferenz durch die Differenz von zwei aufeinanderfolgenden Abtastwerten von x_d ersetzt:

$$\frac{\Delta x_{d,k}}{T} = \frac{x_d(kT) - x_d((k-1)T)}{T} = \frac{x_{d,k} - x_{d,k-1}}{T} \approx \frac{dx_d(t)}{dt},$$

wobei T die Abtastzeit ist. Dynamische Eigenschaften von Fuzzy-Reglern können nur mit zusätzlichen Funktionskomponenten erzeugt werden. Die Ableitung der Regeldifferenz wird daher außerhalb erzeugt und dem Fuzzy-Regler als zweite Eingangsgröße zugeführt (Bild 15.5-22).

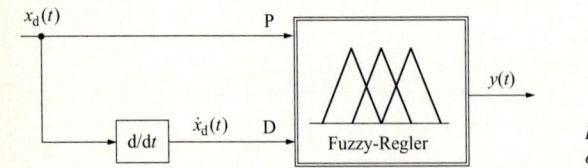

Bild 15.5-22: Struktur eines Fuzzy-PD-Reglers

Im Signalflußbild 15.5-23 ist das Prinzip des digitalen Fuzzy-PD-Reglers dargestellt. Nach Abtastung der Regeldifferenz $x_d(t)$ entsteht das abgetastete Signal $x_{d,k} = x_d(kT)$. Das Signal der vorigen Abtastung $x_{d,k-1}$ wurde gespeichert. Es wird vom aktuellen Signal $x_{d,k}$ subtrahiert und durch die Abtastzeit T dividiert.

15.5 Übertragungsverhalten von Fuzzy-Reglern

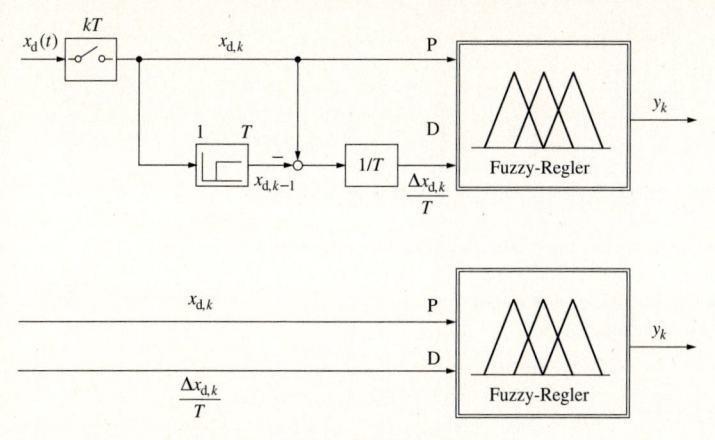

Bild 15.5-23: Signalflußbilder von digitalen Fuzzy-PD-Reglern

Beispiel 15.5-7: Für einen Fuzzy-PD-Regler soll die Regelbasis erstellt werden. Für Regeldifferenz und Ableitung der Regeldifferenz werden jeweils fünf linguistische Werte vorgesehen (Bild 15.5-24, 25), x_{dm} sind die Modalwerte der Dreiecksfunktionen, $\Delta x_{dr1}/T$, $\Delta x_{dl5}/T$ sind die rechten und linken Kennwerte der Trapezfunktionen von Bild 15.5-25.

In Tabelle 15.5-6 ist die Regelbasis eines Fuzzy-PD-Reglers aufgestellt. Für die linguistischen Werte der Stellgröße y_L sind in Tabelle 15.5-7 die zugehörigen Zahlenwerte

$$y_{NG} = y_1, \quad y_{NM} = y_2, \quad y_{ZE} = y_3, \quad y_{PM} = y_4, \quad y_{PG} = y_5,$$

eingetragen.

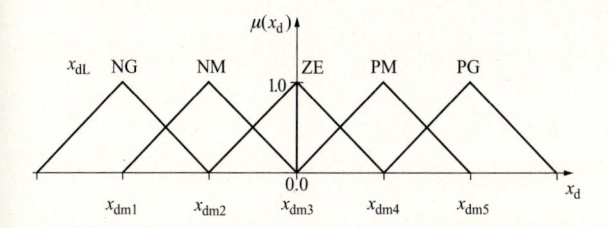

Bild 15.5-24: Zugehörigkeitsfunktionen (Eingangsgröße), linguistische Werte der Regeldifferenz x_{dL}

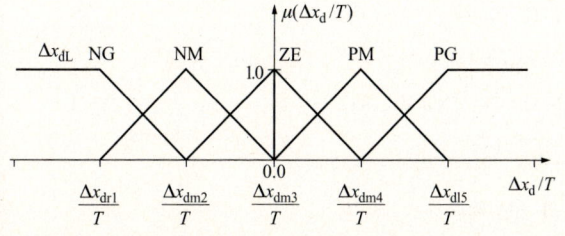

Bild 15.5-25: Zugehörigkeitsfunktionen (Eingangsgröße), linguistische Werte der Ableitung der Regeldifferenz Δx_{dL}

954 15 Anwendung der Fuzzy-Logik in der Regelungstechnik

y_L

NG   NM   ZE   PM   PG

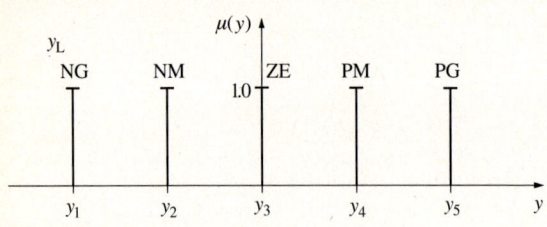

$\mu(y)$
1.0

y_1 y_2 y_3 y_4 y_5 y

Bild 15.5-26: *Zugehörigkeitsfunktionen (Ausgangsgröße), linguistische Werte der Stellgröße y_L*

Tabelle 15.5-6: *Regelbasis eines Fuzzy-PD-Reglers mit linguistischen Werten der Ausgangsgröße y_L*

		\multicolumn{5}{c}{Regeldifferenz x_{dL}}				
		NG	NM	ZE	PM	PG
	NG	NG	NG	NM	NM	ZE
	NM	NG	NM	NM	ZE	PM
Änderung	ZE	NM	NM	ZE	PM	PM
der Regel-	PM	NM	ZE	PM	PM	PG
differenz Δx_{dL}	PG	ZE	PM	PM	PG	PG

Stellgröße y_L

Tabelle 15.5-7: *Regelbasis eines Fuzzy-PD-Reglers mit Singleton-Werten der Ausgangsgröße y_L*

		\multicolumn{5}{c}{Regeldifferenz x_{dL}}				
		NG	NM	ZE	PM	PG
	NG	y_1	y_1	y_2	y_2	y_3
	NM	y_1	y_2	y_2	y_3	y_4
Änderung	ZE	y_2	y_2	y_3	y_4	y_4
der Regel-	PM	y_2	y_3	y_4	y_4	y_5
differenz Δx_{dL}	PG	y_3	y_4	y_4	y_5	y_5

Stellgröße y_L

Beispiel 15.5-8: Für einen Fuzzy-PD-Regler mit jeweils drei linguistischen Werten der Eingangsgrößen x_{dL}, Δx_{dL} und fünf Werten für die Ausgangsgröße y_L werden Sprung- und Anstiegsantwort berechnet.

Regeldifferenz x_{dL} (Bild 15.5-27): {NG, ZE, PG},

$$x_{dm1} = -1.0, \quad x_{dm2} = 0.0, \quad x_{dm3} = 1.0,$$

Änderung der Regeldifferenz Δx_{dL} (Bild 15.5-28): {NG, ZE, PG},

$$\frac{\Delta x_{dr1}}{T} = -1.0, \quad \frac{\Delta x_{dm2}}{T} = 0.0, \quad \frac{\Delta x_{dl3}}{T} = 1.0,$$

Stellgröße y_L (Singletons): {NG, NM, ZE, PM, PG},

$$y_1 = -10.0, \quad y_2 = -5.0, \quad y_3 = 0.0, \quad y_4 = 5.0, \quad y_5 = 10.0.$$

15.5 Übertragungsverhalten von Fuzzy-Reglern

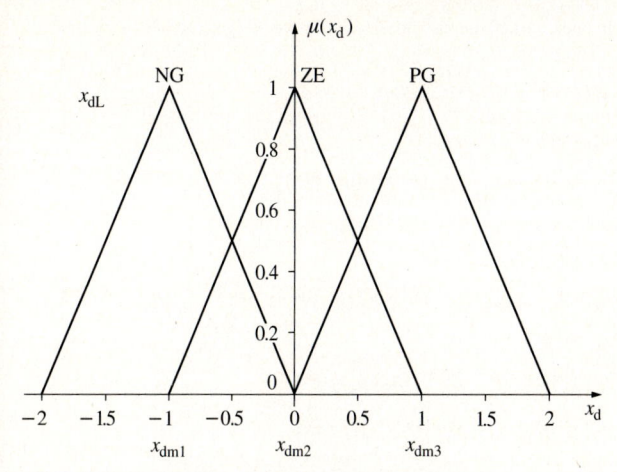

Bild 15.5-27: Zugehörigkeitsfunktionen und linguistische Werte der Regeldifferenz x_{dL}

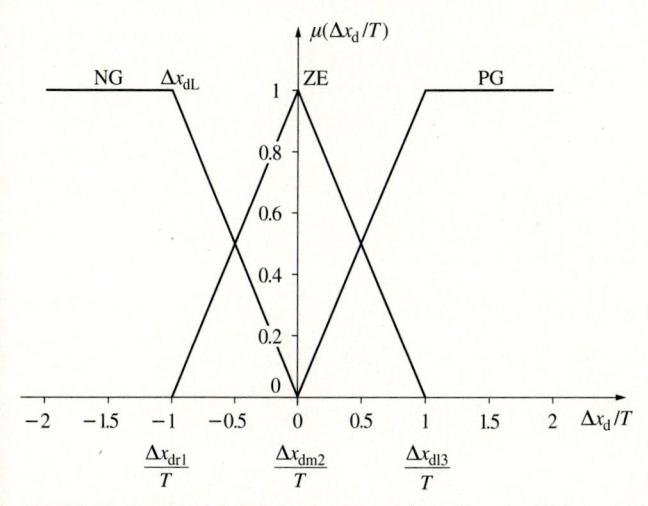

Bild 15.5-28: Zugehörigkeitsfunktionen und linguistische Werte der Ableitung der Regeldifferenz Δx_{dL}

Tabelle 15.5-8: Regelbasis in Tabellenform

		Regeldifferenz x_{dL}		
		NG	ZE	PG
Änderung der Regeldifferenz Δx_{dL}	NG	NG, y_1	NM, y_2	ZE, y_3
	ZE	NM, y_2	ZE, y_3	PM, y_4
	PG	ZE, y_3	PM, y_4	PG, y_5

Stellgröße y_L

Tabelle 15.5-8 werden neun Regeln entnommen, die zu fünf Regeln für die Ausgangsgröße y_L zusammengefaßt werden können:

R_{NG} : WENN x_{dL} = NG UND Δx_{dL} = NG DANN y_L = NG,

R_{NM} : WENN x_{dL} = NG UND Δx_{dL} = ZE
ODER x_{dL} = ZE UND Δx_{dL} = NG DANN y_L = NM,

R_{ZE} : WENN x_{dL} = NG UND Δx_{dL} = PG
ODER x_{dL} = ZE UND Δx_{dL} = ZE
ODER x_{dL} = PG UND Δx_{dL} = NG DANN y_L = ZE,

R_{PM} : WENN x_{dL} = ZE UND Δx_{dL} = PG
ODER x_{dL} = PG UND Δx_{dL} = ZE DANN y_L = PM,

R_{PG} : WENN x_{dL} = PG UND Δx_{dL} = PG DANN y_L = PG.

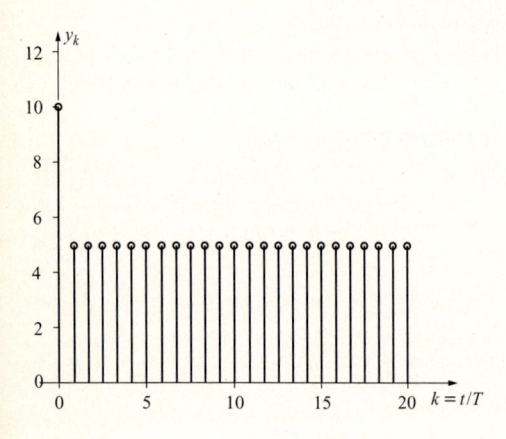

Bild 15.5-29: Sprungantwortfolge des Fuzzy-PD-Reglers

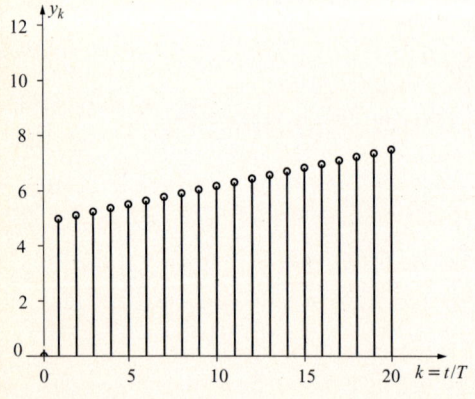

Bild 15.5-30: Anstiegsantwortfolge des Fuzzy-PD-Reglers

Die Sprungantwortfolge des Fuzzy-PD-Reglers für

$$x_{d,k} = E(k), \quad T = 0.025 \text{ s}$$

ist in Bild 15.5-29 dargestellt. Die Anstiegsantwort von Bild 15.5-30 ist für die Anstiegsfolge

$$x_{d,k} = 0.025 \cdot k, \quad T = 0.025 \text{ s}$$

berechnet. Sprung- und Anstiegsantwort zeigen das Verhalten eines PD-ähnlichen Fuzzy-Reglers.

Ein reiner D-Regler hat in regelungstechnischen Anwendungen keine Bedeutung, da konstante Sollwerte nicht übertragen werden können. Ein Fuzzy-D-Übertragungselement läßt sich realisieren, wenn der P-Anteil abgeschaltet wird. Die Eingangsgröße des Fuzzy-Elements ist dann $\dot{x}_d$ oder $\Delta x_{d,k}/T$. Eine Regelbasis mit drei linguistischen Werten hat beispielsweise folgende Form:

R_{NG} : WENN Δx_{dL} = NG DANN y_L = NG,

R_{ZE} : WENN Δx_{dL} = ZE DANN y_L = ZE,

R_{PG} : WENN Δx_{dL} = PG DANN y_L = PG.

15.5.3.4 Fuzzy-PI-Regler (Stellungsalgorithmus)

Eingangsgrößen des Fuzzy-PI-Stellungsreglers sind Regeldifferenz x_d und das Integral der Regeldifferenz, wobei in digitalen Regelungssystemen die Integration der Regeldifferenz durch die Summe der Abtastwerte $x_{d,k}$ gebildet wird.

Durch Diskretisierung der Gleichung des kontinuierlichen (analogen) PI-Reglers

$$y(t) = K_R \cdot \left[x_d(t) + \frac{1}{T_N} \cdot \int x_d(t)\,dt \right]$$

erhält man den digitalen PI-Regler (PI-Stellungsalgorithmus, Typ II):

$$y_k = K_R \cdot \left[x_{d,k} + \frac{1}{T_N} \cdot \sum_{i=1}^{k} x_{d,i} \cdot T \right] = K_R \cdot \left[x_{d,k} + \frac{1}{T_N} \cdot \Sigma\, x_{d,k} \cdot T \right].$$

Die Integration wird durch die Summe der Regeldifferenzen ersetzt, die mit einer rekursiven Gleichung für den Abtastzeitpunkt kT dargestellt wird:

$$\int x_d(t)\,dt \approx \Sigma\, x_{d,k} \cdot T = \Sigma\, x_{d,k-1} \cdot T + x_{d,k} \cdot T,$$

$$\Sigma\, x_{d,k} \cdot T = \sum_{i=1}^{k} x_{d,i} \cdot T = \sum_{i=1}^{k-1} x_{d,i} \cdot T + x_{d,k} \cdot T = \Sigma\, x_{d,k-1} \cdot T + x_{d,k} \cdot T.$$

Die Integration wird durch eine rekursive Summenformel ersetzt, $\Sigma\, x_{d,k} \cdot T$ ist damit die zweite Eingangsgröße des Fuzzy-PI-Stellungsreglers. Für den Fuzzy-PI-Stellungsregler sind die Strukturbilder 15.5-31, 32 gültig.

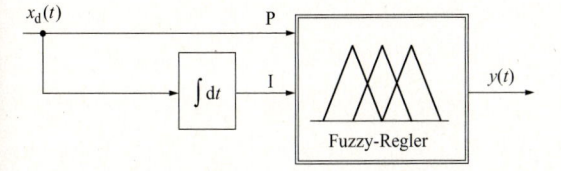

Bild 15.5-31: Signalflußbild eines Fuzzy-PI-Stellungsreglers

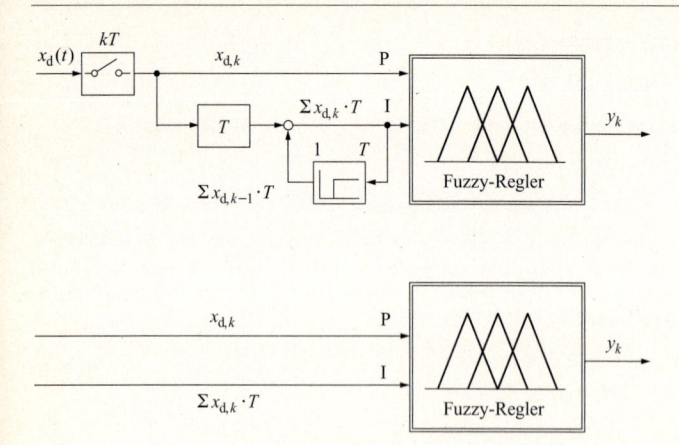

15 Anwendung der Fuzzy-Logik in der Regelungstechnik

Bild 15.5-32: Signalflußbilder von digitalen Fuzzy-PI-Stellungsreglern

Nach Signalflußbild 15.5-32 wird der abgetastete Wert der Regeldifferenz $x_{d,k}$ mit T multipliziert (Rechtecknäherung) und zur Summe der bisher ermittelten Regeldifferenzen $\Sigma\, x_{d,k-1} \cdot T$ hinzugefügt. Das Signal $\Sigma\, x_{d,k} \cdot T$ entspricht der Approximation der Integration mit der Rechtecknäherung.

Beispiel 15.5-9: Für einen Fuzzy-PI-Stellungsregler soll die Regelbasis erstellt werden. Für Regeldifferenz $x_{d,k}$ und Integral der Regeldifferenz $\Sigma\, x_{d,k} \cdot T$ werden linguistische Werte nach Bild 15.5-33, 34 vorgesehen, x_{dmi} sind die Modalwerte der Dreiecksfunktionen, $\Sigma\, x_{dr1} \cdot T$, $\Sigma\, x_{dl5} \cdot T$ die rechten und linken Kennwerte der Trapezfunktionen von Bild 15.5-34.

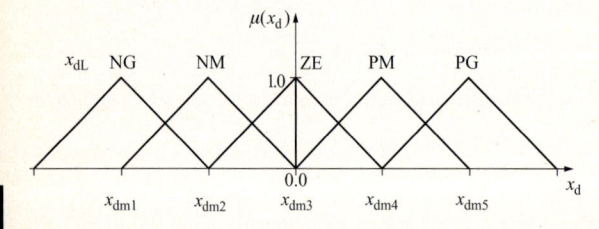

Bild 15.5-33: Zugehörigkeitsfunktionen (Eingangsgröße), linguistische Werte der Regeldifferenz x_{dL}

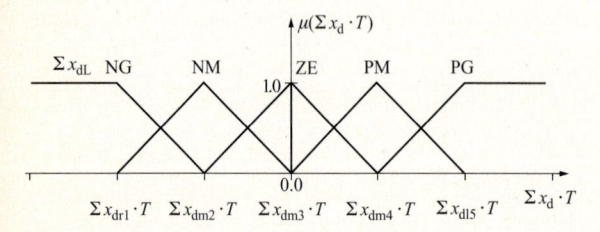

Bild 15.5-34: Zugehörigkeitsfunktionen (Eingangsgröße), linguistische Werte des Integrals der Regeldifferenz $\Sigma\, x_{dL}$

15.5 Übertragungsverhalten von Fuzzy-Reglern

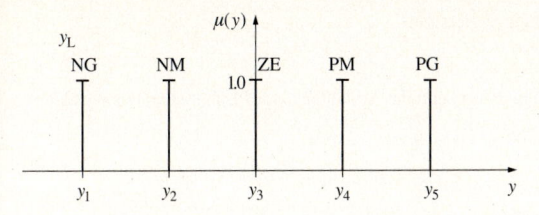

```
y_L            μ(y)
NG    NM      ZE    PM    PG
              1.0

      
y₁    y₂     y₃    y₄    y₅    y
```

Bild 15.5-35: *Zugehörigkeitsfunktionen (Ausgangsgröße), linguistische Werte der Stellgröße y_L*

In Tabelle 15.5-9 ist die Regelbasis eines Fuzzy-PI-Stellungsreglers aufgestellt.

Tabelle 15.5-9: *Regelbasis eines Fuzzy-PI-Stellungsreglers mit linguistischen Werten*

		\multicolumn{5}{c}{Regeldifferenz x_{dL}}
		NG	NM	ZE	PM	PG
Integral der Regeldifferenz Σx_{dL}	NG	NG	NG	NM	NM	ZE
	NM	NG	NM	NM	ZE	PM
	ZE	NM	NM	ZE	PM	PM
	PM	NM	ZE	PM	PM	PG
	PG	ZE	PM	PM	PG	PG

—— Stellgröße y_L ——

Beispiel 15.5-10: Für einen Fuzzy-PI-Stellungsregler mit jeweils drei linguistischen Werten der Eingangsgrößen x_{dL}, Σx_{dL} und fünf Werten für die Ausgangsgröße y_L wird die Sprungantwort berechnet.

Regeldifferenz x_{dL}: {NG, ZE, PG},

$$x_{dm1} = -1.0, \quad x_{dm2} = 0.0, \quad x_{dm3} = 1.0,$$

Summe der Regeldifferenzen Σx_{dL}: {NG, ZE, PG},

$$\Sigma x_{dr1} \cdot T = -2.0, \quad \Sigma x_{dm2} \cdot T = 0.0, \quad \Sigma x_{dm3} \cdot T = 2.0,$$

Stellgröße y_L: {NG, NM, ZE, PM, PG},

$$y_1 = -10.0, \quad y_2 = -5.0, \quad y_3 = 0.0, \quad y_4 = 5.0, \quad y_5 = 10.0.$$

Tabelle 15.5-10: *Regelbasis in Tabellenform*

		\multicolumn{3}{c}{Regeldifferenz x_{dL}}
		NG	ZE	PG
Integral der Regeldifferenz Σx_{dL}	NG	NG, y_1	NM, y_2	ZE, y_3
	ZE	NM, y_2	ZE, y_3	PM, y_4
	PG	ZE, y_3	PM, y_4	PG, y_5

—— Stellgröße y_L ——

Die Sprungantwortfolge des Fuzzy-PI-Stellungsreglers für

$$x_{d,k} = E(k), \quad T = 0.025 \text{ s}$$

ist in Bild 15.5-36 aufgezeichnet. Die Sprungantwort zeigt das Verhalten eines PI-ähnlichen Fuzzy-Reglers.

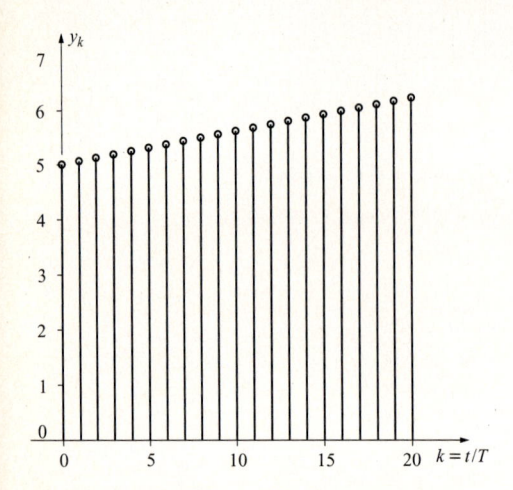

Bild 15.5-36: Sprungantwort eines Fuzzy-PI-Stellungsreglers

Ein Fuzzy-I-Regler hat als Eingangsgröße die Summe der Regeldifferenzen $\Sigma\, x_{d,k}$. Eine Regelbasis mit drei linguistischen Werten hat dann folgende Form:

R_{NG} : WENN $\Sigma\, x_{dL}$ = NG DANN y_L = NG,

R_{ZE} : WENN $\Sigma\, x_{dL}$ = ZE DANN y_L = ZE,

R_{PG} : WENN $\Sigma\, x_{dL}$ = PG DANN y_L = PG.

15.5.3.5 Fuzzy-PI-Regler (Geschwindigkeitsalgorithmus)

Durch Differenzieren und Diskretisieren der kontinuierlichen Gleichung des PI-Reglers wird der digitale PI-Regler (PI-Geschwindigkeitsalgorithmus, Typ II) abgeleitet:

$$y(t) = K_R \cdot \left[x_d(t) + \frac{1}{T_N} \cdot \int x_d(t)\, dt \right],$$

$$\frac{dy(t)}{dt} = K_R \cdot \left[\frac{dx_d(t)}{dt} + \frac{x_d(t)}{T_N} \right],$$

$$\frac{y_k - y_{k-1}}{T} = K_R \cdot \left[\frac{x_{d,k} - x_{d,k-1}}{T} + \frac{x_{d,k}}{T_N} \right],$$

$$\Delta y_k = y_k - y_{k-1} = K_R \cdot \left[x_{d,k} - x_{d,k-1} + \frac{T}{T_N} \cdot x_{d,k} \right]$$

$$= K_R \cdot \left[\Delta x_{d,k} + \frac{T}{T_N} \cdot x_{d,k} \right].$$

Ausgangsgröße ist die Stellgrößendifferenz Δy_k zwischen zwei Abtastzeitpunkten, also die Stellgeschwindigkeit. Die Integration der Stellgröße erfolgt hier außerhalb des Reglers im Stellglied des Regelkreises (Abschnitt 11.2.4.2). Eingangsgrößen des Fuzzy-PI-Geschwindigkeitsreglers sind Änderung der Regeldifferenz

$\Delta x_{d,k}$, die wegen der nachfolgenden externen Integration vom Prinzip her den Proportional-Anteil repräsentiert, und Regeldifferenz $x_{d,k}$, die dem Integral der Regeldifferenz entspricht (Bild 15.5-37).
Eine Regelbasis ist beispielhaft in Tabelle 15.5-11 angegeben.

Bild 15.5-37: Struktur eines Fuzzy-PI-Geschwindigkeitsreglers

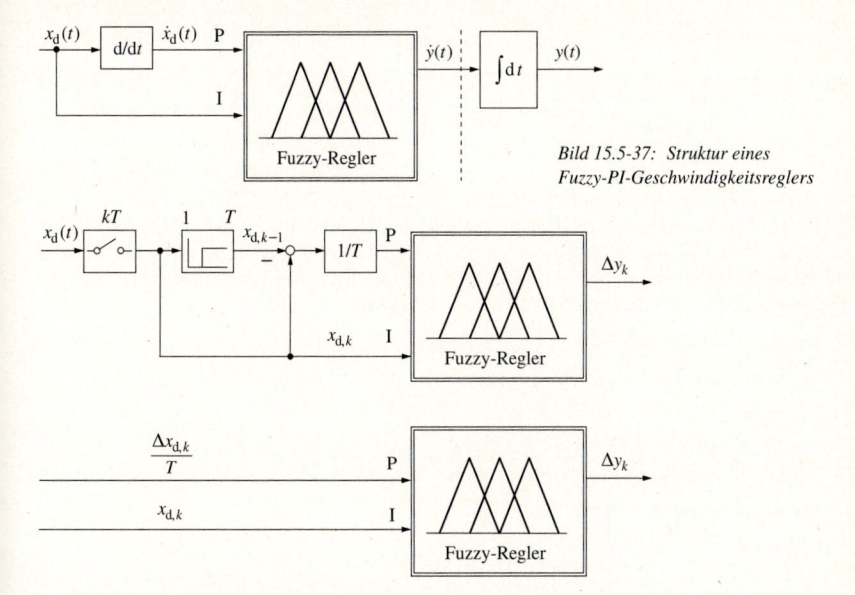

Bild 15.5-38: Signalflußbilder von digitalen Fuzzy-PI-Geschwindigkeitsreglern

Tabelle 15.5-11: Regelbasis eines Fuzzy-PI-Geschwindigkeitsreglers

		Änderung der Regeldifferenz Δx_{dL}		
		NG	ZE	PG
Regeldifferenz x_{dL}	NG	NG	NM	ZE
	ZE	NM	ZE	PM
	PG	ZE	PM	PG

Stellgröße y_L

15.5.3.6 Fuzzy-PID-Regler

Der Fuzzy-PID-Regler wird auf der Grundlage des PID-Stellungsalgorithmus (Typ II) entwickelt:

$$y_k = K_R \cdot \left[x_{d,k} + \frac{1}{T_N} \cdot \sum_{i=1}^{k} x_{d,i} \cdot T + T_V \cdot \frac{x_{d,k} - x_{d,k-1}}{T} \right]$$

$$= K_R \cdot \left[x_{d,k} + \frac{1}{T_N} \cdot \Sigma\, x_{d,k} \cdot T + T_V \cdot \frac{\Delta x_{d,k}}{T} \right].$$

Eingangsgrößen des Fuzzy-PID-Stellungsreglers sind Regeldifferenz $x_{d,k}$ (P-Anteil), Summe der Regeldifferenzen $\Sigma\, x_{d,k} \cdot T$ (I-Anteil) und Änderung der Regeldifferenz $\Delta x_{d,k}/T$ (D-Anteil), in Bild 15.5-39 ist das Signalflußbild dargestellt.

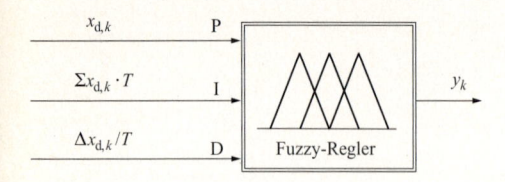

Bild 15.5-39: Signalflußbild eines digitalen Fuzzy-PID-Reglers

Beispiel 15.5-11: Für einen Fuzzy-PID-Regler mit jeweils drei linguistischen Werten der Eingangsgrößen x_{dL}, $\Sigma\, x_{dL}$, Δx_{dL} und fünf Werten für die Ausgangsgröße y_L wird die Regelbasis aufgestellt und die Sprungantwort berechnet. Linguistische Werte und Zugehörigkeitsfunktionen entsprechen den Angaben in Beispiel 15.5-8 (Fuzzy-PD-Regler) und Beispiel 15.4-10 (Fuzzy-PI-Regler).

Regeldifferenz x_{dL}: {NG, ZE, PG},

$$x_{dm1} = -1.0, \quad x_{dm2} = 0.0, \quad x_{dm3} = 1.0,$$

Summe der Regeldifferenzen $\Sigma\, x_{dL}$: {NG, ZE, PG},

$$\Sigma\, x_{dr1} \cdot T = -2.0, \quad \Sigma\, x_{dm2} \cdot T = 0.0, \quad \Sigma\, x_{dl3} \cdot T = 2.0,$$

Änderung der Regeldifferenz Δx_{dL}: {NG, ZE, PG},

$$\frac{\Delta x_{dr1}}{T} = -1.0, \quad \frac{\Delta x_{dm2}}{T} = 0.0, \quad \frac{\Delta x_{dl3}}{T} = 1.0,$$

Stellgröße y_L: {NG, NM, ZE, PM, PG},

$$y_1 = -10.0, \quad y_2 = -5.0, \quad y_3 = 0.0, \quad y_4 = 5.0, \quad y_5 = 10.0.$$

Die Regelbasis berücksichtigt große Summen der Regeldifferenzen $\Sigma\, x_{d,k} \cdot T$ und große Änderungen der Regeldifferenz $\Delta x_{d,k}/T$ jeweils mit einer Erhöhung der Stellgröße y_k. Die Regelbasis ist dann:

R_{NG} : WENN x_{dL} = NG UND $\Sigma\, x_{dL}$ = NG

 ODER x_{dL} = NG UND Δx_{dL} = NG DANN y_L = NG,

R_{NM} : WENN x_{dL} = NG

 ODER x_{dL} = ZE UND $\Sigma\, x_{dL}$ = NG

 ODER x_{dL} = ZE UND Δx_{dL} = NG DANN y_L = NM,

R_{ZE} : WENN x_{dL} = ZE UND $\Sigma\, x_{dL}$ = ZE UND Δx_{dL} = ZE

 DANN y_L = ZE,

R_{PM} : WENN x_{dL} = PG

 ODER x_{dL} = ZE UND $\Sigma\, x_{dL}$ = PG

 ODER x_{dL} = ZE UND Δx_{dL} = PG DANN y_L = PM,

R_{PG} : WENN x_{dL} = PG UND $\Sigma\, x_{dL}$ = PG

 ODER x_{dL} = PG UND Δx_{dL} = PG DANN y_L = PG.

Die Sprungantwortfolge des Fuzzy-PID-Stellungsreglers für

$$x_{d,k} = E(k), \quad T = 0.025 \text{ s}$$

ist in Bild 15.5-40 aufgezeichnet. Die Sprungantwort zeigt das Verhalten eines PID-ähnlichen Fuzzy-Reglers.

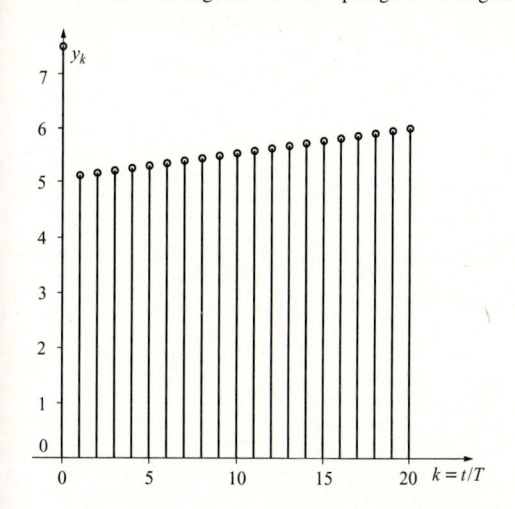

Bild 15.5-40: Sprungantwortfolge eines digitalen Fuzzy-PID-Reglers

15.5.4 Strukturen von Fuzzy-Regelkreisen

15.5.4.1 Einsatz von Fuzzy-Komponenten

Im Abschnitt 15.5.3 wurde das konventionelle PID-Reglerkonzept auf Fuzzy-Regler übertragen. Dabei wurde die Regelbasis auf der Grundlage der konventionellen Reglerkonzepte (P-, I-, D-Verhalten) entwickelt. Fuzzy-PID-Regler erweitern den Anwendungsbereich von konventionellen PID-Reglern. Durch die Möglichkeit, mit Fuzzy-Methoden nichtlineare Beziehungen zwischen der Stellgröße und der Eingangsgröße Regeldifferenz zu realisieren, läßt sich ein verbessertes Regelverhalten einstellen.

Fuzzy-Komponenten können in Regelkreisstrukturen konventionelle Regeleinrichtungen ersetzen oder konventionelle Strukturen erweitern (Fuzzy-Hybrid-Strukturen).

15.5.4.2 Fuzzy-Regler als Ersatz für konventionelle Regler

Mit Fuzzy-Reglern lassen sich konventionelle Regler ersetzen. In den folgenden Signalflußbildern werden Fuzzy-Komponenten in konventionellen Regelungsstrukturen anstelle von PID-Reglern und Zustandsreglern verwendet. In Bild 15.5-41 wird ein PID-Regler durch einen Fuzzy-PID-Regler ersetzt. Dabei ist die Ableitung und das Integral der Regeldifferenz durch Differenz $\Delta x_d/T$ und Summe $\Sigma \, x_d \cdot T$ extern nachzubilden.

In Bild 15.5-42 ist ein konventioneller Zustandsregler nach Bild 12.3-2 einem Fuzzy-Zustandsregler gegenübergestellt. Der Zustandsvektor $x(t)$ der Regelstrecke wird einem Fuzzy-Regler zugeführt, der die Stellgröße $u(t)$ erzeugt.

Entsprechend zu den Beispielen können Fuzzy-Komponenten auch bei Kaskadenregelungen, Mehrgrößenregelungen und Regelkreisstrukturen mit Führungs-, Hilfsregel- oder Störgrößenaufschaltungen angewendet werden.

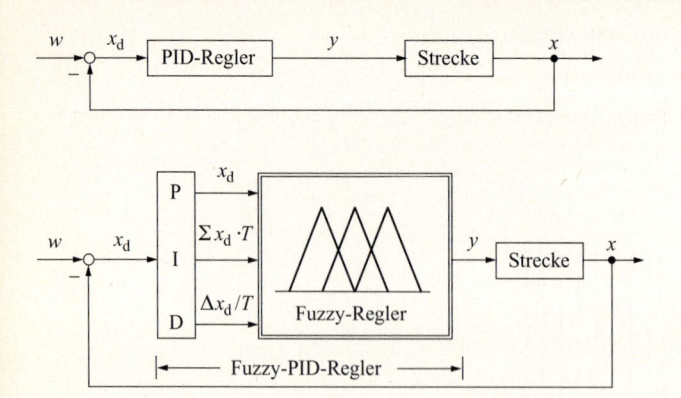

Bild 15.5-41: *Regelkreisstrukturen mit PID- und Fuzzy-PID-Regler*

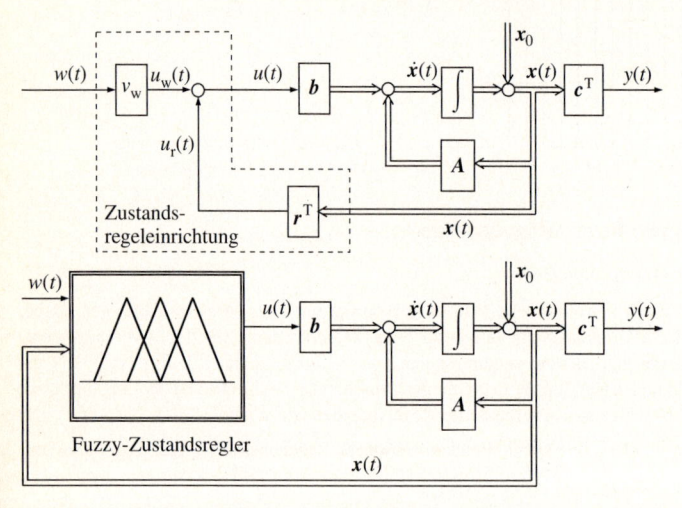

Bild 15.5-42: *Zustands- und Fuzzy-Zustandsregelung*

15.5.4.3 Erweiterung von konventionellen Regelkreisstrukturen mit Fuzzy-Komponenten (Fuzzy-Hybrid-Strukturen)

Als Beispiel für eine mit Fuzzy-Komponenten erweiterte konventionelle Regelung ist in Bild 15.5-43 eine Parallelstruktur von Integral- und Fuzzy-Regler dargestellt. Mit dem Integral-Regler wird die Genauigkeit der Regelung gewährleistet, der nichtlineare Fuzzy-Regler realisiert ein schnelles Regelverhalten im Bereich großer Regeldifferenzen.

Eine weitere Möglichkeit für den Einsatz ergibt sich bei Regelkreisen mit adaptiven Reglern (Bild 15.5-44). Mit gemessenen Kenngrößen der Regelstrecke wird der konventionelle PID-Regler über eine Fuzzy-Komponente an die veränderten Streckeneigenschaften angepaßt.

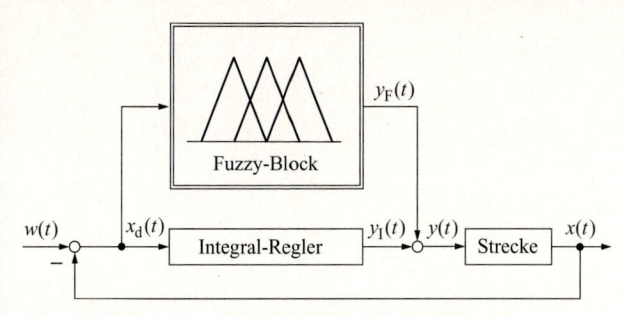

Bild 15.5-43: *Regelkreis mit Integral-Regler und Fuzzy-Regler*

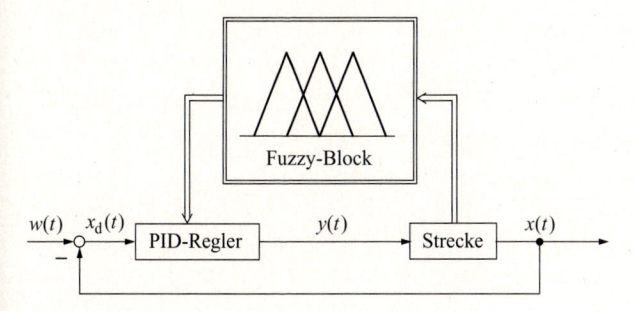

Bild 15.5-44: *Regelkreis mit adaptivem PID-Regler*

16 Berechnung von Regelungssystemen mit MATLAB[1] und Simulink

16.1 Allgemeines

MATLAB, die Abkürzung steht für MATrix LABoratory, ist ein Programmsystem für die Lösung von mathematisch-technischen Aufgabenstellungen mit Digitalrechnern. In der Regelungstechnik hat der Einsatz von Digitalrechnern folgende Vorteile:

- Für die Berechnung mit Digitalrechnern können mathematische Modelle höherer Ordnung eingesetzt werden, die genauere Ergebnisse liefern als bei der manuellen Berechnung. Der Berechnung von Hand sind häufig nur Regelungssysteme niedriger Ordnung, meist zweiter oder dritter Ordnung, mit vertretbarem Aufwand zugänglich.
- Graphiken können schneller erfaßt und beurteilt werden als sprachliche Formulierungen oder Formeln. In der Regelungstechnik werden neben Signalflußplänen beispielsweise Antwortfunktionen, Ortskurven, Wurzelortskurven und BODE-Diagramme verwendet. Diese lassen sofort erkennen, ob das untersuchte Regelungssystem die gestellten Anforderungen erfüllt, über das weitere Vorgehen kann dann schnell entschieden werden. Rechnergestützt lassen sich graphische Darstellungen in der geforderten Genauigkeit mit erträglichem Zeit- und Kostenaufwand erstellen. Der Regelungstechniker erarbeitet die Lösung seines Problems interaktiv im Dialog mit dem Rechner.

MATLAB besitzt sehr wirksame, auf regelungstechnische Verfahren und graphische Darstellungen zugeschnittene Funktionen. Das Programmsystem ist in der höheren Programmiersprache C geschrieben und hat eine offene Systemumgebung, wobei auf bereits vorhandene Algorithmen zugegriffen werden kann oder Programme, die in höheren Programmiersprachen – beispielsweise C – erstellt sind, in MATLAB-Programme eingebunden werden können. Insbesondere können Anwender eigene Funktionen entwickeln. Für die Regelungstechnik ist MATLAB ein Standard-Werkzeug, das in Lehre und Forschung an Hochschulen und in der Industrie eingesetzt wird.

Für Spezialgebiete gibt es Erweiterungen, sogenannte Toolboxen. Für die Regelungstechnik sind dies beispielsweise die

- *Control System Toolbox,*
- *Signal Processing Toolbox,*
- *System Identification Toolbox,*
- *Robust Control Toolbox,*
- *Optimization Toolbox,*
- *Fuzzy Control Design Toolbox,*
- Simulink, usw.

Simulink ist eine Erweiterung von MATLAB mit graphischer Bedienoberfläche unter Verwendung von Signalflußplänen, wobei auch nichtlineare Systeme untersucht werden können. Für die Regelungstechnik-Ausbildung an Hochschulen können auch die *Student Edition Of MATLAB* und die *Student Edition Of Simulink* eingesetzt werden.

Abschnitt 16.2 gibt eine Einführung in die Programmierung mit MATLAB. In den weiteren Abschnitten werden die wichtigsten regelungstechnischen Funktionen der *Control System Toolbox* beschrieben und Anwendungsprogramme angegeben. Darüber hinaus sind Informationen zu den einzelnen MATLAB-Funktionen

---

[1] MATLAB und Simulink sind eingetragene Warenzeichen von The MathWorks, Inc., 24 Prime Park Way, Natick, MA 01760. Das Softwarepaket MATLAB wird in der Bundesrepublik Deutschland von der Firma Scientific Computers GmbH, Friedlandstr. 16–18, D-52064 Aachen, vertrieben.

dem MATLAB-Handbuch *Using MATLAB* sowie den einzelnen Toolbox User's Guides oder der online-Hilfe zu entnehmen.

Unterschiedliche Schriftarten sollen die Lesbarkeit des Abschnitts verbessern:
- Der normale Buchtext ist in Times geschrieben.
- Benutzereingaben nach der MATLAB-Eingabeaufforderung » und MATLAB-Programme sowie MATLAB-Anweisungen und Funktionsnamen erscheinen in Courier. MATLAB-Anweisungen und Funktionsnamen in MATLAB-Programmen, die in einem Abschnitt neu eingeführt werden, sind ebenfalls in **Courier** geschrieben und durch Fettdruck hervorgehoben.

16.2 Einführung in MATLAB

16.2.1 Einfache Berechnungen mit MATLAB

MATLAB wird mit der Rechnermaus durch Klicken auf den MATLAB-Icon gestartet. Ist das Programm in den Arbeitsspeicher geladen, so erscheint auf dem Bildschirm die Eingabeaufforderung: ». Das Programmsystem befindet sich in der interaktiven Betriebsart, wobei syntaktisch richtige Benutzereingaben zeilenweise ausgeführt werden und das Ergebnis auf dem Bildschirm erscheint.

MATLAB verfügt über eine online-Hilfe. Mit der Eingabe help help wird darüber informiert, wie die online-Hilfe verwendet werden kann. Eine Liste von Themen, für die online-Hilfe verfügbar ist, erscheint nach Eingabe von help. Das Hilfe-Fenster (help window) ermöglicht den Zugriff auf die gleiche Information. Durch Eingabe von help 'funktionsname' wird eine ausführliche Beschreibung der angegebenen Funktion angeboten.

Die Eingabe des einfachen Ausdrucks

```
» 2+3
```

liefert

```
ans =
    5
```

wobei MATLAB das Ergebnis der Variablen ans zuweist, der Abkürzung für „answer". In der folgenden Zeile wird das Ergebnis der Variablen x zugewiesen:

```
» x = 2+3;
```

das Semikolon unterdrückt die Bildschirmausgabe. Das Semikolon wird gesetzt, wenn Zwischenergebnisse nicht ausgegeben werden sollen. Der Wert der Variablen kann jedoch – beispielsweise zur Fehlersuche – jederzeit abgefragt werden:

```
» x
x =
    5
```

MATLAB erkennt und speichert die ersten 31 Zeichen einer Variablen. Nur das erste Zeichen muß ein Buchstabe sein. MATLAB ist „case sensitive" und unterscheidet daher Groß- und Kleinbuchstaben, d. h. x und X sind verschiedene Variablen.

Falls ein Ausdruck nicht in einer einzelnen Zeile geschrieben werden kann, dann wird die erste Zeile durch drei Punkte abgeschlossen und in der folgenden Zeile weitergeschrieben:

```
» y = 1-2+3-4+...
      5-6
y =
   -3
```

Im folgenden Ausdruck

```
» z = x * y^2
z =
    45
```

werden die bereits definierten Variablen x und y verwendet. * ist der Operator für die Multiplikation, mit ^ wird potenziert. Leerzeichen können eingefügt werden, um die Lesbarkeit zu verbessern.

Mit den Operatoren / und \ wird dividiert. Mit x/y wird x durch y dividiert, mit x\y wird dagegen y durch x dividiert. Für skalare Variablen gilt x\y = y/x.

Falls keine Klammern gesetzt werden, haben arithmetische Operatoren folgende Priorität: ^, *, / und \, + und -.

```
» z = x*2^2/4-y
z =
    8
```

In den weiteren Beispielen wird die Reihenfolge der Operationen durch Verwendung runder Klammern festgelegt:

```
» z = (x*2)^2/4-y
z =
   28
» z = x*2^2/(4-y)
z =
   2.8571
```

Für alle Operationen sind auch **komplexe Zahlen** zugelassen. Die imaginäre Einheit $\sqrt{-1}$ wird mit i oder j eingegeben, beispielsweise

```
» z1=3+i*4;
```

oder

```
» z2=2-j*5
z2 =
   2.0000 - 5.0000i
```

Die einzelnen Zeichen einer komplexen Zahl dürfen bei der Eingabe nicht durch Leerzeichen getrennt sein. In den Beispielen sind Grundrechenarten und wichtige Umformungen angegeben.

```
» z3 = z1 + z2
z3 =
   5.0000 - 1.0000i
» z4 = z1*z2
z4 =
   26.0000 - 7.0000i
» z5 = z1/z2
z5 =
   -0.4828 + 0.7931i
```

Realteil re, **Imaginärteil** im sowie **Betrag** r und **Phase** phi der komplexen Zahl z1 werden wie folgt berechnet:

```
» re = real(z1)
re =
     3
» im = imag(z1)
im =
     4
» r = abs(z1)
r =
     5
» phi = angle(z1)
phi =
     0.9273
» z1 = r*exp(j*phi)
z1 =
     3.0000 + 4.0000i
```

MATLAB führt alle Berechnungen im 64-Bit-Format (double precision) aus. Für die Ausgabe können folgende Formate gewählt werden:

- **format short:**   z = 2.8571, mit fünf signifikanten Stellen (default-Format),
- **format short e:** z = 2.8571e+000,
- **format long:**   z = 2.85714285714286,
- **format long e:** z = 2.857142857142857e+000.

Mit dem Befehl format geht die Ausgabe wieder auf das default format short zurück.

MATLAB besitzt zahlreiche Funktionen für mathematische und regelungstechnische Anwendungen. Funktionsnamen und Befehle werden mit Kleinbuchstaben geschrieben. Im folgenden sind Beispiele für Funktionen mit einer Eingangs- und einer Ausgangsvariablen angegeben.

```
» %komplexe Zahl mit trigonometrischen Funktionen
» z6 = 2*(cos(pi/4)+j*sin(pi/4))  %pi = 3.14159
z6 =
     1.4142 + 1.4142i

» %Quadratwurzelfunktion
» F = sqrt(10)
F =
     3.1623

» %Logarithmusfunktion (Basis = 10)
» LG = log10(F)
LG =
     0.5000
```

```
» %Sprungantwortwert für ein PT2-Element
» xa = 1-1.1547*exp(-0.1)*sin(1.2204)

xa =
    0.0187
```

Kommentarzeilen beginnen mit dem %-Zeichen. Alle Zeichen in einer Zeile, die dem %-Zeichen folgen, werden ignoriert.

Durch Klicken auf den **Workspace Browser Icon** oder durch Eingabe von who oder whos erscheint eine Liste aller verwendeten Variablen:

```
» who

Your variables are:

F      phi    x      z      z3     z6
LG     r      xa     z1     z4
im     re     y      z2     z5
```

Wird eine MATLAB-Sitzung unterbrochen, dann kann mit den Werten der Variablen später weitergearbeitet werden. Die Variablen werden mit dem Befehl save in einem file mit der Standard-Bezeichnung matlab.mat gespeichert. Ein beliebiger benutzerdefinierter Name ist ebenfalls möglich. Mit der Anweisung load können diese Variablen später wieder in den Arbeitsspeicher geladen werden. clear löscht alle Variablen.

Die Arbeit mit MATLAB wird durch Eingabe von exit oder quit beendet.

16.2.2 Vektoren, Matrizen und Polynome – Eingabe und Grundoperationen

16.2.2.1 Vektoren

MATLAB besitzt als einzigen Datentyp die Matrix und Datenstrukturen auf Matrizenbasis, wobei in den Elementen komplexe Zahlen zugelassen sind. Vektoren werden als Matrizen mit einer Zeile oder einer Spalte behandelt. Skalare sind Matrizen mit einem Element.

Spaltenvektoren werden erzeugt, wenn nach jedem Element ein Semikolon oder <CR> eingegeben wird. Die Elemente sind in ein Paar eckige Klammern eingeschlossen. Die Eingabe des Spaltenvektors

```
» a = [1; 3; 5]
```

ergibt

```
a =
    1
    3
    5
```

Die Elemente von Vektoren oder Matrizen können auch beliebige MATLAB-Ausdrücke enthalten. Wenn die Elemente in einer Zeile eingegeben und durch Komma oder Leerzeichen getrennt werden, entsteht ein Zeilenvektor:

```
» b = [log10(100)  cos(pi)  exp(-1)]
b = 2.0000    -1.0000    0.3679
```

Zeilenvektoren werden durch Transponierung in Spaltenvektoren überführt:

```
» c = b'
c =
    2.0000
   -1.0000
    0.3679
```

Vektoren gleicher Dimension können addiert oder subtrahiert werden:

```
» d = a + c
d =
    3.0000
    2.0000
    5.3679
```

Mit der Eingabe

```
» d = a + 3
d =
    4
    6
    8
```

wird die Zahl 3 zu allen Elementen des Vektors a addiert.

Multiplikation des Vektors b mit der Zahl 2

```
» e = b*2
```

ergibt

```
e =
    4.0000   -2.0000   0.7358
```

Zur Bildung des Skalarprodukts der Spaltenvektoren a und c muß der Spaltenvektor a transponiert werden:

```
» f = a'*c
f =
    0.8394
```

Vektoren können mit dem Doppelpunkt (:) auch auf folgende Weise gebildet werden. Die Eingabe

```
» g = 1:6
```

ergibt einen Zeilenvektor

```
g =
    1  2  3  4  5  6
```

mit den Integer-Werten von 1 bis 6.

Durch Eingabe von

```
» g = 0:0.1:0.5
```

wird der Zeilenvektor

```
g = 0   0.1000   0.2000   0.3000   0.4000   0.5000
```

erzeugt.

In graphischen Darstellungen werden oft lineare oder logarithmische Skalierungen benötigt. Mit den Anweisungen `linspace` oder `logspace` lassen sich entsprechende Vektoren erzeugen. `linspace(x,y,k)` ergibt beispielsweise einen Vektor mit k Elementen und linearer Teilung zwischen den Werten x und y. Die Eingabe von `logspace(x,y,k)` mit den Werten

```
» h = logspace(0,4,5)
```

liefert einen Zeilenvektor mit k=5 Elementen im Wertebereich $10^x = 10^0$ und $10^y = 10^4$:

```
h =
   1   10   100   1000   10000
```

16.2.2.2 Matrizen

Matrizen sind zeilenweise einzugeben. Wie bei der Eingabe von Vektoren werden die Elemente durch Leerzeichen und die Zeilen durch Semikolon oder <CR> abgeschlossen. Ein Paar eckige Klammern schließt die Elemente ein.

Eingabe der Matrix

```
» A = [4 5;6 3]
```

oder alternativ mit <CR>

```
» A = [4 5
       6 3]
```

ergibt

```
A =
   4   5
   6   3
```

Matrix-Elemente können individuell durch Einschließen der Indizes in runde Klammern adressiert werden. Im Beispiel wird das Element in der zweiten Zeile, erste Spalte mit dem Wert 6 auf den Wert 2 gebracht:

```
» A(2,1) = 2
A =
   4   5
   2   3
```

Mit dem Doppelpunkt (:) lassen sich ganze Zeilen oder Spalten adressieren. Im folgenden Beispiel wird die zweite Spalte ausgegeben:

```
» s2 = A(:,2)
s2 =
   5
   3
```

Matrizen, wie z. B. Diagonal- oder Einheitsmatrizen, werden mit speziellen Befehlen gebildet. `diag(a)` erzeugt eine Diagonalmatrix mit den Elementen des Vektors a:

```
» B = diag([4 5])
B =
   4   0
   0   5
```

Mit der Eingabe

```
» E = eye(2)
E =
   1   0
   0   1
```

wird eine Einheitsmatrix mit zwei Zeilen und zwei Spalten erzeugt.

Matrizen gleicher Dimension können addiert oder subtrahiert werden. Für die Addition der Matrizen A+B ergibt sich

```
» C = A + B
C =
   8   5
   2   8
```

Mit der Eingabe

```
» C = A + 2
C =
   6   7
   4   5
```

wird die Zahl 2 zu allen Elementen der Matrix A addiert.

Für das Produkt der Matrizen A*B muß die Spaltenzahl der Matrix A gleich der Zeilenzahl der Matrix B sein.

```
» D = A*B
D =
   16   25
    8   15
```

Mit dem Spaltenvektor

```
» b = [1;6]
b =
   1
   6
```

wird das Matrix-Vektor-Produkt A*b gebildet. Hier muß die Zeilenzahl des Vektors b mit der Anzahl der Spalten der Matrix A übereinstimmen:

```
» c = A*b
c =
   34
   20
```

Mit dem Befehl inv(A) wird die Inverse der Matrix A gebildet:

```
» F = inv(A)
F =
    1.5000   -2.5000
   -1.0000    2.0000
```

16.2.2.3 Polynome

Polynome werden mit Vektoren dargestellt, wobei die Polynomkoeffizienten in absteigender Ordnung die Elemente des Vektors bilden.

Die charakteristische Gleichung der Matrix A wird mit

$$\det(\alpha \cdot E - A) = \alpha^2 - 7 \cdot \alpha + 2 = \text{pA} = 0$$

gebildet. Das charakteristische Polynom der Matrix A wird mit

```
» pA = poly(A)
```

berechnet:

```
pA =
    1.0000   -7.0000    2.0000
```

pA ist ein Zeilenvektor mit den Koeffizienten des charakteristischen Polynoms. E ist die Einheitsmatrix.

Mit `roots(pA)` werden die Nullstellen `alpha` des Polynoms pA berechnet:

```
» alpha = roots(pA)
alpha =
    6.7016
    0.2984
```

`alpha` ist ein Spaltenvektor. Sind die Nullstellen `alpha` bekannt, dann kann das zugehörige charakteristische Polynom pA ermittelt werden:

```
» pA = poly(alpha)
pA =
    1.0000   -7.0000    2.0000
```

Der Wert eines Polynoms wird mit `polyval` berechnet. Mit `polyval(pA, α)` wird der Wert des Polynoms pA $= \alpha^2 - 7 \cdot \alpha + 2$ für den Wert $\alpha = 2$ bestimmt:

```
» x = polyval(pA,2)
x =
    -8
```

Bei den regelungstechnischen Verfahren des Frequenzbereichs werden Polynome gebildet, die von den Operatoren $j\omega$, s oder z abhängen. Das Produkt der Polynome

$$p_1(s) = s^2 + 2 \cdot s + 3,$$
$$p_2(s) = 2 \cdot s^2 + s - 5$$

wird mit folgender Programmsequenz berechnet:

```
» p1=[1 2 3];
» p2=[2 1 -5];
» p3=conv(p1,p2)
p3 =
    2    5    3   -7   -15
```

Das ist die MATLAB-Darstellung für das Polynom

$$p_3(s) = 2 \cdot s^4 + 5 \cdot s^3 + 3 \cdot s^2 - 7 \cdot s - 15.$$

16.2.2.4 Elementweise Multiplikation und Division von Vektoren und Matrizen

Bei der elementweisen Multiplikation und Division von Vektoren oder Matrizen werden die Elemente mit gleichem Index verknüpft. Die Vektoren oder Matrizen müssen dabei gleiche Dimension haben. Im folgenden Beispiel werden die beiden Zeilenvektoren a und b elementweise multipliziert: c = a.*b. Elementweise Operationen werden durch einen Punkt links neben dem Verknüpfungssymbol gekennzeichnet.

```
» a = [1 3 5];
» b = [2 6 4];
» c = a.*b

c =
    2 18 20
```

Für die elementweise Multiplikation der beiden Matrizen G = A.*C wird folgende Programmsequenz eingegeben:

```
» A = [4 5; 6 3];
» C = [8 5; 2 8];
» G = A.*C

G =
    32 25
    12 24
```

Bei der elementweisen Division von Vektoren und Matrizen werden Elemente gleicher Indizes dividiert, wobei die Operanden gleiche Dimension haben müssen. Die Division zweier Zeilenvektoren b = c./a wird wie folgt durchgeführt:

```
» a = [1 3 5];
» c = [2 18 20];
» b = c./a

b =
    2 6 4
```

Für die elementweise Division der Matrizen A = G./C gilt entsprechend:

```
» G = [32 25; 12 24];
» C = [8 5; 2 8];
» A = G./C

A =
    4 5
    6 3
```

16.2.3 m-Files[1]

16.2.3.1 Script-Files und Function-Files

Bisher wurden Anweisungen zeilenweise eingegeben und ausgeführt. Diese interaktive Arbeitsweise ist unzweckmäßig für Algorithmen, die mehrere Programmzeilen benötigen und wieder verwendet werden sollen. Hierfür eignen sich sogenannte m-Files, die mit einem Text-Editor im ASCII-Format oder mit dem MATLAB-Editor erstellt werden.

Zwei Arten von **m-Files** werden verwendet: **Script-Files** und **Function-Files**. Diese m-Files unterscheiden sich in zweifacher Hinsicht. Script-Files sind häufig umfangreichere Programmsequenzen und haben

---

[1] Die m-Files können von den homepages
http://www.fh-friedberg.de/fachbereiche/e2/cae-labor/lutz/home.htm
http://www.fht-esslingen.de/institute/irt/wendt/index.htm heruntergeladen werden.

Zugriff auf alle in einer Sitzung definierten Variablen (globale Variablen). Function-Files sind meist kürzere Programme. Mit ihnen können die Benutzer eigene Funktionen definieren und damit den vorhandenen MATLAB-Funktionsvorrat erweitern. Variablen in Function-Files sind lokale Variablen. Die Übergabe einzelner Variablen erfolgt über eine Parameterliste im Funktionsaufruf.

16.2.3.2 Script-Files

Script-Files mit der Bezeichnung `filename.m` werden durch Eingabe von `filename` ohne den Zusatz `.m` gestartet. Im folgenden Script-File mit der Bezeichnung `pt2_1.m` wird ein Sprungantwortwert und die Überschwingweite eines PT_2-Elements berechnet.

```
%MATLAB Script-File pt2_1.m
%Sprungantwort und Überschwingweite für PT2-Element
%KP=Proportionalverstärkung
%D=Dämpfung
%w0=Kennkreisfrequenz
%t=Zeit
we=w0*sqrt(1-D*D);          %Eigenkreisfrequenz
%Wert der Sprungantwort für die Zeit t:
xa=KP*(1-w0*exp(-D*w0*t)*sin(we*t+acos(D))/we)
ue=exp(-D*pi/sqrt(1-D*D))    %Überschwingweite
```

Nach Eingabe der Werte `KP=1`, `D=0.5`, `w0=2`, und `t=0.1` wird `pt2_1.m` gestartet

» `pt2_1`

und liefert die Werte:

```
xa =
    0.0187

ue =
    0.1630
```

Alle Variablen, die im Script-File erzeugt wurden, sind als globale Variablen nach dem Programmlauf verfügbar. Nach der Ausführung von `pt2_1.m` kann beispielsweise auch der Wert der Variablen `we` angezeigt werden:

» `we`

```
we =
    1.7321
```

Sprungantworten werden auch mit der Funktion `step` der *Control System Toolbox* berechnet (Abschnitt 16.5).

16.2.3.3 Function-Files

Function-Files sind m-Files in der folgenden allgemeinen syntaktischen Form:

```
function[A1,A2,...]=Filename(E1,E2,...)
%Kommentare (für die Dokumentation)
MATLAB-Anweisungen
```

Die Funktionsdeklaration beginnt mit der Bezeichnung `function`. E1, E2, ... sind Eingabeparameter und A1, A2 ... sind Ausgabeparameter. Alle anderen Parameter in Function-Files sind lokal (nur in der Funktion) gültig. Die Ein- und Ausgabeparameter in der Parameterliste stellen die Verbindung zum Hauptprogramm her. In Function-Files können aber auch globale Variablen definiert werden.

Im folgenden Function-File pt2wu_1.m werden Eigenkreisfrequenz und Überschwingweite für PT_2-Elemente berechnet.

```
%MATLAB Function-File pt2wu_1.m
%Überschwingweite und Eigenkreisfrequenz für PT2-Elemente.
function[ue,we]=pt2wu_1(D,w0)
%Eingangsvariablen: D=Dämpfung, w0=Kennkreisfrequenz
sq=sqrt(1-D*D);
we=w0*sq;           %Eigenkreisfrequenz
ue=exp(-D*pi/sq);   %Überschwingweite
```

Mit den vorher eingegebenen Werten für $D = 0.5$ und $\omega_0 = 1 \text{ s}^{-1}$ wird das Function-File gestartet:

» [ue,we]=pt2wu_1(D,w0)

und liefert

ue =
    0.1630

we =
    0.8660

sq ist eine lokale Variable.

Standardfunktionen
[A1,A2,...]=Filename(E1,E2,...)
können häufig ohne Ausgangsvariablen
Filename(E1,E2,...)
geschrieben werden. In diesem Fall werden die berechneten Werte oder Graphiken direkt auf dem Bildschirm ausgegeben.

16.2.4 Kontrollstrukturen

16.2.4.1 Arten von Kontrollstrukturen

Wie in den meisten höheren Programmiersprachen gibt es die Kontrollstrukturen

- for-Schleife,
- while-Schleife,
- if-elseif-else-Struktur und die
- switch-case-otherwise-Struktur.

Die angegebenen Kontrollanweisungen müssen mit end abgeschlossen werden.

16.2.4.2 for-Schleife

Die for-Schleife wird für eine feste Anzahl von Schleifendurchläufen verwendet, die vorher bekannt sein muß. Das Flußdiagramm zeigt die Grundstruktur einer for-Schleife mit for $i = i_1 : i_2$ A;. Mit dem folgenden Script-File wird eine antisymmetrische Matrix erzeugt:

```
%MATLAB Script-File forfor_1.m
%antisymmetrische Matrix
for i=1:3
    for j=1:3
        H(i,j)=i-j;
    end
end
H
```

```
H =
    0  -1  -2
    1   0  -1
    2   1   0
```

Mehrere for-Schleifen können geschachtelt werden. Nach den Schleifendurchläufen wird die Matrix H ausgegeben.

16.2.4.3 while-Schleife

Bei der while-Schleife wird die Eintrittsbedingung vor dem Schleifendurchlauf geprüft. Im Flußdiagramm ist die Grundstruktur der while-Schleife angegeben. Die Anweisungen A in der Schleife werden ausgeführt, solange die Bedingung B erfüllt ist. Das Programm bildet die Summe k der Elemente der unteren Dreiecksmatrix für die im vorherigen Abschnitt berechnete Matrix H.

```
%MATLAB Script-File forwhile_1.m
%Summe der Elemente der
%unteren Dreiecksmatrix
k=0;
for i=1:3
    j=1;
    while i > j
        k=k+H(i,j);
        j=j+1;
    end
end
k
```

```
k =
    4
```

16.2.4.4 if-elseif-else-Struktur

Diese Struktur wird für die bedingte Ausführung von Anweisungen verwendet. Es ergibt sich folgende syntaktische Form:

» **if**   Bedingung B1,
            Anweisung A11,A12,...,
        elseif Bedingung B2,
                Anweisung A21,A22,...,

```
    elseif Bedingung B3,
           Anweisung A31,A32,...,
    ⋮
    else   Anweisung An1,An2,...,
end
```

Die Anweisungen A11 und A12 werden ausgeführt, wenn die Bedingung B1 erfüllt ist. Ist die Bedingung B2 erfüllt, dann werden die Anweisungen A21 und A22 ausgeführt. Mehrere elseif-Bedingungen sind zulässig. Wenn keine der Bedingungen B1, B2, B3, ... erfüllt ist, dann werden die Anweisungen An1 und An2 ausgeführt. elseif und else müssen nicht immer verwendet werden, die end-Anweisung ist aber immer notwendig.

Für den Vektor x berechnet das Programm die Signumfunktion:

```
%MATLAB Script-File signum_1.m
%Signumfunktion
for i=1:3
  if x(i) < 0
    y(i) = -1;
  elseif x(i) > 0
    y(i) = 1;
  else
    y(i)=0;
  end
end
y
```

Die Eingabe von

```
» x=[1.3  -3.7  0.];
» signum_1
```

ergibt

```
y =
   1  -1  0
```

Die Signumfunktion wird auch mit der MATLAB-Funktion sign berechnet.

Im folgenden Beispiel wird mit log der natürliche Logarithmus (Basis = e) berechnet, wobei die Variable x mit input über die Tastatur eingegeben wird. Mit break werden Schleifen beendet, wenn die Bedingung erfüllt ist. Das Zeichen ~ steht für die Negation.

```
%MATLAB Script-File logarith_1.m
%Logarithmusfunktion (Basis=e)
schleife=0;
while ~schleife
x=input('x=');          %Eingabe von der Tastatur
    if x <= 0, break   %Verlassen der Schleife
      else
      y=log(x)          %Logarithmusfunktion (Basis=e)
    end
end
```

16.2.4.5 switch-case-otherwise-Struktur

Mit der Kontrollstruktur werden bestimmte Anweisungen durch Wertevergleich mit einer Variablen ausgeführt. Die Struktur hat folgende Form:

```
» switch Variable
     case Wert1
          Anweisung A11,A12,...,
     case Wert2
          Anweisung A21,A22,...,
     ⋮
     otherwise Anweisung An1,An2,...,
  end
```

Die Anweisungen A11, A12 werden ausgeführt, wenn die Variable den Wert1 hat. Besitzt die Variable keinen der Werte Wert1, Wert2, ..., dann werden die Anweisungen An1, An2 ausgeführt. Ist eine der case-Bedingungen erfüllt, dann werden die weiteren case-Bedingungen nicht geprüft. otherwise muß nicht immer verwendet werden, die end-Anweisung ist immer erforderlich.

16.2.4.6 Verkürzung der Rechenzeit

Programmschleifen sind als Interpreter/Compiler-Operationen in der Programmausführung langsamer als Vektor- oder Matrixoperationen. Im Beispiel wird für die Berechnung einer Kosinusfunktion die Rechenzeit von Programmen mit for-Schleife und in Vektorform verglichen.

```
%MATLAB Script-File re_zeit_1.m
%Ermittlung von Rechenzeiten
%Programm mit for-Schleife
clear
t01=clock;                 %Zeit
i=1;
for x=0:2*pi/20000:2*pi;
  y(i)=cos(x);
  i=i+1;
end
t0=etime(clock,t01);       %Zeitdifferenz
t0
clear                      %Löschen aller Variablen

%Programm mit for-Schleife
%und preallocation für y
t11=clock;
y=zeros(1,20000);          %Vordefinition Vektor y mit Null
i=1;
for x=0:2*pi/20000:2*pi;
  y(i)=cos(x);
  i=i+1;
end
t1=etime(clock,t11);
t1
clear
```

```
%Programm in Vektorschreibweise
t21=clock;
x=0:2*pi/20000:2*pi;
y=cos(x);
t2=etime(clock,t21);
t2
```

» re_zeit_1

t0 =
    77.9400

t1 =
    2.0900

t2 =
    0.0600

Die Laufzeit des letzten Programmteils in Vektorschreibweise ist damit um einen Faktor von ca. 1300 kürzer als das erste Teilprogramm mit `for`-Schleife.

Für Vektor- oder Matrixoperationen mit großer Zahl von Elementen und hohen Rechenzeitanforderungen sollten `for`- oder `while`-Programmschleifen möglichst durch Vektoroperationen ersetzt werden.

Die Rechenzeit läßt sich auch wesentlich verringern, wenn Vektoren oder Matrizen vordefiniert werden, wie im zweiten Programmbeispiel mit `for`-Schleife. Dazu wird vor der `for`-Schleife mit `y=zeros(1,10000);` der Ergebnisvektor mit Nullelementen belegt.

16.2.5 Nützliche Anweisungen: `echo`, `keyboard`, `pause`, `type`, `what`

- `echo`: Während der Ausführung eines m-files erscheinen die Anweisungen normalerweise nicht auf dem Bildschirm. Mit `echo` werden die Anweisungen angezeigt. Die Eingabe `echo off` macht dies wieder rückgängig.
- `keyboard`: Für die Fehlersuche in m-files kann `keyboard` verwendet werden. Die Anweisung `keyboard` in einem m-file stoppt den Programmlauf und gibt die Kontrolle an die Tastatur. Werte von Variablen können überprüft oder geändert werden. Mit der Eingabe des Wortes `return` und <CR> wird der Programmlauf fortgesetzt.
- `pause`: Die `pause`-Anweisung in einem m-File stoppt den Programmlauf. Der Programmlauf wird fortgesetzt, wenn eine beliebige Taste betätigt wird. Die Eingabe `pause(n)` unterbricht den Programmlauf für n Sekunden.
- `type`: Mit `type filename` wird das m-File auf dem Bildschirm aufgelistet.
- `what`: Mit der Eingabe von `what` werden alle m-files im aktuellen Verzeichnis der Festplatte aufgelistet.

16.2.6 Graphische Darstellungen

16.2.6.1 Zweidimensionale Graphiken

MATLAB besitzt wirksame Funktionen zur Erstellung von Graphiken. Für Graphiken mit linearer Skalierung der Achsen wird die Funktion `plot` verwendet. Mit nur einem Eingabeparameter `plot(y)` erhält man den Vektor y auf der Ordinate in Abhängigkeit von den Indizes (1...13) des Vektors y auf der Abszisse:

```
%MATLAB Script-File dreieck_1.m
%dreieckförmige Funktion
x=[0:5:60];
y=[0 1 2 3 2 1 0 -1 -2 -3 -2 -1 0];
plot(x,y);   %Graphik in kartesischen Koordinaten
grid         %kartesische Gitterlinien
```

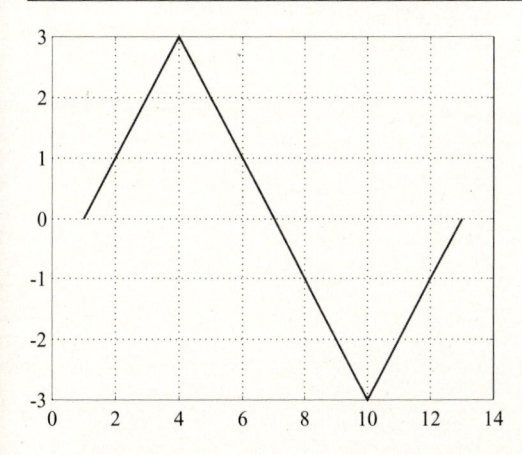

Bild 16.2-1: Mit `plot(y)` dargestellte dreieckförmige Funktion (`dreieck_1.m`)

Verwendet man im oben angegebenen Programm zwei Eingabeparameter `plot(x,y)`, dann wird der Vektor y auf der Ordinate und der Vektor x auf der Abszisse dargestellt. Mit `grid` werden kartesische Gitterlinien gezeichnet.

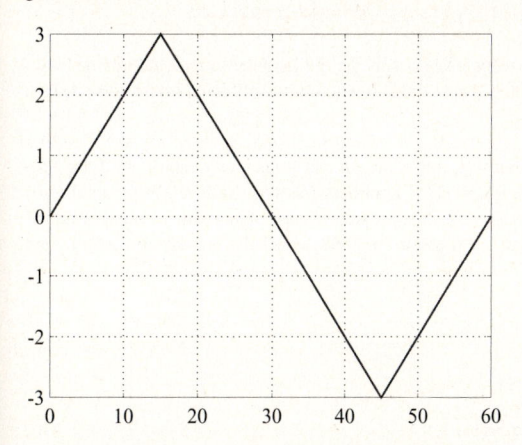

Bild 16.2-2: Mit `plot(x,y)` dargestellte dreieckförmige Funktion (`dreieck_1.m`)

Im folgenden Beispiel werden mehrere Kurven dargestellt. Der Befehl `hold on` verhindert, daß die folgende Kurve die vorher erzeugten überschreibt. Mit `hold off` wird dies wieder rückgängig gemacht. Die drei einzelnen `plot`-Funktionen im Programm können auch durch den einzelnen Aufruf `plot(x,y1,x,y2,x,y3)` ersetzt werden, mit jeweils zwei Vektoren x, y_i für jede Kurve.

16 Berechnung von Regelungssystemen mit MATLAB

```
%MATLAB Script-File expo_1.m
%Exponentialfunktionen
x=-0.5:0.1:3;          %Zeilenvektor
y1=exp(-x);
y2=exp(-2*x);
y3=exp(-3*x);
plot(x,y1)      % \    %Graphik in kartesischen Koordinaten
hold on         % |    %Graphik nicht überschreiben
plot(x,y2)      % >    oder mit plot(x,y1,x,y2,x,y3)
plot(x,y3)      % |
hold off        % /
grid                   %kartesische Gitterlinien
```

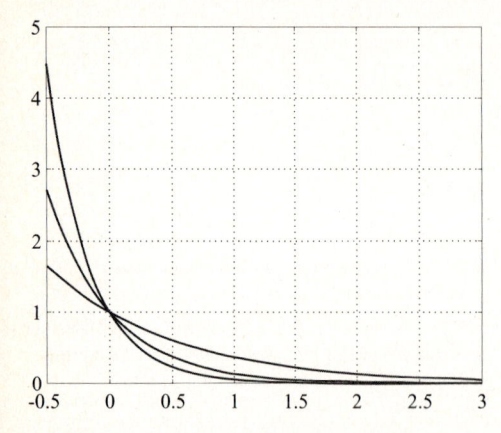

Bild 16.2-3: Exponentialfunktionen (expo_1.m)

In Bild 16.2-4 sind ganzrationale Funktionen aufgezeichnet. Bei der Bildung der Potenzfunktion des Vektors x wird elementweise multipliziert, wobei in y2=x.^2 der Operator für die Potenzfunktion durch einen Punkt ergänzt werden muß (Abschnitt 16.2.2.4).

Farbgebung und Darstellung der einzelnen Kurven sowie die Beschriftung der Graphik sind im Programm festgelegt. Mit dem Befehl plot(x,y1,'g.') wird beispielsweise der Vektor y_1 durch eine Kurve mit grünen Punkten dargestellt. Die drei plot-Befehle können auch durch einen Funktionsaufruf plot(x,y1,'g.',x,y2,'r-',x,y3,'b-.') ersetzt werden, wobei die Befehle hold on und hold off entfallen.

```
%MATLAB Script-File ganzra_1.m
%Ganzrationale Funktionen
x=-10:0.1:10;
y1=10*x;           %Lineare Funktion
y2=x.^2;           %Quadratische Funktion
y3=0.1*x.^3;       %Kubische Funktion
plot(x,y1,'g.')    %zeichnet Kurve mit grünen Punkten
hold on            %Graphik nicht überschreiben
plot(x,y2,'r-')    %zeichnet Kurve mit roten Strichen
plot(x,y3,'b-.')   %zeichnet Kurve mit blauen Strichen und Punkten
```

16.2 Einführung in MATLAB

```
hold off
grid        %kartesische Gitterlinien
title('\it{Ganzrationale Funktionen}')    %Titel der Graphik
text(x(150),y1(150),'\it{y_{1}=10*x}')    %Bezeichnung der Kurve
text(x(25),y2(27),'\it{y_{2}=x^2}')       %Bezeichnung der Kurve
gtext('\it{y_{3}=0.1*x^3}')               %Bezeichnung der Kurve
text(-7,-70,'\leftarrow\it{y_{1}= -70}')
xlabel('\it{x}','Fontsize',10)            %Beschriftung der Abszisse
ylabel('\it{y=f(x)}')                     %Beschriftung der Ordinate
legend('lineare Funktion',...             %Legende einfügen
   'quadratische Funktion',...
   'kubische Funktion')
```

Mit den Funktionen text und gtext können die Kurven beschriftet werden, wobei LaTeX-Format in begrenztem Umfang verfügbar ist (it = italic font, kursiv). Die Funktion legend fügt eine Legende in die Graphik ein. Diese läßt sich mit der Rechnermaus an eine geeignete Stelle der Graphik verschieben.

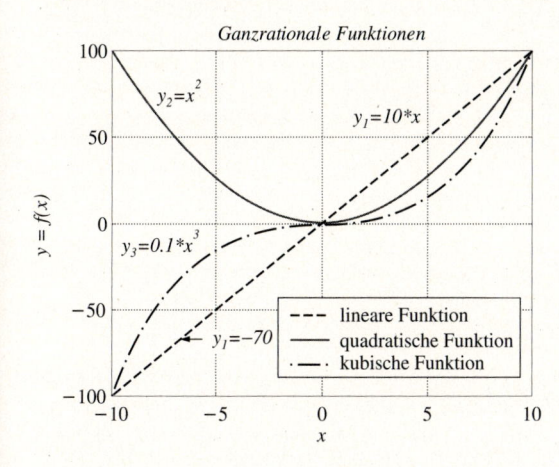

Bild 16.2-4: Ganzrationale Funktionen (ganzra_1.m)

Mit subplot werden mehrere Teilbilder erzeugt. subplot(mnp) unterteilt das Graphikfenster in eine $m \times n$-Matrix von Teilbildern. Mit p wird das aktuelle Teilbild adressiert. Die Teilbilder werden zeilenweise dargestellt.

Für logarithmische Skalierungen (log 10) gibt es besondere plot-Befehle:
- loglog: Abszisse und Ordinate sind logarithmisch geteilt.
- semilogx: Die Abszisse ist logarithmisch geteilt, die Ordinate ist linear geteilt.
- semilogy: Die Abszisse ist linear geteilt, die Ordinate ist logarithmisch geteilt.

```
%MATLAB Script-File logari_1.m
%halb- u. doppeltlogarithmische Darstellung von Funktionen
%Darstellung von Funktionen
x1=0.1:0.1:3;
y1=log10(x1);   %Logarithmusfunktion
x2=-3:0.1:3;
y2=x2.^2;       %Quadratische Funktion
```

```
subplot(221), plot(x1,y1)        %zeichnet die Logarithmusfkt.
title('\it{y=log_{10}(x)}')      %Titel der Graphik
grid                             %kartesische Gitterlinien

subplot(222), semilogx(x1,y1)    %Logarithmusfunktion mit
title('\it{y=log_{10}(x)}')      %log10-Abszissenteilung und
grid                             %linearer Ordinatenteilung

subplot(223), plot(x2,y2)        %zeichnet die Quadratische Fkt.
title('\it{y=x^2}')
grid

subplot(224), loglog(x2,y2)      %Quadratische Fkt. mit log10-Abszissen- und
title('\it{y=x^2}')              %Ordinatenteilung
grid
```

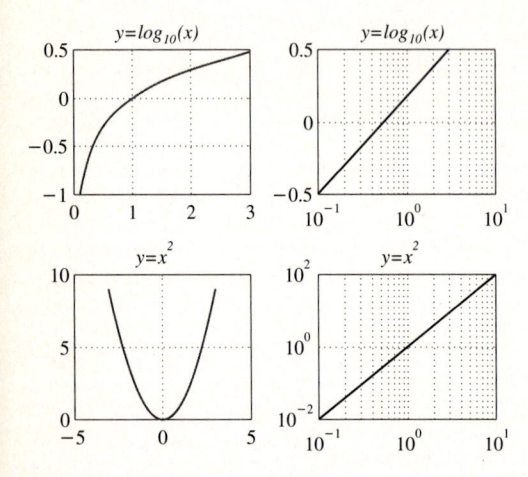

Bild 16.2-5: Darstellung von Funktionen mit der Anweisung subplot (logari_1.m)

Mit dem Befehl polar(φ, r) (Winkel φ in rad und Radius r) werden Kurven in Polarkoordinaten gezeichnet. Für die logarithmische Spirale in Bild 16.2-6 lautet die Gleichung

$$r = a \cdot e^{k \cdot \varphi}, \quad \text{mit} \quad a = 1 \quad \text{und} \quad k = 0.1.$$

```
%MATLAB Script-File spirale_1.m
%Logarithmische Spirale
a=1; k=0.1;
Phi=0:4*pi/100:4*pi; %Zeilenvektor
r=a*exp(k*Phi);      %Exponentialfunktion
polar(Phi,r)         %Graphik in Polarkoordinaten
```

In bestimmten Anwendungen kann es sinnvoll sein, die automatische Skalierung der Achsen durch manuelle Eingabe mit der Anweisung axis([xmin xmax ymin ymax]) zu ersetzen. Mit axis wird auf automatische Skalierung zurückgeschaltet.

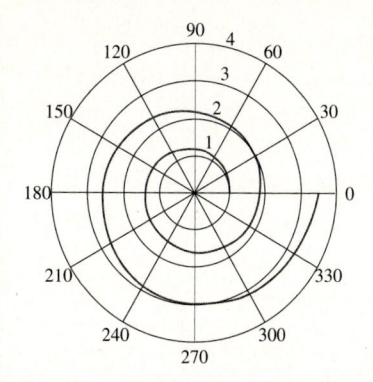

Bild 16.2-6: Logarithmische Spirale
in Polarkoordinaten (spirale_1.m)

16.2.6.2 Dreidimensionale Graphiken

Für die Erstellung dreidimensionaler farbiger Graphiken gibt es folgende Möglichkeiten:
- plot3 ist die Erweiterung der plot-Funktion auf dreidimensionale Darstellungen. Punkte und Linien werden gezeichnet.
- contour: Mit contour werden Höhenlinien dargestellt.
- mesh, surf: Diese Befehle ermöglichen perspektivische Darstellungen mit Oberflächen-Netz und Oberflächen-Schattierung. Darüber hinaus gibt es noch weitere Möglichkeiten, farbige Graphiken, Fotos und Filme zu erzeugen.

3D-Graphiken für Betrag und Phase einer komplexen Zahl

Der Betrag einer komplexen Zahl wird mit $|z| = \sqrt{\text{Re}^2\{z\} + \text{Im}^2\{z\}}$ berechnet. Im folgenden Beispiel werden verschiedene 3D-Graphiken für diese Funktion erstellt. Real- und Imaginärteil werden jeweils in einer horizontalen Ebene dargestellt.

```
%MATLAB Script-File be_z_1.m
%Betrag einer komplexen Zahl

Re=linspace(-1,1,30);           %Vektor mit linearer Teilung
Im=Re;
z=sqrt(Re.^2+Im.^2);            %Betrag der komplexen Zahl
[RE,IM]=meshgrid(Re,Im);        %Matrizen RE, IM für 3D-Plots
Z=sqrt(RE.^2+IM.^2);

subplot(221), plot3(Re,Im,z)    %3D-Liniengraphik
grid on                         %Gitterlinien
title('\it{3D-Liniengraphik}')  %Titel der Graphik
xlabel('\it{Realteil}')         %Bezeichnung der x-Achse
ylabel('\it{Imaginärteil}')     %Bezeichnung der y-Achse
zlabel('\it{Betrag von z}')     %Bezeichnung der z-Achse
subplot(222), contour(RE,IM,Z)  %2D-Höhenlinien
grid on
title('\it{2D-Höhenlinien}')
xlabel('\it{Realteil}')
ylabel('\it{Imaginärteil}')
zlabel('\it{Betrag von z}')
```

```
subplot(223), contour3(RE,IM,Z)   %3D-Höhenlinien
grid on
title('\it{3D-Höhenlinien}')
xlabel('\it{Realteil}')
ylabel('\it{Imaginärteil}')
zlabel('\it{Betrag von z}')
subplot(224), mesh(RE,IM,Z)       %3D-Graphik mit Netzoberfläche
grid on
title('\it{3D-Netz}')
xlabel('\it{Realteil}')
ylabel('\it{Imaginärteil}')
zlabel('\it{Betrag von z}')
```

Im Script-File be_z.m werden mit linspace für Re und Im Zeilenvektoren mit je 30 Elementen und linearer Teilung erzeugt und damit der Vektor z berechnet. plot3(Re,Im,z) verbindet die Punkte, deren Koordinaten die Elemente der Vektoren Re, Im und z sind, durch Geraden zu einer **3D-Liniengraphik** im ersten Teilbild 16.2-7. Für die Darstellung mit Höhenlinien werden die Funktionen [RE,IM] =meshgrid(Re,Im) und contour(RE,IM,PHI) verwendet. Mit den Vektoren x und y erzeugt meshgrid die Matrizen RE und IM, wobei in der Re-Im-Ebene ein Netz mit rechtwinkligen Maschen gebildet wird. Die Funktion

[RE,IM]=meshgrid(Re,Im)

führt dabei folgende Operationen aus:

```
RE = ones(Im')*Re;
IM = Im'*ones(Re);
```

Mit der Funktion ones(a) wird ein Vektor oder eine Matrix der Dimension von a mit Eins-Elementen gebildet. contour zeichnet farbige **2D-Höhenlinien**. **3D-Höhenlinien** entstehen mit contour3. Im letzten Teilbild 16.2-7 wird mit mesh ein **3D-Netz** erzeugt.

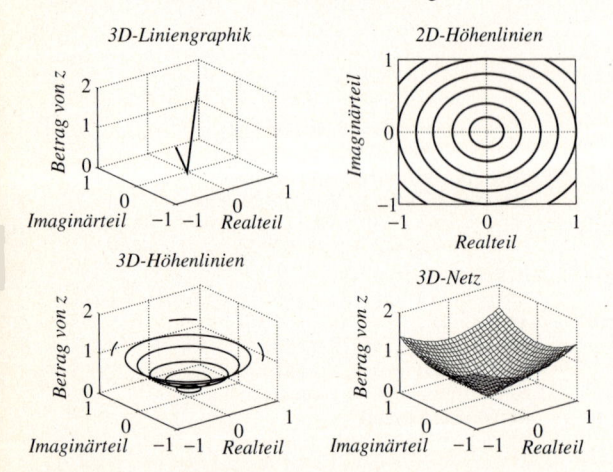

Bild 16.2-7: 3D-Liniengraphik (Funktion plot3*), 2D-Höhenlinien (Funktion* contour*), 3D-Höhenlinien (Funktion* contour3*) und 3D-Netz (Funktion* mesh*) für den Betrag einer komplexen Zahl (*be_z_1.m*)*

16.2 Einführung in MATLAB

Die Graphik für die Phase einer komplexen Zahl Phi = arctan (Im/Re) in Bild 16.2-8 und in Bild 16.2-9 wird mit dem Script-File phi_z_1.m erstellt.

```
%MATLAB Script-File phi_z_1.m
%Phase einer komplexen Zahl

Re=linspace(-1,1,30);        %Vektor mit linearer Teilung
Im=Re;
[RE,IM]=meshgrid(Re,Im);     %Matrizen RE, IM für 3D-Plots
PHI=atan(IM./RE);            %Phase komplexer Zahl als Matrix

mesh(RE,IM,PHI)              %3D-Graphik mit Netzoberfläche
grid on                      %kartesische Gitterlinien
title('\it{3D-Netz}')        %Titel der Graphik
xlabel('\it{Realteil}')      %Bezeichnung der x-Achse
ylabel('\it{Imaginärteil}')  %Bezeichnung der y-Achse
zlabel('\it{Phase}')         %Bezeichnung der z-Achse

pause                        %weiter mit beliebiger Taste
clf                          %Bildschirm löschen

surf(RE,IM,PHI)              %3D-Graphik mit Schattierung
grid on
title('\it{3D-Netz, schattiert}')
xlabel('\it{Realteil}')
ylabel('\it{Imaginärteil}')
zlabel('\it{Phase}')
```

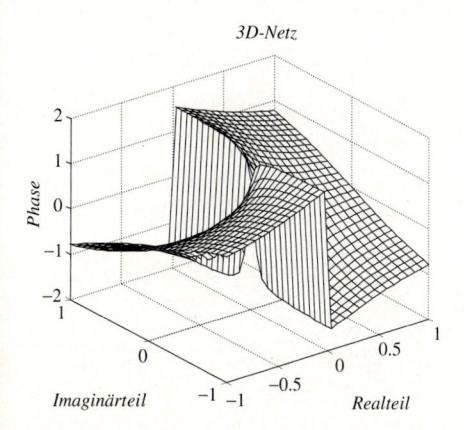

Bild 16.2-8: 3D-Netz (Funktion mesh) für die Phase einer komplexen Zahl (phi_z_1.m)

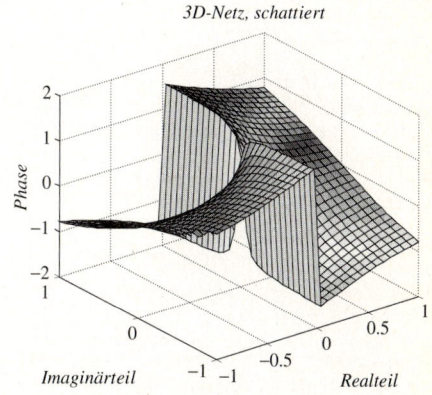

Bild 16.2-9: 3D-Netz, schattiert (Funktion surf), für die Phase einer komplexen Zahl (phi_z_1.m)

3D-Graphiken für eine Übertragungsfunktion

Im Beispiel wird die komplexe Übertragungsfunktion für ein PDT$_2$-Element

$$G(s) = \frac{K_{RS} \cdot (1 + T_V \cdot s) \cdot \omega_0^2}{s^2 + 2 \cdot D \cdot \omega_0 \cdot s + \omega_0^2}$$

graphisch mit dem Script-File pdt2_1.m dargestellt. Die Werte $T_V = 5$ s, $D = 0.1$ und $\omega_0 = 2$ s^{-1} ergeben folgende Null- und Polstellen:

$$s_{n1} = -0.2, \quad s_{p1} = -0.2 + j2, \quad s_{p2} = -0.2 - j2.$$

Mit der komplexen Variablen $s := \sigma + j\omega$ erhält man für die Übertragungsfunktion die Form:

$$G(\sigma + j\omega) = \frac{K_{RS} \cdot \omega_0^2 \cdot (1 + \sigma \cdot T_V) + j\omega \cdot K_{RS} \cdot \omega_0^2 \cdot T_V}{\sigma^2 - \omega^2 + 2 \cdot D \cdot \omega_0 \cdot \sigma + \omega_0^2 + j\omega \cdot 2 \cdot (\sigma + D \cdot \omega_0)}.$$

```
%MATLAB Script-File pdt2_1.m
%Betrag der Übertragungsfunktion eines PDT2-Elements

si=linspace(-0.5,0,25);               %sigma (Realteil {s})
om=linspace(-5,5,25);                 %omega (Imaginärteil {s})
KRS=1;TV=5;
w0=2;D=0.1;                           %Kennkreisfrequenz, Dämpfung
[SI,OM]=meshgrid(si,om);

rez=KRS*w0^2*(1+SI*TV);               %Realteil des Zählers von G(s)
imz=KRS*TV*w0^2*OM;                   %Imaginärteil d. Zählers von G(s)
num=rez+j*imz;

ren=SI.^2-OM.^2+2*D*w0*SI+w0^2;       %Realteil des Nenners von G(s)
imn=2*OM*(SI+D*w0);                   %Imaginärteil d. Nenners von G(s)
den=ren+j*imn;

G=abs(num./den);                      %Betrag der Übertragungsfunktion

surf(SI,OM,G)                         %3D-Netz, schattiert
grid on                               %kartesische Gitterlinien
title('\it{3D-Netz, schattiert}')     %Titel der Graphik
xlabel('\it{Realteil}')               %Bezeichnung der x-Achse
ylabel('\it{Imaginärteil}')           %Bezeichnung der y-Achse
zlabel('\it{Betrag von G}')           %Bezeichnung der z-Achse

pause                                 %weiter mit beliebiger Taste
clf                                   %Graphik löschen

l=[0.5:1:40];                         %Zeilenvektor
subplot(211), contour(SI,OM,G,l)      %2D-Höhenlinien für l
grid on
title('\it{2D-Höhenlinien}')
xlabel('\it{Realteil}')
ylabel('\it{Imaginärteil}')
zlabel('\it{Betrag von G}')
```

```
subplot(212), contour3(SI,OM,G,l)        %3D-Höhenlinien für l
grid on
title('\it{3D-Höhenlinien}')
xlabel('\it{Realteil}')
ylabel('\it{Imaginärteil}')
zlabel('\it{Betrag von G}')


pause
clf

subplot(211), mesh(SI,OM,G), view(0,0)   %Blickwinkel mit view
grid on
title('\it{3D-Netz; azimuth=0, elevation=0}')
xlabel('\it{Realteil}')
ylabel('\it{Imaginärteil}')
zlabel('\it{Betrag von G}')

subplot(212), mesh(SI,OM,G), view(90,0)  %Blickwinkel mit view
grid on
title('\it{3D-Netz; azimuth=90, elevation=0}')
xlabel('\it{Realteil}')
ylabel('\it{Imaginärteil}')
zlabel('\it{Betrag von G}')
```

3D-Netz, schattiert

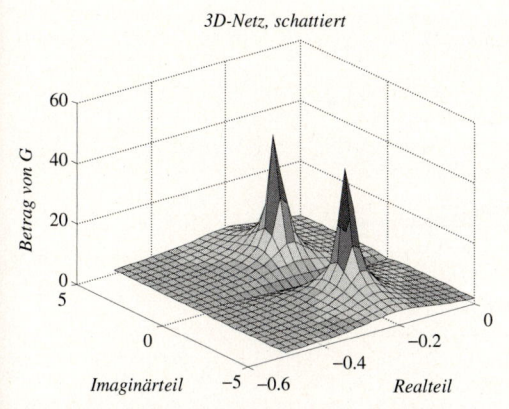

Bild 16.2-10: *3D-Netz, schattiert (Funktion* surf*), für den Betrag der Übertragungsfunktion eines PDT_2-Elements (*pdt2_1.m*)*

Mit dem Vektor l in pdt2_1.m werden die Höhenlinien definiert.

Mit der Funktion view(azimuth, elevation) kann der Blickwinkel eingestellt werden. Im unteren Teilbild 16.2-11 wurde die Standardeinstellung (default-Werte) mit azimuth $= -37.5°$ und elevation $= 30°$ gewählt. In Bild 16.2-12 sind die Winkel angegeben. Im folgenden Bild 16.2-13 sind die beiden Winkel definiert.

2D-Höhenlinien

3D-Höhenlinien

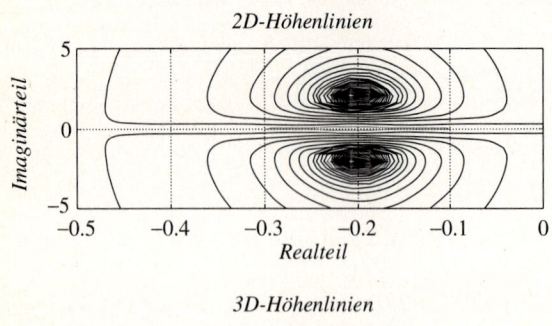

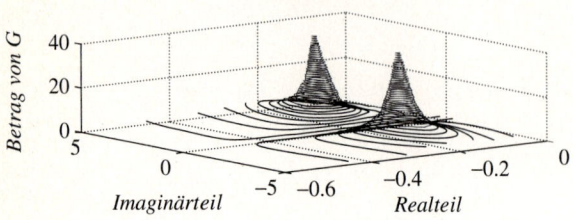

Bild 16.2-11: *Graphiken für den Betrag der Übertragungsfunktion eines PDT_2-Elements mit den Funktionen* `contour` *und* `contour3` *(*`pdt2_1.m`*)*

3D-Netz; azimuth = 0, elevation = 0

3D-Netz; azimuth = 90, elevation = 0

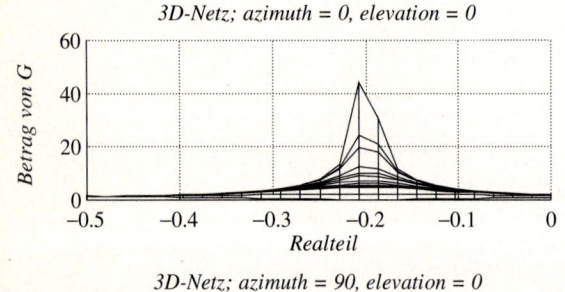

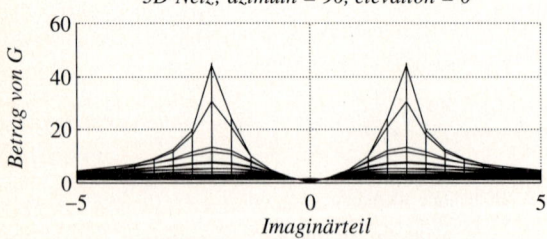

Bild 16.2-12: *Graphiken für den Betrag der Übertragungsfunktion eines PDT_2-Elements mit* `mesh` *und* `view`*(*`pdt2_1.m`*)*

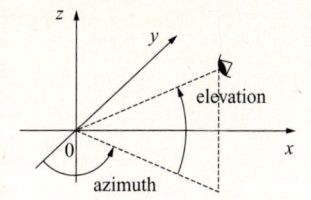

Bild 16.2-13: Definition des Blickwinkels für graphische Darstellungen

Der Blickwinkel läßt sich auch interaktiv mit der Rechnermaus einstellen. Dazu wird im MATLAB-Fenster

`rotate3D on`

eingegeben. Die Rechnermaus wird zu den Graphiken in Bild 16.2-12 geführt, durch Drücken und Halten der linken Maustaste und Verschieben der Maus wird der neue Blickwinkel eingestellt (Bild 16.2-14). Mit

`rotate3D off`

wird die Funktion deaktiviert.

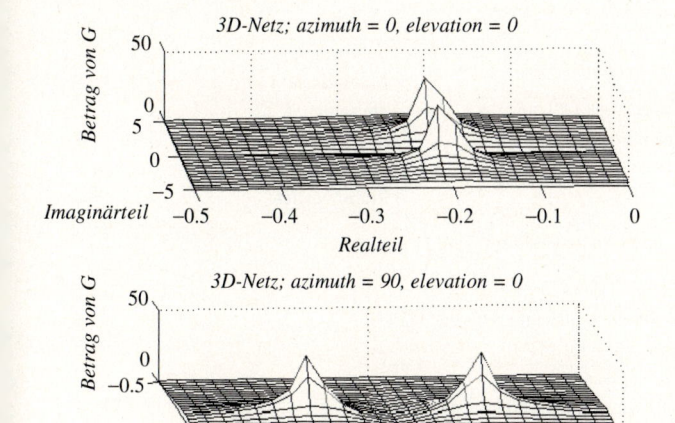

Bild 16.2-14: Mit `rotate3D` veränderter Blickwinkel von Bild 16.2-12 (`pdt2_1.m`)

16.2.7 Tabellen wichtiger Standardfunktionen für MATLAB

In den folgenden Tabellen sind für die Arbeit mit MATLAB häufig benötigte Standardfunktionen zusammengestellt. Funktionen der *Control System Toolbox* für regelungstechnische Verfahren sind in den Abschnitten 16.5.6, 16.6.4, 16.7.8 und 16.8.8 angegeben.

Eine detaillierte Beschreibung der Funktionen ist über die online-Hilfe durch Eingabe von `help 'Funktionsname'` oder über das Hilfe-Fenster verfügbar. Mit der Eingabe von `lookfor 'Schlüsselwort'` wird ebenfalls Information gegeben. Standardfunktionen können häufig ohne Ausgangsvariablen geschrieben werden. In diesem Fall werden die berechneten Werte oder Graphiken direkt auf dem Bildschirm ausgegeben.

Tabelle 16.2-1: Sonderzeichen

%	Kommentar
!	Ausführung einer Betriebssystem-Anweisung
,	Trennung von Variablen
;	Zeilenende, unterdrückt Ausgabe von Variablen
:	Erzeugung von Vektoren
[ ]	Eingabe von Vektoren und Matrizen
( )	Klammerung arithmetischer Ausdrücke

Tabelle 16.2-2: Logische Operatoren und Relationszeichen

&	und
|	oder
~	nicht
>	größer
>=	größer oder gleich
<	kleiner
<=	kleiner oder gleich
==	gleich
~=	ungleich

Tabelle 16.2-3: Arithmetische Operatoren

Elementweise Operation von Vektoren und Matrizen	Matrixoperation	
+	+	Addition
-	-	Subtraktion
.*	*	Multiplikation
./ (x./y entspricht x dividiert durch y)	/	Division
.\ (x.\y entspricht y dividiert durch x)	\	Division
.^	^	Potenzieren
.'	'	Transponieren

Tabelle 16.2-4: Allgemeine Anweisungen

clear, clear a b c	Löscht alle (oder die angegebenen) Variablen im Arbeitsspeicher
clock	Uhrzeit und Datum
disp	Ausgabe von Text oder Matrizen
echo	Zeigt m-File-Befehle während der Ausführung an
etime	Zeitdifferenz
exit	Beendet die MATLAB-Sitzung
fprintf	Schreibt formatierte Daten
input	Eingabe von der Tastatur
load	Lädt Variablen
keyboard	Übergibt die Programmkontrolle an die Tastatur
pause	Unterbricht den Programmlauf
quit	Beendet die MATLAB-Sitzung
save	Speichert Variablen
type	Listet m-Files
what	Listet alle m-Files der current directory
who	Listet alle Variablen
whos	Listet alle Variablen mit detaillierter Beschreibung

Tabelle 16.2-5: *Funktionen für Vektoren, Matrizen und Polynome*

det	Determinante
diag	Diagonal-Matrix
conv	Polynommultiplikation (convolution)
eig	Eigenwerte, Eigenvektoren
expm	Matrix-e-Funktion
eye	Einheitsmatrix
inv	Inverse einer Matrix
length	Länge eines Vektors
linspace	Vektor mit linearer Teilung
logspace	Vektor mit logarithmischer Teilung
max	Größtes Element eines Vektors oder einer Matrix
ones	Belegt Matrizen oder Vektoren mit Eins-Elementen
poly	charakteristisches Polynom
polyfit	Approximation einer Kurve durch Polynom
polyval	Wert eines Polynoms
rank	Rang einer Matrix
roots	Nullstellen eines Polynoms
size	Dimension einer Matrix
trace	Spur einer Matrix
zeros	Belegt Vektoren oder Matrizen mit Null-Elementen

Tabelle 16.2-6: *Mathematische Funktionen (Winkel in rad) und Konstanten*

abs	Betrags-Funktion		log10	Logarithmus-Funktion (Basis = 10)
angle	Phasenwinkel		max	Maximalwert
ans	Antwort, falls Variable nicht eingegeben		mean	Mittelwert
atan	Arkustangens-Funktion		min	Minimalwert
conj	konjugiert komplex		pi	π (3.14159...)
cos	Kosinus-Funktion		real	Realteil
cosh	Kosinus-Hyperbolicus-Funktion		sign	Signum-Funktion
exp	Exponential-Funktion (Basis = e)		sin	Sinus-Funktion
i	$\sqrt{-1}$		sinh	Sinus-Hyperbolicus-Funktion
imag	Imaginärteil		sqrt	Wurzel-Funktion
inf	unendlich		std	Standardabweichung
j	$\sqrt{-1}$		tan	Tangens-Funktion
log	Logarithmus-Funktion (Basis = e)		tanh	Tangens-Hyperbolicus-Funktion

Tabelle 16.2-7: *Kontrollstrukturen*

for...end	For-Schleife
while...end	While-Schleife
if...elseif...else...end	Bedingte Ausführung von Anweisungen
switch...case...otherwise...end	Bedingte Ausführung von Anweisungen
break	Kontrollstruktur verlassen

Tabelle 16.2-8: Anweisungen für graphische Darstellungen

`axis`	Achsenskalierung usw.
`clf`	Löscht den Inhalt des graphischen Fensters
`contour`	Höhenlinien zeichnen
`figure`	neues Graphikfenster einfügen
`grid`	kartesische Gitterlinien
`gtext`	Text einfügen
`hold`	aktuelle Graphik wird nicht überschrieben
`legend`	Legende einfügen
`loglog`	doppeltlogarithmische Darstellung (Basis = 10)
`mesh`	3D-Oberfläche mit Netzstruktur
`meshgrid`	Transformation für 3D-Oberflächen
`plot`	Graphik in kartesischen Koordinaten (x,y)
`polar`	Graphik in Polarkoordinaten (φ,r)
`rotate3D`	Blickwinkel mit der Rechnermaus einstellen
`semilogx`	x-Achse logarithmisch geteilt
`semilogy`	y-Achse logarithmisch geteilt
`sgrid`	Gitterlinien für s-Ebene
`stem`	Graphik für zeitdiskrete Signale
`subplot`	Unterteilt Graphikfenster in Teilbilder
`surf`	3D-Oberfläche mit Schattierung
`text`	Texteingabe
`title`	Titel einer Graphik
`view`	Blickwinkel einstellen
`whitebg`	Schaltet den Hintergrund des graphischen Fensters um (schwarz oder weiß)
`xlabel`	Bezeichnung der x-Achse
`ylabel`	Bezeichnung der y-Achse
`zgrid`	Gitterlinien für z-Ebene

Tabelle 16.2-9: Farben für die Funktion `plot`

`'b'` oder `'blue'`	blaue Linie
`'c'` oder `'cyan'`	zyane Linie
`'g'` oder `'green'`	grüne Linie
`'k'` oder `'black'`	schwarze Linie
`'m'` oder `'magenta'`	magenta Linie
`'r'` oder `'red'`	rote Linie
`'w'` oder `'white'`	weiße Linie
`'y'` oder `'yellow'`	gelbe Linie

Tabelle 16.2-10: Kurvenmarkierungen für die Funktion `plot`

`'d'` oder `'diamond'`	Diamant
`'h'` oder `'hexagram'`	Stern mit sechs Punkten
`'o'`	Kreis
`'p'` oder `'pentagram'`	Stern mit fünf Punkten
`'v'`	Dreieck, Ecke nach unten
`'s'` oder `'square'`	Quadrat
`'x'`	Kreuz
`'.'`	Punkt

Tabelle 16.2-10: *Kurvenmarkierungen für die Funktion* `plot` *(Fortsetzung)*

` : `	Doppelpunkt, unterbrochene Linie mit kurzen Strichen (dotted line)
`+`	Plus
`-`	Minus, durchgezogene Linie (solid line)
`--`	2*Minus, unterbrochene Linie (dashed line)
`-.`	Minus, Punkt, strichpunktierte Linie (dashdot line)
`*`	Asterisk
`^`	Dreieck, Ecke nach oben
`<`	Dreieck, Ecke nach links
`>`	Dreieck, Ecke nach rechts

Tabelle 16.2-11: *Ausgabe-Formate*

`format short`	5-digit-Festpunktzahl, z. B.: z = 2.8571 (default format)
`format long`	15-digit-Festpunktzahl, z. B.: z = 2.85714285714286
`format short e`	5-digit-Gleitpunktzahl, z. B.: z = 2.8571e+000
`format long e`	15-digit-Gleitpunktzahl, z. B.: z = 2.857142857142857e+000

16.3 Objektorientierte Programmierung

16.3.1 LTI-Objekte für lineare zeitinvariante Systeme

Entwicklung und Wartung umfangreicher Programmsysteme werden mit der traditionellen prozeduralen Programmerstellung durch Trennung von Daten und Prozeduren zunehmend aufwendig. Die objektorientierte Programmerstellung versucht diesen Nachteil zu vermeiden, indem Daten und Methoden eine Einheit bilden. Wichtigste Eigenschaft der objektorientierten Programmierung ist die Kapselung, d. h. die Vereinigung von Daten und Methoden, die diese Daten verarbeiten, in einem Objekttyp. Prozeduren und Funktionen innerhalb eines Objekttyps sind die Methoden. Sie können im Programm unter Angabe des Objektnamens aufgerufen werden, ähnlich wie bei der prozeduralen Programmerstellung.

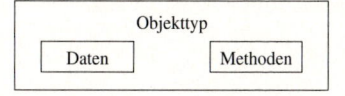

```
             Objekttyp
  ┌─────────┬──────────┐
  │  Daten  │ Methoden │
  └─────────┴──────────┘
```

Regelungssysteme werden mit Zustandsmodellen beschrieben. Speziell für lineare zeitinvariante Übertragungssysteme können Übertragungsfunktionen gebildet werden. MATLAB verwendet drei Modellarten:

- Zustandsmodell (state space, `ss`),
- Polynomform der Übertragungsfunktion (transfer function, `tf`) und
- Pol-Nullstellenform der Übertragungsfunktion (zero-pole-gain, `zpk`).

Die Pol-Nullstellenform der Übertragungsfunktion wird im folgenden als Pol-Nullstellenmodell bezeichnet.

Für diese Modellarten gibt es in der *Control System Toolbox* die Objektklasse (class) lineare zeitinvariante Systeme (LTI, **l**inear **t**ime-**i**nvariant systems) mit drei Objekttypen:

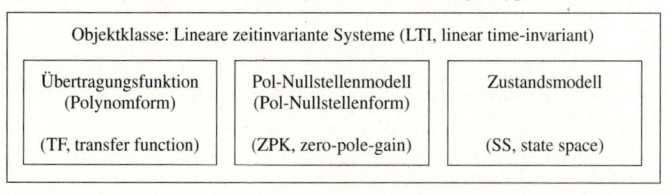

```
  ┌───────────────────────────────────────────────────────────────┐
  │     Objektklasse: Lineare zeitinvariante Systeme (LTI, linear time-invariant)    │
  │                                                               │
  │  ┌──────────────────┐  ┌──────────────────┐  ┌──────────────┐ │
  │  │ Übertragungsfunktion │  │ Pol-Nullstellenmodell │  │ Zustandsmodell │ │
  │  │  (Polynomform)   │  │ (Pol-Nullstellenform) │  │              │ │
  │  │                  │  │                  │  │              │ │
  │  │(TF, transfer function)│  │ (ZPK, zero-pole-gain) │  │ (SS, state space)│ │
  │  └──────────────────┘  └──────────────────┘  └──────────────┘ │
  └───────────────────────────────────────────────────────────────┘
```

MATLAB-Objekttypen haben definierte Datenstrukturen, in denen die Objekteigenschaften abgelegt werden. Zu den Objekteigenschaften zählen die Modelldaten, die Abtastzeit für digitale Regelungssysteme sowie optional die Namen von Ein- und Ausgangsvariablen.

Die regelungstechnischen Verfahren in Zeit- und Frequenzbereich gehen von bestimmten mathematischen Modellen aus, so daß eine Konvertierung der Beschreibungsformen erforderlich ist. Bei der Berechnung von Zustandsregelungen wird beispielsweise ein Zustandsmodell der Regelstrecke benötigt, wobei häufig die Übertragungsfunktion der Regelstrecke in eine Zustandsdarstellung konvertiert werden muß. Für die Anwendung des Wurzelortskurvenverfahrens muß die Pol-Nullstellenform der Übertragungsfunktion vorliegen. Im folgenden Abschnitt sind die Funktionen zur Erzeugung und Konvertierung von LTI-Objekten angegeben.

16.3.2 Daten und Methoden für LTI-Objekte

Der Objekttyp **Übertragungsfunktion (TF)** verwendet die Polynomform der LAPLACE- oder z-Übertragungsfunktion. LAPLACE-Übertragungsfunktionen haben folgende Form:

$$G(s) = \frac{b_m \cdot s^m + b_{m-1} \cdot s^{m-1} + \ldots + b_1 \cdot s + b_0}{a_n \cdot s^n + a_{n-1} \cdot s^{n-1} + \ldots + a_1 \cdot s + a_0}$$

$$= \frac{\text{numerator polynomial}(s)}{\text{denominator polynomial}(s)} = \frac{\text{num}(s)}{\text{den}(s)}, \quad n \geq m.$$

num(s) und den(s) bezeichnen die Zähler- und Nennerpolynome der Übertragungsfunktion $G(s)$, die bei der Modellerzeugung als Zeilenvektoren eingegeben werden. Die Elemente der Vektoren sind die Polynomkoeffizienten in absteigender Ordnung des LAPLACE-Operators s. Für die angegebene Polynomform der Übertragungsfunktion ergeben sich die Vektoren zu

num $= [b_m \ b_{m-1} \ \ldots \ b_1 \ b_0]$ und den $= [a_n \ a_{n-1} \ \ldots \ a_1 \ a_0]$.

Der Objekttyp **Pol-Nullstellenmodell (ZPK)** basiert auf der Pol-Nullstellenform der Übertragungsfunktion. Für LAPLACE-Übertragungsfunktionen ergibt sich:

$$G(s) = K_0 \cdot \frac{\prod_{i=1}^{m}(s - s_{ni})}{\prod_{i=1}^{n}(s - s_{pi})} = K_0 \cdot \frac{(s - s_{n1}) \cdot (s - s_{n2}) \cdot (s - s_{n3}) \cdot \ldots \cdot (s - s_{nm})}{(s - s_{p1}) \cdot (s - s_{p2}) \cdot (s - s_{p3}) \cdot \ldots \cdot (s - s_{pn})}, \quad n \geq m,$$

nul $= [s_{n1}; \ s_{n2}; \ \ldots; \ s_{nm}]$ und pol $= [s_{p1}; \ s_{p2}; \ \ldots; \ s_{pn}]$.

nul sind die Nullstellen s_{ni}, pol sind die Polstellen s_{pi} der Übertragungsfunktion, die als Spaltenvektoren eingegeben werden. K_0 ist der konstante Faktor.

Der Objekttyp **Zustandsmodell (SS)** hat für lineare zeitinvariante Systeme mit einer Eingangs- und einer Ausgangsgröße (single input – single output, SISO) in der Matrix-Kurzschreibweise folgende Form:

$$\frac{d}{dt}\boldsymbol{x}(t) = \boldsymbol{A} \cdot \boldsymbol{x}(t) + \boldsymbol{b} \cdot u(t) \quad \text{(Zustandsdifferentialgleichung)},$$

$$y(t) = \boldsymbol{c}^T \cdot \boldsymbol{x}(t) + d \cdot u(t) \quad \text{(Ausgangsgleichung)},$$

mit Systemmatrix $\boldsymbol{A}$, Eingangsvektor $\boldsymbol{b}$, Ausgangsvektor $\boldsymbol{c}^T$, Durchgangsfaktor d sowie Zustandsvektor $\boldsymbol{x}(t)$, Eingangsvariable $u(t)$ und Ausgangsvariable $y(t)$.

Für digitale Regelungssysteme wird die Abtastzeit mit einem weiteren Parameter eingegeben, die Objekte TF und ZPK werden mit der z-Übertragungsfunktion erzeugt.

16.3 Objektorientierte Programmierung

Beispielsweise werden für die Übertragungsfunktion

$$G(s) = \frac{0.5 \cdot s + 2}{s^2 + 2 \cdot s + 2} = \frac{\text{numerator polynomial}(s)}{\text{denominator polynomial}(s)} = \frac{\text{num}(s)}{\text{den}(s)}$$

die Koeffizienten des Zähler- und Nennerpolynoms

num = [b1 b0] = [0.5 2] und den = [a2 a1 a0] = [1 2 2]

in absteigender Ordnung des LAPLACE-Operators s eingegeben: Mit den Eingaben

```
» num = [0.5 2];
» den = [1 2 2];
» sys_tf = tf(num,den)

Transfer function:
  0.5 s + 2
-------------
s^2 + 2 s + 2
```

wird für $G(s)$ der Objekttyp Übertragungsfunktion (TF) mit der Bezeichnung `sys_tf` erzeugt und die Übertragungsfunktion auf dem Bildschirm ausgegeben.

Eine zweite Möglichkeit besteht darin, zunächst die LAPLACE-Variable s und anschließend die Übertragungsfunktion direkt als gebrochen rationale Funktion einzugeben:

```
» b1=0.5; b0=2; a2=1; a1=2; a0=2;
» s=tf('s');
» sys_tf=(b1*s + b0)/(a2*s^2 + a1*s + a0)

Transfer function:
  0.5 s + 2
-------------
s^2 + 2 s + 2
```

Methoden (methods) sind Funktions-Unterprogramme (Function-Files). Sie haben Zugriff auf die Daten innerhalb einer Objektklasse und können diese verändern. Die Objekteigenschaften (Daten) werden bei der Erzeugung von Objekten definiert. Daten existierender Objekte können mit der Funktion `set` geändert werden. Mit den Eingaben

```
» set(sys_tf,'num',[1 3])
» sys_tf

Transfer function:
     s + 3
-------------
s^2 + 2 s + 2
```

wird das Zählerpolynom der Übertragungsfunktion $G(s)$ mit der Bezeichnung `sys_tf` geändert: $Z\{G(s)\} = s+3$. Entsprechend können auch dem Nennerpolynom neue Werte zugewiesen werden. Mit der Indexschreibweise kann auch direkt auf Objekteigenschaften zugegriffen werden. Mit

```
» sys_tf.num = [0.5 2];
```

erhält das Zählerpolynom wieder die alten Werte.

Die Funktion `tfdata` gibt die Eigenschaften der Übertragungsfunktion mit einer einzelnen Anweisung aus. Für das Beispiel werden mit

```
» [num,den] = tfdata(sys_tf,'v')
num =
    0    0.5000    2.0000
den =
    1    2    2
```

die Koeffizienten von Zähler- und Nennerpolynom ausgegeben.

Mit der Funktion zpk werden Pol-Nullstellenmodelle sys_zpk durch Eingabe der Nullstellen, Polstellen und des konstanten Faktors (nul, pol, K0) erzeugt:

sys_zpk = zpk(nul,pol,K0),

Zustandsmodelle sys_ss oder Übertragungsfunktionen sys_tf können mit zpk in Pol-Nullstellenmodelle sys_zpk konvertiert werden:

sys_zpk = zpk(sys_ss),
sys_zpk = zpk(sys_tf).

Für das Beispiel wird mit

```
» sys_zpk = zpk(sys_tf)
Zero/pole/gain:
  0.5 (s+4)
 ---------------
 (s^2 + 2s + 2)
```

die Übertragungsfunktion in das zugehörige Pol-Nullstellenmodell konvertiert. Die Funktion

```
» [nul,pol,K0]=zpkdata(sys_zpk,'v')
nul =
    -4                    (Nullstelle $s_{n1}$)
pol =
    -1.0000 + 1.0000i     (Polstellen $s_{p1,2}$)
    -1.0000 - 1.0000i
K0 =
    0.5000                (konstanter Faktor)
```

gibt die Werte für die Nullstellen (zeros), Polstellen (poles) und den konstanten Faktor (gain) aus.

Mit der Funktion ss werden Zustandsmodelle sys_ss durch Eingabe von A, b, c^T, d erzeugt:

sys_ss = ss(a,b,c,d),

Übertragungsfunktionen sys_tf oder Pol-Nullstellenmodelle sys_zpk können mit ss in Zustandsmodelle sys_ss konvertiert werden:

sys_ss = ss(sys_tf),
sys_ss = ss(sys_zpk).

Ein Zustandsmodell für die Übertragungsfunktion wird mit folgender Eingabe erzeugt:

```
» sys_ss = ss(sys_tf)
```

```
a =
             x1        x2
       x1  -2.00000  -1.00000
       x2   2.00000         0

b =
              u1
       x1   1.00000
       x2         0

c =
             x1        x2
       y1   0.50000   1.00000

d =
              u1
       y1         0
Continuous-time system.
```

Durch das Ausgabeformat sind die Beziehungen zwischen den Zustandsvariablen x1, x2, Eingangs- u1 und Ausgangsvariablen y1 erkennbar. Mit der folgenden Funktion werden Systemmatrix a, Eingangsvektor b, Ausgangsvektor c und Durchgangsfaktor d ausgegeben:

» [a,b,c,d] = ssdata(sys_ss)

```
a =
       -2    -1
        2     0

b =
        1
        0

c =
       0.5000  1.0000

d =
        0
```

Für ein dynamisches System gibt es jeweils nur eine Übertragungsfunktion und ein Pol-Nullstellenmodell, jedoch zahlreiche Zustandsmodelle. MATLAB verwendet die in USA übliche „control canonical form".

Mit der Funktion tf werden Übertragungsfunktionen sys_tf durch Eingabe der Zähler- und Nennerpolynome num, den erzeugt:

sys_tf = tf(num,den),

Zustandsmodelle sys_ss oder Pol-Nullstellenmodelle sys_zpk können mit tf in Übertragungsfunktionen sys_tf konvertiert werden:

sys_tf = tf(sys_ss),
sys_tf = tf(sys_zpk).

Das Zustandsmodell wird wieder in die Übertragungsfunktion überführt, die zuerst eingegeben wurde:

```
» tf(sys_ss)
Transfer function:
  0.5 s + 2
 -------------
 s^2 + 2 s + 2
```

Die Funktionen tf und zpk werden in den Abschnitten 16.4-7, die Funktion ss in Abschnitt 16.8 häufig angewendet.

Regelungstechnische Berechnungen werden in der *Control System Toolbox* mit Function-Files durchgeführt. Diese Standardfunktionen zählen zusammen mit den Funktionen zur Modellkonversion zu den Methoden für LTI-Objekte. Für Untersuchungen im Zeitbereich existieren beispielsweise die Standardfunktionen

- step (Sprungantwort),
- impulse (Impulsantwort).

Im Frequenzbereich werden die Funktionen

- bode (BODE-Diagramm),
- nyquist (Ortskurve),
- rlocus (Wurzelortskurve)

verwendet.

Mit der Eingabe

```
» step(sys_tf)
```

wird die Sprungantwort für die Übertragungsfunktion mit der Bezeichnung sys_tf auf dem Bildschirm ausgegeben.

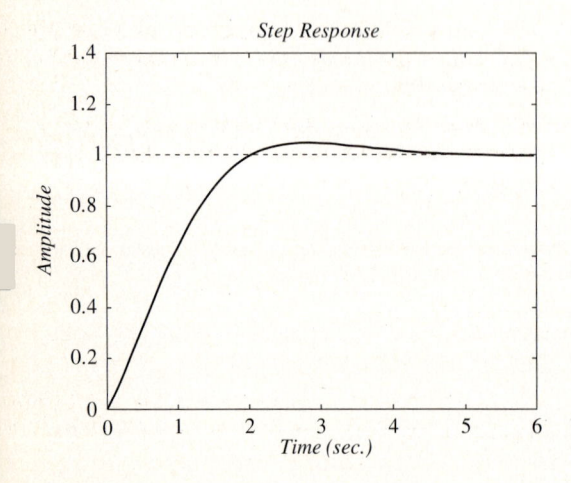

Bild 16.3-1: Sprungantwort für das Übertragungssystem

In diesem Abschnitt wurden die LTI-Objekte sys_tf, sys_zpk, sys_ss erzeugt. In der objektorientierten Programmierung ergibt sich für das LTI-Objekt sys_tf folgende Darstellung:

Objekttyp: Übertragungsfunktion (TF)	
Daten:	**Methoden:**

Objektname: `sys_tf`
Koeffizienten des Zählerpolynoms: `num = [0.5 2]`
Koeffizienten des Nennerpolynoms: `den = [1 2 2]`
	`set, tfdata, ...;`
	`step, impulse, bode,`
	`nyquist, rlocus, ...`

16.3.3 Tabelle für Funktionen der *Control System Toolbox* zur Erzeugung und Konversion von LTI-Modellen

Die Standardfunktionen der *Control System Toolbox* werden in den folgenden Abschnitten an Beispielen angewendet. MATLAB ermöglicht die prozedurale und ab Version 5.x auch die objektorientierte Programmerstellung.

Tabelle 16.3-1: Funktionen der Control System Toolbox zur Erzeugung und Konversion von LTI-Modellen

Funktionsname	Beschreibung der Funktion
`get`	Ausgabe von Objekteigenschaften (Daten).
`set`	Eingabe oder Änderung von Objekteigenschaften (Daten).
`ss`	Erzeugung von Zustandsmodellen (SS-Objekte) oder Konversion von Übertragungsfunktionen und Pol-Nullstellenmodellen in Zustandsmodelle.
`ssdata`	Ausgabe der Objekteigenschaften (Daten) in Zustandsdarstellung.
`tf`	Erzeugung von Übertragungsfunktionen (TF-Objekte) oder Konversion von Pol-Nullstellenmodellen und Zustandsmodellen in Übertragungsfunktionen.
`tfdata`	Ausgabe der Objekteigenschaften (Daten) der Übertragungsfunktion, z. B. Koeffizientenvektoren des Zähler- und Nennerpolynoms.
`zpk`	Erzeugung von Pol-Nullstellenmodellen (ZPK-Objekte) oder Konversion von Übertragungsfunktionen und Zustandsmodellen in Pol-Nullstellenmodelle.
`zpkdata`	Ausgabe der Objekteigenschaften (Daten) des Pol-Nullstellenmodells, z. B. Nullstellen, Polstellen und konstanter Faktor der Übertragungsfunktion.

Weitere Informationen gibt die online-Hilfe durch Eingabe von `help 'Funktionsname'`.

16.4 Umformung von Signalflußplänen

16.4.1 Allgemeines

Signalflußpläne müssen häufig vereinfacht werden, so daß resultierend eine Frequenzgang- oder Übertragungsfunktion oder ein Zustandsmodell für das Gesamtsystem angegeben werden kann. Die anzuwendenden Umformungsregeln sind in Kapitel 2 beschrieben. Für die Vereinfachung von Signalflußplänen gibt es in der *Control System Toolbox* besondere Funktionen, wobei die Übertragungsblöcke als Übertragungsfunktion, Pol-Nullstellenmodell oder als Zustandsmodell eingegeben werden. Eingabe und Konversion von LTI-Modellen mit MATLAB-Funktionen sind in Abschnitt 16.3.2 beschrieben.

Die im folgenden angegebenen MATLAB-Funktionen sind auch für digitale Regelungssysteme gültig.

16.4.2 Kettenstruktur

Im folgenden Programm wird die Übertragungsfunktion für die beiden in Reihe geschalteten Übertragungsblöcke berechnet:

$$G(s) = \frac{x_a(s)}{x_e(s)} = G_1(s) \cdot G_2(s) = \frac{s+1}{s+4} \cdot \frac{s-2}{s^2+3\cdot s+2} = \frac{\text{num}G(s)}{\text{den}G(s)} = \frac{\text{num}G_1(s)}{\text{den}G_1(s)} \cdot \frac{\text{num}G_2(s)}{\text{den}G_2(s)}.$$

```
%MATLAB Script-File reihe_1.m
%Kettenstruktur mit zwei Übertragungsblöcken
numG1=[1 1];           %Zählerpolynom von G1(s)
denG1=[1 4];           %Nennerpolynom von G1(s)
numG2=[1 -2];          %Zählerpolynom von G2(s)
denG2=[1 3 2];         %Nennerpolynom von G2(s)
G1=tf(numG1,denG1);    %Übertragungsfunktion G1(s) und G2(s)
G2=tf(numG2,denG2);    %werden mit tf (transfer function) gebildet
G=G1*G2                %G(s) der Kettenstruktur ausgeben
```

numG1, denG1, numG2 und denG2 sind die Zähler- und Nennerpolynome der Übertragungsfunktionen $G_1(s)$ und $G_2(s)$, die als Zeilenvektoren eingegeben werden. Mit der Funktion tf werden die Objekte G1 und G2 erzeugt. Die resultierende Übertragungsfunktion $G(s)$ ist das Produkt G = G1*G2. Das Script-File reihe_1.m liefert folgende Übertragungsfunktion:

```
» reihe_1

Transfer function:
    s^2 - s - 2
  ---------------------
  s^3 + 7 s^2 + 14 s + 8
```

$G(s)$ wird direkt auf dem Bildschirm ausgegeben.

16.4.3 Parallelstruktur

Für den Signalflußplan mit den angegebenen Übertragungsfunktionen wird die Übertragungsfunktion der Parallelstruktur ermittelt:

$$G(s) = \frac{x_a(s)}{x_e(s)} = G_1(s) - G_3(s) = \frac{s+1}{s+4} - \frac{4}{s+2} = \frac{\text{num}G(s)}{\text{den}G(s)} = \frac{\text{num}G_1(s)}{\text{den}G_1(s)} - \frac{\text{num}G_3(s)}{\text{den}G_3(s)}.$$

```
%MATLAB Script-File parall_1.m
%Parallelstruktur mit zwei Übertragungsblöcken
G1=tf([1 1],[1 4]);    %Z{G1(s)}=[1 1], N{G1(s)}=[1 4]
G3=tf(4,[1 2]);        %Z{G3(s)}=4, N{G3(s)}=[1 2]
G=G1-G3                %G(s) der Parallelstruktur ausgeben
```

Im Script-File parall_1.m werden die Teilübertragungsfunktionen G1, G3 erzeugt. Die Übertragungsfunktion $G(s)$ der Parallelschaltung ist die Differenz G = G1-G3:

```
» parall_1

Transfer function:
s^2 - s - 14
-------------
s^2 + 6 s + 8
```

16.4.4 Kreisstrukturen

16.4.4.1 Struktur mit indirekter Gegenkopplung

Im folgenden Beispiel wird die Übertragungsfunktion für eine Kreisstruktur mit indirekter Gegenkopplung berechnet.

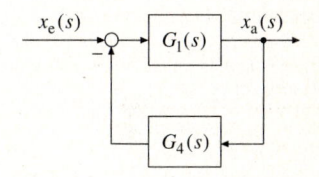

Mit den Übertragungsfunktionen im Signalflußbild

$$G_1(s) = \frac{s+1}{s+4} = \frac{\text{num}G_1(s)}{\text{den}G_1(s)}, \quad G_4(s) = \frac{3}{s+6} = \frac{\text{num}G_4(s)}{\text{den}G_4(s)}$$

wird die Übertragungsfunktion der Kreisstruktur mit indirekter Gegenkopplung gebildet:

$$G(s) = \frac{x_a(s)}{x_e(s)} = \frac{G_1(s)}{1 + G_1(s) \cdot G_4(s)}.$$

```
%MATLAB Script-File ind_ge_1.m
%Kreisstruktur mit indirekter Gegenkopplung
%Zähler:[1 1] und Nenner:[1 4] - Polynome von G1(s)
%Zähler:3 und Nenner:[1 6] - Polynome von G4(s)
%G(s) der Kreisstruktur ausgeben:
G=feedback(tf([1 1],[1 4]),tf(3,[1 6]))
```

Mit der Funktion feedback im Script-File ind_ge_1.m wird die Übertragungsfunktion für die Kreisstruktur erzeugt:

```
» ind_ge_1

Transfer function:
 s^2 + 7 s + 6
---------------
s^2 + 13 s + 27
```

Das Vorzeichen der Rückführung kann in der Funktion

`G=feedback(tf([1 1],[1 4]),tf(3,[1 6]),sgn)`

mit dem Parameter `sgn` eingegeben werden. `sgn = 1` ergibt positive Rückführung, `sgn = -1` führt zu negativer Rückführung. Die Rückführung ist auch negativ, wenn der Parameter `sgn` nicht eingegeben wird.

16.4.4.2 Struktur mit direkter Gegenkopplung

Für Kreisstrukturen mit direkter Gegenkopplung ergeben sich die Übertragungsfunktionen zu:

$$G(s) = \frac{x_a(s)}{x_e(s)} = \frac{G_1(s)}{1 + G_1(s)} = \frac{\text{num}G(s)}{\text{den}G(s)}.$$

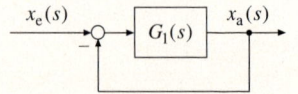

$G_1(s)$ ist die Übertragungsfunktion im Vorwärtszweig:

$$G_1(s) = \frac{s+1}{s+4} = \frac{\text{num}G_1(s)}{\text{den}G_1(s)}.$$

```
%MATLAB Script-File dir_ge_1.m
%Kreisstruktur mit direkter Gegenkopplung
%Zähler:[1 1] und Nenner:[1 4] - Polynome von G1(s)
%G(s)der Kreisstruktur ausgeben:
G=feedback(tf([1 1],[1 4]),1)
```

Mit der Funktion `feedback` im Script-File `dir_ge_1.m` werden auch Übertragungsfunktionen für Strukturen mit direkter Gegenkopplung berechnet:

```
» dir_ge_1

Transfer function:
 s + 1
-------
2 s + 5
```

Das Vorzeichen der Rückführung bei `feedback` wird durch den letzten Parameter `sgn` festgelegt:

`G=feedback(tf([1 1],[1 4]),1,sgn)`.

Ohne Eingabe von `sgn` ist die Rückführung negativ.

16.4.5 Ermittlung von Führungs- und Störungsübertragungsfunktionen für Signalflußpläne

Für den Signalflußplan wird die Führungs- und Störungsübertragungsfunktion mit dem Script-File `sf_plan1_1.m` berechnet.

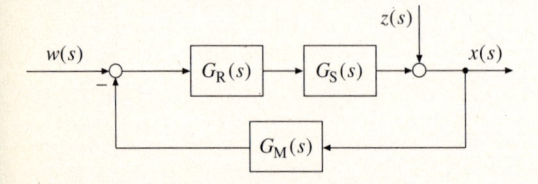

16.4 Umformung von Signalflußplänen

Mit den Übertragungsfunktionen der Blöcke im angegebenen Signalflußbild

$$G_R(s) = K_R \frac{\text{num}G_R(s)}{\text{den}G_R(s)}, \quad \text{(Regler)}$$

$$G_S(s) = \frac{K_S \cdot \omega_{0S}^2}{s^2 + 2 \cdot D_S \cdot \omega_{0S} \cdot s + \omega_{0S}^2} = \frac{\text{num}G_S(s)}{\text{den}G_S(s)}, \quad \text{(Regelstrecke)}$$

$$G_M(s) = K_M \frac{\text{num}G_M(s)}{\text{den}G_M(s)}, \quad \text{(Meßeinrichtung)}$$

werden Führungs- und Störungsübertragungsfunktion gebildet:

$$G(s) = \frac{x(s)}{w(s)} = \frac{G_{RS}(s)}{1 + G_{RS}(s) \cdot G_M(s)} = \frac{\text{num}G(s)}{\text{den}G(s)},$$

$$G_z(s) = \frac{x(s)}{z(s)} = \frac{1}{1 + G_{RS}(s) \cdot G_M(s)} = \frac{\text{num}G_z(s)}{\text{den}G_z(s)}.$$

```
%MATLAB Script-File sf_plan1_1.m
%einschleifiger Signalflußplan
%Parameter Regler, Strecke:
KR=0.63; KS=2; DS=1.2; w0s=1; KM=1.5;
GR=tf(KR,1);              %Übertragungsfunktion des Reglers
                          %Zähler- u. Nenner-Polynome der Strecke:
numGS=KS*w0s^2; denGS=[1,2*DS*w0s,w0s^2];
GS=tf(numGS,denGS);       %Übertragungsfunktion der Strecke
numGM=1.5; denGM=1;       %Zähler- u. Nenner-Polynome der Meßeinrichtung
GM=tf(numGM,denGM);       %Übertragungsfunktion der Meßeinrichtung
GRS=GR*GS;                %Übertragungsfunktion des offenen Regelkreises:
%Führungsübertragungsfunktion: G(s) = x(s)/w(s)
fprintf('\n')             %neue Zeile
disp('Führungsübertragungsfunktion:')
G=feedback(GRS,GM)        %G(s) ausgeben
%Störungsübertragungsfunktion: Gz(s) = x(s)/z(s)
fprintf('\n')             %neue Zeile
disp('Störungsübertragungsfunktion:')
Gz=feedback(1,GRS*GM)     %Gz(s) ausgeben
```

Folgende Übertragungsfunktionen werden im Programm berechnet:

```
» sf_plan1_1

Führungsübertragungsfunktion:

Transfer function:
     1.26
-----------------
s^2 + 2.4 s + 2.89

Störungsübertragungsfunktion:

Transfer function:
s^2 + 2.4 s + 1
-----------------
s^2 + 2.4 s + 2.89
```

16.4.6 Umformung vermaschter Signalflußpläne

Zur Ermittlung der Übertragungsfunktion von Ketten- und Parallelstrukturen werden die Teilübertragungsfunktionen multipliziert oder addiert, Kreisstrukturen werden mit der Funktion `feedback` berechnet. Für komplexe vermaschte Übertragungssysteme ist ein Verfahren zweckmäßig, wobei der Signalfluß durch eine Matrix beschrieben wird. Am Beispiel des Signalflußplans für eine Kaskadenregelung wird das Verfahren mit dem Script-File `sf_plan2_1.m` erläutert.

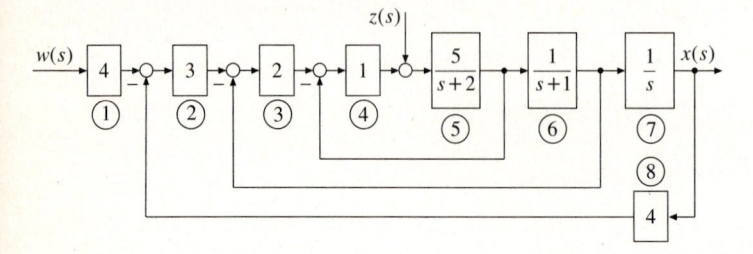

Für die von 1 bis 8 numerierten Übertragungsblöcke werden Zähler- und Nennerpolynom in Vektorform eingegeben, mit den Polynomkoeffizienten in absteigender Ordnung des LAPLACE-Operators s. Die Funktion `append` bildet anschließend einen Übertragungsblock `Gi` für das Gesamtsystem.

Der Signalfluß zwischen den Blöcken wird mit der Matrix `q` beschrieben. Für jeden Block ist eine Zeile in `q` vorhanden. Das erste Element jeder Zeile ist die Blocknummer. Signale, die zu diesem Block führen, kommen von Übertragungsblöcken, die in den folgenden Elementen angegeben sind. Im Script-File `sf_plan2_1.m` beschreibt beispielsweise Zeile 4 der Matrix `q` den Übertragungsblock 4, wobei die Blöcke 3 und 5 die Eingangssignale liefern. Das Signal von Block 5 wird dabei negiert. Die Blöcke 4 bis 8 liefern keine Eingangssignale für Block 4. Daher werden die Elemente 4 bis 8 in Zeile 4 mit Nullen belegt, so daß eine quadratische Matrix entsteht. `Fuehrung = 1` legt fest, daß das äußere Eingangssignal auf Block 1 wirkt und das Ausgangssignal des Gesamtsystems von Block 7 kommt (`Ausgang = 7`). Die Störgröße wirkt auf Block 5 (`Stoerung = 5`).

Die Funktion

`Fsys=connect(Gi,q,Fuehrung,Ausgang)`

überführt die Beschreibung des Signalflusses in eine Zustandsdarstellung für das Gesamtsystem. Mit

`G=tf(Fsys)`

wird das Zustandsmodell `Fsys` wieder in die Übertragungsfunktion `G` konvertiert und ausgegeben.

```
%MATLAB Script-File sf_plan2_1.m
%Signalflußplan für eine Kaskadenregelung


num1=4; den1=1;      G1=tf(num1,den1);    %Zählerpolynome (numi)
num2=3; den2=1;      G2=tf(num2,den2);    %und
num3=2; den3=1;      G3=tf(num3,den3);    %Nennerpolynome (deni)
num4=1; den4=1;      G4=tf(num4,den4);    %sowie
num5=5; den5=[1 2];  G5=tf(num5,den5);    %die
num6=1; den6=[1 1];  G6=tf(num6,den6);    %Teilübertragungs-
num7=1; den7=[1 0];  G7=tf(num7,den7);    %funktionen
num8=4; den8=1;      G8=tf(num8,den8);    %G1(s) bis G8(s)
```

```
Gi=append(G1,G2,G3,G4,G5,G6,G7,G8); %Blockbildung
q=[1  0  0  0  0  0  0  0    %Die Matrix q beschreibt den Signalfluß im
   2  1 -8  0  0  0  0  0    %Signalflußbild. In der 1. Spalte steht die
   3  2 -6  0  0  0  0  0    %Nr. des Übertragungsblocks. In den folgenden
   4  3 -5  0  0  0  0  0    %Spalten stehen die Blöcke, deren Ausgang mit
   5  4  0  0  0  0  0  0    %dem Eingang des Blocks in der 1. Spalte ver-
   6  5  0  0  0  0  0  0    %bunden ist. Beispiel Zeile 2: Der Eingang von
   7  6  0  0  0  0  0  0    %Block 2 ist mit den Ausgängen der Blöcke 1
   8  7  0  0  0  0  0  0];  %und 8 verbunden. Matrix q ist quadratisch.

Fuehrung=1;                  %Führungsgröße wirkt auf Block 1
Ausgang=7;                   %Regelgröße kommt von Block 7
Fsys=connect(Gi,q,Fuehrung,Ausgang);  %Zustandsdarstellung
fprintf('\n')                %neue Zeile
disp('Führungsübertragungsfunktion:')
G=tf(Fsys)                   %Führungsübertragungsfunktion G(s)
Stoerung=5;                  %Störgröße wirkt auf Block 5
Zsys=connect(Gi,q,Stoerung,Ausgang);  %Zustandsdarstellung
fprintf('\n')
disp('Störungsübertragungsfunktion:')
Gz=tf(Zsys)                  %Störungsübertragungsfunktion Gz(s)
```

```
» sf_plan2_1
Führungsübertragungsfunktion:

Transfer function:
           120
----------------------
s^3 + 8 s^2 + 17 s + 120

Störungsübertragungsfunktion:

Transfer function:
            5
----------------------
s^3 + 8 s^2 + 17 s + 120
```

16.4.7 Tabelle für Funktionen der *Control System Toolbox* zur Umformung von Signalflußplänen

Tabelle 16.4-1: Funktionen der Control System Toolbox zur Umformung von Signalflußplänen

Funktionsname	Beschreibung der Funktion
append	Ermittelt Gesamtmodell für Signalflußplan aus Übertragungsfunktionen der einzelnen Blöcke (ohne Beschreibung des Signalflusses zwischen den Blöcken).
connect	Ermittelt Zustandsmodell eines Signalflußplans für Ein- und Ausgangsgrößen. append muß ausgeführt und Beschreibung des Signalflusses mit Matrix q muß vorliegen.
feedback	Berechnet Übertragungsfunktion, Pol-Nullstellenmodell oder Zustandsmodell für Kreisstrukturen. Übertragungsfunktionen, Pol-Nullstellenmodelle oder Zustandsmodelle werden eingegeben.

Weitere Informationen gibt die online-Hilfe durch Eingabe von help 'Funktionsname'.

16.5 Berechnung von Regelungen im Zeitbereich

16.5.1 Allgemeines

Für regelungstechnische Untersuchungen im Zeitbereich werden Testfunktionen wie Impuls-, Sprung-, Anstiegsfunktionen oder harmonische Funktionen eingesetzt und die Antwortfunktionen ausgewertet. Zur Berechnung von Antwortfunktionen mit Standardfunktionen der *Control System Toolbox* werden die Übertragungssysteme als Übertragungsfunktion, Pol-Nullstellenmodell oder als Zustandsmodell eingegeben. Eingabe und Konversion von LTI-Modellen mit MATLAB-Funktionen sind in Abschnitt 16.3.2 beschrieben.

Die im folgenden angegebenen MATLAB-Funktionen sind auch für digitale Regelungssysteme gültig. Antwortfunktionen für digitale Regelungssysteme werden in Abschnitt 16.7 berechnet, in Abschnitt 16.8 werden Antwortfunktionen für Zustandsmodelle erzeugt.

16.5.2 Impulsantwort

Wird die in Abschnitt 3.4.2 beschriebene Einheitsimpulsfunktion auf ein Übertragungssystem aufgeschaltet, dann entsteht am Ausgang die Impulsantwort $g(t)$, die auch als Gewichtsfunktion bezeichnet wird.

Das Script-File `impuls_1.m` erzeugt die in Bild 16.5-1 aufgezeichneten Impulsantworten für ein PT_1- und ein PT_2-Element mit den Übertragungsfunktionen:

$$G_{PT1}(s) = \frac{K_{P1}}{1 + s \cdot T_1} = \frac{\text{num}G_1(s)}{\text{den}G_1(s)}, \quad G_{PT2}(s) = \frac{K_{P2} \cdot \omega_0^2}{s^2 + 2 \cdot D \cdot \omega_0 \cdot s + \omega_0^2} = \frac{\text{num}G_2(s)}{\text{den}G_2(s)}.$$

Die Impulsantwort wird mit der Funktion

`g=impulse(G,t)`

berechnet, wobei Zähler- und Nennerpolynome der Übertragungsfunktion G als Zeilenvektoren eingegeben werden. Mit dem Vektor t wird das Zeitraster festgelegt.

```
%MATLAB Script-File impuls_1.m
%Einheits-Impulsantwortfunktion für PT1- und PT2-Element
hold on                              %Kurve nicht überschreiben
grid on                              %kartesische Gitterlinien
KP1=1; T1=4;                         %Parameter
KP2=1; w0=0.5; D=0.25;
numG1=KP1; denG1=[T1 1];             %Zähler-, Nennerpolynom PT1-Element
G1=tf(numG1,denG1);                  %Übertragungsfunktion G1(s)
numG2=KP2*w0^2;                      %Zählerpolynom und
denG2=[1 2*D*w0 w0^2];               %Nennerpolynom des PT2-Elements
G2=tf(numG2,denG2);                  %Übertragungsfunktion G2(s)

t=0:0.4:20;                          %Vektor der Zeitwerte
g1=impulse(G1,t);                    %PT1-Impulsantwort
g2=impulse(G2,t);                    %PT2-Impulsantwort

plot(t,g1,'-')                       %PT1-Impulsantwort plotten
plot(t,g2,'-.')                      %PT2-Impulsantwort plotten
```

```
%Titel der Graphik:
title('\it{Einheits-Impulsantwort}')
xlabel('\it{Zeit t/s}')          %Beschriftung der Abszisse
ylabel('\it{g(t)}')              %Beschriftung der Ordinate,

                                 %Legende:
legend('\it{PT}_1\it{-Element}','\it{PT}_2\it{-Element}')
```

Für die Darstellung der Kurven können die in den Tabellen 16.2-9, 10 angegebenen Farben und Markierungen verwendet werden.

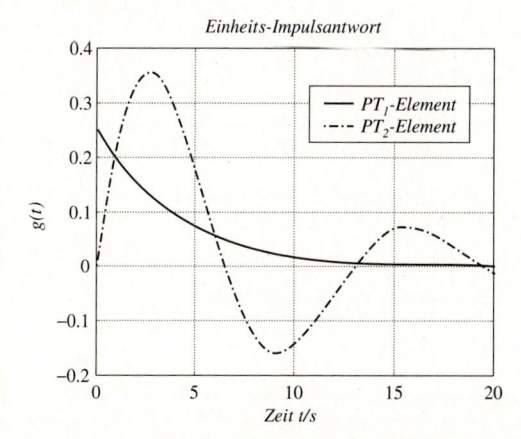

Bild 16.5-1: Einheits-Impulsantworten für ein PT_1- und ein PT_2-Element (impuls_1.m)

Werden keine Ergebnisvektoren g1, g2 angegeben, dann wird die Graphik direkt auf dem Bildschirm ausgegeben, wobei Standardbezeichnungen verwendet werden.

16.5.3 Sprungantwort

Die Sprungantwort für die in Abschnitt 3.4.3 beschriebene Einheitssprungfunktion wird mit der Funktion

xa=step(G,t)

berechnet. Das Script-File sprung_1.m erzeugt die in Bild 16.5-2 aufgezeichneten Sprungantworten für PT_1- und PT_2-Elemente mit den Übertragungsfunktionen

$$G_{\mathrm{PT1}}(s) = \frac{K_{\mathrm{P1}}}{1 + s \cdot T_1} = \frac{\mathrm{num}G_1(s)}{\mathrm{den}G_1(s)}, \quad G_{\mathrm{PT2}}(s) = \frac{K_{\mathrm{P2}} \cdot \omega_0^2}{s^2 + 2 \cdot D \cdot \omega_0 \cdot s + \omega_0^2} = \frac{\mathrm{num}G_2(s)}{\mathrm{den}G_2(s)}.$$

Wie bei der Berechnung der Impulsantwort, werden Zähler- und Nennerpolynome der Übertragungsfunktionen als Zeilenvektoren eingegeben. Die Vektorelemente sind die Koeffizienten der Polynome in absteigender Ordnung des LAPLACE-Operators s. t ist der Vektor für das Zeitraster.

16 Berechnung von Regelungssystemen mit MATLAB

```
%MATLAB Script-File sprung_1.m
%Einheits-Sprungantwortfunktion für PT1- und PT2-Element
hold on                               %Kurve nicht überschreiben
grid on                               %kartesische Gitterlinien
KP1=1; T1=4;                          %Parameter
KP2=1; w0=0.5; D=0.25;
numG1=KP1; denG1=[T1 1];              %Zähler- u. Nennerpolynom PT1-Element
G1=tf(numG1,denG1);                   %Übertragungsfunktion G1(s)
numG2=KP2*w0^2;                       %Zähler- u. Nennerpolynom
denG2=[1 2*D*w0 w0^2];                %des PT2-Elements
G2=tf(numG2,denG2);                   %Übertragungsfunktion G2(s)

t=0:0.4:20;                           %Vektor der Zeitwerte
xa1=step(G1,t);                       %PT1-Sprungantwort
xa2=step(G2,t);                       %PT2-Sprungantwort

KP_PT1=dcgain(G1)                     %Proportionalbeiwert des PT1-Elements
KP_PT2=dcgain(G2)                     %Proportionalbeiwert des PT2-Elements

plot(t,xa1,'-')                       %PT1-Sprungantwort plotten
plot(t,xa2,'-.')                      %PT2-Sprungantwort plotten

title('\it{Einheits-Sprungantwort}')
xlabel('\it{Zeit t/s}')               %Beschriftung der Abszisse
ylabel('\it{x}_a\it{(t)}')            %Beschriftung der Ordinate
legend('\it{PT}_1\it{-Element}','\it{PT}_2\it{-Element}')
                                      %Legende
legend('\it{PT}_1\it{-Element}','\it{PT}_2\it{-Element}')
```

Werden keine Ergebnisvektoren xa1, xa2 angegeben, dann wird die Graphik direkt auf dem Bildschirm ausgegeben, wobei Standardbezeichnungen verwendet werden.

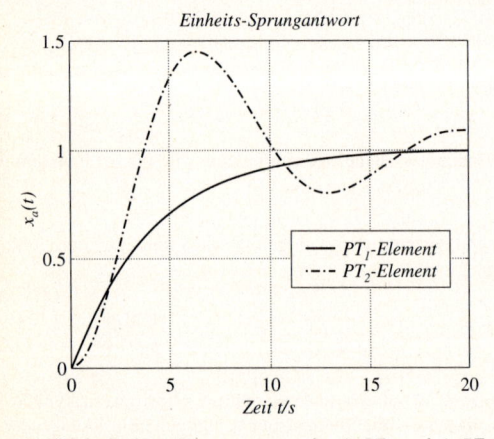

Bild 16.5-2: Einheits-Sprungantworten für ein PT_1- und ein PT_2-Element (sprung_1.m)

Die stationäre Verstärkung der Übertragungssysteme läßt sich mit der Funktion
`KP=dcgain(G)`
bestimmen.

```
» sprung_1
KP_PT1 =
    1
KP_PT2 =
    1
```

16.5.4 Anstiegsantwort

Anwortfunktionen für Testfunktionen mit beliebigem Zeitverlauf werden mit der Funktion
`xa=lsim(G,xe,t)`
erzeugt. Für PT_1- und PT_2-Elemente mit den Übertragungsfunktionen

$$G_{PT1}(s) = \frac{K_{P1}}{1 + s \cdot T_1} = \frac{\text{num}G_1(s)}{\text{den}G_1(s)}, \quad G_{PT2}(s) = \frac{K_{P2} \cdot \omega_0^2}{s^2 + 2 \cdot D \cdot \omega_0 \cdot s + \omega_0^2} = \frac{\text{num}G_2(s)}{\text{den}G_2(s)}$$

berechnet das Script-File `anstieg_1.m` die Anstiegsantworten in Bild 16.5-3.
Wie bei der Berechnung der Impulsantwort und der Sprungantwort, werden Zähler- und Nennerpolynome der Übertragungsfunktionen als Zeilenvektoren eingegeben. Die Vektorelemente sind die Koeffizienten der Polynome in absteigender Ordnung des LAPLACE-Operators s. `t` ist der Vektor für das Zeitraster.

```
%MATLAB Script-File anstieg_1.m
%Einheits-Anstiegsantwortfunktion für PT1- und PT2-Element
hold on                          %Kurve nicht überschreiben
grid on                          %kartesische Gitterlinien
KP1=1; T1=4;                     %Parameter
KP2=1; w0=0.5; D=0.25;
numG1=KP1; denG1=[T1 1];         %Zähler- u. Nennerpolynom PT1-Element
G1=tf(numG1,denG1);              %Übertragungsfunktion G1(s)
zG2=KP2*w0^2;                    %Zähler- u. Nennerpolynom
nG2=[1 2*D*w0 w0^2];             %des PT2-Elements
G2=tf(numG2,denG2);              %Übertragungsfunktion G2(s)

t=0:0.4:20;                      %Vektor der Zeitwerte
xe=t;                            %Einheits-Anstiegsfunktion

xa1=lsim(G1,xe,t);               %PT1-Anstiegsantwort
xa2=lsim(G2,xe,t);               %PT2-Anstiegsantwort

plot(t,xe,'.')                   %Anstiegsfunktion plotten
plot(t,xa1,'-')                  %PT1-Anstiegsantwort plotten
plot(t,xa2,'-.')                 %PT2-Anstiegsantwort plotten

title('\it{Einheits-Anstiegsantwort}')
xlabel('\it{Zeit t/s}')          %Beschriftung der Abszisse
ylabel('\it{x}_a\it{(t)}')       %Beschriftung der Ordinate
legend('\it{Anstiegsfunktion}','\it{PT}_1\it{-Elem.}','\it{PT}_2\it{-Elem.}')
                                 %Legende
```

Werden keine Ergebnisvektoren xa1, xa2 angegeben, dann wird die Graphik direkt auf dem Bildschirm ausgegeben, wobei Standardbezeichnungen verwendet werden.

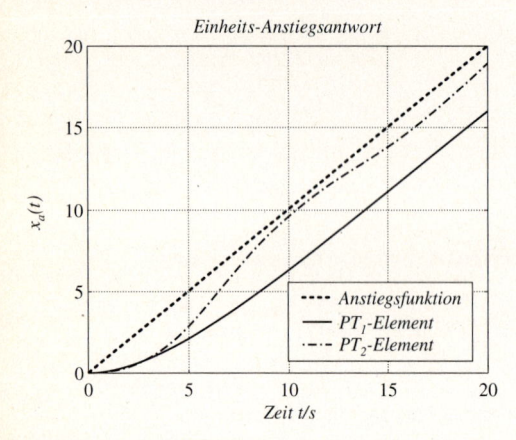

Bild 16.5-3: Einheits-Anstiegsantworten für ein PT_1- und ein PT_2-Element (anstieg_1.m)

16.5.5 Sinusantwort

Zur Ermittlung der Frequenzgangfunktion werden harmonische Funktionen, z. B. Sinusfunktionen

$$x_e(t) = \hat{x}_e \cdot \sin(\omega t)$$

eingesetzt. Ausgewertet werden Amplitude und Phase der stationären Sinusantwort

$$x_a(t) = \hat{x}_a(\omega) \cdot \sin[\omega t + \varphi(\omega)]$$

und daraus die Frequenzgangfunktion ermittelt. Im Script-File sinusant_1.m wird die Frequenzgangfunktion des PT_1-Elements

$$F(j\omega) = \frac{x_a(j\omega)}{x_e(j\omega)} = \frac{K_{P1}}{1 + j\omega \cdot T_1}$$

wie in den bisherigen Beispielen dieses Abschnitts verwendet. Die Kreisfrequenz ω wird über zwei Dekaden

$$\omega_1 = 0.025 \text{ s}^{-1} \leq \omega \leq \omega_{20} = 2.5 \text{ s}^{-1}$$

variiert, wobei die Eckkreisfrequenz des PT_1-Elements bei

$$\omega_E = \frac{1}{T_1} = 0.25 \text{ s}^{-1}$$

liegt. Für die 20 ω-Werte beginnt die logarithmische Teilung bei $\lg \omega_1 = \lg 0.025 = -1.602$ und endet bei $\lg \omega_{20} = \lg 2.5 = 0.3979$. Der Vektor der ω-Werte wird mit der Funktion

```
w = logspace(-1.602,0.3979,20)
```

erzeugt. In Bild 16.5-4 ist die Familie der Sinusantworten aufgezeichnet.

16.5 Berechnung von Regelungen im Zeitbereich

```
%MATLAB Script-File sinusant_1.m
%Familie von Sinusantworten
KP1=1; T1=4;                            %Parameter
numG1=KP1; denG1=[T1 1];                %Zähler- und Nennerpolyn. PT1-Element
G1=tf(numG1,denG1);                     %Übertragungsfunktion G1

t=[0:0.4:20]';                          %Spaltenvektor der Zeitwerte
xa=zeros(length(t),1);                  %Vordefinition Spaltenvektor für xa
xe=xa;                                  %Vordefinition Spaltenvektor für xe
k=1;                                    %Nr. der Sinusantwort

for w=logspace(-1.602,0.3979,20)        %20 Sinusantworten
    phi=w*t;                            %Winkel phi/rad
    xe=sin(phi);                        %Sinusfunktion
    xa(:,k)=lsim(G1,xe,t);              %Sinusantwort,
                                        %Adressierung der Spalte k
    k=k+1;                              %Nr. der Sinusantwort
end

mesh(phi,1:k-1,xa')                     %3D-Netz
axis([0,50,0,20,-0.2,1.5])              %Skalierung phi, k, xa
view(-120,30)                           %Blickwinkel
title('\it{PT}_1 \it{-Sinusantworten}') %Titel der Graphik
xlabel('\it{phi/rad}')                  %Beschriftung der x-Achse
ylabel('\it{Sinusantwort Nr.}')         %Beschriftung der y-Achse
zlabel('\it{x}_a\it{(t)}')              %Beschriftung der z-Achse
```

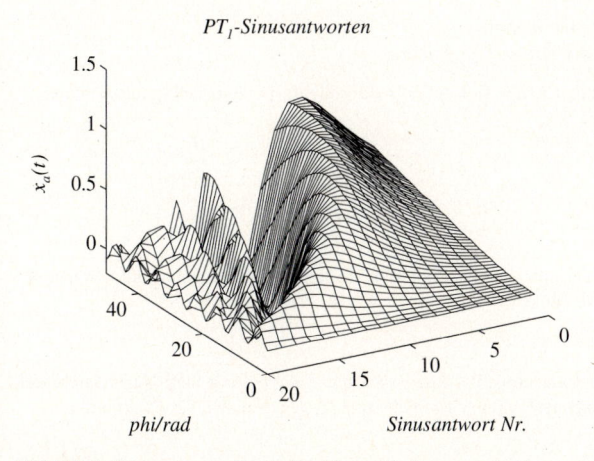

Bild 16.5-4: Sinusantworten für ein PT_1-Element (sinusant_1.m)

16.5.6 Tabelle für Funktionen der *Control System Toolbox* zur Berechnung von Regelungen im Zeitbereich

Tabelle 16.5-1: Funktionen der Control System Toolbox zur Berechnung von Regelungen im Zeitbereich

Funktionsname	Beschreibung der Funktion
`dcgain`	Berechnet die stationäre Verstärkung. Übertragungsfunktion, Pol-Nullstellenmodell oder Zustandsmodell wird eingegeben.
`impulse`	Berechnet die Einheits-Impulsantwort. Übertragungsfunktion, Pol-Nullstellenmodell oder Zustandsmodell wird eingegeben. Eingabe des Vektors für die Zeitwerte ist optional. Ohne Angabe der Ausgangsvariablen wird die Impulsantwort direkt auf dem Bildschirm ausgegeben.
`lsim`	Berechnet die Antwortfunktion von Übertragungsfunktionen, Pol-Nullstellenmodellen oder Zustandsmodellen für beliebige Zeitfunktionen. Vektor der Zeitwerte und Vektor der Anfangswerte können optional eingegeben werden. Ohne Angabe der Ausgangsvariablen wird die Antwortfunktion direkt auf dem Bildschirm ausgegeben.
`step`	Berechnet die Einheits-Sprungantwort. Übertragungsfunktion, Pol-Nullstellenmodell oder Zustandsmodell wird eingegeben. Eingabe des Vektors für die Zeitwerte ist optional. Ohne Angabe der Ausgangsvariablen wird die Sprungantwort direkt auf dem Bildschirm ausgegeben.

Weitere Informationen gibt die online-Hilfe durch Eingabe von `help 'Funktionsname'`.

16.6 Berechnung von Regelungen im Frequenzbereich

16.6.1 Eigenschaften von Übertragungsfunktionen

16.6.1.1 Übertragungsfunktion und Pol-Nullstellenplan

Ermittlung der Übertragungsfunktion und des Pol-Nullstellenplans bei Vorgabe der Pol- und Nullstellen

Bei Vorgabe der Pol- s_{pi} und Nullstellen s_{ni} läßt sich die Pol-Nullstellenform der Übertragungsfunktion

$$G(s) = K_0 \cdot \frac{\prod_{i=1}^{m}(s - s_{ni})}{\prod_{i=1}^{n}(s - s_{pi})} = \frac{K_0 \cdot (s - s_{n1}) \cdot (s - s_{n2}) \cdot (s - s_{n3}) \cdot \ldots \cdot (s - s_{nm})}{(s - s_{p1}) \cdot (s - s_{p2}) \cdot (s - s_{p3}) \cdot \ldots \cdot (s - s_{pn})}$$

bilden. Das Script-File `pn_tf_1.m` ermittelt daraus die Polynomform der Übertragungsfunktion und den zugehörigen Pol-Nullstellenplan. Die Funktion

`pnG=zpk(nul,pol,K0)`

erzeugt mit den vorgegebenen Nullstellen `nul`, Polstellen `pol` und Faktor `K0` das Pol-Nullstellenmodell pnG. Anschließend wird die Übertragungsfunktion G gebildet und ausgegeben. Mit der Funktion

`pzmap(G)`

wird der Pol-Nullstellenplan ausgegeben.

16.6 Berechnung von Regelungen im Frequenzbereich

```
%MATLAB Script-File pn_tf1_1.m
%Berechnung der Übertragungsfunktion
%durch Vorgabe der Pol- u. Nullstellen

sn1=-1+0.5j; sn2=-1-0.5j; sn3=-3;         %Nullstellen
sp1=-2+j; sp2=-2-j; sp3=-4; sp4=-6;       %Polstellen
nul=[sn1; sn2; sn3];                      %Spaltenvektor Nullstellen
pol=[sp1; sp2; sp3; sp4];                 %Spaltenvektor Polstellen
K0=3;                                     %konstanter Faktor

pnG=zpk(nul,pol,K0);                      %Pol-Nullstellenmodell pnG
G=tf(pnG)                                 %Übertragungsfunktion G(s)

grid on                                   %kartesische Gitterlinien
pzmap(G)                                  %Pol-Nullstellenplan ausgeben
title('\it{s-Ebene}')                     %Titel der Graphik
```

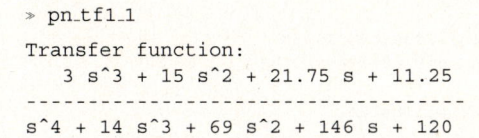

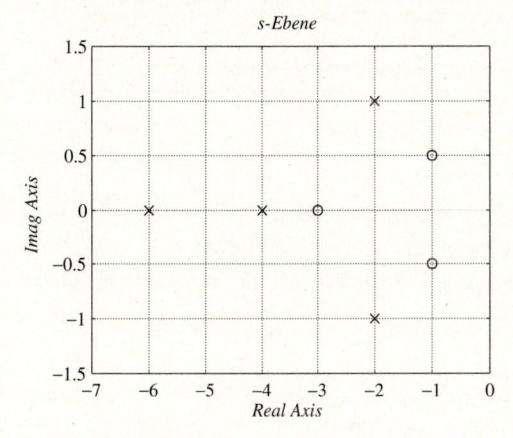

```
» pn_tf1_1
Transfer function:
 3 s^3 + 15 s^2 + 21.75 s + 11.25
------------------------------------
s^4 + 14 s^3 + 69 s^2 + 146 s + 120
```

Bild 16.6-1: *Pol-Nullstellenplan eines Übertragungssystems (`pn_tf1_1.m`)*

Pol-Nullstellenpläne sind graphische Darstellungen der Pole und Nullstellen von Übertragungsfunktionen. Sie ermöglichen die Beurteilung der Stabilität und des dynamischen Verhaltens von Übertragungssystemen.

Pol-Nullstellenplan für ein PT$_2$-Element

Regelungen sollen häufig ein dominierendes Polpaar mit konjugiert komplexen Polen haben (Abschnitt 7.5.2.3), die der Sprungantwortfunktion ein geringes Überschwingen geben. Das Zeitverhalten wird dann mit den Parametern Kennkreisfrequenz ω_0 und Dämpfung D eines PT$_2$-Elements vorgegeben. Die Beschreibung von PT$_2$-Elementen im Frequenzbereich ist in Abschnitt 4.3.3.2 angegeben. Im folgenden Script-File pn_tf2_1.m werden die Pole

$$s_{p1,2} = \omega_0 \cdot \left(-D \pm j\sqrt{1-D^2}\right)$$

der PT$_2$-Standardübertragungsfunktion

$$G(s) = \frac{K_P \cdot \omega_0^2}{(s-s_{p1})\cdot(s-s_{p2})} = \frac{K_P \cdot \omega_0^2}{s^2 + 2\cdot D \cdot \omega_0 \cdot s + \omega_0^2}$$

vorgegeben und der Pol-Nullstellenplan graphisch dargestellt.

```
%MATLAB Script-File pn_tf2_1.m
%Pol-Nullstellenplan für ein PT2-Übertragungselement
KP=1; D=0.707; w0=1;         %Parameter eines PT2-Elements
sp1=w0*(-D+j*sqrt(1-D^2));   %Polstellen der
sp2=w0*(-D-j*sqrt(1-D^2));   %Übertragungsfunktion
nul=[];                      %keine Nullstellen
pol=[sp1; sp2];              %Spaltenvektor der Polstellen
K0=KP*w0^2;                  %konstanter Faktor

pnG=zpk(nul,pol,K0);         %Pol-Nullstellenmodell pnG
G=tf(pnG)                    %Übertragungsfunktion

pzmap(G)                     %Pol-Nullstellenplan
title('\it{s-Ebene}')
sgrid                        %Gitterlinien für D und w0
axis([-1.6,1,-1,1])          %manuelle Achsenskalierung
axis('equal')                %gleicher Skalierungsfaktor
```

```
» pn_tf2_1

Transfer function:
       1
-----------------
s^2 + 1.414 s + 1
```

Die Funktion damp tabelliert Polstellen, Dämpfung und Kennkreisfrequenz für das Nennerpolynom der Übertragungsfunktion G:

```
» damp(G)

Eigenvalue              Damping         Freq. (rad/sec)
-7.07e-001 + 7.07e-001i 7.07e-001       1.00e+000
-7.07e-001 - 7.07e-001i 7.07e-001       1.00e+000
```
(Polstellen s_{pi})   (Dämpfung D)   (Kennkreisfrequenz ω_0)

Die Funktion sgrid zeichnet ein Netz mit Linien gleicher Kennkreisfrequenz (Halbkreise) und Linien gleicher Dämpfung (Strahlen) für $0.1 \leq D \leq 1$. Für die eingegebenen Werte $\omega_0 = 1\ \text{s}^{-1}$ und $D = 0.707$ ergeben sich die in Bild 16.6-2 eingezeichneten Pole der Übertragungsfunktion zu

$$s_{p1,2} = -0.707 \pm j0.707.$$

Die Funktion

axis('equal')

erzeugt gleichen Skalierungsfaktor für Abszisse und Ordinate.

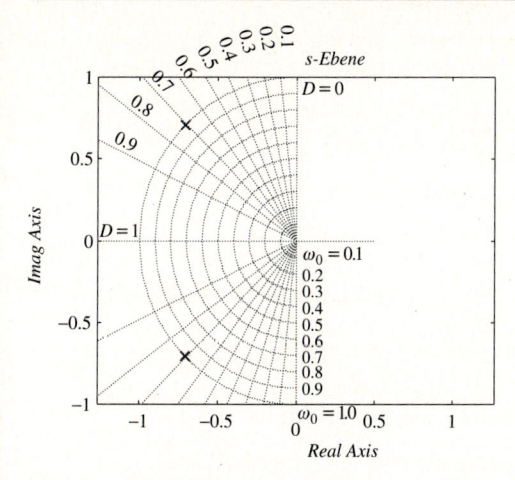

Bild 16.6-2: *Pol-Nullstellenplan für ein PT_2-Element (pn_tf2_1.m)*

16.6.1.2 Partialbruchzerlegung

Pol- und Nullstellen von Übertragungsfunktionen in Polynomform

$$G(s) = \frac{b_m \cdot s^m + b_{m-1} \cdot s^{m-1} + \ldots + b_1 \cdot s + b_0}{a_n \cdot s^n + a_{n-1} \cdot s^{n-1} + \ldots + a_1 \cdot s + a_0}$$

können mit der in Abschnitt 16.2.2.3 beschriebenen Funktion `roots` berechnet werden. Dazu sind die Koeffizenten des Zähler- oder Nennerpolynoms der Übertragungsfunktion in den Zeilenvektoren

`num = [`b_m b_{m-1} ... b_1 b_0`]` und `den = [`a_n a_{n-1} ... a_1 a_0`]`

anzuordnen, deren Elemente in absteigender Ordnung des LAPLACE-Operators s eingegeben werden. Die Polstellen `pol` werden mit der Anweisung

`pol = roots(den)` oder mit
`pol = pole(G)`

ermittelt. Nullstellen (`nul`) können mit

`nul = roots(num)` oder mit
`nul = tzero(G)`

berechnet werden. Nullstellen und Polstellen von Übertragungsfunktionen lassen sich auch mit einem einzelnen Funktionsaufruf

`[nul,pol,K0]=zpkdata(G,'v')`

berechnen und als Spaltenvektoren ausgeben. Damit kann die Übertragungsfunktion als Pol-(s_{pi})Nullstellen-(s_{ni})modell

$$G(s) = K_0 \cdot \frac{\prod_{i=1}^{m}(s - s_{ni})}{\prod_{i=1}^{n}(s - s_{pi})} = \frac{K_0 \cdot (s - s_{n1}) \cdot (s - s_{n2}) \cdot (s - s_{n3}) \cdot \ldots \cdot (s - s_{nm})}{(s - s_{p1}) \cdot (s - s_{p2}) \cdot (s - s_{p3}) \cdot \ldots \cdot (s - s_{pn})}$$

geschrieben werden. Das Script-File tf_pn_1.m berechnet Nullstellen, Polstellen, den konstanten Faktor K_0 sowie die Koeffizienten der Partialbrüche. Die Zerlegung der Übertragungsfunktion in Partialbrüche

$$G(s) = \frac{4 \cdot s + 12}{s^3 + 3 \cdot s^2 + 2 \cdot s} = \frac{2}{s+2} + \frac{-8}{s+1} + \frac{6}{s} = \frac{\text{res}_1}{s - s_{p1}} + \frac{\text{res}_2}{s - s_{p2}} + \frac{\text{res}_3}{s - s_{p3}}$$

wird dabei mit der Funktion

[res,pol,kr]=residue(numG,denG)

durchgeführt. Die Koeffizienten der Partialbrüche und die zugehörigen Polstellen werden in den Spaltenvektoren res und pol abgelegt. Der Koeffizient kr existiert nur dann, wenn der Grad des Zählerpolynoms größer oder gleich dem Grad des Nennerpolynoms ist. Die Partialbruchzerlegung ist in Abschnitt 3.5.6 beschrieben.

```
%MATLAB Script-File tf_pn_1.m
%Nullstellen, Polstellen und Partialbruchzerlegung
b1=4; b0=12;                    %Koeffizienten des Zählerpolynoms
a3=1; a2=3; a1=2; a0=0;         %Koeffizienten des Nennerpolynoms
numG=[b1 b0];                   %Zeilenvektor des Zählerpolynoms
denG=[a3 a2 a1 a0];             %Zeilenvektor des Nennerpolynoms
G=tf(numG,denG);                %G(s)

keyboard                        %Mögliche Eingabe von
                                %[nul,pol,k]=zpkdata(G,'v')
                                %und Wort "return" mit Tastatur
                                %Nullstellen, Polstellen
                                %und konstanter Faktor von G(s)

[res,pol,kr]=residue(numG,denG) %Koeffizienten der Partialbrüche,
                                %Polstellen, Koeff. kr
```

Die Anweisung keyboard gibt die Programmkontrolle an die Tastatur. Es besteht dann die Möglichkeit, die Funktion

[nul,pol,K0]=zpkdata(G,'v')

zur Berechnung der Pol- und Nullstellen über die Tastatur einzugeben und auszuführen. Mit dem zusätzlichen Parameter 'v' werden die Werte der Nullstellen und Polstellen direkt als Spaltenvektoren ausgegeben. Durch Eingabe des Wortes return wird das Programm weiterbearbeitet. Es ergibt sich folgender Dialog:

```
» tf_pn_1
K» [nul,pol,K0]=zpkdata(G,'v')

nul =
    -3        (Nullstelle)

pol =
     0
    -2        (Polstellen)
    -1

k =
     4        (konstanter Faktor)
```

```
K» return
res =    (Koeffizienten der Partialbrüche)
    2       = $res_1$
   -8       = $res_2$
    6       = $res_3$
pol =    (Polstellen)
   -2       = $s_{p1}$
   -1       = $s_{p2}$
    0       = $s_{p3}$
kr =
    []
```

Mit der Kenntnis der Polstellen der Übertragungsfunktion kann die Stabilität beurteilt werden. Übertragungssysteme sind stabil, wenn alle Pole negative Realteile haben, diese Übertragungsfunktion ist daher nicht stabil.

16.6.1.3 Übertragungsfunktion und Wurzelortskurve

Vorgehensweise bei der Ermittlung der Wurzelortskurve

Stabilität und Zeitverhalten von Übertragungssystemen sind durch die Lage der Pole der Übertragungsfunktion festgelegt. Sind Nullstellen vorhanden, dann beeinflussen diese zuslätzlich das Zeitverhalten. Aussagen über Stabilität und dynamisches Verhalten eines Regelungssystems können gemacht werden, wenn die Pole des geschlossenen Regelkreises bekannt sind.

Die Wurzelortskurve ist der geometrische Ort der Pole des geschlossenen Regelkreises in Abhängigkeit eines Regelkreisparameters. Parameter für die Wurzelortskurve ist meist die Reglerverstärkung. Die Wurzelortskurve wird in der s-Ebene dargestellt.

Ausgehend von den Polen und Nullstellen des offenen Regelkreises wird die Wurzelortskurve ermittelt. Mit der Übertragungsfunktion des offenen Regelkreises

$$G_{RS}(s) = G_R(s) \cdot G_S(s) = \frac{K_0 \cdot Z_0(s)}{N_0(s)}$$

ergibt sich für Regelungen mit direkter Gegenkopplung die Übertragungsfunktion des geschlossenen Regelkreises zu

$$G(s) = \frac{G_{RS}(s)}{1 + G_{RS}(s)} = \frac{K_0 \cdot Z_0(s)}{K_0 \cdot Z_0(s) + N_0(s)}.$$

Die charakteristische Gleichung für $G(s)$ erhält man, wenn das Nennerpolynom von $G(s)$ gleich Null gesetzt wird

$$K_0 \cdot Z_0(s) + N_0(s) = 0.$$

Variiert man in dieser Gleichung den konstanten Faktor K_0, in dem K_R enthalten ist, dann entsteht die Wurzelortskurve, die häufig für die Reglerauslegung verwendet wird. Mit den Funktionen `rlocus` und `rlocfind` werden Graphiken von Wurzelortskurven erstellt und ausgewertet. Das Wurzelortskurvenverfahren ist in Abschnitt 6.4 beschrieben.

Wurzelortskurve einer Regelung mit IT$_2$-Regelstrecke und P-Regler

Für die Regelung der im Signalflußplan angegebenen IT$_2$-Regelstrecke werden in den folgenden Programmbeispielen P- und PDT$_1$-Regler verwendet.

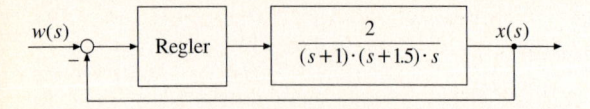

16 Berechnung von Regelungssystemen mit MATLAB

$w(s) \rightarrow \bigcirc \rightarrow$ Regler $\rightarrow \dfrac{2}{(s+1)\cdot(s+1.5)\cdot s} \rightarrow x(s)$

Die Funktion rlocus zur Ermittlung der Wurzelortskurve geht von der Übertragungsfunktion, dem Pol-Nullstellenmodell oder einem Zustandsmodell des offenen Regelkreises aus. Eingabe und Konvertierung von LTI-Modellen sind in Abschnitt 16.3.2 beschrieben. Im Script-File wokl_1.m sind die Pol- und Nullstellen der Übertragungsfunktion des offenen Regelkreises $G_{RS}(s)$ vorgegeben.

Mit der Funktion

polG = rlocus(GRS)

werden die Polstellen des geschlossenen Regelkreises berechnet und in der Ausgangsvariablen polG gespeichert. Die Wurzelortskurve wird nicht gezeichnet. Ohne Angabe der Ausgangsvariablen

rlocus(GRS)

wird die Wurzelortskurve direkt auf dem Bildschirm ausgegeben.

```
%MATLAB Script-File wokl_1.m
%Wurzelortskurve für IT2-Strecke mit P-Regler, Sprungantwort
clf                           %Graphisches Fenster löschen
KS=2;                         %Verstärkung der Regelstrecke
nulGRS=[];                    %Nullstellen von GRS(s)
polGRS=[0;-1;-1.5];           %Polstellen von GRS(s)

pnGRS=zpk(nulGRS,polGRS,KS);  %Pol-Nullstellenmodell pnGRS
GRS=tf(pnGRS);                %GRS(s)

subplot(121), rlocus(GRS)     %Wurzelortskurve zeichnen
axis([-2,0.5,-2.5,2.5])       %Skalierung
axis ('equal')                %gleicher Skalierungsfaktor
D=0.7;w0=0.5;                 %Dämpfung, Kennkreisfrequenz
sgrid(D,w0)                   %Gitterlinien für D und w0

%Reglerverstärkung, Pole G(s) für bestimmten Wurzelort:
[KR,polG]=rlocfind(GRS)
pnG=zpk(nulGRS,polG,KR*KS);   %Pol-Nullstellenmodell pnG
G=tf(pnG);                    %G(s)
subplot(122), grid, step(G)   %Sprungantwort zeichnen
axis([0,20,0,1.2])            %Skalierung
```

Für die Regelung mit P-Regler ist die Wurzelortskurve in Bild 16.6-3 dargestellt. Der Regelkreis hat ein dominierendes Polpaar, so daß Dämpfung und Kennkreisfrequenz für das zugehörige PT_2-Element vorgegeben werden können.

Als Hilfsmittel für die Polfestlegung wird die Funktion sgrid verwendet, die ein Netz mit Linien gleicher Kennkreisfrequenz (Halbkreise) und Linien gleicher Dämpfung (Strahlen) für $0.1 \leq D \leq 1$ zeichnet. axis('equal') bewirkt gleichen Skalierungsfaktor für Abszisse und Ordinate.

Die Funktion

[KR,polG]=rlocfind(GRS)

ermittelt alle Pole polG von $G(s)$ und die Reglerverstärkung K_R für einen bestimmten Punkt der Wurzelortskurve. Bei Ausführung der Funktion wird ein Fadenkreuz zu dem Schnittpunkt der Wurzelortskurve mit der Linie für die gewünschte Dämpfung geführt. Das Programm wird gestartet und mit rlocfind eine Dämpfung von $D \approx 0.7$ gewählt. Für diesen Punkt der Wurzelortskurve in Bild 16.6-3 ergibt sich die Kennkreisfrequenz $\omega_0 \approx 0.5 \text{ s}^{-1}$. Diese Werte werden als Parameter für sgrid eingegeben.

```
» wok1_1
Select a point in the graphics window
selected_point =
  -0.3374 + 0.3448i
KR =
   0.2185
polG =
  -1.8022
  -0.3489 + 0.3475i
  -0.3489 - 0.3475i
```

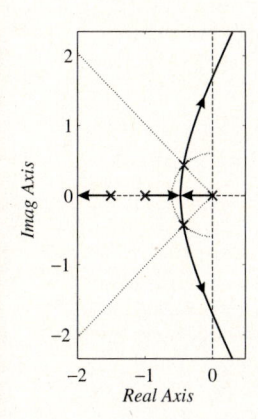

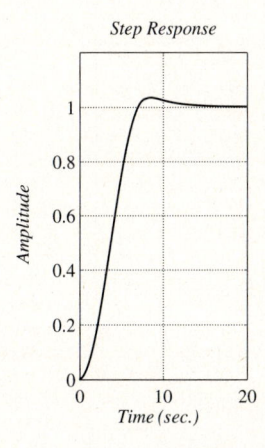

Bild 16.6-3: Wurzelortskurve und Sprungantwort für IT_2-Regelstrecke und P-Regler (wok1_1.m)

Wurzelortskurve einer Regelung mit IT_2-Regelstrecke und PDT_1-Regler

Für die Regelung mit IT_2-Regelstrecke und direkter Gegenkopplung des vorigen Beispiels wird jetzt ein PDT_1-Regler eingesetzt. Damit lautet die Übertragungsfunktion des offenen Regelkreises

$$G_{RS}(s) = \frac{K_R \cdot (1 + s \cdot T_V)}{1 + s \cdot T_1} \cdot \frac{2}{(s+1) \cdot (s+1.5) \cdot s}, \quad T_V = 1 \text{ s}, \quad T_1 = 0.5 \text{ s}.$$

Mit $T_V = 1$ s hat die Übertragungsfunktion des Reglers eine Nullstelle bei $s_{n1} = -1$. Damit wird die Polstelle $s_{p1} = -1$ der Regelstrecke kompensiert. Für die Regelung mit PDT_1-Regler werden die Zeilen 5 und 6 für die Nullstellen und Polstellen von $G_{RS}(s)$ im Script-File wok1_1.m modifiziert:

```
nulGRS=[-1];
polGRS=[0;-1;-1.5;-2];
```

Wie bei der Regelung mit P-Regler wird mit rlocfind eine Dämpfung von $D \approx 0.7$ für das dominierende Polpaar vorgegeben. Diesem Dämpfungswert ordnet die Wurzelortskurve in Bild 16.6-4 eine Kennkreisfrequenz $\omega_0 \approx 0.7\,\text{s}^{-1}$ zu. Ein Vergleich der Sprungantworten zeigt den schnelleren Regelverlauf mit PDT$_1$-Regler.

```
» wok1_1
Select a point in the graphics window
selected_point =
 -0.4934 +0.5000i

KR =
    0.6266

polG =
   -2.5008
   -1.0000
   -0.4996 +0.5015i
   -0.4996 -0.5015i
```

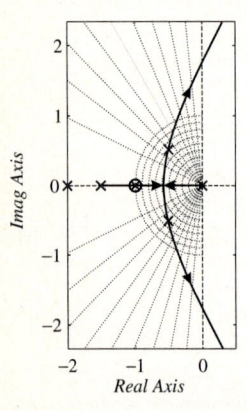

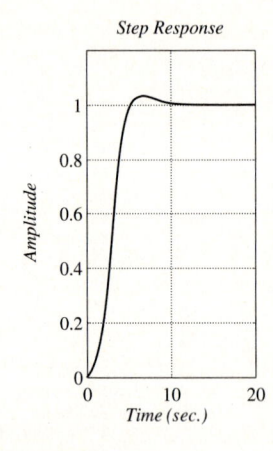

Bild 16.6-4: Wurzelortskurve und Sprungantwort für IT$_2$-Regelstrecke und PDT$_1$-Regler (wok1_1.m)

16.6.2 Frequenzgang und Ortskurve

16.6.2.1 Ortskurve für ein PT$_1$- und ein PT$_2$-Element

Die Ortskurve ist eine graphische Darstellung der Frequenzgangfunktion

$$F(j\omega) = \frac{x_a(j\omega)}{x_e(j\omega)} = \frac{\hat{x}_a(\omega)}{\hat{x}_e} \cdot e^{j\varphi(\omega)}.$$

Dabei wird die komplexe Zahl $F(j\omega)$ für eine bestimmte Kreisfrequenz ω als Zeiger in einer komplexen Zahlenebene dargestellt. Zur Ermittlung der Ortskurve werden mehrere Zeiger für $F(j\omega)$ im Frequenzbereich $0 < \omega < \infty$ ermittelt und die Spitzen der Zeiger verbunden (Abschnitt 3.6.5). Mit dem NYQUIST-Kriterium wird aus dem Verlauf der Ortskurve die Stabilität beurteilt (Abschnitt 6.3.4).

Für die Funktionen der *Control System Toolbox* zur Ermittlung von Ortskurve und BODE-Diagramm wird im folgenden die Polynomform der Übertragungsfunktion

$$G(s) = \frac{b_m \cdot s^m + b_{m-1} \cdot s^{m-1} + \ldots + b_1 \cdot s + b_0}{a_n \cdot s^n + a_{n-1} \cdot s^{n-1} + \ldots + a_1 \cdot s + a_0}$$

verwendet. Die Eingabe der Übertragungsfunktion ist in Abschnitt 16.3.2 beschrieben.

Real- und Imaginärteil der Frequenzgangfunktion werden mit der Funktion
`[re,im]=nyquist(G,w)`
berechnet. w ist der Vektor der ω-Werte. Wird die Funktion mit den linksseitigen Ausgangsvariablen geschrieben, dann werden Realteil und Imaginärteil in den Ausgangsvariablen `re, im` gespeichert. In diesem Fall wird die Ortskurve nur mit einer zusätzlichen `plot`-Anweisung gezeichnet. Ohne Angabe der Ausgangsvariablen in

`nyquist(G,w)`

wird die Ortskurve direkt auf dem Bildschirm ausgegeben. Auf die Eingabe von w kann verzichtet werden, der Variationsbereich für die Kreisfrequenz wird dann in der Funktion unter Verwendung der Nullstellen und Polstellen von G ermittelt. Das folgende Script-File `ortsk1_1.m` erzeugt die Ortskurven für ein PT_1- und ein PT_2-Element

$$G_{PT1}(s) = \frac{K_{P1}}{1+s\cdot T_1} = \frac{\text{num}G_1(s)}{\text{den}G_1(s)}, \quad G_{PT2}(s) = \frac{K_{P2}\cdot \omega_0^2}{s^2+2\cdot D\cdot \omega_0 \cdot s + \omega_0^2} = \frac{\text{num}G_2(s)}{\text{den}G_2(s)},$$

die auch in Abschnitt 16.5 verwendet wurden.

```
%MATLAB Script-File ortsk1_1.m
%Ortskurve für PT1- und PT2-Element
KP1=1; T1=4;                        %Parameter für PT1-Element
KP2=1; w0=1; D=0.25;                %Parameter für PT2-Element
numG1=KP1; denG1=[T1 1];            %Zähler- und Nennerpolynom PT1-Element
G1=tf(numG1,denG1);                 %G1(s)
numG2=KP2*w0^2;                     %Zähler- und Nennerpolynom PT2-Element
denG2=[1 2*D*w0 w0^2];
G2=tf(numG2,denG2);                 %G2(s)
clf
hold on
axis('equal')                       %gleicher Skalierungsfaktor
grid on                             %kartesische Gitterlinien
text(0.1,-0.7,'\it{PT_1}')          %Text einfügen
text(1.15,-1.7,'\it{PT_2}')         %Text einfügen
nyquist(G2)                         %Ortskurve für PT2-Element
nyquist(G1)                         %Ortskurve für PT1-Element
```

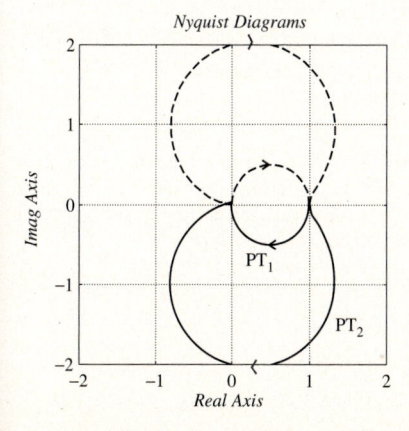

Bild 16.6-5: Ortskurven für ein PT_1- und ein PT_2-Element (`ortsk1_1.m`)

Für negative Kreisfrequenzen sind die Ortskurven mit unterbrochenen Linien gezeichnet. Im Programm wird zuerst die Ortskurve für das PT_2-Element ermittelt, anschließend die des PT_1-Elements, da sonst die Skalierung manuell anzugeben ist.

16.6.2.2 Ortskurve eines offenen Regelkreises

Für den offenen Regelkreis mit der Übertragungsfunktion

$$G_{RS}(s) = \frac{K_{RS} \cdot \omega_{0S}^2}{(1 + s \cdot T_1) \cdot (s^2 + 2 \cdot D_S \cdot \omega_{0S} \cdot s + \omega_{0S}^2)}$$

und direkter Gegenkopplung werden drei Ortskurven von $F_{RS}(j\omega)$ ermittelt. w ist der Vektor für die Kreisfrequenz.

```
%MATLAB Script-File ortsk2_1.m
%Ortskurve eines offenen Regelkreises
KS=1; DS=0.5; w0s=1;        %Parameter der Regelstrecke
T1=1;
a3=1; a2=1+2*DS*w0s*T1;     %Koeffizienten des
a1=2*DS*w0s+w0s*w0s*T1;     %Nennerpolynoms
a0=w0s^2;                   %von GRS(s)
denGRS=[a3 a2 a1 a0];       %Nennerpolynom von GRS(s)
w=logspace(-2,1,150);       %logarithmische Teilung für w
clf
hold on
axis('equal')               %gleicher Skalierungsfaktor
grid on                     %kartesische Gitterlinien
text(0.8,0.1,'\it{1}'),     %Text einfügen
text(1.8,0.1,'\it{2}'),
text(2.2,0.1,'\it{K}_{RS}\it{=3}')

for KR=1:3
    numGRS=[0 0 0 KR*KS];   %Zählerpolynom und
    denG=denGRS+numGRS;     %Nennerpolynom von G(s)
    GRS=tf(numGRS,denGRS);  %GRS(s)
    spi=roots(denG)         %Pole von G(s)
    nyquist(GRS,w);         %Ortskurve
end
                            %Titel der Graphik:
title('\it{Ortskurven für F}_{RS}\it{(j\omega)}')
```

Die Funktion spi=roots (denG) im Script-File ortsk2_1.m berechnet die Pole des geschlossenen Regelkreises für verschiedene Werte von K_R. Für $K_R = 3$ ist der Regelkreis grenzstabil.

```
» ortsk2_1

spi =
   -1.5437
   -0.2282 + 1.1151i    (K_{RS} = 1)
   -0.2282 - 1.1151i
```

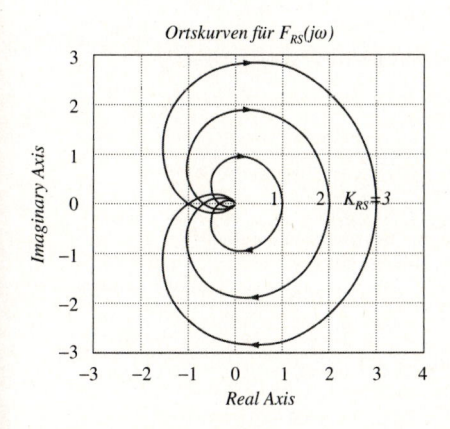

```
spi =
    -1.8105
    -0.0947 + 1.2837i        (K_RS = 2)
    -0.0947 - 1.2837i
spi =
    -2.0000
     0.0000 + 1.4142i        (K_RS = 3)
     0.0000 - 1.4142i
```

Bild 16.6-6: Ortskurven eines offenen Regelkreises für verschiedene K_{RS} (ortsk2_1.m)

16.6.3 Frequenzgang und BODE-Diagramm

16.6.3.1 BODE-Diagramm eines PIDT$_1$-Reglers

BODE-Diagramme sind graphische Darstellungen der Frequenzgangfunktion

$$F(j\omega) = \frac{x_a(j\omega)}{x_e(j\omega)} = \frac{\hat{x}_a(\omega)}{\hat{x}_e} \cdot e^{j\varphi(\omega)},$$

wobei Amplitudengang $\lg |F_{RS}(j\omega)|$ und Phasengang $\varphi(\omega)$ in getrennten Diagrammen über der logarithmischen Kreisfrequenz aufgetragen werden (Abschnitte 3.6.6, 3.6.7 und 7). Der Amplitudengang wird häufig auch im logarithmischen Verstärkungsmaß dB (Dezibel) angegeben: $|F_{RS}(j\omega)|_{dB} = 20 \cdot \lg |F_{RS}(j\omega)|$.

Die allgemeine Polynomform der Übertragungsfunktion

$$G(s) = \frac{b_m \cdot s^m + b_{m-1} \cdot s^{m-1} + \ldots + b_1 \cdot s + b_0}{a_n \cdot s^n + a_{n-1} \cdot s^{n-1} + \ldots + a_1 \cdot s + a_0}$$

wird im folgenden für MATLAB-Funktionen zur Ermittlung von BODE-Diagrammen verwendet. Die Eingabe von Übertragungsfunktionen ist in Abschnitt 16.3.2 beschrieben.

Betrag und Phase der Frequenzgangfunktion werden mit der Funktion

`[betrag,phase]=bode(G,w)`

berechnet. Wird die Funktion mit linksseitigen Ausgabevariablen geschrieben, dann werden Betrag und Phase (in Grad) in den Matrizen `betrag`, `phase` gespeichert. Ein BODE-Diagramm wird nur mit einer zusätzlichen `plot`-Anweisung gezeichnet. w ist der Vektor für den Variationsbereich der Kreisfrequenz ω. Wenn in der Funktion

```
bode(G,w)
```

die Ausgangsvariablen nicht geschrieben werden, dann wird auf dem Bildschirm ein BODE-Diagramm gezeichnet. Der Amplitudengang ist in Dezibel angegeben. Die Eingabe der Kreisfrequenz ist optional.

Im Script-File tf_bode1_1.m wird das BODE-Diagramm eines (realen) PIDT$_1$-Reglers in multiplikativer Form mit der Übertragungsfunktion

$$G_R(s) = \frac{K_R \cdot (1 + s \cdot T_N) \cdot (1 + s \cdot T_V)}{s \cdot T_N \cdot (1 + s \cdot T_1)} \quad \text{mit}$$

$$K_R = 1, \quad T_N = 1 \text{ s}, \quad T_V = 0.1 \text{ s} \quad \text{und} \quad T_1 = 0.01 \text{ s}$$

gezeichnet. PIDT$_1$-Regler in multiplikativer Form sind in Abschnitt 4.5.3.6 beschrieben.

```
%MATLAB Script-File tf_bode1_1.m
%BODE-Diagramm eines PIDT1-Reglers
numGR=[0.1 1.1 1]; denGR=[0.01 1 0];   %Zähler-/Nennerpolynom GR(s)
GR=tf(numGR,denGR);                    %GR(s)
grid on                                %Gitterlinien
bode(GR)                               %BODE-Diagramm ausgeben
title('\it{Bode-Diagramm eines PIDT}_1\it{-Reglers}')
```

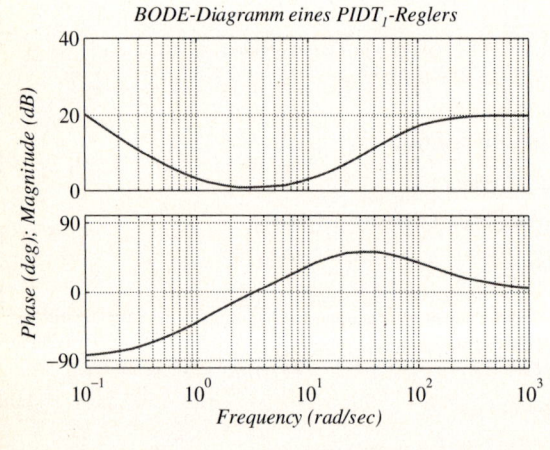

Bild 16.6-7: BODE-Diagramm eines PIDT$_1$-Reglers (tf_bode1_1.m)

16.6.3.2 Amplituden- und Phasenreserve eines Regelkreises

Für den offenen Regelkreis mit drei PT$_1$-Elementen und der Übertragungsfunktion

$$G_{RS}(s) = G_R(s) \cdot G_S(s) = \frac{K_R \cdot K_S}{(1 + s \cdot T_1) \cdot (1 + s \cdot T_2) \cdot (1 + s \cdot T_3)}$$

wird im Script-File tf_bode2_1.m das BODE-Diagramm sowie Amplituden- und Phasenreserve ermittelt (Beispiel 7.3-1).

16.6 Berechnung von Regelungen im Frequenzbereich

```
%MATLAB Script-File tf_bode2_1.m
%Amplituden- und Phasenreserve eines offenen Regelkreises
clf                             %Graphisches Fenster löschen
KS=2; T1=1; T2=0.1; T3=T2; KR=5; %Parameter
numGRS=KR*KS;                   %Zählerpolynom von GRS(s)
nen=conv([T1 1],[T2 1]);        %Nennerpolynom Teilstrecke
denGRS=conv(nen,[T3 1]);        %Nennerpolnom von GRS(s)
GRS=tf(numGRS,denGRS);          %GRS(s)
w=logspace(-1, 3, 100);         %Spaltenvektor der w-Werte


[betrag,phase,w]=bode(GRS,w);              %Betrag und Phase
[Gm,Pm,wpi,wD]=margin(betrag,phase,w);     %Amplituden- und Phasenreserve
fprintf('Phasenreserve Pm =%8.3f Grad \n',Pm)
fprintf('Durchtrittskreisfrequenz wD =%8.3f/s \n',wD)

fprintf('Amplitudenreserve Gm =%8.3f \n',Gm)
fprintf('Phasenschnittkreisfrequenz wpi =%8.3f/s \n',wpi)

%Amplitudengang (logarithmierter Betrag) zeichnen:
subplot(311), semilogx(w,log10(betrag(:)));
title('\it{Amplitudengang}')               %Titel der Graphik
ylabel('\it{lg|F}_{RS}\it{(j\omega)|}')    %Beschriftung der Ordinate
grid                                        %kartesische Gitterlinien

%Amplitudengang (logarithmierter Betrag in dB) zeichnen:
subplot(312), semilogx(w,20*log10(betrag(:)));
title('\it{Amplitudengang in dB}')
ylabel('\it{20*lg|F}_{RS}\it{(j\omega)|}')
grid

%Phasengang:
subplot(313), semilogx(w,phase(:));        %Phase in Grad
title('\it{Phasengang}')
ylabel('\it{Grad}')
grid
```

Mit den Funktionen

```
nen=conv([T1 1],[T2 1]); und
denGRS=conv(nen, [T3 1]);
```

wird das Nennerpolynom von $G_{RS}(s)$ durch Multiplikation der Nennerpolynome der PT_1-Elemente gebildet. Im Programm ist die Anweisung

```
[betrag,phase,w]=bode(GRS,w)
```

mit Ausgangsvariablen geschrieben, da im Amplitudengang der logarithmierte Betrag

```
log10(betrag(:))
```

und der logarithmierte Betrag in dB (Dezibel)

```
20*log10(betrag(:))
```

dargestellt werden sollen.

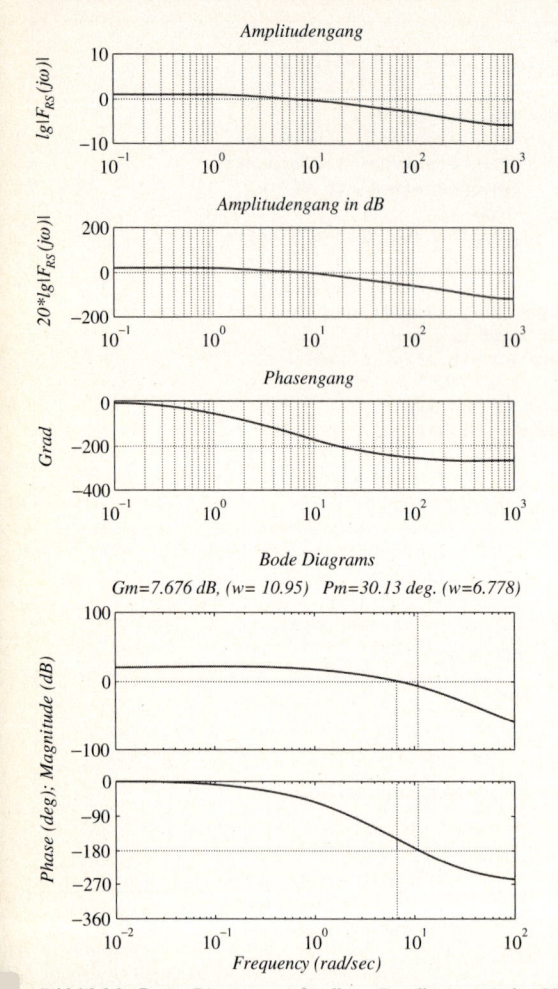

Bild 16.6-8: BODE-*Diagramm eines offenen Regelkreises mit drei* PT_1-*Elementen* (tf_bode2_1.m)

Bild 16.6-9: BODE-*Diagramm eines offenen Regelkreises mit drei* PT_1-*Elementen und eingezeichneter Amplitudenreserve (Gm = Gain margin) und Phasenreserve (Pm = Phase margin)*

Die Funktion

[Gm,Pm,wpi,wD]=margin(betrag,phase,w);

berechnet Amplitudenreserve Gm, Phasenreserve Pm, Durchtrittskreisfrequenz wD und Phasenschnittkreisfrequenz wpi für betrag, phase und Kreisfrequenz w. Die Funktion

fprintf('Amplitudenreserve Gm =%8.3f \n',Gm)

gibt die Amplitudenreserve aus und erzeugt einen Zeilenvorschub. Das Programm liefert folgende Ausgabe:

```
» tf_bode2_1
```

```
Phasenreserve Pm = 30.152 Grad
Durchtrittskreisfrequenz wD = 6.775/s
Amplitudenreserve Gm = 2.424
Phasenschnittkreisfrequenz wpi = 10.956/s
```

Die drei Teilbilder 16.6-8 werden mit der `subplot`-Anweisung erzeugt, wobei im Teilbild oben der logarithmierte Betrag, im mittleren Teilbild der logarithmierte Betrag in dB und im Teilbild unten der Phasengang aufgetragen sind. Die Anweisung `semilogx` erzeugt ein Bild mit logarithmischer Abszissenteilung (Basis = 10) und linearer Teilung für die Ordinate.

Wird die Funktion

```
» margin(GRS)
```

ohne Ausgangsvariablen eingegeben, dann wird ein BODE-Diagramm mit Amplituden- und Phasenreserve auf dem Bildschirm ausgegeben (Bild 16.6-9).

16.6.3.3 BODE-Diagramm für ein PT_2-Element bei verschiedenen Dämpfungen

In den Bildern 16.6-10 und 16.6-11 sind Amplituden- und Phasengang eines PT_2-Elements

$$G(s) = \frac{K_P \cdot \omega_0^2}{s^2 + 2 \cdot D \cdot \omega_0 \cdot s + \omega_0^2} \quad \text{mit} \quad K_P = 1, \quad \omega_0 = 1\,\text{s}^{-1}$$

für Dämpfungswerte im Bereich $0.05 \leq D \leq 3$ dargestellt. Das PT_2-Element ist in Abschnitt 4.3.3 beschrieben.

```
%MATLAB Script-File tf_bode3_1.m
%Bode-Diagramm für PT2-Element bei verschiedenen Dämpfungen
numG=1;                                     %Zählerpolynom von G(s)
w=logspace(-1, 1, 200);                     %logarithmische Teilung für w
D=[0.05,0.1,0.2,0.3,0.5,0.707,1,1.414,2,3]; %Dämpfungswerte
for i=1:10
    denG=[1 2*D(i) 1];                      %Nennerpolynom von G(s)
    G=tf(numG,denG);                        %G(s)
    [betrag,phase,w]=bode(G,w);             %Betrag und Phase
    semilogx(w,log10(betrag(:)));           %Amplitudengang
    hold on                                 %Kurve nicht überschreiben
end
axis([0.1, 10, -2, 1]);                     %manuelle Achsenskalierung
title('\it{Amplitudengang eines PT}_{2}\it{-Elements}')
text(1.05,0.9,'\leftarrow\it{D=0.05}')      %Kurvenparameter
text(1.0,0.7,'\leftarrow\it{0.1}')
text(1.07,0.35,'\leftarrow\it{0.2}')
text(1.17,0.1,'\leftarrow\it{0.3}')
text(1.3,-0.15,'\leftarrow\it{0.5}')
text(1.55,-0.4,'\leftarrow\it{0.707}')
text(1.5,-0.65,'\it{1}\rightarrow')
text(1.45,-0.9,'\it{1.414}\rightarrow')
text(2.4,-1.15,'\it{2}\rightarrow')
text(2.5,-1.4,'\it{D=3}\rightarrow')
xlabel('\it{\omega}')                       %Beschriftung der Abszisse
ylabel('\it{lg|F(j\omega)|}')               %Beschriftung der Ordinate
```

```
hold off
grid                                            %kartesische Gitterlinien
figure                                          %neues Graphikfenster
for i=1:10
    denG=[1 2*D(i) 1];
    G=tf(numG,denG);
    [betrag,phase,w]=bode(G,w);
    semilogx(w,phase(:));
    hold on
end
axis([0.1, 10, -180, 0]);
title('\it{Phasengang eines PT}_{2}\it{-Elements}')
text(0.78,-10,'\leftarrow\it{D=0.05}')          %Kurvenparameter
text(0.76,-20,'\leftarrow\it{0.1}')
text(0.72,-30,'\leftarrow\it{0.2}')
text(0.7,-40,'\leftarrow\it{0.3}')
text(0.67,-50,'\leftarrow\it{0.5}')
text(0.67,-60,'\leftarrow\it{0.707}')
text(0.7,-70,'\leftarrow\it{1}')
text(1.65,-110,'\leftarrow\it{1.414}')
text(2.7,-120,'\leftarrow\it{2}')
text(5.4,-130,'\leftarrow\it{D=3}')
xlabel('\it{\omega}')
ylabel('\it{Phase}')
hold off
grid
```

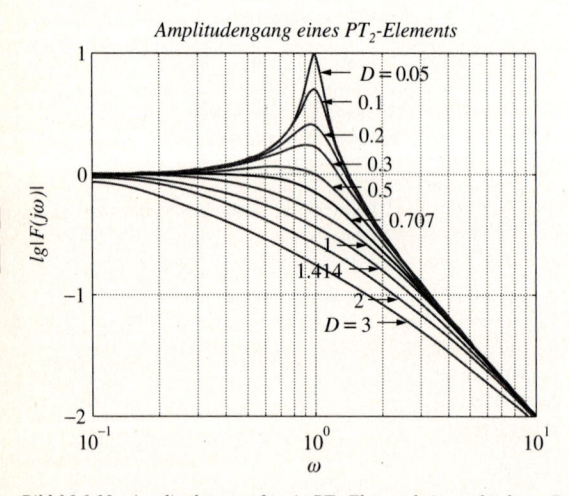

Bild 16.6-10: Amplitudengang für ein PT_2-Element bei verschiedenen Dämpfungen (tf_bode3_1.m)

Phasengang eines PT$_2$-Elements

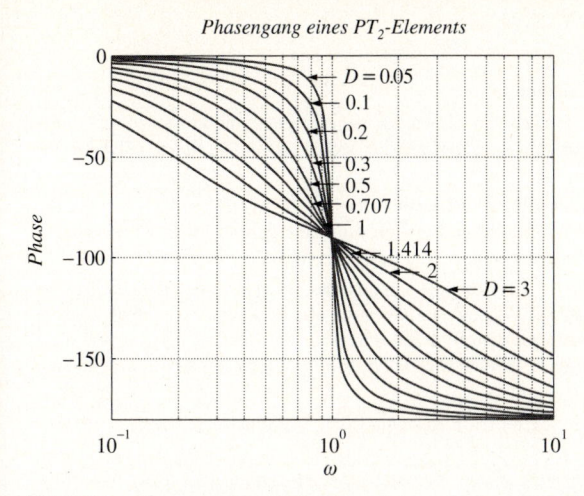

Bild 16.6-11: *Phasengang für ein PT$_2$-Element bei verschiedenen Dämpfungen* (tf_bode3_1.m)

16.6.4 Tabelle für Funktionen der *Control System Toolbox* zur Berechnung von Regelungen im Frequenzbereich

Tabelle 16.6-1: *Funktionen der Control System Toolbox zur Berechnung von Regelungen im Frequenzbereich*[1]

Funktionsname	Beschreibung der Funktion
bode	Berechnet Betrag und Phase der Frequenzgangfunktion. Ohne Angabe der Ausgangsvariablen wird das BODE-Diagramm direkt auf dem Bildschirm ausgegeben. Eingegeben werden Übertragungsfunktion, Pol-Nullstellenmodell oder Zustandsmodell des Übertragungssystems.
damp	Ermittelt Pol- und Nullstellen der Übertragungsfunktion sowie Dämpfung und Kennkreisfrequenz eines PT$_2$-Elements. Eingegeben werden Übertragungsfunktion, Pol-Nullstellenmodell oder Zustandsmodell des Übertragungssystems.
margin	Berechnet Amplitudenreserve, Phasenreserve, Phasenschnittkreisfrequenz und Durchtrittskreisfrequenz. Ohne Angabe der Ausgangsvariablen wird das BODE-Diagramm mit den Werten direkt auf dem Bildschirm ausgegeben. Eingegeben werden Übertragungsfunktion, Pol-Nullstellenmodell oder Zustandsmodell des Übertragungssystems.
nyquist	Berechnet Real- und Imaginärteil der Frequenzgangfunktion. Ohne Angabe der Ausgangsvariablen wird die Ortskurve direkt auf dem Bildschirm ausgegeben. Übertragungsfunktion, Pol-Nullstellenmodell oder Zustandsmodell werden eingegeben.
pole	Berechnet die Polstellen der Übertragungsfunktion. Eingegeben werden Übertragungsfunktion, Pol-Nullstellenmodell oder Zustandsmodell.
pzmap	Berechnet Pol- und Nullstellen von Übertragungsfunktionen. Ohne Angabe der Ausgangsvariablen wird der Pol-Nullstellenplan direkt auf dem Bildschirm ausgegeben. Übertragungsfunktion, Pol-Nullstellenmodell oder Zustandsmodell werden eingegeben.

Tabelle 16.6-1: Funktionen der Control System Toolbox zur Berechnung von Regelungen im Frequenzbereich[1] (Fortsetzung)

Funktionsname	Beschreibung der Funktion
residue[1]	Berechnet die Koeffizienten für die Partialbruchzerlegung, die Polstellen und einen konstanten Faktor einer Übertragungsfunktion, wobei Zähler- und Nennerpolynom eingegeben werden.
rlocfind	Berechnet die Kreisverstärkung und die Pole des geschlossenen Regelkreises, wenn die Rechnermaus an die Wurzelortskurve geführt wird. Eingegeben wird die Übertragungsfunktion, Pol-Nullstellenmodell oder ein Zustandsmodell des offenen Regelkreises.
rlocus	Ermittelt die Pole der Übertragungsfunktion des geschlossenen Regelkreises in Abhängigkeit von der Kreisverstärkung. Ohne Angabe der Ausgangsvariablen wird die Wurzelortskurve direkt auf dem Bildschirm ausgegeben. Übertragungsfunktion, Pol-Nullstellenmodell oder ein Zustandsmodell des offenen Regelkreises werden eingegeben.
semilogx[1]	Erzeugt Graphik mit linearer Ordinatenteilung und logarithmischer (Basis = 10) Abszissenteilung.
sgrid	Erzeugt ein Gitternetz für konstante Dämpfung D und Kennkreisfrequenz ω_0 eines PT_2-Elements zur graphischen Darstellung eines dominierenden Polpaars in der s-Ebene.
tzero	Berechnet die Nullstellen der Übertragungsfunktion. Eingegeben werden Übertragungsfunktion, Pol-Nullstellenmodell oder Zustandsmodell.

[1] Die Funktionen residue und semilogx gehören zu MATLAB.

Weitere Informationen gibt die online-Hilfe durch Eingabe von help 'Funktionsname'.

16.7 Berechnung von digitalen Regelungssystemen mit MATLAB

16.7.1 Allgemeines

Zeitdiskrete LTI-Objekte werden mit den Funktionen tf (z-Übertragungsfunktion), zpk (Pol-Nullstellenmodell der z-Übertragungsfunktion) und ss (zeitdiskretes Zustandsmodell) erzeugt, die auch für zeitkontinuierliche Regelungssysteme verwendet werden. Die Abtastzeit wird mit einem weiteren Parameter eingegeben. Die in den Abschnitten 16.5 und 16.6 verwendeten Standardfunktionen für Untersuchungen in Zeit- und Frequenzbereich wie z. B. step und bode sind auch für zeitdiskrete Regelungen mit dem gleichen Funktionsnamen gültig. Für die im folgenden beschriebenen Funktionen wird die Polynomform der z-Übertragungsfunktion verwendet:

$$G(z) = \frac{b_m \cdot z^m + b_{m-1} \cdot z^{m-1} + \ldots + b_1 \cdot z + b_0}{a_n \cdot z^n + a_{n-1} \cdot z^{n-1} + \ldots + a_1 \cdot z + a_0}$$

$$= \frac{\text{numerator polynomial}(z)}{\text{denominator polynomial}(z)} = \frac{\text{num}(z)}{\text{den}(z)}, \quad n \geq m.$$

num(z) und den(z) bezeichnen die Zähler- und Nennerpolynome der z-Übertragungsfunktion $G(z)$, die als Zeilenvektoren eingegeben werden. Die Elemente der Vektoren sind die Polynomkoeffizienten in absteigender Ordnung des Operators z. Für die angegebene Polynomform der Übertragungsfunktion ergeben sich die Vektoren zu

num = [b_m b_{m-1} ... b_1 b_0]   und   den = [a_n a_{n-1} ... a_1 a_0].

16.7.2 Bestimmung der z-Übertragungsfunktion für verschiedene Diskretisierungsverfahren

Digitale Regler werden häufig für zeitkontinuierliche Regelstrecken entworfen. Ausgangspunkt ist dabei die Berechnung eines zeitdiskreten Modells für die Regelstrecke, beispielsweise die z-Übertragungsfunktion. Für eine gegebene LAPLACE-Übertragungsfunktion ergeben sich für die angewendeten Diskretisierungsverfahren unterschiedliche z-Übertragungsfunktionen. Die z-Übertragungsfunktion einer Regelstrecke wird durch das verwendete Halteglied und von der Abtastzeit bestimmt.

$$y(kT) \rightarrow \boxed{\text{Halteglied}} \xrightarrow{\bar{y}(t)} \boxed{\text{Regelstrecke}} \xrightarrow{x(t)} \qquad \xrightarrow{y(z)} \boxed{G_{\text{HS}}(z)} \xrightarrow{x(z)}$$

Eingangsgröße für das Halteglied ist die durch den Regelalgorithmus bestimmte Stellgrößenfolge $y(kT)$. Der Digital-Analog-Wandler des Halteglieds erzeugt daraus eine zeitkontinuierliche und wertdiskrete Stellgröße $\bar{y}(t)$, die auf den Eingang der Regelstrecke wirkt. Im einfachsten Fall wird mit einem Halteglied der Ordnung Null $\bar{y}(t)$ für die Abtastzeit T konstant gehalten. Für die LAPLACE-Übertragungsfunktion der Regelstrecke $G_S(s)$ mit Halteglied nullter Ordnung wird die zugehörige z-Übertragungsfunktion mit

$$G_{\text{HS}}(z) = \frac{z-1}{z} \cdot Z\left\{\frac{G_S(s)}{s}\right\}$$

berechnet (Abschnitte 11.5.1.5, 11.5.4.3 und 11.5.4.4). Regelstrecken lassen sich auch mit der TUSTIN-Formel

$$s = \frac{2}{T} \cdot \frac{z-1}{z+1}$$

diskretisieren (Trapeznäherung, Abschnitt 11.8.2.1). Mit der Funktion

dG=c2d(G,T,'method') (continuous to discret)

wird die Diskretisierung durchgeführt. Ausgehend von der LAPLACE-Übertragungsfunktion G der Regelstrecke wird für die Abtastzeit T und die gewählte Diskretisierungsmethode 'method' die z-Übertragungsfunktion dG berechnet. Ohne Angabe von 'method' wird 'zoh' (zero order hold) angenommen. Umgekehrt kann mit der Funktion

G=d2c(dG,'method') (discret to continuous)

die LAPLACE-Übertragungsfunktion bestimmt werden, wenn z-Übertragungsfunktion und Diskretisierungsmethode bekannt sind. Beide Funktionen können auch auf Pol-Nullstellenmodelle oder Zustandsmodelle angewendet werden. Fünf Diskretisierungsmethoden sind verfügbar.

Im folgenden Script-File diskret_1.m wird mit c2d die z-Übertragungsfunktion für eine PT_1-Regelstrecke

$$G_S(s) = \frac{K_S}{1 + s \cdot T_S}$$

mit Halteglied nullter Ordnung (zero order hold, zoh) und mit der TUSTIN-Formel numerisch berechnet. Anschließend wird mit d2c die zugehörige LAPLACE-Übertragungsfunktion bestimmt.

```
%MATLAB Script-File diskret_1.m
%Diskretisierung eines PT1-Elements
KS=2; T1=1; T=0.1;       %T ist die Abtastzeit
numG=KS; denG=[T1 1];    %Zähler- und Nennerpolynom PT1-Element
G=tf(numG,denG);         %G(s)
```

```
fprintf('\n G(s) mit Halteglied nullter Ord. --> G(z):')
dG=c2d(G,T,'zoh')        %G(s) --> dG(z)

fprintf('\n G(z) mit Halteglied nullter Ord. --> G(s):')
G=d2c(dG,'zoh')          %dG(z) --> G(s)

fprintf('\n G(s) mit Trapeznäherung (TUSTIN) --> G(z):')
dG=c2d(G,T,'tustin')     %G(s) --> dG(z)

fprintf('\n G(z) mit Trapeznäherung (TUSTIN) --> G(s):')
G=d2c(dG,'tustin')       %dG(z) --> G(s)
```

```
» diskret_1
 G(s) mit Halteglied nullter Ord. --> G(z):
Transfer function:
  0.1903
----------
z - 0.9048

Sampling time: 0.1

 G(z) mit Halteglied nullter Ord. --> G(s):
Transfer function:
   2
-----
s + 1

 G(s) mit Trapeznäherung (TUSTIN) --> G(z):
Transfer function:
0.09524 z + 0.09524
-------------------
     z - 0.9048

Sampling time: 0.1

 G(z) mit Trapeznäherung (TUSTIN) --> G(s):
Transfer function:
   2
-----
s + 1
```

16.7.3 Wahl der Abtastzeit für ein Übertragungssystem

Ein PT_3-Übertragungssystem mit der Übertragungsfunktion

$$G(s) = \frac{x_a(s)}{x_e(s)} = \frac{1}{1 + s \cdot T_1} \cdot \frac{\omega_0^2}{s^2 + 2 \cdot D \cdot \omega_0 \cdot s + \omega_0^2},$$

bestehend aus einem dominierenden PT_1-Element mit der Polstelle

$$s_{p1} = -\frac{1}{T_1} = -0.25$$

und einem PT_2-Element mit den Polstellen

$$s_{p2,3} = -D \cdot \omega_0 \pm \omega_0 \cdot \sqrt{D^2 - 1} = -2.5 \pm j10$$

soll durch ein zeitdiskretes Übertragungssystem (Rechneralgorithmus) realisiert werden. Die Abtastzeit wird für die beiden Grundelemente getrennt untersucht, um ihren Einfluß auf das Übertragungsverhalten zu beurteilen. Ohne Berücksichtigung des schnellen PT_2-Elements ergibt sich für das PT_1-Element nach dem Kriterium der dominierenden Zeitkonstanten in Tabelle 11.3-2 eine Abtastzeit von $T \leq 0.1 \cdot T_1 = 0.4$ s. Für das PT_2-Element wird das Periodendauer-Kriterium nach Tabelle 11.3-2 herangezogen. Der Koeffizientenvergleich der PT_2-Standardübertragungsfunktion mit der Übertragungsfunktion in der Pol-Nullstellenform

$$G(s) = \frac{\omega_0^2}{s^2 + 2 \cdot D \cdot \omega_0 \cdot s + \omega_0^2} = \frac{s_{p2} \cdot s_{p3}}{(s - s_{p2}) \cdot (s - s_{p3})} = \frac{106.25}{s^2 + 5 \cdot s + 106.25}$$

ergibt $\omega_0 = 10.3078$ s^{-1} und $D = 0.243$. Damit läßt sich die Periodendauer der Ausgangsgröße des PT_2-Elements berechnen:

$$T_P = \frac{2 \cdot \pi}{\omega_0 \cdot \sqrt{1 - D^2}} = 0.628 \text{ s}.$$

Das Periodendauerkriterium liefert $T \leq 0.05 \cdot T_P = 0.0314$ s. Zur Diskretisierung des Übertragungselements $G(s)$ wird ein Halteglied nullter Ordnung

$$G_{HG}(z) = \frac{z-1}{z} \cdot Z\left\{\frac{G(s)}{s}\right\}$$

eingesetzt und die Impulsantwortfolge

$$x_a(kT) = Z^{-1}\{G_{HG}(z) \cdot x_e(z)\} \quad \text{mit} \quad x_e(z) = Z\{x_e(kT)\} = Z\{\delta(kT)\} = Z\{1, 0, 0, \ldots\} = 1$$

berechnet. Mit dem Script-File `dimpuls1_1.m` werden Impulsantworten für verschiedene Abtastzeiten ermittelt.

```
%MATLAB Script-File dimpuls1_1.m
%Einheits-Impulsantwortfunktion eines Übertragungssystems
%für verschiedene Abtastzeiten
sp1=-0.25; sp2=-2.5+j*10; sp3=-2.5-j*10;   %Pole von G(s)
nulG=[];                                    %keine Nullstellen
polG=[sp1;sp2;sp3];                         %Spaltenvektor der Pole
KP=1;                                       %Proportionalbeiwert
pnG=zpk(nulG,polG,KP);                      %Pol-Nullstellenmodell pnG
G=tf(pnG);                                  %Übertragungsfunktion
t=0:0.005:6;                                %Vektor der Zeitwerte
for i=1:4
    subplot(410+i)                          %Teilbilder 2 bis 4
    T=0.4^(5-i);                            %Variation der Abtastzeit
    dG=c2d(G,T);                            %G(s)->dG(z) mit zoh
    l=length([0:T:6]);                      %Anzahl Elemente des Zeitvektors
    [xa,dT]=impulse(dG,l);                  %Impulsantwortfolge xa(kT)
    stairs(dT,xa/T)                         %Impulsantwort ausgeben
    text(3.5,0.01,['\it{zeitdiskret, T=}',num2str(T,3),'\it{s}'])
    grid                                    %kartesische Gitterlinien
    axis([0 6 0 0.015]);                    %Skalierung
end
```

In Bild 16.7-1 sind die Impulsantworten dargestellt. Die Teilbilder enthalten die Einheits-Impulsantwortfolgen des zeitdiskreten Systems für verschiedene Abtastzeiten. Im zweiten Teilbild von oben wird das zeitdiskrete System mit der Abtastzeit $T = 0.064$ s diskretisiert, wobei die überlagerte schnelle Teilschwingung fast unverfälscht übertragen wird. Mit dem Periodendauerkriterium wurde für das PT_2-Teilsystem eine Abtastzeit von $T = 0.0314$ s berechnet. Mit der erhöhten Abtastzeit von $T = 0.16$ s im dritten Teilbild von oben ist der Zeitverlauf der Schwingung bereits erheblich beeinträchtigt. Für das PT_1-Element ist eine Abtastzeit von $T = 0.4$ s erforderlich. Die schnelle Schwingung als Impulsantwortfolge des PT_2-Teilsystems ist im vierten Teilbild nicht mehr erkennbar.

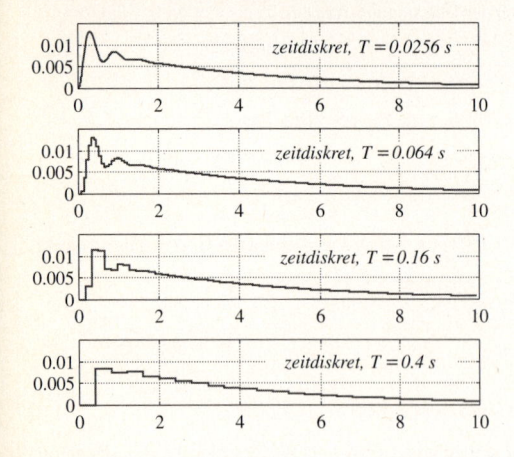

Bild 16.7-1: Einheits-Impulsantworten $x(kT)$ eines Übertragungssystems für verschiedene Abtastzeiten (`dimpuls1_1.m`)

In `dimpuls1_1.m` wird die diskrete Einheits-Impulsantwortfolge mit der Funktion

`[xa,dT]=impulse(dG,l)`

berechnet, wobei die Abtastwerte der Ausgangsvariablen `xa` zugewiesen werden. `dG` ist die z-Übertragungsfunktion. Die Eingangsvariable `l` enthält die Anzahl der Abtastzeitpunkte. Mit der Funktion

`stairs(dT,xa/T)`

wird die Antwortfolge `xa` als Treppenfunktion dargestellt. Die Impulsantwortfolge muß durch die Abtastzeit dividiert werden.

16.7.4 Untersuchung des Zeitverhaltens von digitalen Regelungen

16.7.4.1 Wahl der Abtastzeit

Die im Signalflußbild dargestellte zeitkontinuierliche Regelung soll durch eine digitale Regelung ersetzt werden.

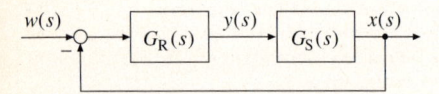

Zur Ermittlung der Abtastzeit wird zunächst die Übertragungsfunktion für das zeitkontinuierliche System gebildet. Mit I-Regler und PT_1-Regelstrecke

$$G_R(s) = \frac{K_{IR}}{s}, \quad G_S(s) = \frac{K_S}{1 + s \cdot T_S}, \quad K_S = 3, \quad T_S = 2 \text{ s}$$

ergibt sich die Führungsübertragungsfunktion zu:

$$G(s) = \frac{3 \cdot K_{IR}}{3 \cdot K_{IR} + s + 2 \cdot s^2}.$$

Für die PT$_2$-Führungsübertragungsfunktion mit aperiodischem Übertragungsverhalten wird der Integrierbeiwert des Reglers mit $K_{IR} = 0.042$ ermittelt. Es ergeben sich $n = 2$ gleiche reelle Pole $s_{p1,2} = -0.25$, so daß die Übertragungsfunktion durch eine Kettenstruktur mit zwei gleichen PT$_1$-Elementen dargestellt werden kann:

$$G(s) = \frac{1}{(1 + s \cdot T_1)^2}, \quad T_1 = \frac{-1}{s_{p1}} = 4 \text{ s}.$$

Zur Ermittlung der Abtastzeit wird zuerst die Ausgleichszeit T_g der Sprungantwort mit der in Abschnitt 9.3.3.3 angegebenen Formel berechnet:

$$T_g = \frac{(n-2)!}{(n-1)^{n-2}} \cdot e^{n-1} \cdot T_1 = 10.87 \text{ s}.$$

Mit dem in Tabelle 11.3-1 angegebenen Kriterium $T \leq 0.1 \cdot T_g = 1.087$ s für die Abtastzeit ergibt sich näherungsweise eine zeitkontinuierliche Regelung. Die Regelung wird mit einer Abtastzeit von $T = 1$ s diskretisiert.

16.7.4.2 Ermittlung der z-Übertragungsfunktion

Ein I-Regler (Typ I) nach Tabelle 11.5-9 hat die z-Übertragungsfunktion

$$G_R(z) = \frac{K_{IR} \cdot T}{z - 1}.$$

Für die PT$_1$-Regelstrecke mit Halteglied nullter Ordnung ergibt sich die z-Übertragungsfunktion zu

$$G_{HS}(z) = \frac{z-1}{z} \cdot Z\left\{\frac{G_S(s)}{s}\right\} = \frac{K_S \cdot \left(1 - e^{-T/T_S}\right)}{z - e^{-T/T_S}}.$$

Mit der z-Übertragungsfunktion des offenen Regelkreises

$$G_{RS}(z) = G_R(z) \cdot G_{HS}(z) = \frac{K_{IR} \cdot T \cdot K_S \cdot \left(1 - e^{-T/T_S}\right)}{(z-1) \cdot \left(z - e^{-T/T_S}\right)}$$

und den in Abschnitt 16.7.4.1 festgelegten Kenngrößen $K_{IR} = 0.042$ und $T = 1$ s wird die z-Führungsübertragungsfunktion berechnet:

$$G(z) = \frac{G_{RS}(z)}{1 + G_{RS}(z)} = \frac{K_{IR} \cdot K_S \cdot T \cdot \left(1 - e^{-T/T_S}\right)}{K_{IR} \cdot K_S \cdot T \cdot \left(1 - e^{-T/T_S}\right) + (z-1) \cdot \left(z - e^{-T/T_S}\right)}$$

$$= \frac{0.04958}{z^2 - 1.607 \cdot z + 0.6561}.$$

Im folgenden werden MATLAB-Funktionen zur Ermittlung der z-Übertragungsfunktionen verwendet. Die in Abschnitt 16.4 angegebenen Funktionen der *Control System Toolbox* zur Vereinfachung von Signalflußplänen und zur Ermittlung der resultierenden Übertragungsfunktion können auch auf zeitdiskrete Systeme angewendet werden, wenn die Übertragungsblöcke mit z-Übertragungsfunktionen beschrieben sind.

Die Kreisstrukturen von Signalflußplänen werden mit der Anweisung feedback vereinfacht:

Kreisstruktur mit indirekter Gegenkopplung:
G=feedback(G1,G2)
Kreisstruktur mit direkter Gegenkopplung:
G=feedback(G1,1)

Die Regelung in Abschnitt 16.7.4.1 mit I-Regler und PT_1-Regelstrecke mit Halteglied nullter Ordnung wurde für eine Abtastzeit von $T = 1$ s diskretisiert und die Führungsübertragungsfunktion berechnet. Für den Signalflußplan wird die z-Führungsübertragungsfunktion sowie die z-Übertragungsfunktion der Stellgröße mit dem Script-File sf_plan3_1.m mit MATLAB-Funktionen berechnet.

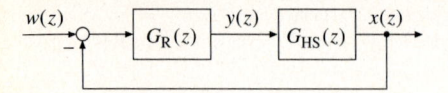

```
%MATLAB Script-File sf_plan3_1.m
%Signalflußplan mit z-Übertragungsfunktionen
KI=0.042; T=1;              %I-Regler (Typ I), Abtastzeit
numGR=KI*T; denGR=[1 -1];   %GR(z)
GR=tf(numGR,denGR,T);       %GR(s), Abtastzeit T

KS=3; TS=2;                 %PT1-Strecke
numGS=KS; denGS=[TS 1];     %Zähler- u. Nennerpolynom für GS(s)
GS=tf(numGS,denGS);         %GS(s)
GHS=c2d(GS,T,'zoh');        %GHS(z)

%z-Führungsübertragungsfunktion: x(z)/w(z):
GRS=GR*GHS;                 %GRS(z)
fprintf('\n z-Führungsübertragungsfunktion x(z)/w(z):')
G=feedback(GRS,1)           %G(z) ausgeben

%z-Übertragungsfunktion für die Stellgröße: y(z)/w(z):
fprintf('\n z-Stellgrößen-Übertragungsfunktion y(z)/w(z):')
Gy=feedback(GR,GHS)         %Gy(z) ausgeben
```

```
» sf_plan3_1

 z-Führungsübertragungsfunktion x(z)/w(z):
Transfer function:
       0.04958
  ---------------------
  z^2 - 1.607 z + 0.6561

Sampling time: 1

 z-Stellgrößen-Übertragungsfunktion y(z)/w(z):
Transfer function:
  0.042 z - 0.02547
  ---------------------
  z^2 - 1.607 z + 0.6561

Sampling time: 1
```

Das in Abschnitt 16.4.6 beschriebene Verfahren zur Umformung vermaschter Signalflußpläne mit den Script-Files append und connnect ist auch für zeitdiskrete Systeme anwendbar.

16.7.4.3 Impulsantwortfolge

Die Impulsantwortfolge der Regelgröße wird mit der Rechenvorschrift

$$x(kT) = Z^{-1}\{G(z) \cdot w(z)\} \quad \text{mit}$$

$$w(z) = Z\{\delta(kT)\} = 1 \quad \text{und} \quad \delta(kT) = \{1, 0, 0, \ldots\}$$

ermittelt. $G(z)$ ist die z-Führungsübertragungsfunktion und $w(z)$ die z-Transformierte der Einheits-Impulsfolge der Führungsgröße. Für die Regelung wurde in Abschnitt 16.7.4.1 die Abtastzeit und in Abschnitt 16.7.4.2 die z-Führungsübertragungsfunktion $G(z)$ und die z-Übertragungsfunktion $G_y(z)$ für die Stellgröße mit sf_plan3_1.m bestimmt. Die Impulsantwortfolgen $x(kT)$ und $y(kT)$ werden mit dem Script-File dimpuls_1.m berechnet.

```
%MATLAB Script-File dimpuls_1.m
%Einheits-Impulsantwortfunktion einer Regelung
clf
hold on
grid on                                 %kartesische Gitterlinien
text(11,0.07,'\it{x(kT)}')              %Bezeichnung der Kurve
text(6,0.015,'\it{y(kT)}')              %Bezeichnung der Kurve

T=1;                                    %Abtastzeit
numG=0.04958; denG=[1 -1.607 0.6561];   %Zähler-/Nennerpolynom G(z)
G=tf(numG,denG,T);                      %G(z)
l=length([1:T:40]);                     %Anzahl Elemente des Zeitvektors
[dx,dT]=impulse(G,l);                   %Impulsantwortfolge x(kT)
plot(dT,dx/T,'o',dT,dx/T,'-')           %Impulsantwort ausgeben

numGy=[0.042 -0.02547];                 %Zählerpolynom von Gy(z)
Gy=tf(numGy,denG,T);                    %Gy(z)
dy=impulse(Gy,l);                       %Impulsantwortfolge y(kT)
stairs(dT,dy/T)                         %Treppenfunktion ausgeben

title('\it{Einheits-Impulsantworten der Regelung}') %Titel
xlabel('\it{Zeit kT}')                  %Beschriftung der Abszisse
ylabel('\it{y(kT), x(kT)}')             %Beschriftung der Ordinate
```

In dimpuls_1.m wird die Impulsantwortfolge $x(kT)$ für die Regelgröße mit der Funktion

[dx,dT]=impulse(G,l)

berechnet und im Vektor dx gespeichert. G ist die z-Übertragungsfunktion und l die Anzahl der Abtastzeitpunkte. Die Impulsantwort wird mit der Anweisung

plot(dT,dx/T,'o',dT,dx/T,'-')

auf dem Bildschirm ausgegeben. Dabei müssen die Elemente des Vektors dx durch die Abtastzeit T dividiert werden. Mit 'o' werden die Abtastzeitpunkte gekennzeichnet, mit '-' sind diese durch Geraden verbunden, wodurch der zeit- und wertkontinuierliche Verlauf der Regelgröße nachgebildet wird.

Die Impulsantwortfolge dy für die Stellgröße wird mit

dy=impulse(Gy,l)

berechnet, die einzelnen Funktionswerte werden mit

```
stairs(dT,dy/T)
```

ausgegeben. Die Funktion `stairs` liefert eine Treppenfunktion. Sie wird verwendet, da die Stellgröße durch ein Halteglied nullter Ordnung erzeugt wird. Die Impulsantwortwerte `dy` werden durch die Abtastzeit T dividiert.

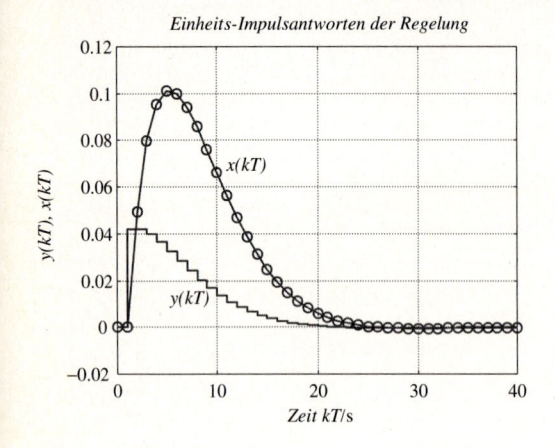

Bild 16.7-2: Einheits-Impulsantworten für Regelgröße $x(kT)$ und Stellgröße $y(kT)$ (`dimpuls_1.m`)

16.7.4.4 Sprungantwortfolge

Für die Regelung wurde in Abschnitt 16.7.4.1 die Abtastzeit und in Abschnitt 16.7.4.2 die z-Führungsübertragungsfunktion $G(z)$ sowie die z-Übertragungsfunktion $G_y(z)$ für die Stellgröße mit `sf_plan3_1.m` bestimmt. Die Sprungantwortfolge der Regelgröße wird mit

$$x(kT) = Z^{-1}\{G(z) \cdot w(z)\} \quad \text{mit}$$

$$w(z) = Z\{E(kT)\} = \frac{z}{z-1} \quad \text{und} \quad E(kT) = \{1, 1, 1, \ldots\}$$

ermittelt. $G(z)$ ist die z-Führungsübertragungsfunktion, $w(z)$ die z-Transformierte der Einheits-Sprungfolge der Führungsgröße. Die Sprungantwortfolgen $x(kT)$ und $y(kT)$ werden mit dem Script-File `dsprung_1.m` berechnet.

```
%MATLAB Script-File dsprung_1.m
%Einheits-Sprungantwortfunktion einer Regelung
clf
hold on
axis([0 40 0 1.1]);                      %Skalierung
grid on                                   %kartesische Gitterlinien
text(26,0.95,'\it{x(kT)}')                %Bezeichnung der Kurve
text(26,0.28,'\it{y(kT)}')                %Bezeichnung der Kurve
T=1;                                      %Abtastzeit
numG=0.04958; denG=[1 -1.607 0.6561];     %Zähler-/Nennerpolyn. G(z)
G=tf(numG,denG,T);                        %G(z)
l=length([1:T:40]);                       %Anzahl Elemente des Zeitvektors
```

```
[dx,dT]=step(G,1);                          %Sprungantwortfolge x(kT)
plot(dT,dx,'o',dT,dx,'-')                   %Sprungantwort ausgeben
numGy=[0.042 -0.02547];                     %Zähler von Gy(z)
Gy=tf(numGy,denG,T);                        %Gy(z)
step(Gy,1);                                 %Sprungantwortfolge y(kT) als
                                            %Treppenfunktion ausgeben
title('\it{Einheits-Sprungantworten der Regelung}')  %Titel
xlabel('\it{Zeit kT}')                      %Beschriftung der Abszisse
ylabel('\it{y(kT), x(kT)}')                 %Beschriftung der Ordinate
```

Die Sprungantwortfolge $x(kT)$ für die Regelgröße wird mit `step` ermittelt, der Ausgangsvariablen `dx` zugewiesen und mit der `plot`-Funktion

```
plot(dT,dx,'o',dT,dx,'-')
```

auf dem Bildschirm ausgegeben. Mit `'o'` werden die Abtastzeitpunkte gekennzeichnet und mit `'-'` sind diese durch Geraden verbunden, wodurch der zeit- und wertkontinuierliche Verlauf der Regelgröße nachgebildet wird. Für die z-Übertragungsfunktion `Gy` wird mit

```
step(Gy,1)
```

die Sprungantwortfolge $y(kT)$ der Stellgröße direkt auf dem Bildschirm als Treppenfunktion ausgegeben.

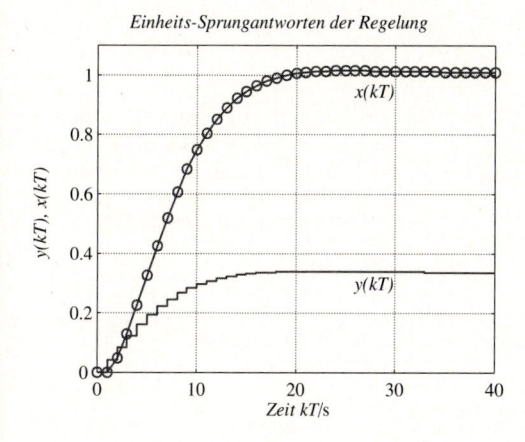

Bild 16.7-3: Einheits-Sprungantworten für Regelgröße $x(kT)$ und Stellgröße $y(kT)$ (`dsprung_1.m`)

In Abschnitt 16.7.4.1 wurde für die zeitkontinuierliche Regelung aperiodisches Übertragungsverhalten eingestellt. Die Diskretisierung mit $T = 1$ s entdämpft die Regelung und führt zum Überschwingen der Sprungantwortfolge $x(kT)$. Die z-Führungsübertragungsfunktion (Abschnitt 16.7.4.2) hat konjugiert komplexe Polstellen:

```
» pole(G)

ans =
   0.8035 + 0.1024i
   0.8035 - 0.1024i
```

16.7.4.5 Anstiegsantwortfolge

Für die Regelung wurde in Abschnitt 16.7.4.1 die Abtastzeit und in Abschnitt 16.7.4.2 die z-Führungsübertragungsfunktion $G(z)$ und die z-Übertragungsfunktion $G_y(z)$ für die Stellgröße mit sf_plan3_1.m bestimmt. Die Anstiegsantwortfolge der Regelgröße wird mit

$$x(kT) = Z^{-1}\{G(z) \cdot w(z)\} \quad \text{mit} \quad w(z) = Z\{w(kT)\} = \frac{T \cdot z}{(z-1)^2}$$

ermittelt. $G(z)$ ist die z-Führungsübertragungsfunktion, $w(z)$ die z-Transformierte der Anstiegsfolge der Führungsgröße. Die Anstiegsantwortfolgen $x(kT)$ und $y(kT)$ werden mit dem Script-File danstieg_1.m berechnet.

```
%MATLAB Script-File danstieg_1.m
%Einheits-Anstiegsantwortfunktion einer Regelung
clf
hold on
axis([0 40 0 1]);                           %Skalierung
grid on                                     %kartesische Gitterlinien
text(31,0.87,'\it{w(kT)}')                  %Bezeichnung der Kurve
text(31,0.55,'\it{x(kT)}')                  %Bezeichnung der Kurve
text(31,0.17,'\it{y(kT)}')                  %Bezeichnung der Kurve

T=1;                                        %Abtastzeit
numG=0.04958; denG=[1 -1.607 0.6561];       %Zähler-, Nennerpolynom G(z)
G=tf(numG,denG,T);                          %G(z)
dT=0:T:40;                                  %Vektor der Zeitwerte
w=dT/40;                                    %Anstiegsfunktion
plot(dT,w,'-')                              %Anstiegsfunktion ausgeben
hold on                                     %Kurve nicht überschreiben
l=length(dT);                               %Anzahl der Elemente von dT
dx=lsim(G,w);                               %Anstiegsantwortfolge x(kT)
plot(dT,dx,'o',dT,dx,'-')                   %Anstiegsantwort ausgeben
numGy=[0.042 -0.02547];                     %Zählerpolynom von Gy(z)
Gy=tf(numGy,denG,T);                        %Gy(z)
lsim(Gy,w);                                 %Anstiegsantwortfolge y(kT)
title('\it{Anstiegsantworten der Regelung}')  %Titel der Graphik
xlabel('\it{Zeit kT}')                      %Beschriftung der Abszisse
ylabel('\it{w(kT), y(kT), x(kT)}')          %Beschriftung der Ordinate
```

Antwortfolgen für beliebige Testfolgen werden mit der Funktion lsim berechnet. In danstieg_1.m wird die Anstiegsantwortfolge $x(kT)$ mit

dx=lsim(G,w)

ermittelt. G ist die z-Übertragungsfunktion und w ist der Vektor der Führungsgrößenfolge. Wie bei der Ermittlung der Impuls- und Sprungantwortfolgen, wird die Anstiegsantwortfolge $x(kT)$ mit der plot-Funktion

plot(dT,dx,'o',dT,dx,'-')

auf dem Bildschirm ausgegeben. Mit 'o' werden die Abtastzeitpunkte gekennzeichnet und mit '-' sind die Abtastzeitpunkte durch Geraden verbunden, wodurch der zeit- und wertkontinuierliche Verlauf der Regelgröße nachgebildet wird. Für die z-Übertragungsfunktion Gy wird mit

```
lsim(Gy,w)
```
die Antwortfolge $y(kT)$ der Stellgröße direkt auf dem Bildschirm als Treppenfunktion ausgegeben.

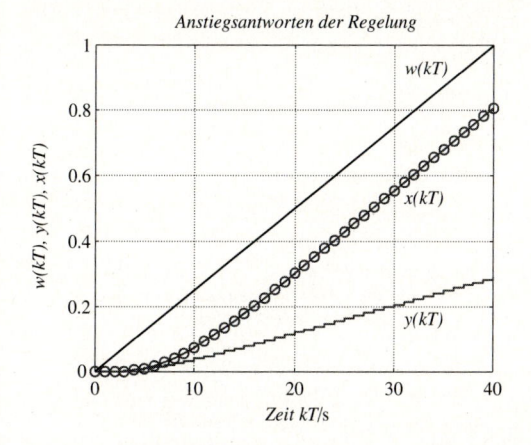

Bild 16.7-4: Anstiegsfunktion $w(kT)$ und Anstiegsantworten für Regelgröße $x(kT)$ und Stellgröße $y(kT)$ (`danstieg_1.m`)

16.7.5 Reglerauslegung bei Nichterfüllung des Abtastzeitkriteriums

Ausgehend von der im Signalflußplan dargestellten zeitkontinuierlichen Regelung soll eine digitale Regelung mit P-Regler entwickelt werden.

$K_S = 2$ $T_{S1} = 1$ s $T_{S2} = 10$ s

Mit den Parametern der Regelstrecke ergibt sich die Führungsübertragungsfunktion zu

$$G(s) = \frac{K_R \cdot K_S \cdot v_w}{T_{S1} \cdot T_{S2} \cdot s^2 + (T_{S1} + T_{S2}) \cdot s + K_R \cdot K_S + 1} = \frac{0.2 \cdot K_R \cdot v_w}{s^2 + 1.1 \cdot s + 0.2 \cdot K_R + 0.1}.$$

Zur Bestimmung von K_R des P-Reglers wird ein Koeffizientenvergleich mit der Standardübertragungsfunktion des PT_2-Elements durchgeführt. Vorgabe der Überschwingweite von $\ddot{u} = 5$ % für die Sprungantwort ergibt $K_R = 2.676$. Mit dem Vorfilter v_w wird die stationäre Regeldifferenz für konstante Führungsgrößen kompensiert. Die Berechnung von v_w wird mit dem Endwertsatz durchgeführt:

$$x(t \to \infty) = \lim_{s \to 0} s \cdot \frac{v_w \cdot 0.2 \cdot K_R}{s^2 + 1.1 \cdot s + 0.1 + 0.2 \cdot K_R} \cdot \frac{1}{s} = 1.$$

Für das Vorfilter ergibt sich

$$v_w = \frac{1 + 2 \cdot K_R}{2 \cdot K_R} = 1.19.$$

Der Vergleich von $G(s)$ mit dem PT_2-Standard-Element liefert $D = 0.69$, $\omega_0 = 0.797 \, s^{-1}$. Mit dem Kriterium der Periodendauer der Regelgröße nach Tabelle 11.3-2 wird die Abtastzeit festgelegt:

$$T_P = \frac{2 \cdot \pi}{\omega_0 \cdot \sqrt{1 - D^2}} = 10.89 \, s.$$

Das Kriterium liefert $T \leq 0.05 \cdot T_\mathrm{P} = 0.545$ s. Im Script-File dregel1_1.m werden Sprungantwortfolgen der Regelung für verschiedene Abtastzeiten ermittelt.

```
%MATLAB Script-File dregel1_1.m
%Einheits-Sprungantwortfunktionen eines Regelkreises
KR=2.676;KS=2;TS1=1;TS2=10;        %Parameter P-Regler, Strecke
T=0.01;                            %Abtastzeit
numGS=KS; denGS=[TS1*TS2 TS1+TS2 1]; %Z(s) u. N(s) Strecke
GS=tf(numGS,denGS);                %GS(s)
for i=1:4                          %4 Sprungantworten
  subplot(220+i)                   %in 4 Teilbildern
    if i==2 T=0.545; end           %Abtastzeit T
    if i==3 T=1; end               %erhöhte Abtastzeit
    if i==4 KR=1.68; end           %KR verringern
  dGS=c2d(GS,T);                   %GS(z) für Halteglied nullter Ord.
  l=length([0:T:20]);              %Elemente des Zeitvektors
  dG=feedback(KR*dGS,1);           %G(z)
  vw=(1+2*KR)/(2*KR);              %Vorfilter
  [dg,dT]=step(vw*dG,l);           %diskrete Sprungantwort
    if i==1 plot(dT,dg), end
    if i>1 plot(dT,dg,'o',dT,dg,'-'), end

  axis([0 20 0 1.2]);              %Skalierung
  grid                             %kartesische Gitterlinien
  Maximalwert(i)=max(dg);          %Maximalwert von dg
end
fprintf('Maximalwert(1)=%8.3f \n',Maximalwert(1))
fprintf('Maximalwert(2)=%8.3f \n',Maximalwert(2))
fprintf('Maximalwert(3)=%8.3f \n',Maximalwert(3))
fprintf('Maximalwert(4)=%8.3f \n',Maximalwert(4))
```

» dregel1_1

Maximalwert(1)= 1.051
Maximalwert(2)= 1.100
Maximalwert(3)= 1.156
Maximalwert(4)= 1.051

Das erste Teilbild 16.7-5 oben links zeigt die Sprungantwort der quasianalogen Regelung für die Abtastzeit $T = 0.01$ s. Im Programm wird der Maximalwert $1 + \ddot{u} = 1.051$ ermittelt und auf dem Bildschirm ausgegeben. Die Anwendung des Periodendauerkriteriums ergibt ebenfalls eine quasianaloge Regelung mit einer Abtastzeit $T = 0.545$ s. Die zugehörige Sprungantwortfolge im Teilbild oben rechts zeigt jedoch eine größere Überschwingweite von $\ddot{u} = 10$ %. Größere Abtastzeiten entlasten den Digitalrechner bei der Ausführung des Regelalgorithmus. Das Teilbild unten links zeigt den Verlauf der Sprungantwortfolge für eine Abtastzeit $T = 1$ s, wobei die Überschwingweite auf $\ddot{u} = 15.6$ % ansteigt. Die Regelung wird mit zunehmender Abtastzeit entdämpft. Die Sprungantwortfolgen in diesen drei Teilbildern wurden für $K_\mathrm{R} = 2.676$ ermittelt. Bei der Berechnung der Sprungantwortfolge im Teilbild vier für $T = 1$ s wurde die Reglerverstärkung auf den Wert $K_\mathrm{R} = 1.68$ verringert. Damit geht die Überschwingweite auf $\ddot{u} = 5.1$ % zurück, entsprechend der quasianalogen Regelung im ersten Teilbild. Durch diese Maßnahme erreicht die Sprungantwortfolge den Endwert jedoch etwas später als die quasianaloge Regelung, die Regelung ist langsamer.

Die Anwendung der Funktion step ist in Abschnitt 16.7.4.4 beschrieben. Mit der Anweisung max in

Maximalwert(i)=max(dg)

wird für den Vektor dg das Element mit dem größten Wert ermittelt.

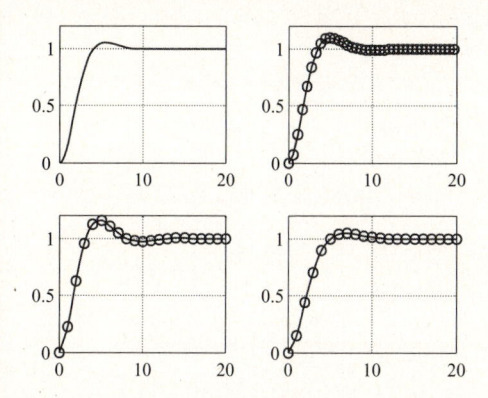

Bild 16.7-5: Einheits-Sprungantworten $x(kT)$ einer Regelung für verschiedene Abtastzeiten (dregel1_1.m)

16.7.6 DEAD-BEAT-Regelung für sprungförmige Führungsgrößen

Für die IT$_1$-Regelstrecke mit der Übertragungsfunktion

$$G_S(s) = \frac{K_S}{1+s \cdot T_S} \cdot \frac{1}{T_I \cdot s}, \quad K_S = 5, \quad T_S = 1 \text{ s}, \quad T_I = 2 \text{ s}$$

wurde in Beispiel 11.7-1 ein Regler auf endliche Einstellzeit (DEAD-BEAT-Regler) berechnet. Die z-Übertragungsfunktionen für die Regelstrecke $G_{HS}(z)$ mit Halteglied nullter Ordnung

$$G_{HS}(z) = \frac{K_S \cdot T_S}{T_I} \cdot \frac{\left(T/T_S - 1 + e^{-T/T_S}\right) \cdot z^{-1} + \left(1 - (T/T_S + 1) \cdot e^{-T/T_S}\right) \cdot z^{-2}}{1 - \left(1 + e^{-T/T_S}\right) \cdot z^{-1} + e^{-T/T_S} \cdot z^{-2}}$$

und $G_R(z)$ für den Regler

$$G_R(z) = \frac{T_I}{K_S} \cdot \frac{z - e^{-T/T_S}}{T_S - (T+T_S) \cdot e^{-T/T_S} + T \cdot \left(1 - e^{-T/T_S}\right) \cdot z}$$

werden Nr. 4 der Tabelle 11.7-1 entnommen. Das Script-File dbeat_1.m ermittelt die Führungsübertragungsfunktion $G(z)$ und die Übertragungsfunktion der Stellgröße $G_y(z)$. Mit step werden anschließend die Einheits-Sprungantwortfolgen der Regelgröße $x(kT)$ und der Stellgröße $y(kT)$ berechnet. Die Stellgröße wird als Treppenfunktion ausgegeben.

```
%MATLAB Script-File dbeat_1.m
%DEAD-BEAT-Regelung für sprungförmige Führungsgrößen
KS=5;TS=1;TI=2;                     %Parameter IT1-Strecke
T=0.6;                              %Abtastzeit
for i=1:2
    T=i*T;                          %Abtastzeit
    %Zähler- und Nennerpolynom von GHS(z):
    numdGHS=[T/TS-1+exp(-T/TS), 1-(T/TS+1)*exp(-T/TS)];
    numdGHS=numdGHS*KS*TS/TI;
```

```
        dendGHS=[1, -(1+exp(-T/TS)), exp(-T/TS)];
        dGHS=tf(numdGHS,dendGHS,T);              %GHS(z)
        %Zähler- und Nennerpolynom von GR(z):
        numdGR=[TI/KS, -exp(-T/TS)*TI/KS];       %Zählerpolynom von GR(z)
        dendGR=[T*(1-exp(-T/TS)), TS-(T+TS)*exp(-T/TS)];
        dGR=tf(numdGR,dendGR,T);                 %GR(z)
        %Zähler- und Nennerpolynom von GRS(z) und G(z):
        GRS=dGR*dGHS;                            %GRS(z)
        dG=feedback(GRS,1);                      %G(z)

        %Zähler- und Nennerpolynom von Gy(z)=y(z)/w(z):
        dGy=feedback(dGR,dGHS);                  %Gy(z)
        l=length([0:T:6]);                       %Anzahl Elemente von dT
        [dg,dT]=step(dG,l);                      %Sprungantwortfolge x(kT)
        subplot(210+i), plot(dT,dg,'o',dT,dg,'-')   %x(kT) ausgeben
        title('\it{DEAD-BEAT-Sprungantwort}')
        text(5.2,0.25,['\it{T=}',num2str(T,2),'\it{ s}'])
        xlabel('\it{Zeit kT}')                   %Beschriftung Abszisse
        ylabel('\it{y(kT), x(kT)}')              %Beschriftung Ordinate
        axis([0 6 -1 1.5])                       %Skalierung
        grid                                     %kartesische Gitterlinien
        hold on                                  %Kurve nicht überschreiben
        dy=step(dGy,l);                          %y(kT)
        stairs(dT,dy)                            %Treppenfunktion ausgeben
end
```

Die Führungsgröße wird nach zwei Abtastschritten erreicht. Im oberen Teilbild 16.7-6 ist die Abtastzeit $T = 0.6$ s. Für $T = 1.2$ s ergeben sich im unteren Teilbild kleinere Stellgrößenwerte. Im Vergleich zu Bild 11.7-2 wird die Regelstrecke mit Halteglied diskret simuliert. Die geradlinige Verbindung von zwei Abtastwerten von $x(kT)$ entspricht nicht dem kontinuierlichen Verlauf von $x(t)$ (Beispiel 11.7-1).

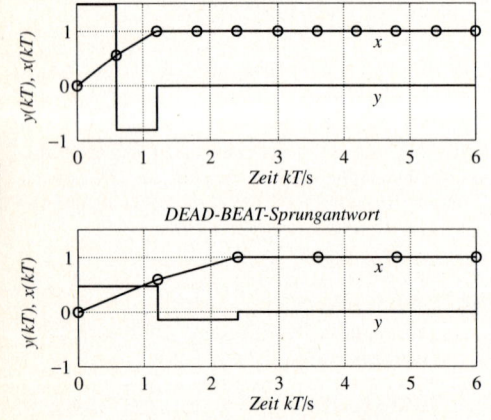

Bild 16.7-6: Einheits-Sprungantwortfolgen der Regelgröße $x(kT)$ und der Stellgröße $y(kT)$ der DEAD-BEAT-Regelung mit IT_1-Regelstrecke für $T = 0.6$ s und $T = 1.2$ s (dbeat_1.m)

16.7.7 z-Übertragungsfunktion und Pol-Nullstellenplan

16.7.7.1 Dämpfung und Kennkreisfrequenz von konjugiert komplexen Nullstellen

Regelungen werden häufig so ausgelegt, daß die Übertragungsfunktion ein dominierendes Polpaar besitzt. Damit läßt sich das Regelverhalten zur näherungsweisen Berechnung der Reglerparameter durch ein PT_2-Element beschreiben. Mit Dämpfung und Kennkreisfrequenz der Standardübertragungsfunktion eines PT_2-Elements ist das Zeitverhalten der Regelung bestimmt.

Im folgenden Script-File ddaempf_1.m werden konjugiert komplexe Polstellen einer LAPLACE-Übertragungsfunktion vorgegeben. Die Funktion damp(G) ermittelt Polstellen s_{pi} (Eigenwerte, Eigenvalues), Dämpfung D (Damping) und Kennkreisfrequenz ω_0 (Frequency) für die beiden konjugiert komplexen Polpaare des Nennerpolynoms.

Diskretisierung der LAPLACE-Übertragungsfunktion mit einem Halteglied nullter Ordnung (zoh) ergibt die z-Übertragungsfunktion. Für z-Übertragungsfunktionen berechnet die Anweisung

damp(dG)

die Polstellen z_{pi} (Eigenwerte, Eigenvalues), den Betrag der Polstellen $|z_{pi}|$ (Magnitude) sowie Dämpfung D (Equivalent Damping) und Kennkreisfrequenz ω_0 (Equivalent Frequency) des äquivalenten zeitkontinuierlichen Systems. Mit diesen Kenngrößen läßt sich das Zeitverhalten digitaler Regelungen beurteilen. Die Funktion damp kann auch zur Untersuchung der Stabilität von digitalen Regelungen eingesetzt werden. Zeitdiskrete Regelungen sind stabil, wenn für die Beträge (Magnitude) der Polstellen der z-Übertragungsfunktion gilt: $|z_{pi}| < 1$.

```
%MATLAB Script-File ddaempf_1.m
%Dämpfung und Kennkreisfrequenz für
%zeitkontinuierliche und zeitdiskrete Systeme
pol=[-0.5+0.5*j; -0.5-0.5*j; -1+0.2*j; -1-0.2*j]; %Pole {G(s)}
nul=[];                  %G(s) hat keine Nullstellen
k=1;                     %Konstante
pnG=zpk(nul,pol,k);      %Pol-Nullstellen-Modell
G=tf(pnG);               %Pol-Nullstellen-Modell --> G(s)
damp(G)                  %Pole von G(s), D, w0
T=1.5;                   %Abtastzeit
dG=c2d(G,T,'zoh');       %G(s) --> G(z)
damp(dG)                 %Pole von G(z), |spi|, D, w0
```

```
>> ddaempf_1
```

Eigenvalue	Damping	Freq.(rad/sec)
-5.00e-001 + 5.00e-001i	7.07e-001	7.07e-001
-5.00e-001 - 5.00e-001i	7.07e-001	7.07e-001
-1.00e+000 + 2.00e-001i	9.81e-001	1.02e+000
-1.00e+000 - 2.00e-001i	9.81e-001	1.02e+000
(Polstellen s_{pi})	(Dämpfung D)	(Kennkreisfrequenz ω_0)

Eigenvalue	Magnitude	Equiv. Damping	Equiv. Freq. (rad/sec)
3.46e-001 +3.22e-001i	4.72e-001	7.07e-001	7.07e-001
3.46e-001 -3.22e-001i	4.72e-001	7.07e-001	7.07e-001
2.13e-001 +6.59e-002i	2.23e-001	9.81e-001	1.02e+000
2.13e-001 -6.59e-002i	2.23e-001	9.81e-001	1.02e+000
(Polstellen z_{pi})	$|z_{pi}|$	(Dämpfung D)	(Kennkreisfrequenz ω_0)

16.7.7.2 Pol-Nullstellenplan für z-Übertragungsfunktionen

Für digitale Regelungen wird der Pol-Nullstellenplan einer z-Übertragungsfunktion in der komplexen z-Ebene dargestellt. Der Einheitskreis bildet die Stabilitätsgrenze. Zeitdiskrete Regelungen sind stabil, wenn alle Pole innerhalb des Einheitskreises liegen.

Mit dem Script-File pn_z_1.m werden die bereits in ddaempf_1.m verwendeten konjugiert komplexen Polpaare einer LAPLACE-Übertragungsfunktion in den Pol-Nullstellenplan der s-Ebene in Bild 16.7-7 eingetragen. Die Funktion sgrid zeichnet Gitterlinien für konstante Dämpfung und Kennkreisfrequenz zur Beurteilung des Zeitverhaltens der Regelung. Die Diskretisierung wird für ein Halteglied nullter Ordnung durchgeführt, mit

pzmap(dG)

wird der Pol-Nullstellenplan für die z-Übertragungsfunktion auf dem Bildschirm ausgegeben. Für digitale Regelungen werden die Gitterlinien für konstante Dämpfung und Kennkreisfrequenz mit der Funktion zgrid erzeugt.

```
%MATLAB Script-File pn_z_1.m   %Pol-Nullstellenplan von G(s) und G(z)
pol=[-0.5+0.5*j; -0.5-0.5*j; -1+0.2*j; -1-0.2*j]; %Pole{G(s)}
nul=[];                         %G(s) hat keine Nullstellen
k=1;                            %Konstante
pnG=zpk(nul,pol,k);             %Pol-Nullstellenmodell pnG
G=tf(pnG);                      %Übertragungsfunktion G(s)
subplot(121), pzmap(G)          %Pol-Nullstellenplan von G(s)
title('\it{s-Ebene}')           %Titel der Graphik
axis([-1 0 -2 2])               %Skalierung
axis('equal')                   %gleicher Skalierungsfaktor
sgrid                           %Gitterlinien für D, w0 in der s-Ebene
T=1.5;                          %Abtastzeit
dG=c2d(G,T,'zoh');              %G(s)-->G(z)
subplot(122), pzmap(dG)         %Pol-Nullstellenplan für G(z)
title('\it{z-Ebene}')           %Titel der Graphik
axis([-1 1 -2 2])               %Skalierung
axis('equal')                   %gleicher Skalierungsfaktor
zgrid                           %Gitterlinien für D, w0 in der z-Ebene
```

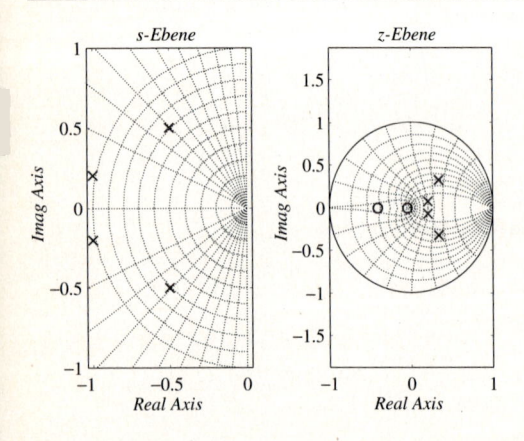

Bild 16.7-7: Pol-Nullstellenplan einer LAPLACE-Übertragungsfunktion und der entsprechenden z-Übertragungsfunktion (pn_z_1.m)

16.7.7.3 z-Übertragungsfunktion und Wurzelortskurve

Für die im Signalflußplan dargestellte zeitkontinuierliche Regelung wurde in Abschnitt 16.7.5 eine digitale Regelung mit P-Regler entwickelt.

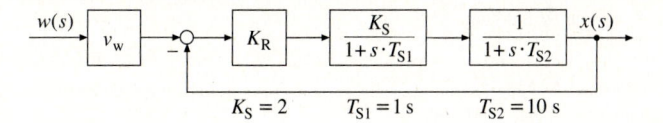

$$w(s) \rightarrow v_w \rightarrow \ominus \rightarrow K_R \rightarrow \frac{K_S}{1+s \cdot T_{S1}} \rightarrow \frac{1}{1+s \cdot T_{S2}} \rightarrow x(s)$$

$K_S = 2 \qquad T_{S1} = 1\,\text{s} \qquad T_{S2} = 10\,\text{s}$

Mit den Parametern der Regelstrecke ergibt sich die Führungsübertragungsfunktion zu

$$G(s) = \frac{K_R \cdot K_S \cdot v_w}{T_{S1} \cdot T_{S2} \cdot s^2 + (T_{S1} + T_{S2}) \cdot s + K_R \cdot K_S + 1} = \frac{0.2 \cdot K_R \cdot v_w}{s^2 + 1.1 \cdot s + 0.2 \cdot K_R + 0.1}.$$

Die Wurzelortskurve für $K_R > 0$ der zeitkontinuierlichen Regelung wird im Script-File dwok_1.m berechnet und ist in Bild 16.7-8 aufgezeichnet. Das Wurzelortskurven-Verfahren ist in Abschnitt 6.4 beschrieben.

```
%MATLAB Script-File dwok_1.m
%Wurzelortskurven (WOK) für G(s) und G(z) einer Regelung
KR=2.676;KS=2;TS1=1;TS2=10;        %Parameter P-Regler, Strecke
vw=(1+2*KR)/(2*KR);                %Vorfilter
numGS=KS; denGS=[TS1*TS2 TS1+TS2 1]; %Z{GS(s)}, N{GS(s)}
GS=tf(numGS,denGS);                %GS(s)
rlocus(KR*GS)                      %WOK für GRS(s) zeichnen
title('\it{s-Ebene}')              %Titel der Graphik
axis([-2 0.5 -1 1])                %Skalierung
axis('equal')                      %gleicher Skalierungsfakt.
sgrid                              %Gitterlinien für D, w0 in der s-Ebene

figure                             %neues Graphikfenster
T=1;                               %Abtastzeit
dGHS=c2d(GS,T);                    %GHS(z) Halteglied nullter Ordnung
dG=feedback(KR*dGHS,1);            %G(z)
fprintf('\n z-Führungsübertragungsfunktion x(z)/w(z):')
dG=dG*vw                           %G(z)*vw (Vorfilter vw)
rlocus(KR*dGHS)                    %WOK für G(z) zeichnen
title('\it{z-Ebene}')              %Titel der Graphik
axis([-1.3 1.3 -1 1])              %Skalierung
axis('equal')                      %gleicher Skalierungsfaktor
zgrid                              %Gitterlinien für D, w0 in der z-Ebene
KR=rlocfind(KR*dGHS)               %KR von G(z) für bestimmt.
                                   %Wurzelort ausgeben
```

Die Wurzelortskurve beginnt in den Polstellen der Übertragungsfunktion des offenen Regelkreises und verläuft für große Werte von K_R in der linken s-Halbebene parallel zur imaginären Achse. Eine Verstärkung $K_R = 2.676$ des P-Reglers führt zu einer Überschwingweite von $\ddot{u} = 5.1\,\%$ der Sprungantwort in Bild 16.7-5 oben links.

Zur Untersuchung der digitalen Regelung wurde die Regelstrecke mit einem Halteglied nullter Ordnung bei einer Abtastzeit von $T = 1$ s diskretisiert (Script-File dregel1_1.m, Abschnitt 16.7.5 sowie dwok_1.m). In dwok_1.m wird auch die Wurzelortskurve der digitalen Regelung für $K_R > 0$ mit der Funktion

```
rlocus(KR*dGHS)
```

berechnet. Für große Werte von K_R beschreibt die Wurzelortskurve der digitalen Regelung in Bild 16.7-9 einen Kreis in der z-Ebene. Ein Zweig endet für $K_R \to \infty$ in der Nullstelle $z_{n1} = -0.694$ der z-Übertragungsfunktion, der zweite Zweig läuft gegen $\mathrm{Re}\{z\} \to -\infty$. Das Programm wird gestartet und gibt die Führungsübertragungsfunktion aus. Mit der Funktion

```
rlocfind(KR*dGHS)
```

läßt sich die Reglerverstärkung für einen bestimmten Punkt der Wurzelortskurve bestimmen, indem mit der Rechnermaus ein Fadenkreuz zu diesem Punkt geführt wird:

```
» dwok_1

z-Führungsübertragungsfunktion x(z)/w(z):
Transfer function:
  0.2255 z + 0.1566
  ---------------------
  z^2 - 1.083 z + 0.4648

Sampling time: 1
Select a point in the graphics window

selected_point =
     0.1382 + 0.9815i

KR =
    5.1335
```

Gewählt wurde der Schnittpunkt der Wurzelortskurve mit dem Einheitskreis. Für $K_R \approx 5.1$ erreicht die digitale Regelung die Stabilitätsgrenze.

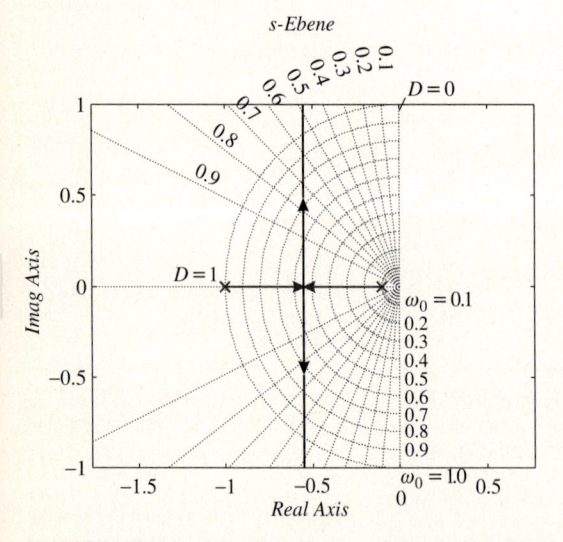

Bild 16.7-8: Wurzelortskurve der zeitkontinuierlichen Regelung (`dwok_1.m`*)*

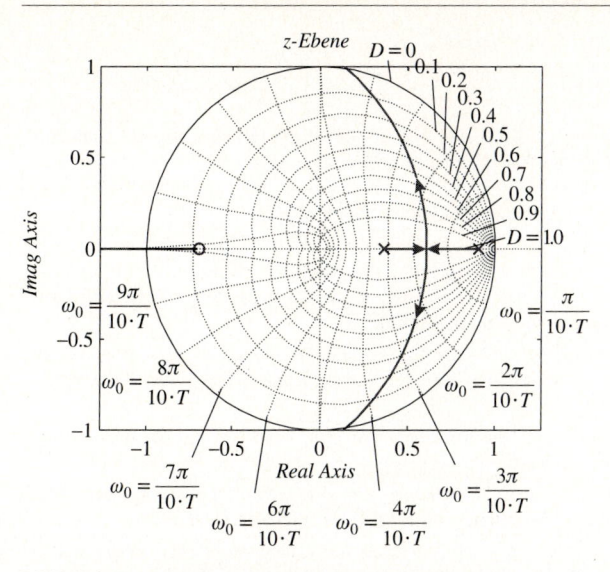

Bild 16.7-9: Wurzelortskurve der zeitdiskreten Regelung (dwok_1.m)

16.7.8 Tabelle für Funktionen der *Control System Toolbox* zur Berechnung von digitalen Regelungssystemen

Tabelle 16.7-1: Funktionen der Control System Toolbox zur Berechnung von digitalen Regelungssystemen

Funktionsname	Beschreibung der Funktion
bode	Betrag und Phase der Frequenzgangfunktion. Ohne Angabe der Ausgangsvariablen wird das BODE-Diagramm direkt auf dem Bildschirm ausgegeben. Eingegeben werden z-Übertragungsfunktion, Pol-Nullstellenmodell oder Zustandsmodell.
c2d	Diskretisierung zeitkontinuierlicher Systeme. Eingegeben werden Übertragungsfunktion, Pol-Nullstellenmodell oder Zustandsmodell, Abtastzeit und das Diskretisierungsverfahren.
damp	Berechnet Pol- und Nullstellen der z-Übertragungsfunktion, sowie Dämpfung und Kennkreisfrequenz eines äquivalenten zeitkontinuierlichen Systems. Eingegeben werden z-Übertragungsfunktion, Pol-Nullstellenmodell oder Zustandsmodell.
d2c	Berechnung der LAPLACE-Übertragungsfunktion, Pol-Nullstellenmodell der LAPLACE-Übertragungsfunktion oder zeitkontinuierliches Zustandsmodell. Eingegeben werden z-Übertragungsfunktion, Pol-Nullstellenmodell der z-Übertragungsfunktion oder zeitdiskretes Zustandsmodell.
impulse	Einheits-Impulsantwort eines zeitdiskreten Systems. Ohne Angabe der Ausgangsvariablen wird die Impulsantwort direkt auf dem Bildschirm ausgegeben. Eingegeben werden z-Übertragungsfunktion, Pol-Nullstellenmodell der z-Übertragungsfunktion oder Zustandsmodell und Anzahl der Abtastzeitpunkte.

16 Berechnung von Regelungssystemen mit MATLAB

Tabelle 16.7-1: Funktionen der Control System Toolbox zur Berechnung von digitalen Regelungssystemen (Fortsetzung)

Funktionsname	Beschreibung der Funktion
`lsim`	Antwortfunktion eines zeitdiskreten Systems für beliebige Eingangssignale. Ohne Angabe der Ausgangsvariablen wird die Antwortfunktion direkt auf dem Bildschirm ausgegeben. Eingegeben werden z-Übertragungsfunktion, Pol-Nullstellenmodell der z-Übertragungsfunktion oder Zustandsmodell und Eingangsgröße.
`nyquist`	Berechnet Real- und Imaginärteil der Frequenzgangfunktion für zeitdiskrete Systeme. Ohne Angabe der Ausgangsvariablen wird die Ortskurve direkt auf dem Bildschirm ausgegeben. Eingegeben werden z-Übertragungsfunktion, Pol-Nullstellenmodell der z-Übertragungsfunktion oder Zustandsmodell.
`pole`	Berechnet die Polstellen der z-Übertragungsfunktion. Eingegeben werden z-Übertragungsfunktion, Pol-Nullstellenmodell der z-Übertragungsfunktion oder Zustandsmodell.
`stairs`[1]	Erzeugt Treppenfunktion. Ohne Angabe der Ausgangsvariablen wird die Treppenfunktion direkt auf dem Bildschirm ausgegeben.
`stem`[1]	Erzeugt Graphik mit, von der Zeitachse ausgehenden, senkrechten Linien und Kreis am oberen Endpunkt zur Darstellung von zeitdiskreten digitalen Signalen.
`step`	Einheits-Sprungantwort eines zeitdiskreten Systems. Ohne Angabe der Ausgangsvariablen wird die Sprungantwort direkt auf dem Bildschirm ausgegeben. Eingegeben werden z-Übertragungsfunktion, Pol-Nullstellenmodell der z-Übertragungsfunktion oder Zustandsmodell und Anzahl der Abtastzeitpunkte.
`tzero`	Berechnet die Nullstellen der z-Übertragungsfunktion. Eingegeben werden z-Übertragungsfunktion, Pol-Nullstellenmodell der z-Übertragungsfunktion oder Zustandsmodell.
`zgrid`	Erzeugt ein Gitternetz für konstante Dämpfung D und Kennkreisfrequenz ω_0 eines äquivalenten PT_2-Elements zur graphischen Darstellung eines dominierenden Polpaars in der z-Ebene.

[1] Die Funktionen `stairs` und `stem` gehören zu MATLAB.

Weitere Informationen gibt die online-Hilfe durch Eingabe von `help 'Funktionsname'`.

16.8 Berechnung von Zustandsregelungen mit MATLAB

16.8.1 Allgemeines

In der Zustandsdarstellung werden Regelungssysteme durch Systeme von Differentialgleichungen erster Ordnung beschrieben. Die Anwendung von Digitalrechnern wird erleichtert, da die Berechnung von Zustandsregelungen im Zeitbereich durchgeführt wird, wobei auch zeitvariante und nichtlineare Systeme sowie Regelungen mit mehreren Eingangs- und Ausgangsvariablen untersucht werden können.

Für lineare, zeitinvariante Systeme mit einer Eingangs- und einer Ausgangsgröße (single input – single output, SISO) hat das Zustandsmodell in der Matrix-Kurzschreibweise folgende Form:

$$\frac{\mathrm{d}}{\mathrm{d}t}\boldsymbol{x}(t) = \boldsymbol{A}\cdot\boldsymbol{x}(t) + \boldsymbol{b}\cdot u(t) \quad \text{(Zustandsdifferentialgleichung)},$$

$$y(t) = \boldsymbol{c}^{\mathrm{T}}\cdot\boldsymbol{x}(t) + d\cdot u(t) \quad \text{(Ausgangsgleichung)},$$

mit Systemmatrix A, Eingangsvektor b, Ausgangsvektor c^T, Durchgangsfaktor d sowie Zustandsvektor $x(t)$ und Eingangsvariable $u(t)$.

Die meisten Funktionen der *Control System Toolbox* sind auch für die Zustandsdarstellung gültig. Mit A, b, c, d werden die Zustandsmodelle ein- und ausgegeben. Zustandsmodelle lassen sich in die zugehörige Übertragungsfunktion umrechnen:

$$G(s) = c^T \cdot (s \cdot E - A)^{-1} \cdot b + d = \frac{b_m \cdot s^m + b_{m-1} \cdot s^{m-1} + \ldots + b_1 \cdot s + b_0}{a_n \cdot s^n + a_{n-1} \cdot s^{n-1} + \ldots + a_1 \cdot s + a_0}.$$

Eingabe und Konvertierung von LTI-Modellen sind in Abschnitt 16.3.2 beschrieben. Die Funktionen der *Control System Toolbox* sind auch auf Zustandsmodelle (state space, SS) mit mehreren Ein- und Ausgängen (Mehrgrößensystem, multiple input – multiple output, MIMO) anwendbar. Mit Ausnahme der Zustandsregelung mit Zustandsbeobachter in Abschnitt 16.8.7.2 werden in diesem Abschnitt Zustandsmodelle mit einem Eingang und einem Ausgang (Eingrößensystem, single input – single output, SISO) verwendet. Die Vorgehensweise beim Entwurf von Regelungen mit Zustandsrückführung ist in Kapitel 12 beschrieben.

16.8.2 Signalflußstrukturen mit Zustandsmodellen

In den Abschnitten 16.4 und 16.7.4.2 sind Funktionen zur Umformung von Signalflußplänen mit LAPLACE- und z-Übertragungsfunktionen beschrieben. Diese Funktionen können auch auf Zustandsmodelle angewendet werden. Für die Zustandsmodelle A_1, b_1, c_1, d_1 und A_2, b_2, c_2, d_2 berechnet das Script-File strukt_1.m die Zustandsdarstellung für Ketten-, Parallel- und Kreisstruktur mit indirekter Gegenkopplung.

```
%MATLAB Script-File strukt_1.m
%Signalflußstrukturen mit Zustandsmodellen
A1=[0 1; -2 -3]; b1=[0; 4]; c1=[1 0]; d1=0;    %System 1
sys1=ss(A1,b1,c1,d1);                           %Zustandsmodell sys1
A2=[1 5; -6 -8]; b2=[0; 2]; c2=[1 0]; d2=0;    %System 2
sys2=ss(A2,b2,c2,d2);                           %Zustandsmodell sys2
[AS,bS,cS,dS]=ssdata(sys1*sys2)                 %Kettenstruktur
[AP,bP,cP,dP]=ssdata(sys1+sys2)                 %Parallelstruktur
%Kreisstruktur mit indirekter Gegenkopplung
%(Vorwärtszweig: System 1, Rückführzweig: System 2):
[AF,bF,cF,dF]=ssdata(feedback(sys1,sys2))
```

Kettenstruktur:

$u(t) = u_2 \longrightarrow \boxed{A_2, b_2, c_2, d_2} \xrightarrow{y_2 = u_1} \boxed{A_1, b_1, c_1, d_1} \xrightarrow{y_1 = y(t)}$

Zustandsmodell der Kettenstruktur:

$$\frac{d}{dt}\begin{bmatrix} x_1(t) \\ \ldots \\ x_2(t) \end{bmatrix} = \underbrace{\begin{bmatrix} A_1 & \vdots & b_1 \cdot c_2^T \\ \ldots & & \ldots \\ 0 & \vdots & A_2 \end{bmatrix}}_{A_S} \cdot \begin{bmatrix} x_1(t) \\ \ldots \\ x_2(t) \end{bmatrix} + \underbrace{\begin{bmatrix} b_1 \cdot d_2 \\ \ldots \\ b_2 \end{bmatrix}}_{b_S} \cdot u(t),$$

```
» strukt_1
AS =
     0    1    0    0
    -2   -3    4    0
     0    0    1    5
     0    0   -6   -8
bS =
     0
     0
     0
     2
```

$$y(t) = \underbrace{\begin{bmatrix} \boldsymbol{c}_1^T & \vdots & d_1 \cdot \boldsymbol{c}_2^T \end{bmatrix}}_{\boldsymbol{c}_S^T} \cdot \begin{bmatrix} \boldsymbol{x}_1(t) \\ \dots \\ \boldsymbol{x}_2(t) \end{bmatrix} + \underbrace{d_1 \cdot d_2}_{d_S} \cdot u(t).$$

```
cS =
     1   0   0   0
dS =
     0
```

Parallelstruktur:

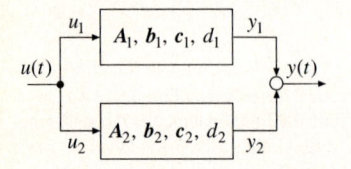

```
» strukt_1
AP =
     0    1    0    0
    -2   -3    0    0
     0    0    1    5
     0    0   -6   -8
bP =
     0
     4
     0
     2
cP =
     1    0    1    0
dP =
     0
```

Zustandsmodell der Parallelstruktur:

$$\frac{d}{dt}\begin{bmatrix} \boldsymbol{x}_1(t) \\ \dots \\ \boldsymbol{x}_2(t) \end{bmatrix} = \underbrace{\begin{bmatrix} \boldsymbol{A}_1 & \vdots & \boldsymbol{0} \\ \dots & & \dots \\ \boldsymbol{0} & \vdots & \boldsymbol{A}_2 \end{bmatrix}}_{\boldsymbol{A}_P} \cdot \begin{bmatrix} \boldsymbol{x}_1(t) \\ \dots \\ \boldsymbol{x}_2(t) \end{bmatrix} + \underbrace{\begin{bmatrix} \boldsymbol{b}_1 \\ \dots \\ \boldsymbol{b}_2 \end{bmatrix}}_{\boldsymbol{b}_P} \cdot u(t),$$

$$y(t) = \underbrace{\begin{bmatrix} \boldsymbol{c}_1^T & \vdots & \boldsymbol{c}_2^T \end{bmatrix}}_{\boldsymbol{c}_P^T} \cdot \begin{bmatrix} \boldsymbol{x}_1(t) \\ \dots \\ \boldsymbol{x}_2(t) \end{bmatrix} + \underbrace{(d_1 + d_2)}_{d_P} \cdot u(t).$$

Kreisstruktur mit indirekter Gegenkopplung:

Zustandsmodell der Kreisstruktur:

$$\frac{d}{dt}\begin{bmatrix} \boldsymbol{x}_1(t) \\ \dots \\ \boldsymbol{x}_2(t) \end{bmatrix} = \underbrace{\begin{bmatrix} \boldsymbol{A}_1 - \boldsymbol{b}_1 \cdot d_2 \cdot \boldsymbol{c}_1^T \cdot \alpha & \vdots & -\boldsymbol{b}_1 \cdot \boldsymbol{c}_2^T \cdot \alpha \\ \dots\dots\dots\dots\dots\dots\dots\dots\dots\dots\dots\dots\dots \\ \boldsymbol{b}_2 \cdot \boldsymbol{c}_1^T \cdot \alpha & \vdots & \boldsymbol{A}_2 - \boldsymbol{b}_2 \cdot d_1 \cdot \boldsymbol{c}_2^T \cdot \alpha \end{bmatrix}}_{\boldsymbol{A}_F} \cdot \begin{bmatrix} \boldsymbol{x}_1(t) \\ \dots \\ \boldsymbol{x}_2(t) \end{bmatrix} + \underbrace{\begin{bmatrix} \boldsymbol{b}_1 \cdot \alpha \\ \dots\dots \\ \boldsymbol{b}_2 \cdot d_1 \cdot \alpha \end{bmatrix}}_{\boldsymbol{b}_F} \cdot u(t),$$

$$y(t) = \underbrace{\begin{bmatrix} \boldsymbol{c}_1^T \cdot \alpha & \vdots & -d_1 \cdot \boldsymbol{c}_2^T \cdot \alpha \end{bmatrix}}_{\boldsymbol{c}_F^T} \cdot \begin{bmatrix} \boldsymbol{x}_1(t) \\ \dots \\ \boldsymbol{x}_2(t) \end{bmatrix} + \underbrace{d_1 \cdot \alpha}_{d_F} \cdot u(t), \quad \alpha = \frac{1}{1 + d_1 \cdot d_2}.$$

```
» strukt_1

AF =
     0   1   0   0
    -2  -3  -4   0
     0   0   1   5
     2   0  -6  -8

bF =
     0
     4
     0
     0

cF =
     1   0   0   0

dF =
     0
```

Für die Zustandsmodelle A_1, b_1, c_1, d_1, Zustandsvektor $x_1(t)$ mit den Komponenten $x_{1,1}(t)$, $x_{1,2}(t)$ und A_2, b_2, c_2, d_2, Zustandsvektor $x_2(t)$ mit den Komponenten $x_{2,1}(t)$, $x_{2,2}(t)$ ist die Modellordnung $n_1 = n_2 = 2$. Die Zustandsmodelle der Ketten-, Parallel- und Kreisstruktur haben die Ordnung $n = n_1 + n_2 = 4$, der Zustandsvektor enthält $n = 4$ Zustandsvariablen: $x(t)$ mit den Zustandsvektoren $x_1(t)$, $x_2(t)$ und den Komponenten $x_{1,1}(t)$, $x_{1,2}(t)$, $x_{2,1}(t)$, $x_{2,2}(t)$.

16.8.3 Lösung der Zustandsgleichung

16.8.3.1 Lösung der homogenen Zustandsgleichung

In Abschnitt 12.2.2 wird die allgemeine Lösung der Zustandsgleichung hergeleitet. Für Systeme mit einer Eingangs- und einer Ausgangsgröße ergibt sich folgende Form:

$$x(t) = x_h(t) + x_p(t) = e^{A \cdot (t-t_0)} \cdot x(t_0) + \int_{t_0}^{t} e^{-A \cdot (t-\tau)} \cdot b \cdot u(\tau) \cdot d\tau.$$

Der homogene Lösungsanteil $x_h(t) = e^{A \cdot (t-t_0)} \cdot x(t_0)$ wird in Abhängigkeit der Anfangswerte $x(t_0)$ mit der Matrix-e-Funktion (Transitionsmatrix)

$$\Phi(t) = e^{A \cdot t}$$

berechnet. In Beispiel 12.2-4 wird für ein PT_2-System

$$\frac{d}{dt}\begin{bmatrix} x_1(t) \\ x_2(t) \end{bmatrix} = \begin{bmatrix} 0 & 1 \\ -\omega_{0S}^2 & -2 \cdot D_S \cdot \omega_{0S} \end{bmatrix} \cdot \begin{bmatrix} x_1(t) \\ x_2(t) \end{bmatrix} + \begin{bmatrix} 0 \\ K_S \cdot \omega_{0S}^2 \end{bmatrix} \cdot u(t),$$

$$y(t) = [1 \quad 0] \cdot \begin{bmatrix} x_1(t) \\ x_2(t) \end{bmatrix},$$

$$K_S = 1, \quad D_S = 1, \quad \omega_{0S} = 1\,\text{s}^{-1}, \quad x_1(t_0) = 0.5, \quad x_2(t_0) = 0.2,$$

der Zeitverlauf der Sprungantwort mit Anfangswerten berechnet und in den Bildern 12.2-7,8 aufgezeichnet. Mit dem Script-File hom_zg_1.m wird die Transitionsmatrix und die Lösung der homogenen Zustandsgleichung für $t_1 = 2$ s numerisch ermittelt.

```
%MATLAB Script-File hom_zg_1.m
%Transitionsmatrix u. Lösung der homogenen Zustandsgleichung
KS=1; DS=1; w0S=1;                %PT2-Strecke
A=[0 1; -w0S^2 -2*DS*w0S];        %Systemmatrix
x0=[0.5; 0.2];                    %Anfangswerte x10, x20
t1=2;                             %t1=2 Sekunden
Matrix_e_Fkt=expm(A*t1)           %Transitionsmatrix
disp('Lösung der homogenen Zustandsgleichung:')
disp('(x1(t1), x2(t1), t1=2 Sekunden)')
x=Matrix_e_Fkt*x0
```

» hom_zg_1

Matrix_e_Fkt =
    0.4060   0.2707
   -0.2707   -0.1353

Lösung der homogenen Zustandsgleichung:
(x1(t1), x2(t1), t1=2 Sekunden)

x =
    0.2571 $x_1(t_1)$
   -0.1624 $x_2(t_1)$

Die berechneten Funktionswerte sind im Zeitverlauf der PT_2-Anfangswertantworten in Bild 16.8-1 (oberes Teilbild, Abschnitt 16.8.3.2) enthalten.

Mit der MATLAB-Funktion

Matrix_e_Fkt=expm(A*t1)

wird die Transitionsmatrix für die Systemmatrix *A* und den Zeitpunkt t_1 berechnet.

16.8.3.2 Lösung der inhomogenen Zustandsgleichung

Für das in Beispiel 12.2-4 und in Abschnitt 16.8.3.1 verwendete PT_2-System wird die inhomogene Lösung für eine Einheits-Sprungfunktion mit dem Script-File inhom_zg_1.m berechnet.

```
%MATLAB Script-File inhom_zg_1.m
%Lösung der inhomogenen Zustandsgleichung
KS=1; DS=1; w0S=1;                          %PT2-Strecke
A=[0 1; -w0S^2 -2*DS*w0S];                  %Systemmatrix
b=[0; KS*w0S^2];                            %Eingangsvektor
c=[1 0];                                    %Ausgangsvektor
d=0;                                        %Durchgangsfaktor
sys=ss(A,b,c,d);                            %Zustandsmodell
x0=[0.5 0.2];                               %Anfangswerte x10, x20
t=0:0.01:8;                                 %Vektor der Zeitwerte
x=zeros(length(t),2);                       %Vordefinition Vektor x

[y,t,x]=initial(sys,x0,t);                  %Anfangswertantwort

subplot(211), plot(t,x(:,1),t,x(:,2))
grid                                        %kartesische Gitterlinien
title('\it{PT}_2\it{-Anfangswertantworten}') %Titel der Graphik
```

```
text(1.3,0.25,'\it{x}_1\it{(t)}')        %Bezeichnung der Kurve
text(1.3,-0.1,'\it{x}_2\it{(t)}')        %Bezeichnung der Kurve
xlabel('\it{Zeit t/s}')                  %Beschriftung Abszisse
ylabel('\it{x}_1\it{(t), x}_2\it{(t)}')  %Beschriftung Ordinate

u=ones(1,length(t));                     %Einheits-Sprungfunktion

[y,t,x]=lsim(sys,u,t,x0);                %Sprungantwort mit Anfangswerten
subplot(212), plot(t,x(:,1),t,x(:,2))
grid                                     %kartesische Gitterlinien
title('\it{PT}_2\it{-Sprungantworten mit Anfangswerten}')
text(1.4,0.73,'\it{x}_1\it{(t)}')        %Bezeichnung der Kurve
text(1.4,0.2,'\it{x}_2\it{(t)}')         %Bezeichnung der Kurve
xlabel('\it{Zeit t/s}')                  %Beschriftung Abszisse
ylabel('\it{x}_1\it{(t), x}_2\it{(t)}')  %Beschriftung Ordinate
```

In Bild 16.8-1 ist im oberen Teilbild die Lösung der homogenen Zustandsgleichung für die Anfangswerte $x_1(t_0) = 0.5$, $x_2(t_0) = 0.2$ aufgezeichnet. Das untere Teilbild enthält die Einheits-Sprungantwort mit Berücksichtigung der Anfangswerte (Lösung der inhomogenen Zustandsgleichung).

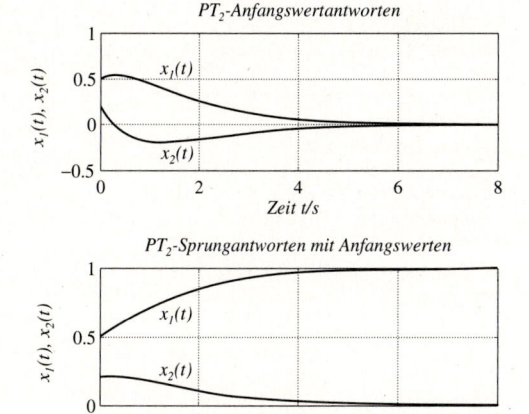

Bild 16.8-1: Lösung der homogenen Zustandsgleichung (oben) und der inhomogenen Zustandsgleichung (Einheits-Sprungantwort mit Anfangswerten, unten) für ein PT_2-System (`inhom_zg_1.m`*)*

Die Lösung der homogenen Zustandsgleichung für die Anfangswerte x_0 wird mit der Funktion

`[y,t,x]=initial(sys,x0,t)`

ermittelt, die nur für Zustandsmodelle existiert. Die berechneten Zeitfunktionen sind: y (Ausgangsvariable) und x (Zustandsvariablen). Für Eingangssignale u mit beliebigen Zeitverläufen wird die Funktion

`[y,t,x]=lsim(sys,u,t,x0)`

eingesetzt, Anfangswerte x0 $\neq$ 0 sind zugelassen. Die in den Abschnitten 16.5 und 16.7.4 verwendeten Funktionen

```
[y,t,x]=impulse(A,b,c,d,t)      (Einheits-Impulsantwort),
[y,t,x]=step(A,b,c,d,t)         (Sprungantwort),
[y,t,x]=lsim(A,b,c,d,u,t,x0)    (Antwortfunktion für beliebige Eingangssignale)
```

zur Berechnung von Antwortfunktionen sind auch für Zustandsmodelle anwendbar. Werden die Funktionen ohne Ausgangsvariablen geschrieben, dann wird die Antwortfunktion direkt auf dem Bildschirm ausgegeben.

16.8.4 Modellkonversion: Übertragungsfunktion und Zustandsdarstellung

Im Script-File konvers_1.m wird die Übertragungsfunktion

$$G(s) = \frac{s^2 + 4 \cdot s + 5}{s \cdot (s^2 + 2 \cdot s + 5)} = \frac{(s+2-j) \cdot (s+2+j)}{s \cdot (s+1-j2) \cdot (s+1+j2)}$$

erzeugt und der Pol-Nullstellenplan berechnet. Anschließend wird die Übertragungsfunktion in ein Zustandsmodell und in das Pol-Nullstellenmodell konvertiert und die Daten ausgegeben.

```
%MATLAB Script-File konvers_1.m
%Modellkonversionen
numG=[0 1 4 5]; denG=[1 2 5 0];    %Zähler-, Nennerpolynom von G(s)
G=tf(numG,denG)                     %G(s) ausgeben
pzmap(G)                            %Pol-Nullstellenplan ausgeben
axis([-4,1,-2,2])                   %Skalierung
axis('equal')                       %gleicher Skalierungsfaktor
sgrid([0:0.1:1],[0:0.2:2])          %Gitterlinien für D, w0
title('\it{s-Ebene}')               %Titel der Graphik
disp('Zustandsmodell (controller canonical form):')
sys_ss=ss(G);                       %G(s)->Zustandsmodell
[A,b,c,d]=ssdata(sys_ss)            %Zustandsmodell ausgeben
disp('Pol-Nullstellenmodell:')
[nul,pol,K0]=zpkdata(G,'v')         %G(s)->Pol-Nullstellenmod. ausgeben
```

Mit der Funktion

```
sys_ss=ss(G)
```

wird die Übertragungsfunktion G in ein Zustandsmodell sys_ss konvertiert und mit

```
[A,b,c,d]=ssdata(G)
```

werden die Daten ausgegeben. Mit

```
[nul,pol,K0]=zpkdata(G,'v')
```

wird die Übertragungsfunktion in das Pol-Nullstellenmodell konvertiert und die Nullstellen, Polstellen und der konstante Faktor ausgegeben.

```
» konvers_1

Transfer function:
   s^2 + 4 s + 5
  -----------------
  s^3 + 2 s^2 + 5 s
```

Zustandsmodell (controller canonical form):

```
A =
    -2.0000   -1.2500        0
     4.0000        0         0
          0   1.0000         0
b =
     2
     0
     0
c =
    0.5000    0.5000    0.6250
d =
     0
```

Pol-Nullstellenmodell:

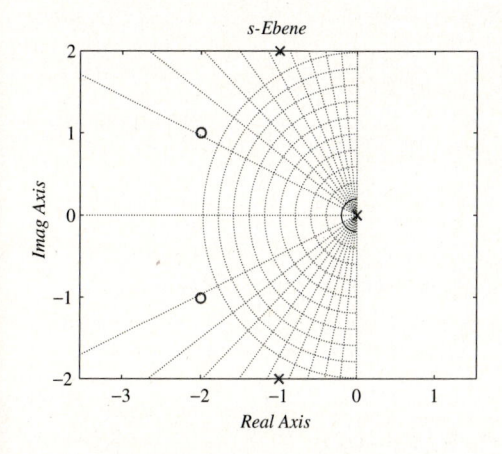

```
nul =
   -2.0000 + 1.0000i
   -2.0000 - 1.0000i
pol =
         0
   -1.0000 + 2.0000i
   -1.0000 - 2.0000i
K0 =
     1
```

Bild 16.8-2: Pol-Nullstellenplan der Übertragungsfunktion (konvers_1.m)

Die Eigenwerte der Systemmatrix A werden mit der Funktion eig berechnet:

```
» Eigenwerte=eig(sys_ss)

Eigenwerte =
         0
   -1.0000 + 2.0000i
   -1.0000 - 2.0000i
```

Die Eigenwerte der Systemmatrix sind die Polstellen der zugehörigen Übertragungsfunktion. Mit `tzero` lassen sich die Nullstellen der Übertragungsfunktion bestimmen:

```
» Nullstellen=tzero(sys_ss)
Nullstellen =
   -2.0000 + 1.0000i
   -2.0000 - 1.0000i
```

Die Funktion `damp` tabelliert Eigenwerte (Polstellen), Dämpfung und Kennkreisfrequenz der Systemmatrix:

```
» damp(sys_ss)
    Eigenvalue                    Damping       Freq. (rad/sec)
    0.00e+000                    -1.00e+000      0.00e+000
   -1.00e+000 + 2.00e+000i        4.47e-001      2.24e+000
   -1.00e+000 - 2.00e+000i        4.47e-001      2.24e+000
```

16.8.5 Steuerbarkeit und Beobachtbarkeit

16.8.5.1 Untersuchung eines Regelungssystems auf Steuerbarkeit

Für die Anwendung von Zustandsregelungen müssen alle Zustandsvariablen der Regelstrecke durch die Stellgröße beeinflußt werden können, d. h. die Regelstrecke muß vollständig steuerbar sein. Die Vorgehensweise bei der Untersuchung auf Steuerbarkeit ist in Abschnitt 12.2.5.1 beschrieben. Dabei wird mit Systemmatrix A und Eingangsvektor b des Zustandsmodells die Steuerbarkeitsmatrix

$$Q_S = [b, A \cdot b, A^2 \cdot b, \ldots, A^{n-1} \cdot b] \quad (n = \text{Ordnung des Systems}),$$

gebildet. Alle Zustandsvariablen sind steuerbar, wenn die Determinante det $Q_S \neq$ Null ist. Dies ist dann der Fall, wenn der Rang der Steuerbarkeitsmatrix gleich der Systemordnung ist.

In Abschnitt 12.2.5.3 wird die Steuerbarkeit eines Regelungssystems mit PT_1-Regelstrecke und PDT_1-Regler mit folgenden Zustandsgleichungen untersucht:

$$\frac{d}{dt}x(t) = \begin{bmatrix} -\dfrac{1}{T_S} & \dfrac{K_S}{T_S} \cdot \left(1 - \dfrac{T_V}{T_1}\right) \\ 0 & -\dfrac{1}{T_1} \end{bmatrix} \cdot x(t) + \begin{bmatrix} \dfrac{K_R \cdot K_S \cdot T_V}{T_1 \cdot T_S} \\ \dfrac{K_R}{T_1} \end{bmatrix} \cdot u(t), \quad y(t) = [1 \ 0] \cdot x(t).$$

Die zugehörige Übertragungsfunktion lautet:

$$G_{RS}(s) = \frac{K_R \cdot (1 + T_V \cdot s)}{1 + T_1 \cdot s} \cdot \frac{K_S}{1 + s \cdot T_S}.$$

Für das Beispiel wird die Steuerbarkeit mit dem Script-File `steuer_1.m` numerisch geprüft.

```
%MATLAB Script-File steuer_1.m          %Steuerbarkeit eines Regelungssystems
KS=2; KR=3; TS=10; T1=1;                %Parameter
TV=input('TV=');                        %Eingabe TV
A=[-1/TS KS*(1-TV/T1)/TS; 0 -1/T1];     %Systemmatrix
b=[KR*KS*TV/(T1*TS); KR/T1];            %Eingangsvektor
c=[1, 0];                               %Ausgangsvektor
d=0;                                    %Durchgangsfaktor
Modellordnung=length(A)
QS=ctrb(A,b)                            %Steuerbarkeitsmatrix
Rang_QS=rank(QS)                        %Rang der Steuerbarkeitsmatrix
sys_min=minreal(ss(A,b,c,d));           %minimales Zustandsmodell
GRS_min=zpk(sys_min)                    %minimale Übertragungsfunktion
```

```
» steuer_1                          » steuer_1
TV=5                                TV=10
Modellordnung =                     Modellordnung =
     2                                   2
QS =                                QS =
   3.0000  -2.7000                     6  -6
   3.0000  -3.0000                     3  -3
Rang_QS =                           Rang_QS =
     2                                   1
                                    1 state(s) removed
Zero/pole/gain:                     Zero/pole/gain:
  3 (s+0.2)                            6
  -------------                        -----
  (s+0.1) (s+1)                        (s+1)
```

Die Zustandsdifferentialgleichung des Systems hat die Ordnung (Modellordnung) $n = 2$. Der Rang der Steuerbarkeitsmatrix Q_S (Rang_QS) ist $r = 2$. Für $T_V = T_S = 10$ s entsteht eine Kürzung in der Übertragungsfunktion, die Determinante der Steuerbarkeitsmatrix ist Null, der Rang der Steuerbarkeitsmatrix ist $r = 1$, das System ist nicht vollständig steuerbar. Die Zustandsvariable $x_2(t)$ ist durch die Eingangsvariable $u(t)$ nicht beeinflußbar.

Die Funktion minreal ermittelt ein vereinfachtes Modell (Minimalrealisierung) des Übertragungssystems. Sie entfernt nicht steuerbare oder nicht beobachtbare Zustandsvariablen im Zustandsmodell, das entspricht einer Kürzung in der Übertragungsfunktion oder im Pol-Nullstellenmodell GRS_min.

16.8.5.2 Untersuchung eines Regelungssystems auf Beobachtbarkeit

Für den Aufbau von Zustandsbeobachtern muß der Zeitverlauf aller Zustandsvariablen durch Messung der Ausgangsvariablen ermittelt werden können, d. h. die Regelstrecke muß vollständig beobachtbar sein. In Abschnitt 12.2.5.2 ist das Verfahren zur Untersuchung der Beobachtbarkeit beschrieben. Mit der Systemmatrix A und dem Ausgangsvektor c^T wird die Beobachtbarkeitsmatrix gebildet:

$$Q_B = \begin{bmatrix} c^T \\ c^T \cdot A \\ c^T \cdot A^2 \\ \vdots \\ c^T \cdot A^{n-1} \end{bmatrix} \quad (n = \text{Ordnung des Systems}).$$

Wenn die Determinante det $Q_B \neq$ Null ist, dann ist der Rang der Beobachtbarkeitsmatrix gleich der Systemordnung, alle Zustandsvariablen sind beobachtbar.

In den Abschnitten 12.2.5.3 und 16.7.5.1 wird die Steuerbarkeit eines Regelungssystems untersucht und in Abschnitt 12.2.5.3 zusätzlich die Beobachtbarkeit. Mit dem Script-File beobacht_1.m wird die Beobachtbarkeit numerisch geprüft.

```
%MATLAB Script-File beobacht_1.m
%Beobachtbarkeit eines Regelungssystems
KR=3; TS=10; T1=1;                  %Parameter
KS=input('KS=');                    %Eingabe KS
TV=input('TV=');                    %Eingabe TV
A=[-1/TS KS*(1-TV/T1)/TS; 0 -1/T1];  %Systemmatrix
b=[KR*KS*TV/(T1*TS); KR/T1];         %Eingangsvektor
```

```
c=[1 0];                                %Ausgangsvektor
d=0;                                    %Durchgangsfaktor
Modellordnung=length(A)
QB=obsv(A,c)                            %Beobachtbarkeitsmatrix
Rang_QB=rank(QB)                        %Rang der Beobachtbarkeitsmatrix
sys_min=minreal(ss(A,b,c,d));           %minimales Zustandsmodell
GRS_min=zpk(sys_min)                    %minimale Übertragungsfunktion
```

```
» beobacht_1              » beobacht_1              » beobacht_1
KS=2                      KS=0                      KS=2
TV=5                      TV=5                      TV=1
Modellordnung =           Modellordnung =           Modellordnung =
     2                         2                         2
QB =                      QB =                      QB =
    1.0000         0          1.0000         0          1.0000         0
   -0.1000    -0.800         -0.1000         0         -0.1000         0
Rang_QB =                 Rang_QB =                 Rang_QB =
     2                         1                         1
                          2 state(s) removed        1 state(s) removed
Zero/pole/gain:           Zero/pole/gain:           Zero/pole/gain:
   3 (s+0.2)                 0                         0.6
  -------------                                      -------
  (s+0.1) (s+1)            Static gain.               (s+0.1)
```

Für $K_S \neq 0$ und $T_V \neq T_1 = 1$ s ist der Rang der Beobachtbarkeitsmatrix Q_B (Rang_QB) gleich der Modellordnung $n = 2$. Für $K_S = 0$ oder für $T_V = T_1$ wird die Determinante der Beobachtbarkeitsmatrix Null, der Rang der Beobachtbarkeitsmatrix ist $r = 1$, das System ist nicht vollständig beobachtbar. Für $T_V = T_1$ kann die Zustandsvariable $x_2(t)$ durch Messung der Ausgangsvariablen nicht ermittelt werden. Nicht beobachtbare Zustandsvariablen werden im Zustandsmodell mit `minreal` entfernt, Übertragungsfunktion oder Pol-Nullstellenmodell werden gekürzt.

16.8.6 Ähnlichkeitstransformationen

16.8.6.1 Transformation auf Regelungsnormalform

Übertragungs- und Frequenzgangfunktionen von Übertragungssystemen haben einheitliche Form. Im Zeitbereich gibt es dagegen mehrere Darstellungsformen für Zustandsmodelle, von denen sogenannte Normalformen (kanonische Formen) in der Regelungstechnik von Bedeutung sind. Zwei wichtige Normalformen zur systematischen Berechnung von Zustandsregelungen sind

- Regelungsnormalform und
- Beobachtungsnormalform.

Bei der Bestimmung des Rückführvektors der Zustandsregelung wird die Regelungsnormalform verwendet. Die Vorgehensweise bei der Ermittlung der Transformationsmatrix T_R zur Transformation auf Regelungsnormalform ist in Abschnitt 12.2.6.2 beschrieben und umfaßt folgende Schritte:

- Steuerbarkeitsmatrix Q_S berechnen,
- Q_S invertieren,
- T_R mit der Systemmatrix A und der letzten Zeile q_{Sn}^T der inversen Steuerbarkeitsmatrix bilden.

Nur für steuerbare Regelungssysteme existiert T_R und damit die Regelungsnormalform, da sonst die Steuerbarkeitsmatrix nicht invertiert werden kann.

Mit dem Function-File T_RNFORM_1.m wird die Transformationsmatrix T_R berechnet und Systeme (A, b, c, d) mit beliebiger Zustandsdarstellung in die Regelungsnormalform (A_R, b_R, c_R, d_R) überführt. Für das PT_2-System

$$\frac{\mathrm{d}}{\mathrm{d}t}\begin{bmatrix} x_1(t) \\ x_2(t) \end{bmatrix} = \begin{bmatrix} 0 & 1 \\ -\omega_{0S}^2 & -2 \cdot D_S \cdot \omega_{0S} \end{bmatrix} \cdot \begin{bmatrix} x_1(t) \\ x_2(t) \end{bmatrix} + \begin{bmatrix} 0 \\ K_S \cdot \omega_{0S}^2 \end{bmatrix} \cdot u(t),$$

$$y(t) = [1 \quad 0] \cdot \begin{bmatrix} x_1(t) \\ x_2(t) \end{bmatrix}, \quad K_S = 1, \quad D_S = 1, \quad \omega_{0S} = 1 \, \mathrm{s}^{-1},$$

wird in Beispiel 12.2-4,5 und Abschnitt 16.8.3.1 die Sprungantwort berechnet. In Beispiel 12.2-11 wird die Regelungsnormalform in symbolischer Form ermittelt.

```
%MATLAB Function-File T_RNFORM_1.m
%Transformation auf Regelungsnormalform

function[sysR,TR]=T_RNFORM_1(sys)
A=sys.a;                    %Systemmatrix des Zustandsmodells sys
b=sys.b;                    %Eingangsvektor des Zustandsmodells sys
n=length(A);                %Systemordnung
QS=ctrb(A,b);               %Steuerbarkeitsmatrix
QS_1=inv(QS);               %inverse "
qSn=QS_1(n,:);              %letzte Zeile von QS_1
for i=1:n                   %Ähnlichkeitstransformation
    TR(i,:)=qSn*A^(i-1);    %mit Matrix TR auf
end                         %Regelungsnormalform
sysR=ss2ss(sys,TR);         %Zustandsmodell in Regelungsnormalform
```

Für das PT_2-System wird das Zustandsmodell eingegeben, die Regelungsnormalform mit T_RNFORM_1.m berechnet und ausgegeben:

```
» A=[0 1; -1 -2]; b=[0; 1]; c=[1 0]; d=0;
» sys=ss(A,b,c,d);
» [sysR,TR]=T_RNFORM_1(sys);
» [AR,bR,cR,dR]=ssdata(sysR)

AR =
     0     1
    -1    -2

bR =
     0
     1

cR =
     1     0

dR =
     0
```

Mit der Funktion

sysR=ss2ss(sys,TR) (state space to state space)

werden Ähnlichkeitstransformationen durchgeführt. Die Transformationsmatrix TR wird eingegeben.

16.8.6.2 Transformation auf Beobachtungsnormalform

Für die systematische Vorgehensweise bei der Bestimmung des Beobachtungsvektors von Zustandsbeobachtern wird die Beobachtungsnormalform benötigt. In Abschnitt 12.2.6.3 ist die Berechnung der Transformationsmatrix T_B zur Transformation auf Beobachtungsnormalform beschrieben:

- Beobachtbarkeitsmatrix Q_B berechnen,
- Q_B invertieren,
- inverse Matrix T_B^{-1} mit der Systemmatrix A und der letzten Spalte q_{Bn} der inversen Beobachtbarkeitsmatrix bilden.

T_B^{-1} und damit die Beobachtungsnormalform kann nur für beobachtbare Systeme gebildet werden, da sonst die Beobachtbarkeitsmatrix nicht invertiert werden kann.

Mit dem Function-File T_BNFORM_1.m wird die Transformationsmatrix T_B berechnet und Systeme (A, b, c, d) mit beliebiger Zustandsdarstellung in die Beobachtungsnormalform (A_B, b_B, c_B, d_B) überführt. Für das PT$_2$-System

$$\frac{d}{dt}\begin{bmatrix} x_1(t) \\ x_2(t) \end{bmatrix} = \begin{bmatrix} 0 & 1 \\ -\omega_{0S}^2 & -2 \cdot D_S \cdot \omega_{0S} \end{bmatrix} \cdot \begin{bmatrix} x_1(t) \\ x_2(t) \end{bmatrix} + \begin{bmatrix} 0 \\ K_S \cdot \omega_{0S}^2 \end{bmatrix} \cdot u(t),$$

$$y(t) = [1 \quad 0] \cdot \begin{bmatrix} x_1(t) \\ x_2(t) \end{bmatrix}, \quad K_S = 1, \quad D_S = 1, \quad \omega_{0S} = 1\,\mathrm{s}^{-1},$$

wird in Beispiel 12.2-4,5 und Abschnitt 16.8.3.2 die Sprungantwort berechnet. In Beispiel 12.2-12 wird die Beobachtungsnormalform in symbolischer Form ermittelt.

```
%MATLAB Function-File T_BNFORM_1.m
%Transformation auf Beobachtungsnormalform

function[sysB,TB]=T_BNFORM_1(sys)
A=sys.a;                    %Systemmatrix des Zustandsmodells sys
c=sys.c;                    %Ausgangsvektor des Zustandsmodells sys
n=length(A);                %Systemordnung
QB=obsv(A,c);               %Beobachtbarkeitsmatrix
QB_1=inv(QB);               %inverse "
qBn=QB_1(:,n);              %letzte Spalte von QB_1
for i=1:n                   %Ähnlichkeitstransformation
    TB_1(:,i)=A^(i-1)*qBn;  %mit Matrix TB auf Beobachtungsnormalform
end
TB=inv(TB_1);
sysB=ss2ss(sys,TB);         %Zustandsmodell in Beobachtungsnormalform
```

Das Zustandsmodell des PT$_2$-Systems wird eingegeben, die Beobachtungsnormalform mit T_BNFORM_1.m berechnet und ausgegeben:

```
>> A=[0 1; -1 -2]; b=[0; 1]; c=[1 0]; d=0;
>> sys=ss(A,b,c,d);
>> [sysB,TB]=T_BNFORM_1(sys);
>> [AB,bB,cB,dB]=ssdata(sysB)

AB =
     0    -1
     1    -2
```

```
bB =
     1
     0

cB =
     0     1

dB =
     0
```

16.8.7 Zustandsregelungen

16.8.7.1 Zustandsregelung einer PT$_2$-Regelstrecke

Die Rückführung aller Zustandsvariablen ist das kennzeichnende Merkmal von Zustandsregelungen. Dies ermöglicht die freie Wahl der Pole oder Eigenwerte des geschlossenen Regelkreises und damit die Vorgabe der Regeldynamik. Voraussetzung ist die Steuerbarkeit der Regelstrecke, d. h., alle Zustandsvariablen müssen durch die Stellgröße beeinflußt werden können. Die Berechnung von Zustandsreglern (Abschnitt 12.3) wird vereinfacht, wenn das Zustandsmodell der Regelstrecke in Regelungsnormalform vorliegt.

In Beispiel 12.2-11 wird in allgemeiner Form die Steuerbarkeit einer PT$_2$-Regelstrecke geprüft und auf Regelungsnormalform transformiert. In Abschnitt 16.8.6.1 wird die Transformation auf Regelungsnormalform numerisch durchgeführt. Systemmatrix A_R, Eingangs- b_R, Ausgangsvektor c_R^T und Durchgangsfaktor d_R ergeben sich in Regelungsnormalform zu:

$$\frac{d}{dt}\begin{bmatrix} x_{1R}(t) \\ x_{2R}(t) \end{bmatrix} = \underbrace{\begin{bmatrix} 0 & 1 \\ -\omega_{0S}^2 & -2\cdot D_S \cdot \omega_{0S} \end{bmatrix}}_{A_R} \cdot \begin{bmatrix} x_{1R}(t) \\ x_{2R}(t) \end{bmatrix} + \underbrace{\begin{bmatrix} 0 \\ 1 \end{bmatrix}}_{b_R} \cdot u(t)$$

$$y(t) = \underbrace{\begin{bmatrix} K_S \cdot \omega_{0S}^2 & 0 \end{bmatrix}}_{c_R^T} \cdot \begin{bmatrix} x_{1R}(t) \\ x_{2R}(t) \end{bmatrix}, \quad d_R = 0,$$

$$K_S = 1, \quad D_S = 1, \quad \omega_{0S} = 1\,\text{s}^{-1}.$$

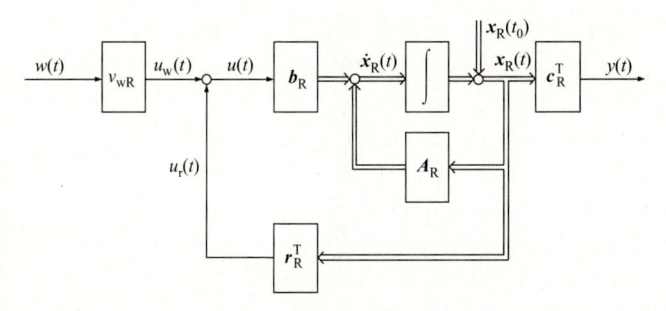

Bild 16.8-3: Signalflußbild der Zustandsregelung in Regelungsnormalform

Entsprechend dem in Abschnitt 12.3.2.1 beschriebenen und in Beispiel 12.3-2 angewendeten Verfahren der Polvorgabe

$$\det\left[s \cdot E - (A_R + b_R \cdot r_R^T)\right] = s^2 + (2\cdot D_S \cdot \omega_{0S} - r_{2R})\cdot s + \omega_{0S}^2 - r_{1R} = (s - s_{p1Z})\cdot (s - s_{p2Z})$$

werden die Reglerparameter r_{1R}, r_{2R} für die vorgegebenen Pole s_{p1Z}, s_{p2Z} bestimmt. Das Vorfilter

$$v_{wR} = -\left[c_R^T \cdot (A_R + b_R \cdot r_R^T)^{-1} \cdot b_R\right]^{-1} = \frac{\omega_{0S}^2 - r_{1R}}{K_S \cdot \omega_{0S}^2}$$

kompensiert stationäre Regeldifferenzen für konstante Führungsgrößen. Im Script-File zupt2_1.m wird die Zustandsregelung numerisch berechnet und die Sprungantwort erzeugt.

```
%MATLAB Script-File zupt2_1.m
%Zustandsregelung einer PT2-Strecke
KS=1; w0S=1; DS=0.707;              %Streckenparameter
numGS=KS*w0S^2;                     %Zählerpolynom der Strecke
denGS=[1 2*DS*w0S w0S^2];           %Nennerpolynom der Strecke
sys=ss(tf(numGS,denGS));            %GS(s) --> Zustandsmodell
[sysR,TR]=T_RNFORM_1(sys);          %Zustandsmodell in Regelungsnormalform
                                    %mit Function-File T_RNFORM_1.m
subplot(121)                        %Teilbild links
hold on                             %Kurve nicht überschreiben
for i=[1 2 4]
    w0Z=i*w0S;                      %w0 der Zustandsregelung
    sp1Z=w0Z*(-DS+j*sqrt(1-DS^2));  %Pole der
    sp2Z=w0Z*(-DS-j*sqrt(1-DS^2));  %Zustandsregelung
    poleZ=[sp1Z,sp2Z];              %Zeilenvektor der Vorgabepole
    AR=sysR.a;                      %Systemmatrix von sysR
    bR=sysR.b;                      %Eingangsvektor von sysR
    rR=acker(AR,bR,poleZ);          %Rückführkoeffizienten
    rR=-rR;                         %sind positiv
    vwR=(w0S^2-rR(1))/(KS*w0S^2);   %Vorfilter
    AS=AR+bR*rR;                    %Systemmatrix der Zustandsregelung
    bS=vwR*bR;                      %Eingangsvektor der Zustandsregelung
    cR=sysR.c;                      %Ausgangsvektor von sysR
    dR=sysR.d;                      %Durchgangsfaktor von sysR
    step(AS,bS,cR,dR)               %Sprungantwort
    grid                            %kartesische Gitterlinien
end
text(.1,1.07,'\it{4*}\it{\omega}_{0S}')  %Bezeichnung der Kurve
text(2.,1.07,'\it{2*}\it{\omega}_{0S}')
text(5,1.07,'\it{\omega}_{0S}')
hold off
subplot(122),                       %rechtes Teilbild
pzmap([sp1Z,sp2Z],[])               %Pol-Nullstellenplan
axis([-4,0,-4,4])                   %Skalierung
sgrid([0:0.1:1],[0:0.4:4])          %Gitterlinien für D, w0
axis('equal')                       %gleicher Skalierungsfaktor
```

Die Funktion

sys=ss(tf(numGS,denGS))

liefert ein Zustandsmodell für die Übertragungsfunktion der PT_2-Strecke. Mit der Funktion

[sysR,TR]=T_RNFORM_1(sys)

wird die Transformationsmatrix TR zur Transformation des Systems auf Regelungsnormalform ermittelt und das Zustandsmodell auf Regelungsnormalform (sysR, AR, bR, cR, dR) gebracht.

Für die im Vektor `poleZ` vorgegebenen Pole der Zustandsregelung berechnet die ACKERMANN-Formel

`rR=acker(AR,bR,poleZ)`

den Rückführvektor `rR`. Der Rückführvektor muß noch negiert werden, da die Rückführung im Signalflußbild 16.8-3 positiv wirkt. Bild 16.8-4 zeigt das Sprungverhalten für verschiedene Kennkreisfrequenzen $\omega_{0Z} = \omega_{0S}, 2 \cdot \omega_{0S}, 4 \cdot \omega_{0S}$ des Polpaars der Zustandsregelung.

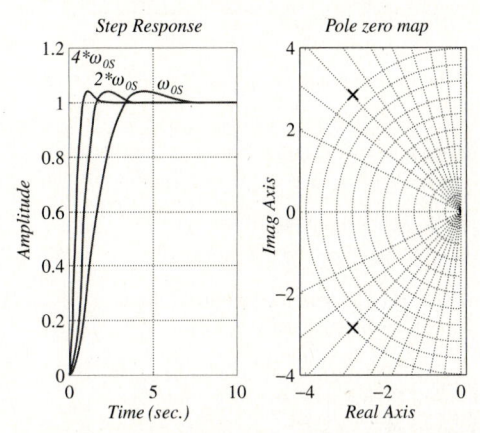

Bild 16.8-4: Führungssprungantwortfunktionen der Zustandsregelung einer PT_2-Regelstrecke, Pol-Nullstellenplan für $\omega_{0Z} = 4 \cdot \omega_{0S}$ (`zupt2_1.m`)

16.8.7.2 Zustandsregelung mit Zustandsbeobachter

Häufig können in der Praxis nicht alle Zustandsvariablen gemessen und zurückgeführt werden. Die nicht meßbaren Zustandsvariablen lassen sich mit einem Zustandsbeobachter ermitteln. Dabei wird ein mathematisches Modell der Regelstrecke in Form eines Rechnerprogramms in einem Digitalrechner der realen Regelstrecke parallel geschaltet. Die Eingangsvariable (Stellgröße) wirkt auf beide Systeme. Die Ausgangsgrößen von Regelstrecke und Beobachter werden verglichen und der Beobachtungsfehler ermittelt. Eine zusätzliche, dem Zustandsbeobachter überlagerte, Regelung regelt den Beobachtungsfehler asymptotisch zu Null. Arbeitsweise und Auslegung von Zustandsbeobachtern sind in Abschnitt 12.3.3 beschrieben.

In Abschnitt 16.8.7.1 wird die Zustandsregelung einer PT_2-Strecke untersucht. Zur Berechnung des Zustandsreglers wird das Zustandsmodell in Regelungsnormalform verwendet:

$$\frac{d}{dt}\begin{bmatrix} x_{1R}(t) \\ x_{2R}(t) \end{bmatrix} = \underbrace{\begin{bmatrix} 0 & 1 \\ -\omega_{0S}^2 & -2 \cdot D_S \cdot \omega_{0S} \end{bmatrix}}_{A_R} \cdot \begin{bmatrix} x_{1R}(t) \\ x_{2R}(t) \end{bmatrix} + \underbrace{\begin{bmatrix} 0 \\ 1 \end{bmatrix}}_{b_R} \cdot u(t),$$

$$y(t) = \underbrace{\begin{bmatrix} K_S \cdot \omega_{0S}^2 & 0 \end{bmatrix}}_{c_R^T} \cdot \begin{bmatrix} x_{1R}(t) \\ x_{2R}(t) \end{bmatrix}, \quad d_R = 0,$$

$$K_S = 1, \quad D_S = 1, \quad \omega_{0S} = 1\,\text{s}^{-1}.$$

Die Berechnung des Rückführvektors l_B von Beobachtern wird vereinfacht, wenn das Zustandsmodell der Regelstrecke in der Beobachtungsnormalform vorliegt. Dazu wird in Beispiel 12.2-12 die Beobachtbarkeit geprüft und die Transformation auf Beobachtungsnormalform in symbolischer Form durchgeführt:

$$\frac{d}{dt}\begin{bmatrix} x_{1B}(t) \\ x_{2B}(t) \end{bmatrix} = \underbrace{\begin{bmatrix} 0 & -\omega_{0S}^2 \\ 1 & -2\cdot D_S\cdot\omega_{0S} \end{bmatrix}}_{A_B} \cdot \begin{bmatrix} x_{1B}(t) \\ x_{2B}(t) \end{bmatrix} + \underbrace{\begin{bmatrix} K_S\cdot\omega_{0S}^2 \\ 0 \end{bmatrix}}_{b_B} \cdot u(t),$$

$$y(t) = \underbrace{[0\ \ 1]}_{c_B^T} \cdot \begin{bmatrix} x_{1B}(t) \\ x_{2B}(t) \end{bmatrix}, \quad d_B = 0,$$

$$K_S = 1, \quad D_S = 1, \quad \omega_{0S} = 1\ \text{s}^{-1}.$$

In Abschnitt 16.8.6.2 wird die Transformation numerisch berechnet. Das Berechnungsverfahren der Polvorgabe für Zustandsbeobachter

$$\det\left[s\cdot E - (A_B - l_B \cdot c_B^T)\right] = s^2 + s\cdot(2\cdot D_S\cdot\omega_{0S} + l_{2B}) + \omega_{0S}^2 + l_{1B}$$
$$= (s - s_{p1B})\cdot(s - s_{p2B})$$

(Abschnitt 12.3.3.2) wird in Beispiel 12.3-3 angewendet. Mit der Gleichung sind die Elemente l_{1B}, l_{2B} des Beobachtungsvektors für die vorgegebenen Pole s_{p1B}, s_{p2B} des Beobachters zu bestimmen.

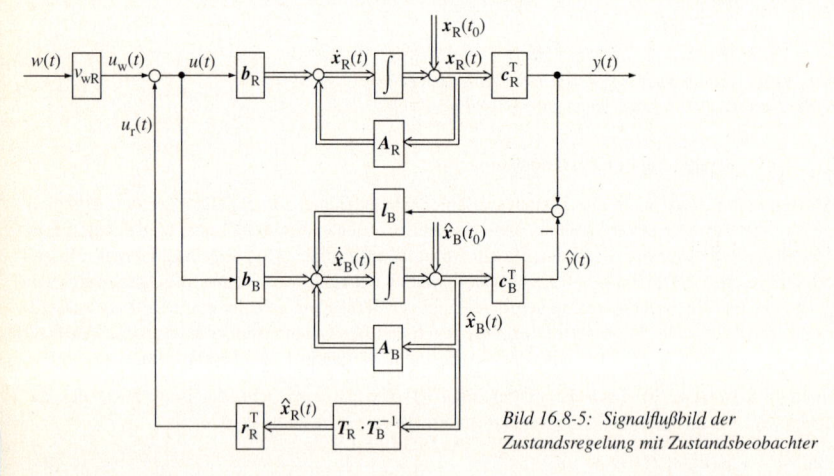

Bild 16.8-5: Signalflußbild der Zustandsregelung mit Zustandsbeobachter

Mit dem Script-File `zubept2_1.m` werden Zustandsregler und Zustandsbeobachter numerisch berechnet und das Sprungverhalten untersucht.

```
%MATLAB Script-File zubept2_1.m
%Zustandsregelung mit Zustandsbeobachter für PT2-Strecke
clf                              %Graphisches Fenster löschen
KS=1; w0S=1; DS=0.707;           %Streckenparameter
numGS=KS*w0S^2;                  %Zählerpolynom der Strecke
denGS=[1 2*DS*w0S w0S^2];        %Nennerpolynom der Strecke
sys=ss(tf(numGS,denGS));         %GS(s) --> Zustandsmodell
[sysR,TR]=T_RNFORM_1(sys);       %Zustandsmodell in Regelungsnormalform
```

16.8 Berechnung von Zustandsregelungen mit MATLAB

```
w0Z=2*w0S;                          %w0 der Zustandsregelung
sp1Z=w0Z*(-DS+j*sqrt(1-DS^2));      %Pole der
sp2Z=w0Z*(-DS-j*sqrt(1-DS^2));      %Zustandsregelung
poleZ=[sp1Z,sp2Z];                  %Zeilenvektor der Vorgabepole
AR=sysR.a;                          %Systemmatrix von sysR
bR=sysR.b;                          %Eingangsvektor von sysR
rR=place(AR,bR,poleZ);              %Rückführkoeffizienten
rR=-rR;                             %sind positiv
vwR=(w0S^2-rR(1))/(KS*w0S^2);       %Vorfilter

[sysB,TB]=T_BNFORM_1(sys);          %Zustandsmodell in Beobachtungsnormalform
                                    %mit Function-File T_BNFORM_1.m
w0B=2*w0Z;                          %w0 des Zustandsbeobachters
sp1B=w0B*(-DS+j*sqrt(1-DS^2));      %Pole des
sp2B=w0B*(-DS-j*sqrt(1-DS^2));      %Zustandsbeobachters
poleB=[sp1B,sp2B];                  %Zeilenvektor der Vorgabepole
AB=sysB.a;                          %Systemmatrix von sysB
cB=sysB.c;                          %Ausgangsvektor von sysB
lB=place(AB',cB',poleB);            %Beobachtungsvektor
lB=lB';                             %lB wird transponiert
%TB_1 ist Inverse der Matrix zur Transformation auf Beobachtungsnormalform
%TR ist die Matrix zur Transformation auf Regelungsnormalform
TB_1=inv(TB); TRB=TR*TB_1;
%Zustandsmodell der Zustandsregelung mit Zustandsbeobachter:
cR=sysR.c;                          %Ausgangsvektor von sysR
bB=sysB.b;                          %Eingangsvektor von sysB
AS=[AR, bR*rR*TRB; lB*cR, AB-lB*cB+bB*rR*TRB]; %Systemmatrix
BS=[bR*vwR; bB*vwR];                %Eingangsmatrix
CS=[cR, zeros(size(cB))];           %Ausgangsmatrix
DS=0;                               %Durchgangsmatrix

x0R=[0.25; -0.5];                   %Anfangswerte der Regelung
x0B=[0;0];                          %Anfangswerte des Beobachters
x0S=[x0R;x0B];                      %Matrix der Anfangswerte

t=0:0.01:6;                         %Vektor der Zeitwerte
XS=zeros(length(t),4);              %Vordefinition Matrix XS
[YS,XS]=step(AS,BS,CS,DS,1,t);      %Sprungantwort
for i=1:length(t)
    xSS=expm3(AS*t(i))*x0S;         %Matrix-e-Funktion
    XS(i,:)=xSS'+XS(i,:);
    XS(i,[3 4])=XS(i,[3 4])*TRB';
end
subplot(211)
plot(t,XS(:,1),t,XS(:,3))                      %XS(:,1) ist x1R
grid                                           %XS(:,3) ist x^1R
xlabel('\it{Zeit t/s}')                        %Beschriftung der Abszisse
ylabel('\it{x}_{1R}\it{(t), x}_{1B}\it{(t)}')  %"  der Ordinate
title('\it{Einheits-Sprungantwort}')           %Titel der Graphik
text(0.2,0.1,'\it{x}_{1B}')                    %Bezeichnung der Kurve
text(0.6,0.3,'\it{x}_{1R}')
```

```
subplot(212)
plot(t,XS(:,2),t,XS(:,4))                    %XS(:,2) ist x2R
grid                                         %XS(:,4) ist x^2R
xlabel('\it{Zeit t/s}')                      %Beschriftung der Abszisse
ylabel('\it{x}_{2R}\it{(t), x}_{2B}\it{(t)}')   %" der Ordinate
title('\it{Einheits-Sprungantwort}')         %Titel der Graphik
text(0.4,0.9,'\it{x}_{2B}')                  %Bezeichnung der Kurve
text(0.3,0.1,'\it{x}_{2R}')
```

Entsprechend der Vorgehensweise bei der Berechnung der Zustandsregelung in Abschnitt 16.8.7.1 wird mit der Funktion

`[sysR,TR]=T_RNFORM_1(sys)`

die Transformationsmatrix TR zur Transformation des PT_2-Systems auf Regelungsnormalform ermittelt und die Transformation durchgeführt (sysR, AR, bR, cR, dR). Zur Berechnung des Rückführvektors rR für die Vorgabepole poleZ der Zustandsregelung kann auch die Funktion

`rR=place(AR,bR,poleZ)`

verwendet werden. Da die Zustandsvariablen mit positivem Vorzeichen zurückgeführt werden, müssen die Elemente des Rückführvektors negiert werden. Die Funktion

`[sysB,TB]=T_BNFORM_1(sys)`

prüft die Beobachtbarkeit der Regelstrecke, berechnet die Transformationsmatrix TB zur Transformation des PT_2-Systems auf Beobachtungsnormalform und bringt das Zustandsmodell auf Beobachtungsnormalform (sysB, AB, bB, cB, dB). Die Polvorgabe für die Beobachterpole poleB wird mit

`lB=place(AB',cB',poleB)`

durchgeführt, wobei Systemmatrix AB' und Ausgangsvektor cB' transponiert werden müssen. Der Beobachtungsvektor wird durch Transponierung in einen Spaltenvektor lB' überführt.

Zur Ermittlung des Sprungverhaltens muß ein Zustandsmodell des Gesamtsystems mit Zustandsregelung und Zustandsbeobachter gebildet werden:

$$\frac{d}{dt}\begin{bmatrix} x_{1R}(t) \\ x_{2R}(t) \\ \ldots \\ x_{1B}(t) \\ x_{2B}(t) \end{bmatrix} = \underbrace{\begin{bmatrix} \boldsymbol{A}_R & \vdots & \boldsymbol{b}_R \cdot \boldsymbol{r}_R^T \cdot \boldsymbol{T}_R \cdot \boldsymbol{T}_B^{-1} \\ \ldots & & \ldots \\ \boldsymbol{l}_B \cdot \boldsymbol{c}_R^T & \vdots & \boldsymbol{A}_B - \boldsymbol{l}_B \cdot \boldsymbol{c}_B^T + \boldsymbol{b}_B \cdot \boldsymbol{r}_R^T \cdot \boldsymbol{T}_R \cdot \boldsymbol{T}_B^{-1} \end{bmatrix}}_{\boldsymbol{A}_S} \cdot \begin{bmatrix} x_{1R}(t) \\ x_{2R}(t) \\ \ldots \\ x_{1B}(t) \\ x_{2B}(t) \end{bmatrix} + \underbrace{\begin{bmatrix} \boldsymbol{b}_R \cdot v_{wR} \\ \ldots \\ \boldsymbol{b}_B \cdot v_{wB} \end{bmatrix}}_{\boldsymbol{b}_S} \cdot w(t),$$

$$y(t) = \underbrace{\begin{bmatrix} \boldsymbol{c}_R^T & \vdots & \boldsymbol{o}^T \end{bmatrix}}_{\boldsymbol{c}_S^T} \cdot \begin{bmatrix} x_{1R}(t) \\ x_{2R}(t) \\ \ldots \\ x_{1B}(t) \\ x_{2B}(t) \end{bmatrix}, \quad d_S = 0,$$

$$\begin{bmatrix} x_{1R}(t_0) \\ x_{2R}(t_0) \\ \ldots \\ x_{1B}(t_0) \\ x_{2B}(t_0) \end{bmatrix} = \begin{bmatrix} 0.25 \\ -0.5 \\ \ldots \\ 0 \\ 0 \end{bmatrix} \quad \text{(Anfangswerte)}.$$

Das Zeitverhalten wird für sprungförmige Führungsgrößen (Einheitssprungfunktion) mit der Funktion

`[YS,XS]=step(AS,BS,CS,DS,1,t)`

simuliert und in Bild 16.8-6 aufgezeichnet. Die Matrix-e-Funktion

`xSS=expm3(AS*t(i))*x0S`

ermöglicht die Untersuchung des Zeitverhaltens in Abhängigkeit von den Anfangswerten, wobei nur die Anfangswerte der Regelstrecke x_{1R}, $x_{2R} \neq 0$ gewählt werden. Der Zustandsbeobachter regelt den Beobachtungsfehler nach ca. 1 s zu Null.

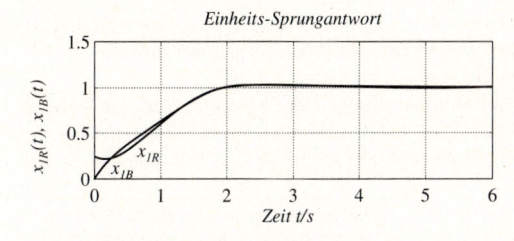

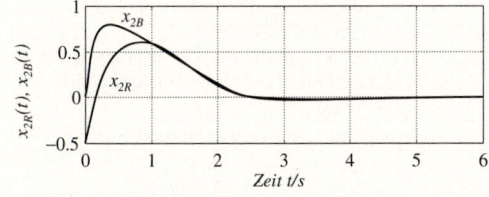

Bild 16.8-6: Einheits-Sprungantwort der Zustandsregelung mit Zustandsbeobachter (`zubept2_1.m`)

16.8.8 Tabelle für Funktionen der *Control System Toolbox* zur Berechnung von Zustandsregelungen

Tabelle 16.8-1: Funktionen der Control System Toolbox zur Berechnung von Zustandsregelungen

Funktionsname	Beschreibung der Funktion
`acker`	Berechnet Rückführvektor einer Zustandsregelung oder Beobachtungsvektor eines Beobachters durch Polvorgabe. Eingegeben wird das Zustandsmodell und die Vorgabepole.
`augstate`	Erzeugt Zustandsmodell und erhöht die Zahl der Ausgangsvariablen um die Anzahl der Zustandsvariablen.
`canon`	Ähnlichkeitstransformation zur Transformation auf Modalform oder „companion canonical form".
`ctrb`	Steuerbarkeitsmatrix für ein einzugebendes Zustandsmodell.
`damp`	Eigenwerte, Dämpfung und Kennkreisfrequenz. Eingegeben wird ein Zustandsmodell.
`eig`[1]	Eigenwerte der Systemmatrix. Eingegeben wird ein Zustandsmodell.
`expm`, `exp1m`, `exp2m`, `exp3m`[1]	Matrix-e-Funktion (Transitionsmatrix).

Tabelle 16.8-1: Funktionen der Control System Toolbox zur Berechnung von Zustandsregelungen (Fortsetzung)

Funktionsname	Beschreibung der Funktion
feedback	Berechnet Zustandsmodell, Pol-Nullstellenmodell oder Übertragungsfunktion für Systeme mit Kreisstruktur. Zustandsmodelle, Pol-Nullstellenmodelle oder Übertragungsfunktionen werden eingegeben.
impulse	Einheits-Impulsantwort. Ohne Angabe der Ausgangsvariablen wird die Impulsantwort direkt auf dem Bildschirm ausgegeben. Eingegeben werden Zustandsmodell, Pol-Nullstellenmodell oder die Übertragungsfunktion.
initial	Anfangswert-Antwortfunktion. Ohne Angabe der Ausgangsvariablen wird die Antwortfunktion direkt auf dem Bildschirm ausgegeben. Eingegeben wird ein Zustandsmodell und die Anfangswerte.
lsim	Antwortfunktion für beliebige Eingangssignale. Ohne Angabe der Ausgangsvariablen wird die Antwortfunktion direkt auf dem Bildschirm ausgegeben. Eingegeben werden Zustandsmodell, Pol-Nullstellenmodell oder die Übertragungsfunktion und die Eingangsvariable.
minreal	Entfernt nicht steuerbare oder nicht beobachtbare Zustandsvariablen in Zustandsmodellen, Übertragungsfunktionen oder Pol-Nullstellenmodelle werden entsprechend gekürzt.
obsv	Beobachtbarkeitsmatrix für ein einzugebendes Zustandsmodell.
place	Berechnet den Rückführvektor einer Zustandsregelung oder Beobachtungsvektor eines Beobachters durch Polvorgabe. Eingegeben wird das Zustandsmodell und die Vorgabepole.
pole	Berechnet die Polstellen der Übertragungsfunktion von Zustandsmodellen.
rank[1]	Rang einer Matrix.
ss2ss	Ähnlichkeitstransformation. Eingegeben wird ein Zustandsmodell und eine Transformationsmatrix. Ausgegeben wird das transformierte Zustandsmodell.
step	Einheits-Sprungantwort. Ohne Angabe der Ausgangsvariablen wird die Sprungantwort direkt auf dem Bildschirm ausgegeben. Eingegeben werden Zustandsmodell, Pol-Nullstellenmodell oder die Übertragungsfunktion.
tzero	Berechnet die Nullstellen der Übertragungsfunktion von Zustandsmodellen.

[1] Die Funktionen gehören zu MATLAB.

Weitere Informationen gibt die online-Hilfe durch Eingabe von help 'Funktionsname'.

16.9 Graphisches User Interface `ltiview`

Graphische User Interfaces (GUIs) sind menügesteuerte Schnittstellen zur Erzeugung von Graphiken, die Benutzung erfordert in der Regel nur geringe Programmierkenntnisse. Regelungstechnische Untersuchungen mit der *Control System Toolbox* werden mit dem GUI ltiview durchgeführt. Zunächst wird ein MATLAB-Modell des Regelungssystems als Übertragungsfunktion, Pol-Nullstellenmodell oder Zustandsmodell interaktiv oder in Form eines Script-Files entwickelt. Danach wird die Standardfunktion ltiview gestartet. Graphiken können für die regelungstechnischen Standardfunktionen Step, Impulse, Bode, Nyquist, PZmap usw. erzeugt werden. Vorteilhaft ist dabei der geringe Zeitaufwand für die Durchführung der Simulationen, da die Menüsteuerung weitgehend mit der Rechnermaus erfolgt. Im Vergleich zur Erstellung der Graphiken mit MATLAB Script-Files ist die Flexibilität jedoch eingeschränkt, da die Graphikfunktionen in ltiview festgelegt sind und nicht geändert werden können.

16.9 Graphisches User Interface ltiview

Im folgenden wird die im Signalflußbild angegebene Regelung mit den Funktionen von ltiview untersucht.

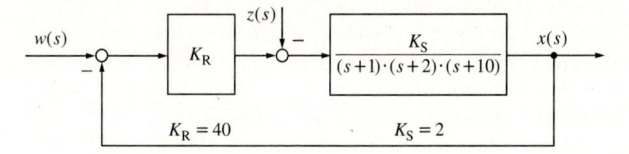

$$w(s) \longrightarrow \boxed{K_R} \longrightarrow \overset{z(s)}{\underset{-}{\bigcirc}} \longrightarrow \boxed{\frac{K_S}{(s+1)\cdot(s+2)\cdot(s+10)}} \longrightarrow x(s)$$

$$K_R = 40 \qquad K_S = 2$$

Das Script-File GUI_1.m ermittelt die Übertragungsfunktion der Regelstrecke $G_S(s)$, des offenen Regelkreises $G_{RS}(s)$, die Führungsübertragungsfunktion $G(s)$ und die Störübertragungsfunktion $G_z(s)$, die von ltiview verarbeitet werden.

```
%MATLAB Script-File GUI_1.m
%Regelung einer PT3-Strecke mit P-Regler
GS=tf(zpk([],[-1,-2,-10],2)); KR=40;    %GS(s), P-Regler
GRS=KR*GS;                              %GRS(s)
G=feedback(GRS,1);                      %G(s)
GZ=-feedback(GS,KR);                    %Gz(s)
ltiview                                 %GUI initialisieren
```

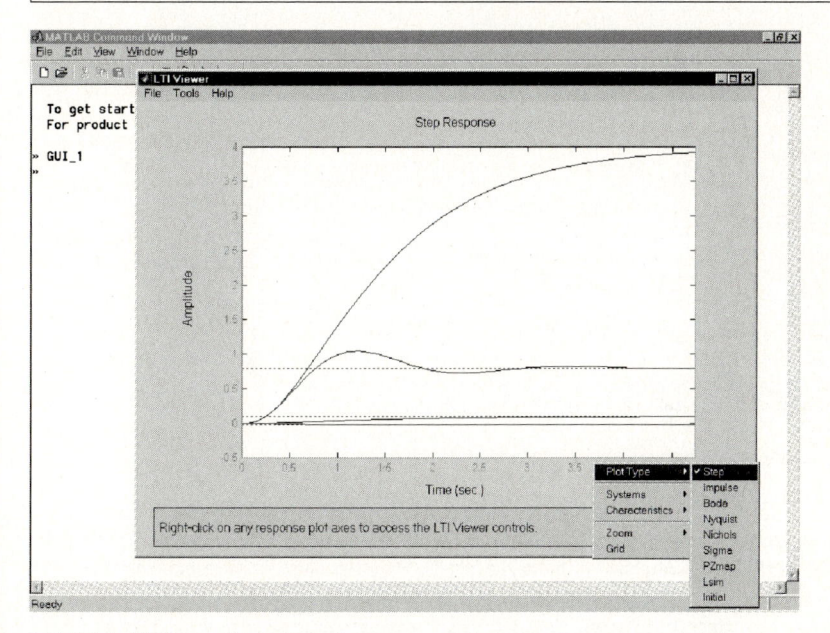

Bild 16.9-1: LTI Viewer mit normierten Sprungantworten der in GUI_1.m erzeugten Modelle

Nach dem Start von GUI_1.m erscheint das graphische Fenster des **LTI Viewers** auf dem Bildschirm, die in GUI_1.m erzeugten regelungstechnischen Modelle in Form von Übertragungsfunktionen werden mit **File**,

Import im **LTI Browser** aufgelistet und in den LTI Viewer importiert. Die normierten Sprungantworten (default Response type: Step) werden im graphischen Fenster dargestellt. Mit **Tools**, **Viewer Configuration** erscheint das Fenster **Available LTI Viewer Configurations**, das Graphikfenster kann für mehrere Teilbilder mit unterschiedlichen regelungstechnischen Funktionen (Response type) unterteilt werden.

Regelungstechnische Funktion (z. B. Step) und regelungstechnisches Modell (z. B. GS) können alternativ durch Klicken mit der rechten Maustaste auf Abszisse oder Ordinate des Graphikfensters im LTI Viewer gewählt werden. Mit **Plot type** wird die regelungstechnische Funktion, mit **Systems** das regelungstechnische Modell ausgewählt.

BODE-Diagramm der Frequenzgangfunktion des offenen Regelkreises

Zunächst soll das BODE-Diagramm des offenen Regelkreises $F_{RS}(j\omega)$ ermittelt werden. Dazu wird durch Klicken mit der rechten Maustaste auf Abszisse oder Ordinate des Graphikfensters im LTI Viewer mit **Plot Type** die Funktion Bode, mit **Systems** wird GRS ausgewählt und mit **Grid** werden Gitterlinien eingefügt. Logarithmische- oder Dezibel-Einteilung für den Amplitudengang (Magnitude) kann mit dem Menü **Tools** und dem Untermenü **Response Preferences** gewählt werden (Bild 16.9-2).

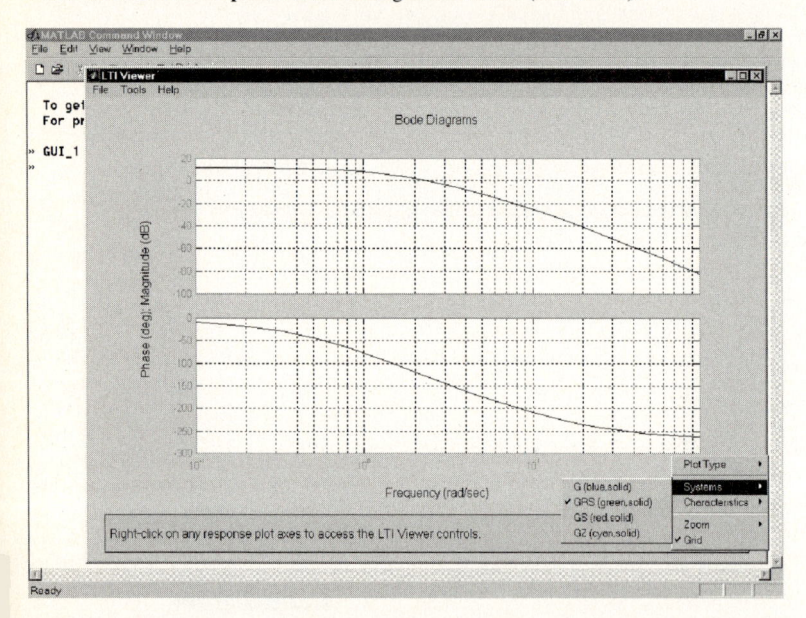

Bild 16.9-2: BODE-*Diagramm der Frequenzgangfunktion des offenen Regelkreises* GRS

Im Menü **Characteristics** wird **Stability Margins** angewählt. Der Mauszeiger wird zu dem Punkt geführt, der die Phasenreserve markiert. Man erhält den Wert der Phasenreserve durch Drücken und Halten der linken Maustaste (Bild 16.9-3).

Für BODE-Diagramme und andere Graphiken gilt: Weitere Informationen werden gegeben, wenn der Mauszeiger zu den Kurven geführt wird: Drücken und Halten der rechten Maustaste liefert die Bezeichnung für das Übertragungssystem (z. B. GRS). Drücken und Halten der linken Maustaste ergibt die genauen Werte für den Kurvenpunkt.

16.9 Graphisches User Interface `ltiview` 1077

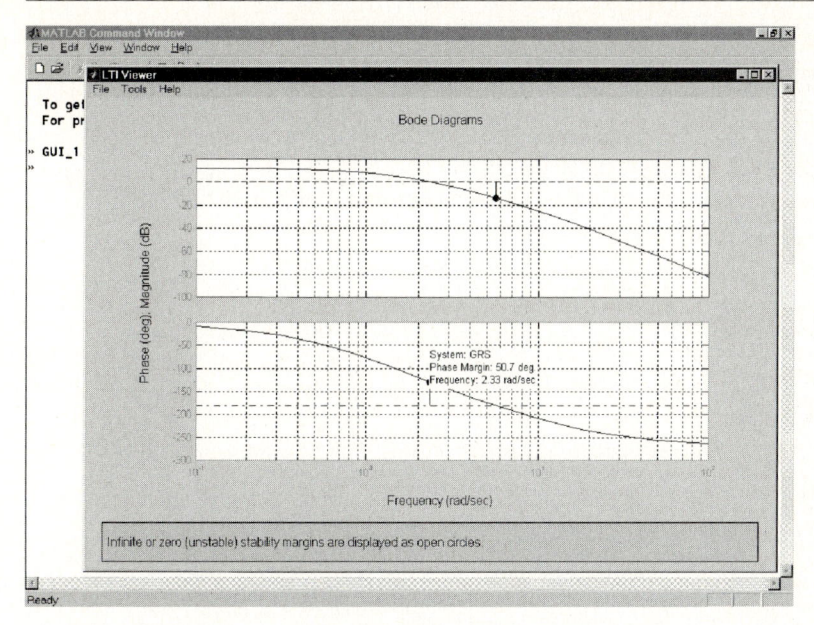

Bild 16.9-3: BODE-*Diagramm der Frequenzgangfunktion des offenen Regelkreises* GRS *mit Phasenreserve*

Ortskurve der Frequenzgangfunktion des offenen Regelkreises

Zur Erzeugung der Ortskurve wird im Menü **Plot Type** die Funktion `Nyquist` gewählt. Drücken und Halten der linken Maustaste an dem Punkt der Ortskurve, der die Amplitudenreserve markiert, liefert den Zahlenwert für die Amplitudenreserve (Bild 16.9-4).

Pol-Nullstellenplan der Übertragungsfunktion des offenen und geschlossenen Regelkreises

Im Menü **Systems** wird zusätzlich die Übertragungsfunktion des geschlossenen Regelkreises G, mit **Plot Type** wird anschließend die Funktion **PZmap** ausgewählt. Im **Pol-Nullstellenplan** sind die Pole von $G_{RS}(s)$ grün markiert, die Pole von $G(s)$ sind blau dargestellt (Bild 16.9-5).

Führungs- und Störsprungantwort der Regelung

Im Menü **Systems** wird GRS deaktiviert und GZ gewählt, für die beiden Objekte G und GZ wird die Sprungantwort ermittelt. Dazu wird im Menü **Plot Type** die Funktion `Step` gewählt. Mit dem Menü **Characteristics** kann die Ausregelzeit (Settling Time) in den Sprungantworten markiert werden (Bild 16.9-6). Mit **Tools**, **Response Preferences** kann für die Ermittlung der Ausregelzeit ein anderer Wert als der default-Wert $t_{\text{ausr}} = 2\,\%$ eingestellt werden.

In Bild 16.9-6 ist die Störsprungantwort kaum erkennbar, da die Führungssprungantwort die Werte für die Skalierung der Achsen bestimmt. Mit **Plot Type**, **Zoom** lassen sich Ausschnitte von Graphiken vergrößert darstellen. Drei Zoomarten sind verfügbar: 1) Zoom **In-X**-Richtung, 2) Zoom **In-Y**-Richtung und 3) Zoom in **X-Y**-Richtung. Mit dieser dritten Zoomart wird ein Bildausschnitt der Störübertragungsfunktion in Bild 16.9-7 vergrößert dargestellt. Mit **Out** wird das ursprüngliche Bild 16.9-6 wieder hergestellt.

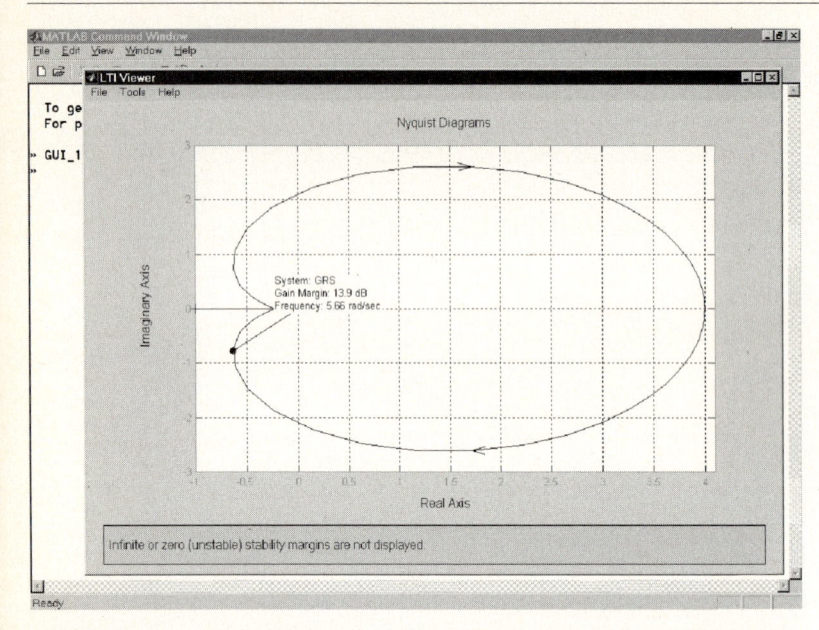

Bild 16.9-4: Ortskurve der Frequenzgangfunktion des offenen Regelkreises GRS mit Amplitudenreserve

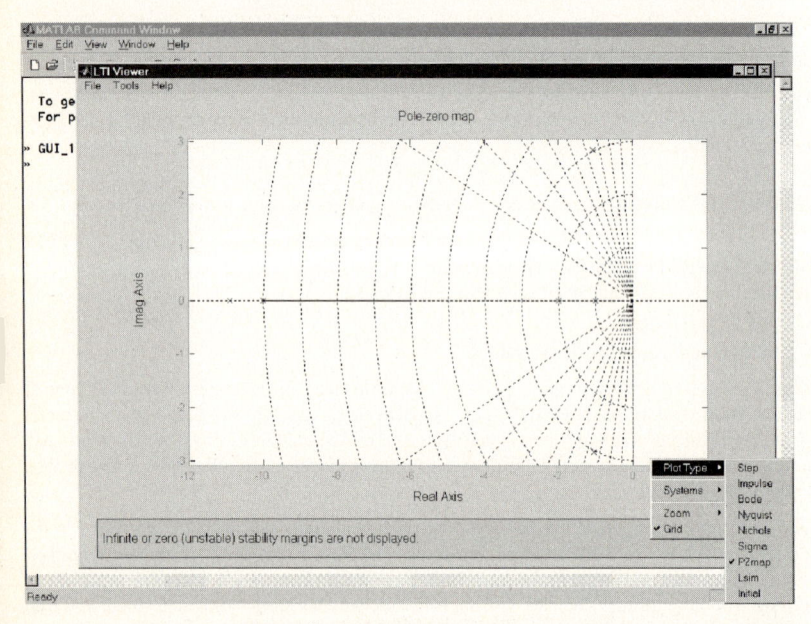

Bild 16.9-5: Pol-Nullstellenplan der Übertragungsfunktion des offenen (GRS) und geschlossenen Regelkreises (G)

16.9 Graphisches User Interface ltiview

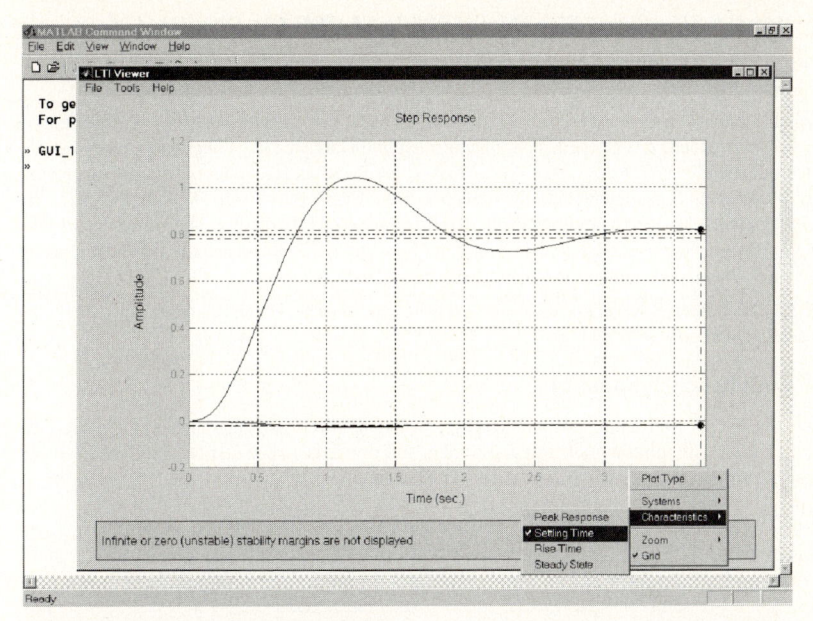

Bild 16.9-6: Führungs- und Störsprungantwort

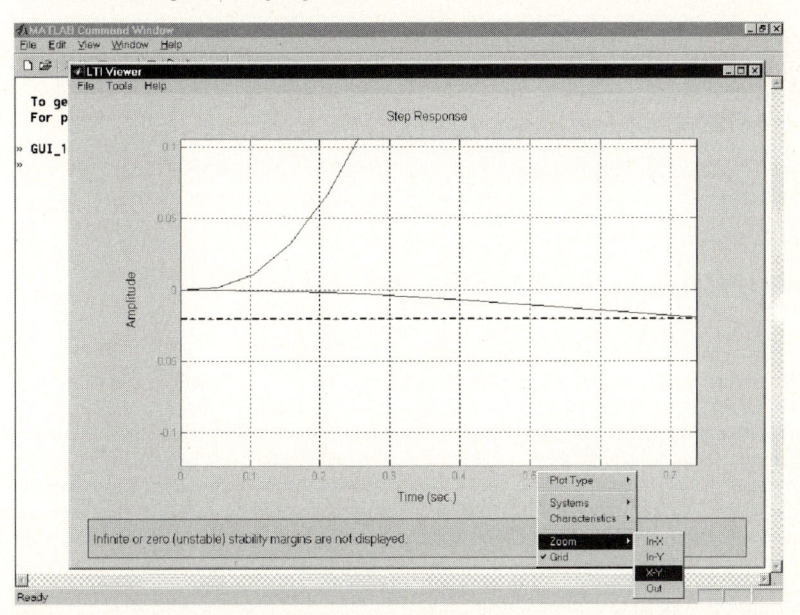

Bild 16.9-7: Führungs- und Störsprungantwort, Ausschnitt von Bild 16.9-6 mit Funktion Zoom X-Y

16.10 Berechnung von Regelungen mit MATLAB-Simulink

16.10.1 Allgemeines

Simulink ist eine graphische Erweiterung von MATLAB. Ein wichtiges Anwendungsgebiet ist die simulationstechnische Untersuchung des Zeitverhaltens von linearen zeitinvarianten Regelungssystemen sowie von zeitvarianten und nichtlinearen Regelungen. Vorteilhaft ist die kurze Einarbeitungszeit, da die regelungstechnischen Modelle mit Signalflußbildern eingegeben werden. Häufig verwendete Funktionsblöcke, z. B. für Übertragungsfunktionen, Summationselemente, Testfunktionen und für die Ausgabe von Antwortfunktionen, sind in Block-Libraries verfügbar. Die Arbeit mit Simulink wird weitgehend mit der Rechnermaus durchgeführt. Für Studierende gibt es die *Student Edition Of Simulink*.

In Kapitel 14 (Nichtlineare Regelungen) werden regelungstechnische Untersuchungen mit Simulink-Modellen durchgeführt.

16.10.2 Einführung in Simulink

Das Sprungverhalten der Drehzahlregelung (Winkelgeschwindigkeitsregelung) eines elektrischen Antriebs (Abschnitt 13.5.2.2.1) soll mit Simulink ermittelt werden. Für den elektrischen und mechanischen Teil der Regelstrecke enthält das Signalflußbild jeweils ein PT_1-Element.

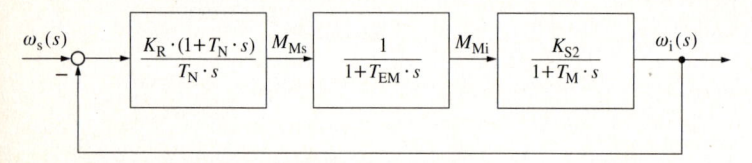

$\omega_s(s)$ → $\dfrac{K_R \cdot (1+T_N \cdot s)}{T_N \cdot s}$ → M_{Ms} → $\dfrac{1}{1+T_{EM} \cdot s}$ → M_{Mi} → $\dfrac{K_{S2}}{1+T_M \cdot s}$ → $\omega_i(s)$

ω_s = Sollwert der Winkelgeschwindigkeit
ω_i = Istwert der Winkelgeschwindigkeit
M_{Ms} = Sollwert des Motordrehmoments
M_{Mi} = Istwert des Motordrehmoments
T_{EM} = 0.001 s = Ersatzzeitkonstante des Momentenregelkreises
T_M = 0.02 s = mechanische Zeitkonstante
K_{S2} = 1.0 s^{-1}/Nm = Verstärkung des mechanischen Streckenteils

Bild 16.10-1: Signalflußbild der Drehzahlregelung

Die Parameter des PI-Reglers werden nach dem Betragsoptimum eingestellt (Abschnitt 10.4.2):

$$T_N = T_M = 0.02 \text{ s}, \qquad K_R = \dfrac{T_M}{2 \cdot K_{S2} \cdot T_{EM}} = 10 \text{ Nm/s}^{-1}.$$

Nach dem Starten von MATLAB wird das Programm durch Eingabe des Wortes Simulink (1), mit der Maus durch Klicken auf den Simulink-Icon (2) oder durch Eingabe des Wortes Simulink3 (3) gestartet. Mit (1) oder (2) erscheint der **Simulink LIBRARY BROWSER** auf dem Bildschirm, die Simulink-Funktionen sind in Funktionsgruppen geordnet, Funktionsnamen werden textuell angezeigt und durch Doppelklicken mit der Maus ausgewählt. Funktionsgruppen sind beispielsweise **Continuous** (lineare zeitkontinuierliche Systeme, z. B. **Transfer Fcn** (Übertragungsfunktion)), **Math** (mathematische Operationen, z. B. **Sum** (Summationsstelle), **Sources** (Quellen, z. B. **Step** (Sprungfunktion)), **Sinks** (Senken, z. B. **Scope** (Anzeige der Sprungantwort)). Mit der Eingabe **Simulink3** (3) erscheint das Fenster **Library: simulink3**, die Funktionsgruppen werden jetzt graphisch (mit Icons) angezeigt. Doppelklicken auf den Continuous-Icon öffnet das Fenster **Library: simulink3/Continuous** mit Signalflußsymbolen für lineare zeitkontinuierliche Systeme. Simulink-Anwender können eigene Funktionen erzeugen.

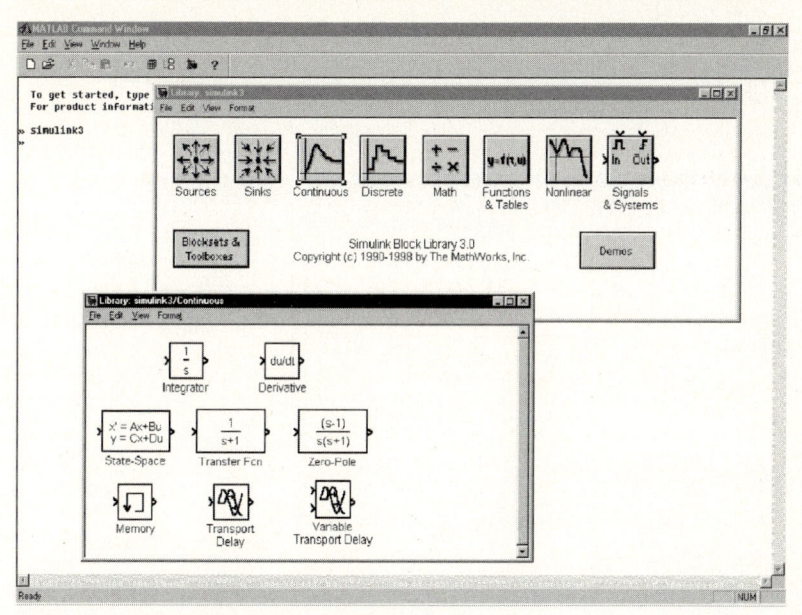

*Bild 16.10-2: Library **simulink3** mit Funktionsgruppen
und Library **simulink3/Continuous** nach dem Start von Simulink3*

Erstellung eines Simulationsprogramms mit den Library-Funktionen

Im MATLAB-Hauptfenster wird mit **File**, **New**, **Model** das Programmfenster für das zu erzeugende Simulationsprogramm geöffnet. Die Erstellung des Signalflußplans der Drehzahlregelung beginnt mit dem Transfer der benötigten Funktionsblöcke aus den **Funktions-Libraries** in das Programmfenster mit der Bezeichnung **untitled**. Durch Doppelklicken auf den **Sources-Icon** wird die **Sources-Library** geöffnet, der Block für die Sprungfunktion (**Step**) wird mit der linken Maustaste durch **drag and drop** in das Programmfenster gebracht. Die Sources-Library wird geschlossen und die **Math-Library** geöffnet. Mit der gleichen Vorgehensweise wird der Block für die Summationsstelle (**Sum**) erzeugt. Reglerübertragungsfunktion (**Transfer Fcn**) und die Streckenübertragungsfunktionen Teil 1 (**Transfer Fcn1**) und Teil 2 (**Transfer Fcn2**) werden aus der **Continuous-Library** in das Programmfenster transferiert. Die Continuous-Library wird geschlossen und die **Sinks-Library** für die Ausgabe der Sprungantwort geöffnet, der Block für das Oszilloskop (**Scope**) wird in das Programmfenster gebracht (Bild 16.10-3).

In der **Continuous-Library** gibt es Blöcke für Übertragungsfunktionen (**Transfer Fcn**) und für Pol-Nullstellenmodelle (**Zero-Pole**). Für die Übertragungsfunktionen von Regler und Regelstrecke im Beispiel sind **Transfer Fcn** Blöcke besser geeignet, da hier die Koeffizienten für Zähler- und Nennerpolynom als Zeilenvektoren in absteigender Ordnung des LAPLACE-Operators s eingegeben werden.

Modifizieren der Blöcke

Im zweiten Schritt werden die Blöcke im Programmfenster modifiziert und dem vorgegebenen Signalflußbild 16.10-1 angepaßt. Folgende Änderungen werden durchgeführt:

- Durch Doppelklick auf den **Sum block** wird die zugehörige **dialog box** geöffnet, für die Rückführung wird das negative Vorzeichen eingegeben.

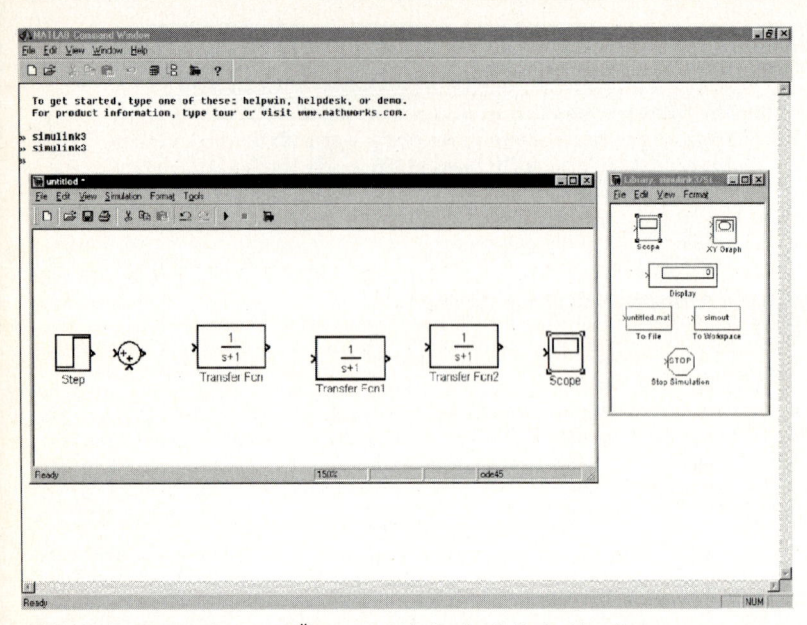

1082   16 Berechnung von Regelungssystemen mit MATLAB

Bild 16.10-3: Programmfenster mit Übertragungsblöcken für die Drehzahlregelung

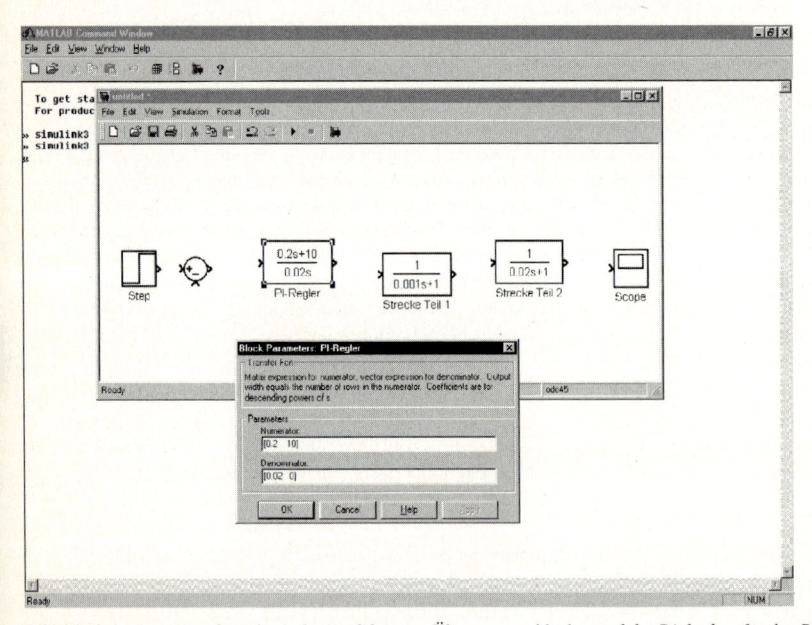

Bild 16.10-4: Programmfenster mit den modifizierten Übertragungsblöcken und der Dialogbox für den PI-Regler

16.10 Berechnung von Regelungen mit MATLAB-Simulink

- Durch Doppelklick auf den Block **Transfer Fcn** wird die zugehörige **dialog box** geöffnet und die Zeilenvektoren der Polynomkoeffizienten für das Zählerpolynom (numerator = [0.2, 10]) und für das Nennerpolynom (denominator = [0.02, 0]) des PI-Reglers eingegeben.
- Durch Doppelklick auf den Block **Transfer Fcn1** werden die Zeilenvektoren der Polynomkoeffizienten für das Zählerpolynom (numerator = [1]) und für das Nennerpolynom (denominator = [0.001, 1]) der Regelstrecke Teil 1 in die zugehörige **dialog box** eingegeben.
- Durch Doppelklick auf den Block **Transfer Fcn2** werden die Zeilenvektoren der Polynomkoeffizienten für das Zählerpolynom (numerator = [1]) und für das Nennerpolynom (denominator = [0.02, 1]) der Regelstrecke Teil 2 in die zugehörige **dialog box** eingegeben.
- Durch Klicken auf die Bezeichnung **Transfer Fcn** wird anschließend die Bezeichnung PI-Regler eingegeben. Die Übertragungsblöcke für die Regelstrecke erhalten die Bezeichnungen Strecke Teil 1 und Strecke Teil 2 (Bilder 16.10-4, 5).

Einfügen von Wirkungslinien und Text

Der Mauszeiger wird im Programmfenster auf den Ausgang des Blocks **Step** geführt, es erscheint ein Fadenkreuz, durch Klicken und Halten der linken Maustaste wird das Fadenkreuz mit der entstandenen Wirkungslinie zum oberen Eingang der Summationsstelle **Sum** geführt, die Maustaste wird losgelassen. Die Wirkungslinie ist hergestellt, wenn die schwarze Pfeilspitze erscheint. Die weiteren Wirkungslinien werden entsprechend erzeugt.

Für die Rückführung geht die Wirkungslinie von einer Verzweigungsstelle am Ausgang der Regelstrecke zur Summationsstelle. Der Mauszeiger wird an die Verzweigungsstelle geführt, durch Drücken und Halten der rechten Maustaste wird das Fadenkreuz nach unten geführt, die Maustaste wird losgelassen. Mit der rechten oder mit der linken Maustaste wird die Wirkungslinie für die Rückführung ergänzt.

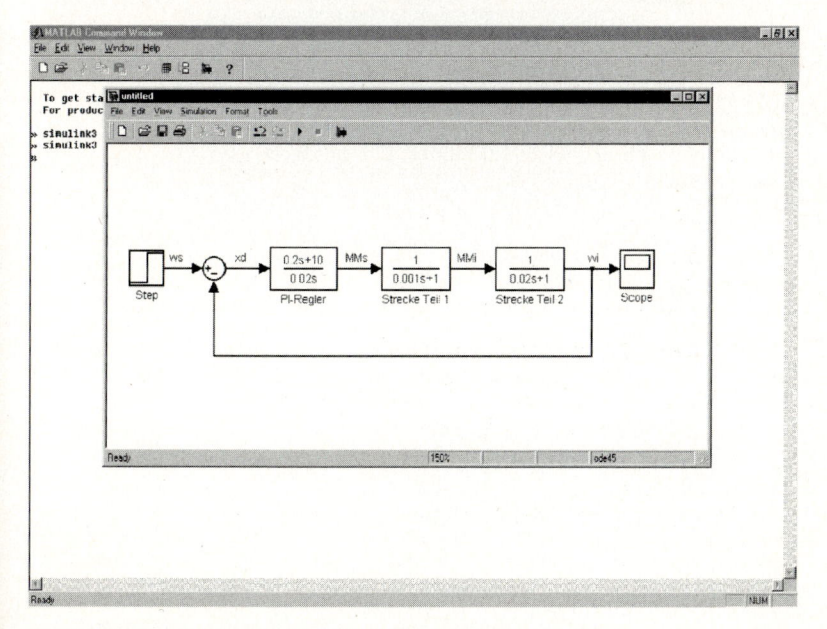

Bild 16.10-5: Programmfenster mit dem Signalflußplan der Drehzahlregelung

Ausrichten der Übertragungsblöcke verbessert die Lesbarkeit des Signalflußplans. Von links nach rechts werden die Blöcke durch Klicken auf den Block verschoben, so daß gerade Wirkungslinien entstehen.

Zusätzlich lassen sich Signalbezeichnungen an den Wirkungslinien anbringen. Durch Doppelklicken auf die gewünschte Stelle erscheint eine **text box**, in der die Signalbezeichnung eingetragen wird. Mit **drag and drop** kann der Text verschoben werden (Bild 16.10-5).

Das Modell wird im Menü **File** unter dem Programmnamen `drehzahl.mdl` gespeichert.

Aufzeichnen der Sprungantwort

Wegen des schnellen Zeitverlaufs der Sprungantwort ist es zweckmäßig, die default-Werte der Simulationsparameter zu ändern. Die Sprungfunktion sollte bei $t = 0$ beginnen. Dazu wird im Programmfenster der Block **Step** durch Doppelklicken geöffnet und für **Step time** der Wert $t = 0$ eingegeben, der Block Step wird geschlossen. Für die Simulationszeit werden $t = 0.02$ s gewählt. Dazu wird im Hauptmenü **Simulation**, Untermenü **Parameters** für **Stop time** der Wert $t = 0.02$ eingegeben.

Im Menü **Simulation** wird mit **Start** die Sprungantwort berechnet. Nach Doppelklicken auf den **Scope** Block erscheint das Fenster **Scope** mit der Einheitssprungantwort. Durch Klicken auf das Fernglassymbol werden die Achsen automatisch skaliert (Bild 16.10-6). Klicken auf die Lupensymbole aktiviert die Zoomfunktion. Interessierende Ausschnitte der Antwortfunktion lassen sich vergrößert darstellen, wenn der Mauszeiger zur Kurve geführt und die linke Maustaste betätigt wird.

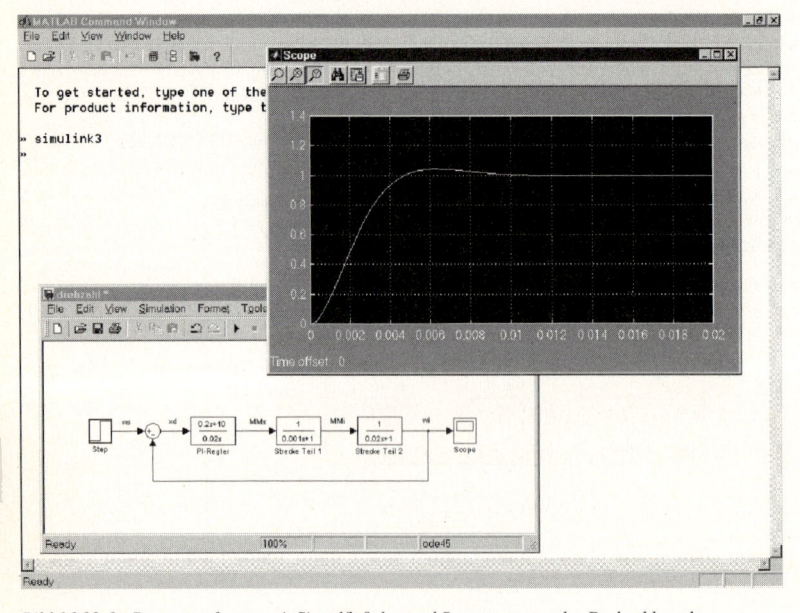

Bild 16.10-6: Programmfenster mit Signalflußplan und Sprungantwort der Drehzahlregelung

17 Numerische Verfahren für die Regelungstechnik

17.1 Einleitung

Zur Berechnung der **Stabilität** und des **dynamischen Verhaltens** von Regelkreisen werden bei Regelungssystemen höherer Ordnung numerische Verfahren eingesetzt. Für einige Probleme der linearen Regelungstechnik sollen in diesem Kapitel numerische Hilfsmittel angegeben werden.

Die Bestimmung der **Stabilität** von linearen Regelkreisen ohne Totzeit kann, wenn die Koeffizienten von Differentialgleichung, Übertragungs- oder Frequenzgangfunktion vorliegen, auf die Berechnung der **Nullstellen der charakteristischen Gleichung** zurückgeführt werden. Bei Regelungssystemen höherer Ordnung lassen sich zur Bestimmung der Nullstellen numerische Verfahren einsetzen, z. B. das BAIRSTOW-Verfahren in Verbindung mit dem NEWTON-Verfahren.

Für lineare Regelkreise kann die **Stabilität** auch mit dem NYQUIST-Verfahren oder dem BODE-Verfahren bestimmt werden, wobei Totzeit-Elemente zugelassen sind. Das BODE-Verfahren liefert gleichzeitig die Möglichkeit, einen Regelkreis nach vorgegebenen **Güteeigenschaften** einzustellen. Für diese Aufgabenstellungen werden numerische Verfahren benötigt, mit denen Frequenzgangfunktionen berechnet werden können.

Neben der Stabilitätsuntersuchung ist die Ermittlung des **dynamischen Verhaltens** von Regelkreisen von großer Bedeutung. Die **experimentelle Untersuchung** eines Regelungssystems im Zeitbereich ist im allgemeinen nicht wirtschaftlich, meßtechnisch aufwendig oder in der Entwicklungsphase nicht möglich. Aus diesen Gründen ist es günstiger, das dynamische Verhalten von Regelkreisen durch Simulation des Regelkreises zu ermitteln. Ein weiterer Vorteil der Simulation ist, daß Untersuchungen an der Stabilitätsgrenze ermöglicht werden, die bei experimentellen Untersuchungen im allgemeinen nicht erlaubt sind, da sie zur Zerstörung des Regelungssystems führen könnten. Das Zeitverhalten oder dynamische Verhalten von linearen Regelkreisen ohne Totzeit kann mit Hilfe der LAPLACE-Transformation und der Rücktransformation mit Partialbruchzerlegung ermittelt werden. Um die Partialbruchzerlegung ausführen zu können, müssen die Nullstellen der charakteristischen Gleichung bekannt sein.

Die allgemeine Ermittlung des Zeitverhaltens von Regelkreisen führt zu dem Problem der Lösung von **Differentialgleichungssystemen.** Für die Lösung dieser Aufgabe wird häufig das **Verfahren von RUNGE-KUTTA** verwendet. Das Verfahren ist auch bei nichtlinearen Regelungssystemen einsetzbar.

17.2 Ermittlung der Nullstellen der charakteristischen Gleichung

17.2.1 Lösung von algebraischen Gleichungen

Gleichungen, die nur eine Summe ganzzahliger Potenzen in x enthalten, heißen algebraische Gleichungen oder Polynomgleichungen. Ihre allgemeine Form ist:

$$a_n \cdot x^n + a_{n-1} \cdot x^{n-1} + \ldots + a_1 \cdot x + a_0 = 0.$$

Die charakteristische Gleichung von linearen Regelungssystemen ergibt sich aus der Differentialgleichung oder der Übertragungsfunktion. Die Differentialgleichung eines Übertragungselements (Regelungssystems) hat folgende Form:

$$a_n \cdot \frac{d^n x_a}{dt^n} + a_{n-1} \cdot \frac{d^{n-1} x_a}{dt^{n-1}} + \ldots + a_1 \cdot \frac{d x_a}{dt} + a_0 \cdot x_a =$$
$$b_m \cdot \frac{d^m x_e}{dt^m} + \ldots + b_1 \cdot \frac{d x_e}{dt} + b_0 \cdot x_e, \quad n \geq m$$

Durch Einsetzen der Lösungsfunktion $x_{ah}(t)$ der homogenen Differentialgleichung

$$x_{ah}(t) = C \cdot e^{\alpha t}$$

in die Differentialgleichung ergibt sich die charakteristische Gleichung

$$a_n \cdot \alpha^n + a_{n-1} \cdot \alpha^{n-1} + \ldots + a_1 \cdot \alpha + a_0 = 0$$

Die Transformation in den Frequenzbereich ergibt die Übertragungsfunktion

$$G(s) = \frac{x_a(s)}{x_e(s)} = \frac{b_m \cdot s^m + b_{m-1} \cdot s^{m-1} + \ldots + b_1 \cdot s + b_0}{a_n \cdot s^n + a_{n-1} \cdot s^{n-1} + \ldots + a_1 \cdot s + a_0} = \frac{Z(s)}{N(s)}.$$

Setzt man den Nenner der Übertragungsfunktion Null, so entsteht ebenso die charakteristische Gleichung des Regelungssystems:

$$a_n \cdot s^n + a_{n-1} \cdot s^{n-1} + \ldots + a_1 \cdot s + a_0 = 0$$

Die charakteristische Gleichung hat die oben angegebene Struktur der algebraischen Gleichung. Für die Bestimmung der Nullstellen von Polynomen werden folgende Eigenschaften verwendet:

- Ein Polynom n-ten Grades hat n **Nullstellen**.
- Sind alle Koeffizienten a_i reell, so treten komplexe Nullstellen nur **paarweise** als **konjugiert komplexe Nullstellen** auf.

Zur Lösung algebraischer Gleichungen bis vierter Ordnung gibt es direkte Methoden, für Gleichungen höheren Grades müssen indirekte Verfahren (Iterationsverfahren) benutzt werden. Dabei wird meist eine Nullstelle (linearer Faktor)

$$(x + r), x_1 = -r$$

oder ein Nullstellenpaar (quadratischer Faktor)

$$(x^2 + p \cdot x + q), x_{1,2} = -\frac{p}{2} \pm \sqrt{\frac{p^2}{4} - q}$$

bestimmt. Durch den linearen oder quadratischen Faktor wird das Polynom dividiert, wobei sich der Grad des ursprünglichen Polynoms für den linearen Faktor um Eins, beim quadratischen Faktor um Zwei reduziert. Diese Methode wird so lange angewendet, bis der Grad des Restpolynoms ≤ 2 ist.

Der lineare Faktor (reelle Nullstelle) wird mit dem NEWTON-Verfahren, der quadratische Faktor (konjugiert komplexe Nullstelle) mit dem BAIRSTOW-Verfahren bestimmt.

17.2.2 NEWTON-Verfahren

Das NEWTON-Verfahren ist das am häufigsten verwendete Iterationsverfahren zur Ermittlung von reellen Nullstellen von transzendenten und algebraischen Gleichungen der Form $f(x) = 0$.

Die Methode beruht auf der TAYLOR-Entwicklung der Funktion $f(x)$. x^* ist dabei ein Näherungswert für die gesuchte Lösung (Nullstelle) der Gleichung. $f(x)$ wird nach der TAYLOR-Formel an der Stelle x^* entwickelt, wobei nach dem ersten Term abgebrochen wird:

$$f(x) = 0 \approx f(x^*) + \left.\frac{\mathrm{d}f(x)}{\mathrm{d}x}\right|_{x^*} \cdot (x - x^*) = f(x^*) + f'(x^*) \cdot (x - x^*).$$

Durch Umstellung des rechten Teils der Gleichung erhält man:

$$x = x^* - \frac{f(x^*)}{f'(x^*)}.$$

x ist ein verbesserter Wert für die Lösung der Gleichung. Für die Rechneranwendung ergibt sich folgende Iterationsgleichung, wobei der Startwert x_0 vorgegeben wird:

$$\boxed{x_{n+1} = x_n - \frac{f(x_n)}{f'(x_n)}, \quad \text{für } n = 0, 1, \ldots}.$$

Der Grenzwert der Folge nähert sich bei Konvergenz der Nullstelle von $f(x)$.

17.2.3 BAIRSTOW-Verfahren

Das BAIRSTOW-Verfahren ist eines der schnellsten Verfahren zur Lösung von algebraischen Gleichungen. Das Verfahren beruht darauf, daß ein quadratischer Faktor $(x^2 + p \cdot x + q)$ vom Ausgangspolynom abgespalten wird. Dies wird durch algebraische Division des Ausgangspolynoms erreicht, wobei das Polynom in der dargestellten Form vorliegen muß:

$$(x^n + a_0 \cdot x^{n-1} + \ldots + a_{n-2} \cdot x + a_{n-1}) : (x^2 + p \cdot x + q).$$

Durch die Division entsteht ein Polynom vom Grad $n-2$ mit neuen Koeffizienten und ein Divisionsrest vom Grad ≤ 1:

$$(x^{n-2} + b_0 \cdot x^{n-3} + \ldots + b_{n-4} \cdot x + b_{n-3}) \cdot (x^2 + p \cdot x + q) + R \cdot x + S = 0.$$

Wenn $(x^2 + p \cdot x + q)$ ein exakter Divisor des Ausgangspolynoms ist, dann sind die Restglieder $R = 0$, $S = 0$, und die ersten zwei Lösungen des Polynoms sind:

$$x_{1,2} = -\frac{p}{2} \pm \sqrt{\frac{p^2}{4} - q}.$$

Für beliebige Werte von p und q ist das im allgemeinen nicht der Fall. Die Anfangswerte für p und q in dem quadratischen Faktor werden iterativ durch Korrekturterme verbessert:

$$p_{i+1} := p_i + \Delta p, \quad q_{i+1} := q_i + \Delta q.$$

Dabei sollen die Größen $R(p,q)$ und $S(p,q)$ zu Null werden. Entwickelt man die Funktionen in eine TAYLOR-Reihe und bricht nach dem ersten Entwicklungsschritt ab, so ergibt sich:

$$\boxed{\Delta p = \frac{S \cdot \dfrac{\partial R}{\partial q} - R \cdot \dfrac{\partial S}{\partial q}}{\dfrac{\partial R}{\partial p} \cdot \dfrac{\partial S}{\partial q} - \dfrac{\partial S}{\partial p} \cdot \dfrac{\partial R}{\partial q}}, \quad \Delta q = \frac{-S \cdot \dfrac{\partial R}{\partial p} + R \cdot \dfrac{\partial S}{\partial p}}{\dfrac{\partial R}{\partial p} \cdot \dfrac{\partial S}{\partial q} - \dfrac{\partial S}{\partial p} \cdot \dfrac{\partial R}{\partial q}}}.$$

Das BAIRSTOW-Verfahren berechnet so lange Verbesserungen für p und q, bis die Lösung gefunden ist. Das ist dann der Fall, wenn R und S und die Änderungen Δp und Δq hinreichend klein geworden sind. Aus dem quadratischen Faktor werden zwei Lösungen der Polynomgleichung ermittelt:

$$x_{1,2} = -\frac{p}{2} \pm \sqrt{\frac{p^2}{4} - q}.$$

17.2.4 PASCAL-Programm zur Berechnung von reellen und komplexen Nullstellen von Polynomen

17.2.4.1 Einleitung

Das Programm BAIRSTOWNEWTON berechnet reelle und komplexe Nullstellen von Polynomen bis zum Grad 12. Das Programm verwendet das BAIRSTOW- und das NEWTON-Verfahren zur Nullstellenberechnung.

17.2.4.2 Programmbeschreibung und Programm

Zuerst wird der Grad N des Polynoms eingegeben. Die Eingabe der Koeffizienten geht von einem normierten Polynom in folgender Form aus:

$$K_{fN} \cdot X^N + K_{f(N-1)} \cdot X^{N-1} + K_{f(N-2)} \cdot X^{N-2} + \ldots + K_{f1} \cdot X + K_{f0} = 0.$$

In der Prozedur BAIRSTOW werden zwei Unter-Prozeduren aufgerufen:

QUADFAKTOR berechnet die quadratischen Faktoren P und Q, die zur Berechnung von Nullstellen von quadratischen Gleichungen

$$X^2 + P \cdot X + Q = 0$$

benötigt werden. Die Prozedur NEWTON berechnet bei ungeradem Grad N des Polynoms die reelle Nullstelle von

$$X + R = 0.$$

Nach Aufruf der Prozedur QUADFAKTOR wird der Grad des Polynoms um 2 verringert. Der Aufruf wird so lange wiederholt, bis der Grad des Restpolynoms ≤ 3 ist. Ist der Grad gleich 3 (ungerade), wird die Prozedur NEWTON zur Berechnung der reellen Nullstelle aufgerufen, ist der Grad gleich 2 (gerade), dann ergibt sich der letzte quadratische Faktor aus dem Restpolynom.

Nach der Berechnung der Nullstellen wird eine Nachiteration ausgeführt, um die Nullstellen zu verbessern. Anschließend werden die Nullstellen aus den quadratischen Faktoren berechnet und ausgegeben. Mit Hilfe des HORNER-Schemas wird die Genauigkeit der Berechnung überprüft, indem jede Nullstelle in das Polynom eingesetzt wird. Bei exakter Lösung müssen Realteil und Imaginärteil des Polynoms Null werden.

PASCAL-Programm:

```
Program BairstowNewton; {Berechnung von Polynom-Nullstellen}
Const  Np=12; N2P1=Np div 2 +1; Itz=3000;
       Emin=1.0E-100; Eps=1.0E-12;
Type   Xnp = Array [0..Np] Of extended;
       Xn2p1 = Array [0..N2P1] Of extended;
Var    P, Q, X, SumKf, EKf, Sr, Si, Sh, Betrag,
       Phase : extended;
       Kf, A, B, C, D, Rr, Ri : xnp; Pp, Qq : xn2p1;
       N, M, I, J : Integer; NullFehler : Boolean; Ccc : Char;
{***********************************************************}
Procedure Quadfaktor; {Berechnung des quadratischen Faktors}
Var Icq, I : Integer; Continue : Boolean;
    R, S, Rp, Rq, Sp, Sq, De, Dp, Dq : extended;
Begin
    Continue := False; Icq := 0;
    Repeat
        B[0] := A[0] - P; B[1] := A[1] - P * B[0] - Q;
```

```
        C[0] := - 1.0; C[1] := - B[0] + P; D[0] := 0.0;
        D[1] := -1.0;
        For I := 2 To M-3 Do Begin
          B[I] := A[I] - P * B[I-1] - Q * B[I-2];
          C[I] := - B[I-1] - P * C[I-1] - Q * C[I-2];
          D[I] := C[I-1];
          End;
        R := A[M-2] - P * B[M-3] - Q * B[M-4];
        S := A[M-1] - Q * B[M-3];
        Rp := - B[M-3] - P * C[M-3] - Q * C[M-4];
        Rq := - B[M-4] - P * D[M-3] - Q * D[M-4];
        Sp := - Q * C[M-3];
        Sq := - B[M-3] - Q * D[M-3];
        De := Rp * Sq - Sp * Rq;
        If Abs(De) < Emin Then
        If De < 0.0 Then De := - Emin Else De := Emin;
        Dp := (S * Rq-R * Sq)/De; Dq := (R * Sp-S * Rp)/De;
        Continue := (Abs(Dp) > Eps) or (Abs(Dq) > Eps);
        P := P + Dp; Q := Q + Dq;
    Until (not Continue) or (Icq > Itz);
End;

{*********************************************************}
Procedure NEWTON; {Berechnung des linearen Faktors}
Var Icn,I: Integer; F,Df,Dx: extended; Continue: Boolean;
Function Xhoch (Xx :extended; Nn :Integer) : extended;
Var I : Integer; Xh : extended;
Begin
     Xh:=1.0; For I:=1 To Nn Do Xh:=Xx*Xh; Xhoch:=Xh End;
Begin
     Continue:=False; Icn:=0;
     Repeat
          F:=Xhoch(X,M) + A[M-1]; Df:=M * Xhoch(X,M-1);
          For I:=0 To M-2 Do Begin
               F:=F + A[I] * Xhoch(X,M-1-I);
               Df:=Df + A[I] * (M-1-I) * Xhoch(X,M-2-I) End;
          If Abs(Df)<Emin Then
               If Df<0.0 Then Df:=-Emin Else Df:=Emin;
          Dx:=-F/Df; Continue:=Abs(Dx)>Eps;
          X:=X + Dx;
     Until (not Continue) or (Icn>Itz);
End;

{*********************************************************}
Procedure Bairstow; {Berechnung der Nullstellen}
Var L, I, K, J : Integer; Dk, StartP, StartQ : extended;
Begin
     P:=0.001; Q:=0.001;
     If SumKf < 1.0E-6 Then Begin P:=Emin; Q:=Emin End;
     M:=N; L:=(N + 1) Div 2; A:=Kf; J:=0;
     While (M>3) Do Begin
          Quadfaktor;
          Pp[J]:=P; Qq[J]:=Q; M:=M - 2;
```

```
            For K:=0 To M-1 Do A[K]:=B[K]; J:=J + 1;
            End;
       If M=2 Then Begin
             If N=2 Then Begin B[0]:=A[0]; B[1]:=A[1] End;
             Pp[L-1]:=B[0]; Qq[L-1]:=B[1]; L:=L + 1; End
                     Else Begin
                        If M=3 Then Begin
                               X:=- Kf[0]; NEWTON;
                               Pp[L-2]:=A[0] + X;
                               Qq[L-2]:=A[1] + A[0]*X + X*X;
                               End;
                            End;
       A:=Kf; {Verbesserung der Nullstellen}
       If Odd (N) Then Begin
            M:=N; NEWTON; Rr[N-1]:=X; Ri[N-1]:=0.0; End;
       M:=N;
       For J:=0 To L-2 Do Begin
            P:=Pp[J]; Q:=Qq[J]; If N > 3 Then Quadfaktor;
            Dk:=P * P - 4.0 * Q;
            If Dk>=0.0 Then Begin
                   Rr[2*J]:=(- P + Sqrt(Dk))/2.0;
                   Rr[2*J+1]:=(- P - Sqrt(Dk))/2.0;
                   Ri[2*J]:=0.0; Ri[2*J+1]:=0.0 End
               Else Begin
                   Rr[2*J]:=- P/2.0; Rr[2*J+1]:=- P/2.0;
                   Ri[2*J]:=Sqrt(-Dk)/2.0; Ri[2*J+1]:=- Ri[2*J]
                   End;
           End;
End;

{*************************************************************}
Begin  {Hauptprogramm}
   For I:=0 To Np Do A[I]:=0.0; B:=A; C:=A; D:=A;
   For I:=0 To N2p1 Do Pp[I]:=0.0; Qq:=Pp;
   Writeln ('Ermittlung der Nullstellen eines',
                  ' Polynoms N-ten Grades');
   Write ('Grad des Polynoms N = '); Readln (N);
   If (N > Np) or (N < 2) Then halt;
   WriteLn ('Eingabe der N+1 Koeffizienten
               von A[N] bis A[0] =');
   For I:=0 To N Do Begin
         Write (N-I,'. Koeffizient = ');
         ReadLn (Kf[I]); End;
   EKf:=Kf[0]; For I:=0 To N-1 Do Kf[I] := Kf[I+1]/EKf;
   SumKf:=0.0;
   For I:=0 To N-1 Do
         SumKf:=SumKf + Abs (Kf[I]); Bairstow;
   Writeln (' Nullstellen des Polynoms');
   Writeln (' Realteil    Imaginärteil');
   For I:=0 To N-1 Do WriteLn (Rr[I]:12:6,' ',Ri[I]:12:6);
   Writeln ('Überprüfung der Nullstellen');
   Writeln ('Nullstelle  Summe der Realteile SR',
                  ' Summe der Imaginärteile SI');
```

```
NullFehler:=False;
For J:=0 To N-1 Do Begin
    Sr:=1.0; Si:=0.0;
    For I:=0 To N-1 Do Begin
        Sh:=Sr; Sr:=Sr * Rr[J] - Si * Ri[J] + Kf[I];
        Si:=Si * Rr[J] + Sh * Ri[J]; End;
    If J+1<10 Then Write (' ') Else Write (' ');
    Writeln (J+1,' SR =',Sr,' SI = ',Si);
    If (Abs(Sr) >1.0E-10) or (Abs(Si) > 1.0E-10) Then
        Begin
            WriteLn (J+1,'. Nullstelle fehlerhaft');
            NullFehler:=True; End;
End;
If not NullFehler Then WriteLn ('Nullstellen korrekt');
ReadLn;
End.
```

17.2.4.3 Anwendungsbeispiel

Die Nullstellen des Polynoms 3. Grades sollen bestimmt werden:

$$s^3 + 2 \cdot s^2 + 3 \cdot s + 4 = 0.$$

Das Programm erzeugt folgenden Dialog, wobei die unterstrichenen Zahlenwerte eingegeben werden müssen:

```
Ermittlung der Nullstellen eines Polynoms N-ten Grades
Grad des Polynoms N = 3
Eingabe der N+1 Koeffizienten von A[N] bis A[0] =
3. Koeffizient = 1.0
2. Koeffizient = 2.0
1. Koeffizient = 3.0
0. Koeffizient = 4.0
        Nullstellen des Polynoms
         Realteil    Imaginärteil
         -0.174685      1.546869
         -0.174685     -1.546869
         -1.650629      0.000000
Überprüfung der Nullstellen
Nullstelle Summe der Realteile SR Summe der Imaginärteile SI
 1  SR = -4.33680868994202E-0019  SI =  5.42101086242752E-0020
 2  SR = -4.33680868994202E-0019  SI = -5.42101086242752E-0020
 3  SR =  0.00000000000000E+0000  SI =  0.00000000000000E+0000
Nullstellen korrekt
```

17.3 Numerische Verfahren zur Lösung von Differentialgleichungen

17.3.1 Einleitung

Der Zusammenhang zwischen Eingangsgröße und Ausgangsgröße bei Reglern und Regelstrecken wird im Zeitbereich mit **Differentialgleichungen** formuliert. Für einfache Regelkreiselemente läßt sich die Lösung von Differentialgleichungen geschlossen ermitteln. Komplexere Aufgabenstellungen, wie beispielsweise die Bestimmung des Zeitverhaltens eines Regelkreises höherer Ordnung, müssen iterativ mit numerischen Integrationsverfahren gelöst werden.

Bei der **Lösung von Differentialgleichungen** für regelungstechnische Probleme muß im allgemeinen ein **Anfangswertproblem** gelöst werden. Dabei ist die Zeit t die unabhängige Variable und die Regelgröße x die abhängige Variable. Eingangsgrößen von Differentialgleichungen sind Störgrößen z oder die Führungsgröße w. In der weiteren Darstellung wird die Eingangsgröße eines Regelungssystems oder -elements mit x_e, die Ausgangsgröße mit x_a bezeichnet:

$$a_n \cdot \frac{d^n x_a}{dt^n} + a_{n-1} \cdot \frac{d^{n-1} x_a}{dt^{n-1}} + \ldots + a_1 \cdot \frac{d x_a}{dt} + a_0 \cdot x_a =$$
$$b_m \cdot \frac{d^m x_e}{dt^m} + \ldots + b_1 \cdot \frac{d x_e}{dt} + b_0 \cdot x_e, \qquad n \geq m,$$
$$\frac{d^{n-1} x_a(t_0)}{dt^{n-1}} = \frac{d^{n-2} x_a(t_0)}{dt^{n-2}} = \ldots = \frac{d x_a(t_0)}{dt} = x_a(t_0) = 0 \quad.$$

Bei Berechnungen der Regelungstechnik sind die Anfangswerte im allgemeinen ohne Bedeutung. Es interessiert im allgemeinen das **dynamische Übergangsverhalten**, das heißt die Änderung der Regelgröße x, wenn sich eine der Eingangsgrößen w oder z ändert. Dabei geht die Regelgröße x bei stabilen Systemen in einen neuen stationären Zustand über.

Die numerische Lösung von Anfangswertproblemen ist auch für andere Bereiche von Bedeutung. Es sind daher viele Lösungsverfahren entwickelt worden. **Einschrittverfahren** benötigen die Information eines vorhergehenden Berechnungsschrittes, um den Näherungswert für den nächsten Schritt zu berechnen. Zu diesen Verfahren gehören die EULER- und RUNGE-KUTTA-Verfahren. Bei Mehrschrittverfahren werden die Informationen von mehreren Berechnungsschritten benötigt, um den Wert des nächsten Schrittes zu ermitteln. In diesem Abschnitt soll ein RUNGE-KUTTA-Einschrittverfahren zur Lösung von Anfangswertproblemen dargestellt werden.

17.3.2 Grundlagen des RUNGE-KUTTA-Verfahrens

Einschritt-Verfahren können zur Lösung von **Differentialgleichungen erster Ordnung** der Form

$$\frac{d x(t)}{dt} = f(t, x)$$

herangezogen werden. Die Anfangsbedingung für dieses Problem ist: $x_0 = x(t_0)$.

Als erstes ist der Wert von x für $t_0 + \Delta t$ zu berechnen: Das ist der Wert $x_1 = x(t_0 + \Delta t) = x(t_1)$. Ein Einschrittverfahren liefert eine Folge von x-Werten, die zu den diskreten Werten der unabhängigen Variablen t gehört:

$$x(t_0), x(t_1), x(t_2), \ldots \quad \text{mit} \quad t_0, \, t_1 = t_0 + \Delta t, \, t_2 = t_1 + \Delta t, \ldots \quad .$$

Zum Verständnis des RUNGE-KUTTA-Verfahrens soll zunächst ein EULER-Verfahren erklärt werden. Es ist wegen der geringen Genauigkeit nicht zu empfehlen, erleichtert jedoch das Verständnis des RUNGE-KUTTA-Verfahrens.

Beim EULER-Verfahren wird die Anfangsbedingung $x(t_0)$ in die TAYLOR-Entwicklung der Funktion $x(t)$ eingesetzt:

$$x(t) = x(t_0 + \Delta t) = x(t_0) + \frac{d x(t_0)}{dt} \cdot \Delta t + \frac{d^2 x(t_0)}{dt^2} \cdot \frac{(\Delta t)^2}{2} + \ldots .$$

Falls Δt klein ist, sind die Terme mit $(\Delta t)^2$ und mit höheren Potenzen von Δt vernachlässigbar. Damit geht die Gleichung über in:

$$x(t_0 + \Delta t) \approx x(t_0) + \frac{d x(t_0)}{dt} \cdot \Delta t.$$

17.3 Numerische Verfahren zur Lösung von Differentialgleichungen

Die Auswertung der Differentialgleichung am Anfangspunkt $x(t_0)$ ergibt die Steigung im Anfangspunkt $x(t_0)$. Damit kann die abhängige Variable x für einen kleinen Schritt vom Anfangspunkt entfernt, für $t_1 = t_0 + \Delta t$, berechnet werden. Der dabei ermittelte Wert ist $x_1 = x(t_1) = x(t_0 + \Delta t)$. Der Rechenvorgang wird nach der **rekursiven Gleichung**

$$x_{n+1} = x_n + \frac{\mathrm{d}x(t_n)}{\mathrm{d}t} \cdot \Delta t = x_n + f(t_n, x_n) \cdot \Delta t, \quad n = 0, 1, \ldots$$

für beliebig viele Schritte fortgesetzt. Der Fehler bei diesem Verfahren ist von der Ordnung $(\Delta t)^2$, da die Terme mit $(\Delta t)^2$ und höherer Ordnung vernachlässigt werden. Das im weiteren beschriebene klassische RUNGE-KUTTA-Verfahren 4. Ordnung ist genauer, da es die Steigung im Intervall $[t_n, t_{n+1}]$ durch das gewichtete Mittel von vier iterativ berechneten Steigungen q_1, q_2, q_3, q_4 ermittelt. Die Gewichtungsfaktoren sind so bestimmt, daß der Wert x_{n+1} mit der TAYLOR-Entwicklung der Funktion $x(t)$ bis zu den Gliedern 4. Ordnung übereinstimmt. Der Fehler ist damit von der Ordnung $(\Delta t)^5$.

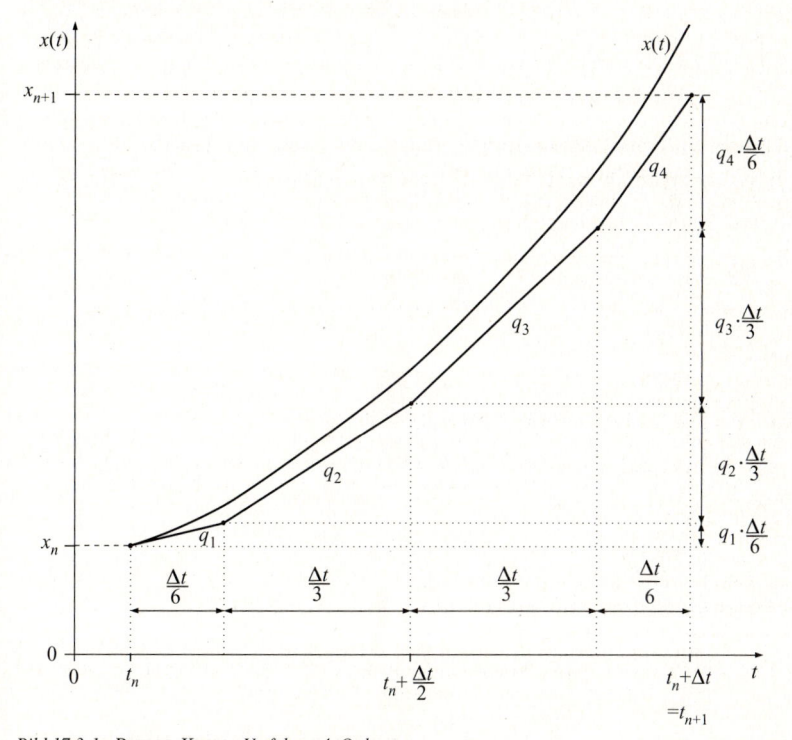

Bild 17.3-1: RUNGE-KUTTA-*Verfahren 4. Ordnung*

Das Verfahren ist für Differentialgleichungen erster Ordnung anwendbar. Da sich eine Differentialgleichung höherer Ordnung auf ein Differentialgleichungssystem erster Ordnung zurückführen läßt, ist das RUNGE-KUTTA-Verfahren universell, für lineare und nichtlineare Differentialgleichungen, einsetzbar.

Für das RUNGE-KUTTA-Verfahren werden folgende Formeln verwendet:

$$x_{n+1} = x_n + \Delta t \cdot \frac{(q_1 + 2 \cdot q_2 + 2 \cdot q_3 + q_4)}{6},$$

$$t_{n+1} = t_n + \Delta t,$$

mit

$$q_1 = f(t_n, x_n),$$
$$q_2 = f(t_n + \frac{\Delta t}{2}, x_n + q_1 \cdot \frac{\Delta t}{2}),$$
$$q_3 = f(t_n + \frac{\Delta t}{2}, x_n + q_2 \cdot \frac{\Delta t}{2}),$$
$$q_4 = f(t_n + \Delta t, x_n + q_3 \cdot \Delta t).$$

Die höhere Genauigkeit des RUNGE-KUTTA-Verfahrens rechtfertigt den höheren Rechenaufwand. Wegen der hohen Genauigkeit ist es oft möglich, die Schrittweite Δt zu vergrößern, um dadurch die Rechengeschwindigkeit zu erhöhen. Das wird bei RUNGE-KUTTA-Verfahren mit automatischer Schrittweitenanpassung realisiert.

17.3.3 Umformung von Differentialgleichungen höherer Ordnung in Systeme von Differentialgleichungen I. Ordnung

Die Differentialgleichung eines linearen Regelungselements ohne Totzeit hat folgende Form:

$$a_n \cdot \frac{d^n x_a}{dt^n} + a_{n-1} \cdot \frac{d^{n-1} x_a}{dt^{n-1}} + \ldots + a_1 \cdot \frac{d x_a}{dt} + a_0 \cdot x_a = b_m \cdot \frac{d^m x_e}{dt^m} + \ldots + b_1 \cdot \frac{d x_e}{dt} + b_0 \cdot x_e, \quad n \geq m.$$

Zur Ermittlung des dynamischen Verhaltens von Regelkreiselementen liefern die Anfangswerte keinen Beitrag, sie werden daher Null gesetzt. Nach der Transformationsregel werden Differentiale durch Multiplikationen der transformierten Funktion mit s oder p ersetzt. Damit ergibt sich die Übertragungsfunktion

$$G(s) = \frac{x_a(s)}{x_e(s)} = \frac{b_m \cdot s^m + b_{m-1} \cdot s^{m-1} + \ldots + b_1 \cdot s + b_0}{a_n \cdot s^n + a_{n-1} \cdot s^{n-1} + \ldots + a_1 \cdot s + a_0} = \frac{Z(s)}{N(s)}$$

und die Frequenzgangfunktion

$$F(p) = \frac{x_a(p)}{x_e(p)} = \frac{b_m \cdot p^m + b_{m-1} \cdot p^{m-1} + \ldots + b_1 \cdot p + b_0}{a_n \cdot p^n + a_{n-1} \cdot p^{n-1} + \ldots + a_1 \cdot p + a_0} = \frac{Z(p)}{N(p)}.$$

Die Koeffizienten von Differentialgleichung, Übertragungsfunktion und Frequenzgangfunktion sind gleich.

Aus der Differentialgleichung n-ter Ordnung wird ein System von Differentialgleichungen I. Ordnung abgeleitet. Dazu werden Zustandsvariablen $x_1(t), x_2(t), \ldots, x_n(t)$ eingeführt.

Beispiel 17.3-1: Ein Übertragungselement mit der Differentialgleichung

$$a_3 \cdot \frac{d^3 x_a(t)}{dt^3} + a_2 \cdot \frac{d^2 x_a(t)}{dt^2} + a_1 \cdot \frac{dx_a(t)}{dt} + a_0 \cdot x_a(t) = b_0 \cdot x_e(t)$$

und der Übertragungsfunktion

$$G(s) = \frac{x_a(s)}{x_e(s)} = \frac{b_0}{a_3 \cdot s^3 + a_2 \cdot s^2 + a_1 \cdot s + a_0} = \frac{Z(s)}{N(s)},$$

$$x_1(s) = \frac{x_a(s)}{b_0} = \frac{1}{a_3 \cdot s^3 + a_2 \cdot s^2 + a_1 \cdot s + a_0} \cdot x_e(s) = \frac{1}{N(s)} \cdot x_e(s)$$

soll mit Zustandsvariablen dargestellt werden. Mit der Abkürzung $\dot{x}(t) = \frac{dx(t)}{dt}$ und den Zustandsvariablen $x_1(t), x_2(t), x_3(t)$ erhält man:

$$x_1(t) = \frac{x_a(t)}{b_0}, \quad \dot{x}_1(t) = x_2(t) = \frac{\dot{x}_a(t)}{b_0}, \quad \dot{x}_2(t) = x_3(t) = \frac{\ddot{x}_a(t)}{b_0},$$

$$\dot{x}_3(t) = \ddot{x}_2(t) = \dddot{x}_1(t) = \frac{\dddot{x}_a(t)}{b_0},$$

und mit der Umstellung

$$a_3 \cdot \dddot{x}_a(t) = -a_0 \cdot x_a(t) - a_1 \cdot \dot{x}_a(t) - a_2 \cdot \ddot{x}_a(t) + b_0 \cdot x_e(t),$$

$$a_3 \cdot \dddot{x}_1(t) = -a_0 \cdot x_1(t) - a_1 \cdot \dot{x}_1(t) - a_2 \cdot \ddot{x}_1(t) + x_e(t)$$

$$= -a_0 \cdot x_1(t) - a_1 \cdot x_2(t) - a_2 \cdot x_3(t) + x_e(t),$$

ergibt sich

$$\dot{x}_3(t) = -\frac{a_0}{a_3} \cdot x_1(t) - \frac{a_1}{a_3} \cdot x_2(t) - \frac{a_2}{a_3} \cdot x_3(t) + \frac{1}{a_3} \cdot x_e(t).$$

Mit dieser Umformung entsteht ein System von Differentialgleichungen I. Ordnung, das in Matrixschreibweise dargestellt

$$\frac{d}{dt} \begin{bmatrix} x_1(t) \\ x_2(t) \\ x_3(t) \end{bmatrix} = \begin{bmatrix} 0 & 1 & 0 \\ 0 & 0 & 1 \\ -\frac{a_0}{a_3} & -\frac{a_1}{a_3} & -\frac{a_2}{a_3} \end{bmatrix} \cdot \begin{bmatrix} x_1(t) \\ x_2(t) \\ x_3(t) \end{bmatrix} + \begin{bmatrix} 0 \\ 0 \\ \frac{1}{a_3} \end{bmatrix} \cdot x_e(t),$$

$$x_a(t) = \begin{bmatrix} b_0 & 0 & 0 \end{bmatrix} \cdot \begin{bmatrix} x_1(t) \\ x_2(t) \\ x_3(t) \end{bmatrix} = b_0 \cdot x_1(t)$$

und wie folgt abgekürzt wird:

$$\frac{d}{dt} \boldsymbol{x}(t) = \dot{\boldsymbol{x}}(t) = \boldsymbol{A} \cdot \boldsymbol{x}(t) + \boldsymbol{b} \cdot x_e(t), \quad x_a(t) = \boldsymbol{c}^{\mathrm{T}} \cdot \boldsymbol{x}(t)$$

Das Differentialgleichungssystem wird durch folgendes Strukturbild dargestellt:

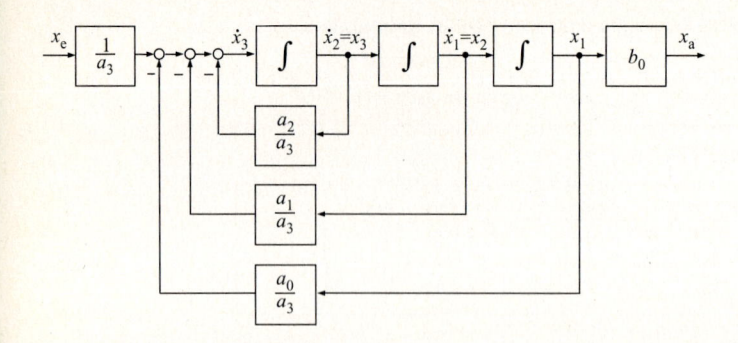

Die Erweiterung auf den allgemeinen Fall, bei dem der Grad des Zählers m gleich dem des Nenners n ist, wird wie folgt ausgeführt. Ausgangspunkt ist die Übertragungsfunktion $G(s)$, die dritter Ordnung sein soll.

$$G(s) = \frac{x_a(s)}{x_e(s)} = \frac{b_3 \cdot s^3 + b_2 \cdot s^2 + b_1 \cdot s + b_0}{a_3 \cdot s^3 + a_2 \cdot s^2 + a_1 \cdot s + a_0} = \frac{Z(s)}{N(s)},$$

$$x_1(s) = \frac{x_a(s)}{b_0} = \frac{1}{a_3 \cdot s^3 + a_2 \cdot s^2 + a_1 \cdot s + a_0} \cdot x_e(s) = \frac{1}{N(s)} \cdot x_e(s).$$

Die Zustandsgröße $x_1(s)$ wird eingesetzt:

$$\begin{aligned} x_a(s) &= G(s) \cdot x_e(s) = \frac{b_3 \cdot s^3 + b_2 \cdot s^2 + b_1 \cdot s + b_0}{a_3 \cdot s^3 + a_2 \cdot s^2 + a_1 \cdot s + a_0} \cdot x_e(s) \\ &= \frac{Z(s)}{N(s)} \cdot x_e(s) = \left[\frac{b_3 \cdot s^3}{N(s)} + \frac{b_2 \cdot s^2}{N(s)} + \frac{b_1 \cdot s}{N(s)} + \frac{b_0}{N(s)}\right] \cdot x_e(s) \\ &= b_3 \cdot s^3 \cdot x_1(s) + b_2 \cdot s^2 \cdot x_1(s) + b_1 \cdot s \cdot x_1(s) + b_0 \cdot x_1(s). \end{aligned}$$

Die letzte Gleichung wird in den Zeitbereich zurücktransformiert, die Zustandsvariablen werden eingesetzt:

$$\begin{aligned} x_a(s) &= b_3 \cdot s^3 \cdot x_1(s) + b_0 \cdot x_1(s) + b_1 \cdot s \cdot x_1(s) + b_2 \cdot s^2 \cdot x_1(s) \\ &= b_3 \cdot s \cdot x_3(s) + b_0 \cdot x_1(s) + \quad b_1 \cdot x_2(s) + \quad b_2 \cdot x_3(s), \\ x_a(t) &= \quad b_3 \cdot \dot{x}_3(t) + b_0 \cdot x_1(t) + \quad b_1 \cdot x_2(t) + \quad b_2 \cdot x_3(t). \end{aligned}$$

Mit

$$\dot{x}_3(t) = -\frac{a_0}{a_3} \cdot x_1(t) - \frac{a_1}{a_3} \cdot x_2(t) - \frac{a_2}{a_3} \cdot x_3(t) + \frac{1}{a_3} \cdot x_e(t)$$

erhält man

$$\begin{aligned} x_a(t) =\ & b_0 \cdot x_1(t) + b_1 \cdot x_2(t) + b_2 \cdot x_3(t) + \\ & -a_0 \cdot \frac{b_3}{a_3} \cdot x_1(t) - a_1 \cdot \frac{b_3}{a_3} \cdot x_2(t) - a_2 \cdot \frac{b_3}{a_3} \cdot x_3(t) + \frac{b_3}{a_3} \cdot x_e(t) \\ =\ & \left(b_0 - a_0 \cdot \frac{b_3}{a_3}\right) \cdot x_1(t) + \left(b_1 - a_1 \cdot \frac{b_3}{a_3}\right) \cdot x_2(t) + \left(b_2 - a_2 \cdot \frac{b_3}{a_3}\right) \cdot x_3(t) + \frac{b_3}{a_3} \cdot x_e(t). \end{aligned}$$

Mit dieser Umformung entsteht ein System von Differentialgleichungen I. Ordnung, das in Matrixschreibweise dargestellt:

$$\frac{d}{dt}\begin{bmatrix} x_1(t) \\ x_2(t) \\ x_3(t) \end{bmatrix} = \begin{bmatrix} 0 & 1 & 0 \\ 0 & 0 & 1 \\ -\dfrac{a_0}{a_3} & -\dfrac{a_1}{a_3} & -\dfrac{a_2}{a_3} \end{bmatrix} \cdot \begin{bmatrix} x_1(t) \\ x_2(t) \\ x_3(t) \end{bmatrix} + \begin{bmatrix} 0 \\ 0 \\ \dfrac{1}{a_3} \end{bmatrix} \cdot x_e(t),$$

$$x_a(t) = \begin{bmatrix} b_0 - \dfrac{b_3 \cdot a_0}{a_3} & b_1 - \dfrac{b_3 \cdot a_1}{a_3} & b_2 - \dfrac{b_3 \cdot a_2}{a_3} \end{bmatrix} \cdot \begin{bmatrix} x_1(t) \\ x_2(t) \\ x_3(t) \end{bmatrix} + \dfrac{b_3}{a_3} \cdot x_e(t)$$

und wie folgt abgekürzt wird:

$$\frac{d}{dt}\boldsymbol{x}(t) = \dot{\boldsymbol{x}}(t) = \boldsymbol{A}\cdot\boldsymbol{x}(t) + \boldsymbol{b}\cdot x_e(t), \quad x_a(t) = \boldsymbol{c}^T\cdot\boldsymbol{x}(t) + d\cdot x_e(t)$$

Diese Form der Darstellung von mathematischen Modellen von Regelungssystemen wird mit **Regelungsnormalform** bezeichnet. A ist die Systemmatrix, b der Eingangsvektor, c der Ausgangsvektor und d der Durchgangsfaktor. Das Strukturbild ist angegeben.

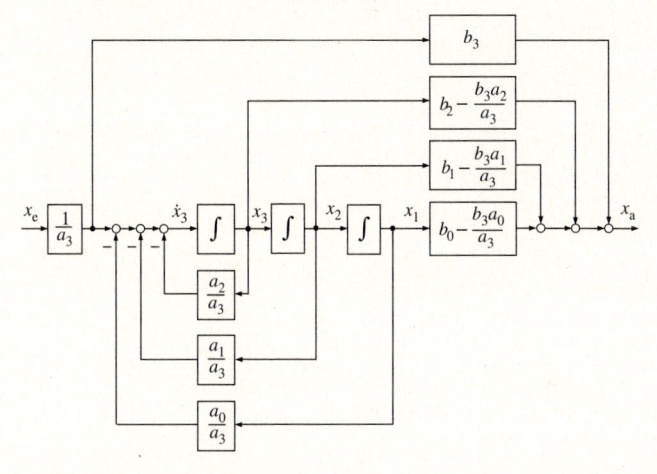

Das Verfahren ist auch für nichtlineare Differentialgleichungen anwendbar. Es folgt eine Programmrealisierung für das RUNGE-KUTTA-Verfahren.

17.3.4 Programm zur Ermittlung des dynamischen Verhaltens von linearen Regelungssystemen ohne Totzeit

```
Program Sprg; {Sprungantwort}
Const NConst = 10;
Type vektor = Array [1..NConst] of Real;
Var A, B, Xn : vektor;
Xa, Tn, TMin, TMax, Delta_T, W0 : Real;
I, M, N : Integer;
```

```
{*************************************************************}
Function W (Ttt, W00 :Real) : Real; {Sprungfunktion}
Begin If Ttt < 0.0 Then W := 0.0 Else W := W00 End;
{*************************************************************}
{Runge-Kutta-Verfahren zur Lösung}
{von Differentialgleichungen N-ter Ordnung}
Procedure Runge_Kutta (Var Xn : vektor;
                       Aa, Bb : vektor; Nn, Mm: Integer;
                       Var Xxa : Real; Xxe : Real;
                       Var Tn : Real; D_T : Real);
Var K, J : Integer;
    T: Real;
    X, XPunkt : vektor;
    Q : Array [1..4,1..NConst] of Real;
    Procedure Diff_Glchg (Var XPunkt : vektor; Tt : Real);
    Var J : Integer;
    Begin {Differentialgleichung in Regelungsnormalform}
        For J := 1 To Nn-1 Do XPunkt[J] := X[J+1];
        XPunkt[Nn] := Xxe / Aa[Nn+1];
        For J := 1 To Nn Do XPunkt[Nn] :=
        XPunkt[Nn] - Aa[J]*X[J]/Aa[Nn+1];
    End;
Begin {Runge-Kutta-Verfahren}
If Nn > 0 Then Begin
   {Berechnung des Faktors Q1}
   T := Tn;
   For K := 1 To Nn Do X[K] := Xn[K];
   Diff_Glchg (XPunkt, T);
   For K := 1 To Nn Do Q[1,K] := D_T * XPunkt[K];
   {Berechnung des Faktors Q2}
   T := Tn + D_T / 2.0;
   For K := 1 To Nn Do X[K] := Xn[K] + Q[1,K] / 2.0;
   Diff_Glchg (XPunkt, T);
   For K := 1 To Nn Do Q[2,K] := D_T * XPunkt[K];
   {Berechnung des Faktors Q3}
   T := Tn + D_T / 2.0;
   For K := 1 To Nn Do X[K] := Xn[K] + Q[2,K] / 2.0;
   Diff_Glchg (XPunkt, T);
   For K := 1 To Nn Do Q[3,K] := D_T * XPunkt[K];
   {Berechnung des Faktors Q4}
   T := Tn + D_T;
   For K := 1 To Nn Do X[K] := Xn[K] + Q[3,K];
   Diff_Glchg (XPunkt, T);
   For K := 1 To Nn Do Q[4,K] := D_T * XPunkt[K];
   {Berechnung der Werte Xn+1, Tn+1}
   For K := 1 To Nn Do
       Xn[K] := Xn[K] +
          (Q[1,K]+2.0*Q[2,K]+2.0*Q[3,K]+Q[4,K])/6.0;
   If Mm=Nn Then Xxa:=(Bb[Nn+1]/Aa[Nn+1])*Xxe
   Else Xxa:=0.0;
   For K:=1 To Mm+1 Do Xxa:=Xxa+Bb[K]*Xn[K];
   End
```

```
Else Xxa:=Xxe*Bb[1]/Aa[1];
Tn:=Tn+D_T;
End;
{*********************************************************}
Begin {Hauptprogramm}
Write('Eingabe der Schrittweite Delta_T= ');
ReadLn (Delta_T);
Write ('Eingabe von TMin= ');
ReadLn (TMin);
Write ('Eingabe von TMax = ');
ReadLn (TMax);
Write ('Sprunghöhe W0 = ');
ReadLn (W0);
Write ('Grad des Zählerpolynoms M = ');
ReadLn (M);
Write ('Eingabe der M+1 Koeffizienten
    von B[M+1] bis B[1] = ');
For I:=M+1 DownTo 1 Do Read (B[I]);
Write ('Grad des Nennerpolynoms N = ');
ReadLn (N);
Write ('Eingabe der N+1 Koeffizienten
    von A[N+1] bis A[1] = ');
For I:=N+1 DownTo 1 Do Read (A[I]);
If M=N Then For I:=1 To N Do
        B[I]:=B[I]-A[I]*(B[N+1]/A[N+1]);
If N<M Then Begin
        WriteLn ('Sprungfunktion nicht darstellbar');
        WriteLn ('Halt auf Return');
ReadLn; Readln; Halt; End;
{Anfangswerte der Differentialgleichung}
Tn:=TMin; Xa:=0.0;
For I:=1 To NConst Do Xn[I]:=0.0;
Repeat {Zeitschleife TMin .. TMax}
   Runge_Kutta (Xn, A, B, N, M, Xa, W(Tn,W0), Tn, Delta_T);
   WriteLn ('t = ',Tn:6:3,' x(t) = ',Xa:6:3);
Until Tn>=TMax;
End.
```

17.3.5 Anwendungsbeispiel

Für einen Regelkreis mit der Übertragungsfunktion $G(s)$ ist die Sprungantwort $x(t)$ für den Zeitbereich 0.0 bis 10.0 s zu berechnen. Aufgeschaltet wird eine Einheitssprungfunktion $w(t)$ zur Zeit $t = 0.0$ s.

$$G(s) = \frac{x(s)}{w(s)} = \frac{4}{s^2 + 2 \cdot s + 4} = \frac{b_0}{a_2 \cdot s^2 + a_1 \cdot s + a_0}$$

$$w(t) = w_0 \cdot E(t), \quad w_0 = 1.$$

Das Programm erzeugt folgenden Dialog, wobei die unterstrichenen Zahlenwerte eingegeben werden müssen:

```
Eingabe der Schrittweite Delta_T = 0.01
Eingabe von TMin = 0.0
Eingabe von TMax = 10.0
```

```
Sprunghöhe W0 = 1.0
Grad des Zählerpolynoms M = 0
Eingabe der M+1 Koeffizienten von B[M+1] bis B[1] = 4.0
Grad des Nennerpolynoms N = 2
Eingabe der N+1 Koeffizienten von A[N+1] bis A[1] = 1.0 2.0 4.0
t  =  0.010   x(t)  =  0.000
t  =  0.020   x(t)  =  0.001
t  =  0.030   x(t)  =  0.002
t  =  0.040   x(t)  =  0.003
t  =  0.050   x(t)  =  0.005
t  =  0.060   x(t)  =  0.007
t  =  0.070   x(t)  =  0.009
t  =  0.080   x(t)  =  0.012
t  =  0.090   x(t)  =  0.015
t  =  0.100   x(t)  =  0.019
...
t  =  1.210   x(t)  =  1.000
...
t  =  1.800   x(t)  =  1.163
```

18 Formelzeichen und Abkürzungen

18.1 Allgemeines

Mit wenigen Ausnahmen werden die Formelzeichen und Abkürzungen nach DIN verwendet. Die Funktionen $f(t)$, $f(kT)$, $f(j\omega)$, $f(p)$, $f(s)$, $f(z)$ werden aus praktischen Gründen in der Regelungstechnik nach ihrem Argument bezeichnet (Beispiel Regelgröße: zeitkontinuierliche Funktion $x(t)$, zeitdiskrete Funktion $x(kT)$, harmonische Funktion $x(j\omega)$ oder $x(p)$, LAPLACE-transformierte Funktion $x(s)$, z-transformierte Funktion $x(z)$). Die Ableitung einer Größe nach der Zeit wird durch einen Punkt abgekürzt geschrieben.

Für die Zustandsdarstellung in den Abschnitten 12 und 13.8 werden Vektoren und Matrizen verwendet. Vektoren sind durch kleine Buchstaben, Matrizen durch Großbuchstaben und jeweils durch Fettdruck hervorgehoben. Invertierung und Transponierung sind mit den Exponenten „−1" und „T", Vektoren und Matrizen von Beobachtern durch ein Dach „^" gekennzeichnet. Die in den USA üblichen Formelzeichen für Zustandsregelungen werden in Abschnitt 0.3 erklärt.

Für die Anwendung der Fuzzy-Logik in der Regelungstechnik in Kapitel 15 sind die Formelzeichen und Abkürzungen in Abschnitt 0.4 angegeben. Anweisungen und Funktionen des Programmsystems MATLAB sind den Tabellen in Kapitel 16 zu entnehmen. Programme sind in `Courier` geschrieben.

18.2 Formelzeichen und Abkürzungen der klassischen Regelungstechnik

a	Konstante
$a_0, a_1, \ldots, a_n$	Koeffizienten
arg	Zeigerwinkel
$a(t)$	Beschleunigung
A	Arbeitspunkt, Amplitude
A_{abs}	Betragsregelfläche
A_{abs_t}	Zeitgewichtete Betragsregelfläche
A_{lin}	Lineare Regelfläche
A_R	Amplitudenreserve
A_{sqr}	Quadratische Regelfläche
A_{sqr_t}	Zeitlinear gewichtete Quadratische Regelfläche
A_{sqr_t2}	Zeitquadratisch gewichtete Quadratische Regelfläche
$b_0, b_1, \ldots, b_m$	Koeffizienten
B	Konstante
$B(\hat{x}_e)$, $B(\hat{x}_e, x_{e0})$	Beschreibungsfunktion für ein harmonisches Signal
$B_0(\hat{x}_e)$, $B_0(\hat{x}_e, x_{e0})$	Beschreibungsfunktion für ein Gleichsignal
c	Parameter einer nichtlinearen Kennlinie
C	Kondensatorkapazität, Konstante
c_f	Federkonstante
C_v	Speicherkapazität
d	Parameter einer nichtlinearen Kennlinie
D	Dämpfung
D_A	Dämpfung eines Antriebs
dB	Dezibel, logarithmisches Verstärkungsmaß
$E(t)$	Einheitssprungfunktion
E_{kin}	kinetische Energie

/ 18 Formelzeichen und Abkürzungen

$f(j\omega)$	harmonische Funktion
$f(kT)$	zeitdiskrete Funktion
$f(s)$	LAPLACE-transformierte Funktion
$f(t)$	kontinuierliche Zeitfunktion
$f(z)$	z-transformierte Funktion
f_E	Eckfrequenz des beschalteten Verstärkers
f_{E0}	Eckfrequenz des unbeschalteten Verstärkers
f_T	Transitfrequenz
$F(j\omega), F(p)$	Frequenzgangfunktion
$|F(j\omega)|$	Betrag einer Frequenzgangfunktion
$F(t)$	Kraft
$F_B(t)$	Beschleunigungskraft
$F_d(j\omega)$	Frequenzgangfunktion des unbeschalteten Verstärkers
$F_L(j\omega)$	Frequenzgangfunktion des linearen Teils der Regelung
$F_L(t)$	Bearbeitungskraft, Lastkraft
$F_m(t)$	Trägheitskraft
$|F_m(j\omega)|$	Betrag des Frequenzgangs an der Resonanzstelle
$F_M(j\omega), F_M(p)$	Frequenzgangfunktion einer Meßeinrichtung
$F_M(t)$	Motorkraft
$F_P(j\omega)$	Frequenzgangfunktion der POPOW-Ortskurve
$F_r(t)$	Reibkraft
$F_R(j\omega), F_R(p)$	Frequenzgangfunktion eines Reglers
$F_R(t)$	Reibungskraft
$F_{RS}(j\omega), F_{RS}(p)$	Frequenzgangfunktion eines offenen Regelkreises
$F_S(j\omega), F_S(p)$	Frequenzgangfunktion einer Regelstrecke
$F_{st}(t)$	maximale Motorkraft
$F_y(t)$	antreibende Kraft
$F_z(j\omega), F_z(p)$	Störungsfrequenzgangfunktion
G	Generator
$G(s)$	LAPLACE-Übertragungsfunktion
$g(t)$	Gewichtsfunktion
$G(z)$	z-Übertragungsfunktion
$G_H(s)$	LAPLACE-Übertragungsfunktion eines Haltegliedes nullter Ordnung
$G_{HS}(z)$	z-Übertragungsfunktion der Reihenschaltung eines Haltegliedes nullter Ordnung und eines kontinuierlichen Systems
$G_L(s)$	Übertragungsfunktion des linearen Teils der Regelung
$G_M(s)$	LAPLACE-Übertragungsfunktion der Meßeinrichtung
$G_r(s)$	Übertragungsfunktion einer Rückführung
$G_R(s)$	LAPLACE-Übertragungsfunktion eines Reglers
$G_R(z)$	z-Übertragungsfunktion eines Reglers
$G_{RS}(s)$	LAPLACE-Übertragungsfunktion eines offenen Regelkreises
$G_{RS}(z)$	z-Übertragungsfunktion eines offenen Regelkreises
$G_S(s)$	LAPLACE-Übertragungsfunktion einer Regelstrecke
$G_S(z)$	z-Übertragungsfunktion einer Regelstrecke
$G_z(s)$	LAPLACE-Störungsübertragungsfunktion
$h(t)$	Übergangsfunktion
$\mathbf{h}(T)$	Eingangsvektor der Zustandsdifferenzengleichung
h_{sp}	Spindelsteigung

18.2 Formelzeichen und Abkürzungen der klassischen Regelungstechnik 1103

$\boldsymbol{h}_z(T)$	Störeingangsvektor der Zustandsdifferenzengleichung
i	Index, Übersetzungsverhältnis des Getriebes
$I(t), i(t), i_0(t), i_1(t), \ldots$	Stromstärke
$i_a(t)$	Ausgangsstrom
$I_A(t)$	momentbildender Motorstrom
$i_e(t)$	Eingangsstrom
$\text{Im}\{F(j\omega)\}$	Imaginärteil einer Frequenzgangfunktion
$\text{Im}\{s\}$	Imaginärteil des LAPLACE-Operators, Imaginärteil einer Pol- oder Nullstelle
j	imaginäre Einheit
$j\omega$	Operator der Frequenzgangfunktion,
J, J_1, J_2, J_{Ges}	Massenträgheitsmoment
J_G	Massenträgheitsmoment des Getriebes
J_L	Lastträgheitsmoment
J_M	Motorträgheitsmoment
J_{sp}	Trägheitsmoment der Kugelrollspindel
k	normierte Abtastzeit, Steigung einer Kennlinie
k, K	Konstante
K_0	konstanter Faktor der Pol-Nullstellenform der Übertragungsfunktion
K_A	Antriebsverstärkung
K_D	Differenzierbeiwert
K_F	Kraftkonstante
K_H	Hochlaufkonstante, Grenze des HURWITZ-Sektors
K_I	Integrierbeiwert
K_{inv}	inverse Verstärkung
K_M	Momentenkonstante, Proportionalbeiwert der Meßeinrichtung
K_P	Proportionalbeiwert
K_r	Verstärkung einer Rückführung
K_R	Reglerverstärkung
K_{Rkrit}	kritische Reglerverstärkung
K_{RSkrit}	kritische Kreisverstärkung
K_S	Streckenverstärkung
kT	diskrete Zeitvariable
K_T	Tachogeneratorkonstante
K_{Th}	Spannungsverstärkung des Leistungsverstärkers
K_V	Geschwindigkeitsverstärkung
L	Induktivität
$L\{f(t)\}$	LAPLACE-Transformation
$L^{-1}\{f(s)\}$	Inverse LAPLACE-Transformation (LAPLACE-Integral)
m	Meter
M	Meßwandler, Motor
m	Masse, Steigung
m_{abs}	Absenkungsfaktor (Amplitudenabsenkung mit Lag-Element)
m_{anh}	Anhebungsfaktor (Phasenanhebung mit Lead-Element)
m_{Ges}	bewegte Masse
m_s	Masse eines Vorschubschlittens
m_w	Masse eines Werkstücks
$M(t)$	Drehmoment
$M_B(t)$	Beschleunigungsmoment

min	Minute
$M_L(t)$	Lastdrehmoment
$M_M(t)$	Motordrehmoment
$M_{Mi}(t)$	Regelgröße (Istwert, Motordrehmoment)
$M_{Ms}(t)$	Führungsgröße (Sollwert, Motordrehmoment)
$M_R(t)$	Reibungsmoment
M_{st}	maximales Motormoment
$N(j\omega), N(p)$	Nennpolynom der Frequenzgangfunktion
$N(s)$	Nennpolynom der LAPLACE-Übertragungsfunktion
$N_0(s)$	Nennpolynom der Pol-Nullstellenform der Übertragungsfunktion
$N_L(s)$	Nennpolynom der Übertragungsfunktion des linearen Teils der Regelung
$N_R(s)$	Nennpolynom der LAPLACE-Übertragungsfunktion des Reglers
$N_S(s)$	Nennpolynom der LAPLACE-Übertragungsfunktion der Regelstrecke
$n(t)$	Drehzahl
p	Operator der Frequenzgangfunktion
$P(t)$	elektrische Leistung
$p_a(t)$	Druck als Ausgangsgröße
$p_e(t)$	Druck als Eingangsgröße
Q	Wärmemenge
r	Regelfaktor, Teilkreisradius des Antriebsritzels
R	Widerstand, Gaskonstante
r_a	differentieller Ausgangswiderstand
r_e	differentieller Differenzeingangswiderstand
$\text{Re}\{F(j\omega)\}$	Realteil einer Frequenzgangfunktion
$\text{Re}\{s\}$	Realteil des LAPLACE-Operators, Realteil einer Pol- oder Nullstelle
r_k	Dämpfungskoeffizient, Reibungskoeffizient, Zerspanungsparameter
s	Sekunde
s	LAPLACE-Operator
$s(t)$	Weg
$s_a(t)$	Weg als Ausgangsgröße
$s_e(t)$	Weg als Eingangsgröße
s_n	Nullstelle der Übertragungsfunktion
s_p	Polstelle der Übertragungsfunktion
s_V	Verzweigungspunkt
t	Zeit
T	Zeitkonstante, Abtastzeit
T_A	Abklingzeitkonstante, Ankerzeitkonstante, Antriebszeitkonstante
$T_a(t)$	Außentemperatur
t_{anr}	Anregelzeit
T_{aus}	Ausschaltdauer
t_{ausr}	Ausregelzeit
T_D	Differenzierzeitkonstante
T_e	Einstellzeit
T_E	Ersatzzeitkonstante
T_{ein}	Einschaltdauer
T_g	Ausgleichszeit
TG	Tachogenerator
T_G	Periodendauer einer Grenzschwingung

18.2 Formelzeichen und Abkürzungen der klassischen Regelungstechnik

T_{GL}	Glättungszeitkonstante
$T_i(t)$	Innentemperatur
T_I	Integrierzeitkonstante
T_{krit}	kritische Periodendauer
T_M	mechanische Zeitkonstante
t_{max}	t_{max}-Zeit
T_N	Nachstellzeit
T_P	Periodendauer
t_r	Anstiegszeit
T_r	Zeitkonstante einer Rückführung
$T_s(t)$	Solltemperatur
T_S	Zeitkonstante der Regelstrecke
T_t	Totzeit
T_u	Verzugszeit
T_V	Vorhaltzeit
t_W	Wendezeit
$T_1, T_2, \ldots, T_n$	Zeitkonstanten von Proportional-Elementen mit Verzögerung
T_Σ	Summenzeitkonstante
$U(t), u(t)$	Spannung
$u_a(t)$	Ausgangsspannung
$u_A(t)$	Ankerspannung, Motorspannung
$U_B(t)$	Versorgungsspannung
$u_d(t)$	Eingangsspannungsdifferenz
$u_e(t)$	Eingangsspannung
$U_{off}(t)$	Offsetspannung
$ü$	Überschwingweite
$v(t)$	Geschwindigkeit
$V(x)$	LJAPUNOW-Funktion
V_g	Gleichtaktverstärkung
V_0	Differenzverstärkung
W	Strömungswiderstand, Wärmewiderstand, Wendepunkt
$w(kT), w_k$	zeitdiskrete Führungsgröße (Zahlenfolge)
$w(s)$	LAPLACE-transformierte Führungsgröße
$w(t)$	zeitkontinuierliche Führungsgröße
$w(z)$	z-transformierte Führungsgröße
w_0	Sprunghöhe der Führungssprungfunktion
$x(kT), x_k$	zeitdiskrete Regelgröße
$x(s)$	LAPLACE-transformierte Regelgröße
$x(t)$	zeitkontinuierliche Regelgröße
$x(z)$	z-transformierte Regelgröße
$x_a(t)$	Ausgangsgröße
x_{d1}, x_{d2}	Kenngrößen eines Zweipunktreglers
$x_d(kT), x_{d,k}$	zeitdiskrete Regeldifferenz
$x_d(s)$	LAPLACE-transformierte Regeldifferenz
$x_d(t)$	zeitkontinuierliche Regeldifferenz
$x_d(z)$	z-transformierte Regeldifferenz
$\hat{x}_e$	Amplitude eines harmonischen Signals
$x_e(t)$	Eingangsgröße

x_{E1}, x_{E2}	Endwert der Regelgröße bei Zweipunktregelungen
x_G	Amplitude einer Grenzschwingung
x_{max}	Maximalwert der Regelgröße
x_{min}	Minimalwert der Regelgröße
x_P	Parameter der POPOW-Geraden
$x_r(t)$	Rückführgröße
x_R	Zustandsvektor der Ruhelage
x_{1R}, x_{2R}	Komponenten des Zustandsvektors der Ruhelage
x_{wm}	mittlere Regelabweichung
y_1	Grundlast, Kenngröße eines Zweipunktreglers
y_2	Hauptlast, Kenngröße eines Zweipunktreglers
$y(kT), y_k$	zeitdiskrete Stellgröße
$y(s)$	LAPLACE-transformierte Stellgröße
$y(t)$	zeitkontinuierliche Stellgröße
$y(z)$	z-transformierte Stellgröße
$y_m(t)$	Mittelwert der Stellgröße
y_P	Parameter der POPOW-Geraden
$y_R(t)$	Reglerausgangsgröße
z_0	Sprunghöhe der Störgröße
z_{10}	Sprunghöhe der Laststörgröße
z_{20}	Sprunghöhe der Versorgungsstörgröße
$z(s)$	LAPLACE-transformierte Störgröße
$z(t)$	zeitkontinuierliche Störgröße
$z_1(s)$	LAPLACE-transformierte Laststörgröße
$z_1(t)$	zeitkontinuierliche Laststörgröße
$z_2(s)$	LAPLACE-transformierte Versorgungsstörgröße
$z_2(t)$	zeitkontinuierliche Versorgungsstörgröße
$Z_0, Z_1, \ldots$	komplexer Widerstand
$Z\{f(kT)\}$	z-Transformation
$Z^{-1}\{f(z)\}$	z-Rücktransformation
$Z(j\omega), Z(p)$	Zählerpolynom der Frequenzgangfunktion
$Z(s)$	Zählerpolynom der LAPLACE-Übertragungsfunktion
$Z_0(s)$	Zählerpolynom der Pol-Nullstellenform der Übertragungsfunktion
$Z_L(s)$	Zählerpolynom der Übertragungsfunktion des linearen Teils der Regelung
$Z_R(s)$	Zählerpolynom der LAPLACE-Übertragungsfunktion des Reglers
$Z_S(s)$	Zählerpolynom der LAPLACE-Übertragungsfunktion der Regelstrecke
α	Winkel
$\alpha_1, \alpha_2, \ldots, \alpha_n$	Koeffizienten
β	Koeffizient
δ	Realteil eines komplexen Operators
$\delta(t)$	Impulsfunktion, DIRAC-Funktion
Δ	kleine Abweichung, Differenz von zwei Abtastwerten
$\Delta\phi$	stetige Winkeländerung
ϑ	Temperatur
σ	Realteil des LAPLACE-Operators
σ_V	Verzweigungspunkt
σ_W	Wurzelschwerpunkt

18.2 Formelzeichen und Abkürzungen der klassischen Regelungstechnik

Σ	Summe
$\varphi(t)$	Drehwinkel
$\varphi(\omega), \varphi\{F(j\omega)\}$	Phase einer Frequenzgangfunktion
φ_{Ai}	Anstiegswinkel der Asymptoten
φ_d	Phase des unbeschalteten Verstärkers
φ_D	Durchtrittsphasenwinkel
$\varphi_i(t)$	Regelgröße (Istwert, Drehwinkel) der Lageregelung
$\varphi_{n\alpha,\text{ein}}$	Eintrittswinkel in eine Nullstelle
$\varphi_{p\alpha,\text{aus}}$	Austrittswinkel aus einer Polstelle
$\varphi_R(\omega)$	Phase einer Reglerfrequenzgangfunktion
$\varphi_{RS}(\omega)$	Phase der Frequenzgangfunktion eines offenen Regelkreises
$\varphi_s(t)$	Führungsgröße (Sollwert, Drehwinkel) der Lageregelung
$\varphi_S(\omega)$	Phase einer Streckenfrequenzgangfunktion
φ_V	Schnittwinkel der WOK-Zweige in Verzweigungspunkten
ϕ	Nullphasenwinkel
$\phi(t)$	Erregerfluß
$\boldsymbol{\Phi}(T)$	Transitionsmatrix, Systemmatrix der Zustandsdifferenzengleichung
Φ_R	Phasenreserve
ω	Kreisfrequenz, Imaginärteil des LAPLACE-Operators
$\omega(t)$	Winkelgeschwindigkeit
ω_b	Bandbreite
ω_D	Durchtrittskreisfrequenz
ω_{DD}	Durchtrittskreisfrequenz des Differential-Elements
ω_{DI}	Durchtrittskreisfrequenz des Integral-Elements
ω_e	Eigenkreisfrequenz
ω_E	Eckkreisfrequenz
ω_G	Kreisfrequenz einer Grenzschwingung
$\omega_i(t)$	Regelgröße (Istwert, Winkelgeschwindigkeit)
ω_{krit}	kritische Kreisfrequenz
ω_m	Resonanzkreisfrequenz
$\omega_s(t)$	Führungsgröße (Sollwert, Winkelgeschwindigkeit)
ω_0	Kennkreisfrequenz
ω_{0A}	Kennkreisfrequenz eines Antriebs
ω_π	Phasenschnittkreisfrequenz
D-Element	Differential-Element
DDC	Direct Digital Control
DT_1-Element	Differential-Element mit Verzögerung I. Ordnung
dim	Dimension
I-Element	Integral-Element
P-Element	Proportional-Element ohne Verzögerung
PD-Element	Proportional-Differentialelement
PDT_1-Element	Proportional-Differentialelement mit Verzögerung I. Ordnung
PI-Element	Proportional-Integralelement
PID-Element	Proportional-Integral-Differentialelement
$PIDT_1$-Element	Proportional-Integral-Differentialelement mit Verzögerung I. Ordnung
PPT_1-Element	Proportional-Differentialelement mit Verzögerung I. Ordnung
PT_1-Element	Proportionalelement mit Verzögerung I. Ordnung

PT_2-Element	Proportionalelement mit Verzögerung II. Ordnung
PT_n-Element	Proportionalelement mit Verzögerung n. Ordnung
PT_t-Element	Totzeit-Element
Res	Residuum
SPC	Setpoint Control
WOK	Wurzelortskurve

18.3 Formelzeichen für Zustandsregelungen

A	Systemmatrix
A_e	Systemmatrix der mit PI-Regler erweiterten Regelstrecke
A_s	Systemmatrix der mit Störgrößenmodell erweiterten Regelstrecke
A_{PI}	Systemmatrix der PI-Zustandsregelung
B	Eingangsmatrix
b	Eingangsvektor
b_e	Eingangsvektor der mit PI-Regler erweiterten Regelstrecke
b_s	Eingangsvektor der mit Störgrößenmodell erweiterten Regelstrecke
b_{PI}	Eingangsvektor der PI-Zustandsregelung
b_z	Störeingangsvektor
$b_{z,PI}$	Störeingangsvektor der PI-Zustandsregelung
C	Ausgangsmatrix
c^T	Ausgangsvektor
c_e^T	Ausgangsvektor der mit PI-Regler erweiterten Regelstrecke
c_s^T	Ausgangsvektor der mit Störgrößenmodell erweiterten Regelstrecke
D	Durchgangsmatrix
d	Durchgangsvektor
d	Durchgangsfaktor
$e(t)$	Regeldifferenz
$e(t_0)$	Anfangswert der Regeldifferenz
E	Einheitsmatrix
F	Beobachtungsmodell
L	Beobachtungsmatrix
l	Beobachtungsvektor
$l_1, l_2, \ldots$	Elemente des Beobachtungsvektors
$P_B(s)$	Vorgabepolynom für den Beobachter
$P_Z(s)$	Vorgabepolynom für die Zustandsregelung
Q_B	Beobachtbarkeitsmatrix
$Q_{B,s}$	Beobachtbarkeitsmatrix der mit Störgrößenmodell erweiterten Regelstrecke
Q_S	Steuerbarkeitsmatrix
$Q_{S,e}$	Steuerbarkeitsmatrix der mit PI-Regler erweiterten Regelstrecke
r_I	Integralfaktor der PI-Zustandsregelung
r_P	Proportionalfaktor der PI-Zustandsregelung
R	Rückführmatrix
r^T	Rückführvektor
$r_1, r_2, \ldots$	Elemente des Rückführvektors
T_B	Transformationsmatrix zur Transformation auf Beobachtungsnormalform
T_R	Transformationsmatrix zur Transformation auf Regelungsnormalform
$u(t)$	Eingangsvariablenvektor

$u(t)$	Eingangsvariable
v	Vorfilter
v_w	Vorfilter der Führungsgröße
v_z	Vorfilter der Störgrößenaufschaltung
$w(t)$	Führungsgröße
$x(t)$	Zustandsvektor
$x(t_0)$	Anfangswerte des Zustandsvektors
$x_i(t)$	Zustandsvariable
$x_1(t_0)$	Anfangswert der Zustandsvariablen x_1
$y(t)$	Ausgangsvariablenvektor
$y(t)$	Ausgangsvariable
$z(t)$	Störgröße
$z(t_0)$	Anfangswert der Störgröße
$\Phi(t)$	Transitionsmatrix

18.4 Formelzeichen und Abkürzungen für Anwendungen der Fuzzy-Logik in der Regelungstechnik

$A, A_1, A_2, A_3, \ldots$	Mengen
A^C	Komplement (Negation) der Menge A
A_i	Fläche einer Zugehörigkeitsfunktion
A_{NG}	unscharfe Menge, linguistischer Wert negativ-groß
A_{NM}	unscharfe Menge, linguistischer Wert negativ-mittel
A_{PG}	unscharfe Menge, linguistischer Wert positiv-groß
A_{PM}	unscharfe Menge, linguistischer Wert positiv-mittel
A_{ZE}	unscharfe Menge, linguistischer Wert nahe-Null
B	unscharfe Menge (Fuzzy-Menge)
core(A)	Kern (Toleranz) der Fuzzy-Menge A
G	groß (linguistischer Wertname)
H	hoch (linguistischer Wertname)
heigth(A)	Höhe der Fuzzy-Menge A
K	klein (linguistischer Wertname)
M	mittel (linguistischer Wertname)
max	Maximumoperation (Fuzzy-ODER)
min	Minimumoperation (Fuzzy-UND)
M_L	Menge von Zugehörigkeitsfunktionen
$M_{\mu i}$	Moment einer Zugehörigkeitsfunktion
N	niedrig (linguistischer Wertname)
NB	negative-big (linguistischer Wertname)
NG	negativ-groß (linguistischer Wertname)
NK	negativ-klein (linguistischer Wertname)
NM	negativ-mittel, negative-medium (linguistische Wertnamen)
NS	negative-small (linguistischer Wertname)
PB	positive-big (linguistischer Wertname)
PG	positiv-groß (linguistischer Wertname)
PK	positiv-klein (linguistischer Wertname)
PM	positiv-mittel, positive-medium (linguistische Wertnamen)

PS	positive-small (linguistischer Wertname)
$R, R_0, R_1, \ldots, R_n$	Relationen
R_{ij}	Regeln einer Regelbasis
R_{NG}	Regel für y_L ist negativ-groß
R_{NM}	Regel für y_L ist negativ-mittel
R_{PG}	Regel für y_L ist positiv-groß
R_{PM}	Regel für y_L ist positiv-mittel
R_{ZE}	Regel für y_L ist nahe-Null
s_i	s-Norm, t-Konorm
supp(A)	Support (Stützmenge, Träger, Einflußbreite) der Fuzzy-Menge A
t_i	t-Norm, Dreiecksnorm
W_L	Menge von linguistischen Werten
w_L	linguistischer Wert
$x, x_0, x_1, \ldots, x_n$	Basisvariablen
x_{dF}	fuzzifizierter Wert der Regeldifferenz
x_{dL}	linguistische Variable Regeldifferenz
x_L	linguistische Variable
$X, X_0, X_1, \ldots, X_n$	Grundmengen
y_L	linguistische Variable Stellgröße
y_0	scharfer Wert der Stellgröße nach der Defuzzifizierung
ZE, ZO	nahe-Null, approximately-zero (linguistische Wertnamen)
α_i, α_R	Erfüllungsgrad einer Regel
α_{yNG}	Erfüllungsgrad der Regel mit dem DANN-Teil negativ-groß
α_{yNM}	Erfüllungsgrad der Regel mit dem DANN-Teil negativ-mittel
α_{yPG}	Erfüllungsgrad der Regel mit dem DANN-Teil positiv-groß
α_{yPM}	Erfüllungsgrad der Regel mit dem DANN-Teil positiv-mittel
α_{yZE}	Erfüllungsgrad der Regel mit dem DANN-Teil nahe-Null
$\mu(y)$	Zugehörigkeitsfunktion der linguistischen Variablen Stellgröße
μ_A	Zugehörigkeitsfunktion der unscharfen Menge A
μ_{alg_P}	algebraisches Produkt, t-Norm-Operator
μ_{alg_S}	algebraische Summe, t-Konorm-Operator
μ_{Anorm}	Zugehörigkeitsfunktion einer normalisierten Fuzzy-Menge
μ_{beg_D}	begrenzte Differenz, t-Norm-Operator
μ_{beg_S}	begrenzte Summe, t-Konorm-Operator
μ_{dra_P}	drastisches Produkt, t-Norm-Operator
μ_{dra_S}	drastische Summe, t-Konorm-Operator
μ_{EIN_P}	EINSTEIN-Produkt, t-Norm-Operator
μ_{EIN_S}	EINSTEIN-Summe, t-Konorm-Operator
$\mu_{h(T)}$	Zugehörigkeitsfunktion der Menge der hohen Temperaturen
μ_{HAM_P}	HAMACHER-Produkt, t-Norm-Operator
$\mu_{HAM\_P\alpha}$	parametrisiertes HAMACHER-Produkt
μ_{HAM_S}	HAMACHER-Summe, t-Konorm-Operator
$\mu_{HAM\_S\alpha}$	parametrisierte HAMACHER-Summe
$\mu_{m(T)}$	Zugehörigkeitsfunktion der Menge der mittleren Temperaturen
μ_{max}	Maximum-Operator
μ_{MAXMIN}	Ergebnis der MAX-MIN-Inferenz
$\mu_{MAXPROD}$	Ergebnis der MAX-PROD-Inferenz

0.4 Formelzeichen und Abkürzungen der Fuzzy-Logik

$\mu_{\text{max\_a}}$	Maximum-Mittelwert-Operator
$\mu_{\min}$	Minimum-Operator
$\mu_{\min\_a}$	Minimum-Mittelwert-Operator
$\mu_{n(T)}$	Zugehörigkeitsfunktion der Menge der niedrigen Temperaturen
μ_{NG}	Zugehörigkeitsfunktion, linguistischer Wert negativ-groß
μ_{NM}	Zugehörigkeitsfunktion, linguistischer Wert negativ-mittel
μ_{PG}	Zugehörigkeitsfunktion, linguistischer Wert positiv-groß
μ_{PM}	Zugehörigkeitsfunktion, linguistischer Wert positiv-mittel
μ_{R1sR2}	Relationenprodukt, s-Norm, t-Konorm
μ_{R1tR2}	Relationenprodukt, t-Norm
$\mu_{R1 \cap R2}$	Durchschnitt von unscharfen Relationen (meist MIN-Operation)
$\mu_{R1 \cup R2}$	Vereinigung von unscharfen Relationen (meist MAX-Operation)
$\mu_{R1 \circ R2}$	Relationen-Produkt (MAX-MIN, MAX-PROD, MAX-AVERAGE-Produkt)
$\mu_{R1(+)R2}$	Relationenprodukt (MIN-MAX-Produkt)
μ_R^{-1}	Inverse einer Relation
μ_R^C	Komplement einer Relation
μ_{SUMMIN}	Ergebnis der SUM-MIN-Inferenz
μ_{SUMPROD}	Ergebnis der SUM-PROD-Inferenz
μ_{ZE}	Zugehörigkeitsfunktion, linguistischer Wert nahe-Null
μ_γ	kompensatorischer Gamma-Operator
μ_λ	kompensatorischer Lambda-Operator
$\cup$	vereinigt, Vereinigung
$\cap$	geschnitten, Durchschnitt
$\subseteq$	enthalten in, Einschließung
$=$	Äquivalenz
$\circ$	Relationen-Produkt
$\rightarrow$	Implikation
COA	center of area, centroid defuzzification method (Schwerpunktmethode), Defuzzifizierungsverfahren
COG	center of gravity (Schwerpunktmethode), Defuzzifizierungsverfahren
CON	concentration (Konzentration einer unscharfen Menge)
COS	center of sums (Schwerpunktsummenmethode), Defuzzifizierungsverfahren
CPL	complement (Komplement einer unscharfen Menge)
DIL	dilation, dilatation (Dehnung einer unscharfen Menge)
DOM	degree of membership (Zugehörigkeitsgrad)
FIS	fuzzy inference system, unscharfes Schlußfolgerungssystem
FOM	first of maxima (Links-Max-Methode), Inferenz
INT	intensification (Kontrastintensivierung einer unscharfen Menge)
LESS	less (erhöht die Unschärfe)
LOM	last of maxima (Rechts-Max-Methode), Inferenz
MOM	mean of maxima, middle of maxima (Maximum-Mittelwert-Methode), Inferenz
MORE	more (verringert die Unschärfe)
NICHT	negiert eine unscharfe Menge
ODER$_{\text{BOOLE}}$	logisches ODER
UND$_{\text{BOOLE}}$	logisches UND

19 Fachbücher und Normen zur Regelungstechnik, regelungstechnische Begriffe

19.1 Deutschsprachige Fachliteratur

ACKERMANN, J.: Abtastregelung.
   3. Auflage, Berlin, Heidelberg, New York, Springer-Verlag, 1988.

ACKERMANN, J.: Robuste Regelung.
   Berlin, Heidelberg, New York, Springer-Verlag, 1993.

ALIEV, R.; BONFIG, K. W.; ALIEW, F.: Messen, Steuern und Regeln mit Fuzzy-Logik.
   München, Franzis Verlag, 1994.

Autorenkollektiv: Regelungstechnik in der Versorgungstechnik.
   4. Auflage, Karlsruhe, Verlag C. F. Müller, 1995.

BECKER, C.; LITZ, L.; SIFFLING, G.: Regelungstechnik Übungsbuch.
   4. Auflage, Heidelberg, Hüthig Verlag, 1993.

BENING, F.: Z-Transformation für Ingenieure.
   Stuttgart, B. G. Teubner Verlag, 1995.

BÖTTIGER, A.: Regelungstechnik.
   3. Auflage, München, Wien, R. Oldenbourg Verlag, 1998.

BONFIG, K. W.; et al.: Fuzzy Logik in der industriellen Automatisierung.
   Ehningen, expert Verlag, 1992.

BRAUN, A.: Digitale Regelungstechnik.
   München, Wien, R. Oldenbourg Verlag, 1997.

BROUËR B.: Regelungstechnik für Maschinenbauer.
   2. Auflage, Stuttgart, Leipzig, B. G. Teubner Verlag, 1998.

BUSCH, P.: Elementare Regelungstechnik.
   4. Auflage, Würzburg, Vogel Verlag, 1999.

BÜTTNER, W.: Digitale Regelungssysteme.
   2. Auflage, Braunschweig, Vieweg Verlag, 1991.

CREMER, M.: Regelungstechnik.
   2. Auflage, Berlin, Heidelberg, New York, Springer-Verlag, 1995.

DIN 19221. Formelzeichen der Regelungs- und Steuerungstechnik.
   Hrsg. vom Deutschen Normenausschuß. Berlin, Köln, Beuth-Vertrieb, 1993.

DIN 19226. Regelungs- und Steuerungstechnik.
   Teil 1: Allgemeine Grundbegriffe.
   Teil 2: Begriffe zum Übertragungsverhalten dynamischer Systeme.
   Teil 3: Begriffe zum Verhalten von Schaltsystemen.
   Teil 4: Begriffe für Regelungs- und Steuerungssysteme.
   Teil 5: Funktionelle Begriffe.
   Teil 6: Begriffe zu Funktions- und Baueinheiten.
   Hrsg. vom Deutschen Normenausschuß. Berlin, Köln, Beuth-Vertrieb, 1994, 1997.

DIN 19236. Optimierung, Begriffe.
   Hrsg. vom Deutschen Normenausschuß. Berlin, Köln, Beuth-Vertrieb, 1977.

DOETSCH, G.: Anleitung zum praktischen Gebrauch der LAPLACE-Transformation und der Z-Transformation. 6. Auflage, München, Wien, R. Oldenbourg Verlag, 1989.

DÖRRSCHEIDT, F.; LATZEL, W.: Grundlagen der Regelungstechnik.
2. Auflage, Stuttgart, Leipzig, B. G. Teubner Verlag, 1993.

EBEL, T.: Regelungstechnik.
6. Auflage, Stuttgart, Leipzig, B. G. Teubner Verlag, 1991.

FEINDT, E. G.: Computersimulation von Regelungen.
München, Wien, R. Oldenbourg Verlag, 1999.

FEINDT, E. G.: Regeln mit dem Rechner.
2. Auflage, München, Wien, R. Oldenbourg Verlag, 1994.

FÖLLINGER, O., DÖRRSCHEIDT, F.; KLITTICH, M.: Regelungstechnik.
8. Auflage, Heidelberg, Hüthig Verlag, 1994.

FÖLLINGER, O.: Lineare Abtastsysteme.
5. Auflage, München, Wien, R. Oldenbourg Verlag, 1993.

FÖLLINGER, O.: LAPLACE-, FOURIER- und Z-Transformation.
7. Auflage, Heidelberg, Hüthig Verlag, 1999.

FÖLLINGER, O.: Optimale Regelung und Steuerung.
3. Auflage, München, Wien, R. Oldenbourg Verlag, 1994.

FÖLLINGER, O.: Nichtlineare Regelungen.
Band I, II. 8. Auflage, München, Wien, R. Oldenbourg Verlag, 1998.

FREUND, E.: Regelungssysteme im Zustandsraum. Band I, II.
München, Wien, R. Oldenbourg Verlag, 1987.

GARBRECHT, F.: Digitale Regelungstechnik – Eine Einführung in die praktische Anwendung.
Berlin, Offenbach, VDE-Verlag, 1990.

GASSMANN, H.: Einführung in die Regelungstechnik. Band I, II.
Thun, Frankfurt am Main, Verlag Harri Deutsch, 1989.

GASSMANN, H.: Regelungstechnik. Ein praxisorientiertes Lehrbuch.
2. Auflage, Thun, Frankfurt am Main, Verlag Harri Deutsch, 2001.

GASSMANN, H.: Theorie der Regelungstechnik.
Thun, Frankfurt am Main, Verlag Harri Deutsch, 1998.

GAUSCH, R.; HOFER, A.; SCHLACHER, K.: Digitale Regelkreise.
München, Wien, R. Oldenbourg Verlag, 1991.

GEERING, H. D.: Meß- und Regelungstechnik.
5. Auflage, Berlin, Heidelberg, New York, Springer-Verlag, 2001.

GÖLDNER, K.: Mathematische Grundlagen der Systemanalyse I, II.
2. Auflage, Leipzig, VEB Fachbuch Verlag, 1989.

GÖLDNER, K.; KUBIK, S.: Mathematische Grundlagen der Systemanalyse III.
Thun, Frankfurt am Main, Verlag Harri Deutsch, 1983.

GÜNTHER, M.: Kontinuierliche und zeitdiskrete Regelungen.
Stuttgart, B. G. Teubner Verlag, 1997.

GÜNTHER, M.: Zeitdiskrete Steuerungssysteme.
2. Auflage, Berlin, VEB Verlag Technik, 1988.

HIPPE, P.; WURMTHALER, CH.: Zustandsregelung.
Berlin, Heidelberg, New York, Springer-Verlag, 1985.

ISERMANN, R.: Digitale Regelungssysteme I, II.
2. Auflage, Berlin, Heidelberg, New York, Springer-Verlag, 1991.

ISERMANN, R.: Identifikation dynamischer Systeme I, II.
2. Auflage, Berlin, Heidelberg, New York, Springer-Verlag, 1992.

JASCHEK, H.; MERZ, L.: Grundkurs der Regelungstechnik.
13. Auflage, München, Wien, R. Oldenbourg Verlag, 1996.
JÖRGL, H. P.: Repetitorium Regelungstechnik, Band 1, 2.
2. Auflage, Wien, München, R. Oldenbourg Verlag, 1995, 1998.
KAHLERT, J.: Fuzzy Control für Ingenieure.
Braunschweig, Wiesbaden, Vieweg Verlag, 1995.
KAHLERT, J.; FRANK, H.: Fuzzy-Logik und Fuzzy-Control.
2. Auflage, Braunschweig, Wiesbaden, Vieweg Verlag, 1994.
KASPERS, W.: Messen, Steuern, Regeln.
3. Auflage, Braunschweig, Wiesbaden, Vieweg Verlag, 1984.
KOCH, M.; KUHN, TH.; WERNSTEDT, J.: Fuzzy Control.
München, Wien, R. Oldenbourg Verlag, 1996.
KNAPPE, H.: Nichtlineare Regelungstechnik und Fuzzy-Control.
Renningen-Malmsheim, expert Verlag, 1994.
KOPACEK, P.; WASHIETL, W.: Einführung in die Steuerungs- und Regelungstechnik.
München, Wien, R. Oldenbourg Verlag, 1990.
LATZEL, W.: Einführung in die digitalen Regelungen.
Düsseldorf, VDI-Verlag, 1995.
LEONHARD, W.: Einführung in die Regelungstechnik.
6. Auflage, Braunschweig, Wiesbaden, Vieweg Verlag, 1992.
LEONHARD, W.: Regelung elektrischer Antriebe.
2. Auflage, Berlin, Heidelberg, New York, Springer Verlag, 2000.
LUDYK, G.: CAE von Dynamischen Systemen.
Berlin, Heidelberg, New York, Springer-Verlag, 1990.
LUDYK, G.: Theoretische Regelungstechnik. Band I, II.
Berlin, Heidelberg, New York, Springer-Verlag, 1995.
LUNZE, J.: Regelungstechnik, Band I, II.
3. Auflage, Berlin, Heidelberg, New York, Springer-Verlag, 1997, 2001.
MAKAROV, A.: Regelungstechnik und Simulation.
2. Auflage, Braunschweig, Wiesbaden, Vieweg Verlag, 1998.
MANN, H.; SCHIFFELGEN, H.; FRORIEP, R.: Einführung in die Regelungstechnik.
8. Auflage, München, Wien, Carl Hanser Verlag, 2000.
MAYR, O.: Zur Frühgeschichte der technischen Regelungen.
München, Wien, R. Oldenbourg Verlag, 1969.
MEYR, H.: Regelungstechnik und Systemtheorie.
Würzburg, Augustinus-Verlag, 1994.
MEYR, H.: Übungsaufgaben zu Regelungstechnik und Systemtheorie.
Würzburg, Augustinus-Verlag, 1994.
MERZ, L.; JASCHEK, H.: Grundkurs der Regelungstechnik.
13. Auflage, München, Wien, R. Oldenbourg Verlag, 1996.
MÜLLER, K.: Entwurf robuster Regelungen.
Stuttgart, B. G. Teubner Verlag, 1996.
OLSSON, G.; PIANI, G.: Steuern, Regeln, Automatisieren.
München, Wien, Carl Hanser Verlag und London, Prentice-Hall International, 1993.
OPPELT, W.: Kleines Handbuch technischer Regelvorgänge.
Weinheim, Verlag Chemie, 1972.

ORLOWSKI, P.: Praktische Regelungstechnik.
  4. Auflage, München, Wien, R. Oldenbourg Verlag, 1994.
REINISCH, K.: Analyse und Synthese kontinuierlicher Steuerungs- und Regelungssysteme.
  3. Auflage, Berlin, Verlag Technik, 1996.
REUTER, M.: Regelungstechnik für Ingenieure.
  9. Auflage, Braunschweig, Wiesbaden, Vieweg Verlag, 1994.
ROSENWASSER, Y. N.; LAMPE, B. P.: Digitale Regelung in kontinuierlicher Zeit.
  Stuttgart, B. G. Teubner Verlag, 1997.
ROTH, G.: Regelungstechnik.
  Heidelberg, Hüthig Verlag, 1990.
SAMAL, E.; BECKER, W.: Grundriß der praktischen Regelungstechnik.
  20. Auflage, München, Wien, R. Oldenbourg Verlag, 2000.
SCHLITT, H.: Regelungstechnik.
  2. Auflage, Würzburg, Vogel Verlag, 1993.
SCHMID, D.; u. a.: Steuern und Regeln für Maschinenbau und Mechatronik.
  7. Auflage, Haan, Verlag Europa-Lehrmittel, 1999.
SCHMIDT, G.: Grundlagen der Regelungstechnik.
  2. Auflage, Berlin, Heidelberg, New York, Springer-Verlag, 1991.
SCHNEIDER, W.: Regelungstechnik für Maschinenbauer.
  Braunschweig, Wiesbaden, Vieweg Verlag, 1991.
SCHÖNFELD, R.: Digitale Regelung elektrischer Antriebe.
  Heidelberg, Hüthig Verlag, 1988.
SCHÖNFELD, R.: Regelungen und Steuerungen in der Elektrotechnik.
  Berlin, Verlag Technik, 1993.
SCHULZ, G.: Regelungstechnik.
  Berlin, Heidelberg, Springer Verlag, 1995.
SCHWARZ, H.: Einführung in die Systemtheorie nichtlinearer Regelungen.
  Shaker Verlag, Aachen, 1999.
STRIETZEL, R.: Fuzzy-Regelung.
  München, Wien, R. Oldenbourg Verlag, 1996.
SVARICEK, F.: Zuverlässige numerische Analyse linearer Regelungssysteme.
  Stuttgart, B. G. Teubner Verlag, 1995.
UNBEHAUEN, H.: Regelungstechnik. Band I-III.
  10. Auflage, Braunschweig, Wiesbaden, Vieweg Verlag, 2001.
UNBEHAUEN, H.: Regelungstechnik. 48 Übungsaufgaben mit Lösungen.
  Braunschweig, Wiesbaden, Vieweg Verlag, 2002.
UNGER, J.: Einführung in die Regelungstechnik.
  2. Auflage, Stuttgart, Leipzig, B. G. Teubner Verlag, 1992.
WEBER, D.: Regelungstechnik.
  Ehningen, expert Verlag, 1993.
WEINMANN, A.: Regelungen. Analyse und technischer Entwurf. Band I-III.
  3. Auflage, Wien, New York, Springer-Verlag, 1995.
XANDER, K.; ENDERS H. H.: Regelungstechnik mit elektronischen Bauelementen.
  5. Auflage, Düsseldorf, Werner Verlag, 1993.
ZAKHARIAN, S.: Automatisierungstechnik Aufgaben.
  Braunschweig, Wiesbaden, Vieweg Verlag, 1998.

19.2 Fremdsprachige Fachliteratur

D'Azzo, J. J.; Houpis, C. H.: Linear Control System Analysis and Design.
3. Auflage, New York, McGraw-Hill, 1988.

Bateson, R. N.: Introduction to Control System Technology.
New York, Macmillan Publishing Company, 1992.

Bishop, R. H.; Dorf, R. C.: Modern Control Systems.
7. Auflage, Reading, MA, Addison-Wesley Publishing Company, 1995.

Carlson, G. E.: Signal and Linear System Analysis.
Boston, MA, Houghton Mifflin Company, 1992.

Chen, C.-T.: Analog and Digital Control System Design.
Orlando, Florida, Saunders College Publishing, Harcourt Brace Jovanovich College Publishers, 1993.

Driankov, D.; Hellendoorn, H.; Reinfrank, M.: An Introduction to Fuzzy Control.
2. Auflage, Berlin, Heidelberg, New York, Springer-Verlag, 1996.

Emami-Naeini, A.; Franklin, G. F.; Powell, J. D.: Feedback Control of Dynamic Systems.
Reading, MA, Addison-Wesley Publishing Company, 1994.

Franklin, G. F.; Powell, J. D.; Workman, M. L.: Digital Control of Dynamic Systems.
2. Auflage, Reading, MA, Addison-Wesley Publishing Company, 1990.

Hale, J.: Introduction to Control System Analysis and Design.
2. Auflage, Englewood Cliffs, NJ, Prentice-Hall, 1988.

Harbor, R. D.; Phillips, C. J.: Feedback Control Systems.
2. Auflage, Englewood Cliffs, NJ, Prentice-Hall, 1991.

Hostetter, G. H.; Savant, C. J.; Stefani, R. T.: Design of Feedback Control Systems.
2. Auflage, New York, Holt, Rinehart and Winston, 1989.

Kuo, B. C.: Digital Control Systems.
2. Auflage, New York, London, Saunders College Publishing, 1992.

Kuo, B. C.: Automatic Control Systems.
7. Auflage, Englewood Cliffs, NJ, Prentice-Hall, 1995.

Leonhard, W.: Control of Electrical Drives.
2. Auflage, Berlin, Heidelberg, New York, Springer-Verlag, 1996.

Luenberger, D. G.: Introduction to Dynamic Systems.
New York, John Wiley & Sons, 1979.

Mayhan, R. J.: Discrete Time and Continuous Time Linear Systems.
Reading, MA, Addison-Wesley Publishing Company, 1985.

Melsa, J. L.; Shultz, D. G.; Rohrs, C. E.: Linear Control Systems.
2. Auflage, New York, McGraw-Hill, 1993.

Ogata, K.: Modern Control Engineering.
2. Auflage, Englewood Cliffs, NJ, Prentice-Hall, 1990.

Pedrycz, W.: Fuzzy Control and Fuzzy Systems.
2. Auflage, New York, John Wiley & Sons, 1993.

Zimmermann, H.-J.: Fuzzy Set Theory and Its Applications.
2. Auflage, Boston, Dordrecht, London, Kluwer Academic Publishers, 1991.

19.3 Literatur zu Regelungstechnik mit MATLAB

Beucher, O.: MATLAB und Simulink lernen.
München, Addison-Wesley Verlag, 2000.

BIRAN, A.; BREINER, M.: MATLAB 5 für Ingenieure.
3. Auflage, Bonn, München, Addison-Wesley Publishing Company, 1999.

BISHOP, R. H.: Modern Control Systems Analysis and Design Using MATLAB and Simulink.
Reading, MA, Addison-Wesley Publishing Company, 1997.

BODE, H.: MATLAB in der Regelungstechnik.
Stuttgart, B. G. Teubner Verlag, 1998.

BORSE, G. J.: Numerical Methods with MATLAB.
Boston, MA, PWS Publishing Company, 1997.

CAVALLO, A.; SETOLA, R.; VASCA, F.: Using MATLAB, Simulink and Control System Toolbox: A Practical Approach. Englewood Cliffs, NJ, Prentice-Hall, 1996.

CHIPPERFIELD, A. J.; FLEMING, P. J.: MATLAB Toolboxes and Applications for Control.
Peter Peregrinus Ltd., 1993.

DJAFERIS, T.: Automatic Control. The Power of Feedback using MATLAB.
Pacific Grove, Brooks/Cole Thomson Learning, 2000.

FREDERICK, D. K.; CHOW, J. H.: Feedback Control Problems Using MATLAB and The Control System Toolbox. Boston, MA, PWS Publishing Company, 1995.

GLATTFELDER, A. H.; SCHAUFELBERGER, W.: Lineare Regelsysteme. Eine Einführung mit MATLAB.
vdf Hochschulverlag, 1997.

HANSELMAN, D. C.; LITTLEFIELD, B.: Mastering MATLAB 5.
Upper Saddle River, NJ, Prentice Hall, 1998.

HANSELMAN, D. C.; KUO, B. C.: MATLAB Tools For Control System Analysis and Design.
2. Auflage, Englewood Cliffs, NJ, Prentice-Hall, 1995.

HOFFMANN, J.: MATLAB und Simulink.
Bonn, Addison-Wesley Verlag, 1998.

LEONARD, N. E.; LEVINE, W. S.: Using MATLAB to Analyze and Design Control Systems.
2. Auflage, Reading, MA, Addison-Wesley Publishing Company, 1995.

MARCHAND, P.: Graphics and GUIs with MATLAB.
2. Auflage, New York, CRC Press, 1999.

MOŚCIŃSKI, J.; OGONOWSKI, Z.: Advanced Control with MATLAB and Simulink.
Englewood Cliffs, NJ, Prentice-Hall, 1996.

OGATA, K.: Solving Control Engineering Problems with MATLAB.
Englewood Cliffs, NJ, Prentice-Hall, 1994.

OGATA, K.: Designing Linear Control Systems with MATLAB.
Englewood Cliffs, NJ, Prentice-Hall, 1994.

PÄRT-ENANDER, E.; SJOBERG, A.; MELIN, B.; ISAKSSON, P.: The MATLAB Handbook.
Harlow, England, Addison Wesley Longman, Inc., 1996.

REDFERN, D.; CAMPBELL, C.: The MATLAB 5 Handbook.
Berlin, Heidelberg, New York, Springer-Verlag, 1998.

SAADAT, H.: Computational Aids in Control Systems Using MATLAB.
New York, McGraw-Hill, 1993.

SHAHIAN, B.; HASSUL, M.: Control System Design Using MATLAB.
Englewood Cliffs, NJ, Prentice-Hall, 1993.

The Student Edition of MATLAB, User's Guide.
Englewood Cliffs, NJ, Prentice-Hall, 1995.

19.4 Regelungstechnische Begriffe: deutsch-englisch

Abtast
- halteglied — sample-and-hold element
- intervall — sampling interval
- periode — sampling period
- regelung — sampled-data control system, sampling control
- rate — sampling rate
- zeit — sampling period

adaptive Regelung — adaptive control system
Ähnlichkeitstransformation — similarity transformation
Amplituden
- gang — amplitude response, magnitude plot
- reserve — gain margin

Analog-Digital-Wandler — analog-to-digital converter
analoger Regler — analog controller
analoges Signal — analog signal
Anfangs — initial
- wert — – value
- wertsatz — – -value theorem
- zustand — – state

Anstiegs — ramp
- antwort — – response
- funktion — – function

Antwortfunktion
- der homogenen Zustandsgleichung — zero-input response
- der inhomogenen Zustandsgleichung — zero-state response

Arbeitspunkt — operating point
Ausgangs — output
- gleichung — – equation
- größe — – variable
- matrix — – matrix
- rückführung — – feedback
- vektor — – vector

Ausregelzeit — settling time

Bandbreite — bandwidth
Begrenzung — limiting
Beharrungszustand — steady-state
beobachtbares System — observable system
Beobachtbarkeit — observability
Beobachtbarkeitsmatrix — observability matrix
Beobachtungs — observer
- fehler — – -error
- fehlergleichung — – -error state equation
- matrix — – matrix
- modell — – model
- normalform — observable canonical form
- vektor — observer vector

Beschreibungsfunktion — describing function
 —, Methode der — – analysis
Betrags
 – optimum — amplitude optimum
 – regelfläche — integral of absolute value of error (IAE)
Bilineartransformation — bilinear transformation
BODE-Diagramm — BODE plot, BODE diagram

Charakteristische Gleichung — characteristic equation
charakteristisches Polynom — characteristic polynomial

Dämpfung — damping ratio
Dead-Beat-Regelung — deadbeat control
Dead-Beat-Sprungantwort — deadbeat step response
D-Element — D (derivative)-element
Dezibel (dB) — decibel
Differentialgleichung — differential equation
 —, homogene — –, homogeneous
 —, I. Ordnung — –, first order
 —, II. Ordnung — –, second order
Differenzengleichung — difference equation
Differenzier — derivative
 – beiwert — – constant
 – zeit — – time constant
Digital-Analog-Wandler — digital-to-analog-converter
digitale Regelung — digital control
digitaler Regler — digital controller
digitales Signal — digital signal
D-Regler — derivative controller
Dreipunkt-Element — three-step action element, relay with dead zone
Dreipunkt-Regelung — three-step control
Dreipunkt-Regler — three-step controller, three-position controller
DT_1-Element — derivative element with first order lag
Durchgangs — feedthrough
 – matrix — – matrix
 – vektor — – vector
 – faktor — – factor
Durchtrittskreisfrequenz — crossover angular frequency
dynamisches Verhalten — dynamic behaviour

Eck — corner
 – frequenz — – frequency, break point
 – kreisfrequenz — – angular frequency
Eigen
 – kreisfrequenz — damped natural angular frequency
 – wert — eigenvalue
Eingangs — input
 – größe — – variable

– matrix	– matrix
– signal	– signal
– vektor	– vector
Eingrößensystem	single-input single output (SISO) system
Einheitsanstiegs	unit ramp
– antwort	– response
– funktion	– function
Einheitsimpuls	unit-impulse
– antwort	– response
– funktion	– function
Einheits	unit
– kreis	– circle
– matrix	– matrix
– vektor	– vector
– sprungfunktion	– -step function
einschleifige Regelung	single-loop feedback system
Einstellregeln	tuning rules
Element mit	nonlinearity
– Begrenzung	–, limiting
– eindeutiger Kennlinienfunktion	–, single-valued
– Hysterese	– with hysteresis
– Lose	–, backlash
– mehrdeutiger Kennlinienfunktion	–, multivalued
– Sättigung	–, saturating
– Totzone	–, dead zone
– zweideutiger Kennlinienfunktion	–, two-valued
– Zweipunktverhalten	–, on-off
Endwertsatz	final-value theorem
Faltungssatz	convolution integral
Feder-Masse-Dämpfer-System	spring-mass-dashpot system
Festwertregelung	regulator system
Frequenz	frequency
– bereich	– domain
– gang	– response
– gang des geschlossenen Regelkreises	closed-loop frequency response
– gang des offenen Regelkreises	open-loop frequency response
Folgeregelung	tracking control system
Führungsgröße	reference variable, reference input
Führungsübertragungsfunktion	control transfer function
Gesamtübertragungsfunktion	overall transfer function
Geschwindigkeits	velocity
– fehler	– (ramp) error
– regelung	– control system
Gewichtsfunktion	weighting function
gewöhnliche Differentialgleichung	ordinary differential equation
Grenzzyklus	limit cycle

Halteglied nullter Ordnung | zero-order hold element (ZOH)
Handregelung | manual control
homogene Differentialgleichung | homogeneous differential equation
  – I. Ordnung | –, first order
  – II. Ordnung | –, second order
HURWITZ-Kriterium | HURWITZ's stability criterion

I-Element | I (integral)-element
I-Regler | integral controller
I-Zustandsregelung | I (integral)-control with state feedback
imaginäre Polstellen | imaginary poles
Impuls | impulse
  – antwort | – response
  – funktion | – function
instabiles System | unstable system
Integrier
  – beiwert | integration constant
  – zeitkonstante | integral time constant
Inverse einer Matrix | inverse matrix
inverse LAPLACE-Transformation | inverse LAPLACE transform
Istwert | actual value
IT_1-Element | I (integral)-element with first order lag

kanonische Form | canonical form
Kaskaden | cascade
  – regelung | – control
  – struktur | – structure
Kennkreisfrequenz | undamped natural angular frequency
Kettenstruktur | series structure
Knotenpunkt | node
Kreiskriterium | circle criterion
Kreis | loop
  – struktur | – structure
  – verstärkung | – gain
kritische Dämpfung (PT_2-Element mit $D = 1$) | critical damping
kritisch gedämpftes System (PT_2-Element mit $D = 1$) | critically damped system

Lageregelung | position control system
LAPLACE | LAPLACE
  – -Transformierte | – -transform
  – -Transformationspaar | – -transform pair
  – -Übertragungsfunktion | continuous-time transfer function
Leistungsverstärker | power amplifier
lineares | linear
  – Regelungssystem | – control system
  – zeitinvariantes Regelungssystem | – time-invariant (LTI) control system
Linearisierung | linearization

linke s-Halbebene
LJAPUNOW
  –, erste Methode von
  – -Funktion
  –, zweite Methode von
  –, (direkte Methode von)
Lose

LUENBERGER-Beobachter

left half s-plane (LHP)
LYAPUNOV
  –, first method of
  – function
  – second method of
  – (direct method of)
backlash nonlinearity,
system with play
LUENBERGER observer

mathematische Modellbildung
mathematisches Modell
Mehrgrößensystem

Meß
  – einrichtung
  – wandler
Methode der Beschreibungsfunktion
Matrix-e-Funktion
Minimalphasensystem

mathematical modeling
  – model
multivariable system,
multiple-input multiple-output (MIMO) system

  – measuring device
  – transducer
describing function method
matrix exponential
minimum-phase system

Nennerpolynom
nichtlineare Differentialgleichung
nichtlineares
  – Regelungssystem
  – System
Nichtlinearität
  – als prinzipielle Eigenschaft
  – absichtlich eingeführte
nichtsteuerbares System
Normalform (kanonische Form)
Nullstelle
NYQUIST-Kriterium

denominator polynomial
nonlinear differential equation
nonlinear
  – feedback control system
  – system
nonlinearity
  –, inherent
  –, intentional
uncontrollable system
normal form
zero
NYQUIST stability criterion

Operationsverstärker
Optimale Regelung
Optimierung
Ortskurve der Frequenzgangfunktion

operational amplifier
optimal control
optimization
NYQUIST plot, NYQUIST diagram,
polar plot

Parallelstruktur
Parameter
  – empfindlichkeit
  – optimierung
  – variation
Partialbruchzerlegung
PDT$_1$ (Lead)-Element (-Regler)
PD-Regler

parallel structure
parameter
  – sensitivity
  – optimization
variation of parameters
partial-fraction expansion
phase-lead compensator
PD (proportional-plus-derivative)-controller

P-Element	P (proportional)-element
Phasen	phase
– ebene	– plane
–, Methode der Phasenebene	– plane analysis
– portrait	– portrait
– reserve	– margin
– schnittkreisfrequenz	– crossover angular frequency
– verschiebung	– shift
– winkel	– angle
PI-Regler	PI (proportional-plus-integral)-controller, two-term controller
PI-Zustandsregelung	PI (proportional-plus-integral) control with state feedback
PID-Regler	PID (proportional-plus-integral-plus-derivative)-controller, three-term controller
pneumatischer Regler	pneumatic controller
Pol-Nullstellenplan	pole-zero plot, pole-zero diagram
Polstelle	pole
Polvorgabe	pole placement
POPOW, Stabilitätskriterium von	POPOV stability criterion
POPOW-Gerade	POPOV line
PPT_1 (Lag)-Element (-Regler)	phase-lag compensator
PPT_1-PDT_1-Element (-Regler)	lag-lead compensator
P-Regler	proportional controller
Proportionalbeiwert	proportional constant, proportional gain
PT_1-Element	first order lag element
PT_2-Element	second order lag element
PT_2-Element (mit $D > 1$, Kriechfall)	overdamped system
PT_2-Element (mit $D < 1$, Schwingfall)	underdamped system

Quadratische Regelfläche	integral of squared error (ISE)

Rang einer Matrix	rank of matrix
rechte s-Halbebene	right half s-plane (RHP)
Regel	control
– differenz	– error
– fläche	– area
– einrichtung	– equipment
– genauigkeit im Beharrungszustand	steady-state control accuracy
– größe	controlled variable
– kreis	control loop
– strecke	plant
Regelung	closed-loop control
– mit Störgrößenaufschaltung	feedforward control
Regelungs	
– normalform	controllable canonical form
– system	feedback control system
– system mit direkter Gegenkopplung	unity-feedback control system
– technik	control system technology

19.4 Regelungstechnische Begriffe: deutsch-englisch

Regelalgorithmus	control algorithm
Regler	compensator, controller
Resonanz	resonant
– kreisfrequenz	– angular frequency
– wert des Amplitudengangs (PT_2-Element)	– peak magnitude
Robuste Regelung	robust control system
ROUTH-Kriterium	ROUTH's stability criterion
ROUTH-Tafel	ROUTH array
Rückführung	feedback
Rückführgröße	– variable
Rückwärtsdifferenz	backward difference
Ruhelage	equilibrium point
RUNGE-KUTTA-Verfahren	RUNGE-KUTTA method
Sättigung	saturation
Sättigung, Element mit	saturating nonlinearity
Sattelpunkt	saddle point
s-Ebene	s-plane
selbsttätige Regelung	automatic control
Signalflußbild	block diagram
Signum-Funktion	signum function
Sinus	sine
– antwort	– response
– funktion	– function
Skalarprodukt	scalar product
Sollwert	desired value
Spaltenvektor	column vector
Spiel	backlash
Sprung	step
– antwort	– response
– funktion	– function
Stabilität	stability
–, absolute	–, absolute
–, asymptotische	–, asymptotic
– des offenen Regelkreises	–, open-loop
Stabilitätsuntersuchung	stability analysis
Standardregelkreis	standard control loop
statisches Verhalten	static behaviour
stationäre	steady-state
– Lösung	– solution
– Regeldifferenz	– control error
Stell	
– einrichtung	actuator
– größe	manipulated variable
steuerbares System	controllable system
Steuerbarkeit	controllability
Steuerbarkeitsmatrix	controllability matrix
Steuerung, Regelung	control
Steuerung, Steuern (offene Wirkungskette)	open-loop control

Stör
- größe — disturbance input
- größenaufschaltung — feedforward control
- signal — disturbance signal
- übertragungsfunktion — disturbance transfer function
- unterdrückung — disturbance rejection

Strudelpunkt — focus
Summationselement — summation point
Superpositions (Überlagerungs)-prinzip — principle of superposition
Symmetrisches Optimum — symmetrical optimum
Systemmatrix — system matrix

TAYLOR-Reihe — TAYLOR-series
Teilzustandsrückführung, Ausgangsrückführung — output feedback
Testeingangssignal — test input signal
t_{max}-Zeit — peak time
Totzeit — dead time
Totzone (Lose, Dreipunktregler, Verstärker) — dead zone (relay, on-off-controller, amplifier), dead band (backlash nonlinearity)
Transitionsmatrix, Zustandsübergangsmatrix — transition matrix
Transponierte einer Matrix — transpose of a matrix
Trapeznäherung — trapezoidal approximation of integral
T_t-Element — dead-time element, transport-lag element
TUSTIN-Formel — TUSTIN's method

Übergangsfunktion — unit-step response
Übergangsverhalten — transient behavior
Überlagerungsprinzip, Superpositionsprinzip — principle of superposition
Überschwingweite — maximum overshoot, overshoot
Übertragungs
- block — functional block
- element — transfer element
- funktion — transfer function
- funktion des geschlossenen Regelkreises — closed-loop transfer function
- funktion des offenen Regelkreises — open-loop transfer function
- matrix — transfer-function matrix

Unterschwingen — undershoot
Überschwingweite — overshoot

Vergleicher — comparator
Verstärker — amplifier
Verstärkung — gain, gain factor
Verzugszeit — delay time
Verzweigungselement — branch point
viskose Reibung — viscous friction
viskoser Reibungskoeffizient — viscous friction coefficient
Vorfilter — prefilter
Vorwärtsdifferenz — forward difference

Wasserstandsregelung	water-level control
Wirbelpunkt	center
Wurzelort (WOK)	root-locus
–, Amplitudenbedingung	– amplitude (magnitude) condition
–, Asymptoten	– asymptotes
–, Austrittswinkel	– angle of departure
–, Eintrittswinkel	– angle of arrival
–, Konstruktionsregeln	– construction rules
–, Phasenbedingung	– phase condition
–, Verzweigungspunkt	– breakaway point, break-in point
–, Zweige	– branches
Wurzelorts	root-locus
– kurve	– plot
– verfahren	– method
z-Ebene	z-plane
z-Transformationspaar	z-transform pair
z-Übertragungsfunktion	z-transfer function
Zeit	time
– bereich	– domain
– konstante	– constant
– verhalten	– behaviour
zeitinvariantes System	time-invariant system
zeitvariantes System	time-varying system
Zeitgewichtete Betragsregelfläche	integral of time multiplied by absolute value of error (ITAE)
Zeitlinear gewichtete Quadratische Regelfläche	integral of time multiplied by squared error (ITSE)
Zeitquadratisch gewichtete Quadratische Regelfläche	integral of squared time multiplied by squared error (ISTSE)
Zustands	state
– beobachter	– observer
– beobachtung	– observation
– differentialgleichung	– differential equation
– gleichungen	– equations
– größe	– variable
– raum	– space
– regelung	– control
– rückführung	– feedback
– übergangsmatrix	– transition matrix
– vektor	– vector
Zweipunkt-Element	two-step action element
– mit Totzone (Dreipunkt-Element)	relay with dead zone
– mit Hysterese	relay with hysteresis
Zweipunkt-Regelung	bang-bang control, on-off control, two-step control, two-position control, relay feedback control system
Zweipunkt-Regler	two-step controller, two-position controller

19.5 Regelungstechnische Begriffe: englisch-deutsch

actual value	Istwert
actuator	Stelleinrichtung
adaptive control system	adaptive Regelung
amplifier	Verstärker
amplitude	
– optimum	Betragsoptimum
– response	Amplitudengang
analog	
– controller	analoger Regler
– signal	analoges Signal
analog-to-digital converter	Analog-Digital-Wandler
automatic control	selbsttätige Regelung
backlash nonlinearity	Lose, Element mit Spiel
backward difference	Rückwärtsdifferenz
bandwidth	Bandbreite
bang-bang control	Zweipunktregelung
bilinear transformation	Bileartransformation
block diagram	Signalflußbild
BODE diagram, BODE plot	BODE-Diagramm
branch point	Verzweigungselement
break point	Eckfrequenz
canonical form	kanonische Form (Normalform)
cascade	Kaskaden
– control	– regelung
– structure	– struktur
center	Wirbelpunkt
characteristic	
– equation	charakteristische Gleichung
– polynomial	charakteristisches Polynom
circle criterion	Kreiskriterium
closed-loop	
– control	Regelung
– frequency response	Frequenzgang des geschlossenen Regelkreises
– transfer function	Übertragungsfunktion des geschlossenen Regelkreises
column vector	Spaltenvektor
comparator	Vergleicher
compensator	Regler
continuous	
– control system	zeitkontinuierliche Regelung
– -time transfer function	LAPLACE-Übertragungsfunktion
control	Steuerung, Regelung
– area	Regelfläche
– equipment	Regeleinrichtung
– error	Regeldifferenz

– loop	Regelkreis
– transfer function	Führungsübertragungsfunktion
controllability matrix	Steuerbarkeitsmatrix
controllable	
– canonical form	Regelungsnormalform
– system	steuerbares System
controlled variable	Regelgröße
controller	
– (for closed loop control)	Regler
control algorithm	Regelalgorithmus
convolution integral	Faltungssatz
corner	Eck
– frequency	– frequenz
– angular frequency	– kreisfrequenz
critical	kritische
– gain	– Verstärkung
– damping	– Dämpfung ($D = 1$ eines PT$_2$-Elements, aperiodischer Grenzfall)
critically damped system	kritisch gedämpftes System (PT$_2$-Element mit $D = 1$)
crossover angular frequency	Durchtrittskreisfrequenz
damped natural angular frequency	Eigenkreisfrequenz
D (derivative)-element	D-Element
D (derivative)-element with first order lag	DT$_1$-Element
damping ratio	Dämpfung
dc gain	Proportionalbeiwert
dead band (backlash nonlinearity)	Totzone bei einer Lose
deadbeat	Dead-Beat
– control	– -Regelung
– step response	– -Sprungantwort
dead time	Totzeit
dead-time element, transport-lag element	T_t-Element
dead zone (relay, on-off-controller, amplifier)	Totzone bei Dreipunktregler, Verstärker
dead zone nonlinearity	Element mit Totzone
describing function	Beschreibungsfunktion
–, method	–, Methode der
decibel	Dezibel (dB)
delay time	Verzugszeit
denominator polynomial	Nennerpolynom
derivative	
– constant	Differenzierbeiwert
– controller	D-Regler
– time constant	Differenzierzeit
describing function	Beschreibungsfunktion
describing function analysis	Methode der Beschreibungsfunktion
desired value	Sollwert
difference equation	Differenzengleichung
differential equation	Differentialgleichung
–, homogeneous	–, homogene

–, first order	– I. Ordnung
–, second order	– II. Ordnung
digital	
– control	digitale Regelung
– controller	digitaler Regler
– signal	digitales Signal
– -to-analog-converter	Digital-Analog-Wandler
disturbance	Störung
– signal	Störsignal
– rejection	Störunterdrückung
– observation	Störgrößenbeobachtung
– input	Störgröße
dynamic behaviour	dynamisches Verhalten
eigenvalue	Eigenwert
equilibrium point	Ruhelage
feedback	Rückführung
– control system	Regelungssystem
– variable	Rückführgröße
feedforward control	Regelung mit Störgrößenaufschaltung
feedthrough	Durchgangs
– matrix	– matrix
– vector	– vektor
– factor	– faktor
final-value theorem	Endwertsatz
first-order lag element	PT_1-Element
focus	Strudelpunkt
forward difference	Vorwärtsdifferenz
frequency	Frequenz
– domain	– bereich
– response	– gang
– response graph	BODE-Diagramm
functional	
– block	Übertragungsblock
– block diagram	Signalflußbild
gain, gain factor	Verstärkung
gain margin	Amplitudenreserve
HURWITZ's stability criterion	HURWITZ-Kriterium
hysteresis	Hysterese
imaginary poles	imaginäre Polstellen
impulse	Impuls
– function	– funktion
– response	– antwort

initial	Anfangs
– state	– zustand
– value	– wert
initial-value theorem	– wertsatz
input	Eingangs
– matrix	– matrix
– signal	– signal
– variable	– größe
– vector	– vektor
integration constant	Integrierbeiwert
integral	
– controller	I-Regler
– element	I-Element
– of absolute value of error (IAE)	Betragsregelfläche
– of squared error (ISE)	Quadratische Regelfläche
– of squared time multiplied by squared error (ISTSE)	Zeitquadratisch gewichtete Quadratische Regelfläche
– of time multiplied by absolute value of error (ITAE)	Zeitgewichtete Betragsregelfläche
– of time multiplied by squared error (ITSE)	Zeitlinear gewichtete Quadratische Regelfläche
– time constant	Integrierzeitkonstante
I (integral)-control with state feedback	I-Zustandsregelung
I (integral)-element with first order lag	IT_1-Element
inverse	
– LAPLACE transform	inverse LAPLACE-Transformation
– matrix	Inverse einer Matrix
lag element	
–, first order	PT_1-Element
–, second order	PT_2-Element
lag-lead compensator	PPT_1-PDT_1-Element (-Regler)
LAPLACE	LAPLACE
– -transform	– -Transformierte
– -transform pair	– -Transformationspaar
left half s-plane (LHP)	linke s-Halbebene
limit cycle	Grenzzyklus
limiting	Begrenzung
linear	lineares
– control system	– Regelungssystem
– time-invariant (LTI) control system	zeitinvariantes Regelungssystem
linearization	Linearisierung
loop	Kreis
– gain	– verstärkung
– structure	– struktur
LUENBERGER observer	LUENBERGER-Beobachter
LYAPUNOV	LJAPUNOW
–, first method of	–, erste Methode von
– function	– -Funktion
–, second method of (direct method of)	–, zweite Methode von (direkte Methode von)

magnitude plot	Amplitudengang
manipulated variable	Stellgröße
manual control	Handregelung
mathematical	
– model	mathematisches Modell
– modeling	mathematische Modellbildung
matrix	
– exponential	Matrix-e-Funktion
–, rank of	Rang einer Matrix
maximum overshoot	Überschwingweite
measuring device	Meßeinrichtung
minimum-phase system	Minimalphasensystem
multivalued nonlinearity	Element mit mehrdeutiger Kennlinienfunktion
multivariable system	Mehrgrößensystem
node	Knotenpunkt
nonlinear	nichtlineares
– system	– System
– control system	– Regelungssystem
– feedback control system	– Regelungssystem
– differential equation	nichtlineare Differentialgleichung
nonlinearity	nichtlineares Element mit
–, backlash	– Lose
–, dead zone	– Totzone
–, hysteresis	– Hysterese
nonlinearity	
–, inherent	Nichtlinearität als prinzipielle Eigenschaft
–, intentional	absichtlich eingeführte Nichtlinearität
nonlinearity	nichtlineares Element mit
–, limiting	– Begrenzung
–, multivalued	– mehrdeutiger Kennlinienfunktion
–, on-off	– Zweipunktverhalten
–, saturating	– Sättigung
–, single-valued	– eindeutiger Kennlinienfunktion
–, two-valued	– zweideutiger Kennlinienfunktion
normal form	Normalform (kanonische Form)
numerator polynomial	Zählerpolynom
NYQUIST	
– stability criterion	NYQUIST-Kriterium
– plot, NYQUIST diagram	Ortskurve der Frequenzgangfunktion
Observability	Beobachtbarkeit
– matrix	Beobachtbarkeitsmatrix
observable	
– canonical form	Beobachtungsnormalform
– system	beobachtbares System
observer based control	Beobachtung, Regelung mit Beobachter
observer-error	Beobachtungsfehler
– state equation	– gleichung

19.5 Regelungstechnische Begriffe: englisch-deutsch

observer	Beobachtungs
– matrix	– matrix
– model	– modell
– vector	– vektor
on-off control	Zweipunktregelung
open-loop	
– control	Steuerung, steuern
– frequency response	Frequenzgang des offenen Regelkreises
– stability	Stabilität des offenen Regelkreises
– transfer function	Übertragungsfunktion des offenen Regelkreises
operating point	Arbeitspunkt
operational amplifier	Operationsverstärker
optimal control	Optimale Regelung
optimization	Optimierung
ordinary differential equation	gewöhnliche Differentialgleichung
output	Ausgangs
– equation	– gleichung
– feedback	– rückführung, Teilzustandsrückführung
– matrix	– matrix
– variable	– größe
– vector	– vektor
overall transfer function	Gesamtübertragungsfunktion
overdamped system	PT_2Element (mit $D > 1$, Kriechfall)
overshoot	Überschwingweite
parallel structure	Parallelstruktur
parameter	Parameter
– optimization	– optimierung
– sensitivity	– empfindlichkeit
partial-fraction expansion	Partialbruchzerlegung
PD (proportional-plus-derivative)-controller	PD-Regler
peak time	t_{max}-Zeit
performance index	Gütekriterium
phase	Phasen
– angle	– winkel
– crossover angular frequency	– schnittkreisfrequenz
– margin	– reserve
– plane	– ebene
– plane analysis	–, Methode der -ebene
– portrait	– portrait
– shift	– verschiebung
phase-lag compensator	PPT_1 (Lag)-Element (-Regler)
phase-lead compensator	PDT_1 (Lead)-Element (-Regler)
PID (proportional-plus-integral-plus-derivative)-controller	PID-Regler
PI (proportional-plus-integral)-controller	PI-Regler
PI (proportional-plus-integral) control	
– with state feedback	PI-Zustandsregelung
plant	Regelstrecke
pneumatic controller	pneumatischer Regler

polar plot	Ortskurve der Frequenzgangfunktion
pole	Polstelle
– placement	Polvorgabe
pole-zero plot, pole-zero diagram	Pol-Nullstellenplan
POPOV line	POPOW-Gerade
POPOV stability criterion	Stabilitätskriterium von POPOW
position control system	Lageregelung
power amplifier	Leistungsverstärker
prefilter	Vorfilter
principle	
– of amplification	Verstärkungsprinzip
– of linearity	Linearitätsprinzip
– of superposition	Superpositions-(Überlagerungs)-prinzip
proportional	
– constant, – gain	Proportionalbeiwert
– controller	P-Regler
P (proportional)-element	P-Element
ramp	Anstiegs
– function	– funktion
– response	– antwort
reference input, – variable	Führungsgröße
regulator system	Festwertregelung
relay feedback control system	Zweipunktregelung
relay	Zweipunkt-Element
– with dead zone	– mit Totzone, Dreipunkt-Element
– with hysteresis	– mit Hysterese
resonant	Resonanz
– angular frequency	– kreisfrequenz
– peak magnitude	– wert des Amplitudengangs (PT_2-Element)
response function	Antwortfunktion
right half s-plane (RHP)	rechte s-Halbebene
robust control system	Robuste Regelung
root contour	WOK-Kontur
root-locus	Wurzelort
– amplitude (magnitude) condition	–, Amplitudenbedingung
–, angle of arrival	–, Eintrittswinkel
–, angle of departure	–, Austrittswinkel
–, asymptotes	–, Asymptoten
–, breakaway point	–, Verzweigungspunkt
–, break-in point	–, Verzweigungspunkt
–, branches	–, Zweige
–, construction rules	–, Konstruktionsregeln
–, phase condition	–, Phasenbedingung
root locus	Wurzelorts
– plot	– kurve
– method	– kurvenverfahren
ROUTH array	ROUTH-Tafel
ROUTH's stability criterion	ROUTH-Kriterium
row vector	Zeilenvektor
RUNGE-KUTTA method	RUNGE-KUTTA-Verfahren

Saddle point	Sattelpunkt
sample	Abtast
– -and-hold element	– halteglied
sampled-data control system	– regelung
sampling	Abtastung
sampling	Abtast
– control	– regelung
– period	– periode, zeit
– rate	– rate
saturating nonlinearity	Element mit Sättigung
saturation	Sättigung
scalar product	Skalarprodukt
second-order	
– lag element, – system	PT_2-Element
separation principle	Separationsprinzip
series structure	Kettenstruktur
settling time	Ausregelzeit
signum function	Signum-Funktion
single-valued nonlinearity	Element mit eindeutiger Kennlinienfunktion
similarity transformation	Ähnlichkeitstransformation
single-input single-output (SISO) system	Eingrößensystem
single-loop feedback system	einschleifige Regelung
sine	
– function	Sinusfunktion
– response	Sinusantwort
s-plane	s-Ebene
spring-mass-dashpot system	Feder-Masse-Dämpfer-System
stability	Stabilität
–, absolute	–, absolute
–, asymptotic	–, asymptotische
– analysis	Stabilitätsuntersuchung
standard control loop	Standardregelkreis
state	Zustands
– control	– regelung
– differential equation	– differentialgleichung
– equations	– gleichungen
– feedback	– rückführung
– observation	– beobachtung
– observer	– beobachter
– space	– raum
– transition matrix	– übergangsmatrix, -Transitionsmatrix
– variable	– größe
– vector	– vektor
static behaviour	statisches Verhalten
steady-state	Beharrungszustand
– control error	stationäre Regeldifferenz
– control accuracy	Regelgenauigkeit im Beharrungszustand
– solution	stationäre Lösung
step	
– function	Sprungfunktion
– response	Sprungantwort

summation point	Summationselement
superposition principle	Überlagerungsprinzip
symmetrical optimum	Symmetrisches Optimum
system matrix	Systemmatrix
system with play	Lose, System mit Flankenspiel

TAYLOR series	TAYLOR-Reihe
test input signal	Testeingangssignal
three-step action element	Dreipunkt-Element
three-step control	Dreipunkt-Regelung
three-step controller	Dreipunkt-Regler
three-term controller	PID-Regler
time	Zeit
– behavior	– verhalten
– constant	– konstante
– domain	– bereich
time-invariant system	zeitinvariantes System
time-varying system	zeitvariantes System
tracking system	Folgeregelung
trajectory	Zustandskurve
transducer	Meßwandler
transfer	Übertragungs
– element	– element
– function	– funktion
– -function matrix	– matrix
transient	
– behavior	Übergangsverhalten
– error signal	vorübergehende Regeldifferenz
transport-lag element, dead-time element	T_t-Element
transpose of a matrix	Transponierte einer Matrix
trapezoidal approximation of integral	Trapeznäherung
tuning rules	Einstellregeln
TUSTIN's method	TUSTIN-Formel
two-position control	Zweipunkt-Regelung
two-position controller	Zweipunkt-Regler
two-step action element	Zweipunkt-Element
two-step control	Zweipunkt-Regelung
two-step controller	Zweipunkt-Regler
two-term controller	PI-Regler
two-valued nonlinearity	Element mit zweideutiger Kennlinienfunktion

Uncontrollable system	nicht steuerbares System
undamped natural angular frequency	Kennkreisfrequenz
underdamped system	PT_2-Element (mit $D < 1$, Schwingfall)
undershoot	Unterschwingen
unit circle	Einheitskreis
unit-impulse	Einheitsimpuls
– function	– funktion
– response	– antwort

unit matrix	Einheitsmatrix
unit-ramp	Einheitsanstiegs
– function	– funktion
– response	– antwort
unit-step	Einheitssprung
– function	– funktion
– response	– antwort
unit vector	Einheitsvektor
unity-feedback control system	Regelungssystem mit direkter Gegenkopplung
unstable system	instabiles System
Variable	Variable, Größe
variation of parameters	Parametervariation
velocity	Geschwindigkeits
– control system	– regelung
– (ramp) error	– fehler
viscous	
– friction	viskose Reibung
– friction coefficient	viskoser Dämpfungskoeffizient
Water-level control	Wasserstandsregelung
weighting function	Gewichtsfunktion
Zero	Nullstelle
zero-input response	Antwortfunktion der homogenen Zustandsgleichung
zero-order hold element (ZOH)	Halteglied nullter Ordnung
zero-state response	Antwortfunktion der inhomogenen Zustandsgleichung
z-plane	z-Ebene
z-transfer function	z-Übertragungsfunktion
z-transform pair	z-Transformationspaar

19.6 Begriffe der Fuzzy-Logik, Fuzzy-Regelung: deutsch-englisch

Aggregation	aggregation
Aggregationsoperator (MAX- oder SUM-Operator)	aggregation operator, aggregator
algebraische Summe, t-Konorm	algebraic sum
algebraisches Produkt, t-Norm	algebraic product
Ausgangsgröße, scharfe	crisp output
Aussage	conclusion
Basisvariable	base variable
Bedingung	premise
begrenzte Differenz, t-Norm	bounded difference
begrenzte Summe, t-Konorm	bounded sum
Bezeichner, linguistischer	linguistic descriptor, linguistic label

BOOLEsche Algebra	BOOLEan logic
BOOLEsche Logik	BOOLEan logic, crisp logic
Charakteristische Funktion einer Menge	characteristic function
DANN-Teil	conclusion
DANN-Teil einer Regel	consequent, rule-consequent part
Defuzzifizierung	defuzzification
Defuzzifizierungsverfahren	defuzzification, defuzzification method
Dehnung (Modifikator)	dilatation, dilation
drastische Summe, t-Konorm	drastic sum
drastisches Produkt, t-Norm	drastic product
dreieckförmige Zugehörigkeitsfunktion	triangular membership function
Dreiecks-Norm	triangular norm, t-norm
Durchschnittsoperation bei Mengen (UND-Operation)	intersection operation
Eingangsgröße, scharfe	crisp input
EINSTEIN-Produkt, t-Norm	EINSTEIN product
EINSTEIN-Summe, t-Konorm	EINSTEIN sum
Entscheidung	decision
Entscheidung, unscharfe	fuzzy decision
Erfüllungsgrad einer Regel	degree of fulfillment
Erzeugung eines scharfen Wertes	defuzzification
Festlegung der Zugehörigkeitsfunktionen für die Fuzzifizierung	partitioning
Fuzzifizierung	fuzzification
Fuzzy-Logik	fuzzy logic
Fuzzy-Mengen, Konvexität von	convexity of fuzzy set (membership function)
Fuzzy-NICHT-Operator	fuzzy NOT
Fuzzy-ODER-Operator	fuzzy OR
Fuzzy-PID-Regler	fuzzy-PID-controller
Fuzzy-Regelung	fuzzy control
Fuzzy-Regelungssystem	fuzzy control system
Fuzzy-Regler, relationaler	MAMDANI-controller
Fuzzy-UND-Operator	fuzzy AND
γ-Operator (kompensatorischer Operator)	γ-operator
Gewichtete-Mittelwerte-Methode, Defuzzifizierungsverfahren	weighted average defuzzification
HAMACHER-Produkt, t-Norm	HAMACHER intersection operator, – product
HAMACHER-Summe, t-Konorm	HAMACHER union operator, – sum

I

Implikation	implication
Implikation nach MAMDANI	MAMDANI implication
Implikationsoperator	implication operator
Inferenz, Kompositionsregel der	compositional rule of inference
Information, unscharfe	fuzzy information

K

Kern	core of membership function
kompensatorischer ODER-Operator	compensatory OR
kompensatorischer Operator	compensatory operator
kompensatorischer UND-Operator	compensatory AND
Komplement	complement
Komplement-Operator	fuzzy NOT
Komplementbildung (Modifikator)	complement
Komposition	composition
Kompositionsregel der Inferenz	compositional rule of inference
Konklusion	conclusion
Kontrast-Intensivierung (Modifikator)	intensification, contrast intensification
Konvexität von Fuzzy-Mengen	convexity of fuzzy set (membership function)
Konzentration (Modifikator)	concentration

L

λ-Operator (kompensatorischer Operator)	λ-operator
linguistische Regel	linguistic rule
linguistische Variable	linguistic variable
linguistischer Bezeichner	linguistic descriptor, linguistic label
linguistischer Modifikator	linguistic modifier, linguistic hedge
linguistischer Wertname	linguistic label, linguistic term, linguistic value
Links-Max-Methode, Defuzzifizierungsverfahren	first of maxima (FOM) defuzzification
Logik	logic
Logik, scharfe	crisp logic
Logik, unscharfe	fuzzy logic
Logiktabelle	truth table

M

MAMDANI Implikation	MAMDANI implication
MAX-Average-Produkt (arithmetischer Mittelwert)	max-average composition
MAX-MIN-Inferenz, unscharfes Schlußfolgerungsverfahren	MAMDANI inference, max-min inference
MAX-MIN-Komposition (-Produkt, -Verkettung)	max-min composition
MAX-PROD-Inferenz, unscharfes Schlußfolgerungsverfahren	max-dot inference, max-prod inference
MAX-PROD-Komposition (-Produkt, -Verkettung)	max-dot composition, max-prod composition
maximale Höhe, Methode der, Defuzzifizierungsverfahren	height defuzzification
Maximum-Mittelwert-Methode, Defuzzifizierungsverfahren	mean of maximum (MOM) defuzzification, middle of maxima defuzzification
Maximum-Operation, t-Konorm	maximum function

Menge	set
Menge, scharfe	crisp set
Menge, unscharfe	fuzzy set
Mengenoperator	set operator
Methode der maximalen Höhe, Defuzzifizierungsverfahren	max-height defuzzification
MIN-MAX-Komposition	min-max composition
Minimum-Operation, t-Norm	minimum function
mittelnder Operator	averaging operator
Mittelwert-Operator	averaging operator
Modifikator	modificator
Modifikator, linguistischer	linguistic hedge
nahe-Null (ZE)	zero (ZO)
negativ (NE)	negative (N)
negativ-groß (NG),	negative big (NB)
negativ-klein (NK)	negative small (NS)
negativ-mittel (NM)	negative medium (NM)
normalisierte unscharfe Menge	normalized fuzzy set
ODER-Operator, kompensatorischer	compensatory OR
ODER-Verknüpfung	disjunction
ODER-Verknüpfung, unscharfe	fuzzy OR
Operation zwischen scharfen Mengen	binary operation
Operator, kompensatorischer	compensatory operator
Operator, parametrisierter	parametrized operator
Operator, unscharfer	fuzzy operator
parametrisierter Operator	parametrized operator
positiv (PO)	positive (P)
positiv-groß (PG)	positive big (PB)
positiv-klein (PK)	positive small (PS)
positiv-mittel (PM)	positive medium (PM)
Prämisse	premise
Rechts-Max-Methode	last of maxima (LOM)
Regel	rule
Regel, linguistische	linguistic rule
Regel, unscharfe	fuzzy rule
regelbasierte Schlußfolgerung	rule-based inference
Regelbasis	rule-base
Regeln mit ODER-Verknüpfung	disjunctive rules
Regeln mit UND-Verknüpfung	conjunctive rules
Regler	controller
Relation	relation
Relation, scharfe	crisp relation
Relation, unscharfe	fuzzy relation
Relation zwischen scharfen Mengen	binary relation
relationaler Fuzzy-Regler	MAMDANI-controller

S-Norm	s-norm, triangular conorm, t-conorm
Schaltalgebra	crisp logic
scharf	crisp
scharfe Ausgangsgröße	crisp output
scharfe Eingangsgröße	crisp input
scharfe Logik	crisp logic
scharfe Menge	crisp set
scharfe Relation (Beziehung)	crisp relation
scharfer Wert	crisp value
Schließen, unscharfes	fuzzy inference, fuzzy reasoning, approximate reasoning
Schlußfolgerung	conclusion
Schlußfolgerung, regelbasierte	rule-based inference
Schlußfolgerungssystem, unscharfes	fuzzy inference system (FIS)
Schlußfolgerungsverfahren	inference
Schwerpunkt der größten Fläche, Defuzzifizierungsverfahren	center of largest area, defuzzification
Schwerpunktmethode, Defuzzifizierungsverfahren	center of area (COA), defuzzification, center of gravity (COG) defuzzification, centroid defuzzification method
Schwerpunktsummenmethode, Defuzzifizierungsverfahren	center of sums (COS) defuzzification
Singleton	fuzzy singleton, singleton
Stützmenge einer unscharfen Menge	support of membership function
SUGENO, funktionaler Fuzzy-Regler nach	SUGENO controller
SUGENO, Implikation nach	SUGENO implication
SUM-MIN-Inferenz, unscharfes Schlußfolgerungsverfahren	sum-min inference
SUM-PROD-Inferenz, unscharfes Schlußfolgerungsverfahren	sum-prod inference
t-Konorm	s-norm, t-conorm, triangular conorm
t-Norm	t-norm, triangular norm
Toleranz einer unscharfen Menge	core of membership function
Träger einer unscharfen Menge	support of membership function
trapezförmige Zugehörigkeitsfunktion	trapezoidal membership function
triangulare Konorm	t-conorm, triangular conorm
triangulare Norm	t-norm, triangular norm
Über-MAX-Operator (alle t-Konormen außer MAX)	over max operator
UND-Operator, kompensatorischer	compensatory AND
UND-Verknüpfung	conjunction
UND-Verknüpfung, unscharfe	fuzzy AND
unscharfe Entscheidung	fuzzy decision
unscharfe Information	fuzzy information
unscharfe Logik	fuzzy logic
unscharfe Menge	fuzzy set
unscharfe Menge mit einem Wertepaar	fuzzy singleton, singleton

unscharfe ODER-Verknüpfung	fuzzy OR
unscharfe Regel	fuzzy rule
unscharfe Relation (Beziehung)	fuzzy relation
unscharfe UND-Verknüpfung	fuzzy AND
unscharfe Zahl	fuzzy number
unscharfer Operator	fuzzy operator
unscharfes Schließen	approximate reasoning, fuzzy inference, fuzzy reasoning
unscharfes Schlußfolgerungssystem	fuzzy inference system (FIS)
Unter-MIN-Operator (alle t-Normen außer MIN)	under min operator
Variable, linguistische	linguistic variable
Vereinigungsoperation bei Mengen (ODER-Operation)	union operation
Verkettung von unscharfen Relationen	composition
Voraussetzung	premise
Wahrheitstabelle	truth table
WENN-DANN-Regel	IF-THEN-rule
WENN-DANN-Zusammenhang	implication
WENN-Teil	premise
WENN-Teil einer Regel	antecedent part, rule-antecedent part
Wert, scharfer	crisp value
Wertname, linguistischer	linguistic value, linguistic label
Wissensbasis	knowledge base
Zahl, unscharfe	fuzzy number
Zerlegung (von zusammengesetzten Regeln)	decomposition (of compound rules)
Zugehörigkeit	membership
Zugehörigkeitsgrad	degree of membership
Zugehörigkeitsfunktion	characteristic function, membership function
Zugehörigkeitsfunktion, dreieckförmige	triangular membership function
Zugehörigkeitsfunktion, Höhe einer	height of membership function
Zugehörigkeitsfunktion, trapezförmige	trapezoidal membership function
Zusammensetzung (Überlagerung) von aktivierten Regeln	aggregation

19.7 Begriffe der Fuzzy-Logik, Fuzzy-Regelung: englisch-deutsch

aggregation	Aggregation, Zusammensetzung (Überlagerung) von aktivierten Regeln
aggregation operator, aggregator	Aggregationsoperator (MAX- oder SUM-Operator)
algebraic product	algebraisches Produkt, t-Norm
algebraic sum	algebraische Summe, t-Konorm
antecedent part	WENN-Teil einer Regel
approximate reasoning	unscharfes Schließen

19.7 Begriffe der Fuzzy-Logik, Fuzzy-Regelung: englisch-deutsch

averaging operator	Mittelwert-Operator, mittelnder Operator
base variable	Basisvariable
binary operation	Operation zwischen scharfen Mengen
binary relation	Relation zwischen scharfen Mengen
BOOLEAN logic	BOOLEsche Algebra, Logik
bounded difference	begrenzte Differenz, t-Norm
bounded sum	begrenzte Summe, t-Konorm
Center of area (COA) defuzzification	Schwerpunktmethode, Defuzzifizierungsverfahren
center of gravity (COG) defuzzification	Schwerpunktmethode, Defuzzifizierungsverfahren
center of largest area defuzzification	Schwerpunkt der größten Fläche, Defuzzifizierungsverfahren
center of sums (COS) defuzzification	Schwerpunktsummenmethode, Defuzzifizierungsverfahren
centroid defuzzification method	Schwerpunktmethode, Defuzzifizierungsverfahren
characteristic function	charakteristische Funktion einer Menge, Zugehörigkeitsfunktion
compensatory AND	kompensatorischer UND-Operator
compensatory operator	kompensatorischer Operator
compensatory OR	kompensatorischer ODER-Operator
complement	Komplement, Komplementbildung (Modifikator)
composition	Komposition, Verkettung (von unscharfen Relationen)
compositional rule of inference	Kompositionsregel der Inferenz
concentration	Konzentration (Modifikator)
conclusion	DANN-Teil, Konklusion, Schlußfolgerung, Aussage
conjunction	UND-Verknüpfung
conjunctive rules	mit UND verknüpfte Regeln
consequent	DANN-Teil einer Regel
contrast intensification	Kontrast-Intensivierung (Modifikator)
controller	Regler
convexity of fuzzy set (membership function)	Konvexität von Fuzzy-Mengen
core of membership function	Kern, Toleranz einer unscharfen Menge
crisp	scharf
crisp input	scharfe Eingangsgröße
crisp logic	scharfe Logik, Schaltalgebra, BOOLEsche Logik
crisp output	scharfe Ausgangsgröße
crisp relation	scharfe Relation (Beziehung)
crisp set	scharfe Menge
crisp value	scharfer Wert

decision	Entscheidung
decomposition (of compound rules)	Zerlegung (von zusammengesetzten Regeln)
defuzzification	Defuzzifizierung, Erzeugung eines scharfen Wertes
defuzzification method	Defuzzifizierungsverfahren
degree of membership	Zugehörigkeitsgrad
degree of fulfillment	Erfüllungsgrad einer Regel
dilatation, dilation	Dehnung (Modifikator)
disjunction	ODER-Verknüpfung
disjunctive rules	mit ODER verknüpfte Regeln
drastic product	drastisches Produkt, t-Norm
drastic sum	drastische Summe, t-Konorm
EINSTEIN product	EINSTEIN-Produkt, t-Norm
EINSTEIN sum	EINSTEIN-Summe, t-Konorm
first of maxima (FOM) defuzzification	Links-Max-Methode, Defuzzifizierungsverfahren
fuzzification	Fuzzifizierung, Umsetzung von scharfen Signalwerten in Zugehörigkeitsgrade von linguistischen Werten
fuzzy AND	Fuzzy-UND-Operator, unscharfe UND-Verknüpfung
fuzzy control	Fuzzy-Regelung
fuzzy control system	Fuzzy-Regelungssystem
fuzzy decision	unscharfe Entscheidung
fuzzy inference	unscharfes Schließen
fuzzy inference system (FIS)	unscharfes Schlußfolgerungssystem
fuzzy information	unscharfe Information
fuzzy logic	Fuzzy-Logik, unscharfe Logik
fuzzy NOT	Fuzzy-NICHT-Operator, Komplement-Operator
fuzzy number	unscharfe Zahl
fuzzy operator	unscharfer Operator
fuzzy OR	Fuzzy-ODER-Operator, unscharfe ODER-Verknüpfung
fuzzy-PID-controller	Fuzzy-PID-Regler
fuzzy reasoning	unscharfes Schließen
fuzzy relation	unscharfe Relation (Beziehung)
fuzzy rule	unscharfe Regel
fuzzy set	unscharfe Menge
fuzzy singleton	Singleton, unscharfe Menge mit einem Wertepaar
γ-operator	γ-Operator (kompensatorischer Operator)
HAMACHER intersection operator	HAMACHER-Produkt, t-Norm
HAMACHER product	HAMACHER-Produkt, t-Norm

HAMACHER sum	HAMACHER-Summe, t-Konorm
HAMACHER union operator	HAMACHER-Summe, t-Konorm
hedge, linguistic	linguistischer Modifikator
height defuzzification	Methode der maximalen Höhe, Defuzzifizierungsverfahren
height of membership function	Höhe einer Zugehörigkeitsfunktion
IF-THEN-rule	WENN-DANN-Regel
implication	Implikation, WENN-DANN-Zusammenhang
implication operator	Implikationsoperator
inference	Schlußfolgerungsverfahren
intensification	Kontrast-Intensivierung (Modifikator)
intersection operation	Durchschnittsoperation bei Mengen (UND-Operation)
knowledge base	Wissensbasis
λ-operator	λ-Operator (kompensatorischer Operator)
last of maxima (LOM) defuzzification	Rechts-Max-Methode, Defuzzifizierungsverfahren
linguistic descriptor	linguistischer Bezeichner
linguistic hedge	linguistischer Modifikator
linguistic label	linguistischer Bezeichner, linguistischer Wertname
linguistic modifier	linguistischer Modifikator
linguistic term	linguistischer Wertname
linguistic rule	linguistische Regel
linguistic value	linguistischer Wertname
linguistic variable	linguistische Variable
logic	Logik
MAMDANI-controller	relationaler Fuzzy-Regler
MAMDANI implication	Implikation nach MAMDANI
MAMDANI inference	MAX-MIN-Inferenz, unscharfes Schlußfolgerungsverfahren
max-average composition	MAX-Average-Produkt (arithmetischer Mittelwert)
max-dot composition	MAX-PROD-Komposition (-Produkt, -Verkettung)
max-dot inference	MAX-PROD-Inferenz, unscharfes Schlußfolgerungsverfahren
max-height defuzzification	Methode der maximalen Höhe, Defuzzifizierungsverfahren
maximum function	Maximum-Operation, t-Konorm
max-min composition	MAX-MIN-Komposition (-Produkt, -Verkettung)
max-min inference	MAX-MIN-Inferenz, unscharfes Schlußfolgerungsverfahren

max-prod composition	MAX-PROD-Komposition (-Produkt, -Verkettung)
max-prod inference	MAX-PROD-Inferenz, unscharfes Schlußfolgerungsverfahren
mean of maximum (MOM) defuzzification	Maximum-Mittelwert-Methode, Defuzzifizierungsverfahren
middle of maxima defuzzification	Maximum-Mittelwert-Methode, Defuzzifizierungsverfahren
minimum function	Minimum-Operation, t-Norm
min-max composition	MIN-MAX-Komposition
membership	Zugehörigkeit
membership degree	Zugehörigkeitsgrad
membership function	Zugehörigkeitsfunktion
modificator	Modifikator
negative (N)	negativ (NE)
negative big (NB)	negativ-groß (NG),
negative medium (NM)	negativ-mittel (NM)
negative small (NS)	negativ-klein (NK)
normalized fuzzy set	nomalisierte unscharfe Menge
over max operator	Über-MAX-Operator, (alle t-Konormen außer MAX)
parametrized operator	parametrisierter Operator
partitioning	Festlegung der Zugehörigkeitsfunktionen für die Fuzzifizierung
positive (P)	positiv (PO)
positive big (PB)	positiv-groß (PG)
positive medium (PM)	positiv-mittel (PM)
positive small (PS)	positiv-klein (PK)
premise	WENN-Teil, Prämisse, Voraussetzung, Bedingung
relation	Relation
rule	Regel
rule-antecedent part	WENN-Teil einer Regel
rule-base	Regelbasis
rule-based inference	regelbasierte Schlußfolgerung
rule-consequent part	DANN-Teil einer Regel
set	Menge
set operator	Mengenoperator
singleton	Singleton, unscharfe Menge mit einem Wertepaar
s-norm	t-Konorm, s-Norm
SUGENO-controller	funktionaler Fuzzy-Regler nach SUGENO
SUGENO implication	Implikation nach SUGENO

sum-min inference	SUM-MIN-Inferenz, unscharfes Schlußfolgerungsverfahren
sum-prod inference	SUM-PROD-Inferenz, unscharfes Schlußfolgerungsverfahren
support of membership function	Träger, Stützmenge einer unscharfen Menge
t-conorm	triangulare Konorm, t-Konorm, s-Norm
t-norm	triangulare Norm, t-Norm, Dreiecksnorm
trapezoidal membership function	trapezförmige Zugehörigkeitsfunktion
triangular membership function	dreieckförmige Zugehörigkeitsfunktion
triangular conorm	triangulare Konorm, t-Konorm, s-Norm
triangular norm	triangulare Norm, t-Norm, Dreiecks-Norm
truth table	Wahrheitstabelle, Logiktabelle
Under min operator	Unter-MIN-Operator, (alle t-Normen außer MIN)
union operation	Vereinigungsoperation bei Mengen (ODER-Operation)
Weighted average defuzzification	Gewichtete-Mittelwerte-Methode, Defuzzifizierungsverfahren
Zero (ZO)	nahe-Null (ZE)

Sachwortverzeichnis

A

Abklingzeitkonstante 109
abs 970, 995
Absenkungsfaktor 269
absolut stabil 814
absolute Stabilität 814
Abtast-Halte-Schaltung 436
Abtastung 436
Abtastvorgang 435
Abtastzeit 435, 667
acker 1069, 1073
Aggregation 911, 935
Ähnlichkeitssatz 65, 474
Ähnlichkeitstransformationen 1065
Aktivierungsgrad 911
Allpaß 314
Amplitudenabsenkung 271
Amplitudenbedingung 216
Amplitudengang 94, 252
Amplitudenrand 261
Amplitudenreserve 261, 1030
Analog-Digital-Wandler 436
Analog-Digital-Wandlung 436
Analyse, experimentelle 316
–, theoretische 316
analytische Funktion 715
Anfangsbedingungen 71
Anfangswertproblem 1092
Anfangswertsatz 67, 478
angle 970, 995
Anhebungsfaktor 264
Ankerinduktivität 643
Anregelzeit 275, 332, 452
ans 968, 995
Anstiegsantwort 59, 1013
Anstiegsantwortfolge 1044
Anstiegsfunktion 59
–, Einheits- 59
Anstiegswinkel, der Asymptoten 223
Anstiegszeit 274 f.
Antriebsmotor 642
Antriebsregelstrecke 644
Antriebsverstärkung 643
aperiodischer Grenzfall 54, 109
append 1008, 1009
Arbeitspunkt 43
Assoziativ-Gesetz 875
Asymptote, Anstiegswinkel 223
–, Schnittpunkt 223

asymptotisch stabil 802 f.
atan 995
aufgeschnittener Regelkreis 179
augstate 1073
Ausgangsgleichung 560, 562
Ausgangsmatrix 562
Ausgangsvariable 566, 998
Ausgangsvektor 561, 565, 998, 1097
Ausgleich 137
Ausgleichszeit 339, 342, 450
Ausregelbarkeit 188
Ausregelzeit 275
Ausschaltdauer 825
Austrittswinkel der WOK aus Polstellen 229
AVERAGE-Operation 894
axis 986, 996, 1018
azimuth 991

B

Bahnsteuerung 650
BAIRSTOW-Verfahren 1085, 1087
Bandbreite 274
Bearbeitungskraft 644
Bedingung, unscharfe 863
Bedingungsteil 896
Begrenzungselement 728
Beharrungszustand 802
Beobachtbarkeit 587
–, Prüfung 590
Beobachtbarkeitsbedingung 595
Beobachtbarkeitsmatrix 587, 595
Beobachter 607
Beobachtungsmodell 610
Beobachtungsnormalform 580, 595, 611, 1066
Beobachtungsprinzip 607
Beobachtungsvektor 607
Beschleunigungsantwort 661
Beschleunigungsfehler 193
Beschleunigungsfunktion 661
Beschleunigungsmoment 644
Beschreibungsfunktion 726
–, Methode der 723
Betrag 88, 251
Betragsoptimum 410, 421
Betragsregelfläche 391
–, zeitgewichtete 391
Bewegungsachse 644
Bildbereich 60
Bildvariable, komplexe 60

bilineares System 716
Bileartransformation 522
Binomialfilter-Übertragungsfunktion 675
bode 1002, 1027, 1033, 1053
BODE-Diagramm 94, 251
BODE-Verfahren 251, 273
BOOLEsche Algebra 875
break 980, 995

C

c2d 1035, 1053
canon 1073
case 981, 995
charakteristische Gleichung 49, 74 f., 197, 461, 504
– des nichtlinearen Regelkreises 781
– des nichtlinearen Systems 748
charakteristische Gleichung, Nullstellen 75
CHIEN 400
clear 971, 994
clf 996
clock 994
conj 995
connect 1008, 1009
contour 987, 996
contour3 988
conv 975, 995
cos 970, 995
cosh 995
ctrb 1073

D

d2c 1035, 1053
damp 1018, 1033, 1049, 1053, 1073
Dämpfung 54, 108, 274, 1049
Dämpfungskraft 644
Dämpfungssatz 474
DANN-Teil 896, 934
Darstellung, normierte 41
Datenbasis 935
dcgain 1016
DDC-Regelung 437
DEAD-BEAT-Regelung 442
DEAD-BEAT-Regler 531, 534, 544
Defuzzifizierung 901, 914, 917
Defuzzifizierungsverfahren 917
Dehnung 865
δ-Abtaster 465
δ-Folge 497, 507, 519
DE MORGANsche Gesetze 876
det 995

Determinantenkriterium, nach COHN, SCHUR, JURY 528
diag 973, 995
Differentiationssatz 65
Differentialalgorithmus 443
Differential-Element 120, 321
Differential-Element mit Verzögerung 122, 384
Differentialgleichung 48, 173
–, erster Ordnung 1092
–, Lösung der homogenen 49
–, Linearisierung 48
Differenzbildung 443
Differenzengleichung 458
Differenzierverstärkung 168
Differenzierzeitkonstante 42
Differenzverstärker 281
Differenzverstärkung 281
digitale Regelung 437
DIRAC-Impuls 57, 472
diskrete Zeitvariable 436
Diskretisierungsverfahren 548
Diskretisierungszeit 462
disp 994
Divisionssatz 475
Divisionsstelle 28
dominierende Zeitkonstante 452
dominierendes Polpaar 278
D-Regler 957
Drehwinkel 644
Drehwinkelgeschwindigkeitsregelkreis 655
Drehzahlregelung 654
Dreiecksfunktion 860, 903
Dreipunkt-Element 751, 759
– mit Hysterese 760
Dreipunkt-Regler 712
– mit verzögerter Rückführung 850
DT_1-Element 122, 384
Durchgangsfaktor 998, 1097
Durchgangsmatrix 562
Durchschnitt 871, 878
Durchtrittskreisfrequenz 124, 136, 255, 260, 262, 275, 1030
Durchtrittsphasenwinkel 260
dynamischer Operator 706
dynamisches Element 704
dynamisches Verhalten 71

E

echo 982, 994
Eckkreisfrequenz 104, 255
eig 995, 1061, 1073
Eigenkreisfrequenz 107 ff.

Eingangsmatrix 562
Eingangsvariable 566, 998
Eingangsvektor 561, 565, 998, 1097
Einheitsanstiegsfolge 508
Einheitsanstiegsfunktion 59, 168
Einheitsimpulsfolge 507
Einheitsimpulsfunktion 57
Einheitssprungfolge 508
Einheitssprungfunktion 58, 167, 321
Einschaltdauer 825
Einschrittverfahren 1092
Einstellregeln 399, 450
– nach CHIEN, HRONES, RESWICK 400
– nach TAKAHASHI 456
– von ZIEGLER und NICHOLS 399
Einstellzeit 450
–, endliche 531, 534
Eintrittswinkel der WOK in Nullstellen 229
Element, Differential- 321
–, dynamisches 704
–, Integral- 321
– mit Begrenzung 769
– mit degressiver Kennlinie 768
– mit Hysterese und Umkehrspanne (Lose) 776
– mit Lose 736
– mit Offset 719, 750
– mit progressiver Kennlinie 765
– mit Totzone 770
– mit Vorspannung 773
–, neutrales 875
–, Null- 875
–, Proportional- 321
–, statisches 703
elevation 991
else 980, 995
elseif 979, 995
end 980
Endwertsatz 67, 478
Energiespeicher 71
Erfüllungsgrad 910
Ersatztotzeit 339
Ersatzzeitkonstante 148, 415, 647
Ersetzungsregel 896
etime 994
exit 971, 994
exp 970, 995
exp1m 1073
exp2m 1073
exp3m 1073
expm 995, 1058, 1073
eye 974, 995

F

Faltungsintegral 66
Faltungssatz 66, 67, 478
feedback 1005, 1006, 1009, 1074
figure 996
Flächenschwerpunktformel 919
Folgerung, unscharfe 863
for 978, 995
format long 970, 997
format short 970, 997
for-Schleife 978
fprintf 994
Frequenzbereich 60
Frequenzgang 88
–, Betrag 88
–, Phase 88
Frequenzgangfunktion 75
Frequenzkennlinien-Diagramm 94, 251
FROBENIUSform 577
Führungsfrequenzgangfunktion 181, 190
Führungsgröße 21, 179
Führungsübertragungsfunktion 180, 190
Führungsübertragungsverhalten 35, 181, 513
Führungsverhalten 179
Function-File 976, 977
Fünfpunkt-Element 762
Funktion, analytische 715
–, charakteristische 854
–, harmonische 59
–, mehrdeutige 716
–, positiv definite 811
–, stückweise lineare 716
Fuzzifizierung 902, 935
–, Datenbasis 903
–, lineare 940
–, nichtlineare 905, 943
Fuzzifizierungskomponente 901
Fuzzy-D-Übertragungselement 957
Fuzzy-I-Regler 960
Fuzzy-Logik 853
Fuzzy-Menge 853
–, normale 859
Fuzzy-NICHT-Operator 872
Fuzzy-ODER-Operator 872, 874, 878
Fuzzy-PD-Regler 902, 908, 952
Fuzzy-PID-Regler 938, 947, 961
Fuzzy-PI-Geschwindigkeitsregler 961
Fuzzy-PI-Stellungsregler 957
Fuzzy-P-Regler 935, 943, 949
Fuzzy-Regelung 900
Fuzzy-Regler 901, 937
–, funktionaler 901, 935

– nach MAMDANI 933
– nach SUGENO 933
–, relationaler 901
Fuzzy-Relationenprodukt 892
Fuzzy-UND-Operator 871, 874, 878
Fuzzy-Zahl 859
Fuzzy-Zustandsregelung 964

G

Gamma-Operator 883
–, kompensatorischer 883
Gegenkopplung, indirekte 190
Gesamtträgheitsmoment 644
Geschwindigkeitsalgorithmus 446
Geschwindigkeitsfehler 193
Geschwindigkeitsregelung 654
get 1003
Getriebelose 717
Getriebespiel 717
Gewichtsfolge 478, 548
Gewichtsfunktion 57
Glättung 305
Glättungselement 305
–, passives 306
Glättungszeitkonstante 306
Gleichgewichtslage 798
Gleichgewichtszustand 802
Gleichrichter-Element 733
Gleichtaktverstärkung 281
Gleichung, charakteristische 74, 494
–, charakteristische, Nullstellen 75
– der Harmonischen Balance 781
global asymptotisch stabil 803
Graphisches User Interface 1074
Grenzschwingung 792
–, Stabilität 792
grenzstabil 803
Grenzwertsatz 67, 320
Grenzzyklus 714, 798
grid 983, 996
Grundlast 822
gtext 985, 996

H

Halteelement 471
Haltefunktion 471
Halteglied 437, 465, 469
Halteoperation 436
harmonische Balance 723
–, Gleichung der 748, 781
harmonische Funktion 59

harmonische Linearisierung 723
Hauptlast 822
help 968
Hochpaß 314
Höhe 859
hold 996
hold off 983
hold on 983
HRONES 400
HURWITZ-Kriterium 203, 522
HURWITZ-Sektor 815

I

Idempotenz 875
Identifikation 315
I-Element 134, 353, 376
if 979, 995
imag 970, 995
Imaginärteil 88
Implikation 896
–, unscharfe 889
Implikationskonklusion 897
Implikationsoperator 897
Implikationsprämisse 897
Impulsantwort 57, 1010
impulse 1002, 1010, 1016, 1041, 1053, 1074
Impulsfolgefunktion 467, 469
Impulsfunktion 57
Impulsübertragung 498
indirekte Gegenkopplung 190
inf 995
Inferenz 896, 935
–, Kompositionsregel 897, 912
–, regelbasierte 901, 908
Inferenzeinheit 908
initial 1059, 1074
input 980, 994
instabil 803
Integralalgorithmus 438
– mit Rechtecknäherung 438
–, Trapeznäherung 442
Integral-Element 134, 321, 353, 376
– mit Totzeit 380
– mit Verzögerung 1. Ordnung 378
Integralkriterium 389
–, Betragsregelfläche 391, 397
–, Lineare Regelfläche 389, 397
–, Quadratische Regelfläche 397
Integral-Regler 142
Integrationssatz 66
Integrierbeiwert 134, 143

Integrierverstärkung 167
Integrierzeit 135
Integrierzeitkonstante 42, 135, 143, 296
inv 974, 995
inverse Kennlinie 718
–, Linearisierung 718
Inversenbildung 891
Inversionsstelle 28
invertierende Grundschaltung 308
invertierende Schaltung 287
invertierender PI-Regler 297
I-Regelstrecke 137
I-Regler 142, 310, 311
IT_1-Element 355, 378
IT_t-Element 380
IT_1-Regelstrecke 139
IT_t-Regelstrecke 141, 358

K

Kaskadenregelung 665
Kaskadenstruktur 653
Kennkreisfrequenz 54, 107, 274, 1049
Kennlinie, degressive 731
–, inverse 718
–, progressive 730
Kern 859
Kettenstruktur 30, 1055
keyboard 982, 994, 1020
Koeffizientenkriterium 525
Kommutativ-Gesetz 875
Kompensation 415, 530
– einer Nichtlinearität 719
Kompensationsregler 530
Komplement 871 f.
Komplementbildung 866, 891
komplexe Bildvariable 60
Komposition 892
Konklusion 863, 896, 934
Kontrast-Intensivierung 865
konvex 858
Konzentration 865
Kreisstruktur 32, 1055
Kreisverstärkung 262
Kriechfall 54, 109
–, instabiler 109
Kriterium von POPOW 814
kritischer Punkt 206

L

Lagefehler 192
Lag-Element 134, 269

Lageregelung 641, 649, 665, 673
–, digitale 666
–, einschleifige 649, 651
–, Kaskadenstruktur 653
Lambda-Operator 882
–, kompensatorischer 882
LAPLACE-Integral 62
LAPLACE-Rücktransformation 62
LAPLACE-Transformation 59
–, diskrete 465
–, Rechenregeln 78
LAPLACE-Transformierte 61
LAPLACE-Variable 60
Lastmoment 644
Laststörgröße 34, 179
Laststörungsfrequenzgangfunktion 181, 190
Laststörungsübertragungsfunktion 180, 190
Laufzeit 117, 338
Lead-Element 134, 264
legend 996
length 995
Lineare Regelfläche 389
lineare Zustandsdifferentialgleichung 561
Linearisierung 42, 44
–, harmonische 723
– im Arbeitspunkt 722
– mit Rückführung 720
Linearisierung mit inversen Kennlinien 718
Linearisierungsverfahren 718
Linearität 42, 63, 474
Linearitätsprinzip 704
linguistisch 863
–, Operator 865
–, Variable 863
–, Wert 863
–, Wertname 864
Linke-Hand-Regel 206
Links-Max-Methode 917
Linksverschiebung 476
linspace 973, 988, 995
LJAPUNOW, direkte Methode von 810
–, zweite Methode von 810
LJAPUNOW-Funktion 812
LJAPUNOW-stabil 803
load 971, 994
log 980, 995
logarithmisches Verstärkungsmaß 252
Logik, BOOLEsche 896
–, scharfe 853, 896
–, unscharfe 853
Logikfunktion 854
loglog 985, 996

logspace 973, 995
log10 970, 995
lokal asymptotisch stabil 803
Lose 736
Lösung der homogenen Differentialgleichung 49
–, partikuläre 50
lsim 1013, 1016, 1044, 1054, 1074
LTI-Modell 1003
LTI-Objekt 997
ltiview 1074

M

MAMDANI-Implikation 897
margin 1030, 1033
Massenkraft 644
MATLAB 967
matlab.mat 971
Matrix-e-Funktion 567
max 995, 1047
MAX-AVERAGE-Produkt 894
Maximalwert der Regelgröße 825
Maximum 878
Maximum-Mittelwert-Methode 917
Maximum-Mittelwert-Operator 884
MAX-MIN-Inferenz 912, 918, 922
MAX-MIN-Komposition 892, 897
MAX-MIN-Produkt 892
MAX-MIN-Verfahren 914
MAX-Operation 875, 893, 894
MAX-Operator 872, 908, 912
MAX-PROD-Inferenz 912, 918, 922
MAX-PROD-Komposition 893
MAX-PROD-Produkt 894
MAX-PROD-Verfahren 915
mean 995
mehrdeutige Funktion 716
Mehrpunkt-Element 751, 763
Menge, scharfe 853
–, unscharfe 853
mesh 987, 996
meshgrid 988, 996
Meßort 21
Methode der Beschreibungsfunktion 723
Methode der maximalen Höhe 917
Methode der Phasenebene 796
Methode von LJAPUNOW, direkte 810
–, zweite 810
m-File 976
min 995
Minimalwert der Regelgröße 825
Minimum-Mittelwert-Operator 884
MIN-MAX-Komposition 895

MIN-Methode 911, 914
MIN-Operation 875, 893
MIN-Operator 871, 908
minreal 1063, 1074
mittlere Regelabweichung 825
Modell, analytisches 315
–, experimentelles 315
–, mathematisches 315
–, nichtparametrisches 320
–, parametrisches 315, 320
Modellbildung 320
Modellgewinnung 315
Modellstruktur 316
Modifikator 865
Momentengleichung 644
Momentenregelung 653
Momentenregler 653
Momentenregelkreis 653
Momentkonstante 643
Monotonie 875
Motormoment 644
Motorspannung 643
Multiplikationssatz 475
Multiplikationsstelle 28

N

Nachstellzeit 145, 149, 297
NEWTON-Verfahren 1085, 1086
NICHOLS 400, 456
nichtinvertierende Grundschaltung 308
nichtinvertierende Schaltung 287
nichtlineares System 703
Nichtlinearität, Kompensation 719
Norm, Dreiecks- 874
–, triangulare 874
Normalform 575
Normalisierung 859
Normieren 41
Normierte Änderungsgeschwindigkeit der Regelgröße 452
normierte Darstellung 41
Normierung 41, 135
Null-Element 875
Nullphasenwinkel 55
Nullstellen, Übertragungsfunktion 75
Nullstellenberechnung 1088
nyquist 1002, 1025, 1033, 1054
NYQUIST-Kriterium 93, 204
–, vereinfachtes 206
NYQUIST-Verfahren 259

O

obsv 1074
ODER-Verknüpfung, unscharfe 872
ones 988, 995
Operationsverstärker 281
Operator, dynamischer 706
–, kompensatorischer 882
–, mittelnder 882
–, statischer 706
Optimierung 387
– im Zeitbereich 387
– nach CHIEN, HRONES und RESWICK 401
– nach ZIEGLER und NICHOLS 400, 456
Optimierungskriterium 387
Optimierungsverfahren 387
Originalbereich 60
Ortskurve 93
otherwise 981, 995

P

Parallelstruktur 30, 1055
Parameterermittlung 316
Parameteroptimierung 387
Partialbruchzerlegung 72
pause 982, 994
PD/PDT$_1$-Regler 292, 310
PD-Regelalgorithmus 447
PD-Regler 132
PDT$_1$-Element 131
PDT$_1$-Regler 132
P-Element 360
Periodendauer 109, 330, 452
Phase 88, 251
Phasenanhebung 264
Phasenbedingung 216
Phasenebene 796
–, Methode der 796
Phasengang 94, 252
Phasenportrait 796
Phasenrand 261
Phasenreserve 261, 275, 1030
Phasenschnittkreisfrequenz 1030
pi 995
PID-Geschwindigkeitsalgorithmus 446, 947
PID/PIDT$_1$-Regler 312
–, additive Form 299
–, multiplikative Form 300
PID-Regelalgorithmus 445, 447
–, modifiziert 449
PID-Regler 148, 947
PID-Standardregelalgorithmus 447

PID-Stellungsalgorithmus 445, 947, 961
PID-Stellungsregler 947
PI-Element 382
PI-Geschwindigkeitsalgorithmus 960
PI-Regelalgorithmus 448
PI-Regler 144
PI-Stellungsalgorithmus 667, 957
PI-Zustandsregelung 627
PI-Zustandsregler 617
place 1072, 1074
plot 982, 996
plot3 987
polar 986, 996
pole 1019, 1033, 1054, 1074
Pol-Nullstellenform der Übertragungsfunktion 997
Pol-Nullstellenmodell 998
Pol-Nullstellenplan 74 f.
Polstelle 62
Polstellen, Übertragungsfunktion 75
Polvorgabe 610, 675, 686
poly 975, 995
polyfit 995
Polynomform der Übertragungsfunktion 997
polyval 975, 995
POPOW, Kriterium von 814
POPOW-Gerade 818
POPOW-Ortskurve 818
Positionsregelung 641
positiv definite Funktion 811
Potenz-Element 731
Potenzreihenentwicklung 496
PPT$_1$-Element 127, 129
Prämisse 863, 896, 934
Prämissenauswertung 910, 935
P-Regelstrecke 101
P-Regler 100
– mit Spannungsvergleichsstelle 309
– mit Stromvergleichsstelle 309
PROD-Methode 911, 915
PROD-Operation 894
Produkt, algebraisches 878, 881
–, drastisches 878, 881
–, EINSTEIN- 878
–, HAMACHER- 878, 881
–, HAMACHER-, parametrisiertes 881
–, kartesisches 886
Proportionalalgorithmus 438
Proportionalbeiwert 43, 54
Proportional-Differential-Element, mit Verzögerung 131, 364, 366
Proportional-Differential-Regler 132

Proportional-Element 97, 321, 360
– mit Verzögerung 362
– mit Verzögerung II. Ordnung 107, 370, 372
– mit Verzögerung n-ter Ordnung 374
Proportional-Integral-Differential-Regler 148
Proportional-Integral-Element 382
Proportional-Integral-Regler 144
Proportional-Regelstrecke 101
Proportional-Regler 100
Proportional-Verstärkung 103, 167, 291
PT_1-Element 362
PT_n-Element 374
PT_t-Element 368
PT_2-Element 107, 370, 372
Pulszahl 643
`pzmap` 1016, 1033, 1050

Q

Quadrier-Element 733
Quantisierung 437
quasianaloge Regelung 435
quasistetiger Regler 847
`quit` 971, 994

R

Rampenfunktion 860
`rank` 995, 1074
RC-Netzwerk zur Amplitudenabsenkung 269
RC-Netzwerk zur Phasenanhebung 264
`real` 970, 995
Realteil 88
Rechenregeln, LAPLACE-Transformation 78
–, z-Transformation 480
Rechteckfunktion 860
Rechtecknäherung 438
Rechts-Max-Methode 917
Rechtsverschiebung 476
Regel, unscharfe 889
Regelabweichung, mittlere 825
Regelaktivierung 911, 935
Regelalgorithmus 436
Regelbasis 906, 935
Regeldifferenz 21, 179
–, bleibende 67, 262, 274
Regeleinrichtung 21, 281
Regelfaktor 34
Regelfehler, I. Ordnung 192
– II. Ordnung 193
– III. Ordnung 193
–, Beschleunigungsfehler 193
–, Geschwindigkeitsfehler 193

Regelfläche 388
–, Lineare 389
–, Quadratische 392
Regelgröße 20, 179
–, Maximalwert der 825
–, Minimalwert der 825
Regelkreisstruktur, Gegenkopplung, indirekte 33
Regelkreis 19
–, aufgeschnittener 179
–, quasikontinuierlicher digitaler 450
Regelkreisgleichung 33, 180
Regelstrecke 20
Regeltabelle 906
Regelung 19
–, digitale 437
–, quasianaloge 435
Regelungsnormalform 576, 1065, 1097
Regler, auf endliche Einstellzeit 544
–, Integral- 142
–, Proportional-Integral- 144
–, Proportional-Integral-Differential- 148
–, quasistetiger 847
–, schaltender 820
Reglerfrequenzgangfunktion 179
Reglerübertragungsfunktion 179
Reglerverstärkung 100
Reibungsmoment 644
Relation, scharfe 885, 886
–, unscharfe 885, 887, 888
Relationsmatrix 886
`residue` 1020, 1034
Residuensatz 62
Residuum 62
Resonanzkreisfrequenz 113, 274
Resonanzwert 113
RESWICK 400
`rlocfind` 1021, 1022, 1034, 1052
`rlocus` 1002, 1021, 1022, 1034, 1052
`roots` 975, 995, 1019
`rotate3D` 993, 996
ROUTH-Kriterium 200, 522
ROUTH-Schema 200
ROUTH-Verfahren 200
Rücktransformation, LAPLACE- 62
Rückwärtsdifferenz 477, 553
Ruhelage 196, 798, 802
RUNGE-KUTTA-Verfahren 1085, 1093

S

Sättigungselement 709
Sättigungskennlinie 710
Sättigungsverhalten 710

save 971, 994
schaltender Regler 820
Schaltfunktion 58
Schleppfehler 660
Schließen, approximatives 896
–, unscharfes 896
Schlußfolgerung, unscharfe 896
Schlußfolgerungsteil 896
Schnittpunkt, der Asymptoten 223
Schnittwinkel, der WOK-Zweige in Verzweigungspunkten 226
Schwerpunktmethode 914, 919
–, vereinfachte 919
Schwerpunktsummenmethode 919
Schwerpunktsummen-Verfahren 922
–, Dreiecksfunktionen 926
–, Trapezfunktionen 926
Schwerpunktverfahren 919, 930
–, für erweiterte Zugehörigkeitsfunktionen 932
–, vereinfachtes 922
Schwingfall 54
–, grenzstabiler 109
–, instabiler 109
–, stabiler 109
Script-File 976, 977
semilogx 985, 996, 1034
semilogy 985, 996
Separationstheorem 612
set 999, 1003
sgrid 996, 1018, 1034
sign 980, 995
Signal, fuzzifiziertes 904
–, nichtperiodisches 320
–, periodisches 320
Signalflußplan 25
Simulink 1080
sin 970, 995
Singleton 856, 899, 930
sinh 995
Sinusantwort 59
Sinusfunktion 59
size 995
s-Norm 874
Spannungsfolger 308
Spannungsvergleichsstelle 289
SPC-Regelung 437
Speicherung 436
Spiel 736
Sprungantwort 58, 96, 321, 1011
–, normierte 58
–, Steigung 323
Sprungantwortfolge 1042

Sprungantwortfunktion, Anfangswert 323
Sprungfunktion 58
sqrt 970, 995
ss 997, 1000, 1003, 1060
ss2ss 1065, 1074
ssdata 1003, 1060
stabiler Schwingfall 109
Stabilität 195, 197, 519, 802
–, absolute 814
– einer Differenzengleichung 464
– von Abtastsystemen 463
– von Grenzschwingungen 792
Stabilitätsbereich 519
Stabilitätsgrenze 202, 259, 456, 519
Stabilitätsgüte 262
Stabilitätskriterium 199, 521
– von JURY 528
Stabilitätstest, JURY- 529
stairs 1038, 1054
standardisierte Parameter 166
standardisierte Zeitkonstante 172
Standardregler, z-Übertragungsfunktion 500
stationärer Betriebszustand 196
stationärer Regelfehler 192
stationärer Zustand 802
statischer Operator 706
statisches Element 703
std 995
Steifigkeitskraft 644
Stelleinrichtung 21
Stellgrößenübertragungsfunktion 185
Stellgröße 20, 179, 185
Stellgrößenfolge 437
Stellgrößenfrequenzgangfunktion 186
Stellgrößenverhalten 179, 185
Stellort 21
Stellungsalgorithmus 446
stem 996, 1054
step 1002, 1011, 1016, 1043, 1054, 1074
Steuerbarkeit 585, 631
–, Prüfung 589
Steuerbarkeitsmatrix 586
Steuerkette 19
Steuerung 19
–, Punkt-zu-Punkt- 650
Steuerungsnormalform 577
Störgröße, Last- 34
–, Versorgungs- 34
Störgrößenbeobachter 682
Störort 21
Störübertragungsverhalten 34
Störung 21

Störungsübertragungsverhalten 182, 513
Störungsverhalten 179
Streckenfrequenzgangfunktion 179
Streckenübertragungsfunktion 179
Stromrichter 643
Stromrichtereingangsspannung 642
Stromvergleichsstelle 290
Struktur, Gegenkopplung, direkte 33
–, Gegenkopplung, indirekte 32
Strukturermittlung 316
Strukturoptimierung 387
stückweise lineare Funktion 716
Stützmenge 859
subnormal 859
subplot 985, 996
Substitutionsverfahren 549, 552
SUGENO-Regler, nullter Ordnung 934
Summation 478
Summationselement 28
Summe, algebraische 878, 882
–, begrenzte 878
–, drastische 878, 882
–, EINSTEIN- 878
–, HAMACHER- 878
–, HAMACHER-, parametrisierte 882
Summenzeitkonstante 403, 405
SUM-MIN-Inferenz 912, 922
SUM-MIN-Verfahren 916
SUM-Operator 912
SUM-PROD-Inferenz 912, 922
SUM-PROD-Verfahren 916
Superpositionsprinzip 42
Support 859
surf 987, 996
switch 981, 995
Symmetrisches Optimum 422
System, bilineares 716
–, nichtlineares 703
systemantwortinvariante Transformation 556
Systemmatrix 562, 565, 998, 1097

T

Tachokonstante 642
TAKAHASHI 456
tan 995
tanh 995
TAYLOR-Entwicklung 722
TAYLOR-Reihe 722
Technologieschema 22, 25
Testfunktion 57, 320
text 985, 996
tf 997, 999, 1001, 1003

tfdata 999, 1003
Thyristor-Stromrichter 643
Tiefpaß 313
title 996
t-Konorm 874, 878
–, parametrisierbare 874
–, parametrisierte 881
t_{max}-Zeit 275
t-Norm 874, 878
–, parametrisierte 881
Toleranz 859
Toolbox 967
Totzeit 117, 338
–, mittlere 643
Totzeit-Element 117, 368
Totzone 719
trace 995
Träger 859
Trajektorie 796
Transformation 59
–, impulsinvariante 556
–, LAPLACE- 59, 60
–, sprunginvariante 557
–, systemantwortinvariante 556
Transformationsmatrix 592
Transitionsmatrix 569, 574, 1057
Transitkreisfrequenz 283
Trapezfunktion 860, 903
Trapeznäherung 442, 550
Trapezregel 553
Treppenfunktion 436, 471, 1043
T-Summen-Einstellung nach KUHN 403
T-Summen-Regel 405
– von KUHN 407
TUSTIN-Formel 550
type 982, 994
tzero 1019, 1034, 1054, 1074

U

Überdeckung, optimale 905
Überlagerungsprinzip 42, 63, 704
Überlappung, optimale 942
Überschwingweite 108, 274, 275, 331
Übertragungsbeiwert 103
Übertragungsblock 25
Übertragungsfunktion 72, 74, 998
–, LAPLACE 72
–, Nullstellen 75
–, Pol-Nullstellenform 997
–, Polstellen 75
–, Polynomform 997
Übertragungssymbol 173

Übertragungsverhalten, Führungs- 35
–, Stör- 34
Umformungsregel 29, 36
–, Signalflußstrukturen 29
–, z-Transformation 508
Umkehrspanne 717
unbestimmte Koeffizienten 50
UND-Verknüpfung, unscharfe 871

V

Vereinfachungsregel 29
Vereinigung 871 f., 878
Vergleichsschaltung 287
Vergrößerung 865
Verhalten, differenzierendes 321
–, integrierendes 321
–, proportionales 321
Verkettung 892
Verkleinerung 865
Verschiebungsoperator 476
Verschiebungssatz 64
Versorgungsstörgröße 34, 179
Versorgungsstörungsfrequenzgangfunktion 181, 190
Versorgungsstörungsübertragungsfunktion 180, 190
Verstärkungs-Bandbreite-Produkt 284
Verstärkungsmaß, logarithmisches 252
Verstärkungsprinzip 42, 63, 704
Verzögerungselement 337
Verzögerungszeit 450
Verzögerungszeitkonstante 103, 292
Verzugszeit 339, 342, 450
Verzweigungselement 27
view 991, 996
Vorfilter 429, 604, 625, 677
Vorhaltzeit 149
Vorhaltzeitkonstante 132, 292
Vorspannung 719
Vorwärtsdifferenz 477, 553

W

Wahrheitsfunktion 854
Wahrheitsgrad 854
Wendepunkt 339
Wendetangentenverfahren 339, 342, 349
Wendezeit 275
WENN-DANN-Regel 896, 905
WENN-Teil 896, 934
Wertefolge 472
what 982, 994
while 979, 995
while-Schleife 979

whitebg 996
who 971, 994
whos 971, 994
Winkelgeschwindigkeit 644
Wirkungsplan 25
Wirkungsweg 19
WOK, Austrittswinkel aus Polstellen 229
–, Eintrittswinkel in Nullstellen 229
WOK-Kontur 245
WOK-Verfahren 214
WOK-Zweig, Schnittwinkel in Verzweigungspunkten 226
Wurzel-Element 731
Wurzelortskurve 213, 1021
Wurzelschwerpunkt 223

X

xlabel 996

Y

ylabel 996

Z

Zahl, unscharfe 859
Zeitbereich 60
Zeitkonstante 103, 170
–, Ersatz- 647
–, mechanische 646
Zeitvariable, diskrete 436
zeros 982, 995
zgrid 996, 1050, 1054
ZIEGLER 400, 456
zpk 997, 1000, 1003
zpkdata 1003, 1060
z-Transformation 458, 465, 471
–, inverse 493 f.
z-Transformierte 472
z-Übertragungsfunktion 468, 499
Zugehörigkeitsaussage 854
Zugehörigkeitsfunktion 853, 858
–, binäre 854
–, dreieckförmige 868
–, quadratische 868
–, rechteckförmige 929
Zugehörigkeitsgrad 853, 854
Zustandsbeobachter 606, 609, 682
Zustandsbeschreibung 559
Zustandsdarstellung 566
Zustandsdifferentialgleichung 560, 562

Zustandsebene 796
Zustandsgleichung 1057
Zustandskurve 796
Zustandsmodell 997 f.
Zustandsregelung 596, 1068
Zustandsregler 628, 673
Zustandsrückführung 596, 685
Zustandsvariable 560, 566, 1094

Zustandsvektor 561, 998
Zweiortskurvenverfahren 784
Zweipunkt-Element 728, 734, 751, 754
– mit Hysterese 741, 757
Zweipunktregelkreis 822
Zweipunktregler 822
– mit nachgebender Rückführung 847
– mit verzögert-nachgebender Rückführung 847

Aus unserem Verlagsprogramm

R. Kories, H. Schmidt-Walter
Taschenbuch der Elektrotechnik

4., überarbeitete und erweiterte
Auflage 2000,
677 Seiten, Plastikeinband,
Stichwortverzeichnis dt. – engl.,
ISBN 3-8171-1626-8

Das Taschenbuch behandelt die Gebiete Gleichstrom, elektrische und magnetische Felder, Wechselstrom und Drehstrom, Stromversorgungen.

Neben Kapiteln zu den Themen Elektronik, Digitaltechnik, Schaltzeichen, Grundlagen der elektrischen Meßtechnik und Signale und Systeme enthält das Werk Tabellen zu Grundlagen, Elektrotechnik und Elektronik, Größen und Maßeinheiten, eine Formelsammlung sowie Abkürzungen der Elektrotechnik, Elektronik und Telekommunikation und deutsch/englische Fachbegriffe.

Differentialgleichungen von Regelkreiselementen

Name	Gleichungen im Zeitbereich	Übertragungssymbol
P	$x_a = K_P \cdot x_e$	
PT_1	$T_1 \cdot \dfrac{dx_a}{dt} + x_a = K_P \cdot x_e$	
PT_2	$\dfrac{1}{\omega_0^2}\dfrac{d^2 x_a}{dt^2} + \dfrac{2D}{\omega_0}\dfrac{dx_a}{dt} + x_a = K_P \cdot x_e$	
PT_t	$x_a = K_P \cdot x_e(t - T_t)$	
D	$x_a = K_D \dfrac{dx_e}{dt}, \quad [x_a = T_D \dfrac{dx_e}{dt}]$	
DT_1	$T_1 \dfrac{dx_a}{dt} + x_a = K_D \dfrac{dx_e}{dt}$	
PD	$x_a = K_P \left[T_V \dfrac{dx_e}{dt} + x_e \right]$	